www.kuhminsa.com

한발 앞서는 출판사 구민사

KUH
MIN
SA

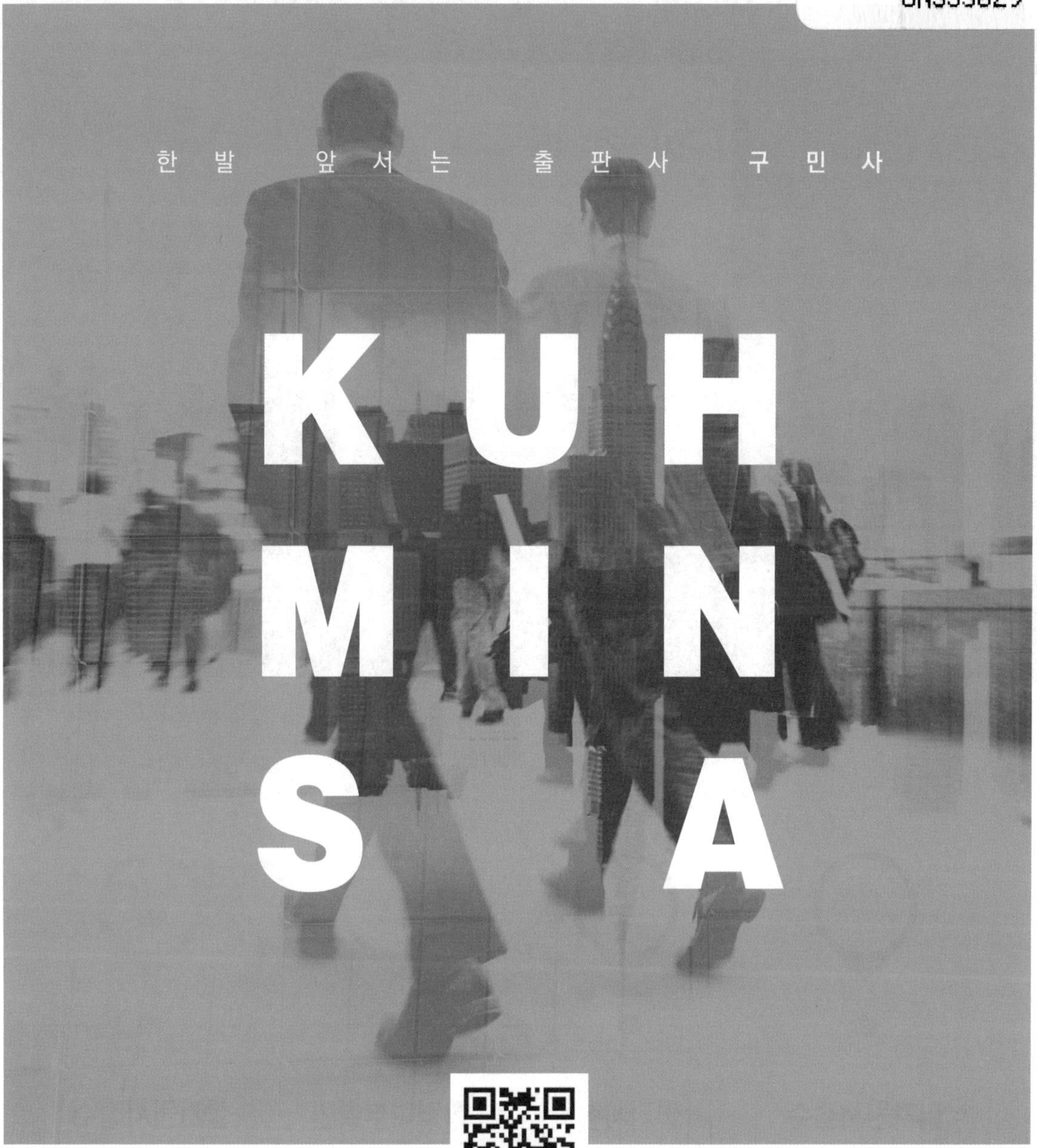

#604, Mullaebuk-ro 116, Yeongdeungpo-gu
Seoul, Republic of Korea

T. 02 701 7421
F. 02 3273 9642

Email kuhminsa@kuhminsa.co.kr

자격증 시험
접 수 부 터
자 격 증
수 령 까 지

필기원서접수

큐넷 회원 가입 후
(www.q-net.or.kr)
인터넷 접수만 가능
사진 파일, 접수비
(인터넷 결제) 필요
응시자격 요건
반드시 확인할것

필기시험

입실 시간 미준수 시
시험 응시 불가
준비물 : 수험표,
신분증, 필기구 지참

합격여부확인

큐넷 사이트에서 확인
(www.q-net.or.kr)

실기원서접수

큐넷 회원 가입 후
(www.q-net.or.kr)
응시 자격 서류는
**실기시험 접수기간
(4일 내)** 에 제출
해야만 접수 가능

합격

한 발 앞서나가는 출판사
구민사에서 시작하세요!

실기시험

필답형과 작업형으로 분류. 원서 접수 시 선택한 장소와 시간에 맞게 시험을 봅니다.
준비물 : 수험표, 신분증, 필기구 지참!

합격여부확인

큐넷 사이트에서 확인
(www.q-net.or.kr)

자격증신청

방문 or 인터넷 신청 가능. 방문 신청 시 **신분증, 발급 수수료** 지참할 것

자격증수령

방문 or 등기 우편 수령 가능. 등기비용을 추가하면 우편으로 받을 수 있습니다.

산업위생특강
카페 이용방법

STEP 01 무료 동영상+핸드북까지 주는 최쌤의 산업위생 필기책을 구입한다

STEP 02 최쌤과 함께하는 [산업위생특강] 네이버 카페에 가입한다

STEP 03 카페에서 도서인증 후 무료동영상을 마음껏 시청한다

STEP 04 궁금한 점은 [산업위생특강] 네이버 카페를 통해 질의응답 한다

STEP 05 시험장을 갈 때에는 꼭 핸드북을 가져가도록 한다

cafe.naver.com/sanupanjeon

100
100 DAY PLAN

D-35

기출문제 풀이와 복습
(18~19년)

- **D-50** 1과목 산업위생학개론
- **D-49** 1과목 산업위생학개론 기출문제 풀이(18~19년 2회 복습)
- **D-46** 2과목 작업위생 측정 및 평가
- **D-45** 2과목 작업위생 측정 및 평가 기출문제 풀이(18~19년 2회 복습)
- **D-42** 3과목 작업환경관리대책
- **D-41** 3과목 작업환경관리대책 기출문제 풀이(18~19년 2회 복습)
- **D-39** 4과목 물리적 유해인자관리
- **D-38** 4과목 물리적 유해인자관리 기출문제 풀이(18~19년 2회 복습)
- **D-36** 5과목 산업독성학
- **D-35** 5과목 산업독성학 기출문제 풀이(18~19년 2회 복습)

+ 전과목 3회 복습

D-74
내용이해와 기출문제 풀이
(18~19년)

- **D-97** 1과목 산업위생학개론 내용이해
- **D-96** 1과목 산업위생학개론 기출문제 풀이(18~19년)
- **D-91** 2과목 작업위생 측정 및 평가 내용이해
- **D-90** 2과목 작업위생 측정 및 평가 기출문제 풀이(18~19년)
- **D-85** 3과목 작업환경관리대책 내용이해
- **D-84** 3과목 작업환경관리대책 기출문제 풀이(18~19년)
- **D-80** 4과목 물리적 유해인자관리 내용이해
- **D-79** 4과목 물리적 유해인자관리 기출문제 풀이(18~19년)
- **D-75** 5과목 산업독성학 내용이해
- **D-74** 5과목 산업독성학 기출문제 풀이(18~19년)

\+ 전과목 1회 복습

D-52
기출문제 풀이
(20~22년)

- **D-71** 1과목 산업위생학개론
- **D-70** 1과목 산업위생학개론 기출문제 풀이(20~22년)
- **D-66** 2과목 작업위생 측정 및 평가
- **D-65** 2과목 작업위생 측정 및 평가 기출문제 풀이(20~22년)
- **D-61** 3과목 작업환경관리대책
- **D-60** 3과목 작업환경관리대책 기출문제 풀이(20~22년)
- **D-57** 4과목 물리적 유해인자관리
- **D-56** 4과목 물리적 유해인자관리 기출문제 풀이(20~22년)
- **D-53** 5과목 산업독성학
- **D-52** 5과목 산업독성학 기출문제 풀이(20~22년)

\+ 전과목 2회 복습

D-23
기출문제 풀이와 복습
(20~22년)

- **D-34** 1과목 산업위생학개론
- **D-33** 1과목 산업위생학개론 기출문제 풀이(20~22년 2회 복습)
- **D-31** 2과목 작업위생 측정 및 평가
- **D-30** 2과목 작업위생 측정 및 평가 기출문제 풀이(20~22년 2회 복습)
- **D-28** 3과목 작업환경관리대책
- **D-27** 3과목 작업환경관리대책 기출문제 풀이(20~22년 2회 복습)
- **D-26** 4과목 물리적 유해인자관리
- **D-25** 4과목 물리적 유해인자관리 기출문제 풀이(20~22년 2회 복습)
- **D-24** 5과목 산업독성학
- **D-23** 5과목 산업독성학 기출문제 풀이(20~22년 2회 복습)

\+ 전과목 4회 복습

D-19
전체과년도 기출문제 풀이와 복습
모의고사 풀이

- **D-22** 기출문제 풀이(2018년, 2019년 2회 복습)
- **D-21** 기출문제 풀이(2020년, 2021년 2회 복습)
- **D-20** 기출문제 풀이(2022년 2회 복습)
- **D-19** 모의고사 풀이

100 DAY PLAN

D-14
핸드북
전체 핵심정리

D-18 핸드북- 1과목 산업위생학개론 기출문제 풀이(18~22년 4회 복습)

D-17 핸드북- 2과목 작업위생 측정 및 평가 기출문제 풀이(18~22년 4회 복습)

D-16 핸드북- 3과목 작업환경관리대책 기출문제 풀이(18~22년 4회 복습)

D-15 핸드북- 4과목 물리적 유해인자관리 기출문제 풀이(18~22년 4회 복습)

D-14 핸드북- 5과목 산업독성학 기출문제 풀이(18~22년 4회 복습)

D-6
기출문제 풀이와 핸드북

D-DAY
기출문제 오답풀이와
핸드북 총정리

- **D-13** 핸드북- 암기해야 계산공식
- **D-12** 기출문제 풀이(2019년)
- **D-11** 기출문제 풀이(2018년)
- **D-10** 핸드북- 1과목 산업위생학개론 기출문제 풀이(18~19년 2회 복습)
- **D-9** 핸드북- 2과목 작업위생 측정 및 평가 기출문제 풀이(18~19년 2회 복습)
- **D-8** 핸드북- 3과목 작업환경관리대책 기출문제 풀이(18~19년 2회 복습)
- **D-7** 핸드북- 4과목 물리적 유해인자관리 기출문제 풀이(18~19년 2회 복습)
- **D-6** 핸드북- 5과목 산업독성학 기출문제 풀이(18~19년 2회 복습)
    + 전과목 5회 복습

- **D-5** 기출문제 중 틀린 문제 풀이(18~19년)
- **D-4** 기출문제 중 틀린 문제 풀이(20~22년)
- **D-3** 기출문제 중 틀린 문제 풀이(18~22년)
- **D-2** 핸드북 전 과목 정리 + 전과목 6회 복습
- **D-1** 기출문제 중 틀린 문제 풀이(18~22년)

◆ PREFACE ◆

산업위생관리(기사·산업기사)를 준비하시는 수험생 여러분 안녕하세요.
저자 최윤정입니다.

본 교재는 산업위생관리 자격증을 보다 쉽게 취득할 수 있도록 필기에서부터 실기를 대비하여 교재를 집필하였습니다. 이 책의 주요 특징을 다음과 같이 정리해보았습니다.

◆ 이 책의 주요 특징 ◆

1. <u>출제기준을 바탕으로 출제된 유형을 단원별, 기출문제로 출제빈도를 구분하였습니다.</u>

   필기, 실기 모두 자주 출제되는 내용은 별(★★★), 실기까지 중요한 내용은 별(★★),
   실기에 간혹 출제가 되거나 필기에 출제되는 내용은 별(★)로 구분하였습니다. 실기를 대비해서
   별(★★★~★★)내용은 필기에서부터 꼼꼼히 공부하는 것이 좋습니다.

2. <u>기출문제 중요도 표시하였습니다.</u>

   기출문제 풀이는 "실기에 자주 출제", "실기까지 중요", "필기에 자주 출제"로 문제를
   분석하였습니다. 또한, 기출문제를 통해서도 실기까지 자주 출제되는 유형을 파악할 수 있습니다.

3. 암기법을 수록하였습니다.

여러 내용을 요약하여 정리가 필요한 부분, 꼭 암기하여야 하는 내용은 "암기법"을 수록하여 내용의 요약 및 암기를 쉽게 하였습니다.

4. 한권으로 마무리 하는 핸드북을 수록하였습니다.

실기까지 간편히 들고 다니며 암기할 수 있는 핸드북을 이용하여 시간을 절약하며 시험에 대비하시기 바랍니다. 별(★★★~★★)의 내용은 필기에서부터 자주 읽다보면 실기에서는 암기가 가능해집니다. 또한 실기까지 중요한 계산공식을 핸드북에 별도로 정리하였습니다. 계산문제의 기본은 공식과 단위 암기에서 시작되며, 시험 직전에 공식과 단위를 정리하는데 많은 도움이 될 것을 기대합니다.

수년간 온라인을 통해 산업위생을 강의한 경험을 바탕으로 합격하기 쉬운 교재를 만들기 위해 수험생의 입장에서 한 번 더 생각하였습니다.
앞으로도 독자 여러분의 소중한 의견을 귀담아 듣겠습니다.

마지막으로 교재 출판을 위해 적극적으로 후원해 주신 도서출판 구민사 조규백 대표님과 직원 여러분께 깊은 감사를 드립니다.

CONTENTS

PART 01 산업위생학 개론

제1장 산업위생 • 2
 1. 정의 및 목적 • 2
 2. 역사 • 6
 3. 산업위생 윤리강령 • 13
 단원 예상문제 • 15

제2장 인간과 작업환경 • 21
 1. 인간공학 • 21
 2. 산업피로 • 46
 3. 산업심리 • 60
 4. 직업성 질환 • 67
 단원 예상문제 • 73

제3장 실내환경 • 88
 1. 실내오염의 원인 • 88
 2. 실내오염의 건강장해 • 92
 3. 실내오염 평가 및 관리 • 95
 단원 예상문제 • 99

제4장 관련 법규 • 104
 1. 산업안전보건법 • 104
 2. 산업위생 관련 고시에 관한 사항 • 172

제5장 산업재해 • 196
 1. 산업재해 발생원인 및 분석 • 196
 2. 산업재해 대책 • 205
 단원 예상문제 • 208

PART
02 작업위생측정 및 평가

제1장 측정 및 분석 • 224
    1. 시료채취계획 • 224
    2. 시료분석기술 • 247
    단원 예상문제 • 275

제2장 유해인자 측정 • 289
    1. 유해인자의 유해성·위험성 분류기준 • 289
    2. 물리적 유해인자 측정 • 293
    3. 화학적 유해인자 측정 • 304
    4. 생물학적 유해인자 측정 • 331
    단원 예상문제 • 332

제3장 평가 및 통계 • 365
    1. 통계학 기본지식 • 365
    2. 측정자료 평가 및 해석 • 377
    단원 예상문제 • 390

PART
03 작업환경관리대책

제1장 산업환기 • 400
    1. 환기 원리 • 400
    단원 예상문제 • 422
    2. 전체환기 • 429
    단원 예상문제 • 445
    3. 국소환기 • 455
    4. 환기 시스템 설계 • 527
    단원 예상문제 • 531
    5. 성능검사 및 유지관리 • 554

제2장 작업 공정 관리 • 558
    1. 작업 공정 관리 • 558

제3장 개인 보호구 • 560
    1. 호흡용 보호구 • 560
    2. 기타 보호구 • 573
    단원 예상문제 • 578

PART
04 물리적 유해인자 관리

제1장 온열조건 • 586
  1. 고온 • 586
  2. 저온 • 596
  단원 예상문제 • 601

제2장 이상기압 • 609
  1. 이상기압 • 609
  2. 산소결핍 • 614
  단원 예상문제 • 619

제3장 소음·진동 • 628
  1. 소음 • 628
  2. 진동 • 657
  단원 예상문제 • 663

제4장 방사선 • 680
  1. 전리방사선 • 680
  2. 비전리방사선 • 686
  3. 조명 • 693
  단원 예상문제 • 699

PART 05 산업독성학

제1장 입자상 물질 • 714
    1. 입자상 물질의 종류, 발생, 성질 • 714
    2. 인체영향 • 716
    단원 예상문제 • 726

제2장 유해화학물질 • 734
    1. 유해 화학물질의 종류, 발생, 성질 • 734
    2. 인체영향 • 740
    단원 예상문제 • 761

제3장 중금속 • 780
    1. 중금속의 인체영향 • 780
    단원 예상문제 • 789

제4장 인체구조 및 대사 • 801
    1. 인체구조 • 801
    2. 유해물질의 대사 및 축적 • 804
    3. 유해물질 방어기전 • 809
    4. 생물학적 모니터링 • 810
    단원 예상문제 • 824

PART 06 과년도 기출문제

2018
1회[2018년 03월 04일 시행] • 836
2회[2018년 04월 28일 시행] • 862
3회[2018년 08월 19일 시행] • 889

2019
1회[2019년 03월 03일 시행] • 917
2회[2019년 04월 27일 시행] • 945
3회[2019년 08월 04일 시행] • 972

2020
1·2회[2020년 06월 06일 시행] • 998
3회　 [2020년 08월 22일 시행] • 1030
4회　 [2020년 09월 26일 시행] • 1061

2021
1회[2021년 03월 07일 시행] • 1090
2회[2021년 05월 15일 시행] • 1121
3회[2021년 08월 14일 시행] • 1152

2022
1회[2022년 03월 05일 시행] • 1182
2회[2022년 04월 24일 시행] • 1214

PART

07 모의고사

모의고사 1회 • 1246
2회 • 1277

별책 산업위생 주요과목 핸드북

◆ INSTRUCTION MANUAL ◆

이 책의 **사용설명서**

◆ INSTRUCTION MANUAL ◆

01 공학용 계산기 사용법 + 요점이 보이는 본문

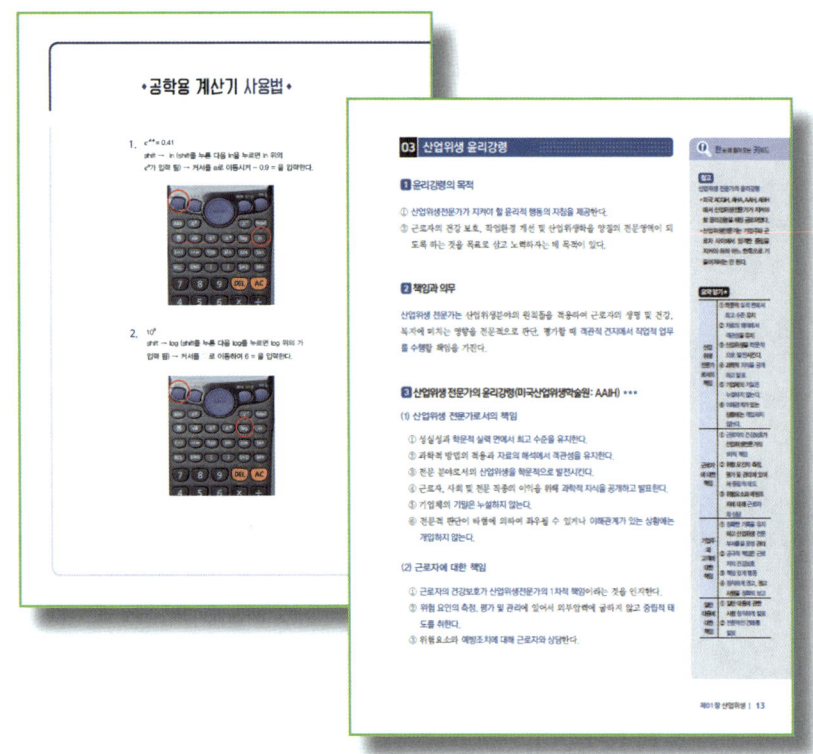

산업위생관리 공부에 필요한 **주요 내용을 수록**하였습니다. 계산식을 어려워하시는 분들을 위해 사용법을 수록하였습니다. 산업위생관리 기사 필기는 산업안전보건법을 기준으로 하였으며, **반드시 알아야 할 법규내용만을 정리하여** 편하고 알기 쉽게 설명하였습니다.

02 디테일한 구성 + 한 눈에 들어오는 키워드

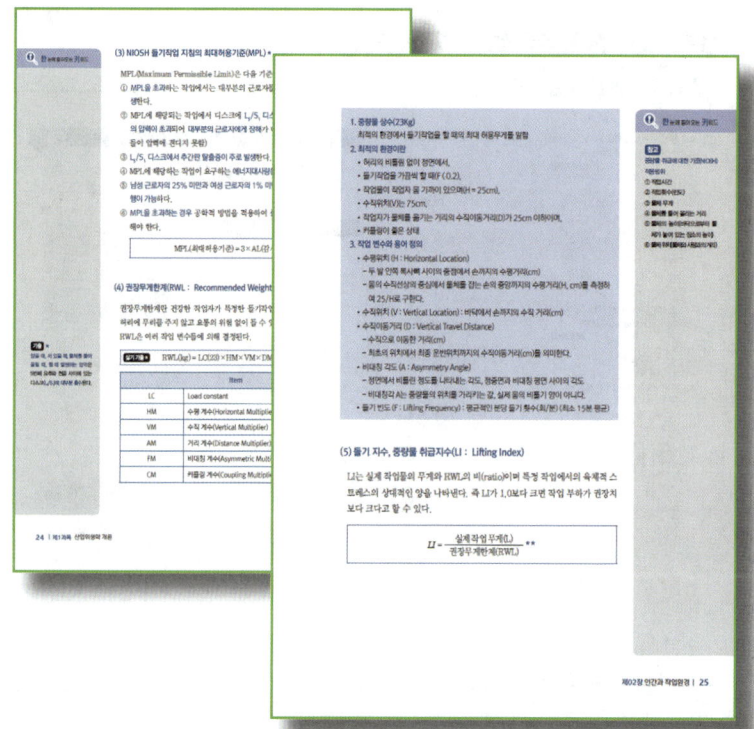

독자의 개념정리와 이해를 돕기 위하여 내용의 **중요도에 따라**(★★★) 표시를 표기하였습니다. **한 눈에 들어오는 키워드**는 이론을 중심으로 이해도와 암기법등을 제시하고 있습니다. 보다 쉽게 공부하실 수 있습니다.

03 단원 예상문제 및 기출문제 수록

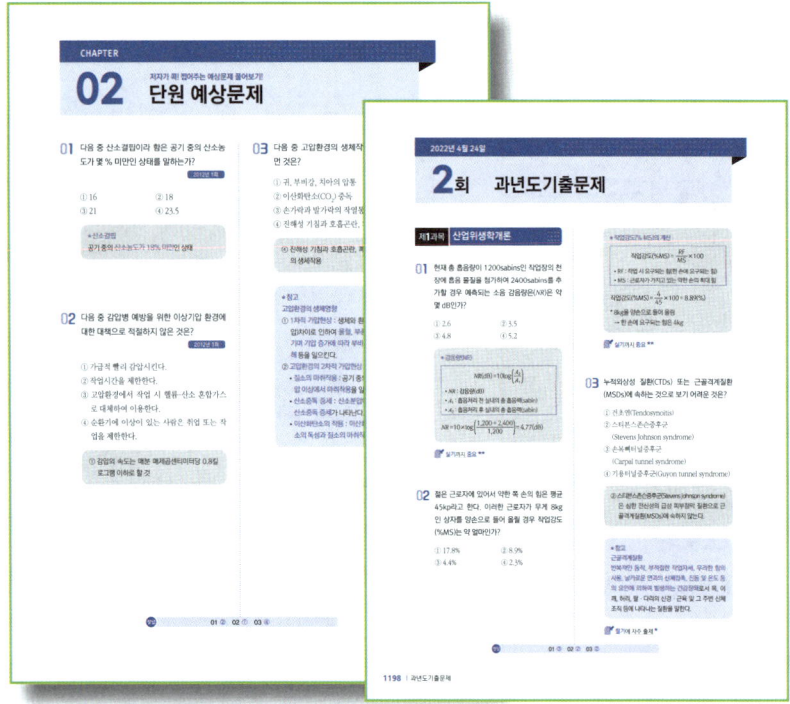

각 단원마다 **예상문제와 해설수록 및 자주 출제되는 경향**을 표기하였습니다. 이론과 예상문제가 충분히 숙지 되셨다면 시험보시기 전 기출문제를 풀어봄으로써 필기시험에 충분히 대비할 수 있도록 체계적으로 수록하였습니다.

04 핸드북 수록

실용적인 **핸드북**을 수록함으로써 무엇보다 **시간 절약을 위해 필기시험에 대비**하시기 바랍니다. 필기시험이 끝이 아닙니다. 필기부터 실기를 대비한 공부를 하지 않고는 광범위한 내용을 실기에서 주관식으로 서술하기가 쉽지 않습니다. 보다 효율적인 공부법으로 합격을 응원합니다.

♦ 산업위생 관리기사 출제기준 ♦

직무 분야	안전관리	중직무 분야	안전관리	자격 종목	산업위생관리기사	적용 기간	2025.01.01. ~ 2029.12.31

작업장 및 실내 환경의 쾌적한 환경 조성과 근로자의 건강 보호와 증진을 위하여 작업장 및 실내 환경 내에서 발생되는 화학적, 물리적, 생물학적, 그리고 기타 유해요인에 관한 환경 측정, 시료분석 및 평가(작업환경 및 실내 환경)를 통하여 유해 요인의 노출 정도를 분석?평가하고, 그에 따른 대책을 제시하며, 산업 환기 점검, 보호구 관리, 공정별 유해 인자 파악 및 유해 물질 관리 등을 실시하며, 보건 교육 훈련, 근로자의 보건 관리 업무를 통하여 환경 시설에 대한 보건 진단 및 개인에 대한 건강 진단 관리, 건강증진, 개인위생 관리 업무를 수행하는 직무이다.

필기검정방법	객관식	문제수	100	시험시간	2시간 30분

필기과목명	문제수	주요항목	세부항목
산업위생학 개론	20	1. 산업위생	1. 정의 및 목적 2. 역사 3. 산업위생 윤리강령
		2. 인간과 작업환경	1. 인간공학 2. 산업피로 3. 산업심리 4. 직업성 질환
		3. 실내 환경	1. 실내오염의 원인 2. 실내오염의 건강장해 3. 실내오염 평가 및 관리
		4. 관련 법규	1. 산업안전보건법 2. 산업위생 관련 고시에 관한 사항
		5. 산업재해	1. 산업재해 발생원인 및 분석 2. 산업재해 대책

필기과목명	문제수	주요항목	세부항목
작업위생 측정 및 평가	20	1. 측정 및 분석	1. 시료채취 계획 2. 시료분석 기술
		2. 유해 인자 측정	1. 물리적 유해 인자 측정 2. 화학적 유해 인자 측정 3. 생물학적 유해 인자 측정
		3. 평가 및 통계	1. 통계학 기본 지식 2. 측정자료 평가 및 해석
작업환경 관리대책	20	1. 산업 환기	1. 환기 원리 2. 전체 환기 3. 국소 환기 4. 환기시스템 설계 5. 성능검사 및 유지관리
		2. 작업 공정 관리	1. 작업 공정 관리
		3. 개인보호구	1. 호흡용 보호구 2. 기타 보호구
물리적 유해 인자관리	20	1. 온열조건	1. 고온 2. 저온
		2. 이상기압	1. 이상기압 2. 산소결핍
		3. 소음진동	1. 소음 2. 진동
		4. 방사선	1. 전리방사선 2. 비전리방사선 3. 조명

필기과목명	문제수	주요항목	세부항목
산업 독성학	20	1. 입자상 물질	1. 종류, 발생, 성질 2. 인체 영향
		2. 유해 화학 물질	1. 종류, 발생, 성질 2. 인체 영향
		3. 중금속	1. 종류, 발생, 성질 2. 인체 영향
		4. 인체 구조 및 대사	1. 인체구조 2. 유해물질 대사 및 축적 3. 유해물질 방어기전 4. 생물학적 모니터링

※ 출제기준의 세세항목은 한국산업인력공단 홈페이지(http://www.q-net.or.kr/) 자료실에서 확인하실 수 있습니다.

♦ 산업위생 관리기사 시험정보 안내 ♦

수수료
필기 : 19400 원 / 실기 : 22600 원

출제경향
- 필기시험의 내용은 고객만족>자료실의 출제기준을 참고바랍니다. - 실기시험은 필답형으로 시행되며 고객만족>자료실의 출제기준을 참고바랍니다.

출제기준
산업위생관리기사 출제기준(2025.1.1 ~ 2029.12.31.) 파일을 참고하시기 바랍니다. 메뉴상단 고객지원 - 자료실 - 출제기준에서도 보실 수 있습니다.

취득방법	
시행처	한국산업인력공단
관련학과	대학 및 전문대학의 보건관리학, 보건위생학 관련학과
시험과목	· 필기 : 1. 산업위생학개론 2. 작업위생측정 및 평가 3. 작업환경관리대책 4. 물리적유해인자관리 5. 산업독성학 · 실기 : 작업환경관리 실무
검정방법	· 필기 : 객관식 4지 택일형 과목당 20문항(과목당 30분) · 실기 : 필답형(3시간, 100점)
합격기준	· 필기 : 100점을 만점으로 하여 과목당 40점 이상, 전과목 평균 60점 이상 · 실기 : 100점을 만점으로 하여 60점 이상

♦ 산업위생 관리기사 기본정보 ♦

개요

산업현장에서 쾌적한 작업환경의 조성과 근로자의 건강보호 및 증진을 위하여 작업과정이나 작업장에서 발생되는 화학적, 물리적, 인체공학적 혹은 생물학적 유해요인을 측정·평가하여 관리, 감소 및 제거할 수 있는 고도의 전문인력 양성이 시급하게 되어 전문적인 지식을 소유한 인력을 양성하고자 자격제도 제정

실시기관 홈페이지

http://www.q-net.or.kr

실시기관명

한국산업인력공단

진로 및 전망

환경 및 보건관련 공무원, 각 산업체의 보건관리자, 작업환경 측정업체 등으로 진출 할 수 있다. - 종래 직업병 발생 등 사회문제가 야기된 후에야 수습대책을 모색하는 사후관리차원 에서 벗어나 사전의 근본적 관리제도를 도입, 산업안전보건사항에 대한 국제적 규제 움직임에 대응하기 위해 안전인증제도의 정착, 질병발생의 원인을 찾아내기 위하여 역학조사를 실시할 수 있는 근거(「산업안전보건법」 제6차 개정)를 신설, 산업인구 의 중·고령화와 과중한 업무 및 스트레스 증가 등 작업조건의 변화에 의하여 신체부 담작업 관련 뇌·심혈관계질환 등 작업관련성 질병이 점차 증가, 물론 유기용제 등 유해 화학물질 사용 증가에 따른 신종직업병 발생에 대한 예방대책이 필요하는 등 증가 요인으로 인하여 산업위생관리기술사 자격취득자의 고용은 증가할 예정이나 사업주 에 대한 안전·보건관련 행정규제를 폐지하거나 완화를 인하여 공공부문 보다 민간부 문에서 인력수요를 증가할 것이다.

◆ 종목별 검정현황 ◆

종목명	연도	필기			실기		
		응시	합격	합격률(%)	응시	합격	합격률(%)
산업위생관리기사	2023	10,554	5,084	48.2%	5,598	3,274	58.5%
산업위생관리기사	2022	7,027	3,343	47.6%	4,613	2,630	57%
산업위생관리기사	2021	5,474	2,825	51.6%	3,316	1,967	59.3%
산업위생관리기사	2020	4,203	2,088	49.7%	2,964	1,801	60.8%
산업위생관리기사	2019	4,084	2,088	51.1%	3,327	1,692	50.9%
산업위생관리기사	2018	3,706	1,766	47.7%	3,114	1,029	33%
산업위생관리기사	2017	3,910	1,916	49%	3,216	1,419	44.1%
산업위생관리기사	2016	3,585	1,772	49.4%	2,518	894	35.5%
산업위생관리기사	2015	3,163	1,299	41.1%	2,374	1,191	50.2%

◆공학용 계산기 사용법◆

1. $e^{-0.9} = 0.41$

shift → ln (shift를 누른 다음 ln을 누르면 ln 위의 $e^{\square}$가 입력 됨) → 커서를 a로 이동시켜 − 0.9 = 을 입력한다.

2. 10^6

shift → log (shift를 누른 다음 log를 누르면 log 위의 가 입력 됨) → 커서를 □로 이동하여 6 = 을 입력한다.

3. 2^5

$x^\square \to x$에 2입력 → 커서를 위의 □로 이동 → 5 = 을 입력한다.

4. $2^{\frac{3}{10}}$

$x^\square \to x$에 2입력 → 커서를 위의 □로 이동 → (3÷10) = 을 입력한다.

5. $\log\left(\frac{1}{0.5}\right)$

$\log_\square \square$ → 커서를 아래쪽 네모로 이동 → 아래쪽 네모에 2를 입력
→ 커서를 위의 네모로 이동 → (1÷0.5) = 을 입력한다. " $\log_\square \square \to \log_2(1 \div 0.5)$ "

화살표를 이용하여 커서를 이동한다.

6. $10\log(10^{\frac{86}{10}} + 10^{\frac{89}{10}})$

10 × log를 누른다. → 괄호 →10☐(shift를 누른 다음 log를 누르면 log 위의 가 입력 됨)를 누르면 커서가 위의 ☐에 있다. ☐에 8.6 을 입력 → + → 10☐(shift를 누른 다음 log를 누르면 log 위의 10☐가 입력 됨)를 누르면 커서가 위의 ☐에 있다. ☐에 8.9 을 입력한다. → 괄호 = 을 입력한다.

" 10 × → log → (10☐8.6 + 10☐8.9) = "

7. $\dfrac{1.2-1.0}{\sqrt{\dfrac{1.0}{120,000} \times 1,000,000}}$

분자, 분모의 값을 괄호로 구분하고, 루트 안에 포함되는 값도 괄호로 구분한다.

"(1.2 − 1.0) ÷ (√(1.0 ÷120,000×1,000,000)) " 를 차례로 입력한다.

8. $\ln\left(\frac{10}{50}\right)$

"ln(10÷50)="을 차례로 입력한다.

9. $-\frac{3{,}000}{56.6} \times \left[\ln \frac{600-339.60}{600}\right] = 44.24$

"−3,000÷56.6×(ln((600−339.60)÷600)) =" 을 차례로 입력한다.

산업위생관리기사 필기

01

제1과목 **산업위생학 개론**

CHAPTER 01 산업위생
CHAPTER 02 인간과 작업환경
CHAPTER 03 실내환경
CHAPTER 04 관련 법규
CHAPTER 05 산업재해

CHAPTER 01 산업위생

01 정의 및 목적

1 산업위생의 정의

(1) 산업보건

1) 정의 ★

① 작업조건으로 인한 건강장해로부터 근로자를 보호한다.
② 모든 직업에 종사하는 근로자들의 육체적, 정신적, 사회적 건강을 유지·증진한다.
③ 작업조건으로 인한 질병 예방 및 건강에 유해한 취업을 방지한다.
④ 근로자를 생리적, 심리적으로 적합한 작업환경에 배치한다.
⑤ 작업이 인간에게, 또 일하는 사람이 그 직무에 적합하도록 마련하는 것(사람에 대한 작업의 적응과 그 작업에 대한 각자의 적응을 목표로 한다.)

2) 산업보건의 기본적인 목표 – 질병의 예방

3) 국제노동기구(ILO)의 "산업보건의 3가지 기본목표"

① 노동과 노동조건으로 일어날 수 있는 건강장해로부터 근로자 보호
② 근로자의 정신적·육체적 안녕 상태를 최대한으로 유지·증진시키는 데 기여
③ 작업에 있어서 근로자들의 정신적·육체적 적응, 특히 채용 시 적정배치에 기여

> **비교**
>
> ❈ 국제노동기구(ILO)의 "산업보건의 목표"
> - 작업조건이 근로자의 건강을 해치지 않도록 한다.
> - 근로자의 건강에 영향을 미치는 유해인자에 폭로되지 않도록 한다.
> - 신체적, 정신적으로 적성에 맞는 작업환경에서 일하도록 배치한다.
> - 근로자의 육체적, 정신적, 사회적 건강상태를 최고 수준으로 유지, 증진한다.

 한 눈에 들어오는 키워드

기출

산업보건학 관련 학문

산업 의학	근로자의 건강증진 및 질병의 치료, 재활 등을 연구(산업환경에 있어서 의학의 실천 활동)
산업 위생학	건강장해를 초래하는 유해인자들을 평가, 개선하여 근로자의 건강과 쾌적한 작업환경을 위해 공학적으로 연구하는 학문
인간 공학	인간과 직업 및 기계, 환경, 노동 등의 관계를 과학적으로 연구
산업 간호학	근로자의 건강증진 및 질병예방과 간호를 연구

4) 산업보건관리 업무

① 건강관리
② 환경관리
③ 작업관리

> **비교**
>
> ❋ 국제노동기구(ILO) 협약에 제시된 산업보건관리업무
> - 산업보건교육, 훈련과 정보에 관한 협력
> - 작업방법의 개선과 새로운 설비에 대한 건강상 계획의 참여
> - 직장에 있어서의 건강 유해요인에 대한 위험성의 확인과 평가

(2) 미국산업위생학회(AIHA)의 산업위생의 정의 ★★

근로자나 일반 대중에게 질병, 건강장애와 안녕방해, 심각한 불쾌감 및 능률 저하 등을 초래하는 작업환경 요인과 스트레스를 예측, 측정, 평가, 관리하는 과학과 기술이다.

> **비교**
>
> ❋ 산업위생의 정의
> - 사회적 건강 유지 및 증진
> - 육체적, 정신적 건강 유지 및 증진
> - 생리적, 심리적으로 적합한 작업환경에 배치

2 산업위생의 목적

① 작업환경과 근로조건의 개선 및 직업병의 근원적 예방
② 최적의 작업환경 및 작업조건을 개선하여 질병을 예방
③ 근로자의 건강을 유지·증진시키고 작업능률을 향상
④ 근로자들의 육체적, 정신적, 사회적 건강 유지 및 증진
⑤ 산업재해의 예방 및 직업성질환 유소견자의 작업 전환

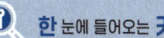
한 눈에 들어오는 키워드

기출
산업위생의 중요성이 급속하게 대두된 원인
① 산업현장에서 취업하는 근로자수의 급격한 증가
② 근로자의 권익을 보호하고자 하는 시대적인 사회사조 대두
③ 노동생산성 향상을 위하여 인력관리 측면에서 근로자 보호가 필요

3 산업위생의 범위

(1) 산업위생의 범위

① 노동생리학에 기초를 둔다.
② 산업사회의 질병을 퇴치하고 예방한다.
③ 심리학, 공학, 이학, 통계학, 사회학, 경제학, 법학 등과 협력한다.
④ 작업장 내부의 작업환경 관리를 위주로 한다.

(2) 산업위생의 영역 중 기본과제 ★

① 작업능력의 향상과 저하에 따른 작업조건 및 정신적 조건의 연구
② 최적 작업환경 조성에 관한 연구 및 유해 작업환경에 의한 신체적 영향 연구(작업환경이 미치는 건강장해에 관한 연구)
③ 노동력의 재생산과 사회, 경제적 조건에 관한 연구

> **비교**
>
> ✿ 1. 산업위생관리에서 중점을 두어야 하는 구체적인 과제
> - 작업근로자의 작업 자세와 육체적 부담의 인간공학적 평가
> - 기존 및 신규화학물질의 유해성 평가 및 사용대책의 수립
> - 고령근로자 및 여성근로자의 작업조건과 정신적 조건의 평가
>
> ✿ 2. 산업위생 전문가의 과제
> - 작업환경의 조사
> - 작업환경조사 결과의 해석
> - 유해인자가 있는 곳의 경고 주의판 부착

(3) 산업위생의 활동

1) 예측(anticipation)

① 산업위생활동에서 처음으로 요구되는 활동
② 기존의 작업환경측정 및 조건뿐만 아니라 새로운 물질, 공정 및 새로운 기계의 도입, 새로운 제품의 생산 및 부산물로 인한 근로자들의 건강장애와 영향을 사전에 예측한다.

한 눈에 들어오는 키워드

※ 문제
다음 중 산업위생의 목적과 가장 거리가 먼 것은?
㉮ 근로자의 건강을 유지·증진시키고 작업능률을 향상
㉯ 근로자의 육체적, 정신적, 사회적 건강 유지 및 증진
㉰ 유해한 작업환경 및 조건으로 발생한 질병의 진단과 치료
㉱ 최적의 작업환경 및 작업조건을 개선하여 질병을 예방

정답 ㉰

기출 ★
산업위생의 주요 활동
예측 → (인지) → 측정 → 평가 → 관리

2) 인지(recognition)

① 현존 상황에서 존재 또는 잠재하고 있는 유해인자(물리, 화학, 생물, 인간공학, 공기역학적 인자)를 파악한다.
② 유해인자의 특성을 파악하는 것으로 위험평가(Risk Assessment)가 이루어져야 한다.
③ 건강에 장해를 줄 수 있는 물리적, 화학적, 생물학적, 인간공학적 유해인자 목록을 작성하고, 작업내용을 검토하고, 설치된 각종 대책과 관련된 조치들을 조사하는 활동이다.
④ 인지단계에서의 이러한 활동들은 사업장의 특성, 근로자의 작업특성, 유해인자의 특성에 근거한다.

3) 측정(measurement)

① 작업환경이나 조건의 유해 정도를 구체적으로 정성적, 정량적으로 계측하는 활동이다.
② 기계조작에 의한 직독식 방법에서 고도의 기술이 요구되는 기기분석까지 다양한 방법이 있다.
③ 기본적인 화학, 물리, 미생물학적인 지식이 요구된다.
④ 공기 중 유해화학물질의 측정에 있어서는 정확한 공기시료의 채취가 급선무이다.

4) 평가(evaluation)

① 유해인자에 대한 양, 정도가 근로자들의 건강에 어떠한 영향을 미칠 것인가를 판단하는 의사결정 단계에 해당한다.
② 넓은 의미에서는 측정도 포함시킨다.
  • 시료를 채취하고 분석한다.
  • 예비조사의 목적과 범위를 결정한다.
  • 현장조사로 정량적인 유해인자의 양을 측정한다.
③ 유해정도의 평가는 관찰, 인터뷰, 측정에 의해 이루어지며, 측정 값을 노동부의 노출기준 고시, 미국의 허용기준 등 기타 문헌의 값들과 비교한다.

5) 관리(control)

① 유해인자로부터 근로자를 보호하는 모든 수단을 말한다.
② 공학적 관리, 행정적 관리, 개인보호구에 의한 관리가 있다.
  • 공학적 관리 : 대체, 격리, 포위, 환기

- 행정적 관리 : 작업시간, 작업배치의 조정, 교육 등
- 개인보호구에 의한 관리 : 호흡용 보호구, 보호장갑 등

(4) 산업위생관리 업무 ★

① 유해작업환경에 대한 공학적인 조치
② 작업조건에 대한 인간공학적인 평가
③ 작업환경에 대한 정확한 분석기법의 개발

02 역사

1 외국의 산업위생 역사

(1) Hippocrates(B.C. 4세기)

① 광산의 납중독 기술(최초의 직업병: 납중독) ★
② 직업병 발생과 질병의 관계를 제시함

> **참고**
> ❋ 우리나라에서 학계에 처음으로 보고된 직업병 : 진폐증

(2) Pliny the Elder(A.D. 1세기)

① 황, 아연의 건강 유해성을 주장함
② 먼지 마스크로 동물의 방광막 사용을 주장함 ★

(3) Galen(A.D. 2세기)

구리광산에서의 산 증기(mist)의 유해성 주장 ★

(4) Ulrich Ellenbog(1473년)

납, 수은 중독 증상 및 예방법을 제시

(5) Philippus Paracelsus(1493~1541년)

① 독성학의 아버지 ★
② "모든 화학물질은 독물이며 독물이 아닌 화학물질은 없다."

(6) Georgius Agricola(1494~1555년)

① 저서 "광물에 대하여"에서 광부들의 사고 및 질병, 예방법 등에 대하여 기록 ★
② 광산에서의 규폐증의 유해성 언급 ★
③ 광산의 환기 및 근로자 마스크 착용을 권장

(7) Bernardino Ramazzini(1633~1714년)

① 산업보건의 시조, 산업의학의 아버지 ★
② 저서 "직업인의 질병(De Morbis Artificum Diatriba)"에서 수공업자의 질병을 집대성함
③ Ramazzini가 주장한 직업병의 원인
   • 근로자들의 과격한 동작 및 불안전한 작업자세
   • 작업장에서 사용하는 유해물질

(8) Sir George Baker(18세기)

사이다 공장에서 납에 의한 복통 발견

(9) Percivall Pott(18세기) ★★

① 영국의 외과의사, 굴뚝청소부에게서 최초의 직업성 암인 "음낭암"을 발견
② 암의 원인 물질은 "검댕"(다핵방향족 화합물 PAH)
③ "굴뚝 청소부법" 제정하는 계기가 됨

(10) Alice Hamilton(20세기)

① 미국의 여의사, 미국 최초의 산업보건학자, 산업의학자 ★
② 최초의 산업위생전문가(최초 산업의학자)
③ 납, 수은, 이황화탄소 중독 및 직업성 질환과의 관계 규명

한 눈에 들어오는 키워드

(11) Bismark
독일에서 근로자 질병보험법과 공장재해보험법 제정 ★

(12) Rudolf Virchow
근대 병리학의 기초 확립

(13) 공장법(1833년) ★
① 영국에서 여성과 아동의 노동시간을 규제하는 내용으로 제정한 법령
② 산업보건에 관한 최초의 법률로서 실제로 효과를 거둔 최초의 법이다.

> **주요내용 요약하기!**
>
> ✿ **공장법(factory act)의 주요 내용 ★**
> ① 감독관을 임명하여 공장을 감독한다.
> ② 근로자에게 교육을 시키도록 의무화한다.
> ③ 18세 미만 근로자의 야간작업을 금지한다.
> ④ 작업할 수 있는 연령을 13세 이상으로 제한한다.
> ⑤ 주간 작업시간을 48시간으로 제한한다.

(14) Loriga(1911년)
진동 공구에 의한 수지의 레이노드(Raynaud) 현상을 보고 ★

> **암기법**
>
> 1. 납먹은 하마(Hippocrates)의 방광이 풀리니(Pliny) 산 증인(산 증기) 갈렌이 독묻은 파라솔(Paracelsus)에서 콜라(Agricola)는 광물이다 라고 했다.
> 2. 아 멋진(Ramazzini) 보건시조는 사이다 굽다(Baker) 납 나오면 굴뚝있는 커피포트(Percivall Pott) 로 빼낸다.
> 3. 해맑은(Hamilton) 최초학자는 비쩍마른(Bismark) 공장 근로자인 루돌프(Rudolf Virchow)가 병났다(병리학)고 레이노(Raynaud)씨 부인 로리가(Loriga)에게 말했다.

참고

1. Turner Thackrah
Ramazzini보다 산업위생을 한 단계 더 발전시킴

2. Robert Peel(1802년)
도덕법 제정에 큰 역할을 함

2 한국의 산업위생 역사

(1) 1926년
공장보건위생법 제정

(2) 1953년 ★
우리나라 산업위생에 관한 최초의 법령인 근로기준법 제정 공포

> **근로기준법의 주요 내용**
> ① 근로조건의 최저 기준을 규정한 노동보호법(근로보호법)
> ② 안전, 위생에 관한 규정 및 산업재해 방지를 위한 사업주의 의무 부여
> ③ 1962년 위험관리에 관한 규정을 포함한 근로기준법 시행령 제정

(3) 1962년
① 가톨릭의대 산업의학연구소 설립
② 근로기준법 시행령 제정

(4) 1963년
① 대한산업보건협회 창립
② 노동 행정 사무를 나누어 처리했던 노정국을 노동청으로 승격

(5) 1977년
① 근로복지공사 설립, 근로복지공사 부속병원 개설
② 국립노동과학연구소 설립

(6) 1981년 ★
① 산업안전보건법 제정 공포(산업안전보건법의 시행일 : 1982년 7월 1일)
② 노동청을 노동부로 승격

참고
산업안전보건법의 목적
① 근로자의 안전 및 보건을 유지·증진
② 산업재해의 예방
③ 쾌적한 작업환경의 조성

(7) 1983년

산업위생 관련 자격제도 도입

(8) 1986년

유해물질의 허용농도 제정

(9) 1987년 ★

한국산업안전공단 설립

(10) 1988년 ★

① 문송면 군(15세)의 수은중독 사망 발생
② 공장에서 온도계에 수은을 주입하는 작업을 하다 수은 증기 흡입으로 수은에 중독됨

(11) 1990년 ★

한국산업위생학회 창립

(12) 1991년 ★

① 우리나라 ILO(국제노동기구) 가입
② 원진레이온(주) 이황화탄소(CS_2) 중독 발생(1998년 집단 중독 발생)

(13) 1992년

작업환경 측정기관에 대한 정도관리 규정 제정

(14) 2002년

대한산업보건협회 12개 산업보건센터 설립, 운영

> **암기법**
>
> 26공장, 53근로, 62의학연구, 63보건협회, 77복지공사,
> 81산안법, 83위생기사, 86허용농도, 87안전공단, 88문송면,
> 90위생학회, 91원진, 92정도관리, 02보건센터

3 산업위생 관련 기관 ★★

① 미국정부산업위생전문가협의회 : ACGIH
  (American Conference of Governmental Industrial Hygienists)
② 미국산업위생학회 : AIHA(American Industrial Hygiene Association)
③ 미국산업안전보건청 : OSHA
  (Occupational Safety and Health Administration)
④ 국립산업안전보건연구원 : NIOSH
  (National Institute for Occupational Safety and Health)
⑤ 국제암연구소 : IARC(International Agency for Research on Cancer)
⑥ 영국산업위생학회 : BOHS(British Occupational Hygiene Society)
⑦ 영국산업안전보건청 : HSE(Health Safety Executive)
⑧ 한국산업안전보건공단 : KOSHA
  (Korea Occupational Safety & Health Agency)

> **한 눈에 들어오는 키워드**
>
> **기출**
> 미국정부산업위생전문가협의회 (ACGIH)
> 매년 "화학물질과 물리적 인자에 대한 노출기준 및 생물학적 노출지수"를 발간하여 노출기준 제정에 있어서 국제적으로 선구적인 역할을 담당

암기법

ACGIH
A(American 미국) C(Conference 협의회) G(Governmental 정부) IH(Industrial Hygienists 산업위생)

AIHA
A(American 미국) IH(Industrial Hygiene 산업위생) A(Association 학회)

OSHA
OSH(Occupational Safety and Health 산업안전보건) A(Administration 청)

NIOSH
N(Nationa 국립) I(Institute 연구원) OSH(Occupational Safety and Health 산업안전보건)

BOHS
B(British 영국) OH(Occupational Hygiene 산업위생) S(Society 학회)

한눈에 들어오는 키워드

참고

1. 생물학적 노출지수
   (BEIs : Biological Exposure Indices)
   근로자의 생체 시료로부터 대사산물을 측정하여 근로자의 유해물질에 대한 노출정도를 파악하는 지표

2. PEL 기준
   건강상의 영향과 함께 사업장에 적용할 수 있는 기술 가능성을 고려함

3. REL 기준
   오직 근로자의 건강상의 영향을 예방하는 것을 목적으로 함

4 국가별 산업보건 허용기준 ★★

(1) 미국정부산업위생전문가협의회(ACGIH)

① TLVs(Threshold Limit Values): 허용기준
② 생물학적 노출지수(BEIs: Biological Exposure Indices)

(2) 미국산업안전보건청(OSHA)

PEL(Permissible Exposure Limits) 기준

(3) 미국국립산업안전보건연구원(NIOSH)

REL(Recommended Exposure Limits) 기준

(4) 미국산업위생학회(AIHA)

WEEL(Workplace Environmental Exposure Level) 기준

(5) 독일

MAK(Maximum Concentration Values) 기준

(6) 한국

화학물질 및 물리적 인자의 노출기준

(7) 영국보건안전청(HSE : Health and Safety Executive)

WEL 기준(Workplace Exposure Limits)

(8) 스웨덴

OEL(Occupational Exposure Limit) 기준

암기법

ACT, O펠, N렐, A윌, H웰, 독M, 스O, 한노

03 산업위생 윤리강령

1 윤리강령의 목적

① 산업위생전문가가 지켜야 할 윤리적 행동의 지침을 제공한다.
② 근로자의 건강 보호, 작업환경 개선 및 산업위생학을 양질의 전문영역이 되도록 하는 것을 목표로 삼고 노력하자는 데 목적이 있다.

2 책임과 의무

산업위생 전문가는 산업위생분야의 원칙들을 적용하여 근로자의 생명 및 건강, 복지에 미치는 영향을 전문적으로 판단, 평가할 때 객관적 견지에서 직업적 업무를 수행할 책임을 가진다.

3 산업위생 전문가의 윤리강령(미국산업위생학술원: AAIH) ★★★

(1) 산업위생 전문가로서의 책임

① 성실성과 학문적 실력 면에서 최고 수준을 유지한다.
② 과학적 방법의 적용과 자료의 해석에서 객관성을 유지한다.
③ 전문 분야로서의 산업위생을 학문적으로 발전시킨다.
④ 근로자, 사회 및 전문 직종의 이익을 위해 과학적 지식을 공개하고 발표한다.
⑤ 기업체의 기밀은 누설하지 않는다.
⑥ 전문적 판단이 타협에 의하여 좌우될 수 있거나 이해관계가 있는 상황에는 개입하지 않는다.

(2) 근로자에 대한 책임

① 근로자의 건강보호가 산업위생 전문가의 1차적 책임이라는 것을 인지한다.
② 위험 요인의 측정, 평가 및 관리에 있어서 외부압력에 굴하지 않고 중립적 태도를 취한다.
③ 위험요소와 예방조치에 대해 근로자와 상담한다.

한 눈에 들어오는 키워드

참고
산업위생 전문가의 윤리강령
- 미국 ACGIH, AIHA, AAIH, ABIH에서 산업위생전문가가 지켜야 할 윤리강령을 제정 공포하였다.
- 산업위생전문가는 기업주와 근로자 사이에서 엄격한 중립을 지켜야 하며 어느 한쪽으로 기울어져서는 안 된다.

요약 암기 ★

산업위생 전문가로서의 책임	① 학문적 실력 면에서 최고 수준 유지 ② 자료의 해석에서 객관성을 유지 ③ 산업위생을 학문적으로 발전시킨다. ④ 과학적 지식을 공개하고 발표 ⑤ 기업체의 기밀은 누설하지 않는다. ⑥ 이해관계가 있는 상황에는 개입하지 않는다.
근로자에 대한 책임	① 근로자의 건강보호가 산업위생전문가의 1차적 책임 ② 위험 요인의 측정, 평가 및 관리에 있어서 중립적 태도 ③ 위험요소와 예방조치에 대해 근로자와 상담
기업주와 고객에 대한 책임	① 정확한 기록을 유지하고 산업위생 전문부서들을 운영 관리 ② 궁극적 책임은 근로자의 건강보호 ③ 책임 있게 행동 ④ 정직하게 권고, 권고사항을 정확히 보고
일반 대중에 대한 책임	① 일반 대중에 관한 사항 정직하게 발표 ② 전문적인 견해를 발표

(3) 기업주와 고객에 대한 책임

① 결과 및 결론을 뒷받침할 수 있도록 정확한 기록을 유지하고 산업위생사업을 전문가답게 전문부서들을 운영·관리한다.
② 궁극적 책임은 기업주와 고객보다는 근로자의 건강보호에 있다.
③ 쾌적한 작업환경을 조성하기 위하여 책임 있게 행동한다.
④ 신뢰를 바탕으로 정직하게 권고하고 결과와 개선점 및 권고사항을 정확히 보고한다.

(4) 일반 대중에 대한 책임

① 일반 대중에 관한 사항은 정직하게 발표한다.
② 적절하고도 확실한 사실을 근거로 전문적인 견해를 발표한다.

> **암기법**
>
> **전문가의 윤리는 전문**(전문가) **근로자**(근로자)**에게 고기**(기업주와 고객) **대접**(대중)
> 1. 전문가는 / 실력최고 / 객관적 자료 해석 / 학문 발전 위해 / 지식 공개발표 / 기밀누설 말고 / 개입하지 않는다.
> 2. 근로자의 / 1차적 책임은 / 중립적 태도로 / 위험예방 상담
> 3. 고기(고객·기업주) / 정확히 기록하는 전문부서 운영하여 / 궁극적으로 근로자 보호 / 책임있게 행동 / 정직하게 보고
> 4. 대중에게 / 정직하게 / 전문적으로 발표

CHAPTER 01 단원 예상문제

저자가 콕! 찝어주는 예상문제 풀어보기!

01 다음 중 산업위생전문가들이 지켜야 할 윤리강령에 있어 전문가로서의 책임에 해당하는 것은?

① 일반 대중에 관한 사항은 정직하게 발표한다.
② 위험요소와 예방조치에 관하여 근로자와 상담한다.
③ 과학적 방법의 적용과 자료의 해석에서 객관성을 유지한다.
④ 위험요인의 측정, 평가 및 관리에 있어서 외부의 압력에 굴하지 않고 중립적 태도를 취한다.

산업위생 전문가로서의 책임	① 성실성과 학문적 실력 면에서 최고 수준을 유지한다. ② 과학적 방법의 적용과 자료의 해석에서 객관성을 유지한다. ③ 전문 분야로서의 산업위생을 학문적으로 발전시킨다. ④ 근로자, 사회 및 전문 직종의 이익을 위해 과학적 지식을 공개하고 발표한다. ⑤ 기업체의 기밀은 누설하지 않는다. ⑥ 전문적 판단이 타협에 의하여 좌우될 수 있거나 이해관계가 있는 상황에는 개입하지 않는다.
근로자에 대한 책임	① 근로자의 건강보호가 산업위생전문가의 1차적 책임이라는 것을 인지한다. ② 위험 요인의 측정, 평가 및 관리에 있어서 외부압력에 굴하지 않고 중립적 태도를 취한다. ③ 위험요소와 예방조치에 대해 근로자와 상담한다.
기업주와 고객에 대한 책임	① 결과 및 결론을 뒷받침할 수 있도록 정확한 기록을 유지하고 산업위생사업을 전문가답게 전문부서들을 운영 관리한다. ② 궁극적 책임은 기업주와 고객보다는 근로자의 건강보호에 있다. ③ 쾌적한 작업환경을 조성하기 위하여 책임 있게 행동한다. ④ 신뢰를 바탕으로 정직하게 권고하고 결과와 개선점 및 권고사항을 정확히 보고한다.
일반 대중에 대한 책임	① 일반 대중에 관한 사항은 정직하게 발표한다. ② 적절하고도 확실한 사실을 근거로 전문적인 견해를 발표한다.

02 다음 중 산업위생의 정의에 있어 4가지 주요 활동에 해당하지 않는 것은?

① 보상(compensation)
② 인지(recognition)
③ 평가(evaluation)
④ 관리(control)

★ 산업위생의 주요 활동
예측 → 인지 → 측정 → 평가 → 관리

정답   01 ③   02 ①

※ 참고
미국산업위생학회(AIHA)의 산업위생의 정의
근로자나 일반 대중에게 질병, 건강장애와 안녕방해, 심각한 불쾌감 및 능률 저하 등을 초래하는 작업환경 요인과 스트레스를 예측, 측정, 평가, 관리하는 과학과 기술이다.

03 다음 중 산업위생의 목적과 가장 거리가 먼 것은?

① 근로자의 건강을 유지·증진시키고 작업능률을 향상
② 근로자들의 육체적, 정신적, 사회적 건강 유지 및 증진
③ 유해한 작업환경 및 조건으로 발생한 질병의 진단과 치료
④ 최적의 작업환경 및 작업조건으로 개선하여 질병을 예방

※ 산업위생의 목적
① 작업환경과 근로조건의 개선 및 직업병의 근원적 예방
② 최적의 작업환경 및 작업조건을 개선하여 질병을 예방
③ 근로자의 건강을 유지·증진시키고 작업능률을 향상
④ 근로자들의 육체적, 정신적, 사회적 건강 유지 및 증진
⑤ 산업재해의 예방 및 직업성질환 유소견자의 작업 전환

04 1800년대 산업보건에 관한 법률로서 실제로 효과를 거둔 영국의 공장법 내용과 거리가 먼 것은?

① 감독관을 임명하여 공장을 감독하였다.
② 근로자에게 교육을 시키도록 의무화한다.
③ 18세 미만 근로자의 야간작업을 금지한다.
④ 작업할 수 있는 연령을 8세 이상으로 제한한다.

※ 공장법(factory act)의 주요 내용
① 감독관을 임명하여 공장을 감독한다.
② 근로자에게 교육을 시키도록 의무화한다.
③ 18세 미만 근로자의 야간작업을 금지한다.
④ 작업할 수 있는 연령을 13세 이상으로 제한한다.
⑤ 주간 작업시간을 48시간으로 제한한다.

05 다음 중 산업위생의 정의와 가장 거리가 먼 것은?

① 사회적 건강 유지 및 증진
② 근로자의 체력 증진 및 진료
③ 육체적, 정신적 건강 유지 및 증진
④ 생리적, 심리적으로 적합한 작업환경에 배치

※ 산업위생의 정의
① 사회적 건강 유지 및 증진
② 육체적, 정신적 건강 유지 및 증진
③ 생리적, 심리적으로 적합한 작업환경에 배치

※ 참고
미국산업위생학회(AIHA)의 산업위생의 정의
근로자나 일반 대중에게 질병, 건강장애와 안녕방해, 심각한 불쾌감 및 능률 저하 등을 초래하는 작업환경 요인과 스트레스를 예측, 측정, 평가, 관리하는 과학과 기술이다.

정답 03 ③ 04 ④ 05 ②

06 미국산업위생학술원(AAIH)에서 채택한 산업위생전문가의 윤리강령 중 근로자에 대한 책임과 가장 거리가 먼 것은?

① 근로자의 건강보호가 산업위생전문가의 1차적인 책임이라는 것을 인식해야 한다.
② 근로자와 기타 여러 사람의 건강과 안녕이 산업위생전문가의 판단에 좌우된다는 것을 깨달아야 한다.
③ 위험요인의 측정, 평가 및 관리에 있어서 외부의 압력에 굴하지 않고 근로자 중심으로 태도를 취한다.
④ 위험요소와 예방조치에 대하여 근로자와 상담해야 한다.

> ③ 위험요인의 측정, 평가 및 관리에 있어서 외부의 압력에 굴하지 않고 중립적 태도를 취한다.

07 다음 중 산업위생 관련 기관의 약자와 명칭이 잘못 연결된 것은?

① ACGIH : 미국산업위생협회
② OSHA : 산업안전보건청(미국)
③ NIOSH : 국립산업안전보건연구원(미국)
④ IARC : 국제암연구소

> ① ACGIH(American Conference of Governmental Industrial Hygienists) : 미국정부산업위생전문가협의회

08 다음 중 매년 "화학물질과 물리적 인자에 대한 노출기준 및 생물학적 노출지수"를 발간하여 노출기준 제정에 있어서 국제적으로 선구적인 역할을 담당하고 있는 기관은?

① 미국산업위생학회(AIHA)
② 미국직업안전위생관리국(OSHA)
③ 미국국립산업안전보건연구원(NIOSH)
④ 미국정부산업위생전문가협회(ACGIH)

> ★ 미국정부산업위생전문가협의회(ACGIH)
> 매년 "화학물질과 물리적 인자에 대한 노출기준 및 생물학적 노출지수"를 발간하여 노출기준 제정에 있어서 국제적으로 선구적인 역할을 담당

09 미국산업위생학술원(AAIH)이 채택한 윤리강령 중 기업주와 고객에 대한 책임에 해당하는 내용은?

① 일반 대중에 관한 사항은 정직하게 발표한다.
② 위험요소와 예방조치에 관하여 근로자와 상담한다.
③ 성실성과 학문적 실력면에서 최고수준을 유지한다.
④ 궁극적 책임은 기업주와 고객보다 근로자의 건강보호에 있다.

> ① 일반 대중에 대한 책임
> ② 근로자에 대한 책임
> ③ 산업위생 전문가로서의 책임
> ④ 기업주와 고객에 대한 책임

정답 06 ③ 07 ① 08 ④ 09 ④

10 다음 중 산업위생의 기본적인 과제를 가장 올바르게 표현한 것은?

① 작업환경에 의한 정신적 영향과 적합한 환경의 연구
② 작업능력의 신장 및 저하에 따른 작업조건의 연구
③ 작업장에서 배출된 유해물질이 대기오염에 미치는 영향에 대한 연구
④ 노동력 재생산과 사회 심리적 조건에 관한 연구

> ★ 산업위생의 영역 중 기본과제
> ① 작업능력의 향상과 저하에 따른 작업조건 및 정신적 조건의 연구
> ② 최적 작업환경 조성에 관한 연구 및 유해 작업환경에 의한 신체적 영향 연구
> ③ 노동력의 재생산과 사회, 경제적 조건에 관한 연구

11 이탈리아의 의사인 Ramazzini는 1700년에 "직업인의 질병(De Morbis Artificum Diatriba)"을 발간하였는데, 이 사람이 제시한 직업병의 원인과 가장 거리가 먼 것은?

① 근로자들의 과격한 동작
② 작업자를 관리하는 체계
③ 작업장에서 사용하는 유해물질
④ 근로자들의 불안전한 작업자세

> ★ Ramazzini가 주장한 직업병의 원인
> ① 근로자들의 과격한 동작
> ② 작업장에서 사용하는 유해물질
> ③ 근로자들의 불안전한 작업자세

12 다음 중 산업위생관리 업무와 가장 거리가 먼 것은?

① 직업성 질환에 대한 판정과 보상
② 유해작업환경에 대한 공학적인 조치
③ 작업조건에 대한 인간공학적인 평가
④ 작업환경에 대한 정확한 분석기법의 개발

> ★ 산업위생관리 업무
> ① 유해작업환경에 대한 공학적인 조치
> ② 작업조건에 대한 인간공학적인 평가
> ③ 작업환경에 대한 정확한 분석기법의 개발

13 다음 중 산업위생활동의 순서로 올바른 것은?

① 관리 → 인지 → 예측 → 측정 → 평가
② 인지 → 예측 → 측정 → 평가 → 관리
③ 예측 → 인지 → 측정 → 평가 → 관리
④ 측정 → 평가 → 관리 → 인지 → 예측

> ★ 산업위생의 주요 활동
> 예측 → 인지 → 측정 → 평가 → 관리

정답 10 ② 11 ② 12 ① 13 ③

14 다음 중 역사상 최초로 기록된 직업병은?

① 규폐증 ② 폐질환
③ 음낭암 ④ 납중독

> ★ Hippocrates(B.C 4세기)
> 광산의 납중독 기술(최초의 직업병 : 납중독)

15 다음 중 산업위생의 기본적인 과제에 해당하지 않는 것은?

① 노동 재생산과 사회경제적 조건의 연구
② 작업능률 저하에 따른 작업조건에 관한 연구
③ 작업환경의 유해물질이 대기오염에 미치는 영향 연구
④ 작업환경에 의한 신체적 영향과 최적환경의 연구

> ★ 산업위생의 영역 중 기본과제
> ① 작업능력의 향상과 저하에 따른 작업조건 및 정신적 조건의 연구
> ② 작업환경에 의한 신체적 영향과 최적환경의 연구
> ③ 노동력의 재생산과 사회, 경제적 조건에 관한 연구

16 다음 중 산업위생 역사에서 영국의 외과의사 Percivall Pott에 대한 내용으로 틀린 것은?

① 직업성 암을 최초로 보고하였다.
② 산업혁명 이전의 산업위생 역사이다.
③ 어린이 굴뚝청소부에게 많이 발생하던 음낭암(scrotal cancer)의 원인물질을 검댕(soot)이라고 규명하였다.
④ Pott의 노력으로 1788년 영국에서는 '도제 건강 및 도덕법(Health and Morals of Apprentices Act)'이 통과되었다.

> ★ Percivall Pott(18세기)
> ① 영국의 외과의사, 굴뚝청소부에게서 최초의 직업성 암인 "음낭암"을 발견
> ② 암의 원인 물질은 "검댕"(다핵방향족 화합물 PAH)
> ③ "굴뚝 청소부법" 제정하는 계기가 됨

정답 14 ④ 15 ③ 16 ④

17 미국산업위생학술원(AAIH)에서 정하고 있는 산업위생전문가로서 지켜야 할 윤리강령으로 틀린 것은?

① 기업체의 기밀은 누설하지 않는다.
② 성실성과 학문적 실력면에서 최고수준을 유지한다.
③ 쾌적한 작업환경을 만들기 위한 시설 투자 유치에 기여한다.
④ 과학적 방법의 적용과 자료의 해석에 객관성을 유지한다.

★ 산업위생전문가의 윤리강령

산업위생 전문가로서의 책임	① 성실성과 학문적 실력 면에서 최고 수준을 유지한다. ② 과학적 방법의 적용과 자료의 해석에서 객관성을 유지한다. ③ 전문 분야로서의 산업위생을 학문적으로 발전시킨다. ④ 근로자, 사회 및 전문 직종의 이익을 위해 과학적 지식을 공개하고 발표한다. ⑤ 기업체의 기밀은 누설하지 않는다. ⑥ 전문적 판단이 타협에 의하여 좌우될 수 있거나 이해관계가 있는 상황에는 개입하지 않는다.
근로자에 대한 책임	① 근로자의 건강보호가 산업위생전문가의 1차적 책임이라는 것을 인지한다. ② 위험 요인의 측정, 평가 및 관리에 있어서 외부압력에 굴하지 않고 중립적 태도를 취한다. ③ 위험요소와 예방조치에 대해 근로자와 상담한다.
기업주와 고객에 대한 책임	① 결과 및 결론을 뒷받침할 수 있도록 정확한 기록을 유지하고 산업위생사업을 전문가답게 전문부서들을 운영 관리한다. ② 궁극적 책임은 기업주와 고객보다는 근로자의 건강보호에 있다. ③ 쾌적한 작업환경을 조성하기 위하여 책임 있게 행동한다. ④ 신뢰를 바탕으로 정직하게 권고하고 결과와 개선점 및 권고사항을 정확히 보고한다.
일반 대중에 대한 책임	① 일반 대중에 관한 사항은 정직하게 발표한다. ② 적절하고도 확실한 사실을 근거로 전문적인 견해를 발표한다.

정답 17 ③

CHAPTER 02 인간과 작업환경

01 인간공학

1 인간공학의 정의 및 목적

(1) 인간공학의 정의

① 인간의 특성과 한계능력을 공학적으로 분석·평가하여 이를 복잡한 체계의 설계에 응용함으로써 효율을 최대로 활용할 수 있도록 하는 학문 분야
② 인간공학은 기계와 그 기계조작 및 환경조건을 인간의 특성에 맞추어 설계하기 위한 수단을 연구하는 학문이다.

(2) 인간공학의 연구목적

가장 궁극적인 목적은 안전성 제고와 능률의 향상이다.
① 안전성의 향상과 사고 방지
② 기계조작의 능률성과 생산성의 향상
③ 쾌적성

(3) 인간공학 활용 3단계

1단계 : 준비단계	• 인간과 기계 관계의 구성인자 특성을 명확히 알아낸다. • 인간과 기계가 맡은 역할과 인간과 기계 관계가 어떠한 상태에서 조작될 것인지 명확히 알아낸다.
2단계 : 선택단계	• 각 작업을 수행하는 데 필요한 직종 간의 연결성을 고려한다. • 공장설계에 있어서의 기능적 특성, 제한점을 고려한다.
3단계 : 검토단계	• 인간-기계 관계 전반에 걸친 상황을 실험적으로 검토한다. • 인간공학적으로 인간과 기계 관계의 비합리적인 면을 수정·보완한다.

한 눈에 들어오는 키워드

기출

인간공학이 현대산업에서 중요시되는 이유
① 인간존중 사상에서 볼 때 종전의 기계는 개선되어야 할 많은 문제점이 있음
② 생산경쟁이 격심해짐에 따라 이 분야의 합리화를 통해 생산성을 증대시키고자 함
③ 근로자는 자동화된 생산과정 속에서 일하고 있으므로 기계와 인간과의 관계가 연구되어야 함
④ 시스템이 복잡화, 대규모화되어 인간의 사소한 실수로 막대한 피해가 발생함

(4) 인간공학에서 고려해야 할 인간의 특성 ★

① 인간의 습성
② 신체의 크기와 작업환경
③ 감각과 지각
④ 운동력과 근력
⑤ 기술, 집단에 대한 적응능력

(5) 인체계측

1) 인체계측방법

① 정적 인체계측(구조적 인체치수)
   - 정지 상태에서의 신체를 계측하는 방법으로 표준자세에서 움직이지 않는 피측정자를 인체측정기로 측정한 것이다.
   - 동적인 치수에 비하여 데이터가 많다.
② 동적 인체계측(기능적 인체치수)
   - 체위의 움직임에 따른 계측방법
   - 각 신체부위가 신체적 기능을 수행(특정 작업 수행)할 때, 독립적으로 움직이는 것이 아니라 조화를 이루어 움직이는 신체치수를 측정한 것이다.

2) 인체계측자료의 응용 3원칙 ★

① 최대치수와 최소치수 설계(극단치 설계) : 최대치수 또는 최소치수를 기준으로 하여 설계한다.

최대치수 설계의 예	최소치수 설계의 예
• 위험구역의 울타리 높이 • 출입문의 높이 • 그네줄의 인장강도	• 물건을 올리는 선반의 높이 • 조정장치를 조정하는 힘 • 조정장치까지의 조정거리

② 조절(조정)범위(조절식 설계)
   - 체격이 다른 여러 사람에 맞도록 설계한다.
   - 예) 침대, 의자 높낮이 조절, 자동차의 운전석 위치조정
③ 평균치를 기준으로 한 설계
   - 최대치수나 최소치수, 조절식으로 하기가 곤란할 때 평균치를 기준으로 하여 설계한다.
   - 예) 은행의 창구 높이

기출
조절가능 여부(조절식 설계)
인체측정치를 이용한 작업환경의 설계가 이루어질 때 가장 먼저 고려되어야 한다.

2 들기작업(NIOSH 들기작업 지침)

(1) NIOSH 들기작업 지침 적용기준

① 보통속도로 반드시 두 손으로 들어 올리는 작업이어야 한다. 한손으로 들어 올리는 작업은 해당되지 않는다.
② 물체의 폭이 75cm 이하로 두 손을 적당히 벌리고 작업할 수 있어야 한다. ★
③ 물체를 들어 올리는 데 자연스러워야 한다.
④ 신발이 작업장에 닿을 때 미끄럽지 않아야 하며, 손으로 물건을 잡을 때 불편이 없어야 한다.
⑤ 작업장의 온도가 적절해야 한다.

(2) NIOSH 들기작업 지침의 감시기준(AL)

AL(Action Limit)은 안전작업 무게로서 다음 기준에 의해 설정되었다.

① 남자의 99%, 여자의 75%가 작업가능하다.
② 작업강도, 즉 에너지 소비량이 3.5kcal/min이다.
③ 5번 요추와 1번 천추에 미치는 압력이 3,400N의 부하이다.

- 감시기준(AL)★

$$AL(\text{kg}) = 40\left(\frac{15}{H}\right)(1 - 0.004 \mid V - 75 \mid)\left(0.7 + \frac{7.5}{D}\right)\left(1 - \frac{F}{F_{\max}}\right)$$

H : 대상물체의 수평거리
V : 대상물체의 수직거리(바닥으로부터 물체 중심까지의 거리, 즉 들어올리기 전 물체의 위치
D : 대상물체의 이동거리
F : 중량물 취급작업의 빈도(AL에 가장 큰 영향 줌)
$F_{\max}$: 분당 가장 많이 들어올리는 빈도(횟수)

> **참고**
> $F_{\max}$ (8시간 작업기준)
> · V > 75cm : 15회
> · V ≤ 75cm : 12회

[예제 1]

근로자로부터 40cm 떨어진 물체(9kg)를 바닥으로부터 150cm 들어 올리는 작업을 1분에 5회씩 1일 8시간 실시하였을 때 감시기준(AL, Action Limit)은 얼마인가? (단, H는 수평거리, V는 수직거리, D는 이동거리, F는 작업빈도계수이다.)

$$AL(\text{kg}) = 40\left(\frac{15}{H}\right)(1 - 0.004 \mid V - 75 \mid)\left(0.7 + \frac{7.5}{D}\right)\left(1 - \frac{F}{F_{\max}}\right)$$

해설

$$AL(\text{kg}) = 40 \times \left(\frac{15}{40}\right)(1 - 0.004 \mid 0 - 75 \mid)\left(0.7 + \frac{7.5}{150}\right)\left(1 - \frac{5}{12}\right) = 4.59(\text{kg})$$

(3) NIOSH 들기작업 지침의 최대허용기준(MPL) ★

MPL(Maximum Permissible Limit)은 다음 기준을 가진다.
① MPL을 초과하는 작업에서는 대부분의 근로자들에게 근육·골격 장애가 발생한다.
② MPL에 해당되는 작업에서 디스크에 L_5/S_1 디스크에 640kg(6,400N) 정도의 압력이 초과되어 대부분의 근로자에게 장해가 나타난다.(대부분의 근로자들이 압력에 견디지 못함)
③ L_5/S_1 디스크에서 추간판 탈출증이 주로 발생한다.
④ MPL에 해당하는 작업이 요구하는 에너지대사량은 5.0kcal/min를 초과한다.
⑤ 남성 근로자의 25% 미만과 여성 근로자의 1% 미만에서만 MPL수준의 작업수행이 가능하다.
⑥ MPL을 초과하는 경우 공학적 방법을 적용하여 중량물 취급작업을 다시 설계해야 한다.

> MPL(최대허용기준) = 3 × AL(감시기준) ★★★

(4) 권장무게한계(RWL : Recommended Weight Limit)

권장무게한계란 건강한 작업자가 특정한 들기작업에서 실제 작업시간 동안 허리에 무리를 주지 않고 요통의 위험 없이 들 수 있는 무게의 한계를 말한다. RWL은 여러 작업 변수들에 의해 결정된다.

실기 기출 ★ RWL(kg) = LC(23) × HM × VM × DM × AM × FM × CM

	Item
LC	중량상수(Load Constant) : 23kg
HM	수평 계수(Horizontal Multiplier)
VM	수직 계수(Vertical Multiplier)
DM	거리 계수(Distance Multiplier)
AM	비대칭 계수(Asymmetric Multiplier)
FM	빈도 계수(Frequency Multiplier)
CM	커플링 계수(Coupling Multiplier)

기출 ★
앉을 때, 서 있을 때, 물체를 들어 올릴 때, 뛸 때 발생하는 압력은 5번째 요추와 천골 사이에 있는 디스크(L_5/S_1)에 대부분 흡수된다.

1. **중량물 상수(23Kg)**
   최적의 환경에서 들기작업을 할 때의 최대 허용무게를 말함
2. **최적의 환경이란**
   - 허리의 비틀림 없이 정면에서,
   - 들기작업을 가끔씩 할 때(F < 0.2),
   - 작업물이 작업자 몸 가까이 있으며(H = 25cm),
   - 수직위치(V)는 75cm,
   - 작업자가 물체를 옮기는 거리의 수직이동거리(D)가 25cm 이하이며,
   - 커플링이 좋은 상태
3. **작업 변수와 용어 정의**
   - 수평위치 (H : Horizontal Location)
     - 두 발 안쪽 복사뼈 사이의 중점에서 손까지의 수평거리(cm)
     - 몸의 수직선상의 중심에서 물체를 잡는 손의 중앙까지의 수평거리(H, cm)를 측정하여 25/H로 구한다.
   - 수직위치 (V : Vertical Location) : 바닥에서 손까지의 수직거리(cm)
   - 수직이동거리 (D : Vertical Travel Distance)
     - 수직으로 이동한 거리(cm)
     - 최초의 위치에서 최종 운반위치까지의 수직이동거리(cm)를 의미한다.
   - 비대칭 각도 (A : Asymmetry Angle)
     - 정면에서 비틀린 정도를 나타내는 각도, 정중면과 비대칭 평면 사이의 각도
     - 비대칭각 A는 중량물의 위치를 가리키는 값, 실제 몸의 비틀기 양이 아니다.
   - 들기 빈도 (F : Lifting Frequency) : 평균적인 분당 들기 횟수(회/분) (최소 15분 평균)

> **한 눈에 들어오는 키 워드**
>
> **참고**
> 중량물 취급에 대한 기준(NIOSH)
> 적용범위
> ① 작업시간
> ② 작업횟수(빈도)
> ③ 물체 무게
> ④ 물체를 들어 올리는 거리
> ⑤ 물체의 높이(바닥으로부터 물체가 놓여 있는 장소의 높이)
> ⑥ 물체 위치(물체와 사람과의 거리)

(5) 들기지수, 중량물 취급지수(LI : Lifting Index)

LI는 실제 작업물의 무게와 RWL의 비(ratio)이며 특정 작업에서의 육체적 스트레스의 상대적인 양을 나타낸다. 즉 LI가 1.0보다 크면 작업 부하가 권장치보다 크다고 할 수 있다.

$$LI = \frac{\text{실제 작업 무게(L)}}{\text{권장무게한계(RWL)}} \star\star$$

[예제 2]

무게 8kg의 물건을 근로자가 들어 올리는 작업을 하려고 한다. 해당 작업조건의 권장무게한계(RWL)가 5kg이고, 이동거리가 20cm일 때에 들기지수(LI : Lifting Index)는 얼마인가? (단, 근로자는 10분씩 2회, 1일 8시간 작업한다.)

해설

$LI = \dfrac{8}{5} = 1.6$

(6) 인력 운반작업 한계허용중량(Action Limit)

「인력 운반작업에 관한 안전가이드」 기준

$$한계허용중량 = 40 \times \frac{15}{H} \times (1 - 0.004 \times |V - 75|) \times (0.7 + \frac{7.5}{D}) \times (1 - \frac{F}{F_m})$$

H : 화물의 중심에서 두 발목의 중간 지점까지의 거리(cm)
V : 바닥에서 물체 중심까지의 거리(cm)
D : 화물을 들어 올리는 높이(cm)
F : 들어 올리는 빈도(횟수)
F_m : 화물 높이에 따른 보정계수

(7) 중량물 운반 시 준수사항

① 숙련된 경험자를 작업 지휘자로 선정하여 운반방법, 운반 단계 등을 협의 결정하여야 한다.
② 공동으로 중량물을 운반할 때에는 근로자의 체력, 신장 등을 고려하여 현저한 차이가 있는 작업자는 제외하고 작업지휘자의 지시에 따라 통일된 행동을 하여야 한다.
③ 무게 중심이 높은 하물은 인력으로 운반하여서는 아니 된다.

(8) 사업주는 근로자가 5킬로그램 이상의 중량물을 들어 올리는 작업을 하는 경우에 다음 각 호의 조치를 해야 한다.

① 주로 취급하는 물품에 대하여 근로자가 쉽게 알 수 있도록 **물품의 중량과 무게중심**에 대하여 작업장 주변에 안내표시를 할 것
② 취급하기 곤란한 물품은 손잡이를 붙이거나 갈고리, 진공빨판 등 적절한 보조도구를 활용할 것

참고
인력운반 중량 권장기준

작업형태	성별	연령별 허용 권장기준(kg)			
		18세 이하	19~35세	36~50세	51세 이상
일시작업 (시간당 2회 이하)	남	25	30	27	25
	여	17	20	17	15
계속작업 (시간당 3회 이상)	남	12	15	13	10
	여	8	10	8	5

(주) 화물의 무게 = 부피 × 화물의 비중

참고
바닥에서 물체 중심까지의 거리

작업시간	F_m(횟수/분)	
	$V > 75cm$	$V \leq 75cm$
1시간	18	15
8시간	15	12

(9) 중량물 운반방법

중량물의 취급에서 근로자가 **항상 수작업으로 물건을 취급하는 경우**에는 중량이 **남자 근로자인 경우 체중의 40% 이하, 여자 근로자인 경우 체중의 24% 이하**가 되도록 하여야 하며 **중량물의 폭은 75cm 이상 되지 않도록** 하여야 한다.

중량물 운반하기	① 혼자서 운반할 때 • 허리를 편 채로 앞을 주시하면서 다리만을 움직여 이동한다. • 방향 전환 시는 몸을 틀지 말고 먼저 이동방향으로 발을 옮긴다. ② 2인 이상 운반할 때 • 55kg 이상의 운반물은 반드시 2인 이상이 공동운반을 하도록 한다. • 운반할 때는 중량물 가까이 신체를 붙여서 허리보다 높은 위치로 올려 들도록 한다. • 지휘자를 정하여 작업방법, 순서, 기계·기구점검 등에 대하여 지휘를 받도록 한다.
중량물 밀기	운반물이 무거운 것일수록 다리를 크게 벌려 허리를 낮추고 앞다리에 체중을 실어서 밀도록 한다.
중량물 끌기	무거운 물건을 한 손으로 끌면 예상치 않은 방향으로 나가거나 중심이 한쪽으로 치우쳐 허리를 삐는 수가 있다. 따라서 운반물은 양손으로 끌고 또 다리를 모으지 않도록 한다.
높은 장소의 물건 들기	운반물체에 몸을 가까이 붙이고 안전한 받침대를 사용하도록 한다. 또 다리는 운반물과 나란하게 하지 말고 신체의 균형을 유지하도록 앞뒤로 벌린다.
연속해서 물건을 옆으로 옮기기	허리를 비틀지 않도록 한다. 또 하반신을 돌려서 하지를 충분히 사용하고 무릎의 탄력을 살린다. 연속해서 작업할 때 물건의 무게는 체중의 40% 이하가 안전하다.
물건을 어깨에 메기	상체를 구부리지 말고 등을 곧게 펴도록 한다. 걸을 때는 허리를 낮추고 무릎의 탄력을 이용하도록 한다. 또 물건을 중심과 허리와 발이 동일선상으로 유지되도록 한다.

(10) 요통 발생의 요인 ★

① 잘못된 작업 방법 및 자세
② 작업습관과 개인적인 생활태도
③ 근로자의 육체적 조건
④ 물리적 환경요인(작업빈도, 물체의 무게 및 크기 등)
⑤ 요통 및 기타 장애(자동차 사고, 넘어짐 등)의 경력

 한 눈에 들어오는 **키**워드

기출
중량물 취급 주의사항
① 허리를 곧게 펴서 작업한다.
② 다릿심을 이용하여 서서히 일어난다.
③ 운반체 가까이 접근하여 운반물을 손 전체로 꽉 쥔다.

기출
들기작업의 동작 순서
중량물에 몸을 밀착 → 발을 어깨너비 정도로 벌리고, 몸은 균형을 유지 → 무릎을 굽힌다. → 중량물을 양손으로 잡는다. → 목과 등이 일직선이 되도록 한다. → 등을 펴고 무릎의 힘으로 일어난다.

(11) 요통예방을 위한 안전작업수칙

① 중량물을 취급할 때는 허리의 힘보다는 팔, 다리, 복부의 근력을 이용하도록 한다.
② 중량물을 들어 올릴 때는 물체를 최대한 몸 가까이에서 잡고 들어 올리도록 한다.
③ 중량물 취급 시 허리는 곧게 펴고 가급적 구부리거나 비틀지 않고 작업하도록 한다.

(12) 작업시간과 휴식시간의 배분

사업주는 근로자가 중량물을 인력으로 들어올리거나 운반하는 작업을 하는 경우에 근로자가 취급하는 물품의 중량 · 취급빈도 · 운반거리 · 운반속도 등 인체에 부담을 주는 작업의 조건에 따라 작업시간과 휴식시간 등을 적정하게 배분해야 한다.

3 단순 및 반복작업

(1) 수평 작업대 ★★

1) 정상 작업역

① 상완을 자연스럽게 늘어뜨린 채 전완만으로 뻗어 파악할 수 있는 구역
(팔을 가볍게 몸체에 붙이고 팔꿈치를 구부린 상태에서 자유롭게 손이 닿는 영역)
② 움직이지 않고 전박(前膊)과 손으로 조작할 수 있는 범위

2) 최대 작업역

① 전완과 상완을 곧게 펴서 파악할 수 있는 구역(양팔을 곧게 폈을 때 도달할 수 있는 최대영역)
② 움직이지 않고 상지(上肢)를 뻗어서 닿는 범위

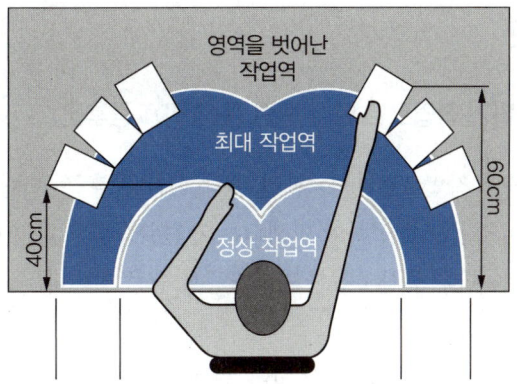

(2) 작업대의 높이

1) 석식 작업대 높이

① 작업대 높이는 의자 높이, 작업대 두께, 대퇴여유 등을 고려하여 설계하여야 한다.
② 작업의 성격에 따라 작업대 높이도 달라지며 가벼운 작업일수록 높아야 하고, 거친 작업에는 약간 낮은 편이 낫다.
③ 의자 높이, 작업대 높이, 발걸이 등을 조절할 수 있도록 하는 것이 바람직하다.

2) 입식 작업대 높이

① 경(經)작업 시 작업대의 높이는 팔꿈치 높이보다 5 ~ 10cm 정도 낮은 것이 적당하다.
② 중(重) 작업 시 작업대의 높이는 팔꿈치 높이보다 10 ~ 20cm 정도 낮은 것이 적당하다.
③ 정밀작업 시 작업대의 높이는 팔꿈치 높이보다 5 ~ 10cm 정도 높은 것이 적당하다.

4 VDT 증후군

(1) 영상표시단말기 작업으로 인한 관련 증상(VDT 증후군)

"영상표시단말기 작업으로 인한 관련 증상(VDT 증후군)"이란 영상표시단말기를 취급하는 작업으로 인하여 발생되는 경견완증후군 및 기타 근골격계 증상·눈의 피로·피부 증상·정신신경계 증상 등을 말한다.

① 근골격계 증상
- 목, 어깨, 팔꿈치, 손목 및 손가락 등에 나타나는 통증과 저림, 쑤심 등의 증상

② 눈의 피로

③ 피부 증상
- 날씨가 건조할 때 화면에서 발생되는 정전기에 의해 민감한 피부반응이 나타나는 경우가 있다.

④ 정신적 스트레스
- 정서적 불편(초조, 근심, 착란, 긴장, 무기력감)과 생리적 반응(혈압상승, 소화불량, 심박수 증가, 아드레날린 분비 촉진, 두통) 등의 증상

⑤ 전자파 장해
- 컴퓨터 화면으로부터 발생되는 전자기파(EMF)에 의한 장해

(2) 컴퓨터단말기 조작업무에 대한 조치

① 실내는 명암의 차이가 심하지 않도록 하고 직사광선이 들어오지 않는 구조로 할 것
② 저휘도형(低輝度型)의 조명기구를 사용하고 창·벽면 등은 반사되지 않는 재질을 사용할 것
③ 컴퓨터 단말기와 키보드를 설치하는 책상과 의자는 작업에 종사하는 근로자에 따라 그 높낮이를 조절할 수 있는 구조로 할 것
④ 연속적으로 컴퓨터단말기 작업에 종사하는 근로자에 대하여 작업시간 중에 적절한 휴식시간을 부여할 것

(3) 영상표시단말기 작업의 작업자세

영상표시단말기 취급근로자는 다음 각 호의 요령에 따라 의자의 높이를 조절하고 화면·키보드·서류받침대 등의 위치를 조정하도록 한다.

① 영상표시단말기 취급근로자의 시선은 화면상단과 눈높이가 일치할 정도로 하고 작업 화면상의 시야는 수평선상으로부터 아래로 10도 이상 15도 이하에 오도록 하며 화면과 근로자의 눈과의 거리(시거리 : Eye-Screen Distance)는 40센티미터 이상을 확보할 것

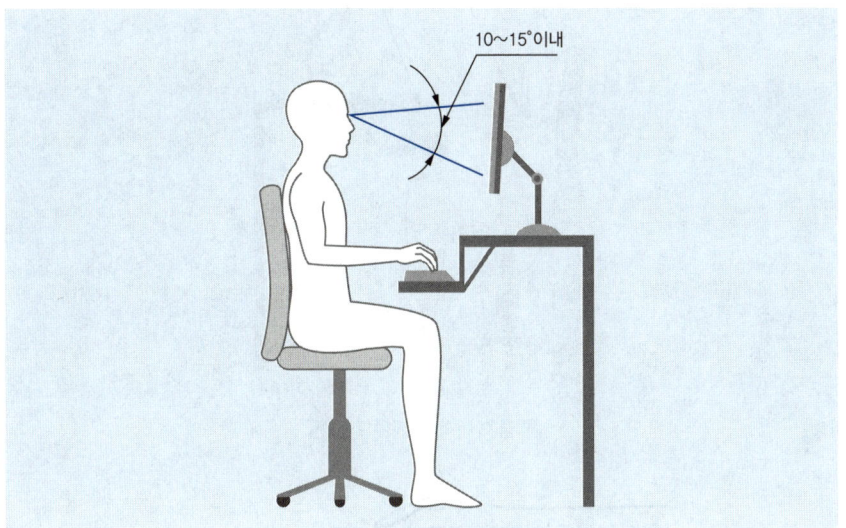

[작업자의 시선범위]

> **한 눈에 들어오는 키워드**

② 위팔(Upper Arm)은 자연스럽게 늘어뜨리고, 작업자의 어깨가 들리지 않아야 하며, 팔꿈치의 내각은 90도 이상이 되어야 하고, 아래팔(Forearm)은 손등과 수평을 유지하여 키보드를 조작할 것, 아래팔은 손등과 일직선을 유지하여 손목이 꺾이지 않도록 한다.

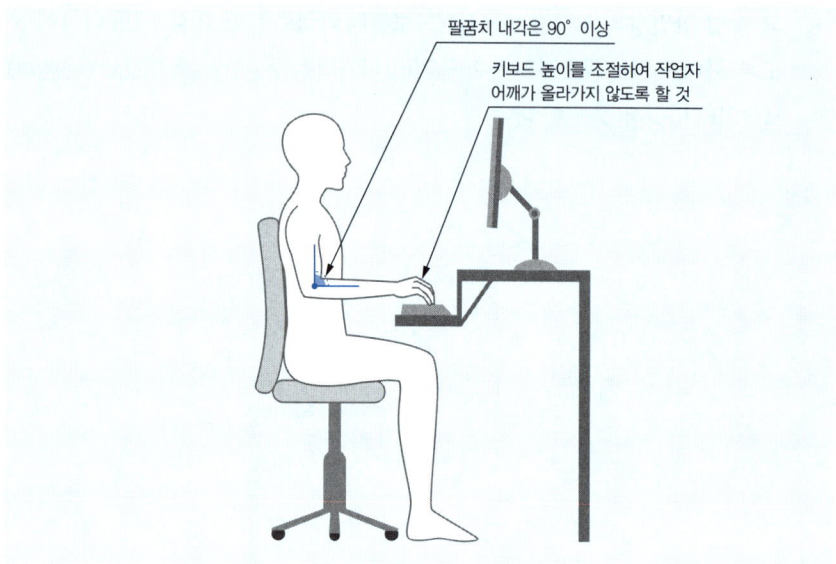

[팔꿈치 내각 및 키보드 높이]

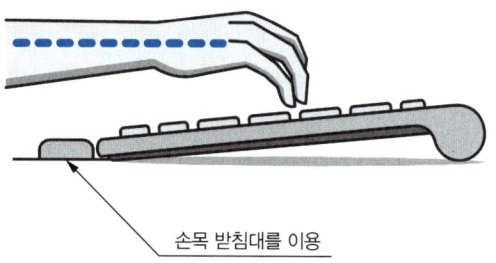

[아래팔과 손등은 수평을 유지]

③ 연속적인 자료의 입력 작업 시에는 서류받침대(Document Holder)를 사용하도록 하고, 서류받침대는 높이·거리·각도 등을 조절하여 화면과 동일한 높이 및 거리에 두어 작업할 것

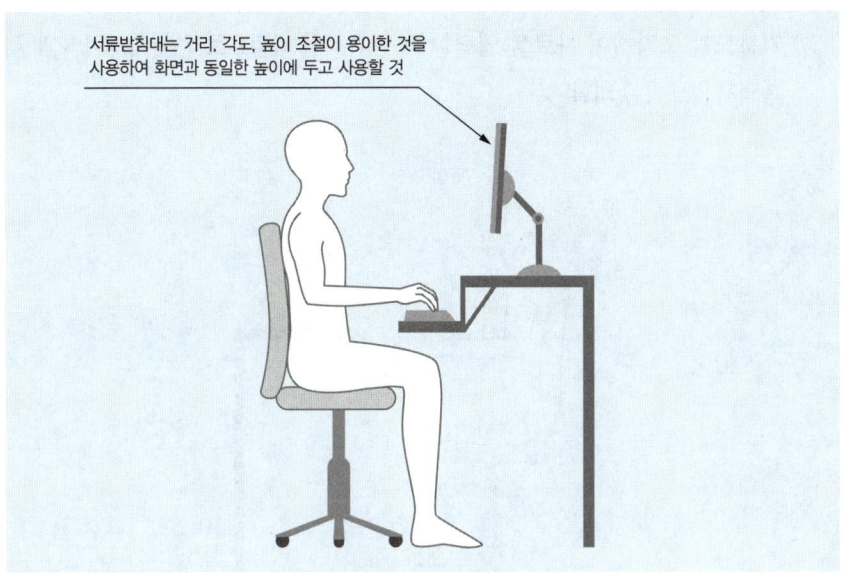

[서류받침대 사용]

④ 의자에 앉을 때는 의자 깊숙히 앉아 의자등받이에 등이 충분히 지지되도록 할 것
⑤ 영상표시단말기 취급근로자의 발바닥 전면이 바닥면에 닿는 자세를 기본으로 하되, 그러하지 못할 때에는 발받침대(Foot Rest)를 조건에 맞는 높이와 각도로 설치할 것

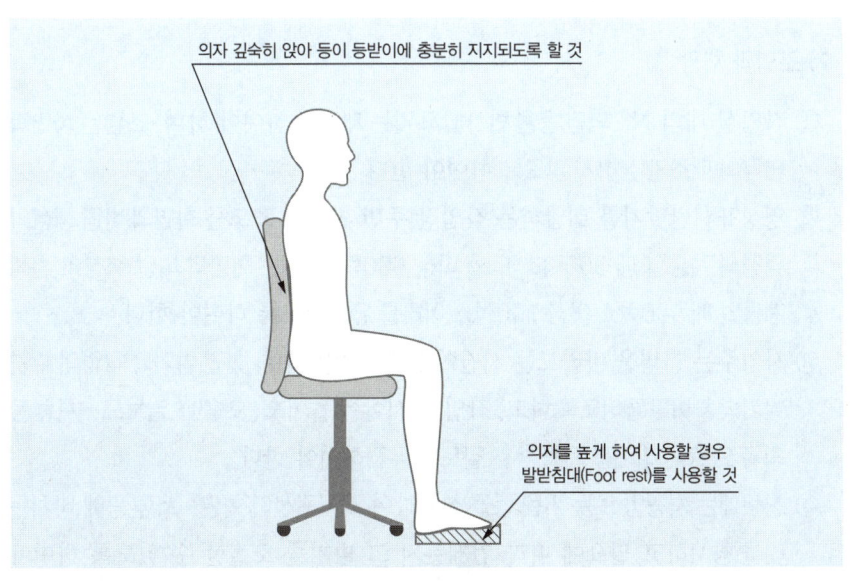

> **참고**
> **영상표시단말기 작업의 작업시간 및 휴식시간**
> ① 사업주는 영상표시단말기 연속작업을 수행하는 근로자에 대해서는 영상표시단말기 작업 외의 작업을 중간에 넣거나 또는 다른 근로자와 교대로 실시하는 등 계속해서 영상표시단말기 작업을 수행하지 않도록 하여야 한다.
> ② 사업주는 영상표시단말기 연속작업을 수행하는 근로자에 대하여 작업시간 중에 적정한 휴식시간을 주어야 한다. 다만, 연속작업 직후 휴게시간 또는 점심시간이 있을 경우에는 그러하지 아니하다.
> ③ 사업주는 영상표시단말기 연속작업을 수행하는 근로자가 휴식시간을 적절히 활용할 수 있도록 휴식장소를 제공하여야 한다.

⑥ 무릎의 내각(Knee Angle)은 90도 전후가 되도록 하되, 의자의 앉는 면의 앞부분과 영상표시단말기 취급근로자의 종아리 사이에는 손가락을 밀어 넣을 정도의 틈새가 있도록 하여 종아리와 대퇴부에 무리한 압력이 가해지지 않도록 할 것 ★
⑦ 키보드를 조작하여 자료를 입력할 때 양 손목을 바깥으로 꺾은 자세가 오래 지속되지 않도록 주의할 것

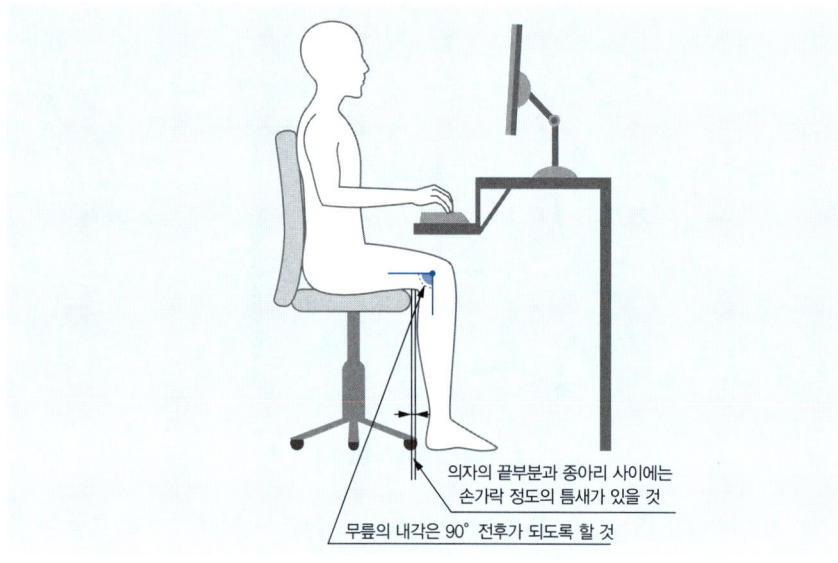

[무릎내각]

(4) 영상표시단말기 작업의 작업환경관리

1) 조명과 채광

① 작업실 내의 창·벽면 등을 반사되지 않는 재질로 하여야 하며, 조명은 화면과 명암의 대조가 심하지 않도록 하여야 한다.
② 영상표시단말기를 취급하는 작업장 주변 환경의 조도를 화면의 바탕 색상이 검정색 계통일 때 300럭스(Lux) 이상 500럭스 이하, 화면의 바탕 색상이 흰색 계통일 때 500럭스 이상 700럭스 이하를 유지하도록 하여야 한다.
③ 사업주는 화면을 바라보는 시간이 많은 작업일수록 화면 밝기와 작업대 주변 밝기의 차이를 줄이도록 하고, 작업 중 시야에 들어오는 화면·키보드·서류 등의 주요 표면 밝기를 가능한 한 같도록 유지하여야 한다.
④ 창문에는 차광망 또는 커텐 등을 설치하여 직사광선이 화면·서류 등에 비치는 것을 방지하고 필요에 따라 언제든지 그 밝기를 조절할 수 있도록 하여야

한다.
⑤ 사업주는 작업대 주변에 영상표시단말기 작업 전용의 조명등을 설치할 경우에는 영상표시단말기 취급근로자의 한쪽 또는 양쪽 면에서 화면·서류면·키보드 등에 균등한 밝기가 되도록 설치하여야 한다.

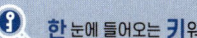

2) 눈부심 방지

① 지나치게 밝은 조명·채광 또는 깜박이는 광원 등이 직접 영상표시단말기 취급근로자의 시야에 들어오지 않도록 하여야 한다.
② 눈부심 방지를 위하여 화면에 보안경 등을 부착하여 빛의 반사가 증가하지 않도록 하여야 한다.
③ 작업면에 도달하는 빛의 각도를 화면으로부터 45도 이내가 되도록 조명 및 채광을 제한하여 화면과 작업대 표면반사에 의한 눈부심이 발생하지 않도록 하여야 한다. 다만, 조건상 빛의 반사방지가 불가능할 경우에는 다음 각 호의 방법으로 눈부심을 방지하도록 하여야 한다.

- 화면의 경사를 조정할 것
- 저휘도형 조명기구를 사용할 것
- 화면상의 문자와 배경과의 휘도비(Contrast)를 낮출 것
- 화면에 후드를 설치하거나 조명기구에 간이 차양막 등을 설치할 것
- 그 밖의 눈부심을 방지하기 위한 조치를 강구할 것

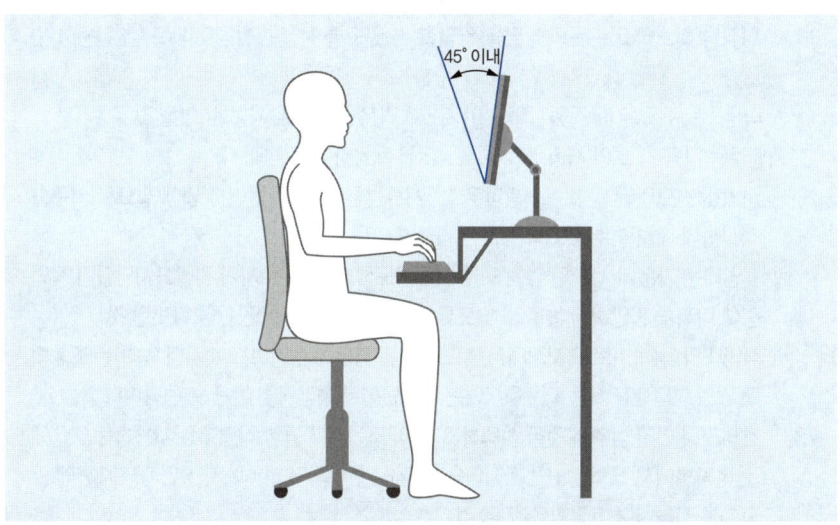

[빛이 작업 화면에 도달하는 각도는 화면으로부터 45° 이내일 것]

한 눈에 들어오는 키워드

참고
소음 및 정전기 방지

1. 영상표시단말기 등에서 소음·정전기 등의 발생이 심하여 작업자에게 건강장해를 일으킬 우려가 있을 때에는 다음 각 호의 소음·정전기 방지조치를 취하거나 방지장치를 설치하도록 하여야 한다.
   ① 프린터에서 소음이 심할 때에는 후드·칸막이·덮개의 설치 및 프린터의 배치 변경 등의 조치를 취할 것
   ② 정전기의 방지는 접지를 이용하거나 알코올 등으로 화면을 깨끗이 닦아 방지할 것

2. 온도 및 습도
   사업주는 영상표시단말기 작업을 주목적으로 하는 작업실 안의 온도를 18도 이상 24도 이하, 습도는 40퍼센트 이상 70퍼센트 이하를 유지하여야 한다.

3. 점검 및 청소
   ① 영상표시단말기 취급근로자는 작업개시 전 또는 휴식시간에 조명기구·화면·키보드·의자 및 작업대 등을 점검하여 조정하여야 한다.
   ② 영상표시단말기 취급근로자는 수시 또는 정기적으로 작업장소·영상표시단말기 등을 청소함으로써 항상 청결을 유지하여야 한다.

참고
❈ 영상표시단말기 VDT 취급근로자 작업관리지침(노동부 고시)

1. 사업주는 다음 각 호의 성능을 갖춘 **영상표시단말기 화면**을 제공하여야 한다.
   ① 영상표시단말기 화면은 회전 및 경사조절이 가능할 것
   ② 화면의 깜박거림은 영상표시단말기 취급근로자가 느낄 수 없을 정도이어야 하고 화질은 항상 선명할 것
   ③ 화면에 나타나는 문자·도형과 배경의 휘도비(Contrast)는 작업자가 용이하게 조절할 수 있을 것
   ④ 화면상의 문자나 도형 등은 영상표시단말기 취급근로자가 읽기 쉽도록 크기·간격 및 형상 등을 고려할 것
   ⑤ 단색화면일 경우 색상은 일반적으로 어두운 배경에 밝은 황·녹색 또는 백색문자를 사용하고 적색 또는 청색의 문자는 가급적 사용하지 않을 것

2. 사업주는 다음 각 호의 성능 및 구조를 갖춘 **키보드와 마우스**를 제공하여야 한다.
   ① 키보드는 특수목적으로 고정된 경우를 제외하고는 영상표시단말기 취급근로자가 조작위치를 조정할 수 있도록 이동이 가능할 것
   ② 키의 성능은 입력 시 영상표시단말기 취급근로자가 키의 작동을 자연스럽게 느낄 수 있도록 촉각·청각 및 작동압력 등을 고려할 것
   ③ 키의 윗부분에 새겨진 문자나 기호는 명확하고, 작업자가 쉽게 판별할 수 있을 것
   ④ 키보드의 경사는 5도 이상 15도 이하, 두께는 3센티미터 이하로 할 것
   ⑤ 키보드와 키 윗부분의 표면은 무광택으로 할 것
   ⑥ 키의 배열은 입력 작업 시 작업자의 팔 자세가 자연스럽게 유지되고 조작이 원활하도록 배치할 것
   ⑦ 작업자의 손목을 지지해 줄 수 있도록 작업대 끝면과 키보드의 사이는 15센티미터 이상을 확보하고 손목의 부담을 경감할 수 있도록 적절한 받침대(패드)를 이용할 수 있을 것
   ⑧ 마우스는 쥐었을 때 작업자의 손이 자연스러운 상태를 유지할 수 있을 것

3. 사업주는 다음 각 호의 사항을 갖춘 **작업대**를 제공하여야 한다.
   ① 작업대는 모니터·키보드 및 마우스·서류받침대 및 그 밖에 작업에 필요한 기구를 적절하게 배치할 수 있도록 충분한 넓이를 갖출 것
   ② 작업대는 가운데 서랍이 없는 것을 사용하도록 하며, 근로자가 영상표시단말기 작업 중에 다리를 편안하게 놓을 수 있도록 다리 주변에 충분한 공간을 확보할 것
   ③ 작업대의 높이(키보드 지지대가 별도 설치된 경우에는 키보드 지지대 높이)는 조정되지 않는 작업대를 사용하는 경우에는 바닥면에서 작업대 높이가 60센티미터 이상 70센티미터 이하 범위의 것을 선택하고, 높이 조정이 가능한 작업대를 사용하는 경우에는 바닥면에서 작업대 표면까지의 높이가 65센티미터 전후에서 작업자의 체형에 알맞도록 조정하여 고정할 수 있을 것
   ④ 작업대의 앞쪽 가장자리는 둥글게 처리하여 작업자의 신체를 보호할 수 있을 것

4. 사업주는 다음 각 호의 사항을 갖춘 **의자**를 제공하여야 한다.
   ① 의자는 안정감이 있어야 하며 **이동 회전이 자유로운 것으로 하되 미끄러지지 않는 구조일 것**
   ② **바닥 면에서 앉는 면까지의 높이**는 눈과 손가락의 위치를 적절하게 조절할 수 있도록 적어도 **35센티미터 이상 45센티미터 이하의 범위에서 조정이 가능할 것**
   ③ 의자는 **충분한 넓이의 등받이**가 있어야 하고 영상표시단말기 취급근로자의 체형에 따라 요추(Lumbar) 부위부터 어깨 부위까지 편안하게 지지할 수 있어야 하며 높이 및 각도의 조절이 가능할 것
   ④ 영상표시단말기 취급근로자가 필요에 따라 **팔걸이(Elbow Rest)를 사용할 수 있을 것**
   ⑤ 작업 시 영상표시단말기 취급근로자의 등이 등받이에 닿을 수 있도록 **의자 끝부분에서 등받이까지의 깊이가 38센티미터 이상 42센티미터 이하일 것**
   ⑥ 의자의 앉는 면은 영상표시단말기 취급근로자의 **엉덩이가 앞으로 미끄러지지 않는 재질과 구조**로 되어야 하며 그 폭은 **40센티미터 이상 45센티미터 이하일 것**

5 노동생리

(1) 노동의 적응과 장애

① 인체는 환경에서 오는 여러 자극(stress)에 대하여 적응하려는 반응을 일으킨다.
② **적응증후군** : 인체가 스트레스에 노출되었을 때 **뇌하수체·부신피질계가 반응하여 호르몬 분비를 일으켜 스트레스에 저항하려는 것**을 말한다.
③ **직업성 변이**(occupational stigmata) : **직업에 따라 신체 형태와 기능에 국소적 변화가 일어나는 것**을 말한다.
④ **순화** : **외부의 환경변화**나 신체활동이 반복되면 조절기능이 원활해지며, 이에 **숙련 습득된 상태**를 말한다.
⑤ **적응 증상군**(適應症狀群) : 인체에 **어떠한 자극이건 간에 체내의 호르몬계를 중심으로 한 특유의 반응이 일어나는 것**을 말하며, 이러한 상태를 **스트레스**라고 한다.

한 눈에 들어오는 키워드

확인
- 혐기성 대사 에너지원 : ATP, CP, 글리코겐
- 호기성 대사 에너지원 : 포도당, 단백질, 지방
- 포도당은 초기 분해단계에서는 산소를 필요치 않는 혐기성 분해를 하며, 산소가 충분한 경우 산화되어 이산화탄소와 물로 분해되는 호기성 분해를 한다.

참고
기타 혐기성 대사(근육운동)
- ATP + H_2O
  $\rightleftharpoons$ ADP + 인산(P)
  + Free energy
- 크레아틴 인산(creatine phosphate) + ADP
  $\rightleftharpoons$ 크레아틴 + ATP
- 포도당(glucose) + 인산(P) + ADP
  $\rightarrow$ 젖산(Lactate) + ATP

참고
3대 영양소
① 탄수화물 : 연소 시 1g당 4kcal의 열량을 낸다.
② 지방 : 연소 시 1g당 9kcal의 열량을 낸다. 육체적 작업을 하는 근로자에게 열량 공급의 측면에서 가장 유리하다.
③ 단백질 : 연소 시 1g당 4kcal의 열량을 낸다.

5대 영양소
① 탄수화물 ② 지방
③ 단백질 ④ 무기질
⑤ 비타민

기출 ★
골격근과 간장
인체 내 열 생산을 주로 담당하고 있는 기관

골격근
체열 생산이 가장 많은 기관

(2) 근육운동(노동)에 필요한 에너지원(근육의 대사과정) ★★

혐기성 대사(Anaerobic metabolism)	호기성 대사(Aerobic metabolism)
• 근육에 저장된 화학적 에너지 • 혐기성 대사 순서 ★★ ATP(아데노신 삼인산) → CP(크레아틴 인산) → Glycogen(글리코겐) or Glucose(포도당)	• 대사과정(구연산 회로)을 거쳐 생성된 에너지 • 호기성 대사 과정 포도당/단백질/지방 + 산소 → 에너지원

(3) 영양소 종류와 그 작용 ★

① 체내에서 산화연소하여 에너지를 공급 : 탄수화물 · 단백질 · 지방(3대 영양소)
② 에너지원은 아니며, 여러 영양소의 영양적 작용의 매개가 되고 생활기능을 조절 : 비타민, 무기질, 물
③ 체내조직을 구성하고, 분해 · 소비되는 물질의 공급원으로 작용 : 단백질, 무기질, 물
④ 치아와 골격을 구성 : 칼슘
⑤ 작업강도가 높은 근로자의 근육에 호기적 산화를 촉진시켜 근육의 열량공급을 원활히 해주는 비타민(근육노동 시 특히 주의하여 보급해야 할 비타민) : 비타민 B1(Thiamine)

(4) 영양소 부족에 의한 결핍증

① 비타민 A : 야맹증
② 비타민 B1 : 각기병
③ 비타민 B2: 구강염, 구순염
④ 비타민 D: 구루병
⑤ 비타민 K: 혈액응고 지연반응
⑥ 단백질: 전신 부종, 피부 반점

(5) 작업의 종류에 따른 영양관리 방안

① 고열작업자에게는 식수와 식염을 우선 공급한다.
② 저온작업자에게는 지방질을 공급한다.
③ 근육작업자의 에너지 공급은 당질 위주로 한다.
④ 중(重)작업자에게는 단백질을 공급한다.

(6) 산소소비량

1) 산소소비량 ★

① 휴식 중 산소소비량 : 0.25L/min
② 운동 중 산소소비량(성인 남자 기준) : 5L/min
③ 산소 1L의 에너지 : 5kcal
④ 산소소비량은 작업부하가 증가하면 일정한 비율로 계속 증가하나 작업부하가 일정한계를 초과하면 산소소비량은 더 이상 증가하지 않는다.

2) 산소부채(oxygen debt) 현상 ★

① 작업부하 수준이 최대 산소소비량 수준보다 높아지게 되면, 젖산의 제거속도가 생성속도에 못 미치게 된다.
② 작업이 끝난 후에 남아 있는 젖산을 제거하기 위하여 산소가 더 필요하며, 이때 동원되는 산소소비량을 산소부채(oxygen debt)라 한다.
③ 작업이 끝난 후에도 맥박과 호흡수가 작업개시 수준으로 즉시 돌아오지 않고 서서히 감소하는 산소부채의 보상현상이 발생한다.

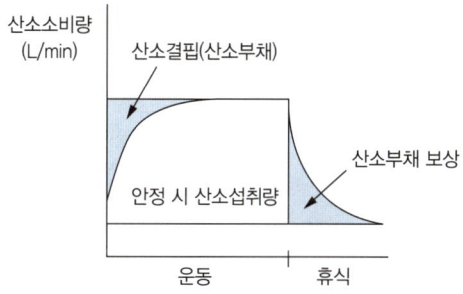

> **한 눈에 들어오는 키워드**
>
> **실기 기출 ★**
> 격렬한 운동을 할 때에는 산소섭취량이 산소소모량보다 부족하게 되어 산소량이 산소부채(산소 빚)를 일으킨다. 작업이나 운동 시 빚진 산소 부족분을 작업이나 운동이 끝난 후에 갚기 위해 작업이나 운동 후 호흡이 즉시 정상으로 회복되지 않고 서서히 회복되는 산소부채의 보상현상이 발생한다.

6 근골격계 질환

(1) 정의

1) 근골격계 질환

반복적인 동작, 부적절한 작업자세, 무리한 힘의 사용, 날카로운 면과의 신체접촉, 진동 및 온도 등의 요인에 의하여 발생하는 건강장해로서 목, 어깨, 허리, 팔·다리의 신경·근육 및 그 주변 신체조직 등에 나타나는 질환을 말한다.

2) 누적외상 질환

① 주로 상지(팔, 上肢)를 반복하여 움직이는 작업(동적부담)이나 상지 및 목을 특정 위치로 고정시켜 일하는 작업(정적부담)에 의해서 주로 발생한다.
② 뒷머리, 목, 어깨, 팔, 손 및 손가락의 어느 부분 또는 전체에 걸쳐 결림, 저림, 아픔 등의 불편함이 나타나는 것을 말한다.

3) 근골격계 부담작업

단순반복작업 또는 인체에 과도한 부담을 주는 작업으로서 작업량·작업속도·작업강도 및 작업장 구조 등에 따라 고용노동부장관이 정하여 고시하는 작업을 말한다.

4) 근골격계 질환 예방관리 프로그램

유해요인 조사, 작업환경 개선, 의학적 관리, 교육·훈련, 평가에 관한 사항 등이 포함된 근골격계 질환을 예방관리하기 위한 종합적인 계획을 말한다.

(2) 근골격계 질환(누적외상성 질환, CTDs)의 발생요인 ★★

① 반복적인 동작
② 부적절한 작업 자세
③ 무리한 힘의 사용
④ 날카로운 면과의 신체접촉
⑤ 진동 및 온도(저온)

(3) 근골격계 질환의 종류

① 점액낭염(윤활낭염 : bursitis) : 관절 사이의 윤활액을 싸고 있는 윤활낭에 염증이 생기는 질병을 말한다.
② 건초염(tenosynovitis) : 건초염은 건막에 염증이 생기는 질환이며 건염(tendonitis)은 건에 염증이 생기는 질환으로 건염과 건초염을 정확히 구분하기 어렵다.
③ 손목뼈터널 증후군(수근관 증후군 : carpal tunnel sysdrome)) : 반복적이고 지속적인 손목의 압박, 무리한 힘 등으로 인해 수근관 내부에 정중신경이 손상되어 발생한다. ★
④ 내외상과염 : 과도한 손목 및 손가락의 사용으로 팔꿈치 내·외측에 통증이 발생한다.

참고

근골격계 질환 관용어
① 누적외상성 질환
 (CTDs ; Cumulative trauma disorders)
② 근골격계 질환
 (MSDs ; Musculoskeletal disorders)
③ 반복성 긴장장애
 (RSI ; Repetitive strain injuries)
④ 경견완증후군

기출

직업성 경견완증후군의 원인이 되는 작업
① 키펀치 작업(컴퓨터 사무작업)
② 전화교환 작업
③ 금전등록기의 계산 작업

⑤ 수완진동증후군 : 진동공구의 진동으로 인해 손가락 혈관이 수축되어 손가락이 하얗게 변하며 감각마비, 저린 증상 등을 일으킨다.

(4) 근골격계 질환의 특징 ★

① 노동력 손실에 따른 경제적 피해가 크다.
② 근골격계 질환의 최우선 관리목표는 발생의 최소화이다.
③ 자각증상으로 시작되며 환자발생이 집단적이다.
④ 손상의 정도 측정이 어렵다.
⑤ 단편적인 작업환경개선으로 좋아지지 않는다.
⑥ 회복과 악화가 반복된다.(한번 악화되어도 회복은 가능하다.)

(5) 근골격 질환 예방을 위한 작업방법

① 수공구의 무게는 가능한 한 줄이고 손잡이는 접촉면적을 크게 한다.
② 부자연스러운 자세를 피한다.(손목, 팔꿈치, 허리가 뒤틀리지 않도록 한다)
③ 작업시간을 조절하고 과도한 힘을 주지 않는다.
④ 동일한 자세 작업을 피하고 작업대사량을 줄인다.

(6) 근골격계 부담작업 ★

"근골격계 부담작업"이라 함은 다음 각 호의 1에 해당하는 작업을 말한다. 다만, 단기간 작업 또는 간헐적인 작업은 제외한다.

① 하루에 4시간 이상 집중적으로 자료입력 등을 위해 키보드 또는 마우스를 조작하는 작업
② 하루에 총 2시간 이상 목, 어깨, 팔꿈치, 손목 또는 손을 사용하여 같은 동작을 반복하는 작업
③ 하루에 총 2시간 이상 머리 위에 손이 있거나, 팔꿈치가 어깨 위에 있거나, 팔꿈치를 몸통으로부터 들거나, 팔꿈치를 몸통 뒤쪽에 위치하도록 하는 상태에서 이루어지는 작업
④ 지지되지 않은 상태이거나 임의로 자세를 바꿀 수 없는 조건에서, 하루에 총 2시간 이상 목이나 허리를 구부리거나 비트는 상태에서 이루어지는 작업
⑤ 하루에 총 2시간 이상 쪼그리고 앉거나 무릎을 굽힌 자세에서 이루어지는 작업
⑥ 하루에 총 2시간 이상 지지되지 않은 상태에서 1kg 이상의 물건을 한손의 손

한 눈에 들어오는 키워드

기출
근골격계 질환의 위험요인
① 큰 변화가 없는 반복동작일수록 근골격계 질환의 발생위험이 증가한다.
② 동적작업보다 정적작업에서 근골격계 질환의 발생위험이 더 크다.
③ 작업공정에 장애물이 있으면 근골격계 질환의 발생위험이 더 커진다.
④ 21℃ 이하의 저온작업장에서 근골격계 질환의 발생위험이 더 커진다.

기출
건(tendon)
근육과 뼈를 연결하는 섬유조직

한눈에 들어오는 키워드

참고

단기간 작업
2개월 이내에 종료되는 1회성 작업을 말한다.

간헐적인 작업
연간 총 작업일수가 60일을 초과하지 않는 작업을 말한다.

하루
1일 소정근로시간과 1일 연장근로시간 동안 근로자가 수행하는 총 작업시간을 말한다.

4시간 이상 또는 2시간 이상
"하루" 중 근로자가 근골격계 부담작업을 실제로 수행한 시간을 합산한 시간을 말한다.

가락으로 집어 옮기거나, 2kg 이상에 상응하는 힘을 가하여 한손의 손가락으로 물건을 쥐는 작업

⑦ 하루에 총 2시간 이상 지지되지 않은 상태에서 4.5kg 이상의 물건을 한손으로 들거나 동일한 힘으로 쥐는 작업

⑧ 하루에 10회 이상 25kg 이상의 물체를 드는 작업

⑨ 하루에 25회 이상 10kg 이상의 물체를 무릎 아래에서 들거나, 어깨 위에서 들거나, 팔을 뻗은 상태에서 드는 작업

⑩ 하루에 총 2시간 이상, 분당 2회 이상 4.5kg 이상의 물체를 드는 작업

⑪ 하루에 총 2시간 이상 시간당 10회 이상 손 또는 무릎을 사용하여 반복적으로 충격을 가하는 작업

암기

- 키보드 입력 4시간, 나머지 2시간
- 2시간 4.5kg 한손 쥐기 / 2시간 1kg 손가락 집어 옮기기, 2kg 손가락 쥐기 / 10회 25kg, 25회 10kg 무릎 아래, 2시간 분당 2회 4.5kg 들기 / 2시간 시간당 10회 반복 충격

(7) 근골격계 질환 유해요인 조사 ★

1) 상시근로자 1인 이상의 근로자를 사용하는 사업주는 근로자가 근골격계 부담작업을 하는 경우에 3년마다 다음 각 호의 사항에 대한 유해요인조사를 하여야 한다. 다만, 신설되는 사업장의 경우에는 신설일로부터 1년 이내에 최초의 유해요인 조사를 하여야 한다.

① 설비 · 작업공정 · 작업량 · 작업속도 등 작업장 상황
② 작업시간 · 작업자세 · 작업방법 등 작업조건
③ 작업과 관련된 근골격계 질환 징후와 증상 유무 등

2) 사업주는 다음 각 호의 어느 하나에 해당하는 사유가 발생하였을 경우에 1개월 이내에 조사대상 및 조사방법 등을 검토하여 유해요인 조사를 해야 한다. 다만, 근골격계질환에 대하여 최근 1년 이내에 유해요인 조사를 하고 그 결과를 반영하여 작업환경 개선에 필요한 조치를 한 경우는 제외한다.

① 임시건강진단 등에서 근골격계 질환자가 발생하였거나 근로자가 근골격계 질환으로 업무상 질병으로 인정받은 경우(근골격계부담작업이 아닌 작업에서 근골격계질환자가 발생하였거나 근골격계부담작업이 아닌 작업에서 발생한 근골격계질환에 대해 업무상 질병으로 인정 받은 경우를 포함한다.)

② 근골격계 부담작업에 해당하는 새로운 작업·설비를 도입한 경우
③ 근골격계 부담작업에 해당하는 업무의 양과 작업공정 등 작업환경을 변경한 경우

3) 사업주는 유해요인 조사에 근로자 대표 또는 해당 작업 근로자를 참여시켜야 한다.

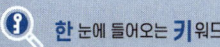

(8) 유해성 등의 주지

근로자가 근골격계 부담작업을 하는 경우에 다음 각 호의 사항을 근로자에게 알려야 한다.
① 근골격계 부담작업의 유해요인
② 근골격계 질환의 징후와 증상
③ 근골격계 질환 발생 시의 대처요령
④ 올바른 작업자세와 작업도구, 작업시설의 올바른 사용방법
⑤ 그 밖에 근골격계 질환 예방에 필요한 사항

(9) 근골격계 질환 예방관리 프로그램 시행

1) 다음 각 호의 어느 하나에 해당하는 경우에 근골격계 질환 예방관리 프로그램을 수립하여 시행하여야 한다.★
① 근골격계 질환으로 업무상 질병으로 인정받은 근로자가 연간 10명 이상 발생한 사업장 또는 5명 이상 발생한 사업장으로서 발생 비율이 그 사업장 근로자 수의 10퍼센트 이상인 경우
② 근골격계 질환 예방과 관련하여 노사 간 이견(異見)이 지속되는 사업장으로서 고용노동부장관이 필요하다고 인정하여 근골격계 질환 예방관리 프로그램을 수립하여 시행할 것을 명령한 경우

2) 사업주는 근골격계 질환 예방관리 프로그램을 작성·시행할 경우에 노사협의를 거쳐야 한다.

3) 사업주는 근골격계 질환 예방관리 프로그램을 작성·시행할 경우에 인간공학·산업의학·산업위생·산업간호 등 분야별 전문가로부터 필요한 지도·조언을 받을 수 있다.

한눈에 들어오는 키워드

7 작업부하 평가방법

(1) 근골격계 질환(누적외상성 질환)의 유해요인 평가기법

평가도구명 (Analysis Tools)	평가되는 위해요인	관련된 신체부위	적용대상 작업 종류
REBA (Rapid Entire Body Assessment)	반복성, 힘, 불편한 자세	손목, 팔, 어깨, 목, 상체, 허리, 다리	간호사, 청소부, 주부 등 작업이 비고정적인 형태의 서비스업 계통
OWAS (Ovaco Working Posture Analysing System)	자세, 힘, 노출시간	상체, 허리, 하체	중량물취급
JSI(작업 긴장도지수) (Job Strain index)	반복성, 힘, 불편한 자세	손, 손목	경조립작업, 검사, 육류가공, 포장, 자료입력, 세탁 등
RULA (Rapid Upper Limb Assessment)	반복성, 힘, 불편한 자세	손목, 팔, 팔꿈치, 어깨, 목, 상체	조립작업, 목공작업, 정비작업, 육류가공, 교환대, 치과
Revised NIOSH Lifting Equation (NIOSH 들기작업지침)	반복성, 힘, 불편한 자세	허리	물자취급(운반, 정리), 음료수운반, 4kg 이상의 중량물취급, 과도한 힘을 요하는 작업, 고정된 들기작업

※ 문제

다음 중 어깨, 팔목, 손목, 목 등 상지(upper limb)의 분석에 초점을 두고 있기 때문에 하체보다는 상체의 작업부하가 많이 부과되는 작업의 작업자세에 대한 근육부하를 평가하는 도구로 가장 적합한 것은?

① OWAS   ② RULA
③ REBA   ④ 3DSSPP

[해설]
RULA
(Rapid Upper Limb Assessment)
에 대한 근육부하 평가 도구
: 손목, 팔, 팔꿈치, 어깨, 목, 상체

정답 ②

8 작업 환경의 개선

(1) 부품배치의 원칙 ★

① 중요성의 원칙 : 부품을 작동하는 성능이 체계의 목표 달성에 중요한 정도에 따라 우선순위를 결정한다.
② 사용빈도의 원칙 : 부품을 사용하는 빈도에 따라 우선순위를 결정한다.
③ 기능별 배치의 원칙 : 기능적으로 관련된 부품들(표시장치, 조정장치 등)을 모아서 배치한다.
④ 사용 순서의 원칙 : 사용 순서에 따라 장치들을 가까이에 배치한다.

(2) 동작경제의 3원칙(바안즈 Barnes)

1) 인체 사용에 관한 원칙

① 두 손을 동시에 동작하기 시작하여 동시에 끝나도록 하여야 한다.
② 휴식 시간 중이 아니면 두 손을 동시에 쉬어서는 안 된다.
③ 두 팔의 동작들은 서로 반대 방향에서 대칭적으로 움직인다.
④ 손과 신체의 동작은 작업을 원만하게 수행할 수 있는 범위 내에서 가장 낮은 동작 등급을 사용한다. 인체의 사용 범위가 넓을수록 피로가 더하고 시간도 낭비된다.
⑤ 가능한 한 관성(Momentum)을 이용해야 하며 작업자가 관성을 억제해야 하는 경우 관성을 최소한도로 줄인다.
⑥ 손의 동작은 부드러운 연속동작으로 하고 급격한 방향 전환을 가지는 직선 동작은 피한다.

2) 작업장의 배치에 관한 원칙

① 모든 공구 및 재료는 정위치에 배치해야 한다.
② 공구, 재료 및 조정기는 사용위치에 가까이 두어야 한다.
③ 가능하면 낙하식 운반법을 사용한다.
④ 재료와 공구들은 자기 위치에 있도록 한다.

3) 공구 및 설비의 설계에 관한 원칙

① 치공구, 발로 조정하는 장치에 의해서 수행할 수 있는 작업에는 손의 부담을 덜어주어야 한다.
② 공구를 결합하여 사용한다.
③ 공구 및 재료는 가능한 한 작업자 앞에 둔다.

(3) 수공구의 설계원칙

① 손목을 곧게 유지한다.(손목을 굽히면 수근관에서 건이 굽혀서 융기되고 건활막염으로 진전된다.)
② 손바닥에 가해지는 압력을 줄인다.
③ 손가락의 반복 사용을 피한다.(트리거 펑거를 유발할 수 있다.)
④ 손잡이는 손바닥과의 접촉 면적이 크게 설계한다.
⑤ 공구의 무게를 줄이고 사용 시 균형이 유지되도록 한다.

 한 눈에 들어오는 키워드

 기출 ★

동작경제의 3원칙
① 인체 사용에 관한 원칙
② 작업장의 배치에 관한 원칙
③ 공구 및 설비의 설계에 관한 원칙

⑥ 손잡이 단면은 원형 또는 타원형으로 한다.
⑦ 동력공구의 손잡이는 두 손가락 이상으로 작동하도록 한다.
⑧ 손잡이 직경은 30~45mm 크기가 적당하다.(정밀작업 시는 5~12mm, 회전력이 필요한 대형 스크루드라이버 같은 공구는 50~60mm)

(4) 의자 설계의 원칙

① **체중 분포** : 의자에 앉았을 때 체중이 주로 좌골 결절에 실려야 한다.
② **의자 좌판의 높이** : 좌판 앞부분이 대퇴를 압박하지 않도록 오금높이보다 높지 않아야 하며, 치수는 5% 오금높이로 한다.
③ **의자 좌판의 깊이(길이)와 폭** : 폭은 큰 사람에게 맞도록 설계하고 깊이는 장딴지 여유를 주고 대퇴를 압박하지 않도록 작은 사람에게 맞도록 설계한다.
④ **몸통의 안정** : 의자 좌판의 각도는 3°, 등판의 각도는 100°가 몸통에 안정적이다.

02 산업피로

1 피로의 정의 및 종류

(1) 피로(산업피로)의 정의

① 피로는 생체기능의 변화를 가져오는 현상이다.
② 고단하다는 주관적인 느낌이 있다.
③ 작업강도에 반응하는 육체적, 정신적 생체 현상으로 작업능률이 떨어진다.
④ 피로측정 및 판정에 있어 가장 중요한 것은 생체기능의 변화로 객관적으로 측정할 수 있다.

(2) 피로의 특징 ★

① 피로는 질병이 아니며 원래 가역적인 생체반응이고 건강장해에 대한 경고적 반응이다.

② 정신피로는 주로 중추신경계의 피로를, 근육피로는 말초신경계의 피로를 의미한다.
③ 정신피로와 신체피로는 보통 함께 나타나 구별하기 어렵다.(정신피로나 신체피로가 각각 단독으로 나타나는 경우는 매우 희박하다.)
④ 육체적, 정신적 노동부하에 반응하는 생체의 태도이다.(노동수명(turn over ratio)으로서 피로를 판정할 수 있다.)
⑤ 산업피로는 건강장해에 대한 경고반응이라고 할 수 있다.
⑥ 피로 현상은 개인차가 심하므로 작업에 대한 개체의 반응을 수치로 나타내기 어렵다.(객관적 판단이 어렵다)
⑦ 산업피로는 생산성의 저하뿐만 아니라 재해와 질병의 원인이 된다.
⑧ 피로조사는 피로도를 판가름하는 데 그치지 않고 작업방법과 교대제 등을 과학적으로 검토할 필요가 있다.
⑨ 작업시간이 등차 급수적으로 늘어나면 피로회복에 요하는 시간은 등비 급수적으로 증가한다.
⑩ 피로의 자각증상은 피로의 정도와 반드시 일치하지는 않는다.
⑪ 자율신경계의 조절기능이 주간은 교감신경, 야간은 부교감신경의 긴장강화로 주간 수면은 야간 수면에 비해 효과가 떨어진다.

(3) 피로의 3단계 ★★

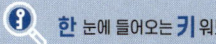

1단계 : 보통피로	• 하룻밤 자고나면 완전히 회복된다.
2단계 : 과로	• 다음날까지도 피로 상태가 지속되며 단기간 휴식으로 회복될 수 있는 단계로 발병단계는 아니다.
3단계 : 곤비	• 과로의 축적으로 단기간 휴식을 통해서는 회복될 수 없는 발병단계 • 심한 노동 후의 피로현상으로 병적인 상태

기출

Shimonson의 산업피로현상
① 중간대사물질의 축적
② 활동자원의 소모
③ 체내의 물리화학적 변화
④ 조절기능의 장애

Viteles의 산업피로의 3가지 본질
① 작업량의 감소
② 피로감각
③ 생체의 생리적 변화

(4) 피로의 발생기전 ★★

① 산소와 영양소 등의 에너지원의 소모
② 물질대사에 의한 노폐물의 축적(피로물질의 축적)
③ 체내의 항상성 상실(체내 생리대사의 물리·화학적 변화)
④ 생체 내 조절기능의 저하

(5) 전신피로와 국소피로

1) 전신피로

① 온 몸이 피곤 상태로 빠지는 것을 말한다.
② 신체의 특정한 부위에 특별한 피로감을 느끼지 않는 경우의 피로를 말하며, 초기에는 피로에 대한 의식이 없다.

> **확인**
>
> ✿ 전신피로의 특징 ★
>
> ① 작업강도가 증가하면 근육 내 글리코겐 양이 감소되어 근육피로가 발생된다.
> ② 작업강도가 높을수록 혈중 포도당 농도는 급속히 저하하며, 이에 따라 피로감이 빨리 온다.
> ③ 작업대사량의 증가에 따라 산소소비량도 비례하여 증가하나, 작업대사량이 일정 한계를 넘으면 산소소비량은 증가하지 않는다.
> ④ 작업에 의한 근육 내 글리코겐 농도의 변화는 작업자의 훈련유무에 따라 차이를 보인다. (훈련받은 자와 그렇지 않은 자의 근육 내 글리코겐 농도는 차이를 보인다.)

2) 국소피로

① 목, 어깨, 손목, 등의 근(筋)을 계속 사용하게 되면 젖산(乳酸)이나 그 밖의 대사 산물이 축적되어 통증이 생기는 현상을 말한다.(작은 근육 등에 국한하여 피로가 생기는 현상)
② 특정 근육이나 조직에 피로가 집중될 때 나타나는 현상으로, 근력 저하와 근육통 등의 증상이 나타난다.

2 피로의 원인 및 증상

(1) 피로의 원인

1) 피로의 발생 원인

① 작업공간, 작업방식, 작업강도
② 작업환경조건(조명, 환기, 소음 진동 등의 물리적 조건)
③ 작업시간과 작업편성
④ 생활조건
⑤ 개인조건(적응능력, 기초체력, 작업숙련도 등)

한 눈에 들어오는 키워드

기출
피로물질
① 젖산
② 암모니아
③ 크레아틴
④ 초성포도당
⑤ 시스테인
⑥ 잔여 질소 등

참고
피로의 종류
① 정신피로
② 육체피로

피로의 구분
(신체의 부위에 따라 분류)
① 전신피로
② 국소피로

기출
산업피로의 발생요인 중 작업강도
(작업부하)에 영향을 미치는 요소
① 작업강도(에너지 소비량)
② 작업의 정밀도
③ 작업 자세
④ 작업 속도
⑤ 작업 시간
⑥ 조작 방법
⑦ 대인접촉 빈도 등

> **실기 기출**
>
> ✱ **산업피로의 발생요인 3가지**
>
> 작업강도, 작업환경조건, 작업시간과 작업편성

2) 피로에 가장 큰 영향을 미치는 요소

작업강도(에너지 소비량) ★

3) 전신피로의 생리학적 원인 ★★

① 산소공급 부족
② 혈중 포도당(글루코오스)농도 저하(가장 큰 원인)
③ 근육 내 글리코겐 양의 감소
④ 혈중 젖산농도의 증가
⑤ 작업강도의 증가

(2) 피로의 증상 ★

① 순환기능 : 맥박이 빨라지고 회복 시까지 시간이 걸린다.
② 혈압 : 혈압은 초기에는 높아지나 피로가 진행되면서 낮아진다.
③ 호흡기능 : 호흡이 얕고 빨라지며 체온이 상승하여 호흡중추를 흥분시키고 혈액 중 이산화탄소량의 증가로 심할 때는 호흡곤란을 일으킨다.
④ 신경기능 : 지각기능이 둔해지고, 반사기능이 낮아지며 판단력 저하, 권태감, 졸음이 발생한다.
⑤ 혈액 : 혈당치가 낮아지고 젖산과 탄산량이 증가하여 산혈증이 발생한다.
⑥ 소변 : 소변량이 줄고 단백질 또는 교질물질의 배설량이 증가한다.
⑦ 체온 : 체온이 높아지나 피로정도가 심해지면 낮아진다.(체온조절장해, 에너지 소모량 증가)

(3) 피로의 평가

1) 전신피로의 평가

작업종료 후 회복기 심박수(heart rate)를 측정하여 평가한다. ★

> **암기**
>
> **심한 전신피로 상태 ★★★**
>
> $HR_{30~60}$이 110를 초과하고 $HR_{150~180}$와 $HR_{60~90}$의 차이가 10 미만인 경우
>
> - $HR_{30~60}$: 작업 종료 후 30~60초 사이의 평균 맥박수
> - $HR_{60~90}$: 작업 종료 후 60~90초 사이의 평균 맥박수
> - $HR_{150~180}$: 작업 종료 후 150~180초 사이의 평균 맥박수

2) 국소피로의 평가

① 국소피로를 평가하는 객관적인 방법으로 근전도(EMG)를 가장 많이 이용한다.
② 근육이 위치한 부위 피부표면에 2개의 전극을 부착하여 측정한다.

> **암기**
>
> **국소피로의 평가(피로한 근육에서 측정된 현상) ★★**
>
> ① 저주파수(0~40Hz)에서 힘의 증가
> ② 고주파수(40~200Hz)에서 힘의 감소
> ③ 평균주파수의 감소
> ④ 총 전압의 증가

3) 피로의 측정방법

생리학적 측정법	생화학적 측정법	심리학적 측정법
① EMG(근전도) : 근력 및 근육활동 전위차의 기록 ② ECG(심전도) : 심장근활동 전위차의 기록 ③ EEG(뇌전도) : 대뇌의 신경활동 전위차의 기록 ④ 산소소비량(호흡순환기능) ⑤ 점멸 융합 주파수(플리커테스트)	① 혈액의 농도 측정 ② 혈액의 수분 측정 ③ 소변의 전해질 측정 ④ 소변의 단백질 측정	① 동작분석 ② 연속반응시간 ③ 집중력

한 눈에 들어오는 키워드

기출
1. 지적환경(optimum working environment)
   일하는 데 가장 적합한 환경
2. 지적환경의 평가방법
   ① 생산적(productive) 방법
   ② 생리적(physiological) 방법
   ③ 정신적(psychological) 방법

지적속도 ★
산업피로를 가장 적게 하고 생산량을 최고로 올릴 수 있는 경제적인 작업속도

기출 ★
근전도
국소피로를 평가하는 객관적인 방법

작업종료 후 회복기의 심박수(heart rate)
전신피로를 측정하는 객관적인 방법

4) 직장에서의 피로방지대책

① 적절한 시기에 작업을 전환하고 교대시킨다.
② 부적합한 환경을 개선하고 쾌적한 환경을 조성한다.
③ 적절한 근육을 사용하고 특정 부위에 부하가 걸리지 않도록 한다.
④ 적절한 근로시간과 연속작업시간을 배분하여 작업을 수행한다.

3 에너지 소비량

(1) 산소 소비량

① 휴식 중 산소소비량 : 0.25L/min
② 운동 중 산소소비량(성인 남자 기준) : 5L/min(산소 1L의 에너지 : 5kcal) ★

(2) 육체적 작업능력(PWC)

1) 피로를 느끼지 않고 하루에 4분간 계속할 수 있는 작업강도를 말한다.

- 젊은 남성평균 : 16kcal/min
- 여성평균 : 12kcal/min

$$하루\ 8시간의\ 작업강도 = PWC \times \frac{1}{3}\ ★★$$

2) 개인의 심폐기능을 기준으로 결정한다.

3) 육체적 작업능력(PWC)에 영향을 미치는 요소 ★

① 작업특징 : 강도, 시간, 위치, 계획 등
② 육체적 조건 : 연령, 체격, 성별 등
③ 환경적 요소 : 온도, 압력, 소음 등
④ 정신적 요소 : 동기, 태도

한 눈에 들어오는 키워드

4 작업강도

(1) 작업강도에 영향을 주는 요인

① 에너지 소비
② 작업대상의 복잡성
③ 작업대상의 종류
④ 작업대상의 변화
⑤ 작업의 정밀도
⑥ 작업의 밀도
⑦ 작업자세
⑧ 작업범위
⑨ 대인관계
⑩ 위험성의 정도
⑪ 작업시간의 길이

(2) 에너지 대사율(RMR) ★★★

① 작업강도는 에너지 대사율로 나타낸다.

$$RMR = \frac{\text{작업(노동)대사량}}{\text{기초대사량}}$$

$$= \frac{\text{작업 시의 소비에너지} - \text{안정 시의 소비 에너지}}{\text{기초대사량}}$$

$$= \frac{\text{작업 시의 산소소비량} - \text{안정 시의 산소소비량}}{\text{기초대사량}}$$

② 작업 시의 소비에너지는 작업 중에 소비한 산소의 소모량으로 측정한다.
③ 안정 시의 소비에너지는 의자에 앉아서 호흡하는 동안에 소비한 산소의 소모량으로 측정한다.
④ 작업대사율(RMR)은 작업강도를 에너지소비량으로 나타낸 하나의 지표이지 작업강도를 정확하게 나타냈다고는 할 수 없다.

암기 ★★

RMR	작업강도
0~1	경작업
1~2	중등작업
2~4	강작업
4~7	중작업
7 이상	격심작업

기출

작업강도가 높아지는 요인
① 작업속도의 증가
② 작업인원의 감소(작업량의 증가)
③ 작업종류의 증가
④ 작업시간의 증가
⑤ 작업변화의 증가

[예제 3]

기초대사량이 60kcal/h인 근로자가 시간당 300kcal가 소비되는 작업을 실시할 경우 작업대사율은 약 얼마인가? (단, 안정 시 소비되는 에너지는 기초대사량의 1.5배이다.)

해설

$$RMR = \frac{\text{작업 시의 소비 에너지} - \text{안정 시의 소비 에너지}}{\text{기초대사량}} = \frac{300 - (60 \times 1.5)}{60} = 3.5$$

(3) 미국정부산업위생전문가협의회(ACGIH)에서 구분한 작업강도 ★★

① 경작업 : 200kcal/hr 이하
② 중등작업 : 200 ~ 350kcal/hr
③ 중작업 : 350 ~ 500kcal/hr 이상

(4) RMR에 의한 작업강도 구분

RMR	작업강도	실노동률(%)	비고
0~1	경작업	80 이상	• 독서, 사무작업 등 앉아서 하는 일
1~2	중등작업	80~76	• 지적작업, 6시간 이상 쉬지 않고 하는 작업
2~4	강작업	76~67	• 전형적인 지속작업(계속작업한계는 RMR 4) • RMR 4 이상이면 휴식 필요
4~7	중작업	67~50	• 휴식이 필요한 작업(계속작업한계는 RMR 7) • RMR 7 이상이면 수시 휴식 필요 ★
7 이상	격심작업	50 이하	• 격심한 근육작업

(5) 실동률의 계산(사이또 오시마 공식) ★★

$$\text{실노동률(실동률)}(\%) = 85 - (5 \times RMR)$$

RMR : 에너지대사율(작업대사율)

참고
단위 kp
(kp = kilopond)
1kp = 1kgf = 9.8N

한 눈에 들어오는 키워드

기출

국소피로와 관련한 작업강도와 적정 작업시간의 관계
① 힘의 단위는 kp(kilopond)로 표시한다.
② 1kp(kilopond)는 2.2ponds의 중력에 해당한다.
③ 작업강도가 10% 미만인 경우 국소피로는 오지 않는다.

[예제 4]

기초대사량이 80kcal/h, 작업대사량이 240kcal/h인 육체적 작업을 할 때 이 작업의 실동률(%)은 약 얼마인가? (단, 사이또 오시마 공식을 적용한다.)

해설

1. $RMR = \dfrac{작업(노동)대사량}{기초대사량} = \dfrac{240}{80} = 3$
2. 실노동률 $= 85 - (5 \times RMR) = 85 - (5 \times 3) = 70(\%)$

[예제 5]

기초대사량이 1.5kcal/min이고, 작업대사량이 225kcal/h인 작업을 수행할 때, 이 작업의 실동률(%)은 얼마인가? (단, 사이또(齋藤)와 오시마(大島)의 경험식을 적용한다.)

해설

1. $RMR = \dfrac{작업(노동)대사량}{기초대사량} = \dfrac{225}{90} = 2.5$
   (1.5kcal/min × 60min = 90kcal/hr)
2. 실노동률 $= 85 - (5 \times RMR) = 85 - (5 \times 2.5) = 72.5(\%)$

(6) 작업강도(% MS)의 계산 ★★

작업강도가 10% 미만인 경우 **국소피로는 발생하지 않는다.**

$$작업강도(\%MS) = \dfrac{RF}{MS} \times 100$$

RF : 작업 시 요구되는 힘(한 손에 요구되는 힘)
MS : 근로자가 가지고 있는 약한 손의 최대 힘

[예제 6]

왼손을 주로 사용하는 근로자의 오른손 평균 힘은 40kp이고, 왼손의 평균 힘은 50kp이다. 이 근로자가 무게 4kg인 상자를 두 손으로 들어 올릴 경우 작업강도(%MS)는 얼마인가?

해설

작업강도(%MS) $= \dfrac{RF}{MS} \times 100 = \dfrac{2}{40} \times 100 = 5(\%)$

* 4kg을 두 손으로 들어 올림 → 한 손에 요구되는 힘은 2kg

5 작업시간과 휴식

(1) 작업강도에 따른 허용작업시간 ★

$$\log T_{end} = 3.720 - 0.1949\,E$$
$$E = \frac{PWC}{3}$$

E : 작업대사량(kcal/min)
T_{end} : 허용작업시간(min)

[예제 7]

육체적 작업능력(PWC)이 16kcal/min인 근로자가 1일 8시간 동안 물체 운반작업을 하고 있다. 이때의 작업대사량이 7kcal/min이라면, 이 사람이 쉬지 않고 계속 일을 할 수 있는 최대허용시간은 약 얼마인가? (단, $\log T_{end}$ = 3.720 − 0.1949 · E이다.)

해설

$\log T_{end} = 3.720 - 0.1949\,E = 3.720 - 0.1949 \times 7 = 2.356$
$T_{end} = 10^{2.356} = 226.99\,(분)$

(2) 적정작업시간(sec)의 계산 ★

$$적정작업시간(sec) = 671{,}120 \times \%MS^{-2.222}$$

$\%MS$: 작업강도(근로자의 근력이 좌우함)

[예제 8]

운반 작업을 하는 젊은 근로자의 약한 손(오른손잡이의 경우 왼손)의 힘은 40kp이다. 이 근로자가 무게 10kg인 상자를 두 손으로 들어 올릴 경우 적정작업시간은 약 몇 분인가? (단, 공식은 671,120×작업강도$^{-2.222}$를 적용한다.)

해설

1. 작업강도(%MS) = $\frac{5}{40} \times 100 = 12.5$
2. 적정작업시간(sec) = $671{,}120 \times 12.5^{-2.222} = 2451.69\,(sec) \div 60 = 40.86\,(분)$

* 10kg을 두 손으로 들어 올림 → 한 손에 요구되는 힘은 5kg

(3) 계속작업 한계시간(CWT)

$$\log(\text{CWT}) = 3.724 - 3.25\log(\text{RMR})$$

RMR : 에너지 대사율
CWT : 계속작업 한계시간(분)

[예제 9]

다음 중 RMR이 10인 격심한 작업을 하는 근로자의 실동률과 계속작업의 한계시간으로 옳은 것은? (단, 실동률은 사이또-오시마 식을 적용한다.)

해설

1. 실노동률 = $85 - (5 \times \text{RMR}) = 85 - (5 \times 10) = 35(\%)$
2. $\log(CWT) = 3.724 - 3.25 \times \log(10) = 0.474$
   $CWT = 10^{0.474} = 2.98(분)$

[예제 10]

기초대사량이 75kcal/hr이고, 작업대사량이 4kcal/min인 작업을 계속하여 수행하고자 할 때, 다음 식을 참고할 경우 계속작업한계시간(hr)은 약 얼마인가? (단, T_{end}는 계속작업 한계시간, RMR은 작업대사율을 의미한다.)

$$\log T_{end} = 3.724 - 3.25 \times \log \text{RMR}$$

해설

1. $\text{RMR} = \dfrac{\text{작업(노동)대사량}}{\text{기초대사량}} = \dfrac{4 \times 60}{75} = 3.2$
2. $\log(CWT) = 3.724 - 3.25 \times \log(3.2) = 2.08$
   $CWT = 10^{2.08} = 120.23(분) \div 60 = 2시간$

(4) 피로예방을 위한 적정 휴식시간비(Hertig식) ★★★

$$T_{rest}(\%) = \left[\dfrac{E_{\max} - E_{task}}{E_{rest} - E_{task}} \right] \times 100$$

• 작업시간 = 60분 − 휴식시간

$T_{rest}(\%)$: 피로예방을 위한 적정 휴식시간비(60분을 기준하여 산정)
$E_{\max}$: 1일 8시간 작업에 적합한 작업대사량[육체적 작업능력(PWC)의 1/3]
E_{rest} : 휴식 중 소모대사량
E_{task} : 해당 작업의 작업대사량

한 눈에 들어오는 키워드

기출

작업종류별 바람직한 작업시간과 휴식시간의 배분
① 사무작업 : 오전 4시간 중에 2회, 오후 1시에서 4시 사이에 1회, 평균 10~20분 휴식
② 신경운동성의 경속도작업 : 40분간 작업과 20분간 휴식
③ 중근작업 : 1회 계속작업을 1시간 정도로 하고, 20~30분씩 오전에 3회, 오후에 2회 정도 휴식

참고

교대근무를 피해야 할 대상
① 약물복용이 필요한 간질환자 (수면장애)
② 뇌심혈관계 질환자
③ 약물복용이 필요한 천식환자 (새벽에 악화)
④ 인슐린 주사가 필요한 당뇨환자
⑤ 약물복용이 필요한 고혈압 환자
⑥ 규칙적인 약물복용이 필요한 환자
⑦ 위/십이지장 궤양이 재발되는 환자
⑧ 약물복용이 필요한 신경정신 질환 환자

[예제 11]

육체적 작업능력(PWC)이 15kcal/min인 근로자가 1일 8시간 물체를 운반하고 있다. 이때의 작업대사율이 6.5kcal/min일 때 매 시간당 적정 휴식시간은 약 얼마인가? (단, Hertig의 식을 적용한다.)

해설

1. $T_{rest} = \left[\dfrac{5-6.5}{1.5-6.5}\right] \times 100 = 30(\%)$

   $(E_{\max} = \dfrac{PWC}{3} = \dfrac{15}{3} = 5\text{kcal/min})$

2. 휴식시간 = 60 × 0.3 = 18(분)
3. 작업시간 = 60 − 18 = 42(분)

[예제 12]

어떤 근로자가 물체 운반작업을 하고 있다. 1일 8시간 작업에 적합한 작업대사량이 5.3kcal/분, 해당 작업의 작업대사량은 6kcal/분, 휴식 시의 대사량은 1.3kcal/분이라면 Hertig의 식을 이용한 적절한 휴식시간 비율(%)은?

해설

$T_{rest} = \left[\dfrac{5.3-6}{1.3-6}\right] \times 100 = 14.89(\%)$

[예제 13]

육체적 작업능력(PWC)이 15kcal/min인 근로자가 8시간 동안 물체 운반작업을 하고 있다. 휴식 시 대사량은 1.5kcal/min이고, 작업대사량은 9kcal/min일 때 시간당 휴식시간은 약 얼마인가? (단, Hertig 식을 적용한다.)

해설

1. $T_{rest}(\%) = \left[\dfrac{E_{\max}-E_{task}}{E_{rest}-E_{task}}\right] \times 100 = \left[\dfrac{5-9}{1.5-9}\right] \times 100 = 53.33\%$

   $(E_{\max} = \dfrac{PWC}{3} = \dfrac{15}{3} = 5\text{kcal/min})$

2. 휴식시간 = 60 × 0.5333 = 31.998(분)

 한 눈에 들어오는 키워드

참고

교대근무 패턴의 구조

- 3교대제를 취할 경우는 4조 3교대가 아니라 5조 3교대로 해야 한다.
- 12시간 맞교대제를 취할 경우에는 3조 2교대가 아니라 4조 2교대로 해야 한다.
- 오전 7시 이전 교대는 피해야 한다.
- 일주일 주기 이상의 교대는 다음 교대로 전환할 때 소요되는 기간이 많이 든다. 일주일 이내의 짧은 주기가 바람직하다.
- 정기적인 오버타임 근무는 피한다.
- 시간 반대방향의 교대근무는 피한다.
- 모니터링 작업에서 12시간 맞교대는 피한다.
- 높은 노동강도 하에서 12시간 맞교대는 피한다.
- 휴일에 대근을 하지 않는다.
- 교대 사이에 불충분한 휴식은 피한다.
- 유해물질 노출 작업에서 12시간 근무는 피한다.
- 복잡한 교대 스케줄은 피한다.
- 노동자 1인 근무는 피한다.
- 작업공간에 휴식공간을 만든다.
- 부족한 조명하에서 근무하는 것은 피한다.
- 소음하에서 근무는 피한다.

한 눈에 들어오는 키워드

기출 ★

교대작업이 생기게 된 배경
① 사회 환경의 변화로 국민생활과 이용자들의 편의를 위한 공공사업의 증가
② 석유화학 및 제철업 등과 같이 공정상 조업중단이 불가능한 산업의 증가
③ 생산설비의 완전가동을 통해 시설투자비용을 조속히 회수하려는 기업의 증가

참고

점멸융합주파수
(Flicker – Fusion Frequency)
① 중추신경계의 정신적 피로도의 척도로 사용된다.
② 빛의 검출성에 영향을 주는 인자 중의 하나이다.
③ 점멸속도는 점멸융합주파수보다 작아야 한다.
④ 점멸속도가 약 30Hz 이상이면 불이 계속 켜진 것처럼 보인다.
⑤ 주의를 끌기 위해서는 초당 3~10회 점멸속도에 지속시간 0.05초 이상이 적당하다.

6 교대작업

(1) 교대근무제 관리원칙(바람직한 교대제) ★★

① 1일 8시간 근무가 바람직하다.(특히, 야간근무시간은 근무시간 중 간이 수면시간을 포함하여 8시간 이내가 바람직함)
② 3조 3교대 근무나 4조 3교대 근무가 바람직하다.(1일 2교대 근무가 불가피한 경우는 연속 2~3일을 초과하지 말아야 함)
③ 긴 근무의 연속일수는 2~3일로 한다.(연속 3일 이상 야간근무를 하는 것은 피하고, 야간근무 후에는 1~2일 정도 휴식을 취하는 것이 바람직함)
④ 야간근무 후 다른 근무조로 가기 전에 최소한 48시간 이상의 휴식을 두어야 한다.
⑤ 야간근무 교대시간은 자정 이전으로 하고, 아침 교대시간은 밤잠이 모자랄 5~6시를 피한다.
⑥ 야간근무 시 가면은 반드시 필요하며 보통 2~4시간(1시간 30분 이상)이 적합하다.
⑦ 중노동, 정신적 노동, 지루한 일 등은 주간에 배치하고, 이른 아침이나 한밤중에는 과도하고 위험한 일이 배치되지 않도록 해야 하며 근무시간이 긴 근무 조는 가벼운 일을 하도록 하는 등 업무내용 및 업무량을 조정해야 한다.
⑧ 근무시간표는 순차적으로 편성하는 것이 바람직하다(정교대가 좋다.)
  예) 주간 근무조 → 저녁 근무조 → 야간 근무조 → 주간 근무조 …

(2) Flex Time제 ★

종업원이 자유로운 시간에 출퇴근이 가능하도록 전 근로자가 일하는 중추시간(core time)을 제외하고 출퇴근 시간을 융통성 있게 운영하는 제도를 말한다.

(3) 기업에서 교대제를 채택하는 이유

① 의료, 방송 등 공공사업에서 국민생활과 이용자의 편의를 위하여
② 화학공업, 석유정제 등 생산과정이 주야로 연속되지 않으면 안 되는 경우
③ 기계공업, 방직공업 등 시설투자의 상각을 조속히 달성하기 위해 생산설비를 완전 가동하고자 하는 경우

7 산업피로의 예방과 대책

(1) 산업피로 검사법

1) 생리학적 측정법

① EMG(electromyogram; 근전도) : 근육활동 전위차의 기록
② ECG(electrocardiogram; 심전도) : 심장근 활동 전위차의 기록
③ ENG(electroneurogram; 뇌전도) : 신경활동 전위차의 기록
④ EOG(electrooculogram; 안전도) : 안구(眼球)운동 전위차의 기록
⑤ 산소소비량
⑥ 에너지소비량(RMR)
⑦ 피부전기반사(GSR)
⑧ 점멸융합주파수(플리커법) ★

2) 심리학적 측정방법

동작분석, 연속반응시간, 자세변화, 주의력, 집중력 등을 이용한 측정법

3) 생화학적 검사법

혈액, 뇨중의 스테로이드량, 아드레날린 배설량 등을 측정한다.

4) 피로의 자각증상(주관적 피로 측정) ★

CMI(Cornel Medical Index) 조사

5) 동작분석

(2) 산업피로의 예방 및 회복대책 ★

① 불필요한 동작을 피하고 에너지 소모를 적게 한다.
② 작업과정에 따라 적절한 휴식시간을 삽입한다.
③ 작업시간 전후에 간단한 체조를 한다.
④ 동적인 작업과 정적인 작업을 적절히 혼합하여 배치한다. (과격한 육체적 노동은 기계화하고, 과도한 정적인 작업은 적절한 동적인 작업으로 전환한다.)
⑤ 휴식은 여러 번 나누어 휴식하는 것이 장시간 휴식하는 것보다 효과적이다.

한 눈에 들어오는 키워드

※ 문제

다음 중 객관적 피로의 측정방법과 가장 거리가 먼 것은?
① 피로 자각증상 조사
② 생리적 기능 검사
③ 생화학적 검사
④ 생리심리적 검사

[해설]
① 피로의 자각증상 조사(CMI: Cornel Medical Index) → 주관적 피로의 측정법이다.

정답 ①

참고

생체리듬의 변화
① 야간에는 체중이 감소한다.
② 야간에는 말초운동 기능이 저하된다.
③ 체온, 혈압, 맥박수는 주간에 상승하고 야간에 감소한다.
④ 혈액의 수분과 염분량은 주간에 감소하고 야간에 증가한다.
⑤ 야간작업은 수면 부족 및 식사시간의 불규칙으로 위장장애를 유발한다.
⑥ 야간작업은 주간 근무에 비하여 피로를 쉽게 느낀다.

⑥ 작업의 숙련도를 높인다.
⑦ 작업환경을 정리·정돈한다.
⑧ 커피, 홍차, 엽차 및 비타민 B1은 피로회복에 도움이 되므로 공급한다. (산업피로의 회복대책)
⑨ 신체 리듬의 적응을 위하여 야간근무의 연속일수는 2~3일로 한다.

03 산업심리

1 산업심리의 정의

(1) 산업심리학의 정의

사람을 적재적소에 배치할 수 있는 과학적 판단과 배치된 사람이 만족하게 자기 책무를 다할 수 있는 여건을 만들어 주는 방법을 연구하는 학문이다.

(2) 산업심리검사의 구비요건

① 타당성(validity) : 측정하려고 하는 성능을 어느 정도 충실히 수행하고 있는가를 나타낸다.
② 신뢰성(reliability) : 동일한 검사를 동일한 사람에게 시간 간격을 두고 실시할 때 그 결과가 크게 다르지 않아야 한다.
③ 실용성(praticability) : 검사를 실시하고 채점하기 용이하다든지, 결과의 해석이나 이용 방법이 간단하고 비용이 적게 들어야 한다.
④ 표준화(standardization) : 검사관리를 위한 조건과 검사 절차가 일관성이 있어야 한다.

2 산업심리의 영역

(1) 산업안전심리 5요소

① 동기(motive) : 능동적인 감각에 의한 자극에서 일어나는 사고의 결과로서 사람의 마음을 움직이는 원동력이다.

② 기질(temper) : 인간의 성격, 능력 등 개인적인 특성을 말한다.
③ 감정(emotion) : 희노애락 등의 의식을 말한다. 사람의 감정은 안전과 밀접한 관계를 가지고 사고를 일으키는 정신적 동기를 만든다.
④ 습성(habits) : 동기, 기질, 감정 등이 밀접한 연관관계를 형성하여 인간의 행동에 영향을 미칠 수 있도록 하는 것을 말한다.
⑤ 습관(custom) : 성장과정을 통해 형성된 특성 등이 자신도 모르게 습관화된 현상을 말한다.

(2) 호손(Hawthorne)실험

① 작업 능률을 좌우하는 것은 임금, 노동시간 등의 노동조건과 조명, 환기, 기타 작업환경으로서의 물적 조건보다 종업원의 태도 즉, 심리적·내적 양심과 감정(인간관계)이 더 중요하다.
② 물적 조건도 그 개선에 의하여 효과를 가져올 수 있으나 종업원의 심리적 요소가 더 중요하다.

3 직무스트레스 원인

(1) 스트레스(Stress)의 정의

① 생체에 가해지는 정신적·육체적 자극에 대하여 체내에서 일어나는 생물학적·심리적·행동적 반응을 의미한다.
② 적당한 직무스트레스는 직무의욕 및 생산성을 향상시키나, 과도한 직무스트레스는 직무의욕 및 생산성 감소, 사고 증가 등을 유발한다.
③ 과도한 직무스트레스는 뇌·심혈관계 질환, 정신 질환, 근골격계 질환 등 각종 건강장해의 주요인으로 작용한다.

(2) 스트레스의 특징

① 스트레스(stress)는 위협적인 환경 특성에 대한 개인의 반응이다.
② 외부의 스트레스 요인(stressor)에 의해 신체에 항상성이 파괴되면서 나타나는 반응이다.
③ 인간은 스트레스 상태가 되면 부신피질에서 코티졸(cortisol)이라는 호르몬이 과잉 분비되어 뇌의 활동 등을 저해하게 된다. ★

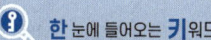

참고
호손(Hawthorne)실험
인간관계 관리의 개선을 위한 연구로 미국의 메이요(E. Mayo)교수가 주축이 되어 호손공장에서 실시되었다.

참고
미국국립산업안전보건연구소(NIOSH)의 직무스트레스의 정의 "직무스트레스(job stress)"란 업무상 요구사항이 근로자의 능력이나 자원, 바람(요구)과 일치하지 않을 때 생기는 유해한 신체적·정서적 반응을 말한다.

④ 스트레스가 아주 없거나 너무 많을 때에는 역기능 스트레스로 작용한다.
⑤ 환경의 요구가 개인의 능력 한계를 벗어날 때 발생하는 개인의 환경과의 불균형 상태이다.
⑥ 스트레스를 지속적으로 받게 되면 인체의 자기조절 능력은 떨어진다.

(3) 산업스트레스의 반응에 따른 결과

행동적 결과	심리적 결과
• 흡연 • 결근 • 행동의 격양 • 카페인, 알코올 및 약물남용 • 생산성 저하 • 돌발적 사고	• 가정문제 • 수면방해 • 성(性)적 역기능

(4) 직무스트레스의 내 · 외적 요인

내적 요인	외적 요인
• 자존심의 손상 • 업무상의 죄책감 • 현실에서의 부적응 • 지나친 경쟁심과 재물에 대한 욕심 • 가족간의 대화 단절 및 의견 불일치 • 출세욕의 좌절감과 자만심의 상충	• 경제적 빈곤 • 가족관계의 갈등 심화 • 직장에서의 대인 관계상의 갈등과 대립 • 가족의 죽음, 질병 • 자신의 건강문제

(5) 미국산업안전보건연구원(NIOSH)의 직무스트레스 요인 ★

작업요인	• 교대근무 • 작업부하 • 작업속도
환경요인	• 소음 및 진동 • 조명 • 고열 및 한랭 등
조직요인	• 관리유형 • 역할갈등 • 의사결정 참여 • 고용 불확실 등

한눈에 들어오는 키워드

기출
스트레스에 의한 신체반응 증상
① 혈압의 상승
② 근육의 긴장 증가
③ 소화기관에서의 위산 분비 과다
④ 뇌하수체에서 아드레날린의 분비 증가

4 직무스트레스 평가

(1) 직무스트레스 요인(Job stressor)의 평가

직무스트레스 요인(Job stressor)은 작업과 관련하여 생체에 가해지는 정신적·육체적 자극에 대하여 체내에서 일어나는 생물적·심리적·행동적 반응을 유발하는 요인을 말한다.

① 물리환경 : 직무스트레스에 영향을 줄 수 있는 근로자가 처해있는 일반적인 물리적인 환경을 일컫는 것으로서, 작업방식의 위험성, 공기의 오염, 신체부담 등이 여기에 속한다.

② 직무요구 : 직무에 대한 부담정도를 평가하는 것을 의미하며 시간적 압박, 업무량 증가, 업무 중 중단, 과도한 책임, 과도한 직무부담, 휴식시간 등을 말한다.

③ 직무자율 : 직무에 대한 의사결정의 권한과 자신의 직무에 대한 재량활용성을 평가하는 것을 의미하며, 기술적 재량, 업무예측가능성, 직무수행권한 등이 여기에 속한다.

④ 직무불안정 : 자신의 직업 또는 직무에 대한 안정성을 평가하는 것으로 타 직장 구직기회, 고용불안정성 등이 여기에 속한다.

⑤ 관계갈등 : 회사 내에서의 상사 및 동료 간의 도움 또는 지지부족이 스트레스 요인이 되는지를 평가하는 것을 의미하며 동료의 지지, 상사의 지지, 전반적 지지 등이 여기에 속한다.

⑥ 조직체계 : 조직의 전략 및 운영체계, 조직의 자원, 조직 내 갈등, 합리적 의사소통 등이 직무스트레스 요인으로 작용하는지를 평가하는 것을 의미한다.

⑦ 보상부적절 : 업무에 대하여 기대하고 있는 보상의 정도가 적절한지를 평가하는 것으로 존중, 내적 동기, 기대 부적합 등이 여기에 속한다.

⑧ 직장문화 : 서양의 형식적 합리주의 직장문화와는 달리 한국적인 집단주의적 문화, 비합리적인 의사소통체계, 비공식적 직장문화 등의 직장문화가 스트레스 요인으로 작용하는지를 평가하는 것을 의미한다.

 한 눈에 들어오는 키워드

참고
직무스트레스의 요인 중 중재요인
개인적 요인성격, 연령, 경력 등 조직 외 요인, 가족상황, 교육상태, 결혼상태 등 완충작용 요인사회적 지지, 업무숙달 정도, 대응능력 등

5 직무 스트레스 관리

(1) 직무스트레스에 의한 건강장해 예방 조치

사업주는 근로자가 장시간 근로, 야간작업을 포함한 교대작업, 차량운전[전업(專業)으로 하는 경우에만 해당한다] 및 정밀기계 조작작업 등 신체적 피로와 정신적 스트레스 등(이하 "직무스트레스"라 한다)이 높은 작업을 하는 경우에 직무스트레스로 인한 건강장해 예방을 위하여 다음 각 호의 조치를 하여야 한다.

① 작업환경·작업내용·근로시간 등 직무스트레스 요인에 대하여 평가하고 근로시간 단축, 장·단기 순환작업 등의 개선대책을 마련하여 시행할 것
② 작업량·작업일정 등 작업계획 수립 시 해당 근로자의 의견을 반영할 것
③ 작업과 휴식을 적절하게 배분하는 등 근로시간과 관련된 근로조건을 개선할 것
④ 근로시간 외의 근로자 활동에 대한 복지 차원의 지원에 최선을 다할 것
⑤ 건강진단 결과, 상담자료 등을 참고하여 적절하게 근로자를 배치하고 직무스트레스 요인, 건강문제 발생가능성 및 대비책 등에 대하여 해당 근로자에게 충분히 설명할 것
⑥ 뇌혈관 및 심장질환 발병위험도를 평가하여 금연, 고혈압 관리 등 건강증진 프로그램을 시행할 것

(2) 직무스트레스 관리 ★

개인차원의 스트레스 관리	집단차원의 스트레스 관리
• 건강검사 • 운동과 취미생활 • 긴장이완훈련	• 직무 재설계 • 사회적 지원의 제공 • 개인의 적응수준 제고 • 작업순환

6 조직과 집단

(1) 집단의 유형

1) 1차 집단과 2차 집단

구분	특징	예
1차 집단 (primary group)	• 면대면 상호작용과 집단 구성원간의 상호의존과 동일시를 중요시한다. • **작고 오래 지속되는 집단의 형태**이다.	가족, 친한 친구 등
2차 집단 (secondary group)	• 보다 복잡한 사회에서 나타나는 비교적 **크고 공식적으로 조직되는 사회집단**이다.	직장동료, 모임 등

2) 공식 집단과 비공식 집단

공식 집단	비공식 집단
• 지정된 목적을 달성하기 위하여 조직에 의하여 형성된 의식이고 형식적인 집단으로 정부, 기업, 노조단체 등이 있다. • 조직의 합리적 특성으로 조직의 목적, 방침 등의 결정이 용이하다. • 미리 정해진 규칙에 따라 갈등과 문제의 조정이 이루어진다. • 비개성적이고 기능화된 조직이므로 구성원의 활동은 명확히 제약된다. • 조직은 목적 달성을 위해 노력한다.	• 개인의 관심사나 욕구를 만족시키기 위하여 친밀한 대면접촉에 의해 자발적으로 형성되는 집단으로 친목모임, 취미단체, 연예인 팬클럽 등이 있다. • 감정, 관습 등을 기초로 자생적으로 형성되어 인간관계와 개인의 욕구를 충족시켜 준다. • 직접적이고 빈번한 개인 간의 접촉을 필요로 한다.

(2) 집단의 기능

① **응집력** : 집단내부로부터 생기는 힘
② **행동의 규범** : 그 집단을 유지하며, 집단의 목표를 달성하는 데 필수적인 것으로서 자연 발생적으로 성립되는 것이다.
③ **집단의 목표** : 집단을 형성하기 위한 기본 조건으로 가장 중요한 요소는 특정 목표를 지녀야 한다.

 한 눈에 들어오는 키워드

기출
집단 간의 갈등이 심한 경우의 해결기법
① 공동경쟁상대의 설정
② 상위의 공동목표 설정
③ 문제의 공동해결법 토의
④ 집단구성원 간의 직무순환

기출
집단갈등 촉진기법
① **조직구조의 변경** : 변경에 반대하는 집단에 의한 견제활동을 통하여 갈등을 조장하는 것으로 갈등해소는 물론 갈등을 조장하는 데에도 효과적이다.
② **외부인사 초빙** : 구성원들과 다른 태도, 가치관, 경험을 가진 외부인사를 영입하여 관점, 참신성, 활력을 확보한다.
③ **커뮤니케이션의 증대** : 커뮤니케이션을 이용, 위협적인 정보를 유출시켜 기능적 갈등을 발생시키고 성과를 올리고자 하는 것
④ **경쟁심 자극** : 높은 성과를 올린 집단에 보상이나 상여금을 지급한다.

한눈에 들어오는 키워드

(3) 비통제적 집단행동

① 군중(Crowd) : 공통된 규범이나 조직성 없이 우연히 조직된 인간의 일시적 집합
② 모브(Mob) : 비통제의 집단 행동 중 폭동과 같은 것을 의미하며 군중보다 합의성이 없고 감정에 의해서만 행동하는 특성을 가진다.
③ 패닉(Panic) : 위협을 회피하기 위해서 일어나는 집합적인 도주현상, 방어적인 행동 특징을 보이는 집단행동이다.
④ 심리적 전염

(4) 안전보건관리조직의 유형 및 특징

안전보건관리조직이란 원활한 안전관리를 위해 필요한 조직으로 라인형, 스태프형, 라인 스태프형의 3가지로 분류할 수 있다.

라인(Line)형 or 직계형	스태프(staff)형 or 참모형	라인 스태프(Line Staff)형 or 혼합형
① 소규모 사업장(100명 이하 사업장)에 적용이 가능하다. ② 라인형 장점 : **명령 및 지시가 신속, 정확**하다. ③ 라인형 단점 • **안전정보가 불충분**하다. • 라인에 과도한 책임이 부여될 수 있다. ④ 생산과 안전을 동시에 지시하는 형태이다.	① 중규모 사업장(100~1,000명 정도의 사업장)에 적용이 가능하다. ② 스태프형 장점 : **안전정보 수집이 용이하고 빠르다.** ③ 스태프 단점 : **안전과 생산을 별개로 취급**한다. ④ 생산부문은 안전에 대한 책임, 권한이 없다.	① 대규모 사업장(1,000명 이상 사업장)에 적용이 가능하다. ② 라인 스태프형 장점 • 안전전문가에 의해 입안된 것을 경영자가 명령하므로 **명령이 신속, 정확**하다. • **안전정보 수집이 용이하고 빠르다.** ③ 라인 스태프형 단점 • 명령계통과 조언, 권고적 참여의 혼돈이 우려된다.

참고

안전보건관리조직의 유형

① **라인(Line)형 or 직계형** : 안전관리에 관한 계획, 실시, 평가에 이르기까지 안전관리의 모든 것을 생산조직을 통하여 행하는 관리 방식
② **스태프형 or 참모형** : 안전관리를 전담하는 스태프를 두고 안전관리에 대한 계획, 조사, 검토 등을 행하는 관리 방식
③ **라인 스태프형 or 혼합형** : 라인형과 스태프형의 장점을 취한 형태로서 스태프는 안전을 입안, 계획, 평가, 조사하고 라인을 통하여 생산기술, 안전대책이 전달되는 관리 방식

7 직업과 적성

(1) 적성검사의 분류 및 특성 ★

생리학적 적성검사	심리학적 적성검사	신체검사
① 감각기능검사 ② 심폐기능검사 ③ 체력검사	① **지능검사**: 언어, 기억, 추리에 대한 검사 ② **지각동작검사**: 수족협조, 운동속도, 형태지각검사 ③ **인성검사**: 성격, 태도, 정신상태검사 ④ **기능검사**: 직무에 관한 기본지식과 숙련도, 사고력 등의 검사	① 체격검사

> **참고**
> 적성검사
> 특수한 분야의 직무를 수행할 수 있는 잠재적 능력을 평가하는 시험을 말한다.

(2) 적성배치의 원칙

① 적성검사를 실시하여 개인의 능력을 평가한다.
② 직무 평가를 통하여 자격수준을 정한다.
③ 주관적인 감정요소를 배제한다.
④ 인사관리의 기준 원칙에 준한다.
⑤ 직무에 영향을 줄 수 있는 환경적 요소를 검토한다.

04 직업성 질환

1 직업성 질환의 정의와 분류

(1) 직업성 질환(작업 관련성 질환)의 정의

① 직업성 질환이란 작업에 의하여 악화되거나 작업과 관련하여 높은 발병률을 보이는 질병을 말한다. ★
② 직무로 인한 유해성 인자가 몸에 장·단기간 축적되어 발생하는 질환을 총칭하며 직업 관련성 근골격계 질환, 직업 관련성 뇌, 심혈관 질환 등이 있다.
③ 직업성 질환(작업 관련성 질환)은 작업환경과 업무수행상의 요인들이 다른 위험요인과 함께 질병발생의 복합적 요인으로서 기여한다. ★

④ 직업성 질환과 일반 질환은 경계가 뚜렷하지 않다.
⑤ 직업성 질환(작업 관련성 질환)은 작업에 의하여 악화되거나 작업과 관련하여 높은 발병률을 보이는 질병이다.

(2) 업무상 질병의 종류(산업재해보상보험법)

① 재해성 질병 : 업무상 부상이 원인이 되어 발생한 질병
② 직업성 질병 : 업무수행 과정에서 물리적 인자, 화학물질, 분진, 병원체, 신체에 부담을 주는 업무 등 근로자의 건강에 장해를 일으킬 수 있는 요인을 취급하거나 그에 노출되어 발생한 질병
③ 직장 내 괴롭힘, 고객의 폭언 등으로 인한 업무상 정신적 스트레스가 원인이 되어 발생한 질병
④ 그 밖에 업무와 관련하여 발생한 질병

(3) 직업성 질환의 범위 ★

① 직업상 업무에 기인하여 1차적으로 발생하는 원발성 질환은 포함한다.
② 원발성 질환과 합병 작용하여 제2의 질환(속발성 질환)을 유발하는 경우를 포함한다.
③ 합병증이 원발성 질환과 불가분의 관계를 가지는 경우를 포함한다.(합병증은 원발성 질환에서 떨어진 다른 부위에 같은 원인에 의한 제2의 질환을 일으키는 경우를 의미한다.)
④ 원발성 질환에 떨어진 다른 부위에 같은 원인에 의한 제2의 질환을 일으키는 경우를 포함한다.

(4) 국내 직업병의 발생현황

1) "문송면"군의 수은 중독(1988년) ★

온도계 제조회사에 입사한 지 3개월 만에 15살의 "문송면" 군이 수은에 중독되어 사망하였다.

2) 원진레이온의 이황화탄소 중독(1989~90년 우리나라 대표적 직업병) ★

레이온(인조견사) 합성에 사용하는 이황화탄소 중독으로 사망, 정신이상, 뇌경색, 협심증 등을 유발하였다.

3) 1994년까지는 직업병 유소견자 현황에 진폐증이 차지하는 비율이 66~80% 정도로 가장 높았고, 여기에 소음성 난청을 합치면 대략 90%가 넘어 직업병 유소견자의 대부분은 진폐증과 소음성 난청이었다.

4) 솔벤트 중독(1995년)

국내의 모 전자부품 업체에서 솔벤트라는 유기용제에 노출되어 생리 중단과 '재생불량성빈혈'이라는 건강상 장해가 일어나 사회문제가 되었다.

5) 노르말헥산 중독(2004년)

경기도 화성시의 노트북 컴퓨터의 부품 중 프레임을 생산하는 회사에서 태국 노동자 8명이 노르말헥산을 이용해 부품의 얼룩 등 이물질을 제거하는 일을 하던 중 노르말헥산에 중독되어 팔다리가 마비되면서 걷지 못하는 '말초신경병증'을 진단받았다.

2 직업성 질환의 원인

(1) 직업성 질환의 발생요인

직접원인 ★	① 환경요인 • 물리적 요인 : **진동현상, 대기조건의 변화**, 방사선 등 • 화학적 요인 : **화학물질의 취급 또는 발생** ② 작업요인 : **격렬한 근육운동, 단순 반복작업** 등
간접원인	① 작업요인 • **작업강도와 작업시간 모두 직업병 발생의 중요한 요인**이다. • 작업의 종류가 같더라도 작업방법에 따라서 해당 직장에서 발생하는 질병의 종류와 발생빈도는 달라질 수 있다. ② 환경요인 : **작업장의 환경은 직업병의 발생과 증세의 악화를 조장하는 원인**이 될 수 있다. ③ 인적요인(개체요인) • 일반적으로 **연소자의 직업병 발병률이 성인보다 높게 나타난다.** • 유기인의 중독에서는 여성층이 높은 감수성을 가진다. • 공복 시에 화학물질의 흡수가 빠르다.

> **한 눈에 들어오는 키워드**
>
> **기출**
>
> **직업성 질병(직업병)**
> • 직업병은 직업에 의해 발생된 질병으로서 직업적 노출과 특정 질병 간에 인과관계는 명확하게 반영된다. ★
> • 재해에 의하지 않고 유해물질의 노출로 인하여 급성 또는 만성으로 발생한다.
> • 저농도 또는 저수준의 상태로 장시간에 걸쳐 반복노출로 생긴 질병을 의미한다.
> • 직업병은 일반적으로 단일요인에 의해, 작업 관련성 질환은 다수의 원인 요인에 의해서 발병된다.

(2) 작업의 종류에 따른 직업병 및 질환발생요인

① 잠수부 : 잠함병 ★
② 도료공 : 빈혈
③ 전기용접공 : 백내장
④ 제빙작업 : 한랭장해
⑤ 도금작업 : 크롬중독(비중격천공증) ★
⑥ 인쇄작업 : 유기용제중독
⑦ 제강, 요업, 용광로 작업 : 고온장해(열사병 등) ★
⑧ 제강공 : 구내염, 피부염
⑨ 채석작업(채석광, 채광부) : 규폐증 ★
⑩ 타이핑작업 : 경견완증후군
⑪ 피혁제조, 축산, 제분 : 탄저병, 파상풍
⑫ 갱내 착암작업 : 규폐증, 산소결핍 ★
⑬ 샌드블라스팅(sand blasting) : 규폐증, 폐암 ★

(3) 유해요인별 중독증세 ★

① 수은중독 : 미나마타병
② 크롬중독 : 비중격천공증, 비강암, 폐암
③ 카드뮴중독 : 이타이이타이병
④ 납중독 : 조혈장애, 말초신경장애
⑤ 벤젠중독 : 빈혈, 백혈병, 조혈장애
⑥ 석면 : 악성중피종, 석면폐증, 폐암
⑦ 망간 : 파킨슨증후군, 신장염, 신경염
⑧ 이상기압 : 잠함병, 폐수종
⑨ 국소진동 : 레이노 현상(레이노드씨병)

> **암기법**
>
> 코흘리는(비중격천공증, 비강암) 크롬아 카(카드뮴)드놀이 이따(이타이이타이병)하고 수(수은)미나 마타(미나마타병)라.
> 납조, 벤빈, 석중, 망파

[기출] 인체에 영향을 주는 진동범위
① 전신진동 : 2~100Hz
② 국소진동 : 8~1500Hz

[기출] 레이노(Raynaud's phenonmenon) 현상
한랭환경에서 국소진동에 노출 시 말초혈관운동장애로 인하여 수지가 창백해지고 손이 차며 통증이 오는 현상을 말한다.

(4) 신체적 결함과 부적합한 작업

① 간기능 장해 : 화학 공업(유기용제 취급 작업 등)
② 편평족 : 서서 하는 작업
③ 심계항진 : 격심작업, 고소작업
④ 고혈압 : 이상기온, 이상기압에서의 작업
⑤ 경견완증후군 : 타이핑작업

3 직업성 질환의 진단과 인정 방법

(1) 직업병의 인정요건 ★

① 업무수행 과정에서 유해요인을 취급하거나 이에 폭로된 경력 있을 것
② 작업환경과 그 작업에 종사한 기간 또는 유해 작업의 정도
③ 같은 작업장에서 비슷한 증상을 나타내는 환자의 발생 유무
④ 의학상 특징적으로 나타나는 예상되는 임상검사 소견의 유무
⑤ 의학적인 요양의 필요성이나 보험급여 지급사유가 있다고 인정될 것

(2) 직업병을 판단할 때 참고자료 ★

① 업무내용과 종사시간(노출의 추정)
② 발병 이전의 신체이상과 과거력(과거 질병의 유무)
③ 작업환경 측정 자료와 취급물질의 유해성 자료
④ 생물학적 모니터링
⑤ 중독 등 해당 직업병의 특유한 증상과 임상소견의 유무

4 직업성 질환의 예방대책

(1) 직업성 질환의 예방 ★

① 직업성 질환의 1차 예방 : 원인인자의 제거나 원인이 되는 손상을 막는 것으로, 새로운 유해인자의 통제, 알려진 유해인자의 통제, 노출관리를 통해 할 수 있다.

한 눈에 들어오는 키워드

기출
직업성 피부질환의 원인물질
① 색소 감소
 • 모노벤질 에테르
 • 하이드로퀴논
 • 3차 부틸 페놀
② 색소 증가
 • 콜타르
③ 피부의 색소변경
 • 타르
 • 피치
 • 페놀

기출
직업성 피부질환 ★
작업환경 내 유해인자에 노출되어 피부 및 부속기관에 병변이 발생되거나 악화되는 질환을 직업성 피부질환이라 한다.
① 대부분은 화학물질에 의한 접촉피부염이다.
② 자극에 의한 원발성 피부염이 직업성 피부질환 중 가장 많은 부분을 차지한다.
③ 정확한 발생빈도와 원인물질의 추정은 거의 불가능하다.
④ 직업성 피부질환의 간접요인으로는 인종, 연령, 계절, 아토피, 피부질환, 개인위생 등이 있다.
⑤ 피부종양은 발암물질과 피부의 직접 접촉뿐만 아니라 다른 경로를 통한 전신적인 흡수에 의하여도 발생될 수 있다.

기출
재해성 질병의 인정 시 종합적으로 판단하는 사항
① 재해의 성질과 강도
② 재해가 작용한 신체부위
③ 재해가 발생할 때까지의 시간적 관계

한 눈에 들어오는 키워드

기출
직업병의 예방대책 중 발생원에 대한 대책
① 대치
② 격리 또는 밀폐
③ 공정의 재설계

② 직업성 질환의 2차 예방 : 근로자가 진료를 받기 전 단계인 초기에 질병을 발견하는 것으로, 질병의 선별검사, 감시, 주기적 의학적 검사, 법적인 의학적 검사를 통해 할 수 있다.

③ 직업성 질환의 3차 예방 : 대개 치료와 재활과정으로, 근로자들이 더 이상 노출되지 않도록 해야 하며 필요시 적절한 의학적 치료를 받아야 한다.

④ 직업성 질환은 전체적인 질병 이환율에 비해서는 비교적 낮지만, 원인인자가 알려져 있고 유해인자에 대한 노출을 조절할 수 있어 안전 농도로 유지할 수 있기 때문에 예방대책을 마련할 수 있다.

(2) 직업성 질환의 예방대책

① 근로자의 보호구 착용(가장 소극적인 대책으로 가장 나중에 적용) 및 근로자의 정기적인 건강진단 실시
② 작업환경의 정리정돈
③ 작업장 환기 및 작업방법 개선
④ 작업시간의 단축
⑤ 기업주에 대한 안전 · 보건교육 실시

CHAPTER 02 단원 예상문제

저자가 콕! 찝어주는 예상문제 풀어보기!

01 다음 중 직업성 질환의 예방에 관한 설명으로 틀린 것은?

① 직업성 질환은 전체적인 질병이환율에 비해서는 비교적 높지만, 직업성 질환은 원인인자가 알려져 있고 유해인자에 대한 노출을 조절할 수 없으므로 안전농도로 유지할 수 있기 때문에 예방대책을 마련할 수 있다.
② 직업성 질환의 1차 예방은 원인인자의 제거나 원인이 되는 손상을 막는 것으로, 새로운 유해인자의 통제, 알려진 유해인자의 통제, 노출관리를 통해 할 수 있다.
③ 직업성 질환의 2차 예방은 근로자가 진료를 받기 전 단계인 초기에 질병을 발견하는 것으로, 질병의 선별검사, 감시, 주기적 의학적 검사, 법적인 의학적 검사를 통해 할 수 있다.
④ 직업성 질환의 3차 예방은 대개 치료와 재활과정으로, 근로자들이 더 이상 노출되지 않도록 해야 하며 필요시 적절한 의학적 치료를 받아야 한다.

> **✱ 직업성 질환의 예방**
> ① 직업성 질환은 전체적인 질병 이환율에 비해서는 비교적 낮지만, 원인인자가 알려져 있고 유해인자에 대한 노출을 조절할 수 있어 안전 농도로 유지할 수 있기 때문에 예방대책을 마련할 수 있다.
> ② 직업성 질환의 2차 예방 : 근로자가 진료를 받기 전 단계인 초기에 질병을 발견하는 것으로, 질병의 선별검사, 감시, 주기적 의학적 검사, 법적인 의학적 검사를 통해 할 수 있다.
> ③ 직업성 질환의 3차 예방 : 대개 치료와 재활과정으로, 근로자들이 더 이상 노출되지 않도록 해야 하며 필요시 적절한 의학적 치료를 받아야 한다.

02 젊은 근로자의 약한 쪽 손의 힘은 평균 50kp이고, 이 근로자가 무게 10kg인 상자를 두 손으로 들어올릴 경우에 한 손의 작업강도(%MS)는 얼마인가? (단, 1kp는 질량 1kg을 중력의 크기로 당기는 힘을 말한다.)

① 5   ② 10
③ 15   ④ 20

> 작업강도(%MS) = $\dfrac{RF}{MS} \times 100$
> • RF : 작업 시 요구되는 힘(한 손에 요구되는 힘)
> • MS : 근로자가 가지고 있는 약한 손의 최대 힘
>
> 작업강도 = $\dfrac{5}{50} \times 100 = 10$
>
> ✱ 무게 10kg을 두 손으로 들어올림
>   → 한 손에 요구되는 힘은 5kg

03 근육운동에 동원되는 주요 에너지의 생산방법 중 혐기성 대사에 사용되는 에너지원이 아닌 것은?

① 아데노신 삼인산   ② 크레아틴 인산
③ 지방   ④ 글리코겐

혐기성 대사 (Anaerobic metabolism)	1. 근육에 저장된 화학적 에너지 2. 혐기성 대사 순서 ★ ATP(아데노신 삼인산) → CP(크레아틴 인산) → Glycogen(글리코겐) or Glucose(포도당)
호기성 대사 (Aerobic metabolism)	1. 대사과정(구연산 회로)을 거쳐 생성된 에너지 2. 호기성 대사 과정 포도당/단백질/지방 + 산소 → 에너지원

정답 01 ① 02 ② 03 ③

04 다음 중 작업환경개선을 위한 인체측정에 있어 구조적 인체치수에 해당하지 않는 것은?

① 팔길이　　② 앉은키
③ 눈높이　　④ 악력

> ★ 인체계측방법
> ① 정적 인체계측(구조적 인체치수) : 정지 상태에서의 신체를 계측하는 방법으로 표준자세에서 움직이지 않는 피측정자를 인체측정기로 측정
> ② 동적 인체계측(기능적 인체치수)
>   • 체위의 움직임에 따른 계측방법
>   • 각 신체부위가 신체적 기능을 수행(특정 작업 수행)할 때, 독립적으로 움직이는 것이 아니라 조화를 이루어 움직이는 신체치수를 측정

05 다음 중 산업피로에 관한 설명으로 적절하지 않은 것은?

① 고단하다는 객관적이고 보편적인 느낌이다.
② 작업강도에 반응하는 육체적, 정신적 생체현상이다.
③ 피로 자체는 질병이 아니라 가역적인 생체 변화이다.
④ 피로가 오래되면 얼굴 부종, 허탈감의 증세가 온다.

> ① 고단하다는 주관적인 느낌이다.

06 다음 중 산업스트레스 발생요인으로 작용하는 집단 간의 갈등이 심한 경우의 해결기법으로 가장 적절하지 않은 것은?

① 경쟁의 자극
② 상위의 공동목표 설정
③ 문제의 공동해결법 토의
④ 집단구성원 간의 직무순환

> ★ 집단 간의 갈등이 심한 경우의 해결기법
> ① 공동경쟁상대의 설정
> ② 상위의 공동목표 설정
> ③ 문제의 공동해결법 토의
> ④ 집단구성원 간의 직무순환
> ⑤ 자원의 확대

07 다음 중 직업성 피부질환에 영향을 주는 간접적 요인으로 볼 수 없는 것은?

① 아토피　　② 마찰 및 진동
③ 인종　　　④ 개인위생

> 직업성 피부질환의 간접요인으로는 인종, 연령, 계절, 아토피, 피부질환, 개인위생 등이 있다.

08 다음 중 작업대사율이 7에 해당하는 작업을 하는 근로자의 실동률을 얼마인가? (단, 사이또 오시마의 식을 활용한다.)

① 30%　　② 40%
③ 50%　　④ 60%

> 실노동률(실동률)(%) = 85 − (5 × RMR)
> • RMR : 에너지 대사율(작업대사율)
> 실노동률 = 85 − (5 × 7) = 50(%)

정답　04 ④　05 ①　06 ①　07 ②　08 ③

09 NIOSH에서는 권장무게한계(RWL)와 최대허용한계(MPL)에 따라 중량물 취급작업을 분류하고, 각각의 대책을 권고하고 있는데 MPL을 초과하는 경우에 대한 대책으로 가장 적절한 것은?

① 문제 있는 근로자를 적절한 근로자로 교대시킨다.
② 반드시 공학적 방법을 적용하여 중량물 취급작업을 다시 설계한다.
③ 대부분의 정상 근로자들에게 적절한 작업조건으로 현 수준을 유지한다.
④ 적절한 근로자의 선택과 적정 배치 및 훈련 그리고 작업방법의 개선이 필요하다.

- MPL을 초과하는 작업에서는 대부분의 근로자들에게 근육·골격 장애가 발생한다.
- MPL을 초과하는 경우 공학적 방법을 적용하여 중량물 취급작업을 다시 설계해야 한다.

10 PWC가 17.5kcal/min인 사람이 1일 8시간 동안 물건 운반작업을 하고 있다. 이때 작업대사량(에너지소비량)이 8.75kcal/min이고, 휴식할 때 평균대사량이 1.7kcal/min이라면, 지속작업의 허용시간은 약 몇 분인가? (단, 작업에 따른 두 가지 상수는 3.720, 0.1949를 적용한다.)

① 88분　② 103분
③ 319분　④ 383분

★ 작업강도에 따른 허용작업시간

1. $\log T_{end} = 3.720 - 0.1949E$
2. $E = \dfrac{PWC}{3}$

- E : 작업대사량(kcal/min)
- T_{end} : 허용작업시간(min)

$\log T_{end} = 3.720 - 0.1949 \times 8.75 = 2.01$
$T_{end} = 10^{2.01} = 102.33(분)$

11 다음 중 피로물질이라 할 수 없는 것은?

① 크레아틴　② 젖산
③ 글리코겐　④ 초성포도당

★ 피로물질
① 젖산
② 암모니아
③ 크레아틴
④ 초성포도당
⑤ 시스테인
⑥ 잔여 질소 등

12 수근터널증후군(CTS ; Carpal Tunnel Syndrome)이 가장 발생하기 쉬운 작업은?

① 대형버스 운전
② 조선소의 용접작업
③ 항만, 공항의 물건 하역작업
④ 드라이버(driver)를 이용한 기계조립

★ 손목뼈터널 증후군
(수근관증후군 : carpal tunnel sysdrome)
반복적이고 지속적인 손목의 압박, 무리한 힘 등으로 인해 수근관 내부에 정중신경이 손상되어 발생한다.

정답　09 ②　10 ②　11 ③　12 ④

13 다음 중 직업병 예방을 위한 대책으로 가장 나중에 적용하여야 하는 방법은?

① 격리 및 밀폐
② 개인보호구의 지급
③ 환기시설 등의 설치
④ 공정 또는 물질의 변경, 대치

> *가장 소극적인 대책(가장 나중에 적용)
> 개인보호구의 지급

14 다음 중 호기성 산화를 촉진시켜 근육의 열량공급을 원활히 해주는 비타민군은?

① A ② B
③ C ④ D

> *비타민 B1(Thiamine)
> 작업강도가 높은 근로자의 근육에 호기적 산화를 촉진시켜 근육의 열량공급을 원활히 해준다.(근육노동 시 특히 주의하여 보급해야 할 비타민)

15 다음 중 근육과 뼈를 연결하는 섬유조직을 무엇이라 하는가?

① 뉴런(neuron)   ② 건(tendon)
③ 인대(ligament) ④ 관절(joint)

> *건(tendon)
> 근육과 뼈를 연결하는 섬유조직

16 정상 작업역에 대한 설명으로 옳은 것은?

① 두 다리를 뻗어 닿는 범위이다.
② 손목이 닿을 수 있는 범위이다.
③ 전박(前膊)과 손으로 조작할 수 있는 범위이다.
④ 상지(上肢)와 하지(下肢)를 곧게 뻗어 닿는 범위이다.

> *정상 작업역
> ① 상완을 자연스럽게 늘어뜨린 채 전완만으로 뻗어 파악할 수 있는 구역(팔을 가볍게 몸체에 붙이고 팔꿈치를 구부린 상태에서 자유롭게 손이 닿는 영역)
> ② 움직이지 않고 전박(前膊)과 손으로 조작할 수 있는 범위

> *참고
> 최대 작업역
> ① 전완과 상완을 곧게 펴서 파악할 수 있는 구역(양팔을 곧게 폈을 때 도달할 수 있는 최대영역)
> ② 움직이지 않고 상지(上肢)를 뻗어서 닿는 범위

17 다음 중 피로에 관한 내용과 가장 거리가 먼 것은? `2013년 1회`

① 에너지원의 소모
② 신체 조절기능의 저하
③ 체내에서의 물리·화학적 변조
④ 물질대사에 의한 노폐물의 체내 소모

> *피로의 발생기전
> ① 산소와 영양소 등의 에너지원의 소모
> ② 물질대사에 의한 노폐물의 축적(피로물질의 축적)
> ③ 체내의 항상성 상실(체내 생리대사의 물리·화학적 변화)
> ④ 생체 내 조절기능의 저하

정답 13 ② 14 ② 15 ② 16 ③ 17 ④

18 다음 중 재해성 질병의 인정 시 종합적으로 판단하는 사항으로 틀린 것은?

① 재해의 성질과 강도
② 재해가 작용한 신체부위
③ 재해가 발생할 때까지의 시간적 관계
④ 작업내용과 그 작업에 종사한 기간 또는 유해작업의 정도

> *재해성 질병의 인정 시 종합적으로 판단하는 사항
> ① 재해의 성질과 강도
> ② 재해가 작용한 신체부위
> ③ 재해가 발생할 때까지의 시간적 관계

19 다음 중 작업공정에 따라 발생 가능성이 가장 높은 직업성 질환을 올바르게 연결한 것은?

① 용광로 작업 - 치통, 부비강통, 이(耳)통
② 갱내 착암작업 - 전광성 안염
③ 샌드블라스팅(sand blasting) - 백내장
④ 축전지 제조 - 납중독

> ① 용광로 작업 – 고온장애
> ② 갱내 착암작업 – 규폐증, 산소결핍
> ③ 샌드블라스팅(sand blasting) – 규폐증, 폐암

20 다음 중 개정된 NIOSH의 권고중량한계(RWL : Recommended Weight Limit)에서 모든 조건이 가장 좋지 않을 경우 허용되는 최대중량은?

① 15kg ② 23kg
③ 32kg ④ 40kg

> *중량물 상수(23Kg)
> 들기작업을 할 때의 최대 허용무게

> *참고
> $RWL(kg) = LC(23) \times HM \times VM \times DM \times AM \times FM \times CM$
> - LC : 중량상수(Load constant) – 23kg
> - HM : 수평 계수(Horizontal Multiplier)
> - VM : 수직 계수(Vertical Multiplier)
> - DM : 거리 계수(Distance Multiplier)
> - AM : 비대칭 계수(Asymmetric Multiplier)
> - FM : 빈도 계수(Frequency Multiplier)
> - CM : 커플링 계수(Coupling Multiplier)

정답 18 ④ 19 ④ 20 ②

21 육체적 작업능력(PWC)이 16kcal/min인 근로자가 1일 8시간 동안 물체를 운반하고 있다. 이때의 작업대사량은 8kcal/min이고, 휴식 시의 대사량은 1.5kcal/min이다. 이 사람이 쉬지 않고 계속하여 일할 수 있는 최대허용시간은? (단, $\log T_{end} = b_o + b_1 \times E$, $b_0 = 3.720$, $b_1 = -0.1949$)

① 145분 ② 185분
③ 245분 ④ 285분

> ★ 작업강도에 따른 허용작업시간
> 1. $\log T_{end} = 3.720 - 0.1949E$
> 2. $E = \dfrac{PWC}{3}$
> • E : 작업대사량(kcal/min)
> • T_{end} : 허용작업시간(min)
>
> $\log T_{end} = 3.720 - 0.1949 \times 8 = 2.16$
> $T_{end} = 10^{2.16} = 144.54$(분)

22 다음 중 근골격계 질환의 위험요인에 대한 설명으로 적절하지 않은 것은?

① 큰 변화가 없는 반복동작일수록 근골격계 질환의 발생위험이 증가한다.
② 정적작업보다 동적작업에서 근골격계 질환의 발생위험이 더 크다.
③ 작업공정에 장애물이 있으면 근골격계 질환의 발생위험이 더 커진다.
④ 21℃ 이하의 저온작업장에서 근골격계 질환의 발생위험이 더 커진다.

> ② 동적작업보다 작업자세가 고정되는 정적작업에서 근골격계 질환의 발생위험이 더 크다.

23 다음 중 육체적 작업능력에 영향을 미치는 요소와 내용을 잘못 연결한 것은?

① 작업특징 - 동기
② 육체적 조건 - 연령
③ 환경요소 - 온도
④ 정신적 요소 - 태도

> ★ 육체적 작업능력(PWC)에 영향을 미치는 요소
> ① 작업특징 : 강도, 시간, 위치, 계획 등
> ② 육체적 조건 : 연령, 체격, 성별 등
> ③ 환경적 요소 : 온도, 압력, 소음 등
> ④ 정신적 요소 : 동기, 태도

24 다음 중 직장에서의 피로방지대책이 아닌 것은?

① 적절한 시기에 작업을 전환하고 교대시킨다.
② 부적합한 환경을 개선하고 쾌적한 환경을 조성한다.
③ 적절한 근육을 사용하고 특정 부위에 부하가 걸리도록 한다.
④ 적절한 근로시간과 연속작업시간을 배분하여 작업을 수행한다.

> ③ 적절한 근육을 사용하고 특정 부위에 부하가 걸리지 않도록 한다.

정답 21 ① 22 ② 23 ① 24 ③

25 다음 중 영양소의 작용과 그 작용에 관여하는 주된 영양소의 종류를 잘못 연결한 것은?

① 체내에서 산화연소하여 에너지를 공급하는 것-탄수화물, 지방질 및 단백질
② 몸의 구성성분을 위해 보급하고 영양소의 체내 흡수기능을 조절하는 것-탄수화물, 유기질, 물
③ 체내조직을 구성하고, 분해·소비되는 물질의 공급원이 되는 것-단백질, 무기질, 물
④ 여러 영양소의 영양적 작용의 매개가 되고 생활기능을 조절하는 것-비타민, 무기질, 물

★ 영양소 종류와 그 작용
① 체내에서 산화연소하여 에너지를 공급 : 탄수화물, 단백질, 지방(3대 영양소)
② 에너지원은 아니며, 여러 영양소의 영양적 작용의 매개가 되고 생활기능을 조절 : 비타민, 무기질, 물
③ 체내조직을 구성하고, 분해·소비되는 물질의 공급원으로 작용 : 단백질, 무기질, 물
④ 치아와 골격을 구성 : 칼슘
⑤ 작업강도가 높은 근로자의 근육에 호기적 산화를 촉진시켜 근육의 열량공급을 원활히 해주는 비타민(근육노동 시 특히 주의하여 보급해야 할 비타민) : 비타민 B1(Thiamine)

26 1980~1990년대 우리나라에 대표적으로 집단 직업병을 유발시켰던 이 물질은 비스코스레이온 합성에 사용되며 급성으로 고농도 노출 시 사망할 수 있고, 1,000ppm 수준에서는 환상을 보는 정신이상을 유발한다. 만성독성으로는 뇌경색증, 다발성 신경염, 협심증, 신부전증 등을 유발하는 이 물질은 무엇인가?

① 벤젠 ② 이황화탄소
③ 카드뮴 ④ 2-브로모프로판

★ 원진레이온의 이황화탄소 중독
(1989~90년 우리나라 대표적 직업병)
레이온 합성에 사용하는 이황화탄소 중독으로 사망, 정신이상, 뇌경색, 협심증 등 유발하였다.

27 우리나라의 규정상 하루에 25kg 이상의 물체를 몇 회 이상 드는 작업일 경우 근골격계 부담작업으로 분류하는가?

① 2회 ② 5회
③ 10회 ④ 25회

★ 근골격계 부담작업
① 하루에 4시간 이상 집중적으로 자료입력 등을 위해 키보드 또는 마우스를 조작하는 작업
② 하루에 총 2시간 이상 목, 어깨, 팔꿈치, 손목 또는 손을 사용하여 같은 동작을 반복하는 작업
③ 하루에 총 2시간 이상 머리 위에 손이 있거나, 팔꿈치가 어깨 위에 있거나, 팔꿈치를 몸통으로부터 들거나, 팔꿈치를 몸통 뒤쪽에 위치하도록 하는 상태에서 이루어지는 작업
④ 지지되지 않은 상태이거나 임의로 자세를 바꿀 수 없는 조건에서, 하루에 총 2시간 이상 목이나 허리를 구부리거나 비트는 상태에서 이루어지는 작업
⑤ 하루에 총 2시간 이상 쪼그리고 앉거나 무릎을 굽힌 자세에서 이루어지는 작업
⑥ 하루에 총 2시간 이상 지지되지 않은 상태에서 1kg 이상의 물건을 한손의 손가락으로 집어 옮기거나, 2kg 이상에 상응하는 힘을 가하여 한손의 손가락으로 물건을 쥐는 작업
⑦ 하루에 총 2시간 이상 지지되지 않은 상태에서 4.5kg 이상의 물건을 한손으로 들거나 동일한 힘으로 쥐는 작업
⑧ 하루에 10회 이상 25kg 이상의 물체를 드는 작업
⑨ 하루에 25회 이상 10kg 이상의 물체를 무릎 아래에서 들거나, 어깨 위에서 들거나, 팔을 뻗은 상태에서 드는 작업
⑩ 하루에 총 2시간 이상, 분당 2회 이상 4.5kg 이상의 물체를 드는 작업
⑪ 하루에 총 2시간 이상 시간당 10회 이상 손 또는 무릎을 사용하여 반복적으로 충격을 가하는 작업

정답 25 ② 26 ② 27 ③

28 다음 중 유해인자와 그로 인하여 발생되는 직업병이 잘못 연결된 것은?

① 크롬 - 폐암
② 망간 - 신장염
③ 이상기압 - 폐수종
④ 수은 - 악성중피종

④ 수은중독 : 미나마타병

29 다음 중 산업스트레스 발생요인으로 집단 간의 갈등이 너무 낮은 경우 집단 간의 갈등을 기능적인 수준까지 자극하는 갈등 촉진기법에 해당되지 않는 것은?

① 자원의 확대
② 경쟁의 자극
③ 조직구조의 변경
④ 커뮤니케이션의 증대

＊집단갈등 촉진기법
① 조직구조의 변경 : 변경에 반대하는 집단에 의한 견제활동으로 갈등을 조장하는 것으로 갈등해소는 물론 갈등을 조장하는 데에도 효과적이다.
② 외부인사 초빙 : 구성원들과 다른 태도, 가치관, 경험을 가진 외부인사를 영입하여 관점, 참신성, 활력을 확보한다.
③ 커뮤니케이션의 증대 : 커뮤니케이션을 이용, 위협적인 정보를 유출시켜 기능적 갈등을 발생시키고 성과를 올리고자 하는 것
④ 경쟁심 자극 : 높은 성과를 올린 집단에 보상이나 상여금을 지급한다.

30 다음 중 중량물 취급 주의사항으로 틀린 것은?

① 몸을 회전하면서 작업한다.
② 허리를 곧게 펴서 작업한다.
③ 다릿심을 이용하여 서서히 일어난다.
④ 운반체 가까이 접근하여 운반물을 손 전체로 꽉 쥔다.

① 방향 전환 시는 몸을 틀지 말고 먼저 이동방향으로 발을 옮긴다.

31 다음 중 직업병을 판단할 때 참고하는 자료로 적합하지 않은 것은?

① 업무내용과 종사기간
② 발병 이전의 신체이상과 과거력
③ 기업의 산업재해통계와 산재보험료
④ 작업환경 측정 자료와 취급했을 물질의 유해성 자료

＊직업병을 판단할 때 참고자료
① 업무내용과 종사시간(노출의 추정)
② 발병 이전의 신체이상과 과거력(과거 질병의 유무)
③ 작업환경 측정 자료와 취급물질의 유해성 자료
④ 생물학적 모니터링

정답 28 ④ 29 ① 30 ① 31 ③

32 다음 중 산업스트레스의 관리에 있어서 집단 차원에서의 스트레스 관리에 대한 내용과 가장 거리가 먼 것은?

① 직무 재설계
② 사회적 지원의 제공
③ 운동과 직무 외의 관심
④ 개인의 적응수준 제고

개인차원의 스트레스 관리	① 건강검사 ② 운동과 직무 외의 관심(취미생활) ③ 긴장 이완훈련
집단차원의 스트레스 관리	① 직무 재설계 ② 사회적 지원의 제공 ③ 개인의 적응수준 제고 ④ 작업순환

33 다음 중 전신피로에 관한 설명으로 틀린 것은?

① 훈련받은 자와 그렇지 않은 자의 근육 내 글리코겐 농도는 차이를 보인다.
② 작업강도가 증가하면 근육 내 글리코겐 양이 비례적으로 증가되어 근육피로가 발생된다.
③ 작업강도가 높을수록 혈중 포도당 농도는 급속히 저하하며, 이에 따라 피로감이 빨리 온다.
④ 작업대사량이 증가하면 산소소비량도 비례하여 계속 증가하나, 작업대사량이 일정한계를 넘으면 산소소비량은 증가하지 않는다.

② 작업강도가 증가하면 근육 내 글리코겐량이 감소되어 근육피로가 발생된다.

34 산업피로의 검사방법 중에서 CMI(Cornel Medical Index) 조사에 해당하는 것은?

① 생리적 기능검사   ② 생화학적 검사
③ 동작분석   ④ 피로자각증상

* 피로의 자각증상(주관적 피로 측정)
CMI(Cornel Medical Index) 조사

35 다음 중 근육작업 근로자에게 비타민 B를 공급하는 이유로 가장 적절한 것은?

① 영양소를 환원시키는 작용이 있다.
② 비타민 B1이 산화될 때 많은 열량을 발생한다.
③ 글리코겐 합성을 돕는 효소의 활동을 증가시킨다.
④ 호기적 산화를 도와 근육의 열량공급을 원활하게 해 준다.

* 비타민 B1(Thiamine)
작업강도가 높은 근로자의 근육에 호기적 산화를 촉진시켜 근육의 열량공급을 원활히 해준다.(근육 노동 시 특히 주의하여 보급해야 할 비타민)

36 작업이 요구하는 힘이 5kg이고, 근로자가 가지고 있는 최대 힘이 20kg이라면 작업강도는 몇 %MS가 되는가?

① 4% ② 10%
③ 25% ④ 40%

> 작업강도(%MS) = $\dfrac{RF}{MS} \times 100$
> - RF : 작업 시 요구되는 힘(한손에 요구되는 힘)
> - MS : 근로자가 가지고 있는 약한 손의 최대 힘
>
> 작업강도 = $\dfrac{5}{20} \times 100 = 25(\%)$

37 피로의 현상과 피로조사방법 등을 나타낸 내용 중 가장 관계가 먼 것은?

① 피로 현상은 개인차가 심하므로 작업에 대한 개체의 반응을 수치로 나타내기 어렵다.
② 노동수명(turn over ratio)으로서 피로를 판정하는 것은 적합하지 않다.
③ 피로조사는 피로도를 판가름하는 데 그치지 않고 작업방법과 교대제 등을 과학적으로 검토할 필요가 있다.
④ 작업시간이 등차급수적으로 늘어나면 피로 회복에 요하는 시간은 등비급수적으로 증가하게 된다.

> ② 피로는 육체적, 정신적 노동부하에 반응하는 생체의 태도이다.(노동수명(turn over ratio)으로서 피로를 판정할 수 있다.)

38 다음 중 고온에 순응된 사람들이 고온에 계속적으로 노출되었을 때 증가하는 현상을 나타내는 것은?

① 심장박동 ② 피부온도
③ 직장온도 ④ 땀의 분비속도

> * 땀의 분비속도
> 고온에 순응된 사람들이 고온에 계속적으로 노출되었을 때 증가한다.

39 어떤 젊은 근로자의 약한 쪽 손의 힘이 평균 50kP이다. 이러한 근로자가 무게 10kg인 상자를 두 손으로 들어올리는 작업을 할 때의 작업강도(%MS)는 얼마인가? (단, 1kP는 질량 1kg을 중력의 크기로 당기는 힘을 나타낸다.)

① 0.1 ② 1
③ 10 ④ 100

> 작업강도(%MS) = $\dfrac{RF}{MS} \times 100$
> - RF : 작업 시 요구되는 힘(한손에 요구되는 힘)
> - MS : 근로자가 가지고 있는 약한 손의 최대 힘
>
> 작업강도 = $\dfrac{5}{50} \times 100 = 10$

정답 36 ③ 37 ② 38 ④ 39 ③

40 다음 중 최대작업영역의 설명으로 가장 적당한 것은?

① 움직이지 않고 상지(上肢)를 뻗어서 닿는 범위
② 움직이지 않고 전박(前膊)과 손으로 조작할 수 있는 범위
③ 최대한 움직인 상태에서 상지(上肢)를 뻗어서 닿는 범위
④ 최대한 움직인 상태에서 전박(前膊)과 손으로 조작할 수 있는 범위

★ 최대 작업역
① 전완과 상완을 곧게 펴서 파악할 수 있는 구역 (양팔을 곧게 폈을 때 도달할 수 있는 최대영역)
② 움직이지 않고 상지(上肢)를 뻗어서 닿는 범위

★ 참고
정상 작업역
① 상완을 자연스럽게 늘어뜨린 채 전완만으로 뻗어 파악할 수 있는 구역(팔을 가볍게 몸체에 붙이고 팔꿈치를 구부린 상태에서 자유롭게 손이 닿는 영역)
② 움직이지 않고 전박(前膊)과 손으로 조작할 수 있는 범위

41 다음 중 L_5/S_1 디스크에 얼마 정도의 압력이 초과되면 대부분의 근로자에게 장애가 나타나는가?

① 3,400N　② 4,400N
③ 5,400N　④ 6,400N

MPL에 해당되는 작업에서 디스크에 L_5/S_1 디스크에 640kg(6,400N) 정도의 압력이 초과되어 대부분의 근로자에게 장해가 나타난다.(대부분의 근로자들이 압력에 견디지 못함)

42 다음 중 직업병의 원인이 되는 유해요인, 대상 직종과 직업병 종류의 연결이 잘못된 것은?

① 면분진 - 방직공 - 면폐증
② 이상기압 - 항공기 조종 - 잠함병
③ 크롬 - 도금 - 피부점막 궤양, 폐암
④ 납 - 축전지 제조 - 빈혈, 소화기장애

② 이상기압 - 항공기 조종 - 폐수종

★ 참고
이상기압 - 잠수작업 - 잠함병

43 다음 중 근골격계 질환의 특징으로 볼 수 없는 것은?

① 자각증상으로 시작된다.
② 손상의 정도를 측정하기 어렵다.
③ 관리의 목표는 질환발생의 최소화에 있다.
④ 환자가 집단적으로 발생하지 않는다.

★ 근골격계 질환의 특징
① 노동력 손실에 따른 경제적 피해가 크다.
② 근골격계 질환의 최우선 관리목표는 발생의 최소화이다.
③ 자각증상으로 시작되며 환자발생이 집단적이다.
④ 손상의 정도 측정이 어렵다.
⑤ 단편적인 작업환경개선으로 좋아지지 않는다.
⑥ 회복과 악화가 반복된다.(한번 악화되어도 회복은 가능하다.)

정답　40 ①　41 ④　42 ②　43 ④

44 다음 중 작업 시작 및 종료 시 호흡의 산소소비량에 대한 설명으로 틀린 것은?

① 산소소비량은 작업부하가 계속 증가하면 일정한 비율로 같이 증가한다.
② 작업부하 수준이 최대 산소소비량 수준보다 높아지게 되면, 젖산의 제거속도가 생성속도에 못 미치게 된다.
③ 작업이 끝난 후에 남아 있는 젖산을 제거하기 위하여 산소가 더 필요하며, 이때 동원되는 산소소비량을 산소부채(oxygen debt)라 한다.
④ 작업이 끝난 후에도 맥박과 호흡수가 작업개시 수준으로 즉시 돌아오지 않고 서서히 감소한다.

> ① 산소소비량은 작업부하가 증가하면 일정한 비율로 계속 증가하나 작업부하가 일정한계를 초과하면 산소소비량은 더 이상 증가하지 않는다.

45 다음 중 근육노동 시 특히 보급해 주어야 하는 비타민의 종류는?

① 비타민 A ② 비타민 B1
③ 비타민 C ④ 비타민 D

> ★ 비타민 B1(Thiamine)
> 작업강도가 높은 근로자의 근육에 호기적 산화를 촉진시켜 근육의 열량공급을 원활히 해준다.(근육노동 시 특히 주의하여 보급해야 할 비타민)

46 작업장에 존재하는 유해인자와 직업성 질환의 연결이 옳지 않은 것은?

① 망간 - 신경염
② 무기분진 - 규폐증
③ 6가 크롬 - 비중격천공
④ 이상기압 - 레이노드씨병

> ④ 국소진동 – 레이노드씨병

> ★ 참고
> 이상기압 – 잠함병, 폐수종

47 다음 중 단기간 휴식을 통해서는 회복될 수 없는 발병 단계의 피로를 무엇이라 하는가?

① 곤비 ② 정신피로
③ 과로 ④ 전신피로

> ★ 피로의 3단계
>
> | 1단계
보통피로 | • 하룻밤 자고나면 완전히 회복된다. |
> |---|---|
> | 2단계
과로 | • 다음날까지도 피로 상태가 지속되며 단기간 휴식으로 회복될 수 있는 단계로 발병 단계는 아니다. |
> | 3단계
곤비 | • 과로의 축적으로 단기간 휴식을 통해서는 회복될 수 없는 발병 단계
• 심한 노동 후의 피로현상으로 병적인 상태 |

48 다음 중 바람직한 교대제에 대한 설명으로 틀린 것은?

① 2교대 시 최저 3조로 편성한다.
② 각 반의 근무시간은 8시간으로 한다.
③ 야간근무의 연속일수는 2~3일로 한다.
④ 야근 후 다음 반으로 가는 간격은 24시간으로 한다.

> ④ 야간근무 후 다른 근무조로 가기 전에 최소한 48시간 이상의 휴식을 두어야 한다.

49 작업대사율이 3인 중등작업을 하는 근로자의 실동률(%)을 계산하면?

① 50 ② 60
③ 70 ④ 80

> 실노동률(실동률)(%) = 85 − (5×RMR)
> • RMR : 에너지 대사율(작업대사율)
> 실동률 = 85 − (5×3) = 70(%)

50 작업장에서 누적된 스트레스를 개인차원에서 관리하는 방법에 대한 설명으로 잘못된 것은?

① 신체검사를 통하여 스트레스성 질환을 평가한다.
② 자신의 한계와 문제의 징후를 인식하여 해결방안을 도출한다.
③ 명상, 요가, 선 등의 긴장이완 훈련을 통하여 생리적 휴식상태를 경험한다.
④ 규칙적인 운동을 피하고, 직무 외적인 취미, 휴식, 즐거운 활동 등에 참여하여 대처능력을 함양한다.

직무스트레스 관리	
개인차원의 스트레스 관리	① 건강검사 ② 운동과 직무 외의 관심(취미생활) ③ 긴장 이완훈련
집단차원의 스트레스 관리	① 직무 재설계 ② 사회적 지원의 제공 ③ 개인의 적응수준 제고 ④ 작업순환

51 다음 중 근육운동을 하는 동안 혐기성 대사에 동원되는 에너지원과 가장 거리가 먼 것은?

① 아세트알데히드
② 크레아틴 인산(CP)
③ 글리코겐
④ 아데노신 삼인산(ATP)

> ★ 근육운동(노동)에 필요한 에너지원
> (근육의 대사과정)
>
> | 혐기성 대사 (Anaerobic metabolism) | 1. 근육에 저장된 화학적 에너지
2. 혐기성 대사 순서 ★
 ATP(아데노신 삼인산) → CP(크레아틴 인산) → Glycogen(글리코겐) or Glucose(포도당) |
> |---|---|
> | 호기성 대사 (Aerobic metabolism) | 1. 대사과정(구연산 회로)을 거쳐 생성된 에너지
2. 호기성 대사 과정
 포도당/단백질/지방 + 산소 → 에너지원 |

정답 48 ④ 49 ③ 50 ④ 51 ①

52 주로 정적인 자세에서 인체의 특징 부위를 지속적, 반복적으로 사용하거나 부적합한 자세로 장기간 작업할 때 나타나는 질환을 의미하는 것이 아닌 것은?

① 반복성 긴장장애
② 누적외상성 질환
③ 작업관련성 근골격계 질환
④ 작업관련성 신경계 질환

* 근골격계 질환 관련용어
① 누적외상성 질환(CTDs ; Cumulative Trauma Disorders)
② 근골격계 질환(MSDs ; Musculoskeletal disorders)
③ 반복성 긴장장애(RSI ; Repetitive Strain Injuries)
④ 경견완증후군

* 참고
근골격계 질환
반복적인 동작, 부적절한 작업자세, 무리한 힘의 사용, 날카로운 면과의 신체접촉, 진동 및 온도 등의 요인에 의하여 발생하는 건강장해로서 목, 어깨, 허리, 팔·다리의 신경·근육 및 그 주변 신체조직 등에 나타나는 질환을 말한다.

53 우리나라 고시에 따르면 하루에 몇 시간 이상 집중적으로 자료입력을 위해 키보드 또는 마우스를 조작하는 작업을 근골격계 부담작업으로 분류하는가?

① 2시간 ② 4시간
③ 6시간 ④ 8시간

* 근골격계 부담작업
① 하루에 4시간 이상 집중적으로 자료입력 등을 위해 키보드 또는 마우스를 조작하는 작업
② 하루에 총 2시간 이상 목, 어깨, 팔꿈치, 손목 또는 손을 사용하여 같은 동작을 반복하는 작업
③ 하루에 총 2시간 이상 머리 위에 손이 있거나, 팔꿈치가 어깨 위에 있거나, 팔꿈치를 몸통으로부터 들거나, 팔꿈치를 몸통 뒤쪽에 위치하도록 하는 상태에서 이루어지는 작업
④ 지지되지 않은 상태이거나 임의로 자세를 바꿀 수 없는 조건에서, 하루에 총 2시간 이상 목이나 허리를 구부리거나 비트는 상태에서 이루어지는 작업
⑤ 하루에 총 2시간 이상 쪼그리고 앉거나 무릎을 굽힌 자세에서 이루어지는 작업
⑥ 하루에 총 2시간 이상 지지되지 않은 상태에서 1kg 이상의 물건을 한손의 손가락으로 집어 옮기거나, 2kg 이상에 상응하는 힘을 가하여 한손의 손가락으로 물건을 쥐는 작업
⑦ 하루에 총 2시간 이상 지지되지 않은 상태에서 4.5kg 이상의 물건을 한손으로 들거나 동일한 힘으로 쥐는 작업
⑧ 하루에 10회 이상 25kg 이상의 물체를 드는 작업
⑨ 하루에 25회 이상 10kg 이상의 물체를 무릎 아래에서 들거나, 어깨 위에서 들거나, 팔을 뻗은 상태에서 드는 작업
⑩ 하루에 총 2시간 이상, 분당 2회 이상 4.5kg 이상의 물체를 드는 작업
⑪ 하루에 총 2시간 이상 시간당 10회 이상 손 또는 무릎을 사용하여 반복적으로 충격을 가하는 작업

정답 52 ④ 53 ②

54 다음 중 직업성 질환으로 가장 거리가 먼 것은?

① 분진에 의하여 발생되는 진폐증
② 화학물질의 반응으로 인한 폭발 후유증
③ 화학적 유해인자에 의한 중독
④ 유해광선, 방사선 등의 물리적 인자에 의하여 발생되는 질환

② 화학물질의 반응으로 인한 폭발 후유증
→ 재해성 질병

★참고
업무상 질병의 종류(산업재해보상보험법)
① 재해성 질병 : 업무상 부상이 원인이 되어 발생한 질병
② 직업성 질병 : 업무수행 과정에서 물리적 인자, 화학물질, 분진, 병원체, 신체에 부담을 주는 업무 등 근로자의 건강에 장해를 일으킬 수 있는 요인을 취급하거나 그에 노출되어 발생한 질병
③ 직장 내 괴롭힘, 고객의 폭언 등으로 인한 업무상 정신적 스트레스가 원인이 되어 발생한 질병
④ 그 밖에 업무와 관련하여 발생한 질병

55 다음 중 산업피로의 원인이 되고 있는 스트레스에 의한 신체반응 증상으로 옳은 것은?

① 혈압의 상승
② 근육의 긴장 완화
③ 소화기관에서의 위산 분비 억제
④ 뇌하수체에서 아드레날린의 분비 감소

★스트레스에 의한 신체반응 증상
① 혈압의 상승
② 근육의 긴장 증가
③ 소화기관에서의 위산 분비 과다
④ 뇌하수체에서 아드레날린의 분비 증가

정답 54 ② 55 ①

CHAPTER 03 실내환경

한 눈에 들어오는 키워드

기출
작업환경 내의 감각온도를 결정하는 요소
① 온도(기온)
② 습도(기습)
③ 대류(공기유동, 기류)

참고
작업환경의 유해요인
① 물리적 요인 : 소음, 진동, 방사선, 고저온, 유해광선동 등
② 화학적 요인 : 분진, 미스트, 흄, 독성물질
③ 생물학적 요인 : 세균, 각종 바이러스, 곰팡이
④ 인간공학적 요인 : 작업방법, 작업자세, 작업시간, 작업도구 등
⑤ 사회심리적 요인 : 업무 스트레스 등

기출
실내공기 오염의 주요 원인
① 오염원
② 공조시스템
③ 이동경로

01 실내오염의 원인

1 물리적, 화학적, 생물학적 요인

(1) 물리적 요인

온·습도, 기류, 소음·진동, 전리방사선, 비전리방사선, 조명 등이 있다.

① 일반적으로 사무실에서 유지되어야 하는 온도는 21 ~ 23℃가 적당하다.
② 외기 온도가 높은 여름철에는 실내온도를 약간 높게 하여 실내·외 온도차가 너무 크지 않도록 유지하고 바닥과 천정과의 온도차는 3℃를 넘지 않는 것이 좋다.
③ 실내의 상대습도 20% 이하에서는 점막과 피부 또는 눈, 비강 건조를 야기하여 불쾌감을 유발할 수 있으며 상대습도 70% 이상에서는 표면과 장비·건축설비 내부에 응축을 야기하여 진균(곰팡이)이 성장하게 된다.

(2) 화학적 요인

미세먼지, 일산화탄소, 이산화탄소, 포름알데히드, 총휘발성유기화합물, 이산화질소, 오존, 석면, 라돈, 냄새, 담배연기 등이 있다.

1) 일산화탄소(CO) ★

① 석탄, 목재, 종이, 기름, 유류, 가스 등과 같은 유기성 물질의 불완전 연소에 의하여 일산화탄소(CO)가 생성된다.
② 일산화탄소(CO)는 체내에 산소를 운반하는 역할을 하는 혈액 중의 헤모글로빈(Hb)과 결합하여 일산화탄소-헤모글로빈(COHb)을 만들어 혈액의 산소운반 능력을 저하시켜 그 농도에 따라 사망에 이를 수 있다.

2) 이산화탄소(CO_2)

① **대기의 구성성분**이며 탄소나 그 화합물의 완전연소, 인간이나 동물의 대사작용, 발효 과정에서 생성되며 무색, 무미, 무취의 기체이다.
② 독성은 없지만 호흡하는 데 소용이 없을 뿐 아니라 **혈액 속에 녹아 있는 이산화탄소 양이 증가하면 폐에서 사라지지 않게 되어 생명이 위험**해질 수 있다.
③ 집중력 저하, 졸음, 호흡률 증가 등으로 **0.1%는 호흡기, 순환기, 대뇌 등의 기능에 영향**을 미치며 **8~10%가 되면 의식혼탁, 경련** 등을 일으키고 **20%는 중추장해를 일으켜 생명이 위험**하게 된다.
④ **실내의 공기질을 관리하는 근거로서 사용**된다. ★
⑤ 그 자체는 건강에 큰 영향을 주는 물질이 아니며, 측정하기 어려운 **다른 실내오염물질에 대한 지표물질로 사용**된다. ★

3) 오존(O_3)

① **대기 중**에서 약 0.02ppm 정도로 **존재**하며 가스상 2ppm 미만에서는 냄새가 나쁘지 않지만 **농도가 높아지면 자극적인 냄새**가 난다.
② 실내에서는 **복사기, 인쇄기, 정전식 공기청정기** 등 생활용품과 전기 아크, 연무 등에서 발생된다.
③ 공기나 물의 소독, 직물, 유지 및 왁스류 **표백, 유기합성에 사용**되며 강력한 산화제이다.
④ 폐를 침해하는 자극물질로 **점막조직, 폐포 및 호흡기능에 영향**을 미쳐 **기침, 출혈, 부종, 천식** 등을 일으키고 만성호흡기계 질환을 악화시킬 수 있다.

4) 석면 ★

① 건축물의 **단열재, 절연재, 흡음재** 등에 사용되며 청석면, 갈석면 및 백석면으로 구분된다.
② 일반적으로 사용되는 석면 중 **독성의 정도는 크로시도라이트(Crocidolite, 청석면), 아모사이트(Amosite, 갈석면), 사문석계열의 크리소타일(Chysolite, 백석면)** 순이다.
③ 석면에 노출되면 피부질환, 호흡기 질환은 물론 10~30년의 잠복기를 거쳐 **폐암, 중피종, 석면폐** 등을 일으킨다.

 한 눈에 들어오는 키워드

참고
일산화탄소의 인체영향

농도 (mg/m^3)	노출시간	영향
5	20분	고차신경계의 반사작용의 영향
30	8시간 이상	시각·정신기능 장해
200	2~4시간	전부 두중(頭重), 경도의 두통
500	2~4시간	심한두통, 오심, 무기력, 시력장애, 허탈감
1,000	2~3시간	맥박항진, 경련을 동반한 실신
2,000	1~2시간	사망

참고
이산화탄소의 인체영향

농도(%)	영향
0.1	호흡기, 순환기, 대뇌 등에 영향 보임
4	이명, 두통, 혈압상승 등의 징후 나타남
8~10	의식혼탁, 경련 등을 일으키고 호흡이 멎음
20	중추장해를 일으켜 생명 위험

확인 ★
석면
길이가 $5\mu m$보다 크고, 길이 대 넓이의 비가 3 : 1 이상인 섬유
- **각섬석계열의 석면** : 청석면, 갈석면
- **사문석계열의 석면** : 백석면

> **한 눈에 들어오는 키워드**

> **실기 기출**
>
> ❁ **석면의 종류**
>
> ① 크리소타일(Chysolite, 백석면)
>   - 가늘고 부드러운 섬유이며, 인장강도가 크다.
>   - 가장 많이 사용된다.
>   - 화학식 : $3MgO_2SiO_2 2H_2O$
> ② 아모사이트(Amosite, 갈석면)
>   - 고내열성 섬유이며, 취성을 가지고 있다.
>   - 화학식 : $(FeMg)SiO_3$
> ③ 크로시도라이트(Crocidolite, 청석면)
>   - 석면광물 중 가장 강하고, 취성을 가지고 있다.
>   - 화학식 : $Na_2Fe(SiO_3)_2FeSiO_3H_2O$

5) 포름알데히드 ★

① 물에 잘 녹으며 37% 이상의 포름알데히드 수용액이 포르말린으로 살균제 · 방부제로 이용된다.

② 자극성 강한 냄새를 가지는 가연성 무색 기체로 인화점이 낮아 폭발 위험성이 있다.

③ 페놀수지의 원료로서 자극취가 있는 무색의 수용성 가스로 건축물에 사용되는 각종 합판, 칩보드, 가구, 단열재와 섬유 옷감에서 주로 발생되고, 눈과 코, 목을 자극하며 동물실험결과 발암성이 있는 것으로 나타났다.

④ 접착제 등의 원료로 사용되며 피부나 호흡기에 자극을 주어 새집증후군의 주요한 원인으로 지목되고 있다.

6) 이산화질소(NO_2)

① 자극성 냄새를 가진 적갈색 기체로 취사용 가스 연소, 흡연, 실내 건축자재, 난방용 연료, 가스엔진 또는 디젤엔진 배기가스 등에서 발생된다.

② 일산화질소 가스는 배출 후 산화되어 이산화질소가 되며 대기 중에서 식물의 조직파괴, 괴사, 낙엽 현상을 일으킨다.

③ 눈, 호흡기계 및 점막 자극작용을 하며 호흡 시 체내로 침입해서 폐포까지 도달하여 헤모글로빈의 산소운반능력을 저하시키고 수 시간 내 호흡곤란을 수반한 폐수종 염증을 일으킨다.

7) 라돈 ★

① 라돈은 우라늄(238U)과 토륨(232Th)의 방사성 붕괴에 의해서 만들어진 라듐(226Ra)이 붕괴했을 때에 생성되며, 붕괴를 거치면서 알파, 베타, 감마선이 방출되어 폐암을 유발한다.
② 라돈(Rn-222)은 지각 중의 토양, 모래, 암석, 광물질 및 이들을 재료로 하는 건축자재 등에 미량으로 함유되어 있으며 건축자재로부터 방출되기도 하고, 토양으로부터 벽의 틈새 및 방바닥의 갈라진 부분, 하수도 등을 통해서 실내로 유입되기도 한다.
③ 라돈은 무색, 무미, 무취한 가스상의 물질로 인간의 감각에 의해 감지할 수 없다.
④ 방사성 기체로 폐암 발생의 원인이 되는 실내공기 중 오염물질에 해당한다.

(3) 생물학적 요인

바이러스, 곰팡이, 세균, 진균, 선충류, 아메바, 식물포자, 비듬, 꽃가루(pollen), 진드기 등이 있다.

1) 생물학적 유해인자

① 생물체 또는 생물체로부터 방출된 입자, 휘발성분에 의해 건강장해를 유발하는 물질을 말한다.
② 생물학적 유해요인에 노출되면 세균 및 병원성 바이러스에 감염되어 레지오넬라증과 같은 감염증을 일으키기거나 과민성 질환(과민성폐렴, 가습기열, 알레르기성 비염 등) 같은 알레르기 반응 또는 독성반응을 일으킬 수 있다.

2) 바이오에어로졸 : 살아있거나, 살아있는 생물체를 포함하거나 또는 살아있는 생물체로부터 방출된 0.01-100㎛ 입경 범위의 부유 입자, 거대 분자 또는 휘발성 성분을 말한다.

3) 레지오넬라균 ★

① 주로 여름과 초가을에 흔히 발생되고 강제기류 난방장치 등 공기를 순환시키는 장치들과 냉각탑 등에 기생하여 실내외로 확산되어 호흡기 질환을 유발시킨다.
② 레지오넬라 질환은 주요 호흡기 질병의 원인균 중 하나로서 1년까지도 물 속에서 생존할 수 있다.

4) 생물학적 인자의 분류기준

혈액매개 감염인자	후천성면역결핍바이러스, B형·C형간염바이러스, 매독바이러스 등 혈액을 매개로 다른 사람에게 전염되어 질병을 유발하는 인자를 말한다.
공기매개 감염인자	결핵·수두·홍역 등 공기 또는 비말감염 등을 매개로 호흡기를 통하여 전염되는 인자를 말한다.
곤충 및 동물매개 감염인자	쯔쯔가무시증, 렙토스피라증, 유행성출혈열 등 동물의 배설물 등에 의하여 전염되는 인자 및 탄저병, 브루셀라병 등 가축 또는 야생동물로부터 사람에게 감염되는 인자를 말한다.

02 실내오염의 건강장해

1 빌딩증후군(Sick Building Syndrome)

(1) 빌딩증후군의 정의

① 1983년 세계보건기구(WHO) 회의에서 최초로 **빌딩과 연관된 새로운 증상들의 복합체를 빌딩증후군**이라고 명명하였다.
② 빌딩으로 둘러싸인 밀폐된 공간에서 **오염된 공기로 인하여 두통, 피부발진, 눈, 코 등의 점막자극증상, 호흡기 장해 등의 증상**을 일으킨다.
③ 특정 오염물질이나 낮은 농도의 오염물질에 대한 개인의 민감성에 영향을 받고 **증상은 재실기간과 관련이 있으나 사무실을 떠나면 사라진다.**
④ 점유자들이 건물에서 보내는 시간과 관계하여 **특별한 증상 없이 건강과 편안함에 영향을 받는 것**을 말한다.

(2) 빌딩증후군의 원인

① **환기부족**(외부공기부족, 불량한 공기 분배, 부적절한 온·습도, 환기시스템 내 오염원 등)
② **실내공기 오염물질**(포름알데히드, 유기용제 증기, 분진, 미생물)
③ **외부 발생원**(자동차 배기가스, 포자, 곰팡이, 연기, 공사장 먼지 등)
④ **사무환경의 변화**(빌딩건축에 화학합성수지의 사용 증가, 사무실 근무인원의 증가, OA기기 사용 확대 등)
⑤ **전자파** 등

(3) 빌딩증후군의 대표증상

① 눈, 코, 목의 자극
② 건조성 점막 및 피부
③ 홍진 또는 홍반
④ 정신적 피로 및 두통
⑤ 호흡기 감염 및 기침
⑥ 쉰 목소리 및 쌕쌕거림
⑦ 과민성 반응
⑧ 메스꺼움, 어지러움

(4) 빌딩증후군의 특징

① 증상은 대부분 비특이적이다.
② 강제 환기가 일반적이다.
③ 건물은 에너지 효율이 높다.
④ 호소하는 사람들은 환경이 관리되지 않고 있다고 인식한다.
⑤ 거주밀도가 높은 장소에서 더 많이 호소한다.
⑥ 증상은 아침보다 오후에 잘 나타난다.

(5) 대책(실내 공기질 개선방법)

① 공기청정기 설치(실내공기 정화)
② 실내 오염원 제어
③ 오염물질의 배출정도가 낮은 건축자재 사용
④ 2~3시간 간격으로 창문을 열어 환기(실내 오염물질 외부로 배출)
⑤ 공기정화 식물 기르기

참고

빌딩증후군의 특징적인 지표
① 상주자들은 기침, 가슴압박감, 열, 오한 및 근육통과 같은 증상을 호소한다.
② 이들 증상은 임상적으로 정의될 수 있고 확인 가능한 원인이 있다.
③ 증상회복을 위해 건물을 떠난 후 긴 회복시간을 필요로 한다.

> **한눈에 들어오는 키워드**
>
> **기출**
> Bake out ★
> 새로운 건물이나 새로 지은 집에 입주하기 전 실내를 모두 닫고 30℃ 이상으로 5~6시간 유지시킨 후 1시간 정도 환기를 하는 방식을 여러 번 반복하여 실내의 휘발성 유기화합물이나 포름알데히드의 저감 효과를 얻는 방법

2 복합 화학물질 민감 증후군(MCS : Multiple Chemical Sensitivity)

① 오염물질이 많은 건물에서 살다가 몸에 화학물질이 축적된 사람이 다른 곳에서 그와 유사한 물질에 노출만 되어도 심각한 반응을 나타내는 경우이며, 화학물질 과민증이라고도 한다.
② 어느 정도 양의 화학물질에 노출되고, 일단 과민성이 되면 이후 극미량의 화학물질에 노출되기만 해도 두통, 불면 등과 같은 신체 이상을 나타내는 증상을 일으킨다.
③ 자율신경 장애, 소화기 장애, 말초신경 장애, 인과적 장애, 면역 장애 등 여러 장애현상을 일으킨다.

3 실내오염 관련 질환

(1) 새집증후군(SHS : Sick House Syndrome)

① 건축물 등의 신축 시 사용하는 건축자재나 벽지 등에서 나오는 유해물질로 인해 거주자들이 느끼는 건강상 문제 및 불쾌감을 이르는 용어이다.
② 주요 원인 물질은 마감재나 건축자재에서 배출되는 휘발성 유기화합물(VOCs) 중 포름알데히드(HCHO)와 벤젠, 톨루엔, 클로로포름, 아세톤, 스티렌 등이 있다.
③ 오염물질에 짧은 기간 노출이 되면 두통, 눈·코·목의 자극, 기침, 가려움증, 현기증, 피로감, 집중력 저하 등의 증상이 생길 수 있고, 장기간 노출이 되면 호흡기질환, 심장병, 암 등을 일으킬 수도 있다.

(2) 헌집증후군(SHS : Sick House Syndrome)

① 지은 지 오래된 집이 사람들의 건강에 나쁜 영향을 끼치는 현상을 말한다.
② 습기 찬 벽지 등의 곰팡이, 배수관에서 새어 나오는 각종 유해가스, 인테리어 공사 뒤 발생할 수 있는 휘발성 유기화합물 등이 원인이 되며 이들 물질은 거주자들의 건강에 나쁜 영향을 끼치게 된다.

03 실내오염 평가 및 관리

1 유해인자 조사 및 평가

(1) 사무실 공기질의 측정 등 ★★★

오염물질	측정횟수 (측정시기)	시료채취시간
미세먼지 (PM10)	연 1회 이상	업무시간 동안 (6시간 이상 연속 측정)
초미세먼지 (PM2.5)	연 1회 이상	업무시간 동안 (6시간 이상 연속 측정)
이산화탄소 (CO_2)	연 1회 이상	업무시작 후 2시간 전후 및 종료 전 2시간 전후(각각 10분간 측정)
일산화탄소 (CO)	연 1회 이상	업무시작 후 1시간 전후 및 종료 전 1시간 전후(각각 10분간 측정)
이산화질소 (NO_2)	연 1회 이상	업무시작 후 1시간 ~ 종료 1시간 전 (1시간 측정)
포름알데히드 (HCHO)	연 1회 이상 및 신축(대수선 포함) 건물 입주 전	업무시작 후 1시간 ~ 종료 1시간 전 (30분간 2회 측정)
총휘발성 유기화합물 (TVOC)	연 1회 이상 및 신축 (대수선 포함)건물 입주 전	업무시작 후 1시간 ~ 종료 1시간 전 (30분간 2회 측정)
라돈 (Radon)	연 1회 이상	3일 이상 ~ 3개월 이내 연속 측정
총부유세균	연 1회 이상	업무시작 후 1시간 ~ 종료 1시간 전 (최고 실내온도에서 1회 측정)
곰팡이	연 1회 이상	업무시작 후 1시간 ~ 종료 1시간 전 (최고 실내온도에서 1회 측정)

암기법

일(일산화탄소) 1, 1, 10 / 이(이산화탄소) 2, 2, 10 / 포름알(포름알데히드), 휘유(총휘발성 유기화합물) 1, 1, 30, 2회 / 부유(총부유세균), 곰팡이 1, 1, 최고1 / 이질(이산화질소) 1, 1, 1시간 / 라돈 3일, 3월 / 초먼(초미세먼지), 미먼(미세먼지) 업무 6시간

한 눈에 들어오는 키워드

기출

포름알데히드(HCHO)
① 자극적인 냄새를 가지며, 메틸알데히드라고도 한다.
② 일반주택 및 공공건물에 많이 사용하는 건축자재와 섬유옷감이 그 발생원이 되고 있다.
③ 산업안전보건법상 사람에게 충분히 발암성 증거가 있는 물질(1A)로 분류되어 있다.

기출 ★

• PM 10이란 입경이 10㎛ 이하인 먼지를 의미한다.
• 총 부유세균의 단위는 CFU/m^3로, $1m^3$ 중에 존재하고 있는 집락형성 세균 개체수를 의미한다.

> **한 눈에 들어오는 키워드**

(2) 시료채취 및 분석방법 ★★

오염물질	시료채취방법	분석방법
미세먼지 (PM10)	PM10샘플러(sampler)를 장착한 고용량 시료채취기에 의한 채취	중량분석 (천칭의 해독도 : 10μg 이상)
초미세먼지 (PM2.5)	PM2.5샘플러(sampler)를 장착한 고용량 시료채취기에 의한 채취	중량분석 (천칭의 해독도 : 10μg 이상)
이산화탄소 (CO_2)	비분산적외선검출기에 의한 채취	검출기의 연속 측정에 의한 직독식 분석
일산화탄소 (CO)	비분산적외선검출기 또는 전기화학검출기에 의한 채취	검출기의 연속 측정에 의한 직독식 분석
이산화질소 (NO_2)	고체흡착관에 의한 시료채취	분광광도계로 분석
포름알데히드 (HCHO)	2,4-DNPH(2,4-Dinitrophenyl hydrazine)가 코팅된 실리카겔관(silicagel tube)이 장착된 시료채취기에 의한 채취	2,4-DNPH-포름알데히드 유도체를 HPLC UVD(High Performance Liquid Chromatography-Ultraviolet Detector) 또는 GC-NPD(Gas Chromatography-Nitrgen Phosphorous Detector)로 분석
총휘발성 유기화합물 (TVOC)	고체흡착관 또는 캐니스터(canister)로 채취	고체흡착열탈착법 또는 고체흡착용매추출법을 이용한 GC로 분석, 캐니스터를 이용한 GC 분석
라돈 (Radon)	라돈연속검출기(자동형), 알파트랙(수동형), 충전막 전리함(수동형)측정 등	3일 이상 3개월 이내 연속 측정 후 방사능감지를 통한 분석
총부유세균	충돌법을 이용한 부유세균채취기(bioair sampler)로 채취	채취·배양된 균주를 세어 공기 체적당 균주 수로 산출
곰팡이	충돌법을 이용한 부유진균채취기(bioair sampler)로 채취	채취·배양된 균주를 세어 공기 체적당 균주 수로 산출

> **암기법**
>
> 일(일산화탄소)비분산·전기 / 이(이산화탄소) 비분산 / 이질(이산화질소) 고체흡착 / 휘유 캐니스터·고체흡착 / 포름알 실리카겔 / 미먼 PM10시료채취 / 초먼 PM2.5시료채취 / 라돈 라돈연속, 알파충전 / 부유 부유세균 / 곰팡이 부유진균

(3) 시료채취 및 측정지점 ★★

공기의 측정시료는 사무실 안에서 공기의 질이 가장 나쁠 것으로 예상되는 2곳 이상에서 채취하고, 측정은 사무실 바닥면으로부터 0.9미터 이상 1.5m 이하의 높이에서 한다. 다만, 사무실 면적이 500m²를 초과하는 경우에는 500m²당 1곳씩 추가하여 채취한다.

(4) 측정결과의 평가 ★★

사무실 공기질의 측정결과는 측정치 전체에 대한 평균값을 오염물질별 관리기준과 비교하여 평가한다. 다만, 이산화탄소는 각 지점에서 측정한 측정치 중 최고값을 기준으로 비교·평가한다.

2 실내오염 관리기준

(1) 사무실 공기관리지침의 오염물질 관리기준 ★★★

사업주는 쾌적한 사무실 공기를 유지하기 위해 사무실 오염물질은 다음 기준에 따라 관리한다.

오염물질	관리기준
미세먼지(PM10)	100μg/m³
초미세먼지(PM2.5)	50μg/m³
이산화탄소(CO_2)	1,000ppm
일산화탄소(CO)	10ppm
이산화질소(NO_2)	0.1ppm
포름알데히드(HCHO)	100μg/m³
총휘발성유기화합물(TVOC)	500μg/m³
라돈(radon)	148Bq/m³
총부유세균	800CFU/m³
곰팡이	500CFU/m³

* 라돈은 지상 1층을 포함한 지하에 위치한 사무실에만 적용한다. ★
* 관리기준 : 8시간 시간가중평균농도 기준 ★

> **암기법**
>
> 이질 0.1, 일탄 10/ 초먼 50, 포름알·미먼 100/ 라돈 148, 휘유, 곰팡이 500/ 부유 800, 이탄 1000(부유 CFU/m³, 초먼, 미먼·포름알·휘유 μg/m³, 나머지 ppm)

> **참고**
>
> ❋ 실내공기질관리법령상 다중이용시설 실내공기질 권고기준

오염물질 항목 다중이용시설	이산화질소 (ppm)	라돈 (Bq/m³)	총휘발성 유기화합물 (μg/m³)	곰팡이 (CFU/m³)
가. 지하역사, 지하도상가, 철도역사의 대합실, 여객자동차터미널의 대합실, 항만시설 중 대합실, 공항시설 중 여객터미널, 도서관·박물관 및 미술관, 대규모점포, 장례식장, 영화상영관, 학원, 전시시설, 인터넷컴퓨터게임시설제공업의 영업시설, 목욕장업의 영업시설	0.1 이하	148 이하	500 이하	–
나. 의료기관, 어린이집, 노인요양시설, 산후조리원	0.05 이하		400 이하	500 이하
다. 실내주차장	0.30 이하		1,000 이하	–

(2) 사무실 건축자재의 오염물질 방출기준

사무실을 신축(기존 시설의 개수 및 보수를 포함한다)하고자 할 때에는 오염물질이 「실내공기질관리법」에 따른 오염물질 방출기준에 적합한 건축자재를 사용한다.

(3) 사무실의 환기기준 ★

공기정화시설을 갖춘 사무실에서 근로자 1인당 필요한 최소 외기량은 0.57m³/min이며, 환기횟수는 시간당 4회 이상으로 한다.

(4) 사무실 공기관리 상태평가 ★

사업주는 근로자가 건강장해를 호소하는 경우에는 다음 각 호의 방법에 따라 당해 사무실의 공기관리상태를 평가하고 그 결과에 따라 건강장해 예방을 위한 조치를 취한다.

① 근로자가 호소하는 증상(호흡기, 눈·피부 자극 등) 조사
② 공기정화설비의 환기량이 적정한지 여부조사
③ 외부의 오염물질 유입경로 조사
④ 사무실 내 오염원 조사 등

CHAPTER 03 단원 예상문제

저자가 콕! 찝어주는 예상문제 풀어보기!

01 다음 설명에 해당하는 가스는?

> 이 가스는 실내의 공기질을 관리하는 근거로서 사용되고, 그 자체는 건강에 큰 영향을 주는 물질이 아니며 측정하기 어려운 다른 실내오염물질에 대한 지표물질로 사용된다.

① 일산화탄소
② 황산화물
③ 이산화탄소
④ 질소산화물

★ 이산화탄소
실내의 공기질을 관리하는 근거로서 사용, 건강에 큰 영향을 주는 물질이 아니며 다른 실내오염물질에 대한 지표물질로 사용

02 다음 중 직업병 및 작업관련성 질환에 관한 설명으로 틀린 것은?

① 작업관련성 질환은 작업에 의하여 악화되거나 작업과 관련하여 높은 발병률을 보이는 질병이다.
② 직업병은 직업에 의해 발생된 질병으로서 직업적 노출과 특정 질병 간에 인과관계는 참고적으로 반영된다.
③ 직업병은 일반적으로 단일 요인에 의해, 작업관련성 질환은 다수의 원인요인에 의해서 발병된다.
④ 작업관련성 질환은 작업환경과 업무수행상의 요인들이 다른 위험요인과 함께 질병발생의 복합적 병인 중 한 요인으로서 기여한다.

② 직업병은 직업에 의해 발생된 질병으로서 직업적 노출과 특정 질병 간에 인과관계는 명확하게 반영된다.

03 직업성 변이(occupational stigmata)를 가장 잘 설명한 것은?

① 직업에 따라서 체온의 변화가 일어나는 것
② 직업에 따라서 신체의 운동량에 변화가 일어나는 것
③ 직업에 따라서 신체활동의 영역에 변화가 일어나는 것
④ 직업에 따라서 신체형태와 기능에 국소적 변화가 일어나는 것

★ 직업성 변이
직업에 따라서 신체 형태와 기능에 국소적 변화가 일어나는 것을 말한다.

정답 01 ③ 02 ② 03 ④

04 다음 중 주로 여름과 초가을에 흔히 발생되고 강제기류 난방장치, 가습장치, 저수조 온수장치 등 공기를 순환시키는 장치들과 냉각탑 등에 기생하며 실내·외로 확산되어 호흡기 질환을 유발시키는 세균은?

① 푸른곰팡이　　② 나이세리아균
③ 바실러스균　　④ 레지오넬라균

> ★ 레지오넬라균
> ① 주로 여름과 초가을에 흔히 발생되고 강제기류 난방장치 등 공기를 순환시키는 장치들과 냉각탑 등에 기생하여 실내·외로 확산되어 호흡기 질환을 유발시킨다.
> ② 레지오넬라 질환은 주요 호흡기 질병의 원인균 중 하나로서 1년까지도 물속에서 생존할 수 있다.

05 새로운 건물이나 새로 지은 집에 입주하기 전 실내를 모두 닫고 30℃ 이상으로 5~6시간 유지시킨 후 1시간 정도 환기를 하는 방식을 여러 번 반복하여 실내의 휘발성 유기화합물이나 포름알데히드의 저감효과를 얻는 방법을 무엇이라 하는가?

① heating up　　② bake out
③ room heating　　④ burning up

> ★ Bake out
> 새로운 건물이나 새로 지은 집에 입주하기 전 실내를 모두 닫고 30℃ 이상으로 5~6시간 유지시킨 후 1시간 정도 환기를 하는 방식을 여러 번 반복하여 실내의 휘발성 유기화합물이나 포름알데히드의 저감 효과를 얻는 방법을 말한다.

06 다음 중 실내 공기오염과 가장 관계가 적은 인체 내의 증상은?

① 광과민증(photosensitization)
② 빌딩증후군(sick building syndrome)
③ 건물관련질병(building related disease)
④ 복합화학물질민감증
　 (multiple chemical sensitivity)

> ① 광과민증(photosensitization)은 태양광선에 노출된 후 홍반, 두드러기, 발진 등의 증상이 생기는 것으로 실내 공기오염에 따른 증상이 아니다.

07 실내공기 오염물질 중 석면에 대한 일반적인 설명으로 거리가 먼 것은?

① 석면의 여러 종류 중 건강에 가장 치명적인 영향을 미치는 것은 사문석계열의 청석면이다.
② 과거 내열성, 단열성, 절연성 및 견인력 등의 뛰어난 특성 때문에 여러 분야에서 사용되었다.
③ 석면의 발암성 정보물질의 표기는 1A에 해당한다.
④ 작업환경측정에서 석면은 길이가 5μm보다 크고, 길이 대 넓이의 비가 3:1 이상인 섬유만 개수한다.

> ① 석면의 여러 종류 중 건강에 가장 치명적인 영향을 미치는 것은 각섬석계열의 청석면이다.

정답　04 ④　05 ②　06 ①　07 ①

08 다음 중 실내공기오염(indoor air pollution)과 관련한 질환에 대한 설명으로 틀린 것은?

① 실내공기 문제에 대한 증상은 명확히 정의된 질병들보다 불특정한 증상이 더 많다.
② BRI(Building Related Illness)는 건물공기에 대한 노출로 인해 야기된 질병을 지칭하는 것으로 증상의 진단이 불가능하며 공기 중에 있는 물질에 간접적인 원인이 있는 질병이다.
③ 레지오넬라균은 주요 호흡기 질병의 원인균 중 하나로 1년까지도 물속에서 생존하는 균으로 알려져 있다.
④ SBS(Sick Building Syndrome)는 점유자들이 건물에서 보내는 시간과 관계하여 특별한 증상없이 건강과 편안함에 영향을 받는 것을 말한다.

> ② BRI(Building Related Illness)는 건물공기에 대한 노출로 인해 야기된 질병이며, 공기 중에 있는 물질에 직접적인 원인이 있으며, 거주자들이 호소하는 일시적 또는 만성적인 건강 관련 증상을 말한다.

09 다음 중 사무실 공기관리지침에 관한 설명으로 틀린 것은?

① 사무실 공기의 관리기준은 8시간 시간가중 평균농도를 기준으로 한다.
② PM 10이란 입경이 10μm 이하인 먼지를 의미한다.
③ 총 부유세균의 단위는 CFU/m^3로, $1m^3$ 중에 존재하고 있는 집락형성 세균 개체수를 의미한다.
④ 사무실 공기질의 모든 항목에 대한 측정결과는 측정치 전체에 대한 평균값을 이용하여 평가한다.

> ④ 사무실 공기질의 측정결과는 측정치 전체에 대한 평균값을 오염물질별 관리기준과 비교하여 평가한다. 다만, 이산화탄소는 각 지점에서 측정한 측정치 중 최고 값을 기준으로 비교·평가한다.

10 다음 중 주요 실내오염물질의 발생원으로 가장 보기 어려운 것은?

① 호흡 ② 흡연
③ 연소기기 ④ 자외선

> ★ 실내오염물질의 발생원
>
> | | |
> |---|---|
> | 물리적 요인 | 온·습도, 기류, 소음·진동, 전리방사선, 비전리방사선, 조명 등 |
> | 화학적 요인 | 미세먼지, 일산화탄소, 이산화탄소, 포름알데히드, 총휘발성유기화합물, 이산화질소, 오존, 석면, 라돈, 냄새, 담배연기 등 |
> | 생물학적 요인 | 바이러스, 곰팡이, 세균, 진균, 선충류, 아메바, 식물포자, 비듬, 꽃가루(pollen), 진드기 등 |

정답 08 ② 09 ④ 10 ④

11 무색, 무취의 기체로서 흙, 콘크리트, 시멘트나 벽돌 등의 건축자재에 존재하였다가 공기 중으로 방출되며 지하공간에서 더 높은 농도를 보이고, 폐암을 유발하는 실내공기 오염물질은?

① 라듐　　② 라돈
③ 비스무스　　④ 우라늄

*라돈
① 라돈은 우라늄(238U)과 토륨(232Th)의 방사성 붕괴에 의해서 만들어진 라듐(226Ra)이 붕괴했을 때에 생성되며, 붕괴를 거치면서 알파, 베타, 감마선이 방출하여 폐암을 유발한다.
② 라돈(Rn-222)은 지각 중의 토양, 모래, 암석, 광물질 및 이들을 재료로 하는 건축자재 등에 미량으로 함유되어 있으며 건축자재로부터 방출되기도 하고, 토양으로부터 벽의 틈새 및 방바닥의 갈라진 부분, 하수도 등을 통해서 실내로 유입되기도 한다.
③ 라돈은 무색, 무미, 무취한 가스상의 물질로 인간의 감각에 의해 감지할 수 없다.
④ 방사성 기체로 폐암 발생의 원인이 되는 실내공기 중 오염물질에 해당한다.

12 근로자가 건강장애를 호소하는 경우 사무실 공기관리상태를 평가할 때 조사항목에 해당되지 않는 것은?

① 사무실 외 오염원 조사 등
② 근로자가 호소하는 증상 조사
③ 외부의 오염물질 유입경로 조사
④ 공기정화설비의 환기량 적정 여부 조사

사업주는 근로자가 건강장해를 호소하는 경우에는 다음 각 호의 방법에 따라 당해 사무실의 공기관리상태를 평가하고 그 결과에 따라 건강장해 예방을 위한 조치를 취한다.
① 근로자가 호소하는 증상(호흡기, 눈·피부 자극 등) 조사
② 공기정화설비의 환기량이 적정한지 여부조사
③ 외부의 오염물질 유입경로 조사
④ 사무실 내 오염원 조사 등

13 사무실 공기관리지침에서 관리하고 있는 오염물질 중 포름알데히드(HCHO)에 대한 설명으로 틀린 것은?

① 자극적인 냄새를 가지며, 메틸알데히드라고도 한다.
② 일반주택 및 공공건물에 많이 사용하는 건축자재와 섬유옷감이 그 발생원이 되고 있다.
③ 시료채취는 고체흡착관 또는 캐니스터로 수행한다.
④ 산업안전보건법상 사람에게 충분히 발암성 증거가 있는 물질(1A)로 분류되어 있다.

*포름알데히드(HCHO)
• 시료채취방법 : 2,4-DNPH가 코팅된 실리카겔관이 장착된 시료채취기에 의한 채취
• 분석방법 : 2,4-DNPH-포름알데히드 유도체를 HPLC UVD 또는 GC-NPD로 분석

14 다음 중 산업안전보건법에 따른 사무실 공기질 측정대상 오염물질에 해당하지 않는 것은?

① 오존 ② 미세먼지
③ 일산화탄소 ④ 총부유세균

*사무실 공기관리지침의 오염물질 관리기준

오염물질	관리기준
미세먼지(PM10)	100μg/m³
초미세먼지(PM2.5)	50μg/m³
이산화탄소(CO_2)	1,000ppm
일산화탄소(CO)	10ppm
이산화질소(NO_2)	0.1ppm
포름알데히드(HCHO)	100μg/m³
총휘발성유기화합물(TVOC)	500μg/m³
라돈(radon)	148Bq/m³
총부유세균	800CFU/m³
곰팡이	500CFU/m³

※ 관련 법령의 변경으로 문제 일부를 수정하였습니다.

15 직업성 질환의 예방대책 중에서 근로자 대책에 속하지 않는 것은?

① 적절한 보호의의 착용
② 정기적인 근로자 건강진단의 실시
③ 생산라인의 개조 또는 국소배기시설 설치
④ 보안경, 진동장갑, 귀마개 등의 보호구 착용

③ 생산라인의 개조 또는 국소배기시설 설치
→ "작업장 환기 및 작업방법 개선"에 관한 대책

*참고
직업성 질환의 예방대책
① 근로자의 보호구 착용(가장 소극적인 대책으로 가장 나중에 적용) 및 근로자의 정기적인 건강진단 실시
② 작업환경의 정리정돈
③ 작업장 환기 및 작업방법 개선
④ 작업시간의 단축
⑤ 기업주에 대한 안전·보건교육 실시

정답 14 ① 15 ③

CHAPTER 04 관련 법규

01 산업안전보건법

1 산업안전보건법, 시행령, 시행규칙에 관한 사항

(1) 산업안전보건법의 목적

산업안전 및 보건에 관한 기준을 확립하고 그 책임의 소재를 명확하게 하여 산업재해를 예방하고 쾌적한 작업환경을 조성함으로써 노무를 제공하는 사람의 안전 및 보건을 유지·증진함을 목적으로 한다.

(2) 용어 정의 ★

1) 근로자

직업의 종류와 관계없이 임금을 목적으로 사업이나 사업장에 근로를 제공하는 자를 말한다.

2) 사업주

근로자를 사용하여 사업을 하는 자를 말한다.

3) 근로자대표

근로자의 과반수로 조직된 노동조합이 있는 경우에는 그 노동조합을, 근로자의 과반수로 조직된 노동조합이 없는 경우에는 근로자의 과반수를 대표하는 자를 말한다.

4) 작업환경측정

작업환경 실태를 파악하기 위하여 해당 근로자 또는 작업장에 대하여 사업주가 유해인자에 대한 측정계획을 수립한 후 시료(試料)를 채취하고 분석·평가하는 것을 말한다. ★

5) 안전·보건진단

산업재해를 예방하기 위하여 잠재적 위험성을 발견하고 그 개선대책을 수립할 목적으로 조사·평가하는 것을 말한다. ★

6) "중대재해"란 산업재해 중 사망 등 재해 정도가 심하거나 다수의 재해자가 발생한 경우로서 고용노동부령으로 정하는 재해를 말한다. ★

① 사망자가 1인 이상 발생한 재해
② 3개월 이상 요양을 요하는 부상자가 동시에 2인 이상 발생한 재해
③ 부상자 또는 직업성 질병자가 동시에 10인 이상 발생한 재해

(3) 법상 안전 보건 조직 체계

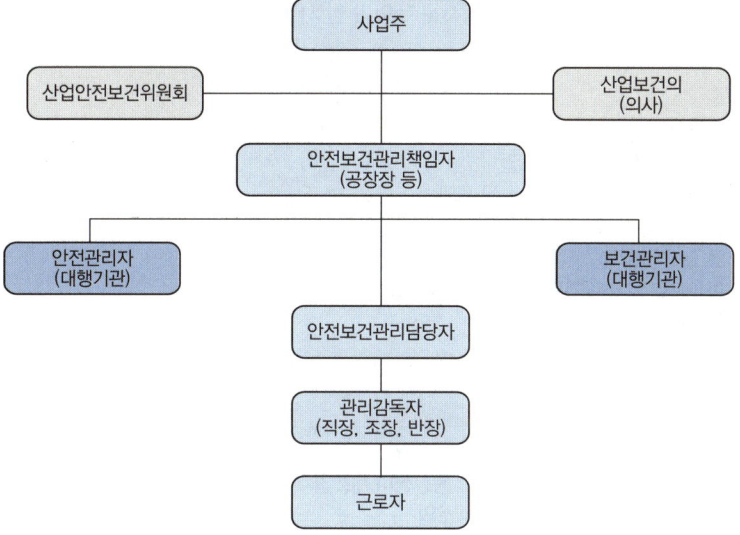

(4) 이사회 보고 및 승인

① 「상법」에 따른 주식회사 중 상시근로자 500명 이상을 사용하는 회사 및 「건설산업기본법」에 따라 평가하여 공시된 시공능력의 순위 상위 1천위 이내의 건설회사의 대표이사는 매년 회사의 안전 및 보건에 관한 계획을 수립하여 이사회에 보고하고 승인을 받아야 한다.
② 회사의 대표이사(「상법」에 따라 대표이사를 두지 못하는 회사의 경우에는 대표집행임원을 말한다)는 회사의 정관에서 정하는 바에 따라 회사의 안전 및 보건에 관한 계획을 수립해야 한다.

한 눈에 들어오는 키워드

참고
산업재해보상 보험법의 용어정의
① "업무상의 재해"란 업무상의 사유에 따른 근로자의 부상·질병·장해 또는 사망을 말한다.
② "근로자"·"임금"·"평균임금"·"통상임금"이란 각각 「근로기준법」에 따른 "근로자"·"임금"·"평균임금"·"통상임금"을 말한다. 다만, 「근로기준법」에 따라 "임금" 또는 "평균임금"을 결정하기 어렵다고 인정되면 고용노동부장관이 정하여 고시하는 금액을 해당 "임금" 또는 "평균임금"으로 한다.
③ "유족"이란 사망한 자의 배우자(사실상 혼인 관계에 있는 자를 포함한다.)·자녀·부모·손자녀·조부모 또는 형제자매를 말한다.
④ "치유"란 부상 또는 질병이 완치되거나 치료의 효과를 더 이상 기대할 수 없고 그 증상이 고정된 상태에 이르게 된 것을 말한다.
⑤ "장해"란 부상 또는 질병이 치유되었으나 정신적 또는 육체적 훼손으로 인하여 노동능력이 상실되거나 감소된 상태를 말한다.
⑥ "중증요양상태"란 업무상의 부상 또는 질병에 따른 정신적 또는 육체적 훼손으로 노동능력이 상실되거나 감소된 상태로서 그 부상 또는 질병이 치유되지 아니한 상태를 말한다.
⑦ "진폐"(塵肺)란 분진을 흡입하여 폐에 생기는 섬유증식성(纖維增殖性) 변화를 주된 증상으로 하는 질병을 말한다.
⑧ "출퇴근"이란 취업과 관련하여 주거와 취업장소 사이의 이동 또는 한 취업장소에서 다른 취업장소로의 이동을 말한다.

참고
안전 및 보건에 관한 계획에 포함하여야 할 사항
① 안전 및 보건에 관한 경영방침
② 안전·보건관리 조직의 구성·인원 및 역할
③ 안전·보건 관련 예산 및 시설 현황
④ 안전 및 보건에 관한 전년도 활동실적 및 다음 연도 활동계획

③ 대표이사는 안전 및 보건에 관한 계획을 성실하게 이행하여야 한다.
④ 안전 및 보건에 관한 계획에는 안전 및 보건에 관한 비용, 시설, 인원 등의 사항을 포함하여야 한다.

> **암기법**
> 500명 이상 1천위 이내 건설회사는 비(비용)실(시설)대는 인원 매년 이사회에 보고

(5) 안전보건관리책임자

사업주는 사업장에 안전보건관리책임자("관리책임자")를 두어 업무를 총괄 관리하도록 하여야 한다.

안전보건관리책임자를 두어야 할 사업의 종류 및 규모 ★

사업의 종류	규모
1. 토사석 광업 2. 식료품 제조업, 음료 제조업 3. 목재 및 나무제품 제조업;가구 제외 4. 펄프, 종이 및 종이제품 제조업 5. 코크스, 연탄 및 석유정제품 제조업 6. 화학물질 및 화학제품 제조업;의약품 제외 7. 의료용 물질 및 의약품 제조업 8. 고무 및 플라스틱제품 제조업 9. 비금속 광물제품 제조업 10. 1차 금속 제조업 11. 금속가공제품 제조업;기계 및 가구 제외 12. 전자부품, 컴퓨터, 영상, 음향 및 통신장비 제조업 13. 의료, 정밀, 광학기기 및 시계 제조업 14. 전기장비 제조업 15. 기타 기계 및 장비 제조업 16. 자동차 및 트레일러 제조업 17. 기타 운송장비 제조업 18. 가구 제조업 19. 기타 제품 제조업 20. 서적, 잡지 및 기타 인쇄물 출판업 21. 해체, 선별 및 원료 재생업 22. 자동차 종합 수리업, 자동차 전문 수리업	상시 근로자 50명 이상

23. 농업 24. 어업 25. 소프트웨어 개발 및 공급업 26. 컴퓨터 프로그래밍, 시스템 통합 및 관리업 26의2. 영상 · 오디오물 제공 서비스업 27. 정보서비스업 28. 금융 및 보험업 29. 임대업;부동산 제외 30. 전문, 과학 및 기술 서비스업(연구개발업은 제외한다) 31. 사업지원 서비스업 32. 사회복지 서비스업	상시 근로자 300명 이상
33. 건설업	공사금액 20억원 이상
34. 제1호부터 제26호까지, 제26호의2 및 제27호부터 제33호까지의 사업을 제외한 사업	상시 근로자 100명 이상

(6) 안전보건총괄책임자

1) 도급인은 관계수급인 근로자가 도급인의 사업장에서 작업을 하는 경우에는 그 사업장의 안전보건관리책임자를 도급인의 근로자와 관계수급인 근로자의 산업재해를 예방하기 위한 업무를 총괄하여 관리하는 안전보건총괄책임자로 지정하여야 한다. 이 경우 안전보건관리책임자를 두지 아니하여도 되는 사업장에서는 그 사업장에서 사업을 총괄하여 관리하는 사람을 안전보건총괄책임자로 지정하여야 한다.

2) 안전보건총괄책임자 지정대상 사업 ★

① 관계수급인에게 고용된 근로자를 포함한 상시 근로자가 100명(선박 및 보트 건조업, 1차 금속 제조업 및 토사석 광업의 경우에는 50명) 이상인 사업
② 관계수급인의 공사금액을 포함한 해당 공사의 총 공사금액이 20억원 이상인 건설업

(7) 산업보건의

1) 사업주는 근로자의 건강관리나 그 밖에 보건관리자의 업무를 지도하기 위하여 사업장에 산업보건의를 두어야 한다. 다만, 「의료법」에 따른 의사를 보건관리자로 둔 경우에는 그러하지 아니하다.

2) 산업보건의를 두어야 하는 사업의 종류와 사업장은 보건관리자를 두어야 하는 사업으로서 상시근로자 수가 50명 이상인 사업장으로 한다.

참고
산업보건의를 선임하지 않아도 되는 경우
① 의사를 보건관리자로 선임한 경우
② 보건관리전문기관에 보건관리자의 업무를 위탁한 경우

3) 산업보건의는 외부에서 위촉할 수 있다. 산업보건의를 선임하거나 위촉했을 때에는 고용노동부령으로 정하는 바에 따라 선임하거나 위촉한 날부터 14일 이내에 고용노동부장관에게 그 사실을 증명할 수 있는 서류를 제출해야 한다. ★

4) 산업보건의의 자격은 「의료법」에 따른 의사로서 직업환경의학과 전문의, 예방의학 전문의 또는 산업보건에 관한 학식과 경험이 있는 사람으로 한다. ★

(8) 보건관리자

1) 사업주는 사업장의 보건에 관한 기술적인 사항에 관하여 사업주 또는 안전보건관리책임자를 보좌하고 관리감독자에게 지도·조언하는 업무를 수행하는 사람("보건관리자")을 두어야 한다.

2) 보건관리자의 자격 ★★

보건관리자는 다음 각 호의 어느 하나에 해당하는 사람으로 한다.

① 산업보건지도사 자격을 가진 사람
② 「의료법」에 따른 의사
③ 「의료법」에 따른 간호사
④ 「국가기술자격법」에 따른 산업위생관리산업기사 또는 대기환경산업기사 이상의 자격을 취득한 사람
⑤ 「국가기술자격법」에 따른 인간공학기사 이상의 자격을 취득한 사람
⑥ 「고등교육법」에 따른 전문대학 이상의 학교에서 산업보건 또는 산업위생 분야의 학위를 취득한 사람(법령에 따라 이와 같은 수준 이상의 학력이 있다고 인정되는 사람을 포함한다)

3) 보건관리자를 두어야 하는 사업의 종류, 사업장의 상시근로자 수, 보건관리자의 수 및 선임방법 ★★

사업의 종류	사업장의 상시근로자 수	보건관리자의 수	보건관리자의 선임방법
1. 광업(광업 지원 서비스업은 제외한다) 2. 섬유제품 염색, 정리 및 마무리 가공업 3. 모피제품 제조업	상시근로자 50명 이상 500명 미만	1명 이상	보건관리자의 자격을 가진 어느 하나에 해당하는 사람을 선임해야 한다.
4. 그 외 기타 의복액세서리 제조업(모피 액세서리에 한정한다) 5. 모피 및 가죽 제조업(원피가공 및 가죽 제조업은 제외한다) 6. 신발 및 신발부분품 제조업 7. 코크스, 연탄 및 석유정제품 제조업	상시근로자 500명 이상 2천명 미만	2명 이상	보건관리자의 자격을 가진 어느 하나에 해당하는 사람을 선임해야 한다.
8. 화학물질 및 화학제품 제조업 ; 의약품 제외 9. 의료용 물질 및 의약품 제조업 10. 고무 및 플라스틱제품 제조업 11. 비금속 광물제품 제조업 12. 1차 금속 제조업 13. 금속가공제품 제조업 ; 기계 및 가구 제외 14. 기타 기계 및 장비 제조업 15. 전자부품, 컴퓨터, 영상, 음향 및 통신장비 제조업 16. 전기장비 제조업 17. 자동차 및 트레일러 제조업 18. 기타 운송장비 제조업 19. 가구 제조업 20. 해체, 선별 및 원료 재생업 21. 자동차 종합 수리업, 자동차 전문 수리업 22. 제88조 각 호의 어느 하나에 해당하는 유해물질을 제조하는 사업과 그 유해물질을 사용하는 사업 중 고용노동부장관이 특히 보건관리를 할 필요가 있다고 인정하여 고시하는 사업	상시근로자 2천명 이상	2명 이상	보건관리자의 자격을 가진 어느 하나에 해당하는 사람을 선임하되, **의사 또는 간호사에 해당하는 사람이 1명 이상 포함**되어야 한다.
23. 제2호부터 제22호까지의 사업을 제외한 제조업	상시근로자 50명 이상 1천명 미만	1명 이상	보건관리자의 자격을 가진 어느 하나에 해당하는 사람을 선임해야 한다.
	상시근로자 1천명 이상 3천명 미만	2명 이상	보건관리자의 자격을 가진 어느 하나에 해당하는 사람을 선임해야 한다.
	상시근로자 3천명 이상	2명 이상	보건관리자의 자격을 가진 어느 하나에 해당하는 사람을 선임하되, **의사 또는 간호사에 해당하는 사람이 1명 이상 포함**되어야 한다.

24. 농업, 임업 및 어업 25. 전기, 가스, 증기 및 공기조절공급업 26. 수도, 하수 및 폐기물 처리, 원료 재생업(제20호에 해당하는 사업은 제외한다) 27. 운수 및 창고업 28. 도매 및 소매업 29. 숙박 및 음식점업 30. 서적, 잡지 및 기타 인쇄물 출판업 31. 방송업 32. 우편 및 통신업 33. 부동산업 34. 연구개발업 35. 사진 처리업 36. 사업시설 관리 및 조경 서비스업 37. 공공행정(청소, 시설관리, 조리 등 현업업무에 종사하는 사람으로서 고용노동부장관이 정하여 고시하는 사람으로 한정한다) 38. 교육서비스업 중 초등·중등·고등 교육기관, 특수학교·외국인학교 및 대안학교(청소, 시설관리, 조리 등 현업업무에 종사하는 사람으로서 고용노동부장관이 정하여 고시하는 사람으로 한정한다) 39. 청소년 수련시설 운영업 40. 보건업 41. 골프장 운영업 42. 개인 및 소비용품수리업(제21호에 해당하는 사업은 제외한다) 43. 세탁업	상시근로자 50명 이상 5천명 미만. (다만, 제35호의 경우에는 상시근로자 100명 이상 5천명 미만으로 한다.)	1명 이상	보건관리자의 자격을 가진 어느 하나에 해당하는 사람을 선임해야 한다.
	상시 근로자 5천명 이상	2명 이상	보건관리자의 자격을 가진 어느 하나에 해당하는 사람을 선임하되, **의사 또는 간호사에 해당하는 사람이 1명 이상 포함**되어야 한다.
44. 건설업	공사금액 800억원 이상(「건설산업기본법 시행령」 별표 1의 종합공사를 시공하는 업종의 건설업종란 제1호에 따른 토목공사업에 속하는 공사의 경우에는 1천억원 이상) 또는 상시 근로자 600명 이상	1명 이상 [공사금액 800억원(「건설산업기본법 시행령」 별표 1의 종합공사를 시공하는 업종의 건설업종란 제1호에 따른 토목공사업은 1천억원)을 기준으로 1,400억원이 증가할 때마다 또는 상시 근로자 600명을 기준으로 600명이 추가될 때마다 1명씩 추가한다]	보건관리자의 자격을 가진 어느 하나에 해당하는 사람을 선임해야 한다.

요약

위험성이 높은 제조업 1. 광업(광업 지원 서비스업은 제외) 2. 섬유제품 염색, 정리 및 마무리 가공업 3. 모피제품 제조업 4. 신발 및 신발부분품 제조업 5. 코크스, 연탄 및 석유정제품 제조업 6. 화학물질 및 화학제품 제조업 ; 의약품 제외 7. 고무 및 플라스틱제품 제조업 8. 비금속 광물제품 제조업 9. 1차 금속 제조업 10. 금속가공제품 제조업 ; 기계 및 가구 제외 등	• 상시근로자 50명 이상 500명 미만 : 1명 이상 • 상시근로자 500명 이상 2천명 미만 : 2명 이상 • 상시근로자 2천명 이상 : 2명 이상 (의사 또는 간호사 중 1명 이상 포함)
그밖의 제조업	• 상시근로자 50명 이상 1천명 미만 : 1명 이상 • 상시근로자 1천명 이상 3천명 미만 : 2명 이상 • 상시근로자 3천명 이상 : 2명 이상 (의사 또는 간호사 중 1명 이상 포함)
1. 농업, 임업 및 어업 2. 수도, 하수 및 폐기물 처리, 원료 재생업 3. 운수 및 창고업 4. 도매 및 소매업 5. 숙박 및 음식점업 6. 서적, 잡지 및 기타 인쇄물 출판업 7. 우편 및 통신업 8. 공공행정 9. 교육서비스업 중 초등 · 중등 · 고등 교육기관, 특수학교 · 외국인학교 및 대안학교 등	• 상시근로자 50명 이상 5천명 미만 : 1명 이상 (다만, 사진 처리업은 상시근로자 100명 이상 5천명 미만) • 상시 근로자 5천명 이상 : 2명 이상 (의사 또는 간호사 중 1명 이상 포함)
건설업	• 공사금액 800억원 이상(토목공사업 : 1천억원 이상) 또는 상시 근로자 600명 이상 : 1명 이상 • 공사금액 800억원(토목공사업 : 1천억원)을 기준으로 1,400억원이 증가할 때마다 또는 상시 근로자 600명을 기준으로 600명이 추가될 때마다 1명씩 추가

한 눈에 들어오는 **키**워드

4) 사업장의 보건관리자는 해당 사업장에서 보건관리 업무만을 전담해야 한다. 다만, 상시근로자 300명 미만을 사용하는 사업장에서는 보건관리자가 보건관리 업무에 지장이 없는 범위에서 다른 업무를 겸할 수 있다. ★

5) 고용노동부장관은 산업재해 예방을 위하여 필요한 경우로서 고용노동부령으로 정하는 사유에 해당하는 경우에는 사업주에게 보건관리자를 대통령령으로 정하는 수 이상으로 늘리거나 교체할 것을 명할 수 있다.

6) 대통령령으로 정하는 사업의 종류 및 사업장의 상시근로자 수에 해당하는 사업장의 사업주는 보건관리 업무를 전문적으로 수행하는 "보건관리전문기관"에 보건관리자의 업무를 위탁할 수 있다.

> **확인**
>
> ❋ "보건관리전문기관"에 보건관리자의 업무를 위탁할 수 있는 사업장 ★
> ① 건설업을 제외한 사업(업종별·유해인자별 보건관리전문기관의 경우에는 고용노동부령으로 정하는 사업을 말한다)으로서 상시근로자 300명 미만을 사용하는 사업장
> ② 외딴 곳으로서 고용노동부장관이 정하는 지역에 있는 사업장

7) 보건관리자의 업무를 위탁할 수 있는 보건관리전문기관은 지역별 보건관리전문기관과 업종별·유해인자별 보건관리전문기관으로 구분한다.
 ① 업종별 보건관리전문기관에 보건관리 업무를 위탁할 수 있는 사업은 광업으로 한다.
 ② 유해인자별 보건관리전문기관에 보건관리 업무를 위탁할 수 있는 사업은 다음 각 호와 같다.

> **확인**
>
> ❋ 유해인자별 보건관리전문기관에 보건관리 업무를 위탁할 수 있는 사업 ★
> ① 납 취급 사업
> ② 수은 취급 사업
> ③ 크롬 취급 사업
> ④ 석면 취급 사업
> ⑤ 제조·사용허가를 받아야 할 물질을 취급하는 사업
> ⑥ 근골격계 질환의 원인이 되는 단순반복 작업, 영상표시단말기 취급 작업, 중량물 취급 작업 등을 하는 사업

8) 사업주는 보건관리자가 보건관리 업무를 원활하게 수행할 수 있도록 권한·시설·장비·예산, 그 밖의 업무 수행에 필요한 지원을 해야 한다. 이 경우 보건관리자가 의사 및 간호사에 해당하는 경우에는 고용노동부령으로 정하는 다음의 시설 및 장비를 지원해야 한다.

① 건강관리실 : 근로자가 쉽게 찾을 수 있고 통풍과 채광이 잘되는 곳에 위치해야 하며, 건강관리 업무의 수행에 적합한 면적을 확보하고, 상담실·처치실 및 양호실을 갖추어야 한다.

② 상하수도 설비, 침대, 냉난방시설, 외부 연락용 직통전화, 구급용구 등

9) 보건관리전문기관 지정의 취소 등 ★

① 고용노동부장관은 안전관리전문기관 또는 보건관리전문기관이 다음 각 호의 어느 하나에 해당할 때에는 그 지정을 취소하거나 6개월 이내의 기간을 정하여 그 업무의 정지를 명할 수 있다. 다만, 제1호 또는 제2호에 해당할 때에는 그 지정을 취소하여야 한다.

1. 거짓이나 그 밖의 부정한 방법으로 지정을 받은 경우
2. 업무정지 기간 중에 업무를 수행한 경우
3. 지정 요건을 충족하지 못한 경우
4. 지정받은 사항을 위반하여 업무를 수행한 경우
5. 그 밖에 대통령령으로 정하는 사유에 해당하는 경우

② 지정이 취소된 자는 지정이 취소된 날부터 2년 이내에는 각각 해당 안전관리전문기관 또는 보건관리전문기관으로 지정받을 수 없다. ★

(9) 안전보건관리담당자 ★

1) 사업주는 사업장에 안전보건관리담당자를 두어야 한다. 다만, 안전관리자 또는 보건관리자가 있거나 이를 두어야 하는 경우에는 그러하지 아니하다.

2) 고용노동부장관은 산업재해 예방을 위하여 필요한 경우로서 고용노동부령으로 정하는 사유에 해당하는 경우에는 사업주에게 안전보건관리담당자를 대통령령으로 정하는 수 이상으로 늘리거나 교체할 것을 명할 수 있다.

3) 사업주는 상시근로자 20명 이상 50명 미만인 사업장에 안전보건관리담당자를 1명 이상 선임하여야 한다.

참고

안전보건관리담당자의 요건
해당 사업장 소속 근로자로서 다음 각 호의 어느 하나에 해당하는 요건을 갖추어야 한다.
① 안전관리자의 자격을 갖추었을 것
② 보건관리자의 자격을 갖추었을 것
③ 고용노동부장관이 정하여 고시하는 안전보건교육을 이수했을 것

한 눈에 들어오는 키워드

참고

안전보건조정자의 자격요건
① 산업안전지도사
② 「건설기술 진흥법」에 따른 발주청이 발주하는 건설공사인 경우 발주청에 따라 선임한 공사감독자
③ 다음 각 목의 어느 하나에 해당하는 사람으로서 해당 건설공사 중 주된 공사의 책임감리자
 • 「건축법」에 따른 공사감리자
 • 「건설기술 진흥법」에 따른 감리 업무를 수행하는 자
 • 「주택법」에 따라 지정된 감리자
 • 「전력기술관리법」에 따라 배치된 감리원
 • 「정보통신공사업법」에 따라 해당 건설공사에 대하여 감리 업무를 수행하는 자
④ 「건설산업기본법」에 따른 종합공사에 해당하는 건설현장에서 안전보건관리책임자로서 3년 이상 재직한 사람
⑤ 「국가기술자격법」에 따른 건설안전기술사
⑥ 「국가기술자격법」에 따른 건설안전기사를 취득한 후 건설안전 분야에서 5년 이상의 실무경력이 있는 사람
⑦ 「국가기술자격법」에 따른 건설안전산업기사를 취득한 후 건설안전 분야에서 7년 이상의 실무경력이 있는 사람

확인

❋ **상시근로자 20명 이상 50명 미만에서 안전보건관리담당자를 선임하여야 하는 사업** ★

① 제조업
② 임업
③ 하수, 폐수 및 분뇨 처리업
④ 폐기물 수집, 운반, 처리 및 원료 재생업
⑤ 환경 정화 및 복원업

암기법

제임!(재 임용하자.)
하.폐수, 분뇨 폐기하고 원료 재생하여 환경 정화, 복원 담당자(안전보건관리 담당자)

4) 안전보건관리담당자는 안전보건관리 업무에 지장이 없는 범위에서 다른 업무를 겸할 수 있다.

(10) 관리감독자

1) 사업주는 사업장의 생산과 관련되는 업무와 그 소속 직원을 직접 지휘·감독하는 직위에 있는 사람("관리감독자")에게 산업안전 및 보건에 관한 업무로서 대통령령으로 정하는 업무를 수행하도록 하여야 한다.

2) 관리감독자가 있는 경우에는 「건설기술진흥법」에 따른 안전관리책임자 및 안전관리담당자를 각각 둔 것으로 본다.

(11) 안전보건조정자

1) 2개 이상의 건설공사를 도급한 건설공사 발주자는 그 2개 이상의 건설공사가 같은 장소에서 행해지는 경우에 작업의 혼재로 인하여 발생할 수 있는 산업재해를 예방하기 위하여 건설공사 현장에 안전보건조정자를 두어야 한다.

2) 안전보건조정자를 두어야 하는 건설공사는 각 건설공사의 금액의 합이 50억원 이상인 경우를 말한다.

3) 안전보건조정자를 두어야 하는 건설공사발주자는 분리하여 발주되는 공사의 착공일 전날까지 안전보건조정자를 지정하거나 선임하여 각각의 공사 도급인에게 그 사실을 알려야 한다.

(12) 산업안전보건위원회 ★

1) 사업주는 산업안전·보건에 관한 중요 사항을 심의·의결하기 위하여 근로자와 사용자가 같은 수로 구성되는 산업안전보건위원회를 설치·운영하여야 한다.

2) 산업안전보건위원회를 설치·운영해야 할 사업의 종류 및 규모 ★

사업의 종류	규모
1. 토사석 광업 2. 목재 및 나무제품 제조업 ; 가구 제외 3. 화학물질 및 화학제품 제조업 ; 의약품 제외(세제, 화장품 및 광택제 제조업과 화학섬유 제조업은 제외한다) 4. 비금속 광물제품 제조업 5. 1차 금속 제조업 6. 금속가공제품 제조업 ; 기계 및 가구 제외 7. 자동차 및 트레일러 제조업 8. 기타 기계 및 장비 제조업(사무용 기계 및 장비 제조업은 제외한다) 9. 기타 운송장비 제조업(전투용 차량 제조업은 제외한다)	상시 근로자 50명 이상
10. 농업 11. 어업 12. 소프트웨어 개발 및 공급업 13. 컴퓨터 프로그래밍, 시스템 통합 및 관리업 13의2. 영상·오디오물 제공 서비스업 14. 정보서비스업 15. 금융 및 보험업 16. 임대업;부동산 제외 17. 전문, 과학 및 기술 서비스업(연구개발업은 제외한다) 18. 사업지원 서비스업 19. 사회복지 서비스업	상시 근로자 300명 이상
20. 건설업	공사금액 120억원 이상 (토목공사업 : 150억원 이상)
21. 제1호부터 제20호까지의 사업을 제외한 사업	상시 근로자 100명 이상

참고
건설공사도급인이 안전·보건에 관한 협의체를 구성한 경우에는 해당 협의체에 다음 각 호의 사람을 포함한 산업안전보건위원회를 구성할 수 있다.
① 근로자위원 : 도급 또는 하도급 사업을 포함한 전체 사업의 근로자대표, 명예산업안전감독관 및 근로자대표가 지명하는 해당 사업장의 근로자
② 사용자위원 : 도급인 대표자, 관계수급인의 각 대표자 및 안전관리자

3) 산업안전보건위원회의 구성 ★

근로자위원	• 근로자대표 • 근로자대표가 지명하는 1명 이상의 명예산업안전감독관 • 근로자대표가 지명하는 9명 이내의 해당 사업장의 근로자
사용자위원	• 해당 사업의 대표자 • 안전관리자 1명 • 보건관리자 1명 • 산업보건의 • 사업의 대표자가 지명하는 9명 이내의 해당 사업장 부서의 장

4) 회의 등

① 산업안전보건위원회의 회의는 정기회의와 임시회의로 구분하되, 정기회의는 분기마다 위원장이 소집하며, 임시회의는 위원장이 필요하다고 인정할 때에 소집한다. ★
② 산업안전보건위원회는 다음 각 호의 사항을 기록한 회의록을 작성하여 갖춰 두어야 한다.
   1. 개최 일시 및 장소
   2. 출석위원
   3. 심의 내용 및 의결·결정 사항
   4. 그 밖의 토의사항

5) 산업안전보건위원회의 심의·의결 사항 ★

① 산업재해 예방계획의 수립에 관한 사항
② 안전보건관리규정의 작성 및 변경에 관한 사항
③ 근로자의 안전·보건교육에 관한 사항
④ 작업환경측정 등 작업환경의 점검 및 개선에 관한 사항
⑤ 근로자의 건강진단 등 건강관리에 관한 사항
⑥ 중대재해의 원인 조사 및 재발 방지대책 수립에 관한 사항
⑦ 산업재해에 관한 통계의 기록 및 유지에 관한 사항
⑧ 유해하거나 위험한 기계·기구·설비를 도입한 경우 안전·보건조치에 관한 사항
⑨ 그 밖에 해당 사업장 근로자의 안전 및 보건을 유지·증진시키기 위하여 필요한 사항

(13) 안전 및 보건에 관한 협의체 등의 구성·운영(노사협의체) ★

1) 대통령령으로 정하는 규모의 건설공사의 건설공사 도급인은 해당 건설공사 현장에 근로자위원과 사용자위원이 같은 수로 구성되는 안전 및 보건에 관한 협의체("노사협의체")를 대통령령으로 정하는 바에 따라 구성·운영할 수 있다.

2) 노사협의체의 설치 대상 ★

공사금액이 120억원(「건설산업기본법 시행령」에 따른 토목공사업은 150억원) 이상인 건설업

3) 노사협의체의 구성 ★

근로자위원	사용자위원
• **도급 또는 하도급** 사업을 포함한 **전체 사업의 근로자대표** • **근로자대표가 지명하는 명예산업안전감독관 1명**(다만, 명예산업안전감독관이 위촉되어 있지 아니한 경우에는 **근로자대표가 지명하는 해당 사업장 근로자 1명**) • **공사금액이 20억원 이상인** 공사의 **관계수급인의 근로자대표**	• 도급 또는 하도급 사업을 포함한 **전체 사업의 대표자** • **안전관리자 1명** • **보건관리자 1명**(보건관리자 선임대상 건설업으로 한정) • **공사금액이 20억원 이상인** 공사의 **관계수급인의 사업주**

4) 노사협의체는 대통령령으로 정하는 바에 따라 **회의를 개최하고 그 결과를 회의록으로 작성하여 보존**하여야 한다.

5) 노사협의체의 운영 ★

① 노사협의체의 회의는 정기회의와 임시회의로 구분한다.
② **2개월마다** 노사협의체의 위원장이 소집하며, 임시회의는 위원장이 필요하다고 인정할 때에 소집한다.

노사협의체의 심의·의결 사항 ★
① **산업재해 예방계획의 수립**에 관한 사항 ② **안전보건관리규정의 작성 및 변경**에 관한 사항 ③ **근로자의 안전·보건교육**에 관한 사항 ④ 작업환경측정 등 **작업환경의 점검 및 개선**에 관한 사항 ⑤ **근로자의 건강진단 등 건강관리**에 관한 사항 ⑥ **중대재해의 원인 조사 및 재발 방지대책 수립**에 관한 사항 ⑦ **산업재해에 관한 통계의 기록 및 유지**에 관한 사항 ⑧ **유해하거나 위험한 기계·기구·설비를 도입한 경우 안전·보건조치**에 관한 사항 ⑨ 그 밖에 해당 사업장 근로자의 안전 및 보건을 유지·증진시키기 위하여 필요한 사항

한 눈에 들어오는 **키**워드

한 눈에 들어오는 키워드

비교

❂ 선임대상

보건관리자(전담)	① 상시근로자 300인 이상 사업장 ② 건설업 : 공사금액 800억원 이상(토목공사업 1천억원 이상) 또는 상시 근로자 600명 이상 사업장
산업안전보건위원회	① 상시근로자 50인 이상 사업장 ② 건설업 : 공사금액 120억원(토목공사 : 150억원) 이상 사업장
노사협의체	공사금액 120억원(토목공사 : 150억원) 이상 건설업(도급공사인 경우)
안전보건관리책임자	① 상시근로자 50인 이상 사업장 ② 총공사금액 20억원 이상 건설업
안전보건총괄책임자	① 관계수급인 포함 상시근로자 100명 이상(선박 및 보트 건조업, 1차 금속 제조업 및 토사석 광업 50명) 사업 ② 관계수급인 포함 공사금액 20억원 이상 건설업
안전보건관리담당자	상시근로자 20명 이상 50명 미만 사업장 ① 제조업 ② 임업 ③ 하수, 폐수 및 분뇨 처리업 ④ 폐기물 수집, 운반, 처리 및 원료 재생업 ⑤ 환경 정화 및 복원업 **암기법** 제임!(재 임용하자.) 하ㆍ폐수, 분뇨 폐기하고 원료 재생하여 환경 저오하. 복원 담당자(안전보건관리 담당자)
안전보건조정자	각 건설공사의 금액의 합이 50억원 이상인 경우로서 2개 이상의 건설공사가 같은 장소에서 행해지는 경우

구성		운영	
산업안전보건위원회	노사협의체	산업안전보건위원회	노사협의체
1. 근로자위원 ① 근로자대표 ② 근로자대표가 지명하는 1명 이상의 명예산업안전감독관 ③ 근로자대표가 지명하는 9명 이내의 해당 사업장의 근로자 2. 사용자위원 ① 해당 사업의 대표자 ② 안전관리자 1명 ③ 보건관리자 1명 ④ 산업보건의 ⑤ 사업의 대표자가 지명하는 9명 이내의 해당 사업장 부서의 장	1. 근로자위원 ① 도급 또는 하도급 사업을 포함한 전체 사업의 근로자대표 ② 근로자대표가 지명하는 명예산업안전감독관 1명(다만, 명예산업안전감독관이 위촉되어 있지 아니한 경우에는 근로자대표가 지명하는 해당 사업장 근로자 1명) ③ 공사금액이 20억원 이상인 공사의 관계수급인의 근로자대표 2. 사용자위원 ① 도급 또는 하도급 사업을 포함한 전체 사업의 대표자 ② 안전관리자 1명 ③ 보건관리자 1명(보건관리자 선임대상 건설업으로 한정) ④ 공사금액이 20억원 이상인 공사의 관계수급인의 사업주	1. 정기회의 : 분기마다 2. 임시회의 : 위원장이 필요하다 인정할 때	1. 정기회의 : 2개월마다 2. 임시회의 : 위원장이 필요하다 인정할 때

* 서류보존기간
  산업안전보건위원회 및 노사협의체에 따른 회의록 : 2년

(14) 안전보건 조직의 안전직무

1) 안전보건총괄책임자의 직무 ★

① 산업재해가 발생할 급박한 위험이 있을 때 및 중대재해가 발생하였을 때의 작업의 중지
② 도급 시 산업재해 예방조치
③ 산업안전보건관리비의 관계수급인 간의 사용에 관한 협의·조정 및 그 집행의 감독
④ 안전인증대상 기계 등과 자율안전확인대상 기계 등의 사용 여부 확인
⑤ 위험성평가의 실시에 관한 사항

2) 안전보건관리책임자 직무 실기 기출★

① 산업재해 예방계획의 수립에 관한 사항
② 안전보건관리규정의 작성 및 변경에 관한 사항
③ 근로자의 안전·보건교육에 관한 사항
④ 작업환경 측정 등 작업환경의 점검 및 개선에 관한 사항
⑤ 근로자의 건강진단 등 건강관리에 관한 사항
⑥ 산업재해의 원인 조사 및 재발 방지대책 수립에 관한 사항
⑦ 산업재해에 관한 통계의 기록 및 유지에 관한 사항
⑧ 안전장치 및 보호구 구입 시 적격품 여부 확인에 관한 사항
⑨ 위험성평가의 실시에 관한 사항
⑩ 근로자의 위험 또는 건강장해의 방지에 관한 사항

3) 산업보건의의 직무 ★★

① 건강진단 결과의 검토 및 그 결과에 따른 작업 배치, 작업 전환 또는 근로시간의 단축 등 근로자의 건강보호 조치
② 근로자의 건강장해의 원인 조사와 재발 방지를 위한 의학적 조치
③ 그 밖에 근로자의 건강 유지 및 증진을 위하여 필요한 의학적 조치에 관하여 고용노동부장관이 정하는 사항

4) 보건관리자의 직무 ★★★

① 산업안전보건위원회 또는 노사협의체에서 심의·의결한 업무와 안전보건관리규정 및 취업규칙에서 정한 업무
② 안전인증대상기계 등과 자율안전확인대상 기계 등 중 보건과 관련된 보호구(保護具) 구입 시 적격품 선정에 관한 보좌 및 지도·조언
③ 위험성평가에 관한 보좌 및 지도·조언
④ 물질안전보건자료의 게시 또는 비치에 관한 보좌 및 지도·조언
⑤ 산업보건의의 직무(보건관리자가 「의료법」에 따른 의사인 경우로 한정한다)
⑥ 해당 사업장 보건교육계획의 수립 및 보건교육 실시에 관한 보좌 및 지도·조언
⑦ 해당 사업장의 근로자를 보호하기 위한 다음 각 목의 조치에 해당하는 의료행위(보건관리자가 간호사에 해당하는 경우로 한정한다)
  • 자주 발생하는 가벼운 부상에 대한 치료

한 눈에 들어오는 키워드

참고
정부의 책무
정부는 산업안전보건법의 목적을 달성하기 위하여 다음 각 호의 사항을 성실히 이행할 책무를 진다.
① 산업 안전 및 보건 정책의 수립 및 집행
② 산업재해 예방 지원 및 지도
③ 직장 내 괴롭힘 예방을 위한 조치기준 마련, 지도 및 지원
④ 사업주의 자율적인 산업 안전 및 보건 경영체제 확립을 위한 지원
⑤ 산업 안전 및 보건에 관한 의식을 북돋우기 위한 홍보·교육 등 안전문화 확산 추진
⑥ 산업 안전 및 보건에 관한 기술의 연구·개발 및 시설의 설치·운영
⑦ 산업재해에 관한 조사 및 통계의 유지·관리
⑧ 산업 안전 및 보건 관련 단체 등에 대한 지원 및 지도·감독
⑨ 그 밖에 노무를 제공하는 사람의 안전 및 건강의 보호·증진

참고
사업주의 안전 직무
① 산업재해 예방을 위한 기준을 따를 것
② 근로자의 신체적 피로와 정신적 스트레스 등을 줄일 수 있는 쾌적한 작업환경의 조성 및 근로조건 개선
③ 해당 사업장의 안전·보건에 관한 정보를 근로자에게 제공

참고
근로자의 의무
근로자는 법과 법에 따른 명령으로 정하는 산업재해 예방을 위한 기준을 지켜야 하며, 사업주 또는 근로감독관, 공단 등 관계인이 실시하는 산업재해 예방에 관한 조치에 따라야 한다.

- 응급처치가 필요한 사람에 대한 처치
- 부상 · 질병의 악화를 방지하기 위한 처치
- 건강진단 결과 발견된 질병자의 요양 지도 및 관리
- 위 항의 의료행위에 따르는 의약품의 투여

⑧ 작업장 내에서 사용되는 전체 환기장치 및 국소 배기장치 등에 관한 설비의 점검과 작업방법의 공학적 개선에 관한 보좌 및 지도 · 조언

⑨ 사업장 순회점검, 지도 및 조치 건의

⑩ 산업재해 발생의 원인 · 조사 · 분석 및 재발 방지를 위한 기술적 보좌 및 지도 · 조언

⑪ 산업재해에 관한 통계의 유지 · 관리 · 분석을 위한 보좌 및 지도 · 조언

⑫ 법 또는 법에 따른 명령으로 정한 보건에 관한 사항의 이행에 관한 보좌 및 지도 · 조언

⑬ 업무 수행 내용의 기록 · 유지

⑭ 그 밖에 보건과 관련된 작업관리 및 작업환경관리에 관한 사항으로서 고용노동부장관이 정하는 사항

> **암기**
>
> 1. 보건교육계획 수립 및 실시
> 2. 위험성평가
> 3. 물질안전보건자료
> 4. 보호구 구입 시 적격품 선정
> 5. 사업장 점검
> 6. 환기장치, 국소배기장치 점검
> 7. 재해 원인조사
> 8. 재해통계
> 9. 근로자 보호위한 의료행위
> 10. 취업규칙에서 정한 직무
> 11. 업무 기록

5) 안전보건관리담당자의 직무 ★★

① 안전 · 보건교육 실시에 관한 보좌 및 조언 · 지도

② 위험성평가에 관한 보좌 및 조언 · 지도

③ 작업환경측정 및 개선에 관한 보좌 및 조언 · 지도

④ 건강진단에 관한 보좌 및 조언 · 지도

⑤ 산업재해 발생의 원인 조사, 산업재해 통계의 기록 및 유지를 위한 보좌 및 조언 · 지도

⑥ 산업안전 · 보건과 관련된 안전장치 및 보호구 구입 시 적격품 선정에 관한 보좌 및 조언 · 지도

> **한 눈에 들어오는 키워드**
>
> 안전관리자의 직무
> ① 사업장 안전교육계획의 수립 및 안전교육 실시에 관한 보좌 및 조언 · 지도
> ② 사업장 순회점검 · 지도 및 조치의 건의
> ③ 산업재해 발생의 원인 조사 · 분석 및 재발 방지를 위한 기술적 보좌 및 조언 · 지도
> ④ 산업재해에 관한 통계의 유지 · 관리 · 분석을 위한 보좌 및 조언 · 지도
> ⑤ 안전인증대상 기계 · 기구등과 자율안전확인대상 기계 · 기구등 구입 시 적격품의 선정에 관한 보좌 및 조언 · 지도
> ⑥ 위험성평가에 관한 보좌 및 조언 · 지도
> ⑦ 안전에 관한 사항의 이행에 관한 보좌 및 조언 · 지도
> ⑧ 산업안전보건위원회 또는 노사협의체, 안전보건관리규정 및 취업규칙에서 정한 직무
> ⑨ 업무수행 내용의 기록 · 유지
> ⑩ 그 밖에 안전에 관한 사항으로서 노동부장관이 정하는 사항
>
> **암기**
>
> 안전교육, 사업장 점검, 재해 원인조사, 재해통계 관리, 적격품 선정, 위험성평가, 업무내용 기록

한 눈에 들어오는 키워드

> **암기**
> 1. 안전 · 보건교육 실시
> 2. 위험성평가
> 3. 작업환경측정, 개선
> 4. 건강진단
> 5. 재해 원인 조사, 재해 통계
> 6. 안전장치, 보호구 구입 시 적격품 선정

6) 관리감독자의 직무 ★

① 기계 · 기구 또는 설비의 안전 · 보건 점검 및 이상 유무의 확인
② 근로자의 작업복 · 보호구 및 방호장치의 점검과 그 착용 · 사용에 관한 교육 · 지도
③ 산업재해에 관한 보고 및 이에 대한 응급조치
④ 작업장 정리 · 정돈 및 통로확보에 대한 확인 · 감독
⑤ 산업보건의, 안전관리자(안전관리전문기관의 해당 사업장 담당자) 및 보건관리자(보건관리전문기관의 해당 사업장 담당자), 안전보건관리담당자(안전관리전문기관 또는 보건관리전문기관의 해당 사업장 담당자)의 지도 · 조언에 대한 협조
⑥ 위험성평가를 위한 유해 · 위험요인의 파악 및 개선조치의 시행에 대한 참여
⑦ 그 밖에 해당 작업의 안전 · 보건에 관한 사항으로서 고용노동부령으로 정하는 사항

7) 안전보건조정자의 직무 ★

① 같은 장소에서 행하여지는 각각의 공사 간에 혼재된 작업의 파악
② 혼재된 작업으로 인한 산업재해 발생의 위험성 파악
③ 혼재된 작업으로 인한 산업재해를 예방하기 위한 작업의 시기 · 내용 및 안전보건 조치 등의 조정
④ 각각의 공사 도급인의 안전보건관리책임자 간 작업 내용에 관한 정보 공유 여부의 확인

8) 산업보건지도사의 직무 ★

① 작업환경의 평가 및 개선 지도
② 작업환경 개선과 관련된 계획서 및 보고서의 작성

> **참고**
> **산업안전지도사의 직무**
> ① 공정상의 안전에 관한 평가 · 지도
> ② 유해 · 위험의 방지대책에 관한 평가 · 지도
> ③ 공정상의 안전 및 유해 · 위험의 방지대책과 관련된 계획서 및 보고서의 작성
> ④ 안전보건개선계획서의 작성
> ⑤ 위험성평가의 지도
> ⑥ 그 밖에 산업안전에 관한 사항의 자문에 대한 응답 및 조언

③ 산업보건에 관한 조사·연구
④ 안전보건개선계획서의 작성
⑤ 위험성평가의 지도
⑥ 직업성 질병 진단(의사인 산업보건지도사만 해당) 및 예방 지도
⑦ 그 밖에 산업보건에 관한 사항의 자문에 대한 응답 및 조언

(15) 재해발생 위험이 있을 경우의 조치

1) 사업주의 작업 중지

사업주는 산업재해가 발생할 급박한 위험이 있을 때에는 즉시 작업을 중지시키고 근로자를 작업장소에서 대피시키는 등 안전 및 보건에 관하여 필요한 조치를 하여야 한다.

2) 근로자의 작업 중지

① 근로자는 산업재해가 발생할 급박한 위험이 있는 경우에는 작업을 중지하고 대피할 수 있다.
② 작업을 중지하고 대피한 근로자는 지체 없이 그 사실을 관리감독자 또는 그 밖에 부서의 장("관리감독자 등")에게 보고하여야 한다.
③ 관리감독자등은 보고를 받으면 안전 및 보건에 관하여 필요한 조치를 하여야 한다.
④ 사업주는 산업재해가 발생할 급박한 위험이 있다고 근로자가 믿을 만한 합리적인 이유가 있을 때에는 작업을 중지하고 대피한 근로자에 대하여 해고나 그 밖의 불리한 처우를 해서는 아니 된다.

(16) 도급사업 시의 산업재해예방

1) 유해한 작업의 도급금지

① 사업주는 근로자의 안전 및 보건에 유해하거나 위험한 작업으로서 다음 각 호의 어느 하나에 해당하는 작업을 도급하여 자신의 사업장에서 수급인의 근로자가 그 작업을 하도록 해서는 아니 된다.

참고

고용노동부장관의 시정조치
고용노동부장관은 사업주가 사업장의 건설물 또는 그 부속건설물 및 기계·기구·설비·원재료 등에 대하여 안전 및 보건에 관하여 고용노동부령으로 정하는 필요한 조치를 하지 아니하여 근로자에게 현저한 유해·위험이 초래될 우려가 있다고 판단될 때에는 해당 기계·설비 등에 대하여 사용중지·대체·제거 또는 시설의 개선, 그밖에 안전 및 보건에 관하여 고용노동부령으로 정하는 시정조치를 명할 수 있다.

참고

사업주는 다음 각 호의 어느 하나에 해당하는 경우에는 작업을 도급하여 자신의 사업장에서 수급인의 근로자가 그 작업을 하도록 할 수 있다.(도급가능 작업)
① 일시·간헐적으로 하는 작업을 도급하는 경우
② 수급인이 보유한 기술이 전문적이고 사업주(수급인에게 도급을 한 도급인으로서의 사업주를 말한다)의 사업 운영에 필수 불가결한 경우로서 고용노동부장관의 승인을 받은 경우

> **한눈에 들어오는 키워드**

> **확인**
>
> ✿ **작업을 도급하여 자신의 사업장에서 수급인의 근로자가 작업을 하도록 해서는 아니 되는 작업(도급금지 작업)** ★
> ① 도금작업
> ② 수은, 납 또는 카드뮴을 제련, 주입, 가공 및 가열하는 작업
> ③ 허가대상물질을 제조하거나 사용하는 작업
>
> [암기법]
>
> 도금(도급금지) 수(수은) 납하는 카드(카드뮴)는 허가받아 제조(허가대상물질 제조)

2) 도급의 승인

사업주는 자신의 사업장에서 안전 및 보건에 유해하거나 위험한 작업 중 급성 독성, 피부 부식성 등이 있는 물질의 취급 등 대통령령으로 정하는 작업을 도급하려는 경우에는 고용노동부장관의 승인을 받아야 한다. 이 경우 사업주는 고용노동부령으로 정하는 바에 따라 안전 및 보건에 관한 평가를 받아야 한다.

> **확인**
>
> ✿ **도급승인 대상 작업**
> ① 중량비율 1퍼센트 이상의 황산, 불화수소, 질산 또는 염화수소를 취급하는 설비를 개조·분해·해체·철거하는 작업 또는 해당 설비의 내부에서 이루어지는 작업. 다만, 도급인이 해당 화학물질을 모두 제거한 후 증명자료를 첨부하여 고용노동부장관에게 신고한 경우는 제외한다.
> ② 그 밖에 따른 산업재해보상보험 및 예방심의위원회의 심의를 거쳐 고용노동부장관이 정하는 작업

(17) 안전보건관리규정의 작성

1) 안전보건관리규정을 작성하여야 할 사업은 상시 근로자 100명 이상을 사용하는 사업으로 한다. ★

2) 사업주는 안전보건관리규정을 작성하여야 할 사유가 발생한 날부터 30일 이내에 안전보건관리규정을 작성하여야 한다.

3) 안전보건관리규정의 포함사항 ★

사업주는 사업장의 안전·보건을 유지하기 위하여 다음 각 호의 사항이 포함된 안전보건관리규정을 작성하여야 한다.

① 안전·보건 관리조직과 그 직무에 관한 사항
② 안전·보건교육에 관한 사항
③ 작업장의 안전 및 보건관리에 관한 사항
④ 사고 조사 및 대책 수립에 관한 사항
⑤ 그 밖에 안전·보건에 관한 사항

4) 사업주는 안전보건관리규정을 작성하거나 변경할 때에는 산업안전보건위원회의 심의·의결을 거쳐야 한다. 다만, 산업안전보건위원회가 설치되어 있지 아니한 사업장의 경우에는 근로자대표의 동의를 받아야 한다.

5) 안전보건관리규정을 작성하여야 할 사업의 종류 및 규모 ★

사업의 종류	규모
1. 농업 2. 어업 3. 소프트웨어 개발 및 공급업 4. 컴퓨터 프로그래밍, 시스템 통합 및 관리업 4의2. 영상·오디오물 제공 서비스업 5. 정보서비스업 6. 금융 및 보험업 7. 임대업;부동산 제외 8. 전문, 과학 및 기술 서비스업(연구개발업은 제외한다) 9. 사업지원 서비스업 10. 사회복지 서비스업	상시 근로자 300명 이상을 사용하는 사업장
11. 제1호부터 제4호까지, 제4호의2 및 제5호부터 제10호까지의 사업을 제외한 사업	상시 근로자 100명 이상을 사용하는 사업장

(18) 안전보건 개선계획

고용노동부장관은 다음 각 호의 어느 하나에 해당하는 사업장으로서 산업재해 예방을 위하여 종합적인 개선조치를 할 필요가 있다고 인정되는 사업장의 사업주에게 고용노동부령으로 정하는 바에 따라 그 사업장, 시설, 그 밖의 사항에 관한 안전보건개선계획을 수립하여 시행할 것을 명할 수 있다.

> **한눈에 들어오는 키워드**

확인

✿ 안전보건 개선계획 작성대상 사업장 ★

① 산업재해율이 **같은 업종의 규모별 평균 산업재해율보다 높은 사업장**
② 사업주가 안전·보건조치의무를 이행하지 아니하여 **중대재해가 발생한 사업장**
③ **직업성 질병자가 연간 2명** 이상 발생한 사업장
④ **유해인자의 노출기준을 초과한 사업장**

[암기법]

평균보다 높으면 개선계획! 중대재해 발생하면 개선계획!
직업성 질병자 2명 노출기준 초과하면 개선계획!

비교

✿ 안전·보건진단을 받아 안전보건개선계획을 수립·제출하도록 명할 수 있는 사업장 ★

① 산업재해율이 **같은 업종 평균 산업재해율의 2배 이상**인 사업장
② 사업주가 필요한 안전조치 또는 보건조치를 이행하지 아니하여 **중대재해가 발생한 사업장**
③ **직업성 질병자가 연간 2명 이상**(상시근로자 1천명 이상 사업장의 경우 **3명 이상**) 발생한 사업장
④ 그 밖에 작업환경 불량, 화재·폭발 또는 누출 사고 등으로 사업장 주변까지 피해가 확산된 사업장으로서 고용노동부령으로 정하는 사업장

[암기법]

평균의 2배 이상, 직업병 2명 이상(1000명 이상 3명) 진단받아 개선!
중대재해 발생하면 진단받아 개선!

1) 안전보건개선계획서에 포함사항

① 시설
② 안전·보건관리체제
③ 안전·보건교육
④ 산업재해예방 및 작업환경의 개선을 위하여 필요한 사항

2) 사업주는 안전보건개선계획을 수립할 때에는 산업안전보건위원회의 심의를 거쳐야 한다. 다만, 산업안전보건위원회가 설치되어 있지 아니한 사업장의 경우에는 근로자대표의 의견을 들어야 한다.

3) 안전보건개선계획서의 제출
① 안전보건개선계획서를 제출해야 하는 사업주는 안전보건개선계획서 수립·시행 명령을 받은 날부터 60일 이내에 관할 지방고용노동관서의 장에게 해당 계획서를 제출(전자문서로 제출하는 것을 포함한다)해야 한다.
② 지방고용노동관서의 장이 안전보건개선계획서를 접수한 경우에는 접수일부터 15일 이내에 심사하여 사업주에게 그 결과를 알려야 한다.
③ 사업주와 근로자는 심사를 받은 안전보건개선계획서를 준수하여야 한다.

(19) 안전관리자 등의 증원·교체임명 명령

지방고용노동관서의 장은 다음 각 호의 어느 하나에 해당하는 사유가 발생한 경우에는 사업주에게 안전관리자나 보건관리자 또는 안전보건관리담당자를 정수 이상으로 증원하게 하거나 교체하여 임명할 것을 명할 수 있다.

참고

❋ 안전관리자의 증원·교체임명 명령 대상 사업장 ★
① 해당 사업장의 연간 재해율이 같은 업종의 평균재해율의 2배 이상인 경우
② 중대재해가 연간 2건 이상 발생한 경우(다만, 해당 사업장의 전년도 사망만인율이 같은 업종의 평균 사망만인율 이하인 경우는 제외)
③ 관리자가 질병이나 그 밖의 사유로 3개월 이상 직무를 수행할 수 없게 된 경우
④ 화학적 인자로 인한 직업성질병자가 연간 3명 이상 발생한 경우

암기법

평균의 2배 이상, 중대재해2건 이상 증원!
직업성질병 3건 이상, 3개월 이상 일안하면 교체!

(20) 사업장의 산업재해 발생건수 등 공표

고용노동부장관은 산업재해를 예방하기 위하여 대통령령으로 정하는 사업장의 산업재해 발생건수, 재해율 또는 그 순위 등을 공표하여야 한다.

확인

✿ **재해발생 건수 등 재해율 공표 대상 사업장** ★
① **사망재해자가 연간 2명 이상** 발생한 사업장
② **사망만인율**(사망재해자 수를 연간 상시근로자 1만명당 발생하는 사망재해자 수로 환산한 것)이 규모별 **같은 업종의 평균 사망만인율 이상**인 사업장
③ **중대산업사고가 발생**한 사업장
④ **산업재해 발생** 사실을 **은폐**한 사업장
⑤ 산업재해의 발생에 관한 **보고를 최근 3년 이내 2회 이상 하지 않은 사업장**

암기법

사망자 2명, 평균 사망만인율 이상 공표!
중대산업사고 발생하면 공표!
재해은폐, 재해보고 3년동안 2번 이상 안하면 공표!

(21) 신규화학물질의 유해성 · 위험성 조사보고서

1) 신규화학물질의 유해성·위험성 조사보고서의 제출

① 대통령령으로 정하는 화학물질 외의 화학물질("신규화학물질")을 제조하거나 수입하려는 자는 신규화학물질에 의한 근로자의 건강장해를 예방하기 위하여 그 신규화학물질의 유해성 · 위험성을 조사하고 그 조사보고서를 고용노동부장관에게 제출하여야 한다. 다만, 다음 각 호의 어느 하나에 해당하는 경우에는 그러하지 아니하다.

참고

신규화학물질의 유해성·위험성 조사보고서를 제출하지 않아도 되는 경우
1. 일반 소비자의 생활용으로 제공하기 위하여 신규화학물질을 수입하는 경우로서 고용노동부령으로 정하는 경우
    ① 해당 신규화학물질이 완성된 제품으로서 국내에서 가공하지 않는 경우
    ② 해당 신규화학물질의 포장 또는 용기를 국내에서 변경하지 않거나 국내에서 포장하거나 용기에 담지 않는 경우
    ③ 해당 신규화학물질이 직접 소비자에게 제공되고 국내의 사업장에서 사용되지 않는 경우
2. 신규화학물질의 수입량이 소량(신규화학물질의 연간 수입량이 100킬로그램 미만인 경우로서 고용노동부장관의 확인을 받은 경우)이거나 그 밖에 위해의 정도가 적다고 인정되는 경우로서 고용노동부령으로 정하는 경우(다음 각 호의 어느 하나에 해당하는 경우로서 고용노동부장관의 확인을 받은 경우)
    ① 제조하거나 수입하려는 신규화학물질이 시험·연구를 위하여 사용되는 경우
    ② 신규화학물질을 전량 수출하기 위하여 연간 10톤 이하로 제조하거나 수입하는 경우
    ③ 신규화학물질이 아닌 화학물질로만 구성된 고분자화합물로서 고용노동부장관이 정하여 고시하는 경우

> [확인]

✿ 유해성 · 위험성 조사 제외 화학물질 ★

1. 원소
2. 천연으로 산출된 화학물질
3. 「건강기능식품에 관한 법률」에 따른 건강기능식품
4. 「군수품관리법」 및 「방위사업법」에 따른 군수품[「군수품관리법」 제3조에 따른 통상품(痛常品)은 제외한다]
5. 「농약관리법」에 따른 농약 및 원제
6. 「마약류 관리에 관한 법률」에 따른 마약류
7. 「비료관리법」에 따른 비료
8. 「사료관리법」에 따른 사료
9. 「생활화학제품 및 살생물제의 안전관리에 관한 법률」에 따른 살생물 물질 및 살생물제품
10. 「식품위생법」에 따른 식품 및 식품첨가물
11. 「약사법」에 따른 의약품 및 의약외품(醫藥外品)
12. 「원자력안전법」에 따른 방사성물질
13. 「위생용품 관리법」에 따른 위생용품
14. 「의료기기법」에 따른 의료기기
15. 「총포 · 도검 · 화약류 등의 안전관리에 관한 법률」에 따른 화약류
16. 「화장품법」에 따른 화장품과 화장품에 사용하는 원료
17. 고용노동부장관이 명칭, 유해성 · 위험성, 근로자의 건강장해 예방을 위한 조치 사항 및 연간 제조량 · 수입량을 공표한 물질로서 공표된 연간 제조량 · 수입량 이하로 제조하거나 수입한 물질
18. 고용노동부장관이 환경부장관과 협의하여 고시하는 화학물질 목록에 기록되어 있는 물질

> [암기법]
>
> 비료로 농 사지은 식품, 건강식품, 군수품, 위생용품에서 화약, 방사성물질 나와서 의료기기, 의약품, 마약, 화장품으로 치료했더니 천연 원소인 살생물의 위험조사 제외됐다.

한 눈에 들어오는 **키워드**

2) 신규화학물질을 제조하거나 수입하려는 자는 제조하거나 수입하려는 날 30일(연간 제조하거나 수입하려는 양이 100킬로그램 이상 1톤 미만인 경우에는 14일) 전까지 신규화학물질 유해성 · 위험성 조사보고서를 첨부하여 고용노동부장관에게 제출하여야 한다.(다만, 그 신규화학물질을 「화학물질의 등록 및 평가 등에 관한 법률」에 따라 환경부장관에게 등록한 경우에는 고용노동부장관에게 유해성 · 위험성 조사보고서를 제출한 것으로 본다)

3) 신규화학물질 제조자등이 신규화학물질을 양도하거나 제공하는 경우에는 근로자의 건강장해 예방을 위하여 조치하여야 할 사항을 기록한 서류를 함께 제공하여야 한다.

4) 유해·위험성조사보고서 작성방법

① 사업주는 신규화학물질의 안전보건자료를 작성함에 있어 다음 각 호의 1에 해당하는 자료를 인용할 수 있다. 이 경우 출처를 명시하여야 한다. ★
- 전문시험기관에서 발급 및 제시하는 유해·위험성조사자료
- 관련전문학회지에서 게재되었거나 학회에 발표된 유해·위험성조사자료
- 국내외에서 발간되는 저작권법상의 문헌에 등재되어 있는 유해·위험성조사자료
- 경제협력기구(OECD) 회원국의 정부기관 및 국제연합기구에서 인정하는 유해·위험성조사자료

② 유해·위험성조사는 원칙적으로 단일화학구조를 가진 신규화학물질을 대상으로 하며, 신규화학물질이 다른 화학물질과의 혼합물인 경우에는 당해 신규화학물질을 가능한 한 분리, 정제한 후에 행하여야 한다. 다만, 혼합물을 분리하는 것이 기술적으로 곤란한 경우에는 당해 혼합물에 대하여 유해·위험성조사를 행할 수 있다.

(22) 유해·위험방지계획서

1) 유해·위험방지계획서의 작성·제출

① 사업주는 다음 각 호의 어느 하나에 해당하는 경우에는 유해위험방지계획서를 작성하여 고용노동부령으로 정하는 바에 따라 고용노동부장관에게 제출하고 심사를 받아야 한다. 다만, 사업주 중 산업재해발생률 등을 고려하여 고용노동부령으로 정하는 기준에 해당하는 사업주는 유해·위험방지계획서를 스스로 심사하고, 그 심사결과서를 작성하여 고용노동부장관에게 제출하여야 한다.
- 대통령령으로 정하는 사업의 종류 및 규모에 해당하는 사업으로서 해당 제품의 생산 공정과 직접적으로 관련된 건설물·기계·기구 및 설비 등 일체를 설치·이전하거나 그 주요 구조부분을 변경하려는 경우
- 유해하거나 위험한 작업 또는 장소에서 사용하거나 건강장해를 방지하기 위하여 사용하는 기계·기구 및 설비로서 대통령령으로 정하는 기계·기구 및 설비를 설치·이전하거나 그 주요 구조부분을 변경하려는 경우
- 대통령령으로 정하는 크기, 높이 등에 해당하는 건설공사를 착공하려는 경우

한 눈에 들어오는 키워드

참고
유해·위험방지계획서 작성 자격을 갖춘 자
① 건설안전 분야 산업안전지도사
② 건설안전기술사 또는 토목·건축 분야 기술사
③ 건설안전산업기사 이상으로서 건설안전 관련 실무경력이 7년(기사는 5년) 이상인 사람

참고
1. 사업주가 공정안전보고서를 고용노동부장관에게 제출한 경우에는 해당 유해·위험설비에 대해서는 유해위험방지계획서를 제출한 것으로 본다.
2. 공단은 유해·위험방지계획서 및 그 첨부 서류를 접수한 경우에는 접수일부터 15일 이내에 심사하여 사업주에게 그 결과를 알려야 한다. 다만, 자체심사 및 확인업체가 유해·위험방지계획서 자체 심사서를 제출한 경우에는 심사를 하지 않을 수 있다.

② 대통령령으로 정하는 크기, 높이 등에 해당하는 건설공사를 착공하려는 사업주는 유해·위험방지계획서를 작성할 때 건설안전 분야의 자격 등 고용노동부령으로 정하는 자격을 갖춘 자의 의견을 들어야 한다.

2) 유해·위험방지계획서 심사 결과의 구분 ★

① 적정 : 근로자의 안전과 보건을 위하여 필요한 조치가 구체적으로 확보되었다고 인정되는 경우
② 조건부 적정 : 근로자의 안전과 보건을 확보하기 위하여 일부 개선이 필요하다고 인정되는 경우
③ 부적정 : 기계·설비 또는 건설물이 심사기준에 위반되어 공사착공 시 중대한 위험발생의 우려가 있거나 계획에 근본적 결함이 있다고 인정되는 경우

3) 유해·위험방지계획서 이행의 확인

① 유해·위험방지계획서에 대한 심사를 받은 사업주는 고용노동부령으로 정하는 바에 따라 유해·위험방지계획서의 이행에 관하여 고용노동부장관의 확인을 받아야 한다.
② 유해·위험방지계획서의 확인사항
   • 기계·기구 및 설비에 대한 유해위험방지계획서를 제출한 사업주는 해당 건설물·기계·기구 및 설비의 시운전단계에서, 건설공사에 따른 사업주는 건설공사 중 6개월 이내마다 다음 각 호의 사항에 관하여 공단의 확인을 받아야 한다.
     - 유해·위험방지계획서의 내용과 실제공사 내용이 부합하는지 여부
     - 유해·위험방지계획서 변경내용의 적정성
     - 추가적인 유해·위험요인의 존재 여부

4) 유해·위험방지계획서 작성대상 사업

"대통령령으로 정하는 업종 및 규모에 해당하는 사업"이란 다음 각 호의 어느 하나에 해당하는 사업으로서 전기사용설비의 정격용량의 합이 300킬로와트 이상인 사업을 말한다.

 한 눈에 들어오는 키워드

> 참고
> 1. 사업주는 스스로 심사하거나 고용노동부장관이 심사한 유해위험방지계획서와 그 심사 결과서를 사업장에 갖추어 두어야 한다.
> 2. 대통령령으로 정하는 크기, 높이 등에 해당하는 건설공사를 착공하려는 사업주로서 유해위험방지계획서 및 그 심사 결과서를 사업장에 갖추어 둔 사업주는 해당 건설공사의 공법의 변경 등으로 인하여 그 유해위험방지계획서를 변경할 필요가 있는 경우에는 이를 변경하여 갖추어 두어야 한다.

> 1. 자체심사 및 확인업체의 사업주는 해당 공사 준공 시까지 6개월 이내마다 자체확인을 하여야 하며, 공단은 필요한 경우 해당 자체확인에 관하여 지도·조언할 수 있다. 다만, 그 공사 중 사망재해가 발생한 경우에는 공단의 확인을 받아야 한다.
> 2. 건설물·기계·기구 및 설비 또는 건설공사의 경우 사업주가 고용노동부장관이 정하는 요건을 갖춘 지도사에게 확인을 받고 그 결과를 공단에 제출하면 공단은 확인에 필요한 현장방문을 지도사의 확인결과로 대체할 수 있다. 다만, 건설업의 경우 최근 2년간 사망재해(별표 1 제3호라목에 따른 재해는 제외한다)가 발생한 경우에는 그렇지 않다.

한 눈에 들어오는 키워드

> **참고**
>
> 유해·위험방지계획서 작성 대상 건설공사
>
> 1. 다음 각 목의 어느 하나에 해당하는 건축물 또는 시설 등의 건설·개조 또는 해체공사
>   ① 지상높이가 31미터 이상인 건축물 또는 인공구조물
>   ② 연면적 3만제곱미터 이상인 건축물
>   ③ 연면적 5천제곱미터 이상인 시설로서 다음의 어느 하나에 해당하는 시설
>   - 문화 및 집회시설(전시장 및 동물원·식물원은 제외한다)
>   - 판매시설, 운수시설(고속철도의 역사 및 집배송시설은 제외한다)
>   - 종교시설
>   - 의료시설 중 종합병원
>   - 숙박시설 중 관광숙박시설
>   - 지하도상가
>   - 냉동·냉장 창고시설
> 2. 연면적 5천제곱미터 이상의 냉동·냉장창고시설의 설비공사 및 단열 공사
> 3. 최대 지간길이(다리의 기둥과 기둥의 중심사이의 거리)가 50미터 이상인 교량 건설 등 공사
> 4. 터널 건설 등의 공사
> 5. 다목적댐, 발전용댐, 저수용량 2천만톤 이상의 용수 전용 댐, 지방상수도 전용 댐 건설 등의 공사
> 6. 깊이 10미터 이상인 굴착공사
>
> **암기법**
>
> 지상높이 31m, 연면적 3만m², 사람 많은 시설 연면적 5000m²
> 연면적 5000m² 냉동냉장 창고
> 최대 지간길이가 50미터 이상 교량
> 터널
> 저수용량 2천만톤 이상 댐
> 10미터 이상인 굴착

> **확인**
>
> ✿ **유해·위험방지계획서 작성 대상 제조업** ★
>
> ① 금속가공제품(기계 및 가구는 제외한다) 제조업
> ② 비금속 광물제품 제조업
> ③ 기타 기계 및 장비 제조업
> ④ 자동차 및 트레일러 제조업
> ⑤ 식료품 제조업
> ⑥ 고무제품 및 플라스틱 제품 제조업
> ⑦ 목재 및 나무제품 제조업
> ⑧ 기타 제품 제조업
> ⑨ 1차 금속 제조업
> ⑩ 가구 제조업
> ⑪ 화학물질 및 화학제품 제조업
> ⑫ 반도체 제조업
> ⑬ 전자부품 제조업
>
> **암기법**
>
> **1차금속**으로 **금속가공제품**, **비금속 광물제품** 제조하여 **나무**, **화학물질** 섞어서 **기계장비**, **자동차 트레일러** 만들고, **고무풀**(고무 및 플라스틱)로 **기타 식료품** 만들었더니 **도대체**(반도체)**가**(가구) **전부**(전자부품) 유해·위험(유해·위험방지계획서)하다.

> **참고**
>
> ✿ **유해·위험방지계획서 작성 대상 기계·기구 및 설비** ★
>
> ① 금속이나 그 밖의 광물의 용해로
> ② 화학설비
> ③ 건조설비
> ④ 가스집합 용접장치
> ⑤ 근로자의 건강에 상당한 장해를 일으킬 우려가 있는 물질로서 고용노동부령으로 정하는 물질의 밀폐·환기·배기를 위한 설비

5) 제출서류

사업주가 제조업 대상 사업, 대상기계 · 기구 설비에 해당하는 유해 · 위험방지계획서를 제출하려면 다음 각 호의 서류를 첨부하여 해당 작업 시작 15일 전까지 공단에 2부를 제출하여야 한다.

유해 · 위험방지계획서 제출서류(제조업, 대상기계 · 기구 설비)	
제조업 대상 사업 첨부서류	• 건축물 각층의 평면도 • 기계 · 설비의 개요를 나타내는 서류 • 기계 · 설비의 배치도면 • 원재료 및 제품의 취급, 제조 등의 작업방법의 개요 • 그밖에 고용노동부장관이 정하는 도면 및 서류
대상 기계 · 기구 설비 첨부서류	• 설치장소의 개요를 나타내는 서류 • 설비의 도면 • 그밖에 고용노동부장관이 정하는 도면 및 서류

(23) 공정안전보고서

1) 공정안전보고서의 작성 · 제출

① 사업주는 사업장에 대통령령으로 정하는 유해하거나 위험한 설비가 있는 경우 그 설비로부터의 위험물질 누출, 화재 및 폭발 등으로 인하여 사업장 내의 근로자에게 즉시 피해를 주거나 사업장 인근 지역에 피해를 줄 수 있는 사고로서 대통령령으로 정하는 사고("중대산업사고")를 예방하기 위하여 대통령령으로 정하는 바에 따라 공정안전보고서를 작성하고 고용노동부장관에게 제출하여 심사를 받아야 한다. 이 경우 공정안전보고서의 내용이 중대산업사고를 예방하기 위하여 적합하다고 통보받기 전에는 관련된 유해하거나 위험한 설비를 가동해서는 아니 된다. ★

② 사업주는 공정안전보고서를 작성할 때 산업안전보건위원회의 심의를 거쳐야 한다. 다만, 산업안전보건위원회가 설치되어 있지 아니한 사업장의 경우에는 근로자대표의 의견을 들어야 한다. ★

③ 공정안전보고서의 제출 시기

사업주는 유해하거나 위험한 설비의 설치 · 이전 또는 주요 구조부분의 변경공사의 착공일(기존 설비의 제조 · 취급 · 저장 물질이 변경되거나 제조량 · 취급량 · 저장량이 증가하여 유해 · 위험물질 규정량에 해당하게 된 경우에는 그 해당일을 말한다) 30일 전까지 공정안전보고서를 2부 작성하여 공단에 제출해야 한다.

한 눈에 들어오는 키워드

참고

1. 사업주가 건설공사에 해당하는 유해 · 위험방지계획서를 제출하려면 건설공사 유해 · 위험방지계획서 다음 각호 서류를 첨부하여 해당 공사의 착공 전날까지 공단에 2부를 제출하여야 한다. 이 경우 해당 공사가 「건설기술 진흥법」에 따른 안전관리계획을 수립해야 하는 건설공사에 해당하는 경우에는 유해위험방지계획서와 안전관리계획서를 통합하여 작성한 서류를 제출할 수 있다.

2. 건설공사 유해 · 위험방지계획서 제출서류
   ① 공사개요 및 안전보건 관리계획
      • 공사개요서
      • 공사현장의 주변 현황 및 주변과의 관계를 나타내는 도면
      • 건설물, 사용 기계설비 등의 배치를 나타내는 도면
      • 전체 공정표
      • 산업안전보건관리비 사용계획
      • 안전관리 조직표
      • 재해 발생 위험시 연락 및 대피방법
   ② 작업공사 종류별 유해 · 위험방지 계획

2) 공정안전보고서의 심사

① 공단은 공정안전보고서를 제출받은 경우에는 제출받은 날부터 30일 이내에 심사하여 1부를 사업주에게 송부하고, 그 내용을 지방고용노동관서의 장에게 보고해야 한다.

② 심사결과 구분 ★

적정	보고서의 심사기준을 충족시킨 경우
조건부 적정	보고서의 심사기준을 대부분 충족하고 있으나 부분적인 보완이 필요하다고 판단할 경우
부적정	보고서의 심사기준을 충족시키지 못한 경우

③ 사업주는 심사를 받은 공정안전보고서를 사업장에 갖추어 두어야 한다.
④ 사업주는 심사를 받은 공정안전보고서의 내용을 변경하여야 할 사유가 발생한 경우에는 지체 없이 그 내용을 보완하여야 한다.

3) 공정안전보고서의 이행

사업주와 근로자는 심사를 받은 공정안전보고서의 내용을 지켜야 한다.

4) 공정안전보고서의 확인

① 사업주는 심사를 받은 공정안전보고서의 내용을 실제로 이행하고 있는지 여부에 대하여 고용노동부령으로 정하는 바에 따라 고용노동부장관의 확인을 받아야 한다.
② 공정안전보고서를 제출하여 심사를 받은 사업주는 다음 각 호의 시기별로 공단의 확인을 받아야 한다. 다만, 화공안전 분야 산업안전지도사 또는 대학에서 조교수 이상으로 재직하고 있는 사람으로서 화공 관련 교과를 담당하고 있는 사람, 그 밖에 자격 및 관련 업무 경력 등을 고려하여 고용노동부장관이 정하여 고시하는 요건을 갖춘 사람에게 자체감사를 하게 하고 그 결과를 공단에 제출한 경우에는 공단은 확인을 하지 아니할 수 있다.(안전보건진단을 받은 사업장 등 고용노동부장관이 정하여 고시하는 사업장의 경우에는 공단의 확인을 생략할 수 있다.)

③ 공정안전보고서의 확인 시기 ★

신규로 설치될 유해·위험설비	설치 과정 및 설치 완료 후 시운전단계 각 1회
기존에 설치되어 사용 중인 유해·위험설비	심사 완료 후 3개월 이내
유해·위험설비와 관련한 공정의 중대한 변경의 경우	변경 완료 후 1개월 이내
유해·위험설비 또는 이와 관련된 공정에 중대한 사고 또는 결함이 발생한 경우	1개월 이내

> **한 눈에 들어오는 키워드**
>
> [참고]
> 공단은 사업주로부터 확인요청을 받은 날부터 1개월 이내에 내용이 현장과 일치하는지 여부를 확인하고, 확인한 날부터 15일 이내에 그 결과를 사업주에게 통보하고 지방고용노동관서의 장에게 보고해야 한다.
>
> | 적합 | 현장과 일치하는 경우 |
> |---|---|
> | 부적합 | 현장과 일치하지 아니하는 경우 |
> | 조건부 적합 | 현장과 불일치하는 사항 또는 조건부 적정 사항 중 확인일 이후에 조치하여도 안전상에 문제가 없는 경우 |

5) 공정안전보고서 이행상태 평가

① 고용노동부장관은 고용노동부령으로 정하는 바에 따라 공정안전보고서의 이행 상태를 정기적으로 평가할 수 있다.
② 고용노동부장관은 공정안전보고서의 확인(신규로 설치되는 유해·위험설비의 경우에는 설치완료 후 시운전 단계에서의 확인을 말한다) 후 1년이 지난 날 부터 2년 이내에 공정안전보고서 이행상태평가를 하여야 한다.
③ 고용노동부장관은 이행상태평가 후 4년마다 이행상태평가를 하여야 한다. 다만, 다음 각 호의 어느 하나에 해당하는 경우에는 1년 또는 2년마다 실시할 수 있다.
  • 이행상태평가 후 사업주가 이행상태평가를 요청하는 경우
  • 사업장에 출입하여 검사 및 안전·보건점검 등을 실시한 결과 변경요소 관리계획 미준수로 공정안전보고서 이행상태가 불량한 것으로 인정되는 경우 등 고용노동부장관이 정하여 고시하는 경우
④ 이행상태평가는 공정안전보고서의 세부 내용에 관하여 실시한다.
⑤ 고용노동부장관은 평가 결과 보완상태가 불량한 사업장의 사업주에게는 공정안전보고서의 변경을 명할 수 있으며, 이에 따르지 아니하는 경우 공정안전보고서를 다시 제출하도록 명할 수 있다.

6) 공정안전보고서의 제출 대상 ★★

공정안전보고서를 작성하여야 하는 유해·위험설비란 다음 각 호의 어느 하나에 해당하는 사업을 하는 사업장의 경우에는 그 보유설비를 말하고, 그 외의 사업을 하는 사업장의 경우에는 유해·위험물질 중 하나 이상을 규정량 이상 제조·취급·사용·저장하는 설비 및 그 설비의 운영과 관련된 모든 공정설비를 말한다.

한 눈에 들어오는 키워드

[참고]
공정안전보고서 제출 제외 대상 설비
① 원자력 설비
② 군사시설
③ 사업주가 해당 사업장 내에서 직접 사용하기 위한 난방용 연료의 저장설비 및 사용설비
④ 도매·소매시설
⑤ 차량 등의 운송설비
⑥ 「액화석유가스의 안전관리 및 사업법」에 따른 액화석유가스의 충전·저장 시설
⑦ 「도시가스사업법」에 따른 가스공급시설
⑧ 그 밖에 고용노동부장관이 누출·화재·폭발 등으로 인한 피해의 정도가 크지 않다고 인정하여 고시하는 설비

✿ 공정안전보고서의 제출 대상 ★★

① 원유 정제처리업
② 기타 석유정제물 재처리업
③ 석유화학계 기초화학물 제조업 또는 합성수지 및 기타 플라스틱물질 제조업
④ 질소 화합물, 질소·인산 및 칼리질 화학비료 제조업 중 질소질 비료 제조
⑤ 복합비료 및 기타 화학비료 제조업 중 복합비료 제조(단순혼합 또는 배합에 의한 경우는 제외한다)
⑥ 화학 살균·살충제 및 농업용 약제 제조업[농약 원제(原劑) 제조만 해당한다]
⑦ 화약 및 불꽃제품 제조업

[암기법]

화재·폭발 – 원유, 석유정제물, 화약 및 불꽃제품
중독·질식 – 농약, 비료(복합비료, 질소질 비료)

7) 공정안전보고서의 내용 ★

① 공정안전자료
② 공정위험성 평가서
③ 안전운전계획
④ 비상조치계획
⑤ 그 밖에 공정상의 안전과 관련하여 고용노동부장관이 필요하다고 인정하여 고시하는 사항

(24) 안전보건교육

1) 안전보건관리책임자 등에 대한 직무교육 ★

① 다음 각 호의 어느 하나에 해당하는 사람은 해당 직위에 선임(위촉의 경우를 포함)되거나 채용된 후 3개월(보건관리자가 의사인 경우는 1년) 이내에 직무를 수행하는 데 필요한 신규교육을 받아야 하며, 신규교육을 이수한 후 매 2년이 되는 날을 기준으로 전후 6개월 사이에 고용노동부장관이 실시하는 안전보건에 관한 보수교육을 받아야 한다.
② 안전보건관리책임자
③ 안전관리자(「기업활동 규제완화에 관한 특별조치법」 제30조제3항에 따라 안전관리자로 채용된 것으로 보는 사람을 포함한다)

④ 보건관리자
⑤ 안전보건관리담당자
⑥ 안전관리전문기관 또는 보건관리전문기관에서 안전관리자 또는 보건관리자의 위탁 업무를 수행하는 사람
⑦ 건설재해예방전문지도기관에서 지도업무를 수행하는 사람
⑧ 안전검사기관에서 검사업무를 수행하는 사람
⑨ 자율안전검사기관에서 검사업무를 수행하는 사람
⑩ 석면조사기관에서 석면조사 업무를 수행하는 사람

2) 사업주가 근로자에게 실시해야 하는 안전보건교육의 교육시간 ★

가. 근로자 안전보건교육

교육과정	교육대상		교육시간
가. 정기교육	1) 사무직 종사 근로자		매반기 6시간 이상
	2) 그 밖의 근로자	가) 판매업무에 직접 종사하는 근로자	매반기 6시간 이상
		나) 판매업무에 직접 종사하는 근로자 외의 근로자	매반기 12시간 이상
나. 채용 시의 교육	1) 일용근로자 및 근로계약기간이 1주일 이하인 기간제근로자		1시간 이상
	2) 근로계약기간이 1주일 초과 1개월 이하인 기간제근로자		4시간 이상
	3) 그 밖의 근로자		8시간 이상
다. 작업내용 변경 시의 교육	1) 일용근로자 및 근로계약기간이 1주일 이하인 기간제근로자		1시간 이상
	2) 그 밖의 근로자		2시간 이상
라. 특별교육	1) 일용근로자 및 근로계약기간이 1주일 이하인 기간제 근로자(타워크레인신호작업에 종사하는 근로자 제외)		2시간 이상
	2) 일용근로자 및 근로계약기간이 1주일 이하인 기간제 근로자 중 타워크레인신호작업에 종사하는 근로자		8시간 이상
	3) 일용근로자 및 근로계약기간이 1주일 이하인 기간제 근로자를 제외한 근로자		가) 16시간 이상(최초 작업에 종사하기 전 4시간 이상 실시하고 12시간은 3개월 이내에서 분할하여 실시 가능) 나) 단기간 작업 또는 간헐적 작업인 경우에는 2시간 이상
마. 건설업 기초 안전·보건교육	건설 일용근로자		4시간 이상

한 눈에 들어오는 키워드

참고

특수형태근로종사자로부터 노무를 제공받는 자 중 안전보건교육을 실시하여야 하는 자

1. 「건설기계관리법」에 따라 등록된 건설기계를 직접 운전하는 사람
2. 「체육시설의 설치·이용에 관한 법률」에 따라 직장체육시설로 설치된 골프장 또는 체육시설업의 등록을 한 골프장에서 골프경기를 보조하는 골프장 캐디
3. 한국표준직업분류표의 세분류에 따른 택배원으로서 택배사업(소화물을 집화·수송 과정을 거쳐 배송하는 사업을 말한다)에서 집화 또는 배송 업무를 하는 사람
4. 한국표준직업분류표의 세분류에 따른 택배원으로서 고용노동부장관이 정하는 기준에 따라 주로 하나의 퀵서비스업자로부터 업무를 의뢰받아 배송 업무를 하는 사람
5. 고용노동부장관이 정하는 기준에 따라 주로 하나의 대리운전업자로부터 업무를 의뢰받아 대리운전 업무를 하는 사람

나. 관리감독자 안전보건교육

교육과정	교육시간
가. 정기교육	연간 16시간 이상
나. 채용 시 교육	8시간 이상
다. 작업내용 변경 시 교육	2시간 이상
라. 특별교육	16시간 이상(최초 작업에 종사하기 전 4시간 이상 실시하고, 12시간은 3개월 이내에서 분할하여 실시 가능)
	단기간 작업 또는 간헐적 작업인 경우에는 2시간 이상

다. 안전보건관리책임자 등에 대한 교육(직무교육)

교육대상	교육시간	
	신규교육	보수교육
가. 안전보건관리책임자	6시간 이상	6시간 이상
나. 안전관리자, 안전관리전문기관의 종사자	34시간 이상	24시간 이상
다. 보건관리자, 보건관리전문기관의 종사자	34시간 이상	24시간 이상
라. 건설재해예방 전문지도기관의 종사자	34시간 이상	24시간 이상
마. 석면조사기관의 종사자	34시간 이상	24시간 이상
바. 안전보건관리담당자	-	8시간 이상
사. 안전검사기관, 자율안전검사기관의 종사자	34시간 이상	24시간 이상

라. 특수형태근로종사자에 대한 안전보건교육

교육과정	교육시간
가. 최초 노무제공 시 교육	2시간 이상(단기간 작업 또는 간헐적 작업에 노무를 제공하는 경우에는 1시간 이상 실시하고, 특별교육을 실시한 경우는 면제)
나. 특별교육	16시간 이상(최초 작업에 종사하기 전 4시간 이상 실시하고 12시간은 3개월 이내에서 분할하여 실시가능)
	단기간 작업 또는 간헐적 작업인 경우에는 2시간 이상

마. 검사원 성능검사 교육

교육과정	교육대상	교육시간
성능검사 교육	-	28시간 이상

3) 사업주가 근로자에게 실시해야 하는 안전보건교육의 교육내용

가. 근로자 정기안전 · 보건교육 ★★

근로자 정기안전 · 보건교육 내용

- 산업안전 및 산업재해 예방에 관한 사항(화재 · 폭발 사고 발생 시 대피에 관한 사항을 포함한다)
- 산업보건 및 건강장해 예방에 관한 사항(폭염 · 한파작업으로 인한 건강장해 발생 시 응급조치에 관한 사항을 포함한다)
- 건강증진 및 질병 예방에 관한 사항
- 유해 · 위험 작업환경 관리에 관한 사항
- 산업안전보건법령 및 산업재해보상보험 제도에 관한 사항
- 직무스트레스 예방 및 관리에 관한 사항
- 직장 내 괴롭힘, 고객의 폭언 등으로 인한 건강장해 예방 및 관리에 관한 사항
- 건강증진 및 질병 예방에 관한 사항
- 위험성 평가에 관한 사항

암기법

공통 내용(관리감독자, 근로자)
1. 근로자는 법, 산재보상제도를 알자!
2. 근로자는 건강을 보존(산업보건)하고 건강장해, 스트레스, 괴롭힘 · 폭언 예방하자!
3. 근로자는 유해위험 환경을 관리해서 안전하고 산업재해 예방하자!
4. 근로자는 위험성을 평가하자!

근로자 정기교육의 특징
1. 근로자는 건강증진하고 질병예방하자!

근로자 채용 시 교육 및 작업내용 변경 시 교육내용

- 산업안전 및 산업재해 예방에 관한 사항(화재 · 폭발 사고 발생 시 대피에 관한 사항을 포함한다)
- 산업보건 및 건강장해 예방에 관한 사항
- 산업안전보건법령 및 산업재해보상보험제도에 관한 사항
- 직무스트레스 예방 및 관리에 관한 사항
- 직장 내 괴롭힘, 고객의 폭언 등으로 인한 건강장해 예방 및 관리에 관한 사항
- 기계 · 기구의 위험성과 작업의 순서 및 동선에 관한 사항
- 물질안전보건자료에 관한 사항
- 작업 개시 전 점검에 관한 사항
- 정리정돈 및 청소에 관한 사항
- 사고 발생 시 긴급조치에 관한 사항
- 위험성 평가에 관한 사항

> **한 눈에 들어오는 키워드**

암기법

공통 내용(관리감독자, 근로자)
1. 신규자는 **법, 산재보상제도**를 알자!
2. 신규자는 **건강을 보존(산업보건)**하고 **건강장해, 스트레스, 괴롭힘.폭언 예방**하자!
3. 신규자는 **안전**하고 **산업재해 예방**하자!
4. 신규자는 **위험성을 평가**하자!

신규채용자는 회사에 처음입사해서 처음 일을 하는 근로자, 안전하게 일하기 위한 기본내용을 교육한다.
1. 신규자는 **기계기구 위험성, 작업순서, 동선**를 알자!
2. 신규자는 **취급물질의 위험성(물질안전보건자료)**을 알자!
3. 신규자는 **작업 전 점검**하자!
4. 신규자는 항상 **정리정돈 청소**하자!
5. 신규자는 **사고시 조치**를 알자!

나. 관리감독자의 안전·보건교육 ★★

관리감독자 정기안전·보건교육 내용
• **산업안전 및 산업재해 예방**에 관한 사항(화재·폭발 사고 발생 시 대피에 관한 사항을 포함한다)
• **산업보건 및 건강장해 예방**에 관한 사항(폭염·한파작업으로 인한 건강장해 발생 시 응급조치에 관한 사항을 포함한다)
• **유해·위험 작업환경 관리**에 관한 사항
• **산업안전보건법령 및 산업재해보상보험 제도**에 관한 사항
• **직무스트레스 예방 및 관리**에 관한 사항
• **직장 내 괴롭힘, 고객의 폭언 등으로 인한 건강장해 예방 및 관리**에 관한 사항
• **위험성평가**에 관한 사항
• **작업공정의 유해·위험과 재해 예방대책**에 관한 사항
• **표준안전 작업방법 결정 및 지도·감독 요령**에 관한 사항
• **비상시 또는 재해 발생 시 긴급조치**에 관한 사항
• **사업장 내 안전보건관리체제 및 안전·보건조치 현황**에 관한 사항
• **현장근로자와의 의사소통능력 및 강의능력 등 안전보건교육 능력 배양**에 관한 사항
• 그 밖의 관리감독자의 직무에 관한 사항

> **암기법**
>
> 공통 내용(관리감독자, 근로자)
> 1. 관리자는 **법, 산재보상제도**를 알자!
> 2. 관리자는 **건강을 보존(산업보건)**하고 **건강장해, 스트레스, 괴롭힘 · 폭언 예방**하자!
> 3. 관리자는 **유해위험 환경을 관리**해서 안전하고 **산업재해 예방**하자!
> 4. 관리자는 **위험성을 평가**하자!
>
> 관리감독자 정기교육의 특징
> 1. 관리자는 **유해위험의 재해예방대책** 세우자!
> 2. 관리자는 **안전 작업방법 결정**해서 **감독**하자!
> 3. 관리자는 **재해발생 시 긴급조치**하자!
> 3. 관리자는 **안전보건 조치**하자!
> 4. 관리자는 **안전보건교육 능력 배양**하자!

관리감독자의 채용 시 교육 및 작업내용 변경 시 교육내용

- **산업안전 및 산업재해 예방**에 관한 사항(화재 · 폭발 사고 발생 시 대피에 관한 사항을 포함한다)
- **산업보건 및 건강장해 예방**에 관한 사항
- **산업안전보건법령 및 산업재해보상보험 제도**에 관한 사항
- **직무스트레스 예방 및 관리**에 관한 사항
- **직장 내 괴롭힘, 고객의 폭언 등으로 인한 건강장해 예방 및 관리**에 관한 사항
- **위험성평가**에 관한 사항
- **기계 · 기구의 위험성과 작업의 순서 및 동선**에 관한 사항
- **작업 개시 전 점검**에 관한 사항
- **물질안전보건자료**에 관한 사항
- **사업장 내 안전보건관리체제 및 안전 · 보건조치 현황**에 관한 사항
- **표준안전 작업방법 결정 및 지도 · 감독 요령**에 관한 사항
- **비상시 또는 재해 발생 시 긴급조치**에 관한 사항
- 그 밖의 관리감독자의 직무에 관한 사항

> **암기법**
>
> 공통 내용
> 1. 신규자는 **법, 산재보상제도**를 알자!
> 2. 신규자는 **건강을 보존(산업보건)**하고 **건강장해, 스트레스, 괴롭힘 · 폭언 예방**하자!
> 3. 신규 관리자는 **안전**하고 **산업재해 예방**하자!
> 4. 신규 관리자는 **위험성을 평가**하자!

> **한눈에 들어오는 키워드**

> 채용시 근로자 교육 중 "정리정돈 청소" 제외
> 1. 신규 관리자는 **기계기구 위험성, 작업순서, 동선**를 알자!
> 2. 신규 관리자는 **취급물질의 위험성(물질안전보건자료)**을 알자!
> 3. 신규 관리자는 **작업 전 점검**하자!
>
> 신규 관리자 내용 추가
> 1. 신규 관리자는 **안전보건 조치**하자!
> 2. 신규 관리자는 **안전 작업방법 결정해서 감독**하자!
> 3. 신규 관리자는 **재해시 긴급조치**를 알자!

다. 건설업 기초안전·보건교육에 대한 내용 및 시간 ★

교육 내용	시간
1. **건설공사의 종류**(건축, 토목 등) 및 **시공 절차**	1시간
2. 산업**재해 유형별 위험요인 및 안전보건조치**	2시간
3. **안전보건관리체제 현황** 및 산업안전보건 관련 **근로자 권리·의무**	1시간

라. 특수형태근로종사자에 대한 안전보건교육(최초 노무제공 시 교육)

교육내용
아래의 내용 중 **특수형태근로종사자의 직무에 적합한 내용을 교육**해야 한다. • **교통안전 및 운전안전**에 관한 사항 • **보호구 착용**에 대한 사항 • **산업안전 및 산업재해 예방**에 관한 사항(화재·폭발 사고 발생 시 대피에 관한 사항을 포함한다) • **산업보건 및 건강장해 예방**에 관한 사항 • 건강증진 및 질병 예방에 관한 사항 • 유해·위험 작업환경 관리에 관한 사항 • 기계·기구의 위험성과 작업의 순서 및 동선에 관한 사항 • 작업 개시 전 점검에 관한 사항 • 정리정돈 및 청소에 관한 사항 • 사고 발생 시 긴급조치에 관한 사항 • 물질안전보건자료에 관한 사항 • 직무스트레스 예방 및 관리에 관한 사항 • 직장 내 괴롭힘, 고객의 폭언 등으로 인한 건강장해 예방 및 관리에 관한 사항 • 산업안전보건법령 및 산업재해보상보험 제도에 관한 사항

[암기법]

채용시교육 내용 + 근로자 정기교육 내용 + 보호구 + 교통,운전안전(위험성평가 제외)

마. 물질안전보건자료에 관한 교육내용 ★

- 대상화학물질의 명칭(또는 제품명)
- 물리적 위험성 및 건강 유해성
- 취급상의 주의사항
- 적절한 보호구
- 응급조치 요령 및 사고 시 대처방법
- 물질안전보건자료 및 경고표지를 이해하는 방법

(25) 안전보건표지의 종류 및 형태 ★★

1. 금지표지	101 출입금지	102 보행금지	103 차량통행금지	104 사용금지
	105 탑승금지	106 금연	107 화기금지	108 물체이동금지

2. 경고표지	201 인화성물질 경고	202 산화성물질 경고	203 폭발성물질 경고	204 급성독성물질 경고	205 부식성물질 경고
	206 방사성물질 경고	207 고압전기 경고	208 매달린 물체 경고	209 낙하물 경고	210 고온 경고
	211 저온 경고	212 몸균형 상실 경고	213 레이저광선 경고	214 발암성·변이원성·생식독성·전신독성·호흡기과민성 물질 경고	215 위험장소 경고

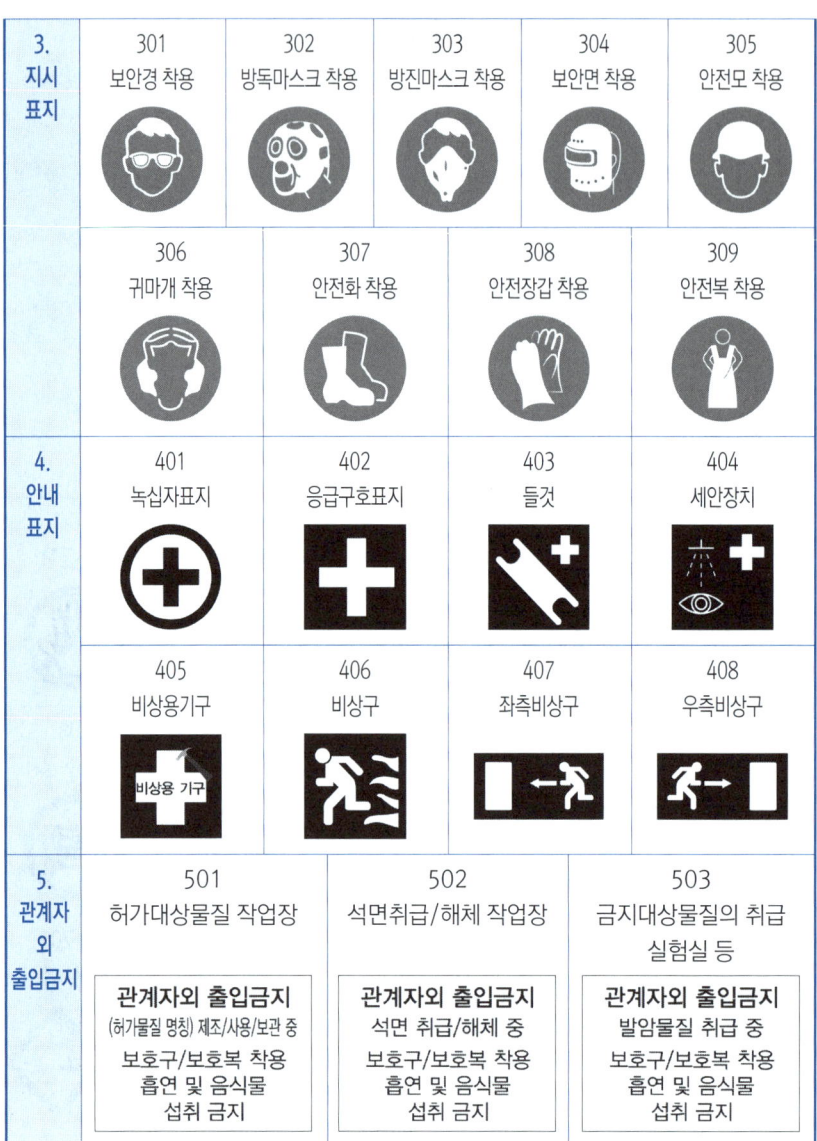

(26) 사업장의 위험성평가

1) 위험성평가의 대상

① 위험성평가의 대상이 되는 유해·위험요인은 업무 중 근로자에게 노출된 것이 확인되었거나 노출될 것이 합리적으로 예견 가능한 모든 유해·위험요인이다. 다만, 매우 경미한 부상 및 질병만을 초래할 것으로 명백히 예상되는 유해·위험요인은 평가 대상에서 제외할 수 있다.

② 사업주는 사업장 내 부상 또는 질병으로 이어질 가능성이 있었던 상황("아차사고")을 확인한 경우에는 해당 사고를 일으킨 유해·위험요인을 위험성평가의 대상에 포함시켜야 한다.
③ 사업주는 사업장 내에서 중대재해가 발생한 때에는 지체 없이 중대재해의 원인이 되는 유해·위험요인에 대해 위험성평가를 실시하고, 그 밖의 사업장 내 유해·위험요인에 대해서는 위험성평가 재검토를 실시하여야 한다.

> **암기**
>
> 노출된 것이 확인되었거나 노출될 것으로 예견 가능한 모든 유해·위험요인(매우 경미한 부상 및 질병만을 초래할 것으로 예상되는 유해·위험요인은 제외), 아차사고를 일으킨 유해·위험요인, 중대재해 원인(지체 없이 위험성평가 실시)

2) 사업장 위험성평가의 방법 ★

① 안전보건관리책임자 등 해당 사업장에서 사업의 실시를 총괄 관리하는 사람에게 위험성평가의 실시를 총괄 관리하게 할 것
② 사업장의 안전관리자, 보건관리자 등이 위험성평가의 실시에 관하여 안전보건관리책임자를 보좌하고 지도·조언하게 할 것
③ 유해·위험요인을 파악하고 그 결과에 따른 개선조치를 시행할 것
④ 기계·기구, 설비 등과 관련된 위험성평가에는 해당 기계·기구, 설비 등에 전문 지식을 갖춘 사람을 참여하게 할 것
⑤ 안전·보건관리자의 선임의무가 없는 경우에는 업무를 수행할 사람을 지정하는 등 그 밖에 위험성평가를 위한 체제를 구축할 것

3) 사업주가 다음 각 호의 어느 하나에 해당하는 제도를 이행한 경우에는 그 부분에 대하여 이 고시에 따른 위험성평가를 실시한 것으로 본다.

> **위험성평가를 실시한 것으로 인정하는 경우**
>
> ① 위험성평가 방법을 적용한 안전·보건진단
> ② 공정안전보고서(다만, 공정안전보고서의 내용 중 공정위험성 평가서가 최대 4년 범위 이내에서 정기적으로 작성된 경우에 한한다.)
> ③ 근골격계부담작업 유해요인조사
> ④ 그 밖에 법과 이 법에 따른 명령에서 정하는 위험성평가 관련 제도

한 눈에 들어오는 키워드

참고

1. **위험성평가**
사업주는 건설물, 기계·기구·설비, 원재료, 가스, 증기, 분진, 근로자의 작업행동 또는 그 밖의 업무로 인한 유해·위험 요인을 찾아내어 부상 및 질병으로 이어질 수 있는 위험성의 크기가 허용 가능한 범위인지를 평가하여야 하고, 그 결과에 따라 이 법과 이 법에 따른 명령에 따른 조치를 하여야 하며, 근로자에 대한 위험 또는 건강장해를 방지하기 위하여 필요한 경우에는 추가적인 조치를 하여야 한다.

2. **위험성평가 실시주체**
1) 사업주는 스스로 사업장의 유해·위험요인을 파악하고 이를 평가하여 관리 개선하는 등 위험성평가를 실시하여야 한다.
2) 작업의 일부 또는 전부를 도급에 의하여 행하는 사업의 경우는 도급을 준 도급인("도급사업주")과 도급을 받은 수급인("수급사업주")은 각각 위험성평가를 실시하여야 한다.
3) 도급사업주는 수급사업주가 실시한 위험성평가 결과를 검토하여 도급사업주가 개선할 사항이 있는 경우 이를 개선하여야 한다.

3. **근로자 참여 ★**
사업주는 위험성평가를 실시할 때 다음 각 호에 해당하는 경우 해당 작업에 종사하는 근로자를 참여시켜야 한다.
① 유해·위험요인의 위험성 수준을 판단하는 기준을 마련하고, 유해·위험요인별로 허용 가능한 위험성 수준을 정하거나 변경하는 경우
② 해당 사업장의 유해·위험요인을 파악하는 경우
③ 유해·위험요인의 위험성이 허용 가능한 수준인지 여부를 결정하는 경우
④ 위험성 감소대책을 수립하여 실행하는 경우
⑤ 위험성 감소대책 실행 여부를 확인하는 경우

4) 사업주는 사업장의 규모와 특성 등을 고려하여 **다음 각 호의 위험성평가 방법 중 한 가지 이상을 선정**하여 위험성평가를 실시할 수 있다.

① 위험 가능성과 중대성을 조합한 빈도·강도법
② 체크리스트(Checklist)법
③ 위험성 수준 3단계(저·중·고) 판단법
④ 핵심요인 기술(One Point Sheet)법
⑤ 그 외 공정위험성평가 기법

5) 위험성평가의 절차 ★

사업주는 위험성평가를 다음의 절차에 따라 실시하여야 한다. 다만, **상시근로자 5인 미만 사업장(건설공사의 경우 1억원 미만)의 경우 제1호의 절차를 생략**할 수 있다.

① 사전준비
② 유해·위험요인 파악
③ 위험성 결정
④ 위험성 감소대책 수립 및 실행
⑤ 위험성평가 실시내용 및 결과에 관한 기록 및 보존

6) **사전준비**

① 사업주는 위험성평가를 효과적으로 실시하기 위하여 **최초 위험성평가 시 다음 각 호의 사항이 포함된 위험성평가 실시규정을 작성**하고, 지속적으로 관리하여야 한다.

위험성평가 실시규정 작성 시 포함사항
① **평가의 목적 및 방법**
② **평가담당자 및 책임자의 역할**
③ **평가시기 및 절차**
④ **근로자에 대한 참여·공유방법 및 유의사항**
⑤ **결과의 기록·보존**

② 사업주는 위험성평가를 실시하기 전에 다음 각 호의 사항을 **확정**하여야 한다.
- 위험성의 수준과 그 수준을 판단하는 기준
- 허용 가능한 위험성의 수준(이 경우 법에서 정한 기준 이상으로 위험성의 수준을 정하여야 한다.)

7) 유해 · 위험요인의 파악

사업주는 다음 각 호의 방법 중 어느 하나 이상의 방법을 사용하되, 특별한 사정이 없으면 제1호에 의한 방법을 포함하여야 한다.

유해 · 위험요인을 파악하는 방법 ★

① **사업장 순회점검**에 의한 방법
② **근로자들의 상시적 제안**에 의한 방법
③ **설문조사 · 인터뷰 등 청취조사**에 의한 방법
④ 물질안전보건자료, 작업환경측정결과, 특수건강진단결과 등 **안전보건 자료**에 의한 방법
⑤ **안전보건 체크리스트**에 의한 방법
⑥ 그 밖에 사업장의 특성에 적합한 방법

8) 위험성 결정

① 사업주는 파악된 유해 · 위험요인이 근로자에게 노출되었을 때의 위험성을 위험성평가를 실시하기 전에 확정한 '위험성의 수준과 그 수준을 판단하는 기준'에 따라 판단하여야 한다.
② 사업주는 제1항에 따라 판단한 위험성의 수준이 위험성평가를 실시하기 전에 확정한 '허용 가능한 위험성의 수준'인지 결정하여야 한다.

9) 위험성 감소대책 수립 및 실행

사업주는 허용 가능한 위험성이 아니라고 판단한 경우에는 위험성의 수준, 영향을 받는 근로자 수 및 다음 각 호의 순서를 고려하여 위험성 감소를 위한 대책을 수립하여 실행하여야 한다. 이 경우 법령에서 정하는 사항과 그 밖에 근로자의 위험 또는 건강장해를 방지하기 위하여 필요한 조치를 반영하여야 한다.

위험성 감소대책 수립 순서

① 위험한 작업의 폐지 · 변경, 유해 · 위험물질 대체 등의 조치 또는 **설계나 계획 단계에서 위험성을 제거 또는 저감하는 조치**
② 연동장치, 환기장치 설치 등의 **공학적 대책**
③ 사업장 **작업절차서 정비** 등의 **관리적 대책**
④ **개인용 보호구의 사용**

10) 위험성평가의 공유

① 사업주는 위험성평가를 실시한 결과 중 다음 각 호에 해당하는 사항을 근로자에게 게시, 주지 등의 방법으로 알려야 한다.

위험성평가 결과 중 근로자에게 알려야 하는 사항
① 근로자가 종사하는 작업과 관련된 유해 · 위험요인 ② 위험성 결정 결과 ③ 유해 · 위험요인의 위험성 감소대책과 그 실행 계획 및 실행 여부 ④ 위험성 감소대책에 따라 근로자가 준수하거나 주의하여야 할 사항

② 사업주는 위험성평가 결과 중대재해로 이어질 수 있는 유해 · 위험요인에 대해서는 작업 전 안전점검회의(TBM : Tool Box Meeting) 등을 통해 근로자에게 상시적으로 주지시키도록 노력하여야 한다.

11) 기록 및 보존

① 위험성평가의 결과와 조치사항을 기록 · 보존할 때에는 다음 각 호의 사항이 포함되어야 한다. ★

위험성평가 기록에 포함사항
① 위험성평가 대상의 유해 · 위험요인 ② 위험성 결정의 내용 ③ 위험성 결정에 따른 조치의 내용 ④ 위험성평가를 위해 사전조사한 안전보건정보 ⑤ 그 밖에 사업장에서 필요하다고 정한 사항

② 사업주는 제1항에 따른 자료를 3년간 보존해야 한다. ★

12) 위험성평가의 실시 시기

① 사업주는 사업이 성립된 날(사업 개시일을 말하며, 건설업의 경우 실착공일을 말한다)로부터 1개월이 되는 날까지 위험성평가의 대상이 되는 유해 · 위험요인에 대한 최초 위험성평가의 실시에 착수하여야 한다. 다만, 1개월 미만의 기간 동안 이루어지는 작업 또는 공사의 경우에는 특별한 사정이 없는 한 작업 또는 공사 개시 후 지체 없이 최초 위험성평가를 실시하여야 한다. ★

② 사업주는 다음 각 호의 어느 하나에 해당하여 추가적인 유해 · 위험요인이 생기는 경우에는 해당 유해 · 위험요인에 대한 수시 위험성평가를 실시하여야 한다. 다만, 제5호에 해당하는 경우에는 재해발생 작업을 대상으로 작업을 재개하기 전에 실시하여야 한다.

> **수시평가를 하여야 하는 경우 ★**
> ① 사업장 건설물의 설치 · 이전 · 변경 또는 해체
> ② 기계 · 기구, 설비, 원재료 등의 신규 도입 또는 변경
> ③ 건설물, 기계 · 기구, 설비 등의 정비 또는 보수(주기적 · 반복적 작업으로서 이미 위험성평가를 실시한 경우에는 제외)
> ④ 작업방법 또는 작업절차의 신규 도입 또는 변경
> ⑤ 중대산업사고 또는 산업재해(휴업 이상의 요양을 요하는 경우에 한정한다) 발생
> ⑥ 그 밖에 사업주가 필요하다고 판단한 경우

③ 사업주는 다음 각 호의 사항을 고려하여 위험성평가의 결과에 대한 적정성을 1년마다 정기적으로 재검토하여야 한다. 재검토 결과 허용 가능한 위험성 수준이 아니라고 검토된 유해 · 위험요인에 대해서는 위험성 감소대책을 수립하여 실행하여야 한다. ★

> **위험성평가 결과에 대한 적정성을 재검토하여야 하는 경우**
> ① 기계 · 기구, 설비 등의 기간 경과에 의한 성능 저하
> ② 근로자의 교체 등에 수반하는 안전 · 보건과 관련되는 지식 또는 경험의 변화
> ③ 안전 · 보건과 관련되는 새로운 지식의 습득
> ④ 현재 수립되어 있는 위험성 감소대책의 유효성 등

(27) 건강진단

1) 건강진단에 관한 사업주의 의무

① 사업주는 건강진단을 실시하는 경우 근로자대표가 요구하면 근로자대표를 참석시켜야 한다.
② 사업주는 산업안전보건위원회 또는 근로자대표가 요구할 때에는 직접 또는 건강진단을 한 건강진단기관에 건강진단 결과에 대하여 설명하도록 하여야 한다. 다만, 개별 근로자의 건강진단 결과는 본인의 동의 없이 공개해서는 아니 된다. ★
③ 사업주는 건강진단의 결과를 근로자의 건강 보호 및 유지 외의 목적으로 사용해서는 아니 된다.
④ 사업주는 건강진단의 결과 근로자의 건강을 유지하기 위하여 필요하다고 인정할 때에는 작업장소 변경, 작업 전환, 근로시간 단축, 야간근로(오후 10시부터 다음 날 오전 6시까지 사이의 근로를 말한다)의 제한, **작업환경측정** 또는 시설 · 설비의 설치 · 개선 등 고용노동부령으로 정하는 바에 따라 적절한 조치를 하여야 한다.

 한 눈에 들어오는 키워드

기출
상용 근로자 건강진단의 목적
① 근로자가 가진 질병의 조기 발견
② 근로자가 일에 부적합한 인적 특성을 지니고 있는지 여부 확인
③ 일이 근로자 자신과 직장동료의 건강에 불리한 영향을 미치고 있는지 여부의 발견

암기
건강진단의 종류
① 일반건강진단
② 특수건강진단
③ 배치전건강진단
④ 수시건강진단
⑤ 임시건강진단
[암기] 특일 임시 수배

2) 건강진단에 관한 근로자의 의무

근로자는 사업주가 실시하는 건강진단을 받아야 한다. 다만, 사업주가 지정한 건강진단기관이 아닌 건강진단기관으로부터 이에 상응하는 건강진단을 받아 그 결과를 증명하는 서류를 사업주에게 제출하는 경우에는 사업주가 실시하는 건강진단을 받은 것으로 본다.

3) 건강진단 결과 건강관리 구분 ★★

건강관리 구분		건강관리 구분내용
A		건강관리상 사후관리가 필요 없는 근로자(건강한 근로자)
C	C_1	직업성 질병으로 진전될 우려가 있어 추적검사 등 관찰이 필요한 근로자 (직업병 요관찰자)
	C_2	일반질병으로 진전될 우려가 있어 추적관찰이 필요한 근로자 (일반질병 요관찰자)
D_1		직업성 질병의 소견을 보여 사후관리가 필요한 근로자(직업병 유소견자)
D_2		일반질병의 소견을 보여 사후관리가 필요한 근로자(일반질병 유소견자)
R		건강진단 1차 검사결과 건강수준의 평가가 곤란하거나 질병이 의심되는 근로자(제2차 건강진단 대상자)

※ "U"는 2차 건강진단 대상임을 통보하고 10일을 경과하여 해당 검사가 이루어지지 않아 건강관리 구분을 판정할 수 없는 근로자 "U"로 분류한 경우에는 해당 근로자의 퇴직, 기한 내 미실시 등 2차 건강진단의 해당 검사가 이루어지지 않은 사유를 건강진단결과표의 사후관리소견서 검진 소견란에 기재하여야 함 ★

4) 건강진단기관 등의 결과보고 의무

① 건강진단기관은 건강진단을 실시한 때에는 고용노동부령으로 정하는 바에 따라 그 결과를 근로자 및 사업주에게 통보하고 고용노동부장관에게 보고하여야 한다.
  가. 건강진단기관이 건강진단을 실시하였을 때에는 그 결과를 고용노동부장관이 정하는 건강진단개인표에 기록하고, 건강진단 실시일부터 30일 이내에 근로자에게 송부하여야 한다.
  나. 건강진단기관은 건강진단을 실시한 결과 질병 유소견자가 발견된 경우에는 건강진단을 실시한 날부터 30일 이내에 해당 근로자에게 의학적 소견 및 사후관리에 필요한 사항과 업무수행의 적합성 여부(특수건강진단기관인 경우에만 해당한다)를 설명하여야 한다. 다만, 해당 근로자가 소속한 사업장의 의사인 보건관리자에게 이를 설명한 경우에는 그렇지 않다.

다. 건강진단기관은 건강진단을 실시한 날부터 30일 이내에 다음 각 호의 구분에 따라 건강진단 결과표를 사업주에게 송부해야 한다.
- 일반건강진단을 실시한 경우 : 일반건강진단 결과표
- 특수건강진단 · 배치전건강진단 · 수시건강진단 및 임시건강진단을 실시한 경우 : 특수 · 배치전 · 수시 · 임시건강진단 결과표

라. 특수건강진단기관은 특수건강진단 · 수시건강진단 또는 임시건강진단을 실시한 경우에는 건강진단을 실시한 날부터 30일 이내에 건강진단 결과표를 지방고용노동관서의 장에게 제출해야 한다. 다만, 건강진단개인표 전산입력자료를 고용노동부장관이 정하는 바에 따라 공단에 송부한 경우에는 그렇지 않다.

마. 건강진단을 한 기관은 사업주가 근로자의 건강보호를 위하여 건강진단 결과를 요청하는 경우 일반건강진단 결과표를 사업주에게 송부해야 한다.

바. 일반건강진단을 실시한 기관은 사업주가 근로자의 건강보호를 위하여 건강진단 결과를 요청하는 경우 일반건강진단 결과표를 사업주에게 통보하여야 한다.

② 일반건강진단을 실시한 기관은 사업주가 근로자의 건강보호를 위하여 그 결과를 요청하는 경우 고용노동부령으로 정하는 바에 따라 그 결과를 사업주에게 통보하여야 한다.

5) 건강진단 결과의 보존 ★

사업주는 건강진단 결과표 및 근로자가 제출한 건강진단 결과를 증명하는 서류를 5년간 보존하여야 한다. 다만, 고용노동부장관이 고시하는 발암성 확인물질을 취급하는 근로자에 대한 건강진단 결과의 서류 또는 전산입력 자료는 30년간 보존하여야 한다.

6) 건강진단의 종류 및 정의 ★

① "일반건강진단"이란 상시 사용하는 근로자의 건강관리를 위하여 사업주가 주기적으로 실시하는 건강진단을 말한다.

> **암기**
> **일반건강진단 실시시기 ★**
> ① 사무직 종사 근로자(판매업무 종사하는 근로자 제외) : 2년에 1회 이상
> ② 그 밖의 근로자 : 1년에 1회 이상

 한 눈에 들어오는 키워드

기출
황린(yellow phosphorus)
턱뼈의 괴사를 유발하여 영국에서 사용 금지된 최초의 물질

특수건강진단 대상 유해인자 ★
1. 화학적 인자
   ① 유기화합물(109종)
   ② 금속류(20종)
   ③ 산 및 알칼리류(8종)
   ④ 가스 상태 물질류(14종)
   ⑤ 허가 대상 유해물질(12종)
   ⑥ 금속가공유 : 미네랄 오일미스트(광물성 오일, Oil mist, mineral)
2. 분진(7종)
   ① 곡물 분진
   ② 광물성 분진
   ③ 면 분진
   ④ 목재 분진
   ⑤ 용접 흄
   ⑥ 유리섬유
   ⑦ 석면 분진
3. 물리적 인자(8종)
   ① 소음
   ② 진동
   ③ 방사선
   ④ 고기압
   ⑤ 저기압
   ⑥ 유해광선(자외선, 적외선, 마이크로파 및 라디오파)
4. 야간작업(2종)
   ① 6개월간 밤 12시부터 오전 5시까지의 시간을 포함하여 계속되는 8시간 작업을 월 평균 4회 이상 수행하는 경우
   ② 6개월간 오후 10시부터 다음날 오전 6시 사이의 시간 중 작업을 월 평균 60시간 이상 수행하는 경우

② "특수건강진단"이란 다음 각 목의 어느 하나에 해당하는 근로자의 건강관리를 위하여 사업주가 실시하는 건강진단을 말한다.

- 특수건강진단 대상업무에 종사하는 근로자
- 건강진단 실시 결과 직업병 소견이 있는 근로자로 판정받아 작업 전환을 하거나 작업 장소를 변경하여 해당 판정의 원인이 된 특수건강진단 대상업무에 종사하지 아니하는 사람으로서 해당 유해인자에 대한 건강진단이 필요하다는 의사의 소견이 있는 근로자

> **확인**
>
> ✿ 특수건강진단 주기를 다음 회에 한정하여 관련 유해인자별로 2분의 1로 단축하여 실시할 수 있는 근로자 ★
>
> ① 작업환경을 측정한 결과 노출기준 이상인 작업공정에서 해당 유해인자에 노출되는 모든 근로자
> ② 수시건강진단 또는 임시건강진단을 실시한 결과 직업병 유소견자가 발견된 작업공정에서 해당 유해인자에 노출되는 모든 근로자(다만, 고용노동부장관이 정하는 바에 따라 특수건강진단·수시건강진단 또는 임시건강진단을 실시한 의사로부터 특수건강진단 주기를 단축하는 것이 필요하지 않다는 소견을 받은 경우는 제외)
> ③ 특수건강진단 또는 임시건강진단을 실시한 결과 해당 유해인자에 대하여 특수건강진단 실시 주기를 단축해야 한다는 의사의 소견을 받은 근로자

③ "배치전건강진단"이란 특수건강진단 대상업무에 종사할 근로자에 대하여 배치 예정업무에 대한 적합성 평가를 위하여 사업주가 실시하는 건강진단을 말한다.
④ "수시건강진단"이란 특수건강진단 대상업무에 따른 유해인자로 인한 것이라고 의심되는 건강장해 증상을 보이거나 의학적 소견이 있는 근로자 중 보건관리자 등이 사업주에게 건강진단 실시를 건의하는 등 고용노동부령으로 정하는 근로자에 대하여 실시하는 건강진단을 말한다.
⑤ "임시건강진단"이란 같은 유해인자에 노출되는 근로자들에게 유사한 질병의 증상이 발생한 경우 등 고용노동부령으로 정하는 경우에 근로자의 건강을 보호하기 위하여 사업주가 특정 근로자에 대하여 실시하는 건강진단을 말한다.

> **확인**
>
> ✿ 임시건강진단을 실시하여야 하는 경우 ★
>
> ① 같은 부서에 근무하는 근로자 또는 같은 유해인자에 노출되는 근로자에게 유사한 질병의 자각·타각증상이 발생한 경우
> ② 직업병 유소견자가 발생하거나 여러 명이 발생할 우려가 있는 경우
> ③ 그 밖에 지방고용노동관서의 장이 필요하다고 판단하는 경우

7) 특수건강진단의 시기 및 주기 ★

구분	대상 유해인자	시기(배치 후 첫 번째 특수 건강진단)	주기
1	N,N-디메틸아세트아미드 디메틸포름아미드	1개월 이내	6개월
2	벤젠	2개월 이내	6개월
3	1,1,2,2-테트라클로로에탄 사염화탄소 아크릴로니트릴 염화비닐	3개월 이내	6개월
4	석면, 면 분진	12개월 이내	12개월
5	광물성 분진 목재 분진 소음 및 충격소음	12개월 이내	24개월
6	제1호부터 제5호까지의 대상 유해인자를 제외한 별표22의 모든 대상 유해인자	6개월 이내	

(28) 역학조사

1) 고용노동부장관은 직업성 질환의 진단 및 예방, 발생 원인의 규명을 위하여 필요하다고 인정할 때에는 근로자의 질환과 작업장의 유해요인의 상관관계에 관한 역학조사를 할 수 있다. 이 경우 사업주 또는 근로자대표, 그 밖에 고용노동부령으로 정하는 사람이 요구할 때 고용노동부령으로 정하는 바에 따라 역학조사에 참석하게 할 수 있다. ★

2) 사업주 및 근로자는 고용노동부장관이 역학조사를 실시하는 경우 적극 협조하여야 하며, 정당한 사유 없이 역학조사를 거부·방해하거나 기피해서는 아니 된다.

3) 누구든지 역학조사 참석이 허용된 사람의 역학조사 참석을 거부하거나 방해해서는 아니 된다.

4) 역학조사에 참석하는 사람은 역학조사 참석 과정에서 알게 된 비밀을 누설하거나 도용해서는 아니 된다.

한 눈에 들어오는 키워드

[기출]
질병자의 근로금지
① 사업주는 다음 각 호의 어느 하나에 해당하는 사람에 대해서는 근로를 금지해야 한다.
- 전염될 우려가 있는 질병에 걸린 사람. 다만, 전염을 예방하기 위한 조치를 한 경우는 제외한다.
- 조현병, 마비성 치매에 걸린 사람
- 심장·신장·폐 등의 질환이 있는 사람으로서 근로에 의하여 병세가 악화될 우려가 있는 사람

② 사업주는 근로를 금지하거나 근로를 다시 시작하도록 하는 경우에는 미리 보건관리자(의사인 보건관리자만 해당한다), 산업보건의 또는 건강진단을 실시한 의사의 의견을 들어야 한다.

5) 역학조사의 대상 및 절차

① 다음 각 호의 어느 하나에 해당하는 경우에는 역학조사를 할 수 있다.
- 작업환경측정 또는 건강진단의 실시 결과만으로 직업성 질환에 걸렸는지를 판단하기 곤란한 근로자의 질병에 대하여 사업주·근로자대표·보건관리자(보건관리전문기관을 포함한다) 또는 건강진단기관의 의사가 역학조사를 요청하는 경우
- 「산업재해보상보험법」에 따른 근로복지공단이 고용노동부장관이 정하는 바에 따라 업무상 질병 여부의 결정을 위하여 역학조사를 요청하는 경우
- 공단이 직업성 질환의 예방을 위하여 필요하다고 판단하여 역학조사평가위원회의 심의를 거친 경우
- 그 밖에 직업성 질환에 걸렸는지 여부로 사회적 물의를 일으킨 질병에 대하여 작업장 내 유해요인과의 연관성 규명이 필요한 경우 등으로서 지방고용노동관서의 장이 요청하는 경우

② 사업주 또는 근로자대표가 역학조사를 요청하는 경우에는 산업안전보건위원회의 의결을 거치거나 각각 상대방의 동의를 받아야 한다. 다만, 관할 지방고용노동관서의 장이 역학조사의 필요성을 인정하는 경우에는 그렇지 않다.

(29) 건강관리카드

① 고용노동부장관은 고용노동부령으로 정하는 건강장해가 발생할 우려가 있는 업무에 종사하였거나 종사하고 있는 사람 중 고용노동부령으로 정하는 요건을 갖춘 사람의 직업병 조기발견 및 지속적인 건강관리를 위하여 건강관리카드를 발급하여야 한다.

② 건강관리카드를 발급받은 사람이 「산업재해보상보험법」에 따라 요양급여를 신청하는 경우에는 건강관리카드를 제출함으로써 해당 재해에 관한 의학적 소견을 적은 서류의 제출을 대신할 수 있다.

③ 건강관리카드를 발급받은 사람은 그 건강관리카드를 타인에게 양도하거나 대여해서는 아니 된다.

④ 건강관리카드를 발급받은 사람 중 건강관리카드를 발급받은 업무에 종사하지 아니하는 사람은 고용노동부령으로 정하는 바에 따라 특수건강진단에 준하는 건강진단을 받을 수 있다.

(30) 휴게시설의 설치

1) 사업주는 근로자(관계수급인의 근로자를 포함)가 신체적 피로와 정신적 스트레스를 해소할 수 있도록 휴식시간에 이용할 수 있는 휴게시설을 갖추어야 한다.

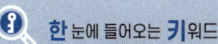

> **휴게시설 설치·관리기준 준수 대상 사업장**
>
> 1. 상시근로자(관계수급인의 근로자를 포함) **20명 이상을 사용하는 사업장**(건설업의 경우에는 **관계수급인의 공사금액을 포함한 해당 공사의 총 공사금액이 20억원 이상인 사업장**으로 한정)
> 2. 다음 각 목의 어느 하나에 해당하는 직종의 **상시근로자가 2명 이상인 사업장으로서 상시근로자 10명 이상 20명 미만을 사용하는 사업장**(건설업은 제외)
>   가. **전화 상담원**
>   나. **돌봄 서비스 종사원**
>   다. **텔레마케터**
>   라. **배달원**
>   마. **청소원 및 환경미화원**
>   바. **아파트 경비원**
>   사. **건물 경비원**

2) 휴게시설 설치, 관리 기준 [실기 기출★]

1. 크기
① 휴게시설의 최소 바닥면적은 6제곱미터로 한다. 다만, 둘 이상의 사업장의 근로자가 공동으로 같은 휴게시설(공동휴게시설)을 사용하게 하는 경우 **공동휴게시설의 바닥면적은 6제곱미터에 사업장의 개수를 곱한 면적 이상**으로 한다.
② 휴게시설의 **바닥에서 천장까지의 높이는 2.1미터 이상**으로 한다.
③ 근로자의 휴식 주기, 이용자 성별, 동시 사용인원 등을 고려하여 최소면적을 근로자대표와 협의하여 6제곱미터가 넘는 면적으로 정한 경우에는 근로자대표와 협의한 면적을 최소 바닥면적으로 한다.
④ 근로자의 휴식 주기, 이용자 성별, 동시 사용인원 등을 고려하여 공동휴게시설의 바닥면적을 근로자대표와 협의하여 정한 경우에는 근로자대표와 협의한 면적을 공동휴게시설의 최소 바닥면적으로 한다.

2. 위치 : 다음 각 목의 요건을 모두 갖춰야 한다.
① 근로자가 **이용하기 편리하고 가까운 곳**에 있어야 한다. 이 경우 **공동휴게시설은 각 사업장에서 휴게시설까지의 왕복 이동에 걸리는 시간이 휴식시간의 20퍼센트를 넘지 않는 곳**에 있어야 한다.
② **다음의 모든 장소에서 떨어진 곳**에 있어야 한다.
 • 화재·폭발 등의 위험이 있는 장소

- 유해물질을 취급하는 장소
- 인체에 해로운 분진 등을 발산하거나 소음에 노출되어 휴식을 취하기 어려운 장소

3. 온도

적정한 온도(18℃ ~ 28℃)를 유지할 수 있는 냉난방 기능이 갖춰져 있어야 한다.

4. 습도

적정한 습도(50% ~ 55%). 다만, 일시적으로 대기 중 상대습도가 현저히 높거나 낮아 적정한 습도를 유지하기 어렵다고 고용노동부장관이 인정하는 경우는 제외한다)를 유지할 수 있는 습도 조절 기능이 갖춰져 있어야 한다.

5. 조명

적정한 밝기(100럭스 ~ 200럭스)를 유지할 수 있는 조명 조절 기능이 갖춰져 있어야 한다.

6. 창문 등을 통하여 환기가 가능해야 한다.
7. 의자 등 휴식에 필요한 비품이 갖춰져 있어야 한다.
8. 마실 수 있는 물이나 식수 설비가 갖춰져 있어야 한다.
9. 휴게시설임을 알 수 있는 표지가 휴게시설 외부에 부착돼 있어야 한다.
10. 휴게시설의 청소·관리 등을 하는 담당자가 지정돼 있어야 한다. 이 경우 공동휴게시설은 사업장마다 각각 담당자가 지정돼 있어야 한다.
11. 물품 보관 등 휴게시설 목적 외의 용도로 사용하지 않도록 한다.

2 산업보건기준에 관한 사항

(1) 용어정의

1) 관리대상 유해물질

근로자에게 상당한 건강장해를 일으킬 우려가 있어 건강장해를 예방하기 위한 보건상의 조치가 필요한 원재료·가스·증기·분진·흄(fume), 미스트(mist)로서 「산업안전보건에 관한 규칙」 별표 12에서 정한 유기화합물, 금속류, 산·알칼리류, 가스상태 물질류를 말한다.

2) 유기화합물

상온·상압(常壓)에서 휘발성이 있는 액체로서 다른 물질을 녹이는 성질이 있는 유기용제(有機溶劑)를 포함한 탄화수소계화합물 중 「산업안전보건에 관한 규칙」 별표 12 제1호에 따른 물질을 말한다.

참고

유기화합물 취급 특별장소
유기화합물을 취급하는 다음 각 목의 어느 하나에 해당하는 장소를 말한다.
① 선박의 내부
② 차량의 내부
③ 탱크의 내부(반응기 등 화학설비 포함)
④ 터널이나 갱의 내부
⑤ 맨홀의 내부
⑥ 피트의 내부
⑦ 통풍이 충분하지 않은 수로의 내부
⑧ 덕트의 내부
⑨ 수관(水管)의 내부
⑩ 그 밖에 통풍이 충분하지 않은 장소

3) 금속류

고체가 되었을 때 금속광택이 나고 전기·열을 잘 전달하며, 전성(展性)과 연성(延性)을 가진 물질 중 「산업안전보건에 관한 규칙」 별표 12 제2호에 따른 물질을 말한다.

4) 산·알칼리류

수용액(水溶液) 중에서 해리(解離)하여 수소이온을 생성하고 염기와 중화하여 염을 만드는 물질과 산을 중화하는 수산화화합물로서 물에 녹는 물질 중 「산업안전보건에 관한 규칙」 별표 12 제3호에 따른 물질을 말한다.

5) 가스상태 물질류

상온·상압에서 사용하거나 발생하는 가스 상태의 물질로서 「산업안전보건에 관한 규칙」 별표 12 제4호에 따른 물질을 말한다.

6) 특별관리물질

「산업안전보건법 시행규칙」에 따른 발암성, 생식세포 변이원성, 생식독성 물질 등 근로자에게 중대한 건강장해를 일으킬 우려가 있는 물질로서 「산업안전보건기준에 관한 규칙」 별표 12에서 특별관리물질로 표기된 물질을 말한다.

7) 임시작업

일시적으로 하는 작업 중 월 24시간 미만인 작업을 말한다. 다만, 월 10시간 이상 24시간 미만인 작업이 매월 행하여지는 작업은 제외한다.

8) 단시간작업

관리대상 유해물질을 취급하는 시간이 1일 1시간 미만인 작업을 말한다. 다만, 1일 1시간 미만인 작업이 매일 수행되는 경우는 제외한다.

(2) 유해화학물질 취급 시 주의사항

1) 유해·위험물질의 제조 등 금지

누구든지 다음 각 호의 어느 하나에 해당하는 제조 등 금지물질을 제조·수입·양도·제공 또는 사용해서는 아니 된다.

> **참고**
>
> 제조 등 금지물질을 시험·연구 또는 검사 목적의 경우로서 다음 각 호의 어느 하나에 해당하는 경우에는 제조 등 금지물질을 제조·수입·양도·제공 또는 사용할 수 있다.
>
> **제조 등 금지물질을 제조·수입·양도·제공 또는 사용할 수 있는 경우**
>
> 1. 제조·수입 또는 사용을 위하여 고용노동부령으로 정하는 요건을 갖추어 고용노동부장관의 승인을 받은 경우
> 2. 「화학물질관리법」에 따른 금지물질의 판매허가를 받은 자가 시험용·연구용·검사용 시약을 목적으로 제조·수입·판매 허가를 받은 자나 사용 승인을 받은 자에게 제조 등 금지물질을 양도 또는 제공하는 경우

한 눈에 들어오는 키워드

참고

특별관리물질 취급 시 적어야 하는 사항
① 근로자의 이름
② **특별관리물질의 명칭**
③ 취급량
④ 작업내용
⑤ **작업 시** 착용한 보호구
⑥ **누출, 오염, 흡입 등의** 사고가 발생한 경우 피해 내용 및 조치 사항

참고

❖ **특별관리 물질** (실기 기출★ 5가지 암기 ★)

1. 2-니트로톨루엔
2. 디니트로톨루엔
3. N,N-디메틸아세트아미드
4. 디메틸포름아미드
5. 디부틸 프탈레이트
6. 1,2-디클로로에탄
7. 1,2-디클로로프로판
8. 2-메톡시에탄올
9. 2-메톡시에틸아세테이트
10. 벤젠
11. 벤조(a)피렌
12. 1,3-부타디엔
13. 1-브로모프로판
14. 2-브로모프로판
15. 사염화탄소
16. 아크릴로니트릴
17. 아크릴아미드
18. 2-에톡시에탄올
19. 2-에톡시에틸아세테이트
20. 에틸렌이민
21. 2,3-에폭시-1-프로판올
22. 1,2-에폭시프로판
23. 에피클로로히드린
24. 와파린
25. 산화에틸렌
26. 1,2,3-트리클로로프로판
27. 트리클로로에틸렌
28. 퍼클로로에틸렌
29. 페놀
30. 포름아미드
31. 포름알데히드
32. 프로필렌이민
33. 황산 디메틸
34. 히드라진 및 그 수화물
35. 납 및 그 무기화합물
36. 니켈 및 그 화합물, 니켈 카르보닐(불용성화합물만 특별관리물질)
37. 산화붕소

38. 수은 및 그 화합물(다만, 아릴화합물 및 알킬화합물은 특별관리물질에서 제외한다)
39. 카드뮴 및 그 화합물
40. 크롬 및 그 화합물(**6가크롬 화합물만 특별관리물질**)
41. 사붕소산 나트륨(무수물, 오수화물)
42. 황산(pH 2.0 이하인 강산은 특별관리물질)

> **확인**
>
> ❋ 제조 등 금지물질을 제조·수입·양도·제공 또는 사용해서는 아니 되는 경우
> ① 직업성 암을 유발하는 것으로 확인되어 근로자의 건강에 특히 해롭다고 인정되는 물질
> ② 유해성·위험성이 평가된 유해인자나 유해성·위험성이 조사된 화학물질 중 근로자에게 중대한 건강장해를 일으킬 우려가 있는 물질

2) 제조 등이 금지되는 유해물질 ★

① β-나프틸아민[91-59-8]과 그 염(β-Naphthylamine and its salts)
② 4-니트로디페닐[92-93-3]과 그 염(4-Nitrodiphenyl and its salts)
③ 백연[1319-46-6]을 포함한 페인트(포함된 중량의 비율이 2퍼센트 이하인 것은 제외한다)
④ 벤젠[71-43-2]을 포함하는 고무풀(포함된 중량의 비율이 5퍼센트 이하인 것은 제외한다)
⑤ 석면(Asbestos; 1332-21-4 등)
⑥ 폴리클로리네이티드 터페닐(Polychlorinated terphenyls; 61788-33-8 등)
⑦ 황린(黃燐)[12185-10-3] 성냥(Yellow phosphorus match)
⑧ 제1호, 제2호, 제5호 또는 제6호에 해당하는 물질을 포함한 혼합물(포함된 중량의 비율이 1퍼센트 이하인 것은 제외한다)
⑨ 「화학물질관리법」에 따른 금지물질(같은 법 제3조제1항제1호부터 제12호까지의 규정에 해당하는 화학물질은 제외한다)
⑩ 그 밖에 보건상 해로운 물질로서 산업재해보상보험 및 예방심의위원회의 심의를 거쳐 고용노동부장관이 정하는 유해물질

(3) 관리대상 유해물질에 의한 건강장해의 예방

1) "관리대상 유해물질"이란 근로자에게 상당한 건강장해를 일으킬 우려가 있어 건강장해를 예방하기 위한 보건상의 조치가 필요한 원재료·가스·증기·분진·흄(fume), 미스트(mist)로서 유기화합물, 금속류, 산·알칼리류, 가스상태 물질류를 말한다.

2) 작업수칙 ★

사업주는 관리대상 유해물질 취급설비나 그 부속설비를 사용하는 작업을 하는 경우에 관리대상 유해물질이 새지 않도록 다음 각 호의 사항에 관한 작업수칙을 정하여 이에 따라 작업하도록 하여야 한다.

① 밸브·콕 등의 조작(관리대상 유해물질을 내보내는 경우에만 해당한다)
② 냉각장치, 가열장치, 교반장치 및 압축장치의 조작
③ 계측장치와 제어장치의 감시·조정
④ 안전밸브, 긴급 차단장치, 자동경보장치 및 그 밖의 안전장치의 조정
⑤ 뚜껑·플랜지·밸브 및 콕 등 접합부가 새는지 점검
⑥ 시료(試料)의 채취
⑦ 관리대상 유해물질 취급설비의 재가동 시 작업방법
⑧ 이상사태가 발생한 경우의 응급조치
⑨ 그 밖에 관리대상 유해물질이 새지 않도록 하는 조치

3) 명칭 등의 게시

사업주는 관리대상 유해물질을 취급하는 작업장의 보기 쉬운 장소에 다음 각 호의 사항을 게시하여야 한다. 다만, 작업공정별 관리요령을 게시한 경우에는 그러하지 아니하다. ★

① 관리대상 유해물질의 명칭
② 인체에 미치는 영향
③ 취급상 주의사항
④ 착용하여야 할 보호구
⑤ 응급조치와 긴급 방재 요령

4) 출입의 금지

① 사업주는 관리대상 유해물질을 취급하는 실내작업장에 관계 근로자가 아닌 사람의 출입을 금지하고, 그 내용을 보기 쉬운 장소에 게시하여야 한다. 다만, 관리대상 유해물질 중 금속류, 산·알칼리류, 가스상태 물질류를 1일 평균 합계 100리터(기체인 경우에는 그 기체의 부피 1세제곱미터를 2리터로 환산한다) 미만을 취급하는 작업장은 그러하지 아니하다.

② 사업주는 관리대상 유해물질이나 이에 따라 오염된 물질은 일정한 장소를 정하여 폐기·저장 등을 하여야 하며, 그 장소에는 관계 근로자가 아닌 사람의 출입을 금지하고, 그 내용을 보기 쉬운 장소에 게시하여야 한다.

5) 유해성 등의 주지

사업주는 관리대상 유해물질을 취급하는 작업에 근로자를 종사하도록 하는 경우에 근로자를 작업에 배치하기 전에 다음 각 호의 사항을 근로자에게 알려야 한다.

① 관리대상 유해물질의 명칭 및 물리적·화학적 특성
② 인체에 미치는 영향과 증상
③ 취급상의 주의사항
④ 착용하여야 할 보호구와 착용방법
⑤ 위급상황 시의 대처방법과 응급조치 요령
⑥ 그 밖에 근로자의 건강장해 예방에 관한 사항

(4) 허가대상 유해물질

1) "허가대상 유해물질"이란 고용노동부장관의 허가를 받지 않고는 제조·사용이 금지되는 물질로서 산업안전보건법시행령 제88조에 따른 물질을 말한다.

2) 명칭 등의 게시 ★

사업주는 허가대상 유해물질을 제조하거나 사용하는 작업장에 다음 각 호의 사항을 보기 쉬운 장소에 게시하여야 한다.

① 허가대상 유해물질의 명칭
② 인체에 미치는 영향
③ 취급상의 주의사항
④ 착용하여야 할 보호구
⑤ 응급처치와 긴급 방재 요령

> **참고**
> 유해·위험물질의 제조 등 허가
> ① 허가대상물질을 제조하거나 사용하려는 자는 고용노동부장관의 허가를 받아야 한다. 허가받은 사항을 변경할 때에도 또한 같다.
> ② 허가대상물질 제조·사용자는 그 제조·사용설비를 허가기준에 적합하도록 유지하여야 하며, 그 기준에 적합한 작업방법으로 허가대상물질을 제조·사용하여야 한다.
> ③ 고용노동부장관은 허가대상물질 제조·사용자의 제조·사용설비 또는 작업방법이 허가기준에 적합하지 아니하다고 인정될 때에는 그 기준에 적합하도록 제조·사용설비를 수리·개조 또는 이전하도록 하거나 그 기준에 적합한 작업방법으로 그 물질을 제조·사용하도록 명할 수 있다.
> ④ 고용노동부장관은 허가대상물질 제조·사용자가 다음 각 호의 어느 하나에 해당하면 그 허가를 취소하거나 6개월 이내의 기간을 정하여 영업을 정지하게 할 수 있다. 다만, 제1호에 해당할 때에는 그 허가를 취소하여야 한다.

한 눈에 들어오는 키워드

참고

허가대상물질의 제조·사용 허가를 취소하거나 6개월 이내의 기간을 정하여 영업을 정지하게 할 수 있는 경우
① 거짓이나 그 밖의 부정한 방법으로 허가를 받은 경우(취소에 해당함)
② 허가기준에 맞지 아니하게 된 경우
③ 제조·사용설비 및 작업방법이 허가기준에 적합하지 않거나, 제조·사용설비를 수리·개조 또는 이전 및 기준에 적합한 작업방법으로 제조·사용하도록 한 명령을 위반한 경우
④ 자체검사 결과 이상을 발견하고도 즉시 보수 및 필요한 조치를 하지 아니한 경우

3) 작업수칙

사업주는 근로자가 허가대상 유해물질(베릴륨 및 석면은 제외한다)을 제조·사용하는 경우에 다음 각 호의 사항에 관한 작업수칙을 정하고, 이를 해당 작업근로자에게 알려야 한다.

① 밸브·콕 등의 조작(허가대상 유해물질을 제조하거나 사용하는 설비에 원재료를 공급하는 경우 또는 그 설비로부터 제품 등을 추출하는 경우에 사용되는 것만 해당한다)
② 냉각장치, 가열장치, 교반장치 및 압축장치의 조작
③ 계측장치와 제어장치의 감시·조정
④ 안전밸브, 긴급 차단장치, 자동경보장치 및 그 밖의 안전장치의 조정
⑤ 뚜껑·플랜지·밸브 및 콕 등 접합부가 새는지 점검
⑥ 시료(試料)의 채취 및 해당 작업에 사용된 기구 등의 처리
⑦ 이상 상황이 발생한 경우의 응급조치
⑧ 허가대상 유해물질을 용기에 넣거나 꺼내는 작업 또는 반응조 등에 투입하는 작업
⑨ 그 밖에 허가대상 유해물질이 새지 않도록 하는 조치

4) 유해성 등의 주지

사업주는 근로자가 허가대상 유해물질을 제조하거나 사용하는 경우에 다음 각 호의 사항을 근로자에게 알려야 한다.

① 물리적·화학적 특성
② 발암성 등 인체에 미치는 영향과 증상
③ 취급상의 주의사항
④ 착용하여야 할 보호구와 착용방법
⑤ 위급상황 시의 대처방법과 응급조치 요령
⑥ 그 밖에 근로자의 건강장해 예방에 관한 사항

5) 방독마스크의 지급 등

사업주는 근로자가 허가대상 유해물질을 제조하거나 사용하는 작업을 하는 경우에 개인 전용의 방진마스크나 방독마스크 등을 지급하여 착용하도록 하여야 한다.

6) 보호복 등의 비치

① 사업주는 근로자가 피부장해 등을 유발할 우려가 있는 허가대상 유해물질을 취급하는 경우에 **불침투성 보호복·보호장갑·보호장화 및 피부보호용 약품을 갖추어 두고 이를 사용하도록** 하여야 한다.

② 근로자는 제1항에 따라 지급된 보호구를 사업주의 지시에 따라 착용하여야 한다.

(5) 금지유해물질에 의한 건강장해의 예방

① 사업주는 근로자가 금지유해물질을 취급하는 경우에 피부노출을 방지할 수 있는 **불침투성 보호복·보호장갑 등을 개인전용의 것으로 지급하고 착용하도록** 하여야 한다.

② 사업주는 보호복과 보호장갑 등을 평상복과 분리하여 보관할 수 있도록 전용 보관함을 갖추고 필요시 오염 제거를 위하여 세탁을 하는 등 필요한 조치를 하여야 한다.

③ 사업주는 근로자로 하여금 금지유해물질을 취급하도록 하는 경우에 **별도의 정화통을 갖춘 근로자 전용 호흡용 보호구를 지급하고 착용하도록** 하여야 한다.

(6) 밀폐공간에서의 건강장해 예방

1) "산소결핍"이란 공기 중의 **산소농도가 18퍼센트 미만인 상태**를 말한다. ★★

2) 작업장의 적정공기 수준

> **[암기]**
>
> **작업장의 적정공기 수준 ★★**
>
> ① 산소농도의 범위가 18% 이상 23.5% 미만
> ② 이산화탄소의 농도가 1.5% 미만
> ③ 일산화탄소의 농도가 30ppm 미만
> ④ 황화수소의 농도가 10ppm 미만

3) 밀폐공간 작업 프로그램의 수립·시행

① 사업주는 밀폐공간에 근로자를 종사하도록 하는 경우에 다음 각 호의 내용이 포함된 밀폐공간 작업 프로그램을 수립하여 시행하여야 한다.

> **한 눈에 들어오는 키워드**

> **암기**
>
> **밀폐공간 작업 프로그램 내용 ★**
>
> ① 사업장 내 **밀폐공간의 위치 파악 및 관리 방안**
> ② 밀폐공간 내 **질식·중독 등을 일으킬 수 있는 유해·위험 요인의 파악 및 관리 방안**
> ③ 밀폐공간 **작업 시 사전 확인이 필요한 사항에 대한 확인 절차**
> ④ **안전보건교육 및 훈련**
> ⑤ 그 밖에 밀폐공간 작업 근로자의 건강장해 예방에 관한 사항

② 사업주는 근로자가 밀폐공간에서 작업을 시작하기 전에 다음 각 호의 사항을 확인하여 근로자가 안전한 상태에서 작업하도록 하여야 하며, 밀폐공간에서의 작업이 종료될 때까지 각 호의 내용을 해당 작업장 출입구에 게시하여야 한다.

- 작업 일시, 기간, 장소 및 내용 등 작업 정보
- 관리감독자, 근로자, 감시인 등 작업자 정보
- 산소 및 유해가스 농도의 측정결과 및 후속조치 사항
- 작업 중 불활성가스 또는 유해가스의 누출·유입·발생 가능성 검토 및 후속조치 사항
- 작업 시 착용하여야 할 보호구의 종류
- 비상연락체계

4) 사업주는 근로자가 밀폐공간에서 작업을 하는 경우에 작업을 시작할 때마다 사전에 다음 각 호의 사항을 작업근로자(감시인을 포함한다)에게 알려야 한다.

① 산소 및 유해가스농도 측정에 관한 사항
② 환기설비의 가동 등 안전한 작업방법에 관한 사항
③ 보호구의 착용과 사용방법에 관한 사항
④ 사고 시의 응급조치 요령
⑤ 구조요청을 할 수 있는 비상연락처, 구조용 장비의 사용 등 비상시 구출에 관한 사항

5) 산소 및 유해가스 농도의 측정

① 사업주는 밀폐공간에서 근로자에게 작업을 하도록 하는 경우 작업을 시작(작업을 일시 중단하였다가 다시 시작하는 경우를 포함한다)하기 전에 밀폐공간의 산소 및 유해가스 농도의 측정 및 평가에 관한 지식과 실무경험이 있는 자를 지정하여 그로 하여금 해당 밀폐공간의 산소 및 유해가스 농도를 측정하여 적정공기가 유지되고 있는지를 평가하도록 해야 한다.

② 밀폐공간의 산소 및 유해가스 농도를 측정 및 평가하는 자에 대하여 밀폐공간에서 작업을 시작하기 전에 다음 각 호의 사항의 숙지여부를 확인하고 필요한 교육을 실시해야 한다.

산소 및 유해가스 농도를 측정 및 평가하는 자에 대한 교육 내용
• 밀폐공간의 위험성 • 측정장비의 이상 유무 확인 및 조작 방법 • 밀폐공간 내에서의 산소 및 유해가스 농도 측정방법 • 적정공기의 기준과 평가 방법

③ 사업주는 산소 및 유해가스 농도를 측정한 결과 적정공기가 유지되고 있지 아니하다고 평가된 경우에는 작업장을 환기시키거나, 근로자에게 공기호흡기 또는 송기마스크를 지급하여 착용하도록 하는 등 근로자의 건강장해 예방을 위하여 필요한 조치를 하여야 한다.

6) 환기

① 사업주는 밀폐공간에 근로자를 종사하도록 하는 경우에 작업시작 전 및 작업 중에 해당 작업장을 적정공기 상태가 유지되도록 환기하여야 한다. 다만, 폭발이나 산화 등의 위험으로 인하여 환기할 수 없거나 작업의 성질상 환기하기가 매우 곤란한 경우에는 근로자에게 공기호흡기 또는 송기마스크를 지급하여 착용하도록 하고 환기하지 아니할 수 있다.
② 근로자는 지급된 보호구를 착용하여야 한다.

7) 출입금지

① 사업주는 밀폐공간에 근로자를 종사하도록 하는 경우에는 그 장소에 근로자를 입장시킬 때와 퇴장시킬 때마다 인원을 점검하여야 한다.
② 사업주는 밀폐공간에서 하는 작업에 근로자를 종사하도록 하는 경우에는 그 밀폐공간에서 작업하는 근로자가 아닌 사람이 그 장소에 출입하는 것을 금지하고, 출입금지 표지를 밀폐공간 근처의 보기 쉬운 장소에 게시하여야 한다.

8) 감시인의 배치

① 사업주는 근로자가 밀폐공간에서 작업을 하는 동안 작업상황을 감시할 수 있는 감시인을 지정하여 밀폐공간 외부에 배치하여야 한다.
② 감시인은 밀폐공간에 종사하는 근로자에게 이상이 있을 경우에 구조요청 등 필요한 조치를 한 후 이를 즉시 관리감독자에게 알려야 한다.

③ 사업주는 근로자가 밀폐공간에서 작업을 하는 동안 그 작업장과 외부의 감시인 간에 항상 연락을 취할 수 있는 설비를 설치하여야 한다.

9) 사고 시의 대피 등

① 사업주는 근로자가 밀폐공간에서 작업을 하는 경우에 산소결핍이나 유해가스로 인한 질식·화재·폭발 등의 우려가 있으면 즉시 작업을 중단시키고 해당 근로자를 대피하도록 하여야 한다.
② 사업주는 근로자를 대피시킨 경우 적정공기 상태임이 확인될 때까지 그 장소에 관계자가 아닌 사람이 출입하는 것을 금지하고, 그 내용을 해당 장소의 보기 쉬운 곳에 게시하여야 한다.
③ 근로자는 출입이 금지된 장소에 사업주의 허락 없이 출입하여서는 아니 된다.

10) 안전대 등 보호구 지급

① 사업주는 밀폐공간에서 작업하는 근로자가 산소결핍이나 유해가스로 인하여 추락할 우려가 있는 경우에는 해당 근로자에게 안전대나 구명밧줄, 공기호흡기 또는 송기마스크를 지급하여 착용하도록 하여야 한다.
② 안전대나 구명밧줄을 착용하도록 하는 경우에 이를 안전하게 착용할 수 있는 설비 등을 설치하여야 한다.
③ 근로자는 지급된 보호구를 착용하여야 한다.

11) 대피용 기구의 비치

사업주는 밀폐공간에 근로자를 종사하도록 하는 경우에 공기호흡기 또는 송기마스크, 사다리 및 섬유로프 등 비상시에 근로자를 피난시키거나 구출하기 위하여 필요한 기구를 갖추어 두어야 한다.

12) 구출 시 공기호흡기 또는 송기마스크의 사용

사업주는 밀폐공간에서 위급한 근로자를 구출하는 작업을 하는 경우 그 구출작업에 종사하는 근로자에게 공기호흡기 또는 송기마스크를 지급하여 착용하도록 하여야 한다.

(7) 환기장치의 설치기준

후드	• 유해물질이 발생하는 곳마다 설치할 것 • 유해인자의 발생형태와 비중, 작업방법 등을 고려하여 해당 **분진 등의 발산원(發散源)을 제어할 수 있는 구조로 설치할 것** • 후드(hood) 형식은 **가능하면 포위식 또는 부스식 후드를 설치할 것** • 외부식 또는 리시버식 후드는 해당 분진 등의 **발산원에 가장 가까운 위치에 설치할 것**
덕트	• **가능하면 길이는 짧게 하고 굴곡부의 수는 적게 할 것** • **접속부의 안쪽은 돌출된 부분이 없도록 할 것** • **청소구를 설치하는 등 청소하기 쉬운 구조로 할 것** • **덕트 내부에 오염물질이 쌓이지 않도록 이송속도를 유지할 것** • **연결 부위 등은 외부 공기가 들어오지 않도록 할 것**
배풍기	국소배기장치에 공기정화장치를 설치하는 경우 **정화 후의 공기가 통하는 위치에 배풍기(排風機)를 설치**하여야 한다. 다만, 빨아들여진 물질로 인하여 폭발할 우려가 없고 배풍기의 날개가 부식될 우려가 없는 경우에는 정화 전의 공기가 통하는 위치에 배풍기를 설치할 수 있다.
배기구	분진 등을 배출하기 위하여 설치하는 국소배기장치(공기정화장치가 설치된 이동식 국소배기장치는 제외한다)의 **배기구를 직접 외부로 향하도록 개방하여 실외에 설치**하는 등 배출되는 분진 등이 작업장으로 재유입되지 않는 구조로 하여야 한다.
공기정화장치	분진 등을 배출하는 장치나 설비에는 그 분진 등으로 인하여 근로자의 건강에 장해가 발생하지 않도록 **흡수 · 연소 · 집진(集塵) 또는 그 밖의 적절한 방식에 의한 공기정화장치를 설치**하여야 한다.

(8) 전체환기장치의 설치기준

① 송풍기 또는 배풍기(덕트를 사용하는 경우에는 해당 덕트의 흡입구를 말한다)는 가능한 한 해당 분진 등의 발산원에 가장 가까운 위치에 설치할 것
② 송풍기 또는 배풍기는 직접 외부로 향하도록 개방하여 실외에 설치하는 등 배출되는 분진 등이 작업장으로 재유입되지 않는 구조로 할 것

(9) 공기의 부피와 환기

근로자가 인체에 해로운 잔재물 등을 취급하는 작업에 종사하는 실내작업장에 대하여 공기의 부피와 환기를 다음 각 호의 기준에 맞도록 하여야 한다.

① 바닥으로부터 4미터 이상 높이의 공간을 제외한 나머지 공간의 공기의 부피는 근로자 1명당 10세제곱미터 이상이 되도록 할 것

② 직접 외부를 향하여 개방할 수 있는 창을 설치하고 그 면적은 바닥면적의 20분의 1 이상으로 할 것(근로자의 보건을 위하여 충분한 환기를 할 수 있는 설비를 설치한 경우는 제외한다)
③ 기온이 섭씨 10도 이하인 상태에서 환기를 하는 경우에는 근로자가 매초 1미터 이상의 기류에 닿지 않도록 할 것

(10) 국소배기장치의 점검

사업주는 국소배기장치를 처음으로 사용하는 경우나 국소배기장치를 분해하여 개조하거나 수리를 한 후 처음으로 사용하는 경우에 다음 각 호에서 정하는 바에 따라 사용 전에 점검하여야 한다.

국소배기장치 실기 기출 ★	공기정화장치
• 덕트와 배풍기의 분진 상태 • 덕트 접속부가 헐거워졌는지 여부 • 흡기 및 배기 능력 • 그 밖에 국소배기장치의 성능을 유지하기 위하여 필요한 사항	• 공기정화장치 내부의 분진상태 • 여과제진장치(濾過除塵裝置)의 여과재 파손 여부 • 공기정화장치의 분진 처리능력 • 그 밖에 공기정화장치의 성능 유지를 위하여 필요한 사항

(11) 건강장해 예방조치

사업주는 사업을 할 때 다음 각 호의 위험 및 건강장해를 예방하기 위하여 필요한 조치를 하여야 한다.

안전조치	보건조치 ★
• 기계·기구, 그 밖의 설비에 의한 위험 • 폭발성, 발화성 및 인화성 물질 등에 의한 위험 • 전기, 열, 그 밖의 에너지에 의한 위험	• 원재료·가스·증기·분진·흄(fume)·미스트(mist)·산소결핍·병원체 등에 의한 건강장해 • 방사선·유해광선·고열·한랭·초음파·소음·진동·이상기압 등에 의한 건강장해 • 사업장에서 배출되는 기체·액체 또는 찌꺼기 등에 의한 건강장해 • 계측감시(計測監視), 컴퓨터 단말기 조작, 정밀공작 등의 작업에 의한 건강장해 • 단순반복작업 또는 인체에 과도한 부담을 주는 작업에 의한 건강장해 • 환기·채광·조명·보온·방습·청결 등의 적정기준을 유지하지 아니하여 발생하는 건강장해 • 폭염·한파에 장시간 작업함에 따라 발생하는 건강장해

(12) 이상기압에 의한 건강장해의 예방

사업주는 근로자가 다음 각 호의 어느 하나에 해당하는 경우에는 적절하게 휴식하도록 하는 등 근로자 건강장해를 예방하기 위하여 필요한 조치를 해야 한다.

① 고열·한랭·다습 작업을 하는 경우
② 폭염에 노출되는 장소에서 작업하여 열사병 등의 질병이 발생할 우려가 있는 경우

1) 용어정의

① "고압작업"이란 고기압(압력이 제곱센티미터당 1킬로그램 이상인 기압을 말한다.)에서 잠함공법(潛函工法)이나 그 외의 압기공법(壓氣工法)으로 하는 작업을 말한다. ★
② "잠수작업"이란 물속에서 하는 다음 각 목의 작업을 말한다.
  • 표면공급식 잠수작업 : 수면 위의 공기압축기 또는 호흡용 기체통에서 압축된 호흡용 기체를 공급받으면서 하는 작업
  • 스쿠버 잠수작업 : 호흡용 기체통을 휴대하고 하는 작업
③ "기압조절실"이란 고압작업을 하는 근로자 또는 잠수작업을 하는 근로자가 가압 또는 감압을 받는 장소를 말한다.
⑤ "압력"이란 게이지 압력을 말한다. ★
⑥ "비상기체통"이란 주된 기체공급 장치가 고장난 경우 잠수작업자가 안전한 지역으로 대피하기 위하여 필요한 충분한 양의 호흡용 기체를 저장하고 있는 압력용기와 부속장치를 말한다.

2) 가압의 속도

사업주는 기압조절실에서 고압작업자 또는 잠수작업자에게 가압을 하는 경우 1분에 제곱센티미터당 0.8킬로그램 이하의 속도로 하여야 한다.

3) 고압시간

사업주는 고압실내작업에 근로자를 종사하게 하는 때의 고압시간은 1일 6시간, 1주 34시간을 초과하지 아니하여야 한다. ★

4) 고압실내작업의 감압속도

사업주는 기압조절실에서 고압작업자 또는 잠수작업자에게 감압을 하는 경우에 감압의 속도는 매분 매제곱센티미터당 0.8킬로그램 이하로 하여야 한다.

 한 눈에 들어오는 키워드

참고

표면공급식 잠수작업 시 조치

1) 사업주는 근로자가 표면공급식 잠수작업을 하는 경우 잠수작업자가 1명인 경우에는 감시인을 1명 배치하고, 잠수작업자가 2명 이상인 경우에는 감시인 1명당 잠수작업자가 2명을 초과하지 않도록 감시인을 배치해야 한다.

2) 사업주는 배치한 감시인이 다음 각 호의 사항을 준수하도록 해야 한다.
① 잠수작업자를 적정하게 잠수시키거나 수면 위로 올라오게 할 것
② 잠수작업자에 대한 송기조절을 위한 밸브나 콕을 조작하는 사람과 연락하여 잠수작업자에게 필요한 양의 호흡용 기체를 보내도록 할 것
③ 송기설비의 고장이나 그 밖의 사고로 인하여 잠수작업자에게 위험이나 건강장해가 발생할 우려가 있는 경우에는 신속히 잠수작업자에게 연락할 것
④ 잠수작업 전에 잠수작업자가 사용할 잠수장비의 이상 유무를 점검할 것

3) 사업주는 다음 각 호의 어느 하나에 해당하는 표면공급식 잠수작업을 하는 잠수작업자에게 잠수장비를 제공하여야 한다.
① 18미터 이상의 수심에서 하는 잠수작업
② 수면으로 부상하는 데에 제한이 있는 장소에서의 잠수작업
③ 감압계획에 따를 때 감압정지가 필요한 잠수작업

4) 사업주가 잠수작업자에게 제공하여야 하는 잠수장비는 다음 각 호와 같다.
① 비상기체통
② 비상기체공급밸브, 역지밸브(non return valve) 등이 달려 있는 잠수마스크 또는 잠수헬멧

(13) 온도·습도에 의한 건강장해의 예방

1) 고열작업, 한랭작업, 다습작업

고열작업	• 용광로, 평로(平爐), 전로 또는 전기로에 의하여 광물이나 금속을 제련하거나 정련하는 장소 • 용선로(鎔船爐) 등으로 광물·금속 또는 유리를 용해하는 장소 • 가열로(加熱爐) 등으로 광물·금속 또는 유리를 가열하는 장소 • 도자기나 기와 등을 소성(燒成)하는 장소 • 광물을 배소(焙燒) 또는 소결(燒結)하는 장소 • 가열된 금속을 운반·압연 또는 가공하는 장소 • 녹인 금속을 운반하거나 주입하는 장소 • 녹인 유리로 유리제품을 성형하는 장소 • 고무에 황을 넣어 열처리하는 장소 • 열원을 사용하여 물건 등을 건조시키는 장소 • 갱내에서 고열이 발생하는 장소 • 가열된 노(爐)를 수리하는 장소 • 그 밖에 고용노동부장관이 인정하는 장소
한랭작업	• 다량의 액체공기·드라이아이스 등을 취급하는 장소 • 냉장고·제빙고·저빙고 또는 냉동고 등의 내부 • 그 밖에 고용노동부장관이 인정하는 장소
다습작업	• 다량의 증기를 사용하여 염색조로 염색하는 장소 • 다량의 증기를 사용하여 금속·비금속을 세척하거나 도금하는 장소 • 방적 또는 직포(織布) 공정에서 가습하는 장소 • 다량의 증기를 사용하여 가죽을 탈지(脫脂)하는 장소 • 그 밖에 고용노동부장관이 인정하는 장소

2) 고열장해 예방 조치

① 근로자를 새로 배치할 경우에는 고열에 순응할 때까지 고열작업시간을 매일 단계적으로 증가시키는 등 필요한 조치를 할 것
② 근로자가 온도·습도를 쉽게 알 수 있도록 온도계 등의 기기를 작업장소에 상시 갖추어 둘 것

3) 한랭장해 예방 조치

① 혈액순환을 원활히 하기 위한 운동지도를 할 것
② 적절한 지방과 비타민 섭취를 위한 영양지도를 할 것
③ 체온 유지를 위하여 더운물을 준비할 것
④ 젖은 작업복 등은 즉시 갈아입도록 할 것

4) 다습장해 예방 조치

① 사업주는 근로자가 다습작업을 하는 경우에 습기 제거를 위하여 환기하는 등 적절한 조치를 하여야 한다. 다만, 작업의 성질상 습기 제거가 어려운 경우에는 그러하지 아니하다.
② 사업주는 작업의 성질상 습기 제거가 어려운 경우에 다습으로 인한 건강장해가 발생하지 않도록 개인위생관리를 하도록 하는 등 필요한 조치를 하여야 한다.
③ 사업주는 실내에서 다습작업을 하는 경우에 수시로 소독하거나 청소하는 등 미생물이 번식하지 않도록 필요한 조치를 하여야 한다.

5) 보호구의 지급

① 다량의 고열물체를 취급하거나 매우 더운 장소에서 작업하는 근로자 : 방열장갑과 방열복
② 다량의 저온물체를 취급하거나 현저히 추운 장소에서 작업하는 근로자 : 방한모, 방한화, 방한장갑 및 방한복

(14) 혈액 노출 예방 조치

1) 사업주는 근로자가 혈액노출의 위험이 있는 작업을 하는 경우에 다음 각 호의 조치를 하여야 한다.

① 혈액 노출의 가능성이 있는 장소에서는 음식물을 먹거나 담배를 피우는 행위, 화장 및 콘택트렌즈의 교환 등을 금지할 것
② 혈액 또는 환자의 혈액으로 오염된 가검물, 주사침, 각종 의료 기구, 솜 등의 혈액 오염물이 보관되어 있는 냉장고 등에 음식물 보관을 금지할 것
③ 혈액 등으로 오염된 장소나 혈액 오염물은 적절한 방법으로 소독할 것
④ 혈액 오염물은 별도로 표기된 용기에 담아서 운반할 것
⑤ 혈액 노출 근로자는 즉시 소독약품이 포함된 세척제로 접촉 부위를 씻도록 할 것

2) 혈액노출 조사 등 [실기 기출★]

사업주는 혈액노출과 관련된 사고가 발생한 경우에 즉시 다음 각 호의 사항을 조사하고 이를 기록하여 보존하여야 한다.
① 노출자의 인적사항
② 노출 현황
③ 노출 원인 제공자(환자)의 상태
④ 노출자의 처치 내용
⑤ 노출자의 검사 결과

 한 눈에 들어오는 **키**워드

참고
사업주는 근로자가 다음 각 호의 어느 하나에 해당하는 경우에는 적절하게 휴식하도록 하는 등 근로자 건강장해를 예방하기 위하여 필요한 조치를 해야 한다.
① 고열·한랭·다습 작업을 하는 경우
② 폭염에 노출되는 장소에서 작업하여 열사병 등의 질병이 발생할 우려가 있는 경우

02 산업위생 관련 고시에 관한 사항

1 노출기준 고시

(1) 정의 실기 기출★

"노출기준"이란 근로자가 유해인자에 노출되는 경우 노출기준 이하 수준에서는 거의 모든 근로자에게 건강상 나쁜 영향을 미치지 아니하는 기준을 말하며, 1일 작업시간 동안의 시간가중평균노출기준(Time Weighted Average, TWA), 단시간노출기준(Short Term Exposure Limit, STEL) 또는 최고노출기준(Ceiling, C)으로 표시한다.

(2) 노출기준의 종류 및 정의 ★★★

1) 시간가중평균노출기준(TWA)

① 1일 8시간 작업을 기준으로 하여 유해인자의 측정치에 발생시간을 곱하여 8시간으로 나눈 값을 말하며, 다음 식에 따라 산출한다.
② 1일 8시간 및 1주일 40시간 동안의 평균 농도로서, 모든 근로자가 나쁜 영향을 받지 않고 노출될 수 있는 농도이다.

$$TWA 환산값 = \frac{C_1 \cdot T_1 + C_2 \cdot T_2 + \cdots + C_n \cdot T_n}{8} \star$$

C : 유해인자의 측정치(단위 : ppm, mg/m³ 또는 개/cm³)
T : 유해인자의 발생시간(단위 : 시간)

[예제 1]
어떤 물질에 대한 작업환경을 측정한 결과 다음과 같은 TWA 결과 값을 얻었다. 환산된 TWA는 약 얼마인가?

농도(ppm)	100	150	250	300
발생시간(분)	120	240	60	60

해설

$$TWA 환산 값 = \frac{\left(100 \times \frac{120}{60}\right) + \left(150 \times \frac{240}{60}\right) + \left(250 \times \frac{60}{60}\right) + \left(300 \times \frac{60}{60}\right)}{8} = 168.75 \text{(ppm)}$$

2) 단시간노출기준(STEL)

① 15분간의 시간가중평균노출 값(근로자가 1회에 15분간 유해인자에 노출되는 경우의 기준)을 말한다.
② 노출농도가 시간가중평균노출기준(TWA)을 초과하고 단시간노출기준(STEL) 이하인 경우에는 1회 노출 지속시간이 15분 미만이어야 하고, 이러한 상태가 1일 4회 이하로 발생하여야 하며, 각 노출의 간격은 60분 이상이어야 한다.

> **비교**
>
> ※ **ACGIH의 허용농도 상한치(TLV-Excursion, Excursion Limits)** ★★
> ① 독성자료가 부족하여 TLV-STEL이 설정되어 있지 않은 물질에 대해서 TLV-TWA 외에 적절한 단시간 상한치를 적용하고 있다.
> ② TLV-TWA 농도의 3배인 경우 30분 이하, 5배인 경우 잠시라도 노출되어서는 안 되도록 규정하고 있다.

3) 최고노출기준(C)

① 근로자가 1일 작업시간 동안 잠시라도 노출되어서는 아니 되는 기준을 말한다.
② 노출기준 앞에 "C"를 붙여 표시한다.

(3) 노출기준 사용상의 유의사항 ★★

① 각 유해인자의 노출기준은 해당 유해인자가 단독으로 존재하는 경우의 노출기준을 말하며, 2종 또는 그 이상의 유해인자가 혼재하는 경우에는 각 유해인자의 상가작용으로 유해성이 증가할 수 있으므로 산출하는 노출기준을 사용하여야 한다.
② 노출기준은 1일 8시간 작업을 기준으로 하여 제정된 것이므로 이를 이용할 경우에는 근로시간, 작업의 강도, 온열조건, 이상기압 등이 노출기준 적용에 영향을 미칠 수 있으므로 이와 같은 제반요인을 특별히 고려하여야 한다.
③ 유해인자에 대한 감수성은 개인에 따라 차이가 있고, 노출기준 이하의 작업환경에서도 직업성 질병에 이환되는 경우가 있으므로 노출기준은 직업병 진단에 사용하거나 노출기준 이하의 작업환경이라는 이유만으로 직업성 질병의 이환을 부정하는 근거 또는 반증자료로 사용하여서는 아니 된다.
④ 노출기준은 대기오염의 평가 또는 관리상의 지표로 사용하여서는 아니 된다.

한 눈에 들어오는 키워드

기출 ★

1. 단시간 노출값
STEL 허용기준이 설정되어 있는 유해인자가 작업시간 내 간헐적(단시간)으로 노출되는 경우에는 15분간씩 측정하여 단시간 노출 값을 구한다.

2. 측정한 값이 허용기준 TWA를 초과하고 허용기준 STEL 이하인 때에는 다음 어느 하나 이상에 해당되면 허용기준을 초과한 것으로 판정한다.
① 1회 노출지속시간이 15분 이상인 경우
② 1일 4회를 초과하여 노출되는 경우
③ 각 회의 간격이 60분 미만인 경우

한 눈에 들어오는 키워드

비교

❋ ACGIH(미국정부산업위생전문가 협의회)의 허용 농도(TLV) 적용상 주의 사항 ★★★

① 대기오염평가 및 지표(관리)에 적용할 수 없다.
② 24시간 노출 또는 정상 작업시간을 초과한 노출에 대한 독성 평가에는 적용할 수 없다.
③ 기존의 질병이나 신체적 조건을 판단(증명 또는 반응자료)하기 위한 척도로 사용될 수 없다.
④ 작업조건이 다른 나라에서 ACGIH-TLV를 그대로 사용할 수 없다.
⑤ 안전농도와 위험농도를 정확히 구분하는 경계선이 아니다.
⑥ 독성의 강도를 비교할 수 있는 지표는 아니다.
⑦ 반드시 산업보건(위생) 전문가에 의하여 설명(해석), 적용되어야 한다.
⑧ 피부로 흡수되는 양은 고려하지 않은 기준이다.
⑨ 산업장의 유해조건을 평가하기 위한 지침이며 건강장해를 예방하기 위한 지침이다.

(4) 적용범위

① 노출기준은 작업장의 유해인자에 대한 작업환경 개선기준과 작업환경측정 결과의 평가기준으로 사용할 수 있다.
② 유해인자의 노출기준이 규정되지 아니하였다는 이유로 법, 영, 규칙 및 안전보건규칙의 적용이 배제되지 아니하며, 이와 같은 유해인자의 노출기준은 미국산업위생전문가협의회(American Conference of Governmental Industrial Hygienists, ACGIH)에서 매년 채택하는 노출기준(TLVs)을 준용한다.

확인

❋ ACGIH에서 TLV 설정, 개정 시에 이용되는 자료
(노출기준 설정의 이론적 배경, 설정근거) ★★★

① 화학구조상의 유사성과 연계하여 설정 : 기타 자료(동물실험, 인체실험, 산업장 역학조사)가 부족할 때 이용, 유사한 화학구조라도 독성의 구조가 다른 경우가 많은 것이 한계점
② 동물실험 자료를 근거로 설정 : 인체실험, 산업장 역학조사 자료가 부족할 때 적용
③ 인체실험 자료를 근거로 설정
④ 산업장 역학조사 자료를 근거로 설정 : 허용농도 설정에 있어서 가장 중요한 자료

기출

인체실험 시 반드시 고려해야 할 사항
① 자발적으로 실험에 참여하는 자를 대상으로 한다.
② 영구적 신체장애를 일으킬 가능성은 없어야 한다.
③ 발생될 수 있는 모든 유해작용을 알려주어야 한다.
④ 실험에 참여하는 자는 서명으로 실험에 참여할 것을 동의해야 한다.

실기 기출 ★

유해물질의 허용농도 설정 시 가장 중요한 자료 및 이유
1. 가장 중요한 자료 : 산업장 역학조사 자료
2. 이유 : 실제 현장에서 근로하는 근로자를 대상으로 한 자료이므로 가장 신뢰도가 높다.

(5) 혼합물의 노출기준 ★★★

1) 화학물질이 2종 이상 혼재하는 경우에 혼재하는 물질 간에 유해성이 인체의 서로 다른 부위에 작용한다는 증거가 없는 한 유해작용은 가중되므로 노출기준은 다음 식에 따라 산출하되, 산출되는 수치가 1을 초과하지 아니하는 것으로 한다.

2) 혼재하는 물질 간에 유해성이 인체의 서로 다른 부위에 유해작용을 하는 경우에 유해성이 각각 작용하므로 혼재하는 물질 중 어느 한 가지라도 노출기준을 넘는 경우 노출기준을 초과하는 것으로 한다.

① 노출지수

$$노출지수(EI) = \frac{C_1}{T_1} + \frac{C_2}{T_2} + \cdots + \frac{C_n}{T_n}$$

C : 화학물질 각각의 측정치
T : 화학물질 각각의 노출기준

② 평가

- $EI > 1$: 노출기준을 초과함
- $EI < 1$: 노출기준을 초과하지 않음

③ 혼합물의 TLV-TWA

$$TLV - TWA = \frac{C_1 + C_2 + \cdots + C_n}{EI}$$

[예제 2]

공기 중에 혼합물로 Toluene 70ppm(TLV 100ppm), Xylene 60ppm(TLV 100ppm), n-Hexane 30ppm(TLV 50ppm)이 존재하는 경우 복합노출지수는 얼마인가?

해설

$$EI = \frac{C_1}{T_1} + \frac{C_2}{T_2} + \cdots + \frac{C_n}{T_n} = \frac{70}{100} + \frac{60}{100} + \frac{30}{50} = 1.9$$

> **한 눈에 들어오는 키워드**
>
> **[비교]**
> 혼합물의 노출기준(mg/m³) =
>
> $$\dfrac{100}{\dfrac{f_a}{TLV_a} + \dfrac{f_b}{TLV_b} + \cdots + \dfrac{f_n}{TLV_n}}$$
>
> 여기서, f_a, f_b, f_n : 액체 혼합물에서의 각 성분 무게(중량) 구성비(%)
> TVL_a, TVL_b, TVL_n : 해당 물질의 노출기준(mg/m³)

3) 액체 혼합물의 노출기준 ★

$$\text{혼합물의 노출기준(mg/m}^3\text{)} = \dfrac{1}{\dfrac{f_a}{TLV_a} + \dfrac{f_b}{TLV_b} + \cdots + \dfrac{f_n}{TLV_n}}$$

f_a, f_b, f_n : 액체 혼합물에서의 각 성분 무게(중량) 구성비
TLV_a, TLV_b, TLV_n : 해당 물질의 노출기준(mg/m³)

4) 비정상 작업시간에 대한 허용농도 보정

① **OSHA의 보정방법** ★★★

- 급성중독을 일으키는 물질

$$\text{보정된 노출기준} = 8\text{시간 노출기준} \times \dfrac{8\text{시간}}{\text{노출시간/일}}$$

- 만성중독을 일으키는 물질

$$\text{보정된 노출기준} = 8\text{시간 노출기준} \times \dfrac{40\text{시간}}{\text{노출시간/주}}$$

② **Brief와 Scala의 보정방법** ★★★

- $\text{RF} = \left(\dfrac{8}{H}\right) \times \dfrac{24-H}{16}$ [일주일 ; $\text{RF} = \left(\dfrac{40}{H}\right) \times \dfrac{168-H}{128}$]
- 보정된 노출기준 = RF × 노출기준(허용농도)

H : 비정상적인 작업시간(노출시간/일); 노출시간/주
16 : 휴식시간 의미(128; 일주일 휴식시간 의미)

[예제 3]

메탄올(TLV=200ppm)이 존재하는 작업환경에서 1주일에 45시간을 작업할 경우 보정된 허용농도는 약 얼마인가? (단, Brief와 Scala의 보정방법을 적용한다.)

해설

1. $\text{RF} = \left(\dfrac{40}{H}\right) \times \dfrac{168-H}{128} = \left(\dfrac{40}{45}\right) \times \left(\dfrac{168-45}{128}\right) = 0.85$

2. 보정된 허용농도 = RF × 허용농도 = $0.85 \times 200 = 170.84$(ppm)

[예제 4]

TLV가 20ppm인 styrene를 사용하는 작업장의 근로자가 1일 11시간 작업했을 때, OSHA 보정방법으로 보정한 허용기준은 약 얼마인가?

해설

보정된 노출기준 = 8시간 노출기준 $\times \dfrac{8시간}{노출시간/일} = 20 \times \dfrac{8}{11} = 14.55 \text{(ppm)}$

[예제 5]

에틸벤젠(TLV=100ppm)을 사용하는 작업장의 작업시간이 3시간일 때에는 허용기준을 보정하여야 한다. 이때 OSHA 보정방법과 Brief and Scala 보정방법을 적용하였을 때 두 보정된 허용기준치 간의 차이는 약 얼마인가?

해설

1. OSHA의 보정

    보정된 노출기준 = 8시간 노출기준 $\times \dfrac{8시간}{노출시간/일} = 100 \times \dfrac{8}{3} = 266.67$

2. Brief와 Scala의 보정

    ① 노출지수(RF) = $\dfrac{8}{H} \times \dfrac{24-H}{16} = \dfrac{8}{3} \times \dfrac{24-3}{16} = 3.5$

    ② 보정된 노출기준 = RF × 노출기준 = 3.5 × 100 = 350(ppm)

3. 보정된 허용기준치 간의 차이

    350 − 266.67 = 83.33ppm

5) 질량농도(mg/m³)와 용량농도(ppm)의 환산 ★★★

① ppm과 mg/m³의 상호 농도변환

- 0℃, 1기압일 때

    - $\text{mg/m}^3 = \dfrac{\text{ppm} \times 분자량}{22.4}$
    - $\text{ppm} = \text{mg/m}^3 \times \dfrac{22.4(\text{L})}{분자량}$

- 21℃, 1기압일 때

    - $\text{mg/m}^3 = \dfrac{\text{ppm} \times 분자량}{24.1}$
    - $\text{ppm} = \text{mg/m}^3 \times \dfrac{24.1(\text{L})}{분자량}$

한 눈에 들어오는 키워드

확인 ★

1. 산업위생 분야 표준상태
   25℃, 1기압
   (물질 1mol 부피 : 24.45L)

2. 산업환기 분야 표준상태
   21℃, 1기압
   (물질 1mol의 부피 : 24.1L)

3. 일반대기 분야 표준상태
   0℃, 1기압
   (물질 1mol의 부피 : 22.4L)

한 눈에 들어오는 키워드

확인 ★
부피에 대한 온도보정
$24.45 \times \dfrac{(273 + ℃) \times (760)}{(273) \times (P)}$

(25℃, 1기압에서 공기 1몰의 부피 : 24.45*l*)

• 25℃, 1기압일 때

- $\text{mg/m}^3 = \dfrac{\text{ppm} \times 분자량}{24.45}$

- $\text{ppm} = \text{mg/m}^3 \times \dfrac{24.45(\text{L})}{분자량}$

[예제 6]

온도 25℃, 1기압 하에서 분당 100mL 씩 60분 동안 채취한 공기 중에서 벤젠이 5mg 검출되었다. 검출된 벤젠은 약 몇 ppm인가? (단, 벤젠의 분자량은 78이다.)

해설

$\text{ppm} = \text{mg/m}^3 \times \dfrac{24.45(\text{L})}{분자량}$

$\text{ppm} = \dfrac{5\text{mg}}{\dfrac{100 \times 10^{-6}\text{m}^3}{\text{min}} \times 60\text{min}} \times \dfrac{24.45}{78} = 261.22\text{ppm}$

$(1l = 10^{-3}\text{m}^3,\ 1\text{ml} = 10^{-6}\text{m}^3)$

[예제 7]

20℃, 1기압에서 MEK 50ppm은 약 몇 mg/m³인가?(단, MEK의 그램분자량은 72.06이다.)

해설

1. 25℃(t_1) 공기 1몰의 부피를 → 20℃(t_2)로 온도보정

   보정 후의 부피 = 보정 전의 부피 × $\dfrac{273+t_2}{273+t_1}$

   보정 후의 부피 = $24.45 \times \dfrac{273+20}{273+25} = 24.04$

2. $\text{mg/m}^3 = \dfrac{50 \times 72.06}{24.04} = 149.88(\text{mg/m}^3)$

6) 체내흡수량(안전폭로량 : SHD) ★★★

인간에게 흡수되어도 안전하다고 여겨지는 양을 말한다.

$$체내흡수량(\text{mg}) = C \times T \times V \times R$$

체내흡수량(SHD) : 안전계수와 체중을 고려한 것
C : 공기 중 유해물질 농도(mg/m³)
T : 노출시간(hr)
V : 호흡률(폐환기율)(m³/hr)
R : 체내 잔유율(보통 1.0)

[예제 8]

구리(Cu)의 공기 중 농도가 0.05mg/m³이다. 작업자의 노출시간이 8시간이며, 폐환기율은 1.25m³/hr, 체내 잔류율은 1이라고 할 때, 체내 흡수량은 얼마인가?

해설

$$\text{mg} = C \times T \times V \times R = 0.05 \times 8 \times 1.25 \times 1 = 0.5 (\text{mg})$$

[예제 9]

체중이 60kg인 사람이 1일 8시간 작업 시 안전흡수량이 1mg/kg인 물질의 체내 흡수를 안전흡수량 이하로 유지하려면 공기 중 농도를 몇 mg/m³ 이하로 하여야 하는가? (단, 작업 시 폐환기율은 1.25m³/hr, 체내 잔류율은 1.0으로 가정한다)

해설

$$\text{mg} = C \times T \times V \times R$$
$$C = \frac{\text{mg}}{T \times V \times R} = \frac{60}{8 \times 1.25 \times 1.0} = 6 (\text{mg/m}^3)$$
$$(\frac{1\text{mg}}{\text{kg}} \times 60\text{kg} = 60\text{mg})$$

(6) 소음의 노출기준

1) 소음의 노출기준(충격소음 제외) ★★★

1일 노출시간(hr)	소음강도 dB(A)
8	90
4	95
2	100
1	105
1/2	110
1/4	115

주 : 115dB(A)를 초과하는 소음 수준에 노출되어서는 안 됨

한 눈에 들어오는 키워드

확인 ★★

1. 소음계의 특성
   - A특성 : 40phone 기준
   - B특성 : 70phone 기준
   - C특성 : 100phone 기준

2. 흡음에 의한 소음감소

$$NR(\text{dB}) = 10 \times \log(\frac{A_2}{A_1})$$

   - A_1 : 흡음처리 전 총 흡음량 (Sabin)
   - A_2 : 흡음처리 후 총 흡음량 (Sabin)

2) 충격소음의 노출기준 ★★

1일 노출회수	충격소음의 강도 dB(A)
100	140
1,000	130
10,000	120

주 : 1. 최대 음압수준이 140dB(A)를 초과하는 충격소음에 노출되어서는 안됨
  2. **충격소음**이라 함은 최대음압수준에 **120dB(A) 이상인 소음이 1초 이상의 간격으로 발생**하는 것을 말함

(7) 고온의 노출기준

1) 작업강도에 따른 노출기준

(단위 : ℃, WBGT)

작업휴식시간비 \ 작업강도	경작업	중등작업	중작업
계속 작업	30.0	26.7	25.0
매시간 75% 작업, 25% 휴식	30.6	28.0	25.9
매시간 50% 작업, 50% 휴식	31.4	29.4	27.9
매시간 25% 작업, 75% 휴식	32.2	31.1	30.0

주 : 1. 경작업 : 200kcal까지의 열량이 소요되는 작업을 말하며, 앉아서 또는 서서 기계의 조정을 하기 위하여 손 또는 팔을 가볍게 쓰는 일 등을 뜻함
  2. 중등작업 : 시간당 200~350kcal의 열량이 소요되는 작업을 말하며, 물체를 들거나 밀면서 걸어다니는 일 등을 뜻함
  3. 중작업 : 시간당 350~500kcal의 열량이 소요되는 작업을 말하며, 곡괭이질 또는 삽질하는 일 등을 뜻함

2) 고온의 노출기준의 산출 ★★★

① 태양광선이 내리쬐는 옥외 장소

$$WBGT(℃) = 0.7 × 자연습구온도 + 0.2 × 흑구온도 + 0.1 × 건구온도$$

② 태양광선이 내리쬐지 않는 옥내 또는 옥외 장소

$$WBGT(℃) = 0.7 × 자연습구온도 + 0.3 × 흑구온도$$

(8) 라돈의 노출기준 ★

암기

작업장 농도(Bq/m³) : 600

① 단위환산(농도) : 600Bq/m³=16pCi/L (※ 1pCi/L=37.46Bq/m³)
② 단위환산(노출량) : 600Bq/m³인 작업장에서 연 2,000시간 근무하고, 방사평형인자 (Feq) 값을 0.4로 할 경우 9.2mSv/y 또는 0.77WLM/y에 해당(※ 800Bq/m³(2,000시간 근무, Feq=0.4)=1WLM=12mSv)

(9) 표시단위 ★★

① 가스 및 증기의 노출기준 표시단위 : 피피엠(ppm) 또는 세제곱미터당밀리그램(mg/m³)
② 분진의 노출기준 표시단위 : 세제곱미터당 밀리그램(mg/m³)
③ 석면 및 내화성 세라믹 섬유의 노출기준 표시단위 : 세제곱미터당 개수(개/cm³)
④ 고온의 노출기준 표시단위 : 습구흑구온도지수[WBGT(℃)]

(10) 우리나라 화학물질의 노출기준

① "Skin" 표시 물질은 점막과 눈 그리고 경피로 흡수되어 전신 영향을 일으킬 수 있는 물질을 말한다. (피부자극성을 뜻하는 것이 아님) ★

확인

❄ 노출기준에 피부(Skin)표시를 하여야 하는 물질 ★★
- 손이나 팔에 의한 흡수가 몸 전체 흡수에 지대한 영향을 주는 물질
- 반복하여 피부에 도포했을 때 전신작용을 일으키는 물질
- 급성동물실험 결과 피부 흡수에 의한 치사량이 비교적 낮은 물질
- 옥탄올-물 분배계수가 높아 피부 흡수가 용이한 물질
- 피부 흡수가 전신작용에 중요한 역할을 하는 물질

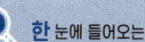
한 눈에 들어오는 **키**워드

비교
SKIN 또는 피부(ACGIH) ★
유해 화학물질의 노출기준 또는 허용기준에 "피부" 또는 "SKIN" 이라는 표시가 있을 경우 그 물질은 피부로 흡수되어 전체 노출량에 기여할 수 있다는 의미

한 눈에 들어오는 키워드

비교

ACGH의 발암성 물질 구분 ★★★
- A1 : 인체발암성 확인물질
- A2 : 인체발암성 의심물질 (추정물질)
- A3 : 동물발암성 확인, 인체발암성 모름 물질
- A4 : 인체발암성 미분류 (인체발암 가능성이 있으나 자료가 부족) 물질
- A5 : 인체발암성 미의심 물질

[암기] 미국(ACGIH)에서 인체 확인(인체발암성 확인)하니 발암의심(인체발암성 의심), 동물확인으론 인체 모름, 인체 자료 부족(미분류)하면, 미의심

참고

국제암연구위원회(IARC)의 발암물질 구분 ★★★
- Group 1 : 인체 발암성 물질
  인간 발암성에 대해 충분한 증거가 있는 물질
- Group 2A : 인체 발암성 추정물질
  인간 발암성에 대한 제한된 증거와 동물실험에서 충분한 증거가 있는 물질
- Group 2B : 인체 발암성 가능 물질
  인간 발암성에 대한 증거가 제한적이고 동물실험에서 불충분한 증거가 있는 물질
- Group 3 : 인체 발암성 미분류물질
  인간 발암성에 대한 증거가 부적당하고 동물실험에서는 부적당하거나 제한된 증거가 있는 물질
- Group 4 : 인체 비발암성 추정물질
  인간과 동물실험에서 발암성이 없다는 증거가 있는 물질

[암기] 암연구(국제암연구위원회)해서 발암 추(추정) 가(가능)하고 미분류물질은 비발암 추정

---

② 발암성 정보물질의 표기(화학물질의 분류·표시 및 물질안전보건자료에 관한 기준) ★★★

- 1A : 사람에게 충분한 발암성 증거가 있는 물질
- 1B : 시험동물에서 발암성 증거가 충분히 있거나, 시험동물과 사람 모두에서 제한된 발암성 증거가 있는 물질
- 2 : 사람이나 동물에서 제한된 증거가 있지만, 구분1로 분류하기에는 증거가 충분하지 않은 물질

③ 생식세포 변이원성 정보물질의 표기는 「화학물질의 분류·표시 및 물질안전보건자료에 관한 기준」에 따라 다음과 같이 표기한다.

- 1A : 사람에게서의 역학조사 연구결과 양성의 증거가 있는 물질
- 1B : 다음 어느 하나에 해당하는 물질
  - 포유류를 이용한 생체 내(in vivo) 유전성 생식세포 변이원성 시험에서 양성
  - 포유류를 이용한 생체 내(in vivo) 체세포 변이원성 시험에서 양성이고, 생식세포에 돌연변이를 일으킬 수 있다는 증거가 있음
  - 노출된 사람의 정자 세포에서 이수체 발생빈도의 증가와 같이 사람의 생식세포 변이원성 시험에서 양성
- 2 : 다음 어느 하나에 해당되어 생식세포에 유전성 돌연변이를 일으킬 가능성이 있는 물질
  - 포유류를 이용한 생체 내(in vivo) 체세포 변이원성 시험에서 양성·기타 시험동물을 이용한 생체 내(in vivo) 체세포 유전독성 시험에서 양성이고, 시험관 내(in vitro) 변이원성 시험에서 추가로 입증된 경우
  - 포유 세포를 이용한 변이원성 시험에서 양성이며, 알려진 생식세포 변이원성 물질과 화학적 구조활성 관계를 가지는 경우

④ 생식독성 정보물질의 표기는 「화학물질의 분류·표시 및 물질안전보건자료에 관한 기준」에 따라 다음과 같이 표기한다.

- 1A : 사람에게 성적기능, 생식능력이나 발육에 악영향을 주는 것으로 판단할 정도의 사람에서의 증거가 있는 물질
- 1B : 사람에게 성적기능, 생식능력이나 발육에 악영향을 주는 것으로 추정할 정도의 동물시험 증거가 있는 물질
- 2 : 사람에게 성적기능, 생식능력이나 발육에 악영향을 주는 것으로 의심할 정도의 사람 또는 동물시험 증거가 있는 물질
- 수유독성 : 다음 어느 하나에 해당하는 물질
  - 흡수, 대사, 분포 및 배설에 대한 연구에서, 해당 물질이 잠재적으로 유독한 수준으로 모유에 존재할 가능성을 보임

- 동물에 대한 1세대 또는 2세대 연구결과에서, 모유를 통해 전이되어 자손에게 유해영향을 주거나, 모유의 질에 유해영향을 준다는 명확한 증거가 있음
- 수유기간 동안 아기에게 유해성을 유발한다는 사람에 대한 증거가 있음

⑤ 화학물질이 IARC 등의 발암성 등급과 NTP의 R등급을 모두 갖는 경우에는 NTP의 R등급은 고려하지 아니한다. ★
⑥ 혼합용매추출은 에텔에테르, 톨루엔, 메탄올을 부피비 1 : 1 : 1로 혼합한 용매나 이외 동등 이상의 용매로 추출한 물질을 말한다. ★
⑦ 노출기준이 설정되지 않은 물질의 경우 이에 대한 노출이 가능한 한 낮은 수준이 되도록 관리하여야 한다. ★

2 작업환경측정 및 지정측정기관 평가 등에 관한 고시

(1) 작업환경 측정

① 사업주는 유해인자로부터 근로자의 건강을 보호하고 쾌적한 작업환경을 조성하기 위하여 인체에 해로운 작업을 하는 작업장으로서 고용노동부령으로 정하는 작업장에 대하여 고용노동부령으로 정하는 자격을 가진 자로 하여금 작업환경측정을 하도록 하여야 한다.
② 도급인의 사업장에서 관계수급인 또는 관계수급인의 근로자가 작업을 하는 경우에는 도급인이 자격을 가진 자로 하여금 작업환경측정을 하도록 하여야 한다.
③ 사업주는 근로자대표(관계수급인의 근로자대표를 포함한다)가 요구하면 작업환경측정 시 근로자대표를 참석시켜야 한다.
④ 사업주는 작업환경측정 결과를 기록하여 보존하고 고용노동부령으로 정하는 바에 따라 고용노동부장관에게 보고하여야 한다. 다만, 사업주로부터 작업환경측정을 위탁받은 작업환경측정기관이 작업환경측정을 한 후 그 결과를 고용노동부령으로 정하는 바에 따라 고용노동부장관에게 제출한 경우에는 작업환경측정 결과를 보고한 것으로 본다.
⑤ 사업주는 작업환경측정 결과를 해당 작업장의 근로자(관계수급인 및 관계수급인 근로자를 포함한다)에게 알려야 하며, 그 결과에 따라 근로자의 건강을 보호하기 위하여 해당 시설·설비의 설치·개선 또는 건강진단의 실시 등의 조치를 하여야 한다.

 한 눈에 들어오는 **키워드**

참고
1. 작업환경측정기관의 지정 요건
   ① 국가 또는 지방자치단체의 소속기관
   ② 「의료법」에 따른 종합병원 또는 병원
   ③ 「고등교육법」에 따른 대학 또는 그 부속기관
   ④ 작업환경측정 업무를 하려는 법인
   ⑤ 작업환경측정 대상 사업장의 부속기관(해당 부속기관이 소속된 사업장 등 고용노동부령으로 정하는 범위로 한정하여 지정받으려는 경우로 한정한다)

2. 작업환경측정기관의 지정 취소 등의 사유
   ① 작업환경측정 관련 서류를 거짓으로 작성한 경우
   ② 정당한 사유 없이 작업환경측정 업무를 거부한 경우
   ③ 위탁받은 작업환경측정 업무에 차질을 일으킨 경우
   ④ 작업환경측정 방법 등을 위반한 경우
   ⑤ 작업환경측정기관의 측정·분석능력 확인을 1년 이상 받지 않거나 작업환경측정기관의 측정·분석능력 확인에서 부적합 판정을 받은 경우
   ⑥ 작업환경측정 업무와 관련된 비치서류를 보존하지 않은 경우
   ⑦ 법에 따른 관계 공무원의 지도·감독을 거부·방해 또는 기피한 경우

3. 지정이 취소된 안전관리전문기관 또는 보건관리전문기관은 지정이 취소된 날부터 2년 이내에는 각각 해당 안전관리전문기관 또는 보건관리전문기관으로 지정받을 수 없다. ★

⑥ 사업주는 산업안전보건위원회 또는 근로자대표가 요구하면 작업환경측정 결과에 대한 설명회 등을 개최하여야 한다. 이 경우 작업환경측정을 위탁하여 실시한 경우에는 작업환경측정기관에 작업환경측정 결과에 대하여 설명하도록 할 수 있다.

(2) 작업환경측정 대상 작업장

① 작업환경측정 대상 작업장이란 작업환경측정 대상 유해인자에 노출되는 근로자가 있는 작업장을 말한다. 다만, 다음 각 호의 어느 하나에 해당하는 경우에는 작업환경측정을 하지 않을 수 있다.

> **확인**
>
> ❋ 작업환경측정을 하지 않을 수 있는 경우 ★
> ① 관리대상 유해물질의 허용소비량을 초과하지 않는 작업장(그 관리대상 유해물질에 관한 작업환경측정만 해당한다)
> ② 임시 작업 및 단시간 작업을 하는 작업장(고용노동부장관이 정하여 고시하는 물질을 취급하는 작업을 하는 경우는 제외한다)
> ③ 분진작업의 적용 제외 작업장(분진에 관한 작업환경측정만 해당한다)
> ④ 그 밖에 작업환경측정 대상 유해인자의 노출 수준이 노출기준에 비하여 현저히 낮은 경우로서 고용노동부장관이 정하여 고시하는 작업장

② 안전보건진단기관이 안전보건진단을 실시하는 경우에 작업장의 유해인자 전체에 대하여 고용노동부장관이 정하는 방법에 따라 작업환경을 측정하였을 때에는 사업주는 해당 측정주기에 실시해야 할 해당 작업장의 작업환경측정을 하지 않을 수 있다.

(3) 작업환경 측정 횟수 ★

① 사업주는 작업장 또는 작업공정이 신규로 가동되거나 변경되는 등으로 작업환경측정 대상 작업장이 된 경우에는 그 날부터 30일 이내에 작업환경측정을 하고, 그 후 반기(半期)에 1회 이상 정기적으로 작업환경을 측정해야 한다. 다만, 작업환경측정 결과가 다음 각 호의 어느 하나에 해당하는 작업장 또는 작업공정은 해당 유해인자에 대하여 그 측정일부터 3개월에 1회 이상 작업환경측정을 해야 한다.

참고

작업환경측정 대상 유해인자

1. 화학적 인자
   - 유기화합물(114종)
   - 금속류(24종)
   - 산 및 알칼리류(17종)
   - 가스 상태 물질류(15종)
   - 허가 대상 유해물질(12종)
   - 금속가공유
     (Metal working fluids, 1종)
2. 물리적 인자(2종)
   - 8시간 시간가중평균 80dB 이상의 소음
   - 고열
3. 분진(7종)
   - 광물성 분진(Mineral dust)
   - 곡물 분진(Grain dust)
   - 면 분진(Cotton dust)
   - 목재 분진(Wood dust)
   - 석면 분진(Asbestos dusts ; 1332-21-4 등)
   - 용접 흄(Welding fume)
   - 유리섬유(Glass fiber dust)
4. 그 밖에 고용노동부장관이 정하여 고시하는 인체에 해로운 유해인자

> **확인**
>
> ✿ **3개월에 1회 이상 작업환경측정을 하여야 하는 경우** ★
>
> ① 화학적 인자(고용노동부장관이 정하여 고시하는 물질만 해당한다)의 측정치가 노출기준을 초과하는 경우
> ② 화학적 인자(고용노동부장관이 정하여 고시하는 물질은 제외한다)의 측정치가 노출기준을 2배 이상 초과하는 경우

② 사업주는 최근 1년간 작업공정에서 공정 설비의 변경, 작업방법의 변경, 설비의 이전, 사용 화학물질의 변경 등으로 작업환경측정 결과에 영향을 주는 변화가 없는 경우로서 다음 각 호의 어느 하나에 해당하는 경우에는 해당 유해인자에 대한 작업환경측정을 1년에 1회 이상 할 수 있다. 다만, 고용노동부장관이 정하여 고시하는 물질을 취급하는 작업공정은 그러하지 아니하다.

> **확인**
>
> ✿ **1년 1회 이상 작업환경측정을 할 수 있는 경우** ★
>
> ① 작업공정 내 소음의 작업환경측정 결과가 최근 2회 연속 85데시벨(dB) 미만인 경우
> ② 작업공정 내 소음 외의 다른 모든 인자의 작업환경측정 결과가 최근 2회 연속 노출기준 미만인 경우

(4) 작업환경 측정 방법 ★

사업주는 작업환경측정을 할 때에는 다음 각 호의 사항을 지켜야 한다.

① 작업환경측정을 하기 전에 예비조사를 할 것
② 작업이 정상적으로 이루어져 작업시간과 유해인자에 대한 근로자의 노출 정도를 정확히 평가할 수 있을 때 실시할 것
③ 모든 측정은 개인시료채취방법으로 하되, 개인시료채취방법이 곤란한 경우에는 지역시료채취방법으로 실시할 것

(5) 노출기준의 종류별 측정시간 ★★

① 「화학물질 및 물리적 인자의 노출기준」에 시간가중평균기준(TWA)이 설정되어 있는 대상물질을 측정하는 경우에는 1일 작업시간 동안 6시간 이상 연속 측정하거나 작업시간을 등간격으로 나누어 6시간 이상 연속분리하여 측정하여야 한다. 다만, 다음 각 호의 어느 하나에 해당하는 경우에는 대상물질의 발생시간 동안 측정할 수 있다.

- 대상물질의 발생시간이 6시간 이하인 경우
- 불규칙작업으로 6시간 이하의 작업
- 발생원에서의 발생시간이 간헐적인 경우

② 노출기준 고시에 단시간 노출기준(STEL)이 설정되어 있는 물질로서 노출이 균일하지 않은 작업특성으로 인하여 단시간 노출평가가 필요하다고 자격자(작업환경측정자의 자격을 가진 자) 또는 작업환경측정기관이 판단하는 경우에는 단시간 측정을 할 수 있다. 이 경우 1회에 15분간 측정하되 유해인자 노출특성을 고려하여 측정횟수를 정할 수 있다.

③ 노출기준 고시에 최고노출기준(Ceiling, C)이 설정되어 있는 대상물질을 측정하는 경우에는 최고노출 수준을 평가할 수 있는 최소한의 시간 동안 측정하여야 한다. 다만 시간가중평균기준(TWA)이 함께 설정되어 있는 경우에는 1)에 따른 측정을 병행하여야 한다.

(6) 시료채취 근로자수 ★★★

① 단위작업 장소에서 최고 노출근로자 2명 이상에 대하여 동시에 개인 시료채취 방법으로 측정하되, 단위작업 장소에 근로자가 1명인 경우에는 그러하지 아니하며, 동일 작업근로자수가 10명을 초과하는 경우에는 매 5명당 1명 이상 추가하여 측정하여야 한다. 다만, 동일 작업근로자수가 100명을 초과하는 경우에는 최대 시료채취 근로자수를 20명으로 조정할 수 있다.

② 지역 시료채취 방법으로 측정을 하는 경우 단위작업장소 내에서 2개 이상의 지점에 대하여 동시에 측정하여야 한다. 다만, 단위작업 장소의 넓이가 50평방미터 이상인 경우에는 매 30평방미터마다 1개 지점 이상을 추가로 측정하여야 한다.

(7) 단위 ★★★

① 화학적 인자의 가스, 증기, 분진, 흄(fume), 미스트(mist) 등의 농도는 피피엠(ppm) 또는 세제곱미터당 밀리그램(mg/m^3)으로 표시한다. 다만, 석면의 농도 표시는 세제곱센티미터당 섬유개수(개/cm^3)로 표시한다.

② 소음수준의 측정단위는 데시벨[dB(A)]로 표시한다.

③ 고열(복사열 포함)의 측정단위는 습구·흑구 온도지수(WBGT)를 구하여 섭씨온도(℃)로 표시한다.

(8) 작업환경 측정 결과의 보고

① 사업주는 작업환경측정을 한 경우에는 작업환경측정 결과보고서에 작업환경측정 결과표를 첨부하여 시료채취를 마친 날부터 30일 이내에 관할 지방고용노동관서의 장에게 제출하여야 한다. 다만, 시료분석 및 평가에 상당한 시간이 걸려 시료채취를 마친 날부터 30일 이내에 보고하는 것이 어려운 사업장의 사업주는 고용노동부장관이 정하여 고시하는 바에 따라 그 사실을 증명하여 지방고용노동관서의 장에게 신고하면 30일의 범위에서 제출기간을 연장할 수 있다. ★

② 작업환경측정기관이 작업환경측정을 한 경우에는 시료채취를 마친 날부터 30일 이내에 작업환경측정 결과표를 전자적 방법으로 지방고용노동관서의 장에게 제출하여야 한다. 다만, 시료분석 및 평가에 상당한 시간이 걸려 시료채취를 마친 날부터 30일 이내에 보고하는 것이 어려운 지정측정기관은 고용노동부장관이 정하여 고시하는 바에 따라 그 사실을 증명하여 지방고용노동관서의 장에게 신고하면 30일의 범위에서 제출기간을 연장할 수 있다.

③ 사업주는 작업환경측정 결과 노출기준을 초과한 작업공정이 있는 경우에는 해당 시설·설비의 설치·개선 또는 건강진단의 실시 등 적절한 조치를 하고 시료채취를 마친 날부터 60일 이내에 해당 작업공정의 개선을 증명할 수 있는 서류 또는 개선 계획을 관할 지방고용노동관서의 장에게 제출하여야 한다.

(9) 작업환경측정 신뢰성 평가

① 공단은 다음 각 호의 어느 하나에 해당하는 경우에는 작업환경측정 신뢰성 평가를 할 수 있다. ★
  - 작업환경측정 결과가 노출기준 미만인데도 직업병 유소견자가 발생한 경우
  - 공정설비, 작업방법 또는 사용 화학물질의 변경 등 작업 조건의 변화가 없는데도 유해인자 노출수준이 현저히 달라진 경우
  - 작업환경측정방법을 위반하여 작업환경측정을 한 경우 등 신뢰성 평가의 필요성이 인정되는 경우

② 공단이 신뢰성 평가를 할 때에는 작업환경측정 결과와 작업환경측정 서류를 검토하고, 해당 작업공정 또는 사업장에 대하여 작업환경측정을 해야 하며, 그 결과를 해당 사업장의 소재지를 관할하는 지방고용노동관서의 장에게 보고해야 한다.

③ 지방고용노동관서의 장은 작업환경측정 결과 노출기준을 초과한 경우에는 사업주로 하여금 해당 시설·설비의 설치·개선 또는 건강진단의 실시 등 적절한 조치를 하도록 해야 한다.

3 물질안전보건자료(MSDS)에 관한 고시

(1) 물질안전보건자료의 작성 및 제출 ★

① 화학물질 또는 이를 함유한 혼합물로서 "물질안전보건자료 대상물질"을 제조하거나 수입하려는 자는 다음 각 호의 사항을 적은 물질안전보건자료를 고용노동부령으로 정하는 바에 따라 작성하여 고용노동부장관에게 제출하여야 한다. 이 경우 고용노동부장관은 고용노동부령으로 물질안전보건자료의 기재 사항이나 작성방법을 정할 때 「화학물질관리법」 및 「화학물질의 등록 및 평가 등에 관한 법률」과 관련된 사항에 대해서는 환경부장관과 협의하여야 한다.

> **확인**
>
> ❋ **물질안전보건자료에 적어야 하는 사항 ★**
> ① 제품명
> ② 물질안전보건자료 대상물질을 구성하는 화학물질 중 **유해인자의 분류기준에 해당하는 화학물질의 명칭 및 함유량**
> ③ 안전 및 보건상의 취급 주의 사항
> ④ 건강 및 환경에 대한 **유해성, 물리적 위험성**
> ⑤ 물리·화학적 특성 등 고용노동부령으로 정하는 사항
> • 물리·화학적 특성
> • 독성에 관한 정보
> • 폭발·화재 시의 대처방법
> • 응급조치 요령
> • 그 밖에 고용노동부장관이 정하는 사항

> **암기**
>
> **물질안전보건자료의 작성항목(Data Sheet 16가지 항목) ★★**
>
> 1. 화학제품과 회사에 관한 정보
> 2. 유해·위험성
> 3. 구성성분의 명칭 및 함유량
> 4. 응급조치요령
> 5. 폭발·화재 시 대처방법
> 6. 누출사고 시 대처방법
> 7. 취급 및 저장방법
> 8. 노출방지 및 개인보호구

한 눈에 들어오는 키워드

참고

물질안전보건자료 대상물질을 제조하거나 수입하려는 자는 물질안전보건자료 대상물질을 구성하는 화학물질 중 유해인자의 분류기준에 해당하지 아니하는 화학물질의 명칭 및 함유량을 고용노동부장관에게 별도로 제출하여야 한다. 다만, 다음 각 호의 어느 하나에 해당하는 경우는 그러하지 아니하다.

유해인자의 분류기준에 해당하지 아니하는 화학물질의 명칭 및 함유량을 고용노동부장관에게 제출하지 않아도 되는 경우

① 제출된 물질안전보건자료에 화학물질의 명칭 및 함유량이 전부 포함된 경우
② 물질안전보건자료 대상물질을 수입하려는 자가 물질안전보건자료 대상물질을 국외에서 제조하여 우리나라로 수출하려는 자("국외제조자")로부터 물질안전보건자료에 적힌 화학물질 외에는 유해인자의 분류기준에 해당하는 화학물질이 없음을 확인하는 내용의 서류를 받아 제출한 경우

9. 물리화학적 특성
10. 안정성 및 반응성
11. 독성에 관한 정보
12. 환경에 미치는 영향
13. 폐기 시 주의사항
14. 운송에 필요한 정보
15. 법적규제 현황
16. 기타 참고사항

② 물질안전보건자료 작성 제외 대상

❈ 물질안전보건자료 작성 제외 대상 ★★★

1. 「건강기능식품에 관한 법률」에 따른 **건강기능식품**
2. 「농약관리법」에 따른 **농약**
3. 「마약류 관리에 관한 법률」에 따른 **마약 및 향정신성의약품**
4. 「비료관리법」에 따른 **비료**
5. 「사료관리법」에 따른 **사료**
6. 「생활주변방사선 안전관리법」에 따른 **원료물질**
7. 「생활화학제품 및 살생물제의 안전관리에 관한 법률」에 따른 안전확인대상 **생활화학제품 및 살생물제품 중 일반소비자의 생활용으로 제공되는 제품**
8. 「식품위생법」에 따른 **식품 및 식품첨가물**
9. 「약사법」에 따른 **의약품 및 의약외품**
10. 「원자력안전법」에 따른 **방사성물질**
11. 「위생용품 관리법」에 따른 **위생용품**
12. 「의료기기법」에 따른 **의료기기**
12의2. 「첨단재생의료 및 첨단바이오의약품 안전 및 지원에 관한 법률」에 따른 **첨단바이오의약품**
13. 「총포·도검·화약류 등의 안전관리에 관한 법률」에 따른 **화약류**
14. 「폐기물관리법」에 따른 **폐기물**
15. 「화장품법」에 따른 **화장품**
16. 제1호부터 제15호까지의 규정 외의 **화학물질 또는 혼합물로서 일반소비자의 생활용으로 제공되는 것**(일반소비자의 생활용으로 제공되는 화학물질 또는 혼합물이 사업장 내에서 취급되는 경우를 포함한다)
17. 고용노동부장관이 정하여 고시하는 연구·개발용 화학물질 또는 화학제품. 이 경우 법 제110조제1항부터 제3항까지의 규정에 따른 자료의 제출만 제외된다.
18. 그 밖에 고용노동부장관이 독성·폭발성 등으로 인한 위해의 정도가 적다고 인정하여 고시하는 화학물질

[암기법]

비료로 **농** 사지은 **식품, 건강식품, 위생용품 폐기물**에서 **화약, 방사성 원료물질** 나와서 **소비자용 의료기기, 첨단 의약품, 마약, 화장품**으로 치료했다.

 한 눈에 들어오는 키워드

[참고]

물질안전보건자료의 일부 비공개 승인

① 영업비밀과 관련되어 화학물질의 명칭 및 함유량을 물질안전보건자료에 적지 아니하려는 자는 고용노동부령으로 정하는 바에 따라 고용노동부장관에게 신청하여 승인을 받아 해당 화학물질의 명칭 및 함유량을 대체할 수 있는 대체자료로 적을 수 있다. 다만, 근로자에게 중대한 건강장해를 초래할 우려가 있는 화학물질로서 산업재해보상보험 및 예방심의위원회의 심의를 거쳐 고용노동부장관이 고시하는 것은 그러하지 아니하다.
② 고용노동부장관은 승인 신청을 받은 경우 고용노동부령으로 정하는 바에 따라 화학물질의 명칭 및 함유량의 대체 필요성, 대체자료의 적합성 및 물질안전보건자료의 적정성 등을 검토하여 승인 여부를 결정하고 신청인에게 그 결과를 통보하여야 한다.
③ 고용노동부장관은 승인에 관한 기준을 산업재해보상보험 및 예방심의위원회의 심의를 거쳐 정한다.
④ 승인의 유효기간은 승인을 받은 날부터 5년으로 한다.
⑤ 고용노동부장관은 유효기간이 만료되는 경우에도 계속하여 대체자료로 적으려는 자가 그 유효기간의 연장승인을 신청하면 유효기간이 만료되는 다음 날부터 5년 단위로 그 기간을 계속하여 연장 승인할 수 있다.
⑥ 신청인은 승인 또는 연장승인에 관한 결과에 대하여 고용노동부령으로 정하는 바에 따라 고용노동부장관에게 이의신청을 할 수 있다.

한눈에 들어오는 키워드

⑦ 고용노동부장관은 이의신청에 대하여 **고용노동부령으로 정하는 바에 따라 승인 또는 연장승인 여부를 결정하고** 그 결과를 신청인에게 통보하여야 한다.

⑧ 고용노동부장관은 다음 각 호의 어느 하나에 해당하는 경우에는 승인 또는 연장승인을 취소할 수 있다. 다만, ①의 경우에는 그 승인 또는 연장승인을 취소하여야 한다.

승인 또는 연장승인을 취소할 수 있는 경우
① 거짓이나 그 밖의 부정한 방법으로 승인 또는 연장승인을 받은 경우
② 승인 또는 연장승인을 받은 화학물질이 근로자에게 중대한 건강장해를 초래할 우려가 있는 화학물질에 해당하게 된 경우

참고
근로자의 안전 및 보건을 유지, 직업성 질환 발생원인 규명을 위하여 대체자료를 제공할 것을 제조자 및 수입자에게 요구할 수 있는 자
① 근로자를 진료하는 「의료법」에 따른 의사
② 보건관리자 및 보건관리전문기관
③ 산업보건의
④ 근로자대표
⑤ 역학조사 실시 업무를 위탁받은 기관
⑥ 「산업재해보상보험법」 업무상 질병판정위원회

(2) 물질안전보건자료의 제공

① 물질안전보건자료 대상물질을 양도하거나 제공하는 자는 이를 양도받거나 제공받는 자에게 물질안전보건자료를 제공하여야 한다.
② 물질안전보건자료 대상물질을 제조하거나 수입한 자는 이를 양도받거나 제공받은 자에게 변경된 물질안전보건자료를 제공하여야 한다.
③ 같은 사업주에게 같은 대상화학물질을 2회 이상 계속하여 양도 또는 제공하는 경우에는 해당 대상화학물질에 대한 MSDS의 변경이 없는 한 2회 이후부터는 MSDS의 양도 또는 제공을 생략할 수 있다.

(3) 다음 각 호의 어느 하나에 해당하는 자는 근로자의 안전 및 보건을 유지하거나 직업성 질환 발생 원인을 규명하기 위하여 근로자에게 중대한 건강장해가 발생하는 등 고용노동부령으로 정하는 경우에는 물질안전보건자료 대상물질을 제조하거나 수입한 자에게 대체자료로 적힌 화학물질의 명칭 및 함유량 정보를 제공할 것을 요구할 수 있다. 이 경우 정보 제공을 요구받은 자는 고용노동부장관이 정하여 고시하는 바에 따라 정보를 제공하여야 한다.

(4) 물질안전보건자료의 게시 및 교육

① 물질안전보건자료 대상물질을 취급하는 사업주는 다음 각 호의 어느 하나에 해당하는 장소 또는 전산장비에 항상 물질안전보건자료를 게시하거나 갖추어 두어야 한다.

확인

❈ **물질안전보건자료를 게시 또는 비치하여야 하는 장소** ★
① 물질안전보건자료 대상물질을 취급하는 작업공정이 있는 장소
② 작업장 내 근로자가 가장 보기 쉬운 장소
③ 근로자가 작업 중 쉽게 접근할 수 있는 장소에 설치된 전산장비

② 사업주는 물질안전보건자료 대상물질을 취급하는 작업공정별로 고용노동부령으로 정하는 바에 따라 물질안전보건자료 대상물질의 관리요령을 게시하여야 한다.(작업공정별 관리 요령은 유해성·위험성이 유사한 물질안전보건자료 대상물질의 그룹별로 작성하여 게시할 수 있다)

> **확인**
>
> ❋ **물질안전보건자료 대상물질의 작업공정별 관리요령에 포함사항 ★**
>
> ① 제품명
> ② 건강 및 환경에 대한 유해성, 물리적 위험성
> ③ 안전 및 보건상의 취급주의 사항
> ④ 적절한 보호구
> ⑤ 응급조치 요령 및 사고 시 대처방법

③ 사업주는 다음 각 호의 어느 하나에 해당하는 경우에는 작업장에서 취급하는 물질안전보건자료 대상물질의 내용을 근로자에게 교육하고 교육을 실시하였을 때에는 교육시간 및 내용 등을 기록하여 보존해야 한다.

> **확인**
>
> ❋ **물질안전보건자료 대상물질의 내용을 근로자에게 교육하여야 하는 경우 ★**
>
> ① 물질안전보건자료 대상물질을 제조·사용·운반 또는 저장하는 작업에 근로자를 배치하게 된 경우
> ② 새로운 물질안전보건자료 대상물질이 도입된 경우
> ③ 유해성·위험성 정보가 변경된 경우

> **확인**
>
> ❋ **물질안전보건자료에 관한 교육내용 ★**
>
> ① 대상화학물질의 명칭(또는 제품명)
> ② 물리적 위험성 및 건강 유해성
> ③ 취급상의 주의사항
> ④ 적절한 보호구
> ⑤ 응급조치 요령 및 사고시 대처방법
> ⑥ 물질안전보건자료 및 경고표지를 이해하는 방법

(5) 물질안전보건자료 대상물질 용기 등의 경고표시 ★

① 물질안전보건자료 대상물질을 양도하거나 제공하는 자는 고용노동부령으로 정하는 방법에 따라 이를 담은 용기 및 포장에 경고표시를 하여야 한다. 다만, 용기 및 포장에 담는 방법 외의 방법으로 물질안전보건자료 대상물질을 양도하거나 제공하는 경우에는 고용노동부장관이 정하여 고시한 바에 따라 경고표시 기재 항목을 적은 자료를 제공하여야 한다.

한 눈에 들어오는 키워드

> **비교**
>
> 물질안전보건자료에 적어야 하는 사항 ★★
> ① 제품명
> ② 물질안전보건자료 대상물질을 구성하는 화학물질 중 유해인자의 분류기준에 해당하는 화학물질의 명칭 및 함유량
> ③ 안전 및 보건상의 취급 주의 사항
> ④ 건강 및 환경에 대한 유해성, 물리적 위험성
> ⑤ 물리·화학적 특성 등 고용노동부령으로 정하는 사항
> • 물리·화학적 특성
> • 독성에 관한 정보
> • 폭발·화재 시의 대처방법
> • 응급조치 요령
> • 그 밖에 고용노동부장관이 정하는 사항

② 사업주는 사업장에서 사용하는 물질안전보건자료 대상물질을 담은 용기에 고용노동부령으로 정하는 방법에 따라 경고표시를 하여야 한다. 다만, 용기에 이미 경고표시가 되어있는 등 고용노동부령으로 정하는 경우에는 그러하지 아니하다.

(6) 작성원칙

① MSDS는 한글로 작성하는 것을 원칙으로 하되 화학물질명, 외국기관명 등의 고유명사는 영어로 표기할 수 있다.
② 제1항에도 불구하고 실험실에서 시험·연구목적으로 사용하는 시약으로서 MSDS가 외국어로 작성된 경우에는 한국어로 번역하지 아니할 수 있다.
③ 시험결과를 반영하고자 하는 경우에는 해당국가의 우량실험기준(GLP)에 따라 수행한 시험결과를 우선적으로 고려하여야 한다.
④ 외국어로 되어있는 MSDS를 번역하는 경우에는 자료의 신뢰성이 확보될 수 있도록 최초 작성기관명 및 시기를 함께 기재하여야 하며, 다른 형태의 관련 자료를 활용하여 MSDS를 작성하는 경우에는 참고문헌의 출처를 기재하여야 한다.
⑤ MSDS 작성에 필요한 용어, 작성에 필요한 기술지침은 한국산업안전보건공단이 정할 수 있다.
⑥ MSDS의 작성단위는 「계량에 관한 법률」이 정하는 바에 의한다.
⑦ 각 작성항목은 빠짐없이 작성하여야 한다. 다만, 부득이 어느 항목에 대해 관련 정보를 얻을 수 없는 경우에는 작성란에 "자료없음"이라고 기재하고, 적용이 불가능하거나 대상이 되지 않는 경우에는 작성란에 "해당없음"이라고 기재한다.
⑧ 구성 성분의 함유량을 기재하는 경우에는 함유량의 ±5%의 범위에서 함유량의 범위(하한값~상한값)로 함유량을 대신하여 표시할 수 있다. 이 경우 함유량이 5% 미만인 경우에는 그 하한값을 1%[발암성 물질, 생식세포 변이원성 물질은 0.1%, 호흡기과민성물질(가스인 경우에 한함) 0.2%, 생식독성 물질은 0.3%] 이상으로 표시한다.
⑨ 사업주가 MSDS를 작성할 때에는 취급근로자의 건강보호 목적에 맞도록 성실하게 작성하여야 한다.

한 눈에 들어오는 키워드

참고

1. 새로운 정보의 적용
사업주는 대상화학물질에 대하여 다음 각 호의 정보를 알게 된 경우에는 이를 3개월 이내에 MSDS에 포함시켜야 한다.
① 유해성·위험성
② 유해성·위험성에 대한 보호조치 방법
③ 법적규제사항의 개정내용
④ 그 밖에 기존 MSDS상의 주요 변경내용

2. 혼합물의 유해성·위험성 결정
① 혼합물에 대한 물리적 위험성 여부가 혼합물 전체로서 시험되지 않는 경우에는 혼합물을 구성하고 있는 단일 화학물질에 관한 자료를 통해 혼합물의 물리적 잠재유해성을 평가할 수 있다.
② 혼합물로 된 제품들이 다음 각 호의 요건을 충족하는 경우에는 각각의 제품을 대표하여 하나의 MSDS를 작성할 수 있다.
· 혼합물로 된 제품의 구성 성분이 같을 것
· 각 구성성분의 함량변화가 10% 이하일 것
· 비슷한 유해성을 가질 것

3. 다음 각 호의 조치를 모두 취한 경우에는 MSDS를 갖추어 둔 것으로 본다.
① MSDS가 저장된 확인 전용의 전산장비를 취급근로자가 작업 중 쉽게 접근할 수 있는 장소에 설치하여 가동하고 있을 것
② 해당 화학물질 취급근로자에게 MSDS의 프로그램 작동 방법, 제품명 입력 및 MSDS 확인 방법 등을 교육할 것
③ 관리요령에 대상화학물질의 건강유해성, MSDS 검색 방법을 포함하여 게시하였을 것

(7) 경고표지의 부착 및 작성

1) 경고표지의 부착

① 대상화학물질을 양도·제공하는 자는 해당 대상화학물질의 용기 및 포장에 한글경고표지를 부착하거나 인쇄하는 등 유해·위험 정보가 명확히 나타나도록 하여야 한다. 다만, 실험실에서 시험·연구목적으로 사용하는 시약으로서 외국어로 작성된 경고표지가 부착되어 있거나 수출하기 위하여 저장 또는 운반 중에 있는 완제품은 한글 경고표지를 부착하지 아니할 수 있다.

② 제1항에도 불구하고 국제연합(UN)의 「위험물 운송에 관한 권고」에서 정하는 유해·위험성 물질을 포장에 표시하는 경우에는 「위험물 운송에 관한 권고」에 따라 표시할 수 있다.

2) 경고표지의 작성방법

① 대상화학물질의 용량이 100그램(g) 이하 또는 100밀리리터(ml) 이하인 경우에는 경고표지에 명칭, 그림문자, 신호어를 표시하고 그 외의 기재내용은 물질안전보건자료를 참고하도록 표시할 수 있다. 다만, 용기나 포장에 공급자 정보가 없는 경우에는 경고표지에 공급자 정보를 표시하여야 한다.

② 대상화학물질을 해당 사업장에서 자체적으로 사용하기 위하여 담은 반제품용기에 경고표시를 할 경우에는 유해·위험의 정도에 따른 "위험" 또는 "경고"의 문구만을 표시할 수 있다. 다만, 이 경우 보관·저장장소의 작업자가 쉽게 볼 수 있는 위치에 경고표지를 부착하거나 물질안전보건자료를 게시하여야 한다.

> **한 눈에 들어오는 키워드**
>
> **참고**
> 경고표지의 색상 및 위치
> ① 비닐포대 등 바탕색을 흰색으로 하기 어려운 경우에는 그 포장 또는 용기의 표면을 바탕색으로 사용할 수 있다. 다만, 바탕색이 검정색에 가까운 용기 또는 포장인 경우에는 글씨와 테두리를 바탕색과 대비색상으로 표시하여야 한다.
> ② 그림문자는 유해성·위험성을 나타내는 그림과 테두리로 구성하며, 유해성·위험성을 나타내는 그림은 검은색으로 하고, 그림문자의 테두리는 빨간색으로 하는 것을 원칙으로 하되 바탕색과 테두리의 구분이 어려운 경우 바탕색의 대비 색상으로 할 수 있으며, 그림문자의 바탕은 흰색으로 한다. 다만, 1리터(ℓ) 미만의 소량용기 또는 포장으로서 경고표지를 용기 또는 포장에 직접 인쇄하고자 하는 경우에는 그 용기 또는 포장 표면의 색상이 두 가지 이하로 착색되어 있는 경우에 한하여 용기 또는 포장에 주로 사용된 색상(검정색계통은 제외한다)을 그림문자의 바탕색으로 할 수 있다.
> ③ 경고표지는 취급근로자가 사용 중에도 쉽게 볼 수 있는 위치에 견고하게 부착하여야 한다.

3) 경고표지 기재항목의 작성방법

① 명칭은 물질안전보건자료 상의 제품명을 기재한다.

② 그림문자의 표시 ★
- "해골과 X자형 뼈"와 "감탄부호(!)"의 그림문자에 모두 해당되는 경우에는 "해골과 X자형 뼈"의 그림문자만을 표시한다.
- 피부 부식성 또는 심한 눈 손상성 그림문자와 피부 자극성 또는 눈 자극성 그림문자에 모두 해당되는 경우에는 피부 부식성 또는 심한 눈 손상성 그림문자만을 표시한다.
- 호흡기 과민성 그림문자와 피부 과민성, 피부 자극성 또는 눈 자극성 그림문자에 모두 해당되는 경우에는 호흡기 과민성 그림문자만을 표시한다.
- 5개 이상의 그림문자에 해당되는 경우에는 4개의 그림문자만을 표시할 수 있다.

③ 신호어는 "위험" 또는 "경고"를 표시한다. 다만, 대상화학물질이 "위험"과 "경고"에 모두 해당되는 경우에는 "위험"만을 표시한다.

④ 유해·위험 문구는 해당되는 것을 모두 표시한다. 다만, 중복되는 유해·위험문구를 생략하거나 유사한 유해·위험 문구를 조합하여 표시할 수 있다.

⑤ 예방조치 문구는 해당되는 것을 모두 표시한다. 다만 다음 각 호의 어느 하나에 해당되는 경우에는 이에 따른다.
- 중복되는 예방조치 문구를 생략하거나 유사한 예방조치 문구를 조합하여 표시할 수 있다.
- 예방조치 문구가 7개 이상인 경우에는 예방·대응·저장·폐기 각 1개 이상(해당문구가 없는 경우는 제외한다)을 포함하여 6개만 표시해도 된다. 이때 표시하지 않은 예방조치 문구는 물질안전보건자료를 참고하도록 기재하여야 한다.

4) 경고표지의 색상 및 위치

경고표지 전체의 바탕은 흰색으로, 글씨와 테두리는 검정색으로 하여야 한다. ★

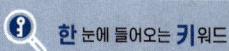

CHAPTER 05 산업재해

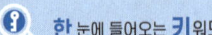

01 산업재해 발생원인 및 분석

1 산업재해의 개념

(1) 산업재해의 정의

노무를 제공하는 사람이 업무에 관계되는 건설물·설비·원재료·가스·증기·분진 등에 의하거나 작업 또는 그 밖의 업무로 인하여 사망 또는 부상하거나 질병에 걸리는 것을 말한다.

(2) 중대재해의 정의 ★

산업재해 중 사망 등 재해 정도가 심하거나 다수의 재해자가 발생한 경우로서 고용노동부령으로 정하는 재해를 말한다.

① 사망자가 1인 이상 발생한 재해
② 3개월 이상 요양을 요하는 부상자가 동시에 2인 이상 발생한 재해
③ 부상자 또는 직업성 질병자가 동시에 10인 이상 발생한 재해

2 산업재해의 분류

(1) 상해 및 재해발생형태에 의한 분류

1) 상해종류별 분류

분류항목	세부항목
골절	뼈가 부러진 상해
동상	저온물 접촉으로 생긴 동상 상해
부종	국부의 혈액순환의 이상으로 몸이 퉁퉁 부어오르는 상해
찔림(자상)	칼날 등 날카로운 물건에 찔린 상해

분류항목	세부항목
타박상(뼘, 좌상)	타박·충돌·추락 등으로 피부표면보다는 피하조직 또는 근육부를 다친 상태
절단(절상)	신체 부위가 절단된 상해
중독·질식	음식물·약물·가스 등에 의한 중독이나 질식된 상해
찰과상	스치거나 문질러져서 피부가 벗겨진 상해
베임(창상)	창·칼 등에 베인 상해
화상	화재 또는 고온물 접촉으로 인한 상해
뇌진탕	머리를 세게 맞았을 때 장해로 일어난 상해
익사	물 속에 추락하여 익사한 상해
피부병	직업과 연관되어 발생 또는 악화되는 모든 피부질환
청력장애	청력이 감퇴 또는 난청이 된 상태
시력장애	시력이 감퇴 또는 실명된 상해

2) 재해발생형태별 분류

분류항목	세부항목
떨어짐	• 높이가 있는 곳에서 사람이 떨어짐 • 사람이 인력(중력)에 의하여 건축물, 구조물, 가설물, 수목, 사다리 등의 높은 장소에서 떨어지는 것
넘어짐	• 사람이 미끄러지거나 넘어짐 • 사람이 거의 평면 또는 경사면, 층계 등에서 구르거나 넘어지는 경우
깔림·뒤집힘	• 물체의 쓰러짐이나 뒤집힘 • 기대어져 있거나 세워져 있는 물체 등이 쓰러져 깔린 경우 및 지게차 등의 건설기계 등이 운행 또는 작업 중 뒤집어진 경우
부딪힘·접촉	• 물체에 부딪힘, 접촉 • 재해자 자신의 움직임·동작으로 인하여 기인물에 접촉 또는 부딪히거나, 물체가 고정부에서 이탈하지 않은 상태로 움직임(규칙, 불규칙) 등에 의하여 접촉한 경우
맞음	• 날아오거나 떨어진 물체에 맞음 • 구조물, 기계 등에 고정되어 있던 물체가 중력, 원심력, 관성력 등에 의하여 고정부에서 이탈하거나 또는 설비 등으로부터 물질이 분출되어 사람을 가해하는 경우

참고

재해발생형태
재해 및 질병이 발생된 형태 또는 근로자(사람)에게 상해를 입힌 기인물과 상관된 현상

> 한눈에 들어오는 **키워드**

분류항목	세부항목
끼임	• 기계설비에 끼이거나 감김 • 두 물체 사이의 움직임에 의하여 일어난 것으로 직선 운동하는 **물체 사이의 끼임**, 회전부와 고정체 사이의 끼임, 로울러 등 회전체 사이에 **물리거나** 또는 회전체·돌기부 등에 **감긴 경우**
무너짐	• 건축물이나 쌓여진 물체가 무너짐 • 토사, 적재물, 구조물, **건축물**, 가설물 **등이** 전체적으로 **허물어져 내리거나** 또는 주요 부분이 꺾어져 **무너지는 경우**
감전	• 전기설비의 **충전부 등에** 신체의 일부가 **직접 접촉**하거나 **유도전류의 통전**으로 근육의 수축, 호흡곤란, 심실세동 등이 발생한 경우 또는 특별고압 등에 접근함에 따라 발생한 섬락 접촉, 합선·혼촉 등으로 인하여 발생한 **아크에 접촉**된 경우
이상온도 접촉	• 고·저온 환경 또는 물체에 노출·접촉된 경우
화학물질 누출·접촉	• 유해·위험물질에 노출·접촉 또는 흡입한 경우
산소결핍	• 유해물질과 관련 없이 **산소가 부족한 상태·환경에 노출**되었거나 이물질 등에 의하여 **기도가 막혀 호흡기능이 불충분**한 경우
폭발·파열	• 건축물, 용기 내 또는 대기 중에서 **물질의 화학적, 물리적 변화가 급격히 진행되어 열, 폭음, 폭발압이 동반하여 발생하는 경우**를 말하며, **파열은 배관, 용기 등이 물리적인 압력에 의하여 찢어지거나 터진 경우**로서 폭풍압이 동반되지 않은 경우
화재	• 가연물에 점화원이 가해져 비의도적으로 **불이 일어난 경우**
불균형 및 무리한 동작	• **물체의 취급 없이 일시적이고 급격한 행위·동작** 등 신체 동작(반응)에 의한 경우나, **물체의 취급과 관련하여 근육의 힘을 많이 사용하는 경우**로서 밀기, 당기기, 지탱하기, 들어올리기, 돌리기, 잡기, 운반하기 등과 같은 행위·동작
폭력행위	• 의도적인 또는 의도가 불분명한 위험행위(마약, 정신질환 등)로 자신 또는 타인에게 상해를 입힌 폭력·폭행을 말하며, 협박·언어·성폭력 및 동물에 의한 상해 등도 포함한다.
절단·베임·찔림	• 사람과 물체 간의 직접적인 접촉에 의한 것으로서 **칼 등 날카로운 물체의 취급** 또는 톱·절단기 등의 **회전 날 부위에 접촉되어 신체가 절단되거나 베어진 경우**
빠짐·익사	• 수중에 빠지거나 익사한 경우
사업장 내 교통사고	• 사업장 내의 도로에서 발생된 교통사고

분류항목	세부항목
사업장 외 교통사고	• 사업장 외의 도로에서 발생된 교통사고와 해상·항공과 관련하여 발생된 교통사고
체육행사 등의 사고	• 업무와 관련한 체육행사·워크숍, 회식 등에서 재해를 입은 경우
동물상해	• 동물에 의해 근로자가 상해를 입은 경우로 동물(개·소·말 등)에 물리거나 차이는 등에 의해 상해를 입은 경우

3) ILO의 근로불능 상해의 구분(상해정도별 분류)

① 사망
② 영구 전 노동불능 : 신체 전체의 노동 기능 완전 상실(1~3급)
③ 영구 일부 노동불능 : 신체 일부의 노동 기능 상실 (4~14급)
④ 일시 전 노동불능 : 일정기간 노동 종사 불가(휴업상해)
⑤ 일시 일부 노동불능 : 일정기간 일부노동에 종사 불가(통원상해)
⑥ 구급조치상해

3 산업재해의 원인

(1) 산업재해의 원인

1) 직접원인

① 인적원인(불안전한 행동)
② 물적원인(불안전한 상태)

2) 간접원인

① 기술적 원인
② 교육적 원인
③ 신체적 원인
④ 정신적 원인
⑤ 작업관리상 원인

 한 눈에 들어오는 키워드

기출
재해와 상해발생에 관여하는 3가지 요인(Gordon)
① 기계요인
② 개체요인
③ 환경요인

참고
직접원인

인적원인 (불안전한 행동)	물적원인 (불안전한 상태)
• 위험장소 접근	• 물 자체의 결함
• 안전장치의 기능 제거	• 안전 방호장치의 결함
• 복장, 보호구의 잘못 사용	• 복장, 보호구의 결함
• 기계기구 잘못 사용	• 물의 배치 및 작업 장소 불량
• 운전 중인 기계 장치의 손질	• 작업환경의 결함
• 불안전한 속도 조작	• 생산공정의 결함
• 위험물 취급 부주의	• 경계표시, 설비의 결함
• 불안전한 상태 방치	
• 불안전한 자세·동작	
• 감독 및 연락 불충분	

참고
간접원인

기술적 원인	• 건물 기계장치 설계불량 • 구조 재료의 부적합 • 생산방법의 부적당 • 점검 정비 보존 불량
교육적 원인	• 안전지식의 부족 • 안전수칙의 오해 • 경험 훈련의 부족 • 작업 방법의 교육 불충분 • 유해 위험 작업의 교육 불충분
작업 관리상 원인	• 안전관리 조직 결함 • 안전수칙 미제정 • 작업준비 불충분 • 인원 배치 부적당 • 작업지시 부적당

(2) 인간에러(휴먼 에러)의 배후요인(4M) ★

① Man(인간) : 본인 외의 사람, 직장의 인간관계 등
② Machine(기계) : 기계, 장치 등의 물적 요인
③ Media(매체) : 작업정보, 작업방법 등
④ Management(관리) : 작업관리, 법규준수, 단속, 점검 등

4 산업재해의 분석

(1) 사고발생 이론

1) 하인리히(H. W. Heinrich)의 사고발생 도미노 5단계 ★

① 1단계 : 선천적 결함(사회, 환경, 유전적 결함)
② 2단계 : 개인적 결함
③ 3단계 : 불안전 행동(인적결함), 불안전한 상태(물적결함)
④ 4단계 : 사고
⑤ 5단계 : 재해(상해)

(2) 사고방지 이론(하인리히의 사고방지 5단계) ★

1단계 안전조직	• 안전목표 설정 • 안전관리자의 선임 • 안전조직 구성 • 안전활동 방침 및 계획수립 • 조직을 통한 안전 활동 전개
2단계 사실의 발견	• 작업분석 • 점검 • 사고조사 • 안전진단
3단계 분석	• 사고원인 및 경향성 분석 • 작업공정 분석 • 사고기록 및 관계자료 분석 • 인적 · 물적 환경 조건 분석

한 눈에 들어오는 키워드

[참고]
버드(Frank. E. Bird)의 연쇄성 이론 5단계
① 1단계 : 제어부족(관리 부재)
② 2단계 : 기본원인(기원)
③ 3단계 : 직접원인(징후)
④ 4단계 : 사고(접촉)
⑤ 5단계 : 상해(손실)

아담스(Edward Adams)의 연쇄성 이론 5단계
① 1단계 : 관리구조
② 2단계 : 작전적 에러
③ 3단계 : 전술적 에러
④ 4단계 : 사고
⑤ 5단계 : 상해

[암기] ★
하인리히의 사고방지 5단계
• 1단계 : 안전조직
• 2단계 : 사실의 발견
• 3단계 : 분석
• 4단계 : 시정방법 선정
• 5단계 : 시정책 적용

4단계 시정방법 선정	• 기술적 개선 • 안전운동 전개 • 교육훈련 분석 • 안전행정의 개선 • 배치 조정 • 규칙 및 수칙 등 제도의 개선
5단계 시정책 적용(3E적용)	• 안전교육(Education) • 안전기술(Engineering) • 안전독려(Enforcement)

(3) 사고빈도법칙

1) 하인리히의 사고빈도법칙(1 : 29 : 300의 법칙)

총 330건의 사고를 분석했을 때

① 중상 또는 사망 : 1건

② 경상해 : 29건

③ 무상해사고 : 300건이 발생함을 의미한다.

2) 버드의 사고빈도법칙(1 : 10 : 30 : 600의 법칙)

총 641건의 사고를 분석했을 때

① 중상 또는 폐질 : 1건

② 경상해 : 10건

③ 무상해사고(물적 손실) : 30건

④ 무상해, 무사고(위험 순간) : 600건이 발생함을 의미한다.

(4) J·H Harvey(하비)의 3E

① 안전교육(Education)

② 안전기술(Engineering)

③ 안전독려(Enforcement)

> **참고**
> 1. 하인리히의 1 : 29 : 300의 원칙은 300건의 무상해 사고의 원인을 제거해야 함을 강조한다.
> 2. 무상해, 무사고(위험 순간) = Near Accident
>
> **확인**
> 1. 총 660건 사고분석시
>   (2 : 58 : 600)
>   • 중상 또는 사망 : 1×2=2
>   • 경상해 : 29×2=58
>   • 무상해사고 : 300×2=600
> 2. 총 990건 사고분석시
>   • 중상 또는 사망 : 1×3=3
>   • 경상해 : 29×3=87
>   • 무상해사고 : 300×3=900

한 눈에 들어오는 **키워드**

[기출]
경미사고
(경미한 재해: minor accidents)
통원치료할 정도의 상해가 일어난 경우를 말한다.

5 산업재해의 통계

(1) 재해통계방법

1) 파레토도(Pareto Diagram)

사고 유형, 기인물 등 데이터를 분류하여 그 항목 값이 큰 순서대로 정리하여 막대그래프로 나타낸다.

2) 특성요인도(Characteristic Diagram)

재해와 그 요인의 관계를 어골상으로 세분화하여 나타낸다.

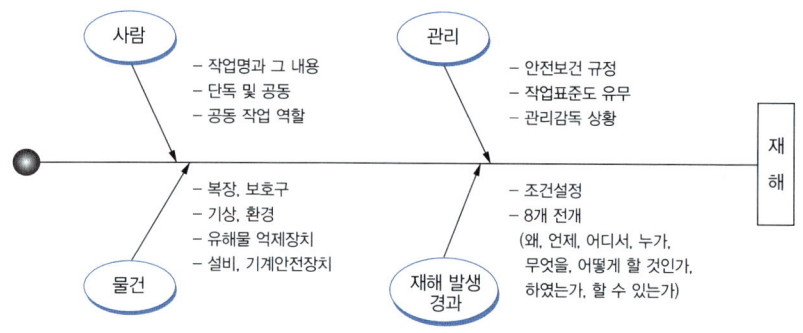

3) 크로스(Cross) 분석

2가지 또는 2개 항목 이상의 요인이 상호관계를 유지할 때 문제를 분석하는 데 사용된다.

4) 관리도(Control Chart)

시간경과에 따른 재해발생 건수 등 대략적인 추이 파악에 사용된다.

(2) 재해율의 계산

1) 연천인율 ★★

근로자 1,000명 중 재해자수 비율(1년간)을 말한다.

> 1. 연천인율 = $\dfrac{\text{연간재해자 수}}{\text{연평균 근로자 수}} \times 1,000$
> 2. 연천인율 = 도수율 × 2.4

[참고]
재해율
= $\dfrac{\text{재해자수}}{\text{전 근로자수}} \times 100$

[예제 1]

연평균 근로자수가 5,000명인 A 사업장에서 1년 동안에 125건의 재해로 인하여 250명의 사상자가 발생하였다면 이 사업장의 연천인율은 얼마인가?

해설

$$연천인율 = \frac{연간재해자수}{연평균 근로자수} \times 1,000 = \frac{250}{5,000} \times 1,000 = 50$$

2) 도수율(빈도율 F.R) ★★★

100만 근로시간당 재해발생 건수의 비율을 말한다.

$$도수율(빈도율) = \frac{재해 건수}{연 근로 시간 수} \times 10^6$$

- 근로자 1인의 1년간 총 근로시간수 계산

$$8시간 \times 300일 = 2,400시간$$

- 1일 근로시간 8시간
- 1년 근로일수 300일

[예제 2]

50명의 근로자가 작업하는 사업장에서 1년 동안 3건의 재해로 인하여 15일의 근로손실일수가 발생하였다면 이 사업장의 도수율은 얼마인가? (단, 근로자는 1일 8시간씩 연간 300일 근무하였다.)

해설

$$도수율 = \frac{재해 건수}{연 근로 시간 수} \times 10^6 = \frac{3}{50 \times 8 \times 300} \times 10^6 = 25$$

3) 강도율(S.R) ★★★

1,000 근로시간당 근로손실일수 비율을 말한다.

$$강도율 = \frac{총요양근로손실일수}{연 근로 시간 수} \times 1,000$$

(근로손실일수 = 휴업일수, 요양일수, 입원일수, 가료일수 $\times \frac{300(실제근로일수)}{365}$)

한 눈에 들어오는 키워드

참고

1. 재해율
   - 산재보험적용 근로자수 100명당 발생하는 재해자수의 비율을 말한다.
   - 재해율 = $\frac{재해자수}{산재보험적용근로자수} \times 100$

2. 휴업재해율
   - 임금 근로자수 100명당 발생하는 휴업 재해자수의 비율을 말한다.
   - 휴업재해율 = $\frac{휴업재해자수}{임금근로자수} \times 100$

3. 사망 만인율
   - 산재보험적용 근로자수 10,000명당 발생하는 사망자수의 비율을 말한다.
   - 사망만인율 = $\frac{사망자수}{산재보험적용근로자수} \times 10,000$

4. 건설업체의 산업재해발생률
   - 사고사망만인율(‰) = $\frac{사고사망자수}{상시근로자수} \times 10,000$
   - 상시근로자수 = $\frac{연간국내공사실적액 \times 노무비율}{건설업월평균임금 \times 12}$

한 눈에 들어오는 키워드

> **확인**
> 사망 및 1, 2, 3급의 근로손실일수 계산
> 25년 × 300일 = 7,500일
> • 근로손실 연수 : 25년(노동이 가능한 연령을 55세, 재해로 인한 사망자의 평균 연령을 30세로 본다.)
> • 1년 근로일수 300일

신체장해등급	사망, 1,2,3급	4급	5급	6급	7급	8급
손실일수	7,500일	5,500일	4,000일	3,000일	2,200일	1,500일

신체장해등급	9급	10급	11급	12급	13급	14급
손실일수	1,000일	600일	400일	200일	100일	50일

[예제 3]
연간총근로시간수가 100,000시간인 사업장에서 1년 동안 재해가 50건 발생하였으며, 손실된 근로일수가 100일이었다. 이 사업장의 강도율은 얼마인가?

해설

$$강도율 = \frac{총요양근로손실일수}{연\ 근로\ 시간\ 수} \times 1,000 = \frac{100}{100,000} \times 1,000 = 1$$

4) 종합재해지수 ★★

$$FSI = \sqrt{FR \times SR} = \sqrt{도수율 \times 강도율}$$

5) 환산 강도율(S) ★★

일평생 근로하는 동안의 근로손실일수를 말한다.

> 1. 환산 강도율(S) = $\dfrac{총요양근로손실일수}{연\ 근로\ 시간\ 수} \times 평생근로시간수(100,000)$
> 2. 환산 강도율 = 강도율 × 100

> **확인**
> 근로자 1인의 평생 근로시간수 계산
> (40년 × 2,400시간) + 4,000시간 = 100,000시간
> • 1인의 일평생 근로연수 : 40년
> • 1년 총 근로시간수 : 2,400시간
> • 일평생 잔업시간 : 4,000시간

6) 환산 도수율(F) ★★

일평생 근로하는 동안의 재해건수를 말한다.

> 1. 환산 도수율(F) = $\dfrac{재해건수}{연\ 근로\ 시간\ 수} \times 평생근로시간수(100,000)$
> 2. 환산 도수율 = 도수율 ÷ 10

02 산업재해 대책

1 산업재해의 보상

(1) 재해손실비의 종류 및 계산

하인리히 방식 ★	총 재해비용 = 직접비 + 간접비 (1 : 4)	
	직접비 ★	간접비
	• 치료비 • 휴업급여 • 요양급여 • 유족급여 • 장해급여 • 간병급여 • 직업재활급여 • 상병(傷病)보상연금 • 장의비 등	• 인적 손실비 • 물적 손실비 • 생산 손실비 • 기계·기구 손실비 등
시몬즈의 방식	총 재해코스트 = 보험코스트 + 비보험코스트 총 재해코스트 = 산재보험료 + [(A×휴업상해 건수) 　　　　　　　　　　　　+ (B×통원상해 건수) 　　　　　　　　　　　　+ (C×구급조치상해 건수) 　　　　　　　　　　　　+ (D×무상해 사고 건수)] * A, B, C, D : 상수(각 재해에 대한 평균 비보험코스트) ① 보험코스트 = 산재보험료 ② 비보험코스트 　• 휴업상해　　　　• 통원상해 　• 구급조치상해　　• 무상해 사고	

> **참고**
> 산업재해보상보험법령상 보험급여의 종류
> 보험급여의 종류는 다음 각 호와 같다. 다만, 진폐에 따른 보험급여의 종류는 요양급여, 간병급여, 장해급여, 직업재활급여, 진폐보상연금 및 진폐유족연금으로 한다.
> ① 요양급여
> ② 휴업급여
> ③ 장해급여
> ④ 간병급여
> ⑤ 유족급여
> ⑥ 상병(傷病)보상연금
> ⑦ 장례비
> ⑧ 직업재활급여

[예제 4]
산업재해로 인한 직접손실비용이 300만원 발생하였다면, 총재해손실비는 얼마로 추정되는가? (단, 하인리히의 재해손실비 산출기준을 따른다.)

해설
하인리히의 재해손실비용

총 재해비용 = 직접비 + 간접비 (1 : 4)

총 재해비용 = 직접비 + 간접비 = 300 + (300×4) = 1,500만원

> **한 눈에 들어오는 키워드**

> **참고**
> 소질성 누발자의 공통된 성격
> ① 주의력 산만 및 주의력 지속 불능
> ② 흥분성
> ③ 저지능
> ④ 비협조성
> ⑤ 도덕성의 결여
> ⑥ 소심한 성격
> ⑦ 감각운동 부적합 등

2 산업재해의 대책

(1) 재해설

① 기회설(상황설) : 재해가 일어날 수 있는 상황만 주어지면 재해가 유발된다는 설

② 암시설(습관설) : 한번 재해를 당한 사람은 겁쟁이가 되어 신경과민으로 또 재해를 유발한다는 설

③ 경향설(성향설) : 근로자 중 재해가 빈발하는 소질적 결함자가 있다는 설

(2) 재해 누발자의 유형

1) 미숙성 누발자

① 기능 미숙자
② 환경에 익숙하지 못한 자

2) 상황성 누발자

① 작업에 어려움이 많은 자
② 기계 설비에 결함이 있을 때
③ 심신에 근심이 있는 자
④ 환경상 주의력 집중이 혼란되기 쉬울 때

3) 소질성 누발자

① 개인 소질 가운데 재해 원인 요소를 가지고 있는 자
② 개인의 특수 성격 소유자

4) 습관성 누발자

① 재해 경험에 의해 겁쟁이가 되거나 신경과민이 된 자
② 슬럼프에 빠져있는 자

(3) 산업재해 예방의 4원칙 ★

① **예방 가능의 원칙** : 재해는 원칙적으로 원인만 제거되면 예방이 가능하다.
② **손실 우연의 원칙** : 사고의 결과 생기는 상해의 종류와 정도는 사고 발생 시 사고대상의 조건에 따라 우연히 발생한다.
③ **대책 선정의 원칙** : 사고의 원인에 대한 적합한 대책이 선정되어야 한다.
④ **원인 연계의 원칙** : 재해는 직접원인과 간접원인이 연계되어 일어난다.

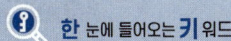

CHAPTER 05

단원 예상문제

저자가 콕! 찝어주는 예상문제 풀어보기!

01 다음 중 화학물질의 노출기준에 관한 설명으로 옳은 것은?

① 'Skin' 표시물질은 점막과 눈 그리고 경피로 흡수되어 전신 영향을 일으킬 수 있는 물질을 말한다.
② 발암성 정보물질의 표기로 '2A'는 사람에게 충분한 발암성 증거가 있는 물질을 말한다.
③ 발암성 정보물질의 표기로 '2B'는 시험동물에서 발암성 증거가 충분히 있는 물질을 말한다.
④ 발암성 정보물질의 표기로 '1'은 사람이나 동물에서 제한된 증거가 있지만, 구분 '2'로 분류하기에는 증거가 충분하지 않은 물질을 말한다.

★ 발암성 정보물질의 표기(화학물질의 분류·표시 및 물질안전보건자료에 관한 기준)
- 1A : 사람에게 충분한 발암성 증거가 있는 물질
- 1B : 시험동물에서 발암성 증거가 충분히 있거나, 시험동물과 사람 모두에서 제한된 발암성 증거가 있는 물질
- 2 : 사람이나 동물에서 제한된 증거가 있지만, 구분1로 분류하기에는 증거가 충분하지 않은 물질

02 산업안전보건법상 '충격소음작업'이라 함은 몇 dB 이상의 소음이 1일 100회 이상 발생되는 작업을 말하는가?

① 110 ② 120
③ 130 ④ 140

★ 충격소음의 노출기준

1일 노출횟수	충격소음의 강도[dB(A)]
100	140
1,000	130
10,000	120

03 산업안전보건법상 잠함(潛艦) 또는 잠수작업 등 높은 기압에서 하는 작업에 종사하는 근로자에게는 1일 몇 시간, 1주 몇 시간을 초과하여 근로하게 해서는 안 되는가?

① 1일 6시간, 1주 34시간
② 1일 4시간, 1주 30시간
③ 1일 8시간, 1주 36시간
④ 1일 6시간, 1주 30시간

★ 고압시간
사업주는 고압실내작업에 근로자를 종사하게 하는 때의 고압시간은 1일 6시간, 1주 34시간을 초과하지 아니하여야 한다.

정답 01 ① 02 ④ 03 ①

04 다음 중 재해예방의 4원칙에 대한 설명으로 틀린 것은?

① 재해발생에는 반드시 그 원인이 있다.
② 재해가 발생하면 반드시 손실도 발생한다.
③ 재해는 원칙적으로 원인만 제거되면 예방이 가능하다.
④ 재해예방을 위한 가능한 안전대책은 반드시 존재한다.

> ★ 산업재해 예방의 4원칙
> ① 예방 가능의 원칙 : 재해는 원칙적으로 원인만 제거되면 예방이 가능하다.
> ② 손실 우연의 원칙 : 사고의 결과 생기는 상해의 종류와 정도는 사고 발생시 사고대상의 조건에 따라 우연히 발생한다.
> ③ 대책 선정의 원칙 : 사고의 원인에 대한 적합한 대책이 선정되어야 한다.
> ④ 원인 연계의 원칙 : 재해는 직접원인과 간접원인이 연계되어 일어난다.

05 상시근로자가 150명인 A 사업장에서는 연간 15건의 재해가 발생하였다. 1인당 연간 근로시간이 2,000시간이라 할 때 이 사업장의 도수율은 약 얼마인가?

① 10 ② 20
③ 30 ④ 50

> 도수율(빈도율) = $\dfrac{\text{재해건수}}{\text{연 근로 시간수}} \times 10^6$
>
> 도수율(빈도율) = $\dfrac{15}{150 \times 2{,}000} \times 10^6 = 50$

06 다음 중 근로자 건강진단 실시 결과 건강관리 구분에 따른 내용의 연결이 틀린 것은?

① R : 건강관리상 사후관리가 필요 없는 근로자
② C_1 : 직업성 질병으로 진전될 우려가 있어 추적검사 등 관찰이 필요한 근로자
③ D_1 : 직업성 질병의 소견을 보여 사후관리가 필요한 근로자
④ D_2 : 일반 질병의 소견을 보여 사후관리가 필요한 근로자

> ★ 건강진단 결과 건강관리 구분

건강관리 구분		건강관리 구분내용
A		건강관리상 사후관리가 필요 없는 근로자 (건강한 근로자)
C	C_1	직업성 질병으로 진전될 우려가 있어 추적검사 등 관찰이 필요한 근로자(직업병 요관찰자)
	C_2	일반질병으로 진전될 우려가 있어 추적관찰이 필요한 근로자(일반질병 요관찰자)
D_1		직업성 질병의 소견을 보여 사후관리가 필요한 근로자(직업병 유소견자)
D_2		일반질병의 소견을 보여 사후관리가 필요한 근로자(일반질병 유소견자)
R		건강진단 1차 검사결과 건강수준의 평가가 곤란하거나 질병이 의심되는 근로자 (제2차 건강진단 대상자)

정답 04 ② 05 ④ 06 ①

07 다음 중 산업안전보건법상 작업환경측정에 관한 내용으로 틀린 것은?

① 모든 측정은 개인 시료채취방법으로만 실시하여야 한다.
② 작업환경측정을 실시하기 전에 예비조사를 실시하여야 한다.
③ 작업환경측정자는 그 사업장에 소속된 자로서 산업위생관리산업기사 이상의 자격을 가진 자를 말한다.
④ 작업이 정상적으로 이루어져 작업시간과 유해인자에 대한 근로자의 노출정도를 정확히 평가할 수 있을 때 실시하여야 한다.

* 작업환경 측정 방법
① 작업환경측정을 하기 전에 예비조사를 할 것
② 작업이 정상적으로 이루어져 작업시간과 유해인자에 대한 근로자의 노출 정도를 정확히 평가할 수 있을 때 실시할 것
③ 모든 측정은 개인시료채취방법으로 하되, 개인시료채취방법이 곤란한 경우에는 지역시료채취방법으로 실시할 것

08 TLV-TWA가 설정되어 있는 유해물질 중에는 독성자료가 부족하여 TLV-STEL이 설정되어 있지 않은 물질이 많다. 이러한 물질에 대해서는 적절한 단시간 상한치(excursion limits)를 설정하여야 하는데, 다음 중 근로자 노출의 상한치와 노출시간의 연결이 옳은 것은? (단, ACGIH의 권고 기준이다.)

① TLV-TWA의 3배 : 30분 이하
② TLV-TWA의 3배 : 60분 이하
③ TLV-TWA의 5배 : 5분 이하
④ TLV-TWA의 5배 : 15분 이하

* ACGIH의 허용농도 상한치
  (TLV-Excursion, Excursion Limits)
① 독성자료가 부족하여 TLV-STEL이 설정되어 있지 않는 물질에 대해서 TLV-TWA 외에 적절한 단시간 상한치를 적용하고 있다.
② TLV-TWA농도의 3배인 경우 30분 이하, 5배인 경우 잠시라도 노출되어서는 안 되도록 규정하고 있다.

09 다음 중 턱뼈의 괴사를 유발하여 영국에서 사용 금지된 최초의 물질은 무엇인가?

① 황린(yellow phosphorus)
② 적린(red phosphorus)
③ 벤지딘(benzidine)
④ 청석면(crocidolite)

* 황린(yellow phosphorus)
  턱뼈의 괴사를 유발하여 영국에서 사용 금지된 최초의 물질

정답 07 ① 08 ① 09 ①

10 다음 중 산업안전보건법령상 보건관리자의 자격에 해당하지 않는 사람은?

① 「의료법」에 따른 의사
② 「의료법」에 따른 간호사
③ 「국가기술자격법」에 따른 산업안전기사
④ 「산업안전보건법」에 따른 산업보건지도사

> ★ 보건관리자의 자격
> 보건관리자는 다음 각 호의 어느 하나에 해당하는 사람으로 한다.
> ① 산업보건지도사 자격을 가진 사람
> ② 「의료법」에 따른 의사
> ③ 「의료법」에 따른 간호사
> ④ 「국가기술자격법」에 따른 산업위생관리산업기사 또는 대기환경산업기사 이상의 자격을 취득한 사람
> ⑤ 「국가기술자격법」에 따른 인간공학기사 이상의 자격을 취득한 사람
> ⑥ 「고등교육법」에 따른 전문대학 이상의 학교에서 산업보건 또는 산업위생 분야의 학위를 취득한 사람(법령에 따라 이와 같은 수준 이상의 학력이 있다고 인정되는 사람을 포함한다)

11 A 공장의 2011년도 총 재해건수는 6건, 의사진단에 의한 총 휴업일수는 900일이었다. 이 공장의 도수율과 강도율은 각각 약 얼마인가? (단, 평균근로자는 500명, 1인당 1일 8시간씩 연간 300일을 근무하였다.)

① 도수율 : 7, 강도율 : 0.31
② 도수율 : 5, 강도율 : 0.62
③ 도수율 : 7, 강도율 : 0.93
④ 도수율 : 5, 강도율 : 1.24

> 1. 도수율(빈도율) = $\dfrac{\text{재해건수}}{\text{연 근로 시간수}} \times 10^6$
>
> 2. 강도율 = $\dfrac{\text{총요양근로손실일수}}{\text{연 근로 시간수}} \times 1,000$
>
> (근로손실일수 = 휴업일수, 요양일수, 입원일수 $\times \dfrac{300(\text{실제근로일수})}{365}$)
>
> 1. 도수율(빈도율) = $\dfrac{6}{500 \times 8 \times 300} \times 10^6 = 5$
>
> 2. 강도율 = $\dfrac{900 \times \dfrac{300}{365}}{500 \times 8 \times 300} \times 1,000 = 0.62$

12 산업안전보건법에 따라 사업주가 사업을 할 때 근로자의 건강장애를 예방하기 위하여 필요한 보건상의 조치를 하여야 할 항목과 가장 관련이 적은 것은?

① 폭발성, 발화성 및 인화성 물질 등에 의한 위험작업의 건강장애
② 계측감시·컴퓨터 단말기 조작·정밀공작 등의 작업에 의한 건강장애
③ 단순반복작업 또는 인체에 과도한 부담을 주는 작업에 의한 건강장애
④ 사업장에서 배출되는 기계·액체 또는 찌꺼기 등에 의한 건강장애

★ 건강장애 예방조치

안전 조치	• 기계·기구, 그 밖의 설비에 의한 위험 • 폭발성, 발화성 및 인화성 물질 등에 의한 위험 • 전기, 열, 그 밖의 에너지에 의한 위험
보건 조치	• 원재료·가스·증기·분진·흄(fume)·미스트(mist)·산소결핍·병원체 등에 의한 건강장해 • 방사선·유해광선·고열·한랭·초음파·소음·진동·이상기압에 의한 건강장해 • 사업장에서 배출되는 기체·액체 또는 찌꺼기 등에 의한 건강장해 • 계측감시(計測監視), 컴퓨터 단말기 조작, 정밀공작 등의 작업에 의한 건강장해 • 단순반복작업 또는 인체에 과도한 부담을 주는 작업에 의한 건강장해 • 환기·채광·조명·보온·방습·청결 등의 적정기준을 유지하지 아니하여 발생하는 건강장해 • 폭염·한파에 장시간 작업함에 따라 발생하는 건강장해

13 재해통계지수 중 종합재해지수를 올바르게 나타낸 것은?

① $\sqrt{도수율 \times 강도율}$
② $\sqrt{도수율 \times 연천인율}$
③ $\sqrt{강도율 \times 연천인율}$
④ 연천인율 $\times \sqrt{도수율 \times 강도율}$

★ 종합재해지수

$$FSI = \sqrt{FR \times SR} = \sqrt{도수율 \times 강도율}$$

★ 참고

1. 도수율(빈도율) = $\dfrac{재해건수}{연 근로 시간수} \times 10^6$

2. 강도율 = $\dfrac{총요양근로손실일수}{연 근로 시간수} \times 1,000$

(근로손실일수 = 휴업일수, 요양일수, 입원일수 $\times \dfrac{300(실제근로일수)}{365}$)

14 톨루엔(TLV = 50ppm)을 사용하는 작업장의 작업시간이 10시간일 때 허용기준을 보정하여야 한다. OSHA 보정법과 Brief and Scala 보정법을 적용하였을 경우 보정된 허용기준치 간의 차이는 얼마인가?

① 1ppm ② 2.5ppm
③ 5ppm ④ 10ppm

> ★ 비정상 작업시간에 대한 허용농도 보정
> 1. OSHA의 보정방법 ★★
>   ① 급성중독을 일으키는 물질
>   • 보정된 노출기준
>   = 8시간 노출기준 × $\frac{8시간}{노출시간/일}$
>   ② 만성중독을 일으키는 물질
>   • 보정된 노출기준
>   = 8시간 노출기준 × $\frac{40시간}{노출시간/주}$
> 2. Brief와 Scala의 보정방법 ★★★
>   ① RF = $\left(\frac{8}{H}\right) \times \frac{24-H}{16}$
>   ② [일주일 ; RF = $\left(\frac{40}{H}\right) \times \frac{168-H}{128}$
>   ③ 보정된 노출기준 = RF × 노출기준(허용농도)
>   • H : 비정상적인 작업시간(노출시간/일)
>   ; 노출시간/주
>   • 16 : 휴식시간 의미
>   (128 ; 일주일 휴식시간 의미)

1. OSHA의 보정
   보정된 노출기준 = 8시간 노출기준 × $\frac{8시간}{노출시간/일}$
   = $50 \times \frac{8}{10} = 40$
2. Brief와 Scala의 보정
   ① 노출지수(RF) = $\frac{8}{H} \times \frac{24-H}{16}$
     = $\frac{8}{10} \times \frac{24-10}{16} = 0.7$
   ② 보정된 노출기준 = RF × 노출기준
     = 0.7 × 50 = 35
3. 보정된 허용기준치 간의 차이
   40 − 35 = 5ppm

15 산업안전보건법에 따라 작업환경측정을 실시한 경우 작업환경측정 결과보고서는 시료채취를 마친 날부터 며칠 이내에 관할 지방고용노동관서의 장에게 제출하여야 하는가?

① 7일   ② 15일
③ 30일 ④ 60일

> 사업주는 작업환경측정을 한 경우에는 작업환경측정 결과보고서에 작업환경측정 결과표를 첨부하여 시료채취를 마친 날부터 30일 이내에 관할 지방고용노동관서의 장에게 제출하여야 한다.

16 화학물질 및 물리적 인자의 노출기준에서 발암성 정보물질 중 '사람에게 충분한 발암성 증거가 있는 물질'에 대한 표기방법으로 옳은 것은?

① 1   ② 1A
③ 2A ④ 2B

> ★ 발암성 정보물질의 표기(화학물질의 분류·표시 및 물질안전보건자료에 관한 기준)
> • 1A : 사람에게 충분한 발암성 증거가 있는 물질
> • 1B : 시험동물에서 발암성 증거가 충분히 있거나, 시험동물과 사람 모두에서 제한된 발암성 증거가 있는 물질
> • 2 : 사람이나 동물에서 제한된 증거가 있지만, 구분1로 분류하기에는 증거가 충분하지 않은 물질

정답 14 ③ 15 ③ 16 ②

17 산업안전보건법령에 따라 작업환경측정방법에 있어 작업근로자수가 100명을 초과하는 경우 최대 시료채취 근로자수는 몇 명으로 조정할 수 있는가?

① 10명 ② 15명
③ 20명 ④ 50명

> **＊시료채취 근로자수**
> ① 단위작업 장소에서 최고 노출근로자 2명 이상에 대하여 동시에 개인 시료채취 방법으로 측정하되, 단위작업 장소에 근로자가 1명인 경우에는 그러하지 아니하며, 동일 작업근로자수가 10명을 초과하는 경우에는 매 5명당 1명 이상 추가하여 측정하여야 한다. 다만, 동일 작업근로자수가 100명을 초과하는 경우에는 최대 시료채취 근로자수를 20명으로 조정할 수 있다.
> ② 지역 시료채취 방법으로 측정을 하는 경우 단위작업장소 내에서 2개 이상의 지점에 대하여 동시에 측정하여야 한다. 다만, 단위작업 장소의 넓이가 50평방미터 이상인 경우에는 매 30평방미터마다 1개 지점 이상을 추가로 측정하여야 한다.

18 구리(Cu)의 공기 중 농도가 0.05mg/m³이다, 작업자의 노출시간은 8시간이며, 폐환기율은 1.25m³/hr, 체내잔류율은 1이라고 할 때, 체내흡수량은?

① 0.1mg ② 0.2mg
③ 0.5mg ④ 0.8mg

> 체내흡수량(mg) = $C \times T \times V \times R$
> ・체내흡수량(SHD) : 안전계수와 체중을 고려한 것
> ・C : 공기 중 유해물질 농도(mg/m³)
> ・T : 노출시간(hr)
> ・V : 호흡률(폐환기율) (m³/hr)
> ・R : 체내 잔유율(보통 1.0)
> 체내흡수량(mg) = $0.05 \times 8 \times 1.25 \times 1 = 0.5$(mg)

19 도수율(frequency rate of injury)이 10인 사업장에서 작업자가 평생 동안 작업할 경우 발생할 수 있는 재해의 건수는? (단, 평생의 총 근로시간수는 120,000시간으로 한다.)

① 0.8건 ② 1.2건
③ 2.4건 ④ 10건

> **＊환산 도수율**
> 평생 동안 작업할 경우 발생할 수 있는 재해의 건수
> 1. 환산 도수율(F)
> $= \dfrac{\text{재해건수}}{\text{연 근로 시간수}} \times \text{평생근로시간수}(100,000)$
> 2. 환산 도수율 = 도수율 ÷ 10(평생근로시간수 100,000시간일 경우 해당)
>
> 1. 환산 도수율 = 도수율 ÷ 10 = 10 ÷ 10 = 1
> 2. 평생근로시간수가 100,000시간일 때 환산 도수율이 1이므로 평생근로시간수가 120,000시간일 때의 환산도수율은
> $100,000 : 1 = 120,000 : x$
> $100,000 \times x = 120,000 \times 1$
> $\therefore x = \dfrac{120,000}{100,000} = 1.2$(건)

20 다음 중 산업재해에 따른 보상에 있어 보험급여에 해당하지 않는 것은?

① 유족급여 ② 대체인력훈련비
③ 직업재활급여 ④ 상병(傷病)보상연금

> **＊산업재해보상보험법령상 보험급여의 종류**
> 보험급여의 종류는 다음 각 호와 같다. 다만, 진폐에 따른 보험급여의 종류는 요양급여, 간병급여, 장례비, 직업재활급여, 진폐보상연금 및 진폐유족연금으로 한다.
> ① 요양급여 ② 휴업급여
> ③ 장해급여 ④ 간병급여
> ⑤ 유족급여 ⑥ 상병(傷病)보상연금
> ⑦ 장례비 ⑧ 직업재활급여

정답 17 ③ 18 ③ 19 ② 20 ②

21 다음 중 '화학물질의 분류·표시 및 물질안전보건자료에 관한 기준'에서 정한 경고표지의 기재항목 작성방법으로 틀린 것은?

① 대상화학물질이 '해골과 X자형 뼈'와 '감탄부호(!)'의 그림문자에 모두 해당되는 경우에는 '해골과 X자형 뼈'의 그림문자만을 표시한다.
② 대상화학물질이 부식성 그림문자와 자극성 그림문자에 모두 해당되는 경우에는 부식성 그림문자만 표시한다.
③ 대상화학물질이 호흡기 과민성 그림문자와 피부 과민성 그림문자에 모두 해당되는 경우에는 호흡기 과민성 그림문자만을 표시한다.
④ 대상화학물질이 4개 이상의 그림문자에 해당하는 경우 유해·위험의 우선순위별로 2가지의 그림문자만을 표시할 수 있다.

> *경고표지 기재항목의 작성방법
> ① "해골과 X자형 뼈"와 "감탄부호(!)"의 그림문자에 모두 해당되는 경우에는 "해골과 X자형 뼈"의 그림문자만을 표시한다.
> ② 피부 부식성 또는 심한 눈 손상성 그림문자와 피부 자극성 또는 눈 자극성 그림문자에 모두 해당되는 경우에는 피부 부식성 또는 심한 눈 손상성 그림문자만을 표시한다.
> ③ 호흡기 과민성 그림문자와 피부 과민성, 피부 자극성 또는 눈 자극성 그림문자에 모두 해당되는 경우에는 호흡기 과민성 그림문자만을 표시한다.
> ④ 5개 이상의 그림문자에 해당되는 경우에는 4개의 그림문자만을 표시할 수 있다.

22 산업안전보건법령상 사업주가 근로자의 건강장애 예방을 위하여 작업시간 중 적당한 휴식을 주어야 하는 고열, 한랭 또는 다습한 옥내 작업장에 해당하지 않는 것은? (단, 기타 고용노동부장관이 별도로 인정하는 장소는 제외한다.)

① 녹인 유리로 유리제품을 성형하는 장소
② 도자기나 기와 등을 소성(燒成)하는 장소
③ 다량의 기화공기, 얼음 등을 취급하는 장소
④ 다량의 증기를 사용하여 가죽을 탈지(脫脂)하는 장소

> ③ 다량의 액체공기·드라이아이스 등을 취급하는 장소

> *참고

고열 작업	① 용광로, 평로(平爐), 전로 또는 전기로에 의하여 광물이나 금속을 제련하거나 정련하는 장소 ② 용선로(鎔船爐)등으로 광물·금속 또는 유리를 용해하는 장소 ③ 가열로(加熱爐)등으로 광물·금속 또는 유리를 가열하는 장소 ④ 도자기나 기와 등을 소성(燒成)하는 장소 ⑤ 광물을 배소(焙燒) 또는 소결(燒結)하는 장소 ⑥ 가열된 금속을 운반·압연 또는 가공하는 장소 ⑦ 녹인 금속을 운반하거나 주입하는 장소 ⑧ 녹인 유리로 유리제품을 성형하는 장소 ⑨ 고무에 황을 넣어 열처리하는 장소 ⑩ 열원을 사용하여 물건 등을 건조시키는 장소 ⑪ 갱내에서 고열이 발생하는 장소 ⑫ 가열된 노(爐)를 수리하는 장소 ⑬ 그 밖에 고용노동부장관이 인정하는 장소
한랭 작업	① 다량의 액체공기·드라이아이스 등을 취급하는 장소 ② 냉장고·제빙고·저빙고 또는 냉동고 등의 내부 ③ 그 밖에 고용노동부장관이 인정하는 장소

정답 21 ④ 22 ③

다습 작업	① 다량의 증기를 사용하여 염색조로 염색하는 장소 ② 다량의 증기를 사용하여 금속·비금속을 세척하거나 도금하는 장소 ③ 방적 또는 직포(織布) 공정에서 가습하는 장소 ④ 다량의 증기를 사용하여 가죽을 탈지(脫脂)하는 장소 ⑤ 그 밖에 고용노동부장관이 인정하는 장소

23 다음 중 산업안전보건법상 고용노동부장관에 의한 보건관리대행기관의 지정취소 및 업무정지에 관한 설명으로 틀린 것은?

① 고용노동부장관은 업무정지기간 중에 업무를 수행한 경우 그 지정을 취소하여야 한다.
② 고용노동부장관은 거짓이나 그 밖의 부정한 방법으로 지정을 받은 경우 그 지정을 취소하여야 한다.
③ 지정이 취소된 자는 지정이 취소된 날부터 1년 이내에는 안전관리대행기관으로 지정받을 수 없다.
④ 고용노동부장관은 지정받은 사항을 위반하여 업무를 수행한 경우 6개월 이내의 기간을 정하여 그 업무의 정지를 명할 수 있다.

1. 고용노동부장관은 안전관리전문기관 또는 보건관리전문기관이 다음 각 호의 어느 하나에 해당할 때에는 그 지정을 취소하거나 6개월 이내의 기간을 정하여 그 업무의 정지를 명할 수 있다. 다만, 제1호 또는 제2호에 해당할 때에는 그 지정을 취소하여야 한다.
   • 거짓이나 그 밖의 부정한 방법으로 지정을 받은 경우
   • 업무정지 기간 중에 업무를 수행한 경우
   • 지정 요건을 충족하지 못한 경우
   • 지정받은 사항을 위반하여 업무를 수행한 경우
   • 그 밖에 대통령령으로 정하는 사유에 해당하는 경우

2. 지정이 취소된 자는 지정이 취소된 날부터 2년 이내에는 각각 해당 안전관리전문기관 또는 보건관리전문기관으로 지정받을 수 없다.

24 다음 중 산업안전보건법에 의한 건강관리 구분 판정 결과 '직업성 질병의 소견을 보여 사후관리가 필요한 근로자'를 나타내는 것은?

① C_1
② C_2
③ D_1
④ R

★ 건강진단 결과 건강관리 구분

건강관리 구분		건강관리 구분내용
A		건강관리상 사후관리가 필요 없는 근로자 (건강한 근로자)
C	C_1	직업성 질병으로 진전될 우려가 있어 추적검사 등 관찰이 필요한 근로자(직업병 요관찰자)
	C_2	일반질병으로 진전될 우려가 있어 추적관찰이 필요한 근로자(일반질병 요관찰자)
D_1		직업성 질병의 소견을 보여 사후관리가 필요한 근로자(직업병 유소견자)
D_2		일반 질병의 소견을 보여 사후관리가 필요한 근로자(일반질병 유소견자)
R		건강진단 1차 검사결과 건강수준의 평가가 곤란하거나 질병이 의심되는 근로자 (제2차 건강진단 대상자)

정답 23 ③ 24 ③

25 다음 중 사업장의 보건관리에 대한 내용으로 틀린 것은?

① 고용노동부장관은 근로자의 건강을 보호하기 위하여 필요하다고 인정할 때에는 사업주에게 특정 근로자에 대한 임시건강진단의 실시나 그 밖에 필요한 조치를 명할 수 있다.
② 사업주는 산업안전보건위원회 또는 근로자대표가 요구할 때에는 본인의 동의 없이도 건강진단을 한 건강진단기관으로 하여금 건강진단 결과에 대한 설명을 하도록 할 수 있다.
③ 고용노동부장관은 직업성 질환의 진단 및 예방, 발생원인의 규명을 위하여 필요하다고 인정할 때에는 근로자의 질병과 작업장 유해요인의 상관관계에 대한 직업성 질환역학조사를 할 수 있다.
④ 사업주는 유해하거나 위험한 작업으로서 대통령령으로 정하는 작업에 종사하는 근로자에게는 1일 6시간, 1주 34시간을 초과하여 근로하게 하여서는 아니 된다.

> ② 사업주는 산업안전보건위원회 또는 근로자대표가 요구할 때에는 직접 또는 건강진단을 한 건강진단기관에 건강진단 결과에 대하여 설명하도록 하여야 한다. 다만, 개별 근로자의 건강진단 결과는 본인의 동의 없이 공개해서는 아니 된다.

26 상시근로자수가 100명인 A 사업장의 연간 재해발생건수가 15건이다. 이때 사상자가 20명 발생하였다면 이 사업장의 도수율은 약 얼마인가? (단, 근로자는 1인당 2,200시간을 근무하였다.)

① 68.18　　② 90.91
③ 150　　　④ 200

> 도수율(빈도율) = $\dfrac{\text{재해건수}}{\text{연 근로 시간수}} \times 10^6$
>
> 도수율 = $\dfrac{15}{2{,}200 \times 100} \times 10^6 = 68.18$

27 산업안전보건법에 따른 노출기준 사용상의 유의사항에 관한 설명으로 틀린 것은?

① 노출기준은 대기오염의 평가 또는 관리상의 지표로 사용할 수 있다.
② 각 유해인자의 노출기준은 해당 유해인자가 단독으로 존재하는 경우의 노출기준을 말한다.
③ 노출기준은 1일 8시간 작업을 기준으로 하여 제정된 것이므로 이를 이용할 경우에는 근로시간, 작업의 강도, 온열조건, 이상기압 등이 노출기준 적용에 영향을 미칠 수 있으므로 이와 같은 제반요인을 특별히 고려하여야 한다.
④ 유해인자에 대한 감수성은 개인에 따라 차이가 있고, 노출기준 이하의 작업환경에서도 직업성 질병에 이환되는 경우가 있으므로 노출기준은 직업병 진단에 사용하거나 노출기준 이하의 작업환경이라는 이유만으로 직업성 질환의 이환을 부정하는 근거 또는 반증자료로 사용하여서는 아니 된다.

> ① 노출기준은 대기오염의 평가 또는 관리상의 지표로 사용하여서는 아니 된다.

정답　25 ②　26 ①　27 ①

28 다음 중 산업안전보건법령상 중대재해에 해당하지 않는 것은?

① 사망자가 1명 발생한 재해
② 부상자가 동시에 5명 발생한 재해
③ 직업성 질병자가 동시에 12명 발생한 재해
④ 3개월 이상의 요양을 요하는 부상자가 동시에 3명 발생한 재해

> "중대재해"란 산업재해 중 사망 등 재해 정도가 심하거나 다수의 재해자가 발생한 경우로서 고용노동부령으로 정하는 재해를 말한다.
> ① 사망자가 1인 이상 발생한 재해
> ② 3개월 이상 요양을 요하는 부상자가 동시에 2인 이상 발생한 재해
> ③ 부상자 또는 직업성 질병자가 동시에 10인 이상 발생한 재해

29 다음 중 우리나라의 노출기준단위가 다른 하나는?

① 결정체 석영
② 유리섬유 분진
③ 광물성 섬유
④ 내화성 세라믹섬유

> *노출기준 표시단위
> ① 가스 및 증기의 노출기준 표시단위 : 피피엠(ppm) 또는 세제곱미터당 밀리그램(mg/m³)
> ② 분진의 노출기준 표시단위 : 세제곱미터당 밀리그램(mg/m³)
> ③ 석면 및 내화성 세라믹 섬유의 노출기준 표시단위 : 세제곱미터당 개수(개/cm³)
> ④ 고온의 노출기준 표시단위 : 습구흑구온도지수 [WBGT(℃)]

30 산업안전보건법에 따라 사업주가 허가대상유해물질을 제조하거나 사용하는 작업장의 보기 쉬운 장소에 반드시 게시하여야 하는 내용이 아닌 것은?

① 제조날짜
② 취급상의 주의사항
③ 인체에 미치는 영향
④ 착용하여야 할 보호구

> 사업주는 허가대상 유해물질을 제조하거나 사용하는 작업장에 다음 각 호의 사항을 보기 쉬운 장소에 게시하여야 한다.
> ① 허가대상 유해물질의 명칭
> ② 인체에 미치는 영향
> ③ 취급상의 주의사항
> ④ 착용하여야 할 보호구
> ⑤ 응급처치와 긴급 방재 요령

31 사업주가 신규화학물질의 안전보건자료를 작성함에 있어 인용할 수 있는 자료가 아닌 것은?

① 국내외에서 발간되는 저작권법상의 문헌에 등재되어 있는 유해성·위험성 조사자료
② 유해성·위험성 시험 전문연구기관에서 실시한 유해성·위험성 조사자료
③ 관련 전문학회지에 게재된 유해성·위험성 조사자료
④ OPEC 회원국의 정부기관에서 인정하는 유해성·위험성 조사자료

정답 28 ② 29 ④ 30 ① 31 ④

사업주는 신규화학물질의 안전보건자료를 작성함에 있어 다음 각 호의 1에 해당하는 자료를 인용할 수 있다. 이 경우 출처를 명시하여야 한다.
① 전문시험기관에서 발급 및 제시하는 유해·위험성조사자료
② 관련전문학회지에서 게재되었거나 학회에 발표된 유해·위험성조사자료
③ 국내외에서 발간되는 저작권법상의 문헌에 등재되어 있는 유해·위험성조사자료
④ 경제협력기구(OECD) 회원국의 정부기관 및 국제연합기구에서 인정하는 유해·위험성조사자료

32 허용농도 상한치(Excursion Limits)에 대한 설명으로 가장 거리가 먼 것은?

① 단시간 허용노출기준(TLV-STEL)이 설정되어 있지 않은 물질에 대하여 적용한다.
② 시간가중평균치(TLV-TWA)의 3배는 1시간 이상을 초과할 수 없다.
③ 시간가중평균치(TLV-TWA)의 5배는 잠시라도 노출되어서는 안 된다.
④ 시간가중평균치(TLV-TWA)가 초과되어서는 안 된다.

ACGIH의 허용농도 상한치
(TLV-Excursion, Excursion Limits)
① 독성자료가 부족하여 TLV-STEL이 설정되어 있지 않는 물질에 대해서 TLV-TWA 외에 적절한 단시간 상한치를 적용하고 있다.
② TLV-TWA농도의 3배인 경우 30분 이하, 5배인 경우 잠시라도 노출되어서는 안 되도록 규정하고 있다.

33 다음 중 밀폐공간과 관련된 설명으로 틀린 것은?

① '산소결핍'이란 공기 중의 산소농도가 16% 미만인 상태를 말한다.
② '산소결핍증'이란 산소가 결핍된 공기를 들이마심으로써 생기는 증상을 말한다.
③ '유해가스'란 밀폐공간에 탄산가스, 황화수소 등의 유해물질이 가스상태로 공기 중에 발생하는 것을 말한다.
④ '적정공기'란 산소농도의 범위가 18% 이상 23.5% 미만, 이산화탄소의 농도가 1.5% 미만, 황화수소의 농도가 10ppm 미만인 수준의 공기를 말한다.

① '산소결핍'이란 공기중의 산소농도가 18% 미만인 상태를 말한다.

34 산업재해를 분류할 경우 '경미사고(minor accidents)' 혹은 '경미한 재해'란 어떤 상태를 말하는가?

① 통원치료할 정도의 상해가 일어난 경우
② 사망하지 않았으나 입원할 정도의 상해가 일어난 경우
③ 상해는 없고 재산상의 피해만 일어난 경우
④ 재산상의 피해는 없고, 시간손실만 일어난 경우

경미사고(minor accidents)
통원치료할 정도의 상해가 일어난 경우를 말한다.

정답 32 ② 33 ① 34 ①

35 온도가 15℃이고, 1기압인 작업장에 톨루엔이 200mg/m³으로 존재할 경우 이를 ppm으로 환산하면 얼마인가? (단, 톨루엔의 분자량은 92.13이다.)

① 53.1　② 51.2
③ 48.6　④ 11.3

25℃, 1기압일 때
- 노출기준(mg/m³) = $\dfrac{ppm \times 분자량}{24.45}$
- ppm = mg/m³ × $\dfrac{24.45(L)}{분자량}$

1. 25℃ 공기 1몰의 부피 24.45를 15℃로 온도보정
   $24.45 \times \dfrac{(273+15)}{(273+25)} = 23.63$
2. ppm = $200 \times \dfrac{23.63}{92.13} = 51.30$ (ppm)

36 보건관리자가 보건관리업무에 지장이 없는 범위 내에서 다른 업무를 겸할 수 있는 사업장은 상시근로자 몇 명 미만에서 가능한가?

① 100명　② 200명
③ 300명　④ 500명

사업장의 보건관리자는 해당 사업장에서 보건관리 업무만을 전담해야 한다. 다만, 상시근로자 300명 미만을 사용하는 사업장에서는 보건관리자가 보건관리 업무에 지장이 없는 범위에서 다른 업무를 겸할 수 있다.

37 산업재해가 발생할 경우 급박한 위험이 있거나 중대재해가 발생하였을 경우 취하는 행동으로 다음 중 가장 적합하지 않은 것은?

① 사업주는 즉시 작업을 중지시키고 근로자를 작업장소로부터 대피시켜야 한다.
② 직상급자에게 보고한 후 근로자의 해당 작업을 중지시킨다.
③ 사업주는 급박한 위험에 대한 합리적인 근거가 있을 경우에 작업을 중지하고 대피한 근로자에게 해고 등의 불리한 처우를 해서는 안 된다.
④ 고용노동부장관은 근로감독관 등으로 하여금 안전보건진단이나 그 밖의 필요한 조치를 하도록 할 수 있다.

② 작업을 중지하고 대피한 근로자는 지체 없이 그 사실을 관리감독자 또는 그 밖에 부서의 장("관리감독자 등")에게 보고하여야 한다.

★참고
재해발생 위험이 있을 경우의 조치
1. 사업주의 작업 중지
   사업주는 산업재해가 발생할 급박한 위험이 있을 때에는 즉시 작업을 중지시키고 근로자를 작업장소에서 대피시키는 등 안전 및 보건에 관하여 필요한 조치를 하여야 한다.
2. 근로자의 작업 중지
   ① 근로자는 산업재해가 발생할 급박한 위험이 있는 경우에는 작업을 중지하고 대피할 수 있다.
   ② 작업을 중지하고 대피한 근로자는 지체 없이 그 사실을 관리감독자 또는 그 밖에 부서의 장("관리감독자 등")에게 보고하여야 한다.
   ③ 관리감독자 등은 보고를 받으면 안전 및 보건에 관하여 필요한 조치를 하여야 한다.
   ④ 사업주는 산업재해가 발생할 급박한 위험이 있다고 근로자가 믿을 만한 합리적인 이유가 있을 때에는 작업을 중지하고 대피한 근로자에 대하여 해고나 그 밖의 불리한 처우를 해서는 아니 된다.

정답　35 ②　36 ③　37 ②

3. 고용노동부장관의 시정조치
고용노동부장관은 사업주가 사업장의 건설물 또는 그 부속건설물 및 기계·기구·설비·원재료 등에 대하여 안전 및 보건에 관하여 고용노동부령으로 정하는 필요한 조치를 하지 아니하여 근로자에게 현저한 유해·위험이 초래될 우려가 있다고 판단될 때에는 해당 기계·설비 등에 대하여 사용중지·대체·제거 또는 시설의 개선, 그 밖에 안전 및 보건에 관하여 고용노동부령으로 정하는 시정조치를 명할 수 있다.

2. 강도율 = $\dfrac{\text{총요양근로 손실 일수}}{\text{연 근로 시간 수}} \times 1{,}000$
   = $\dfrac{180}{120{,}000} \times 1{,}000 = 1.5$

38 50명의 근로자가 있는 사업장에서 1년 동안에 6명의 부상자가 발생하였고 총 휴업일수가 219일이라면 근로손실일수와 강도율은 각각 얼마인가? (단, 연간근로시간수는 120,000시간이다.)

① 근로손실일수 : 180일, 강도율 : 1.5
② 근로손실일수 : 190일, 강도율 : 1.5
③ 근로손실일수 : 180일, 강도율 : 2.5
④ 근로손실일수 : 190일, 강도율 : 2.5

강도율 = $\dfrac{\text{총요양근로손실일수}}{\text{연 근로 시간수}} \times 1{,}000$
(근로손실일수 = 휴업일수, 요양일수, 입원일수 $\times \dfrac{300(\text{실제근로일수})}{365}$)

1. 근로손실일수 = 휴업일수 $\times \dfrac{300(\text{실제근로일수})}{365}$
   = $219 \times \dfrac{300}{365} = 180(\text{일})$

연근로시간수 = 근로자수 × 근로시간수
근로시간수 = $\dfrac{\text{연근로시간수}}{\text{근로자수}}$
= $\dfrac{120{,}000}{50} = 2{,}400(\text{시간})$
1일 8시간 × 연간 300일 = 2,400(시간)
∴ 근로일수 = 300(일)

39 온도 25℃, 1기압 하에서 분당 100mL씩 60분 동안 채취한 공기 중에서 벤젠이 3mg 검출되었다. 검출된 벤젠은 약 몇 ppm인가? (단, 벤젠의 분자량은 78이다.)

① 11   ② 15.7
③ 111   ④ 157

25℃, 1기압일 때
• 노출기준(mg/m³) = $\dfrac{\text{ppm} \times \text{분자량}}{24.45}$
• ppm = mg/m³ × $\dfrac{24.45(\text{L})}{\text{분자량}}$

ppm = mg/m³ × $\dfrac{24.45}{\text{분자량}}$
= $\dfrac{3\text{mg}}{\dfrac{100 \times 10^{-6}\text{m}^3}{\text{min}} \times 60\text{min}} \times \dfrac{24.45}{78}$
= 156.73(ppm)
(1mL = 10^{-6}m³)

정답 38 ① 39 ④

40 다음 중 산업안전보건법상 대상화학물질에 대한 물질안전보건자료(MSDS)로부터 알 수 있는 정보가 아닌 것은?

① 응급조치 요령
② 법적규제 현황
③ 주요성분 검사방법
④ 노출방지 및 개인보호구

> ★ 물질안전보건자료의 작성항목
> (Data Sheet 16가지 항목)
> 1. 화학제품과 회사에 관한 정보
> 2. 유해·위험성
> 3. 구성성분의 명칭 및 함유량
> 4. 응급조치요령
> 5. 폭발·화재 시 대처방법
> 6. 누출사고 시 대처방법
> 7. 취급 및 저장방법
> 8. 노출방지 및 개인보호구
> 9. 물리화학적 특성
> 10. 안정성 및 반응성
> 11. 독성에 관한 정보
> 12. 환경에 미치는 영향
> 13. 폐기 시 주의사항
> 14. 운송에 필요한 정보
> 15. 법적규제 현황
> 16. 기타 참고사항

정답 40 ③

산업위생관리기사 필기

02

제2과목 작업위생측정 및 평가

CHAPTER 01 측정 및 분석
CHAPTER 02 유해인자 측정
CHAPTER 03 평가 및 통계

CHAPTER 01 측정 및 분석

한 눈에 들어오는 **키워드**

01 시료채취계획

1 측정의 정의

(1) 작업환경 측정

① 사업주는 유해인자로부터 근로자의 건강을 보호하고 쾌적한 작업환경을 조성하기 위하여 인체에 해로운 작업을 하는 작업장으로서 고용노동부령으로 정하는 작업장에 대하여 고용노동부령으로 정하는 자격을 가진 자로 하여금 작업환경측정을 하도록 하여야 한다.

② 도급인의 사업장에서 관계수급인 또는 관계수급인의 근로자가 작업을 하는 경우에는 도급인이 자격을 가진 자로 하여금 작업환경측정을 하도록 하여야 한다.

③ 사업주는 근로자대표(관계수급인의 근로자대표를 포함한다)가 요구하면 작업환경측정 시 근로자대표를 참석시켜야 한다.

④ 사업주는 작업환경측정 결과를 기록하여 보존하고 고용노동부령으로 정하는 바에 따라 고용노동부장관에게 보고하여야 한다. 다만, 사업주로부터 작업환경측정을 위탁받은 작업환경측정기관이 작업환경측정을 한 후 그 결과를 고용노동부령으로 정하는바에 따라 고용노동부장관에게 제출한 경우에는 작업환경측정 결과를 보고한 것으로 본다.

⑤ 사업주는 작업환경측정 결과를 해당 작업장의 근로자(관계수급인 및 관계수급인 근로자를 포함한다)에게 알려야 하며, 그 결과에 따라 근로자의 건강을 보호하기 위하여 해당 시설·설비의 설치·개선 또는 건강진단의 실시 등의 조치를 하여야 한다.

⑥ 사업주는 산업안전보건위원회 또는 근로자대표가 요구하면 작업환경측정 결과에 대한 설명회 등을 개최하여야 한다. 이 경우 작업환경측정을 위탁하여 실시한 경우에는 작업환경측정기관에 작업환경측정 결과에 대하여 설명하도록 할 수 있다.

작업환경 측정 유해인자 확인
- 사업장 유해인자 취급 공정 파악

→ 측정기관에 작업환경 측정 의뢰 (사업장 자체 측정하는 경우 생략)
- 사업장 소재지의 작업환경 측정기관에 의뢰

→ 유해인자별 주기적인 작업 환경 측정 실시
- 작업환경 측정기관에서 예비조사 및 측정 실시

→ 지방고용노동관서에 결과 보고서 제출
- 결과 보고서 30일 이내 제출 (30일 범위 내 연장 가능)

→ 측정결과에 따른 개선 대책 수립 및 서류 보존
- 5년간 보존 (단, 발암성 물질 측정결과는 30년간 보존)

(2) 산업안전보건법상의 용어정의

1) 액체채취방법

시료공기를 액체 중에 통과시키거나 액체의 표면과 접촉시켜 용해 · 반응 · 흡수 · 충돌 등을 일으키게 하여 해당 액체에 작업환경측정을 하려는 물질을 채취하는 방법을 말한다.

2) 고체채취방법

시료공기를 고체의 입자층을 통해 흡입, 흡착하여 해당 고체입자에 측정하려는 물질을 채취하는 방법을 말한다.

3) 직접채취방법

시료공기를 흡수, 흡착 등의 과정을 거치지 아니하고 직접채취대 또는 진공채취병 등의 채취용기에 물질을 채취하는 방법을 말한다.

4) 냉각응축채취방법

시료공기를 냉각된 관 등에 접촉 · 응축시켜 측정하려는 물질을 채취하는 방법을 말한다.

5) 여과채취방법

시료공기를 여과재를 통하여 흡인함으로써 해당 여과재에 측정하려는 물질을 채취하는 방법을 말한다.

6) 개인시료채취 ★★

개인시료채취기를 이용하여 가스 · 증기 · 분진 · 흄(fume) · 미스트(mist) 등을 근로자의 호흡위치(호흡기를 중심으로 반경 30cm인 반구)에서 채취하는 것을 말한다. ★★

실기 기출 ★

산업안전보건법에 의한 작업환경측정 시에 사용되는 시료의 채취방법 5가지를 적으시오.
① 액체채취방법
② 고체채취방법
③ 직접채취방법
④ 냉각응축채취방법
⑤ 여과채취방법

한 눈에 들어오는 키워드

실기 기출 ★

작업환경측정 시에 가스(증기)상물질의 시료채취(포집)방법 4가지를 적으시오.

정답
① 액체채취방법
② 고체채취방법
③ 직접채취방법
④ 냉각응축채취방법

참고

물질별 채취방법

물질	채취법	사용도구
입자상 물질 - 금속흄	여과 포집	유리섬유, 셀룰로이드 멤브레인 필터
	액체 포집	임핀저
가스, 증기	액체 포집	소형 흡수관, 소형 임핀저, 버블러
	고체 포집	실리카겔관, 활성탄관
	직접 포집	시료 채취 백, 주사기, 진공 플라스틱

실기 기출 ★

다음 용어의 정의를 적으시오.
1. 단위작업장소
2. 정확도
3. 정밀도
4. 개인시료채취
5. 지역시료채취

정답
1. 단위작업장소 : 작업환경측정 대상이 되는 작업장 또는 공정에서 정상적인 작업을 수행하는 동일 노출집단의 근로자가 작업을 하는 장소
2. 정확도 : 분석치가 참값에 얼마나 접근하였는가 하는 수치상의 표현
3. 정밀도 : 일정한 물질에 대해 반복 측정·분석을 했을 때 나타나는 자료 분석치의 변동크기가 얼마나 작은가 하는 수치상의 표현
4. 개인시료채취 : 개인시료채취기를 이용하여·가스·증기·분진·흄(fume)·미스트(mist) 등을 근로자의 호흡위치(호흡기를 중심으로 반경 30cm인 반구)에서 채취하는 것
5. 지역시료채취 : 시료채취기를 이용하여 가스·증기·분진·흄(fume)·미스트(mist) 등을 근로자의 작업행동 범위에서 호흡기 높이에 고정하여 채취하는 것

---

7) 지역시료채취 ★★

시료채취기를 이용하여 가스·증기·분진·흄(fume)·미스트(mist) 등을 근로자의 작업행동 범위에서 호흡기 높이에 고정하여 채취하는 것을 말한다.

8) 노출기준

산업안전보건법에서 정한 작업환경 평가기준을 말한다.

9) 최고노출근로자

작업환경측정 대상 유해인자의 발생 및 취급원에서 가장 가까운 위치의 근로자이거나 작업환경측정 대상 유해인자에 가장 많이 노출될 것으로 간주되는 근로자를 말한다.

10) 단위작업장소 ★

작업환경측정 대상이 되는 작업장 또는 공정에서 정상적인 작업을 수행하는 동일 노출집단의 근로자가 작업을 하는 장소를 말한다.

11) 호흡성 분진

호흡기를 통하여 폐포에 축적될 수 있는 크기의 분진을 말한다.

12) 흡입성 분진

호흡기의 어느 부위에 침착하더라도 독성을 일으키는 분진을 말한다.

13) 입자상 물질

화학적 인자가 공기 중으로 분진·흄(fume)·미스트(mist) 등의 형태로 발생되는 물질을 말한다.

14) 가스상 물질

화학적 인자가 공기 중으로 가스·증기의 형태로 발생되는 물질을 말한다.

15) 정도관리

작업환경측정·분석치에 대한 정확성과 정밀도를 확보하기 위하여 지정측정기관의 작업환경측정·분석능력을 평가하고, 그 결과에 따라 지도·교육 그 밖에 측정·분석능력 향상을 위하여 행하는 모든 관리적 수단을 말한다.

16) 정확도 ★

분석치가 참값에 얼마나 접근하였는가 하는 수치상의 표현을 말한다. ★★

17) 정밀도 ★

일정한 물질에 대해 반복측정·분석을 했을 때 나타나는 자료 분석치의 변동크기가 얼마나 작은가 하는 수치상의 표현을 말한다.
(산업위생통계에서 측정방법의 정밀도는 변이계수로 나타낸다.)

(3) 작업환경측정 대상 작업장

작업환경측정 대상 작업장이란 작업환경측정 대상 유해인자에 노출되는 근로자가 있는 작업장을 말한다.

> **참고**
>
> ❋ **작업환경측정 대상 유해인자**
>
> 1. 화학적 인자
>   - 유기화합물(114종)
>   - 금속류(24종)
>   - 산 및 알칼리류(17종)
>   - 가스 상태 물질류(15종)
>   - 허가 대상 유해물질(12종)
>   - 금속가공유(Metal working fluids, 1종)
> 2. 물리적 인자(2종)
>   - 8시간 시간가중평균 80dB 이상의 소음
>   - 고열
> 3. 분진(7종)
>   - 광물성 분진(Mineral dust)
>   - 곡물 분진(Grain dust)
>   - 면 분진(Cotton dust)
>   - 목재 분진(Wood dust)
>   - 석면 분진(Asbestos dusts; 1332-21-4 등)
>   - 용접 흄(Welding fume)
>   - 유리섬유(Glass fiber dust)
> 4. 그 밖에 고용노동부장관이 정하여 고시하는 인체에 해로운 유해인자

한 눈에 들어오는 키워드

실기 기출 ★

조선업종의 작업환경에서 발생되는 대표적인 유해인자 4가지를 적으시오.
정답
① 소음
② 용접 흄
③ 유기화합물
④ 금속류

(4) 작업환경측정 제외대상 작업장 ★

1) 다음 각 호의 어느 하나에 해당하는 경우에는 작업환경측정을 하지 아니할 수 있다.

① 임시 작업 및 단시간 작업을 하는 작업장(고용노동부장관이 정하여 고시하는 물질을 취급하는 작업은 제외한다)
② 관리대상 유해물질의 허용소비량을 초과하지 아니하는 작업장(그 관리대상 유해물질에 관한 작업환경측정만 해당한다)
③ 분진작업의 적용 제외 작업장(분진에 관한 작업환경측정만 해당한다)
④ 그 밖에 작업환경측정 대상 유해인자의 노출 수준이 노출기준에 비하여 현저히 낮은 경우로서 고용노동부장관이 정하여 고시하는 작업장(「석유 및 석유대체연료 사업법 시행령」에 따른 주유소)

> **확인**
>
> "작업환경측정 대상 유해인자의 노출수준이 노출기준에 비하여 현저히 낮은 경우로서 고용노동부장관이 정하여 고시하는 작업장"이란 **「석유 및 석유대체연료 사업법 시행령」에 따른 주유소**를 말한다. 다만, 다음 각 호의 어느 하나에 해당하는 경우에는 **1개월 이내에 측정을 실시**하여야 한다.
> 1. 근로자 건강진단 실시결과 **직업병유소견자 또는 직업성질병자가 발생**한 경우
> 2. **근로자대표가 요구하는 경우로서 산업위생전문가가 필요하다고 판단**한 경우
> 3. 그 밖에 지방고용노동관서장이 필요하다고 인정하여 명령한 경우

2) 안전보건진단기관이 안전보건진단을 실시하는 경우에 작업장의 유해인자 전체에 대하여 고용노동부장관이 정하는 방법에 따라 작업환경을 측정하였을 때에는 사업주는 해당 측정주기에 실시해야 할 해당 작업장의 작업환경측정을 하지 않을 수 있다.

(5) 작업환경 측정 횟수

① 사업주는 작업장 또는 작업공정이 신규로 가동되거나 변경되는 등으로 작업환경측정 대상 작업장이 된 경우에는 그 날부터 30일 이내에 작업환경측정을 하고, 그 후 반기(半期)에 1회 이상 정기적으로 작업환경을 측정해야 한다. 다만, 작업환경측정 결과가 다음 각 호의 어느 하나에 해당하는 작업장 또는 작업공정은 해당 유해인자에 대하여 그 측정일부터 3개월에 1회 이상 작업환경측정을 해야 한다. ★

> [암기]
>
> **3개월에 1회 이상 작업환경측정을 하여야 하는 경우** ★★
>
> ① 화학적 인자(고용노동부장관이 정하여 고시하는 물질만 해당한다)의 측정치가 노출기준을 초과하는 경우
> ② 화학적 인자(고용노동부장관이 정하여 고시하는 물질은 제외한다)의 측정치가 노출기준의 2배 이상 초과하는 경우

② 사업주는 최근 1년간 작업공정에서 공정 설비의 변경, 작업방법의 변경, 설비의 이전, 사용 화학물질의 변경 등으로 작업환경측정 결과에 영향을 주는 변화가 없는 경우로서 다음 각 호의 어느 하나에 해당하는 경우에는 해당 유해인자에 대한 작업환경측정을 1년에 1회 이상 할 수 있다. 다만, 고용노동부장관이 정하여 고시하는 물질을 취급하는 작업공정은 그러하지 아니하다.

> [암기]
>
> **1년 1회 이상 작업환경측정을 할 수 있는 경우** ★★
>
> ① 작업공정 내 소음의 작업환경측정 결과가 최근 2회 연속 85데시벨(dB) 미만인 경우
> ② 작업공정 내 소음 외의 다른 모든 인자의 작업환경측정 결과가 최근 2회 연속 노출기준 미만인 경우

③ 측정 시기는 전회(前回)측정을 완료한 날부터 다음 각 호에서 정하는 간격을 두어야 한다.

> [암기]
>
> **측정 시기** ★
>
> ① 측정 횟수가 6개월에 1회 이상인 경우 3개월 이상
> ② 측정 횟수가 3개월에 1회 이상인 경우 45일 이상
> ③ 측정 횟수가 1년에 1회 이상인 경우 6개월 이상

④ 작업환경 측정 결과의 보고 ★
   • 사업주는 작업환경측정을 한 경우에는 작업환경측정 결과보고서에 작업환경측정 결과표를 첨부하여 시료채취를 마친 날부터 30일 이내에 관할 지방고용노동관서의 장에게 제출하여야 한다. 다만, 시료분석 및 평가에 상당한 시간이 걸려 시료채취를 마친 날부터 30일 이내에 보고하는 것이 어려

운 사업장의 사업주는 고용노동부장관이 정하여 고시하는 바에 따라 그 사실을 증명하여 지방고용노동관서의 장에게 신고하면 30일의 범위에서 제출기간을 연장할 수 있다.
- 작업환경측정기관이 작업환경측정을 한 경우에는 시료채취를 마친 날부터 30일 이내에 작업환경측정 결과표를 전자적 방법으로 지방고용노동관서의 장에게 제출하여야 한다. 다만, 시료분석 및 평가에 상당한 시간이 걸려 시료채취를 마친 날부터 30일 이내에 보고하는 것이 어려운 지정측정기관은 고용노동부장관이 정하여 고시하는 바에 따라 그 사실을 증명하여 지방고용노동관서의 장에게 신고하면 30일의 범위에서 제출기간을 연장할 수 있다.
- 사업주는 작업환경측정 결과 노출기준을 초과한 작업공정이 있는 경우에는 해당 시설·설비의 설치·개선 또는 건강진단의 실시 등 적절한 조치를 하고 시료채취를 마친 날부터 60일 이내에 해당 작업공정의 개선을 증명할 수 있는 서류 또는 개선 계획을 관할 지방고용노동관서의 장에게 제출하여야 한다.

(6) 작업환경측정 신뢰성 평가 ★

1) 공단은 다음 각 호의 어느 하나에 해당하는 경우에는 작업환경측정 신뢰성 평가를 할 수 있다.

  ① 작업환경측정 결과가 노출기준 미만인데도 직업병 유소견자가 발생한 경우
  ② 공정설비, 작업방법 또는 사용 화학물질의 변경 등 작업 조건의 변화가 없는데도 유해인자 노출수준이 현저히 달라진 경우
  ③ 작업환경측정방법을 위반하여 작업환경측정을 한 경우 등 신뢰성 평가의 필요성이 인정되는 경우

2) 공단이 신뢰성 평가를 할 때에는 작업환경측정 결과와 작업환경측정 서류를 검토하고, 해당 작업공정 또는 사업장에 대하여 작업환경측정을 해야 하며, 그 결과를 해당 사업장의 소재지를 관할하는 지방고용노동관서의 장에게 보고해야 한다.

3) 지방고용노동관서의 장은 작업환경측정 결과 노출기준을 초과한 경우에는 사업주로 하여금 해당 시설·설비의 설치·개선 또는 건강진단의 실시 등 적절한 조치를 하도록 해야 한다.

(7) 정도관리의 구분 및 실시시기

정기정도관리	분석자의 분석능력을 평가하기 위해 실시하는 정도관리로서 **연 1회 이상** 실시한다.
특별정도관리	다음 각 목의 어느 하나에 해당하는 경우 실시한다. • 작업환경측정기관으로 지정받고자 하는 경우 • 직전 정기정도관리에 불합격한 경우 • 대상기관이 부실측정과 관련한 민원을 야기하는 등 운영위원회에서 특별정도관리가 필요하다고 인정하는 경우

2 작업환경측정의 목적

(1) 작업환경측정의 목표 ★★

① 유해인자에 대한 근로자의 노출정도 파악(허용기준 초과여부를 결정)
  • 근로자 노출수준 파악을 위한 간접방법이며 직접방법은 아니다.
② 환기시설 성능 평가
  • 환기시설 가동 전과 후의 공기 중 유해물질 농도를 측정하여 환기시설의 성능을 평가한다.
③ 역학조사 시 근로자의 노출량 파악
  • 역학조사 시 근로자의 노출량을 파악하여 노출량과 반응과의 관계를 평가한다.
④ 정부 노출기준과의 비교
  • 근로자의 노출 정도가 법적 노출기준을 초과하는지 여부를 판단한다.
⑤ 최소의 오차범위 내에서 최소의 시료수를 가지고 최대의 근로자를 보호한다.
⑥ 작업공정, 물질, 노출 요인의 변경으로 인해 근로자에 대한 과대한 노출의 가능성을 최소화한다.
⑦ 과거의 노출농도가 타당한가를 확인한다.
⑧ 노출기준을 초과하는 상황에 근로자가 더 이상 노출되지 않게 보호한다.
⑨ ①~⑧ 중에 가장 큰 목적은 근로자의 노출 정도를 알아내는 것으로 질병에 대한 질병 원인을 규명하는 것은 아니며, 근로자의 노출 수준을 간접적 방법으로 파악하는 것이다. ★

[암기]
측정 목표는 노출정도·노출량 파악하고, 노출기준과 비교하여 환기 성능 평가

한 눈에 들어오는 키워드

[참고]
정도관리의 정의
작업환경측정·분석 치에 대한 정확성과 정밀도를 확보하기 위하여 지정측정기관의 작업환경측정·분석능력을 평가하고, 그 결과에 따라 지도·교육 그 밖에 측정·분석능력 향상을 위하여 행하는 모든 관리적 수단을 말한다.

[참고]
정도관리의 목적
① 자료의 신뢰성이 증가된다.
② 자료의 질 정도를 평가할 수 있다.
③ 공인된 시험법에 따라 실험을 수행을 하였는지 그 부합성을 확인할 수 있다.
④ 분석자의 수행능력을 평가할 수 있다.
⑤ 작업환경평가 시 중요한 자료로 사용할 수 있다.
⑥ 내·외부 고객을 만족시킬 수 있다.

(2) 미국산업위생학회(AIHA)의 작업환경측정의 목적

① 근로자 노출에 대한 기초자료 확보를 위한 측정
② 진단을 위한 측정
③ 법적인 노출기준 초과여부를 판단하기 위한 측정

3 작업환경 측정의 종류

(1) 채취위치에 따른 구분

1) 개인시료채취

① 개인시료 채취기를 이용하여 가스 · 증기, 흄, 미스트 등을 근로자 호흡위치 (호흡기를 중심으로 반경 30cm인 반구)에서 채취하는 것을 말한다. ★★
② 작업환경측정에서는 개인시료 채취를 원칙으로 하며 개인시료 채취가 곤란한 경우 지역시료를 채취를 할 수 있다.
③ 작업자에게 노출되는 정도를 알 수 있다.(유해인자의 노출 양, 강도를 간접적으로 측정하는 방법)

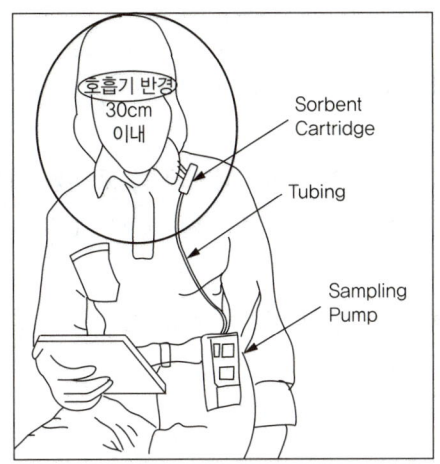

> [!NOTE] 한 눈에 들어오는 키워드
>
> **참고**
> 지역시료채취를 적용하는 경우
> - 개인시료 채취가 곤란한 때
> - 환기시설의 성능평가를 위하여 (작업환경개선의 효과측정)
> - 특정 공정의 계절별 농도변화 및 주기별 농도변화를 확인하기 위하여
> - 유해물질의 오염원이 확실하지 않을 때

실기 기출

✿ **호흡위치 기준 ★**

- 우리나라 : 호흡기를 중심으로 반경 30cm인 반구
- OSHA : 어깨 전방으로 직경 6~9inch인 반구

2) 지역시료채취

① 시료채취기를 이용하여 가스·증기, 분진, 흄, 미스트 등을 근로자의 정상 작업위치 또는 작업행동 범위에서 호흡기 높이에 고정하여 채취하는 것을 말한다.
② 특정 공정의 농도분포의 변화 및 환기장치의 효율성 변화 등을 알 수 있다.
③ 특정 공정의 계절별 농도변화 및 공정의 주기별 농도변화 등의 분석이 가능하다.
④ 측정결과를 통해서 근로자에게 노출되는 유해인자의 배경농도와 시간별 변화 등을 평가할 수 있다.
⑤ 지역시료채취는 개인시료 채취를 대신할 수 없으며 근로자의 노출정도를 평가할 수 없다.(개인시료 채취가 곤란한 경우 보조적으로 사용)

(2) 채취방식에 따른 구분

1) 능동적 시료채취

① 시료를 채취할 때 전원장치와 같은 에너지를 필요로 하는 것을 의미한다.
② 배터리가 내장된 공기채취펌프를 사용한 채취가 해당된다.

2) 수동식 시료채취

① 공기시료 채취장치의 작동에 전기에너지나 인력을 필요로 하지 않고 채취하는 방식을 말한다.
② 펌프 없이 가스나 증기가 고농도에서 저농도로 이동, 확산, 투과하는 현상을 이용 또는 입자상 물질의 침강을 이용한 채취로 채취를 위해 공기를 움직일 필요 없다.
③ 저농도 시 채취시간에 많은 시간이 소요되고, 정확도와 정밀도가 낮아 작업환경 평가에는 잘 사용되지 않는다.

(3) 채취시간에 따른 구분

1) 연속 시료채취(누적 시료채취)

5 ~ 10분에서 몇 시간 동안 계속해서 시료를 채취하는 방법을 말한다.

① 전 작업시간 동안의 단일시료 채취(Full-Period single sample)
② 전 작업시간 동안의 연속시료 채취(Full-Period consecutive sample)
  • 전 작업시간을 일정시간별로 나누어 여러 개의 시료를 채취하는 방법
  • 작업시간 동안의 노출농도의 변화와 영향을 알 수 있어 작업장의 시료채취에 가장 적합한 방법이다.
③ 부분 작업시간 동안의 연속시료 채취(Partial-Period consecutive sample)
  • 측정되지 않은 시간의 농도를 알 수 없다.

2) 단시간 시료채취(순간 시료채취)

몇 초 ~ 10분 이내의 짧은 시간 동안 시료를 채취하는 방법을 말한다.

① 작업시간 중 무작위로 선택한 시간에서 단시간 동안 여러 번 시료를 측정한다.
② 시표채취와 분석 모두 시료채취장치로부터 직접 판독할 수 있다.

4 작업환경측정의 흐름도, 작업환경측정 순서

(1) 작업환경측정의 흐름도

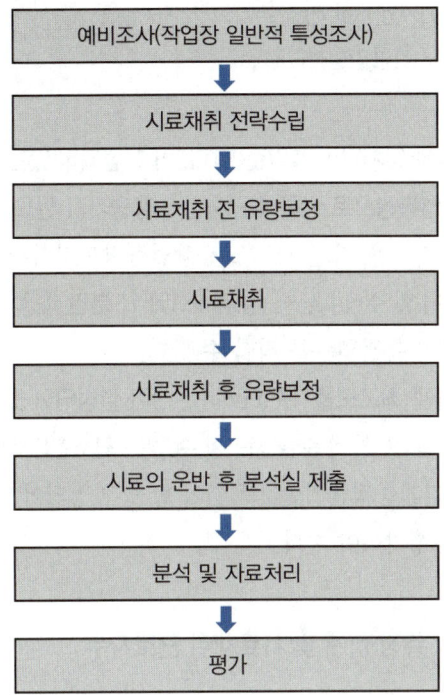

(2) 작업환경측정 순서(절차) ★★

예비조사 → 작업환경측정계획 및 준비 → 측정 → 시료운반 및 저장 → 시료분석 → 시료평가 → 보고서 작성

5 작업환경측정 방법, 단위작업장소의 측정 설계

(1) 노출기준의 종류별 측정시간 ★★

① 「화학물질 및 물리적 인자의 노출기준」에 시간가중평균기준(TWA)이 설정되어 있는 대상물질을 측정하는 경우에는 1일 작업시간 동안 6시간 이상 연속 측정하거나 작업시간을 등간격으로 나누어 6시간 이상 연속 분리하여 측정하여야 한다. 다만, 다음 각 호의 어느 하나에 해당하는 경우에는 대상물질의 발생시간 동안 측정할 수 있다.

> **한 눈에 들어오는 키워드**

> **암기**
>
> **대상물질의 발생시간 동안 측정하여야 하는 경우** ★★
>
> ① 대상물질의 **발생시간이 6시간 이하**인 경우
> ② 불규칙작업으로 **6시간 이하의 작업**
> ③ 발생원에서의 **발생시간이 간헐적**인 경우

② 노출기준 고시에 단시간 노출기준(STEL)이 설정되어 있는 물질로서 노출이 균일하지 않은 작업특성으로 인하여 단시간 노출평가가 필요하다고 자격자(작업환경측정자의 자격을 가진 자) 또는 작업환경측정기관이 판단하는 경우에는 단시간 측정을 할 수 있다. 이 경우 1회에 15분간 측정하되 유해인자 노출특성을 고려하여 측정횟수를 정할 수 있다.

③ 노출기준 고시에 최고노출기준(Ceiling, C)이 설정되어 있는 대상물질을 측정하는 경우에는 최고노출 수준을 평가할 수 있는 최소한의 시간동안 측정하여야 한다. 다만 시간가중평균기준(TWA)이 함께 설정되어 있는 경우에는 1)에 따른 측정을 병행하여야 한다.

(2) 단위작업장소의 측정 설계 및 시료채취 근로자수

1) 단위작업장소 ★

작업환경측정대상이 되는 작업장 또는 공정에서 정상적인 작업을 수행하는 동일 노출집단의 근로자가 작업을 행하는 장소를 말한다.

2) 시료채취 근로자 수 ★★★

① 단위작업 장소에서 최고 노출근로자 2명 이상에 대하여 동시에 개인 시료채취 방법으로 측정하되, 단위작업 장소에 근로자가 1명인 경우에는 그러하지 아니하며, 동일 작업근로자수가 10명을 초과하는 경우에는 매 5명당 1명 이상 추가하여 측정하여야 한다. 다만, 동일 작업근로자수가 100명을 초과하는 경우에는 최대 시료채취 근로자수를 20명으로 조정할 수 있다.

② 지역 시료채취 방법으로 측정을 하는 경우 단위작업장소 내에서 2개 이상의 지점에 대하여 동시에 측정하여야 한다. 다만, 단위작업 장소의 넓이가 50평방미터 이상인 경우에는 매 30평방미터마다 1개 지점 이상을 추가로 측정하여야 한다.

(3) 작업환경 측정 단위 ★★

① 화학적 인자의 가스, 증기, 분진, 흄(fume), 미스트(mist) 등의 농도는 피피엠(ppm) 또는 세제곱미터당 밀리그램(mg/m^3)으로 표시한다. 다만, 석면의 농도 표시는 세제곱센티미터당 섬유개수(개/cm^3)로 표시한다.
② 피피엠(ppm)과 세제곱미터당 밀리그램(mg/m^3) 간의 상호 농도변환은 다음 계산식과 같다.

> **암기**
>
> **ppm과 mg/m^3의 상호 농도변환 ★★★**
>
> 1. 0℃, 1기압의 경우
> $$mg/m^3 = \frac{ppm \times 분자량}{22.4}$$
>
> 2. 21℃, 1기압의 경우
> $$mg/m^3 = \frac{ppm \times 분자량}{24.1}$$
>
> 3. 25℃, 1기압의 경우
> $$mg/m^3 = \frac{ppm \times 분자량}{24.45}$$

③ 소음수준의 측정단위는 데시벨[dB(A)]로 표시한다.
④ 고열(복사열 포함)의 측정단위는 습구·흑구 온도지수(WBGT)를 구하여 섭씨온도(℃)로 표시한다.

> **암기**
>
> **작업환경측정의 단위 표시 ★★**
> - 석면 : 개/cm^3(세제곱센티미터당 섬유개수)
> - 가스, 증기, 분진, 흄, 미스트 : mg/m^3 또는 ppm
> - 고열(복사열 포함) : 습구·흑구온도지수를 구하여 ℃로 표시
> - 소음 : [dB(A)]

 한 눈에 들어오는 **키**워드

> **기출**
>
> mppcf
> (million particle per cubic feet)
> ① 단위 공기 중에 들어 있는 분자량(분진의 질이나 양과는 무관)
> ② 1mppcf = 35.31입자(개)/mL
>   1mppcf = 35.31입자(개)/cm^3
> ③ 우리나라 : 공기(mL) 중의 분자 수로 표시(입자/mL), 미국 : 1ft^3당 몇 백만 개(몇 백만 개/ft^3)로 표시
> ④ OSHA 노출기준(PEL) 중 mica와 graphite는 mppcf로 표시한다.

한눈에 들어오는 키워드

참고
부피보정
$$V_2 = V_1 \times \frac{(273+t_2)(P_1)}{(273+t_1)(P_2)}$$

V_1 : 처음부피 V_2 : 나중부피
t_1 : 처음온도(℃) t_2 : 나중온도(℃)
P_1 : 처음압력 P_2 : 나중압력

※ 문제

다음 0℃, 1atm에서 H_2 1.0m³는 273℃, 700mmHg 상태에서 몇 m³인가?

해설
$1.0 \times \frac{(273+273) \times 760}{(273+0) \times 700} = 2.17(m^3)$

(1atm = 1기압 = 760mmHg)

[예제 1]

세척제로 사용하는 트리클로로에틸렌의 근로자 노출농도 측정을 위해 과거의 노출농도를 조사해 본 결과, 평균 90ppm이었다. 활성탄 관을 이용하여 0.17 ℓ /분으로 채취하고자 할 때 채취하여야 할 최소한의 시간(분)은? (단, 25℃, 1기압 기준, 트리클로로에틸렌의 분자량은 131.39, 가스크로마토그래피의 정량한계는 시료당 0.4mg)

해설

ppm과 mg/m^3의 상호 농도변환

- 25℃, 1기압의 경우
  노출기준$(mg/m^3) = \frac{ppm \times 분자량}{24.45}$

$mg/m^3 = \frac{90 \times 131.39}{24.45} = 483.64(mg/m^3)$

$\frac{483.64 mg}{m^3} = \frac{0.4 mg}{\frac{0.17 \times 10^{-3} m^3}{min} \times x\, min}$

$0.4 = 483.64 \times 0.17 \times 10^{-3} \times x$

$x = \frac{0.4}{483.64 \times 0.17 \times 10^{-3}} = 4.87(min)$

$(l = 10^{-3} m^3)$

[예제 2]

어느 작업장의 온도가 18℃이고, 기압이 770mmHg, Methylethyl Ketone(분자량 = 72)의 농도가 26ppm일 때 mg/m^3 단위로 환산된 농도는?

해설

풀이 1.
$mg/m^3 = \frac{26 \times 72}{23.57} = 79.42(mg/m^3)$

$\left[\begin{array}{l} 0℃\,(t_1)\,760mmHg(P_1)\text{의 공기 1몰의 부피 }22.4L\text{를 }18℃\,(t_2), 770mmHg(P_2)\text{로 보정} \\ \text{보정 후의 부피} = \text{보정 전의 부피} \times \frac{(273+t_2) \times P_1}{(273+t_1) \times P_2} \\ = 22.4 \times (\frac{273+18}{273+0} \times \frac{760}{770}) = 23.57(L) \end{array}\right]$

풀이 2.
1. $mg/m^3 = \frac{26 \times 72}{22.4} = 83.57(mg/m^3)$
2. 0℃ (t_1) 760mmHg(P_1)의 농도 $83.57 mg/m^3$를 18℃ (t_2), 770mmHg(P_2)로 보정
   $\frac{1}{m^3}(\frac{1}{부피})$의 보정에 해당하므로
   $83.57 \times \frac{273+0}{273+18} \times \frac{770}{760} = 79.43(mg/m^3)$

[예제 3]

어느 작업장에서 SO_2를 측정한 결과 3ppm을 얻었다. 이를 mg/m^3로 환산하면 얼마인가? (단, 원자량 S = 32, 온도는 24℃, 기압은 730mmHg)

해설

$mg/m^3 = \dfrac{3 \times 64}{25.37} = 7.57(mg/m^3)$

$\begin{bmatrix} \text{1. 25℃, 1기압(760mmHg) 공기 1몰의 부피(24.45L)를 24℃, 730mmHg로 보정} \\ \quad t_1 = 25℃, \ P_1 = 760mmHg \\ \quad t_2 = 24℃, \ P_2 = 730mmHg \\ \quad V_2 = V_1 \times \dfrac{(273+t_2)}{(273+t_1)} \times \dfrac{P_1}{P_2} \\ \quad\quad 24.45 \times (\dfrac{273+24}{273+25} \times \dfrac{760}{730}) = 25.37(L) \\ \text{2. } SO_2 \text{의 분자량} = 32 + (16 \times 2) = 64(g) \end{bmatrix}$

[예제 4]

수동식 시료채취기(Passive Sampler)로 8시간 동안 벤젠을 포집하였다. 포집된 시료를 GC를 이용하여 분석한 결과 20,000ng이었으며 공시료는 0ng이었다. 회사에서 제시한 벤젠의 시료채취량은 35.6mL/분이고 탈착효율은 0.96이라면 공기 중 농도는 몇 ppm인가? (단, 벤젠의 분자량은 78, 25℃, 1기압 기준)

해설

$mg/m^3 = \dfrac{ppm \times 분자량}{24.45}$

$ppm \times 분자량 = 24.45 \times mg/m^3$

$ppm = \dfrac{24.45 \times mg/m^3}{분자량} = \dfrac{24.45 \times 1.17}{78} = 0.37(ppm)$

$\begin{bmatrix} \text{1. } \dfrac{mg}{m^3} = \dfrac{20,000 \times 10^{-6}mg}{\dfrac{35.6 \times 10^{-6}m^3}{min} \times (8 \times 60)min} = 1.17(mg/m^3) \\ \text{2. } ng = 10^{-9}g, \ mg = 10^{-3}g \quad\quad \therefore ng = 10^{-6}mg \\ \quad\quad mL = 10^{-3}L, \ L = 10^{-3}m^3 \quad\quad \therefore mL = 10^{-6}m^3 \end{bmatrix}$

탈착효율이 0.96(96%)이므로 100%일 때의 농도는
$0.96 : 0.37 = 1 : x$
$0.96x = 0.37$
$x = \dfrac{0.37}{0.96} = 0.39(ppm)$

[예제 5]

작업장에서 오염물질 농도를 측정하였더니 그 중 일산화탄소(CO)가 0.01%이었다. 이 때 일산화탄소 농도(mg/m^3)는 약 얼마인가? (단, 25℃, 1기압 기준)

한눈에 들어오는 키워드

해설

$$노출기준(mg/m^3) = \frac{(0.01 \times 10^4 ppm) \times (28 \times 10^3 mg)}{24.45 \times 10^{-3} m^3} \times 10^{-6} = 114.52(mg/m^3)$$

- $\% : 10^{-2}, ppm : 10^{-6}$
  $\therefore \% = 10^4 ppm$
- $25℃, 1$기압 공기 1몰의 부피 $= 24.45L = 24.45 \times 10^{-3} m^3$
- CO의 분자량 $= 12 + 16 = 28g = 28 \times 10^3 mg$

[예제 6]

접합공정에서 본드를 사용하는 작업장에서 톨루엔을 측정하고자 한다. 노출기준의 10%까지 측정하고자 할 때, 최소 시료채취 시간은 약 몇 분인가? (단, 25℃, 1기압 기준이며 톨루엔의 분자량은 92.14, 기체크로마토그래피의 분석에서 톨루엔의 정량한계는 0.5mg, 노출기준은 100ppm, 채취유량은 0.15L/분이다.)

해설

$$mg/m^3 = \frac{ppm \times 분자량}{24.45}$$

$$mg/m^3 = \frac{100 \times 92.14}{24.45} = 376.85(mg/m^3)$$

노출기준의 10% → 37.685(mg/m^3)

$$\frac{0.5mg}{\frac{0.15 \times 10^{-3} m^3}{min} \times x min} = 37.685$$

$37.685 \times 0.15 \times 10^{-3} \times x = 0.5$

$$x = \frac{0.5}{37.685 \times 0.15 \times 10^{-3}} = 88.45(min)$$

$(0.15 L/min = 0.15 \times 10^{-3} m^3/min)$

[예제 7]

실내공간이 100m^3인 빈 실험실에 MEK(Methyl Ethyl Ketone) 2mL가 기화되어 완전히 혼합되었을 때, 이 때 실내의 MEK농도는 약 몇 ppm인가? (단, MEK 비중은 0.805, 분자량은 72.1, 실내는 25℃, 1기압 기준이다.)

해설

$$mg/m^3 = \frac{ppm \times 분자량}{24.45}$$

$ppm \times 분자량 = mg/m^3 \times 24.45$

$$ppm = \frac{mg/m^3 \times 24.45}{분자량} = \frac{16.10 \times 24.45}{72.1} = 5.46 ppm$$

1. 증발량 $= 2mL \times 0.805 g/mL = 1.61g \times 1,000 = 1,610mg$
2. $\frac{1,610mg}{100m^3} = 16.10 mg/m^3$

> **[예제 8]**
> 활성탄관을 연결한 저유량 공기 시료채취펌프를 이용하여 벤젠증기(MW = 78g/mol)를 0.112m³ 채취하였다. GC를 이용하여 분석한 결과 657μg의 벤젠이 검출되었다면 벤젠증기의 농도(ppm)는? (단, 온도 25℃ 압력 760mmHg)
>
> **해설**
>
> 1. $\mathrm{mg/m^3} = \dfrac{657 \times 10^{-3}\mathrm{mg}}{0.112\mathrm{m^3}} = 5.87(\mathrm{mg/m^3})$
>
> $(\mu\mathrm{g} = 10^{-6}\mathrm{g},\ \mathrm{mg} = 10^{-3}\mathrm{g},\ \therefore \mu\mathrm{g} = 10^{-3}\mathrm{mg})$
>
> 2. $\mathrm{mg/m^3} = \dfrac{\mathrm{ppm} \times 분자량}{24.45}$
>
> $\mathrm{ppm} = \dfrac{\mathrm{mg/m^3} \times 24.45}{분자량} = \dfrac{5.87 \times 24.45}{78} = 1.84(\mathrm{ppm})$

(4) 소음의 측정방법

1) 소음측정 기기 ★★

① 소음측정에 사용되는 기기("소음계")는 누적소음 노출량측정기, 적분형소음계 또는 이와 동등 이상의 성능이 있는 것으로 하되 개인 시료채취 방법이 불가능한 경우에는 지시소음계를 사용할 수 있으며, 발생시간을 고려한 등가소음레벨 방법으로 측정할 것. 다만, 소음발생 간격이 1초 미만을 유지하면서 계속적으로 발생되는 소음("연속음"이라 한다)을 지시소음계 또는 이와 동등 이상의 성능이 있는 기기로 측정할 경우에는 그러하지 아니할 수 있다.

② 소음계의 청감보정회로는 A특성으로 할 것 ★★

③ 소음측정은 다음과 같이 할 것 ★★
- 소음계 지시침의 동작은 느린(Slow) 상태로 한다.
- 소음계의 지시치가 변동하지 않는 경우에는 해당 지시치를 그 측정점에서의 소음수준으로 한다.

④ 누적소음노출량 측정기로 소음을 측정하는 경우에는 Criteria는 90dB, Exchange Rate는 5dB, Threshold는 80dB로 기기를 설정할 것 ★★

⑤ 소음이 1초 이상의 간격을 유지하면서 최대음압수준이 120dB(A) 이상의 소음인 경우에는 소음수준에 따른 1분 동안의 발생횟수를 측정할 것 ★★

> **참고**
>
> ❋ **소음진동공정 시험기준에 따른 환경기준 중 소음측정방법**
> - 소음계의 동특성은 원칙적으로 빠름(fast) 모드로 하여 측정하여야 한다.
> - 소음계와 소음도 기록기를 연결하여 측정·기록하는 것을 원칙으로 한다.
> - 소음계 및 소음도 기록기의 전원과 기기의 동작을 점검하고 매회 교정을 실시하여야 한다.
> - 소음계의 청감보정회로는 A특성에 고정하여 측정하여야 한다.

2) 측정위치

① 개인 시료채취 방법으로 측정하는 경우에는 소음측정기의 센서 부분을 작업 근로자의 귀 위치(귀를 중심으로 반경 30cm인 반구)에 장착하여야 한다.

② 지역 시료채취 방법으로 측정하는 경우에는 소음측정기를 측정대상이 되는 근로자의 주 작업행동 범위 내에서 작업근로자 귀 높이에 설치하여야 한다.

3) 소음 측정시간 ★★★

① 단위작업 장소에서 소음수준은 규정된 측정위치 및 지점에서 1일 작업시간 동안 6시간 이상 연속 측정하거나 작업시간을 1시간 간격으로 나누어 6회 이상 측정하여야 한다. 다만, 소음의 발생특성이 연속음으로서 측정치가 변동이 없다고 자격자 또는 지정측정기관이 판단한 경우에는 1시간 동안을 등간격으로 나누어 3회 이상 측정할 수 있다.

② 단위작업 장소에서의 소음발생시간이 6시간 이내인 경우나 소음발생원에서의 발생시간이 간헐적인 경우에는 발생시간 동안 연속 측정하거나 등간격으로 나누어 4회 이상 측정하여야 한다.

(5) 고열의 측정방법

1) 고열 측정기기

고열은 습구흑구온도지수(WBGT)를 측정할 수 있는 기기 또는 이와 동등 이상의 성능을 가진 기기를 사용한다.

2) 고열 측정방법 ★★★

① 측정은 단위작업 장소에서 측정대상이 되는 근로자의 주 작업 위치에서 측정한다.

② 측정기의 위치는 바닥면으로부터 50센티미터 이상, 150센티미터 이하의 위치에서 측정한다.
③ 측정기를 설치한 후 충분히 안정화시킨 상태에서 1일 작업시간 중 가장 높은 고열에 노출되는 1시간을 10분 간격으로 연속하여 측정한다.

3) 습구흑구온도지수(WBGT)의 산출 ★★★

① 옥외(태양광선이 내리쬐는 장소)

$$WBGT(℃) = 0.7 × 자연습구온도 + 0.2 × 흑구온도 + 0.1 × 건구온도$$

② 옥내 또는 옥외(태양광선이 내리쬐지 않는 장소)

$$WBGT(℃) = 0.7 × 자연습구온도 + 0.3 × 흑구온도$$

③ 평균 WBGT

$$평균\ WBGT(℃) = \frac{WBGT_1 × t_1 + WBGT_2 × t_2 + \cdots + WBGT_n × t_n}{t_1 + t_2 + \cdots + t_n}$$

$WBGT_n$: 각 습구흑구온도지수의 측정치(℃)
t_n : 각 습구흑구온도지수의 측정시간(분)

[예제 9]
옥내작업장에서 측정한 건구온도가 73℃이고 자연습구온도 65℃, 흑구온도 81℃일 때, WBGT는?

해설
옥내 또는 옥외(태양광선이 내리쬐지 않는 장소)

$$WBGT(℃) = 0.7 × 자연습구온도 + 0.3 × 흑구온도$$

$WBGT(℃) = 0.7 × 65 + 0.3 × 81 = 69.8℃$

(6) 가스상 물질의 측정방법

1) 측정 및 분석방법

작업환경측정 대상 유해인자 중 가스상 물질의 경우 개인시료채취기 또는 이와 동등 이상의 특성을 가진 측정기기를 사용하여 시료를 채취한 후 원자흡광분석, 가스크로마토그래프분석 또는 이와 동등 이상의 분석방법으로 정량분석하여야 한다.

2) 가스상 물질의 측정위치

① 개인 시료채취 방법으로 측정하는 경우에는 측정기기를 작업 근로자의 호흡기 위치에 장착하여야 한다.
② 지역 시료채취 방법으로 측정하는 경우에는 측정기기를 발생원의 근접한 위치 또는 작업근로자의 주 작업행동 범위 내에서 작업근로자 호흡기 높이에 설치하여야 한다.

3) 검지관방식의 측정

① 다음 각 호의 어느 하나에 해당하는 경우에는 검지관방식으로 측정할 수 있다.

> **[암기]**
> **검지관방식으로 측정할 수 있는 경우 ★★★**
> ① **예비조사 목적인 경우**
> ② **검지관방식 외에 다른 측정방법이 없는 경우**
> ③ 발생하는 **가스상 물질이 단일물질인 경우**(다만, 자격자가 측정하는 사업장에 한정한다.)

② 자격자가 해당 사업장에 대하여 검지관방식으로 측정하는 경우 사업주는 2년에 1회 이상 사업장 위탁측정기관에 의뢰하여 측정하여야 한다.
③ 검지관방식의 측정결과가 노출기준을 초과하는 것으로 나타난 경우에는 즉시 재측정하여야 하며, 해당 사업장에 대하여는 측정치가 노출기준 이하로 나타날 때까지는 검지관방식으로 측정할 수 없다.
④ 검지관방식으로 측정하는 경우에는 해당 작업근로자의 호흡기 및 가스상 물질 발생원에 근접한 위치 또는 근로자 작업행동 범위의 주 작업 위치에서의 근로자 호흡기 높이에서 측정하여야 한다. ★★
⑤ 검지관방식으로 측정하는 경우에는 1일 작업시간 동안 1시간 간격으로 6회 이상 측정하되 측정시간마다 2회 이상 반복 측정하여 평균값을 산출하여야 한다. 다만, 가스상 물질의 발생시간이 6시간 이내일 때에는 작업시간 동안 1시간 간격으로 나누어 측정하여야 한다. ★★

(7) 입자상 물질의 측정방법

1) 측정 및 분석방법 ★★

① 석면의 농도는 여과채취방법으로 측정하고 계수방법 또는 이와 동등 이상의 분석방법으로 분석할 것 ★★

② 광물성분진은 여과채취방법으로 측정하고 석영, 크리스토바라이트, 트리디마이트를 분석할 수 있는 적합한 방법으로 분석할 것(다만 규산염과 그 밖의 광물성분진은 중량분석방법으로 분석한다.)

③ 용접 흄은 여과채취방법으로 측정하되 용접보안면을 착용한 경우에는 그 내부에서 시료를 채취하고 중량분석방법과 원자흡광광도계 또는 유도결합프라스마를 이용한 방법으로 분석할 것 ★★

④ 석면, 광물성분진 및 용접 흄을 제외한 입자상 물질은 여과채취방법으로 측정한 후 중량분석방법이나 유해물질 종류에 따른 적합한 방법으로 분석할 것

⑤ 호흡성분진은 호흡성분진용 분립장치 또는 호흡성분진을 채취할 수 있는 기기를 이용한 여과채취방법으로 측정할 것

⑥ 흡입성분진은 흡입성분진용 분립장치 또는 흡입성분진을 채취할 수 있는 기기를 이용한 여과채취방법으로 측정할 것

2) 측정위치 ★★

① 개인 시료채취 방법으로 측정하는 경우에는 측정기기를 작업 근로자의 호흡기 위치에 장착하여야 한다.

② 지역 시료채취 방법으로 측정하는 경우에는 측정기기를 발생원의 근접한 위치 또는 작업근로자의 주 작업행동 범위 내에서 작업근로자 호흡기 높이에 설치하여야 한다.

6 준비작업

(1) 예비조사

① 서류조사와 현장답사로서 추후 정밀한 측정을 하기 전에 하는 사전조사를 말한다.

② 작업장 또는 작업공정이 신규로 가동되거나 변경된 경우에는 작업환경 측정 전에 예비조사를 실시하여야 한다.

참고

예비조사의 조사항목
- 작업장 및 공정 특성
  공정도면 및 공정 파악, 유해인자의 종류 파악
- 근로자의 작업특성
  근로자의 작업활동 내용 → 위험노출근로자 파악 → 모니터링 우선 근로자 결정
- 유해인자의 특성
  유해인자 목록 → 유해인자의 유해성 조사 → 모니터링 우선인자 결정

한 눈에 들어오는 키워드

실기 기출 ★

작업환경측정의 예비조사 시에 작성하는 측정계획서에 포함하여야 하는 내용 4가지를 적으시오.

정답
① 원재료의 투입과정부터 최종 제품생산 공정까지의 주요공정 도식
② 해당 공정별 작업내용 및 화학물질 사용실태, 그 밖에 작업방법·운전조건 등을 고려한 유해인자 노출 가능성
③ 측정대상 공정, 측정대상 유해인자 및 발생주기, 측정대상 공정의 종사 근로자 현황
④ 유해인자별 측정방법 및 측정 소요기간 등 작업환경측정에 필요한 사항

참고
기초모니터링
유사노출군(SEG)별로 노출농도 범위, 분포 등을 평가하며 역학조사에 활용하는 측정방법을 말한다.

---

1) 예비조사의 목적 실기 기출 ★

① 동일노출그룹[유사노출그룹 : HEG(Homogeneous Exposure Group)]의 설정
② 정확한 시료채취 전략 수립

2) 예비조사 및 측정계획서의 작성

① 예비조사를 하는 경우에는 다음 각 호의 내용이 포함된 측정계획서를 작성하여야 한다.
- 원재료의 투입과정부터 최종 제품생산 공정까지의 주요공정 도식
- 해당 공정별 작업내용 및 화학물질 사용실태, 그 밖에 작업방법·운전조건 등을 고려한 유해인자 노출 가능성
- 측정대상 공정, 측정대상 유해인자 및 발생주기, 측정대상 공정의 종사 근로자 현황
- 유해인자별 측정방법 및 측정 소요기간 등 작업환경측정에 필요한 사항

② 측정기관이 전회에 측정을 실시한 사업장으로서 공정 및 취급인자 변동이 없는 경우에는 서류상의 예비조사를 할 수 있다.

(2) 서류조사

① 공정의 유형, 공정별 근로자수, 산재기록 여부
② 원재료, 부산물, 촉매제, 완제품, 반제품, 쓰레기
③ 사용자재의 독성, 노출기준, MSDS 조사
④ 공학적인 대책으로 사용된 시설
⑤ 의료서비스, 응급처치 등
⑥ 안전감독, 보호구 지급

(3) 현장조사(Work Through Survey)

문헌조사로는 실제로 현장에서 진행되는 사항을 파악하기 곤란하므로 현장조사를 실시한다.

7 유사 노출군의 결정 및 유사 노출군의 설정방법

(1) 동일노출그룹[유사노출그룹:HEG(Homogeneous Exposure Group)]

① 유사노출그룹은 노출되는 유해인자의 농도와 특성이 유사하거나 동일한 근로자 그룹을 말하며 유해인자의 특성이 동일하다는 것은 노출되는 유해인자가 동일하고 농도가 일정한 변이 내에서 통계적으로 유사하다는 의미이다.
② 역학조사를 수행할 때 사건이 발생된 근로자가 속한 유사노출그룹의 노출농도를 근거로 노출원인 및 농도를 추정할 수 있다.
③ 유사노출그룹은 모든 근로자의 노출 상태를 측정하는 효과를 가진다.

(2) 동일노출그룹(유사노출그룹) 설정 목적 ★★

① 시료채취 수를 경제적으로 하기 위함이다.
② 모든 근로자를 유사한 노출그룹별로 구분하고 그룹별로 대표적인 근로자를 선택하여 측정하면 측정하지 않은 근로자의 노출농도까지도 추정할 수 있다.(모든 근로자의 노출 정도를 추정하고자 하는 데 있다.)
③ 해당 근로자가 속한 동일노출그룹의 노출농도를 근거로 노출원인 및 농도를 추정할 수 있다.
④ 작업장에서 모니터링하고 관리해야 할 우선적인 그룹을 결정하기 위함이다.

(3) 유사 노출군의 설정방법 ★

「조직→공정→작업범주→작업내용(유해인자)→업무」별로 세분하여 분류한다.

> **실기 기출 ★**
> 유사노출군의 설정 순서이다. 괄호에 적합한 단어를 적으시오.
>
> 조직→(①)→작업범주→(②)→업무
>
> 정답
> ① 공정
> ② 작업내용(유해인자)

02 시료분석기술

1 보정의 원리 및 종류

(1) 보정

측정 및 분석과정에서의 오차를 줄이기 위해 특정조건에서의 표준 값과 측정기구 값 사이의 상관관계를 설정하는 것을 말한다.

> **참고**
> 보정(calibration)
> 측정기기를 사용하기 전에 정확한 측정을 위하여 표시나 눈금을 다시 확인하여 표준상태에 맞추는 것을 말한다.

(2) 시료채취기 유량보정

① 시료를 채취하기 전과 후에 시료채취기구(시료채취기+펌프)의 유량을 보정하여야 한다.

② 시료채취기구 유량보정에 사용되는 보정기는 1차 표준기기이어야 하며, 유량측정에 사용되는 1차 표준기기라 함은 물리량 값만을 가지고 유량을 측정할 수 있는 기기를 말한다.

1) 1차 표준기구(primary standard)

① 물리적 차원인 공간의 부피를 직접 측정할 수 있는 표준기준(직접 공기량을 측정하는 유량계)

② 기구 자체가 정확한 값(정확도 ±1% 이내)을 제시한다.

③ 모든 유량계를 보정할 때 기본이 되는 장비이다.

④ 온도와 압력에 영향을 받지 않는다.

[1차 표준기구의 종류] ★★★

표준기구	일반사용범위	정확도	사용처
비누거품미터 (Soap bubble meter)	1mL/분 ~ 30L/분	±1%	현장, 실험실
폐활량계 (Spirometer)	100 ~ 600L	±1%	현장, 실험실
가스치환병 (Mariotte bottle)	10 ~ 500mL/분	±0.05 ~ 0.25%	실험실
유리피스톤미터 (Glass piston meter)	10 ~ 200mL/분	±2%	현장, 실험실
흑연피스톤미터 (Frictionless meter)	1mL/분 ~ 50L/분	±1 ~ 2%	현장, 실험실
피토튜브 (Pitot tube)	15mL/분 이하	±1%	현장

> **암기법**
>
> **1차 비누**로 **폐활량** 재고, **가스치환**하여, **유리. 흑연** 먹였더니 **피토**했다.

2) 2차 표준기구(Secondary Standard)

① 공간의 부피를 직접 측정할 수 없으며 주기적으로 1차 표준 기구를 기준으로 보정해서 사용해야 하는 기구들을 말한다.
② 온도와 압력의 영향을 받는다.
③ 유량과 비례 관계가 있는 유속, 압력을 측정하여 유량으로 환산하는 방식이다.

[2차 표준기구의 종류] ★★★

표준기구	일반사용범위	정확도	사용처
로타미터 (Rotameter)	1mL/분 이하	±1~25%	현장
습식 테스트미터 (Wet-test-meter)	0.5~230L/분	±0.5%	실험실
건식 가스미터 (Dry-gas-meter)	10~150L/분	±1%	현장
오리피스미터 (Orifice meter)	직경에 따라 다양	±0.5%	현장, 실험실
열선기류계 (Thermo anemometer)	0.05~40.6m/초	±0.1~0.2%	현장

[암기법]

2열로 걸어가는 습관 테스트하는 오리
2(2차기구) 열(열선기류계)로(로타미터) 걸어가는(건식가스미터) 습관 테스트(습식테스트미터)하는 오리(오리피스미터)

한 눈에 들어오는 **키**워드

암기 ★★★
1차 표준 기구
- 비누거품미터
- 폐활량계
- 가스치환병
- 유리피스톤미터
- 흑연피스톤미터
- 피토튜브(Pitot tube)

[암기] 1차 비누로 폐활량 재고, 가스치환하여, 유리, 흑연 먹였더니 피토했다.

2차 표준기구
- 로타미터
- 습식테스트미터
- 건식가스미터
- 오리피스미터
- 열선기류계

[암기] 2 열로 걸어가는 습관 테스트하는 오리

한 눈에 들어오는 키워드

> **참고**
> 습식테스트 미터
> 2차 표준기구 중 **주로** 실험실에서 **사용하는 것**

참고

1. 피토튜브(Pitot tube)

- 유체의 흐름으로 인해 발생하는 **압력차이를 이용하여 속도를 측정**하는 데 사용된다.
- Pitot tube의 정확성에는 한계가 있으며, 기류가 12.7m/s 이상일 때는 U자 튜브를 이용하고, 그 이하에서는 기울어진 튜브(inclined tube)를 이용한다.
- **정밀한 측정에서는 경사마노미터를 사용**한다.

2. 로타미터

- **유량을 측정하는 데 가장 흔히 사용**되는 2차 표준기구이다.
- 바닥으로 갈수록 점점 가늘어지는 수직관과 그 안에서 자유롭게 상하로 움직이는 부자(float)로 이루어진다.(유체가 위쪽으로 흐름에 따라 float도 위로 올라가며 올라간 float의 눈금을 읽어 측정한다)
- 관은 유리나 투명 플라스틱으로 되어있으며 눈금이 새겨져 있다.
- 로타미터는 최대유량과 최소유량의 비율이 10 : 1의 범위이고 대부분 ±1~25% 이내의 정확성을 나타낸다.

3. 비누거품미터

- 측정시간의 정확성은 ±1초 이내이며, 초시계로 0.1초까지 측정한다.
- 단순하고 경제적이며 정확성이 있어 작업환경 측정에 널리 사용된다.
- 유량계산 ★

$$\text{유량(L/min)} = \frac{\text{비누거품이 통과한 용량(L)}}{\text{비누거품이 통과한 시간(min)}}$$

> **[예제 10]**
> 고유량 공기채취펌프를 수동 무마찰거품관으로 보정하였다. 비눗방울이 450cm³의 부피(V)까지 통과하는 데 12.6초(T)가 걸렸다면 유량(Q)은 몇 L/min인가?
>
> **해설**
>
> $$L/min = \frac{(450 \times 10^{-3})L}{(12.6 \div 60)min} = 2.14(L/min)$$
>
> - $cm^3 = (10^{-2}m)^3 = (10^{-6})m^3$
> - $L = (10^{-3})m^3$
> - ∴ $cm^3 = (10^{-3})L$

4. 가스치환병

1차 표준기구 중 일반적인 사용범위가 10~500mL/분이고, 정확도가 ±0.05~0.25%로 높아 실험실에서 주로 사용한다.

2 정도관리

(1) 정도관리의 정의 ★

작업환경측정·분석치에 대한 정확성과 정밀도를 확보하기 위하여 지정측정기관의 **작업환경측정·분석능력을 평가**하고, 그 결과에 따라 지도·교육 그 밖에 측정·분석능력 향상을 위하여 행하는 모든 관리적 수단을 말한다.

(2) 정도관리의 구분 및 실시시기

1) 정기정도관리

분석자의 분석능력을 평가하기 위해 실시하는 정도관리로서 연 1회 이상 다음 각 목의 구분에 따라 실시하는 것을 말한다.

① 기본분야 : 기본적인 유기화합물과 금속류에 대한 분석능력을 평가
② 자율분야 : 특수한 유해인자에 대한 분석능력을 평가

2) 특별정도관리

다음 각 목의 어느 하나에 해당하는 경우 실시하는 것을 말한다.

① 작업환경측정기관으로 지정받고자 하는 경우
② 직전 정기정도관리(기본분야에 한한다)에 불합격한 경우
③ 대상기관이 부실측정과 관련한 민원을 야기하는 등 운영위원회에서 특별정도관리가 필요하다고 인정하는 경우

3) 정기정도관리의 세부실시계획은 실무위원회가 정하는 바에 따른다.

4) 정기정도관리·특별정도관리 결과 부적합 평가를 받았거나 분석자가 변경된 대상기관은 이후 최초 도래하는 해당 정도관리를 다시 받아야 한다. 다만, "자율분야" 나목이나 "작업환경측정기관으로 지정받고자 하는 경우"에는 그러하지 아니하다.

(3) 정도관리 항목

1) 대상기관에 대한 정도관리 항목은 다음 각 호와 같다.

① 정기정도관리 평가항목 : 분석자의 분석능력으로 하며 세부사항은 운영위원회에서 정한다.

② 특별정도관리 평가항목 : 분석장비·설비, 분석준비현황, 분석자의 분석능력 및 운영위원회에서 결정하는 그 밖의 항목으로 한다.

2) 사업장 자체측정기관은 해당 측정대상 작업장에 일부 분야의 유해인자만 존재할 경우에는 해당 항목에 한정하여 정도관리에 참여할 수 있다.

(4) 평가기준

정도관리 결과에 대한 평가기준은 다음 각 호와 같다.

① 정기정도관리 대상기관이 시료분석 결과 값이 분야별로 100분의 75 이상 적합범위에 포함되었을 때 분야별 적합으로 평가(다만, 사업장 자체측정기관의 경우에는 정도관리 참여 항목만 평가)
② 특별정도관리 대상기관이 각 항목의 배점을 합산하고 100점 만점으로 환산한 점수 중 75점 이상을 받은 경우에 적합으로 평가
③ 분석관련 자료를 제출하지 않거나, 분석관련 자료가 적합하지 아니할 경우 해당 분야는 부적합으로 평가

3 화학 및 기기 분석법의 종류

(1) 화학시험의 일반사항

1) 단위 및 기호

주요 단위 및 기호는 아래 표와 같고, 여기에 표시되어 있지 않은 단위는 KS A ISO 80000-1(양 및 단위-제1부 : 일반사항)에 따른다.

[SI 단위 및 기호]

종류	단위	기호	종류	단위	기호
길이	미터 센티미터 밀리미터 마이크로미터(미크론) 나노미터(밀리미크론)	m cm mm $\mu m(\mu)$ $nm(m\mu)$	농도	몰농도 노르말농도 그램/리터 밀리그램/리터 퍼센트	M N g/L mg/L %

종류	단위	기호	종류	단위	기호
압력	기압 수은주밀리미터 수주밀리미터	atm mmHg mmH$_2$O	부피	세제곱미터 세제곱센티미터 세제곱밀리미터	m^3 cm^3 mm^3
넓이	제곱미터 제곱센티미터 제곱밀리미터	m^2 cm^2 mm^2	무게	킬로그램 그램 밀리그램 마이크로그램 나노그램	kg g mg μg ng
용량	리터 밀리리터 마이크로리터	L mL μL			

> **한 눈에 들어오는 키워드**
>
> 4. 정도관리운영위원회의 기능
>   정도관리운영위원회는 다음 각 호에 관한 사항을 심의·조정한다.
>   - 정도관리 표준시료의 농도 결정
>   - 정도관리 표준시료의 조제 방법
>   - 정도관리 평가방법 및 결과처리
>   - 정도관리에 필요한 교육
>   - 정도관리에 필요한 시료 분석
>   - 연구원장이 정하는 사항
>   - 그 밖의 정도관리운영에 필요한 사항
> 5. 정도관리운영위원회 회의개최
>   정도관리운영위원회는 연 1회 이상 정기회의를 개최하여야 한다. 다만, 위원장이 필요하다고 인정하는 때에는 임시회의를 개최할 수 있다.

2) 온도 표시 ★

① 온도의 표시는 셀시우스(Celcius) 법에 따라 아라비아 숫자의 오른쪽에 ℃를 붙인다. 절대온도는 °K로 표시하고 절대온도 0°K는 -273℃로 한다.

② 상온은 15 ~ 25℃, 실온은 1 ~ 35℃, 미온은 30 ~ 40℃로 하고, 찬 곳은 따로 규정이 없는 한 0 ~ 15℃의 곳을 말한다.

③ 냉수(冷水)는 15℃ 이하, 온수(溫水)는 60 ~ 70℃, 열수(熱水)는 약 100℃를 말한다.

3) 농도 표시

① 중량백분율을 표시할 때에는 %의 기호를 사용한다.

② 액체단위부피, 또는 기체단위부피 중의 성분질량(g)을 표시할 때에는 %(W/V)의 기호를 사용한다.

③ 액체단위부피, 또는 기체단위부피 중의 성분용량을 표시할 때에는 %(V/V)의 기호를 사용한다.

④ 백만분율(Parts Per Million)을 표시할 때에는 ppm을 사용하며 따로 표시가 없으면, 기체인 경우에는 용량 대 용량(V/V)을, 액체인 경우에는 중량 대 중량(W/W)을 의미한다.

⑤ 10억분율(Parts Per Billion)을 표시할 때에는 ppb를 사용하며 따로 표시가 없으면, 기체인 경우에는 용량 대 용량(V/V)을, 액체인 경우에는 중량 대 중량(W/W)을 의미한다.

⑥ 공기 중의 농도를 mg/m^3로 표시했을 때는 25℃, 1기압 상태의 농도를 말한다.

4) 초순수(물)

측정·분석 방법에 사용하는 초순수는 따로 규정이 없는 한 정제증류수 또는 이온교환수지로 정제한 탈염수(脫鹽水)를 말한다.

5) 시약, 표준물질

① 분석에 사용하는 시약은 따로 규정이 없는 한 특급 또는 1급 이상이거나 이와 동등한 규격의 것을 사용하여야 한다. 단, 단순히 염산, 질산, 황산 등으로 표시하였을 때 따로 규정이 없는 한 규정한 농도 이상의 것을 말한다.
② 분석에 사용되는 표준품은 원칙적으로 특급시약을 사용한다.
③ 광도법, 전기화학적분석법, 크로마토그래피법, 고성능액체크로마토그래피법에 사용되는 시약은 순도에 유의해야 하고, 불순물이 분석에 영향을 미칠 우려가 있을 때에는 미리 검정하여야 한다.
④ 분석에 사용하는 지시약은 따로 규정이 없는 한 KS M 0015(화학 분석용 지시약 조제방법)에 규정된 지시약을 사용한다.
⑤ 시료의 시험, 바탕시험 및 표준액에 대한 시험을 일련의 동일시험으로 행할 때에 사용하는 시약 또는 시액은 동일 로트(Lot)로 조제된 것을 사용한다.

6) 기구

① 측정방법에서 사용하는 모든 유리기구는 KS L 2302(이화학용 유리기구의 모양 및 치수)에 적합한 것 또는 이와 동등 이상의 규격에 적합한 것으로 국가 또는 국가에서 지정하는 기관에서 검정을 필한 것을 사용해야 한다.
② 부피플라스크, 피펫, 뷰렛, 메스실린더, 비커 등 화학분석용 유리기구는 국가검정을 필한 것을 사용한다.
③ 여과용 기구 및 기기의 기재없이 "여과한다"라고 표시한 것은 KS M 7602(거름종이(화학 분석용)) 거름종이 5종 또는 이와 동등한 여과지를 사용하여 여과함을 말한다.

7) 용기 ★

용기란 시험용액 또는 시험에 관계된 물질을 보존, 운반 또는 조작하기 위하여 넣어두는 것으로 시험에 지장을 주지 않도록 깨끗한 것을 말한다.

① 밀폐용기(密閉容器)란 물질을 취급 또는 보관하는 동안에 이물(異物)이 들어가거나 내용물이 손실되지 않도록 보호하는 용기를 말한다.

② 기밀용기(機密容器)란 물질을 취급하거나 보관하는 동안에 외부로부터의 공기 또는 다른 기체가 침입하지 않도록 내용물을 보호하는 용기를 말한다.
③ 밀봉용기(密封容器)란 물질을 취급 또는 보관하는 동안에 기체 또는 미생물이 침입하지 않도록 내용물을 보호하는 용기를 말한다.
④ 차광용기(遮光容器)란 광선이 투과되지 않는 갈색용기 또는 투과하지 않도록 포장한 용기로서 취급 또는 보관하는 동안에 내용물의 광화학적 변화를 방지할 수 있는 용기를 말한다.

> **암기**
>
> 이물질 밀폐, 공기 기밀, 미생물 밀봉, 광선 차광

8) 분석용 저울

이 기준에서 사용하는 분석용 저울은 국가검정을 필한 것으로서 소수점 다섯째자리 이상을 나타낼 수 있는 것을 사용하여야 한다.

9) 전처리 기기

① 가열판(Hot plate) : 가열판은 국가검정을 필한 것으로서 200 ℃ 이상으로 가열할 수 있는 것을 사용하여야 한다.
② 마이크로웨이브(Microwave) 회화기 : 온도와 압력의 조절이 가능하도록 설계되어야 하며, 베셀(vessel)은 내산성(耐酸性) 재료로 만들어져야 한다.

10) 용어 ★

① "항량이 될 때까지 건조한다 또는 강열한다"란 규정된 건조온도에서 1시간 더 건조 또는 강열할 때 전후 무게의 차가 매 g당 0.3mg 이하일 때를 말한다.
② 시험조작 중 "즉시"란 30초 이내에 표시된 조작을 하는 것을 말한다.
③ "감압 또는 진공"이란 따로 규정이 없는 한 15mmHg 이하를 뜻한다.
④ "이상", "초과", "이하", "미만"이라고 기재하였을 때 이(以)자가 쓰여진 쪽은 어느 것이나 기산점(起算點) 또는 기준점(基準點)인 숫자를 포함하며, "미만" 또는 "초과"는 기산점 또는 기준점의 숫자를 포함하지 않는다. 또 "a ~ b"라 표시한 것은 a 이상 b 이하를 말한다.
⑤ "바탕시험(空試驗)을 하여 보정한다"란 시료에 대한 처리 및 측정을 할 때, 시료를 사용하지 않고 같은 방법으로 조작한 측정치를 빼는 것을 말한다.

⑥ 중량을 "정확하게 단다"란 지시된 수치의 중량을 그 자릿수까지 단다는 것을 말한다.

⑦ "약"이란 그 무게 또는 부피에 대하여 ±10% 이상의 차가 있지 아니한 것을 말한다.

⑧ "검출한계"란 분석기기가 검출할 수 있는 가장 작은 양을 말한다. ★★

⑨ "정량한계"란 분석기기가 정량할 수 있는 가장 작은 양을 말한다. ★★

⑩ "회수율"이란 여과지에 채취된 성분을 추출과정을 거쳐 분석 시 실제 검출되는 비율을 말한다. ★

⑪ "탈착효율"이란 흡착제에 흡착된 성분을 추출과정을 거쳐 분석 시 실제 검출되는 비율을 말한다. ★

11) 측정결과의 표시

① 측정결과의 표시는 산업안전보건법에서 규정한 허용기준의 단위로 표시하여야 한다.

② 시험성적수치는 마지막 유효숫자의 다음 단위까지 계산하여 KS Q 5002(데이터의 통계적 해석 방법-제1부 : 데이터의 통계적 기술)에 따라 기록한다.

(2) 화학분석법

물질의 성분(정성), 조성(정량) 및 구조를 알아내기 위한 분석법이다.

1) 정성분석

시료에 존재하는 원자, 분자 종 또는 작용기 등에 관한 정보를 확인하기 위한 분석을 말한다.

2) 정량분석

화합물의 구성 성분비를 결정하거나 원자/분자의 조성 및 구조 등을 확인하기 위한 분석을 말한다.

(3) 기기분석법

분석기기를 이용하여 분석 대상물질과 각종 에너지(빛, 열, 전기, 자기장, 방사능 등)와의 상호 작용 결과를 측정하여 해석하는 분석법을 말한다.

1) 분광화학분석(Spectrochemical Analysis)

빛의 흡수 또는 방출 등 광학적 특성을 이용한 분석을 말한다.

2) 전기화학분석(Electrochemical Analysis)

전도도, 전극전위 등 전기적 특성을 이용한 분석을 말한다.

3) 분리분석(Separation Analysis)

물질의 끓는점, 용해도 등 고유한 특성을 이용한 분석으로 가스 크로마토그래피(GC), 액체 크로마토그래피(LC), 이온 크로마토그래피(IC) 등이 있다.

4) 질량분석법(Mass Spectrometry)

질량수(m)/전하수(z)에 의하여 분석하는 방법을 말한다.

5) 열분석법(Thermal Analysis)

열 흡수 방출, 열분해 등 열적 특성을 이용한 분석을 말한다.

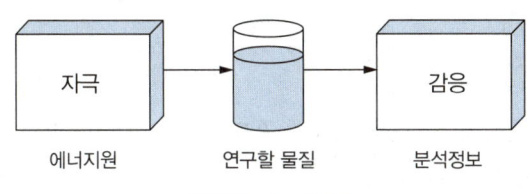

[기기분석법의 원리]

4 유해물질의 분석절차

(1) 현미경 분석

위상차현미경 ★	• 공기 중 석면을 막여과지에 채취한 후 전처리하여 분석하는 방법 • 다른 방법에 비하여 **간편하나 석면의 감별에 어려움이 있다.** • **석면 측정에 가장 많이 사용**된다.
전자현미경 ★	• 공기 중 **석면시료 분석에 가장 정확한 방법**이다. • **석면의 성분 분석(감별분석)이 가능**하다. • 위상차현미경으로 볼 수 없는 **매우 가는 섬유도 관찰할 수 있다.** • **분석시간이 길고 값이 비싸다.**

한 눈에 들어오는 키워드		
	편광현미경	• **석면을 감별 분석할 수 있다.** • 석면광물의 **빛의 편광성을 이용**한다.
	X-선 회절법 ★	• 값이 비싸고 조작이 복잡하다. • 고형시료 중 크리소타일 분석에 사용한다. • 토석, 암석 및 광물성 분진(석면분진 제외) 중의 **유리규산(SiO_2) 함유율 분석에 사용**한다. • 석면 포함 물질을 은막 여과지에 놓고 X선을 조사한다.

(2) 흡광광도법(분광광도계)

1) 원리 및 적용범위

① 물질에 흡수되는 빛의 양(흡광도)이 그 물질의 농도에 따라 다른 원리를 이용하여 일정한 파장에서 시료용액의 흡광도를 측정하여 그 파장에서 빛을 흡수하는 물질의 양을 정량하는 분석기기이다.

② 사용하는 파장대는 주로 자외선(180 ~ 320nm)이나 가시광선(320 ~ 800nm) 영역이다.

③ 램버트-비어(Lambert-Beer)의 법칙이 적용된다.

2) 주요 구성

광원, 파장선택장치, 시료용기(큐벳 홀더 ; cuvette holder), 검출기와 지시기로 구성되어 있다.

① 광원
- 시료 중에 존재하는 흡광물질의 농도를 측정하는 데 필요한 일정한 파장의 빛을 낼 수 있어야 한다.
- 대부분의 분광광도계는 가시광선 범위의 분석에는 텅스텐을 사용하고, 자외선 범위의 분석에는 수소 등을 사용한다.

광원의 가시부, 근적외선 영역	텅스텐 램트
자외선 영역	중수소 방전관

② 파장선택장치
- 프리즘이나 회절격자와 같은 단색화 장치가 있어 원하는 파장범위의 빛을 시료에 투과할 수 있도록 해야 한다.

참고

흡수셀의 재질
① 유리 : 가시부 및 근적외부
② 석영 : 자외부
③ 플라스틱 : 근적외부

③ 시료용기부
- 시료용액의 흡광도가 측정되는 곳으로 파장선택장치로부터 나온 일정한 파장의 빛에 의하여 시료가 조사되는 장소로, 외부로부터 빛이 완전히 차단될 수 있어야 한다.

④ 검출기와 지시기
- 시료용액을 통과한 빛 에너지를 전기에너지로 변환하여 시료용액의 흡광도를 나타낼 수 있어야 한다.

3) 흡광도의 계산

① 흡광도(A) ★

$$A = \log \frac{1}{투과율}$$

② Lambert-Beer의 식

$$A = \log\left(\frac{I_0}{I}\right) = \epsilon \times c \times d$$

I_0 : 물체에 입사하는 빛의 세기
I : 물체를 투과한 빛의 세기
ϵ : 분자흡광계수
c : 몰농도
d : 흡수층의 두께

[예제 11]
흡광도 측정에서 최초광의 70%가 흡수될 경우 흡광도는 약 얼마인가?

해설

흡광도$(A) = \log \frac{1}{투과율} = \log\left(\frac{1}{0.3}\right) = 0.52$
(투과율 = 1 − 흡수율 = 1 − 0.7 = 0.3)

[예제 12]

흡광광도법으로 시료용액의 흡광도를 측정한 결과 흡광도가 검량선의 영역 밖이었다. 시료용액을 2배로 희석하여 흡광도를 측정한 결과 흡광도가 0.4였을 때, 이 시료용액의 농도는?

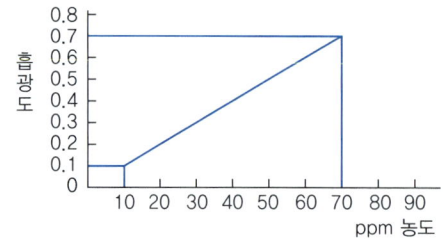

해설

1. 그래프에 의하여
   흡광도 0.1 → 농도 10ppm
   흡광도 0.7 → 농도 70ppm
   ∴ 흡광도 0.4 → 농도 40ppm
2. 시료용액을 2배로 희석하였으므로 농도에 희석배수를 곱해준다.
   40ppm × 2 = 80ppm

(3) 원자흡광광도법

1) 원리 및 적용범위

분석대상 원소에 특정파장의 빛을 투과시킨 후 원자가 흡수하는 빛의 세기를 측정하는 분석기기로서 구리, 산화철, 카드뮴 등의 금속 및 중금속의 분석 방법에 적용한다.(램버트 비어(Lambert-Beer) 법칙 적용)

2) 원자흡광분광법의 기본 원리

① 모든 원자들은 빛을 흡수한다.
② 빛을 흡수할 수 있는 곳에서 빛은 각 화학적 원소에 대한 특정파장을 갖는다.
③ 흡수되는 빛의 양은 시료에 함유되어 있는 원자의 농도에 비례한다.

기출 ★

원자흡광광도계

① 광원, 원자화장치, 단색화장치, 검출기, 기록계 등으로 구성되어 있다.
② 광원은 속빈음극램프를 주로 사용한다.
③ 광원은 분석예상농도를 분석하는 데 가장 적절한 파장을 선택하도록 한다.
④ 단색화 장치는 특정 파장만 분리하여 검출기로 보내는 역할을 한다.
⑤ 원자화장치에서 원자화방법에는 불꽃방식, 흑연로방식(비불꽃방식), 증기화방식이 있다.
⑥ 흑연로장치는 감도가 좋으므로 생물학적 시료분석에 유리하다.

3) 주요 구성

원자흡광광도계는 광원, 원자화장치(시료원자화부), 단색화장치(단색화부), 검출부(검출기, 기록계)의 주요 요소로 구성되어 있어야 한다.

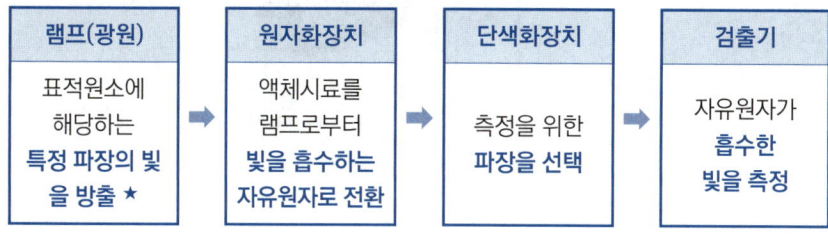

① 광원
- 분석하고자 하는 원소가 잘 흡수할 수 있는 특정파장의 빛을 방출하는 역할을 한다.(분석예상농도를 분석하는 데 가장 적절한 파장을 선택하여야 한다)
- 속빈음극램프(중공음극램프)가 가장 많이 사용된다. ★

② 원자화장치(시료원자화부)
- 불꽃 원자화방법(불꽃 원자 흡수분광기)
- 비불꽃 원자화방법(비불꽃 원자 흡수분광기) : 흑연로장치는 감도가 좋으므로 생물학적 시료분석에 유리하다.
- 증기발생 방식(Cold vapor system)

③ 단색화장치(단색화부)
- 단색화장치는 슬릿, 거울, 렌즈 및 회절발로 구성된 장치로 입사된 빛 중에 원하는 파장의 빛만을 골라내기 위해 사용된다.(분석에 필요한 파장 또는 주파수의 스펙트럼 대역만을 선택하여 통과시키는 장치)
- 분석대상 금속에 따라 슬릿의 폭을 바꾸어 목적하는 분석선 만을 선택해 내어야 하며, 슬릿의 폭은 목적하는 분석선을 분리해 낼 수 있는 범위 내에서 되도록 넓게 설정하는 것이 좋다.

④ 검출기
- 검출부는 단색화장치에서 나오는 빛의 세기를 측정 가능한 전기적 신호로 증폭시킨 후 이 전기적 신호를 판독장치를 통해 흡광도나 흡광율 또는 투과율 등으로 표시한다.
- 사용하는 분석선의 파장에 따라 적당한 분광감도특성을 갖는 검출기가 사용된다.
- 일반적으로 증폭장치로 사용되는 것은 광전증배관이다.
- 광전증배관은 원자외 영역에서부터 근적외 영역에 걸쳐 널리 사용되며 광전관, 광전도셀, 광전지 등도 이용된다.

> **한 눈에 들어오는 키워드**
>
> **기출** ★
> 불꽃방식의 원자흡광광도계(원자흡광분석기의 불꽃에 의한 금속 정량의 특징)
> ① 가격이 흑연로 장치나 유도결합플라즈마에 비하여 저렴하다.
> ② 분석시간이 흑연로 장치에 비하여 적게 소요된다.
> ③ 고체시료의 경우 전처리에 의해 기질(매트릭스)를 제거하여야 한다.
> ④ 시료량이 많이 소요되며 감도가 낮다.
> ⑤ 시험 용액중의 납 등 작업환경 중 유해금속 분석(금속 원소의 농도 측정)을 할 수 있다.
> ⑥ 조작이 쉽고 간편하다.
>
> **참고**
> 비불꽃원자화방법
> (비불꽃 원자 흡수분광기)
> ① 전열고온로법(graphite furnace): 감도가 좋아 미량의 생체시료 중 금속성분을 분석하는 데 주로 사용된다.
> ② 기화법 : 화학적 반응을 유도하여 분석하고자 하는 원소를 시료로부터 기화시켜 분석하는 방법으로 미량분석이 가능하므로 수은이나 비소의 분석에 사용된다.
> ③ 흑연로장치는 감도가 좋으므로 생물학적 시료분석에 유리하다.

> **한 눈에 들어오는 키워드**
>
> **확인**
> 유도결합플라즈마(원자발광분석기, ICP)
> 원자의 고유한 발광에너지(방출스펙트럼)를 이용하여 분석한다.

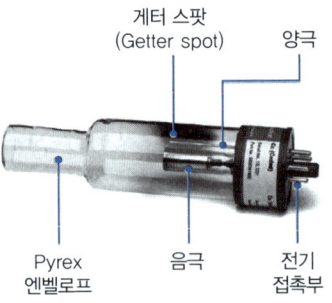

[속빈 음극관 램프의 구조(HCL)]

(4) 유도결합플라즈마(원자발광분석기, ICP)

1) 원리 및 적용범위

원자가 가장 낮은 에너지 상태인 바닥에서 에너지를 흡수하면 들뜬 상태가 되고 들뜬 상태의 원자들이 낮은 에너지 상태로 돌아올 때 에너지를 방출하게 된다. 이 때 금속마다 고유한 방출스펙트럼을 갖고 있으며 이를 측정하여 중금속을 분석하는 데 이용한다.

2) 주요 구성

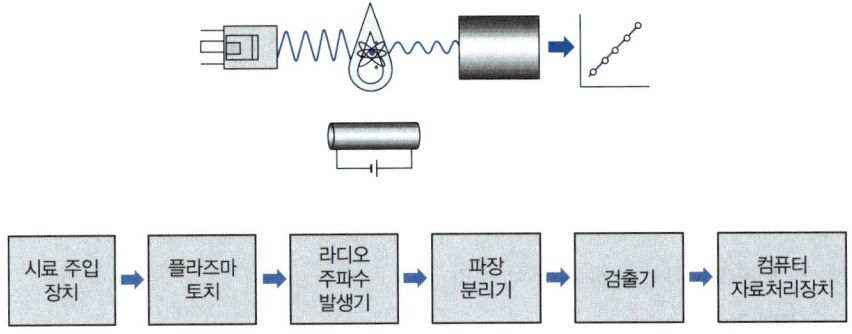

3) 유도결합플라즈마의 특징 ★

장점	단점
• 분석의 **정밀도가 높다.**(원자흡광광도계보다 더 좋거나 적어도 같은 정밀도를 갖는다.) • **검량선의 직선성 범위가 넓다.** • 적은 양의 시료로 한꺼번에 **많은 금속을 분석할 수 있다** • **동시에 여러 성분의 분석이 가능**하다. • 비금속을 포함한 **대부분의 금속을 측정**할 수 있다. • **화학물질에 의한 방해로부터 거의 영향을 받지 않는다.**	• 원자들은 높은 온도에서 많은 복사선을 방출하므로 **분광학적 방해 영향이 있을 수 있다.** • 아르곤 가스를 소비하기 때문에 **유지비용이 많이 들고, 기기구입 가격이 높다.** • 컴퓨터 처리과정에서 교정을 요한다. • 이온화 에너지가 낮은 원소들은 검출한계가 높으며 **다른 금속의 이온화에 방해를 준다.**

(5) 크로마토그래피

1) 크로마토그래피의 원리

크로마토그래피는 서로 혼합되지 않는 이동상과 고정상의 두 개의 상으로 이루어져 있으며, 시료 중의 성분이 고정상과 그 사이를 통과해서 흐르는 이동상의 서로 다른 비율로 분배되면 성분마다 고정상을 이동하는 속도에 차이가 생겨 분리된다.

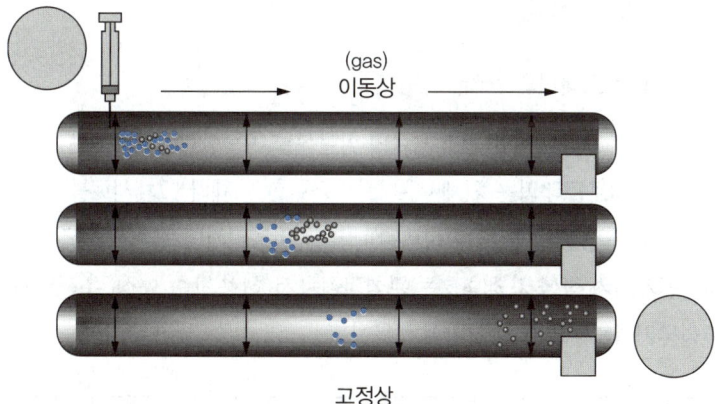

2) 크로마토그래피의 분리 기전 ★

① 이온 교환(Ion-exchange)
② 분배(Partition)
③ 흡착(Adsorption)

④ 친화(Affinity)
⑤ 크기배제(Size-exclusion)

3) 크로마토그래피의 종류

① 기체 크로마토그래피(Gas Chromatography, GC) : 이동상으로 기체를 사용한다.
② 액체 크로마토그래피(Liquid Chromatography, LC) : 이동상으로 액체를 사용한다.

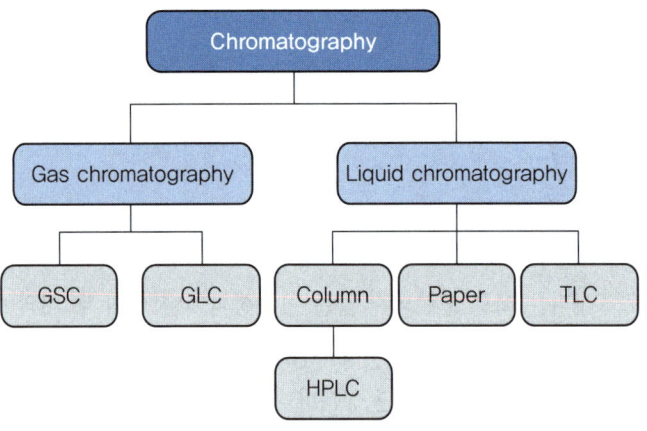

(6) 가스크로마토그래피

1) 가스크로마토그래피의 원리

① 가스크로마토그래피는 분석시료의 휘발성을 이용한다.(이동상은 기체)
② 가스크로마토그래피는 기체시료 또는 기화한 액체나 고체시료를 운반가스로 고정상이 충진된 컬럼(또는 분리관)내부를 이동시키면서 시료의 각 성분을 분리·전개시켜 정성 및 정량하는 분석기기로서 허용기준 대상 유해인자 중 휘발성유기화합물의 분석 방법에 적용한다.

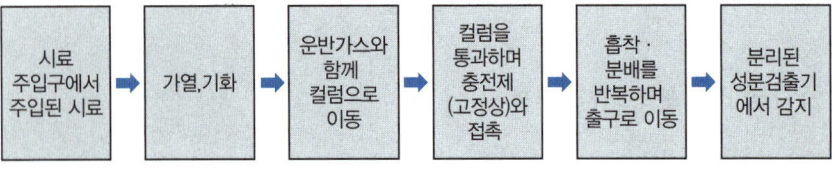

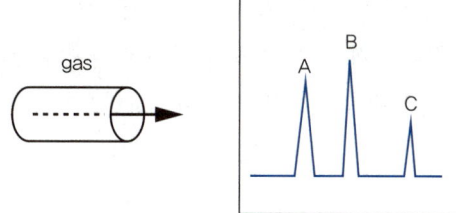

2) 가스크로마토그래피의 구조

운반기체 조절부, 시료주입부, 컬럼 및 검출기 등의 4부분으로 구성된다.

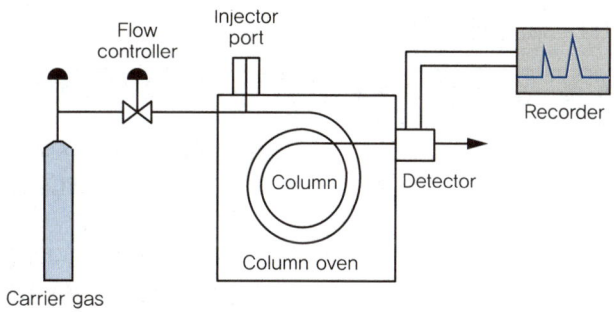

① 운반기체 조절부
- 운반기체는 시료를 컬럼을 거쳐 검출기까지 운반하는 역할을 한다.
- 운반기체는 화학적으로 비활성가스인 헬륨, 질소, 수소를 주로 사용한다. (일반적인 이동상 가스 : 헬륨)
- 운반기체는 충전물이나 시료에 대하여 불활성이고 사용하는 검출기의 작동에 적합하고 순도는 99.99% 이상이어야 한다.

② 시료주입부
- 시료주입부는 열안정성이 좋고 탄성이 좋은 실리콘 고무와 같은 격막이 있는 시료기화실로서 컬럼온도와 동일하거나 또는 그 이상의 온도를 유지할 수 있는 가열기구가 갖추어져야 하고, 또한 이들 온도를 조절할 수 있는 기구 및 이를 측정할 수 있는 기구가 갖추어져야 한다.
- 주입부는 충진컬럼(packed column) 또는 캐필러리컬럼(capillary column)에 적합한 것이어야 하고, 미량주사기를 이용하여 수동으로 시료를 주입하거나 또는 자동주입장치를 이용하여 시료를 주입할 수 있어야 한다.

③ 컬럼
- 시료성분의 분배와 분리하는 역할을 한다.
- 분석자는 분석에 적절한 컬럼을 선택하여야 한다.

기출
가스크로마토그래피에서 이동상으로 사용되는 운반기체
① 운반기체는 주로 질소와 헬륨이 사용된다.(일반적인 이동상 가스 : 헬륨)
② 운반기체를 기기에 연결시킬 때 누출부위가 없어야 하고 불순물을 제거할 수 있는 트랩을 장치한다.
③ 운반기체의 선택은 분석기기 지침서나 NIOSH 공정시험법에서 추천하는 가스를 사용하는 것이 바람직하다.
④ 운반가스의 순도는 99.99% 이상의 순도를 유지해야 한다.

기출
크로마토그래피의 분해능을 높일 수 있는 조작
① 분리관의 길이를 길게 한다.
② 시료의 양을 적게 한다.
③ 고체지지체의 입자크기를 작게 한다.

참고
분해능
가스크로마토그래피에서 인접한 두 피크를 다르다고 인식하는 능력

> **한눈에 들어오는 키워드**
>
> [기출]
> 불꽃광전자검출기(FPD)
> 황(S)과 인(P)을 포함한 화합물을 분석한다.

- 일반적으로 극성물질에는 극성컬럼을, 비극성물질은 비극성컬럼을 선택한다.
- 내경, 도포물질의 두께, 길이 등도 함께 고려하여야 한다.
- 컬럼의 내경이 작을수록 분리능이 좋아지고 또한 고정상 필름두께가 두꺼울수록, 컬럼 길이가 길수록 분리능이 좋아진다.

④ 검출기
- 컬럼 속에서 분리되어 나온 각 성분을 검출해서 유출량에 대응하는 응답을 나타내는 역할을 한다.
- 불꽃이온화 검출기(FID), 전자포착형 검출기(ECD), 불꽃광전자검출기(FPD), 질소인 검출기(NPD) 등이 있다.
- 약 500~850℃까지 작동 가능해야 한다.

검출기 종류	운반기체	특징	작동원리
불꽃 이온화 검출기 (FID)	질소	적합	• 유기화합물을 운반기체와 함께 수소와 공기의 불꽃 속에 도입함으로써 생기는 이온의 증가를 이용한 검출기 • 분리관에서 분리된 물질이 검출기 내부로 들어와 수소가스와 혼합되고 혼합된 기체는 젯(jet)으로 들어가서 젯 위에 형성된 2,100℃ 정도의 불꽃 안에서 연소가 되면서 이온화가 이루어진다.
	수소, 헬륨	사용가능	
전자 포획검출기 (ECD)	질소	가장 우수한 감도 제공	• 방사선동위원소로부터 방출되는 입자와 운반기체가 충돌하면 다량의 전자가 발생되며 할로겐족 원소가 존재하면 전자들이 포획되어 전류량이 감소되는 원리에 의하여 시료성분을 검출한다. • 포화탄화수소, 케톤 및 알코올 등에 대해서 거의 응답하지 않으나, 할로겐, 인, 니트로기 및 황산 에스테르 등을 포함한 화합물에 대해서는 고감도로 검출할 수 있다. • 염소를 함유한 농약의 검출에 널리 사용된다.
	알곤/메탄	가장 넓은 시료농도 범위에서 직선성을 가짐	
불꽃광 전자검출기 (FPD)	질소	적합	• 황이나 인을 포함한 화합물이 불꽃에서 연소될 때 특정파장의 빛을 발산하는 원리를 이용한다. • 황이나 인을 포함한 화합물에 대해 높은 선택성을 나타낸다. • 이황화탄소, 메르캅탄류, 니트로메탄을 분석할 때 주로 사용된다. ★

(7) 고성능액체크로마토그래피(HPLC)

1) 원리

분석시료의 용해성을 이용한다. (이동상은 액체)

① 고성능액체크로마토그래피(HPLC)는 끓는점이 높아 가스크로마토그래피를 적용하기 곤란한 고분자화합물이나 열에 불안정한 물질, 극성이 강한 물질들을 고정상과 액체이동상 사이의 물리화학적 반응성의 차이(용해성의 차이)를 이용하여 서로 분리하는 분석기기로서, 허용기준 대상 유해인자 중 포름알데히드, 2,4-톨루엔디이소시아네이트 등의 정성 및 정량분석 방법에 작용한다.

② HPLC는 액체크로마토그래피 중 가장 많이 쓰이는 분석장비로서 모세관크로마토그래피를 고성능 장치화한 것이다.

2) 주요 구성

용매, 탈기장치(degassor), 펌프, 시료주입기, 칼럼, 검출기로 구성되며 검출기에서 나오는 신호결과를 처리해 주는 데이터 처리시스템이 있어야 한다.

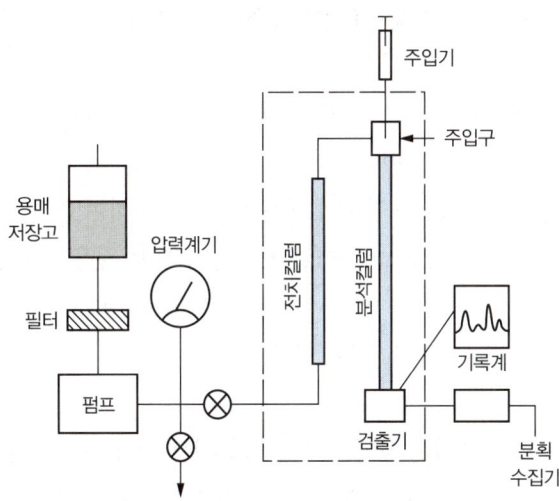

[고성능 액체 크로마토그래피의 모식도]

참고

액체 크로마토그래피
(LC: Liquid chromatography)
- 낮은 온도에서 분리하기 때문에 열 안정성 및 휘발성 정도에 관계없고 저분자, 고분자, 극성, 비극성 등의 모든 시료의 분석이 가능하여 적용 시료의 범위가 넓음.
- 이동상으로 액체를 사용하며 다양한 이동상을 선택 가능

> **참고**
> **펌프가 갖추어야 할 요건**
> - 펌프내부는 용매와의 화학적인 반응이 없어야 한다.
> - 최소한 500psi의 고압에도 견딜 수 있어야 하고, 0.1~10 mL/min 정도의 유량조절이 가능해야 한다.
> - 일정한 유속과 압력을 유지할 수 있어야 한다.
> - 기울기 용리가 가능해야 한다.

> **참고**
> **현장시료 분석의 과정**
> 탈착효율(또는 회수율) 시료조제
> → 표준용액 조제 → 장비가동 및 최적화 실시 → 분석실시
>
> **기기분석 시 시료분석 순서**
> 공시료 및 표준용액 시료 분석 →
> 탈착효율(또는 회수율) 시료분석
> → 현장시료 분석

> **기출**
> **시료채취전략을 수립하기 위해 조사하여야 할 항목**
> ① 유해인자의 특성
> ② 근로자들의 작업특성
> ③ 작업장과 공정의 특성

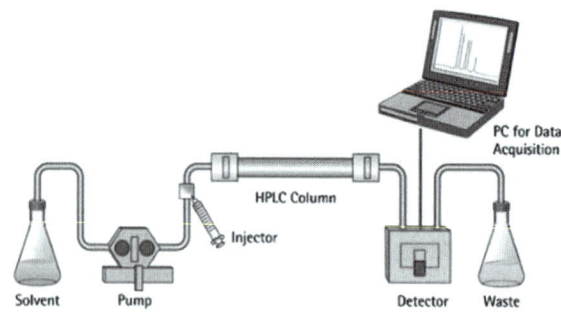

① 용매
- 용매를 저장하는 용기는 유리 또는 폴리에틸렌 재질로 만들어져 있는 것을 사용하며, 시료분석에 영향을 주지 않아야 한다.
- 용매는 HPLC용 등급의 고순도 용매만을 사용해야 하고, 초순수한 용매가 사용되는 경우에는 저항 값이 18 MΩ 이상의 것을 사용해야 한다.
- 두 용매를 혼합하여 사용하는 경우 혼화성 지수의 차가 15 미만이어야 하고, 시료는 반드시 용매(이동상)에 녹아야 하지만 이 이동상은 고정상을 녹여서는 안 된다.
- 용매는 사용하는 파장에서 흡광이 일어나지 않아야 한다.

② 탈기장치
- 이동상 중의 용존산소, 질소, 기포 등을 제거하여 칼럼 내에서 이동상에 대한 댐핑현상을 줄여주는 장치이다.
- 탈기방법으로는 이동상 용매에 헬륨가스를 주입하여 기포 등을 제거하는 헬륨퍼징방법(helium sparging), 이동상 용매를 사용하기 전에 막여과지를 이용하여 여과시키는 방법(vacuum filtration), 초음파를 이용하여 탈기시키는 방법(sonication)이 있다.

③ 펌프
- 이동상으로 사용되는 용매를 저장용기로부터 시료주입기를 거쳐 칼럼으로 연속적으로 밀어주어 최종적으로 검출기를 통과하여 이동상인 용매와 시료주입기를 통해 주입된 시료가 밖으로 나올 수 있도록 압력을 가해주는 장치이다.

④ 시료주입기
- 분석하고자 하는 시료를 이동상인 용매의 흐름에 실어주는 장치로서, 시료주입용 밸브를 이용하는 방법이 가장 일반적으로 사용된다.
- 수동형 시료주입기와 자동형 시료주입기가 있다.

⑤ 칼럼
- 물질의 분리가 일어나는 곳으로 일반적으로 스테인레스 스틸을 사용하여 만든 관모양의 용기에 충진제를 채워서 사용한다.
- 분석하고자 하는 시료의 종류에 따라서 칼럼의 직경과 길이 및 충진제의 종류를 선택하여 사용할 수 있다.

⑥ 검출기
- HPLC에 사용되는 검출기로는 자외선-가시광선검출기(ultraviolet-visible detector), 굴절율검출기(refractive index detector), 전기화학검출기(electrochemical detector), 형광검출기(fluorescence detector), 전기전도도검출기(electrical conductivity detector), 질량분석계(mass spectrometer) 등 여러 종류가 있으나, 노출 농도 측정시료에 주로 사용하는 검출기는 자외선-가시광선검출기와 형광검출기이다.

자외선-가시광선검출기	• HPLC 검출기 중에서 가장 많이 사용되는 검출기 • 분석대상물질이 자외선-가시광선영역에서 흡수하는 에너지의 양을 측정하는 검출기로서 빛의 흡수량을 전기적 신호로 나타내어 이 신호의 크기로서 시료의 정량분석이 이루어진다.
형광검출기	• 형광검출기는 에너지평형상태 중 형광을 발생하는 화합물을 특이적으로 검출하는 검출기로서 자외선-가시광선검출기와 같은 흡광도검출기에 비해 10~100배 이상의 좋은 감도를 가진다.

5 포집시료의 처리방법

(1) 공시료(Blank sample)

① 채취하고자 하는 공기에 노출되지 않은 시료를 말한다.
② 공기 중의 유해물질 등을 측정 시에 시료를 채취하지 않고 측정오차를 보정하기 위하여 사용하는 시료를 말한다.
③ 공시료에서 어떠한 물질이 검출되었다면 측정매체의 오염인지, 시료취급과정에서의 오염인지 그 원인을 파악하고 교정하여야 한다.
④ 현장시료와 동일한 방법으로 취급, 운반, 분석하여야 한다.

한 눈에 들어오는 키워드

참고
검량선 작성을 위한 표준용액 조제
- 측정대상 물질의 표준용액을 조제할 원액(시약)의 특성(분자량, 비중, 순도(함량), 노출기준 등)을 파악한다.
- 표준용액의 농도범위는 채취된 시료의 예상농도(0.1~2배 수준)에서 결정하는 것이 좋다.
- 표준용액 조제방법은 표준원액을 단계적으로 희석시키는 희석식과 표준원액에서 일정량씩 줄여가면서 만드는 배취식이 있다. 희석식은 조제가 수월한 반면 조제시 계통오차가 발생할 가능성이 있고, 배취식은 조제가 희석식에 비해 어려운 점은 있으나 계통오차를 줄일 수 있는 장점이 있다.
- 표준용액은 최소한 5개 수준이상 만드는 것이 좋으며, 이때 분석하고자 하는 시료의 농도는 반드시 포함되어져야 한다.
- 원액의 순도, 제조일자, 유효기간 등은 조제 전에 반드시 확인되어져야 한다.
- 표준용액, 탈착효율 또는 회수율에 사용되는 시약은 같은 로트(Lot)번호를 가진 것을 사용하여야 한다.

실기 기출 ★
작업환경측정 시에 공시료를 채취하는 목적을 1가지 적으시오.
정답
유해물질 등을 측정 시에 측정오차를 보정하기 위하여 채취한다.

(2) 시료의 전처리(회화) : 포집하고자 하는 금속 화합물만 남기고 다른 기질은 제거하는 과정

단계	내용
1단계	입자상물질의 용해 • 여과지에 채취된 입자상물질을 강산으로 용해한다.
2단계	기질의 분해 • 여과지, 다른 입자상물질 등
3단계	금속화합물 용해 • 용매인 강산을 모두 증발시킴 • 금속화합물을 용해, 추출

1) 용해

입자상 물질의 시료 분석 시 일정량의 시료액으로 조제하기 위하여 용해한다.

① 산에 의한 용해
  • 왕수 : 염산과 질산을 3 : 1의 몰비로 혼합한 용액으로 금속시료의 회화에 사용된다. ★

② 유기용매에 의한 용해

2) 융해

물, 산에 녹지 않는 시료는 융제에 융해시켜 가용성 염으로 변화시켜 시료 액으로 조제한다.

① 산성 융제
② 염기성 융제

3) 분리

분석에 방해되는 성분을 제거하고 목적성분만을 분리하기 위한 방법이다.

① 용매추출법, 이온교환법, 증류법, 기화법, 침전법, 전해법, 크로마토그래피법 등이 있다.

② 용매추출법에서 추출용매의 선택
  • 금속이온의 회수가 쉬운 용매일 것
  • 수층과 현탁을 일으키지 않는 용매일 것
  • 추출된 금속이온이 용매 층에서 안정할 것

참고

내부표준물질

① 산내부표준물질은 시료채취 후 분석시 칼럼의 주입손실, 퍼징손실, 또는 점도 등에 영향을 받은 시료의 분석결과를 보정하기 위해 인위적으로 시료 전처리과정에서 더해지는 화학물질을 말한다.

② 산내부표준물질도 각 측정방법에서 정하는 대로 모든 측정시료, 정도관리시료, 그리고 공시료에 가해지며 내부표준물질 분석결과가 수용한계를 벗어난 경우 적절한 대응책을 마련한 후에 다시 분석을 실시하여야 한다.

③ 산내부표준물질로 사용되는 물질은 다음의 특성을 갖고 있어야 한다.
  • 머무름시간이 분석대상물질과 너무 멀리 떨어져 있지 않아야 한다.
  • 피크가 용매나 분석대상물질의 피크와 중첩되지 않아야 한다.
  • 내부표준물질 양이 분석대상물질 양보다 너무 많거나 적지 않아야 한다.
  • 내부표준물질은 탈착용매 및 표준용액의 용매로 사용되는 물질에 적당 양을 직접 주입한 후 이를 표준용액 조제용 용매와 탈착용매로 사용하는 것이 좋다.

4) 증류

시료액 중 목적 성분을 증류하여 분류한 후 분석하는 방법이다.

5) 기화

시료액 중 목적성분을 기화시켜 휘발성 화합물로 바꾸어 분석하는 방법이다.

(3) 시료채취 시 고려사항

① 시료채취 시에는 예상되는 측정대상물질의 농도, 방해인자, 시료채취 시간 등을 종합적으로 고려하여야 한다.
② 시간가중평균허용기준을 평가하기 위해서는 정상적인 작업시간 동안 최소한 6시간 이상 시료를 채취해야 하고, 단시간허용기준 또는 최고허용기준을 평가하기 위해서는 10 ~ 15분 동안 시료를 채취해야 한다.
③ 시료채취 시 오차를 발생시키는 주요원인은 시료채취 시 흡입한 공기 총량이 정확히 측정되지 않아서 발생되는 경우가 많으므로 시료채취용 펌프는 유량변동 폭이 적은 안정적인 펌프를 선택하여 사용하고 시료채취 전·후로 펌프의 유량을 확인하여 공기 총량을 산출하여야 한다.

6 기기분석의 감도와 검출한계

(1) 검출한계(LOD : Limit of Detection)

1) 검출한계의 정의

① 공시료와 통계적으로 다르게 분석될 수 있는 가장 낮은 양
② 분석기기가 검출할 수 있는 가장 작은 양을 말한다. ★★

2) 검출한계의 계산

검출한계는 다음 두 가지 방법으로 구한다.

① 공시료에 대한 분석기기의 반응과 평균과 분산으로부터 구하는 방법

$$\text{검출한계} = 3.143 \times \text{표준편차}$$

② 검량선(calibration graph) 식으로부터 구하는 방법
- 검량선에서 구한 방정식의 표준오차를 기울기로 나누어 3배를 해준 값이다.

$$LOD = \frac{3 \times SD}{b}$$

SD : Standard error
b : slope

[예제 13]
흑연로 장치가 부착된 원자흡광광도계로 카드뮴을 측정 시 Black 시료를 10번 분석한 결과 표준편차가 0.03 μg/L 였다. 이 분석법의 검출한계는 약 몇 μg/L 인가?

해설
검출한계 = 3.143 × 0.03 = 0.094(μg/L)

(2) 정량한계(Limit of Quantity : LOQ)

1) 정량한계의 정의

① 분석결과가 신뢰성을 가질 수 있는 양
② 분석기기가 정량할 수 있는 가장 작은 양을 말한다. ★★
③ 정량한계 = 표준편차의 10배 또는 검출한계의 3 또는 3.3배
④ 정량한계는 검출한계가 정량분석에 만족스런 개념을 제공하지 못하기 때문에 검출한계의 개념을 보충하기 위해 도입되었다. 이는 통계적인 개념보다는 일종의 약속이다.

2) 정량한계의 계산 ★★

- 정량한계 = 검출한계 × 3 또는 3.3
- 정량한계 = 표준편차 × 10

7 표준액 제조검량선, 탈착효율 작성

(1) 검량선 작성

1) 목적

작업환경측정 대상인 유기용제와 금속류의 기기분석을 위한 올바른 검량선 작성방법을 제시하는 데 목적이 있다.

2) 검량선 작성방법

① 검량선 작성은 현장시료의 분석에 앞서 실시되어야 한다.
② 비록 동일한 날짜에 분석한다고 할지라도 분석기기를 끄고 난 다음 다시 장비를 작동시켜 분석하는 경우라도 현장시료 분석 전에 검량선은 다시 작성되어야 한다.
③ 검량선 작성을 위한 표준용액은 공시료를 포함하여 최소 5개 이상이어야 한다.
④ 검량선의 농도범위는 분석되는 시료의 농도범위를 반드시 포함하여야 한다.
⑤ 표준용액은 분석하고자 하는 물질을 혼합하여 조제할 수도 있고, 단일물질로 조제할 수도 있다.
⑥ 표준용액의 조제에 사용되는 시약은 반드시 특급 이상의 시약을 사용하여야 한다.
⑦ 탈착효율 또는 회수율평가에 사용되는 시약과 표준용액조제에 사용되어지는 시약은 같은 롯트(lot) 번호를 가진 것을 사용한다.
⑧ 내부표준물질을 사용하여 시료주입 변동에 따른 기기의 응답변동을 보정해주는 것이 좋다.
⑨ 검량선 작성 후 농도와 기기반응 간의 관계가 양호한 선형관계를 보이는지 여부를 회기방정식의 결정계수를 가지고 판단하여야 한다(최소한 0.99 이상을 보이는 것이 좋다).

(2) 탈착효율 및 회수율 실험

1) 탈착효율

① 탈착효율이란 흡착제를 사용하는 시료채취매체를 이용하여 채취된 분석 대상물질이 탈착용매에 얼마나 탈착되었는지를 나타낸다.

참고

탈착효율 실험을 위한 시료조제 방법

- 탈착효율 실험을 위한 첨가량을 결정한다. 작업장의 농도를 포함하도록 예상되는 농도(mg/m³)와 공기채취량(L)에 따라 첨가량을 계산한다. 만일 작업장의 예상 농도를 모를 경우 첨가량은 노출기준과 공기채취량 20L(또는 10L)를 기준으로 계산한다.
- 예상되는 농도의 3가지 수준(0.5~2배)에서 첨가량을 결정한다. 각 수준별로 최소한 3개 이상의 반복 첨가시료를 다음의 방법으로 조제하여 분석한 후 탈착효율을 구하도록 한다.
- 탈착효율은 최소한 75% 이상이 되어야 한다.
- 탈착효율 간의 변이가 심하여 일정성이 없으면 그 원인을 찾아 교정하고 다시 실험을 실시해야 한다.

② 탈착효율의 계산 ★

$$\text{탈착효율(DE, desorption efficiency)} = \frac{\text{검출량}}{\text{주입량}}$$

$$\text{탈착효율(\%)} = \frac{\text{검출량}}{\text{주입량}} \times 100$$

③ 탈착효율 실험의 목적
- 흡착관의 오염 보정
- 시약의 오염 보정
- 분석대상 물질이 탈착 용매에 실제로 탈착되는 양을 파악하여 보정(탈착효율의 보정)

2) 회수율

① 회수율이란 여과지를 사용하여 채취된 분석대상물질이 전처리 산 용액에 얼마나 회수되는지를 나타낸다.

② 회수율의 계산 ★

$$\text{회수율(RE, recovery efficiency)} = \frac{\text{검출량}}{\text{첨가량}}$$

$$\text{회수율(\%)} = \frac{\text{검출량}}{\text{첨가량}} \times 100$$

③ 회수율 실험의 목적
- 여과지의 오염 보정
- 시약의 오염 보정
- 분석대상 물질이 실제로 전처리과정 중에 회수되는 양을 파악하여 보정

참고

회수율 실험을 위한 시료조제 방법

- 회수율 실험을 위한 첨가량을 결정한다. 작업장의 농도를 포함하도록 예상되는 농도(mg/m³)와 공기채취량(L)에 따라 첨가량을 계산한다. 만일 작업장의 예상 농도를 모를 경우 첨가량은 노출기준과 공기채취량 400L(또는 200L)를 기준으로 계산한다.
- 예상되는 농도의 3가지 수준(0, 2배)에서 첨가량을 결정한다. 각 수준별로 최소한 3개 이상의 반복 첨가시료를 다음의 방법으로 조제하여 분석한 후 회수율을 구하도록 한다.
- 회수율은 최소한 75% 이상이 되어야 한다.
- 회수율간의 변이가 심하여 일정성이 없으면 그 원인을 찾아 교정하고 다시 실험을 실시해야 한다.

CHAPTER 01 단원 예상문제

저자가 콕! 찝어주는 예상문제 풀어보기!

01 불꽃방식의 원자흡광광도계의 장·단점으로 옳지 않은 것은?

① 조작이 쉽고 간편하다.
② 분석시간이 흑연로장치에 비하여 적게 소요된다.
③ 주입 시료액의 대부분이 불꽃부분으로 보내지므로 감도가 높다.
④ 고체시료의 경우 전처리에 의하여 매트릭스를 제거해야 한다.

> ★ 불꽃방식의 원자흡광광도계
> (원자흡광분석기의 불꽃에 의한 금속정량의 특징)
> ① 가격이 흑연로 장치나 유도결합플라즈마에 비하여 저렴하다.
> ② 분석시간이 흑연로 장치에 비하여 적게 소요된다.
> ③ 고체시료의 경우 전처리에 의해 기질(매트릭스)을 제거하여야 한다.
> ④ 시료 량이 많이 소요되며 감도가 낮다.
> ⑤ 시험 용액 중의 납 등 작업환경 중 유해금속 분석(금속 원소의 농도 측정)을 할 수 있다.
> ⑥ 조작이 쉽고 간편하다.

1차 표준 기구	2차 표준기구

1. 비누거품미터
2. 폐활량계
3. 가스치환병
4. 유리피스톤미터
5. 흑연피스톤미터
6. 피토튜브(Pitot tube)
	1. 로타미터
	2. 습식테스트미터
	  (Wet-test-meter)
	3. 건식가스미터
	  (Dry-gas-meter)
	4. 오리피스미터
	5. 열선기류계

암기법 1차비누로 폐활량 재고, 가스치환하여, 유리, 흑연 먹였더니 피토했다.	**암기법** 2 열로 걸어가는 습관 테스트하는 오리

02 공기채취기구의 보정에 사용되는 2차 표준기구(secondary standard)로 옳은 것은?

① 흑연 피스톤미터
② 폐활량계
③ 가스치환병
④ 열선기류계

정답 01 ③ 02 ④

03 작업환경측정, 분석치에 대한 정확도와 정밀도를 확보하기 위하여 지정측정기관의 작업환경측정·분석능력을 평가하고, 그 결과에 따라 지도 및 교육 기타 측정, 분석능력 향상을 위하여 행하는 모든 관리적 수단을 말하는 것은?

① 분석관리 ② 평가관리
③ 측정관리 ④ 정도관리

> "정도관리"란 작업환경측정·분석 치에 대한 정확성과 정밀도를 확보하기 위하여 지정측정기관의 작업환경측정·분석능력을 평가하고, 그 결과에 따라 지도·교육 그 밖에 측정·분석능력 향상을 위하여 행하는 모든 관리적 수단을 말한다.

04 입자상 물질의 측정에 관한 설명으로 옳지 않은 것은? (단, 고용노동부 고시 기준)

① 석면의 농도는 여과채취방법에 의한 계수방법 또는 이와 동등 이상의 분석방법으로 측정한다.
② 광물성 분진은 여과채취방법에 따라 석영, 크리스토바라이트, 트리디마이트를 분석할 수 있는 적합한 분석방법으로 측정한다.
③ 용접흄은 여과채취방법으로 하되 용접보안면을 착용한 경우는 호흡기로부터 반경 30cm 이내에 측정한다.
④ 호흡성 분진은 호흡성 분진용 분립장치 또는 호흡성 분진을 채취할 수 있는 기기를 이용한 여과채취방법으로 측정한다.

> ① 석면의 농도는 여과채취방법으로 측정하고 계수방법 또는 이와 동등 이상의 분석방법으로 분석할 것
> ② 광물성분진은 여과채취방법으로 측정하고 석영, 크리스토바라이트, 트리디마이트를 분석할 수 있는 적합한 방법으로 분석할 것(다만 규산염과 그 밖의 광물성분진은 중량분석방법으로 분석한다.)
> ③ 용접 흄은 여과채취방법으로 측정하되 용접보안면을 착용한 경우에는 그 내부에서 시료를 채취하고 중량분석방법과 원자흡광광도계 또는 유도결합플라스마를 이용한 방법으로 분석할 것
> ④ 석면, 광물성분진 및 용접 흄을 제외한 입자상 물질은 여과채취방법으로 측정한 후 중량분석방법이나 유해물질 종류에 따른 적합한 방법으로 분석할 것
> ⑤ 호흡성분진은 호흡성분진용 분립장치 또는 호흡성분진을 채취할 수 있는 기기를 이용한 여과채취방법으로 측정할 것
> ⑥ 흡입성분진은 흡입성분진용 분립장치 또는 흡입성분진을 채취할 수 있는 기기를 이용한 여과채취방법으로 측정할 것

05 가스 크로마토그래피의 검출기 종류인 전자포획검출기에 관한 설명으로 옳지 않은 것은?

① 할로겐, 과산화물, 케톤, 니트로기와 같은 전기음성도가 큰 작용기에 대하여 대단히 예민하게 반응한다.
② 아민, 알코올류, 탄화수소와 같은 화합물에 감응하여 높은 선택성을 나타낸다.
③ 검출한계는 약 50pg 정도이다.
④ 염소를 함유한 농약의 검출에 널리 사용된다.

> ② 포화탄화수소, 케톤 및 알코올 등에 대해서 거의 응답하지 않으나, 할로겐, 인, 니트로기 및 황산 에스테르 등을 포함한 화합물에 대해서는 고감도로 검출할 수 있다.

06 소음측정 시 단위작업장소에서 소음발생시간이 6시간 이내인 경우나 소음발생원에서의 발생시간이 간헐적인 경우의 측정시간 및 횟수 기준으로 옳은 것은? (단, 고시 기준)

① 발생시간 동안 연속 측정하거나 등간격으로 나누어 2회 이상 측정하여야 한다.
② 발생시간 동안 연속 측정하거나 등간격으로 나누어 4회 이상 측정하여야 한다.
③ 발생시간 동안 연속 측정하거나 등간격으로 나누어 6회 이상 측정하여야 한다.
④ 발생시간 동안 연속 측정하거나 등간격으로 나누어 8회 이상 측정하여야 한다.

> *소음 측정시간
> ① 단위작업 장소에서 소음수준은 규정된 측정위치 및 지점에서 1일 작업시간 동안 6시간 이상 연속 측정하거나 작업시간을 1시간 간격으로 나누어 6회 이상 측정하여야 한다.
> 다만, 소음의 발생특성이 연속음으로서 측정치가 변동이 없다고 자격자 또는 지정측정기관이 판단한 경우에는 1시간 동안을 등간격으로 나누어 3회 이상 측정할 수 있다.
> ② 단위작업 장소에서의 소음발생시간이 6시간 이내인 경우나 소음발생원에서의 발생시간이 간헐적인 경우에는 발생시간 동안 연속 측정하거나 등간격으로 나누어 4회 이상 측정하여야 한다.

07 화학시험의 일반사항 중 시약 및 표준물질에 관한 설명으로 옳지 않은 것은? (단, 고용노동부 고시 기준)

① 분석에 사용하는 시약은 따로 규정이 없는 한 특급 또는 1급 이상이거나 이와 동등한 규격의 것을 사용하여야 한다.
② 분석에 사용되는 표준품은 원칙적으로 1급 이상이거나 이와 동등한 규격의 것을 사용하여야 한다.
③ 시료의 시험, 바탕시험 및 표준액에 대한 시험을 일련의 동일 시험으로 행할 때에 사용하는 시약 또는 시액은 동일로트로 조제된 것을 사용한다.
④ 분석에 사용하는 시약 중 단순히 염산으로 표시하였을 때는 농도 35.0~37.0%[비중(약)은 1.18] 이상의 것을 말한다.

> ② 분석에 사용되는 표준품은 원칙적으로 특급시약을 사용한다.

08 알고 있는 공기 중 농도는 만드는 방법인 dynamic method의 장점으로 옳지 않은 것은?

① 온·습도 조절 가능함
② 소량의 누출이나 벽면에 의한 손실은 무시할 수 있음
③ 다양한 실험이 가능함
④ 만들기가 간단하고 경제적임

> *Dynamic method
> ① 알고 있는 공기 중의 농도를 만드는 방법을 말한다.(오염물질을 희석공기와 연속적으로 혼합하여 일정 농도를 유지하도록 만드는 방법)
> ② 농도변화를 줄 수 있고, 온습도 조절이 가능하다.
> ③ 다양한 농도범위에서 제조가 가능하다.
> ④ 만들기가 복잡하고 가격이 고가이다.
> ⑤ 소량의 누출이나 벽면에 의한 손실은 무시할 수 있다.
> ⑥ 다양한 실험을 할 수 있으며 가스, 증기, 에어로졸 실험도 가능하다.
> ⑦ 지속적인 모니터링이 필요하다.

09 고열측정시간에 관한 기준으로 옳지 않은 것은? (단, 고용노동부 고시 기준)

① 흑구 및 습구흑구온도 측정시간 : 직경이 15센티미터일 경우 25분 이상
② 흑구 및 습구흑구온도 측정시간 : 직경이 7.5센티미터 또는 5센티미터일 경우 5분 이상
③ 습구온도 측정시간 : 아스만통풍건습계 25분 이상
④ 습구온도 측정시간 : 자연습구온도계 15분 이상

※ 관련법규 변경으로 법령에서 삭제된 내용입니다.

> *참고
> 고열 측정기기
> 고열은 습구흑구온도지수(WBGT)를 측정할 수 있는 기기 또는 이와 동등 이상의 성능을 가진 기기를 사용한다.

10 작업환경측정방법 중 측정시간에 관한 내용이다. ( ) 안에 옳은 내용은? (단, 고용노동부 고시 기준)

> • 측정은 1일 작업시간 동안 6시간 이상 연속 측정하거나 작업시간을 등간격으로 나누어 6시간 이상 연속 분리 측정하되 다음 경우에는 예외로 할 수 있다.
> • 화학물질 및 물리적 인자의 노출기준에 단시간노출기준이 설정되어 이는 대상물질로서 단시간 고농도에 노출된 경우에는 ( ) 측정한 경우

① 1회에 15분간, 1시간 이상의 등간격으로 2회 이상
② 1회에 15분간, 유해인자 노출특성을 고려하여 측정횟수를 정하여
③ 1회에 15분간, 1시간 이상의 등간격으로 6회 이상
④ 1회에 15분간, 1시간 이상의 등간격으로 8회 이상

> 노출기준 고시에 단시간 노출기준(STEL)이 설정되어 있는 물질로서 노출이 균일하지 않은 작업특성으로 인하여 단시간 노출평가가 필요하다고 자격자(작업환경측정자의 자격을 가진 자) 또는 작업환경측정기관이 판단하는 경우에는 단시간 측정을 할 수 있다. 이 경우 1회에 15분간 측정하되 유해인자 노출특성을 고려하여 측정횟수를 정할 수 있다.

정답 08 ④ 09 정답없음 10 ②

참고

노출기준의 종류별 측정시간

1. 「화학물질 및 물리적 인자의 노출기준」에 시간가중평균기준(TWA)이 설정되어 있는 대상물질을 측정하는 경우에는 1일 작업시간동안 6시간 이상 연속 측정하거나 작업시간을 등간격으로 나누어 6시간 이상 연속 분리하여 측정하여야 한다. 다만, 다음 각 호의 어느 하나에 해당하는 경우에는 대상물질의 발생시간 동안 측정할 수 있다.

   대상물질의 발생시간 동안 측정하여야 하는 경우
   1. 대상물질의 발생시간이 6시간 이하인 경우
   2. 불규칙작업으로 6시간 이하의 작업
   3. 발생원에서의 발생시간이 간헐적인 경우

2. 노출기준 고시에 최고노출기준(Ceiling, C)이 설정되어 있는 대상물질을 측정하는 경우에는 최고노출 수준을 평가할 수 있는 최소한의 시간 동안 측정하여야 한다.

   ※ 관련 고시내용의 변경으로 문제 일부를 수정하였습니다.

11 옥내작업장에서 측정한 건구온도는 73℃이고, 자연습구온도는 65℃, 흑구온도는 81℃일 때, WBGT는?

① 64.4℃ ② 67.4℃
③ 69.8℃ ④ 71.0℃

1. 옥외(태양광선이 내리쬐는 장소)
   WBGT(℃) = 0.7 × 자연습구온도 + 0.2 × 흑구온도 + 0.1 × 건구온도
2. 옥내 또는 옥외(태양광선이 내리쬐지 않는 장소)
   WBGT(℃) = 0.7 × 자연습구온도 + 0.3 × 흑구온도
3. 평균 WBGT(℃)
   $= \dfrac{WBGT_1 \times t_1 + \cdots + WBGT_n \times t_n}{t_1 + \cdots + t_n}$
   • $WBGT_n$: 각 습구흑구온도지수의 측정치(℃)
   • t_n : 각 습구흑구온도지수치의 발생시간(분)

WBGT(℃) = 0.7 × 자연습구온도 + 0.3 × 흑구온도
       = 0.7 × 65 + 0.3 × 81 = 69.8(℃)

12 다음은 작업장 소음측정에 관한 내용이다. ( ) 안의 내용으로 옳은 것은? (단, 고용노동부 고시 기준)

누적소음노출량 측정기로 측정하는 경우에는 criteria 90dB, exchange rate 5dB, threshold ( )dB로 기기를 설정한다.

① 50 ② 60
③ 70 ④ 80

누적소음노출량 측정기로 소음을 측정하는 경우에는 Criteria는 90dB, Exchange Rate는 5dB, Threshold는 80dB로 기기를 설정할 것

13 작업환경측정 시 온도표시에 관한 설명으로 옳지 않은 것은? (단, 고용노동부 고시 기준)

① 열수 : 약 100℃ ② 상온 : 15~25℃
③ 온수 : 50~60℃ ④ 미온 : 30~40℃

온도 표시
① 온도의 표시는 셀시우스(Celcius) 법에 따라 아라비아 숫자의 오른쪽에 ℃를 붙인다. 절대온도는 °K로 표시하고 절대온도 0°K는 -273℃로 한다.
② 상온은 15~25℃, 실온은 1~35℃, 미온은 30~40℃로 하고, 찬 곳은 따로 규정이 없는 한 0~15℃의 곳을 말한다.
③ 냉수(冷水)는 15℃ 이하, 온수(溫水)는 60~70℃, 열수(熱水)는 약 100℃를 말한다.

정답 11 ③ 12 ④ 13 ③

14 표준가스에 대한 법칙 중 '일정한 부피조건에서 압력과 온도는 비례한다.'는 내용은?

① 픽스의 법칙 ② 보일의 법칙
③ 샤를의 법칙 ④ 게이-뤼삭의 법칙

> ★ 게이-뤼삭의 법칙
> 일정한 부피조건에서 압력과 온도는 비례한다.

15 정량한계에 관한 설명으로 옳은 것은?

① 표준편차의 3배 또는 검출한계의 5 또는 5.5배로 정의
② 표준편차의 5배 또는 검출한계의 3 또는 3.3배로 정의
③ 표준편차의 3배 또는 검출한계의 10 또는 10.3배로 정의
④ 표준편차의 10배 또는 검출한계의 3 또는 3.3배로 정의

> ★ 정량한계
> ① 분석결과가 신뢰성을 가질 수 있는 양
> ② 분석기기가 정량할 수 있는 가장 작은 양을 말한다.
> ③ 정량한계=표준편차의 10배 또는 검출한계의 3 또는 3.3배로 정의

16 1차, 2차 표준기구에 관한 내용으로 옳지 않은 것은?

① 1차 표준기구란 물리적 차원인 공간의 부피를 직접 측정할 수 있는 기구를 말한다.
② 1차 표준기구로 폐활량계가 사용된다.
③ wet-test미터, rota미터, orifice미터는 2차 표준기구이다.
④ 2차 표준기구는 1차 표준기구를 보정하는 기구를 말한다.

> ★ 2차 표준기구(Secondary)
> 공간의 부피를 직접 측정할 수 없으며 주기적으로 1차 표준 기구를 기준으로 보정해서 사용해야 하는 기구들을 말한다.

> ★ 참고
>
> | 1차 표준 기구 | 2차 표준기구 |
> |---|---|
> | 1. 비누거품미터 | 1. 로타미터 |
> | 2. 폐활량계 | 2. 습식테스트미터 |
> | 3. 가스치환병 | (Wet-test-meter) |
> | 4. 유리피스톤미터 | 3. 건식가스미터 |
> | 5. 흑연피스톤미터 | (Dry-gas-meter) |
> | 6. 피토튜브(Pitot tube) | 4. 오리피스미터 |
> | | 5. 열선기류계 |

17 원자흡광광도계의 구성요소와 역할을 기술한 것으로 옳지 않은 것은?

① 광원은 분석물질이 반사할 수 있는 표준 파장의 빛을 방출한다.
② 원자화장치는 분석대상원소를 자유상태로 만들어 광원에서 나온 빛의 통로에 위치시킨다.
③ 단색화장치는 특정 파장만 분리하여 검출기로 보내는 역할을 한다.
④ 광원은 속빈 음극램프를 주로 사용한다.

① 광원은 표적원소에 해당하는 특정 파장의 빛을 방출한다.

18 분석기기인 가스 크로마토그래피의 검출기에 관한 설명으로 옳지 않은 것은? (단, 고용노동부 고시 기준)

① 검출기는 시료에 대하여 선형적으로 감응해야 한다.
② 검출기의 온도를 조절할 수 있는 가열기구 및 이를 측정할 수 있는 측정기구가 갖추어져야 한다.
③ 검출기는 감도가 좋고 안정성과 재현성이 있어야 한다.
④ 약 500~850℃까지 작동 가능해야 한다.

★ 검출기
① 검출기의 온도를 조절할 수 있는 가열기구 및 이를 측정할 수 있는 측정기구가 갖추어져야 한다.
② 검출기는 감도가 좋고 안정성과 재현성이 있어야 하며, 시료에 대하여 선형적으로 감응 해야 하고, 약 400 ℃까지 작동 가능해야 한다.

19 허용기준 대상 유해인자의 노출농도 측정 및 분석방법에 관한 내용(용어)으로 틀린 것은? (단, 고용노동부 고시 기준)

① 바탕시험을 하여 보정한다 : 시료에 대한 처리 및 측정을 할 때 시료를 사용하지 않고 같은 방법으로 조작한 측정치를 빼는 것을 말한다.
② 회수율 : 흡착제에 흡착된 성분을 추출과정을 거쳐 분석 시 실제 검출되는 비율을 말한다.
③ 검출한계 : 분석기기가 검출할 수 있는 가장 작은 양을 말한다.
④ 약 : 그 무게 또는 부피에 대하여 ±10% 이상의 차가 있지 아니한 것을 말한다.

② "회수율" 이란 여과지에 채취된 성분을 추출과정을 거쳐 분석 시 실제 검출되는 비율을 말한다.

20 1차 표준기구와 가장 거리가 먼 것은?

① 흑연피스톤미터 ② 가스치환병
③ 유리피스톤미터 ④ 습식 테스트미터

1차 표준 기구	2차 표준기구
1. 비누거품미터 2. 폐활량계 3. 가스치환병 4. 유리피스톤미터 5. 흑연피스톤미터 6. 피토튜브(Pitot tube)	1. 로타미터 2. 습식테스트미터 (Wet-test-meter) 3. 건식가스미터 (Dry-gas-meter) 4. 오리피스미터 5. 열선기류계
암기법	암기법
1차 비누로 폐활량 재고, 가스치환 하여, 유리흑연 먹였더니 피토 했다.	2 열로 걸어가는 습관 테스트 하는 오리

21 유사노출그룹(HEG)에 대한 설명으로 틀린 것은?

① 유사노출그룹은 노출되는 유해인자의 농도와 특성이 유사하거나 동일한 근로자그룹을 말한다.
② 역학조사를 수행할 때 사건이 발생된 근로자가 속한 유사노출그룹의 노출농도를 근거로 노출원인을 추정할 수 있다.
③ 유사노출그룹 설정을 위해 시료채취수가 과다해지는 경우가 있다.
④ 유사노출그룹의 설정이유는 모든 근로자의 노출농도를 평가하고자 하는 데 있다.

> ③ 유사노출그룹 설정 목적은 시료채취 수를 경제적으로 하기 위함이다.(노출그룹별로 대표적인 근로자를 선택하여 측정하면 측정하지 않은 근로자의 노출농도까지도 추정할 수 있다.

22 누적소음노출량 측정기로 소음을 측정하는 경우에 기기설정으로 적절한 것은? (단, 고용노동부 고시 기준)

① criteria : 80dB, exchange rate : 10dB, threshold : 90dB
② criteria : 90dB, exchange rate : 10dB, threshold : 80dB
③ criteria : 80dB, exchange rate : 5dB, threshold : 90dB
④ criteria : 90dB, exchange rate : 5dB, threshold : 80dB

> 누적소음노출량 측정기로 소음을 측정하는 경우에는 Criteria는 90dB, Exchange Rate는 5dB, Threshold는 80dB로 기기를 설정할 것

23 다음 설명에 해당하는 용기는? (단, 고용노동부 고시 기준)

> 물질을 취급 또는 보관하는 동안에 기체 또는 미생물이 침입하지 않도록 내용물을 보호하는 용기

① 밀폐용기 ② 기밀용기
③ 밀봉용기 ④ 차광용기

> ① 밀폐용기(密閉容器)란 물질을 취급 또는 보관하는 동안에 이물(異物)이 들어가거나 내용물이 손실되지 않도록 보호하는 용기를 말한다.
> ② 기밀용기(機密容器)란 물질을 취급하거나 보관하는 동안에 외부로부터의 공기 또는 다른 기체가 침입하지 않도록 내용물을 보호하는 용기를 말한다.
> ③ 밀봉용기(密封容器)란 물질을 취급 또는 보관하는 동안에 기체 또는 미생물이 침입하지 않도록 내용물을 보호하는 용기를 말한다.
> ④ 차광용기(遮光容器)란 광선이 투과되지 않는 갈색용기 또는 투과하지 않도록 포장한 용기로서 취급 또는 보관하는 동안에 내용물의 광화학적 변화를 방지할 수 있는 용기를 말한다.

24 작업장의 소음측정 시 소음계의 청감보정회로는? (단, 고용노동부 고시 기준)

① A 특성 ② B 특성
③ C 특성 ④ D 특성

> 소음계의 청감보정회로는 A특성으로 할 것

정답 21 ③ 22 ④ 23 ③ 24 ①

25 유사노출그룹(HEG)에 관한 내용으로 틀린 것은?

① 시료채취수를 경제적으로 하는 데 목적이 있다.
② 유사노출그룹은 우선 유사한 유해인자별로 구분한 후 유해인자의 동질성을 보다 확보하기 위해 조직을 분석한다.
③ 역학조사를 수행할 때 사건이 발생된 근로자에 속한 유사노출그룹의 노출농도를 근거로 노출원인 및 농도를 추정할 수 있다.
④ 유사노출그룹은 노출되는 유해인자의 농도와 특성이 유사하거나 동일한 근로자그룹을 말하며, 유해인자의 특성이 동일하다는 것은 노출되는 유해인자가 동일하고 농도가 일정한 변이 내에서 통계적으로 유사하다는 의미이다.

★동일노출그룹(유사노출그룹) 설정 목적
① 시료채취 수를 경제적으로 하기 위함이다.
② 모든 근로자를 유사한 노출그룹별로 구분하고 그룹별로 대표적인 근로자를 선택하여 측정하면 측정하지 않은 근로자의 노출농도까지도 추정할 수 있다.(모든 근로자의 노출 정도를 추정하고자 하는 데 있다.)
③ 해당 근로자가 속한 동일노출그룹의 노출농도를 근거로 노출원인 및 농도를 추정할 수 있다.
④ 작업장에서 모니터링하고 관리해야 할 우선적인 그룹을 결정하기 위함이다.

26 석면측정방법인 전자현미경법에 관한 설명으로 틀린 것은?

① 공기 중 석면시료분석에 정확한 방법이다.
② 석면의 감별분석이 가능하다.
③ 위상차현미경으로 볼 수 없는 매우 가는 섬유도 관찰 가능하다.
④ 분석비가 저렴하고 시간이 적게 소요된다.

① 분석시간이 길고 값이 비싸다.

27 유사노출그룹을 설정하는 목적과 가장 거리가 먼 것은?

① 시료채취수를 경제적으로 하는 데 있다.
② 모든 근로자의 노출농도를 평가하고자 하는 데 있다.
③ 역학조사 수행 시 사건이 발생된 근로자가 속한 유사노출그룹의 노출농도를 근거로 노출원인 및 농도를 추정하는 데 있다.
④ 법적 노출기준의 적합성 여부를 평가하고자 하는 데 있다.

★동일노출그룹(유사노출그룹) 설정 목적
① 시료채취 수를 경제적으로 하기 위함이다.
② 모든 근로자를 유사한 노출그룹별로 구분하고 그룹별로 대표적인 근로자를 선택하여 측정하면 측정하지 않은 근로자의 노출농도까지도 추정할 수 있다.(모든 근로자의 노출 정도를 추정하고자 하는 데 있다.)
③ 해당 근로자가 속한 동일노출그룹의 노출농도를 근거로 노출원인 및 농도를 추정할 수 있다.
④ 작업장에서 모니터링하고 관리해야 할 우선적인 그룹을 결정하기 위함이다.

28 다음은 소음측정에 관한 내용이다. ( ) 안의 내용으로 옳은 것은? (단, 고용노동부 고시 기준)

누적소음노출량 측정기로 소음을 측정하는 경우에는 criteria = (㉠)dB, exchage rate = 5dB, threshold = (㉡)dB로 기기 설정을 하여야 한다.

① ㉠ 70, ㉡ 80
② ㉠ 80, ㉡ 70
③ ㉠ 80, ㉡ 90
④ ㉠ 90, ㉡ 80

누적소음노출량 측정기로 소음을 측정하는 경우에는 Criteria는 90dB, Exchange Rate는 5dB, Threshold는 80dB로 기기를 설정할 것

정답 25 ② 26 ④ 27 ④ 28 ④

29 다음은 공기유량을 보정하는 데 사용하는 표준기구들이다. 다음 중 1차 표준기구에 포함되지 않는 것은?

① 오리피스미터   ② 폐활량계
③ 가스치환병   ④ 유리피스톤미터

1차 표준 기구	2차 표준기구

1. 비누거품미터
2. 폐활량계
3. 가스치환병
4. 유리피스톤미터
5. 흑연피스톤미터
6. 피토튜브(Pitot tube)
	1. 로타미터
	2. 습식테스트미터
	   (Wet-test-meter)
	3. 건식가스미터
	   (Dry-gas-meter)
	4. 오리피스미터
	5. 열선기류계

[암기법]
1차 비누로 폐활량 재고, 가스치환하여, 유리 흑연 먹였더니 피토했다.

[암기법]
2 열로 걸어가는 습관 테스트하는 오리

30 석면측정방법인 전자현미경법에 관한 설명으로 옳지 않은 것은?

① 분석시간이 짧고, 비용이 적게 소요된다.
② 공기 중 석면시료분석에 가장 정확한 방법이다.
③ 석면의 감별분석이 가능하다.
④ 위상차현미경으로 볼 수 없는 매우 가는 섬유도 관찰이 가능하다.

① 분석시간이 길고 값이 비싸다.

31 알고 있는 공기 중 농도를 만드는 방법인 dynamic method의 장·단점으로 틀린 것은 어느 것인가?

① 만들기가 복잡하고, 가격이 고가이다.
② 일정한 부피만 만들 수 있어 장시간 사용이 어렵다.
③ 소량의 누출이나 벽면에 의한 손실은 무시할 수 있다.
④ 다양한 농도범위에서 제조 가능하다.

★ Dynamic method
① 알고 있는 공기 중의 농도를 만드는 방법을 말한다.(오염물질을 희석공기와 연속적으로 혼합하여 일정 농도를 유지하도록 만드는 방법)
② 농도변화를 줄 수 있고, 온습도 조절이 가능하다.
③ 다양한 농도범위에서 제조가 가능하다.
④ 만들기가 복잡하고 가격이 고가이다.
⑤ 소량의 누출이나 벽면에 의한 손실은 무시할 수 있다.
⑥ 다양한 실험을 할 수 있으며 가스, 증기, 에어로졸 실험도 가능하다.
⑦ 지속적인 모니터링이 필요하다.

32 온도표시에 관한 내용으로 옳지 않은 것은? (단, 고용노동부 고시 기준)

① 실온은 1~35℃   ② 미온은 30~40℃
③ 온수는 60~70℃   ④ 냉수는 4℃ 이하

★ 온도 표시
① 온도의 표시는 셀시우스(Celcius) 법에 따라 아라비아 숫자의 오른쪽에 ℃를 붙인다. 절대온도는 °K로 표시하고 절대온도 0°K는 –273℃로 한다.
② 상온은 15~25℃, 실온은 1~35℃, 미온은 30~40℃로 하고, 찬 곳은 따로 규정이 없는 한 0~15℃의 곳을 말한다.
③ 냉수(冷水)는 15℃ 이하, 온수(溫水)는 60~70℃, 열수(熱水)는 약 100℃를 말한다.

정답 29 ① 30 ① 31 ② 32 ④

33 다음의 2차 표준기구 중 주로 실험실에서 사용하는 것은?

① 건식 가스미터 ② 로터미터
③ 습식 테스트미터 ④ 열선기류계

★ 2차 표준기구의 종류

표준기구	일반사용범위	정확도	
로타미터 (Rotameter)	1mL/분 이하	±1% ~25%	현장
습식 테스트미터 (Wet-test-meter)	0.5L/분 ~230L/분	±0.5%	실험실
건식 가스미터 (Dry-gas-meter)	10L/분 ~150L/분	±1%	현장
오리피스미터 (Orifice meter)	직경에 따라 다양	±0.5%	현장, 실험실
열선기류계 (Thermo anemometer)	0.05m/초 ~40.6m/초	±0.1% ~0.2%	현장

암기법
2 열로 걸어가는 습관 테스트하는 오리

34 누적소음노출량 측정기로 소음을 측정하는 경우, 기기설정으로 적절한 것은? (단, 고용노동부 고시 기준)

① criteria : 80dbB, exchange rate : 5dB, threshold : 90dB
② criteria : 80dbB, exchange rate : 10dB, threshold : 90dB
③ criteria : 90dbB, exchange rate : 5dB, threshold : 80dB
④ criteria : 90dbB, exchange rate : 10dB, threshold : 80dB

누적소음노출량 측정기로 소음을 측정하는 경우에는 Criteria는 90dB, Exchange Rate는 5dB, Threshold는 80dB로 기기를 설정할 것

35 유사노출그룹(HEG)에 대한 설명 중 잘못된 것은?

① 시료채취수를 경제적으로 하는 데 활용한다.
② 역학조사를 수행할 때 사건이 발생된 근로자가 속한 HEG의 노출농도를 근거로 노출원인을 추정할 수 있다.
③ 모든 근로자의 노출정도를 추정하는 데 활용하기는 어렵다.
④ HEG는 조직, 공정, 작업범주, 그리고 작업(업무) 내용별로 구분하여 설정할 수 있다.

★ 동일노출그룹(유사노출그룹) 설정 목적
① 시료채취 수를 경제적으로 하기 위함이다.
② 모든 근로자를 유사한 노출그룹별로 구분하고 그룹별로 대표적인 근로자를 선택하여 측정하면 측정하지 않은 근로자의 노출농도까지도 추정할 수 있다.(모든 근로자의 노출 정도를 추정하고자 하는 데 있다.)
③ 해당 근로자가 속한 동일노출그룹의 노출농도를 근거로 노출원인 및 농도를 추정할 수 있다.
④ 작업장에서 모니터링하고 관리해야 할 우선적인 그룹을 결정하기 위함이다.

정답 33 ③ 34 ③ 35 ③

36
2차 표준기구 중 일반적 사용범위가 10~150L/min, 정확도는 ±1%일 경우 주 사용장소가 현장인 것은?

① 열선기류계
② 건식 가스미터
③ 피토튜브
④ 오리피스미터

표준기구	일반사용범위	정확도	
로타미터 (Rotameter)	1mL/분 이하	±1% ~25%	현장
습식 테스트미터 (Wet-test-meter)	0.5L/분 ~230L/분	±0.5%	실험실
건식 가스미터 (Dry-gas-meter)	10L/분 ~150L/분	±1%	현장
오리피스미터 (Orifice meter)	직경에 따라 다양	±0.5%	현장, 실험실
열선기류계 (Thermo anemometer)	0.05m/초 ~40.6m/초	±0.1% ~0.2%	현장

암기법
2 열로 걸어가는 습관 테스트하는 오리

37
다음은 산업위생 분석 용어에 관한 내용이다. ( ) 안에 가장 적절한 내용은?

> ( )는(은) 검출한계가 정량분석에 만족스런 개념을 제공하지 못하기 때문에 검출한계의 개념을 보충하기 위해 도입되었다. 이는 통계적인 개념보다는 일종의 약속이다.

① 변이계수
② 오차한계
③ 표준편차
④ 정량한계

★ 정량한계의 정의
① 분석결과가 신뢰성을 가질 수 있는 양
② 분석기기가 정량할 수 있는 가장 작은 양을 말한다.
③ 정량한계 = 표준편차의 10배 또는 검출한계의 3 또는 3.3배
④ 정량한계는 검출한계가 정량분석에 만족스런 개념을 제공하지 못하기 때문에 검출한계의 개념을 보충하기 위해 도입되었다. 이는 통계적인 개념보다는 일종의 약속이다.

38 다음은 소음의 측정시간 및 횟수의 기준에 관한 내용이다. ( ) 안에 옳은 내용은? (단, 고용노동부 고시 기준)

> 단위작업장소에서의 소음발생시간이 6시간 이내인 경우나 소음발생원에서의 발생시간이 간헐적인 경우에는 발생시간 동안 연속 측정하거나 등 간격으로 나눠 ( ) 이상 측정하여야 한다.

① 2회 ② 3회
③ 4회 ④ 6회

★ 소음 측정시간
① 단위작업 장소에서 소음수준은 규정된 측정위치 및 지점에서 1일 작업시간 동안 6시간 이상 연속 측정하거나 작업시간을 1시간 간격으로 나누어 6회 이상 측정하여야 한다. 다만, 소음의 발생특성이 연속음으로서 측정치가 변동이 없다고 자격자 또는 지정측정기관이 판단한 경우에는 1시간 동안을 등간격으로 나누어 3회 이상 측정할 수 있다.
② 단위작업 장소에서의 소음발생시간이 6시간 이내인 경우나 소음발생원에서의 발생시간이 간헐적인 경우에는 발생시간동안 연속 측정하거나 등간격으로 나누어 4회 이상 측정하여야 한다.

39 다음 중 2차 표준보정기구가 아닌 것은?

① 습식 테스트미터
② 건식 가스미터
③ 폐활량계
④ 열선기류계

1차 표준 기구	2차 표준기구
1. 비누거품미터	1. 로타미터
2. 폐활량계	2. 습식테스트미터 (Wet-test-meter)
3. 가스치환병	3. 건식가스미터 (Dry-gas-meter)
4. 유리피스톤미터	4. 오리피스미터
5. 흑연피스톤미터	5. 열선기류계
6. 피토튜브(Pitot tube)	

암기법
1차 비누로 폐활량 재고, 가스치환하여, 유리 흑연 먹였더니 피토 했다.

암기법
2열로 걸어가는 습관 테스트 하는 오리

정답 38 ③ 39 ③

40 다음 중 알고 있는 공기 중 농도를 만드는 방법인 dynamic method에 관한 설명으로 옳지 않은 것은?

① 소량의 누출이나 벽면에 의한 손실은 무시할 수 있음
② 농도변화를 줄 수 있음
③ 만들기가 복잡하고 가격이 고가임
④ 대개 운반용으로 제작됨

> ★ Dynamic method
> ① 알고 있는 공기 중의 농도를 만드는 방법을 말한다.(오염물질을 희석공기와 연속적으로 혼합하여 일정 농도를 유지하도록 만드는 방법)
> ② 농도변화를 줄 수 있고, 온습도 조절이 가능하다.
> ③ 다양한 농도범위에서 제조가 가능하다.
> ④ 만들기가 복잡하고 가격이 고가이다.
> ⑤ 소량의 누출이나 벽면에 의한 손실은 무시할 수 있다.
> ⑥ 다양한 실험을 할 수 있으며 가스, 증기, 에어로졸 실험도 가능하다.
> ⑦ 지속적인 모니터링이 필요하다.

41 분석기기가 검출할 수 있고 신뢰성을 가질 수 있는 양인 정량한계(LOQ)에 관한 설명으로 옳은 것은?

① 표준편차의 3배 ② 표준편차의 3.3배
③ 표준편차의 5배 ④ 표준편차의 10배

> • 정량한계 = 검출한계×3 또는 3.3
> • 정량한계 = 표준편차×10

정답 40 ④ 41 ④

CHAPTER 02 유해인자 측정

01 유해인자의 유해성·위험성 분류기준

1 유해인자의 유해성·위험성 분류기준

(1) 화학물질의 분류기준

1) 물리적 위험성 분류기준

① 폭발성 물질: 자체의 화학반응에 따라 주위환경에 손상을 줄 수 있는 정도의 온도·압력 및 속도를 가진 가스를 발생시키는 고체·액체 또는 혼합물
② 인화성 가스: 20℃, 표준압력(101.3kPa)에서 공기와 혼합하여 인화되는 범위에 있는 가스와 54℃ 이하 공기 중에서 자연발화하는 가스를 말한다.(혼합물을 포함한다)
③ 인화성 액체: 표준압력(101.3kPa)에서 인화점이 93℃ 이하인 액체
④ 인화성 고체: 쉽게 연소되거나 마찰에 의하여 화재를 일으키거나 촉진할 수 있는 물질
⑤ 에어로졸: 재충전이 불가능한 금속·유리 또는 플라스틱 용기에 압축가스·액화가스 또는 용해가스를 충전하고 내용물을 가스에 현탁시킨 고체나 액상입자로, 액상 또는 가스상에서 폼·페이스트·분말상으로 배출되는 분사장치를 갖춘 것
⑥ 물반응성 물질: 물과 상호작용을 하여 자연발화되거나 인화성 가스를 발생시키는 고체·액체 또는 혼합물
  - 산화성 가스: 일반적으로 산소를 공급함으로써 공기보다 다른 물질의 연소를 더 잘 일으키거나 촉진하는 가스
  - 산화성 액체: 그 자체로는 연소하지 않더라도, 일반적으로 산소를 발생시켜 다른 물질을 연소시키거나 연소를 촉진하는 액체
  - 산화성 고체: 그 자체로는 연소하지 않더라도 일반적으로 산소를 발생시켜 다른 물질을 연소시키거나 연소를 촉진하는 고체

- 고압가스: 20℃, 200킬로파스칼(kpa) 이상의 압력 하에서 용기에 충전되어 있는 가스 또는 냉동액화가스 형태로 용기에 충전되어 있는 가스(압축가스, 액화가스, 냉동액화가스, 용해가스로 구분한다)
⑪ 자기반응성 물질: 열적(熱的)인 면에서 불안정하여 산소가 공급되지 않아도 강렬하게 발열·분해하기 쉬운 액체·고체 또는 혼합물
⑫ 자연발화성 액체: 적은 양으로도 공기와 접촉하여 5분 안에 발화할 수 있는 액체
⑬ 자연발화성 고체: 적은 양으로도 공기와 접촉하여 5분 안에 발화할 수 있는 고체
⑭ 자기발열성 물질: 주위의 에너지 공급 없이 공기와 반응하여 스스로 발열하는 물질(자기발화성 물질은 제외한다)
⑮ 유기과산화물: 2가의 -O-O- 구조를 가지고 1개 또는 2개의 수소 원자가 유기라디칼에 의하여 치환된 과산화수소의 유도체를 포함한 액체 또는 고체 유기물질
⑯ 금속 부식성 물질: 화학적인 작용으로 금속에 손상 또는 부식을 일으키는 물질

2) 건강 및 환경 유해성 분류기준

① 급성 독성 물질: 입 또는 피부를 통하여 1회 투여 또는 24시간 이내에 여러 차례로 나누어 투여하거나 호흡기를 통하여 4시간 동안 흡입하는 경우 유해한 영향을 일으키는 물질
② 피부 부식성 또는 자극성 물질: 접촉 시 피부조직을 파괴하거나 자극을 일으키는 물질(피부 부식성 물질 및 피부 자극성 물질로 구분한다)
③ 심한 눈 손상성 또는 자극성 물질: 접촉 시 눈 조직의 손상 또는 시력의 저하 등을 일으키는 물질(눈 손상성 물질 및 눈 자극성 물질로 구분한다)
④ 호흡기 과민성 물질: 호흡기를 통하여 흡입되는 경우 기도에 과민반응을 일으키는 물질
⑤ 피부 과민성 물질: 피부에 접촉되는 경우 피부 알레르기 반응을 일으키는 물질
⑥ 발암성 물질: 암을 일으키거나 그 발생을 증가시키는 물질
- 생식세포 변이원성 물질: 자손에게 유전될 수 있는 사람의 생식세포에 돌연변이를 일으킬 수 있는 물질

- 생식독성 물질: 생식기능, 생식능력 또는 태아의 발생·발육에 유해한 영향을 주는 물질
- 특정 표적장기 독성 물질(1회 노출): 1회 노출로 특정 표적장기 또는 전신에 독성을 일으키는 물질
- 특정 표적장기 독성 물질(반복 노출): 반복적인 노출로 특정 표적장기 또는 전신에 독성을 일으키는 물질

⑪ 흡인 유해성 물질: 액체 또는 고체 화학물질이 입이나 코를 통하여 직접적으로 또는 구토로 인하여 간접적으로, 기관 및 더 깊은 호흡기관으로 유입되어 화학적 폐렴, 다양한 폐 손상이나 사망과 같은 심각한 급성 영향을 일으키는 물질

⑫ 수생 환경 유해성 물질: 단기간 또는 장기간의 노출로 수생생물에 유해한 영향을 일으키는 물질

⑬ 오존층 유해성 물질:「오존층 보호를 위한 특정물질의 제조규제 등에 관한 법률」제2조제1호에 따른 특정물질

2 물리적 인자의 분류기준

1) 소음
소음성난청을 유발할 수 있는 85데시벨(A) 이상의 시끄러운 소리

2) 진동
착암기, 손망치 등의 공구를 사용함으로써 발생되는 백랍병·레이노 현상·말초순환장애 등의 국소 진동 및 차량 등을 이용함으로써 발생되는 관절통·디스크·소화장애 등의 전신 진동

3) 방사선
직접·간접으로 공기 또는 세포를 전리하는 능력을 가진 알파선·베타선·감마선·엑스선·중성자선 등의 전자파나 입자선

4) 이상기압
게이지 압력이 제곱센티미터당 1킬로그램 초과 또는 미만인 기압

실기 기출 ★

유해인자의 분류기준 중 물리적 인자에 해당하는 4가지를 적으시오.

해설
① 소음
② 진동
③ 방사선
④ 이상기압
⑤ 이상기온

5) 이상기온

고열·한랭·다습으로 인하여 열사병·동상·피부질환 등을 일으킬 수 있는 기온

3 생물학적 인자의 분류기준

1) 혈액매개 감염인자

인간면역결핍바이러스, B형·C형간염바이러스, 매독바이러스 등 혈액을 매개로 다른 사람에게 전염되어 질병을 유발하는 인자

2) 공기매개 감염인자

결핵·수두·홍역 등 공기 또는 비말감염 등을 매개로 호흡기를 통하여 전염되는 인자

3) 곤충 및 동물매개 감염인자

쯔쯔가무시증, 렙토스피라증, 유행성출혈열 등 동물의 배설물 등에 의하여 전염되는 인자 및 탄저병, 브루셀라병 등 가축 또는 야생동물로부터 사람에게 감염되는 인자

02 물리적 유해인자 측정

1 노출기준의 종류 및 적용

(1) 시간가중평균노출기준(TWA) ★★

① 1일 8시간 작업을 기준으로 하여 유해인자의 측정치에 발생시간을 곱하여 8시간으로 나눈 값을 말하며, 다음 식에 따라 산출한다.

$$TWA환산값 = \frac{C_1 \cdot T_1 + C_2 \cdot T_2 + \cdots + C_n \cdot T_n}{8} ★$$

C : 유해인자의 측정치(단위 : ppm, mg/m³ 또는 개/cm³)
T : 유해인자의 발생시간(단위 : 시간)

② 1일 8시간 및 1주일 40시간 동안의 평균 농도로서, 모든 근로자가 나쁜 영향을 받지 않고 노출될 수 있는 농도이다.

[예제 1]
어떤 물질에 대한 작업환경을 측정한 결과 다음과 같은 TWA 결과 값을 얻었다. 환산된 TWA는 약 얼마인가?

농도(ppm)	100	150	250	300
발생시간(분)	120	240	60	60

해설

$$TWA환산값 = \frac{\left(100 \times \frac{120}{60}\right) + \left(150 \times \frac{240}{60}\right) + \left(250 \times \frac{60}{60}\right) + \left(300 \times \frac{60}{60}\right)}{8} = 168.75(ppm)$$

(2) 단시간노출기준(STEL) ★★

① 15분간의 시간가중평균노출 값(근로자가 1회에 15분간 유해인자에 노출되는 경우의 기준)을 말한다.
② 노출농도가 시간가중평균노출기준(TWA)을 초과하고 단시간노출기준(STEL) 이하인 경우에는 1회 노출 지속시간이 15분 미만이어야 하고, 이러한 상태가 1일 4회 이하로 발생하여야 하며, 각 노출의 간격은 60분 이상이어야 한다.

(3) 최고노출기준(C) ★★

① 근로자가 1일 작업시간동안 잠시라도 노출되어서는 아니 되는 기준을 말한다.
② 노출기준 앞에 "C"를 붙여 표시한다.

(4) 혼합물의 노출기준 ★★★

① 화학물질이 2종 이상 혼재하는 경우에 혼재하는 물질 간에 유해성이 인체의 서로 다른 부위에 작용한다는 증거가 없는 한 유해작용은 가중되므로 노출기준은 다음 식에 따라 산출하되, 산출되는 수치가 1을 초과하지 아니하는 것으로 한다.

- 노출지수

$$노출지수(EI) = \frac{C_1}{T_1} + \frac{C_2}{T_2} + \cdots + \frac{C_n}{T_n}$$

C : 화학물질 각각의 측정치
T : 화학물질 각각의 노출기준
판정 : $EI > 1$인 경우 노출기준을 초과함

- 혼합물의 TLV-TWA

$$TLV - TWA = \frac{C_1 + C_2 + \cdots + C_n}{EI}$$

- 액체 혼합물의 구성성분(%)을 알 때 혼합물의 허용농도(노출기준)

$$혼합물의\ 노출기준(mg/m^3) = \frac{1}{\frac{f_a}{TLV_a} + \frac{f_b}{TLV_b} + \cdots + \frac{f_n}{TLV_n}}$$

f_a, f_b, f_n : 액체 혼합물에서의 각 성분 무게(중량) 구성비
TLV_a, TLV_b, TLV_n : 해당 물질의 노출기준(mg/m³)

한 눈에 들어오는 키워드

확인
ACGIH(미국정부산업위생전문가협의회)의 허용 농도(TLV) 적용 상 주의 사항 ★★
① 대기오염평가 및 지표(관리)에 적용할 수 없다.
② 24시간 노출 또는 정상 작업시간을 초과한 노출에 대한 독성 평가에는 적용할 수 없다.
③ 기존의 질병이나 신체적 조건을 판단(증명 또는 반응자료)하기 위한 척도로 사용될 수 없다.
④ 작업조건이 다른 나라에서 ACGIH-TLV를 그대로 사용할 수 없다.
⑤ 안전농도와 위험농도를 정확히 구분하는 경계선이 아니다.
⑥ 독성의 강도를 비교할 수 있는 지표는 아니다.
⑦ 반드시 산업보건(위생) 전문가에 의하여 설명(해석), 적용되어야 한다.
⑧ 피부로 흡수되는 양은 고려하지 않은 기준이다.
⑨ 산업장의 유해조건을 평가하기 위한 지침이며 건강장해를 예방하기 위한 지침이다.

비교
혼합물의 노출기준(mg/m³) = $\dfrac{100}{\dfrac{f_a}{TLV_a} + \dfrac{f_b}{TLV_b} + \cdots + \dfrac{f_n}{TLV_n}}$

f_a, f_b, f_n : 액체 혼합물에서의 각 성분 무게(중량) 구성비(%)

TLV_a, TLV_b, TLV_n : 해당 물질의 노출기준(mg/m³)

② 혼재하는 물질 간에 유해성이 인체의 서로 다른 부위에 유해작용을 하는 경우에 유해성이 각각 작용하므로 혼재하는 물질 중 어느 한 가지라도 노출기준을 넘는 경우 노출기준을 초과하는 것으로 한다.

[예제 2]

작업환경 공기 중 벤젠(TLV 10ppm)이 5ppm, 톨루엔(TLV 100ppm)이 50ppm 및 크실렌(TLV 100ppm)이 60ppm으로 공존하고 있다고 하면 혼합물의 허용농도는? (단, 상가작용 기준)

① 78ppm
② 72ppm
③ 68ppm
④ 64ppm

해설

노출지수$(EI) = \dfrac{5}{10} + \dfrac{50}{100} + \dfrac{60}{100} = 1.6$

혼합물의 허용농도 $= \dfrac{5+50+60}{1.6} = 71.88(ppm)$

[정답 ②]

[예제 3]

40% 벤젠, 30% 아세톤 그리고 30% 톨루엔의 중량비로 조성된 용제가 증발되어 작업환경을 오염시키고 있다. 이 때 각각의 TLV가 각각 30mg/m³, 1,780mg/m³ 및 375mg/m³ 이라면 이 작업장의 혼합물의 허용농도(mg/m³)는? (단, 상가작용 기준)

① 47.9
② 59.9
③ 69.9
④ 76.9

해설

풀이 1

$mg/m^3 = \dfrac{1}{\dfrac{0.4}{30} + \dfrac{0.3}{1,780} + \dfrac{0.3}{375}} = 69.92(mg/m^3)$

풀이 2

$mg/m^3 = \dfrac{100}{\dfrac{40}{30} + \dfrac{30}{1,780} + \dfrac{30}{375}} = 69.92(mg/m^3)$

[정답 ③]

한 눈에 들어오는 키워드

[예제 4]

농약공장의 작업환경 내에는 TLV가 $0.1mg/m^3$인 파라티온과 TLV가 $0.5mg/m^3$인 EPN이 2 : 3의 비율로 혼합된 분진이 부유하고 있다. 이러한 혼합분진의 TLV(mg/m^3)는?

① 0.15
② 0.17
③ 0.19
④ 0.21

해설

파라티온과 EPN이 2 : 3의 비율로 혼합되어 있으므로

파라티온 $= \frac{2}{5} \times 100 = 40(\%)$

EPN $= \frac{3}{5} \times 100 = 60(\%)$

혼합분진의 농도 $= \dfrac{1}{\dfrac{0.4}{0.1} + \dfrac{0.6}{0.5}} = 0.19(mg/m^3)$

[정답 ③]

2 물리적 유해인자의 노출기준

(1) 물리적 인자의 분류기준

1) 소음

소음성난청을 유발할 수 있는 85데시벨(A) 이상의 시끄러운 소리를 말한다.

2) 진동

착암기, 손망치 등의 공구를 사용함으로써 발생되는 백랍병·레이노 현상·말초순환장애 등의 국소 진동 및 차량 등을 이용함으로써 발생되는 관절통·디스크·소화장애 등의 전신 진동을 말한다.

3) 방사선

직접·간접으로 공기 또는 세포를 전리하는 능력을 가진 알파선·베타선·감마선·엑스선·중성자선 등의 전자선을 말한다.

4) 이상기압

게이지 압력이 제곱센티미터당 1킬로그램 초과 또는 미만인 기압을 말한다.

참고

배경소음(Background Noise)
- 환경 소음 중 어느 특정 소음을 대상으로 할 경우 그 이외 소음
- 시험 대상 기계 이외의 음원으로부터 나오는 소음

5) 이상기온

고열·한랭·다습으로 인하여 열사병·동상·피부질환 등을 일으킬 수 있는 기온을 말한다.

(2) 고온

1) 고온의 노출기준

(단위 : ℃, WBGT)

작업휴식시간비 \ 작업강도	경작업	중등작업	중작업
계속 작업	30.0	26.7	25.0
매시간 75% 작업, 25% 휴식	30.6	28.0	25.9
매시간 50% 작업, 50% 휴식	31.4	29.4	27.9
매시간 25% 작업, 75% 휴식	32.2	31.1	30.0

주 : 1. 경작업 : 200kcal까지의 열량이 소요되는 작업을 말하며, 앉아서 또는 서서 기계의 조정을 하기 위하여 손 또는 팔을 가볍게 쓰는 일 등을 뜻함
　　2. 중등작업 : 시간당 200~350kcal의 열량이 소요되는 작업을 말하며, 물체를 들거나 밀면서 걸어다니는 일 등을 뜻함
　　3. 중작업 : 시간당 350~500kcal의 열량이 소요되는 작업을 말하며, 곡괭이질 또는 삽질하는 일 등을 뜻함

2) 고열의 측정방법

① 고열 측정기기
- 고열은 습구흑구온도지수(WBGT)를 측정할 수 있는 기기 또는 이와 동등 이상의 성능을 가진 기기를 사용한다. ★★

② 고열 측정방법 ★★★
- 측정은 단위작업 장소에서 측정대상이 되는 근로자의 주 작업 위치에서 측정한다.
- 측정기의 위치는 바닥면으로부터 50센티미터 이상, 150센티미터 이하의 위치에서 측정한다.
- 측정기를 설치한 후 충분히 안정화시킨 상태에서 1일 작업시간 중 가장 높은 고열에 노출되는 1시간을 10분 간격으로 연속하여 측정한다.

3) 습구흑구온도지수(WBGT)의 산출 ★★★

① 옥외(태양광선이 내리쬐는 장소)

$$\text{WBGT}(℃) = 0.7 \times \text{자연습구온도} + 0.2 \times \text{흑구온도} + 0.1 \times \text{건구온도}$$

② 옥내 또는 옥외(태양광선이 내리쬐지 않는 장소)

$$\text{WBGT}(℃) = 0.7 \times \text{자연습구온도} + 0.3 \times \text{흑구온도}$$

③ 평균 WBGT

$$\text{평균 WBGT}(℃) = \frac{\text{WBGT}_1 \times t_1 + \text{WBGT}_2 \times t_2 + \cdots \text{WBGT}_n \times t_n}{t_1 + t_2 + \cdots + t_n}$$

WBGT_n : 각 습구흑구온도지수의 측정치(℃)
t_n : 각 습구흑구온도지수의 측정시간(분)

(3) 소음

1) 소음의 노출기준(충격소음제외) ★★★

1일 노출시간(hr)	소음강도[dB(A)]
8	90
4	95
2	100
1	105
1/2	110
1/4	115

주 : 115dB(A)를 초과하는 소음 수준에 노출되어서는 안됨

2) 충격소음의 노출기준 ★★

1일 노출회수	충격소음의 강도[dB(A)]
100	140
1,000	130
10,000	120

주 : 1. 최대 음압수준이 140dB(A)를 초과하는 충격소음에 노출되어서는 안 됨
   2. **충격소음**이라 함은 **최대음압수준에 120dB(A) 이상인 소음이 1초 이상의 간격으로 발생**하는 것을 말함

3) 소음의 측정방법

① 소음이 1초 이상의 간격을 유지하면서 최대음압수준이 120dB(A) 이상의 소음인 경우에는 소음수준에 따른 1분 동안의 발생횟수를 측정할 것 ★★

② 소음측정 기기 ★

- 소음측정에 사용되는 기기("소음계")는 누적소음 노출량측정기, 적분형소음계 또는 이와 동등 이상의 성능이 있는 것으로 하되 개인 시료채취 방법이 불가능한 경우에는 지시소음계를 사용할 수 있으며, 발생시간을 고려한 등가소음레벨 방법으로 측정할 것. 다만, 소음발생 간격이 1초 미만을 유지하면서 계속적으로 발생되는 소음("연속음"이라 한다)을 지시소음계 또는 이와 동등 이상의 성능이 있는 기기로 측정할 경우에는 그러하지 아니할 수 있다.
- 소음계의 청감보정회로는 A특성으로 할 것
- 소음측정은 다음과 같이 할 것
  - 소음계 지시침의 동작은 느린(Slow) 상태로 한다.
  - 소음계의 지시치가 변동하지 않는 경우에는 해당 지시치를 그 측정 점에서의 소음수준으로 한다.
- 누적소음노출량 측정기로 소음을 측정하는 경우에는 Criteria는 90dB, Exchange Rate는 5dB, Threshold는 80dB로 기기를 설정할 것

4) 측정위치 ★

① 개인 시료채취 방법으로 측정하는 경우에는 소음측정기의 센서 부분을 작업 근로자의 귀 위치(귀를 중심으로 반경 30cm인 반구)에 장착하여야 한다.

② 지역 시료채취 방법으로 측정하는 경우에는 소음측정기를 측정대상이 되는 근로자의 주 작업행동 범위 내에서 작업근로자 귀 높이에 설치하여야 한다.

5) 소음 측정시간 ★★★

① 단위작업 장소에서 소음수준은 규정된 측정위치 및 지점에서 1일 작업시간 동안 6시간 이상 연속 측정하거나 작업시간을 1시간 간격으로 나누어 6회 이상 측정하여야 한다. 다만, 소음의 발생특성이 연속음으로서 측정치가 변동이 없다고 자격자 또는 지정측정기관이 판단한 경우에는 1시간 동안을 등간격으로 나누어 3회 이상 측정할 수 있다.

② 단위작업 장소에서의 소음발생시간이 6시간 이내인 경우나 소음발생원에서의 발생시간이 간헐적인 경우에는 발생시간 동안 연속 측정하거나 등간격으로 나누어 4회 이상 측정하여야 한다.

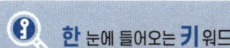

한 눈에 들어오는 키워드

> **참고**
> 1. 1sone
>   1000Hz, 40dB 음의 크기
> 2. 1phon
>   1000Hz, 1dB 음의 크기

> **참고**
> 용어 정의
> 1. 점음원
>   측정거리에 비하여 음원의 차수가 아주 작은 음원을 말한다.
> 2. 선음원
>   무수한 점음원들이 직선을 이룰 때를 선음원이라 한다.(도로, 철도소음 등)
> 3. 음의 지향성
>   음원에서 방사되는 음의 강도 또는 마이크로폰의 감도가 방향에 의해 변화되는 것을 말한다.
> 4. 무지향성
>   소리를 모든 방향으로 방출시켜 음의 지향성을 제거하는 것을 말한다.

암기

합성소음도 ★★★

$$L = 10 \times \log(10^{\frac{L_1}{10}} + 10^{\frac{L_2}{10}} + \cdots + 10^{\frac{L_n}{10}})(\text{dB})$$

L : 합성소음도(dB)
$L_1 \sim L_2$: 각각 소음원의 소음(dB)

평균소음도 ★★

$$\overline{L} = 10\log\left[\frac{1}{n}(10^{\frac{L_1}{10}} + 10^{\frac{L_2}{10}} + \cdots + 10^{\frac{L_n}{10}})\right](\text{dB})$$

$\overline{L}$: 평균소음도(dB)
n : 소음원의 개수

음압수준 ★★★

$$SPL = 20 \times \log\left(\frac{P}{P_o}\right)(\text{dB})$$

SPL : 음압수준(음압도, 음압레벨) (dB)
P : 대상음의 음압(음압 실효치) (N/m²)
P_o : 기준음압 실효치(2×10^{-5}N/m², 2×10^{-4}dyne/cm²)

거리에 의한 음의 감쇠 ★★★

무지향성 점음원	무지향성 선음원
• 자유공간(공중, 구면파)에 위치할 때 $SPL = PWL - 20\log r - 11(\text{dB})$	• 자유공간(공중, 구면파)에 위치할 때 $SPL = PWL - 10\log r - 8(\text{dB})$
• 반자유공간(바닥, 벽, 천장, 반구면파)에 위치할 때 $SPL = PWL - 20\log r - 8(\text{dB})$	• 반자유공간(바닥, 벽, 천장, 반구 면파)에 위치할 때 $SPL = PWL - 10\log r - 5(\text{dB})$

r : 소음원으로부터의 거리(m)

소음을 내는 기계로부터 거리가 d_2만큼 떨어진 곳의 소음 계산 ★

$$dB_2 = dB_1 - 20 \times \log(\frac{d_2}{d_1})$$

dB_1 : 소음기계로부터 d_1 떨어진 곳의 소음
dB_2 : 소음기계로부터 d_2 떨어진 곳의 소음

(4) 라돈

1) 라돈의 노출기준

> **참고**
>
> ❋ **작업장 농도(Bq/m³) : 600** ★
>
> 주 : 1. 단위환산(농도) : 600Bq/m³ = 16pCi/L(※ 1pCi/L = 37.46Bq/m³)
> 　　2. 단위환산(노출량) : 600Bq/m³인 작업장에서 연 2,000시간 근무하고, 방사평형인 자(Feq) 값을 0.4로 할 경우 9.2mSv/y 또는 0.77WLM/y에 해당
> 　　　(※ 800Bq/m³(2,000시간 근무, Feq = 0.4) = 1WLM = 12mSv)

2) 라돈 노출이 우려되는 작업장

① 지하 작업공간(지하철 터널 · 지하 공동구 · 광산 · 터널 굴착장소 등)
② 라돈 발생 원료물질의 취급, 유통 · 가공 사업장
③ 우라늄 공장(관련 폐기물 취급 작업을 포함한다), 인산염 비료시설이나 인산염 광물 취급 공장
④ 인산석고를 포함한 건축자재 제조공장
⑤ 정유공장
⑥ 그 밖에 라돈 노출 가능성이 높은 장소

3) 사업장 내 라돈 농도 측정주기 ★

사업주는 다음 주기에 따라 라돈농도를 측정하여야 한다. 다만, **라돈농도에 현저한 변화가 있을만한 상황이 발생한 경우에는 1개월 이내에 측정을 실시하여야 한다.**

등급	라돈농도	측정주기
I (관심)	100Bq/m³	5년 주기
II (주의)	300Bq/m³	2년 주기
III (위험)	600Bq/m³	1년 주기

* 라돈 발생 물질을 직접 취급하는 사업장은 농도에 관계없이 1년 주기로 측정 ★
* 100Bq/m³ 이하인 경우에는 10년 주기로 측정 ★

기출

라돈(radon)
① 라돈가스는 호흡하기 쉬운 방사선 물질이다.
② 라돈가스는 공기보다 9배가 무거워 지표에 가깝게 존재한다.
③ 라돈은 폐암의 발생률을 높이고 있는 것으로 보고되었다.
④ 라돈은 공기, 물, 토양에 널리 존재하는 방사성 기체로서 실내에 존재하는 라돈의 80~90%는 토양이나 지반의 암석에서 발생된 라돈 가스가 건물 바닥이나 벽의 갈라진 틈을 통해 들어온다.

4) 라돈의 측정 및 평가

① 측정자의 자격
- 해당 사업장에 소속된 산업위생관리 산업기사 이상의 자격을 보유한 사람
- 「산업안전보건법」에 따른 작업환경측정기관
- 「실내공기질관리법」에 따른 실내공기질 측정기관
- 라돈 측정·평가에 관하여 학식과 경험이 풍부한 자로서 관련 분야 석·박사 학위 소지자

② 측정대상 장소
- 작업장소(원료물질 취급, 보관, 발생장소 등) 및 작업장소로 가기 위해 이동하는 경로(지하철의 경우 터널 내부의 시설물 중 배수펌프실, 비상방수문(제어반실), 환기실 등과 이동 경로인 터널)
- 그 밖에 산업안전보건위원회에서 측정이 필요하다고 의결한 장소

③ 예비조사
- 측정자는 라돈을 측정하기 전에 도면 등을 통해 작업장 내 측정대상 장소를 사전에 파악한다.
- 측정자는 측정대상 장소가 기류, 환기장치 등에 의해 측정값이 영향을 받을 수 있는지 여부를 사전에 파악한다.
- 측정계획 수립 시 측정하려는 대상공간의 평상시 조건에서 측정이 이뤄질 수 있도록 측정계획을 수립한다.

④ 측정방법 : 단기측정 또는 장기측정 방법을 선택하여 실시한다.

단기측정	• 2~90일의 기간 동안 라돈농도를 측정하는 경우를 말한다. • 단기측정방법으로 측정한 결과가 300Bq/m^3을 초과하는 경우에는 장기측정방법으로 추가 측정을 실시한다. • 라돈 발생 물질 취급 작업장은 2~7일 동안 측정
장기측정	• 짧게는 90일에서 길게는 1년간 측정하는 경우를 말한다.

⑤ 측정방법별 측정기기의 선택

단기측정	'충전막 전리함 측정기(E-Perm, Electret-Passive Environmental Radon Monitor)' 또는 이와 동등한 측정기기를 이용하여 측정한다.
장기측정	'알파비적검출기(ATD, Alpha Track Detector)' 또는 이와 동등한 측정기기로 측정

참고

1. 작업장소
건축물 등의 구조상 동일한 노출이 이루어진다고 판단되는 공간을 말한다. 예를 들어 지하철의 경우 배수 펌프실, 비상방수문(제어반실), 환기실 및 터널(이동경로)이 각 작업장소로 볼 수 있다.

2. 공시료
측정기기의 제조, 운반, 저장 및 처리과정 중 오염 여부를 확인하기 위한 시료로서 측정 시료와 동일하게 미 개봉상태에서 측정되는 배경농도를 말한다.

⑥ 시료채취 수 ★

시료채취 수	중복 측정	공시료
작업장소별 2개 이상	전체 시료수의 10% (최소 1개 이상, 최대 50개 이내)	전체 시료수의 5% (최소 1개 이상, 최대 25개 이내)

⑦ 측정 시 유의사항
- 측정 시에는 습도, 온도, 환기조건 등을 기록한다.
- 측정기기의 위치는 바닥으로부터 1.2~1.5m 위치에 설치하고 실내의 대상 물체로부터 10cm 이상 떨어진 곳에 설치한다. ★
- 측정 장소에는 "측정 중"이라는 주의 표지를 부착한다.
- 측정기기별로 권장하는 측정기간을 준수한다.

5) 측정결과에 따른 관리계획 수립 : 산업안전보건위원회의 심의·의결을 거쳐 시행

사업주는 다음 내용이 포함된 라돈 관리계획을 수립하여 시행하여야 한다.

① 라돈 측정결과(측정일, 측정결과, 향후 측정일 등)
② 라돈 농도분포도
③ 농도수준별 관리계획
- 환기시간 및 방법
- 작업시간 관리 및 고농도 지역 개선 계획
- 피폭선량평가
- 건강검진
- 보호구
- 경고표지
- 안전보건교육 등

6) 라돈 농도수준에 따른 관리

① 가능한 낮은 수준의 라돈 관리 : 라돈 농도가 100Bq/m³ 이하로 유지되도록 사업주는 기술적 또는 경제적으로 가능한 범위 내에서 작업장을 관리한다.
② 발생원 밀폐 : 라돈 발생 원료물질, 공정부산물 등 취급·보관 장소에는 밀폐장치 등을 설치하여 발생원을 차단한다.
③ 유입원 차단 : 라돈 주요 유입원(배수구, 바닥의 틈, 건물의 갈라진 틈 등)에 대하여 밀폐, 보강 등의 조치를 통해 라돈 유입을 막는다.

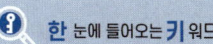

참고
1. 지하수는 지하공간 라돈농도에 큰 영향을 주므로 지하수가 공기 면에 접촉되지 못하도록 배수로에 덮개를 설치
2. 지하수가 정체되거나 넘치지 않도록 배수로에 압력차를 이용하여 액체를 아래로 이동시키는 관이나 수중펌프를 설치하여 집수정으로 유도 처리 후 환기설비를 통해 배출

④ 환기
- 전체환기 : 라돈 농도를 낮추기 위하여 공기유입 장치, 자연환기 등을 통해 외부의 신선한 공기를 내부로 유입될 수 있도록 전체환기를 관리한다.
- 국소환기 : 고농도 라돈 발생장소, 원료물질 또는 공정부산물이 공기 중에 흩날릴 수 있는 장소 중 밀폐하기 곤란한 장소에 대해서는 국소배기장치 등을 설치하여 라돈 확산을 방지하고 공기 중 라돈 농도를 제어한다.

⑤ 흡연 등 금지 : 라돈이 발생하는 작업장 내에서는 흡연을 금지한다.
⑥ 안전보건교육 : 근로자에게 라돈의 유해성 및 안전보건 조치사항 등을 교육한다.

03 화학적 유해인자 측정

1 화학적 유해인자의 측정원리

(1) 액체포집방법

1) 시료 공기를 액체 속으로 통과시키거나 또는 액체의 표면과 접촉시켜 용해, 반응, 흡수, 충돌 등을 일으키게 하여 당해 액체에 측정하고자 하는 물질을 포집하는 방법을 말한다.

2) 활성탄관이나 실리카겔로 흡착이 되지 않는 증기, 산 등을 채취하며 임핀저, 버블러를 이용한다.

3) 흡수용액을 이용하여 시료를 포집할 때 흡수효율을 높이는 방법 [실기 기출★]

① 포집용액의 온도를 낮추어 오염물질의 휘발성을 제한한다.(증기압을 감소시킨다.)
② 흡수액의 양을 늘린다.
③ 두 개 이상의 버블러를 연속적으로 연결(직렬연결)하여 용액의 양을 늘린다.
④ 시료채취속도를 낮춘다.(기포의 체류시간을 길게 한다.)
⑤ 가는 구멍이 많은 Fritted 버블러 등 채취효율이 좋은 기구를 사용한다.(기포와 액체의 접촉면적을 크게 한다.)
⑥ 액체의 교반을 강하게 한다.
⑦ 시료채취 유량을 낮춘다.

[참고] 물질별 채취방법

물질		채취법	사용도구
입자상 물질		여과포집	유리섬유, 셀룰로이드 멤브레인 필터
금속흄		액체포집	임핀저
가스 증기		액체포집	소형 흡수관, 소형 임핀저, 버블러
		고체포집	실리카겔관, 활성탄관
		직접포집	시료 채취 백, 주사기, 진공 플라스틱

[실기 기출★]
유해가스 흡수 처리 시에 사용하는 흡수액의 구비조건 4가지를 적으시오.
정답
① 용해도가 클 것
② 휘발성이 적을 것
③ 독성이 없고 화학적으로 안정될 것
④ 부식이 없을 것

(2) 고체포집방법

① 시료공기를 흡착력이 강한 고체의 작은 입자층을 통과시켜 포집하는 방법이다.
② 시료의 채취는 사용하는 고체입자층의 포집효율을 고려하여 일정한 흡입 유량으로 한다.
③ 흡착제의 선정 : 대개 극성오염물질이면 극성흡착제를, 비극성오염물질이면 비극성 흡착제를 사용하나 반드시 그러하지는 않다.
④ 고체흡착관은 반데르발스 결합의 원리로 흡착한다.

1) 흡착관(활성탄관, 실리카겔관) 이용 시 고려사항 ★

① 오염물질이 흡착농도 이상 포집(파과)되면 더 이상 흡착되지 않으므로 농도를 과소 평가할 우려가 있다.
② 포집시료 보관 및 저장 시 흡착물질 이동 현상이 일어난다.
③ 흡착관은 앞 층이 100mg, 뒷 층이 50mg으로 구성, 오염물질에 따라 다른 크기의 흡착제를 사용한다.
④ 대게 극성오염물질에는 극성흡착제를, 비극성오염 물질에는 비극성 흡착제를 사용한다.
⑤ 채취효율을 높이기 위하여 흡착제에 시약을 처리하여 사용하기도 한다.
⑥ 실리카, 알루미나 흡착제는 탄소의 불포화 결합을 가진 분자를 흡착한다.

2) 흡착제 이용하여 시료 채취 시의 특징 ★

① 흡착제의 크기 : 입자의 크기가 작을수록 표면적이 증가하여 채취효율이 증가하나 압력강하가 심하다.
② 흡착관의 크기(튜브의 내경) : 흡착제 양이 많아지면 채취용량은 증가한다.
③ 습도 : 극성 흡착제 사용 시 수증기를 흡착하여 흡착능력이 떨어진다.(파과가 일어나기 쉽다.)
④ 온도 : 온도가 높을수록 흡착능력이 떨어진다.(흡착대상 물질간 반응속도가 증가하여 흡착능력 떨어지며 파과되기 쉽다.)
⑤ 혼합물 : 혼합기체의 경우 단독성분보다 흡착량이 적어진다.(혼합물 중 흡착제와 결합을 하는 물질에 의하여 치환반응이 일어난다.)
⑥ 오염물질 농도 : 공기 중 오염물질 농도가 높을수록 파과 용량(흡착제에 흡착된 오염물질량)은 증가하나 파과 공기량(파과가 일어날 때까지 채취공기량)은 감소한다.

 한 눈에 들어오는 키워드

참고

1. 극성이란, 물질 속에 있는 전자가 어느 한쪽으로 치우쳐 물질이 플러스(+)나 마이너스(-)와 같은 전기적 성질을 띠는 것을 말하고, 비극성은 이와 반대로 물질이 전기적 성질을 띠지 않는 것을 말한다.
2. 반데르발스 결합
분자에 극성이 생겨 분자 상호 간에 인력과 척력의 작용으로 이루어지는 결합을 말한다.

기출

활성탄관의 탈착용매로 사용되는 이황화탄소의 특성 ★
① 이황화탄소는 유해성이 강하다.(인화성이 커서 화재의 우려가 있다.)
② 분석대상 물질에 대해 방해물질로 작용하지 않는다.(분석에 영향을 끼치지 않는다.)
③ 주로 활성탄관으로 비극성유기용제를 채취하였을 때 탈착용매로 사용한다.(탈착효율이 좋다.)
④ 상온에서 휘발성이 강하여 장시간 보관하면 휘발로 인해 분석농도가 정확하지 않다.
⑤ GC의 불꽃이온화검출기에서 반응성이 낮아 피크가 작게 나와 분석에 유리하다.

한눈에 들어오는 키워드

실기 기출 ★

활성탄관의 구조이다. 괄호에 적합한 용어를 적으시오.

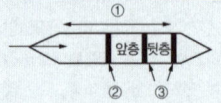

정답
① 유리관
② 유리섬유
③ 우레탄 폼

기출

활성탄관의 제한점 ★
① 휘발성이 매우 큰(증기압이 높다) 저분자량의 탄화수소 화합물의 채취효율이 떨어진다.
② 암모니아, 에틸렌, 염화수소, 포름알데하이드와 같은 저비점 화합물에 효과가 적다.
③ 비교적 높은 습도는 활성탄의 흡착용량을 저하시킨다.(습기 영향이 크다)
④ 케톤의 경우 활성탄 표면에서 물을 포함하는 반응에 의해 파괴되어 탈착률과 안정성에 부적절하다.

---

⑦ 시료채취속도 : 시료채취속도가 빠르고 코팅된 흡착제일수록 파과되기 쉽다.
⑧ 시료채취유량 : 시료채취유량이 높을수록, 코팅된 흡착제일수록 파괴되기 쉽다.

3) 활성탄관(charcoal tube) ★★

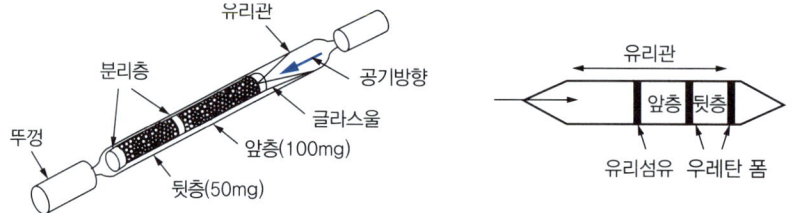

① 탄소함유물질을 탄화 및 활성화하여 만든 흡착능력이 큰 무정형 탄소의 일종이다.
② 유리관 안에 앞 층(공기입구 쪽) 100mg, 뒷 층 50mg의 두 개 층으로 활성탄을 충전하였다.
③ 공기 중 가스상 물질의 고체포집법으로 이용된다.
④ 비극성 유기용제, 방향족 유기용제(방향족 탄화수소류), 할로겐화 지방족 유기용제(할로겐화 탄화수소류), 에스테르류, 알코올류 등의 포집에 사용된다. ★★

> **암기법**
>
> **비극성**인 **알**(알코올)**에**(에스테르) **할로겐 탄**(할로겐화탄화수소)**지방**(지방족유기용제) **방유**(방향족 유기용제)하니 **활성**(활성탄)됐다.

⑤ 탈착용매로 이황화탄소(CS_2)가 사용된다. ★★
  (이황화탄소 : 탈착효율 좋으나 독성, 인화성이 크므로 사용 시 주의 및 환기 필요)
⑥ 오염물질이 흡착허용수준 이상으로 포집되면 더 이상 흡착되지 않고 그대로 통과(파과현상)하므로 농도를 과소평가할 우려 있다.
⑦ 유기용제증기, 수은증기 등 무거운 증기는 잘 흡착하고 메탄, 일산화탄소 등은 흡착되지 않고 휘발성이 큰 저분자량의 탄화수소 화합물의 채취효율이 떨어진다.
⑧ 활성탄은 다른 흡착제에 비하여 큰 비표면적을 갖고 있다.
⑨ 케톤의 경우 활성탄 표면에서 물을 포함하는 반응에 의해 파괴되어 탈착률과 안정성에서 부적절하다.

⑩ 탈착된 용출액은 가스크로마토그래프 분석법으로 정량한다.
⑪ 제조과정 중 탄화과정은 약 600℃의 무산소 상태에서 이루어진다.
⑫ 사업장에서 작업 시 발생되는 유기용제를 포집하기 위해 가장 많이 사용된다.

4) 실리카겔관(Silcagel tube) ★★

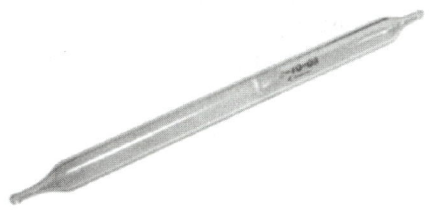

① 실리카겔은 규산나트륨과 황산과의 반응에서 유도된 무정형의 물질이다.
② 극성을 띠고 흡수성이 강하여 습도가 높을수록 파과되기 쉽고 파과용량이 감소한다.
③ 실리카 및 알루미나 흡착제는 탄소의 불포화 결합을 가진 분자를 선택적으로 흡착한다.
④ 실리카 및 알루미나 흡착제는 그 표면에서 물과 같은 극성분자를 선택적으로 흡착한다.
⑤ 극성의 유기용제, 산(무기산 : 불산, 염산), 방향족 아민류, 지방족 아민류, 아닐린, 아미노에탄올, 아마이드류, 니트로벤젠류, 페놀류 등의 포집에 사용된다.

> **암기법**
>
> 극성스런 산아(사내아이)는 패서(때려서) 니트럭에 실리까(실을까)?
> 극성(극성 유기용제)스런 산(산)아(아민, 아닐린, 아마이드)는 페(페놀)서 니트럭(니트로벤젠)에 실리까(실리카겔관)?

⑥ 실리카겔의 친화력(극성이 강한 순서) ★★

　물 > 알코올류 > 알데하이드류 > 케톤류 > 에스테르류 > 방향족탄화수소류 > 올레핀류 > 파라핀류

> **암기법**
>
> 실물 알콜 하드 ks 방탄 올핀 파핀

 한 눈에 들어오는 키워드

참고

활성탄관으로 포집한 시료를 열탈착할 때의 특징
열탈착은 고온에서 흡착제에 흡착된 물질을 날려 보내 탈착시키는 방법으로 탈착된 물질은 전체 양이 가스크로마토그래피에 주입되기 때문에 여분의 분석물질이 남지 않는다. 낮은 농도의 물질 분석이 가능하지만 단 한번 밖에 분석할 수 없다는 단점도 있다.

한 눈에 들어오는 키워드

실기 기출 ★

활성탄관으로 시료를 흡착하여 채취한 경우 탈착방법 2가지를 적으시오.

정답
① 용매탈착 : 이황화탄소(CS_2)
② 열탈착

활성탄관의 흡착원리와 탈착용매를 적으시오.

정답
① 흡착원리 : 반데르발스힘에 의한 물리적 흡착
② 용매 : 이황화탄소(CS_2)

실기 기출 ★

고체포집법의 흡착제인 활성탄과 실리카겔의 유기용제 포집특성과 포집후의 탈착용매 사용여부를 비교하여 설명하시오.

정답
① 활성탄은 비극성 유기용제의 포집에 사용되고 실리카겔은 극성 유기용제 포집에 사용된다.
② 활성탄은 탈착용매로 이황화탄소(CS_2)를 사용하며 실리카겔은 이황화탄소를 탈착 용매로 사용하지 않는다.

---

⑦ 실리카겔관의 장 · 단점

장점 ★★	단점 ★
• 극성물질을 채취한 경우 물, 메탄올 등 다양한 용매로 쉽게 탈착된다. • 추출액이 화학분석이나 기기분석에 방해물질로 작용하는 경우가 많지 않다. • 활성탄으로 채취가 어려운 아닐린, 오르쏘-톨루이딘 등의 아민류나 몇몇 무기물질의 채취가 가능하다. • 매우 유독한 이황화탄소를 탈착 용매로 사용하지 않는다.	• 수분을 잘 흡수(친수성)하여 습도의 증가에 따라 흡착용량이 감소된다.

5) 다공성중합체(Porous Polymer) ★

① 스티렌, 에틸비닐벤젠 혹은 디비닐벤젠 중 하나와 극성을 띤 비닐화합물과의 공중합체이다.
② 활성탄보다 비표면적이 작고, 반응할 수 있는 표면적도 작다.(반응성이 작다.)
③ 특별한 물질에 대한 선택성이 좋다.(특수한 물질 채취에 유용하다.)
④ 다공성중합체의 종류
   • Tenax 관(Tenax GC)
   • XAD관
   • Chromsorb
   • Porapak
   • amberlite
⑤ 다공성중합체의 장 · 단점

장점	단점
• 아주 적은 양도 효율적으로 탈착이 가능하다. • **열안정성이 높아 열탈착에 의한 분석이 가능**하다. • 저농도 측정이 가능하다.	• 비휘발성 물질(이산화탄소)에 의하여 치환반응이 일어난다. • 시료가 산화, 가수, 결합반응이 일어날 수 있다. • 아민류 및 글리콜류는 비가역적 흡착이 발생한다.

6) 탄소분자체

구형의 다공성 구조이다.

확인

✽ 1. 파과 ★

- 공기 중 오염물질이 시료채취매체에 포함되지 않고 빠져나가는 것으로 **오염물질이 흡착관의 앞 층에 포함된 다음 뒷 층에 흡착되기 시작되어 기류를 따라 흡착관을 빠져나가는 현상**을 말한다.
- 보통 앞 층의 1/10 이상이 뒤 층으로 넘어갈 경우 파과가 일어났다고 본다.
- 파과가 일어나면 유해물질 농도를 과소평가할 우려가 있다.
- 시료채취유량 : 시료채취유량이 높고 코팅된 흡착제일수록 파괴되기 쉽다.
- 온도 : 고온일수록 흡착대상 오염물질과 흡착제의 표면 사이 또는 2종 이상의 흡착 대상 물질 간 반응속도가 증가하여 흡착성질이 감소하여 **파과되기 쉽다.**(모든 흡착은 발열반응이므로 온도가 낮을수록 흡착에 좋다.)
- 흡착제의 크기 : 입자의 크기가 작을수록 채취효율이 증가하나 압력강하가 심하다.
- 극성흡착제를 사용할 경우 파과되기 쉽다.
- 습도가 높을수록 파과되기 쉽다.(습도가 높으면 파과 공기량이 작아진다.)
- 오염물질농도 : 공기 중 오염물질의 농도가 높을수록 파과공기량은 감소한다.(공기 중에 오염물질이 많으므로 적은 공기량으로 파과가 일어난다.)

✽ 2. 파과에 영향을 미치는 요인 ★

- 포집을 끝마친 후부터 분석까지의 시간
- 유속
- 시료의 농도
- 작업장의 온도
- 작업장의 습도
- 포집된 오염물질의 종류

한 눈에 들어오는 키워드

실기 기출 ★

오염물질이 흡착관의 앞 층에 포함된 다음 뒷 층에 흡착되기 시작되어 기류를 따라 흡착관을 빠져나가는 현상을 무엇이라 하는가?

정답
파과

파과를 일으키는 원인 3가지를 적으시오.

정답
① 작업장의 온도가 높을 경우
② 작업장의 습도가 높을 경우
③ 시료채취유량이 높을 경우
④ 공기 중 오염물질의 농도가 높을 경우

실기 기출 ★

고체흡착관 중 Tenax관의 파과 고체흡착관 2개를 직렬 연결하여 뒤쪽 흡착관에 채취된 양이 전체 채취된 양의 5%를 넘으면 파과가 일어난 것으로 본다.

(3) 직접포집방법

시료공기를 흡수, 흡착(기체상의 물질이 고체에 붙는 것; 성애) 등의 과정을 거치지 않고, 직접 포집대 또는 진공 포집병 등의 포집용기에 포집하는 방법

(4) 냉각응축 포집방법

시료공기를 냉각된 관 등에 접촉·응축시켜 측정하고자 하는 물질을 포집하는 방법

(5) 여과포집방법

시료공기를 여과재(0.3㎛의 입자를 95% 이상 포집할 수 있는 성능을 가진 것)를 통하여 흡인함으로써 당해 여과재에 측정하고자 하는 물질을 포집하는 방법

2 입자상 물질의 측정

(1) 입자상 물질(particulate)의 정의 및 종류

1) 입자상 물질의 정의

　공기 중 오염물질이 고체나 액체상태로 입자 형상을 가지는 것을 말한다.

2) 입자상물질의 종류

① 분진(먼지, dust) : 고체덩어리가 분쇄, 연마, 마찰 등에 의하여 미립자 형태로 변환되어 공기 중에 부유되어 있거나 부유된 후 침강되어 있는 물질
② 흄(fume) : 금속이 용접이나 고열에 의하여 기화되어 공기 중으로 비산된 후 급속히 응축되어 생성된 모양이 불규칙한 형태의 고체 미립자로 크기가 0.1(1)㎛ 이하이다.(증기물의 응축 및 산화로 생성된다.) ★
③ 미스트(mist) : 액체가 외부의 충격이나 힘에 의하여 액체 입자형태로 공기 중으로 비산되어 있는 물질
④ 포그(fog) : 액체가 기화된 후 기온의 강하로 다시 응축되어 액체 상태의 미립자로 변환되어 공기 중에 부유되어 있는 상태

(2) ACGIH의 입자상 물질의 입자 크기별 분류 ★★★

1) 흡입성 분진(IPM : Inspirable Particulates Mass)

① 호흡기 어느 부위에 침착하더라도 독성을 유발하는 분진
② 평균입경 : 100㎛(입경범위 : 0 ~ 100㎛)

2) 흉곽성 분진(TPM : Thoracic Particulates Mass)

① 기도나 하기도(가스교환 부위) 또는 폐포나 폐기도에 침착하여 독성을 나타내는 물질
② 평균입경 : 10㎛

한 눈에 들어오는 키워드

기출
흄(fume)의 발생기전 3단계
- 1단계 : 고열에 의한 금속의 증기화
- 2단계 : 증기물이 공기 중의 산소에 의해 산화하여 산화물 형성
- 3단계 : 산화물이 온도차이로 인해 응축

참고
평균입경
폐침착의 50%에 해당하는 입자크기

3) 호흡성 분진(RPM : Respirable Particulates Mass)

① 가스교환 부위(폐포)에 침착하여 독성을 나타내는 물질
② 평균입경 : $4\mu m$

(3) 입자상 물질의 크기 결정방법

1) 가상직경 ★★★

공기역학적 직경 (aero-dynamic diameter)	• 대상 입자와 침강속도가 같고 밀도가 $1g/cm^3$이며, 구형인 먼지의 직경으로 환산한 직경 • 입자의 역학적 특성(침강속도, 종단속도)에 의해 측정되는 먼지 크기이다. • 직경분립충돌기(cascade impactor)를 이용하여 입자의 크기 및 형태 등을 분리한다.
질량 중위 직경 (mass median diameter)	• 입자 크기별로 농도를 측정하여 50%의 누적분포에 해당하는 입자크기를 말한다. • 입자를 밀도, 크기, 형태에 따라 측정기기의 단계별로 질량을 측정한 것이다. • 직경분립충돌기(cascade impactor)를 이용하여 측정한다.

> **암기법**
> 가상 공기는 밀도1, 구형이며
> 질량중위는 50% 입자농도

2) 기하학적(물리적) 직경 ★★★

마틴직경 (martin diameter)	• 입자의 면적을 2등분하는 선의 길이로 나타내는 직경 • 선의 방향은 항상 일정하여야 하며 과소 평가될 수 있다.
페렛직경 (feret diameter)	• 입자의 가장자리를 이등분한 직경(먼지의 한쪽 끝 가장자리에서 다른 쪽 끝 가장자리까지의 거리로 나타내는 직경) • 과대 평가될 수 있다.
등면적직경 (projected area diameter)	• 입자의 면적과 동일한 면적을 가진 원의 직경으로 환산한 직경 • 가장 정확한 직경이다. • 측정은 현미경 접안경에 porton reticle을 삽입하여 측정한다. 즉, $D = \sqrt{2^n}$ ($D(\mu m)$는 입자직경, n은 porton reticle에서 원의 번호)

> **한 눈에 들어오는 키워드**
>
> **기출**
> 영국의학연구의원회
> (BMRC : British Medical Research Council)의
> 호흡성 먼지의 입경 : $7.1\mu m$ 미만

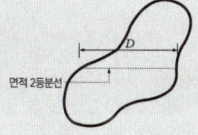
마틴 직경

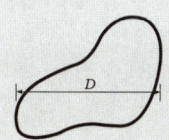
페렛 직경

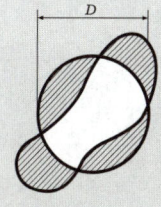
등면적 직경

> **한 눈에 들어오는 키워드**
>
> **암기** ★
> 여과포집 원리(채취기전)
> ① 직접차단(간섭)
> ② 관성충돌
> ③ 확산
> ④ 중력침강
> ⑤ 정전기 침강
> ⑥ 체질
>
> **실기 기출** ★
> 확산에 영향을 주는 요소 4가지를 적으시오.
> 정답
> ① 입자의 크기
> ② 입자의 농도 차이
> ③ 섬유로의 접근속도(면속도)
> ④ 섬유의 직경
> ⑤ 여과지의 기공직경

> **암기법**
>
> **기하학적 이**(2등분)**마, 폐가**(가장자리~다른 가장자리), **등면적 동원**(동일한 면적을 가진 원)

(4) 여과포집 원리(채취기전) ★★

여과지의 공극보다 작은 입자가 여과지에 채취되는 기전은 여과이론으로 설명할 수 있다.

1) 직접차단(간섭 : interception)

기체유선에 벗어나지 않는 크기의 미세입자가 섬유와 접촉에 의해서 포집되는 원리이다.

2) 관성충돌(intertial impaction)

① 공기의 흐름방향이 바뀔 때 입자상물질은 계속 같은 방향으로 유지하려는 원리이다. ★
② 입경이 비교적 크고 입자가 기체유선에서 벗어나 급격하게 진로를 바꾸면 관성 때문에 섬유층에 직접 충돌하여 포집되는 원리이다.

3) 확산(diffusion)

① 유속이 느릴 때 미세입자의 불규칙적인 운동(브라운 운동)에 의한 포집원리이다.
② 입자상 물질의 채취(카세트에 장착된 여과지 이용) 시 펌프를 이용, 공기를 흡인하여 시료채취 시 크게 작용하는 기전이다.
③ 영향인자
  • 입자의 크기(직경) : 가장 중요
  • 입자의 농도 차이(여과지 표면과 포집공기 사이의 농도 차이)
  • 섬유로의 접근속도(면속도)
  • 섬유의 직경
  • 여과지의 기공직경

4) 중력침강(gravitional settling)

입경이 비교적 크고 비중이 큰 입자가 저속기류 중에서 중력에 의하여 침강되어 포집되는 원리이다.

5) 정전기 침강(electrostatic settling)

입자가 정전기를 띠는 경우 이용되는 기전이나 정량화하기가 어렵다.

6) 체질(sieving)

확인

여과포집에 기여하는 3가지 기전 실기 기출 ★	• 직접차단(간섭) • 관성충돌 • 확산
호흡기도(폐)에 침착하는 데 중요한 3가지 기전	• 관성충돌 • 확산 • 중력침강
입자크기별 여과기전 ★	• 입경 $0.1\mu m$ 미만 입자 : 확산 • 입경 $0.1 \sim 0.5\mu m$: 확산, 직접차단(간섭) • 입경 $0.5\mu m$ 이상 : 관성충돌, 직접차단(간섭) • 가장 낮은 채집효율을 가지는 입경 : $0.3\mu m$

(5) 입자상 물질의 채취 기구

1) 카세트

① 카세트에 장착된 여과지에 의해 여과한다.
② 총 분진, 금속성 입자상 물질을 측정할 때 이용된다.

2) 사이클론(10mm nylon cyclon) ★★

① 원심력을 이용하여 호흡성 입자상물질을 측정한다.
② 공기 중에 부유되어 있는 먼지 중에서 호흡성 입자상물질을 채취하고자 도안되었다.
③ PVC 여과지가 있는 카세트 아래에 사이클론을 연결하고 펌프를 가동하여 시료를 채취한다.
④ 펌프의 채취유량은 1.7L/min가 가장 적절하다.
⑤ 호흡성 먼지 채취 시에 입자의 크기가 $10\mu m$ 이상인 경우의 채취효율은 0%이다.
⑥ 사이클론은 사용할 때마다 그 내부를 청소하고 검사해야 한다.

한 눈에 들어오는 키워드

실기 기출 ★

직경분립충돌기는 보통 1~3L/min까지 사용이 가능하다. 만약 2L/min 초과 채취 시에는 어떤 문제점이 발생하는가?

정답
되튐으로 인한 시료의 손실이 발생하여 과소분석 할 수 있다.

직경분립충돌기를 이용한 시료 채취 시 Mylar Substrate에 그리스를 뿌리는 이유를 설명하시오.

정답
시료의 되튐현상을 방지하기 위하여

기출

입경분립충돌기(Cascade Impactor)에 의하여 에어로졸을 포집할 때 관여하는 충돌이론에 대한 설명
① 충돌이론에 의하여 차단점 직경(cutpoint diameter)을 예측할 수 있다.
② 충돌이론에 의하여 포집효율 곡선의 모양을 예측할 수 있다.
③ 충돌이론은 스토크 수(stokes number)와 관계되어 있다.

---

⑦ 장점 ★
- 사용이 간편하고 경제적이다.
- 호흡성 먼지에 대한 자료를 쉽게 얻을 수 있다.
- 시료의 되튐으로 인한 손실이 없다.
- 매체의 코팅과 같은 별도의 특별한 처리가 필요 없다.

⑧ 오차발생 요인
- 펌프의 채취유량(1.7L/min)이 일정하지 않을 때
- 재질이 플라스틱인 경우 정전기 영향에 의하여
- 반응성이 있는 물질을 채취하는 경우

> **[암기법]**
> 사이클은 간편 경제적이며 호흡성 먼지가 되튀지 않아 특별 처리 ×

3) 입경분립충돌기(직경분립충돌기 : Cascade impactor, Andersonimpactor) ★★

① 공기 중에 부유하고 있는 분진을 충돌의 원리에 의해 입자크기별로 분리하여 측정할 수 있다.
② 흡입성 물질, 흉곽성 물질, 호흡성 물질의 크기별로 측정하는 기구로 입자가 관성력에 의해 시료채취표면에 충돌하여 채취하는 방법이다.
③ 장·단점 ★★

장점	단점
• 호흡기에 부분별로 침착된 입자크기의 자료를 추정할 수 있다. • 흡입성, 흉곽성, 호흡성 입자의 크기별 분포와 농도를 계산할 수 있다. • 입자의 질량크기 분포를 얻을 수 있다.	• 시료채취가 까다롭다.(경험이 있는 전문가가 철저한 준비를 통해 측정하여야 한다.) • 시료 채취 준비시간이 길고 비용이 많이 든다. • 되튐으로 인한 시료의 손실이 있다. • 공기가 옆에서 유입되지 않도록 각 충돌기의 철저한 조립과 장착이 필요하다.

> **[암기법]**
> - 충돌기로 충돌시켜 농도, 질량, 크기별로 분류 가능
> - 전문가가 시간과 돈 들여 까다롭게 채취해도 되튐 생김

(6) 여과지를 이용한 채취

1) 여과지(여과재) 선정 시 고려사항(구비조건) ★

① 채취효율 : 포집효율(채취효율)이 높을 것
② 압력손실 : 포집 시의 흡인저항(흡입저항)은 낮을 것(압력손실이 적을 것)
③ 기계적인 강도 : 접거나 구부리더라도 파손되지 않고 찢어지지 않을 것
④ 흡습성 : 흡습률이 낮을 것
⑤ 가볍고 1매당 무게의 불균형이 적을 것
⑥ 측정대상 물질의 분석상 방해가 되는 불순물을 함유하지 않을 것

2) 막 여과지(membrane filter)와 섬유상 여과지의 특성 ★

막 여과지	섬유상 여과지
• 셀룰로스에스테르, PVC, 니트로아크릴 같은 **중합체를 일정한 조건에서 침착시켜 만든 다공성의 얇은 막 형태**이다. • 막 여과지에서 유해물질은 **여과지 표면이나 그 근처에서 채취된다.** • 여과지 표면에 **채취된 입자들이 이탈되는 경향이 있다.** • 섬유상 여과지에 비하여 **채취입자상 물질이 작다.** • 섬유상 여과지에 비하여 **공기저항이 심하다.**	• $20\mu m$ 이하의 직경을 가진 섬유를 압착 제조한 것으로 막 여과지에 비하여 **가격이 비싸다.** • 막여과지에 비해 **물리적 강도가 약하다.** • 막여과지에 비해 **흡습성이 작다.** • 막 여과지에 비해 **열에 강하고 과부하에서도 채취효율이 높다.** • 여과지 표면뿐 아니라 단면 깊게 입자상 물질이 들어가므로 **더 많은 입자상 물질을 채취할 수 있다.**

3) 막여과지의 종류 ★★

① **MCE 막 여과지**(Mixed Cellulose Ester Membrane Filter)

- 산에 쉽게 용해되므로 입자상 물질 중의 **금속을 채취하여 원자흡광광도법으로 분석하는 데 적당하다.**
- 유해물질이 여과지의 표면에 주로 침착되어 **석면 등 현미경 분석을 위한 시료채취에 유리하다.**
- MCE여과지의 원료인 셀룰로오스는 **수분을 흡수하는 특성을 가지고 있다.** (흡습성이 높아 오차를 유발할 수 있어 중량분석에 적합하지 못함)
- **중금속, 석면, 살충제, 산·알칼리미스트, 불소화합물 및 기타 무기물질 채취**에 이용된다.

 한 눈에 들어오는 **키**워드

실기 기출 ★

여과지의 구비조건 3가지를 적으시오.

정답
① 포집효율(채취효율)이 높을 것
② 포집 시의 흡인저항(흡입저항)은 낮을 것(압력손실이 적을 것)
③ 접거나 구부리더라도 파손되지 않고 찢어지지 않을 것
④ 흡습률이 낮을 것
⑤ 가볍고 1매당 무게의 불균형이 적을 것
⑥ 분석상 방해가 되는 불순물을 함유하지 않을 것

실기 기출 ★

중금속 중 크롬분석에 사용하는 여과지의 종류와 분석법을 적으시오.

정답
① 여과지 : MCE 막 여과지 또는 PVC 막여과지
② 분석법 : 원자흡광광도법

실기 기출 ★

금속 흄 채취 시에 MCE 막 여과지를 사용하는 이유 2가지를 적으시오.

정답
① 산에 쉽게 용해되어 금속 흄을 채취하여 원자흡광광도법으로 분석하는 데 적당하다.
② 여과지 구멍의 크기가 작아 금속 흄 채취가 가능하다.

한 눈에 들어오는 키워드

실기 기출 ★

분진 중량분석에 PVC막 여과지를 사용하는 가장 큰 이유를 적으시오.

정답
흡습성이 낮아 분진의 중량분석에 적합하다.

암기법

MC(MCE막여과지) 중(중금속)석(석면)은 산에 약하고 수분 흡수하여 중량분석 못함

② PVC 막 여과지(Polyvinyl Chloride Membrane Filter) ★★
- 수분의 영향이 크지 않고 가벼워 공해성 먼지, 총 먼지 등의 중량분석을 위한 측정에 이용된다. (흡습성이 낮아 분진의 중량분석에 사용)
- 유리규산을 채취하여 X-선 회절법으로 분석하는 데 적절하고 6가 크롬, 산화아연(아연산화물)의 채취에 이용된다.
- 채취 시에 입자를 반발하여 채취효율을 떨어뜨리는 단점이 있어 채취 전 필터를 세정용액으로 세정하여 오차를 줄일 수 있다.

암기법

TV(PVC막여과지)에 "사내아이(산아)(산화아연)6명(6가크롬)먼저(먼지)유괴(유리규산)"라고 나옴

③ PTFE 막 여과지(테프론 : Polytetrafluroethylene Membrane Filter) ★
- 열, 화학물질, 압력 등에 강한 특성을 가지고 있다.
- 압력에 강하여 석탄건류나 증류 등의 고열공정에서 발생되는 다핵방향족탄화수소(PAHs)를 채취하는 데 이용된다.
- 농약, 알칼리성 먼지, 콜타르피치 등을 채취하며 1μm, 2μm, 3μm의 구멍크기를 가지고 있다.

암기법

PTF(PTFE막여과지) 다방(다핵방향족탄화수소)을 알면(알칼리성 먼지) 농약(농약)탄 코피(콜타르피치)를 주문해라.

④ 은막 여과지(Silver Membrane Filter)
- 금속은을 소결하여 만든 것으로 열적, 화학적 안정성이 있다.
- 코크스 제조공정에서 발생되는 코크스 오븐 배출물질 또는 다핵방향족탄화수소(PAHs) 등을 채취하는 데 사용한다.
- 결합제나 섬유가 포함되어 있지 않다.

> [암기법]
> 금속은(은막 여과지) 소결하여 다 탄(다핵방향족탄화수소) 코크스오븐 채취

⑤ nucleopore 여과지
- 폴리카보네이트 재질에 레이저빔을 쏘아 만들며 막 여과지처럼 여과지 구멍이 겹치는 것이 아니고 체(sieve)처럼 구멍(공극)이 일직선으로 되어 있다.
- TEM(전자현미경)분석을 위한 석면의 채취에 이용된다.
- 화학물질과 열에 안정적이다.

4) 섬유상 여과지의 종류

유리섬유 여과지 (Glass Fiber Filter)	• **흡습성이 적고 열에 강하다.** • **부식성 가스에 강하다.** • **높은 포집용량과 낮은 압력강하 성질**을 가지고 있다. • **다량의 공기시료채취에 적합**하다. • 농약류(벤지딘, 머캅탄류), 다핵방향족탄화수소 화합물 등의 유기화합물 채취에 사용된다. • 부서지기 쉬운 단점이 있어 중량분석에 사용되지 않는다. • 유해물질이 여과지의 안층에도 채취된다. • 결합제 첨가형과 결합제 비첨가형이 있다.
셀룰로오스섬유 여과지	• 작업환경측정보다는 **실험실 분석에 많이 사용**한다. • 셀룰로오스 펌프로 조재하고 **친수성이며 습식회화가 용이**하다.

(7) 입자상 물질의 농도계산 ★★★

$$C(\mathrm{mg/m^3}) = \frac{(W' - W) - (B' - B)}{V}$$

C : 농도(mg/m³)
W' : 시료채취 후 여과지 무게(mg)
W : 시료채취 전 여과지 무게(mg)
B' : 시료채취 후 공여과지 평균무게(mg)
B : 시료채취 전 공여과지 평균무게(mg)
V : 공기채취량 ⇒ pump 평균유량(m³/min)×시료채취 시간(min)

한눈에 들어오는 키워드

[예제 5]

용접작업 중 발생되는 용접흄을 측정하기 위해 사용할 여과지를 화학천칭을 이용해 무게를 재었더니 70.11mg이었다. 이 여과지를 이용하여 2.5L/min의 시료채취 유량으로 120분간 측정을 실시한 후 잰 무게는 75.88mg이었다면 용접흄의 농도는(mg/m^3)?

해설

$$\frac{mg}{m^3} = \frac{75.88 - 70.11 \, mg}{\frac{2.5 \times 10^{-3} m^3}{min} \times 120 min} = 19.23 (mg/m^3)$$

$(L = 10^{-3} m^3)$

[예제 6]

그라인딩 작업 시 발생되는 먼지를 개인시료 포집기를 사용하여 유리섬유여과지로 포집하였다. 이 때의 먼지농도(mg/m^3)는? (단, 포집 전 유속은 1.5L/min, 포집 전의 여과지 무게는 0.436mg, 4시간의 포집하는 동안 유속 1.3L/min, 포집 후의 여과지 무게는 0.948mg)

해설

$$\frac{mg}{m^3} = \frac{(0.948 - 0.436) mg}{\frac{1.3 \times 10^{-3} m^3}{min} \times (4 \times 60) min} = 1.64 (mg/m^3)$$

$(L = 10^{-3} m^3)$

[예제 7]

톨루엔(toluene, MW = 92.14) 농도가 100ppm인 사업장에서 채취유량은 0.15L/min으로 가스 크로마토그래피의 정량한계가 0.2mg이다. 채취할 최소시간(분)은 얼마인가? (단, 25℃, 1기압 기준)

해설

1. $100ppm \rightarrow mg/m^3$

$$mg/m^3 = \frac{ppm \times 분자량}{24.45(25℃, 1기압)} = \frac{100 \times 92.14}{24.45} = 376.85(mg/m^3)$$

2. $$\frac{0.2 mg}{\frac{0.15 \times 10^{-3} m^3}{min} \times x \, min} = 376.85 (mg/m^3)$$

$0.15 \times 10^{-3} \times x \times 376.85 = 0.2$

$\therefore x = \frac{0.2}{0.15 \times 10^{-3} \times 376.85} = 3.54(분)$

[예제 8]

초기 무게가 1.260g인 깨끗한 PVC 여과지를 하이볼륨(High-volume) 시료 채취기에 장착하여 작업장에서 오전 9시부터 오후 5시까지 2.5L/분의 유량으로 시료 채취기를 작동시킨 후 여과지의 무게를 측정한 결과가 1.280g 이었다면 채취한 입자상 물질의 작업장 내 평균농도(mg/m³)는?

해설

$$\frac{mg}{m^3} = \frac{(1.280-1.260) \times 1000 mg}{\frac{2.5 \times 10^{-3} m^3}{min} \times (8 \times 60) min} = 16.67 (mg/m^3)$$

$(L = 10^{-3} m^3,\ g = 1000 mg)$

[예제 9]

공기(10L)로부터 벤젠(분자량 78)을 고체흡착관에 채취하였다. 시료를 분석한 결과 벤젠의 양은 5mg이고 탈착효율은 95%였다. 공기 중 벤젠 농도(ppm)는? (단, 25℃, 1기압 기준)

해설

1. $\frac{mg}{m^3} = \frac{5mg}{10 \times 10^{-3} m^3} = 500 (mg/m^3)$

   $(L = 10^{-3} m^3)$

2. $mg/m^3 = \frac{ppm \times 분자량}{24.45}$

   $ppm = \frac{mg/m^3 \times 24.45}{분자량} = \frac{500 \times 24.45}{78} = 156.73 (ppm)$

3. 탈착효율 = $\frac{검출량}{주입량}$

   주입량 = $\frac{검출량}{탈착효율} = \frac{156.73}{0.95} = 164.98 (ppm)$

   [또는 탈착효율이 95%일 때 156.73(ppm)이므로 100%일 경우의 농도는
   $95 : 156.73 = 100 : x$
   $95 \times x = 156.73 \times 100$
   $x = \frac{156.73 \times 100}{95} = 164.98 (ppm)$]

[예제 10]

아세톤 2,000ppb은 몇 mg/m³인가? (단, 아세톤 분자량 = 58, 작업장은 25℃, 1기압이다.)

해설

$$mg/m^3 = \frac{ppm \times 분자량}{24.45(25℃, 1기압 기준)} = \frac{2ppm \times 58}{24.45} = 4.74(mg/m^3)$$

$$(ppm = \frac{1}{10^6},\ ppb = \frac{1}{10^9},\ \therefore 1{,}000ppb = 1ppm)$$

[예제 11]

작업장 내 공기 중 아황산가스(SO_2)의 농도가 40ppm일 경우 이 물질의 농도는? (단, SO_2 분자량 = 64, 용적 백분율(%)로 표시)

① 4%
② 0.4%
③ 0.04%
④ 0.004%

해설

$1\% = 10{,}000ppm$ 이므로

$1 : 10{,}000 = x : 40$

$10{,}000 \times x = 40$

$\therefore x = \dfrac{40}{10{,}000} = 0.004(\%)$

$(\% = \dfrac{1}{100},\ ppm = \dfrac{1}{1{,}000{,}000})$

[정답 ④]

[예제 12]

1,1,1-Trichloroethane 1,750mg/m³을 ppm 단위로 환산한 것은? (단, 25℃, 1기압, 1,1,1-Trichloroethane의 분자량은 133 이다.)

해설

$$mg/m^3 = \frac{ppm \times 분자량}{24.45(25℃,\ 1기압)}$$

$$ppm = \frac{mg/m^3 \times 24.45}{분자량} = \frac{1{,}750 \times 24.45}{133} = 321.71(ppm)$$

[예제 13]

벤젠(C_6H_6)을 0.2L/min 유량으로 2시간 동안 채취하여 GC로 분석한 결과 10mg이었다. 공기 중 농도는 몇 ppm 인가? (단, 25℃, 1기압 기준)

해설

1. $mg/m^3 = \dfrac{10mg}{\dfrac{0.2 \times 10^{-3} m^3}{min} \times (2 \times 60) min} = 416.67 (mg/m^3)$

2. $mg/m^3 = \dfrac{ppm \times 분자량}{24.45(25℃, 1기압 기준)}$

   $ppm = \dfrac{mg/m^3 \times 24.45}{분자량} = \dfrac{416.67 \times 24.45}{78} = 130.61 (ppm)$
   (벤젠의 분자량 = $12 \times 6 + 1 \times 6 = 78g$)

[예제 14]

개인시료 포집기를 사용하여 분당 1L로 6시간 측정한 후 여지를 산 처리하여 시험용액 100mL로 만든 후 시료액 5mL를 취해 정량분석하니 Pb이 2.5μg/5mL이었다면 작업환경 중 Pb의 농도(mg/m^3)는?

해설

$mg/m^3 = \dfrac{\dfrac{(2.5 \times 10^{-3})mg}{5mL} \times 100mL}{\dfrac{(1 \times 10^{-3})m^3}{min} \times (6 \times 60 min)} = 0.139 (mg/m^3)$

($\mu g = 10^{-3} mg$)

[예제 15]

바이오에어로졸을 시료채취하여 2개의 배양접시에 배자를 사용하여 세균을 배양하였으며 시료채취 전의 유량은 28.4L/min, 시료채취 후의 유량은 28.8L/min이었다. 시료채취는 10분(T, min) 동안 시행되었다면 시료채취에 사용된 공기의 부피(L)는?

① 284L   ② 285L
③ 286L   ④ 288L

해설

유량 = $\dfrac{28.8 + 28.4}{2} = 28.6 (L/min)$

$\dfrac{28.6 L}{min} \times 10 min = 286 (L)$

[정답 ③]

> **한 눈에 들어오는 키워드**
>
> **기출**
>
> **보일의 법칙**
> 일정한 온도에서 부피와 압력은 반비례한다.
>
> **샤를의 법칙**
> 일정한 압력에서 온도와 부피는 비례한다.
>
> **게이-뤼삭의 법칙**
> 일정한 부피조건에서 압력과 온도는 비례한다.

(8) 침강속도 ★★

① 스토크(stokes)법칙에 의한 침강속도

$$V(\text{cm/sec}) = \frac{g \cdot d^2 (\rho_1 - \rho)}{18\mu}$$

V : 침강속도(cm/sec)
g : 중력가속도(980cm/sec^2)
d : 입자직경(cm)
ρ_1 : 입자 밀도(g/cm^3)
ρ : 공기밀도(0.0012g/cm^3)
μ : 공기점성계수 (20℃ : 1.81×10^{-4}g/cm·sec, 25℃ : 1.85×10^{-4}g/cm·sec)

② Lippman식에 의한 침강속도(입자크기가 1~50μm 경우 적용)

$$V(\text{cm/sec}) = 0.003 \times \rho \times d^2$$

V : 침강속도(cm/sec)
ρ : 입자 밀도(비중)(g/cm^3)
d : 입자직경(μm)

[예제 16]

입경이 14μm이고, 밀도가 1.5g/cm^{3}인 입자의 침강속도(cm/sec)는?

해설

$V = 0.003 \times \rho \times d^2$
$V(\text{cm/sec}) = 0.003 \times 1.5 \times 14^2 = 0.88(\text{cm/sec})$

[예제 17]

종단속도가 0.632m/hr인 입자가 있다. 이 입자의 직경이 3μm라면 비중은?

해설

$V = 0.003 \times \rho \times d^2$
$\rho = \dfrac{V}{0.003 \times d^2} = \dfrac{0.0176}{0.003 \times 3^2} = 0.65$

$\left(\dfrac{0.632\text{m}}{\text{hr}} = \dfrac{0.632 \times 10^2 \text{cm}}{60 \times 60 \text{sec}} = 0.0176(\text{cm/sec}) \right)$
(m=10^{2}cm)
(1hr = 60min, 1min = 60sec, ∴ 1hr = 60×60sec)

(9) 입자상 물질의 측정방법(산업안전보건법 기준)

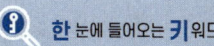

1) 측정 및 분석방법 ★

① 석면의 농도는 여과채취방법으로 측정하고 계수방법 또는 이와 동등 이상의 분석방법으로 분석할 것
② 광물성분진은 여과채취방법으로 측정하고 석영, 크리스토바라이트, 트리디마이트를 분석할 수 있는 적합한 방법으로 분석할 것(다만 규산염과 그 밖의 광물성분진은 중량분석방법으로 분석한다.)
③ 용접 흄은 여과채취방법으로 측정하되 용접보안면을 착용한 경우에는 그 내부에서 시료를 채취하고 중량분석방법과 원자흡광광도계 또는 유도결합프라스마를 이용한 방법으로 분석할 것
④ 석면, 광물성분진 및 용접 흄을 제외한 입자상 물질은 여과채취방법으로 측정한 후 중량분석방법이나 유해물질 종류에 따른 적합한 방법으로 분석할 것
⑤ 호흡성분진은 호흡성분진용 분립장치 또는 호흡성분진을 채취할 수 있는 기기를 이용한 여과채취방법으로 측정할 것
⑥ 흡입성분진은 흡입성분진용 분립장치 또는 흡입성분진을 채취할 수 있는 기기를 이용한 여과채취방법으로 측정할 것

2) 측정위치 ★

① 개인 시료채취 방법으로 측정하는 경우에는 측정기기를 작업 근로자의 호흡기 위치에 장착하여야 한다.
② 지역 시료채취 방법으로 측정하는 경우에는 측정기기를 발생원의 근접한 위치 또는 작업근로자의 주 작업행동 범위 내에서 작업근로자 호흡기 높이에 설치하여야 한다.

3 가스 및 증기상 물질의 측정

(1) 연속시료채취

1) 연속시료채취를 하여야 하는 경우 ★

① 오염물질의 농도가 시간에 따라 변할 때
② 공기 중 오염물질의 농도가 낮을 때
③ 시간가중평균치를 구하고자 할 때

2) 연속시료채취법의 종류

능동식 시료채취법	수동식 시료채취법

• 공기 시료채취펌프를 이용하여 흡착튜브, 전처리된 여과지, 임핀저와 같은 시료채취미디어를 통해 공기와 오염물질을 모으는 방법
• 흡착관을 사용한 능동식 시료채취방법의 일반적 시료 채취 유량 기준 : 0.2L/분 이하
• 흡수액을 사용한 능동식 시료채취방법의 일반적 시료 채취 유량 기준 : 1.0L/min 이하 ★
	• 가스상 물질의 확산원리를 이용(Fick의 제1법칙 적용)
	• 수동식 시료채취기로 시료를 채취하는 방법(펌프 이용하지 않음)
	• 포집원리
	  - 확산
	  - 투과
	  - 흡착 등
	• 결핍(starvation)현상 ★
	  - 수동식 시료채취기 사용 시 최소한의 기류가 있어야 하는 데, 최소기류가 없을 경우 표면에서 오염물질이 제거되어 농도가 없어지거나 감소하는 현상을 말한다.
	  - 결핍현상을 방지하기 위하여 최소한의 기류속도 0.05~0.1m/sec를 유지하여야 한다.

3) 흡수액의 흡수효율을 높이기 위한 방법 실기 기출 ★

① 가는 구멍이 많은 프리티드 버블러 등 채취효율이 좋은 기구를 사용한다. (기포와 액체의 접촉면적을 크게 한다.)
② 시료채취 속도를 낮춘다.(체류시간을 길게 한다.)
③ 용액의 온도를 낮추어 휘발성을 제한시킨다.(증기압을 감소시킨다.)
④ 두 개 이상의 버블러를 연속적으로(직렬) 연결한다.
⑤ 흡수액의 양을 늘린다.
⑥ 액체의 교반을 강하게 한다.

(2) 순간시료채취(Grab Sampling)

1) 순간시료채취를 하여야 하는 경우 ★

① 미지의 가스상 물질의 동정을 알고자 할 때
② 간헐적 공정에서의 순간농도 변화를 알고자 할 때
③ 오염발생원 확인을 하고자 할 때
④ 직접 포집해야 되는 메탄, 일산화탄소, 산소 측정에 사용

2) 순간시료 채취기(단시간 시료채취기)의 종류

① 검지관
② 직독식 기기
③ 진공플라스크
④ 스테인리스 스틸 캐니스터(수동형 캐니스터)
⑤ 시료채취백
⑥ 액체 치환병
⑦ 주사기

> **참고**
>
> ❋ **1. 직독식 측정기구**
> - 직독식기구는 현장에서 시료를 분석할 수 있는 휴대용 가스크로마토그래피와 적외선분광광도계 등이 있으며, 완전한 시료 채취 방법은 아니다.
> - 측정과 작동이 간편하여 인력과 분석비를 절감할 수 있다.
> - 현장에서 실제 작업시간이나 어떤 순간에서 유해인자의 수준과 변화를 손쉽게 알 수 있다.
> - 직독식 기구는 민감도가 낮아 고농도에서만 적용이 가능하고 특이도가 낮아 다른 방해물질의 영향을 받기 쉬운 단점이 있다.
> - 현장에서 즉각적인 자료가 요구될 때 매우 유용하게 이용될 수 있다.
>
> ❋ **2. 시료채취백 ★**
> - 시료채취 전에 백의 내부를 불활성 가스로 몇 번 치환하여 내부 오염물질을 제거한다.
> - 백의 재질과 오염물질 간에 반응성이 없어야 한다.
> - 백의 재질은 채취하고자 하는 오염물질에 대한 투과성이 낮아야 한다.
> - 분석할 때까지 오염물질이 안정하여야 한다.(저장하는 동안 오염물질이 불안정할 우려 있음)
> - 백의 연결부위에 그리스 등을 사용하지 않는다.
> - 누출검사가 필요하며, 이전 시료채취로 인한 잔류효과가 적어야 한다.
> - 회수율, 정밀도, 정확도가 높지 못하다.

한 눈에 들어오는 키워드

실기 기출 ★

수동식 시료채취기에 대한 다음 물음에 답하시오.
(1) 기본 적용법칙
(2) 채취에 이용되는 물리적 특성인자 2가지
(3) 수동식 시료채취기의 장·단점을 1가지

정답
(1) Fick's의 확산법칙
(2) 확산, 투과
(3) ① 장점
  • 취급방법이 편리하고 시료채취가 간편하다.
  ② 단점
  • 저농도 시 시료채취에 많은 시간이 소요된다.
  • 정확도와 정밀도가 낮다.

수동식 시료채취기 사용 시에 최소기류가 없을 경우 표면에서 오염물질이 제거되어 농도가 없어지거나 감소하는 현상을 무엇이라 하는가? 이러한 현상을 방지하기 위한 중요사항을 적으시오.

정답
1. 결핍현상
2. 최소한의 기류속도 0.05~0.1m/sec를 유지한다.

기출

흡수액 측정법에 주로 사용되는 주요 기구
• 프리티드 버블러
  (Fritted bubbler)
• 간이 가스 세척병
  (Simple gas washing bottle)
• 유리구 충진분리관
  (Packed glass bead column)

한눈에 들어오는 키워드

✿ 3. 시료채취백의 특징

- 가볍고 가격이 저렴할 뿐 아니라 깨질 염려가 없다.
- 개인시료 포집도 가능하다.
- 연속시료채취가 가능하다.
- 시료채취 후 단시간만 보관이 가능하다.

확인

✿ 총집진율(직렬설치 시) ★★

$$\eta_T(\%) = \eta_1 + \eta_2\left(1 - \frac{\eta_1}{100}\right)$$

η_T : 총집진율
η_1 : 1차 집진장치 집진율(%)
η_2 : 2차 집진장치 집진율(%)

$$\eta_T(\%) = 1 - (1 - \eta_c)^n$$

η_T : 집진장치 직렬 설치 시의 총 집진율(%)
η_c : 단위 집진효율
n : 집진장치 개수

[예제 18]

두 개의 버블러를 연속적으로 연결하여 시료를 채취하였다. 첫 번째 버블러의 채취효율이 75%이고, 두 번째 버블러의 채취효율 95%이면 전체 채취효율은?

해설

$$\eta_T(\%) = \eta_1 + \eta_2\left(1 - \frac{\eta_1}{100}\right)$$

전체 포집효율$(\eta_T) = 75 + 95 \times \left(1 - \frac{75}{100}\right) = 98.75(\%)$

(3) 검지관 측정법

1) 작업환경측정시에 검지관을 사용하는 경우 ★★

① 예비조사 목적인 경우
② 검지관 방식 외에 다른 측정방법이 없는 경우
③ 발생하는 가스상 물질이 단일물질인 경우

2) 검지관의 장·단점 [실기 기출 ★]

장점	단점
• 사용이 간편하다. • 반응시간이 빨라서 **빠른 시간에 측정 결과를 알 수 있다.**(빠른 측정이 요구될 때 사용) • 숙련된 산업위생전문가가 아니더라도 어느 정도만 숙지하면 사용 할 수 있다. • 맨홀, 밀폐 공간에서의 산소가 부족하거나 폭발성 가스로 인하여 안전이 문제가 될 때 유용하게 사용될 수 있다.	• 민감도가 낮으며 비교적 고농도에 적용이 가능하다. • 특이도가 낮다.(다른 방해물질의 영향을 받기 쉬워 오차가 크다.) • 단시간 측정만 가능하다. • 미리 측정 대상물질의 동정이 되어 있어야 측정이 가능하다. • 색이 시간에 따라 변화하므로 제조자가 정한 시간에 읽어야 한다. • 한 검지관으로 단일 물질만을 측정할 수 있어 각 오염물질에 맞는 검지관을 선정해야 한다. • 색변화가 선명하지 않아 주관적으로 읽을 수 있어 **판독자에 따라 변이가 심하다.**

> **한눈에 들어오는 키워드**
>
> [실기 기출 ★]
>
> 가스 및 증기상 유해물질 채취에 사용되는 검지관의 장점 4가지를 적으시오.
>
> (정답)
> ① 사용이 간편하다.
> ② 반응시간이 빨라서 빠른 시간에 측정 결과를 알 수 있다.
> ③ 숙련된 산업위생전문가가 아니더라도 어느 정도만 숙지하면 사용할 수 있다.
> ④ 맨홀, 밀폐 공간에서의 산소가 부족하거나 폭발성 가스로 인하여 안전이 문제가 될 때 유용하게 사용될 수 있다.

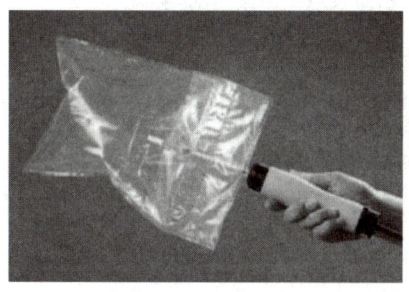 

[검지관]

(4) 가스상 물질의 측정방법(산업안전보건법 기준)

1) 측정 및 분석방법

작업환경측정 대상 유해인자 중 가스상 물질의 경우 개인시료채취기 또는 이와 동등 이상의 특성을 가진 측정기기를 사용하여 시료를 채취한 후 원자흡광분석, 가스크로마토그래프분석 또는 이와 동등 이상의 분석방법으로 정량분석하여야 한다.

2) 가스상 물질의 측정위치 ★

① 개인 시료채취 방법으로 측정하는 경우에는 측정기기를 작업 근로자의 호흡기 위치에 장착하여야 한다.

② 지역 시료채취 방법으로 측정하는 경우에는 측정기기를 발생원의 근접한 위치 또는 작업근로자의 주 작업행동 범위 내에서 작업근로자 호흡기 높이에 설치하여야 한다.

3) 검지관방식의 측정

① 다음 각 호의 어느 하나에 해당하는 경우에는 검지관방식으로 측정할 수 있다.

> **암기**
>
> **검지관방식으로 측정할 수 있는 경우 ★★**
>
> ① 예비조사 목적인 경우
> ② 검지관방식 외에 다른 측정방법이 없는 경우
> ③ 발생하는 가스상 물질이 단일물질인 경우(다만, 자격자가 측정하는 사업장에 한정한다.)

② 자격자가 해당 사업장에 대하여 검지관방식으로 측정하는 경우 사업주는 2년에 1회 이상 사업장 위탁측정기관에 의뢰하여 측정하여야 한다.
③ 검지관방식의 측정결과가 노출기준을 초과하는 것으로 나타난 경우에는 즉시 재측정하여야 하며, 해당 사업장에 대하여는 측정치가 노출기준 이하로 나타날 때까지는 검지관방식으로 측정할 수 없다.
④ 검지관방식으로 측정하는 경우에는 해당 작업근로자의 호흡기 및 가스상 물질 발생원에 근접한 위치 또는 근로자 작업행동 범위의 주 작업 위치에서의 근로자 호흡기 높이에서 측정하여야 한다. ★★
⑤ 검지관방식으로 측정하는 경우에는 1일 작업시간 동안 1시간 간격으로 6회 이상 측정하되 측정시간마다 2회 이상 반복 측정하여 평균값을 산출하여야 한다. 다만, 가스상 물질의 발생시간이 6시간 이내일 때에는 작업시간 동안 1시간 간격으로 나누어 측정하여야 한다. ★

> **참고**

✿ 유해인자별 노출 농도의 허용기준(산업안전보건법 시행규칙 [별표 19])

유해인자		허용기준			
		시간가중평균값 (TWA)		단시간 노출값 (STEL)	
		ppm	mg/m³	ppm	mg/m³
1. 6가크롬[18540-29-9] 화합물(Chromium VI compounds)	불용성		0.01		
	수용성		0.05		
2. 납[7439-92-1] 및 그 무기화합물 (Lead and its inorganic compounds)			0.05		
3. 니켈[7440-02-0] 화합물 (불용성 무기화합물로 한정한다) (Nickel and its insoluble inorganic compounds)			0.2		
4. 니켈카르보닐(Nickel carbonyl; 13463-39-3)		0.001			
5. 디메틸포름아미드(Dimethylformamide; 68-12-2)		10			
6. 디클로로메탄(Dichloromethane; 75-09-2)		50			
7. 1,2-디클로로프로판 (1,2-Dichloro propane; 78-87-5)		10		110	
8. 망간[7439-96-5] 및 그 무기화합물 (Manganese and its inorganic compounds)			1		
9. 메탄올(Methanol; 67-56-1)		200		250	
10. 메틸렌 비스(페닐 이소시아네이트)[Methylene bis (phenyl isocya nate); 101-68-8 등]		0.005			
11. 베릴륨[7440-41-7] 및 그 화합물 (Beryllium and its compounds)			0.002		0.01
12. 벤젠(Benzene; 71-43-2)		0.5		2.5	
13. 1,3-부타디엔(1,3-Butadiene; 106-99-0)		2		10	
14. 2-브로모프로판(2-Bromopropane; 75-26-3)		1			
15. 브롬화 메틸(Methyl bromide; 74-83-9)		1			
16. 산화에틸렌(Ethylene oxide; 75-21-8)		1			
17. 석면(제조·사용하는 경우만 해당한다) (Asbestos; 1332-21-4 등)			0.1개/cm³		
18. 수은[7439-97-6] 및 그 무기화합물 (Mercury and its inorganic compounds)			0.025		
19. 스티렌(Styrene; 100-42-5)		20		40	
20. 시클로헥사논(Cyclohexanone; 108-94-1)		25		50	
21. 아닐린(Aniline; 62-53-3)		2			
22. 아크릴로니트릴(Acrylonitrile; 107-13-1)		2			
23. 암모니아(Ammonia; 7664-41-7 등)		25		35	

> **한 눈에 들어오는 키워드**

> **한눈에 들어오는 키워드**

유해인자	허용기준			
	시간가중평균값 (TWA)		단시간 노출값 (STEL)	
	ppm	mg/m³	ppm	mg/m³
24. 염소(Chlorine; 7782-50-5)	0.5	1		
25. 염화비닐(Vinyl chloride; 75-01-4)	1			
26. 이황화탄소(Carbon disulfide; 75-15-0)	1			
27. 일산화탄소(Carbon monoxide; 630-08-0)	30		200	
28. 카드뮴[7440-43-9] 및 그 화합물 (Cadmium and its compounds)		0.01 (호흡성 분진인 경우 0.002)		
29. 코발트[7440-48-4] 및 그 무기화합물 (Cobalt and its inorganic compounds)		0.02		
30. 콜타르피치[65996-93-2] 휘발물 (Coal tar pitch volatiles)		0.2		
31. 톨루엔(Toluene; 108-88-3)	50		150	
32. 톨루엔-2,4-디이소시아네이트 (Toluene-2,4-diisocyanate; 584-84-9 등)	0.005		0.02	
33. 톨루엔-2,6-디이소시아네이트 (Toluene-2,6-diisocyanate; 91-08-7 등)	0.005		0.02	
34. 트리클로로메탄(Trichloromethane; 67-66-3)	10			
35. 트리클로로에틸렌(Trichloroethylene; 79-01-6)	10		25	
36. 포름알데히드(Formaldehyde; 50-00-0)	0.3			
37. n-헥산(n-Hexane; 110-54-3)	50			
38. 황산(Sulfuric acid; 7664-93-9)		0.2		0.6

04 생물학적 유해인자 측정

1 생물학적 유해 인자의 종류

(1) 생물학적 유해 인자의 구분

혈액매개 감염인자	후천성면역결핍바이러스, B형·C형간염바이러스, 매독바이러스 등 혈액을 매개로 다른 사람에게 전염되어 질병을 유발하는 인자
공기매개 감염인자	결핵·수두·홍역 등 공기 또는 비말감염 등을 매개로 호흡기를 통하여 전염되는 인자
곤충 및 동물매개 감염인자	쯔쯔가무시증, 렙토스피라증, 유행성출혈열 등 동물의 배설물 등에 의하여 전염되는 인자 및 탄저병, 브루셀라병 등 가축 또는 야생동물로부터 사람에게 감염되는 인자

(2) 곤충 및 동물매개 감염병 고위험작업의 종류

① 습지 등에서의 실외 작업
② 야생 설치류와의 직접 접촉 및 배설물을 통한 간접 접촉이 많은 작업
③ 가축 사육이나 도살 등의 작업

2 생물학적 유해 인자의 측정원리, 분석 및 평가

(1) 혈액노출 조사

사업주는 혈액노출과 관련된 사고가 발생한 경우에 즉시 다음 각 호의 사항을 조사하고 이를 기록하여 보존하여야 한다.

① 노출자의 인적사항
② 노출 현황
③ 노출 원인제공자(환자)의 상태
④ 노출자의 처치 내용
⑤ 노출자의 검사 결과

> **참고**
>
> 혈액노출 후 추적관리(산업안전보건기준에 관한 규칙 [별표 15])
>
> | 감염병 | 추적관리 내용 및 시기 |
> |---|---|
> | B형간염 바이러스 | • HBsAg : 노출 후 3개월, 6개월 |
> | C형간염 바이러스 | • anti HCV RNA : 4~6주
• anti HCV : 4~6개월 |
> | 인간면역 결핍 바이러스 | • anti HIV : 6주, 12주, 6개월 |
>
> ※ 비고
> 1. anti HCV RNA : C형간염바이러스 RNA 검사
> 2. anti HCV : C형간염항체 검사
> 3. anti HIV : 인간면역결핍항체 검사

CHAPTER 02 단원 예상문제

01 입자상 물질의 채취를 위한 직경분립충돌기의 장점으로 옳지 않은 것은?

① 입자별 동시 채취로 시료채취준비 및 채취시간을 단축할 수 있다.
② 흡입성, 흉곽성, 호흡성 입자의 크기별로 분포와 농도를 계산할 수 있다.
③ 호흡기의 부분별로 침착된 입자크기의 자료를 추정할 수 있다.
④ 입자의 질량크기 분포를 얻을 수 있다.

> ★ 직경분립충돌기의 장·단점
>
> **장점**
> ① 호흡기에 부분별로 침착된 입자크기의 자료를 추정할 수 있다.
> ② 흡입성, 흉곽성, 호흡성 입자의 크기별 분포와 농도를 계산할 수 있다.
> ③ 입자의 질량크기 분포를 얻을 수 있다.
>
> **단점**
> ① 시료채취가 까다롭다.(경험이 있는 전문가가 철저한 준비를 통해 측정하여야 한다.)
> ② 시료 채취 준비시간이 길고 비용이 많이 든다.
> ③ 되튐으로 인한 시료의 손실이 있다.
> ④ 공기가 옆에서 유입되지 않도록 각 충돌기의 철저한 조립과 장착이 필요하다.

02 입자상 물질의 측정에 관한 설명으로 옳지 않은 것은? (단, 고용노동부 고시 기준)

① 석면의 농도는 여과채취방법에 의한 계수방법 또는 이와 동등 이상의 분석방법으로 측정한다.
② 광물성 분진은 여과채취방법에 따라 석영, 크리스토바라이트, 트리디마이트를 분석할 수 있는 적합한 분석방법으로 측정한다.
③ 용접흄은 여과채취방법으로 하되 용접보안면을 착용한 경우는 호흡기로부터 반경 30cm 이내에 측정한다.
④ 호흡성 분진은 호흡성 분진용 분립장치 또는 호흡성 분진을 채취할 수 있는 기기를 이용한 여과채취방법으로 측정한다.

> ① 석면의 농도는 여과채취방법으로 측정하고 계수방법 또는 이와 동등 이상의 분석방법으로 분석할 것
> ② 광물성분진은 여과채취방법으로 측정하고 석영, 크리스토바라이트, 트리디마이트를 분석할 수 있는 적합한 방법으로 분석할 것(다만, 규산염과 그 밖의 광물성분진은 중량분석방법으로 분석한다.)
> ③ 용접 흄은 여과채취방법으로 측정하되 용접보안면을 착용한 경우에는 그 내부에서 시료를 채취하고 중량분석방법과 원자흡광광도계 또는 유도결합프라스마를 이용한 방법으로 분석할 것
> ④ 석면, 광물성분진 및 용접 흄을 제외한 입자상 물질은 여과채취방법으로 측정한 후 중량분석방법이나 유해물질 종류에 따른 적합한 방법으로 분석할 것
> ⑤ 호흡성분진은 호흡성분진용 분립장치 또는 호흡성분진을 채취할 수 있는 기기를 이용한 여과채취방법으로 측정할 것
> ⑥ 흡입성분진은 흡입성분진용 분립장치 또는 흡입성분진을 채취할 수 있는 기기를 이용한 여과채취방법으로 측정할 것

정답 01 ① 02 ③

03 어느 작업장에 작동되는 기계 두 대의 소음레벨이 각각 98dB, 96dB로 측정되었다. 두 대의 기계가 동시에 작동되었을 경우의 소음레벨은?

① 98dB   ② 100dB
③ 102dB   ④ 104dB

> ★ 합성소음도
>
> $$L = 10 \times \log(10^{\frac{L_1}{10}} + 10^{\frac{L_2}{10}} + \cdots + 10^{\frac{L_n}{10}})(dB)$$
>
> - L : 합성소음도(dB)
> - $L_1 \sim L_2$: 각각 소음원의 소음(dB)
>
> 음압레벨의 합(합성 소음도)
> $= 10 \times \log\left(10^{\frac{98}{10}} + 10^{\frac{96}{10}}\right) = 100.12(dB)$

04 여과지에 관한 설명으로 옳지 않은 것은?

① 막 여과지에서 유해물질은 여과지 표면이나 그 근처에서 채취된다.
② 막 여과지는 섬유상 여과지에 비해 공기저항이 심하다.
③ 막 여과지는 여과지 표면에 채취된 입자의 이탈이 없다.
④ 섬유상 여과지는 여과지 표면뿐 아니라 단면 깊게 입자상 물질이 들어가므로 더 많은 입자상 물질을 채취할 수 있다.

> ③ 막여과지는 여과지 표면에 채취된 입자들이 이탈되는 경향이 있다.

05 가스상 물질 흡수액의 흡수효율을 높이기 위한 방법으로 옳지 않은 것은?

① 가는 구멍이 많은 프리티드버블러 등 채취효율이 좋은 기구를 사용한다.
② 시료채취속도를 낮춘다.
③ 용액의 온도를 높여 증기압을 증가시킨다.
④ 두 개 이상의 버블러를 연속적으로 연결한다.

> ★ 흡수액의 흡수효율을 높이기 위한 방법
> ① 가는 구멍이 많은 프리티드버블러 등 채취효율이 좋은 기구를 사용한다.(기포와 액체의 접촉면적을 크게 한다.)
> ② 시료채취속도를 낮춘다.(채류시간을 길게 한다.)
> ③ 용액의 온도를 낮추어 휘발성을 제한시킨다.(증기압을 감소시킨다.)
> ④ 두 개 이상의 버블러를 연속적으로(직렬) 연결한다.
> ⑤ 흡수액의 양을 늘린다.
> ⑥ 액체의 교반을 강하게 한다.

06 소음측정 시 단위작업장소에서 소음발생시간이 6시간 이내인 경우나 소음발생원에서의 발생시간이 간헐적인 경우의 측정시간 및 횟수 기준으로 옳은 것은? (단, 고시 기준)

① 발생시간 동안 연속 측정하거나 등간격으로 나누어 2회 이상 측정하여야 한다.
② 발생시간 동안 연속 측정하거나 등간격으로 나누어 4회 이상 측정하여야 한다.
③ 발생시간 동안 연속 측정하거나 등간격으로 나누어 6회 이상 측정하여야 한다.
④ 발생시간 동안 연속 측정하거나 등간격으로 나누어 8회 이상 측정하여야 한다.

정답   03 ②   04 ③   05 ③   06 ②

> ★ 소음 측정시간
> ① 단위작업 장소에서 소음수준은 규정된 측정위치 및 지점에서 1일 작업시간 동안 6시간 이상 연속 측정하거나 작업시간을 1시간 간격으로 나누어 6회 이상 측정하여야 한다. 다만, 소음의 발생특성이 연속음으로서 측정치가 변동이 없다고 자격자 또는 지정측정기관이 판단한 경우에는 1시간 동안을 등간격으로 나누어 3회 이상 측정할 수 있다.
> ② 단위작업 장소에서의 소음발생시간이 6시간 이내인 경우나 소음발생원에서의 발생시간이 간헐적인 경우에는 발생시간동안 연속 측정하거나 등간격으로 나누어 4회 이상 측정하여야 한다.

08 톨루엔 취급작업장에서 활성탄관을 사용하여 작업장 내 톨루엔 농도를 측정하고자 한다. 총 공기채취량은 72L였으며 활성탄관의 앞층에 분석된 톨루엔의 양은 900μg, 뒤층에서 분석된 톨루엔의 양은 100μg이었고, 공시료에서는 앞층과 뒤층 모두 톨루엔이 검출되지 않는다. 탈착효율이 80%라면 작업장 내 톨루엔 농도는? (단, 작업장 온도 25℃, 1기압, 톨루엔 분자량 92)

① 약 2.1ppm ② 약 3.3ppm
③ 약 4.6ppm ④ 약 5.9ppm

> 1. $\dfrac{mg}{m^3} = \dfrac{(900+100) \times 10^{-3}mg}{72 \times 10^{-3}m^3} = 13.89(mg/m^3)$
> ($L = 10^{-3}m^3$, $\mu g = 10^{-3}mg$)
> 2. $mg/m^3 = \dfrac{ppm \times 분자량}{24.45}$
> $ppm = \dfrac{mg/m^3 \times 24.45}{분자량} = \dfrac{13.89 \times 24.45}{92}$
> $= 3.69(ppm)$
> 3. 탈착효율 $= \dfrac{검출량}{주입량}$
> 주입량 $= \dfrac{검출량}{탈착효율} = \dfrac{3.69}{0.8} = 4.61(ppm)$
> 또는
> 탈착효율이 80%일 때의 농도가 3.69ppm 이므로 100%일 때의 농도는
> $80 : 3.69 = 100 : x$
> $80x = 3.69 \times 100$
> $x = \dfrac{3.69 \times 100}{80} = 4.61(ppm)$

07 흡착을 위해 사용하는 활성탄관의 흡착양상에 대한 설명으로 옳지 않은 것은?

① 끓는 점이 낮은 암모니아 증기는 흡착 속도가 높지 않다.
② 끓는 점이 높은 에틸렌, 포름알데히드 증기는 흡착속도가 높다.
③ 메탄, 일산화탄소 같은 가스는 흡착되지 않는다.
④ 유기용제증기, 수은증기 같이 상대적으로 무거운 증기는 잘 흡착된다.

> ② 끓는점이 낮은 암모니아, 에틸렌, 염화수소, 포름알데히드 증기는 흡착속도가 낮다.

09 다음 물질 중 실리카겔과 친화력이 가장 큰 것은?

① 알데하이드류 ② 올레핀류
③ 파라핀류 ④ 에스테르류

> ★ 실리카겔의 친화력(극성이 강한 순서)
> 물 > 알코올류 > 알데하이드류 > 케톤류 > 에스테르류 > 방향족탄화수소류 > 올레핀류 > 파라핀류

정답 07 ② 08 ③ 09 ①

암기법

실물 알콜 하드 ks 방탄 올핀 파핀

10 검지관의 장·단점에 관한 내용으로 옳지 않은 것은?

① 사용이 간편하고, 복잡한 분석실 분석이 필요 없다.
② 맨홀, 밀폐공간 등 산소결핍이나 폭발성 가스로 인한 위험이 있는 경우 사용이 가능하다.
③ 민감도 및 특이도가 낮고 색변화가 선명하지 않아 판독자에 따라 변이가 심하다.
④ 측정대상물질의 동정이 미리 되어있지 않아도 측정을 용이하게 할 수 있다.

★ 검지관의 장·단점

장점	① 사용이 간편하다. ② 반응시간이 빨라서 빠른 시간에 측정결과를 알 수 있다.(빠른 측정이 요구될 때 사용) ③ 숙련된 산업위생전문가가 아니더라도 어느 정도만 숙지하면 사용 할 수 있다. ④ 맨홀, 밀폐 공간에서의 산소가 부족하거나 폭발성 가스로 인하여 안전이 문제가 될 때 유용하게 사용 될 수 있다.
단점	① 민감도가 낮으며 비교적 고농도에 적용이 가능하다. ② 특이도가 낮다.(다른 방해물질의 영향을 받기 쉬워 오차가 크다.) ③ 단시간 측정만 가능 하다. ④ 미리측정 대상물질의 동정이 되어 있어야 측정이 가능 하다. ⑤ 색이 시간에 따라 변화하므로 제조자가 정한 시간에 읽어야 한다. ⑥ 한 검지관으로 단일 물질만을 측정할 수 있어 각 오염물질에 맞는 검지관을 선정해야 한다. ⑦ 색변화가 선명하지 않아 주관적으로 읽을 수 있어 판독자에 따라 변이가 심하다.

11 직경이 $5\mu m$, 비중이 1.8인 A 물질의 침강속도(cm/min)는?

① 6.1   ② 7.1
③ 8.1   ④ 9.1

★ Lippman식에 의한 침강속도
(입자크기가 $1 \sim 50\mu m$ 경우 적용)

$V(cm/sec) = 0.003 \times \rho \times d^2$

- V : 침강속도(cm/sec)
- ρ : 입자 밀도(비중) (g/cm³)
- d : 입자직경(μm)

$V = 0.003 \times 1.8 \times 5^2$
$= 0.135(cm/sec) \times 60 = 8.1(cm/min)$
($\dfrac{0.135cm}{sec} = \dfrac{0.135cm}{\frac{1}{60}min} = 0.135 \times 60 cm/min$)

12 어느 작업장에서 SO_2를 측정한 결과 3ppm을 얻었다. 이를 mg/m³로 환산하면 얼마인가? (단, 원자량 $S=32$, 온도는 24℃, 기압은 730mmHg)

① 5.2mg/m³   ② 6.4mg/m³
③ 7.6mg/m³   ④ 8.2mg/m³

★ ppm과 mg/m³의 상호 농도변환

- 25℃, 1기압의 경우
  $mg/m^3 = \dfrac{ppm \times 분자량}{24.45}$

$mg/m^3 = \dfrac{3 \times 64}{25.37} = 7.57(mg/m^3)$

1. 25℃, 1기압(760mmHg) 공기 1몰의 부피(24.45L)를 24℃, 730mmHg로 보정
   $t_1 : 25℃, t_2 : 24℃, P_1 : 760mmHg, P_2 : 730mmHg$
   $V_2 = V_1 \times \dfrac{(273+t_2)}{(273+t_1)} \times \dfrac{P_1}{P_2} =$
   $24.45 \times (\dfrac{273+24}{273+25} \times \dfrac{760}{730})$
   $= 25.37(mg/m^3)$
2. SO_2의 분자량 $= 32 + (16 \times 2) = 64(g)$

정답 10 ④   11 ③   12 ③

13 코크스 제조공정에서 발생되는 코크스 오븐배출물질을 채취하려고 한다. 다음 중 가장 적합한 여과지는?

① 은막 여과지 ② PVC막 여과지
③ 유리섬유 여과지 ④ PTEE막 여과지

> ★ 은막 여과지(Silver membrane filter)
> 코크스 제조공정에서 발생되는 코크스 오븐 배출물질 또는 다핵방향족탄화수소(PAHs) 등을 채취하는 데 사용한다.

14 옥내작업장에서 측정한 건구온도는 73℃이고, 자연습구온도는 65℃, 흑구온도는 81℃일 때, WBGT는?

① 64.4℃ ② 67.4℃
③ 69.8℃ ④ 71.0℃

> 1. 옥외(태양광선이 내리쬐는 장소)
>   WBGT(℃) = 0.7×자연습구온도 + 0.2×흑구온도 + 0.1×건구온도
> 2. 옥내 또는 옥외(태양광선이 내리쬐지 않는 장소)
>   WBGT(℃) = 0.7×자연습구온도 + 0.3×흑구온도
> 3. 평균 WBGT(℃)
> $= \dfrac{WBGT_1 \times t_1 + \cdots + WBGT_n \times t_n}{t_1 + \cdots + t_n}$
>   • $WBGT_n$: 각 습구흑구온도지수의 측정치(℃)
>   • t_n : 각 습구흑구온도지수치의 발생시간(분)
>
> WBGT(℃) = 0.7×자연습구온도 + 0.3×흑구온도
> = 0.7×65+0.3×81 = 69.8(℃)

15 다음은 작업장 소음측정에 관한 내용이다. ( ) 안의 내용으로 옳은 것은? (단, 고용노동부 고시 기준)

> 누적소음노출량 측정기로 측정하는 경우에는 criteria 90dB, exchange rate 5dB, threshold ( )dB로 기기를 설정한다.

① 50 ② 60
③ 70 ④ 80

> 누적소음노출량 측정기로 소음을 측정하는 경우에는 Criteria는 90dB, Exchange Rate는 5dB, Threshold는 80dB로 기기를 설정할 것

16 어느 작업장에서 sampler를 사용하여 분진농도를 측정한 결과 sampling 전·후의 filter 무게가 각각 32.4mg, 63.2mg을 얻었다. 이때 pump의 유량은 20L/min이었고 8시간 동안 시료를 채취했다면 분진의 농도는?

① 1.6mg/m³ ② 3.2mg/m³
③ 5.4mg/m³ ④ 6.9mg/m³

> $\dfrac{mg}{m^3} = \dfrac{(63.2-32.4)mg}{\dfrac{20\times 10^{-3} m^3}{min} \times (8\times 60)min}$
> = 3.21(mg/m³)
> ($L = 10^{-3} m^3$)

17 표준가스에 대한 법칙 중 '일정한 부피조건에서 압력과 온도는 비례한다.'는 내용은?

① 픽스의 법칙　　② 보일의 법칙
③ 샤를의 법칙　　④ 게이-뤼삭의 법칙

> ★ 게이-뤼삭의 법칙
> 일정한 부피조건에서 압력과 온도는 비례한다.

18 정량한계에 관한 설명으로 옳은 것은?

① 표준편차의 3배 또는 검출한계의 5 또는 5.5배로 정의
② 표준편차의 5배 또는 검출한계의 3 또는 3.3배로 정의
③ 표준편차의 3배 또는 검출한계의 10 또는 10.3배로 정의
④ 표준편차의 10배 또는 검출한계의 3 또는 3.3배로 정의

> ★ 정량한계
> ① 분석결과가 신뢰성을 가질 수 있는 양
> ② 분석기기가 정량할 수 있는 가장 작은 양을 말한다.
> ③ 정량한계 = 표준편차의 10배 또는 검출한계의 3 또는 3.3배로 정의

19 다음이 설명하는 막 여과지는?

> • 농약, 알칼리성 먼지, 콜타르피치 등을 채취한다.
> • 열, 화학물질, 압력 등에 강한 특성이 있다.
> • 석탄 건류나 증류 등의 고열공정에서 발생되는 다핵방향족 탄화수소를 채취하는 데 이용된다.

① 섬유상 여과지　　② PVC막 여과지
③ 은막 여과지　　　④ PTFE막 여과지

> ★ PTFE 막 여과지
> (테프론 : Polytetrafluroethylene membrane filter)
> ① 열, 화학물질, 압력 등에 강한 특성을 가지고 있다.
> ② 압력에 강하여 석탄건류나 증류 등의 고열공정에서 발생되는 다핵방향족탄화수소(PAHs)를 채취하는 데 이용된다.
> ③ 농약, 알칼리성 먼지, 콜타르피치 등을 채취하며 $1\mu m, 2\mu m, 3\mu m$의 구멍크기를 가지고 있다.

20 시료채취용 막 여과지에 관한 설명으로 틀린 것은?

① MCE막 여과지 : 표면에 주로 침착되어 중량분석에 적당함
② PVC막 여과지 : 흡습성이 적음
③ PTFE막 여과지 : 열, 화학물질, 압력에 강한 특성이 있음
④ 은막 여과지 : 열적, 화학적 안정성이 있음

> ① MCE여과지의 원료인 셀룰로오스는 수분을 흡수하는 특성을 가지고 있다.(흡습성이 높아 오차를 유발할 수 있어 중량분석에 적합하지 못함)

21 다음의 유기용제 중 실리카겔에 대한 친화력이 가장 강한 것은?

① 알코올류 ② 알데히드류
③ 케톤류 ④ 에스테르류

> ★ 실리카겔의 친화력(극성이 강한 순서)
> 물 > 알코올류 > 알데히드류 > 케톤류 > 에스테르류 > 방향족탄화수소류 > 올레핀류 > 파라핀류

암기법
실물 알콜 하드 ks 방탄 올핀 파핀

22 액체 시료포집법을 이용하여 흡수액으로 시료를 채취하려고 한다. 흡수효율을 높이기 위한 방법이 아닌 것은?

① 두 개 이상의 버블러를 연속적으로 연결
② 시료의 채취속도를 높임
③ 가는 구멍이 많은 프리티드 버블러 등 채취효율이 좋은 기구 사용
④ 흡수액의 온도를 낮추어 유해물질의 휘발성을 제한

> ★ 흡수용액을 이용하여 시료를 포집할 때 흡수효율을 높이는 방법
> ① 포집용액의 온도를 낮추어 오염물질의 휘발성을 제한한다.(증기압을 감소시킨다.)
> ② 흡수액의 양을 늘린다.
> ③ 두 개 이상의 버블러를 연속적으로 연결(직렬 연결)하여 용액의 양을 늘린다.
> ④ 시료채취 속도를 낮춘다.(기포의 체류시간을 길게 한다.)
> ⑤ 가는 구멍이 많은 프리티드 버블러 등 채취효율이 좋은 기구를 사용한다.(기포와 액체의 접촉면적을 크게 한다.)
> ⑥ 액체의 교반을 강하게 한다.

23 흉곽성 입자상 물질(TPM)의 평균입경은? (단, ACGIH 기준)

① $1.0\mu m$ ② $4\mu m$
③ $10\mu m$ ④ $50\mu m$

> ★ ACGIH의 입자상 물질의 입자 크기별 분류
>
> | | |
> |---|---|
> | 흡입성 분진 | ① 호흡기 어느 부위에 침착하더라도 독성을 유발하는 분진
② 평균입경 : $100\mu m$
(입경범위 : $0 \sim 100\mu m$) |
> | 흉곽성 분진 | ① 기도나 하기도(가스교환 부위)에 침착하여 독성을 나타내는 물질
② 평균입경 : $10\mu m$ |
> | 호흡성 분진 | ① 가스교환 부위(폐포)에 침착하여 독성을 나타내는 물질
② 평균입경 : $4\mu m$ |

24 흡착제의 탈착을 위한 이황화탄소 용매에 관한 설명으로 틀린 것은?

① 활성탄으로 시료채취 시 많이 사용된다.
② 탈착효율이 좋다.
③ GC의 불꽃이온화검출기에서 반응성이 낮아 피크가 작게 나와 분석에 유리하다.
④ 인화성이 적어 화재의 염려가 적다.

> ★ 활성탄관의 탈착용매로 사용되는 이황화탄소의 특성
> ① 이황화탄소는 유해성이 강하다.(인화성이 커서 화재의 우려가 있다.)
> ② 분석대상 물질에 대해 방해물질로 작용하지 않는다.(분석에 영향을 끼치지 않는다.)
> ③ 주로 활성탄관으로 비극성유기용제를 채취하였을 때 탈착용매로 사용한다.(탈착효율이 좋다.)
> ④ 상온에서 휘발성이 강하여 장시간 보관하면 휘발로 인해 분석농도가 정확하지 않다.
> ⑤ GC의 불꽃이온화검출기에서 반응성이 낮아 피크가 작게 나와 분석에 유리하다.

25 활성탄의 제한점에 관한 설명으로 맞는 것은?

① 휘발성이 매우 작은 고분자량의 탄화수소화합물의 채취효율이 떨어짐
② 암모니아, 염화수소와 같은 저비점 화합물에 비효과적임
③ 케톤의 경우 활성탄 표면에서 물을 포함하지 않는 반응에 의해 탈착률은 양호하나 안정성이 부적절함
④ 표면의 흡착력으로 인해 반응성이 작은 mercaptan과 aldehyde 포집에 부적합함

★ 활성탄관의 제한점
① 휘발성이 매우 큰(증기압이 높다) 저분자량의 탄화수소 화합물의 채취효율이 떨어진다.
② 암모니아, 에틸렌, 염화수소, 포름알데하이드와 같은 저비점 화합물에 효과가 적다.
③ 비교적 높은 습도는 활성탄의 흡착용량을 저하시킨다.(습기영향이 크다)

26 24ppm의 methyl mercaptan(CH_3SH)을 mg/m^3로 환산한 값은? (단, 온도 = 25℃, 기압 = 760mmHg)

① 34mg/m^3 ② 38mg/m^3
③ 42mg/m^3 ④ 47mg/m^3

★ ppm과 mg/m^3의 상호 농도변환
• 25℃, 1기압의 경우
$mg/m^3 = \dfrac{ppm \times 분자량}{24.45}$

$mg/m^3 = \dfrac{24 \times 48}{24.45} = 47.12(mg/m^3)$
[CH_3SH의 분자량 = 12+(1×3)+32+1 = 48(g)]

27 가스상 물질을 측정하기 위한 '순간시료채취 방법을 사용할 수 없는 경우'와 가장 거리가 먼 것은?

① 유해물질의 농도가 시간에 따라 변할 때
② 작업장의 기류속도 변화가 없을 때
③ 시간가중평균치를 구하고자 할 때
④ 공기 중 유해물질의 농도가 낮을 때

② 작업장의 기류속도 변화가 없을 때
→ 순간시료채취방법을 사용

★ 참고

연속시료 채취를 하여야 하는 경우	① 오염물질의 농도가 시간에 따라 변할 때 ② 공기 중 오염물질의 농도가 낮을 때 ③ 시간가중평균치를 구하고자 할 때
순간시료 채취를 하여야 하는 경우	① 미지의 가스상 물질의 동정을 알고자 할 때 ② 간헐적 공정에서의 순간농도 변화를 알고자 할 때 ③ 오염발생원 확인을 하고자 할 때 ④ 직접 포집해야 되는 메탄, 일산화탄소, 산소 측정에 사용

28 두 개의 버블러를 연속적으로 연결하여 시료를 채취하였다. 첫 번째 버블러의 채취효율이 75%이고, 두 번째 버블러의 채취효율 95%이면 전체 채취효율은?

① 99.4%   ② 98.8%
③ 97.4%   ④ 96.4%

★ 총집진율(직렬설치 시)

1. $\eta_T(\%) = \eta_1 + \eta_2(1 - \dfrac{\eta_1}{100})$
• η_T : 총 집진율
• η_1 : 1차 집진장치 집진율(%)
• η_2 : 2차 집진장치 집진율(%)

정답 25 ② 26 ④ 27 ② 28 ②

2. $\eta_T(\%) = 1 - (1-\eta_c)^n$
- η_T: 집진장치 직렬 설치 시의 총 집진율(%)
- η_c: 단위 집진효율
- n: 집진장치 개수

전체 포집효율$(\eta_T) = 75 + 95 \times (1 - \dfrac{75}{100})$
$= 98.75(\%)$

직경분립충돌기의 장·단점

장점	① 호흡기에 부분별로 침착된 입자크기의 자료를 추정할 수 있다. ② 흡입성, 흉곽성, 호흡성 입자의 크기별 분포와 농도를 계산할 수 있다. ③ 입자의 질량크기 분포를 얻을 수 있다.
단점	① 시료채취가 까다롭다.(경험이 있는 전문가가 철저한 준비를 통해 측정하여야 한다.) ② 시료 채취 준비시간이 길고 비용이 많이 든다. ③ 되튐으로 인한 시료의 손실이 있다. ④ 공기가 옆에서 유입되지 않도록 각 충돌기의 철저한 조립과 장착이 필요하다.

29 바이오에어로졸을 시료채취하여 2개의 배양접시에 배자를 사용하여 세균을 배양하였으며 시료채취 전의 유량은 28.4L/min, 시료채취 후의 유량은 28.8L/min이었다. 시료채취는 10분(T, min) 동안 시행되었다면 시료채취에 사용된 공기의 부피는?

① 284L ② 285L
③ 286L ④ 288L

시료채취에 사용된 부피(L)
$= \dfrac{(28.8 + 28.4) \text{L/min}}{2} \times 10 \text{min} = 286(\text{L})$

30 다음 중 직경분립충돌기의 장·단점으로 틀린 것은?

① 호흡기의 부분별로 침착된 입자크기의 자료를 추정할 수 있다.
② 시료채취가 까다롭고 비용이 많이 든다.
③ 블로다운 방식을 적용하여 되튐으로 인한 시료손실을 방지하여야 한다.
④ 흡입성, 흉곽성, 호흡성 입자의 크기별로 분포와 농도를 계산할 수 있다.

31 고체흡착제를 이용하여 시료채취를 할 때 영향을 주는 인자에 관한 설명으로 틀린 것은?

① 온도 : 모든 흡착은 발열반응이므로 온도가 낮을수록 흡착에 좋은 조건인 것은 열역학적으로 분명한다.
② 시료채취유량 : 시료채취유량이 높으면 파과가 일어나기 쉬우며 코팅된 흡착제일수록 그 경향이 강하다.
③ 오염물질농도 : 공기 중 오염물질의 농도가 높을수록 파과공기량이 증가한다.
④ 흡착제의 크기 : 입자의 크기가 작을수록 채취효율이 증가하나 압력강하가 심하다.

③ 오염물질농도 : 공기 중 오염물질의 농도가 높을수록 파과공기량은 감소한다.(공기 중에 오염물질이 많으므로 적은 공기량으로 파과가 일어난다.)

정답 29 ③ 30 ③ 31 ③

32 입자의 크기에 따라 여과기전 및 채취효율이 다르다. 입자크기가 0.1 ~ 0.5μm일 때 주된 여과기전은?

① 충돌과 간섭   ② 확산과 간섭
③ 차단과 간섭   ④ 침강과 간섭

★ 입자크기별 여과기전
① 입경 0.1μm 미만 입자 : 확산
② 입경 0.1 ~ 0.5μm : 확산, 직접차단(간섭)
③ 입경 0.5μm 이상 : 관성충돌, 직접차단(간섭)
④ 가장 낮은 채집효율을 가지는 입경 : 0.3μm

33 가스상 물질의 연속시료채취방법 중 흡수액을 사용한 능동식 시료채취방법(시료채취펌프를 이용하여 강제적으로 공기를 매체에 통과시키는 방법)의 일반적 시료채취 유량기준으로 가장 적절한 것은?

① 0.2L/min 이하   ② 1.0L/min 이하
③ 5.0L/min 이하   ④ 10.0L/min 이하

★ 흡수액을 사용한 능동식 시료채취방법의 일반적 시료 채취 유량 기준 : 1.0L/min 이하

34 열, 화학물질, 압력 등에 강한 특성을 가지고 있어 석탄건류나 증류 등의 고열공정에서 발생되는 다핵방향족 탄화수소를 채취할 때 사용되는 막 여과지는?

① PTFE막 여과지   ② MCE막 여과지
③ 은막 여과지   ④ 유리섬유 여과지

★ PTFE 막 여과지
(테프론 : Polytetrafluroethylene membrane filter)
① 압력에 강하여 석탄건류나 증류 등의 고열공정에서 발생되는 다핵방향족탄화수소(PAHs)를 채취하는 데 이용된다.
② 농약, 알칼리성 먼지, 콜타르피치 등을 채취하며 1μm, 2μm, 3μm의 구멍크기를 가지고 있다.

암기법
PTF(PTFE막여과지) 다방(다핵방향족탄화수소)을 알면(알칼리성 먼지) 농약(농약)탄 코피(콜타르피치)를 주문해라.

35 종단속도가 0.632m/hr인 입자가 있다. 이 입자의 직경이 3μm라면 비중은 얼마인가?

① 0.65   ② 0.55
③ 0.86   ④ 0.77

★ Lippman식에 의한 침강속도
(입자크기가 1 ~ 50μm 경우 적용)

$$V(cm/sec) = 0.003 \times \rho \times d^2$$

- V : 침강속도(cm/sec)
- ρ : 입자 밀도(비중)(g/cm³)
- d : 입자직경(μm)

$V = 0.003 \times \rho \times d^2$

$\rho = \dfrac{V}{0.003 \times d^2} = \dfrac{0.0176}{0.003 \times 3^2} = 0.65$

$\dfrac{0.632m}{hr} = \dfrac{0.632 \times 10^2 cm}{60 \times 60 sec} = 0.0176(cm/sec)$

- $m = 10^2 cm$
- 1hr = 60min, 1min = 60sec, ∴ 1hr = 60 × 60sec

정답 32 ② 33 ② 34 ① 35 ①

36 입경범위가 0.1~0.5μm인 입자성 물질이 여과지에 포집될 경우에 관여하는 주된 메커니즘은?

① 충돌과 간섭   ② 확산과 간섭
③ 확산과 충돌   ④ 충돌

> ★ 입자크기별 여과기전
> ① 입경 0.1μm 미만 입자 : 확산
> ② 입경 0.1~0.5μm : 확산, 직접차단(간섭)
> ③ 입경 0.5μm 이상 : 관성충돌, 직접차단(간섭)
> ④ 가장 낮은 채집효율을 가지는 입경 : 0.3μm

37 활성탄관을 이용하여 유기용제시료를 채취하였다. 분석을 위한 탈착용매로 사용되는 대표적인 물질은?

① 황산   ② 사염화탄소
③ 중크롬칼륨   ④ 이황화탄소

> ★ 이황화탄소
> 활성탄관의 탈착용매

38 흉곽성 먼지(TPM)의 50%가 침착되는 평균입자의 크기는? (단, ACGIH 기준)

① 0.5μm   ② 2μm
③ 4μm   ④ 10μm

> ★ ACGIH의 입자상 물질의 입자 크기별 분류
>
> | 흡입성 분진 | ① 호흡기 어느 부위에 침착하더라도 독성을 유발하는 분진
② 평균입경 : 100μm
(입경범위 : 0~100μm) |
> |---|---|
> | 흉곽성 분진 | ① 기도나 하기도(가스교환 부위)에 침착하여 독성을 나타내는 물질
② 평균입경 : 10μm |
> | 호흡성 분진 | ① 가스교환 부위(폐포)에 침착하여 독성을 나타내는 물질
② 평균입경 : 4μm |

39 어떤 작업장에서 오염물질 농도를 측정하였더니 그 중 일산화탄소(CO)가 0.01%였다. 이때 일산화탄소 농도(mg/m³)는? (단, 25℃, 1기압 기준)

① 95   ② 105
③ 115   ④ 125

> 1. 1% = 10,000ppm이므로
> $1 : 10,000 = 0.01 : x$
> $1 \times x = 10,000 \times 0.01$
> $x = 100(\text{ppm})$
> ($\% = \frac{1}{100}$, $\text{ppm} = \frac{1}{1,000,000}$)
> 2. $\text{mg/m}^3 = \frac{\text{ppm} \times \text{분자량}}{24.45}$
> $\text{mg/m}^3 = \frac{100 \times 28}{24.45} = 114.52(\text{mg/m}^3)$
> (CO의 분자량 = 12 + 16 = 28(g))

정답 36 ② 37 ④ 38 ④ 39 ③

40 가스상 물질에 대한 시료채취방법 중 '순간시료채취방법을 사용할 수 없는 경우'와 가장 거리가 먼 것은?

① 유해물질의 농도가 시간에 따라 변할 때
② 반응성이 없는 가스상 유해물질일 때
③ 시간가중평균치를 구하고자 할 때
④ 공기 중 유해물질의 농도가 낮을 때

순간시료 채취를 하여야 하는 경우	① 미지의 가스상 물질의 동정을 알고자 할 때 ② 간헐적 공정에서의 순간농도 변화를 알고자 할 때 ③ 오염발생원 확인을 하고자 할 때 ④ 직접 포집해야 되는 메탄, 일산화탄소, 산소 측정에 사용
연속시료 채취를 하여야 하는 경우	① 오염물질의 농도가 시간에 따라 변할 때 ② 공기 중 오염물질의 농도가 낮을 때 ③ 시간가중평균치를 구하고자 할 때

***참고**

막 여과지	① 셀룰로오스에스테르, PVC, 니트로아크릴 같은 중합체를 일정한 조건에서 침착시켜 만든 다공성의 얇은 막 형태이다. ② 막 여과지에서 유해물질은 여과지 표면이나 그 근처에서 채취된다. ③ 여과지 표면에 채취된 입자들이 이탈되는 경향이 있다. ④ 섬유상 여과지에 비하여 채취입자상 물질이 작다. ⑤ 섬유상 여과지에 비하여 공기저항이 심하다.
섬유상 여과지	① 0㎛ 이하의 직경을 가진 섬유를 압착 제조한 것으로 막 여과지에 비하여 가격이 비싸다. ② 막여과지에 비해 물리적 강도가 약하다. ③ 막여과지에 비해 흡습성이 작다. ④ 막 여과지에 비해 열에 강하고 과부하에서도 채취효율이 높다. ⑤ 여과지 표면뿐 아니라 단면 깊게 입자상 물질이 들어가므로 더 많은 입자상 물질을 채취할 수 있다.

41 셀룰로오스에스테르 막 여과지에 관한 설명으로 틀린 것은?

① 산에 쉽게 용해된다.
② 유해물질의 표면에 주로 침착되어 현미경분석에 유리하다.
③ 흡습성이 적어 중량분석에 주로 적용된다.
④ 중금속 시료채취에 유리하다.

***섬유상 여과지**
흡습성이 적어 중량분석에 주로 적용된다.

42 옥내작업장의 유해가스를 신속히 측정하기 위한 가스검지관에 관한 내용으로 틀린 것은?

① 민감도가 낮으며 비교적 고농도에만 적용이 가능하다.
② 특이도가 낮다. 즉 다른 방해물질의 영향을 받기 쉬워 오차가 크다.
③ 측정대상물질의 동정이 되어 있지 않아도 다양한 오염물질의 측정이 가능하다.
④ 숙련된 산업위생전문가가 아니더라도 어느 정도만 숙지하면 사용할 수 있다.

정답 40 ② 41 ③ 42 ③

44. 입자상 물질을 채취하는 방법 중 직경분립충돌기의 장점으로 틀린 것은?

① 호흡기에 부분별로 침착된 입자크기의 자료를 추정할 수 있다.
② 흡입성, 흉곽성, 호흡성 입자의 크기별 분포와 농도를 계산할 수 있다.
③ 시료채취 준비에 시간이 적게 걸리며 비교적 채취가 용이하다.
④ 입자의 질량크기 분포를 얻을 수 있다.

★ 검지관의 장·단점

장점	① 사용이 간편하다. ② 반응시간이 빨라서 빠른 시간에 측정결과를 알 수 있다.(빠른 측정이 요구될 때 사용) ③ 숙련된 산업위생전문가가 아니더라도 어느 정도만 숙지하면 사용 할 수 있다. ④ 맨홀, 밀폐 공간에서의 산소가 부족하거나 폭발성 가스로 인하여 안전이 문제가 될 때 유용하게 사용될 수 있다.
단점	① 민감도가 낮으며 비교적 고농도에 적용이 가능하다. ② 특이도가 낮다. (다른 방해물질의 영향을 받기 쉬워 오차가 크다.) ③ 단시간 측정만 가능하다. ④ 미리 측정 대상물질의 동정이 되어 있어야 측정이 가능하다. ⑤ 색이 시간에 따라 변화하므로 제조자가 정한 시간에 읽어야 한다. ⑥ 한 검지관으로 단일 물질만을 측정할 수 있어 각 오염물질에 맞는 검지관을 선정해야 한다. ⑦ 색변화가 선명하지 않아 주관적으로 읽을 수 있어 판독자에 따라 변이가 심하다.

★ 직경분립충돌기의 장·단점

장점	① 호흡기에 부분별로 침착된 입자크기의 자료를 추정할 수 있다. ② 흡입성, 흉곽성, 호흡성 입자의 크기별 분포와 농도를 계산할 수 있다. ③ 입자의 질량크기 분포를 얻을 수 있다.
단점	① 시료채취가 까다롭다.(경험이 있는 전문가가 철저한 준비를 통해 측정하여야 한다.) ② 시료 채취 준비시간이 길고 비용이 많이 든다. ③ 되튐으로 인한 시료의 손실이 있다. ④ 공기가 옆에서 유입되지 않도록 각 충돌기의 철저한 조립과 장착이 필요하다.

43. 사업장의 한 공정에서 소음의 음압수준이 75dB로 발생하는 장비 1대와 81dB로 발생하는 장비 1대가 각각 설치되고 있다. 이 장비가 동시에 가동될 때 발생하는 소음의 음압수준은 약 몇 dB인가?

① 82 ② 83
③ 84 ④ 85

★ 합성소음도

$$L = 10 \times \log(10^{\frac{L_1}{10}} + 10^{\frac{L_2}{10}} + \cdots + 10^{\frac{L_n}{10}})(dB)$$

- L : 합성소음도(dB)
- $L_1 \sim L_2$: 각각 소음원의 소음(dB)

음압레벨의 합(합성 소음도)

$$= 10 \times \log\left(10^{\frac{75}{10}} + 10^{\frac{81}{10}}\right) = 81.97(dB)$$

정답 43 ① 44 ③

45 톨루엔(toluene, MW = 92.14) 농도가 100ppm인 사업장에서 채취유량은 0.15L/min으로 가스 크로마토그래피의 정량한계가 0.2mg이다. 채취할 최소시간은 얼마인가? (단, 25℃, 1기압 기준)

① 약 1.5분 ② 약 3.5분
③ 약 5.5분 ④ 약 7.5분

1. 100ppm → mg/m³

$$mg/m^3 = \frac{ppm \times 분자량}{24.45(25℃, 1기압)}$$

$$= \frac{100 \times 92.14}{24.45} = 376.85(mg/m^3)$$

2. $\dfrac{0.2mg}{0.15 \times 10^{-3} \dfrac{m^3}{min} \times x\,min} = 376.85(mg/m^3)$

$0.15 \times 10^{-3} \times x \times 376.85 = 0.2$

$\therefore x = \dfrac{0.2}{0.15 \times 10^{-3} \times 376.85} = 3.54(분)$

46 흡착관인 실리카겔관에 사용되는 실리카겔에 관한 설명으로 틀린 것은?

① 추출용액이 화학분석이나 기기분석에 방해물질로 작용하는 경우가 많지 않다.
② 실리카겔은 극성물질을 강하게 흡착하므로 작업장에 여러 종류의 극성물질이 공존할 때는 극성이 강한 물질이 극성이 약한 물질을 치환하게 된다.
③ 파라핀류가 케톤류보다 극성이 강하며 따라서 실리카겔에 대한 친화력도 강하다.
④ 매우 유독한 이황화탄소를 탈착용매로 사용하지 않는다.

★ 실리카겔의 친화력(극성이 강한 순서)
물 > 알코올류 > 알데하이드류 > 케톤류 > 에스테르류 > 방향족탄화수소류 > 올레핀류 > 파라핀류

[암기법]
실물 알콜 하드 ks 방탄 올핀 파핀

47 유리규산을 채취하여 X선 회절법으로 분석하는 데 적절하고 6가크롬 그리고 아연산화물의 채취에 이용하며 수분의 영향이 크지 않아 공해성 먼지, 총 먼지 등의 중량분석을 위한 측정에 사용하는 막 여과지로 가장 적합한 것은?

① MCE막 여과지   ② PVC 여과지
③ PTFE 여과지   ④ 은막 여과지

★ PVC 막 여과지
(Polyvinyl Chloride membrane filter)
① 수분의 영향이 크지 않고 가벼워 공해성 먼지, 총 먼지 등의 중량분석을 위한 측정에 이용된다.(흡습성이 낮아 분진의 중량분석에 사용)
② 유리규산을 채취하여 X-선 회절법으로 분석하는 데 적절하고 6가 크롬, 산화아연(아연산화물)의 채취에 이용된다.
③ 채취 시에 입자를 반발하여 채취효율을 떨어뜨리는 단점이 있어 채취 전 필터를 세정용액으로 세정하여 오차를 줄일 수 있다.

[암기법]
TV(PVC막여과지)에 "사내아이(산아)(산화아연) 6명(6가크롬) 먼저(먼지) 유괴(유리규산)"라고 나옴

정답 45 ② 46 ③ 47 ②

48 검지관의 장·단점으로 틀린 것은?

① 민감도가 낮으며 비교적 고농도에 적용이 가능하다.
② 측정 대상물질의 동정이 미리 되어 있지 않아도 측정이 가능하다.
③ 색이 시간에 따라 변화하므로 제조자가 정한 시간에 읽어야 한다.
④ 특이도가 낮다. 즉, 다른 방해물질의 영향을 받기 쉬워 오차가 크다.

★ 검지관의 장·단점

장점	① 사용이 간편하다. ② 반응시간이 빨라서 빠른 시간에 측정결과를 알 수 있다.(빠른 측정이 요구될 때 사용) ③ 숙련된 산업위생전문가가 아니더라도 어느 정도만 숙지하면 사용 할 수 있다. ④ 맨홀, 밀폐 공간에서의 산소가 부족하거나 폭발성 가스로 인하여 안전이 문제가 될 때 유용하게 사용될 수 있다.
단점	① 민감도가 낮으며 비교적 고농도에 적용이 가능하다. ② 특이도가 낮다.(다른 방해물질의 영향을 받기 쉬워 오차가 크다.) ③ 단시간 측정만 가능하다. ④ 미리 측정 대상물질의 동정이 되어 있어야 측정이 가능하다. ⑤ 색이 시간에 따라 변화하므로 제조자가 정한 시간에 읽어야 한다. ⑥ 한 검지관으로 단일 물질만을 측정할 수 있어 각 오염물질에 맞는 검지관을 선정해야 한다. ⑦ 색변화가 선명하지 않아 주관적으로 읽을 수 있어 판독자에 따라 변이가 심하다.

49 50% 톨루엔(toluene, TLV = 375mg/m³), 10% 벤젠(benzene, TLV = 30mg/m³), 40% 노말헥산(n-hexane, TLV = 180mg/m³)의 유기용제가 혼합된 원료를 사용할 때, 작업장 공기 중의 허용농도는? (단, 유기용제 간 상호작용은 없다.)

① 115mg/m³ ② 125mg/m³
③ 135mg/m³ ④ 145mg/m³

★ 액체 혼합물의 구성성분(%)을 알 때 혼합물의 허용농도(노출기준)

혼합물의 노출기준(mg/m³)
$$= \frac{1}{\frac{f_a}{TLV_a} + \frac{f_b}{TLV_b} + \cdots + \frac{f_n}{TLV_n}}$$

- f_a, f_b, f_n : 액체 혼합물에서의 각 성분 무게(중량) 구성비
- TLV_a, TLV_b, TLV_n : 해당 물질의 노출기준(mg/m³)

$$노출기준 = \frac{1}{\frac{0.5}{375} + \frac{0.1}{30} + \frac{0.4}{180}} = 145.16(mg/m^3)$$

또는

$$노출기준 = \frac{100}{\frac{50}{375} + \frac{10}{30} + \frac{40}{180}} = 145.16(mg/m^3)$$

50 어느 작업장이 dibromoethane 10ppm(TLV = 20ppm), carbon tetrachloride 5ppm (TLV = 10ppm) 및 dichloroethane 20ppm (TLV = 50ppm)으로 오염되었을 경우 평가결과는? (단, 이들은 상가작용을 일으킨다고 가장한다.)

① 허용기준 초과
② 허용기준 초과하지 않음
③ 허용기준과 동일
④ 판정 불가능

> 1. 노출지수
> $$EI = \frac{C_1}{T_1} + \frac{C_2}{T_2} + \cdots + \frac{C_n}{T_n}$$
> - C : 화학물질 각각의 측정치
> - T : 화학물질 각각의 노출기준
> - 판정 : $EI > 1$ 경우 노출기준을 초과함
>
> 2. 혼합물의 TLV-TWA
> $$TLV\text{-}TWA = \frac{C_1 + C_2 + \cdots + C_n}{EI}$$
>
> 1. 노출지수 $EI = \frac{10}{20} + \frac{5}{10} + \frac{20}{50} = 1.4$
> 2. 노출지수가 1을 초과하였으므로
>   → 노출기준 초과

51 한 소음원에서 발생되는 음압실효치의 크기가 $2N/m^2$인 경우 음압수준(sound pressure level)은?

① 80dB   ② 90dB
③ 100dB ④ 110dB

> $$SPL = 20 \times \log\left(\frac{P}{P_o}\right)(dB)$$
> - SPL : 음압수준(음압도, 음압레벨)(dB)
> - P : 대상음의 음압(음압 실효치)(N/m^2)
> - P_o : 기준음압 실효치
>   ($2 \times 10^{-5} N/m^2$, $2 \times 10^{-4} dyne/cm^2$)
>
> $$SPL = 20 \times \log\left(\frac{2}{2 \times 10^{-5}}\right) = 100(dB)$$

52 다음은 흉곽성 먼지(TPM, ACGIH 기준)에 관한 내용이다. ( ) 안에 들어갈 내용으로 옳은 것은?

> 가스교환부위인 폐포나 폐기도에 침착되었을 때 독성을 나타내는 입자상 크기이다. 50%가 침착되는 평균입자의 크기는 ( )이다.

① $2\mu m$ ② $4\mu m$
③ $10\mu m$ ④ $50\mu m$

> ★ACGIH의 입자상 물질의 입자 크기별 분류
>
> | 흡입성 분진 | ① 호흡기 어느 부위에 침착하더라도 독성을 유발하는 분진
② 평균입경 : $100\mu m$
(입경범위 : 0 ~ $100\mu m$) |
> |---|---|
> | 흉곽성 분진 | ① 기도나 하기도(가스교환 부위)에 침착하여 독성을 나타내는 물질
② 평균입경 : $10\mu m$ |
> | 호흡성 분진 | ① 가스교환 부위(폐포)에 침착하여 독성을 나타내는 물질
② 평균입경 : $4\mu m$ |

정답 50 ① 51 ③ 52 ③

53 입자상 물질의 채취를 위한 섬유상 여과지인 유리섬유 여과지에 대한 설명으로 틀린 것은?

① 흡습성이 적고 열에 강하다.
② 결합제 첨가형과 결합제 비첨가형이 있다.
③ 와트만(whatman) 여과지가 대표적이다.
④ 유해물질이 여과지의 안층에도 채취된다.

> ★ 유리섬유 여과지(Glass fiber filter)
> ① 흡습성이 적고 열에 강하다.
> ② 부식성 가스에 강하다.
> ③ 높은 포집용량과 낮은 압력강하 성질을 가지고 있다.
> ④ 다량의 공기시료채취에 적합하다.
> ⑤ 농약류(벤지딘,머캅탄류), 다핵방향족탄화수소 화합물 등의 유기화합물 채취에 사용된다.
> ⑥ 부서지기 쉬운 단점이 있어 중량분석에 사용하지 않는다.
> ⑥ 유해물질이 여과지의 안층에도 채취된다.
> ⑦ 결합제 첨가형과 결합제 비첨가형이 있다.

54 두 개의 버블러를 연속적으로 연결하여 시료를 채취할 때 첫 번째 버블러의 채취효율이 75%이고, 두 번째 버블러의 채취효율이 90%이면 전체 채취효율은?

① 91.5% ② 93.5%
③ 95.5% ④ 97.5%

> ★ 총집진율(직렬설치 시)
> 1. $\eta_T(\%) = \eta_1 + \eta_2(1 - \frac{\eta_1}{100})$
> • η_T : 총 집진율
> • η_1 : 1차 집진장치 집진율(%)
> • η_2 : 2차 집진장치 집진율(%)
> 2. $\eta_T(\%) = 1 - (1 - \eta_c)^n$
> • η_T : 집진장치 직렬 설치시의 총 집진율(%)
> • η_c : 단위 집진효율
> • n : 집진장치 개수

전체 포집효율$(\eta_T) = 75 + 90 \times (1 - \frac{75}{100})$
$= 97.5(\%)$

55 입자상 물질 채취를 위하여 사용되는 직경분립 충돌기의 장점 또는 단점으로 틀린 것은?

① 호흡기의 부분별로 침착된 입자크기의 자료를 추정할 수 있다.
② 되튐으로 인한 시료의 손실이 일어날 수 있다.
③ 채취준비시간이 적게 소모된다.
④ 입자의 질량크기 분포를 얻을 수 있다.

> ★ 직경분립충돌기의 장·단점
>
> | | |
> |---|---|
> | 장점 | ① 호흡기에 부분별로 침착된 입자크기의 자료를 추정할 수 있다.
② 흡입성, 흉곽성, 호흡성 입자의 크기별 분포와 농도를 계산할 수 있다.
③ 입자의 질량크기 분포를 얻을 수 있다. |
> | 단점 | ① 시료채취가 까다롭다.(경험이 있는 전문가가 철저한 준비를 통해 측정하여야 한다.)
② 시료 채취 준비시간이 길고 비용이 많이 든다.
③ 되튐으로 인한 시료의 손실이 있다.
④ 공기가 옆에서 유입되지 않도록 각 충돌기의 철저한 조립과 장착이 필요하다. |

정답 53 ③ 54 ④ 55 ③

56 입자상 물질 시료채취용 여과지에 대한 설명으로 틀린 것은?

① 유리섬유 여과지는 흡습성이 적고 열에 강함
② PVC막 여과지는 흡습성이 적고 가벼움
③ MCE막 여과지는 산에 잘 녹아 중량분석에 적합함
④ 은막 여과지는 코크스 제조공정에 발생되는 코크스 오븐 배출물질 채취에 사용됨

★ MCE 막 여과지
(Mixed cellulose ester membrane filter)
① 산에 쉽게 용해되므로 입자상 물질 중의 금속을 채취하여 원자흡광광도법으로 분석하는 데 적당하다.
② 유해물질이 여과지의 표면에 주로 침착되어 석면 등 현미경 분석을 위한 시료채취에 유리하다.
③ MCE여과지의 원료인 셀룰로오스는 수분을 흡수하는 특성을 가지고 있다. (흡습성이 높아 오차를 유발할 수 있어 중량분석에 적합하지 못함)

57 어느 공장에서 A 용제 30%(TLV = 1,200mg/m³), B 용제 30%(TLV = 1,400mg/m³) 및 C 용제 40%(TLV = 1,600mg/m³)의 중량비로 조성된 액체 용제가 증발되어 작업환경을 오염시킬 경우 이 혼합물의 허용농도는? (단, 상가작용 기준)

① 1,400mg/m³ ② 1,450mg/m³
③ 1,500mg/m³ ④ 1,550mg/m³

★ 액체 혼합물의 구성성분(%)을 알 때 혼합물의 허용농도(노출기준)

혼합물의 노출기준(mg/m³)
$$= \frac{1}{\frac{f_a}{TLV_a} + \frac{f_b}{TLV_b} + \cdots + \frac{f_n}{TLV_n}}$$

• f_a, f_b, f_n : 액체 혼합물에서의 각 성분 무게(중량) 구성비
• TLV_a, TLV_b, TLV_n : 해당 물질의 노출기준(mg/m³)

노출기준 $= \dfrac{1}{\dfrac{0.3}{1,200} + \dfrac{0.3}{1,400} + \dfrac{0.4}{1,600}}$
$= 1,400(mg/m^3)$

또는

노출기준 $= \dfrac{100}{\dfrac{30}{1,200} + \dfrac{30}{1,400} + \dfrac{40}{1,600}}$
$= 1,400(mg/m^3)$

58 활성탄에 흡착된 유기화합물을 탈착하는 데 가장 많이 사용하는 용매는?

① 클로로포름 ② 이황화탄소
③ 톨루엔 ④ 메틸클로로포름

★ 이황화탄소
활성탄관의 탈착용매

59 산업보건 분야에서 스토크 식을 대신하여 크기 1~50μm인 입자의 침강속도(cm/sec)를 구하는 식으로 적절한 것은?

① 0.03×(입자의 비중)×(입자의 직경, μm)²
② 0.003×(입자의 비중)×(입자의 직경, μm)²
③ 0.03×(공기의 점성계수)×(입자의 직경, μm)²
④ 0.003×(공기의 점성계수)×(입자의 직경, μm)²

★ Lippman식에 의한 침강속도
(입자크기가 1~50μm 경우 적용)

$V(cm/sec) = 0.003 \times \rho \times d^2$

• V : 침강속도(cm/sec)
• ρ : 입자 밀도(비중) (g/cm³)
• d : 입자직경(μm)

정답 56 ③ 57 ① 58 ② 59 ②

60 공기 중 벤젠농도를 측정한 결과 17mg/m³으로 검출되었다. 현재 공기의 온도가 25℃, 기압은 1.0atm이고, 벤젠의 분자량이 78이라면 공기 중 농도는 몇 ppm인가?

① 6.9ppm ② 5.3ppm
③ 3.1ppm ④ 2.2ppm

$$mg/m^3 = \frac{ppm \times 분자량}{24.45(25℃, 기압)}$$

$$ppm = \frac{mg/m^3 \times 24.45}{분자량} = \frac{17 \times 24.45}{78}$$
$$= 5.33(ppm)$$

61 다음 용제 중 극성이 가장 강한 것은?

① 에스테르류 ② 케톤류
③ 방향족 탄화수소류 ④ 알데히드류

★ 실리카겔의 친화력(극성이 강한 순서)
물 > 알코올류 > 알데하이드류 > 케톤류 > 에스테르류 > 방향족탄화수소류 > 올레핀류 > 파라핀류

암기법
실물 알콜 하드 ks 방탄 올핀 파핀

62 다음 중 미국 ACGIH에서 정의한 (A) 흉곽성 먼지(TPM ; Thoracic Particulate Mass)와 (B) 호흡성 먼지(RPM ; Respirable Particulate Mass)의 평균 입자크기로 옳은 것은?

① (A) 5μm, (B) 15μm
② (A) 15μm, (B) 5μm
③ (A) 4μm, (B) 10μm
④ (A) 10μm, (B) 4μm

흡입성 분진	① 호흡기 어느 부위에 침착하더라도 독성을 유발하는 분진 ② 평균입경 : 100μm (입경범위 : 0~100μm)
흉곽성 분진	① 기도나 하기도(가스교환 부위)에 침착하여 독성을 나타내는 물질 ② 평균입경 : 10μm
호흡성 분진	① 가스교환 부위(폐포)에 침착하여 독성을 나타내는 물질 ② 평균입경 : 4μm

63 1/1 옥타브밴드 중심주파수가 125Hz일 때 하한주파수로 가장 적절한 것은?

① 70Hz ② 80Hz
③ 90Hz ④ 100Hz

★ 1/1 옥타브 밴드 분석기

1. $\frac{f_U}{f_L} = 2^{\frac{1}{1}}, f_u = 2f_L$
2. 중심주파수(f_c) = $\sqrt{f_L \times f_U} = \sqrt{F_L \times 2f_L} = \sqrt{2}f_L$

• f_L : 중심주파수보다 낮은 쪽 주파수
• f_U : 중심주파수보다 높은 쪽 주파수
• f_C : 중심주파수

$f_c = \sqrt{2}f_L$

$f_L = \frac{f_C}{\sqrt{2}} = \frac{125}{\sqrt{2}} = 88.39(Hz)$

64 초기무게가 1.260g인 깨끗한 PVC 여과지를 하이볼륨 시료채취기(high-volume sampler)에 장착하여 어떤 작업장에서 오전 9시부터 오후 5시까지 2.5L/min의 유량으로 시료채취기를 작동시킨 후 여과지의 무게를 측정한 결과 1.280g이었다면 채취한 입자상 물질의 작업장 내 평균농도(mg/m^3)는?

① 7.8　　　　② 13.4
③ 16.7　　　 ④ 19.2

$$\frac{mg}{m^3} = \frac{(1.280-1.260)\times 1000mg}{\frac{2.5\times 10^{-3}m^3}{min}\times(8\times 60)min}$$
$$= 16.67(mg/m^3)$$
$$(L=10^{-3}m^3, g=1000mg)$$

65 옥외(태양광선이 내리쬐지 않는 장소)의 온열조건이 다음과 같은 경우에 습구흑구온도지수(WBGT)는?

- 건구온도 : 30℃
- 자연습구온도 : 25℃
- 흑구온도 : 40℃

① 28.5℃　　　② 29.5℃
③ 30.5℃　　　④ 31.0℃

WBGT(℃) = 0.7×자연습구온도 + 0.3×흑구온도
= 0.7×25 + 0.3×40
= 29.5(℃)

66 가스 측정을 위한 흡착제인 활성탄의 제한점에 관한 내용으로 틀린 것은?

① 휘발성이 매우 큰 저분자량의 탄화수소 화합물의 채취효율이 떨어짐
② 암모니아, 에틸렌, 염화수소와 같은 고비점 화합물에 비효과적임
③ 비교적 높은 습도는 활성탄의 흡착용량을 저하시킴
④ 케톤의 경우 활성탄 표면에서 물을 포함하는 반응에 의해 파괴되어 탈착률과 안정성에 부적절함

★ 활성탄관의 제한점
① 휘발성이 매우 큰(증기압이 높다) 저분자량의 탄화수소 화합물의 채취효율이 떨어진다.
② 암모니아, 에틸렌, 염화수소, 포름알데히드와 같은 저비점 화합물에 효과가 적다.
③ 비교적 높은 습도는 활성탄의 흡착용량을 저하시킨다.(습기영향이 크다)
④ 케톤의 경우 활성탄 표면에서 물을 포함하는 반응에 의해 파괴되어 탈착률과 안정성에 부적절함

★ 습구흑구온도지수(WBGT)의 산출
1. 옥외(태양광선이 내리쬐는 장소)
WBGT(℃) = 0.7×자연습구온도 + 0.2×흑구온도 + 0.1×건구온도
2. 옥내 또는 옥외(태양광선이 내리쬐지 않는 장소)
WBGT(℃) = 0.7×자연습구온도 + 0.3×흑구온도
3. 평균 WBGT(℃)
$$= \frac{WBGT_1\times t_1 + \cdots + WBGT_n\times t_n}{t_1+\cdots+t_n}$$
- $WBGT_n$: 각 습구흑구온도지수의 측정치(℃)
- t_n : 각 습구흑구온도지수치의 발생시간(분)

정답　64 ③　65 ②　66 ②

67 소음작업장에서 두 기계 각각의 음압레벨이 90dB로 동일하게 나타났다면 두 기계가 모두 가동되는 이 작업장의 음압레벨은? (단, 기타 조건은 같음)

① 93dB　　② 95dB
③ 97dB　　④ 99dB

★ 합성소음도
$$L = 10 \times \log(10^{\frac{L_1}{10}} + 10^{\frac{L_2}{10}} + \cdots + 10^{\frac{L_n}{10}})(dB)$$
- L : 합성소음도(dB)
- $L_1 \sim L_n$: 각각 소음원의 소음(dB)

음압레벨의 합(합성 소음도)
$$= 10 \times \log\left(10^{\frac{90}{10}} + 10^{\frac{90}{10}}\right) = 93.01(dB)$$

68 어느 작업장의 온도를 측정하여, 건구온도 30℃, 자연습구온도 30℃, 흑구온도 34℃를 얻었다. 이 작업장의 옥외(태양광선이 내리쬐지 않는 장소) WBGT는? (단, 고시 기준)

① 30.4℃　　② 30.8℃
③ 31.2℃　　④ 31.6℃

★ 습구흑구온도지수(WBGT)의 산출
1. 옥외(태양광선이 내리쬐는 장소)
   WBGT(℃) = 0.7 × 자연습구온도 + 0.2 × 흑구온도 + 0.1 × 건구온도
2. 옥내 또는 옥외(태양광선이 내리쬐지 않는 장소)
   WBGT(℃) = 0.7 × 자연습구온도 + 0.3 × 흑구온도
3. 평균 WBGT(℃)
$$= \frac{WBGT_1 \times t_1 + \cdots + WBGT_n \times t_n}{t_1 + \cdots + t_n}$$
- $WBGT_n$: 각 습구흑구온도지수의 측정치(℃)
- t_n : 각 습구흑구온도지수치의 발생시간(분)

옥외(태양광선이 내리쬐지 않는 장소)
WBGT(℃) = 0.7 × 자연습구온도 + 0.3 × 흑구온도
= 0.7 × 30 + 0.3 × 34
= 31.2(℃)

69 호흡기계의 어느 부위에 침착하더라도 독성을 나타내는 입자물질(비암이나 비중격 천공을 일으키는 입자물질이 여기에 속함. 보통 입경범위 0~100μm)로 옳은 것은? (단, 미국 ACGIH 기준)

① ORM　　② IPM
③ TPM　　④ RPM

흡입성 분진 (IPM : Inspirable Particulates Mass)	① 호흡기 어느 부위에 침착하더라도 독성을 유발하는 분진 ② 평균입경 : 100μm (입경범위 : 0~100μm)
흉곽성 분진 (TPM : Thoracic Particulates Mass)	① 기도나 하기도(가스교환 부위)에 침착하여 독성을 나타내는 물질 ② 평균입경 : 10μm
호흡성 분진 (RPM : Respirable Particulates Mass)	① 가스교환 부위(폐포)에 침착하여 독성을 나타내는 물질 ② 평균입경 : 4μm

정답　67 ①　68 ③　69 ②

70 작업장 내의 오염물질 측정방법인 검지관법에 관한 설명으로 옳지 않은 것은?

① 민감도가 낮다.
② 특이도가 낮다.
③ 측정대상 오염물질의 동정 없이 간편하게 측정할 수 있다.
④ 맨홀, 밀폐공간에서의 산소부족 또는 폭발성 가스로 인한 안전이 문제가 될 때 유용하게 사용될 수 있다.

＊ 검지관의 장·단점

장점	① 사용이 간편하다. ② 반응시간이 빨라서 빠른 시간에 측정결과를 알 수 있다.(빠른 측정이 요구될 때 사용) ③ 숙련된 산업위생전문가가 아니더라도 어느 정도만 숙지하면 사용할 수 있다. ④ 맨홀, 밀폐 공간에서의 산소가 부족하거나 폭발성 가스로 인하여 안전이 문제가 될 때 유용하게 사용될 수 있다.
단점	① 민감도가 낮으며 비교적 고농도에 적용이 가능하다. ② 특이도가 낮다.(다른 방해물질의 영향을 받기 쉬워 오차가 크다.) ③ 단시간 측정만 가능하다. ④ 미리 측정 대상물질의 동정이 되어 있어야 측정이 가능하다. ⑤ 색이 시간에 따라 변화하므로 제조자가 정한 시간에 읽어야 한다. ⑥ 한 검지관으로 단일 물질만을 측정할 수 있어 각 오염물질에 맞는 검지관을 선정해야 한다. ⑦ 색변화가 선명하지 않아 주관적으로 읽을 수 있어 판독자에 따라 변이가 심하다.

71 유기성 또는 무기성 가스나 증기가 포함된 공기 또는 호기를 채취할 때 사용되는 시료채취백에 대한 설명으로 옳지 않은 것은?

① 시료채취 전에 백의 내부를 불활성 가스로 몇 번 치환하여 내부 오염물질을 제거한다.
② 백의 재질이 채취하고자 하는 오염물질을 제거한다.
③ 백의 재질과 오염물질 간에 반응성이 없어야 한다.
④ 분석할 때까지 오염물질이 안정하여야 한다

＊ 시료채취백
① 시료채취 전에 백의 내부를 불활성 가스로 몇 번 치환하여 내부 오염물질을 제거한다.
② 백의 재질과 오염물질 간에 반응성이 없어야 한다.
③ 백의 재질은 오염물질에 대한 투과성이 낮아야 한다.
④ 분석할 때까지 오염물질이 안정하여야 한다.
⑤ 백의 연결부위에 그리스 등을 사용하지 않는다.
⑥ 누출검사가 필요하며, 이전 시료채취로 인한 잔류효과가 적어야 한다.

정답 70 ③ 71 ②

72 어떤 작업장에서 벤젠(C_6H_6, 분자량은 78)의 8시간 평균농도가 5ppmv(부피단위)이었다. 측정 당시의 작업장 온도는 20℃이었고, 대기압은 760mmHg(1atm)이었다. 이 온도와 대기압에서 벤젠 5ppmv에 해당하는 mg/m^3은?

① 13.22
② 14.22
③ 15.22
④ 16.22

★ ppm과 mg/m^3의 상호 농도변환

1. 0℃, 1기압의 경우
$$노출기준(mg/m^3) = \frac{노출기준(ppm) \times 그램분자량}{22.4}$$

2. 21℃, 1기압의 경우
$$노출기준(mg/m^3) = \frac{노출기준(ppm) \times 그램분자량}{24.1}$$

3. 25℃, 1기압의 경우
$$노출기준(mg/m^3) = \frac{노출기준(ppm) \times 그램분자량}{24.45}$$

1. 25℃(t_1), 1기압(760mmHg) 공기 1몰의 부피 24.45L를 20℃(t_2)로 보정

$$보정 후의 부피 = 보정 전의 부피 \times \frac{273 + t_2}{273 + t_1}$$

$$24.45 \times \frac{273 + 20}{273 + 25} = 24.04$$

2. $mg/m^3 = \frac{ppm \times 분자량}{24.04} = \frac{5 \times 78}{24.04}$
$$= 16.22(mg/m^3)$$

★ 참고
ppmv = ppm volume(부피에 대한 ppm)

73 열, 화학물질, 압력 등에 강한 특성을 가지고 있어 고열공정에서 발생되는 다핵방향족 탄화수소 채취에 이용되는 막 여과지로 가장 적절한 것은?

① PVC
② 섬유상
③ PTFE
④ MCE

★ PTFE 막 여과지
 (테프론 : Polytetrafluroethylene membrane filter)
 ① 열, 화학물질, 압력 등에 강한 특성을 가지고 있다.
 ② 압력에 강하여 석탄건류나 증류 등의 고열공정에서 발생되는 다핵방향족탄화수소(PAHs)를 채취하는 데 이용된다.
 ③ 농약, 알칼리성 먼지, 콜타르피치 등을 채취하며 $1\mu m$, $2\mu m$, $3\mu m$의 구멍크기를 가지고 있다.

암기법

PTF(PTFE막여과지) 다방(다핵방향족탄화수소)을 알면(알칼리성 먼지)농약(농약)탄 코피(콜타르피치)를 주문해라.

74 직경분립충돌기에 관한 설명으로 옳지 않은 것은?

① 흡입성, 흉곽성, 호흡성 입자의 크기별 분포와 농도를 계산할 수 있다.
② 호흡기의 부분별로 침착된 입자크기의 자료를 추정할 수 있다.
③ 입자의 질량크기 분포를 얻을 수 있다.
④ 되튐 또는 과부하에 대한 시료손실이 없어 비교적 정확한 측정이 가능하다.

★ 직경분립충돌기의 장·단점

장점	① 호흡기에 부분별로 침착된 입자크기의 자료를 추정할 수 있다. ② 흡입성, 흉곽성, 호흡성 입자의 크기별 분포와 농도를 계산할 수 있다. ③ 입자의 질량크기 분포를 얻을 수 있다.
단점	① 시료채취가 까다롭다.(경험이 있는 전문가가 철저한 준비를 통해 측정하여야 한다.) ② 시료 채취 준비시간이 길고 비용이 많이 든다. ③ 되튐으로 인한 시료의 손실이 있다. ④ 공기가 옆에서 유입되지 않도록 각 충돌기의 철저한 조립과 장착이 필요하다.

75 PVC막 여과지에 관한 설명과 가장 거리가 먼 내용은?

① 유리규산을 채취하여 X선 회절법으로 분석하는 데 적절하다.
② 코크스 제조공정에서 발생되는 코크스 오븐 배출물질을 채취하는 데 이용된다.
③ 수분에 대한 영향이 크지 않다.
④ 공해성 먼지, 총 먼지 등의 중량 분석을 위한 측정에 이용된다.

② 코크스 오븐 배출물질을 채취하는 데 이용 → 은막 여과지

★ PVC 막 여과지
(Polyvinyl Chloride membrane filter)
① 수분의 영향이 크지 않고 가벼워 공해성 먼지, 총 먼지 등의 중량분석을 위한 측정에 이용된다.(흡습성이 낮아 분진의 중량분석에 사용)
② 유리규산을 채취하여 X-선 회절법으로 분석하는 데 적절하고 6가 크롬, 산화아연(아연산화물)의 채취에 이용된다.
③ 채취 시에 입자를 반발하여 채취효율을 떨어뜨리는 단점이 있어 채취 전 필터를 세정용액으로 세정하여 오차를 줄일 수 있다.

암기법
TV(PVC막여과지)에 "사내아이(산아)(산화아연) 6명(6가크롬) 먼저(먼지) 유괴(유리규산)"라고 나옴

76 어느 작업환경에서 발생되는 소음원 1개의 소음레벨이 92dB이라면 소음원이 8개일 때의 전체소음레벨은?

① 101dB ② 103dB
③ 105dB ④ 107dB

★ 합성소음도

$$L = 10 \times \log(10^{\frac{L_1}{10}} + 10^{\frac{L_2}{10}} + \cdots + 10^{\frac{L_n}{10}})(dB)$$

• L : 합성소음도(dB)
• $L_1 \sim L_n$: 각각 소음원의 소음(dB)

$$L = 10 \times \log(8 \times 10^{\frac{92}{10}}) = 101.03(dB)$$

77 흡착제로 사용되는 활성탄의 제한점에 관한 내용으로 옳지 않은 것은?

① 휘발성이 적은 고분자량의 탄화수소화합물의 채취효율이 떨어짐
② 암모니아, 에틸렌, 염화수소와 같은 저비점 화합물은 비효과적임
③ 비교적 높은 습도는 활성탄의 흡착용량을 저하시킴
④ 케톤의 경우 활성탄 표면에서 물을 포함하는 반응에 의하여 파괴되어 탈착률과 안정성에 부적절함

★ 활성탄관의 제한점
① 휘발성이 매우 큰(증기압이 높다) 저분자량의 탄화수소 화합물의 채취효율이 떨어진다.
② 암모니아, 에틸렌, 염화수소, 포름알데하이드와 같은 저비점 화합물에 효과가 적다.
③ 비교적 높은 습도는 활성탄의 흡착용량을 저하시킨다.(습기영향이 크다)
④ 케톤의 경우 활성탄 표면에서 물을 포함하는 반응에 의해 파괴되어 탈착률과 안정성에 부적절함

78 다음 중 흡착제를 이용하여 시료채취를 할 때 영향을 주는 인자에 관한 설명으로 옳지 않은 것은?

① 흡착제의 크기 : 입자의 크기가 작을수록 표면적이 증가하여 채취효율이 증가하나 압력강하가 심하다.
② 온도 : 고온에서는 흡착대상 오염물질과 흡착제의 표면 사이의 반응속도가 증가하여 흡착에 유리하다.
③ 시료채취속도 : 시료채취속도가 높고 코팅된 흡착제일수록 파과가 일어나기 쉽다.
④ 오염물질농도 : 공기 중 오염물질의 농도가 높을수록 파과용량[흡착제에 흡착된 오염물질의 양(mg)]은 증가하나 파과공기량은 감소한다.

② 온도 : 온도가 높을수록 흡착능력이 떨어진다.
(흡착대상 물질 간 반응속도가 증가하여 흡착능력 떨어지며 파과되기 쉽다.)

79 다음의 여과지 중 산에 쉽게 용해되므로 입자상 물질 중의 금속을 채취하여 원자흡광광도법으로 분석하는 데 적정한 것은?

① 은막 여과지
② PVC막 여과지
③ MCE막 여과지
④ 유리섬유 여과지

* **MCE막 여과지**
 (Mixed cellulose ester membrane filter)
 ① 산에 쉽게 용해되므로 입자상 물질 중의 금속을 채취하여 원자흡광광도법으로 분석하는 데 적당하다.
 ② 유해물질이 여과지의 표면에 주로 침착되어 석면 등 현미경 분석을 위한 시료채취에 유리하다.
 ③ MCE여과지의 원료인 셀룰로오스는 수분을 흡수하는 특성을 가지고 있다. (흡습성이 높아 오차를 유발할 수 있어 중량분석에 적합하지 못함)
 ④ 중금속, 석면, 살충제, 산·알칼리미스트, 불소화합물 및 기타 무기물질 채취에 이용된다.

암기법
MC(MCE막여과지) 중(중금속)석(석면)은 산에 약하고 수분 흡수하여 중량분석 못함

81 열, 화학물질, 압력 등에 강한 특징을 가지고 있어 석탄건류나 증류 등의 고열공정에서 발생하는 다핵방향족 탄화수소를 채취하는 데 이용되는 막 여과지는?

① PTFE막 여과지
② 은막 여과지
③ PVC막 여과지
④ MCE막 여과지

* **PTFE막 여과지**
 (테프론 : Polytetrafluroethylene membrane filter)
 ① 열, 화학물질, 압력 등에 강한 특성을 가지고 있다.
 ② 압력에 강하여 석탄건류나 증류 등의 고열공정에서 발생되는 다핵방향족탄화수소(PAHs)를 채취하는 데 이용된다.
 ③ 농약, 알칼리성 먼지, 콜타르피치 등을 채취하며 $1\mu m$, $2\mu m$, $3\mu m$의 구멍크기를 가지고 있다.

암기법
PTF(PTFE막여과지) 다방(다핵방향족탄화수소)을 알면(알칼리성 먼지) 농약(농약)탄 코피(콜타르피치)를 주문해라.

80 어느 작업장에서 sampler를 사용하여 분진농도를 측정한 결과 sampling 전, 후의 filter 무게를 각각 21.3mg, 25.6mg 얻었다. 이때 pump의 유량은 45L/min이었으며 480분 동안 시료를 채취하였다면 작업장의 분진농도는?

① $150\mu g/m^3$
② $200\mu g/m^3$
③ $250\mu g/m^3$
④ $300\mu g/m^3$

$$\mu g/m^3 = \frac{(25.6-21.3) \times 10^3 \mu g}{\frac{45 \times 10^{-3} m^3}{min} \times 480 min}$$
$$= 199.07 (\mu g/m^3)$$
$(mg = 10^3 \mu g)$

82 입경이 $50\mu m$이고 입자비중이 1.32인 입자의 침강속도는? (단, 입경이 $1 \sim 50\mu m$인 먼지의 침강속도를 구하기 위해 산업위생분야에서 주로 사용하는 식 적용)

① 8.6cm/sec
② 9.9cm/sec
③ 11.9cm/sec
④ 13.6cm/sec

* **Lippman식에 의한 침강속도**
 (입자크기가 $1 \sim 50\mu m$ 경우 적용)

 $V(cm/sec) = 0.003 \times \rho \times d^2$

 • V : 침강속도(cm/sec)
 • ρ : 입자 밀도(비중)(g/cm³)
 • d : 입자직경(μm)

$V = 0.003 \times 1.32 \times 50^2 = 9.9 (cm/sec)$

정답 79 ③ 80 ② 81 ① 82 ②

83 유기용제인 trichloroethylene의 근로자 노출농도를 측정하고자 한다. 과거의 노출농도를 조사해 본 결과 평균 30ppm이었으며, 활성탄관(100mg/50mg)을 이용하여 0.20L/min 으로 채취하였다. trichloroethylene의 분자량은 131.39이고 가스 크로마토그래피의 정량한계는 0.5mg이라면 채취해야 할 최소한의 기준은? (단, 1기압, 25℃ 기준)

① 약 52분 ② 약 34분
③ 약 22분 ④ 약 16분

1. 30ppm → mg/m³
$$mg/m^3 = \frac{ppm \times 분자량}{24.45(25℃, 1기압)}$$
$$= \frac{30 \times 131.39}{24.45} = 161.21(mg/m^3)$$

2. $\dfrac{0.5mg}{\dfrac{0.2 \times 10^{-3}m^3}{min} \times x\,min} = 161.21(mg/m^3)$

$0.2 \times 10^{-3} \times x \times 161.21 = 0.5$

$\therefore x = \dfrac{0.5}{0.2 \times 10^{-3} \times 161.21} = 15.51(분)$

84 가스상 물질 측정을 위한 흡착제인 다공성 중합체에 관한 설명으로 옳지 않은 것은?

① 활성탄보다 비표면적이 작다.
② 특별한 물질에 대한 선택성이 좋은 경우가 있다.
③ 대부분의 다공성 중합체는 스티렌, 에틸비닐벤젠, 혹은 디비닐벤젠 중 하나와 극성을 띤 비닐화합물과의 공중합체이다.
④ 활성탄보다 반응성이 크다.

* 다공성중합체(Porous Polymer)
① 스티렌, 에틸비닐벤젠 혹은 디비닐벤젠 중 하나와 극성을 띤 비닐화합물과의 공중합체이다.
② 활성탄보다 비표면적이 작고, 반응할 수 있는 표면적도 작다.(반응성이 작다.)
③ 특별한 물질에 대한 선택성이 좋다.(특수한 물질 채취에 유용하다.)

85 어떤 유해작업장에 일산화탄소(CO)가 표준상태(0℃, 1기압)에서 15ppm 포함되고 있다. 이 공기 1Sm³ 중에 CO는 몇 μg이 포함되어 있는가?

① 약 9,200 $\mu g/Sm^3$ ② 약 10,800 $\mu g/Sm^3$
③ 약 17,500 $\mu g/Sm^3$ ④ 약 18,800 $\mu g/Sm^3$

$$mg/m^3 = \frac{ppm \times 분자량}{22.4(0℃, 1기압)}$$

1. $mg/m^3 = \dfrac{ppm \times 분자량}{22.4(0℃, 1기압)} = \dfrac{15 \times 28}{22.4}$
$= 18.75(mg/m^3)$
(CO의 분자량 = 12 + 16 = 28g)

2. 1m³ 중에 18.75mg(18.75mg × 1,000 =18,750μg)이 포함되어 있다.
(mg = 10^{-3}g, μg = 10^{-6}g, ∴ mg × 1,000=μg)

86 어느 작업장에 소음발생기계 4대가 설치되어 있다. 1대 가동 시 소음레벨을 측정한 결과 82dB을 얻었다면 4대 동시 작동 시 소음레벨은? (단, 기타 조건은 고려하지 않음)

① 89dB ② 88dB
③ 87dB ④ 86dB

> **★ 합성소음도**
>
> $$L = 10 \times \log(10^{\frac{L_1}{10}} + 10^{\frac{L_2}{10}} + \cdots + 10^{\frac{L_n}{10}})(dB)$$
>
> • L : 합성소음도(dB)
> • $L_1 \sim L_2$: 각각 소음원의 소음(dB)
>
> $L = 10 \times \log(4 \times 10^{\frac{82}{10}}) = 88.02(dB)$

87 온열조건을 평가하는 데 습구흑구온도지수를 사용한다. 태양광이 내리쬐는 옥외에서 측정 결과가 다음과 같은 경우라 가정한다면 습구흑구온도지수(WBGT)는?

• 건구온도 : 30℃
• 자연습구온도 : 32℃
• 흑구온도 : 52℃

① 33.3℃ ② 35.8℃
③ 37.2℃ ④ 38.3℃

> 1. 옥외(태양광선이 내리쬐는 장소)
>   WBGT(℃) = 0.7×자연습구온도 + 0.2
>   ×흑구온도 + 0.1×건구온도
> 2. 옥내 또는 옥외(태양광선이 내리쬐지 않는 장소)
>   WBGT(℃) = 0.7×자연습구온도 + 0.3
>   ×흑구온도
> 3. 평균 WBGT(℃)
> $= \dfrac{WBGT_1 \times t_1 + \cdots + WBGT_n \times t_n}{t_1 + \cdots + t_n}$
>   • $WBGT_n$: 각 습구흑구온도지수의 측정치(℃)
>   • t_n : 각 습구흑구온도지수치의 발생시간(분)

> WBGT(℃) = 0.7×자연습구온도 + 0.2
> ×흑구온도 + 0.1×건구온도
> = 0.7×32 + 0.2×52 + 0.1×30
> = 35.8(℃)

88 다음 중 검지관법의 특성으로 가장 거리가 먼 것은?

① 색 변화가 시간에 따라 변하므로 제조자가 정한 시간에 읽어야 한다.
② 산업위생전문가의 지도 아래 사용되어야 한다.
③ 특이도가 낮다.
④ 다른 방해물질의 영향을 받지 않아 단시간 측정이 가능하다.

> **★ 검지관의 장 · 단점**
>
> | | |
> |---|---|
> | 장점 | ① 사용이 간편하다.
② 반응시간이 빨라서 빠른 시간에 측정결과를 알 수 있다.(빠른 측정이 요구될 때 사용)
③ 숙련된 산업위생전문가가 아니더라도 어느 정도만 숙지하면 사용할 수 있다.
④ 맨홀, 밀폐 공간에서의 산소가 부족하거나 폭발성 가스로 인하여 안전이 문제가 될 때 유용하게 사용될 수 있다. |
> | 단점 | ① 민감도가 낮으며 비교적 고농도에 적용이 가능하다.
② 특이도가 낮다(다른 방해물질의 영향을 받기 쉬워 오차가 크다.)
③ 단시간 측정만 가능하다.
④ 미리 측정 대상물질의 동정이 되어 있어야 측정이 가능하다.
⑤ 색이 시간에 따라 변화하므로 제조자가 정한 시간에 읽어야 한다.
⑥ 한 검지관으로 단일 물질만을 측정할 수 있어 각 오염물질에 맞는 검지관을 선정해야 한다.
⑦ 색변화가 선명하지 않아 주관적으로 읽을 수 있어 판독자에 따라 변이가 심하다. |

89 용접작업자의 노출수준을 침착되는 부위에 따라 호흡성, 흉곽성, 흡입성 분진으로 구분하여 측정하고자 한다면 준비해야 할 측정기구로 가장 적절한 것은?

① 임핀저 ② cyclone
③ cascade impactor ④ 여과집진기

> ★ Cascade impactor(직경분립충돌기)
> ① 공기 중에 부유하고 있는 분진을 충돌의 원리에 의해 입자크기별로 분리하여 측정할 수 있다.
> ② 흡입성 물질, 흉곽성 물질, 호흡성 물질의 크기별로 측정하는 기구로 입자가 관성력에 의해 시료채취표면에 충돌하여 채취하는 방법이다.

90 일정한 부피조건에서 압력과 온도가 비례한다는 표준가스에 대한 법칙은?

① 보일의 법칙 ② 샤를의 법칙
③ 게이-뤼삭의 법칙 ④ 라울트의 법칙

> ★ 게이-뤼삭의 법칙
> 일정한 부피조건에서 압력과 온도는 비례한다.

91 음원의 파워레벨을 L_w(dB), 음원에서 수음점까지의 거리 r(m), 음원의 지향계수를 Q라 할 때 음압레벨 L(dB)은 $L = L_w - 20\log r - 11 + 10\log Q$로 나타낸다. L_w가 107dB일 때 r이 2m이고, L이 96dB이었다면 음원의 지향계수는?

① 1 ② 2
③ 3 ④ 4

> $L = L_w - 20\log r - 11 + 10\log Q$
> $10\log Q = L - L_w + 20\log r + 11$
> $\quad = 96 - 107 + (20 \times \log 2) + 11 = 6.02$
> $\log Q = \dfrac{6.02}{10} = 0.602$
> $Q = 10^{0.602} = 4$

92 가스상 물질 흡수액의 흡수효율을 높이기 위한 방법으로 옳지 않은 것은?

① 가는 구멍이 많은 프리티드 버블러 등 채취효율이 좋은 기구를 사용한다.
② 시료채취속도를 높인다.
③ 용액의 온도를 낮춘다.
④ 두 개 이상의 버블러를 연속적으로 연결한다.

> ★ 흡수용액을 이용하여 시료를 포집할 때 흡수효율을 높이는 방법
> ① 포집용액의 온도를 낮추어 오염물질의 휘발성을 제한한다.(증기압을 감소시킨다.)
> ② 흡수액의 양을 늘린다.
> ③ 두 개 이상의 버블러를 연속적으로 연결(직렬연결)하여 용액의 양을 늘린다.
> ④ 시료채취속도를 낮춘다.(기포의 체류시간을 길게 한다.)
> ⑤ 가는 구멍이 많은 프리티드 버블러 등 채취효율이 좋은 기구를 사용한다.(기포와 액체의 접촉면적을 크게 한다.)

정답 89 ③ 90 ③ 91 ④ 92 ②

93 흡착제인 활성탄의 제한점에 관한 내용으로 틀린 것은?

① 휘발성이 매우 큰 저분자량의 탄화수소화합물의 채취효율이 떨어짐
② 암모니아, 에틸렌, 염화수소과 같은 저비점 화합물에 비효과적임
③ 케톤의 경우 활성탄 표면에서 물을 포함하는 반응에 의해서 파괴되어 탈착률과 안정성에 부적절함
④ 표면의 산화력으로 인해 반응성이 적은 mercaptan, aldehyde 포집에 부적합함

> ★ 활성탄관의 제한점
> ① 휘발성이 매우 큰(증기압이 높다) 저분자량의 탄화수소 화합물의 채취효율이 떨어진다.
> ② 암모니아, 에틸렌, 염화수소, 포름알데하이드와 같은 저비점 화합물에 효과가 적다.
> ③ 비교적 높은 습도는 활성탄의 흡착용량을 저하시킨다.(습기영향이 크다)
> ④ 케톤의 경우 활성탄 표면에서 물을 포함하는 반응에 의해 파괴되어 탈착률과 안정성에 부적절함

94 작업장의 공기 중에 toluene(TLV = 100ppm) 55ppm, MIBK(TLV = 50ppm) 25ppm, acetone(TLV = 750ppm) 280ppm, MEK(TLV = 200 ppm) 90ppm으로 발생되었을 때 이 작업장의 노출지수(EI)는? (단, 상가작용 기준)

① 1.573 ② 1.673
③ 1.773 ④ 1.873

> 노출지수(EI) = $\frac{C_1}{T_1} + \frac{C_2}{T_2} + \cdots + \frac{C_n}{T_n}$
> • C : 화학물질 각각의 측정치
> • T : 화학물질 각각의 노출기준
> • 판정 : $EI >$ 1 경우 노출기준을 초과함
>
> 노출지수(EI) = $\frac{55}{100} + \frac{25}{50} + \frac{280}{750} + \frac{90}{200}$ = 1.873

95 호흡성 먼지에 관한 내용으로 옳은 것은? (단, ACGIH(미국산업위생전문가협회) 기준)

① 평균입경은 $2\mu m$이다.
② 평균입경은 $4\mu m$이다.
③ 평균입경은 $8\mu m$이다.
④ 평균입경은 $10\mu m$이다.

> ★ ACGIH의 입자상 물질의 입자 크기별 분류
>
> | | |
> |---|---|
> | 흡입성 분진 (IPM : Inspirable Particulates Mass) | ① 호흡기 어느 부위에 침착하더라도 독성을 유발하는 분진 ② 평균입경 : $100\mu m$ (입경범위 : $0 \sim 100\mu m$) |
> | 흉곽성 분진 (TPM : Thoracic Particulates Mass) | ① 기도나 하기도(가스교환 부위)에 침착하여 독성을 나타내는 물질 ② 평균입경 : $10\mu m$ |
> | 호흡성 분진 (RPM : Respirable Particulates Mass) | ① 가스교환 부위(폐포)에 침착하여 독성을 나타내는 물질 ② 평균입경 : $4\mu m$ |

정답 93 ④ 94 ④ 95 ②

96 용접작업장에서 개인 시료펌프를 이용하여 오전 9시 5분부터 11시 55분까지, 오후에는 1시 5분부터 4시 23분까지 시료를 채취하였다. 총 채취공기량이 787L일 경우 펌프의 유량(L/min)은?

① 약 1.14 ② 약 2.14
③ 약 3.14 ④ 약 4.14

$$L/min = \frac{787L}{(170+198)min} = 2.14(L/min)$$

- 오전 9시 5분 ~ 11시 55분까지 : 170분
- 오후 1시 5분 ~ 4시 23분까지 : 198분

98 어느 작업장 내의 공기 중 톨루엔(toluene)을 기체 크로마토그래피법으로 농도를 구한 결과 65.0mg/m³이었다면 ppm 농도는? (단, 25℃, 1기압 기준, 톨루엔의 분자량은 92.14)

① 17.3ppm ② 37.3ppm
③ 122.4ppm ④ 246.4ppm

$$mg/m^3 = \frac{ppm \times 분자량}{24.45(25℃, 1기압)}$$
$$ppm \times 분자량 = 24.45 \times mg/m^3$$
$$ppm = \frac{24.45 \times mg/m^3}{분자량} = \frac{24.45 \times 65.0}{92.14}$$
$$= 17.25(ppm)$$

97 흡수액을 이용하여 액체포집한 후 시료를 분석한 결과 다음과 같은 수치를 얻었다. 이 물질의 공기 중 농도(mg/m³)는?

- 시료에서 정량된 분석량 : 40.5μg
- 공시료에서 정량된 분석량 : 6.25μg
- 시작 시 유량 : 1.2L/min
- 종료 시 유량 : 1.0L/min
- 포집시간 : 389분
- 포집효율 : 80%

① 0.1 ② 0.2
③ 0.3 ④ 0.4

1. $mg/m^3 = \dfrac{(40.5-6.25) \times 10^{-3} mg}{\dfrac{(1.2+1.0) \times 10^{-3} m^3/min}{2} \times 389min}$
$= 0.08(mg/m^3)$

2. 포집효율이 80%일 때 0.08(mg/m³)이므로 100%일 때의 농도는
   $80 : 0.08 = 100 : x$
   $80 \times x = 0.08 \times 100$
   $\therefore x = \dfrac{0.08 \times 100}{80} = 0.1(mg/m^3)$

99 입경이 50μm이고 입자비중이 1.5인 입자의 침강속도(cm/sec)는? (단, 입경이 1~50μm인 먼지의 침강속도를 구하기 위해 산업위생 분야에서 주로 사용하는 식 적용)

① 약 8.3 ② 약 11.3
③ 약 13.3 ④ 약 15.3

★ Lippman식에 의한 침강속도
 (입자크기가 1~50μm 경우 적용)

$$V(cm/sec) = 0.003 \times \rho \times d^2$$

- V : 침강속도(cm/sec)
- ρ : 입자 밀도(비중)(g/cm³)
- d : 입자직경(μm)

$V = 0.003 \times 1.5 \times 50^2 = 11.25(cm/sec)$

정답 96 ② 97 ① 98 ① 99 ②

100 공장 내 지면에 설치된 한 기계에서 10m 떨어진 지점에서의 소음이 70dB(A)이었다. 기계의 소음이 50dB(A)로 돌리는 지점은 기계에서 몇 m 떨어진 곳인가? (단, 점음원 기준이며, 기타 조건은 고려하지 않음)

① 50　　② 100
③ 200　　④ 400

★ 자유공간(공중, 구면파)에 위치할 때

$SPL = PWL - 20\log r - 11(dB)$
· r : 소음원으로부터의 거리(m)

1. 10m 떨어진 지점의 PWL
 $SPL = PWL - 20\log r - 11$
 $PWL = SPL + 20\log r + 11$
 $= 70 + 20 \times \log 10 + 11 = 101(dB)$
2. 50m 떨어진 지점의 거리
 $SPL = PWL - 20\log r - 11$
 $20\log r = PWL - SPL - 11$
 $= 101 - 50 - 11 = 40$
 $\log r = \dfrac{40}{20} = 2$
 $r = 10^2 = 100(m)$

101 입자상 물질 측정을 위한 직경분립충돌기에 관한 설명으로 틀린 것은?

① 입자의 질량크기 분포를 얻을 수 있다.
② 호흡기의 부분별로 침착된 입자크기의 자료를 추정할 수 있다.
③ 되튐으로 인한 시료손실이 일어날 수 있다.
④ 시료채취 준비시간이 적고 용이하다.

★ 직경분립충돌기

장점	① 호흡기에 부분별로 침착된 입자크기의 자료를 추정할 수 있다. ② 흡입성, 흉곽성, 호흡성 입자의 크기별 분포와 농도를 계산할 수 있다. ③ 입자의 질량크기 분포를 얻을 수 있다.
단점	① 시료채취가 까다롭다.(경험이 있는 전문가가 철저한 준비를 통해 측정하여야 한다.) ② 시료 채취 준비시간이 길고 비용이 많이 든다. ③ 되튐으로 인한 시료의 손실이 있다. ④ 공기가 옆에서 유입되지 않도록 각 충돌기의 철저한 조립과 장착이 필요하다.

102 금속제품을 탈지, 세정하는 공정에서 사용하는 유기용제인 트리클로로에틸렌의 근로자 노출농도를 측정하고자 한다. 과거의 노출농도를 조사해 본 결과, 평균 50ppm이었다. 활성탄관(100mg/50mg)을 이용하여 0.4L/min으로 채취하였다면 채취해야 할 최소한의 시간(min)은? (단, 트리클로로에틸렌의 분자량 : 131.39, 기체 크로마토그래피의 정량한계 : 시료당 0.5mg, 1기압, 25℃기준으로 기타 조건은 고려하지 않음)

① 약 2.4　　② 약 3.2
③ 약 4.7　　④ 약 5.3

1. 50ppm → mg/m³

$mg/m^3 = \dfrac{ppm \times 분자량}{24.45(25℃, 1기압)}$

$= \dfrac{50 \times 131.39}{24.45} = 268.69(mg/m^3)$

2. $\dfrac{0.5mg}{0.4 \times 10^{-3}m^3/min \times x\,min} = 268.69(mg/m^3)$

$0.4 \times 10^{-3} \times x \times 268.69 = 0.5$

$\therefore x = \dfrac{0.5}{0.4 \times 10^{-3} \times 268.69} = 4.65(분)$

정답　100 ②　101 ④　102 ③

103 다음이 설명하는 막 여과지는?

> - 농약, 알칼리성 먼지, 콜타르피치 등을 채취한다.
> - 열, 화학물질, 압력 등에 강한 특성이 있다.
> - 석탄건류나 증류 등의 고열공정에서 발생되는 다핵방향족 탄화수소를 채취하는 데 이용된다.

① 섬유상 막 여과지　② PVC막 여과지
③ 은막 여과지　　　④ PTFE막 여과지

★ PTFE 막 여과지
(테프론 : Polytetrafluroethylene membrane filter)
① 열, 화학물질, 압력 등에 강한 특성을 가지고 있다.
② 압력에 강하여 석탄건류나 증류 등의 고열공정에서 발생되는 다핵방향족탄화수소(PAHs)를 채취하는 데 이용된다.
③ 농약, 알칼리성 먼지, 콜타르피치 등을 채취하며 $1\mu m$, $2\mu m$, $3\mu m$의 구멍크기를 가지고 있다.

암기법

PTF(PTFE막여과지) 다방(다핵방향족탄화수소)을 알면(알칼리성 먼지) 농약(농약)탄 코피(콜타르피치)를 주문해라.

정답 103 ④

CHAPTER 03 평가 및 통계

01 통계학 기본지식

1 통계의 필요성

(1) 산업위생통계의 필요성

① 산업위생관리의 문제점을 제시해 준다.
② 산업위생관리의 계획, 방침 수립에 도움을 준다.
③ 개선조치의 효과판정에 도움을 준다.
④ 문제점에 대한 원인 규명의 자료가 된다.

(2) 작업환경측정결과를 통계처리 시 고려해야 할 사항

① 대표성
② 불변성
③ 통계적 평가

2 용어의 이해

1) 모집단

관심있는 대상들 전체의 집단을 말한다.

2) 표본

실제 조사되거나 측정되는 모집단의 일부를 말한다.

3) 독립변인(변수)

다른 변수의 영향을 받지 않는 변수를 말한다.

4) 종속변인(변수)

다른 변수의 영향을 받아서 변화하는 변수를 말한다.

5) 중앙값

자료를 크기 순서대로 늘어놓았을 때 중앙에 위치하는 값을 말한다.

6) 최빈값

빈도수가 가장 많이 나오는 값을 말한다.

7) 분산

평균으로부터 편차 제곱으로 계산되는 변동성의 척도를 말한다.

8) 표준편차

분산의 제곱근으로 계산되는 변동성의 척도를 말한다.

9) 가중평균

자료 값에 자료의 중요도를 반영하는 가중치를 부여하여 계산하는 평균을 말한다.

10) 오차한계

모집단 모수의 구간추정치를 구하기 위해 점 추정치에서 가감하는 값을 말한다.

11) 신뢰수준

구간추정치와 관련된 신뢰도를 말하며, 어떤 구간 추정방법에 의해 추정된 구간 중에서 95%가 모집단 모수를 포함하고 있다면 이 구간 추정치는 95% 신뢰수준에서 추정되었다고 한다.

3 자료의 분포

(1) 정규분포

많은 측정자료를 히스토그램으로 옮기면 마치 종을 엎어 놓은 것 같은 모양의 분포를 하는 데 이런 분포를 정규분포(normal distribution)라고 한다.

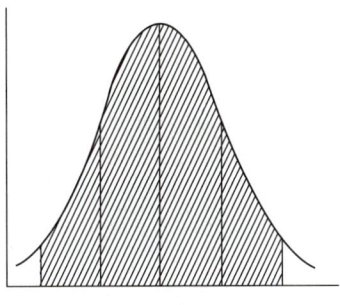

[정규분포곡선]

(2) 대수정규분포

① 산업위생 통계에서 흔히 볼 수 있는 통계에 해당한다.(산업위생통계는 대수정규분포를 이루고 있다.) ★
② 대수정규분포의 특징은 좌측이나 우측 방향으로 비대칭꼴을 이루며 보통 우측방향으로 무한대로 뻗어있는 형태를 나타낸다.
③ 석면섬유, 먼지, 입자상물질, 벤젠 그리고 방사성물질 등의 농도와 대기 중 이산화황 농도의 측정 결과를 분포화시킬 때 사용한다.

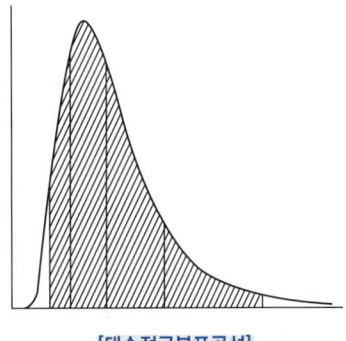

[대수정규분포곡선]

한 눈에 들어오는 키 워드

기출
평균차
변량 상호 간의 차이에 의하여 산포도를 측정하는 방법

(3) 산포도

① 측정치가 평균 가까이에 분포하고 있는지, 흩어져 분포하는지를 나타낸다.
② 표준편차가 클수록 평균에서 떨어진 값이 많이 있음을 나타낸다.
③ 표준편차가 0일 경우 측정치 모두가 같은 크기임을 나타낸다.

(4) 대표치

자료의 중심을 나타내는 값을 말한다.

① 산술평균 : 노출 대수정규분포에서 평균 노출을 가장 잘 나타내는 대푯값
② 가중평균
③ 기하평균
④ 중앙치(중앙값)
⑤ 최빈치(유행치)

(5) 중앙치(중앙값) ★

① N개의 측정치를 크기순서로 배열하였을 때 중앙에 위치하는 값을 말한다.
② 값이 짝수일 때는 중앙에 위치하는 두 개의 값을 평균 내어 중앙 값으로 한다.

[예제 1]

어느 작업장에서 A물질의 농도를 측정한 결과가 각각 23.9ppm, 21.6ppm, 22.4ppm, 24.1ppm, 22.7ppm, 25.4ppm을 얻었다. 측정 결과에서 중앙값(median)은 몇 ppm인가?

해설
1. 측정치를 크기순서로 배열하면
   21.6, 22.4, 22.7, 23.9, 24.1, 25.4
2. 중앙에 위치하는 두 개의 값인 22.7과 23.9의 평균값이 중앙값이 된다.
   $$\frac{22.7+23.9}{2} = 23.3$$

[예제 2]

측정값이 17, 5, 3, 13, 8, 7, 12, 10일 때, 통계적인 대표값 9.0은 다음 중 어느 통계치에 해당되는가?

① 최빈값
② 중앙값
③ 산술평균
④ 기하평균

해설

1. 측정값을 크기 순서로 배열하면
   17, 13, 12, 10, 8, 7, 5, 3
2. 측정값이 8개이므로 → 중앙의 2개 값 10과 8의 평균값이 중앙값이 된다.
3. 중앙값 = $\frac{10+8}{2}$ = 9

[정답 ②]

[예제 3]

어느 가구공장의 소음을 측정한 결과 측정치가 다음과 같았다면 이 공장소음의 중앙값(median)은?

82dB(A), 90dB(A), 69dB(A), 84dB(A), 91dB(A), 85dB(A), 93dB(A), 89dB(A), 95dB(A)

해설

1. 값을 크기순서대로 나타내면
   69, 82, 84, 85, 89, 90, 91, 93, 95
2. 중앙에 위치하는 값 89dB(A)이 중앙값이 된다.

(6) 최빈치(유행치)

측정치 중에서 도수가 가장 큰 값을 말한다.

4 평균 및 표준편차의 계산, 지표분포의 이해

(1) 평균

1) 산술평균($M or \overline{M}$)

측정치들의 합의 평균을 말한다. ★

$$M = \frac{X_1 + X_2 + X_3 + \cdots + X_n}{N}$$

M : 산술평균
X_n : 측정치
N : 측정치 개수

2) 가중평균($\overline{X}$)

자료 값의 중요도나 영향을 고려하여 가중치를 반영한 평균을 말한다.

$$\overline{X} = \frac{X_1 N_1 + X_2 N_2 + X_3 N_3 + \cdots + X_n N_k}{N_1 + N_2 + N_3 + \cdots + N_k}$$

$\overline{X}$: 가중평균
X_n : 측정치
k개의 측정치에 대한 각각의 크기를 $N_1, N_2 \cdots N_k$

3) 기하평균(GM) ★★

① 누적분포에서 50%에 해당하는 값을 말한다.
② 곱셈을 사용하여 계산하는 측정치의 평균(n개의 양수가 있을 때, 이들 수의 곱의 n 제곱근의 값)
③ 산업위생분야에서는 작업환경 측정결과가 대수정규분포를 이루는 경우 대푯값으로 기하평균을, 산포도로서 기하표준편차를 사용한다. ★

$$\cdot \log(GM) = \frac{\log X_1 + \log X_2 + \cdots + \log X_n}{N}$$
$$\cdot G.M = \sqrt[N]{X_1 \cdot X_2 \cdots X_n}$$

X_n : 측정치
N : 측정치 개수

[예제 4]

유기용제 작업장에서 측정한 톨루엔 농도는 65, 150, 175, 63, 83, 112, 58, 49, 205, 178 ppm일 때 산술평균과 기하평균값은 약 몇 ppm인가?

해설

1. 산술평균
$$M = \frac{65+150+175+63+83+112+58+49+205+178}{10} = 113.8$$
2. 기하평균
$$G.M = \sqrt[10]{(65 \times 150 \times 175 \times 63 \times 83 \times 112 \times 58 \times 49 \times 205 \times 178)} = 100.36$$

[예제 5]

화학공장의 작업장 내에 먼지 농도를 측정하였더니 5, 6, 5, 6, 6, 6, 4, 8, 9, 8 ppm이었다. 이러한 측정치의 기하평균(ppm)은?

해설

$$G.M = \sqrt[N]{X_1 \cdot X_2 \cdots X_n} = \sqrt[10]{5 \times 6 \times 5 \times 6 \times 6 \times 6 \times 4 \times 8 \times 9 \times 8} = 6.13$$

[예제 6]

작업환경공기 중의 벤젠농도를 측정한 결과 8mg/m^3, 5mg/m^3, 7mg/m^3, 3ppm, 6mg/m^{3}이었을 때, 기하평균은 약 몇 mg/m^{3}인가? (단, 벤젠의 분자량은 78이고, 기온은 25℃이다.)

해설

1. 3ppm을 mg/m^3 단위로 환산
$$mg/m^3 = \frac{ppm \times 분자량}{24.45}$$
$$mg/m^3 = \frac{3 \times 78}{24.45} = 9.57(mg/m^3)$$
2. $G.M = \sqrt[N]{X_1 \cdot X_2 \cdots X_n} = \sqrt[5]{8 \times 5 \times 7 \times 9.57 \times 6} = 6.94(mg/m^3)$

(2) 표준편차(SD)

1) 표준편차 ★

$$SD = \sqrt{\frac{\sum_{i=1}^{N}(X_i - \overline{X})^2}{N-1}}$$

SD : 표준편차
X_i : 측정치
$\overline{X}$: 측정치의 산술평균치
N : 측정치의 수

측정횟수 N이 클 경우 $SD = \sqrt{\dfrac{\sum_{i=1}^{N}(X_i - \overline{X})^2}{N}}$

2) 기하표준편차(GSD) ★★

① 그래프를 이용하는 방법

$$GSD = \frac{84.1\%\text{에 해당하는 값}}{50\%\text{에 해당하는 값}} \text{ 또는 } \frac{50\%\text{에 해당하는 값}}{15.9\%\text{에 해당하는 값}}$$

② 계산에 의한 방법 : 모든 자료를 대수로 변환하여 표준편차를 구한 값을 역대수 취해 구한다.

$$\log(GSD) = \left[\frac{(\log X_1 - \log GM)^2 + (\log X_2 - \log GM)^2 + \cdots + (\log X_N - \log GM)^2}{N-1}\right]^{0.5}$$

GSD : 기하표준편차
GM : 기하평균
N : 측정치의 수
X_i : 측정치

[예제 7]

납축전지 제조업체에서의 공기 중의 납 농도가 다음과 같을 때 기하표준편차(GSD)는 약 몇 mg/m³인가?

[데이터] (단위 : mg/m³)
0.01, 0.03, 0.05, 0.025, 0.02

해설

1. 기하평균
$$G.M = \sqrt[N]{X_1 \cdot X_2 \cdots X_n} = \sqrt[5]{0.01 \times 0.03 \times 0.05 \times 0.025 \times 0.02} = 0.0237$$

2. 기하표준편차
$$\log(GSD) = \left[\frac{(\log X_1 - \log GM)^2 + (\log X_2 - \log GM)^2 + \cdots + (\log X_N - \log GM)^2}{N-1}\right]^{0.5}$$

$$= \sqrt{\frac{(\log 0.01 - \log 0.0237)^2 + (\log 0.03 - \log 0.0237)^2 + (\log 0.05 - \log 0.0237)^2 + (\log 0.025 - \log 0.0237)^2 + (\log 0.02 - \log 0.0237)^2}{5-1}}$$

$$= \sqrt{\frac{0.1404 + 0.0105 + 0.1051 + 0.0005 + 0.0054}{4}} = 0.2559$$

3. $GSD = 10^{0.2559} = 1.8026$

3) 평균편차

$$평균편차 = \frac{\sum_{i=1}^{n}|x_i - \overline{x}|}{n}$$

x_i : 측정치, $\overline{x}$: 산술평균, n : 측정치의 수

(3) 변이계수(CV) : 표준편차의 수치가 평균의 몇 %가 되느냐를 나타낸다. ★

① 통계집단의 측정값들에 대한 균일성, 정밀성 정도를 표현한다. (산업위생통계에서 측정방법의 정밀도는 변이계수로 나타낸다.)
② 평균값의 크기가 0에 가까울수록 변이계수의 의의는 작아진다.
③ 측정단위와 무관하게 독립적으로 산출되며 백분율로 나타낸다.
④ 단위가 서로 다른 집단이나 특성 값의 상호 산포도를 비교하는 데 이용될 수 있다.
⑤ 변이계수가 작을수록 자료들이 평균에 가깝게 분포한다는 것을 의미한다.

$$CV(\%) = \frac{표준편차}{산술평균} \times 100 ★$$

> **한 눈에 들어오는 키워드**
>
> 실기 기출 ★
> (1) 변이계수의 정의를 적으시오.
> (2) 변이계수의 계산공식을 적으시오.
> (3) 변이계수의 중요성을 설명하시오.
>
> 정답
> (1) 변이계수의 정의 : 표준편차의 수치가 평균의 몇 %가 되느냐를 나타낸다.
> (2) 변이계수의 계산공식
> 변이계수(%) = $\frac{표준편차}{산술평균}$ × 100
> (3) 변이계수의 중요성 : 측정값들에 대한 균일성, 정밀성 정도를 표현하며, 단위가 서로 다른 집단이나 특성 값의 상호 산포도를 비교하는 데 이용될 수 있다. (변이계수가 작을수록 자료들이 평균에 가깝게 분포한다는 것을 의미한다.)

한 눈에 들어오는 키워드

[예제 8]

측정값이 1, 7, 5, 3, 9일 때, 변이 계수는 약 몇 %인가?

해설

1. 산술평균

$$M = \frac{1+7+5+3+9}{5} = 5$$

2. 표준편차

$$SD = \sqrt{\frac{(1-5)^2 + (7-5)^2 + (5-5)^2 + (3-5)^2 + (9-5)^2}{5-1}} = 3.16$$

3. 변이계수

$$CV = \frac{3.16}{5} \times 100 = 63.2(\%)$$

5 측정치의 오차

(1) 오차

측정 값과 참 값의 차이를 말한다.

(2) 계통오차

1) 계통오차의 특징 ★

① 변이의 원인을 찾을 수 있는 오차이다.
② 크기와 부호를 추정할 수 있고 보정이 가능한 오차이다.
③ 계통오차가 작을 때는 측정 값이 정확하다고 할 수 있다.

2) 계통오차의 원인 ★

① 부적절한 표준액의 제조
② 시약의 오염
③ 분석물질의 낮은 회수율

3) 계통오차의 종류 ★

① 외계오차(환경오차) : 측정 및 분석 시 온도나 습도와 같이 알려진 외계의 영향으로 생기는 오차

실기 기출 ★

(1) 계통오차에 대하여 설명하고, (2) 계통오차의 종류 3가지를 적으시오.

정답
(1) 계통오차
  ① 변이의 원인을 찾을 수 있는 오차이다.
  ② 크기와 부호를 추정할 수 있고 보정이 가능한 오차이다.
  ③ 계통오차가 작을 때는 측정 값이 정확하다고 할 수 있다.
(2) 계통오차의 종류
  ① 외계오차(환경오차)
  ② 기계오차(기기오차)
  ③ 개인오차

② 기계오차(기기오차) : 측정 및 분석 기기의 부정확성으로 발생된 오차
③ 개인오차 : 측정하는 개인의 습관이나 선입관으로 발생된 오차

(3) 우발오차(임의오차, 확률오차)

① 한 가지 실험을 반복할 때 측정 값의 변동으로 발생하는 오차를 말한다.
② 보정이 힘들다.

(4) 상대오차

① 측정오차를 참값으로 나눈 값이다.
② 상대오차의 계산

$$상대오차 = \frac{측정\ 값 - 참값}{참값}$$

(5) 누적오차

① 여러 가지 요소에 의해 발생한 오차의 합을 말한다.
② 누적오차의 계산 ★★

$$누적오차(E_c) = \sqrt{E_1^2 + E_2^2 + E_3^2 + \cdots + E_n^2}$$

E_c : 누적오차(%)
$E_1,\ E_2,\ E_3 \sim E_n$: 각각 요소의 오차율(%)

[예제 9]

공기흡입유량, 측정시간, 회수율 및 시료분석 등에 의한 오차가 각각 10%, 5%, 11% 및 4%일 때의 누적오차는?

해설

누적오차$(E_c) = \sqrt{10^2 + 5^2 + 11^2 + 4^2} = 16.19(\%)$

[예제 10]

유형, 측정시간, 회수율, 분석에 의한 오차가 각각 10%, 5%, 10%, 5%일 때의 누적오차와 회수율에 의한 오차를 10%에서 7%로 감소(유형, 측정시간, 분석에 의한 오차율은 변화 없음)시켰을 때 누적오차와의 차이는?

해설

1. $E_C = \sqrt{10^2 + 5^2 + 10^2 + 5^2} = 15.81(\%)$
2. $E_C = \sqrt{10^2 + 5^2 + 7^2 + 5^2} = 14.11(\%)$
3. 누적오차의 차 $= 15.81 - 14.11 = 1.70(\%)$

(6) 표준오차(σ)

① 각 측정치들의 평균과 전체평균과의 차를 알 수 있다.

② 표준오차의 계산

$$\sigma = \frac{SD}{\sqrt{N}}$$

σ : 표준오차
SD : 표준편차
N : 자료의 수

02 측정자료 평가 및 해석

한 눈에 들어오는 **키**워드

1 측정 결과에 대한 평가

(1) 입자상 물질 및 가스상 물질의 농도 평가 ★

① 측정한 입자상 물질 농도는 8시간 작업 시의 평균농도로 한다. 다만, 6시간 이상 연속 측정한 경우에 있어 측정하지 아니한 나머지 작업시간 동안의 입자상 물질 발생이 측정기간보다 현저하게 낮거나 입자상 물질이 발생하지 않은 경우에는 측정시간 동안의 농도를 8시간 시간가중 평균하여 8시간 작업 시의 평균농도로 한다.

② 1일 작업시간 동안 6시간 이내 측정한 경우의 입자상 물질 농도는 측정시간 동안의 시간가중평균치를 산출하여 그 기간 동안의 평균농도로 하고 이를 8시간 시간가중평균하여 8시간 작업 시의 평균농도로 한다.

③ 단시간 노출기준(STEL)이 설정되어 있는 물질의 단시간 측정 및 최고노출기준(Ceiling, C)이 설정되어 있는 대상물질의 최고노출 수준을 평가할 수 있는 최소한의 시간 동안 측정을 한 경우에는 측정시간 동안의 농도를 해당 노출기준과 직접 비교 평가하여야 한다. 다만 2회 이상 측정한 단시간 노출농도 값이 단시간 노출기준과 시간가중평균 기준 값 사이의 경우로서 다음 각 호의 어느 하나의 경우에는 노출기준 초과로 평가하여야 한다.

> **암기**
>
> **2회 이상 측정한 단시간 노출농도 값이 단시간 노출기준과 시간가중평균 기준 값 사이의 경우 노출기준 초과로 평가할 수 있는 경우 ★★**
>
> ① 15분 이상 연속 노출되는 경우
> ② 노출과 노출 사이의 간격이 1시간 미만인 경우
> ③ 1일 4회를 초과하는 경우

(2) 소음수준의 평가 ★

① 1일 작업시간 동안 연속 측정하거나 작업시간을 1시간 간격으로 나누어 6회 이상 소음수준을 측정한 경우에는 이를 평균하여 8시간 작업 시의 평균소음수준으로 한다. 다만, 1시간 동안을 등간격으로 나누어 3회 이상 측정한 경우에는 이를 평균하여 8시간 작업 시의 평균소음 수준으로 한다.

② 발생시간 동안 연속 측정하거나 등간격으로 나누어 4회 이상 측정한 경우에는 이를 평균하여 그 기간 동안의 평균소음수준으로 하고 이를 1일 노출시간과 소음강도를 측정하여 등가소음레벨방법으로 평가한다.

③ 지시소음계로 측정하여 등가소음레벨방법을 적용할 경우에는 다음 계산식에 따라 산출한 값을 기준으로 평가한다.

- 등가소음레벨(등가소음도 Leq)의 계산

$$\text{leq}[dB(A)] = 16.61 \times \log \frac{n_1 \times 10^{\frac{LA_1}{16.61}} + n_2 \times 10^{\frac{LA_2}{16.61}} + \cdots + n_N \times 10^{\frac{LA_N}{16.61}}}{\text{각 소음레벨 측정치의 발생시간 합}}$$

LA : 각 소음레벨의 측정치[dB(A)]
n : 각 소음레벨 측정치의 발생시간(분)

참고

❋ 합성소음도

$$L = 10 \times \log(10^{\frac{L_1}{10}} + 10^{\frac{L_2}{10}} + \cdots + 10^{\frac{L_n}{10}})(dB)$$

L : 합성소음도(dB)
$L_1 \sim L_2$: 각각 소음원의 소음(dB)

❋ 소음도 차이

$$L' = 10 \times \log(10^{\frac{L_1}{10}} - 10^{\frac{L_2}{10}}) \; (단, \; L_1 > L_2)$$

❋ 평균소음도

$$\overline{L} = 10 \times \log \left[\frac{1}{n} (10^{\frac{L_1}{10}} + 10^{\frac{L_2}{10}} + \cdots + 10^{\frac{L_n}{10}}) \right] (dB)$$

$\overline{L}$: 평균소음도(dB)
n : 소음원의 개수

[예제 11]

작업장에 작동되는 기계 두 대의 소음레벨이 각각 98dB(A), 96dB(A)로 측정되었을 때, 두 대의 기계가 동시에 작동되었을 경우에 소음레벨은 약 몇 dB(A)인가?

해설

합성 소음도(L) = $10 \times \log\left(10^{\frac{L_1}{10}} + 10^{\frac{L_2}{10}} + \cdots + 10^{\frac{L_n}{10}}\right)$ (dB)

합성 소음도 = $10 \times \log\left(10^{\frac{98}{10}} + 10^{\frac{96}{10}}\right) = 100.12$ (dB)

[예제 12]

공장 내부에 소음(1대당 PWL = 85dB)을 발생시키는 기계가 있을 때, 기계 2대가 동시에 가동된다면 발생하는 PWL의 합은 약 몇 dB인가?

해설

$$\text{PWL의 합} = 10\log\left(10^{\frac{PWL}{10}} \times n\right) \text{(dB)}$$

PWL : 음향파워레벨(dB), n : 동일 소음을 발생시키는 기계의 수

PWL의 합 = $10 \times \log\left(10^{\frac{85}{10}} \times 2\right) = 88.01$ (dB)

[예제 13]

어떤 음의 발생원의 음력(sound power)이 0.006W일 때, 음력수준(sound power level)은 약 몇 dB인가?

해설

$$\text{PWL} = 10\log\left(\frac{W}{W_o}\right) \text{(dB)}$$

PWL : 음향파워레벨(dB), W : 대상음원의 음력(watt), W_o : 기준음력(10^{-12}watt)

PWL = $10 \times \log\left(\frac{0.006}{10^{-12}}\right) = 97.78$ (dB)

[예제 14]

한 소음원에서 발생되는 음압실효치의 크기가 2N/m³인 경우 음압수준(sound pressure level)은?

> **한눈에 들어오는 키워드**

해설

$$SPL = 20 \times \log\left(\frac{P}{P_o}\right) \text{(dB)}$$

SPL : 음압수준(음압도, 음압레벨) (dB)
P : 대상음의 음압(음압 실효치) (N/m²)
P_o : 기준음압 실효치(2×10^{-5} N/m², 2×10^{-4} dyne/cm²)

$$SPL = 20 \times \log\left(\frac{2}{2 \times 10^{-5}}\right) = 100 \text{(dB)}$$

④ 단위작업장소에서 소음의 강도가 불규칙적으로 변동하는 소음 등을 누적소음 노출량측정기로 측정하여 노출량으로 산출되었을 경우에는 시간가중평균 소음수준으로 환산하여야 한다. 다만, 누적소음 노출량측정기에 따른 노출량 산출치가 주어진 값보다 작거나 크면 시간가중평균소음은 다음 계산식에 따라 산출한 값을 기준으로 평가할 수 있다.

• 시간가중 평균 소음수준[dB(A)]의 계산 ★

$$TWA = 16.61 \times \log\left(\frac{D}{100}\right) + 90$$

TWA : 시간가중평균소음수준[dB(A)]
D : 누적소음노출량(%)

$$D(\%) = \left(\frac{C_1}{T_1} + \frac{C_2}{T_2} + \ldots + \frac{C_n}{T_n}\right) \times 100$$

D : 누적소음 폭로량
C : 각각의 소음도에 노출되는 시간(hr)
T : 각각의 소음도에 노출될 수 있는 허용노출시간(hr)

참고

❄ 소음을 내는 기계로부터 거리가 d_2만큼 떨어진 곳의 소음 계산

$$dB_2 = dB_1 - 20 \times \log\left(\frac{d_2}{d_1}\right)$$

dB_1 : 소음기계로부터 d_1 떨어진 곳의 소음
dB_2 : 소음기계로부터 d_2 떨어진 곳의 소음

[예제 15]

공장 내 지면에 설치된 한 기계로부터 10m 떨어진 지점의 소음이 70dB(A)일 때, 기계의 소음이 50dB(A)로 들리는 지점은 기계에서 몇 m 떨어진 곳인가? (단, 점음원을 기준으로 하고, 기타 조건은 고려하지 않는다.)

해설

$$dB_2 = dB_1 - 20 \times \log(\frac{d_2}{d_1})$$

$$20 \times \log(\frac{d_2}{d_1}) = dB_1 - dB_2$$

$$\log(\frac{d_2}{d_1}) = \frac{dB_1 - dB_2}{20}$$

$$\frac{d_2}{d_1} = 10^{\frac{dB_1 - dB_2}{20}}$$

$$d_2 = d_1 \times 10^{\frac{dB_1 - dB_2}{20}} = 10 \times 10^{\frac{70-50}{20}} = 100(m)$$

(4) 고열 수준의 평가

고열 수준은 작업환경 측정의 방법에 따라 측정하여 평가하여야 한다.

2 노출기준의 보정

(1) 1일 작업시간이 8시간을 초과하는 경우에는 보정노출기준을 산출한 후 측정농도와 비교하여 평가하여야 한다.

1) 보정 노출기준 ★★★

① 급성중독 물질인 경우(고용노동부고시 기준)

$$보정노출기준(1일간\ 기준) = 8시간\ 노출기준 \times \frac{8}{h}$$

h : 노출시간/일

② 만성중독 물질인 경우

$$보정노출기준(1주간\ 기준) = 8시간\ 노출기준 \times \frac{40}{h}$$

h : 작업시간/주

한눈에 들어오는 키워드

[예제 16]

1일 12시간 작업할 때 톨루엔(TLV-100ppm)의 보정노출기준은 약 몇 ppm인가? (단, 고용노동부 고시를 기준으로 한다.)

① 25
② 67
③ 75
④ 150

해설

보정노출기준 = 8시간 노출기준 × $\dfrac{8}{h}$ = $100 \times \dfrac{8}{12}$ = 66.67(ppm)

[정답 ②]

비교

❄ Brief와 Scala의 보정방법 ★★★

- $RF = \left(\dfrac{8}{H}\right) \times \dfrac{24-H}{16}$ [일주일 ; $RF = \left(\dfrac{40}{H}\right) \times \dfrac{168-H}{128}$]
- 보정된 노출기준 = RF × 노출기준(허용농도)

H : 비정상적인 작업시간(노출시간/일) ; 노출시간/주
16 : 휴식시간 의미(128 ; 일주일 휴식시간 의미)

[예제 17]

허용농도가 50ppm인 트리클로로에틸렌을 취급하는 작업장에 하루 10시간 근무한다면 그 조건에서의 허용 농도치는? (단, Brief-Scala보정방법 기준)

① 47ppm
② 42ppm
③ 39ppm
④ 35ppm

해설

$RF = \left(\dfrac{8}{H}\right) \times \dfrac{24-H}{16}$

$RF = \left(\dfrac{8}{10}\right) \times \dfrac{24-10}{16} = 0.7$

보정된 노출기준 = $0.7 \times 50 = 35$(ppm)

[정답 ④]

(2) 1일 작업시간이 8시간을 초과하는 경우에는 다음 계산식에 따라 보정노출기준을 산출한 후 측정치와 비교하여 평가하여야 한다.

$$\text{소음의 보정노출기준}[dB(A)] = 16.61 \times \log\left(\frac{100}{12.5 \times h}\right) + 90$$

h : 노출시간/일

3 작업환경 유해위험성 평가

(1) 측정한 유해인자의 시간가중평균값 및 단시간 노출 값을 구한다. ★

① X_1(시간가중평균값)

$$X_1 = \frac{C_1 \cdot T_1 + C_2 \cdot T_2 + \cdots + C_n \cdot T_n}{8}$$

C : 유해인자의 측정농도(단위 : ppm, mg/m³ 또는 개/cm³)
T : 유해인자의 발생시간(단위 : 시간)

② X_2(단시간 노출값)

STEL 허용기준이 설정되어 있는 유해인자가 작업시간 내 간헐적(단시간)으로 노출되는 경우에는 15분간씩 측정하여 단시간 노출 값을 구한다.

※ 단, 시료채취시간(유해인자의 발생시간)은 8시간으로 한다.

[예제 18]
하루 8시간 작업하는 근로자가 200ppm 농도에서 1시간, 100ppm 농도에서 2시간, 50ppm에 3시간 동안 TCE에 노출되었을 때, 이 근로자가 8시간 동안 TWA 농도는?

해설

$$TWA \text{농도} = \frac{200 \times 1 + 100 \times 2 + 50 \times 3}{8} = 68.75(\text{ppm})$$

(2) $X_1(X_2)$을 허용기준으로 나누어 Y(표준화 값)를 구한다. ★

$$Y(\text{표준화 값}) = \frac{TWA \text{ 또는 } STEL}{\text{허용기준}}$$

(3) 95%의 신뢰도를 가진 하한치를 계산한다. ★

> 하한치 = Y – 시료채취분석오차

(4) 허용기준 초과여부 판정 ★

① 하한치 > 1일 때 허용기준을 초과한 것으로 판정한다.
② 값을 구한 경우 이 값이 허용기준 TWA를 초과하고 허용기준 STEL 이하인 때에는 다음 어느 하나 이상에 해당되면 허용기준을 초과한 것으로 판정한다.
- 1회 노출지속시간이 15분 이상인 경우
- 1일 4회를 초과하여 노출되는 경우
- 각 회의 간격이 60분 미만인 경우

[예제 19]

제관 공장에서 오염물질 A를 측정한 결과가 다음과 같다면, 노출농도에 대한 설명으로 옳은 것은?

- 오염물질 A의 측정값 : 5.9mg/m^3
- 오염물질 A의 노출기준 : 5.0mg/m^3
- SAE(시료채취 분석오차) : 0.12

해설

1. Y(표준화 값) = $\dfrac{TWA \text{ 또는 } STEL}{\text{허용기준}}$
2. 95%의 신뢰도를 가진 하한치를 계산
   하한치 = Y – 시료채취 분석오차
3. 허용기준 초과여부 판정
   하한치 > 1일 때 허용기준을 초과

1. Y(표준화 값) = $\dfrac{5.9}{5.0}$ = 1.18
2. 하한치 = 1.18 – 0.12 = 1.06
3. 하한치 > 1이므로 허용기준을 초과함

[예제 20]

근로자의 납 노출을 측정한 결과 8시간 TWA가 0.065mg/m³이었다. 미국 OSHA의 평가 방법을 기준으로 신뢰한 값(LCL)과 그에 따른 판정으로 적절한 것은? (단, 시료채취 분석오차는 0.132이고 허용기준은 0.05mg/m³이다.)

해설

> 1. $Y(\text{표준화 값}) = \dfrac{TWA \text{ 또는 } STEL}{\text{허용기준}}$
> 2. 95%의 신뢰도를 가진 하한치를 계산
>   하한치 = Y − 시료채취 분석오차
> 3. 허용기준 초과여부 판정
>   하한치 > 1일 때 허용기준을 초과

1. $Y(\text{표준화 값}) = \dfrac{0.065}{0.05} = 1.3$
2. 95%의 신뢰도를 가진 하한치를 계산
   하한치 = 1.3 − 0.132 = 1.168
3. 허용기준 초과여부 판정
   하한치 > 1이므로 허용기준을 초과함

[예제 21]

수은(알킬수은 제외)의 노출기준은 0.05mg/m³이고 증기압은 0.0029mmHg이라면 VHR(Vapor Hazard Ratio)은? (단, 25℃, 1기압 기준, 수은 원자량 200.6)

해설

$$VHR = \dfrac{C}{TLV}$$

C : 발생 농도, TLV : 노출기준

$$VHR = \dfrac{C}{TLV} = \dfrac{0.0029\text{mmHg} \times \dfrac{1}{760\text{mmHg}}}{\dfrac{0.05\text{mg}}{\text{m}^3} \times \dfrac{24.45 \times 10^{-3}\text{m}^3}{200.6 \times 10^3 \text{mg}}} = 626.13$$

($g = 10^3\text{mg}$, $L = 10^{-3}\text{m}^3$)

[예제 22]

Hexane의 부분압이 100mmHg(OEL 500ppm)이었을 때 VHR_{Hexane}은?

해설

$$VHR = \dfrac{C}{TLV} = \dfrac{100\text{mmHg} \times \dfrac{1}{760\text{mmHg}}}{500\text{ppm}} \times 10^6 = 263.16$$

한 눈에 들어오는 키워드

[예제 23]

특정 상황에서는 측정기구 없이 수학적인 모델링 또는 공식을 이용하여 공기 중 해당물질의 농도를 추정할 수 있다. 온도가 25℃(1기압)인 밀폐된 공간에서 수은증기가 포화상태에 도달했을 때의 공기 중의 수은의 농도는(mg/m³)? (단, 수은(원자량 201)의 증기압은 25℃, 1기압에서 0.002mmHg이다.)

해설

$$\text{포화농도(ppm)} = \frac{\text{물질의 증기압(mmHg)}}{\text{대기압(760mmHg)}} \times 10^6$$

1. 포화농도(ppm) $= \dfrac{0.002}{760} \times 10^6 = 2.63 \text{(ppm)}$

2. $\text{mg/m}^3 = \dfrac{\text{ppm} \times \text{분자량}}{24.45(25℃, \ 1기압 \ 기준)} = \dfrac{2.63 \times 201}{24.45} = 21.62 \text{(mg/m}^3\text{)}$

[예제 24]

작업장 내 공기 중 아황산가스(SO_2)의 농도가 40ppm일 경우 이 물질의 농도는? (단, SO_2 분자량 = 64, 용적 백분율(%)로 표시)

해설

1% = 10,000ppm이므로
1 : 10,000 = x : 40
10,000 × x = 40
∴ $x = \dfrac{40}{10,000} = 0.004(\%)$

($\% = \dfrac{1}{100}$, ppm $= \dfrac{1}{1,000,000}$)

[예제 25]

100ppm을 %로 환산하면 몇 %인가?

해설

1% = 10,000ppm이므로
1 : 10,000 = x : 100
10,000 × x = 100
∴ $x = \dfrac{100}{10,000} = 0.01(\%)$

($\% = \dfrac{1}{100}$, ppm $= \dfrac{1}{1,000,000}$)

[예제 26]

어떤 작업장에서 오염물질 농도를 측정하였더니 그 중 일산화탄소(CO)가 0.01%였다. 이 때 일산화탄소 농도(mg/m³)는? (단, 25℃, 1기압 기준)

해설

1. 1% = 10,000ppm 이므로
   $1 : 10,000 = 0.01 : x$
   $1 \times x = 10,000 \times 0.01 = 100 \text{(ppm)}$
   ($\% = \dfrac{1}{100}$, ppm $= \dfrac{1}{1,000,000}$)

2. $\text{mg/m}^3 = \dfrac{\text{ppm} \times \text{분자량}}{24.45} = \dfrac{100 \times 28}{24.45} = 114.52 \text{(mg/m}^3\text{)}$

[예제 27]

0.01M-NaOH 용액의 농도(mg/L)는? (단, Na 원자량 : 23)

해설

$$\text{몰농도}(M/L) = \dfrac{\text{용질의 몰수}}{\text{용액의 } L \text{수}}$$

몰 농도 : 용액 1L 속에 녹아 있는 용질의 몰수

1. 1몰 : 용액 1L 속에 NaOH가 40g 녹아 있음
   (NaOH의 분자량 = 23 + 16 + 1 = 40g)
2. 0.01몰 : 용액 1L 속에 NaOH가 0.4g(400mg) 녹아 있음 → 400mg/L
   ∴ 0.01M – NaOH 용액의 농도 = 400(mg/L)

[예제 28]

3,000mL의 0.004M의 황산용액을 만들려고 한다. 5M 황산을 이용할 경우 몇 mL가 필요한가?

해설

1. 5M : 용액 1 L(1,000mL) 속에 용질이 5M 녹아 있음
2. 0.004M : 용액 1 L(1,000mL) 속에 용질이 0.004M 녹아 있음
   3,000mL의 0.004M의 황산용액을 만들기 위해서는 3×0.004M=0.012M이 필요함
3. 1,000mL 속에 용질이 5M 녹아있으므로
   $1,000 : 5 = X : 0.012$
   $5X = 1,000 \times 0.012$
   $X = \dfrac{1,000 \times 0.012}{5} = 2.4 \text{(mL)}$

참고

몰 농도
용액 1 L 속에 녹아 있는 용질의 몰수(M 또는 mol/L)

[예제 29]

순수한 물의 몰(M)농도는? (단, 표준상태 기준)

해설

$$몰농도(M/L) = \frac{용질의\ 몰수}{용액의\ L수}$$

몰 농도 : 용액 1L 속에 녹아 있는 용질의 몰수

- 물의 밀도 $= \frac{1g}{mL} = \frac{1,000g}{L}$
- 물의 몰질량 $= \frac{18g}{mol}$

1몰 : $18g = x$몰 : $1,000g$
$18 \times x = 1 \times 1,000$
$x = \frac{1,000}{18} = 55.56(M)$

[예제 30]

0.05M NaOH 용액 500mL를 준비하는 데 NaOH는 몇 g이 필요한가? (단, Na의 원자량은 23)

해설

몰 농도: 용액 1 L 속에 녹아 있는 용질의 몰수(M 또는 mol/L)
1. 1몰 : 용액 1L 속에 NaOH가 40g 녹아있음
   (NaOH의 분자량 = 23 + 16 + 1 = 40g)
2. 0.05몰에 필요한 NaOH의 g수
   1몰 : $40g = 0.05$몰 : x
   $1 \times x = 40 \times 0.05$
   $\therefore x = 2(g)$
3. 용액 1L 속에 NaOH가 2g 필요하므로 500mL에는
   $2 \times 0.5 = 1.0(g)$

[예제 31]

다음 20℃, 1기압에서 에틸렌글리콜의 증기압이 0.1mmHg이라면 공기 중 포화농도(ppm)는?

해설

$$포화농도(ppm) = \frac{물질의\ 증기압(mmHg)}{대기압(760mmHg)} \times 10^6$$

포화농도 $= \frac{0.1}{760} \times 10^6 = 131.58(ppm)$

[예제 32]

작업장에서 10,000ppm의 사염화에틸렌(분자량=166)이 공기 중에 함유되었다면 이 작업장 공기의 비중은? (단, 표준기압, 온도이며 공기의 분자량 29)

해설

1. 사염화에틸렌의 비중(S) = $\dfrac{\text{대상물질(사염화에틸렌의 분자량)}}{\text{표준물질(공기)의 분자량}} = \dfrac{166}{29} = 5.72$

2. 작업장의 사염화에틸렌은 10,000ppm(1%)이므로 공기는 99%가 된다.
   공기비중은 1이며, 사염화에틸렌의 비중은 5.72이므로
   유효비중 = $0.01 \times 5.72 + 0.99 \times 1 = 1.047$

[예제 33]

100g의 물에 40g의 NaCl을 가하여 용해시키면 몇 %(W/W%)의 NaCl 용액이 만들어지는가?

① 28.6　　　　　　② 32.7
③ 34.5　　　　　　④ 38.2

해설

%농도 : 용액 100g 속에 녹아 있는 용질의 질량(g)

$$\%\text{농도}(\%) = \frac{\text{용질의 질량}(g)}{\text{용액의 질량}(g)} \times 100 = \frac{\text{용질의 질량}(g)}{(\text{용매의 질량} + \text{용질의 질량})(g)} \times 100$$

$\%\text{농도}(\%) = \dfrac{40}{100+40} \times 100 = 28.57(\%)$

- 용매 : 물
- 용질 : NaCl

[정답 ①]

[예제 34]

0.001%는 몇 ppb인가?

해설

$0.001\% = 10^{-5}$
$ppb = 10^{-9}$
∴ $0.001\% = 10,000(ppb)$

참고

- ppb(parts per billion) : 10^{-9}
- % : 10^{-2}

CHAPTER 03 단원 예상문제

01 금속탐지공정에서 측정한 트리클로로에틸렌의 농도(ppm)가 다음과 같다면 기하평균 농도(ppm)는?

[트리클로로에틸렌의 농도]
101, 45, 51, 87, 36, 54, 40

① 53.2　② 55.2
③ 57.2　④ 59.2

> 1. $\log(GM) = \dfrac{\log X_1 + \log X_2 + \cdots + \log X_n}{N}$
> 2. $G.M = \sqrt[N]{X_1 \cdot X_2 \cdots X_n}$
>   - X_n : 측정치
>   - N : 측정치 개수
>
> $G.M = \sqrt[7]{(101 \times 45 \times 51 \times 87 \times 36 \times 54 \times 40)}$
> $= 55.23$

02 측정값이 17, 5, 3, 13, 8, 7, 12 및 10일 때 통계적인 대푯값 9.0은 다음 중 어느 통계치에 해당되는가?

① 산술평균　② 기하평균
③ 최빈값　④ 중앙값

> 1. 측정값을 크기 순서로 배열하면
>   17, 13, 12, 10, 8, 7, 5, 3
> 2. 측정값이 8개이므로
>   → 중앙의 2개 값 10과 8의 평균값이 중앙값이 된다.
> 3. 중앙값 $= \dfrac{10+8}{2} = 9$

03 처음 측정한 측정치는 유량, 측정시간, 회수율 및 분석 등에 의한 오차가 각각 15%, 3%, 9%, 5%였으나 유량에 의한 오차가 개선되어 10%로 감소되었다면 개선 전 측정치의 누적오차와 개선 후의 측정치의 누적오차의 차이(%)는?

① 6.6　② 5.6
③ 4.6　④ 3.8

> 누적오차(E_c) $= \sqrt{E_1^2 + E_2^2 + E_3^2 + \cdots + E_n^2}$
> - E_c : 누적오차(%)
> - $E_1, E_2, E_3 \sim E_n$: 각각 요소의 오차율(%)
>
> 1. $E_c = \sqrt{15^2 + 3^2 + 9^2 + 5^2} = 18.44(\%)$
> 2. $E_c = \sqrt{10^2 + 3^2 + 9^2 + 5^2} = 14.66(\%)$
> 3. 누적오차의 차 $= 18.44 - 14.66 = 3.78(\%)$

04 0.01M-NaOH 용액의 농도는? (단, Na 원자량 : 23)

① 40mg/L　② 800mg/L
③ 400mg/L　④ 1,000mg/L

> - 몰 농도 : 용액 1L 속에 녹아 있는 용질의 몰수 (M 또는 mol/L)
> - 1몰 : 용액 1L 속에 NaOH가 40g 녹아있음 (NaOH의 분자량 = 23 + 16 + 1 = 40g)
> - 0.01몰 : 용액 1L 속에 NaOH가 0.4g(400mg) 녹아있음 → 400mg/L
> - ∴ 0.01M-NaOH용액의 농도 = 400(mg/L)

정답 01 ② 02 ④ 03 ④ 04 ③

05 에틸렌글리콜이 20℃, 1기압에서 증기압이 0.05mmHg라면 공기 중 포화농도(ppm)는?

① 55.4　　② 65.8
③ 73.2　　④ 82.1

> 포화농도(ppm) = $\dfrac{\text{물질의 증기압(mmHg)}}{\text{대기압(760mmHg)}} \times 10^6$
>
> 포화농도(ppm) = $\dfrac{0.05}{760} \times 10^6 = 65.79$ (ppm)

06 유량, 측정시간, 회수율 및 분석 등에 의한 오차가 각각 8%, 2%, 6%, 3%일 때의 누적오차(%)는?

① 약 19.0　　② 약 16.6
③ 약 13.2　　④ 약 10.6

> 누적오차(E_c) = $\sqrt{E_1^2 + E_2^2 + E_3^2 + \cdots + E_n^2}$
> - E_c : 누적오차(%)
> - $E_1, E_2, E_3 \sim E_n$: 각각 요소의 오차율(%)
>
> $E_c = \sqrt{8^2 + 2^2 + 6^2 + 3^2} = 10.63$ (%)

07 작업환경측정치의 통계처리에 활용되는 변이계수에 관한 설명으로 옳지 않은 것은?

① 편차의 제곱 합들의 평균값으로 통계집단의 측정값들에 대한 균일성, 정밀성 정도를 표현한다.
② 측정단위와 무관하게 독립적으로 산출되며 백분율로 나타낸다.
③ 단위가 서로 다른 집단이나 특성값의 상호 산포도를 비교하는 데 이용될 수 있다.
④ 평균값의 크기가 0에 가까울수록 변이계수의 의의는 작아진다.

> ★ 변이계수
> 통계집단의 측정값들에 대한 균일성, 정밀성 정도를 표현한다.(산업위생통계에서 측정방법의 정밀도는 변이계수로 나타낸다.)
>
> CV(%) = $\dfrac{\text{표준편차}}{\text{산술평균}} \times 100$

정답　05 ②　06 ④　07 ①

08 3,000mL의 0.004M의 황산용액을 만들려고 한다. 5M 황산을 이용할 경우 몇 mL가 필요한가?

① 5.6 　　② 4.8
③ 3.1 　　④ 2.4

1. 5M : 용액1 L(1,000mL) 속에 용질이 5M 녹아있음
2. 0.004M : 용액1 L(1,000mL) 속에 용질이 0.004M 녹아있음
   3,000mL의 0.004M의 황산용액을 만들기 위해서는 $3 \times 0.004M = 0.012M$이 필요함
3. 1,000mL 속에 용질이 5M 녹아있으므로
   $1,000 : 5 = X : 0.012$
   $5X = 1,000 \times 0.012$
   $X = \dfrac{1,000 \times 0.012}{5} = 2.4(mL)$

★ 참고
몰 농도
용액1 L 속에 녹아있는 용질의 몰수(M 또는 mol/L)

09 다음 중 hexane의 부분압이 100mmHg (OEL = 500ppm)이었을 때 VHR_{Hexane}은?

① 212.5 　　② 226.3
③ 247.2 　　④ 263.2

$$VHR = \dfrac{C}{TLV}$$

• C : 발생농도
• TLV : 노출기준

$$VHR = \dfrac{C}{TLV} = \dfrac{100mmHg \times \dfrac{1}{760mmHg}}{500 \times 10^{-6}}$$
$$= 263.16$$

10 어느 작업장에서 toluene의 농도를 측정한 결과 23.2ppm, 21.6ppm, 22.4ppm, 24.1ppm, 22.7ppm을 각각 얻었다. 기하평균농도(ppm)는?

① 22.8 　　② 23.3
③ 23.6 　　④ 23.9

★ 기하평균

1. $\log(GM) = \dfrac{\log X_1 + \log X_2 + \cdots + \log X_n}{N}$
2. $G.M = \sqrt[N]{X_1 \cdot X_2 \cdots X_n}$

• X_n : 측정치
• N : 측정치 개수

$G.M = \sqrt[5]{(23.2 \times 21.6 \times 22.4 \times 24.1 \times 22.7)}$
　　$= 22.78$

11 산업위생통계에서 적용하는 변이계수에 대한 설명으로 틀린 것은?

① 통계집단의 측정값에 대한 균일성, 정밀성 정도를 표현하는 것이다.
② 표준오차에 대한 평균값의 크기를 나타낸 수치이다.
③ 단위가 서로 다른 집단이나 특성 값의 상호 산포도를 비교하는 데 이용될 수 있다.
④ 평균값의 크기가 0에 가까울수록 변이계수의 의의가 작아지는 단점이 있다.

★ 변이계수(CV)
① 통계집단의 측정값들에 대한 균일성, 정밀성 정도를 표현한다.(산업위생통계에서 측정방법의 정밀도는 변이계수로 나타낸다.)
② 평균값의 크기가 0에 가까울수록 변이계수의 의의는 작아진다.
③ 측정단위와 무관하게 독립적으로 산출되며 백분율로 나타낸다.
④ 단위가 서로 다른 집단이나 특성 값의 상호 산포도를 비교하는 데 이용될 수 있다.

$$CV(\%) = \frac{표준편차}{산술평균} \times 100$$

12 작업환경측정 시 유량, 측정시간, 회수율, 분석 등에 의한 오차가 각각 20%, 15%, 10%, 5% 일 때 누적오차는?

① 약 29.5% ② 약 27.4%
③ 약 25.8% ④ 약 23.3%

누적오차$(E_c) = \sqrt{E_1^2 + E_2^2 + E_3^2 + \cdots + E_n^2}$
• E_c : 누적오차(%)
• $E_1, E_2, E_3 \sim E_n$: 각각 요소의 오차율(%)
누적오차 $= \sqrt{20^2 + 15^2 + 10^2 + 5^2} = 27.39(\%)$

13 다음 20℃, 1기압에서 에틸렌글리콜의 증기압이 0.1mmHg이라면 공기 중 포화농도(ppm)는?

① 약 56 ② 약 112
③ 약 132 ④ 약 156

포화농도(ppm) $= \dfrac{물질의 증기압(mmHg)}{대기압(760mmHg)} \times 10^6$

포화농도(ppm) $= \dfrac{0.1}{760} \times 10^6 = 131.58(ppm)$

14 0.05M NaOH 용액 500mL를 준비하는 데 NaOH는 몇 g이 필요한가? (단, Na의 원자량은 23)

① 1.0 ② 1.5
③ 2.0 ④ 2.5

• 1몰 : 용액 1L 속에 NaOH가 40g 녹아 있음
 (NaOH의 분자량 = 23 + 16 + 1 = 40g)
• 0.05몰에 필요한 NaOH의 g수
 1몰 : 40g = 0.05몰 : x
 $1 \times x = 40 \times 0.05$
 ∴ $x = 2(g)$
• 용액 1L 속에 NaOH가 2g 필요하므로 500mL 에는 $2 \times 0.5 = 1.0(g)$

★ 참고
몰 농도
용액 1L 속에 녹아 있는 용질의 몰수(M 또는 mol/L)

정답 11 ② 12 ② 13 ③ 14 ①

15 수은(알킬수은 제외)의 노출기준은 0.05mg/m³이고 증기압은 0.0018mmHg인 경우 VHR (Vapor Hazard Ratio)는? (단, 25℃, 1기압 기준, 수은 원자량 200.59)

① 306 ② 321
③ 354 ④ 388

$$VHR = \frac{C}{TLV}$$

- C : 발생농도
- TLV : 노출기준

$$VHR = \frac{C}{TLV} = \frac{0.0018mmHg \times \frac{1}{760mmHg}}{\frac{0.05mg}{m^3} \times \frac{24.45 \times 10^{-3}m^3}{200.59 \times 10^3 mg}}$$

$= 388.61$

수은 원자량 $= 200.59(g) = 200.59 \times 10^3 (mg)$
25℃, 1기압 공기 1몰의 부피
$= 24.45(L) = 24.45 \times 10^{-3}(m^3)$

16 어느 작업장에 benzene의 농도를 측정한 결과가 3ppm, 4ppm, 5ppm, 5ppm, 4ppm이었다면 이 측정값들의 기하평균(ppm)은?

① 약 4.13 ② 약 4.23
③ 약 4.33 ④ 약 4.43

★기하평균

1. $\log(GM) = \frac{\log X_1 + \log X_2 + \cdots + \log X_n}{N}$
2. $G.M = \sqrt[N]{X_1 \cdot X_2 \cdots X_n}$

- X_n : 측정치
- N : 측정치 개수

$G.M = \sqrt[5]{(3 \times 4 \times 5 \times 5 \times 4)} = 4.13$

17 작업장에서 10,000ppm의 사염화에틸렌(분자량=166)이 공기 중에 함유되었다면 이 작업장 공기의 비중은? (단, 표준기압, 온도이며 공기의 분자량 29)

① 1.028 ② 1.032
③ 1.047 ④ 1.054

1. 사염화에틸렌의 비중(S)
   $= \frac{대상물질(사염화에틸렌)의 분자량}{표준물질(공기)의 분자량}$
   $= \frac{166}{29} = 5.72$
2. 작업장에 사염화에틸렌이 10,000ppm(1%) 존재하므로 공기는 99%가 된다. 공기비중은 1이며, 사염화에틸렌의 비중은 5.72이므로 유효비중 $= 0.01 \times 5.72 + 0.99 \times 1 = 1.047$

18 어느 작업장의 n-hexane의 농도를 측정한 결과 24.5ppm, 20.2ppm, 25.1ppm, 22.4ppm, 23.9ppm을 각각 얻었다. 기하평균치(ppm)는?

① 23.2 ② 23.8
③ 24.2 ④ 24.8

★기하평균

1. $\log(GM) = \frac{\log X_1 + \log X_2 + \cdots + \log X_n}{N}$
2. $G.M = \sqrt[N]{X_1 \cdot X_2 \cdots X_n}$

- X_n : 측정치
- N : 측정치 개수

$G.M = \sqrt[5]{(24.5 \times 20.2 \times 25.1 \times 22.4 \times 23.9)}$
$= 23.15(ppm)$

정답 15 ④ 16 ① 17 ③ 18 ①

19 NaOH(나트륨 원자량 : 23) 10g을 10L의 용액에 녹였을 때 이 용액의 몰농도는?

① 0.025M　　② 0.25M
③ 0.05M　　　④ 0.5M

> - 몰 농도 : 용액 1 L 속에 녹아 있는 용질의 몰수 (M 또는 mol/L)
> - 1몰 : 용액 1L 속에 NaOH가 40g 녹아 있음 (NaOH의 분자량 = 23 + 16 + 1 = 40g)
> - 10L 속에 10g이 녹아 있으므로 1L 속에는 1g이 녹아 있음
> - 1몰 : 40 g = x몰 : 1g
> $1 \times 1 = 40 \times x$
> $x = \dfrac{1 \times 1}{40} = 0.025(M)$

20 유량, 측정시간, 회수율 및 분석에 의한 오차가 각각 10, 5, 7 및 5%였다. 만약 유량에 의한 오차(10%)를 5%로 개선시켰다면 개선 후의 누적오차는?

① 8.9%　　② 11.1%
③ 12.4%　　④ 14.3%

> 누적오차$(E_c) = \sqrt{E_1^2 + E_2^2 + E_3^2 + \cdots + E_n^2}$
> - E_c : 누적오차(%)
> - $E_1, E_2, E_3 \sim E_n$: 각 요소의 오차율(%)
>
> $E_c = \sqrt{5^2 + 5^2 + 7^2 + 5^2} = 11.14(\%)$

21 hexane의 부분압이 150mmHg(OEL 500 ppm)이었을 때 Vapor Hazard Ratio(VHR)는?

① 335　　② 355
③ 375　　④ 395

> $VHR = \dfrac{C}{TLV}$
> - C : 발생농도
> - TLV : 노출기준
>
> $VHR = \dfrac{C}{TLV} = \dfrac{150\text{mmHg} \times \dfrac{1}{760\text{mmHg}}}{500\text{ppm} \times 10^{-6}}$
> $= 394.74$

22 시료를 포집할 때 4%의 오차가, 또 포집된 시료를 분석할 때 3%의 오차가 발생하였다. 다른 오차는 발생하지 않았다고 가정할 때 누적오차는?

① 4%　　② 5%
③ 6%　　④ 7%

> 누적오차$(E_c) = \sqrt{E_1^2 + E_2^2 + E_3^2 + \cdots + E_n^2}$
> - E_c : 누적오차(%)
> - $E_1, E_2, E_3 \sim E_n$: 각 요소의 오차율(%)
>
> $E_c = \sqrt{4^2 + 3^2} = 5(\%)$

정답　19 ①　20 ②　21 ④　22 ②

23 순수한 물의 몰(M)농도는? (단, 표준상태 기준)

① 35.2　　② 45.3
③ 55.6　　④ 65.7

> 몰농도(M/L) = $\dfrac{\text{용질의 몰수}}{\text{용액의 } L \text{수}}$
>
> • 몰 농도 : 용액 1 L 속에 녹아 있는 용질의 몰수
>
> • 물의 밀도 = $\dfrac{1g}{mL} = \dfrac{1,000g}{L}$
>
> • 물의 몰질량 = $\dfrac{18g}{mol}$
>
> • 순수한 물의 몰 농도
> 1몰 : 18g = x몰 : 1,000g
> 18 × x = 1 × 1,000
> $x = \dfrac{1,000}{18} = 55.56(M)$

24 유기용제 작업장에서 측정한 톨루엔 농도는 65, 150, 175, 63, 83, 112, 58, 49, 205, 178(ppm)이다. 산술평균과 기하평균값은 각각 얼마인가?

① 산술평균 108.4, 기하평균 100.4
② 산술평균 108.4, 기하평균 117.6
③ 산술평균 113.8, 기하평균 100.4
④ 산술평균 113.8, 기하평균 117.6

> 1. 산술평균
> $M = \dfrac{65+150+175+63+83+112+58+49+205+178}{10}$
> $= 113.8$
>
> 2. 기하평균
> $G.M = \sqrt[10]{65 \times 150 \times 175 \times 63 \times 83 \times 112 \times 58 \times 49 \times 205 \times 178}$
> $= 100.36$

25 유기용제 취급사업장의 메탄올 농도가 100.2, 89.3, 94.5, 99.8, 120.5(ppm)이다. 이 사업장의 기하평균농도는?

① 약 100.3ppm　　② 약 101.3ppm
③ 약 102.3ppm　　④ 약 103.3ppm

> 1. $\log(GM) = \dfrac{\log X_1 + \log X_2 + \cdots + \log X_n}{N}$
> 2. $G.M = \sqrt[N]{X_1 \cdot X_2 \cdots X_n}$
>
> • X_n : 측정치
> • N : 측정치 개수
>
> $G.M = \sqrt[5]{100.2 \times 89.3 \times 94.5 \times 99.8 \times 120.5}$
> $= 100.34(\text{ppm})$

26 통계집단의 측정값들에 대한 균일성, 정밀성 정도를 표현하는 것으로 평균값에 대한 표준편차의 크기를 백분율로 나타낸 수치는?

① 신뢰한계도　　② 표준분산도
③ 변이계수　　　④ 편차분산율

> ★ 변이계수(CV)
> ① 통계집단의 측정값들에 대한 균일성, 정밀성 정도를 표현한다.(산업위생통계에서 측정방법의 정밀도는 변이계수로 나타낸다.)
> ② 평균값의 크기가 0에 가까울수록 변이계수의 의의는 작아진다.
>
> $CV(\%) = \dfrac{\text{표준편차}}{\text{산술평균}} \times 100$

정답　23 ③　24 ③　25 ①　26 ③

27 어떤 유해작업장에 일산화탄소(CO)가 표준상태(0℃, 1기압)에서 15ppm 포함되고 있다. 이 공기 1Sm³ 중에 CO는 몇 μg이 포함되어 있는가?

① 약 9,200g/Sm³ ② 약 10,800g/Sm³
③ 약 17,500g/Sm³ ④ 약 18,800g/Sm³

> $$mg/m^3 = \frac{ppm \times 분자량}{22.4(0℃, 1기압)}$$
>
> 1. $mg/m^3 = \frac{15 \times 28}{22.4} = 18.75(mg/m^3)$
>   (CO의 분자량 = 12 + 16 = 28g)
> 2. 1m³ 중에 18.75mg(18.75mg × 1,000 = 18,750μg)이 포함되어 있다.
>   ($mg = 10^{-3}g$, $\mu g = 10^{-6}g$)

28 hexane의 부분압이 120mmHg (OEL 500 ppm)이라면 VHR은?

① 271 ② 284
③ 316 ④ 343

> $$VHR = \frac{C}{TLV}$$
> • C : 발생농도
> • TLV : 노출기준
>
> $VHR = \frac{C}{TLV} = \frac{120mmHg \times \frac{1}{760mmHg}}{500ppm \times 10^{-6}}$
> = 315.79

29 유량, 측정시간, 회수율, 분석에 의한 오차가 각각 8%, 4%, 7%, 5%일 때의 누적오차는?

① 12.4% ② 15.4%
③ 17.6% ④ 19.3%

> 누적오차$(E_c) = \sqrt{E_1^2 + E_2^2 + E_3^2 + \cdots + E_n^2}$
> • E_c : 누적오차(%)
> • $E_1, E_2, E_3 \sim E_n$: 각각 요소의 오차율(%)
> 누적오차$(E_c) = \sqrt{8^2 + 4^2 + 7^2 + 5^2} = 12.41(\%)$

30 다음은 서울 종로 혜화동 전철역에서 측정한 오존의 농도이다. 기하평균(ppm)은?

[측정농도(ppm)]
5.42, 5.58, 1.26, 0.57, 5.82, 2.24, 3.58, 5.58, 1.15

① 2.25 ② 2.65
③ 3.25 ④ 3.45

> ★기하평균
>
> 1. $\log(GM) = \frac{\log X_1 + \log X_2 + \cdots + \log X_n}{N}$
> 2. $G.M = \sqrt[N]{X_1 \cdot X_2 \cdots X_n}$
>   • X_n: 측정치
>   • N: 측정치 개수
>
> $G.M = \sqrt[9]{5.42 \times 5.58 \times 1.26 \times 0.57 \times 5.82 \times 2.24 \times 3.58 \times 5.58 \times 1.15}$
> = 2.65(ppm)

정답 27 ④ 28 ③ 29 ① 30 ②

31 측정 결과의 통계처리를 위한 산포도 측정방법에는 변량 상호 간의 차이에 의하여 측정하는 방법과 평균값에 대한 변량의 편차에 의한 측정방법이 있다. 다음 중 변량 상호 간의 차이에 의하여 산포도를 측정하는 방법으로 가장 옳은 것은?

① 평균차　　② 분산
③ 변이계수　④ 표준편차

★ 평균차
변량 상호 간의 차이에 의하여 산포도를 측정하는 방법

32 어느 자동차공장의 프레스반 소음을 측정한 결과 측정치가 다음과 같았다면 이 프레스반 소음의 중앙치(median)는?

> 79dB(A), 80dB(A), 77dB(A), 82dB(A),
> 88dB(A), 81dB(A), 84dB(A), 76dB(A)

① 80.5dB(A)　　② 81.5dB(A)
③ 82.5dB(A)　　④ 83.5dB(A)

1. 소음을 크기 순서대로 나타내면
   76, 77, 79, 80, 81, 82, 84, 88
2. 측정값이 8개이므로
   → 중앙의 2개 값 80과 81의 평균값이 중앙값이 된다.
3. 중앙값 $= \dfrac{80+81}{2} = 80.5$(dB)

★ 참고
중앙치(중앙값)
① N개의 측정치를 크기순서로 배열하였을 때 중앙에 위치하는 값을 말한다.
② 값이 짝수일 때는 중앙에 위치하는 두 개의 값을 평균 내어 중앙값으로 한다.

산업위생관리기사 필기

03

제3과목 작업환경관리대책

CHAPTER 01 산업환기
CHAPTER 02 작업 공정 관리
CHAPTER 03 개인 보호구

CHAPTER 01 산업환기

01 환기 원리

1 산업 환기의 의미와 목적

(1) 산업환기의 의미

① 산업환기 : 작업장의 오염된 공기를 배출하는 동시에 신선한 공기를 도입해서 공기를 교환하는 방법을 말한다.
② 산업환기설비 : 유해물질을 건강상 유해하지 않은 농도로 유지하고 유해물질에 의한 화재 · 폭발을 방지하거나 열 또는 수증기를 제거하기 위하여 설치하는 전체환기장치와 국소배기장치 등 일체의 환기설비를 말한다.

(2) 산업환기의 목적(실내환기시설을 설치하는 통상적인 목적) 실기 기출 ★

① 유해물질의 농도를 허용농도 이하로 낮춘다.(오염물질로 부터 건강 보호)
② 온도와 습도를 조절한다.(불필요한 고열 제거)
③ 화재나 폭발을 방지한다.
④ 작업생산능률을 향상시킨다.

2 환기의 기본 원리

(1) 환기시스템

① 전체환기와 국소배기를 말한다.
② 효율적인 운영을 위해 보충공기(Replacement) 또는 make-up air를 공급하는 시스템이 필요하다.

> **참고**
> 공기공급시스템(make-up air)
> 국소배기장치가 효과적인 기능을 발휘하기 위해서는 후드를 통해 배출되는 것과 같은 양의 공기가 외부로부터 보충되어야 한다. 이것을 공기공급시스템(make-up air)이라고 한다.

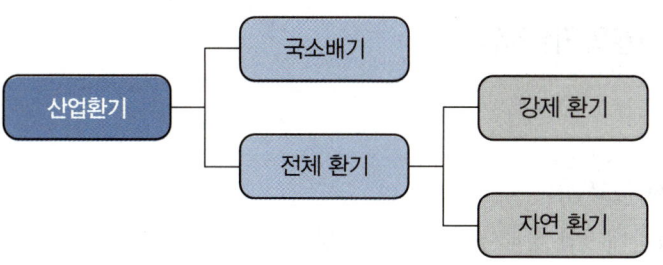

(2) 전체 환기(희석 환기)

1) 정의 실기 기출★

① 작업장 전체를 환기시키는 방식(공기를 희석하여 유해인자의 농도를 낮춘다.)을 말한다.
② 작업장의 개구부를 통하여 바람 및 작업장 내외의 **온도, 압력 차이에 의한 대류작업으로 행해지는 환기**를 말한다.

2) 자연환기와 강제환기의 비교 ★

자연환기	강제 환기(기계 환기)
• 실내외의 **온도차와 바람에 의한 자연 통풍 방식** • 기계환기에 비해 소음·진동이 적다. • 운전에 따른 **에너지 비용이 없다.** • **냉방비 절감효과**를 가진다. • 계절, 온도, 압력 등의 **기상조건, 작업장 내부조건** 등에 따라 환기량 변화가 크다. • 실내외 온도차가 높을수록 환기효율은 증가한다. • 건물이 높을수록 환기효율이 증가한다. • 환기량 예측 자료를 구하기 어렵다.	• 송풍기(fan)를 사용하여 강제적으로 환기하는 방식 • 외부 조건에 관계없이 **작업환경을 일정하게 유지**할 수 있다. • 소음·진동의 발생과 운전에 따른 에너지 비용이 소요된다.

(3) 국소 환기(국소 배기)

1) 정의

발생된 유해물질이 공기 중에 확산되기 전에 국소적으로 공기를 흡입하고 처리하는 방법을 말한다.

실기 기출★
전체 환기 시설의 목적에 따른 분류
① 자연환기
② 강제환기(기계환기)

한 눈에 들어오는 키워드

> **참고**
> - 양압(+) : 작업장 내 압력이 외기보다 높은 상태
> - 음압(−) : 작업장 내 압력이 외기보다 낮은 상태
> - 공기의 흐름은 (+) → (−)이므로 오염원 주위를 음압으로 하면 오염원의 확산을 방지할 수 있다.

3 유체흐름의 기본개념

(1) 온도

① 섭씨온도(℃)
- 표준대기압 상태에서 물의 어는점을 0℃로 하고 물의 끓는점을 100℃로 하여 그 사이를 100등분한 것을 1℃로 정한 온도

② 화씨온도(℉)
- 표준대기압 상태에서 물의 어는점을 32℉로 하고 물의 끓는점을 212℉로 정하여 그 사이를 180등분하고 한 눈금을 1℉로 정한 온도

③ 절대온도(K)
- 열역학 제2법칙에 의해 정해진 온도
- 이론상 가능한 최저온도를 0K, 물의 삼중점을 273.16K로 정한 온도

④ 랭킨온도(°R)
- 절대온도를 화씨온도로 바꾼 단위

$$섭씨온도(℃) = \frac{5}{9}[화씨온도(℉) - 32]$$

$$화씨온도(℉) = \left[\frac{9}{5} \times 섭씨온도(℃)\right] + 32$$

$$절대온도(K) = 273 + 섭씨온도(℃)$$

$$랭킨온도(°R) = 460 + 화씨온도(℉)$$

> **참고**
> $1mmH_2O = 1kgf/m^2$
> $= 9.8Pa$
> $= 9.8N/m^2$
> $= 0.0735mmHg$
> ($Pa = 9.8N/m^2$)

(2) 압력 ★

단위면적에 작용하는 수직방향의 힘을 말한다.

$$1기압(atm) = 760mmHg = 10332.2676mmH_2O$$
$$= 101325Pa(101.325kPa) = 1013.25밀리바(mb)$$
$$= 1.033227kg_f/cm^2$$

[예제 1]

1기압에서 혼합기체가 질소(N_2) 66%, 산소(O_2) 14%, 탄산가스 20%로 구성되어 있을 때 질소 가스의 분압은? (단, 단위 : mmHg)

① 501.6 ② 521.6
③ 541.6 ④ 560.4

해설
- 1기압 = 760mmHg
- 공기 중의 질소는 66%이므로
  $760 \times 0.66 = 501.6(mmHg)$

[정답 ①]

[예제 2]

분압이 1.5mmHg인 물질이 표준상태의 공기 중에서 도달할 수 있는 최고 농도(용량농도)는 약 얼마인가?

① 0.2% ② 1.1%
③ 2%   ④ 11%

해설
$100\% : 760 = X : 1.5$
$760 \times X = 100 \times 1.5$
$X = \dfrac{100 \times 1.5}{760} = 0.2(\%)$
* 표준상태 : 21℃, 1기압(760mmHg)

[정답 ①]

(3) 비중량(specific weight: γ)

단위체적당 유체의 중량을 말한다.

$$비중량(\gamma) = \frac{중량}{부피} (g_f/cm^3, \ kg_f/m^3)$$

0℃ 1기압에서의 공기 비중량 : $1.293 kg_f/m^3$

기출

공기밀도
① 온도가 상승하면 공기가 팽창하여 밀도가 작아진다.
② 고공으로 올라갈수록 압력이 낮아져 공기는 팽창하고 밀도는 작아진다.
③ 다른 모든 조건이 일정할 경우 공기밀도는 절대온도에 반비례하고, 압력에 비례한다.
④ 공기 1m³와 물 1m³의 무게는 다르다.

(4) 밀도(Density : ρ) ★

단위체적당 유체의 질량을 말한다.

$$\text{밀도}(\rho) = \frac{\text{질량}}{\text{부피}} (g/cm^3, kg/m^3)$$

- 0℃, 1기압에서의 공기 밀도 : 1.293kg/m³
- 21℃, 1기압에서의 공기밀도 : 1.203kg/m³

참고

비중량과 밀도는 단위가 동일하나 비중량(g_f/cm^3, kg_f/m^3)은 중력가속도를 고려한 값이며, 밀도(g/cm^3, kg/m^3)는 중력가속도를 고려하지 않은 값이다.

밀도 및 비중량의 보정

1. 밀도(비중량)보정계수 $= \dfrac{(273+t_1)(P_2)}{(273+t_2)(P_1)}$

2. 보정된 밀도(비중량) = 보정 전의 밀도(비중량) $\times \dfrac{(273+t_1)(P_2)}{(273+t_2)(P_1)}$

t_1 : 처음온도 t_2 : 나중 온도
P_1 : 처음 압력 P_2 : 나중 압력

[예제 3]

0℃, 1기압인 표준상태에서 공기의 밀도가 1.293kg/Sm³라고 할 때 25℃, 1기압에서의 공기밀도는 몇 kg/m³인가?

① 0.903kg/m³
② 1.085kg/m³
③ 1.185kg/m³
④ 1.411kg/m³

해설

0℃(t_1) → 25℃(t_2)로 보정

보정된 밀도 = 보정 전의 밀도 $\times \dfrac{(273+t_1)(P_2)}{(273+t_2)(P_1)} = 1.293 \times \dfrac{273+0}{273+25} = 1.185(kg/m^3)$

*Sm³ : 표준상태의 기체 체적

[정답 ③]

[예제 4]

온도 3℃, 기압 705mmHg인 공기의 밀도보정계수는 약 얼마인가?

① 0.948　　　　　　　　② 0.956
③ 0.965　　　　　　　　④ 0.988

해설

21℃(t_1), 760mmHg(P_1) → 3℃(t_2), 705mmHg(P_2)로 보정

밀도보정계수 = $\dfrac{(273+t_1)(P_2)}{(273+t_2)(P_1)} = \dfrac{(273+21)\times(705)}{(273+3)\times(760)} = 0.9881$ (21℃, 1기압 기준)

* 온도 압력이 주어지지 않을 경우 산업환기의 표준상태(21℃, 760mmHg)를 기준으로 한다.

[정답 ④]

[예제 5]

해발고도가 1220m인 곳에서 대기압이 656mmHg이다. 이때 작업장에서 배출되는 공기의 온도가 200℃라면 이 공기의 밀도는 약 얼마인가? (단, 표준상태의 공기의 밀도는 1.203kg/m³이다.)

① 0.25kg/m³　　　　　　② 0.45kg/m³
③ 0.65kg/m³　　　　　　④ 0.85kg/m³

해설

밀도의 온도 압력 보정[21℃(t_1), 760mmHg(P_1) → 200℃(t_2), 656mmHg(P_2)로 보정]

보정된 밀도 = $1.203 \times \dfrac{(273+21)\times 656}{(273+200)\times 760} = 0.6454 \, (kg/m^3)$

* 산업환기의 표준상태는 21℃, 760mmHg이다.

[정답 ③]

[예제 6]

1,830m 고도에서의 압력이 608mmHg일 때, 공기밀도는 약 몇 kg/m³인가? (단, 1기압, 21℃일 때 공기의 밀도는 1.2kg/m³이다.)

① 0.66　　　　　　　　② 0.76
③ 0.86　　　　　　　　④ 0.96

해설

760mmHg(P_1) → 608mmHg(P_2)로 보정

보정 후의 밀도 = 보정 전의 밀도 $\times \dfrac{P_2}{P_1} = 1.2 \times \dfrac{608}{760} = 0.96 \, (kg/m^3)$

[정답 ④]

(5) 비중(specific gravity ; S)

① 표준물질의 밀도와 실제 물질에 대한 밀도의 비
② 표준물질과 비교한 질량의 비

$$비중(S) = \frac{어떤 대상물질의 밀도}{표준물질의 밀도}$$

- 기체 : 0℃, 1기압의 공기밀도(1.293kg/m³)를 기준
- 고체, 액체 : 4℃, 1기압의 물의 밀도(1,000kg/m³)를 표준물질로 한다.

$$비중(S) = \frac{어떤 대상물질의 분자량}{표준물질의 분자량}$$

1몰의 공기무게(공기 분자량) : 28.96g

(6) 비체적(specific volume ; V_s)

단위질량이 갖는 유체의 체적(단위 질량당 부피)을 말한다.

$$비체적(V_s) = \frac{1}{\rho} (m^3/kg, cm^3/g)$$

ρ : 밀도(kg/m³)

부피보정 ★

- 보일-샤를의 법칙

$$\frac{P_1 V_1}{T_1} = \frac{P_2 V_2}{T_2}, \quad T_1 P_2 V_2 = T_2 P_1 V_1$$

$$\therefore V_2 = V_1 \times \frac{T_2 P_1}{T_1 P_2} = V_1 \times \frac{(273+t_2)P_1}{(273+t_1)P_2}$$

1. $22.4 \times \frac{(273+t_2)(760)}{(273+0)(P_2)}$ [0℃, 1기압(760mmHg) 기준]

2. $24.1 \times \frac{(273+t_2)(760)}{(273+21)(P_2)}$ [21℃, 1기압(760mmHg) 기준]

3. $24.45 \times \frac{(273+t_2)(760)}{(273+25)(P_2)}$ [25℃, 1기압(760mmHg) 기준]

V_1 : 처음 부피(보정 전의 부피) V_2 : 나중 부피(보정 후의 부피)
$T_1(K)$: 처음온도(273+t_1(℃)) $T_2(K)$: 나중 온도(273+t_2(℃))
P_1 : 처음 압력 P_2 : 나중 압력

한 눈에 들어오는 키워드

참고
21℃, 1기압의 공기밀도
1.2kg/m³

실기 기출 ★
표준상태(STP)
① 순수자연과학(물리·화학 등) 분야의 표준상태 : 0℃, 1atm (1기압), 기체 1몰(mol)의 부피 22.4L
② 산업환기 분야의 표준상태 : 21℃, 1atm(1기압), 기체 1몰(mol)의 부피 24.1L
③ 산업위생(작업환경) 분야의 표준상태 : 25℃, 1atm(1기압), 기체 1몰(mol)의 부피 24.45L

(7) 유량(Flow Rate ; Q)

단면적을 단위시간 동안 흐르는 유체의 양(m^3/hr, m^3/min, m^3/sec)

> **유량보정** ★★
> $$Q_2 = Q_1 \times \frac{(273+t_2)(P_1)}{(273+t_1)(P_2)}$$

Q_1 : 보정 전의 유량 Q_2 : 보정 후의 유량
$t_1(℃)$: 처음온도 $t_2(℃)$: 나중 온도
P_1 : 처음 압력 P_2 : 나중 압력

(8) 표준상태(STP) 실기 기출 ★

① 순수자연과학(물리·화학 등) 분야의 표준상태 : 0℃, 1atm(1기압), 기체 1몰(mol)의 부피 22.4L
② 산업환기 분야의 표준상태 : 21℃, 1atm(1기압), 기체 1몰(mol)의 부피 24.1L
③ 산업위생(작업환경) 분야의 표준상태 : 25℃, 1atm(1기압), 기체 1몰(mol)의 부피 24.45L

한 눈에 들어오는 키워드

[예제 7]

이산화탄소 가스의 비중은? (단, 0℃, 1기압 기준)

① 1.34 ② 1.41
③ 1.52 ④ 1.63

해설

$$비중(S) = \frac{어떤 \ 대상물질의 \ 분자량}{표준물질의 \ 분자량} = \frac{44}{28.96} = 1.52$$

CO_2의 분자량 $= 12 + (16 \times 2) = 44g$
공기의 분자량 $= 28.96g$

[정답 ③]

[예제 8]

벤젠 2kg이 모두 증발하였다면 벤젠이 차지하는 부피는? (단, 벤젠 비중 0.88, 분자량 78g, 21℃ 1기압)

① 약 521L ② 약 618L
③ 약 736L ④ 약 871L

해설

$$부피(L) = \frac{2,000g \times 24.1L}{78g} = 617.95L$$

[정답 ②]

[예제 9]

표준상태(21℃, 1기압)에서 벤젠 2L가 증발할 때 공기 중에서 차지하는 부피는? (단, 벤젠(C_6H_6)의 비중은 0.879)

① 442L ② 543L
③ 638L ④ 724L

해설

$$부피(L) = \frac{(2,000 \times 0.879)g \times 24.1L}{78g} = 543.18(L)$$

- 벤젠(C_6H_6)의 분자량 $= 12 \times 6 + 1 \times 6 = 78(g)$
- $L \times 비중 = kg$ ∴ $2L \times 0.879 = (2 \times 0.879)kg = (2,000 \times 0.879)g$

또는
$24.1L : 78g = x : (2,000 \times 0.879)g$
$78 \times x = 24.1 \times 2,000 \times 0.879$
$x = \dfrac{24.1 \times 2,000 \times 0.879}{78} = 543.18(L)$

[정답 ②]

[예제 10]

액체 상태의 벤젠 2L가 공기 중으로 모두 증발했다고 가정하였을 경우 벤젠 증기의 용량(L)을 계산하시오. (단, 25℃ 1기압이며, 비중 0.879, 분자량 78.11이다.)

해설

부피$(L) = \dfrac{(2,000 \times 0.879)g \times 24.45L}{78.11g} = 550.29(L)$

- $L \times 비중 = kg$ ∴ $2L \times 0.879 = (2 \times 0.879)kg = (2,000 \times 0.879)g$
- 25℃ 1기압 기체 1몰의 부피 = 24.45L

또는
$24.45L : 78.11g = x : (2,000 \times 0.879)g$
$78.11 \times x = 24.45 \times 2,000 \times 0.879$
$x = \dfrac{24.45 \times 2,000 \times 0.879}{78.11} = 550.29(L)$

[예제 11]

벤젠을 취급하던 근로자가 실수로 벤젠 2L를 바닥에 흘렸다. 공기 중으로 증발한 벤젠의 증기용량(L)를 계산하시오. (단, 작업장은 0℃, 1기압이며, 벤젠의 비중 0.879, 분자량 78.11이다.)

해설

부피$(L) = \dfrac{(2 \times 1,000 \times 0.879)g \times 22.4L}{78.11g} = 504.15(L)$

- $L \times 비중 = kg$ ∴ $2L \times 0.879 = (2 \times 0.879)kg = (2 \times 1,000 \times 0.879)g$
- 0℃ 1기압 기체 1몰의 부피 = 22.4L

또는
$22.4L : 78.11g = x : (2,000 \times 0.879)g$
$78.11 \times x = 22.4 \times 2,000 \times 0.879$
$x = \dfrac{22.4 \times 2,000 \times 0.879}{78.11} = 504.15(L)$

> **한 눈에 들어오는 키워드**

[예제 12]

벤젠을 시간당 2L를 사용하는 작업장에서 공기 중으로 벤젠이 증발하고 있다. 21℃ 1기압에서의 벤젠 증발량(L/hr)을 계산하시오. (단, 벤젠의 비중 0.879, 분자량 78.11이다.)

해설

$$증발량(L/hr) = \frac{(2 \times 1{,}000 \times 0.879)g \times 24.1L}{78.11g} = 542.41(L)$$

- $L \times 비중 = kg$ ∴ $2L \times 0.879 = (2 \times 0.879)kg = (2 \times 1{,}000 \times 0.879)g$
- 21℃ 1기압 기체 1몰의 부피 = 24.1L

[예제 13]

21℃, 1기압의 상태에서 부피가 1,000m³인 공간에 벤젠(비중 0.88, 분자량 78) 4L가 모두 증발하였다고 가정하였을 경우 공기 중에 벤젠의 농도(ppm)을 계산하시오.

해설

1. $$부피(L) = \frac{(4 \times 1{,}000 \times 0.88)g \times 24.1L}{78g} = 1087.59(L)$$

   - $L \times 비중 = kg$ ∴ $4L \times 0.88 = (4 \times 0.88)kg = (4 \times 1{,}000 \times 0.88)g$
   - 21℃ 1기압 기체 1몰의 부피 = 24.1L

2. 공기중에 벤젠의 농도
$$\frac{1087.59 \times 10^{-3} m^3}{1{,}000 m^3} \times 10^6 = 1087.59(ppm)$$
$(L = 10^{-3} m^3)$

[예제 14]

170℃, 650mmHg 조건에서 어떤 가스의 부피가 120m³일 경우 21℃, 760mmHg 조건에서의 해당 가스의 부피(m³)를 계산하시오.

해설

부피의 온도, 압력보정 [170℃(t_1), 650mmHg(P_1) → 21℃(t_2), 760mmHg(P_2)]

$$V_2 = V_1 \times \frac{T_2 P_1}{T_1 P_2} = V_1 \times \frac{(273 + t_2) P_1}{(273 + t_1) P_2}$$

$$V_2 = 120 \times \frac{(273 + 21) \times 650}{(273 + 170) \times 760} = 68.11(m^3)$$

[예제 15]
0℃, 2기압 조건에서 어떤 가스의 부피가 100m³일 경우 293K, 680mmHg 조건에서의 해당 가스의 부피(m³)를 계산하시오.

해설

부피의 온도, 압력보정[0℃(t_1), 2기압(P_1) → 293K(T_2), 680mmHg(P_2)]

$$V_2 = V_1 \times \frac{T_2 P_1}{T_1 P_2} = V_1 \times \frac{(273+t_2)P_1}{(273+t_1)P_2}$$

$$V_2 = 100 \times \frac{293 \times (2 \times 760)}{(273+0) \times 680} = 239.91(m^3)$$

[1기압 = 760mmHg · $T(K)$ = 273+t(℃)]

[예제 16]
93.5℉, 770mmHg의 조건에서 어느 가스의 부피는 3.8m³이다. 표준상태에서의 부피(m³)로 환산하시오.

해설

$$섭씨온도(℃) = \frac{5}{9}[화씨온도(℉)-32]$$

1. 93.5(℉)의 섭씨온도

$$℃ = \frac{5}{9} \times (93.5-32) = 34.17(℃)$$

2. 부피의 온도, 압력보정[34.17℃(t_1), 770mmHg(P_1) → 21℃(t_2), 760mmHg(P_2)]

$$V_2 = V_1 \times \frac{T_2 P_1}{T_1 P_2} = V_1 \times \frac{(273+t_2)P_1}{(273+t_1)P_2}$$

$$= 3.8 \times \frac{(273+21) \times 770}{(273+34.17) \times 760} = 3.68(m^3)$$

* 산업환기 표준상태: 21℃, 1기압(760mmHg)

[예제 17]
180℃, 700mmHg 조건에서 어떤 가스의 부피가 155m³일 경우 산업환기 표준상태에서의 해당 가스의 부피(m³)를 계산하시오.

> **해설**

부피의 온도, 압력보정[180℃(t_1), 700mmHg(P_1) → 21℃(t_2), 760mmHg(P_2)]

$$V_2 = V_1 \times \frac{T_2 P_1}{T_1 P_2} = V_1 \times \frac{(273+t_2)P_1}{(273+t_1)P_2}$$

$$V_2 = 155 \times \frac{(273+21) \times 700}{(273+180) \times 760} = 92.65(m^3)$$

* 산업환기 표준상태: 21℃, 1기압(760mmHg)

[예제 18]

온도 170℃, 압력 550mmHg 상태인 관내로 50m³/min의 유량이 흐르고 있다. 0℃, 1atm에서의 유량(m³/min)을 계산하시오.

> **해설**

유량의 온도, 압력보정[170℃(t_1), 550mmHg(P_1) → 0℃(t_2), 1atm(760mmHg)(P_2)로 보정]

$$Q_2 = Q_1 \times \frac{(273+t_2)(P_1)}{(273+t_1)(P_2)}$$

$$= 50 \times \frac{(273+0) \times 550}{(273+170) \times 760} = 22.30(m^3/min)$$

[예제 19]

온도 90℃, 압력 750mmHg 상태인 관내로 200m³/min의 유량이 흐르고 있다. 0℃, 1atm에서의 유량(m³/min)을 계산하시오.

> **해설**

유량의 온도, 압력 보정[90℃(t_1), 750mmHg(P_1) → 0℃(t_2), 1atm=760mmHg(P_2)]

$$Q_2 = Q_1 \times \frac{(273+t_2)(P_1)}{(273+t_1)(P_2)}$$

$$= 200 \times \frac{(273+0) \times 750}{(273+90) \times 760} = 148.43(m^3/min)$$

($1atm = 760mmHg$)

[예제 20]

용융로 상부의 공기 용량은 200m³/min, 온도는 400℃ 1기압이다. 이것을 21℃, 1기압의 상태로 환산하면 공기의 용량은 약 몇 m³/min가 되겠는가?

① 82.6 ② 87.4 ③ 93.4 ④ 116.6

해설

유량의 온도보정[400℃(t_1)→ 21℃(t_2)]

$Q_2 = Q_1 \times \dfrac{(273+t_2)(P_1)}{(273+t_1)(P_2)}$

$Q_2 = 200 \times \dfrac{(273+21)}{(273+400)} = 87.37(m^3/min)$

[정답 ②]

[예제 21]

온도 120℃, 기압 650mmHg 상태에서 47m³/min의 기체가 관내를 흐르고 있다. 이 기체가 21℃, 1기압일 때 유량(m³/min)은 약 얼마인가?

① 15.1   ② 28.4   ③ 30.1   ④ 52.5

해설

유량의 온도, 압력 보정[120℃(t_1), 650mmHg(P_1)→ 21℃(t_2), 1기압=760mmHg(P_2)]

$Q_2 = Q_1 \times \dfrac{(273+t_2)(P_1)}{(273+t_1)(P_2)}$

$Q_2 = 47 \times \dfrac{(273+21) \times 650}{(273+120) \times 760} = 30.07(m^3/min)$

(1기압 = 760mmHg)

[정답 ③]

4 유체의 역학적 원리

(1) 유체역학적 원리의 전제조건 실기 기출 ★

작업환경에서 환기시설 내 기류에는 유체역학적 원리가 적용된다.

① 공기는 건조하다고 가정한다.
② 공기의 압축과 팽창은 무시한다.
③ 환기시설 내외의 열교환은 무시한다.
④ 공기 중에 포함된 유해물질의 무게와 용량은 무시한다.
⑤ 공기는 상대습도를 기준으로 한다.

(2) 연속 방정식(질량보존의 법칙 적용)

정상류로 흐르는 한 단면의 유체 질량은 다른 단면을 통과하는 질량과 같아야 한다.

1) 유량의 계산 ★★★

$$Q = 60 \times A \times V$$

$Q(\text{m}^3/\text{min})$: 유체의 유량
$A(\text{m}^2)$: 유체가 통과하는 단면적
$V(\text{m/sec})$: 유체의 유속

$$Q = A \times V$$

$Q(\text{m}^3/\text{min})$: 유체의 유량
$A(\text{m}^2)$: 유체가 통과하는 단면적
$V(\text{m/min})$: 유체의 유속

$$Q = A_1 V_1 = A_2 V_2$$

$Q(\text{m}^3/\text{min})$: 유체의 유량
$A_1, A_2(\text{m}^2)$: 각각 유체가 통과하는 단면적
$V_1, V_2(\text{m/min})$: 각각 유체의 유속

[예제 22]

관(管)의 안지름이 200mm인 직관을 통하여 가스유량이 55m³/분의 표준공기를 송풍할 때 관내 평균유속(m/sec)은?

① 약 21.8 ② 약 24.5
③ 약 29.2 ④ 약 32.3

해설

$Q = 60 \times A \times V$

$V = \dfrac{Q}{60 \times A} = \dfrac{55}{60 \times 0.0314} = 29.19 \text{(m/sec)}$

$\left[A = \dfrac{\pi d^2}{4} = \dfrac{\pi \times 0.2^2}{4} = 0.0314 \text{(m}^2\text{)} \right]$

[정답 ③]

[예제 23]

원형 덕트의 송풍량이 24m³/min이고, 반송 속도가 12m/s일때 필요한 덕트의 내경은 약 몇 m인가?

① 0.151 ② 0.206
③ 0.303 ④ 0.502

해설

1. $Q = 60 \times A \times V$

   $A = \dfrac{Q}{60 \times V} = \dfrac{24}{60 \times 12} = 0.0333 \text{(m}^2\text{)}$

2. $A = \dfrac{\pi \times d^2}{4}$

   $\pi \times d^2 = 4 \times A$

   $d^2 = \dfrac{4 \times A}{\pi}$

   $d = \sqrt{\dfrac{4 \times A}{\pi}} = \sqrt{\dfrac{4 \times 0.0333}{\pi}} = 0.206 \text{(m)}$

[정답 ②]

[예제 24]

국소배기장치에서 송풍량이 30m³/min이고 덕트의 직경이 200mm이면 이때 덕트 내의 속도는 약 몇 m/s인가?

① 13 ② 16
③ 19 ④ 21

해설

$$Q = 60 \times A \times V$$

$$A = \frac{\pi \cdot d^2}{4}$$

$Q(\text{m}^3/\text{min})$: 유체의 유량
$A(\text{m}^2)$: 유체가 통과하는 단면적
$V(\text{m/sec})$: 유체의 유속
d : 덕트의 직경(m)
$Q = 60 \times A \times V$

$$V = \frac{Q}{60 \times A} = \frac{Q}{60 \times \frac{\pi d^2}{4}} = \frac{30}{60 \times \frac{\pi \times 0.2^2}{4}} = 15.92 (\text{m/sec})$$

[정답 ②]

(3) 베르누이 정리(Bernouili 정리) : 에너지 보존의 법칙 적용

1) 유입된 에너지의 총량은 유출된 에너지의 총량과 같다.(국소배기장치 내 에너지 총합은 일정하다.)

$$\frac{P}{\gamma} + \frac{V^2}{2g} = constant(H)$$

$\frac{P}{\gamma}$: 압력수두(m)

$\frac{V^2}{2g}$: 속도수두(m)

H : 전수두(m)
P : 정압(mmH$_2$O)
g : 중력가속도(9.8m/s)
γ : 공기비중
V : 유속(m/s)

2) 베르누이 방정식 적용조건(한 조건이라도 만족하지 않을 경우 적용할 수 없다.) ★

① 정상 유동

② 비압축성(비점성) 유동

③ 마찰이 없는 유동(이상 유체)

④ 동일한 유선상에서의 유동

(4) 레이놀즈 수

무차원계수로서 유체운동의 특성을 표시한다.

1) 유체의 운동특성 실기 기출★

① 층류(Laminar flow)
- 유체가 관내를 아주 느린 속도로 흐를 때는 소용돌이나 선회운동을 일으키지 않고 관 벽에 평행으로 유동한다. 이와 같은 흐름을 층류라고 한다.
- 레이놀즈 수가 2100 이하이면 층류에 해당한다.
- 관성력이 점성력의 2,000배 미만인 공기흐름 상태이다.

② 난류(Turbulent flow)
- 유체의 속도가 빨라지면 관내흐름은 크고 작은 소용돌이가 혼합된 형태로 변하며 혼합상태로 흐른다. 이런 모양의 흐름은 난류라 한다.
- 레이놀즈 수가 4000 이상이면 난류에 해당한다.
- 관성력이 점성력의 4,000배 이상인 공기흐름 상태이다.

2) 레이놀즈 수(Re)의 계산 ★★★

$$Re = \frac{\rho V d}{\mu} = \frac{V d}{\nu} = \frac{관성력}{점성력}$$

Re : 레이놀즈 수(무차원)
ρ : 유체밀도(kg/m³)
d : 관경(m) (상당직경 $D = \frac{2ab}{a+b}$)
V : 유체의 유속(m/sec)
μ : 점성계수(kg/m · s (=10Poise))
ν : 동점성계수(m²/sec)

① 레이놀즈 수에 따른 구분 ★
- $Re < 2100$: 층류
- $2100 < Re < 4000$: 천이영역
- $Re > 4000$: 난류

기출

일반적인 산업환기 배관 내 기류 흐름의 레이놀즈 수의 범위
$10^5 \sim 10^6$

참고

poise = 1g/cm · sec

[예제 25]

관내유속이 1.25m/sec, 관직경이 0.05m 일 때 Reynolds 수는? (단, 20℃, 1기압, 동점성계수=$1.5 \times 10^{-5} m^2/sec$)

① 3257 ② 4167 ③ 5387 ④ 6237

해설

$$Re = \frac{Vd}{\nu} = \frac{1.25 \times 0.05}{1.5 \times 10^{-5}} = 4166.67$$

[정답 ②]

[예제 26]

20℃, 1기압 동점성계수는 $1.5 \times 10^{-5}(m^2/sec)$이고 유속은 10m/sec, 관반경은 0.125m 일 때 Reynolds 수는?

① 1.67×10^5 ② 1.87×10^5
③ 1.33×10^4 ④ 1.37×10^5

해설

$$Re = \frac{Vd}{\nu} = \frac{10 \times (0.125 \times 2)}{1.5 \times 10^{-5}} = 1.67 \times 10^5 \quad (\text{관직경} = \text{관반경} \times 2)$$

[정답 ①]

[예제 27]

덕트 직경이 30cm 이고 공기유속이 5m/sec일 때 레이놀드수(Re)는? (단, 공기의 점성계수는 20℃에서 $1.85 \times 10^{-5} kg/sec \cdot m$, 공기밀도는 20℃에서 $1.2 kg/m^3$)

① 97300 ② 117500 ③ 124400 ④ 135200

해설

$$Re = \frac{\rho Vd}{\mu} = \frac{1.2 \times 5 \times 0.3}{1.85 \times 10^{-5}} = 97297.30$$

[정답 ①]

[예제 28]

관경이 200mm인 직관 속을 공기가 흐르고 있다. 공기의 동점성계수가 $1.5 \times 10^{-5} m^2/sec$이고 레이놀즈 수가 20,000이라면 직관의 풍량(m^3/hr)은?

① 약 160 ② 약 150 ③ 약 170 ④ 약 190

해설

1. $Re = \dfrac{Vd}{\nu}$

   $V \times d = Re \times \nu$

   $V = \dfrac{Re \times \nu}{d} = \dfrac{20{,}000 \times (1.5 \times 10^{-5})}{0.2} = 1.5 \, (\text{m/sec})$

2. $Q = 60 \times A \times V = 60 \times \dfrac{\pi \times 0.2^2}{4} \times 1.5 = 2.83 \, (\text{m}^3/\text{min}) \times 60 = 169.80 \, (\text{m}^3/\text{hr})$

   $\left(A = \dfrac{\pi \cdot d^2}{4}\right)$

[정답 ③]

5 공기의 성질과 오염물질

(1) 포화농도 ★★

$$\text{포화농도} = \dfrac{\text{물질의 증기압(mmHg)}}{\text{대기압(760mmHg)}} \times 10^2 \, (\%)$$

$$= \dfrac{\text{물질의 증기압(mmHg)}}{\text{대기압(760mmHg)}} \times 10^6 \, (\text{ppm})$$

[예제 29]

A물질의 증기압이 50mmHg일 때, 포화증기농도(%)는? (단, 표준상태를 기준으로 한다.)

① 4.8　　　② 6.6　　　③ 10.0　　　④ 12.2

해설

포화농도(%) = $\dfrac{\text{물질의 증기압(mmHg)}}{\text{대기압(760mmHg)}} \times 10^2 = \dfrac{50}{760} \times 100 = 6.58 \, (\%)$

[정답 ②]

[예제 30]

공기 중의 포화증기압이 1.52mmHg인 유기용제가 공기 중에 도달할 수 있는 포화농도는 약 몇 ppm인가?

① 2000　　　② 4000　　　③ 6000　　　④ 8000

> **해설**
>
> 포화농도(ppm) = $\dfrac{\text{물질의 증기압(mmHg)}}{\text{대기압(760mmHg)}} \times 10^6 = \dfrac{1.52}{760} \times 10^6 = 2000(\text{ppm})$
>
> [정답 ①]

> **참고**
> % = 10^{-2}, ppm = 10^{-6}
> ∴ 10,000ppm = 1%

(2) 유효비중 ★★

사염화탄소 10,000ppm, 사염화탄소의 증기비중 5.7일 때 유효비중의 계산

> 사염화탄소 10,000ppm은 1%이므로 공기는 99%, 공기비중 1
> 유효비중 = 0.01 × 5.7 + 0.99 × 1 = 1.047

[예제 31]

화학공장에서 작업환경을 측정하였더니 TCE농도가 10,000ppm이었을 때 오염공기의 유효비중은? (단, TCE의 증기비중은 5.7, 공기비중은 1.0이다.)

① 1.028　　　　　　② 1.047
③ 1.059　　　　　　④ 1.087

> **해설**
> 1. 작업환경 중의 TCE가 10,000ppm=1%이므로 공기는 99%가 된다.
> 2. TCE 1%(증기비중 5.7), 공기 99%(공기비중 1.0)이므로
>   유효비중 = 0.01 × 5.7 + 0.99 × 1 = 1.047
>
> [정답 ②]

(3) 이상기체상태방정식

$$PV = nRT = \dfrac{W}{M}RT$$

P : 압력
V : 부피
n : 몰수($= \dfrac{W}{M}$)
W : 질량
M : 분자량
R : 기체상수(0.082)
T : 절대온도(273+℃)

(4) 보일-샤를의 법칙

① 보일의 법칙 : 일정한 온도에서 부피와 압력은 반비례한다. ★

> **암기법**
>
> 보일(보일의 법칙)러의 **온도는 일정**, **부압(부피, 압력)에 반비례**

② 샤를의 법칙 : 일정한 압력에서 온도와 부피는 비례한다. ★

> **암기법**
>
> 밥할 때 쌀을(샤를) **일정 압력**에서, **부온(부피, 온도)에 비례**

③ 보일-샤를의 법칙

$$\frac{P_1 V_1}{T_1} = \frac{P_2 V_2}{T_2}$$

여기서, T_1 : 처음온도($273+t_1$) T_2 : 나중 온도($273+t_2$)
P_1 : 처음 압력 P_2 : 나중 압력
V_1 : 처음 부피 V_2 : 나중 부피

> **참고**
>
> ❈ **게이-루삭의 법칙** ★
>
> 일정한 부피조건에서 압력과 온도는 비례한다.
>
> > **암기법**
> >
> > 일부(일정 부피) 이삭(게이루삭)은 **온압(온도, 압력)에 비례**

CHAPTER 01 단원 예상문제

저자가 콕! 찝어주는 예상문제 풀어보기!

01 환기시설 내의 기류가 기본적인 유체역학적 원리에 따르기 위한 전제조건과 가장 거리가 먼 것은?

① 환기시설 내외의 열교환은 무시한다.
② 공기의 압축이나 팽창은 무시한다.
③ 공기는 절대습도를 기준으로 한다.
④ 대부분의 환기시설에서 공기 중에 포함된 유해물질의 무게와 용량을 무시한다.

> ★ 유체역학적 원리의 전제조건
> ① 공기는 건조하다고 가정한다.
> ② 공기의 압축과 팽창은 무시한다.
> ③ 환기시설 내외의 열교환은 무시한다.
> ④ 공기 중에 포함된 유해물질의 무게와 용량을 무시한다.
> ⑤ 공기는 상대습도를 기준으로 한다.

02 탈지제로 사용되는 유기용제인 사염화에틸렌 20,000ppm이 공기 중에 존재한다면 사염화에틸렌 혼합물의 유효비중은? (단, 사염화에틸렌 증기비중 5.7)

① 1.021   ② 1.047
③ 1.094   ④ 1.126

> 1. 작업환경 중의 사염화탄소가 20,000ppm(2%)이므로 공기는 98%가 된다.
> 2. 사염화탄소 2%(증기비중 5.7), 공기 98%(공기비중 1.0)이므로
>   유효비중 = 0.02×5.7 + 0.98×1 = 1.094

03 분압이 5mmHg인 물질이 표준상태의 공기 중에서 증발하여 도달할 수 있는 최고농도(포화농도, ppm)는?

① 약 4,520   ② 약 5,590
③ 약 6,580   ④ 약 7,530

> 포화농도 = $\dfrac{\text{물질의 증기압(mmHg)}}{\text{대기압(760mmHg)}} \times 10^2 (\%)$
> = $\dfrac{\text{물질의 증기압(mmHg)}}{\text{대기압(760mmHg)}} \times 10^6 (\text{ppm})$
>
> 포화농도(ppm) = $\dfrac{5}{760} \times 10^6 = 6,580(\text{ppm})$

04 '일정한 압력조건에서 부피와 온도는 비례한다.'는 산업환기의 기본법칙은?

① 게이-뤼삭의 법칙   ② 라울트의 법칙
③ 보일의 법칙   ④ 샤를의 법칙

> ★ 샤를의 법칙
> 일정한 압력에서 온도와 부피는 비례한다.

> ★ 참고
> 보일의 법칙
> 일정한 온도에서 부피와 압력은 반비례한다.
> 게이-루삭의 법칙
> 일정한 부피조건에서 압력과 온도는 비례한다.

정답 01 ③ 02 ③ 03 ③ 04 ④

05 표준상태(21℃, 1기압)에서 벤젠 2L가 증발할 때 공기 중에서 차지하는 부피는? (단, 벤젠(C_6H_6)의 비중은 0.879)

① 442L ② 543L
③ 638L ④ 724L

부피(L) = $\dfrac{(2000 \times 0.879)g \times 24.1L}{78g}$ = 543.18(L)
- 벤젠(C_6H_6)의 분자량 = $12 \times 6 + 1 \times 6 = 78(g)$
- L × 비중 = kg
  ∴ 2L × 0.879 = (2 × 0.879)kg
  = (2,000 × 0.879)g

06 직경이 40cm인 덕트에서 동점성계수가 $2 \times 10^{-4} m^2/sec$인 기체가 10m/sec로 흐른다. 이때의 레이놀즈 수는?

① 5,000 ② 10,000
③ 15,000 ④ 20,000

★ 레이놀즈 수

$Re = \dfrac{\rho V d}{\mu} = \dfrac{Vd}{v} = \dfrac{관성력}{점성력}$

- Re : 레이놀즈 수(무차원)
- ρ : 유체밀도(kg/m^3)
- d : 관경(m) (상당직경 $D = \dfrac{2ab}{a+b}$)
- V : 유체의 유속(m/sec)
- μ : 점성계수(kg/m·s(10Poise))
- v : 동점성계수(m^2/sec)

$Re = \dfrac{10 \times 0.4}{2 \times 10^{-4}} = 20,000$

07 0℃, 1기압에서 이산화탄소의 비중은?

① 1.32 ② 1.43
③ 1.52 ④ 1.69

비중(S) = $\dfrac{어떤 대상물질의 분자량}{표준물질(공기)의 분자량}$
= $\dfrac{44}{28.96}$ = 1.52
- CO_2의 분자량 = $12 + (16 \times 2) = 44g$
- 공기의 분자량 = 28.96g

08 온도 125℃, 800mmHg인 관내로 100m^3/min의 유량의 기체가 흐르고 있다. 표준상태(21℃, 760mmHg)의 유량(m^3/min)은 얼마인가?

① 약 52 ② 약 69
③ 약 78 ④ 약 83

유량의 온도, 압력 보정[125℃(t_1), 800mmHg(P_1) → 21℃(t_2), 1기압=760mmHg(P_2)]

$Q_2 = Q_1 \times \dfrac{(273+t_2)(P_1)}{(273+t_1)(P_2)}$

$Q_2 = 100 \times \dfrac{(273+21)(800)}{(273+125)(760)} = 77.76(m^3/min)$

09 덕트 직경이 30cm이고 공기유속이 5m/sec일 때 레이놀즈 수(Re)는? (단, 공기의 점성계수는 $1.85×10^{-5}$kg/m·s, 공기밀도는 1.2kg/m³이다.)

① 97,300　　② 117,500
③ 124,400　　④ 135,200

* 레이놀즈 수

$$Re = \frac{\rho Vd}{\mu} = \frac{Vd}{v} = \frac{관성력}{점성력}$$

- Re : 레이놀즈 수(무차원)
- ρ : 유체밀도(kg/m³)
- d : 관경(m) (상당직경 $D = \frac{2ab}{a+b}$)
- V : 유체의 유속(m/sec)
- μ : 점성계수(kg/m·s(10Poise))
- v : 동점성계수(m²/sec)

$$Re = \frac{1.2×5×0.3}{1.85×10^{-5}} = 97,297$$

10 A 유기용제의 증기압이 80mmHg라면 이때 밀폐된 작업장 내 포화농도는 몇 %인가? (단, 대기압 1기압, 기온 21℃)

① 8.6　　② 10.5
③ 12.4　　④ 14.3

$$포화농도 = \frac{물질의 증기압(mmHg)}{대기압(760mmHg)} × 10^2(\%)$$

$$= \frac{물질의 증기압(mmHg)}{대기압(760mmHg)} × 10^6(ppm)$$

$$포화농도(\%) = \frac{80}{760} × 100 = 10.53(\%)$$

11 관경이 200mm인 직관 속을 공기가 흐르고 있다. 공기의 동점성계수가 $1.5×10^{-5}$m²/sec이고 레이놀즈 수가 20,000이라면 직관의 풍량(m³/hr)은?

① 약 160　　② 약 150
③ 약 170　　④ 약 190

1. 레이놀즈 수

$$Re = \frac{\rho Vd}{\mu} = \frac{Vd}{v} = \frac{관성력}{점성력}$$

- Re : 레이놀즈 수(무차원)
- ρ : 유체밀도(kg/m³)
- d : 관경(m) (상당직경 $D = \frac{2ab}{a+b}$)
- V : 유체의 유속(m/sec)
- μ : 점성계수(kg/m·s(10Poise))
- v : 동점성계수(m²/sec)

2. $Q = 60 × A × V$
- Q(m³/min) : 유체의 유량
- A(m²) : 유체가 통과하는 단면적
- V(m/sec) : 유체의 유속

1. $Re = \frac{Vd}{v}$

$V × d = Re × v$

$$V = \frac{Re × v}{d} = \frac{20,000 × (1.5×10^{-5})}{0.2}$$
$$= 1.5(m/sec)$$

2. $Q = 60 × A × V = 60 × \frac{\pi × 0.2^2}{4} × 1.5$
$$= 2.83(m³/min) × 60$$
$$= 169.80(m³/hr)$$

정답　09 ①　10 ②　11 ③

12 어느 유체관의 유속이 10m/sec이고, 관의 반경이 15mm일 때 유량(m^3/hr)은?

① 약 25.5 ② 약 27.5
③ 약 29.5 ④ 약 31.5

> *** 유량의 계산**
> 1. $Q = 60 \times A \times V$
>   - Q(m^3/min) : 유체의 유량
>   - A(m^2) : 유체가 통과하는 단면적
>   - V(m/sec) : 유체의 유속
> 2. $Q = A \times V$
>   - Q(m^3/min) : 유체의 유량
>   - A(m^2) : 유체가 통과하는 단면적
>   - V(m/min) : 유체의 유속
>
> $Q = 60 \times A \times V = 60 \times 0.00071 \times 10$
> $\quad = 0.426(m^3/min) \times 60$
> $\quad = 25.56(m^3/hr)$
>
> $\left[A = \dfrac{\pi \times d^2}{4} = \dfrac{\pi \times 0.03^2}{4} = 0.00071 m^2 \right.$
> $\quad$ * 관의 반경이 15mm이므로
> $\quad\quad$ 관의 직경 = $2 \times 15 = 30$mm

13 환기시설 내 기류의 기본적인 유체역학적 원리인 질량보존 법칙 및 에너지보존 법칙의 전제조건과 가장 거리가 먼 것은?

① 환기시설 내외의 열교환을 고려한다.
② 공기의 압축이나 팽창을 무시한다.
③ 공기는 건조하다고 가정한다.
④ 대부분의 환기시설에는 공기 중에 포함된 유해물질의 무게와 용량을 무시한다.

> *** 유체역학적 원리의 전제조건**
> ① 공기는 건조하다고 가정한다.
> ② 공기의 압축과 팽창은 무시한다.
> ③ 환기시설 내외의 열교환은 무시한다.
> ④ 공기 중에 포함된 유해물질의 무게와 용량은 무시한다.
> ⑤ 공기는 상대습도를 기준으로 한다.

14 30,000ppm의 테트라클로로에틸렌(tetra-chloroethylene)이 작업환경 중의 공기와 완전혼합되어 있다. 이 혼합물의 유효비중(effective specific gravity)은? (단, 테트라클로로에틸렌은 공기보다 5.7배 무겁다.)

① 1.124 ② 1.141
③ 1.164 ④ 1.186

> 1. 테트라클로로에틸렌 30,000ppm은 3%이므로 공기는 97%가 된다.
> 2. 테트라클로로에틸렌 3%(증기비중 5.7), 공기 97%(공기비중 1)이므로
>   유효비중 = $0.03 \times 5.7 + 0.97 \times 1 = 1.141$

정답 12 ① 13 ① 14 ②

15 증기압이 1.5mmHg인 어떤 유기용제가 공기 중에서 도달할 수 있는 최고농도(포화농도)는?

① 약 8,000ppm ② 약 6,000ppm
③ 약 4,000ppm ④ 약 2,000ppm

> 포화농도 = $\dfrac{\text{물질의 증기압(mmHg)}}{\text{대기압(760mmHg)}} \times 10^2 (\%)$
>
> = $\dfrac{\text{물질의 증기압(mmHg)}}{\text{대기압(760mmHg)}} \times 10^6 (\text{ppm})$
>
> 포화농도 = $\dfrac{1.5}{760} \times 10^6 = 1973.68(\text{ppm})$

16 덕트 직경이 30cm이고, 공기유속이 10m/sec 일 때 레이놀즈 수는? (단, 공기 점성계수는 1.85×10^{-5}kg/sec·m, 공기밀도는 1.2kg/m³)

① 195,000 ② 215,000
③ 235,000 ④ 255,000

> $Re = \dfrac{\rho V d}{\mu} = \dfrac{Vd}{\nu} = \dfrac{\text{관성력}}{\text{점성력}}$
>
> - Re : 레이놀즈 수(무차원)
> - ρ : 유체밀도(kg/m³)
> - d : 관경(m) (상당직경 $D = \dfrac{2ab}{a+b}$)
> - V : 유체의 유속(m/sec)
> - μ : 점성계수(kg/m·s(10Poise))
> - ν : 동점성계수(m²/sec)
>
> $Re = \dfrac{\rho V d}{\mu} = \dfrac{1.2 \times 10 \times 0.3}{1.85 \times 10^{-5}} = 194594.6$

17 다음 덕트 직경이 15cm이고, 공기유속이 30m/sec일 때 Raynolds 수는? (단, 공기점성계수는 1.85×10^{-5}kg/sec·m, 공기밀도는 1.2kg/m³)

① 100,000 ② 200,000
③ 300,000 ④ 400,000

> $Re = \dfrac{\rho V d}{\mu} = \dfrac{Vd}{\nu} = \dfrac{\text{관성력}}{\text{점성력}}$
>
> - Re : 레이놀즈 수(무차원)
> - ρ : 유체밀도(kg/m³)
> - d : 관경(m) (상당직경 $D = \dfrac{2ab}{a+b}$)
> - V : 유체의 유속(m/sec)
> - μ : 점성계수(kg/m·s(10Poise))
> - ν : 동점성계수(m²/sec)
>
> $Re = \dfrac{1.2 \times 30 \times 0.15}{1.85 \times 10^{-5}} = 291,891.9$

정답 15 ④ 16 ① 17 ③

18 20℃의 공기가 직경 10cm인 원형관 속을 흐르고 있다. 층류로 흐를 수 있는 최대유량은? (단, 층류로 흐를 수 있는 임계 레이놀즈 수 Re = 2,100, 공기의 동점성계수 $v = 1.50 \times 10^{-5} m^2/sec$이다.)

① 0.318m³/min ② 0.228m³/min
③ 0.148m³/min ④ 0.078m³/min

★ 레이놀즈 수

$$Re = \frac{\rho V d}{\mu} = \frac{Vd}{v} = \frac{관성력}{점성력}$$

- Re : 레이놀즈 수(무차원)
- ρ : 유체밀도(kg/m³)
- d : 관경(m) (상당직경 $D = \frac{2ab}{a+b}$)
- V : 유체의 유속(m/sec)
- μ : 점성계수(kg/m·s(10Poise))
- v : 동점성계수(m²/sec)

1. $Re = \frac{Vd}{v}$

   $V \times d = Re \times v$

   $V = \frac{Re \times v}{d} = \frac{2,100 \times (1.50 \times 10^{-5})}{0.1}$

   $= 0.315 (m/sec)$

2. $Q = A \times V = \frac{\pi \times d^2}{4} \times V = \frac{\pi \times 0.1^2}{4} \times 0.315$

   $= 0.002474 (m^3/sec) \times 60$

   $= 0.148 (m^3/min)$

---

19 1기압에서 혼합기체는 질소(N_2) 66%, 산소(O_2) 14%, 탄산가스 20%로 구성되어 있다. 질소가스의 분압은? (단, 단위 : mmHg)

① 501.6 ② 521.6
③ 541.6 ④ 560.4

- 1기압 = 760mmHg
- 공기 중의 질소는 66%이므로 760×0.66 = 501.6(mmHg)

---

20 도관 내 공기흐름에서의 Raynolds 수를 계산하기 위해 알아야 하는 요소로 가장 옳은 것은?

① 공기속도, 도관직경, 동점성계수
② 공기속도, 중력가속도, 공기밀도
③ 공기속도, 공기온도, 도관의 길이
④ 공기속도, 점성계수, 도관의 길이

$$Re = \frac{\rho V d}{\mu} = \frac{Vd}{v} = \frac{관성력}{점성력}$$

- Re : 레이놀즈 수(무차원)
- ρ : 유체밀도(kg/m³)
- d : 관경(m) (상당직경 $D = \frac{2ab}{a+b}$)
- V : 유체의 유속(m/sec)
- μ : 점성계수(kg/m·s(10Poise))
- v : 동점성계수(m²/sec)

정답 18 ③ 19 ① 20 ①

21 다음에서 설명하는 산업환기의 기본 법칙은?

> 일정한 압력조건에서 부피와 온도는 비례한다.

① 게이-뤼삭의 법칙 ② 라울트의 법칙
③ 샤를의 법칙   ④ 보일의 법칙

- 보일의 법칙
  일정한 온도에서 부피와 압력은 반비례한다.
- 샤를의 법칙
  일정한 압력에서 온도와 부피는 비례한다.
- 게이-루삭의 법칙
  일정한 부피조건에서 압력과 온도는 비례한다.

22 공기 중에 사염화에틸렌이 300,000ppm 존재하고 있다면 사염화에틸렌과 공기의 혼합물 유효비중은? (단, 사염화에틸렌의 증기비중은 5.7, 공기비중은 1.0)

① 2.14   ② 2.29
③ 2.41   ④ 2.67

1. 공기 중의 사염화에틸렌이 300,000ppm(30%)이므로 공기는 70%가 된다.
2. 사염화에틸렌 30%(증기비중 5.7), 공기 70%(공기비중 1.0)이므로
   유효비중 = 0.3 × 5.7 + 0.7 × 1 = 2.41

23 직경 400mm인 환기시설을 통해서 50m³/min의 표준상태의 공기를 보낼 때 이 덕트 내의 유속(m/sec)은?

① 약 3.3   ② 약 4.4
③ 약 6.6   ④ 약 8.8

$$Q = 60 \times A \times V$$
- $Q(m^3/min)$: 유체의 유량
- $A(m^2)$: 유체가 통과하는 단면적
- $V(m/sec)$: 유체의 유속

$Q = 60 \times A \times V$

$$V = \frac{Q}{60 \times A} = \frac{50}{60 \times 0.1257} = 6.63(m/sec)$$

$$(A = \frac{\pi \times d^2}{4} = \frac{\pi \times 0.4^2}{4} = 0.1257 m^2)$$

24 분압(증기압)이 6.0mmHg인 물질이 공기 중에서 도달할 수 있는 최고농도(포화농도, ppm)는?

① 약 4,800   ② 약 5,400
③ 약 6,600   ④ 약 7,900

1. $100\% : 760 = X : 6.0$
   $760 \times X = 100 \times 6.0$
   $X = \frac{100 \times 6.0}{760} = 0.7895(\%)$
2. 1% = 10,000ppm이므로
   $0.7895 \times 10,000 = 7,895(ppm)$
※ 표준상태 : 21℃, 1기압(760mmHg)

정답 21 ③ 22 ③ 23 ③ 24 ④

02 전체환기

1 전체 환기의 개념

(1) 전체환기의 개념

① 전체환기 : 신선한 공기를 외부로부터 자연적 또는 기계적인 방법에 의해 작업장 내로 유입시켜 작업장에서의 오염정도를 낮추는 환기 방식을 말한다.
② 전체환기장치 : 자연적 또는 기계적인 방법에 의하여 작업장 내의 열수증기 및 유해물질을 희석, 환기시키는 장치 또는 설비를 말한다.

(2) 전체 환기의 목적 ★★

① 작업장 전체를 환기시키는 방식으로 공기를 희석하여 유해인자의 농도를 낮춘다.
② 유해물질의 농도를 감소시켜 건강을 유지·증진한다.
③ 화재나 폭발을 예방한다.
④ 실내의 온도와 습도를 조절한다.

(3) 환기방식의 결정 ★★

① 오염이 높은 작업장 : 주변에 오염물질의 확산을 방지하기 위하여 실내압을 음압(-)으로 유지하여야 한다.
② 청정공기를 필요로 하는 작업장(전자공업 등) : 오염물질이 포함된 외부공기가 유입되지 않도록 실내압을 양압(+)으로 유지하여야 한다.

(3) 전체환기(희석환기)가 필요한 경우(적용 조건) ★★

① 유해물질의 독성이 비교적 낮은 경우
② 유해물질의 발생량이 적은 경우
③ 발생원이 이동하는 경우
④ 유해물질이 시간에 따라 균일하게 발생될 경우
⑤ 오염원이 근무자가 근무하는 장소로부터 멀리 떨어져 있는 경우
⑥ 동일한 작업장에 다수의 오염원이 분산되어 있는 경우
⑦ 국소배기로 불가능한 경우

한 눈에 들어오는 키워드

기출 ★
전체환기의 효율
풍압과 실내·외 온도 차이에 의해 결정된다.

참고
공기의 흐름
(+) → (−)

실기 기출 ★
중성대
전체환기에서 유입되는 공기측과 배출되는 공기측의 실내외 압력차가 0이 되는 지점, 즉, 공기의 유출입이 없는 면이 형성되는데 이를 중성대라고 하며, 높을수록 환기효과가 증대된다.

⑧ 가연성 가스의 농축으로 폭발의 위험이 있는 경우
⑨ 유해물질이 증기나 가스일 경우

> **비교**
>
> ❋ **국소환기장치 설치가 필요한 경우** ★★
> - 유해물질 **독성이 강한 경우**(TLV가 낮을 때)
> - 유해물질 **발생량이 많은 경우**
> - **발생원이 고정되어 있는 경우**
> - **발생주기가 균일하지 않은 경우**
> - 유해물질 **발생원과 작업위치가 근접해 있는 경우**
> - 높은 증기압의 유기용제
> - 법적의무 설치사항의 경우

(4) 전체환기장치 설치 시 유의사항

① 배풍기만을 설치하여 열 수증기 및 오염물질을 희석 환기하고자 하는 경우에는 희석공기의 원활한 환기를 위하여 배기구를 설치하여야 한다.

② 배풍기만을 설치하여 열, 수증기 및 유해물질을 희석 환기하고자 하는 경우에는 발생원 가까운 곳에 배풍기를 설치하고, 근로자의 후위에 적절한 형태 및 크기의 급기구나 급기시설을 설치하여야 하며, 배풍기의 작동 시에는 급기구를 개방하거나 급기시설을 가동하여야 한다.

③ 외부공기의 유입을 위하여 설치하는 배풍기나 급기구에는 필요시 외부로부터 열, 수증기 및 유해물질의 유입을 막기 위한 필터나 흡착설비 등을 설치하여야 한다.

④ 작업장 외부로 배출된 공기가 당해 작업장 또는 인접한 다른 작업장으로 재유입되지 않도록 필요한 조치를 하여야 한다.

한눈에 들어오는 키워드

참고
전체환기(희석환기)를 설치해야 하는 경우 ★★
① 유해물질의 독성이 비교적 낮은 경우
② 동일한 작업장에 다수의 오염원이 분산되어 있는 경우
③ 유해물질이 시간에 따라 균일하게 발생될 경우
④ 유해물질의 발생량이 적은 경우
⑤ 발생원이 이동하는 경우
⑥ 오염원이 근로자가 근무하는 장소로부터 멀리 떨어져 있는 경우

2 전체 환기의 종류

(1) 자연환기와 강제환기 ★

자연환기	강제 환기(기계 환기) 실기 기출 ★

• 실내외의 온도차와 바람에 의한 자연 통풍 방식
• 장점
  – 소음·진동이 없다.
  – 운전에 따른 에너지 비용이 없다.
  – 냉방비 절감효과 가짐
• 단점
  – 계절, 기상조건, 작업장 내부조건 등에 따라 환기량 변화가 크다.
	• 송풍기(fan)를 사용하여 강제적으로 환기하는 방식
	• 장점
	  – 작업환경을 일정하게 유지할 수 있다.
	  – 기상조건에 영향을 받지 않는다.
	• 단점
	  – 소음·진동의 발생
	  – 운전에 따른 에너지 비용이 소요된다.(설치비, 유지비가 많이 든다.)

> **기출**
> 자연환기의 가장 큰 원동력이 될 수 있는 것은 실내외 공기의 온도에 기인한다.

(2) 전체환기의 기본원칙(강제환기를 실시할 때 환기효과를 제고시킬 수 있는 방법) ★★

① 오염물질 사용량을 조사하여 필요 환기량을 계산한다.
② 필요 환기량은 오염물질이 충분히 희석될 수 있는 양으로 설계한다.
③ 오염물질 배출구는 가능한 한 오염원으로부터 가까운 곳에 설치하여 '점 환기'의 효과를 얻는다.
④ 배출공기를 보충하기 위하여 청정공기를 공급한다.
⑤ 공기배출구와 근로자 작업위치 사이에 오염원이 위치하여야 한다.
(근로자 작업위치 – 오염원 – 배출구 : 오염원이 근로자를 통과하지 않고 배출되어야 한다.)
⑥ 공기가 급기구를 통하여 들어와서 오염물질이 있는 영역을 통과하여 배기구로 빠져나가도록 설계해야 한다.(공기가 배출되면서 오염장소를 통과하도록 공기배출구와 유입구의 위치를 선정한다.)
⑦ 건물 밖으로 배출된 오염공기가 다시 건물 안으로 유입되지 않도록 배출구 높이를 적절히 설계하고 창문이나 문 근처에 위치하지 않도록 한다.
⑧ 오염된 공기는 작업자가 호흡하기 전에 충분히 희석되도록 한다.
⑨ 오염원 주위에 다른 작업 공정이 있으면 공기배출량을 공급량보다 약간 크게 하여 음압을 형성하여 주위 근로자에게 오염물질이 확산되지 않도록 한다.

3 건강보호를 위한 전체 환기

(1) 필요환기량의 산정

유해물질이 발생원으로부터 작업장 내에서 확산되어 이동하는 경우, 유해물질의 농도가 노출기준 미만으로 유지되도록 적정한 필요환기량을 산정하여야 한다.

(2) 전체환기량(평형상태일 경우)

1) 실제환기량의 계산

$$1.\ Q(\text{m}^3/\text{min}) = Q' \times K$$
$$2.\ Q' = \frac{G}{C}$$

Q : 실제환기량(m³/min)
Q' : 유효환기량(m³/min)
K : 안전계수(여유계수 ; 무차원)
G : 유해물질 발생률
C : 공기 중 유해물질 농도

2) 필요환기량의 계산

$$Q(\text{m}^3/\text{min}) = \frac{G}{TLV} \times K$$

Q : 필요환기량(m³/min)
G : 유해물질의 발생률(m³/min)
TLV : 허용기준
K : 안전계수(여유계수)

3) 안전계수(K) [실기 기출★]

① 불안정 혼합을 보정하기 위한 여유계수를 말하며, $K=1$일 경우 전체환기로도 환기가 충분한 상태이다.
② 유해물질의 TLV를 고려(유해물질의 독성 고려)하여 결정한다.
③ 환기방식의 효율성을 고려하여 결정한다.
④ 유해물질의 발생률을 고려하여 결정한다.
⑤ 근로자 위치와 발생원과의 거리를 고려하여 결정한다.
⑥ 유해물질 발생점의 위치와 수를 고려하여 결정한다.

[실기 기출★] 안전계수(K) 값
① 작업장 내 공기혼합이 원활한 경우 : $K=1$
② 작업장 내 공기혼합이 보통인 경우 : $K=2$
③ 작업장 내 공기혼합이 불완전한 경우 : $K=3$

(3) 전체환기량(유해물질 농도 증가 시)

1) 농도 C에 도달하는 데 걸리는 시간(t)

$$t(\min) = -\frac{V}{Q'}\left[\ln\left(\frac{G - Q' \cdot C}{G}\right)\right]$$

V : 작업장의 기적(m³)
Q' : 환기량(m³/min)
G : 유해물질의 발생량(m³/min)
C : 유해물질농도(ppm)

2) 처음농도 0인 상태에서 t시간 후의 농도(C) ★

$$C(\text{ppm}) = \frac{G(1 - e^{-\frac{Q'}{V}t})}{Q'} \times 10^6$$

V : 작업장의 기적(m³)
Q' : 유효환기량(m³/min)
G : 유해물질의 발생량(m³/min)
t : 시간(min)

(4) 전체환기량(유해물질 농도 감소 시) ★★

1) 유해물질을 나중농도(노출농도 이하)로 환기하는 데 소요되는 시간

$$t(\min) = -\frac{V}{Q'} \times \ln\left(\frac{C_2}{C_1}\right)$$

2) 농도 C_1에서 t(min)시간 후의 농도

$$C_2 = C_1 \times e^{\left(-\frac{Q'}{V}t\right)}$$

V : 작업장의 기적(m³)
Q' : 환기량(m³/min)
C_1 : 유해물질 처음농도(ppm)
C_2 : 유해물질 노출기준(ppm)

> 한 눈에 들어오는 **키워드**

[예제 32]

오염물질의 농도가 200ppm까지 도달하였다가 오염물질 발생이 중지되었을 때, 공기 중 농도가 200ppm에서 19ppm으로 감소하는 데 걸리는 시간(min)은? (단, 1차 반응으로 가정하고 공간부피 V=3000m^3, 환기량 Q=1.17m^3/s이다.)

해설

$$t(min) = -\frac{V}{Q'} \times \ln\left(\frac{C_2}{C_1}\right)$$

$$t = -\frac{3000}{70.20} \times \ln\left(\frac{19}{200}\right) = 100.59(min)$$

$$\left[\frac{1.17m^3}{\sec} = \frac{1.17m^3}{\frac{1}{60}min} = 70.20(m^3/min)\right]$$

[예제 33]

체적이 2,000m^3인 작업장에서 1.5m^3/sec의 실외 공기가 작업장 안으로 유입되고 있다. 작업장에서 톨루엔 발생이 정지된 순간의 작업장 내 톨루엔의 농도가 80ppm일 때 톨루엔의 농도가 10ppm으로 감소하는 데 걸리는 시간(min)과 1시간 후의 공기 중의 톨루엔 농도(ppm)를 계산하시오. (단, 실외에서 유입되는 공기량 중 톨루엔의 농도는 0ppm이고, 1차 반응식이 적용된다.)

해설

1. 톨루엔의 농도가 80ppm에서 10ppm으로 감소하는 데 걸리는 시간(min)

$$t(min) = -\frac{V}{Q'} \times \ln\left(\frac{C_2}{C_1}\right) = -\frac{2,000}{(1.5 \times 60)} \times \ln\left(\frac{10}{80}\right) = 46.21(min)$$

$$\left(\frac{1.5m^3}{\sec} = \frac{15m^3}{\frac{1}{60}min} = 1.5 \times 60(m^3/min)\right)$$

2. 1시간 후의 공기 중 농도

$$C_2 = C_1 \times e^{(-\frac{Q'}{V} \times t)} = 80 \times e^{(-\frac{90}{2,000} \times 60)} = 5.38(ppm)$$

(t = 1시간 = 60min)

[예제 34]

용적이 1,800m³인 어느 작업장에서 메틸클로로포름 증기가 0.12m³/min으로 발생하고 있으며, 작업장의 유효 환기량은 65m³/min이다. 작업장의 초기농도가 0인 상태에서 농도 170ppm에 도달하는데 걸리는 시간(min)을 계산하고 1시간 후의 농도(ppm)를 계산하시오.

[해설]

1. 농도 170ppm에 도달하는 데 걸리는 시간(t)

$$t = -\frac{V}{Q'}\left[\ln\left(\frac{G-Q'C}{G}\right)\right] = -\frac{1,800}{65} \times \left[\ln\left(\frac{0.12-(65 \times 170 \times 10^{-6})}{0.12}\right)\right] = 99.10(min)$$

($ppm = 10^{-6}$)

2. 처음농도 0인 상태에서 1시간(60min) 후의 농도(C)

$$C = \frac{G(1-e^{-\frac{Q'}{V}t})}{Q'} \times 10^6$$

$$= \frac{0.12 \times (1-e^{-\frac{65}{1,800} \times 60})}{65} = 0.00163466 \times 10^6 = 1634.66(ppm)$$

(5) 전체환기량(이산화탄소 기준)

1) 이산화탄소를 노출기준으로 유지하기 위한 환기량 ★

$$Q(m^3/min) = \frac{G}{C} \times K \times 10^6$$

G : CO_2 발생량(m^3/min)
C : 노출기준(ppm)
K : 여유계수(보통 10)

2) 이산화탄소에 기인한 환기량 ★

$$Q(m^3/min) = \frac{G}{C - C_o} \times 100$$

G : CO_2 발생률(m^3/min)
C : 이산화탄소의 허용농도(%)
C_o : 외부공기중 이산화탄소 농도(%)

$$Q(m^3/min) = \frac{G}{C_s - C_o} \times 10^6$$

G : CO_2 발생률(m^3/min)
C_s : 실내 이산화탄소의 농도(ppm)
C_o : 외부공기중 이산화탄소의 농도(약 330ppm)

3) 시간당 공기교환 횟수(ACH) ★★

- $ACH = \dfrac{\text{실내환기량}(m^3/min)}{\text{실내 체적}(m^3)} \times 60$

- $ACH = \dfrac{\text{실내환기량}(m^3/hr)}{\text{실내 체적}(m^3)}$

$$ACH(회) = \frac{\ln(C_1 - C_o) - \ln(C_2 - C_o)}{hr}$$

C_1 : 처음 측정한 이산화탄소 농도
C_2 : 시간경과 후 측정한 이산화탄소 농도
C_o : 외부공기 중 이산화탄소 농도(약 330ppm)

[예제 35]

작업장의 크기가 세로 20m, 가로 10m, 높이 6m 이고, 필요환기량이 60m³/min일 때 1시간당 공기교환횟수는 몇 회인가?

① 1회 ② 2회 ③ 3회 ④ 4회

해설

$$ACH = \frac{실내\ 환기량(m^3/min)}{실내\ 체적(m^3)} \times 60$$

$$ACH = \frac{60}{20 \times 10 \times 6} \times 60 = 3(회)$$

[정답 ③]

[예제 36]

24시간 가동되는 작업장에서 환기하여야 할 작업장 실내의 체적은 3,000m³이다. 환기시설에 의해 공급되는 공기의 유량이 4,000m³/hr일 때, 이 작업장에서의 시간당 환기횟수는 얼마인가?

① 1.2회 ② 1.3회 ③ 1.4회 ④ 1.5회

해설

$$ACH = \frac{실내\ 환기량(m^3/hr)}{실내\ 체적(m^3)}$$

$$ACH = \frac{4000}{3000} = 1.33(회)$$

[정답 ②]

[예제 37]

길이, 폭, 높이가 각각 30m, 10m, 4m인 실내공간을 1시간당 12회의 환기를 하고자 한다. 이 실내의 환기를 위한 유량(m³/min)은?

① 240 ② 290 ③ 320 ④ 360

해설

$$ACH = \frac{실내\ 환기량(m^3/hr)}{실내\ 체적(m^3)}$$

실내 환기량$(m^3/hr) = ACH \times m^3 = 12 \times (30 \times 10 \times 4) = 14400 \div 60 = 240(m^3/min)$

[정답 ①]

[예제 38]

어느 실내의 길이, 폭, 높이가 각각 25m, 10m, 3m이며 실내에 1시간당 18회의 환기를 하고자 한다. 직경 50cm의 개구부를 통하여 공기를 공급하고자 하면 개구부를 통과하는 공기의 유속 (m/sec)은?

① 13.7 ② 15.3 ③ 17.2 ④ 19.1

해설

1. 1회 환기량 $= 25 \times 10 \times 3 = 750(m^3/hr)$
   18회 환기량 $= 750 \times 18 = 13500(m^3/hr)$
   $$\frac{13500m^3}{hr} = \frac{13500m^3}{3600\,sec} = 3.75(m^3/sec)$$
2. $Q = A \cdot V$
   $$V = \frac{Q}{A} = \frac{Q}{\frac{\pi d^2}{4}} = \frac{3.75}{\frac{\pi \times 0.5^2}{4}} = 19.10(m/sec)$$

[정답 ④]

[예제 39]

사무실에서 일하는 근로자의 건강장해를 예방하기 위해 시간당 공기교환횟수는 6회 이상 되어야 한다. 사무실의 체적이 150m³일 때 최소 필요한 환기량(m³/min)은?

① 9 ② 12
③ 15 ④ 18

해설

$$ACH = \frac{실내\ 환기량(m^3/min)}{실내\ 체적(m^3)} \times 60$$

실내 환기량 $\times 60 = ACH \times$ 실내 체적

실내 환기량 $= \frac{ACH \times 실내\ 체적}{60} = \frac{6 \times 150}{60} = 15(m^3/min)$

[정답 ③]

[예제 40]

사무실 직원이 모두 퇴근한 6시 30분에 CO_2농도는 1,700ppm이였다. 4시간이 지난 후 다시 CO_2농도를 측정한 결과 CO_2농도는 800ppm이었다면, 사무실의 시간당 공기 교환 횟수는? (단, 외부공기 중 CO_2농도는 330ppm)

① 0.11 ② 0.19
③ 0.27 ④ 0.35

해설

$$ACH(회) = \frac{\ln(C_1 - C_o) - \ln(C_2 - C_o)}{\text{hr}}$$

$$ACH = \frac{\ln(1,700 - 330) - \ln(800 - 330)}{4} = 0.2675(회)$$

[정답 ③]

4) 급기 중 외부공기 함량 ★★

$$\%Q_A = \frac{C_r - C_s}{C_r - C_o} \times 100$$

C_r : 재순환 공기 중 이산화탄소 농도, C_s : 급기중 이산화탄소 농도
C_o : 외부 공기 중 이산화탄소 농도(약 330ppm)

[예제 41]

재순환 공기의 CO_2농도는 900ppm이고 급기의 CO_2농도는 700ppm일 때, 급기 중의 외부공기 포함량은 약 몇 %인가? (단, 외부공기의 CO_2농도는 330ppm이다.)

① 30% ② 35% ③ 40% ④ 45%

해설

$$\%Q_A = \frac{C_r - C_s}{C_r - C_o} \times 100$$

$$\%Q_A = \frac{900 - 700}{900 - 330} \times 100 = 35.09(\%)$$

[정답 ②]

4 화재 및 폭발방지를 위한 전체 환기

(1) 화재 및 폭발방지를 위한 환기량 ★★★

$$Q = \frac{24.1 \times \text{kg/h} \times C \times 10^2}{MW \times LEL \times B} \, (\text{m}^3/\text{hr}) \div 60 = (\text{m}^3/\text{min})$$

C : 안전계수(LEL의 25%로 유지할 경우 $C = 4$)
MW : 물질의 분자량
LEL : 폭발농도 하한치(%)
B : 온도에 따른 보정상수(120℃ 미만 $B = 1.0$, 120℃ 이상 $B = 0.7$)
kg/hr : 시간당 오염물질 발생량(kg/hr = l/hr × 비중)
24.1 : 21℃, 1기압에서 공기의 비중(25℃, 1기압일 경우 24.45)

한 눈에 들어오는 키워드

확인

1. 급기 중 외부공기 포함량(%)
  = 100−급기 중 재순환량(%)

2. 급기 중 재순환량(%) =
$\frac{\text{급기 중 } CO_2 \text{농도} - \text{외기 중 } CO_2 \text{농도}}{\text{재순환공기 중 } CO_2 \text{농도} - \text{외기 중 } CO_2 \text{농도}}$
$\times 100$

(2) 노출기준(TLV)에 따른 전체환기량 ★★★

> **한 눈에 들어오는 키워드**
>
> **기출**
> 1. 0℃, 1기압에서 1몰(mole)의 공기부피(공기비중) : 22.4L
> 2. 21℃, 1기압에서 1몰(mole)의 공기부피(공기비중) : 24.1L
> 3. 25℃, 1기압에서 1몰(mole)의 공기부피(공기비중) : 24.45L

$$Q = \frac{24.1 \times kg/h \times K \times 10^6}{MW \times TLV} \, (m^3/hr) \div 60 = (m^3/min)$$

$$\begin{pmatrix} 1.\text{유해물질의 발생률 } G(m^3/hr) \\ G = \frac{24.1 \times kg/h}{MW} \\ 2.\text{필요환기량} \\ Q = \frac{G}{TLV} \times K = \frac{24.1 \times kg/h}{MW \times TLV} \times K \times 10^6 \end{pmatrix}$$

K : 안전계수
MW : 물질의 분자량
kg/hr : 시간당 오염물질 발생량(kg/hr = l/hr × 비중)
TLV : 노출기준(ppm)
24.1 : 21℃, 1기압에서 공기의 비중(25℃, 1기압일 경우 24.45)

1) 온도에 따른 환기량의 보정

$$Q_2 = Q_1 \times \frac{273 + t_2}{273 + t_1}$$

Q_1 : 처음 온도(t_1)에서의 환기량(m^3/min)
Q_2 : 나중 온도(t_2)에서의 환기량(m^3/min)
t_1 : 처음 온도(℃)
t_2 : 나중 온도(℃)

[예제 42]

A작업장에서는 1시간에 0.5L의 메틸에틸케톤(MEK)이 증발되고 있다. MEK의 TLV가 100ppm 이라면 이 작업장 전체를 환기시키기 위한 필요환기량(m^3/min)은 약 얼마인가? (단, 주위온도는 25℃, 1기압 상태이며, MEK의 분자량은 72.1, 비중은 0.805, 안전계수는 3이다.)

① 17.06　　② 34.12　　③ 68.25　　④ 83.56

해설

$Q(m^3/hr) = \frac{24.45 \times kg/h \times K \times 10^6}{MW \times TLV}$ (25℃, 1기압 기준)

$Q = \frac{24.45 \times (0.5 \times 0.805) \times 3 \times 10^6}{72.1 \times 100} = 4094.78 (m^3/hr) \div 60 = 68.25 (m^3/min)$

(kg/hr = l/hr × 비중)

[정답 ③]

[예제 43]

벤젠의 증기발생량이 400g/h일 때, 실내 벤젠의 평균농도를 10ppm 이하로 유지하기 위한 필요 환기량은 약 몇 m³/min인가? (단, 벤젠 분자량은 78, 25℃, 1기압 상태 기준, 안전계수는 1이다.)

① 130
② 150
③ 180
④ 210

해설

$$Q(m^3/hr) = \frac{24.45 \times kg/h \times K \times 10^6}{MW \times TLV} \text{ (25℃, 1기압 기준)}$$

$$Q = \frac{24.45 \times 0.4 \times 1 \times 10^6}{78 \times 10} = 12538.46(m^3/hr) \div 60 = 208.97(m^3/min)$$

[정답 ④]

[예제 44]

1시간 동안 균일하게 유해물질(A) 0.95L가 공기 중으로 증발되는 작업장에서 A 물질의 공기 중 노출기준(TLV-TWA : 100ppm)의 50%로 유지하기 위한 전체환기의 필요환기량은 약 얼마인가? (단, 21℃, 1기압, A 물질의 비중은 0.866, 분자량은 92.13, 안전계수는 5로 하며, ACGIH의 공식을 활용한다.)

① 164m³/min
② 259m³/min
③ 359m³/min
④ 459m³/min

해설

$$Q(m^3/hr) = \frac{24.1 \times kg/h \times K \times 10^6}{MW \times TLV} \text{ (21℃, 1기압 기준)}$$

$$Q = \frac{24.1 \times (0.95 \times 0.866) \times 5 \times 10^6}{92.13 \times 100 \times 0.5} = 21520.75(m^3/hr) \div 60 = 358.68(m^3/min)$$

(kg/hr = l/hr × 비중)

[정답 ③]

[예제 45]

작업장에서 Methyl alcohol(비중 = 0.792, 분자량 = 32.04, 허용농도 = 200ppm)을 시간당 2리터 사용하고 있다. 안전계수가 6, 실내온도가 20℃일 때 필요 환기량(m³/min)은 약 얼마인가?

① 400
② 600
③ 800
④ 1000

한 눈에 들어오는 키워드

> **해설**
>
> $$Q(\mathrm{m^3/hr}) = \frac{24.1 \times \mathrm{kg/h} \times K \times 10^6}{MW \times TLV} \text{ (21℃, 1기압 기준)}$$
>
> 풀이 1.
>
> 1. $Q = \dfrac{24.1 \times (2 \times 0.792) \times 6 \times 10^6}{32.04 \times 200} = 35743.82(\mathrm{m^3/hr}) \div 60 = 595.73(\mathrm{m^3/min})$
>
>   (kg/hr = l/hr × 비중)
>
> 2. 온도보정
>
> $$Q_2 = Q_1 \times \frac{273 + t_2}{273 + t_1}$$
> $$= 595.73 \times \frac{273 + 20}{273 + 21} = 593.70(m^3/\min)$$
>
>   (Q를 계산하기 위해 대입한 24.1L는 21℃(t_1) 1기압의 공기 1몰의 부피이므로 20℃(t_2)로 보정이 필요함)
>
> 풀이 2.
>
> 1. 21℃ (t_1) 1기압 기준 기체 1몰의 부피 24.1L를 20℃ (t_2)로 온도보정
>
> $$V_2 = V_1 \times \frac{T_2 P_1}{T_1 P_2} = 24.1 \times \frac{273 + 20}{273 + 21} = 24.02(m^3)$$
>
> 2. $Q = \dfrac{24.02 \times \mathrm{kg/h} \times K \times 10^6}{MW \times TLV} = \dfrac{24.02 \times (2 \times 0.792) \times 6 \times 10^6}{32.04 \times 200}$
>
> $= 35625.17(\mathrm{m^3/hr}) \div 60 = 593.75(\mathrm{m^3/min})$
>
>   (kg/hr = l/hr × 비중)
>
> [정답 ②]

5 혼합물질 발생 시의 전체 환기

(1) 혼합물질 발생 시의 전체환기량

① **상가작용일 경우** : 각각 유해물질의 환기량을 모두 합하여 필요환기량으로 결정

$$Q = Q_1 + Q_2 + \cdots + Q_n$$

② **독립작용일 경우** : 유해물질 환기량 중 가장 큰 값을 선택하여 필요환기량으로 결정

[예제 46]

접착제를 사용하는 A공정에서는 메틸에틸케톤(MEK)과 톨루엔이 발생, 공기 중으로 완전 혼합된다. 두 물질은 모두 마취작용을 하므로 상가효과가 있다고 판단되며, 각 물질의 사용 정보가 다음과 같을 때 필요환기량(m³/min)은 약 얼마인가? (단, 주위는 25℃, 1기압 상태이다.)

〈MEK〉
- 안전계수 : 4
- 분자량 : 72.1
- 비중 : 0.805
- TLV : 200ppm
- 사용량 : 시간당 2L

〈톨루엔〉
- 안전계수 : 5
- 분자량 : 92.13
- 비중 : 0.866
- TLV : 50ppm
- 사용량 : 시간당 2L

① 182
② 558
③ 765
④ 946

해설

$$Q(\mathrm{m^3/hr}) = \frac{24.45 \times \mathrm{kg/h} \times K \times 10^6}{MW \times TLV} \ (25℃, 1기압 기준)$$

1. MEK
$$Q = \frac{24.45 \times (2 \times 0.805) \times 4 \times 10^6}{72.1 \times 200} = 10919.42\,(\mathrm{m^3/hr}) \div 60 = 181.99\,(\mathrm{m^3/min})$$
(kg/hr = l/hr × 비중)

2. $Q = \dfrac{24.45 \times (2 \times 0.866) \times 5 \times 10^6}{92.13 \times 50} = 45964.83\,(\mathrm{m^3/hr}) \div 60 = 766.08\,(\mathrm{m^3/min})$

3. $181.99 + 766.08 = 948.07\,(\mathrm{m^3/min})$

[정답 ④]

6 온열관리와 환기

(1) 발열 시 필요환기량 ★★

$$Q(\mathrm{m^3/hr}) = \frac{H_s}{0.3 \Delta t}$$

Δt : 급배기(실내, 외)의 온도차(℃)
H_s : 작업장 내 열부하량(kcal/hr)
0.3 : 정압비열(kcal/m³℃)

한눈에 들어오는 키워드

참고

열 배출 시 필요 환기량

$$Q = \frac{H_s}{C_p \times \Delta t}$$

여기서
C_p : 공기의 비열($kcal/h \cdot ℃$)
Δt : 외부공기와 작업장 내 온도차 (℃)
H_s : 작업장 내 열부하량(kcal/hr)

수증기 부하량에 따른 필요환기량

$$Q = \frac{W}{1.2 \times \Delta G} \times 100$$

여기서
Q : 필요환기량(m³/h)
W : 수증기 부하량(kg/h)
ΔG : 작업장내 공기와 급기의 절대 습도 차(kg/kg)

[예제 47]

작업장 내 열부하량이 15,000kcal/hr이며, 외기온도는 22℃, 작업장 내의 온도는 32℃이다. 이때 전체환기를 위한 필요환기량은 얼마인가?

① 83m³/hr ② 833m³/hr
③ 4,500m³/hr ④ 5,000m³/hr

해설

$$Q = \frac{15,000}{0.3 \times (32-22)} = 5,000 (m^3/hr)$$

[정답 ④]

(2) 열평형 방정식 ★★

$$\triangle S = M \pm C \pm R - E$$

$\triangle S$: 인체의 열축적 또는 열손실
M : 작업대사량(체내열생산량)
C : 대류에 의한 열교환
R : 복사에 의한 열교환
E : 증발에 의한 열손실

(3) 환경요소지수(온열지수)

1) 습구흑구 온도지수(WBGT)(℃) ★★★

① 옥외(태양광선이 내리쬐는 장소)

$$WBGT(℃) = 0.7 \times 자연습구온도 + 0.2 \times 흑구온도 + 0.1 \times 건구온도$$

② 옥내 또는 태양광선이 내리쬐지 않는 옥외

$$WBGT(℃) = 0.7 \times 자연습구온도 + 0.3 \times 흑구온도$$

(4) 실효온도(ET)

상대습도가 100%일 때의 건구온도에서 느끼는 것과 동일한 온도감각을 말한다.

CHAPTER 01 단원 예상문제

저자가 콕! 찝어주는 예상문제 풀어보기!

01 강제환기를 실시할 때 따라야 하는 원칙으로 옳지 않은 것은?

① 배출공기를 보충하기 위하여 청정공기를 공급한다.
② 공기 배출구와 근로자의 작업위치 사이에 오염원이 위치하지 않도록 한다.
③ 오염물질 배출구는 가능한 한 오염원으로부터 가까운 곳에 설치하여 점환기의 효과를 얻는다.
④ 공기가 배출되면서 오염장소를 통과하도록 공기 배출구와 유입구의 위치를 선정한다.

> ② 공기 배출구와 근로자의 작업위치 사이에 오염원이 위치하도록 한다.
> (근로자 작업위치 – 오염원 – 배출구 : 오염원이 근로자를 통과하지 않고 배출되어야 한다.)

02 다음 직경이 400mm인 환기시설을 통해서 $50m^3/min$의 표준상태의 공기를 보낼 때 이 덕트 내의 유속(m/sec)은?

① 13.3   ② 11.5
③ 9.4   ④ 6.6

> $Q = 60 \times A \times V$
>
> • $Q(m^3/min)$: 유체의 유량
> • $A(m^2)$: 유체가 통과하는 단면적
> • $V(m/sec)$: 유체의 유속
>
> $Q = 60 \times A \times V$
>
> $V = \dfrac{Q}{60 \times A} = \dfrac{Q}{60 \times \dfrac{\pi d^2}{4}} = \dfrac{50}{60 \times \dfrac{\pi \times 0.4^2}{4}}$
>
> $= 6.63(m/sec)$

03 다음 중 전체환기를 하는 경우와 가장 거리가 먼 것은?

① 유해물질의 독성이 높은 경우
② 동일 사업장에 다수의 오염발생원이 분산되어 있는 경우
③ 오염발생원이 근로자가 근무하는 장소로부터 멀리 떨어져 있는 경우
④ 오염발생원이 이동성인 경우

국소환기 장치 설치가 필요한 경우	① 유해물질 발생량이 많은 경우 ② 유해물질 독성이 강한 경우(TLV가 낮을 때) ③ 유해물질 발생량과 작업위치가 근접해 있는 경우 ④ 높은 증기압의 유기용제 ⑤ 발생주기가 균일하지 않은 경우 ⑥ 발생원이 고정되어 있는 경우 ⑦ 법적의무 설치사항의 경우
전체환기 (희석환기)가 필요한 경우	① 유해물질의 독성이 비교적 낮은 경우 ② 동일한 작업장에 다수의 오염원이 분산되어 있는 경우 ③ 유해물질이 시간에 따라 균일하게 발생될 경우 ④ 유해물질의 발생량이 적은 경우 ⑤ 발생원이 이동하는 경우 ⑥ 오염원이 근로자가 근무하는 장소로부터 멀리 떨어져 있는 경우

정답 01 ② 02 ④ 03 ①

04 길이, 폭, 높이가 각각 30m, 10m, 4m인 실내 공간을 1시간당 12회의 환기를 하고자 한다. 이 실내의 환기를 위한 유량(m^3/min)은?

① 240 ② 290
③ 320 ④ 360

$$ACH = \frac{\text{실내 환기량}(Q)}{\text{실내 체적}(m^3)}$$

- $Q(m^3/hr)$

$Q = ACH \times m^3 = 12 \times (30 \times 10 \times 4)$
$= 14400 \div 60 = 240(m^3/min)$

---

05 재순환 공기의 CO_2 농도는 900ppm이고, 급기의 CO_2 농도는 700ppm이었다. 급기(재순환 공기와 외부 공기가 혼합된 후의 공기)중 외부 공기의 함량은? (단, 외부 공기의 CO_2 농도는 330ppm이다.)

① 약 35.1% ② 약 21.3%
③ 약 23.8% ④ 약 17.5%

★ 급기 중 외부공기 함량

$$\%Q_A = \frac{C_r - C_s}{C_r - C_o} \times 100$$

- C_r : 재순환 공기 중 이산화탄소 농도
- C_s : 급기 중 이산화탄소 농도
- C_o : 외부 공기 중 이산화탄소 농도(약 330ppm)

$\%Q_A = \frac{900-700}{900-330} \times 100 = 35.09(\%)$

---

06 메틸메타크릴레이트가 7m×14m×4m의 체적을 가진 방에 저장되어 있다. 공기를 공급하기 전에 측정한 농도는 400ppm이었다면 이 방으로 환기량 20m^3/min을 공급한 후 노출기준인 50ppm으로 달성되는 데 걸리는 시간은? (단, 메틸메타크릴레이트 발생 정지 기준)

① 27분 ② 32분
③ 41분 ④ 53분

★ 유해물질을 나중농도(노출농도 이하)로 환기하는 데 소요되는 시간

$$t(min) = -\frac{V}{Q'} \times \ln\left(\frac{C_2}{C_1}\right)(min)$$

- V : 작업장의 기적(m^3)
- Q' : 환기량(m^3/min)
- C_1 : 유해물질 처음농도(ppm)
- C_2 : 유해물질 노출기준(ppm)

$t = -\frac{(7 \times 14 \times 4)}{20} \times \ln\left(\frac{50}{400}\right) = 40.76(min)$

정답 04 ① 05 ① 06 ③

07 인쇄공장의 메틸에틸케톤은 3L/hr로 증발하고 있다. 이때 메틸에틸케톤에 대한 환기량의 여유계수는 5.5, 메틸에틸케톤의 분자량은 72, 비중은 0.82이며 노출기준은 200ppm이라면 필요환기량은? (단, 21℃, 1기압 기준)

① 4.2m³/sec ② 5.7m³/sec
③ 6.3m³/sec ④ 7.4m³/sec

$$Q = \frac{24.1 \times kg/h \times K \times 10^6}{MW \times TLV} \, (m^3/hr)$$
$$\div 60 = (m^3/min)$$

- K : 안전계수
- MW : 물질의 분자량
- kg/hr : 시간당 오염물질 발생량($l/hr \times S$(비중))
- TLV : 노출기준(ppm)
- 24.1 : 21℃, 1기압에서 공기의 비중 (25℃, 1기압일 경우 24.45)

$$Q = \frac{24.1 \times (3 \times 0.82) \times 5.5 \times 10^6}{72 \times 200}$$
$= 22643.96(m^3/hr) \div 3600$
$= 6.29(m^3/sec)$
$(1sec = \frac{1}{3600}hr)$

08 유해물질을 관리하기 위해 전체환기를 적용할 수 있는 일반적인 상황과 가장 거리가 먼 것은?

① 작업자가 근무하는 장소로부터 오염발생원이 멀리 떨어져 있는 경우
② 오염발생원의 이동성이 없는 경우
③ 동일 작업장에 다수의 오염발생원이 분산되어 있는 경우
④ 소량의 오염물질이 일정 속도로 작업장으로 배출되는 경우

국소환기 장치 설치가 필요한 경우	① 유해물질 발생량이 많은 경우 ② 유해물질 독성이 강한 경우(TLV가 낮을 때) ③ 유해물질 발생원과 작업위치가 근접해 있는 경우 ④ 높은 증기압의 유기용제 ⑤ 발생주기가 균일하지 않은 경우 ⑥ 발생원이 고정되어 있는 경우 ⑦ 법적의무 설치사항의 경우
전체환기 (희석환기)가 필요한 경우	① 유해물질의 독성이 비교적 낮은 경우 ② 동일한 작업장에 다수의 오염원이 분산되어 있는 경우 ③ 유해물질이 시간에 따라 균일하게 발생될 경우 ④ 유해물질의 발생량이 적은 경우 ⑤ 발생원이 이동하는 경우 ⑥ 오염원이 근무자가 근무하는 장소로부터 멀리 떨어져 있는 경우

09 어느 작업장의 길이, 폭, 높이가 각각 40m, 20m, 4m이다. 이 실내에서 8시간당 16회의 환기가 되도록 직경 40cm의 개구부 두 개를 통하여 공기를 공급하고자 한다. 각 개구부를 통과하는 공기의 유속(m/min)은?

① 약 425 ② 약 475
③ 약 525 ④ 약 575

1. $ACH = \dfrac{\text{실내 환기량}(Q)}{\text{실내 체적}(m^3)}$
   - $Q(m^3/hr)$
2. $Q = A \times V$
   - $Q(m^3/min)$: 유체의 유량
   - $A(m^2)$: 유체가 통과하는 단면적
   - $V(m/min)$: 유체의 유속

1. 1회 환기량 = $40 \times 20 \times 4 = 3,200(m^3/hr)$
   8시간당 16회 환기 → 시간당 2회 환기
   2회 환기량 = $3,200 \times 2 = 6,400(m^3/hr)$

정답 07 ③ 08 ② 09 ①

2개의 개구부를 이용하므로 1개 개구부의 1회 환기량

$$\frac{6,400m^3}{2} = 3,200(m^3/hr) \div 60 = 53.33(m^3/min)$$

2. $Q = A \times V$

$$V = \frac{Q}{A} = \frac{Q}{\frac{\pi d^2}{4}} = \frac{53.33}{\frac{\pi \times 0.4^2}{4}} = 424.39(m/min)$$

---

10 화학공장에서 A 물질(분자량 86.17, 노출기준 100ppm)과 B 물질(분자량 98.96, 노출기준 50ppm)이 각각 100g/hr, 50g/hr씩 기화한다면 이때의 필요환기량(m^3/min)은? (단, 두 물질은 상가작용을 하며, 21℃ 기준, K값은 각각 6과 4이다.)

① 26.8　　② 39.6
③ 44.2　　④ 58.3

$$Q = \frac{24.1 \times kg/h \times K \times 10^6}{MW \times TLV} (m^3/hr)$$
$$\div 60 = (m^3/min)$$

- K : 안전계수
- MW : 물질의 분자량
- kg/hr : 시간당 오염물질 발생량($l/hr \times S$(비중))
- TLV : 노출기준(ppm)
- 24.1 : 21℃, 1기압에서 공기의 비중 (25℃, 1기압일 경우 24.45)

1. A물질
$$Q = \frac{24.1 \times 0.1 \times 6 \times 10^6}{86.17 \times 100}$$
$$= 1678.08(m^3/hr) \div 60 = 27.97(m^3/min)$$

2. B물질
$$Q = \frac{24.1 \times 0.05 \times 4 \times 10^6}{98.96 \times 50}$$
$$= 974.13(m^3/hr) \div 60 = 16.24(m^3/min)$$

3. $27.97 + 16.24 = 44.21(m^3/min)$

---

11 메틸메타크릴레이트가 7m×14m×2m의 체적을 가진 방에 저장되어 있다. 공기를 공급하기 전에 측정한 농도는 400ppm이었다. 이 방으로 환기량을 20m^3/min 공급한 후 노출기준인 100ppm이 달성되는 데 걸리는 시간은?

① 약 13.6분　　② 약 18.4분
③ 약 23.2분　　④ 약 27.6분

* 유해물질을 나중농도(노출농도 이하)로 환기하는 데 소요되는 시간

$$t = -\frac{V}{Q'} \times \ln\left(\frac{C_2}{C_1}\right)(min)$$

- V : 작업장의 기적(m^3)
- Q' : 환기량(m^3/min)
- C_1 : 유해물질 처음농도(ppm)
- C_2 : 유해물질 노출기준(ppm)

$$t = -\frac{(7 \times 14 \times 2)}{20} \times \ln\left(\frac{100}{400}\right) = 13.59(min)$$

---

12 강제환기의 효과를 제고하기 위한 원칙으로 틀린 것은?

① 오염물질 배출구는 가능한 오염원으로부터 가까운 곳에 설치하여 점환기 현상을 방지한다.
② 공기 배출구와 근로자의 작업위치 사이에 오염원이 위치하여야 한다.
③ 공기가 배출되면서 오염장소를 통과하도록 공기 배출구와 유입구의 위치를 선정한다.
④ 오염원 주위에 다른 작업공정이 있으면 공기 배출량을 공급량보다 약간 크게 하여 음압을 형성하여 주위 근로자에게 오염물질이 확산되지 않도록 한다.

① 오염물질 배출구는 가능한 한 오염원으로부터 가까운 곳에 설치하여 '점 환기'의 효과를 얻는다.

13 작업환경 내의 공기를 치환하기 위해 전체환기법을 사용할 때의 조건으로 맞지 않는 것은?

① 소량의 오염물질이 일정속도로 작업장으로 배출될 때
② 유해물질의 독성이 작을 때
③ 동일 작업장 내에 배출원이 고정성일 때
④ 작업공정상 국소배기가 불가능할 때

국소환기 장치 설치가 필요한 경우	① 유해물질 발생량이 많은 경우 ② 유해물질 독성이 강한 경우(TLV가 낮을 때) ③ 유해물질 발생원과 작업위치가 근접해 있는 경우 ④ 높은 증기압의 유기용제 ⑤ 발생주기가 균일하지 않은 경우 ⑥ 발생원이 고정되어 있는 경우 ⑦ 법적의무 설치사항의 경우
전체환기 (희석환기)가 필요한 경우	① 유해물질의 독성이 비교적 낮은 경우 ② 동일한 작업장에 다수의 오염원이 분산되어 있는 경우 ③ 유해물질이 시간에 따라 균일하게 발생될 경우 ④ 유해물질의 발생량이 적은 경우 ⑤ 발생원이 이동하는 경우 ⑥ 오염원이 근무자가 근무하는 장소로부터 멀리 떨어져 있는 경우

14 어떤 작업장에서 메틸알코올(비중 = 0.792, 분자량 = 32.04)이 시간당 1.0L 증발되어 공기를 오염시키고 있다. 여유계수 값은 3이고, 허용기준 TLV는 200ppm이라면 이 작업장을 전체 환기시키는 데 요구되는 필요환기량은?

① 120m³/min ② 150m³/min
③ 180m³/min ④ 210m³/min

$$Q = \frac{24.1 \times kg/h \times K \times 10^6}{MW \times TLV} (m^3/hr)$$
$$\div 60 = (m^3/min)$$

- K : 안전계수
- MW : 물질의 분자량
- kg/hr : 시간당 오염물질 발생량($l/hr \times S$(비중))
- TLV : 노출기준(ppm)
- 24.1 : 21℃, 1기압에서 공기의 비중 (25℃, 1기압일 경우 24.45)

$$Q = \frac{24.1 \times (1.0 \times 0.792) \times 3 \times 10^6}{32.04 \times 200}$$
$$= 8935.96(m^3/hr) \div 60 = 148.93(m^3/min)$$
(kg/h = l/hr × 비중)

15 어느 작업장에서 methylene chloride(비중 = 1.336, 분자량 = 84.94, TLV = 500ppm)를 500g/hr 사용할 때 필요한 희석환기량(m³/min)은? (단, 안전계수는 7, 실내온도는 21℃)

① 약 26.3 ② 약 33.1
③ 약 42.0 ④ 약 51.3

※ 노출기준(TLV)에 따른 전체환기량

$$Q = \frac{24.1 \times kg/h \times K \times 10^6}{MW \times TLV} (m^3/hr)$$
$$\div 60 = (m^3/min)$$

- K : 안전계수
- MW : 물질의 분자량
- kg/hr : 시간당 오염물질 발생량($l/hr \times S$(비중))
- TLV : 노출기준(ppm)
- 24.1 : 21℃, 1기압에서 공기의 비중 (25℃, 1기압일 경우 24.45)

$$Q = \frac{24.1 \times 0.5 \times 7 \times 10^6}{84.94 \times 500}$$
$$= 1986.11(m^3/hr) \div 60 = 33.10(m^3/min)$$

정답 13 ③ 14 ② 15 ②

16 강제환기를 실시할 때 환기효과를 제고할 수 있는 원칙으로 틀린 것은?

① 오염물질 배출구는 오염원과 적절한 거리를 유지하도록 설치하여 점환기 현상을 방지한다.
② 공기 배출구와 근로자의 작업위치 사이에 오염원이 위치하여야 한다.
③ 건물 밖으로 배출된 오염공기가 다시 건물 안으로 유입되지 않도록 배출구 높이를 적절히 설계하고 창문이나 문 근처에 위치하지 않도록 한다.
④ 공기가 배출되면서 오염장소를 통과하도록 공기 배출구와 유입구의 위치를 선정한다.

> ① 오염물질 배출구는 가능한 한 오염원으로부터 가까운 곳에 설치하여 '점 환기'의 효과를 얻는다.

17 어느 유체관의 유속이 10m/sec이고, 관의 반경이 15mm일 때 유량(m^3/hr)은?

① 약 25.5   ② 약 27.5
③ 약 29.5   ④ 약 31.5

> **★ 유량의 계산**
> 1. $Q = 60 \times A \times V$
>   - $Q(m^3/min)$: 유체의 유량
>   - $A(m^2)$: 유체가 통과하는 단면적
>   - $V(m/sec)$: 유체의 유속
> 2. $Q = A \times V$
>   - $Q(m^3/min)$: 유체의 유량
>   - $A(m^2)$: 유체가 통과하는 단면적
>   - $V(m/min)$: 유체의 유속

$Q = 60 \times A \times V = 60 \times 0.00071 \times 10$
$= 0.426(m^3/min) \times 60$
$= 25.56(m^3/hr)$

$$A = \frac{\pi \times d^2}{4} = \frac{\pi \times 0.03^2}{4} = 0.00071 m^2$$

★ 관의 반경이 15mm이므로
관의 직경 = 2 × 15 = 30mm

18 환기시설 내 기류의 기본적인 유체역학적 원리인 질량보존 법칙 및 에너지보존 법칙의 전제 조건과 가장 거리가 먼 것은?

① 환기시설 내외의 열교환을 고려한다.
② 공기의 압축이나 팽창을 무시한다.
③ 공기는 건조하다고 가정한다.
④ 대부분의 환기시설에는 공기 중에 포함된 유해물질의 무게와 용량을 무시한다.

> **★ 유체역학적 원리의 전제조건**
> ① 공기는 건조하다고 가정한다.
> ② 공기의 압축과 팽창은 무시한다.
> ③ 환기시설 내외의 열교환은 무시한다.
> ④ 공기 중에 포함된 유해물질의 무게와 용량을 무시한다.
> ⑤ 공기는 상대습도를 기준으로 한다.

19 30,000ppm의 테트라클로로에틸렌(tetra-chloroethylene)이 작업환경 중의 공기와 완전혼합되어 있다. 이 혼합물의 유효비중(effective specific gravity)은? (단, 테트라클로로에틸렌은 공기보다 5.7배 무겁다.)

① 1.124 ② 1.141
③ 1.164 ④ 1.186

> 테트라클로로에틸렌 30,000ppm은 3%이므로 공기는 97%, 공기비중 1
> 유효비중 = 0.03×5.7 + 0.97×1 = 1.141

20 증기압이 1.5mmHg인 어떤 유기용제가 공기 중에서 도달할 수 있는 최고농도(포화농도)는?

① 약 8,000ppm ② 약 6,000ppm
③ 약 4,000ppm ④ 약 2,000ppm

> 포화농도 = $\dfrac{\text{물질의 증기압(mmHg)}}{\text{대기압(760mmHg)}} \times 10^2 (\%)$
> = $\dfrac{\text{물질의 증기압(mmHg)}}{\text{대기압(760mmHg)}} \times 10^6 (\text{ppm})$
>
> 포화농도 = $\dfrac{1.5}{760} \times 10^6 = 1973.68(\text{ppm})$

21 어느 작업장에서 Methyl Ethyl Ketone을 시간당 1.5L 사용할 경우 작업장의 필요환기량(m³/min)은? (단, MEK의 비중은 0.805, TLV는 200ppm, 분자량은 72.1이고, 안전계수는 7로 하며, 1기압 21℃ 기준임)

① 약 235 ② 약 465
③ 약 565 ④ 약 695

> $Q = \dfrac{24.1 \times \text{kg/h} \times K \times 10^6}{MW \times TLV} (\text{m}^3/\text{hr})$
> $\div 60 = (\text{m}^3/\text{min})$
>
> - K : 안전계수
> - MW : 물질의 분자량
> - kg/hr : 시간당 오염물질 발생량(l/hr × S(비중))
> - TLV : 노출기준(ppm)
> - 24.1 : 21℃, 1기압에서 공기의 비중
>   (25℃, 1기압일 경우 24.45)
>
> $Q = \dfrac{24.1 \times (1.5 \times 0.805) \times 7 \times 10^6}{72.1 \times 200}$
> = 14126.58(m³/hr) ÷ 60 = 235.44(m³/min)

정답 19 ② 20 ④ 21 ①

22 메틸메타크릴레이트가 7m×14m×4m의 체적을 가진 방에 저장되어 있다. 공기를 공급하기 전에 측정한 농도는 400ppm이었다. 이 방으로 환기량 10m³/min을 공급한 후 노출기준인 100ppm으로 달성되는 데 걸리는 시간은?

① 26분　② 37분
③ 48분　④ 54분

* 유해물질을 나중농도(노출농도 이하)로 환기하는 데 소요되는 시간

$$t = -\frac{V}{Q'} \times \ln\left(\frac{C_2}{C_1}\right) \text{(min)}$$

- V : 작업장의 기적(m³)
- Q' : 환기량(m³/min)
- C_1 : 유해물질 처음농도(ppm)
- C_2 : 유해물질 노출기준(ppm)

$$t = -\frac{(7 \times 14 \times 4)}{10} \times \ln\left(\frac{100}{400}\right) = 54.34 \text{(min)}$$

23 일반적으로 자연환기의 가장 큰 원동력이 될 수 있는 것은 실내외 공기의 무엇에 기인하는가?

① 기압　② 온도
③ 조도　④ 기류

자연환기의 가장 큰 원동력이 될 수 있는 것은 실내외 공기의 온도에 기인한다.

24 어느 작업장에서 톨루엔(분자량 = 92, 노출기준 = 50ppm)과 이소프로필알코올(분자량 = 60, 노출기준 = 200ppm)을 각각 100g/hr을 사용(증발)하며, 여유계수(K)는 각각 10이다. 필요환기량 (m³/hr)은? (단, 21℃, 1기압 기준, 두 물질은 상가작용을 한다.)

① 약 6,250　② 약 7,250
③ 약 8,650　④ 약 9,150

$$Q = \frac{24.1 \times \text{kg/h} \times K \times 10^6}{MW \times TLV} \text{(m}^3\text{/hr)}$$
$$\div 60 = (\text{m}^3\text{/min})$$

- K : 안전계수
- MW : 물질의 분자량
- kg/hr : 시간당 오염물질 발생량(l/hr × S(비중))
- TLV : 노출기준(ppm)
- 24.1 : 21℃, 1기압에서 공기의 비중 (25℃, 1기압일 경우 24.45)

1. 톨루엔의 환기량

$$Q = \frac{24.1 \times 0.1 \times 10 \times 10^6}{92 \times 50}$$
$$= 5239.13 \text{(m}^3\text{/hr)}$$

2. 이소프로필알코올의 환기량

$$Q = \frac{24.1 \times 0.1 \times 10 \times 10^6}{60 \times 200}$$
$$= 2008.33 \text{(m}^3\text{/hr)}$$

3. 필요환기량 = 5239.13 + 2008.33
   = 7247.46(m³/hr)

정답　22 ④　23 ②　24 ②

25 강제환기를 실시하는 데 환기효과를 제고시킬 수 있는 필요 원칙을 모두 옳게 짝지은 것은?

> ㉠ 배출구가 창문이나 문 근처에 위치하지 않도록 한다.
> ㉡ 배출공기를 보충하기 위하여 청정공기를 공급한다.
> ㉢ 공기 배출구와 근로자의 작업위치 사이에 오염원이 위치해야 한다.
> ㉣ 오염물질 배출구는 오염원으로부터 가까운 곳에 설치하여 점환기 현상을 방지한다.

① ㉠, ㉡, ㉢
② ㉠, ㉡, ㉣
③ ㉠, ㉡
④ ㉠, ㉡, ㉢, ㉣

* 강제환기 효과를 제고할 수 있는 필요원칙
① 오염물질 사용량을 조사하여 필요환기량을 계산한다.
② 필요 환기량은 오염물질이 충분히 희석될 수 있는 양으로 설계한다.
③ 오염물질 배출구는 가능한 한 오염원으로부터 가까운 곳에 설치하여 '점 환기'의 효과를 얻는다.
④ 배출공기를 보충하기 위하여 청정공기를 공급한다.
⑤ 공기배출구와 근로자 작업위치 사이에 오염원이 위치하여야 한다.
(근로자 작업위치 - 오염원 - 배출구 : 오염원이 근로자를 통하지 않고 배출되어야 한다.)
⑥ 공기가 급기구를 통하여 들어와서 오염물질이 있는 영역을 통과하여 배기구로 빠져나가도록 설계해야 한다.(공기가 배출되면서 오염장소를 통과하도록 공기배출구와 유입구의 위치를 선정한다.)
⑦ 배출구가 창문, 문 근처에 위치하지 않도록 한다.
⑧ 오염된 공기는 작업자가 호흡하기 전에 충분히 희석되도록 한다.
⑨ 오염원 주위에 다른 작업 공정이 있으면 공기 배출량을 공급량보다 약간 크게 하여 음압을 형성하여 주위 근로자에게 오염물질이 확산되지 않도록 한다.

26 기적이 1,000m³이고 유효환기량이 50m³/min인 작업장에 메틸클로로포름 증기가 발생하여 100ppm의 상태로 오염되었다. 이 상태에서 증기발생이 중지되었다면 25ppm까지 농도를 감소시키는 데 걸리는 시간은?

① 약 17분
② 약 28분
③ 약 32분
④ 약 41분

* 유해물질을 나중농도(노출농도 이하)로 환기하는 데 소요되는 시간

$$t = -\frac{V}{Q'} \times \ln\left(\frac{C_2}{C_1}\right)(min)$$

• V : 작업장의 기적(m³)
• Q' : 환기량(m³/min)
• C_1 : 유해물질 처음농도(ppm)
• C_2 : 유해물질 노출기준(ppm)

$$t = -\frac{1,000}{50} \times \ln\left(\frac{25}{100}\right) = 27.73(min)$$

27 Methyl Ethyl Ketone(MEK)을 사용하는 접착작업장에서 1시간에 2L가 휘발할 때 필요한 환기량(m³/hr)은? (단, MEK의 비중은 0.805, 분자량은 72.06이고, $K=3$, 기온은 21℃, 기압은 760mmHg인 경우이며, MEK의 허용한계치는 200ppm이다.)

① 약 2,100
② 약 4,100
③ 약 6,100
④ 약 8,100

$$Q = \frac{24.1 \times kg/h \times K \times 10^6}{MW \times TLV}(m^3/hr)$$
$$\div 60 = (m^3/min)$$

• K : 안전계수
• MW : 물질의 분자량
• kg/hr : 시간당 오염물질 발생량(l/hr×S(비중))
• TLV : 노출기준(ppm)
• 24.1 : 21℃, 1기압에서 공기의 비중 (25℃, 1기압일 경우 24.45)

정답 25 ① 26 ② 27 ④

$$Q = \frac{24.1 \times (2 \times 0.805) \times 3 \times 10^6}{72.06 \times 200}$$
$$= 8,077(m^3/hr)$$
$$(kg/h = l/hr \times 비중)$$

28 A 용제가 800m³의 체적을 가진 방에 저장되어 있다. 공기를 공급하기 전에 측정한 농도는 400ppm이었다. 이 방으로 40m³/min의 환기량을 공급한다면 노출기준인 100ppm으로 달성되는 데 걸리는 시간은? (단, 유해물질 발생은 정지, 환기만 고려함)

① 약 16분   ② 약 28분
③ 약 34분   ④ 약 42분

★ 유해물질을 나중농도(노출농도 이하)로 환기하는 데 소요되는 시간

$$t = -\frac{V}{Q'} \times \ln\left(\frac{C_2}{C_1}\right)(min)$$

- V: 작업장의 기적(m³)
- Q': 환기량(m³/min)
- C_1: 유해물질 처음농도(ppm)
- C_2: 유해물질 노출기준(ppm)

$$t = -\frac{800}{40} \times \ln\left(\frac{100}{400}\right) = 27.73(min)$$

29 다음 중 자연환기의 장·단점으로 틀린 것은?

① 환기량 예측자료를 구하기 쉬운 장점이다.
② 효율적인 자연환기는 냉방비를 절감시키는 장점이 있다.
③ 외부 기상조건과 내부 작업조건에 따라 환기량 변화가 심한 단점이 있다.
④ 운전에 따른 에너지비용이 없는 장점이 있다.

★ 자연환기의 장·단점

장점	• 소음·진동이 없다. • 운전에 따른 에너지 비용이 없다. • 냉방비 절감효과를 가진다.
단점	• 계절, 기상조건(기압, 온도, 바람 등), 작업장 내부조건 등에 따라 환기량 변화가 크다. • 환기량 예측 자료를 구하기 어렵다.

28 ② 29 ①

03 국소환기

1 국소배기 시설의 개요

(1) 국소배기장치

"국소배기장치"라 함은 발생원에서 발생되는 유해물질을 후드, 덕트, 공기정화장치, 배풍기 및 배기구를 설치하여 배출하거나 처리하는 장치를 말한다.

(2) 국소배기장치를 반드시 설치해야 하는 경우 ★★

① 유해물질 발생량이 많은 경우
② 유해물질 독성이 강한 경우(TLV가 낮은 물질 취급)
③ 근로자의 작업위치가 유해물질 발생원에 근접해 있는 경우
④ 높은 증기압의 유기용제
⑤ 오염물질의 발생주기가 균일하지 않은 경우
⑥ 발생원이 고정되어 있는 경우
⑦ 법적으로 국소배기장치를 설치해야 하는 경우

(3) 국소배기장치의 특징

① 전체환기시설은 일반적으로 유해물질을 다량의 공기로 희석하므로 유해물질이 제거되지 않고 농도만 낮아지나, 국소배기시설은 발생원에서 유해물질을 제거할 수 있다.
② 필요환기량이 적어 실내에서 배출되는 공기량이 적고, 따라서 보충되어야 할 급기량도 적어지므로 냉난방 비용면에서 전체환기시설보다 경제적이다.
③ 유해물질이 소량의 공기 중에 고농도로 포함되어 있으므로 공기정화기를 설치하는 데 있어서 경제적이다.
④ 유해물질이 작업장 내로 배출되지 않으므로 유해물질에 의해 기계, 기구, 제품 등이 손상되거나 부식되지 않으며, 유지관리가 용이하다.
⑤ 발생원에 근접하여 배기시키기 때문에 방해기류나 부적절한 급기흐름의 영향을 적게 받는다.

한 눈에 들어오는 키워드

비교
전체환기(희석환기)를 설치해야 하는 경우 ★★
① 유해물질의 독성이 비교적 낮은 경우
② 동일한 작업장에 다수의 오염원이 분산되어 있는 경우
③ 유해물질이 시간에 따라 균일하게 발생될 경우
④ 유해물질의 발생량이 적은 경우
⑤ 발생원이 이동하는 경우
⑥ 오염원이 근무자가 근무하는 장소로부터 멀리 떨어져 있는 경우

(4) 국소배기장치 설치상의 유의사항

① 발산원의 상태에 맞는 형과 크기일 것
② 후드의 흡인성능을 만족시키기 위해 발산원의 최소제어풍속을 만족시킬 것
③ 작업자가 후드의 흡인기류 부위에 들어가서 작업하지 않도록 할 것
④ 분진이 관내에 축적되지 않도록 관내풍속이 적정 범위 내에 있을 것

2 국소배기 시설의 구성

(1) 국소배기시설의 구성

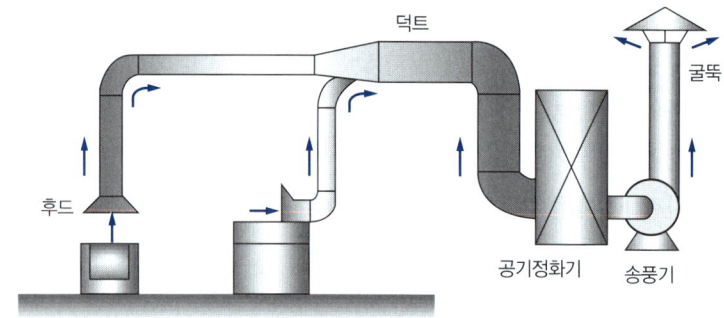

후드(Hood) → 덕트(Duct) → 공기정화기(Air cleaner equipment) → 송풍기(Fan), 배출구로 구성되어 있다. ★★

> **암기법**
>
> 후(후드)덕(덕트)한 공기를 송풍해서 배출

(2) 국소배기장치의 설계순서 ★★

후드형식 선정 → 제어속도 결정 → 소요풍량 계산 → 반송속도 결정

> **암기법**
>
> 형(형식)제(제어) 풍량 속도

3 공기압력

(1) 압력의 종류 실기 기출★

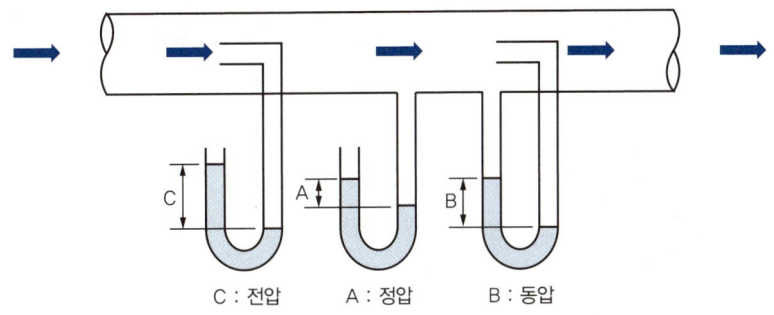

정압 (SP : Static Pressure)	• **공기의 유동이 없을 때 발생하는 압력**, 덕트 내의 공기가 주위에 미치는 압력 • **잠재적인 에너지, 모든 방향에서 같은 크기를 나타내는 압력**으로 정지하고 있는 유체뿐만 아니라 운동하고 있는 유체 중에도 존재한다. • **대기압보다 낮을 때는 음압**(정압 < 대기압이면 (−)압력), **대기압보다 높을 때는 양압**(정압 > 대기압이면 (+)압력)이 된다. • **송풍기 앞(흡입관)에서는 음압, 송풍기 뒤(배출관)에서는 양압**이 된다.(국소배기장치의 **배출구 압력은 항상 대기압보다 높아야 한다.**) • 송풍기 저항에 대항하는 압력으로 **저항압력**, 또는 **마찰압력**이라고 한다.
동압 (속도압, VP : Velocity Pressure)	• 공기의 흐름이 있을 때 발생하는 압력, **공기 흐름 방향의 속도에 의해 생기는 압력** • 속도압은 **공기가 이동하는 힘으로 항상 양압**(0 이상의 압력)이다.(공기의 운동에너지에 비례한다.)
전압 (TP : total pressure)	• 전압 = 동압(VP) + 정압(SP)

1) 속도압(동압) ★★★

• 속도압(VP) = $\dfrac{\gamma V^2}{2g}$ (mmH$_2$O)

• $V = 4.043\sqrt{VP}$ (m/sec) (21℃, 1기압에서만 적용 가능)

r : 공기비중, V : 유속(m/s), g : 중력가속도(9.8m/s^2)

한 눈에 들어오는 키워드

참고
양압(Positive pressure)
작업장 내 압력이 외기보다 높은 상태를 말한다.

음압(Negative pressure)
작업장 내 압력이 외기보다 낮은 상태를 말한다.

참고
• 송풍기가 공기 밀도에 변화를 일으켜 압력의 차이(정압)을 만들어 내고, 압력차이(정압)가 정지 상태에 있는 유체에 작용하여 속도 또는 가속(속도압)을 일으킨다.(정압이 속도압으로 변환됨)
• 정압은 잠재적인 에너지이며 동압은 운동에너지이다.
• 정압이 동압으로 변하여 공기가 흐르며, 공기가 흐를 때 압력손실이 생긴다.

한 눈에 들어오는 키워드

[예제 48]

관을 흐르는 유체의 양이 220m³/min일 때 속도압은 약 몇 mmH$_2$O인가? (단, 유체의 밀도는 1.21kg/m³, 관의 단면적은 0.5m², 중력가속도는 9.8m/s²이다.)

① 2.1   ② 3.3   ③ 4.6   ④ 5.9

해설

속도압 $(VP) = \dfrac{\gamma V^2}{2g}$ (mmH$_2$O)

$VP = \dfrac{1.21 \times 7.33^2}{2 \times 9.8} = 3.32$ (mmH$_2$O)

$\left[\begin{array}{l} Q = 60 \times A \times V \\ V = \dfrac{Q}{60 \times A} = \dfrac{220}{60 \times 0.5} = 7.33 \text{(m/sec)} \end{array}\right]$

[정답 ②]

[예제 49]

어느 관내의 속도압이 3.5mmH$_2$O일 때, 유속은 약 몇 m/min인가? (단, 공기의 밀도 1.21kg/m³이고 중력가속도는 9.8m/s²이다.)

① 352   ② 381   ③ 415   ④ 452

해설

$VP = \dfrac{\gamma \times V^2}{2g}$

$\gamma \times V^2 = VP \times 2g$

$V^2 = \dfrac{VP \times 2g}{\gamma}$

$V = \sqrt{\dfrac{VP \times 2g}{\gamma}} = \sqrt{\dfrac{3.5 \times 2 \times 9.8}{1.21}} = 7.53$ m (m/sec)

$\dfrac{7.53\text{m}}{\sec} = \dfrac{7.53\text{m}}{\frac{1}{60}\text{min}} = 451.80$ (m/min)

[정답 ④]

[예제 50]

20℃의 송풍관 내부에 480m/min으로 공기가 흐르고 있을 때, 속도압은 약 몇 mmH$_2$O인가? (단, 0℃ 공기 밀도는 1.296kg/m³로 가정한다.)

① 2.3   ② 3.9   ③ 4.5   ④ 7.3

해설

1. 공기밀도의 온도보정 [0℃(t_1) → 20℃(t_2)]

   보정 후의 밀도 = 보정 전의 밀도 $\times \dfrac{273+t_1}{273+t_2} = 1.296 \times \dfrac{273+0}{273+20} = 1.208(kg/m^3)$

2. $VP = \dfrac{1.208 \times 8^2}{2 \times 9.8} = 3.94(\text{mmH}_2\text{O})$

   $\left[\dfrac{480\text{m}}{\text{min}} = \dfrac{480\text{m}}{60\text{sec}} = 8(\text{m/sec}) \right]$

   [정답 ②]

[예제 51]

0℃, 1기압에서 공기의 비중량은 1.293kg$_f$/m³이다. 65℃의 공기가 송풍관 내를 15m/s의 유속으로 흐를 때 속도압은 약 몇 mmH₂O인가?

① 9 ② 10
③ 12 ④ 14

해설

1. 공기 비중량의 온도보정 [0℃(t_1) → 65℃(t_2)]

   보정 후의 밀도 = 보정 전의 밀도 $\times \dfrac{273+t_1}{273+t_2} = 1.296 \times \dfrac{273+0}{273+65} = 1.044(kg/m^3)$

2. $VP = \dfrac{1.044 \times 15^2}{2 \times 9.8} = 11.98(\text{mmH}_2\text{O})$

   [정답 ③]

[예제 52]

직경 40cm인 덕트 내부를 유량 120m³/min의 공기가 흐르고 있을 때, 덕트 내의 풍압은 약 몇 mmH₂O인가? (단, 덕트 내의 공기는 21℃, 1기압으로 가정한다.)

① 11.5 ② 15.5
③ 23.5 ④ 26.5

해설

$VP = \dfrac{\gamma V^2}{2g} = \dfrac{1.2 \times 15.92^2}{2 \times 9.8} = 15.52(\text{mmH}_2\text{O})$

$\left[\begin{array}{l} Q = 60 \times A \times V \\ V = \dfrac{Q}{60 \times A} = \dfrac{Q}{60 \times \dfrac{\pi \times d^2}{4}} = \dfrac{120}{60 \times \dfrac{\pi \times 0.4^2}{4}} = 15.92(\text{m/sec}) \\ (40\text{cm}=0.4\text{m},\ 21℃\ 1기압\ 공기비중\ 1.2kg/m^3) \end{array} \right.$

[정답 ②]

한눈에 들어오는 키워드

참고
1. 0°C, 1기압에서 공기밀도
   : 1.293(kg/m³)
2. 21°C, 1기압에서 공기밀도
   : 1.203(kg/m³)

[예제 53]

어느 유체관의 동압(velocity pressure)이 20mmH₂O이고 관의 직경이 25cm일 때 유량(m³/hr)은? (단, 21°C, 1기압 기준)

① 약 3,000
② 약 3,200
③ 약 3,500
④ 약 3,800

해설

$$Q = 60 \times A \times V$$

$Q(\text{m}^3/\text{min})$: 유체의 유량, $A(\text{m}^2)$: 유체가 통과하는 단면적, $V(\text{m/sec})$: 유체의 유속

$$\text{속도압}(VP) = \frac{\gamma V^2}{2g}(\text{mmH}_2\text{O})$$

r : 공기비중, V : 유속(m/s), g : 중력가속도(9.8m/s²)

$$Q = 60 \times A \times V = 60 \times \frac{\pi d^2}{4} \times V = 60 \times \frac{\pi \times 0.25^2}{4} \times 18.07 = 53.22(\text{m}^3/\text{min}) \times 60 = 3193(\text{m}^3/\text{hr})$$

$$\left[\begin{array}{l} VP = \dfrac{\gamma V^2}{2g} \\ \gamma V^2 = VP \times 2g \\ V^2 = \dfrac{VP \times 2g}{\gamma} \\ V = \sqrt{\dfrac{VP \times 2g}{\gamma}} = \sqrt{\dfrac{20 \times 2 \times 9.8}{1.2}} = 18.07(\text{m/sec}) \end{array} \right.$$

[정답 ②]

2) 정압 ★★

암기 ★★

후드정압(SP_h)
= $VP(1+F_h)$(mmH₂O)

- VP : 속도압(동압) (mmH₂O)
- F_h : 압력손실계수(= $\dfrac{1}{Ce^2}-1$)
- Ce : 유입계수

$$\text{후드정압}(SP_h) = VP + \Delta P = VP + (F_h \times VP)$$
$$= VP(1 + F_h)(\text{mmH}_2\text{O})$$

VP : 속도압(동압)(mmH₂O)
F_h : 압력손실계수(= $\dfrac{1}{Ce^2} - 1$)
Ce : 유입계수
ΔP : 압력손실(mmH₂O)

· 송풍기 앞에서의 정압은 음압(-), 송풍기 뒤에서의 정압은 양압(+)이 된다.
  후드는 송풍기 앞에 위치하므로 후드 정압은 음압(-)이 된다.
· 후드 정압은 후드나 덕트를 수축시키려는 방향(음압)으로 작용하기 때문에 "-"부호를 붙여 표기한다.

[예제 54]

후드의 정압이 50mmH₂O 이고 덕트 속도압이 20mmH₂O일 때, 후드의 압력손실계수는?

① 1.5　　　　② 2.0　　　　③ 2.5　　　　④ 3.0

해설

후드정압$(SP_h) = VP(1+F_h)$

$(1+F_h) = \dfrac{SP_h}{VP}$

$F_h = \dfrac{SP_h}{VP} - 1 = \dfrac{50}{20} - 1 = 1.5$

[정답 ①]

[예제 55]

후드의 정압이 12.00mmH₂O이고 덕트의 속도압이 0.80mmH₂O일 때, 유입계수는 얼마인가?

① 0.129　　　② 0.194　　　③ 0.258　　　④ 0.387

해설

1. $SPh = VP(1+F_h)$

   $(1+F_h) = \dfrac{SPh}{VP}$

   $F_h = \dfrac{SPh}{VP} - 1 = \dfrac{12}{0.8} - 1 = 14$

2. $F_h = \dfrac{1}{Ce^2} - 1$

   $F_h + 1 = \dfrac{1}{Ce^2}$

   $Ce^2 = \dfrac{1}{F_h + 1}$

   $Ce = \sqrt{\dfrac{1}{F_h + 1}} = \sqrt{\dfrac{1}{14+1}} = 0.258$

[정답 ③]

[예제 56]

유입계수 Ce = 0.82인 원형 후드가 있다. 덕트의 원 면적이 0.0314m²이고 필요환기량 Q는 30m³/min 이라고 할 때 후드정압은? (단, 공기밀도 1.2kg/m³ 기준)

① 16mmH₂O　　　　　　② 23mmH₂O
③ 32mmH₂O　　　　　　④ 37mmH₂O

> **해설**
>
> 1. $VP = \dfrac{\gamma V^2}{2g} = \dfrac{1.2 \times 15.92^2}{2 \times 9.8} = 15.52 (\text{mmH}_2\text{O})$
>
> $\left[\begin{array}{l} Q = 60 \times A \times V \\ V = \dfrac{Q}{60 \times A} = \dfrac{30}{60 \times 0.0314} = 15.92 (\text{m/sec}) \end{array} \right]$
>
> 2. 정압$(SP_h) = VP(1 + F_h) = 15.52 \times (1 + 0.49) = 23.12 (\text{mmH}_2\text{O})(-23.12 \text{mmH}_2\text{O})$
>
> $\left[F_h = \dfrac{1}{Ce^2} - 1 = \dfrac{1}{0.82^2} - 1 = 0.49 \right]$
>
> 후드 정압은 후드나 덕트를 수축시키려는 방향(음압)으로 작용하여 "−" 부호를 붙여 표기한다.
>
> [정답 ②]

[예제 57]

유입계수가 0.6인 플랜지 부착 원형후드가 있다. 덕트의 직경은 10cm이고, 필요환기량이 20m³/min라고 할 때, 후드정압(SP_h)은 약 몇 mmH₂O인가? (단, 공기밀도 1.2kg/m³ 기준)

① −448.2　　　　　　　② −306.4
③ −236.4　　　　　　　④ −110.2

> **해설**
>
> $SP_h = VP(1+F_h) = \dfrac{\gamma V^2}{2g} \times (1 + \dfrac{1}{Ce^2} - 1) = \dfrac{1.2 \times 42.44^2}{2 \times 9.8} \times \left[1 + (\dfrac{1}{0.6^2} - 1) \right]$
>
> $= 306.32 (\text{mmH}_2\text{O})(-306.32 \text{mmH}_2\text{O})$
>
> $\left[\begin{array}{l} Q = 60 \times A \times V \\ V = \dfrac{Q}{60 \times A} = \dfrac{Q}{60 \times \dfrac{\pi \times d^2}{4}} = \dfrac{20}{60 \times \dfrac{\pi \times 0.1^2}{4}} = 42.44 (\text{m/sec}) \end{array} \right]$
>
> 후드 정압은 후드나 덕트를 수축시키려는 방향(음압)으로 작용하여 "−" 부호를 붙여 표기한다.
>
> [정답 ②]

3) 후드의 정압과 동압(속도압)의 측정 ★

후드에서 **정압과 동압(속도압)을 동시에 측정하고자 할 때** 측정공의 위치는 후드 또는 덕트의 연결부로부터 **덕트 직경의 4~6배 떨어진 지점에서 측정**한다.

한눈에 들어오는 키워드

실기 기출 ★
플레넘(공기충만실)(Plenum)
공기의 흐름을 균일하게 유지시켜주기 위한 후드나 덕트의 큰 공간을 말한다.

기출
슬로트형 후드에서 후드와 덕트 사이에 충만실(Plenum Chamber)을 설치하면 후드로부터의 유입압력이 일정하게 되어 배기효율을 높일 수 있다.

기출
플레넘형 환기시설의 장점
① 주관의 어느 위치에서도 분지관을 추가하거나 제거할 수 있다.
② 주관은 입경이 큰 분진을 제거할 수 있는 침강실의 역할이 가능하다.
③ 분지관으로부터 송풍기까지 낮은 압력손실을 제공하여 운전동력을 최소화할 수 있다.

4 후드

(1) 후드

"후드"라 함은 유해물질을 포집·제거하기 위해 해당 발생원의 가장 근접한 위치에 다양한 형태로 설치하는 구조물로서 국소배기장치의 개구부를 말한다.

1) 후드의 설치기준

① 후드는 유해물질을 충분히 제어할 수 있는 구조와 크기로 하여야 한다.
② 후드는 발생원을 가능한 한 포위하는 형태인 포위식 형식의 구조로 하고, 발생원을 포위할 수 없을 때는 발생원과 가장 가까운 위치에 외부식 후드를 설치하여야 한다.
    다만, 유해물질이 일정한 방향성을 가지고 발생될 때는 레시버식 후드를 설치하여야 한다.
③ 상부면이 개방된 개방조에서 유해물질이 발생하는 경우에 설치하는 후드의 제어거리에 따른 형식과 설치위치는 다음과 같다.

[개방조에 설치하는 후드의 구조와 설치위치]

제어거리(m)	후드의 구조 및 설치위치	비고
0.5 미만	측면에 1개의 슬로트후드 설치	제어거리 : 후드의 개구면에서 가장 먼 거리에 있는 개방조의 가장자리까지의 거리
0.5~0.9	양측면에 각 1개의 슬로트후드 설치	
0.9~1.2	양측면에 각 1개 또는 가운데에 중앙선을 따라 1개의 슬로트후드를 설치하거나 푸쉬-풀형 후드 설치	
1.2 이상	푸쉬-풀형 후드 설치	

④ 슬로트 후드의 외형단면적이 연결 덕트의 단면적보다 현저히 큰 경우에는 후드와 덕트 사이에 충만실(Plenum chamber)을 설치하여야 하며, 이때 충만실의 깊이는 연결덕트 지름의 0.75배 이상으로 하거나 충만실의 기류속도를 슬로트 개구면 속도의 0.5배 이내로 하여야 한다.

⑤ 후드의 흡입방향은 가급적 비산 또는 확산된 유해물질이 작업자의 호흡영역을 통과하지 않도록 하여야 한다.

⑥ 후드 뒷면에서 주덕트 접속부까지의 가지덕트 길이는 가능한 한 가지덕트 지름의 3배 이상 되도록 하여야 한다. 다만, 가지덕트가 장방형덕트인 경우에는 원형덕트의 상당 지름을 이용하여야 한다.

⑦ 후드의 형태와 크기 등 구조는 후드에서의 유입손실이 최소화되도록 하여야 한다.

⑧ 후드가 설비에 직접 연결된 경우 후드의 성능 평가를 위한 정압 측정구를 후드와 덕트의 접합부분(hood throat)에서 주덕트 방향으로 1~3직경 정도에 설치한다.

> **비교**
>
> ❀ 후드 설치기준(산.안.법 기준)
> - 유해물질이 **발생하는 곳마다 설치**할 것
> - 유해인자의 발생형태 및 비중, 작업방법 등을 고려하여 당해 **분진 등의 발산원을 제어할 수 있는 구조로 설치**할 것
> - 후드형식은 가능한 한 **포위식 또는 부스식 후드를 설치**할 것
> - 외부식 또는 레시버식에는 당해 분진 등의 **발산원에 가장 가까운 위치에 설치**할 것

2) 후드선택 지침(필요 환기량을 감소시키기 위한 방법) [실기 기출 ★]

① 가급적 공정의 포위를 최대화한다.
② 포집형이나 레시버형 후드를 사용할 때에는 후드를 배출 오염원에 가깝게 설치한다.
③ 주위 방해기류를 최소화하여 후드 개구면에서 기류가 균일하게 분포되도록 설계한다.
④ 오염물질 발생특성을 고려하여 설계한다.
⑤ 작업조건을 고려하여 적정하게 제어속도를 선정한다.
⑥ 공정에서 발생 또는 배출되는 오염물질의 절대량을 감소시킨다.
⑦ 플랜지 등을 설치하여 후드 유입 기류를 조절한다.

[기출]
유해화학물질이 발생하는 작업장에 설치하는 국소배기장치 후드의 설치상 기본 유의사항
① 최대한 발생원 부근에 설치할 것
② 발생원의 상태에 맞는 형태와 크기일 것
③ 발생원 부근에 최소제어속도를 만족하는 정상기류를 만들 것
④ 작업자가 후드에 흡입되는 오염기류 내에 들어가거나 노출되지 않도록 배치할 것

3) 후드의 선택지침(후드 선정시 고려사항, 후드의 선정요령) 실기 기출★

① **필요 환기량을 최소화 할 것**
- 가급적 기류 차단판이나 커튼 등을 사용하여 공정을 많이 포위한다.
- 후드를 유해물질 발생원에 가깝게 설치한다.(작업에 지장이 없다면 포위식 후드를 설치)
- 공정에서 발생 또는 배출되는 오염물질의 절대량을 줄인다.
- 후드 개구부에서 기류가 균일하게 분포되도록 설계

② **작업자의 호흡영역을 보호할 것**
- 후드 내로 유입되는 공기흐름이 작업자의 호흡영역에 들어오지 않도록 후드를 위치시킨다.

③ **추천된 설계사양을 사용할 것**

④ **작업자가 사용하기 편리하도록 만들 것**

⑤ **후드 설계 시 일반적인 오류를 범하지 말 것**

(2) 후드의 형식 및 종류

형식		특징	비고
포위식 (Enclosing type)		유해물질의 발생원을 전부 또는 부분적으로 포위하는 후드	• 포위형 (Enclosing type) • 장갑부착상자형 (Glove box hood) • 드래프트 챔버형 (Draft chamber hood) • 건축부스형 등
외부식 (Exterior type)		유해물질의 발생원을 포위하지 않고 발생원 가까운 위치에 설치하는 후드	실기 기출★ • 슬로트형 (Slot hood) • 그리드형 (Grid hood) • 푸쉬-풀형 (Push-pull hood) 등

기출
후드의 성능 불량의 원인
① 송풍기의 용량이 부족한 경우
② 후드 주변에 심한 난기류가 형성된 경우
③ 송풍관 내부에 분진이 과다하게 축적되어 있는 경우

기출
국소배기장치의 설계 시 후드의 성능을 유지하기 위한 방법
① 제어속도의 유지
② 송풍기 용량의 확보
③ 주위의 방해기류 제어

형식		특징	비고
레시버식 (Receiver type)	(a) 유해물질이 일정방향으로 비산하는 경우 (b) 열상승 기류가 있는 경우	유해물질이 발생원에서 상승기류, 관성기류 등 일정방향의 흐름을 가지고 발생할 때 설치하는 후드	• 그라인더커버형 (Grinder cover hood) • 캐노피형 (Canopy hood)

1) 포위식(포위형, 부스식) 후드의 특징(장점) 및 종류 [실기 기출 ★]

① 발생원을 완전히 감싸는 형태로 유해물질을 외부로 나가지 못하게 한다. (오염물질 발생원이 후드 내에 있음)
② 외부기류(난기류)의 영향을 받지 않아 효율이 높다.
③ 필요환기량을 최소한으로 줄일 수 있어 경제적이며 효율적이다.
④ 고농도 분진의 비산, 유기용제, 맹독성물질 등을 취급하는 작업장에 적합하다.
   * 후드 개방면에서 측정한 면속도가 제어속도가 된다.

포위형 후드	부스형 후드	글로브박스형 후드
• 분쇄, 파쇄, 혼합, 건조작업에 사용 • 효과가 가장 좋다.	• 연마작업, 포장작업, 화학실험실, 분무도장 작업 등에 사용 • 전면이 개방되어 있다.	• 독성가스, 동위원소 취급 작업에 사용 • 전면 상부는 투명판으로 안을 들여다볼 수 있는 구조

[기출]
포위식후드가 외부식에 비하여 효과적인 이유
① 유해물질 발생원이 전부 또는 일부 포위된다.
② 영향을 미치는 외부기류를 사방면에서 차단한다.
③ 제어풍량이 적다.

[참고]
면속도
① 후드 근처에서 발생되는 오염물질을 주변의 방해기류를 극복하고 후드 안쪽으로 흡인하기 위한 유체의 속도를 말한다.
② 후드 앞 오염원에서의 기류로써 오염공기를 후드로 흡인하는 데 필요하며 방해기류를 극복해야 한다.

2) 외부식 후드(포집형 후드)의 특징 및 종류

① 작업 특성상 **유해물질의 외부에 설치한 후드**, 외부의 오염물질까지 흡인하도록 설계한 후드의 형태이다.
② 송풍기의 규격이 커지고 설치, **운전비용이 많이 든다.**
③ 외부 **난기류의 영향이 클 경우 포착효율이 떨어진다.**

슬롯형 후드	• 후드의 개구면이 좁고 길어서 **폭 : 길이 비율이 0.2 이하인 것**을 슬롯형이라 한다. • 슬롯의 역할 : 공기의 균일한 흡입을 돕는다. • 도금조, 용해, 분무도장 작업 등에 사용된다. • **충만실(플래넘)** : 슬롯 후드 뒤쪽에 위치하여 **압력을 균일화시킨다.** ★ • 플래넘 속도를 슬롯속도의 이하로 하는 것이 좋다.
루프형 후드	• 주물의 해체작업 등에 사용된다.
그리드형 후드	• 분무도장, 주형털기 등의 작업에 사용된다.
장방형 후드	• 용접, 혼합, 분쇄작업 등에 사용된다. • 개구부의 형상에 따라 원형, 장방형으로 구분한다.
PUSH-PULL형 후드 실기 기출 ★	• 개방조 한 변에서 압축공기를 이용하여 **오염물질이 발생하는 표면에 공기를 불어 반대쪽에 오염물질이 도달하게 한다.**(공기를 불어주고 당겨주는 장치로 구성) • 후드로부터 **멀리 떨어져서 발생하는 유해물질을 후드 가까이 가도록 밀어준다.**

> **한 눈에 들어오는 키워드**
>
> **기출**
> 외부식 후드(포집형 후드)의 단점
> ① 포위식 후드보다 일반적으로 필요송풍량이 많다.
> ② 외부 난기류의 영향을 받아서 흡인효과가 떨어진다.
> ③ 송풍기의 규격이 커지고 설치, 운전비용이 많이 든다.
> ④ 기류속도가 후드 주변에서 매우 빠르므로 쉽게 흡인되는 물질의 손실이 크다.
>
> **기출**
> 외부식 후드에서 필요환기량 산출시 가장 큰 영향을 주는 인자 후드로부터 오염원까지의 거리
>
> **기출**
> 같은 수치의 등속선이 가장 멀리까지 영향을 줄 수 있는 장방형 후드의 가로와 세로의 비(제어속도와 단면적은 일정하다.) → 1 : 4

한 눈에 들어오는 키워드

기출

공기를 후드로 끌어당기고(흡입기류) 불어주고(취출기류) 하는 과정에서의 공기의 이동특성

① 흡입기류는 취출기류에 비해서 거리에 따른 감소속도가 크다.
② 흡입기류가 취출기류에 비해서 거리에 따른 감소속도가 크므로 후드는 가능하면 오염원에 가까이 설치해야 한다.
③ 후드의 포착거리가 일정거리 이상일 경우 푸시-풀(push-pull)형 환기장치가 필요하다.

PUSH-PULL형 후드 (실기 기출★)

- 도금조와 같이 폭이 넓은 경우(오염물질 발생 면적이 넓어 한쪽 방향에 후드를 설치하는 것으로 충분한 흡인력이 발생되지 않는 경우)에 사용하면 **포집효율을 증가시키면서 필요유량을 감소시킬 수 있다.** ★
- 제어속도는 푸쉬 제트기류에 의해 발생한다.
- 공정에서 **작업물질을 처리조에 넣거나 꺼내는 중에 오염물질이 발생할 수 있다.**
- 효율적인 조(tank)의 길이 : 1.2 ~ 2.4m
- 외부식 후드가 문제가 되는 경우 공기를 불어주고 당겨주는 장치로 되어있어 **작업자 방해가 적고 적용이 쉽다.**

장점	단점
• 작업자 방해가 적고 적용이 쉽다. • 포집효율을 증가시키면서 필요유량을 감소시킬 수 있다.	• 원료의 손실이 크다. • 설계가 어렵다. • 설계 잘못 시 유해물질을 비산시킬 위험있다.

참고

측방 흡인형	측방 흡인형(슬롯형)	하방흡인형	상방흡인형

3) 리시버식 후드

① 리시버식 후드의 종류

캐노피형 후드	커버형 후드	원형 후드
• 열상승기류가 있는 경우 사용 • 용해로, 열처리로, 배소로 등의 가열로에서 가장 많이 사용	• 유해물질이 일정한 방향으로 비산하는 경우 • 연마작업 등에 사용	• 연마작업 등에 사용

② 캐노피형 후드의 후드직경 ★★

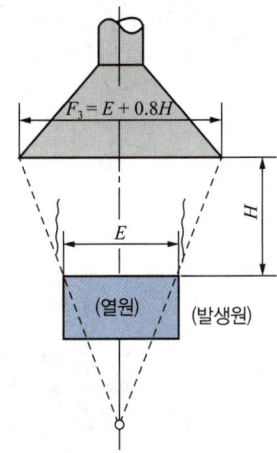

$$F_3 = E + 0.8H$$
$$\frac{H}{E} \leq 0.7$$

F_3 : 후드직경
E : 열원의 직경(사각형은 단변)
H : 후드높이

(2) 제어풍속

1) 제어속도(포착속도)의 정의 ★

① 후드 전면 또는 후드 개구면에서 유해물질이 함유된 공기를 당해 후드로 흡입시킴으로써 그 지점의 유해물질을 제어할 수 있는 공기속도를 말한다.
(오염물질을 후드 안쪽으로 흡인하기 위하여 필요한 최소풍속)
② 포위식 및 부스식 후드에서는 후드의 개구면에서 흡입되는 기류의 풍속을 말하며, 외부식 및 레시버식 후드에서는 후드의 개구면으로부터 가장 먼 거리의 유해물질 발생원 또는 작업위치에서 후드 쪽으로 흡인되는 기류의 속도를 말한다.
③ 외부식 후드에서 후드와 작업지점과의 거리를 줄이면 제어속도가 증가한다.
④ 발생하는 오염물질을 후드로 끌어들이는데 요구되는 제어속도는 오염원에서 뿐만 아니라 오염원에서 후드 반대쪽으로 비산하는 오염물질의 초기속도가 0이 되는 지점까지 도달해야 제대로 오염물질을 처리할 수 있다.

한 눈에 들어오는 키워드

※ 문제
국소배기장치로 외부식 측방형 후드를 설치할 때, 제어 풍속을 고려하여야 할 위치는?

① 후드의 개구면
② 작업자의 호흡 위치
③ 발산되는 오염 공기 중의 중심위치
④ 후드의 개구면으로 부터 가장 먼 작업 위치

[해설]
"제어풍속"이라 함은 후드 전면 또는 후드 개구면에서 유해물질이 함유된 공기를 당해 후드로 흡입시킴으로써 그 지점의 유해물질을 제어할 수 있는 공기속도를 말한다. 다만, 포위식 및 부스식 후드에서는 후드의 개구면에서 흡입되는 기류의 풍속을 말하며, 외부식 및 레시버식 후드에서는 후드의 개구면으로 부터 가장 먼 거리의 유해물질 발생원 또는 작업위치에서 후드 쪽으로 흡인되는 기류의 속도를 말한다.

정답 ④

※ 문제
후드 제어속도에 대한 내용 중 틀린 것은?

① 제어속도는 오염물질의 증발속도와 후드 주위의 난기류 속도를 합한 것과 같아야 한다.
② 포위식 후드의 제어속도를 결정하는 지점은 후드의 개구면이 된다.
③ 외부식 후드의 제어속도를 결정하는 지점은 유해물질이 흡인되는 범위 안에서 후드의 개구면으로부터 가장 멀리 떨어진 지점이 된다.
④ 오염물질의 발생상황에 따라서 제어속도는 달라진다.

[해설]
① 제어속도는 오염물질을 후드 안쪽으로 흡인하기 위하여 필요한 최소 풍속(공기속도)를 말한다.

정답 ①

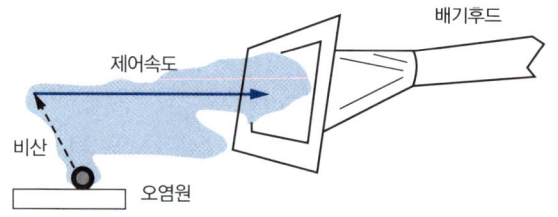

2) 제어속도 결정 시 고려사항(제어속도에 영향을 주는 인자) 실기 기출 ★

① 후드의 모양
② 후드에서 오염원까지의 거리
③ 오염물질(유해물질)의 종류 및 확산상태
④ 오염물질(유해물질)의 비산방향 및 비산거리
⑤ 오염물질(유해물질)의 사용량 및 독성 정도
⑥ 작업장 내 방해기류

3) 무효점(제로점, null pooint) 이론 실기 기출 ★

① **무효점** : 입자가 운동에너지를 상실하여 비산속도가 0이 되는 한계점을 의미한다.
② **무효점이론** : 환기시설의 제어속도 결정 시 발생원뿐만 아니라 무효점까지 흡인할 수 있는 지점이 확대되어야 한다는 이론을 말한다.

4) 유해물질별 후드의 형식과 **제어풍속**은 작업장 내의 유해물질 농도가 노출기준 미만이 되도록 하기 위해 정하는 기준 이상의 제어풍속이 되어야 한다.

5) 제어풍속을 조절하기 위하여 각 후드마다 댐퍼를 설치하여야 한다. 다만, 압력평형 방법에 의해 설치된 국소배기장치에는 가능한 한 사용하지 않는 것이 원칙이다.

[제어속도범위(ACGIH)] ★★

작업조건	작업공정사례	제어속도 (m/sec)
• 움직이지 않은 공기 중에서 속도없이 배출되는 작업조건 • 조용한 대기 중에 실제 거의 속도가 없는 상태로 발산하는 경우의 작업조건	• 액면에서 발생하는 가스나 증기 흄 • 탱크에서 증발, 탈지시설	0.25 ~ 0.5
• 비교적 조용한(약간의 공기 움직임) 대기 중에서 저속으로 비산하는 작업조건	• 용접, 도금 작업 • 스프레이도장	0.5 ~ 1.0
• 발생기류가 높고(빠른기동) 유해물질이 활발히 발생하는 작업조건	• 스프레이도장, 용기충전 • 컨베이어 적재 • 분쇄기	1.0 ~ 2.5
• 초고속기류(대단히 빠른 기동)가 있는 작업장소에 초고속으로 비산하는 경우	• 회전연삭작업 • 연마작업 • 블라스트 작업	2.5 ~ 10

• 제어속도 범위는 다음과 같은 경우를 고려하여 사용할 것

제어속도 범위의 하한치를 적용하는 경우 (범위의 낮은 쪽)	제어속도 범위의 상한치를 적용하는 경우 (범위의 높은 쪽) 실기 기출★
• 작업장 내 기류가 낮거나 포착하기 좋을 때 • 유해물질이 저독성일 때 • 물품생산이 간헐적이고 생산량이 적을 때 • 대형후드로 유동공기량이 많을 때	• 작업장 내에 방해기류가 존재할 때 • 유해물질이 고독성일 때 • 생산량이 많고 유해물질 사용량이 많을 때 • 소형 후드로 국소적일 때

실기 기출

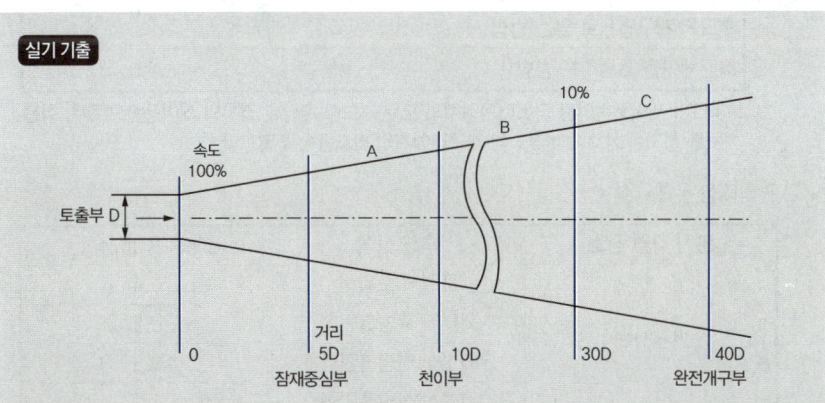

• 송풍기로 공기를 불어줄 때, 공기속도가 덕트 직경의 30배(30D) 지점에서 유속이 10%로 감소하나, 공기를 흡인할 때는 기류의 방향과 관계없이 덕트 직경과 같은 거리에서 10%로 감소한다.
• A구간의 유속비율은 80%, B구간의 유속비율은 50%, C구간의 유속비율은 40%이다.

한 눈에 들어오는 키워드

실기 기출★

후드의 분출기류
① 잠재중심부 : 분출속도를 일정하게 유지하는 지점까지 거리, 배출구직경의 약 5배정도 까지
② 천이부 : 분출속도가 작아지기 시작하여, 50%까지 줄어드는 지점, 약 5 ~ 30배 정도까지
③ 완전개구부 : 위치변화에 관계없이 분출속도분포가 유사한 형태를 보이는 영역

한눈에 들어오는 키워드

> **참고**

❖ 유해물질별 후드형식과 제어풍속(산업환기설비에 관한 기술지침)

1. 분진 ★

가. 국소배기장치(연삭기, 드럼 샌더(drum sander) 등의 회전체를 가지는 기계에 관련되어 분진작업을 하는 장소에 설치하는 것은 제외한다)의 제어풍속

분진 작업 장소	제어 풍속(m/sec)			
	포위식후드의 경우	외부식 후드의 경우		
		측방흡인형	하방흡인형	상방흡입형
암석등 탄소원료 또는 알루미늄박을 체로 거르는 장소	0.7	-	-	-
주물모래를 재생하는 장소	0.7	-	-	-
주형을 부수고 모래를 터는 장소	0.7	1.3	1.3	-
그 밖의 분진작업장소	0.7	1.0	1.0	1.2

※ 비고
1. 제어풍속이란 국소배기장치의 모든 후드를 개방한 경우의 제어풍속으로서 다음 각 목의 위치에서 측정한다.
   가. 포위식 후드에서는 후드 개구면
   나. 외부식 후드에서는 해당 후드에 의하여 분진을 빨아들이려는 범위에 서 그 후드 개구면으로부터 가장 먼 거리의 작업위치

나. 국소배기장치 중 연삭기, 드럼 샌더 등의 회전체를 가지는 기계에 관련되어 분진작업을 하는 장소에 설치된 국소배기장치 후드의 설치 방법에 따른 제어풍속

후드의 설치방법	제어풍속(m/sec)
회전체를 가지는 기계 전체를 포위하는 방법	0.5
회전체의 회전으로 발생하는 분진의 흩날림 방향을 후드의 개구면으로 덮는 방법	5.0
회전체만을 포위하는 방법	5.0

※ 비고 : 제어풍속이란 국소배기장치의 모든 후드를 개방한 경우의 제어풍속으로서, 회전체를 정지한 상태에서 후드의 개구면에서의 최소풍속을 말한다.

2. 관리대상 유해물질 ★

분진 작업 장소	후드 형식	제어풍속(m/sec)
가스상태	포위식 포위형	0.4
	외부식 측방흡인형	0.5
	외부식 하방흡인형	0.5
	외부식 상방흡인형	1.0
입자상태	포위식 포위형	0.7
	외부식 측방흡인형	1.0
	외부식 하방흡인형	1.0
	외부식 상방흡인형	1.2

※ 비고
1. "가스 상태"란 관리대상 유해물질이 후드로 빨아들여질 때의 상태가 가스 또는 증기인 경우를 말한다.
2. "입자 상태"란 관리대상 유해물질이 후드로 빨아들여질 때의 상태가 흄, 분진 또는 미스트인 경우를 말한다.
3. "제어풍속"이란 국소배기장치의 모든 후드를 개방한 경우의 제어풍속으로서 다음 각 목에 따른 위치에서의 풍속을 말한다.
   가. 포위식 후드에서는 후드 개구면에서의 풍속
   나. 외부식 후드에서는 해당 후드에 의하여 관리대상 유해물질을 빨아들이려는 범위 내에서 해당 후드 개구면으로부터 가장 먼 거리의 작업위치에서의 풍속

3. 허가대상 유해물질

분진 작업 장소	제어풍속(m/sec)
가스 상태	0.5
입자 상태	1.0

※ 비고
1. 이 표에서 제어풍속이란 국소배기장치의 모든 후드를 개방한 경우의 제어풍속을 말한다.
2. 이 표에서 제어풍속은 후드의 형식에 따라 다음에서 정한 위치에서의 풍속을 말한다.
   가. 포위식 후드에서는 후드 개구면
   나. 외부식 또는 리시버식 후드에서는 유해물질의 가스·증기 또는 분진이 빨려들어가는 범위에서 해당 개구면으로부터 가장 먼 작업위치에서의 풍속

(3) 배풍량 계산

① 각 후드에서의 배풍량은 정하는 제어풍속 이상을 유지하여야 한다.
② 배풍량 계산 시 정상조건은 21℃, 1기압을 기준으로 하여야 한다.

(4) 후드의 재질선정

① 후드는 내마모성 또는 내부식성 등의 재료 또는 도포한 재질을 사용하고, 변형 등이 발생하지 않는 충분한 강도를 지닌 재질로 하여야 한다.
② 후드의 입구 측에 강한 기류음이 발생하는 경우 흡음재를 부착하여야 한다.

(5) 방해기류 영향 억제

1) 후드의 흡인기류에 대한 방해기류가 있다고 판단될 때에는 작업에 영향을 주지 않는 범위 내에서 기류 조정판을 설치하는 등 필요한 조치를 하여야 한다.

한눈에 들어오는 키워드

기출
외부식 후드에서 방해기류의 방지를 위해 설치하는 설비
① 칸막이
② 플랜지
③ 풍향관

후드에 플랜지(flange)를 부착하였을 때의 효과
① 후드 전면의 포집 범위가 넓어진다.
② 동일한 흡인속도를 얻는데 필요 송풍량이 감소한다.(필요송풍량 25% 감소)
③ 등속흡인곡선에서 덕트 직경만큼 떨어진 부위의 유속이 덕트 유속의 7.5%를 초과한다.

점 흡인 시의 필요송풍량
$Q = 4\pi \times x^2 \times V_c$
Q: 필요송풍량(m^3/min)
V_c: 제어풍속(m/s)
X: 제어거리(m)

---

2) 작업장 내 교차기류의 영향 ★

① 작업장 내의 오염된 공기를 다른 곳으로 분산시킨다.
② 침강된 먼지를 비산, 이동시켜 다시 오염되는 결과를 야기한다.
③ 국소배기장치의 제어속도가 영향을 받는다.
④ 작업장의 음압으로 인해 형성된 높은 기류는 근로자에게 불쾌감을 준다.

3) 후드 개구면의 유속을 균일하게 분포시키는 방법(개구면 면속도를 균일하게 분포시키는 방법) 실기 기출 ★

① 테이퍼(taper) 부착 : 경사각 60° 이내로 설치
② 슬롯(slot) 사용 : 도금조와 같이 길이가 긴 탱크에 사용
③ 차폐막(차폐덕) 사용
④ 분리날개(spliter vanes) 설치

5 후드의 필요 환기량의 설계 및 계산

(1) 유해물질발생에 따른 전체환기 필요환기량(후드의 필요 송풍량)

후드형태	명칭	개구면의 세로/가로 비율 (W/L)	배풍량 (m^3/min)
	외부식 슬로트형	0.2 이하	$Q = 60 \times 3.7LVX$
	외부식 플렌지부착 슬로트형	0.2 이하	$Q = 60 \times 2.6LVX$
	외부식 장방형	0.2 이상 또는 원형	$Q = 60 \times V(10X^2 + A)$
	외부식 플렌지부착 장방형	0.2 이상 또는 원형	$Q = 60 \times 0.75V(10X^2 + A)$

후드형태	명칭	개구면의 세로/가로 비율 (W/L)	배풍량 (m³/min)
	포위식 부스형	-	$Q = 60 \times VA = 60VWH$
	레시버식 캐노피형 ★	-	$Q = 60 \times 1.4PVD$
	외부식 다단 슬로트형	0.2 이상	$Q = 60 \times V(10X^2 + A)$
	외부식 플렌지부착 다단 슬로트형	0.2 이상	$Q = 60 \times 0.75V(10X^2 + A)$

Q : 배풍량(m³/min), L : 슬로트길이(m), W : 슬로트폭(m), V : 제어풍속(m/s),
A : 후드 단면적(m²), X : 제어거리(m), H : 높이(m)
P : 작업대의 주변길이(m)
D : 작업대와 후드 간의 거리(m)

(2) 후드의 종류별 필요환기량

1) 포위식(부스식) 후드

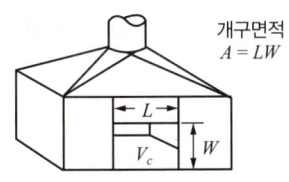

$$Q = 60 \cdot A \cdot V_c = (60 \cdot K \cdot A \cdot V)$$

Q : 필요송풍량(m³/min)
A : 후드 개구면적(m²) ($A = \dfrac{\pi d^2}{4}$)
V : 제어속도(m/sec)
K : 불균일에 대한 계수
   (개구면 평균유속과 제어속도의 비, 기류분포가 균일할 때 $K = 1$로 본다.)

한 눈에 들어오는 키워드

기출

포위식 후드
후드의 개방 면에서 측정한 속도로서 면속도가 제어속도가 되는 형태의 후드

실기 기출 ★

제어속도
오염물질을 후드 안으로 흡인하기 위한(제어하기 위한) 속도

면속도(개구면속도)
후드 개구면에서 측정한 유체의 속도(후드 앞 오염원의 기류속도)

2) 외부식 후드(포집형 후드) ★★★

① 외부식 후드(자유공간 위치한 원형 및 장방형 후드, 플랜지 미부착)

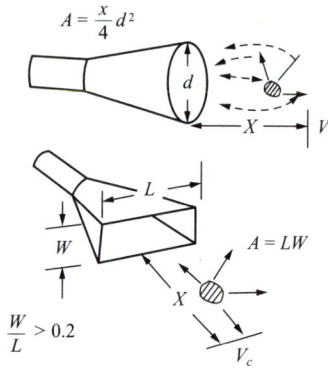

$$\text{Dall valle식} \quad Q = 60 \cdot Vc(10X^2 + A)$$

Q : 필요송풍량(m^3/min)
Vc : 제어속도(m/sec)
A : 개구면적(m^2)
X : 후드중심선으로부터 발생원까지의 거리(m)
　(오염원과 후드 간 거리가 덕트 직경의 1.5배 이내일 때만 유효)

> **참고**
> • 정방향 : 정사각형 형태
> • 장방향 : 직사각형 형태

[예제 58]

후드로부터 0.25m 떨어진 곳에 있는 공정에서 발생되는 먼지를 제어속도가 5m/s, 후드 직경이 0.4m인 원형 후드를 이용하여 제거하고자 한다. 이때 필요환기량(m^3/min)은? (단, 플랜지 등 기타 조건은 고려하지 않음)

① 약 205　　② 약 215
③ 약 225　　④ 약 235

해설

$Q = 60 \times Vc(10X^2 + A) = 60 \times 5 \times (10 \times 0.25^2 + 0.1257) = 225.21 (m^3/min)$

$\left[A = \dfrac{\pi d^2}{4} = \dfrac{\pi \times 0.4^2}{4} = 0.1257 (m^2) \right]$

[정답 ③]

[예제 59]

후드로부터 0.25m 떨어진 곳에 있는 금속제품의 연마공정에서 발생되는 금속먼지를 제거하기 위해 원형 후드를 설치하였다면 환기량(m^3/sec)은? (단, 제어속도 2.5m/sec, 후드 직경은 0.4m)

① 약 1.9 ② 약 2.3
③ 약 3.2 ④ 약 4.1

해설

외부식 후드(자유공간 위치한 원형 및 장방형 후드, 플랜지 미부착)
$Q = Vc(10X^2 + A) = 2.5 \times (10 \times 0.25^2 + 0.1257) = 1.88(m^3/sec)$

$$\left[A = \frac{\pi d^2}{4} = \frac{\pi \times 0.4^2}{4} = 0.1257(m^2) \right]$$

* 환기량의 단위가 m^3/sec이므로 공식에서 60을 곱할 필요가 없다.

[정답 ①]

[예제 60]

직경이 10cm인 원형 후드가 있다. 관내를 흐르는 유량이 $0.2m^3$/s라면 후드 입구에서 20cm 떨어진 곳에서의 제어속도(m/s)는?

① 0.29 ② 0.39
③ 0.49 ④ 0.59

해설

$Q = V_C(10^2 + A)$

$V_C = \dfrac{Q}{10X^2 + A} = \dfrac{0.2}{10 \times 0.2^2 + 0.0079} = 0.49(m/sec)$

$$\left[A = \frac{\pi d^2}{4} = \frac{\pi \times 0.1^2}{4} = 0.0079(m^2) \right]$$

[정답 ③]

[예제 61]

자유 공간에 떠 있는 직경 20cm인 원형 개구후드의 개구면으로부터 20cm 떨어진 곳의 입자를 흡인하려고 한다. 제어풍속을 0.8m/s로 할 때, 덕트에서의 속도(m/s)는 약 얼마인가?

① 7   ② 11
③ 15 ④ 18

해설

$Q = A \times V$

$V = \dfrac{Q}{A} = \dfrac{Q}{\dfrac{\pi d^2}{4}} = \dfrac{0.35}{\dfrac{\pi \times 0.2^2}{4}} = 11.14 \, (\text{m/s})$

$\left[Q = V_C(10X^2 + A) = 0.8 \times (10 \times 0.2^2 + \dfrac{\pi \times 0.2^2}{4}) = 0.35 \, (\text{m}^3/\text{s}) \right]$

[정답 ②]

[예제 62]

자유공간에 떠 있는 직경 30cm인 원형개구 후드의 개구면으로부터 30cm 떨어진 곳의 입자를 흡인하려고 한다. 제어풍속을 0.6m/s으로 할 때 후드정압 SPh는 약 몇 mmH₂O 인가? (단, 원형개구 후드의 유입손실계수 F_h는 0.93이다.)

① -14.0 ② -12.0
③ -10.0 ④ -8.0

해설

$$\text{후드정압}(SP_h) = VP(1 + F_h) \, (\text{mmH}_2\text{O})$$

VP : 속도압(동압)(mmH₂O), F_h : 압력손실계수($= \dfrac{1}{Ce^2} - 1$), Ce : 유입계수

$$\text{외부식 후드(자유공간, 플랜지 미부착)} \\ Q = 60 \cdot Vc(10X^2 + A)$$

Q : 필요송풍량(m³/min), Vc : 제어속도(m/sec) A : 개구면적(m²)
X : 후드중심선으로부터 발생원까지의 거리(m)

정압$(SPh) = VP(1 + F_h) = \dfrac{\gamma V^2}{2g} \times (1 + F_h) = \dfrac{1.2 \times 8.21^2}{2 \times 9.8} \times (1 + 0.93) = 7.96 \, (\text{mmH}_2\text{O})$

정압$(SPh) = -7.96 \, (\text{mmH}_2\text{O})$

$\left[\begin{array}{l} 1. \; Q = V_C \times (10X^2 + A) = 0.6 \times (10 \times 0.3^2 + \dfrac{\pi \times 0.3^2}{4}) = 0.58 \, (\text{m}^3/\text{sec}) \\ 2. \; Q = A \cdot V \\ \quad V = \dfrac{Q}{A} = \dfrac{Q}{\dfrac{\pi \times d^2}{4}} = \dfrac{0.58}{\dfrac{\pi \times 0.3^2}{4}} = 8.21 \, (\text{m/sec}) \end{array} \right]$

* 환기량의 단위가 m³/sec이므로 공식에서 60을 곱할 필요가 없다.
* 후드 정압은 후드나 덕트를 수축시키려는 방향(음압)으로 작용하여 "-" 부호를 붙여 표기한다.

[정답 ④]

② **외부식 후드(자유공간에 위치한 플랜지가 부착된 원형, 장방형 후드)** ★★★
- 플랜지를 부착하면 송풍량을 25% 감소시킬 수 있다. ★

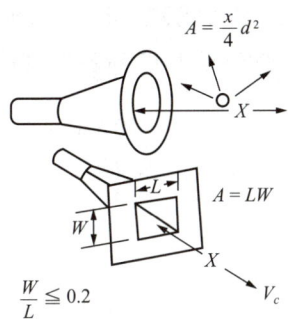

$$Q = 60 \times 0.75 \times Vc \times (10X^2 + A)$$

Q : 필요송풍량(m^3/min)
Vc : 제어속도(m/sec)
A : 개구면적(m^2)
X : 후드중심선으로부터 발생원까지의 거리(m)
   (오염원과 후드 간 거리가 덕트 직경의 1.5배 이내일 때만 유효)

③ **외부식 후드(작업대 위, 플랜지가 부착된 장방형 후드)** ★★★
- 플랜지 부착 + 후드를 작업대에 부착할 경우 송풍량을 50% 감소시킬 수 있다.

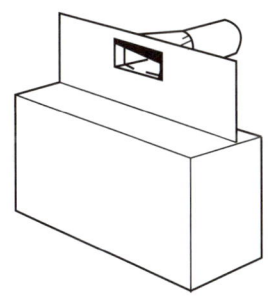 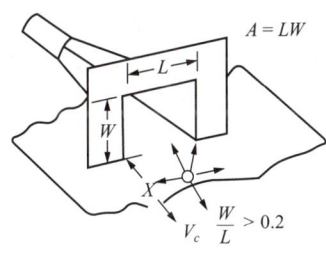

$$Q = 60 \times 0.5 \times Vc(10X^2 + A)$$

Q : 필요송풍량(m^3/min)
Vc : 제어속도(m/sec)
A : 개구면적(m^2)
X : 후드중심선으로부터 발생원까지의 거리(m)
   (오염원과 후드 간 거리가 덕트 직경의 1.5배 이내일 때만 유효)

한 눈에 들어오는 키워드

확인 ★
1. $Q = 60 \times 0.75 \times Vc \times (10X^2 + A)$
   (Q : m^3/min, Vc : m/sec)
2. $Q = 0.75 \times Vc \times (10X^2 + A)$
   (Q : m^3/sec, Vc : m/sec)

확인 ★
- 플랜지를 부착할 경우 송풍량을 25% 감소시킬 수 있다.
- 후드를 작업대에 부착할 경우 송풍량을 25% 감소시킬 수 있다.
- 플랜지 부착 + 후드를 작업대에 부착할 경우 송풍량을 50% 감소시킬 수 있다.

한 눈에 들어오는 키워드

[예제 63]

작업대 위에서 용접할 때 흄을 포집 제거하기 위해 작업면에 고정된 플랜지가 붙은 외부식 사각형 후드를 설치하였다면 소요 송풍량은 약 몇 m³/min인가? (단, 개구면에서 작업지점까지의 거리는 0.25m, 제어속도는 0.5m/s, 후드 개구면적은 0.5m²이다.)

① 0.281
② 8.430
③ 16.875
④ 26.425

해설

$Q = 60 \times 0.5 \times Vc(10X^2 + A) = 60 \times 0.5 \times 0.5(10 \times 0.25^2 + 0.5) = 16.875 (\text{m}^3/\text{min})$

[정답 ③]

[예제 64]

전자부품을 납땜하는 공정에 외부식 국소배기장치를 설치하려고 한다. 후드의 규격은 400mm×400mm, 제어거리(X)를 20cm, 제어속도(V_c)를 0.5m/sec로 하고자 할 때의 소요풍량(m³/min)보다 후드에 플랜지를 부착하여 공간에 설치하면 소요풍량(m³/min)은 얼마나 감소하는가?

① 1.2
② 2.2
③ 3.2
④ 4.2

해설

1. $Q = 60 \times 0.5 \times [10 \times 0.2^2 + (0.4 \times 0.4)] = 16.8 (\text{m}^3/\text{min})$
2. $Q = 60 \times 0.75 \times 0.5 \times [10 \times 0.2^2 + (0.4 \times 0.4)] = 12.6 (\text{m}^3/\text{min})$
3. $16.8 - 12.6 = 4.2 (\text{m}^3/\text{min})$

[정답 ④]

④ 외부식 후드(작업대 위의 바닥면에 접하며, 플랜지가 미부착된 장방형 후드) ★★★

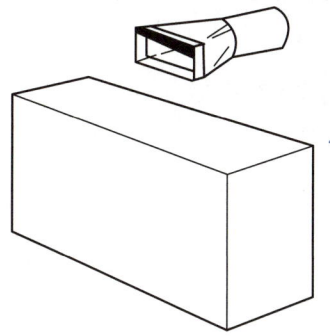 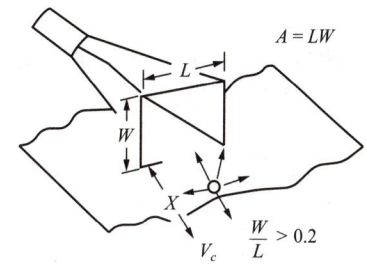

$$Q = 60 \cdot Vc(5X^2 + A)$$

Q : 필요송풍량(m³/min)
Vc : 제어속도(m/sec)
A : 개구면적(m²)
X : 후드중심선으로부터 발생원까지의 거리(m)
 (오염원과 후드 간 거리가 덕트 직경의 1.5배 이내일 때만 유효)

> **한 눈에 들어오는 키워드**
>
> 확인 ★
> 1. $Q = 60 \times Vc \times (5X^2 + A)$
>   (Q : m³/min, Vc : m/sec)
> 2. $Q = Vc \times (5X^2 + A)$
>   (Q : m³/sec, Vc : m/sec)

[예제 65]

용접 흄을 포집 제거하기 위해 작업대에 측방 외부식 테이블상 장방형 후드를 설치하고자 한다. 개구면에서 포착점까지의 거리는 0.7m, 제어속도가 0.30m/s, 개구면적이 0.7m² 일 때 필요 송풍량(m³/min)은? (단, 작업대에 붙여 설치하며 플랜지 미부착)

① 35.3　　　　　　　　② 47.8
③ 56.7　　　　　　　　④ 68.5

해설

$Q = 60 \cdot Vc(5X^2 + A) = 60 \times 0.30 \times (5 \times 0.7^2 + 0.7) = 56.70 (\text{m}^3/\text{min})$

[정답 ③]

[예제 66]

외부식 후드에서 플렌지가 붙고 공간에 설치된 후드와 플렌지가 붙고 면에 고정 설치된 후드의 필요 공기량을 비교할 때 플렌지가 붙고 면에 고정 설치된 후드는 플렌지가 붙고 공간에 설치된 후드에 비하여 필요공기량을 약 몇 % 절감할 수 있는가? (단, 후드는 장방형 기준)

① 12%　　　　　　　　② 20%
③ 25%　　　　　　　　④ 33%

> **해설**
>
> 1. 외부식 후드(자유공간, 플랜지 부착)
> $Q = 60 \cdot 0.75 \cdot Vc(10X^2 + A)$
>   (플랜지(flange)를 부착하면 송풍량을 약 25% 감소시킬 수 있다.)
> 2. 외부식 후드(작업대 위 바닥면 위치, 플랜지 부착)
> $Q = 60 \cdot 0.5 \cdot Vc(10X^2 + A)$

필요공기량 절감율 $= \dfrac{0.75 - 0.5}{0.75} \times 100 = 33.33(\%)$

[정답 ④]

[예제 67]

작업공정에서는 이상이 없다고 가정할 때, 보기의 후드를 효율이 가장 우수한 것부터 나쁜 순으로 나열한 것은? (단, 제어속도는 1m/sec, 제어거리는 0.5m, 개구면적은 2m²으로 동일하다.)

> ㉠ 포위식 후드
> ㉡ 테이블에 고정된 플랜지가 붙은 외부식 후드
> ㉢ 자유공간에 설치된 외부식 후드
> ㉣ 자유공간에 설치된 플랜지가 붙은 외부식 후드

① ㉠-㉢-㉡-㉣
② ㉡-㉠-㉢-㉣
③ ㉠-㉡-㉣-㉢
④ ㉡-㉠-㉣-㉢

> **해설**
>
> 1. 포위식 후드
> $Q = 60 \cdot A \cdot V_c = 60 \times 2 \times 1 = 120 (\text{m}^3/\text{min})$
> 2. 테이블에 고정된 플랜지가 붙은 외부식 후드
> $Q = 60 \cdot 0.5 \cdot Vc(10X^2 + A) = 60 \times 0.5 \times 1 \times (10 \times 0.5^2 + 2) = 135 (\text{m}^3/\text{min})$
> 3. 자유공간에 설치된 플랜지가 붙은 외부식 후드
> $Q = 60 \cdot 0.75 \cdot Vc(10X^2 + A) = 60 \times 0.75 \times 1 \times (10 \times 0.5^2 + 2) = 202.5 (\text{m}^3/\text{min})$
> 4. 자유공간에 설치된 외부식 후드
> $Q = 60 \cdot Vc(10X^2 + A) = 60 \times 1 \times (10 \times 0.5^2 + 2) = 270 (\text{m}^3/\text{min})$

[정답 ③]

⑤ 외부식 슬롯형 후드 ★★★

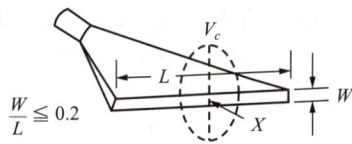

$$Q = 60 \cdot C \cdot L \cdot Vc \cdot X$$

Q : 필요송풍량(m³/min)
Vc : 제어속도(m/sec)
L : slot 개구면의 길이(m)
X : 포집점까지의 거리(m)
C : 형상계수

* 형상계수
- 전원주
  - ACGIH 기준, 산업환기에 관한 기술지침 : 3.7 / 일반적인 경우 : 5.0
- $\frac{3}{4}$ 원주 : 4.1
- $\frac{1}{2}$ 원주(플랜지 부착과 동일) : 2.6
  - ACGIH 기준, 산업환기에 관한 기술지침 : 2.6 / 일반적인 경우 : 2.8
- $\frac{1}{4}$ 원주(플랜지 부착 + 바닥설치) : 1.6

후드형태	명칭	개구면의 세로/가로 비율 (W/L)	배풍량 (m³/min)
	외부식 슬로트형	0.2 이하	$Q = 60 \times 3.7 LVX$

Q : 배풍량(m³/min), L : 슬로트길이(m), V : 제어풍속(m/s), X : 제어거리(m)

한 눈에 들어오는 키워드

참고
형상계수
- 전원주 : 5.0(ACGIH 기준 : 3.7)
- 1/2원주(플랜지 부착) 2.8(ACGIH 기준 : 2.6)

참고
슬로트 후드의 종류
① 전 원주 : 후드의 개구부가 자유 공간에 위치한 경우
② 3/4 원주 : 작업대 가장자리에 설치한 경우
③ 1/2 원주 : 작업대 중간(바닥)에 설치한 경우
④ 1/4 원주 : 작업대 중간(바닥)에 설치하고 플랜지를 부착한 경우

기출
슬롯(slot)형 후드에서 제어풍속은 슬롯 속도에 영향을 받지 않는다.

[예제 68]

슬롯 길이 3m, 제어속도 2m/sec인 슬롯 후드가 있다. 오염원이 2m 떨어져 있을 경우 필요환기량(m³/min)은? (단, 공간에 설치하며 플랜지는 부착되어 있지 않음)

① 1,434 ② 2,664 ③ 3,734 ④ 4,864

해설
$Q = 60 \cdot C \cdot L \cdot V_c \cdot X$
$Q = 60 \times 3.7 \times 3 \times 2 \times 2 = 2,664 \, (\text{m}^3/\text{min})$

[정답 ②]

한 눈에 들어오는 키워드

[예제 69]

슬롯의 길이가 2.4m, 폭이 0.4m인 플랜지부착 슬롯형 후드가 설치되어 있을 때, 필요 송풍량은 약 몇 m³/min인가? (단, 제어거리가 0.5m, 제어속도가 0.75m/s이다.)

① 135
② 140
③ 145
④ 150

해설

$Q = 60 \cdot C \cdot L \cdot Vc \cdot X = 60 \times 2.6 \times 2.4 \times 0.75 \times 0.5 = 140.4 (m^3/min)$

[정답 ②]

⑥ 리시버식 캐노피형 후드 ★★

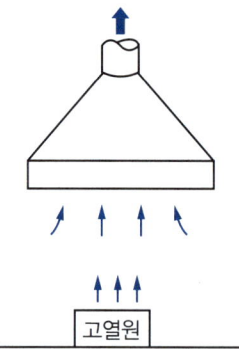

- 난기류가 있는 경우

$$Q_T = Q_1 \times \{1 + (m \times K_L)\} = Q_1 \times (1 + K_D)$$

Q_1 : 열상승기류량(m³/min)
m : 누출안전계수(난기류 없을 때 : 1)
K_L : 누입한계유량비
K_D : 설계유량비($K_D = m \times K_L$)

- 난기류가 없는 경우

$$Q_T = Q_1 + Q_2 = Q_1 \times (1 + \frac{Q_2}{Q_1}) = Q_1 \times (1 + K_L)$$

Q_T : 필요송풍량(m³/min)
Q_1 : 열상승기류량(m³/min)
Q_2 : 유도기류량(m³/min)
K_L : 누입한계유량비

참고

누입 한계 유량비
후드 내부로 오염 물질이 유입되는 것을 방지하기 위해 필요한 최소 유량 비율(누입 한계 유량비가 충분해야 오염 물질이 후드 밖으로 새어 나가지 않고 효과적으로 포집될 수 있다.)

누출안전계수
후드 설계 시 오염물질의 안전한 포집을 위해 필요한 여유분

누입한계 유량비와 누출안전계수
누입한계 유량비는 오염기류의 양과는 관계가 없고, 오염원의 형태와 후드의 형식, 상대적인 치수만으로 결정된다.

> **참고**
>
> ❄ 「산업환기설비 기술지침」기준
>
> | 후드형태 | 명칭 | 개구면의 세로/가로 비율 (W/L) | 배풍량 (m^3/min) |
> |---|---|---|---|
> | | 레시버식 캐노피형 | - | $Q = 60 \times 1.4PVD$ |
>
> P: 작업대의 주변길이(m)=2×(X+Y)
> V: 제어속도(m/sec)
> Q: 배풍량(m^3/min)
> D: 작업대와 후드 간의 거리(m)

[예제 70]

후드의 열상승기류량이 10m^3/min이고, 유도기류량이 15m^3/min일 때 누입한계유량비 (K_L)는 얼마인가? (단, 기타 조건은 무시한다.)

① 0.67 ② 1.5
③ 2.0   ④ 2.5

해설

$Q_1 + Q_2 = Q_1 \times (1 + K_L)$

$1 + K_L = \dfrac{Q_1 + Q_2}{Q_1}$

$K_L = \dfrac{Q_1 + Q_2}{Q_1} - 1 = \dfrac{10 + 15}{10} - 1 = 1.5$

[정답 ②]

[예제 71]

그림과 같은 작업에서 상방흡인형의 외부식 후드의 설치를 계획하였을 때 필요한 송풍량은 약 m^3/min인가? (단, 기온에 따른 상승기류는 무시함, P=2(L+W), Vc=1m/s)

① 100 ② 110
③ 120 ④ 130

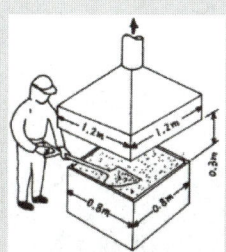

해설

$Q(m^3/min) = 60 \cdot 1.4 \cdot P \cdot V \cdot D$

$Q(m^3/min) = 60 \times 1.4 \times [2 \times (1.2 + 1.2)] \times 1 \times 0.3 = 120.96(m^3/min)$

[정답 ③]

6 덕트

(1) 덕트

오염물질이 함유된 공기를 우송하는 관을 말한다.

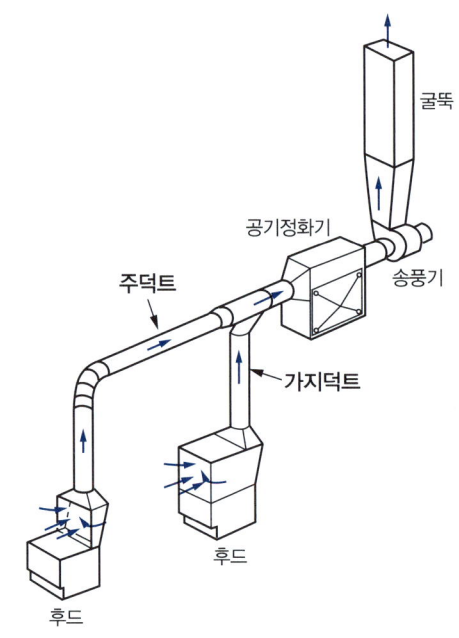

(2) 덕트 설치기준(산.안.법기준)

① 가능하면 길이는 짧게 하고 굴곡부의 수는 적게 할 것
② 접속부의 안쪽은 돌출된 부분이 없도록 할 것
③ 청소구를 설치하는 등 청소하기 쉬운 구조로 할 것
④ 덕트 내부에 오염물질이 쌓이지 않도록 이송속도를 유지할 것
⑤ 연결 부위 등은 외부 공기가 들어오지 않도록 할 것

(3) 덕트 설치의 주요원칙 ★

① 밴드 수는 가능한 적게 한다.
② 구부러짐 전·후에는 청소구를 만든다.
③ 덕트는 가급적 짧게 배치한다.
④ 공기 흐름은 하향구배를 원칙으로 한다.
⑤ 가급적 원형 덕트를 사용, 사각 덕트 사용 시에는 정방형을 사용한다.

⑥ 수분이 응축될 경우 덕트 내로 들어가지 않도록 하며 **경사나 배수구를 마련**한다.
⑦ 덕트와 송풍기 연결부위는 진동을 고려하여 **유연한 재질**로 한다.
⑧ 후드는 덕트보다 두꺼운 재질을 선택한다.
⑨ 직경이 다른 덕트 연결 시에는 경사 30도 이내의 테이퍼를 부착한다.
⑩ 송풍기를 연결할 때에는 최소 덕트 직경의 6배는 직선구간으로 한다.
⑪ 곡관은 직관보다 0.76mm 정도 두꺼운 재질을 선택한다.
⑫ 가능한 한 곡관의 곡률반경을 크게 한다.(곡률반경은 최소 덕트직경의 1.5배 이상, 주로 2.0으로 한다.)

(4) 덕트의 설계

① 덕트가 여러 개인 경우 **덕트의 직경을 조절하거나 송풍량을 조절**하여 전체적으로 균형이 맞도록 설계한다.
② **원형 덕트가 사각형 덕트보다 덕트 내 유속 분포가 균일**하므로 가급적 원형 덕트를 사용한다.
③ 덕트의 직경, 조도, 단면 확대 또는 수축, 곡관수 및 모양 등을 고려하여야 한다.
④ 정방형 덕트를 사용할 경우, 원형 상당직경을 구하여 설계에 이용한다.

(5) 덕트 재질의 선정

① 덕트는 내마모성, 내부식성 등의 재료 또는 도포한 재질을 사용하고, 변형 등이 발생하지 않는 충분한 강도를 지닌 재질로 하여야 한다.

유해물질	덕트의 재질
유기용제	아연도금강판
강산, 염소계 용제	스테인리스스틸 강판
알칼리	강판
주물사, 고온가스	**흑피 강판**
전리방사선	중질콘크리트

② **덕트는 가능한 한 원형관을 사용**하고, 다음의 사항에 적합하도록 하여야 한다.
 • 덕트의 굴곡과 접속은 **공기흐름의 저항이 최소화**될 수 있도록 할 것
 • 덕트 **내부는 가능한 한 매끄러워야** 하며, 마찰손실을 최소화 할 것
 • 마모성, 부식성 유해물질을 반송하는 덕트는 **충분한 강도를 지닐 것**

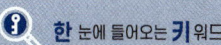

실기 기출 ★
덕트의 배기효율
원형덕트 〉 직사각형 덕트 〉 신축형 덕트

(6) 덕트의 접속 ★

① 접속부의 내면은 돌기물이 없도록 할 것
② 곡관(Elbow)은 5개 이상의 새우등 곡관으로 연결하거나, 곡관의 중심선 곡률 반경이 덕트지름의 2.5배 내외가 되도록 할 것 ★
③ 주덕트와 가지덕트의 접속은 30° 이내가 되도록 할 것 ★★
④ 확대 또는 축소되는 덕트의 관은 경사각을 15° 이하로 하거나, 확대 또는 축소 전후의 덕트 지름 차이가 5배 이상 되도록 할 것
⑤ 접속부는 덕트 소용돌이(Vortex)기류가 발생하지 않는 구조로 할 것
⑥ 가지덕트가 2개 이상인 경우 주덕트와의 접속은 각각 적절한 방향과 간격을 두고 접속하여 저항이 최소화되는 구조로 하고, 2개 이상의 가지덕트를 확대관 또는 축소관의 동일한 부위에 접속하지 않도록 할 것
⑦ 덕트 내부에는 분진, 흄, 미스트 등이 퇴적할 수 있으므로 청소가 가능한 부위에 청소구를 설치하여야 한다.
⑧ 미스트나 수증기 등 응축이 일어날 수 있는 유해물질이 통과하는 덕트에는 덕트에 응축된 미스트나 응축수 등을 제거하기 위한 드레인밸브(Drain valve)를 설치하여야 한다.
⑨ 덕트에는 덕트 내 반송속도를 측정할 수 있는 측정구를 적절한 위치에 설치하여야 하며, 측정구의 위치는 균일한 기류상태에서 측정하기 위해서, 엘보, 후드, 가지덕트 접속부 등 기류변동이 있는 지점으로부터 최소한 덕트 지름의 7.5배 이상 떨어진 하류 측에 설치하여야 한다.
⑩ 덕트의 진동이 심한 경우, 진동전달을 감소시키기 위하여 지지대 등을 설치하여야 한다.
⑪ 플렌지를 이용한 덕트 연결 시에는 가스킷을 사용하여 공기의 누설을 방지하고, 볼트체결부에는 방진고무를 삽입하여야 한다.
⑫ 덕트 길이가 1 m 이상인 경우, 견고한 구조로 지지대 등을 설치하여 휨 등에 의한 구조변화나 파손 등이 발생하지 않도록 하여야 한다.
⑬ 작업장 천정 등의 설치공간 부족으로 덕트 형태가 변형될 때에는 그에 따르는 압력손실이 크지 않도록 설치하여야 한다.
⑭ 주름관 덕트(Flexible duct)는 가능한 한 사용하지 않는 것이 원칙이나, 필요에 의하여 사용한 경우에는 접힘이나 꼬임에 의해 과도한 압력손실이 발생하지 않도록 최소한의 길이로 설치하여야 한다.

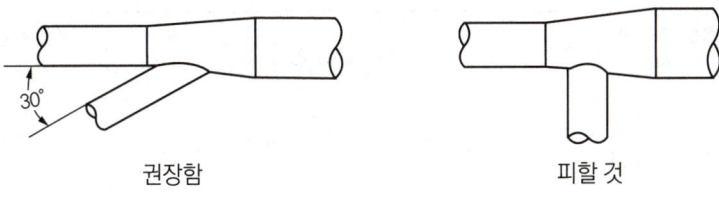

[덕트의 연결방식]

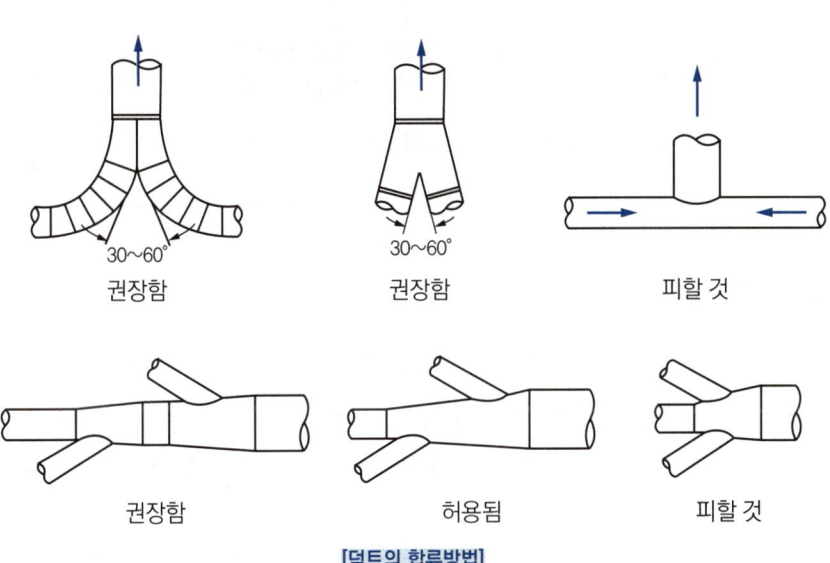

[덕트의 합류방법]

(7) 반송속도 결정 실기 기출 ★

① "반송속도"라 함은 덕트를 통하여 이동하는 유해물질이 덕트 내에서 퇴적이 일어나지 않는 상태로 이동시키기 위하여 필요한 최소 속도를 말한다.(오염물질을 운반하는 속도)
② 덕트에서의 반송속도는 국소배기장치의 성능향상 및 덕트 내 퇴적을 방지하기 위하여 유해물질의 발생형태에 따라 정하는 기준에 따라야 한다.

[산업환기설비에 관한 기술지침-2019] ★★★

유해물질 발생 형태	유해 물질 종류	반송속도 (m/sec)
증기 · 가스 · 연기	모든 증기, 가스 및 연기	5.0~10.0
흄	아연흄, 산화알루미늄 흄, 용접흄 등	10.0~12.5
미세하고 가벼운 분진	미세한 면분진, 미세한 목분진, 종이분진 등	12.5~15.0

한 눈에 들어오는 키워드

비교
제어속도
오염물질을 후드 안으로 흡인하기 위한 속도

실기 기출 ★
덕트의 반송속도를 결정할 때 고려해야 할 요소
① 유해물질의 발생형태
② 유해물질의 비중
③ 유해물질의 입경
④ 유해물질의 수분함량
⑤ 덕트의 모양

비교
일반적인 반송속도

유해물질	예	반송속도 (m/sec)
가스, 증기, 흄 및 극히 가벼운 물질	각종 가스, 증기, 산화아연 및 산화알루미늄 등의 흄, 목재분진, 솜먼지, 고무분, 합성수지분	10
가벼운 건조먼지	원면, 곡물분, 고무, 플라스틱, 경금속 분진	15
일반 공업 분진	털, 나무부스러기, 대패부스러기, 샌드블라스트, 글라인더 분진, 내화벽돌분진	20
무거운 분진	납분진, 주조 후 모래털기 작업시 먼지, 샌버작업 시 먼지	25
무겁고 비교적 큰 입자의 젖은 먼지	젖은 납 분진, 젖은 주조작업 발생 먼지	25 이상

한눈에 들어오는 키워드

기출

덕트의 반송속도
① 분진의 경우 반송속도가 낮으면 덕트 내에 분진이 퇴적될 우려가 있다.
② 가스상 물질의 반송속도는 분진의 반송속도보다 낮다.
③ 덕트의 반송속도는 송풍기 용량에 맞춰 가능한 낮게 설정한다.
④ 같은 공정에서 발생되는 분진이라도 수분이 있는 것은 반송속도를 높여야 한다.

기출

덕트 내의 반송속도를 추정할 때 필요한 자료
① 횡단측정 지점에서의 덕트 면적
② 횡단지점에서 지점별로 측정된 속도압
③ 횡단측정 지점과 측정시간에서 공기의 온도

기출

송풍관(duct) 내부에서 유속이 가장 빠른 곳 : 위에서 1/2d 지점

참고

덕트 내 공기에 의한 마찰손실에 영향을 주는 요소
① 덕트 직경
② 공기 점도
③ 덕트 면의 조도(가장 큰 영향)
④ 덕트 길이
⑤ 공기 속도

유해물질 발생 형태	유해 물질 종류	반송속도 (m/sec)
건조한 분진이나 분말	고무분진, 면분진, 가죽분진, 동물털 분진 등	15.0~20.0
일반 산업분진	그라인더 분진, 일반적인 금속분말분진, 모직물분진, 실리카분진, 주물분진, 석면분진 등	17.5~20.0
무거운 분진	젖은 톱밥분진, 입자가 혼입된 금속분진, 샌드블라스트분진, 주철보링분진, 납분진	20.0~22.5
무겁고 습한 분진	습한 시멘트분진, 작은 칩이 혼입된 납분진, 석면덩어리 등	22.5 이상

(8) 압력평형의 유지

① 덕트 내의 공기흐름은 압력손실이 가능한 한 최소가 되도록 설계되어야 한다.
② 설계 시에는 후드, 충만실, 직선덕트, 확대 또는 축소관, 곡관, 공기정화장치 및 배기구 등의 압력손실과 합류관의 접속각도 등에 의한 압력손실이 포함되도록 하여야 한다.
③ 주 덕트와 가지 덕트의 연결점에서 각각의 압력손실의 차가 10% 이내가 되도록 압력평형이 유지되도록 하여야 한다.

(9) 화재폭발 등의 방지

① 화재·폭발의 우려가 있는 유해물질을 이송하는 덕트의 경우, 작업장 내부로 화재·폭발의 전파방지를 위한 방화댐퍼를 설치하는 등 기타 안전상 필요한 조치를 하여야 한다.
② 국소배기장치 가동중지 시 덕트를 통하여 외부공기가 유입되어 작업장으로 역류될 우려가 있는 경우에는 덕트에 기류의 역류 방지를 위한 역류방지댐퍼를 설치하여야 한다.

7 압력손실

(1) HOOD의 압력손실 ★★★

$$압력손실(\triangle P) = F_h \times VP = (\frac{1}{Ce^2} - 1) \times \frac{\gamma V^2}{2g} \text{ (mmH}_2\text{O)}$$

F_h : 압력손실계수(유입손실계수)
VP : 속도압(동압)(mmH$_2$O)
V : 유속(m/s)
Ce : 유입계수
r : 공기비중
g : 중력가속도(9.8m/s^2)

$$F_h = \frac{1}{Ce^2} - 1$$

Ce : 유입계수

$$VP = \frac{rV^2}{2g}$$

r : 공기비중
V : 유속(m/s)
g : 중력가속도(9.8m/s^2)

> **한 눈에 들어오는 키워드**
>
> **기출**
> 유입계수(Ce)
> - 실제 후드 내로 유입되는 유량과 이론상 후드 내의 유입되는 유량의 비로서 Ce가 1에 가까울수록 압력손실이 작은 후드이다.
> - 후드에서의 유입손실이 전혀 없는 이상적인 후드의 유입계수 : 1.0

[예제 72]

덕트의 속도압이 35mmH$_2$O, 후드의 압력 손실이 15mmH$_2$O일 때, 후드의 유입계수는 약 얼마인가?

① 0.54
② 0.68
③ 0.75
④ 0.84

해설

$$압력손실(\triangle P) = F_h \times VP = (\frac{1}{Ce^2} - 1) \times VP$$

$\triangle P = F_h \times VP = (\frac{1}{Ce^2} - 1) \times VP$

$(\frac{1}{Ce^2} - 1) = \frac{\triangle P}{VP}$

$\frac{1}{Ce^2} = \frac{\triangle P}{VP} + 1 = \frac{\triangle P + VP}{VP}$

$Ce^2 = \frac{VP}{\triangle P + VP}$

$Ce = \sqrt{\frac{VP}{\triangle P + VP}} = \sqrt{\frac{35}{15 + 35}} = 0.84$

[정답 ④]

한 눈에 들어오는 키워드

[예제 73]

후드의 유입계수가 0.86일 때, 압력 손실계수는 약 얼마인가?

① 0.25 ② 0.35
③ 0.45 ④ 0.55

해설

압력손실계수$(F_h) = \dfrac{1}{Ce^2} - 1 = \dfrac{1}{0.86^2} - 1 = 0.35$

[정답 ②]

[예제 74]

후드의 유입계수가 0.86, 속도압이 25mmH$_2$O일 때 후드의 압력손실(mmH$_2$O)은?

① 8.8 ② 12.2
③ 15.4 ④ 17.2

해설

$\triangle P = F_h \times VP = (\dfrac{1}{Ce^2} - 1) \times VP = (\dfrac{1}{0.86^2} - 1) \times 25 = 8.80 (mmH_2O)$

[정답 ①]

[예제 75]

후드의 유입손실계수가 0.8, 덕트 내의 공기흐름속도가 20m/s 일 때 후드의 유입압력손실은 약 몇 mmH$_2$O인가? (단, 공기의 비중량은 1.2Kg$_f$/m^{3}이다.)

① 14 ② 6
③ 20 ④ 24

해설

$\triangle P = F_h \times VP = F_h \times \dfrac{\gamma V^2}{2g} = 0.8 \times \dfrac{1.2 \times 20^2}{2 \times 9.8} = 19.59 (mmH_2O)$

[정답 ③]

[예제 76]

공기 온도가 50℃인 덕트의 유속이 4m/sec일 때, 이를 표준 공기로 보정한 유속(V$_c$)은 얼마인가? (단, 표준상태에서 밀도 1.2kg/m^3)

① 3.19m/sec ② 4.19m/sec
③ 5.19m/sec ④ 6.19m/sec

해설

1. 밀도보정(21℃(t_1)의 밀도 1.2를 50℃(t_2)로 보정)

   보정된 밀도 = 보정 전 밀도 × $\dfrac{(273+t_1)(P_2)}{(273+t_2)(P_1)}$ = 1.2 × $\dfrac{273+21}{273+50}$ = 1.0923(kg/m³)

2. 21℃에서의 유속

   $V_2 = V_1 \times \sqrt{\dfrac{\rho_2}{\rho_1}} = 4 \times \sqrt{\dfrac{1.2}{1.0923}} = 4.19(m/\sec)$

   (ρ_1 : 보정 전 밀도, ρ_2 : 보정 후 밀도)

   [정답 ②]

한 눈에 들어오는 키워드

확인
유입손실 = 압력손실

[예제 77]

도금공정에서 벽에 고정된 외부식 국소배기장치가 설치되어 있다. 소요풍량이 10.5m³/min, 덕트의 직경이 10cm, 후드의 유입손실계수가 0.4일 때 후드의 유입손실(mmH₂O)은 약 얼마인가? (단, 덕트 내의 온도는 표준상태로 가정한다.)

① 12.15
② 14.18
③ 16.27
④ 18.25

해설

$$압력손실(\Delta P) = F_h \times VP = (\dfrac{1}{Ce^2} - 1) \times \dfrac{\gamma V^2}{2g} (mmH_2O)$$

F_h : 압력손실계수(유입손실계수), Ce : 유입계수, VP : 속도압(동압)(mmH₂O)
r : 공기비중, V : 유속(m/s), g : 중력가속도(9.8m/s²)

$$Q = 60 \times A \times V$$

Q(m³/min) : 유체의 유량, A(m²) : 유체가 통과하는 단면적, V(m/sec) : 유체의 유속

압력손실(ΔP) = $F_h \times VP = F_h \times \dfrac{\gamma V^2}{2g}$ = 0.4 × $\dfrac{1.2 \times 22.28^2}{2 \times 9.8}$ = 12.16(mmH₂O)

$\begin{bmatrix} Q = 60 \times A \times V \\ V = \dfrac{Q}{60 \times A} = \dfrac{Q}{60 \times (\dfrac{\pi \times d^2}{4})} = \dfrac{10.5}{60 \times (\dfrac{\pi \times 0.1^2}{4})} = 22.28(m/\sec) \end{bmatrix}$

[정답 ①]

한 눈에 들어오는 키워드

[기출]
덕트의 조도
덕트 내면의 거칠기의 정도

[실기 기출 ★]
덕트의 상대조도
절대표면조도를 덕트 직경으로 나눈 값

덕트의 상대조도 = $\dfrac{\text{절대표면조도}}{\text{덕트직경}}$

[참고]
상당직경(등가직경) ★
장방형관과 동일한 유체역학적인 특성을 갖는 원형관의 직경

· 폭 a, 길이 b인 각 관(장방형 관)의 등가직경

$D = \dfrac{2ab}{a+b}$

---

(2) 덕트의 압력손실

1) 덕트 내에서 압력손실이 발생되는 원인

① 덕트 내부면과의 마찰
② 가지 덕트 단면적의 변화
③ 곡관이나 관의 확대에 따른 공기속도 변화

2) 직선 덕트의 압력손실 ★★★

$$\text{압력손실}(\Delta P) = F \times VP = \lambda \times \frac{L}{D} \times \frac{\gamma V^2}{2g} \, (\text{mmH}_2\text{O})$$

$$F(\text{압력손실계수}) = \lambda \times \frac{L}{D}$$

λ : 관마찰계수(무차원)
D : 덕트 직경(m)(원형관일 경우)(장방형 덕트일 경우 : 상당직경(등가직경 = $\dfrac{2ab}{a+b}$)
L : 덕트 길이(m)

$$\text{속도압}(VP) = \frac{\gamma \times V^2}{2g}$$

γ : 비중(kg/m^3)
V : 공기속도(m/sec)
g : 중력가속도(m/sec^2)

[예제 78]

각형 직관에서 장변이 0.3m, 단변이 0.2m 일 때, 상당직경(equivalent diameter)은 약 몇 m 인가?

[해설]

상당직경(등가직경) = $\dfrac{2ab}{a+b} = \dfrac{2 \times 0.3 \times 0.2}{0.3 + 0.2} = 0.24 \, (\text{m})$

[예제 79]

1 기압, 온도 15℃ 조건에서 속도압이 37.2mmH$_2$O일 때 기류의 유속(m/sec)은? (단, 15℃, 1기압에서 공기의 밀도는 1.225kg/m^{3}이다.)

① 24.4 ② 26.1 ③ 28.3 ④ 29.6

해설

$$VP = \frac{\gamma \times V^2}{2g}$$
$$\gamma \times V^2 = VP \times 2g$$
$$V^2 = \frac{VP \times 2g}{\gamma}$$
$$V = \sqrt{\frac{VP \times 2g}{\gamma}} = \sqrt{\frac{37.2 \times 2 \times 9.8}{1.225}} = 24.40 (\text{m/sec})$$

[정답 ①]

[예제 80]

후드의 압력 손실계수가 0.45이고 속도압이 20mmH$_2$O일 때 압력손실(mmH$_2$O)은?

① 9　　　　　　　　　　② 12
③ 20.45　　　　　　　　④ 42.25

해설

$\Delta P = F \times VP = 0.45 \times 20 = 9 (\text{mmH}_2\text{O})$

[정답 ①]

[예제 81]

90° 곡관의 곡률반경이 2.0일 때 압력손실계수는 0.27이다. 속도압이 15mmH$_2$O일 때 덕트 내 유속은 약 몇 m/s인가? (단, 표준상태이며, 공기의 밀도는 1.2kg/m³이다.)

① 20.7　　　　　　　　② 15.7
③ 18.7　　　　　　　　④ 28.7

해설

$$VP = \frac{\gamma \times V^2}{2g}$$
$$\gamma \times V^2 = VP \times 2g$$
$$V^2 = \frac{VP \times 2g}{\gamma}$$
$$V = \sqrt{\frac{VP \times 2g}{\gamma}} = \sqrt{\frac{15 \times 2 \times 9.8}{1.2}} = 15.65 (\text{m/s})$$

[정답 ②]

[예제 82]

직경이 200mm인 직관을 통하여 100m³/min의 표준공기를 송풍할 때 10m당 압력손실(mmH₂O)은 약 얼마인가? (단, 배기 덕트의 마찰손실계수는 0.005, 공기의 비중량은 1.2kg/m³이다.)

① 43
② 48
③ 53
④ 58

해설

$$\Delta P = \lambda \times \frac{L}{D} \times \frac{\gamma V^2}{2g} = 0.005 \times \frac{10}{0.2} \times \frac{1.2 \times 53.05^2}{2 \times 9.8} = 43.08 (\text{mmH}_2\text{O})$$

$$\left[\begin{array}{l} Q = 60 \times A \times V \\ V = \dfrac{Q}{60 \times A} = \dfrac{Q}{60 \times \dfrac{\pi \times d^2}{4}} = \dfrac{100}{60 \times \dfrac{\pi \times 0.2^2}{4}} = 53.05 (\text{m/sec}) \end{array} \right.$$

[정답 ①]

[예제 83]

표준공기 21℃(비중량 r = 1.2kg/m³)에서 800m/min의 유속으로 흐르는 공기의 속도압은 몇 mmH₂O인가?

① 10.9
② 24.6
③ 35.6
④ 53.2

해설

$$VP = \frac{1.2 \times (800/60)^2}{2 \times 9.8} = 10.88 (\text{mmH}_2\text{O})$$

[정답 ①]

[예제 84]

국소배기장치의 원형덕트의 직경은 0.173m이고, 직선 길이는 15m, 속도압은 20mmH₂O, 관마찰계수가 0.016일 때, 덕트의 압력손실(mmH₂O)은 약 얼마인가?

① 12
② 20
③ 26
④ 28

해설

$$\Delta P = \lambda \times \frac{L}{D} \times VP = 0.016 \times \frac{15}{0.173} \times 20 = 27.75 (\text{mmH}_2\text{O})$$

[정답 ④]

[예제 85]

직경 150mm인 덕트 내 정압은 -64.5mmH$_2$O이고, 전압은 -31.5mmH$_2$O 이다. 이 때 덕트 내의 공기속도(m/s)는 약 얼마인가?

① 23.23　　　　　　　② 32.09
③ 32.47　　　　　　　④ 39.61

해설

1. 전압 = 정압 + 동압
   동압(속도압) = 전압 - 정압 = -31.5 - (-64.5) = 33(mmH$_2$O)

2. $VP = \dfrac{\gamma \times V^2}{2g}$

   $\gamma \times V^2 = VP \times 2g$

   $V^2 = \dfrac{VP \times 2g}{\gamma}$

   $V = \sqrt{\dfrac{VP \times 2g}{\gamma}} = \sqrt{\dfrac{33 \times 2 \times 9.8}{1.2}} = 23.22 \text{(m/sec)}$

[정답 ①]

3) 곡관의 연결

① 곡관의 덕트직경(D)과 곡률반경(R)의 비(반경비(R/D))를 크게 할수록 압력 손실이 적어진다. ★

② 곡관의 구부러지는 경사는 가능한 한 완만하게 하고 **구부러지는 관의 중심선의 반지름이 송풍관 직경의 2.5배 이상이 되도록** 한다.

③ 새우등 곡관의 **직경이 ($d ≤ 15cm$) 경우에 새우등은 3개 이상, ($d > 15cm$) 경우에는 새우등 5개 이상을 사용한다.** ★★

④ 후드가 곡관 덕트로 연결되는 경우 덕트직경의 4~6배 되는 지점에서 속도압을 측정한다. ★

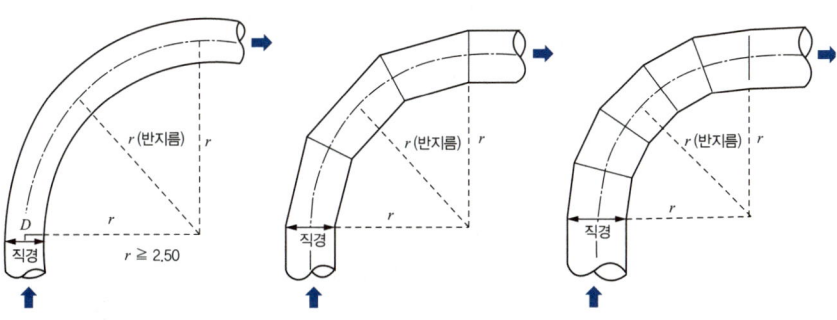

4) 곡관의 압력손실 ★★★

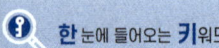

실기 기출 ★
곡관덕트의 압력손실에 영향을 주는 요인
① 반송속도
② 관경 및 곡률반경비
③ 덕트의 모양, 크기
④ 연결된 송풍관의 상태

$$압력손실(\triangle P) = \left(\xi \times \frac{\theta}{90°}\right) \times VP (\mathrm{mmH_2O})$$

ξ : 압력손실계수
θ : 곡관의 각도
VP : 속도압(동압)($\mathrm{mmH_2O}$)

[예제 86]

90°곡관의 반경비가 2.0일 때 압력손실계수는 0.27이다. 속도압이 14mmH₂O라면 곡관의 압력손실(mmH₂O)은?

① 7.6 ② 5.5
③ 3.8 ④ 2.7

해설

$$압력손실(\triangle P) = \left(\xi \times \frac{\theta}{90°}\right) \times VP = \left(0.27 \times \frac{90}{90}\right) \times 14 = 3.78 (\mathrm{mmH_2O})$$

[정답 ③]

[예제 87]

반경비가 2.0인 90° 원형곡관의 속도압은 20mmH₂O이고, 압력손실계수가 0.27이다. 이 곡관의 곡관각을 65°로 변경하면, 압력손실은 얼마인가?

① 3.0mmH₂O ② 3.9mmH₂O
③ 4.2mmH₂O ④ 5.4mmH₂O

해설

$$\triangle P = \left(\xi \times \frac{\theta}{90°}\right) \times VP$$

$$\triangle P = \left(0.27 \times \frac{65°}{90°}\right) \times 20 = 3.9 (\mathrm{mmH_2O})$$

[정답 ②]

5) 합류관의 연결 [실기 기출 ★]

① 분지관을 주관에 **연결하고자 할 때** 30°에 가깝게 한다. ★
② 분지관과 분지관 사이 거리는 덕트 지름의 6배 이상으로 한다.
③ **분지관이 연결되는 주관의 확대각은 15° 이내로 한다.** ★
④ 분지관의 수를 가급적 적게하여 압력손실을 줄인다.
⑤ 확대 or 축소되는 원형관의 길이는 확대부 직경과 축소부 직경차의 5배 이상이어야 한다.

> **한** 눈에 들어오는 **키**워드
>
> **기출**
> 주 덕트에 분지관을 연결할 때 손실계수가 가장 큰 각도 : 90°

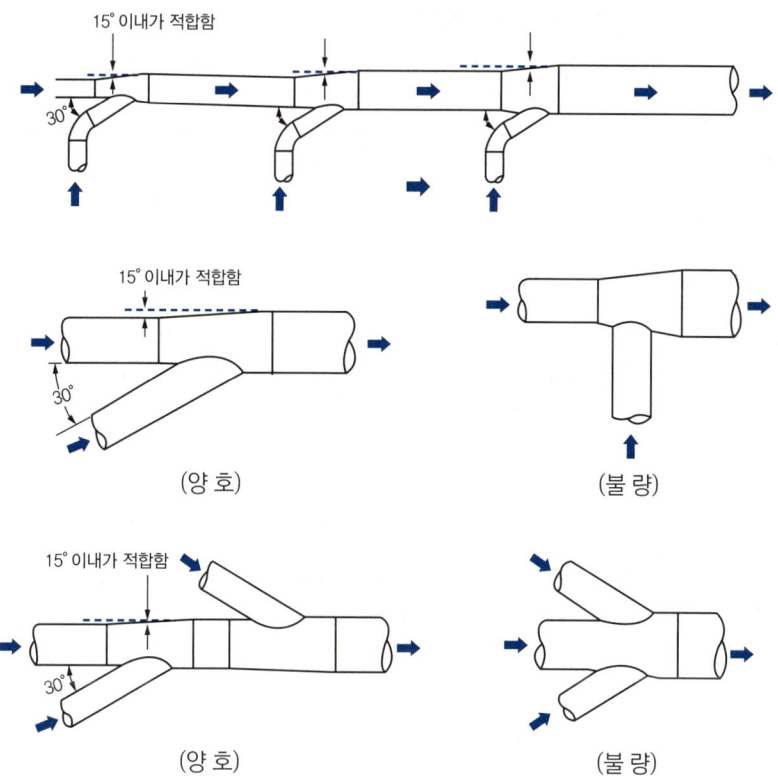

6) 두 개의 덕트가 합류 시의 정압(SP) 개선사항

두 개의 덕트가 **합류될 때 정압 차이가 없는 것이 이상적이다.**

① $\dfrac{\text{낮은 } SP}{\text{높은 } SP} < 0.8$: 정압이 낮은 덕트 직경 재설계

② $0.8 \leq \dfrac{\text{낮은 } SP}{\text{높은 } SP} < 0.95$: 정압이 낮은 덕트의 유량 조정

③ $0.95 \leq \dfrac{\text{낮은 } SP}{\text{높은 } SP}$: 차이를 무시

7) 합류관의 압력손실 ★★

$$합류관의 압력손실(\Delta P) = \Delta P_1 + \Delta P_2 = (\xi_1 \times VP_1) + (\xi_2 \times VP_2)$$

ΔP_1 : 주관의 압력손실, ΔP_2 : 분지관의 압력손실, ξ : 압력손실계수
VP : 속도압(동압)(mmH$_2$O)

8) 확대관의 압력손실 ★★

속도압이 감소한 만큼 정압이 증가되어야 하나 속도압 중 정압으로 변환하지 않은 나머지는 압력손실로 나타난다.

$$압력손실(\Delta P) = \xi \times (VP_1 - VP_2)$$

VP_1 : 확대 전의 속도압(mmH$_2$O), VP_2 : 확대 후의 속도압(mmH$_2$O)
ξ : 압력손실계수

9) 확대관의 정압 ★

$$확대측 정압(SP_2) = SP_1 + [(1-\xi) \times (VP_1 - VP_2)]$$

- 정압회복계수$(R) = 1 - \xi$
- 정압회복량$(SP_2 - SP_1) = (VP_1 - VP_2) - \Delta P$

SP_1 : 확대 전의 정압(mmH$_2$O), SP_2 : 확대 후의 정압(mmH$_2$O)
VP_1 : 확대 전의 속도압(mmH$_2$O), VP_2 : 확대 후의 속도압(mmH$_2$O)
ξ : 압력손실계수

[예제 88]

확대각이 10°인 원형 확대관에서 입구직관의 정압은 −15mmH$_2$O, 속도압은 35mmH$_2$O 이고, 확대된 출구직관의 속도압은 25mmH$_2$O이다. 확대 측의 정압은? (단, 확대각이 10°일 때 압력손실계수 = 0.28이다.)

① −1.4mmH$_2$O ② −2.8mmH$_2$O
③ −5.4mmH$_2$O ④ −7.8mmH$_2$O

해설

확대측 정압$(SP_2) = SP_1 + [(1-\zeta) \times (VP_1 - VP_2)]$
확대측 정압$(SP_2) = -15 + [(1-0.28) \times (35-25)] = -7.8(\text{mmH}_2\text{O})$

[정답 ④]

[예제 89]

정압회복계수가 0.72이고 정압회복량이 7.2mmH$_2$O인 원형 확대관의 압력손실(mmH$_2$O)은?

① 4.2   ② 3.6
③ 2.8   ④ 1.3

해설

정압회복량$(SP_2 - SP_1) = (VP_1 - VP_2) - \Delta P$
압력손실$(\Delta P) = (VP_1 - VP_2) - (SP_2 - SP_1)$
$\Delta P = (VP_1 - VP_2) - (7.2) = (\dfrac{\Delta P}{0.28}) - (7.2)$
$\Delta P - \dfrac{\Delta P}{0.28} = -7.2$
$\dfrac{0.28\Delta P - \Delta P}{0.28} = -7.2$
$\dfrac{-0.72\Delta P}{0.28} = -7.2$
$-0.72\Delta P = -7.2 \times 0.28$
$\Delta P = \dfrac{-7.2 \times 0.28}{-0.72} = 2.8 (\text{mmH}_2\text{O})$

$\begin{bmatrix} R = 1 - \xi \\ \xi = 1 - R = 1 - 0.72 = 0.28 \\ \Delta P = \xi \times (VP_1 - VP_2) \\ (VP_1 - VP_2) = \dfrac{\Delta P}{\xi} = \dfrac{\Delta P}{0.28} \end{bmatrix}$

[정답 ③]

[예제 90]

주관에 45°로 분지관이 연결되어 있다. 주관 입구와 분지관의 속도압은 20mmH$_2$O로 같고 압력손실계수는 각각 0.2 및 0.28이다. 주관과 분지관의 합류에 의한 압력손실(mmH$_2$O)은?

① 약 6   ② 약 8
③ 약 10 ④ 약 12

해설

합류관의 압력손실$(\triangle P) = \triangle P_1 + \triangle P_2 = (\zeta_1 \times VP_1) + (\zeta_2 \times VP_2)$
$= (0.2 \times 20) + (0.28 \times 20) = 9.6 (\text{mmH}_2\text{O})$

[정답 ③]

[예제 91]

덕트 주관에 45°로 분지관이 연결되어 있다. 주관과 분지관의 반송속도는 모두 18m/s이고, 주관의 압력손실계수는 0.2이며, 분지관의 압력손실계수는 0.28이다. 주관과 분지관의 합류에 의한 압력손실(mmH$_2$O)은? (단, 공기밀도=1.2kg/m^3)

① 9.5 ② 8.5
③ 7.5 ④ 6.5

해설

합류관의 압력손실($\triangle P$) = $\triangle P_1 + \triangle P_2 = (\zeta_1 \times VP_1) + (\zeta_2 \times VP_2)$
$= (0.2 \times 19.84) + (0.28 \times 19.84) = 9.52 (\text{mmH}_2\text{O})$

$$\left[VP = \frac{rV^2}{2g} = \frac{1.2 \times 18^2}{2 \times 9.8} = 19.84 (\text{mmH}_2\text{O}) \right]$$

[정답 ①]

10) 축소관의 압력손실

정압이 속도압으로 변환되어 정압은 감소하고 속도압은 증가하며 확대관에 비해 압력손실이 작다. (축소각이 45° 이하일 때는 무시)

8 송풍기

(1) 송풍기 설계 시 주의사항

① 예상되는 풍량의 변동범위 내에서 과부하하지 않고 완전한 운전이 되게 한다.
② 송풍관의 중량을 송풍기에 가중시키지 않는다.
③ 송풍 배기의 입자농도와 그 마모성을 참작하여 송풍기 형식, 내마모 구조를 고려해야 한다.

(2) 송풍기의 풍량 조절방법 ★★

① 회전수 조절법(회전수 변환법) : **풍량을 크게 바꾸려고 할 때 가장 적절한 방법**
② 안내익 조절법(Vane control법) : 송풍기 흡입구에 부착한 방사상 blade의 각도를 변경함으로써 풍량을 조절하는 방법
③ 댐퍼 부착법(Damper 조절법) : 배관 내에 댐퍼를 설치하여 송풍량을 조절하는 방법으로 **송풍량 조절이 가장 쉽다.**

(3) 송풍기 특성곡선, 성능곡선, 시스템 요구곡선, 동작점 ★

1) 특성곡선

① 송풍기의 종류별 특성을 하나의 선도로 나타낸 것을 말한다.
② 일정한 회전수에서 횡축을 풍량, 종축을 압력, 효율, 소요동력으로 하여 풍량에 따른 이들의 변화 과정을 나타낸 것이다.
③ 풍량이 어느 한계 이상이 되면 축동력이 급증하고 압력과 효율은 낮아지는 오버로드 영역과, 정압곡선에서 재하향 곡선부분은 송풍기 동작이 불안정한 서징(surging) 영역으로 두 영역에서의 운전은 좋지 않다.

2) 성능곡선

① 송풍기에 부하되는 **송풍기 정압에 따라 송풍량이 변하는 경향을 나타내는 곡선**을 말한다.
② 송풍유량, 송풍기 정압, 축동력, 효율의 관계에서 나타낸다.
③ 송풍기의 입구나 출구에 덕트를 연결하고 댐퍼를 부착하여 저항, 즉 압력손실을 변화시킬 때 송풍량과 정압을 측정하게 되는데 결국 정압(압력손실) 변화에 따라 유량이 변동하는 곡선이 형성된다.

3) 시스템 요구곡선

송풍량에 따라 송풍기 정압이 변하는 경향을 나타내는 곡선을 말한다.

4) 동작점 ★★

① 송풍기 성능곡선과 시스템 요구곡선이 만나는 점을 말한다.
② 송풍기의 압력손실에 따라 송풍량이 변하는 경향을 나타낸다.

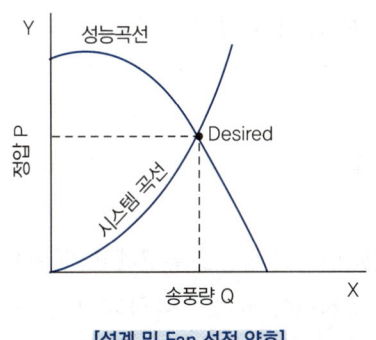
[설계 및 Fan 선정 양호]

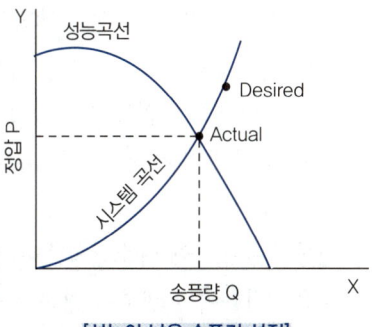
[성능이 낮은 송풍기 선정]

> **참고**
> 서징(surging)의 대책
> ① 시방 풍력이 많고, 실사용 풍량이 적을 때 바이패스 또는 방풍한다.
> ② 흡입댐퍼, 토출댐퍼, R.P.M으로 조정한다.
> ③ 축류식 송풍기는 동,정익의 각도를 조정한다.

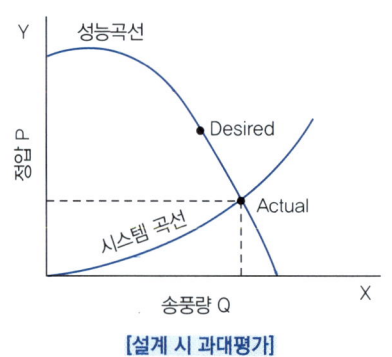
[설계 시 과대평가]

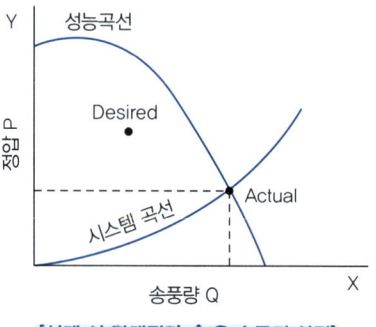
[설계 시 과대평가, 높은 송풍기 선정]

(4) 송풍기의 정압이 변화되는 원인

송풍기의 정압이 감소되는 원인	송풍기의 정압이 증가되는 원인 실기 기출 ★
• 송풍기의 능력저하 • 송풍기와 덕트의 연결부위 풀림 • 송풍기 점검 뚜껑의 열림	• 공기정화장치에 분진 퇴적 • 덕트계통의 분진 퇴적 • 후드와 덕트의 연결부위가 풀림 • 후드의 댐퍼 닫힘 • 공기정화장치의 분진 취출구 열림

(5) 송풍기 선정 시 주의사항

① 배풍기는 국소배기장치 설계 시에 계산된 압력과 배기량을 만족시킬 수 있는 크기로 규격을 선정하여야 한다.
② 설치되는 국소배기 시설에 많은 압력이 소요될 경우 압력에 강한 후향날개형 배풍기를 사용하고, 많은 유량이 필요한 경우 전향날개형 배풍기를, 분진이 많이 발생되는 작업이나 용접작업에는 날개에 분진이 퇴적되지 않는 평판형 배풍기를 사용하여야 한다.
③ 배풍기의 날개나 구성물은 내마모성, 내산성, 내부식성 재질을 사용하여 임펠러와 케이싱의 마모, 부식이나, 분진의 퇴적에 의한 성능저하 또는 소음·진동이 발생하지 않도록 하여야 한다.
④ 화재 및 폭발의 우려가 있는 유해물질을 이송하는 배풍기는 방폭구조로 하여야 한다.
⑤ 전동기는 부하에 다소간 변동이 있어도 안정된 성능을 유지하고 가능한 한 소음·진동이 발생하지 않는 것을 사용하여야 하며, 과부하 시의 과전류보호장치, 벨트구동 부분의 방호장치 등 기타 기계·기구 및 전기로 인한 위험예방에 필요한 안전상의 조치를 하여야 한다.

(6) 송풍기 설치위치

① 배풍기는 **가능한 한 옥외에 설치하도록** 하여야 한다.
② 배풍기 **전후에 진동전달을 방지하기 위하여 캔버스(Canvas)를 설치하는 경우** 캔버스의 파손 등이 발생하지 않도록 조치하여야 한다.
③ 배풍기의 전기제어반을 옥외에 설치하는 경우에는 옥내작업장의 작업영역 내에 **국소배기장치를 가동할 수 있는 스위치를 별도로 부착**하여야 한다.
④ 옥내작업장에 설치하는 배풍기는 발생하는 소음 및 진동에 대한 밀폐시설, 흡음시설, 방진시설 설치 등 **소음·진동 예방조치**를 하여야 한다.
⑤ 배풍기에서 발생한 강한 기류음이 덕트를 거쳐 작업장 내부 또는 외부로 전파되는 경우, 소음감소를 위하여 **소음감소장치를 설치하는 등 필요한 조치**를 하여야 한다.
⑥ **배풍기의 설치 시 기초대는 견고하게 하고 평형상태를 유지하도록** 하되, 바닥으로의 진동의 전달을 방지하기 위하여 방진스프링이나 방진고무를 설치하여야 한다.
⑦ 배풍기는 구조물 지지대, 난간 등과 접속하지 않아야 한다.
⑧ 강우, 응축수 등에 의하여 배풍기의 케이싱과 임펠러의 부식을 방지하기 위하여 **배풍기 내부에 고인 물을 제거할 수 있도록 배수 밸브(Drain valve)를 설치**하여야 한다.
⑨ 배풍기의 흡입부분 또는 토출부분에 **댐퍼를 사용한 경우에는 반드시 댐퍼고정장치를 설치**하여 작업자가 배풍기의 배풍량을 임의로 조절할 수 없는 구조로 하여야 한다.

(7) 송풍기 종류 및 특성

축류 송풍기	원심력 송풍기	프로펠러형	덕트연결형

> **한 눈에 들어오는 키워드**

> **실기 기출 ★**
> 송풍기의 기류 흐름방향에 따른 분류
> ① 원심식 송풍기
> ② 축류 송풍기

> **기출**
> 송풍기 선정에 반드시 필요한 요소
> ① 송풍량
> ② 소요동력
> ③ 송풍기 정압

> **실기 기출 ★**
> 송풍기의 효율
> 터보송풍기 > 평판(방사형)송풍기 > 다익송풍기

1) 원심력 송풍기 ★

원심력 송풍기는 달팽이 모양으로 생겼으며, 임펠러의 날개 깃(Balde)의 모양에 따라 전향날개형(시로코팬), 익형(에어호일팬), 후향날개형(터보팬), 평판형(래디얼팬) 등으로 분류된다.

> **한 눈에 들어오는 키워드**
>
> [실기 기출 ★]
> 원심력 송풍기의 회전날개 각도에 따른 분류
> ① 전향날개형
> ② 후향날개형
> ③ 방사날개형

전향날개형 (다익형) 송풍기	• 송풍기의 **임펠러가 다람쥐 쳇바퀴 모양**으로 생겼다. • 송풍기의 **회전날개가 회전방향과 동일한 방향**으로 설치되어 있다. • 임펠러 **회전속도가 상대적으로 낮기 때문에 소음이 작다.**(구조상 고속회전이 어렵고, 큰 동력의 용도에서 적합하지 않다.) • **저가**로 제작이 가능하다. • **큰 압력손실에서 송풍량이 급격하게 떨어지는 단점**이 있다. • **전체환기, 공기조화용**으로 사용된다. • 소형이므로 제한된 장소에 사용이 가능하다.(분지관의 송풍에 적합) • 분진이 많이 함유된 공기 이송 시 임펠러의 불균형을 초래하여 소음, 진동이 발생한다. [암기법] 다람쥐 날개는 회전방향과 동일한 앞쪽(전향)에 많지만(다익형) 속도 느리고 송풍량 떨어져 저가이다.
방사 날개형 (평판형, 플레이트형) 송풍기	• **날개(깃)가 평판 모양**으로 강도 높게 설계되어 있다. • **깃의 구조가 분진을 자체 정화**할 수 있다. • 시멘트, 미분탄, 곡물, 모래 등의 **고농도 분진함유 공기, 부식성이 강한 공기를 이송**시키는 데 많이 이용된다. • 습식 집진장치의 배기에 적합하며 소음은 중간정도이다. [암기법] 분진 자체정화 위해 고농도 분진을 평판(평판형)에 방사(방사날개형)
후향 날개형 (터보형, 한계부하형) 송풍기 [실기 기출 ★]	• 팬의 날이 **회전방향에 반대되는 쪽으로 기울어진 형태**이다. • **송풍량이 증가해도 동력이 증가하지 않는다.**(한계부하형) • 압력 변동이 있어도 **풍량의 변화가 비교적 작다.**(하향구배 특성으로 풍압이 바뀌어도 풍량의 변화가 적다.) • **소음이 크다.**(회전수에 비하여 소음은 비교적 낮다.) • 소요정압이 떨어져도 동력은 크게 상승하지 않으므로 시설저항 및 운전상태가 변하여도 과부하가 걸리지 않는다. • **고농도 분진함유 공기를 이송시킬 경우 깃 뒷면에 분진이 퇴적되어 효율이 떨어진다.**

> [참고]
> 후향 날개형(터보형, 한계부하형) 송풍기의 장·단점
> **장점**
> ① 송풍기 중 효율이 가장 좋다.
> ② 풍압이 바뀌어도 풍량의 변화가 적다.(하향구배 특성)
> ③ 송풍량이 증가해도 동력은 크게 상승하지 않는다.
> **단점**
> ① 소음이 크다.
> ② 분진농도가 낮은 공기나 고농도 분진함유 공기 이송시에는 집진기 후단에 설치해야 함

후향 날개형 (터보형, 한계부하형) 송풍기 **실기 기출 ★**	• 분진농도가 낮은 공기나 **고농도 분진함유 공기 이송 시 집진기 후단에 설치**해야 한다. • 송풍기 중 **효율이 가장 좋다.** • 송풍기 성능곡선 내 동력곡선의 **최대 송풍량의 60~70%까지 증가하다가 감소**하는 경향을 띤다. **암기법** 날이 반대로 기울어진 터보형의 한계(한계부하형)는 깃 뒤에 분진쌓여 집진 후(집진기 후단)에 설치, 동풍(동력, 풍량)에 변화적고 효율좋다.

한 눈에 들어오는 **키**워드

기출
송풍관 설계에 있어 압력손실을 줄이는 방법
① 마찰계수를 작게 한다.
② 분지관의 수를 가급적 적게 한다.
③ 곡관의 반경비(r/d)를 크게 한다.
④ 분지관을 주관에 접속할 때 30°에 가깝도록 한다.

참고

전향날개형	후향날개형(터보팬)	익형(에어호일팬)	평판형(래디얼팬)

2) 축류식 송풍기

프로펠러형	① **송풍관이 없는 가장 간단한 형태**의 송풍기이다. ② **저항이 조금만 증가해도 유량이 현저히 감소**한다. ③ 저항이 낮고 송풍량이 많은 전체 환기용으로 사용된다.
튜브형	① **프로펠러형보다 조금 높은 저항에서 공기를 이송**할 수 있다. ② 유해 물질의 퇴적과 날개 마모 시에 **청소와 교환이 용이**하다.
고정날개형	① 축류식 송풍기 중 **가장 효율이 높다.** ② **중·고압을 얻을 수 있다.** ③ 설치비용이 저렴하며 동력 소비가 적다.

3) 특수 송풍기

송풍관 붙이 원심팬	• 회전차는 익형팬과 유사하다. • 케이싱은 정익붙이 축류팬과 유사하다. • 분진 자체 정화능력 가진다. • 풍압이 낮고 풍량이 작으며 효율이 낮아 공기순환용, 환기용으로 사용된다.
사류팬	• 원심송풍기와 축류송풍기의 중간 흐름으로 공기가 축방향으로 흘러나가서 90°가 아닌 경사방향으로 흘러나가는 형태이다.

(8) 송풍기 전압 및 정압 ★★

① 송풍기 전압(FTP) : 배출구 전압(TP_{out})과 흡입구 전압(TP_{in})의 차

$$FTP = TP_{out} - TP_{in} = (SP_{out} + VP_{out}) - (SP_{in} + VP_{in})$$

② 송풍기 정압(FSP) : 송풍기 전압(FTP)과 속도압(VP_{out})의 차

$$\begin{aligned} FSP &= FTP - VP_{out} \\ &= (SP_{out} - SP_{in}) + (VP_{out} - VP_{in}) - VP_{out} \\ &= (SP_{out} - SP_{in}) - VP_{in} \\ &= (SP_{out} - TP_{in}) \end{aligned}$$

[예제 92]

송풍기 배출구의 총합정압은 20mmH$_2$O이고, 흡입구의 총전압은 -90mmH$_2$O이며 송풍기 전후의 속도압은 20mmH$_2$O이다. 이 송풍기의 실효정압(mmH$_2$O)은?

① -130 ② -110 ③ +130 ④ +110

해설

송풍기 정압(FSP) : 송풍기 전압(FTP)과 속도압(VP_{out})의 차

$$\begin{aligned} FSP &= FTP - VP_{out} \\ &= (SP_{out} - SP_{in}) + (VP_{out} - VP_{in}) - VP_{out} \\ &= (SP_{out} - SP_{in}) - VP_{in} \\ &= (SP_{out} - TP_{in}) \end{aligned}$$

$FSP = (SP_{out} - TP_{in}) = 20 - (-90) = 110 (\text{mmH}_2\text{O})$

[정답 ④]

(9) 송풍기 법칙(상사법칙 ; Law of similarity) ★★★

송풍기의 회전수와 송풍기 풍량, 송풍기 풍압, 송풍기 동력과의 관계이며 송풍기의 성능 추정에 매우 중요한 법칙이다.

① 풍량은 송풍기 직경의 세제곱, 회전수에 비례한다.

$$\frac{Q_2}{Q_1}=(\frac{D_2}{D_1})^3, \quad \frac{Q_2}{Q_1}=\frac{N_2}{N_1} \rightarrow Q_2 = Q_1(\frac{D_2}{D_1})^3(\frac{N_2}{N_1})$$

② 풍압(정압)은 송풍기 직경의 제곱, 회전수의 제곱에 비례한다.

$$\frac{P_2}{P_1}=(\frac{D_2}{D_1})^2, \quad \frac{P_2}{P_1}=(\frac{N_2}{N_1})^2, \quad \frac{P_2}{P_1}=\frac{\rho_2}{\rho_1}$$

$$\rightarrow P_2 = P_1(\frac{D_2}{D_1})^2(\frac{N_2}{N_1})^2(\frac{\rho_2}{\rho_1})$$

③ 동력(축동력)은 송풍기 직경의 다섯 제곱, 회전수의 세제곱에 비례한다.

$$\frac{HP_2}{HP_1}=(\frac{N_2}{N_1})^3, \quad \frac{HP_2}{HP_1}=(\frac{D_2}{D_1})^5, \quad \frac{HP_2}{HP_1}=\frac{\rho_2}{\rho_1}$$

$$\rightarrow HP_2 = HP_1(\frac{D_2}{D_1})^5(\frac{N_2}{N_1})^3(\frac{\rho_2}{\rho_1})$$

Q_1 : 회전수 변경 전 풍량(m^3/min)
Q_2 : 회전수 변경 후 풍량(m^3/min)
N_1 : 변경 전 회전수(rpm)
N_2 : 변경 후 회전수(rpm)
P_1 : 변경 전 풍압(mmH$_2$O)
P_2 : 변경 후 풍압(mmH$_2$O)
HP_1 : 변경 전 동력(kW)
HP_2 : 변경 후 동력(kW)
D_1 : 변경 전 직경(m)
D_2 : 변경 후 직경(m)
ρ_1 : 변경 전 효율
ρ_2 : 변경 후 효율

(10) 송풍기의 소요 축동력 산정

① 배풍기의 소요 축동력은 배풍량, 후드 및 덕트의 압력손실, 전동기의 효율, 안전계수 등을 고려하여 작업장 내에서 발생하는 유해물질을 효율적으로 제거할 수 있는 성능으로 산정하여야 한다.

② **송풍기에 필요한 소요동력**(Horsepower : Hp)은 필요 송풍량을 이송하기 위해 요구되는 송풍정압을 만들 수 있도록 송풍기 모터(Motor)가 해야 되는 일이기 때문에 **송풍량과 송풍정압에 의해 결정된다.**

③ **송풍기 소요동력의 계산** ★★★

$$HP(kW) = \frac{Q \times P}{6120 \times \eta} \times K$$

Q : 송풍량(m^3/min)
P : 유효전압(정압)(mmH_2O)
η : 송풍기 효율
K : 안전여유

[예제 93]

송풍기의 송풍량이 $2m^3$/sec이고, 전압이 $100mmH_2O$일 때, 송풍기의 소요동력은 약 몇 kW인가? (단, 송풍기의 효율이 75%이다.)

① 1.7 ② 2.6
③ 4.4 ④ 5.3

해설

$$HP(kW) = \frac{Q \times P}{6120 \times \eta} \times K = \frac{(2 \times 60) \times 100}{6120 \times 0.75} = 2.61 (kW)$$

$$\left[2m^3/sec = \frac{2m^3}{\frac{1}{60}min} = 2 \times 60 (m^3/min) \right]$$

[정답 ②]

[예제 94]

흡인 풍량이 $200m^3$/min, 송풍기 유효전압이 $150mmH_2O$, 송풍기 효율이 80%, 여유율이 1.2인 송풍기의 소요 동력은? (단, 송풍기 효율과 여유율을 고려함)

① 4.8kW ② 5.4kW
③ 6.7kW ④ 7.4kW

해설

$$HP(\text{kW}) = \frac{Q \times P}{6120 \times \eta} \times K = \frac{200 \times 150}{6120 \times 0.8} \times 1.2 = 7.35(\text{kW})$$

[정답 ④]

[예제 95]

어떤 송풍기가 송풍기 유효전압 100mmH$_2$O이고 풍량은 16m^3/min의 성능을 발휘한다. 전압효율이 80%일 때 축동력(kW)은?

① 약 0.13 ② 약 0.26
③ 약 0.33 ④ 약 0.57

해설

$$HP(\text{kW}) = \frac{Q \times P}{6120 \times \eta} \times K = \frac{16 \times 100}{6120 \times 0.8} = 0.33(\text{kW})$$

[정답 ③]

[예제 96]

송풍기의 송풍량이 200m^3/min이고, 송풍기 전압이 150mmH$_2$O이다. 송풍기의 효율이 0.8이라면 소요동력은 약 몇 kW인가?

① 4 ② 6
③ 8 ④ 10

해설

$$HP(\text{kW}) = \frac{Q \times P}{6120 \times \eta} \times K = \frac{200 \times 150}{6120 \times 0.8} = 6.13(\text{kW})$$

[정답 ②]

[예제 97]

유효전압이 120mmH$_2$O, 송풍량이 306m^3/min인 송풍기의 축동력이 7.5kW일 때 이 송풍기의 전압 효율은? (단, 기타 조건은 고려하지 않음)

① 65% ② 70%
③ 75% ④ 80%

[해설]

$$HP(\text{kW}) = \frac{Q \times P \times K}{6120 \times \eta}$$

$$HP \times 6120 \times \eta = Q \times P \times K$$

$$\eta = \frac{Q \times P \times K}{HP \times 6120} = \frac{306 \times 120}{7.5 \times 6120} = 0.8 \times 100 = 80(\%)$$

[정답 ④]

[예제 98]

송풍기 전압이 125mmH$_2$O이고, 송풍기의 총 송풍량이 20,000m^3/hr일 때 소요동력은? (단, 송풍기 효율 80%, 안전율 50%)

① 8.1kW
② 10.3kW
③ 12.8kW
④ 14.2kW

[해설]

$$HP(\text{kW}) = \frac{Q \times P}{6120 \times \eta} \times K = \frac{(20,000 \div 60) \times 125}{6120 \times 0.8} \times 1.5 = 12.77(\text{kW})$$

$$\left[20,000\text{m}^3/\text{hr} = \frac{20,000\text{m}^3}{60\text{min}} \right]$$

[정답 ③]

9 공기정화장치(집진장치)

① "공기정화장치"라 함은 후드 및 덕트를 통해 반송된 유해물질을 정화시키는 고정식 또는 이동식의 제진, 집진, 흡수, 흡착, 연소, 산화, 환원방식 등의 처리장치를 말한다.
② 입자상물질을 처리하는 집진장치와 가스상 물질을 처리하는 집진장치로 구분된다.

(1) 구조 등

1) 공기정화장치는 다음에 적합한 구조로 하여야 한다.

① 마모, 부식과 온도에 충분히 견딜 수 있는 재질로 선정할 것
② 공기정화장치에서 정화되어 배출되는 배기 중 유해물질의 농도는 다른 법령에서 정하는 바에 따른다.

③ 압력손실이 가능한 한 작은 구조로 설계할 것
④ 화재·폭발의 우려가 있는 유해물질을 정화하는 경우에는 **방산구를 설치하**는 등 필요한 조치를 하여야 하며, 이 경우 방산구를 통해 배출된 유해물질에 의한 근로자의 노출이나 2차 재해의 우려가 없도록 할 것

2) 공기정화장치는 **접근과 청소 및 정기적인 유지보수가 용이한 구조**이어야 한다.

3) 공기정화장치 막힘에 의한 유량 감소를 예방하기 위해 공기정화장치는 **차압계를 설치하여 상시 차압을 측정**하여야 한다.

> **[한 눈에 들어오는 키워드]**
>
> **[기출]**
> 공기정화장치 입구 및 출구의 정압이 동시에 감소되는 원인 :
> 송풍기의 능력 저하 또는 송풍기와 덕트의 연결부위 풀림

(2) 공기정화장치 설치기준(산업안전보건법 기준)

① 분진 등을 배출하는 장치나 설비에는 그 분진 등으로 인하여 근로자의 건강에 장해가 발생하지 않도록 **흡수·연소·집진(集塵) 또는 그 밖의 적절한 방식에 의한 공기정화장치를 설치**하여야 한다.
② 국소배기장치에 공기정화장치를 설치하는 경우 **정화 후의 공기가 통하는 위치에 배풍기(排風機)를 설치**하여야 한다. 다만, 빨아들여진 물질로 인하여 폭발할 우려가 없고 배풍기의 날개가 부식될 우려가 없는 경우에는 정화 전의 공기가 통하는 위치에 배풍기를 설치할 수 있다.

(3) 공기정화장치의 선정

1) 공기정화장치는 유해물질의 종류, 발생량, 입자의 크기, 형태, 밀도, 온도 등을 고려하여 선정하여야 한다.

2) 유해물질의 발생형태별 공기정화방식

유해물질 발생형태			유해 물질 종류	비고
분진	분진지름 (μm)	5 미만	여과방식, 전기제진방식	분진지름 : 중량법으로 측정한 입경분포에서 최대빈도를 나타내는 입자 지름
		5~20	습식정화방식, 여과방식, 전기제진방식	
		20 이상	습식정화방식, 여과방식, 관성방식, 원심력방식 등	
흄			여과방식, 습식정화방식, 관성방식 등	
미스트·증기·가스			습식정화방식, 흡수방식, 흡착방식, 촉매산화방식, 전기제진방식 등	

3) 성능유지

① 공기정화장치를 거친 유해가스의 농도는 환경부의 환경관련법령에서 정하는 배출허용기준을 만족하도록 하여야 한다. 다만, 배기구를 옥내에 설치하고자 하는 경우에는 공기정화장치를 거친 유해가스에 포함된 유해물질로 인하여 작업장의 작업환경농도가 고용노동부장관이 정하는 유해물질의 노출기준을 초과하지 않도록 하여야 한다.

② 작업장 내부에 설치하는 공기정화장치는 작업장 내부로 유입 및 확산을 방지하기 위하여 덮개를 설치하고, 배기구를 옥외의 안전한 위치에 설치하여야 한다.

(4) 집진장치의 선정 시 반드시 고려해야 할 사항(집진장치의 선정 및 설계에 영향을 미치는 인자) ★

① 총 에너지 요구량
② 요구되는 집진효율
③ 오염물질의 함진농도와 입경
④ 처리가스의 흐름특성과 용량 및 온도

(5) 입자상 물질의 처리를 위한 집진장치의 종류

전 처리용 집진장치		
중력 집진장치	관성력 집진장치	원심력집진장치(Cyclone)
함진공기 중의 **입자를 중력에 의한 자연침강에 의해 분리, 포집함**	처리가스를 방해판에 충돌시켜 **기류의 방향을 급히 바꿈**으로써 입자에 작용하는 **관성력에 의해 입자를 분리, 포집함**	**함진가스에 선회류를 형성**시켜 입자에 작용하는 **원심력에 의해 분리, 포집함** (전처리용으로 가능 널리 이용되고 있음)

본 처리용 집진장치		
세정식 집진장치(스크러버)	여과집진기(Bag filter)	전기집진기
함진 공기 중에 **물을 분사하여 씻어내려 입자를 분리, 포집**하는 기술로 비교적 큰 입자 처리가 가능	섬유필터의 공극을 이용해 **미세입자를 여과시켜 분리, 포집**함	함진공기 중에 전기적인 힘을 부여하여 **분진 입자를 하전시켜 반대극인 집진극에 부착, 제진**시킴

1) 중력 집진장치

① 중력에 의한 자연침강(stoke의 법칙)을 이용하여 분리, 포집하는 장치
② 다른 집진장치에 비해 압력손실이 적다.
③ 설치 유지비가 낮고 유지 관리가 용이하다.
④ 전처리 장치로 이용되며 고온가스 처리가 용이하다.
⑤ 넓은 설치면적이 요구되며 집진효율이 낮다.

- 침강속도(stoke의 법칙) ★★

$$V(\text{cm}/\text{sec}) = \frac{gd^2(\rho_1 - \rho)}{18\mu}$$

d : 입자의 직경(cm)
ρ_1 : 입자의 밀도(g/cm^3)
ρ : 가스(공기)의 밀도(g/cm^3)
g : 중력가속도(980cm/sec^2)
μ : 점성계수(g/cm · sec)

- Lippman식에 의한 침강속도(입자크기가 1~50μm 경우 적용) ★★★

$$V(\text{cm}/\text{sec}) = 0.003 \times \rho \times d^2$$

V : 침강속도(cm/sec)
ρ : 입자 밀도(비중)(g/cm^3)
d : 입자직경(μm)

한 눈에 들어오는 키워드

기출
중력집진장치에서 집진효율을 향상시키는 방법
① 침강높이를 낮게, 수평도달거리를 길게 한다.
② 처리가스 배기속도를 작게 한다.
③ 침강실 내의 배기기류를 균일하게 한다.

실기 기출 ★
공기정화장치의 종류 및 주요 작용력
① 중력 집진장치 : 중력
② 관성력 집진장치 : 관성력
③ 원심력 집진장치 : 원심력
④ 전기 집진장치 : 전기력
⑤ 여과 집진장치 : 정전기력
⑥ 세정식 집진장치 : 부착력, 응집력

[예제 99]

80μm인 분진 입자를 중력 침강실에서 처리하려고 한다. 입자의 밀도는 2g/cm³, 가스의 밀도는 1.2kg/m³, 가스의 점성계수는 2.0×10⁻³g/cm·s일 때 침강속도는? (단, Stokes's 식 적용)

① 3.49×10⁻³m/sec　　② 3.49×10⁻²m/sec
③ 4.49×10⁻³m/sec　　④ 4.49×10⁻²m/sec

해설

$$V(\text{cm/sec}) = \frac{gd^2(\rho_1 - \rho)}{18\mu}$$

$$V = \frac{980\text{cm/sec}^2 \times (80 \times 10^{-4})^2 \text{cm} \times (2 - 0.0012)\text{g/cm}^3}{18 \times (2.0 \times 10^{-3})\text{g/cm} \cdot \text{s}}$$

$$= 3.4824(\text{cm/sec}) = 3.4824 \times 10^{-2}(\text{m/sec})$$

- $\dfrac{1.2\text{kg}}{\text{m}^3} = \dfrac{1200\text{g}}{(10^2\text{cm})^3} = 0.0012\text{g/cm}^3$
- $\mu\text{m} = 10^{-6}\text{m}$, $C\text{m} = 10^{-2}\text{m}$, ∴ $\mu = 10^{-4}C\text{m}$

[정답 ②]

[예제 100]

직경이 5μm이고 밀도가 2g/cm³인 입자의 종단속도는 약 몇 cm/sec인가?

① 0.07　　② 0.15
③ 0.23　　④ 0.33

해설

$$V = 0.003\rho d^2 = 0.003 \times 2 \times 5^2 = 0.15(\text{cm/sec})$$

[정답 ②]

[예제 101]

높이가 3.3m인 곳에서 비중이 2.0, 입경이 10μm인 분진입자가 발생하였다. 신장이 170cm인 작업자의 호흡영역은 바닥으로부터 대략 150cm로 본다. 이 분진입자가 작업자의 호흡영역까지 다가오는 시간은 대략 몇 분이 소요되겠는가?

① 2분　　② 5분
③ 8분　　④ 11분

해설

1. 침강속도 $V(\text{cm/sec}) = 0.003\rho d^2 = 0.003 \times 2.0 \times 10^2 = 0.6(\text{cm/sec})$
2. 침강속도가 0.6cm/sec → 1초당 0.6cm 침강
   침강높이(3.3m에서 호흡영역까지 높이) = $3.3 - 1.5 = 1.8(\text{m}) \times 100 = 180(\text{cm})$
3. $\dfrac{1}{60}$분 : 0.6cm = x분 : 180cm

   $\dfrac{1}{60} \times 180 = 0.6 \times x$

   $x = \dfrac{\dfrac{1}{60} \times 180}{0.6} = 5(\text{분})$

[정답 ②]

[예제 102]

작업장에 직경이 5μm이면서 비중이 3.5인 입자와 직경이 6μm이면서 비중이 2.2인 입자가 있다. 작업장 높이가 6m일 때 모든 입자가 가라앉는 최소시간은?

① 약 42분
② 약 72분
③ 약 102분
④ 약 132분

해설

1. 직경이 5μm, 비중이 3.5인 입자의 침강시간
   - 침강속도 $V(\text{cm/sec}) = 0.003\rho d^2 = 0.003 \times 3.5 \times 5^2 = 0.26(\text{cm/sec})$
   - 침강속도가 0.26cm/sec → 1초당 0.26cm 침강
   침강높이는 6m이므로
   1초 : 0.26cm = x초 : 600cm
   $1 \times 600 = 0.26 \times x$
   $x = \dfrac{1 \times 600}{0.26} = 2307.69(\text{초}) \div 60 = 38.46(\min)$

2. 직경이 6μm, 비중이 2.2인 입자의 침강시간
   - 침강속도 $V(\text{cm/sec}) = 0.003\rho d^2 = 0.003 \times 2.2 \times 6^2 = 0.24(\text{cm/sec})$
   - 침강속도가 0.24cm/sec → 1초당 0.24cm 침강
   침강높이는 6m이므로
   1초 : 0.24cm = x초 : 600cm
   $1 \times 600 = 0.24 \times x$
   $x = \dfrac{1 \times 600}{0.24} = 2\,500(\text{초}) \div 60 = 41.67(\text{cm/min})$

3. 모든 입자가 가라앉는 최소시간 : 41.67(min)

[정답 ①]

한 눈에 들어오는 키워드

기출

원심력 집진장치(사이클론)의 특징
① 사이클론 원통의 길이가 길어지면 선회류수가 증가하여 집진율이 증가한다.
② 원심력과 중력을 동시에 이용하기 때문에 입자 입경과 밀도가 클수록 집진율이 증가한다.(입자의 크기가 크고 모양이 구체에 가까울수록 집진효율이 증가한다)
③ 사이클론 원통의 직경이 클수록 집진율이 감소한다.(성능에 큰 영향을 미치는 것은 사이클론의 직경이다.)
④ 유입구의 공기속도가 빠를수록 분진제거 효율은 좋아진다.

기출

원심력 집진기(사이클론)의 절단입경(cut-size)
50% 처리효율로 제거되는 입자 크기

분리계수
사이클론의 잠재적인 능력(분리능력)을 나타낸다.

① 분리계수 = $\dfrac{원심력}{중력}$

② 원심력이 클수록 분리계수가 커지며 집진효율이 증대한다.
③ 사이클론의 원추하부의 반경이 클수록 분리계수는 작아진다.
④ 분리계수는 중력가속도에 반비례하고 입자의 접선방향 속도의 제곱에 비례한다.

---

2) 관성력 집진장치

① 기류의 방향을 급격하게 전환시켰을 때 입자의 관성력에 의하여 분리 포집하는 장치를 말한다.
② 충돌 전의 처리가스 속도를 적당히 빠르게 하면 미세입자를 포집할 수 있다.
③ 처리 후의 출구가스 속도가 느릴수록 미세입자를 포집할 수 있다.
④ 기류의 방향전환 횟수가 많을수록 압력손실은 증가한다.
⑤ 기류의 방향전환 각도가 클수록 압력손실이 적어져 제진효율이 높아진다.
⑥ 구조 및 원리가 간단하며 운전비용이 적고, 고온가스 중의 입자상 물질 제거가 가능하다.
⑦ 큰 입자 제거에 효율적이며 미세입자의 효율은 낮다.
⑧ 미세입자의 집진을 위한 전처리 장치로 사용된다.

3) 원심력 집진장치(사이클론) ★

① 함진가스에 선회류를 일으키는 원심력을 이용하여 분진을 분리, 포집한다.
② 사이클론에는 접선 유입식과 축류 유입식이 있다.
③ 가동부분이 적고 구조가 간단하여 설치비 및 유지, 보수비용이 저렴하다.
④ 비교적 적은 비용으로 집진이 가능하다.
⑤ 현장에서 전처리용 집진장치로 널리 이용된다.
⑥ 고온에서 운전이 가능하다.
⑦ 직렬 또는 병렬로 연결하여 사용이 가능하다.
⑧ 미세한 먼지가 재 비산되기도 한다.

> **확인**
>
> ✿ **블로다운(blow-down) ★★**
> - 사이클론의 집진효율을 증대시키기 위한 방법
> - 더스트 박스 및 호퍼부에서 처리가스의 5~10%를 흡인하여 난류현상의 억제 및 원심력을 증대시켜 집진효율을 증대시키는 운전방식을 말한다.
>
> ✿ **블로다운(blow-down)의 효과 ★**
> - 사이클론 내의 난류현상 억제(원심력 증대), 집진먼지 비산을 방지한다.
> - 사이클론의 집진효율을 증대시킨다.
> - 관내 분진부착으로 인한 장치의 폐쇄현상을 방지한다.(가교현상 억제)

4) 세정식 집진장치(스크러버)

① 액체를 분사시켜 분진을 수반하는 유해가스를 세정하여 입자의 부착 또는 응집을 일으켜 입자를 분리 포집하는 장치를 말한다.
② 분진과 가스를 동시에 제거할 수 있는 이점을 가지고 있다.
③ 분진메커니즘이 관성충돌(inertial impaction)에 크게 의존하기 때문에 입자 크기가 1m에 근접하게 되면 집진효율이 급격히 감소하여 입자를 거의 제거하지 못하는 단점을 가지고 있다.
④ 설치면적이 작아 협소한 장소에 설치가 가능하며 초기비용이 적게 든다.
⑤ 상승 확산력이 감소되어 분진의 비산 염려가 없다.
⑥ 고온가스의 처리가 가능하다.(가스상 물질을 가장 효과적으로 처리한다.)
⑦ 인화성, 가열성, 폭발성 입자를 처리할 수 있다.
⑧ 한랭기에 동결의 우려 있다.(주위에 안개연무 형성)
⑨ 수질 오염원이 된다.(폐수가 발생)

실기 기출 ★

❖ **세정식 집진장치의 분진포집 원리**
① 미립자 확산에 의한 입자간 응집
② 배기가스의 증습에 의한 입자간 응집
③ 액막, 기포에 입자가 접촉하여 부착
④ 액적에 입자가 충돌하여 부착

❖ **세정식 집진장치의 분진포집 기전**
① 관성충돌
② 직접흡수
③ 확산
④ 응집

5) 여과 집진장치(백 필터)

① 함진가스를 여과재에 통과시켜 관성충돌, 직접 차단, 확산, 정전기력에 의하여 입자를 분리 포집한다.
② 건식공정으로 포집먼지의 처리가 쉽고, 고온 및 산·알칼리 등의 부식성물질의 경우 여과재의 수명이 단축된다.
③ 여과재에 표면 처리하여 가스상 물질을 처리할 수도 있다.
④ 여포의 모양에 따라 원통식, 평판식, 봉투식으로 구분된다.
⑤ 여과속도가 느릴수록 미세입자 포집에 유리하다.

한 눈에 들어오는 키워드

확인
세정집진장치의 효율을 향상시키기 위한 방안
① 충진탑은 공탑 내의 배기속도를 느리게 한다.
② 체류시간을 길게 한다.
③ 분무되는 물방울의 입경을 작게 한다.
④ 충진제의 표면적과 충진밀도를 크게 한다.

실기 기출 ★
세정집진장치의 분류
① 유수식 : 집진실 내에 일정한 물 또는 그 외의 액체를 보유하고, 함진 가스를 빠른 속도로 통과시킴에 의하여, 액적이나 액막을 형성시켜 함진 가스를 세정한다.
 • Simpeller형 • 가스 선회형
 • 가스 분출형 • Rotor형
② 가압수식(加壓水式) : 물을 가압 공급하여 함진 가스를 세정한다.
 • 벤튜리 스크러버(Venturi scrubber)
 • 제트 스크러버(Jet scrubber)
 • 분무탑(Spray tower)
 • 사이클론 스크러버(Cyclone scrubber)
 • 충전탑(Packed tower)
③ 회전식(回轉式) : fan의 회전을 이용하여 공급수와 함진 가스를 교반하고, 공급수에 의하여 형성된 다수의 액적, 수막 또는 기포에 의하여 입자가 세정 집진된다.
 • Theisen washer
 • Impulse Scrubber
 • Zet Collector
④ 정전세정기 (Electrostatic scrubber) : scrubber에 정전기 효과를 병용하는 형식으로 성능이 매우 우수하다. 그러나 고압전류의 절연이 문제가 된다.

한 눈에 들어오는 키워드

실기 기출 ★

벤튜리스크러버의 분진 포집원리 함진공기를 벤튜리 관에서 물을 분무하여 물방울로 만들어 분진을 포집하고 사이클론으로 보내어 원심력에 의해 분진을 분리한다.

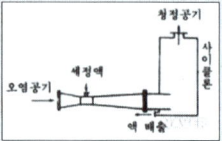

⑥ 여과 집진장치의 장·단점 ★

장점 실기 기출 ★	단점
• 집진효율이 높다.(99% 이상) (미세입자의 집진효율이 비교적 높은 편이다.) • 다양한 용량을 처리할 수 있다. • 탈진방법과 여과재의 사용에 따른 설계상의 융통성이 있다. • 집진효율이 처리가스의 양과 밀도 변화에 영향이 적다. • 설치 적용범위가 광범위하다.	• 고온 및 산·알칼리 등의 부식성물질의 경우 여과재의 수명이 단축된다. • 습한 가스를 취급할 수 없다. • 집진장치 중 압력손실이 가장 크다. • 여과재 교체비용이 들고, 작업방법이 어렵다.

암기법

여과지(필터)는 다양한 용량을 융통성 있게 설계하여 광범위하게 적용, 효율 높으나 부식성, 습한가스에 압력손실 커서 교체해야 한다.

실기 기출

❉ 여과 집진장치의 분진포집 기전

① 충돌
② 차단
③ 확산
④ 체거름 효과

⑦ 여과속도 ★

$$U_f(\text{cm}/\text{sec}) = \frac{Q}{A} \times 100$$

Q : 총처리 가스량(m^3/sec)
A : 총여과면적(m^2) (여과포 1개 면적 × 여과포개수)

[예제 103]

여포집진기에서 처리할 배기 가스량이 2m³/sec이고 여포집진기의 면적이 6m²일 때 여과속도는 약 몇 cm/sec인가?

① 25 　　　　　　　　② 30
③ 33 　　　　　　　　④ 36

해설

$$U_f = \frac{Q}{A} \times 100$$

$$U_f = \frac{2}{6} \times 100 = 33.33 \,(\text{cm/sec})$$

[정답 ③]

[예제 104]

유량이 600m³/min인 배기가스 중의 분진을 2m/min의 여과속도로 bag filter에서 처리하고자 할 때 필요한 여포집진기의 면적은 얼마인가?

① 100m² 　　　　　　② 200m²
③ 300m² 　　　　　　④ 400m²

해설

$$U_f = \frac{Q}{A} \times 100$$

$$A = \frac{Q \times 100}{U_f} = \frac{10 \times 100}{3.33} = 300.30 \,(\text{m}^2)$$

$$\left(\frac{600\text{m}^3}{\text{min}} = \frac{600\text{m}^3}{60\text{sec}} = 10\text{m}^3/\text{s}, \quad \frac{2\text{m}}{\text{min}} = \frac{200\text{cm}}{60\text{sec}} = 3.33\text{cm/s}\right)$$

[정답 ③]

[예제 105]

직경이 38cm, 유효높이 2.5m의 원통형 백 필터를 사용하여 60m³/min의 함진 가스를 처리할 때 여과속도(cm/s)는?

① 25 　　　　　　　　② 32
③ 50 　　　　　　　　④ 64

한눈에 들어오는 키워드

기출

원심력 집진장치(사이클론)
함진가스에 선회류를 일으키는 원심력을 이용하여 분진을 분리, 포집한다.

관성력 집진장치
기류의 방향을 급격하게 전환시켰을 때 입자의 관성력에 의하여 분리 포집한다.

세정식 집진장치(스크러버)
액체를 분사시켜 분진을 수반하는 유해가스를 세정하여 입자의 부착 또는 응집을 일으켜 입자를 분리 포집한다.

여과 집진장치(백 필터)
함진가스를 여과재에 통과시켜 관성충돌, 직접 차단, 확산, 정전기력에 의하여 입자를 분리 포집한다.

해설

여과속도

$$U_f \text{(cm/sec)} = \frac{Q}{A} \times 100$$

Q : 총처리 가스량(m^3/sec)
A : 총여과면적(m^2) (여과포 1개 면적 × 여과포개수)

$$U_f = \frac{Q}{A} \times 100 = \frac{Q}{\pi DL} \times 100 = \frac{1}{\pi \times 0.38 \times 2.5} \times 100 = 33.51 \text{(cm/sec)}$$

$(\frac{60m^3}{\min} = \frac{60m^3}{60\sec} = 1m^3/\sec)$

[정답 ②]

6) 전기 집진장치

① 정전력을 이용하여 입자를 집진하는 장치
② 전기 집진장치의 장·단점 ★

장점 실기 기출★	단점
• 광범위한 온도범위에서 적용이 가능하다. • 고온의 입자상물질, 폭발성가스 처리는 가능하나, 가연성 입자의 처리는 곤란하다. • 고온 가스를 처리할 수 있어 보일러와 철강로 등에 설치할 수 있다. • 압력손실이 낮으므로 대용량의 가스처리가 가능하며, 송풍기의 운전 및 유지비용이 저렴하다. • 넓은 범위의 입경과 분진농도에 집진효율이 높다. • 습식으로 집진할 수 있다. • $0.01\mu m$ 정도의 미세 입자의 포집이 가능하여 높은 집진효율을 얻을 수 있다.(집진장치 중 가장 작은 입자를 처리할 수 있다)	• 초기 설치비용이 많이 들며 설치공간이 커야 한다. • 운전조건의 변화에 유연성이 적다.(전압변동과 같은 조건변동에 쉽게 적응이 곤란하다.) • 먼지성상에 따라 전처리시설이 요구된다. • 분진포집에 적용되며 가스상의 오염물질(기체상의 오염물질) 처리는 곤란하다.

❈ 집진율

$$\eta(\%) = (1 - \frac{C_o \cdot Q_o}{C_i \cdot Q_i}) \times 100 = (1 - \frac{C_o}{C_i}) \times 100$$

C_i : 집진장치 입구 분진농도(g/m^3), C_o : 집진장치 출구 분진농도(g/m^3)
Q_i : 집진장치 입구 가스유량(m^3/hr), Q_o : 집진장치 출구 가스유량(m^3/hr)

✿ 집진장치 직렬조합 시 총 집진율 ★

$$총\ 집진율(\eta_T) = \eta_1 + \eta_2(1-\eta_1)$$

η_1 : 1차 집진장치 집진율, η_2 : 2차 집진장치 집진율

$$총\ 집진율(\eta_T) = \eta_1 + \eta_2\left(1 - \frac{\eta_1}{100}\right)$$

η_1 : 1차 집진장치 집진율(%), η_2 : 2차 집진장치 집진율(%)

✿ 동일 효율의 집진장치를 직렬 설치 시 총 집진율 ★

$$총\ 집진율(\eta_T) = 1 - (1-\eta_c)^n$$

η_c : 집진장치 집진율, n : 집진장치 개수

> 한 눈에 들어오는 **키**워드

[예제 106]

임핀저(impinger)로 작업장 내 가스를 포집하는 경우, 첫 번째 임핀저의 포집효율이 90%이고 두 번째 임핀저의 포집효율은 50%이었다. 두 개를 직렬로 연결하여 포집하면 전체 포집효율은?

① 93% ② 95%
③ 97% ④ 99%

해설

풀이1
전체 포집효율$(\eta_T) = \eta_1 + \eta_2(1-\eta_1)$
전체 포집효율$(\eta_T) = 0.9 + 0.5 \times (1-0.9) = 0.95 \times 100 = 95(\%)$

풀이2
전체포집효율$(\eta_T) = \eta_1 + \eta_2\left(1 - \frac{\eta_1}{100}\right)$
전체포집효율$(\eta_T) = 90 + 50 \times \left(1 - \frac{90}{100}\right) = 95(\%)$

[정답 ②]

[예제 107]

각각의 포집효율이 80%인 임핀저 2개를 직렬로 연결하여 시료를 채취하는 경우 최종 얻어지는 포집효율은?

① 90% ② 92%
③ 94% ④ 96%

해설

$\eta_T = 1-(1-\eta_c)^n = 1-(1-0.8)^2 = 0.96 \times 100 = 96(\%)$

[정답 ④]

(6) 가스상 물질의 처리를 위한 집진장치의 종류

흡수법	흡착법
• 가스상 오염물질을 **흡수액에 용해시켜 제거하는 방법** • 세정 집진장치와 구조가 유사하나 **물 이외의 흡수액을 사용**하고, 기액의 충분한 접촉을 위한 충진층이 설치되어 있는 것이 특징이다.	• 유해가스를 **다공성의 고체표면에 접촉하게 하여 부착, 제거**하는 방법 • 흡착제로는 주로 활성탄이 사용됨

[한눈에 들어오는 키워드]

[기출]
흡착탑
도장부스에서 발생된 유기용제 증기를 처리하기 위한 공기정화장치로 가장 적당한 것

[참고]
촉매연소
① 직접연소법에 비해 낮은 온도에서도 가능, 체류시간이 짧아도 가능하다.
② 분자량이 큰 탄화수소류 가스 제거에 적합하다.

[실기 기출★]
흡수탑 충전물의 구비조건
① 표면적이 클 것
② 공극률이 클 것
③ 압력손실이 작을 것
④ 내구성이 클 것
⑤ 내식성, 내열성이 클 것

1) 흡수법

① 유해가스를 **흡수액과 접촉시켜 용해도에 따른 용해 제거법**이다. (가스의 용해도가 중요한 요인이 된다.)

② 제거효율에 미치는 인자
- 접촉시간(체류시간)
- 기액 접촉 면적
- 흡수제의 농도
- 반응속도

③ **흡수액의 요건** [실기 기출★]
- 용해도가 높을 것
- 화학적으로 안정될 것
- 휘발성이 낮을 것
- 착화성이 없고 무독성일 것
- 가격이 저렴하고 구하기 쉬울 것

④ 헨리의 법칙(Henry's Law)
- 용해도가 크지 않은 기체의 용해력은 압력에 비례한다.
- 헨리법칙에 잘 적용되는 기체(용해도가 적은 가스)
  N_2, O_2, H_2, CO_2, CO, CH_4, NO, NO_2, H_2S
- 헨리법칙에 잘 적용되지 않은 기체(용해도가 큰 가스)
  NH_3, HCl, Cl_2, SO_2, HF, SiF_4

$$P = H \cdot C$$

P : 부분압력(용질가스의 기상분압 ; atm)
H : 헨리상수(atm · m³/mol)
C : 액체 성분 몰분율(kmol/m³)

2) 흡착법

① 기체가 고체 표면에 달라붙는 성질(흡착성)을 이용하여 오염기체를 제거한다.
(회수가치가 있는 불연성 희박농도가스의 처리에 가장 적합)

② 흡착의 분류
- 물리적 흡착 : 기체와 흡착제의 인력에 의한 부착 방법
- 화학적 흡착 : 기체와 흡착제의 화학적 반응에 의한 부착 방법

3) 연소법

① 가연성가스, 악취 등을 연소시켜 제거하는 방법을 말한다.

② 특징
- 처리경비가 저렴하다.
- 제거효율이 매우 높다.
- 저농도 유해물질에도 적합하다.

③ **연소법의 종류** 실기 기출 ★
- **직접연소(불꽃연소)** : 가연성 가스를 직접 불꽃 중에서 연소시킨다.
- **간접연소(가열연소)** : 가연성 물질의 농도가 낮아 직접 연소가 불가능할 때 사용되는 방법
- **촉매연소** : 가스 중의 가연성성분을 Pt, Co, Ni 등의 촉매를 사용하여 300~400℃ 정도의 저온에서 산화 제거하는 방법

한 눈에 들어오는 키워드

실기 기출 ★
유해가스의 처리방법
① 흡수법
② 흡착법
③ 연소법

실기 기출 ★
집진장치 중 흡착장치 설계할 때 고려사항
① 오염물질의 체류시간(체류시간이 길 것)
② 흡착능력 또는 흡착제의 표면적(흡착능력이 클 것)
③ 압력손실(압력손실이 적을 것)
④ 불순물 제거(흡착제에 해를 끼치는 불순물을 전처리에 의해 제거할 수 있을 것)

실기 기출 ★
유해가스 처리를 위해 연소법을 적용할 수 있는 경우(적용하기 위한 조건)
① 배출하는 가스량이 많은 경우
② 유해가스의 농도가 낮은 경우
③ 가연성 가스, 악취를 제거하는 경우

🔟 배기구

(1) 배기구

오염된 공기를 포집하여 외부로 배출하는 통로를 말한다.

(2) 배기구 설치기준 : 「산업환기설비설치에 관한 기술지침」 기준

① 옥외에 설치하는 배기구는 지붕으로부터 1.5m 이상 높게 설치하고, 배출된 공기가 주변 지역에 영향을 미치지 않도록 상부 방향으로 10m/s 이상 속도로 배출하는 등 배출된 유해물질이 당해 작업장으로 재유입되거나 인근의 다른 작업장으로 확산되어 영향을 미치치 않는 구조로 하여야 한다.
② 배기구는 내부식성, 내마모성이 있는 재질로 설치하고, 배기구의 하단에 배수밸브를 설치하여야 한다.

> **실기 기출 ★**
> 배기규칙
> "15-3-15"
> - 15 : 공기 흡입구와 배출구는 15m 이상 떨어져야 한다.
> - 3 : 배출구 높이는 지붕꼭대기 및 공기유입구보다 3m 이상 높아야 한다.
> - 15 : 배출되는 공기는 배출속도를 15m/s 이상 유지하여 재 유입되지 않도록 한다.

참고

❇ **최종배기구의 종류**

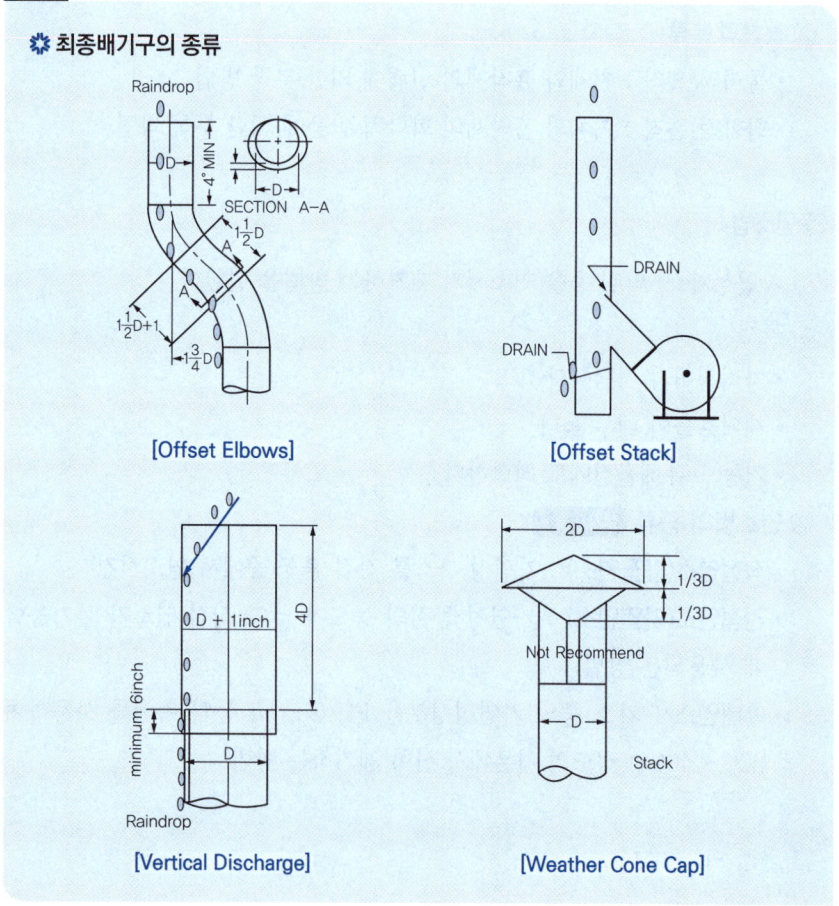

[Offset Elbows]   [Offset Stack]
[Vertical Discharge]   [Weather Cone Cap]

04 환기 시스템 설계

1 설계 개요 및 과정

(1) 설계 과정

① 설계준비
② 후드형태의 결정
③ 필요 배풍량, 반송속도 및 유입손실계수의 결정
④ 시스템 설계

2 단순 국소배기시설의 설계

(1) 국소배기장치의 설계순서 ★

후드형식 선정 → 제어속도 결정 → 소요풍량 계산 → 반송속도 결정 → 배관 내경 산출 → 후드 크기 결정 → 배관의 배치와 설치장소 설정 → 공기정화 장치 선정 → 국소배기 계통도와 배치도 작성 → 총 압력손실량 계산 → 송풍기 선정

> **암기**
>
> 형제 소풍 단속, 배경 크기결정, 배치 장소 선정, 공정한 배치도 작성, 손실 계산 후 소풍 선정
> 형(형식) 제(제어속도) 소풍(소요풍량) 단속(반송속도), 배경(배관내경) 크기결정, 배치 장소 선정, 공정(공기정화장치)한 배치도 작성, 손실 계산 후 소풍(송풍기) 선정

3 다중 국소배기시설의 설계

후드가 두 개 이상인 다중 후드 시스템은 후드 합류점에서의 정압을 동일하게 조정하여야 각각의 후드에서 원하는 양의 공기를 흡인할 수 있게 된다.

(1) 합류점에서의 압력평형

1) 설계방법에 의한 평형법(Balance by Design Method) : 정압조절평형법(유속조절평형법) ★

저항에 따라 **덕트 직경을 크게 하거나 감소시켜** 저항을 줄이거나 증가시키는 방법으로 **합류점의 정압이 같아지도록** 하는 방법이다.

실기 기출 ★

장점	단점
• 침식, 부식, **분진 퇴적에 의한 덕트 폐쇄**가 없다. • 설계 시 잘못 설계된 분지관 또는 저항이 가장 큰 분지관을 쉽게 발견할 수 있다. (**최대 저항 경로 선정이 잘못되어도 설계 시 쉽게 발견할 수 있음**) • 설계가 정확할 때에는 **가장 효율적인 시설**이다.	• **설계 시 잘못된 유량을 고치기 어렵다.** (임의로 유량을 조절하기 어려움) • 송풍량은 근로자나 운전자의 의도대로 쉽게 변경되지 않는다. • 설계유량 산정이 잘못될 경우 수정은 덕트의 크기 변경을 요한다. • **설계가 복잡하고 시간이 많이 걸린다.** • **설치된 후의 개조 및 변경이나 확장에 대한 유연성이 낮다.** • 효율 개선 시 전체를 수정해야 한다. • 경우에 따라 **전체 필요한 최소유량보다 더 초과될 수 있다.**

> **참고**
>
> **합류점에서의 정압균형조절법**
>
> 1. 낮은 정압과 높은 정압의 비가 20% 이상 ($\frac{높은정압}{낮은정압} \geq 1.2$)인 경우
>   - 압력손실이 낮은 분지관(정압의 절대 값이 작은 분지관)을 재설계한다.
>   - 덕트의 직경을 더 작은 것으로 줄여 정압을 높인다.
>
> 2. 낮은 정압과 높은 정압의 비가 5% 이상 20% 미만 ($0.5 \leq \frac{높은정압}{낮은정압} < 1.2$)인 경우
>   - 압력손실이 낮은 분지관(정압의 절대 값이 작은 분지관)의 유량을 증가시킨다.
>   - 저항이 작은 분지관을 재설계한다.
>   - 보정 후의 유량의 계산
>
> $$Q' = Q\sqrt{\frac{SP_2}{SP_1}}$$
>
> $\begin{pmatrix} Q' : 보정\ 후의\ 유량\,(m^3/\min) \\ Q : 보정\ 전의\ 유량\,(m^3/\min) \\ SP_1 : 압력손실이\ 낮은\ 쪽의\ 정압\,(mmH_2O) \\ SP_2 : 압력손실이\ 높은\ 쪽의\ 정압\,(mmH_2O) \end{pmatrix}$
>
> 3. 낮은 정압과 높은 정압의 비가 5% 미만 ($\frac{높은정압}{낮은정압} < 0.5$)인 경우
>   - 정압의 차가 크지 않으므로 특별한 조치를 필요로 하지 않는다.

2) 댐퍼를 이용한 평형법(Blast Gate Method) : 저항조절평형법(댐퍼조절평형법, 덕트균형유지법) ★

① 덕트에 댐퍼를 부착하여 압력을 조정하여 평형을 유지하는 방법을 말한다.
② 시스템을 설치해 놓고 각각의 분지관에 설치되어 있는 댐퍼를 조절하여 압력평형을 맞추는 방법으로 설계계산이 간편하다.
③ 여러 개의 후드 중에서 일부만 사용할 때가 많은 경우에 사용하지 않는 덕트를 댐퍼로 막아 다른 곳에 필요한 정압을 보낼 수 있어 압력 균형방법으로 현장에서 가장 편리하게 사용할 수 있다.
④ 오염물질 배출원이 많아 여러 개의 가지 덕트를 주 덕트에 연결할 필요가 있는 경우(분지관의 수가 많고 덕트의 압력손실이 클 때) 사용한다.
⑤ 작업자들이 댐퍼를 임의로 조절하여 기능을 발휘할 수 없게 만들 수도 있다.(덕트에 분진이 퇴적되어 관 막힘(Plugging)현상을 초래)

실기 기출 ★

장점	단점
• 시설설치 후 송풍량의 조절, 덕트위치 변경이 어렵지 않다.(임의의 유량 조절 가능) • 최소 설계풍량으로 평형유지가 가능하다. • 설계계산이 상대적으로 간단하고, 고도의 지식을 요하지 않는다. • 덕트 크기를 바꿀 필요가 없어 반송속도를 그대로 유지한다.	• 평형상태시설에 댐퍼를 잘못 설치하게 되면 평형상태 파괴를 유발한다. • 임의로 댐퍼 조정 시 평형상태가 파괴 될 수 있다. • 부분적 폐쇄댐퍼는 침식, 분진퇴적의 원인이 된다. • 최대 저항경로 선정이 잘못되어도 설계 시 쉽게 발견하기 어렵다. • 댐퍼가 노출되어 누구나 쉽게 조절할 수 있어 정상기능을 저해할 우려있다.

[사각댐퍼]

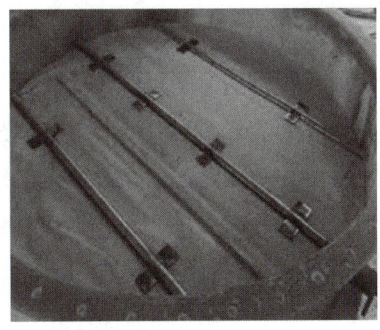

[원형댐퍼]

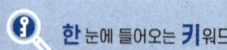

4 공기공급 시스템

(1) 신선한 공기 공급

① 국소배기장치를 설치할 때에는 **배기량과 같은 양의 신선한 공기가 작업장 내부로 공급**될 수 있도록 공기유입부 또는 급기시설을 설치하여야 한다.
② 신선한 공기의 공급방향은 유해물질이 없는 가장 깨끗한 지역에서 유해물질이 발생하는 지역으로 향하도록 하여야 하며, 가능한 한 근로자의 뒤쪽에 급기구가 설치되어 신선한 공기가 근로자를 거쳐서 **후드방향으로 흐르도록** 하여야 한다.
③ 신선한 공기의 기류속도는 근로자 위치에서 가능한 한 0.5m/sec를 초과하지 않도록 하고, 작업공정이나 후드의 근처에서 **후드의 성능에 지장을 초래하는 방해기류**를 일으키지 않도록 하여야 한다.

(2) 공기공급시스템(make-up air) 〔실기 기출★〕

1) "보충용 공기(make-up air)"란 배기로 인하여 부족해진 공기를 작업장에 공급하는 공기를 말한다.

2) 국소배기장치가 효과적인 기능을 발휘하기 위해서는 **후드를 통해 배출되는 것과 같은 양의 공기가 외부로부터 보충**되어야 한다. 이것을 공기공급시스템(make-up air)라고 한다.

3) 공기공급시스템의 목적 〔실기 기출★〕
① **국소배기장치를 적절하게 가동**시키기 위하여
② 국소배기장치의 **효율 유지**를 위하여
③ 작업장 내의 **안전사고 예방**을 위하여
④ **연료를 절약**하기 위하여(에너지 절약)
⑤ 작업장 내의 **방해기류(교차기류) 생성 방지**를 위하여
⑥ 외부공기가 정화되지 않은 채로 건물 내로 유입되는 것을 막기 위하여

CHAPTER 01 단원 예상문제

저자가 콕! 찝어주는 예상문제 풀어보기!

01 플랜지가 붙은 외부식 후드가 공간에 있다. 만약 제어속도가 0.75m/sec, 단면적이 0.5m² 이고 대상물질과 후드면 간의 거리가 1.0m라면 필요 송풍량은?

① 약 4m³/sec ② 약 6m³/sec
③ 약 8m³/sec ④ 약 10m³/sec

* 외부식 후드(자유공간에 위치한 플랜지가 부착된 원형, 장방형 후드)

$$Q = 60 \times 0.75 \times V_c \times (10X^2 + A)$$

- Q : 필요송풍량(m³/min)
- V_c : 제어속도(m/sec)
- A : 개구면적(m²)
- X : 후드중심선으로 부터 발생원까지의 거리(m)
 (오염원과 후드 간 거리가 덕트 직경의 1.5배 이내일 때만 유효)

- 플랜지를 부착하면 송풍량을 25% 감소시킬 수 있다.
- 공식에서 60은 송풍량의 m³/min를 제어속도의 단위 m/sec로 환산하기 위한 목적이다. 송풍량의 단위가 m³/일sec 경우 $Q = 0.75 \times V_c \times (10X^2 + A)$가 된다.

송풍량의 단위가 m³/sec이므로
$Q = 0.75 \times 0.75 \times (10 \times 1^2 + 0.5) = 5.91(m³/sec)$

02 여과집진장치의 장·단점으로 옳지 않은 것은?

① 다양한 용량을 처리할 수 있다.
② 탈진방법과 여과재의 사용에 따른 설계상의 융통성이 있다.
③ 섬유 여포상에서 응축이 일어날 때 습한 가스를 취급할 수 없다.
④ 집진효율이 처리가스의 양과 밀도변화에 영향이 크다.

장점	① 집진효율이 높다.(99% 이상) (미세입자의 집진효율이 비교적 높은 편이다.) ② 다양한 용량을 처리할 수 있다. ③ 탈진방법과 여과재의 사용에 따른 설계상의 융통성이 있다. ④ 집진효율이 처리가스의 양과 밀도 변화에 영향이 적다. ⑤ 설치 적용범위가 광범위하다.
단점	① 고온 및 산·알칼리 등의 부식성 물질의 경우 여과재의 수명이 단축된다. ② 습한 가스를 취급할 수 없다. ③ 집진장치 중 압력손실이 가장 크다. ④ 여과재 교체비용이 들고, 작업방법이 어렵다.

정답 01 ② 02 ④

03 80μm인 분진입자를 중력침강실에서 처리하려고 한다. 입자의 밀도는 2g/cm³, 가스의 밀도는 1.2kg/m³, 가스의 점성계수는 2.0×10⁻³g/cm·sec일 때 침강속도는? (단, Stoke식 적용)

① 3.49×10^{-3}m/sec ② 3.49×10^{-2}m/sec
③ 4.49×10^{-3}m/sec ④ 4.49×10^{-2}m/sec

★ 침강속도(stoke의 법칙)

$$V = \frac{gd^2(\rho_1 - \rho)}{18\mu} \text{(cm/sec)}$$

- d_p : 입자의 직경(cm)
- ρ_1 : 입자의 밀도(g/cm³)
- ρ : 가스(공기)의 밀도(g/cm³)
- g : 중력가속도(980cm/sec²)
- μ : 점성계수(g/cm·sec)

$$V = \frac{980\text{cm/sec}^2 \times (80 \times 10^{-4})^2 \text{cm} \times (2-0.0012)\text{g/cm}^3}{18 \times (2.0 \times 10^{-3})\text{g/cm} \cdot \text{s}}$$

$$= 3.48 \text{(cm/sec)} = 3.48 \times 10^{-2} \text{(m/sec)}$$

$\frac{1.2\text{kg}}{\text{m}^3} = \frac{1200\text{g}}{(10^2\text{cm})^3} = 0.0012\text{g/cm}^3$

$\mu = 10^{-6}$m, cm $= 10^{-2}$m

∴ 80μm $= 10^{-4}$cm

04 어느 관내의 속도압이 3.5mmH₂O일 때 유속(m/min)은? (단, 공기의 밀도 1.21kg/m³)

① 352 ② 381
③ 415 ④ 452

속도압$(VP) = \frac{\gamma V^2}{2g}$ (mmH₂O)

- r : 공기비중
- V : 유속(m/s)
- g : 중력가속도(9.8m/s²)

$VP = \frac{\gamma \times V^2}{2g}$

$\gamma \times V^2 = VP \times 2g$

$V^2 = \frac{VP \times 2g}{\gamma}$

$V = \sqrt{\frac{VP \times 2g}{\gamma}} = \sqrt{\frac{3.5 \times 2 \times 9.8}{1.21}} = 7.5296$(m/sec)

$\frac{7.5296\text{m}}{\text{sec}} = \frac{7.5296\text{m}}{\frac{1}{60}\text{min}} = 451.78$(m/min)

05 세정집진장치의 효율을 향상시키기 위한 방안으로 옳지 않은 것은?

① 충진탑은 공탑 내의 배기속도를 크게 한다.
② 체류시간을 길게 한다.
③ 분무되는 물방울의 입경을 작게 한다.
④ 충진제의 표면적과 충진밀도를 크게 한다.

① 충진탑은 공탑 내의 배기속도를 느리게 한다.

정답 03 ② 04 ④ 05 ①

06 높이가 3.3m인 곳에서 비중이 2.0, 입경이 10μm인 분진입자가 발생하였다. 신장이 170cm인 작업자의 호흡영역은 바닥으로부터 대략 150cm로 본다. 이 분진입자가 작업자의 호흡영역까지 다가오는 시간은 대략 몇 분이 소요되겠는가?

① 2분　　② 5분
③ 8분　　④ 11분

> **★ Lippman식에 의한 침강속도**
> (입자크기가 1~50μm 경우 적용)
>
> $$V(cm/sec) = 0.003 \times \rho \times d^2$$
>
> - V : 침강속도(cm/sec)
> - ρ : 입자 밀도(비중)(g/cm³)
> - d : 입자직경(μm)
>
> 1. 침강속도 $V(cm/sec) = 0.003 \times 2.0 \times 10^2$
> $= 0.6(cm/sec)$
> 2. 침강속도가 0.6cm/sec → 1초당 0.6cm 침강
>   침강높이(3.3m에서 호흡영역까지 높이)
> $= 3.3 - 1.5$
> $= 1.8(m) \times 100 = 180(cm)$
> 3. $\frac{1}{60}$분 : 0.6cm = x분 : 180cm
> $\frac{1}{60} \times 180 = 0.6 \times x$
> $x = \dfrac{\frac{1}{60} \times 180}{0.6} = 5(분)$

07 움직이지 않는 공기 중으로 속도 없이 배출되는 작업조건(작업공정 : 탱크에서 증발)의 제어속도 범위로 가장 적절한 것은? (단, ACGIH 권고 기준)

① 0.1~0.3m/sec
② 0.3~0.5m/sec
③ 0.5~1.0m/sec
④ 1.0~1.5m/sec

> **★ 제어속도범위(ACGIH)**
>
> | 작업조건 | 작업공정사례 | 제어속도(m/sec) |
> |---|---|---|
> | • 움직이지 않은 공기중에서 속도 없이 배출되는 작업조건
• 조용한 대기 중에 실제 거의 속도가 없는 상태로 발산하는 경우의 작업조건 | • 액면에서 발생하는 가스나 증기 흄
• 탱크에서 증발, 탈지시설 | 0.25~0.5 |
> | • 비교적 조용한(약간의 공기 움직임) 대기 중에서 저속으로 비산하는 작업조건 | • 용접, 도금 작업
• 스프레이도장 | 0.5~1.0 |
> | • 발생기류가 높고(빠른기동) 유해물질이 활발히 발생하는 작업조건 | • 스프레이도장, 용기충전
• 컨베이어 적재
• 분쇄기 | 1.0~2.5 |
> | • 초고속기류(대단히 빠른 기동)가 있는 작업장소에 초고속으로 비산하는 경우 | • 회전연삭작업
• 연마작업
• 블라스트 작업 | 2.5~10 |

08 어떤 단순 후드의 유입계수가 0.90이고 속도압이 20mmH₂O일 때 후드의 정압은?

① -24.6mmH$_2$O　　② -36.4mmH$_2$O
③ -42.2mmH$_2$O　　④ -52.2mmH$_2$O

> 후드정압$(SP_h) = VP + \triangle P = VP + (F_h \times VP)$
> $= VP(1 + F_h)(mmH_2O)$
>
> - VP : 속도압(동압)(mmH$_2$O)
> - F_h : 압력손실계수$(= \dfrac{1}{Ce^2} - 1)$
> - Ce : 유입계수
> - $\triangle P$: 압력손실(mmH$_2$O)
>
> 후드정압 = $20 \times (1 + 0.23) = 24.60(-24.60mmH_2O)$
> $(F_h = \dfrac{1}{Ce^2} - 1 = \dfrac{1}{0.90^2} - 1 = 0.23)$

정답　06 ②　07 ②　08 ①

09 도금조와 같이 오염물질 발생원의 개방면적이 큰 작업공정에 주로 많이 사용하여 포집효율을 증가시키면서 필요유량을 대폭 감소시킬 수 있는 장점이 있는 후드는?

① 그리드형　　② 캐노피형
③ 드래프트 챔버형　④ 푸시-풀형

★ 푸시-풀형 후드
① 개방조 한 변에서 압축공기를 이용하여 오염물질이 발생하는 표면에 공기를 불어 반대쪽에 오염물질이 도달하게 한다.(공기를 불어주고 당겨주는 장치로 구성)
② 도금조와 같이 폭이 넓은 경우(오염물질 발생면적이 넓어 한쪽 방향에 후드를 설치하는 것으로 충분한 흡인력이 발생되지 않는 경우)에 사용하면 포집효율을 증가시키면서 필요유량을 감소시킬 수 있다.

11 슬롯 길이 3m, 제어속도 2m/sec인 슬롯 후드가 있다. 오염원이 2m 떨어져 있을 경우 필요환기량(m^3/min)은? (단, 공간에 설치하며 플랜지는 부착되어 있지 않음)

① 1,434　　② 2,664
③ 3,734　　④ 4,864

$Q = 60 \cdot C \cdot L \cdot V_c \cdot X$
- Q : 필요송풍량(m^3/min)
- V_c : 제어속도(m/sec)
- L : slot 개구면의 길이(m)
- X : 포집점까지의 거리(m)
- C : 형상계수

(전원주 : 3.7, $\frac{3}{4}$ 원주 : 4.1, $\frac{1}{2}$ 원주(플랜지부착과 동일) : 2.8, $\frac{1}{4}$ 원주 : 1.6)

$Q = 60 \times 3.7 \times 3 \times 2 \times 2 = 2,664 (m^3/min)$

10 확대각이 10°인 원형 확대관에서 입구직관의 정압은 -15mmH$_2$O, 속도압은 35mmH$_2$O이고, 확대된 출구직관의 속도압은 25mmH$_2$O이다. 확대 측의 정압은? (단, 확대각이 10°일 때 압력손실계수 ξ = 0.28이다.)

① -1.4mmH$_2$O　② -2.8mmH$_2$O
③ -5.4mmH$_2$O　④ -7.8mmH$_2$O

확대측정압(SP_2) = SP_1 + [(1 - ξ) × (VP_1 - VP_2)]
- SP_2 : 확대 후의 정압(mmH$_2$O)
- SP_1 : 확대 전의 정압(mmH$_2$O)
- VP_1 : 확대 전의 속도압(mmH$_2$O)
- VP_2 : 확대 후의 속도압(mmH$_2$O)
- ξ : 압력손실계수

확대측정압 = -15 + [(1 - 0.28) × (35 - 25)]
　　　　　 = -7.8(mmH$_2$O)

정답　09 ④　10 ④　11 ②

12 후드로부터 0.25m 떨어진 곳에 있는 금속제품의 연마공정에서 발생되는 금속먼지를 제거하기 위해 원형 후드를 설치하였다면 환기량(m^3/sec)은? (단, 제어속도는 5m/sec, 후드 직경 0.4m)

① 2.43　　② 3.75
③ 4.32　　④ 5.14

> **★ 외부식 후드(자유공간 위치한 원형 및 장방형 후드, 플랜지 미부착)**
>
> $$Q = Vc(10X^2 + A)$$
>
> - Q : 필요송풍량(m^3/sec)
> - Vc : 제어속도(m/sec)
> - A : 개구면적(m^2)
> - X : 후드중심선으로부터 발생원까지의 거리(m)
>   (오염원과 후드 간 거리가 덕트 직경의 1.5배 이내일 때만 유효)
>
> $Q = Vc(10X^2 + A) = 5 \times (10 \times 0.25^2 + 0.1257)$
> $= 3.75(m^3/sec)$
>
> $A = \dfrac{\pi d^2}{4} = \dfrac{\pi \times 0.4^2}{4} = 0.1257(m^2)$

13 다음 [보기]에서 여과집진장치의 장점만을 고른 것은?

> ㉠ 다양한 용량(송풍량)을 처리할 수 있다.
> ㉡ 습한 가스 처리에 효율적이다.
> ㉢ 미세입자에 대한 집진효율이 비교적 높은 편이다.
> ㉣ 여과재는 고온 및 부식성 물질에 손상되지 않는다.

① ㉠, ㉡　　② ㉠, ㉢
③ ㉢, ㉣　　④ ㉡, ㉣

> **★ 여과 집진장치의 장·단점**
>
> | | |
> |---|---|
> | 장점 | ① 집진효율이 높다.(99% 이상)(미세입자의 집진효율이 비교적 높은 편이다.)
② 다양한 용량을 처리할 수 있다.
③ 탈진방법과 여과재의 사용에 따른 설계상의 융통성이 있다.
④ 집진효율이 처리가스의 양과 밀도 변화에 영향이 적다.
⑤ 설치적용범위가 광범위하다. |
> | 단점 | ① 고온 및 산·알칼리 등의 부식성물질의 경우 여과재의 수명이 단축된다.
② 습한 가스를 취급할 수 없다.
③ 집진장치 중 압력손실이 가장 크다.
④ 여과재 교체비용이 들고, 작업방법이 어렵다. |

14 어느 유체관의 동압(velocity pressure)이 20 mmH_2O이고 관의 직경이 25cm일 때 유량(m^3/hr)은? (단, 21℃, 1기압 기준)

① 약 3,000　　② 약 3,200
③ 약 3,500　　④ 약 3,800

> 1. $Q = 60 \times A \times V$
>   - $Q(m^3/min)$: 유체의 유량
>   - $A(m^2)$: 유체가 통과하는 단면적　$\left(\dfrac{\pi d^2}{4}\right)$
>   - $V(m/sec)$: 유체의 유속
> 2. 속도압$(VP) = \dfrac{\gamma V^2}{2g}$ (mmH_2O)
>   - r : 공기비중
>   - V : 유속(m/s)
>   - g : 중력가속도(9.8m/s^2)
>
> $Q = 60 \times A \times V = 60 \times \dfrac{\pi \times 0.25^2}{4} \times 18.07$
> $= 53.22(m^3/min) \times 60 = 3193(m^3/hr)$
>
> $VP = \dfrac{\gamma \times V^2}{2g}$, $\gamma \times V^2 = VP \times 2g$
>
> $V^2 = \dfrac{VP \times 2g}{\gamma}$
>
> $V = \sqrt{\dfrac{VP \times 2g}{\gamma}} = \sqrt{\dfrac{20 \times 2 \times 9.8}{1.2}}$
> $= 18.07(m/sec)$

15 후드의 정압이 50mmH₂O이고 덕트 속도압이 20mmH₂O라면 후드의 압력손실계수는?

① 1.5 ② 2.0
③ 2.5 ④ 3.0

> - 후드정압(SP_h) = $VP(1+F_h)$(mmH₂O)
> - VP : 속도압(동압)(mmH₂O)
> - F_h : 압력손실계수(= $\frac{1}{Ce^2}-1$)
> - Ce : 유입계수
>
> $SP_h = VP(1+F_h)$
> $(1+F_h) = \frac{SP_h}{VP}$
> $F_h = \frac{SP_h}{VP} - 1 = \frac{50}{20} - 1 = 1.5$

16 전기집진장치의 장·단점과 가장 거리가 먼 것은? (단, 기타 집진기와 비교)

① 운전 및 유지비가 비싸다.
② 초기 설치비가 많이 소요된다.
③ 고온가스를 처리할 수 있어 보일러와 철강로 등에 설치할 수 있다.
④ 넓은 범위의 입경과 분진농도에 집진효율이 높다.

> ★ 전기집진장치의 장·단점
>
> **장점**
> ① 광범위한 온도범위에서 적용이 가능하다.
> ② 고온의 입자상물질, 폭발성가스 처리는 가능하나, 가연성 입자의 처리는 곤란하다.
> ③ 고온 가스를 처리할 수 있어 보일러와 철강로 등에 설치할 수 있다.
> ④ 압력손실이 낮으므로 대용량의 처리가스가 가능하며, 송풍기의 운전 및 유지비용이 저렴하다.
> ⑤ 넓은 범위의 입경과 분진농도에 집진효율이 높다.
> ⑥ 0.01μm 정도의 미세 입자의 포집이 가능하여 높은 집진효율을 얻을 수 있다.(집진장치 중 가장 작은 입자를 처리할 수 있다)
>
> **단점**
> ① 초기 설치비용이 많이 들며 설치공간이 커야 한다.
> ② 분진포집에 적용되며 가스상의 오염물질(기체상의 오염물질) 처리는 곤란하다.
> ③ 전압의 변화와 같은 조건의 변동에 적응이 곤란하다.

17 원심력 송풍기인 방사 날개형 송풍기에 관한 설명으로 틀린 것은?

① 깃이 평판으로 되어 있다.
② 깃의 구조가 분진을 자체 정화할 수 있도록 되어 있다.
③ 큰 압력손실에서 송풍량이 급격히 떨어지는 단점이 있다.
④ 플레이트(plate)형 송풍기라고도 한다.

> ★ 방사 날개형(평판형,플레이트형) 송풍기
> ① 날개(깃)가 평판 모양으로 강도 높게 설계되어 있다.
> ② 깃의 구조가 분진을 자체 정화할 수 있다.
> ③ 시멘트, 미분탄, 곡물, 모래 등의 고농도 분진함유 공기, 부식성이 강한 공기를 이송시키는 데 많이 이용된다.
> ④ 습식집진장치의 배기에 적합하며 소음은 중간 정도이다.

정답 15 ① 16 ① 17 ③

18 다음 중 필요환기량을 감소시키는 방법으로 틀린 것은?

① 후드 개구면에서 기류가 균일하게 분포되도록 설계한다.
② 공정에서 발생 또는 배출되는 오염물질의 절대량을 감소시킨다.
③ 가급적이면 공정이 많이 포위되지 않도록 하여야 한다.
④ 포집형이나 레시버형 후드를 사용할 때는 가급적 후드를 배출오염원에 가깝게 설치한다.

> ③ 가급적 기류 차단판이나 커튼 등을 사용하여 공정을 많이 포위한다.

19 20℃의 송풍관에 15m/sec의 유속으로 흐르는 기체의 속도압은?(단, 공기의 밀도는 1.293 kg/Sm³이다.)

① 약 32mmH$_2$O ② 약 21mmH$_2$O
③ 약 14mmH$_2$O ④ 약 8mmH$_2$O

> 속도압$(VP) = \dfrac{\gamma V^2}{2g}$(mmH$_2$O)
> - r : 공기비중
> - V : 유속(m/s)
> - g : 중력가속도(9.8m/s²)
>
> 속도압 $= \dfrac{1.293 \times 15^2}{2 \times 9.8} = 14.84$(mmH$_2$O)

20 전기집진장치의 장·단점으로 틀린 것은?

① 운전 및 유지비가 많이 든다.
② 설치공간을 많이 차지한다.
③ 압력손실이 낮다.
④ 고온가스 처리가 가능하다.

> ★ 전기집진장치의 장·단점
>
> | | |
> |---|---|
> | 장점 | ① 광범위한 온도범위에서 적용이 가능하다.
② 고온의 입자상물질, 폭발성가스 처리는 가능하나, 가연성 입자의 처리는 곤란하다.
③ 고온 가스를 처리할 수 있어 보일러와 철강로 등에 설치할 수 있다.
④ 압력손실이 낮으므로 대용량의 처리가스가 가능하며, 송풍기의 운전 및 유지비용이 저렴하다.
⑤ 넓은 범위의 입경과 분진농도에 집진효율이 높다.
⑥ 0.01μm 정도의 미세 입자의 포집이 가능하여 높은 집진효율을 얻을 수 있다.(집진장치 중 가장 작은 입자를 처리할 수 있다) |
> | 단점 | ① 초기 설치비용이 많이 들며 설치공간이 커야 한다.
② 분진포집에 적용되며 가스상의 오염물질(기체상의 오염물질) 처리는 곤란하다.
③ 전압의 변화과 같은 조건의 변동에 적응이 곤란하다. |

정답 18 ③ 19 ③ 20 ①

21 중력침강속도에 대한 설명으로 틀린 것은?
(단, Stoke 법칙 기준)

① 입자직경의 제곱에 비례한다.
② 입자의 밀도 차에 반비례한다.
③ 중력가속도에 비례한다.
④ 공기의 점성계수에 반비례한다.

② 입자의 밀도 차에 비례한다.

★ 참고
침강속도(Stoke의 법칙)

$$V(\text{cm/sec}) = \frac{gd^2(\rho_1 - \rho)}{18\mu}$$

- d_p : 입자의 직경(cm)
- ρ_1 : 입자의 밀도(g/cm³)
- ρ : 가스(공기)의 밀도(g/cm³)
- g : 중력가속도(980cm/sec²)
- μ : 점성계수(g/cm · sec)

22 지름이 1m인 원형 후드 입구로부터 2m 떨어진 지점에 오염물질이 있다. 제어풍속이 3m/sec일 때 후드의 필요환기량(m³/sec)은? (단, 공간에 위치하며 플랜지없음)

① 143 ② 123
③ 103 ④ 83

$$Q = Vc(10X^2 + A) = 3 \times (10 \times 2^2 + 0.79)$$
$$= 122.37(\text{m}^3/\text{sec})$$

$$\left[A = \frac{\pi d^2}{4} = \frac{\pi \times 1^2}{4} = 0.79(\text{m}^2) \right]$$

* Q : m³/sec, V : m/sec이므로 환기량의 공식에서 60을 곱할 필요가 없다.

23 2개의 집진장치를 직렬로 연결하였다. 집진효율 70%인 사이클론을 전처리장치로 사용하고 전기집진장치를 후처리장치로 사용하였을 때 총 집진효율이 95%라면, 전기집진장치의 집진효율은?

① 83.3% ② 87.3%
③ 90.3% ④ 92.3%

★ 총집진율(직렬설치 시)

$$\eta_T = \eta_1 + \eta_2(1 - \eta_1)$$

- η_T : 총 집진율
- η_1 : 1차 집진장치 집진율
- η_2 : 2차 집진장치 집진율

풀이1
$\eta_T = \eta_1 + \eta_2(1 - \eta_1)$
$\eta_2(1 - \eta_1) = \eta_T - \eta_1$
$\eta_2 = \dfrac{\eta_T - \eta_1}{1 - \eta_1}$
$\eta_2 = \dfrac{0.95 - 0.7}{1 - 0.7} = 0.8333 \times 100 = 83.33(\%)$

풀이2
$\eta_T = \eta_1 + \eta_2\left(1 - \dfrac{\eta_1}{100}\right)$
$95 = 70 + \eta_2\left(1 - \dfrac{70}{100}\right)$
$\eta_2\left(1 - \dfrac{70}{100}\right) = 95 - 70$
$\eta_2 = \dfrac{95 - 70}{\left(1 - \dfrac{70}{100}\right)} = 83.33(\%)$

★ 외부식 후드(자유공간 위치한 원형 및 장방형 후드, 플랜지 미부착)

$Q = 60 \cdot Vc(10X^2 + A)$: Dallavalle식

- Q : 필요송풍량(m³/min)
- Vc : 제어속도(m/sec)
- A : 개구면적(m²)
- X : 후드중심선으로 부터 발생원까지의 거리(m)
  (오염원과 후드 간 거리가 덕트 직경의 1.5배 이내일 때만 유효)

정답 21 ② 22 ② 23 ①

24 흡인풍량이 200m³/min, 송풍기 유효전압이 150mmH₂O, 송풍기 효율이 80%, 여유율이 1.2인 송풍기의 소요동력은? (단, 송풍기 효율과 여유율을 고려함)

① 4.8kW ② 5.4kW
③ 6.7kW ④ 7.4kW

★ 송풍기 소요동력

$$HP(kW) = \frac{Q \times P}{6120 \times \eta} \times K$$

- Q : 송풍량(m³/min)
- P : 유효전압(풍압)(mmH₂O)
- η : 송풍기효율
- K : 안전여유

$$HP(kW) = \frac{200 \times 150}{6120 \times 0.8} \times 1.2 = 7.35(kW)$$

25 후드의 유입계수가 0.7이고, 속도압이 20mmH₂O일 때 후드의 압력손실은?

① 21mmH₂O ② 24mmH₂O
③ 27mmH₂O ④ 29mmH₂O

압력손실$(\triangle P) = F_h \times VP = (\frac{1}{Ce^2} - 1) \times VP$

- F_h : 압력손실계수$(= \frac{1}{Ce^2} - 1)$
- VP : 속도압(mmH₂O)
- Ce : 유입계수

압력손실$(\triangle P) = (\frac{1}{Ce^2} - 1) \times VP$
$= (\frac{1}{0.7^2} - 1) \times 20$
$= 20.82(mmH_2O)$

26 어떤 단순 후드의 유입계수가 0.90이고 속도압이 20mmH₂O일 때 후드의 유입손실은?

① 2.4mmH₂O ② 3.6mmH₂O
③ 4.7mmH₂O ④ 6.8mmH₂O

압력손실$(\triangle P) = F_h \times VP = (\frac{1}{Ce^2} - 1) \times VP$

- F_h : 압력손실계수$(= \frac{1}{Ce^2} - 1)$
- VP : 속도압(mmH₂O)
- Ce : 유입계수

$\triangle P = (\frac{1}{Ce^2} - 1) \times VP$
$= (\frac{1}{0.90^2} - 1) \times 20 = 4.69(mmH_2O)$

27 유효전압이 120mmH₂O, 송풍량이 306m³/min인 송풍기의 축동력이 7.5kW일 때 이 송풍기의 전압효율은? (단, 기타 조건은 고려하지 않는다.)

① 65% ② 70%
③ 75% ④ 80%

★ 송풍기 소요동력

$$HP(kW) = \frac{Q \times P}{6120 \times \eta} \times K$$

- Q : 송풍량(m³/min)
- P : 유효전압(풍압)(mmH₂O)
- η : 송풍기효율
- K : 안전여유

$HP(kW) = \frac{Q \times P \times K}{6120 \times \eta}$
$HP \times 6120 \times \eta = Q \times P \times K$
$\eta = \frac{Q \times P \times K}{HP \times 6120} = \frac{306 \times 120}{7.5 \times 6120}$
$= 0.8 \times 100 = 80(\%)$

정답 24 ④ 25 ① 26 ③ 27 ④

28 작업장에 직경이 5μm이면서 비중이 3.5인 입자와 직경이 6μm이면서 비중이 2.2인 입자가 있다. 작업장 높이가 6m일 때 모든 입자가 가라앉는 최소시간은?

① 약 42분   ② 약 72분
③ 약 102분 ④ 약 132분

* **Lippman식에 의한 침강속도**

$$V(cm/sec) = 0.003 \times \rho \times d^2$$

- V : 침강속도(cm/sec)
- ρ : 입자 밀도(비중)(g/cm³)
- d : 입자직경(μm)

1. 직경이 5μm, 비중이 3.5인 입자의 침강시간
   - 침강속도 V(cm/sec)
     $= 0.003 \times 3.5 \times 5^2 = 0.26$(cm/sec)
   - 침강속도가 0.26cm/sec
     → 1초당 0.26cm 침강
   - 침강높이는 6m이므로
     1초 : 0.26cm = x초 : 600cm
     $1 \times 600 = 0.26 \times x$
     $x = \dfrac{1 \times 600}{0.26} = 2307.69$(초) ÷ 60
     $= 38.46$(min)

2. 직경이 6μm, 비중이 2.2인 입자의 침강시간
   - 침강속도 V(cm/sec)
     $= 0.003 \times 2.2 \times 6^2 = 0.24$(cm/sec)
   - 침강속도가 0.24cm/sec
     → 1초당 0.24cm 침강
   - 침강높이는 6m이므로
     1초 : 0.24cm = x초 : 600cm
     $1 \times 600 = 0.24 \times x$
     $x = \dfrac{1 \times 600}{0.24} = 2,500$(초) ÷ 60
     $= 41.67$(cm/min)

3. 모든 입자가 가라앉는 최소시간 : 41.67(min)

29 송풍량이 300m³/min일 때 송풍기의 회전속도는 150rpm이었다. 송풍량을 500m³/min으로 확대시킬 경우 같은 송풍기의 회전속도는 대략 몇 rpm이 되는가? (단, 기타 조건은 같다고 가정한다.)

① 약 200   ② 약 250
③ 약 300   ④ 약 350

$$Q_2 = Q_1 \left(\dfrac{D_2}{D_1}\right)^3 \left(\dfrac{N_2}{N_1}\right)$$

- Q_1 : 회전 수 변경 전 풍량(m³/min)
- Q_2 : 회전 수 변경 후 풍량(m³/min)
- N_1 : 변경 전 회전수(rpm)
- N_2 : 변경 후 회전수(rpm)
- D_1 : 변경 전 직경(m)
- D_2 : 변경 후 직경(m)

$Q_2 = Q_1 \times \left(\dfrac{N_2}{N_1}\right)$
$Q_1 \times N_2 = Q_2 \times N_1$
$N_2 = \dfrac{Q_2 \times N_1}{Q_1} = \dfrac{500 \times 150}{300} = 250$(rpm)

30 여포 제진장치에서 처리할 배기가스량이 2m³/sec이고 여포의 총 면적이 6m²일 때 여과속도는?

① 25cm/sec   ② 29cm/sec
③ 33cm/sec   ④ 39cm/sec

* **여과속도**

$$U_f = \dfrac{Q}{A} \times 100 \text{(cm/sec)}$$

- Q : 총처리가스량(m³/sec)
- A : 총여과면적(m²) (여과포 1개 면적 × 여과포 개수)

$U_f = \dfrac{2}{6} \times 100 = 33.33$(cm/sec)

31 원심력 송풍기 중 전향 날개형 송풍기에 관한 설명으로 틀린 것은?

① 송풍기의 임펠러가 다람쥐 쳇바퀴 모양으로 생겼으며 송풍기 깃이 회전방향과 동일한 방향으로 설계되어 있다.
② 평판형 송풍기라고도 하며 깃이 분진의 자체정화가 가능한 구조로 되어 있다.
③ 동일 송풍량을 발생시키기 위한 임펠러 회전속도는 상대적으로 낮아 소음문제가 거의 없다.
④ 이송시켜야 할 공기량은 많으나 압력손실이 작게 걸리는 전체환기나 공기조화용으로 널리 사용된다.

> ② 평판형 송풍기라고도 하며 깃이 분진의 자체정화가 가능한 구조로 되어 있다. → 방사 날개형 송풍기(평판형, 플레이트형)

> ★ 참고
> 전향날개형 송풍기 = 다익형 송풍기

32 공기가 20℃의 송풍관 내에서 20m/sec의 유속으로 흐르는 상태에서의 속도압은? (단, 공기밀도는 1.2kg/m³로 한다.)

① 약 15.5mmH₂O   ② 약 24.5mmH₂O
③ 약 33.5mmH₂O   ④ 약 40.2mmH₂O

> ★ 속도압(동압)
> $$VP(\text{mmH}_2\text{O}) = \frac{\gamma V^2}{2g}$$
> • r : 공기비중
> • V : 유속(m/s)
> • g : 중력가속도(9.8m/s²)
>
> $VP = \frac{\gamma V^2}{2g} = \frac{1.2 \times 20^2}{2 \times 9.8} = 24.49(\text{mmH}_2\text{O})$

33 국소배기장치에서 공기공급시스템이 필요한 이유와 가장 거리가 먼 것은?

① 작업장의 교차기류 발생을 위해서
② 안전사고 예방을 위해서
③ 에너지 절감을 위해서
④ 국소배기장치의 효율유지를 위해서

> ★ 공기공급시스템의 목적
> ① 국소배기장치를 적절하게 가동시키기 위하여
> ② 국소배기장치의 효율 유지를 위하여
> ③ 작업장 내의 안전사고 예방을 위하여
> ④ 연료를 절약하기 위하여(에너지 절약)
> ⑤ 작업장 내의 방해기류(교차기류) 생성 방지를 위하여
> ⑥ 외부공기가 정화되지 않은 채로 건물 내로 유입되는 것을 막기 위하여

34 송풍기 전압이 125mmH₂O이고, 송풍기의 총 송풍량이 20,000m³/hr일 때 소요동력은? (단, 송풍기 효율 80%, 안전율 50%)

① 8.1kW   ② 10.3kW
③ 12.8kW   ④ 14.2kW

> $$HP(\text{kW}) = \frac{Q \times P}{6120 \times \eta} \times K$$
> • Q : 송풍량(m³/min)
> • P : 유효전압(풍압)(mmH₂O)
> • η : 송풍기효율
> • K : 안전여유
>
> $HP(\text{kW}) = \frac{(20,000 \div 60) \times 125}{6120 \times 0.8} \times 1.5$
> $= 12.77(\text{kW})$

정답 31 ② 32 ② 33 ① 34 ③

35 송풍기 정압이 3.5cmH$_2$O일 때 송풍기의 회전속도가 180rpm이었다. 만약 회전속도가 360rpm으로 증가되었다면 송풍기의 정압은? (단, 기타 조건은 같다고 가정함)

① 16cmH$_2$O ② 14cmH$_2$O
③ 12cmH$_2$O ④ 10cmH$_2$O

> $P_2 = P_1 \left(\dfrac{D_2}{D_1}\right)^2 \left(\dfrac{N_2}{N_1}\right)^2 \left(\dfrac{\rho_2}{\rho_1}\right)$
>
> - N_1 : 변경 전 회전수(rpm)
> - N_2 : 변경 후 회전수(rpm)
> - P_1 : 변경 전 풍압(mmH$_2$O)
> - P_2 : 변경 후 풍압(mmH$_2$O)
> - D_1 : 변경 전 직경(m)
> - D_2 : 변경 후 직경(m)
> - ρ_1 : 변경 전 효율
> - ρ_2 : 변경 후 효율
>
> $P_2 = P_1 \times \left(\dfrac{N_2}{N_1}\right)^2 = 3.5 \times \left(\dfrac{360}{180}\right)^2 = 14(\text{cmH}_2\text{O})$

36 방사 날개형 송풍기에 관한 설명으로 틀린 것은?

① 고농도 분진함유 공기나 부식성이 강한 공기를 이송시키는 데 많이 이용된다.
② 깃이 평판으로 되어 있다.
③ 가격이 저렴하고 효율이 높다.
④ 깃의 구조가 분진을 자체 정화할 수 있도록 되어 있다.

> **방사 날개형(평판형, 플레이트형) 송풍기**
> ① 날개(깃)가 평판 모양으로 강도 높게 설계되어 있다.
> ② 깃의 구조가 분진을 자체 정화할 수 있다.
> ③ 시멘트, 미분탄, 곡물, 모래 등의 고농도 분진함유 공기, 부식성이 강한 공기를 이송시키는 데 많이 이용된다.
> ④ 습식집진장치의 배기에 적합하며 소음은 중간 정도이다.

37 송풍량 100m^3/min, 송풍기 전압 120mmH$_2$O, 송풍기 효율 65%, 여유율 1.25인 송풍기의 소요동력은?

① 6.0kW ② 5.2kW
③ 4.5kW ④ 3.8kW

> $HP(\text{kW}) = \dfrac{Q \times P}{6120 \times \eta} \times K$
>
> - Q : 송풍량(m^3/min)
> - P : 유효전압(풍압)(mmH$_2$O)
> - η : 송풍기 효율
> - K : 안전여유
>
> $HP(\text{kW}) = \dfrac{100 \times 120}{6120 \times 0.65} \times 1.25 = 3.77(\text{kW})$

정답 35 ② 36 ③ 37 ④

38 원심력집진장치(사이클론)에 대한 설명 중 옳지 않은 것은?

① 집진된 입자에 대한 블로다운 영향을 최소화 하여야 한다.
② 사이클론 원통의 길이가 길어지면 선회류수가 증가하여 집진율이 증가한다.
③ 입자 입경과 밀도가 클수록 집진율이 증가한다.
④ 사이클론 원통의 직경이 클수록 집진율이 감소한다.

> ① 집진된 입자에 대한 블로다운 영향을 최대화하여야 한다.

> *참고
> 블로다운(blow-down)
> ① 사이클론의 집진효율을 증대시키기 위한 방법
> ② 더스트 박스 및 호퍼부에서 처리가스의 5~10%를 흡인하여 난류현상의 억제 및 원심력을 증대시켜 집진효율을 증대시키는 운전방식을 말한다.

39 푸시풀후드(push-pull hood)에 대한 설명으로 적합하지 않은 것은?

① 도금조와 같이 폭이 넓은 경우에 사용하면 포집효율을 증가시키면서 필요유량을 감소시킬 수 있다.
② 공정에서 작업물체를 처리조에 넣거나 꺼내는 중에 발생되는 공기막 파괴 현상을 사전에 방지할 수 있다.
③ 개방조 한 변에서 압축공기를 이용하여 오염물질이 발생하는 표면에 공기를 불어 반대쪽에 오염물질이 도달하게 한다.
④ 제어속도는 푸시제트기류에 의해 발생한다.

> ② 공정에서 작업물질을 처리조에 넣거나 꺼내는 중에 오염물질이 발생할 수 있다.

40 플랜지 없는 상방 외부식 장방형 후드가 설치되어 있다. 성능을 높게 하기 위해 플랜지 있는 외부식 측방형 후드로 작업대에 부착했다. 배기량은 얼마나 줄었겠는가? (단, 포측거리, 개구면적, 제어속도는 같다.)

① 30% ② 40%
③ 50% ④ 60%

> • 플랜지를 부착할 경우
> → 송풍량을 25% 감소시킬 수 있다.
> • 후드를 작업대에 부착할 경우
> → 송풍량을 25% 감소시킬 수 있다.
> • 플랜지 부착 + 후드를 작업대에 부착할 경우
> → 송풍량을 50% 감소시킬 수 있다.

41 가능한 압력손실을 줄이는 목적의 덕트를 설치하기 위한 주요 원칙으로 틀린 것은?

① 덕트는 가능한 짧게 배치하도록 한다.
② 덕트는 가능한 상향구배로 만든다.
③ 가능한 후드의 가까운 곳에 설치한다.
④ 밴드의 수는 가능한 적게 하도록 한다.

> ② 덕트는 가능한 하향구배로 만든다.

정답 38 ① 39 ② 40 ③ 41 ②

42 유해물질을 제거하기 위해 작업장에 설치된 후드가 300m³/min으로 환기되도록 송풍기를 설치하였다. 설치 초기 시 후드정압은 50mmH₂O였는데, 6개월 후에 후드정압을 측정해 본 결과 절반으로 낮아졌다면 기타 조건에 변화가 없을 때의 환기량은? (단, 상사 법칙 적용)

① 환기량이 252m³/min으로 감소하였다.
② 환기량이 212m³/min으로 감소하였다.
③ 환기량이 150m³/min으로 감소하였다.
④ 환기량이 125m³/min으로 감소하였다.

1. $Q_2 = Q_1 \left(\dfrac{D_2}{D_1}\right)^3 \left(\dfrac{N_2}{N_1}\right)$
2. $P_2 = P_1 \left(\dfrac{D_2}{D_1}\right)^2 \left(\dfrac{N_2}{N_1}\right)^2 \left(\dfrac{\rho_2}{\rho_1}\right)$
3. $HP_2 = HP_1 \left(\dfrac{D_2}{D_1}\right)^5 \left(\dfrac{N_2}{N_1}\right)^3 \left(\dfrac{\rho_2}{\rho_1}\right)$

- Q_1 : 회전 수 변경 전 풍량(m³/min)
- Q_2 : 회전 수 변경 후 풍량(m³/min)
- N_1 : 변경 전 회전수(rpm)
- N_2 : 변경 후 회전수(rpm)
- P_1 : 변경 전 풍압(mmH₂O)
- P_2 : 변경 후 풍압(mmH₂O)
- HP_1 : 변경 전 동력(kW)
- HP_2 : 변경 후 동력(kW)
- D_1 : 변경 전 직경(m)
- D_2 : 변경 후 직경(m)
- ρ_1 : 변경 전 효율
- ρ_2 : 변경 후 효율

$Q_2 = Q_1 \left(\dfrac{D_2}{D_1}\right)^3 \left(\dfrac{N_2}{N_1}\right) \rightarrow \dfrac{Q_2}{Q_1} = \dfrac{N_2}{N_1}$

$P_2 = P_1 \left(\dfrac{D_2}{D_1}\right)^2 \left(\dfrac{N_2}{N_1}\right)^2 \left(\dfrac{\rho_2}{\rho_1}\right) \rightarrow \dfrac{P_2}{P_1} = \left(\dfrac{N_2}{N_1}\right)^2$

$\therefore \dfrac{P_2}{P_1} = \left(\dfrac{Q_2}{Q_1}\right)^2$

$\dfrac{Q_2}{Q_1} = \sqrt{\dfrac{P_2}{P_1}}$

$Q_2 = Q_1 \times \sqrt{\dfrac{P_2}{P_1}} = 300 \times \sqrt{\dfrac{25}{50}} = 212.13 (m^3/min)$

43 20℃의 송풍관 내부에 520m/min으로 공기가 흐르고 있을 때 속도압은? (단, 0℃ 공기밀도는 1.296kg/m³이다.)

① 4.6mmH₂O ② 6.8mmH₂O
③ 8.2mmH₂O ④ 10.1mmH₂O

속도압(동압 : VP) $= \dfrac{\gamma V^2}{2g}$ (mmH₂O)

- r : 공기비중
- V : 유속(m/s)
- g : 중력가속도(9.8m/s²)

1. 공기밀도의 온도보정 [0℃(t_1) → 20℃(t_2)]

보정 후의 밀도 = 보정 전의 밀도 $\times \dfrac{273 + t_1}{273 + t_2}$

$1.296 \times \dfrac{273 + 0}{273 + 20} = 1.208 (kg/m^3)$

2. $VP = \dfrac{1.208 \times 8.67^2}{2 \times 9.8} = 4.63 (mmH_2O)$

$\left[\dfrac{520m}{min} = \dfrac{520m}{60sec} = 8.67 (m/sec) \right]$

정답 42 ② 43 ①

44 다음 빈칸의 내용이 알맞게 조합된 것은?

> 원형 직관에서 압력손실은 (㉠)에 비례하고, (㉡)에 반비례하며 속도의 (㉢)에 비례한다.

① ㉠ 송풍관의 길이, ㉡ 송풍관의 직경, ㉢ 제곱
② ㉠ 송풍관의 직경, ㉡ 송풍관의 길이, ㉢ 제곱
③ ㉠ 송풍관의 길이, ㉡ 속도압, ㉢ 세제곱
④ ㉠ 속도압, ㉡ 송풍관의 길이, ㉢ 세제곱

압력손실($\triangle P$) = $F \times VP$
　　　　　　 = $\lambda \times \dfrac{L}{D} \times \dfrac{\gamma V^2}{2g}$ (mmH₂O)

1. F_λ (압력손실계수) = $\lambda \times \dfrac{L}{D}$
   - λ : 관마찰계수(무차원)
   - D : 덕트 직경(m)(원형관일 경우)
     (장방형 Duct일 경우 : 상당직경(등가직경)
     = $\dfrac{2ab}{a+b}$)
   - L : 덕트 길이(m)

2. 속도압(VP) = $\dfrac{\gamma V^2}{2g}$
   - r : 공기비중
   - V : 유속(m/s)
   - g : 중력가속도(9.8m/s²)

원형 직관에서 압력손실은 송풍관의 길이에 비례하고, 송풍관의 직경에 반비례하며 속도의 제곱에 비례한다.

45 후드로부터 0.25m 떨어진 곳에 있는 공정에서 발생되는 먼지를 제어속도 5m/sec, 후드 직경 0.4m인 원형 후드를 이용하여 제거하고자 한다. 이때 필요환기량(m³/min)은? (단, 플랜지 등 기타 조건은 고려하지 않음)

① 205　　② 215
③ 225　　④ 235

★ 외부식 후드(자유공간 위치한 원형 및 장방형 후드, 플랜지 미부착)

$Q = 60 \cdot Vc(10X^2 + A)$: Dallavalle식
- Q : 필요송풍량(m³/min)
- Vc : 제어속도(m/sec)
- A : 개구면적(m²)
- X : 후드중심선으로 부터 발생원까지의 거리(m)
  (오염원과 후드 간 거리가 덕트 직경의 1.5배 이내일 때만 유효)

$Q = 60 \times Vc(10X^2 + A)$
 = $60 \times 5 \times (10 \times 0.25^2 + 0.1257)$
 = 225.21 (m³/min)

$\left[A = \dfrac{\pi d^2}{4} = \dfrac{\pi \times 0.4^2}{4} = 0.1257 (m^2) \right]$

정답　44 ①　45 ③

46 작업장 내 교차기류 형성에 따른 영향과 가장 거리가 먼 것은?

① 국소배기장치의 제어속도가 영향을 받는다.
② 작업장의 음압으로 인해 형성된 높은 기류는 근로자에게 불쾌감을 준다.
③ 작업장 내의 오염된 공기를 다른 곳으로 분산시키기 곤란하다.
④ 먼지가 발생되는 공정인 경우, 침강된 먼지를 비산·이동시켜 다시 오염되는 결과를 야기한다.

★ 작업장내 교차기류의 영향
① 작업장 내의 오염된 공기를 다른 곳으로 분산시킨다.
② 침강된 먼지를 비산, 이동시켜 다시 오염되는 결과를 야기한다.
③ 국소배기장치의 제어속도가 영향을 받는다.
④ 작업장의 음압으로 인해 형성된 높은 기류는 근로자에게 불쾌감을 준다.

47 원심력 송풍기 중 후향 날개형 송풍기에 관한 설명으로 옳지 않은 것은?

① 송풍기 깃이 회전방향으로 경사지게 설계되어 충분한 압력을 발생시킬 수 있다.
② 고농도 분진함유 공기를 이송시킬 경우 깃 뒷면에 분진이 퇴적된다.
③ 고농도 분진함유 공기를 이송시킬 경우 집진기 후단에 설치하여 한다.
④ 깃의 모양은 두께가 균일한 것과 익형이 있다.

★ 후향 날개형(터보형, 한계부하형) 송풍기
① 팬의 날이 회전방향에 반대되는 쪽으로 기울어진 형태이다.
② 송풍량이 증가해도 동력이 증가하지 않는다.(한계부하형)
③ 압력 변동이 있어도 풍량의 변화가 비교적 작다.
④ 소음이 크다.(회전수에 비하여 소음은 비교적 낮다.)
⑤ 소요정압이 떨어져도 동력은 크게 상승하지 않으므로 시설저항 및 운전상태가 변하여도 과부하가 걸리지 않는다.
⑥ 고농도 분진함유 공기를 이송시킬 경우 깃 뒷면에 분진이 퇴적되어 효율이 떨어진다.
⑦ 분진농도가 낮은 공기나 고농도 분진함유 공기 이송 시 집진기 후단에 설치해야 한다.
⑧ 송풍기 중 효율이 가장 좋다.
⑨ 송풍기 성능곡선 내 동력곡선의 최대 송풍량의 60~70%까지 증가하다가 감소하는 경향을 띤다.

48 어느 유체관의 개구부에서 압력을 측정한 결과 정압이 −30mmH$_2$O이고 전압(총압)이 −10 mmH$_2$O이었다. 이 개구부의 유입손실계수 (F)는?

① 0.3
② 0.4
③ 0.5
④ 0.6

후드정압(SP_h) = $VP(1 + F_h)$(mmH$_2$O)
· VP : 속도압(동압)(mmH$_2$O)
· F_h : 압력손실계수(= $\frac{1}{Ce^2} - 1$)
· Ce : 유입계수

1. 전압 = 동압 + 정압
   동압 = 전압 − 정압 = −10 − (−30)
        = 20(mmH$_2$O)
2. $SP_h = VP(1 + F_h)$
   $(1 + F_h) = \frac{SP_h}{VP}$
   $F_h = \frac{SP_h}{VP} - 1 = \frac{30}{20} - 1 = 0.5$

정답 46 ③ 47 ① 48 ③

49 국소환기기설 설계(총 압력손실 계산)에 있어 정압조절평형법의 장·단점으로 옳지 않은 것은?

① 예기치 않은 침식 및 부식이나 퇴적 문제가 일어난다.
② 송풍량은 근로자나 운전자의 의도대로 쉽게 변경되지 않는다.
③ 설계 시 잘못 설계된 분지관 또는 저항이 제일 큰 분지관을 쉽게 발견할 수 있다.
④ 설계가 어렵고, 시간이 많이 걸린다.

★ 정압조절평형법(유속조절평형법)	
장점	① 예기치 않은 침식, 부식, 분진 퇴적에 의한 덕트 폐쇄가 없다. ② 설계시 잘못 설계된 분지관 또는 저항이 가장 큰 분지관을 쉽게 발견할 수 있다.(최대 저항 경로 선정이 잘못되어도 설계 시 쉽게 발견할 수 있음) ③ 설계가 정확할 때에는 가장 효율적인 시설이다.
단점	① 설계시 잘못된 유량을 고치기 어렵다. (임의로 유량을 조절하기 어려움) ② 송풍량은 근로자나 운전자의 의도대로 쉽게 변경되지 않는다. ③ 설계유량 산정이 잘못될 경우 수정은 덕트의 크기 변경을 요한다. ④ 설계가 복잡하고 시간이 많이 걸린다. ⑤ 설치된 후의 개조 및 변경이나 확장에 대한 유연성이 낮다. ⑥ 효율 개선 시 전체를 수정해야 한다. ⑦ 때에 따라 전체 필요한 최소유량보다 더 초과될 수 있다.

50 다음 중 후드의 유입계수가 0.82, 속도압이 50mmH$_2$O일 때 후드 압력손실은?

① 22.4mmH$_2$O ② 24.4mmH$_2$O
③ 26.4mmH$_2$O ④ 28.4mmH$_2$O

압력손실($\triangle P$) = $F_h \times VP$
$= (\frac{1}{Ce^2} - 1) \times \frac{\gamma V^2}{2g}$(mmH$_2$O)

• F_h : 압력손실계수(유입손실계수)
• Ce : 유입계수
• VP : 속도압(동압)(mmH$_2$O)
• r : 공기비중
• V : 유속(m/s)
• g : 중력가속도(9.8m/s^2)

$\triangle P = (\frac{1}{Ce^2} - 1) \times VP$
$= (\frac{1}{0.82^2} - 1) \times 50 = 24.36$(mmH$_2$O)

51 회전차 600mm인 원심 송풍기의 풍량은 200m^3/min이다. 회전차 외경이 1,200mm인 동류(상사구조)의 송풍기가 동일한 회전수로 운전된다면 이 송풍기의 풍량은? (단, 두 경우 모두 표준공기를 취급한다.)

① 1,000m^3/min ② 1,200m^3/min
③ 1,400m^3/min ④ 1,600m^3/min

$Q_2 = Q_1 (\frac{D_2}{D_1})^3 (\frac{N_2}{N_1})$

• Q_1 : 회전 수 변경 전 풍량(m^3/min)
• Q_2 : 회전 수 변경 후 풍량(m^3/min)
• N_1 : 변경 전 회전수(rpm)
• N_2 : 변경 후 회전수(rpm)
• D_1 : 변경 전 직경(m)
• D_2 : 변경 후 직경(m)

$Q_2 = 200 \times (\frac{1,200}{600})^3 = 1,600$(m^3/min)

정답 49 ① 50 ② 51 ④

52 흡입관의 정압과 속도압이 각각 −30.5mmH$_2$O, 7.2mmH$_2$O이고, 배출관의 정압과 속도압이 각각 23.0mmH$_2$O, 15mmH$_2$O이면 송풍기의 유효 정압은?

① 26.1mmH$_2$O ② 33.2mmH$_2$O
③ 46.3mmH$_2$O ④ 58.4mmH$_2$O

> **★ 송풍기 정압(FSP)**
> 송풍기 전압(FTP)과 속도압(VP_{out})의 차
> $FSP = FTP - VP_{out}$
> $\quad = (SP_{out} - SP_{in}) + (VP_{out} - VP_{in}) - VP_{out}$
> $\quad = (SP_{out} - SP_{in}) - VP_{in}$
> $\quad = (SP_{out} - TP_{in})$
>
> $FSP = (SP_{out} - SP_{in}) - VP_{in}$
> $\quad = [23.0 - (-30.5)] - 7.2 = 46.3(\text{mmH}_2\text{O})$

53 밀어당김형 후드(push-pull hood)에 의한 환기로서 가장 효과적인 경우는?

① 오염원의 발산농도가 낮은 경우
② 오염원의 발산농도가 높은 경우
③ 오염원의 발산량이 많은 경우
④ 오염원 발산면의 폭이 넓은 경우

> **★ PUSH-PULL형 후드**
> ① 개방조 한 변에서 압축공기를 이용하여 오염물질이 발생하는 표면에 공기를 불어 반대쪽에 오염물질이 도달하게 한다.(공기를 불어주고 당겨주는 장치로 구성)
> ② 후드로부터 멀리 떨어져서 발생하는 유해물질을 후드 가까이 가도록 밀어준다.
> ③ 도금조와 같이 폭이 넓은 경우(오염물질 발생면적이 넓어 한쪽 방향에 후드를 설치하는 것으로 충분한 흡인력이 발생되지 않는 경우)에 사용하면 포집효율을 증가시키면서 필요유량을 감소시킬 수 있다.

54 A 유체관의 압력을 측정하였더니 그 결과 정압이 −18.56mmH$_2$O이고, 전압이 20mmH$_2$O였다. 이 유체관의 유속(m/sec)은 약 얼마인가? (단, 공기밀도 1.21kg/m^3 기준)

① 약 10 ② 약 15
③ 약 20 ④ 약 25

> 1. 전압 = 동압(VP) + 정압(SP)
> 2. 속도압(동압: VP) = $\dfrac{\gamma V^2}{2g}$(mmH$_2$O)
>   - r : 공기비중
>   - V : 유속(m/s)
>   - g : 중력가속도(9.8m/s^2)
>
> 1. 전압 = 동압(VP) + 정압(SP)
>   동압 = 전압 − 정압 = 20 − (−18.56)
> $\quad = 38.56(\text{mmH}_2\text{O})$
> 2. $VP = \dfrac{\gamma V^2}{2g}$
> $\gamma V^2 = 2g \times VP$
> $V^2 = \dfrac{2g \times VP}{\gamma}$
> $V = \sqrt{\dfrac{2g \times VP}{\gamma}} = \sqrt{\dfrac{2 \times 9.8 \times 38.56}{1.21}}$
> $\quad = 24.99(\text{m/sec})$

55 후드의 유입계수가 0.86일 때 압력손실계수는 약 얼마인가?

① 약 0.25 ② 약 0.35
③ 약 0.45 ④ 약 0.55

> **압력손실계수**
> $$F_h = \dfrac{1}{Ce^2} - 1$$
> - Ce : 유입계수
>
> $F_h = \dfrac{1}{0.86^2} - 1 = 0.35$

정답 52 ③ 53 ④ 54 ④ 55 ②

56 용접흄이 발생하는 공정의 작업대 면에 개구면적이 0.6m²인 측방 외부식 테이블상 플랜지 부착 장방형 후드를 설치하였다. 제어속도가 0.4m/sec, 환기량이 63.6m³/min이라면, 제어거리는?

① 0.69m ② 0.86m
③ 1.23m ④ 1.52m

> ★ 외부식 후드(작업대 위, 플랜지가 부착된 후드)
>
> $$Q = 60 \times 0.5 \times Vc(10X^2 + A)$$
>
> - Q : 필요송풍량(m³/min)
> - Vc : 제어속도(m/sec)
> - A : 개구면적(m²)
> - X : 후드중심선으로 부터 발생원까지의 거리(m)
>   (오염원과 후드 간 거리가 덕트 직경의 1.5배 이내일 때만 유효)
>
> $Q = 60 \times 0.5 \times Vc(10X^2 + A)$
>
> $10X^2 + A = \dfrac{Q}{60 \times 0.5 \times Vc}$
>
> $10X^2 = \dfrac{Q}{60 \times 0.5 \times Vc} - A$
>
> $10X^2 = \dfrac{63.6}{60 \times 0.5 \times 0.4} - 0.6 = 4.7$
>
> $X^2 = (\dfrac{63.6}{60 \times 0.5 \times 0.4} - 0.6) \div 10 = 0.47$
>
> $X = \sqrt{0.47} = 0.69(m)$

57 양쪽 덕트 내의 정압이 다를 경우 합류점에서 정압을 조절하는 방법인 공기조절용 댐퍼에 의한 균형유지법에 관한 설명으로 틀린 것은?

① 임의로 댐퍼 조정 시 평형상태가 깨지는 단점이 있다.
② 시설 설치 후 변경하기 어려운 단점이 있다.
③ 최소유량으로 균형유지가 가능한 장점이 있다.
④ 설계 계산이 상대적으로 간단한 장점이 있다.

> ★ 저항조절 평형법
> (댐퍼조절 평형법, 덕트균형 유지법)

장점	① 시설설치 후 송풍량의 조절, 덕트위치 변경이 어렵지 않다.(임의 유량 조절 가능) ② 최소 설계풍량으로 평형유지가 가능하다. ③ 설계계산이 상대적으로 간단하고, 고도의 지식을 요하지 않는다. ④ 덕트 크기를 바꿀 필요가 없어 반송속도를 그대로 유지한다.
단점	① 평형상태시설에 댐퍼를 잘못 설치하게 되면 평형상태 파괴를 유발한다. ② 임의로 댐퍼 조정 시 평형상태가 파괴될 수 있다. ③ 부분적 폐쇄댐퍼는 침식, 분진퇴적의 원인이 된다. ④ 최대 저항경로 선정이 잘못되어도 설계시 쉽게 발견하기 어렵다. ⑤ 댐퍼가 노출되어 누구나 쉽게 조절할 수 있어 정상기능을 저해할 우려있다.

정답 56 ① 57 ②

58 공장의 높이가 3m인 작업장에서 입자의 비중이 1.0이고, 직경이 1.0μm인 구형 먼지가 바닥으로 모두 가라앉는 데 걸리는 시간은 이론적으로 얼마가 되는가?

① 약 0.8시간　② 약 8시간
③ 약 18시간　④ 약 28시간

* Lippman식에 의한 침강속도
  (입자크기가 1 ~ 50μm 경우 적용)

  $$V(cm/sec) = 0.003 \times \rho \times d^2$$

  - V : 침강속도(cm/sec)
  - ρ : 입자 밀도(비중)(g/cm³)
  - d : 입자직경(μm)

1. 침강속도 V(cm/sec)
   $= 0.003 \times 1 \times 1^2 = 0.003$(cm/sec)
2. 침강속도가 0.003cm/sec
   → 1초($\frac{1}{3600}$시간)당 0.003cm 침강
   침강높이가 3m(300cm)이므로
3. $\frac{1}{3600}$시간 : 0.003cm = x시간 : 300cm

   $\frac{1}{3600} \times 300 = 0.003 \times x$

   $x = \dfrac{\frac{1}{3600} \times 300}{0.003} = 27.78$(시간)

   (1sec = $\frac{1}{3600}$hr)

59 덕트 설치의 주요 원칙으로 틀린 것은?

① 밴드(구부러짐)의 수는 가능한 한 적게 하도록 한다.
② 구부러짐 전, 후에는 청소구를 만든다.
③ 공기흐름은 상향구배를 원칙으로 한다.
④ 덕트는 가능한 한 짧게 배치하도록 한다.

③ 공기흐름은 하향구배를 원칙으로 한다.

60 원심력 송풍기의 종류 중에서 전향 날개형 송풍기에 관한 설명으로 옳지 않은 것은?

① 송풍기의 임펠러가 다람쥐 쳇바퀴 모양이며, 송풍기 깃이 회전방향과 동일한 방향으로 설계되어 있다.
② 동일 송풍량을 발생시키기 위한 임펠러 회전속도가 상대적으로 낮아 소음문제가 거의 발생하지 않는다.
③ 다익형 송풍기라고도 한다.
④ 큰 압력손실에도 송풍량의 변동이 적은 장점이 있다.

* 전향날개형(다익형) 송풍기
① 송풍기의 임펠러가 다람쥐 쳇바퀴 모양으로 생겼다.
② 송풍기의 회전날개가 회전방향과 동일한 방향으로 설치되어 있다.
③ 임펠러 회전속도가 상대적으로 낮기 때문에 소음이 작다.
④ 저가로 제작이 가능하다.
⑤ 큰 압력손실에서 송풍량이 급격하게 떨어지는 단점이 있다.
⑥ 전체환기, 공기조화용으로 사용된다.
⑦ 소형이므로 제한된 장소에 사용이 가능하다.(분지관의 송풍에 적합)
⑧ 분진 많이 함유된 공기 이송 시 임펠러의 불균형을 초래하여 소음, 진동이 발생한다.

61 송풍기의 송풍량이 4.17m³/sec이고 송풍기 전압이 300mmH₂O인 경우 소요동력은? (단, 송풍기 효율은 0.85이다.)

① 약 5.8kW   ② 약 14.4kW
③ 약 18.2kW   ④ 약 20.6kW

$$HP(kW) = \frac{Q \times P}{6120 \times \eta} \times K$$

- Q : 송풍량(m³/min)
- P : 유효전압(풍압)(mmH₂O)
- η : 송풍기효율
- K : 안전여유

$$HP(kW) = \frac{(4.17 \times 60) \times 300}{6120 \times 0.85} = 14.43(kW)$$

* $\frac{4.17 m^3}{sec} = \frac{4.17 m^3}{\frac{1}{60} min} = 4.17 \times 60 (m^3/min)$

62 덕트(duct)의 직경 환산 시 폭 a, 길이 b인 각 관과 유체역학적으로 등가인 원형관의 직경 D의 계산식은?

① $D = \frac{ab}{2(a+b)}$ ② $D = \frac{2ab}{a+b}$
③ $D = \frac{2(a+b)}{ab}$ ④ $D = \frac{a+b}{2ab}$

상당직경(등가직경) = $\frac{2ab}{a+b}$

63 덕트의 설치원칙으로 옳지 않은 것은?

① 덕트는 가능한 한 짧게 배치하도록 한다.
② 밴드의 수는 가능한 한 적게 하도록 한다.
③ 가능한 한 후드와 먼 곳에 설치한다.
④ 공기가 아래로 흐르도록 하향구배로 만든다.

③ 가능한 한 후드와 가까운 곳에 설치한다.

64 주 덕트에 분지관을 연결할 때 손실계수가 가장 큰 각도는?

① 30°   ② 45°
③ 60°   ④ 90°

주 덕트에 분지관을 연결할 때 손실계수가 가장 큰 각도 → 90°

정답 61 ② 62 ② 63 ③ 64 ④

65 후향 날개형 송풍기가 2,000rpm으로 운전될 때 송풍량이 20m³/min, 송풍기 정압이 50mmH$_2$O, 축동력이 0.5kW였다. 다른 조건은 동일하고 송풍기의 rpm을 조절하여 3,200rpm으로 운전한다면 송풍량, 송풍기 정압, 축동력은?

① 38m³/min, 80mmH$_2$O, 1.86kW
② 38m³/min, 128mmH$_2$O, 2.05kW
③ 32m³/min, 80mmH$_2$O, 1.86kW
④ 32m³/min, 128mmH$_2$O, 2.05kW

1. $Q_2 = Q_1 \left(\dfrac{D_2}{D_1}\right)^3 \left(\dfrac{N_2}{N_1}\right)$
2. $P_2 = P_1 \left(\dfrac{D_2}{D_1}\right)^2 \left(\dfrac{N_2}{N_1}\right)^2 \left(\dfrac{\rho_2}{\rho_1}\right)$
3. $HP_2 = HP_1 \left(\dfrac{D_2}{D_1}\right)^5 \left(\dfrac{N_2}{N_1}\right)^3 \left(\dfrac{\rho_2}{\rho_1}\right)$

- Q_1 : 회전 수 변경 전 풍량(m³/min)
- Q_2 : 회전 수 변경 후 풍량(m³/min)
- N_1 : 변경 전 회전수(rpm)
- N_2 : 변경 후 회전수(rpm)
- P_1 : 변경 전 풍압(mmH$_2$O)
- P_2 : 변경 후 풍압(mmH$_2$O)
- HP_1 : 변경 전 동력(kW)
- HP_2 : 변경 후 동력(kW)
- D_1 : 변경 전 직경(m)
- D_2 : 변경 후 직경(m)
- ρ_1 : 변경 전 효율
- ρ_2 : 변경 후 효율

1. $Q_2 = Q_1 \left(\dfrac{N_2}{N_1}\right) = 20 \times \left(\dfrac{3,200}{2,000}\right) = 32(m^3/min)$
2. $P_2 = P_1 \left(\dfrac{N_2}{N_1}\right)^2 = 50 \times \left(\dfrac{3,200}{2,000}\right)^2$
  $= 128(mmH_2O)$
3. $HP_2 = HP_1 \left(\dfrac{N_2}{N_1}\right)^3 = 0.5 \times \left(\dfrac{3,200}{2,000}\right)^3$
  $= 2.05(kW)$

66 원심력 송풍기 중 전향 날개형 송풍기에 관한 설명으로 옳지 않은 것은?

① 송풍기의 임펠러가 다람쥐 쳇바퀴 모양으로 생겼다.
② 송풍기 깃이 회전방향과 반대방향으로 설계되어 있다.
③ 큰 압력손실에서 송풍량이 급격하게 떨어지는 단점이 있다.
④ 다익형 송풍기라고도 한다.

★ 전향날개형(다익형) 송풍기
① 송풍기의 임펠러가 다람쥐 쳇바퀴 모양으로 생겼다.
② 송풍기의 회전날개가 회전방향과 동일한 방향으로 설치되어 있다.
③ 임펠러 회전속도가 상대적으로 낮기 때문에 소음이 작다.
④ 저가로 제작이 가능하다.
⑤ 큰 압력손실에서 송풍량이 급격하게 떨어지는 단점이 있다.
⑥ 전체환기, 공기조화용으로 사용된다.

정답 65 ④ 66 ②

67 후드로부터 0.25m 떨어진 곳에 있는 금속제품의 연마공정에서 발생되는 금속먼지를 제거하기 위해 원형 후드를 설치하였다면 환기량(m^3/sec)은? (단, 제어속도 2.5m/sec, 후드 직경은 0.4m)

① 약 1.9   ② 약 2.3
③ 약 3.2   ④ 약 4.1

* **외부식 후드(자유공간 위치한 원형 및 장방형 후드, 플랜지 미부착)**

$Q = 60 \cdot Vc(10X^2 + A)$: Dallavalle식
- Q : 필요송풍량(m^3/min)
- Vc : 제어속도(m/sec)
- A : 개구면적(m^2)
- X : 후드중심선으로부터 발생원까지의 거리(m)
  (오염원과 후드 간 거리가 덕트 직경의 1.5배 이내일 때만 유효)

$Q = Vc(10X^2 + A)$
$= 2.5 \times (10 \times 0.25^2 + 0.1257)$
$= 1.88(m^3/sec)$

$\left[A = \dfrac{\pi d^2}{4} = \dfrac{\pi \times 0.4^2}{4} = 0.1257(m^2) \right]$

* 환기량의 단위가 m^3/sec, 제어속도의 단위가 m/sec 이므로 공식에서 60을 곱할 필요가 없다.

68 어떤 송풍기의 전압이 300mmH_2O이고 풍량이 400m^3/min, 효율이 0.6일 때 소요동력(kW)은?

① 약 33   ② 약 45
③ 약 53   ④ 약 65

$HP(kW) = \dfrac{Q \times P}{6120 \times \eta} \times K$

- Q : 송풍량(m^3/min)
- P : 유효전압(풍압)(mmH_2O)
- η : 송풍기효율
- K : 안전여유

$HP(kW) = \dfrac{400 \times 300}{6120 \times 0.6} = 32.68(kW)$

정답 67 ① 68 ①

05 성능검사 및 유지관리

1 점검 사항과 방법

(1) 국소배기장치의 검사 시기

국소배기장치 등의 효율적인 유지관리를 위해 다음에서 정하는 바에 따라 검사를 실시하여야 한다.

① 신규로 설치된 **국소배기장치 최초 사용 전**
② 국소배기장치 개조 및 수리 후 사용 전
③ 안전검사 대상 국소배기장치
④ 최근 2년간 작업환경측정 결과 노출기준 50% 이상일 경우 해당 국소배기장치

(2) 국소배기장치의 점검

사업주는 국소배기장치를 처음으로 사용하는 경우나 국소배기장치를 분해하여 개조하거나 수리를 한 후 처음으로 사용하는 경우에 다음 각 호에서 정하는 바에 따라 사용 전에 점검하여야 한다.

국소배기장치 ★★	공기정화장치
• 덕트와 배풍기의 분진 상태 • 덕트 접속부가 헐거워졌는지 여부 • 흡기 및 배기 능력 • 그 밖에 국소배기장치의 성능을 유지하기 위하여 필요한 사항	• 공기정화장치 내부의 분진상태 • 여과제진장치(濾過除塵裝置)의 여과재 파손 여부 • 공기정화장치의 분진 처리능력 • 그 밖에 공기정화장치의 성능 유지를 위하여 필요한 사항

(3) 국소배기장치 검사방법

국소배기장치 검사는 체크리스트 내용에 따라 점검한다. 단, 안전검사 대상물질을 취급하는 국소배기장치는 고용노동부고시에 따라 실시한다.

> **참고**
>
> ❈ 국소배기장치 체크리스트
>
> **(국소배기장치) 국소배기 계통도 검사결과서**
>
> | 관리번호 | | 제조자 | | 제조년월일 | | |
> |---|---|---|---|---|---|---|
> | 취급 물질 | | 작업환경측정결과 (노출기준대비) | | 최근 1년 | % | % |
> | | | | | 최근 2년 | % | % |
>
> | 계통도 |
> |---|
> | |
>
> | 기타특기 사항 | |
> |---|---|
> | 검사자 | | 검사일자 | 년 월 일 |

(4) 국소배기장치 등의 가동

① 국소배기장치는 근로자의 건강, 화재 및 폭발, 가스 등의 유해·위험성을 고려하여 안전하게 가동되어야 한다.
② 국소배기장치는 작업 중 계속 가동하여야 하며, 작업시작 전과 종료 후 일정시간 가동하여야 한다. 다만, 작업이 미실시 되는 시간이라도 유해물질에 의한 작업환경이 지속적으로 오염될 우려가 있는 경우에는 국소배기장치를 계속 가동하여야 한다.
③ 공기정화장치의 가동은 제조 및 시공자의 지침서에 따라 조작하고, 가동 중 공기정화장치의 성능 저하 시에는 즉시 청소·보수·교체 기타 필요한 조치를 하여야 한다.
④ 배풍기와 전동기의 베어링 등 구동부에는 주기적으로 윤활유를 주유하고, 벨트가 파손되거나 느슨해진 경우에는 벨트 전부를 새것으로 교체하여야 한다.
⑤ 검사 결과 이상이 있는 경우 반드시 수리나 부대품 교체 등을 하여 성능이 항상 유지될 수 있도록 하여야 한다.

2 검사장비

(1) 국소배기장치 성능시험 시 필수장비 ★★

① 발연관(연기발생기 ; smoke tester)
② 청음기 또는 청음봉
③ 절연저항계
④ 표면온도계 및 초자온도계
⑤ 줄자
⑥ 열선풍속계(선택장비)

3 필요 환기량 측정

(1) 송풍관 내의 풍속측정 계기 [실기 기출★]

① 피토관 : 풍속이 3m/sec를 초과하는 경우에 사용
② 풍차 풍속계 : 풍속이 1m/sec를 초과하는 경우에 사용
③ 열선식 풍속계
④ 그네 날개형 풍속계

(2) 공기의 유속(기류) 측정기기

① 피토관(pitot tube)
② 회전 날개형 풍속계(rotating vane anemometer)
③ 그네 날개형 풍속계(swining vane anemometer ; 벨로미터)
④ 열선 풍속계(thermal anemometer) : 가장 많이 사용
⑤ 카타온도계(kata thermometer)
⑥ 풍향 풍속계
⑦ 풍차 풍속계

4 압력 측정

(1) 국소배기장치의 압력측정 장비 [실기 기출★]

① 피토관
② U자 마노미터
③ 경사 마노미터
④ 아네로이드 게이지
⑤ 마크네헬릭 게이지

실기기출
공기의 유속을 측정하는 기기 중 기류를 냉각시켜 실내 기류를 측정하는 기기
① 열선풍속계
② 카타온도계

CHAPTER 02 작업 공정 관리

01 작업 공정 관리

1 작업 공정 관리

(1) 작업환경 개선대책

1) 작업환경 관리의 목적

① 직업병 예방
② 산업재해 예방
③ 작업능률 향상
④ 작업환경의 개선
⑤ 근로자 건강의 효율적 관리

2) 작업환경 개선대책

① 대치(대체 ; Substitution) ★

공정의 변경	• 분진 비산 작업에 습식공법을 채택한다. • 두들겨 자르던 공정을 톱 절단으로 변경한다. • **고속회전식 그라인더 작업을 저속 연마작업으로** 변경한다. • **작은 날개로 고속 회전시키는 것을 큰 날개 저속 회전으로** 변경한다. • **페인트 분사 방식에서 합침 방식으로** 변경한다. • 유기용제 세척공정을 스팀세척이나 비눗물 사용 공정으로 변경한다. • **압축공기식 임팩트 렌치 작업을 저소음 유압식 렌치로** 대치한다. • 소음이 많은 리벳팅 작업을 볼트, 너트 작업으로 대치 한다. • 용제를 사용하는 분무도장을 에어스프레이 도장으로 변경한다. • 광산에서는 습식 착암기를 사용하여 파쇄, 연마작업을 한다. • 주물공정에서 쉘 몰드법을 채용한다.
유해물질 변경 (물질의 대체)	• **아조염료의 합성에서 벤지딘을 디클로로벤지딘으로** 대신 사용한다. • **금속제품의 탈지(세척작업)에 트리클로로에틸렌을 사용하던 것을 계면활성제로** 전환한다. • **성냥제조 시에 황린(백린) 대신 적린을** 사용한다. • 단열재(보온재)로 석면을 사용하던 것을 유리섬유, 암면 또는 스티로폼 등을 사용한다.

한 눈에 들어오는 키워드

기출
• 물질대치
  경우에 따라서 지금까지 알려지지 않았던 전혀 다른 장애를 줄 수 있음
• 장비 대치
  적절한 대치방법 개발이 어려움
• 환기
  설계, 시설설치, 유지보수가 필요
• 격리
  쉽게 적용할 수 있고 효과도 좋다.

암기 ★
작업환경대책 중 작업환경개선의 공학적인 대책(작업환경관리의 원칙)
① 대치(대체)
  • 공정의 변경
  • 유해물질 변경
  • 시설의 변경
② 격리(Isolation)
  • 저장물질의 격리
  • 시설의 격리
  • 공정의 격리
  • 작업자의 격리
③ 환기
  • 국소환기
  • 전체환기

유해물질 변경 (물질의 대체)	• 분체의 원료를 입자가 작은 것에서 큰 것으로 변경한다. • 분말로 출하되는 원료를 고형상태의 원료로 출하한다. • 유기합성용매로 방향족화합물을 사용하던 것을 지방족화합물로 전환한다. • 세탁 시 세정제로 사용하는 벤젠을 1,1,1-트리클로로에탄으로 변경한다. • 금속제품 도장용으로 유기용제를 수용성 도료로 전환한다. • 세탁 시 화재예방을 위하여 석유나프타 대신 퍼클로로에틸렌(트리-클로로에틸렌)을 사용한다. • 야광시계의 자판을 라듐 대신 인을 사용한다. • 세척작업에서 사염화탄소 대신 트리클로로에틸렌을 사용한다. • 주물공정에서 실리카모래 대신 그린모래로 주형을 채우도록 한다. • 금속표면을 블라스팅 할 때 사용재료로서 모래 대신 철구슬을 사용한다. • 유연 휘발유를 무연 휘발유로 대체한다. • 페인트 내에 들어 있는 납을 아연 성분으로 전환 한다. • 페인트 희석제를 석유나프타에서 사염화탄소로 대치한다.
시설의 변경	• 고소음 송풍기를 저소음 송풍기로 교체한다. • 작은 날개 고속 회전의 송풍기 대신 큰 날개 저속 회전하는 송풍기를 사용한다. • 가연성 물질을 저장할 경우 유리병보다는 철제통을 사용한다. • 페인트 도장 시 분사 대신 담금 도장으로 변경한다. • 금속제품 이송 시 롤러의 재질을 철제에서 고무나 플라스틱을 사용한다. • 염화탄화수소 취급장에서 네오프렌 장갑대신 폴리비닐알코올 장갑을 사용한다. • 흄 배출 후드의 창을 안전유리로 교체한다.

② **격리(Isolation)** : 작업자와 유해요인 사이에 물리적, 거리적, 시간적인 격리를 의미하며 쉽게 적용할 수 있고 효과도 좋다.

저장물질의 격리	• 인화성이 강한 물질 등 저장 시 저장탱크 사이에 도랑을 파고 제방을 만들어 격리한다.
시설의 격리	• 방사능물질의 경우 원격조정, 자동화 감시체제로 변경한다. • 시끄러운 기계류에 방음커버 등을 씌워 격리한다.
공정의 격리	• 자동차의 도장 공정, 전기도금 공정을 타공정과 격리한다.
작업자의 격리	• 위생보호구를 착용한다.

③ **환기(Ventilation)** : 국소환기와 전체환기
④ **교육(Education)** : 올바른 작업방법에 대한 교육과 습관화

> **한눈에 들어오는 키워드**
>
> **기출**
> 아크 용접 작업을 하는 용접작업자의 근로자 건강보호를 위한 작업환경관리 방안
> ① 용접 흄 노출농도가 적절한지 살펴보고 특히 망간 등 중금속의 노출정도를 파악하는 것이 중요하다.
> ② 자외선의 노출여부 및 노출강도를 파악하고 적절한 보안경 착용여부를 점검한다.
> ③ 용접작업 주변에 TCE세척작업 등 TCE의 노출이 있는지 확인한다.
>
> **기출**
> 주물작업 시 발생되는 유해인자
> ① 용해공정 : 원자재 용해 시 금속 흄(Cu, Pb 등) 발생
> ② 조형공정 및 형 해체 및 탈사(주물사처리)공정 : 주물사분진에 폭로, 요통, 근골격계질환 발생
> ③ 주입공정 : 금속 흄 및 고열에 폭로, 요통, 화상재해 위험
> ④ 후처리(사상, 연마)공정 : 금속분진, 소음 발생

CHAPTER 03 개인 보호구

 한 눈에 들어오는 키워드

01 호흡용 보호구

1 보호구의 개요

(1) 보호구의 지급 등 ★★ 실기 기출 ★

사업주는 다음 각 호에서 정하는 바에 따라 그 작업조건에 적합한 보호구를 동시에 작업하는 근로자의 수 이상으로 지급하고 이를 착용하도록 하여야 한다.

작업조건에 적합한 보호구	
물체가 떨어지거나 날아올 위험 또는 근로자가 추락할 위험이 있는 작업	안전모
높이 또는 깊이 2미터 이상의 추락할 위험이 있는 장소에서 하는 작업	안전대(安全帶)
물체의 낙하 · 충격, 물체에의 끼임, 감전 또는 정전기의 대전(帶電)에 의한 위험이 있는 작업	안전화
물체가 흩날릴 위험이 있는 작업	보안경
용접 시 불꽃이나 물체가 흩날릴 위험이 있는 작업	보안면
감전의 위험이 있는 작업	절연용 보호구
고열에 의한 화상 등의 위험이 있는 작업	방열복
선창 등에서 분진(粉塵)이 심하게 발생하는 하역작업	방진마스크
섭씨 영하 18도 이하인 급냉동어창에서 하는 하역작업	방한모 · 방한복 · 방한화 · 방한장갑
물건을 운반하거나 수거 · 배달하기 위하여 이륜자동차 또는 원동기 장치 자전거를 운행하는 작업	승차용 안전모
물건을 운반하거나 수거 · 배달하기 위하여 자전거 등을 운행하는 작업	안전모

(2) 보호구 구비 조건 실기 기출 ★

① 사용 목적에 적합해야 한다.
② 착용이 간편해야 한다.
③ 작업에 방해되지 않아야 한다.
④ 품질이 우수해야 한다.
⑤ 구조, 끝마무리가 양호해야 한다.
⑥ 겉모양, 보기가 좋아야 한다.
⑦ 유해, 위험에 대한 방호가 완전할 것
⑧ 금속성 재료는 내식성일 것

(3) 안전인증 대상 보호구의 종류 ★

① 추락 및 감전 위험방지용 안전모
② 안전화
③ 안전장갑
④ 방진마스크
⑤ 방독마스크
⑥ 송기마스크
⑦ 전동식 호흡보호구
⑧ 보호복
⑨ 안전대
⑩ 차광 및 비산물 위험방지용 보안경
⑪ 용접용 보안면
⑫ 방음용 귀마개 또는 귀덮개

> **암기**
> - **머리** : 안전모(추락 및 감전 위험방지용)
> - **눈** : 차광 및 비산물 위험방지용 보안경
> - **코, 입** : 방진마스크, 방독마스크, 송기마스크, 전동식 호흡보호구
> - **얼굴** : 용접용 보안면   • **귀** : 방음용 귀마개 또는 귀덮개
> - **손** : 안전장갑   • **허리** : 안전대   • **발** : 안전화   • **몸** : 보호복

(4) 자율안전 확인 대상 보호구의 종류

① 안전모(안전인증 대상 제외)
② 보안경(안전인증 대상 제외)
③ 보안면(안전인증 대상 제외)

> 한 눈에 들어오는 키워드

(5) 안전인증 제품표시의 붙임 ★

안전인증제품에는 안전인증 표시 외에 다음 각 목의 사항을 표시한다.
① 형식 또는 모델명   ② 규격 또는 등급 등
③ 제조자명   ④ 제조번호 및 제조연월
⑤ 안전인증 번호

2 호흡용 보호구

호흡용 보호구에는 방진마스크, 방독마스크, 송기마스크(호스마스크 및 에어라인 마스크), 공기호흡기, 산소호흡기 등이 있다.

(1) 방진마스크

① "분진 등"이란 분진, 미스트 및 흄을 총칭하는 것으로 물리적 작용 및 화학적 반응에 의해 생성된 고체 또는 액체입자를 말한다.
② "전면형 방진마스크"란 분진 등으로부터 안면부 전체(입, 코, 눈)를 덮을 수 있는 구조의 방진마스크를 말한다.
③ "반면형 방진마스크"란 분진 등으로부터 안면부의 입과 코를 덮을 수 있는 구조의 방진마스크를 말한다.

1) 방진마스크의 등급 ★

등급	특급	1급	2급
사용 장소	• 베릴륨 등과 같이 독성이 강한 물질들을 함유한 분진 등 발생장소 • 석면 취급장소	• 특급마스크 착용장소를 제외한 분진 등 발생장소 • 금속흄 등과 같이 열적으로 생기는 분진 등 발생장소 • 기계적으로 생기는 분진 등 발생장소(규소 등과 같이 2급 방진마스크를 착용하여도 무방한 경우는 제외한다)	• 특급 및 1급 마스크 착용장소를 제외한 분진 등 발생 장소
	배기밸브가 없는 안면부여과식 마스크는 특급 및 1급 장소에 사용해서는 안 된다.		

2) 방진마스크의 형태

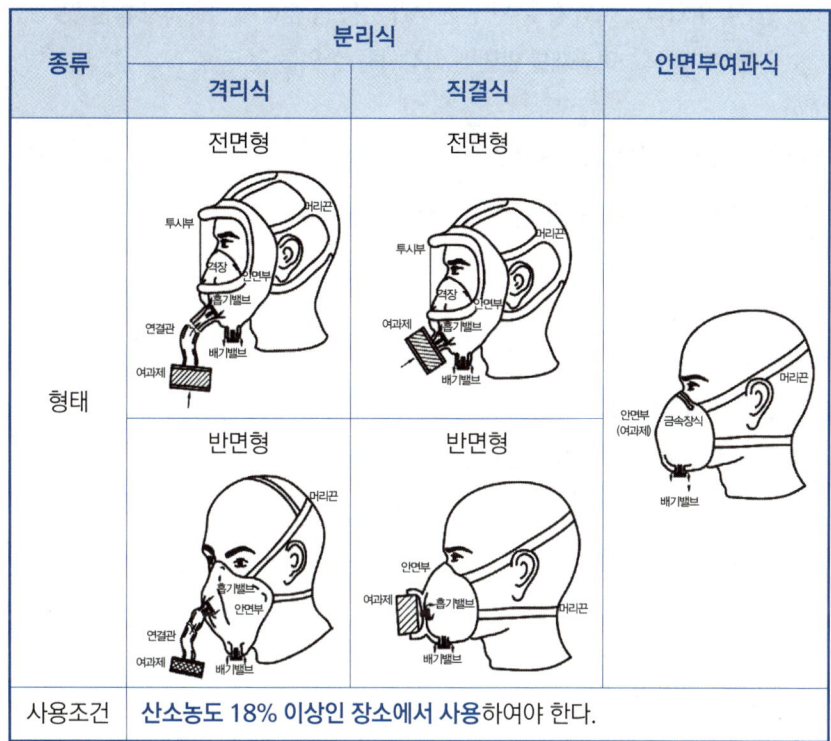

종류	분리식		안면부여과식
	격리식	직결식	
형태	전면형 / 반면형	전면형 / 반면형	
사용조건	산소농도 18% 이상인 장소에서 사용하여야 한다.		

3) 여과재 분진 등 포집효율 ★

형태 및 등급		염화나트륨(NaCl) 및 파라핀 오일(Paraffin oil) 시험(%)
분리식	특급	99.95 이상
	1급	94.0 이상
	2급	80.0 이상
안면부 여과식	특급	99.0 이상
	1급	94.0 이상
	2급	80.0 이상

4) 방진마스크의 일반구조

① 착용 시 이상한 압박감이나 고통을 주지 않을 것
② 전면형 : 호흡 시에 투시부가 흐려지지 않을 것
③ 분리식 마스크 : 여과재, 흡기밸브, 배기밸브 및 머리끈을 쉽게 교환할 수 있고

기출
방진마스크의 여과효율을 검정할 때 국제적으로 사용하는 먼지의 크기 : 0.3(μm)

착용자 자신이 안면부와의 밀착성 여부를 수시로 확인할 수 있을 것
④ 안면부여과식 : 여과재로 된 안면부가 사용 중 심하게 변형되지 않을 것
⑤ 안면부여과식 : 여과재를 안면에 밀착시킬 수 있을 것

5) 방진마스크의 선정조건(구비조건) ★

① 흡,배기 저항이 낮을 것(흡,배기 저항 상승률이 낮을 것)
② 포집효율이 높을 것
③ 시야가 확보될 것
④ 중량이 가벼울 것
⑤ 안면 밀착성이 좋을 것
⑥ 피부접촉부 고무질이 좋을 것
⑦ 비휘발성 입자에 대한 보호가 가능할 것
⑧ 여과효율이 우수하려면 필터에 사용되는 섬유의 직경이 작고 조밀하게 압축되어야 한다.

6) 방진마스크의 특징 ★

① 방진마스크는 인체에 유해한 분진, 연무, 흄, 미스트, 스프레이 입자를 작업자가 흡입하지 않도록 하는 보호구이다.
② 비휘발성 입자에 대한 보호만 가능하며, 가스 및 증기로부터의 보호는 안 된다.
③ 방진마스크의 종류에는 격리식과 직결식, 면체여과식이 있다.
④ 형태별로 전면형 마스크와 반면형 마스크가 있다.
④ 필터의 재질은 면, 모, 합성섬유, 유리섬유, 금속섬유 등이다.

7) 방진마스크 관리요령

① 면체의 손질은 중성세제로 닦아 말리고 고무부분은 자외선에 약하므로 그늘에 말려야 하며, 신나 등은 사용치 말아야 한다.
② 여과재의 이면이 더러워지면 필터를 교체하는 것이 가장 이상적이나 여유치 않을 경우 세게 털지 말고 가볍게 털어 주어 표면의 정전기력을 보호해주어야 한다.
③ 보관은 전용의 보관상자에 넣거나 깨끗한 비닐봉지 등을 이용하여 습기를 막아주어야 한다.

※ 문제

다음 중 먼지가 발생하는 작업장에서 가장 완벽한 대책은?
① 근로자가 방진 마스크를 착용한다.
② 발생된 먼지를 습식법으로 제어한다.
③ 전체환기를 실시한다.
④ 발생원을 완전히 밀폐한다.

[해설]
• 가장 적극적인 대책
  발생원을 완전히 밀폐한다.
• 가장 소극적인 대책
  근로자가 방진 마스크를 착용한다.
정답 ④

(2) 방독마스크

① "파과"란 대응하는 가스에 대하여 정화통 내부의 흡착제가 포화상태가 되어 흡착능력을 상실한 상태를 말한다.
② "파과시간"이란 어느 일정농도의 유해물질 등을 포함한 공기를 일정 유량으로 정화통에 통과하기 시작부터 파과가 보일 때까지의 시간을 말한다.
③ "파과곡선"이란 파과시간과 유해물질 등에 대한 농도와의 관계를 나타낸 곡선을 말한다.
④ "전면형 방독마스크"란 유해물질 등으로부터 안면부 전체(입, 코, 눈)를 덮을 수 있는 구조의 방독마스크를 말한다.
⑤ "반면형 방독마스크"란 유해물질 등으로부터 안면부의 입과 코를 덮을 수 있는 구조의 방독마스크를 말한다.
⑥ "복합용 방독마스크"란 2종류 이상의 유해물질 등에 대한 제독능력이 있는 방독마스크를 말한다.
⑦ "겸용 방독마스크"란 방독마스크(복합용 포함)의 성능에 방진마스크의 성능이 포함된 방독마스크를 말한다.

1) 방독마스크의 종류

종류	시험가스
유기화합물용	시클로헥산(C_6H_{12}), 디메틸에테르(CH_3OCH_3), 이소부탄(C_4H_{10})
할로겐용	염소가스 또는 증기(Cl_2)
황화수소용	황화수소가스(H_2S)
시안화수소용	시안화수소가스(HCN)
아황산용	아황산가스(SO_2)
암모니아용	암모니아가스(NH_3)

2) 방독마스크의 등급

등급	사용장소
고농도	가스 또는 증기의 농도가 100분의 2(암모니아에 있어서는 100분의 3) 이하의 대기 중에서 사용하는 것
중농도	가스 또는 증기의 농도가 100분의 1(암모니아에 있어서는 100분의 1.5) 이하의 대기 중에서 사용하는 것

 한 눈에 들어오는 키워드

※ 문제

방독마스크에 대한 설명으로 옳지 않은 것은?

① 흡착제가 들어있는 카트리지나 캐니스터를 사용해야 한다.
② 산소결핍장소에서는 사용해서는 안 된다.
③ IDLH(Immediately Dangerous to Life and Health) 상황에서 사용한다.
④ 가스나 증기를 제거하기 위하여 사용한다.

[해설]
③ IDLH(Immediately Dangerous to Life and Health) 상황에서 사용해서는 안 된다.

정답 ③

등급	사용장소
저농도 최저농도	가스 또는 증기의 농도가 100분의 0.1 이하의 대기 중에서 사용하는 것으로서 긴급용이 아닌 것

※ 비고 : 방독마스크는 산소농도가 18% 이상인 장소에서 사용하여야 하고, 고농도와 중농도에서 사용하는 방독마스크는 전면형(격리식, 직결식)을 사용해야 한다.

> **참고**
> **IDLH**
> (Immediately Dangerous to Life and Health)
> 생명 및 건강에 대한 즉각적인 위험 초래농도, 그 이상의 농도에서 30분간 노출되면 사망 또는 회복이 불가능한 건강장애를 일으키는 농도(NIOSH)

3) 방독마스크의 형태 및 구조

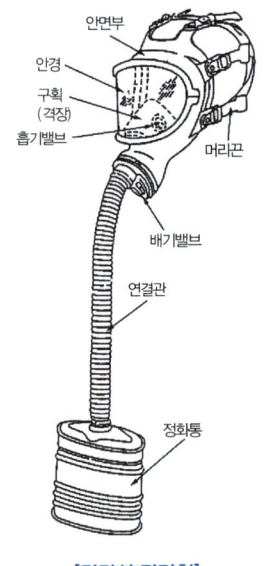

[격리식 전면형]

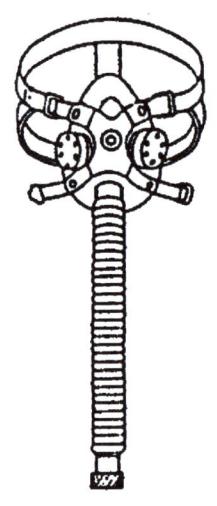

[격리식 반면형]

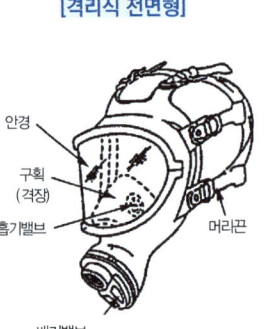

[직결식 전면형(1안식)]

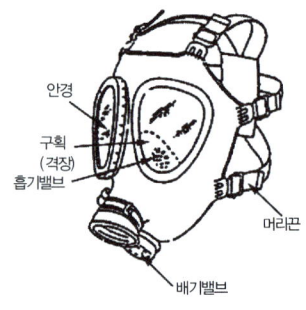

[직결식 전면형(2안식)]

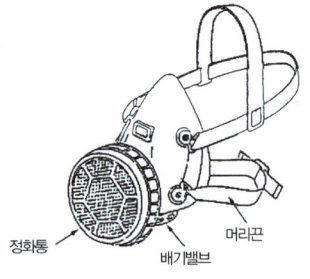

[반면형]

4) 안전인증 방독마스크 표시 외에 표시사항

① 파과곡선도
② 사용시간 기록카드
③ 정화통의 외부측면의 표시 색
④ 사용상의 주의사항

5) 방독마스크 흡수제의 종류 ★

① 활성탄
② 큐프라마이트
③ 호프칼라이트
④ 실리카겔
⑤ 소다라임
⑥ 알칼리제재
⑦ 카본

6) 정화통 외부 측면의 표시 색

종류	표시색
유기화합물용 정화통	갈색
할로겐용 정화통	회색
황화수소용 정화통	회색
시안화수소용 정화통	회색
아황산용 정화통	노랑색
암모니아용 정화통	녹색
복합용 및 겸용의 정화통	• 복합용의 경우 : 해당가스 모두 표시 (2층 분리) • 겸용의 경우 : 백색과 해당가스 모두 표시(2층 분리)

7) 방독마스크 정화통의 유효시간 계산 ★

$$\text{유효시간(파과시간)} = \frac{\text{시험가스농도} \times \text{표준유효시간}}{\text{작업장 공기중 유해가스 농도}} (\text{분})$$

한 눈에 들어오는 키워드

[기출]

방독마스크의 사용 용도
① 산소결핍장소에서는 사용해서는 안 된다.
② 흡착제가 들어있는 카트리지나 캐니스터를 사용해야 한다.
③ 흡착제로는 비극성의 유기증기에는 활성탄을, 극성 물질에는 실리카겔을 사용한다.

방독마스크 카트리지 수명에 영향을 미치는 요소
① 흡착제의 질과 양
② 상대습도
③ 온도
④ 유해물질농도
⑤ 착용자의 호흡률
⑥ 다른 가스 증기와의 혼합여부

사염화탄소(CCl_4)
방독마스크 정화통의 성능 시험에 사용하는 물질

한눈에 들어오는 키워드

※ 문제

호흡기 보호구의 사용 시 주의사항과 가장 거리가 먼 것은?

① 보호구의 능력을 과대평가 하지 말아야 한다.
② 보호구 내 유해물질 농도는 허용기준 이하로 유지해야 한다.
③ 보호구를 사용할 수 있는 최대 사용가능농도는 노출기준에 할당보호계수를 곱한 값이다.
④ 유해물질의 농도가 즉시 생명에 위태로울 정도인 경우는 공기 정화식 보호구를 착용해야 한다.

[해설]
④ 유해물질의 농도가 즉시 생명에 위태로울 정도인 IDLH에 해당되는 경우 공기호흡기, 에어라인/호스마스크 등을 사용한다.

정답 ④

기출 ★

산소 결핍장소에서 착용하여야 하는 보호구
① 송기마스크
  • 호스마스크
  • 에어라인 마스크
  • 복합식 에어라인마스크
② 공기호흡기

[예제 1]

공기 중의 사염화탄소 농도가 0.2%일 때, 방독면의 사용 가능한 시간은 몇 분인가? (단, 방독면 정화통의 정화능력이 사염화탄소 0.5%에서 60분간 사용 가능하다.)

① 110
② 130
③ 150
④ 180

해설

$$유효시간 = \frac{시험가스농도 \times 표준유효시간}{작업장 공기 중 유해가스 농도}$$

$$유효시간 = \frac{0.5 \times 60}{0.2} = 150(분)$$

[정답 ③]

8) 방독마스크 사용 시 주의사항

① 산소결핍 장소(산소농도 18% 이하), 고농도의 유해물질이 존재하는(2% 이상) 작업 장소에는 사용해서는 안 된다.
② 흡수통의 종류에 따라 더 이상 유해물질을 걸러 줄 수 없는 파괴시간이 있으므로 마스크 사용시간을 기록하여 파과된 마스크를 사용하지 않도록 한다.
③ 사용 중 가스의 냄새가 나거나 숨쉬기가 답답하다고 느낄 때에는 즉시 작업을 중지하고 새로운 흡수통을 교환하도록 한다.
④ 작업자가 필요에 따라 언제든지 흡수통을 교환할 수 있도록 편리한 곳에 보관 장소를 명시해 준다.
⑤ 착용 후에는 반드시 착용검사를 실시하여 공기가 새지 않도록 한다.

9) 방독마스크 관리요령

① 유해물질이 존재하는 곳에 보관하면 흡수통의 파괴시간이 단축되므로 신선하고 건조한 지정된 장소에 보관한다.
② 세척을 필요로 할 때는 적당한 세척제를 푼 따뜻한 물로 닦아내거나 또는 위생액으로 닦아낸 후 파손상태를 정기적으로 검사해야 한다.

(3) 송기마스크(호스마스크 및 에어라인마스크)

유독가스와 분진으로 오염되지 않는 신선한 외부공기를 호스를 통하여 호흡하는 형식이기 때문에 산소결핍장소에서도 사용 가능하다.

1) 송기마스크의 종류 및 등급

종류	등급		구분
호스 마스크	폐력흡인형		안면부
	송풍기형	전동	안면부, 페이스실드, 후드
		수동	안면부
에어라인마스크	일정유량형		안면부, 페이스실드, 후드
	디맨드형		안면부
	압력디맨드형		안면부
복합식 에어라인마스크	디맨드형		안면부
	압력디맨드형		안면부

2) 송풍기형 호스 마스크의 분진 포집효율

등급	효율(%)
전동	99.8 이상
수동	95.0 이상

(4) 전동식 호흡보호구

1) 전동식 호흡보호구의 분류

분류	사용구분
전동식 방진마스크	분진 등이 호흡기를 통하여 체내에 유입되는 것을 방지하기 위하여 고효율 여과재를 전동장치에 부착하여 사용하는 것
전동식 방독마스크	유해물질 및 분진 등이 호흡기를 통하여 체내에 유입되는 것을 방지하기 위하여 고효율 정화통 및 여과재를 전동장치에 부착하여 사용하는 것
전동식 후드 및 전동식보안면	유해물질 및 분진 등이 호흡기를 통하여 체내에 유입되는 것을 방지하기 위하여 고효율 정화통 및 여과재를 전동장치에 부착하여 사용함과 동시에 머리, 안면부, 목, 어깨부분 까지 보호하기 위해 사용하는 것

한 눈에 들어오는 키워드

참고

1. 폐력흡인형 호스 마스크
   - 호스의 끝을 신선한 공기가 있는 곳에 고정하고 호스, 안면부를 통하여 착용자가 자신의 폐력으로 흡기하는 송기 마스크
   - 공기의 누설이 발생할 수 있다.
   - 폐력 흡인형 호스마스크는 호스의 길이가 10m 이하에서만 사용하여야 한다.
2. 송풍기의 전원스위치에는 호스 마스크 사용 중임을 명시하여 전원 스위치를 끄지 않도록 한다.
3. 정전이나 호스의 이상으로 인해 송기가 중지되어 송풍량이 줄어들어 냄새가 감지되고, 온도상승이 감지되면 보조공기 호흡장치를 즉시 사용하고 신속히 작업장에서 대피하도록 한다.

한 눈에 들어오는 키워드

참고

전동식보호구
사용자의 몸에 전동기를 착용한 상태에서 전동기 작동에 의해 여과된 공기가 호흡호스를 통하여 안면부에 공급하는 형태의 전동식보호구를 말한다.

겸용
방독마스크(복합용 포함) 및 방진마스크의 성능이 포함된 전동식보호구를 말한다.

복합용
2종류 이상의 유해물질에 대한 제독능력이 있는 전동식보호구를 말한다.

전동식 후드
안면부 전체를 덮는 형태로 머리·안면부·목·어깨부분까지 보호할 수 있는 구조의 전동식 후드를 말한다.

전동식 보안면
안면부를 덮는 형태로 머리 및 안면부를 보호할 수 있는 구조의 전동식 보안면을 말한다.

---

2) 보호계수(Protection Factor, PF)

호흡보호구 바깥쪽에서의 공기 중 오염물질 농도와 안쪽에서의 오염물질 농도의 비로 착용자 보호의 정도를 나타내는 척도를 말한다.

3) 할당보호계수(APF; Assigned Protection Factor) ★

① 잘 훈련된 착용자가 보호구를 착용했을 때 각 호흡보호구가 제공할 수 있는 보호계수의 기대치를 말한다.
② APF를 이용하여 보호구에 대한 최대사용농도(MUC; Maximum Use Concentration)를 구할 수 있다.
③ APF가 100인 보호구를 착용하고 작업장에 들어가면 착용자는 외부 유해물질로부터 적어도 100배 만큼의 보호를 받을 수 있다는 의미이다.
④ 호흡용 보호구 선정 시 위해비(HR)보다 할당보호계수(APF)가 큰 보호구를 선택해야 한다.

★★

$$할당보호계수(APF) = \frac{발생농도(최대사용농도 : MUC)}{노출기준(TLV)}$$

$$보호계수(PF) = \frac{방독마스크\ 바깥쪽\ 오염물질\ 농도(C_o)}{방독마스크\ 안쪽\ 오염물질\ 농도(C_i)}$$

3) 보호구의 최대사용농도(MUC ; Maximum Use Concentration)

$$최대사용농도 = TLV \times PF$$

TL : 허용기준(노출기준)
PF : 보호계수

4) 보호구의 위해비(HR : Hazardous Ratio)

공기 중의 오염물질의 농도가 노출기준의 몇 배에 해당하는지를 나타낸다.

$$HR = \frac{C}{TLV}$$

C : 공기 중 유해물질의 농도
TLV : 노출기준

[예제 2]

A분진의 노출기준은 10mg/m³이며 일반적으로 반면형 마스크의 할당보호계수(APF)는 10일 때, 반면형 마스크를 착용할 수 있는 작업장 내 A분진의 최대 농도는 얼마인가?

① 1mg/m³
② 10mg/m³
③ 50mg/m³
④ 100mg/m³

해설

$$할당보호계수 = \frac{발생농도}{노출기준}$$

발생농도 = 할당보호계수 × 노출기준 = 10 × 10 = 100(mg/m³)

[정답 ④]

[예제 3]

톨루엔을 취급하는 근로자의 보호구 밖에서 측정한 톨루엔 농도가 30ppm이었고 보호구 안의 농도가 2ppm으로 나왔다면 보호계수(Protection factor, PF) 값은? (단, 표준 상태 기준)

① 15
② 30
③ 60
④ 120

해설

$$보호계수 = \frac{방독마스크 바깥쪽 오염물질 농도(C_o)}{방독마스크 안쪽 오염물질 농도(C_i)} = \frac{30}{2} = 15$$

[정답 ①]

[예제 4]

할당보호계수가 25인 반면형 호흡기보호구를 구리 흄이 존재하는 작업장에서 사용한다면 최대사용농도는 몇 mg/m³인가? (단, 허용농도는 0.3mg/m³이다.)

① 3.5
② 5.5
③ 7.5
④ 9.5

해설

$$할당보호계수 = \frac{발생농도}{노출기준}$$

발생농도(최대 사용농도) = 할당보호계수 × 노출기준 = 25 × 0.3 = 7.5(mg/m³)

[정답 ③]

한 눈에 들어오는 키워드

기출
최대사용농도(MUC; Maximum Use Concentration)
TLV(허용기준) × PF(보호계수)

(5) 호흡기 보호구의 밀착도 검사(fit test)

1) 밀착도 검사

① 밀착도 검사란 얼굴피부 접촉면과 보호구 안면부가 적합하게 밀착되는지를 측정하는 것이다.
② 밀착도 검사를 하는 것은 작업자가 작업장에 들어가기 전 누설정도를 최소화시키기 위함이다.
③ 어떤 형태의 마스크가 작업자에게 적합한지 마스크를 선택하는 데 도움을 주어 작업자의 건강을 보호한다.
④ 착용자의 얼굴에 맞는 호흡용 보호구를 선정하고, 올바른 방법으로 착용했는지를 판단하기 위하여 정성 밀착도 검사를 하여야 하며, 밀착도 검사는 착용자가 적어도 1년에 1회 이상 실시토록 한다.

2) 정성 밀착도 검사

① 호흡용 보호구를 착용하고 있는 사람이 자극, 냄새 또는 미각을 쉽게 감지할 수 있도록 자극성의 연기, 냄새가 나는 초산이소아밀 증기 또는 기타 적당한 시험환경에 폭로시킨다.
② 공기정화식 호흡용 보호구에는 여과재 또는 정화통을 부착시킨다.
③ 호흡용 보호구 착용자가 호흡용 보호구 내부로 자극성 또는 냄새성 시험제를 감지할 수 없다면 호흡용 보호구의 밀착도는 좋은 상태이다.

3) 정량 밀착도 검사(QNFT)

① 착용자의 감각과 무관하게 입자 계측기를 활용하여 안면 밀착부 주변의 새는 곳을 측정하고 데이터(밀착도 = Fit Factor)를 산출한 뒤, 기준과 비교하여 '합격/불합격'을 시험한다.
② 시험방법

시험물질	사용 가능한 호흡용 보호구의 종류	측정방법
일반 대기 중 분진	고효율용 필터 혹은 P100 등급의 방진필터	마스크 안쪽과 마스크 바깥쪽의 입자 농도를 측정한다.

> **참고**
> 만능형 캐니스터
> 페인트 도장이나 농약 살포와 같이 공기 중에 가스 및 증기상 물질과 분진이 동시에 존재하는 경우 호흡보호구에 이용되는 가장 적절한 공기정화기

02 기타 보호구

1 눈 보호구

(1) 차광보안경(안전인증 대상)

1) 사용구분에 따른 차광보안경의 종류(안전인증 대상) ★

종류	사용구분
자외선용	자외선이 발생하는 장소
적외선용	적외선이 발생하는 장소
복합용	자외선 및 적외선이 발생하는 장소
용접용	산소용접작업 등과 같이 자외선, 적외선 및 강렬한 가시광선이 발생하는 장소

2) 차광보안경의 표시사항

추가표시	안전인증 차광보안경에는 안전인증의 표시외에 차광도번호, 굴절력성능수준 등의 내용을 추가로 표시해야 한다.

3) 차광보안경의 성능시험 종류
① 시야범위시험
② 표면검사
③ 내노후성시험
④ 내충격성시험
⑤ 각주굴절력시험
⑥ 구면굴절력, 난시굴절력시험
⑦ 차광능력시험
⑧ 시감투과율차이 시험
⑨ 내식성시험
⑩ 내발화성시험

> **참고**
> 차광보안경의 용어정의
> ① 접안경
> 착용자의 시야를 확보하는 보안경의 일부로서 렌즈 및 플레이트 등을 말한다.
> ② 필터
> 해로운 자외선 및 적외선 또는 강렬한 가시광선의 강도를 감소시킬 수 있도록 설계된 것을 말한다.
> ③ 필터렌즈(플레이트)
> 유해광선을 차단하는 원형 또는 변형모양의 렌즈(플레이트)를 말한다.
> ④ 커버렌즈(플레이트)
> 분진, 칩, 액체약품 등 비산물로부터 눈을 보호하기 위해 사용하는 렌즈(플레이트)를 말한다.
> ⑤ 시감투과율
> 필터 입사에 대한 투과 광속의 비를 말하며, 분광투과율을 측정한다.

(2) 자율안전확인 대상 보안경의 사용구분에 따른 종류

종류	사용구분
유리보안경	비산물로부터 눈을 보호하기 위한 것으로 렌즈의 재질이 유리인 것
플라스틱보안경	비산물로부터 눈을 보호하기 위한 것으로 렌즈의 재질이 플라스틱인 것
도수렌즈보안경	비산물로부터 눈을 보호하기 위한 것으로 도수가 있는 것

2 피부 보호구

(1) 피부보호용 도포제

① 피막형 피부보호제(피막형 크림) : 분진, 유리섬유 등에 대한 장해 예방
- 분진, 전해약품 제조, 원료 취급 작업에서 주로 사용한다.
- 적용 화학물질 : 정제 벤드나이겔, 염화비닐 수지
- 작업완료 후 즉시 닦아내야 한다.(피부 장해 우려됨)

② 광과민성 물질차단 피부보호제
- 대상 작업장 : 자외선 발생 작업(자외선 예방)

③ 지용성 물질차단 피부보호제
- 대상 작업장 : 지용성 물질 취급 작업(지용성 장해 예방)

④ 수용성 물질차단 피부보호제
- 대상 작업장 : 수용성 물질 취급 작업(수용성 장해 예방)

⑤ 소수성 피부보호제(소수성 크림)
- 내수성 피막을 만들고 소수성으로 산을 중화한다.
- 적용 화학물질 : 밀랍, 탈수라노린, 파라핀, 유동파라핀, 탄산마그네슘
- 대상 작업장 : 광산류, 유기산, 염류 및 무기염류 취급 작업장

⑥ 차광성 물질차단 피부보호제
- 적용 화학물질 : 글리세린, 산화제이철
- 대상 작업장 : 타르, 피치, 용접작업

(2) 보호장구 재질에 따른 적용물질 ★

① Neoprene 고무 : 비극성용제, 산, 부식성물질에 사용
② Vitron : 비극성용제에 사용

③ Nitrile : 비극성용제에 사용
④ 천연고무(latex) : 극성용제 및 수용성 용액에 사용
⑤ Butyl 고무 : 극성용제(알코올, 알데하이드 등)에 사용
⑥ 면 : 고체상물질에 사용(용제에는 사용 못함)
⑦ 가죽 : 찰과상 예방(용제에는 사용 못함)
⑧ Ethylene Vinyl Alcohol : 화학물질 취급 작업에 사용
⑨ Polyvinyl Chloride(PVC) : 수용성 용액에 사용

3 기타 보호구

(1) 방음 보호구 ★

① 귀마개는 25~35dB(A) 정도, 귀덮개는 35~45dB(A) 정도의 차음효과가 있으며 두 개를 동시에 착용하면 추가로 3~5dB(A) 차음 효과가 있다.
② 귀마개는 고주파수영역(4,000Hz)에서 감음효과가 가장 크다.

1) 귀마개(Ear plug)의 구분

종류	등급	기호	성능
귀마개	1종	EP-1	저음부터 고음까지 차음하는 것
	2종	EP-2	주로 고음을 차음하여 회화음 영역인 저음은 차음하지 않는 것
귀덮개		EM	

2) 귀마개의 장·단점 ★

장점	단점
• 부피가 작아서 **휴대하기 편하다**. • **보안경과 안전모 사용에 구애받지 않는다**. • **고온작업, 좁은 공간에서도 사용할 수 있다**. • **가격이 저렴**하다.	• 귀에 **질병이 있을 경우 착용이 불가능**하다. • **제대로 착용하는 데 시간이 걸리며 요령을 습득해야 한다**. • **착용 여부 파악이 곤란**하다. • **차음효과가 일반적으로 귀덮개보다 떨어지**며 **사람에 따라 차이가 있을 수 있다**. • 귀마개 **오염에 따른 감염 가능성**이 있다. • 땀이 많이 날 때는 **외이도에 염증유발** 가능성이 있다.

참고
귀마개
외이도에 삽입하여 소음을 차단하는 보호구

참고
청력보호구의 사용 환경

귀마개
① 덥고 습한 환경에 좋음 ② 장시간 사용할 때 ③ 다른 보호구와 동시 사용할 때
귀덮개
① 간헐적 소음 노출 시 ② 귀마개를 쓸 수 없을 때

3) 귀덮개(Ear muff)

① 귀전체를 덮는 형식으로 저음영역에서 20dB 이상, 고음영역에서 45dB 이상 차음 효과가 있다.
② 간헐적 소음 노출 시에 적합하다. ★

4) 귀덮개의 장·단점 ★

장점	단점
• 고음영역에서 **차음효과가 탁월**하다. • **귀마개보다 차음효과가 일반적으로 크며 차음효과의 개인차가 적다.** • 귀 안에 **염증이 있어도 사용이 가능**하다. • **착용이 쉽고 착용법이 틀리거나 분실할 염려가 적다.** • 동일한 크기의 귀덮개를 대부분의 근로자가 사용할 수 있다. • 멀리서도 **착용 유무를 확인할 수 있다.**	• 고온에서 사용 시에는 **땀이 나서 불편하다.** • **보안경과 동시 착용 시에는 불편**하며 차음효과가 감소한다. • **가격이 비싸고 운반과 보관이 쉽지 않다.** • 오래 사용하여 귀걸이의 탄력성이 줄었을 때나 **귀걸이가 휘었을 때는 차음효과가 떨어진다.**

5) 차음효과 계산 ★★

$$차음효과 = (NRR - 7) \times 0.5$$

NRR : 차음평가수

참고

❖ 귀마개·귀덮개 차음성능 기준 [실기 기출] ★

	중심주파수(Hz)	차 음 치(dB)		
		EP-1	EP-2	EM(귀덮개)
차음성능	125	10 이상	10 미만	5 이상
	250	15 이상	10 미만	10 이상
	500	15 이상	10 미만	20 이상
	1,000	20 이상	20 미만	25 이상
	2,000	25 이상	20 이상	30 이상
	4,000	25 이상	25 이상	35 이상
	8,000	20 이상	20 이상	20 이상

기출

청력보호구의 차음효과를 높이기 위한 방법
① 귀덮개 형식의 보호구는 머리카락이 길 때와 안경테가 굵거나 잘 부착되지 않을 때에는 사용하지 않는다.
② 청력보호구를 잘 고정시켜서 보호구 자체의 진동을 최소한으로 한다.
③ 청력보호구는 머리의 모양이나 귓구멍에 잘 맞는 것을 사용한다.

[예제 5]

어떤 작업장의 음압 수준이 86dB(A)이고, 근로자는 귀덮개를 착용하고 있다. 귀덮개의 차음평가수는 NRR = 19이다. 근로자가 노출되는 음압(예측)수준(dB(A))은? (단, OSHA 기준)

① 74   ② 76
③ 78   ④ 80

해설

차음효과 = (NRR − 7) × 0.5
차음효과 = (19 − 7) × 0.5 = 6(dB)
근로자가 노출되는 음압수준 = 86 − 6 = 80(dB)(A)

[정답 ④]

4 손 보호구

(1) 작업용도에 따른 손 보호구의 종류

① 일반작업용 장갑
② 용접용 보호장갑 : 용접작업 시 화상을 방지한다.
③ 전기용 고무장갑, 가죽장갑 : 전기작업 시 착용하여 감전을 방지한다.
④ 내열장갑(방열장갑) : 복사열로부터 손을 보호한다.
⑤ 위생보호장갑 : 산, 알칼리, 화학약품 등으로부터 손을 보호한다.
⑥ 방진장갑 : 진동공구 취급 시 사용한다.

CHAPTER 03 단원 예상문제

저자가 콕! 찝어주는 예상문제 풀어보기!

01 어떤 작업장의 음압수준이 100dB(A)이고, 근로자가 NRR이 19인 귀마개를 착용하고 있다면 차음효과는? (단, OSHA 방법 기준)

① 2dB(A)　　② 4dB(A)
③ 6dB(A)　　④ 8dB(A)

> 차음효과 = (NRR − 7) × 0.5
> • NRR : 차음평가수
>
> 차음효과 = (19 − 7) × 0.5 = 6(dB)

02 보호장구의 재질과 효과적으로 적용할 수 있는 화학물질을 짝지은 것으로 옳지 않은 것은?

① 부틸고무 - 극성용제
② 면 - 고체상 물질
③ 천연고무(latex) - 수용성 용제
④ Viton - 극성용제

> ④ Viton – 비극성용제

03 방진마스크에 관한 설명으로 옳지 않은 것은?

① 일반적으로 활성탄 필터가 많이 사용된다.
② 종류에는 격리식, 직결식, 면체여과식이 있다.
③ 흡기저항 상승률은 낮은 것이 좋다.
④ 비휘발성 입자에 대한 보호가 가능하다.

> ★ 방진마스크
> ① 방진마스크는 인체에 유해한 분진, 연무, 흄, 미스트, 스프레이 입자를 작업자가 흡입하지 않도록 하는 보호구이다.
> ② 비휘발성 입자에 대한 보호만 가능하며, 가스 및 증기로부터의 보호는 안 된다.
> ③ 방진마스크의 종류에는 격리식과 직결식, 면체여과식이 있다.
> ④ 형태별로 전면형 마스크와 반면형 마스크가 있다.
> ⑤ 필터의 재질은 면, 모, 합성섬유, 유리섬유, 금속섬유 등이다.

04 어떤 작업장의 음압수준이 92dB이고, 근로자는 귀덮개(NRR = 21)를 착용하고 있다면 실제로 근로자가 노출되는 음압수준은? (단, OSHA 계산 기준, NRR ; Noise Reduction Rating)

① 82dB　　② 83dB
③ 84dB　　④ 85dB

> 차음효과 = (NRR − 7) × 0.5
> • NRR : 차음평가수
>
> 차음효과 = (21 − 7) × 0.5 = 7(dB)
> 근로자가 노출되는 음압수준 = 92 − 7 = 85(dB)

정답　01 ③　02 ④　03 ①　04 ④

05 귀마개의 장·단점과 가장 거리가 먼 것은?

① 제대로 착용하는 데 시간이 걸린다.
② 착용 여부 파악이 곤란하다.
③ 보안경 사용 시 차음효과가 감소한다.
④ 귀마개 오염 시 감염될 가능성이 있다.

> **★ 귀마개의 장·단점**
>
> | 장점 | ① 부피가 작아서 휴대하기 편하다.
② 보안경과 안전모 사용에 구애받지 않는다.
③ 고온작업, 좁은 공간에서도 사용할 수 있다.
④ 가격이 저렴하다. |
> |---|---|
> | 단점 | ① 귀에 질병이 있을 경우 착용이 불가능하다.
② 제대로 착용하는 데 시간이 걸리며 요령을 습득해야 한다.
③ 착용 여부 파악이 곤란하다.
④ 차음효과가 일반적으로 귀덮개보다 떨어지며 사람에 따라 차이가 있을 수 있다.
⑤ 귀마개 오염에 따른 감염 가능성이 있다.
⑥ 땀이 많이 날 때는 외이도에 염증유발 가능성이 있다.
⑦ 착용여부 파악이 곤란하다. |

06 산소가 결핍된 밀폐공간에서 작업하려고 한다. 다음 중 가장 적합한 호흡용 보호구는?

① 방진마스크   ② 방독마스크
③ 송기마스크   ④ 연체 여과식 마스크

> **★ 송기마스크**
> 산소가 결핍(산소농도 18% 미만)된 장소에서 착용한다.

07 다음은 방진마스크에 대한 설명이다. 옳지 않은 것은?

① 방진마스크는 인체에 유해한 분진, 연무, 흄, 미스트, 스프레이 입자를 작업자가 흡입되지 않도록 하는 보호구이다.
② 방진마스크의 종류에는 격리식과 직결식, 면체여과식이 있다.
③ 방진마스크의 필터는 활성탄과 실리카겔이 주로 사용된다.
④ 비휘발성 입자에 대한 보호만 가능하며, 가스 및 증기의 보호는 안 된다.

> ③ 방진마스크 필터의 재질은 면, 모, 합성섬유, 유리섬유, 금속섬유 등이 주로 사용된다.

08 톨루엔을 취급하는 근로자의 보호구 밖에서 측정한 톨루엔 농도가 30ppm이었고, 보호구 안의 농도가 2ppm으로 나왔다면 보호계수(PF ; Protection Factor) 값은? (단, 표준상태 기준)

① 15   ② 30
③ 60   ④ 120

> 할당보호계수 = $\dfrac{발생농도}{노출기준}$
>
> 보호계수 = $\dfrac{방독마스크\ 바깥쪽\ 오염물질\ 농도(C_o)}{방독마스크\ 안쪽\ 오염물질\ 농도(C_i)}$
>
> 보호계수 = $\dfrac{방독마스크\ 바깥쪽\ 오염물질\ 농도(C_o)}{방독마스크\ 안쪽\ 오염물질\ 농도(C_i)}$
>
> $= \dfrac{30}{2} = 15$

정답 05 ③ 06 ③ 07 ③ 08 ①

09 귀덮개의 사용환경으로 가장 옳은 것은?

① 장시간 사용 시
② 간헐적 소음 노출 시
③ 덥고 습한 환경에서 작업 시
④ 다른 보호구와 동시 사용 시

> ★ 귀덮개(Ear muff)
> ① 귀전체를 덮는 형식으로 저음영역에서 20dB 이상, 고음영역에서 45dB 이상 차음 효과가 있다.
> ② 간헐적 소음 노출 시에 적합하다.

10 공기 중의 사염화탄소 농도가 0.3%라면 정화통의 사용 가능한 시간은? (단, 사염화탄소 0.5%에서 100분간 사용 가능한 정화통 기준)

① 167분   ② 181분
③ 218분   ④ 235분

> 유효시간(파과시간)
> $= \dfrac{\text{시험가스농도} \times \text{표준유효시간}}{\text{작업장 공기 중 유해가스 농도}}$ (분)
>
> 유효시간 $= \dfrac{0.5 \times 100}{0.3} = 166.67$(분)

11 청력보호구의 차음효과를 높이기 위해 유의해야 할 내용과 가장 거리가 먼 것은?

① 청력보호구는 기공(氣孔)이 큰 재료로 만들어 흡음효율을 높이도록 한다.
② 청력보호구는 머리모양이나 귓구멍에 잘 맞는 것을 사용하여 불쾌감을 주지 않도록 해야 한다.
③ 청력보호구를 잘 고정시켜 보호구 자체의 진동을 최소한도로 줄이도록 한다.
④ 귀덮개 형식의 보호구는 머리가 길 때와 안경테가 굵어 잘 부착되지 않을 때 사용하기 곤란하다.

> ★ 청력보호구의 차음효과를 높이기 위한 방법
> ① 귀덮개 형식의 보호구는 머리카락이 길 때와 안경테가 굵거나 잘 부착되지 않을 때에는 사용하지 않는다.
> ② 청력보호구를 잘 고정시켜서 보호구 자체의 진동을 최소한으로 한다.
> ③ 청력보호구는 머리의 모양이나 귓구멍에 잘 맞는 것을 사용한다.

12 귀마개의 사용환경과 가장 거리가 먼 것은?

① 덥고 습한 환경에 좋음
② 장시간 사용할 때
③ 간헐적 소음에 노출될 때
④ 다른 보호구와 동시 사용할 때

> ★ 청력보호구의 사용 환경
>
> | | |
> |---|---|
> | 귀마개 | ① 덥고 습한 환경에 좋음
② 장시간 사용할 때
③ 다른 보호구와 동시 사용할 때 |
> | 귀덮개 | ① 간헐적 소음 노출시
② 귀마개를 쓸 수 없을 때 |

정답 09 ② 10 ① 11 ① 12 ③

13 방진마스크의 필요조건으로 틀린 것은?

① 흡기와 배기저항 모두 낮은 것이 좋다.
② 흡기저항 상승률이 높은 것이 좋다.
③ 안면밀착성이 큰 것이 좋다.
④ 무게중심은 안면에 강한 압박감을 주지 않는 위치에 있는 것이 좋다.

> ② 흡기저항 상승률이 낮은 것이 좋다.

14 귀덮개를 설명한 것 중 옳은 것은?

① 귀마개보다 차음효과의 개인차가 적다.
② 귀덮개의 크기를 여러 가지로 할 필요가 있다.
③ 근로자들이 보호구를 착용하고 있는지를 쉽게 알 수 없다.
④ 귀마개보다 차음효과가 적다.

> ★ 귀덮개의 장·단점
>
> | 장점 | ① 고음영역에서 차음효과가 탁월하다.
② 귀마개보다 차음효과가 일반적으로 크며 차음효과의 개인차가 적다
③ 귀 안에 염증이 있어도 사용이 가능하다.
④ 착용이 쉽고 착용법이 틀리거나 분실할 염려가 적다.
⑤ 동일한 크기의 귀덮개를 대부분의 근로자가 사용할 수 있다.
⑥ 멀리서도 착용 유무를 확인할 수 있다. |
> |---|---|
> | 단점 | ① 고온에서 사용 시에는 땀이 나서 불편하다.
② 보안경과 동시 착용 시에는 불편하며 차음효과가 감소한다.
③ 가격이 비싸고 운반과 보관이 쉽지 않다. |

15 방독마스크를 효과적으로 사용할 수 있는 작업으로 가장 적절한 것은?

① 오래 방치된 우물 속의 작업
② 맨홀작업
③ 오래 방치된 정화조 내 작업
④ 지상의 유해물질 중독 위험작업

> ① 오래 방치된 우물 속의 작업 → 우물 속(밀폐공간) → 산소결핍에 의한 질식이 우려되므로 송기마스크 착용
> ② 맨홀작업 → 맨홀(밀폐공간) → 산소결핍에 의한 질식이 우려되므로 송기마스크 착용
> ③ 오래 방치된 정화조 내 작업 → 정화조 내(밀폐공간) → 산소결핍에 의한 질식이 우려되므로 송기마스크 착용
> ④ 지상의 유해물질 중독 위험작업 → 유해물질 중독이 우려되므로 방독마스크 착용

16 개인보호구에서 귀덮개의 장점으로 틀린 것은?

① 귀마개보다 높은 차음효과를 얻을 수 있다.
② 동일한 크기의 귀덮개를 대부분의 근로자가 사용할 수 있다.
③ 귀에 염증이 있어도 사용할 수 있다.
④ 고온에서 사용해도 불편이 없다.

> ★ 귀덮개의 장·단점
>
> | 장점 | ① 고음영역에서 차음효과가 탁월하다.
② 귀마개보다 차음효과가 일반적으로 크며 차음효과의 개인차가 적다
③ 귀 안에 염증이 있어도 사용이 가능하다.
④ 착용이 쉽고 착용법이 틀리거나 분실할 염려가 적다.
⑤ 동일한 크기의 귀덮개를 대부분의 근로자가 사용할 수 있다.
⑥ 멀리서도 착용 유무를 확인할 수 있다. |
> |---|---|
> | 단점 | ① 고온에서 사용 시에는 땀이 나서 불편하다.
② 보안경과 동시 착용 시에는 불편하며 차음효과가 감소한다.
③ 가격이 비싸고 운반과 보관이 쉽지 않다. |

정답 13 ② 14 ① 15 ④ 16 ④

17 보호장구의 재질과 적용물질에 대한 내용으로 옳지 않은 것은?

① butyl 고무 - 비극성용제에 효과적이다.
② 면 - 용제에는 사용하지 못한다.
③ 천연고무 - 극성용제에 효과적이다.
④ 가죽 - 용제에는 사용하지 못한다.

> ① Butyl 고무 : 극성용제(알코올, 알데하이드 등)에 사용한다.

18 방독마스크에 대한 설명으로 옳지 않은 것은?

① 흡착제가 들어있는 카트리지나 캐니스터를 사용해야 한다.
② 산소결핍장소에서는 사용해서는 안 된다.
③ IDLH(Immediately Dangerous to Life and Health) 상황에서 사용한다.
④ 가스나 증기를 제거하기 위하여 사용한다.

> ③ IDLH(Immediately Dangerous to Life and Health) 상황에서 사용해서는 안 된다.

> *참고
> IDLH
> (Immediately Dangerous to Life and Health)
> 생명 및 건강에 대한 즉각적인 위험 초래농도, 그 이상의 농도에서 30분간 노출되면 사망 또는 회복이 불가능한 건강장애를 일으키는 농도 (NIOSH)

19 A 분진의 우리나라 노출기준은 $10mg/m^3$이며 일반적으로 반면형 마스크의 할당보호계수(APF)가 10이라면 반면형 마스크를 착용할 수 있는 작업장 내 A 분진의 최대농도는 얼마이겠는가?

① $1mg/m^3$ ② $10mg/m^3$
③ $50mg/m^3$ ④ $100mg/m^3$

> 할당보호계수 = 발생농도 / 노출기준
> 보호계수 = 방독마스크 바깥쪽 오염물질 농도(C_o) / 방독마스크 안쪽 오염물질 농도(C_i)
> 발생농도 = 할당보호계수 × 노출기준
>   = 10 × 10 = 100(mg/m^3)

20 호흡용 보호구에 관한 설명으로 틀린 것은?

① 방독마스크는 주로 면, 모, 합성섬유 등을 필터로 사용한다.
② 방독마스크는 공기 중의 산소가 부족하면 사용할 수 없다.
③ 방독마스크는 일시적인 작업 또는 긴급용으로 사용하여야 한다.
④ 방진마스크는 비휘발성 입자에 대한 보호가 가능하다.

> *방독마스크 흡수제의 종류
> ① 활성탄
> ② 큐프라마이트
> ③ 호프칼라이트
> ④ 실리카겔
> ⑤ 소다라임
> ⑥ 알칼리제재
> ⑦ 카본

정답 17 ① 18 ③ 19 ④ 20 ①

21 귀덮개의 장점을 모두 짝지은 것으로 가장 옳은 것은?

> ㉠ 귀마개보다 쉽게 착용할 수 있다.
> ㉡ 귀마개보다 일관성 있는 차음효과를 얻을 수 있다.
> ㉢ 크기를 여러 가지로 할 필요가 없다.
> ㉣ 착용 여부를 쉽게 확인할 수 있다.

① ㉠, ㉡, ㉣
② ㉠, ㉡, ㉢
③ ㉠, ㉢, ㉣
④ ㉠, ㉡, ㉢, ㉣

> * 귀덮개의 장·단점
>
> | | |
> |---|---|
> | 장점 | ① 고음영역에서 차음효과가 탁월하다.
② 귀마개보다 차음효과가 일반적으로 크며 차음효과의 개인차가 적다.
③ 귀 안에 염증이 있어도 사용이 가능하다.
④ 착용이 쉽고 착용법이 틀리거나 분실할 염려가 적다.
⑤ 동일한 크기의 귀덮개를 대부분의 근로자가 사용할 수 있다.
⑥ 멀리서도 착용 유무를 확인할 수 있다. |
> | 단점 | ① 고온에서 사용 시에는 땀이 나서 불편하다.
② 보안경과 동시 착용 시에는 불편하며 차음효과가 감소한다.
③ 가격이 비싸고 운반과 보관이 쉽지 않다. |

22 비극성 용제에 효과적인 보호장구의 재질로 가장 옳은 것은?

① 면
② 천연고무
③ Nitril 고무
④ Butyl 고무

> ① 면 : 고체상물질에 사용(용제에는 사용 못함)
> ② 천연고무 : 극성용제 및 수용성 용액에 사용
> ③ Nitrile 고무 : 비극성용제에 사용
> ④ Butyl 고무 : 극성용제(알코올, 알데하이드 등)에 사용

23 보호구를 착용함으로써 유해물질로부터 얼마만큼 보호되는지를 나타내는 보호계수(PF) 산정식으로 옳은 것은? (단, C_o : 호흡기 보호구 밖의 유해물질 농도, C_i : 호흡기 보호구 안의 유해물질 농도)

① $PF = C_i/C_o$
② $PF = C_o/C_i$
③ $PF = (C_o - C_i)/100$
④ $PF = (C_i - C_o)/100$

> 할당보호계수 = 발생농도 / 노출기준
>
> 보호계수 = 방독마스크 바깥쪽 오염물질 농도(C_o) / 방독마스크 안쪽 오염물질 농도(C_i)

24 방진마스크에 대한 설명으로 틀린 것은?

① 여과효율이 우수하려면 필터에 사용되는 섬유의 직경이 작고 조밀하게 압축되어야 한다.
② 비휘발성 입자에 대한 보호가 가능하다.
③ 흡기저항 상승률이 높은 것이 좋다.
④ 흡기·배기 저항은 낮은 것이 좋다.

> ③ 흡기저항 상승률이 낮은 것이 좋다.

정답 21 ④ 22 ③ 23 ② 24 ③

25 다음 보호장구의 재질 중 극성용제에 가장 효과적인 것은? (단, 극성용제에는 알코올, 물, 케톤류 등을 포함한다.)

① Neoprene 고무　② Butyl
③ Viton　　　　　④ Nitrile 고무

> ① Neoprene 고무 : 비극성용제, 산, 부식성물질에 사용
> ② Butyl : 극성용제(알코올, 알데하이드 등)에 사용
> ③ Viton : 비극성용제에 사용
> ④ Nitrile 고무 : 비극성용제에 사용

26 금속을 가공하는 음압수준이 98dB(A)인 공정에서 NRR이 17인 귀마개를 착용한다면 차음효과는? (단, OSHA에서 차음효과를 예측하는 방법을 적용)

① 2dB(A)　② 3dB(A)
③ 5dB(A)　④ 7dB(A)

> 차음효과 = (NRR − 7) × 0.5
> • NRR : 차음평가수
> 차음효과 = (17 − 7) × 0.5 = 5dB(A)

정답　25 ②　26 ③

산업위생관리기사 필기

04

제4과목 물리적 유해인자 관리

CHAPTER 01 온열조건
CHAPTER 02 이상기압
CHAPTER 03 소음 · 진동
CHAPTER 04 방사선

CHAPTER 01

온열조건

01 고온

1 온열요소와 지적온도

(1) 온열요소(열 교환에 영향을 미치는 요소) 실기 기출 ★

① 기온(온도)
② 기습(습도)
③ 기류(대류, 풍속)
④ 복사열

1) 기온(온도)

① 섭씨(℃)온도와 Kelvin 온도의 관계

$$K = (℃) + 273$$

② 섭씨(℃)온도와 화씨(℉) 온도의 관계

$$℉ = \left(\frac{9}{5} \times ℃\right) + 32$$

2) 기습(습도)

① **포화습도**
  - 공기 중의 수증기의 포화정도를 나타내는 것으로 일정 기온에서 공기 속에 최대량의 수증기가 함유된 상태를 말한다.
  - 포화 습도는 기온에 따라 달라지며, 기온이 높을 때에는 높아지고, 기온이 낮을 때에는 낮아진다.
② **절대습도**(수증기밀도 또는 수증기농도)
  - 공기 1m³ 중에 포함된 수증기의 양을 g으로 나타낸 것을 말한다.

한 눈에 들어오는 키워드

요약

포화습도
공기 중의 수증기의 포화정도를 나타낸 것을 말한다.

절대습도
공기 1m³ 중에 포함된 수증기의 양을 g으로 나타낸 것을 말한다.

상대습도(비교습도)
현재 공기 중에 포함된 수증기량과 포화수증기량의 비를 퍼센트(%)로 나타낸 것을 말한다.

③ 상대습도(비교습도)
- 현재 공기 중에 포함된 수증기량과 포화수증기량의 비를 퍼센트(%)로 나타낸 것을 말한다.

$$상대습도(\%) = \frac{현재\ 수증기압(절대습도)}{포화\ 수증기압} \times 100$$

- 온도변화에 따라 상대습도는 변화된다.
- 상대습도가 높으면 불쾌감을 느낀다.(사람이 활동하기 가장 좋은 상대습도는 40~60%)

[예제 1]

작업장의 습도를 측정한 결과 절대습도는 4.57mmHg, 포화습도는 18.25mmHg이었다. 이 작업장의 습도 상태에 대한 설명으로 맞는 것은?

① 적당하다.
② 너무 건조하다.
③ 습도가 높은 편이다.
④ 습도가 포화상태이다.

해설

$$상대습도(\%) = \frac{현재\ 수증기압(절대습도)}{포화\ 수증기압} \times 100$$

1. 상대습도(%) = $\frac{4.57}{18.25} \times 100 = 25.04(\%)$
2. 사람이 활동하기 가장 좋은 상대습도는 40~60%로 너무 건조하다.

[정답 ②]

3) 기류(Air movement : 대류) : 공기의 흐름

① 불감기류(사람이 느끼지 못하는 기류) : 0.2~0.5m/sec
② 인체가 느낄 수 있는 최저한계 기류의 속도 : 0.5m/sec
③ 인체에 적당한 기류(온열요소) 속도범위 : 6~7m/min

(2) 열평형 방정식(인체의 열교환) ★★

$$S(열축적) = M(대사열) - E(증발) \pm R(복사) \pm C(대류) - W(한일)$$

S : 열이득 및 열손실량이며, 열평형 상태에서는 0이다.

한 눈에 들어오는 키워드

기출
카타(Kata)온도계
실내 불감기류의 측정에 사용된다.

기출
안정된 상태에서의 열발산 순서
전도 및 대류 > 피부증발 > 호기증발 > 배뇨

실기 기출 ★
한랭환경에서의 열평형 방정식
S(열축적)
= M(대사열) - E(증발) - R(복사)
 - C(대류) - W(한일)

(3) 지적온도(optimum temperature : 적정온도)

1) 지적온도의 정의

① 환경온도를 감각온도로 표시한 것을 지적온도라 한다.
② 생활하는 데 가장 적절한 온도를 말하며 보통 16~20℃를 지적온도라고 한다.

2) 지적온도의 종류

① 주관적 지적온도
② 생리적 지적온도
③ 생산적 지적온도

3) 지적온도의 영향인자 ★

① 작업량이 클수록 체열생산량이 많아 지적온도는 낮아진다.
② 여름철이 겨울철보다 지적온도가 높다.
③ 더운 음식물, 알코올, 기름진 음식 등을 섭취하면 지적온도는 낮아진다.
④ 젊은 사람보다 노인들에게 지적온도가 높다.

(4) 감각온도(실효온도, 유효온도) ★

① 온도, 습도 및 공기 유동이 인체에 미치는 열 효과를 하나의 수치로 통합한 경험적 감각지수를 감각온도라 한다.
② 상대습도 100%일 때의 온도에서 느끼는 것과 동일한 온감(溫感)을 말한다.
③ 감각온도의 근사치로 습구흑구온도지수(WBGT)가 사용된다.

2 고열장해와 생체영향

(1) 고온에서의 생리적 변화

① 체표면의 한선의 수(땀샘)가 증가
② 갑상선호르몬 분비 감소
③ 간기능 저하(콜레스테롤/콜레스테롤 에스터 비 감소)

참고
온도는 작업의 종류에 따라 다르며 중(中)작업에서는 10~14℃, 중(重)등도의 강한 작업에서는 14~18℃, 지적(知的) 작업은 16~18℃ 정도이다.

기출
지적환경(potimum working environment)을 평가하는 방법
① 생산적(productive) 방법
② 생리적(physiological) 방법
③ 정신적(psychological) 방법

실기 기출 ★
유효온도는 기온(온도), 기습(습도), 기류(대류, 공기유동)의 다양한 조건에 노출되었을 때 따뜻함의 정도를 정해놓은 것이다.

확인
불감발한
땀이 나지 않더라도 피부표면과 호흡기를 통하여 수분이 증발하는 현상(0.6L/day)

고온의 일차적 생리적 현상 ★	고온의 이차적 생리적 현상
• 발한(땀) • 불감발한 • 피부혈관의 확장 • 체표면적 증가 • 호흡증가 • 근육이완	• 심혈관 장해 • 신장 장해 • 위장 장해 • 신경계 장해 • 피부기능 변화 • 수분 및 염분 부족

(2) 고열장해 분류 ★★

1) 열성발진(heat rashes), 열성 혈압증 ★

① 가장 흔히 발생하는 피부장해로서 땀띠(plickly heat)라고도 한다.
② 한선(땀샘)에 염증이 생기고 피부에 작은 수포가 형성된다.(범위가 넓어지면 발한에 장해를 줌)

2) 열쇠약(heat prostration)

① 고열작업장에서의 만성적인 건강장해
② 전신권태, 위장장해, 불면, 빈혈 등의 증상이 있다.

3) 열경련(heat cramp) ★★

① 전형적인 열 중증의 형태로 고온환경에서 심한 육체적인 노동을 할 때 혈중 염분농도 저하가 원인이 된다.
② 근육경련, 현기증, 이명, 두통, 구역, 구토 등의 증상이 있다.
③ 수분 및 NaCl 보충(생리식염수 0.1% 공급)한다.(일시에 염분농도가 높으면 흡수 저하가 일어나므로 식염정제를 공급해서는 안 된다.)

4) 열피로(heat exhaustion), 열탈진, 열피비 ★

① 고온 환경에서 장시간 힘든 노동을 할 때 고열에 순화되지 않은 작업자에게 많이 발생한다.
② 과다 발한으로 인한 수분과 염분손실 및 탈수로 인한 혈장량 감소가 원인이다.
③ 심할 경우 허탈로 빠져 의식을 잃을 수도 있다.
④ 휴식 후 5% 포도당을 정맥주사 한다.

한 눈에 들어오는 키워드

요약 ★

열경련(heat cramp)
고온환경에서 심한 육체적인 노동을 할 때 체내 수분 및 혈중 염분농도 저하가 원인이 되어 발생한다.

열피로(heat exhaustion), 열탈진, 열피비
고온환경에서 장시간 힘든 노동을 할 때 과다 발한으로 인한 수분과 염분손실 및 탈수로 인한 혈장량이 감소 되어 발생한다.

열쇠약(heat prostration)
고열작업장에서의 만성적인 건강장해로 전신권태, 위장장해, 불면, 빈혈 등의 증상이 발생한다.

열성발진(heat rashes)
가장 흔한 피부장해로서 땀띠라고도 한다.

열허탈, 열실신
고열작업장에 순화되지 못한 작업자가 고열작업을 수행하는 경우에 혈액순환 장해로 인하여 신체말단부에 혈액이 과다하게 저류되어 뇌의 혈액흐름이 좋지 못하여 대뇌피질의 혈류량이 부족(뇌의 산소부족)하여 발생한다.

열사병
태양의 복사열에 직접 노출 시 뇌의 온도 상승으로 체온조절 중추기능 장해(중추신경 마비)를 일으켜서 체내에 열이 축적되어 발생한다.

5) 열허탈(heat collapse), 열실신(heat syncope) ★

① 고열작업장에 순화되지 못한 작업자가 고열작업을 수행(중근작업을 2시간 이상 하였을 때)하는 경우에 혈액순환 장해로 인하여 신체말단부에 혈액이 과다하게 저류되며 뇌의 혈액흐름이 좋지 못하여 대뇌피질의 혈류량이 부족(뇌의 산소부족)하여 발생한다.
② 저혈압, 뇌의 산소부족으로 실신, 현기증을 느낀다.
③ 시원한 그늘에서 휴식시키고 염분과 수분을 경구로 보충한다.

6) 열사병 ★★

① 태양의 복사열에 직접 노출 시에 뇌의 온도 상승으로 체온조절 중추기능 장해(중추신경 마비)를 일으켜서 체내에 열이 축적되어 발생한다.
② 중추신경계의 장해 : 신체내부의 체온조절계통이 기능을 잃어 발생한다.
③ 전신적인 발한정지 : 피부는 땀이 나지 않아 건조하다.
④ 직장온도 상승(40℃ 이상의 직장온도) : 체열방산을 하지 못하여 체온이 41℃에서 43℃까지 상승할 수 있으며 혼수상태에 이를 수 있다.
⑤ 대사열의 증가는 작업부하와 작업환경에서 발생하는 열부하가 원인이 되어 발생하며 열사병을 일으키는 데 크게 관여하고 있다.
⑥ 초기에 조치가 취해지지 못하면 사망에 이를 수도 있다.
⑦ 응급처치법 : 체온을 급히 하강(얼음물에 몸을 담가서 체온을 39℃ 이하로 유지)시킨 후 체열생산 억제를 위하여 항신진대사제를 투여한다.

> **암기**
> • 열성발진(땀띠) → 열쇠약 → 열경련(혈중 염분농도 저하) → 열피로, 열탈진(탈수로 인한 혈장량 감소) → 열허탈(대뇌피질의 혈류량 부족)
> • 열사병 : 체온조절 중추기능 장해

(2) 고온순화(순응)

1) 고온순화의 특징

고온순화란 매일 고온에 장기간 노출되어도 적응되는 것을 말하며 고열에 순화되면 고열 장해를 덜 받게 된다.

① 매일 고온에 지속적으로 폭로 시 4~6일에 주로 이루어지며 고온에 폭로된 지 12~14일에 거의 완성된다.

한 눈에 들어오는 키워드

기출
물리적 체온 조절작용
(physical thermo regulation)
체온의 상승에 따라 체온조절중추인 시상하부에서 혈액온도를 감지하거나 신경망을 통하여 정보를 받아 들여 체온 방산작용이 활발해지는 작용
① 정신적 조절작용
  (spiritual thermo regulation)
② 화학적 조절작용
  (chemical thermo regulation)
③ 생물학적 조절작용
  (biological thermo regulation)

② 순화방법은 하루 100분씩 폭로하는 것이 가장 이상적이다.(고온폭로 시간이 길다고 고온순화가 빨리 되는 것은 아니다.)
③ 고온순화에 가장 중요한 외부영향요인은 영양과 수분보충이다.
④ 고열에 대한 노출이 없어지면 순화는 없어진다.
⑤ 처음 투입되는 근로자의 경우 매일 작업 활동량의 20%씩 증가시켜 5일만에 완성되게 한다.

2) 고온순화 기전
  ① 체온조절기전의 항진
  ② 더위에 대한 내성 증가
  ③ 열생산 감소
  ④ 열방산 능력 증가

3 고열 측정 및 평가

(1) 고열의 정의

열에 의하여 근로자에게 열경련, 열탈진 또는 열사병 등의 건강장해를 유발할 수 있는 더운 온도를 말한다.

(2) 습구흑구온도지수(Wet-Bulb Globe Temperature : WBGT) ★

근로자가 고열환경에 종사함으로써 받는 열 스트레스 또는 위해를 평가하기 위한 도구(단위 : ℃)로써 기온, 기습 및 복사열을 종합적으로 고려한 지표를 말한다.

(3) 평가 시 고려 사항

사업주는 고열작업에 근로자를 종사하도록 하는 때에는 열경련, 열탈진 등의 건강장해를 예방하기 위하여 고열의 위해성을 평가하여야 하며, 평가 시 다음 사항을 고려한다.
① 고열작업의 종류 및 발생원
② 고열작업의 성질(특성 및 강도 등)
③ 온열특성(기온, 기습, 기류, 복사열 등)
④ 근로자의 작업 활동 및 착용한 의복 형태
⑤ 고열관련 상해 및 질병발생 실태

⑥ 산업환기설비 등의 설치와 적절성
⑦ 근로자의 열순응 정도
⑧ 기타 고열환경 개선에 필요한 사항

(4) 고열의 측정 및 평가

1) 고열 측정기기

고열은 습구흑구온도지수(WBGT)를 측정할 수 있는 기기 또는 이와 동등 이상의 성능을 가진 기기를 사용한다.

2) 고열 측정방법 ★★★

① 측정은 단위작업 장소에서 측정대상이 되는 근로자의 주 작업 위치에서 측정한다.
② 측정기의 위치는 바닥면으로부터 50센티미터 이상, 150센티미터 이하의 위치에서 측정한다.
③ 측정기를 설치한 후 충분히 안정화시킨 상태에서 1일 작업시간 중 가장 높은 고열에 노출되는 1시간을 10분 간격으로 연속하여 측정한다.

3) 고열의 평가

① 습구흑구온도지수(WBGT)의 산출 ★★★

- 옥외(태양광선이 내리쬐는 장소)

$$WBGT(℃) = 0.7 \times 자연습구온도 + 0.2 \times 흑구온도 + 0.1 \times 건구온도$$

- 옥내 또는 옥외(태양광선이 내리쬐지 않는 장소)

$$WBGT(℃) = 0.7 \times 자연습구온도 + 0.3 \times 흑구온도$$

② 평균 습구흑구온도지수의 산출

연속작업에 대한 60분 평균 및 간헐작업에 대한 120분 평균 습구흑구온도지수를 각각 다음 식으로 구한다.

$$평균\ WBGT(℃) = \frac{WBGT_1 \times t_1 + WBGT_2 \times t_2 + \cdots + WBGT_n \times t_n}{t_1 + t_2 + \cdots + t_n}$$

$WBGT_n$: 각 습구흑구온도지수의 측정치(℃)
t_n : 각 습구흑구온도지수의 측정시간(분)

③ 고열작업장의 노출기준(WBGT, ℃)

시간당 작업과 휴식비율	작업 강도		
	경작업	중등작업	중(힘든)작업
연속 작업	30.0	26.7	25.0
75% 작업, 25% 휴식 (45분 작업, 15분 휴식)	30.6	28.0	25.9
50% 작업, 50% 휴식 (30분 작업, 30분 휴식)	31.4	29.4	27.9
25% 작업, 75% 휴식 (15분 작업, 45분 휴식)	32.2	31.1	30.0

※ 비고
1. 경작업 : 시간당 200kcal까지의 열량이 소요되는 작업을 말하며, 앉아서 또는 서서 기계의 조정을 하기 위하여 손 또는 팔을 가볍게 쓰는 일 등이 해당됨
2. 중등작업 : 시간당 200~300kcal의 열량이 소요되는 작업을 말하며 물체를 들거나 밀면서 걸어다니는 일 등이 해당됨
3. 중(격심)작업 : 시간당 350~500kcal의 열량이 소요되는 작업을 뜻하며, 곡괭이질 또는 삽질하는 일과 같이 육체적으로 힘든 일 등이 해당됨

[예제 2]

시간당 150kcal 열량이 소모되는 작업을 하는 실내 작업장이다. 다음 온도 조건에서 시간당 작업휴식 시간비로 가장 적절한 것은?

- 흑구온도 : 32℃
- 건구온도 : 27℃
- 자연습구온도 : 30℃

작업휴식시간비 \ 작업강도	경작업	중등작업	중작업
계측작업	30.0	26.7	25.0
매시간 75% 작업, 25% 휴식	30.6	28.0	25.9
매시간 50% 작업, 50% 휴식	31.4	29.4	27.9
매시간 25% 작업, 75% 휴식	32.2	31.1	30.0

해설

습구흑구온도지수(WBGT)의 산출

1. 옥외(태양광선이 내리쬐는 장소)
   WBGT(℃) = 0.7×자연습구온도 + 0.2×흑구온도 + 0.1×건구온도
2. 옥내 또는 옥외(태양광선이 내리쬐지 않는 장소)
   WBGT(℃) = 0.7×자연습구온도 + 0.3×흑구온도

1. WBGT(℃) = 0.7×자연습구온도 + 0.3×흑구온도 = 0.7×30 + 0.3×32 = 30.6(℃)
2. 시간당 150kcal를 소비하므로 경작업이며, 30.6(℃)이므로 매시간 75% 작업, 25% 휴식

4 고열에 대한 대책

(1) 고열작업 시의 조치

사업주는 실내에서 고열작업을 하는 경우에 고열을 감소시키기 위하여 **환기장치 설치, 열원과의 격리, 복사열 차단** 등 필요한 조치를 하여야 한다.

(2) 고열장해 예방 작업관리조치

사업주는 고열작업에 근로자를 종사하도록 하는 때에는 건강장해를 예방하기 위하여 다음 각 호의 작업관리 조치를 취한다.

① 근로자를 새로이 배치할 경우에는 **고열에 순응할 때까지 고열작업시간을 매일 단계적으로 증가시키는** 등 필요한 조치를 한다. 고열에의 순응은 하루 중 오전에는 시원한 곳에서 일하게 하고 오후에만 고열작업을 시키는 방법 등으로 실시한다.
② 근로자가 온도, 습도를 쉽게 알 수 있도록 **온도계 등의 기기를 상시 작업 장소에 비치**한다.
③ 인력에 의한 굴착작업 등 **에너지 소비량이 많은 작업이나 연속작업은 가능한 한 줄인다.**
④ 작업휴식시간비를 초과하여 근로자가 작업하지 않도록 한다.
⑤ 근로자들이 휴식시간에 이용할 수 있는 **휴게시설을 갖춘다.** 휴게시설을 설치하는 때에는 **고열작업과 격리된 장소에 설치하고 잠자리를 가질 수 있는 넓이를 확보**한다.
⑥ 고열물체를 취급하는 장소 또는 현저히 뜨거운 장소에는 **관계근로자외의 자의 출입을 금지**시키고 그 뜻을 보기 쉬운 장소에 게시하여야 한다.
⑦ 작업복이 심하게 젖게 되는 작업장에 대하여는 **탈의시설, 목욕시설, 세탁시설 및 작업복을 건조시킬 수 있는 시설**을 설치·운영한다.
⑧ 근로자가 **작업 중 땀을 많이 흘리게 되는 장소에는 소금과 깨끗하고 차가운 음료수** 등을 비치한다.

(3) 보호구

사업주는 고열작업에 근로자를 종사하도록 하는 때에는 건강장해를 예방하기 위하여 다음 각 호의 기준에 따라 적절한 보호구와 작업복 등을 지급·관리하고 이를 근로자가 착용하도록 조치한다.

한 눈에 들어오는 키워드

기출
작업장 내 고열부하에 대한 관리 대책
① 습도와 기류의 속도를 낮춘다.
② 작업복은 열을 잘 흡수하는 복장을 피하고 흡습성, 환기성이 좋은 복장을 착용시킨다.
③ 기온이 35℃ 이상이면 피부에 닿는 기류를 줄이고 옷을 입어야 한다.
④ 한 번에 길게 휴식하는 것보다는 노출시간을 짧게 자주 휴식하는 것이 바람직하다.

기출
고온작업장의 열중증 예방대책
① 열원의 차폐
② 근로시간 및 작업강도의 조정
③ 수분 및 염분의 보충
④ 근로자 보호구의 착용

① 다량의 고열물체를 취급하거나 현저히 더운 장소에서 작업하는 근로자에게는 방열장갑 및 방열복을 개인전용의 것으로 지급한다.
② 작업복은 열을 잘 흡수하는 복장을 피하고 흡습성, 환기성의 좋은 복장을 착용시킨다.
③ 직사광선 하에서는 환기성이 좋은 모자 등을 쓰게 한다.
④ 근로자로 하여금 지급한 보호구는 상시 점검하도록 하고 보호구에 이상이 있다고 판단한 경우 사업주는 이상 유무를 확인하여 이를 보수하거나 다른 것으로 교환하여 준다.

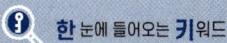

(4) 건강장해 예방조치

사업주는 고열작업에 근로자를 종사하도록 하는 때에는 건강장해를 예방하기 위하여 다음 각호의 건강장해 예방조치를 취한다.

① 건강진단 결과에 따라 적절한 건강관리 및 적정배치 등을 실시한다.
② 근로자의 수면시간, 영양지도 등 일상의 건강관리지도를 실시하고 필요시 건강상담을 실시한다.
③ 작업개시 전 근로자의 건강상태를 확인하고 작업 중에는 주기적으로 순회하여 상담하는 등 근로자의 건강상태를 확인하고 필요한 조치를 조언한다.
④ 작업근로자에게 수분이나 염분의 보급 등 필요한 보건지도를 실시한다.
⑤ 휴게시설에 체온계를 비치하여 휴식시간 등에 측정할 수 있도록 한다.

(5) 고열작업 종사의 제한

사업주는 다음 각 호에 해당하는 근로자에 대하여는 고열작업의 내용과 건강상태의 정도를 고려하여 고열작업 종사를 제한한다.

① 비만자
② 심장혈관계에 이상이 있는 자
③ 피부질환을 앓고 있거나 감수성이 높은 자
④ 발열성 질환을 앓고 있거나 회복기에 있는 자
⑤ 45세 이상의 고령자

(6) 안전보건교육

사업주는 고열작업에 근로자를 종사하도록 하는 때에는 작업을 지휘·감독하는 자와 해당 작업근로자에 대해서 다음 각 호의 내용에 대한 안전보건교육을 실시한다.

① 고열이 인체에 미치는 영향
② 고열에 의한 건강장해 예방법
③ 응급 시의 조치사항

02 저온

1 한랭의 생체영향

(1) 저온(한랭환경)에서의 생리적 변화 ★

저온환경의 일차적인 생리적 변화	저온환경의 이차적인 생리적 반응
• 근육긴장의 증가 및 떨림(전율) • 피부혈관의 수축 • 말초혈관의 수축 • 화학적 대사작용의 증가(갑상선 호르몬 분비 증가) • 체표면적의 감소	• 말초냉각 : **말초혈관의 수축으로 표면조직의 냉각**이 진행된다. • 식욕변화 : 저온에서는 **근육활동, 조직 대사의 증진으로 식욕이 항진**된다. • 혈압변화 : 피부혈관 수축으로 **혈압은 일시적으로 상승**한다. • 순환기능 : 피부혈관의 수축으로 **순환기능이 감소**된다.

(2) 한랭환경에 의한 건강장해

1) 전신체온강하(저체온증 ; general hypothermia)

① 전신 체온강하는 **장시간의 한랭 노출과 체열상실에 따라 발생하는 급성 중증 장해**이다.
② 저체온증은 몸의 심부온도가 35℃ 이하로 내려간 것을 말한다.
③ 전신 저체온의 첫 증상은 억제하기 어려운 떨림과 냉(冷)감각이 생기고 심박동이 불규칙하고 느려지며, 맥박은 약해지고 혈압이 낮아진다.

참고

한랭환경에 의한 건강장해
① 전신체온강하(저체온증) : 장시간의 한랭 노출과 체열상실에 따라 발생하는 급성 중증장해
② 동상 : 조직의 동결을 말하며, 피부의 이론상 동결온도는 약 -1℃ 정도이다.
③ 참호족(참수족) : 한랭환경에 장기간 노출됨과 동시에 발이 지속적으로 습기나 물에 잠길 경우 발생한다.

2) 동상(frostbite)

① 동상은 **조직의 동결**을 말하며, 피부의 이론상 **동결온도는 약 −1℃** 정도이다.
② 저온작업에서 **손가락, 발가락** 등의 말초부위는 피부온도 저하가 가장 심한 부위이다.
③ **발가락은 12℃에서 시린 느낌이 생기고 6℃에서는 아픔**을 느낀다. ★
④ 피부 빙상온도(동결온도)는 0℃~−2℃(−1℃)이다.
⑤ 동상의 구분 ★★

제1도 동상 (발적)	가려우며 **혈관확장으로 국소 발적**이 생긴다.
제2도 동상 (수포형성과 염증)	**수포**와 함께 **광범위한 삼출성 염증**이 생긴다.
제3도 동상 (조직괴사 및 괴저)	심부조직까지 동결되어 **조직의 괴사로 인한 괴저**가 발생한다.

3) 참호족(참수족, 침수족; trench foot, immersion foot) ★

① 한랭환경에 장기간 노출됨과 동시에 **발이 지속적으로 습기나 물에 잠길 경우** 발생한다.(침수족이 참호족보다 노출시간이 길 때 발생)
② 지속적인 **국소의 산소결핍이 원인**이며, 모세혈관 벽이 손상되어 부종, 작열감, 가려움, 심한 동통 등이 나타나며 수포, 궤양이 형성되기도 한다.
③ 침수족과 참호족은 발생조건이 유사하며 임상증상과 징후가 거의 같다.

2 한랭에 대한 대책

(1) 한랭장해 예방 조치

사업주는 근로자가 한랭작업을 하는 경우에 동상 등의 건강장해를 예방하기 위하여 다음 각 호의 조치를 하여야 한다.

① 혈액순환을 원활히 하기 위한 **운동지도**를 할 것
② 적절한 **지방과 비타민 섭취**를 위한 영양지도를 할 것

> **참고**
> **지단 자람증(지단 가사증)**
> 울혈로 손(발)가락이 차고 파리해지는 증상으로 한랭환경에서 발생한다.

(2) 한랭작업환경의 관리

1) 환경관리

사업주는 한랭작업에 근로자를 종사하도록 하는 때에는 건강장해를 예방하기 위하여 다음 각 호의 환경관리 조치를 취한다.

① 한랭작업이 실내인 경우에는 난방 등을 위하여 적절한 온·습도 조절장치를 설치한다.
② 근로자가 온도·습도를 쉽게 알 수 있도록 온도계 등의 기기를 상시 작업장소에 비치한다.

2) 작업관리

사업주는 한랭작업에 근로자를 종사하도록 하는 때에는 동상 등의 건강장해를 예방하기 위하여 다음 각호의 조치를 취한다.

① 혈액순환을 원활히 하기 위한 운동지도를 실시한다.
② 적정한 지방과 비타민 섭취를 위한 영양지도를 실시한다.
③ 젖은 작업복 등은 즉시 갈아입도록 한다.
④ 근로자들이 휴식시간에 이용할 수 있는 휴게시설을 갖춘다. 휴게시설을 설치하는 때에는 한랭작업과 격리된 장소에 설치한다. 한랭작업이 야외작업인 경우에는 트레일러, 승합차 등과 같은 이동식 시설을 포함한 따뜻한 휴게시설이 제공되어야 한다.
⑤ 다량의 저온물체를 취급하는 장소 또는 현저히 차가운 장소에는 관계근로자 외의 자의 출입을 금지시키고 그 뜻을 보기 쉬운 장소에 게시하여야 한다.
⑥ 작업복이 심하게 젖게 되는 작업장에 대하여는 탈의시설, 목욕시설, 세탁시설 및 작업복을 건조시킬 수 있는 시설을 설치·운영한다.
⑦ 추운 곳에서 일하는 근로자들은 가급적 순환근무를 하여 한랭 환경에 너무 오래 노출되지 않게 한다.
⑧ 한랭 환경의 작업에서 차가운 금속에 근로자의 피부가 접촉되지 않도록 한다.

3) 보호구

사업주는 한랭작업에 근로자를 종사하도록 하는 때에는 건강장해를 예방하기 위하여 다음 각 호의 기준에 따라 적절한 보호구와 작업복 등을 지급·관리하고 이를 근로자가 착용하도록 조치한다.

[기출] 한랭작업 근로자의 관리
① 한랭에 대한 순화는 고온순화보다 느리다.
② 노출된 피부나 전신의 온도가 떨어지지 않도록 온도를 높이고 기류의 속도를 낮추어야 한다.
③ 필요하다면 작업을 자신이 조절하게 한다.
④ 외부 액체가 스며들지 않도록 방수 처리된 의복을 입는다.

① 다량의 저온물체를 취급하거나 현저히 추운 장소에서 작업하는 근로자에게는 **방한모, 방한화, 방한장갑 및 방한복을 개인전용의 것으로 지급**한다.
② 기온이 **4℃ 이하의 작업환경에서는** 근로자가 적절한 보호복을 착용하도록 하며, **젖은 곳에서는 방수복을 착용**하게 한다.
③ **신발은 고무인 바닥을 천으로 둘러싸고 가죽으로 덮은 부츠를 제공**한다.
④ 머리를 통해 50%의 열 소실이 있는 경우 **털모자 또는 열선이 있는 안전모와 같은 머리 보호구를 제공**한다.
⑤ 근로자로 하여금 지급한 보호구는 상시 점검하도록 하고 보호구에 이상이 있다고 판단한 경우 사업주는 이상 유무를 확인하여 이를 보수하거나 다른 것으로 교환하여 준다.

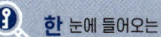

(3) 건강장해 예방조치

사업주는 한랭작업에 근로자를 종사하도록 하는 때에는 전신 저체온증, 동상 등의 건강장해를 예방하기 위하여 다음 각 호의 조치를 하여야 한다.
① 건강진단 결과에 따라 적절한 건강관리 및 적정배치 등을 실시한다.
② 근로자의 수면시간, 영양지도 등 일상의 건강관리지도를 실시하고 필요한 때에는 건강상담을 실시한다.
③ 작업을 시작하기 전 근로자의 건강상태를 확인하고 작업 중에는 주기적으로 순회하여 상담하는 등 근로자의 건강상태를 확인하고 필요한 조치를 조언한다.
④ 작업근로자에게 따뜻한 음료의 공급 등 필요한 보건지도를 실시한다.

(4) 한랭작업 종사의 제한

사업주는 다음 각 호에 해당하는 근로자를 한랭 작업에 배치하고자 할 때에는 의사인 보건관리자 또는 산업의학전문의에게 의뢰하여 업무에 적합한지를 평가받도록 한다.
① 고혈압 및 심장혈관질환자
② 간장 및 위장기능 장해자
③ 위산과다증자 및 신장기능 이상자
④ 감기에 잘 걸리거나 한랭에 알레르기가 있는 자
⑤ 과거에 한랭장해 병력이 있는 자
⑥ 흡연 및 음주를 많이 하는 자

(5) 안전보건교육

사업주는 한랭작업에 근로자를 종사하도록 하는 때에는 작업을 지휘·감독하는 자와 해당 작업근로자에 대해서 **다음 각 호의 내용에 대한 안전보건교육을** 실시한다.

① 전신 저체온증·동상 등 **한랭장해의 증상**
② 전신 저체온증·동상 등 **한랭장해의 예방방법**
③ **응급한 때의 조치사항**

CHAPTER 01 단원 예상문제

저자가 콕! 찝어주는 예상문제 풀어보기!

01 다음 중 한랭환경에서의 생리적 반응이 아닌 것은?

① 피부혈관의 수축
② 근육 긴장의 증가와 떨림
③ 화학적 대사작용의 증가
④ 체표면적의 증가

> ★ 저온(한랭환경)에서의 일차적인 생리적 변화
> ① 근육긴장의 증가 및 떨림(전율)
> ② 피부혈관의 수축
> ③ 말초혈관의 수축
> ④ 화학적 대사작용의 증가(갑상선 호르몬 분비 증가)
> ⑤ 체표면적의 감소

> ★ 참고
> 저온환경의 이차적인 생리적 반응
> ① 말초냉각 : 말초혈관의 수축으로 표면조직의 냉각이 진행된다.
> ② 식욕변화 : 저온에서는 근육활동, 조직대사의 증진으로 식욕이 항진된다.
> ③ 혈압변화 : 피부혈관 수축으로 혈압은 일시적으로 상승한다.
> ④ 순환기능 : 피부혈관의 수축으로 순환기능이 감소된다.

02 다음 [보기] 중 온열요소를 결정하는 주요 인자들로만 나열된 것은?

[보기]
㉠ 기온   ㉡ 기습
㉢ 지형   ㉣ 위도
㉤ 기류

① ㉠, ㉡, ㉢
② ㉡, ㉢, ㉣
③ ㉢, ㉣, ㉤
④ ㉠, ㉡, ㉤

> ★ 온열요소(열 교환에 영향을 미치는 요소)
> ① 기온(온도)
> ② 기습(습도)
> ③ 기류(대류, 풍속)
> ④ 복사열

03 고온다습한 작업환경 혹은 강렬한 복사열에 노출되어 있는 상태에서 격심한 육체운동을 할 때 발생하는 이상 상태로서 체온조절 중추기능에 이상이 생겨 체온이 41~43℃까지 급격하게 상승하여 사망하기도 하는 질병은?

① 열쇠약   ② 열경련
③ 열피로   ④ 열사병

> ★ 열사병
> 체온조절 중추기능에 이상이 생겨 체온이 41~43℃까지 급격하게 상승하여 사망하기도 하는 질병

정답 01 ④ 02 ④ 03 ④

★ 참고
① 열경련(heat cramp) : 고온환경에서 심한 육체적인 노동을 할 때 체내 수분 및 혈중 염분농도 저하가 원인이 되어 발생한다.
② 열피로(heat exhaustion), 열탈진, 열피비 : 고온환경에서 장시간 힘든 노동을 할 때 과다 발한으로 인한 수분과 염분손실 및 탈수로 인한 혈장량이 감소되어 발생한다.
③ 열쇠약(heat prostration) : 고열작업장에서의 만성적인 건강장해로 전신권태, 위장장해, 불면, 빈혈 등의 증상이 발생한다.

04 인체와 환경 사이의 열평형에 의하여 인체는 적절한 체온을 유지하려고 노력하는데, 기본적인 열평형 방정식에 있어 신체 열용량의 변화가 0보다 크면 생산된 열이 축적되게 되고, 체온조절중추인 시상하부에서 혈액온도를 감지하거나 신경망을 통하여 정보를 받아들여 체온방산작용이 활발히 시작된다. 다음 중 이러한 것을 무엇이라고 하는가?

① 물리적 조절작용
　(physical thermo regulation)
② 화학적 조절작용
　(chemical thermo regulation)
③ 정신적 조절작용
　(spiritual thermo regulation)
④ 생물학적 조절작용
　(biological thermo regulation)

신체 열용량의 변화가 0보다 크면 생산된 열이 축적, 시상하부에서 혈액온도를 감지하여 체온방산작용이 시작됨 → 물리적 조절작용

05 다음 중 저온환경에서 나타나는 생리적 반응으로 틀린 것은?

① 호흡의 증가
② 피부혈관의 수축
③ 화학적 대사작용의 증가
④ 근육긴장의 증가와 떨림

★ 저온(한랭환경)에서의 일차적인 생리적 변화
① 근육긴장의 증가 및 떨림(전율)
② 피부혈관의 수축
③ 말초혈관의 수축
④ 화학적 대사작용의 증가(갑상선 호르몬 분비 증가)
⑤ 체표면적의 감소

★ 참고
저온환경의 이차적인 생리적 반응
① 말초냉각 : 말초혈관의 수축으로 표면조직의 냉각이 진행된다.
② 식욕변화 : 저온에서는 근육활동, 조직대사의 증진으로 식욕이 항진된다.
③ 혈압변화 : 피부혈관 수축으로 혈압은 일시적으로 상승한다.
④ 순환기능 : 피부혈관의 수축으로 순환기능이 감소된다.

06 다음 중 고열의 대책으로 가장 적절하지 않은 것은?

① 방열 실시　　② 전체 환기 실시
③ 복사열 차단　　④ 대류의 감소

★ 고열작업 시의 조치
사업주는 실내에서 고열작업을 하는 경우에 고열을 감소시키기 위하여 환기장치 설치, 열원과의 격리(방열), 복사열 차단 등 필요한 조치를 하여야 한다.

정답　04 ①　05 ①　06 ④

07 다음 중 저온환경에 의한 신체의 생리적 반응으로 틀린 것은?

① 근육의 긴장과 떨림이 발생한다.
② 근육활동과 조직대사가 감소된다.
③ 피부혈관이 수축되어 피부온도가 감소한다.
④ 피부혈관의 수축으로 순환능력이 감소되어 혈압은 일시적으로 상승된다.

> ★ 저온(한랭환경)에서의 일차적인 생리적 변화
> ① 근육긴장의 증가 및 떨림(전율)
> ② 피부혈관의 수축
> ③ 말초혈관의 수축
> ④ 화학적 대사작용의 증가(갑상선 호르몬 분비 증가)
> ⑤ 체표면적의 감소

> ★ 참고
> 저온환경의 이차적인 생리적 반응
> ① 말초냉각 : 말초혈관의 수축으로 표면조직의 냉각이 진행된다.
> ② 식욕변화 : 저온에서는 근육활동, 조직대사의 증진으로 식욕이 항진된다.
> ③ 혈압변화 : 피부혈관 수축으로 혈압은 일시적으로 상승한다.
> ④ 순환기능 : 피부혈관의 수축으로 순환기능이 감소된다.

08 실내 고온작업장의 경우 건구온도가 30℃이고, 자연습구온도가 28℃이며 흑구온도가 40℃인 경우 습구흑구온도지수(WBGT)는 얼마인가?

① 28.6℃ ② 30.6℃
③ 31.6℃ ④ 36.4℃

> ★ 습구흑구온도지수(WBGT)의 산출
> 1. 옥외(태양광선이 내리쬐는 장소)
>   WBGT(℃) = 0.7 × 자연습구온도 + 0.2 × 흑구온도 + 0.1 × 건구온도
> 2. 옥내 또는 옥외(태양광선이 내리쬐지 않는 장소)
>   WBGT(℃) = 0.7 × 자연습구온도 + 0.3 × 흑구온도
>
> 옥내 또는 옥외(태양광선이 내리쬐지 않는 장소)
> WBGT(℃) = 0.7 × 28 + 0.3 × 40 = 31.6(℃)

09 다음 중 한랭환경과 건강장해에 관한 설명으로 틀린 것은?

① 전신체온강하는 단시간의 한랭폭로에 따른 일시적 체온상실에 따라 발생하는 중증장해에 속한다.
② 동상에 대한 저항은 개인에 따라 차이가 있으나 발가락은 12℃ 정도에서 시린 느낌이 생기고, 6℃ 정도에서는 아픔을 느낀다.
③ 참호족과 침수족은 지속적인 국소의 산소결핍 때문이며, 모세혈관 벽이 손상되는 것이다.
④ 혈관의 이상은 저온 노출로 유발되거나 악화된다.

> ① 전신체온강화(저체온증) : 장시간의 한랭 노출과 체열상실에 따라 발생하는 급성 중증장해

정답 07 ② 08 ③ 09 ①

10 다음 중 열피로(heat fatigue)에 관한 설명으로 가장 거리가 먼 것은?

① 권태감, 졸도, 과다발한, 냉습한 피부 등의 증상을 보이며 직장온도가 경미하게 상승할 수도 있다.
② 말초혈관 확장에 따른 요구 증대만큼의 혈관운동 조절이나 심박출력의 증대가 없을 때 발생한다.
③ 탈수로 인하여 혈장량이 감소할 때 발생한다.
④ 신체 내부에 체온조절계통이 기능을 잃어 발생하며, 수분 및 염분을 보충해주어야 한다.

④ 신체 내부에 체온조절계통이 기능을 잃어 발생하며, 수분 및 염분을 보충해주어야 한다.
→ 열사병

★ 참고
열피로(heat exhaustion), 열탈진, 열피비
① 고온 환경에서 장시간 힘든 노동을 할 때 고열에 순화되지 않은 작업자에 많이 발생한다.
② 과다 발한으로 인한 수분과 염분손실 및 탈수로 인한 혈장량 감소가 원인이다.
③ 심할 경우 허탈로 빠져 의식을 잃을 수도 있다.
④ 휴식 후 5% 포도당을 정맥주사 한다.

11 다음 중 체열의 생산과 방산이 평형을 이룬 상태에서 생체와 환경 사이의 열교환을 열역학적으로 가장 올바르게 나타낸 것은? (단, $\triangle S$는 생체 열용량의 변화, M은 체내 열생산량, R은 복사에 의한 열의 득실, E는 증발에 의한 열방산, C는 대류에 의한 열의 득실을 나타낸다.)

① $\triangle S = M - E \pm R \pm C$
② $\triangle S = E - M \pm R - C$
③ $M = E - R \pm C$
④ $M = C - E - R$

★ 열평형 방정식(인체의 열교환)
S(열축적) = M(대사열) − E(증발) ± R(복사) ± C(대류) − W(한일)
• S : 열이득 및 열손실량이며, 열평형 상태에서는 0이다.

12 다음 중 한랭환경에서의 일반적인 열평형 방정식으로 옳은 것은? (단, $\triangle S$는 생체열용량의 변화, E는 증발에 의한 열방산, M은 작업대사량, R은 복사에 의한 열의 득실, C는 대류에 의한 열의 득실을 나타낸다.)

① $\triangle S = M - E - R - C$ ② $\triangle S = M - E + R - C$
③ $\triangle S = -M + E - R - C$ ④ $\triangle S = -M + E + R + C$

★ 열평형 방정식(인체의 열교환)
S(열축적) = M(대사열) − E(증발) ± R(복사) ± C(대류) − W(한일)
• S : 열이득 및 열손실량이며, 열평형 상태에서는 0이다.

13 다음 중 한랭노출에 대한 신체적 장해의 설명으로 틀린 것은?

① 2도 동상은 물집이 생기거나 피부가 벗겨지는 결빙을 말한다.
② 전신 저체온증은 심부온도가 37℃에서 26.7℃ 이하로 떨어지는 것을 말한다.
③ 침수족은 동결온도 이상의 냉수에 오랫동안 노출되어 생긴다.
④ 침수족과 참호족의 발생조건은 유사하나 임상증상과 증후가 다르다.

> ★ 참호족
> (참수족, 침수족; trench foot, immersion foot)
> ① 한랭환경에 장기간 노출됨과 동시에 발이 지속적으로 습기나 물에 잠길 경우 발생한다.(침수족에 참호족보다 노출시간이 길 때 발생)
> ② 지속적인 국소의 산소결핍이 원인이며, 모세혈관 벽이 손상되어 부종, 작열감, 가려움, 심한 동통 등이 나타난다.
> ③ 침수족과 참호족은 발생조건이 유사하며 임상증상과 징후가 거의 같다.

14 다음은 어떤 고열장해에 대한 대책인가?

> 생리식염수 1~2L를 정맥 주사하거나 0.1%의 식염수를 마시게 하여 수분과 염분을 보충한다.

① 열경련(heat cramp)
② 열사병(heat stroke)
③ 열피로(heat exhaustion)
④ 열쇠약(heat prostration)

> ★ 열경련(heat cramp)
> ① 전형적인 열 중증의 형태로 고온환경에서 심한 육체적인 노동을 할 때 혈중 염분농도 저하가 원인이 된다.
> ② 근육경련, 현기증, 이명, 두통, 구역, 구토 등의 증상이 있다.
> ③ 수분 및 NaCl 보충(생리식염수 0.1% 공급)한다.(일시에 염분농도가 높으면 흡수 저하가 일어나므로 식염정제를 공급해서는 안 된다)

15 열중증 질환 중에서 체온이 현저히 상승하는 질환은?

① 열사병　　② 열피로
③ 열경련　　④ 열복통

> ★ 열사병
> 태양의 복사열에 직접 노출 시 뇌의 온도 상승으로 체온조절 중추기능 장해(중추신경 마비)를 일으켜서 체내에 열이 축적되어 발생한다.

16 기온이 0℃이고, 절대습도가 4.57mmHg일 때 0℃의 포화습도는 4.57mmHg라면 이때의 비교습도는 얼마인가?

① 30%　　② 40%
③ 70%　　④ 100%

> 상대습도, 비교습도(%)
> $= \dfrac{\text{현재 수증기압(절대습도)}}{\text{포화수증기압}} \times 100$
>
> 상대습도(%) $= \dfrac{4.57}{4.57} \times 100 = 100(\%)$

정답　13 ④　14 ①　15 ①　16 ④

17 다음 중 동상(frostbite)에 관한 설명으로 가장 거리가 먼 것은?

① 피부의 동결은 -2～0℃에서 발생한다.
② 제2도 동상은 수포를 가진 광범위한 삼출성 염증을 유발시킨다.
③ 동상에 대한 저항은 개인차가 있으며 일반적으로 발가락은 6℃ 정도에 도달하는 아픔을 느낀다.
④ 직접적인 동결 이외에 한랭과 습기 또는 물에 지속적으로 접촉함으로써 발생되며 국소산소결핍이 원인이다.

④ 직접적인 동결 이외에 한랭과 습기 또는 물에 지속적으로 접촉함으로써 발생되며 국소산소결핍이 원인이다. → 참호족(참수족, 침수족)

* 참고

참호족
(참수족, 침수족; trench foot, immersion foot)
① 한랭환경에 장기간 노출됨과 동시에 발이 지속적으로 습기나 물에 잠길 경우 발생한다.
② 지속적인 국소의 산소결핍이 원인이며, 모세혈관 벽이 손상되어 부종, 작열감, 가려움, 심한 동통 등이 나타나며 수포, 궤양이 형성되기도 한다.

18 태양광선이 내리쬐지 않는 작업장의 온열기준이 다음과 같을 때 습구흑구온도지수(WBGT)는 얼마인가?

- 흑구온도 : 50℃
- 건구온도 : 30℃
- 자연습구온도 : 20℃

① 10℃ ② 19℃
③ 29℃ ④ 50℃

* 습구흑구온도지수(WBGT)의 산출
1. 옥외(태양광선이 내리쬐는 장소)
   WBGT(℃) = 0.7 × 자연습구온도 + 0.2 × 흑구온도 + 0.1 × 건구온도
2. 옥내 또는 옥외(태양광선이 내리쬐지 않는 장소)
   WBGT(℃) = 0.7 × 자연습구온도 + 0.3 × 흑구온도

WBGT(℃) = 0.7 × 20 + 0.3 × 50 = 29(℃)

19 다음 중 저온에 의한 장해에 관한 내용으로 틀린 것은?

① 근육긴장의 증가와 떨림이 발생한다.
② 혈압은 변화되지 않고 일정하게 유지된다.
③ 피부 표면의 혈관들과 피하조직이 수축된다.
④ 부종, 저림, 가려움, 심한 통증 등이 생긴다.

> ★ 저온환경의 이차적인 생리적 반응
> ① 말초냉각 : 말초혈관의 수축으로 표면조직의 냉각이 진행된다.
> ② 식욕변화 : 저온에서는 근육활동, 조직대사의 증진으로 식욕이 항진된다.
> ③ 혈압변화 : 피부혈관 수축으로 혈압은 일시적으로 상승한다.
> ④ 순환기능 : 피부혈관의 수축으로 순환기능이 감소된다.

20 다음 중 습구흑구온도지수(WBGT)에 대한 설명으로 틀린 것은?

① 표시단위는 절대온도(K)로 표시한다.
② 습구흑구온도지수는 옥외 및 옥내로 구분되며, 고온에서의 작업휴식시간비를 결정하는 지표로 활용된다.
③ 미국국립산업안전보건연구원(NIOSH)뿐만 아니라 국내에서도 습구흑구온도를 측정하고, 지수를 산출하여 평가에 사용한다.
④ 습구흑구온도는 과거에 쓰이던 감각온도와 근사한 값인데, 감각온도와 다른 점은 기류를 전혀 고려하지 않는다는 점이다.

> ① 표시단위는 ℃로 표시한다.

> ★ 참고
> 1. 옥외(태양광선이 내리쬐는 장소)
> WBGT(℃) = 0.7×자연습구온도 + 0.2 ×흑구온도 + 0.1×건구온도
> 2. 옥내 또는 옥외(태양광선이 내리쬐지 않는 장소)
> WBGT(℃) = 0.7×자연습구온도 + 0.3 ×흑구온도

21 다음 설명에 해당하는 온열요소는?

> 주어진 온도에서 공기 $1m^3$ 중에 함유한 수증기의 양을 그램(g)으로 나타내며, 기온에 따라 수증기가 공기에 포함될 수 있는 최대값이 정해져 있어, 그 값은 기온에 따라 커지거나 작아진다.

① 비교습도　　　② 비습도
③ 절대습도　　　④ 상대습도

> ① 절대습도(수증기밀도 또는 수증기농도) : 공기 $1m^3$ 중에 포함된 수증기의 양을 g으로 나타낸 것을 말한다.
> ② 상대습도(비교습도) : 현재 공기 중에 포함된 수증기량과 포화수증기량의 비를 퍼센트(%)로 나타낸 것을 말한다.
> ③ 포화습도 : 공기 중의 수증기의 포화정도를 나타내는 것으로 일정 기온에서 공기 속에 최대량의 수증기가 함유된 상태를 말한다.

정답　19 ②　20 ①　21 ③

22 옥내에서 측정한 흑구온도가 33℃, 자연습구온도가 20℃, 건구온도가 24℃일 때 옥내의 습구흑구온도지수(WBGT)는 얼마인가?

① 23.9℃ ② 23.0℃
③ 22.9℃ ④ 22.0℃

> ★ 습구흑구온도지수(WBGT)의 산출
> 1. 옥외(태양광선이 내리쬐는 장소)
>   WBGT(℃) = 0.7 × 자연습구온도 + 0.2 × 흑구온도 + 0.1 × 건구온도
> 2. 옥내 또는 옥외(태양광선이 내리쬐지 않는 장소)
>   WBGT(℃) = 0.7 × 자연습구온도 + 0.3 × 흑구온도
>
> WBGT(℃) = 0.7 × 20 + 0.3 × 33 = 23.9(℃)

23 다음 중 한랭장해 예방에 관한 설명으로 적합하지 않은 것은?

① 방한복 등을 이용하여 신체를 보온하도록 한다.
② 고혈압자, 심장혈관장해 질환자와 간장 및 신장 질환자는 한랭작업을 피하도록 한다.
③ 작업환경 기온은 10℃ 이상으로 유지시키고, 바람이 있는 작업장은 방풍시설을 하여야 한다.
④ 구두는 약간 작은 것을 착용하고, 일부의 습기를 유지하도록 한다.

> 사업주는 한랭작업에 근로자를 종사하도록 하는 때에는 건강장해를 예방하기 위하여 다음 각 호의 기준에 따라 적절한 보호구와 작업복 등을 지급·관리하고 이를 근로자가 착용하도록 조치한다.
> ① 다량의 저온물체를 취급하거나 현저히 추운 장소에서 작업하는 근로자에게는 방한모, 방한화, 방한장갑 및 방한복을 개인전용의 것으로 지급한다.
> ② 기온이 4℃ 이하의 작업환경에서는 근로자가 적절한 보호복을 착용하도록 하며, 젖은 곳에서는 방수복을 착용하게 한다.
> ③ 신발은 고무인 바닥을 천으로 둘러싸고 가죽으로 덮은 부츠를 제공한다.
> ④ 머리를 통해 50%의 열 소실이 있는 경우 털모자 또는 열선이 있는 안전모와 같은 머리 보호구를 제공한다.
> ⑤ 근로자로 하여금 지급한 보호구는 상시 점검하도록 하고 보호구에 이상이 있다고 판단한 경우 사업주는 이상 유무를 확인하여 이를 보수하거나 다른 것으로 교환하여 준다.

CHAPTER 02 이상기압

01 이상기압

1 이상기압의 정의

(1) 용어 정의

1) 이상기압

압력이 제곱센티미터당 1킬로그램 이상인 기압을 말한다.

2) 고압작업

이상기압에서 잠함공법(潛函工法)이나 그 외의 압기공법(壓氣工法)으로 하는 작업을 말한다.

3) 잠수작업

물속에서 하는 다음 각 목의 작업을 말한다.
① 표면 공급식 잠수작업 : 수면 위의 공기압축기 또는 호흡용 기체 통에서 압축된 호흡용 기체를 공급받으면서 하는 작업
② 스쿠버 잠수작업 : 호흡용 기체 통을 휴대하고 하는 작업

4) 기압조절실

고압작업에 종사하는 근로자가 작업실에 출입할 때 가압 또는 감압을 받는 장소를 말한다.

5) 압력

게이지 압력을 말한다. ★

참고

표면공급식 잠수작업 시 조치

1) 사업주는 근로자가 표면공급식 잠수작업을 하는 경우 잠수작업자가 1명인 경우에는 감시인을 1명 배치하고, 잠수작업자가 2명 이상인 경우에는 감시인 1명당 잠수작업자가 2명을 초과하지 않도록 감시인을 배치해야 한다.

2) 사업주는 배치한 감시인이 다음 각 호의 사항을 준수하도록 해야 한다.
① 잠수작업자를 적정하게 잠수시키거나 수면 위로 올라오게 할 것
② 잠수작업자에 대한 송기조절을 위한 밸브나 콕을 조작하는 사람과 연락하여 잠수작업자에 필요한 양의 호흡용 기체를 보내도록 할 것
③ 송기설비의 고장이나 그 밖의 사고로 인하여 잠수작업자에게 위험이나 건강장해가 발생할 우려가 있는 경우에는 신속히 잠수작업자에게 연락할 것
④ 잠수작업 전에 잠수작업자가 사용할 잠수장비의 이상 유무를 점검할 것

3) 사업주는 다음 각 호의 어느 하나에 해당하는 표면공급식 잠수작업을 하는 잠수작업자에게 잠수장비를 제공하여야 한다.
① 18미터 이상의 수심에서 하는 잠수작업
② 수면으로 부상하는 데에 제한이 있는 장소에서의 잠수작업
③ 감압계획에 따를 때 감압정지가 필요한 잠수작업

4) 사업주가 잠수작업자에게 제공하여야 하는 잠수장비는 다음 각 호와 같다.
① 비상기체통
② 비상기체공급밸브, 역지밸브(non return valve) 등이 달려있는 잠수마스크 또는 잠수헬멧
③ 감시인과 잠수작업자 간에 연락할 수 있는 통화장치

5) 사업주는 표면공급식 잠수작업을 하는 잠수작업자에게 신호밧줄, 수중시계, 수중압력계 및 예리한 칼 등을 제공하여 잠수작업자가 이를 지니도록 하여야 한다. 다만, 통화장치에 따라 잠수작업자가 감시인과 통화할 수 있는 경우에는 신호밧줄, 수중시계 및 수중압력계를 제공하지 아니할 수 있다.

6) 표면공급식 잠수작업을 하는 잠수작업자는 잠수작업을 하는 동안 비상기체통을 휴대하여야 한다. 다만, 해당 잠수작업의 특성상 휴대가 어려운 경우에는 위급상황 시 즉시 사용할 수 있도록 잠수작업을 하는 곳 인근 장소에 두어야 한다.

(2) 기압의 단위

1) 1기압 ★

$$1기압(1atm) = 1.0336 kg/cm^2 = 760 mmHg = 760 torr$$
$$= 10,332 mmH_2O = 1,013 mbar = 1013.25 hPa$$
$$= 101325 Pa = 14.7\ psi$$

2) 수면 하에서의 기압 ★

수면 하에서의 압력은 수심이 10m 깊어질 때마다 1기압씩 더해진다.

예) 수심 10m에서의 압력 : 게이지압 1기압, 절대압 2기압
   수심 45m에서의 압력 : 게이지압(작용압) 4.5기압, 절대압 5.5기압

2 고압환경에서의 생체영향

(1) 1차적 가압현상

① 생체와 환경 사이의 압력(기압)차이로 인한 기계적 작용을 말한다.
② 울혈, 부종, 출혈, 동통이 생기며 기압 증가에 따른 부비강, 치아의 압박 장해를 일으킨다.

(2) 2차적 가압현상

고압 하의 대기가스의 독성 때문에 나타나는 현상을 말한다. ★★

1) 질소의 마취작용

① 질소가스는 정상기압에서는 비활성이지만 4기압 이상에서는 마취작용을 나타낸다. ★★
② 질소 마취증세는 후유증이나 별도의 치료가 필요하지 않으며 대기압 조건으로 복귀(얕은 수심으로 상승)하면 사라진다. ★
③ 수심 90~120m에서 질소의 마취작용으로 환청, 환시, 조울증, 기억력 감퇴 등이 나타나며 작업능력 저하, 다행증이 생긴다.
④ 질소는 물보다 지방에 5배 더 많이 용해된다.
⑤ 예방으로는 고압환경에서 작업하는 근로자에게 질소를 헬륨으로 대치한 공기를 호흡시킨다. ★★

2) 산소중독 증세

① 산소분압이 2기압을 넘으면 산소중독 증세가 나타난다. ★★
② 산소중독 증세는 가역적인 증세로 고압산소에 대한 노출이 중지되면 증상은 즉시 멈춘다. ★
③ 시력장해, 정신혼란, 근육경련, 수지와 족지의 작열통 등을 일으킨다.

3) 이산화탄소의 작용

① 산소의 독성과 질소의 마취작용을 증가시킨다. ★★
② 고압환경에서 이산화탄소의 농도는 0.2%를 초과하지 않아야 한다.
③ 동통성 관절장해(bends)도 이산화탄소의 분압 증가로 많이 발생한다.

3 감압환경에서의 생체영향

(1) 감압병(decompression ; 잠함병, 케이슨병) ★

급격한 감압 시에 혈액 속의 질소가 혈액과 조직에 기포를 형성하여 종격기종, 기흉 등의 혈액순환 장해와 조직 손상을 일으킨다.

① 증상에 따른 진단은 매우 용이하다.
② 감압병의 치료는 재가압 산소요법이 최상이다.
③ 중추신경계 감압병은 고공비행사는 뇌에, 잠수사는 척수에 더 잘 발생한다.

(2) 감압 시에 조직 내 질소기포 형성량에 영향을 주는 요인 ★★

① 조직에 용해된 가스량
② 혈류를 변화시키는 상태
③ 감압속도
④ 고기압의 노출정도

비교

❈ 조직에 용해된 가스량을 결정하는 요인
- 고기압의 노출정도
- 고기압의 노출시간
- 체내 지방량

한 눈에 들어오는 키워드

요약

고압환경의 2차적 가압현상 ★★
① 질소의 마취작용 : 공기 중의 질소 가스는 4기압 이상에서 마취작용을 일으킨다.
② 산소중독 증세 : 산소분압이 2기압을 넘으면 산소중독 증세가 나타난다.
③ 이산화탄소의 작용 : 이산화탄소의 증가는 산소의 독성과 질소의 마취작용을 촉진시킨다.

참고

깊은 물에서 올라오거나 감압실 내에서 감압을 하는 도중에 폐 압박의 경우와는 반대로 폐 속에 공기가 팽창한다. 이때는 감압에 의한 가스팽창과 질소기포 형성의 두 가지 건강상의 문제가 발생한다.

한 눈에 들어오는 키워드

기출

저압환경의 영향

① 30,000ft(약 9km) 이상 고공에서 비행업무에 종사하는 사람에게 가장 큰 문제는 산소 부족으로 의식을 잃게 되는 것이다.
② 비교적 고도가 높지 않는 경우에도 산소부족으로 판단력 장해, 행동장해, 권태감이 일어날 수 있다.
③ 고공성 폐수종이 생기기도 하는데 이 증세는 반복해서 발병하는 경향이 있다.

4 저기압(저압환경)에서의 인체영향

(1) 저기압(저압환경)에서의 인체영향 ★

1) 고공증상

신경장해, 동통성 관절장해, 항공치통, 항공이염, 항공부비감염 등

2) 폐수종 ★

① 진해성 기침과 호흡곤란이 나타나고 폐동맥 혈압이 상승하다가 산소공급과 해면으로의 귀환으로 급속히 소실된다.
② 어른보다 순화 적응 속도가 느린 어린이에게 많이 발생한다.
③ 고공순화된 사람이 해면에 돌아올 때 자주 발생한다.

3) 고산병

극도의 우울증, 두통, 식욕상실을 보이는 임상 증세군이며 가장 특징적인 것은 흥분성이다.

4) 저산소증(Hypoxia : 산소결핍증) ★

① 저기압에서 가장 문제가 되는 것은 저산소증(산소결핍증)이다.
② 체내 조직의 산소가 결핍된 상태를 저산소증이라 한다.
③ 산소결핍에 가장 민감한 조직은 뇌(대뇌피질)이다.
④ 생체 내에서 산소공급정지가 2분 이상이 되면 활동성이 회복되지 않는 비가역적인 파괴가 일어난다.
⑤ 고산지대나 지역이 높은 곳에서 발생하며 판단력장해, 행동장해, 권태감 등을 일으킨다.

(2) 저기압의 작업환경에 대한 인체의 영향 ★

① 고도 18,000ft(5,468m) 이상이 되면 21% 이상의 산소가 필요하게 된다.
② 고도 10,000ft(3,048m)까지는 시력, 협조운동의 가벼운 장해 및 피로를 유발한다.
③ 고도의 상승으로 기압이 저하되면 공기의 산소분압이 감소되고 동시에 폐포 내 산소분압도 감소된다.
④ 산소결핍을 보충하기 위하여 호흡수, 맥박수가 증가된다.

5 이상기압에 대한 대책

(1) 고압시간의 제한

① 고압시간은 고압 실내 작업자에게 가압을 시작한 때부터 감압을 시작하는 때까지의 시간을 말한다.
② 고압시간은 1일 6시간, 1주 34시간을 초과하지 아니할 것 ★

(2) 잠수시간

① 잠수작업자가 잠수를 시작한 때부터 부상을 시작하는 때까지의 시간을 말한다.
② 잠수시간은 1일 6시간, 1주 34시간을 초과하지 아니할 것 ★
③ 감압의 속도는 매분 매제곱센티미터당 0.8킬로그램 이하로 할 것

(3) 감압병 예방 및 치료 ★

① 고압환경에서의 작업시간을 제한(1일 6시간, 주 34시간)하고 고압실내의 작업에서는 탄산가스 분압이 증가하지 않도록 신선한 공기를 송기시킨다.
② 감압이 끝날 무렵에 순수한 산소를 흡입시키면 감압시간을 25% 가량 단축시킬 수 있다. ★
③ 헬륨은 호흡저항이 작고, 질소보다 확산속도가 크며, 체외로 배출되는 시간이 질소에 비하여 50% 정도 밖에 걸리지 않아 고압환경에서 작업하는 근로자에게 질소를 헬륨으로 대치한 공기를 호흡시켜 감압병을 예방한다. ★★
④ 특별히 잠수에 익숙한 사람을 제외하고는 10m/min 속도 정도로 잠수하는 것이 안전하다.
⑤ 감압병이 발생하면 환자를 원래의 고압환경 상태로 바로 복귀시키거나, 인공고압실에 넣어 혈관 및 조직 속에 발생한 질소의 기포를 용해시킨 후 서서히 감압한다.
⑥ 정상기압보다 1.25기압을 넘지 않는 고압환경에는 아무리 오랫동안 폭로되거나 아무리 빨리 감압하더라도 기포를 형성하지 않는다.
⑦ 적성검사로 부적합자를 색출한다.(비만자의 작업 금지)
⑧ 귀 등의 장해를 예방하기 위해서는 압력을 가하는 속도를 매분당 $0.8kg/cm^2$ 이하가 되도록 한다.

한 눈에 들어오는 키워드

기출
고압 및 고압산소요법의 질병 치료기전
① 체내에 형성된 기포의 크기를 감소시키는 압력효과
② 혈장 내 용존산소량을 증가시키는 산소분압 상승효과
③ 모세혈관 신생촉진 및 백혈구의 살균능력 항진 등 창상 치료효과

기출
고압에 의한 장해를 방지하기 위하여 인공적으로 만든 헬륨 – 산소 혼합가스의 특징
① 헬륨은 고압 하에서 마취작용이 약하다.
② 헬륨은 분자량이 작아서 호흡저항이 적다.
③ 비활성 기체인 헬륨은 체내에서 불필요한 반응이 없고 혈액에 대한 용해도가 작다.
④ 헬륨은 질소보다 확산속도가 크며 체외로 배출되는 시간이 질소에 비하여 50% 정도 밖에 걸리지 않는다.

02 산소결핍

1 산소결핍의 개념

(1) 산소결핍

공기 중의 산소농도가 18% 미만인 상태를 말한다. ★★

(2) 산소결핍증

산소가 결핍된 공기를 들여 마심으로써 생기는 증상을 말한다.

2 산소결핍의 노출기준

(1) 적정공기

> **암기**
>
> **작업장의 적정공기 수준** ★★
>
> ① 산소농도의 범위가 18% 이상 23.5% 미만
> ② 이산화탄소의 농도가 1.5% 미만
> ③ 일산화탄소의 농도가 30ppm 미만
> ④ 황화수소의 농도가 10ppm 미만

3 산소결핍의 인체장해

(1) 산소결핍에 따른 생체영향

가벼운 어지럼증 → 대뇌피질의 기능 저하 → 중추성 기능장해 → 사망

(2) 산소농도에 따른 인체영향

① 산소농도 6% 이하 : 순간적인 실신이나 혼수, 6~8분 후 심장이 정지된다.
② 산소농도 6~10% : 의식상실, 안면 창백(청색증), 전신 근육경련, 중추신경계 장해 등의 증세

기출

이산화탄소의 농도와 건강영향
- 700ppm 이하 : 장기간 있어도 건강에 문제가 없음
- 700~1,000ppm : 건강영향은 없으나 불쾌감을 느낌
- 1,000~2,000ppm : 피로와 졸림 현상
- 2,000ppm 이상 : 두통과 어깨 결림
- 3,000ppm 초과 : 현기증을 일으킴

③ 산소농도 9~14% : 판단력 저하, 메스꺼움, 기억상실, 안면 창백(청색증), 전신 탈진 등의 증세
④ 산소농도 12~16% : 호흡수 증가, 맥박수 증가, 두통, 귀울림, 정신집중 곤란 등의 증세

(3) 산소분압의 계산 ★

$$산소분압(mmHg) = 기압(mmHg) \times \frac{산소농도(\%)}{100}$$

[예제 1]
해면 기준에서 정상적인 대기 중의 산소분압은 약 얼마인가?

① 80mmHg ② 160mmHg ③ 300mmHg ④ 760mmHg

해설
$$산소분압(mmHg) = 760 \times \frac{21}{100} = 159.6(mmHg)$$
* 정상적인 대기 중의 산소는 21%이다.

[정답 ②]

4 산소결핍 위험 작업장의 작업 환경 측정 및 관리 대책

(1) 밀폐공간에서의 건강장해 예방

1) 밀폐공간 작업 프로그램의 수립·시행
① 사업주는 밀폐공간에 근로자를 종사하도록 하는 경우에 다음 각 호의 내용이 포함된 밀폐공간 작업 프로그램을 수립하여 시행하여야 한다.

확인

❀ 밀폐공간 작업 프로그램 내용 ★★
① 사업장 내 밀폐공간의 위치 파악 및 관리 방안
② 밀폐공간 내 질식·중독 등을 일으킬 수 있는 유해·위험 요인의 파악 및 관리 방안
③ 밀폐공간 작업 시 사전 확인이 필요한 사항에 대한 확인 절차
④ 안전보건교육 및 훈련
⑤ 그 밖에 밀폐공간 작업 근로자의 건강장해 예방에 관한 사항

기출

밀폐공간에서의 산소결핍 원인 (산소결핍의 원인을 소모(consumption), 치환(displacement), 흡수(absorption)로 구분할 때 소모의 원인)
① 용접, 절단, 불 등에 의한 연소
② 금속의 산화, 녹 등의 화학반응
③ 제한된 공간 내에서 사람의 호흡

밀폐공간에서 작업할 때 관리 방법
① 비상 시 탈출할 수 있는 경로를 확인 후 작업을 시작한다.
② 작업장에 들어가기 전에 산소농도와 유해물질의 농도를 측정한다.
③ 환기는 급기량이 배기량보다 약 10% 많게 한다.

② 사업주는 근로자가 밀폐공간에서 작업을 시작하기 전에 다음 각 호의 사항을 확인하여 근로자가 안전한 상태에서 작업하도록 하여야 하며, 밀폐공간에서의 작업이 종료될 때까지 각 호의 내용을 해당 작업장 출입구에 게시하여야 한다.
- 작업 일시, 기간, 장소 및 내용 등 작업 정보
- 관리감독자, 근로자, 감시인 등 작업자 정보
- 산소 및 유해가스 농도의 측정결과 및 후속조치 사항
- 작업 중 불활성가스 또는 유해가스의 누출·유입·발생 가능성 검토 및 후속조치 사항
- 작업 시 착용하여야 할 보호구의 종류
- 비상연락체계

2) 사업주는 근로자가 밀폐공간에서 작업을 하는 경우에 작업을 시작할 때마다 사전에 다음 각 호의 사항을 작업근로자(감시인을 포함한다)에게 알려야 한다. ★
① 산소 및 유해가스농도 측정에 관한 사항
② 환기설비의 가동 등 안전한 작업방법에 관한 사항
③ 보호구의 착용과 사용방법에 관한 사항
④ 사고 시의 응급조치 요령
⑤ 구조요청을 할 수 있는 비상연락처, 구조용 장비의 사용 등 비상시 구출에 관한 사항

3) 산소 및 유해가스 농도의 측정

① 사업주는 밀폐공간에서 근로자에게 작업을 하도록 하는 경우 작업을 시작(작업을 일시 중단하였다가 다시 시작하는 경우를 포함한다)하기 전에 밀폐공간의 산소 및 유해가스 농도의 측정 및 평가에 관한 지식과 실무경험이 있는 자를 지정하여 그로 하여금 해당 밀폐공간의 산소 및 유해가스 농도를 측정하여 적정공기가 유지되고 있는지를 평가하도록 해야 한다.
② 밀폐공간의 산소 및 유해가스 농도를 측정 및 평가하는 자에 대하여 밀폐공간에서 작업을 시작하기 전에 다음 각 호의 사항의 숙지여부를 확인하고 필요한 교육을 실시해야 한다.

산소 및 유해가스 농도를 측정 및 평가하는 자에 대한 교육 내용
- 밀폐공간의 위험성
- 측정장비의 이상 유무 확인 및 조작 방법
- 밀폐공간 내에서의 산소 및 유해가스 농도 측정방법
- 적정공기의 기준과 평가 방법

③ 사업주는 산소 및 유해가스 농도를 측정한 결과 적정공기가 유지되고 있지 아니하다고 평가된 경우에는 작업장을 환기시키거나, 근로자에게 공기호흡기 또는 송기마스크를 지급하여 착용하도록 하는 등 근로자의 건강장해 예방을 위하여 필요한 조치를 하여야 한다.

4) 환기

① 사업주는 밀폐공간에 근로자를 종사하도록 하는 경우에 작업 시작 전 및 작업 중에 해당 작업장을 적정공기 상태가 유지되도록 환기하여야 한다. 다만, 폭발이나 산화 등의 위험으로 인하여 환기할 수 없거나 작업의 성질상 환기하기가 매우 곤란한 경우에는 근로자에게 공기호흡기 또는 송기마스크를 지급하여 착용하도록 하고 환기하지 아니할 수 있다.
② 근로자는 지급된 보호구를 착용하여야 한다.

5) 출입금지

① 사업주는 밀폐공간에 근로자를 종사하도록 하는 경우에는 그 장소에 근로자를 입장시킬 때와 퇴장시킬 때마다 인원을 점검하여야 한다.
② 사업주는 밀폐공간에서 하는 작업에 근로자를 종사하도록 하는 경우에는 그 밀폐공간에서 작업하는 근로자가 아닌 사람이 그 장소에 출입하는 것을 금지하고, 출입금지 표지를 밀폐공간 근처의 보기 쉬운 장소에 게시하여야 한다.

6) 감시인의 배치

① 사업주는 근로자가 밀폐공간에서 작업을 하는 동안 작업상황을 감시할 수 있는 감시인을 지정하여 밀폐공간 외부에 배치하여야 한다.
② 감시인은 밀폐공간에 종사하는 근로자에게 이상이 있을 경우에 구조요청 등 필요한 조치를 한 후 이를 즉시 관리감독자에게 알려야 한다.
③ 사업주는 근로자가 밀폐공간에서 작업을 하는 동안 그 작업장과 외부의 감시인 간에 항상 연락을 취할 수 있는 설비를 설치하여야 한다.

7) 사고 시의 대피 등

① 사업주는 근로자가 밀폐공간에서 작업을 하는 경우에 산소결핍이나 유해가스로 인한 질식·화재·폭발 등의 우려가 있으면 즉시 작업을 중단시키고 해당 근로자를 대피하도록 하여야 한다.

② 사업주는 근로자를 대피시킨 경우 적정공기 상태임이 확인될 때까지 그 장소에 관계자가 아닌 사람이 출입하는 것을 금지하고, 그 내용을 해당 장소의 보기 쉬운 곳에 게시하여야 한다.
③ 근로자는 출입이 금지된 장소에 사업주의 허락 없이 출입하여서는 아니 된다.

8) 안전대 등 보호구 지급

① 사업주는 밀폐공간에서 작업하는 근로자가 산소결핍이나 유해가스로 인하여 추락할 우려가 있는 경우에는 해당 근로자에게 안전대나 구명밧줄, 공기호흡기 또는 송기마스크를 지급하여 착용하도록 하여야 한다.
② 사업주는 안전대나 구명밧줄을 착용하도록 하는 경우에 이를 안전하게 착용할 수 있는 설비 등을 설치하여야 한다.
③ 근로자는 지급된 보호구를 착용하여야 한다.

9) 대피용 기구의 비치

사업주는 밀폐공간에 근로자를 종사하도록 하는 경우에 공기호흡기 또는 송기마스크, 사다리 및 섬유로프 등 비상시에 근로자를 피난시키거나 구출하기 위하여 필요한 기구를 갖추어 두어야 한다.

10) 구출 시 공기호흡기 또는 송기마스크의 사용

사업주는 밀폐공간에서 위급한 근로자를 구출하는 작업을 하는 경우 그 구출작업에 종사하는 근로자에게 공기호흡기 또는 송기마스크를 지급하여 착용하도록 하여야 한다.

(2) 산소결핍 위험 작업장의 작업관리대책 ★

① 환기
② 작업 전 산소 및 유해가스 농도 측정
③ 보호구 착용 – 공기호흡기, 송기마스크(호스마스크)
④ 작업 장소에 근로자를 입장시킬 때와 퇴장시킬 때마다 인원 점검
⑤ 관계근로자 외 출입금지 조치
⑥ 감시인 배치 및 외부와의 연락설비 설치
⑦ 비상시 구출기구 비치

CHAPTER 02 단원 예상문제

저자가 콕! 찝어주는 예상문제 풀어보기!

01 다음 중 산소결핍이라 함은 공기 중의 산소농도가 몇 % 미만인 상태를 말하는가?

① 16
② 18
③ 21
④ 23.5

> **＊산소결핍**
> 공기 중의 산소농도가 18% 미만인 상태

02 다음 중 감압병 예방을 위한 이상기압 환경에 대한 대책으로 적절하지 않은 것은?

① 가급적 빨리 감압시킨다.
② 작업시간을 제한한다.
③ 고압환경에서 작업 시 헬륨-산소 혼합가스로 대체하여 이용한다.
④ 순환기에 이상이 있는 사람은 취업 또는 작업을 제한한다.

> ① 감압의 속도는 매분 매제곱센티미터당 0.8킬로그램 이하로 할 것

03 다음 중 고압환경의 생체작용과 가장 거리가 먼 것은?

① 귀, 부비강, 치아의 압통
② 이산화탄소(CO_2) 중독
③ 손가락과 발가락의 작열통과 같은 산소중독
④ 진해성 기침과 호흡곤란, 폐수종

> ④ 진해성 기침과 호흡곤란, 폐수종 → 저압환경의 생체작용

> **＊참고**
> 고압환경의 생체영향
> ① 1차적 가압현상 : 생체와 환경 사이의 압력(기압)차이로 인하여 울혈, 부종, 출혈, 동통이 생기며 기압 증가에 따라 부비강, 치아의 압박 장해 등을 일으킨다.
> ② 고압환경의 2차적 가압현상
>   • 질소의 마취작용 : 공기 중의 질소 가스는 4기압 이상에서 마취작용을 일으킨다.
>   • 산소중독 증세 : 산소분압이 2기압을 넘으면 산소중독 증세가 나타난다.
>   • 이산화탄소의 작용 : 이산화탄소의 증가는 산소의 독성과 질소의 마취작용을 촉진시킨다.

정답 01 ② 02 ① 03 ④

04 다음 중 잠함병(감압병)의 직접적인 원인으로 옳은 것은?

① 혈중의 CO_2 농도 증가
② 체액 및 지방조직에 질소기포 증가
③ 체액 및 지방조직에 O_3 농도 증가
④ 체액 및 지방조직에 CO 농도 증가

> ★ 감압병(decompression ; 잠함병, 케이슨병)
> 급격한 감압 시에 혈액 속의 질소가 혈액과 조직에 기포를 형성하여(종격기종, 기흉)을 혈액순환 장해와 조직 손상을 일으킨다.

05 다음 중 감압환경의 영향에 관한 설명과 가장 거리가 먼 것은?

① 감압속도가 너무 빠르면 폐포가 파열되고 흉부조직 내로 탈출한 질소가스 때문에 종격기종, 기흉, 공기전색을 일으킬 수 있다.
② 감압에 따라 조직에 용해되었다면 질소의 기포형성량은 연령, 기온, 운동, 공포감, 음주 등으로 인하여 조직 내 용해된 가스량 차이에 의해 달라진다.
③ 동통성 관절장해는 감압증에서 보는 흔한 증상이다.
④ 동통성 관절장해의 발증에 대한 감수성은 연령, 비만, 폐 손상, 심장장해, 일시적 건강장해, 소인(발생소질)에 따라 달라진다.

> ★ 감압 시에 조직 내 질소기포 형성량에 영향을 주는 요인
> ① 조직에 용해된 가스량
> ② 혈류를 변화시키는 상태
> ③ 감압속도
> ④ 고기압의 노출정도

06 다음 중 ( ) 안에 들어갈 가장 적당한 값은?

> 정상적인 공기 중의 산소함유량은 21vol% 이며 그 절대량, 즉 산소분압은 해면에 있어서는 약 ( )mmHg이다.

① 160   ② 210
③ 230   ④ 380

> 정상적인 공기 중의 산소함유량은 21vol%이며 그 절대량, 즉 산소분압은 해면에 있어서는 약 160mmHg이다.

07 다음 중 고압환경의 인체작용에 있어 2차적인 가압 현상에 대한 내용이 아닌 것은?

① 4기압 이상에서 공기 중의 질소가스는 마취작용을 나타낸다.
② 흉곽이 잔기량보다 적은 용량까지 압축되면 폐압박 현상이 나타난다.
③ 산소의 분압이 2기압을 넘으면 산소중독 증세가 나타난다.
④ 이산화탄소는 산소의 독성과 질소의 마취작용을 증강시킨다.

> ★ 고압환경의 2차적 가압현상
> ① 질소의 마취작용 : 공기 중의 질소 가스는 4기압 이상에서 마취작용을 일으킨다.
> ② 산소중독 증세 : 산소분압이 2기압을 넘으면 산소중독 증세가 나타난다.
> ③ 이산화탄소의 작용 : 이산화탄소의 증가는 산소의 독성과 질소의 마취작용을 촉진시킨다.

정답 04 ② 05 ② 06 ① 07 ②

08 다음 중 이상기압에서의 작업방법으로 적절하지 않은 것은?

① 감압병이 발생하였을 때는 환자를 바로 고압환경에 복귀시킨다.
② 특별히 잠수에 익숙한 사람을 제외하고는 1분에 10m 정도씩 잠수하는 것이 안전하다.
③ 감압이 끝날 무렵에 순수한 산소를 흡입시키면 감압시간을 단축시킬 수 있다.
④ 고압환경에 작업할 때에는 질소를 불소로 대치한 공기를 호흡시킨다.

> ④ 헬륨은 질소보다 확산속도가 크며 체외로 배출되는 시간이 질소에 비하여 50% 정도 밖에 걸리지 않아 고압환경에서 작업하는 근로자에게 질소를 헬륨으로 대치한 공기를 호흡시킨다.

09 다음 중 질소 기포형성 효과에 있어 감압에 따른 기포형성량에 영향을 주는 주요인자와 가장 거리가 먼 것은?

① 감압속도
② 체내 수분량
③ 고기압의 노출정도
④ 연령 등 혈류를 변화시키는 상태

> ＊ 감압 시에 조직 내 질소기포 형성량에 영향을 주는 요인
> ① 조직에 용해된 가스량
> ② 혈류를 변화시키는 상태
> ③ 감압속도
> ④ 고기압의 노출정도

10 수심 40m에서 작업을 할 때 작업자가 받는 절대압은 어느 정도인가?

① 3기압　　② 4기압
③ 5기압　　④ 6기압

> 수면 하에서의 (절대)압력은 수심이 10m 깊어질 때마다 1기압씩 더해진다.
> 예) • 수심 10m에서의 압력 : 게이지압 1기압, 절대압 2기압
> 　　• 수심 40m에서의 압력 : 게이지압 4기압, 절대압 5기압

11 다음 중 이상기압의 인체작용으로 2차적인 가압 현상과 가장 거리가 먼 것은? (단, 화학적 장해를 말한다.)

① 질소 마취　　② 이산화탄소의 중독
③ 산소 중독　　④ 일산화탄소의 작용

> ＊ 고압환경의 2차적 가압현상
> ① 질소의 마취작용 : 공기 중의 질소 가스는 4기압 이상에서 마취작용을 일으킨다.
> ② 산소중독 증세 : 산소분압이 2기압을 넘으면 산소중독 증세가 나타난다.
> ③ 이산화탄소의 작용 : 이산화탄소의 증가는 산소의 독성과 질소의 마취작용을 촉진시킨다.

정답　08 ④　09 ②　10 ③　11 ④

12 다음 중 감압병의 예방 및 치료에 관한 설명으로 옳은 것은?

① 고압환경에서 작업할 때는 질소를 헬륨으로 대치한 공기를 호흡시키도록 한다.
② 잠수 및 감압 방법에 익숙한 사람을 제외하고는 1분에 20m씩 잠수하는 것이 안전하다.
③ 정상기압보다 1.25기압을 넘지 않는 고압환경에 장시간 노출되었을 때에는 서서히 감압시키도록 한다.
④ 감압병의 증상이 발생하였을 때에는 인공적 산소고압실에 넣어 산소를 공급시키도록 한다.

② 특별히 잠수에 익숙한 사람을 제외하고는 10m/min 속도 정도로 잠수하는 것이 안전하다.
③ 정상기압보다 1.25기압을 넘지 않는 고압환경에는 아무리 오랫동안 폭로되거나 아무리 빨리 감압하더라도 기포를 형성하지 않는다.
④ 감압병이 발생하면 환자를 원래의 고압환경 상태로 바로 복귀시키거나, 인공 고압실에 넣어 혈관 및 조직 속에 발생한 질소의 기포를 용해시킨 후 서서히 감압한다.

13 다음 중 저기압의 작업환경에 대한 인체의 영향을 설명한 것으로 틀린 것은?

① 고도 10,000ft까지는 시력, 협조운동에서 가벼운 장해 및 피로를 유발한다.
② 고도상승으로 기압이 저하되면 공기의 산소분압이 저하되고 동시에 폐포 내 산소분압도 저하된다.
③ 고도 18,000ft 이상이 되면 21% 이상의 산소를 필요로 하게 된다.
④ 인체 내 산소소모가 줄어들게 되어 호흡수, 맥박수가 감소한다.

④ 산소결핍을 보충하기 위하여 호흡수, 맥박수가 증가된다.

14 다음 중 해면기준에서 정상적인 대기 중의 산소분압은 얼마인가?

① 약 80mmHg   ② 약 160mmHg
③ 약 300mmHg ④ 약 760mmHg

정상적인 공기 중의 산소함유량은 21vol%이며 그 절대량, 즉 산소분압은 해면에 있어서는 약 160mmHg이다.

15 산업안전보건법령상 공기 중의 산소농도가 몇 % 미만인 상태를 산소결핍이라 하는가?

① 16   ② 18
③ 20   ④ 23

* 산소결핍
공기 중의 산소농도가 18% 미만인 상태

16 다음 중 감압에 따른 기포형성량을 좌우하는 요인과 가장 거리가 먼 것은?

① 감압속도
② 조직에 용해된 가스량
③ 체내 가스의 팽창 정도
④ 혈류를 변화시키는 상태

* 감압 시에 조직 내 질소기포 형성량에 영향을 주는 요인
① 조직에 용해된 가스량
② 혈류를 변화시키는 상태
③ 감압속도
④ 고기압의 노출정도

정답 12 ① 13 ④ 14 ② 15 ② 16 ③

17 다음 중 고압환경의 영향에 있어 2차적인 가압 현상에 해당하지 않는 것은?

① 질소마취 ② 조직의 통증
③ 산소중독 ④ 이산화탄소중독

> ★ 고압환경의 2차적 가압현상
> ① 질소의 마취작용 : 공기 중의 질소 가스는 4기압 이상에서 마취작용을 일으킨다.
> ② 산소중독 증세 : 산소분압이 2기압을 넘으면 산소중독 증세가 나타난다.
> ③ 이산화탄소의 작용 : 이산화탄소의 증가는 산소의 독성과 질소의 마취작용을 촉진시킨다.

18 다음 중 저기압이 인체에 미치는 영향으로 틀린 것은?

① 급성고산병 증상은 48시간 내에 최고도에 달하였다가 2~3일이면 소실된다.
② 고공성 폐수종은 어린아이보다 순화적응 속도가 느린 어른에게 많이 일어난다.
③ 고공성 폐수종은 진해성 기침과 호흡곤란이 나타나고, 폐동맥의 혈압이 상승한다.
④ 급성고산병은 극도의 우울증, 두통, 식욕상실을 보이는 임상 증세군이며 가장 특징적인 것은 흥분성이다.

> ② 고공성 폐수종은 어른보다 순화적응속도가 느린 어린이에게 많이 발생한다.

19 심해잠수부가 해저 45m에서 작업을 할 때 인체가 받는 작용압과 절대압은 얼마인가?

① 작용압 : 5.5기압, 절대압 : 5.5기압
② 작용압 : 5.5기압, 절대압 : 4.5기압
③ 작용압 : 4.5기압, 절대압 : 5.5기압
④ 작용압 : 4.5기압, 절대압 : 4.5기압

> 수면 하에서의 절대압력은 수심이 10m 깊어질 때마다 1기압씩 더해진다.
> 예) • 수심 10m에서의 압력 : 게이지압 1기압, 절대압 2기압
> • 수심 45m에서의 압력 : 게이지압(작용압) 4.5기압, 절대압 5.5기압

20 다음 중 저압환경에 대한 직업성 질환의 내용으로 틀린 것은?

① 고산병을 일으킨다.
② 폐수종을 일으킨다.
③ 신경장해를 일으킨다.
④ 질소가스에 대한 마취작용이 원인이다.

> ④ 질소가스에 대한 마취작용 → 고압환경에서 발생

> ★ 참고
> 저기압(저압환경)에서의 인체영향
> ① 고공증상 : 신경장해, 동통성 관절장해, 항공치통, 항공이염, 항공부비감염 등
> ② 폐수종
> • 진해성 기침과 호흡곤란이 나타나고 폐동맥 혈압이 상승하다 산소공급과 해면으로의 귀환으로 급속히 소실된다.
> • 어른보다 순화적응속도가 느린 어린이에게 많이 발생한다.
> ③ 고산병 : 극도의 우울증, 두통, 식욕상실을 보이는 임상증세군이며 가장 특징적인 것은 흥분성이다.

정답 17 ② 18 ② 19 ③ 20 ④

21 공기의 구성성분에서 조성비율이 표준공기와 같을 때 압력이 낮아져 고용노동부에서 정한 산소결핍장소에 해당하게 되는데, 이 기준에 해당하는 대기압 조건은 약 얼마인가?

① 650mmHg ② 670mmHg
③ 690mmHg ④ 710mmHg

> ★ 산소결핍
> 공기 중의 산소농도가 18% 미만인 상태
> 21% : 760mmHg = 18% : x
> $x = \dfrac{760 \times 18}{21} = 651.43$(mmHg)
> ∴ 651.43(mmHg) 미만이 산소결핍에 해당한다.

22 다음 중 고압작업에 관한 설명으로 옳은 것은?

① scuba와 같이 호흡장치를 착용하고 잠수하는 것은 고압환경에 해당되지 않는다.
② 일반적으로 고압환경에서는 산소분압이 낮기 때문에 저산소증을 유발한다.
③ 산소분압이 2기압을 초과하면 산소중독이 나타나 건강장해를 초래한다.
④ 사람이 절대압 1기압에 이르는 고압환경에 노출되면 개구부가 막혀 귀, 부비강, 치아 등에 통증이나 압박감을 호소하게 된다.

> ★ 고압환경의 생체영향
> ① 1차적 가압현상 : 생체와 환경 사이의 압력(기압)차로 인하여 울혈, 부종, 출혈, 동통이 생기며 기압 증가에 따라 부비강, 치아의 압박 장해 등을 일으킨다.
> ② 고압환경의 2차적 가압현상 ★★
> • 질소의 마취작용 : 공기 중의 질소 가스는 4기압 이상에서 마취작용을 일으킨다.
> • 산소중독 증세 : 산소분압이 2기압을 넘으면 산소중독 증세가 나타난다.
> • 이산화탄소의 작용 : 이산화탄소의 증가는 산소의 독성과 질소의 마취작용을 촉진시킨다.

23 산업안전보건법에서 정하는 밀폐공간의 정의 중 '적정한 공기'에 해당하지 않는 것은? (단, 다른 성분의 조건을 적정한 것으로 가정한다.)

① 일산화탄소 농도 100ppm 미만
② 황화수소 농도 10ppm 미만
③ 탄산가스 농도 1.5% 미만
④ 산소 농도 18% 이상 23.5% 미만

> ★ 작업장의 적정공기 수준
> ① 산소농도의 범위가 18% 이상 23.5% 미만
> ② 이산화탄소의 농도가 1.5% 미만
> ③ 일산화탄소의 농도가 30ppm 미만
> ④ 황화수소의 농도가 10ppm 미만

정답 21 ① 22 ③ 23 ①

24 다음 중 고기압의 작업환경에 나타나는 건강영향에 대한 설명으로 틀린 것은?

① 3～4기압의 산소 혹은 이에 상당하는 공기 중 산소분압에 의하여 중추신경계의 장해에 기인하는 운동장해를 나타내는데 이것을 산소중독이라고 한다.
② 청력의 저하, 귀의 압박감이 일어나며 심하면 고막파열이 일어날 수 있다.
③ 압력상승이 급속한 경우 폐 및 혈액으로 탄산가스의 일과성 배출이 일어나 호흡이 억제된다.
④ 부비강 개구부 감염 혹은 기형으로 폐쇄된 경우 심한 구토, 두통 등의 증상을 일으킨다.

> ③ 압력상승이 급속한 경우 생체와 환경 사이의 압력(기압) 차이로 인하여 울혈, 부종, 출혈, 동통이 생기며 기압 증가에 따라 부비강, 치아의 압박 장해 등을 일으킨다.

25 다음 중 저기압의 영향에 관한 설명으로 틀린 것은?

① 산소결핍을 보충하기 위하여 호흡수, 맥박수가 증가한다.
② 고도 10,000ft(3,048m)까지는 시력, 협조운동의 가벼운 장해 및 피로를 유발한다.
③ 고도 18,000ft(5,468m) 이상이 되면 21% 이상의 산소가 필요하게 된다.
④ 고도의 상승으로 기압이 저하되면 공기의 산소분압이 상승하여 폐포 내의 산소분압도 상승한다.

> ④ 고도의 상승으로 기압이 저하되면 공기의 산소분압이 감소되고 동시에 폐포 내 산소분압도 감소된다.

26 다음 중 산소농도가 6% 이하인 공기 중의 산소분압으로 옳은 것은? (단, 표준상태이며, 부피기준이다.)

① 75mmHg 이하   ② 65mmHg 이하
③ 55mmHg 이하   ④ 45mmHg 이하

> 산소분압(mmHg)
> $= 기압(mmHg) \times \dfrac{산소농도(\%)}{100}$
>
> 산소분압 $= 760 \times \dfrac{6}{100} = 45.6$(mmHg)
> (1기압 = 760mmHg)

27 고도가 높은 곳에서 대기압을 측정하였더니 90,659Pa이었다. 이곳의 산소분압은 약 얼마가 되겠는가? (단, 공기 중의 산소는 21vol%이다.)

① 135mmHg   ② 143mmHg
③ 159mmHg   ④ 680mmHg

> 산소분압(mmHg)
> $= 기압(mmHg) \times \dfrac{산소농도(\%)}{100}$
>
> 1. 1기압 = 760mmHg = 101,325Pa
>   760mmHg : 101,325Pa = x : 90,659Pa
> $760 \times 90,659 = 101,325 \times x$
> $x = \dfrac{760 \times 90,659}{101,325} = 680$mmHg
> 2. 산소분압 $= 680 \times \dfrac{21}{100} = 142.80$(mmHg)

정답 24 ③   25 ④   26 ④   27 ②

28 다음 중 잠함병의 주요 원인은?

① 온도　　② 광선
③ 소음　　④ 압력

> ★ 감압병(decompression ; 잠함병, 케이슨병)
> 급격한 감압 시에 혈액 속의 질소가 혈액과 조직에 기포를 형성하여(종격기종, 기흉) 혈액순환 장해와 조직 손상을 일으킨다.

29 다음 중 감압환경의 설명 및 인체에 미치는 영향으로 옳은 것은?

① 인체와 환경 사이의 기압차이 때문으로 부종, 출혈, 동통 등을 동반한다.
② 대기가스의 독성 때문으로 시력장해, 정신혼란, 간질형태의 경련을 나타낸다.
③ 용해질소의 기포형성 때문으로 동통성 관절장해, 호흡곤란, 무균성 골괴사 등을 일으킨다.
④ 화학적 장해로 작업력 저하, 기분의 변화, 여러 종류의 다행증이 나타난다.

> ★ 감압환경에서의 생체영향
> 급격한 감압 시에 혈액 속의 질소가 혈액과 조직에 기포를 형성하여(종격기종, 기흉)을 혈액순환 장해와 조직 손상(감압병)을 일으킨다.

> ★ 참고
> 고압환경의 생체영향
> ① 1차적 가압현상 : 생체와 환경 사이의 압력(기압)차이로 인하여 울혈, 부종, 출혈, 동통이 생기며 기압 증가에 따라 부비강, 치아의 압박 장해 등을 일으킨다.
> ② 고압환경의 2차적 가압현상
> • 질소의 마취작용 : 공기 중의 질소 가스는 4기압 이상에서 마취작용을 일으킨다.
> • 산소중독 증세 : 산소분압이 2기압을 넘으면 산소중독 증세가 나타난다.
> • 이산화탄소의 작용 : 이산화탄소의 증가는 산소의 독성과 질소의 마취작용을 촉진시킨다.

30 다음 중 고압환경에서 일어날 수 있는 생체작용과 가장 거리가 먼 것은?

① 폐수종　　② 압치통
③ 부종　　　④ 폐압박

> ① 폐수종
> → 저압환경에서 일어날 수 있는 생체작용

31 다음 중 감압에 따른 인체의 기포 형성량을 좌우하는 요인과 가장 거리가 먼 것은?

① 감압속도
② 산소공급량
③ 혈류를 변화시키는 상태
④ 조직에 용해된 가스량

> ★ 감압 시에 조직 내 질소기포 형성량에 영향을 주는 요인
> ① 조직에 용해된 가스량
> ② 혈류를 변화시키는 상태
> ③ 감압속도
> ④ 고기압의 노출정도

32 다음 중 해수면의 산소분압은 약 얼마인가? (단, 표준상태 기준이며, 공기 중 산소함유량은 21vol%이다.)

① 90mmHg　　② 160mmHg
③ 210mmHg　　④ 230mmHg

> 정상적인 공기 중의 산소함유량은 21vol%이며 그 절대량, 즉 산소분압은 해면에 있어서는 약 160mmHg이다.

정답　28 ④　29 ③　30 ①　31 ②　32 ②

33 다음 중 산업안전보건법상 산소결핍, 유해가스로 인한 화재·폭발 등의 위험이 있는 밀폐공간 내 작업 시 조치사항으로 적합하지 않은 것은?

① 밀폐공간 보건작업 프로그램을 수립하여 시행해야 한다.
② 작업을 시작하기 전 근로자로 하여금 방독마스크를 착용하도록 한다.
③ 작업장소에 근로자를 입장시킬 때와 퇴장시킬 때마다 인원을 점검하여야 한다.
④ 밀폐공간에는 관계 근로자가 아닌 사람의 출입을 금지하고, 그 내용을 보기 쉬운 장소에 게시하여야 한다.

② 작업을 시작하기 전 근로자로 하여금 송기마스크를 착용하도록 한다.

33 ②

CHAPTER 03 소음 · 진동

한 눈에 들어오는 키워드

기출
정상인이 들을 수 있는 가장 낮은 이론적 음압 : 0dB
3.5microbar = 85dB

비교
소음의 노출기준 ★★

1일 노출시간 (hr)	소음강도 dB(A)
8	90
4	95
2	100
1	105
1/2	110
1/4	115

01 소음

1 소음의 정의와 단위

(1) 소음의 정의

1) 소음
 ① 원하지 않는 소리
 ② 심리적으로 불쾌감을 주고 신체에 장해를 일으키는 소리를 말한다.

2) 소음작업(산업안전보건법의 정의) ★★

 하루 8시간 동안 85dB 이상의 소음이 발생하는 작업을 말한다.

3) 강렬한 소음작업 ★★

 ① 하루 8시간 동안 90dB 이상의 소음이 발생하는 작업
 ② 하루 4시간 동안 95dB 이상의 소음이 발생하는 작업
 ③ 하루 2시간 동안 100dB 이상의 소음이 발생하는 작업
 ④ 하루 1시간 동안 105dB 이상의 소음이 발생하는 작업
 ⑤ 하루 30분 동안 110dB 이상의 소음이 발생하는 작업
 ⑥ 하루 15분 동안 115dB 이상의 소음이 발생하는 작업

4) 충격소음 ★★

 최대음압수준이 120dB(A) 이상인 소음이 1초 이상의 간격으로 발생하는 것을 말한다.

(2) 소음의 종류

① 연속음 : 1초 이내 간격으로 발생하는 음
② 단속음 : 1초 이상 간격으로 발생하는 음
③ 충격음 : 120dB 이상 음이 1초 이상 간격으로 일시적으로 발생하는 음

(3) 소음의 단위

1) dB(decibel)

음압수준을 나타낸다.

2) sone ★

① 감각적인 음의 크기를 나타낸다.
② 1Sone : 1,000Hz, 40dB 음의 크기

3) phon ★

① 1phon : 1,000Hz, 1dB 음의 크기
② 1,000Hz에서의 음압수준(dB)을 기준으로 하여 등청감곡선을 나타내는 단위

4) sone과 phon의 관계 ★

- $S(\text{sones}) = 2^{\frac{(L_L - 40)}{10}}$
- $L_L(\text{phons}) = 33.33 \times \log S + 40$

S : 음의 크기(sone)
L_L : 음의 크기 레벨(phon)

 한 눈에 들어오는 키워드

기출

작업환경에서 노출되는 소음의 종류

① 연속음(continuous noise) : 하루 종일 같은 크기의 소리가 발생되는 음으로, 1초 1회 이상의 음 발생을 말한다.
② 단속음(interrupted noise) : 1일 작업 중 노출되는 소음이 여러 가지 음압수준으로 나타나는 음을 말한다.
③ 충격소음: 최대음압수준이 120 dB(A)이상인 소음이 1초 이상의 간격으로 발생하는 것을 말한다.
④ 폭발음

(4) 소음의 계산

1) 소음도의 계산

① 합성소음도 ★★★

$$L(\text{dB}) = 10 \times \log(10^{\frac{L_1}{10}} + 10^{\frac{L_2}{10}} + \cdots + 10^{\frac{L_n}{10}})$$

L : 합성소음도(dB)
$L_1 \sim L_2$: 각각 소음원의 소음(dB)

② 소음도 차이 ★★

$$L'(\text{dB}) = 10\log(10^{\frac{L_1}{10}} - 10^{\frac{L_2}{10}}) \ (단, \ L_1 > L_2)$$

③ 평균소음도 ★★

$$\overline{L}(\text{dB}) = 10 \times \log\left[\frac{1}{n}(10^{\frac{L_1}{10}} + 10^{\frac{L_2}{10}} + \cdots + 10^{\frac{L_n}{10}})\right]$$

$\overline{L}$: 평균소음도(dB)
n : 소음원의 개수

[예제 1]

각각 90dB, 90dB, 95dB, 100dB의 음압수준을 발생하는 소음원이 있다. 이 소음원들이 동시에 가동될 때 발생되는 음압수준은?

① 99dB ② 102dB
③ 105dB ④ 108dB

해설

합성소음도

$$L = 10 \times \log(10^{\frac{L_1}{10}} + 10^{\frac{L_2}{10}} + \cdots + 10^{\frac{L_n}{10}})(\text{dB})$$

$L = 10 \times \log(10^{\frac{90}{10}} + 10^{\frac{90}{10}} + 10^{\frac{95}{10}} + 10^{\frac{100}{10}}) = 101.81(\text{dB})$

[정답 ②]

[예제 2]

B 공장 집진기용 송풍기의 소음을 측정한 결과, 가동 시는 90dB(A)이었으나, 가동 중지 상태에서는 85dB(A)이었다. 이 송풍기의 실제 소음도는?

① 86.2dB(A) ② 87.1dB(A)
③ 88.3dB(A) ④ 89.4dB(A)

해설

$$\text{소음도 차이 } L' = 10\log(10^{\frac{L_1}{10}} - 10^{\frac{L_2}{10}})(\text{dB}) \ (단, \ L_1 > L_2)$$

$$L' = 10 \times \log(10^{\frac{90}{10}} - 10^{\frac{85}{10}}) = 88.35\,\text{dB(A)}$$

[정답 ③]

2) 음압수준(SPL : Sound Pressure Level) ★★★

음의 압력 수준으로 단위는 $Pa(N/m^2)$이다.

$$SPL(\text{dB}) = 20 \times \log\left(\frac{P}{P_o}\right)$$

SPL : 음압수준(음압도, 음압레벨) (dB)
P : 대상음의 음압(음압 실효치) (N/m^2)
P_o : 기준음압 실효치($2 \times 10^{-5} N/m^2$, $2 \times 10^{-4} dyne/cm^2$)

[예제 3]

음압실효치가 $0.2 N/m^2$일 때 음압수준(SPL : Sound Pressure Level)은 얼마인가? (단, 기준음압은 $2 \times 10^{-5} N/m^2$으로 계산한다.)

① 40dB ② 60dB
③ 80dB ④ 100dB

해설

$$SPL(\text{dB}) = 20 \times \log\left(\frac{P}{P_o}\right)$$

$$SPL = 20 \times \log\left(\frac{0.2}{2 \times 10^{-5}}\right) = 80(\text{dB})$$

[정답 ③]

[예제 4]

음압이 100배 증가하면 음압 수준은 몇 dB 증가하는가?

① 10dB ② 20dB
③ 30dB ④ 40dB

해설

$$SPL(\mathrm{dB}) = 20 \times \log\left(\frac{P}{P_o}\right)$$
$$SPL = 20 \times \log 100 = 40 (\mathrm{dB})$$

[정답 ④]

[예제 5]

음압도(SPL ; Sound Pressure Level)가 80dB인 소음과 음압도가 40dB인 소음과의 음압(Sound Pressure) 차이는 몇 배인가?

① 2배 ② 20배
③ 40배 ④ 100배

해설

$$SPL = 20 \times \log\left(\frac{P}{P_o}\right)(\mathrm{dB})$$

SPL : 음압수준(음압도, 음압레벨) (dB), P : 대상음의 음압(음압 실효치) (N/m²)
P_o : 기준음압 실효치, 2×10^{-5} N/m², 2×10^{-4} dyne/cm²)

1. $80 = 20 \times \log\left(\dfrac{P}{2 \times 10^{-5}}\right)$

   $\log\left(\dfrac{P}{2 \times 10^{-5}}\right) = \dfrac{80}{20} = 4$

   $\left(\dfrac{P}{2 \times 10^{-5}}\right) = 10^4$

   $P = 2 \times 10^{-5} \times 10^4 = 0.2 (\mathrm{N/m^2})$

2. $40 = 20 \times \log\left(\dfrac{P}{2 \times 10^{-5}}\right)$

   $\log\left(\dfrac{P}{2 \times 10^{-5}}\right) = \dfrac{40}{20} = 2$

   $\left(\dfrac{P}{2 \times 10^{-5}}\right) = 10^2$

   $P = 2 \times 10^{-5} \times 10^2 = 2 \times 10^{-3} (\mathrm{N/m^2})$

3. $\dfrac{0.2}{2 \times 10^{-3}} = 100(배)$

[정답 ④]

3) 음의 세기레벨(SIL : Sound Intensity Level) ★★

① 음의 진행방향에 수직하는 단위면적을 단위시간에 통과하는 음에너지를 음의 세기라 하며 단위는 watt/m²이다.

② 음의 세기는 데시벨(dB) 단위를 사용하며 기준음의 세기와의 비를 대수 값으로 변환한 것이다.

$$SIL(dB) = 10\log\left(\frac{I}{I_o}\right) = 20\log\left(\frac{P}{P_0}\right) = SPL$$

SIL : 음의 세기레벨(dB)
I : 대상음의 세기(w/m²)
I_o : 최소가청음 세기(10^{-12}w/m²)
SPL : 음압수준(음압도, 음압레벨) (dB)
P : 대상음의 음압(음압 실효치) (N/m²)
P_o : 기준음압 실효치(2×10^{-5}N/m², 2×10^{-4}dyne/cm²)

한 눈에 들어오는 키워드

참고
음의 세기와 음압의 관계
$$I = \frac{P^2}{\rho c}$$
- I : 음의 세기
- P : 음압
- ρ : 매질의 밀도
- c : 음속

[예제 6]

음의 세기레벨이 80dB에서 85dB로 증가하면 음의 세기는 약 몇 배가 증가하겠는가?

① 1.5배 ② 1.8배
③ 2.2배 ④ 2.4배

해설

$SIL = 10\times\log\left(\frac{I}{I_o}\right)$, $(I_o = 10^{-12}$w/m²$)$

$\log\left(\frac{I}{I_o}\right) = \frac{SIL}{10}$

$\frac{I}{I_o} = 10^{\frac{SIL}{10}}$

$I = I_0 \times 10^{\frac{SIL}{10}}$

1. $I_{80} = 10^{-12} \times 10^{\frac{80}{10}} = 1\times10^{-4}$
2. $I_{85} = 10^{-12} \times 10^{\frac{85}{10}} = 3.16\times10^{-4}$
3. 증가율 $= \frac{(3.16\times10^{-4}) - (1\times10^{-4})}{1\times10^{-4}} = 2.16$(배)

[정답 ③]

한 눈에 들어오는 키워드

[예제 7]

음향출력이 1000W인 음원이 반자유공간(반구면파)에 있을 때 20m 떨어진 지점에서의 음의 세기는 약 얼마인가?

① 0.2W/m²
② 0.4W/m²
③ 2.0W/m²
④ 4.0W/m²

해설

1. $\text{PWL} = 10\log\left(\dfrac{W}{W_o}\right) = 10 \times \log\left(\dfrac{1000}{10^{-12}}\right) = 150(\text{dB})$

2. $SPL = PWL - 20\log r - 8 = 150 - 20 \times \log 20 - 8 = 115.98(\text{dB})$

3. $SIL(\text{dB}) = 10\log\left(\dfrac{I}{I_o}\right) = 20\log\left(\dfrac{P}{P_0}\right) = SPL$

$SIL(\text{dB}) = 10\log\left(\dfrac{I}{I_o}\right) = 115.98$

$\log\left(\dfrac{I}{I_o}\right) = \dfrac{115.98}{10} = 11.598$

$\dfrac{I}{I_o} = 10^{11.598}$

$I = I_o \times 10^{11.598} = 10^{-12} \times 10^{11.598} = 0.40(\text{W/m}^2)$

[정답 ②]

4) 음향파워레벨(PWL, 음력수준) ★★★

음향출력(음향파워, 음력)은 음원으로부터 단위시간당 방출되는 총 음에너지(음원이 발산하는 모든 에너지)를 말하며 단위는 watt이다.

$$\text{PWL}(\text{dB}) = 10\log\left(\dfrac{W}{W_o}\right)$$

PWL : 음향파워레벨 (dB)
W : 대상음원의 음력(watt)
W_o : 기준음력(10^{-12}watt)

$$\text{PWL의 합}(\text{dB}) = 10\log\left(10^{\frac{PWL}{10}} \times n\right)$$

PWL : 음향파워레벨(dB)
n : 동일 소음을 발생시키는 기계의 수

[예제 8]

작업기계에서 음향파워레벨(PWL)이 110dB인 소음이 발생되고 있다. 이 기계의 음향파워는 몇 W(Watt)인가?

① 0.05   ② 0.1   ③ 1   ④ 10

해설

$PWL = 10\log\left(\dfrac{W}{W_o}\right)$, $(W_o = 10^{-12} \text{watt})$

$\log\left(\dfrac{W}{W_o}\right) = \dfrac{PWL}{10}$

$\dfrac{W}{W_o} = 10^{\frac{PWL}{10}}$

$W = W_0 \times 10^{\frac{PWL}{10}} = 10^{-12} \times 10^{\frac{110}{10}} = 0.1(\text{Watt})$

[정답 ②]

[예제 9]

어떤 음의 발생원의 Sound Power가 0.006W이면 이때 음향 파워레벨은?

① 92dB   ② 94dB   ③ 96dB   ④ 98dB

해설

$PWL = 10 \times \log\left(\dfrac{W}{W_o}\right)$, $(W_o = 10^{-12} \text{watt})$

$PWL = 10 \times \log\left(\dfrac{0.006}{10^{-12}}\right) = 97.78(\text{dB})$

[정답 ④]

[예제 10]

공장 내부에 소음(대당 PWL = 85dB)을 발생시키는 기계가 있다. 이 기계 2대가 동시에 가동될 때 발생하는 PWL의 합은?

① 86dB   ② 88dB   ③ 90dB   ④ 92dB

해설

PWL의 합 $= 10 \times \log\left(10^{\frac{PWL}{10}} \times n\right)$

PWL의 합 $= 10 \times \log(10^{\frac{85}{10}} \times 2) = 88.01(\text{dB})$

[정답 ②]

5) 소음을 내는 기계로부터 거리가 d_2만큼 떨어진 곳의 소음 계산 ★

$$dB_2 = dB_1 - 20 \times \log(\frac{d_2}{d_1})$$

dB_1 : 소음기계로부터 d_1 떨어진 곳의 소음
dB_2 : 소음기계로부터 d_2 떨어진 곳의 소음

[예제 11]

공장 내 지면에 설치된 한 기계로부터 10m 떨어진 지점의 소음이 70dB(A)일 때, 기계의 소음이 50dB(A)로 들리는 지점은 기계에서 몇 m 떨어진 곳인가? (단, 점음원을 기준으로 하고, 기타 조건은 고려하지 않는다.)

① 50
② 100
③ 200
④ 400

해설

$dB_2 = dB_1 - 20 \times \log(\frac{d_2}{d_1})$

$20 \times \log(\frac{d_2}{d_1}) = dB_1 - dB_2$

$\log(\frac{d_2}{d_1}) = \frac{dB_1 - dB_2}{20} = \frac{70-50}{20} = 1$

$\frac{d_2}{d_1} = 10^1 = 10$

$d_2 = d_1 \times 10 = 10 \times 10 = 100 (\mathrm{m})$

[정답 ②]

2 소음의 물리적 특성

(1) 음(Sound)의 용어

① **음선** : 음의 진행방향을 나타내는 선으로 파면에 수직한다.
② **파면(Wave front)** : 파동의 위상이 같은 점을 연결한 면(선)이다.
③ **음파** : 공기 등의 매질을 통하여 전파하는 소밀파이며, 순음의 경우 정현파적으로 변화한다.
④ **파동** : 음에너지의 전달은 매질의 운동에너지와 위치에너지의 교반작용으로 이루어진다.

(2) 음(Sound)의 구성

① **주파수**(Frequency : f) : 1초 동안 진행되는 주기(cycle)의 수를 말하며 Hz 단위를 사용한다.(Hz = cycle 수/sec)
② **파장**(Wave length : λ) : 한 cycle 동안 진행한 거리를 말한다.
③ **속도**(Velocity : c) : 음의 전달속도를 말하며 매질의 밀도와 압축정도에 따라 달라진다.

(3) 음(Sound)의 물리적 특성

① 음의 높낮이는 음의 주파수로 결정된다.
② 건강한 사람의 **가청주파수는 20~20,000Hz**이다. ★
③ 같은 크기의 에너지를 가진 소리라도 **주파수에 따라 크기를 다르게 느낀다**.
④ 언어를 구성하는 주파수(**회화음역)는 250~3,000Hz** 정도이다.
④ 초음파 : 주파수가 가청주파수 20kH보다 커서 인간이 청각을 이용해 들을 수 없는 음파를 말한다.

(4) 음속 실기 기출 ★

음파의 전달속도를 말한다.

$$음속(C) = f \times \lambda \, ★$$

C : 음속(m/sec)
f : 주파수(1/sec = Hz)
λ : 파장(m)

$$음속(C) = 331.42 + 0.6 \times t \, ★$$

C : 음속(m/sec)
t : 음전달 매질의 온도(℃)

[예제 12]
상온에서 음속은 약 344m/s이다. 주파수가 2kHz인 음의 파장은 얼마인가?

해설
$c = f \times \lambda$
$\lambda = \dfrac{c}{f} = \dfrac{344}{2,000} = 0.172(\text{m})$
(2kHz = 2,000Hz)

한 눈에 들어오는 키워드

실기 기출 ★
소음 전파과정에서 나타나는 물리적 현상(5가지)
① 반사
② 흡수
③ 굴절
④ 투과
⑤ 회절

[예제 13]

0°C, 1기압의 공기 중에서 파장이 2m인 음의 주파수는 약 얼마인가?

① 132Hz ② 154Hz
③ 166Hz ④ 178Hz

해설

1. 음속 $(C) = 331.42 + 0.6 \times t = 331.42 + (0.6 \times 0) = 331.42 (\text{m/sec})$
2. 음속 $(C) = f \times \lambda$

$$f = \frac{C}{\lambda} = \frac{331.42}{2} = 165.71 (\text{Hz})$$

[정답 ③]

[예제 14]

25°C, 공기 중에서 1,000Hz인 음의 파장은 약 몇 m인가?

① 0.035 ② 0.35
③ 3.5   ④ 35

해설

1. 음속 $(C) = 331.42 + (0.6 \times 25) = 346.42 (\text{m/sec})$
2. 음속 $(C) = f \times \lambda$

$$\lambda = \frac{C}{f} = \frac{346.42}{1,000} = 0.35 (\text{m})$$

[정답 ②]

(5) 음의 지향성

음원에서 방출되는 음의 강도가 방향에 따라 변화하는 상태를 말한다.

1) 지향계수(Q : directivity factor)

① 특정 방향에 대한 음의 방향성(지향성)을 나타내는 수치를 말한다.
② 특정방향의 에너지와 평균에너지의 비로서 나타낸다.
③ 음원의 형태, 크기와 주파수에 따라 지향성이 변화한다.

2) 지향지수(DI : directivity index)

① 임의의 음원의 지향성을 dB단위로 표현한 것을 말한다.
② 지향계수를 dB단위로 나타낸 것이다.
③ 지향성이 큰 경우 특정방향 음압레벨과 평균음압레벨과의 차이로 정의한다.

3) 지향계수와 지향지수와의 관계 ★★

$$DI(dB) = 10 \times \log Q$$

DI : 지향지수(directivity index)
Q : 지향계수(directivity factor)

음원이 자유공간에 떠 있는 경우 (음의 전파가 완전 구체인 경우)		$Q=1$ $DI = 10 \times \log 1 = 0(dB)$
음원이 반 자유공간 또는 바닥 위에 있는 경우 (음의 전파가 반구인 경우)		$Q=2$ $DI = 10 \times \log 2 = 3(dB)$
음원이 두면이 만나는 구석 또는 벽 근처 바닥에 있는 경우 (음의 전파가 1/4 구체인 경우)		$Q=4$ $DI = 10 \times \log 4 = 6(dB)$
음원이 세면이 만나는 구석 또는 각진 모퉁이 바닥에 있는 경우 (음의 전파가 1/8 구체인 경우)		$Q=8$ $DI = 10 \times \log 8 = 9(dB)$

Q(지향계수) : 음의 방향성(지향성)을 나타내는 수치
DI(지향지수) : 임의의 음원의 지향성을 dB단위로 표현한 것

(6) 거리에 의한 음의 감쇠

1) 점음원의 거리감쇠

① 측정거리에 비하여 음원의 치수가 아주 작은 음원을 점음원이라 한다.
② 점음원은 크기가 무시될 수 있는 음원으로 점음원으로부터의 거리감쇠는 거리의 제곱에 반비례한다.
③ 자유공간에서 점음원의 경우 거리가 두 배가 되면 소음은 6dB 감소한다.

$$L_a(\text{dB}) = 20\log\left(\frac{r_2}{r_1}\right)$$

r_1, r_2 : 음원으로부터 떨어진 거리(m)

- 점음원으로부터 거리가 2배 멀어질 때마다 음압레벨이 6dB(20×log2)씩 감소한다.

2) 선음원(Line source)의 거리감쇠

① 무수한 점음원들이 직선을 이룰 때를 선음원이라 한다.

$$L_a(\text{dB}) = 10 \times \log\left(\frac{S_2}{S_1}\right) = 10 \times \log\left(\frac{r_2}{r_1}\right)$$

r_1, r_2 : 음원으로부터 떨어진 거리(m), S_1, S_2 : 표면적(m²)

- 선음원으로부터 거리가 2배 멀어질 때마다 음압레벨이 3dB(10×log2)씩 감소한다.

[예제 15]

어떤 음원에서 10m 떨어진 곳에서의 음의 세기레벨(Sound Intensity Level)은 89dB이다. 음원에서 20m 떨어진 곳에서의 음의 세기레벨은? (단, 점음원이고 장해물이 없는 자유공간에서 구면상으로 전파한다고 가정한다.)

① 77dB　　② 80dB　　③ 83dB　　④ 86dB

해설

$La(\text{dB}) = 20 \times \log\left(\frac{r_2}{r_1}\right)$

1. $L_a = 20 \times \log\left(\frac{20}{10}\right) = 6.02(\text{dB})$
2. 20m 떨어진 곳에서의 음의 세기레벨 = 89 − 6.02 = 82.98(dB)

[정답 ③]

키워드 용어정의

1. 점음원
측정거리에 비하여 음원의 치수가 아주 작은 음원을 말한다.

2. 선음원
무수한 점음원들이 직선을 이룰 때를 선음원이라 한다.(도로, 철도소음 등)

3. 음의 지향성
음원에서 방사되는 음의 강도 또는 마이크로폰의 감도가 방향에 의해 변화되는 것을 말한다.

4. 무지향성
소리를 모든 방향으로 방출시켜 음의 지향성을 제거하는 것을 말한다.

3) 음원에 따른 SPL과 PWL의 관계식

PWL은 거리에 따라 변화되지 않는 절대적인 값이고 SPL은 거리에 따라 변화하는 상대적인 값을 나타낸다.

무지향성 점음원 ★★	무지향성 선음원 ★
• 자유공간(공중, 구면파)에 위치할 때 $SPL(\text{dB}) = PWL - 20\log r - 11$	• 자유공간(공중, 구면파)에 위치할 때 $SPL(\text{dB}) = PWL - 10\log r - 8$
• 반자유공간(바닥, 벽, 천장, 반구면파)에 위치할 때 $SPL(\text{dB}) = PWL - 20\log r - 8$	• 반자유공간(바닥, 벽, 천장, 반구면파)에 위치할 때 $SPL(\text{dB}) = PWL - 10\log r - 5$

r : 소음원으로부터의 거리(m)

> **한 눈에 들어오는 키워드**
>
> [참고]
> $PWL = SPL + 10\log S$
> S : 음파 진행방향에 수직한 표면적(m^2)

[예제 16]

자유공간에 위치한 점음원의 음향 파워레벨(PWL)이 110dB일 때, 이 점음원으로부터 100m 떨어진 곳의 음압레벨(SPL)은?

① 49dB   ② 59dB
③ 69dB   ④ 79dB

해설
$SPL = PWL - 20\log r - 11$
$SPL = 110 - 20 \times \log 100 - 11 = 59 (\text{dB})$

[정답 ②]

[예제 17]

지상에서 음력이 10W인 소음원으로부터 10m 떨어진 곳의 음압수준은 약 얼마인가? (단, 무지향성 점음원, 자유공간)

① 96dB ② 99dB
③ 102dB ④ 105dB

해설

1. $PWL = 10\log\left(\dfrac{W}{W_o}\right) = 10 \times \log\dfrac{10}{10^{-12}} = 130(\text{dB})$
2. $SPL = PWL - 20\log r - 11 = 130 - 20 \times \log 10 - 11 = 99(\text{dB})$

[정답 ②]

[예제 18]

음원에서 10m 떨어진 곳에서 음압수준이 89dB(A)일 때, 음원에서 20m 떨어진 곳에서의 음압수준은 약 몇 dB(A)인가? (단, 점음원이고 장해물이 없는 자유공간에서 구면상으로 전파한다고 가정한다.)

① 77 ② 80
③ 83 ④ 86

해설

1. 10m 떨어진 곳에서의 PWL
   $SPL = PWL - 20 \times \log r - 11$
   $PWL = SPL + 20 \times \log r + 11 = 89 + 20 \times \log 10 + 11 = 120(\text{dB})$
2. 20m 떨어진 곳에서의 음압수준
   $SPL = 120 - 20 \times \log 20 - 11 = 82.98(\text{dB})$

[정답 ③]

[예제 19]

출력이 0.01W의 점음원으로부터 100m 떨어진 곳의 음압수준은? (단, 무지향성 음원, 자유공간의 경우)

① 49dB ② 53dB
③ 59dB ④ 63dB

해설

1. $PWL = 10\log\left(\dfrac{W}{W_o}\right) = 10 \times \log\dfrac{0.01}{10^{-12}} = 100(\text{dB})$
2. $SPL = PWL - 20\log r - 11 = 100 - 20 \times \log 100 - 11 = 49(\text{dB})$

[정답 ①]

(7) 주파수 분석

소음의 특성을 정확히 평가하기 위해 실시하며 옥타브 밴드 분석기가 가장 많이 사용된다.

1/1 옥타브 밴드 분석기 ★★★	1/3 옥타브 밴드 분석기
$\dfrac{f_U}{f_L} = 2^{\frac{1}{1}}$, $f_u = 2f_L$	$\dfrac{f_U}{f_L} = 2^{\frac{1}{3}}$, $f_u = 1.26 f_L$
중심주파수(f_c) $= \sqrt{f_L \times f_U} = \sqrt{f_L \times 2f_L} = \sqrt{2}\,f_L$	중심주파수(f_c) $= \sqrt{f_L \times f_U} = \sqrt{f_L \times 1.26 f_L} = \sqrt{1.26}\,f_L$

f_L : 중심주파수 보다 낮은 쪽 주파수
f_U : 중심주파수 보다 높은 쪽 주파수
f_C : 중심주파수

> **한 눈에 들어오는 키워드**
>
> **참고**
> 소음의 주파수 특성을 파악하여 공학적인 소음관리대책을 세우고자 할 때에는 옥타브밴드분석 소음계를 사용한다.

[예제 20]

옥타브밴드로 소음의 주파수를 분석하였다. 낮은 쪽의 주파수가 250Hz이고, 높은 쪽의 주파수가 2배인 경우 중심주파수는 약 몇 Hz인가?

① 250　　　　　　　　② 300
③ 354　　　　　　　　④ 375

해설

1. 높은 쪽의 주파수$(f_U) = 2 \times$낮은 쪽의 주파수$(f_L) = 2 \times 250 = 500(\text{Hz})$
2. 중심주파수$(f_C) = \sqrt{f_U \times f_L} = \sqrt{500 \times 250} = 353.55(\text{Hz})$

[정답 ③]

[예제 21]

1/1 옥타브밴드의 중심주파수가 500Hz일 때, 하한과 상한 주파수로 가장 적합한 것은? (단, 정비형 필터 기준으로 한다.)

① 354Hz, 707Hz　　　　② 362Hz, 724Hz
③ 373Hz, 746Hz　　　　④ 382Hz, 764Hz

해설

1. 중심주파수$(f_C) = \sqrt{2}\,f_L$

    $f_L = \dfrac{f_C}{\sqrt{2}} = \dfrac{500}{\sqrt{2}} = 353.55(\text{Hz})$

2. 높은 쪽의 주파수$(f_U) = 2 \times$낮은 쪽의 주파수$(f_L) = 2 \times 353.55 = 707.1(\text{Hz})$

[정답 ①]

3 소음의 생체작용

(1) 소음공해의 특징

① 축적성이 없다.
② 국소적, 다발적이다.
③ 대책 후 처리할 물질이 없다.

(2) 소음이 인체에 미치는 영향(생리적 영향) ★

① 혈압 증가
② 맥박수 증가
③ 위분비액 감소
④ 집중력 감소
⑤ 청력손실(소음성 난청)

(3) 청력손실

1) 일시성 청력손실

① 강력한 소음에 노출되어 생기는 일시적인 청력 저하 현상으로 4,000~6,000Hz에서 가장 많이 생긴다.
② 일시적인 청신경세포의 피로현상으로 회복하려면 12~24시간을 요하는 가역적인 청력저하이나 소음성 난청의 경고신호로 볼 수 있다.(일시적인 현상으로 휴식하면 곧바로 회복된다.)

2) 영구성 청력손실(영구성 난청, 소음성 난청)

① 영구적으로 회복되지 않는 청력 손실을 말한다.
② 심한 소음에 반복 노출되면 코르티기관의 손상으로 일시적인 청력 변화가 영구적 청력변화로 변하게 된다.
③ 내이의 세포변성이 주요한 원인이다.
④ 전음계(외이·중이의 장해)가 아니라 감음계(내이 및 신경경로의 장해)의 장해를 말한다.
⑤ 소음성 난청은 4,000~6,000Hz 정도에서 가장 많이 발생한다.(주로 주파수 4,000Hz 영역에서 시작하여 전 영역으로 파급된다.)

⑥ 소음성 난청은 대부분 양측성이며, 감각 신경성 난청에 속한다.
⑦ 강한 소음은 달팽이관 주변의 모세혈관 수축을 일으켜 이 부근에 저산소증을 유발한다.
⑧ 일주일 정도가 지나도록 회복되지 않는 청력치의 감소부분은 영구적 난청에 해당된다.

3) C_5-dip 현상 실기 기출★

소음성 난청의 초기단계로서 4,000Hz 부근의 음에 대한 청력저하가 심하게 생기게 되는 현상을 말한다.

> **기출**
> 소음의 강도가 같은 경우 청력손실에 가장 큰 영향을 미치는 주파수는 3,000~4,000Hz이다.

(4) 소음성 난청(청력손실)에 영향을 미치는 요소 ★

① 개인의 감수성 : 개인의 감수성에 따라 소음반응이 다양하다.
② 음의 강도 : 음압수준이 높을수록 유해하다.
③ 폭로시간(노출시간) : 계속적 노출이 간헐적 노출보다 더 유해하다.
④ 음의 물리적 특성
   • 고주파음이 저주파음보다 더 유해하다.
   • 충격음 및 연속음의 유해성이 더 크다.
⑤ 심한 소음에 반복하여 노출되면 일시적 청력변화는 영구적 청력변화로 변한다.

(5) 평균청력손실의 계산 ★★

4분법	6분법
평균청력손실(dB)= $\dfrac{a+2b+c}{4}$	평균청력손실(dB)= $\dfrac{a+2b+2c+d}{6}$

a : 옥타브밴드 중심주파수 500Hz에서의 청력손실(dB)
b : 옥타브밴드 중심주파수 1,000Hz에서의 청력손실(dB)
c : 옥타브밴드 중심주파수 2,000Hz에서의 청력손실(dB)
d : 옥타브밴드 중심주파수 4,000Hz에서의 청력손실(dB)

한 눈에 들어오는 키워드

[예제 22]

청력 손실치가 다음과 같을 때, 6분법에 의하여 판정하면 청력손실은 얼마인가?

- 500Hz에서 청력 손실치는 8
- 1,000Hz에서 청력 손실치는 12
- 2,000Hz에서 청력 손실치는 12
- 4,000Hz에서 청력 손실치는 22

① 12　　　　② 13　　　　③ 14　　　　④ 15

해설

청력손실 $= \dfrac{a+2b+2c+d}{6} = \dfrac{8+2\times12+2\times12+22}{6} = 13(\text{dB})$

[정답 ②]

4 소음에 대한 노출기준

(1) 국내의 소음 노출기준(OSHA의 연속소음에 대한 노출기준)(소음변화율 : 5dB) ★★

1일 노출시간(hr)	소음수준[dB(A)]
8	90
4	95
2	100
1	105
1/2	110
1/4	115

주 : 115dB(A)를 초과하는 소음 수준에 노출되어서는 안 됨 ★

(2) ACGIH 노출기준(소음변화율 : 3dB)

1일 노출시간(hr)	소음수준[dB(A)]
8	85
4	88
2	91
1	94
1/2	97
1/4	100

확인 ★

1. 우리나라의 소음 노출기준은 8시간 기준 90dB이며, 노출시간이 반으로 감소하면 소음기준은 5dB 증가한다.
2. 미국 ACGIH 및 ISO의 소음노출 기준은 8시간 기준 85dB, 노출시간이 반으로 감소하면 소음기준은 3dB 증가한다.

(3) 충격소음의 노출기준 ★★

1일 노출회수	충격소음의 강도[dB(A)]
100	140
1,000	130
10,000	120

주 : 1. 최대 음압수준이 140dB(A)를 초과하는 충격소음에 노출되어서는 안 됨 ★
    2. 충격소음이라 함은 최대음압수준에 120dB(A) 이상인 소음이 1초 이상의 간격으로 발생하는 것을 말함

5 소음의 측정 및 평가

(1) 소음의 측정

1) 소음계의 종류는 주파수 범위와 청감보정 특성의 허용범위의 정밀도 차이에 의해 정밀소음계, 지시소음계, 간이소음계의 3종류로 분류한다.

2) 개인의 노출량을 측정하는 기기로는 누적소음노출량측정기(noise dose meter)를 사용하며 노출량(dose)은 노출기준에 대한 백분율(%)로 나타낸다.

3) 누적소음 노출량측정기의 법정 설정기준 ★★

① Criteria : 90dB
② Exchange rate : 5dB
③ Threshold : 80dB

(2) 소음계

1) 등청감곡선

① 1kHz의 순음과 같은 크기로 느끼는 각 주파수별 음압레벨을 연결한 선을 등청감곡선이라고 한다.
② 정상 청력을 가진 젊은 사람을 대상으로 한 가지 주파수로 구성된 음에 대하여 느끼는 소리의 크기(Loudness)를 실험한 곡선을 말한다.

2) 청감보정회로

등청감곡선을 역으로 한 보정회로로 소음계에 내장되어 있다.

※ 문제

소음계와 누적소음노출량측정기(소음 노출량계)를 설명하시오.

[해설]
(1) 소음계 : 주파수에 따른 사람의 느낌을 감안하여 A, B, C의 세 가지 특성에서 음압을 측정할 수 있도록 보정되어 있는 기기를 말한다.
(2) 누적소음 노출량 측정기 : 작업자가 여러 작업장소를 이동하면서 작업하는 경우, 근로자에게 직접 부착하여 작업시간(8시간) 동안 작업자가 노출되는 소음노출량을 측정하는 기기를 말한다.

참고

지시소음계
소음계의 일종으로서, 마이크로폰으로 수용한 소음을 증폭하여 계기에 직접 폰 또는 데시벨 눈금으로 지시하는 소음계를 말한다.

3) 소음계

① 주파수에 따른 사람의 느낌을 감안하여 A, B, C의 세 가지 특성에서 음압을 측정할 수 있도록 보정되어 있다.

② A, B, C 세 가지 값이 거의 일치하기 시작하는 주파수는 1,000Hz이다. (1,000Hz에서 값은 0이다.) ★

③ A특성치와 C특성치의 차이가 크면 저주파음이고 차이가 작으면 고주파음이라고 할 수 있다. ★

한눈에 들어오는 키워드

기출
소음 측정결과
- dB(A)의 값과 dB(C)의 값이 서로 별 차이가 없을 때 : 1,000Hz 이상의 고주파가 주성분이다.
- dB(A)의 값이 dB(C)의 값보다 작을 때 : 저주파 성분이 많다.

(2) 소음의 평가

1) 등가소음레벨(등가소음도 ; Leq)

임의의 측정시간 동안 발생한 변동소음의 총에너지를 같은 시간 내의 정상소음의 에너지로 등가하여 얻어진 소음도를 등가소음도라고 한다.

① 등가소음도(Leq) ★★

$$\text{Leq} = 16.61 \log \frac{n_1 \times 10^{\frac{L_{A1}}{16.61}} + \cdots + n_n \times 10^{\frac{L_{An}}{16.61}}}{각\ 소음레벨\ 측정치의\ 발생시간\ 합}$$

Leq : 등가소음레벨[dB(A)], L_A : 각 소음레벨의 측정치[dB(A)]
n : 각 소음레벨 측정치의 발생시간(분)

② 일정시간간격 등가소음도(Leq) ★★

$$\text{Leq} = 10 \log \frac{1}{n} \sum_{i=1}^{n} 10^{\frac{L_i}{10}}$$

n : 소음레벨측정치의 수, L_i : 각 소음레벨의 측정치[dB(A)]

2) 누적소음폭로량

단위작업장소에서 소음의 강도가 불규칙적으로 변동하는 소음 등을 누적소음노출량 측정기로 측정하여 평가한다.

$$누적소음\ 폭로량(D) = \left(\frac{C_1}{T_1} + \frac{C_2}{T_2} + \cdots + \frac{C_n}{T_n}\right) \times 100(\%) \ ★★$$

D : 누적소음 폭로량
C : 각각의 소음도에 노출되는 시간(hr)
T : 각각의 소음도에 노출될 수 있는 허용노출시간(hr)

확인 ★

① A특성 : 40phon의 등청감곡선과 비슷하게 주파수에 따른 반응을 보정하여 측정한 음압수준
② B특성 : 70phon의 등청감곡선과 비슷하게 주파수에 따른 반응을 보정하여 측정한 음압수준
③ C특성 : 100phon의 등청감곡선과 비슷하게 주파수에 따른 반응을 보정하여 측정한 음압수준

$$\text{TWA[dB(A)]} = 16.61 \times \log\left[\frac{D(\%)}{100}\right] + 90 \ \star\star$$

TWA : 시간가중 평균 소음수준[dB(A)], D : 누적소음 폭로량(%)
100 : (12.5 × T ; T =노출시간)

비교

$$La = 16.61 \times \log\left(\frac{D}{12.5 \times h}\right) + 90$$

La : A특성 등가소음레벨[dB(A)], D : 누적소음 폭로량(%), h : 포집시간(hr)

1일 작업시간이 8시간을 초과하는 경우에는 다음 계산식에 따라 보정노출기준을 산출한 후 측정치와 비교하여 평가하여야 한다.

$$\text{소음의 보정노출기준[dB(A)]} = 16.61 \times \log\left(\frac{100}{12.5 \times h}\right) + 90$$

h : 노출시간/일

[예제 23]

근로자가 단위작업장소에서 소음의 강도가 불규칙적으로 변동하는 소음을 누적소음노출량 측정기로 측정한 결과 소음 노출량 95%에 노출되었다면 이를 TWA dB(A)로 환산하면 약 얼마인가?

① 80   ② 85   ③ 90   ④ 95

해설

$$TWA = 16.61 \log\left[\frac{D}{100}\right] + 90$$

$$TWA = 16.61 \times \log\left[\frac{95}{100}\right] + 90 = 89.63[\text{dB(A)}]$$

[정답 ③]

(4) 소음의 노출정도 평가 ★★★

1) 노출지수

$$EI = \frac{C_1}{T_1} + \frac{C_2}{T_2} + \cdots + \frac{C_n}{T_n}$$

C : 소음의 측정치, T : 소음의 노출기준

🔍 **한** 눈에 들어오는 **키**워드

2) 평가

① $EI > 1$: 노출기준을 초과함
② $EI < 1$: 노출기준을 초과하지 않음

[예제 24]

어떤 환경에서 8시간 작업 중 95dB(A)인 단속음의 소음이 3시간, 90dB(A)의 소음이 3시간 발생하고 그 외 2시간은 기준 이하의 소음이 발생되었을 경우에 이 환경에서의 허용기준에 관한 설명으로 옳은 것은?

① 1.125로 허용기준을 초과하였다.
② 1.50로 허용기준을 초과하였다.
③ 0.75로 허용기준 이하였다.
④ 0.50으로 허용기준 이하였다.

해설

$$EI = \frac{C_1}{T_1} + \frac{C_2}{T_2} + \cdots + \frac{C_n}{T_n}$$

1. 노출지수(EI) $= \frac{3}{4} + \frac{3}{8} = 1.125$
2. $EI > 1$: 노출기준을 초과함
* 95dB의 1일 노출시간 : 4(hr), 90dB의 1일 노출시간 : 8(hr)

[정답 ①]

6 청력보호구

(1) 귀마개

1) 귀마개(Ear plug)의 구분

종류	등급	기호	성능
귀마개	1종	EP-1	저음부터 고음까지 차음하는 것
	2종	EP-2	주로 고음을 차음하여 회화음 영역인 저음은 차음하지 않는 것
귀덮개		EM	

2) 귀마개의 장·단점 ★

장점	단점
• 부피가 작아서 휴대하기 편하다. • 보안경과 안전모 사용에 구애받지 않는다. • 고온작업, 좁은 공간에서도 사용할 수 있다. • 가격이 저렴하다.	• 귀에 질병이 있을 경우 착용이 불가능하다. • 제대로 착용하는데 시간이 걸리며 요령을 습득해야 한다. • 착용 여부 파악이 곤란하다. • 차음효과가 일반적으로 귀덮개보다 떨어지며 사람에 따라 차이가 있을 수 있다. • 귀마개 오염에 따른 감염 가능성이 있다. • 땀이 많이 날 때는 외이도에 염증유발 가능성이 있다. • 착용여부 파악이 곤란하다.

(2) 귀덮개(Ear muff)

1) 귀덮개의 장·단점 실기 기출 ★

장점	단점
• 고음영역에서 차음효과가 탁월하다. • 귀마개보다 차음효과가 일반적으로 크며 차음효과의 개인차가 적다. • 귀 안에 염증이 있어도 사용이 가능하다. • 착용이 쉽고 착용법이 틀리거나 분실할 염려가 적다. • 동일한 크기의 귀덮개를 대부분의 근로자가 사용할 수 있다. • 멀리서도 착용 유무를 확인할 수 있다.	• 고온에서 사용 시에는 땀이 나서 불편하다. • 보안경과 동시 착용 시에는 불편하며 차음효과가 감소한다. • 가격이 비싸고 운반과 보관이 쉽지 않다. • 오래 사용하여 귀걸이의 탄력성이 줄었을 때나 귀걸이가 휘었을 때는 차음효과가 떨어진다.

2) 차음효과 계산 ★★

$$차음효과 = (NRR - 7) \times 0.5$$

NRR : 차음평가지수

한 눈에 들어오는 키워드

기출

NRR(Noise Reduction Rating)
미국의 차음률 단위(차음평가지수, 소음 감소율)

SNR(Single Noise Rating)
유럽연합의 차음률 단위

NRN(noise-rating number)
소음 평가치의 단위

한 눈에 들어오는 키워드

[예제 25]

어떤 작업장의 음압 수준이 86dB(A)이고, 근로자는 귀덮개를 착용하고 있다. 귀덮개의 차음 평가수는 NRR=19이다. 근로자가 노출되는 음압(예측)수준(dB(A))은? (단, OSHA 기준)

① 74   ② 76   ③ 78   ④ 80

해설
차음효과 = (NRR − 7)×0.5
차음효과 = (19 − 7)×0.5 = 6(dB)
근로자가 노출되는 음압수준 = 86 − 6 = 80(dB)(A)

[정답 ④]

실기 기출 ★

작업장에서 90dB(A)의 소음이 발생할 경우의 대책
① 공학적 대책
 • 흡음 및 차음
 • 차폐 및 격리
② 작업관리 대책
 • 순환근무
 • 작업방법 변경
③ 근로자 대책
 • 귀마개 착용
 • 귀덮개 착용

7 소음관리 및 예방대책

(1) 소음관리대책(방음대책)

1) 음원(소음발생원)대책(가장 적극적인 대책)

① 발생원 제거
② 소음기 설치
③ 소음 발생기구에 방진고무 설치
④ 방음커버 설치
⑤ 흡음덕트 설치

2) 전파경로대책

① 흡음 및 차음처리
② 방음벽 설치
③ 거리감쇠
④ 지향성 변환(음원방향 변경) 등

3) 수음대책(가장 소극적인 대책)

① 마스킹 효과
② 귀마개 착용
③ 이중창 설치 등

(2) 난청발생에 따른 조치

사업주는 소음으로 인하여 근로자에게 소음성 난청 등의 건강장해가 발생하였거나 발생할 우려가 있는 경우에 다음 각 호의 조치를 하여야 한다.

① 해당 작업장의 소음성 난청 발생 원인 조사
② 청력손실을 감소시키고 청력손실의 재발을 방지하기 위한 대책 마련
③ ②에 따른 대책의 이행 여부 확인
④ 작업전환 등 의사의 소견에 따른 조치

(3) 청력보존 프로그램 시행 실기 기출★

사업주는 다음 각 호의 어느 하나에 해당하는 경우에 청력보존 프로그램을 수립하여 시행하여야 한다.

① 근로자가 소음작업, 강렬한 소음작업 또는 충격소음작업에 종사하는 사업장
② 소음으로 인하여 근로자에게 건강장해가 발생한 사업장

(4) 흡음대책에 따른 실내소음 저감량

1) 감음량(NR) ★★★

$$NR(\text{dB}) = 10\log\left(\frac{A_2}{A_1}\right)$$

NR : 감음량(dB)
A_1 : 흡음처리 전 실내의 총 흡음력(sabin)
A_2 : 흡음처리 후 실내의 총 흡음력(sabin)

- 벽체 단위 표면적에 대하여 벽체무게가 2배 될 때마다 차음효과는 6dB씩 증가한다.

2) 총 흡음력 및 평균흡음률

1. 총 흡음력($sabin, m^2$) A = 평균흡음률($\bar{a}$) × 실내면적(S)
2. 평균흡음률($\bar{a}$) = $\dfrac{S_1\alpha_1 + S_2\alpha_2 + \ldots}{S_1 + S_2 + \ldots}$

S_i : 사용 재료의 면적(m^2)
α_i : 사용 재료의 흡음률
* 흡음재료의 흡음력은 재료의 흡음률, 재료의 표면적으로 표시됨

기출

실내 음향수준을 결정하는 데 필요한 요소
① 방의 크기와 모양
② 밀폐 정도
③ 벽이나 실내장치의 흡음도

[예제 26]

전체 면적이 450m³인 작업장의 벽체면적은 250m³, 흡음률 0.3이며, 바닥과 천장의 흡음률은 0.2이다. 작업장의 총 흡음력을 계산하시오.

해설

$$총\ 흡음력 = 평균흡음률(\overline{\alpha}) \times 실내면적(S) = \frac{S_1\alpha_1 + S_2\alpha_2 + ...}{S_1 + S_2 ...} \times S$$

$$= \frac{(0.3 \times 250) \times (0.2 \times 100) \times (0.2 \times 100)}{450} \times 450 = 115(\text{sabin}, \text{m}^2)$$

$$\left[바닥면적(천장면적) = \frac{전체면적 - 벽\ 면적}{2} = \frac{450 - 250}{2} = 100\text{m}^2 \right]$$

[예제 27]

현재 총 흡음량이 1,200sabins인 작업장의 천장에 흡음물질을 첨가하여 2,800sabins을 더할 경우 예측되는 소음감소량(dB)은 약 얼마인가?

① 3.5 ② 4.2 ③ 4.8 ④ 5.2

해설

$$NR = 10 \times \log\left(\frac{A_2}{A_1}\right) = 10 \times \log\left(\frac{1,200 + 2,800}{1,200}\right) = 5.23(\text{dB})$$

[정답 ④]

[예제 28]

작업장의 소음을 낮추기 위한 방안으로 천장과 벽에 흡음재를 처리하여 개선 전 총 흡음량 1,170sabins이, 개선 후 2,950sabins이 되었다. 개선 전 소음수준이 95dB이었다면 개선 후의 소음수준은?

① 93dB ② 91dB ③ 89dB ④ 87dB

해설

1. 실내소음 저감량

$$NR = 10 \times \log\left(\frac{2,950}{1,170}\right) = 4.02(\text{dB})$$

2. 개선 후의 소음수준 = 95 − 4.02 = 90.98(dB)

[정답 ②]

[예제 29]

가로 10m, 세로 7m, 높이 4m인 작업장의 흡음률이 바닥은 0.1, 천정은 0.2, 벽은 0.15이다. 이 방의 평균 흡음률은 얼마인가?

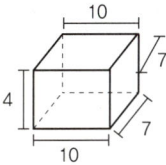

① 0.10 ② 0.15 ③ 0.20 ④ 0.25

해설

$$\text{평균흡음률} = \frac{S_1\alpha_1 + S_2\alpha_2 + \ldots}{S_1 + S_2 + \ldots}$$

S_i : 사용 재료의 면적(m²), α_i: 사용 재료의 흡음률

$$\text{평균흡음률} = \frac{S_{바닥} \times \alpha_{바닥} + S_{벽} \times \alpha_{벽} + S_{천정} \times \alpha_{천정}}{S_{바닥} + S_{벽} + S_{천정}}$$

$$= \frac{(10 \times 7) \times 0.1 + [(10 \times 4) \times 2 + (7 \times 4) \times 2] \times 0.15 + (10 \times 7) \times 0.2}{(10 \times 7) + [(10 \times 4) \times 2 + (7 \times 4) \times 2] + (10 \times 7)} = 0.15$$

[정답 ②]

(5) 잔향시간

① 음원이 정지된 후에 음의 에너지가 $\frac{1}{1,000,000}$까지 감쇄될 때까지 걸리는 시간을 말한다.

② 잔향시간은 실내에서 음원을 끈 순간부터 음압레벨이 60dB 감소되는 데 소요되는 시간이다.

③ 잔향시간은 재료의 흡음률을 산정하는 데 이용된다.

④ 잔향시간은 일반적으로 기록지의 레벨 감쇠곡선의 폭이 25dB 이상일 때 이를 산출한다.

실기 기출 ★

$$T(\text{초}) = K\frac{V}{A} = \frac{0.161\,V}{A} = \frac{0.161\,V}{S\bar{\alpha}}$$

T : 잔향시간(초), K : 비례상수(0.161), A : 실내의 총 흡음력(sabin, m²)
V : 실의 용적(m³), S : 실내의 전 표면적(m²), $\bar{\alpha}$ = 평균흡음률

[예제 30]

가로 15m, 세로 25m, 높이 3m인 작업장에 음의 잔향 시간을 측정해보니 0.238sec였을 때, 작업장의 총 흡음력을 30% 증가시키면 잔향시간은 약 몇 sec인가?

① 0.217   ② 0.196   ③ 0.183   ④ 0.157

해설

1. $T = \dfrac{0.161\,V}{A}$

   $A = \dfrac{0.161\,V}{T} = \dfrac{0.161 \times (15 \times 25 \times 3)}{0.238} = 761.03(\text{sabin, m}^2)$

2. 흡음력을 30% 증가시켰을 때의 잔향시간

   $T = \dfrac{0.161 \times (15 \times 25 \times 3)}{761.03 \times 1.3} = 0.183(\text{sec})$

[정답 ③]

(6) 흡음재 및 차음재

1) 흡음재 및 차음재의 특성

흡음재의 특성	차음재의 특성
• 음에너지를 소량의 열에너지로 변환시킨다. • 잔향음의 에너지를 저감시킨다. • 공기에 의하여 전파되는 음을 저감시킨다.	• 상대적으로 고밀도이다. • 음에너지를 감쇠시킨다. • 음의 투과를 저감하여 음을 억제시킨다.

2) 흡음재료 선택 및 사용상의 유의점

① 시공할 때와 동일한 조건의 흡음률 자료를 이용할 것
② 흡음재료를 벽면에 부착할 때 한곳에 집중하는 것보다 전체 내벽에 분산하여 부착하는 것이 흡음력을 증가시킨다. (흡음력 증가 및 반사음 확산)
③ 실의 모서리나 가장자리 부분에 흡음재를 부착시키면 흡음효과가 좋아진다.
④ 흡음 tex 등은 진동이 방해되지 않도록 부착한다.
⑤ 다공질 재료는 산란되기 쉬우므로 표면을 얇은 직물로 피복하는 것이 바람직하다.
⑥ 다공질 재료의 표면에 종이를 입히는 것은 피해야 한다.
⑦ 다공질 재료의 표면을 도장하면 고음역에서 흡음률이 저하된다.
⑧ 다공질 재료의 표면을 다공판으로 피복할 때는 개공율이 20% 이상(가능하면 30% 이상)으로 하고, 공명흡음의 경우에는 3~20% 범위로 하는 것이 좋다.

기출

흡음재 중 다공질 재료
① 암면
② 펠트(felt)
③ 발포 수지재료
④ 유리면
⑤ 섬유

기출

소음대책
① 고주파음은 저주파음보다 격리 및 차폐로써의 소음감소 효과가 크다.
② 넓은 드라이브 벨트는 가는 드라이브 벨트로 대치하여 벨트 사이에 공간을 두는 것이 소음 발생을 줄일 수 있다.
③ 원형 톱날에는 고무 코팅재를 톱날측면에 부착시키면 소음의 공명현상을 줄일 수 있다.
④ 차음효과는 밀도가 큰 재질일수록 좋다.
⑤ 흡음효과에 방해를 주지 않기 위해서, 다공질 재료 표면에 종이를 입혀서는 안 된다.
⑥ 흡음효과를 높이기 위해서는 흡음재를 실내의 틈이나 가장자리에 부착하는 것이 좋다.

⑨ 비닐 시트나 캔버스 등으로 피복할 경우에는 고음역의 흡음률 저하를 각오해야 하며, 저음역에서는 막진동에 의해 흡음률이 증가할 때가 많다.
⑩ 막진동이나 판진동형의 것은 도장을 하여도 흡음률에 차이가 없다.

02 진동

1 진동의 정의 및 구분

(1) 진동의 정의

1) 진동

어떤 물체가 외력에 의하여 평형상태에 있는 위치에서 좌우 또는 상하로 흔들리는 현상을 말한다.

2) 공명

외부진동에 따라 생체가 진동하는 현상을 말한다.

(2) 진동작업의 정의(산업안전보건법 기준)

진동작업이란 다음 각 목의 어느 하나에 해당하는 기계·기구를 사용하는 작업을 말한다.
① 착암기(鑿巖機)
② 동력을 이용한 해머
③ 체인톱
④ 엔진 커터(engine cutter)
⑤ 동력을 이용한 연삭기(硏削機)
⑥ 임팩트 렌치(impact wrench)
⑦ 그 밖에 진동으로 인하여 건강장해를 유발할 수 있는 기계·기구

(3) 진동의 구분

① 정현진동
② 자유진동
③ 감쇠진동
④ 충격진동
⑤ 강제진동

2 진동의 물리적 성질

(1) 진동의 단위 : dB

(2) 진동의 강도를 표현하는 방법(진동의 크기를 나타내는 3요소)

① 속도(velocity)
② 가속도(acceleration)
③ 변위(displacement)

(3) 진동 시스템을 구성하는 3가지 요소

① 질량(mass)
② 탄성(elasticity)
③ 댐핑(damping)

3 진동의 생체 작용

(1) 전신진동에 의한 생체영향

1) 전신진동의 특징

① 신체 전신에 전파되는 진동을 말한다.
② 비행기와 선박, 트럭과 같은 교통차량, 트랙터 및 흙파는 기계와 같은 각종 영농기계에 탑승하였을 때 발생하는 진동 등이 해당된다.
③ 전신진동은 2~100Hz(저주파)에서 장해를 유발한다.
④ 진동수가 클수록, 가속도가 클수록 장해와 진동감각이 증가한다.

2) 전신진동이 인체에 미치는 영향

① 전신진동의 영향이나 장해는 **자율신경 특히 순환기**에 크게 나타난다.
② 평형기관에 영향을 주어 **구토감, 현기증, 두통, 생식기의 기능이상** 등을 일으킨다. (위장장해, 내장하수증, 척추이상)
③ **수직과 수평진동이 동시에 가해지면 2배의 자각현상**이 나타난다.
④ **말초혈관이 수축되고, 혈압상승과 맥박이 증가(산소소비량과 폐환기량이 증가)** 한다.
⑤ 전신진동은 100Hz까지가 문제이나 대개는 **30Hz에서 문제가 되고 60~90Hz에서는 시력장해**가 온다.
⑥ **외부진동의 진동수와 고유장기의 진동수가 일치하면 공명 현상**이 일어날 수 있다.
⑦ 신체의 공명현상(공진현상)은 앉아 있을 때가 서 있을 때보다 심하게 나타난다.

3Hz 이하	• 급성적 증상으로 **상복부의 통증과 팽만감 및 구토** 등이 있을 수 있다. • 3Hz 이하에서는 신체가 함께 움직여 motion sickness와 같은 동요감을 느낀다. • 1~3Hz에서 호흡이 힘들고 산소소비가 증가한다.
4~10Hz	• **압박감과 동통감**을 받게 된다. • 6Hz 정도에서 허리, 가슴 및 등 쪽에 매우 심한 통증을 느낀다.
20~30Hz	• **시력 및 청력장해**가 나타나기 시작한다.
60~90Hz	• **안구의 공명현상으로 시력장해**가 온다.

3) 전신진동에 의한 생체반응에 관여하는 인자 실기 기출★

① 진동의 강도
② 진동수
③ 진동방향
④ 폭로시간(노출시간)

4) 전신진동의 대책

① 전파경로 차단
② 작업시간 단축
③ 방진매트 사용
④ 근로자 보건교육 실시

한 눈에 들어오는 키워드

기출
전신진동이 인체에 영향을 미치는 주파수의 범위
- 수직방향 : 4~8Hz
- 수평방향 : 1~2Hz

(2) 국소진동에 의한 생체영향

1) 국소진동의 특징

① 국소적으로 손, 발 등 신체의 특정 부위로 전달되는 진동을 말한다.
② 착암기, 분쇄기(그라인더), 연마기 등 진동공구 작업 등에서 발생한다.
③ 국소진동은 8~1,500Hz(고주파)에서 장해를 유발한다.
④ 진동이 심한 기계조작 등으로 혈관신경계장해를 초래하며 손가락 마비, 근육통, 관절통, 관절운동 장해를 초래한다.

2) 레이노(Raynaud's phenonmenon) 현상 ★

국소진동으로 인하여 말초혈관운동 장해가 발생하여 수지가 창백해지고 손이 차며 통증이 오는 현상으로 추운 환경에서 더 잘 발생한다.

(3) 인체에 영향을 주는 진동범위

① 전신진동 : 2~100Hz(공해진동 : 1~90Hz) ★
② 국소진동 : 8~1,500Hz ★
③ 수직진동 : 4,000~8,000Hz
④ 수평진동 : 1,000~2,500Hz
⑤ 사람이 느끼는 최소 진동치 : 55±5dB
⑥ 전신은 4Hz, 두부와 견부는 20~30Hz, 안구는 60~90Hz 진동에 공명한다. ★

(4) 진동증후군(HAVS)에 대한 스톡홀름 워크숍의 분류

단계	증상 및 징후
0단계	• 증상 없음
1단계	• 가벼운 증상 • 하나 또는 그 이상의 손가락 끝부분이 하얗게 변하는 증상이 나타나는 단계
2단계	• 하나 혹은 그 이상의 손가락의 중간부위 이상에 때때로 증상이 나타나는 단계
3단계	• 심각한 증상 • 대부분의 수지들 전체에 빈번하게 증상이 발생하는 단계
4단계	• 매우 심각한 증상 • 대부분의 손가락이 하얗게 변하는 증상과 함께 손끝에서 땀의 분비가 제대로 일어나지 않는 등의 변화가 나타나는 단계

4 방진 보호구 및 방진 대책

(1) 방진재료

1) 금속스프링

① 공진 시에 전달률이 매우 좋다.
② 환경요소에 대한 저항이 크다.
③ 저주파 차진에 좋으며 감쇠가 거의 없다.
④ 다양한 형상으로 제작이 가능하며 내구성이 좋다.
⑤ 최대변위가 허용된다.

2) 방진고무

① 여러 가지 형태로 철물에 부착할 수 있다.
② 고무 자체의 내부 마찰로 적당한 저항을 가지고 고주파 진동의 차진에 양호하다.
③ 공진 시 진폭이 지나치게 커지지 않는다.
④ 내부마찰에 의한 발열 때문에 열화되고 내구성, 내약품성, 내유성, 내열성이 약하다.
⑤ 공기 중의 오존에 의해 산화된다.
⑥ 설계 자료가 잘 되어 있어서 용수철 정수를 광범위하게 선택할 수 있다.
⑦ 소형, 중형 기계에 많이 사용하며, 적절한 방진설계를 하면 높은 효과를 얻을 수 있다.

3) 코르크

① 재질이 일정하지 않아 정확한 설계가 곤란하고 처짐을 크게 할 수 없다.
② 고유진동수가 10Hz 전후밖에 되지 않아 진동방지보다 고체음의 전파방지에 사용된다.

4) 펠트(felt)

방진재료보다는 강체간의 고체음 전파방지에 쓰인다.

확인

방진재료
① 금속스프링
② 방진고무
③ 코르크
④ 펠트(felt)
⑤ 공기용수철(공기스프링)

5) 공기용수철(공기스프링) ★

① 부하능력이 광범위하다.

② 압축기 등 부대시설이 필요하다.

③ 하중부하 변화에 따라 고유진동수를 일정하게 유지한다.

④ **구조가 복잡하고 시설비가 많이 든다.**(성능은 우수하다.)

⑤ 사용 진폭이 적어 별도의 damper가 필요하다.

(2) 진동방지(방진) 대책 ★

발생원 대책	• **기초중량을 부가 및 경감**한다. • **진동원을 제거**한다.(가장 적극적인 방법) • 방진재를 이용하여 **탄성지지**한다. • **기진력을 감쇠**시킨다.(**동적 흡진**) • 불평형력의 평형을 유지한다.
전파경로 대책	• **거리감쇠를 크게** 한다. • 수진점 부근에 **방진구를 설치**하여 **전파경로를 차단**한다.
수진측 대책	• **수진측에 탄성지지**를 한다. • 수진점의 기초중량을 부가 및 경감한다. • 근로자 **작업시간 단축 및 교대제를 실시**한다. • 근로자 보건교육을 실시한다.

(3) 진동보호구의 지급

사업주는 진동작업에 근로자를 종사하도록 하는 경우에 방진장갑 등 진동보호구를 지급하여 착용하도록 하여야 한다.

(4) 유해성 등의 주지

사업주는 근로자가 진동작업에 종사하는 경우에 다음 각 호의 사항을 근로자에게 충분히 알려야 한다.

① 인체에 미치는 영향과 증상

② 보호구의 선정과 착용방법

③ 진동 기계·기구 관리 및 사용 방법

④ 진동 장해 예방방법

한 눈에 들어오는 키워드

기출

진동장해 관리대책
① 진동의 발생원을 격리, 진동전파 경로를 차단한다.
② 완충물 등 방진재료를 사용한다.
③ 진동을 최소화하기 위하여 공학적으로 설계 및 관리한다. (공진을 감소시켜 진동을 최소화)
④ 진동의 노출시간을 최소화시킨다.(작업시간의 단축 및 교대제 실시)

국소진동 장해 예방대책
① 공구를 잡는 힘(악력)을 감소시켜야 한다.
② 14℃ 이하의 옥외작업에서는 보온대책이 필요하다.
③ 가능한 공구를 기계적으로 지지(支持)해주어야 한다.
④ 진동공구를 사용하는 작업은 1일 2시간을 초과하지 말아야 한다.

무거운 저속연장 사용으로 발생하는 진동에 의한 손의 장해
① 뼈의 퇴행성 변화가 발생한다.
② 부종이 때때로 발생할 수 있다.
③ 손가락의 창백 현상이 특징적이다.
④ 동통은 통상적으로 주증상이 아니다.

CHAPTER 03 단원 예상문제

저자가 콕! 찝어주는 예상문제 풀어보기!

01 소음의 흡음평가 시 적용되는 잔향시간(reverberation time)에 관한 설명으로 옳은 것은?

① 잔향시간은 실내공간의 크기에 비례한다.
② 실내 흡음량을 증가시키면 잔향시간도 증가한다.
③ 잔향시간은 음압수준이 30dB 감소하는 데 소요하는 시간이다.
④ 잔향시간을 측정하려면 실내 배경소음이 90dB 이상 되어야 한다.

> ② 실내 흡음량을 증가시키면 잔향시간은 감소한다.
> ③ 잔향시간은 음압수준이 60dB 감소하는 데 소요하는 시간이다.
> ④ 잔향시간은 일반적으로 기록지의 레벨 감쇠곡선의 폭이 25dB 이상일 때 이를 산출한다.

★ 참고
잔향시간
- 음원이 정지된 후에 음의 에너지가 $\frac{1}{1,000,000}$까지 감쇄될 때까지 걸리는 시간
- 잔향시간은 음압수준이 60dB감소하는 데 소요하는 시간

$$T = K\frac{V}{A} = \frac{0.161V}{A}$$

- T : 잔향시간(초)
- K : 비례상수(0.161)
- A : 실내의 총 흡음력(sabin, m²)
- V : 실의 용적(m³)

02 0℃, 1기압의 공기 중에서 파장이 2m인 음의 주파수는 약 얼마인가?

① 132Hz ② 154Hz
③ 166Hz ④ 178Hz

> 1. 음속(C) = $f \times \lambda$
>   - C : 음속(m/sec)
>   - f : 주파수(1/sec = Hz)
>   - λ : 파장(m)
> 2. 음속(C) = $331.42 + 0.6 \times t$
>   - C : 음속(m/sec)
>   - f : 주파수(1/sec = Hz)
>   - t : 음전달매질의온도(℃)
>
> 1. 음속(C) = $331.42 + 0.6 \times t$
>   = $331.42 + (0.6 \times 0)$
>   = 331.42(m/sec)
> 2. 음속(C) = $f \times \lambda$
> $f = \frac{C}{\lambda} = \frac{331.42}{2} = 165.71$(Hz)

03 다음 중 진동의 강도를 표현하는 방법으로 적절하지 않은 것은?

① 투과(transmission)
② 변위(displacement)
③ 속도(velocity)
④ 가속도(acceleration)

> ★ 진동의 강도를 표현하는 방법(진동의 크기를 나타내는 3요소)
> ① 속도(velocity)
> ② 가속도(acceleration)
> ③ 변위(displacement)

정답 01 ① 02 ③ 03 ①

04 개인의 평균 청력손실을 평가하는 방법으로 6분법이 있다. 500Hz에서 6dB, 1,000Hz에서 10dB, 2,000Hz에서 10dB, 4,000Hz에서 20dB일 때 청력손실은 얼마인가?

① 10dB   ② 11dB
③ 12dB   ④ 13dB

★ 6분법

$$평균청력손실 = \frac{a + 2b + 2c + d}{6}$$

- a : 옥타브밴드 중심주파수 500Hz에서의 청력손실(dB)
- b : 옥타브밴드 중심주파수 1,000Hz에서의 청력손실(dB)
- c : 옥타브밴드 중심주파수 2,000Hz에서의 청력손실(dB)
- d : 옥타브밴드 중심주파수 4000Hz에서의 청력손실(dB)

$$청력손실 = \frac{6 + 2 \times 10 + 2 \times 10 + 20}{6} = 11(dB)$$

05 다음 중 소음의 크기를 나타내는 데 사용되는 단위로서 음향출력, 음의 세기 및 음압 등의 양을 비교하는 무차원의 단위인 dB을 나타낸 것은? (단, I_0 = 기준음향의 세기, I = 발생음의 세기를 나타낸다.)

① $dB = 10\log \frac{I}{I_0}$ ② $dB = 20\log \frac{I}{I_0}$
③ $dB = 10\log \frac{I_0}{I}$ ④ $dB = 20\log \frac{I_0}{I}$

★ 음의 세기레벨(SIL)

$$SIL = 10 \times \log\left(\frac{I}{I_o}\right)(dB)$$

- SIL : 음의 세기레벨(dB)
- I : 대상음의 세기(w/m²)
- I_o : 최소가청음 세기(10^{-12} w/m²)

06 어떤 환경에서 8시간 작업 중 95dB(A)인 단속음의 소음이 3시간, 90dB(A)의 소음이 3시간 발생하고 그 외 2시간은 기준 이하의 소음이 발생되었을 경우에 이 환경에서의 허용기준에 관한 설명으로 옳은 것은?

① 1.125로 허용기준을 초과하였다.
② 1.50로 허용기준을 초과하였다.
③ 0.75로 허용기준 이하였다.
④ 0.50으로 허용기준 이하였다.

★ 소음의 노출정도 평가

1. 노출지수

$$EI = \frac{C_1}{T_1} + \frac{C_2}{T_2} + \cdots + \frac{C_n}{T_n}$$

- C : 소음의 노출시간
- T : 소음의 노출기준

2. 평가
- $EI > 1$: 노출기준을 초과함
- $EI < 1$: 노출기준을 초과하지 않음

1. 노출지수(EI) = $\frac{3}{4} + \frac{3}{8}$ = 1.125
2. $EI > 1$: 노출기준을 초과함

★ 참고
소음의 노출기준(충격소음제외)

1일 노출시간(hr)	소음강도 dB(A)
8	90
4	95
2	100
1	105
1/2	110
1/4	115

정답   04 ②   05 ①   06 ①

07 손가락의 말초혈관운동의 장해로 인한 혈액 순환장해로 손가락의 감각이 마비되고 창백해지며, 추운 환경에서 더욱 심해지는 레이노(Raynaud) 현상의 주요 원인으로 옳은 것은?

① 진동 ② 소음
③ 조명 ④ 기압

> ★ 레이노(Raynaud's phenonmenon) 현상
> 국소진동으로 인하여 말초혈관운동 장해가 발생하여 수지가 창백해지고 손이 차며 통증이 오는 현상으로 추운 환경에서 더 잘 발생한다.

08 70dB(A)의 소음을 발생하는 두 개의 기계가 동시에 소음을 발생시킨다면 얼마 정도가 되겠는가?

① 73dB(A) ② 76dB(A)
③ 80dB(A) ④ 140dB(A)

> ★ 합성소음도
> $L(dB) = 10 \times \log(10^{\frac{L_1}{10}} + 10^{\frac{L_2}{10}} + \cdots + 10^{\frac{L_n}{10}})$
> • L : 합성소음도(dB)
> • $L_1 \sim L_n$: 각각 소음원의 소음(dB)
> $L = 10 \times \log\left(10^{\frac{70}{10}} + 10^{\frac{70}{10}}\right) = 73.01 dB(A)$
> 또는
> $L = 10 \times \log\left(10^{\frac{70}{10}} \times 2\right) = 73.01 dB(A)$

09 가로 10m, 세로 7m, 높이 4m인 작업장의 흡음률이 바닥은 0.1, 천장은 0.2, 벽은 0.15이다. 이 방의 평균 흡음률은 얼마인가?

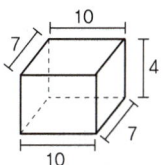

① 0.10 ② 0.15
③ 0.20 ④ 0.25

> 평균흡음률 $= \dfrac{S_1\alpha_1 + S_2\alpha_2 + \cdots}{S_1 + S_2 + \cdots}$
> • S_i : 사용재료의면적(m²)
> • α : 사용재료의 흡음률
>
> 평균흡음률 $= \dfrac{S_{바닥}\alpha_{바닥} + S_{벽}\alpha_{벽} + S_{천정}\alpha_{천정}}{S_{바닥} + S_{벽} + S_{천정}}$
> $= \dfrac{(10\times7)\times0.1 + \{(10\times4)\times2 + (7\times4)\times2\}\times0.15 + (10\times7)\times0.2}{(10\times7) + \{(10\times4)\times2 + (7\times4)\times2\} + (10\times7)}$
> $= 0.15$

10 충격소음을 제외한 연속소음에 대한 국내의 노출기준에 있어서 몇 dB(A)을 초과하는 소음수준에 노출되어서는 안 되는가?

① 85   ② 90
③ 100 ④ 115

> ★ 소음의 노출기준(충격소음제외)
>
> | 1일 노출시간(hr) | 소음강도 dB(A) |
> |---|---|
> | 8 | 90 |
> | 4 | 95 |
> | 2 | 100 |
> | 1 | 105 |
> | 1/2 | 110 |
> | 1/4 | 115 |
>
> 주 : 115dB(A)를 초과하는 소음 수준에 노출되어서는 안 됨

정답 07 ① 08 ① 09 ② 10 ④

*참고
충격소음의 노출기준

1일 노출회수	충격소음의 강도 dB(A)
100	140
1,000	130
10,000	120

주 : 1. 최대 음압수준이 140dB(A)를 초과하는 충격소음에 노출되어서는 안 됨
2. 충격소음이라 함은 최대음압수준에 120dB(A) 이상인 소음이 1초 이상의 간격으로 발생하는 것을 말함

11 다음 중 소음의 강도가 같은 경우 청력손실에 가장 큰 영향을 미치는 주파수의 범위는?

① 37.5 ~ 125Hz　　② 125 ~ 500Hz
③ 3,000 ~ 4,000Hz　④ 8,000 ~ 16,000Hz

소음의 강도가 같은 경우 청력손실에 가장 큰 영향을 미치는 주파수는 3,000 ~ 4,000Hz이다.

12 다음 중 진동에 의한 생체반응에 관여하는 인자와 가장 거리가 먼 것은?

① 진동의 강도　　② 노출시간
③ 진동방향　　　④ 인체의 체표면적

*전신진동에 의한 생체반응에 관여하는 인자
① 진동의 강도
② 진동수
③ 진동방향
④ 폭로시간(노출시간)

13 다음 중 소음에 관한 설명으로 옳은 것은?

① 소음과 소음이 아닌 것은 소음계를 사용하면 구분할 수 있다.
② 작업환경에서 노출되는 소음은 크게 연속음, 단속음, 충격음 및 폭발음으로 구분할 수 있다.
③ 소음의 원래의 정의는 매우 크고 자극적인 음을 일컫는다.
④ 소음으로 인한 피해는 정신적, 심리적인 것이며 신체에 직접적인 피해를 주는 것은 아니다.

*작업환경에서 노출되는 소음의 종류
① 연속음(continuous noise) : 하루 종일 같은 크기의 소리가 발생되는 음으로, 1초 1회 이상의 음 발생을 말한다.
② 단속음(interrupted noise) : 1일 작업 중 노출되는 소음이 여러 가지 음압수준으로 나타나는 음을 말한다.
③ 충격소음 : 최대음압수준이 120dB(A) 이상인 소음이 1초 이상의 간격으로 발생하는 것을 말한다.
④ 폭발음

*참고
① 소음 : 원하지 않는 소리, 심리적으로 불쾌감을 주고 신체에 장해를 일으키는 소리
② 소음작업 : 하루 8시간 동안 85dB 이상의 소음이 발생하는 작업

정답　11 ③　12 ④　13 ②

14 다음 설명에 해당하는 진동방지(방진) 재료는?

> 설계자료가 잘 되어 있어서 용수철 정수를 광범위하게 선택할 수 있고, 여러 가지 형태로 된 철물에 견고하게 부착할 수 있는 반면 내후성, 내열성에 약하고 공기 중의 오존에 의해 산화된다는 단점을 가지고 있다.

① 금속스프링 ② 코르크
③ 방진고무 ④ 공기스프링

* 방진고무
① 여러 가지 형태로 철물에 부착할 수 있다.
② 고무 자체의 내부 마찰로 적당한 저항을 가지고 고주파 진동의 차진에 양호하다.
③ 공진 시 진폭이 지나치게 커지지 않는다.
④ 내부마찰에 의한 발열 때문에 열화되고, 내구성, 내약품성, 내유성, 내열성이 약하다.
⑤ 공기 중의 오존에 의해 산화된다.
⑥ 설계 자료가 잘 되어 있어서 용수철 정수를 광범위하게 선택할 수 있다.

15 근로자가 단위작업장소에서 소음의 강도가 불규칙적으로 변동하는 소음을 누적소음노출량 측정기로 측정한 결과 소음 노출량 95%에 노출되었다면 이를 TWA dB(A)로 환산하면 약 얼마인가?

① 80 ② 85
③ 90 ④ 95

> $TWA = 16.61 \times \log\left[\dfrac{D(\%)}{100}\right] + 90[dB(A)]$
>
> • TWA : 시간가중 평균 소음수준[dB(A)]
> • D : 누적소음 폭로량(%)
> • 100 : (12.5×T ; T=노출시간)
>
> $TWA = 16.61 \times \log\left[\dfrac{95}{100}\right] + 90 = 89.63[dB(A)]$

16 다음 중 진동발생원에 대한 대책으로 가장 적극적인 방법은?

① 발생원의 제거 ② 발생원의 격리
③ 발생원의 재배치 ④ 보호구 착용

* 진동방지 대책

발생원 대책	① 기초중량을 부가 및 경감한다. ② 진동원을 제거한다.(가장 적극적인 방법) ③ 방진재를 이용하여 탄성지지한다. ④ 기진력을 감쇠시킨다.(동적 흡진) ⑤ 불평형력의 평형을 유지한다.
전파경로 대책	① 거리감쇠를 크게 한다. ② 수진점 부근에 방진구를 설치하여 전파경로를 차단한다.
수진측 대책	① 수진측에 탄성지지를 한다. ② 수진점의 기초중량을 부가 및 경감한다. ③ 근로자 작업시간 단축 및 교대제를 실시한다. ④ 근로자 보건교육을 실시한다.

17 다음 중 일반적으로 전신진동에 의한 생체반응에 관여하는 인자로 가장 거리가 먼 것은?

① 온도 ② 강도
③ 방향 ④ 진동수

* 전신진동에 의한 생체반응에 관여하는 인자
① 진동의 강도
② 진동수
③ 진동방향
④ 폭로시간(노출시간)

정답 14 ③ 15 ③ 16 ① 17 ①

18 다음 중 차음평가지수를 나타내는 것은?

① sone ② NRN
③ phon ④ NRR

> ★ 차음평가지수
> 소음 감소율(Noise Reduction Rating, NRR)

> ★ 참고
> $$NR = 10 \times \log\left(\frac{A_2}{A_1}\right)$$
> • NR : 감음량(dB)
> • A_1 : 흡음처리 전 실내의 총 흡음력(sabin)
> • A_2 : 흡음처리 후 실내의 총 흡음력(sabin)

19 소음의 반향이 전혀 없는 곳에서 소음원에서 발생한 소음은 거리가 2배 증가함에 따라 몇 dB씩 감소하는가?

① 2dB ② 3dB
③ 6dB ④ 8dB

> 자유공간에서 점음원의 경우 거리가 두 배가 되면 소음은 6dB 감소한다.

20 다음 중 소리에 관한 설명으로 옳은 것은?

① 소리의 음압수준(pressure level)은 소음원의 거리와는 무관하다.
② 소리의 파워수준(power level)은 소음원의 거리와는 무관하다.
③ 소리의 음압수준(pressure level)은 소음원의 거리에 비례해서 증가한다.
④ 소리의 파워수준(power level)은 소음원의 거리에 비례해서 증가한다.

> ★ 음향 파워레벨(PWL, 음력수준)
> $$PWL = 10 \times \log\left(\frac{W}{W_o}\right)(dB)$$
> • PWL : 음향파워레벨(dB)
> • W : 대상음원의 음력(watt)
> • W_o : 기준음력(10^{-12}watt)
>
> PWL은 음원으로부터 단위시간당 방출되는 총 음에너지를 말하며 단위는 watt이다.
> → 소리의 파워수준(power level)은 소음원의 거리와는 무관하다.

> ★ 참고
> 음압수준(SPL)
> 음의 압력 수준으로 단위는 $Pa(N/m^2)$이다.
> → 소리의 음압수준(pressure level)은 소음원 거리의 제곱에 반비례한다.

정답 18 ④ 19 ③ 20 ②

21 다음 중 소음의 생리적 영향으로 볼 수 없는 것은?

① 혈압 감소　② 맥박수 증가
③ 위분비액 감소　④ 집중력 감소

> ★ 소음의 생리적 영향
> ① 혈압 증가
> ② 맥박수 증가
> ③ 위분비액 감소
> ④ 집중력 감소

22 다음 중 음압이 2배로 증가하면 음압레벨(sound pressure level)은 몇 dB 증가하는가?

① 2dB　② 3dB
③ 6dB　④ 12dB

> ★ 음압수준(SPL)
> $$SPL = 20 \times \log\left(\frac{P}{P_o}\right)(dB)$$
> • SPL : 음압수준(음압도, 음압레벨)(dB)
> • P : 대상음의 음압(음압 실효치)(N/m²)
> • P_o : 기준음압 실효치
>   (2×10^{-5} N/m², 2×10^{-4} dyne/cm²)
> $SPL = 20 \times \log 2 = 6.02(dB)$

23 0.01W/m²의 소리에너지를 발생시키고 있는 음원의 음향파워레벨(PWL, dB)은 얼마인가?

① 100　② 120
③ 140　④ 150

> $$PWL = 10 \times \log\left(\frac{W}{W_o}\right)(dB)$$
> • PWL : 음향파워레벨(dB)
> • W : 대상음원의 음력(watt)
> • W_o : 기준음력(10^{-12} watt)
> $$PWL = 10 \times \log\left(\frac{0.01}{10^{-12}}\right) = 100(dB)$$

24 다음 중 충격소음에 대한 정의로 옳은 것은?

① 최대음압수준이 100dB(A) 이상인 소음이 2초 이상의 간격으로 발생하는 것을 말한다.
② 최대음압수준이 120dB(A) 이상인 소음이 1초 이상의 간격으로 발생하는 것을 말한다.
③ 최대음압수준이 130dB(A) 이상인 소음이 2초 이상의 간격으로 발생하는 것을 말한다.
④ 최대음압수준이 140dB(A) 이상인 소음이 1초 이상의 간격으로 발생하는 것을 말한다.

> 충격소음이라 함은 최대음압수준이 120dB(A) 이상인 소음이 1초 이상의 간격으로 발생하는 것을 말한다.

정답　21 ①　22 ③　23 ①　24 ②

25 소음에 대한 차음효과는 벽체의 단위표면적에 대하여 벽체의 무게를 2배로 할 때마다 몇 dB씩 증가하는가? (단, 음파가 벽면에 수직입사하며 질량 법칙을 적용한다.)

① 3
② 6
③ 9
④ 18

> 벽체 단위 표면적에 대하여 벽체무게가 2배 될 때마다 차음효과는 6dB씩 증가한다.

26 다음 중 재질이 일정하지 않으며 균일하지 않으므로 정확한 설계가 곤란하고 처짐을 크게 할 수 없으며 고유진동수가 10Hz 전후밖에 되지 않아 진동방지보다는 고체음의 전파방지에 유익한 방진재료는?

① 방진고무
② felt
③ 공기용수철
④ 코르크

> ★ 코르크
> ① 재질이 일정하지 않아 정확한 설계가 곤란하고 처짐을 크게 할 수 없다.
> ② 고유진동수가 10Hz 전후밖에 되지 않아 진동방지보다 고체음의 전파방지에 사용된다.

27 다음 중 전신진동에 있어 장기별 고유진동수가 올바르게 연결된 것은?

① 두개골 : 5 ~ 10Hz
② 흉강 : 15 ~ 35Hz
③ 안구 : 60 ~ 90Hz
④ 골반 : 50 ~ 100Hz

> 전신은 4Hz, 두부와 견부는 20 ~ 30Hz, 안구는 60 ~ 90Hz진동에 공명한다.

28 어떤 작업자가 일하는 동안 줄곧 약 75dB의 소음에 노출되었다면 55세에 이르러 그 사람의 청력도(audiogram)에 나타날 유형으로 가장 가능성이 큰 것은?

① 고주파영역에 청력손실이 증가한다.
② 2,000Hz에서 가장 큰 청력장해가 나타난다.
③ 저주파영역에 20 ~ 30dB의 청력손실이 나타난다.
④ 전체 주파영역에서 고르게 20 ~ 30dB의 청력손실이 일어난다.

> 소음성 난청은 1,000Hz 이상의 고주파 영역에서 잘 발생하며 특히 4,000Hz 부근에서 가장 심하다.

29 청력손실이 500Hz에서 12dB, 1,000Hz에서 10dB, 2,000Hz에서 10dB, 4,000Hz에서 20dB일 때 6분법에 의한 평균 청력손실은 얼마인가?

① 19dB ② 16dB
③ 12dB ④ 8dB

★6분법

평균청력손실 = $\dfrac{a + 2b + 2c + d}{6}$

- a : 옥타브밴드 중심주파수 500Hz에서의 청력손실(dB)
- b : 옥타브밴드 중심주파수 1,000Hz에서의 청력손실(dB)
- c : 옥타브밴드 중심주파수 2,000Hz에서의 청력손실(dB)
- d : 옥타브밴드 중심주파수 4000Hz에서의 청력손실(dB)

청력손실 = $\dfrac{12 + 2 \times 10 + 2 \times 10 + 20}{6} = 12$(dB)

30 음압이 4배가 되면 음압레벨(dB)은 약 얼마 정도 증가하겠는가?

① 3dB ② 6dB
③ 12dB ④ 24dB

SPL(dB) $= 20 \times \log\left(\dfrac{P}{P_o}\right)$

- SPL : 음압수준(음압도, 음압레벨)(dB)
- P : 대상음의 음압(음압 실효치)(N/m²)
- P_o : 기준음압 실효치
  (2×10^{-5}N/m², 2×10^{-4}dyne/cm²)

$SPL = 20 \times \log 4 = 12.04$(dB)

31 음의 세기레벨이 80dB에서 85dB로 증가하면 음의 세기는 약 몇 배가 증가하겠는가?

① 1.5배 ② 1.8배
③ 2.2배 ④ 2.4배

★음의 세기레벨(Sound Intensity : SIL)

$SIL = 10 \times \log\left(\dfrac{I}{I_o}\right)$

- SIL : 음의 세기레벨(dB)
- I : 대상음의 세기(w/m²)
- I_o : 최소가청음 세기(10^{-12}w/m²)

$SIL = 10 \times \log\left(\dfrac{I}{I_o}\right)$

$\log\left(\dfrac{I}{I_o}\right) = \dfrac{SIL}{10}$

$\dfrac{I}{I_o} = 10^{\frac{SIL}{10}}$

$I = I_o \times 10^{\frac{SIL}{10}}$

1. $I_{80} = 10^{-12} \times 10^{\frac{80}{10}} = 1 \times 10^{-4}$
2. $I_{85} = 10^{-12} \times 10^{\frac{85}{10}} = 3.16 \times 10^{-4}$
3. 증가율 $= \dfrac{(3.16 \times 10^{-4}) - (1 \times 10^{-4})}{1 \times 10^{-4}} = 2.16$(배)

정답 29 ③ 30 ③ 31 ③

32 다음 중 잔향시간(reverberation time)에 관한 설명으로 옳은 것은?

① 소음원에서 발생하는 소음과 배경소음 간의 차이가 40dB인 경우에는 60dB만큼 소음이 감소하지 않기 때문에 잔향시간을 측정할 수 없다.
② 소음원에서 소음발생이 중지한 후 소음의 감소는 시간의 제곱에 반비례하여 감소한다.
③ 잔향시간은 소음이 닿는 면적을 계산하기 어려운 실외에서의 흡음량을 추정하기 위하여 주로 사용한다.
④ 잔향시간과 작업장의 공간부피만 알면 흡음량을 추정할 수 있다.

* 잔향시간
① 음원이 정지된 후에 음의 에너지가 $\frac{1}{1,000,000}$ 까지 감쇄될 때까지 걸리는 시간
② 잔향시간은 실내에서 음원을 끈 순간부터 음압레벨이 60dB 감소되는 데 소요되는 시간을 말한다.
③ 잔향시간은 재료의 흡음률을 산정하는 데 이용된다.
④ 잔향시간은 일반적으로 기록지의 레벨 감쇠곡선의 폭이 25dB 이상일 때 이를 산출한다.

잔향시간
$$T = K\frac{V}{A} = \frac{0.161V}{A}$$
- T : 잔향시간(초)
- K : 비례상수(0.161)
- A : 실내의 총 흡음력(sabin, m^2)
- V : 실의 용적(m^3)

33 다음 중 진동의 생체작용에 관한 설명으로 틀린 것은?

① 전신진동의 영향이나 장해는 자율신경, 특히 순환기에 크게 나타난다.
② 산소소비량은 전신진동으로 증가되고, 폐환기도 촉진된다.
③ 위장장해, 내장하수증, 척추이상 등은 국소진동의 영향으로 인한 비교적 특징적인 장해이다.
④ 그라인더 등의 손공구를 저온환경에서 사용할 때에 Raynaud 현상이 일어날 수 있다.

③ 위장장해, 내장하수증, 척추이상 등은 전신진동의 영향으로 인한 비교적 특징적인 장해이다.

34 다음 중 음(sound)의 용어를 설명한 것으로 틀린 것은?

① 파면 - 다수의 음원이 동시에 작용할 때 접촉하는 에너지가 동일한 점들을 연결한 선이다.
② 파동 - 음에너지의 전달은 매질의 운동에너지와 위치에너지의 교번작용으로 이루어진다.
③ 음선 - 음의 진행방향을 나타내는 선으로 파면에 수직한다.
④ 음파 - 공기 등의 매질을 통하여 전파하는 소일파이며, 순음의 경우 정현파적으로 변화한다.

① 파면(wave front) - 파동의 위상이 같은 점을 연결한 면(선)이다.

35 다음 중 소음평가치의 단위로 가장 적절한 것은?

① phon　　② NRN
③ NRR　　④ Hz

★ 소음평가지수
NRN(Noise Rating Number)

★ 참고

$$NR = 10\log\left(\frac{A_2}{A_1}\right)$$

- NR : 감음량(dB)
- A_1 : 흡음처리 전 실내의 총 흡음력(sabin)
- A_2 : 흡음처리 후 실내의 총 흡음력(sabin)

36 3.5microbar를 음압레벨(음압도)로 전환한 값으로 적절한 것은?

① 65dB　　② 75dB
③ 85dB　　④ 95dB

$$SPL(dB) = 20 \times \log\left(\frac{P}{P_0}\right)$$
$$P_0 = 2 \times 10^{-4}(\mu bar)$$
$$SPL = 20 \times \log\left(\frac{3.5}{2 \times 10^{-4}}\right) = 84.86(dB)$$

37 경기도 K시의 한 작업장에서 소음을 측정한 결과 누적노출량계로 3시간 측정한 값(dose)이 50%였을 때 측정시간 동안의 소음평균치는 약 몇 dB(A)인가?

① 85　　② 88
③ 90　　④ 92

$$TWA = 16.61 \times \log\left[\frac{D(\%)}{100}\right] + 90[dB(A)]$$

- TWA : 시간가중 평균 소음수준[dB(A)]
- D : 누적소음 폭로량(%)
- 100 : (12.5×T ; T=노출시간)

$$TWA = 16.61 \times \log\left[\frac{50}{3 \times 12.5}\right] + 90$$
$$= 92.08[dB(A)]$$

38 소형 또는 중형 기계에 주로 많이 사용하며, 적절한 방진설계를 하면 높은 효과를 얻을 수 있는 방진방법으로 다음 중 가장 적합한 것은?

① 공기스프링　　② 방진고무
③ 코르크　　　　④ 기초 개량

★ 방진고무
① 여러 가지 형태로 철물에 부착할 수 있다.
② 고무 자체의 내부 마찰로 적당한 저항을 가지고 고주파 진동의 차진에 양호하다.
③ 공진 시 진폭이 지나치게 커지지 않는다.
④ 내부마찰에 의한 발열 때문에 열화되고, 내구성, 내약품성, 내유성, 내열성이 약하다.
⑤ 공기 중의 오존에 의해 산화된다.
⑥ 설계 자료가 잘 되어 있어서 용수철 정수를 광범위하게 선택할 수 있다.
⑦ 소형, 중형 기계에 많이 사용하며, 적절한 방진설계를 하면 높은 효과를 얻을 수 있다.

정답　35 ②　36 ③　37 ④　38 ②

39 다음 중 전신진동이 인체에 미치는 영향으로 볼 수 없는 것은?

① Raynaud's 현상이 일어난다.
② 말초혈관이 수축되고, 혈압이 상승한다.
③ 자율신경, 특히 순환기에 크게 나타난다.
④ 맥박이 증가하고, 피부의 전기저항도 일어난다.

> ★ 레이노(Raynaud's phenonmenon) 현상
> 국소진동으로 인하여 말초혈관운동 장해가 발생하여 수지가 창백해지고 손이 차며 통증이 오는 현상으로 추운 환경에서 더 잘 발생한다.

40 소음방지대책으로 가장 효과적인 것은?

① 보호구의 사용
② 소음관리 규정 정비
③ 소음원의 제거
④ 내벽에 흡음재료 부착

> ③ 소음원의 제거
> → 가장 적극적인 조치(가장 효과적)

41 소음성 난청에 관한 설명으로 옳은 것은?

① 음압수준은 낮을수록 유해하다.
② 소음의 특성은 고주파음보다 저주파음이 더욱 유해하다.
③ 개인의 감수성은 소음에 노출된 모든 사람이 다 똑같이 반응한다.
④ 소음 노출시간은 간헐적 노출이 계속적 노출보다 덜 유해하다.

> ★ 소음성 난청(청력손실)에 영향을 미치는 요소
> ① 개인의 감수성 : 개인의 감수성에 따라 소음반응이 다양하다.
> ② 음의 강도 : 음압수준이 높을수록 유해하다.
> ③ 폭로시간(노출시간) : 계속적 노출이 간헐적 노출보다 더 유해하다.
> ④ 음의 물리적 특성
> • 고주파음이 저주파음보다 더 유해하다.
> • 충격음 및 연속음의 유해성이 더 크다.
> ⑤ 심한 소음에 반복하여 노출되면 일시적 청력변화는 영구적 청력변화로 변한다.

42 OSHA에서는 2,000, 3,000, 4,000(Hz)에서 몇 dB 이상의 차이가 있을 때 유의한 청력변화가 발생했다고 규정하는가?

① 5dB　　② 10dB
③ 15dB　　④ 20dB

> OSHA에서는 2,000, 3,000, 4,000(Hz)에서 10dB 이상의 차이가 있을 때 유의한 청력변화가 발생했다고 규정한다.

정답 39 ① 40 ③ 41 ④ 42 ②

43 현재 총 흡음량이 500sabins인 작업장의 천장에 흡음물질을 첨가하여 900sabins을 더할 경우 소음감소량은 약 얼마로 예측되는가?

① 2.5dB ② 3.5dB
③ 4.5dB ④ 5.5dB

> ★ 흡음대책에 따른 실내소음 저감량
> $$NR = 10 \times \log\left(\frac{A_2}{A_1}\right)$$
> • NR : 감음량(dB)
> • A_1 : 흡음처리 전 실내의 총 흡음력(sabin)
> • A_2 : 흡음처리 후 실내의 총 흡음력(sabin)
> $$NR = 10 \times \log\left(\frac{500 + 900}{500}\right) = 4.47(dB)$$

44 다음 중 1,000Hz에서의 음압레벨을 기준으로 하여 등청감곡선을 나타내는 단위로 사용되는 것은?

① sone ② mel
③ bell ④ phon

> ★ phon
> ① 1phon : 1,000Hz, 1dB 음의 크기
> ② 1,000Hz에서 음압수준(dB)을 기준으로 하여 등감곡선을 나타내는 단위

> ★ 참고
> 1Sone
> 1,000Hz, 40dB 음의 크기

45 다음 중 전신진동의 대책과 가장 거리가 먼 것은?

① 숙련자 지정 ② 전파경로 차단
③ 보건교육 실시 ④ 작업시간 단축

> ★ 전신진동의 대책
> ① 전파경로 차단
> ② 작업시간 단축
> ③ 방진매트 사용
> ④ 근로자 보건교육 실시

46 다음 중 전신진동이 생체에 주는 영향에 관한 설명으로 틀린 것은?

① 전신진동의 영향이나 장해는 중추신경계, 특히 내분비계통의 만성작용에 관해 잘 알려져 있다.
② 말초혈관이 수축되고 혈압상승, 맥박증가를 보이며 피부 전기저항의 저하도 나타난다.
③ 산소소비량은 전신진동으로 증가되고 폐환기도 촉진된다.
④ 두부와 견부는 20~30Hz 진동에 공명하며, 안구는 60~90Hz 진동에 공명한다.

> ① 전신진동의 영향이나 장해는 자율신경 특히 순환기에 크게 나타난다.

47 10시간 동안 측정한 소음노출량이 300%일 때 등가음압레벨(Leq)은 얼마인가?

① 94.2 ② 96.3
③ 97.4 ④ 98.6

$$La = 16.61 \times \left[\frac{D}{12.5 \times h}\right] + 90$$

- La : A특성 등가소음 레벨[dB(A)]
- D : 누적소음 폭로량(%)
- T : 포집시간(hr)

$$La = 16.61 \times \log\left[\frac{300}{10 \times 12.5}\right] + 90$$
$$= 96.32 [dB(A)]$$

48 18℃ 공기 중에서 800Hz인 음의 파장은 약 몇 m인가?

① 0.35 ② 0.43
③ 3.5   ④ 4.3

1. 음속(C) = $f \times \lambda$
   - C : 음속(m/sec)
   - f : 주파수(1/sec = Hz)
   - λ : 파장(m)
2. 음속(C) = $331.42 + 0.6 \times t$
   - C : 음속(m/sec)
   - f : 주파수(1/sec = Hz)
   - t : 음전달매질의 온도(℃)

1. 음속(C) = $331.42 + 0.6 \times t$
   $= 331.42 + (0.6 \times 18)$
   $= 342.22$ (m/sec)
2. 음속(C) = $f \times \lambda$
   $\lambda = \dfrac{C}{f} = \dfrac{342.22}{800} = 0.43$ (m)

49 음의 크기 sone과 음의 크기레벨 phon과의 관계를 올바르게 나타낸 것은? (단, sone은 S, phon은 L로 표현한다.)

① $S = 2^{(L-40)/10}$ ② $S = 3^{(L-40)/10}$
③ $S = 4^{(L-40)/10}$ ④ $S = 5^{(L-40)/10}$

1. $S = 2^{\frac{(L_L - 40)}{10}}$
2. $L_L = 33.3 \log S + 40$ (phon)
   - S : 음의 크기(sone)
   - L_L : 음의 크기 레벨(phon)

★참고
1. sone
   ① 감각적인 음의 크기를 나타낸다.
   ② 1Sone : 1,000Hz, 40dB 음의 크기
2. phon
   ① 1phon : 1,000Hz, 1dB 음의 크기
   ② 1,000Hz에서 음압수준(dB)을 기준으로 하여 등감곡선을 나타내는 단위

50 다음 중 미국의 차음평가수를 의미하는 것은 어느 것인가?

① NRR   ② TL
③ SLC8 ④ SNR

★차음평가지수
소음 감소율(Noise Reduction Rating, NRR)

51 소음성 난청에서의 청력손실은 초기 몇 Hz에서 가장 현저하게 나타나는가?

① 1,000Hz ② 4,000Hz
③ 8,000Hz ④ 15v

> ★ C_5-dip 현상
> 소음성 난청의 초기단계로서 4,000Hz 부근의 음에 대한 청력저하가 심하게 생기게 되는 현상

52 다음 중 진동작업장의 환경관리대책이나 근로자의 건강보호를 위한 조치로 적합하지 않은 것은?

① 발진원과 작업자의 거리를 가능한 한 멀리 한다.
② 작업자의 체온을 낮게 유지시키는 것이 바람직하다.
③ 절연패드의 재질로는 코르크, 펠트(felt), 유리섬유 등이 많이 쓰인다.
④ 진동공구의 무게는 10kg을 넘지 않게 하며, 장갑(glove) 사용을 권장한다.

> ② 추운 환경에서 진동으로 인한 말초혈관운동 장해가 더 잘 발생하므로 14℃ 이하의 옥외작업에서는 보온대책이 필요하다.

53 다음 중 인체의 각 부위별로 공명 현상이 일어나는 진동의 크기를 올바르게 나타낸 것은?

① 둔부 : 2~4Hz
② 안구 : 6~9Hz
③ 구간과 상체 : 10~20Hz
④ 두부와 견부 : 20~30Hz

> 전신은 4Hz, 두부와 견부는 20~30Hz, 안구는 60~90Hz진동에 공명한다.

54 소음에 대한 미국 ACGIH의 8시간 노출기준은 몇 dB인가?

① 85dB ② 90dB
③ 95dB ④ 100dB

> 미국 ACGIH 및 ISO의 소음노출 기준은 8시간 기준 85dB, 노출시간이 반으로 감소하면 소음기준은 3dB 증가한다.

> ★참고
> ① 우리나라의 소음 노출기준은 8시간 기준 90dB이며, 노출시간이 반으로 감소하면 소음기준은 5dB 증가한다.
> ② 소음의 노출기준(충격소음제외)
>
> | 1일 노출시간(hr) | 소음강도 dB(A) |
> |---|---|
> | 8 | 90 |
> | 4 | 95 |
> | 2 | 100 |
> | 1 | 105 |
> | 1/2 | 110 |
> | 1/4 | 115 |
>
> 주 : 115dB(A)를 초과하는 소음 수준에 노출되어서는 안 됨 ★

정답 51 ② 52 ② 53 ④ 54 ①

55 다음 중 실내 음향수준을 결정하는 데 필요한 요소가 아닌 것은?

① 밀폐 정도
② 방의 색감
③ 방의 크기와 모양
④ 벽이나 실내장치의 흡음도

> ★ 실내 음향수준을 결정하는 데 필요한 요소
> ① 방의 크기와 모양
> ② 밀폐 정도
> ③ 벽이나 실내장치의 흡음도

56 레이노 현상(Raynaud's phenomenon)과 관련된 용어와 가장 관련이 적은 것은?

① 혈액순환장해　② 국소진동
③ 방사선　　　　④ 저온환경

> ★ 레이노(Raynaud's phenonmenon) 현상
> 국소진동으로 인하여 말초혈관운동 장해가 발생하여 수지가 창백해지고 손이 차며 통증이 오는 현상으로 추운 환경에서 더 잘 발생한다.

57 현재 총 흡음량이 2,000sabins인 작업장의 천장에 흡음물질을 첨가하여 3,000sabins을 더할 경우 소음감소는 어느 정도로 예측되겠는가?

① 4dB　　　　② 6dB
③ 7dB　　　　④ 10dB

> $NR = 10 \times \log\left(\dfrac{A_2}{A_1}\right)$
> • NR : 감음량(dB)
> • A_1 : 흡음처리 전 실내의 총 흡음력(sabin)
> • A_2 : 흡음처리 후 실내의 총 흡음력(sabin)
>
> $NR = 10 \times \log\left(\dfrac{2,000 + 3,000}{2,000}\right) = 3.98\text{(dB)}$

58 다음 중 소음에 대한 작업환경측정 시 소음의 변동이 심하거나 소음수준이 다른 여러 작업장소를 이동하면서 작업하는 경우 소음의 노출평가에 가장 적합한 소음기는?

① 보통 소음기
② 주파수 분석기
③ 지시 소음기
④ 누적소음노출량 측정기

> ★ 누적소음노출량 측정기
> 소음의 변동이 심하거나 소음수준이 다른 여러 작업장소를 이동하면서 작업하는 경우 소음의 노출평가에 가장 적합한 소음기

> ★ 참고
> 소음측정에 사용되는 기기("소음계")는 누적소음노출량측정기, 적분형소음계 또는 이와 동등 이상의 성능이 있는 것으로 하되 개인 시료채취 방법이 불가능한 경우에는 지시소음계를 사용할 수 있으며, 발생시간을 고려한 등가소음레벨 방법으로 측정할 것. 다만, 소음발생 간격이 1초 미만을 유지하면서 계속적으로 발생되는 소음("연속음"이라 한다)을 지시소음계 또는 이와 동등 이상의 성능이 있는 기기로 측정할 경우에는 그러하지 아니할 수 있다.

정답　55 ②　56 ③　57 ①　58 ④

59 25℃, 공기 중에서 1,000Hz인 음의 파장은 약 몇 m인가?

① 0.035 ② 0.35
③ 3.5   ④ 35

> 1. 음속(C) = $f \times \lambda$
>   - C : 음속(m/sec)
>   - f : 주파수(1/sec = Hz)
>   - λ : 파장(m)
> 2. 음속(C) = 331.42 + 0.6 × t
>   - C : 음속(m/sec)
>   - f : 주파수(1/sec = Hz)
>   - t : 음전달매질의 온도(℃)
>
> 1. 음속(C) = 331.42 + (0.6 × 25)
>   = 346.42(m/sec)
> 2. 음속(C) = $f \times \lambda$
> $\lambda = \dfrac{C}{f} = \dfrac{346.42}{1,000} = 0.35$(m)

60 다음 중 소음성 난청의 초기단계인 C_5-dip 현상이 가장 현저하게 나타나는 주파수는?

① 10,000Hz ② 7,000Hz
③ 4,000Hz   ④ 1,000Hz

> **C_5-dip 현상**
> 소음성 난청의 초기단계로서 4,000Hz 부근의 음에 대한 청력저하가 심하게 생기게 되는 현상

61 다음 중 소음의 종류에 대한 설명으로 옳은 것은?

① 연속음은 소음의 간격이 1초 이상을 유지하면서 계속적으로 발생하는 소음을 말한다.
② 단속음은 1일 작업 중 노출되는 여러 가지 음압수준을 나타내며 소음의 반복음 간격이 3초보다 큰 경우를 말한다.
③ 충격소음은 최대음압수준이 120dB(A) 이상인 소음이 1초 이상의 간격으로 발생하는 것을 말한다.
④ 충격소음은 소음이 1초 미만 간격으로 발생하면서, 1회 최대허용기준이 120dB(A)이다.

> **★ 작업환경에서 노출되는 소음의 종류**
> ① 연속음(continuous noise) : 하루 종일 같은 크기의 소리가 발생되는 음으로, 1초 1회 이상의 음 발생을 말한다.
> ② 단속음(interrupted noise) : 1일 작업 중 노출되는 소음이 여러 가지 음압수준으로 나타나는 음을 말한다.
> ③ 충격소음 : 최대음압수준이 120dB(A) 이상인 소음이 1초 이상의 간격으로 발생하는 것을 말한다.
> ④ 폭발음

62 다음 중 진동에 의한 생체반응에 관계하는 주요 4인자와 가장 거리가 먼 것은?

① 방향   ② 노출시간
③ 진동의 강도 ④ 개인 감응도

> **★ 전신진동에 의한 생체반응에 관여하는 인자**
> ① 진동의 강도
> ② 진동수
> ③ 진동방향
> ④ 폭로시간(노출시간)

정답 59 ② 60 ③ 61 ③ 62 ④

CHAPTER 04 방사선

 한눈에 들어오는 **키워드**

01 전리방사선

1 전리방사선의 개요

(1) 용어정의

1) 방사선

① 전자기파의 형태로, 한 위치에서 다른 위치로 이동하는 에너지를 말한다.
② 인간 생체에서 이온화시키는 데 필요한 최소에너지를 기준으로 전리방사선과 비전리방사선으로 구분한다.

2) 광자에너지 ★

① 생체를 이온화시키는 최소에너지를 방사선을 구분하는 에너지 경계선으로 한다.
② 전리방사선과 비전리방사선의 경계 에너지의 강도는 12eV이다.
③ 광자에너지(12eV) 이하의 에너지를 가지는 방사선을 비전리방사선(전자파)이라 한다.
④ 광자에너지 이상의 에너지를 가지는 방사선을 전리방사선(이온화방사선)이라 한다.

3) 전자파

① 전계(전기장)

② 자계(자기장)

전기장	자기장
• 전압에 의해 발생 • 나무, 건물 등 물체에 의해 쉽게 차폐되거나 약해짐 • 단위 : V/m, kV/m	• 전류에 의해 발생 • 어떤 물체라도 쉽게 차폐시키거나 약화시키기 어려움 • 단위 　- G(Gause), T(Tesla) 　- $1T = 10^4 G(Gause)$ • 전자기파 측정에 사용되는 자계강도 단위 : A/m, μT, G(Gause)

4) 파장으로서 방사선의 특징

① 빛의 속도로 이동한다.

② **직진한다.**

③ **물질과 만나면 흡수, 산란된다.**

④ **물질과 만나면 반사, 굴절, 확산될 수도 있다.**

⑤ 자장이나 전장에 영향을 받지 않는다.

⑥ **간섭을 일으킨다.**

⑦ filtering 형태로 극성화 될 수 있다.

⑧ 작업자의 실질적인 **방사선 폭로량을 위해 사용하는 것은 필름배지**이다.

⑨ 방사선 피폭으로 인한 체내조직의 위험정도인 유효선량을 구하기 위해서 곱하는 조직가중치가 가장 높은 조직은 생식선이다.

⑩ 원자력 산업 등에서 내부 피폭장해를 일으킬 수 있는 위험핵종
　: ^3H, ^{54}Mn, ^{59}Fe

한 눈에 들어오는 키워드

기출

방사선을 전리방사선과 비전리방사선으로 분류하는 인자
① 파장
② 주파수
③ 진동수
④ 이온화하는 성질
   (이온화에너지)

참고

생물학적 효과비(RBE ;
(Relative Biological Effectiveness)
① X선, γ선, β선 : 1
② 에너지 2MeV 이상의 양성자 : 5
③ α선 : 20
④ 중성자 : 에너지에 따라 5~20

확인

종류	본질	전하량	투과력	전리작용
α	헬륨 원자핵	+2e	약하다.	강하다.
β	전자	-e	보통	보통
γ	전자기파	0	강하다.	약하다.

2 전리방사선의 종류 및 물리적 특성

(1) 전리방사선(이온화 방사선)의 종류

① 전자기 방사선(X-Ray, γ선)
② 입자 방사선(α, β입자, 중성자)

(2) 전리방사선의 종류 및 물리적 특성

1) α선

① α입자는 핵에서 방출되는 입자로서 헬륨원자의 핵과 같이 두 개의 양자와 두 개의 중성자로 구성되어 있다.(헬륨 원자핵의 흐름을 가진다)
② 다른 물질을 이온화시키는 전리 작용이 강하지만 투과력은 가장 약하다.
③ 외부조사로 건강상의 위해가 오는 일은 드물다.

2) β선

① β입자는 방사성 원자핵이 내뿜는 전자의 흐름이다.(선원은 방사선 원자핵이며 형태는 고속의 전자(입자)이다)
② 외부조사도 잠재적 위험이 되나 내부조사가 더욱 큰 건강상의 문제를 일으킨다.
③ 전리 작용은 약하지만 투과력은 강하다.

3) γ선

① X-선과 동일한 특성을 가지는 전자파 전리방사선으로 원자의 핵에서 발생된다.
② γ선은 원자핵 전환에 따라 방출되는 자연 발생적인 전자파이다.
③ γ선은 전리 작용은 가장 약하지만 투과력은 가장 강하다.(외부노출에 의한 문제점이 지적)
④ 파장이 매우 짧은 전자기파이다.
⑤ 종종 α선이나 β선과 함께 방출된다.

4) X-선(X-Ray, 뢴트겐선)

① 파장이 짧은 전자기파이다.
② X선의 에너지는 파장에 역비례하여 에너지가 클수록 파장은 짧아진다.

5) 중성자

① 전기적인 성질이 없거나(하전되어 있지 않으며) 파동성을 갖고 있는 입자형태의 방사선이다.
② β입자가 α입자보다 가볍고 속도는 10배 빠르다.
③ 수소 동위원소를 제외한 모든 원자핵에 존재한다.

(3) 방사선의 인체투과력 및 전리작용 ★★

1) 인체의 투과력 순서

중성자 > X선 or γ > β > α

2) 전리작용(REB : 생물학적 효과) 순서

중성자 > α > β > X선 or γ

(4) 방사선의 단위 ★

1) 방사성물질의 양(단위시간에 일어나는 방사선 붕괴율)의 단위

① 베크렐(Bq)
  - 1초에 한 번의 방사성 붕괴가 일어나는 경우, 즉 1초에 하나의 방사선 붕괴가 일어나는 방사능의 세기를 1베크렐(Bq)이라고 한다.
② 큐리(Curie : Ci) ★
  - 단위시간에 일어나는 방사선 붕괴율을 나타내며, 초당 3.7×10^{10}개의 원자붕괴가 일어나는 방사능물질의 양을 뜻한다.
  - $1Ci = 3.7 \times 10^{10} Bq$

2) 방사선량(조사선량, 노출선량)의 단위

① 뢴트겐(Roentgen : R) ★
  - X선, 감마선의 조사선량(방사선량)의 단위로서 공기 중 생성되는 이온의 양을 나타낸다.
  - 1R(뢴트겐) : 전리작용에 의하여 건조한 공기 1kg당 2.58×10^{-4} 쿨롱의 전기량을 만들어내는 γ선 혹은 엑스선의 세기를 말한다.
  - 1R(뢴트겐) = 2.58×10^{-4}(C/kg)

한눈에 들어오는 키워드

참고
흡수선량
방사선에 피폭되는 물질의 단위 질량당 인체에 흡수된 방사선 에너지량(방사선량)을 말한다.

선당량(생체실효선량)
어떤 종류의 방사선에 대해서도 1rad의 X선 또는 γ선과 동등한 생물학적 위험도를 나타내는 방사선량을 말한다.

노출선량
공기 1kg당 1쿨롱의 전하량을 갖는 이온을 생성하는 X선 or감마선량을 말한다.

참고
- 1rad = 0.01Gy(1Gy = 100rad)
  = 0.01J/kg = 100erg/g
- 1rem = 0.01Sv
- 1Bq = 2.7×10⁻¹¹C_i
  (C_i = 3.7×10¹⁰Bq)

3) 흡수선량의 단위

① 래드(Rad) ★
- 1rad : 피조사체 1g당 100erg의 에너지 흡수를 일으키는 방사선량을 말한다.

② Gy(Gray)
- 1Gy = 100rad = 1J/kg ★

4) 선당량(생체실효선량)의 단위

① 렘(rem : Roentgen Equivalent Man) ★
- 1뢴트겐의 X선이 인체에 조사되었을 때 이것을 피폭한 사람의 선량당(생체실효선량)을 나타낸다.
- rem = rad × RBE(상대적 생물학적 효과)

② Sv(Sievert) ★
- 인체가 흡수한 방사선 때문에 일어나는 영향 정도를 수치화한 단위를 말한다.
- 1Sv = 100rem

5) 자속밀도의 단위

- 테슬라(T) : 단위면적을 통과하는 자속(磁束)의 양을 나타낸다.

요약 ★

구분	단위	비고
방사성물질의 양 : 시간당(초) 방사능 붕괴횟수	베크렐(Bq), 큐리(Ci)	1Ci = 3.7×10¹⁰Bq
흡수선량 : 질량(kg)당 흡수한 방사선 에너지(J)	그레이(Gy), 라드(rad)	1rad = 0.01Gy
방사선량 : 방사선이 물질을 전리시킨 정도(생성되는 이온의 양)	뢴트겐(R)	1R(뢴트겐)=2.58×10⁻⁴(C/kg)
선당량(생체실효선량) : 방사선의 생물학적 손상 정도	시버트(**Sv**), 렘(rem)	1rem = 0.01Sv
자속 밀도(자기장의 밀도)	테슬라(T)	

3 전리방사선(이온화방사선)의 생물학적 작용

(1) 전리방사선이 인체에 미치는 영향에 관여하는 인자

① 피복선량(피폭선량은 일시에 받을 경우보다 여러 번 나누어 받는 쪽이 더 영향이 크다)
② 투과력
③ 피폭방법
④ 전리작용
⑤ 조직의 감수성

(2) 전리방사선의 건강영향

① α입자는 투과력이 작아 우리 피부를 직접 통과하지 못하기 때문에 피부를 통한 영향은 매우 작다.
② 방사선은 생체 내 구성원자나 분자에 결합되어 전자를 유리시켜 이온화하고 원자의 들뜸현상을 일으킨다.
③ 반응성이 매우 큰 자유라디칼이 생성되어 단백질, 지질, 탄수화물, 그리고 DNA 등 생체 구성 성분을 손상시킨다.

(3) 전리방사선에 대한 감수성이 큰 신체조직 ★

① 세포핵 분열이 계속적인 조직
② 증식력과 재생기전이 왕성한 조직
③ 형태와 기능이 미완성된 조직
④ 유아나 어린이에게 가장 위험

(4) 전리방사선에 대한 인체 내의 감수성 순서 ★★

골수, 임파선, 흉선 및 림프조직(조혈기관), 눈의 수정체 > 피부 등 상피세포 > 혈관 등 내피세포 > 결합조직, 지방조직 > 뼈, 근육조직 > 폐 등 내장기관 > 신경조직

> **암기법**
> 골인(임파선) 수 상 내 결지 뼈근육 폐내장 신경

> **한 눈에 들어오는 키워드**

> **기출**
> 의료용 진단에서 가장 널리 사용되는 개인용 방사선 측정기 : X-선 필름

(5) 생체성분의 손상이 일어나는 순서

분자수준에서의 손상 〉 세포수준의 손상 〉 조직, 기관의 손상 〉 발암현상

4 관리대책

(1) 방사선 피폭의 방호 대책(3대 기본 요소 : 거리, 시간, 차폐)

① 방사선을 차폐한다.
② 노출시간을 줄인다.
③ 가급적 거리를 멀게 한다.

(2) 국제방사선방호위원회(ICRP)의 방사선 노출을 최소화하기 위한 3원칙

① 작업의 최적화(최소화) : 피폭 가능성, 피폭자 수, 개인 선량의 크기 등을 경제 사회적 인자를 고려하여 합리적으로 최소화하여야 함
② 작업의 정당성(정당화) : 피폭상황의 변화가 있는 경우 관련 행위가 손해(위해) 보다 이익이 커야 함
③ 개개인의 노출량의 한계(선량한도 적용) : 관리되는 선원들로 부터 받는 특정 개인의 총 선량은 ICRP가 권고하는 선량한도를 초과하지 않아야 함(의료 피폭은 제외)

02 비전리방사선

1 비전리방사선의 개요

(1) 비전리방사선(비이온화방사선)

① 긴 파장을 가지고 있어 원자를 이온화시키지 못하여(전리시키지 못함) 비이온화방사선이라고도 한다.
② 주파수가 감소하는 순서에 따라 자외선, 가시광선, 적외선, 마이크로파, 라디오파, 초저주파, 극저주파가 있다.

(2) 비전리방사선의 종류 및 파장 ★

① 자외선(화학선) : 100~400nm(1,000~4,000Å)
② 적외선(열선) : 750~1,200nm(7,500~12,000Å)
③ 가시광선 : 400~760nm(4,000~7,600Å)
④ 마이크로파 : 1~300cm

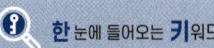

Å = 10^{-10}m

2 비전리방사선의 물리적 특성, 생물학적 작용

(1) 자외선(화학선)

① 가시광선과 전리복사선 사이의 파장을 가짐(100~400nm, 1,000~4,000Å)
② 일명 **화학선**이라고 하며 광화학반응으로 단백질과 핵산분자의 파괴, 변성 작용을 한다.
③ 태양광선, 고압 수은 증기등, 전기용접 등이 배출원이다.
④ 구름이나 눈에 반사되며, 고층구름이 낀 맑은 날에 가장 많다.
⑤ 대기오염의 지표로도 사용된다.

1) 자외선의 종류 ★★

근자외선 (UV-A)	• 파장 : 315(300)~400nm[3,150~4,000Å] • 피부의 색소침착
도르노선 (UV-B)	• 파장 : 280(290)~315(320)nm[2,800~3,150Å] • **소독작용, 비타민 D형성** 등 인체에 유익한 영향(**건강선, 생명선**) • **피부노화, 홍반, 각막염, 피부암** 유발
UV-C	• 파장 : 100~280nm[1,000~2,800Å] • **살균작용**(살균효과가 있어 수술용 램프로 사용)

2) 자외선의 인체영향(생물학적 작용) ★

화학선	• 눈과 피부 등에 화학변화를 일으킨다.
광화학적 반응	• 산소분자를 해리하여 오존을 생성하고, 공기 중의 염화탄화수소와 결합하여 포스겐($COCl_2$)을 생성한다. • 트리클로로에틸렌(TCE)을 독성이 강한 포스겐으로 전환시킬 수 있는 광화학적 작용을 한다. (예 : 공기 중에 트리클로로에틸렌(trichloroethylene)이 고농도로 존재하는 작업장에서 아크 용접을 실시하는 경우 트리클로로에틸렌이 포스겐으로 전환된다)
피부작용	• 피부암 발생 — 280(290)~315(320)nm의 파장에서 피부암이 발생할 수 있다.(자외선 노출에 의한 가장 심각한 만성영향) — 옥외작업을 하면서 콜타르의 유도체, 벤조피렌, 안트라센 화합물과 상호작용하여 피부암을 유발시킨다. • 피부 홍반 형성 및 색소 침착 : 200~290nm에서 홍반작용이 강하다. • 피부의 비후 : 자외선에 의해 진피 두께가 증가한다. • 자외선 조사량이 너무 많을 경우 모세혈관 벽의 투과성이 증가한다.
눈에 대한 영향	• 240~310nm 파장에서 결막염, 백내장을 일으킨다. • 급성각막염 발생 : 전기용접, 자외선 살균취급자 등에서 자외선에 의한 전광성 안염(전기성 안염)이 발생된다. (일반적으로 6~12시간에 증상이 최고에 달함)
비타민 D 생성	• 280~320nm의 파장에서는 비타민 D의 생성이 활발해진다. • 광화학적 작용을 일으켜 진피 층에서 비타민 D가 형성된다.
살균작용	• 254~280nm의 파장에서는 강한 살균작용을 나타낸다. • 254nm 파장 정도에서 살균작용이 가장 강하며, 핵단백을 파괴하여 이루어진다.
전신 건강장해	• 자극작용이 있고 적혈구, 백혈구, 혈소판이 증가한다. • 2차적인 증상으로 두통, 흥분, 피로, 불면, 체온 상승이 나타난다.

(2) 적외선(열선) : 750~1,200nm(7,500~12,000Å)

1) 적외선의 특성 ★

① 태양복사에너지의 52%를 차지한다.
② 열선이라고도 하며 절대온도 이상의 모든 물체는 적외선을 복사한다.
③ 제강, 용접, 야금공정, 초자제조공정, 레이저, 가열램프 작업 등에서 발생된다.
④ 피부조직 온도를 상승시켜 충혈, 혈관확장, 각막손상, 두부장해를 일으킨다.

한 눈에 들어오는 키워드

요약 ★
자외선의 인체영향(생물학적 작용)
① 화학선 : 눈과 피부 등에 화학 변화를 일으킴
② 광화학적 반응 : 산소분자를 해리하여 오존을 생성
③ 피부작용
 • 피부암, 피부 홍반 형성 및 색소 침착, 피부 비후를 일으킴
 • 옥외작업을 하면서 콜타르의 유도체, 벤조피렌, 안트라센 화합물과 상호작용하여 피부암을 유발시킴
④ 눈에 대한 영향 : 결막염, 백내장, 급성 각막염 발생시킴
⑤ 비타민 D 생성
⑥ 살균작용
⑦ 전신 건강장해

기출
Welder's flash
전기용접, 자외선 살균취급자 등에서 발생되는 자외선 노출에 의한 전광성 안염을 말한다.

※ 문제
자외선으로부터 눈을 보호하기 위한 차광보호구를 선정하고자 하는데 차광도가 큰 것이 없어 두 개를 겹쳐서 사용하였다. 각각의 차광도가 6과 3이었다면 두 개를 겹쳐서 사용한 경우의 차광도는 얼마인가?
① 6   ② 8
③ 9   ④ 18
[해설]
• 차광도 = (A보호구의 차광도 + B보호구의 차광도) − 1
• 차광도 = (6 + 3) − 1 = 8
정답 ②

2) 적외선의 구분

① 국제 조명위원회(CIE)의 구분

IR-A	700nm ~ 1,400nm(0.7μm ~ 1.4μm)
IR-B	1,400nm ~ 3,000nm(1.4μm ~ 3μm)
IR-C	3,000nm ~ 1mm(3μm ~ 1,000μm)

② 적외선의 분류
- 근적외선 : 750nm ~ 1,400nm(0.75 ~ 1.4μm)
- 단적외선 : 1,400nm ~ 3,000nm(1.4 ~ 3.0μm)
- 중적외선 : 3,000nm ~ 8,000nm(3.0 ~ 8.0μm)
- 원적외선 : 8,000nm ~ 15,000nm(8.0 ~ 15μm)
- 극원적외선(극적외선) : 15,000nm 초과(15μm보다 긴 파장)

3) 적외선의 인체영향(생물학적 작용) ★

① 적외선이 신체에 조사되면 일부는 피부에서 반사되고 나머지는 조직에 흡수된다.
② 적외선이 흡수되면 화학반응을 일으키는 것이 아니라 구성분자의 운동에너지를 증가시키므로 **조직온도가 상승한다.** ★
③ 조직에서의 흡수는 수분함량에 따라 다르다.
④ 1,400nm 이상의 장파장 적외선은 1cm의 수층을 통과하지 못한다.

피부장해	• 적외선의 **피부투과성은 700~760nm 파장 범위에서 가장 강하다.** • 급성 피부화상, 색소침착 등을 일으킨다. • 부위의 온도가 오르면 **홍반**이 생기고, **혈관 확장, 암 변성을 유발**하며 강력한 조직 조사는 피부와 심부조직에 화상을 일으킨다.
안장해	• **1,400nm(14,000Å) 이상의 적외선은 각막손상**을 일으킨다. • **1,400nm(14,000Å) 이하**의 적외선에 만성 폭로되면 **적외선 백내장**을 일으킨다. • 적외선 **백내장을 초자공, 대장공 백내장**이라 한다.(초자공, 용광로의 근로자들과 대장공들에게 백내장이 수정체의 뒷부분에서 발병)
두부장해	• 장기간 조사 시 두통, 자극작용이 있으며, **강력한 적외선은 뇌막자극 증상(의식상실, 열사병) 등을 유발**할 수 있다.

(3) 가시광선 : 400~760nm(4,000~7,600Å)

조명부족	• 조명부족 하에서 장시간 작업하면 근시, 안정피로, 안구 진탕증을 일으킨다. • 녹내장, 백내장, 망막변성 등 기질적 안질환은 조명부족과 무관하다.
조명과잉	• 장시간에 걸쳐 강렬한 광선에 노출되면 시력장애, 시야협착, 암순응의 저하 등을 일으킨다.

(4) 마이크로파(Microwave)

1) 마이크로파의 특성

① 마이크로파는 라디오파와 적외선 사이의 파장과 주파수를 가지고 있는 전자기파이다.
② 마이크로파의 주파수는 300MHz~300GHz(300,000MHz) 정도이며, 지역에 따라 범위의 규정이 각각 다르다.
③ 마이크로파의 에너지량은 거리 제곱에 반비례한다.
④ 자동차산업, 식료품 및 고무제품제조, 마이크로파 관련 응용장치 등에서 발생된다.

2) 마이크로파의 인체영향(생물학적 작용)

① 마이크로파의 파장은 1~300cm이며 파장에 따라 신체투과력이 달라진다.
  • 3cm 이하 파장은 외피에 흡수된다.
  • 3~10cm 파장은 1mm~1cm 정도 피부 내로 투과한다.
  • 25~200cm 파장은 세포 조직과 신체기관까지 투과한다.
② 인체에 흡수된 마이크로파는 기본적으로 열로 전환된다. 마이크로파의 열 작용에 가장 많은 영향을 받는 기관은 생식기와 눈이다. ★
③ 마이크로파의 생물학적 작용은 파장뿐만 아니라 출력, 노출시간, 노출된 조직에 따라 다르다. ★
④ 광선의 주파수와 특정 조직의 광선 흡수 능력에 따라 장해 출현 부위가 달라진다.
⑤ 혈액의 변화 : 백혈구 증가, 망상적혈구의 출현, 혈소판 감소 등을 보인다.
⑥ 콜린에스테라제의 활성치가 저하된다.
⑦ 생식기능에 미치는 영향 : 생식기능상의 장해를 유발할 가능성이 기록되고 있다.

⑧ 열작용 : 일반적으로 150MHz 이하의 마이크로파는 신체에 흡수되어도 감지되지 않는다.

3) 마이크로파의 주파수별 인체영향 ★

10,000MHz	피부에 **온감각**을 준다.
1,000~10,000MHz (파장 : 3~10cm)	**백내장**을 일으킨다.
150~1,200MHz	**내장조직 손상**을 일으킨다.
300~1,200MHz	**중추신경(대뇌 측두엽 표면부위)**에 대한 작용이 민감하다.

(5) 라디오파

① 주파수가 3kHz부터 3THz(파장 : 1mm~100km)까지의 모든 전자기파를 말한다.
② 마이크로파와 라디오파의 생체작용 중 대표적인 것은 온감을 느끼는 **열작용**이다.
③ 일반적으로 150MHz 이하의 마이크로파와 라디오파는 흡수되어도 감지되지 않는다.

(6) 레이저 광선(light amplification by stimulated emission of radiation)

1) 레이저 광선의 특성 ★

① **광선증폭**을 뜻한다.
② **단일파장**으로 **단색성**이 뛰어나며 **강력하고 예리한 지향성**을 지닌 광선이다.
③ 레이저광은 **출력이 대단히 강력**하고 극히 좁은 파장범위(직사광)를 갖기 때문에 쉽게 산란하지 않는다.(위상이 고르고 간섭 현상이 일어나기 쉽다.)
④ 집광성과 방향조정이 용이하다.
⑤ 각막 표면에서의 조사량(J/cm^2) 또는 폭로량을 측정한다.
⑥ 조사량의 서한도는 1mm 구경에 대한 평균치이다.
⑦ 눈의 허용량(노출기준)은 파장에 따라 다르다.
⑧ 위험정도는 광선의 강도와 파장, 노출기간, 노출된 신체부위에 따라 달라진다.

2) 레이저 광선의 종류

① 지속파

② 맥동파 : 레이저광 중 에너지의 양을 지속적으로 축적하여 강력한 파동을 발생시키는 것으로 지속파보다 장해정도가 크다.

③ Q-Switch파 : 에너지를 축적하여 강력한 맥동파를 발생하게 한 것

3) 레이저의 인체영향(생물학적 작용)

① 레이저광선에 가장 민감한 인체기관은 눈이며 각막염, 백내장, 망막염 등을 일으킨다.

② 200~400nm의 자외선 레이저광에서는 파장이 짧아질수록 눈에 대한 투과력이 감소한다.

③ 파장, 조사량 또는 시간 및 개인의 감수성에 따라 피부에 홍반, 수포형성, 색소침착 등이 생긴다.

(7) 극저주파 방사선(Extremely Low Frequency Fields)

① 전기장은 전압(Voltage)에 의해 발생하고, 자기장은 전류(Current)에 의해 발생한다.(극저주파 전기장, 극저주파 자기장으로 구분)

② 작업장에서 발전, 송전, 전기 사용에 의해 발생되며 이들 경로에 있는 발전기에서 전력선, 전기설비, 기계, 기구 등도 잠재적인 노출원이다.

③ 주파수가 1~3,000Hz에 해당되는 것으로 정의되며, 이 범위 중 50~60Hz의 전력선과 관련한 주파수의 범위가 건강과 밀접한 연관이 있다.

④ 특히 교류전기는 1초에 60번씩 극성이 바뀌는 60Hz의 저주파를 나타내므로 이에 대한 노출평가, 생물학적 및 인체영향 연구가 많이 이루어져 왔다.

⑤ 장기노출 시 두통, 불면증 등의 신경장해와 순환기장해가 발생되는 것으로 알려져 있다.

3 관리대책

(1) 비전리전자기파에 의한 건강장해 예방 조치

사업주는 사업장에서 발생하는 유해광선·초음파 등 비전리전자기파(컴퓨터 단말기에서 발생하는 전자파는 제외한다)로 인하여 근로자에게 심각한 건강 장해가 발생할 우려가 있는 경우에 다음 각 호의 조치를 하여야 한다.

① 발생원의 격리 · 차폐 · 보호구 착용 등 적절한 조치를 할 것
② 비전리전자기파 발생장소에는 경고 문구를 표시할 것
③ 근로자에게 비전리전자기파가 인체에 미치는 영향, 안전작업 방법 등을 알릴 것

03 조명

1 조명의 필요성

(1) 조명

조명이란 자연광(태양광선)과 인공조명을 합하여 조명이라 한다.

(2) 조명의 선택 시 고려해야 할 사항

① 빛의 색
② 눈부심과 휘도
③ 조도와 조도의 분포

2 빛과 밝기의 단위

(1) 조도

1) 조도의 정의 ★

① 단위 면적에 입사하는 빛의 세기(광량)을 말한다.

$$조도(Lux) = \frac{광도}{(거리)^2}$$

② 지상에서의 태양조도는 약 100,000lux, 창 내측에서는 약 2,000lux 정도이다.

2) 단위 ★

① fc(foot-candle)
- 1촉광의 점광원으로부터 1foot 떨어진 곡면에 비추는 광 밀도
- 1루멘의 빛이 1ft²의 평면상에 수직방향으로 비칠 때 그 평면의 빛의 양을 말한다.(1lumen/ft²)
- 1fc = 10lux

② lux(meter-candle) ★
- 1촉광의 점광원으로부터 1m 떨어진 곡면에 비추는 광 밀도
- 1루멘의 빛이 1m²의 평면상에 수직방향으로 비칠 때의 빛의 양을 말한다. (1lumen/m²)

(2) 광도

1) 광도의 정의 ★

광원으로부터 나오는 빛의 세기를 광도라고 한다.

2) 단위 ★

① 칸델라(candela ; cd)
- 101,325N/m² 압력 하에서 백금의 응고점 온도에 있는 흑체의 1m²인 평평한 표면에서 수직방향의 광도(밝기는 광원으로부터의 거리 제곱에 반비례한다)를 말한다.

② 촉광(candle)
- 지름이 1인치(2.54cm)되는 촛불이 수평방향으로 비칠 때 빛의 밝기(빛의 광도를 나타내는 단위로 국제촉광을 사용한다)를 말한다.
- 1촉광 = 4π 루멘

(3) 광속

1) 광속의 정의 ★

광원으로부터 방출되는 빛의 전체 양을 말한다.

2) 단위 ★

루멘(Lumen; lm) : 1촉광의 광원으로부터 한 단위입체각으로 나가는 광속의 단위

(4) 광속발산도(휘도)

1) 광속발산도의 정의

단위 표면적에서 발산 또는 반사되는 빛의 양을 광속발산도라 한다.

2) 단위

① 램버트(Lambert) : 평면 $1ft^2(1cm^2)$에서 1Lumen의 빛을 발하거나 반사시킬 때의 밝기($1Lambert = 3.18candle/m^2$)

② 니트(Nit) : $1nt = 1cd/m^2$

(5) 반사율

반사광의 에너지와 입사광의 에너지의 비율을 말한다.

$$반사율(\%) = \frac{광속발산도(fL)}{조명(fc)} \times 100$$

(6) 대비

$$대비(\%) = \frac{배경반사율(Lb) - 표적물체반사율(Lt)}{배경반사율(Lb)} \times 100$$

3 채광 및 조명방법

(1) 채광방법

1) 창의 방향 ★

① 많은 채광을 요구할 경우 : 남향
② 조명의 평등을 요하는 작업실 : 북향 or 동북향

2) 창의 높이와 면적

① 조도는 창을 크게 하는 것보다 창의 높이를 증가시키는 것이 효과적이다.
② 창의 면적은 방바닥 면적의 15~20%(1/5~1/7)가 적당하다. ★

참고

광원으로부터 직사휘광 처리법 ★
① 광원의 휘도를 줄이고 광원 수를 늘인다.
② 광원을 시선에서 멀게 한다.
③ 휘광원 주위를 밝게하여 광속발산비(휘도)를 줄인다.
④ 가리개, 갓, 차양을 사용한다.

창문으로부터 직사휘광 처리법
① 창문을 높이 단다.
② 외부에 드리우개(overhang)를 설치한다.
③ 창 안쪽에 수직날개(fin)를 설치한다.
④ 차양, 발을 사용한다.

반사휘광 처리법
① 발광체의 휘도를 줄인다.
② 일반 조명수준을 높인다.
③ 산란광, 간접광, 조절판을 사용, 창문에 차양을 사용한다.
④ 반사광이 비치지 않게 광원을 위치시킨다.
⑤ 무광택 도료, 빛을 산란시키는 표면색을 한 가구, 윤기 없앤 종이를 사용한다.

* 휘광 : 눈부심

한눈에 들어오는 키워드

참고
- 입사각(앙각) : 지면과 태양과의 각도
- 개각 : 실내채광의 각도

3) 개각과 입사각(앙각)

① 실내 각점의 개각은 4 ~ 5°가 좋으며, 개각이 클수록 실내는 밝다. ★
② 입사각은 28° 이상이 좋으며, 입사각이 클수록 실내는 밝다. ★
③ 개각 1°가 감소했을 때 입사각으로 2 ~ 5° 증가가 필요하다.

(2) 조명방법

1) 직접조명과 간접조명

① 직접조명과 간접조명의 정의

간접조명	직접조명
등기구에서 발산되는 **광속의 90% 이상을 천장이나 벽에 투사시켜** 이로부터 반사 확산된 광속을 이용하는 조명방식	등기구에서 **발산되는 광속의 90% 이상을 직접 작업면에 투사**하는 조명방식

② 직접조명의 장·단점

직접조명의 장점	직접조명의 단점
• 조명률이 크므로 소비전력은 간접조명의 1/2 ~ 1/3이다. • 설비비가 저렴하며 설계가 단순하다. • 효율이 좋다. • 조명기구의 점검, 보수가 용이하다. • 천장면의 색조에 영향을 받지 않는다.	• 눈이 부시다. • 빛이 반사되어 물체를 식별하기가 어렵다. • 균일한 조도를 얻기 어렵다. • 강한 음영을 만든다.

③ 간접조명의 장·단점

간접조명의 장점	간접조명의 단점
• 눈부심이 적고 피조면의 조도가 균일하다 • 그림자가 부드럽다. • 등기구의 사용을 최소화하여 조명효과를 얻을 수 있다.	• 밝지 않다. • 천장 색에 따라 조명 빛깔이 변한다. • 효율성이 떨어진다. • 설비비가 많이 들고 보수가 쉽지 않다.

2) 전반조명과 국부조명

① 전반조명
- 조명 기구를 일정한 높이와 간격으로 배치하여 **작업장 전체를 균일하게 밝히는 조명방식**을 말한다.
- 눈부심이 없고 부드러운 빛을 얻을 수 있다.

② 국부조명
- 필요한 곳만을 강하게 조명하는 조명법으로 정밀한 작업 또는 시력을 집중시켜 줄 수 있는 일에 사용하는 조명방식이다.
- 밝고 어둠의 차이가 많아 **눈부심을 일으켜 눈을 피로하게 한다.**
- 국부조명과 전반조명이 병용되는 경우 작업장의 조도를 균일하게 하기 위하여 전반조명의 조도는 국부조명의 $\frac{1}{10} \sim \frac{1}{5}$ 정도가 적당하다.

3) 인공조명 시 고려하여야 할 사항 〖실기 기출★〗

① 광색은 주광색에 가깝게 한다.
② 가급적 간접 조명이 되도록 한다.
③ 조도는 작업상 충분히 유지시킨다.
④ 조명도는 균등히 유지할 수 있어야 한다.
⑤ 경제적이며 취급이 용이해야 한다.
⑥ 폭발성 또는 발화성이 없으며 유해가스를 발생하지 않아야 한다.
⑦ 광원은 좌상방에 위치시킨다.

4 적정 조명수준

(1) 법적 조도 기준(산업안전보건법) ★★

① 초정밀 작업 : 750Lux 이상
② 정밀 작업 : 300Lux 이상
③ 보통 작업 : 150Lux 이상
④ 기타 작업 : 75Lux 이상

[기출] 작업장 내 조명방법

① 나트륨등은 황색광이기 때문에 색을 식별하는 작업장에는 적합하지 않다.(교량·고속도로·일반도로·터널 내의 조명으로 사용된다)
② 백열전구와 고압수은등을 적절히 혼합시켜 주광에 가까운 빛을 얻는다.
③ 천장, 마루, 기계, 벽 등의 반사율을 크게 하면 조도를 일정하게 얻을 수 있다.
④ 천장에 바둑판형 형광등의 배열은 음영을 약하게 할 수 있다.

> **한눈에 들어오는 키워드**
>
> **참고**
> 안구진탕증은 안구가 무의식적으로 떨리는 현상으로 갱내 등 어두운 장소에서 작업할 때 조명부족으로 발생할 수 있다.

5 조명의 생물학적 작용

(1) 조명의 인체영향

① 안구진탕증은 조명부족으로 발생할 수 있다.
② 망막변성은 염증성 질환으로 조명부족에 의한 영향이 적다.
③ 조명부족 하에서 작은 대상물을 장시간 직시하면 근시를 유발할 수 있다.
④ 조명과잉은 망막을 자극해서 잔상을 동반한 시력장해 또는 시력 협착을 일으킨다.

CHAPTER 04 단원 예상문제

저자가 콕! 찝어주는 예상문제 풀어보기!

01 1촉광의 광원으로부터 한 단위입체각으로 나가는 광속의 단위를 무엇이라 하는가?

① 럭스(lux) ② 램버트(lambert)
③ 캔들(candle) ④ 루멘(lumen)

> ★ 루멘(Lumen ; lm)
> 1촉광의 광원으로부터 한 단위입체각으로 나가는 광속의 단위

02 다음 중 일반적으로 전리방사선에 대한 감수성이 가장 둔감한 것은?

① 세포핵 분열이 계속적인 조직
② 증식력과 재생기전이 왕성한 조직
③ 신경조직, 근육 등 조밀한 조직
④ 형태와 기능이 미완성된 조직

> ★ 전리방사선에 대한 감수성이 큰 신체조직
> ① 세포핵 분열이 계속적인 조직
> ② 증식력과 재생기전이 왕성한 조직
> ③ 형태와 기능이 미완성된 조직
> ④ 유아나 어린이에게 가장 위험

03 다음 설명 중 ( ) 안에 내용을 가장 적절한 것은?

> 국부조명에만 의존할 경우에는 작업장의 조도가 균등하지 못해서 눈의 피로를 가져올 수 있으므로 전체조명과 병용하는 것이 보통이다. 이와 같은 경우 전체조명의 조도는 국부조명에 의한 조도의 ( ) 정도가 되도록 조절한다.

① $\frac{1}{10} \sim \frac{1}{5}$ ② $\frac{1}{20} \sim \frac{1}{10}$
③ $\frac{1}{30} \sim \frac{1}{20}$ ④ $\frac{1}{50} \sim \frac{1}{30}$

> 국소조명과 전체조명이 병용되는 경우 작업장의 조도를 균일하게 하기 위하여 전체조명의 조도는 국부조명의 $\frac{1}{10} \sim \frac{1}{5}$ 정도가 적당하다.

정답 01 ④ 02 ③ 03 ①

04 원자핵 전환 또는 원자핵 붕괴에 따라 방출되는 자연발생적인 전리방사선이며 투과력이 커서 인체를 통과할 수 있다. 특히 외부조사에 문제가 되는 방사선의 종류는?

① X선
② γ선
③ 자외선
④ α선

> **★ γ선**
> ① X-선과 동일한 특성을 가지는 전자파 전리방사선으로 원자의 핵에서 발생된다.
> ② γ선은 원자핵 전환에 따라 방출되는 자연 발생적인 전자파이다.
> ③ γ선은 전리 작용은 가장 약하지만 투과력은 가장 강하다.(외부노출에 의한 문제점이 지적)
> ④ 파장이 매우 짧은 전자기파이다.
> ⑤ 종종 α선이나 β선과 함께 방출된다.

05 다음 중 자외선의 작용에 대한 설명으로 옳은 것은?

① 320nm 이상에서 강한 홍반작용을 보인다.
② TCE를 산화성이 강한 염화수소로 전환한다.
③ 280~320nm의 파장은 비타민 D 형성, 소독작용 등의 효과가 있다.
④ 태양자외선과 산업장에서 발생하는 자외선은 공기 중의 SO_2와 paraffin계 탄화수소와 광화학적 반응을 일으켜 오존과 산화성 물질을 발생시킨다.

> ① 피부 홍반 형성 및 색소 침착 : 200~290nm에서 홍반작용이 강하다.
> ② 트리클로로에틸렌(TCE)을 독성이 강한 포스겐으로 전환한다.
> ④ 산소분자를 해리하여 오존을 생성하고, 공기 중의 염화탄화수소와 결합하여 포스($COCl_2$)을 생성한다.

06 다음 중 전리방사선의 단위에 관한 설명으로 틀린 것은?

① Rontgen(R) - 공기 중에 방사선에 의해 생성되는 이온의 양으로 주로 X선 및 감마선의 조사량을 표시할 때 쓰인다.
② rad - 조사량과 관계없이 인체조직에 흡수된 양을 말한다.
③ rem - 1rad의 X선 혹은 감마선이 인체조직에 흡수된 양을 말한다.
④ Curie - 1초 동안에 3.7×10^{10}개의 원자붕괴가 일어나는 방사능 물질의 양을 말한다.

> ③ 렘(rem : Roentgen Equivalent Man) : 1뢴트겐의 X선이 인체에 조사되었을 때 이것을 피폭한 사람의 선량당을 나타낸다.

07 다음 중 태양으로부터 방출되는 복사에너지의 52% 정도를 차지하고, 피부조직 온도를 상승시켜 충혈, 혈관확장, 각막손상, 두부장해를 일으키는 유해광선은?

① 자외선
② 가시광선
③ 적외선
④ 마이크로파

> **★ 적외선**
> ① 태양복사에너지의 52%를 차지한다.
> ② 열선이라고도 하며 절대온도 이상의 모든 물체는 적외선을 복사한다.
> ③ 제강, 용접, 야금공정, 초자제조공정, 레이저, 가열램프 작업 등에서 발생된다.
> ④ 피부조직 온도를 상승시켜 충혈, 혈관확장, 각막손상, 두부장해를 일으킨다.

정답   04 ②   05 ③   06 ③   07 ③

08 다음 중 빛과 밝기의 단위에 관한 설명으로 틀린 것은?

① 광도의 단위로는 칸델라(candela)를 사용한다.
② 루멘(lumen)은 1촉광의 광원으로부터 단위 입체각으로 나가는 광속의 단위이다.
③ 조도는 어떤 면에 들어오는 광속의 양에 비례하고 입사면의 단면적에 반비례한다.
④ 광원으로부터 나오는 빛의 세기를 광속이라 한다.

④광원으로부터 나오는 빛의 세기를 광도라고 한다.

★ 참고
광속
광원으로부터 방출되는 빛의 전체 양을 말한다.

09 각막염, 결막염 등은 아크용접작업 시 발생하는 어떠한 유해광선에 의한 것인가?

① 가시광선 ② 자외선
③ 적외선   ④ X선

★ 자외선에 의한 급성각막염
전기용접, 자외선 살균취급자 등에서 자외선에 의한 전광성 안염(전기성 안염)이 발생된다.

10 다음 중 투과력이 가장 약한 전리방사선은?

① α선 ② β선
③ γ선 ④ X선

★ 전리방사선
① 인체의 투과력 순서
　중성자 > X선 or γ > β > α
② 전리작용(REB : 생물학적 효과) 순서
　중성자 > α > β > X선 or γ

11 다음 중 안전과 보건에 특히 관심이 되는 자외선 파장의 범위로 Dorno-ray라고 불리는 영역으로 가장 적절한 것은?

① 350~400nm ② 290~315nm
③ 125~200nm ④ 75~115nm

★ 자외선의 종류

근자외선 (UV-A)	① 파장 : 315(300)~400nm [3,150~4,000Å] ② 피부의 색소침착
도르노선 (UV-B)	① 파장 : 280(290)~315(320)nm [2,800~3,150Å] ② 소독작용, 비타민 D형성 등 인체에 유익한 영향(건강선, 생명선) ③ 홍반 각막염, 피부암 유발
UV-C	① 파장 : 100~280nm [1,000~2,800Å] ② 살균작용(살균효과가 있어 수술용 램프로 사용)

정답 08 ④ 09 ② 10 ① 11 ②

12 전리방사선 중 전자기방사선에 속하는 것은?

① α선　　　　　② β선
③ γ선　　　　　④ 중성자

> ★ 전리방사선(이온화 방사선)의 종류
> ① 전자기 방사선(X-Ray, γ선)
> ② 입자 방사선(α, β입자, 중성자)

13 다음 중 1루멘의 빛이 1ft²의 평면상에 수직방향으로 비칠 때 그 평면의 빛 밝기를 무엇이라고 하는가?

① 1lux　　　　　② 1candela
③ 1촉광　　　　④ 1foot candle

> ★ 1foot candle
> 1루멘의 빛이 1ft²의 평면상에 수직방향으로 비칠 때 그 평면의 빛의 양(1lumen/ft²)

> ★ 참고
> ① 1lux : 1루멘의 빛이 1m²의 평면상에 수직방향으로 비칠 때의 빛의 양(1lumen/m²)
> ② 1candela : 101,325N/m² 압력 하에서 백금의 응고점 온도에 있는 흑체의 1m²인 평평한 표면에서 수직방향의 광도
> ③ 1촉광 : 지름이 1인치(2.54cm)되는 촛불이 수평방향으로 비칠 때 빛의 밝기(1촉광 = 4π루멘)

14 다음 중 방사선의 외부 노출에 대한 방어 3원칙에 해당하지 않는 것은?

① 흡수　　　　　② 거리
③ 시간　　　　　④ 차폐

> ★ 방사선 피폭의 방호 대책
> (3대 기본 요소 : 거리, 시간, 차폐)
> ① 방사선을 차폐한다.
> ② 노출시간을 줄인다.
> ③ 가급적 거리를 멀게 한다.

15 다음 중 자연조명에 관한 설명으로 틀린 것은?

① 창의 면적은 바닥면적의 15~20%가 이상적이다.
② 실내 각 점의 개각은 4~5°가 좋으며, 개각이 클수록 실내는 밝다.
③ 입사각은 보통 28° 이상이 좋으며, 입사각이 클수록 실내는 밝다.
④ 지상에서의 태양조도는 약 10,000lux, 창 내측에서는 약 5,000lux 정도이다.

> ④ 지상에서의 태양조도는 약 100,000lux, 창 내측에서는 약 2,000lux 정도이다.

16 다음 중 레이저의 생물학적 작용에 관한 설명으로 적절하지 않은 것은?

① 레이저에 가장 민감한 신체 표적기관은 눈이다.
② 피부에 대한 영향은 200~315nm가 다소 강하게 작용한다.
③ 위험정도는 광선의 강도와 파장, 노출기간, 노출된 신체부위에 따라 달라진다.
④ 200~400nm의 자외선 레이저광에서는 파장이 짧아질수록 눈에 대한 투과력이 감소한다.

> ② 피부에 대한 영향은 700nm~1mm가 다소 강하게 작용한다.

17 다음 중 광원으로부터의 밝기에 관한 설명으로 틀린 것은?

① 루멘은 1촉광의 광원으로부터 한 단위 입체각으로 나가는 광속의 단위이다.
② 밝기는 조사평면과 광원에 대한 수직평면이 이루는 각(cosine)에 비례한다.
③ 밝기는 광원으로부터의 거리 제곱에 반비례한다.
④ 1촉광은 4루멘으로 나타낼 수 있다.

> 1. 광도
> ① 광원으로부터 나오는 빛의 세기
> ② 단위
> • 칸델라(candela ; cd) : 101,325N/m² 압력 하에서 백금의 응고점 온도에 있는 흑체의 1m²인 평평한 표면에서 수직방향의 광도(밝기는 광원으로부터의 거리 제곱에 반비례한다)
> • 촉광(candle) : 지름이 1인치(2.54cm)되는 촛불이 수평방향으로 비칠 때 빛의 밝기
> • 1촉광 = 4π루멘

> 2. 광속
> ① 광원으로부터 나오는 빛의 속도
> ② 단위
> • 루멘(Lumen ; lm) : 1촉광의 광원으로부터 한 단위입체각으로 나가는 광속의 단위

18 유해광선 중 적외선의 생체작용으로 인하여 발생될 수 있는 장해와 가장 관계가 적은 것은?

① 안장해   ② 피부장해
③ 조혈장해 ④ 두부장해

★ 적외선의 인체영향	
피부장해	① 적외선의 피부투과성은 700~760nm파장 범위에서 가장 강하다. ② 근적외선은 급성 피부화상, 색소침착 등을 일으킨다.
안장해	① 1,400nm(14,000Å) 이상의 적외선은 각막손상을 일으킨다. ② 1,400nm(14,000Å) 이하의 적외선에 만성폭로되면 적외선 백내장을 일으킨다. ③ 적외선 백내장을 초자공, 대장공 백내장이라 한다.(초자공, 용광로의 근로자들과 대장공들에게 백내장이 수정체의 뒷부분에서 발병)
두부장해	장기간 조사 시 두통, 자극작용이 있으며, 강력한 적외선은 뇌막자극 증상(의식상실, 열사병)등을 유발할 수 있다.

정답 16 ② 17 ② 18 ③

19 다음 설명 중 ( ) 안에 알맞은 내용은?

> 생체를 이온화시키는 최소에너지를 방사선을 구분하는 에너지 경계선으로 한다. 따라서, ( ) 이상의 광자에너지를 가지는 경우를 이온화방사선이라 부른다.

① 1eV ② 12eV
③ 25eV ④ 50eV

> ✱ 광자에너지
> ① 생체를 이온화시키는 최소에너지를 방사선을 구분하는 에너지 경계선으로 한다.
> ② 전리방사선과 비전리방사선의 경계 에너지의 강도는 12eV이다.
> ③ 광자에너지(12eV) 이하의 에너지를 가지는 방사선을 비전리방사선(전자파)이라 하고, 광자에너지 이상의 에너지를 가지는 방사선을 전리방사선(이온화방사선)이라 한다.

20 다음 중 전리방사선에 대한 감수성이 가장 낮은 인체조직은?

① 골수 ② 생식선
③ 신경조직 ④ 임파조직

> ✱ 전리방사선에 대한 인체 내의 감수성 순서
> 골수, 임파선, 흉선 및 림프조직(조혈기관), 눈의 수정체 〉 피부 등 상피세포 〉 혈관 등 내피세포 〉 결합조직, 지방조직 〉 뼈, 근육조직 〉 폐 등 내장기관 〉 신경조직

> [암기법]
> 골인(임파선) 수상내 결지 뼈근육 폐내장 신경

21 다음 중 레이저(lasers)에 관한 설명으로 틀린 것은?

① 레이저광에 가장 민감한 표적기관은 눈이다.
② 레이저광은 출력이 대단히 강력하고 극히 좁은 파장범위를 갖기 때문에 쉽게 산란하지 않는다.
③ 레이저광 중 에너지의 양을 지속적으로 축적하여 강력한 파동을 발생시키는 것을 지속파라 한다.
④ 파장, 조사량 또는 시간 및 개인의 감수성에 따라 피부에 홍반, 수포형성, 색소침착 등이 생긴다.

> ✱ 레이저 광선의 종류
> ① 지속파
> ② 맥동파 : 레이저광 중 에너지의 양을 지속적으로 축적하여 강력한 파동을 발생시키는 것으로 지속파보다 장해정도가 크다.
> ③ Q-Switch파 : 에너지를 축적하여 강력한 맥동파를 발생하게 한 것

22 다음 중 일반적으로 인공조명 시 고려하여야 할 사항으로 가장 적절하지 않은 것은?

① 광색은 백색에 가깝게 한다.
② 가급적 간접조명이 되도록 한다.
③ 조도는 작업상 충분히 유지시킨다.
④ 조명도는 균등히 유지할 수 있어야 한다.

> ✱ 인공조명 시 고려하여야 할 사항
> ① 광색은 주광색에 가깝게 한다.
> ② 가급적 간접 조명이 되도록 한다.
> ③ 조도는 작업상 충분히 유지시킨다.
> ④ 조명도는 균등히 유지할 수 있어야 한다.
> ⑤ 경제적이며 취급이 용이해야 한다.
> ⑥ 폭발성 또는 발화성이 없으며 유해가스를 발생하지 않아야 한다.

정답 19 ② 20 ③ 21 ③ 22 ①

23 다음 중 비전리방사선으로만 나열한 것은?

① α선, β선, 레이저선, 자외선
② 적외선, 레이저, 마이크로파, α선
③ 마이크로파, 중성자, 레이저, 자외선
④ 자외선, 레이저, 마이크로파, 가시광선

* 비전리방사선의 종류
① 자외선(화학선) : 100~400nm
　　　　　　　　(1,000~4,000Å)
② 적외선(열선) : 750~1,200nm
　　　　　　　(7,500~12,000Å)
③ 마이크로파 : 1~300cm
④ 가시광선 : 400~760nm(4,000~7,600Å)
⑤ 레이저광선

* 참고
전리방사선(이온화 방사선)의 종류
① 전자기 방사선(X-Ray, γ선)
② 입자 방사선(α, β입자, 중성자)

24 다음 중 빛과 밝기의 단위에 관한 설명으로 틀린 것은?

① 반사율은 조도에 대한 휘도의 비로 표시한다.
② 광원으로부터 나오는 빛의 양을 광속이라고 하며 단위는 루멘을 사용한다.
③ 광원으로부터 나오는 빛의 세기를 광도라고 하며 단위는 칸델라를 사용한다.
④ 입사면의 단면적에 대한 광도의 비를 조도라 하며 단위는 촉광을 사용한다.

④ 입사면의 단면적에 대한 광도의 비를 조도라 하며 단위는 Lux를 사용한다.

* 참고
조도
단위 면적에 입사하는 빛의 세기(광량)을 말한다.

$$조도(Lux) = \frac{광도}{(거리)^2}$$

25 다음 중 전리방사선에 대한 감수성의 크기를 올바른 순서대로 나열한 것은?

㉠ 상피세포
㉡ 골수, 흉선 및 림프조직(조혈기관)
㉢ 근육세포
㉣ 신경조직

① ㉠ > ㉡ > ㉢ > ㉣　② ㉡ > ㉠ > ㉢ > ㉣
③ ㉠ > ㉣ > ㉡ > ㉢　④ ㉡ > ㉢ > ㉣ > ㉠

* 전리방사선에 대한 인체 내의 감수성 순서
골수, 임파선, 흉선 및 림프조직(조혈기관), 눈의 수정체 > 피부 등 상피세포 > 혈관 등 내피세포 > 결합조직, 지방조직 > 뼈, 근육조직 > 폐 등 내장기관 > 신경조직

[암기법]
골인(임파선) 수 상 내 결지 뼈근육 폐내장 신경

정답　23 ④　24 ④　25 ②

26 다음 중 마이크로파의 생체작용에 관한 설명으로 틀린 것은?

① 눈에 대한 작용 : 10~100MHz의 마이크로파는 백내장을 일으킨다.
② 혈액의 변화 : 백혈구 증가, 망상적혈구의 출현, 혈소판 감소 등을 보인다.
③ 생식기능에 미치는 영향 : 생식기능상의 장해를 유발할 가능성이 기록되고 있다.
④ 열작용 : 일반적으로 150MHz 이하의 마이크로파는 신체에 흡수되어도 감지되지 않는다.

★ 마이크로파의 인체영향(생물학적 작용)

10,000MHz	피부에 온감각을 준다.
10,000~1,000MHz (파장 : 3~10cm)	백내장을 일으킨다.
1,200~150MHz	내장조직 손상을 일으킨다.
300~1,200MHz	중추신경(대뇌 측두엽 표면부위)에 대한 작용이 민감하다.

27 다음 방사선의 단위 중 1Gy에 해당되는 것은?

① 10^2erg/g
② 0.1Ci
③ 1,000rem
④ 100rad

★ 흡수선량의 단위
① 래드(Rad)
 • 1rad : 피조사체 1g당 100erg의 에너지 흡수를 일으키는 방사선량을 말한다.
② Gy(Gray)
 • 1Gy = 100rad = 1J/kg

28 다음 중 단위시간에 일어나는 방사선 붕괴율을 나타내며, 초당 3.7×10^{10}개의 원자붕괴가 일어나는 방사능 물질의 양으로 정의되는 것은?

① R
② Ci
③ Gy
④ Sv

★ 큐리(Curie : Ci)
① 단위시간에 일어나는 방사선 붕괴율을 나타내며, 초당 3.7×10^{10}개의 원자붕괴가 일어나는 방사능물질의 양을 뜻한다.
② 1Ci = 3.7×10^{10}Bq

29 다음 중 인공조명에 가장 적당한 광색은?

① 노란색
② 주광색
③ 청색
④ 황색

★ 인공조명 시 고려하여야 할 사항
① 광색은 주광색에 가깝게 한다.
② 가급적 간접 조명이 되도록 한다.
③ 조도는 작업상 충분히 유지시킨다.
④ 조명도를 균등히 유지할 수 있어야 한다.
⑤ 경제적이며 취급이 용이해야 한다.
⑥ 폭발성 또는 발화성이 없으며 유해가스를 발생하지 않아야 한다.

정답 26 ① 27 ④ 28 ② 29 ②

30 다음 중 적외선 노출에 대한 대책으로 적절하지 않은 것은?

① 차폐에 의해서 노출강도를 줄이기는 어렵다.
② 적외선으로부터 피해를 막기 위해서는 노출강도를 제한해야 한다.
③ 적외선으로부터 장해를 막기 위해서는 노출시간을 제한해야 한다.
④ 장해는 주로 망막이기 때문에 적외선 발생원을 직접 보는 것을 피해야 한다.

> ① 적절한 보호구를 착용하여 적외선을 차폐하면 노출강도를 줄일 수 있다.

31 다음 중 전리방사선에 관한 설명으로 틀린 것은?

① β입자는 핵에서 방출되며 양전하로 하전되어 있다.
② 중성자는 하전되어 있지 않으며, 수소 동위원소를 제외한 모든 원자핵에 존재한다.
③ X선의 에너지는 파장에 역비례하여 에너지가 클수록 파장은 짧아진다.
④ α입자는 핵에서 방출되는 입자로서 헬륨원자의 핵과 같이 두 개의 양자와 두 개의 중성자로 구성되어 있다.

> ① β 입자는 방사성 원자핵이 내뿜는 전자의 흐름이다.

> ★참고
> γ선
> X-선과 동일한 특성을 가지는 전자파 전리방사선으로 원자의 핵에서 발생된다.

32 비전리방사선의 종류 중 옥외작업을 하면서 콜타르의 유도체, 벤조피렌, 안트라센 화합물과 상호작용하여 피부암을 유발시키는 것으로 알려진 비전리방사선은?

① γ선 ② 자외선
③ 적외선 ④ 마이크로파

> ★자외선의 인체영향(생물학적 작용)
> ① 화학선 : 눈과 피부 등에 화학변화를 일으킴
> ② 광화학적 반응 : 산소분자를 해리하여 오존을 생성
> ③ 피부작용
>   • 피부암, 피부 홍반 형성 및 색소 침착, 피부 비후를 일으킴
>   • 옥외작업을 하면서 콜타르의 유도체, 벤조피렌, 안트라센 화합물과 상호작용하여 피부암을 유발시킴
> ④ 눈에 대한 영향 : 결막염, 백내장, 급성 각막염 발생시킴
> ⑤ 비타민 D 생성
> ⑥ 살균작용
> ⑦ 전신 건강장해

정답 30 ① 31 ① 32 ②

33 다음 중 조명과 채광에 관한 설명으로 틀린 것은?

① 1m²당 1lumen의 빛이 비칠 때의 밝기를 1lux라고 한다.
② 사람의 밝기에 대한 감각은 방사되는 광속과 파장에 의해 결정된다.
③ 1lumen은 단위조도의 광원으로부터 입체각으로 나가는 광속의 단위이다.
④ 조명을 작업환경의 한 요인으로 볼 때 고려해야 할 중요한 사항은 조도와 조도의 분포, 눈부심과 휘도, 빛의 색이다.

> ③ 1루멘(Lumen; lm)은 1촉광의 광원으로부터 한 단위입체각으로 나가는 광속의 단위이다.

34 다음 중 방사선단위 'rem'에 대한 설명과 가장 거리가 먼 것은?

① 생체실효선량(dose-equivalent)이다.
② rem은 Rontgen Equivalent Man의 머리글자이다.
③ rem = rad × RBE(상대적 생물학적 효과)로 나타낸다.
④ 피조사체 1g에 100erg의 에너지를 흡수한다는 의미이다.

> ★ 렘(rem : Roentgen Equivalent Man)
> ① 1뢴트겐의 X선이 인체에 조사되었을 때 이것을 피폭한 사람의 선량당을 나타낸다.
> ② rem = rad × RBE(상대적 생물학적 효과)

> ★ 참고
> 1rad
> 피조사체 1g당 100erg의 에너지 흡수를 일으키는 방사선량을 말한다.

35 다음 중 파장이 가장 긴 것은?

① 자외선   ② 적외선
③ 가시광선 ④ X선

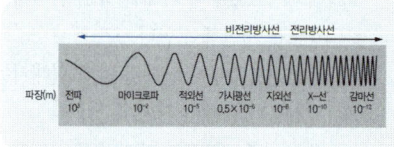

> ★ 참고
> 비전리방사선의 파장
> ① 자외선(화학선) : 100~400nm
>   (1,000~4,000Å)
> ② 적외선(열선) : 750~1,200nm
>   (7,500~120,000Å)
> ③ 마이크로파 : 1~300cm
> ④ 가시광선 : 400~760nm(4,000~7,600Å)

36 다음 중 비이온화 방사선의 파장별 건강영향으로 틀린 것은?

① UV-A : 315~400nm, 피부노화 촉진
② IR-B : 780~1,400nm, 백내장, 각막화상
③ UV-B : 280~315nm, 발진, 피부암, 광결막염
④ 가시광선 : 400~780nm, 광화학적이거나 열에 의한 각막손상, 피부화상

> ② IR-B : 1,400~3,000nm, 백내장, 각막화상

> ★ 참고
> 1. 자외선의 종류
>
> | 근자외선 (UV-A) | ① 파장 : 315(300)~400nm [3,150~4,000Å]
② 피부의 색소침착 |
> |---|---|

정답 33 ③ 34 ④ 35 ② 36 ②

도르노선 (UV-B)	① 파장 : 280(290) ~ 315(320)nm [2,800 ~ 3,150 Å] ② 소독작용, 비타민 D형성 등 인체에 유익한 영향(건강선, 생명선) ③ 홍반, 각막염, 피부암 유발
UV-C	① 파장 : 100 ~ 280nm [1,000 ~ 2,800 Å] ② 살균작용(살균효과가 있어 수술용 램프로 사용)

2. 적외선의 구분(국제조명위원회)
- IR-A : 700nm ~ 1,400nm
  ($0.7\mu m$ ~ $1.4\mu m$)
- IR-B : 1,400nm ~ 3,000nm
  ($1.4\mu m$ ~ $3\mu m$)
- IR-C : 3,000nm ~ 1mm
  ($3\mu m$ ~ $1,000\mu m$)

37 다음 중 작업장 내 조명방법에 관한 설명으로 틀린 것은?

① 나트륨등은 색을 식별하는 작업장에 가장 적합하다.
② 백열전구와 고압수은등을 적절히 혼합시켜 주광에 가까운 빛을 얻는다.
③ 천장, 마루, 기계, 벽 등의 반사율을 크게 하면 조도를 일정하게 얻을 수 있다.
④ 천장에 바둑판형 형광등의 배열은 음영을 약하게 할 수 있다.

> ① 나트륨등은 황색광이기 때문에 색을 식별하는 작업장에는 적합하지 않으며 교량·고속도로·일반도로·터널 내의 조명으로 사용된다.

38 다음 중 방사선량 중 노출선량에 관한 설명으로 가장 알맞은 것은?

① 조직의 단위질량당 노출되어 흡수된 에너지량이다.
② 방사선의 형태 및 에너지 수준에 따라 방사선 가중치를 부여한 선량이다.
③ 공기 1kg당 1쿨롱의 전하량을 갖는 이온을 생성하는 X선 또는 감마선량이다.
④ 인체 내 여러 조직으로의 영향을 합계하여 노출지수로 평가하기 위한 선량이다.

> *노출선량
> 공기 1kg당 1쿨롱의 전하량을 갖는 이온을 생성하는 X선 또는 감마선량

39 빛의 단위 중 광도(luminance)의 단위에 해당하지 않는 것은?

① lumen/m^2 ② lambert
③ nit   ④ cd/m^2

> *조도의 단위
> 1lumen/m^2 = Lux

> *참고
> 광속발산도(휘도 : luminance)
> ① 광속발산도 : 단위 표면적에서 발산 또는 반사되는 빛의 양
> ② 단위
> - 램버트(Lambert) : 평면 1ft^2(1cm^2)에서 1Lumen의 빛을 발하거나 반사시킬 때의 밝기(1Lambert = 3.18candle/m^2)
> - 니트(Nit) : 1nt = 1cd/m^2

40 광학방사선에서 사용되는 측정량과 단위의 연결로 틀린 것은?

① 방사속 - W
② 광속 - lm(루멘)
③ 휘도 - cd/m²
④ 조도 - cd(칸델라)

- 조도 – Lux, fc
- 광도 – cd, 촉광

*참고
조도의 단위
① fc(foot-candle)
- 1촉광의 점광원으로부터 1foot 떨어진 곡면에 비추는 광밀도
- 1루멘의 빛이 1ft²의 평면상에 수직방향으로 비칠 때 그 평면의 빛의 양을 말한다.(1lumen/ft²)
- 1fc = 10lux
② lux(meter-candle)
- 1촉광의 점광원으로부터 1m 떨어진 곡면에 비추는 광밀도
- 1루멘의 빛이 1m²의 평면상에 수직방향으로 비칠 때의 빛의 양을 말한다.(1lumen/m²)

41 다음 중 마이크로파에 관한 설명으로 틀린 것은?

① 주파수 범위는 10 ~ 30,000MHz 정도이다.
② 혈액의 변화로는 백혈구의 감소, 혈소판의 증가 등이 나타난다.
③ 백내장을 일으킬 수 있으며, 이것은 조직온도의 상승과 관계가 있다.
④ 중추신경에 대하여는 300 ~ 1,200MHz의 주파수 범위에서 가장 민감하다.

② 혈액의 변화로는 백혈구의 증가, 망상적혈구의 출현, 혈소판의 감소 등이 나타난다.

42 다음 중 전리방사선의 흡수선량이 생체에 영향을 주는 정도를 표시하는 선당량(생체 실효선량)의 단위는?

① R
② Ci
③ Sv
④ Gy

*선당량(생체실효선량)의 단위
① 렘(rem : Roentgen Equivalent Man)
- 1뢴트겐의 X선이 인체에 조사되었을 때 이것을 피폭한 사람의 선당량을 나타낸다.
- rem = rad × RBE(상대적 생물학적 효과)
② Sv(Sievert)
- 인체가 흡수한 방사선 때문에 일어나는 영향 정도를 수치화한 단위를 말한다.
- 1Sv = 100rem

43 다음 중 조명부족과 관련한 질환으로 옳은 것은?

① 백내장
② 망막변성
③ 녹내장
④ 안구진탕증

① 안구진탕증은 조명부족으로 발생할 수 있다.
② 망막변성은 염증성 질환으로 조명부족에 의한 영향이 적다.

44 전리방사선이 인체에 조사되면 다음과 같은 생체 구성성분에 손상을 일으키게 되는데, 그 손상이 일어나는 순서를 올바르게 나열한 것은?

> ㉠ 발암 현상
> ㉡ 세포수준의 손상
> ㉢ 조직 및 기관 수준의 손상
> ㉣ 분자수준에서의 손상

① ㉣ → ㉡ → ㉢ → ㉠
② ㉣ → ㉢ → ㉡ → ㉠
③ ㉡ → ㉣ → ㉢ → ㉠
④ ㉡ → ㉢ → ㉣ → ㉠

> ★ 전리방사선에 의한 생체성분의 손상이 일어나는 순서
> 분자수준에서의 손상 > 세포수준의 손상 > 조직, 기관의 손상 > 발암현상

45 다음 중 방사선의 단위환산이 잘못 연결된 것은?

① 1rad = 0.1Gy
② 1rem = 0.01Sv
③ 1rad = 100erg/g
④ 1Bq = $2.7 \times 10^{-11} C_i$

> • 1rad = 0.01Gy(1Gy = 100rad)
>   = 0.01J/kg = 100erg/g
> • 1rem = 0.01Sv
> • 1Bq = $2.7 \times 10^{-11} C_i$ (Ci = 3.7×10^{10} Bq)

46 다음 중 전리방사선이 아닌 것은?

① γ 선
② 중성자
③ 레이저
④ β 선

> ★ 전리방사선(이온화 방사선)의 종류
> ① 전자기 방사선(X-Ray, γ 선)
> ② 입자 방사선(α, β 입자, 중성자)

47 다음 중 광원으로부터의 밝기에 관한 설명으로 틀린 것은?

① 촉광에 반비례한다.
② 거리의 제곱에 반비례한다.
③ 조사평면과 수직평면이 이루는 각에 반비례한다.
④ 색깔의 감각과 평면상의 반사율에 따라 밝기가 달라진다.

> ① 촉광(광도)에 비례한다.

> ★ 참고
> 조도(Lux) = $\dfrac{광도}{(거리)^2}$

48 다음 중 피부에 강한 특이적 홍반작용과 색소 침착, 피부암 발생 등의 장해를 모두 일으키는 것은?

① 가시광선   ② 적외선
③ 마이크로파   ④ 자외선

> ★ 자외선의 인체영향(생물학적 작용)
> ① 화학선 : 눈과 피부 등에 화학변화를 일으킴
> ② 광화학적 반응 : 산소분자를 해리하여 오존을 생성
> ③ 피부작용
> • 피부암, 피부 홍반 형성 및 색소 침착, 피부 비후를 일으킴
> • 옥외작업을 하면서 콜타르의 유도체, 벤조피렌, 안트라센 화합물과 상호작용하여 피부암을 유발시킴
> ④ 눈에 대한 영향 : 결막염, 백내장, 급성 각막염 발생시킴
> ⑤ 비타민 D 생성
> ⑥ 살균작용
> ⑦ 전신 건강장해

49 다음 중 비전리방사선이며, 건강선(健康線)이라고 불리는 광선의 파장으로 가장 알맞은 것은?

① 50~200nm   ② 280~320nm
③ 380~760nm   ④ 780~1,000nm

> ★ 자외선의 종류
>
> | | |
> |---|---|
> | 근자외선 (UV-A) | ① 파장 : 315(300)~400nm [3,150~4,000Å] ② 피부의 색소침착 |
> | 도르노선 (UV-B) | ① 파장 : 280(290)~315(320)nm [2,800~3,150Å] ② 소독작용, 비타민 D형성 등 인체에 유익한 영향(건강선, 생명선) ③ 홍반 각막염, 피부암 유발 |
> | UV-C | ① 파장 : 100~280nm [1,000~2,800Å] ② 살균작용(살균효과가 있어 수술용 램프로 사용) |

정답 48 ④ 49 ②

산업위생관리기사 필기

05

제5과목 산업독성학

CHAPTER 01 입자상 물질
CHAPTER 02 유해화학물질
CHAPTER 03 중금속
CHAPTER 04 인체구조 및 대사

CHAPTER 01 입자상 물질

01 입자상 물질의 종류, 발생, 성질

1 입자상 물질의 정의

공기 중에 부유하고 있는 고체 또는 액체의 미립자를 입자상 물질이라 한다.

2 입자상 물질의 종류 및 특성

(1) 입자상 물질의 종류 및 정의 ★

흄 (fume)	금속의 증기가 공기 중에서 응고되어 화학변화(산화)를 일으켜 만들어진 고체의 미립자(금속산화물)
미스트 (mist)	공기 중에 부유, 비산되는 액체 미립자를 말하며 입자의 크기는 보통 100μm 이하이다.
먼지 (dust)	입자의 크기는 1~100μm 정도의 고체의 미립자가 공기 중에 부유하고 있는 것
연기 (smoke)	유해물질이 연소 시에 불완전 연소의 결과로 생기는 미립자로 액체나 고체의 2가지 상태로 존재할 수 있다.(크기는 0.01~1.0μm 정도)
안개 (fog)	증기가 응축되어 생성된 액체 입자로 크기는 1~10μm 정도이다.
스모그 (smog)	smoke(연기)와 fog(안개)가 결합된 상태
에어로졸 (aerosol)	유기물의 불완전 연소에 의한 액체와 고체의 미세한 입자가 공기 중에 부유되어 있는 혼합체
섬유 (fiber)	길이가 5μm 이상이고 길이 대 너비의 비가 3 : 1 이상인 가늘고 긴 먼지로 석면섬유, 식물섬유, 유리섬유, 암면 등이 있다.
검댕 (soot)	탄소함유 물질의 불완전연소로 생성된 탄소입자의 응집체

한 눈에 들어오는 키워드

기출
증기
상온, 상압에서 액체 또는 고체(임계온도가 25℃ 이상) 물질이 증기압에 따라 휘발 또는 승화하여 기체상태로 된 것

(2) 흄(fume)의 발생기전 3단계 ★★

1단계 금속의 증기화	금속이 녹는 점 이상의 열에너지를 받아 공기 중으로 증기화된다.
2단계 증기물의 산화	금속증기는 공기 중의 산소에 의해 산화물을 형성한다.
3단계 산화물의 응축	온도차에 따라 냉각, 응축되면서 다시 고체인 금속입자가 된다.

(3) ACGIH의 입자상 물질의 분류 ★★★

"호흡성 분진"이라 함은 호흡기를 통하여 폐포에 축적될 수 있는 크기의 분진을 말하며, 침착되는 부위 및 먼지입경에 따라 다음과 같이 분류할 수 있다.

1) 흡입성 분진(IPM : Inspirable Particulates Mass).

  ① 호흡기 어느 부위에 침착하더라도 독성을 나타내는 분진
  ② 주로 비강, 인·후두, 기관 등 호흡기의 기도(상기도) 부위에 침착되어 독성을 나타내는 물질
  ③ 평균입경 : $100\mu m$(입경범위 : $0 \sim 100\mu m$)

2) 흉곽성 분진(TPM : Thoracic Particulates Mass)

  ① 기관지, 세기관지 등 하기도 및 가스교환부위(폐포)에 침착되어 독성을 나타내는 물질
  ② 평균 입경 : $10\mu m$

3) 호흡성 분진(RPM : Respirable Particulates Mass)

  ① 가스교환 부위(폐포)에 침착하여 독성을 나타내는 물질
  ② 평균 입경 : $4\mu m$(공기 역학적 직경이 $10\mu m$ 미만)

한 눈에 들어오는 키워드

참고
호흡기계의 구조
호흡기계 = 상기도 + 하기도 + 폐

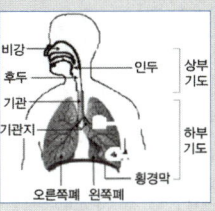

기출
산업안전보건법령상 기타 분진의 산화규소 결정체 함유율과 노출기준
기타 분진(산화규소 결정체 1% 이하)의 노출기준 : $10mg/m^3$

한눈에 들어오는 키워드

암기 ★★

입자상 물질의 호흡기계 축적기전
(호흡기 침착 매커니즘)
① 충돌(관성충돌)
② 침전(중력침강)
　(sedimentation)
③ 차단(interception)
④ 확산(diffusion)
⑤ 정전기침강

기출

차단, 간섭 기전에 영향을 미치는 요소
① 입자크기
② 여과지의 공경(막여과지)
③ 여과지의 고형분(solidity)

침강속도가 0.001cm/sec 이하인 경우 중력침강보다 확산에 의한 침착이 일어난다.

02 인체영향

1 인체 내 축적 및 제거

(1) 입자상 물질의 호흡기계 축적기전(호흡기 침착 매커니즘) ★★

1) 충돌(관성충돌, Inertial Impaction)

공기흐름의 방향이 바뀌는 경우 입자의 관성 때문에 원래방향대로 이동하다가 흐름이 바뀌는 지점에서 부딪치며 충돌에 의해 침착된다. (5 ~ 30μm 크기의 입자)

2) 침전(중력침강, Sedimentation)

기관지 등 폐의 심층부에서는 공기흐름이 느려지며 이 때 입자는 중력에 의해 낙하하여 축적된다. (1 ~ 5μm 크기의 입자)

3) (직접)차단(간섭, interception)

길이가 긴 입자가 호흡기계로 들어오면 그 입자의 가장자리가 기도의 표면을 스치게 됨으로써 침착되는 현상

4) 확산(diffusion)

미세입자의 무질서한 운동(브라운 운동)에 의해 기체분자와 충돌하며 침착되는 현상으로 전 호흡기계 내에서 일어난다. (1μm 이하의 미세입자)

5) 정전기침강

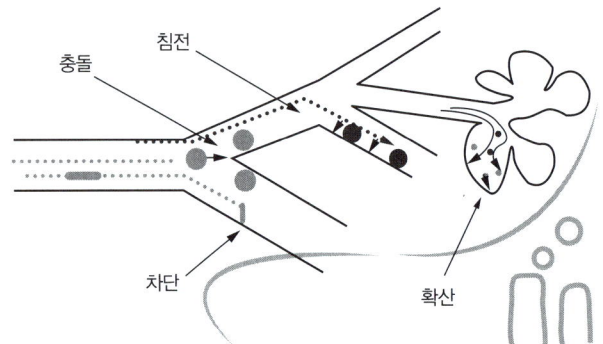

(2) 입자 크기에 따른 침착현상 ★

① 1(0.5)μm 이하 입자 : 확산현상에 의해 침착된다.
② 1 ~ 5(8)μm 입자 : 침강(침전)현상에 의해 침착된다.
③ 5 ~ 30μm 입자 : 관성충돌에 의해 침착된다.

2 입자상 물질의 노출기준

(1) 노출기준의 종류 및 정의 ★★★

"노출기준"이란 근로자가 유해인자에 노출되는 경우 노출기준 이하 수준에서는 거의 모든 근로자에게 건강상 나쁜 영향을 미치지 아니하는 기준을 말하며, 1일 작업시간 동안의 시간가중평균노출기준(Time Weighted Average, TWA), 단시간노출기준(Short Term Exposure Limit, STEL) 또는 최고노출기준(Ceiling, C)으로 표시한다.

1) 시간가중평균노출기준(TWA)

① 1일 8시간 및 1주일 40시간 동안의 평균 농도로서, 모든 근로자가 나쁜 영향을 받지 않고 노출될 수 있는 농도이다.
② 1일 8시간 작업을 기준으로 하여 유해인자의 측정치에 발생시간을 곱하여 8시간으로 나눈 값을 말하며, 다음 식에 따라 산출한다.

$$TWA 환산값 = \frac{C_1 \cdot T_1 + C_2 \cdot T_2 + \cdots + C_n \cdot T_n}{8}$$

C : 유해인자의 측정치(단위 : ppm, mg/m³ 또는 개/cm³)
T : 유해인자의 발생시간(단위 : 시간)

[예제 1]
어떤 물질에 대한 작업환경을 측정한 결과 다음과 같은 TWA 결과 값을 얻었다. 환산된 TWA는 약 얼마인가?

농도(ppm)	100	150	250	300
발생시간(분)	120	240	60	60

해설

$$TWA 환산값 = \frac{(100 \times \frac{120}{60}) + (150 \times \frac{240}{60}) + (250 \times \frac{60}{60}) + (300 \times \frac{60}{60})}{8} = 168.75(ppm)$$

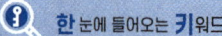

2) 단시간노출기준(STEL)

① 15분간의 시간가중평균노출 값(근로자가 1회에 15분간 유해인자에 노출되는 경우의 기준)을 말한다.
② 노출농도가 시간가중평균노출기준(TWA)을 초과하고 단시간노출기준(STEL) 이하인 경우에는 1회 노출 지속시간이 15분 미만이어야 하고, 이러한 상태가 1일 4회 이하로 발생하여야 하며, 각 노출의 간격은 60분 이상이어야 한다.

> **비교**
>
> ✿ **ACGIH의 허용농도 상한치(TLV-Excursion, Excursion Limits) ★★**
> - 독성자료가 부족하여 TLV-STEL이 설정되어 있지 않은 물질에 대해서 TLV-TWA외에 적절한 단시간 상한치를 적용하고 있다.
> - TLV-TWA 농도의 3배인 경우 30분 이하, 5배인 경우 잠시라도 노출되어서는 안 되도록 규정하고 있다.

3) 최고노출기준(C)

① 근로자가 1일 작업시간 동안 잠시라도 노출되어서는 아니 되는 기준을 말한다.
② 노출기준 앞에 "C"를 붙여 표시한다.

(2) 노출기준 사용상의 유의사항 ★★

① 각 유해인자의 노출기준은 해당 유해인자가 단독으로 존재하는 경우의 노출기준을 말하며, 2종 또는 그 이상의 유해인자가 혼재하는 경우에는 각 유해인자의 상가작용으로 유해성이 증가할 수 있으므로 산출하는 노출기준을 사용하여야 한다.
② 노출기준은 1일 8시간 작업을 기준으로 하여 제정된 것으로 이를 이용할 경우에는 근로시간, 작업의 강도, 온열조건, 이상기압 등이 노출기준 적용에 영향을 미칠 수 있으므로 이와 같은 제반요인을 특별히 고려하여야 한다.
③ 유해인자에 대한 감수성은 개인에 따라 차이가 있고, 노출기준 이하의 작업환경에서도 직업성 질병에 이환되는 경우가 있으므로 노출기준은 직업병진단에 사용하거나 노출기준 이하의 작업환경이라는 이유만으로 직업성 질병의 이환을 부정하는 근거 또는 반증자료로 사용하여서는 아니 된다.
④ 노출기준은 대기오염의 평가 또는 관리상의 지표로 사용하여서는 아니 된다.

> **비교**
>
> ❈ **ACGIH(미국정부산업위생전문가 협의회)의 허용 농도(TLV) 적용상 주의 사항 ★★★**
>
> - 대기오염평가 및 지표(관리)에 적용할 수 없다.
> - 24시간 노출 또는 정상 작업시간을 초과한 노출에 대한 독성 평가에는 적용할 수 없다.
> - 기존의 질병이나 신체적 조건을 판단(증명 또는 반응자료)하기 위한 척도로 사용될 수 없다.
> - 작업조건이 다른 나라에서 ACGIH-TLV를 그대로 사용할 수 없다.
> - 안전농도와 위험농도를 정확히 구분하는 경계선이 아니다.
> - 독성의 강도를 비교할 수 있는 지표는 아니다.
> - 반드시 산업보건(위생) 전문가에 의하여 설명(해석), 적용되어야 한다.
> - 피부로 흡수되는 양은 고려하지 않은 기준이다.
> - 산업장의 유해조건을 평가하기 위한 지침이며 건강장해를 예방하기 위한 지침이다.

3 입자상 물질에 의한 건강장해

(1) 유해분진의 종류

① 진폐성 분진(진폐증을 일으키는 분진) : 유리규산(SiO_2), 석면, 활석, 흑연 등
② 알레르기성 분진 : 꽃가루, 털, 나무가루 등
③ 중독성 분진 : 납, 수은, 카드뮴 등
④ 자극성 분진 : 산, 알칼리, 크롬산 등
⑤ 불활성 분진 : 석회석, 시멘트, 석탄 등
⑥ 유기성 분진 : 목분진, 면, 밀가루
⑦ 발암성 분진 : 석면, 니켈카보닐, 아민계 색소 등

(2) 분진에 의한 건강장해

① 털, 나무가루, 꽃가루 등의 유기분진은 알레르기성 천식, 피부병 등을 유발한다.
② 5μm 이하의 미세한 분진은 폐에 흡인되어 섬유증식, 결절형성 등을 유발한다.
③ 석영(유리규산), 석면, 흑연 등은 폐에서의 산소섭취능력을 방해하고 폐결핵을 유발한다.
④ 2~5μm 크기의 유리규산(석영) 분진은 규폐성 결절과 폐포벽 파괴 등 망상 내피계 반응을 일으킨다.
⑤ 석탄, 석회석, 시멘트 등은 많은 양을 흡입하지 않으면 유해작용을 일으키지 않는 불활성 분진이다.

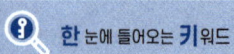

4 진폐증

(1) 진폐증

① 흡인된 분진이 폐 조직에 축적되어 병적인 변화(폐조직의 섬유화(굳어짐)로 산소교환이 정상적으로 이루어지지 않음)를 일으키는 질환을 총칭하여 진폐증이라 한다.
② 섬유증이란 폐포, 폐포관, 모세기관지 등을 이루고 있는 세포들 사이에 콜라겐 섬유가 증식하는 현상을 말한다.
③ 진폐증을 가장 잘 일으킬 수 있는 섬유성 분진의 크기는 길이가 5~8㎛보다 길고, 두께가 0.25~1.5㎛보다 얇은 것이다.

(2) 진폐증의 분류

1) 분진 종류에 따른 분류 ★

무기성(광물성)분진에 의한 진폐증	유기성 분진에 의한 진폐증
• 규폐증 • 규조토폐증 • 탄소폐증 • 탄광부 진폐증 • 용접공폐증 • 석면폐증 • 베릴륨폐증 • 활석폐증 • 흑연폐증 • 주석폐증 • 칼륨폐증 • 바륨폐증 • 철폐증	• 농부폐증 • 연초폐증 • 면폐증 • 설탕폐증 • 목재분진폐증 • 모발분진폐증 **암기법** **연초** 핀 **농부**의 **모발**에서 **설탕** 나오면 **면**(면폐증) **목**(목재분진폐증) 없다.

2) 조직 반응에 따른 분류(병리적 변화)

교원성 진폐증	비교원성 진폐증
• 폐포 조직의 비가역적 변화가 일어난다. • 교원성 간질반응이 심하다. • 규폐증, 석면폐증, 탄광부진폐증 등이 있다.	• 분진에 의한 조직반응은 가역적이다. • 폐조직이 정상이며 간질반응이 경미하다. • 망상섬유로 구성되어 있다. • 용접공폐증, 주석폐증, 바륨폐증, 칼륨폐증 등이 있다.

(3) 진폐증 발생요인(관여인자)

① 분진 농도
② 분진 크기
③ 분진 노출기간

(4) 진폐증의 종류 및 특징

1) 규폐증(silicosis) ★

① 이산화규소(SiO_2, 유리규산, 석영) 분진의 흡입으로 폐조직에 섬유화가 나타나는 진폐증을 말한다.
② 이집트의 미라에서도 발견되는 오랜 질병이며, 건축업, 도자기 작업장, 채석장, 석재공장 등의 작업장에서 근무하는 근로자에게 발생한다.
③ 합병증으로 폐암, 폐결핵(규폐결핵증)을 일으키며 폐하엽 부위에 많이 생긴다.

2) 석면폐증(Asbestosis) ★

① 석면을 취급하는 작업자에게 발생되는 진폐증을 말한다.
② 폐암, 악성중피종, 늑막암 등을 일으킨다.
③ 길이가 5~8μm보다 길고, 두께가 0.25~1.5μm보다 얇은 석면이 석면폐증을 잘 일으킨다.

3) 석탄폐증

광부에게 잘 발생되며 규소작용 없이 석탄분진에 의해 생기는 진폐증으로 다른 진폐증보다 증상이 약하다.

4) 농부폐증

① 건초사업장에서 잘 발생된다.
② 체내 반응보다는 직접적인 알레르기 반응을 일으키며 특히 호열성 방선균류의 과민증상이 많이 발생한다.

(5) 진폐증의 독성 병리기전 ★

① 진폐증의 대표적인 병리소견은 섬유증(fibrosis)이다.
② 섬유증이 동반되는 진폐증의 원인물질로는 석면, 알루미늄, 베릴륨, 석탄분진, 실리카 등이 있다.
③ 폐포 대식세포는 분진탐식 과정에서 활성산소유리기에 의한 섬유모세포의 증식을 유도한다.
④ 콜라겐 섬유가 증식하면 폐의 탄력성이 떨어져 호흡곤란, 지속적인 기침, 폐기능 저하를 가져온다.

> 기출
> 석면
> 길이가 5㎛보다 크고, 길이 대 너비의 비가 3 : 1 이상인 섬유를 말한다.

5 석면에 의한 건강장해

(1) 석면의 종류 실기 기출 ★

석면 종류	화학식
백석면(크리소타일) : 사문석계	$3MgO_2SiO_2 2H_2O$
청석면(크로시돌라이트) : 각섬석계	$Na_2Fe(SiO_3)_2FeSiO_3H_2O$
갈석면(아모사이트) : 각섬석계	$(FeMg)SiO_3$
트레모라이트 – 석면	$Ca_2Mg_5Si_8O_{22}(HO)_2$
악티노라이트 – 석면	$CaO_3(MgFe)O_4SiO_2$
안소필라이트 – 석면	$(Mg, Fe)_7Si_8O_{22}(OH)_2$

(2) 석면으로 인한 건강장해

① 석면 중 건강에 가장 치명적인 영향을 미치는 것(발암성이 가장 강하다)은 청석면(크로시돌라이트 : crocidolite)이다.
  • 인체에 해로운 순서 : 청석면 > 갈석면 > 백석면
② 석면폐증, 폐암, 악성중피종 등을 유발한다. ★

(3) 기관석면조사대상 ★★

① 건축물(주택은 제외)의 연면적 합계가 50제곱미터 이상이면서, 그 건축물의 철거·해체하려는 부분의 면적 합계가 50제곱미터 이상인 경우
② 주택(부속건축물을 포함한다)의 연면적 합계가 200제곱미터 이상이면서, 그 주택의 철거·해체하려는 부분의 면적 합계가 200제곱미터 이상인 경우
③ 설비의 철거·해체하려는 부분에 다음 각 목의 어느 하나에 해당하는 자재(물질을 포함한다)를 사용한 면적의 합이 15제곱미터 이상 또는 그 부피의 합이 1세제곱미터 이상인 경우
  - 단열재
  - 보온재
  - 분무재
  - 내화피복재(耐火被覆材)
  - 개스킷(Gasket : 누설방지재)
  - 패킹재(Packing material : 틈박이재)
  - 실링재(Sealing material : 액상 메움재)
  - 그 밖에 가목부터 사목까지의 자재와 유사한 용도로 사용되는 자재로서 고용노동부장관이 정하여 고시하는 자재
④ 파이프 길이의 합이 80미터 이상이면서, 그 파이프의 철거·해체하려는 부분의 보온재로 사용된 길이의 합이 80미터 이상인 경우

(4) 석면조사 제외 대상

① 건축물이나 설비의 철거·해체 부분에 사용된 자재가 설계도서, 자재 이력 등 관련 자료를 통해 석면을 함유하고 있지 않음이 명백하다고 인정되는 경우
② 건축물이나 설비의 철거·해체 부분에 석면이 1퍼센트(무게 퍼센트) 초과하여 함유된 자재를 사용하였음이 명백하다고 인정되는 경우

(5) 석면조사방법 및 판정방법

1) 석면조사방법

① 건축도면, 설비제작도면 또는 사용자재의 이력 등을 통하여 석면 함유 여부에 대한 예비조사를 할 것

참고

석면해체·제거업자를 통한 석면해체·제거 대상 ★
1. 철거·해체하려는 벽체재료, 바닥재, 천장재 및 지붕재 등의 자재에 석면이 중량비율 1퍼센트가 넘게 함유되어 있고 그 자재의 면적의 합이 50제곱미터 이상인 경우
2. 석면이 중량비율 1퍼센트가 넘게 포함된 분무재 또는 내화피복재를 사용한 경우
3. 석면이 중량비율 1퍼센트가 넘게 포함된 자재의 면적의 합이 15제곱미터 이상 또는 그 부피의 합이 1세제곱미터 이상인 경우
4. 파이프에 사용된 보온재에서 석면이 중량비율 1퍼센트가 넘게 포함되어 있고 그 보온재 길이의 합이 80미터 이상인 경우

② 건축물이나 설비의 해체 · 제거할 자재 등에 대하여 성질과 상태가 다른 부분들을 각각 구분할 것
③ 시료채취는 구분된 부분들 각각에 대하여 그 크기를 고려하여 채취 수를 달리하여 조사를 할 것

2) 판정방법 ★

구분된 부분들 각각에서 크기를 고려하여 1개만 고형시료를 채취 · 분석하는 경우에는 그 1개의 결과를 기준으로 해당 부분의 석면 함유 여부를 판정하여야 하며, 2개 이상의 고형시료를 채취 · 분석하는 경우에는 석면함유율이 가장 높은 결과를 기준으로 해당 부분의 석면 함유 여부를 판정하여야 한다.

(6) 석면농도의 측정방법

① 석면해체 · 제거작업장 내의 작업이 완료된 상태를 확인한 후 공기가 건조한 상태에서 측정할 것
② 작업장 내에 침전된 분진을 비산(飛散)시킨 후 측정할 것
③ 시료채취기를 작업이 이루어진 장소에 고정하여 공기 중 입자상 물질을 채취하는 지역 시료채취방법으로 측정할 것

(7) 석면의 제조 · 사용 작업, 해체 · 제거 작업 및 유지 · 관리의 조치기준

① 사업주는 석면 해체 · 제거작업에 근로자를 종사하도록 하는 경우에 다음 각 호의 개인보호구를 지급하여 착용하도록 하여야 한다.
- 방진마스크(특급만 해당)나 송기마스크 또는 전동식 호흡보호구(다만, 분무된 석면이나 석면이 함유된 보온재 또는 내화피복재의 해체 · 제거작업에 종사하는 경우에는 송기마스크 또는 전동식 호흡보호구를 지급하여 착용)
- 고글(Goggles)형 보호안경(근로자의 눈 부분이 노출될 경우에만 지급)
- 신체를 감싸는 보호복과 보호신발

② 석면 해체 · 제거작업 계획 수립
- 사업주는 석면해체 · 제거작업을 하기 전에 일반석면조사 또는 기관석면조사 결과를 확인한 후 다음 각 호의 사항이 포함된 석면해체 · 제거작업 계획을 수립하고, 이에 따라 작업을 수행하여야 한다.

석면 해체·제거작업 계획 수립에 포함하여야 할 사항 실기 기출 ★
• 석면 해체·제거작업의 절차와 방법 • 석면 흩날림 방지 및 폐기방법 • 근로자 보호조치

- 사업주는 석면해체·제거작업 계획을 수립한 경우에 이를 해당 근로자에게 알려야 하며, 작업장에 대한 석면조사 방법 및 종료일자, 석면조사 결과의 요지를 해당 근로자가 보기 쉬운 장소에 게시하여야 한다.

6 인체 방어기전

(1) 인체 내의 방어기전 ★

먼지가 호흡기계로 들어올 때 인체가 가지고 있는 방어기전을 말한다.

1) 점액 섬모운동(기관지)

① **기도와 기관지에 침착된 먼지는 점액 섬모운동과 같은 방어작용에 의해 정화**된다.(가장 기초적인 방어기전)
② 정화작용을 방해하는 물질
 - 카드뮴(Cd)
 - 니켈(Ni)
 - 황화합물

2) 대식세포 작용(폐포) ★

① **대식세포**는 **면역담당세포**로서 세균, 이물질 등을 포식, 소화하는 역할을 한다.
② 대식세포가 방출하는 효소의 용해작용으로 제거한다.
③ 대식세포는 수명이 다한 후 사멸하고 다시 새로운 대식세포가 먼지를 포위하는 과정이 계속적으로 일어난다.
④ 폐에 침착된 먼지는 대식세포에 의하여 포위되어, 포위된 먼지의 일부는 미세 기관지로 운반되고 점액섬모운동에 의하여 정화된다.

CHAPTER 01 단원 예상문제

01 단시간노출기준(STEL)은 근로자에 1회에 얼마동안 유해인자에 노출되는 경우의 기준을 말하는가?

① 5분 ② 10분
③ 15분 ④ 30분

> ★ 단시간노출기준(STEL)
> ① 15분간의 시간가중평균노출 값(근로자가 1회에 15분간 유해인자에 노출되는 경우의 기준)
> ② 노출농도가 시간가중평균노출기준(TWA)을 초과하고 단시간노출기준(STEL) 이하인 경우에는 1회 노출 지속시간이 15분 미만이어야 하고, 이러한 상태가 1일 4회 이하로 발생하여야 하며, 각 노출의 간격은 60분 이상이어야 한다.

02 다음 중 진폐증의 독성병리 기전을 설명한 것으로 틀린 것은?

① 폐포 탐식세포는 분진탐식과정에서 활성산소 유리기에 의한 폐포 상피세포의 증식을 유도한다.
② 진폐증의 대표적인 병리소견은 섬유증(fibrosis)이다.
③ 콜라겐 섬유가 증식하면 폐의 탄력성이 떨어져 호흡곤란, 지속적인 기침, 폐기능 저하를 가져온다.
④ 섬유증이 동반되는 진폐증의 원인물질로는 석면, 알루미늄, 베릴륨, 석탄분진, 실리카 등이 있다.

> ① 폐포 대식세포는 분진탐식 과정에서 활성산소 유리기에 의한 섬유 모세포의 증식을 유도한다.

03 공기 중 입자상 물질의 호흡기계 축적기전에 해당하지 않는 것은?

① 교환 ② 충돌
③ 침전 ④ 확산

> ★ 입자상 물질의 호흡기계 축적기전(호흡기 침착 매커니즘)
> ① 충돌(관성충돌)
> ② 침전(중력침강)(sedimentation)
> ③ 차단(interception)
> ④ 확산(diffusion)
> ⑤ 정전기침강

04 입자상 물질의 하나인 흄(fume)의 발생기전 3단계에 해당하지 않는 것은?

① 입자화 ② 증기화
③ 산화 ④ 응축

> ★ 흄(fume)의 발생기전 3단계
> ① 1단계 : 금속의 증기화
> 금속이 녹는 점 이상의 열에너지를 받아 공기 중으로 증기화된다.
> ② 2단계 : 증기물의 산화
> 금속증기는 공기 중의 산소에 의해 산화물을 형성한다.
> ③ 3단계 : 산화물의 응축
> 온도차에 따라 냉각, 응축되면서 다시 고체인 금속입자가 된다.

정답 01 ③ 02 ① 03 ① 04 ①

05 폐의 미세기관지나 폐포에서는 분진의 운동속도가 낮아 기관지 침착기전 중 중력침강이나 확산이 중요한 역할을 한다. 침강속도가 얼마 이하인 경우 중력침강보다 확산에 의한 침착이 더 중요한 역할을 하는가?

① 1cm/sec ② 0.1cm/sec
③ 0.01cm/sec ④ 0.001cm/sec

> 침강속도가 0.001cm/sec 이하인 경우 중력침강보다 확산에 의한 침착이 일어난다.

06 다음 중 석면발생 예방대책으로 적절하지 않은 것은?

① 석면 등을 사용하는 작업은 가능한 한 습식으로 하도록 한다.
② 석면을 사용하는 작업장이나 공정 등은 격리시켜 근로자의 노출을 막는다.
③ 근로자가 상시 접근할 필요가 없는 석면취급 설비는 밀폐실에 넣어 양압을 유지한다.
④ 공정상 기기의 밀폐가 곤란한 경우, 적절한 형식과 기능을 갖춘 국소배기장치를 설치한다.

> - 석면을 사용하는 설비 중 근로자가 상시 접근할 필요가 없는 설비는 밀폐된 장소에 설치하여야 한다.
> - 밀폐된 실내에 설치된 설비를 점검할 필요가 있는 경우에는 투명유리를 설치하는 등 실외에서 점검할 수 있는 구조로 하여야 한다.

07 다음 중 석면 및 내화성 세라믹 섬유의 노출기준 표시단위로 옳은 것은?

① ppm ② 개/cm^3
③ % ④ mg/m^3

> 석면 및 내화성 세라믹 섬유의 노출기준 표시단위
> → 개/cm^3

08 다음 중 규폐증에 관한 설명으로 틀린 것은?

① 규폐증의 원인분진은 이산화규소 또는 유리규산이다.
② 자각증상은 호흡곤란, 지속적인 기침, 다량의 담액 등이다.
③ 폐결핵은 합병증으로 하여 폐하엽 부위에 많이 생긴다.
④ 규소분진과 호열성 방선균류의 과민증상으로 고열이 발생한다.

> ★ 규폐증(silicosis)
> ① 이산화규소(SiO_2, 유리규산, 석영) 분진의 흡입으로 폐조직에 섬유화가 나타나는 진폐증을 말한다.
> ② 이집트의 미라에서도 발견되는 오랜 질병이며, 건축업, 도자기 작업장, 채석장, 석재공장 등의 작업장에서 근무하는 근로자에게 발생한다.
> ③ 자각증상은 호흡곤란, 지속적인 기침, 다량의 담액 등이다.
> ④ 합병증으로 폐암, 폐결핵(규폐결핵증)을 일으키며 폐하엽 부위에 많이 생긴다.

정답 05 ④ 06 ③ 07 ② 08 ④

09 작업환경 중 직경 10μm 이상 되는 분진에 노출된 경우의 건강 영향을 설명한 것으로 가장 적절한 것은?

① 독성이 매우 크다.
② 대부분 상기도에 침착한다.
③ 폐포에 대부분 도달한다.
④ 대부분 호흡성 폐기도까지 도달한다.

> ★ 입자상 물질의 분류(ACGIH)
> ① 흡입성 분진
>   • 호흡기 어느 부위에 침착하더라도 독성을 나타내는 분진
>   • 주로 비강, 인후두, 기관 등 호흡기의 기도(상기도) 부위에 침착되어 독성을 나타내는 물질
>   • 평균입경 : 100μm
> ② 흉곽성 분진
>   • 기관지, 세기관지, 폐포 등 하기도 및 가스교환부위에 침착되어 독성을 나타내는 물질
>   • 평균 입경 : 10μm
> ③ 호흡성 분진
>   • 가스교환 부위(폐포)에 침착하여 독성을 나타내는 물질
>   • 평균 입경 : 4μm(공기 역학적 직경이 10μm 미만)

10 다음 중 유해화학물질의 노출기준을 정하고 있는 기관과 노출기준 명칭의 연결이 바르게 된 것은?

① NIOSH - PEL ② AIHA - MAC
③ OSHA - REL ④ ACGIH - TLV

> ① NIOSH – REL(Recommended Exposure Limits)
> ② AIHA – WEEL(Workplace Environmental Exposure Level)
> ③ OSHA – PEL(Permissible Exposure Limits)
> ④ ACGIH – TLV

11 기도와 기관지에 침착된 먼지는 점막 섬모운동과 같은 방어작용에 의해 정화되는데 다음 중 정화작용을 방해하는 물질이 아닌 것은?

① 카드뮴(Cd) ② 니켈(Ni)
③ 황화합물(SOx) ④ 이산화탄소(CO_2)

> ★ 정화작용을 방해하는 물질
> ① 카드뮴(Cd)
> ② 니켈(Ni)
> ③ 황화합물

12 다음 중 규폐증(silicosis)에 관한 설명으로 틀린 것은?

① 규폐증이란 석영분진에 직업적으로 노출될 때 발생하는 진폐증의 일종이다.
② 역사적으로 보면 규폐증은 이집트의 미라에서도 발견되는 오랜 질병이다.
③ 채석장 및 모래 분사 작업장에 종사하는 작업자들이 잘 걸리는 폐질환이다.
④ 규폐증이란 석면의 고농도분진을 단기적으로 흡입할 때 주로 걸리는 질병이다.

> ★ 규폐증(silicosis)
> ① 이산화규소(SiO_2, 유리규산, 석영) 분진의 흡입으로 폐조직에 섬유화가 나타나는 진폐증을 말한다.
> ② 이집트의 미라에서도 발견되는 오랜 질병이며, 건축업, 도자기 작업장, 채석장, 석재공장 등의 작업장에서 근무하는 근로자에게 발생한다.
> ③ 합병증으로 폐암, 폐결핵(규폐결핵증)을 일으키며 폐하엽 부위에 많이 생긴다.

정답 09 ② 10 ④ 11 ④ 12 ④

13 다음 중 작업환경 내의 유해물질 노출기준의 적용에 대한 설명으로 틀린 것은?

① 근로자들의 건강장해를 예방하기 위한 기준이다.
② 노출기준은 대기오염의 평가 또는 관리상의 지표로 사용하여서는 안 된다.
③ 노출기준은 유해물질이 단독으로 존재할 때의 기준이다.
④ 노출기준은 과중한 작업을 할 때에도 똑같이 적용하는 특징이 있다.

> ★노출기준 사용상의 유의사항
> ① 각 유해인자의 노출기준은 해당 유해인자가 단독으로 존재하는 경우의 노출기준을 말하며, 2종 또는 그 이상의 유해인자가 혼재하는 경우에는 각 유해인자의 상가작용으로 유해성이 증가할 수 있으므로 산출하는 노출기준을 사용하여야 한다.
> ② 노출기준은 1일 8시간 작업을 기준으로 하여 제정된 것이므로 이를 이용할 경우에는 근로시간, 작업의 강도, 온열조건, 이상기압 등이 노출기준 적용에 영향을 미칠 수 있으므로 이와 같은 제반요인을 특별히 고려하여야 한다.
> ③ 유해인자에 대한 감수성은 개인에 따라 차이가 있고, 노출기준 이하의 작업환경에서도 직업성 질병에 이환되는 경우가 있으므로 노출기준은 직업병 진단에 사용하거나 노출기준 이하의 작업환경이라는 이유만으로 직업성 질병의 이환을 부정하는 근거 또는 반증자료로 사용하여서는 아니 된다.
> ④ 노출기준은 대기오염의 평가 또는 관리상의 지표로 사용하여서는 아니 된다.

14 다음 중 산업독성학의 활용과 가장 거리가 먼 것은?

① 작업장 화학물질의 노출기준을 설정 시 활용된다.
② 작업환경의 공기 중 화학물질의 분석기술에 활용된다.
③ 유해화학물질의 안전한 사용을 위한 대책수립에 활용된다.
④ 화학물질 노출을 생물학적으로 모니터링하는 역할을 활용된다.

> ★산업독성의 활용
> ① 대체화학물질의 선정 : 대체물질의 독성 및 안전성 평가
> ② 작업장 화학물질 노출기준 설정 : 근로자의 건강영향을 초래하지 않는 양을 찾아내고, 이를 근거로 노출기준 설정
> ③ 생물학적 모니터링 : 화학물질의 체내흡수 경로, 흡수량, 표적기관, 인체 내 대사산물, 배설경로에 관한 정보를 얻을 수 있음
> ④ 근로자 건강보호 목적의 다른 학문과의 연계 및 지원(산업위생, 산업의학 등)

15 건강영향에 따른 분진의 분류와 유발물질의 종류를 잘못 짝지은 것은?

① 진폐성 분진 - 규산, 석면, 활석, 흑연
② 불활성 분진 - 석탄, 시멘트, 탄화규소
③ 알레르기성 분진 - 크롬산, 망간, 황 및 유기성 분진
④ 발암성 분진 - 석면, 니켈카보닐, 아민계 색소

> ③ 알레르기성 분진 - 꽃가루, 털, 나무가루 등

정답 13 ④ 14 ② 15 ③

16 다음 설명의 ( ) 안에 알맞은 내용으로 나열된 것은?

> 단시간노출기준(STEL)이라 함은 1회에 (㉠)분간 유해인자에 노출되는 경우의 기준으로, 이 기준 이하에서는 1회 노출간격이 (㉡)시간 이상인 경우 1일 작업시간 동안 (㉢)회까지 노출이 허용될 수 있는 기준을 말한다.

① ㉠ 15, ㉡ 1, ㉢ 4 ② ㉠ 20, ㉡ 2, ㉢ 5
③ ㉠ 20, ㉡ 3, ㉢ 3 ④ ㉠ 15, ㉡ 1, ㉢ 2

★ 단시간노출기준(STEL)"
① 15분간의 시간가중평균노출 값(근로자가 1회에 15분간 유해인자에 노출되는 경우의 기준)
② 노출농도가 시간가중평균노출기준(TWA)을 초과하고 단시간노출기준(STEL) 이하인 경우에는 1회 노출 지속시간이 15분 미만이어야 하고, 이러한 상태가 1일 4회 이하로 발생하여야 하며, 각 노출의 간격은 60분 이상이어야 한다.

17 다음 중 흡입된 분진이 폐조직에 축적되어 병적인 변화를 일으키는 질환을 총괄적으로 말해주는 용어는?

① 중독증 ② 진폐증
③ 천식 ④ 질식

흡입된 분진이 폐 조직에 축적되어 병적인 변화(폐조직의 섬유화(굳어짐)로 산소교환이 정상적으로 이루어지지 않음)를 일으키는 질환을 총칭하여 진폐증이라 한다.

18 다음 중 ACGIH에서 규정한 유해물질 허용기준에 관한 사항과 관계가 없는 것은?

① TLV - C : 최고치 허용농도
② TLV - TWA : 시간가중 평균농도
③ TLV - TLM : 시간가중 한계농도
④ TLV - STEL : 단시간노출의 허용농도

★ ACGIH에서 규정한 유해물질 허용기준
① 시간가중평균노출기준(TWA) : 1일 8시간 작업을 기준으로 하여 유해인자의 측정치에 발생시간을 곱하여 8시간으로 나눈 값
② 단시간노출기준(STEL) : 15분간의 시간가중평균노출 값(근로자가 1회에 15분간 유해인자에 노출되는 경우의 기준)
③ 최고노출기준(C) : 근로자가 1일 작업시간 동안 잠시라도 노출되어서는 아니 되는 기준

19 다음 중 입자의 호흡기계 축적기전이 아닌 것은?

① 충돌 ② 변성
③ 차단 ④ 확산

★ 입자상 물질의 호흡기계 축적기전(호흡기 침착 매커니즘)
① 충돌(관성충돌)
② 침전(중력침강)(sedimentation)
③ 차단(interception)
④ 확산(diffusion)
⑤ 정전기침강

20 ACGIH에서 제시한 TLV에서 유해화학물질의 노출기준 또는 허용기준에 '피부' 또는 'Skin'이라는 표시가 되어 있다면 이에 대한 설명으로 가장 적합한 것은?

① 그 물질은 피부로 흡수되어 전체 노출량에 기여할 수 있다.
② 그 화학물질은 피부질환을 일으킬 가능성이 있다.
③ 그 물질은 피부질환을 일으킬 가능성이 있다.
④ 그 물질은 피부가 관련되어야 독성학적으로 의미가 있다.

> Skin 표시 물질은 점막과 눈 그리고 경피로 흡수되어 전신 영향을 일으킬 수 있는 물질을 말함(피부자극성을 뜻하는 것이 아님)

21 채석장 및 모래분사작업장(sandblasting) 작업자들이 석영을 과도하게 흡입하여 발생하는 질병은?

① 규폐증
② 석면폐증
③ 탄폐증
④ 면폐증

> ★ 규폐증(silicosis)
> ① 이산화규소(SiO_2, 유리규산, 석영) 분진의 흡입으로 폐조직에 섬유화가 나타나는 진폐증을 말한다.
> ② 이집트의 미라에서도 발견되는 오랜 질병이며, 건축업, 도자기 작업장, 채석장, 석재공장 등의 작업장에서 근무하는 근로자에게 발생한다.
> ③ 합병증으로 폐암, 폐결핵(규폐결핵증)을 일으키며 폐하엽 부위에 많이 생긴다.

22 다음 중 진폐증을 가장 잘 일으킬 수 있는 섬유성 분진의 크기는?

① 길이가 5~8μm보다 길고, 두께가 0.25~1.5μm보다 얇은 것
② 길이가 5~8μm보다 짧고, 두께가 0.25~1.5μm보다 얇은 것
③ 길이가 5~8μm보다 길고, 두께가 0.25~1.5μm보다 두꺼운 것
④ 길이가 5~8μm보다 짧고, 두께가 0.25~1.5μm보다 두꺼운 것

> ★ 진폐증을 가장 잘 일으킬 수 있는 섬유성 분진의 크기
> 길이가 5~8μm보다 길고, 두께가 0.25~1.5μm보다 얇은 것

23 입자상 물질의 호흡기계 침착기전 중 길이가 긴 입자가 호흡기계로 들어오면 그 입자의 가장자리가 기도의 표면을 스치게 됨으로써 침착하는 현상은?

① 충돌
② 침전
③ 차단
④ 확산

> ★ 차단(interception)
> 길이가 긴 입자가 호흡기계로 들어오면 그 입자의 가장자리가 기도의 표면을 스치게 됨으로써 침착되는 현상

> ★ 참고
> ① 충돌(관성충돌) : 공기흐름의 방향이 바뀌는 경우 입자의 관성 때문에 원래방향대로 이동하다가 흐름이 바뀌는 지점에서 부딪치며 충돌에 의해 침착된다.
> ② 침전(중력침강) : 기관지 등 폐의 심층부에서는 공기흐름이 느려지며 이 때 입자는 중력에 의해 낙하하여 축적된다.(1~5μm 크기의 입자)
> ③ 확산 : 미세입자의 무질서한 운동(브라운 운동)에 의해 기체분자와 충돌하며 침착되는 현(1μm 이하의 미세입자)

정답 20 ① 21 ① 22 ① 23 ③

24 산업독성의 범위에 관한 설명으로 거리가 먼 것은?

① 독성 물질이 산업현장인 생산공정의 작업환경 중에서 나타내는 독성이다.
② 작업자들의 건강을 위협하는 독성 물질의 독성을 대상으로 한다.
③ 공중보건을 위협하거나 우려가 있는 독성 물질의 치료를 목적으로 한다.
④ 공업용 화학물질 취급 및 노출과 관련된 작업자의 건강보호가 목적이다.

> ③ 작업환경 내에 존재하는 유해화학물질 등의 유해인자들의 성질과 특성 및 건강에 미치는 영향과 그 작용기전을 이해하고 화학물질의 노출로부터 근로자의 건강을 보호하기 위한 대책을 수립하는 학문 분야이다.

25 산업안전보건법에서 정하는 '기타 분진'의 산화규소결정체 함유율과 노출기준으로 옳은 것은?

① 함유율 : 0.1% 이하, 노출기준 : 10mg/m³
② 함유율 : 0.1% 이하, 노출기준 : 5mg/m³
③ 함유율 : 1% 이하, 노출기준 : 10mg/m³
④ 함유율 : 1% 이하, 노출기준 : 5mg/m³

> ★기타 분진(산화규소 결정체 1% 이하)의 노출기준 10mg/m³

26 다음은 노출기준의 정의에 관한 내용이다. ( ) 안에 알맞은 수치를 올바르게 나열한 것은?

> 단시간노출기준(STEL)이라 함은 근로자가 1회에 (㉠)분간 유해인자에 노출되는 경우의 기준으로 이 기준 이하에서는 1회 노출간격이 1시간 이상인 경우 1일 작업시간 동안 (㉡)까지 노출이 허용될 수 있는 기준을 말한다.

① ㉠ 15, ㉡ 4   ② ㉠ 30, ㉡ 4
③ ㉠ 15, ㉡ 2   ④ ㉠ 30, ㉡ 2

> ★단시간노출기준(STEL)
> ① 15분간의 시간가중평균노출 값(근로자가 1회에 15분간 유해인자에 노출되는 경우의 기준)
> ② 노출농도가 시간가중평균노출기준(TWA)을 초과하고 단시간노출기준(STEL) 이하인 경우에는 1회 노출 지속시간이 15분 미만이어야 하고, 이러한 상태가 1일 4회 이하로 발생하여야 하며, 각 노출의 간격은 60분 이상이어야 한다.

27 다음 중 기관지와 폐포 등 폐 내부의 공기통로와 가스교환부위에 침착되는 먼지로서 공기역학적 지름이 30μm 이하의 크기를 가지는 것은?

① 흉곽성 먼지   ② 호흡성 먼지
③ 흡입성 먼지   ④ 침착성 먼지

> ★입자상 물질의 분류(ACGIH)
> ① 흡입성 분진
>   • 호흡기 어느 부위에 침착하더라도 독성을 나타내는 분진
>   • 주로 비강, 인후두, 기관 등 호흡기의 기도(상기도) 부위에 침착되어 독성을 나타내는 물질
>   • 평균입경 : 100μm

② 흉곽성 분진
- 기관지, 세기관지, 폐포 등 하기도 및 가스교환부위에 침착되어 독성을 나타내는 물질
- 평균 입경 : 10μm

③ 호흡성 분진
- 가스교환 부위(폐포)에 침착하여 독성을 나타내는 물질
- 평균 입경 : 4μm(공기 역학적 직경이 10μm 미만)

28 다음 중 주성분으로 규산과 산화마그네슘 등을 함유하고 있으며 중피종, 폐암 등을 유발하는 물질은?

① 석면   ② 석탄
③ 흑연   ④ 운모

석면
폐암, 악성중피종, 늑막암을 유발한다.

29 다음 중 먼지가 호흡기계로 들어올 때 인체가 가지고 있는 방어기전으로 가장 적정하게 조합된 것은?

① 면역작용과 폐 내의 대사작용
② 폐포의 활발한 가스교환과 대사작용
③ 점액 섬모운동과 가스교환에 의한 정화
④ 점액 섬모운동과 폐포의 대식세포 작용

* 인체 내의 방어기전(먼지가 호흡기계로 들어올 때 인체가 가지고 있는 방어기전)
① 점액 섬모운동(기관지) : 기도와 기관지에 침착된 먼지는 점액 섬모운동과 같은 방어작용에 의해 정화된다.(가장 기초적인 방어기전)
② 대식세포 작용(폐포) : 대식세포는 면역담당세포로서 세균, 이물질 등을 포식, 소화하는 역할을 한다.

30 입자상 물질의 종류 중 액체나 고체 2가지 상태로 존재할 수 있는 것은?

① 흄(fume)   ② 미스트(mist)
③ 증기(vapor)   ④ 스모크(smoke)

* 연기(smoke)
유해물질이 연소 시에 불완전 연소의 결과로 생기는 미립자로 액체나 고체의 2가지 상태로 존재할 수 있다.(크기는 0.01~1.0μm 정도)

31 진폐증의 종류 중 무기성 분진에 의한 것은?

① 면폐증   ② 석면폐증
③ 농부폐증   ④ 목재 분진폐증

무기성(광물성) 분진에 의한 진폐증	유기성 분진에 의한 진폐증
• 규폐증 • 규조토폐증 • 탄소폐증 • 탄광부 진폐증 • 용접공폐증 • 석면폐증 • 베릴륨폐증 • 활석폐증 • 흑연폐증 • 주석폐증 • 칼륨폐증 • 바륨폐증 • 철폐증	• 농부폐증 • 연초폐증 • 면폐증 • 설탕폐증 • 목재분진폐증 • 모발분진폐증

암기법
연초 핀 농부의 모발에서 설탕 나오면 면목 없다.

정답 28 ① 29 ④ 30 ④ 31 ②

CHAPTER 02 유해화학물질

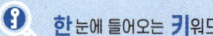

01 유해 화학물질의 종류, 발생, 성질

1 유해물질의 정의

(1) 유해화학물질의 정의

"유해화학물질"이란 유독물, 관찰물질, 취급제한물질 또는 취급금지물질, 사고대비물질, 그 밖에 유해성 또는 위해성이 있거나 그러할 우려가 있는 화학물질을 말한다.

2 유해물질의 종류 및 발생원

(1) 제조 등이 금지되는 유해물질 ★

① β-나프틸아민[91-59-8]과 그 염(β-Naphthylamine and its salts)
② 4-니트로디페닐[92-93-3]과 그 염(4-Nitrodiphenyl and its salts)
③ 백연[1319-46-6]을 포함한 페인트(포함된 중량의 비율이 2퍼센트 이하인 것은 제외한다)
④ 벤젠[71-43-2]을 포함하는 고무풀(포함된 중량의 비율이 5퍼센트 이하인 것은 제외한다)
⑤ 석면(Asbestos; 1332-21-4 등)
⑥ 폴리클로리네이티드 터페닐(Polychlorinated terphenyls; 61788-33-8 등)
⑦ 황린(黃燐)[12185-10-3] 성냥(Yellow phosphorus match)
⑧ 제1호, 제2호, 제5호 또는 제6호에 해당하는 물질을 포함한 혼합물(포함된 중량의 비율이 1퍼센트 이하인 것은 제외한다)
⑨ 「화학물질관리법」 제2조제5호에 따른 금지물질(같은 법 제3조제1항제1호부터 제12호까지의 규정에 해당하는 화학물질은 제외한다)
⑩ 그 밖에 보건상 해로운 물질로서 산업재해보상보험 및 예방심의위원회의 심의를 거쳐 고용노동부장관이 정하는 유해물질

(2) 허가 대상 유해물질

① α-나프틸아민[134-32-7] 및 그 염(α-Naphthylamine and its salts)
② 디아니시딘[119-90-4] 및 그 염(Dianisidine and its salts)
③ 디클로로벤지딘[91-94-1] 및 그 염(Dichlorobenzidine and its salts)
④ 베릴륨(Beryllium; 7440-41-7)
⑤ 벤조트리클로라이드(Benzotrichloride; 98-07-7)
⑥ 비소[7440-38-2] 및 그 무기화합물(Arsenic and its inorganic compounds)
⑦ 염화비닐(Vinyl chloride; 75-01-4)
⑧ 콜타르피치[65996-93-2] 휘발물(Coal tar pitch volatiles)
⑨ 크롬광 가공(열을 가하여 소성 처리하는 경우만 해당한다)(Chromite ore processing)
⑩ 크롬산 아연(Zinc chromates; 13530-65-9 등)
⑪ o-톨리딘[119-93-7] 및 그 염(o-Tolidine and its salts)
⑫ 황화니켈류(Nickel sulfides; 12035-72-2, 16812-54-7)
⑬ 제1호부터 제4호까지 또는 제6호부터 제12호까지의 어느 하나에 해당하는 물질을 포함한 혼합물(포함된 중량의 비율이 1퍼센트 이하인 것은 제외한다)
⑭ 제5호의 물질을 포함한 혼합물(포함된 중량의 비율이 0.5퍼센트 이하인 것은 제외한다)
⑮ 그 밖에 보건상 해로운 물질로서 산업재해보상보험 및 예방심의위원회의 심의를 거쳐 고용노동부장관이 정하는 유해물질

(3) 특별관리 물질 실기 기출★

① 2-니트로톨루엔
② 디니트로톨루엔
③ N,N-디메틸아세트아미드
④ 디메틸포름아미드
⑤ 디부틸 프탈레이트
⑥ 1,2-디클로로에탄
⑦ 1,2-디클로로프로판
⑧ 2-메톡시에탄올

참고

1. 허가대상 유해물질을 제조하거나 사용하는 작업장에 게시하여야 하는 사항
   ① 허가대상 유해물질의 명칭
   ② 인체에 미치는 영향
   ③ 취급상의 주의사항
   ④ 착용하여야 할 보호구
   ⑤ 응급처치와 긴급 방재 요령

2. 허가대상 유해물질을 제조하거나 사용하는 경우에 근로자에게 알려야 하는 사항
   ① 물리적·화학적 특성
   ② 발암성 등 인체에 미치는 영향과 증상
   ③ 취급상의 주의사항
   ④ 착용하여야 할 보호구와 착용방법
   ⑤ 위급상황 시의 대처방법과 응급조치 요령
   ⑥ 그 밖에 근로자의 건강장해 예방에 관한 사항

참고

특별관리물질 취급 시 적어야 하는 사항
① 근로자의 이름
② 특별관리물질의 명칭
③ 취급량
④ 작업내용
⑤ 작업 시 착용한 보호구
⑥ 누출, 오염, 흡입 등의 사고가 발생한 경우 피해 내용 및 조치 사항

⑨ 2-메톡시에틸아세테이트
⑩ 벤젠
⑪ 벤조(a)피렌
⑫ 1,3-부타디엔
⑬ 1-브로모프로판
⑭ 2-브로모프로판
⑮ 사염화탄소
⑯ 아크릴로니트릴
⑰ 아크릴아미드
⑱ 2-에톡시에탄올
⑲ 2-에톡시에틸아세테이트
⑳ 에틸렌이민
㉑ 2,3-에폭시-1-프로판올
㉒ 1,2-에폭시프로판
㉓ 에피클로로히드린
㉔ 와파린
㉕ 산화에틸렌
㉖ 1,2,3-트리클로로프로판
㉗ 트리클로로에틸렌
㉘ 퍼클로로에틸렌
㉙ 페놀
㉚ 포름아미드
㉛ 포름알데히드
㉜ 프로필렌이민
㉝ 황산 디메틸
㉞ 히드라진 및 그 수화물
㉟ 납 및 그 무기화합물
㊱ 니켈 및 그 화합물, 니켈 카르보닐(불용성화합물만 특별관리물질)
㊲ 산화붕소
㊳ 수은 및 그 화합물(다만, 아릴화합물 및 알킬화합물은 특별관리물질에서 제외한다)
㊴ 카드뮴 및 그 화합물
㊵ 크롬 및 그 화합물(6가크롬 화합물만 특별관리물질)

㊶ 사붕소산 나트륨(무수물, 오수화물)
㊷ 황산(pH 2.0 이하인 강산은 특별관리물질)

확인 ★★

✿ 노출지수

$$노출지수(EI) = \frac{C_1}{T_1} + \frac{C_2}{T_2} + \cdots + \frac{C_n}{T_n}$$

C : 화학물질 각각의 측정치
T : 화학물질 각각의 노출기준
판정 : $EI > 1$인 경우 노출기준을 초과함

✿ 혼합물의 TLV-TWA

$$TLV - TWA = \frac{C_1 + C_2 + \cdots + C_n}{EI}$$

✿ 액체 혼합물의 구성성분(%)을 알 때 혼합물의 허용농도(노출기준)

$$혼합물의\ 노출기준(mg/m^3) = \frac{1}{\frac{f_a}{TLV_a} + \frac{f_b}{TLV_b} + \cdots + \frac{f_n}{TLV_n}}$$

f_a, f_b, f_c : 액체 혼합물에서의 각 성분 무게(중량) 구성비
TLV_a, TLV_b, TLV_c : 해당 물질의 노출기준(mg/m^3)

한 눈에 들어오는 키워드

비교

혼합물의 노출기준(mg/m^3) =

$$\frac{100}{\frac{f_a}{TLV_a} + \frac{f_b}{TLV_b} + \cdots + \frac{f_n}{TLV_n}}$$

f_a, f_b, f_n : 액체 혼합물에서의 각 성분 무게(중량) 구성비(%)

TLV_a, TLV_b, TLV_n : 해당 물질의 노출기준(mg/m^3)

[예제 1]

작업환경 공기 중 벤젠(TLV 10ppm)이 5ppm, 톨루엔(TLV 100ppm)이 50ppm 및 크실렌(TLV 100ppm)이 60ppm으로 공존하고 있다고 하면 혼합물의 허용농도는? (단, 상가작용 기준)

① 78ppm ② 72ppm
③ 68ppm ④ 64ppm

해설

1. 노출지수(EI) = $\frac{5}{10} + \frac{50}{100} + \frac{60}{100} = 1.6$

2. 혼합물의 허용농도 = $\frac{5 + 50 + 60}{1.6} = 71.88$(ppm)

[정답 ②]

[예제 2]

40% 벤젠, 30% 아세톤 그리고 30% 톨루엔의 중량비로 조성된 용제가 증발되어 작업환경을 오염시키고 있다. 이 때 각각의 TLV가 각각 30mg/m³, 1,780mg/m³ 및 375mg/m³이라면 이 작업장의 혼합물의 허용농도(mg/m³)는? (단, 상가작용 기준)

① 47.9
② 59.9
③ 69.9
④ 76.9

해설

혼합물의 노출기준(mg/m³) = $\dfrac{1}{\dfrac{f_a}{TLV_a} + \dfrac{f_b}{TLV_b} + \cdots + \dfrac{f_n}{TLV_n}}$

$mg/m^3 = \dfrac{1}{\dfrac{0.4}{30} + \dfrac{0.3}{1,780} + \dfrac{0.3}{375}} = 69.92(mg/m^3)$

또는

$mg/m^3 = \dfrac{100}{\dfrac{40}{30} + \dfrac{30}{1780} + \dfrac{30}{375}} = 69.92(mg/m^3)$

[정답 ③]

[예제 3]

농약공장의 작업환경 내에는 TLV가 0.1mg/m³인 파라티온과 TLV가 0.5mg/m³인 EPN이 2 : 3의 비율로 혼합된 분진이 부유하고 있다. 이러한 혼합분진의 TLV(mg/m³)는?

① 0.15
② 0.17
③ 0.19
④ 0.21

해설

파라티온과 EPN이 2 : 3의 비율로 혼합되어 있으므로

파라티온 = $\dfrac{2}{5} \times 100 = 40(\%)$

EPN = $\dfrac{3}{5} \times 100 = 60(\%)$

혼합분진의 농도 = $\dfrac{1}{\dfrac{0.4}{0.1} + \dfrac{0.6}{0.5}} = 0.19(mg/m^3)$

또는

혼합분진의 농도 = $\dfrac{100}{\dfrac{40}{0.1} + \dfrac{60}{0.5}} = 0.19(mg/m^3)$

[정답 ③]

3 유해물질의 물리, 화학적 특성

(1) 유해물질의 유해요인(인체에 미치는 유해성을 좌우하는 인자) ★

① 유해물질의 농도와 접촉시간
   • Haber의 법칙 ★

> 유해지수 = 유해물질의 농도 × 접촉시간

② 근로자의 감수성
③ 작업강도 및 호흡량
④ 기상조건
⑤ 인체 내 침입경로

(2) 유해물 취급상의 안전조치

① 유해물 발생원의 봉쇄
② 유해물의 위치, 작업공정의 변경
③ 작업공정의 은폐 및 작업장의 격리

한 눈에 들어오는 키워드

기출
1. 산업위생에서 관리해야 할 유해인자의 특성은 독성이나 유해성, 그 자체가 아니고 근로자의 노출 가능성을 고려한 위험이다.
2. 유해물질 노출에 따른 위험성을 결정하는 주요 인자
   독성(유해인자의 위해성)과 노출량

02 인체영향

1 인체 내 축적 및 제거

(1) 유해물질의 인체침입 경로 ★

1) 호흡기

① 유해물질의 인체침입 경로 중 가장 영향이 큰 침입경로이다. ★
② 호흡기의 흡수속도는 그 유해물질의 농도와 용해도로 결정되며, 폐까지 도달하는 양은 그 유해물질의 용해도에 의해 결정된다. ★

2) 피부

피부를 통한 흡수량은 접촉피부면적과 그 유해물질의 유해성과 비례한다.

3) 소화기

(2) 유해화학물질의 노출 정보

① 위의 산도에 따라서 유해물질이 화학반응을 일으키기도 한다.
② 입으로 들어간 유해물질은 침이나 그 밖의 소화액에 의해 위장관에서 흡수된다.
③ 호흡기 계통으로 노출되는 경우가 소화기로 노출되는 경우보다 흡수가 잘 이루어진다.
④ 소화기계통으로 침입하는 것은 위장관에서 산화, 환원, 분해과정을 거치면서 해독되기도 한다.

2 유해화학물질에 의한 건강장해

(1) 유기용제

탄소원자를 함유한 화합물로서 다른 물체를 녹이는 성질이 있다.

1) 화학물질의 성상에 따른 유기용제의 구분

① 방향족 및 지방족 탄화수소류 : 헥산, 헵탄, 벤젠, 톨루엔, 크실렌 등

참고

가스상 물질의 호흡기계 축적을 결정하는 가장 중요한 인자
→ 물질의 수용성 정도

② 할로겐화 탄화수소류 : 트리클로로에틸렌, 사염화탄소 등
③ 알코올류 : 메탄올, 에탄올, 이소프로필알코올 등
④ 케톤류 : 메틸에틸케톤, 메틸이소부틸케톤 등
⑤ 에테르류 : 디메틸에테르, 메틸에틸에테르
⑥ 에스테르류 : 단순에스테르 중 **독성이 가장 강한 것은 부틸산염**이다.

2) 유기용제의 독성작용(중추신경계에 대한 독성기전) ★

① 탄소사슬의 길이가 길수록 중추신경 억제효과는 증가한다.
② 중추신경 억제작용은 할로겐화하면 크게 증가하고 알코올 작용기에 의하여 다소 증가한다.
③ 탄소사슬의 길이가 길수록 수용성은 감소하고 지용성은 증가한다.
④ 유기용제는 지방에 대한 친화력은 높고 물에 대한 친화력이 낮아 신체조직의 지방부분에 축적이 잘 된다.
⑤ 불포화 화합물은 포화 화합물보다 더 강력한 중추신경 억제물질이다.
⑥ 유기용제는 휘발성이 강하기 때문에 호흡기를 통하여 들어간 경우에 다시 호흡기로 상당량이 배출된다.
⑦ 체내로 들어온 유기용제는 산화, 환원, 가수분해로 이루어지는 생전환과 포합체를 형성하는 포합반응인 두 단계의 대사과정을 거친다.

> **암기법**
>
> 탄소사슬이 길수록, 할로겐족으로 치환할수록, 불포화화합물일수록 독성이 증가한다.
> (중추신경계 억제효과가 크다).

3) 유기화학물질의 중추신경계 작용(마취작용) 순서

① 중추신경계 억제작용 순서 ★★
   할로겐화화합물(할로겐족) > 에테르 > 에스테르 > 유기산 > 알코올 > 알켄 > 알칸
② 중추신경계 자극작용 순서 ★
   아민류 > 유기산 > 케톤 > 알데히드 > 알코올 > 알칸

(2) 유기용제 종류별 독성작용

1) 방향족 탄화수소

① 1개 이상의 벤젠고리로 구성된 화합물(벤젠, 톨루엔, 크실렌 등)이다.

한 눈에 들어오는 키워드

기출

벤젠에 의한 혈액조직의 특징적인 단계별 변화
- 1단계
  - 백혈구 수의 감소로 인한 응고작용 결핍이 나타난다.
  - 혈액성분 감소로 인한 범혈구 감소증이 나타난다.
- 2단계
  - 벤젠의 노출이 계속되면 골수의 과형성이 나타난다.
- 3단계
  - 더욱 장시간 노출되어 심한 경우 빈혈과 출혈이 나타나고 재생불량성 빈혈이 된다.
- 4단계
  - 골수의 성장부전으로 백혈병으로 발전한다.

② 지방족 화합물에 비해 독성이 훨씬 강하다.
③ 급성 전신중독 시 독성이 강한 순서 ★
  톨루엔 〉 크실렌 〉 벤젠
④ 급성독성 시 중추신경계 억제에 의한 마취작용, 만성중독 시는 골수 및 조혈기능 장해(재생불량성 빈혈)를 유발한다.

벤젠	• 방향족 탄화수소 중 저농도에 장기간 노출(만성 중독) 시에 독성이 가장 강하다. • 골수 및 조혈장해(재생불량성 빈혈증)를 유발한다. ★ • 벤젠은 저농도로 장기간 폭로 시 혈액장해, 간장장해, 재생불량성 빈혈, 백혈병을 일으킨다. • 연료, 합성고무 등의 원료로 사용된다. • 벤젠은 주로 페놀로 대사되며 페놀은 벤젠의 생물학적 노출지표로 이용된다.
톨루엔	• 방향족 탄화수소 중 급성전신 중독 시 독성이 가장 강하다. • 중추신경계 억제, 뇌손상을 유발한다.
크실렌	• 화학 합성제 및 플라스틱제품, 합성섬유, 과산화수소, 향료, 구충제, 에폭시수지, 피혁공업에 사용되며 페인트, 락카, 니스, 잉크, 염료, 접착제, 세척제 등의 용제로도 사용된다 • 눈, 호흡기, 피부 등의 자극과 중추신경계의 장해 및 감각이상, 간 장해, 생식계 장해 등을 유발한다.

2) 다환(다핵) 방향족 탄화수소류(PAHs) ★

① 석유, 석탄 등에 포함되어 있으며, 석탄연료 배출물, 자동차 연료 배출가스 등 흡연 및 연소공정에서 주로 생성된다.
② 대사 중에 Arene oxide를 생성한다.
③ 비극성 지용성 화합물로 소화관을 통해 흡수된다.
④ 벤젠고리가 2개 이상 연결되어 있고 대사가 거의 되지 않는 방향족 고리로 구성되어 있다.
⑤ 나프탈렌, 벤조피렌 등이 해당된다.
⑥ PAH는 배설을 쉽게 하기 위하여 수용성으로 대사된다.
⑦ PAH의 대사에 관여하는 효소는 시토크롬 P-448로 대사되는 중간산물이 발암성을 나타낸다.

3) 할로겐화탄화수소 ★

① 중추신경계의 억제에 의한 마취작용이 특히 심하다.
② 고농도에 노출되면 중추신경계 장해 외에 간장과 신장장해를 유발한다.
③ 신장장해 증상으로 감뇨, 혈뇨 등이 발생하며 완전 무뇨증이 되면 사망할 수도 있다.
④ 초기 증상으로는 지속적인 두통, 구역 또는 구토, 복부선통과 설사, 간압통 등이 나타난다.
⑤ 할로겐화탄화수소의 독성의 정도는 화합물의 분자량이 커질수록 증가한다.
⑥ 할로겐화탄화수소의 독성의 정도는 할로겐원소의 수가 커질수록 증가한다.
⑦ 사염화탄소, 클로로포름, 염화비닐 등이 있다.

사염화탄소 (CCl_4) ★	• 피부를 통하여 인체에 흡수된다. • 고농도로 폭로되면 중추신경계 장해 외에 **간장이나 신장에 장해**가 일어나 황달, 단백뇨, 혈뇨 등의 증상이 생긴다. • 간에 대한 독성작용이 특히 심하여 **중심소엽성 괴사**를 일으킨다. • 가열하면 **포스겐이나 염소(염화수소)로 분해**된다. **암기법** 간 신(간과 신장) 사염화를 소괴(중심소염성 괴사) 합니다.
염화비닐 ★	• 장기간 노출된 경우 **간조직 세포에 섬유화 증상**이 나타난다. • **간에 혈관육종**(hemangiosarcoma)을 일으킨다. ★ • 장기간 흡입한 근로자에게 레이노 현상이 나타나며 자체의 독성보다 대사산물에 의한 독성작용이 있다. **암기법** 연비(염화비닐) 6종(혈관육종)
염화에틸렌	• **화기 등에 접촉**하면 유독성의 포스겐이 발생하여 **폐수종을 일으킨다.**
염화탄화수소 ★	• **간장해**를 일으킨다. **암기법** 염탄(염화탄화수소) 간장(간장해)
클로로포름 ★	• 약품을 정제하기 위한 추출제 혹은 **냉동제 및 합성수지에 이용**된다.
트리클로로에틸렌 ★	• 무색의 휘발성 용액 • 도금 사업장에서 **금속표면의 탈지 및 세정용**으로 사용된다. • **간 및 신장장해**를 일으킨다. • **스티븐슨존슨 증후군**을 일으킨다.

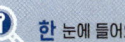 한 눈에 들어오는 **키**워드

기출
재생불량성 빈혈을 일으키는 물질
① 벤젠(benzene)
② 2-브로모프로판 (2-bromopropane)
③ TNT(trinitrotoluene)

아크리딘(acridine)
핵산 하나를 탈락시키거나 첨가함으로써 돌연변이를 일으키는 물질

4) 알코올류

① 메탄올과 에탄올은 호흡기(폐)·피부를 통해 흡수되며, 에틸렌 글리콜은 경피를 통해 흡수된다.
② 중추신경계 억제작용, 조직독성, 자극작용 등을 유발한다.

메탄올 (CH_3OH)	• 메탄올은 호흡기 및 피부를 통해 흡수된다. • **플라스틱, 필름제조와 휘발유첨가제 등 공업용제로 사용**된다. • 자극성이 있고, **신경독성물질로 시신경장해, 중추신경억제**를 일으킨다. ★ • 시각장해의 기전은 **메탄올의 대사산물인 포름알데하이드가 망막조직을 손상**시키는 것이다. • 메탄올이 **시각장해 독성을 나타내는 대사단계** 　**메탄올 → 포름알데하이드 → 포름산 → 이산화탄소** • 메탄올 **중독 시 중탄산염의 투여와 혈액투석치료**가 도움이 된다.
에탄올 (C_2H_5OH)	• 국소자극제로 중추신경에 대한 영향이 크다. • 골격에 근병증을 유발, 간경화증을 유발시켜 간암으로 진행한다.
에틸렌 글리콜 ($C_6H_6O_2$)	• 용제, 부동액, 추출제에 이용된다. • 노출 초기에는 호흡 마비 증상, 말기에는 단백뇨, 신부전 증상을 일으킨다.

5) 유기용제 중독자의 응급처치

① 용제가 묻은 의복을 벗긴다.
② 유기용제가 있는 장소로부터 환자를 옮겨 맑은 공기를 마시게 한다.
③ 체온유지를 위해 담요를 덮는 등 보온과 안정에 유의한다.
④ 의식장해가 있을 때에는 산소를 흡입시킨다.
⑤ 호흡이 멈추지 않도록 지속적인 인공호흡을 한다.
⑥ 의식이 있는 환자에게는 따뜻한 물이나 커피를 마시게 한다.

(4) 기타 유해화학물질의 주요 독성

1) 이황화탄소(CS_2) : 중추신경 및 말초 신경장해, 생식기능장해 ★

① 상기도를 통해 체내로 흡수된다.
② 인조견, 셀로판, 사염화탄소의 생산, 수지와 고무제품의 용제, 실험실에서 추출용 등의 시약에 사용된다.

③ 장기간 고농도에 폭로되면 **신경행동학적 이상(중추신경계의 특징적인 독성작용)**, 말초신경장해(파킨슨 증후군), 기질적 뇌손상(급성 뇌병증), 시각·청각장해 등 감각 및 운동신경에 장해를 유발한다.
④ 고혈압의 유병률과 콜레스테롤치의 상승 빈도가 증가되어 뇌, 심장 및 신장의 동맥 경화성 질환을 초래한다.

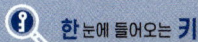

2) 알데하이드류(알데히드류)

① 호흡기에 대한 자극작용이 심하다.
② 포름알데하이드는 자극적인 냄새가 나는 무색의 기체로서 다발성골수종이나 악성흑색종 및 호흡기계 암의 원인이 된다.
③ 지용성 알데하이드는 기관지 및 폐를 자극한다.
④ 아크롤레인은 특별히 독성이 강하다.

3) 노르말헥산

① 페인트, 시너, 잉크 등의 용제로 사용된다.
② 장기간 폭로 시 다발성말초신경장해(앉은뱅이 증후군)을 유발한다. ★
③ 체내 대사과정을 거쳐 2.5-Hexanedione의 형태로 배설된다.
④ 2000년대 전자부품 사업장에서 외국인 근로자에게 다발성말초신경병증(앉은뱅이병)을 집단으로 유발시켰다.

4) 메틸부틸케톤(MBK)

말초신경장해를 유발한다.

5) 결정형실리카

폐암을 유발한다.

6) 사카린

방광암 촉진제로 작용한다.

7) 아민

중추신경자극 작용이 가장 심하다.

8) 벤지딘

① 염료 및 합성고무경화제의 제조에 사용된다.
② 급성중독 : 피부염, 급성방광염
③ 만성중독 : 방광암, 요로계 종양

9) 에틸렌글리콜에테르

생식기장해를 유발한다.

10) 아크릴로니트릴

① 합성섬유, 합성고무, 합성수지 및 산업용 접착제, 표면코팅제, 플라스틱, 등에 사용된다.
② 플라스틱 산업, 합성섬유 제조, 합성고무 생산공정 등에서 노출된다.
③ 폐와 대장에서 주로 암을 발생시킨다.

11) DMF(Dimethylformamide)

① 합성섬유 제조, 합성피혁제조 공정에서 용매로 사용된다.
② 피부에 묻었을 경우 피부를 강하게 자극하고, 피부로부터 흡수되어 간장 장해 등의 중독증상을 일으킨다.

12) 유기인제

① 인을 함유한 유기화합물로 된 농약을 말한다.
② "Cholinesterase" 효소를 억압하여 신경증상을 나타낸다.

(5) 자극제와 질식제(생리적 작용에 의한 분류)

1) 자극제

① 흡입하거나 피부 및 눈과 접촉 시에 자극을 일으키는 물질을 자극제라 한다.
② 자극부위에 따라 피부자극성물질, 눈자극성물질 및 호흡기계 자극성물질로 분류한다.
③ 호흡기계 자극성물질은 유해물질의 용해도에 따라 상기도 점막 자극제, 상기도 점막 및 폐조직 자극제, 종말 기관지 및 폐포점막 자극제로 구분한다.

호흡기계 자극성 물질의 구분 ★★	
상기도 점막 자극제	• 물에 잘 녹는 물질로 암모니아, 크롬산, 염화수소, 불화수소, 아황산가스 등이 있다. • 암모니아는 피부점막에 작용하여 눈의 결막과 각막을 자극하며 폐부종, 성대경련, 기관지 경련, 호흡장해를 초래한다.
상기도 점막 및 폐조직 자극제	• 물에 대한 용해도가 중등도인 물질로 염소, 브롬, 요오드(옥소), 불소(플루오르), 염소산화물, 오존 등이 있다. • 불소는 뼈에 가장 많이 축적된다.
종말 기관지 및 폐포점막 자극제	• 물에 잘 녹지 않는 물질로 이산화질소, 3염화비소, 포스겐 등이 있다. • 이산화질소, 포스겐은 폐포까지 침투하여 폐수종을 일으킨다.

2) 질식제

질식제는 조직 내의 산화작용을 방해하며 단순 질식제와 화학적 질식제로 구분한다.

질식제의 구분 ★★	
단순 질식제	• 생리적으로는 아무 작용도 하지 않으나 공기 중에 많이 존재하여 산소분압을 저하시켜 조직에 필요한 산소의 공급부족을 초래한다. • 수소, 이산화탄소(CO_2), 질소, 헬륨, 메탄, 에탄, 프로판, 에틸렌, 아세틸렌 등 • 질소는 지방용해도가 물에 대한 용해도보다 5배 정도 높고 마취작용을 일으킨다.
화학적 질식제	• 혈액 중의 혈색소와 결합하여 산소운반 능력을 방해하거나 조직이 산소를 받아들이는 능력을 잃게 하여 내질식을 일으킨다. • 일산화탄소(CO), 황화수소(H_2S), 시안화수소(HCN), 아닐린, 오존, 염소, 포스겐 등

3) 마취제와 진정제

① 주작용은 단순 마취작용이며 전신중독을 일으키지는 않으나 농도에 따라 중추 신경 작용을 억제한다.

② 종류
- 에틸렌에서 헵틸렌까지의 올레핀계 탄화수소
- 아세틸렌, 아릴렌 등 아세틸렌계 탄화수소
- 지방족 케톤류(메틸, 에틸, 케톤, 아세톤 등)
- 아세톤에서 옥타논까지의 지방족 케톤

한 눈에 들어오는 키워드

기출

일산화탄소
혈색소와 친화도가 산소보다 강하여 COHb(혈중 일산화탄소 결합 헤모글로빈)를 형성하여 조직에서 산소공급을 억제하며, 혈중 COHb의 농도가 높아지면 HbO_2(산소헤모글로빈)의 해리작용을 방해한다.

일산화탄소 중독
① 고압 산소설 : 1기압 이상의 높은 압력으로 100%의 산소를 체내에 주입하는 고압산소요법으로 일산화탄소 중독을 치료한다.(산소의 부분압력을 높여 일산화탄소를 산소로 바꾸어 준다)
② 카나리아 새 : 카나리아 새는 사람보다 훨씬 소량의 일산화탄소 노출에도 사망에 이르러 연탄가스(일산화탄소)의 조기경보시스템으로 카나리아 새를 방안에 두는 경우도 있었다.
③ 카르복시헤모글로빈 (carboxyhemoglobin) : 일산화탄소에 노출되면 헤모글로빈이 일산화탄소와 결합하여 카르복시헤모글로빈(Carboxyhemoglobin)을 만든다.(카르복시헤모글로빈은 산소와 결합을 하지 않아 인체는 산소부족으로 질식할 수 있다)

- 지방족 알코올류 : 지방족 알코올의 독성은 분자량이 클수록 독성도 커진다.
- 에테르류 : 뛰어난 마취 작용이 있어 외과용 마취제로 많이 사용한다.(에틸에테르 등)
- 이소프로필에테르
- 로판에서 데칸까지의 파라핀계 탄화수소
- 에스테르류 : 직접적인 마취작용은 없으나 체내에서 가수분해 되어 산과 알코올을 형성하여 2차적인 마취작용을 나타낸다.

4) 전신중독제

① 흡입 또는 피부 흡수를 통해 전신중독을 일으키는 물질을 말한다.
② 할로겐화탄화수소 : 간 및 신장 등 내장 손상을 일으킨다.
③ 사염화탄소, 사염화에탄, 니트로사민 : 간에 심한 장해를 일으킨다.
④ 발열성 금속 : 비점이 낮은 금속 증기가 공기 중에서 산화, 응결되어 생성된 산화 아연, 산화마그네슘, 산화알루미늄 등의 흄으로 흡입하면 알레르기성 발열(금속열, 월요일열)을 일으킨다.

3 감작물질과 질환

(1) 감작물질

체내에서 알레르기 반응을 일으키는 물질을 말한다.

(2) 직업성 피부질환

작업환경 내 유해인자에 노출되어 피부 및 부속기관에 병변이 발생되거나 악화되는 질환을 직업성 피부질환이라 한다.

① 대부분은 화학물질에 의한 접촉피부염이다.
② 자극에 의한 원발성 피부염이 직업성 피부질환 중 가장 많은 부분을 차지한다. ★
③ 정확한 발생빈도와 원인물질의 추정은 거의 불가능하다.
④ 직업성 피부질환의 간접요인으로는 인종, 연령, 계절, 아토피, 피부질환 등이 있다.

한 눈에 들어오는 키워드

기출

헤모글로빈
- 적혈구의 산소운반 단백질
- 헤모글로빈의 철성분이 산화되어 산소 결합을 할 수 없는 상태의 메트헤모글로빈 혈색소로 전환된다.

황화수소
- 천연가스, 석유정제산업, 지하석탄광업 등을 통해서 노출된다.
- 달걀 썩는 것 같은 심한 부패성 냄새가 난다.
- 독성이 강하며, 중추신경의 억제와 후각의 마비 증상, 눈이나 호흡기계 점막을 자극하여 심한 통증을 유발한다.
- 치료로는 100% O_2를 투여한다.

⑤ 피부종양은 발암물질과 피부의 직접 접촉뿐만 아니라 다른 경로를 통한 전신적인 흡수에 의하여도 발생될 수 있다.

⑥ 직업성 피부질환의 원인

직접요인	간접요인
• 물리적 요인 : 온도, 자외선 및 유해광선, 진동 등 • 화학적 요인 : 원발성 및 알레르기성 접촉 피부염물질 등 • 생물학적 요인 : 바이러스, 진균 등	• 인종 • 피부 종류 • 연령 • 성별 • 계절 및 기후 • 개인의 청결상태 등

(3) 접촉성 피부염

① 외부물질과의 직접 접촉에 의하여 발생하는 **피부염**을 말한다.
② 작업장에서 가장 발생이 빈번한 직업성 피부질환은 접촉성 피부염이다.
③ **첩포시험은 알레르기성 접촉 피부염의 감작물질을 색출하는 임상시험**이다. ★
④ 일부 화학물질과 식물은 광선에 의해서 활성화되어 피부반응을 보일 수 있다.

자극성 접촉피부염	알레르기성 접촉피부염
• **작업장에서 발생빈도가 가장 높은 피부질환**이다. • **접촉피부염의 대부분을 차지**한다. • 증상은 다양하지만 홍반과 부종을 동반하는 것이 특징이다. • 원인물질은 수분, 합성 화학물질, 생물성 화학물질, 부식성 화학물질, 금속성 물질 등이다. • 과거 노출경험과는 무관하다.	• **특정 물질에 알레르기성 체질이 있는 사람에게만 발생**하여 일반적인 보호기구로 개선되지 않는다.(면역학적 기전과 관련 있다) • 진단이 쉽지 않으며 **진단에 병력이 가장 중요하고 첩포시험을 시행**한다. • 항원에 재노출되었을 때 세포매개성 과민 반응에 의하여 나타나는 부작용의 결과이다. • 극소량 노출 시에도 피부염이 발생한다. • 노출 후 알레르기원으로 작용하기까지 약 2주~3주의 유도기를 가진다. • 알레르기 반응을 일으키는 세포는 대식세포, 림프구, 랑게르한스세포 등이다. • 원인물질 : 니켈, 수은, 코발트, 포르말린, 방향족탄화수소, 크롬화합물, 베릴륨 등이 있다.

한 눈에 들어오는 키워드

기출
아크리딘(acridine)
특정한 파장의 광선과 작용하여 광알레르기성 피부염을 일으킨다.

첩포시험 ★
접촉에 의한 알레르기성 피부감작을 증명하기 위한 시험

기출
알레르기원에 노출되고 이 물질이 알레르기원으로 작용하기 위해서는 일정기간이 소요되며 그 기간을 유도기라 한다.

(4) 직업성 천식

1) 호흡기 감작물질(Respiratory sensitizer)

호흡을 통해 유입되는 물질로, 호흡기(코, 인두, 후두, 기관, 기관지 및 폐)에 작용하여 비가역적인 면역반응을 유발하는 물질을 말하며 천식유발물질 또는 천식원인물질이라고 부르기도 한다.

2) 직업성 천식의 발생기전

① 천식유발물질을 흡입할 경우 이를 대식세포와 같은 항원공여세포가 탐식하면서 시작된다.
② 특정 알레르기 항원에 대한 IgG를 생성하도록 B림프구를 활성화한다.
③ 생성된 항체가 항체 수용체에 결합하면 이들 세포에서 히스타민(Histamine)이 분비되어 천식 증상이 나타난다.

3) 직업성 천식의 특징

① 근무시간에 증상이 심해지고 휴일 등 비근무시간에 증상이 완화되거나 없어진다.
② 천식을 유발하는 대표물질은 톨루엔 디이소시안산염(TDD), 무수트리 멜리트산(TMA)이 있다. ★
③ 질환에 이환하게 되면 작업 환경에서 추후 소량의 동일한 유발물질에 노출되더라도 지속적으로 증상이 발현된다.

4) 직업성 천식을 유발하는 물질

① 이소시아네이트류(톨루엔디이소시안산염 : TDI)
② 에폭시 레진(Epoxy resin)
③ 무수트리멜리트산(TMA)
④ 과황산염(Persulphate)
⑤ 목분진
⑥ 곡물분진
⑦ 금속류(니켈, 아연, 코발트, 크롬 등)
⑧ 페인트(디이소시아네이트, 디메틸에탄올아민) 등

5) 직업성 천식 유발물질과 노출업무

호흡기 감작물질(직업성 천식 유발물질)	노출업무
이소시아네이트(TDI, MDI 등)	자동차 스프레이도장, 우레탄 폼 제조
밀가루 또는 곡물분진	부두에서 곡물운반, 도정 및 제빵
글루타르알데하이드	병원기구의 소독
목재분진	목재가공
납땜용 플럭스(soldering flux)	납땜, 전자제품 조립
실험동물의 털	동물 취급 실험실 업무
접착제 및 레진(epoxy resin 등)	에폭시 레진의 가공 및 접착 업무
포르말린, 크롬화합물	피혁제조
아마씨, 목화씨	식물성 기름제조

6) 직업성 천식을 확진하는 방법

① 작업장 내 유발검사
② 증상 변화에 따른 추정
③ 특이항원 기관지 유발검사

(5) 환경호르몬

① 내분비계 교란물질이라고 한다.
② 플라스틱(합성 화학물질)에 잔류된 화학물질이 사용 중에 인체에 미량 흡수되어 영향을 미친다.
③ 호르몬의 생성, 분비, 이동 등에 혼란을 준다.
④ 환경호르몬의 노출로 인한 가장 큰 건강상의 장해는 생식기능 이상이다.

4 독성물질의 생체작용

(1) 독성

화학물질이 체내에 흡수되어 초래되는 바람직하지 않은 영향의 범위를 말한다.

한 눈에 들어오는 키워드

기출
만성독성 기간
3개월 이상 ~ 1년 정도

실기 기출 ★
작업장 내 유해물질 노출에 따른 유해성(위해성)을 결정하는 주요 인자 : 독성과 노출량

기출
피부의 표피
① 피부는 표피, 진피, 피하지방층으로 구성되고 얇은 바깥쪽 층이 표피이다.
② 표피는 대부분 각질세포로 구성된다.
③ 표피는 각질형성세포 외에도 멜라닌세포, 랑게르한스세포 및 머켈세포 같은 많은 세포로 구성되어 있다.
④ 각화세포를 결합하는 조직은 케라틴 단백질이다.

멜라닌세포
피부의 색소침착(pigmentation)이 가능한 세포

페놀
피부의 색소를 감소시키는 물질

화학물질의 노출로 인한 색소 증가의 원인물질
① 콜타르
② 햇빛
③ 만성피부염

---

1) 유해물질의 독성을 결정하는 인자 **실기 기출 ★**

① 인체 내 침입경로
② 유해물질의 농도 및 노출시간
③ 물리, 화학적 특성
④ 작업강도
⑤ 기상조건

2) 화학물질의 독성시험을 수행할 때 고려해야 할 사항

① 실험동물(생물체)의 선정
② 시험대상 독성물질의 선정
③ 모니터하거나 측정할 최종점(end point) 선정

(2) 피부독성

1) 화학물의 피부흡수 특성에 영향을 주는 요소 ★

① 노출된 화학물질의 양
② 화학물질의 특성
③ 노출시간
④ 발한
⑤ 주변온도

2) 피부 독성에 있어 경피 흡수에 영향을 주는 인자

① 개인의 민감도
② 용매(vehicle)
③ 화학물질

3) 피부독성평가에서 고려해야 할 사항

① 피부 독성 특성
② 피부 흡수 특성
③ 열 · 습기 등의 작업환경
④ 사용물질의 상호작용에 따른 독성학적 특성
⑤ 개인적 건강상태 등

(3) 혈액독성 ★

① 혈액이 항상성을 유지하지 못하고 이상증상이 일어나는 것을 혈액독성이라 한다.
② 혈액의 독성물질이란 적혈구의 산소운반 기능을 방해하는 물질을 말한다.
③ 혈구용적이 정상치보다 높으면 탈수증과 다혈구증이 의심된다.
④ 백혈구수가 정상치보다 낮으면 재생 불량성 빈혈이 의심된다.
⑤ 혈소판수가 정상치보다 낮으면 골수기능 저하가 의심된다.

(4) 금속독성

① 금속의 대부분은 이온상태로 작용한다.
② 생리과정에 이온상태의 금속이 활용되는 정도는 용해도에 달려있다.
③ 금속이온과 유기화합물 사이의 강한 결합력은 배설율에도 영향을 미치게 한다.
④ 용해성 금속염은 생체 내 여러 가지 물질과 작용하여 지용성 화합물로 전환된다.

(5) 독성실험

1) 독성실험 단계 ★

제1단계 (동물에 대한 급성노출실험)	• 치사성과 기관장해에 대한 양-반응곡선을 작성한다. • 눈과 피부에 대한 자극성 실험을 한다. • 변이원성에 대하여 1차적인 스크리닝 실험을 한다.
제2단계 (동물에 대한 만성노출실험)	• 상승작용과 가승작용 및 상쇄작용에 대하여 시험한다. • 생식영향(생식독성)과 산아장해(최기형성)를 시험한다. • 거동(행동)특성을 시험한다. • 장기독성을 시험한다. • 변이원성에 대하여 2차적인 스크리닝 실험을 한다.

2) 급성 독성시험에서 얻을 수 있는 정보

① 치사율
② 생식영향과 산아장해
③ 독성무관찰용량(NOEL)

3) 독극물의 측정 단위(독성실험 용어)

① MLD(Minimum Lethal Dose) : 실험 동물 가운데 한 마리를 치사시키는 데 필요한 최소의 양

② LD_{50}(Lethal Dose) : 1회 투여로 인하여 7~10일 이내에 실험 동물의 50%를 치사시키는 양, 실험동물 체중 1kg당 mg으로 나타낸다.

③ LC_{50}(Lethal Concentration) : 실험 동물의 50%가 사망하는 유해 물질의 농도

④ Lt_{50} : 일정 농도에서 실험 동물의 50%가 사망하는 데 소요되는 시간

⑤ EC_{50}(Effective Concentration) : 투여량 농도에 대한 과반수 영향농도

⑥ IC_{50}(Inhibition Concentration) : 투여량 농도에 대한 과반수 활성억제농도

⑦ 무영향농도(No Observed Effective Concentration) : 투여량 또는 투여농도에 있어서 어떠한 영향도 나타나지 않는 양 또는 농도

⑧ TD_{50}(Toxic Dose) : 실험 동물의 50%에 독성을 나타내는 양

⑨ ED_{50}(Effective Dose) : 실험 동물의 50%가 일정한 반응을 일으키는 양

⑩ 유효량(ED) : 실험동물 대상으로 투여 시 독성은 초래하지 않지만 가역적인 반응이 나타나는 양

⑪ 안전역(Margin of Safety, MOS) : 화학물질의 투여에 의한 독성범위 ★

$$\text{안전역} = \frac{\text{중독량}}{\text{유효량}} = \frac{TD_{50}}{ED_{50}} = \frac{LD_{01}}{ED_{99}}$$

- 인체에 흡수되는 전신노출량과 인체에 유해한 영향을 나타내지 않을 것으로 판단되는 양을 비교한 값이다.
- 최대유효용량(ED_{99})에 대한 최소치사용량(LD_{01})의 비교이다.
- 독성이 처음 나타나기 전에 주어질 수 있는 의약품의 양을 나타낸다.
- 안전역이 1 이상일 경우 안전하다고 평가한다.

⑫ TI(Therapeutic Index) : 생물학적인 활성을 갖는 약물의 안정성을 평가하는 데 이용하는 치료지수

$$\text{치료지수(TI)} = \frac{LD_{50}}{ED_{50}} = \frac{\text{치사량}}{\text{유효량}}$$

(6) 화학물질 노출기준 용어

① NEL(No Effect Level) : 무 작용량
   - 실험동물에서 어떠한 독성도 나타나지 않은 수준을 말한다.
② NOEL(No Observed Effect Level) : 무관찰 작용량
   - 만성독성 시험에 구해지는 지표로서 투여하는 전 기간에 걸쳐 독성이 관찰되지 않는 양
③ NOAEL(No Observed Adverse Effect Level) : 무관찰 부작용량
   - 독성 실험에서 어떠한 악영향(부작용)도 관찰되지 않은 수준
④ LOEL(Lowest Observed Effect Level) : 최소관찰 작용량
   - 독성을 나타내는 최소량
⑤ LOAEL(Lowest Observed Adverse Effect Level) : 최소관찰 부작용량
   - 악영향(부작용)을 나타내는 최소량

(7) 체내흡수량(SHD : Safe Human Dose) ★★★

동물실험에서 구해진 역치량(ThD 혹은 NOEL)을 사람에게 안전한 양으로 추정한 양을 말한다.

$$\text{체내흡수량[SHD](mg)} = C \times T \times V \times R \;\; ★★★$$

C : 공기 중 유해물질 농도(mg/m³)
T : 노출시간(hr)
V : 폐환기율(호흡률 m³/hr)
R : 체내 잔유율(보통 1.0)

$$SHD = \frac{ThD(\text{mg/kg/day}) \times 몸무게(\text{kg})}{SF}$$

ThD : 독성물질에 대한 역치
SF : 안전인자

한 눈에 들어오는 키워드

[예제 4]

어떤 물질의 독성에 관한 인체실험 결과 안전 흡수량이 체중 1kg당 0.15mg이었다. 체중이 70kg인 근로자가 1일 8시간 작업할 경우 이물질의 체내 흡수를 안전흡수량 이하로 유지하려면 공기 중 농도를 얼마 이하로 하여야 하는가? (단, 작업 시 폐환기율은 1.3m³/hr, 체내 잔류율은 1.0으로 한다.)

① 0.52mg/m³
② 1.01mg/m³
③ 1.57mg/m³
④ 2.02mg/m³

해설

체내흡수량(mg) $= C \times T \times V \times R$

$$C = \frac{mg}{T \times V \times R} = \frac{\frac{0.15mg}{kg} \times 70kg}{8 \times 1.3 \times 1.0} = 1.01 mg/m^3$$

[정답 ②]

[예제 5]

구리의 독성에 대한 인체실험 결과 안전흡수량이 체중 kg당 0.008mg이었다. 1일 8시간 작업 시의 허용농도는 약 몇 mg/m³인가? (단, 근로자 평균체중은 70kg, 작업 시의 폐환기율은 1.45m³/hr, 체내 잔류율은 1.0으로 가정한다.)

① 0.035
② 0.048
③ 0.056
④ 0.064

해설

체내흡수량(mg) $= C \times T \times V \times R$

$$C = \frac{mg}{T \times V \times R} = \frac{\frac{0.008mg}{kg} \times 70kg}{8 \times 1.45 \times 1.0} = 0.048 (mg/m^3)$$

[정답 ②]

(8) 발암물질

종양을 유발할 수 있는 화학물질 및 각종인자를 말한다.

선행발암물질 (Procarcinogen)	대사과정에 의해서 변화된 후에만 발암성을 나타내는 물질 • PAH • Nitrosamine
직접발암물질 (Direct carcinogen)	대사되지 않은 본래의 형태로도 암을 발생시킬 수 있는 물질 • 알킬화화합물 • 방사선
초발암물질 (Cocarcinogen)	자신은 발암물질이 아니나 다른 발암물질을 활성화시키는 물질

1) 국제암연구위원회(IARC)의 발암물질 구분

> **암기**
>
> **국제암연구위원회(IARC)의 발암물질 구분** ★★
>
> - **Group 1** : 인체 발암성 물질
>   인간 발암성에 대해 충분한 증거가 있는 물질
> - **Group 2A** : 인체 발암성 추정물질
>   인간 발암성에 대한 제한된 증거와 동물실험에서 충분한 증거가 있는 물질
> - **Group 2B** : 인체 발암성 가능 물질
>   인간 발암성에 대한 증거가 제한적이고 동물실험에서 불충분한 증거가 있는 물질
> - **Group 3** : 인체 발암성 미분류물질
>   인간 발암성에 대한 증거가 부적당하고 동물실험에서는 부적당하거나 제한된 증거가 있는 물질
> - **Group 4** : 인체 비발암성 추정물질
>   인간과 동물실험에서 발암성이 없다는 증거가 있는 물질
>
> **암기법**
>
> **암연구**(국제암연구위원회)해서 **발암**(발암성) **추**(발암성 추정) **가**(발암성 가능)하고
> **미분류물질은 비발암 추정**

한 눈에 들어오는 키워드

기출

OSHA의 발암성 물질 구분

Ca : 발암성물질로 규정한 물질

기출

암 발생 돌연변이로 알려진 유전자
① jun
② integrin
③ VEGF(vascular endothelial growth factor)

작업환경에서 발생되는 유해물질과 암의 종류
① 벤젠 – 백혈병
② 비소 – 피부암
③ 포름알데하이드 – 다발성골수종, 악성흑색종
④ 1,3 부타디엔 – 림프육종

직업성 폐암을 일으키는 물질
① 니켈
② 결정형 실리카겔
③ 석면
④ 다핵방향족탄화수소(PAH)
⑤ 크롬
⑥ 결정형 유리규산

• δ-아미노레불린산은 암의 광역학 탐지 및 수술에 사용된다.
• benzo(a)pyrene, ethylbromide → 간접 발암원

2) 미국정부 산업위생전문가협의회(ACGIH)의 발암물질 구분 ★★★

 한 눈에 들어오는 **키**워드

실기 기출 ★

ACGIH의 발암성 확인물질(A1)의 종류
① 석면
② 베릴륨
③ 염화비닐
④ 6가크롬 화합물
⑤ 크롬산 아연

암기

ACGIH의 발암성 물질 구분 ★★★

- A1 : 인체발암성 확인물질
- A2 : 인체발암성 의심물질(추정물질)
- A3 : 동물발암성 확인물질, 인체발암성 모름
- A4 : 인체발암성 미분류(인체 발암가능성이 있으나 자료가 부족) 물질
- A5 : 인체발암성 미의심 물질

암기법

미국(ACGIH)에서 **인체 확인**(인체발암성 확인)하니 **발암의심**(인체발암성 의심), **동물 확인**으론 **인체 모름**, 인체 **자료 부족**하면(미분류) 미의심

3) 우리나라의 발암물질 구분 ★★★

| 우리나라 노동부고시의 발암성 물질 구분 ||
(화학물질 및 물리적인자의 노출기준, 화학물질의 분류 · 표시 및 물질안전보건자료에 관한 기준)	
1A	사람에게 충분한 발암성 증거가 있는 물질
1B	시험동물에서 발암성 증거가 충분히 있거나, 시험동물과 사람 모두에서 제한된 발암성 증거가 있는 물질
2	사람이나 동물에서 제한된 증거가 있지만, 구분1로 분류하기에는 증거가 충분하지 않은 물질

암기법

1A : 사람 충분한 발암, 1B : 사람 · 동물 제한된 발암, 2 : 사람 · 동물 제한된 증거

확인

❈ 화학물질의 분류 · 표시 및 물질안전보건자료에 관한 기준

- Skin 표시 물질은 점막과 눈 그리고 경피로 흡수되어 전신 영향을 일으킬 수 있는 물질을 말함(피부자극성을 뜻하는 것이 아님) ★★
- 화학물질이 IARC 등의 발암성 등급과 NTP의 R등급을 모두 갖는 경우에는 NTP의 R등급은 고려하지 아니함 ★★

- 혼합용매추출은 에텔에테르, 톨루엔, 메탄올을 부피비 1 : 1 : 1로 혼합한 용매나 이와 동등 이상의 용매로 추출한 물질을 말함
- 노출기준이 설정되지 않은 물질의 경우 이에 대한 노출이 가능한 한 낮은 수준이 되도록 관리하여야 함 ★

4) 암 발생 다단계이론(발암과정)

① 개시 단계(Initiation) : 비가역적인 세포 변화가 생기는 단계
② 촉진 단계(promotion) : 세포분열을 통해 돌연변이가 유전자 내에서 분리되는 단계
③ 전환 단계(conversion)
④ 진행 단계(progression)

5) 정상세포와 악성종양세포의 비교

① 정상세포는 악성종양세포에 비해 세포질/핵 비율이 높다.
② 정상세포는 세포와 세포 연결이 정상적이고 악성 종양세포는 세포와 세포연결이 소실되어 있다.
③ 정상세포는 전이성, 재발성이 없고 악성종양세포는 전이성, 재발성이 있다.
④ 정상세포는 성장속도가 느리고, 악성종양세포는 빠르다.

5 표적장기 독성

(1) 폭로물질에 대하여 간장이 표적장기가 되는 이유 ★

① 혈액의 흐름이 매우 풍부하기 때문에 혈액을 통해서 쉽게 침투가 가능하다.
② 복잡한 생화학 반응 등 매우 복잡한 기능을 수행함에 따라 기능의 손상가능성이 매우 높다.
③ 소화기계로부터 혈액을 공급받으므로 소화기로부터 흡수된 독성물질이 흡수된다.
④ 각종 대사효소가 집중적으로 분포되어 있고, 이들 효소활동에 의해 다양한 대사 물질이 만들어지지 때문에 다른 기관에 비해 독성물질의 노출가능성이 매우 높다.

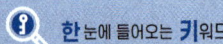

(2) 생식독성

1) 생식독성의 정의

① 생식독성 : 생식기능 및 생식능력에 대한 유해영향을 일으키거나 태아의 발생·발육에 유해한 영향을 주는 성질을 말한다.
② 최기형 물질(Teratogen) : 선천성 기형을 유발하는 물질을 말한다.

2) 최기형성 작용기전(기형발생의 중요 요인)

① 원인물질의 용량(화학물질의 양)
② 사람의 감수성
③ 노출 시기

3) 남성 및 여성근로자의 생식독성 유발요인

남성 근로자의 생식독성 유발요인 (유해인자)	여성근로자의 생식독성 유발요인
• 물리적·사회적 인자 : 흡연, 음주, 고온, 방사선(마이크로파, X선 등) • 중금속 : 망간, 카드뮴, 납 등 • 화학물질 : 농약, 염화비닐, 알킬화제, 유기용제(에틸렌글리콜에테르, 이황화탄소, 2-브로모프로판) 등 • 의약품 : 항암제, 호르몬제, 마취제 등	• 중금속 : 납, 카드뮴, 망간 등 • 물리적, 생물학적 인자 : X선, 고열, 풍진(루벨라바이러스), 매독 등 • 화학물질 : 알킬화제, 유기인제 농약, 마취제 등 • 사회적 습관 : 음주, 흡연 등 • 의약품 : 항암제, 스테로이드계 약물, 항생제 등

CHAPTER 02 단원 예상문제

저자가 콕! 찝어주는 예상문제 풀어보기!

01 알데히드류에 관한 설명으로 틀린 것은?

① 호흡기에 대한 자극작용이 심한 것이 특징이다.
② 포름알데히드는 무취, 무미하며 발암성이 있다.
③ 지용성 알데히드는 기관지 및 폐를 자극한다.
④ 아크롤레인은 특별히 독성이 강하다고 할 수 있다.

> ★ 알데하이드류(알데히드류)
> ① 호흡기에 대한 자극작용이 심하다.
> ② 포름알데히드는 자극적인 냄새가 나는 무색의 기체로서 다발성골수종이나 악성흑색종 및 호흡기계 암의 원인이 된다.
> ③ 지용성 알데히드는 기관지 및 폐를 자극한다.
> ④ 아크롤레인은 특별히 독성이 강하다.

02 다음 중 유기용제의 중추신경계에 대한 일반적인 독성작용의 원리로 틀린 것은?

① 불포화화합물은 포화화합물보다 더욱 강력한 중추신경 억제물질이다.
② 탄소사슬 길이가 길수록 유기화학물질의 중추신경 억제효과는 증가한다.
③ 탄소사슬 길이가 증가하면 수용성도 증가하고 지용성이 감소하여 체내조직에 폭넓게 분포할 수 있다.
④ 유기분자의 중추신경 억제특성은 할로겐화하면 크게 증가하고 알코올 작용기에 의하여 다소 증가한다.

> ③ 탄소사슬의 길이가 길수록 수용성은 감소하고 지용성은 증가한다.

03 화학적 질식제(chemical asphyxiant)에 심하게 노출되었을 경우 사망에 이르게 되는 이유로 가장 적절한 것은?

① 폐에서 산소를 제거하기 때문
② 심장의 기능을 저하시키기 때문
③ 폐 속으로 들어가는 산소의 활동을 방해하기 때문
④ 신진대사기능을 높여 가용한 산소가 부족해지기 때문

> 화학적 질식제는 혈액 중의 혈색소와 결합하여 산소운반 능력을 방해하거나 조직이 산소를 받아들이는 능력을 잃게 하여 내질식을 일으킨다.

> ★ 참고
> 화학적 질식제의 종류
> 일산화탄소(CO), 황화수소(H_2S), 시안화수소(HCN), 아닐린 등

정답 01 ② 02 ③ 03 ③

04 접촉에 의한 알레르기성 피부감작을 증명하기 위한 시험으로 가장 적절한 것은?

① 첩포시험 ② 진균시험
③ 조직시험 ④ 유발시험

> ★ 첩포시험
> 접촉에 의한 알레르기성 피부감작을 증명하기 위한 시험

05 화학물질을 투여한 실험동물의 50%가 관찰 가능한 가역적인 반응을 나타내는 양을 의미하는 것은?

① LC_{50} ② LE_{50}
③ TE_{50} ④ ED_{50}

> ① ED_{50}(Effective Concentration) : 실험동물의 50%가 일정한 반응을 일으키는 양을 말한다.
> ② EC_{50}(Effective Concentration) : 투여량 농도에 대한 과반수 영향농도를 말한다.
> ③ LD_{50}(Lethal Dose) : 1회 투여로 인하여 7~10일 이내에 실험동물의 50%를 치사시키는 양으로 실험동물 체중 1kg당 mg으로 나타낸다.
> ④ TD_{50}(Toxic Dose) : 실험동물의 50%에 독성을 나타내는 양을 말한다.
> ⑤ LC_{50}(Lethal Concentration) : 실험동물의 50%가 사망하는 유해 물질의 농도를 말한다.

06 다음 중 진폐증의 독성병리 기전을 설명한 것으로 틀린 것은?

① 폐포 탐식세포는 분진탐식과정에서 활성산소 유리기에 의한 폐포 상피세포의 증식을 유도한다.
② 진폐증의 대표적인 병리소견은 섬유증(fibrosis)이다.
③ 콜라겐 섬유가 증식하면 폐의 탄력성이 떨어져 호흡곤란, 지속적인 기침, 폐기능 저하를 가져온다.
④ 섬유증이 동반되는 진폐증의 원인물질로는 석면, 알루미늄, 베릴륨, 석탄분진, 실리카 등이 있다.

> ① 폐포 대식세포는 분진탐식 과정에서 활성산소 유리기에 의한 섬유모세포의 증식을 유도한다.

07 다음 중 작업환경 내의 유해물질과 그로 인한 대표적인 장해를 잘못 연결한 것은?

① 이황화탄소 - 생식기능장해
② 염화비닐 - 간장해
③ 벤젠 - 시신경장해
④ 톨루엔 - 중추신경계 억제

> ③ 벤젠 - 조혈장해

정답 04 ① 05 ④ 06 ① 07 ③

08 다음 중 유해물질이 인체에 미치는 영향을 결정하는 인자와 가장 거리가 먼 것은?

① 유해물질의 농도
② 유해물질의 노출시간
③ 유해물질의 독립성
④ 개인의 감수성

> * 유해물질의 유해요인(인체에 미치는 유해성을 좌우하는 인자)
> ① 유해물질의 농도와 접촉시간
> ② 근로자의 감수성
> ③ 작업강도 및 호흡량
> ④ 기상조건

09 다음 중 유해화학물질이 체내에서 해독되는 데 가장 중요한 작용을 하는 것은?

① 효소   ② 임파구
③ 적혈구   ④ 체표온도

> 유해화학물질이 체내에서 해독(분해)되는 경우 중요한 작용을 하는 것은 효소이다.

10 다음 중 유해물질에 관한 설명으로 틀린 것은?

① 단순 질식성 물질이란 그 자체의 독성은 약하나 공기 중에 많이 존재하면 산소분압을 저하시켜 조직에 필요한 산소공급의 부족을 초래하는 물질을 말한다.
② 화학성 질식성 물질이란 혈액 중의 혈색소와 결합하여 산소운반능력을 방해하여 질식시키는 물질을 말한다.
③ 중추신경계 독성물질이란 뇌, 척수에 작용하여 마취작용, 신경염, 정신장해 등을 일으킨다.
④ 혈액의 독성물질이란 임파액과 호르몬의 생산이나 그 정상활동을 방해하는 것을 말한다.

> ④ 혈액의 독성물질이란 적혈구의 산소운반 기능을 방해하는 물질을 말한다.

11 다음 중 화학물질의 노출로 인한 색소 증가의 원인물질이 아닌 것은?

① 콜타르   ② 햇빛
③ 화상   ④ 만성피부염

> * 화학물질의 노출로 인한 색소 증가의 원인물질
> ① 콜타르
> ② 햇빛
> ③ 만성피부염

12 다음 중 유기용제의 화학적인 성상에 따른 유기용제의 구분으로 볼 수 없는 것은?

① 지방족 탄화수소 ② 신나류
③ 글리콜류 ④ 케톤류

> ★ 화학물질의 성상에 따른 유기용제의 구분
> ① 방향족 및 지방족 탄화수소류 : 헥산, 헵탄, 벤젠, 톨루엔, 크실렌 등
> ② 할로겐화 탄화수소류 : 트리클로로에틸렌, 사염화탄소 등
> ③ 알코올류 : 메탄올, 에탄올, 이소프로필알코올 등
> ④ 케톤류 : 메틸에틸케톤, 메틸이소부틸케톤 등
> ⑤ 에테르류 : 디메틸에테르, 메틸에틸에테르
> ⑥ 에스테르류 : 단순에스테르 중 독성이 가장 강한 것은 부틸산염이다.

13 다음 중 소화기로 흡수된 유해물질을 해독하는 인체기관은?

① 신장 ② 간
③ 담낭 ④ 위장

> ★ 간
> 소화기로 흡수된 유해물질을 해독하는 인체기관

14 다음 중 환경호르몬에 관한 설명으로 틀린 것은?

① 내분비계 교란물질이라고 한다.
② 플라스틱(합성 화학물질)에 잔류된 화학물질이 사용 중에 인체에 미량 흡수되어 영향을 미친다.
③ 호르몬의 생성, 분비, 이동 등에 혼란을 준다.
④ 환경호르몬의 노출로 인한 가장 큰 건강상의 장해는 면역체계 이상이다.

> ④ 환경호르몬의 노출로 인한 가장 큰 건강상의 장해는 생식기능 이상이다.

15 다음 중 메탄올에 관한 설명으로 틀린 것은?

① 자극성이 있고, 중추신경계를 억제한다.
② 특징적인 악성변화는 간 혈관육종이다.
③ 플라스틱, 필름제조와 휘발유첨가제 등에 이용된다.
④ 메탄올 중독 시 중탄산염의 투여와 혈액투석 치료가 도움이 된다.

> ② 자극성이 있고, 신경독성물질로 시신경장해, 중추신경억제를 일으킨다.

> ★ 참고
> 염화비닐
> 간에 혈관육종을 일으킨다.

정답 12 ② 13 ② 14 ④ 15 ②

16 다음 중 이황화탄소(CS_2) 중독의 증상으로 가장 적절한 것은?

① 급성마비, 두통, 신경증상
② 피부염, 궤양, 호흡기질환
③ 치아산식증, 순환기장해, 천식
④ 질식, 시신경장해, 심장장해

> ★ 이황화탄소(CS_2) 중독의 증상
> ① 중추신경 및 말초 신경장해, 생식기능장해
> ② 장기간 고농도에 폭로되면 신경행동학적 이상 (중추신경계의 특징적인 독성작용), 말초신경장해(파킨슨 증후군), 기질적 뇌손상(급성 뇌병증), 시각, 청각장해 등 감각 및 운동신경에 장해를 유발한다.

17 다음 중 작업장 내 유해물질 노출에 따른 유해성(위험성)을 결정하는 주요 인자로만 나열된 것은?

① 노출기준과 노출량
② 노출기준과 노출농도
③ 독성과 노출량
④ 배출농도와 사용량

> 유해물질 노출에 따른 위험성을 결정하는 주요 인자
> → 독성(유해인자의 위해성)과 노출량

18 2000년대 외국인 근로자에게 다발성 말초신경병증을 집단으로 유발한 노말헥산(n-hexane)은 체내 대사과정을 거쳐 어떤 물질로 배설되는가?

① 2.5-hexanedione   ② hexachloroethane
③ hexachlorophene   ④ 2-hexanone

> 노말헥산(N-헥산)의 생물학적 노출지표물질(체내대사산물)
> → 소변 중 n-헥산, 소변 중 2.5-hexanedione

19 다음 중 사업장에서의 중독증에 관여하는 요인에 관한 설명으로 틀린 것은?

① 유해물질의 농도상승률보다 유해도의 증대율이 훨씬 크다.
② 동일한 농도의 경우에는 일정시간 동안 계속 노출되는 편이 단속(斷續)적으로 같은 시간에 노출되는 것보다 피해가 적다.
③ 대체로 연소자, 부녀자 그리고 간, 심장, 신장질환이 있는 경우는 중독에 대한 감수성이 높다.
④ 습도가 높거나 공기가 안정된 상태에서는 유해가스가 확산되지 않고, 농도가 높아져 중독을 일으킨다.

> ② 동일한 농도의 경우에는 일정시간 동안 계속 노출되는 편이 단속(斷續)적으로 같은 시간에 노출되는 것보다 피해가 크다.

20 자동차 정비업에서 우레탄 도료를 사용하는 도장작업 근로자에게서 직업성 천식이 발생되었다면 원인물질은 무엇으로 추측할 수 있는가?

① 시너(thinner)
② 벤젠(benzene)
③ 크실렌(xylene)
④ TDI(Toluene Diisocyanate)

> ★ 자동차 정비업에서 우레탄 도료를 사용하는 도장작업 근로자의 직업성 천식 원인물질
> ① MDI(Methylene Diphenyl diisocyanate)
> ② TDI(Toluene Diisocyanate)

21 다음 중 직업성 천식을 유발할 수 있는 업종과 원인물질이 잘못 연결된 것은?

① 업종 - 피혁제조
  원인물질 - 포르말린, 크롬화합물
② 업종 - 식물성 기름제조
  원인물질 - 아마씨, 목화씨
③ 업종 - 플라스틱제조업
  원인물질 - 스피라마이신, 설파티아졸
④ 업종 - 페인트 도장작업
  원인물질 - 디이소시아네이트, 디메틸에탄올아민

> ③ 업종 – 플라스틱제조업
>   원인물질 – 안하이드라이드(anhydride : 무수물)

22 다음 중 일반적으로 벤젠이 함유된 물질을 다량 취급하여 발생되는 빈혈증은?

① 용혈성 빈혈증
② 적혈구 모세포 빈혈증
③ 재생불량성 빈혈증
④ 적혈구색소 감소 빈혈증

> ★ 벤젠
> 골수 및 조혈장해(재생불량성 빈혈증)

23 다음 중 직업성 천식의 발생작업으로 볼 수 없는 것은?

① 석면을 취급하는 근로자
② 밀가루를 취급하는 근로자
③ 폴리비닐필름으로 고기를 싸거나 포장하는 정육업자
④ 폴리우레탄 생산공정에서 첨가제로 사용되는 TDI(Toluene D-Isocyanate)를 취급하는 근로자

> ★ 직업성 천식을 유발하는 물질
> ① 이소시아네이트류(톨루엔디이소시안산염 : TDI)
> ② 에폭시 레진(Epoxy resin)
> ③ 무수트리멜리트산(TMA)
> ④ 과황산염(Persulphate)
> ⑤ 목분진
> ⑥ 곡물분진
> ⑦ 금속류
> ⑧ 페인트(디이소시아네이트, 디메틸에탄올아민) 등

24 다음 중 발암성 및 생식독성물질로 알려진 Polychlorinated Biphenyls(PCBs)가 과거에 가장 많이 사용되었던 업종은?

① 식품공업 ② 전기공업
③ 섬유공업 ④ 폐기물처리업

> 폴리염화바이페닐(Polychlorinated Biphenyls : PCBs)가 가장 많이 사용되었던 업종 : 전기공업

25 다음 중 적혈구의 산소운반 단백질을 무엇이라 하는가?

① 헤모글로빈 ② 백혈구
③ 혈소판   ④ 단구

> ★ 헤모글로빈
> 적혈구의 산소운반 단백질

26 납의 독성에 대한 인체실험 결과, 안전흡수량이 체중 kg당 0.005mg이었다. 1일 8시간 작업 시의 허용농도는 약 몇 mg/m³인가? (단, 근로자의 평균체중은 70kg, 해당 작업 시의 폐환기율은 시간당 1.25m³로 가정한다.)

① 0.030 ② 0.035
③ 0.040 ④ 0.045

> 체내흡수량[SHD](mg) = $C \times T \times V \times R$
> - C : 공기 중 유해물질 농도(mg/m³)
> - T : 노출시간(hr)
> - V : 폐환기율(호흡률 m³/hr)
> - R : 체내 잔유율(보통 1.0)
>
> $C = \dfrac{mg}{T \times V \times R} = \dfrac{\dfrac{0.005mg}{kg} \times 70kg}{8 \times 1.25 \times 1.0}$
> $= 0.035(mg/m^3)$

27 다음 물질은 급성 전신중독 시 독성이 가장 강한 것부터 약한 순서대로 나열한 것은?

> 벤젠, 톨루엔, 크실렌

① 크실렌 〉톨루엔 〉벤젠
② 톨루엔 〉벤젠 〉크실렌
③ 톨루엔 〉크실렌 〉벤젠
④ 벤젠 〉톨루엔 〉크실렌

> ★ 급성 전신중독 시 독성이 강한 순서
> 톨루엔 〉크실렌 〉벤젠

정답 24 ② 25 ① 26 ② 27 ③

28 다음 중 각종 유해물질에 의한 유해성을 지배하는 인자로 가장 적합하지 않은 것은?

① 적응속도 ② 개인의 감수성
③ 노출시간 ④ 농도

> ★ 유해물질의 유해요인(인체에 미치는 유해성을 좌우하는 인자)
> ① 유해물질의 농도와 접촉시간
> ② 근로자의 감수성
> ③ 작업강도 및 호흡량
> ④ 기상조건

29 다음 중 피부의 색소를 감소시키는 물질은?

① 페놀 ② 구리
③ 크롬 ④ 니켈

> 피부의 색소를 감소시키는 물질 → 페놀

30 다음 중 화학물질의 건강영향 또는 그 정도를 좌우하는 인자와 가장 거리가 먼 것은?

① 숙련도 ② 작업강도
③ 노출시간 ④ 개인의 감수성

> ★ 유해물질의 유해요인(인체에 미치는 유해성을 좌우하는 인자)
> ① 유해물질의 농도와 접촉시간
> ② 근로자의 감수성
> ③ 작업강도 및 호흡량
> ④ 기상조건

31 고농도에 노출 시 간장이나 신장장해를 유발하며, 초기증상으로 지속적인 두통, 구역 및 구토, 간부위의 압통 등의 증상을 일으키는 할로겐화 탄화수소는?

① 사염화탄소 ② 벤젠
③ 에틸아민 ④ 에틸알코올

> ★ 사염화탄소
> ① 피부를 통하여 인체에 흡수된다.
> ② 고농도로 폭로되면 중추신경계 장해 외에 간장이나 신장에 장해가 일어나 황달, 단백뇨, 혈뇨 등의 증상이 생긴다.
> ③ 간에 대한 독성작용이 특히 심하여 중심소엽성 괴사를 일으킨다.

정답 28 ① 29 ① 30 ① 31 ①

32 다음 중 중추신경 억제작용이 가장 큰 것은?

① 알칸 ② 알코올
③ 에테르 ④ 에스테르

> ★ 유기화학물질의 중추신경계 억제작용 순서
> 할로겐화화합물(할로겐족) 〉 에테르 〉 에스테르 〉
> 유기산 〉 알코올 〉 알켄 〉 알칸

33 다음 중 유해물질이 인체로 침투하는 경로로써 가장 거리가 먼 것은?

① 호흡기계 ② 신경계
③ 소화기계 ④ 피부

> ★ 유해물질의 인체침입 경로
> ① 호흡기 : 가장 영향이 큰 침입경로
> ② 피부
> ③ 소화기

34 다음 중 단순질식제로 볼 수 없는 것은?

① 메탄 ② 질소
③ 헬륨 ④ 오존

단순 질식제	① 생리적으로는 아무 작용도 하지 않으나 공기 중에 많이 존재하면 산소분압을 저하시켜 조직에 필요한 산소의 공급부족을 초래한다. ② 수소, 이산화탄소(CO_2), 질소, 헬륨, 메탄, 에탄, 프로판, 에틸렌, 아세틸렌 등

화학적 질식제	① 혈액 중의 혈색소와 결합하여 산소운반 능력을 방해하거나 조직이 산소를 받아들이는 능력을 잃게 하여 내질식을 일으킨다. ② 일산화탄소(CO), 황화수소(H_2S), 시안화수소(HCN), 아닐린, 오존, 염소, 포스겐 등

35 다음 중 코와 인후를 자극하며, 중등도 이하의 농도에서 두통, 흉통, 오심, 구토, 무후각증을 일으키는 유해물질은?

① 브롬 ② 포스겐
③ 불소 ④ 암모니아

> ★ 자극제

상기도 점막 자극제	① 물에 잘 녹는 물질로 암모니아, 크롬산, 염화수소, 불화수소, 아황산가스 등이 있다. ② 암모니아는 피부점막에 작용하여 눈의 결막과 각막을 자극하며 폐부종, 성대경련, 기관지 경련, 호흡장해를 초래한다.
상기도 점막 및 폐조직 자극제	① 물에 대한 용해도가 중등도인 물질로 염소, 브롬, 요오드(옥소), 불소(플루오르), 염소산화물, 오존 등이 있다. ② 불소는 뼈에 가장 많이 축적된다.
종말 기관지 및 폐포점막 자극제	① 물에 잘 녹지 않는 물질로 이산화질소, 3염화비소, 포스겐 등이 있다. ② 이산화질소, 포스겐은 폐포까지 침투하여 폐수종을 일으킨다.

정답 32 ③ 33 ② 34 ④ 35 ④

36 다음 중 페니실린을 비롯한 약품을 정제하기 위한 추출제 혹은 냉동제 및 합성수지에 이용되는 물질로 가장 적절한 것은?

① 클로로포름
② 브롬화메틸
③ 벤젠
④ 헥사클로로나프탈렌

> ★ 클로로포름
> 약품을 정제하기 위한 추출제 혹은 냉동제 및 합성수지에 이용된다.

37 다음 중 할로겐화 탄화수소에 관한 설명으로 틀린 것은?

① 대개 중추신경계의 억제에 의한 마취작용이 나타난다.
② 가연성과 폭발의 위험성이 높으므로 취급 시 주의하여야 한다.
③ 일반적으로 할로겐화 탄화수소의 독성 정도는 화합물의 분자량이 커질수록 증가한다.
④ 일반적으로 할로겐화 탄화수소의 독성 정도는 할로겐원소의 수가 커질수록 증가한다.

> ★ 할로겐화탄화수소
> ① 중추신경계의 억제에 의한 마취작용이 특히 심하다.
> ② 고농도에 노출되면 중추신경계 장해 외에 간장과 신장장해를 유발한다.
> ③ 신장장해 증상으로 감뇨, 혈뇨 등이 발생하며 완전 무뇨증이 되면 사망할 수도 있다.
> ④ 초기 증상으로는 지속적인 두통, 구역 또는 구토, 복부선통과 설사, 간압통 등이 나타난다.
> ⑤ 할로겐화탄화수소의 독성의 정도는 화합물의 분자량이 커질수록 증가한다.
> ⑥ 할로겐화탄화수소의 독성의 정도는 할로겐원소의 수가 커질수록 증가한다.
> ⑦ 사염화탄소, 클로로포름, 염화비닐 등이 있다.

38 다음 중 Haber의 법칙을 가장 잘 설명한 공식은? (단, K는 유해지수, C는 농도, t는 시간이다.)

① $K = C^2 \times t$
② $K = C \times t$
③ $K = C/t$
④ $K = t/C$

> ★ Haber의 법칙
> 유해지수 = 유해물질의 농도 × 접촉시간
> (K)   (C)   (t)

39 다음 중 유해물질의 흡수에서 배설까지에 관한 설명으로 틀린 것은?

① 흡수된 유해물질은 원래의 형태든, 대사산물의 형태로든 배설되기 위하여 수용성으로 대사된다.
② 간은 화학물질을 대사시키고, 콩팥과 함께 배설시키는 기능을 가지고 있는 것과 관련하여 다른 장기보다도 여러 유해물질의 농도가 낮다.
③ 유해물질은 조직에 분포되기 전에 먼저 몇 개의 막을 통과하여야 하며, 흡수속도는 유해물질의 물리화학적 성상과 막의 특성에 따라 결정된다.
④ 흡수된 유해화학물질은 다양한 비특이적 효소에 의하여 이루어지는 유해물질의 대사로 수용성이 증가되어 체외로의 배출이 용이하게 된다.

> ② 간은 화학물질을 대사시키고, 콩팥과 함께 배설시키는 기능을 가지고 있는 것과 관련하여 다른 장기보다도 여러 유해물질의 농도가 높다.

정답 36 ① 37 ② 38 ② 39 ②

40 다음 중 중추신경의 자극작용이 가장 강한 유기용제는?

① 아민 ② 알코올
③ 알칸 ④ 알데히드

> ① 중추신경계 억제작용 순서
>   할로겐화합물(할로겐족) 〉 에테르 〉 에스테르 〉 유기산 〉 알코올 〉 알켄 〉 알칸
> ② 중추신경계 자극작용 순서
>   아민류 〉 유기산 〉 케톤 〉 알데하이드 〉 알코올 〉 알칸

41 다음 중 이황화탄소(CS_2)에 관한 설명으로 틀린 것은?

① 감각 및 운동신경 모두에 침범한다.
② 심한 경우 불안, 분노, 자살성향 등을 보이기도 한다.
③ 인조견, 셀로판, 수지와 고무제품의 용제 등에 이용된다.
④ 방향족 탄화수소물 중에서 유일하게 조혈장해를 유발한다.

> ★ 이황화탄소(CS_2)
> 중추신경 및 말초 신경장해, 생식기능장해를 일으킨다.
> ① 상기도를 통해 체내로 흡수된다.
> ② 인조견, 셀로판, 사염화탄소의 생산, 수지와 고무제품의 용제, 실험실에서 추출용 등의 시약에 사용된다.
> ③ 장기간 고농도에 폭로되면 신경행동학적 이상(중추신경계의 특징적인 독성작용), 말초신경장해(파킨슨 증후군), 기질적 뇌손상(급성 뇌병증), 시각, 청각장해 등 감각 및 운동신경에 장해를 유발한다.
> ④ 고혈압의 유병률과 콜레스테롤치의 상승 빈도가 증가되어 뇌, 심장 및 신장의 동맥 경화성 질환을 초래한다.

42 어떤 물질의 독성에 관한 인체실험 결과 안전흡수량이 체중 kg당 0.1mg이었다. 체중이 60kg인 근로자가 1일 8시간 작업할 경우 이 물질의 체내 흡수를 안전흡수량 이하로 유지하려면 공기 중 농도를 몇 mg/m^3 이하로 하여야 하는가? (단, 작업 시 폐환기율은 $1.25m^3/hr$, 체내 잔류열은 1.0으로 한다.)

① 0.5 ② 0.6
③ 4.0 ④ 9.0

> 체내흡수량[SHD](mg) = $C \times T \times V \times R$
> • C : 공기 중 유해물질 농도(mg/m^3)
> • T : 노출시간(hr)
> • V : 폐환기율(호흡률 m^3/hr)
> • R : 체내 잔류율(보통 1.0)
>
> $C = \dfrac{mg}{T \times V \times R} = \dfrac{\dfrac{0.1mg}{kg} \times 60kg}{8 \times 1.25 \times 1.0} = 0.6(mg/m^3)$

43 남성근로자에게 생식독성을 유발시키는 유해인자 또는 물질과 가장 거리가 먼 것은?

① X선 ② 항암제
③ 염산 ④ 카드뮴

> ★ 남성 근로자의 생식독성 유발요인(유해인자)
> ① 흡연
> ② 금속(망간, 카드뮴, 납 등)
> ③ 농약
> ④ 고온
> ⑤ 에스트로겐
> ⑥ 전리방사선(x선, 마이크로파 등)
> ⑦ 유기용제(에틸렌글리콜에테르, 이황화탄소, 2-브로모프로판)
> ⑧ 항암제

정답 40 ① 41 ④ 42 ② 43 ③

44 다음 직업성 폐암을 일으키는 물질과 가장 거리가 먼 것은?

① 니켈 ② 결정형 실리카겔
③ 석면 ④ β-나프틸아민

> ★ 직업성 폐암을 일으키는 물질
> ① 니켈
> ② 결정형 실리카겔
> ③ 석면
> ④ 다핵방향족탄화수소(PAH)
> ⑤ 크롬
> ⑥ 결정형 유리규산

45 다음 중 유기용제 중독자의 응급처치로 가장 적절하지 않은 것은?

① 용제가 묻은 의복을 벗긴다.
② 유기용제가 있는 장소로부터 대피시킨다.
③ 차가운 장소로 이동하여 정신을 긴장시킨다.
④ 의식장해가 있을 때에는 산소를 흡입시킨다.

> ★ 유기용제 중독자의 응급처치
> ① 용제가 묻은 의복을 벗긴다.
> ② 유기용제가 있는 장소로부터 환자를 옮겨 맑은 공기를 마시게 한다.
> ③ 체온유지를 위해 담요를 덮는 등 보온과 안정에 유의한다.
> ④ 의식장해가 있을 때에는 산소를 흡입시킨다.
> ⑤ 호흡이 멈추지 않도록 지속적인 인공호흡을 한다.
> ⑥ 의식이 있는 환자에게는 따뜻한 물이나 커피를 마시게 한다.

46 다음 중 다핵방향족 화합물(PAH)에 대한 설명으로 틀린 것은?

① PAH는 벤젠고리가 2개 이상 연결된 것이다.
② PAH의 대사에 관여하는 효소는 시토크롬 P-448로 대사되는 중간산물이 발암성을 나타낸다.
③ 톨루엔, 크실렌 등이 대표적이라 할 수 있다.
④ PAH는 배설을 쉽게 하기 위하여 수용성으로 대사된다.

> ③ 나프탈렌, 벤조피렌 등이 해당된다.

47 다음 중 산업독성에서 LD_{50}의 정확한 의미는?

① 실험동물의 50%가 살아남을 확률이다.
② 실험동물의 50%가 죽게 되는 양이다.
③ 실험동물의 50%가 죽게 되는 농도이다.
④ 실험동물의 50%가 살아남을 비율이다.

> ★ LD_{50}
> 1회 투여로 인하여 7~10일 이내에 실험 동물의 50%를 치사시키는 양, 실험동물 체중 1kg당 mg으로 나타낸다.

정답 44 ④ 45 ③ 46 ③ 47 ②

48 다음 중 가스상 물질의 호흡기계 축적을 결정하는 가장 중요한 인자는?

① 물질의 수용성 정도
② 물질의 농도차
③ 물질의 입자분포
④ 물질의 발생기전

> 가스상 물질의 호흡기계 축적을 결정하는 가장 중요한 인자 → 물질의 수용성 정도

> ★참고
> 유해물질의 인체침입 경로 중 가장 영향이 큰 침입경로 → 호흡기

49 다음 중 생체 내에서 혈액과 화학작용을 일으켜서 질식을 일으키는 물질은?

① 수소   ② 헬륨
③ 질소   ④ 일산화탄소

> ★일산화탄소
> 생체 내에서 혈액과 화학작용을 일으켜서 질식을 일으키는 물질 → 화학적 질식제

> ★참고
> | 단순 질식제 | ① 생리적으로는 아무 작용도 하지 않으나 공기 중에 많이 존재하여 산소분압을 저하시켜 조직에 필요한 산소의 공급부족을 초래한다.
② 수소, 이산화탄소(CO_2), 질소, 헬륨, 메탄, 에탄, 프로판, 에틸렌, 아세틸렌 등 |

> | 화학적 질식제 | ① 혈액 중의 혈색소와 결합하여 산소운반 능력을 방해하거나 조직이 산소를 받아들이는 능력을 잃게 하여 내질식을 일으킨다.
② 일산화탄소(CO), 황화수소(H_2S), 시안화수소(HCN), 아닐린, 오존, 염소, 포스겐등 |

50 폐와 대장에서 주로 암을 발생시키고, 플라스틱 산업, 합성섬유 제조, 합성고무 생산공정 등에서 노출되는 물질은?

① 아크릴로니트릴   ② 비소
③ 석면   ④ 벤젠

> ★아크릴로니트릴
> ① 합성섬유, 합성고무, 합성수지 및 산업용 접착제, 표면코팅제, 플라스틱 등에 사용된다.
> ② 플라스틱 산업, 합성섬유 제조, 합성고무 생산공정 등에서 노출된다.
> ③ 폐와 대장에서 주로 암을 발생시킨다.

51 다음 중 중추신경에 대한 자극작용이 가장 큰 것은?

① 알칸   ② 아민
③ 알코올   ④ 알데히드

> ① 중추신경계 억제작용 순서
> 할로겐화화합물(할로겐족) 〉에테르 〉에스테르 〉유기산 〉알코올 〉알켄 〉알칸
> ② 중추신경계 자극작용 순서
> 아민류 〉유기산 〉케톤 〉알데하이드 〉알코올 〉알칸

정답 48 ① 49 ④ 50 ① 51 ②

52 다음 중 ACGIH에서 발암성 구분이 'A1'으로 정하고 있는 물질이 아닌 것은?

① 석면 ② 텅스텐
③ 우라늄 ④ 6가 크롬화합물

> ★ A1(인체 발암성 확인물질)의 종류
> 석면, 우라늄, 6가 크롬화합물, 니켈, 벤젠, 벤지딘 등

> ★ 참고
> ACGIH의 발암성 물질 구분
> • A1 : 인체발암성 확인물질
> • A2 : 인체발암성 의심물질(추정물질)
> • A3 : 동물발암성 확인물질, 인체발암성 모름
> • A4 : 인체발암성 미분류(인체 발암가능성이 있으나 자료가 부족) 물질
> • A5 : 인체발암성 미의심 물질

53 다음 중 농약에 의한 중독을 일으키는 것으로 인체에 대한 독성이 강한 유기인제 농약에 포함되지 않는 것은?

① 파라치온 ② 말리치온
③ TEPP ④ 클로로팜

> ★ 농약에 의한 중독을 일으키는 것으로 인체에 대한 독성이 강한 유기인제 농약에 포함되는 물질
> ① 파라치온
> ② 말리치온
> ③ TEPP

54 다음 중 사람에 대한 안전용량(SHD)을 산출하는 데 필요하지 않은 항목은?

① 독성량(TD)
② 안전인자(SF)
③ 사람의 표준 몸무게
④ 독성물질에 대한 역치(ThD_0)

> 1. 체내흡수량[SHD](mg) $= C \times T \times V \times R$
>   • C : 공기 중 유해물질 농도(mg/m^3)
>   • T : 노출시간(hr)
>   • V : 폐환기율(호흡률 m^3/hr)
>   • R : 체내 잔유율 (보통 1.0)
> 2. SHD $= \dfrac{ThD(mg/kg/day) \times 몸무게(kg)}{SF}$
>   • ThD : 독성물질에 대한 역치
>   • SF : 안전인자

55 체내 흡수된 화학물질의 분포에 대한 설명으로 틀린 것은?

① 간장과 신장은 화학물질과 결합하는 능력이 매우 크고, 다른 기관에 비하여 월등히 많은 양의 독성 물질을 농축할 수 있다.
② 유기성 화학물질은 지용성이 높아 세포막을 쉽게 통과하지 못하기 때문에 지방조직에 독성 물질이 잘 농축되지 않는다.
③ 불소와 납과 같은 독성 물질은 뼈 조직에 침착되어 저장되며, 납의 경우 생체에 존재하는 양의 약 90%가 뼈 조직에 있다.
④ 화학물질이 혈장단백질과 결합하면 모세혈관을 통과하지 못하고 유리상태의 화학물질만 모세혈관을 통과하여 각 조직세포로 들어갈 수 있다.

> ② 유기성 화학물질은 지용성이 높아 세포막을 쉽게 통과하여 지방조직에 독성 물질이 잘 농축된다.

56 다음 중 유기용제별 중독의 특이증상을 올바르게 짝지은 것은?

① 벤젠 - 간장해
② MBK - 조혈장해
③ 염화탄화수소 - 시신경장해
④ 에틸렌글리콜에테르 - 생식기능장해

> ① 벤젠 – 골수 및 조혈장해(재생불량성 빈혈증)
> ② 메틸부틸케톤(MBK) – 말초신경장해
> ③ 염화탄화수소 – 간장해

57 여성근로자의 생식독성 인자 중 연결이 잘못된 것은?

① 중금속 - 납
② 물리적 인자 - X선
③ 화학물질 - 알킬화제
④ 사회적 습관 - 루벨라바이러스

> ＊여성근로자의 생식독성 인자
> ① 중금속 – 납, 카드뮴, 망간 등
> ② 물리적, 생물학적 인자 – X선, 고열, 풍진(루벨라바이러스), 매독 등
> ③ 화학물질 – 알킬화제, 유기인제 농약, 마취제 등
> ④ 사회적 습관 – 음주, 흡연 등
> ⑤ 의약품 – 항암제, 스테로이드계 약물, 항생제 등

58 다음 중 간장이 독성 물질의 주된 표적이 되는 이유로 틀린 것은?

① 혈액의 흐름이 많다.
② 대사효소가 많이 존재한다.
③ 크기가 다른 기관에 비하여 크다.
④ 여러 가지 복합적인 기능을 담당한다.

> ＊폭로물질에 대하여 간장이 표적장기가 되는 이유
> ① 혈액의 흐름이 매우 풍부하기 때문에 혈액을 통해서 쉽게 침투가 가능하다.
> ② 복잡한 생화학 반응 등 매우 복잡한 기능을 수행함에 따라 기능의 손상가능성이 매우 높다.
> ③ 소화기계로부터 혈액을 공급받으므로 소화기로부터 흡수된 독성물질이 흡수된다.
> ④ 각종 대사효소가 집중적으로 분포되어 있고, 이들 효소활동에 의해 다양한 대사 물질이 만들어지지 때문에 다른 기관에 비해 독성물질의 노출가능성이 매우 높다.

59 다음 중 작업환경 내 발생하는 유기용제의 공통적인 비특이적 증상은?

① 중추신경계 활성억제
② 조혈기능장해
③ 간 기능의 저하
④ 복통, 설사 및 시신경장해

> ＊유기용제의 독성작용
> (중추신경계에 대한 독성기전)
> ① 탄소사슬의 길이가 길수록 중추신경 억제효과는 증가한다.
> ② 중추신경 억제작용은 할로겐화하면 크게 증가하고 알코올 작용기에 의하여 다소 증가한다.
> ③ 탄소사슬의 길이가 길수록 수용성은 감소하고 지용성은 증가한다.(유기용제는 지방에 대한 친화력은 높고 물에 대한 친화력이 낮아 신체 조직의 지방부분에 축적이 잘 된다)
> ④ 불포화 화합물은 포화 화합물보다 더 강력한 중추신경 억제물질이다.

정답 56 ④ 57 ④ 58 ③ 59 ①

60 사업장 근로자의 음주와 폐암에 대한 연구를 하려고 한다. 이때 혼란변수는 흡연, 성, 연령 등이 될 수 있는데, 다음 중 그 이유로 가장 적합한 것은?

① 폐암 발생에만 유의하게 영향을 미칠 수 있기 때문에
② 음주와 유의한 관련이 있기 때문에
③ 음주와 폐암 발생 모두에 원인적 연관성을 갖기 때문에
④ 폐암에는 원인적 연관성이 있는데 음주와는 상관성이 없기 때문에

> 흡연, 성, 연령 등이 음주와 유의한 관련이 있기 때문에 혼란의 변수가 된다.

61 다음 중 직업성 천식을 유발하는 원인물질로만 나열된 것은?

① 알루미늄, 2-bromopropane
② TDI(Toluene Diisocyanate), asbestos
③ 실리카, DBCP (1,2-dibromo-3-chloropropane)
④ TDI(Toluene Diisocyanate), TMA(Trimellitic Anhydride)

> ★ 직업성 천식을 유발하는 물질
> ① 이소시아네이트류(톨루엔디이소시안산염 : TDI)
> ② 에폭시 레진(Epoxy resin)
> ③ 무수트리멜리트산(TMA)
> ④ 과황산염(Persulphate)
> ⑤ 목분진
> ⑥ 곡물분진
> ⑦ 금속류
> ⑧ 페인트(디이소시아네이트, 디메틸에탄올아민) 등

62 다음 중 유해물질의 독성 또는 건강영향을 결정하는 인자로 가장 거리가 먼 것은?

① 작업강도   ② 인체 내 침입경로
③ 노출강도   ④ 작업장 내 근로자수

> ★ 유해물질의 유해요인(인체에 미치는 유해성을 좌우하는 인자)
> ① 유해물질의 농도와 접촉시간
> ② 근로자의 감수성
> ③ 작업강도 및 호흡량
> ④ 기상조건

63 다음 중 메탄올(CH_3OH)에 대한 설명으로 틀린 것은?

① 메탄올은 호흡기 및 피부로 흡수된다.
② 메탄올은 공업용제로 사용되며, 신경독성 물질이다.
③ 메탄올의 생물학적 노출지표는 소변 중 포름산이다.
④ 메탄올은 중간대사체에 의하여 시신경에 독성을 나타낸다.

> ③ 메탄올의 생물학적 노출지표는 소변 중 메탄올이다.

> ★ 참고
> 메탄올(CH_3OH)
> ① 메탄올은 호흡기 및 피부를 통해 흡수된다.
> ② 플라스틱, 필름제조와 휘발유첨가제 등 공업용제로 사용된다.
> ③ 자극성이 있고, 신경독성물질로 시신경장해, 중추신경억제를 일으킨다.
> ④ 시각장해의 기전은 메탄올의 대사산물인 포름알데하이드가 망막조직을 손상시키는 것이다.
> ⑤ 메탄올이 시각장해 독성을 나타내는 대사단계
>   메탄올 → 포름알데하이드 → 포름산 → 이산화탄소
> ⑥ 메탄올 중독 시 중탄산염의 투여와 혈액투석치료가 도움이 된다.

정답 60 ② 61 ④ 62 ④ 63 ③

64 다음의 유기용제 중 특이증상이 '간장해'인 것으로 가장 적절한 것은?

① 벤젠
② 염화탄화수소
③ 노말헥산
④ 에틸렌글리콜에테르

> ① 벤젠 : 골수 및 조혈장해(재생불량성 빈혈증)
> ② 염화탄화수소 : 간장해
> ③ 노말헥산 : 다발성말초신경장해(앉은뱅이 증후군)
> ④ 에틸렌글리콜에테르 : 생식기장해

65 유해화학물질에 의한 간의 중요한 장해인 중심소엽성 괴사를 일으키는 물질로 대표적인 것은?

① 수은
② 사염화탄소
③ 이황화탄소
④ 에틸렌글리콜

> 사염화탄소(CCl_4)
> ① 고농도로 폭로되면 중추신경계 장해 외에 간장이나 신장에 장해가 일어나 황달, 단백뇨, 혈뇨 등의 증상이 생긴다.
> ② 간에 대한 독성작용이 특히 심하여 중심소엽성 괴사를 일으킨다.

66 미국정부산업위생전문가협의회(ACGIH)의 발암물질 구분으로 '동물 발암성 확인물질, 인체 발암성 모름'에 해당하는 Group은?

① A2
② A3
③ A4
④ A5

> * ACGIH의 발암성 물질 구분
> • A1 : 인체발암성 확인물질
> • A2 : 인체발암성 의심물질(추정물질)
> • A3 : 동물발암성 확인물질, 인체발암성 모름
> • A4 : 인체발암성 미분류(인체 발암가능성이 있으나 자료가 부족) 물질
> • A5 : 인체발암성 미의심 물질

67 어떤 물질의 독성에 관한 인체실험 결과 안전 흡수량이 체중 kg당 0.1mg이었다. 체중이 50kg인 근로자가 1일 8시간 작업할 경우 이 물질의 체내 흡수를 안전흡수량 이하로 유지하려면 공기 중 농도를 몇 mg/m³ 이하로 하여야 하는가? (단, 작업 시 폐환기율은 1.25m³/hr, 체내 잔류율은 1.0으로 한다.)

① 0.5
② 1.0
③ 1.5
④ 2.0

> 체내흡수량[SHD](mg) = $C \times T \times V \times R$
> • C : 공기 중 유해물질 농도(mg/m³)
> • T : 노출시간(hr)
> • V : 폐환기율(호흡률 m³/hr)
> • R : 체내 잔유율(보통 1.0)
>
> $C = \dfrac{mg}{T \times V \times R} = \dfrac{\frac{0.1mg}{kg} \times 50kg}{8 \times 1.25 \times 1.0} = 0.5(mg/m^3)$

68 다음 중 피부로부터 흡수되어 전신중독을 일으킬 수 있는 물질은?

① 질소
② 포스겐
③ 메탄
④ 사염화탄소

★ 사염화탄소(CCl_4)
① 피부를 통하여 인체에 흡수된다.
② 고농도로 폭로되면 중추신경계 장해 외에 간장이나 신장에 장해가 일어나 황달, 단백뇨, 혈뇨 등의 증상이 생긴다.
③ 간에 대한 독성작용이 특히 심하여 중심소엽성 괴사를 일으킨다.
④ 가열하면 포스겐이나 염소(염화수소)로 분해된다.

69 작업장 공기 중에 노출되는 분진 및 유해물질로 인하여 나타나는 장해가 잘못 연결된 것은?

① 규산분진, 탄분진 - 진폐
② 니켈카르보닐, 석면 - 암
③ 카드뮴, 납, 망간 - 직업성 천식
④ 식물성·동물성 분진 - 알레르기성 질환

★ 직업성 천식을 유발하는 물질
① 이소시아네이트류(톨루엔디이소시안산염 : TDI)
② 에폭시 레진(Epoxy resin)
③ 무수트리멜리트산(TMA)
④ 과황산염(Persulphate)
⑤ 목분진
⑥ 곡물분진
⑦ 금속류(니켈, 아연, 코발트, 크롬 등)
⑧ 페인트(디이소시아네이트, 디메틸에탄올아민) 등

70 유해물질의 생리적 작용에 의한 분류에서 질식제를 단순질식제와 화학적 질식제로 구분할 때 다음 중 화학적 질식제에 해당하는 것은?

① 헬륨(He)
② 메탄(CH_4)
③ 수소(H_2)
④ 일산화탄소(CO)

단순 질식제	수소, 탄산가스(CO_2), 질소, 이산화탄소, 헬륨, 메탄, 에탄, 프로판, 에틸렌, 아세틸렌 등
화학적 질식제	일산화탄소(CO), 황화수소(H_2S), 시안화수소(HCN), 아닐린, 오존, 염소, 포스겐 등

71 다음 중 화학적 질식제에 대한 설명으로 옳은 것은?

① 뇌순환혈관에 존재하면서 농도에 비례하여 중추신경작용을 억제한다.
② 공기 중에 다량 존재하여 산소분압을 저하시켜 조직세포에 필요한 산소를 공급하지 못하게 하여 산소부족 현상을 발생시킨다.
③ 피부와 점막에 작용하여 부식작용을 하거나 수포를 형성하는 물질로 고농도하에서 호흡이 정지되고 구강 내 치아산식증 등을 유발한다.
④ 혈액 중에서 혈색소와 결합한 후에 혈액의 산소운반능력을 방해하거나 또는 조직세포에 있는 철 산화효소를 불활성화시켜 세포의 산소수용능력을 상실시킨다.

단순 질식제	생리적으로는 아무 작용도 하지 않으나 공기 중에 많이 존재하여 산소분압을 저하시켜 조직에 필요한 산소의 공급부족을 초래한다.
화학적 질식제	혈액 중의 혈색소와 결합하여 산소운반 능력을 방해하거나 조직이 산소를 받아들이는 능력을 잃게 하여 내질식을 일으킨다.

72 다음 중 알레르기성 접촉피부염에 관한 설명으로 틀린 것은?

① 항원에 노출되고 일정 시간이 지난 후에 다시 노출되었을 때 세포 매개성 과민반응에 의하여 나타나는 부작용의 결과이다.
② 알레르기성 반응은 극소량 노출에 의해서도 피부염이 발생할 수 있는 것이 특징이다.
③ 알레르기원에 노출되고 이 물질이 알레르기원으로 작용하기 위해서는 일정기간이 소요되며 그 기간을 휴지기라 한다.
④ 알레르기 반응을 일으키는 관련 세포는 대식세포, 림프구, 랑거한스세포로 구분된다.

③ 알레르기원에 노출되고 이 물질이 알레르기원으로 작용하기 위해서는 일정기간이 소요되며 그 기간을 유도기라 한다.

★참고
알레르기원에 노출 후 알레르기원으로 작용하기까지 약 2주~3주의 유도기를 가진다.

정답 72 ③

CHAPTER 03 중금속

한눈에 들어오는 키워드

기출
① 금속의 대부분은 이온상태로 작용한다.
② 생리과정에 이온상태의 금속이 활용되는 정도는 용해도에 달려있다.
③ 금속이온과 유기화합물 사이의 강한 결합력은 배설율에도 영향을 미치게 한다.

01 중금속의 인체영향

1 인체 내 축적 및 제거

(1) 금속의 체내 흡수과정(금속에 대한 노출 경로)

1) 호흡기를 통한 흡수

대부분 호흡기를 통해서 입자상 물질(흄, 먼지, 미스트)의 형태로 흡수된다.

2) 소화기를 통한 흡수

① 작업장 내에서 휴식시간에 오염된 음료수, 음식 등에 오염된 채로 입을 통해 들어온 금속이 소화관을 통해서 흡수될 수 있다.
② 입을 통해 인체로 들어온 금속이 소화관에서 흡수되는 작용 ★
  • 단순확산 또는 촉진확산
  • 특이적 수송과정
  • 음세포작용

3) 피부에서의 흡수

유기납(4-에틸납, 4-메틸납)은 피부를 통해 흡수될 수 있다.

(2) 금속의 독성기전

① 효소의 억제 : 대부분의 독성금속은 단백질과 직접 반응하여 효소구조와 기능을 변화시킨다.
② 금속 평형의 파괴 : 어떤 금속이 지나치게 공급되면 생물학적 단계의 필수금속이 과잉되거나 고갈된다.
③ 간접영향 : 대부분의 금속은 세포성분의 역할을 변화시킨다.
④ 필수 금속성분의 대체 : 필수금속과 화학적으로 유사한 독성금속이 필수금속을 대체할 수 있다.

(3) 금속의 배설

① 신장 : 금속의 가장 중요한 배설경로는 신장이다. ★
② 소화기계 : 금속 배설의 두 번째 주요경로는 소화기계이다.
③ 장간순환 : 금속은 소장을 따라 내려가는 중 혈액 속으로 재흡수되기도 하고 간으로 되돌아가서 배설되기도 한다.
④ 기타 경로 : 머리카락, 땀, 타액, 손톱, 발톱 등

2 중금속에 의한 건강장해 및 표적장기

(1) 납(Pb)

1) 납중독이 발생할 수 있는 작업장

연제련, 축전지 제조업, 페인트 안료 제조(광명단 제조업), 도자기 제조업 등에서 노출될 수 있다.

① 납의 용해작업
② 도금업
③ 활자의 문선, 조판작업
④ 축전지의 납 도포 작업
⑤ 도장 및 기타 피막처리업 등

2) 납의 흡수 및 축적

① 무기납은 호흡기, 입, 피부로 흡수될 수 있으며 피부를 통한 흡수는 흡수효율이 낮다.
② 유기납의 경우 주로 피부를 통하여 흡수된다.
③ 인체에 침입한 납(Pb)은 주로 뼈에 축적된다.
④ 혈중 납 양은 체내에 축적된 납의 총량을 반영해 주진 못하며 최근에 흡수된 납 양을 나타낸다.

3) 납중독의 증세

대표적인 임상증상은 위장계통장해, 신경근육계통의 장해, 중추신경계통의 장해 등 크게 3가지로 나눌 수 있다.

기출

혈액 중 납농도가 높아졌을 때의 증상
① K^+와 수분 감소
② 삼투압 증가하여 적혈구 위축
③ 적혈구 생존시간 감소

> **한 눈에 들어오는 키워드**

납중독의 증세 ★★	납의 체내 흡수시의 기타증상 ★
• **위장계통 장해**(소화기 장해) • **중추신경 및 말초신경 장해** • 피로, 근육통 등 **신경 및 근육계통의 장해** • 빈혈, 혈색소 저하 등 **조혈기능 장해** • 만성 **신장기능 장해** • **세포의 효소작용 방해 : 포르피린과 헴(heme)의 합성에 관여하는 효소를 억제**한다. • 골수침입 • **연산통** • **소아이미증**(영유아의 납중독증으로 학습장해 및 기능저하 초래)	• 혈색소 양 저하 • **망상적혈구**(갓 생산된 적혈구, 미성숙 적혈구) **수의 증가** • 적혈구의 호염기성 반점 • **적혈구 내 protoporphyrin 증가** • **소변 중 코프로포르피린(coprophyrin) 증가** • **소변 중 델타 아미노레블린산(ALA) 증가** • **소변 중 δ-ALAD 활성치가 저하** • 혈청 내 철 증가

4) 납중독 진단검사 ★

① 소변 중 코프로포르피린 배설량 측정
② 혈액검사(적혈구 측정, 전혈비중 측정)
③ 혈중 ZPP(Zinc protoporphyrin)의 측정 : ZPP는 납이 특정 효소의 작용을 억제하여 증가하는 물질로 휴대용 측정기를 가지고 간단히 측정
④ 소변 중 ALA(헴의 전구물질)을 측정

5) 납중독 확인 시험 ★

① 혈액 중의 납 농도
② 헴(Heme)의 대사 : Heme의 합성에 관여하는 효소 등 세포의 효소작용을 방해한다.
③ 말초신경의 신경 전달속도 : 신경전달 속도를 저하시킨다.
④ Ca-EDTA 이동시험 : Ca-EDTA 투여 후 요 채취하여 체내의 납량을 측정한다.
⑤ ALA(Amino Levulinic Acid) 축적

6) 납중독의 치료 ★★

① 납중독은 금속에 대해 킬레이트작용을 하는 화합물로 치료한다.
② 배설촉진제인 Ca-EDTA 및 페니실라민(Penicillamine)을 투여한다.
③ 납중독 치료에 사용되는 납 배설촉진제는 신장이 나쁜 사람에게는 금기로 되어있다.

7) 납 노출에 대한 평가활동

납의 발생을 조사 → 납에 대한 독성과 노출기준 등을 MSDS를 통해 조사 → 납에 대한 노출을 측정, 분석 → 납에 대한 노출정도를 노출기준과 비교 → 노출의 적합, 부적합을 평가, 부적합 시 개선

(2) 수은

1) 수은의 특징 ★

① 수은은 상온에서 액체 상태로 존재하는 유일한 금속이다.
② 금속수은, 무기수은, 유기수은(알킬수은) 등이 있다.
③ 뇌홍(뇌산 수은)의 제조에 사용된다.
④ 온도계 제조, 농약, 살충제 제조업, 치과용 아말감 산업 등에서 노출될 수 있다.
  • 연금술, 의약품 등에 가장 오래 사용해 왔던 중금속 중의 하나이며, 17세기 유럽에서 신사용 중절모자를 제조하는 데 사용하여 근육경련을 일으켰다.

2) 수은의 인체영향

① 소화관으로는 2~7%의 소량으로 흡수되며, 금속형태는 뇌, 혈액, 심근에 많이 분포된다.
② 체내에 흡수된 수은은 주로 신장에 축적된다. ★
③ 무기수은염류는 호흡기나 경구 어느 경로라도 흡수된다.
④ 알킬수은화합물(유기수은)의 독성은 무기수은화합물의 독성보다 훨씬 강하다. (유기수은은 무기수은에 비해 독성이 10배 가량 강하고, 중추신경을 침범한다.) ★
⑤ 알킬수은화합물(유기수은) 중 메틸수은은 미나마타(minamata)병을 일으킨다.
⑦ 전리된 수은이온이 단백질을 침전시키고 thiol기(-SH)를 가진 효소작용을 억제하여 독성을 나타낸다. ★

3) 수은중독 증상 ★★

① 식욕부진, 구내염
② 근육 진전(떨림), 수전증
③ 정신장해(뇌 증상)
④ 신기능부전
⑤ 시신경장해, 수족신경마비, 보행장해

4) 수은중독 치료 ★★

① 급성중독
- 우유와 계란흰자 먹인 후 위세척을 한다.(단백질과 해당 물질을 결합시켜 침전시킨다)

② 만성중독
- 수은취급을 즉시 중지하고 BAL을 투여한다.(EDTA의 투여는 금지)
- N-acetyl-D-Penicillamine을 투여한다.

5) 수은배설

① 금속수은은 대변보다 소변으로 배설이 잘 된다. ★
② 유기수은(알킬수은) 화합물은 대변, 땀으로 배설된다. ★
③ 유기수은은 담즙을 통해 소화관으로 배설되지만 소화관에서 재흡수도 일어난다.
④ 금속수은 및 무기수은의 배설경로는 서로 상이하지 않다.

6) 수은중독의 예방대책

① 수은 주입과정을 밀폐공간 안에서 자동화한다.
② 작업장 내에서 음식물을 먹거나 흡연을 금지한다.
③ 작업장에 흘린 수은은 신체가 닿지 않는 방법으로 즉시 제거한다.
④ 수은의 보관 장소의 내부는 음압으로 유지한다.
⑤ 밀폐실 내부를 음압으로 유지하는 것이 곤란한 경우 또는 개구부 등을 통하여 수은이 누출되는 경우에는 해당 부위에 국소배기장치를 설치하여 수은 증기의 발산을 최소화한다.

(3) 카드뮴(Cd)

1) 카드뮴의 특징 ★

① 부드럽고 연성이 있는 금속으로 납광물이나 아연광물을 제련할 때 부산물로 얻어진다.
② 니켈, 카드뮴 전지, 알루미늄과의 합금, 살균제, 페인트 등에 사용된다.

기출
체내에서 카드뮴의 해독에 중요한 작용을 하는 기관 : 간과 신장

2) 카드뮴의 흡수 및 축적

① 호흡기를 통한 독성이 경구독성보다 8배 정도 강하다.
② 체내에 흡수된 카드뮴은 혈장단백질과 결합하여 간으로 이송되고, 간에서 서서히 배출되어 최종적으로 신장에 축적된다.(체내에 흡수된 카드뮴의 50~75%는 간 및 신장에 축적되며 일부는 장관벽에 축적된다.)

③ 체내에 노출되면 metallothionein이라는 단백질을 합성하여 노출된 중금속의 독성을 감소시킨다.
④ 소변 속의 카드뮴 배설량은 카드뮴 흡수를 나타내는 지표가 된다.

3) 카드뮴의 중독증세

칼슘대사에 장해를 주어 신결석을 동반한 신증후군이 나타나고, 다량의 칼슘배설이 일어나 뼈의 통증, 골연화증 및 골수공증과 같은 골격계 장해(이타이이타이병)를 유발한다. ★★

급성중독 증세	만성중독 증세
• 카드뮴 흄이나 먼지에 급성 노출되면 **호흡기가 손상(화학적 천식)**되며 사망에 이르기도 한다.	• **기능장해가 처음 나타나는 기관은 신장**이다. • **골격계장해**(골연화증, 골다공증, 골절 등) • **폐기능장해**(폐기종) : 폐활량 감소, 잔기량(호흡 시 폐에 남아있는 가스의 양) 증가 및 호흡곤란의 폐증세가 나타나며, 이 증세는 노출기간과 노출농도에 의해 좌우된다. • **단백뇨** • **칼슘대사 장해**를 일으켜 신결석을 동반한 증후군이 나타나고 **다량의 칼슘배설**이 일어난다.

4) 카드뮴 중독의 치료 ★★

① 치료제로 BAL 및 Ca-EDTA 등 금속의 배설제를 사용하는 경우 **신장 독성을 증가시키므로 투여를 금한다.**
② 산소흡입, 스테로이드를 투여한다.
③ 비타민 D를 피하 주사한다.

(4) 크롬(Cr)

1) 크롬의 흡수 및 배설 ★

① 크롬제련, 도금 및 합금, 도장, 용접, 스테인리스강 가공공정 등에서 노출될 수 있다.
② 2가 크롬은 매우 불안정하다.

기출

크롬으로 인한 피부궤양 치료제
① sodium citrate용액
② sodium thiosulfate용액
③ 10% CaNa2EDTA연고

참고

금속의 발암성
① 니켈 : 폐암 및 비강암, 비중격 천공증
② 비소 : 피부암, 폐암
③ 6가 크롬: 비중격천공증, 비강암

한 눈에 들어오는 키워드

기출

중금속 취급에 의한 직업성 질환
① 니켈 중독 : 피부질환, 설사, 구토, 두통, 천식 등 각종 호흡기 관련 질환
② 납 중독 : 골수침입, 빈혈, 소화기장해
③ 수은 중독 : 구내염, 수전증, 정신장해
④ 망간 중독 : 신경염, 신장염, 중추신경장해

사업장에서의 중독증에 관여하는 요인
① 유해물질의 농도상승률보다 유해도의 증대율이 훨씬 크다.
② 동일한 농도의 경우에는 일정시간 동안 계속 노출되는 편이 단속(斷續)적으로 같은 시간에 노출되는 것보다 피해가 크다.
③ 대체로 연소자, 부녀자 그리고 간, 심장, 신장질환이 있는 경우는 중독에 대한 감수성이 높다.
④ 습도가 높거나 공기가 안정된 상태에서는 유해가스가 확산되지 않고, 농도가 높아져 중독을 일으킨다.

신장
대부분의 중금속이 인체에 흡수된 후 배설, 제거되는 기관

---

③ 3가 크롬은 매우 안정된 상태로 피부 흡수가 어렵고 세포 내에서 세포핵과 결합할 때만 발암성을 가진다.
④ 6가 크롬은 쉽게 피부를 통과하여 6가 크롬이 3가 크롬보다 더 독성이 강하고 발암성이 크다.
⑤ 세포막을 통과한 6가 크롬은 세포 내에서 수 분 내지 수 시간 만에 발암성을 가진 3가 형태로 환원된다.
⑥ 6가에서 3가로의 환원이 세포질에서 일어나면 독성이 적으나 DNA의 근위부에서 일어나면 강한 변이원성을 나타낸다.
⑦ 산업장의 노출의 관점에서 보면 6가 크롬이 더 해롭다.
⑧ 호흡기, 소화기, 피부를 통해 체내에 흡수되며 호흡기가 가장 중요하다.
⑨ 체내에 흡수되어 간, 신장, 폐 등에 축적되며 주로 소변을 통하여 배설된다.

2) 크롬의 중독증세 ★★

급성중독 증세	만성중독 증세
• 신장장해(신장장해로 과뇨증이 오며 더 진전되면 무뇨증을 일으켜 요독증으로 사망할 수 있다)	• 피부증상(접촉성 피부염) • 호흡기 증상(크롬 폐증) • 폐암 • 6가크롬 : 비중격천공증, 비강암을 유발한다.

3) 크롬 중독의 치료 ★★

① 크롬 섭취 시에 응급조치로 우유와 비타민 C를 섭취한다.
② 만성 크롬중독인 경우 특별한 치료방법이 없다.

(5) 비소(As)

1) 비소의 특징 ★

① 은빛 광택을 내는 비금속이다.
② 농약, 살충제 및 목재 방부제 등에서 노출되며 호흡기 노출이 가장 위험하다.
③ 무기비소가 유기비소보다 독성이 강하다.
④ 무기비소 중 3가가 5가보다 독성이 강하다.(삼산화비소가 가장 위험)

2) 비소의 흡수 및 배설 ★

① 체내에 흡수되어 피부, 체모, 골격 등에 축적된다. (뼈에는 비산칼륨 형태로 축적되며 주로 모발, 손톱 등에 축적된다.)
② 대부분 소변으로 배출되고, 일부는 대변으로 배출되며 극히 일부는 모발, 피부를 통해서 배설된다.

3) 비소의 중독증세 ★

① 가장 중요한 만성질환은 발암작용으로 피부암, 폐암을 일으킨다.
② 체내에서 -SH기를 갖는 효소작용을 저해시켜 세포호흡에 장해를 일으킨다.
③ 체내에서 -SH기 그룹과 유기적인 결합을 일으켜서 독성을 나타낸다.
④ 용혈성 빈혈, 신장장해, 흑피증을 유발한다.

4) 비소중독의 치료 ★★

급성 중독자에게 활성탄과 하제를 투여하고 구토를 유발시키며, 확진되면 Dimercaprol로 치료를 시작한다.

(6) 망간(Mn)

1) 망간의 노출 및 흡수

① 전기용접봉 제조업, 도자기 제조업, 철강제조업, 합금제조업 등에서 발생한다. (금속망간의 직업성 노출은 철강제조 분야에서 많다.)
② 망간은 호흡기, 소화기, 피부를 통하여 흡수되고 호흡기 노출이 주 경로이다.

2) 망간의 중독 증세 ★★

① 망간의 노출이 계속되면 중추신경계 장해로 파킨슨증후군을 유발한다.
② 언어장해, 균형감각상실, 보행장해, 신장염, 신경염 등의 증세가 발생한다.
③ 이산화망간 흄에 급성 폭로되면 열, 오한, 호흡곤란 등의 증상을 특징으로 하는 금속열을 일으킨다.

(7) 베릴륨(Be)

① 가장 가벼운 금속 중 하나이다.

한 눈에 들어오는 키워드

기출

중금속에 의한 폐기능의 손상
① 철폐증(siderosis)은 철분진 흡입에 의하여 철분이 폐 내에 축적되어 발생하는 진폐증을 말한다.
② 화학적 폐렴은 베릴륨, 산화카드뮴 에어로졸 노출에 의하여 발생하며 발열, 기침, 폐부종이 동반된다.
③ 금속열은 금속이 용융점 이상으로 가열될 때 형성되는 산화금속을 흄 형태로 흡입할 경우 발생한다.
④ 6가 크롬은 폐암과 비강암 유발인자로 작용한다.

② 만성중독
- 'Neighborhood cases'라고 불리우며 육아 종양, 화학적 폐렴 및 폐암을 일으킨다.
③ 급성중독
- 염화물, 황화물, 불화물과 같은 용해성 베릴륨화합물은 급성중독을 일으킨다.
- 폐부종, 접촉성 피부염, 인후염, 기관지염 등을 일으킨다.

(8) 니켈(Ni)

① 도금, 합금, 전지, 제강 등의 생산과정에서 노출된다.
② 급성중독 : 접촉성 피부염, 복통 및 설사 등 소화기 증상, 현기증 및 두통 등 신경학적 증상, 폐부종 및 폐렴 등 호흡기 증상
③ 만성중독 : 폐암 및 비강암, 비중격 천공증
④ 니켈의 체내 축적 시 아연, 비타민 E, 셀레늄 등과 같은 황 함유 아미노산이 도움된다.

(9) 아연(Zn)

① 용접, 전지제조, 도금 등의 작업에서 노출될 수 있다.
② 전신(계통)적 장해를 일으킨다.
③ 산화 아연 흄에 노출 시에 금속열을 일으킨다.

(10) 금속열(Metal fume fever) ★

① 흄 형태의 고농도의 금속산화물(산화금속 흄)을 흡입함으로써 발병된다.
② 감기증상과 비슷하여 오한, 구토감, 기침, 전신위약감 등의 증상이 있으며, 월요일 출근 후에 심해져서 월요일 열(monday fever)이라고도 한다.
③ 아연, 구리, 마그네슘, 망간, 니켈, 카드뮴, 안티몬 등이 금속열을 일으킨다.
④ 용접, 전기도금, 제련과정에서 발생하는 경우가 많다.
⑤ 금속열은 하루 정도가 지나면 증상은 회복되며 대부분 특별한 후유증 없이 서너 시간 만에 열이 내린다.

CHAPTER 03 단원 예상문제

저자가 콕! 찝어주는 예상문제 풀어보기!

01 다음 중 비강암, 비중격천공 등을 일으키는 중금속은?

① 수은   ② 카드뮴
③ 납   ④ 크롬

* 6가 크롬
비중격천공증, 비강암을 유발한다.

02 다음 중 금속의 일반적인 독성기전으로 틀린 것은?

① DNA 염기의 대체
② 금속 평형의 파괴
③ 필수 금속성분의 대체
④ 술피드릴(sulfhydryl)기와의 친화성으로 단백질 기능 변화

* 금속의 독성기전
① 효소의 억제 : 대부분의 독성금속은 단백질과 직접 반응하여 효소구조와 기능을 변화시킨다.
② 금속 평형의 파괴 : 어떤 금속이 지나치게 공급되면 생물학적 단계의 필수금속이 과잉되거나 고갈된다.
③ 간접영향 : 대부분의 금속은 세포성분의 역할을 변화시킨다.
④ 필수 금속성분의 대체 : 필수금속과 화학적으로 유사한 독성금속이 필수금속을 대체할 수 있다.

03 무기성 납으로 인한 중독시 원활한 체내 배출을 위해 사용하는 배설촉진제는?

① Ca-EDTA   ② δ-ALAD
③ β-BAL   ④ 코프로포르피린

* 납중독의 치료
배설촉진제인 Ca-EDTA 및 페니실라민(Penicillamine) 투여

04 다음 설명에 해당하는 금속은?

이 금속의 흡수경로는 주로 증기가 기도를 통하여 흡수되며, 흡수된 증기의 약 80%는 폐포에서 빨리 흡수되고, 중독에 의한 특징적인 증상은 구내염, 근육진전, 전신증상의 3가지로 나눌 수 있다.

① Be   ② As
③ Hg   ④ Mn

* 수은 중독 증상
① 식욕부진, 구내염
② 근육 진전(떨림), 수전증
③ 정신장애(뇌 증상)
④ 신기능부전
⑤ 시신경장해, 수족신경마비, 보행장해

정답 01 ④ 02 ① 03 ① 04 ③

⑥ 이산화망간 흄에 급성 폭로되면 열, 오한, 호흡 곤란 등의 증상을 특징으로 하는 금속열을 일으킨다.

06 다음 중 망간에 관한 설명으로 틀린 것은?

① 만성중독은 3가 이상의 망간화합물에 의해서 주로 발생한다.
② 전기용접봉 제조업, 도자기 제조업에서 발생된다.
③ 언어장해, 균형감각 상실 등의 증세를 보인다.
④ 호흡기 노출이 주경로이다.

★ 망간(Mn)
① 전기용접봉 제조업, 도자기 제조업, 철강제조업, 합금제조업 등에서 발생한다.(금속망간의 직업성 노출은 철강제조 분야에서 많다.)
② 망간은 호흡기, 소화기, 피부를 통하여 흡수되고 호흡기 노출이 주 경로이다.
③ 망간의 노출이 계속되면 중추신경계 장해로 파킨슨증후군을 유발한다.
④ 언어장해, 균형감각 상실, 보행 장해, 신장염, 신경염 등의 증세가 발생한다.
⑤ 이산화망간 흄에 급성 폭로되면 열, 오한, 호흡 곤란 등의 증상을 특징으로 하는 금속 열을 일으킨다.

05 다음 중 크롬(Cr)의 특성에 관한 설명으로 옳은 것은?

① 6가 크롬은 피부흡수가 어려우나, 3가 크롬은 쉽게 피부를 통과한다.
② 6가 크롬은 세포막 통과가 어렵지만, 3가 크롬은 세포 통과가 용이하여 산업장 노출의 관점에서 6가 크롬이 더 해롭다.
③ 세포막을 통과한 3가 크롬은 세포 내에서 수분에서 수 시간 만에 발암성을 가진 6가 형태로 환원된다.
④ 3가 크롬은 세포 내에서 핵산, nuclear enzyme, necleotide와 같은 세포핵과 결합될 때 발암성을 나타낸다.

④ 3가 크롬은 매우 안정된 상태로 피부 흡수가 어렵고 세포 내에서 세포핵과 결합할 때만 발암성 가진다.

07 다음 중 지방질을 지방산과 글리세린으로 가수분해하는 물질은?

① 리파아제(lipase)
② 말토오스(maltose)
③ 트립신(trypsin)
④ 판크레오지민(pancreozymin)

★ 리파아제(lipase)
지방질을 지방산과 글리세린으로 가수분해하는 물질

정답 05 ④ 06 ① 07 ①

08 다음 중 납이 인체 내로 흡수됨으로써 초래되는 현상이 아닌 것은?

① 혈청 내 철 감소
② 혈색소 양 저하
③ 망상적혈구수의 증가
④ 요 중 코프로포르피린의 증가

> ★ 납의 체내 흡수 시의 기타증상
> ① 혈색소량 저하
> ② 망상적혈구수의 증가
> ③ 혈청 내 철 증가
> ④ 적혈구 내 protoporphyrin 증가
> ⑤ 소변 중 코프로포르피린(coprophyrin) 증가
> ⑥ 소변 중 델타 아미노레블린산(ALA) 증가
> ⑦ 소변 중 δ-ALAD 활성치가 저하

10 다음 중 납중독 증상이 아닌 것은?

① 요 중 δ-Aminolevulinic Acid(ALA) 증가
② 적혈구 내 프로토포르피린 증가
③ 망상적혈구의 증가
④ 혈색소량 증가

> ★ 납의 체내 흡수 시의 기타증상
> ① 혈색소량 저하
> ② 망상적혈구수의 증가
> ③ 혈청 내 철 증가
> ④ 적혈구 내 protoporphyrin 증가
> ⑤ 소변 중 코프로포르피린(coprophyrin) 증가
> ⑥ 소변 중 델타 아미노레블린산(ALA) 증가
> ⑦ 소변 중 δ-ALAD 활성치가 저하

09 다음 중 카드뮴에 노출되었을 때 체내의 주요 축적기관으로만 나열한 것은?

① 간, 신장   ② 심장, 뇌
③ 뼈, 근육   ④ 혈액, 모발

> 체내에 흡수된 카드뮴은 혈장단백질과 결합하여 간으로 이송되고, 간에서 서서히 배출되어 최종적으로 신장에 축적된다.(체내에 흡수된 카드뮴의 50~75%는 간 및 신장에 축적되며 일부는 장관벽에 축적된다.)

11 인간의 연금술, 의약품 등에 가장 오래 사용해 왔던 중금속 중의 하나로 17세기 유럽에서 신사용 중절모자를 제조하는 데 사용함으로써 근육경련을 일으킨 물질은?

① 비소   ② 납
③ 베릴륨   ④ 수은

> ★ 수은
> ① 수은은 상온에서 액체 상태로 존재하는 유일한 금속이다.
> ② 금속수은, 무기수은, 유기수은(알킬수은) 등이 있다.
> ③ 뇌홍(뇌산 수은)의 제조에 사용된다.
> ④ 온도계 제조, 농약, 살충제 제조업, 치과용 아말감 산업 등에서 노출될 수 있다.
> ⑤ 연금술, 의약품 등에 가장 오래 사용해 왔던 중금속 중의 하나이며, 17세기 유럽에서 신사용 중절모자를 제조하는 데 사용하여 근육경련을 일으켰다.

정답 08 ① 09 ① 10 ④ 11 ④

12 다음 중 비소의 체내 대사 및 영향에 관한 설명과 관계가 가장 적은 것은?

① 생체 내의 -SH기를 갖는 효소작용을 저해시켜 세포호흡에 장해를 일으킨다.
② 뼈에는 비산칼륨의 형태로 축적된다.
③ 주로 모발, 손톱 등에 축적된다.
④ MMT를 함유한 연료제조에 종사하는 근로자에게 노출되는 일이 많다.

> ④ 농약, 살충제 및 목재 방부제 등에서 노출되며 호흡기 노출이 가장 위험하다.

13 다음 중 대부분의 중금속이 인체에 흡수된 후 배설, 제거되는 기관은 무엇인가?

① 췌장　② 신장
③ 소장　④ 대장

> ★신장
> 대부분의 중금속이 인체에 흡수된 후 배설, 제거되는 기관

14 다음 중 수은중독환자의 치료방법으로 적합하지 않은 것은?

① Ca - EDTA 투여
② BAL(British Anti-Lewisite) 투여
③ N - acetyl - D - penicillamine 투여
④ 우유와 계란의 흰자를 먹인 후 위세척

> ★수은중독 치료
> ① 급성중독 : 우유와 계란흰자 먹인 후 위세척(단백질과 해당 물질을 결합시켜 침전시킨다)
> ② 만성중독
> • 수은취급을 즉시 중지하고 BAL을 투여(EDTA의 투여는 금지)
> • N-acetyl-D-Penicillamine 투여

15 다음 중 금속열에 관한 설명으로 틀린 것은?

① 고농도의 금속산화물을 흡입함으로써 발병한다.
② 용접, 전기도금, 제련과정에서 발생하는 경우가 많다.
③ 폐렴이나 폐결핵의 원인이 되며 증상은 유행성 감기와 비슷하다.
④ 주로 아연과 마그네슘, 망간산화물의 증기가 원인이 되지만 다른 금속에 의하여 생기기도 한다.

> ★금속열(Metal fume fever)
> ① 흄 형태의 고농도의 금속산화물을 흡입함으로써 발병된다.
> ② 감기증상과 비슷하여 오한, 구토감, 기침, 전신위약감 등의 증상이 있으며, 월요일 출근 후에 심해져서 월요일 열(monday fever)이라고도 한다.
> ③ 아연, 구리, 마그네슘, 망간, 니켈, 카드뮴, 안티몬 등이 금속열을 일으킨다.
> ④ 용접, 전기도금, 제련과정에서 발생하는 경우가 많다.

정답　12 ④　13 ②　14 ①　15 ③

16 기도와 기관지에 침착된 먼지는 점막 섬모운동과 같은 방어작용에 의해 정화되는데 다음 중 정화작용을 방해하는 물질이 아닌 것은?

① 카드뮴(Cd) ② 니켈(Ni)
③ 황화합물(SO_x) ④ 이산화탄소(CO_2)

> ＊정화작용을 방해하는 물질
> ① 카드뮴(Cd)
> ② 니켈(Ni)
> ③ 황화합물

17 다음 중 크롬에 관한 설명으로 틀린 것은?

① 6가 크롬은 발암성 물질이다.
② 주로 소변을 통하여 배설된다.
③ 형광등 제조, 치과용 아말감 산업이 원인이 된다.
④ 만성 크롬중독인 경우 특별한 치료방법이 없다.

> ③ 크롬제련, 도금 및 합금, 도장, 용접, 스테인리스강 가공공정 등에서 노출될 수 있다.

18 다음 중 납중독을 확인하는 데 이용하는 시험으로 적절하지 않은 것은?

① 혈중의 납 ② 헴(Heme)의 대사
③ Ca-EDTA 흡착 ④ 신경전달속도

> ＊납중독 확인 시험
> ① 혈액 중의 납 농도
> ② 헴(Heme)의 대사 : Heme의 합성에 관여하는 효소 등 세포의 효소작용을 방해한다.
> ③ 말초신경의 신경 전달속도 : 신경전달 속도를 저하시킨다.
> ④ Ca-EDTA 이동시험 : Ca-EDTA 투여 후 요를 채취하여 체내의 납량을 측정한다.
> ⑤ ALA(Amino Levulinic Acid) 축적

19 다음 설명에 해당하는 중금속의 종류는?

> 이 중금속 중독의 특징적인 증상은 구내염, 정신증상, 근육진전이라 할 수 있으며 급성중독의 치료로는 우유나 계란의 흰자를 먹이며, 만성중독의 치료로는 취급을 즉시 중지하고, BAL을 투여한다.

① 크롬 ② 카드뮴
③ 납 ④ 수은

수은중독 증상	① 식욕부진, 구내염 ② 근육 진전(떨림), 수전증 ③ 정신장해(뇌 증상) ④ 신기능부전 ⑤ 시신경장해, 수족신경마비, 보행장해
수은중독 치료	① 급성중독 : 우유와 계란흰자 먹인 후 위세척(단백질과 해당 물질을 결합시켜 침전시킨다) ② 만성중독 • 수은취급을 즉시 중지하고 BAL을 투여(EDTA의 투여는 금지) • N-acetyl-D-Penicillamine 투여

정답 16 ④ 17 ③ 18 ③ 19 ④

20 납의 독성에 대한 인체실험 결과, 안전흡수량이 체중 kg당 0.005mg이었다. 1일 8시간 작업 시의 허용농도는 약 몇 mg/m³인가? (단, 근로자의 평균체중은 70kg, 해당 작업 시의 폐환기율은 시간당 1.25m³로 가정한다.)

① 0.030
② 0.035
③ 0.040
④ 0.045

체내흡수량[SHD](mg) = $C \times T \times V \times R$
- C : 공기 중 유해물질 농도(mg/m³)
- T : 노출시간(hr)
- V : 폐환기율(호흡률 m³/hr)
- R : 체내 잔유율(보통 1.0)

$$C = \frac{mg}{T \times V \times R} = \frac{\frac{0.005mg}{kg} \times 70kg}{8 \times 1.25 \times 1.0} = 0.035(mg/m^3)$$

21 다음 중 카드뮴중독의 발생 가능성이 가장 큰 산업(혹은 작업)으로만 나열된 것은?

① 페인트 및 안료의 제조, 도자기 제조, 인쇄업
② 니켈, 알루미늄과의 합금, 살균제, 페인트
③ 금, 은의 정련, 청동 및 주석 등의 도금, 인견 제조
④ 가죽 제조, 내화벽돌 제조, 시멘트 제조업, 화학비료공업

★ 카드뮴(Cd)
① 부드럽고 연성이 있는 금속으로 납광물이나 아연광물을 제련할 때 부산물로 얻어진다.
② 니켈, 카드뮴 전지, 알루미늄과의 합금, 살균제, 페인트 등에 사용된다.
③ 체내에 흡수된 카드뮴은 혈장단백질과 결합하여 간으로 이송되고, 간에서 서서히 배출되어 최종적으로 신장에 축적된다.(체내에 흡수된 카드뮴의 50~75%는 간 및 신장에 축적되며 일부는 장관벽에 축적된다.)

22 납에 노출된 근로자가 납중독이 되었는지를 확인하기 위하여 소변을 시료로 채취하였을 경우 다음 중 측정할 수 있는 항목이 아닌 것은?

① 델타-ALA
② 납 정량
③ coproporphyrin
④ protoporphyrin

★ 납의 체내 흡수 시의 기타증상
① 혈색소 양 저하
② 망상적혈구수의 증가
③ 혈청 내 철 증가
④ 적혈구 내 protoporphyrin 증가
⑤ 소변 중 코프로포르피린(coprophyrin) 증가
⑥ 소변 중 델타 아미노레블린산(ALA) 증가
⑦ 소변 중 δ-ALAD 활성치가 저하

23 다음 중 크롬에 의한 급성중독의 특징과 가장 관계가 깊은 것은?

① 혈액장해
② 신장장해
③ 피부습진
④ 중추신경장해

★ 크롬
① 호흡기, 소화기, 피부를 통해 체내에 흡수되며 호흡기가 가장 중요하다.
② 체내에 흡수되어 간, 신장, 폐 등에 축적되며 주로 소변을 통하여 배설된다.
③ 중독증세
- 만성중독 : 피부증상(접촉성 피부염), 호흡기 증상(크롬 폐증), 폐암
- 급성중독 : 신장장해(신장장해로 과뇨증이 오며 더 진전되면 무뇨증을 일으켜 요독증으로 사망할 수 있다)
- 6가크롬 : 비중격천공증, 비강암을 유발한다.

정답 20 ② 21 ① 22 ④ 23 ②

24 다음 중 단백질을 침전시키며 thioil(-SH)기를 가진 효소의 작용을 억제하며 독성을 나타내는 것은?

① 구리　　② 아연
③ 코발트　④ 수은

> ★ 수은의 인체영향
> ① 소화관으로는 2~7%의 소량으로 흡수되며, 금속형태는 뇌, 혈액, 심근에 많이 분포된다.
> ② 체내에 흡수된 수은은 주로 신장에 축적된다.
> ③ 무기수은염류는 호흡기나 경구 어느 경로라도 흡수된다.
> ④ 알킬수은화합물(유기수은)의 독성은 무기수은화합물의 독성보다 훨씬 강하다.(유기수은은 무기수은에 비해 독성이 10배 가량 강하고, 중추신경을 침범한다.)
> ⑤ 알킬수은화합물(유기수은) 중 메틸수은은 미나마타(minamata)병을 일으킨다.
> ⑦ 전리된 수은이온이 단백질을 침전시키고 thiol기(-SH)를 가진 효소작용을 억제하여 독성을 나타낸다.

25 다음 중 납중독에 관한 설명으로 옳은 것은?

① 유기납의 경우 주로 호흡기와 소화기를 통하여 흡수된다.
② 무기납중독은 약품에 의한 킬레이트화합물에 반응하지 않는다.
③ 납중독 치료에 사용되는 납배설 촉진제는 신장이 나쁜 사람에게는 금기로 되어있다.
④ 혈중 납 양은 체내에 축적된 납의 총량을 반영하여 최근에 흡수된 납 양을 나타낸다.

> ① 무기납은 호흡기, 입, 피부로 흡수될 수 있으며 유기납의 경우 주로 피부를 통하여 흡수된다.
> ② 납중독은 금속에 대해 킬레이트 작용을 하는 화합물로 치료한다.
> ④ 혈중 납 양은 체내에 축적된 납의 총량을 반영해주진 못하며 최근에 흡수된 납 양을 나타낸다.

26 다음은 납이 발생되는 환경에서 납 노출에 대한 평가활동이다. 가장 올바른 순서로 나열된 것은?

> ㉠ 납에 대한 독성과 노출기준 등을 MSDS를 통해 찾아본다.
> ㉡ 납에 대한 노출을 측정하고 분석한다.
> ㉢ 납에 대한 노출은 부적합하므로 개선시설을 해야 한다.
> ㉣ 납에 대한 노출정도를 노출기준과 비교한다.
> ㉤ 납이 어떻게 발생되는지 조사한다.

① ㉠ → ㉡ → ㉢ → ㉣ → ㉤
② ㉢ → ㉡ → ㉠ → ㉣ → ㉤
③ ㉤ → ㉠ → ㉡ → ㉣ → ㉢
④ ㉤ → ㉡ → ㉠ → ㉣ → ㉢

> 납의 발생을 조사 → 납에 대한 독성과 노출기준 등을 MSDS를 통해 조사 → 납에 대한 노출을 측정·분석 → 납에 대한 노출 정도를 노출기준과 비교 → 노출의 적합, 부적합을 평가, 부적합 시 개선

정답　24 ④　25 ③　26 ③

27 다음 중 납중독에 관한 설명으로 틀린 것은?

① 혈청 내 철이 감소한다.
② 요 중 δ-ALAD 활성치가 저하된다.
③ 적혈구 내 프로토포르피린이 증가한다.
④ 임상증상은 위장계통 장해, 신경근육계통의 장해, 중추신경계의 장해 등 크게 3가지로 나눌 수 있다.

> ★ 납의 체내 흡수 시의 기타증상
> ① 혈색소 양 저하
> ② 망상적혈구수의 증가
> ③ 혈청 내 철 증가
> ④ 적혈구 내 protoporphyrin 증가
> ⑤ 소변 중 코프로포르피린(coprophyrin) 증가
> ⑥ 소변 중 델타 아미노레블린산(ALA) 증가
> ⑦ 소변 중 δ-ALAD 활성치가 저하

28 다음 중 금속열에 관한 설명으로 알맞지 않은 것은?

① 금속열이 발생하는 작업장에서는 개인보호 용구를 착용해야 한다.
② 금속흄에 노출된 후 일정시간의 잠복기를 지나 감기와 비슷한 증상이 나타난다.
③ 금속열은 하루 정도가 지나면 증상은 회복되나 후유증으로 호흡기, 시신경 장해 등을 일으킨다.
④ 아연, 마그네슘 등 비교적 융점이 낮은 금속의 제련, 용해, 용접 시 발생하는 산화금속흄을 흡입할 경우 생기는 발열성 질병을 말한다.

> ③ 금속열은 하루 정도가 지나면 증상은 회복되며 대부분 특별한 후유증 없이 서너 시간 만에 열이 내린다.

29 다음 중 칼슘대사에 장해를 주어 신결석을 동반한 신증후군이 나타나고, 다량의 칼슘배설이 일어나 뼈의 통증, 골연화증 및 골수공증과 같은 골격계 장해를 유발하는 중금속은?

① 망간(Mn)   ② 수은(Hg)
③ 비소(As)   ④ 카드뮴(Cd)

> ★ 카드뮴(Cd)
> ① 부드럽고 연성이 있는 금속으로 납광물이나 아연광물을 제련할 때 부산물로 얻어진다.
> ② 니켈, 카드뮴 전지, 알루미늄과의 합금, 살균제, 페인트 등에 사용된다.
> ③ 체내에 흡수된 카드뮴은 혈장단백질과 결합하여 간으로 이송되고, 간에서 서서히 배출되어 최종적으로 신장에 축적된다.(체내에 흡수된 카드뮴의 50~75%는 간 및 신장에 축적되며 일부는 장관벽에 축적된다.)
> ④ 체내에 노출되면 metallothionein 이라는 단백질을 합성하여 노출된 중금속의 독성을 감소시킨다.
> ⑤ 칼슘대사에 장해를 주어 신결석을 동반한 신증후군이 나타나고, 다량의 칼슘배설이 일어나 뼈의 통증, 골연화증 및 골수공증과 같은 골격계 장해(이타이이타이병)를 유발한다.

정답 27 ① 28 ③ 29 ④

30 다음 중 망간에 관한 설명으로 틀린 것은?

① 주로 철합금으로 사용되며, 화학공업에서는 건전지 제조업에 사용된다.
② 급성중독 시 신장장해를 일으켜 요독증(uremia)으로 8~10일 이내 사망하는 경우도 있다.
③ 만성노출 시 언어가 느려지고 무표정하게 되며, 소자증(micrographia) 등의 증상이 나타나기도 한다.
④ 망간은 호흡기, 소화기 및 피부를 통하여 흡수되며, 이 중에서 호흡기를 통한 경로가 가장 많고 위험하다.

> ② 급성중독 시 신장장해를 일으켜 요독증(uremia)으로 8~10일 이내 사망 → 크롬 중독 증세

> **★ 참고**
> **망간(Mn)**
> ① **전기용접봉 제조업, 도자기 제조업**, 철강제조업, 합금제조업, 건전지 제조업 등에서 **발생**한다.(금속망간의 직업성 노출은 철강제조 분야에서 많다.)
> ② 흡수경로는 주로 증기가 기도를 통하여 흡수되며 흡수된 증기의 약 80%는 폐포에서 빨리 흡수된다.(**호흡기 노출이 주경로**)
> ③ 망간의 노출이 계속되면 **중추신경계 장해로 파킨슨증후군을 유발**한다.
> ④ 중독에 의한 특징적인 증상은 **구내염, 근육진전, 전신증상**의 3가지로 나눌 수 있다.
> ⑤ **언어장애, 균형감각상실**, 보행장애, 신장염, 신경염 등의 증세가 발생한다.
> ⑥ **이산화망간 흄에 급성 폭로**되면 열, 오한, 호흡곤란 등의 증상을 특징으로 하는 **금속열**을 일으킨다.

31 다음 중 조혈장해를 일으키는 물질은?

① 납   ② 망간
③ 수은   ④ 우라늄

> **★ 납중독의 증세**
> ① 위장계통 장해(소화기 장해)
> ② 중추신경계통 장해
> ③ 피로, 근육통 등 신경 및 근육계통의 장해
> ④ 빈혈, 혈색소 저하 등 조혈기능장해
> ⑤ 만성 신장기능 장해
> ⑥ 세포의 효소작용 방해 : 포르피린과 헴(heme)의 합성에 관여하는 효소를 억제한다.
> ⑦ 골수침입
> ⑧ 연산통
> ⑨ 소아이미증(영유아의 납중독증으로 학습장해 및 기능저하 초래)

> **★ 참고**
>
> | 수은중독 증상 | 망간중독 증상 |
> |---|---|
> | ① 식욕부진, 구내염
② 근육 진전(떨림), 수전증
③ 정신장해(뇌 증상)
④ 신기능부전
⑤ 시신경장해, 수족신경 마비, 보행장해 | ① 파킨슨증후군
② 구내염, 근육진전, 전신증상 |

32 다음 중 발암성이 있다고 밝혀진 중금속이 아닌 것은?

① 니켈   ② 비소
③ 망간   ④ 6가 크롬

> ① 니켈 : 폐암 및 비강암, 비중격천공증
> ② 비소 : 피부암, 폐암
> ③ 망간 : 파킨슨증후군
> ④ 6가 크롬 : 비중격천공증, 비강암

정답 30 ② 31 ① 32 ③

33 다음 중 납중독에서 나타날 수 있는 증상을 모두 나열한 것은?

> ㉠ 빈혈
> ㉡ 신장장해
> ㉢ 중추 및 말초신경장해
> ㉣ 소화기 장해

① ㉠, ㉢
② ㉠, ㉡, ㉢
③ ㉡, ㉣
④ ㉠, ㉡, ㉢, ㉣

> * 납중독의 증세
> ① 위장계통 장해(소화기 장해)
> ② 중추신경계통 장해
> ③ 피로, 근육통 등 신경 및 근육계통의 장해
> ④ 빈혈, 혈색소 저하 등 조혈기능장해
> ⑤ 만성 신장기능 장해
> ⑥ 세포의 효소작용 방해 : 포르피린과 헴(heme)의 합성에 관여하는 효소를 억제한다.
> ⑦ 골수침입
> ⑧ 연산통
> ⑨ 소아이미증(영유아의 납중독증으로 학습장해 및 기능저하 초래)

34 다음 중 소화기계로 유입된 중금속의 체내 흡수기전으로 볼 수 없는 것은?

① 단순확산
② 특이적 수송
③ 여과
④ 음세포작용

> * 입을 통해 인체로 들어온 금속이 소화관에서 흡수되는 작용
> ① 단순확산 또는 촉진확산
> ② 특이적 수송과정
> ③ 음세포작용

35 구리의 독성에 대한 인체실험 결과 안전흡수량이 체중 kg당 0.008mg이었다. 1일 8시간 작업 시의 허용농도는 약 몇 mg/m³인가? (단, 근로자 평균체중은 70kg, 작업 시의 폐환기율은 1.45m³/hr, 체내 잔류율은 1.0으로 가정한다.)

① 0.035
② 0.048
③ 0.056
④ 0.064

> 체내흡수량[SHD](mg) = $C \times T \times V \times R$
> • C : 공기 중 유해물질 농도(mg/m³)
> • T : 노출시간(hr)
> • V : 폐환기율(호흡률 m³/hr)
> • R : 체내 잔유율(보통 1.0)
>
> $$C = \frac{mg}{T \times V \times R} = \frac{\frac{0.008mg}{kg} \times 70kg}{8 \times 1.45 \times 1.0} = 0.048(mg/m^3)$$

36 사업장 유해물질 중 비소에 관한 설명으로 틀린 것은?

① 삼산화비소가 가장 문제가 된다.
② 호흡기 노출이 가장 문제가 된다.
③ 체내 -SH기를 파괴하여 독성을 나타낸다.
④ 용혈성 빈혈, 신장기능 저하, 흑피증(피부침착) 등을 유발한다.

> • 체내에서 -SH기를 갖는 효소작용을 저해시켜 세포호흡에 장해를 일으킨다.
> • 체내에서 -SH기 그룹과 유기적인 결합을 일으켜서 독성을 나타낸다.

정답 33 ④ 34 ③ 35 ② 36 ③

37 다음 중 납중독의 임상증상과 가장 거리가 먼 것은?

① 위장장해
② 중추신경장해
③ 호흡기 계통의 장해
④ 신경 및 근육 계통의 장해

> ★ 납중독의 증세
> 대표적인 임상증상은 위장계통장해, 신경근육계통의 장해, 중추신경계통의 장해 등 크게 3가지로 나눌 수 있다.
> ① 위장계통 장해(소화기 장해)
> ② 중추신경계통 장해
> ③ 피로, 근육통 등 신경 및 근육계통의 장해
> ④ 빈혈, 혈색소 저하 등 조혈기능장해
> ⑤ 만성 신장기능 장해
> ⑥ 세포의 효소작용 방해 : 포르피린과 헴(heme)의 합성에 관여하는 효소를 억제한다.
> ⑦ 골수침입
> ⑧ 연산통
> ⑨ 소아이미증(영유아의 납중독증으로 학습장해 및 기능저하 초래)

38 흡입을 통하여 노출되는 유해인자로 인해 발생되는 암 종류를 틀리게 짝지은 것은?

① 비소 - 폐암
② 결정형 실리카 - 폐암
③ 베릴륨 - 간암
④ 6가 크롬 - 비강암

> ③ 베릴륨 - 폐암

> ★ 참고
> 베릴륨
> ① 만성중독 : 'Neighborhood cases'라고 불리우며 육아 종양, 화학적 폐렴 및 폐암을 일으킨다.
> ② 급성중독
> • 염화물, 황화물, 불화물과 같은 용해성 베릴륨 화합물은 급성중독을 일으킨다.
> • 폐부종, 접촉성 피부염, 인후염, 기관지염 등을 일으킨다.

39 다음 중 수은중독에 관한 설명으로 틀린 것은?

① 수은은 주로 골 조직과 신경에 많이 축적된다.
② 무기수은염류는 호흡기나 경구적 어느 경로라도 흡수된다.
③ 수은중독의 특징적인 증상은 구내염, 근육진전 등이 있다.
④ 전리된 수은이온은 단백질을 침전시키고, thiol기(-SH)를 가진 효소작용을 억제한다.

> ① 체내에 흡수된 수은은 주로 신장에 축적된다.

정답 37 ③ 38 ③ 39 ①

40 인쇄 및 도료 작업자에게 자주 발생하는 연(鉛) 중독 증상과 관계없는 것은?

① 적혈구의 증가
② 치은의 연선(lead line)
③ 적혈구의 호염기성 반점
④ 소변 중의 coproporphyrin 증가

> ★ 납의 체내 흡수 시의 기타증상
> ① 혈색소 양 저하
> ② 망상적혈구수(갓 생산된 적혈구, 미성숙 적혈구)의 증가
> ③ 적혈구의 호염기성 반점
> ④ 적혈구 내 protoporphyrin 증가
> ⑤ 소변 중 코프로포르피린(coprophyrin) 증가
> ⑥ 소변 중 델타 아미노레블린산(ALA) 증가
> ⑦ 소변 중 δ-ALAD 활성치가 저하
> ⑧ 혈청 내 철 증가
> ⑨ 치은의 연선(lead line) : 몸에 감자색의 착색이 생김

41 다음 중 카드뮴의 인체 내 축적기관으로만 나열된 것은?

① 뼈, 근육   ② 간, 신장
③ 혈액, 모발   ④ 뇌, 근육

> 체내에 흡수된 카드뮴은 혈장단백질과 결합하여 간으로 이송되고, 간에서 서서히 배출되어 최종적으로 신장에 축적된다.(체내에 흡수된 카드뮴의 50~75%는 간 및 신장에 축적되며 일부는 장관벽에 축적된다.)

42 다음 중 중금속의 노출 및 독성 기전에 대한 설명으로 틀린 것은?

① 작업환경 중 작업자가 흡입하는 금속형태는 흄과 먼지 형태이다.
② 대부분의 금속이 배설되는 가장 중요한 경로는 신장이다.
③ 크롬은 6가 크롬보다 3가 크롬이 체내흡수가 많이 된다.
④ 납에 노출될 수 있는 업종은 축전지 제조, 광명단 제조업체, 전자산업 등이다.

> ★ 크롬(Cr)
> ① 3가 크롬은 매우 안정된 상태로 피부 흡수가 어렵고 세포 내에서 세포핵과 결합할 때만 발암성을 가진다.
> ② 6가 크롬은 쉽게 피부를 통과하여 6가 크롬이 3가 크롬보다 더 독성이 강하고 발암성이 크다.
> ③ 세포막을 통과한 6가 크롬은 세포 내에서 수 분 내지 수 시간 만에 발암성을 가진 3가 형태로 환원된다.

43 다음 중 중금속에 의한 폐기능의 손상에 관한 설명으로 틀린 것은?

① 철폐증(siderosis)은 철분진 흡입에 의한 암 발생(A1)이며, 중피종과 관련이 없다.
② 화학적 폐렴은 베릴륨, 산화카드뮴 에어로졸 노출에 의하여 발생하며 발열, 기침, 폐기종이 동반된다.
③ 금속열은 금속이 용융점 이상으로 가열될 때 형성되는 산화금속을 흄 형태로 흡입할 때 발생한다.
④ 6가 크롬은 폐암과 비강암 유발인자로 작용한다.

> ① 철폐증(Pulmonary siderosis)은 장기간 철분진을 흡입함으로써 철분진이 폐 내에 축적 되어생긴 진폐증을 말한다.

정답   40 ①   41 ②   42 ③   43 ①

CHAPTER 04 인체구조 및 대사

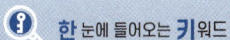

01 인체구조

1 인체의 구성요소, 근골격계의 해부학적 구조

(1) 인체의 구성요소

① 세포
② 세포외 물질
③ 조직
④ 기관
⑤ 기관계

(2) 근골격계의 구조

① 뼈
② 근육
③ 관절
④ 인대 및 건과 근막 등의 결합조직

(3) 근골격계의 기능

① 움직임과 자세변화를 가능하게 해 주며 신체의 다른 조직을 지지
② 생명기관과 연조직을 보호하는 역할
③ 근접한 근육을 움직이는 지렛대 역할
④ 적혈구 생성
⑤ 칼슘, 인 등의 무기질을 저장

(4) 골격계(뼈)

① 신체조직의 내부골격을 이루며 성장, 적응, 재생이 이루어지는 조직을 말한다.
② 총 206개의 뼈(두개골, 척추, 흉곽과 같이 축을 이루는 뼈가 80개, 상·하지, 어깨, 골반을 구성하는 부속 뼈가 126개)로 구성되어 있다.
③ 골격의 주요 기능
  - 신체지지
  - 장기보호
  - 조혈작용(골수)

(5) 골격근

신체의 근육은 평활근, 심근, 골격근의 세 가지 형태이며 신체와 다른 부분을 움직에게 하는 역할을 한다.

(6) 관절

뼈와 뼈를 연결하는 역할을 한다.

2 순환계 및 호흡계

(1) 순환계

1) 순환계의 구성

혈액과 림프, 이것을 운반하는 혈관계와 림프관계, 혈관의 일부가 특수화하여 혈액을 내보내는 펌프로 된 심장, 혈액과 림프를 생성 또는 파괴하는 골수·지라(비장)·림프절 등으로 구성된다.

2) 순환계의 기능

① 체내에서 혈액, 림프액을 만들고 순환시켜 각 구성세포에 영양소를 공급하며, 노폐물 등을 운반, 제거하며 산소와 이산화탄소를 교환하는 역할을 한다.
② 신체방어에 필요한 혈액응고효소 등을 손상 받은 부위로 수송한다.

③ 혈관계의 동맥은 심장에서 말초혈관으로 이동하는 원심성 혈관이다.
④ 림프절은 체내에서 들어온 감염성 미생물 및 이물질을 살균 또는 식균하는 역할을 한다.

(2) 호흡계

1) 호흡계의 구성

① 기도 : 가스 교환에는 참여하지 않고 단순히 공기의 통로 역할을 한다.
② 폐 : 가스교환을 직접 담당한다.
③ 흉곽 : 호흡운동으로 폐를 환기시키는 역할을 한다.

2) 외호흡

폐포가 그 주위를 둘러싸고 있는 모세혈관과 기체의 분압차에 의한 확산으로 기체교환을 하는 과정(산소를 몸 안으로 받아들이고 이산화탄소를 몸 밖으로 배출)을 말한다.

3) 내호흡(세포호흡)

세포가 주로 산소를 이용하여 에너지를 얻고 이산화탄소와 물을 방출하는 과정을 말한다.

3 청각기관의 구조

(1) 청각기관의 구성요소

① 청각기관은 바깥 공기의 진동을 직접 받아들이는 외이(外耳)와, 청각신경의 말단이 분포한 내이(內耳), 이 두 기관을 연결하는 중이(中耳)로 이루어져 있다.
② 중이는 추골, 침골, 등골로 구성된 이소골을 통해 외이로부터의 음파를 내이의 난원창으로 전달한다.
③ 내이는 와우(cochlea)와 여러 가지의 비청각 구조들로 구성되어 있다. 와우는 림프액으로 찬 세 개의 부문으로 되어 있으며 두 부문을 나누는 기저막을 가로지르는 압력에 의해 일어나는 림프액에서의 파동을 유지시킨다.
④ 와우관에는 코르티기관이 자리잡고 있는데 기계적 파동을 뉴런을 통해 전기적 신호로 변환시킨다.

한 눈에 들어오는 키워드

기출
유해물질의 인체 내에 침입 시 접촉 면적
호흡기 > 피부 > 소화기

기출
피부 표피의 구조
① 피부는 표피, 진피, 피하지방층으로 구성되고 얇은 바깥쪽 층이 표피이다.
② 표피는 대부분 각질세포로 구성된다.
③ 표피는 각화세포(각질형성 세포) 외에도 멜라닌세포, 랑게르한스세포 및 머켈세포 등의 많은 세포로 구성되어 있다.
④ 표피의 각화세포(각질형성 세포)를 결합하는 조직은 케라틴 단백질이다.
⑤ 진피에는 모낭, 땀샘, 피지샘, 혈관, 림프관 등이 있다.

02 유해물질의 대사 및 축적

1 생체 내 이동경로 및 생체막 투과

(1) 유해물질의 흡수 경로

① 호흡기를 통한 흡수
② 소화기를 통한 흡수
③ 피부접촉에 의한 흡수

(2) 생체막 투과

생체막은 물질투과에 대한 경계(barrier)이면서 선택적으로 투과하는 기능을 가지고 있어 <u>유해물질이 흡수, 배설되기 위해서 생체막을 투과하여야 한다.</u>

1) 생체막에서 물질을 수송하는 방법 ★

① 단순확산
② 촉진확산
③ 수동수송(확산)
④ 능동수송
⑤ 음세포 및 토세포작용

2) 투과에 영향을 미치는 인자

① 유해물질의 크기와 형태
② 용해성
③ 이온화의 정도
④ 지용성

2 흡수경로, 분포작용, 대사기전

(1) 유해물질의 흡수, 운반, 대사작용 ★

① 체내로 흡수된 유해물질은 혈액을 통하여 신체 각 부위의 조직으로 운반된다.
② 유해물질은 대부분 간에서 대사되며 대사작용에 의해 유해물질의 독성이 감소 또는 증가한다.
③ 유해화학물질이 체내에서 해독(분해)되는 경우 중요한 작용을 하는 것은 효소이다.
④ 흡수된 유해물질은 수용성으로 대사된다.
⑤ 유해물질의 분포량은 혈중농도에 대한 투여량으로 산출한다.
⑥ 유해물질의 혈장농도가 50%로 감소하는 데 소요되는 시간을 반감기라고 한다.

(2) 체내 흡수된 화학물질의 분포

① 간장과 신장은 화학물질과 결합하는 능력이 매우 크고, 다른 기관에 비하여 월등히 많은 양의 독성 물질을 농축할 수 있다.
② 유기성 화학물질은 지용성이 높아 세포막을 쉽게 통과하여 지방조직에 독성 물질이 잘 농축된다.
③ 불소와 납과 같은 독성 물질은 뼈 조직에 침착되어 저장되며, 납의 경우 생체에 존재하는 양의 약 90%가 뼈 조직에 있다.
④ 화학물질이 혈장단백질과 결합하면 모세혈관을 통과하지 못하고 유리상태의 화학물질만 모세혈관을 통과하여 각 조직세포로 들어갈 수 있다.

(3) 유해물질의 흡수에서 배설까지의 과정 ★

① 흡수된 유해물질은 원래의 형태든, 대사산물의 형태로든 배설되기 위하여 수용성으로 대사된다.
② 흡수된 유해화학물질은 다양한 비특이적 효소에 의하여 이루어지는 유해물질의 대사로 수용성이 증가되어 체외로 배출이 용이하게 된다.
③ 유해물질은 조직에 분포되기 전에 먼저 몇 개의 막을 통과하여야 하며, 흡수속도는 유해물질의 물리화학적 성상과 막의 특성에 따라 결정된다.
④ 간은 화학물질을 대사시키고, 콩팥과 함께 배설시키는 기능을 가지고 있는 것과 관련하여 다른 장기보다도 여러 유해물질의 농도가 높다.

한 눈에 들어오는 키워드

참고

단순확산
세포막의 수송단백질과 결합하지 않고 세포막의 구멍이나 지질분자 사이의 틈새를 통해 일어나는 확산을 말한다.

촉진확산
- 운반체의 확산성을 이용하여 생체막을 통과하는 방법으로 운반체는 대부분 단백질로 되어있다.
- 운반체의 수가 가장 많을 때 통과속도는 최대가 되지만 유사한 대상물질이 많이 존재하면 운반체의 결합에 경합하게 되어 투과속도가 산술적으로 억제된다.
- 일반적으로 필수영양소가 이 방법에 의하지만 필수영양소와 유사한 화학물질이 침투하여 운반체의 결합에 경합함으로써 생체막에 화학물질이 통과하여 독성이 나타나게 된다.

수동수송(확산)
외부에서 주어지는 에너지가 없어도 농도 구배로 인하여 세포 내에서 물질이 이동하는 것을 말한다.(농도가 높은 곳에서 낮은 곳으로 이동)

능동수송
- 농도 기울기를 역행(농도가 낮은 곳에서 높은 곳으로 이동)하여 물질을 이동시키는 방법을 말한다.
- 능동 수송은 에너지를 소비하며, 세포막에 존재하는 특정한 운반체 단백질을 통해 일어난다.

음세포 및 토세포작용
- 음세포작용은 음세포가 체내의 이물질을 섭취(액체를 흡수하는 현상)하여 이들을 제거하는 작용을 말한다.
- 토세포작용은 세포 안에 소포(세포 소기관)를 만들어 세포 밖으로 방출하는 작용으로 이물질이 세포 밖으로 유출되는 과정을 말한다.

> **한 눈에 들어오는 키워드**
>
> [참고]
> 간
> 소화기로 흡수된 유해물질을 해독하는 인체기관

(4) 신장을 통한 배설

① 신장을 통한 배설은 사구체 여과, 세뇨관, 재흡수, 그리고 세뇨관 분비에 의해 제거된다.
② 세뇨관을 통한 분비는 선택적으로 작용하며 능동 및 수동수송 방식으로 이루어진다.
③ 세뇨관 내의 물질은 재흡수에 의해 혈중으로 돌아갈 수 있으며, 아미노산과 당류 등은 능동투과에 의하여 재흡수되고 독성물질 및 그 대사산물은 단순 확산에 의하여 재흡수된다.
④ 사구체를 통한 여과는 심장의 박동으로 생성되는 혈압 등의 정수압(hydrostaticpressure)의 차이에 의하여 일어난다.

3 화학반응의 용량 · 반응

(1) 유해성과 위험

1) 독성(Toxicity)

① 화학물질이 사람에게 흡수되었을 때 초래되는 바람직하지 않은 영향의 범위, 정도, 특성 등을 독성이라 한다.
② 화학물질 그 자체가 가지고 있는 본래의 위험을 말한다.

2) 유해성(Hazard)

① 독성을 가지고 있는 화학물질의 잠재적인 유해성을 말한다.
② 사업장에서 화학물질을 사용할 때 관리수준(환기시설의 설치, 보호구의 착용, 용기)에 따라 나타나는 독성의 수준을 나타낸다.
③ 원래 독성이 높은 화학물질도 관리를 잘 할 경우 위해성은 낮아질 수 있다.

3) 위험(Risk)

① 화학물질의 독성이 근로자에게 노출되어 나타날 수 있는 위험의 가능성(확률)을 말한다.
② 위험 = 독성(Toxicity) × 노출(Exposure)

(2) 화학물질의 양 – 반응 관계(Dose-response relationship)

1) 양(Dose)

동물시험에서 투여되는 화학물질의 양 또는 근로자들이 노출되는 유해인자 농도(양)를 말한다.

① **노출량**
② **근로자의 유해물질 흡입량**
③ **공기 중 유해물질 농도×노출기간**
  • Haber의 법칙

> 유해지수 = 유해물질의 농도×접촉시간

2) 반응(Response)

실험동물이 나타내는 양적/질적 영향 또는 근로자가 나타내는 건강상의 영향의 정도를 말한다.

① **질병단계**
② **질병 전 단계**
  • 허용기준 설정에 매우 중요한 단계
  • 보상성 기관장해 단계
  • 감도가 높은 생리적, 생화학적 및 기능장해 단계 측정
③ **심리생리적 반응단계**
  가장 감도가 높은 심리생리적 반응 및 행동변화 측정

3) 양 – 반응에 의한 기관 및 기능장해의 단계

건강 ➡ 질병 ➡ 기능장애 ➡ 사망

참고
양(Dose)의 종류
• Lethal dose(LD)
• Effective dose(ED)
• Toxic dose(TD)

(3) 양 – 반응관계 곡선

특정 노출 시간 후 화학물질에 대한 노출(또는 용량)의 함수로서 유기체의 반응의 크기를 설명한다.

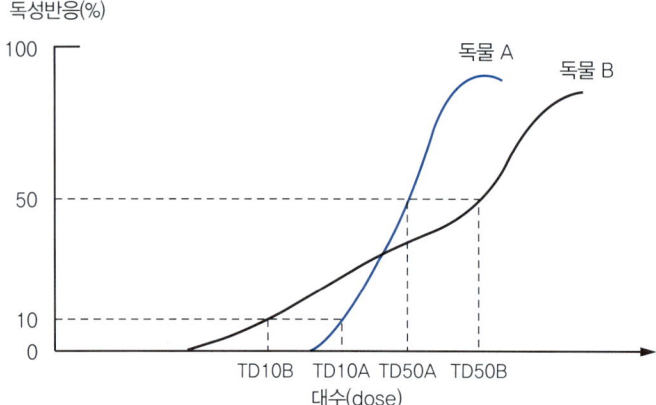

- TD10에서는 B물질의 용량이 A물질보다 더 낮아 B물질의 독성이 더 높다.
- TD50에서는 A물질의 용량이 B물질보다 더 낮아 A물질의 독성이 더 높다.

(4) 기관장해 3단계

1단계 : 항상성 유지단계	• 유해인자 노출에 대하여 적응할 수 있는 단계 • 정상상태를 유지할 수 있는 단계
2단계 : 보상단계	• 방어기전을 동원하여 기능장해를 방어할 수 있는 단계
3단계 : 고장단계	• 보상이 불가능하여 기관이 파괴되는 단계

(5) 위해도 평가(위해성 평가 : Risk Assessment)

1) 용어 정의

① **위해도(risk)** : 유해물질의 특정농도나 용량에 노출된 개인 혹은 집단에게 유해한 결과가 발생할 확률(probability) 또는 가능성(likelihood)을 말한다.
  - OECD의 기준

  $$\text{위해도(Risk)} = \text{유해성(Hazard)} \times \text{노출량(Exposure)}$$

② **위해성 평가(Risk Assessment)** : 유해물질 노출로 나타나게 되는 건강유해 가능성을 평가하는 프로세스를 말한다.

[기출]

작업장 유해인자의 위해도 평가를 위해 고려하여야 할 요인
① 공간적 분포
② 조직적 특성
③ 시간적 빈도와 기간

[참고]

노출평가(exposure assessment)
환경 중에 화학물질의 정성 및 정량 분석자료를 근거로 화학물질이 인체 또는 기타 수용체 내부로 들어오는 노출 수준을 추정하는 것을 말한다.

노출량-반응 평가 (dose-response assessment)
화학물질의 노출수준과 이에 따른 사람 및 환경에 미치는 영향과의 상관성을 규명하는 것을 말한다.

역치(문턱)(threshold)
그 수준 이하에서 유해한 영향이 발생하지 않을 것으로 기대되는 용량을 말한다.

외삽(extrapolation)
관찰할 수 없는 저농도 화학물질의 위해수준을 관찰 가능한 범위로부터 추정하는 것을 말한다.

2) 위해도 평가의 단계(유해 · 위험성 평가의 단계) 실기 기출 ★

① 1단계 : 유해성 확인
② 2단계 : 노출량 – 반응 평가/종민감도분포 평가
③ 3단계 : 노출 평가
④ 4단계 : 위해도 결정

03 유해물질 방어기전

1 유해물질 해독작용

(1) 독성물질의 생체변환 ★

① 생체변환의 기전은 기존의 화합물보다 인체에서 제거하기 쉬운 대사물질로 변화시키는 것이다.
② 생체 내 변환은 독성물질이나 약물의 제거에 대한 첫 번째 기전이며, 1상 반응과 2상 반응으로 구분된다.
③ 1상 반응은 산화, 환원, 가수분해 등의 과정을 통해 이루어진다.
④ 2상 반응은 1상 반응을 거친 물질을 더욱 수용성으로 만드는 포합반응이다.

(2) 생체변환에 영향을 미치는 인자

① 종, 혈통
② 연령, 성별
③ 영양상태
④ 효소의 유도물질과 억제제
⑤ 질병상태
⑥ 개인의 유전인자

04 생물학적 모니터링

1 정의와 목적

(1) 생물학적 모니터링의 정의

1) 생물학적 모니터링의 정의 ★

① 근로자의 유해인자에 대한 노출 정도를 소변, 호기, 혈액 중에서 그 물질이나 대사산물을 측정함으로써 노출 정도를 추정하는 방법을 의미한다.
② 근로자의 생체시료로부터 유해물질의 대사산물, 유해물질 자체 및 생화학적 변화산물을 분석하여 유해물질의 체내흡수정도 및 건강영향 가능성을 평가하기 위하여 실시한다.

2) 생물학적 노출지수(폭로지수 : BEI, ACGIH) ★★

① 혈액, 소변, 호기, 모발 등 생체시료로부터 유해물질에 대한 근로자의 노출량을 평가하는 기준으로 BEI를 사용한다.
② 유해물질의 대사산물, 유해물질 자체 및 생화학적 변화 등을 총칭한다.

3) 내재용량 ★

① 최근에 흡수된 화학물질의 양을 나타낸다.
② 과거 수개월 동안 흡수된 화학물질의 양을 의미한다.
③ 체내 주요 조직이나 부위의 작용과 결합한 화학물질의 양을 의미한다.

(2) 생물학적 모니터링의 목적 및 필요성

1) 생물학적 모니터링의 목적

① 유해물질의 인체침입경로, 근로시간에 따른 노출량 등의 정보를 제공한다.
② 개인위생보호구의 효율성 평가 및 기술적 대책, 위생관리에 대한 평가에 이용한다.
③ 근로자 보호를 위한 개선 대책을 적절히 평가한다.

실기 기출 ★
생물학적 모니터링 생체시료로 호기를 잘 사용하지 않는 이유
① 호기 중 유해물질의 농도는 시간에 따라 급속히 변화한다.
② 호기 중 유해물질의 대사산물은 개인차가 크다.

기출
내재용량은 최근에 흡수된 화학물질의 양으로 개인시료 채취량과 동일하지 않다.

2) 생물학적 모니터링의 필요성

① 채용 전 스크리닝 검사
② 노출량에 따른 작업 조정
③ 중독에 의한 치료대책 수립

(3) 생물학적 결정인자

1) 생물학적 모니터링의 생물학적 결정인자 ★★

① 근로자의 체액에서의 화학물질이나 대사산물
② 조직에 작용하는 화학물질 양(표적분자에 실제 활성인 화학물질)
③ 건강상 영향을 초래하지 않는 조직 또는 부위(내재용량)

2) 생물학적 모니터링의 결정인자를 선택하는 기준

① 결정인자가 충분히 특이적일 것 : 노출물질에 대한 영향을 특이적으로 제시할 수 있어야 한다.
② 적절한 민감도를 가질 것 : 결정인자와 노출 사이의 관계가 강한 연관성을 가져야 한다.
③ 분석적인 변이나 생물학적 변이가 타당할 것 : 분석적인 변이와 생물학적 변이가 적어야 한다.
④ 검체의 채취 및 검사과정에서 불편함을 주지 않을 것
⑤ 건강위험을 평가하는 유용성을 고려할 것 : 건강 위험을 평가하기 위해서는 톨루엔의 노출지수로 마뇨산보다 크레졸이 신뢰성이 있는 결정인자이다.

(4) 생물학적 모니터링의 특징

1) 생물학적 모니터링(생물학적 노출지수 : BEI)의 특징 실기 기출 ★

① 화학물질이 건강상 영향을 나타내는 조직이나 부위에 결합된 양을 나타낸다.
② 건강에 영향을 미치는 바람직하지 않은 노출상태를 파악하는 것이다.(개인의 작업특성, 습관 등에 따른 노출의 차이도 평가할 수 있다.)
③ 시료는 소변, 호기 및 혈액 등이 주로 이용된다.
  • 유기용제 노출을 평가할 때는 소변을 가장 많이 이용한다.
  • 혈액에서 휘발성 물질의 생물학적 노출지수는 정맥 중의 농도를 말한다. ★
  • 배출이 빠르고 반감기가 5분 이내의 물질에 대해서는 시료채취 시기가 대단히 중요하다.

 한 눈에 들어오는 키워드

기출

근로자의 화학물질에 대한 노출을 평가하는 방법
① 개인시료 측정
② 생물학적 모니터링 : 노출에 대한 모니터링, 건강상의 영향에 대한 모니터링
③ 건강감시
  (Medical Surveillance)

기출

산업역학연구에서 원인(유해인자에 대한 노출)과 결과(건강상의 장해 또는 직업병 발생)의 연관성을 확정하기 위해서 충족되어야 하는 조건
① 원인과 질병 사이의 연관성의 강도
② 특정 요인이 특정 질병을 유발하는 특이성
③ 요인에 많이 노출될수록 질병발생이 증가되는 양 – 반응 관계

④ 호흡기계 및 피부흡수, 소화기계를 통한 유해인자의 종합적인 흡수 정도를 평가할 수 있다.
⑤ 최근 노출량이나 과거로부터 축적된 노출량을 간접적으로 파악하는 방법이다. ★
⑥ 건강상의 위험은 생물학적 검체에서 물질별 결정인자를 생물학적 노출지수와 비교하여 평가된다.
  • 결정인자는 공기 중에서 흡수된 화학물질에 의하여 생긴 가역적인 생화학적 변화이다.
⑦ 생물학적 모니터링에는 노출에 대한 모니터링과 건강상의 영향에 대한 모니터링으로 나눌 수 있다.
⑧ 근로자가 노출기준 값을 넘는다고 하여 반드시 건강장해가 있는 것은 아니며, 노출 기준 값 이하에서도 건강장해가 발생할 수 있다. ★
⑨ 직업성 질환 여부를 정확히 평가하는 것은 아니다. ★
⑩ 측정결과 해석이 명확하지 않을 수 있다.
⑪ 작업환경측정에서 설정한 공기 중의 허용기준(TLV)보다 훨씬 적은 생물학적 노출지수(BEI)가 있다. ★
⑫ 생물학적 시료를 분석하는 것은 작업환경 측정(개인시료 결과)보다 훨씬 복잡하고 취급이 어렵다.(측정결과 해석이 복잡하고 어렵다.)

2) 생물학적 모니터링의 장·단점

장점	단점
• 건강상의 위험을 보다 정확하게 평가를 할 수 있다. • 모든 노출 경로에 의한 흡수정도를 평가할 수 있다. • 작업환경측정(개인시료)보다 더 직접적으로 근로자 노출을 추정할 수 있다.	• 시료채취의 어려움 : 근로자로부터 시료를 직접 채취하기 때문에 시료의 채취 및 분석이 어렵다. • 근로자의 생물학적 차이 : 근로자마다 생물학적 차이가 나타날 수 있다. • 유기시료의 특이성과 복잡성 : 유기시료의 특이성이 존재한다. • 분석의 어려움 및 오염 : 분석이 어렵고 시료가 오염될 수 있다. • 작업 이외의 다른 요인에 의한 노출 여부에 영향을 받는다.

3) 생물학적 노출지수(BEI) 이용상의 주의점 ★

① 생물학적 감시기준으로 사용되는 노출기준이며 **생물학적 모니터링의 기준값으로 사용**된다.
② **주 5일, 1일 8시간 기준**, 허용농도(TLV)에 해당하는 농도에 노출되었을 때의 농도이다.(작업시간 증가 시 노출지수를 그대로 적용해서는 안 된다.)
③ 위험하거나 위험하지 않은 물질을 명확하게 구별하는 것은 아니다.
④ 환경오염에 대한 노출을 결정하는 데 이용해서는 안 된다.
⑤ 직업병이나 중독 정도를 평가하는 데 이용해서는 안 된다.

4) 생물학적 모니터링에서 사용되는 약어

B(background)	직업적으로 노출되지 않은 **근로자의 검체에서 동일한 결정인자가 검출될 수 있다는 것을 의미**한다.
CAS (Chemical Abstract Service Register Number)	화학구조나 조성이 확정된 **화학물질에 부여된 고유 번호**를 의미한다.
Sc (감수성: susceptibiliy)	**화학물질의 영향으로 감수성이 커질 수도 있다**는 것을 의미한다.
Nq (Nonqualitative)	**충분한 자료가 없어 생물학적 노출지수가 설정되지 않았음**을 의미한다.
Ns (비특이적 : Nonspecific)	특정 화학물질 노출에서 뿐만 아니라 **다른 화학물질에 의해서도 이 결정인자가 나타날 수 있다**는 것을 의미한다.
Sq (반정량적 : Semi-quantitative)	결정인자가 동 화학물질에 노출되었음을 나타내는 지표일 뿐이고 **측정치를 정량적으로 해석하는 것은 곤란하다는 것**을 의미한다.

(5) 생체시료별 특징

소변 ★	• 비파괴적으로 시료채취가 가능하다. • 많은 양의 시료확보가 가능하다. • **시료채취 과정에서 오염될 가능성이 높다.** • 불규칙한 소변 배설량으로 농도보정이 필요하다. • 채취시료는 신속하게 검사한다.
혈액 ★★	• **시료채취 과정에서 오염될 가능성이 적다.** • **정맥혈을 기준으로 하며 동맥혈에는 적용할 수 없다.** • 채취 시 고무마개의 혈액흡착을 고려하여야 한다. • 휘발성 물질시료의 손실방지를 위하여 최대용량을 채취해야 한다. • 분석방법 선택 시 특정물질의 단백질 결합을 고려해야 한다. • 보관, 처치에 주의를 요한다. • 시료채취 시 근로자가 부담을 가질 수 있다. • 약물동력학적 변이 요인들의 영향을 받는다.
호기	• 폐포공기가 혼합된 호기 시료에서 측정한다. • 노출 전, 후의 시료를 채취한다. • 수증기에 의한 수분응축의 영향을 고려한다. • 반감기가 짧으므로 노출 직후 채취한다. • 노출 후 혼합 호기의 농도는 폐포 내 호기 농도의 $\frac{2}{3}$ 정도이다.

(6) 화학물질의 생물학적 노출지표물질 ★★★

화학물질	생물학적 노출지표물질(체내대사산물)	시료채취 시기
톨루엔	혈액. 호기의 톨루엔, 소변 중 o-크레졸 (오르쏘-크레졸)	작업종료 시
벤젠	소변 중 페놀, 소변 중 t,t-뮤코닉산 (t,t-Muconic acid)	작업종료 시
크실렌	소변 중 메틸마뇨산	작업종료 시
니트로벤젠	혈중 메타헤모글로빈	작업종료 시
에틸벤젠	소변 중 만델린산	작업종료 시
이황화탄소	소변 중 TTCA	당일 작업종료 2시간 전부터 작업 종료 사이에 채취
메탄올	소변 중 메탄올	작업종료 시
노말헥산 (N-헥산)	소변 중 n-헥산, 소변 중 2.5-hexanedione	작업종료 시

화학물질	생물학적 노출지표물질(체내대사산물)	시료채취 시기
아세톤	소변 중 TTCA	작업종료 시
납	혈중 납, 소변 중 납	중요치 않음
카드뮴	혈중 카드뮴, 소변 중 카드뮴	중요치 않음
일산화탄소	호기 중 일산화탄소, 혈중 카르복시헤모글로빈	작업종료 후 15분 이내
스티렌	소변 중 만델린산	작업종료 시
테트라클로로에틸렌	소변 중 트리클로로초산(삼염화초산)	주말작업 종료 시
트리클로로에탄	소변 중 트리클로로초산(삼염화초산)	주말작업 종료 시
사염화 에틸렌	소변 중 트리클로로초산(삼염화초산), 요중 삼염화 에탄올	주말작업 종료 시
N,N-디메틸 포름아미드	소변 중 N-메틸포름아미드	작업종료 시
트리클로로에틸렌 (삼염화에틸렌)	소변 중 트리클로로초산(삼염화초산), 트리클로로에탄올(삼염화에탄올)	주말작업 종료 직후
수은	혈중 총 무기수은	작업시작 전
크롬	소변 중 크롬	4~5일간 연속작업 종료 2시간 전~작업직후
methyl n-butyl ketone	소변 중 2, 5-hexanedione	작업종료 시
디클로로메탄	혈중 카복시헤모글로빈	작업종료 시
페놀	소변 중 페놀	당일 작업종료 2시간 전부터 작업종료 사이

암기법

크레졸 묻은 털(톨루엔)에 벤 페놀, 메틸마녀 크시더니 니트로벤 메타헤모, 에틸벤 만델린, 스티렌 만델린, 이황화탄 TTCA, 일산화탄 헤모글로

(7) 혼합물질의 화학적 상호작용 ★★★

독립작용 (Independent effect)	• 각각의 독성물질이 서로 다른 조직이나 기관에 영향을 미치는 경우로 각 물질의 반응양상이 달라 서로 독립적인 작용을 한다. • 예) 톨루엔과 황산, 납과 황산, 질산과 카드뮴, 이산화황과 시안화수소
상가작용 (Additive effect)	• 두 물질에 **동시 노출될 경우의 독성은 단독물질 독성의 합과 같다.** • 2 + 3 = 5
상승작용 (Synergistic effect)	• 두 물질에 **동시 노출될 경우의 독성은 단독물질 독성의 합보다 크게 증가한다.** • 2 + 3 = 20 • 예) 사염화탄소와 에탄올, 흡연자가 석면에 노출 시
가승작용 (잠재작용, 강화작용) (Potentiation)	• **독성이 없던 물질을 독성이 있는 물질과 혼합하면 독성이 강해진다.** • 2 + 0 = 5 • 예) 이소프로필알코올은 간에 독성을 나타내지 않으나 이것이 사염화탄소와 동시에 노출 시 독성을 나타낸다.

길항작용
(Antagonism)
	• 두 물질이 서로의 작용을 방해하여 두 물질에 **동시 노출될 경우의 독성은 단독물질의 독성보다 약해진다.**
	• 2 + 3 = 1
	  – 배분적(분배적) 길항작용 : **물질의 흡수, 대사 등에 변화를 일으켜** 독성이 낮아진다.
	  – 기능적 길항작용 : 생체 내에서 **서로 반대되는 기능을 가져** 독성이 낮아진다.
	  – 화학적 길항작용 : **화학적인 상호반응**에 의해 독성이 낮아진다.
	  – 수용적 길항작용 : 두 화학물질이 **체내에서 같은 수용체에 결합하여 경쟁관계를 가짐**으로써 독성이 낮아진다.

2 산업역학

(1) 용어정의

1) 환자군
어떤 특정질환이나 문제를 가진 집단을 말한다.

2) 대조군(정상군)
질환이나 문제를 일으키지 않은 집단을 말한다.

3) 유병률
어떤 시점에서 이미 존재하는 질병의 비율(인구집단 내에 존재하는 환자의 비례적인 분율)을 나타낸다.

$$유병률(P) = 발생률(I) \times 평균이환기간(D)$$

단, 유병률은 10% 이하, 발생률과 평균이환기간이 시간 경과에 따라 일정하여야 한다.

4) 발생률
특정기간 위험에 노출된 인구집단 중 새로 발생한 환자수의 비례적인 분율(위험에 노출된 인구 중 질병에 걸릴 확률)을 나타낸다.

5) 위험도
집단에 소속된 구성원 개개인이 일정기간 내에 질병이 발생할 확률을 나타낸다.

① 상대위험도(비교위험도) ★★
- 비노출군에 비하여 노출군에서 질병에 걸릴 위험이 얼마나 큰지를 나타낸다.

$$상대위험비(비교위험도) = \frac{노출군에서\ 질병발생률}{비노출군에서\ 질병발생률}$$
$$= \frac{위험폭로집단발병율}{비위험폭로집단발병율}$$

- 상대위험비 = 1 : 노출과 질병 사이의 연관성 없음
- 상대위험비 > 1 : 위험의 증가
- 상대위험비 < 1 : 질병에 대한 방어효과가 있음

> [암기법]
>
> 상노비(상대위험비 = 노출군/비노출군)

② 기여위험도(귀속위험도) [실기 기출 ★]

- 유해요인에 노출될 때 얼마만큼의 환자수가 증가하였는가를 나타낸다.
- 질병발생의 요인을 제거하였을 때 질병발생이 얼마나 감소될 것인가를 나타낸다.
- 기여분율 : 노출군에서 노출이 질병 발생에 얼마나 기여했는지를 나타낸다.

> 1. 기여위험율 = 노출군에서의 질병발생률 − 비노출군에서의 질병발생률
>
> 2. 기여분율 = $\dfrac{\text{노출군에서의 질병발생률} - \text{비노출군에서의 질병발생률}}{\text{노출군에서의 질병발생률}}$
>   = $\dfrac{\text{상대위험비} - 1}{\text{상대위험비}}$

> [암기법]
>
> - 기위노비(기여위험율 = 노출군 − 비노출군)
> - 기노비노(기여분율 = 노출군 − 비노출군/노출군)

6) 표준사망비(SMR)

작업인원의 사망률을 일반집단의 사망률과의 비로 나타낸다.

> $$SMR = \dfrac{\text{작업장에서의 사망률}}{\text{일반인구의 사망률}} = \dfrac{\text{관찰사망자수}}{\text{기대사망자수(예상사망자수)}}$$

- SMR〉1이면 표준인구집단에 비해 더 많은 사망자가 발생
- SMR〈1이면 표준인구집단에 비해 더 적은 사망자가 발생했다는 의미

7) 교차비

특성을 지닌 사람들의 수와 특성을 지니지 않은 사람들의 수와의 비를 나타낸다. ★

> **암기법**
>
> 특성 교차

$$\text{교차비} = \frac{\text{환자군에서의 노출대응비}}{\text{대조군에서의 노출대응비}}$$

$$\text{대응비} = \frac{\text{노출 또는 질병의 발생확률}}{\text{노출 또는 질병의 비발생확률}}$$

- 교차비 = 1인 경우 요인과 질병 사이의 관계가 없음을 의미
- 교차비 〉 1인 경우 요인에의 노출이 질병발생을 증가시킴을 의미
- 교차비 〈 1인 경우 요인에의 노출이 질병발생을 방어시킴을 의미

> **암기법**
>
> 교환대(교차비 = 환자군 / 대조군)

[예제 1]

크롬에 노출되지 않은 집단에서의 질병발생률은 1.0이었고 노출된 집단에서의 질병발생률은 1.2였다. 다음 중 이에 대한 설명으로 틀린 것은?

① 이 유해물질에 대한 상대위험도는 0.8이다.
② 이 유해물질에 대한 상대위험도는 1.2이다.
③ 노출집단에서 위험도가 더 큰 것으로 나타났다.
④ 노출되지 않은 집단에서 위험도가 더 작은 것으로 나타났다.

해설

$$\text{상대위험비(비교위험도)} = \frac{\text{노출군에서 질병발생률}}{\text{비노출군에서 질병발생률}} = \frac{\text{위험폭로집단발병율}}{\text{비위험폭로집단발병율}}$$

$$\text{상대위험비} = \frac{\text{노출군에서 질병발생률}}{\text{비노출군에서 질병발생률}} = \frac{1.2}{1.0} = 1.2$$

[정답 ①]

한 눈에 들어오는 키워드

[예제 2]

다음 표는 A작업장의 백혈병과 벤젠에 대한 코호트 연구를 수행한 결과이다. 이 때 벤젠의 백혈병에 대한 상대위험비는 약 얼마인가?

	백혈병	백혈병없음	합계
벤젠노출	5	14	19
벤젠비노출	2	25	27
합계	7	39	46

① 3.29   ② 3.55
③ 4.64   ④ 4.82

해설

$$\text{상대위험비(비교위험도)} = \frac{\text{노출군에서 질병발생률}}{\text{비노출군에서 질병발생률}} = \frac{\text{위험폭로집단발병율}}{\text{비위험폭로집단발병율}}$$

$$\text{상대위험비} = \frac{\text{노출군에서 질병발생률}}{\text{비노출군에서 질병발생률}} = \frac{0.263}{0.074} = 3.55$$

- 비노출군에서의 질병발생률 $= \frac{2}{27} = 0.074$
- 노출군에서의 질병발생률 $= \frac{5}{19} = 0.263$

[정답 ②]

기출
전향적 코호트 역학연구와 후향적 코호트 연구의 가장 큰 차이점: 연구개시 시점과 기간

참고
환자대조군 연구의 정보편견
- 기억편견
- 면접편견
- 과장편견

기출
전향적 연구(Prospective study)
연구를 시작하기로 결정한 후에 연구대상자를 선정하고 앞으로 발생하는 자료를 이용하여 연구한다.

(2) 직업병 분석 역학방법

① 집단군 연구
② 환자 – 대조군 연구
③ 코호트 연구

(3) 역학조사 방법

1) 단면연구

① 인구집단에서 특정한 시점이나 기간 내의 질병을 조사하고 질병과 인구집단의 관련성을 연구하는 방법이다.
② 한 번에 대상 집단의 질병 양상과 이와 관련된 여러 속성을 동시에 파악할 수 있고 경제적이므로 자주 사용된다.

2) 환자-대조군 연구(후향적 연구)

특정질병을 가진 환자와 그 질병이 없는 사람을 선정하여 질병 발생과 관련이 있다고 생각되는 어떤 배경인자나 위험요인에 대하여 노출된 정도를 비교한다.

3) 코호트 연구

① 위험요인에 노출된 집단과 노출되지 않은 집단으로 구분하고 일정 기간 동안 추적하여 관찰한 후 어느 시점에서 두 집단의 질병 발생률을 비교한다.
② 순간 시점에서 조사한 단면연구와 다르다.
③ 연관성 및 위험도를 밝힐 수 있기 때문에 가장 이상적인 연구이다.

참고

후향적 연구
(Retrospective study)
이미 만들어져 있는 과거자료를 이용하여 연구를 시작한다.

(4) 역학연구의 오류

1) 계통적 오류 ★

① 측정자의 편견, 측정기기의 문제점, 정보의 오류 등으로부터 발생한다.
② 표본수를 증가시키더라도 오류를 감소, 제거시킬 수 없다.
③ 연구를 반복하여도 똑같은 오류가 발생된다.

2) 무작위 오류

① 측정방법의 부정확성 때문에 발생한다.
② 표본수를 증가시킴으로써 무작위 오류를 감소시킬 수 있다.

3) 역학연구의 계통적 오류를 발생시키는 편견의 종류

① 선택편견 : 유해인자에 대한 노출과 비노출 그룹의 설정 시의 잘못
② 정보편견 : 잘못된 정보에 의한 편견
③ 혼란편견 : 원인과 결과를 혼란시키는 변수로 인한 편견
④ 관찰편견 : 검증되지 않은 측정방법으로 자료 수집, 해석 시에 나타나는 편견

(5) 민감도와 특이도 ★

① 민감도 : 실제 노출된 사람이 측정결과 '노출된 것'으로 나타날 확률
② 특이도 : 실제 노출되지 않은 사람이 측정결과 '노출되지 않은 것'으로 나타날 확률

③ 가음성률(민감도의 상대적 개념) : 1−민감도
④ 가양성률(특이도의 상대적 개념) : 1−특이도

구분		실제값(질병)		합계
		양성	음성	
검사법	양성	A	B	A+B
	음성	C	D	C+D
합계		A+C	B+D	

- 민감도 = $\dfrac{A}{A+C}$

- 가음성률 = $\dfrac{C}{A+C}$

- 가양성률 = $\dfrac{B}{B+D}$

- 특이도 = $\dfrac{D}{B+D}$

(6) 노출인년(person-years of exposure) 실기 기출 ★

조사 근로자를 1년 동안 관찰한 수치로 환산한 것을 말한다.

$$\text{노출인년} = \text{노출자 수} \times \text{연간 근무시간} = \text{노출자 수} \times \dfrac{\text{조사개월 수}}{12개월}$$

[예제 3]

표와 같은 크롬중독을 스크린하는 검사법을 개발하였다면 이 검사법의 특이도는 얼마인가?

구분		크롬중독진단		합계
		양성	음성	
검사법	양성	15	9	24
	음성	9	21	30
합계		24	30	54

① 68% ② 69%
③ 70% ④ 71%

해설

특이도 = $\dfrac{21}{9+21} = 0.7 \times 100 = 70(\%)$

한눈에 들어오는 키워드

[예제 4]

벤젠에 노출되는 근로자 10명이 6개월 동안 근무하였고, 5명이 2년 동안 근무하였을 경우 노출인년(person-years of exposure)은 얼마인가?

① 10
② 15
③ 20
④ 25

해설

노출인년 = 노출자 수 × 연간 근무시간 = 노출자 수 × $\dfrac{조사개월 수}{12개월}$

노출인년 = $(10 \times \dfrac{6}{12}) + (5 \times \dfrac{24}{12}) = 15$(인년)

CHAPTER 04 단원 예상문제

저자가 콕! 찍어주는 예상문제 풀어보기!

01 산업역학에서 상대위험도의 값이 1인 경우가 의미하는 것으로 옳은 것은?

① 노출과 질병발생 사이에는 연관이 없다.
② 노출되면 위험하다.
③ 노출되면 질병에 대하여 방어효과가 있다.
④ 노출되어서는 절대 안 된다.

> 상대위험비 = $\dfrac{\text{노출군에서 질병발생률}}{\text{비노출군에서 질병발생률}}$
> = $\dfrac{\text{위험폭로집단 발병율}}{\text{비위험폭로집단 발병율}}$
> • 상대위험비 = 1인 경우 노출과 질병 사이의 연관성 없음을 의미
> • 상대위험비 > 1인 경우 위험의 증가를 의미
> • 상대위험비 < 1인 경우 질병에 대한 방어효과가 있음을 의미

02 다음 [표]는 A 작업장의 백혈병과 벤젠에 대한 코호트 연구를 수행한 결과이다. 이때 벤젠의 백혈병에 대한 상대위험비를 약 얼마인가?

구분	백혈병	백혈병 없음	합계
벤젠 노출	5	14	19
벤젠 비노출	2	25	27
합계	7	29	46

① 3.29
② 3.55
③ 4.64
④ 4.82

> 상대위험비 = $\dfrac{\text{노출군에서 질병발생률}}{\text{비노출군에서 질병발생률}}$
> • 상대위험비 = 1인 경우 노출과 질병 사이의 연관성 없음을 의미
> • 상대위험비 > 1인 경우 위험의 증가를 의미
> • 상대위험비 < 1인 경우 질병에 대한 방어효과가 있음을 의미
>
> 상대위험비 = $\dfrac{\text{노출군에서 질병발생률}}{\text{비노출군에서 질병발생률}}$
> = $\dfrac{0.263}{0.074}$ = 3.55
> • 비노출군에서의 질병발생률 = $\dfrac{2}{27}$ = 0.074
> • 노출군에서의 질병발생률 = $\dfrac{5}{19}$ = 0.263

03 다음 중 생물학적 노출지표에 관한 설명으로 틀린 것은?

① 노출 근로자의 호기, 요, 혈액, 기타 생체시료로 분석하게 된다.
② 직업성 질환의 진단이나 중독 정도를 평가하게 된다.
③ 유해물의 전반적인 노출량을 추정할 수 있다.
④ 현 환경이 잠재적으로 갖고 있는 건강장해 위험을 결정하는 데에 지침으로 이용된다.

> ② 직업성 질환 여부를 정확히 평가하는 것은 아니다.

정답 01 ① 02 ② 03 ②

04 길항작용 중 독성물질의 생체과정인 흡수, 분포, 배설 등에 변화를 일으켜 독성이 낮아지는 작용을 무엇이라 하는가?

① 기능적 길항작용 ② 화학적 길항작용
③ 수용체 길항작용 ④ 배분적 길항작용

> ★ 길항작용
> ① 배분적(분배적) 길항작용 : 물질의 흡수, 대사 등에 변화를 일으켜 독성이 낮아진다.
> ② 기능적 길항작용 : 생체 내에서 서로 반대되는 기능을 가져 독성이 낮아진다.
> ③ 화학적 길항작용 : 화학적인 상호반응에 의해 독성이 낮아진다.
> ④ 수용적 길항작용 : 두 화학물질이 체내에서 같은 수용체에 결합하여 경쟁관계 가짐으로써 독성이 낮아진다.

> ★ 참고
> ① 상가작용 : 두 물질에 동시 노출될 경우의 독성은 단독물질 독성의 합과 같다.(2 + 3 = 5)
> ② 가승작용 : 독성이 없던 물질을 독성이 있는 물질과 혼합하면 독성이 강해진다.(2 + 0 = 5)
> ③ 길항작용 : 두 물질이 서로의 작용을 방해하여 두 물질에 동시 노출될 경우의 독성은 단독물질의 독성보다 약해진다.(2 + 3 = 1)
> ④ 상승작용 : 두 물질에 동시 노출될 경우의 독성은 단독물질 독성의 합보다 크게 증가한다. (2 + 3 = 9)

05 작업장의 공기 중 허용농도에 의존하는 것 이외에 근로자의 노출상태를 측정하는 방법으로 근로자들의 조직과 체액 또는 호기를 검사해서 건강장해를 일으키는 일이 없이 노출될 수 있는 양을 규정한 것은?

① BEI ② LD
③ SHD ④ STEL

> ★ 생물학적 노출지수(폭로지수 : BEI, ACGIH)
> 혈액, 소변, 호기, 모발 등 생체시료로부터 유해물질에 대한 근로자의 노출량을 평가하는 기준으로 BEI를 사용한다.

06 다음 중 작업장 유해인자와 위해도 평가를 위해 고려하여야 할 요인과 가장 거리가 먼 것은?

① 시간적 빈도와 기간 ② 공간적 분포
③ 평가의 합리성 ④ 조직적 특성

> ★ 작업장 유해인자의 위해도 평가를 위해 고려하여야 할 요인
> ① 공간적 분포
> ② 조직적 특성
> ③ 시간적 빈도와 기간

07 다음 중 화학물질의 독성시험을 수행할 때 고려해야 할 사항과 가장 거리가 먼 것은?

① 실험동물(생물체)의 선정
② 시험대상 독성물질의 선정
③ 독성시험시설의 배수성 여부
④ 모니터하거나 측정할 최종점(end point) 선정

> ＊ 화학물질의 독성시험을 수행할 때 고려해야 할 사항
> ① 실험동물(생물체)의 선정
> ② 시험대상 독성물질의 선정
> ③ 모니터하거나 측정할 최종점(end point) 선정

08 다음 중 유해물질과 생물학적 노출지표의 물질이 잘못 연결된 것은?

① 납 - 소변 중 납
② 벤젠 - 소변 중 총 페놀
③ 크실렌 - 소변 중 메틸마뇨산
④ 일산화탄소 - 소변 중 carboxyhemo globin

> ④ 일산화탄소 – 호기 중 일산화탄소, 혈중 카르복시헤모글로빈(carboxyhemo globin)

09 상대적 독성(수치는 독성의 크기)이 다음과 같은 형태로 나타나는 화학적 상호작용을 무엇이라 하는가?

$$2 + 0 \rightarrow 10$$

① 상가작용(additive)
② 가승작용(potentiation)
③ 상쇄작용(antagonism)
④ 상승작용(synergistic)

> ① 상가작용 : 두 물질에 동시 노출될 경우의 독성은 단독물질 독성의 합과 같다.(2 + 3 = 5)
> ② 가승작용 : 독성이 없던 물질을 독성이 있는 물질과 혼합하면 독성이 강해진다.(2 + 0 = 5)
> ③ 길항작용 : 두 물질이 서로의 작용을 방해하여 두 물질에 동시 노출될 경우의 독성은 단독물질의 독성보다 약해진다.(2 + 3 = 1)
> ④ 상승작용 : 두 물질에 동시 노출될 경우의 독성은 단독물질 독성의 합보다 크게 증가한다. (2 + 3 = 9)

정답 07 ③ 08 ④ 09 ②

10 [표]와 같은 크롬중독을 스크린하는 검사법을 개발했다면 이 검사법의 특이도는 약 얼마인가?

구분		크롬중독 진단		합계
		양성	음성	
검사법	양성	15	9	24
	음성	8	22	30
합계		23	31	54

① 65% ② 71%
③ 74% ④ 78%

구분		실제값(질병)		합계
		양성	음성	
검사법	양성	A	B	A+B
	음성	C	D	C+D
합계		A+C	B+D	

① 민감도 $= \dfrac{A}{A+C}$

② 가음성률 $= \dfrac{C}{A+C}$

③ 가양성률 $= \dfrac{B}{B+D}$

④ 특이도 $= \dfrac{D}{B+D}$

특이도 $= \dfrac{22}{9+22} = 0.7 \times 100 = 70.97(\%)$

11 다음 중 카드뮴에 노출되었을 때 체내의 주요 축적기관으로만 나열한 것은?

① 간, 신장 ② 심장, 뇌
③ 뼈, 근육 ④ 혈액, 모발

> 체내에 흡수된 카드뮴은 혈장단백질과 결합하여 간으로 이송되고, 간에서 서서히 배출되어 최종적으로 신장에 축적된다.(체내에 흡수된 카드뮴의 50~75%는 간 및 신장에 축적되며 일부는 장관 벽에 축적된다.)

12 다음 [표]와 같은 망간중독을 스크린하는 검사법을 개발하였다면 이 검사법의 특이도는 약 얼마인가?

구분		망간중독 진단		합계
		양성	음성	
검사법	양성	17	7	24
	음성	5	25	30
합계		22	32	54

① 70.8% ② 77.3%
③ 78.1% ④ 83.3%

구분		실제값(질병)		합계
		양성	음성	
검사법	양성	A	B	A+B
	음성	C	D	C+D
합계		A+C	B+D	

① 민감도 $= \dfrac{A}{A+C}$

② 가음성률 $= \dfrac{C}{A+C}$

③ 가양성률 $= \dfrac{B}{B+D}$

④ 특이도 $= \dfrac{D}{B+D}$

특이도 $= \dfrac{25}{7+25} = 0.7813 \times 100 = 78.13(\%)$

정답 10 ② 11 ① 12 ③

13 다음 중 산업역학연구에서 원인(유해인자에 대한 노출)과 결과(건강상의 장해 또는 직업병 발생)의 연관성을 확정하기 위해서 충족되어야 하는 조건으로 틀린 것은?

① 원인과 질병 사이의 연관성의 강도
② 특정 요인이 특정 질병을 유발하는 특이성
③ 질병이 요인보다 먼저 나타나야 하는 시간적 속발성
④ 요인에 많이 노출될수록 질병발생이 증가되는 양-반응 관계

> ★ 산업역학연구에서 원인(유해인자에 대한 노출)과 결과(건강상의 장해 또는 직업병 발생)의 연관성을 확정하기 위해서 충족되어야 하는 조건
> ① 원인과 질병 사이의 연관성의 강도
> ② 특정 요인이 특정 질병을 유발하는 특이성
> ③ 요인에 많이 노출될수록 질병발생이 증가되는 양 – 반응 관계

14 다음 중 피부 표피의 설명으로 틀린 것은?

① 혈관 및 림프관이 분포한다.
② 대부분 각질세포로 구성된다.
③ 멜라닌세포와 랑게르한스세포가 존재한다.
④ 각화세포를 결합하는 조직은 케라틴 단백질이다.

> ★ 피부의 표피
> ① 피부는 표피, 진피, 피하지방층으로 구성되고 얇은 바깥쪽 층이 표피이다.
> ② 표피는 대부분 각질세포로 구성된다.
> ③ 표피는 각질형성세포 외에도 멜라닌세포, 랑게르한스세포 및 머켈세포 같은 많은 세포로 구성되어 있다.
> ④ 각화세포를 결합하는 조직은 케라틴 단백질이다.

15 다음 중 유해인자에 노출된 집단에서의 질병발생률과 노출되지 않은 집단에서 질병발생률과의 비를 무엇이라 하는가?

① 교차비   ② 상대위험도
③ 발병비   ④ 기여위험도

> ★ 상대위험도(비교위험도)
> 비노출군에 비하여 노출군에서 질병에 걸릴 위험이 얼마나 큰지를 나타낸다.
>
> $$\text{상대위험비(비교위험도)} = \frac{\text{노출군에서 질병발생률}}{\text{비노출군에서 질병발생률}} = \frac{\text{위험폭로집단발병율}}{\text{비위험폭로집단발병율}}$$
>
> • 상대위험비 = 1인 경우 노출과 질병 사이의 연관성 없음을 의미
> • 상대위험비 > 1인 경우 위험의 증가를 의미
> • 상대위험비 < 1인 경우 질병에 대한 방어효과가 있음을 의미

16 다음 중 유기용제 노출을 생물학적 모니터링으로 평가할 때 일반적으로 많이 활용되는 생체시료는?

① 혈액   ② 피부
③ 모발   ④ 소변

> 생물학적 모니터링의 시료는 소변, 호기 및 혈액 등이 주로 이용된다.
> • 유기용제 노출을 평가할 때는 소변을 가장 많이 이용한다.
> • 혈액에서 휘발성 물질의 생물학적 노출지수는 정맥 중의 농도를 말한다.

정답 13 ③ 14 ① 15 ② 16 ④

17 다음 중 생물학적 노출지수(BEI)에 관한 설명으로 틀린 것은?

① 혈액에서 휘발성 물질의 생물학적 노출지수는 동맥 중의 농도를 말한다.
② 유해물질의 대사산물, 유해물질 자체 및 생화학적 변화 등을 총칭한다.
③ 배출이 빠르고 반감기가 5분 이내인 물질에 대해서는 시료채취 시기가 대단히 중요하다.
④ 시료는 소변, 호기 및 혈액 등이 주로 이용된다.

> ★생물학적 모니터링의 특징
> ① 화학물질이 건강상 영향을 나타내는 조직이나 부위에 결합된 양을 나타낸다.
> ② 건강에 영향을 미치는 바람직하지 않은 노출상태를 파악하는 것이다.(개인의 작업특성, 습관 등에 따른 노출의 차이도 평가할 수 있다)
> ③ 시료는 소변, 호기 및 혈액 등이 주로 이용된다.
> • 유기용제 노출을 평가할 때는 소변을 가장 많이 이용한다.
> • 혈액에서 휘발성 물질의 생물학적 노출지수는 정맥 중의 농도를 말한다.
> • 배출이 빠르고 반감기가 5분 이내의 물질에 대해서는 시료채취 시기가 대단히 중요하다.

18 다음 [보기]는 노출에 대한 생물학적 모니터링에 관한 설명이다. [보기] 중 틀린 것으로만 조합된 것은?

[보기]
㉠ 생물학적 검체인 호기, 소변, 혈액 등에서 결정인자를 측정하여 노출정도를 추정하는 방법이다.
㉡ 결정인자는 공기 중에서 흡수된 화학물질이나 그것의 대사산물 또는 화학물질에 의해 생긴 비가역적인 생화학적 변화이다.
㉢ 공기 중의 농도를 측정하는 것이 개인의 건강위험을 보다 직접적으로 평가할 수 있다.
㉣ 목적은 화학물질에 대한 현재나 과거의 노출이 안전한 것인지를 확인하는 것이다.
㉤ 공기 중 노출기준이 설정된 화학물질의 수 만큼 생물학적 노출기준(BEI)이 있다.

① ㉠, ㉡, ㉢
② ㉠, ㉢, ㉣
③ ㉡, ㉢, ㉤
④ ㉡, ㉣, ㉤

> ㉡ 결정인자는 공기 중에서 흡수된 화학물질에 의하여 생긴 가역적인 생화학적 변화이다.
> ㉢ 최근 노출량이나 과거로부터 축적된 노출량을 간접적으로 파악하는 방법이다.
> ㉤ 작업환경측정에서 설정한 공기 중의 허용기준(TLV)보다 훨씬 적은 생물학적 노출지수(BEI)가 있다.

정답 17 ① 18 ③

19 다음 중 독성실험 단계에 있어 제1단계(동물에 대한 급성노출시험)에 관한 내용과 가장 거리가 먼 것은?

① 생식독성과 최기형성 독성실험을 한다.
② 눈과 피부에 대한 자극성 실험을 한다.
③ 변이원성에 대하여 1차적인 스크리닝 실험을 한다.
④ 치사성과 기관장해에 대한 양-반응 곡선을 작성한다.

★ 독성실험단계

제1단계 (동물에 대한 급성 노출실험)	① 치사성과 기관장해에 대한 양-반응 곡선을 작성한다. ② 눈과 피부에 대한 자극성 실험을 한다. ③ **변이원성에 대하여 1차적인 스크리닝 실험**을 한다.
제2단계 (동물에 대한 만성 노출실험)	① 상승작용과 가승작용 및 상쇄작용에 대하여 시험한다. ② **생식영향(생식독성)과 산아장해(최기형성)**를 시험한다. ③ 거동(행동)특성을 시험한다. ④ 장기독성을 시험한다. ⑤ 변이원성에 대하여 2차적인 스크리닝 실험을 한다.

20 유기용제 중독을 스크린하는 다음 검사법의 민감도(sensitivity)는 얼마인가?

구분		실제값(질병)		합계
		양성	음성	
검사법	양성	15	25	40
	음성	5	15	20
합계		20	40	60

① 25.0% ② 37.5%
③ 62.5% ④ 75.0%

구분		실제값(질병)		합계
		양성	음성	
검사법	양성	A	B	A+B
	음성	C	D	C+D
합계		A+C	B+D	

민감도 = $\dfrac{A}{A+C}$

민감도 = $\dfrac{15}{15+5}$ = 0.75 × 100 = 75(%)

21 다음 중 스티렌(styrene)에 노출되었음을 알려주는 요 중 대사산물은?

① 페놀   ② 마뇨산
③ 만델린   ④ 메틸마뇨산

화학물질	생물학적 노출지표물질 (체내대사산물)	시료채취 시기
톨루엔	혈액, 호기의 톨루엔, 소변 중 o-크레졸 (오르소-크레졸)	작업종료 시
벤젠	소변 중 페놀, 소변 중 t,t-뮤코닉산 (t,t-Muconic acid)	작업종료 시
크실렌	소변 중 메틸마뇨산	작업종료 시
니트로벤젠	혈중 메타헤모글로빈	작업종료 시
에틸벤젠	소변 중 만델린산	작업종료 시
이황화탄소	소변 중 TTCA	당일 작업종료 2시간 전부터 작업종료 사이에 채취
노말헥산 (N-헥산)	소변 중 n-헥산, 소변 중 2,5-hexanedione	작업종료 시
스티렌	소변 중 만델린산	작업종료 시

정답 19 ① 20 ④ 21 ③

22 다음 중 생물학적 모니터링에 관한 설명으로 적절하지 않은 것은?

① 생물학적 모니터링은 작업자의 생물학적 시료에서 화학물질의 노출 정도를 추정하는 것을 말한다.
② 근로자 노출평가와 건강상의 영향평가 두 가지 목적으로 모두 사용될 수 있다.
③ 내재용량은 최근에 흡수된 화학물질의 양을 말한다.
④ 내재용량은 신체 여러 부분이나 몸 전체에서 저장된 화학물질의 양을 말하는 것은 아니다.

* 내재용량
① 최근에 흡수된 화학물질의 양을 나타낸다.
② 과거 수개월 동안 흡수된 화학물질의 양을 의미한다.
③ 체내 주요 조직이나 부위의 작용과 결합한 화학물질의 양을 의미한다.

23 다음 중 생물학적 모니터링을 위한 시료채취시간에 제한이 없는 것은?

① 소변 중 카드뮴
② 소변 중 아세톤
③ 호기 중 일산화탄소
④ 소변 중 총 크롬(6가)

화학물질	생물학적 노출지표물질 (체내대사산물)	시료채취 시기
아세톤	소변 중 아세톤	작업종료 시
카드뮴	혈중 카드뮴, 소변 중 카드뮴	중요치 않음
일산화탄소	호기중 일산화탄소, 혈중 카르복시헤모글로빈	작업종료 후 15분 이내
크롬	소변중 크롬	4~5일간 연속작업 종료 2시간 전~ 작업직후

24 다음 중 노말헥산이 체내 대사과정을 거쳐 소변으로 배출되는 물질은?

① hippuric acid
② 2.5-hexanedione
③ hydroquinone
④ 8-hydroxy quinone

화학물질	생물학적 노출지표물질 (체내대사산물)	시료채취 시기
톨루엔	혈액, 호기의 톨루엔, 소변 중 o-크레졸(오르소-크레졸)	작업종료 시
벤젠	소변 중 페놀, 소변 중 t,t-뮤코닉산(t,t-Muconic acid)	작업종료 시
크실렌	소변 중 메틸마뇨산	작업종료 시
니트로벤젠	혈중 메타헤모글로빈	작업종료 시
노말헥산 (N-헥산)	소변 중 n-헥산, 소변 중 2.5-hexanedione	작업종료 시

25 다음 중 생물학적 모니터링에 대한 설명으로 틀린 것은?

① 근로자의 유해인자에 대한 노출 정도를 소변, 호기, 혈액 중에서 그 물질이나 대사산물을 측정함으로써 노출 정도를 추정하는 방법을 말한다.
② 건강상의 영향과 생물학적 변수와 상관성이 높아 공기 중의 노출기준(TLV)보다 훨씬 많은 생물학적 노출지수(BEI)가 있다.
③ 피부, 소화기계를 통한 유해인자의 종합적인 흡수 정도를 평가할 수 있다.
④ 생물학적 시료를 분석하는 것은 작업환경 측정보다 훨씬 복잡하고 취급이 어렵다.

② 작업환경측정에서 설정한 공기 중의 허용기준(TLV)보다 훨씬 적은 생물학적 노출지수(BEI)가 있다.

정답 22 ④ 23 ① 24 ② 25 ②

26 다음 중 인체 순환기계에 대한 설명으로 틀린 것은?

① 인체의 각 구성세포에 영양소를 공급하며, 노폐물 등을 운반한다.
② 혈관계의 동맥은 심장에서 말초혈관으로 이동하는 원심성 혈관이다.
③ 림프관은 체내에서 들어온 감염성 미생물 및 이물질을 살균 또는 식균하는 역할을 한다.
④ 신체방어에 필요한 혈액응고 효소 등을 손상받은 부위로 수송한다.

> ③ 림프절은 체내에서 들어온 감염성 미생물 및 이물질을 살균 또는 식균하는 역할을 한다.

27 다음 중 생물학적 모니터링의 방법에서 생물학적 결정인자로 보기 어려운 것은?

① 체액의 화학물질 또는 그 대사산물
② 표적조직에 작용하는 활성 화학물질의 양
③ 건강상의 영향을 초래하지 않는 부위나 조직
④ 처음으로 접촉하는 부위에 직접 독성영향을 야기하는 물질

> *생물학적 모니터링의 생물학적 결정인자
> ① 근로자의 체액에서의 화학물질이나 대사산물
> ② 조직에 작용하는 화학물질 양(표적분자에 실제 활성인 화학물질)
> ③ 건강상 영향을 초래하지 않는 조직 또는 부위 (내재용량)

28 다음 중 독성물질 간의 상호작용을 잘못 표현한 것은? (단, 숫자는 독성값을 표현한 것이다.)

① 상가작용 : 3 + 3 = 6
② 상승작용 : 3 + 3 = 5
③ 길항작용 : 3 + 3 = 0
④ 가승작용 : 3 + 0 = 10

> ① 상가작용 : 두 물질에 동시 노출될 경우의 독성은 단독물질 독성의 합과 같다.(2 + 3 = 5)
> ② 상승작용 : 두 물질에 동시 노출될 경우의 독성은 단독물질 독성의 합보다 크게 증가한다. (2 + 3 = 9)
> ③ 길항작용 : 두 물질이 서로의 작용을 방해하여 두 물질에 동시 노출될 경우의 독성은 단독물질의 독성보다 약해진다.(2 + 3 = 1)
> ④ 가승작용 : 독성이 없던 물질을 독성이 있는 물질과 혼합하면 독성이 강해진다.(2 + 0 = 5)

29 작업장에서 생물학적 모니터링의 결정인자를 선택하는 근거를 설명한 것으로 틀린 것은?

① 충분히 특이적이다.
② 적절한 민감도를 갖는다.
③ 분석적인 변이나 생물학적 변이가 타당해야 한다.
④ 톨루엔에 대한 건강위험평가는 크레졸보다 마뇨산이 신뢰성 있는 결정인자이다.

> *생물학적 모니터링의 결정인자를 선택하는 기준
> ① 결정인자가 충분히 특이적일 것 : 노출물질에 대한 영향을 특이적으로 제시할 수 있어야 한다.
> ② 적절한 민감도를 가질 것 : 결정인자와 노출사이의 관계가 강한 연관성을 가져야 한다.
> ③ 분석적인 변이나 생물학적 변이가 타당할 것 : 분석적인 변이와 생물학적 변이가 적어야 한다.
> ④ 검체의 채취 및 검사과정에서 불편함을 주지 않을 것

정답 26 ③ 27 ④ 28 ② 29 ④

⑤ 건강위험을 평가하는 유용성을 고려할 것 : 건강위험을 평가하기 위해서는 톨루엔의 노출지수로 마뇨산보다 크레졸이 신뢰성이 있는 결정인자이다.

30 다음 중 유해물질과 생물학적 노출지표의 연결이 잘못된 것은?

① 벤젠 - 소변 중 페놀
② 톨루엔 - 소변 중 o-크레졸
③ 크실렌 - 소변 중 카테콜
④ 스티렌 - 소변 중 만델린산

화학물질	생물학적 노출지표물질 (체내대사산물)	시료채취 시기
톨루엔	혈액, 호기의 톨루엔, 소변 중 o-크레졸 (오르소-크레졸)	작업종료 시
벤젠	소변 중 페놀, 소변 중 t,t-뮤코닉산 (t,t-Muconic acid)	작업종료 시
크실렌	소변 중 메틸마뇨산	작업종료 시
스티렌	소변 중 만델린산	작업종료 시

31 다음 중 사업장 역학연구의 신뢰도에 영향을 미치는 계통적 오류에 대한 설명으로 틀린 것은?

① 편견으로부터 나타난다.
② 표본수를 증가시킴으로써 오류를 제거할 수 있다.
③ 연구를 반복하더라도 똑같은 결과의 오류를 가져오게 된다.
④ 측정자의 편견, 측정기기의 문제성, 정보의 오류 등이 해당된다.

★ 계통적 오류
① 측정자의 편견, 측정기기의 문제점, 정보의 오류 등으로 부터 발생한다.
② 표본수를 증가시키더라도 오류를 감소, 제거시킬 수 없다.
③ 연구를 반복하여도 똑같은 오류가 발생된다.

32 생물학적 모니터링은 노출에 대한 것과 영향에 대한 것으로 구분한다. 다음 중 노출에 대한 생물학적 모니터링에 해당하는 것은?

① 일산화탄소 - 호기 중 일산화탄소
② 카드뮴 - 소변 중 저분자량 단백질
③ 납 - 적혈구 ZPP(Zinc-Protoporphyrin)
④ 납 - FEP(Free Erythrocyte Protoporphyrin)

화학물질	생물학적 노출지표물질 (체내대사산물)	시료채취 시기
납	혈중 납, 소변 중 납	중요치 않음
카드뮴	혈중 카드뮴, 소변 중 카드뮴	중요치 않음
일산화탄소	호기 중 일산화탄소, 혈중 카르복시헤모글로빈	작업종료 후 15분 이내

정답 30 ③ 31 ② 32 ①

※ 산업위생관리기사 필기

06

과년도기출문제

- **2018년** 1·2·3회
- **2019년** 1·2·3회
- **2020년** 1,2·3·4회
- **2021년** 1·2·3회
- **2022년** 1·2회

2018년 3월 4일

1회 과년도기출문제

제1과목 산업위생학개론

01 전신피로의 정도를 평가하기 위하여 맥박을 측정한 값이 심한 전신피로 상태라고 판단되는 경우는?

① $HR_{30\sim60}$ = 107, $HR_{150\sim180}$ = 89, $HR_{60\sim90}$ = 101
② $HR_{30\sim60}$ = 110, $HR_{150\sim180}$ = 95, $HR_{60\sim90}$ = 108
③ $HR_{30\sim60}$ = 114, $HR_{150\sim180}$ = 92, $HR_{60\sim90}$ = 118
④ $HR_{30\sim60}$ = 116, $HR_{150\sim180}$ = 102, $HR_{60\sim90}$ = 108

> ★ 전신피로의 평가
>
> $HR_{30\sim60}$이 110를 초과하고 $HR_{60\sim90}$과 $HR_{150\sim180}$의 차이가 10 미만인 경우
> - $HR_{30\sim60}$: 작업 종류 후 30~60초 사이의 평균 맥박수
> - $HR_{60\sim90}$: 작업 종류 후 60~90초 사이의 평균 맥박수
> - $HR_{150\sim180}$: 작업 종류 후 150~180초 사이의 평균 맥박수

 실기까지 중요 ★★

02 산업위생전문가들이 지켜야 할 윤리강령에 있어 전문가로서의 책임에 해당하는 것은?

① 일반 대중에 관한 사항은 정직하게 발표한다.
② 위험요소와 예방조치에 관하여 근로자와 상담한다.
③ 과학적 방법의 적용과 자료의 해석에서 객관성을 유지한다.
④ 위험요인의 측정, 평가 및 관리에 있어서 외부의 압력에 굴하지 않고 중립적 태도를 취한다.

> ① 일반 대중에 관한 사항은 정직하게 발표한다.
>   → 일반 대중에 대한 책임
> ② 위험요소와 예방조치에 관하여 근로자와 상담한다. → 근로자에 대한 책임
> ④ 위험요인의 측정, 평가 및 관리에 있어서 외부의 압력에 굴하지 않고 중립적 태도를 취한다.
>   → 근로자에 대한 책임

> ★ 참고
> 산업위생전문가로서의 책임
> ① 성실성과 학문적 실력면에서 최고 수준을 유지한다.
> ② 과학적 방법의 적용과 자료의 해석에서 객관성을 유지한다.
> ③ 전문 분야로서의 산업위생을 학문적으로 발전시킨다.
> ④ 근로자, 사회 및 전문 직종의 이익을 위해 과학적 지식을 공개하고 발표한다.
> ⑤ 기업체의 기밀은 누설하지 않는다.
> ⑥ 전문적 판단이 타협에 의하여 좌우될 수 있거나 이해관계가 있는 상황에는 개입하지 않는다.

실기에 자주 출제 ★★★

 정답 01 ④ 02 ③

03 Diethyl ketone(TLV = 200ppm)을 사용하는 근로자의 작업시간이 9시간일 때 허용기준을 보정하였다. OSHA 보정법과 Brief and Scala 보정법을 적용하였을 경우 보정된 허용기준치 간의 차이는 약 몇 ppm인가?

① 5.05
② 11.11
③ 22.22
④ 33.33

> **★ 비정상 작업시간에 대한 허용농도 보정**
>
> **1. OSHA의 보정방법**
>   ① 급성중독을 일으키는 물질
>   • 보정된 노출기준
>   = 8시간 노출기준 × $\dfrac{8시간}{노출시간/일}$
>   ② 만성중독을 일으키는 물질
>   • 보정된 노출기준
>   = 8시간 노출기준 × $\dfrac{40시간}{노출시간/일}$
>
> **2. Brief와 Scala의 보정방법**
>   ① $RF = \left(\dfrac{8}{H}\right) \times \dfrac{24-H}{16}$
>   ② [일주일 ; RF] = $\left(\dfrac{40}{H}\right) \times \dfrac{168-H}{128}$
>   ③ 보정된 노출기준 = RF × 노출기준(허용농도)
>   • H : 비정상적인 작업시간(노출시간/일)
>   ; 노출시간/주
>   • 16 : 휴식시간 의미
>   (128 ; 일주일 휴식시간 의미)
>
> **1. OSHA의 보정**
> 보정된 노출기준 = $200 \times \dfrac{8}{9}$ = 177.78(ppm)
>
> **2. Brief와 Scala의 보정**
> 노출지수(RF) = $\dfrac{8}{9} \times \dfrac{24-9}{16}$ = 0.8333
> 보정된 노출기준 = 0.8333 × 200
>   = 166.67(ppm)
>
> **3. 보정된 허용기준치 간의 차이**
> 177.78 − 166.67 = 11.11(ppm)

📝 실기에 자주 출제 ★★★

04 18세기 영국의 외과의사 Pott에 의해 직업성 암(癌)으로 보고되었고, 오늘날 검댕 속의 다환방향족 탄화수소가 원인인 것으로 밝혀진 질병은?

① 폐암
② 방광암
③ 중피종
④ 음낭암

> **★ Percivall Pott**
> ① 영국의 외과의사로 직업성 암(굴뚝청소부의 음낭암)을 최초로 보고
> ② 암의 원인 물질은 "검댕"
> ③ "굴뚝 청소부법" 제정토록 함

📝 실기까지 중요 ★★

05 산업안전보건법의 목적을 설명한 것으로 맞는 것은?

① 헌법에 의하여 근로조건의 기준을 정함으로써 근로자의 기본적 생활을 보장, 향상시키며 균형있는 국가경제의 발전을 도모함
② 헌법의 평등이념에 따라 고용에서 남녀의 평등한 기회와 대우를 보장하고 모성보호와 작업능력을 개발하여 근로여성의 지위향상과 복지증진에 기여함
③ 산업안전·보건에 관한 기준을 확립하고 그 책임의 소재를 명확하게 하여 산업재해를 예방하고 쾌적한 작업환경을 조성함으로써 노무를 제공하는 자의 안전과 보건을 유지·증진함
④ 모든 근로자가 각자의 능력을 개발, 발휘할 수 있는 직업에 취직할 기회를 제공하고, 산업에 필요한 노동력의 충족을 지원함으로써 근로자의 직업안정을 도모하고 균형있는 국민경제의 발전에 이바지함

> **★ 산업안전보건법의 목적**
> 산업안전 및 보건에 관한 기준을 확립하고 그 책임의 소재를 명확하게 하여 산업재해를 예방하고 쾌적한 작업환경을 조성함으로써 노무를 제공하는 자의 안전 및 보건을 유지·증진함을 목적으로 한다.

정답 03 ② 04 ④ 05 ③

06 방사성 기체로 폐암 발생의 원인이 되는 실내공기 중 오염물질은?

① 석면
② 오존
③ 라돈
④ 포름알데히드

> ★ 라돈
> ① 라돈(Rn-222)은 지각 중의 토양, 모래, 암석, 광물질 및 이들을 재료로 하는 건축자재 등에 미량으로 함유되어 있으며 우라늄 붕괴계열 중 유일하게 라돈은 무색, 무미, 무취한 가스상의 물질이다.
> ② 방사성 기체로 폐암 발생의 원인이 되는 실내공기 중 오염물질에 해당한다.

📝 필기에 자주 출제 ★

07 육체적 작업능력(PWC)이 16kcal/min인 근로자가 1일 8시간 동안 물체를 운반하고 있다. 이때의 작업 대사량은 10kcal/min고, 휴식시의 대사량은 1.5kcal/min이다. 이 사람이 쉬지 않고 계속하여 일할 수 있는 최대 허용시간은 약 몇 분인가? (단, $\log T_{end} = b_0 + b_1 \cdot E$, $b_0 = 3.720$, $b_1 = -0.1949$이다.)

① 60분
② 90분
③ 120분
④ 150분

> $\log T_{end} = 3.720 - 0.1949E$
> • E : 작업대사량(kcal/min)
> • T_{end} : 허용작업시간(min)
>
> $\log T_{end} = 3.720 - 0.1949 \times 10 = 1.771$
> $T_{end} = 10^{1.771} = 59.02$(분)

📝 실기까지 중요 ★★

08 산업재해의 기본원인인 4M에 해당되지 않는 것은?

① 방식(Mode)
② 설비(Machine)
③ 작업(Media)
④ 관리(Management)

> ★ 인간에러(휴먼 에러)의 배후요인(4M)
> ① Man(인간) : 본인 외의 사람, 직장의 인간관계 등
> ② Machine(기계) : 기계, 장치 등의 물적 요인
> ③ Media(매체) : 작업정보, 작업방법 등
> ④ Management(관리) : 작업관리, 법규준수, 단속, 점검 등

📝 실기까지 중요 ★★

09 보건관리자를 반드시 두어야 하는 사업장이 아닌 것은?

① 도금업
② 축산업
③ 연탄 생산업
④ 축전지(납 포함) 제조업

★ 보건관리자의 선임기준

광업, 1차 금속 제조업 등 유해요인이 상존하는 제조업	① 상시 근로자 50명 이상 500명 미만 : 1명 이상 ② 상시 근로자 500명 이상 2,000명 미만 : 2명 이상 ③ 상시 근로자 2,000명 이상 : 2명 이상(의사, 간호사 중 1명)
그 밖의 제조업	① 상시 근로자 50명 이상 1,000명 미만 : 1명 이상 ② 상시 근로자 1,000명 이상 3,000명 미만 : 2명 이상 ③ 상시 근로자 3,000명 이상 : 2명 이상(의사, 간호사 중 1명)
농업, 임업 및 어업 도매 및 소매업 등 (제조업 외)	① 상시 근로자 50명 이상 5,000명 미만 : 1명 이상 (사진처리업의 경우 상시 근로자 100명 이상 5,000명 미만 1명) ② 상시 근로자 5,000명 이상 : 2명 이상(의사 1명 이상 포함)

정답 06 ③ 07 ① 08 ① 09 ②

건설업	공사금액 800억원 이상(토목공사업 1천억 이상) 또는 상시 근로자 600명 이상 : 1명 이상(공사금액 800억원(토목공사는 1,000억원)을 기준으로 1,400억원이 증가할 때마다 또는 상시 근로자 600명을 기준으로 600명이 추가될 때마다 1명씩 추가)

📝 실기까지 중요 ★★

10 고용노동부장관은 건강장해를 발생할 수 있는 업무에 일정기간 이상 종사한 근로자에 대하여 건강관리수첩을 교부하여야 한다. 건강관리수첩 교부 대상 업무가 아닌 것은?

① 벤지딘염산염(중량비율 1% 초과 제제 포함) 제조 취급업무
② 벤조트리클로리드 제조(태양광선에 의한 염소화반응에 제조)업무
③ 제철용 코크스 또는 제철용 가스발생로 가스 제조 시 로상부 또는 근접작업
④ 크롬산, 중크롬산, 또는 이들 염(중량 비율 0.1% 초과 제제 포함)을 제조하는 업무

> ④ 크롬산·중크롬산 또는 이들 염(같은 물질이 함유된 화합물의 중량 비율이 1퍼센트를 초과하는 제제를 포함한다)을 광석으로부터 추출하여 제조하거나 취급하는 업무

11 직업성 질환에 관한 설명으로 틀린 것은?

① 직업성 질환과 일반 질환은 그 한계가 뚜렷하다.
② 직업성 질환은 재해성 질환과 직업병으로 나눌 수 있다.
③ 직업성 질환이란 어떤 직업에 종사함으로써 발생하는 업무상 질병을 의미한다.
④ 직업병은 저농도 또는 저수준의 상태로 장시간 걸쳐 반복노출로 생긴 질병을 의미한다.

> ① 직업성 질환과 일반 질환은 그 한계가 뚜렷하지 않다.(임상적, 병리적 소견이 일반질병과 구별하기 어렵다)

📝 필기에 자주 출제 ★

12 교대근무제에 관한 설명으로 맞는 것은?

① 야간근무 종료 후 휴식은 24시간 전후로 한다.
② 야근은 가면(假眠)을 하더라도 10시간 이내가 좋다.
③ 신체적 적응을 위하여 야간근무의 연속일수는 대략 1주일로 한다.
④ 누적 피로를 회복하기 위해서는 정교대 방식보다는 역교대 방식이 좋다.

> ① 야근 후 다음 반으로 가는 간격은 최저 48시간 이상의 휴식시간을 갖도록 하여야 한다.
> ③ 야간근무의 연속일수는 2~3일로 한다.
> ④ 교대방식은 낮 근무, 저녁 근무, 밤 근무 순으로 한다.(정교대가 좋다)

📝 필기에 자주 출제 ★

정답 10 ④ 11 ① 12 ②

13 300명의 근로자가 근무하는 A사업장에서 지난 한 해 동안 신체장해 12등급 4명과, 3급 1명의 재해자가 발생하였다. 신체장해 등급별 근로손실일수가 다음 표와 같을 때 해당 사업장의 강도율은 약 얼마인가? (단, 연간 52주, 주당 5일, 1일 8시간을 근무하였다.)

신체장해 등급	근로손실 일수	신체장해 등급	근로손실 일수
1~3급	7500일	9급	1000일
4급	5500일	10급	600일
5급	4000일	11급	400일
6급	3000일	12급	200일
7급	2200일	13급	100일
8급	1500일	14급	50일

① 0.33 ② 13.30
③ 25.02 ④ 52.35

$$강도율 = \frac{총요양 근로 손실 일수}{연근로 시간 수} \times 1,000$$

(근로손실일수 = 휴업일수, 요양일수, 입원일수 $\times \frac{300(실제근로일수)}{365}$)

$$강도율 = \frac{(200 \times 4)+(7500 \times 1)}{300 \times 52 \times 5 \times 8} \times 1,000 = 13.30$$

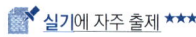 실기에 자주 출제 ★★★

14 근골격계 질환에 관한 설명으로 틀린 것은?

① 점액낭염(bursitis)은 관절 사이의 윤활액을 싸고 있는 윤활낭에 염증이 생기는 질병이다.
② 건초염(tenosynovitis)은 건막에 염증이 생긴 질환이며, 건염(tendonitis)은 건의 염증으로, 건염과 건초염을 정확히 구분하기 어렵다.
③ 수근관 증후군(carpal tunnel sysdrome)은 반복적이고, 지속적인 손목의 압박, 무리한 힘 등으로 인해 수근관 내부에 정중신경이 손상되어 발생한다.
④ 근염(myositis)은 근육이 잘못된 자세, 외부의 충격, 과도한 스트레스 등으로 수축되어 굳어지면 근섬유의 일부가 띠처럼 단단하게 변하여 근육의 특정 부위에 압통, 방사통, 목 부위 운동제한, 두통 등의 증상이 나타난다.

④ 근염(myositis)은 바이러스 및 세균 감염에 의하여 근육에 염증이 생겨 근섬유가 손상되는 질환으로, 근육의 통증 및 근육의 수축 능력도 약해지며 발열, 오한, 피로감 같은 전신적인 증상이 나타난다.

15 유해인자와 그로 인하여 발생되는 직업병의 연결이 틀린 것은?

① 크롬 - 폐암   ② 이상기압 - 폐수종
③ 망간 - 신장염 ④ 수은 - 악성중피종

④ 수은 - 미나마타병

실기까지 중요 ★★

16 작업강도에 영향을 미치는 요인으로 틀린 것은?

① 작업밀도가 적다.
② 열량소비량이 크다.
③ 대인접촉이 많다.
④ 작업대상의 종류가 많다.

① 작업밀도가 클수록 작업강도가 커진다.

정답 13 ② 14 ④ 15 ④ 16 ①

17 산업안전보건법령상 작업환경측정에 관한 내용으로 틀린 것은?

① 모든 측정은 개인시료 채취방법으로만 실시하여야 한다.
② 작업환경측정을 실시하기 전에 예비조사를 실시하여야 한다.
③ 작업환경측정자는 그 사업장에 소속된 사람으로 산업위생관리산업기사 이상의 자격을 가진 사람이다.
④ 작업이 정상적으로 이루어져 작업시간과 유해인자에 대한 근로자의 노출정도를 정확히 평가할 수 있을 때 실시하여야 한다.

> ① 모든 측정은 개인시료 채취방법으로 하되, 개인시료 채취방법이 곤란한 경우에는 지역시료 채취방법으로 실시할 것

📑 필기에 자주 출제 ★

18 중량물 취급작업 시 NIOSH에서 제시하고 있는 최대허용기준(MPL)에 대한 설명으로 틀린 것은? (단, AL은 감시기준이다.)

① 역학조사 결과 MPL을 초과하는 직업에서 대부분의 근로자들에게 근육, 골격 장해가 나타났다.
② 노동생리학적 연구결과, MPL에 해당되는 작업에서 요구되는 에너지 대사량은 5kcal/min를 초과하였다.
③ 인간공학적 연구결과 MPL에 해당되는 작업에서 디스크에 3,400N의 압력이 부과되어 대부분의 근로자들이 이 압력에 견딜 수 없었다.
④ MPL은 3AL에 해당되는 값으로 정신물리학적 연구결과, 남성근로자의 25% 미만과 여성 근로자의 1% 미만에서만 MPL수준의 작업을 수행할 수 있었다.

> ③ MPL에 해당되는 작업에서 디스크에 6,500N의 압력이 부과되어 대부분의 근로자들이 이 압력에 견딜 수 없었다.

19 심리학적 적성검사에서 지능검사 대상에 해당되는 항목은?

① 성격, 태도, 정신상태
② 언어, 기억, 추리, 귀납
③ 수족협조능, 운동속도능, 형태지각능
④ 직무에 관련된 기본지식과 숙련도, 사고력

> ★ 심리학적 적성검사
> ① 지능검사 : 언어, 기억, 추리에 대한 검사
> ② 지각동작검사 : 수족협조, 운동속도, 형태지각 검사
> ③ 인성검사 : 성격, 태도, 정신상태 검사
> ④ 기능검사 : 직무에 관한 기본지식과 숙련도, 사고력 등의 검사

20 산업위생 전문가의 과제가 아닌 것은?

① 작업환경의 조사
② 작업환경조사 결과의 해석
③ 유해물질과 대기오염 상관성 조사
④ 유해인자가 있는 곳의 경고 주의판 부착

> ③ 유해물질과 대기오염 상관성 조사
> → 대기환경 전문가의 과제

정답 17 ① 18 ③ 19 ② 20 ③

제2과목 작업위생측정 및 평가

21 입자상물질의 크기 표시를 하는 방법 중 입자의 면적을 이등분하는 직경으로 과소평가의 위험성이 있는 것은?

① 마틴직경　② 페렛직경
③ 스톡크직경　④ 등면적직경

★ 기하학적(물리적) 직경

마틴직경 (martin diameter)	① 먼지(입자)의 면적을 2등분하는 선의 길이로 나타내는 직경 ② 선의 방향은 항상 일정하여야 하며 과소 평가될 수 있다.
페렛직경 (feret diameter)	① 먼지의 한쪽 끝 가장자리에서 다른 쪽 끝 가장자리 까지의 거리로 나타내는 직경 ② 과대 평가될 가능성이 있다.
등면적직경 (projected area diameter)	① 먼지의 면적과 동일한 면적을 가진 원의 직경으로 환산한 직경 ② 가장 정확한 직경이다. ③ 측정은 현미경 접안경에 porton reticle을 삽입하여 측정한다. 즉 $D = \sqrt{2^n}(\mu m)$는 입자직경, n은 porton reticle에서 원의 번호

암기법
기하학적 2마, 페가, 등면적 동원

📝 실기까지 중요 ★★

22 시료채취 대상 유해물질과 시료채취 여과지를 잘못 짝지은 것은?

① 유리규산 - PVC여과지
② 납, 철 등 금속 - MCE 여과지
③ 농약, 알칼리성 먼지 - 은막 여과지
④ 다핵방향족탄화수소(PAHs) - PTFE 여과지

③ 농약, 알칼리성 먼지, 콜타르피치 등을 채취
→ PTFE 막 여과지

📝 실기까지 중요 ★★

23 작업환경 내 유해물질 노출로 인한 위해도의 결정 요인은 무엇인가?

① 반응성과 사용량　② 위해성과 노출량
③ 허용농도와 노출량　④ 반응성과 허용농도

작업환경 내 위해도의 결정 요인
→ 위해성과 노출량

24 흡광도 측정에서 최초광의 70%가 흡수될 경우 흡광도는 약 얼마인가?

① 0.28　② 0.35
③ 0.46　④ 0.52

★ 흡광도(A)

$$A = \log \frac{1}{투과율}$$

$A = \log(\frac{1}{0.3}) = 0.52$
(투과율 = 1 - 흡수율 = 1 - 0.7 = 0.3)

📝 실기까지 중요 ★★

정답　21 ①　22 ③　23 ②　24 ④

25 포집기를 이용하여 납을 분석한 결과 0.00189g 이였을 때, 공기 중 납 농도는 약 몇 mg/m³인가? (단, 포집기의 유량 2.0L/min, 측정시간 3시간 2분, 분석기기의 회수율은 100%이다.)

① 4.61 ② 5.19
③ 5.77 ④ 6.35

$$mg/m^3 = \frac{0.00189 \times 10^3 mg}{\frac{2.0 \times 10^{-3} m^3}{min} \times 182 min} = 5.19(mg/m^3)$$

$2.0L/min = 2.0 \times 10^{-3} m^3/min$
3시간 2분 = 182min
$0.00189g = 0.00189 \times 10^3 mg$

📘 실기까지 중요 ★★

26 접합공정에서 본드를 사용하는 작업장에서 톨루엔을 측정하고자 한다. 노출기준의 10%까지 측정하고자 할 때, 최소 시료채취 시간은 약 몇 분인가? (단, 25℃, 1기압 기준이며 톨루엔의 분자량은 92.14, 기체크로마토그래피의 분석에서 톨루엔의 정량한계는 0.5mg, 노출기준은 100ppm, 채취유량은 0.15L/분이다.)

① 13.3 ② 39.6
③ 88.5 ④ 182.5

노출기준(mg/m³)
$= \frac{노출기준(ppm) \times 그램분자량}{24.45(25℃, 1기압)}$

노출기준(mg/m³) $= \frac{100 \times 92.14}{24.45}$
$= 376.85(mg/m^3)$
노출기준의 10% → 37.685(mg/m³)

$\frac{0.5mg}{\frac{0.15 \times 10^{-3} m^3}{min} \times x min} = 37.685$

$37.685 \times 0.15 \times 10^{-3} \times x = 0.5$
$x = \frac{0.5}{37.685 \times 0.15 \times 10^{-3}} = 88.45(min)$
($0.15L/min = 0.15 \times 10^{-3} m^3/min$)

📘 실기에 자주 출제 ★★★

27 다음 중 검지관법에 대한 설명과 가장 거리가 먼 것은?

① 반응시간이 빨라서 빠른 시간에 측정결과를 알 수 있다.
② 민감도가 낮기 때문에 비교적 고농도에만 적용이 가능하다.
③ 한 검지관으로 여러 물질을 동시에 측정할 수 있는 장점이 있다.
④ 오염물질의 농도에 비례한 검지관의 변색층 길이를 읽어 농도를 측정하는 방법과 검지관 안에서 색변화와 표준 색표를 비교하여 농도를 결정하는 방법이 있다.

③ 오염물질에 맞는 검지관을 선정하여야 한다.

📘 필기에 자주 출제 ★

28 공장 내 지면에 설치된 한 기계로부터 10m 떨어진 지점의 소음이 70dB(A)일 때, 기계의 소음이 50dB(A)로 들리는 지점은 기계에서 몇 m 떨어진 곳인가? (단, 점음원을 기준으로 하고, 기타 조건은 고려하지 않는다.)

① 50 ② 100
③ 200 ④ 400

* 소음을 내는 기계로부터 거리가 d_2 만큼 떨어진 곳의 소음 계산

$$dB_2 = dB_1 - 20 \times \log(\frac{d_2}{d_1})$$

• dB_1 : 소음기계로부터 d_1 떨어진 곳의 소음
• dB_2 : 소음기계로부터 d_2 떨어진 곳의 소음

$20 \times \log(\frac{d_2}{d_1}) = dB_1 - dB_2$
$\log(\frac{d_2}{d_1}) = \frac{dB_1 - dB_2}{20}$
$\frac{d_2}{d_1} = 10^{\frac{dB_1 - dB_2}{20}}$
$d_2 = d_1 \times 10^{\frac{dB_1 - dB_2}{20}} = 10 \times 10^{\frac{70-50}{20}} = 100(m)$

📘 실기까지 중요 ★★

정답 25 ② 26 ③ 27 ③ 28 ②

29 태양광선이 내리쬐지 않는 옥외 작업장에서 온도를 측정한 결과, 건구온도는 30℃, 자연습구온도는 30℃, 흑구온도는 34℃이었을 때 습구흑구온도지수(WBGT)는 약 몇 ℃인가? (단, 고용노동부 고시를 기준으로 한다.)

① 30.4
② 30.8
③ 31.2
④ 31.6

> 1. 옥외(태양광선이 내리쬐는 장소)
>   WBGT(℃) = 0.7×자연습구온도 + 0.2
>   ×흑구온도 + 0.1×건구온도
> 2. 옥내 또는 옥외(태양광선이 내리쬐지 않는 장소)
>   WBGT(℃) = 0.7×자연습구온도 + 0.3
>   ×흑구온도
> 3. 평균 WBGT(℃)
> $= \dfrac{WBGT_1 \times t_1 + \cdots + WBGT_n \times t_n}{t_1 + \cdots + t_n}$
>   • $WBGT_n$: 각 습구흑구온도지수의 측정치(℃)
>   • t_n : 각 습구흑구온도지수치의 발생시간(분)
>
> WBGT(℃) = 0.7×자연습구온도 + 0.3×흑구온도
>   = 0.7×30 + 0.3×34 = 31.2(℃)

 실기에 자주 출제 ★★★

30 온도표시에 관한 내용으로 틀린 것은?

① 냉수는 4℃ 이하를 말한다.
② 실온은 1～35℃를 말한다.
③ 미온은 30～40℃를 말한다.
④ 온수는 60～70℃를 말한다.

> ★온도 표시
> ① 온도의 표시는 셀시우스(Celcius) 법에 따라 아라비아 숫자의 오른쪽에 ℃를 붙인다. 절대온도는 °K로 표시하고 절대온도 0°K는 -273℃로 한다.
> ② 상온은 15～25℃, 실온은 1～35℃, 미온은 30～40℃로 하고, 찬 곳은 따로 규정이 없는 한 0～15℃의 곳을 말한다.
> ③ 냉수(冷水)는 15℃ 이하, 온수(溫水)는 60～70℃, 열수(熱水)는 약 100℃를 말한다.

필기에 자주 출제 ★

31 다음 중 복사기, 전기기구, 플라즈마 이온방식의 공기청정기 등에서 공통적으로 발생할 수 있는 유해물질로 가장 적절한 것은?

① 오존
② 이산화질소
③ 일산화탄소
④ 포름알데히드

> 복사기, 전기기구, 플라즈마 이온방식의 공기청정기 등 → 오존이 발생한다.

32 '여러 성분이 있는 용액에서 증기가 나올 때, 증기의 각 성분의 부분압은 용액의 분압과 평형을 이룬다'는 내용의 법칙은?

① 라울의 법칙
② 픽스의 법칙
③ 게이-루삭의 법칙
④ 보일-샤를의 법칙

> ★라울의 법칙
> 증기의 각 성분의 부분압은 용액의 분압과 평형을 이룬다.

33 소음의 측정시간 및 횟수의 기준에 관한 내용으로 ( )에 들어갈 것으로 옳은 것은? (단, 고용노동부 고시를 기준으로 한다.)

> 단위작업장소에서의 소음발생시간이 6시간 이내인 경우나 소음발생원에서의 발생시간이 간헐적인 경우에는 발생시간 동안 연속 측정하거나 등간격으로 나누어 ( ) 이상 측정하여야 한다.

① 2회
② 3회
③ 4회
④ 6회

정답 29 ③ 30 ① 31 ① 32 ① 33 ③

단위 작업장소에서의 소음발생시간이 6시간 이내인 경우나 소음발생원에서의 발생시간이 간헐적인 경우에는 발생시간 동안 연속 측정하거나 등간격으로 나누어 4회 이상 측정하여야 한다.

📘 실기까지 중요 ★★

34 측정값이 17, 5, 3, 13, 8, 7, 12, 10일 때, 통계적인 대표값 9.0은 다음 중 어느 통계치에 해당되는가?

① 최빈값
② 중앙값
③ 산술평균
④ 기하평균

① 측정값을 크기 순서로 배열하면
  17, 13, 12, 10, 8, 7, 5, 3
② 측정값이 8개이므로
  → 중앙의 2개 값 10과 8의 평균값이 중앙값이 된다.
③ 중앙값 = $\dfrac{10+8}{2}$ = 9

*참고
중앙치(중앙값)
① 측정값을 크기순서로 배열하였을 때 중앙에 위치하는 값을 말한다.
② 측정값이 짝수 개일 때에는 중앙에 위치하는 두 개의 값을 평균 내어 중앙값으로 한다.

📘 실기까지 중요 ★★

35 전자기 복사선의 파장범위 중에서 자외선-A의 파장 영역으로 가장 적절한 것은?

① 100 ~ 280nm
② 280 ~ 315nm
③ 315 ~ 400nm
④ 400 ~ 760nm

근자외선(UV-A)	315(300) ~ 400nm
도르노선(UV-B)	280(290) ~ 315(320)nm [2,800 ~ 3,150Å]
UV-C	100 ~ 280nm

📘 실기까지 중요 ★★

36 금속도장 작업장의 공기 중에 혼합된 기체의 농도와 TLV가 다음 표와 같을 때, 이 작업장의 노출지수(EI)는 얼마인가? (단, 상가 작용 기준이며 농도 및 TLV의 단위는 ppm이다.)

기체명	기체의 농도	TLV
Toluene	55	100
MBK	25	50
Acetone	280	750
MEK	90	200

① 1.573
② 1.673
③ 1.773
④ 1.873

1. 노출지수
$$EI = \dfrac{C_1}{T_1} + \dfrac{C_2}{T_2} + \cdots + \dfrac{C_n}{T_n}$$
 • C : 화학물질 각각의 측정치
 • T : 화학물질 각각의 노출기준
 • 판정 : $EI > 1$ 경우 노출기준을 초과함

2. 혼합물의 TLV-TWA
$$TLV-TWA = \dfrac{C_1 + C_2 + \cdots + C_n}{EI}$$

$$EI = \dfrac{55}{100} + \dfrac{25}{50} + \dfrac{280}{750} + \dfrac{90}{200} = 1.873$$

📘 실기까지 중요 ★★

정답 34 ② 35 ③ 36 ④

37 석면측정방법 중 전자 현미경법에 관한 설명으로 틀린 것은?

① 석면의 감별분석이 가능하다.
② 분석시간이 짧고 비용이 적게 소요된다.
③ 공기 중 석면시료 분석에 가장 정확한 방법이다.
④ 위상차현미경으로 볼 수 없는 매우 가는 섬유도 관찰이 가능하다.

★ 전자 현미경법
① 공기 중 석면시료 분석에 가장 정확한 방법이다.
② 석면의 성분 분석(감별분석)이 가능하다.
③ 위상차현미경으로 볼 수 없는 매우 가는 섬유도 관찰할 수 있다.
④ 분석시간이 길고 값이 비싸다.

📘 필기에 자주 출제 ★

38 작업장 소음에 대한 1일 8시간 노출 시 허용기준은 몇 dB(A)인가? (단, 미국 OSHA의 연속소음에 대한 노출기준으로 한다.)

① 45   ② 60
③ 75   ④ 90

★ 소음의 노출기준(OSHA)

1일 노출시간(hr)	소음수준[dB(A)]
8	90
4	95
2	100
1	105
1/2	110
1/4	115

📘 실기까지 중요 ★★

39 다음 중 작업환경의 기류측정 기기와 가장 거리가 먼 것은?

① 풍차풍속계   ② 열선풍속계
③ 카타온도계   ④ 냉온풍속계

★ 공기의 유속(기류) 측정기기
① 피토관(pitot tube)
② 회전 날개형 풍속계 (rotating vane anemometer)
③ 그네 날개형 풍속계 (swining vane anemometer ; 벨로미터)
④ 열선 풍속계(thermal anemometer)
⑤ 카타온도계(kata thermometer)
⑥ 풍향 풍속계
⑦ 풍차 풍속계

📘 필기에 자주 출제 ★

40 두 집단의 어떤 유해물질의 측정값이 아래 도표와 같을 때 두 집단의 표준편차의 크기 비교에 대한 설명 중 옳은 것은?

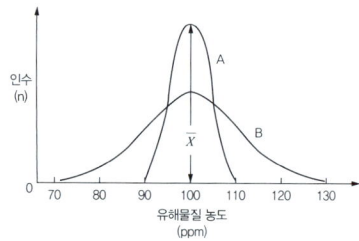

① A집단과 B집단은 서로 같다.
② A집단의 경우가 B집단의 경우보다 크다.
③ A집단의 경우가 B집단의 경우보다 작다.
④ 주어진 도표만으로 판단하기 어렵다.

• A : 표준편차가 작을수록 측정값들이 평균($\overline{X}$)에 가깝다.
• B : 표준편차가 클수록 평균에서 떨어진 값이 많다.
→ A집단이 B집단보다 표준편차가 작다.

정답 37 ② 38 ④ 39 ④ 40 ③

제3과목 | 작업환경관리대책

41 작업환경 개선의 기본원칙으로 짝지어진 것은?

① 대체, 시설, 환기　② 격리, 공정, 물질
③ 물질, 공정, 시설　④ 격리, 대체, 환기

> ★ 작업환경 개선의 기본원칙
> ① 대치(대체) : 공정의 변경, 유해물질 변경, 시설의 변경
> ② 격리(Isolation)
> ・저장물질의 격리
> ・시설의 격리
> ・공정의 격리
> ・작업자의 격리
> ③ 환기(Ventilation) : 국소환기, 전체환기

📝 실기까지 중요 ★★

42 다음 중 0.01μm 정도의 미세분진까지 처리할 수 있는 집진기로 가장 적합한 것은?

① 중력 집진기　② 전기 집진기
③ 세정식 집진기　④ 원심력 집진기

> ★ 전기 집진기
> 0.01μm 정도의 미세분진까지 처리가 가능하며, 넓은 범위의 입경과 분진농도에 집진효율이 높다.

43 공기 중의 포화증기압이 1.52mmHg인 유기용제가 공기 중에 도달할 수 있는 포화농도는 약 몇 ppm인가?

① 2,000　② 4,000
③ 6,000　④ 8,000

> 포화농도 = $\dfrac{물질의 증기압(mmHg)}{대기압(760mmHg)} \times 10^2 (\%)$
> = $\dfrac{물질의 증기압(mmHg)}{대기압(760mmHg)} \times 10^6 (ppm)$
>
> 포화농도 = $\dfrac{1.52}{760} \times 10^6 = 2,000$ (ppm)

📝 실기까지 중요 ★★

44 송풍기에 연결된 환기 시스템에서 송풍량에 따른 압력손실 요구량을 나타내는 $Q-P$ 특성곡선 중 Q와 P의 관계는? (단, Q는 풍량, P는 풍압이며, 유동조건은 난류형태이다.)

① $P \propto Q$　② $P^2 \propto Q$
③ $P \propto Q^2$　④ $P^2 \propto Q^3$

> $\dfrac{Q_2}{Q_1} = \dfrac{N_2}{N_1},\ \dfrac{P_2}{P_1} = \left(\dfrac{N_2}{N_1}\right)^2$
> ∴ $\dfrac{P_2}{P_1} = \left(\dfrac{Q_2}{Q_1}\right)^2$

> ★ 참고
> 특성곡선
> ① 송풍기의 종류별 특성을 하나의 선도로 나타낸 것
> ② 일정한 회전수에서 횡축을 풍량, 종축을 압력, 효율, 소요동력으로 하여 풍량에 따른 이들의 변화 과정을 나타낸 것

정답 41 ④　42 ②　43 ①　44 ③

45 그림과 같은 작업에서 상방흡인형의 외부식 후드의 설치를 계획하였을 때 필요한 송풍량은 약 몇 m³/min인가? (단, 기온에 따른 상승기류는 무시함, $P = 2(L+W)$, $V_c = 1$m/s)

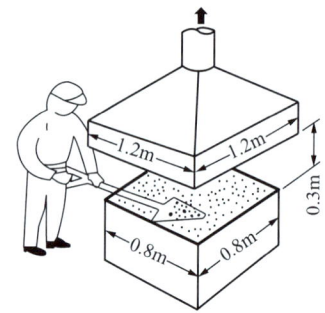

① 100
② 110
③ 120
④ 130

Q (m³/min) $= 60 \cdot 1.4 \cdot P \cdot V \cdot D$
- P : 작업대의 주변길이(m)
- D : 작업대와 후드 간의 거리(m)
- V : 제어풍속(m/s)

$Q = 60 \times 1.4 \times [2 \times (1.2+1.2)] \times 1 \times 0.3$
$= 120.96$(m³/min)

📝 실기에 자주 출제 ★★★

46 작업대 위에서 용접할 때 흄을 포집·제거하기 위해 작업면에 고정된 플랜지가 붙은 외부식 사각형 후드를 설치하였다면 소요 송풍량은 약 몇 m³/min인가? (단, 개구면에서 작업지점까지의 거리는 0.25m, 제어속도는 0.5m/s, 후드 개구면적은 0.5m²이다.)

① 0.281
② 8.430
③ 16.875
④ 26.425

★ 외부식 후드(작업대 위 바닥면 위치, 플랜지 부착)

$Q = 60 \times 0.5 \times Vc(10X^2 + A)$

- Q : 필요송풍량(m³/min)
- Vc : 제어속도(m/sec)
- A : 개구면적(m²)
- X : 후드중심선으로부터 발생원까지의 거리(m)
  (오염원과 후드간 거리가 덕트 직경의 1.5배 이내일 때만 유효)

$Q = 60 \times 0.5 \times 0.5(10 \times 0.25^2 + 0.5)$
$= 16.875$(m³/min)

📝 실기에 자주 출제 ★★★

47 후드의 압력 손실계수가 0.45이고 속도압이 20mmH₂O일 때 압력손실(mmH₂O)은?

① 9
② 12
③ 20.45
④ 42.25

압력손실($\triangle P$) $= F \times VP =$ (mmH₂O)
- F : 압력손실계수
- VP : 속도압(mmH₂O)

$\triangle P = 0.45 \times 20 = 9$(mmH₂O)

📝 실기에 자주 출제 ★★★

정답 45 ③ 46 ③ 47 ①

48 화학공장에서 작업환경을 측정하였더니 TCE 농도가 10,000ppm이었을 때 오염공기의 유효비중은? (단, TCE의 증기비중은 5.7, 공기비중은 1.0이다.)

① 1.028　　② 1.047
③ 1.059　　④ 1.087

> 작업환경 중의 TCE가 10,000ppm = 1%이므로 공기는 99%가 된다.
> TCE 1%(증기비중 5.7), 공기 99%(공기비중 1.0)이므로
> 유효비중 = 0.01×5.7+0.99×1 = 1.047

 실기까지 중요 ★★

49 그림과 같은 국소배기장치의 명칭은?

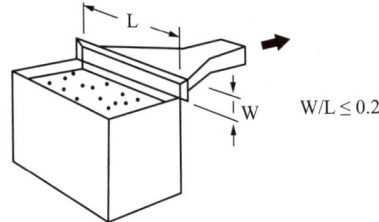

① 수형 후드　　② 슬롯 후드
③ 포위형 후드　　④ 하방형 후드

> ★ 슬롯형 후드
> 후드의 개구면이 좁고 길어서 폭 : 길이 비율의 0.2 이하인 것을 슬롯형이라 한다.

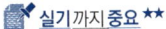 실기까지 중요 ★★

50 다음 중 유해성이 적은 물질로 대체한 예와 가장 거리가 먼 것은?

① 분체의 원료는 입자가 큰 것으로 바꾼다.
② 야광시계의 자판에 라듐 대신 인을 사용한다.
③ 아조염료의 합성에서 디클로로벤지딘 대신 벤지딘을 사용한다.
④ 단열재 석면을 대신하여 유리섬유나 스티로폼을 대체한다.

> ③ 아조염료의 합성에서 벤지딘 대신 디클로로벤지딘을 사용한다.

필기에 자주 출제 ★

51 입자상 물질을 처리하기 위한 장치 중 고효율 집진이 가능하며 원리가 직접차단, 관성충돌, 확산, 중력침강 및 정전기력 등이 복합적으로 작용하는 장치는?

① 여과 집진장치　　② 전기 집진장치
③ 원심력 집진장치　　④ 관성력 집진장치

> ★ 여과 집진장치
> 고효율 집진이 가능, 직접차단·관성충돌·확산·중력침강 및 정전기력에 의하여 입자를 포집한다.

실기까지 중요 ★★

정답 48 ②　49 ②　50 ③　51 ①

52 직경이 5μm이고 밀도가 2g/cm³인 입자의 종단속도는 약 몇 cm/sec인가?

① 0.07　　② 0.15
③ 0.23　　④ 0.33

* 종단속도

$$V = 0.003\rho d^2 \text{(cm/sec)}$$

- ρ : 분진밀도(g/cm³)
- d : 직경(μm)

$V = 0.003 \times 2 \times 5^2 = 0.15$(cm/sec)

📝 실기에 자주 출제 ★★★

53 다음 중 가지 덕트를 주 덕트에 연결하고자 할 때, 각도로 가장 적합한 것은?

① 30°　　② 50°
③ 70°　　④ 90°

가지 덕트를 주 덕트에 연결하고자 할 때 30°에 가깝게 한다.

📝 실기까지 중요 ★★

54 공기 중의 사염화탄소 농도가 0.2%일 때, 방독면의 사용 가능한 시간은 몇 분인가? (단, 방독면 정화통의 정화능력이 사염화탄소 0.5%에서 60분간 사용 가능하다.)

① 110　　② 130
③ 150　　④ 180

$$\text{유효시간(파과시간)} = \frac{\text{시험가스농도} \times \text{표준유효시간}}{\text{작업장 공기중 유해가스 농도}}(\text{분})$$

유효시간 = $\frac{0.5 \times 60}{0.2} = 150$(분)

📝 실기까지 중요 ★★

55 어느 관내의 속도압이 3.5mmH₂O일 때, 유속은 약 몇 m/min인가? (단, 공기의 밀도 1.21kg/m³이고 중력가속도는 9.8m/s²이다.)

① 352　　② 381
③ 415　　④ 452

$$VP(\text{속도압}) = \frac{\gamma V^2}{2g}(\text{mmH}_2\text{O})$$

- r : 비중(kg/m³)
- V : 공기속도(m/sec)
- g : 중력가속도(m/sec²)

$VP = \frac{\gamma \times V^2}{2g}$

$\gamma \times V^2 = VP \times 2g$

$V^2 = \frac{VP \times 2g}{\gamma}$

$V = \sqrt{\frac{VP \times 2g}{\gamma}} = \sqrt{\frac{3.5 \times 2 \times 9.8}{1.21}} = 7.5296$(m/sec)

$\frac{7.5296\text{m}}{\frac{1}{60}\text{min}} = 451.78$(m/min)

📝 실기에 자주 출제 ★★★

정답　52 ②　53 ①　54 ③　55 ④

56 호흡기 보호구의 밀착도 검사(fit test)에 대한 설명이 잘못된 것은?

① 정량적인 방법에는 냄새, 맛, 자극물질 등을 이용한다.
② 밀착도 검사란 얼굴피부 접촉면과 보호구 안면부가 적합하게 밀착되는지를 측정하는 것이다.
③ 밀착도 검사를 하는 것은 작업자가 작업장에 들어가기 전 누설정도를 최소화시키기 위함이다.
④ 어떤 형태의 마스크가 작업자에게 적합한지 마스크를 선택하는 데 도움을 주어 작업자의 건강을 보호한다.

> 냄새, 맛, 자극물질 등을 이용한 검사는 정성적 밀착도 검사방법이다.

> ★참고
> 정성 밀착도 검사
> ① 호흡용 보호구를 착용하고 있는 사람이 자극, 냄새 또는 미각을 쉽게 감지할 수 있도록 자극성의 연기, 냄새가 나는 초산이소아밀 증기 또는 기타 적당한 시험환경에 폭로시킨다.
> ② 공기정화식 호흡용 보호구에는 여과재 또는 정화통을 부착시킨다.
> ③ 호흡용 보호구 착용자가 호흡용 보호구 내부로 자극성 또는 냄새성 시험제를 감지할 수 없다면 호흡용 보호구의 밀착도는 좋은 상태이다.

57 다음 중 방독마스크에 관한 설명과 가장 거리가 먼 것은?

① 일시적인 작업 또는 긴급용으로 사용하여야 한다.
② 산소농도가 15%인 작업장에서는 사용하면 안 된다.
③ 방독마스크의 정화통은 유해물질별로 구분하여 사용하도록 되어 있다.
④ 방독마스크 필터는 압축된 면, 모, 합성섬유 등의 재질이며 여과효율이 우수하여야 한다.

> ★방독마스크 흡수제(필터)의 종류
> ① 활성탄
> ② 큐프라마이트
> ③ 호프칼라이트
> ④ 실리카겔
> ⑤ 소다임
> ⑥ 알칼리제재
> ⑦ 카본

 필기에 자주 출제★

58 연속 방정식 $Q = AV$의 적용조건은? (단, Q = 유량, A = 단면적, V = 평균속도이다.)

① 압축성 정상유동
② 압축성 비정상유동
③ 비압축성 정상유동
④ 비압축성 비정상유동

> ★베르누이 방정식 적용조건
> ① 정상 유동
> ② 비압축성(비점성) 유동
> ③ 마찰이 없는 유동
> ④ 동일한 유선상에서의 유동

정답 56 ① 57 ④ 58 ③

59 공기의 유속을 측정할 수 있는 기구가 아닌 것은?

① 열선 유속계   ② 로터미터형 유속계
③ 그네 날개형 유속계   ④ 회전 날개형 유속계

> ★공기의 유속 측정기기
> ① 피토관(pitot tube)
> ② 회전 날개형 풍속계
>   (rotating vane anemometer)
> ③ 그네 날개형 풍속계
>   (swining vane anemometer ; 벨로미터)
> ④ 열선 풍속계(thermal anemometer)
> ⑤ 카타온도계(kata thermometer)
> ⑥ 풍향 풍속계
> ⑦ 풍차 풍속계

📋 **필기에 자주 출제** ★

---

60 슬롯의 길이가 2.4m, 폭이 0.4m인 플랜지부착 슬롯형 후드가 설치되어 있을 때, 필요 송풍량은 약 몇 m³/min인가? (단, 제어거리가 0.5m, 제어속도가 0.75m/s이다.)

① 135   ② 140
③ 145   ④ 150

> ★외부식 슬롯 후드
> $$Q = 60 \cdot C \cdot L \cdot V_c \cdot X$$
> • Q : 필요송풍량(m³/min)
> • V_c : 제어속도(m/sec)
> • L : slot 개구면의 길이(m)
> • X : 포집점까지의 거리(m)
> • C : 형상계수
> (전원주 : 3.7, $\frac{3}{4}$ 원주 : 4.1,
> $\frac{1}{2}$ 원주(플랜지부착과 동일) : 2.6, $\frac{1}{4}$ 원주 : 1.6)
>
> $Q = 60 \times 2.6 \times 2.4 \times 0.75 \times 0.5 = 140.4$(m³/min)

📋 **실기까지 중요** ★★

제4과목 | 물리적 유해인자관리

61 전리방사선에 관한 설명으로 틀린 것은?

① α선은 투과력은 약하나, 전리작용은 강하다.
② β입자는 핵에서 방출되는 양자의 흐름이다.
③ γ선은 원자핵 전환에 따라 방출되는 자연 발생적인 전자파이다.
④ 양자는 조직 전리작용이 있으며 비정(飛程) 거리는 같은 에너지의 α입자보다 길다.

> ② β입자는 방사성 원자핵이 내뿜는 전자의 흐름이다.

📋 **필기에 자주 출제** ★

---

62 제2도 동상의 증상으로 적절한 것은?

① 따갑고 가려운 느낌이 생긴다.
② 혈관이 확장하여 발적이 생긴다.
③ 수포를 가진 광범위한 삼출성 염증이 생긴다.
④ 심부조직까지 동결되면 조직의 괴사와 괴저가 일어난다.

제1도 동상 (발적)	가려우며 혈관확장으로 국소발적이 생긴다.
제2도 동상 (수포형성과 염증)	수포와 함께 광범위한 삼출성 염증이 생긴다.
제3도 동상 (조직괴사 및 괴저)	심부조직까지 동결되어 조직의 괴사인한 괴저가 발생한다.

📋 **실기까지 중요** ★★

정답 59 ② 60 ② 61 ② 62 ③

63 저기압의 작업환경에 대한 인체의 영향을 설명한 것으로 틀린 것은?

① 고도 18,000ft 이상이 되면 21% 이상의 산소를 필요로 하게 된다.
② 인체 내 산소 소모가 줄어들게 되어 호흡수, 맥박수가 감소한다.
③ 고도 10,000ft까지는 시력, 협조운동의 가벼운 장해 및 피로를 유발한다.
④ 고도상승으로 기압이 저하되면 공기의 산소 분압이 저하되고 동시에 폐포 내 산소분압도 저하된다.

② 산소의 부족으로 호흡수, 맥박수가 증가한다.

필기에 자주 출제 ★

64 일반소음에 대한 차음효과는 벽체의 단위표면적에 대하여 벽체의 무게가 2배될 때마다 몇 dB씩 증가하는가? (단, 벽체 무게 이외의 조건은 동일하다.)

① 4　　② 6
③ 8　　④ 10

벽체 단위 표면적에 대하여 벽체무게가 2배 될 때마다 차음효과는 6dB씩 증가한다.

필기에 자주 출제 ★

65 음의 세기가 10배로 되면 음의 세기수준은?

① 2dB 증가　　② 3dB 증가
③ 6dB 증가　　④ 10dB 증가

$$SIL = 10 \times \log\left(\frac{I}{I_o}\right)(dB)$$

- SIL : 음의 세기레벨(dB)
- I : 대상음의 세기(w/m²)
- I_o : 최소가청음 세기(10^{-12}w/m²)

$SPL = 10 \times \log(10) = 10(dB)$
음의 세기 레벨은 10dB 증가한다.

실기까지 중요 ★★

66 생체 내에서 산소공급정지가 몇 분 이상이 되면 활동성이 회복되지 않을 뿐만 아니라 비가역적인 파괴가 일어나는가?

① 1분　　② 1.5분
③ 2분　　④ 3분

생체 내에서 산소공급정지가 2분 이상이 되면 비가역적인 파괴가 일어난다.

67 방사능의 방어대책으로 볼 수 없는 것은?

① 방사선을 차폐한다.
② 노출시간을 줄인다.
③ 발생량을 감소시킨다.
④ 거리를 가능한 한 멀리한다.

★ 방사능의 방어대책
① 방사선을 차폐한다.
② 노출시간을 줄인다.
③ 가급적 거리를 멀게 한다.

필기에 자주 출제 ★

정답　63 ②　64 ②　65 ④　66 ③　67 ③

68 마이크로파의 생물학적 작용과 거리가 먼 것은?

① 500cm 이상의 파장은 인체 조직을 투과한다.
② 3cm 이하 파장은 외피에 흡수된다.
③ 3~10cm 파장은 1mm~1cm 정도 피부 내로 투과한다.
④ 25~200cm 파장은 세포 조직과 신체기관까지 투과한다.

> 마이크로파의 파장은 1~300cm이며 파장에 따라 신체투과력이 달라진다.
> - 3cm 이하 파장은 외피에 흡수된다.
> - 3~10cm 파장은 1mm~1cm 정도 피부 내로 투과한다.
> - 25~200cm 파장은 세포 조직과 신체기관까지 투과한다.

★참고
마이크로파의 인체영향(생물학적 작용)

10,000MHz	피부에 온감각을 준다.
1,000~10,000MHz (파장: 3~10cm)	백내장을 일으킨다.
150~1,200MHz	내장조직 손상을 일으킨다.
300~1,200MHz	중추신경(대뇌 측두엽 표면부위)에 대한작용이 민감하다.

69 적외선의 생체작용에 관한 설명으로 틀린 것은?

① 조직에서의 흡수는 수분함량에 따라 다르다.
② 적외선이 조직에 흡수되면 화학반응을 일으켜 조직의 온도가 상승한다.
③ 적외선이 신체에 조사되면 일부는 피부에서 반사되고 나머지는 조직에 흡수된다.
④ 조사부위의 온도가 오르면 혈관이 확장되어 혈류가 증가되며 심하면 홍반을 유발하기도 한다.

> ② 적외선이 흡수되면 화학반응을 일으키는 것이 아니라 구성분자의 운동에너지를 증가시키므로 조직온도가 상승한다.

📘 필기에 자주 출제★

70 산업안전보건법령상 이상기압에 의한 건강장해의 예방에 있어 사용되는 용어의 정의로 틀린 것은?

① 압력이란 절대압과 게이지압의 합을 말한다.
② 이상기압이란 압력이 제곱센티미터당 1킬로그램 이상인 기압을 말한다.
③ 고압작업이란 이상기압에서 잠함공법이나 그 외의 압기공법으로 하는 작업을 말한다.
④ 잠수작업이란 물속에서 공기압축기나 호흡용 공기통을 이용하여 하는 작업을 말한다.

> ① 압력이란 게이지 압력을 말한다.

★참고
① 절대압 : 대기의 압력을 포함한 압력
② 게이지압 : 대기압을 포함하지 않은 압력

📘 필기에 자주 출제★

71 전신진동에 관한 설명으로 틀린 것은?

① 말초혈관이 수축되고, 혈압상승과 맥박증가를 보인다.
② 산소소비량은 전신진동으로 증가되고, 폐환기도 촉진된다.
③ 전신진동의 영향이나 장해는 자율신경 특히 순환기에 크게 나타난다.
④ 두부와 견부는 50~60Hz 진동에 공명하고, 안구는 10~20Hz 진동에 공명한다.

> ④ 두부와 견부는 20~30Hz 진동에 공명하고, 안구는 60~90Hz 진동에 공명한다.

📘 필기에 자주 출제★

정답 68 ① 69 ② 70 ① 71 ④

72 고온노출에 의한 장해 중 열사병에 관한 설명과 거리가 가장 먼 것은?

① 중추성 체온조절 기능장해이다.
② 지나친 발한에 의한 탈수와 염분손실이 발생한다.
③ 고온다습한 환경에서 격심한 육체노동을 할 때 발병한다.
④ 응급조치 방법으로 얼음물에 담가서 체온을 39℃ 정도까지 내려주어야 한다.

> ② 태양의 복사열에 직접 노출시에 뇌의 온도 상승으로 체온조절 중추기능 장해(중추신경 마비)가 발생한다.

> ★ 참고
> 열피로(heat exhaustion), 열탈진, 열피비
> 고온환경에서 장시간 힘든 노동을 할 때 과다 발한으로 인한 수분과 염분손실 및 탈수로 인한 혈장량이 감소되어 발생한다.

필기에 자주 출제 ★

73 고압 환경의 생체작용과 가장 거리가 먼 것은?

① 고공성 폐수종
② 이산화탄소(CO_2) 중독
③ 귀, 부비강, 치아의 압통
④ 손가락과 발가락의 작열통과 같은 산소 중독

> ★ 고공성 폐수종
> 저압환경에서 발생한다.

필기에 자주 출제 ★

74 0.01W의 소리에너지를 발생시키고 있는 음원의 음향파워레벨(PWL, dB)은 얼마인가?

① 100   ② 120
③ 140   ④ 150

$$PWL = 10 \times \log\left(\frac{W}{W_o}\right)(dB)$$

- PWL : 음향파워레벨(dB)
- W : 대상음원의 음력(watt)
- W_o : 기준음력(10^{-12}watt)

$$PWL = 10 \times \log\left(\frac{0.01}{10^{-12}}\right) = 100(dB)$$

실기에 자주 출제 ★★★

75 빛과 밝기의 단위에 관한 설명으로 틀린 것은?

① 반사율은 조도에 대한 휘도의 비로 표시한다.
② 광원으로부터 나오는 빛의 양을 광속이라고 하며 단위는 루멘을 사용한다.
③ 입사면의 단면적에 대한 광도의 비를 조도라 하며 단위는 촉광을 사용한다.
④ 광원으로부터 나오는 빛의 세기를 광도라고 하며 단위는 칸델라를 사용한다.

> ③ 입사면의 단면적에 대한 광도의 비를 조도라 하며 단위는 럭스(lux)를 사용한다.

필기에 자주 출제 ★

정답 72 ② 73 ① 74 ① 75 ③

76 음의 세기(I)와 음압(P) 사이의 관계는 어떠한 비례관계가 있는가?

① 음의 세기는 음압에 정비례
② 음의 세기는 음압에 반비례
③ 음의 세기는 음압의 제곱에 비례
④ 음의 세기는 음압의 역수에 반비례

$$I = \frac{P^2}{\rho c}$$

- I : 음의 세기
- P : 음압
- ρ : 매질의 밀도
- c : 음속

음의 세기는 음압의 제곱에 비례한다.

77 소음성 난청에 대한 설명으로 틀린 것은?

① 손상된 섬모세포는 수일 내에 회복이 된다.
② 강렬한 소음에 노출되면 일시적으로 난청이 발생될 수 있다.
③ 일주일 정도가 지나도록 회복되지 않는 청력치의 감소부분은 영구적 난청에 해당된다.
④ 강한 소음은 달팽이관 주변의 모세혈관 수축을 일으켜 이 부근에 저산소증을 유발한다.

① 소음성 난청은 영구적으로 회복되지 않는 청력 손실을 말한다.

78 실내 자연 채광에 관한 설명으로 틀린 것은?

① 입사각은 28°이상이 좋다.
② 조명의 균등에는 북창이 좋다.
③ 실내 각점의 개각은 40~50°가 좋다.
④ 창면적은 방바닥의 15~20%가 좋다.

③ 실내 각점의 개각은 4~5°가 좋다.

📝 필기에 자주 출제 ★

79 흡음재의 종류 중 다공질 재료에 해당되지 않는 것은?

① 암면
② 펠트(felt)
③ 발포 수지재료
④ 석고보드

★ 흡음재 중 다공질 재료
① 암면
② 펠트(felt)
③ 발포 수지재료
④ 유리면

80 인체와 환경 간의 열교환에 관여하는 온열조건 인자가 아닌 것은?

① 대류
② 증발
③ 복사
④ 기압

★ 열평형 방정식(인체의 열교환)
S(열축적) = M(대사열) − E(증발) ± R(복사) ± C(대류) − W(한일)
- S : 열이득 및 열손실량이며, 열평형 상태에서는 0이다.

📝 실기까지 중요 ★★

정답 76 ③ 77 ① 78 ③ 79 ④ 80 ④

제5과목 산업독성학

81 다음의 설명 중 ( )안에 내용을 올바르게 나열한 것은?

> 단시간노출기준(STEL)은 (㉠)간의 시간 가중평균노출값으로서 노출농도가 시간가 중평균노출기준(TWA)을 초과하고 단시간 노출기준(STEL) 이하인 경우에는 (㉡) 노출 지속시간이 15분 미만이어야 한다. 이러한 상태가 1일 (㉢) 이하로 발생하여야 하며, 각 노출의 간격은 (㉣) 이상이어야 한다.

① ㉠ : 5분, ㉡ : 1회, ㉢ : 6회, ㉣ : 30분
② ㉠ : 15분, ㉡ : 1회, ㉢ : 4회, ㉣ : 60분
③ ㉠ : 15분, ㉡ : 2회, ㉢ : 4회, ㉣ : 30분
④ ㉠ : 15분, ㉡ : 2회, ㉢ : 6회, ㉣ : 60분

> *단시간노출기준(STEL)
> ① 15분간의 시간가중평균노출 값(근로자가 1회에 15분간 유해인자에 노출되는 경우의 기준)
> ② 노출농도가 시간가중평균노출기준(TWA)을 초과하고 단시간노출기준(STEL) 이하인 경우에는 1회 노출 지속시간이 15분 미만이어야 하고, 이러한 상태가 1일 4회 이하로 발생하여야 하며, 각 노출의 간격은 60분 이상이어야 한다.

실기까지 중요 ★★

82 2000년대 외국인 근로자에게 다발성말초신경 병증을 집단으로 유발한 노말헥산(n-Hexane)은 체내 대사과정을 거쳐 어떤 물질로 배설되는가?

① 2-Hexanone ② 2,5-Hexanedione
③ Hexachlorophene ④ Hexachloroethane

> 노말헥산(n-Hexane)은 체내 대사과정을 거쳐 2,5-Hexanedione의 형태로 배설된다.

실기까지 중요 ★★

83 벤젠에 관한 설명으로 틀린 것은?

① 벤젠은 백혈병을 유발하는 것으로 확인된 물질이다.
② 벤젠은 지방족 화합물로서 재생불량성 빈혈을 일으킨다.
③ 벤젠은 골수 독성(myelotoxin)물질이라는 점에서 다른 유기용제와 다르다.
④ 혈액조직에서 벤젠이 유발하는 가장 일반적인 독성은 백혈구 수의 감소로 인한 응고작용 결핍 등이다.

> ② 벤젠은 방향족 탄화수소로서 장기간 노출 시에 조혈장해(재생불량성 빈혈)을 유발한다.

필기에 자주 출제 ★

84 인체 내 주요 장기 중 화학물질 대사능력이 가장 높은 기관은?

① 폐   ② 간장
③ 소화기관   ④ 신장

> 유해물질은 대부분 간에서 대사되며 대사작용에 의해 유해물질의 독성이 감소 또는 증가한다.

필기에 자주 출제 ★

정답 81 ② 82 ② 83 ② 84 ②

85 공기 중 입자상 물질의 호흡기계 축적기전에 해당하지 않는 것은?

① 교환 ② 충돌
③ 침전 ④ 확산

* 입자상 물질의 호흡기계 축적기전(호흡기 침착 매커니즘)
① 충돌(관성충돌)
② 침강(중력침강)(sedimentation)
③ 차단(interception)
④ 확산(diffusion)
⑤ 정전기침강

📝 실기까지 중요 ★★

86 독성실험단계에 있어 제1단계(동물에 대한 급성 노출시험)에 관한 내용과 가장 거리가 먼 것은?

① 생식독성과 최기형성 독성실험을 한다.
② 눈과 피부에 대한 자극성 실험을 한다.
③ 변이원성에 대하여 1차적인 스크리닝 실험을 한다.
④ 치사성과 기관장해에 대한 양-반응곡선을 작성한다.

* 독성실험단계

제1단계 (동물에 대한 급성 노출실험)	① 치사성과 기관장해에 대한 양-반응 곡선을 작성한다. ② 눈과 피부에 대한 자극성 실험을 한다. ③ 변이원성에 대하여 1차적인 스크리닝 실험을 한다.
제2단계 (동물에 대한 만성 노출실험)	① 상승작용과 가승작용 및 상쇄작용에 대하여 시험한다. ② 생식영향(생식독성)과 산아장해(최기형성)를 시험한다. ③ 거동(행동)특성을 시험한다. ④ 장기독성을 시험한다. ⑤ 변이원성에 대하여 2차적인 스크리닝 실험을 한다.

📝 필기에 자주 출제 ★

87 단순 질식제로 볼 수 없는 것은?

① 메탄 ② 질소
③ 오존 ④ 헬륨

단순 질식제	① 생리적으로는 아무 작용도 하지 않으나 공기 중에 많이 존재하여 산소분압을 저하시켜 조직에 필요한 산소의 공급부족을 초래한다. ② 수소, 이산화탄소(CO_2), 질소, 헬륨, 메탄, 에탄, 프로판, 에틸렌, 아세틸렌 등
화학적 질식제	① 혈액 중의 혈색소와 결합하여 산소운반능력을 방해하거나 조직이 산소를 받아들이는 능력을 잃게 하여 내질식을 일으킨다. ② 일산화탄소(CO), 황화수소(H_2S), 시안화수소(HCN), 아닐린, 오존, 염소, 포스겐 등

📝 실기까지 중요 ★★

88 화학물질의 투여에 의한 독성범위를 나타내는 안전역을 맞게 나타낸 것은? (단, LD는 치사량, TD는 중독량 ED는 유효량이다.)

① 안전역 = ED_1 / TD_{99}
② 안전역 = TD_1 / ED_{99}
③ 안전역 = ED_1 / LD_{99}
④ 안전역 = LD_1 / ED_{99}

$$안전역 = \frac{TD_{50}}{ED_{50}} = \frac{중독량}{유효량} = \frac{LD_1}{ED_{99}}$$

📝 필기에 자주 출제 ★

정답 85 ① 86 ① 87 ③ 88 ④

89 작업환경에서 발생되는 유해물질과 암의 종류를 연결한 것으로 틀린 것은?

① 벤젠 - 백혈병
② 비소 - 피부암
③ 포름알데히드 - 신장암
④ 1,3 부타디엔 - 림프육종

③ 포름알데히드 - 다발성골수종, 악성흑색종

📝 필기에 자주 출제★

90 다음 표는 A작업장의 백혈병과 벤젠에 대한 코호트 연구를 수행한 결과이다. 이 때 벤젠의 백혈병에 대한 상대위험비는 약 얼마인가?

	백혈병	백혈병없음	합계
벤젠노출	5	14	19
벤젠비노출	2	25	27
합계	7	39	46

① 3.29 ② 3.55
③ 4.64 ④ 4.82

$$\text{상대위험비}(\text{비교위험도}) = \frac{\text{노출군에서 질병발생률}}{\text{비노출군에서 질병발생률}}$$
$$= \frac{\text{위험폭로집단발병율}}{\text{비위험폭로집단발병율}}$$

- 상대위험비 = 1인 경우 노출과 질병 사이의 연관성 없음을 의미
- 상대위험비 > 1인 경우 위험의 증가를 의미
- 상대위험비 < 1인 경우 질병에 대한 방어효과가 있음을 의미

$$\text{상대위험비} = \frac{\text{노출군에서 질병발생률}}{\text{비노출군에서 질병발생률}}$$
$$= \frac{0.263}{0.074} = 3.55$$

- 비노출군에서의 질병발생률 $= \frac{2}{27} = 0.074$
- 노출군에서의 질병발생률 $= \frac{5}{19} = 0.263$

📝 실기까지 중요★★

91 탈지용 용매로 사용되는 물질로 간장, 신장에 만성적인 영향을 미치는 것은?

① 크롬 ② 유리규산
③ 메탄올 ④ 사염화탄소

★ 사염화탄소(CCl_4)
① 고농도로 폭로되면 중추신경계 장해 외에 간장이나 신장에 장해가 일어나 황달, 단백뇨, 혈뇨 등의 증상이 생긴다.
② 간에 대한 독성작용이 특히 심하여 중심소엽성 괴사를 일으킨다.

📝 실기까지 중요★★

92 단백질을 침전시키며 thiol(-SH)기를 가진 효소의 작용을 억제하여 독성을 나타내는 것은?

① 수은 ② 구리
③ 아연 ④ 코발트

전리된 수은이온이 단백질을 침전시키고 thiol기(-SH)를 가진 효소작용을 억제하여 독성을 나타낸다.

📝 필기에 자주 출제★

정답 89 ③ 90 ② 91 ④ 92 ①

93 무기성 분진에 의한 진폐증이 아닌 것은?

① 면폐증
② 규폐증
③ 철폐증
④ 용접공폐증

무기성(광물성)분진에 의한 진폐증	유기성 분진에 의한 진폐증
① 규폐증 ② 규조토폐증 ③ 탄소폐증 ④ 탄광부 진폐증 ⑤ 용접공폐증 ⑥ 석면폐증 ⑦ 베릴륨폐증 ⑧ 활석폐증 ⑨ 흑연폐증 ⑩ 주석폐증 ⑪ 칼륨폐증 ⑫ 바륨폐증 ⑬ 철폐증	① 농부폐증 ② 연초폐증 ③ 면폐증 ④ 설탕폐증 ⑤ 목재분진폐증 ⑥ 모발분진폐증

암기법
연초 핀 농부의 모발에서 설탕 나오면 면(면폐증) 목(목재분진폐증) 없다.

📋 필기에 자주 출제 ★

94 사업장에서 사용되는 벤젠은 중독증상을 유발시킨다. 벤젠중독의 특이증상으로 가장 적절한 것은?

① 조혈기관의 장해
② 간과 신장의 장해
③ 피부염과 피부암 발생
④ 호흡기계 질환 및 폐암 발생

벤젠은 만성장해로 조혈기관 장해(백혈병)를 유발한다.

📋 실기까지 중요 ★★

95 유해물질과 생물학적 노출지표와의 연결이 잘못된 것은?

① 벤젠 - 소변 중 페놀
② 톨루엔 - 소변 중 o-크레졸
③ 크실렌 - 소변 중 카테콜
④ 스티렌 - 소변 중 만델린산

화학물질	생물학적 노출지표물질 (체내대사산물)	시료채취 시기
톨루엔	혈액, 호기의 톨루엔, 소변 중 o-크레졸	작업종료 시
벤젠	소변 중 페놀, 소변 중 t,t-뮤코닉산 (t,t-Muconic acid)	작업종료 시
크실렌	소변 중 메틸마뇨산	작업종료 시
니트로벤젠	혈중 메타헤모글로빈	작업종료 시
에틸벤젠	소변 중 만델린산	작업종료 시
이황화탄소	소변 중 TTCA	당일 작업종료 2시간 전부터 작업종료 사이에 채취

📋 실기에 자주 출제 ★★★

96 중추신경계에 억제 작용이 가장 큰 것은?

① 알칸족
② 알코올족
③ 알켄족
④ 할로겐족

★ 유기화학물질의 중추신경계 억제작용 순서
할로겐화화합물(할로겐족) > 에테르 > 에스테르 > 유기산 > 알코올 > 알켄 > 알칸

★ 참고
중추신경계 자극작용 순서
아민류 > 유기산 > 케톤 > 알데히드 > 알코올 > 알칸

📋 실기까지 중요 ★★

정답 93 ① 94 ① 95 ③ 96 ④

97 납 중독의 초기증상으로 볼 수 없는 것은?

① 권태, 체중감소
② 식욕저하, 변비
③ 연산통, 관절염
④ 적혈구 감소, Hb의 저하

> ① 납중독에 의한 초기 위장 증상은 식욕부진, 변비, 복부 팽만감 등이며 중독이 진행되면 급성 복부산통(연산통)이 나타난다.
> ② 초기증세로 권태감, 쇠약증상, 불면증, 근육통 및 관절통, 두통 등이 나타난다.

📝 필기에 자주 출제 ★

98 가스상 물질의 호흡기계 축적을 결정하는 가장 중요한 인자는?

① 물질의 농도차
② 물질의 입자분포
③ 물질의 발생기전
④ 물질의 수용성 정도

> 가스상 물질의 호흡기계 축적을 결정하는 가장 중요한 인자 → 물질의 수용성 정도

📝 필기에 자주 출제 ★

99 수은의 배설에 관한 설명으로 틀린 것은?

① 유기수은화합물은 땀으로 배설된다.
② 유기수은화합물은 주로 대변으로 배설된다.
③ 금속수은은 대변보다 소변으로 배설이 잘 된다.
④ 금속수은 및 무기수은의 배설경로는 서로 상이하다.

> ★ 수은배설
> ① 금속수은은 대변보다 소변으로 배설이 잘 된다.
> ② 유기수은 화합물은 대변, 땀으로 배설된다.
> ③ 알킬수은은 담즙을 통해 소화관으로 배설되지만 소화관에서 재흡수도 일어난다.
> ④ 금속수은 및 무기수은의 배설경로는 서로 상이하지 않다.

📝 필기에 자주 출제 ★

100 생물학적 노출지표(BEIs) 검사 중 1차 항목 검사에서 당일작업 종료 시 채취해야 하는 유해인자가 아닌 것은?

① 크실렌
② 디클로로메탄
③ 트리클로로에틸렌
④ N,N-디메틸포름아미드

화학물질	생물학적 노출지표물질 (체내대사산물)	시료채취 시기
크실렌	소변 중 메틸마뇨산	작업종료 시
N,N-디메틸포름아미드	소변 중 N-메틸포름아미드	작업종료 시
트리클로로에틸렌	소변 중 트리클로로초산 (삼염화 초산), 트리클로로에탄올 (삼염화에탄올)	주말작업 종료 직후
디클로로메탄	혈중 카복시헤모글로빈	작업종료 시

📝 실기에 자주 출제 ★★★

정답 97 ③ 98 ④ 99 ④ 100 ③

2018년 4월 28일 2회 과년도기출문제

제1과목 산업위생학개론

01 미국산업위생학술원(AAIH)에서 채택한 산업위생전문가로서의 책임에 해당되지 않는 것은?

① 직업병을 평가하고 관리한다.
② 성실성과 학문적 실력에서 최고 수준을 유지한다.
③ 과학적 방법의 적용과 자료 해석의 객관성 유지한다.
④ 전문분야로서의 산업위생을 학문적으로 발전시킨다.

> ★산업위생전문가로서의 책임
> ① 성실성과 학문적 실력 면에서 최고 수준을 유지한다.
> ② 과학적 방법의 적용과 자료의 해석에서 객관성을 유지한다.
> ③ 전문 분야로서의 산업위생을 학문적으로 발전시킨다.
> ④ 근로자, 사회 및 전문 직종의 이익을 위해 과학적 지식을 공개하고 발표한다.
> ⑤ 기업체의 기밀은 누설하지 않는다.
> ⑥ 전문적 판단이 타협에 의하여 좌우될 수 있거나 이해관계가 있는 상황에는 개입하지 않는다.

> [암기법]
> 전문가는 / 실력최고 / 객관적 자료해석 / 학문 발전 위해 / 지식 공개발표 / 기밀 누설말고 / 개입 하지않는다.

> 📝 실기에 자주 출제 ★★★

02 산업안전보건법상 작업장의 체적이 150m³ 이면 납의 1시간당 허용소비량(1시간당 소비하는 관리대상유해물질의 양)은 얼마인가?

① 1g ② 10g
③ 15g ④ 30g

> 사업주가 관리대상 유해물질의 취급업무에 근로자를 종사하도록 하는 경우로서 작업시간 1시간당 소비하는 관리대상 유해물질의 양(그램)이 작업장 공기의 부피(세제곱미터)를 15로 나눈 양(이하 "허용소비량"이라 한다) 이하이어야 한다.
> $\frac{150}{15} = 10(g)$

03 산업 스트레스의 반응에 따른 심리적 결과에 해당되지 않는 것은?

① 가정문제 ② 돌발적 사고
③ 수면방해 ④ 성(性)적 역기능

> 산업 스트레스의 행동적 반응 → 돌발적 사고

정답 01 ① 02 ② 03 ②

04 화학물질의 노출기준에 관한 설명으로 맞는 것은?

① 발암성 정보물질의 표기로 "2A"는 사람에게 충분한 발암성 증거가 있는 물질을 의미한다.
② "Skin" 표시 물질은 점막과 눈 그리고 경피로 흡수되어 전신 영향을 일으킬 수 있는 물질을 의미한다.
③ 발암성 정보물질의 표기로 "2B"는 시험동물에서 발암성 증거가 충분히 있는 물질을 의미한다.
④ 발암성 정보물질의 표기로 "1"은 사람이나 동물에서 제한된 증거가 있지만, 구분 "2"로 분류하기에는 증거가 충분하지 않은 물질을 의미한다.

> 발암성 정보물질의 표기는 「화학물질의 분류·표시 및 물질안전보건자료에 관한 기준」에 따라 다음과 같이 표기한다.
> ① 1A : 사람에게 충분한 발암성 증거가 있는 물질
> ② 1B : 시험동물에서 발암성 증거가 충분히 있거나, 시험동물과 사람 모두에서 제한된 발암성 증거가 있는 물질
> ③ 2 : 사람이나 동물에서 제한된 증거가 있지만, 구분1로 분류하기에는 증거가 충분하지 않은 물질

📝 실기에 자주 출제 ★★★

05 산업재해 발생의 역학적 특성에 대한 설명으로 틀린 것은?

① 여름과 겨울에 빈발한다.
② 손상종류로는 골절이 가장 많다.
③ 작은 규모의 산업체에서 재해율이 높다.
④ 오전 11~12시, 오후 2~3시에 빈발한다.

> ① 봄과 가을에 빈발한다.

06 재해예방의 4원칙에 해당하지 않은 것은?

① 손실 우연의 원칙 ② 예방 가능의 원칙
③ 대책 선정의 원칙 ④ 원인 조사의 원칙

> *산업재해 예방의 4원칙
> ① 예방 가능의 원칙 : 재해는 원칙적으로 원인만 제거되면 예방이 가능하다.
> ② 손실 우연의 원칙 : 사고의 결과 생기는 상해의 종류와 정도는 사고 발생 시 사고대상의 조건에 따라 우연히 발생한다.
> ③ 대책 선정의 원칙 : 사고의 원인에 대한 적합한 대책이 선정되어야 한다.
> ④ 원인 연계의 원칙 : 재해는 직접원인과 간접원인이 연계되어 일어난다.

📝 실기까지 중요 ★★

정답 04 ② 05 ① 06 ④

07 실내 환경과 관련된 질환의 종류에 해당되지 않는 것은?

① 빌딩증후군(SBS)
② 새집증후군(SHS)
③ 시각표시단말증후군(VDTS)
④ 복합 화학물질 과민증(MCS)

> ★ 실내 환경과 관련된 질환의 종류
> ① 빌딩증후군 : 빌딩으로 둘러싸인 밀폐된 공간에서 오염된 공기로 인하여 두통, 피부발진, 눈, 코 등의 점막자극증상, 호흡기 장해 등의 증상을 일으킨다.
> ② 복합화학물질 민감증후군(화학물질 과민증) : 어느 정도 양의 화학물질에 노출되고, 일단 과민성이 되면 이후 극미량의 화학물질에 노출되기만 해도 두통, 불면 등과 같은 신체 이상을 나타내는 증상을 일으킨다.
> ③ 새집증후군(Sick House Syndrome ; SHS) : 건축자재 등에서 나오는 유해물질(포름알데히드, 벤젠, 톨루엔, 클로로포름, 아세톤, 스틸렌 등)로 인하여 거주자들이 느끼는 건강상 문제 및 불쾌감을 이르는 용어이다.

📝 **필기에 자주 출제** ★

08 누적외상성장해(CTDs : Cumulative Trauma Disorders)의 원인이 아닌 것은?

① 불안전한 자세에서 장기간 고정된 한 가지 작업
② 고온 작업장에서 갑작스럽게 힘을 주는 전신작업
③ 작업속도가 빠른 상태에서 힘을 주는 반복작업
④ 작업내용의 변화가 없거나 휴식시간 없이 손과 팔을 과도하게 사용하는 작업

> ★ 누적외상성질환의 발생요인
> ① 반복적인 동작
> ② 부적절한 작업 자세
> ③ 무리한 힘의 사용
> ④ 날카로운 면과의 신체접촉
> ⑤ 진동 및 온도(저온)

📝 **실기까지 중요** ★★

09 실내공기질 관리법상 다중이용시설의 실내공기질 권고기준 항목이 아닌 것은?

① 석면
② 총휘발성유기화합물
③ 라돈
④ 이산화질소

> ★ 다중이용시설의 실내공기질 권고기준 항목
> ① 이산화질소(ppm)
> ② 라돈(Bq/m³)
> ③ 총휘발성유기화합물(γg/m³)
> ④ 곰팡이(CFU/m³)
> ★ 관련 법규내용 변경으로 문제 일부를 수정하였습니다.

📝 **실기까지 중요** ★★

정답 07 ③ 08 ② 09 ①

10 산업위생의 정의에 포함되지 않는 것은?

① 예측 ② 평가
③ 관리 ④ 보상

> ★ 산업위생의 정의
> 근로자나 일반 대중에게 질병, 건강장해와 안녕방해, 심각한 불쾌감 및 능률저하 등을 초래하는 작업환경 요인과 스트레스를 예측, 측정, 평가, 관리하는 과학과 기술이다.

📝 실기까지 중요 ★★

11 PWC가 16kcal/min인 근로자가 1일 8시간 동안 물체를 운반하고 있다. 이때 작업대사량은 6kcal/min이고, 휴식 시의 대사량은 2kcal/min이다. 작업시간은 어떻게 배분하는 것이 이상적인가?

① 5분 휴식, 55분 작업
② 10분 휴식, 50분 작업
③ 15분 휴식, 45분 작업
④ 25분 휴식, 35분 작업

> $T_{rest}(\%) = \left[\dfrac{E_{max} - E_{task}}{E_{rest} - E_{task}}\right] \times 100$
>
> • $T_{rest}(\%)$: 피로예방을 위한 적정 휴식시간 비 (60분을 기준하여 산정)
> • E_{max} : 1일 8시간 작업에 적합한 작업대사량 [육체적 작업능력(PWC)의 1/3]
> • E_{rest} : 휴식 중 소모 대사량
> • E_{task} : 해당 작업의 작업대사량
> * 작업시간 = 60분 − 휴식시간
>
> 1. $T_{rest}(\%) = \left[\dfrac{5.33-6}{2-6}\right] \times 100 = 16.75(\%)$
> $(E_{max} = \dfrac{PWC}{3} = \dfrac{16}{3} = 5.33\,kcal/min)$
> 2. 휴식시간 = 60 × 0.1675 = 10.05(분)
> 3. 작업시간 = 60 − 10.05 = 49.95(분)

📝 실기까지 중요 ★★

12 전신피로 정도를 평가하기 위해 작업 직후의 심박수를 측정한다. 작업종료 후 30~60초, 60~90초, 150~180초 사이의 평균 맥박수가 각각 $HR_{30~60}$, $HR_{60~90}$, $HR_{150~180}$일 때, 심한 전신피로 상태로 판단되는 경우는?

① $HR_{30~60}$이 110을 초과하고, $HR_{150~180}$와 $HR_{60~90}$의 차이가 10 미만인 경우
② $HR_{60~90}$이 110을 초과하고, $HR_{150~180}$와 $HR_{30~60}$의 차이가 10 미만인 경우
③ $HR_{150~180}$이 110을 초과하고, $HR_{30~60}$와 $HR_{60~90}$의 차이가 10 미만인 경우
④ $HR_{30~60}$, $HR_{150~180}$의 차이가 10 이상이고, $HR_{150~180}$와 $HR_{60~90}$의 차이가 10 미만인 경우

> ★ 전신피로의 평가
> $HR_{30~60}$이 110를 초과하고 $HR_{60~90}$과 $HR_{150~180}$의 차이가 10 미만인 경우
> • $HR_{30~60}$: 작업 종류 후 30~60초 사이의 평균 맥박수
> • $HR_{60~90}$: 작업 종류 후 60~90초 사이의 평균 맥박수
> • $HR_{150~180}$: 작업 종류 후 150~180초 사이의 평균 맥박수

📝 실기에 자주 출제 ★★★

13 매년 "화학물질과 물리적 인자에 대한 노출기준 및 생물학적 노출지수"를 발간하여 노출기준 제정에 있어서 국제적으로 선구적인 역할을 담당하고 있는 기관은?

① 미국산업위생학회(AIHA)
② 미국직업안전위생관리국(OSHA)
③ 미국국립산업안전보건연구원(NIOSH)
④ 미국정부산업위생전문가협의회(ACGIH)

> ★ 노출기준 제정 기관
> 미국정부산업위생전문가협의회(ACGIH)

📝 실기까지 중요 ★★

정답 10 ④ 11 ② 12 ① 13 ④

14 알레르기성 접촉 피부염의 진단법은 무엇인가?

① 첩포시험 ② X-ray검사
③ 세균검사 ④ 자외선검사

> ★ 첩포시험
> 알레르기성 접촉 피부염의 진단법

📝 필기에 자주 출제 ★

15 직업병의 예방대책 중 일반적인 작업환경관리의 원칙이 아닌 것은?

① 대치
② 환기
③ 격리 또는 밀폐
④ 정리정돈 및 청결유지

> ★ 작업환경개선의 공학적인 대책(작업환경관리의 원칙)
> ① 대치(대체) : 공정의 변경, 유해물질 변경, 시설의 변경
> ② 격리(Isolation)
>   • 저장물질의 격리
>   • 시설의 격리
>   • 공정의 격리
>   • 작업자의 격리
> ③ 환기(Ventilation) : 국소환기, 전체환기

📝 실기까지 중요 ★★

16 신체의 생활기능을 조절하는 영양소이며 작용면에서 조절소로만 나열된 것은?

① 비타민, 무기질, 물
② 비타민, 단백질, 물
③ 단백질, 무기질, 물
④ 단백질, 지방, 탄수화물

> ★ 신체의 생활기능 조절하는 영양소
> 비타민, 무기질, 물

📝 필기에 자주 출제 ★

17 산업안전보건법령상 물질안전보건자료(MSDS) 작성 시 포함되어야 할 항목이 아닌 것은?

① 유해성, 위험성
② 안전성 및 반응성
③ 사용빈도 및 타당성
④ 노출방지 및 개인보호구

> ★ 물질안전보건자료의 작성항목
> (Data Sheet 16가지 항목)
> 1. 화학제품과 회사에 관한 정보
> 2. 유해 · 위험성
> 3. 구성성분의 명칭 및 함유량
> 4. 응급조치요령
> 5. 폭발 · 화재 시 대처방법
> 6. 누출사고 시 대처방법
> 7. 취급 및 저장방법
> 8. 노출방지 및 개인보호구
> 9. 물리화학적 특성
> 10. 안정성 및 반응성
> 11. 독성에 관한 정보
> 12. 환경에 미치는 영향
> 13. 폐기 시 주의사항
> 14. 운송에 필요한 정보
> 15. 법적규제 현황
> 16. 기타 참고사항

📝 실기까지 중요 ★★

정답 14 ① 15 ④ 16 ① 17 ③

18 앉아서 운전작업을 하는 사람들의 주의사항에 대한 설명으로 틀린 것은?

① 큰 트럭에서 내릴 때는 뛰어내려서는 안 된다.
② 차나 트랙터를 타고 내릴 때 몸을 회전해서는 안 된다.
③ 운전대를 잡고 있을 때에는 최대한 앞으로 기울이는 것이 좋다.
④ 방석과 수건을 말아서 허리에 받쳐 최대한 척추가 자연곡선을 유지하도록 한다.

> ③ 운전대를 잡고 있을 때에는 앞으로 기울이지 않고 허리를 펴서 요추부의 곡선을 유지하는 것이 좋다.

19 체중이 60kg인 사람이 1일 8시간 작업 시 안전흡수량이 1mg/kg인 물질의 체내 흡수를 안전흡수량 이하로 유지하려면 공기 중 농도를 몇 mg/m³ 이하로 하여야 하는가? (단, 작업 시 폐환기율은 1.25m³/hr, 체내 잔류율은 1.0으로 가정한다)

① 0.06mg/m³ ② 0.6mg/m³
③ 6mg/m³   ④ 60mg/m³

> ★ 체내흡수량(안전폭로량 : SHD)
>
> 체내흡수량(mg) = $C \times T \times V \times R$
>
> • 체내흡수량(SHD) : 안전계수와 체중을 고려한 것
> • C : 공기 중 유해물질 농도(mg/m³)
> • T : 노출시간(hr)
> • V : 호흡률(폐환기율) (m³/hr)
> • R : 체내 잔유율(보통 1.0)
>
> $C = \dfrac{mg}{T \times V \times R} = \dfrac{60}{8 \times 1.25 \times 1.0} = 6(mg/m^3)$
>
> ($\dfrac{1mg}{kg} \times 60kg = 60mg$)

 실기에 자주 출제 ★★★

20 산업안전보건법령상 보건관리자의 자격에 해당하지 않는 사람은?

① 「의료법」에 따른 의사
② 「의료법」에 따른 간호사
③ 「국가기술자격법」에 따른 산업안전기사
④ 「산업안전보건법」에 따른 산업보건지도사

> ★ 보건관리자의 자격
> ① 「의료법」에 따른 의사
> ② 「의료법」에 따른 간호사
> ③ 산업보건지도사
> ④ 산업위생관리산업기사 또는 대기환경산업기사 이상의 자격을 취득한 사람
> ⑤ 인간공학기사 이상의 자격을 취득한 사람
> ⑥ 전문대학 이상의 학교에서 산업보건 또는 산업위생 분야의 학과를 졸업한 사람(법령에 따라 이와 같은 수준 이상의 학력이 있다고 인정되는 사람을 포함한다)

실기까지 중요 ★★

정답 18 ③ 19 ③ 20 ③

제2과목 작업위생측정 및 평가

21 다음 중 원자흡광광도계에 대한 설명과 가장 거리가 먼 것은?

① 증기발생 방식은 유기용제 분석에 유리하다.
② 흑연로장치는 감도가 좋으므로 생물학적 시료분석에 유리하다.
③ 원자화방법은 불꽃방식, 비불꽃방식, 증기발생 방식이 있다.
④ 광원, 원자화장치, 단색화장치, 검출기, 기록계 등으로 구성되어 있다.

* **기화법(증기발생방식)**
  화학적 반응을 유도하여 분석하고자 하는 원소를 시료로부터 기화시켜 분석하는 방법으로 미량분석이 가능하므로 수은이나 비소의 분석에 사용된다.

22 어느 작업장의 n-Hexane의 농도를 측정한 결과가 24.5ppm, 20.2ppm, 25.1ppm, 22.4ppm, 23.9ppm일 때, 기하평균값은 약 몇 ppm인가?

① 21.2   ② 22.8
③ 23.2   ④ 24.1

1. $\log(GM) = \dfrac{\log X_1 + \log X_2 + \cdots + \log X_n}{N}$
2. $G.M = \sqrt[N]{X_1 \cdot X_2 \cdots X_n}$

- X_n : 측정치
- N : 측정치 개수

$G.M = \sqrt[5]{24.5 \times 20.2 \times 25.1 \times 22.4 \times 23.9}$
$= 23.15(ppm)$

실기에 자주 출제 ★★★

23 다음 유기용제 중 실리카겔에 대한 친화력이 가장 강한 것은?

① 케톤류   ② 알코올류
③ 올레핀류 ④ 에스테르류

* **실리카겔의 친화력(극성이 강한 순서)**
  물 > 알코올류 > 알데하이드류 > 케톤류 > 에스테르류 > 방향족탄화수소류 > 올레핀류 > 파라핀류

실기까지 중요 ★★

24 레이저광의 노출량을 평가할 때 주의사항이 아닌 것은?

① 직사광과 확산광을 구별하여 사용한다.
② 각막 표면에서의 조사량 또는 노출량을 측정한다.
③ 눈의 노출기준은 그 파장과 관계없이 측정한다.
④ 조사량의 노출기준은 1mm 구경에 대한 평균치이다.

③ 눈의 노출기준은 파장에 따라 다르다.

정답 21 ① 22 ③ 23 ② 24 ③

25 화학적 인자에 대한 작업환경측정 순서를 [보기]를 참고하여 올바르게 나열한 것은?

> ㉠ 예비조사
> ㉡ 시료채취 전 유량보정
> ㉢ 시료채취 후 유량보정
> ㉣ 시료채취
> ㉤ 시료채취전략 수립
> ㉥ 분석

① ㉠ → ㉡ → ㉢ → ㉣ → ㉤ → ㉥
② ㉠ → ㉡ → ㉤ → ㉣ → ㉢ → ㉥
③ ㉠ → ㉤ → ㉣ → ㉡ → ㉢ → ㉥
④ ㉠ → ㉤ → ㉡ → ㉣ → ㉢ → ㉥

> ★ 작업환경 측정 순서도
> 작업장 일반적 특성조사(예비조사) → 시료채취 전략 수립 → 시료채취 전의 유량보정 → 시료채취 → 시료채취 후의 유량보정 → 분석 및 자료처리 → 평가

📝 실기까지 중요 ★★

26 다음 화학적 인자 중 농도의 단위가 다른 것은?

① 흄 ② 석면
③ 분진 ④ 미스트

> ★ 작업환경 측정의 단위 표시
> ① 석면의 농도 : 개/cm³(세제곱센티미터당 섬유 개수)
> ② 분진, 흄의 농도 : mg/m³ 또는 ppm
> ③ 가스, 증기(미스트)의 농도 : mg/m³ 또는 ppm

📝 실기에 자주 출제 ★★★

27 옥외(태양광선이 내리쬐지 않는 장소)의 온열조건이 다음과 같은 경우에 습구흑구온도 지수(WBGT)는?

> - 건구온도 : 30℃   - 흑구온도 : 40℃
> - 자연습구온도 : 25℃

① 28.5℃ ② 29.5℃
③ 30.5℃ ④ 31.0℃

> 1. 옥외(태양광선이 내리쬐는 장소)
>   WBGT(℃) = 0.7 × 자연습구온도 + 0.2 × 흑구온도 + 0.1 × 건구온도
> 2. 옥내 또는 옥외(태양광선이 내리쬐지 않는 장소)
>   WBGT(℃) = 0.7 × 자연습구온도 + 0.3 × 흑구온도
> 3. 평균 WBGT(℃)
> $= \dfrac{WBGT_1 \times t_1 + \cdots + WBGT_n \times t_n}{t_1 + \cdots + t_n}$
>   • $WBGT_n$: 각 습구흑구온도지수의 측정치(℃)
>   • t_n : 각 습구흑구온도지수치의 발생시간(분)
>
> WBGT(℃) = 0.7 × 자연습구온도 + 0.3 × 흑구온도
> = 0.7 × 25 + 0.3 × 40 = 29.5℃

📝 실기에 자주 출제 ★★★

28 다음 중 파과 용량에 영향을 미치는 요인과 가장 거리가 먼 것은?

① 포집된 오염물질의 종류
② 작업장의 온도
③ 탈착에 사용하는 용매의 종류
④ 작업장의 습도

> ★ 파과에 영향을 미치는 요인
> ① 포집을 끝마친 후부터 분석까지의 시간
> ② 유속
> ③ 시료의 농도
> ④ 작업장의 온도
> ⑤ 작업장의 습도
> ⑥ 포집된 오염물질의 종류

📝 필기에 자주 출제 ★

정답 25 ④ 26 ② 27 ② 28 ③

29 음압이 10N/m²일때, 음압수준은 약 몇 dB인가? (단, 기준음압은 0.00002N/m²이다.)

① 94
② 104
③ 114
④ 124

> $SPL = 20 \times \log\left(\dfrac{P}{P_o}\right)$ (dB)
>
> - SPL : 음압수준(음압도, 음압레벨) (dB)
> - P : 대상음의 음압(음압 실효치) (N/m²)
> - P_o : 기준음압 실효치
>   (2×10^{-5} N/m², 2×10^{-4} dyne/cm²)
>
> $SPL = 20 \times \log\left(\dfrac{10}{0.00002}\right) = 113.98$ (dB)

📝 실기에 자주 출제 ★★★

30 흡광광도계에서 단색광이 어떤 시료용액을 통과할 때 그 빛의 60%가 흡수될 경우, 흡광도는 약 얼마인가?

① 0.22
② 0.37
③ 0.40
④ 1.60

> ★ 흡광도(A)
>
> $$A = \log \dfrac{1}{투과율}$$
>
> $A = \log\left(\dfrac{1}{0.4}\right) = 0.3979$
> (투과율 = 1 − 흡수율 = 1 − 0.6 = 0.4)

31 분진 채취 전후의 여과지 무게가 각각 21.3mg, 25.8mg이고, 개인시료채취기로 포집한 공기량이 450L일 경우 분진농도는 약 몇 mg/m³인가?

① 1
② 10
③ 20
④ 25

> $\dfrac{(25.8 - 21.3)\text{mg}}{(450 \times 10^{-3})\text{m}^3} = 10 (\text{mg/m}^3)$
> ($L = 10^{-3} \text{m}^3$)

📝 필기에 자주 출제 ★

32 다음 중 일정한 온도조건에서 가스의 부피와 압력이 반비례하는 것과 가장 관계가 있는 것은?

① 보일의 법칙
② 샤를의 법칙
③ 라울의 법칙
④ 게이-루삭의 법칙

> ★ 보일의 법칙
> 일정한 온도에서 부피와 압력은 반비례한다.
>
> ★ 샤를의 법칙
> 일정한 압력에서 온도와 부피는 비례한다.

📝 필기에 자주 출제 ★

33 다음 중 유도결합 플라스마 원자발광분석기의 특징과 가장 거리가 먼 것은?

① 분광학적 방해 영향이 전혀 없다.
② 검량선의 직선성 범위가 넓다.
③ 동시에 여러 성분의 분석이 가능하다.
④ 아르곤 가스를 소비하기 때문에 유지비용이 많이 든다.

> ① 분광학적 방해영향이 있다.

📝 필기에 자주 출제 ★

정답 29 ③ 30 ③ 31 ② 32 ① 33 ①

34 다음 2차 표준기구 중 주로 실험실에서 사용하는 것은?

① 비누거품 미터 ② 폐활량계
③ 유리피스톤미터 ④ 습식테스트미터

1차 표준 기구	2차 표준기구
1. 비누거품미터 2. 폐활량계 3. 가스치환병 4. 유리피스톤미터 5. 흑연피스톤미터 6. 피토튜브(Pitot tube)	1. 로타미터 2. 습식테스트미터 (Wet-test-meter) 3. 건식가스미터 (Dry-gas-meter) 4. 오리피스미터 5. 열선기류계
암기법 1차비누로 폐활량재고, 가스치환하여, 유리 흑연 먹였더니 피토했다.	**암기법** 2 열로 걸어가는 습관 (습식테스트미터)테스트하는 오리

실기에 자주 출제 ★★★

35 소음수준의 측정 방법에 관한 설명으로 옳지 않은 것은? (단, 고용노동부 고시를 기준으로 한다.)

① 소음계의 청감보정회로는 A특성으로 하여야 한다.
② 연속음 측정 시 소음계 지시침의 동작은 빠른(Fast) 상태로 한다.
③ 측정위치는 지역시료채취 방법의 경우에 소음측정기를 측정대상이 되는 근로자의 주 작업행동 범위의 작업근로자 귀 높이에 설치한다.
④ 측정시간은 1일 작업시간 동안 6시간 이상 연속 측정하거나 작업시간을 1시간 간격으로 나누어 6회 이상 측정한다.

② 소음계 지시침의 동작은 느린(Slow) 상태로 한다.

실기까지 중요 ★★

36 다음 중 직독식 기구에 대한 설명과 가장 거리가 먼 것은?

① 측정과 작동이 간편하여 인력과 분석비를 절감할 수 있다.
② 연속적인 시료채취전략으로 작업시간 동안 완전한 시료채취에 해당된다.
③ 현장에서 실제 작업시간이나 어떤 순간에서 유해인자의 수준과 변화를 쉽게 알 수 있다.
④ 현장에서 즉각적인 자료가 요구될 때 민감성과 특이성이 있는 경우 매우 유용하게 사용될 수 있다.

② 직독식기구는 현장에서 시료를 분석할 수 있는 휴대용 가스크로마토그래피와 적외선분광광도계 등이 있으며, 완전한 시료 채취 방법은 아니다.

37 산업위생 통계에 적용되는 용어 정의에 대한 내용으로 옳지 않은 것은?

① 상대오차= [(근사값 - 참값)/참값]으로 표현된다.
② 우발오차란 측정기기 또는 분석기기의 미비로 기인되는 오차이다.
③ 유효숫자란 측정 및 분석 값의 정밀도를 표시하는 데 필요한 숫자이다.
④ 조화평균이란 상이한 반응을 보이는 집단의 중심경향을 파악하고자 할 때 유용하게 이용된다.

★ 우발오차(임의오차, 확률오차)
한 가지 실험을 반복할 때 측정값의 변동으로 발생하는 오차로 보정이 힘들다.

필기에 자주 출제 ★

정답 34 ④ 35 ② 36 ② 37 ②

38 kata 온도계로 불감기류를 측정하는 방법에 대한 설명으로 틀린 것은?

① kata 온도계의 구(球)부를 50~60℃의 온수에 넣어 구부의 알코올을 팽창시켜 관의 상부 눈금까지 올라가게 한다.
② 온도계를 온수에서 꺼내어 구(球)부를 완전히 닦아내고 스탠드에 고정한다.
③ 알코올의 눈금이 100°F에서 65°F까지 내려가는 데 소요되는 시간을 초시계 4~5회 측정하여 평균을 낸다.
④ 눈금 하강에 소요되는 시간으로 kata 상수를 나눈 값 H는 온도계의 구부 $1cm^2$에서 1초 동안에 방산되는 열량을 나타낸다.

> ③ 알코올의 눈금이 100°F에서 95°F까지 내려가는 데 소요되는 시간을 초시계 4~5회 측정하여 평균을 낸다.

39 50% 톨루엔, 10% 벤젠, 40% 노말헥산으로 혼합된 원료를 사용할 때, 이 혼합물이 공기 중으로 증발한다면 공기 중 허용농도는 약 몇 mg/m^3인가? (단, 각각의 노출기준은 톨루엔 $375mg/m^3$, 벤젠 $30mg/m^3$, 노말헥산 $180mg/m^3$이다)

① 115 ② 125
③ 135 ④ 145

> ★ 액체 혼합물의 구성성분(%)을 알 때 혼합물의 허용농도(노출기준)
>
> 혼합물의 노출기준(mg/m^3)
> $$= \frac{1}{\frac{f_a}{TLV_a} + \frac{f_b}{TLV_b} + \cdots + \frac{f_n}{TLV_n}}$$
> - f_a, f_b, f_n : 액체 혼합물에서의 각 성분 무게(중량) 구성비(%)
> - TLV_a, TLV_b, TLV_n : 해당 물질의 노출기준(mg/m^3)

$$mg/m^3 = \frac{1}{\frac{0.5}{375} + \frac{0.1}{30} + \frac{0.4}{180}} = 145.16(mg/m^3)$$

📖 실기까지 중요 ★★

40 어느 작업장에서 소음의 음압수준(dB)을 측정한 결과 85, 87, 84, 86, 89, 81, 82, 84, 83, 88일 때, 중앙값은 몇 dB인가?

① 83.5 ② 84
③ 84.5 ④ 84.9

> ★ 중앙치의 계산
> ① 측정값을 크기 순서로 배열하면
>   89, 88, 87, 86, 85, 84, 84, 83, 82, 81
> ② 측정값이 10개이므로 → 중앙의 2개 값 85와 84의 평균값이 중앙값이 된다.
> ③ 중앙값 $= \frac{85 + 84}{2} = 84.5$

> ★ 참고
> 중앙치(중앙값)
> ① 측정값을 크기순서로 배열하였을 때 중앙에 위치하는 값을 말한다.
> ② 측정값이 짝수 개일 때에는 중앙에 위치하는 두 개의 값을 평균 내어 중앙값으로 한다.

📖 실기까지 중요 ★★

정답 38 ③ 39 ④ 40 ③

제3과목 작업환경관리대책

41 다음 중 사용물질과 덕트 재질의 연결이 옳지 않은 것은?

① 알칼리 - 강판
② 전리방사선 - 중질 콘크리트
③ 주물사, 고온가스 - 흑피 강판
④ 강산, 염소계 용제 - 아연도금 강판

유해물질	재질
유기용제	아연도금 강판
강산, 염소계 용제	스테인리스 스틸 강판
알칼리	강판
주물사, 고온가스	흑피 강판
전리방사선	중질콘크리트

📘 필기에 자주 출제 ★

42 속도압에 대한 설명으로 틀린 것은?

① 속도압은 항상 양압 상태이다.
② 속도압은 속도에 비례한다.
③ 속도압은 중력가속도에 반비례한다.
④ 속도압은 정지상태에 있는 공기에 작용하여 속도 또는 가속을 일으키게 함으로써 공기를 이동하게 하는 압력이다.

$$VP(속도압) = \frac{\gamma V^2}{2g} (mmH_2O)$$

- r : 비중(kg/m³)
- V : 공기속도(m/sec)
- g : 중력가속도(m/sec²)

- 속도압은 속도의 제곱에 비례한다.
- 속도압은 중력가속도에 반비례한다.

📘 필기에 자주 출제 ★

43 후드로부터 0.25m 떨어진 곳에 있는 금속제품의 연마 공정에서 발생되는 금속먼지를 제거하기 위해 원형후드를 설치하였다면, 환기량은 약 몇 m³/sec인가? (단, 제어속도는 2.5m/sec, 후드직경은 0.4m이고, 플랜지는 부착되지 않았다.)

① 1.9   ② 2.3
③ 3.2   ④ 4.1

★ 외부식 후드(자유공간 위치한 원형 및 장방형 후드, 플랜지 미부착)

1. $Q = 60 \cdot Vc(10X^2 + A)$
   - Q : 필요송풍량(m³/min)
   - Vc : 제어속도(m/sec)
   - A : 개구면적(m²)
   - X : 후드중심선으로부터 발생원까지의 거리(m)

2. $Q = Vc(10X^2 + A)$
   - Q : 필요송풍량(m³/sec)
   - Vc : 제어속도(m/sec)
   - A : 개구면적(m²)
   - X : 후드중심선으로부터 발생원까지의 거리(m)

$Q = Vc(10X^2 + A)$
$= 2.5(10 \times 0.25^2 + 0.13) = 1.89(m^3/sec)$

$A = \frac{\pi d^2}{4} = \frac{\pi \times 0.4^2}{4} = 0.13(m^2)$

📘 실기에 자주 출제 ★★★

정답 41 ④ 42 ② 43 ①

44 온도 125℃, 800mmHg인 관내로 100m³/min의 유량의 기체가 흐르고 있다. 표준상태에서 기체의 유량은 약 몇 m³/min 인가? (단, 표준상태는 20℃, 760mmHg로 한다.)

① 52 ② 69
③ 77 ④ 83

★ 보일-샤를의 법칙

$$\frac{P_1V_1}{T_1} = \frac{P_2V_2}{T_2}$$

$$\frac{P_1V_1}{T_1} = \frac{P_2V_2}{T_2}$$
$$T_1P_2V_2 = T_2P_1V_1$$
$$V_2 = V_1 \times \frac{T_2P_1}{T_1P_2}$$

- T_1 : 처음온도 · T_2 : 나중온도 · P_1 : 처음압력
- P_2 : 나중압력 · V_1 : 처음부피 · V_2 : 나중부피

125℃(t_1), 800mmHg(P_1) → 20℃(t_2), 760mmHg(P_2)로 보정

$$V_2 = 100 \times \frac{(273+20) \times 800}{(273+125) \times 760} = 77.49(m^3/min)$$

* m³/min를 계산하므로 m³(부피)를 보정하여야 한다.

📘 실기까지 중요 ★★

45 다음 중 국소배기시설의 필요 환기량을 감소시키기 위한 방법과 가장 거리가 먼 것은?

① 가급적 공정의 포위를 최소화한다.
② 후드 개구면에서 기류가 균일하게 분포되도록 설계한다.
③ 포집형이나 레시버형 후드를 사용할 때에는 가급적 후드를 배출 오염원에 가깝게 설치한다.
④ 공정에서 발생 또는 배출되는 오염물질의 절대량을 감소시킨다.

★ 필요 환기량을 감소시키기 위한 방법(후드선택지침)
① 가급적 공정의 포위를 최대화한다.
② 포집형이나 레시버형 후드를 사용할 때에는 후드를 배출 오염원에 가깝게 설치한다.
③ 후드 개구면에서 기류가 균일하게 분포되도록 설계한다.
④ 오염물질 발생특성을 고려하여 설계한다.
⑤ 작업조건을 고려하여 적정하게 제어속도를 선정한다.
⑥ 공정에서 발생 또는 배출되는 오염물질의 절대량을 감소시킨다.

📘 필기에 자주 출제 ★

46 다음 중 보호구의 보호 정도를 나타내는 할당보호계수(APF)에 관한 설명으로 가장 거리가 먼 것은?

① 보호구 밖의 유량과 안의 유량 비(Q_o/Q_i)로 표현된다.
② APF를 이용하여 보호구에 대한 최대사용농도를 구할 수 있다.
③ APF가 100인 보호구를 착용하고 작업장에 들어가면 착용자는 외부 유해물질로부터 적어도 100배 만큼의 보호를 받을 수 있다는 의미이다.
④ 일반적인 보호계수 개념의 특별한 적용으로서 적절히 밀착된 호흡기보호구를 훈련된 일련의 착용자들이 작업장에서 착용하였을 때 기대되는 최소 보호정도치를 말한다.

① 보호구 바깥쪽 공기 중 오염물질 농도와 보호구 안쪽 오염물질 농도의 비를 나타낸다.

📘 필기에 자주 출제 ★

정답 44 ③ 45 ① 46 ①

47 A용제가 800m³ 체적을 가진 방에 저장되어 있다. 공기를 공급하기 전에 측정한 농도가 400ppm이었을 때, 이 방을 환기량 40m³/분으로 환기한다면 A용제의 농도가 100ppm으로 줄어드는 데 걸리는 시간은? (단, 유해물질은 추가적으로 발생하지 않고 고르게 분포되어 있다고 가정한다.)

① 약16분 ② 약28분
③ 약34분 ④ 약42분

> ★ 유해물질을 노출농도 이하로 환기하는 데 소요되는 시간
>
> $$t = -\frac{V}{Q'} \times \ln\left(\frac{C_2}{C_1}\right) (\min)$$
>
> • V : 작업장의 기적(m³)
> • Q' : 환기량(m³/min)
> • C_1 : 유해물질 처음농도(ppm)
> • C_2 : 유해물질 노출기준(ppm)
>
> $$t = -\frac{800}{40} \times \ln\left(\frac{100}{400}\right) = 27.73 (\min)$$

48 산업위생 보호구의 점검, 보수 및 관리방법에 관한 설명 중 틀린 것은?

① 보호구의 수는 사용하여야 할 근로자의 수 이상으로 준비한다.
② 호흡용 보호구는 사용 전, 사용 후 여재의 성능을 점검하여 성능이 저하된 것은 폐기, 보수, 교환 등의 조치를 위한다.
③ 보호구의 청결 유지에 노력하고, 보관할 때에는 건조한 장소와 분진이나 가스 등에 영향을 받지 않는 일정한 장소에 보관한다.
④ 호흡용 보호구나 귀마개 등은 특정 유해물질 취급이나 소음에 노출될 때 사용하는 것으로서 그 목적에 따라 반드시 공용으로 사용해야 한다.

> ④ 호흡용 보호구나 귀마개 등은 개인용으로 사용하고 공용으로 사용해서는 안 된다.

49 국소배기장치를 설계하고 현장에서 효율적으로 적용하기 위해서는 적절한 제어속도가 필요하다. 이때 제어속도의 의미로 가장 적절한 것은?

① 공기정화기의 내부 공기의 속도
② 발생원에서 배출되는 오염물질의 발생 속도
③ 발생원에서 오염물질의 자유공간으로 확산되는 속도
④ 오염물질을 후드 안쪽으로 흡인하기 위하여 필요한 최소한의 속도

> ★ 제어속도(포착속도)
> 오염공기를 후드 안쪽으로 흡인하기 위하여 필요한 최소풍속(모든 후드를 개방한 경우의 제어풍속)

정답 47 ② 48 ④ 49 ④

50 덕트의 속도압이 35mmH₂O, 후드의 압력 손실이 15mmH₂O일 때, 후드의 유입계수는 약 얼마인가?

① 0.54　　② 0.68
③ 0.75　　④ 0.84

> 압력손실($\triangle P$) = $F_h \times VP$ = $(\frac{1}{Ce^2} - 1) \times VP$
>
> - F_h : 압력손실계수($\frac{1}{Ce^2} - 1$)
> - VP : 속도압(mmH₂O)
> - Ce : 유입계수
>
> $\triangle P = (\frac{1}{Ce^2} - 1) \times VP$
>
> $(\frac{1}{Ce^2} - 1) = \frac{\triangle P}{VP}$
>
> $\frac{1}{Ce^2} = \frac{\triangle P}{VP} + \frac{VP}{VP} = \frac{\triangle P + VP}{VP}$
>
> $Ce^2 = \frac{VP}{\triangle P + VP}$
>
> $Ce = \sqrt{\frac{VP}{\triangle P + VP}} = \sqrt{\frac{35}{15+35}} = 0.84$

📝 실기에 자주 출제 ★★★

51 다음 중 stoke's 침강법칙에서 침강속도에 대한 설명으로 옳지 않은 것은? (단, 자유공간에서 구형의 분진 입자를 고려한다.)

① 기체와 분진입자의 밀도 차에 반비례한다.
② 중력 가속도에 비례한다.
③ 기체의 점성에 반비례한다.
④ 분자입자 직경의 제곱에 비례한다.

> ① 침강속도는 기체와 분진입자의 밀도 차에 비례한다.

> ★참고
> 침강속도(stoke의 법칙)
>
> 1. $V = \frac{gd^2(\rho_1 - \rho)}{18\mu}$ (cm/sec)
>   - d_p : 입자의 직경(cm)
>   - ρ_1 : 입자의 밀도(g/cm³)
>   - ρ : 가스(공기)의 밀도(g/cm³)
>   - g : 중력가속도(980cm/sec²)
>   - μ : 점성계수(g/cm · sec)
> 2. $V = 0.003\rho d^2$
>   - ρ : 분진밀도
>   - d : 직경

📝 실기까지 중요 ★★

52 A물질의 증기압이 50mmHg일 때, 포화증기농도(%)는? (단, 표준상태를 기준으로 한다.)

① 4.8　　② 6.6
③ 10.0　　④ 12.2

> 포화농도 = $\frac{\text{물질의 증기압(mmHg)}}{\text{대기압(760mmHg)}} \times 10^2$(%)
>
> = $\frac{\text{물질의 증기압(mmHg)}}{\text{대기압(760mmHg)}} \times 10^6$(ppm)
>
> 포화농도 = $\frac{50}{760} \times 100 = 6.58$(%)

📝 실기까지 중요 ★★

정답　50 ④　51 ①　52 ②

53 작업환경의 관리원칙 중 대치로 적절하지 않은 것은?

① 성냥 제조 시에 황린 대신 적린을 사용한다.
② 분말로 출하되는 원료를 고형상태의 원료로 출하한다.
③ 광산에서 광물을 채취할 때 습식 공정 대신 건식 공정을 사용한다.
④ 단열재로 석면을 대신하여 유리섬유나 암면 또는 스트리폼 등을 사용한다.

③ 광산에서 광물을 채취할 때 건식 공정 대신 습식 공정을 사용해야 먼지의 비산을 줄일 수 있다.

📝 필기에 자주 출제 ★

54 작업환경에서 환기시설 내 기류에는 유체역학적 원리가 적용된다. 다음 중 유체역학적 원리의 전제조건과 가장 거리가 먼 것은?

① 공기는 건조하다고 가정한다.
② 공기의 압축과 팽창은 무시한다.
③ 환기시설 내외의 열교환은 무시한다.
④ 대부분 환기시설에서는 공기 중에 포함된 유해물질의 무게와 용량을 고려한다.

★ 유체역학적 원리의 전제조건
① 공기는 건조하다고 가정한다.
② 공기의 압축과 팽창은 무시한다.
③ 환기시설 내외의 열교환은 무시한다.
④ 공기 중에 포함된 유해물질의 무게와 용량을 무시한다.
⑤ 공기는 상대습도를 기준으로 한다.

📝 필기에 자주 출제 ★

55 산업위생관리를 작업환경관리, 작업관리, 건강관리로 나눠서 구분할 때, 다음 중 작업환경관리와 가장 거리가 먼 것은?

① 유해 공정의 격리
② 유해 설비의 밀폐화
③ 전체환기에 의한 오염물질의 희석 배출
④ 보호구 사용에 의한 유해물질의 인체 침입 방지

④ 보호구 사용에 의한 유해물질의 인체 침입 방지
→ 건강관리

📝 실기에 자주 출제 ★★★

56 원심력 집진장치에 관한 설명 중 옳지 않은 것은?

① 비교적 적은 비용으로 집진이 가능하다.
② 분진의 농도가 낮을수록 집진효율이 증가한다.
③ 함진가스에 선회류를 일으키는 원심력을 이용한다.
④ 입자의 크기가 크고 모양이 구체에 가까울수록 집진효율이 증가한다.

② 분진의 농도가 높을수록 집진효율이 증가한다.

📝 필기에 자주 출제 ★

정답 53 ③ 54 ④ 55 ④ 56 ②

57 송풍기의 송풍량이 2m³/sec이고, 전압이 100 mmH₂O일 때, 송풍기의 소요동력은 약 몇 kW 인가? (단, 송풍기의 효율이 75% 이다.)

① 1.7
② 2.6
③ 4.4
④ 5.3

$$HP(kW) = \frac{Q \times P}{6120 \times \eta} \times K$$

- Q : 송풍량(m³/min)
- P : 유효전압(풍압)(mmH₂O)
- η : 송풍기효율
- K : 안전여유

$$HP(kW) = \frac{(2 \times 60) \times 100}{6,120 \times 0.75} = 2.61(kW)$$

$$\left[\frac{2m^3}{sec} = \frac{2m^3}{\frac{1}{60}min} = 2 \times 60(m^3/min)\right]$$

📘 실기에 자주 출제 ★★★

58 보호구의 재질에 따른 효과적인 보호가 가능한 화학물질을 잘못 짝지은 것은?

① 가죽 - 알코올
② 천연고무 - 물
③ 면 - 고체상 물질
④ 부틸고무 - 알코올

★ 보호장구 재질에 따른 적용물질
① Neoprene 고무 : 비극성 용제, 산, 부식성물질에 사용
② vitron : 비극성 용제에 사용
③ Nitrile : 비극성 용제에 사용
④ 천연고무(latex) : 극성 용제 및 수용성 용액에 사용
⑤ Butyl 고무 : 극성 용제(알코올 등)에 사용
⑥ 면 : 고체상물질에 사용(용제에는 사용 못함)
⑦ 가죽 : 찰과상 예방(용제에는 사용 못함)
⑧ Ethylene Vinyl Alcohol : 화학물질 취급 작업에 사용

📘 필기에 자주 출제 ★

59 다음 중 장기간 사용하지 않았던 오래된 우물 속으로 작업을 위하여 들어갈 때 가장 적절한 마스크는?

① 호스마스크
② 특급의 방진마스크
③ 유기가스용 방독마스크
④ 일산화탄소용 방독마스크

오래된 우물 속 → 밀폐 공간 → 산소결핍에 의한 질식 우려 → 송기마스크 착용이 필요함

★ 참고
송기마스크의 종류
① 호스마스크
② 에어라인마스크
③ 복합식 에어라인마스크

📘 필기에 자주 출제 ★

60 전기 집진장치의 장점으로 옳지 않은 것은?

① 가연성 입자의 처리에 효율적이다.
② 넓은 범위의 입경과 분진농도에 집진효율이 높다.
③ 압력손실이 낮으므로 송풍기의 가동비용이 저렴하다.
④ 고온 가스를 처리할 수 있어 보일러와 철강로 등에 설치할 수 있다.

① 고온의 입자상물질, 폭발성가스 처리는 가능하나, 가연성 입자의 처리는 곤란하다.

📘 필기에 자주 출제 ★

정답 57 ② 58 ① 59 ① 60 ①

제4과목 물리적 유해인자관리

61 한랭노출 시 발생하는 신체적 장해에 대한 설명으로 틀린 것은?

① 동상은 조직의 동결을 말하며, 피부의 이론상 동결온도는 약 -1℃ 정도이다.
② 전신 체온강하는 장시간의 한랭 노출과 체열상실에 따라 발생하는 급성 중증장해이다.
③ 참호족은 동결 온도 이하의 찬공기에 단기간 접촉으로 급격한 동결이 발생하는 장해이다.
④ 참수족은 부종, 저림, 작열감, 소양감 및 심한 동통을 수반하며, 수포, 궤양이 형성되기도 한다.

> ③ 참호족은 한랭환경에 장기간 노출됨과 동시에 지속적으로 습기나 물에 잠길 경우 발생한다.

📝 필기에 자주 출제 ★

62 방진재인 금속스프링의 특징이 아닌 것은?

① 공진 시에 전달율이 좋지 않다.
② 환경요소에 대한 저항이 크다.
③ 저주파 차진에 좋으며 감쇠가 거의 없다.
④ 다양한 형상으로 제작이 가능하며 내구성이 좋다.

> ① 공진 시에 전달률이 매우 좋다.

📝 필기에 자주 출제 ★

63 비전리 방사선 중 보통광선과는 달리 단일파장이고 강력하고 예리한 지향성을 지닌 광선은 무엇인가?

① 적외선 ② 마이크로파
③ 가시광선 ④ 레이저광선

> ★ 레이저 광선
> ① 단일파장으로 강력하고 예리한 지향성을 지닌 광선이다.
> ② 레이저광은 출력이 대단히 강력하고 극히 좁은 파장범위(직사광)를 갖기 때문에 쉽게 산란하지 않는다.

📝 필기에 자주 출제 ★

64 감압에 따른 인체의 기포 형성량을 좌우하는 요인과 가장 거리가 먼 것은?

① 감압속도
② 산소공급량
③ 조직에 용해된 가스량
④ 혈류를 변화시키는 상태

> ★ 감압 시에 조직 내 질소기포 형성량에 영향을 주는 요인
> ① 조직에 용해된 가스량
> ② 혈류를 변화시키는 상태
> ③ 감압속도
> ④ 고기압의 노출정도

📝 실기까지 중요 ★★

정답 61 ③ 62 ① 63 ④ 64 ②

65 감압병 예방을 위한 이상기압 환경에 대한 대책으로 적절하지 않은 것은?

① 작업시간을 제한한다.
② 가급적 빨리 감압시킨다.
③ 순환기에 이상이 있는 사람은 취업 또는 작업을 제한한다.
④ 고압환경에서 작업 시 헬륨 - 산소혼합가스 등으로 대체하여 이용한다.

> ② 감압의 속도는 매분 매제곱센티미터당 0.8킬로그램 이하로 하여야 한다.

📝 필기에 자주 출제 ★

66 정밀작업과 보통작업을 동시에 수행하는 작업장의 적정 조도는?

① 150럭스 이상 ② 300럭스 이상
③ 450럭스 이상 ④ 750럭스 이상

> 정밀작업과 보통작업을 동시에 수행하는 작업장의 경우 정밀작업의 조도기준 300Lux 이상을 따라야 한다.

> ★참고
> 법적 조도 기준
> ① 초정밀 작업 : 750Lux 이상
> ② 정밀 작업 : 300Lux 이상
> ③ 보통 작업 : 150Lux 이상
> ④ 기타 작업 : 75Lux 이상

📝 실기까지 중요 ★★

67 전기성 안염(전광선 안염)과 가장 관련이 깊은 비전리 방사선은?

① 자외선 ② 가시광선
③ 적외선 ④ 마이크로파

> 전기용접, 자외선 살균취급자 등에서 자외선에 의한 전광성 안염(전기성 암염)이 발생된다.

📝 필기에 자주 출제 ★

68 고압환경의 영향 중 2차적인 가압현상에 관한 설명으로 틀린 것은?

① 4기압 이상에서 공기 중의 질소 가스는 마취작용을 나타낸다.
② 이산화탄소의 증가는 산소의 독성과 질소의 마취작용을 촉진시킨다.
③ 산소의 분압이 2기압을 넘으면 산소중독증세가 나타난다.
④ 산소중독은 고압산소에 대한 노출이 중지되어도 근육경련, 환청 등 후유증이 장기간 계속된다.

> ④ 산소중독 증세는 가역적인 증세로 고압산소에 대한 노출이 중지되면 증상은 즉시 멈춘다.

> ★참고
> 고압환경의 2차적 가압현상
> ① 질소의 마취작용 : 공기 중의 질소 가스는 4기압 이상에서 마취작용을 일으킨다.
> ② 산소중독 증세 : 산소분압이 2기압을 넘으면 산소중독 증세가 나타난다.
> ③ 이산화탄소의 작용 : 이산화탄소의 증가는 산소의 독성과 질소의 마취작용을 촉진시킨다.

📝 실기까지 중요 ★★

정답 65 ② 66 ② 67 ① 68 ④

69 현재 총 흡음량이 2,000 sabins인 작업장의 천장에 흡음물질을 첨가하여 3,000 sabins을 더할 경우 소음감소는 어느 정도가 예측되겠는가?

① 4dB ② 6dB
③ 7dB ④ 10dB

> $NR = 10 \times \log\left(\dfrac{A_2}{A_1}\right)$
> - NR : 감음량(dB)
> - A_1 : 흡음처리 전 실내의 총 흡음력(sabin)
> - A_2 : 흡음처리 후 실내의 총 흡음력(sabin)
>
> $NR = 10 \times \log\left(\dfrac{2,000 + 3,000}{2,000}\right) = 3.98(dB)$

📋 실기에 자주 출제 ★★★

70 인체와 작업환경 사이의 열교환이 이루어지는 조건에 해당되지 않는 것은?

① 대류에 의한 열교환
② 복사에 의한 열교환
③ 증발에 의한 열교환
④ 기온에 의한 열교환

> ★ 열평형 방정식(인체의 열교환)
> S(열축적) = M(대사열) − E(증발) ± R(복사) ± C(대류) − W(한일)
> - S : 열이득 및 열손실량이며, 열평형 상태에서는 0이다.

📋 실기까지 중요 ★★

71 산업안전보건법령상 적정공기의 범위에 해당하는 것은?

① 산소농도 18% 미만
② 이황화탄소 10% 미만
③ 탄산가스 농도 10% 미만
④ 황화수소의 농도 10ppm 미만

> ★ 작업장의 적정공기 수준
> ① 산소농도의 범위가 18% 이상 23.5% 미만
> ② 탄산가스의 농도가 1.5% 미만
> ③ 일산화탄소의 농도가 30ppm 미만
> ④ 황화수소의 농도가 10ppm 미만

📋 실기까지 중요 ★★

72 국소진동에 의하여 손가락의 창백, 청색증, 저림, 냉감, 동통이 나타나는 장해를 무엇이라 하는가?

① 레이노드 증후군
② 수근관통증 증후군
③ 브라운세커드 증후군
④ 스티브블래스 증후군

> ★ 레이노(Raynaud's phenonmenon) 현상
> 국소진동으로 인하여 말초혈관운동 장해가 발생, 수지가 창백해지고 손이 차며 통증이 오는 현상으로 한랭 환경에서 더 잘 발생한다.

📋 실기까지 중요 ★★

정답 69 ① 70 ④ 71 ④ 72 ①

73 1,000Hz에서의 음압레벨을 기준으로 하여 등청감곡선을 나타내는 단위로 사용되는 것은?

① mel ② bell
③ phon ④ sone

> ★ phon
> ① 1phon : 1,000Hz, 1dB 음의 크기
> ② 1,000Hz에서 음압수준(dB)을 기준으로 하여 등감곡선을 나타내는 단위

> ★ 참고
> sone
> ① 감각적인 음의 크기를 나타낸다.
> ② 1Sone : 1,000Hz, 40dB 음의 크기

📝 **필기에 자주 출제** ★

74 빛과 밝기에 관한 설명으로 틀린 것은?

① 광도의 단위로는 칸델라(candela)를 사용한다.
② 광원으로부터 한 방향으로 나오는 빛의 세기를 광속이라 한다.
③ 루멘(Lumen)은 1촉광의 광원으로부터 단위입체각으로 나가는 광속의 단위이다.
④ 조도는 어떤 면에 들어오는 광속의 양에 비례하고, 입사면의 단면적에 반비례한다.

> ② 광원으로부터 나오는 빛의 세기를 광도라고 한다.

> ★ 참고
> 광속
> ① 광원으로부터 방출되는 빛의 전체 양을 말한다.
> ② 단위
> • 루멘(Lumen; lm) : 1촉광의 광원으로부터 한 단위입체각으로 나가는 광속의 단위

📝 **필기에 자주 출제** ★

75 $A = Q/V = 0.1m^2$인 경우 덕트의 관경은 얼마인가?

① 352mm ② 355mm
③ 357mm ④ 359mm

$$A = \frac{\pi \times d^2}{4}$$
$$\pi \times d^2 = 4A$$
$$d^2 = \frac{4A}{\pi}$$
$$d = \sqrt{\frac{4A}{\pi}} = \sqrt{\frac{4 \times 0.1}{\pi}} = 0.357(m) \times 1,000$$
$$= 357(mm)$$

📝 **실기까지 중요** ★★

76 이온화 방사선 중 입자 방사선으로만 나열된 것은?

① α선, β선, γ선
② α선, β선, X선
③ α선, β선, 중성자
④ α선, β선, γ선, 중성자

> ★ 전리방사선(이온화 방사선)의 종류
> ① 전자기 방사선(X-Ray, γ선)
> ② 입자 방사선(α, β 입자, 중성자)

📝 **실기까지 중요** ★★

정답 73 ③ 74 ② 75 ③ 76 ③

77 방사선의 투과력이 큰 것부터 작은 순으로 올바르게 나열한 것은?

① X > β > γ
② α > X > γ
③ X > β > α
④ γ > α > β

> ① 인체의 투과력 순서
>   중성자 > X선 or γ > β > α
> ② 전리작용(REB : 생물학적 효과) 순서
>   중성자 > α > β > X선 or γ

📝 실기까지 중요 ★★

78 소음이 발생하는 작업장에서 1일 8시간 근무하는 동안 100dB에 30분, 95dB에 1시간 30분, 90dB에 3시간 노출되었다면 소음노출지수는 얼마인가?

① 1.0
② 1.1
③ 1.2
④ 1.3

> ★ 노출지수
> $$EI = \frac{C_1}{T_1} + \frac{C_2}{T_2} + \cdots + \frac{C_n}{T_n}$$
> - C : 소음의 측정치
> - T : 소음의 노출기준
> - 판정 : $EI > 1$ 경우 노출기준을 초과함
>
> 노출지수 $EI = \dfrac{0.5}{2} + \dfrac{1.5}{4} + \dfrac{3}{8} = 1.0$

> ★ 참고
> 소음의 노출기준
>
> | 1일 노출시간(hr) | 소음수준[dB(A)] |
> |---|---|
> | 8 | 90 |
> | 4 | 95 |
> | 2 | 100 |
> | 1 | 105 |
> | 1/2 | 110 |
> | 1/4 | 115 |

📝 실기까지 중요 ★★

79 소음성 난청에 영향을 미치는 요소에 대한 설명으로 틀린 것은?

① 음압수준이 높을수록 유해하다.
② 저주파음이 고주파음보다 더 유해하다.
③ 지속적 노출이 간헐적 노출보다 더 유해하다.
④ 개인의 감수성에 따라 소음반응이 다양하다.

> ② 고주파음이 저주파음보다 더 유해하다.

📝 필기에 자주 출제 ★

80 열경련(heat cramp)을 일으키는 가장 큰 원인은?

① 체온상승
② 중추신경마비
③ 순환기계 부조화
④ 체내수분 및 염분손실

> ★ 열경련(heat cramp)
> 고온환경에서 심한 육체적인 노동을 할 때 체내 수분 및 혈중 염분농도 저하가 원인이 되어 발생한다.

📝 실기까지 중요 ★★

정답 77 ③ 78 ① 79 ② 80 ④

제5과목 산업독성학

81 산화규소는 폐암 등의 발암성이 확인된 유해인자이다. 종류에 따른 호흡성 분진의 노출기준을 연결한 것으로 맞는 것은?

① 결정체 석영 - 0.1mg/m³
② 결정체 tripoli - 0.1mg/m³
③ 비결정체 규소 - 0.01mg/m³
④ 결정체 tridymite - 0.5mg/m³

> ① 결정체 석영 – 0.05mg/m³
> ③ 비결정체 규소 – 0.1mg/m³
> ④ 결정체 tridymite – 0.05mg/m³

82 입자상물질의 종류 중 액체나 고체의 2가지 상태로 존재할 수 있는 것은?

① 흄(fume)   ② 미스트(mist)
③ 증기(vapor)   ④ 스모크(smoke)

> ★ 연기(smoke)
> 유해물질이 연소 시에 불완전 연소의 결과로 생기는 미립자로 액체나 고체의 2가지 상태로 존재할 수 있다.

📘 필기에 자주 출제 ★

83 카드뮴의 인체 내 축적기관으로만 나열된 것은?

① 뼈, 근육   ② 간, 신장
③ 뇌, 근육   ④ 혈액, 모발

> 체내에 흡수된 카드뮴의 50~75%는 간 및 신장에 축적되며 일부는 장관벽에 축적된다.

📘 필기에 자주 출제 ★

84 적혈구의 산소운반 단백질을 무엇이라 하는가?

① 백혈구   ② 단구
③ 혈소판   ④ 헤모글로빈

> ★ 헤모글로빈
> 적혈구의 산소운반 단백질

📘 필기에 자주 출제 ★

85 다음 중 노출기준이 가장 낮은 것은?

① 오존(O_3)   ② 암모니아(NH_3)
③ 염소(Cl_2)   ④ 일산화탄소(CO)

> ★ 노출기준
> ① 오존(O_3) : 0.08ppm
> ② 암모니아(NH_3) : 25ppm
> ③ 염소(Cl_2) : 0.5ppm
> ④ 일산화탄소(CO) : 30ppm

정답 81 ② 82 ④ 83 ② 84 ④ 85 ①

86 유해물질의 경구투여용량에 따른 반응범위를 결정하는 독성검사에서 얻은 용량-반응곡선(dose-response curve)에서 실험동물군의 50%가 일정시간 동안 죽는 치사량을 나타내는 것은?

① LC_{50} ② LD_{50}
③ ED_{50} ④ TD_{50}

> ★ LD_{50}(Lethal Dose)
> 1회 투여로 인하여 7~10일 이내에 실험동물의 50%를 치사시키는 양으로 실험동물 체중 1kg당 mg으로 나타낸다.

> ★ 참고
> ① LC_{50}(Lethal Concentration) : 실험동물의 50%가 사망하는 유해 물질의 농도를 말한다.
> ② ED_{50}(Effective Concentration) : 실험동물의 50%가 일정한 반응을 일으키는 양을 말한다.
> ③ TD_{50}(Toxic Dose) : 실험동물의 50%에 독성을 나타내는 양을 말한다.

실기까지 중요 ★★

87 골수장해로 재생불량성 빈혈을 일으키는 물질이 아닌 것은?

① 벤젠(benzene)
② 2-브로모프로판(2-bromopropane)
③ TNT(trinitrotoluene)
④ 2.4-TDI(Toluene-2.4-diisocyanate)

> ★ 재생불량성 빈혈을 일으키는 물질
> ① 벤젠(benzene)
> ② 2-브로모프로판(2-bromopropane)
> ③ TNT(trinitrotoluene)

88 ACGIH에서 발암물질을 분류하는 설명으로 틀린 것은?

① Group A1 : 인체발암성 확인물질
② Group A2 : 인체발암성 의심물질
③ Group A3 : 동물발암성 확인물질, 인체발암성 모름
④ Group A4 : 인체발암성 미의심 물질

> ★ ACGIH의 발암성 물질 구분
> • A1 : 인체발암성 확인물질
> • A2 : 인체발암성 의심물질(추정물질)
> • A3 : 동물발암성 확인물질, 인체발암성 모름
> • A4 : 인체발암성 미분류(인체 발암가능성이 있으나 자료가 부족) 물질
> • A5 : 인체발암성 미의심 물질

실기에 자주 출제 ★★★

89 벤젠을 취급하는 근로자를 대상으로 벤젠에 대한 노출량을 추정하기 위해 호흡기 주변에서 벤젠 농도를 측정함과 동시에 생물학적 모니터링을 실시하였다. 벤젠 노출로 인한 대사산물의 결정인자(determinant)로 맞는 것은?

① 호기 중의 벤젠   ② 소변 중의 마뇨산
③ 소변 중의 총페놀 ④ 혈액 중의 만델리산

화학물질	생물학적 노출지표물질 (체내대사산물)	시료채취 시기
톨루엔	혈액, 호기의 톨루엔, 소변 중 o-크레졸	작업종료 시
벤젠	소변 중 페놀, 소변 중 t,t-뮤코닉산 (t,t-Muconic acid)	작업종료 시
크실렌	소변 중 메틸마뇨산	작업종료 시
니트로벤젠	혈중 메타헤모글로빈	작업종료 시
에틸벤젠	소변 중 만델린산	작업종료 시
이황화탄소	소변 중 TTCA	당일 작업종료 2시간 전부터 작업종료 사이에 채취

실기에 자주 출제 ★★★

90 ACGIH에서 발암성 구분이 "A1"으로 정하고 있는 물질이 아닌 것은?

① 석면
② 텅스텐
③ 우라늄
④ 6가크롬 화합물

> ★ A1(인체 발암성 확인물질)의 종류
> 석면, 우라늄, 6가 크롬화합물, 니켈, 벤젠, 벤지딘, 염화비닐, 베릴륨 등

91 중금속 취급에 의한 직업성 질환을 나타낸 것으로 서로 관련이 가장 적은 것은?

① 니켈 중독 - 백혈병, 재생불량성 빈혈
② 납 중독 - 골수침입, 빈혈, 소화기장해
③ 수은 중독 - 구내염, 수전증, 정신장해
④ 망간 중독 - 신경염, 신장염, 중추신경장해

> ① 니켈 중독 – 피부질환, 설사, 구토, 두통, 천식 등 각종 호흡기 관련 질환

📝 필기에 자주 출제 ★

92 다음 표과 같은 망간 중독을 스크린하는 검사법을 개발하였다면, 이 검사법의 특이도는 얼마인가?

구분		망간중독진단		합계
		양성	음성	
검사법	양성	17	7	24
	음성	5	25	30
합계		22	32	54

① 70.8% ② 77.3%
③ 78.1% ④ 83.3%

구분		실제값(질병)		합계
		양성	음성	
검사법	양성	A	B	A+B
	음성	C	D	C+D
합계		A+C	B+D	

① 민감도 = $\dfrac{A}{A+C}$

② 가음성률 = $\dfrac{C}{A+C}$

③ 가양성률 = $\dfrac{B}{B+D}$

④ 특이도 = $\dfrac{D}{B+D}$

특이도 = $\dfrac{25}{32}$ = 0.7813 × 100 = 78.13(%)

📝 실기까지 중요 ★★

정답 90 ② 91 ① 92 ③

93 동일한 독성을 가진 화학물질이 합류하여 각 물질의 독성의 합보다 큰 독성을 나타내는 작용은?

① 상승작용 ② 상가작용
③ 강화작용 ④ 길항작용

> ★상승작용
> 두 물질에 동시 노출될 경우의 독성은 단독물질 독성의 합보다 크게 증가한다.(2+3 = 9)

> ★참고
> ① 상가작용 : 두 물질에 동시 노출될 경우의 독성은 단독물질 독성의 합과 같다.(2+3 = 5)
> ② 가승작용 : 독성이 없던 물질을 독성이 있는 물질과 혼합하면 독성이 강해진다.(2+0 = 5)
> ③ 길항작용 : 두 물질이 서로의 작용을 방해하여 두 물질에 동시 노출될 경우의 독성은 단독물질의 독성보다 약해진다.(2+3 = 1)

실기에 자주 출제 ★★★

94 진폐증의 독성 병리기전에 대한 설명으로 틀린 것은?

① 진폐증의 대표적인 병리소견은 섬유증(fibrosis)이다.
② 섬유증이 동반되는 진폐증의 원인물질로는 석면, 알루미늄, 베릴륨, 석탄분진, 실리카 등이 있다.
③ 폐포탐식 세포는 분진탐식 과정에서 활성산소유리기에 의한 폐포상피 세포의 증식을 유도한다.
④ 콜라겐 섬유가 증식하면 폐의 탄력성이 떨어져 호흡곤란, 지속적인 기침, 폐기능 저하를 가져온다.

> ③ 폐포대식세포는 분진탐식 과정에서 활성산소유리기에 의한 섬유모세포의 증식을 유도한다.

95 자극성 가스이면서 화학질식제라 할 수 있는 것은?

① H_2S ② NH_3
③ Cl_2 ④ CO_2

단순 질식제	① 생리적으로는 아무 작용도 하지 않으나 공기 중에 많이 존재하여 산소분압을 저하시켜 조직에 필요한 산소의 공급부족을 초래한다. ② 수소, 질소, 이산화탄소(CO_2), 헬륨, 메탄, 에탄, 프로판, 에틸렌, 아세틸렌 등
화학적 질식제	① 혈액 중의 혈색소와 결합하여 산소운반 능력을 방해하거나 조직이 산소를 받아들이는 능력을 잃게 하여 내질식을 일으킨다. ② 일산화탄소(CO), 황화수소(H_2S), 시안화수소(HCN), 아닐린

실기에 자주 출제 ★★★

96 입자상 물질의 호흡기계 침착기전 중 길이가 긴 입자가 호흡기계로 들어오면 그 입자의 가장자리가 기도의 표면을 스치게 됨으로써 침착하는 현상은?

① 충돌 ② 침전
③ 차단 ④ 확산

> ★차단(간섭, interception)
> 길이가 긴 입자가 호흡기계로 들어오면 그 입자의 가장자리가 기도의 표면을 스치게 됨으로써 침착되는 현상을 말한다.

> ★참고
> ① 충돌(관성충돌) : 공기흐름의 방향이 바뀌는 경우 입자의 관성 때문에 원래 방향대로 이동하다가 흐름이 바뀌는 지점에서 부딪치며 충돌에 의해 침착된다.

실기에 자주 출제 ★★★

정답   93 ①   94 ③   95 ①   96 ③

② 침전(중력침강)(sedimentation) : 기관지 등 폐의 심층부에서는 공기흐름이 느려지며 이때 입자는 중력에 의해 낙하하여 축적된다. (1~5㎛ 크기의 자)
③ 확산(diffusion) : 미세입자의 무질서한 운동(브라운 운동)에 의해 기체분자와 충돌하며 침착되는 현상(1㎛ 이하의 세입자)

97 생물학적 모니터링을 위한 시료가 아닌 것은?

① 공기 중 유해인자
② 요 중의 유해인자나 대사산물
③ 혈액 중의 유해인자나 대사산물
④ 호기(exhaled air)중의 유해인자나 대사산물

시료는 소변, 호기 및 혈액 등이 주로 이용된다.

📝 실기까지 중요 ★★

98 다음 중 납중독에서 나타날 수 있는 증상을 모두 나열한 것은?

㉠ 빈혈
㉡ 신장장해
㉢ 중추 및 말초신경장해
㉣ 소화기 장해

① ㉠, ㉢
② ㉠, ㉡, ㉢
③ ㉡, ㉣
④ ㉠, ㉡, ㉢, ㉣

★ 납중독의 증상
① 위장장해(소화기 장해)
② 빈혈, 혈색소 저하 등 조혈기능장해
③ 중추신경장해
④ 피로, 근육통 등 신경 및 근육계통의 장해
⑤ 만성 신장기능 장해

📝 필기에 자주 출제 ★

99 남성근로자의 생식독성 유발 유해인자와 가장 거리가 먼 것은?

① 고온
② 저혈압증
③ 항암제
④ 마이크로파

★ 남성 근로자의 생식독성 유발요인
① 흡연
② 금속(망간, 카드뮴, 납 등)
③ 농약
④ 고온
⑤ 에스트로겐
⑥ 전리방사선(마이크로파 등)
⑦ 유기용제(에틸렌글리콜에테르, 이황화탄소, 2-브로모프로판)

100 금속열에 관한 설명으로 틀린 것은?

① 금속열이 발생하는 작업장에서는 개인 보호용구를 착용해야 한다.
② 금속 흄에 노출된 후 일정 시간의 잠복기를 지나 감기와 비슷한 증상이 나타난다.
③ 금속열은 하루정도가 지나면 증상은 회복되나 후유증으로 호흡기, 시신경 장해 등을 일으킨다.
④ 아연, 마그네슘 등 비교적 융점이 낮은 금속의 제련, 용해, 용접 시 발생하는 산화금속흄을 흡입할 경우 생기는 발열성 질병이다.

③ 대개 작업이 끝나 귀가한 후에 고열과 두통 등이 생기고 대부분 특별한 후유증 없이 서너 시간 만에 열이 내린다.

정답 97 ① 98 ④ 99 ② 100 ③

3회 과년도기출문제

2018년 8월 19일

제1과목 산업위생학개론

01 작업장에서 누적된 스트레스를 개인차원에서 관리하는 방법에 대한 설명으로 틀린 것은?

① 신체검사를 통하여 스트레스성 질환을 평가한다.
② 자신의 한계와 문제의 징후를 인식하여 해결방안을 도출한다.
③ 명상, 요가, 선(禪) 등의 긴장 이완훈련을 통하여 생리적 휴식상태를 점검한다.
④ 규칙적인 운동을 피하고, 직무외적인 취미, 휴식, 즐거운 활동 등에 참여하여 대처능력을 함양한다.

> ④ 규칙적인 운동과 직무외적인 취미, 휴식, 즐거운 활동 등에 참여하여 대처능력을 함양한다.

02 중대재해 또는 산업재해가 다발하는 사업장을 대상으로 유사사례를 감소시켜 관리하기 위하여 잠재적 위험성의 발견과 그 개선대책의 수립을 목적으로 고용노동부장관이 지정하는 자가 실시하는 조사·평가를 무엇이라 하는가?

① 안전·보건진단 ② 사업장 역학조사
③ 안전·위생진단 ④ 유해·위험성 평가

> ★ 안전·보건진단
> 산업재해를 예방하기 위하여 잠재적 위험성을 발견하고 그 개선대책을 수립할 목적으로 조사·평가하는 것을 말한다.

 실기까지 중요 ★★

03 상시근로자수가 100명인 A 사업장의 연간 재해발생건수가 15건이다. 이때의 사상자가 20명 발생하였다면 이 사업장의 도수율은 약 얼마인가? (단, 근로자는 1인당 연간 2,200시간을 근무하였다.)

① 68.18 ② 90.91
③ 150.00 ④ 200.00

> ★ 도수율(빈도율 F.R)
> 100만 근로시간당 재해 발생 건수 비율
> 도수율(빈도율) = $\dfrac{재해\ 건수}{연\ 근로\ 시간\ 수} \times 10^6$
> 도수율 = $\dfrac{15}{100 \times 2,200} \times 10^6 = 68.18$

실기에 자주 출제 ★★★

정답 01 ④ 02 ① 03 ①

04 1800년대 산업보건에 관한 법률로서 실제로 효과를 거둔 영국의 공장법의 내용과 거리가 가장 먼 것은?

① 감독관을 임명하여 공장을 감독한다.
② 근로자에게 교육을 시키도록 의무화한다.
③ 18세 미만 근로자의 야간작업을 금지한다.
④ 작업할 수 있는 연령을 8세 이상으로 제한한다.

> ④ 작업할 수 있는 연령을 13세 이상으로 제한한다.

📘 필기에 자주 출제 ★

05 사무실 등 실내 환경의 공기질 개선에 관한 설명으로 틀린 것은?

① 실내 오염원을 감소한다.
② 방출되는 물질이 없거나 매우 낮은(기준에 적합한) 건축자재를 사용한다.
③ 실외 공기의 상태와 상관없이 창문 개폐 횟수를 증가하여 실외 공기의 유입을 통한 환기 개선이 될 수 있도록 한다.
④ 단기적 방법은 베이크 아웃(bake-out)으로 새 건물에 입주하기 전에 보일러 등으로 실내를 가열하여 각종 유해물질이 빨리 나오도록 한 후 이를 충분히 환기시킨다.

> ③ 2~3시간 간격으로 창문을 열어 환기하여 실내의 오염물질을 외부로 배출한다.

📘 필기에 자주 출제 ★

06 실내 공기오염과 가장 관계가 적은 인체 내의 증상은?

① 광과민증(photosensitization)
② 빌딩증후군(sick building syndrome)
③ 건물관련질병(building related disease)
④ 복합화합물질민감증 (multiple chemical sensitivity)

> ① 광과민증이란 피부가 자외선 등 햇빛에 노출됐을 때 민감하게 반응하는 것을 말하며 실내 공기오염과는 무관하다.

07 육체적 작업능력(PWC)이 16kcal/min인 근로자가 1일 8시간 동안 물체를 운반하고 있고, 이때의 작업대사량은 9kcal/min이고, 휴식 시의 대사량은 1.5kcal/min이다. 적정휴식시간과 작업시간으로 가장 적합한 것은?

① 매시간당 25분 휴식, 35분 작업
② 매시간당 29분 휴식, 31분 작업
③ 매시간당 35분 휴식, 25분 작업
④ 매시간당 39분 휴식, 21분 작업

> $T_{rest}(\%) = \left[\dfrac{E_{max} - E_{task}}{E_{rest} - E_{task}}\right] \times 100$
>
> - $T_{rest}(\%)$: 피로예방을 위한 적정 휴식시간 비 (60분을 기준하여 산정)
> - E_{max} : 1일 8시간 작업에 적합한 작업대사량 [육체적 작업능력(PWC)의 1/3]
> - E_{rest} : 휴식 중 소모 대사량
> - E_{task} : 해당 작업의 작업대사량
> * 작업시간 = 60분 − 휴식시간
>
> 1. $T_{rest}(\%) = \left[\dfrac{5.33 - 9}{1.5 - 9}\right] \times 100 = 48.93(\%)$
> $(E_{max} = \dfrac{PWC}{3} = \dfrac{16}{3} = 5.33 \text{kcal/min})$
> 2. 휴식시간 = 60 × 0.4893 = 29.36(분)
> 3. 작업시간 = 60 − 29.36 = 30.64(분)

📘 실기에 자주 출제 ★★★

정답 04 ④   05 ③   06 ①   07 ②

08 국소피로를 평가하기 위하여 근전도(EMG)검사를 실시하였다. 피로한 근육에서 측정된 현상을 설명한 것으로 맞는 것은?

① 총전압의 증가
② 평균 주파수 영역에서 힘(전압)의 증가
③ 저주파수(0~40Hz) 영역에서 힘(전압)의 감소
④ 고주파수(40~200Hz) 영역에서 힘(전압)의 증가

> ★ 국소피로의 평가
> ① 저주파수(0~40Hz)에서 힘의 증가
> ② 고주파수(40~200Hz)에서 힘의 감소
> ③ 평균주파수의 감소
> ④ 총 전압의 증가

📝 실기까지 중요 ★★

09 다음은 A전철역에서 측정한 오존의 농도이다. 기하평균농도는 약 몇 ppm인가?

(단위 : ppm)
4.42, 5.58, 1.26, 0.57, 5.82

① 2.07 ② 2.21
③ 2.53 ④ 2.74

> ★ 기하평균
> 1. $\log(GM) = \dfrac{\log X_1 + \log X_2 + \cdots + \log X_n}{N}$
> 2. $GM = \sqrt[N]{X_1 \cdot X_2 \cdots X_n}$
> • X_n : 측정치
> • N : 측정치 개수
>
> $GM = \sqrt[5]{4.42 \times 5.58 \times 1.26 \times 0.57 \times 5.82}$
> $= 2.53$

📝 실기에 자주 출제 ★★★

10 정상작업역에 대한 설명으로 맞는 것은?

① 두 다리를 뻗어 닿는 범위이다.
② 손목이 닿을 수 있는 범위이다.
③ 전박(前膊)과 손으로 조작할 수 있는 범위이다.
④ 상지(上肢)와 하지(下肢)를 곧게 뻗어 닿는 범위이다.

> ★ 정상 작업역
> ① 상완을 자연스럽게 늘어뜨린 채 전완만으로 뻗어 파악할 수 있는 구역(팔을 가볍게 몸체에 붙이고 팔꿈치를 구부린 상태에서 자유롭게 손이 닿는 영역)
> ② 움직이지 않고 전박(前膊)과 손으로 조작할 수 있는 범위

📝 실기까지 중요 ★★

11 산업재해 보상에 관한 설명으로 틀린 것은?

① 업무상의 재해란 업무상의 사유에 따른 근로자의 부상·질병·장해 또는 사망을 의미한다.
② 유족이란 사망한 자의 손자녀·조모모 또는 형제자매를 제외한 가족의 기본구성인 배우자·자녀·부모를 의미한다.
③ 장해란 부상 또는 질병이 치유되었으나 정신적 또는 육체적 훼손으로 인하여 노동능력이 상실되거나 감소된 상태를 의미한다.
④ 치유란 부상 또는 질병이 완치되거나 치료의 효과를 더 이상 기대할 수 없고 그 증상이 고정된 상태에 이르게 된 것을 의미한다.

> ② "유족"이란 사망한 자의 배우자(사실상 혼인 관계에 있는 자를 포함한다.)·자녀·부모·손자녀·조부모 또는 형제자매를 말한다.

정답 08 ① 09 ③ 10 ③ 11 ②

12 산업피로의 예방대책으로 틀린 것은?

① 작업과정에 따라 적절한 휴식을 삽입한다.
② 불필요한 동작을 피하여 에너지 소모를 적게 한다.
③ 충분한 수면은 피로회복에 대한 최적의 대책이다.
④ 작업시간 중 또는 작업 전·후의 휴식시간을 이용하여 축구, 농구 등의 운동시간을 삽입한다.

> ④ 작업시간 전·후에 간단한 체조를 하는 것이 피로 예방에 도움이 된다.

📖 필기에 자주 출제 ★

13 신체적 결함과 그 원인이 되는 작업이 가장 적합하게 연결된 것은?

① 평발 - VDT 작업
② 진폐증 - 고압, 저압작업
③ 중추신경 장해 - 광산작업
④ 경견완증후근 - 타이핑작업

> ★ 직업성 경견완증후군의 원인이 되는 작업
> ① 키펀치 작업(컴퓨터 사무작업)
> ② 전화교환 작업
> ③ 금전등록기의 계산 작업

14 작업자의 최대 작업영역(maximum working area)이란 무엇인가?

① 하지(下肢)를 뻗어서 닿는 작업영역
② 상지(上肢)를 뻗어서 닿는 작업영역
③ 전박(前膊)을 뻗어서 닿는 작업영역
④ 후박(後膊)을 뻗어서 닿는 작업영역

> ★ 최대 작업역
> ① 전완과 상완을 곧게 펴서 파악할 수 있는 구역 (양팔을 곧게 폈을 때 도달할 수 있는 최대영역)
> ② 움직이지 않고 상지(上肢)를 뻗쳐서 닿는 범위

📖 실기까지 중요 ★★

15 산업안전보건법령에 따라 작업환경 측정방법에 있어 동일 작업근로자수가 100명을 초과하는 경우 최대 시료채취 근로자수는 몇 명으로 조정할 수 있는가?

① 10명
② 15명
③ 20명
④ 50명

> ★ 시료채취 근로자수
> 단위작업 장소에서 최고 노출근로자 2명 이상에 대하여 동시에 개인 시료채취 방법으로 측정하되, 단위작업 장소에 근로자가 1명인 경우에는 그러하지 아니하며, 동일 작업근로자수가 10명을 초과하는 경우에는 매 5명당 1명 이상 추가하여 측정하여야 한다. 다만, 동일 작업근로자수가 100명을 초과하는 경우에는 최대 시료채취 근로자수를 20명으로 조정할 수 있다.

📖 실기에 자주 출제 ★★★

정답 12 ④ 13 ④ 14 ② 15 ③

16 미국산업위생학회 등에서 산업위생전문가들이 지켜야 할 윤리강령을 채택한 바 있는데, 전문가로서의 책임에 해당하는 것은?

① 일반 대중에 관한 사항은 정직하게 발표한다.
② 성실성과 학문적 실력 측면에서 최고 수준을 유지한다.
③ 위험요소와 예방 조치에 관하여 근로자와 상담한다.
④ 신뢰를 존중하여 정직하게 권고하고, 결과와 개선점을 정확히 보고한다.

> ① 일반 대중에 관한 사항은 정직하게 발표한다.
> → 일반 대중에 대한 책임
> ③ 위험요소와 예방 조치에 관하여 근로자와 상담한다. → 근로자에 대한 책임
> ④ 신뢰를 존중하여 정직하게 권고하고, 결과와 개선점을 정확히 보고한다. → 기업주와 고객에 대한 책임

*참고
산업위생전문가로서의 책임
① 성실성과 학문적 실력 면에서 최고 수준을 유지한다.
② 과학적 방법의 적용과 자료의 해석에서 객관성을 유지한다.
③ 전문 분야로서의 산업위생을 학문적으로 발전시킨다.
④ 근로자, 사회 및 전문 직종의 이익을 위해 과학적 지식을 공개하고 발표한다.
⑤ 기업체의 기밀은 누설하지 않는다.
⑥ 전문적 판단이 타협에 의하여 좌우될 수 있거나 이해관계가 있는 상황에는 개입하지 않는다.

[암기법]
전문가는 / 실력최고 / 객관적 자료해석 / 학문 발전 위해 / 지식공개발표 / 기밀 누설말고 / 개입하지 않는다.

실기에 자주 출제 ★★★

17 사업주가 관계 근로자 외에는 출입을 금지시키고 그 뜻을 보기 쉬운 장소에 게시하여야 하는 작업장소가 아닌 것은?

① 산소농도가 18% 미만인 장소
② 탄산가스의 농도가 1.5%를 초과하는 장소
③ 일산화탄소의 농도가 30ppm을 초과하는 장소
④ 황화수소 농도가 100만분의 1을 초과하는 장소

*작업장의 적정공기 수준
① 산소농도의 범위가 18% 이상 23.5% 미만
② 탄산가스의 농도가 1.5% 미만
③ 일산화탄소의 농도가 30ppm 미만
④ 황화수소의 농도가 10ppm 미만

실기까지 중요 ★★

18 여러 기관이나 단체 중에서 산업위생과 관계가 가장 먼 기관은?

① EPA ② ACGIH
③ BOHS ④ KOSHA

• ACGIH : (American Conference of Governmental Industrial Hygienists) : 미국정부산업위생전문가협의회
• BOHS(British Occupational Hygiene Society) : 영국산업위생학회
• KOSHA(Korea Occupational Safety & Health Agency) : 한국산업안전보건공단

정답 16 ② 17 ④ 18 ①

19 직업병의 진단 또는 판정 시 유해요인 노출 내용과 정도에 대한 평가가 반드시 이루어져야 한다. 이와 관련한 사항과 가장 거리가 먼 것은?

① 작업환경측정　② 과거 직업력
③ 생물학적 모니터링　④ 노출의 추정

> ＊직업병을 판단할 때 참고자료
> ① 업무내용과 종사시간(노출의 추정)
> ② 발병 이전의 신체이상과 과거력(과거 질병의 유무)
> ③ 작업환경 측정 자료와 취급물질의 유해성 자료
> ④ 생물학적 모니터링
> ⑤ 중독 등 해당 직업병의 특유한 증상과 임상소견의 유무

실기까지 중요 ★★

20 요통이 발생되는 원인 중 작업동작에 의한 것이 아닌 것은?

① 작업 자세의 불량
② 일정한 자세의 지속
③ 정적인 작업으로 전환
④ 체력의 과신에 따른 무리

> ③ 중량물 인양 및 옮기는 자세, 허리를 비틀거나 구부리는 자세 등의 동적인 작업이 요통의 원인이 된다.

제2과목 작업위생측정 및 평가

21 태양광선이 내리 쬐는 옥외작업장에서 온도가 다음과 같을 때, 습구흑구 온도지수는 약 몇 ℃인가? (단, 고용노동부 고시를 기준으로 한다.)

> ‒ 건구온도 : 30℃
> ‒ 흑구온도 : 32℃
> ‒ 자연습구온도 : 28℃

① 27　　② 28
③ 29　　④ 31

> 1. 옥외(태양광선이 내리쬐는 장소)
>   WBGT(℃) = 0.7×자연습구온도 + 0.2×흑구온도 + 0.1×건구온도
> 2. 옥내 또는 옥외(태양광선이 내리쬐지 않는 장소)
>   WBGT(℃) = 0.7×자연습구온도 + 0.3×흑구온도
>
> WBGT(℃) = 0.7×자연습구온도 + 0.2×흑구온도 + 0.1×건구온도
> = 0.7×28 + 0.2×32 + 0.1×30
> = 29(℃)

실기에 자주 출제 ★★★

22 다음 1차 표준 기구 중 일반적인 사용범위가 10~500mL/분이고, 정확도가 ±0.05~0.25%로 높아 실험실에서 주로 사용하는 것은?

① 폐활량계　② 가스치환병
③ 건식가스미터　④ 습식테스트 미터

> ＊가스치환병
> 사용범위가 10~500mL/분이고, 정확도가 ±0.05~0.25%로 높아 실험실에서 주로 사용한다.

23 다음 중 고열장해와 가장 거리가 먼 것은?

① 열사병 ② 열경련
③ 열호족 ④ 열발진

> **★ 고열장해**
> ① 열사병 : 태양의 복사열에 직접 노출시 뇌의 온도 상승으로 체온조절 중추기능장해(중추신경 마비)를 일으켜서 체내에 열이 축적되어 발생한다.
> ② 열경련 : 고온 환경에서 심한 육체적인 노동을 할 때 혈중 염분농도 저하가 원인이 되어 발생한다.
> ③ 열발진 : 가장 흔히 발생하는 피부장해로서 땀띠(plickly heat)라고도 한다.

📓 필기에 자주 출제 ★

24 수은의 노출기준이 0.05mg/m³이고 증기압이 0.0018mmHg인 경우, VHR(Vapor Hazard Ratio)는 약 얼마인가? (단, 25℃, 1기압 기준이며, 수은 원자량은 200.59이다.)

① 306 ② 321
③ 354 ④ 389

> $VHR = \dfrac{C}{TLV}$
> • C : 발생농도
> • TLV : 노출기준
>
> $VHR = \dfrac{0.0018\text{mmHg} \times \dfrac{1}{760\text{mmHg}}}{\dfrac{0.05\text{mg}}{\text{m}^3} \times \dfrac{24.45 \times 10^{-3}\text{m}^3}{200.59 \times 10^3 \text{mg}}} = 388.61$
>
> • 25℃, 1기압 기준 기체 1몰의 부피 : 24.45L
> • 24.45L = 24.45 × 10⁻³m³
> • g = 10³mg, 수은 원자량 200.59g

📓 실기까지 중요 ★★

25 다음 중 6가 크롬 시료 채취에 가장 적합한 것은?

① 밀리포어 여과지
② 증류수를 넣은 버블러
③ 휴대용 IR
④ PVC막 여과지

> **★ PVC 막 여과지**
> 유리규산을 채취하여 X-선 회절법으로 분석하는 데 적절하고 6가 크롬, 아연산화물의 채취에 이용한다.

📓 실기까지 중요 ★★

26 공정에서 음압수준이 75dB인 소음이 발생되는 장비 1대와 81dB인 소음이 발생되는 장비 1대가 각각 설치되어 있을 때, 이 장비들이 동시에 가동되는 경우 발생되는 소음의 음압수준은 약 몇 dB인가?

① 82 ② 84
③ 86 ④ 88

> **★ 합성소음도**
> $L = 10 \times \log(10^{\frac{L_1}{10}} + 10^{\frac{L_2}{10}} + \cdots + 10^{\frac{L_n}{10}})(\text{dB})$
> • L : 합성소음도(dB)
> • $L_1 \sim L_n$: 각각 소음원의 소음(dB)
>
> 음압레벨의 합(합성 소음도)
> $= 10 \times \log\left(10^{\frac{75}{10}} + 10^{\frac{81}{10}}\right) = 81.97(\text{dB})$

📓 실기에 자주 출제 ★★★

정답 23 ③ 24 ④ 25 ④ 26 ①

27 제관 공장에서 오염물질 A를 측정한 결과가 다음과 같다면, 노출농도에 대한 설명으로 옳은 것은?

- 오염물질 A의 측정값 : 5.9mg/m³
- 오염물질 A의 노출기준 : 5.0mg/m³
- SAE(시료채취 분석오차) : 0.12

① 허용농도를 초과한다.
② 허용농도를 초과할 가능성이 있다.
③ 허용농도를 초과하지 않는다.
④ 허용농도를 평가할 수 없다.

1. Y(표준화 값) = $\dfrac{TWA \text{ 또는 } STEL}{\text{허용기준}}$
2. 95%의 신뢰도를 가진 하한치를 계산
   하한치 = Y − 시료채취 분석오차
3. 허용기준 초과여부 판정
   하한치 > 1일 때 허용기준을 초과

1. Y(표준화 값) = $\dfrac{5.9}{5.0}$ = 1.18
2. 하한치 = 1.18 − 0.12 = 1.06
3. 하한치 > 1이므로 허용기준을 초과함

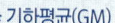 실기까지 중요 ★★

28 근로자에게 노출되는 호흡성 먼지를 측정한 결과 다음과 같았다. 이 때 기하평균농도는? (단, 단위는 mg/m³)

2.4, 1.9, 4.5, 3.5, 5.0

① 3.04　　② 3.24
③ 3.54　　④ 3.74

★ 기하평균(GM)

1. $\log(GM) = \dfrac{\log X_1 + \log X_2 + \cdots + \log X_n}{N}$
2. $G.M = \sqrt[N]{X_1 \cdot X_2 \cdots X_n}$
   - X_n : 측정치
   - N : 측정치 개수

$G.M = \sqrt[5]{2.4 \times 1.9 \times 4.5 \times 3.5 \times 5.0}$ = 3.24

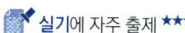 실기에 자주 출제 ★★★

29 어떤 작업장에서 액체혼합물이 A가 30%, B가 50%, C가 20%인 중량비로 구성되어 있다면, 이 작업장의 혼합물의 허용 농도는 몇 mg/m³인가? (단, 각 물질의 TLV는 A의 경우 1,600mg/m³, B의 경우 720mg/m³, C의 경우 670mg/m³이다.)

① 101　　② 257
③ 847　　④ 1151

★ 액체 혼합물의 구성성분(%)을 알 때 혼합물의 허용농도(노출기준)

혼합물의 노출기준(mg/m³)
= $\dfrac{1}{\dfrac{f_a}{TLV_a} + \dfrac{f_b}{TLV_b} + \cdots + \dfrac{f_n}{TLV_n}}$

- f_a, f_b, f_n : 액체 혼합물에서의 각 성분 무게(중량) 구성비(%)
- TLV_a, TLV_b, TLV_n : 해당 물질의 노출기준(mg/m³)

mg/m³ = $\dfrac{1}{\dfrac{0.3}{1600} + \dfrac{0.5}{720} + \dfrac{0.2}{670}}$ = 847(mg/m³)

실기까지 중요 ★★

정답 27 ①　28 ②　29 ③

30 작업장에서 5,000ppm의 사염화에틸렌이 공기 중에 함유되었다면 이 작업장 공기의 비중은 얼마인가? (단, 표준기압, 온도이며 공기의 분자량은 29이고, 사염화에틸렌의 분자량은 166이다.)

① 1.024
② 1.032
③ 1.047
④ 1.054

> 1. 작업환경 중의 사염화에틸렌이 5,000ppm = 0.5%이므로 공기는 99.5%가 된다.
> 2. 공기의 분자량은 29이고, 사염화에틸렌의 분자량은 166이므로
>   혼합공기 비중
> $= (0.005 \times \frac{166}{29}) + (0.995 \times \frac{29}{29}) = 1.024$

★ 참고
유효비중의 계산
사염화탄소 10,000ppm, 사염화탄소의 증기비중 5.7인 경우
- 사염화탄소 10,000ppm은 1.0%이므로 공기는 99%, 공기비중은 1
- 유효비중 = $0.01 \times 5.7 + 0.99 \times 1 = 1.047$

31 일산화탄소 $0.1m^3$가 밀폐된 차고에 방출되었다면, 이때 차고 내 공기 중 일산화탄소의 농도는 몇 ppm인가? (단, 방출 전 차고 내 일산화탄소 농도는 0ppm이며, 밀폐된 차고의 체적은 $100,000m^3$이다.)

① 0.1
② 1
③ 10
④ 100

> CO의 농도 = $\frac{0.1m^3}{100,000m^3} \times 10^6 = 1(ppm)$
> * ppm = 10^{-6}

32 입자상 물질을 입자의 크기별로 측정하고자 할 때 사용할 수 있는 것은?

① 가스크로마토크래피
② 사이클론
③ 원자발광분석기
④ 직경분립충돌기

★ 직경분립충돌기
입자상 물질을 입자의 크기별로 측정한다.

★ 참고
직경분립충돌기
① 호흡기에 부분별로 침착된 입자크기의 자료를 추정할 수 있다.
② 흡입성, 흉곽성, 호흡성 입자의 크기별 분포와 농도를 계산할 수 있다.
③ 입자의 질량크기 분포를 얻을 수 있다.

📖 필기에 자주 출제 ★

33 어느 작업장에 있는 기계의 소음 측정 결과가 다음과 같을 때, 이 작업장의 음압레벨 합산은 약 몇 dB인가?

- A기계 : 92dB
- B기계 : 90dB
- C기계 : 88dB

① 92.3
② 93.7
③ 95.1
④ 98.2

★ 합성소음도

> $L = 10 \times \log(10^{\frac{L_1}{10}} + 10^{\frac{L_2}{10}} + \cdots + 10^{\frac{L_n}{10}})(dB)$
> - L : 합성소음도(dB)
> - $L_1 \sim L_2$: 각각 소음원의 소음(dB)

음압레벨의 합(합성 소음도)
$= 10 \times \log(10^{\frac{92}{10}} + 10^{\frac{90}{10}} + 10^{\frac{88}{10}}) = 95.07(dB)$

📖 실기에 자주 출제 ★★★

정답 30 ① 31 ② 32 ④ 33 ③

34 작업장 소음수준을 누적소음노출량 측정기로 측정할 경우 기기 설정으로 옳은 것은? (단, 고용노동부 고시를 기준으로 한다.)

① Threshold = 80dB, Criteria = 90dB, Exchange Rate = 5dB
② Threshold = 80dB, Criteria = 90dB, Exchange Rate = 10dB
③ Threshold = 90dB, Criteria = 90dB, Exchange Rate = 10dB
④ Threshold = 90dB, Criteria = 90dB, Exchange Rate = 5dB

> 누적소음노출량 측정기로 소음을 측정하는 경우에는 Criteria는 90dB, Exchange Rate는 5dB, Threshold는 80dB로 기기를 설정할 것

실기까지 중요 ★★

35 로타미터에 관한 설명으로 옳지 않은 것은?

① 유량을 측정하는 데 가장 흔히 사용되는 기기이다.
② 바닥으로 갈수록 점점 가늘어지는 수직관과 그 안에서 자유롭게 상하로 움직이는 부자로 이루어져 있다.
③ 관은 유리나 투명 플라스틱으로 되어 있으며 눈금이 새겨져 있다.
④ 최대 유량과 최소 유량의 비율이 100 : 1 범위이고 ±0.5% 이내의 정확성을 나타낸다.

> 로타미터는 최대유량과 최소유량의 비율이 10 : 1의 범위이고 대부분 ±1~25% 이내의 정확성을 나타낸다.

36 어느 작업장에서 샘플러를 사용하여 분진농도를 측정한 결과 샘플링 전, 후의 필터의 무게가 각각 32.4mg, 44.7mg이었을 때, 이 작업장의 분진 농도는 몇 mg/m³인가? (단, 샘플링에 사용된 펌프의 유량은 20L/min이고, 2시간 동안 시료를 채취하였다.)

① 1.6　　② 5.1
③ 6.2　　④ 12.3

> $$\frac{mg}{m^3} = \frac{(44.7-32.4)mg}{\frac{20\times10^{-3}m^3}{min}\times(2\times60)min}$$
> $$= 5.13(mg/m^3)$$
> $(L = 10^{-3}m^3)$

실기까지 중요 ★★

37 온도 표시에 대한 설명으로 틀린 것은? (단, 고용노동부 고시를 기준으로 한다.)

① 절대온도는 °K로 표시하고 절대온도 0°K는 -273℃로 한다.
② 실온은 1~35℃, 미온은 30~40℃로 한다.
③ 온도의 표시는 셀시우스(Celcius)법에 따라 아라비아 숫자의 오른쪽에 ℃를 붙인다.
④ 냉수는 5℃ 이하, 온수는 60~70℃를 말한다.

> ★온도 표시
> ① 온도의 표시는 셀시우스(Celcius) 법에 따라 아라비아 숫자의 오른쪽에 ℃를 붙인다. 절대온도는 °K로 표시하고 절대온도 0°K는 -273℃로 한다.
> ② 상온은 15~25℃, 실온은 1~35℃, 미온은 30~40℃로 하고, 찬 곳은 따로 규정이 없는 한 0~15℃의 곳을 말한다.
> ③ 냉수(冷水)는 15℃ 이하, 온수(溫水)는 60~70℃, 열수(熱水)는 약 100℃를 말한다.

실기까지 중요 ★★

정답　34 ①　35 ④　36 ②　37 ④

38 다음은 가스상 물질의 측정횟수에 관한 내용이다. ( )안에 들어갈 내용으로 옳은 것은?

> 가스상 물질을 검지관 방식으로 측정하는 경우에는 1일 작업시간 동안 1시간 간격으로 ( ) 이상 측정하되 매 측정시간마다 2회 이상 반복 측정하여 평균값을 산출하여야 한다.

① 2회   ② 4회
③ 6회   ④ 8회

> 가스상 물질을 검지관방식으로 측정하는 경우에는 1일 작업시간 동안 1시간 간격으로 6회 이상 측정하되 측정시간마다 2회 이상 반복 측정하여 평균값을 산출하여야 한다. 다만, 가스상 물질의 발생시간이 6시간 이내일 때에는 작업시간 동안 1시간 간격으로 나누어 측정하여야 한다.

실기까지 중요 ★★

39 측정값이 1, 7, 5, 3, 9일 때, 변이 계수는 약 몇 %인가?

① 13   ② 63
③ 133   ④ 183

> 1. 변이계수
> $$CV(\%) = \frac{표준편차}{산술평균} \times 100$$
> 2. 산술평균
> $$M = \frac{X_1 + X_2 + X_3 + \cdots + X_n}{N}$$
> - M : 산술평균
> - X_n : 측정치
> - X_n : 측정치 개수

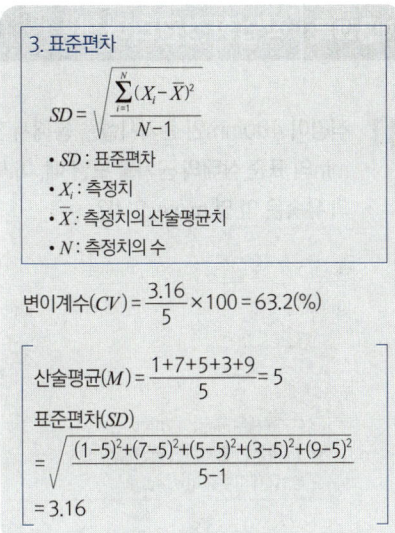

3. 표준편차
$$SD = \sqrt{\frac{\sum_{i=1}^{N}(X_i - \bar{X})^2}{N-1}}$$
- SD : 표준편차
- X_i : 측정치
- $\bar{X}$: 측정치의 산술평균치
- N : 측정치의 수

변이계수$(CV) = \frac{3.16}{5} \times 100 = 63.2(\%)$

산술평균$(M) = \frac{1+7+5+3+9}{5} = 5$

표준편차(SD)
$= \sqrt{\frac{(1-5)^2+(7-5)^2+(5-5)^2+(3-5)^2+(9-5)^2}{5-1}}$
$= 3.16$

실기까지 중요 ★★

40 허용기준 대상 유해인자의 노출농도 측정 및 분석방법에 관한 내용으로 틀린 것은? (단, 고용노동부 고시를 기준으로 한다.)

① 바탕시험을 하여 보정한다 : 시료에 대한 처리 및 측정을 할 때, 시료를 사용하지 않고 같은 방법으로 조작한 측정치를 빼는 것을 말한다.
② 감압 또는 진공 : 따로 규정이 없는 한 760mmHg 이하를 뜻한다.
③ 검출한계 : 분석기기가 검출할 수 있는 가장 작은 양을 말한다.
④ 정량한계 : 분석기기가 정량할 수 있는 가장 작은 양을 말한다.

> ② "감압 또는 진공"이란 따로 규정이 없는 한 15 mmHg 이하를 뜻한다.

필기에 자주 출제 ★

정답   38 ③   39 ②   40 ②

제3과목 | 작업환경관리대책

41 직경이 400mm인 환기시설을 통해서 50m³/min의 표준 상태의 공기를 보낼 때, 이 덕트 내의 유속은 약 몇 m/sec인가?

① 3.3　　② 4.4
③ 6.6　　④ 8.8

$$Q = A \times V$$
- Q : 유체의 유량(m³/min)
- A : 유체가 통과하는 단면적(m²)
- V : 유체의 유속(m/sec)

$$V = \frac{Q}{A} = \frac{0.8333}{0.1257} = 6.63 (m/sec)$$

$$A = \frac{\pi \times d^2}{4} = \frac{\pi \times 0.4^2}{4} = 0.1257 m^2$$

$$\frac{50 m^3}{min} = \frac{50 m^3}{60 sec} = 0.8333 (m^3/sec)$$

📓 실기까지 중요 ★★

42 개구면적이 0.6m²인 외부식 사각형 후드가 자유공간에 설치되어 있다. 개구면과 유해물질 사이의 거리는 0.5m이고 제어속도가 0.80m/s일 때, 필요한 송풍량은 약 몇 m³/min인가? (단, 플랜지를 부착하지 않은 상태이다.)

① 126　　② 149
③ 164　　④ 182

★ 외부식 후드(자유공간 위치한 원형 및 장방형 후드, 플랜지 미부착)

$$Q = 60 \cdot Vc(10X^2 + A) \; : \; \text{Dallavalle식}$$
- Q : 필요송풍량(m³/min)
- Vc : 제어속도(m/sec)
- A : 개구면적(m²)
- X : 후드중심선으로부터 발생원까지의 거리(m)
  (오염원과 후드 간 거리가 덕트 직경의 1.5배 이내일 때만 유효)

$$Q = 60 \times 0.8 \times (10 \times 0.5^2 + 0.6)$$
$$= 148.80 (m^3/min)$$

📓 실기에 자주 출제 ★★★

43 테이블에 붙여서 설치한 사각형 후드의 필요환기량(m³/min)을 구하는 식으로 적절한 것은? (단, 플랜지는 부착되지 않았고, A(m²)는 개구면적, X(m)는 개구부와 오염원 사이의 거리, V(m/sec)는 제어속도이다.)

① $Q = V \times (5X^2 + A)$
② $Q = V \times (7X^2 + A)$
③ $Q = 60 \times V \times (5X^2 + A)$
④ $Q = 60 \times V \times (7X^2 + A)$

★ 외부식 후드(작업대 위의 바닥면에 접하며, 플랜지가 미부착된 후드)

$$Q = 60 \cdot Vc(5X^2 + A)$$
- A : 개구면적(m²)
- X : 개구부와 오염원 사이의 거리(m)
- V : 제어속도(m/sec)

📓 실기에 자주 출제 ★★★

정답　41 ③　42 ②　43 ③

44 다음 중 강제환기의 설계에 관한 내용과 가장 거리가 먼 것은?

① 공기가 배출되면서 오염장소를 통과하도록 공기배출구와 유입구의 위치를 선정한다.
② 공기배출구와 근로자의 작업위치 사이에 오염원이 위치하지 않도록 주의하여야 한다.
③ 오염물질 배출구는 가능한 한 오염원으로부터 가까운 곳에 설치하여 '점 환기'의 효과를 얻는다.
④ 오염원 주위에 다른 작업 공정이 있으면 공기 배출량을 공급량보다 약간 크게 하여 음압을 형성하여 주위 근로자에게 오염물질이 확산되지 않도록 한다.

> ② 공기배출구와 근로자 작업위치 사이에 오염원이 위치하여야 한다.

📝 필기에 자주 출제 ★

45 다음 중 작업환경 개선의 기본원칙인 대체의 방법과 가장 거리가 먼 것은?

① 시간의 변경 ② 시설의 변경
③ 공정의 변경 ④ 물질의 변경

> ★ 작업환경 개선의 기본원칙 중 "대체"
> ① 공정의 변경
> ② 유해물질 변경
> ③ 시설의 변경

📝 필기에 자주 출제 ★

46 다음 중 대체 방법으로 유해작업환경을 개선한 경우와 가장 거리가 먼 것은?

① 유연 휘발유를 무연 휘발유로 대체한다.
② 블라스팅 재료로서 모래를 철구슬로 대체한다.
③ 야광시계의 자판을 인에서 라듐으로 대체한다.
④ 보온재료의 석면을 유리섬유나 암면으로 대체한다.

> ③ 야광시계의 자판을 라듐 대신 인으로 대체한다.

📝 필기에 자주 출제 ★

47 조용한 대기 중에 실제로 거의 속도가 없는 상태로 가스, 증기, 흄이 발생할 때, 국소환기에 필요한 제어속도범위로 가장 적절한 것은?

① 0.25~0.5m/sec ② 0.1~0.25m/sec
③ 0.05~0.1m/sec ④ 0.01~0.05m/sec

★ 제어속도

작업조건	제어속도 (m/sec)
• 움직이지 않은 공기 중에서 속도없이 배출되는 작업조건 • 조용한 대기 중에 실제 거의 속도가 없는 상태로 발산하는 경우의 작업조건	0.25~0.5
• 비교적 조용한(약간의 공기 움직임) 대기 중에서 저속으로 비산하는 작업조건	0.5~1.0
• 발생기류가 높고(빠른기동) 유해물질이 활발히 발생하는 작업조건	1.0~2.5
• 초고속기류(대단히 빠른 기동)가 있는 작업장소에 초고속으로 비산하는 경우	2.5~10

📝 실기까지 중요 ★★

정답 44 ② 45 ① 46 ③ 47 ①

48 직경이 2이고 비중이 3.5인 산화철 흄의 침강속도는?

① 0.023cm/s ② 0.036cm/s
③ 0.042cm/s ④ 0.054cm/s

> ★ Lippman식에 의한 침강속도
> (입자크기가 1~50μm 경우 적용)
>
> $$V(cm/sec) = 0.003 \times \rho \times d^2$$
>
> - V : 침강속도(cm/sec)
> - ρ : 입자 밀도(비중)(g/cm³)
> - d : 입자직경(μm)
>
> $V = 0.003 \times 3.5 \times 2^2 = 0.042(cm/sec)$

 실기에 자주 출제 ★★★

49 다음 중 덕트의 설치 원칙과 가장 거리가 먼 것은?

① 가능한 한 후드와 먼 곳에 설치한다.
② 덕트는 가능한 한 짧게 배치하도록 한다.
③ 밴드의 수는 가능한 한 적게 하도록 한다.
④ 공기가 아래로 흐르도록 하향구배를 만든다.

> ★ 덕트 설치의 주요원칙
> ① 밴드 수는 가능한 적게 한다.
> ② 구부러짐 전·후에는 청소구를 만든다.
> ③ 덕트는 가급적 짧게 배치한다.
> ④ 공기 흐름은 하향구배를 원칙으로 한다.
> ⑤ 가급적 원형 덕트를 사용, 사각 덕트 사용 시에는 정방형을 사용한다.

필기에 자주 출제 ★

50 송풍기의 송풍량이 4.17m³/sec이고 송풍기 전압이 300mmH$_2$O인 경우 소요 동력은 약 몇 kW인가? (단, 송풍기 효율은 0.85이다.)

① 5.8 ② 14.4
③ 18.2 ④ 20.6

> ★ 송풍기의 소요동력
>
> $$HP(kW) = \frac{Q \times P}{6120 \times \eta} \times K$$
>
> - Q : 송풍량(m³/min)
> - P : 유효전압(풍압)(mmH$_2$O)
> - η : 송풍기효율
> - K : 안전여유
>
> $HP(kW) = \frac{(4.17 \times 60) \times 300}{6120 \times 0.85} = 14.43(kW)$
>
> $(\frac{4.17m^3}{sec} = \frac{4.17m^3}{\frac{1}{60}min} = 4.17 \times 60 m^3/min)$

실기에 자주 출제 ★★★

51 다음 중 전기집진장치의 특징으로 옳지 않은 것은?

① 가연성 입자의 처리가 용이하다.
② 넓은 범위의 입경과 분진농도에 집진효율이 높다.
③ 압력손실이 낮아 송풍기의 가동비용이 저렴하다.
④ 고온 가스를 처리할 수 있어 보일러와 철강로 등에 설치할 수 있다.

> ① 고온의 입자상물질, 폭발성가스 처리는 가능하나, 가연성 입자의 처리는 곤란하다.

필기에 자주 출제 ★

정답 48 ③ 49 ① 50 ② 51 ①

52 다음 중 밀어당김형 후드(push-pull hood)가 가장 효과적인 경우는?

① 오염원의 발산량이 많은 경우
② 오염원의 발산농도가 낮은 경우
③ 오염원의 발산농도가 높은 경우
④ 오염원 발산면의 폭이 넓은 경우

> ★ 밀어당김형 후드(push-pull hood)
> 오염물질 발생 면적이 넓어 한쪽 방향에 후드를 설치하는 것으로 충분한 흡인력이 발생되지 않는 경우 사용한다.
>
> 📖 실기까지 중요 ★★

53 다음 중 국소배기장치에서 공기공급 시스템이 필요한 이유와 가장 거리가 먼 것은?

① 에너지 절감
② 안전사고 예방
③ 작업장의 교차기류 유지
④ 국소배기장치의 효율 유지

> ★ 공기공급시스템의 목적
> ① 국소배기장치를 적절하게 가동시키기 위하여
> ② 국소배기장치의 효율 유지를 위하여
> ③ 작업장 내의 안전사고 예방을 위하여
> ④ 연료를 절약하기 위하여(에너지 절약)
> ⑤ 작업장 내의 방해기류(교차기류) 생성 방지를 위하여
> ⑥ 외부공기가 정화되지 않은 채로 건물 내로 유입되는 것을 막기 위하여
>
> 📖 필기에 자주 출제 ★

54 화재 및 폭발방지 목적으로 전체 환기시설을 설치할 때, 필요 환기량 계산에 필요 없는 것은?

① 안전 계수
② 유해물질의 분자량
③ TLV(Threshold Limit Value)
④ LEL(Lover Explosive Limit)

> ★ 폭발방지를 위한 환기량
>
> $$Q = \frac{24.1 \times kg/h \times C \times 10^6}{MW \times LEL \times B} (m^3/hr)$$
> $$\div 60 = (m^3/min)$$
>
> • C : 안전계수(LEL의 25%로 유지할 경우 $C=4$)
> • MW : 물질의 분자량
> • LEL : 폭발농도 하한치(%)
> • B : 온도에 따른 보정상수
>   (120℃ 미만 $B=1.0$, 120℃ 이상 $B=0.7$)
> • kg/hr : 시간당 오염물질 발생량(l/hr×S(비중))
>
> 📖 실기까지 중요 ★★

55 다음 호흡용 보호구 중 안면밀착형인 것은?

① 두건형　　② 반면형
③ 의복형　　④ 헬멧형

> ★ 안면밀착
> ① 전면형 : 안면부 전체(입, 코, 눈)를 덮을 수 있는 구조
> ② 반면형 : 안면부의 입과 코를 덮을 수 있는 구조

정답　52 ④　53 ③　54 ③　55 ②

56 분리식 특급 방진 마스크의 여과재 포집 효율은 몇 % 이상인가?

① 80.0 ② 94.0
③ 99.0 ④ 99.95

★ 방진마스크의 여과재 분진 등 포집효율

형태 및 등급		염화나트륨(NaCl) 및 파라핀 오일(Paraffin oil) 시험(%)
분리식	특급	99.95 이상
	1급	94.0 이상
	2급	80.0 이상
안면부 여과식	특급	99.0 이상
	1급	94.0 이상
	2급	80.0 이상

57 다음 중 유해물질별 송풍관의 적정 반송속도로 옳지 않은 것은?

① 가스상 물질 - 10m/sec
② 무거운 물질 - 25m/sec
③ 일반 공업 물질 - 20m/sec
④ 가벼운 건조 물질 - 30m/sec

★ 반송속도

유해물질	반송속도 (m/sec)
가스, 증기, 흄 및 극히 가벼운 물질	10
가벼운 건조먼지	15
일반 공업 분진	20
무거운 분진	25
무겁고 비교적 큰 입자의 젖은 먼지	25 이상

📘 실기까지 중요 ★★

58 후드의 정압이 12.00mmH₂O이고 덕트의 속도압이 0.80mmH₂O일 때, 유입계수는 얼마인가?

① 0.129 ② 0.194
③ 0.258 ④ 0.387

후드정압$(SP_h) = VP(1 + F_h)$ (mmH₂O)

- VP : 속도압(동압)(mmH₂O)
- F_h : 압력손실계수$(= \dfrac{1}{Ce^2} - 1)$
- Ce : 유입계수

1. $SP_h = VP(1 + F_h)$

   $(1 + F_h) = \dfrac{SP_h}{VP}$

   $F_h = \dfrac{SP_h}{VP} - 1 = \dfrac{12}{0.8} - 1 = 14$

2. $F_h = \dfrac{1}{Ce^2} - 1$

   $F_h + 1 = \dfrac{1}{Ce^2}$

   $Ce^2 = \dfrac{1}{F_h + 1}$

   $Ce = \sqrt{\dfrac{1}{F_h + 1}} = \sqrt{\dfrac{1}{14 + 1}} = 0.258$

📘 실기에 자주 출제 ★★★

정답 56 ④ 57 ④ 58 ③

59 21℃의 기체를 취급하는 어떤 송풍기의 송풍량이 20m³/min일 때, 이 송풍기가 동일한 조건에서 50℃의 기체를 취급한다면 송풍량은 몇 m³/min인가?

① 10
② 15
③ 20
④ 25

> 동일한 조건에서 운전하므로 송풍기의 풍량은 변하지 않는다.

> *참고
> $$Q_2 = Q_1 \left(\frac{D_2}{D_1}\right)^3 \left(\frac{N_2}{N_1}\right)$$
> • Q_1 : 회전 수 변경 전 풍량(m³/min)
> • Q_2 : 회전 수 변경 후 풍량(m³/min)
> • N_1 : 변경 전 회전수(rpm)
> • N_2 : 변경 후 회전수(rpm)
> • D_1 : 변경 전 직경(m)
> • D_2 : 변경 후 직경(m)

60 다음 중 방진마스크에 대한 설명으로 옳지 않은 것은?

① 포집효율이 높은 것이 좋다.
② 흡기저항 상승률이 높은 것이 좋다.
③ 비휘발성 입자에 대한 보호가 가능하다.
④ 여과효율이 우수하려면 필터에 사용되는 섬유의 직경이 작고 조밀하게 압축되어야 한다.

> ② 흡 · 배기저항 상승률이 낮은 것이 좋다.

📓 필기에 자주 출제 ★

제4과목 물리적 유해인자관리

61 작업장의 습도를 측정한 결과 절대습도는 4.57 mmHg, 포화습도는 18.25mmHg이었다. 이 작업장의 습도 상태에 대한 설명으로 맞는 것은?

① 적당하다.
② 너무 건조하다.
③ 습도가 높은 편이다.
④ 습도가 포화상태이다.

> 상대습도, 비교습도(%)
> $$= \frac{\text{현재 수증기압(절대습도)}}{\text{포화수증기압}} \times 100$$
> 1. 상대습도(%) = $\frac{4.57}{18.25} \times 100 = 25.04$(%)
> 2. 사람이 활동하기 가장 좋은 상대습도는 40~60(70)%로 너무 건조하다.

📓 필기에 자주 출제 ★

62 소음에 의한 인체의 장해 정도(소음성난청)에 영향을 미치는 요인이 아닌 것은?

① 소음의 크기
② 개인의 감수성
③ 소음 발생 장소
④ 소음의 주파수 구성

> ★ 소음성 난청(청력손실)에 영향을 미치는 요소
> ① 개인의 감수성 : 개인의 감수성에 따라 소음반응이 다양하다.
> ② 음의 강도 : 음압수준이 높을수록 유해하다.
> ③ 폭로시간(노출시간) : 계속적 노출이 간헐적 노출보다 더 유해하다.
> ④ 음의 물리적 특성
> • 고주파음이 저주파음보다 더 유해하다.
> • 충격음 및 연속음의 유해성이 더 크다.

📓 필기에 자주 출제 ★

정답 59 ③ 60 ② 61 ② 62 ③

63 소독작용, 비타민 D형성, 피부색소 침착 등 생물학적 작용이 강한 특성을 가진 자외선(Dorno 선)의 파장 범위는?

① 1,000Å ~ 2,800Å　② 2,800Å ~ 3,150Å
③ 3,150Å ~ 4,000Å　④ 4,000Å ~ 4,700Å

★ 자외선의 종류

근자외선 (UV-A)	① 파장 : 315(300) ~ 400nm ② 피부의 색소침착
도르노선 (UV-B)	① 파장 : 280(290) ~ 315(320)nm [2,800 ~ 3,150Å] ② 소독작용, 비타민 D형성 등 인체에 유익한 영향(건강선, 생명선) ③ 홍반 각막염, 피부암 유발
UV-C	① 파장 : 100 ~ 280nm ② 살균작용(살균효과가 있어 수술용 램프로 사용)

📝 실기까지 중요 ★★

64 이온화 방사선의 건강영향을 설명한 것으로 틀린 것은?

① α입자는 투과력이 작아 우리 피부를 직접 통과하지 못하기 때문에 피부를 통한 영향은 매우 작다.
② 방사선은 생체 내 구성원자나 분자에 결합되어 전자를 유리시켜 이온화하고 원자의 들뜸 현상을 일으킨다.
③ 반응성이 매우 큰 자유라디칼이 생성되어 단백질, 지질, 탄수화물, 그리고 DNA 등 생체 구성 성분을 손상시킨다.
④ 방사선에 의한 분자수준의 손상은 방사선 조사 후 1시간 이후에 나타나고, 24시간 이후 DNA 손상이 나타난다.

④ 방사선에 의한 분자수준의 손상은 방사선 조사 후 초단위로 짧은 시간에 일어난다.

65 음의 세기레벨이 80dB에서 85dB로 증가하면 음의 세기는 약 몇 배가 증가하겠는가?

① 1.5배　② 1.8배
③ 2.2배　④ 2.4배

$$SIL = 10 \times \log\left(\frac{I}{I_o}\right) \text{(dB)}$$

- SIL : 음의 세기레벨(dB)
- I : 대상음의 세기(w/m²)
- I_o : 최소가청음 세기(10^{-12}w/m²)

$$SIL = 10 \times \log\left(\frac{I}{I_o}\right) \text{(dB)}$$

$$\log\left(\frac{I}{I_o}\right) = \frac{SIL}{10}$$

$$\frac{I}{I_o} = 10^{\frac{SIL}{10}}$$

- 음의 세기레벨이 80dB일 때 음의 세기

$$\frac{I}{I_o} = 10^{\frac{SIL}{10}} = 10^{\frac{80}{10}} = 1 \times 10^8$$

$$I = 1 \times 10^8 \times I_o = 1 \times 10^8 \times 10^{-12}$$
$$= 1 \times 10^{-4} \text{(W/m}^2\text{)}$$

- 음의 세기레벨이 85dB일 때 음의 세기

$$\frac{I}{I_o} = 10^{\frac{SIL}{10}} = 10^{\frac{85}{10}} = 3.16 \times 10^8$$

$$I = 3.16 \times 10^8 \times I_o = 3.16 \times 10^8 \times 10^{-12}$$
$$= 3.16 \times 10^{-4}$$

- 음의 세기의 증가율 $= \dfrac{(3.16 \times 10^{-4}) - (1 \times 10^{-4})}{1 \times 10^{-4}}$
$= 2.16$(배)

정답　63 ②　64 ④　65 ③

66 전신진동 노출에 따른 건강 장해에 대한 설명으로 틀린 것은?

① 평형감각에 영향을 줌
② 산소 소비량과 폐환기량 증가
③ 작업수행 능력과 집중력 저하
④ 레이노드 증후군(Raynaud's phenomenon) 유발

> ④ 레이노드 증후군(Raynaud's phenomenon)
> → 국소진동에 의해 발생한다.

📝 필기에 자주 출제 ★

67 잔향시간(reververation time)에 관한 설명으로 맞는 것은?

① 잔향시간과 작업장의 공간부피만 알면 흡음량을 추정할 수 있다.
② 소음원에서 소음발생이 중지한 후 소음의 감소는 시간의 제곱에 반비례하여 감소한다.
③ 잔향시간은 소음이 닿는 면적을 계산하기 어려운 실외에서의 흡음량을 추정하기 위하여 주로 사용한다.
④ 소음원에서 발생하는 소음과 배경소음간의 차이가 40dB인 경우에는 60dB만큼 소음이 감소하지 않기 때문에 잔향시간을 측정할 수 없다.

> $T = K \dfrac{V}{A}$
> - T : 잔향시간(초)
> - K : 비례상수(0.16)
> - A : 실내의 총 흡음력(m²)
> - V : 실의 용적(m³)
>
> 잔향시간과 작업장의 공간부피만 알면 흡음량을 추정할 수 있다.

68 소음의 종류에 대한 설명으로 맞는 것은?

① 연속음은 소음의 간격이 1초 이상을 유지하면서 계속적으로 발생하는 소음을 의미한다.
② 충격소음은 소음이 1초 미만의 간격으로 발생하면서, 1회 최대 허용기준은 120dB(A)이다.
③ 충격소음은 최대 음압수준이 120dB(A) 이상인 소음이 1초 이상의 간격으로 발생하는 것을 의미한다.
④ 단속음은 1일 작업 중 노출되는 여러 가지 음압수준을 나타내며 소음의 반복음의 간격이 3초보다 큰 경우를 의미한다.

> ① 연속음(continuous noise) : 하루 종일 같은 크기의 소리가 발생되는 음으로, 1초 1회 이상의 음 발생을 말한다.
> ② 단속음(interrupted noise) : 1일 작업 중 노출되는 소음이 여러 가지 음압수준으로 나타나는 음을 말한다.
> ③ 충격소음 : 최대 음압수준이 120dB(A) 이상인 소음이 1초 이상의 간격으로 발생하는 것을 말한다.

📝 실기까지 중요 ★★

정답 66 ④ 67 ① 68 ③

69 진동에 대한 설명으로 틀린 것은?

① 전신진동에 대해 인체는 대략 0.01m/s²까지의 진동 가속도를 느낄 수 있다.
② 진동 시스템을 구성하는 3가지 요소는 질량(mass), 탄성(elasticity)과 댐핑(damping)이다.
③ 심한 진동에 노출될 경우 일부 노출군에서 뼈, 관절 및 신경, 근육, 혈관 등 연부조직에 병변이 나타난다.
④ 간헐적인 노출시간(주당 1일)에 대해 노출기준치를 초과하는 주파수-보정, 실효치, 성분 가속도에 대한 급성노출은 반드시 더 유해하다.

> ④ 간헐적인 노출시간(주당 1일)에 대해 노출 기준치를 초과하는 주파수-보정, 실효치, 성분가속도에 대한 급성노출은 반드시 더 유해하다고 할 수는 없다.

70 극저주파 방사선(Extremely Low Frequency Fields)에 대한 설명으로 틀린 것은?

① 강한 전기장의 발생원은 고전류장비와 같은 높은 전류와 관련이 있으며 강한 자기장의 발생원은 고전압장비와 같은 높은 전하와 관련이 있다.
② 작업장에서 발전, 송전, 전기 사용에 의해 발생되며 이들 경로에 있는 발전기에서 전력선, 전기설비, 기계·기구 등도 잠재적인 노출원이다.
③ 주파수가 1~3,000Hz에 해당되는 것으로 정의되며, 이 범위 중 50~60Hz의 전력선과 관련한 주파수의 범위가 건강과 밀접한 연관이 있다.
④ 특히 교류전기는 1초에 60번씩 극성이 바뀌는 60Hz의 저주파를 나타내므로 이에 대한 노출평가, 생물학적 및 인체영향 연구가 많이 이루어져 왔다.

> ① 전기장은 전압(voltage)에 의해 발생하고, 자기장은 전류(current)에 의해 발생한다.

71 전리방사선에 해당하는 것은?

① 마이크로파   ② 극저주파
③ 레이저광선   ④ X선

> ★ 전리방사선의 종류
> ① 전자기 방사선(X선, γ선)
> ② 입자방사선(α, β선, 중성자)

> ★ 참고
> 비전리방사선의 종류
> ① 자외선(화학선) : 100~400nm
>   (1,000~4,000Å)
> ② 적외선(열선) : 750~1,200nm
>   (7,500~12,000Å)
> ③ 마이크로파 : 1~300cm
> ④ 가시광선 : 400~760nm(4,000~7,600Å)

실기까지 중요 ★★

정답 69 ④ 70 ① 71 ④

72 음력이 2watt인 소음원으로부터 50m 떨어진 지점에서의 음압수준(sound pressure level)은 약 몇 dB인가? (단, 공기의 밀도는 1.2kg/m³, 공기에서의 음속은 344m/s로 가정한다.)

① 76.6 ② 78.2
③ 79.4 ④ 80.7

> 1. $PWL = 10 \times \log\left(\dfrac{W}{W_o}\right)$ (dB)
> - PWL : 음향파워레벨(dB)
> - W : 대상음원의 음력(watt)
> - W_o : 기준음력(10^{-12}watt)
> 2. 무지향성 점음원, 자유공간(공중, 구면파)에 위치할 때
> $SPL = PWL - 20\log r - 11$ (dB)
>
> 1. $PWL = 10\log\left(\dfrac{W}{W_o}\right) = 10 \times \log\dfrac{2}{10^{-12}} = 123$ (dB)
> 2. $SPL = PWL - 20\log r - 11$
> $= 123 - 20 \times \log 50 - 11 = 78.02$ (dB)

📝 실기에 자주 출제 ★★★

73 소음에 관한 설명으로 맞는 것은?

① 소음의 원래 정의는 매우 크고 자극적인 음을 일컫는다.
② 소음과 소음이 아닌 것은 소음계를 사용하면 구분할 수 있다.
③ 작업환경에서 노출되는 소음은 크게 연속음, 단속음, 충격음 및 폭발음으로 구분할 수 있다.
④ 소음으로 인한 피해는 정신적, 심리적인 것이며 신체에 직접적인 피해를 주는 것은 아니다.

> ★ 작업환경에서 노출되는 소음의 종류
> ① 연속음(continuous noise) : 하루 종일 같은 크기의 소리가 발생되는 음으로, 1초 1회 이상의 음 발생을 말한다.
> ② 단속음(interrupted noise) : 1일 작업 중 노출되는 소음이 여러 가지 음압수준으로 나타나는 음을 말한다.
> ③ 충격소음 : 최대음압수준이 120dB(A) 이상인 소음이 1초 이상의 간격으로 발생하는 것을 말한다.
> ④ 폭발음

📝 필기에 자주 출제 ★

74 다음 그림과 같이 복사체, 열차단판, 흑구온도계, 벽체의 순서로 배열하였을 때 열차단판의 조건이 어떤 경우에 흑구온도계의 온도가 가장 낮겠는가?

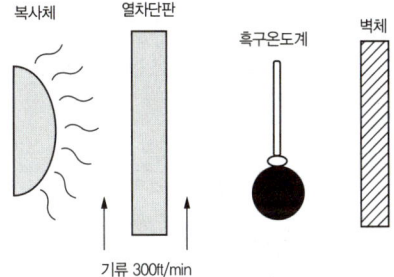

① 열차단판 양면을 흑색으로 한다.
② 열차단판 양면을 알루미늄으로 한다.
③ 복사체 쪽은 알루미늄, 온도계 쪽은 흑색으로 한다.
④ 복사체 쪽은 흑색, 온도계 쪽은 알루미늄으로 한다.

> 열차단판 양면을 알루미늄으로 차단하는 경우 흑구온도가 가장 낮아진다.

75 작업장의 조도를 균등하게 하기 위하여 국소조명과 전체조명이 병용될 때, 일반적으로 전체조명의 조도는 국부조명의 어느 정도가 적당한가?

① $\frac{1}{20} \sim \frac{1}{10}$ ② $\frac{1}{20} \sim \frac{1}{5}$
③ $\frac{1}{5} \sim \frac{1}{3}$ ④ $\frac{1}{3} \sim \frac{1}{2}$

② 국소조명과 전체조명이 병용될 때, 작업장의 조도를 균일하게 하기 위하여 전체조명의 조도는 국부조명의 1/10~1/5 정도가 적당하다.

필기에 자주 출제 ★

76 동상의 종류와 증상이 잘못 연결된 것은?

① 1도 : 발적
② 2도 : 수포형성과 염증
③ 3도 : 조직괴사로 괴저발생
④ 4도 : 출혈

제1도 동상 (발적)	가려우며 혈관확장으로 국소발적이 생긴다.
제2도 동상 (수포형성과 염증)	수포와 함께 광범위한 삼출성 염증이 생긴다.
제3도 동상 (조직괴사 및 괴저)	심부조직까지 동결되어 조직의 괴사로 인한 괴저가 발생한다.

실기까지 중요 ★★

77 1기압(atm)에 관한 설명으로 틀린 것은?

① 약 1kgf/cm² 과 동일하다.
② torr로는 0.76에 해당한다.
③ 수은주로 760mmHg과 동일하다.
④ 수주(水柱)로 10,332mmH₂O에 해당한다.

1기압(1atm) = 1.0336kg/cm² = 760mmHg
= 760torr = 10,332mmH₂O
= 1,013mbar = 1013.25hPa
= 101325Pa = 14.7psi

필기에 자주 출제 ★

78 산소농도가 6% 이하인 공기 중의 산소분압으로 맞는 것은? (단, 표준상태이며, 부피기준이다.)

① 45mmHg 이하
② 55mmHg 이하
③ 65mmHg 이하
④ 75mmHg 이하

산소분압(mmHg)
= 기압(mmHg) × $\frac{산소농도(\%)}{100}$

산소분압 = $760 \times \frac{6}{100}$ = 45.6(mmHg)

★참고
• 자연과학의 표준상태 : 0℃, 1기압(760mmHg)
• 산업환기의 표준상태 : 21℃, 1기압(760mmHg)
• 산업위생(작업환경)의 표준상태 : 25℃, 1기압(760mmHg)

필기에 자주 출제 ★

정답 75 ② 76 ④ 77 ② 78 ①

79 감압과 관련된 다음 설명 중 ( )안에 알맞은 내용으로 나열한 것은?

> 깊은 물에서 올라오거나 감압실 내에서 감압을 하는 도중에 폐압박의 경우와는 반대로 폐 속에 공기가 팽창한다. 이때는 감압에 의한 (㉠)과 (㉡)의 두 가지 건강상 문제가 발생한다.

① ㉠ 폐수종, ㉡ 저산소증
② ㉠ 질소기포형성, ㉡ 산소중독
③ ㉠ 가스팽창, ㉡ 질소기포형성
④ ㉠ 가스압축, ㉡ 이산화탄소중독

> 깊은 물에서 올라오거나 감압실 내에서 감압을 하는 경우 감압에 의한 가스팽창과 질소기포형성의 두 가지 건강상의 문제가 발생할 수 있다.

📝 필기에 자주 출제 ★

80 고압환경에서 발생할 수 있는 화학적인 인체 작용이 아닌 것은?

① 일산화탄소 중독에 의한 호흡곤란
② 질소마취작용에 의한 작업력 저하
③ 산소중독증상으로 간질 모양의 경련
④ 이산화탄소 분압증가에 의한 동통성 관절 장해

> ★ 고압환경의 2차적 가압현상
> ① 질소의 마취작용 : 공기 중의 질소 가스는 4기압 이상에서 마취작용을 일으킨다.
> ② 산소중독 증세 : 산소분압이 2기압을 넘으면 산소중독 증세가 나타난다.
> ③ 이산화탄소의 작용 : 이산화탄소의 증가는 산소의 독성과 질소의 마취작용을 촉진시킨다.

📝 실기까지 중요 ★★

제5과목 산업독성학

81 금속물질인 니켈에 대한 건강상의 영향이 아닌 것은?

① 접촉성 피부염이 발생한다.
② 폐나 비강에 발암작용이 나타난다.
③ 호흡기 장해와 전신중독이 발생한다.
④ 비타민 D를 피하주사하면 효과적이다.

> ★ 니켈(Ni)
> ① 도금, 합금, 전지, 제강 등의 생산과정에서 노출된다.
> ② 급성중독 : 접촉성 피부염, 복통 및 설사 등 소화기 증상, 현기증 및 두통 등 신경학적 증상, 폐부종 및 폐렴 등 호흡기 증상
> ③ 만성중독 : 폐암 및 비강암, 비중격천공증

📝 필기에 자주 출제 ★

82 급성중독 시 우유와 계란의 흰자를 먹여 단백질과 해당 물질을 결합시켜 침전시키거나, BAL(dimercaprol)을 근육주사로 투여하여야 하는 물질은?

① 납   ② 크롬
③ 수은   ④ 카드뮴

> ★ 수은중독 치료
> ① 급성중독 : 우유와 계란흰자 먹인 후 세척(단백질과 해당 물질을 결합시켜 침전시킨다)
> ② 만성중독 : 취급을 즉시 중지하고 BAL을 투여 (EDTA의 투여는 금기)
> ③ N-acetyl-D-Penicillamine 투여

📝 필기에 자주 출제 ★

정답 79 ③ 80 ① 81 ④ 82 ③

83 염료, 합성고무경화제의 제조에 사용되며 급성중독으로 피부염, 급성방광염을 유발하며, 만성중독으로는 방광, 요로계 종양을 유발하는 유해물질은?

① 벤지딘 ② 이황화탄소
③ 노말헥산 ④ 이염화메틸렌

> ★ 벤지딘
> ① 염료 및 합성고무경화제의 제조에 사용된다.
> ② 급성중독 : 피부염, 급성방광염
> ③ 만성중독 : 방광암, 요로계 종양

📘 필기에 자주 출제 ★

84 작업환경측정과 비교한 생물학적 모니터링의 장점이 아닌 것은?

① 모든 노출경로에 의한 흡수정도를 나타낼 수 있다.
② 분석 수행이 용이하고 결과 해석이 명확하다.
③ 건강상의 위험에 대해서 보다 정확한 평가를 할 수 있다.
④ 작업환경측정(개인시료)보다 더 직접적으로 근로자 노출을 추정할 수 있다.

> ★ 생물학적 모니터링의 장 · 단점
>
> | | |
> |---|---|
> | 장점 | ① 건강상의 위험을 보다 정확하게 평가를 할 수 있다.
② 모든 노출 경로에 의한 흡수정도를 평가 할 수 있다.
③ 작업환경측정(개인시료)보다 더 직접적으로 근로자 노출을 추정할 수 있다. |
> | 단점 | ① 시료채취의 어려움 : 근로자로부터 시료를 직접 채취하기 때문에 시료의 채취 및 분석이 어렵다.
② 근로자의 생물학적 차이 : 근로자마다 생물학적 차이가 나타날 수 있다.
③ 유기시료의 특이성과 복잡성 : 유기시료의 특이성이 존재한다.
④ 분석이 어렵고 시료가 오염될 수 있다. |

📘 실기까지 중요 ★★

85 납중독에 관한 설명으로 틀린 것은?

① 혈청 내 철이 감소한다.
② 요 중 δ-ALAD 활성치가 저하된다.
③ 적혈구 내 프로토포르피린이 증가한다.
④ 임상증상은 위장계통장해, 신경근육계통의 장해, 중추신경계통의 장해 등 크게 3가지로 나눌 수 있다.

> ★ 납의 체내 흡수시의 기타증상
> ① 혈색소량 저하
> ② 망상적혈구수의 증가
> ③ 혈청 내 철 증가
> ④ 적혈구 내 프로토포르피린(protoporphyrin) 증가
> ⑤ 소변 중 코프로포르피린(coprophyrin) 증가
> ⑥ 소변 중 델타 아미노레블린산(ALA) 증가
> ⑦ 소변 중 δ-ALAD 활성치가 저하

📘 필기에 자주 출제 ★

86 직업성 천식이 유발될 수 있는 근로자와 거리가 가장 먼 것은?

① 채석장에서 돌을 가공하는 근로자
② 목분진에 과도하게 노출되는 근로자
③ 빵집에서 밀가루에 노출되는 근로자
④ 폴리우레탄 페인트 생산에 TDI를 사용하는 근로자

> ① 채석장에서 돌을 가공하는 근로자
> → 이산화규소(SiO_2, 유리규산, 석영) 분진의 흡입으로 규폐증이 유발될 수 있다.

📘 필기에 자주 출제 ★

정답 83 ① 84 ② 85 ① 86 ①

87 무기성 분진에 의한 진폐증이 아닌 것은?

① 규폐증(silicosis)
② 연초폐증(tabacosis)
③ 흑연폐증(graphite lung)
④ 용접공폐증(welder's lung)

무기성(광물성)분진에 의한 진폐증	유기성 분진에 의한 진폐증
① 규폐증	① 농부폐증
② 규조토폐증	② 연초폐증
③ 탄소폐증	③ 면폐증
④ 탄광부 진폐증	④ 설탕폐증
⑤ 용접공폐증	⑤ 목재분진폐증
⑥ 석면폐증	⑥ 모발분진폐증
⑦ 베릴륨폐증	
⑧ 활석폐증	**암기법**
⑨ 흑연폐증	연초 핀 농부의 모발에
⑩ 주석폐증	서 설탕 나오면(면폐
⑪ 칼륨폐증	증) 목(목재분진폐증)
⑫ 바륨폐증	없다.
⑬ 철폐증	

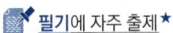 필기에 자주 출제★

88 작업장에서 생물학적 모니터링의 결정인자를 선택하는 근거를 설명한 것으로 틀린 것은?

① 충분히 특이적이다.
② 적절한 민감도를 갖는다.
③ 분석적인 변이나 생물학적 변이가 타당해야 한다.
④ 톨루엔에 대한 건강위험 평가는 크레졸보다 마뇨산이 신뢰성이 있는 결정인자이다.

★ 생물학적 모니터링의 결정인자를 선택하는 기준
① 결정인자가 충분히 특이적일 것 : 노출물질에 대한 영향을 특이적으로 제시할 수 있어야 한다.
② 적절한 민감도를 가질 것 : 결정인자와 노출사이의 관계가 강한 연관성을 가져야 한다.
③ 분석적인 변이나 생물학적 변이가 타당할 것 : 분석적인 변이와 생물학적 변이가 적어야 한다.
④ 검체의 채취 및 검사과정에서 불편함을 주지 않을 것
⑤ 건강위험을 평가하는 유용성을 고려할 것 : 건강 위험을 평가하기 위해서는 톨루엔의 노출지수로 마뇨산보다 크레졸이 신뢰성이 있는 결정인자이다.

필기에 자주 출제★

89 피부 독성에 있어 경피 흡수에 영향을 주는 인자와 가장 거리가 먼 것은?

① 온도　　　② 화학물질
③ 개인의 민감도　④ 용매(vehicle)

★ 피부 독성에 있어 경피 흡수에 영향을 주는 인자
① 개인의 민감도
② 용매(vehicle)
③ 화학물질

정답　87 ②　88 ④　89 ①

90 할로겐화탄화수소에 관한 설명으로 틀린 것은?

① 대개 중추신경계의 억제에 의한 마취작용이 나타난다.
② 가연성과 폭발의 위험성이 높으므로 취급 시 주의하여야 한다.
③ 일반적으로 할로겐화탄화수소의 독성의 정도는 화합물의 분자량이 커질수록 증가한다.
④ 일반적으로 할로겐화탄화수소의 독성의 정도는 할로겐원소의 수가 커질수록 증가한다.

> ★ 할로겐화탄화수소
> ① 중추신경계의 억제에 의한 마취작용, 간 및 신장장해, 폐 장해가 나타난다.
> ② 할로겐화탄화수소의 독성의 정도는 화합물의 분자량이 커질수록 증가한다.
> ③ 할로겐화탄화수소의 독성의 정도는 할로겐원소의 수가 커질수록 증가한다.
> ④ 사염화탄소, 클로로포름, 염화비닐 등이 있다.

📝 필기에 자주 출제 ★

91 유리규산(석영) 분진에 의한 규폐성 결정과 폐포벽 파괴 등 망상 내피계 반응은 분진입자의 크기가 얼마일 때 자주 일어나는가?

① 0.1 ~ 0.5μm   ② 2 ~ 5μm
③ 10 ~ 15μm   ④ 15 ~ 20μm

> 2 ~ 5μm 크기의 유리규산(석영) 분진은 규폐성 결정과 폐포벽 파괴 등 망상 내피계 반응을 일으킨다.

92 피부는 표피와 진피로 구분하는 데, 진피에만 있는 구조물이 아닌 것은?

① 혈관   ② 모낭
③ 땀샘   ④ 멜라닌 세포

> ★ 피부의 표피
> ① 피부는 표피, 진피, 피하지방층으로 구성되고 얇은 바깥쪽 층이 표피이다.
> ② 표피는 대부분 각질세포로 구성된다.
> ③ 표피는 각화세포(각질형성 세포) 외에도 멜라닌세포, 랑게르한스세포 및 머켈세포 등의 많은 세포로 구성되어 있다.
> ④ 표피의 각화세포(각질형성 세포)를 결합하는 조직은 케라틴 단백질이다.
> ⑤ 진피에는 모낭, 땀샘, 피지샘, 혈관, 림프관 등이 있다.

93 호흡기계 발암성과의 관련성이 가장 낮은 것은?

① 석면   ② 크롬
③ 용접 흄   ④ 황산니켈

> ① 석면 : 폐암, 악성중피종, 늑막암
> ② 크롬 : 비강암
> ③ 용접 흄 : 금속열
> ④ 황산니켈 : 폐암 및 비강암

📝 필기에 자주 출제 ★

정답 90 ② 91 ② 92 ④ 93 ③

94 화학적 질식제에 대한 설명으로 맞는 것은?

① 뇌순환 혈관에 존재하면서 농도에 비례하여 중추신경 작용을 억제한다.
② 피부와 점막에 작용하여 부식작용을 하거나 수포를 형성하는 물질로 고농도 하에서 호흡이 정지되고 구강 내 치아산식증 등을 유발한다.
③ 공기 중에 다량 존재하여 산소분압을 저하시켜 조직 세포에 필요한 산소를 공급하지 못하게 하여 산소부족 현상을 발생시킨다.
④ 혈액 중에서 혈색소와 결합한 후에 혈액의 산소운반 능력을 방해하거나, 또는 조직세포에 있는 철 산화요소를 불활성화시켜 세포의 산소수용 능력을 상실시킨다.

단순 질식제	① 생리적으로는 아무 작용도 하지 않으나 공기 중에 많이 존재하여 산소분압을 저하시켜 조직에 필요한 산소의 공급부족을 초래한다. ② 수소, 질소, 이산화탄소(CO_2), 헬륨, 메탄, 에탄, 프로판, 에틸렌, 아세틸렌 등
화학적 질식제	① 혈액 중의 혈색소와 결합하여 산소운반 능력을 방해하거나 조직이 산소를 받아들이는 능력을 잃게 하여 내질식을 일으킨다. ② 일산화탄소(CO), 황화수소(H_2S), 시안화수소(HCN), 아닐린

📝 실기까지 중요 ★★

95 생물학적 모니터링을 위한 시료가 아닌 것은?

① 공기 중의 바이오 에어로졸
② 요 중의 유해인자나 대사산물
③ 혈액 중의 유해인자나 대사산물
④ 호기(exhaled air) 중의 유해인자나 대사산물

시료는 소변, 호기 및 혈액 등이 주로 이용된다.

📝 실기까지 중요 ★★

96 전신(계통)적 장해를 일으키는 금속 물질은?

① 납   ② 크롬
③ 아연   ④ 산화철

★ 아연(Zn)
① 용접, 전지제조, 도금 등의 작업에서 노출될 수 있다.
② 전신(계통)적 장해를 일으킨다.
③ 산화 아연 흄에 노출 시에 금속열을 일으킨다.

📝 필기에 자주 출제 ★

97 단순 질식제에 해당되는 물질은?

① 탄산가스   ② 아닐린가스
③ 니트로벤젠가스   ④ 황화수소가스

단순 질식제	① 생리적으로는 아무 작용도 하지 않으나 공기 중에 많이 존재하여 산소분압을 저하시켜 조직에 필요한 산소의 공급부족을 초래한다. ② 수소, 질소, 이산화탄소(CO_2), 헬륨, 메탄, 에탄, 프로판, 에틸렌, 아세틸렌 등
화학적 질식제	① 혈액 중의 혈색소와 결합하여 산소운반 능력을 방해하거나 조직이 산소를 받아들이는 능력을 잃게 하여 내질식을 일으킨다. ② 일산화탄소(CO), 황화수소(H_2S), 시안화수소(HCN), 아닐린

📝 실기까지 중요 ★★

정답 94 ④ 95 ① 96 ③ 97 ①

98 공기 중 일산화탄소 농도가 10mg/m³인 작업장에서 1일 8시간 동안 작업하는 근로자가 흡입하는 일산화탄소의 양은 몇 mg인가? (단, 근로자의 시간당 평균 흡기량은 1,250L이다.)

① 10
② 50
③ 100
④ 500

$$mg = \frac{10mg}{m^3} \times \frac{(1250 \times 10^{-3})m^3}{hr} \times 8hr = 100(mg)$$
$$* L = 10^{-3}(m^3)$$

📝 필기에 자주 출제 ★

99 직업성 피부질환 유발에 관여하는 인자 중 간접적 인자와 가장 거리가 먼 것은?

① 자외선
② 인종
③ 연령
④ 성별

직접요인	간접요인
① 물리적요인 : 온도, 자외선 및 유해광선, 진동 등 ② 화학적요인 : 원발성 및 알레르기성 접촉 피부염물질 등 ③ 생물학적요인 : 바이러스, 진균 등	① 인종 ② 피부 종류 ③ 연령 ④ 성별 ⑤ 계절 및 기후 ⑥ 개인의 청결상태 등

* 문제 오류로 문제 일부를 수정하였습니다.

100 미국정부산업위생전문가협의회(ACGI)의 발암물질 구분으로 '동물 발암성 확인물질, 인체 발암성 모름'에 해당되는 Group은?

① A2
② A3
③ A4
④ A5

★ ACGIH의 발암성 물질 구분
- A1 : 인체발암성 확인물질
- A2 : 인체발암성 의심물질(추정물질)
- A3 : 동물발암성 확인물질, 인체발암성 모름
- A4 : 인체발암성 미분류(인체 발암가능성이 있으나 자료가 부족) 물질
- A5 : 인체발암성 미의심 물질

암기법

미국(ACGIH)에서 인체 확인하니 발암의심, 동물확인으론 인체 모름, 인체 가능성 자료 부족하면(미분류), 미의심

📝 실기에 자주 출제 ★★★

정답 98 ③ 99 ① 100 ②

2019년 3월 3일

1회 과년도기출문제

제1과목 산업위생학개론

01 신체적 결함과 이에 따른 부적합 작업을 짝지은 것으로 틀린 것은?

① 심계항진 - 정밀작업
② 간기능 장해 - 화학공업
③ 빈혈증 - 유기용제 취급작업
④ 당뇨증 - 외상받기 쉬운 작업

> ① 심계항진 - 격심작업, 고소작업

02 OSHA가 의미하는 기관의 명칭으로 맞는 것은?

① 세계보건기구
② 영국보건안전부
③ 미국산업위생협회
④ 미국산업안전보건청

> ★ 미국산업안전보건청
> OSHA
> (Occupational Safety and Health Administration)

📝 실기까지 중요 ★★

03 사고예방대책의 기본원리 5단계를 순서대로 나열한 것으로 맞는 것은?

① 사실의 발견 → 조직 → 분석 → 시정책(대책)의 선정 → 시정책(대책)의 적용
② 조직 → 분석 → 사실의 발견 → 시정책(대책)의 선정 → 시정책(대책)의 적용
③ 조직 → 사실의 발견 → 분석 → 시정책(대책)의 선정 → 시정책(대책)의 적용
④ 사실의 발견 → 분석 → 조직 → 시정책(대책)의 선정 → 시정책(대책)의 적용

> ★ 하인리히의 사고방지 5단계
> ① 1단계 : 안전조직
> ② 2단계 : 사실의 발견
> ③ 3단계 : 분석
> ④ 4단계 : 시정방법 선정
> ⑤ 5단계 : 시정책 적용(3E적용)

📝 실기까지 중요 ★★

정답 01 ① 02 ④ 03 ③

04 실내공기의 오염에 따른 건강상의 영향을 나타내는 용어가 아닌 것은?

① 새집증후군
② 헌집증후군
③ 화학물질과민증
④ 스티븐슨 - 존슨증후군

> ④ 스티븐슨 – 존슨증후군은 대부분 약물에 의해 발생하고, 점막과 몸의 넓은 범위에 다형 홍반의 물집이 발생하는 피부질환을 뜻한다.

> ★ 참고
> 헌집증후군(sick house syndrome)
> 습기찬 벽지 등의 곰팡이, 배수관에서 새어 나오는 각종 유해가스 등 지은 지 오래된 집이 사람들의 건강에 나쁜 영향을 끼치는 현상을 말한다.

📝 필기에 자주 출제 ★

05 국가 및 기관별 허용기준에 대한 사용 명칭을 잘못 연결한 것은?

① 영국 HSE - OEL
② 미국 OSHA - PEL
③ 미국 ACGIH - TLV
④ 한국 - 화학물질 및 물리적 인자의 노출기준

> ① 영국 HSE – WEL(Workplace Exposure Limits)

📝 실기까지 중요 ★★

06 물체의 실제무게를 미국 NIOSH의 권고중량물 한계기준(RWL)으로 나누어 준 값을 무엇이라 하는가?

① 중량상수(LC)
② 빈도승수(FM)
③ 비대칭승수(AM)
④ 중량물 취급지수(LI)

> ★ 들기 지수, 중량물 취급지수(LI : Lifting Index)
> 실제 작업물의 무게와 RWL의 비(ratio)이며 특정 작업에서의 육체적 스트레스의 상대적인 양을 나타낸다.
> $$LI = \frac{\text{실제 작업 무게}(L)}{\text{권장무게한계}(RWL)}$$

📝 실기까지 중요 ★★

07 1994년 AAIH에서 채택된 산업위생전문가의 윤리강령 내용으로 틀린 것은?

① 산업위생 활동을 통해 얻은 개인 및 기업의 정보는 누설하지 않는다.
② 과학적 방법의 적용과 자료의 해석에서 경험을 통한 전문가의 주관성을 유지한다.
③ 전문적 판단이 타협에 의하여 좌우될 수 있거나 이해관계가 있는 상황에는 개입하지 않는다.
④ 쾌적한 작업환경을 만들기 위해 산업위생이론을 적용하고 책임 있게 행동한다.

> ② 과학적 방법의 적용과 자료의 해석에서 객관성을 유지한다.

📝 실기에 자주 출제 ★★★

08 최대작업영역(maximum working area)에 대한 설명으로 맞는 것은?

① 양팔을 곧게 폈을 때 도달할 수 있는 최대영역
② 팔을 위 방향으로만 움직이는 경우에 도달할 수 있는 작업영역
③ 팔을 아래 방향으로만 움직이는 경우에 도달할 수 있는 작업영역
④ 팔을 가볍게 몸체에 붙이고 팔꿈치를 구부린 상태에서 자유롭게 손이 닿는 영역

> ★ 최대 작업역
> ① 전완과 상완을 곧게 펴서 파악할 수 있는 구역 (양팔을 곧게 폈을 때 도달할 수 있는 최대영역)
> ② 움직이지 않고 상지(上肢)를 뻗쳐서 닿는 범위

 실기까지 중요 ★★

09 산업안전보건법령상 석면에 대한 작업환경측정결과 측정치가 노출기준을 초과하는 경우 그 측정일로부터 몇 개월에 몇 회 이상의 작업환경측정을 하여야 하는가?

① 1개월에 1회 이상 ② 3개월에 1회 이상
③ 6개월에 1회 이상 ④ 12개월에 1회 이상

> ★ 3개월에 1회 이상 작업환경측정을 하여야 하는 경우
> ① 화학적 인자(고용노동부장관이 정하여 고시하는 허가대상유해물질, 특별관리물질)의 측정치가 노출기준을 초과하는 경우
> ② 화학적 인자(고용노동부장관이 정하여 고시하는 물질은 제외한다)의 측정치가 노출기준을 2배 이상 초과하는 경우

> ★ 참고
> 석면
> 고용노동부장관이 정하여 고시하는 허가대상물질에 해당한다.

실기까지 중요 ★★

10 미국산업위생학회(AHIA)에서 정한 산업위생의 정의로 옳은 것은?

① 작업장에서 인종, 정치적 이념, 종교적 갈등을 배제하고 작업자의 알권리를 최대한 확보해주는 사회과학적 기술이다.
② 작업자가 단순하게 허약하지 않거나 질병이 없는 상태가 아닌 육체적, 정신적 및 사회적인 안녕 상태를 유지하도록 관리하는 과학과 기술이다.
③ 근로자 및 일반대중에게 질병, 건강장해, 불쾌감을 일으킬 수 있는 작업 환경요인과 스트레스를 예측, 측정, 평가 및 관리하는 과학이며 기술이다.
④ 노동 생산성보다는 인권이 소중하다는 이념 하에 노사 간 갈등을 최소화하고 협력을 도모하여 최대한 쾌적한 작업환경을 유지 증진하는 사회과학이며 자연과학이다.

> ★ 미국산업위생학회(AIHA)의 산업위생의 정의
> 근로자나 일반 대중에게 질병, 건강장해와 안녕방해, 심각한 불쾌감 및 능률 저하 등을 초래하는 작업환경 요인과 스트레스를 예측, 측정, 평가, 관리하는 과학과 기술이다.

실기까지 중요 ★★

정답 08 ① 09 ② 10 ③

11 직업성 질환의 범위에 대한 설명으로 틀린 것은?

① 합병증이 원발성 질환과 불가분의 관계를 가지는 경우를 포함한다.
② 직업상 업무에 기인하여 1차적으로 발생하는 원발성 질환은 제외한다.
③ 원발성 질환과 합병 작용하여 제2의 질환을 유발하는 경우를 포함한다.
④ 원발성 질환부위가 아닌 다른 부위에서도 동일한 원인에 의하여 제2의 질환을 일으키는 경우를 포함한다.

> ② 직업상 업무에 기인하여 1차적으로 발생하는 원발성 질환은 포함한다.

📝 필기에 자주 출제 ★

12 산업피로에 대한 설명으로 틀린 것은?

① 산업피로는 원천적으로 일종의 질병이며 비가역적 생체변화이다.
② 산업피로는 건강장해에 대한 경고반응이라고 할 수 있다.
③ 육체적, 정신적 노동부하에 반응하는 생체의 태도이다.
④ 산업피로는 생산성의 저하뿐만 아니라 재해와 질병의 원인이 된다.

> ① 산업피로는 질병이 아니라 가역적인 생체변화이다.

📝 필기에 자주 출제 ★

13 산업안전보건법상 사무실 공기관리에 있어 오염물질에 대한 관리 기준이 잘못 연결된 것은?

① 곰팡이 - 0.1ppm 이하
② 일산화탄소 - 10ppm 이하
③ 이산화탄소 - 1,000ppm 이하
④ 포름알데히드(HCHO) - 100μg/m³ 이하

오염물질	관리기준
미세먼지(PM10)	100μg/m³
초미세먼지(PM2.5)	50μg/m³
이산화탄소(CO_2)	1,000ppm
일산화탄소(CO)	10ppm
이산화질소(NO_2)	0.1ppm
포름알데히드(HCHO)	100μg/m³
총휘발성유기화합물(TVOC)	500μg/m³
라돈(radon)	148Bq/m³
총부유세균	800CFU/m³
곰팡이	500CFU/m³

※ 관련 법령의 변경으로 문제 일부를 수정하였습니다.

📝 실기에 자주 출제 ★★★

14 밀폐공간과 관련된 설명으로 틀린 것은?

① 산소결핍이란 공기 중의 산소농도가 16% 미만인 상태를 말한다.
② 산소결핍증이란 산소가 결핍된 공기를 들이마심으로써 생기는 증상을 말한다.
③ 유해가스란 탄산가스, 일산화탄소, 황화수소 등의 기체로서 인체에 유해한 영향을 미치는 물질을 말한다.
④ 적정공기란 산소농도의 범위가 18% 이상 23.5% 미만, 이산화탄소의 농도가 1.5% 미만, 일산화탄소의 농도가 30ppm 미만, 황화수소의 농도가 10ppm 미만인 수준의 공기를 말한다.

> ① 산소결핍이란 공기 중의 산소농도가 18% 미만인 상태를 말한다.

📝 실기까지 중요 ★★

정답 11 ② 12 ① 13 ① 14 ①

15 산업피로의 대책으로 적합하지 않은 것은?

① 불필요한 동작을 피하고 에너지 소모를 적게 한다.
② 작업과정에 따라 적절한 휴식시간을 가져야 한다.
③ 작업능력에는 개인별 차이가 있으므로 각 개인마다 작업량을 조정해야 한다.
④ 동적인 작업은 피로를 더하게 하므로 가능한 한 정적인 작업으로 전환한다.

> 동적인 작업과 정적인 작업을 적절히 혼합하여 배치한다.(과격한 육체적 노동은 기계화하고, 과도한 정적인 작업은 적정한 동적인 작업으로 전환한다)

📝 필기에 자주 출제 ★

16 산업안전보건법에서 정하는 중대재해라고 볼 수 없는 것은?

① 사망자가 1명 이상 발생한 재해
② 부상자 또는 직업성질병자가 동시에 10명 이상 발생한 재해
③ 3개월 이상의 요양을 요하는 부상자가 동시에 2명 이상 발생한 재해
④ 재산피해액 5천만 원 이상의 재해

> ★ 중대재해
> 산업재해 중 사망 등 재해 정도가 심하거나 다수의 재해자가 발생한 경우로서 고용노동부령으로 정하는 재해를 말한다.
> ① 사망자가 1인 이상 발생한 재해
> ② 3개월 이상 요양을 요하는 부상자가 동시에 2인 이상 발생한 재해
> ③ 부상자 또는 직업성 질병자가 동시에 10인 이상 발생한 재해

📝 실기까지 중요 ★★

17 상시 근로자 수가 1,000명인 사업장에 1년 동안 6건의 재해로 8명의 재해자가 발생하였고, 이로 인한 근로손실일수는 80일이었다. 근로자가 1일 8시간씩 매월 25일씩 근무하였다면, 이 사업장의 도수율은 얼마인가?

① 0.03　　② 2.50
③ 4.00　　④ 8.00

> ★ 도수율(빈도율 F.R)
> 100만 근로시간당 재해 발생 건수 비율
> $$도수율(빈도율) = \frac{재해 건수}{연 근로 시간 수} \times 10^6$$
> 도수율(빈도율)
> $$= \frac{6건}{1,000명 \times 8시간 \times 25일 \times 12개월} \times 10^6 = 2.50$$

📝 실기에 자주 출제 ★★★

18 근육운동의 에너지원 중에서 혐기성대사의 에너지원에 해당되는 것은?

① 지방　　② 포도당
③ 글리코겐　　④ 단백질

혐기성 대사 (Anaerobic metabolism)	1. 근육에 저장된 화학적 에너지 2. 혐기성 대사 순서 ATP(아데노신 삼인산) → CP(크레아틴 인산) → Glycogen(글리코겐) or Glucose(포도당)
호기성 대사 (Aerobic metabolism)	1. 대사과정(구연산 회로)을 거쳐 생성된 에너지 2. 호기성 대사 과정 포도당 단백질 + 산소 → 에너지원 지방

📝 실기까지 중요 ★★

정답　15 ④　16 ④　17 ②　18 ③

19 산업안전보건법에서 산업재해를 예방하기 위하여 잠재적 위험성을 발견하고 그 개선대책을 수립할 목적으로 고용노동부장관이 지정하는 조사 평가를 무엇이라 하는가?

① 위험성평가
② 작업환경측정, 평가
③ 안전, 보건진단
④ 유해성, 위험성 조사

> ★ 안전·보건진단
> 산업재해를 예방하기 위하여 잠재적 위험성을 발견하고 그 개선대책을 수립할 목적으로 조사·평가하는 것

📝 실기까지 중요 ★★

20 육체적 작업능력(PWC)이 15kcal/min인 근로자가 1일 8시간 물체를 운반하고 있다. 이 때의 작업대사율이 6.5kcal/min이고, 휴식 시의 대사량이 1.5kcal/min일 때 매 시간당 적정 휴식시간은 약 얼마인가? (단, Hering의 식을 적용한다.)

① 18분 ② 25분
③ 30분 ④ 42분

> $T_{rest}(\%) = \left[\dfrac{E_{max} - E_{task}}{E_{rest} - E_{task}}\right] \times 100$
> - $T_{rest}(\%)$: 피로예방을 위한 적정 휴식시간 비 (60분을 기준하여 산정)
> - E_{max} : 1일 8시간 작업에 적합한 작업대사량 [육체적 작업능력(PWC)의 1/3]
> - E_{rest} : 휴식 중 소모 대사량
> - E_{task} : 해당 작업의 작업대사량
> * 작업시간 = 60분 − 휴식시간
>
> 1. $T_{rest}(\%) = \left[\dfrac{5 - 6.5}{1.5 - 6.5}\right] \times 100 = 30(\%)$
>   ($E_{max} = \dfrac{PWC}{3} = \dfrac{15}{3} = 5$kcal/min)
> 2. 휴식시간 = 60 × 0.3 = 18(분)
> 3. 작업시간 = 60 − 18 = 42(분)

📝 실기에 자주 출제 ★★★

제2과목 작업위생측정 및 평가

21 유기용제 작업장에서 측정한 톨루엔 농도는 65, 150, 175, 63, 83, 112, 58, 49, 205, 178ppm일 때, 산술평균과 기하평균값은 약 몇 ppm인가?

① 산술평균 108.4, 기하평균 100.4
② 산술평균 108.4, 기하평균 117.6
③ 산술평균 113.8, 기하평균 100.4
④ 산술평균 113.8, 기하평균 117.6

> 1. 산술평균
> $M = \dfrac{X_1 + X_2 + X_3 + \cdots + X_n}{N}$
>   - M : 산술평균
>   - X_n : 측정치
>   - X_n : 측정치 개수
> 2. 기하평균
> $G.M = \sqrt[N]{X_1 \cdot X_2 \cdots X_n}$
>   - X_n : 측정치
>   - N : 측정치 개수
>
> 1. 산술평균(M)
> $= \dfrac{65+150+175+63+83+112+58+49+205+178}{10}$
> $= 113.8$
> 2. 기하평균($G.M$)
> $= \sqrt[10]{65 \times 150 \times 175 \times 63 \times 83 \times 112 \times 58 \times 49 \times 205 \times 178}$
> $= 100.36$

📝 실기에 자주 출제 ★★★

정답 19 ③ 20 ① 21 ③

22 유사노출그룹에 대한 설명으로 틀린 것은?

① 유사노출그룹은 노출되는 유해인자의 농도와 특성이 유사하거나 동일한 근로자 그룹을 말한다.
② 역학조사를 수행할 때 사건이 발생된 근로자가 속한 유사노출그룹의 노출농도를 근거로 노출원인을 추정할 수 있다.
③ 유사노출그룹 설정을 위해 시료채취수가 과다해지는 경우가 있다.
④ 유사노출그룹은 모든 근로자의 노출 상태를 측정하는 효과를 가진다.

> 유사노출그룹은 해당근로자가 속한 동일노출그룹의 노출농도를 근거로 노출원인 및 농도를 추정하는 것으로 시료채취 수를 경제적으로 하기 위한 목적이다.

📝 필기에 자주 출제 ★

23 입자의 가장자리를 이등분한 직경으로 과대평가될 가능성이 있는 직경은?

① 마틴 직경   ② 페렛 직경
③ 공기역학 직경 ④ 등면적 직경

> **★ 페렛 직경**
> 입자의 가장자리를 이등분한 직경

> **★ 참고**
> ① 마틴직경 : 입자의 면적을 2등분하는 선의 길이로 나타내는 직경
> ② 공기역학 직경 : 대상 먼지와 침강속도가 같고 밀도가 1이며, 구형인 먼지의 직경으로 환산된 직경
> ③ 등면적 직경 : 입자의 면적과 동일한 면적을 가진 원의 직경으로 환산한 직경

> **암기법**
> 기하학적 이(2등분) 마, 페가(가장자리), 등면적 동원(동일한 면적의 원)

📝 실기에 자주 출제 ★★★

24 다음 중 1차 표준기구가 아닌 것은?

① 오리피스미터   ② 폐활량계
③ 가스치환병   ④ 유리피스톤미터

> **★ 1차 표준기구**
> ① 비누거품미터(Soap bubble meter)
> ② 폐활량계(Spirometer)
> ③ 가스치환병(Mariotte bottle)
> ④ 유리피스톤미터(Glass piston meter)
> ⑤ 흑연피스톤미터(Frictionless meter)
> ⑥ 피토튜브(Pitot tube)

> **암기법**
> 1차 비누로 폐활량 재고, 가스치환하여, 유리.흑연 먹였더니 피토 했다.

📝 실기에 자주 출제 ★★★

25 온도 표시에 대한 설명으로 틀린 것은? (단, 고용노동부고시를 기준으로 한다.)

① 절대온도는 K로 표시하고 절대온도 0K는 -273℃로 한다.
② 실온은 1~35℃, 미온은 30~40℃로 한다.
③ 온도의 표시는 셀시우스(Celcius)법에 따라 아라비아 숫자의 오른쪽에 ℃를 붙인다.
④ 냉수는 4℃ 이하, 온수는 60~70℃를 말한다.

> ④ 냉수는 15℃ 이하, 온수는 60~70℃, 열수는 약 100℃를 말한다.

📝 실기까지 중요 ★★

정답 22 ③ 23 ② 24 ① 25 ④

26 원통형 비누거품미터를 이용하여 공기시료채취기의 유량을 보정하고자 한다. 원통형 비누거품미터의 내경은 4cm이고 거품막이 30cm의 거리를 이동하는 데 10초의 시간이 걸렸다면 이 공기시료채취기의 유량은 약 몇 (cm³/sec)인가?

① 37.7
② 16.5
③ 8.2
④ 2.2

$$\text{채취유량} = \frac{\text{비누거품이 통과한 용량}}{\text{비누거품이 통과한 시간}}$$

$$\text{채취유량} = \frac{\frac{\pi \times 4^2}{4} \times 30}{10} = 37.70 \, (cm^3/sec)$$

27 출력이 0.4W의 작은 점음원에서 10m 떨어진 곳의 음압수준은 약 몇 dB인가? (단, 공기의 밀도는 1.18kg/m³이고, 공기에서 음속은 344.4m/sec이다.)

① 80
② 85
③ 90
④ 95

1. $PWL(dB) = 10\log\left(\frac{W}{W_o}\right)$
   - PWL : 음향파워레벨(dB)
   - W : 대상음원의 음력(watt)
   - W_o : 기준음력(10^{-12} watt)
2. $SPL(dB) = PWL - 20\log r - 11$
   - r : 소음원으로부터의 거리(m)

1. $PWL = 10 \times \log\left(\frac{0.4}{10^{-12}}\right) = 116.02 \, (dB)$
2. $SPL = 116.02 - 20 \times \log 10 - 11 = 85.02 \, (dB)$

🔖 실기에 자주 출제 ★★★

28 입자의 크기에 따라 여과기전 및 채취효율이 다르다. 입자크기가 0.1 ~ 0.5μm일 때 주된 여과기전은?

① 충돌과 간섭
② 확산과 간섭
③ 차단과 간섭
④ 침강과 간섭

① 입경 0.1μm 미만 입자 : 확산
② 입경 0.1 ~ 0.5μm : 확산, 직접차단(간섭)
③ 입경 0.5μm 이상 : 관성충돌, 직접차단(간섭)

🔖 필기에 자주 출제 ★

29 입경이 20μm이고 입자비중이 1.5인 입자의 침강 속도는 약 몇 cm/sec인가?

① 1.8
② 2.4
③ 12.7
④ 36.2

★ Lippman식에 의한 침강속도
(입자크기가 1 ~ 50μm 경우 적용)

$$V(cm/sec) = 0.003 \times \rho \times d^2$$

- V : 침강속도(cm/sec)
- ρ : 입자 밀도(비중)(g/cm³)
- d : 입자직경(μm)

$V = 0.003 \times 1.5 \times 20^2 = 1.8 \, (cm/sec)$

🔖 실기에 자주 출제 ★★★

30 측정결과를 평가하기 위하여 "표준화값"을 산정할 때 필요한 것은? (단, 고용노동부고시를 기준으로 한다.)

① 시간가중평균값(단시간 노출값)과 허용기준
② 평균농도와 표준편차
③ 측정농도와 시료채취분석오차
④ 시간가중평균값(단시간 노출값)과 평균농도

* 측정결과의 평가
① 측정한 유해인자의 시간가중평균값 또는 단시간 노출 값을 구한다.
② 시간가중평균값 또는 단시간 노출 값을 허용기준으로 나누어 Y(표준화 값)를 구한다.
$$Y(표준화\ 값) = \frac{X_1(또는\ X_2)}{허용기준}$$
③ 95%의 신뢰도를 가진 하한치를 계산한다.
하한치 = Y − 시료채취분석오차
④ 허용기준 초과여부 판정을 판정한다.
하한치 > 1일 때 허용기준을 초과한 것으로 판정

📝 실기까지 중요 ★★

31 다음은 가스상 물질을 측정 및 분석하는 방법에 대한 내용이다. ( )안에 알맞은 것은? (단, 고용노동부 고시를 기준으로 한다.)

가스상 물질을 검지관 방식으로 측정하는 경우에 1일 작업시간 동안 1시간 간격으로 (㉠)회 이상 측정하되 매 측정시간마다 (㉡)회 이상 반복 측정하여 평균값을 산출하여야 한다.

① ㉠ 6, ㉡ 2 ② ㉠ 6, ㉡ 3
③ ㉠ 8, ㉡ 2 ④ ㉠ 8, ㉡ 3

가스상물질을 검지관방식으로 측정하는 경우에는 1일 작업시간 동안 1시간 간격으로 6회 이상 측정하되 측정시간마다 2회 이상 반복 측정하여 평균값을 산출하여야 한다. 다만, 가스상 물질의 발생시간이 6시간 이내일 때에는 작업시간 동안 1시간 간격으로 나누어 측정하여야 한다.

📝 실기까지 중요 ★★

32 에틸렌글리콜이 20℃, 1기압에서 공기 중에서 증기압이 0.05mmHg라면, 20℃, 1기압에서 공기 중 포화농도는 약 몇 ppm인가?

① 55.4 ② 65.8
③ 73.2 ④ 82.1

$$포화농도 = \frac{물질의\ 증기압(mmHg)}{대기압(760mmHg)} \times 10^2(\%)$$
$$= \frac{물질의\ 증기압(mmHg)}{대기압(760mmHg)} \times 10^6(ppm)$$

$$포화농도 = \frac{0.05}{760} \times 10^6 = 65.79(ppm)$$

📝 실기까지 중요 ★★

33 입자상 물질을 채취하기 위해 사용하는 막여과지에 관한 설명으로 틀린 것은?

① MCE 막여과지 : 산에 쉽게 용해되므로 입자상 물질 중의 금속을 채취하여 원자흡광광도법으로 분석하는 데 적당하다.
② PVC 막여과지 : 유리규산을 채취하여 X−선 회절법으로 분석하는 데 적절하다.
③ PTFE 막여과지 : 농약, 알칼리성 먼지, 콜타르피치 등을 채취하는 데 사용한다.
④ 은막 여과지 : 금속은, 결합제, 섬유 등을 소결하여 만든 것으로 코크스오븐에 대한 저항이 약한 단점이 있다.

④ 은막 여과지는 금속은을 소결하여 만든 것으로 코크스 오븐 배출물질 또는 다핵방향족탄화수소 등을 채취하는 데 사용한다.

📝 실기까지 중요 ★★

정답 31 ① 32 ② 33 ④

34 유량, 측정시간, 회수율 및 분석에 의한 오차가 각각 18%, 3%, 9%, 5%일 때, 누적오차는 약 몇 %인가?

① 18
② 21
③ 24
④ 29

> 누적오차$(E_c) = \sqrt{E_1^2 + E_2^2 + E_3^2 + \cdots + E_n^2}$
> • E_c : 누적오차(%)
> • $E_1, E_2, E_3 \sim E_n$: 각각 요소의 오차율(%)
> 누적오차$(E_c) = \sqrt{18^2 + 3^2 + 9^2 + 5^2} = 20.95(\%)$

📝 실기에 자주 출제 ★★★

35 옥외(태양광선이 내리쬐는 장소)에서 습구흑구온도지수(WBGT)의 산출식은?

① (0.7×자연습구온도) + (0.2×건구온도) + (0.1×흑구온도)
② (0.7×자연습구온도) + (0.2×흑구온도) + (0.1×건구온도)
③ (0.7×자연습구온도) + (0.3×흑구온도)
④ (0.7×자연습구온도) + (0.2×건구온도)

> 1. 옥외(태양광선이 내리쬐는 장소)
>   WBGT(℃) = 0.7×자연습구온도 + 0.2 ×흑구온도 + 0.1×건구온도
> 2. 옥내 또는 옥외(태양광선이 내리쬐지 않는 장소)
>   WBGT(℃) = 0.7×자연습구온도 + 0.3 ×흑구온도

📝 실기에 자주 출제 ★★★

36 다음 중 78℃와 동등한 온도는?

① 351K
② 189°F
③ 26°F
④ 195K

> 78℃ + 273 = 351K

📝 실기까지 중요 ★★

37 이황화탄소(CS_2)가 배출되는 작업장에서 시료분석농도가 3시간에 3.5ppm, 2시간에 15.2ppm, 3시간에 5.8ppm일 때, 시간가중평균값은 약 몇 ppm인가?

① 3.7
② 6.4
③ 7.3
④ 8.9

> ★ 시간가중평균 값(X_1)의 계산
> $$X_1 = \frac{C_1 \cdot T_1 \cdot C_2 \cdot T_2 + \cdots + C_n \cdot T_n}{8}$$
> • C : 유해인자의 측정농도
>   (단위 : ppm, mg/m³ 또는 개/cm³)
> • T : 유해인자의 발생시간(단위 : 시간)
>
> 시간가중 평균값 $= \frac{3 \times 3.5 + 2 \times 15.2 + 3 \times 5.8}{8}$
> $= 7.29(ppm)$

📝 실기까지 중요 ★★

38 소음측정방법에 관한 내용으로 ( )에 알맞은 것은? (단, 고용노동부 고시 기준)

> 소음이 1초 이상의 간격을 유지하면서 최대음압수준이 120dB(A) 이상의 소음인 경우에는 소음수준에 따른 ( ) 동안의 발생횟수를 측정할 것

① 1분
② 2분
③ 3분
④ 5분

> 소음이 1초 이상의 간격을 유지하면서 최대음압수준이 120dB(A) 이상의 소음인 경우에는 소음수준에 따른 1분 동안의 발생횟수를 측정할 것

📝 실기까지 중요 ★★

정답 34 ② 35 ② 36 ① 37 ③ 38 ①

39 측정에서 변이계수를 알맞게 나타낸 것은?

① 표준편차 / 산술평균
② 기하평균 / 표준편차
③ 표준오차 / 표준편차
④ 표준편차 / 표준오차

* 변이계수

$$CV(\%) = \frac{표준편차}{산술평균} \times 100$$

📝 실기까지 중요 ★★

40 다음 중 자외선에 관한 내용과 가장 거리가 먼 것은?

① 비전리 방사선이다.
② 인체와 관련된 Domo선을 포함한다.
③ 100~1000nm 사이의 파장을 갖는 전자파를 총칭하는 것으로 열선이라고도 한다.
④ UV-B는 약 280~315nm의 파장의 자외선이다.

③ 자외선은 100~400nm(1000~4000Å)사이의 파장을 가진다.

* 참고
열선 → 적외선

📝 필기에 자주 출제 ★

제3과목 작업환경관리대책

41 후드의 유입계수가 0.7이고 속도압이 20mmH₂O일 때, 후드의 유입손실은 약 몇 mmH₂O인가?

① 10.5   ② 20.8
③ 32.5   ④ 40.8

1. 압력손실$(\triangle P) = F_h \times VP$
$$= (\frac{1}{Ce^2} - 1) \times \frac{\gamma V^2}{2g} (mmH_2O)$$

- F_h : 압력손실계수
- Ce : 유입계수
- VP : 속도압(동압)(mmH₂O)
- r : 공기비중
- V : 유속(m/s)
- g : 중력가속도(9.8m/s²)

2. $F_h = \frac{1}{Ce^2} - 1$
- Ce : 유입계수

압력손실$(\triangle P) = (\frac{1}{Ce^2} - 1) \times VP$
$$= (\frac{1}{0.7^2} - 1) \times 20 = 20.82(mmH_2O)$$

📝 실기에 자주 출제 ★★★

42 주물작업 시 발생되는 유해인자로 가장 거리가 먼 것은?

① 소음 발생   ② 금속흄 발생
③ 분진 발생   ④ 자외선 발생

* 주물작업 시 발생되는 유해인자
① 용해공정 : 원자재 용해 시 금속 흄(Cu, Pb 등) 발생
② 조형공정 및 형 해체 및 탈사(주물사처리)공정 : 주물사분진에 폭로. 요통, 근골격계 질환 발생
③ 주입공정 : 금속 흄 및 고열에 폭로. 요통, 화상 재해 위험
④ 후처리(사상, 연마)공정 : 금속분진. 소음 발생

정답 39 ① 40 ③ 41 ② 42 ④

43 보호구의 보호정도와 한계를 나타내는 데 필요한 보호계수(PF)를 산정하는 공식으로 옳은 것은? (단, 보호구 밖의 농도는 C_o이고, 보호구 안의 농도는 C_i이다.)

① $PF = C_o/C_i$
② $PF = C_i/C_o$
③ $PF = (C_i/C_o) \times 100$
④ $PF = (C_i/C_o) \times 0.5$

> 할당보호계수(APF) = $\dfrac{\text{발생농도(최대사용농도:}MUC)}{\text{노출기준}(TLV)}$
>
> 보호계수(PF) = $\dfrac{\text{방독마스크 바깥쪽 오염물질 농도}(C_o)}{\text{방독마스크 안쪽 오염물질 농도}(C_i)}$

 실기까지 중요 ★★

44 국소배기시설의 일반적 배열순서로 가장 적절한 것은?

① 후드 → 덕트 → 송풍기 → 공기정화장치 → 배기구
② 후드 → 송풍기 → 공기정화장치 → 덕트 → 배기구
③ 후드 → 덕트 → 공기정화장치 → 송풍기 → 배기구
④ 후드 → 공기정화장치 → 덕트 → 송풍기 → 배기구

> ★ 국소배기시설의 배열순서
> 후드 → 덕트 → 공기정화기 → 송풍기 → 배출구

실기까지 중요 ★★

45 작업장의 음압수준이 86dB(A)이고, 근로자는 귀덮개(차음평가지수 = 19)를 착용하고 있을 때 근로자에게 노출되는 음압수준은 약 몇 dB(A)인가?

① 74   ② 76
③ 78   ④ 80

> 차음효과 = ($NRR - 7$) × 0.5
> • NRR : 차음평가수
>
> 차음효과 = (19 − 7) × 0.5 = 6(dB)
> 근로자가 노출되는 음압수준 = 86 − 6 = 80(dB)(A)

실기에 자주 출제 ★★★

46 작업장에 설치된 후드가 100m³/min으로 환기되도록 송풍기를 설치하였다. 사용함에 따라 정압이 절반으로 줄었을 때, 환기량의 변화로 옳은 것은? (단, 상사법칙을 적용한다.)

① 환기량이 33.3m³/min으로 감소하였다.
② 환기량이 50m³/min으로 감소하였다.
③ 환기량이 57.7m³/min으로 감소하였다.
④ 환기량이 70.7m³/min으로 감소하였다.

> 1. 송풍기 상사법칙에 의하여
> $\dfrac{Q_2}{Q_1} = \dfrac{N_2}{N_1}$, $\dfrac{P_2}{P_1} = \left(\dfrac{N_2}{N_1}\right)^2$
> $\therefore \dfrac{P_2}{P_1} = \left(\dfrac{Q_2}{Q_1}\right)^2$
>
> 2. $\dfrac{Q_2}{Q_1} = \sqrt{\dfrac{P_2}{P_1}}$
> $Q_2 = Q_1 \times \sqrt{\dfrac{P_2}{P_1}} = 100 \times \sqrt{0.5}$
> $= 70.71(m^3/min)$

47 회전수가 600rpm이고, 동력은 5kW인 송풍기의 회전수를 800rpm으로 상향조정하였을 때, 동력은 약 몇 kW인가?

① 6　　② 9
③ 12　　④ 15

$$HP_2 = HP_1 \left(\frac{D_2}{D_1}\right)^5 \left(\frac{N_2}{N_1}\right)^3 \left(\frac{\rho_2}{\rho_1}\right)$$

$$HP_2 = 5 \times \left(\frac{800}{600}\right)^3 = 11.85(kW)$$

📝 실기에 자주 출제 ★★★

48 작업환경개선 대책 중 격리와 가장 거리가 먼 것은?

① 국소배기 장치의 설치
② 원격 조정 장치의 설치
③ 특수 저장 창고의 설치
④ 콘크리트 방호벽의 설치

① 국소배기 장치의 설치 → 작업환경개선 대책 중 "환기"에 해당한다.

★ 참고
작업환경개선의 공학적인 대책
① 대치(대체)
  • 공정의 변경
  • 유해물질 변경
  • 시설의 변경
② 격리(Isolation)
  • 저장물질의 격리
  • 시설의 격리
  • 공정의 격리
  • 작업자의 격리
③ 환기
  • 국소환기
  • 전체환기

📝 필기에 자주 출제 ★

49 주물사, 고온가스를 취급하는 공정에 환기시설을 설치하고자 할 때, 다음 중 덕트의 재료로 가장 적절한 것은?

① 아연도금 강판　　② 중질 콘크리트
③ 스테인레스 강판　　④ 흑피 강판

유해물질	덕트의 재질
유기용제	아연도금강판
강산, 염소계 용제	스테인리스스틸 강판
알칼리	강판
주물사, 고온가스	흑피 강판
전리방사선	중질콘크리트

📝 필기에 자주 출제 ★

50 보호구의 재질과 적용 대상 화학물질에 대한 내용으로 잘못 짝지어진 것은?

① 천연고무 - 극성 용제
② Butyl 고무 - 비극성 용제
③ Nitrile 고무 - 비극성 용제
④ Neoprene 고무 - 비극성 용제

★ 보호장구 재질에 따른 적용물질
① Neoprene 고무 : 비극성 용제, 산, 부식성 물질에 사용
② Vitron : 비극성 용제에 사용
③ Nitrile : 비극성 용제에 사용
④ 천연고무(latex) : 극성 용제 및 수용성 용액에 사용
⑤ Butyl 고무 : 극성 용제(알코올 등)에 사용
⑥ 면 : 고체상물질에 사용(용제에는 사용 못함)
⑦ 가죽 : 찰과상 예방(용제에는 사용 못함)
⑧ Ethylene Vinyl Alcohol : 화학물질 취급 작업에 사용

📝 필기에 자주 출제 ★

정답　47 ③　48 ①　49 ④　50 ②

51 다음 중 덕트 합류 시 댐퍼를 이용한 균형유지법의 특징과 가장 거리가 먼 것은?

① 임의로 댐퍼 조정 시 평형 상태가 깨진다.
② 시설 설치 후 변경이 어렵다.
③ 설계계산이 상대적으로 간단하다.
④ 설치 후 부적당한 배기유량의 조절이 가능하다.

★ **댐퍼를 이용한 평형법**

장점	① 시설설치 후 송풍량의 조절, 덕트위치 변경이 어렵지 않다.(임의의 유량 조절 가능) ② 최소 설계풍량으로 평형유지가 가능하다. ③ 설계계산이 상대적으로 간단하고, 고도의 지식을 요하지 않는다. ④ 덕트 크기를 바꿀 필요가 없어 반송속도를 그대로 유지한다.
단점	① 평형상태 시설에 댐퍼를 잘못 설치하게 되면 평형상태 파괴 유발한다. ② 임의로 댐퍼 조정 시 평형상태가 파괴될 수 있다. ③ 부분적 폐쇄댐퍼는 침식, 분진퇴적의 원인이 된다. ④ 최대 저항경로 선정이 잘못되어도 설계 시 쉽게 발견하기 어렵다. ⑤ 댐퍼가 노출되어 누구나 쉽게 조절할 수 있어 정상기능을 저해할 우려 있다.

📝 실기까지 중요 ★★

52 작업장 내 열부하량이 5000kcal/h이며, 외기온도 20℃, 작업장 내 온도는 35℃이다. 이때 전체 환기를 위한 필요 환기량은 약 몇 m³/min인가? (단, 정압비열은 0.3kcal/(m³·℃)이다.)

① 18.5 ② 37.1
③ 185   ④ 1111

$$Q = \frac{H_s}{0.3 \triangle t} (m^3/hr)$$

- $\triangle t$: 급배기(실내, 외)의 온도차(℃)
- H_s : 작업장 내 열부하량(kcal/hr)
- 0.3 : 정압비열(kcal/m³℃)

$$Q = \frac{5,000}{0.3 \times (35-20)} = 1111.11(m^3/hr) \div 60$$
$$= 18.52(m^3/min)$$

📝 실기까지 중요 ★★

53 공기가 20℃의 송풍관 내에서 20m/sec의 유속으로 흐를 때, 공기의 속도압은 약 몇 mmH₂O인가? (단, 공기밀도는 1.2kg/m³)

① 15.5 ② 24.5
③ 33.5 ④ 40.2

$$속도압(VP) = \frac{\gamma \times V^2}{2g}$$

- γ : 비중(kg/m³)
- V : 공기속도(m/sec)
- g : 중력가속도(m/sec²)

$$속도압(VP) = \frac{1.2 \times 20^2}{2 \times 9.8} = 24.49(mmH_2O)$$

📝 실기에 자주 출제 ★★★

정답 51 ② 52 ① 53 ②

54 다음 중 전체 환기를 적용할 수 있는 상황과 가장 거리가 먼 것은?

① 유해물질의 독성이 높은 경우
② 작업장 특성상 국소배기장치의 설치가 불가능한 경우
③ 동일 사업장에 다수의 오염발생원이 분산되어 있는 경우
④ 오염발생원이 근로자가 작업하는 장소로부터 멀리 떨어져 있는 경우

국소환기 장치 설치가 필요한 경우	① 유해물질 발생량이 많은 경우 ② 유해물질 독성이 강한 경우(TLV가 낮을 때) ③ 유해물질 발생원과 작업위치가 근접해 있는 경우 ④ 높은 증기압의 유기용제 ⑤ 발생주기가 균일하지 않은 경우 ⑥ 발생원이 고정되어 있는 경우 ⑦ 법적의무 설치사항의 경우
전체환기 (희석환기)가 필요한 경우	① 유해물질의 독성이 비교적 낮은 경우 ② 동일한 작업장에 다수의 오염원이 분산되어 있는 경우 ③ 유해물질이 시간에 따라 균일하게 발생될 경우 ④ 유해물질의 발생량이 적은 경우 ⑤ 발생원이 이동하는 경우 ⑥ 오염원이 근로자가 근무하는 장소로부터 멀리 떨어져 있는 경우 ⑦ 국소배기로 불가능한 경우 ⑧ 가연성 가스의 농축으로 폭발의 위험이 있는 경우 ⑨ 유해물질이 증기나 가스일 경우

실기까지 중요 ★★

55 환기량을 $Q(m^3/hr)$, 작업장 내 체적을 $V(m^3)$라고 할 때, 시간당 환기 횟수(회/hr)로 옳은 것은?

① 시간당 환기 횟수 = $Q \times V$
② 시간당 환기 횟수 = V/Q
③ 시간당 환기 횟수 = Q/V
④ 시간당 환기 횟수 = $Q \times \sqrt{V}$

$$ACH = \frac{실내\ 환기량(Q)}{실내\ 체적(m^3)}$$
· $Q(m^3/hr)$

실기까지 중요 ★★

56 푸쉬풀 후드(push-pull hood)에 대한 설명으로 적합하지 않은 것은?

① 도금조와 같이 폭이 넓은 경우에 사용하면 포집효율을 증가시키면서 필요유량을 감소시킬 수 있다.
② 공정에서 작업물체를 처리조에 넣거나 꺼내는 중에 발생되는 공기막 파괴현상을 사전에 방지할 수 있다.
③ 개방조 한 변에서 압축공기를 이용하여 오염물질이 발생하는 표면에 공기를 불어 반대쪽에 오염물질이 도달하게 한다.
④ 제어속도는 푸쉬 제트기류에 의해 발생한다.

② 공정에서 작업물질을 처리조에 넣거나 꺼내는 중에 오염물질이 발생할 수 있다.

필기에 자주 출제 ★

정답 54 ① 55 ③ 56 ②

57 덕트 직경이 30cm이고 공기유속이 10m/sec일 때, 레이놀드 수는 약 얼마인가? (단, 공기의 점성계수는 1.85×10^{-5} kg/sec.m, 공기밀도는 1.2kg/m³이다.)

① 195,000 ② 215,000
③ 235,000 ④ 255,000

★ 레이놀즈 수

$$Re = \frac{\rho Vd}{\mu} = \frac{Vd}{\nu} = \frac{관성력}{점성력}$$

- Re : 레이놀즈 수(무차원)
- ρ : 유체밀도(kg/m³)
- d : 관경(m) (상당직경 $D = \frac{2ab}{a+b}$)
- V : 유체의 유속(m/sec)
- γ : 점성계수(kg/m · s(10Poise))
- ν : 동점성계수(m²/sec)

$$Re = \frac{\rho Vd}{\mu} = \frac{1.2 \times 10 \times 0.3}{1.85 \times 10^{-5}} = 194,594.6$$

📝 실기에 자주 출제 ★★★

58 다음 중 도금조와 사형주조에 사용되는 후드형식으로 가장 적절한 것은?

① 부스식   ② 포위식
③ 외부식   ④ 장갑부착상자식

도금조, 사형주조 → 외부식 후드

★ 참고
외부식 후드(포집형 후드)

작업 특성상 유해물질의 외부에 설치한 후드를 말하며 외부의 오염물질까지 흡인하도록 설계한 후드의 형태이다.

발생원

59 사이클론 집진장치의 블로다운에 대한 설명으로 옳은 것은?

① 유효 원심력을 감소시켜 선회기류의 흐트러짐을 방지한다.
② 관 내 분진부착으로 인한 장치의 폐쇄현상을 방지한다.
③ 부분적 난류 증가로 집진된 입자가 재비산된다.
④ 처리배기량의 50% 정도가 재유입되는 현상이다.

★ 블로다운(blow-down)의 효과
① 사이클론 내의 난류현상 억제(원심력 증대), 집진먼지 비산을 방지한다.
② 사이클론의 집진효율을 증대시킨다.
③ 관내 분진부착으로 인한 장치의 폐쇄현상을 방지한다.(가교현상 억제)

★ 참고
블로다운(blow-down)
① 사이클론의 집진효율을 증대시키기 위한 방법
② 더스트 박스 및 호퍼부에서 처리가스의 5~10%를 흡인하여 난류현상의 억제 및 원심력을 증대시켜 집진효율을 증대시키는 운전방식을 말한다.

📝 실기까지 중요 ★★

60 다음 중 개인보호구에서 귀덮개의 장점과 가장 거리가 먼 것은?

① 귀 안에 염증이 있어도 사용 가능하다.
② 동일한 크기의 귀 덮개를 대부분의 근로자가 사용할 수 있다.
③ 멀리서도 착용 유무를 확인할 수 있다.
④ 고온에서 사용해도 불편이 없다.

④ 고온에서 사용 시에는 땀이 나서 불편하다.

 실기까지 중요 ★★

제4과목 물리적 유해인자관리

61 진동증후군(HAVS)에 대한 스톡홀름 워크숍의 분류로서 틀린 것은?

① 진동증후군의 단계를 0부터 4까지 5단계로 구분하였다.
② 1단계는 가벼운 증상으로 하나 또는 그 이상의 손가락 끝부분이 하얗게 변하는 증상을 의미한다.
③ 3단계는 심각한 증상으로 하나 또는 그 이상의 손가락 가운뎃마디 부분까지 하얗게 변하는 증상이 나타나는 단계이다.
④ 4단계는 매우 심각한 증상으로 대부분의 손가락이 하얗게 변하는 증상과 함께 손끝에서 땀의 분비가 제대로 일어나지 않는 등의 변화가 나타나는 단계이다.

★ 진동증후군(HAVS)에 대한 스톡홀름 워크숍의 분류

단계	증상 및 징후
0단계	• 증상 없음
1단계	• 가벼운 증상 • 하나 또는 그 이상의 손가락 끝부분이 하얗게 변하는 증상이 나타나는 단계
2단계	• 하나 혹은 그 이상의 손가락의 중간부위 이상에 때때로 증상이 나타나는 단계
3단계	• 심각한 증상 • 대부분의 수지들 전체에 빈번하게 증상 발생
4단계	• 매우 심각한 증상 • 대부분의 손가락이 하얗게 변하는 증상과 함께 손끝에서 땀의 분비가 제대로 일어나지 않는 등의 변화가 나타나는 단계

필기에 자주 출제 ★

62 다음 중 피부 투과력이 가장 큰 것은?

① X선
② α선
③ β선
④ 레이저

> ① 인체의 투과력 순서
>   중성자 〉 X선 or γ 〉 β 〉 α
> ② 전리작용(REB : 생물학적 효과) 순서
>   중성자 〉 α 〉 β 〉 X선 or γ

📖 실기까지 중요 ★★

63 다음의 빛과 밝기의 단위를 설명한 것으로 ㉠, ㉡에 해당하는 용어로 맞는 것은?

> 1루멘의 빛이 $1ft^2$의 평면상에 수직방향으로 비칠 때, 그 평면의 빛의 양, 즉 조도를 (㉠)(이)라 하고, $1m^2$의 평면에 1루멘의 빛이 비칠 때의 밝기를 1(㉡)(이)라고도 한다.

① ㉠ 캔들(candle), ㉡ 럭스(lux)
② ㉠ 럭스(lux), ㉡ 캔들(candle)
③ ㉠ 럭스(lux), ㉡ 푸트캔들(foot-candle)
④ ㉠ 푸트캔들(foot-candle), ㉡ 럭스(lux)

> ★ 조도의 단위
> ① fc(foot-candle)
>   • 1촉광의 점광원으로부터 1foot 떨어진 곡면에 비추는 광 밀도
>   • 1루멘의 빛이 $1ft^2$의 평면상에 수직방향으로 비칠 때 그 평면의 빛의 양을 말한다.($1lumen/ft^2$)
> ② lux(meter-candle)
>   • 1촉광의 점광원으로부터 1m 떨어진 곡면에 비추는 광밀도
>   • 1루멘의 빛이 $1m^2$의 평면상에 수직방향으로 비칠 때의 빛의 양을 말한다.($1lumen/m^2$)

📖 필기에 자주 출제 ★

64 저기압의 영향에 관한 설명으로 틀린 것은?

① 산소결핍을 보충하기 위하여 호흡수, 맥박수가 증가된다.
② 고도 18,000ft(5,468m) 이상이 되면 21% 이상의 산소가 필요하게 된다.
③ 고도 10,000ft(3,048m)까지는 시력, 협조운동의 가벼운 장해 및 피로를 유발한다.
④ 고도의 상승으로 기압이 저하되면 공기의 산소분압이 상승하여 폐포 내의 산소분압도 상승한다.

> ④ 고도의 상승으로 기압이 저하되면 공기의 산소분압이 감소하여 폐포 내의 산소분압도 감소한다.

📖 필기에 자주 출제 ★

65 온열지수(WBGT)를 측정하는 데 있어 관련이 없는 것은?

① 기습
② 기류
③ 전도열
④ 복사열

> ★ 습구흑구온도지수
>   (Wet-Bulb Globe Temperature : WBGT)
> 근로자가 고열환경에 종사함으로써 받는 열 스트레스 또는 위해정도를 평가하기 위한 도구로서 기온, 기류, 기습, 복사열을 종합적으로 고려한 지표이다.

📖 실기까지 중요 ★★

정답 62 ① 63 ④ 64 ④ 65 ③

66 열사병(heat stroke)에 관한 설명으로 맞는 것은?

① 피부가 차갑고 습한 상태로 된다.
② 보온을 시키고, 더운 커피를 마시게 한다.
③ 지나친 발한에 의한 탈수와 염분소실이 원인이다.
④ 뇌 온도 상승으로 체온조절중추의 기능이 장해를 받게 된다.

★ 열사병
태양의 복사열에 직접 노출 시 뇌의 온도 상승으로 체온조절 중추기능 장해(중추신경 마비)를 일으켜서 체내에 열이 축적되어 발생한다.

★ 참고
① 열경련(heat cramp) : 고온환경에서 심한 육체적인 노동을 할 때 체내 수분 및 혈중 염분농도 저하가 원인이 되어 발생한다.
② 열피로(heat exhaustion), 열탈진, 열피비 : 고온환경에서 장시간 힘든 노동을 할 때 과다 발한으로 인한 수분과 염분손실 및 탈수로 인한 혈장량이 감소되어 발생한다.
③ 열쇠약(heat prostration) : 고열작업장에서의 만성적인 건강장해로 전신권태, 위장장해, 불면, 빈혈 등의 증상이 발생한다.
④ 열성발진(heat rashes) : 가장 흔한 피부장해로서 땀띠라고도 한다.

실기까지 중요 ★★

67 자연조명에 관한 설명으로 틀린 것은?

① 창의 면적은 바닥 면적의 15~20% 정도가 이상적이다.
② 개각은 4~5°가 좋으며, 개각이 작을수록 실내는 밝다.
③ 균일한 조명을 요하는 작업실은 동북 또는 북창이 좋다.
④ 입사각은 28° 이상이 좋으며, 입사각이 클수록 실내는 밝다.

② 실내 각점의 개각은 4~5°가 좋으며, 개각이 클수록 실내는 밝다.

필기에 자주 출제 ★

68 다음 중 저온에 의한 장해에 관한 내용으로 틀린 것은?

① 근육 긴장이 증가하고 떨림이 발생한다.
② 혈압은 변화되지 않고 일정하게 유지된다.
③ 피부 표면의 혈관들과 피하조직이 수축된다.
④ 부종, 저림, 가려움, 심한 통증 등이 생긴다.

② 피부혈관 수축으로 혈압은 일시적으로 상승한다.

필기에 자주 출제 ★

69 다음 중 적외선의 생체작용에 대한 설명으로 틀린 것은?

① 조직에 흡수된 적외선은 화학반응을 일으키는 것이 아니라 구성분자의 운동에너지를 증대시킨다.
② 만성노출에 따라 눈장해인 백내장을 일으킨다.
③ 700nm 이하의 적외선은 눈의 각막을 손상시킨다.
④ 적외선이 체외에서 조사되면 일부는 피부에서 반사되고 나머지만 흡수된다.

> ③ 1,400nm(14,000Å) 이상의 적외선은 각막손상을 일으킨다.

📝 필기에 자주 출제 ★

70 다음의 설명에서 ( )안에 들어갈 알맞은 숫자는?

> ( )기압 이상에서 공기 중의 질소가스는 마취작용을 나타내서 작업력의 저하, 기분의 변환, 여러 정도의 다행증(多幸症)이 일어난다.

① 2　　② 4
③ 6　　④ 8

> ★ 고압환경의 2차적 가압현상
> ① 질소의 마취작용 : 공기 중의 질소 가스는 4기압 이상에서 마취작용을 일으킨다.
> ② 산소중독 증세 : 산소분압이 2기압을 넘으면 산소중독 증세가 나타난다.
> ③ 이산화탄소의 작용 : 이산화탄소의 증가는 산소의 독성과 질소의 마취작용을 촉진시킨다.

📝 실기까지 중요 ★★

71 방사선 용어 중 조직(또는 물질)의 단위질량당 흡수된 에너지를 나타낸 것은?

① 등가선량　　② 흡수선량
③ 유효선량　　④ 노출선량

> ★ 흡수선량
> 방사선에 피폭되는 물질의 단위 질량당 인체에 흡수된 방사선 에너지량(방사선량)

> ★ 참고
> 흡수선량의 단위
> ① 래드(Rad)
> • 1rad : 피조사체 1g당 100erg의 에너지 흡수를 일으키는 방사선량
> ② Gy(Gray)
> • 1Gy = 100rad = 0.01J/kg

📝 실기까지 중요 ★★

72 감압병의 예방 및 치료에 관한 설명으로 틀린 것은?

① 고압환경에서의 작업시간을 제한한다.
② 감압이 끝날 무렵에 순수한 산소를 흡입시키면 감압시간을 25%가량 단축시킬 수 있다.
③ 특별히 잠수에 익숙한 사람을 제외하고는 10m/min속도 정도로 잠수하는 것이 안전하다.
④ 헬륨은 질소보다 확산속도가 작고 체내에서 불안정적이므로 질소를 헬륨으로 대치한 공기로 호흡시킨다.

> ④ 헬륨은 질소보다 확산속도가 크며 체외로 배출되는 시간이 질소에 비하여 50% 정도 밖에 걸리지 않으므로 질소를 헬륨으로 대치한 공기를 호흡시킨다.

📝 필기에 자주 출제 ★

정답　69 ③　70 ②　71 ②　72 ④

73 사람이 느끼는 최소 진동역치로 맞는 것은?

① 35 ± 5dB ② 45 ± 5dB
③ 55 ± 5dB ④ 65 ± 5dB

* 사람이 느끼는 최소 진동역치
  55±5dB

📝 필기에 자주 출제 ★

74 비전리 방사선이 아닌 것은?

① 감마선 ② 극저주파
③ 자외선 ④ 라디오파

* 전리방사선(이온화 방사선)의 종류
  ① 전자기 방사선(X-Ray, γ선)
  ② 입자 방사선(α, β입자, 중성자)

📝 실기까지 중요 ★★

75 소음성 난청에 관한 설명으로 틀린 것은?

① 소음성 난청은 4,000~6,000Hz 정도에서 가장 많이 발생한다.
② 일시적 청력 변화 때의 각 주파수에 대한 청력 손실의 양상은 같은 소리에 의하여 생긴 영구적 청력 변화 때의 청력손실 양상과는 다르다.
③ 심한 소음에 노출되면 처음에는 일시적 청력 변화를 초래하는 데, 이것은 소음 노출을 중단하면 다시 노출 전의 상태로 회복되는 변화이다.
④ 심한 소음에 반복하여 노출되면 일시적 청력 변화는 영구적 청력 변화로 변하며 코르티 기관에 손상이 온 것이므로 회복이 불가능하다.

② 영구적인 청력손실은 일시적인 청력손실이 반복되고 불완전한 회복이 계속될 경우 축적효과로 인하여 발생하므로 일시적 청력손실의 양상은 영구적 청력손실의 양상과는 다르지 않다.

📝 필기에 자주 출제 ★

76 정상인이 들을 수 있는 가장 낮은 이론적 음압은 몇 dB인가?

① 0 ② 5
③ 10 ④ 20

정상인이 들을 수 있는 가장 낮은 이론적 음압 : 0dB

정답 73 ③ 74 ① 75 ② 76 ①

77 소음의 흡음 평가 시 적용되는 잔향시간(Reverberation time)에 관한 설명으로 맞는 것은?

① 잔향시간은 실내공간의 크기에 비례한다.
② 실내 흡음량을 증가시키면 잔향시간도 증가한다.
③ 잔향시간은 음압수준이 30dB 감소하는 데 소요되는 시간이다.
④ 잔향시간을 측정하려면 실내 배경소음이 90dB 이상 되어야 한다.

$$T = K\frac{V}{A} = \frac{0.161V}{A}$$

- T : 잔향시간(초)
- K : 비례상수(0.161)
- A : 실내의 총 흡음력(m^2)
- V : 실의 용적(m^3)

잔향시간은 실내공간의 크기에 비례한다.

★ 참고
잔향시간
음원이 정지된 후에 음의 에너지가 $\frac{1}{1,000,000}$까지 감쇄될 때까지 걸리는 시간

📓 필기에 자주 출제 ★

78 사무실 실내환경의 이산화탄소 농도를 측정하였더니 750ppm이었다. 이산화탄소가 750ppm인 사무실 실내환경의 직접적 건강영향은?

① 두통
② 피로
③ 호흡곤란
④ 직접적 건강영향은 없다.

★ 이산화탄소의 농도와 건강영향
① 700ppm 이하 : 장기간 있어도 건강에 문제가 없음
② 700~1,000ppm : 건강영향은 없으나 불쾌감을 느낌
③ 1000~2,000ppm : 피로와 졸림 현상
④ 2,000ppm 이상 : 두통과 어깨 결림
⑤ 3,000ppm 초과 : 현기증을 일으킴

79 각각 90dB, 90dB, 95dB, 100dB의 음압수준을 발생하는 소음원이 있다. 이 소음원들이 동시에 가동될 때 발생되는 음압수준은?

① 99dB
② 102dB
③ 105dB
④ 108dB

★ 합성소음도

$$L = 10 \times \log(10^{\frac{L_1}{10}} + 10^{\frac{L_2}{10}} + \cdots + 10^{\frac{L_n}{10}})(dB)$$

- L : 합성소음도(dB)
- $L_1 \sim L_2$: 각각 소음원의 소음(dB)

$$L = 10 \times \log\left(10^{\frac{90}{10}} + 10^{\frac{90}{10}} + 10^{\frac{95}{10}} + 10^{\frac{100}{10}}\right)$$
$$= 101.81(dB)$$

📓 실기에 자주 출제 ★★★

정답 77 ① 78 ④ 79 ②

80 일반적으로 소음계의 A특성치는 몇 phon의 등감곡선과 비슷하게 주파수에 따른 반응을 보정하여 측정한 음압수준을 말하는가?

① 40
② 70
③ 100
④ 140

> ★ 소음계의 특성
> ① A특성 : 40phon의 등청감곡선과 비슷하게 주파수에 따른 반응을 보정하여 측정한 음압수준
> ② B특성 : 70phon의 등청감곡선과 비슷하게 주파수에 따른 반응을 보정하여 측정한 음압수준
> ③ C특성 : 100phon의 등청감곡선과 비슷하게 주파수에 따른 반응을 보정하여 측정한 음압수준

📝 실기 까지 중요 ★★

제5과목 산업독성학

81 작업장 내 유해물질 노출에 따른 위험성을 결정하는 주요 인자로만 나열된 것은?

① 독성과 노출량
② 배출농도와 사용량
③ 노출기준과 노출량
④ 노출기준과 노출농도

> 유해물질 노출에 따른 위험성을 결정하는 주요 인자
> → 독성(유해인자의 위해성)과 노출량

📝 필기에 자주 출제 ★

82 유해물질의 분류에 있어 질식제로 분류되지 않는 것은?

① H_2
② N_2
③ O_3
④ H_2S

> 오존(O_3) → 호흡기계 자극성 물질

📝 실기 까지 중요 ★★

83 베릴륨 중독에 관한 설명으로 틀린 것은?

① 베릴륨의 만성중독은 Neighborhood cases 라고도 불리운다.
② 예방을 위해 X선 촬영과 폐기능 검사가 포함된 정기 건강검진이 필요하다.
③ 염화물, 황화물, 불화물과 같은 용해성 베릴륨화합물은 급성중독을 일으킨다.
④ 치료는 BAL 등 급속배설 촉진제를 투여하며, 피부병소에는 BAL 연고를 바른다.

> ★ 베릴륨(Be)
> ① 가장 가벼운 금속 중 하나이다.
> ② 만성중독 : 'Neighborhood cases' 라고 불리우며 육아 종양, 화학적 폐렴 및 폐암을 일으킨다.
> ③ 급성중독
> • 염화물, 황화물, 불화물과 같은 용해성 베릴륨화합물은 급성중독을 일으킨다.
> • 폐부종, 접촉성 피부염, 인후염, 기관지염 등을 일으킨다.

📝 필기에 자주 출제 ★

정답 80 ① 81 ① 82 ③ 83 ④

84 다음 중 인체에 흡수된 대부분의 중금속을 배설, 제거하는 데 가장 중요한 역할을 담당하는 기관은 무엇인가?

① 대장　　② 소장
③ 췌장　　④ 신장

> 금속의 가장 중요한 배설경로는 신장이다.

📘 필기에 자주 출제 ★

85 납의 독성에 대한 인체실험 결과, 안전흡수량이 체중(kg)당 0.005mg/kg이었다. 1일 8시간 작업 시의 허용농도(mg/m³)는? (단, 근로자의 평균 체중은 70kg, 해당 작업 시의 폐환기량(또는 호흡량)은 시간당 1.25m³으로 가정한다.)

① 0.030　　② 0.035
③ 0.040　　④ 0.045

> 체내흡수량(mg) = $C \times T \times V \times R$
> - C : 공기 중 유해물질 농도(mg/m³)
> - T : 노출시간(hr)
> - V : 폐환기율(호흡률 m³/hr)
> - R : 체내 잔유율(보통 1.0)
>
> mg = $C \times T \times V \times R$
>
> $C = \dfrac{mg}{T \times V \times R} = \dfrac{\dfrac{0.005mg}{kg} \times 70kg}{8 \times 1.25 \times 1.0}$
>
> = 0.035(mg/m³)

📘 실기에 자주 출제 ★★★

86 체내에 소량 흡수된 카드뮴은 체내에서 해독되는 데 이들 반응에 중요한 작용을 하는 것은?

① 효소　　　② 임파구
③ 간과 신장　④ 백혈구

> ★ 간과 신장
> 체내에서 카드뮴의 해독에 중요한 작용을 하는 기관

📘 필기에 자주 출제 ★

87 이황화탄소를 취급하는 근로자를 대상으로 생물학적 모니터링을 하는 데 이용될 수 있는 생체 내 대사산물은?

① 소변 중 마뇨산
② 소변 중 메탄올
③ 소변 중 메틸마뇨산
④ 소변 중 TTCA
　(2-thiothiazolidine-4-carboxylic acid)

화학물질	생물학적 노출지표물질 (체내대사산물)	시료채취 시기
톨루엔	혈액, 호기의 톨루엔, 소변 중 o-크레졸	작업종료 시
벤젠	소변 중 페놀, 소변 중 t,t-뮤코닉산 (t,t-Muconic acid)	작업종료 시
크실렌	소변 중 메틸마뇨산	작업종료 시
니트로벤젠	혈중 메타헤모글로빈	작업종료 시
에틸벤젠	소변 중 만델린산	작업종료 시
이황화탄소	소변 중 TTCA	당일 작업종료 2시간 전부터 작업종료 사이에 채취

📘 실기에 자주 출제 ★★★

정답　84 ④　85 ②　86 ③　87 ④

88 수은중독의 예방대책이 아닌 것은?

① 수은 주입과정을 밀폐공간 안에서 자동화한다.
② 작업장 내에서 음식물 섭취와 흡연 등의 행동을 금지한다.
③ 수은취급 근로자의 비점막 궤양 생성여부를 면밀히 관찰한다.
④ 작업장에 흘린 수은은 신체가 닿지 않는 방법으로 즉시 제거한다.

> *수은중독의 예방대책
> ① 수은 주입과정을 밀폐공간 안에서 자동화한다.
> ② 작업장 내에서 음식물을 먹거나 흡연을 금지한다.
> ③ 작업장에 흘린 수은은 신체가 닿지 않는 방법으로 즉시 제거한다.

89 폐에 침착된 먼지의 정화과정에 대한 설명으로 틀린 것은?

① 어떤 먼지는 폐포벽을 통과하여 림프계나 다른 부위로 들어가기도 한다.
② 먼지는 세포가 방출하는 효소에 의해 융해되지 않으므로 점액층에 의한 방출 이외에는 체내에 축적된다.
③ 폐에 침착된 먼지는 식세포에 의하여 포위되어, 포위된 먼지의 일부는 미세 기관지로 운반되고 점액 섬모운동에 의하여 정화된다.
④ 폐에서 먼지를 포위하는 식세포는 수명이 다한 후 사멸하고 다시 새로운 식세포가 먼지를 포위하는 과정이 계속적으로 일어난다.

> ② 대식세포가 방출하는 효소의 용해작용으로 먼지를 제거한다.

📝 필기에 자주 출제★

90 메탄올에 관한 설명으로 틀린 것은?

① 특징적인 악성변화는 혈관육종이다.
② 자극성이 있고, 중추신경계를 억제한다.
③ 플라스틱, 필름제조와 휘발유첨가제 등에 이용된다.
④ 시각장해의 기전은 메탄올의 대사산물인 포름알데히드가 망막조직을 손상시키는 것이다.

> ① 혈관육종 → 염화비닐

> *참고
> 메탄올
> 신경독성물질로 시신경장해, 중추신경억제를 일으킨다.

📝 필기에 자주 출제★

91 납중독을 확인하는 시험이 아닌 것은?

① 혈중의 납 농도
② 소변 중 단백질
③ 말초신경의 신경전달 속도
④ ALA(Amino Levulinic Acid) 축적

> *납중독 확인 시험
> ① 혈액 중의 납 농도
> ② 헴(Heme)의 대사
> ③ 말초신경의 신경 전달속도
> ④ Ca-EDTA 이동시험
> ⑤ ALA(Amino Levulinic Acid) 축적

📝 필기에 자주 출제★

정답 88 ③ 89 ② 90 ① 91 ②

92 유기용제의 종류에 따른 중추신경계 억제작용을 작은 것부터 큰 것으로 순서대로 나타낸 것은?

① 에스테르 < 유기산 < 알코올 < 알켄 < 알칸
② 에스테르 < 알칸 < 알켄 < 알코올 < 유기산
③ 알칸 < 알켄 < 알코올 < 유기산 < 에스테르
④ 알켄 < 알코올 < 에스테르 < 알칸 < 유기산

> ★ 유기화학물질의 중추신경계 억제작용 순서
> 할로겐화화합물(할로겐족) 〉 에테르 〉 에스테르 〉
> 유기산 〉 알코올 〉 알켄 〉 알칸

 실기까지 중요 ★★

93 메탄올의 시각장해 독성을 나타내는 대사단계의 순서로 맞는 것은?

① 메탄올 → 에탄올 → 포름산 → 포름알데히드
② 메탄올 → 아세트알데히드 → 아세테이트 → 물
③ 메탄올 → 아세트알데히드 → 포름알데히드 → 이산화탄소
④ 메탄올 → 포름알데히드 → 포름산 → 이산화탄소

> ★ 메탄올이 시각장해 독성을 나타내는 대사단계
> 메탄올 → 포름알데히드 → 포름산 → 이산화탄소

94 주로 비강, 인후두, 기관 등 호흡기의 기도 부위에 축적됨으로써 호흡기계 독성을 유발하는 분진은?

① 흡입성 분진   ② 호흡성 분진
③ 흉곽성 분진   ④ 총부유 분진

> ★ 입자상 물질의 분류(ACGIH)
> ① 흡입성 분진
>   • 호흡기 어느 부위에 침착하더라도 독성을 나타내는 분진
>   • 주로 비강, 인후두, 기관 등 호흡기의 기도 부위에 침착되어 독성을 나타내는 물질
>   • 평균입경 : 100μm
> ② 흉곽성 분진
>   • 기관지, 세기관지, 폐포 등 하기도 및 가스교환부위에 침착되어 독성을 나타내는 물질
>   • 평균 입경 : 10μm
> ③ 호흡성 분진
>   • 가스교환 부위(폐포)에 침착하여 독성을 나타내는 물질
>   • 평균 입경 : 4μm(공기 역학적 직경이 10μm 미만)

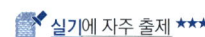 실기에 자주 출제 ★★★

정답 92 ③ 93 ④ 94 ①

95 유기용제에 의한 장해의 설명으로 틀린 것은?

① 유기용제의 중추신경계 작용으로 잘 알려진 것은 마취 작용이다.
② 사염화탄소는 간장과 신장을 침범하는 데 반하며 이황화탄소는 중추신경계통을 침해한다.
③ 벤젠은 노출초기에는 빈혈증을 나타내고 장기간 노출되면 혈소판 감소, 백혈구 감소를 초래한다.
④ 대부분의 유기용제는 유독성의 포스겐을 발생시켜 장기간 노출 시 폐수종을 일으킬 수 있다.

> ④ 염화에틸렌은 화기 등에 접촉하면 유독성의 포스겐이 발생하여 폐수종을 일으킨다.

📝 필기에 자주 출제 ★

96 할로겐화 탄화수소의 사염화탄소에 관한 설명으로 틀린 것은?

① 생식기에 대한 독성작용이 특히 심하다.
② 고농도에 노출되면 중추신경계 장해 외에 간장과 신장장해를 유발한다.
③ 신장장해 증상으로 감뇨, 혈뇨 등이 발생하며 완전 무뇨증이 되면 사망할 수도 있다.
④ 초기 증상으로는 지속적인 두통, 구역 또는 구토, 복부선통과 설사, 간압통 등이 나타난다.

> ① 중추신경계의 억제에 의한 마취작용이 특히 심하다.

📝 필기에 자주 출제 ★

97 다음의 설명에서 ㉠~㉢에 해당하는 내용이 맞는 것은?

> 단시간노출기준(STEL)이란 (㉠)분 간의 시간가중평균노출값으로서 노출농도가 시간가중평균노출기준(TWA)을 초과하고 단시간노출기준(STEL) 이하인 경우에는 1회 노출 지속시간이 (㉡)분 미만이어야 하고, 이러한 상태가 1일 (㉢)회 이하로 발생하여야 하며, 각 노출의 간격은 60분 이상이어야 한다.

① ㉠ 15, ㉡ 20, ㉢ 2
② ㉠ 15, ㉡ 15, ㉢ 4
③ ㉠ 20, ㉡ 15, ㉢ 2
④ ㉠ 20, ㉡ 20, ㉢ 4

★ 단시간노출기준(STEL)
① 15분 간의 시간가중평균노출 값(근로자가 1회에 15분간 유해인자에 노출되는 경우의 기준)
② 노출농도가 시간가중평균노출기준(TWA)을 초과하고 단시간노출기준(STEL) 이하인 경우에는 1회 노출 지속시간이 15분 미만이어야 하고, 이러한 상태가 1일 4회 이하로 발생하여야 하며, 각 노출의 간격은 60분 이상이어야 한다.

📝 실기까지 중요 ★★

정답 95 ④ 96 ① 97 ②

98 페니실린을 비롯한 약품을 정제하기 위한 추출제 혹은 냉동제 및 합성수지에 이용되는 물질로 가장 적절한 것은?

① 벤젠
② 클로로포름
③ 브롬화메틸
④ 헥사클로로나프탈렌

> ★ 클로로포름
> 약품을 정제하기 위한 추출제 혹은 냉동제 및 합성수지에 이용된다.

📝 필기에 자주 출제 ★

99 채석장 및 모래 분사 작업장 작업자들이 석영을 과도하게 흡입하여 발생하는 질병은?

① 규폐증
② 탄폐증
③ 면폐증
④ 석면폐증

> ★ 규폐증(silicosis)
> ① 이산화규소(SiO_2, 유리규산, 석영) 분진의 흡입으로 폐조직에 섬유화가 나타나는 진폐증을 말한다.
> ② 이집트의 미라에서도 발견되는 오랜 질병이며, 건축업, 도자기 작업장, 채석장, 석재공장 등의 작업장에서 근무하는 근로자에게 발생한다.

📝 실기까지 중요 ★★

100 근로자의 화학물질에 대한 노출을 평가하는 방법으로 가장 거리가 먼 것은?

① 개인시료 측정
② 생물학적 모니터링
③ 유해성확인 및 독성평가
④ 건강감시(medical surveillance)

> ★ 근로자의 화학물질에 대한 노출을 평가하는 방법
> ① 개인시료 측정
> ② 생물학적 모니터링 : 노출에 대한 모니터링, 건강상의 영향에 대한 모니터링
> ③ 건강감시(medical surveillance)

정답 98 ② 99 ① 100 ③

2019년 4월 27일
2회 과년도기출문제

제1과목 | 산업위생학개론

01 산업안전보건법상 최근 1년간 작업공정에서 공정 설비의 변경, 작업방법의 변경, 설비의 이전, 사용 화학물질의 변경 등으로 작업환경측정 결과에 영향을 주는 변화가 없는 경우 작업공정 내 소음 외의 다른 모든 인자의 작업환경측정 결과가 최근 2회 연속 노출기준 미만인 사업장은 몇 년에 1회 이상 측정할 수 있는가?

① 6월 ② 1년
③ 2년 ④ 3년

* 1년에 1회 이상 작업환경측정을 할 수 있는 경우
① 작업공정 내 소음의 작업환경측정 결과가 최근 2회 연속 85데시벨(dB) 미만인 경우
② 작업공정 내 소음 외의 다른 모든 인자의 작업환경측정 결과가 최근 2회 연속 노출기준 미만인 경우

*참고
3개월에 1회 이상 작업환경측정을 하여야 하는 경우
① 화학적 인자(고용노동부장관이 정하여 고시하는 허가대상유해물질, 특별관리물질)의 측정치가 노출기준을 초과하는 경우
② 화학적 인자(고용노동부장관이 정하여 고시하는 물질은 제외한다)의 측정치가 노출기준을 2배 이상 초과하는 경우

📝 실기까지 중요 ★★

02 해외 국가의 노출기준 연결이 틀린 것은?

① 영국 - WEL(Workplace Exposure Limit)
② 독일 - REL(Recommended Exposure Limit)
③ 스웨덴 - OEL(Occupational Exposure Limit)
④ 미국(ACGIH) - TLV(Threshold Limit Value)

② 독일 – MAK(Maximum Concentration Values)

📝 실기까지 중요 ★★

03 L_5/S_1 디스크에 얼마 정도의 압력이 초과되면 대부분의 근로자에게 장해가 나타나는가?

① 3,400N ② 4,400N
③ 5,400N ④ 6,400N

L_5/S_1 디스크에 650kg(6,400N) 정도의 압력이 초과되면 대부분의 근로자에게 장해가 나타난다.

📝 필기에 자주 출제 ★

정답 01 ② 02 ② 03 ④

04 Flex-Time 제도의 설명으로 맞는 것은?

① 하루 중 자기가 편한 시간을 정하여 자유롭게 출·퇴근 하는 제도
② 주휴 2일제로 주당 40시간 이상의 근무를 원칙으로 하는 제도
③ 연중 4주간 년차 휴가를 정하여 근로자가 원하는 시기에 휴가를 갖는 제도
④ 작업상 전 근로자가 일하는 중추시간(core time)을 제외하고 주당 40시간 내외의 근로 조건하에서 자유롭게 출·퇴근 하는 제도

> ★ Flex Time제
> 종업원이 자유로운 시간에 출퇴근이 가능하도록 전 근로자가 일하는 중추시간(core time)을 제외하고 출퇴근 시간을 융통성 있게 운영하는 제도

📝 실기까지 중요 ★★

05 하인리히의 사고연쇄반응 이론(도미노 이론)에서 사고가 발생하기 바로 직전의 단계에 해당하는 것은?

① 개인적 결함
② 사회적 환경
③ 선진 기술의 미적용
④ 불안전한 행동 및 상태

> ★ 하인리히(H. W. Heinrich)의 사고발생 도미노 5단계
> ① 1단계 : 선천적 결함 (사회, 환경, 유전적 결함)
> ② 2단계 : 개인적 결함
> ③ 3단계 : 불안전 행동(인적결함), 불안전한 상태 (물적결함)
> ④ 4단계 : 사고
> ⑤ 5단계 : 재해(상해)

📝 실기까지 중요 ★★

06 화학물질의 국내 노출기준에 관한 설명으로 틀린 것은?

① 1일 8시간을 기준으로 한다.
② 직업병 진단 기준으로 사용할 수 없다.
③ 대기오염의 평가나 관리상 지표로 사용할 수 없다.
④ 직업성 질병의 이환에 대한 반증자료로 사용할 수 있다.

> ★ 노출기준 사용상의 유의사항
> ① 각 유해인자의 노출기준은 해당 유해인자가 단독으로 존재하는 경우의 노출기준을 말하며, 2종 또는 그 이상의 유해인자가 혼재하는 경우에는 각 유해인자의 상가작용으로 유해성이 증가할 수 있으므로 산출하는 노출기준을 사용하여야 한다.
> ② 노출기준은 1일 8시간 작업을 기준으로 하여 제정된 것이므로 이를 이용할 경우에는 근로시간, 작업의 강도, 온열조건, 이상기압 등이 노출기준 적용에 영향을 미칠 수 있으므로 이와 같은 제반요인을 특별히 고려하여야 한다.
> ③ 유해인자에 대한 감수성은 개인에 따라 차이가 있고, 노출기준 이하의 작업환경에서도 직업성 질병에 이환되는 경우가 있으므로 노출기준은 직업병진단에 사용하거나 노출기준 이하의 작업환경이라는 이유만으로 직업성질병의 이환을 부정하는 근거 또는 반증자료로 사용하여서는 아니 된다.
> ④ 노출기준은 대기오염의 평가 또는 관리상의 지표로 사용하여서는 아니 된다.

📝 필기에 자주 출제 ★

정답   04 ④   05 ④   06 ④

07 사업장에서의 산업보건관리업무는 크게 3가지로 구분될 수 있다. 산업보건관리 업무와 가장 관련이 적은 것은?

① 안전관리 ② 건강관리
③ 환경관리 ④ 작업관리

> ★ 산업보건관리 업무
> ① 건강관리
> ② 환경관리
> ③ 작업관리

08 최근 실내공기질에서 문제가 되고 있는 방사성 물질인 라돈에 관한 설명으로 옳지 않은 것은?

① 무색, 무취, 무미한 가스로 인간의 감각에 의해 감지할 수 없다.
② 인광석이나 산업폐기물을 포함하는 토양, 석재, 각종 콘크리트 등에서 발생할 수 있다.
③ 라돈의 감마(γ)-붕괴에 의하여 라돈의 딸핵종이 생성되며 이것이 기관지에 부착되어 감마선을 방출하여 폐암을 유발한다.
④ 우라늄 계열의 붕괴과정 일부에서 생성될 수 있다.

> ★ 라돈
> 라돈은 우라늄(238U)과 토륨(232Th)의 방사성 붕괴에 의해서 만들어진 라듐(226Ra)이 붕괴했을 때에 생성되며, 붕괴를 거치면서 알파, 베타, 감마선이 방출하여 폐암을 유발한다.

📝 필기에 자주 출제 ★

09 어느 공장에서 경미한 사고가 3건이 발생하였다. 그렇다면 이 공장의 무상해 사고는 몇 건이 발생하는가? (단, 하인리히의 법칙을 활용한다.)

① 25 ② 31
③ 36 ④ 40

> ★ 하인리히 사고빈도법칙(1 : 29 : 300의 법칙)
> 총 330건의 사고를 분석했을 때
> • 중상 또는 사망 : 1건
> • 경상해 : 29건
> • 무상해 사고 : 300건이 발생함을 의미한다.
>
> 경상해가 3건이므로
> $29 : 300 = 3 : X$
> $29 \times X = 300 \times 3$
> $X = \dfrac{300 \times 3}{29} = 31.03(건)$

📝 실기까지 중요 ★★

10 인간공학에서 고려해야 할 인간의 특성과 가장 거리가 먼 것은?

① 감각과 지각
② 운동과 근력
③ 감정과 생산능력
④ 기술, 집단에 대한 적응능력

> ★ 인간공학에서 고려해야 할 인간의 특성
> ① 인간의 습성
> ② 신체의 크기와 작업환경
> ③ 감각과 지각
> ④ 운동력과 근력
> ⑤ 기술, 집단에 대한 적응능력

정답 07 ① 08 ③ 09 ② 10 ③

11 산업위생 분야에 종사하는 사람들이 반드시 지켜야 할 윤리강령의 전문가로서의 책임에 대한 설명 중 틀린 것은?

① 기업체의 기밀은 누설하지 않는다.
② 과학적 방법의 적용과 자료의 해석에서 객관성을 유지한다.
③ 근로자, 사회 및 전문직종의 이익을 위해 과학적 지식을 공개하고 발표한다.
④ 전문적 판단이 타협에 의하여 좌우될 수 있거나 이해관계가 있는 상황에는 적극적으로 개입한다.

> ★ 산업위생전문가로서의 책임
> ① 성실성과 학문적 실력면에서 최고 수준을 유지한다.
> ② 과학적 방법의 적용과 자료의 해석에서 객관성을 유지한다.
> ③ 전문 분야로서의 산업위생을 학문적으로 발전시킨다.
> ④ 근로자, 사회 및 전문 직종의 이익을 위해 과학적 지식을 공개하고 발표한다.
> ⑤ 기업체의 기밀은 누설하지 않는다.
> ⑥ 전문적 판단이 타협에 의하여 좌우될 수 있거나 이해관계가 있는 상황에는 개입하지 않는다.

📝 실기까지 중요 ★★

12 직업성 질환의 범위에 해당되지 않는 것은?

① 합병증   ② 속발성 질환
③ 선천적 질환   ④ 원발성 질환

> ★ 직업성 질환의 범위
> ① 직업상 업무에 기인하여 1차적으로 발생하는 원발성 질환은 포함한다.
> ② 원발성 질환과 합병 작용하여 제2의 질환을 유발하는 경우(속발성 질환)를 포함한다.
> ③ 합병증이 원발성 질환과 불가분의 관계를 가지는 경우를 포함한다.
> ④ 원발성 질환에 떨어진 다른 부위에 같은 원인에 의한 제2의 질환을 일으키는 경우를 포함한다.

📝 필기에 자주 출제 ★

13 단기간 휴식을 통해서는 회복될 수 없는 발병단계의 피로를 무엇이라 하는가?

① 곤비   ② 정신피로
③ 과로   ④ 전신피로

> ★ 곤비
> ① 과로의 축적으로 단기간 휴식을 통해서는 회복될 수 없는 발병단계
> ② 심한 노동 후의 피로현상으로 병적인 상태

📝 실기까지 중요 ★★

14 NIOSH의 권고중량한계(Recommended Weight Limit, RWL)에 사용되는 승수(multiplier)가 아닌 것은?

① 들기거리(Lift Multiplier)
② 이동거리(Distance Multiplier)
③ 수평거리(Horizontal Multiplier)
④ 비대칭각도(Asymmetry Multiplier)

> RWL(kg) = LC(23) × HM × VM × DM × AM × FM × CM
>
> - LC : 중량상수(Load Constant) – 23kg
> - HM : 수평 계수(Horizontal Multiplier)
> - VM : 수직 계수(Vertical Multiplier)
> - DM : 거리 계수(Distance Multiplier)
> - AM : 비대칭 계수(Asymmetric Multiplier)
> - FM : 빈도 계수(Frequency Multiplier)
> - CM : 커플링 계수(Coupling Multiplier)

📝 필기에 자주 출제 ★

정답 11 ④ 12 ③ 13 ① 14 ①

15 인간공학에서 최대작업영역(maximum area)에 대한 설명으로 가장 적절한 것은?

① 허리에 불편 없이 적절히 조작할 수 있는 영역
② 팔과 다리를 이용하여 최대한 도달할 수 있는 영역
③ 어깨에서부터 팔을 뻗어 도달할 수 있는 최대 영역
④ 상완을 자연스럽게 몸에 붙인 채로 전완을 움직일 때 도달하는 영역

> ★ 최대 작업역
> ① 전완과 상완을 곧게 펴서 파악할 수 있는 구역 (양팔을 곧게 폈을 때 도달할 수 있는 최대영역)
> ② 움직이지 않고 상지(上肢)를 뻗쳐서 닿는 범위

 실기까지 중요 ★★

16 심리학적 적성검사와 가장 거리가 먼 것은?

① 감각기능검사   ② 지능검사
③ 지각동작검사   ④ 인성검사

> ★ 적성검사의 분류 및 특성
> ① 신체검사(체격검사)
> ② 생리적 기능검사
> • 감각 기능검사
> • 심폐 기능검사
> ③ 심리학적 검사
> • 지능검사
> • 지각동작검사
> • 인성검사
> • 기능검사

필기에 자주 출제 ★

17 한 근로자가 트리클로로에틸렌(TLV 50ppm)이 담긴 탈지탱크에서 금속가공 제품의 표면에 존재하는 절삭유 등의 기름 성분을 제거하기 위해 탈지작업을 수행하였다. 또 이 과정을 마치고 포장단계에서 표면 세척을 위해 아세톤(TLV 500ppm)을 사용하였다. 이 근로자의 작업환경 측정 결과는 트리클로로에틸렌이 45ppm, 아세톤이 100ppm 이었을 때, 노출 지수와 노출기준에 관한 설명으로 맞는 것은? (단, 두 물질은 상가작용을 한다.)

① 노출지수는 0.9이며, 노출기준 미만이다.
② 노출지수는 1.1이며, 노출기준을 초과하고 있다.
③ 노출지수는 6.1이며, 노출기준을 초과하고 있다.
④ 트리클로로에틸렌의 노출지수는 0.9, 아세톤의 노출지수는 0.2이며, 혼합물로써 노출기준 미만이다.

> 1. 노출지수
> $$EI = \frac{C_1}{T_1} + \frac{C_2}{T_2} + \cdots + \frac{C_n}{T_n}$$
> • C : 화학물질 각각의 측정치
> • T : 화학물질 각각의 노출기준
> 2. 평가
> $EI > 1$: 노출기준을 초과함
> $EI < 1$: 노출기준을 초과하지 않음
>
> 1. $EI = \frac{45}{50} + \frac{100}{500} = 1.1$
> 2. $EI > 1$ 이므로 노출기준을 초과함

실기까지 중요 ★★

18 산업안전법령상 사무실 공기관리의 관리대상 오염물질의 종류에 해당하지 않는 것은?

① 곰팡이 ② 총부유세균
③ 호흡성 분진(RPM) ④ 일산화탄소(CO)

오염물질	관리기준
미세먼지(PM10)	$100\mu g/m^3$
초미세먼지(PM2.5)	$50\mu g/m^3$
이산화탄소(CO_2)	1,000ppm
일산화탄소(CO)	10ppm
이산화질소(NO_2)	0.1ppm
포름알데히드(HCHO)	$100\mu g/m^3$
총휘발성유기화합물(TVOC)	$500\mu g/m^3$
라돈(radon)	$148Bq/m^3$
총부유세균	$800CFU/m^3$
곰팡이	$500CFU/m^3$

※ 관련 법령의 변경으로 문제 일부를 수정하였습니다.

 실기에 자주 출제 ★★★

19 산업위생 역사에서 영국의 외과의사 Percivall Pott에 대한 내용 중 틀린 것은?

① 직업성 암을 최초로 보고하였다.
② 산업혁명 이전의 산업위생 역사이다.
③ 어린이 굴뚝 청소부에게 많이 발생하던 음낭암(scrotal cancer)의 원인물질을 검댕(soot)이라고 규명하였다.
④ Pott의 노력으로 1788년 영국에서는 도제 건강 및 도덕법(Health and Morals of Apprentices Act)이 통과되었다.

＊Percivall Pott(18세기)
① 영국의 외과의사로 **직업성 암**(굴뚝청소부의 음낭암)을 최초로 보고
② 암의 원인 물질은 "검댕"
③ "굴뚝 청소부법" 제정토록 함

필기에 자주 출제 ★

20 젊은 근로자의 약한 쪽 손의 힘은 평균 50kp이고, 이 근로자가 무게 10kg인 상자를 두 손으로 들어 올릴 경우에 한 손의 작업강도(%MS)는 얼마인가? (단, 1kp는 질량 1kg을 중력의 크기로 당기는 힘을 말한다.)

① 5 ② 10
③ 15 ④ 20

작업강도(%MS) = $\dfrac{RF}{MS} \times 100$

• RF : 작업 시 요구되는 힘(한 손에 요구되는 힘)
• MS : 근로자가 가지고 있는 약한 손의 최대 힘

작업강도 = $\dfrac{5}{50} \times 100 = 10$

(10kg을 두 손으로 들어올림 → 한 손에 요구되는 힘 5kg)

실기까지 중요 ★★

제2과목 작업위생측정 및 평가

21 어느 작업장에 9시간 작업시간 동안 측정한 유해인자의 농도는 0.045mg/m³일 때, 95%의 신뢰도를 가진 하한치는 얼마인가? (단, 유해인자의 노출기준은 0.05mg/m³, 시료채취 분석오차는 0.132이다.)

① 0.768
② 0.929
③ 1.032
④ 1.258

> 1. Y(표준화 값) $= \dfrac{TWA \text{ 또는 } STEL}{\text{허용기준}}$
> 2. 95%의 신뢰도를 가진 하한치를 계산
>   하한치 = Y − 시료채취 분석오차
> 3. 허용기준 초과여부 판정
>   하한치 > 1일 때 허용기준을 초과
>
> 1. Y(표준화 값) $= \dfrac{0.045}{0.05} = 0.90$
> 3. 95%의 신뢰도를 가진 하한치
>   하한치 = Y − 시료채취 분석오차
> $= 0.90 - 0.132 = 0.768$

📝 실기까지 중요 ★★

22 옥내 작업장에서 측정한 건구온도 73℃이고 자연습구온도 65℃, 흑구온도 81℃일 때, 습구흑구온도지수는?

① 64.4℃
② 67.4℃
③ 69.8℃
④ 71.0℃

> 1. 옥외(태양광선이 내리쬐는 장소)
>   WBGT(℃) = 0.7×자연습구온도 + 0.2
>   ×흑구온도 + 0.1×건구온도
> 2. 옥내 또는 옥외(태양광선이 내리쬐지 않는 장소)
>   WBGT(℃) = 0.7×자연습구온도 + 0.3
>   ×흑구온도
>
> WBGT(℃) = 0.7×자연습구온도 + 0.3×흑구온도
>   = 0.7×65+0.3×81 = 69.8℃

📝 실기에 자주 출제 ★★★

23 다음 중 수동식 채취기에 적용되는 이론으로 가장 적절한 것은?

① 침강원리, 분산원리
② 확산원리, 투과원리
③ 침투원리, 흡착원리
④ 충돌원리, 전달원리

> ★ 수동식 채취기의 포집원리
> ① 확산
> ② 투과
> ③ 흡착

24 다음 중 흡착관인 실리카겔관에 사용되는 실리카겔에 관한 설명과 가장 거리가 먼 것은?

① 이황화탄소를 탈착용매로 사용하지 않는다.
② 극성 물질을 채취한 경우 물 또는 메탄올을 용매로 쉽게 탈착된다.
③ 추출용액이 화학분석이나 기기분석에 방해 물질로 작용하는 경우가 많지 않다.
④ 파라핀류가 케톤류보다 극성이 강하기 때문에 실리카겔에 대한 친화력도 강하다.

> ★ 실리카겔의 친화력(극성이 강한 순서)
> 물 > 알코올류 > 알데히드류 > 케톤류 > 에스테르류 > 방향족탄화수소류 > 올레핀류 > 파라핀류

📝 실기까지 중요 ★★

정답 21 ① 22 ③ 23 ② 24 ④

25 다음 중 PVC막 여과지에 관한 설명과 가장 거리가 먼 것은?

① 수분에 대한 영향이 크지 않다.
② 공해성 먼지, 총 먼지 등의 중량분석을 위한 측정에 이용된다.
③ 유리규산을 채취하여 X-선 회절법으로 분석하는 데 적절하다.
④ 코크스 제조공정에서 발생되는 코크스 오븐 배출물질을 채취하는 데 이용된다.

> ④ 코크스 제조공정에서 발생되는 코크스 오븐 배출물질을 채취하는 데 이용된다.
> → 은막 여과지

📝 실기까지 중요 ★★

26 입자상물질의 측정 및 분석방법으로 틀린 것은? (단, 고용노동부 고시를 기준으로 한다.)

① 석면의 농도는 여과채취방법에 의한 계수 방법으로 측정한다.
② 규산염은 분립장치 또는 입자의 크기를 파악할 수 있는 기기를 이용한 여과채취방법으로 측정한다.
③ 광물성 분진은 여과채취방법에 따라 석영, 크리스토바라이트, 트리디마이트를 분석할 수 있는 적합한 분석방법으로 측정한다.
④ 용접흄은 여과채취방법으로 하되 용접보안면을 착용한 경우에는 그 내부에서 채취하고 중량분석방법과 원자 흡광분광기 또는 유도결합 플라즈마를 이용한 분석방법으로 측정한다.

> ② 광물성 분진은 여과채취방법으로 측정하고 석영, 크리스토바라이트, 트리디마이트를 분석할 수 있는 적합한 방법으로 분석할 것(다만 규산염과 그 밖의 광물성분진은 중량분석방법으로 분석한다.)

📝 실기까지 중요 ★★

27 화학공장의 작업장 내에 먼지 농도를 측정하였더니 5,6,5,6,6,6,4,8,9,8ppm일 때, 측정치의 기하평균은 약 몇 ppm인가?

① 5.13 ② 5.83
③ 6.13 ④ 6.83

> ★ 기하평균
> 1. $\log(GM) = \dfrac{\log X_1 + \log X_2 + \cdots + \log X_n}{N}$
> 2. $G.M = \sqrt[N]{X_1 \cdot X_2 \cdots X_n}$
> - X_n : 측정치
> - N : 측정치 개수
>
> $G.M = \sqrt[10]{5 \times 6 \times 5 \times 6 \times 6 \times 6 \times 4 \times 8 \times 9 \times 8}$
> $= 6.13$

📝 실기에 자주 출제 ★★★

28 어느 작업환경에서 발생되는 소음원 1개의 음압수준이 92dB이라면, 이와 동일한 소음원이 8개일 때의 전체음압수준은?

① 101dB ② 103dB
③ 105dB ④ 107dB

> PWL의 합 $= 10\log\left(10^{\frac{PWL}{10}} \times n\right)$(dB)
> - PWL : 음향파워레벨(dB)
> - n : 동일 소음을 발생시키는 기계의 수
>
> PWL의 합 $= 10 \times \log\left(10^{\frac{92}{10}} \times 8\right) = 101.03$(dB)

📝 실기까지 중요 ★★

정답 25 ④ 26 ② 27 ③ 28 ①

29 다음은 작업장 소음측정에 관한 고용노동부 고시 내용이다. ( )안에 내용으로 옳은 것은?

> 누적소음 노출량 측정기로 소음을 측정하는 경우에는 Criteria는 90dB, Exchange Rate는 5dB, Threshold는 ( )dB로 기기를 설정할 것

① 50 ② 60
③ 70 ④ 80

> 누적소음노출량 측정기로 소음을 측정하는 경우에는 Criteria는 90dB, Exchange Rate는 5dB, Threshold는 80dB로 기기를 설정할 것

📝 실기까지 중요 ★★

30 원자흡광광도계의 구성요소와 역할에 대한 설명 중 옳지 않은 것은?

① 광원은 속빈음극램프를 주로 사용한다.
② 광원은 분석 물질이 반사할 수 있는 표준 파장의 빛을 방출한다.
③ 단색화 장치는 특정 파장만 분리하여 검출기로 보내는 역할을 한다.
④ 원자화장치에서 원자화방법에는 불꽃방식, 흑연로방식, 증기화방식이 있다.

> ② 광원은 분석예상농도를 분석하는 데 가장 적절한 파장을 선택하도록 한다.

📝 필기에 자주 출제 ★

31 고체 흡착제를 이용하여 시료채취를 할 때 영향을 주는 인자에 관한 설명으로 옳지 않은 것은?

① 온도 : 고온일수록 흡착 성질이 감소하며 파과가 일어나기 쉽다.
② 오염물질농도 : 공기 중 오염물질의 농도가 높을수록 파과공기량이 증가한다.
③ 흡착제의 크기 : 입자의 크기가 작을수록 채취효율이 증가하나 압력강하가 심하다.
④ 시료채취유량 : 시료채취유량이 높으면 파과가 일어나기 쉬우며 코팅된 흡착제일수록 그 경향이 강하다.

> ② 공기 중 오염물질의 농도가 높을수록 파과공기량은 감소한다.(공기 중에 오염물질이 많으므로 적은 공기량으로 파과가 일어난다.)

📝 필기에 자주 출제 ★

32 다음 중 조선소에서 용접작업 시 발생 가능한 유해인자와 가장 거리가 먼 것은?

① 오존 ② 자외선
③ 황산 ④ 망간 흄

> ★용접작업 시 발생 가능한 유해인자
> ① 용접 흄(망간, 카드뮴, 크롬, 니켈 등)
> ② 유해광선(자외선, 적외선, 가시광선 등)
> ③ 유해가스(오존, 일산화탄소, 포스겐, 포스핀 등)
> ④ 소음

정답 29 ④ 30 ② 31 ② 32 ③

33 상온에서 벤젠(C_6H_6)의 농도 20mg/m³는 부피단위 농도로 약 몇 ppm인가?

① 0.06 ② 0.6
③ 6 ④ 60

$$mg/m^3 = \frac{ppm \times 그램분자량}{24.1(21℃, 1기압 기준)}$$

$$ppm = \frac{24.1 \times mg/m^3}{분자량} = \frac{24.1 \times 20}{78} = 6.18(ppm)$$

(벤젠의 분자량 = 12×6+1×6 = 78g)

📑 실기에 자주 출제 ★★★

34 다음 중 비누거품방법(bubble meter method)을 이용해 유량을 보정할 때의 주의사항과 가장 거리가 먼 것은?

① 측정시간의 정확성은 ±5초 이내이어야 한다.
② 측정장비 및 유량보정계는 Tygon Tube로 연결한다.
③ 보정을 시작하기 전에 충분히 충전된 펌프를 5분간 작동한다.
④ 표준뷰렛 내부면을 세척제 용액으로 씻어서 비누거품이 쉽게 상승하도록 한다.

① 비누거품미터의 측정시간의 정확성은 ±1% 이내이어야 한다.

35 시료공기를 흡수, 흡착 등의 과정을 거치지 않고 진공채취병 등의 채취용기에 물질을 채취하는 방법은?

① 직접채취방법 ② 여과채취방법
③ 고체채취방법 ④ 액체채취방법

★ 직접채취방법
시료공기를 흡수, 흡착 등의 과정을 거치지 아니하고 직접 채취대 또는 진공채취병 등의 채취용기에 물질을 채취하는 방법을 말한다.

📑 실기까지 중요 ★★

36 어느 작업장에서 A물질의 농도를 측정한 결과가 각각 23.9ppm, 21.6ppm, 22.4ppm, 24.1ppm, 22.7ppm, 25.4ppm을 얻었다. 측정 결과에서 중앙값(median)은 몇 ppm인가?

① 23.0 ② 23.1
③ 23.3 ④ 23.5

① 측정치를 크기순서로 배열하면
21.6, 22.4, 22.7, 23.9, 24.1, 25.4
② 중앙에 위치하는 두 개의 값인 22.7과 23.9의 평균 값이 중앙 값이 된다.
$$\frac{22.7+23.9}{2} = 23.3$$

★ 참고
중앙치(중앙값)
① N개의 측정치를 크기순서로 배열하였을 때 중앙에 위치하는 값을 말한다.
② 값이 짝수일 때는 두 개의 중앙에 위치하는 두 개의 값을 평균내어 중앙 값으로 한다.

📑 실기까지 중요 ★★

정답 33 ③ 34 ① 35 ① 36 ③

37 소음의 측정방법으로 틀린 것은? (단, 고용노동부 고시를 기준으로 한다.)

① 소음계의 청감보정회로는 A특성으로 한다.
② 소음계 지시침의 동작은 느린(Slow) 상태로 한다.
③ 소음계의 지시치가 변동하지 않는 경우에는 해당 지시치를 그 측정 점에서의 소음수준으로 한다.
④ 소음이 1초 이상의 간격을 유지하면서 최대음압수준이 120dB(A) 이상의 소음인 경우에는 소음수준에 따른 10분 동안의 발생횟수를 측정한다.

> 소음이 1초 이상의 간격을 유지하면서 최대음압수준이 120dB(A) 이상의 소음인 경우에는 소음수준에 따른 1분 동안의 발생횟수를 측정한다.

📝 실기까지 중요 ★★

38 온도 표시에 대한 내용으로 틀린 것은? (단, 고용노동부 고시를 기준으로 한다.)

① 미온은 20~30℃를 말한다.
② 온수(溫水)는 60~70℃를 말한다.
③ 냉수(冷水)는 15℃ 이하를 말한다.
④ 상온은 15~25℃, 실온은 1~35℃을 말한다.

> ① 상온은 15~25℃, 실온은 1~35℃, 미온은 30~40℃로 하고, 찬 곳은 따로 규정이 없는 한 0~15℃의 곳을 말한다.

📝 실기까지 중요 ★★

39 작업환경측정대상이 되는 작업장 또는 공정에서 정상적인 작업을 수행하는 동일노출집단의 근로자가 작업하는 장소는? (단, 고용노동부 고시를 기준으로 한다.)

① 동일작업장소　② 단위작업장소
③ 노출측정장소　④ 측정작업장소

> ★ 단위작업장소
> 작업환경측정대상이 되는 작업장 또는 공정에서 정상적인 작업을 수행하는 동일 노출집단의 근로자가 작업을 하는 장소를 말한다.

📝 실기까지 중요 ★★

40 다음 중 작업환경측정치의 통계처리에 활용되는 변이계수에 관한 설명과 가장 거리가 먼 것은?

① 평균값의 크기가 0에 가까울수록 변이계수의 의의는 작아진다.
② 측정단위와 무관하게 독립적으로 산출되며 백분율로 나타낸다.
③ 단위가 서로 다른 집단이나 특성값의 상호 산포도를 비교하는 데 이용될 수 있다.
④ 편차의 제곱 합들의 평균값으로 통계집단의 측정값들에 대한 균일성, 정밀성 정도를 표현한다.

> ④ 표준 편차를 산술 평균으로 나눈 값으로 통계집단의 측정값들에 대한 균일성, 정밀성 정도를 표현한다.

> ★ 참고
> 변이계수
> $$CV(\%) = \frac{표준편차}{산술평균} \times 100$$

📝 필기에 자주 출제 ★

정답　37 ④　38 ①　39 ②　40 ④

제3과목 작업환경관리대책

41 다음 중 오염물질을 후드로 유입하는 데 필요한 기류의 속도인 제어속도에 영향을 주는 인자와 가장 거리가 먼 것은?

① 덕트의 재질
② 후드의 모양
③ 후드에서 오염원까지의 거리
④ 오염물질의 종류 및 확산상태

> * 제어속도 결정 시 고려사항(제어속도에 영향을 주는 인자)
> ① 후드의 모양
> ② 후드에서 오염원까지의 거리
> ③ 오염물질의 종류 및 확산상태
> ④ 오염물질의 비산방향 및 비산거리
> ⑤ 오염물질의 독성 정도
> ⑥ 작업장 내 방해기류(난기류의 속도)

📋 필기에 자주 출제 ★

42 다음 중 국소배기장치에 관한 주의사항과 가장 거리가 먼 것은?

① 유독물질의 경우에는 굴뚝에 흡인장치를 보강할 것
② 흡인되는 공기가 근로자의 호흡기를 거치지 않도록 할 것
③ 배기관은 유해물질이 발산하는 부위의 공기를 모두 흡입할 수 있는 성능을 갖출 것
④ 먼지를 제거할 때에는 공기속도를 조절하여 배기관 안에서 먼지가 일어나도록 할 것

> ④ 먼지를 제거할 때에는 공기속도를 조절하여 배기관 안에서 먼지가 일어나지 않도록 할 것

📋 필기에 자주 출제 ★

43 송풍기에 관한 설명으로 옳은 것은?

① 풍량은 송풍기의 회전수에 비례한다.
② 동력은 송풍기의 회전수의 제곱에 비례한다.
③ 풍력은 송풍기의 회전수의 세제곱에 비례한다.
④ 풍압은 송풍기의 회전수의 세제곱에 비례한다.

> 1. $Q_2 = Q_1 (\frac{D_2}{D_1})^3 (\frac{N_2}{N_1})$
>   : 풍량은 송풍기의 회전수에 비례한다.
> 2. $P_2 = P_1 (\frac{D_2}{D_1})^2 (\frac{N_2}{N_1})^2 (\frac{\rho_2}{\rho_1})$
>   : 풍압은 송풍기 회전수의 제곱에 비례한다.
> 3. $HP_2 = HP_1 (\frac{D_2}{D_1})^5 (\frac{N_2}{N_1})^3 (\frac{\rho_2}{\rho_1})$
>   : 동력은 송풍기 회전수의 세제곱에 비례한다.

📋 실기까지 중요 ★★

44 정압이 3.5cmH₂O인 송풍기의 회전속도를 180rpm에서 360rpm으로 증가시켰다면, 송풍기의 정압은 약 몇 cmH₂O인가? (단, 기타 조건은 같다고 가정한다.)

① 16   ② 14
③ 12   ④ 10

> $P_2 = P_1 (\frac{D_2}{D_1})^2 (\frac{N_2}{N_1})^2 (\frac{\rho_2}{\rho_1})$
>
> - N_1 : 변경 전 회전수(rpm)
> - N_2 : 변경 후 회전수(rpm)
> - P_1 : 변경 전 풍압(mmH₂O)
> - P_2 : 변경 후 풍압(mmH₂O)
> - D_1 : 변경 전 직경(m)
> - D_2 : 변경 후 직경(m)
> - ρ_1 : 변경 전 효율
> - ρ_2 : 변경 후 효율
>
> $P_2 = P_1 \times (\frac{N_2}{N_1})^2 = 3.5 \times (\frac{360}{180})^2 = 14(mmH_2O)$

📋 실기에 자주 출제 ★★★

정답 41 ① 42 ④ 43 ① 44 ②

45 입자의 침강속도에 대한 설명으로 틀린 것은? (단, 스토크스 식을 기준으로 한다.)

① 입자직경의 제곱에 비례한다.
② 공기와 입자 사이의 밀도 차에 반비례한다.
③ 중력가속도에 비례한다.
④ 공기의 점성계수에 반비례한다.

② 공기와 입자 사이의 밀도 차에 비례한다.

* 참고
침강속도(stoke의 법칙)

$$V = \frac{gd^2(\rho_1 - \rho)}{18\mu} \text{(cm/sec)}$$

- d_p : 입자의 직경(cm)
- ρ_1 : 입자의 밀도(g/cm³)
- ρ : 가스(공기)의 밀도(g/cm³)
- g : 중력가속도(980cm/sec²)
- μ : 점성계수(g/cm · sec)

📖 실기까지 중요 ★★

46 환기시설 내 기류가 기본적인 유체역학적 원리에 따르기 위한 전제조건과 가장 거리가 먼 것은?

① 공기는 절대습도를 기준으로 한다.
② 환기시설 내외의 열교환은 무시한다.
③ 공기의 압축이나 팽창은 무시한다.
④ 공기 중에 포함된 유해물질의 무게와 용량을 무시한다.

* 유체역학적 원리의 전제조건
① 공기는 건조하다고 가정한다.
② 공기의 압축과 팽창은 무시한다.
③ 환기시설 내외의 열교환은 무시한다.
④ 공기 중에 포함된 유해물질의 무게와 용량을 무시한다.
⑤ 공기는 상대습도를 기준으로 한다.

📖 필기에 자주 출제 ★

47 작업환경의 관리원칙인 대체 중 물질의 변경에 따른 개선 예와 가장 거리가 먼 것은?

① 성냥 제조 시 황린 대신 적린을 사용하였다.
② 세척작업에서 사염화탄소 대신 트리클로로에틸렌을 사용하였다.
③ 야광시계의 자판에서 인 대신 라듐을 사용하였다.
④ 보온 재료 사용에서 석면 대신 유리섬유를 사용하였다.

③ 야광시계의 자판을 라듐 대신 인을 사용한다.

📖 필기에 자주 출제 ★

48 다음 중 작업환경개선을 위해 전체 환기를 적용할 수 있는 상황과 가장 거리가 먼 것은?

① 오염발생원의 유해물질 발생량이 적은 경우
② 작업자가 근무하는 장소로부터 오염발생원이 멀리 떨어져 있는 경우
③ 소량의 오염물질이 일정속도로 작업장으로 배출되는 경우
④ 동일 작업장에 오염발생원이 한군데로 집중되어 있는 경우

| 국소환기 장치 설치가 필요한 경우 | ① 유해물질 발생량이 많은 경우
② 유해물질 독성이 강한 경우(TLV가 낮을 때)
③ 유해물질 발생원과 작업위치가 근접해 있는 경우
④ 높은 증기압의 유기용제
⑤ 발생주기가 균일하지 않은 경우
⑥ 발생원이 고정되어 있는 경우
⑦ 법적의무 설치사항의 경우 |

📖 실기까지 중요 ★★

정답 45 ② 46 ① 47 ③ 48 ④

전체환기 (희석환기)가 필요한 경우	① 유해질의 독성이 비교적 낮은 경우 ② 동일한 작업장에 다수의 오염원이 분산되어 있는 경우 ③ 유해물질이 시간에 따라 균일하게 발생될 경우 ④ 유해물질의 발생량이 적은 경우 ⑤ 발생원이 이동하는 경우 ⑥ 오염원이 근무자가 근무하는 장소로부터 멀리 떨어져 있는 경우 ⑦ 국소배기로 불가능한 경우 ⑧ 가연성 가스의 농축으로 폭발의 위험이 있는 경우 ⑨ 유해물질이 증기나 가스일 경우

50 체적이 1,000m³이고 유효환기량이 50m³/min인 작업장에 메틸클로로포름 증기가 발생하여 100ppm의 상태로 오염되었다. 이 상태에서 증기발생이 중지되었다면 25ppm까지 농도를 감소시키는 데 걸리는 시간은?

① 약 17분　　② 약 28분
③ 약 32분　　④ 약 41분

* 유해물질을 나중농도(노출농도 이하)로 환기하는 데 소요되는 시간

$$t = -\frac{V}{Q'} \times \ln\left(\frac{C_2}{C_1}\right) (\min)$$

- V : 작업장의 기적(m³)
- Q' : 환기량(m³/min)
- C_1 : 유해물질 처음농도(ppm)
- C_2 : 유해물질 노출기준(ppm)

$$t = -\frac{1,000}{50} \times \ln\left(\frac{25}{100}\right) = 27.73(\min)$$

📖 실기에 자주 출제 ★★★

49 20℃의 송풍관 내부에 480m/min으로 공기가 흐르고 있을 때, 속도압은 약 몇 mmH₂O인가? (단, 0℃ 공기 밀도는 1.296kg/m³로 가정한다.)

① 2.3　　② 3.9
③ 4.5　　④ 7.3

* 후드의 동압(속도압)

1. 동압$(VP) = \frac{\gamma V^2}{2g}$ (mmH₂O)
2. $V = 4.043\sqrt{VP}$ (m/sec)
   - r : 공기비중
   - V : 유속(m/s)
   - g : 중력가속도(9.8m/s²)

1. 공기밀도의 온도보정[0℃(t_1) → 20℃(t_2)]
   보정 후의 밀도=보정 전의 밀도 × $\frac{273+t_1}{273+t_2}$

   $1.296 \times \frac{273+0}{273+20} = 1.208$(kg/m³)

2. $VP = \frac{1.208 \times 8^2}{2 \times 9.8} = 3.94$(mmH₂O)

$$\frac{480m}{\min} = \frac{480m}{60sec} = 8(m/sec)$$

51 다음은 분진발생 작업환경에 대한 대책이다. 옳은 것을 모두 고른 것은?

㉠ 연마작업에서는 국소배기장치가 필요하다.
㉡ 암석 굴진작업, 분쇄작업에서는 연속적인 살수가 필요하다.
㉢ 샌그블라스팅에 사용되는 모래를 철사나 금강사로 대치한다.

① ㉠, ㉡　　② ㉡, ㉢
③ ㉠, ㉢　　④ ㉠, ㉡, ㉢

① 연마작업에서 발생하는 분진이 전체 작업장에 퍼지지 않도록 국소배기장치를 설치한다.
② 암석 굴진작업, 분쇄작업에서 분진이 비산되지 않도록 연속 살수한다.
③ 샌드블라스팅에 사용되는 모래를 철사나 금강사로 대체하여 먼지를 줄인다.

📖 실기에 자주 출제 ★★★

📖 필기에 자주 출제 ★

정답　49 ②　50 ②　51 ④

52 보호 장구의 재질과 대상 화학물질이 잘못 짝지어진 것은?

① 부틸고무 - 극성 용제
② 면 - 고체상 물질
③ 천연고무(latex) - 수용성 용액
④ Vitron - 극성 용제

> ★ 보호장구 재질에 따른 적용물질
> ① Neoprene 고무 : 비극성 용제, 산, 부식성물질에 사용
> ② Vitron : 비극성 용제에 사용
> ③ Nitrile : 비극성 용제에 사용
> ④ 천연고무(latex) : 극성 용제 및 수용성 용액에 사용
> ⑤ Butyl 고무 : 극성 용제(알코올 등)에 사용
> ⑥ 면 : 고체상물질에 사용(용제에는 사용 못함)
> ⑦ 가죽 : 찰과상 예방(용제에는 사용 못함)
> ⑧ Ethylene Vinyl Alcohol : 화학물질 취급 작업에 사용

📋 필기에 자주 출제 ★

53 다음 그림이 나타내는 국소배기장치의 후드 형식은?

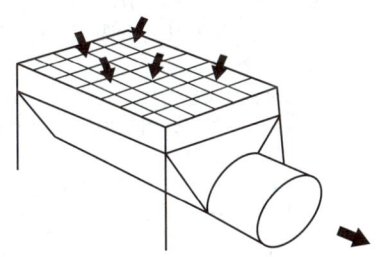

① 측방형   ② 포위형
③ 하방형   ④ 슬롯형

📋 실기까지 중요 ★★

54 후드로부터 0.25m 떨어진 곳에 있는 공정에서 발생되는 먼지를 제어속도가 5m/s, 후드직경이 0.4m인 원형 후드를 이용하여 제거할 때, 필요 환기량은 약 몇 m³/min인가? (단, 플랜지 등 기타 조건은 고려하지 않음)

① 205   ② 215
③ 225   ④ 235

> ★ 플랜지가 없는 외부식 후드
> $$Q = 60 \cdot V_c(10X^2 + A) : \text{Dallavalle식}$$
> · Q : 필요송풍량(m³/min)
> · V_c : 제어속도(m/sec)
> · A : 개구면적(m²)
> · X : 후드중심선으로부터 발생원까지의 거리(m)
>   (오염원과 후드간 거리가 덕트 직경의 1.5배 이내일 때만 유효)
>
> $Q = 60 \times 5 \times (10 \times 0.25^2 + 0.1257)$
> $= 225.21 \text{(m}^3\text{/min)}$
>
> $\left[A = \dfrac{\pi d^2}{4} = \dfrac{\pi \times 0.4^2}{4} = 0.1257 \text{(m}^2\text{)} \right]$

📋 실기에 자주 출제 ★★★

정답 52 ④ 53 ③ 54 ③

55 슬로트 후드에서 슬로트의 역할은?

① 제어속도를 감소시킨다.
② 후드 제작에 필요한 재료를 절약한다.
③ 공기가 균일하게 흡입되도록 한다.
④ 제어속도를 증가시킨다.

> ★ 슬롯의 역할
> 공기의 균일한 흡입을 돕는다.

📋 실기까지 중요 ★★

56 1기압에서 혼합기체가 질소(N_2) 50vol%, 산소(O_2) 20vol%, 탄산가스 30vol%로 구성되어 있을 때, 질소(N_2)의 분압은?

① 380mmHg ② 228mmHg
③ 152mmHg ④ 740mmHg

> 1기압 = 760mmHg
> 공기 중의 질소는 50%이므로
> 760 × 0.5 = 380(mmHg)

📋 필기에 자주 출제 ★

57 어떤 작업장의 음압수준이 80dB(A)이고 근로자가 NRR이 19인 귀마개를 착용하고 있다면, 차음효과는 몇 dB(A)인가? (단, OSHA 방법 기준)

① 4   ② 6
③ 60   ④ 70

> 차음효과 = (NRR − 7) × 0.5
> • NRR : 차음평가수
> 차음효과 = (19 − 7) × 0.5 = 6(dB)

📋 실기까지 중요 ★★

58 방진마스크에 관한 설명으로 옳지 않은 것은?

① 일반적으로 활성탄 필터가 많이 사용된다.
② 종류에는 격리식, 직결식, 면체여과식이 있다.
③ 흡기저항 상승률은 낮은 것이 좋다.
④ 비휘발성 입자에 대한 보호가 가능하다.

> ① 방진마스크의 필터는 면, 모, 합성섬유, 유리섬유, 금속섬유 등이 사용되며, 활성탄은 방독마스크의 흡수제에 해당한다.

📋 필기에 자주 출제 ★

59 작업장에서 Methylene chloride(비중= 1.336, 분자량=84.94, TLV = 500ppm)를 500g/hr를 사용할 때, 필요한 환기량은 약 몇 m^3/min인가? (단, 안전계수는 7이고, 실내온도는 21℃이다.)

① 26.3   ② 33.1
③ 42.0   ④ 51.3

> ★ 노출기준(TLV)에 따른 전체환기량
> $$Q = \frac{24.1 \times kg/h \times K \times 10^6}{MW \times TLV} (m^3/hr)$$
> ÷ 60 = (m^3/min)
> • K : 안전계수
> • MW : 물질의 분자량
> • kg/hr : 시간당 오염물질 발생량(l/hr×S(비중))
> • TLV : 노출기준(ppm)
> • 24.1 : 21℃, 1기압에서 공기의 비중
> (25℃, 1기압일 경우 24.45)
>
> $$Q = \frac{24.1 \times 0.5 \times 7 \times 10^6}{84.94 \times 500}$$
> = 1986.11(m^3/hr)÷60 = 33.10(m^3/min)
> (500g/hr = 0.5kg/hr)

📋 실기에 자주 출제 ★★★

정답 55 ③ 56 ① 57 ② 58 ① 59 ②

60 흡인 풍량이 200m³/min, 송풍기 유효전압이 150mmH₂O, 송풍기 효율이 80%인 송풍기의 소요 동력은?

① 3.5kW   ② 4.8kW
③ 6.1kW   ④ 9.8kW

$$HP(kW) = \frac{Q \times P}{6,120 \times \eta} \times K$$

- Q : 송풍량(m³/min)
- P : 유효전압(풍압)(mmH₂O)
- η : 송풍기효율
- K : 안전여유

$$HP(kW) = \frac{200 \times 150}{6,120 \times 0.8} = 6.13(kW)$$

📓 실기에 자주 출제 ★★★

제4과목 | 물리적 유해인자관리

61 작업장에서 사용하는 트리클로로에틸렌을 독성이 강한 포스겐으로 전환시킬 수 있는 광화학작용을 하는 유해 광선은?

① 적외선   ② 자외선
③ 감마선   ④ 마이크로파

* 광화학작용
  자외선(화학선)

📓 실기까지 중요 ★★

---

62 다음 중 투과력이 커서 노출 시 인체 내부에도 영향을 미칠 수 있는 방사선의 종류는?

① γ선   ② α선
③ β선   ④ 자외선

① 인체의 투과력 순서
   중성자 > X선 or γ > β > α
② 전리작용(REB : 생물학적 효과) 순서
   중성자 > α > β > X선 or γ

📓 실기까지 중요 ★★

---

63 산업안전보건법령상, 소음의 노출기준에 따르면 몇 dB(A)의 연속소음에 노출되어서는 안 되는가? (단, 충격소음은 제외한다.)

① 85   ② 90
③ 100 ④ 115

115dB(A)를 초과하는 소음 수준에 노출되어서는 안 된다.

* 참고
국내의 소음의 노출기준(소음변화율 : 5dB)

1일 노출시간(hr)	소음수준[dB(A)]
8	90
4	95
2	100
1	105
1/2	110
1/4	115

주: 115dB(A)를 초과하는 소음 수준에 노출되어서는 안 됨

📓 실기까지 중요 ★★

정답 60 ③   61 ②   62 ①   63 ④

64 인공호흡용 혼합가스 중 헬륨-산소 혼합가스에 관한 설명으로 틀린 것은?

① 헬륨은 고압 하에서 마취작용이 약하다.
② 헬륨은 분자량이 작아서 호흡저항이 적다.
③ 헬륨은 질소보다 확산속도가 작아 인체 흡수 속도를 줄일 수 있다.
④ 헬륨은 체외로 배출되는 시간이 질소에 비하여 50%정도 밖에 걸리지 않는다.

> ③ 헬륨은 질소보다 확산속도가 크며 체내에서 불필요한 반응이 없고 혈액에 대한 용해도가 작다.

65 개인의 평균 청력 손실을 평가하기 위하여 6분법을 적용하였을 때, 500Hz에서 6dB, 1,000Hz에서 10dB, 2,000Hz에서 10dB, 4,000Hz에서 20dB이면 이때의 청력 손실을 얼마인가?

① 10dB ② 11dB
③ 12dB ④ 13dB

> 1. 4분법
> 평균청력손실(dB) = $\dfrac{a+2b+c}{4}$
> 2. 6분법
> 평균청력손실(dB) = $\dfrac{a+2b+2c+d}{6}$
> - a : 옥타브밴드 중심주파수 500Hz에서의 청력손실(dB)
> - b : 옥타브밴드 중심주파수 1,000Hz에서의 청력손실(dB)
> - c : 옥타브밴드 중심주파수 2,000Hz에서의 청력손실(dB)
> - d : 옥타브밴드 중심주파수 4,000Hz에서의 청력손실(dB)
>
> 평균청력손실 = $\dfrac{6+2\times10+2\times10+20}{6}$
> = 11(dB)

🚩 실기에 자주 출제 ★★★

66 옥타브밴드로 소음의 주파수를 분석하였다. 낮은 쪽의 주파수가 250Hz이고, 높은 쪽의 주파수가 2배인 경우 중심주파수는 약 몇 Hz인가?

① 250 ② 300
③ 354 ④ 375

> ★ 1/1 옥타브 밴드 분석기
> 1. $\dfrac{f_U}{f_L} = 2^{\frac{1}{1}}$, $f_u = 2f_L$
> 2. 중심주파수(f_c) = $\sqrt{f_L \times f_U} = \sqrt{F_L \times 2f_L} = \sqrt{2}f_L$
> - f_L : 중심주파수 보다 낮은 쪽 주파수
> - f_U : 중심주파수 보다 높은 쪽 주파수
> - f_C : 중심주파수
>
> ① 높은 쪽의 주파수(f_U)
>   = 2 × 낮은 쪽의 주파수(f_L)
>   = 2 × 250 = 500(Hz)
> ② 중심주파수(f_c)
>   = $\sqrt{f_L \times f_U} = \sqrt{250 \times 500}$ = 353.55(Hz)

🚩 실기에 자주 출제 ★★★

67 다음 중 체온의 상승에 따라 체온조절중추인 시상하부에서 혈액온도를 감지하거나 신경망을 통하여 정보를 받아 들여 체온 방산작용이 활발해지는 작용은?

① 정신적 조절작용
  (spiritual thermo regulation)
② 물리적 조절작용
  (physical thermo regulation)
③ 화학적 조절작용
  (chemical thermo regulation)
④ 생물학적 조절작용
  (biological thermo regulation)

> ★ 물리적 조절작용
> 체온조절중추인 시상하부에서 정보를 받아 들여 체온 방산작용이 활발해지는 작용

정답 64 ③ 65 ② 66 ③ 67 ②

68 질소마취 증상과 가장 연관이 많은 작업은?

① 잠수작업 ② 용접작업
③ 냉동작업 ④ 금속제조작업

> ★ 질소마취 증상
> 잠수작업 등 고압환경에서 발생한다.

> ★ 참고
> 고압환경의 2차적 가압현상
> ① 질소의 마취작용 : 공기 중의 질소 가스는 4기압 이상에서 마취작용을 일으킨다.
> ② 산소중독 증세 : 산소분압이 2기압을 넘으면 산소중독 증세가 나타난다.
> ③ 이산화탄소의 작용 : 이산화탄소의 증가는 산소의 독성과 질소의 마취작용을 촉진시킨다.

📝 실기까지 중요 ★★

69 사무실 책상 면으로부터 수직으로 1.4m의 거리에 1,000cd(모든 방향으로 일정하다.)의 광도를 가지는 광원이 있다. 이 광원에 대한 책상에서의 조도(intensity of illumination, Lux)는 약 얼마인가?

① 410 ② 444
③ 510 ④ 544

> 조도(Lux) = $\dfrac{광도}{(거리)^2}$
>
> 조도 = $\dfrac{1,000}{(1.4)^2}$ = 510.20(Lux)

📝 실기까지 중요 ★★

70 이상기압과 건강장해에 대한 설명으로 맞는 것은?

① 고기압 조건은 주로 고공에서 비행업무에 종사하는 사람에게 나타나며 이를 다루는 학문은 항공의학 분야이다.
② 고기압 조건에서의 건강장해는 주로 기후의 변화로 인한 대기압의 변화 때문에 발생하며 휴식이 가장 좋은 대책이다.
③ 고압 조건에서 급격한 압력저하(감압)과정은 혈액과 조직에 녹아있던 질소가 기포를 형성하여 조직과 순환기계 손상을 일으킨다.
④ 고기압 조건에서 주요 건강장해 기전은 산소부족이므로 일차적인 응급치료는 고압산소실에서 치료하는 것이 바람직하다.

> ① 저기압 조건은 고공에서 비행업무에 종사자에게 나타나며 산소부족으로 인한 판단력장해, 행동장해, 권태감, 고공성 폐수종 등이 일어날 수 있다.
> ② 고기압 조건에서의 건강장해는 생체와 환경 사이의 압력차이로 인한 1차 가압현상과 고압 하의 대기가스의 독성 때문에 나타나는 2차 가압현상이 있다.
> ④ 고기압 조건에서 주요 건강장해 기전은 급격한 감압 시에 발생하는 감압병이며, 환자를 원래의 고압환경 상태로 바로 복귀시키거나 인공 고압실에 넣어 혈관 및 조직 속에 발생한 질소의 기포를 용해시킨 후 서서히 감압하는 것이 바람직하다.

📝 필기에 자주 출제 ★

정답 68 ① 69 ③ 70 ③

71 다음 중 단기간 동안 자외선(UV)에 초과 노출될 경우 발생할 수 있는 질병은?

① Hypothermia
② Welder's flash
③ Phossy jaw
④ White fingers syndrome

> ★ Welder's flash
> 전기용접, 자외선 살균취급자 등에서 발생되는 자외선 노출에 의해 전광성 안염을 말한다.
>
> 📘 필기에 자주 출제 ★

72 일반적으로 전신진동에 의한 생체반응에 관여하는 인자로 가장 거리가 먼 것은?

① 온도　　② 강도
③ 방향　　④ 진동수

> ★ 전신진동에 의한 생체반응에 관여하는 인자
> ① 강도
> ② 진동수
> ③ 방향
> ④ 폭로시간(노출시간)
>
> 📘 필기에 자주 출제 ★

73 저기압 환경에서 발생하는 증상으로 옳은 것은?

① 이산화탄소에 의한 산소중독 증상
② 폐 압박
③ 질소마취 증상
④ 우울감, 두통, 식욕상실

> ★ 저기압(저압환경)에서의 인체영향
> ① 고공증상: 신경장해, 동통성 관절장해, 항공치통, 항공이염, 항공부비감염 등
> ② 폐수종: 진해성 기침과 호흡곤란이 나타나고 폐동맥 혈압이 상승하다 산소공급과 해면으로의 귀환으로 급속히 소실된다.
> ③ 고산병: 우울감, 두통, 식욕상실, 흥분성, 구토 등의 증세를 일으킨다.
>
> 📘 필기에 자주 출제 ★

74 다음 중 진동에 의한 장해를 최소화시키는 방법과 거리가 먼 것은?

① 진동의 발생원을 격리시킨다.
② 진동의 노출시간을 최소화시킨다.
③ 훈련을 통하여 신체의 적응력을 향상시킨다.
④ 진동을 최소화하기 위하여 공학적으로 설계 및 관리한다.

> ★ 진동장해 관리대책
> ① 진동의 발생원을 격리, 진동전파 경로를 차단한다.
> ② 완충물 등 방진재료를 사용한다.
> ③ 진동을 최소화하기 위하여 공학적으로 설계 및 관리한다.(공진을 감소시켜 진동을 최소화)
> ④ 진동의 노출시간을 최소화시킨다.(작업시간의 단축 및 교대제 실시)
>
> 📘 필기에 자주 출제 ★

정답　71 ②　72 ①　73 ④　74 ③

75 전리방사선에 대한 감수성이 가장 큰 조직은?

① 간　　　　② 골수세포
③ 연골　　　④ 신장

> ★ 전리방사선에 대한 인체 내의 감수성 순서
> 골수, 임파선, 흉선 및 림프조직(조혈기관), 눈의 수정체 〉 피부 등 상피세포 〉 혈관 등 내피세포 〉 결합조직, 지방조직 〉 뼈, 근육조직 〉 폐 등 내장기관 〉 신경조직

> **암기법**
> 골인(임파선)/수 상 내/결지/뼈근육 폐내장/신경

🖊 실기까지 중요 ★★

---

76 고온환경에 노출된 인체의 생리적 기전과 가장 거리가 먼 것은?

① 수분부족
② 피부혈관 확장
③ 근육이완
④ 갑상선자극호르몬 분비 증가

> ④ 갑상선호르몬 분비 감소

🖊 필기에 자주 출제 ★

---

77 현재 총 흡음량이 1,000sabins인 작업장에 흡음을 보강하여 4,000sabins을 더할 경우, 총 소음감소는 약 얼마인가? (단, 소수점 첫째자리에서 반올림)

① 5dB　　② 6dB
③ 7dB　　④ 8dB

> $$NR = 10 \times \log\left(\frac{A_2}{A_1}\right)$$
> • NR : 감음량(dB)
> • A_1 : 흡음처리 전 실내의 총 흡음력(sabin)
> • A_2 : 흡음처리 후 실내의 총 흡음력(sabin)
> $$NR = 10 \times \log\left(\frac{1,000+4,000}{1,000}\right) = 6.99(dB)$$

🖊 실기까지 중요 ★★

---

78 빛 또는 밝기와 관련된 단위가 아닌 것은?

① weber　　　② candela
③ lumen　　　④ footlambert

> ② candela : 광도의 단위
> ③ lumen : 광속의 단위
> ④ footlambert : 광속발산도(휘도)의 단위

🖊 필기에 자주 출제 ★

정답　75 ②　76 ④　77 ③　78 ①

79 다음 중 음의 세기레벨을 나타내는 dB의 계산식으로 옳은 것은? (단, I_0 = 기준음향의 세기, I = 발생음의 세기)

① $dB = 10\log\dfrac{I}{I_0}$ ② $dB = 20\log\dfrac{I}{I_0}$

③ $dB = 10\log\dfrac{I_0}{I}$ ④ $dB = 20\log\dfrac{I_0}{I}$

> $SIL = 10 \times \log\left(\dfrac{I}{I_0}\right)$ (dB)
> - SIL : 음의 세기레벨(dB)
> - I : 대상음의 세기(w/m²)
> - I_0 : 최소가청음 세기(10^{-12}w/m²)

 실기까지 중요 ★★

80 참호족에 관한 설명으로 맞는 것은?

① 직장온도가 35℃ 수준 이하로 저하되는 경우를 의미한다.
② 체온이 35~32.2℃에 이르면 신경학적 억제 증상으로 운동실조, 자극에 대한 반응도 저하와 언어이상 등이 온다.
③ 27℃에서는 떨림이 멎고 혼수에 빠지게 되고, 25~23℃이르면 사망하게 된다.
④ 근로자의 발이 한랭에 장기간 노출됨과 동시에 지속적으로 습기나 물에 잠기게 되면 발생한다.

> ★ 참호족(참수족 ; trench foot, immersion foot)
> ① 한랭환경에 장기간 노출됨과 동시에 지속적으로 습기나 물에 잠길 경우 발생한다.
> ② 지속적인 국소의 산소결핍이 원인이며, 모세혈관 벽이 손상되어 부종, 작열감, 가려움, 심한 동통 등이 나타난다.

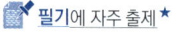 필기에 자주 출제 ★

제5과목 산업독성학

81 다음 중 생물학적 모니터링에서 사용되는 약어의 의미가 틀린 것은?

① B-background, 직업적으로 노출되지 않은 근로자의 검체에서 동일한 결정인자가 검출될 수 있다는 의미
② Sc-susceptibiliy(감수성), 화학물질의 영향으로 감수성이 커질 수도 있다는 의미
③ Nq-nonqualitative, 결정인자가 동 화학물질에 노출되었다는 지표일 뿐이고 측정치를 정량적으로 해석하는 것은 곤란하다는 의미
④ Ns-nonspecific(비특이적), 특정 화학물질 노출에서 뿐만 아니라 다른 화학물질에 의해서도 이 결정인자가 나타날 수 있다는 의미

> ★ 생물학적 모니터링에서 사용되는 약어
>
> | | |
> |---|---|
> | B (background) | 직업적으로 노출되지 않은 근로자의 검체에서 동일한 결정인자가 검출될 수 있다는 것을 의미한다. |
> | CAS (Chemical Abstract Service Register Number) | 화학구조나 조성이 확정된 화학물질에 부여된 고유 번호를 의미한다. |
> | Sc (감수성 : susceptibiliy) | 화학물질의 영향으로 감수성이 커질 수도 있다는 것을 의미한다. |
> | Nq (Nonqualitative) | 충분한 자료가 없어 생물학적 노출지수가 설정되지 않았음을 의미한다. |
> | Ns (비특이적 : Nonspecific) | 특정 화학물질 노출에서 뿐만 아니라 다른 화학물질에 의해서도 이 결정인자가 나타날 수 있다는 것을 의미한다. |
> | Sq (반정량적 : Semi-quantitative) | 결정인자가 동 화학물질에 노출되었음을 나타내는 지표일 뿐이고 측정치를 정량적으로 해석하는 것은 곤란하다는 것을 의미한다. |

정답 79 ① 80 ④ 81 ③

82 다음 중 직업성 피부질환에 관한 설명으로 틀린 것은?

① 가장 빈번한 직업성 피부질환은 접촉성 피부염이다.
② 알레르기성 접촉 피부염은 일반적인 보호 기구로도 개선 효과가 좋다.
③ 첩포시험은 알레르기성 접촉 피부염의 감작물질을 색출하는 임상시험이다.
④ 일부 화학물질과 식물은 광선에 의해서 활성화되어 피부반응을 보일 수 있다.

> ② 특정 물질에 알레르기성 체질이 있는 사람에게만 발생하여 일반적인 보호 기구로 개선되지 않는다.

📌 필기에 자주 출제 ★

83 노말헥산이 체내 대사과정을 거쳐 변환되는 물질로, 노말헥산에 폭로된 근로자의 생물학적 노출지표물질로 적합한 것은?

① hippuric acid
② 2,5-hexanedione
③ hydroquonone
④ 9-hydroxyquinoline

화학물질	생물학적 노출지표물질 (체내대사산물)	시료채취 시기
톨루엔	혈액, 호기의 톨루엔, 소변 중 o-크레졸	작업종료 시
벤젠	소변 중 페놀, 소변 중 t,t-뮤코닉산 (t,t-Muconic acid)	작업종료 시
크실렌	소변 중 메틸마뇨산	작업종료 시
니트로벤젠	혈중 메타헤모글로빈	작업종료 시
에틸벤젠	소변 중 만델린산	작업종료 시
이황화탄소	소변 중 TTCA	당일 작업종료 2시간 전부터 작업종료 사이에 채취
노말헥산 (N-헥산)	소변 중 n-헥산, 소변 중 2,5-hexanedione	작업종료 시

📌 실기에 자주 출제 ★★★

84 다음 중 석면작업의 주의사항으로 적절하지 않은 것은?

① 석면 등을 사용하는 작업은 가능한 한 습식으로 하도록 한다.
② 석면을 사용하는 작업장이나 공정 등은 격리시켜 근로자의 노출을 막는다.
③ 근로자가 상시 접근할 필요가 없는 석면취급 설비는 밀폐실에 넣어 양압을 유지한다.
④ 공정상 밀폐가 곤란한 경우, 적절한 형식과 기능을 갖춘 국소배기장치를 설치한다.

> ★ 석면의 제조·사용 작업, 해체·제거 작업 및 유지·관리의 조치기준
> ① 석면분진이 퍼지지 않도록 석면을 사용하는 장소를 다른 작업장소와 격리하여야 한다.
> ② 석면을 사용하는 작업장소의 바닥재료는 불침투성 재료를 사용하고 청소하기 쉬운 구조로 하여야 한다.
> ③ 석면을 사용하는 설비 중 근로자가 상시 접근할 필요가 없는 설비는 밀폐된 장소에 설치하여야 한다.
> ④ 석면분진이 흩날릴 우려가 있는 작업을 하는 장소에는 국소배기장치를 설치·가동하여야 한다.
> ⑤ 석면을 뿜어서 칠하는 작업에 근로자를 종사하도록 하여서는 아니 된다.
> ⑥ 석면을 사용하거나 석면이 붙어 있는 물질을 이용하는 작업을 하는 경우에 석면이 흩날리지 않도록 습기를 유지하여야 한다.

📌 실기까지 중요 ★★

정답 82 ② 83 ② 84 ③

85 다음 중 카드뮴의 중독, 치료 및 예방대책에 관한 설명으로 틀린 것은?

① 소변 속의 카드뮴 배설량은 카드뮴 흡수를 나타내는 지표가 된다.
② BAL 또는 Ca-EDTA 등을 투여하여 신장에 대한 독작용을 제거한다.
③ 칼슘대사에 장해를 주어 신결석을 동반한 증후군이 나타나고 다량의 칼슘배설이 일어난다.
④ 폐활량 감소, 잔기량 증가 및 호흡곤란의 폐 증세가 나타나며, 이 증세는 노출기간과 노출농도에 의해 좌우된다.

> ② 치료제로 BAL 및 Ca-EDTA 등 금속의 배설제를 사용하는 경우 신장 독성을 증가시키므로 투여를 금한다.

86 산업독성학에서 LC_{50}의 설명으로 맞는 것은?

① 실험동물의 50%가 죽게 되는 양이다.
② 실험동물의 50%가 죽게 되는 농도이다.
③ 실험동물의 50%가 살아남을 비율이다.
④ 실험동물의 50%가 살아남을 확률이다.

> ① ED_{50}(Effective Concentration) : 실험동물의 50%가 일정한 반응을 일으키는 양을 말한다.
> ② EC_{50}(Effective Concentration) : 투여량 농도에 대한 과반수 영향농도를 말한다.
> ③ TD_{50}(Toxic Dose) : 실험동물의 50%에 독성을 나타내는 양을 말한다.
> ④ LC_{50}(Lethal Concentration) : 실험동물의 50%가 사망하는 유해 물질의 농도를 말한다.
> ⑤ LD_{50}(Lethal Dose) : 1회 투여로 인하여 7~10일 이내에 실험동물의 50%를 치사시키는 양으로 실험동물 체중 1kg당 mg으로 나타낸다.

실기까지 중요 ★★

87 다음 중 크롬에 관한 설명으로 틀린 것은?

① 6가 크롬은 발암성물질이다.
② 주로 소변을 통하여 배설된다.
③ 형광등 제조, 치과용 아말감 산업이 원인이 된다.
④ 만성 크롬중독인 경우 특별한 치료방법이 없다.

> ③ 온도계 제조, 농약, 살충제 제조업, 치과용 아말감 산업 등에서 노출될 수 있다. → 수은 중독

> ★ 참고
> 크롬중독은 크롬제련, 도금 및 합금, 도장, 용접, 스테인리스강 가공공정 등에서 노출될 수 있다.

필기에 자주 출제 ★

88 납중독을 확인하기 위한 시험방법과 가장 거리가 먼 것은?

① 혈액 중 납 농도 측정
② 헴(Heme) 합성과 관련된 효소의 혈중농도 측정
③ 신경전달속도 측정
④ β-ALA이동 측정

> ★ 납중독 확인 시험
> ① 혈액 중의 납 농도
> ② 헴(Heme)의 대사
> ③ 말초신경의 신경 전달속도
> ④ Ca-EDTA 이동시험
> ⑤ ALA(Amino Levulinic Acid) 축적

필기에 자주 출제 ★

정답 85 ② 86 ② 87 ③ 88 ④

89 동물실험에서 구해진 역치량을 사람에게 외삽하여 "사람에게 안전한 양"으로 추정한 것을 SHD(Safe Human Dose)라고 하는데 SHD 계산에 필요하지 않는 항목은?

① 배설률
② 노출시간
③ 호흡률
④ 폐흡수비율

> 1. 체내흡수량[SHD](mg) = $C \times T \times V \times R$
>   - C : 공기 중 유해물질 농도(mg/m³)
>   - T : 노출시간(hr)
>   - V : 폐환기율(호흡률 m³/hr)
>   - R : 체내 잔유율(보통 1.0)
> 2. SHD = $\dfrac{ThD(mg/kg/day) \times 몸무게(kg)}{SF}$
>   - ThD : 독성물질에 대한 역치
>   - SF : 안전인자

📖 필기에 자주 출제 ★

90 자동차 정비업체에서 우레탄 도료를 사용하는 도장작업 근로자에게서 직업성 천식이 발생되었을 때, 원인 물질로 추측할 수 있는 것은?

① 시너(thinner)
② 벤젠(benzene)
③ 크실렌(Xylene)
④ TDI(Toluene diisocyanate)

> ★직업성 천식을 유발하는 물질
> ① 톨루엔디이소시안산염(TDI)
> ② 목분진
> ③ 무수트리멜리트산(TMA)

📖 필기에 자주 출제 ★

91 다음 중 유해물질의 독성 또는 건강영향을 결정하는 인자로 가장 거리가 먼 것은?

① 작업강도
② 인체 내 침입경로
③ 노출농도
④ 작업장 내 근로자수

> ★인체에 미치는 유해성을 좌우하는 인자
> (독성 또는 건강영향을 결정하는 인자)
> ① 유해물질의 농도와 접촉시간
> ② 근로자의 감수성
> ③ 작업강도 및 호흡량
> ④ 기상조건
> ⑤ 인체 내 침입경로

📖 필기에 자주 출제 ★

92 소변 중 화학물질 A의 농도는 28mg/mL, 단위시간(분)당 배설되는 소변의 부피는 1.5mL/min, 혈장 중 화학물질 A의 농도가 0.2mg/mL라면 단위시간(분)당 화학물질 A의 제거율(mL/min)은 얼마인가?

① 120
② 180
③ 210
④ 250

> 화학물질 A의 제거율
> = $\dfrac{\dfrac{1.5mL}{min} \times \dfrac{28mg}{mL}}{\dfrac{0.2mg}{mL}}$ = $\dfrac{\dfrac{42mg}{min}}{\dfrac{0.2mg}{mL}}$ = $\dfrac{42mg \times mL}{0.2mg \times min}$
> = 210mL/min

정답 89 ① 90 ④ 91 ④ 92 ③

93 다음 중 피부의 색소침착(pigmentation)이 가능한 표피층 내의 세포는?

① 기저세포   ② 멜라닌세포
③ 각질세포   ④ 피하지방세포

> ★ 멜라닌세포
> 피부의 색소침착(pigmentation)이 가능한 세포

📘 필기에 자주 출제 ★

94 다음 중 조혈장해를 일으키는 물질은?

① 납   ② 망간
③ 수은 ④ 우라늄

> ★ 납중독의 증세(대표적인 임상증상)
> 위장계통장해, 신경근육계통의 장해, 중추신경계통의 장해 등 크게 3가지로 나눌 수 있다.
> ① 위장계통 장해(소화기 장해)
> ② 중추신경계통 장해
> ③ 피로, 근육통 등 신경 및 근육계통의 장해
> ④ 빈혈, 혈색소 저하 등 조혈기능장해
> ⑤ 만성 신장기능 장해

📘 실기까지 중요 ★★

95 다음 중 다핵방향족 탄화수소(PAHs)에 대한 설명으로 틀린 것은?

① 철강제조업의 석탄 건류공정에서 발생된다.
② PAHs의 대사에 관여하는 효소는 시토크롬 P-448이다.
③ PAHs의 배설을 쉽게 하기 위하여 수용성으로 대사된다.
④ 벤젠고리가 2개 이상인 것으로 톨루엔이나 크실렌 등이 있다.

> ④ 벤젠고리가 2개 이상인 것으로 나프탈렌, 벤조피렌 등이 있다.

📘 필기에 자주 출제 ★

96 다음 중 납중독의 주요 증상에 포함되지 않는 것은?

① 혈중의 methallothionein 증가
② 적혈구 내 protoporphyrin 증가
③ 혈색소량 저하
④ 혈청 내 철 증가

> ★ 납의 체내 흡수 시의 기타증상
> ① 혈색소량 저하
> ② 망상적혈구수의 증가
> ③ 혈청 내 철 증가
> ④ 적혈구 내 protoporphyrin 증가
> ⑤ 소변 중 코프로포르피린(coprophyrin) 증가
> ⑥ 소변 중 델타 아미노레블린산(ALA) 증가
> ⑦ 소변 중 δ-ALAD 활성치가 저하

📘 필기에 자주 출제 ★

97 화학적 질식제(chemical asphyxiant)에 심하게 노출되었을 경우 사망에 이르게 되는 이유로 적절한 것은?

① 폐에서 산소를 제거하기 때문
② 심장의 기능을 저하시키기 때문
③ 폐 속으로 들어가는 산소의 활용을 방해하기 때문
④ 신진대사 기능을 높여 가용한 산소가 부족해지기 때문

단순 질식제	① 생리적으로는 아무 작용도 하지 않으나 공기 중에 많이 존재하여 산소분압을 저하시켜 조직에 필요한 산소의 공급부족을 초래한다. ② 수소, 이산화탄소(CO_2), 질소, 헬륨, 메탄, 에탄, 프로판, 에틸렌, 아세틸렌 등
화학적 질식제	① 혈액 중의 혈색소와 결합하여 산소운반능력을 방해하거나 조직이 산소를 받아들이는 능력을 잃게 하여 내질식을 일으킨다. ② 일산화탄소(CO), 황화수소(H_2S), 시안화수소(HCN), 아닐린

📘 실기까지 중요 ★★

정답 93 ② 94 ① 95 ④ 96 ① 97 ③

98 다음 중 유해화학물질에 의한 간의 중요한 장해인 중심소엽성 괴사를 일으키는 물질로 옳은 것은?

① 수은 ② 사염화탄소
③ 이황화탄소 ④ 에틸렌글리콜

> ★ 사염화탄소
> ① 고농도로 폭로되면 중추신경계 장해 외에 간장이나 신장에 장해가 일어나 황달, 단백뇨, 혈뇨 등의 증상이 생긴다.
> ② 간에 대한 독성작용이 특히 심하여 중심소엽성 괴사를 일으킨다.

📌 실기까지 중요 ★★

99 다음 중 유해물질의 흡수에서 배설까지의 과정에 대한 설명으로 옳지 않은 것은?

① 흡수된 유해물질은 원래의 형태든, 대사산물의 형태로든 배설되기 위하여 수용성으로 대사된다.
② 흡수된 유해화학물질은 다양한 비특이적 효소에 의한 유해물질의 대사로 수용성이 증가되어 체외로의 배출이 용이하게 된다.
③ 간은 화학물질을 대사시키고 콩팥과 함께 배설시키는 기능을 담당하여, 다른 장기보다도 여러 유해물질의 농도가 낮다.
④ 유해물질은 조직에 분포되기 전에 먼저 몇 개의 막을 통과하여야 하며, 흡수속도는 유해물질의 물리화학적 성상과 막의 특성에 따라 결정된다.

> ★ 간
> ① 유해물질은 대부분 간에서 대사되며 대사작용에 의해 유해물질의 독성이 감소 또는 증가한다.
> ② 각종 대사효소가 집중적으로 분포되어 있고, 이들 효소활동에 의해 다양한 대사 물질이 만들어지지 때문에 다른 기관에 비해 독성물질의 노출가능성이 매우 높다.

📌 필기에 자주 출제 ★

100 다음 중 중금속에 의한 폐기능의 손상에 관한 설명으로 틀린 것은?

① 철폐증(siderosis)은 철분진 흡입에 의한 암 발생(A1)이며, 중피종과 관련이 없다.
② 화학적 폐렴은 베릴륨, 산화카드뮴 에어로졸 노출에 의하여 발생하며 발열, 기침, 폐기종이 동반된다.
③ 금속열은 금속이 용융점 이상으로 가열될 때 형성되는 산화금속을 흄 형태로 흡입할 경우 발생한다.
④ 6가 크롬은 폐암과 비강암 유발인자로 작용한다.

> ① 철폐증(siderosis)은 철분진 흡입에 의하여 철분이 폐 내에 축적되어 발생하는 진폐증을 말한다.

📌 필기에 자주 출제 ★

정답 98 ② 99 ③ 100 ①

3회 과년도기출문제

2019년 8월 4일

제1과목 | 산업위생학개론

01 다음 중 재해예방의 4원칙에 관한 설명으로 옳지 않은 것은?

① 재해발생과 손실의 관계는 우연적이므로 사고의 예방이 가장 중요하다.
② 재해발생에는 반드시 원인이 있으며, 사고와 원인의 관계는 필연적이다.
③ 재해는 예방이 불가능하므로 지속적인 교육이 필요하다.
④ 재해예방을 위한 가능한 안전대책은 반드시 존재한다.

> ★ 산업재해 예방의 4원칙
> ① 예방 가능의 원칙 : 재해는 원칙적으로 원인만 제거되면 예방이 가능하다.
> ② 손실 우연의 원칙 : 사고의 결과 생기는 상해의 종류와 정도는 사고 발생시 사고대상의 조건에 따라 우연히 발생한다.
> ③ 대책 선정의 원칙 : 사고의 원인에 대한 적합한 대책이 선정되어야 한다.
> ④ 원인 연계의 원칙 : 재해는 직접원인과 간접원인이 연계되어 일어난다.

📝 실기까지 중요 ★★

02 다음 중 실내환경 공기를 오염시키는 요소로 볼 수 없는 것은?

① 라돈   ② 포름알데히드
③ 연소가스 ④ 체온

> ★ 실내 공기를 오염시키는 요소
> ① 라돈
> ② 포름알데히드
> ③ 일산화탄소
> ④ 연소가스
> ⑤ 라돈 등

03 300명의 근로자가 1주일에 40시간, 연간 50주를 근무하는 사업장에서 1년 동안 50건의 재해로 60명의 재해자가 발생하였다. 이 사업장의 도수율은 약 얼마인가? (단, 근로자들은 질병, 기타 사유로 인하여 총 근로시간의 5%를 결근하였다.)

① 93.33   ② 87.72
③ 83.33   ④ 77.72

> ★ 도수율(빈도율 F.R)
> 100만 근로시간당 재해 발생 건수 비율
> $$\text{도수율(빈도율)} = \frac{\text{재해 건수}}{\text{연 근로 시간 수}} \times 10^6$$
> $$\text{도수율(빈도율)} = \frac{50}{300 \times 40 \times 50 \times 0.95} \times 10^6$$
> $$= 87.72$$
> • 결근율 5% = 출근율 95%

📝 실기에 자주 출제 ★★★

정답 01 ③ 02 ④ 03 ②

04 다음 근육운동에 동원되는 주요 에너지 생산방법 중 혐기성 대사에 사용되는 에너지원이 아닌 것은?

① 아데노신 삼인산 ② 크레아틴 인산
③ 지방 ④ 글리코겐

혐기성 대사 (Anaerobic metabolism)	1. 근육에 저장된 화학적 에너지 2. 혐기성 대사 순서 ATP(아데노신 삼인산) → CP(크레아틴 인산) → Glycogen(글리코겐) or Glucose(포도당)
호기성 대사 (Aerobic metabolism)	1. 대사과정(구연산 회로)을 거쳐 생성된 에너지 2. 호기성 대사 과정 포도당 단백질 + 산소 → 에너지원 지방

📝 실기까지 중요 ★★

05 다음 중 피로에 관한 설명으로 틀린 것은?

① 일반적인 피로감은 근육 내 글리코겐의 고갈, 혈중 글루코스의 증가, 혈중 젖산의 감소와 일치하고 있다.
② 충분한 영양섭취와 휴식은 피로의 예방에 유효한 방법이다.
③ 피로의 주관적 측정방법으로는 CMI(Cornel Medical Index)를 이용한다.
④ 피로는 질병이 아니고 원래 가역적인 생체 반응이며 건강장해에 대한 경고적 반응이다.

★ 전신피로의 원인
① 산소공급 부족
② 혈중 포도당(글루코스)농도 저하
③ 근육 내 글리코겐 양의 감소
④ 혈중 젖산농도 증가
⑤ 작업강도의 증가

📝 필기에 자주 출제 ★

06 다음 중 산업안전보건법령상 물질안전보건자료(MSDS)의 작성 원칙에 관한 설명으로 가장 거리가 먼 것은?

① MSDS의 작성단위는 「계량에 관한 법률」이 정하는 바에 의한다.
② MSDS는 한글로 작성하는 것을 원칙으로 하되 화학물질명, 외국기관명 등의 고유명사는 영어로 표기할 수 있다.
③ 각 작성항목은 빠짐없이 작성하여야 하며, 부득이 어느 항목에 대해 관련 정보를 얻을 수 없는 경우, 작성란은 공란으로 둔다.
④ 외국어로 되어 있는 MSDS를 번역하는 경우에는 자료의 신뢰성이 확보될 수 있도록 최초 작성기관명 및 시기를 함께 기재하여야 한다.

③ 각 작성항목은 빠짐없이 작성하여야 한다. 다만, 부득이하게 어느 항목에 대해 관련 정보를 얻을 수 없는 경우에는 작성란에 "자료없음"이라고 기재하고, 적용이 불가능하거나 대상이 되지 않는 경우에는 작성란에 "해당없음"이라고 기재한다.

📝 필기에 자주 출제 ★

정답 04 ③ 05 ① 06 ③

07 산업안전보건법령상 사무실 공기관리에 대한 설명으로 옳지 않은 것은?

① 관리기준은 8시간 시간가중평균농도 기준이다.
② 이산화탄소와 일산화탄소는 비분산적외선 검출기의 연속 측정에 의한 직독식 분석방법에 의한다.
③ 이산화탄소의 측정결과 평가는 각 지점에서 측정한 측정치 중 평균값을 기준으로 비교·평가한다.
④ 공기의 측정시료는 사무실 안에서 공기질이 가장 나쁠 것으로 예상되는 2곳 이상에서 채취하고, 측정은 사무실 바닥면으로부터 0.9~1.5m 의 높이에서 한다.

> ③ 이산화탄소는 각 지점에서 측정한 측정치 중 최고 값을 기준으로 비교·평가한다.

📓 실기까지 중요 ★★

08 영국에서 최초로 직업성 암을 보고하여, 1788년에 굴뚝 청소부법이 통과되도록 노력한 사람은?

① Ramazzini   ② Paracelsus
③ Percivall Pott   ④ Robert Owen

> ★ Percivall Pott(18세기)
> ① 영국의 외과의사로 직업성 암(굴뚝청소부의 음낭암)을 최초로 보고
> ② 암의 원인 물질은 "검댕"
> ③ "굴뚝 청소부법" 제정토록 함

📓 실기까지 중요 ★★

09 미국산업안전보건연구원(NIOSH)의 중량물 취급 작업 기준 중, 들어 올리는 물체의 폭에 대한 기준은 얼마인가?

① 55 cm 이하   ② 65 cm 이하
③ 75 cm 이하   ④ 85 cm 이하

> ★ 들기작업(NIOSH)지침의 적용기준
> ① 보통속도로 반드시 두 손으로 들어 올리는 작업이어야 한다. 한손으로 들어올리는 작업은 해당되지 않는다.
> ② 물체의 폭이 75cm 이하로 두 손을 적당히 벌리고 작업할 수 있어야 한다.
> ③ 물체를 들어 올리는 데 자연스러워야 한다.
> ④ 신발이 작업장에 닿을 때 미끄럽지 않아야 하며, 손으로 물건을 잡을 때 불편이 없어야 한다.
> ⑤ 작업장의 온도가 적절해야 한다.

📓 필기에 자주 출제 ★

10 다음 중 작업종류별 바람직한 작업시간과 휴식시간을 배분한 것으로 옳지 않은 것은?

① 사무작업 : 오전 4시간 중에 2회, 오후 1시에서 4시 사이에 1회, 평균 10~20분 휴식
② 정신집중작업 : 가장 효과적인 것은 60분 작업에 5분간 휴식
③ 신경운동성의 경속도 작업 : 40분간 작업과 20분간 휴식
④ 중근작업 : 1회 계속작업을 1시간 정도로 하고, 20~30분씩 오전에 3회, 오후에 2회 정도 휴식

> ② 정신집중작업 : 30분 작업에 5분간 휴식

11 "근로자 또는 일반대중에게 질병, 건강장해, 불편함, 심한 불쾌감 및 능률 저하 등을 초래하는 작업요인과 스트레스를 예측, 측정, 평가하고 관리하는 과학과 기술"이라고 산업위생을 정의하는 기관은?

① 미국산업위생학회(AIHA)
② 국제노동기구(ILO)
③ 세계보건기구(WHO)
④ 산업안전보건청(OSHA)

> *미국산업위생학회(AIHA)의 산업위생의 정의
> 근로자나 일반 대중에게 질병, 건강장해와 안녕방해, 심한 불쾌감 및 능률저하 등을 초래하는 작업환경 요인과 스트레스를 예측, 측정, 평가, 관리하는 과학과 기술이다.

📝 실기까지 중요 ★★

12 다음 중 노동의 적응과 장해에 관련된 내용으로 적절하지 않은 것은?

① 인체는 환경에서 오는 여러 자극(stress)에 대하여 적응하려는 반응을 일으킨다.
② 인체에 적응이 일어나는 과정은 뇌하수체와 부신피질을 중심으로 한 특유의 반응이 일어나는 데 이를 부적응증상군이라고 한다.
③ 직업에 따라 신체 형태와 기능에 국소적 변화가 일어나는 데 이것을 직업성 변이(occupational stignata)라고 한다.
④ 외부의 환경변화나 신체활동이 반복되면 조절기능이 원활해지며, 이에 숙련 습득된 상태를 순화라고 한다.

> ② 인체가 스트레스에 노출되었을 때, 뇌하수체·부신피질계가 반응하여 호르몬 분비를 일으켜 스트레스에 저항하는 데 이를 적응증후군이라 한다.

13 산업안전보건법령에 따라 단위작업장소에서 동일 작업근로자 13명을 대상으로 시료를 채취할 때의 최초 시료채취 근로자수는 몇 명인가?

① 1명　　② 2명
③ 3명　　④ 4명

> ① 단위작업 장소에서 최고 노출근로자 2명 이상에 대하여 측정
> ② 동일 작업근로자수가 10명을 초과하는 경우에는 매 5명당 1명 이상 추가하여 측정
> 2명+1명=3명

> *참고
> 단위작업 장소에서 최고 노출근로자 2명 이상에 대하여 동시에 개인 시료채취 방법으로 측정하되, 단위작업 장소에 근로자가 1명인 경우에는 그러하지 아니하며, 동일 작업근로자수가 10명을 초과하는 경우에는 매 5명당 1명 이상 추가하여 측정하여야 한다. 다만, 동일 작업근로자수가 100명을 초과하는 경우에는 최대 시료채취 근로자수를 20명으로 조정할 수 있다.

📝 실기까지 중요 ★★

정답　11 ①　12 ②　13 ③

14 미국산업위생학술원(AAIH)이 채택한 윤리강령 중 산업위생전문가가 지켜야 할 책임과 거리가 먼 것은?

① 기업체의 기밀은 누설하지 않는다.
② 과학적 방법의 적용과 자료의 해석에서 객관성을 유지한다.
③ 근로자, 사회 및 전문 직종의 이익을 위해 과학적 지식을 공개하고 발표한다.
④ 전문적 판단이 타협에 의하여 좌우될 수 있는 상황에 개입하여 객관적 자료로 판단한다.

> *산업위생전문가로서의 책임
> ① 성실성과 학문적 실력 면에서 최고 수준을 유지한다.
> ② 과학적 방법의 적용과 자료의 해석에서 객관성을 유지한다.
> ③ 전문 분야로서의 산업위생을 학문적으로 발전시킨다.
> ④ 근로자, 사회 및 전문 직종의 이익을 위해 과학적 지식을 공개하고 발표한다.
> ⑤ 기업체의 기밀은 누설하지 않는다.
> ⑥ 전문적 판단이 타협에 의하여 좌우될 수 있거나 이해관계가 있는 상황에는 개입하지 않는다.

📌 실기에 자주 출제 ★★★

15 다음 중 직업병 예방을 위하여 설비 개선 등의 조치로는 어려운 경우 가장 마지막으로 적용하는 방법은?

① 격리 및 밀폐
② 개인보호구의 지급
③ 환기시설 등의 설치
④ 공정 또는 물질의 변경, 대치

> *보호구의 착용
> 직업병 예방을 위하여 가장 마지막에 적용하는 방법(가장 소극적인 방법)

📌 필기에 자주 출제 ★

16 다음 중 ACGIH에서 권고하는 TLV-TWA(시간가중 평균치)에 대한 근로자 노출의 상한치와 노출가능시간의 연결로 옳은 것은?

① TLV-TWA의 3배 : 30분 이하
② TLV-TWA의 3배 : 60분 이하
③ TLV-TWA의 5배 : 5분 이하
④ TLV-TWA의 5배 : 15분 이하

> TLV-TWA농도의 3배인 경우 30분 이하, 5배인 경우 잠시라도 노출되어서는 안 된다.

📌 실기까지 중요 ★★

17 정상 작업영역에 대한 정의로 옳은 것은?

① 위팔은 몸통 옆에 자연스럽게 내린 자세에서 아래팔의 움직임에 의해 편안하게 도달 가능한 작업영역
② 어깨로부터 팔을 뻗어 도달 가능한 작업영역
③ 어깨로부터 팔을 머리 위로 뻗어 도달 가능한 작업영역
④ 위팔은 몸통 옆에 자연스럽게 내린 자세에서 손에 쥔 수공구의 끝부분이 도달 가능한 작업영역

> *정상 작업역
> ① 상완을 자연스럽게 늘어뜨린 채 전완만으로 뻗어 파악할 수 있는 구역(팔을 가볍게 몸체에 붙이고 팔꿈치를 구부린 상태에서 자유롭게 손이 닿는 영역)
> ② 움직이지 않고 전박(前膊)과 손으로 조작할 수 있는 범위

> *참고
> 최대 작업역
> ① 전완과 상완을 곧게 펴서 파악할 수 있는 구역(양팔을 곧게 폈을 때 도달할 수 있는 최대영역)
> ② 움직이지 않고 상지(上肢)를 뻗쳐서 닿는 범위

정답 14 ④ 15 ② 16 ① 17 ①

18 산업안전보건법령상의 "충격소음작업"은 몇 dB 이상의 소음이 1일 100회 이상 발생되는 작업을 말하는가?

① 110　　② 120
③ 130　　④ 140

*충격소음의 노출기준

1일 노출회수	충격소음의 강도[dB(A)]
100	140
1,000	130
10,000	120

📘 실기까지 중요 ★★

19 다음 중 전신피로에 관한 설명으로 틀린 것은?

① 작업에 의한 근육 내 글리코겐 농도의 변화는 작업자의 훈련유무에 따라 차이를 보인다.
② 작업강도가 증가하면 근육 내 글리코겐량이 비례적으로 증가되어 근육피로가 발생된다.
③ 작업강도가 높을수록 혈중 포도당 농도는 급속히 저하하며, 이에 따라 피로감이 빨리 온다.
④ 작업대사량의 증가에 따라 산소소비량도 비례하여 증가하나, 작업대사량이 일정한계를 넘으면 산소소비량은 증가하지 않는다.

② 작업강도가 증가하면 근육 내 글리코겐량이 감소되어 근육피로가 발생된다.

📘 필기에 자주 출제 ★

20 크롬에 노출되지 않은 집단의 질병 발생율은 1.0 이었고, 노출된 집단의 질병 발생율은 1.2 였을 때, 다음 설명으로 옳지 않은 것은?

① 크롬의 노출에 대한 귀속위험도는 0.2 이다.
② 크롬의 노출에 대한 비교위험도는 1.2 이다.
③ 크롬에 노출된 집단의 위험도가 더 큰 것으로 나타났다.
④ 비교위험도는 크롬의 노출이 기여하는 절대적인 위험률의 정도를 의미한다.

④ 상대위험도(비교위험도)는 비노출군에 비하여 노출군에서 질병에 걸릴 위험이 얼마나 큰지를 나타낸다.

*참고

1. 상대위험비 (비교위험도) = $\dfrac{\text{노출군에서 질병발생률}}{\text{비노출군에서 질병발생률}}$ = $\dfrac{\text{위험폭로집단발병율}}{\text{비위험폭로집단발병율}}$

2. 기여위험 = 노출군의 질병발생률 − 비노출군의 질병발생률

1. 상대위험비 = $\dfrac{1.2}{1.0}$ = 1.2
2. 기여위험도(귀속위험도) = 1.2 − 1.0 = 0.2

📘 실기까지 중요 ★★

정답　18 ④　19 ②　20 ④

제2과목 작업위생측정 및 평가

21 자연습구온도는 31℃, 흑구온도는 24℃, 건구온도는 34℃인 실내작업장에서 시간당 400칼로리가 소모된다면 계속작업을 실시하는 주조공장의 WBGT는 몇 ℃ 인가? (단, 고용노동부 고시를 기준으로 한다.)

① 28.9　　② 29.9
③ 30.9　　④ 31.9

> 1. 옥외(태양광선이 내리쬐는 장소)
>   WBGT(℃) = 0.7×자연습구온도 + 0.2
>   ×흑구온도 + 0.1×건구온도
> 2. 옥내 또는 옥외(태양광선이 내리쬐지 않는 장소)
>   WBGT(℃) = 0.7×자연습구온도 + 0.3
>   ×흑구온도
>
> 옥내 또는 옥외(태양광선이 내리쬐지 않는 장소)
> WBGT(℃) = 0.7×31+0.3×24 = 28.9(℃)

📘 실기에 자주 출제 ★★★

22 작업환경측정의 단위표시로 틀린 것은? (단, 고용노동부 고시를 기준으로 한다.)

① 미스트, 흄의 농도는 ppm, mg/mm^3로 표시한다.
② 소음수준의 측정단위는 dB(A)로 표시한다.
③ 석면의 농도표시는 섬유개수(개/cm^3)로 표시한다.
④ 고열(복사열 포함)의 측정단위는 섭씨온도(℃)로 표시한다.

> *작업환경 측정의 단위 표시
> ① 석면 : 개/cm^3(세제곱센티미터당 섬유개수)
> ② 가스, 증기, 분진, 흄, 미스트 : mg/m^3 또는 ppm
> ③ 고열(복사열 포함) : 습구·흑구온도지수를 구하여 ℃로 표시
> ④ 소음 : [dB(A)]

📘 실기에 자주 출제 ★★★

23 공기시료채취 시 공기유량과 용량을 보정하는 표준기구 중 1차 표준기구는?

① 흑연피스톤미터　② 로타미터
③ 습식테스트미터　④ 건식가스미터

1차 표준 기구	2차 표준기구
1. 비누거품미터 2. 폐활량계 3. 가스치환병 4. 유리피스톤미터 5. 흑연피스톤미터 6. 피토튜브(Pitot tube)	1. 로타미터 2. 습식테스트미터 (Wet-test-meter) 3. 건식가스미터 (Dry-gas-meter) 4. 오리피스미터 5. 열선기류계
암기법 1차비누로 폐활량재고, 가스치환하여, 유리.흑연 먹였더니 피토했다.	**암기법** 2 열로 걸어가는 습관 테스트하는 오리

📘 실기에 자주 출제 ★★★

24 고열 측정방법에 관한 내용이다. ( ) 안에 들어갈 내용으로 맞는 것은? (단, 고용노동부 고시를 기준으로 한다.)

> 측정기기를 설치한 후 일정시간 안정화 시킨 후 측정을 실시하고, 고열작업에 대해 측정하고자 할 경우에는 1일 작업시간 중 최대로 높은 고열에 노출되고 있는 (㉠)시간을 (㉡)분 간격으로 연속하여 측정한다.

① ㉠ 1, ㉡ 5　　② ㉠ 2, ㉡ 5
③ ㉠ 1, ㉡ 10　④ ㉠ 2, ㉡ 10

> 측정기를 설치한 후 충분히 안정화시킨 상태에서 1일 작업시간 중 가장 높은 고열에 노출되는 1시간을 10분 간격으로 연속하여 측정한다.

📘 실기까지 중요 ★★

정답　21 ①　22 ①　23 ①　24 ③

25 흉곽성 입자상물질(TPM)의 평균입경(μm)은? (단, ACGIH 기준)

① 1　　　　② 4
③ 10　　　　④ 50

흡입성 분진	① 호흡기 어느 부위에 침착하더라도 독성을 유발하는 분진 ② 평균입경 : 100μm 　(입경범위 : 0~100μm)
흉곽성 분진	① 기도나 하기도(가스교환 부위)에 침착하여 독성을 나타내는 물질 ② 평균입경 : 10μm
호흡성 분진	① 가스교환 부위(폐포)에 침착하여 독성을 나타내는 물질 ② 평균입경 : 4μm

📝 실기에 자주 출제 ★★★

26 일반적으로 소음계는 A, B, C 세 가지 특성에서 측정할 수 있도록 보정되어 있다. 그 중 A특성치는 몇 phon의 등감곡선에 기준한 것인가?

① 20 phon　　　② 40 phon
③ 70 phon　　　④ 100 phon

① A특성 : 40phon의 등청감곡선과 비슷하게 주파수에 따른 반응을 보정하여 측정한 음압수준
② B특성 : 70phon의 등청감곡선과 비슷하게 주파수에 따른 반응을 보정하여 측정한 음압수준
③ C특성 : 100phon의 등청감곡선과 비슷하게 주파수에 따른 반응을 보정하여 측정한 음압수준

📝 실기까지 중요 ★★

27 입자상 물질인 흄(fume)에 관한 설명으로 옳지 않은 것은?

① 용접공정에서 흄이 발생한다.
② 일반적으로 흄은 모양이 불규칙하다.
③ 흄의 입자크기는 먼지보다 매우 커 폐포에 쉽게 도달하지 않는다.
④ 흄은 상온에서 고체상태의 물질이 고온으로 액체화된 다음 증기화 되고, 증기물의 응축 및 산화로 생기는 고체상의 미립자이다.

③ 흄은 크기가 0.1(1)μm 이하로 먼지(1~100 μm)보다 작은 고체상의 미립자이다.

📝 필기에 자주 출제 ★

28 다음의 유기용제 중 실리카겔에 대한 친화력이 가장 강한 것은?

① 알코올류　　　② 케톤류
③ 올레핀류　　　④ 에스테르류

★ 실리카겔의 친화력(극성이 강한 순서)
물 〉 알코올류 〉 알데하이드류 〉 케톤류 〉 에스테르류 〉 방향족탄화수소류 〉 올레핀류 〉 파라핀류

[암기법]
실물 알콜 하드 KS 방탄 올핀 파핀

📝 실기까지 중요 ★★

29 다음 중 0.2~0.5 m/sec 이하의 실내기류를 측정하는 데 사용할 수 있는 온도계는?

① 금속온도계　　　② 건구온도계
③ 카타온도계　　　④ 습구온도계

★ 카타온도계
0.2~0.5 m/sec 이하의 실내기류를 측정

정답　25 ③　26 ②　27 ③　28 ①　29 ③

30 누적소음노출량(D, %)을 적용하여 시간가중 평균소음기준(TWA, dB(A))을 산출하는 식은? (단, 고용노동부 고시를 기준으로 한다.)

① $TWA = 61.16\log(\frac{D}{100}) + 70$
② $TWA = 16.61\log(\frac{D}{100}) + 70$
③ $TWA = 61.16\log(\frac{D}{100}) + 90$
④ $TWA = 16.61\log(\frac{D}{100}) + 90$

> ★ 시간가중 평균 소음수준[dB(A)]의 계산
> $$TWA = 16.61 \times \log(\frac{D}{100}) + 90$$
> • TWA : 시간가중평균소음수준[dB(A)]
> • D : 누적소음노출량(%)

📝 실기까지 중요 ★★

31 다음 소음의 측정시간에 관련한 내용에서 ( )에 들어갈 수치로 알맞은 것은? (단, 고용노동부 고시를 기준으로 한다.)

> 단위작업장소에서의 소음발생시간이 6시간 이내인 경우나 소음발생원에서의 발생시간이 간헐적인 경우에는 발생시간 동안 연속 측정하거나 등간격으로 나누어 ( )회 이상 측정하여야 한다.

① 2 ② 4
③ 6 ④ 8

> 단위작업 장소에서의 소음발생시간이 6시간 이내인 경우나 소음발생원에서의 발생시간이 간헐적인 경우에는 발생시간 동안 연속 측정하거나 등간격으로 나누어 4회 이상 측정하여야 한다.

📝 실기까지 중요 ★★

32 작업환경공기 중 A물질(TLV 10ppm) 5ppm, B물질(TLV 100ppm)이 50ppm, C물질(TLV 100ppm)이 60ppm 있을 때, 혼합물의 허용농도는 약 몇 ppm 인가? (단, 상가작용 기준)

① 78 ② 72
③ 68 ④ 64

> 1. 노출지수
> $$EI = \frac{C_1}{T_1} + \frac{C_2}{T_2} + \cdots + \frac{C_n}{T_n}$$
> • C : 화학물질 각각의 측정치
> • T : 화학물질 각각의 노출기준
> • 판정 : $EI >$ 1 경우 노출기준을 초과함
> 2. 혼합물의 TLV-TWA
> $$TLV-TWA = \frac{C_1 + C_2 + \cdots + C_n}{EI}$$
> 1. $EI = \frac{5}{10} + \frac{50}{100} + \frac{60}{100} = 1.60$
> 2. $TLV-TWA = \frac{5+50+60}{1.60} = 71.88$(ppm)

📝 실기까지 중요 ★★

33 입자상 물질을 채취하는 데 이용되는 PVC 여과지에 대한 설명으로 틀린 것은?

① 유리규산을 채취하여 X-선 회절분석법에 적합하다.
② 수분에 대한 영향이 크지 않다.
③ 공해성 먼지, 총 먼지 등의 중량분석에 용이하다.
④ 산에 쉽게 용해되어 금속 채취에 적당하다.

> ④ 산에 쉽게 용해되어 금속 채취에 적당
> → MCE 막 여과지

정답 30 ④ 31 ② 32 ② 33 ④

34 절삭작업을 하는 작업장의 오일미스트 농도 측정결과가 아래 표와 같다면 오일미스트의 TWA는 얼마인가?

측정시간	오일미스트 농도(mg/m³)
09:00~10:00	0
10:00~11:00	1.0
11:00~12:00	1.5
13:00~14:00	1.5
14:00~15:00	2.0
15:00~17:00	4.0
17:00~18:00	5.0

① 3.24mg/m³ ② 2.38mg/m³
③ 2.16mg/m³ ④ 1.78mg/m³

$$\text{TWA환산값} = \frac{C_1 \cdot T_1 + C_2 \cdot T_2 + \cdots + C_n \cdot T_n}{8}$$

- C : 유해인자의 측정치
  (단위 : ppm, mg/m³ 또는 개/cm³)
- T : 유해인자의 발생시간(단위 : 시간)

$$\text{TWA} = \frac{0 \times 1 + 1 \times 1 + 1.5 \times 1 + 1.5 \times 1 + 2.0 \times 1 + 4.0 \times 2 + 5.0 \times 1}{8}$$
$$= 2.38(\text{mg/m}^3)$$

📝 실기까지 중요 ★★

35 작업장에서 오염물질 농도를 측정했을 때 일산화탄소(CO)가 0.01% 이었다면 이 때 일산화탄소 농도(mg/m³)는 약 얼마인가? (단, 25℃, 1기압 기준이다.)

① 95 ② 105
③ 115 ④ 125

$$\text{mg/m}^3 = \text{ppm} \times \frac{\text{분자량}}{24.45(25℃ \ 1기압 \ 기준)}$$

1. 1% = 10,000ppm이므로 0.01% = 100ppm
2. $\text{mg/m}^3 = 100 \times \frac{28}{24.45} = 114.52(\text{mg/m}^3)$
   (CO의 분자량 = 12 + 16 = 28g)

📝 실기에 자주 출제 ★★★

36 다음 중 석면을 포집하는 데 적합한 여과지는?

① 은막 여과지   ② 섬유상 막여과지
③ PTEE 막여과지 ④ MCE 막여과지

★ MCE 막여과지
납, 철 등 중금속, 석면, 살충제, 산·알칼리미스트, 불소화합물 및 기타 무기물질 채취에 이용된다.

📝 실기까지 중요 ★★

정답 34 ② 35 ③ 36 ④

37 작업 환경 측정 결과 측정치가 다음과 같을 때, 평균편차가 얼마인가?

$$7, 5, 15, 20, 8$$

① 2.8　　② 5.2
③ 11　　④ 17

$$평균편차 = \frac{\sum_{i=1}^{n}|x_i - \bar{x}|}{n}$$

- x_i : 측정치
- $\bar{x}$: 산술평균
- n : 측정치의 수

1. 산술평균 $= \frac{7+5+15+20+8}{5} = 11$
2. 평균편차
   $= \frac{|7-11|+|5-11|+|15-11|+|20-11|+|8-11|}{5}$
   $= \frac{4+6+4+9+3}{5} = 5.2$

38 초기 무게가 1.260g 인 깨끗한 PVC 여과지를 하이볼륨(High-volume) 시료 채취기에 장착하여 작업장에서 오전 9시부터 오후 5시까지 2.5L/분의 유량으로 시료 채취기를 작동시킨 후 여과지의 무게를 측정한 결과가 1.280g 이었다면 채취한 입자상 물질의 작업장 내 평균농도(mg/m³)는?

① 7.8　　② 13.4
③ 16.7　　④ 19.2

$$\frac{mg}{m^3} = \frac{(1.280-1.260) \times 1,000mg}{\frac{2.5 \times 10^{-3}m^3}{min} \times (8 \times 60)min}$$
$$= 16.67(mg/m^3)$$
$$(L = 10^{-3}m^3, g = 1,000mg)$$

39 다음 중 표본에서 얻은 표준편차와 표본의 수만 가지고 얻을 수 있는 것은?

① 산술평균치　　② 분산
③ 변이계수　　④ 표준오차

$$\sigma = \frac{SD}{\sqrt{N}}$$

- σ : 표준오차
- SD : 표준편차
- N : 자료의 수

40 누적소음노출량 측정기로 소음을 측정하는 경우, 기기 설정으로 적절한 것은? (단, 고용노동부 고시를 기준으로 한다.)

① Criteria = 80dB, Exchange Rate = 5dB, Threshold = 90dB
② Criteria = 80dB, Exchange Rate = 10dB, Threshold = 90dB
③ Criteria = 90dB, Exchange Rate = 10dB, Threshold = 80dB
④ Criteria = 90dB, Exchange Rate = 5dB, Threshold = 80dB

누적소음노출량 측정기로 소음을 측정하는 경우에는 Criteria는 90dB, Exchange Rate는 5dB, Threshold는 80dB로 기기를 설정할 것

실기까지 중요 ★★

정답 37 ② 38 ③ 39 ④ 40 ④

제3과목 작업환경관리대책

41 후드의 정압이 50mmH₂O이고 덕트 속도압이 20mmH₂O일 때, 후드의 압력손실계수는?

① 1.5 ② 2.0
③ 2.5 ④ 3.0

> 후드정압(SP_h) = $VP(1 + F_h)$ (mmH₂O)
> - VP : 속도압(동압)(mmH₂O)
> - F_h : 압력손실계수(= $\frac{1}{Ce^2} - 1$)
> - Ce : 유입계수
>
> $SP_h = VP(1 + F_h)$
> $(1 + F_h) = \frac{SP_h}{VP}$
> $F_h = \frac{SP_h}{VP} - 1 = \frac{50}{20} - 1 = 1.5$

📌 실기에 자주 출제 ★★★

42 내경 15mm인 관에 40m/min의 속도로 비압축성 유체가 흐르고 있다. 같은 조건에서 내경만 10mm로 변화하였다면, 유속은 약 몇 m/min 인가? (단, 관 내 유체의 유량은 같다.)

① 90 ② 120
③ 160 ④ 210

> $Q = A_1V_1 = A_2V_2$
> - Q : 유체의 유량(m³/min)
> - A_1, A_2 : 각각 유체가 통과하는 단면적(m²)
> - V_1, V_2 : 각각 유체의 유속(m/min)
>
> $Q = A_1V_1 = A_2V_2$
> $V_2 = \frac{A_1V_1}{A_2} = \frac{\frac{\pi \times 0.015^2}{4} \times 40}{\frac{\pi \times 0.01^2}{4}} = 90 \text{(m/min)}$
> ($mm = 10^{-3}m$)
> ∴ $15mm = 0.015m, 10mm = 0.01m$)

📌 실기까지 중요 ★★

43 0℃, 1기압에서 A기체의 밀도가 1.415kg/m³ 일 때, 100℃, 1기압에서 A기체의 밀도는 몇 kg/m³인가?

① 0.903 ② 1.036
③ 1.085 ④ 1.411

> ★ 밀도의 온도보정[0℃(t_1) → 100℃(t_2)]
> $1.415 \times \frac{273}{273+100} = 1.036 \text{(kg/m}^3\text{)}$

> ★ 참고
> 보정된 밀도 = 보정 전의 밀도 × $\frac{(273+t_1)(P_2)}{(273+t_2)(P_1)}$
> - t_1 : 처음 온도   • t_2 : 나중 온도
> - P_1 : 처음 압력   • P_2 : 나중 압력

📌 실기까지 중요 ★★

44 다음 중 덕트 내 공기의 압력을 측정할 때 사용하는 장비로 가장 적절한 것은?

① 피토관 ② 타코메타
③ 열선유속계 ④ 회전날개형 유속계

> ★ 덕트 내의 압력측정 장비
> ① 피토관
> ② U자형 마노미터
> ③ 경사 마노미터

📌 필기에 자주 출제 ★

45 다음 중 귀마개의 특징과 가장 거리가 먼 것은?

① 제대로 착용하는 데 시간이 걸린다.
② 보안경 사용 시 차음효과가 감소한다.
③ 착용여부 파악이 곤란하다.
④ 귀마개 오염에 따른 감염 가능성이 있다.

> ② 보안경과 안전모 사용에 구애받지 않는다.

📌 실기까지 중요 ★★

정답 41 ① 42 ① 43 ② 44 ① 45 ②

46 다음 중 국소배기장치에서 공기공급시스템이 필요한 이유와 가장 거리가 먼 것은?

① 에너지 절감
② 안전사고 예방
③ 작업장의 교차기류 촉진
④ 국소배기장치의 효율 유지

> ★ 공기공급시스템의 목적
> ① 국소배기장치를 적절하게 가동시키기 위하여
> ② 국소배기장치의 효율 유지를 위하여
> ③ 작업장 내의 안전사고 예방을 위하여
> ④ 연료를 절약하기 위하여(에너지 절약)
> ⑤ 작업장 내의 방해기류(교차기류) 생성 방지를 위하여
> ⑥ 외부공기가 정화되지 않은 채로 건물 내로 유입되는 것을 막기 위하여

 실기까지 중요 ★★

---

47 오후 6시 20분에 측정한 사무실 내 이산화탄소의 농도는 1200ppm, 사무실이 빈 상태로 1시간이 경과한 오후 7시 20분에 측정한 이산화탄소의 농도는 400ppm 이었다. 이 사무실의 시간당 공기교환 횟수는? (단, 외부공기 중의 이산화탄소의 농도는 330ppm 이다.)

① 0.56 ② 1.22
③ 2.52 ④ 4.26

> ★ 시간당 공기교환 횟수
> $$ACH = \frac{\ln(C_1 - C_0) - \ln(C_2 - C_0)}{hr}(회)$$
> • G : CO_2발생률(m^3/min)
> • C_1 : 처음 측정한 이산화탄소 농도
> • C_2 : 시간경과 후 측정한 이산화탄소 농도
> • C_0 : 외부공기중 이산화탄소 농도(약330ppm)
> $$ACH = \frac{\ln(1,200 - 330) - \ln(400 - 330)}{1} = 2.52(회)$$

 실기에 자주 출제 ★★★

---

48 안지름이 200mm인 관을 통하여 공기를 55 m^3/min의 유량으로 송풍할 때, 관 내 평균유속은 약 몇 m/sec인가?

① 21.8 ② 24.5
③ 29.2 ④ 32.2

> $Q = 60 \times A \times V$
> • Q : 유체의 유량(m^3/min)
> • A : 유체가 통과하는 단면적(m^2)
> • V : 유체의 유속(m/sec)
>
> $Q = 60 \times A \times V$
> $$V = \frac{Q}{60 \times A} = \frac{Q}{60 \times \frac{\pi d^2}{4}} = \frac{55}{60 \times \frac{\pi \times 0.2^2}{4}}$$
> $= 29.18(m/sec)$
> ($200mm = 0.2m$)

 실기까지 중요 ★★

---

49 슬롯 길이가 3m이고, 제어속도가 2m/sec인 슬롯 후드에서 오염원이 2m 떨어져 있을 경우 필요 환기량은 몇 m^3/min 인가? (단, 공간에 설치하며 플랜지는 부착되어 있지 않다.)

① 1,434 ② 2,664
③ 3,734 ④ 4,864

> $Q = 60 \times 3.7 \times L \times V \times X$
> • Q : 배풍량(㎥/min)
> • L : 슬로트길이(m)
> • W : 슬로트폭(m)
> • V : 제어풍속(m/s)
> • A : 후드 단면적(m^3)
> • X : 제어거리(m)
> • H : 높이(m)
> $Q = 60 \times 3.7 \times 3 \times 2 \times 2 = 2,664(m^3/min)$

실기에 자주 출제 ★★★

정답 46 ③ 47 ③ 48 ③ 49 ②

50 방진마스크에 대한 설명으로 옳은 것은?

① 흡기 저항 상승률이 높은 것이 좋다.
② 형태에 따라 전면형 마스크와 후면형 마스크가 있다.
③ 필터의 여과효율이 낮고 흡입저항이 클수록 좋다.
④ 비휘발성 입자에 대한 보호가 가능하고 가스 및 증기의 보호는 안 된다.

> ① 흡기 저항 상승률이 낮은 것이 좋다.
> ② 형태에 따라 전면형과 반면형 마스크가 있다.
> ③ 여과효율이 높고 흡입저항이 작을수록 좋다.

*참고
방진마스크의 특징
① 방진마스크는 인체에 유해한 분진, 연무, 흄, 미스트, 스프레이 입자를 작업자가 흡입하지 않도록 하는 보호구이다.
② 비휘발성 입자에 대한 보호만 가능하며, 가스 및 증기로부터의 보호는 안 된다.
③ 방진마스크의 종류에는 격리식과 직결식, 면체여과식이 있다.
④ 형태별로 전면형 마스크와 반면형 마스크가 있다.
④ 필터의 재질은 면, 모, 합성섬유, 유리섬유, 금속섬유 등이다.

📝 필기에 자주 출제 ★

51 한랭작업장에서 일하고 있는 근로자의 관리에 대한 내용으로 옳지 않은 것은?

① 가장 따뜻한 시간대에 작업을 실시한다.
② 노출된 피부나 전신의 온도가 떨어지지 않도록 온도를 높이고 기류의 속도는 낮추어야 한다.
③ 신발은 발을 압박하지 않고 습기가 있는 것을 신는다.
④ 외부 액체가 스며들지 않도록 방수 처리된 의복을 입는다.

> ③ 신발은 발을 압박하지 않으며 고무인 바닥을 천으로 둘러싸고 가죽으로 덮은 부츠를 신는다.

52 스토크스 식에 근거한 중력침강속도에 대한 설명으로 틀린 것은? (단, 공기 중의 입자를 고려한다.)

① 중력가속도에 비례한다.
② 입자직경의 제곱에 비례한다.
③ 공기의 점성계수에 반비례한다.
④ 입자와 공기의 밀도차에 반비례한다.

> ④ 침강속도는 입자와 공기의 밀도차에 비례한다.

*참고
침강속도(stoke의 법칙)

$$V = \frac{gd^2(\rho_1 - \rho)}{18\mu} \text{(cm/sec)}$$

- d_p : 입자의 직경(cm)
- ρ_1 : 입자의 밀도(g/cm³)
- ρ : 가스(공기)의 밀도(g/cm³)
- g : 중력가속도(980cm/sec²)
- μ : 점성계수(g/cm · sec)

📝 실기까지 중요 ★★

정답 50 ④ 51 ③ 52 ④

53 다음 중 국소배기장치 설계의 순서로 가장 적절한 것은?

① 소요풍량 계산 → 후드형식 선정 → 제어속도 결정
② 제어속도 결정 → 소요풍량 계산 → 후드형식 선정
③ 후드형식 선정 → 제어속도 결정 → 소요풍량 계산
④ 후드형식 선정 → 소요풍량 계산 → 제어속도 결정

★ 국소배기장치의 설계순서
후드형식 선정 → 제어속도 결정 → 소요풍량 계산 → 반송속도 결정

📌 실기까지 중요 ★★

54 다음 중 방독마스크의 카트리지의 수명에 영향을 미치는 요소와 가장 거리가 먼 것은?

① 흡착제의 질과 양　② 상대습도
③ 온도　　　　　　　④ 분진 입자의 크기

★ 방독마스크 카트리지 수명에 영향을 미치는 요소
① 흡착제의 질과 양
② 상대습도
③ 온도

55 원심력 송풍기인 방사 날개형 송풍기에 관한 설명으로 틀린 것은?

① 깃이 평판으로 되어 있다.
② 플레이트형 송풍기라고도 한다.
③ 깃의 구조가 분진을 자체 정화할 수 있도록 되어 있다.
④ 큰 압력손실에서 송풍량이 급격히 떨어지는 단점이 있다.

④ 큰 압력손실에서 송풍량이 급격하게 떨어지는 단점이 있다. → 전향 날개형(다익형) 송풍기

📌 필기에 자주 출제 ★

56 작업환경개선을 위한 물질의 대체로 적절하지 않은 것은?

① 주물공정에서 실리카모래 대신 그린모래로 주형을 채우도록 한다.
② 보온재로 석면 대신 유리섬유나 암면 등 사용한다.
③ 금속표면을 블라스팅할 때 사용재료를 철구슬 대신 모래를 사용한다.
④ 야광시계 자판의 라듐을 인으로 대체하여 사용한다.

③ 금속표면을 블라스팅할 때 사용재료를 모래 대신 철구슬을 사용한다.

📌 필기에 자주 출제 ★

정답　53 ③　54 ④　55 ④　56 ③

57 원심력 송풍기의 종류 중 전향 날개형 송풍기에 관한 설명으로 옳지 않은 것은?

① 다익형 송풍기라고도 한다.
② 큰 압력손실에도 송풍량의 변동이 적은 장점이 있다.
③ 송풍기의 임펠러가 다람쥐 쳇바퀴 모양이며, 송풍기 깃이 회전방향과 동일한 방향으로 설계되어 있다.
④ 동일 송풍량을 발생시키기 위한 임펠러 회전속도가 상대적으로 낮아 소음문제가 거의 발생하지 않는다.

> ② 큰 압력손실에서 송풍량이 급격하게 떨어지는 단점이 있다.

📎 필기에 자주 출제★

58 필요 환기량을 감소시키는 방법으로 옳지 않은 것은?

① 가급적이면 공정이 많이 포위되지 않도록 하여야 한다.
② 후드 개구면에서 기류가 균일하게 분포되도록 설계한다.
③ 공정에서 발생 또는 배출되는 오염물질의 절대량을 감소시킨다.
④ 포집형이나 레시버형 후드를 사용할 때는 가급적 후드를 배출 오염원에 가깝게 설치한다.

> ★ 필요 환기량을 감소시키기 위한 방법(후드선택지침)
> ① 가급적 공정의 포위를 최대화한다.
> ② 포집형이나 레시버형 후드를 사용할 때에는 후드를 배출 오염원에 가깝게 설치한다.
> ③ 후드 개구면에서 기류가 균일하게 분포되도록 설계한다.
> ④ 오염물질 발생특성을 고려하여 설계한다.
> ⑤ 작업조건을 고려하여 적정하게 제어속도를 선정한다.

> ⑥ 공정에서 발생 또는 배출되는 오염물질의 절대량을 감소시킨다.

📎 필기에 자주 출제★

59 국소배기시스템 설계에서 송풍기 전압이 136 mmH$_2$O 이고, 송풍량은 184m^3/min일 때, 필요한 송풍기 소요 동력은 약 몇 kW인가? (단, 송풍기의 효율은 60%이다.)

① 2.7 ② 4.8
③ 6.8 ④ 8.7

> $$HP(kW) = \frac{Q \times P}{6120 \times \eta} \times K$$
> ・ Q : 송풍량(m^3/min)
> ・ P : 유효전압(풍압)(mmH$_2$O)
> ・ η : 송풍기효율
> ・ K : 안전여유
> $$HP(kW) = \frac{184 \times 136}{6120 \times 0.6} = 6.81(kw)$$

📎 실기에 자주 출제★★★

60 다음 중 작업환경관리의 목적과 가장 거리가 먼 것은?

① 산업재해 예방   ② 작업환경의 개선
③ 작업능률의 향상 ④ 직업병 치료

> ★ 작업환경 관리의 목적
> ① 직업병 예방
> ② 산업재해 예방
> ③ 작업능률 향상
> ④ 작업환경의 개선
> ⑤ 근로자 건강의 효율적 관리

정답 57 ② 58 ① 59 ③ 60 ④

제4과목 | 물리적 유해인자관리

61 흑구온도가 260K이고, 기온이 251K일 때 평균복사온도는? (단, 기류속도는 1 m/s이다.)

① 227.8 ② 260.7
③ 287.2 ④ 300.6

> 평균복사온도(MRT) = $Tg + 0.273\sqrt{V}(Tg - Ta)$
> - Tg : 흑구온도(K)
> - V : 기류속도(cm/sec)
> - Ta : 기온(K)
>
> 평균복사온도(MRT)
> = $260 + 0.273\sqrt{100} \times (260 - 251)$
> = 284.57(K)
> (1m/s = 100cm/sec)

62 산업안전보건법령상 적정한 공기에 해당하는 것은? (단, 다른 성분의 조건은 적정한 것으로 가정한다.)

① 탄산가스가 1.0%인 공기
② 산소농도가 16%인 공기
③ 산소농도가 25%인 공기
④ 황화수소 농도가 25ppm인 공기

> ★작업장의 적정공기 수준
> ① 산소농도의 범위가 18% 이상 23.5% 미만
> ② 이산화탄소의 농도가 1.5% 미만
> ③ 일산화탄소의 농도가 30ppm 미만
> ④ 황화수소의 농도가 10ppm 미만

실기까지 중요 ★★

63 높은(고)기압에 의한 건강영향에 대한 설명으로 틀린 것은?

① 청력의 저하, 귀의 압박감이 일어나며 심하면 고막파열이 일어날 수 있다.
② 부비강, 개구부 감염 혹은 기형으로 폐쇄된 경우 심한 구토, 두통 등의 증상을 일으킨다.
③ 압력상승이 급속한 경우 폐 및 혈액으로 탄산가스의 일과성 배출이 일어나 호흡이 억제된다.
④ 3~4 기압의 산소 혹은 이에 상당하는 공기 중 산소분압에 의하여 중추신경계의 장해에 기인하는 운동장해를 나타내는 데 이것을 산소중독이라고 한다.

> ③ 압력상승이 급속한 경우 호흡곤란으로 호흡이 더 빨라진다.

필기에 자주 출제 ★

64 적외선의 생물학적 영향에 관한 설명으로 틀린 것은?

① 근적외선은 급성 피부화상, 색소침착 등을 일으킨다.
② 적외선이 흡수되면 화학반응에 의하여 조직온도가 상승한다.
③ 조사 부위의 온도가 오르면 홍반이 생기고, 혈관이 확장된다.
④ 장기간 조사 시 두통, 자극작용이 있으며, 강력한 적외선은 뇌막자극 증상을 유발할 수 있다.

> ② 적외선이 흡수되면 화학반응을 일으키는 것이 아니라 구성분자의 운동에너지를 증가시키므로 조직온도가 상승한다.

필기에 자주 출제 ★

정답 61 전항 정답 62 ① 63 ③ 64 ②

65 피부로 감지할 수 없는 불감기류의 최고 기류범위는 얼마인가?

① 약 0.5m/s 이하 ② 약 1.0m/s 이하
③ 약 1.3m/s 이하 ④ 약 1.5m/s 이하

> ★ 불감기류(사람이 느끼지 못하는 기류)
> 0.2~0.5m/sec

📝 필기에 자주 출제 ★

66 소음작업장에서 각 음원의 음압레벨이 A = 110dB, B = 80dB, C = 70dB이다. 음원이 동시에 가동될 때 음압레벨(SPL)은?

① 87dB ② 90dB
③ 95dB ④ 110dB

> ★ 합성소음도
> $$L = 10 \times \log(10^{\frac{L_1}{10}} + 10^{\frac{L_2}{10}} + \cdots + 10^{\frac{L_n}{10}})(dB)$$
> • L : 합성소음도(dB)
> • $L_1 \sim L_2$: 각각 소음원의 소음(dB)
> $$L = 10 \times \log\left(10^{\frac{110}{10}} + 10^{\frac{80}{10}} + 10^{\frac{70}{10}}\right) = 110(dB)$$

📝 실기에 자주 출제 ★★★

67 한랭환경으로 인하여 발생되거나 악화되는 질병과 가장 거리가 먼 것은?

① 동상(Frist bote)
② 지단자람증(Acrocyanosis)
③ 케이슨병(Caisson disease)
④ 레이노드씨 병(Raynaud's disease)

> ★ 감압병(잠함병, 케이슨병)
> 고압환경에서 발생한다.

> ★ 참고
> 감압병(decompression ; 잠함병, 케이슨병)
> 급격한 감압 시에 혈액 속의 질소가 혈액과 조직에 기포를 형성하여(종격기종, 기흉)을 혈액순환 장해와 조직 손상을 일으킨다.

📝 필기에 자주 출제 ★

68 진동에 의한 생체영향과 가장 거리가 먼 것은?

① C_5 dip 현상 ② Raynaud 현상
③ 내분비계 장해 ④ 뼈 및 관절의 장해

> ★ C_5-dip 현상
> 소음성 난청의 초기단계로서 4,000Hz 부근의 음에 대한 청력저하가 심하게 생기게 되는 현상

📝 필기에 자주 출제 ★

69 소음의 생리적 영향으로 볼 수 없는 것은?

① 혈압 감소 ② 맥박수 증가
③ 위분비액 감소 ④ 집중력 감소

> ① 혈압 증가

📝 필기에 자주 출제 ★

70 자유공간에 위치한 점음원의 음향파워레벨(PWL)이 110dB일 때, 이 점음원으로부터 100m 떨어진 곳의 음압레벨(SPL)은?

① 49dB ② 59dB
③ 69dB ④ 79dB

무지향성 점음원	① 자유공간(공중, 구면파)에 위치할 때 $SPL = PWL - 20\log r - 11(dB)$ ② 반자유공간(바닥, 벽, 천장, 반구면파)에 위치할 때 $SPL = PWL - 20\log r - 8(dB)$
무지향성 선음원	① 자유공간(공중, 구면파)에 위치할 때 $SPL = PWL - 10\log r - 11(dB)$ ② 반자유공간(바닥, 벽, 천장, 반구면파)에 위치할 때 $SPL = PWL - 10\log r - 8(dB)$

r : 소음원으로부터의 거리(m)

$SPL = PWL - 20\log r - 11$
$SPL = 110 - 20 \times \log 100 - 11 = 59(dB)$

📘 실기에 자주 출제 ★★★

71 방사선을 전리방사선과 비전리방사선으로 분류하는 인자가 아닌 것은?

① 파장 ② 주파수
③ 이온화하는 성질 ④ 투과력

* 방사선을 전리방사선과 비전리방사선으로 분류하는 인자
① 파장
② 주파수
③ 진동수
④ 이온화하는 성질(이온화에너지)

72 기류의 측정에 사용되는 기구가 아닌 것은?

① 흑구온도계 ② 열선풍속계
③ 카타온도계 ④ 풍차풍속계

* 흑구온도계
열복사량을 측정

* 참고
공기의 유속(기류) 측정기기
① 피토관(pitot tube)
② 회전 날개형 풍속계
   (rotating vane anemometer)
③ 그네 날개형 풍속계
   (swining vane anemometer ; 벨로미터)
④ 열선 풍속계(thermal anemometer)
⑤ 카타온도계(kata thermometer)
⑥ 풍향 풍속계
⑦ 풍차 풍속계

73 전리방사선의 단위에 관한 설명으로 틀린 것은?

① rad - 조사량과 관계없이 인체조직에 흡수된 량을 의미한다.
② rem - 1rad의 X선 혹은 감마선이 인체조직에 흡수된 양을 의미한다.
③ curie - 1초 동안에 3.7×10^{10}개의 원자붕괴가 일어나는 방사능 물질의 양을 의미한다.
④ Roentgen(R) - 공기 중에 방사선에 의해 생성되는 이온의 양으로 주로 X선 및 감마선의 조사량을 표시할 때 쓰인다.

② rem - 1뢴트겐의 X선이 인체에 조사되었을 때 이것을 피폭한 사람의 선량당을 나타낸다.

📘 실기까지 중요 ★★

정답 70 ② 71 ④ 72 ① 73 ②

74 국소진동에 노출된 경우에 인체에 장해를 발생시킬 수 있는 주파수 범위로 알맞은 것은?

① 10~150Hz ② 10~300Hz
③ 8~500Hz ④ 8~1,500Hz

> ★ 인체에 영향을 주는 진동범위
> ① 전신진동 : 2~100Hz
> ② 국소진동 : 8~1,500Hz

📘 필기에 자주 출제 ★

75 소음 평가치의 단위로 가장 적절한 것은?

① Hz ② NRR
③ phon ④ NRN

> ★ NRN(noise-rating number)
> 소음 평가치의 단위

📘 필기에 자주 출제 ★

76 조명을 작업환경의 한 요인으로 볼 때, 고려해야 할 사항이 아닌 것은?

① 빛의 색 ② 조명 시간
③ 눈부심과 휘도 ④ 조도와 조도의 분포

> ★ 조명의 선택 시 고려해야 할 사항
> ① 빛의 색
> ② 눈부심과 휘도
> ③ 조도와 조도의 분포

77 감압에 따른 기포형성량을 좌우하는 요인이 아닌 것은?

① 감압속도
② 체내 가스의 팽창 정도
③ 조직에 용해된 가스량
④ 혈류를 변화시키는 상태

> ★ 감압 시에 조직 내 질소기포 형성량에 영향을 주는 요인
> ① 조직에 용해된 가스량
> ② 혈류를 변화시키는 상태
> ③ 감압속도
> ④ 고기압의 노출정도

📘 필기에 자주 출제 ★

78 도르노선(Dorno-ray)에 대한 내용으로 맞는 것은?

① 가시광선의 일종이다.
② 280~315Å 파장의 자외선을 의미한다.
③ 소독작용, 비타민 D 형성 등 생물학적 작용이 강하다.
④ 절대온도 이상의 모든 물체는 온도에 비례하여 방출한다.

> **자외선의 종류**
>
> | | |
> |---|---|
> | 근자외선 (UV-A) | ① 파장 : 315(300)~400nm
② 피부의 색소침착 |
> | 도르노선 (UV-B) | ① 파장 : 280(290)~315(320)nm [2,800~3,150Å]
② 소독작용, 비타민 D형성 등 인체에 유익한 영향(건강선, 생명선)
③ 홍반 각막염, 피부암 유발 |
> | UV-C | ① 파장 : 100~280nm
② 살균작용(살균효과가 있어 수술용 램프로 사용) |

📘 실기까지 중요 ★★

정답 74 ④ 75 ④ 76 ② 77 ② 78 ③

79 일반적인 작업장의 인공조명 시 고려사항으로 적절하지 않은 것은?

① 조명도를 균등히 유지할 것
② 경제적이며 취급이 용이할 것
③ 가급적 직접조명이 되도록 설치할 것
④ 폭발성 또는 발화성이 없으며 유해가스를 발생하지 않을 것

> ③ 가급적 간접 조명이 되도록 한다.

📝 필기에 자주 출제 ★

80 미국(EPA)의 차음평가수를 의미하는 것은?

① NRR ② TL
③ SNR ④ SLC80

> ① NRR(Noise Reduction Rating) : 미국의 차음률 단위
> ② SNR(Single Noise Rating) : 유럽연합의 차음률 단위

📝 필기에 자주 출제 ★

제5과목 산업독성학

81 다음 중 카드뮴에 관한 설명으로 틀린 것은?

① 카드뮴은 부드럽고 연성이 있는 금속으로 납광물이나 아연광물을 제련할 때 부산물로 얻어진다.
② 흡수된 카드뮴은 혈장단백질과 결합하여 최종적으로 신장에 축적된다.
③ 인체 내에서 철을 필요로 하는 효소와의 결합반응으로 독성을 나타낸다.
④ 카드뮴 흄이나 먼지에 급성 노출되면 호흡기가 손상되며 사망에 이르기도 한다.

> ③ 체내에 노출되면 metallothionein 이라는 단백질을 합성하여 노출된 중금속의 독성을 감소시킨다.

📝 필기에 자주 출제 ★

82 다음 중 실험동물을 대상으로 투여 시 독성을 초래하지는 않지만 관찰 가능한 가역적인 반응이 나타는 양을 의미하는 용어는?

① 유효량(ED)   ② 치사량(LD)
③ 독성량(TD) ④ 서한량(PD)

> ★ 유효량(ED)
> 실험동물 대상으로 투여 시 독성은 초래하지 않지만 가역적인 반응이 나타나는 양

> ★ 참고
> ① ED_{50}(Effective Concentration) : 실험동물의 50%가 일정한 반응을 일으키는 양을 말한다.
> ② EC_{50}(Effective Concentration) : 투여량 농도에 대한 과반수 영향농도를 말한다.
> ③ LD_{50}(Lethal Dose) : 1회 투여로 인하여 7~10일 이내에 실험동물의 50%를 치사시키는 양으로 실험동물 체중 1kg당 mg으로 나타낸다.
> ④ TD_{50}(Toxic Dose) : 실험동물의 50%에 독성을 나타내는 양을 말한다.
> ⑤ LC_{50}(Lethal Concentration) : 실험동물의 50%가 사망하는 유해 물질의 농도를 말한다.

📝 실기까지 중요 ★★

정답 79 ③ 80 ① 81 ③ 82 ①

83 다음 중 진폐증 발생에 관여하는 인자와 가장 거리가 먼 것은?

① 분진의 노출기간
② 분진의 분자량
③ 분진의 농도
④ 분진의 크기

* 진폐증 발생요인(관여인자)
① 분진 농도
② 분진 크기
③ 분진 노출기간

84 유해화학물질의 노출기준으로 정하고 있는 기관과 노출기준 명칭의 연결이 옳은 것은?

① OSHA-REL
② ALHA-MAC
③ ACGIH-TLV
④ NIOSH-PEL

- ACGIH : TLVs
- OSHA : PEL
- NIOSH : REL
- 미국산업위생학회(AIHA) : WEEL
- 독일 : MAK
- HSE : WEL
- 스웨덴 : OEL

[암기법]
ACT, O펠, N렐, A윌, H웰, 독M, 스O, 한노

실기까지 중요 ★★

85 다음 중 생물학적 모니터링에 관한 설명으로 적절하지 않은 것은?

① 생물학적 모니터링은 작업자의 생물학적 시료에서 화학물질의 노출 정도를 추정하는 것을 말한다.
② 근로자 노출 평가와 건강상의 영향 평가 두 가지 목적으로 모두 사용될 수 있다.
③ 내재용량은 최근에 흡수된 화학물질의 양을 말한다.
④ 내재용량은 여러 신체 부분이나 몸 전체에서 저장된 화학물질의 양을 말하는 것은 아니다.

* 내재용량
① 최근에 흡수된 화학물질의 양을 나타낸다.
② 과거 수개월 동안 흡수된 화학물질의 양을 의미한다.
③ 체내 주요 조직이나 부위의 작용과 결합한 화학물질의 양을 의미한다.

필기에 자주 출제 ★

86 다음 중 생체 내에서 혈액과 화학작용을 일으켜서 질식을 일으키는 물질은?

① 수소
② 헬륨
③ 질소
④ 일산화탄소

단순 질식제	① 생리적으로는 아무 작용도 하지 않으나 공기 중에 많이 존재하여 산소분압을 저하시켜 조직에 필요한 산소의 공급부족을 초래한다. ② 수소, 이산화탄소(CO_2), 질소, 헬륨, 메탄, 에탄, 프로판, 에틸렌, 아세틸렌 등
화학적 질식제	① 혈액 중의 혈색소와 결합하여 산소운반 능력을 방해하거나 조직이 산소를 받아들이는 능력을 잃게 하여 내질식을 일으킨다. ② 일산화탄소(CO), 황화수소(H_2S), 시안화수소(HCN), 아닐린

실기까지 중요 ★★

정답 83 ② 84 ③ 85 ④ 86 ④

87 다음 중 헥산 하나를 탈락시키거나 첨가함으로써 돌연변이를 일으키는 물질은?

① 아세톤(acetone)
② 아닐린(aniline)
③ 아크리딘(acridine)
④ 아세토니트릴(acetonitrile)

★ 아크리딘(acridine)
헥산 하나를 탈락시키거나 첨가함으로써 돌연변이를 일으키는 물질

88 직업적으로 벤지딘(Benzidine)에 장기간 노출되었을 때 암이 발생될 수 있는 인체 부위로 가장 적절한 것은?

① 피부   ② 뇌
③ 폐   ④ 방광

★ 벤지딘
① 염료 및 합성고무경화제의 제조에 사용된다.
② 급성중독 : 피부염, 급성방광염
③ 만성중독 : 방광암, 요로계 종양

📝 필기에 자주 출제 ★

89 다음 표와 같은 크롬중독을 스크린하는 검사법을 개발하였다면 이 검사법의 특이도는 얼마인가?

구분		크롬중독진단		합계
		양성	음성	
검사법	양성	15	9	24
	음성	9	21	30
합계		24	30	54

① 68%   ② 69%
③ 70%   ④ 71%

구분		실제값(질병)		합계
		양성	음성	
검사법	양성	A	B	A+B
	음성	C	D	C+D
합계		A+C	B+D	

① 민감도 = $\dfrac{A}{A+C}$

② 가음성률 = $\dfrac{C}{A+C}$

③ 가양성률 = $\dfrac{B}{B+D}$

④ 특이도 = $\dfrac{D}{B+D}$

특이도 =  $\dfrac{21}{9+21} = 0.7 \times 100 = 70(\%)$

📝 실기까지 중요 ★★

90 다음 중 수은중독에 관한 설명으로 틀린 것은?

① 수은은 주로 골 조직과 신경에 많이 축적된다.
② 무기수은염류는 호흡기나 경구적 어느 경로라도 흡수된다.
③ 수은중독의 특징적인 증상은 구내염, 근육진전 등이 있다.
④ 전리된 수은이온은 단백질을 침전시키고, thiol기(SH)를 가진 효소작용을 억제한다.

① 체내에 흡수된 수은은 주로 신장에 축적된다.

📝 필기에 자주 출제 ★

정답 87 ③ 88 ④ 89 ③ 90 ①

91 다음 중 인체 순환기계에 대한 설명으로 틀린 것은?

① 인체의 각 구성세포에 영양소를 공급하며, 노폐물 등을 운반한다.
② 혈관계의 동맥은 심장에서 말초혈관으로 이동하는 원심성 혈관이다.
③ 림프관은 체내에서 들어온 감염성 미생물 및 이물질을 살균 또는 식균하는 역할을 한다.
④ 신체방어에 필요한 혈액응고효소 등을 손상받은 부위로 수송한다.

> ③ 림프절은 체내에서 들어온 감염성 미생물 및 이물질을 살균 또는 식균하는 역할을 한다.

92 다음 중 달걀 썩는 것 같은 심한 부패성 냄새가 나는 물질로, 노출 시 중추신경의 억제와 후각의 마비 증상을 유발하며, 치료를 위하여 100% O_2를 투여하는 등의 조치가 필요한 물질은?

① 암모니아 ② 포스겐
③ 오존 ④ 황화수소

> ★ 황화수소(H_2S)
> ① 천연가스, 석유정제산업, 지하 석탄광업 등을 통해서 노출된다.
> ② 달걀 썩는 것 같은 심한 부패성 냄새가 난다.
> ③ 독성이 강하며, 중추신경의 억제와 후각의 마비 증상, 눈이나 호흡기계 점막을 자극하여 심한 통증을 유발한다.
> ④ 치료로는 100% O_2를 투여한다.

93 다음 중 수은중독환자의 치료 방법으로 적합하지 않은 것은?

① Ca-EDTA 투여
② BAL(British Anti-Lewisite) 투여
③ N-acetyl-D-penicillamine 투여
④ 우유와 계란의 흰자를 먹인 후 위 세척

> ★ 수은중독 치료
> ① 급성중독 : 우유와 계란흰자 먹인 후 세척(단백질과 해당 물질을 결합시켜 침전시킨다)
> ② 만성중독
>   • 취급을 즉시 중지하고 BAL을 투여(EDTA의 투여는 금지)
>   • N-acetyl-D-Penicillamine 투여

 실기까지 중요 ★★

94 ACGIH에 의하여 구분된 입자상 물질의 명칭과 입경을 연결한 것으로 틀린 것은?

① 폐포성 입자상 물질 - 평균입경이 $1\mu m$
② 호흡성 입자상 물질 - 평균입경이 $4\mu m$
③ 흉곽성 입자상 물질 - 평균입경이 $10\mu m$
④ 흡입성 입자상 물질 - 평균입경이 $0 \sim 100\mu m$

> ★ 입자상 물질의 분류(ACGIH)
> ① 흡입성 분진
>   • 호흡기 어느 부위에 침착하더라도 독성을 나타내는 분진
>   • 주로 비강, 인후두, 기관 등 호흡기의 기도 부위에 침착되어 독성을 나타내는 물질
>   • 평균입경 : $100\mu m$
> ② 흉곽성 분진
>   • 기관지, 세기관지, 폐포 등 하기도 및 가스교환부위에 침착되어 독성을 나타내는 물질
>   • 평균 입경 : $10\mu m$
> ③ 호흡성 분진
>   • 가스교환 부위(폐포)에 침착하여 독성을 나타내는 물질
>   • 평균 입경 : $4\mu m$(공기 역학적 직경이 $10\mu m$ 미만)

 실기에 자주 출제 ★★★

정답 91 ③ 92 ④ 93 ① 94 ①

95 벤젠 노출근로자의 생물학적 모니터링을 위하여 소변시료를 확보하였다. 다음 중 분석해야 하는 대사산물로 맞는 것은?

① 마뇨산(hippuric acid)
② t,t-뮤코닉산(t,t-Muconic acid)
③ 메틸마뇨산(Methylhippuric acid)
④ 트리클로로아세트산(trichloroacetic acid)

화학물질	생물학적 노출지표물질 (체내대사산물)	시료채취 시기
톨루엔	혈액, 호기의 톨루엔, 소변 중 o-크레졸	작업종료 시
벤젠	소변 중 페놀, 소변 중 t,t-뮤코닉산 (t,t-Muconic acid)	작업종료 시
크실렌	소변 중 메틸마뇨산	작업종료 시
니트로벤젠	혈중 메타헤모글로빈	작업종료 시
에틸벤젠	소변 중 만델린산	작업종료 시
이황화탄소	소변 TTCA	당일 작업종료 2시간 전부터 작업종료 사이에 채취

실기에 자주 출제 ★★★

96 다음 중 ACGIH의 발암물질 구분 중 인체 발암성 미분류 물질 구분으로 알맞은 것은?

① A2 ② A3
③ A4 ④ A5

* ACGIH의 발암성 물질 구분
• A1 : 인체발암성 확인물질
• A2 : 인체발암성 의심물질(추정물질)
• A3 : 동물발암성 확인물질, 인체발암성 모름
• A4 : 인체발암성 미분류(인체 발암가능성이 있으나 자료가 부족) 물질
• A5 : 인체발암성 미의심 물질

암기법

미국(ACGIH)에서 인체 확인하니 발암의심, 동물확인으론 인체 모름, 인체 가능성 자료 부족하면, 미의심

 실기에 자주 출제 ★★★

97 산업안전보건법령상 기타 분진의 산화규소결정체 함유율과 노출기준으로 맞는 것은?

① 함유율 : 0.1% 이상, 노출기준 : 5mg/m³
② 함유율 : 0.1% 이상, 노출기준 : 10mg/m³
③ 함유율 : 1% 이하, 노출기준 : 5mg/m³
④ 함유율 : 1% 이하, 노출기준 : 10mg/m³

* 기타 분진(산화규소 결정체 1% 이하)의 노출기준 10mg/m³

 실기까지 중요 ★★

98 다음 중 혈색소와 친화도가 산소보다 강하여 COHb를 형성하여 조직에서 산소공급을 억제하며, 혈중 COHb의 농도가 높아지면 HbO_2의 해리작용을 방해하는 물질은?

① 일산화탄소 ② 에탄올
③ 리도카인   ④ 염소산염

* 일산화탄소
혈색소와 친화도가 산소보다 강하여 COHb(혈중 일산화탄소 결합 헤모글로빈)를 형성하여 조직에서 산소공급을 억제하며, 혈중 COHb의 농도가 높아지면 HbO_2(산소헤모글로빈)의 해리작용을 방해한다.

정답 95 ② 96 ③ 97 ④ 98 ①

★ 참고
화학적 질식제
① 혈액 중의 혈색소와 결합하여 산소운반 능력을 방해하거나 조직이 산소를 받아들이는 능력을 잃게 하여 내질식을 일으킨다.
② 일산화탄소(CO), 황화수소(H_2S), 시안화수소(HCN), 아닐린

99 직업성 천식의 발생기전과 관계가 없는 것은?

① Metallothionein ② 항원공여세포
③ IgG ④ Histamine

★ 직업성 천식의 발생기전
① 천식유발 물질을 흡입할 경우 이를 대식세포와 같은 항원공여세포가 탐식하면서 시작된다.
② 특정 알레르기 항원에 대한 IgG를 생성하도록 B림프구를 활성화한다.
③ 생성된 항체가 항체 수용체에 결합하면 이들 세포에서 히스타민(Histamine)이 분비되어 천식 증상이 나타난다.

100 할로겐화 탄화수소에 속하는 삼염화에틸렌 (trichloroethylene)은 호흡기를 통하여 흡수된다. 삼염화에틸렌의 대사 산물은?

① 삼염화에탄올 ② 메틸마뇨산
③ 사염화에틸렌 ④ 페놀

화학물질	생물학적 노출지표물질 (체내대사산물)	시료채취 시기
톨루엔	혈액, 호기의 톨루엔, 소변 중 o-크레졸	작업종료 시
벤젠	소변 중 페놀, 소변 중 t,t-뮤코닉산 (t,t-Muconic acid)	작업종료 시
크실렌	소변 중 메틸마뇨산	작업종료 시
니트로벤젠	혈중 메타헤모글로빈	작업종료 시
에틸벤젠	소변 중 만델린산	작업종료 시
트리클로로에틸렌 (삼염화에틸렌)	소변 중 트리클로로초산 (삼염화 초산), 트리클로로에탄올 (삼염화에탄올)	주말작업 종료 시

실기에 자주 출제 ★★★

2020년 6월 6일

1·2회 통합 과년도기출문제

제1과목 | 산업위생학개론

01 직업성 질환 발생의 요인을 직접적인 원인과 간접적인 원인으로 구분할 때 직접적인 원인에 해당되지 않는 것은?

① 물리적 환경요인
② 화학적 환경요인
③ 작업강도와 작업시간적 요인
④ 부자연스런 자세와 단순 반복 작업 등의 작업요인

직접 원인	① 환경요인 • 물리적 요인 : 진동현상, 대기조건의 변화, 방사선 등 • 화학적 요인 : 화학물질의 취급 또는 발생 ② 작업요인 : 격렬한 근육운동, 단순 반복 작업 등
간접 원인	① 작업요인 • 작업강도와 작업시간 모두 직업병 발생의 중요한 요인이다. • 작업의 종류가 같더라도 작업방법에 따라서 해당 직장에서 발생하는 질병의 종류와 발생빈도는 달라질 수 있다. ② 환경요인 : 작업장의 환경은 직업병의 발생과 증세의 악화를 조장하는 원인이 될 수 있다. ③ 인적요인(개체요인) • 일반적으로 연소자의 직업병 발병률이 성인 보다 높게 나타난다. • 유기인의 중독에서는 여성층이 높은 감수성을 가진다. • 공복 시에 화학물질의 흡수가 빠르다.

02 산업안전보건법령상 시간당 200~350kcal의 열량이 소요되는 작업을 매시간 50%작업, 50% 휴식 시의 고온노출 기준(WBGT)은?

① 26.7℃ ② 28.0℃
③ 28.4℃ ④ 29.4℃

① 시간당 200~300kcal의 열량이 소요되는 작업 → 중등작업
② 50% 작업, 50% 휴식 시의 중등작업의 고온노출 기준 → 29.4℃

★ 참고
고열작업장의 노출기준(WBGT, ℃)

시간당 작업과 휴식비율	작업 강도		
	경작업	중등작업	중(힘든)작업
연속 작업	30.0	26.7	25.0
75% 작업, 25% 휴식 (45분 작업, 15분 휴식)	30.6	28.0	25.9
50% 작업, 50% 휴식 (30분 작업, 30분 휴식)	31.4	29.4	27.9
25% 작업, 75% 휴식 (15분 작업, 45분 휴식)	32.2	31.1	30.0

(1) 경작업 : 시간당 200kcal까지의 열량이 소요되는 작업을 말하며, 앉아서 또는 서서 기계의 조정을 하기 위하여 손 또는 팔을 가볍게 쓰는 일 등이 해당됨
(2) 중등작업 : 시간당 200~300kcal의 열량이 소요되는 작업을 말하며 물체를 들거나 밀면서 걸어다니는 일 등이 해당됨
(3) 중(격심)작업 : 시간당 350~500kcal의 열량이 소요되는 작업을 뜻하며, 곡괭이질 또는 삽질하는 일과 같이 육체적으로 힘든 일 등이 해당됨

정답 01 ③ 02 ④

03 산업안전보건법령상 사무실 오염물질에 대한 관리기준으로 옳지 않은 것은?

① 라돈 : 148Bq/m³ 이하
② 일산화탄소 : 10ppm 이하
③ 이산화질소 : 0.1ppm 이하
④ 포름알데히드 : 500μg/m³ 이하

오염물질	관리기준
미세먼지(PM10)	100μg/m³
초미세먼지(PM2.5)	50μg/m³
이산화탄소(CO_2)	1,000ppm
일산화탄소(CO)	10ppm
이산화질소(NO_2)	0.1ppm
포름알데히드(HCHO)	100μg/m³
총휘발성유기화합물(TVOC)	500μg/m³
라돈(radon)	148Bq/m³
총부유세균	800CFU/m³
곰팡이	500CFU/m³

📋 실기에 자주 출제 ★★★

04 유해인자와 그로 인하여 발생되는 직업병이 올바르게 연결된 것은?

① 크롬 - 간암
② 이상기압 - 침수족
③ 망간 - 비중격천공
④ 석면 - 악성중피종

① 크롬중독 - 비중격천공증, 비강암, 폐암
② 이상기압 - 잠함병, 폐수종
③ 망간 - 파킨슨증후군

 실기까지 중요 ★★

05 근골격계 부담작업으로 인한 건강장해 예방을 위한 조치 항목으로 옳지 않은 것은?

① 근골격계 질환 예방관리 프로그램을 작성·시행할 경우에는 노사협의를 거쳐야 한다.
② 근골격계 질환 예방관리 프로그램에는 유해요인조사, 작업환경개선, 교육·훈련 및 평가 등이 포함되어 있다.
③ 사업주는 25kg 이상의 중량물을 들어 올리는 작업에 대하여 중량과 무게중심에 대하여 안내표시를 하여야 한다.
④ 근골격계 부담작업에 해당하는 새로운 작업·설비 등을 도입한 경우, 지체 없이 유해요인조사를 실시하여야 한다.

사업주는 근로자가 5킬로그램 이상의 중량물을 들어 올리는 작업을 하는 경우에 다음 각 호의 조치를 하여야 한다.
① 주로 취급하는 물품에 대하여 근로자가 쉽게 알 수 있도록 물품의 중량과 무게중심에 대하여 작업장 주변에 안내표시를 할 것
② 취급하기 곤란한 물품은 손잡이를 붙이거나 갈고리, 진공빨판 등 적절한 보조도구를 활용할 것

📋 실기까지 중요 ★★

06 연평균 근로자수가 5,000명인 사업장에서 1년 동안에 125건의 재해로 인하여 250명의 사상자가 발생하였다면, 이 사업장의 연천인율은 얼마인가? (단, 이 사업장의 근로자 1인당 연간 근로시간은 2,400시간이다.)

① 10　　② 25
③ 50　　④ 200

- 연천인율 = $\dfrac{\text{연간재해자 수}}{\text{연평균 근로자 수}} \times 1,000$
- 연천인율 = 도수율 × 2.4

연천인율 = $\dfrac{\text{연간재해자 수}}{\text{연평균 근로자 수}} \times 1,000$
= $\dfrac{250}{5,000} \times 1,000 = 50$

📝 실기에 자주 출제 ★★★

07 영국의 외과의사 Pott에 의하여 발견된 직업성 암은?

① 비암　　② 폐암
③ 간암　　④ 음낭암

★ Percivall Pott(18세기) : 영국의 외과의사
① 굴뚝청소부에게서 최초의 직업성 암인 "음낭암"을 발견
② 암의 원인 물질은 "검댕"(다핵방향족 화합물 PAH)
③ "굴뚝 청소부법" 제정하는 계기가 됨

📝 실기까지 중요 ★★

08 산업피로(industrial fatigue)에 관한 설명으로 옳지 않은 것은?

① 산업피로의 유발원인으로는 작업부하, 작업환경조건, 생활조건 등이 있다.
② 작업과정 사이에 짧은 휴식보다 장시간의 휴식시간을 삽입하여 산업피로를 경감시킨다.
③ 산업피로의 검사방법은 한 가지 방법으로 판정하기는 어려우므로 여러 가지 검사를 종합하여 결정한다.
④ 산업피로란 일반적으로 작업현장에서 고단하다는 주관적인 느낌이 있으면서, 작업능률이 떨어지고, 생체기능의 변화를 가져오는 현상이라고 정의할 수 있다.

② 휴식은 여러 번 나누어 휴식하는 것이 장시간 휴식하는 것보다 효과적이다.

📝 필기에 자주 출제 ★

정답　06 ③　07 ④　08 ②

09 산업안전보건법령상 사무실 공기의 시료채취 방법이 잘못 연결된 것은?

① 일산화탄소 - 전기화학검출기에 의한 채취
② 이산화질소 - 캐니스터(canister)를 이용한 채취
③ 이산화탄소 - 비분산적외선검출기에 의한 채취
④ 총부유세균 - 충돌법을 이용한 부유세균채취기로 채취

★ 시료채취 및 분석방법

오염물질	시료채취방법	분석방법
미세먼지 (PM10)	PM10샘플러(sampler)를 장착한 고용량 시료채취기에 의한 채취	중량분석(천칭의 해독도 : 10μg 이상)
초미세먼지 (PM2.5)	PM2.5샘플러(sampler)를 장착한 고용량 시료채취기에 의한 채취	중량분석(천칭의 해독도 : 10μg 이상)
이산화탄소 (CO_2)	비분산적외선검출기에 의한 채취	검출기의 연속 측정에 의한 직독식 분석
일산화탄소 (CO)	비분산적외선검출기 또는 전기화학검출기에 의한 채취	검출기의 연속 측정에 의한 직독식 분석
이산화질소 (NO_2)	고체흡착관에 의한 시료 채취	분광광도계로 분석
포름알데히드 (HCHO)	2.4-DNPH(2.4-Dinitro phenylhydrazine)가 코팅된 실리카겔관(silicagel tube)이 장착된 시료채취기에 의한 채취	2.4-DNPH-포름알데히드 유도체를 HPLC UVD 또는 GC-NPD로 분석
총휘발성유기화합물 (TVOC)	1. 고체흡착관 또는 2. 캐니스터(canister)로 채취	고체흡착열착법 또는 고체흡착용매추출법을 이용한 GC로 분석, 캐니스터를 이용한 GC 분석
라돈 (Radon)	라돈연속검출기(자동형), 알파트랙(수동형), 충전막 전리함(수동형)측정 등	3일 이상 3개월 이내 연속 측정 후 방사능감지를 통한 분석
총부유세균	충돌법을 이용한 부유세균 채취기(bioair sampler)로 채취	채취·배양된 균주를 세어 공기체적당균주수로 산출
곰팡이	충돌법을 이용한 부유진균 채취기(bioair sampler)로 채취	채취·배양된 균주를 세어 공기체적당균주수로 산출

📌 실기까지 중요 ★★

10 재해예방의 4원칙에 대한 설명으로 옳지 않은 것은?

① 재해발생에는 반드시 그 원인이 있다.
② 재해가 발생하면 반드시 손실도 발생한다.
③ 재해는 원인 제거를 통하여 예방이 가능하다.
④ 재해예방을 위한 가능한 안전대책은 반드시 존재한다.

★ 산업재해 예방의 4원칙
① 예방 가능의 원칙 : 재해는 원칙적으로 원인만 제거되면 예방이 가능하다.
② 손실 우연의 원칙 : 사고의 결과 생기는 상해의 종류와 정도는 사고 발생시 사고대상의 조건에 따라 우연히 발생한다.
③ 대책 선정의 원칙 : 사고의 원인에 대한 적합한 대책이 선정되어야 한다.
④ 원인 연계의 원칙 : 재해는 직접원인과 간접원인이 연계되어 일어난다.

📌 실기까지 중요 ★★

11 작업환경측정기관이 작업환경측정을 한 경우 결과를 시료채취를 마친 날부터 며칠 이내에 관할 지방고용노동관서의 장에게 제출하여야 하는가? (단, 제출기간의 연장은 고려하지 않는다.)

① 30일 ② 60일
③ 90일 ④ 120일

작업환경측정기관이 작업환경측정을 한 경우에는 시료채취를 마친 날부터 30일 이내에 작업환경측정 결과표를 전자적 방법으로 지방고용노동관서의 장에게 제출하여야 한다. 다만, 시료분석 및 평가에 상당한 시간이 걸려 시료채취를 마친 날부터 30일 이내에 보고하는 것이 어려운 지정측정기관은 고용노동부장관이 정하여 고시하는 바에 따라 그 사실을 증명하여 지방고용노동관서의 장에게 신고하면 30일의 범위에서 제출기간을 연장할 수 있다.

📌 실기까지 중요 ★★

정답 09 ② 10 ② 11 ①

12 산업안전보건법령상 보건관리자의 업무가 아닌 것은? (단, 그 밖에 작업관리 및 작업환경관리에 관한 사항은 제외한다.)

① 물질안전보건자료의 게시 또는 비치에 관한 보좌 및 지도·조언
② 보건교육계획의 수립 및 보건교육 실시에 관한 보좌 및 지도·조언
③ 안전인증대상기계 등 보건과 관련된 보호구의 점검, 지도, 유지에 관한 보좌 및 지도·조언
④ 전체 환기장치 등에 관한 설비의 점검과 작업방법의 공학적 개선에 관한 보좌 및 지도·조언

★ 보건관리자의 직무
① 산업안전보건위원회 또는 노사협의체에서 심의·의결한 업무와 안전보건관리규정 및 취업규칙에서 정한 업무
② 안전인증대상기계 등과 자율안전확인대상기계 등 중 보건과 관련된 보호구(保護具) 구입 시 적격품 선정에 관한 보좌 및 지도·조언
③ 위험성평가에 관한 보좌 및 지도·조언
④ 물질안전보건자료의 게시 또는 비치에 관한 보좌 및 지도·조언
⑤ 산업보건의의 직무(보건관리자가 별표 6 제2호에 해당하는 사람인 경우로 한정한다)
⑥ 해당 사업장 보건교육계획의 수립 및 보건교육 실시에 관한 보좌 및 지도·조언
⑦ 해당 사업장의 근로자를 보호하기 위한 다음 각 목의 조치에 해당하는 의료행위(보건관리자가 간호사에 해당하는 경우로 한정한다)
　가. 자주 발생하는 가벼운 부상에 대한 치료
　나. 응급처치가 필요한 사람에 대한 처치
　다. 부상·질병의 악화를 방지하기 위한 처치
　라. 건강진단 결과 발견된 질병자의 요양 지도 및 관리
　마. 가목부터 라목까지의 의료행위에 따르는 의약품의 투여
⑧ 작업장 내에서 사용되는 전체 환기장치 및 국소배기장치 등에 관한 설비의 점검과 작업방법의 공학적 개선에 관한 보좌 및 지도·조언
⑨ 사업장 순회점검, 지도 및 조치 건의
⑩ 산업재해 발생의 원인 조사·분석 및 재발 방지를 위한 기술적 보좌 및 지도·조언
⑪ 산업재해에 관한 통계의 유지·관리·분석을 위한 보좌 및 지도·조언
⑫ 법 또는 법에 따른 명령으로 정한 보건에 관한 사항의 이행에 관한 보좌 및 지도·조언
⑬ 업무 수행 내용의 기록·유지
⑭ 그 밖에 보건과 관련된 작업관리 및 작업환경관리에 관한 사항으로서 고용노동부장관이 정하는 사항

암기법
1. 보건교육계획 수립 및 실시
2. 위험성 평가
3. 물질안전보건자료
4. 보호구 구입시 적격품 선정
5. 사업장 점검
6. 환기장치, 국소배기장치 점검
7. 재해 원인조사
8. 재해통계
9. 근로자 보호를 위한 의료행위
10. 취업규칙에서 정한 직무
11. 업무 기록

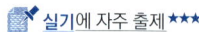 실기에 자주 출제 ★★★

13 인간공학에서 고려해야 할 인간의 특성과 가장 거리가 먼 것은?

① 인간의 습성
② 신체의 크기와 작업환경
③ 기술, 집단에 대한 적응능력
④ 인간의 독립성 및 감정적 조화성

★ 인간공학에서 고려해야 할 인간의 특성
① 인간의 습성
② 신체의 크기와 작업환경
③ 감각과 지각
④ 운동력과 근력
⑤ 기술, 집단에 대한 적응능력

 필기에 자주 출제 ★

정답　12 ③　13 ④

14 산업안전보건법령상 유해위험방지계획서의 제출 대상이 되는 사업이 아닌 것은? (단, 모두 전기 계약용량이 300킬로와트 이상이다.)

① 항만운송사업　② 반도체 제조업
③ 식료품 제조업　④ 전자부품 제조업

* 유해위험방지계획서 작성 대상 제조업
① 금속가공제품(기계 및 가구는 제외한다) 제조업
② 비금속 광물제품 제조업
③ 기타 기계 및 장비 제조업
④ 자동차 및 트레일러 제조업
⑤ 식료품 제조업
⑥ 고무제품 및 플라스틱 제품 제조업
⑦ 목재 및 나무제품 제조업
⑧ 기타 제품 제조업
⑨ 1차 금속 제조업
⑩ 가구 제조업
⑪ 화학물질 및 화학제품 제조업
⑫ 반도체 제조업
⑬ 전자부품 제조업

암기법

1차금속으로 금속가공제품, 비금속 광물제품 제조하여 나무, 화학물질 섞어서 기계장비, 자동차 트레일러 만들고, 고무품(고무 및 플라스틱)로 기타 식료품 만들었더니 도대체(반도체)가(가구) 전부(전자부품) 유해·위험(유해·위험방지계획서)하다.

실기까지 중요 ★★

15 산업위생전문가의 윤리강령 중 "전문가로서의 책임"에 해당하지 않는 것은?

① 기업체의 기밀은 누설하지 않는다.
② 과학적 방법의 적용과 자료의 해석에서 객관성을 유지한다.
③ 근로자, 사회 및 전문 직종의 이익을 위해 과학적 지식은 공개하거나 발표하지 않는다.
④ 전문적 판단이 타협에 의하여 좌우될 수 있는 상황에는 개입하지 않는다.

산업위생 전문가로서의 책임	① 학문적 실력 면에서 최고 수준 유지 ② 자료의 해석에서 객관성을 유지 ③ 산업위생을 학문적으로 발전시킨다. ④ 과학적 지식을 공개하고 발표 ⑤ 기업체의 기밀은 누설하지 않는다. ⑥ 이해관계가 있는 상황에는 개입하지 않는다.
근로자에 대한 책임	① 근로자의 건강보호가 산업위생전문가의 1차적 책임 ② 위험 요인의 측정, 평가 및 관리에 있어서 중립적 태도 ③ 위험요소와 예방조치에 대해 근로자와 상담
기업주와 고객에 대한 책임	① 정확한 기록을 유지하고 산업위생 전문부서들을 운영 관리 ② 궁극적 책임은 근로자의 건강보호 ③ 책임 있게 행동 ④ 정직하게 권고, 권고사항을 정확히 보고
일반 대중에 대한 책임	① 일반 대중에 관한 사항 정직하게 발표 ② 전문적인 견해를 발표

실기에 자주 출제 ★★★

정답　14 ①　15 ③

16 작업자세는 피로 또는 작업 능률과 밀접한 관계가 있는 데, 바람직한 작업자세의 조건으로 보기 어려운 것은?

① 정적 작업을 도모한다.
② 작업에 주로 사용하는 팔은 심장높이에 두도록 한다.
③ 작업물체와 눈과의 거리는 명시거리로 30cm 정도를 유지토록 한다.
④ 근육을 지속적으로 수축시키기 때문에 불안정한 자세는 피하도록 한다.

> ① 동적인 작업과 정적인 작업을 적절히 혼합하여 배치한다.

📝 필기에 자주 출제 ★

17 지능검사, 기능검사, 인성검사는 직업 적성검사 중 어느 검사항목에 해당되는가?

① 감각적 기능검사   ② 생리적 적성검사
③ 신체적 적성검사   ④ 심리적 적성검사

생리학적 적성검사	① 감각기능검사 ② 심폐기능검사 ③ 체력검사
심리학적 적성검사	① 지능검사 : 언어, 기억, 추리에 대한 검사 ② 지각동작검사 : 수족협조, 운동속도, 형태지각검사 ③ 인성검사 : 성격, 태도, 정신상태 검사 ④ 기능검사 : 직무에 관한 기본지식과 숙련도, 사고력 등의 검사

📝 필기에 자주 출제 ★

18 산업위생 활동 중 유해인자의 양적, 질적인 정도가 근로자들의 건강에 어떤 영향을 미칠 것인지 판단하는 의사결정단계는?

① 인지   ② 예측
③ 측정   ④ 평가

> ★ 산업위생의 활동
> ① 예측 : 기존의 작업환경측정 및 조건뿐만 아니라 새로운 물질, 공정 및 새로운 기계의 도입, 새로운 제품의 생산 및 부산물로 인한 근로자들의 건강장해와 영향을 사전에 예측한다.
> ② 인지 : 현존 상황에서 존재 또는 잠재하고 있는 유해인자(물리, 화학, 생물, 인간공학, 공기역학적 인자)의 파악한다.
> ③ 측정 : 작업환경이나 조건의 유해 정도를 구체적으로 정성적, 정량적으로 계측하는 활동이다.
> ④ 평가(evaluation) : 유해인자에 대한 양, 정도가 근로자들의 건강에 어떠한 영향을 미칠 것인가를 판단하는 의사결정 단계에 해당한다.
> ⑤ 관리(control) : 유해인자로부터 근로자를 보호하는 모든 수단을 말한다.

19 근로자에 있어서 약한 손(왼손잡이의 경우 오른손)의 힘은 평균 45kp라고 한다. 이 근로자가 무게 18kg인 박스를 두 손으로 들어 올리는 작업을 할 경우의 작업강도(%MS)는?

① 15%   ② 20%
③ 25%   ④ 30%

> 작업강도(%MS) = $\dfrac{RF}{MS} \times 100$
> • RF : 작업 시 요구되는 힘(한손에 요구되는 힘)
> • MS : 근로자가 가지고 있는 약한 손의 최대 힘
>
> 작업강도 = $\dfrac{9}{45} \times 100 = 20(\%)$
> (18kg을 두 손으로 들어올림 → 한 손에 요구되는 힘 9kg)

📝 실기까지 중요 ★★

정답 16 ① 17 ④ 18 ④ 19 ②

20 물체 무게가 2kg, 권고중량한계가 4kg일 때 NIOSH의 중량물 취급지수(LI, Lifting Index)는?

① 0.5　　② 1
③ 2　　④ 4

$$LI = \frac{\text{실제 작업 무게}(L)}{\text{권장무게한계}(RWL)}$$

$$LI = \frac{2}{4} = 0.5$$

📌 실기까지 중요 ★★

제2과목 작업위생측정 및 평가

21 시료채취기를 근로자에게 착용시켜 가스·증기·미스트·흄 또는 분진 등을 호흡기 위치에서 채취하는 것을 무엇이라고 하는가?

① 지역시료채취　　② 개인시료채취
③ 작업시료채취　　④ 노출시료채취

① 개인시료채취 : 개인시료채취기를 이용하여 가스·증기·분진·흄(fume)·미스트(mist) 등을 근로자의 호흡위치(호흡기를 중심으로 반경 30cm인 반구)에서 채취하는 것을 말한다.
② 지역시료채취 : 시료채취기를 이용하여 가스·증기·분진·흄(fume)·미스트(mist) 등을 근로자의 작업행동 범위에서 호흡기 높이에 고정하여 채취하는 것을 말한다.

📌 실기까지 중요 ★★

22 공장 내 지면에 설치된 한 기계로부터 10m 떨어진 지점의 소음이 70dB(A)일 때, 기계의 소음이 50dB(A)로 들리는 지점은 기계에서 몇 m 떨어진 곳인가? (단, 점음원을 기준으로 하고, 기타 조건은 고려하지 않는다.)

① 50　　② 100
③ 200　　④ 400

$$dB_2 = dB_1 - 20 \times \log(\frac{d_2}{d_1})$$

- dB_1 : 소음기계로부터 d_1 떨어진 곳의 소음
- dB_2 : 소음기계로부터 d_2 떨어진 곳의 소음

$$20 \times \log(\frac{d_2}{d_1}) = dB_1 - dB_2$$

$$\log(\frac{d_2}{d_1}) = \frac{dB_1 - dB_2}{20} = \frac{70-50}{20} = 1$$

$$\frac{d_2}{d_1} = 10^1 = 10$$

$$d_2 = d_1 \times 10 = 10 \times 10 = 100(m)$$

📌 필기에 자주 출제 ★

23 Low Volume Air Sampler로 작업장 내 시료를 측정한 결과 2.55mg/m³이고, 상대농도계로 10분간 측정한 결과 155이고, dark count가 6일 때 질량농도의 변환계수는?

① 0.27　　② 0.36
③ 0.64　　④ 0.85

$$\text{질량농도 변환계수}(K) = \frac{C}{R-D}$$

- C : 중량분석 실측치
- R : Digital counter계수(상대농도계의 1분간 측정치)
- D : Dark count 수치

$$\text{질량농도 변환계수}(K) = \frac{2.55}{(\frac{155}{10})-6} = 0.27$$

정답 20 ① 21 ② 22 ② 23 ①

24 소음작업장에서 두 기계 각각의 음압레벨이 90dB로 동일하게 나타났다면 두 기계가 모두 가동되는 이 작업장의 음압레벨(dB)은? (단, 기타 조건은 같다.)

① 93 ② 95
③ 97 ④ 99

★합성소음도

$$L = 10 \times \log(10^{\frac{L_1}{10}} + 10^{\frac{L_2}{10}} + \cdots + 10^{\frac{L_n}{10}})(dB)$$

- L : 합성소음도(dB)
- $L_1 \sim L_2$: 각각 소음원의 소음(dB)

풀이1. $L = 10 \times \log(10^{\frac{90}{10}} + 10^{\frac{90}{10}}) = 93(dB)$

풀이2. $L = 10 \times \log(10^{\frac{90}{10}} \times 2) = 93(dB)$

📖 실기에 자주 출제 ★★★

25 대푯값에 대한 설명 중 틀린 것은?

① 측정값 중 빈도가 가장 많은 수가 최빈값이다.
② 가중평균은 빈도를 가중치로 택하여 평균값을 계산한다.
③ 중앙값은 측정값을 모두 나열하였을 때 중앙에 위치하는 측정값이다.
④ 기하평균은 n개의 측정값이 있을 때 이들의 합을 개수로 나눈 값으로 산업위생분야에서 많이 사용한다.

④ n개의 측정값이 있을 때 이들의 합을 개수로 나눈 값 → 산술평균

★참고
기하평균(GM)
① 곱셈을 사용하여 계산하는 측정치의 평균
   (n개의 양수가 있을 때, 이들 수의 곱의 n제곱근의 값)
② 누적분포에서 50%에 해당하는 값을 말한다.

1. $\log(GM) = \dfrac{\log X_1 + \log X_2 + \cdots + \log X_n}{N}$
2. $G.M = \sqrt[N]{X_1 \cdot X_2 \cdots X_n}$

- X_n : 측정치
- N : 측정치 개수

📖 필기에 자주 출제 ★

26 금속 도장 작업장의 공기 중에 혼합된 기체의 농도와 TLV가 다음 표와 같을 때, 이 작업장의 노출지수(EI)는 얼마인가? (단, 상가 작용 기준이며 농도 및 TLV의 단위는 ppm이다.)

기체명	기체의 농도	TLV
Toluene	55	100
MBK	25	50
Acetone	280	750
MEK	90	200

① 1.573 ② 1.673
③ 1.773 ④ 1.873

★노출지수

$$\text{노출지수}(EI) = \frac{C_1}{T_1} + \frac{C_2}{T_2} + \cdots + \frac{C_n}{T_n}$$

- C : 화학물질 각각의 측정치
- T : 화학물질 각각의 노출기준
- 판정 : $EI > 1$ 경우 노출기준을 초과함

노출지수(EI) = $\dfrac{55}{100} + \dfrac{25}{50} + \dfrac{280}{750} + \dfrac{90}{200} = 1.873$

📖 실기까지 중요 ★★

정답 24 ① 25 ④ 26 ④

27 허용농도(TLV) 적용상 주의할 사항으로 틀린 것은?

① 대기오염평가 및 관리에 적용될 수 없다.
② 기존의 질병이나 육체적 조건을 판단하기 위한 척도로 사용될 수 없다.
③ 사업장의 유해조건을 평가하고 개선하는 지침으로 사용될 수 없다.
④ 안전농도와 위험농도를 정확히 구분하는 경계선이 아니다.

* ACGIH(미국정부산업위생전문가 협의회)의 허용농도(TLV) 적용상 주의 사항
① 대기오염평가 및 지표(관리)에 적용할 수 없다.
② 24시간 노출 또는 정상 작업시간을 초과한 노출에 대한 독성 평가에는 적용할 수 없다.
③ 기존의 질병이나 신체적 조건을 판단(증명 또는 반응자료)하기 위한 척도로 사용될 수 없다.
④ 작업조건이 다른 나라에서 ACGIH-TLV를 그대로 사용할 수 없다.
⑤ 안전농도와 위험농도를 정확히 구분하는 경계선이 아니다.
⑥ 독성의 강도를 비교할 수 있는 지표는 아니다.
⑦ 반드시 산업보건(위생) 전문가에 의하여 설명(해석), 적용되어야 한다.
⑧ 피부로 흡수되는 양은 고려하지 않은 기준이다.
⑨ 산업장의 유해조건을 평가하기 위한 지침이며 건강장해를 예방하기 위한 지침이다.

실기까지 중요 ★★★

28 소음 측정을 위한 소음계(Sound level meter)는 주파수에 따른 사람의 느낌을 감안하여 세 가지 특성 즉 A, B 및 C 특성에서 음압을 측정할 수 있다. 다음 내용에서 A, B 및 C 특성에 대한 설명이 바르게 된 것은?

① A특성 보정치는 4,000Hz 수준에서 가장 크다.
② B특성 보정치와 C특성 보정치는 각각 70phon과 40phon의 등감곡선과 비슷하게 보정하여 측정한 값이다.
③ B특성 보정치(dB)는 2,000Hz에서 값이 0이다.
④ A특성 보정치(dB)는 1,000Hz에서 값이 0이다.

① A특성 : 40phon의 등청감곡선과 비슷하게 주파수에 따른 반응을 보정하여 측정한 음압수준
② B특성 : 70phon의 등청감곡선과 비슷하게 주파수에 따른 반응을 보정하여 측정한 음압수준
③ C특성 : 100phon의 등청감곡선과 비슷하게 주파수에 따른 반응을 보정하여 측정한 음압수준
A, B, C 세 가지 값이 거의 일치하기 시작하는 주파수는 1,000Hz이다.(1,000Hz에서 값은 0이다.)

필기에 자주 출제 ★

29 작업환경측정 및 정도관리 등에 관한 고시상 원자흡광광도법 으로 분석할 수 있는 유해인자가 아닌 것은?

① 코발트   ② 구리
③ 산화철   ④ 카드뮴

★ 원자흡광광도법(AAS)
분석대상 원소에 특정파장의 빛을 투과시키면 원자가 흡수하는 빛의 세기를 측정하는 분석기기로서 구리, 산화철, 카드뮴 등의 금속 및 중금속의 분석 방법에 적용한다.(람버트-비어 법칙 적용)

정답 27 ③ 28 ④ 29 ①

30 불꽃 방식 원자흡광광도계가 갖는 특징으로 틀린 것은?

① 분석시간이 흑연로 장치에 비하여 적게 소요된다.
② 혈액이나 소변 등 생물학적 시료의 유해금속 분석에 주로 많이 사용된다.
③ 일반적으로 흑연로장치나 유도결합플라스마-원자발광분석기에 비하여 저렴하다.
④ 용질이 고농도로 용해되어 있는 경우 버너의 슬롯을 막을 수 있으며 점성이 큰 용액이 분무가 어려워 분무구멍을 막아버릴 수 있다.

> ★ 불꽃방식의 원자흡광광도계(원자흡광분석기의 불꽃에 의한 금속정량의 특징)
> ① 가격이 흑연로 장치나 유도결합플라즈마에 비하여 저렴하다.
> ② 분석시간이 흑연로 장치에 비하여 적게 소요된다.
> ③ 고체시료의 경우 전처리에 의해 기질(매트릭스)를 제거하여야 한다.
> ④ 시료량이 많이 소요되며 감도가 낮다.
> ⑤ 시험 용액중의 납 등 작업환경 중 유해금속 분석(금속 원소의 농도 측정)을 할 수 있다.
> ⑥ 조작이 쉽고 간편하다.
>
> 📌 필기에 자주 출제 ★

31 작업환경측정결과를 통계처리 시 고려해야 할 사항으로 적절하지 않은 것은?

① 대표성 ② 불변성
③ 통계적 평가 ④ 2차 정규분포 여부

> ★ 작업환경측정결과를 통계처리 시 고려해야 할 사항
> ① 대표성
> ② 불변성
> ③ 통계적 평가

32 1N-HCl(F = 1,000) 500mL를 만들기 위해 필요한 진한 염산의 부피(mL)는? (단, 진한 염산의 물성은 비중 1.18, 함량 35%이다.)

① 약 18 ② 약 36
③ 약 44 ④ 약 66

> 1. HCl의 g당량수는 1이므로
>   1N HCl 용액 = 1M HCl 용액이 된다.
> 2. 염산의 부피(mL)
> $= \dfrac{\text{몰농도(mol/L)} \times \text{부피(L)} \times \text{몰질량(g/mol)}}{\text{함량} \times \text{비중(g/mL)}}$
> $= \dfrac{1 \times 0.5 \times 36.5}{0.35 \times 1.18} = 44.19(\text{mL})$
>   • 염산의 몰질량 = 36.5g/mol
>   • 500mL = 0.5L

> ★ 참고
> 1. 노르말농도$(N) = \dfrac{\text{용질의 } eq \text{수}}{\text{용액의 부피}(L)}(eq/L)$
> $\left[eq = \dfrac{\text{용질의 질량}}{\text{용질의 g당량수}} \right.$
> $\left. = \dfrac{\text{분자량}}{\text{원자가 수(수소 또는 수산화이온의 수)}} \right]$
> 2. 몰농도$(M) = \dfrac{\text{용질의 몰수(mol)}}{\text{용액의 부피}(L)}$

정답 30 ② 31 ④ 32 ③

33 고온의 노출기준에서 작업자가 경작업을 할 때, 휴식 없이 계속 작업할 수 있는 기준에 위배되는 온도는? (단, 고용노동부 고시를 기준으로 한다.)

① 습구흑구온도지수 : 30℃
② 태양광이 내리쬐는 옥외장소
 - 자연습구온도 : 28℃
 - 흑구온도 : 32℃
 - 건구온도 : 40℃
③ 태양광이 내리쬐는 옥외장소
 - 자연습구온도 : 29℃
 - 흑구온도 : 33℃
 - 건구온도 : 33℃
④ 태양광이 내리쬐는 옥외 장소
 - 자연습구온도 : 30℃
 - 흑구온도 : 30℃
 - 건구온도 : 30℃

② 태양광이 내리쬐는 옥외장소(자연습구온도: 28℃, 흑구온도: 32℃, 건구온도: 40℃)
• WBGT(℃)=0.7×28 + 0.2×32 + 0.1×40= 30(℃)
• 경작업 기준, 연속작업의 노출기준은 30.0℃로 노출기준을 초과하지 않았다.
③ 태양광이 내리쬐는 옥외장소(자연습구온도 : 29℃, 흑구온도 : 33℃, 건구온도 : 33℃)
• WBGT(℃) = 0.7×29+0.2×33+0.1×33 = 30.2(℃)
• 경작업 기준, 연속작업의 노출기준은 30.0℃로 노출기준을 초과하였다.
④ 태양광이 내리쬐는 옥외 장소(자연습구온도 : 30℃, 흑구온도 : 30℃, 건구온도 : 30℃)
• WBGT(℃) = 07×30+0.2×30+0.1×30 = 30.0(℃)
• 경작업 기준, 연속작업의 노출기준은 30.0℃로 노출기준을 초과하지 않았다.

＊참고

1. 습구흑구온도지수(WBGT)의 산출

• 옥외(태양광선이 내리쬐는 장소)
 WBGT(℃) = 0.7×자연습구온도 + 0.2×흑구온도 + 0.1×건구온도
• 옥내 또는 옥외(태양광선이 내리쬐지 않는 장소)
 WBGT(℃) = 0.7×자연습구온도 + 0.3×흑구온도
• 평균 WBGT(℃)
 $= \dfrac{WBGT_1 \times t_1 + \cdots + WBGT_n \times t_n}{t_1 + \cdots + t_n}$
• $WBGT_n$: 각 습구흑구온도지수의 측정치(℃)
• t_n : 각 습구흑구온도지수치의 발생시간(분)

2. 고열작업장의 노출기준(WBGT, ℃)

시간당 작업과 휴식비율	작업 강도		
	경작업	중등작업	중(힘든)작업
연속 작업	30.0	26.7	25.0
75% 작업, 25% 휴식 (45분 작업, 15분 휴식)	30.6	28.0	25.9
50% 작업, 50% 휴식 (30분 작업, 30분 휴식)	31.4	29.4	27.9
25% 작업, 75% 휴식 (15분 작업, 45분 휴식)	32.2	31.1	30.0

📝 실기까지 중요 ★★

34 다음 중 고열 측정기기 및 측정방법 등에 관한 내용으로 틀린 것은?

① 고열은 습구흑구온도지수를 측정할 수 있는 기기 또는 이와 동등 이상의 성능을 가진 기기를 사용한다.
② 고열을 측정하는 경우 측정기 제조자가 지정한 방법과 시간을 준수하여 사용한다.
③ 고열작업에 대한 측정은 1일 작업시간 중 최대로 고열에 노출되고 있는 1시간을 30분 간격으로 연속하여 측정한다.
④ 측정기의 위치는 바닥면으로부터 50cm 이상, 150cm 이하의 위치에서 측정한다.

정답 33 ③ 34 ③

> ★ 고열 측정방법
> ① 측정은 단위작업 장소에서 측정대상이 되는 근로자의 주 작업 위치에서 측정한다.
> ② 측정기의 위치는 바닥면으로부터 50센티미터 이상, 150센티미터 이하의 위치에서 측정한다.
> ③ 측정기를 설치한 후 충분히 안정화시킨 상태에서 1일 작업시간 중 가장 높은 고열에 노출되는 1시간을 10분 간격으로 연속하여 측정한다.

📝 실기까지 중요 ★★

35 다음 중 활성탄에 흡착된 유기화합물을 탈착하는 데 가장 많이 사용하는 용매는?

① 톨루엔　　② 이황화탄소
③ 클로로포름　④ 메틸클로로포름

> ★ 이황화탄소
> 활성탄관의 탈착용매

📝 실기까지 중요 ★★

36 입경이 50μm이고 비중이 1.32인 입자의 침강속도(cm/s)는 얼마인가?

① 8.6　　② 9.9
③ 11.9　④ 13.6

> ★ Lippman식에 의한 침강속도
> (입자크기가 1~50μm 경우 적용)
> $$V(cm/sec) = 0.003 \times \rho \times d^2$$
> · V : 침강속도(cm/sec)
> · ρ : 입자 밀도(비중) (g/cm³)
> · d : 입자직경(μm)
>
> $V = 0.003 \times 1.32 \times 50^2 = 9.9 (cm/sec)$

📝 실기에 자주 출제 ★★★

37 작업자가 유해물질에 노출된 정도를 표준화하기 위한 계산식으로 옳은 것은? (단, 고용노동부 고시를 기준으로 하며, C는 유해물질의 농도, T는 노출시간을 의미한다.)

① $\dfrac{\sum_{n=1}^{n}(C_n \times T_n)}{8}$　② $\dfrac{8}{\sum_{n=1}^{n}(C_n \times T_n)}$

③ $\dfrac{\sum_{n=1}^{n}(C_n) \times T_n}{8}$　④ $\dfrac{\sum_{n=1}^{n}(C_n) + T_n}{8}$

> ★ 시간가중평균값(TWA)
> $$X_1 = \dfrac{C_1 \cdot T_1 + C_2 \cdot T_2 + \cdots + C_n \cdot T_n}{8}$$
> · C : 유해인자의 측정농도
> 　(단위 : ppm, mg/m³ 또는 개/cm³)
> · T : 유해인자의 발생시간(단위 : 시간)

📝 실기까지 중요 ★★

38 원자흡광분광법의 기본 원리가 아닌 것은?

① 모든 원자들은 빛을 흡수한다.
② 빛을 흡수할 수 있는 곳에서 빛은 각 화학적 원소에 대한 특정파장을 갖는다.
③ 흡수되는 빛의 양은 시료에 함유되어 있는 원자의 농도에 비례한다.
④ 컬럼 안에서 시료들은 충진제와 친화력에 의해서 상호 작용하게 된다.

> ★ 원자흡광분광법의 기본 원리
> ① 모든 원자들은 빛을 흡수한다.
> ② 빛을 흡수할 수 있는 곳에서 빛은 각 화학적 원소에 대한 특정파장을 갖는다.
> ③ 흡수되는 빛의 양은 시료에 함유되어 있는 원자의 농도에 비례한다.

📝 필기에 자주 출제 ★

정답　35 ②　36 ②　37 ①　38 ④

39 다음 ( )안에 들어갈 수치는?

> 단시간노출기준(STEL) : ( )분간의 시간 가중평균노출값

① 10
② 15
③ 20
④ 40

* 단시간노출기준(STEL)
15분간의 시간가중평균노출 값(근로자가 1회에 15분간 유해인자에 노출되는 경우의 기준)

📝 실기까지 중요 ★★

40 흡수액 측정법에 주로 사용되는 주요 기구로 옳지 않은 것은?

① 테드라 백(Tedlar bag)
② 프리티드 버블러(Fritted bubbler)
③ 간이 가스 세척병(Simple gas washing bottle)
④ 유리구 충진분리관(Packed glass bead column)

* 흡수액 측정법에 주로 사용되는 주요 기구
① 프리티드 버블러(Fritted bubbler)
② 간이 가스 세척병(Simple gas washing bottle)
③ 유리구 충진분리관(Packed glass bead column)

* 참고
테드라 백(Tedlar bag)
가스포집을 위한 포집 백

제3과목 작업환경관리대책

41 무거운 분진(납분진, 주물사, 금속가루분진)의 일반적인 반송속도로 적절한 것은?

① 5m/s
② 10m/s
③ 15m/s
④ 25m/s

유해물질 발생형태	유해 물질 종류	반송속도 (m/sec)
증기·가스·연기	모든 증기, 가스 및 연기	5.0~10.0
흄	아연흄, 산화알미늄 흄, 용접흄 등	10.0~12.5
미세하고 가벼운 분진	미세한 면분진, 미세한 목분진, 종이분진 등	12.5~15.0
건조한 분진이나 분말	고무분진, 면분진, 가죽분진, 동물털 분진 등	15.0~20.0
일반 산업분진	그라인더 분진, 일반적인 금속분말 분진, 모직물분진, 실리카분진, 주물분진, 석면분진 등	17.5~20.0
무거운 분진	젖은 톱밥분진, 입자가 혼입된 금속분진, 샌드블라스트분진, 주철보링분진, 납분진	20.0~22.5
무겁고 습한 분진	습한 시멘트분진, 작은 칩이 혼입된 납분진, 석면덩어리 등	22.5 이상

📝 실기까지 중요 ★★

정답 39 ② 40 ① 41 ④

42 여과제진장치의 설명 중 옳은 것은?

> ㉠ 여과속도가 클수록 미세입자포집에 유리하다.
> ㉡ 연속식은 고농도 함진 배기가스 처리에 적합하다.
> ㉢ 습식제진에 유리하다.
> ㉣ 조작 불량을 조기에 발견할 수 있다.

① ㉠, ㉢ ② ㉡, ㉣
③ ㉡, ㉢ ④ ㉠, ㉡

> ㉠ 여과속도가 느릴수록 미세입자포집에 유리하다.
> ㉢ 습한 가스를 취급할 수 없다.

📝 필기에 자주 출제 ★

43 호흡기 보호구의 밀착도 검사(fit test)에 대한 설명이 잘못된 것은?

① 정량적인 방법에는 냄새, 맛, 자극물질 등을 이용한다.
② 밀착도 검사란 얼굴피부 접촉면과 보호구 안면부가 적합하게 밀착되는지를 측정하는 것이다.
③ 밀착도 검사를 하는 것은 작업자가 작업장에 들어가기 전 누설정도를 최소화시키기 위함이다.
④ 어떤 형태의 마스크가 작업자에게 적합한지 마스크를 선택하는 데 도움을 주어 작업자의 건강을 보호한다.

> ① 냄새, 맛, 자극물질 등을 이용하는 방법은 정성 밀착도 검사이다.

★참고
정량 밀착도 검사(QNFT)
착용자의 감각과 무관하게 입자 계측기를 활용하여 안면 밀착부 주변의 새는 곳을 측정하고 데이터(밀착도=Fit Factor)를 산출한 뒤, 기준과 비교하여 '합격/불합격'을 시험한다.

44 어떤 공장에서 접착공정이 유기용제 중독의 원인이 되었다. 직업병 예방을 위한 작업환경관리 대책이 아닌 것은?

① 신선한 공기에 의한 희석 및 환기 실시
② 공정의 밀폐 및 격리
③ 조업방법의 개선
④ 보건교육 미실시

> ④ 유기용제 취급 작업자를 대상으로 보건교육을 실시하여야 한다.

정답 42 ② 43 ① 44 ④

45 후드의 개구(opening) 내부로 작업환경의 오염공기를 흡인시키는 데 필요한 압력차에 관한 설명 중 적합하지 않은 것은?

① 정지상태의 공기가속에 필요한 것 이상의 에너지이어야 한다.
② 개구에서 발생되는 난류손실을 보전할 수 있는 에너지이어야 한다.
③ 개구에서 발생되는 난류손실은 형태나 재질에 무관하게 일정하다.
④ 공기의 가속에 필요한 에너지는 공기의 이동에 필요한 속도압과 같다.

> ③ 개구에서 발생되는 난류손실은 후드의 형태나 재질에 따라 달라진다.

> ★참고
> 난류(Turbulent flow)
> 유체의 속도가 빨라지면 관내흐름은 크고 작은 소용돌이가 혼합된 형태로 변하며 혼합상태로 흐른다. 이런 모양의 흐름을 난류라 한다.

46 90° 곡관의 반경비가 2.0일 때 압력손실계수는 0.27이다. 속도압이 14mmH$_2$O라면 곡관의 압력손실(mmH$_2$O)은?

① 7.6
② 5.5
③ 3.8
④ 2.7

> 압력손실($\triangle P$) = $\left(\xi \times \dfrac{\theta}{90°}\right) \times VP$ (mmH$_2$O)
> - ξ : 압력손실계수
> - θ : 곡관의 각도
> - VP : 속도압(동압)(mmH$_2$O)
>
> $\triangle P = \left(0.27 \times \dfrac{90}{90}\right) \times 14 = 3.78$ (mmH$_2$O)

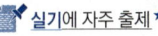 실기에 자주 출제 ★★★

47 용기충진이나 콘베이어 적재와 같이 발생기류가 높고 유해물질이 활발하게 발생하는 작업조건의 제어속도로 가장 알맞은 것은? (단, ACGIH 권고 기준)

① 2.0m/s
② 3.0m/s
③ 4.0m/s
④ 5.0m/s

> ★제어속도 범위(m/s)
>
> | 작업조건 | 작업공정사례 | 제어속도 (m/sec) |
> |---|---|---|
> | • 움직이지 않은 공기 중에서 속도없이 배출되는 작업조건
• 조용한 대기 중에 실제 거의 속도가 없는 상태로 발산하는 경우의 작업조건 | • 액면에서 발생하는 가스나 증기 흄
• 탱크에서 증발, 탈지시설 | 0.25 ~0.5 |
> | • 비교적 조용한(약간의 공기 움직임) 대기 중에서 저속으로 비산하는 작업조건 | • 용접, 도금 작업
• 스프레이도장 | 0.5 ~1.0 |
> | • 발생기류가 높고(빠른기동) 유해물질이 활발히 발생하는 작업조건 | • 스프레이도장, 용기충전
• 컨베이어 적재
• 분쇄기 | 1.0 ~2.5 |
> | • 초고속기류(대단히 빠른 기동)가 있는 작업장소에 초고속으로 비산하는 경우 | • 회전연삭작업
• 연마작업
• 블라스트 작업 | 2.5 ~10 |

실기까지 중요 ★★

정답 45 ③ 46 ③ 47 ①

48 귀덮개의 장점을 모두 짝지은 것으로 가장 옳은 것은?

> ㉠ 귀마개보다 쉽게 착용할 수 있다.
> ㉡ 귀마개보다 일관성 있는 차음 효과를 얻을 수 있다.
> ㉢ 크기를 여러 가지로 할 필요가 없다.
> ㉣ 착용여부를 쉽게 확인할 수 있다.

① ㉠, ㉡, ㉣ ② ㉠, ㉡, ㉢
③ ㉠, ㉢, ㉣ ④ ㉠, ㉡, ㉢, ㉣

> ★ 귀덮개의 장·단점
>
> 장점
> ① 고음영역에서 차음효과가 탁월하다.
> ② 귀마개보다 차음효과가 일반적으로 크며 차음효과의 개인차가 적다
> ③ 귀 안에 염증이 있어도 사용이 가능하다.
> ④ 착용이 쉽고 착용법이 틀리거나 분실할 염려가 적다.
> ⑤ 동일한 크기의 귀덮개를 대부분의 근로자가 사용할 수 있다.
> ⑥ 멀리서도 착용 유무를 확인할 수 있다.
>
> 단점
> ① 고온에서 사용 시에는 땀이 나서 불편하다.
> ② 보안경과 동시 착용 시에는 불편하며 차음효과가 감소한다.
> ③ 가격이 비싸고 운반과 보관이 쉽지 않다.
> ④ 오래 사용하여 귀걸이의 탄력성이 줄었을 때나 귀걸이가 휘었을 때는 차음효과가 떨어진다.

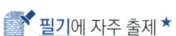 필기에 자주 출제 ★

49 강제환기의 효과를 제고하기 위한 원칙으로 틀린 것은?

① 오염물질 배출구는 가능한 한 오염원으로부터 가까운 곳에 설치하여 점 환기 현상을 방지한다.
② 공기배출구와 근로자의 작업위치 사이에 오염원이 위치하여야 한다.
③ 공기가 배출되면서 오염장소를 통과하도록 공기배출구와 유입구의 위치를 선정한다.
④ 오염원 주위에 다른 작업 공정이 있으면 공기 배출량을 공급량보다 약간 크게 하여 음압을 형성하여 주위 근로자에게 오염 물질이 확산되지 않도록 한다.

> ① 오염물질 배출구는 가능한 한 오염원으로부터 가까운 곳에 설치하여 '점 환기'의 효과를 얻는다.

필기에 자주 출제 ★

50 후드 흡인기류의 불량상태를 점검할 때 필요하지 않은 측정기기는?

① 열선풍속계
② Threaded thermometer
③ 연기발생기
④ Pitot tube

> ② 나사산 온도계(Threaded thermometer) : 액체 및 기체형태의 유체의 온도 측정(-50~200℃ 범위)에 사용된다.

정답 48 ④ 49 ① 50 ②

51 원심력 송풍기 중 다익형 송풍기에 관한 설명으로 가장 거리가 먼 것은?

① 송풍기의 임펠러가 다람쥐 쳇바퀴 모양으로 생겼다.
② 큰 압력손실에서 송풍량이 급격하게 떨어지는 단점이 있다.
③ 고강도가 요구되기 때문에 제작비용이 비싸다는 단점이 있다.
④ 다른 송풍기와 비교하여 동일 송풍량을 발생시키기 위한 임펠러 회전속도가 상대적으로 낮기 때문에 소음이 작다.

*전향날개형(다익형) 송풍기
① 송풍기의 임펠러가 다람쥐 쳇바퀴 모양으로 생겼다.
② 송풍기의 회전날개가 회전방향과 동일한 방향으로 설치되어 있다.
③ 임펠러 회전속도가 상대적으로 낮기 때문에 소음이 작다.(구조상 고속회전이 어렵고, 큰 동력의 용도에서 적합하지 않다.)
④ 저가로 제작이 가능하다.
⑤ 큰 압력손실에서 송풍량이 급격하게 떨어지는 단점이 있다.
⑥ 전체환기, 공기조화용으로 사용된다.
⑦ 소형이므로 제한된 장소에 사용이 가능하다.(분지관의 송풍에 적합)
⑧ 분진 많이 함유된 공기 이송 시 임펠러의 불균형을 초래하여 소음, 진동이 발생한다

암기법
다람쥐 날개는 회전방향과 동일한 앞쪽(전향)에 많지만(다익형) 속도 느리고 송풍량 떨어져 저가이다.

📓 필기에 자주 출제 ★

52 덕트(duct)의 압력손실에 관한 설명으로 옳지 않은 것은?

① 직관에서의 마찰손실과 형태에 따른 압력손실로 구분할 수 있다.
② 압력손실은 유체의 속도압에 반비례한다.
③ 덕트 압력손실은 배관의 길이와 정비례한다.
④ 덕트 압력손실은 관직경과 반비례한다.

② 압력손실은 유체의 속도압에 비례한다.

*참고
직선 덕트의 압력손실

압력손실$(\triangle P) = F \times VP$
$= \lambda \times \dfrac{L}{D} \times \dfrac{\gamma V^2}{2g}$ (mmH$_2$O)

1. F_λ(압력손실계수) $= \lambda \times \dfrac{L}{D}$
   - λ : 관마찰계수(무차원)
   - D : 덕트 직경(m)(원형관일 경우)
     (장방형 덕트일 경우 : 상당직경(등가직경)
     $= \dfrac{2ab}{a+b}$)
   - L : 덕트 길이(m)

2. 속도압$(VP) = \dfrac{\gamma V^2}{2g}$
   - r : 공기비중
   - V : 유속(m/s)
   - g : 중력가속도(9.8m/s^2)

📓 실기까지 중요 ★★

정답 51 ③ 52 ②

53 송풍기 깃이 회전방향 반대편으로 경사지게 설계되어 충분한 압력을 발생시킬 수 있고, 원심력송풍기 중 효율이 가장 좋은 송풍기는?

① 후향날개형 송풍기
② 방사날개형 송풍기
③ 전향날개형 송풍기
④ 안내깃이 붙은 축류 송풍기

> ★ 후향 날개형(터보형, 한계부하형) 송풍기
> ① 팬의 날이 회전방향에 반대되는 쪽으로 기울어진 형태이다.
> ② 송풍량이 증가해도 동력이 증가하지 않는다.(한계부하형)
> ③ 압력 변동이 있어도 풍량의 변화가 비교적 작다.(하향구배 특성으로 풍압이 바뀌어도 풍량의 변화가 적다.)
> ④ 소음이 크다.(회전수에 비하여 소음은 비교적 낮다.)
> ⑤ 소요정압이 떨어져도 동력은 크게 상승하지 않으므로 시설저항 및 운전상태가 변하여도 과부하가 걸리지 않는다.
> ⑥ 고농도 분진함유 공기를 이송시킬 경우 깃 뒷면에 분진이 퇴적되어 효율이 떨어진다.
> ⑦ 분진농도가 낮은 공기나 고농도 분진함유 공기 이송 시 집진기 후단에 설치해야 한다.
> ⑧ 송풍기 중 효율이 가장 좋다.
> ⑨ 송풍기 성능곡선 내 동력곡선의 최대 송풍량의 60~70%까지 증가하다가 감소하는 경향을 띤다.

암기법
날이 반대로 기울어진 터보형의 한계(한계부하형)는 깃 뒤에 분진쌓여 집진 후(집진기 후단)에 설치, 동풍(동력, 풍량)에 변화적고 효율좋다.

📖 필기에 자주 출제 ★

54 전기집진장치의 장점으로 옳지 않은 것은?

① 가연성 입자의 처리에 효율적이다.
② 넓은 범위의 입경과 분진농도에 집진효율이 높다.
③ 압력손실이 낮으므로 송풍기의 가동비용이 저렴하다.
④ 고온 가스를 처리할 수 있어 보일러와 철강로 등에 설치할 수 있다.

★ 전기집진장치

장점	① 광범위한 온도범위에서 적용이 가능하다. ② 고온의 입자상물질, 폭발성가스 처리는 가능하나, 가연성 입자의 처리는 곤란하다. ③ 고온 가스를 처리할 수 있어 보일러와 철강로 등에 설치할 수 있다. ④ 압력손실이 낮으므로 대용량의 처리가스가 가능하며, 송풍기의 운전 및 유지비용이 저렴하다. ⑤ 넓은 범위의 입경과 분진농도에 집진효율이 높다. ⑥ 습식으로 집진할 수 있다. ⑦ 0.01μm 정도의 미세 입자의 포집이 가능하여 높은 집진효율을 얻을 수 있다.(집진장치 중 가장 작은 입자를 처리할 수 있다)
단점	① 초기 설치비용이 많이 들며 설치공간이 커야 한다. ② 운전조건의 변화에 유연성이 적다.(전압 변동과 같은 조건변동에 쉽게 적응이 곤란하다.) ③ 먼지성상에 따라 전처리시설이 요구된다. ④ 분진포집에 적용되며 가스상의 오염물질(기체상의 오염물질) 처리는 곤란하다.

📖 필기에 자주 출제 ★

55 어떤 원형덕트에 유체가 흐르고 있다. 덕트의 직경을 1/2로 하면 직관부분의 압력손실은 몇 배로 되는가? (단, 달시의 방정식을 적용한다.)

① 4배 ② 8배
③ 16배 ④ 32배

- 압력손실($\triangle P$) $= \lambda \times \dfrac{L}{D} \times \dfrac{\gamma V^2}{2g}$
- $Q = AV$, $V = \dfrac{Q}{A} = \dfrac{Q}{\dfrac{\pi D^2}{4}} = \dfrac{4Q}{\pi D^2}$

1. 직경이 D일 때의 압력손실

$$\triangle P_1 = \dfrac{V^2}{D} = \dfrac{(\dfrac{4Q}{\pi D^2})^2}{D} = \dfrac{\dfrac{16Q^2}{\pi^2 D^4}}{D} = \dfrac{16Q^2}{\pi^2 D^5}$$

2. 직경이 $\dfrac{D}{2}$일 때의 압력손실

$$\triangle P_2 = \dfrac{V^2}{\dfrac{D}{2}} = \dfrac{\left[\dfrac{4Q}{\pi(\dfrac{D}{2})^2}\right]^2}{\dfrac{D}{2}} = \dfrac{\left[\dfrac{4Q}{\dfrac{\pi D^2}{4}}\right]^2}{\dfrac{D}{2}} = \dfrac{\dfrac{16Q^2}{\pi^2 D^4}}{\dfrac{16}{\dfrac{D}{2}}}$$

$$= \dfrac{\dfrac{16^2 Q^2}{\pi^2 D^4}}{\dfrac{D}{2}} = \dfrac{2 \times 16^2 \times Q^2}{\pi^2 D^5}$$

3. $16 : 2 \times 16^2 = 1 : 32$

56 눈 보호구에 관한 설명으로 틀린 것은? (단, KS 표준 기준)

① 눈을 보호하는 보호구는 유해광선 차광 보호구와 먼지나 이물을 막아주는 방진안경이 있다.
② 400A 이상의 아크 용접 시 차광도 번호 14의 차광도 보호안경을 사용하여야 한다.
③ 눈, 지붕 등으로부터 반사광을 받는 작업에서는 차광도 번호 1.2-3 정도의 차광도 보호안경을 사용하는 것이 알맞다.
④ 단순히 눈의 외상을 막는 데 사용되는 보호안경은 열처리를 하거나 색깔을 넣은 렌즈를 사용할 필요가 없다.

④ 눈의 외상을 막는데 사용되는 보호안경은 열처리를 하거나 색깔을 넣은 렌즈를 사용하여야 한다.

57 소음 작업장에 소음수준을 줄이기 위하여 흡음을 중심으로 하는 소음저감대책을 수립한 후, 그 효과를 측정하였다. 소음 감소효과가 있었다고 보기 어려운 경우는?

① 음의 잔향시간을 측정하였더니 잔향시간이 약간이지만 증가한 것으로 나타났다.
② 대책 후의 총흡음량이 약간 증가하였다.
③ 소음원으로부터 거리가 멀어질수록 소음수준이 낮아지는 정도가 대책수립 전보다 커졌다.
④ 실내상수 R을 계산해보니 R값이 대책 수립 전보다 커졌다.

① 잔향시간이 감소한 경우 소음의 감소효과가 있다고 할 수 있다.

58 국소환기시설에 필요한 공기송풍량을 계산하는 공식 중 점흡인에 해당하는 것은?

① $Q = 4\pi \times x^2 \times V_c$
② $Q = 2\pi \times L \times x \times V_c$
③ $Q = 60 \times 0.75 \times V_c(10x^2 + A)$
④ $Q = 60 \times 0.5 \times V_c(10x^2 + A)$

> ★ 점흡인 시의 필요송풍량
> $$Q = 4\pi \times x^2 \times V_c$$
> - Q : 필요송풍량(m³/min)
> - V : 제어풍속(m/s)
> - x : 제어거리(m)

59 확대각이 10°인 원형 확대관에서 입구직관의 정압은 −15mmH$_2$O, 속도압은 35mmH$_2$O이고, 확대된 출구직관의 속도압은 25mmH$_2$O이다. 확대측의 정압(mmH$_2$O)은? (단, 확대각이 10°일 때 압력손실계수(ζ)는 0.28이다.)

① 7.8 ② 15.6
③ −7.8 ④ −15.6

> 확대측정압(SP_2) = $SP_1 + [(1 - \zeta) \times (VP_1 - VP_2)]$
> - SP_2 : 확대 후의 정압(mmH$_2$O)
> - SP_1 : 확대 전의 정압(mmH$_2$O)
> - VP_1 : 확대 전의 속도압(mmH$_2$O)
> - VP_2 : 확대 후의 속도압(mmH$_2$O)
> - ζ : 압력손실계수
>
> $SP_2 = -15 + [(1 - 0.28) \times (35 - 25)]$
> = −7.8(mmH$_2$O)

60 목재분진을 측정하기 위한 시료채취장치로 가장 적합한 것은?

① 활성탄관(charcoal tube)
② 흡입성분진 시료채취기(IOM sampler)
③ 호흡성분진 시료채취기(aluminum cyclone)
④ 실리카겔관(silica gel tube)

> 목재분진 측정에는 흡입성분진 시료채취기(IOM sampler)가 사용된다.

제4과목 물리적 유해인자관리

61 질식우려가 있는 지하 맨홀 작업에 앞서서 준비해야 할 장비나 보호구로 볼 수 없는 것은?

① 안전대   ② 방독 마스크
③ 송기 마스크 ④ 산소농도 측정기

> 질식우려가 있는 지하 맨홀 작업에는 송기마스크를 착용하여야 한다.

📝 필기에 자주 출제 ★

62 진동 발생원에 대한 대책으로 가장 적극적인 방법은?

① 발생원의 격리   ② 보호구 착용
③ 발생원의 제거   ④ 발생원의 재배치

> ① 가장 적극적인 대책 : 발생원의 제거
> ② 가장 소극적인 대책 : 보호구 착용

📝 필기에 자주 출제 ★

정답 58 ① 59 ③ 60 ② 61 ② 62 ③

63 전리방사선에 의한 장해에 해당하지 않는 것은?

① 참호족
② 피부장해
③ 유전적 장해
④ 조혈기능 장해

> ① 참호족은 한랭환경에 장기간 노출됨과 동시에 발이 지속적으로 습기나 물에 잠길 경우 발생한다.

📌 필기에 자주 출제★

64 고소음으로 인한 소음성 난청 질환자를 예방하기 위한 작업환경관리방법 중 공학적 개선에 해당되지 않는 것은?

① 소음원의 밀폐
② 보호구의 지급
③ 소음을 벽으로 격리
④ 작업장 흡음시설의 설치

> ② 보호구의 지급 → 수음대책

📌 필기에 자주 출제★

65 비이온화 방사선의 파장별 건강에 미치는 영향으로 옳지 않은 것은?

① UV-A : 315~400nm - 피부노화촉진
② IR-B : 780~1,400nm - 백내장, 각막화상
③ UV-B : 280~315nm - 발진, 피부암, 광결막염
④ 가시광선 : 400~700nm - 광화학적이거나 열에 의한 각막손상, 피부화상

> ② IR-B : 1,400nm~3,000nm – 백내장, 각막화상

★참고

1. 자외선의 구분

근자외선 (UV-A)	• 파장 : 315(300)~400nm [3,150~4,000Å] • 피부의 색소침착
도르노선 (UV-B)	• 파장 : 280(290)~315(320)nm [2,800~3,150Å] • 소독작용, 비타민 D형성 등 인체에 유익한 영향(건강선, 생명선) • 피부노화, 홍반, 각막염, 피부암 유발
UV-C	• 파장 : 100~280nm[1,000~2,800Å] • 살균작용(살균효과가 있어 수술용 램프로 사용)

2. 적외선의 구분

IR-A	700nm~1,400nm (0.7μm~1.4μm)
IR-B	1,400nm~3,000nm (1.4μm~3μm)
IR-C	3,000nm~1mm (3μm~1,000μm)

3. 가시광선 : 400~760nm(4,000~7,600Å)

📌 필기에 자주 출제★

66 WBGT에 대한 설명으로 옳지 않은 것은?

① 표시단위는 절대온도(K)이다.
② 기온, 기습, 기류 및 복사열을 고려하여 계산된다.
③ 태양광선이 있는 옥외 및 태양광선이 없는 옥내로 구분된다.
④ 고온에서의 작업휴식시간비를 결정하는 지표로 활용된다.

> ★ 습구흑구온도지수
> (Wet-Bulb Globe Temperature : WBGT)
> 근로자가 고열환경에 종사함으로써 받는 열 스트레스 또는 위해를 평가하기 위한 도구(단위 : ℃)로써 기온, 기습 및 복사열을 종합적으로 고려한 지표를 말한다

📝 필기에 자주 출제 ★

67 작업자 A의 4시간 작업 중 소음노출량이 76%일 때, 측정시간에 있어서의 평균치는 약 몇 dB(A)인가?

① 88
② 93
③ 98
④ 103

> $TWA[dB(A)] = 16.61 \times \log\left[\dfrac{D(\%)}{100}\right] + 90$
> • TWA : 시간가중 평균 소음수준[dB(A)]
> • D : 누적소음 폭로량(%)
> • 100 : (12.5×T ; T = 노출시간)
>
> $TWA = 16.61 \times \log\left[\dfrac{76}{12.5 \times 4}\right] + 90 = 93.02[dB(A)]$

📝 실기에 자주 출제 ★★★

68 이온화 방사선과 비이온화 방사선을 구분하는 광자에너지는?

① 1eV
② 4eV
③ 12.4eV
④ 15.6eV

> 전리방사선(이온화방사선)과 비전리방사선(비이온화방사선)의 경계 에너지의 강도는 12eV이다.

📝 실기까지 중요 ★★

69 이상기압에 의하여 발생하는 직업병에 영향을 미치는 유해인자가 아닌 것은?

① 산소(O_2)
② 이산화황(SO_2)
③ 질소(N_2)
④ 이산화탄소(CO_2)

> ★ 고압환경의 2차적 가압현상
> ① 질소의 마취작용 : 공기 중의 질소 가스는 4기압 이상에서 마취작용을 일으킨다.
> ② 산소중독 증세 : 산소분압이 2기압을 넘으면 산소중독 증세가 나타난다.
> ③ 이산화탄소의 작용 : 이산화탄소의 증가는 산소의 독성과 질소의 마취작용을 촉진시킨다.

📝 실기까지 중요 ★★

정답 66 ① 67 ② 68 ③ 69 ②

70 자연조명에 관한 설명으로 틀린 것은?

① 창의 면적은 방바닥 면적의 15~20%가 이상적이다.
② 조도의 평등을 요하는 작업실은 남향으로 하는 것이 좋다.
③ 실내 각점의 개각은 4~5°, 입사각은 28° 이상이 되어야 한다.
④ 유리창은 청결한 상태여도 10~15% 조도가 감소되는 점을 고려한다.

> ★ 창의 방향
> ① 많은 채광을 요구할 경우 : 남향
> ② 조명의 평등을 요하는 작업실 : 북향 or 동북향

📝 필기에 자주 출제 ★

71 빛에 관한 설명으로 옳지 않은 것은?

① 광원으로부터 나오는 빛의 세기를 조도라 한다.
② 단위 평면적에서 발산 또는 반사되는 광량을 휘도라 한다.
③ 루멘은 1촉광의 광원으로부터 단위 입체각으로 나가는 광속의 단위이다.
④ 조도는 어떤 면에 들어오는 광속의 양에 비례하고, 입사면의 단면적에 반비례한다.

> ① 광원으로부터 나오는 빛의 세기를 광도라 한다.

> ★ 참고
> 조도
> 단위 면적에 입사하는 빛의 세기(광량)
> $$조도(Lux) = \frac{광도}{(거리)^2}$$

📝 필기에 자주 출제 ★

72 태양으로부터 방출되는 복사 에너지의 52% 정도를 차지하고 피부조직 온도를 상승시켜 충혈, 혈관확장, 각막손상, 두부장해를 일으키는 유해광선은?

① 자외선　　② 적외선
③ 가시광선　④ 마이크로파

> ★ 적외선
> ① 태양복사에너지의 52%를 차지한다.
> ② 열선이라고도 하며 절대온도 이상의 모든 물체는 적외선을 복사한다.
> ③ 제강, 용접, 야금공정, 초자제조공정, 레이저, 가열램프 작업 등에서 발생된다.
> ④ 피부조직 온도를 상승시켜 충혈, 혈관확장, 각막손상, 두부장해를 일으킨다

📝 실기까지 중요 ★★

73 감압병의 예방 및 치료의 방법으로 옳지 않은 것은?

① 감압이 끝날 무렵에 순수한 산소를 흡입시키면 예방적 효과와 함께 감압시간을 단축시킬 수 있다.
② 잠수 및 감압방법은 특별히 잠수에 익숙한 사람을 제외하고는 1분에 10m 정도씩 잠수하는 것이 안전하다.
③ 고압환경에서 작업 시 질소를 헬륨으로 대치하면 성대에 손상을 입힐 수 있으므로 할로겐 가스로 대치한다.
④ 감압병의 증상을 보일 경우 환자를 인공적 고압실에 넣어 혈관 및 조직 속에 발생한 질소의 기포를 다시 용해시킨 후 천천히 감압한다.

> ③ 고압환경에서 작업하는 근로자에게 질소를 헬륨으로 대치한 공기를 호흡시킨다.

📝 필기에 자주 출제 ★

정답　70 ②　71 ①　72 ②　73 ③

74 흑구온도는 32℃, 건구온도는 27℃, 자연습구온도는 30℃인 실내작업장의 습구·흑구온도지수는?

① 33.3℃   ② 32.6℃
③ 31.3℃   ④ 30.6℃

> 1. 옥외(태양광선이 내리쬐는 장소)
>   WBGT(℃) = 0.7×자연습구온도 + 0.2×흑구온도 + 0.1×건구온도
> 2. 옥내 또는 옥외(태양광선이 내리쬐지 않는 장소)
>   WBGT(℃) = 0.7×자연습구온도 + 0.3×흑구온도
>
> WBGT(℃) = 0.7×30 + 0.3×32 = 30.6℃

📘 실기에 자주 출제 ★★★

75 저온환경에서 나타나는 일차적인 생리적 반응이 아닌 것은?

① 체표면적의 증가
② 피부혈관의 수축
③ 근육긴장의 증가와 떨림
④ 화학적 대사작용의 증가

저온환경의 일차적인 생리적 변화	① 근육긴장의 증가 및 떨림(전율) ② 피부혈관의 수축 ③ 말초혈관의 수축 ④ 화학적 대사작용의 증가(갑상선 호르몬 분비 증가) ⑤ 체표면적의 감소
저온환경의 이차적인 생리적 반응	① 말초냉각 : 말초혈관의 수축으로 표면조직의 냉각이 진행된다. ② 식욕변화 : 저온에서는 근육활동, 조직대사의 증진으로 식욕이 항진된다. ③ 혈압변화 : 피부혈관 수축으로 혈압은 일시적으로 상승한다. ④ 순환기능 : 피부혈관의 수축으로 순환기능이 감소된다.

📘 필기에 자주 출제 ★

76 소음에 의하여 발생하는 노인성 난청의 청력손실에 대한 설명으로 옳은 것은?

① 고주파영역으로 갈수록 큰 청력손실이 예상된다.
② 2,000Hz에서 가장 큰 청력장해가 예상된다.
③ 1,000Hz 이하에서는 20 ~ 30dB의 청력손실이 예상된다.
④ 1,000 ~ 8,000Hz 영역에서는 0 ~ 20dB의 청력손실이 예상된다.

> ★ 소음성 난청(청력손실)에 영향을 미치는 요소
> ① 개인의 감수성 : 개인의 감수성에 따라 소음반응이 다양하다.
> ② 음의 강도 : 음압수준이 높을수록 유해하다.
> ③ 폭로시간(노출시간) : 계속적 노출이 간헐적 노출보다 더 유해하다.
> ④ 음의 물리적 특성
>   • 고주파음이 저주파음보다 더 유해하다.
>   • 충격음 및 연속음의 유해성이 더 크다.
> ⑤ 소음성 난청은 4,000~6,000Hz 정도에서 가장 많이 발생한다.(주로 주파수 4,000Hz 영역에서 시작하여 전 영역으로 파급된다.)

📘 필기에 자주 출제 ★

정답 74 ④ 75 ① 76 ①

77 고압환경에서 발생할 수 있는 생체증상으로 볼 수 없는 것은?

① 부종   ② 압치통
③ 폐압박   ④ 폐수종

④ 폐수종 : 저압환경에서의 생체증상에 해당한다.

★참고
폐수종
① 진해성 기침과 호흡곤란이 나타나고 폐동맥 혈압이 상승하다 산소공급과 해면으로의 귀환으로 급속히 소실된다.
② 어른보다 순화적응속도가 느린 어린이에게 많이 발생한다.

📝 필기에 자주 출제 ★

78 음(sound)에 관한 설명으로 옳지 않은 것은?

① 음(음파)이란 대기압보다 높거나 낮은 압력의 파동이고, 매질을 타고 전달되는 진동에너지이다.
② 주파수란 1초 동안에 음파로 발생되는 고압력 부분과 저압력 부분을 포함한 압력 변화의 완전한 주기를 말한다.
③ 음의 단위는 물리적 단위를 쓰는 것이 아니라 감각수준인 데시벨(dB)이라는 무차원의 비교단위를 사용한다.
④ 사람이 대기압에서 들을 수 있는 음압은 0.000002N/m²에서부터 20N/m²까지 광범위한 영역이다.

④ 사람이 대기압에서 들을 수 있는 음압은 0.00002N/m²에서부터 20N/m²까지이다.

79 흡음재의 종류 중 다공질 재료에 해당되지 않는 것은?

① 암면   ② 펠트(felt)
③ 석고보드   ④ 발포 수지재료

★ 흡음재 중 다공질 재료
① 암면
② 펠트(felt)
③ 발포 수지재료
④ 유리면

80 6N/m²의 음압은 약 몇 dB의 음압수준인가?

① 90   ② 100
③ 110   ④ 120

$$SPL = 20 \times \log\left(\frac{P}{P_o}\right)(dB)$$

- SPL : 음압수준(음압도, 음압레벨) (dB)
- P : 대상음의 음압(음압 실효치) (N/m²)
- P_o : 기준음압 실효치
  (2×10^{-5}N/m², 2×10^{-4}dyne/cm²)

$$SPL = 20 \times \log\left(\frac{6}{2 \times 10^{-5}}\right) = 109.54(dB)$$

📝 실기에 자주 출제 ★★★

정답 77 ④ 78 ④ 79 ③ 80 ③

제5과목 산업독성학

81 metallothionein에 대한 설명으로 옳지 않은 것은?

① 방향족 아미노산이 없다.
② 주로 간장과 신장에 많이 축적된다.
③ 카드뮴과 결합하면 독성이 강해진다.
④ 시스테인이 주성분인 아미노산으로 구성된다.

> ③ 카드뮴과 결합하면 금속단백화합물을 형성하여 독성을 나타내지 않는다.

82 직업병의 유병율이란 발생률에서 어떠한 인자를 제거한 것인가?

① 기간   ② 집단수
③ 장소   ④ 질병종류

> ★유병률
> - 어떤 시점에서 이미 존재하는 질병의 비율(인구집단 내에 존재하는 환자의 비례적인 분율)을 나타낸다.
> - 유병율이란 발생률에서 기간을 제거한 것이다.
>
> 유병률(P) = 발생률(I) × 평균이환기간(D)
> 단, 유병률은 10% 이하, 발생률과 평균이환기간이 시간 경과에 따라 일정하여야 한다.

> ★참고
> 발생률
> 특정기간 위험에 노출된 인구집단 중 새로 발생한 환자수의 비례적인 분율(위험에 노출된 인구 중 질병에 걸릴 확률)을 나타낸다.

83 투명한 휘발성 액체로 페인트, 시너, 잉크 등의 용제로 사용되며 장기간 노출될 경우 말초신경 장해가 초래되어 사지의 지각상실과 신근마비 등 다발성 신경장해를 일으키는 파라핀계 탄화수소의 대표적인 유해물질은?

① 벤젠   ② 노말헥산
③ 톨루엔   ④ 클로로포름

> 노르말헥산
> ① 페인트, 신너, 잉크 등의 용제로 사용된다.
> ② 장기간 폭로 시 다발성말초신경장해(앉은뱅이 증후군)을 유발한다.
> ③ 체내 대사과정을 거쳐 2.5-Hexanedione의 형태로 배설된다.
> ④ 2000년대 전자부품 사업장에서 외국인 근로자에게 다발성말초신경병증(앉은뱅이병)을 집단으로 유발시켰다.

📝 필기에 자주 출제 ★

84 급성 전신중독을 유발하는 데 있어 그 독성이 가장 강한 방향족 탄화수소는?

① 벤젠(Benzene)   ② 크실렌(Xylene)
③ 톨루엔(Toluene) ④ 에틸렌(Ethylene)

> ★ 방향족 탄화수소 중 급성 전신중독 시 독성이 강한 순서
> 톨루엔 > 크실렌 > 벤젠

📝 실기까지 중요 ★★

정답 81 ③ 82 ① 83 ② 84 ③

85 사업장에서 노출되는 금속의 일반적인 독성기전이 아닌 것은?

① 효소억제
② 금속평형의 파괴
③ 중추신경계 활성억제
④ 필수금속 성분의 대체

> **★금속의 독성기전**
> ① 효소의 억제 : 대부분의 독성금속은 단백질과 직접 반응하여 효소구조와 기능을 변화시킨다.
> ② 금속 평형의 파괴 : 어떤 금속이 지나치게 공급되면 생물학적 단계의 필수금속이 과잉되거나 고갈된다.
> ③ 간접영향 : 대부분의 금속은 세포성분의 역할을 변화시킨다.
> ④ 필수 금속성분의 대체 : 필수금속과 화학적으로 유사한 독성금속이 필수금속을 대체할 수 있다.

📝 필기에 자주 출제★

86 무기성분진에 의한 진폐증에 해당하는 것은?

① 면폐증 ② 농부폐증
③ 규폐증 ④ 목재분진폐증

무기성(광물성)분진에 의한 진폐증	유기성 분진에 의한 진폐증
① 규폐증	① 농부폐증
② 규조토폐증	② 연초폐증
③ 탄소폐증	③ 면폐증
④ 탄광부 진폐증	④ 설탕폐증
⑤ 용접공폐증	⑤ 목재분진폐증
⑥ 석면폐증	⑥ 모발분진폐증
⑦ 베릴륨폐증	
⑧ 활석폐증	**암기법**
⑨ 흑연폐증	연초 핀농부의 모발에서 설탕 나오면면(면폐증) 목(목재분진폐증) 없다.
⑩ 주석폐증	
⑪ 칼륨폐증	
⑫ 바륨폐증	
⑬ 철폐증	

📝 필기에 자주 출제★

87 생물학적 모니터링에 대한 설명으로 옳지 않은 것은?

① 화학물질의 종합적인 흡수 정도를 평가할 수 있다.
② 노출기준을 가진 화학물질의 수보다 BEI를 가지는 화학물질의 수가 더 많다.
③ 생물학적 시료를 분석하는 것은 작업환경 측정보다 훨씬 복잡하고 취급이 어렵다.
④ 근로자의 유해인자에 대한 노출 정도를 소변, 호기, 혈액 중에서 그 물질이나 대사산물을 측정함으로써 노출 정도를 추정하는 방법을 의미한다.

> ② 작업환경측정에서 설정한 공기 중의 허용기준(TLV)보다 훨씬 적은 생물학적 노출지수(BEI)가 있다.

📝 필기에 자주 출제★

88 니트로벤젠의 화학물질의 영향에 대한 생물학적 모니터링 대상으로 옳은 것은?

① 요에서의 마뇨산
② 적혈구에서의 ZPP
③ 요에서의 저분자량 단백질
④ 혈액에서의 메트헤모글로빈

화학물질	생물학적 노출지표물질 (체내대사물)	시료채취 시기
톨루엔	혈액, 호기의 톨루엔, 소변 중 o-크레졸	작업종료 시
벤젠	소변 중 페놀, 소변 중 t,t-뮤코닉산 (t,t-Muconic acid)	작업종료 시
크실렌	소변 중 메틸마뇨산	작업종료 시
니트로벤젠	혈중 메타헤모글로빈	작업종료 시
에틸벤젠	소변 중 만델린산	작업종료 시
이황화탄소	소변 중 TTCA	당일 작업종료 2시간 전부터 작업종료 사이에 채취

📝 실기에 자주 출제★★★

정답 85 ③ 86 ③ 87 ② 88 ④

89 직업성 천식을 유발하는 대표적인 물질로 나열된 것은?

① 알루미늄, 2-Bromopropane
② TDI(Toluene Diisocyanate), Asbestos
③ 실리카, DBCP
　(1,2-dibromo-3-chloropropane)
④ TDI(Toluene Diisocyanate),
　TMA(Trimellitic Anhydride)

> **직업성 천식을 유발하는 물질**
> ① 이소시아네이트류(톨루엔디이소시안산염 : TDI)
> ② 에폭시 레진(Epoxy resin)
> ③ 무수트리멜리트산(TMA)
> ④ 과황산염(Persulphate)
> ⑤ 목분진
> ⑥ 곡물분진
> ⑦ 금속류(니켈, 아연, 코발트, 크롬 등)
> ⑧ 페인트(디이소시아네이트, 디메틸에탄올아민) 등
>
> 필기에 자주 출제 ★

90 생리적으로는 아무 작용도 하지 않으나 공기 중에 많이 존재하여 산소분압을 저하시켜 조직에 필요한 산소의 공급부족을 초래하는 질식제는?

① 단순 질식제　　② 화학적 질식제
③ 물리적 질식제　④ 생물학적 질식제

단순 질식제	① 생리적으로는 아무 작용도 하지 않으나 공기 중에 많이 존재하면 산소분압을 저하시켜 조직에 필요한 산소의 공급부족을 초래한다. ② 수소, 이산화탄소(CO_2), 질소, 헬륨, 메탄, 에탄, 프로판, 에틸렌, 아세틸렌 등
화학적 질식제	① 혈액 중의 혈색소와 결합하여 산소운반 능력을 방해하거나 조직이 산소를 받아들이는 능력을 잃게 하여 내질식을 일으킨다. ② 일산화탄소(CO), 황화수소(H_2S), 시안화수소(HCN), 아닐린, 오존, 염소, 포스겐 등

실기까지 중요 ★★

91 크롬화합물 중독에 대한 설명으로 옳지 않은 것은?

① 크롬중독은 요 중의 크롬양을 검사하여 진단한다.
② 크롬 만성중독의 특징은 코, 폐 및 위장에 병변을 일으킨다.
③ 중독치료는 배설촉진제인 Ca-EDTA를 투약하여야 한다.
④ 정상인보다 크롬취급자는 폐암으로 인한 사망률이 약 13~31배나 높다고 보고된 바 있다.

> **크롬 중독의 치료**
> ① 크롬 섭취 시에 응급조치로 우유와 비타민 C를 섭취한다.
> ② 만성 크롬중독인 경우 특별한 치료방법이 없다.
>
> 필기에 자주 출제 ★

92 기관지와 폐포 등 폐 내부의 공기통로와 가스교환 부위에 침착되는 먼지로서 공기역학적 지름이 30μm 이하의 크기를 가지는 것은?

① 흉곽성 먼지　　② 호흡성 먼지
③ 흡입성 먼지　　④ 침착성 먼지

> **입자상 물질의 분류**
> ① 흡입성 분진(IPM : Inspirable Particulates Mass)
> • 호흡기 어느 부위에 침착하더라도 독성을 나타내는 분진
> • 주로 비강, 인·후두, 기관 등 호흡기의 기도(상기도) 부위에 침착되어 독성을 나타내는 물질
> • 평균입경 : 100μm(입경범위 : 0~100μm)
> ② 흉곽성 분진(TPM : Thoracic Particulates Mass)
> • 기관지, 세기관지 등 하기도 및 가스교환부위(폐포)에 침착되어 독성을 나타내는 물질
> • 평균 입경 : 10μm

정답　89 ④　90 ①　91 ③　92 ①

③ 호흡성 분진(RPM : Respirable Particulates Mass)
- 가스교환 부위(폐포)에 침착하여 독성을 나타내는 물질
- 평균 입경: 4μm (공기 역학적 직경이 10μm 미만)

📝 실기까지 중요 ★★

93 자극성 접촉피부염에 대한 설명으로 옳지 않은 것은?

① 홍반과 부종을 동반하는 것이 특징이다.
② 작업장에서 발생빈도가 가장 높은 피부질환이다.
③ 진정한 의미의 알레르기 반응이 수반되는 것은 포함시키지 않는다.
④ 항원에 노출되고 일정시간이 지난 후에 다시 노출되었을 때 세포매개성 과민반응에 의하여 나타나는 부작용의 결과이다.

④ 자극성 접촉피부염은 과거 노출경험과는 무관하다.

★참고

자극성 접촉 피부염	① 작업장에서 발생빈도가 가장 높은 피부질환이다. ② 접촉피부염의 대부분을 차지한다. ③ 증상은 다양하지만 홍반과 부종을 동반하는 것이 특징이다. ④ 원인물질은 수분, 합성 화학물질, 생물성 화학물질, 부식성 화학물질, 금속성 물질 등이다. ⑤ 과거 노출경험과는 무관하다.
알레르기성 접촉 피부염	① 특정 물질에 알레르기성 체질이 있는 사람에게만 발생하여 일반적인 보호 기구로 개선되지 않는다.(면역학적 기전과 관련 있다.) ② 진단이 쉽지 않으며 진단에 병력이 가장 중요하고 첩포시험을 시행한다.

③ 항원에 재노출되었을 때 세포매개성 과민 반응에 의하여 나타나는 부작용의 결과이다.
④ 극소량 노출시에도 피부염이 발생한다.
⑤ 노출 후 알레르기원으로 작용하기까지 약 2주~3주의 유도기를 가진다.
⑥ 알레르기 반응을 일으키는 세포는 대식세포, 림프구, 랑거한스 세포 등이다.
⑦ 원인물질 : 니켈, 수은, 코발트, 포르말린, 방향족탄화수소, 크롬화합물, 베릴륨 등이 있다.

📝 필기에 자주 출제 ★

94 중금속과 중금속이 인체에 미치는 영향을 연결한 것으로 옳지 않은 것은?

① 크롬 - 폐암
② 수은 - 파킨슨병
③ 납 - 소아의 IQ 저하
④ 카드뮴 - 호흡기의 손상

② 망간 - 파킨슨병

★참고
수은중독 증상
① 식욕부진, 구내염
② 근육 진전(떨림), 수전증
③ 정신장해(뇌 증상)
④ 신기능부전
⑤ 시신경장해, 수족신경마비, 보행장해

📝 실기까지 중요 ★★

95 작업환경에서 발생될 수 있는 망간에 관한 설명으로 옳지 않은 것은?

① 주로 철합금으로 사용되며, 화학공업에서는 건전지 제조업에 사용된다.
② 만성노출 시 언어가 느려지고 무표정하게 되며, 파킨슨 증후군 등의 증상이 나타나기도 한다.
③ 망간은 호흡기, 소화기 및 피부를 통하여 흡수되며, 이 중에서 호흡기를 통한 경로가 가장 많고 위험하다.
④ 급성중독 시 신장장해를 일으켜 요독증(uremia)으로 8~10일 이내 사망하는 경우도 있다.

> ④ 급성중독 시 신장장해를 일으켜 요독증(uremia)으로 8~10일 이내 사망하는 경우도 있다.
>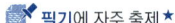
> → 크롬

★ 참고
망간의 중독 증세
① 망간의 노출이 계속되면 중추신경계 장해로 파킨슨증후군을 유발한다.
② 언어장해, 균형감각상실, 보행장해, 신장염, 신경염 등의 증세가 발생한다.
③ 이산화망간 흄에 급성 폭로되면 열, 오한, 호흡곤란 등의 증상을 특징으로 하는 금속열을 일으킨다.

📝 필기에 자주 출제 ★

96 유해물질을 생리적 작용에 의하여 분류한 자극제에 관한 설명으로 옳지 않은 것은?

① 상기도의 점막에 작용하는 자극제는 크롬산, 산화에틸렌 등이 해당된다.
② 상기도 점막과 호흡기관지에 작용하는 자극제는 불소, 요오드 등이 해당된다.
③ 호흡기관의 종말기관지와 폐포점막에 작용하는 자극제는 수용성이 높아 심각한 영향을 준다.
④ 피부와 점막에 작용하여 부식작용을 하거나 수포를 형성하는 물질을 자극제라고 하며 고농도로 눈에 들어가면 결막염과 각막염을 일으킨다.

상기도 점막 자극제	물에 잘 녹는 물질로 암모니아, 크롬산, 염화수소, 불화수소, 아황산 가스 등이 있다.
상기도 점막 및 폐조직 자극제	물에 대한 용해도가 중등도인 물질로 염소, 브롬, 요오드, 플루오르, 염소산화물, 오존 등이 있다.
종말 기관지 및 폐포점막 자극제	물에 잘 녹지 않는 물질로 이산화질소, 3염화비소, 포스겐 등이 있다.

📝 필기에 자주 출제 ★

97 어떤 물질의 독성에 관한 인체실험 결과 안전 흡수량이 체중 1kg 당 0.15mg이었다. 체중이 70kg 인 근로자가 1일 8시간 작업할 경우, 이 물질의 체내 흡수를 안전흡수량 이하로 유지 하려면, 공기 중 농도를 약 얼마 이하로 하여야 하는가? (단, 작업 시 폐환기율(또는 호흡률)은 1.3m³/h, 체내 잔류율은 1.0으로 한다.)

① 0.52mg/m³ ② 1.01mg/m³
③ 1.57mg/m³ ④ 2.02mg/m³

> 체내흡수량[SHD](mg) = $C \times T \times V \times R$
> - C : 공기 중 유해물질 농도(mg/m³)
> - T : 노출시간(hr)
> - V : 폐환기율(호흡률 m³/hr)
> - R : 체내 잔유율(보통 1.0)
>
> 체내흡수량(mg) = $C \times T \times V \times R$
>
> $C = \dfrac{mg}{T \times V \times R} = \dfrac{\dfrac{0.15mg}{kg} \times 70kg}{8 \times 1.3 \times 1.0}$
> $= 1.01(mg/m^3)$

📝 실기에 자주 출제 ★★★

98 ACGIH에서 규정한 유해물질 허용기준에 관한 사항으로 옳지 않은 것은?

① TLV-C : 최고 노출기준
② TLV-STEL : 단기간 노출기준
③ TLV-TWA : 8시간 평균 노출기준
④ TLV-TLM : 시간가중 한계농도기준

> ★ACGIH에서 규정한 유해물질 허용기준
> ① 시간가중평균노출기준(TWA) : 1일 8시간 및 1주일 40시간 동안의 평균 농도로서, 모든 근로자가 나쁜 영향을 받지 않고 노출될 수 있는 농도
> ② 단시간노출기준(STEL) : 15분간의 시간가중평균노출 값(근로자가 1회에 15분간 유해인자에 노출되는 경우의 기준)
> ③ 최고노출기준(C) : 근로자가 1일 작업시간동안 잠시라도 노출되어서는 아니 되는 기준

📝 실기까지 중요 ★★

99 먼지가 호흡기계로 들어올 때 인체가 가지고 있는 방어기전으로 가장 적정하게 조합된 것은?

① 면역작용과 폐 내의 대사 작용
② 폐포의 활발한 가스교환과 대사 작용
③ 점액 섬모운동과 가스교환에 의한 정화
④ 점액 섬모운동과 폐포의 대식세포의 작용

> ★먼지가 호흡기계로 들어올 때 인체 내의 방어기전
> ① 점액 섬모운동(기관지)
>   • 기도와 기관지에 침착된 먼지는 점액 섬모운동과 같은 방어작용에 의해 정화된다.(가장 기초적인 방어기전)
> ② 대식세포 작용(폐포)
>   • 대식세포는 면역담당세포로서 세균, 이물질 등을 포식, 소화하는 역할을 한다.
>   • 대식세포가 방출하는 효소의 용해작용으로 제거한다.

📝 실기까지 중요 ★★

100 공기 중 입자상 물질의 호흡기계 축적기전에 해당하지 않는 것은?

① 교환 ② 충돌
③ 침전 ④ 확산

> ★입자상 물질의 호흡기계 축적기전(호흡기 침착 매커니즘)
> ① 충돌(관성충돌)
> ② 침전(중력침강)(sedimentation)
> ③ 차단(interception)
> ④ 확산(diffusion)
> ⑤ 정전기침강

📝 실기까지 중요 ★★

정답 97 ② 98 ④ 99 ④ 100 ①

2020년 8월 22일

3회 과년도기출문제

제1과목 | 산업위생학개론

01 주로 정적인 자세에서 인체의 특정부위를 지속적, 반복적으로 사용하거나 부적합한 자세로 장기간 작업할 때 나타나는 질환을 의미하는 것이 아닌 것은?

① 반복성긴장장해
② 누적외상성질환
③ 작업관련성 신경계질환
④ 작업관련성 근골격계 질환

> ★ 근골격계 질환 관련용어
> ① 누적외상성 질환
>   (CTDs ; Cumulative trauma disorders)
> ② 근골격계 질환
>   (MSDs ; Musculoskeletal disorders)
> ③ 반복성 긴장장해
>   (RSI ; Repetitive strain injuries)
> ④ 경견완증후군

📝 필기에 자주 출제 ★

02 육체적 작업 시 혐기성 대사에 의해 생성되는 에너지원에 해당하지 않는 것은?

① 산소(Oxygen)
② 포도당(Glucose)
③ 크레아틴 인산(CP)
④ 아데노신 삼인산(ATP)

혐기성 대사 (Anaerobic metabolism)	1. 근육에 저장된 화학적 에너지 2. 혐기성 대사 순서 ATP(아데노신 삼인산) → CP(크레아틴 인산) → Glycogen(글리코겐) or Glucose(포도당)
호기성 대사 (Aerobic metabolism)	1. 대사과정(구연산 회로)을 거쳐 생성된 에너지 2. 호기성 대사 과정 포도당 단백질 + 산소 → 에너지원 지방

📝 실기까지 중요 ★★

03 산업안전보건법령상 발암성 정보물질의 표기법 중 '사람에게 충분한 발암성 증거가 있는 물질'에 대한 표기방법으로 옳은 것은?

① 1   ② 1A
③ 2A   ④ 2B

> ★ 발암성 정보물질의 표기 (화학물질의 분류·표시 및 물질안전보건자료에 관한 기준)
> ① 1A : 사람에게 충분한 발암성 증거가 있는 물질
> ② 1B : 시험동물에서 발암성 증거가 충분히 있거나, 시험동물과 사람 모두에서 제한된 발암성 증거가 있는 물질
> ③ 2 : 사람이나 동물에서 제한된 증거가 있지만, 구분1로 분류하기에는 증거가 충분하지 않은 물질

📝 실기에 자주 출제 ★★★

정답 01 ③ 02 ① 03 ②

04 산업안전보건법령상 작업환경측정에 대한 설명으로 옳지 않은 것은?

① 작업환경측정의 방법, 횟수 등의 필요사항은 사업주가 판단하여 정할 수 있다.
② 사업주는 작업환경의 측정 중 시료의 분석을 작업환경측정기관에 위탁할 수 있다.
③ 사업주는 작업환경측정 결과를 해당 작업장의 근로자에게 알려야한다.
④ 사업주는 근로자대표가 요구할 경우 작업환경측정 시 근로자대표를 참석시켜야 한다.

> ① 작업환경측정의 방법, 횟수 등의 필요사항은 고용노동부령으로 정하는 바에 따라야 한다.

05 온도 25°C, 1기압 하에서 분당 100mL씩 60분 동안 채취한 공기 중에서 벤젠이 5mg 검출되었다면 검출된 벤젠은 약 몇 ppm인가? (단, 벤젠의 분자량은 78이다.)

① 15.7 ② 26.1
③ 157   ④ 261

> 25°C, 1기압일 때
> • 노출기준(mg/m³) = $\frac{ppm \times 분자량}{24.45}$
> • ppm = mg/m³ × $\frac{24.45(L)}{분자량}$
>
> ppm = mg/m³ × $\frac{24.45}{분자량}$
> ppm = $\frac{5mg}{(\frac{100mL}{min} \times 60min) \times 10^{-6}} \times \frac{24.45}{78}$
> = 261.22(ppm)
> (1mL = 10^{-6}m³)

📝 실기에 자주 출제 ★★★

06 화학적 원인에 의한 직업성 질환으로 볼 수 없는 것은?

① 정맥류   ② 수전증
③ 치아산식증 ④ 시신경 장해

> ① 정맥류는 장시간의 서있는 작업, 진동 등에 의하여 발생하는 물리적 원인에 의한 직업성 질환이다.

07 다음 ( )안에 들어갈 내용으로 알맞은 것은?

> OSHA의 보정방법
> (급성중독을 일으키는 물질)
>
> 보정된 노출기준 = (A)시간 × $\frac{(B)시간}{노출시간/일}$

① A : 6, B : 6   ② A : 6, B : 8
③ A : 8, B : 6   ④ A : 8, B : 8

> ★OSHA의 보정방법
> ① 급성중독을 일으키는 물질
> 보정된 노출기준 = 8시간 노출기준 × $\frac{8시간}{노출시간/일}$
> ② 만성중독을 일으키는 물질
> 보정된 노출기준 = 8시간 노출기준 × $\frac{40시간}{노출시간/일}$

> ★참고
> Brief와 Scala의 보정방법
> ① RF = $(\frac{8}{H}) \times \frac{24-H}{16}$
> ② [일주일] ; RF = $(\frac{40}{H}) \times \frac{168-H}{128}$
> ③ 보정된 노출기준 = RF × 노출기준(허용농도)
>   • H : 비정상적인 작업시간(노출시간/일)
>   ; 노출시간/주
>   • 16 : 휴식시간 의미(128 ; 일주일 휴식시간 의미)

📝 실기까지 중요 ★★

08 산업위생전문가의 윤리강령 중 "근로자에 대한 책임"에 해당하는 것은?

① 적절하고도 확실한 사실을 근거로 전문적인 견해를 발표한다.
② 기업주에 대하여는 실현 가능한 개선점으로 선별하여 보고한다.
③ 이해관계가 있는 상황에서는 고객의 입장에서 관련 자료를 제시한다.
④ 근로자의 건강보호가 산업위생전문가의 1차적인 책임이라는 것을 인식한다

> ★ 근로자에 대한 책임
> ① 근로자의 건강보호가 산업위생전문가의 1차적 책임이라는 것을 인지한다.
> ② 위험 요인의 측정, 평가 및 관리에 있어서 외부 압력에 굴하지 않고 중립적 태도를 취한다.
> ③ 위험요소와 예방조치에 대해 근로자와 상담한다.

> [암기법]
> 근로자의 / 1차적 책임은 / 중립적 태도로 / 위험예방 상담

> ★ 참고
> 산업위생 전문가로서의 책임
> ① 성실성과 학문적 실력 면에서 최고 수준을 유지한다.
> ② 과학적 방법의 적용과 자료의 해석에서 객관성을 유지한다.
> ③ 전문 분야로서의 산업위생을 학문적으로 발전시킨다.
> ④ 근로자, 사회 및 전문 직종의 이익을 위해 과학적 지식을 공개하고 발표한다.
> ⑤ 기업체의 기밀은 누설하지 않는다.
> ⑥ 전문적 판단이 타협에 의하여 좌우될 수 있거나 이해관계가 있는 상황에는 개입하지 않는다.

> [암기법]
> 전문가는 / 실력최고 / 객관적 자료해석 / 학문발전 위해 / 지식공개 발표 / 기밀누설 말고 / 개입하지 않는다.

📖 실기에 자주 출제 ★★★

09 주요 실내 오염물질의 발생원으로 보기 어려운 것은?

① 호흡　　② 흡연
③ 자외선　　④ 연소기기

> ① 호흡 : 이산화탄소 발생
> ② 흡연 : 일산화탄소, 포름알데히드 등 발생
> ④ 연소기기 : 일산화탄소, 아황산가스, 이산화질소 등 발생

10 산업피로의 종류에 대한 설명으로 옳지 않은 것은?

① 근육의 일부 부위에만 발생하는 국소피로와 전신에 나타나는 전신피로가 있다.
② 신체피로는 육체적 노동에 의한 근육의 피로를 말하는 것이다.
③ 피로는 그 정도에 따라 보통피로, 과로 및 곤비로 분류할 수 있으며 가장 경증의 피로단계는 곤비이다.
④ 정신피로는 중추신경계의 피로를 말하는 것으로 정밀작업 등과 같은 정신적 긴장을 요하는 작업 시에 발생된다.

> ★ 참고
> 피로의 3단계
>
> | 1단계
보통피로 | • 하룻밤 자고나면 완전히 회복된다. |
> |---|---|
> | 2단계
과로 | • 다음날까지도 피로 상태가 지속되며 단기간 휴식으로 회복될 수 있는 단계로 발병단계는 아니다. |
> | 3단계
곤비 | • 과로의 축적으로 단기간 휴식을 통해서는 회복될 수 없는 발병단계
• 심한 노동 후의 피로현상으로 병적인 상태 |

📖 필기에 자주 출제 ★

정답　08 ④　09 ③　10 ③

11 산업안전보건법령상 사업주가 사업을 할 때 근로자의 건강장해를 예방하기 위하여 필요한 보건상의 조치를 하여야 할 항목이 아닌 것은?

① 사업장에서 배출되는 기체·액체 또는 찌꺼기 등에 의한 건강장해
② 폭발성, 발화성 및 인화성 물질 등에 의한 위험 작업의 건강장해
③ 계측감시, 컴퓨터 단말기 조작, 정밀공작 등의 작업에 의한 건강장해
④ 단순반복작업 또는 인체에 과도한 부담을 주는 작업에 의한 건강장해

★ 건강장해 예방조치

안전조치	• 기계·기구, 그 밖의 설비에 의한 위험 • 폭발성, 발화성 및 인화성 물질 등에 의한 위험 • 전기, 열, 그 밖의 에너지에 의한 위험
보건조치	• 원재료·가스·증기·분진·흄(fume)·미스트(mist)·산소결핍·병원체 등에 의한 건강장해 • 방사선·유해광선·고온·저온·초음파·소음·진동·이상기압 등에 의한 건강장해 • 사업장에서 배출되는 기체·액체 또는 찌꺼기 등에 의한 건강장해 • 계측감시(計測監視), 컴퓨터 단말기 조작, 정밀공작 등의 작업에 의한 건강장해 • 단순반복작업 또는 인체에 과도한 부담을 주는 작업에 의한 건강장해 • 환기·채광·조명·보온·방습·청결 등의 적정기준을 유지하지 아니하여 발생하는 건강장해

12 육체적 작업능력(PWC)이 16kcal/min인 남성 근로자가 1일 8시간 동안 물체를 운반하는 작업을 하고 있다. 이 때 작업대사율은 10kcal/min이고, 휴식 시 대사율은 2kcal/min이다. 매 시간마다 적정한 휴식 시간은 약 몇 분인가? (단, Hertig의 공식을 적용하여 계산한다.)

① 15분   ② 25분
③ 35분   ④ 45분

1. $T_{rest}(\%) = \left[\dfrac{E_{max} - E_{task}}{E_{rest} - E_{task}}\right] \times 100$

2. 작업시간 = 60분 - 휴식시간

- $T_{rest}(\%)$: 피로예방을 위한 적정 휴식시간 비 (60분을 기준하여 산정)
- E_{max} : 1일 8시간 작업에 적합한 작업대사량 [육체적 작업능력(PWC)의 1/3]
- E_{rest} : 휴식 중 소모 대사량
- E_{task} : 해당 작업의 작업대사량

1. $T_{rest}(\%) = \left[\dfrac{5.33 - 10}{2 - 10}\right] \times 100 = 58.38(\%)$

   $(E_{max} = \dfrac{PWC}{3} = \dfrac{16}{3} = 5.33\,kcal/min)$

2. 휴식시간 = 60 × 0.5838 = 35.03(분)

 실기에 자주 출제 ★★★

13 Diethyl ketone(TLV = 200ppm)을 사용하는 근로자의 작업시간이 9시간일 때 허용기준을 보정하였다. OSHA 보정법과 Brief and Scala 보정법을 적용하였을 경우 보정된 허용기준 치 간의 차이는 약 몇 ppm인가?

① 5.05
② 11.11
③ 22.22
④ 33.33

> **1. OSHA의 보정방법**
> 보정된 노출기준
> $= 8\text{시간 노출기준} \times \dfrac{8\text{시간}}{\text{노출시간/일}}$
>
> **2. Brief와 Scala의 보정방법**
> ① $RF = \left(\dfrac{8}{H}\right) \times \dfrac{24-H}{16}$
> ② 보정된 노출기준 = RF × 노출기준(허용농도)
> • H : 비정상적인 작업시간(노출시간/일)
>   ; 노출시간/주
> • 16 : 휴식시간 의미
>   (128 ; 일주일 휴식시간 의미)

1. OSHA의 보정
   보정된 노출기준 = $200 \times \dfrac{8}{9} = 177.78$
2. Brief와 Scala의 보정
   ① 노출지수(RF) = $\dfrac{8}{9} \times \dfrac{24-9}{16} = 0.8333$
   ② 보정된 노출기준 = 0.8333×200
                  $= 166.66(\text{ppm})$
3. 보정된 허용기준치 간의 차이
   $177.78 - 166.66 = 11.12\text{ppm}$

📝 실기에 자주 출제 ★★★

14 산업위생의 역사에서 직업과 질병의 관계가 있음을 알렸고, 광산에서의 납중독을 보고한 인물은?

① Larigo
② Paracelsus
③ Percival Pott
④ Hippocrates

> ★ Hippocrates(B.C 4세기)
> ① 광산의 납중독 기술(최초의 직업병 : 납중독)
> ② 직업병 발생과 질병의 관계를 제시함

📝 실기까지 중요 ★★

15 피로의 예방대책으로 적절하지 않은 것은?

① 충분한 수면을 갖는다.
② 작업 환경을 정리, 정돈한다.
③ 정적인 자세를 유지하는 작업을 동적인 작업을 전환하도록 한다.
④ 작업과정 사이에 여러 번 나누어 휴식하는 것보다 장시간의 휴식을 취한다.

> ④ 휴식은 여러 번 나누어 휴식하는 것이 장시간 휴식하는 것보다 효과적이다.

📝 필기에 자주 출제 ★

정답 13 ② 14 ④ 15 ④

16 직업성 변이(occupational stigmata)의 정의로 옳은 것은?

① 직업에 따라 체온량의 변화가 일어나는 것이다.
② 직업에 따라 체지방량의 변화가 일어나는 것이다.
③ 직업에 따라 신체 활동량의 변화가 일어나는 것이다.
④ 직업에 따라 신체 형태와 기능에 국소적 변화가 일어나는 것이다.

* 직업성 변이
직업에 따라서 신체 형태와 기능에 국소적 변화가 일어나는 것

17 생체와 환경과의 열교환 방정식을 올바르게 나타낸 것은? (단, $\triangle S$: 생체 내 열용량의 변화, M : 대사에 의한 열 생산, E : 수분증발에 의한 열 방산, R : 복사에 의한 열 득실, C : 대류 및 전도에 의한 열 득실이다.)

① $\triangle S = M + E \pm R - C$
② $\triangle S = M - E \pm R \pm C$
③ $\triangle S = R + M + C + E$
④ $\triangle S = C - M - R - E$

* 열평형 방정식(인체의 열교환)
$S(열축적) = M(대사열) - E(증발) \pm R(복사) \pm C(대류) - W(한일)$
• S : 열이득 및 열손실량이며, 열평형상태에서는 0이다.

📘 실기까지 중요 ★★

18 직업적성에 대한 생리적 적성검사 항목에 해당하는 것은?

① 체력 검사 ② 지능 검사
③ 인성 검사 ④ 지각동작 검사

* 적성검사의 분류

생리학적 적성검사	① 감각기능검사 ② 심폐기능검사 ③ 체력검사
심리학적 적성검사	① 지능검사 ② 지각동작검사 ③ 인성검사 ④ 기능검사
신체검사	① 체격검사

📘 필기에 자주 출제 ★

19 다음 ( )안에 들어갈 알맞은 용어는?

( )는/은 근로자나 일반대중에게 질병, 건강장해와 능률저하 등을 초래하는 작업환경 요인과 스트레스를 예측, 인식(측정), 평가, 관리하는 과학인 동시에 기술을 말한다.

① 유해인자 ② 산업위생
③ 위생인식 ④ 인간공학

* 미국산업위생학회(AIHA)의 산업위생의 정의
근로자나 일반 대중에게 질병, 건강장해와 안녕방해, 심각한 불쾌감 및 능률 저하 등을 초래하는 작업환경 요인과 스트레스를 예측, 측정, 평가, 관리하는 과학과 기술이다.

📘 실기까지 중요 ★★

정답 16 ④ 17 ② 18 ① 19 ②

20 근로시간 1000시간당 발생한 재해에 의하여 손실된 총 근로 손실일수로 재해자의 수나 발생 빈도와 관계없이 재해의 내용(상해정도)을 측정하는 척도로 사용되는 것은?

① 건수율　　② 연천인율
③ 재해 강도율　　④ 재해 도수율

* 강도율(S.R)
1,000 근로시간당 근로손실일수 비율을 말한다.

$$강도율 = \frac{총요양 근로 손실일수}{연 근로 시간 수} \times 1{,}000$$

(근로손실일수 = 휴업일수, 요양일수, 입원일수 $\times \frac{300(실제근로일수)}{365}$)

* 참고
도수율(빈도율 F.R)
100만 근로시간당 재해발생 건수의 비율을 말한다.

100만 근로시간당 재해 발생 건수 비율
$$도수율(빈도율) = \frac{재해 건수}{연 근로 시간 수} \times 10^6$$

 실기에 자주 출제 ★★★

제2과목 | 작업위생측정 및 평가

21 분석용어에 대한 설명 중 틀린 것은?

① 이동상이란 시료를 이동시키는데 필요한 유동체로서 기체일 경우를 GC라고 한다.
② 크로마토그램이란 유해물질이 검출기에서 반응하여 띠 모양으로 나타난 것을 말한다.
③ 전처리는 분석물질 이외의 것들을 제거하거나 분석에 방해되지 않도록 하는 과정으로서 분석기기에 의한 정량을 포함한다.
④ AAS분석원리는 원자가 갖고 있는 고유한 흡수파장을 이용한 것이다.

③ 전처리는 분석물질 이외의 것들을 제거하거나 분석에 방해되지 않도록 하는 과정으로 분석기기에 의한 정량은 포함되지 않는다.

* 참고
AAS(원자흡광 광도법)
분석 대상 원소에 특정 파장의 빛을 투과시키고 원자가 흡수하는 빛의 세기를 측정하는 분석법

정답　20 ③　21 ③

22 벤젠으로 오염된 작업장에서 무작위로 15개 지점의 벤젠의 농도를 측정하여 다음과 같은 결과를 얻었을 때, 이 작업장의 표준편차는?

> 8, 10, 15, 12, 9, 13, 16, 15, 11, 9, 12, 8, 13, 15, 14

① 4.7 ② 3.7
③ 2.7 ④ 0.7

★ 표준편차

1. $SD = \sqrt{\dfrac{\sum_{i=1}^{N}(X_i - \bar{X})^2}{N-1}}$
   - SD : 표준편차
   - X_i : 측정치
   - $\bar{X}$: 측정치의 산술평균치
   - N : 측정치의 수
2. 측정횟수 N이 클 경우
   $SD = \sqrt{\dfrac{\sum_{i=1}^{N}(X_i - \bar{X})^2}{N}}$

$$SD = \sqrt{\dfrac{\begin{array}{l}(8-12)^2+(10-12)^2+(15-12)^2+(12-12)^2+(9-12)^2\\+(13-12)^2+(16-12)^2+(15-12)^2+(11-12)^2+(9-12)^2\\+(12-12)^2+(8-12)^2+(13-12)^2+(15-12)^2+(14-12)^2\end{array}}{15-1}}$$

$= 2.73$

($\bar{X} = \dfrac{8+10+15+12+9+13+16+15+11+9+12+8+13+15+14}{15}$
$= 12$)

📝 실기까지 중요 ★★

23 방사선이 물질과 상호작용한 결과 그 물질의 단위질량에 흡수된 에너지(gray; Gy)의 명칭은?

① 조사선량 ② 등가선량
③ 유효선량 ④ 흡수선량

★ 흡수선량
방사선에 피폭되는 물질의 단위 질량당 인체에 흡수된 방사선 에너지량(방사선량)을 말한다.

★ 참고
흡수선량의 단위
① 래드(Rad)
  - 1rad : 피조사체 1g당 100erg의 에너지 흡수를 일으키는 방사선량을 말한다.
② Gy(Gray)
  - 1Gy = 100rad = 0.01J/kg

📝 필기에 자주 출제 ★

24 두 개의 버블러를 연속적으로 연결하여 시료를 채취할 때, 첫 번째 버블러의 채취효율이 75%이고, 두 번째 버블러의 채취효율이 90%이면 전체 채취효율(%)은?

① 91.5 ② 93.5
③ 95.5 ④ 97.5

★ 총집진율(직렬설치 시)

1. 총집진율(η_T) = $\eta_1 + \eta_2(1-\eta_1)$
   - η_1 : 1차 집진장치 집진율
   - η_2 : 2차 집진장치 집진율
2. 총집진율(η_T) = $\eta_1 + \eta_2(1 - \dfrac{\eta_1}{100})$
   - η_1 : 1차 집진장치 집진율(%)
   - η_2 : 2차 집진장치 집진율(%)

풀이 1. 총집진율(η_T) = $0.75 + 0.9 \times (1 - 0.75)$
 = $0.975 \times 100 = 97.5(\%)$

풀이 2. 총집진율(η_T) = $75 + 90 \times (1 - \dfrac{75}{100})$
 = $97.5(\%)$

📝 실기까지 중요 ★★

정답 22 ③ 23 ④ 24 ④

25 시료채취매체와 해당 매체로 포집할 수 있는 유해인자의 연결로 가장 거리가 먼 것은?

① 활성탄관 - 암모니아
② 유리섬유여과지 - 머캅탄류
③ PVC여과지 - 6가 크롬
④ MCE막여과지 - 석면

> ① 활성탄관은 암모니아, 에틸렌, 염화수소, 포름알데하이드와 같은 저비점 화합물에 효과가 적다.

★ 참고
활성탄관
① 공기중 가스상 물질의 고체포집법으로 이용된다.
② 비극성 유기용제, 방향족 유기용제(방향족 탄화수소류), 할로겐화 지방족 유기용제(할로겐화 탄화수소류), 에스테르류, 알코올류 등의 포집에 사용된다

암기법
비극성인 알(알코올)에(에스테르) 할로겐 탄(할로겐화탄화수소) 지방(지방족유기용제) 방유(방향족 유기용제)하니 활성(활성탄)됐다.

📝 필기에 자주 출제 ★

26 작업환경측정 및 정도관리 등에 관한 고시상 시료채취 근로자수에 대한 설명 중 옳은 것은?

① 단위작업 장소에서 최고 노출근로자 2명 이상에 대하여 동시에 개인 시료채취 방법으로 측정하되, 단위작업 장소에 근로자가 1명인 경우에는 그러하지 아니하며, 동일 작업근로자수가 20명을 초과하는 경우에는 매 5명당 1명 이상 추가하여 측정하여야 한다.
② 단위작업 장소에서 최고 노출근로자 2명 이상에 대하여 동시에 개인 시료채취 방법으로 측정하되, 동일 작업근로자수가 100명을 초과하는 경우에는 최대 시료채취 근로자수를 20명으로 조정할 수 있다.
③ 지역 시료채취 방법으로 측정을 하는 경우 단위작업장소 내에서 3개 이상의 지점에 대하여 동시에 측정하여야 한다.
④ 지역 시료채취 방법으로 측정을 하는 경우 단위작업 장소의 넓이가 60평방미터 이상인 경우에는 매 30평방미터마다 1개 지점 이상을 추가로 측정하여야 한다.

★ 시료채취 근로자 수
① 단위작업 장소에서 최고 노출근로자 2명 이상에 대하여 동시에 개인 시료채취 방법으로 측정하되, 단위작업 장소에 근로자가 1명인 경우에는 그러하지 아니하며, 동일 작업근로자수가 10명을 초과하는 경우에는 매 5명당 1명 이상 추가하여 측정하여야 한다. 다만, 동일 작업근로자수가 100명을 초과하는 경우에는 최대 시료채취 근로자수를 20명으로 조정할 수 있다.
② 지역 시료채취 방법으로 측정을 하는 경우 단위작업장소 내에서 2개 이상의 지점에 대하여 동시에 측정하여야 한다. 다만, 단위작업 장소의 넓이가 50평방미터 이상인 경우에는 매 30평방미터마다 1개 지점 이상을 추가로 측정하여야 한다.

📝 실기에 자주 출제 ★★★

정답 25 ① 26 ②

27 고성능 액체크로마토그래피(HPLC)에 관한 설명으로 틀린 것은?

① 주 분석대상 화학물질은 PCB 등의 유기화학물질이다.
② 장점으로 빠른 분석 속도, 해상도, 민감도를 들 수 있다.
③ 분석물질이 이동상에 녹아야 하는 제한점이 있다.
④ 이동상인 운반가스의 친화력에 따라 용리법, 치환법으로 구분된다.

> ④ 고성능액체크로마토그래피(HPLC)는 이동상으로 액체를 사용한다.

*참고
PCB(Polychlorinated biphenyl)
폴리염화 비페닐

28 18℃ 770mmHg인 작업장에서 methylethyl ketone의 농도가 26ppm일 때 mg/m³단위로 환산된 농도는? (단, Methylethyl ketone의 분자량은 72g/mol이다.)

① 64.5 ② 79.4
③ 87.3 ④ 93.2

> 25℃, 1기압일 때
> • 노출기준(mg/m³) = $\dfrac{ppm \times 분자량}{24.45}$
> • ppm = mg/m³ × $\dfrac{24.45(L)}{분자량}$
>
> 1. 25℃(t_1), 760mmHg(P_1)에서의 기체 1몰의 부피 24.45L를 18℃(t_2), 770mmHg(P_2)로 보정
> $V_2 = V_1 \times \dfrac{T_2 P_1}{T_1 P_2} = 24.45 \times \dfrac{(273+18) \times 760}{(273+25) \times 770}$
> $= 23.57(L)$
> 2. 18℃, 770mmHg에서의 농도
> mg/m³ = $\dfrac{ppm \times 분자량}{23.57} = \dfrac{26 \times 72}{23.57}$
> $= 79.42(mg/m³)$

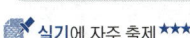 실기에 자주 출제★★★

29 작업장에 작동되는 기계 두 대의 소음레벨이 각각 98dB(A), 96dB(A)로 측정되었을 때, 두 대의 기계가 동시에 작동되었을 경우에 소음레벨 (dB(A))은?

① 98 ② 100
③ 102 ④ 104

> *합성소음도
> $L(dB) = 10 \times \log(10^{\frac{L_1}{10}} + 10^{\frac{L_2}{10}} + \cdots + 10^{\frac{L_n}{10}})$
> • L : 합성소음도(dB)
> • $L_1 \sim L_n$: 각각 소음원의 소음(dB)
>
> $L(dB) = 10 \times \log\left(10^{\frac{98}{10}} + 10^{\frac{96}{10}}\right) = 100.12(dB)$

 실기에 자주 출제★★★

30 어떤 작업장에 50% acetone, 30% benzene, 20% xylene의 중량비로 조성된 용제가 증발하여 작업환경을 오염시키고 있을 때, 이 용제의 허용농도(TLV ; mg/m³)는? (단, Actone, benzene, xylene의 TVL는 각각 1,600, 720, 670mg/m³이고, 용제의 각 성분은 상가작용을 하며, 성분 간 비휘발도 차이는 고려하지 않는다.)

① 873 ② 973
③ 1073 ④ 1173

> *액체 혼합물의 허용농도(노출기준)
> 노출기준(mg/m³) = $\dfrac{1}{\dfrac{f_a}{TLV_a} + \dfrac{f_b}{TLV_b} + \cdots + \dfrac{f_n}{TLV_n}}$
> • f_a, f_b, f_n : 액체 혼합물에서의 각 성분 무게(중량) 구성비(%)
> • TLV_a, TLV_b, TLV_n : 해당 물질의 노출기준(mg/m³)
>
> 노출기준 = $\dfrac{1}{\dfrac{0.5}{1,600} + \dfrac{0.3}{720} + \dfrac{0.2}{670}}$
> $= 973.07(mg/m³)$

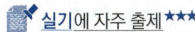 실기에 자주 출제★★★

 정답 27 ④ 28 ② 29 ② 30 ②

31
시간당 약 150kcal의 열량이 소모되는 작업조건에서 WBGT 측정치가 30.6℃일 때 고온의 노출기준에 따른 작업휴식조건으로 적절한 것은?

① 매시간 75% 작업, 25% 휴식
② 매시간 50% 작업, 50% 휴식
③ 매시간 25% 작업, 75% 휴식
④ 계속 작업

★ 고열작업장의 노출기준(WBGT, ℃)

시간당 작업과 휴식비율	작업 강도		
	경작업	중등작업	중(힘든)작업
연속 작업	30.0	26.7	25.0
75% 작업, 25% 휴식 (45분 작업, 15분 휴식)	30.6	28.0	25.9
50% 작업, 50% 휴식 (30분 작업, 30분 휴식)	31.4	29.4	27.9
25% 작업, 75% 휴식 (15분 작업, 45분 휴식)	32.2	31.1	30.0

(1) 경작업 : 시간당 200kcal까지의 열량이 소요되는 작업을 말하며, 앉아서 또는 서서 기계의 조정을 하기 위하여 손 또는 팔을 가볍게 쓰는 일 등이 해당됨
(2) 중등작업 : 시간당 200~300kcal의 열량이 소요되는 작업을 말하며 물체를 들거나 밀면서 걸어다니는 일 등이 해당됨
(3) 중작업 : 시간당 350~500kcal의 열량이 소요되는 작업을 뜻하며, 곡괭이질 또는 삽질하는 일과 같이 육체적으로 힘든 일 등이 해당됨

필기에 자주 출제 ★

32
검지관의 장 · 단점으로 틀린 것은?

① 측정대상물질의 동정이 미리 되어 있지 않아도 측정이 가능하다.
② 민감도가 낮으며 비교적 고농도에 적용이 가능하다.
③ 특이도가 낮다. 즉, 다른 방해물질의 영향을 받기 쉬워 오차가 크다.
④ 색이 시간에 따라 변화하므로 제조자가 정한 시간에 읽어야 한다.

장점	① 사용이 간편하다. ② 반응시간이 빨라서 빠른 시간에 측정결과를 알 수 있다.(빠른 측정이 요구될 때 사용) ③ 숙련된 산업위생전문가가 아니더라도 어느 정도만 숙지하면 사용 할 수 있다. ④ 맨홀, 밀폐 공간에서의 산소가 부족하거나 폭발성 가스로 인하여 안전이 문제가 될 때 유용하게 사용될 수 있다. ⑤ 재현성이 높다
단점	① 민감도가 낮으며 비교적 고농도에 적용이 가능하다. ② 특이도가 낮다.(다른 방해물질의 영향을 받기 쉬워 오차가 크다.) ③ 단시간 측정만 가능하다. ④ 미리 측정 대상물질의 동정이 되어 있어야 측정이 가능하다. ⑤ 색이 시간에 따라 변화하므로 제조자가 정한 시간에 읽어야 한다. ⑥ 한 검지관으로 단일 물질만을 측정할 수 있어 각 오염물질에 맞는 검지관을 선정해야 한다. ⑦ 색변화가 선명하지 않아 주관적으로 읽을 수 있어 판독자에 따라 변이가 심하다.

필기에 자주 출제 ★

정답 31 ① 32 ①

33 MCE여과지를 사용하여 금속성분을 측정, 분석한다. 샘플링이 끝난 시료를 전처리하기 위해 회화용액(ashing acid)을 사용하는 데 다음 중 NIOSH에서 제시한 금속별 전처리 용액 중 적절하지 않은 것은?

① 납 : 질산
② 크롬 : 염산 + 인산
③ 카드뮴 : 질산, 염산
④ 다성분금속 : 질산 + 과염소산

> ② 크롬 : 염산 + 질산

34 kata 온도계로 불감기류를 측정하는 방법에 대한 설명으로 틀린 것은?

① kata 온도계의 구(球)부를 50~60℃의 온수에 넣어 구부의 알코올을 팽창시켜 관의 상부 눈금까지 올라가게 한다.
② 온도계를 온수에서 꺼내어 구(球)부를 완전히 닦아내고 스탠드에 고정한다.
③ 알코올의 눈금이 100°F에서 65°F까지 내려가는데 소요되는 시간을 초시계로 4~5회 측정하여 평균을 낸다.
④ 눈금 하강에 소요되는 시간으로 kata 상수를 나눈 값 H는 온도계의 구부 1cm²에서 1초 동안에 방산되는 열량을 나타낸다.

> ③ 알콜의 눈금이 100°F에서 95°F까지 내려가는 데 소요되는 시간을 초시계 4~5회 측정하여 평균을 낸다.

35 실리카겔 흡착에 대한 설명으로 틀린 것은?

① 실리카겔은 규산나트륨과 황산의 반응에서 유도된 무정형의 물질이다.
② 극성을 띠고 흡습성이 강하므로 습도가 높을수록 파과 용량이 증가한다.
③ 추출액이 화학분석이나 기기분석에 방해물질로 작용하는 경우가 많지 않다.
④ 활성탄으로 채취가 어려운 아닐린, 오르쏘-톨루이딘 등의 아민류나 몇몇 무기물질의 채취도 가능하다.

> ② 극성을 띠고 흡수성이 강하여 습도가 높을수록 파과되기 쉽고 파과용량이 감소한다.

📝 필기에 자주 출제 ★

36 작업장에서 어떤 유해물질의 농도를 무작위로 측정한 결과가 아래와 같을 때, 측정값에 대한 기하평균(GM)은?

[측정농도(ppm)]
5.42, 5.58, 1.26, 0.57, 5.82, 2.24, 3.58, 5.58, 1.15

① 11.4　　② 2.65
③ 63.2　　④ 104.5

> ★ 기하평균
> 1. $\log(GM) = \dfrac{\log X_1 + \log X_2 + \cdots + \log X_n}{N}$
> 2. $G.M = \sqrt[N]{X_1 \cdot X_2 \cdots X_n}$
> - X_n : 측정치
> - N : 측정치 개수
>
> $G.M = \sqrt[9]{5.42 \times 5.58 \times 1.26 \times 0.57 \times 5.82 \times 2.24 \times 3.58 \times 5.58 \times 1.15}$
> = 2.65(ppm)

📝 실기에 자주 출제 ★★★

정답　33 ②　34 ③　35 ②　36 ②

37 접착공정에서 본드를 사용하는 작업장에서 톨루엔을 측정하고자 한다. 노출기준의 10%까지 측정하고자 할 때, 최소시료채취시간(min)은? (단, 작업장은 25℃, 1기압이며, 톨루엔의 분자량은 92.14, 기체크로마토그래피의 분석에서 톨루엔의 정량한계는 0.5mg, 노출 기준은 100ppm, 채취유량은 0.15L/분이다.)

① 13.3　　② 39.6
③ 88.5　　④ 182.5

1. $mg/m^3 = \dfrac{ppm \times 분자량}{24.45(25℃, 1기압 기준)}$
   $= \dfrac{10 \times 92.14}{24.45} = 37.69(mg/m^3)$
   (노출기준의 10%까지 측정
   → 100ppm × 0.1 = 10ppm)

2. $\dfrac{37.69mg}{m^3} = \dfrac{0.5mg}{\dfrac{0.15 \times 10^{-3}m^3}{min} \times x\, min}$

   $0.5 = 37.69 \times 0.15 \times 10^{-3} \times x$

   $x = \dfrac{0.5}{37.69 \times 0.15 \times 10^{-3}} = 88.44(min)$

   $(L = 10^{-3}m^3)$

📝 실기에 자주 출제 ★★★

---

38 셀룰로오스 에스테르 막여과지에 관한 설명으로 옳지 않은 것은?

① 산에 쉽게 용해된다.
② 중금속 시료채취에 유리하다.
③ 유해물질이 표면에 주로 침착된다.
④ 흡습성이 적어 중량분석에 적당하다.

＊ MCE막 여과지
(Mixed cellulose ester membrane filter)
① 산에 쉽게 용해되므로 입자상 물질 중의 금속을 채취하여 원자흡광광도법으로 분석하는 데 적당하다.
② 유해물질이 여과지의 표면에 주로 침착되어 석면 등 현미경 분석을 위한 시료채취에 유리하다.
③ MCE여과지의 원료인 셀룰로오스는 수분을 흡수하는 특성을 가지고 있다. (흡습성이 높아 오차를 유발할 수 있어 중량분석에 적합하지 못함)
④ 중금속, 석면, 살충제, 산·알칼리미스트, 불소화합물 및 기타 무기물질 채취에 이용된다.

암기법

MC(MCE막여과지) 중(중금속)석(석면)은 산에 약하고 수분 흡수하여 중량분석 못함

📝 필기에 자주 출제 ★

정답　37 ③　38 ④

39 작업장 소음에 대한 1일 8시간 노출 시 허용기준(dB(A))은? (단, 미국 OSHA의 연속소음에 대한 노출기준으로 한다.)

① 45   ② 60
③ 86   ④ 90

★ 국내의 소음의 노출기준(OSHA의 연속소음에 대한 노출기준) (소음변화율: 5dB)

1일 노출시간(hr)	소음수준[dB(A)]
8	90
4	95
2	100
1	105
1/2	110
1/4	115

주: 115dB(A)를 초과하는 소음 수준에 노출되어서는 안 됨

★ 참고
ACGIH 노출기준(소음변화율 : 3dB)

1일 노출시간(hr)	소음수준[dB(A)]
8	85
4	88
2	91
1	94
1/2	97
1/4	100

📝 실기까지 중요 ★★

40 코크스 제조공정에서 발생되는 코크스오븐 배출물질을 채취할 때, 다음 중 가장 적합한 여과지는?

① 은막 여과지   ② PVC 여과지
③ 유리섬유 여과지   ④ PTFE 여과지

★ 은막 여과지(Silver membrane filter)
① 금속은을 소결하여 만든 것으로 열적, 화학적 안정성이 있다.
② 코크스 제조공정에서 발생되는 코크스 오븐 배출물질 또는 다핵방향족탄화수소(PAHs) 등을 채취하는 데 사용한다.
③ 결합제나 섬유가 포함되어 있지 않다.

암기법
금속은(은막 여과지) 소결하여 다 탄(다핵방향족탄화수소) 코크스오븐 채취

📝 필기에 자주 출제 ★

정답   39 ④   40 ①

제3과목 작업환경관리대책

41 덕트에서 평균속도압이 25mmH₂O일 때, 반송 속도(m/s)는?

① 101.1　② 50.5
③ 20.2　④ 10.1

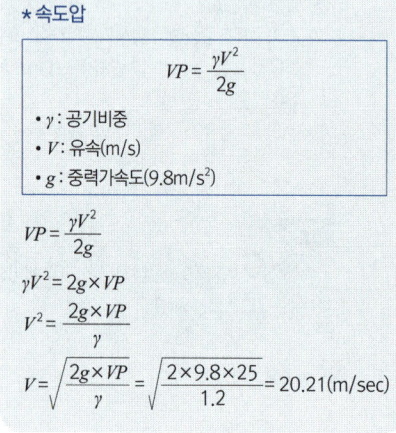

★ 속도압

$$VP = \frac{\gamma V^2}{2g}$$

- γ : 공기비중
- V : 유속(m/s)
- g : 중력가속도(9.8m/s²)

$VP = \dfrac{\gamma V^2}{2g}$

$\gamma V^2 = 2g \times VP$

$V^2 = \dfrac{2g \times VP}{\gamma}$

$V = \sqrt{\dfrac{2g \times VP}{\gamma}} = \sqrt{\dfrac{2 \times 9.8 \times 25}{1.2}} = 20.21 \text{(m/sec)}$

📝 실기에 자주 출제 ★★★

42 덕트 합류 시 댐퍼를 이용한 균형유지 방법의 장점이 아닌 것은?

① 시설 설치 후 변경에 유연하게 대처 가능
② 설치 후 부적당한 배기유량 조절가능
③ 임의로 유량을 조절하기 어려움
④ 설계 계산이 상대적으로 간단함

★ 댐퍼를 이용한 평형법

장점	① 시설설치 후 송풍량의 조절, 덕트위치 변경이 어렵지 않다.(임의의 유량 조절 가능) ② 최소 설계풍량으로 평형유지가 가능하다. ③ 설계계산이 상대적으로 간단하고, 고도의 지식을 요하지 않는다. ④ 덕트 크기를 바꿀 필요가 없어 반송속도를 그대로 유지한다.
단점	① 평형상태시설에 댐퍼를 잘못 설치하게 되면 평형상태 파괴 유발한다. ② 임의로 댐퍼 조정 시 평형상태가 파괴될 수 있다. ③ 부분적 폐쇄댐퍼는 침식, 분진퇴적의 원인이 된다. ④ 최대 저항경로 선정이 잘못되어도 설계 시 쉽게 발견하기 어렵다. ⑤ 댐퍼가 노출되어 누구나 쉽게 조절할 수 있어 정상기능을 저해할 우려 있다.

📝 필기에 자주 출제 ★

정답　41 ③　42 ③

43 송풍기의 송풍량과 회전수의 관계에 대한 설명 중 옳은 것은?

① 송풍량과 회전수는 비례한다.
② 송풍량과 회전수의 제곱에 비례한다.
③ 송풍량과 회전수의 세제곱에 비례한다.
④ 송풍량과 회전수는 역비례한다.

> ★ 송풍기의 상사법칙
>
> 1. $Q_2 = Q_1 (\frac{D_2}{D_1})^3 (\frac{N_2}{N_1})$
>   풍량은 송풍기 직경의 세제곱, 회전수에 비례한다.
> 2. $P_2 = P_1 (\frac{D_2}{D_1})^2 (\frac{N_2}{N_1})^2 (\frac{\rho_2}{\rho_1})$
>   풍압(정압)은 송풍기 직경의 제곱, 회전수의 제곱에 비례한다.
> 3. $HP_2 = HP_1 (\frac{D_2}{D_1})^5 (\frac{N_2}{N_1})^3 (\frac{\rho_2}{\rho_1})$
>   축동력은 송풍기 직경의 다섯 제곱, 회전수의 세제곱에 비례한다.
>
> - Q_1 : 회전 수 변경 전 풍량(m^3/min)
> - Q_2 : 회전 수 변경 후 풍량(m^3/min)
> - N_1 : 변경 전 회전수(rpm)
> - N_2 : 변경 후 회전수(rpm)
> - P_1 : 변경 전 풍압(mmH$_2$O)
> - P_2 : 변경 후 풍압(mmH$_2$O)
> - HP_1 : 변경 전 동력(kW)
> - HP_2 : 변경 후 동력(kW)
> - D_1 : 변경 전 직경(m)
> - D_2 : 변경 후 직경(m)
> - ρ_1 : 변경 전 효율
> - ρ_2 : 변경 후 효율

📓 실기에 자주 출제 ★★★

44 동일한 두께로 벽체를 만들었을 경우에 차음효과가 가장 크게 나타나는 재질은? (단, 2,000Hz 소음을 기준으로 하며, 공극률등 기타 조건은 동일하다 가정한다.)

① 납 ② 석고
③ 알루미늄 ④ 콘크리트

> 동일한 두께의 벽체일 경우 납의 차음효과가 가장 크다.

45 다음 보기 중 공기공급시스템(보충용 공기의 공급 장치)이 필요한 이유가 모두 선택된 것은?

> ㉠ 연료를 절약하기 위해서
> ㉡ 작업장 내 안전사고를 예방하기 위해서
> ㉢ 국소배기장치를 적절하게 가동시키기 위해서
> ㉣ 작업장의 교차기류를 유지하기 위해서

① ㉠, ㉡ ② ㉠, ㉡, ㉢
③ ㉡, ㉢, ㉣ ④ ㉠, ㉡, ㉢, ㉣

> ★ 공기공급시스템의 목적
> ① 국소배기장치를 적절하게 가동시키기 위하여
> ② 국소배기장치의 효율 유지를 위하여
> ③ 작업장 내의 안전사고 예방을 위하여
> ④ 연료를 절약하기 위하여(에너지 절약)
> ⑤ 작업장 내의 방해기류(교차기류) 생성 방지를 위하여
> ⑥ 외부공기가 정화되지 않은 채로 건물 내로 유입되는 것을 막기 위하여

📓 실기까지 중요 ★★

정답 43 ① 44 ① 45 ②

46 동력과 회전수의 관계로 옳은 것은?

① 동력은 송풍기 회전속도에 비례한다.
② 동력은 송풍기 회전속도의 제곱에 비례한다.
③ 동력은 송풍기 회전속도의 세제곱에 비례한다.
④ 동력은 송풍기 회전속도에 반비례한다.

$$HP_2 = HP_1 \left(\frac{D_2}{D_1}\right)^5 \left(\frac{N_2}{N_1}\right)^3 \left(\frac{\rho_2}{\rho_1}\right)$$

축동력(동력)은 송풍기 직경의 다섯 제곱, 회전수의 세제곱에 비례한다.

실기에 자주 출제 ★★★

47 강제환기를 실시할 때 환기효과를 제고하기 위해 따르는 원칙으로 옳지 않은 것은?

① 배출공기를 보충하기 위하여 청정공기를 공급할 수 있다.
② 공기배출구와 근로자의 작업위치 사이에 오염원이 위치하여야 한다.
③ 오염물질 배출구는 가능한 한 오염원으로부터 가까운 곳에 설치하여 점환기 현상을 방지한다.
④ 오염원 주위에 다른 작업공정이 있으면 공기 배출량을 공급량보다 약간 크게 하여 음압을 형성하여 주위 근로자에게 오염물질이 확산되지 않도록 한다.

③ 오염물질 배출구는 가능한 한 오염원으로부터 가까운 곳에 설치하여 '점 환기'의 효과를 얻는다.

필기에 자주 출제 ★

48 점음원과 1m 거리에서 소음을 측정한 결과 95dB로 측정되었다. 소음수준을 90dB로 하는 제한구역을 설정할 때, 제한구역의 반경(m)은?

① 3.16
② 2.20
③ 1.78
④ 1.39

★ 무지향성 점음원, 자유공간(공중, 구면파)에 위치할 때

$$SPL(dB) = PWL - 20\log r - 11$$

1. $SPL(dB) = PWL - 20\log r - 11$
$PWL = SPL + 20\log r + 11$
$= 95 + 20 \times \log 1 + 11$
$= 106(dB)$

2. PWL 106(dB), SPL 90(dB)일 때의 거리
$SPL(dB) = PWL - 20\log r - 11$
$20\log r = PWL - SPL - 11$
$= 106 - 90 - 11 = 5$
$\log r = \frac{5}{20} = 0.25$
$r = 10^{0.25} = 1.78$

49 층류영역에서 직경이 $2\mu m$이며 비중이 3인 입자상 물질의 침강속도(cm/s)는?

① 0.032
② 0.036
③ 0.042
④ 0.046

★ Lippman식에 의한 침강속도 (입자크기가 1~50μm 경우 적용)

$$V(cm/sec) = 0.003 \times \rho \times d^2$$

• V : 침강속도(cm/sec)
• ρ : 입자 밀도(비중) (g/cm³)
• d : 입자직경(μm)

$V = 0.003 \times 3 \times 2^2 = 0.036(cm/sec)$

50 입자상 물질을 처리하기 위한 공기정화장치로 가장 거리가 먼 것은?

① 사이클론
② 중력집진장치
③ 여과집진장치
④ 촉매산화에 의한 연소장치

> ④ 촉매산화에 의한 연소장치: 가연성가스, 악취 등을 연소시켜 제거하는 방법으로 가스상 물질을 처리하기 위한 공기정화장치로 사용된다.

51 공기가 흡인되는 덕트관 또는 공기가 배출되는 덕트관에서 음압이 될 수 없는 압력의 종류는?

① 속도압(VP)   ② 정압(SP)
③ 확대압(EP)   ④ 전압(TP)

> ① 속도압은 공기가 이동하는 힘으로 항상 양압(0 이상의 압력)이다.(공기의 운동에너지에 비례한다.)

*참고
① 정압(SP)
- 공기의 유동이 없을 때 발생하는 압력, 덕트 내의 공기가 주위에 미치는 압력이다.
- 대기압보다 낮을 때는 음압(정압 < 대기압이면 (-)압력), 대기압보다 높을 때는 양압(정압 > 대기압이면 (+)압력)이 된다.
- 송풍기 앞(흡입관)에서는 음압, 송풍기 뒤(배출관)에서는 양압이 된다.
② 전압(TP) = 동압(VP) + 정압(SP)

📌 필기에 자주 출제★

52 다음의 보호장구의 재질 중 극성용제에 가장 효과적인 것은?

① Viton   ② Nitrile 고무
③ Neoprene 고무   ④ Butyl 고무

> ① Vitron : 비극성용제에 사용
> ② Nitrile 고무 : 비극성 용제에 사용
> ③ Neoprene 고무 : 비극성 용제에 사용
> ④ Butyl : 극성용제에 사용에 사용

📌 필기에 자주 출제★

53 귀덮개 착용 시 일반적으로 요구되는 차음 효과는?

① 저음에서 15dB 이상, 고음에서 30dB 이상
② 저음에서 20dB 이상, 고음에서 45dB 이상
③ 저음에서 25dB 이상, 고음에서 50dB 이상
④ 저음에서 30dB 이상, 고음에서 55dB 이상

> 귀덮개는 귀전체를 덮는 형식으로 저음영역에서 20dB 이상, 고음영역에서 45dB 이상의 차음효과가 있다.

📌 필기에 자주 출제★

정답 50 ④ 51 ① 52 ④ 53 ②

54 움직이지 않는 공기 중으로 속도 없이 배출되는 작업조건(예시 : 탱크에서 증발)의 제어 속도 범위(m/s)는? (단, ACGIH 권고 기준)

① 0.1~0.3
② 0.3~0.5
③ 0.5~1.0
④ 1.0~1.5

★ 제어속도 범위(m/s)

작업조건	작업공정사례	제어속도 (m/sec)
• 움직이지않은공기중에서속도없이 배출되는 작업조건 • 조용한 대기 중에 실제 거의 속도가 없는 상태로 발산하는 경우의 작업조건	• 액면에서 발생하는 가스나 증기 흄 • 탱크에서 증발, 탈지시설	0.25 ~0.5
• 비교적 조용한(약간의 공기 움직임) 대기 중에서 저속으로 비산하는 작업조건	• 용접, 도금 작업 • 스프레이도장	0.5 ~1.0
• 발생기류가 높고(빠른기동) 유해물질이 활발히 발생하는 작업조건	• 스프레이도장, 용기충전 • 컨베이어 적재 • 분쇄기	1.0 ~2.5
• 초고속기류(대단히 빠른 기동)가 있는 작업장소에 초고속으로 비산하는 경우	• 회전연삭작업 • 연마작업 • 블라스트 작업	2.5 ~10

📘 실기까지 중요 ★★

55 기류를 고려하지 않고 감각온도(effective temperature)의 근사치로 널리 사용되는 지수는?

① WBGT
② Radiation
③ Evaporation
④ Glove Temperature

감각온도의 근사치로 습구흑구온도지수(WBGT)가 사용된다.

★ 참고
1. 습구흑구온도지수
(Wet-Bulb Globe Temperature : WBGT)
근로자가 고열환경에 종사함으로써 받는 열 스트레스 또는 위해를 평가하기 위한 도구(단위 : ℃)로써 기온, 기습 및 복사열을 종합적으로 고려한 지표를 말한다.
2. 감각온도(실효온도, 유효온도)
온도, 습도 및 공기 유동이 인체에 미치는 열 효과를 하나의 수치로 통합한 경험적 감각지수를 감각온도라 한다.

56 안전보건규칙상 국소배기장치의 덕트 설치 기준으로 틀린 것은?

① 가능하면 길이는 짧게 하고 굴곡부의 수는 적게 할 것
② 접속부의 안쪽은 돌출된 부분이 없도록 할 것
③ 덕트 내부에 오염물질이 쌓이지 않도록 이송속도를 유지할 것
④ 연결 부위 등은 내부 공기가 들어오지 않도록 할 것

★ 덕트 설치기준(산업안전보건법기준)
① 가능하면 길이는 짧게 하고 굴곡부의 수는 적게 할 것
② 접속부의 안쪽은 돌출된 부분이 없도록 할 것
③ 청소구를 설치하는 등 청소하기 쉬운 구조로 할 것
④ 덕트 내부에 오염물질이 쌓이지 않도록 이송속도를 유지할 것
⑤ 연결 부위 등은 외부 공기가 들어오지 않도록 할 것

📘 필기에 자주 출제 ★

정답 54 ② 55 ① 56 ④

57 Stoke's 침강법칙에서 침강속도에 대한 설명으로 옳지 않은 것은? (단, 자유공간에서 구형의 분진 입자를 고려한다.)

① 기체와 분진입자의 밀도 차에 반비례한다.
② 중력 가속도에 비례한다.
③ 기체의 점도에 반비례한다.
④ 분진입자 직경의 제곱에 비례한다.

> ① 기체와 분진입자의 밀도 차에 비례한다.

*참고
침강속도(stoke의 법칙)

$$V = \frac{gd^2(\rho_1 - \rho)}{18\mu} \text{(cm/sec)}$$

- d_p : 입자의 직경(cm)
- ρ_1 : 입자의 밀도(g/cm³)
- ρ : 가스(공기)의 밀도(g/cm³)
- g : 중력가속도(980cm/sec²)
- μ : 점성계수(g/cm·sec)

실기까지 중요 ★★

58 호흡용 보호구 중 마스크의 올바른 사용법이 아닌 것은?

① 마스크를 착용할 때는 반드시 밀착성에 유의해야 한다.
② 공기정화식 가스마스크(방독마스크)는 방진마스크와는 달리 산소 결핍 작업장에서도 사용이 가능하다.
③ 정화통 혹은 흡수통(canister)은 한번 개봉하면 재사용을 피하는 것이 좋다.
④ 유해물질의 농도가 극히 높으면 자기공급식 장치를 사용한다.

> ② 공기정화식 가스마스크(방독마스크)와 방진마스크는 산소 결핍(산소농도 18% 미만) 작업장에서는 사용할 수 없다.

59 21℃, 1기압의 어느 작업장에서 톨루엔과 이소프로필알코올을 각각 100g/h씩 사용(증발)할 때, 필요 환기량(m³/h)은? (단, 두 물질은 상가작용을 하며, 톨루엔의 분자량은 92, TLV는 50ppm, 이소프로필알코올의 분자량은 60, TLV는 200ppm이고, 각 물질의 여유계수는 10으로 동일하다.)

① 약 6,250   ② 약 7,250
③ 약 8,650   ④ 약 9,150

*노출기준(TLV)에 따른 전체환기량

$$Q = \frac{24.1 \times \text{kg/h} \times K \times 10^6}{MW \times TLV} \text{(m}^3\text{/hr)}$$
$$\div 60 = (\text{m}^3/\text{min})$$

- K : 안전계수
- MW : 물질의 분자량
- kg/hr : 시간당 오염물질 발생량(l/hr × S(비중))
- TLV : 노출기준(ppm)
- 24.1 : 21℃, 1기압에서 공기의 비중
  (25℃, 1기압일 경우 24.45)

1. 톨루엔
$$Q = \frac{24.1 \times 0.1 \times 10 \times 10^6}{92 \times 50} = 5239.13(\text{m}^3/\text{hr})$$

2. 이소프로필알코올
$$Q = \frac{24.1 \times 0.1 \times 10 \times 10^6}{60 \times 200} = 2008.33(\text{m}^3/\text{hr})$$

3. 5239.13 + 2008.33 = 7247.46(m³/hr)
  (1000g/hr = 0.1kg/hr)

실기에 자주 출제 ★★★

정답 57 ① 58 ② 59 ②

60 덕트에서 속도압 및 정압을 측정할 수 있는 표준기기는?

① 피토관 ② 풍차풍속계
③ 열선풍속계 ④ 임핀저관

> 덕트에서 속도압 및 정압을 측정 → 피토관

> ★참고
> 송풍관(덕트) 내의 풍속측정 계기
> ① 피토관
> ② 풍차풍속계
> ③ 열선식풍속계

제4과목 물리적 유해인자 관리

61 지적환경(potimum working environment)을 평가하는 방법이 아닌 것은?

① 생산적(productive) 방법
② 생리적(physiological) 방법
③ 정신적(psychological) 방법
④ 생물역학적(biomechanical) 방법

> ★ 지적환경(potimum working environment)을 평가하는 방법
> ① 생산적(productive) 방법
> ② 생리적(physiological) 방법
> ③ 정신적(psychological) 방법

62 감압환경의 설명 및 인체에 미치는 영향으로 옳은 것은?

① 인체와 환경사이의 기압차이 때문으로 부종, 출혈, 동통 등을 동반한다.
② 화학적 장해로 작업력의 저하, 기분의 변환, 여러 종류의 다행증이 일어난다.
③ 대기가스의 독성 때문으로 시력장해, 정신혼란, 간질 모양의 경련을 나타낸다.
④ 용해질소의 기포형성 때문으로 동통성 관절장해, 호흡곤란, 무균성 골괴사 등을 일으킨다.

> ④ 용해질소의 기포형성 때문으로 동통성 관절장해, 호흡곤란, 무균성 골괴사 등을 일으킨다.
> → 고압환경에서 발생되는 증상

> ★참고
> 고압환경의 2차적 가압현상
> ① 질소의 마취작용 : 공기 중의 질소 가스는 4기압 이상에서 마취작용을 일으킨다.
> ② 산소중독 증세 : 산소분압이 2기압을 넘으면 산소중독 증세가 나타난다.
> ③ 이산화탄소의 작용 : 이산화탄소의 증가는 산소의 독성과 질소의 마취작용을 촉진시킨다.

📝 필기에 자주 출제★

63 진동의 강도를 표현하는 방법으로 옳지 않은 것은?

① 속도(velocity)
② 투과(transmission)
③ 변위(displacement)
④ 가속도(acceleration)

* 진동의 강도를 표현하는 방법(진동의 크기를 나타내는 3요소)
  ① 속도(velocity)
  ② 가속도(acceleration)
  ③ 변위(displacement)

64 전리방사선의 흡수선량이 생체에 영향을 주는 정도를 표시하는 선당량(생체실효선량)의 단위는?

① R　　　　② Ci
③ Sv　　　　④ Gy

* 선당량(생체실효선량)의 단위
  ① 렘(rem : Roentgen Equivalent Man)
    • 1뢴트겐의 X선이 인체에 조사되었을 때 이것을 피폭한 사람의 선당량(생체실효선량)을 나타낸다.
    • rem = rad × RBE(상대적 생물학적 효과)
  ② Sv(Sievert) : 인체가 흡수한 방사선 때문에 일어나는 영향 정도를 수치화한 단위를 말한다.
    • 1Sv = 100rem

📘 필기에 자주 출제★

65 실효음압이 $2 \times 10^{-3} N/m^2$인 음의 음압수준은 몇 dB인가?

① 40　　　　② 50
③ 60　　　　④ 70

$$SPL = 20 \times \log\left(\frac{P}{P_o}\right)(dB)$$

• SPL : 음압수준(음압도, 음압레벨) (dB)
• P : 대상음의 음압(음압 실효치) (N/m^2)
• P_o : 기준음압 실효치
　　($2 \times 10^{-5} N/m^2$, $2 \times 10^{-4} dyne/cm^2$)

$$SPL(dB) = 20 \times \log\left(\frac{2 \times 10^{-3}}{2 \times 10^{-5}}\right) = 40(dB)$$

📘 실기에 자주 출제★★★

66 고압 작업환경만으로 나열된 것은?

① 고소작업, 등반작업
② 용접작업, 고소작업
③ 탈지작업, 샌드블라스트(sand blast)작업
④ 잠함(caisson)작업, 광산의 수직갱내 작업

고압작업
이상기압에서 잠함공법(潛函工法)이나 그 외의 압기공법(壓氣工法)으로 하는 작업을 말한다.

정답　63 ②　64 ③　65 ①　66 ④

67 다음 ( )안에 들어갈 내용으로 옳은 것은?

> 일반적으로 ( )의 마이크로파는 신체를 완전히 투과하며 흡수되어도 감지되지 않는다.

① 150MHz 이하
② 300MHz 이하
③ 500MHz 이하
④ 1,000MHz 이하

★ 마이크로파의 인체영향(생물학적 작용)
① 마이크로파의 파장은 1~300cm이며 파장에 따라 신체투과력이 달라진다.
② 인체에 흡수된 마이크로파는 기본적으로 열로 전환된다. 마이크로파의 열작용에 가장 많은 영향을 받는 기관은 생식기와 눈이다.
③ 일반적으로 150MHz 이하의 마이크로파는 신체에 흡수되어도 감지되지 않는다.

68 저온에 의한 1차적인 생리적 영향에 해당하는 것은?

① 말초혈관의 수축
② 혈압의 일시적 상승
③ 근육긴장의 증가와 전율
④ 조직대사의 증진과 식욕항진

> 저온에 의한 1차적인 생리적 영향 중 첫번째 반응으로 근육긴장의 증가와 떨림이 발생한다.

저온환경의 일차적인 생리적 변화	① 근육긴장의 증가 및 떨림(전율) ② 피부혈관의 수축 ③ 말초혈관의 수축 ④ 화학적 대사작용의 증가(갑상선 호르몬 분비 증가) ⑤ 체표면적의 감소
저온환경의 이차적인 생리적 반응	① 말초냉각 : 말초혈관의 수축으로 표면조직의 냉각이 진행된다. ② 식욕변화 : 저온에서는 근육활동, 조직대사의 증진으로 식욕이 항진된다. ③ 혈압변화 : 피부혈관 수축으로 혈압은 일시적으로 상승한다. ④ 순환기능 : 피부혈관의 수축으로 순환기능이 감소된다.

📘 필기에 자주 출제 ★

69 실내 작업장에서 실내 온도 조건이 다음과 같을 때 WBGT(℃)는?

> - 흑구온도 : 32℃   - 건구온도 : 27℃
> - 자연습구온도 : 30℃

① 30.1
② 30.6
③ 30.8
④ 31.6

★ 습구흑구온도지수(WBGT)의 산출
1. 옥외(태양광선이 내리쬐는 장소)
   WBGT(℃) = 0.7 × 자연습구온도 + 0.2 × 흑구온도 + 0.1 × 건구온도
2. 옥내 또는 옥외(태양광선이 내리쬐지 않는 장소)
   WBGT(℃) = 0.7 × 자연습구온도 + 0.3 × 흑구온도

WBGT(℃) = 0.7 × 자연습구온도 + 0.3 × 흑구온도
= 0.7 × 30 + 0.3 × 32 = 30.6℃

📘 실기에 자주 출제 ★★★

70 다음 중 살균력이 가장 센 파장영역은?

① 1,800 ~ 2,100 Å
② 2,800 ~ 3,100 Å
③ 3,800 ~ 4,100 Å
④ 4,800 ~ 5,100 Å

★ 자외선의 종류

근자외선 (UV-A)	• 파장 : 315(300) ~ 400nm [3,150 ~ 4,000 Å] • 피부의 색소침착
도르노선 (UV-B)	• 파장 : 280(290) ~ 315(320)nm [2,800 ~ 3,150 Å] • 소독(살균)작용, 비타민 D형성 등 인체에 유익한 영향(건강선, 생명선) • 254 ~ 280nm(2,540 ~ 2,800 Å)의 파장에서는 강한 살균작용을 나타낸다. • 피부노화, 홍반, 각막염, 피부암 유발
UV-C	• 파장 : 100 ~ 280nm [1,000 ~ 2,800 Å] • 살균작용(살균효과가 있어 수술용 램프로 사용)

📘 필기에 자주 출제 ★

정답 67 ① 68 ③ 69 ② 70 ②

71 고압환경의 인체작용에 있어 2차적 가압현상에 해당하지 않는 것은?

① 산소 중독
② 질소 마취
③ 공기 전색
④ 이산화탄소 중독

> ★ 고압환경의 2차적 가압현상
> ① 질소의 마취작용 : 공기 중의 질소 가스는 4기압 이상에서 마취작용을 일으킨다.
> ② 산소중독 증세 : 산소분압이 2기압을 넘으면 산소중독 증세가 나타난다.
> ③ 이산화탄소의 작용 : 이산화탄소의 증가는 산소의 독성과 질소의 마취작용을 촉진시킨다.

📝 실기까지 중요 ★★

72 다음 중 차음평가지수를 나타내는 것은?

① sone
② NRN
③ NRR
④ phon

> ★ NRR(Noise Reduction Rating)
> 미국의 차음률 단위(차음평가지수, 소음 감소율)

> ★ 참고
> NRN(noise-rating number)
> 소음 평가치의 단위

📝 필기에 자주 출제 ★

73 소음성 난청에 대한 내용으로 옳지 않은 것은?

① 내이의 세포 변성이 원인이다.
② 음이 강해짐에 따라 정상인에 비해 음이 급격하게 작게 들린다.
③ 청력손실은 초기에 4,000Hz 부근에서 영향이 현저하다.
④ 소음 노출과 관계없이 연령이 증가함에 따라 발생하는 청력장해를 말한다.

> ④ 소음 노출과 관계없이 연령이 증가함에 따라 발생 → 노인성 난청
> 소음성 난청은 심한 소음에 반복 노출되어 코르티 기관의 손상으로 인해 영구적으로 회복되지 않는 청력 손실을 말한다.

📝 필기에 자주 출제 ★

74 소음계(sound level meter)로 소음측정 시 A 및 C특성으로 측정하였다. 만약 C특성으로 측정한 값이 A특성으로 측정한 값보다 훨씬 크다면 소음의 주파수영역은 어떻게 추정이 되겠는가?

① 저주파수가 주성분이다.
② 중주파수가 주성분이다.
③ 고주파수가 주성분이다.
④ 중 및 고주파수가 주성분이다.

> ★ 소음 측정결과
> ① dB(A)의 값과 dB(C)의 값이 서로 별 차이가 없을 때 : 1,000Hz 이상의 고주파가 주성분이다.
> ② dB(A)의 값이 dB(C)의 값보다 작을 때 : 저주파 성분이 많다.

정답 71 ③ 72 ③ 73 ④ 74 ①

75 전리방사선 방어의 궁극적 목적은 가능한 한 방사선에 불필요하게 노출되는 것을 최소화 하는 데 있다. 국제방사선방호위원회(ICRP)가 노출을 최소화하기 위해 정한 원칙 3가지에 해당하지 않는 것은?

① 작업의 최적화
② 작업의 다양성
③ 작업의 정당성
④ 개개인의 노출량의 한계

> ★ 국제방사선방호위원회(ICRP)의 방사선 노출을 최소화하기 위한 3원칙
> ① 작업의 최적화(최소화) : 피폭 가능성, 피폭자 수, 개인 선량의 크기 등을 경제 사회적 인자를 고려하여 합리적으로 최소화하여야 함
> ② 작업의 정당성(정당화) : 피폭상황의 변화가 있는 경우 관련 행위가 손해(위해) 보다 이익이 커야 함
> ③ 개개인의 노출량의 한계(선량한도 적용) : 관리되는 선원들로 부터 받는 특정 개인의 총 선량은 ICRP가 권고하는 선량한도를 초과하지 않아야 함(의료피폭은 제외)

76 현재 총 흡음량이 1,200sabins인 작업장의 천장에 흡음물질을 첨가하여 2,800sabins을 더할 경우 예측되는 소음감소량(dB)은 약 얼마인가?

① 3.5 ② 4.2
③ 4.8 ④ 5.2

> $NR = 10 \times \log\left(\dfrac{A_2}{A_1}\right)$
> • NR : 감음량(dB)
> • A_1 : 흡음처리 전 실내의 총 흡음력(sabin)
> • A_2 : 흡음처리 후 실내의 총 흡음력(sabin)
>
> $NR = 10 \times \log\left(\dfrac{1,200 + 2,800}{1,200}\right) = 5.23$(dB)

 실기에 자주 출제 ★★★

77 레이노 현상(Raynaud's phenomenon)과 관련이 없는 것은?

① 방사선 ② 국소진동
③ 혈액순환장해 ④ 저온환경

> ★ 레이노(Raynaud's phenonmenon) 현상
> 국소진동으로 인하여 말초혈관운동 장해가 발생하여 수지가 창백해지고 손이 차며 통증이 오는 현상으로 추운 환경에서 더 잘 발생한다.

 필기에 자주 출제 ★

78 작업장 내 조명방법에 관한 내용으로 옳지 않은 것은?

① 형광등은 백색에 가까운 빛을 얻을 수 있다.
② 나트륨등은 색을 식별하는 작업장에 가장 적합하다.
③ 수은등은 형광물질의 종류에 따라 임의의 광색을 얻을 수 있다.
④ 시계공장 등 작은 물건을 식별하는 작업을 하는 곳은 국소조명이 적합하다.

> ② 나트륨등은 황색광이기 때문에 색을 식별하는 작업장에는 적합하지 않으며 교량·고속도로·일반도로·터널 내의 조명으로 사용된다.

79 럭스(lux)의 정의로 옳은 것은?

① 1m²의 평면에 1루멘의 빛이 비칠 때의 밝기를 의미한다.
② 1촉광의 광원으로부터 한 단위 입체각으로 나가는 빛의 밝기 단위이다.
③ 지름이 1인치되는 촛불이 수평방향으로 비칠 때의 빛의 광도를 나타내는 단위이다.
④ 1루멘의 빛이 1ft²의 평면상에 수직방향으로 비칠 때 그 평면의 빛의 양을 의미한다.

* lux
1루멘의 빛이 1m²의 평면상에 수직방향으로 비칠 때의 빛의 양(1lumen/m²)

* 참고
① foot candle : 1루멘의 빛이 1ft²의 평면상에 수직방향으로 비칠 때 그 평면의 빛의 양 (1lumen/ft²)
② 촉광 : 지름이 1인치(2.54cm)되는 촛불이 수평방향으로 비칠 때 빛의 밝기(1촉광 = 4π루멘)
③ 루멘(Lumen ; lm) : 1촉광의 광원으로부터 한 단위입체각으로 나가는 광속의 단위

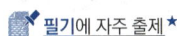 필기에 자주 출제 ★

80 유해한 환경의 산소결핍 장소에 출입 시 착용하여야 할 보호구와 가장 거리가 먼 것은?

① 방독마스크 ② 송기마스크
③ 공기호흡기 ④ 에어라인마스크

* 산소결핍 장소에서 착용하여야 하는 보호구
① 송기마스크(호스마스크 및 에어라인 마스크)
② 공기호흡기

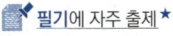 필기에 자주 출제 ★

제5과목 | 산업독성학

81 유해물질의 생리적 작용에 의한 분류에서 질식제를 단순 질식제와 화학적 질식제로 구분할 때 화학적 질식제에 해당하는 것은?

① 수소(H_2)   ② 메탄(CH_4)
③ 헬륨(He)   ④ 일산화탄소(CO)

단순 질식제	① 생리적으로는 아무 작용도 하지 않으나 공기 중에 많이 존재하면 산소분압을 저하시켜 조직에 필요한 산소의 공급부족을 초래한다. ② 수소, 이산화탄소(CO_2), 질소, 헬륨, 메탄, 에탄, 프로판, 에틸렌, 아세틸렌 등
화학적 질식제	① 혈액 중의 혈색소와 결합하여 산소운반 능력을 방해하거나 조직이 산소를 받아들이는 능력을 잃게 하여 내질식을 일으킨다. ② 일산화탄소(CO), 황화수소(H_2S), 시안화수소(HCN), 아닐린, 오존, 염소, 포스겐 등

 실기까지 중요 ★★

82 화학물질 및 물리적 인자의 노출기준에서 근로자가 1일 작업시간동안 잠시라도 노출되어서는 아니 되는 기준을 나타내는 것은?

① TLV-C
② TLV-skin
③ TLV-TWA
④ TLV-STEL

> **★ 최고노출기준(TLV-C)**
> 근로자가 1일 작업시간 동안 잠시라도 노출되어서는 아니 되는 기준을 말한다.

> **★ 참고**
> ① 단시간노출기준(STEL) : 15분간의 시간가중평균노출 값(근로자가 1회에 15분간 유해인자에 노출되는 경우의 기준)을 말한다.
> ② 시간가중평균노출기준(TWA) : 1일 8시간 및 1주일 40시간 동안의 평균 농도로서, 모든 근로자가 나쁜 영향을 받지 않고 노출될 수 있는 농도이다.

 실기까지 중요 ★★

83 생물학적 모니터링을 위한 시료가 아닌 것은?

① 공기 중 유해인자
② 요 중의 유해인자나 대사산물
③ 혈액 중의 유해인자나 대사산물
④ 호기(exhaled air)중의 유해인자나 대사산물

> 생물학적 모니터링의 시료는 소변, 호기 및 혈액 등이 주로 이용된다.

> **★ 참고**
> **생물학적 모니터링**
> 근로자의 유해인자에 대한 노출 정도를 소변, 호기, 혈액 중에서 그 물질이나 대사산물을 측정함으로써 노출 정도를 추정하는 방법을 의미한다.

 실기까지 중요 ★★

84 흡인분진의 종류에 의한 진폐증의 분류 중 무기성 분진에 의한 진폐증이 아닌 것은?

① 규폐증
② 면폐증
③ 철폐증
④ 용접공폐증

무기성(광물성)분진에 의한 진폐증	유기성 분진에 의한 진폐증
① 규폐증	① 농부폐증
② 규조토폐증	② 연초폐증
③ 탄소폐증	③ 면폐증
④ 탄광부 진폐증	④ 설탕폐증
⑤ 용접공폐증	⑤ 목재분진폐증
⑥ 석면폐증	⑥ 모발분진폐증
⑦ 베릴륨폐증	
⑧ 활석폐증	**암기법**
⑨ 흑연폐증	연초 핀 농부의 모발에서 설탕 나오면 면(면폐증) 목(목재분진폐증)없다.
⑩ 주석폐증	
⑪ 칼륨폐증	
⑫ 바륨폐증	
⑬ 철폐증	

 필기에 자주 출제 ★

85 3가 및 6가 크롬의 인체 작용 및 독성에 관한 내용으로 옳지 않은 것은?

① 산업장의 노출의 관점에서 보면 3가 크롬이 6가 크롬보다 더 해롭다.
② 3가 크롬은 피부 흡수가 어려우나 6가 크롬은 쉽게 피부를 통과한다.
③ 세포막을 통과한 6가 크롬은 세포내에서 수분 내지 수 시간 만에 발암성을 가진 3가 형태로 환원된다.
④ 6가에서 3가로의 환원이 세포질에서 일어나면 독성이 적으나 DNA의 근위부에서 일어나면 강한 변이원성을 나타낸다.

> ① 산업장의 노출의 관점에서 보면 6가 크롬이 3가 크롬보다 더 해롭다.

필기에 자주 출제 ★

86 다음 중 만성중독 시 코, 폐 및 위장의 점막에 병변을 일으키며, 장기간 흡입하는 경우 원발성 기관지암과 폐암이 발생하는 것으로 알려진 대표적인 중금속은?

① 납(Pb) ② 수은(Hg)
③ 크롬(Cr) ④ 베릴륨(Be)

> ★ 크롬의 중독증세
>
> | 급성중독 증세 | • 신장장해(신장장해로 과뇨증이 오며 더 진전되면 무뇨증을 일으켜 요독증으로 사망할 수 있다) |
> |---|---|
> | 만성중독 증세 | • 피부증상(접촉성 피부염)
• 호흡기 증상(크롬 폐증)
• 폐암
• 6가크롬 : 비중격천공증, 비강암을 유발한다. |

📝 실기까지 중요 ★★

87 독성물질 생체 내 변환에 관한 설명으로 옳지 않은 것은?

① 1상 반응은 산화, 환원, 가수분해 등의 과정을 통해 이루어진다.
② 2상 반응은 2상 반응이 불가능한 물질에 대한 추가적 축합반응이다.
③ 생체변환의 기전은 기존의 화합물보다 인체에서 제거하기 쉬운 대사물질로 변화시키는 것이다.
④ 생체 내 변환은 독성물질이나 약물의 제거에 대한 첫 번째 기전이며, 1상 반응과 2상 반응으로 구분된다.

> ② 2상 반응은 1상 반응을 거친 물질을 더욱 수용성으로 만드는 포합반응이다.

📝 필기에 자주 출제 ★

88 다음 중금속 취급에 의한 대표적인 직업성 질환을 연결한 것으로 서로 관련이 가장 적은 것은?

① 니켈 중독 - 백혈병, 재생불량성 빈혈
② 납 중독 - 골수침입, 빈혈, 소화기장해
③ 수은 중독 - 구내염, 수전증, 정신장해
④ 망간 중독 - 신경염, 신장염, 중추신경장해

> ★ 니켈(Ni)
> ① 급성중독 : 접촉성 피부염, 복통 및 설사 등 소화기 증상, 현기증 및 두통 등 신경학적 증상, 폐부종 및 폐렴 등 호흡기 증상
> ② 만성중독 : 폐암 및 비강암, 비중격천공증

📝 실기까지 중요 ★★

89 다음 중 가스상 물질의 호흡기계 축적을 결정하는 가장 중요한 인자는?

① 물질의 농도차 ② 물질의 입자분포
③ 물질의 발생기전 ④ 물질의 수용성 정도

> ★ 가스상 물질의 호흡기계 축적을 결정하는 가장 중요한 인자 : 물질의 수용성 정도

정답 86 ③ 87 ② 88 ① 89 ④

90 중금속에 중독되었을 경우에 치료제로 BAL이나 Ca-EDTA 등 금속배설 촉진제를 투여해서는 안 되는 중금속은?

① 납
② 비소
③ 망간
④ 카드뮴

> *카드뮴 중독의 치료
> ① 치료제로 BAL 및 Ca-EDTA 등 금속의 배설제를 사용하는 경우 신장 독성을 증가시키므로 투여를 금한다.
> ② 산소흡입, 스테로이드를 투여한다.
> ③ 비타민 D를 피하 주사한다.

📝 실기까지 중요 ★★

91 산업안전보건법령상 석면 및 내화성 세라믹 섬유의 노출기준 표시단위로 옳은 것은?

① %
② ppm
③ 개/cm^3
④ mg/m^3

> *작업환경 측정의 단위 표시
> ① 석면 : 개/cm^3(세제곱센티미터당 섬유개수)
> ② 가스, 증기, 분진, 흄, 미스트 : mg/m^3 또는 ppm
> ③ 고열(복사열 포함) : 습구·흑구온도지수를 구하여 ℃로 표시
> ④ 소음 : [dB(A)]

📝 실기까지 중요 ★★

92 피부독성 반응의 설명으로 옳지 않은 것은?

① 가장 빈번한 피부반응은 접촉성 피부염이다.
② 알레르기성 접촉피부염은 면역반응과 관계가 없다.
③ 광독성 반응은 홍반·부종·착색을 동반하기도 한다.
④ 담마진 반응은 접촉 후 보통 30~60분 후에 발생한다.

> *알레르기성 접촉피부염
> 특정 물질에 알레르기성 체질이 있는 사람에게만 발생하여 일반적인 보호 기구로 개선되지 않는다.(면역학적 기전과 관련 있다)

> *참고
> 담마진 반응 = 두드러기 반응

📝 필기에 자주 출제 ★

93 산업안전보건법령상 사람에게 충분한 발암성 증거가 있는 물질(1A)에 포함되어 있지 않은 것은?

① 벤지딘(Benzidine)
② 베릴륨(Beryllium)
③ 에틸벤젠(Ethyl benzene)
④ 염화 비닐(Vinyl chloride)

> *사람에게 충분한 발암성 증거가 있는 물질(1A)의 종류
> 니켈, 베릴륨 및 그 화합물, 베타-나프틸아민, 벤젠, 벤조 피렌, 벤지딘, 산화에틸렌, 석면(모든 형태), 클로로에틸렌(염화비닐) 등

정답 90 ④ 91 ③ 92 ② 93 ③

참고
우리나라 노동부고시의 발암성 물질 구분

1A	사람에게 충분한 발암성 증거가 있는 물질
1B	시험동물에서 발암성 증거가 충분히 있거나, 시험동물과 사람 모두에서 제한된 발암성 증거가 있는 물질
2	사람이나 동물에서 제한된 증거가 있지만, 구분 1로 분류하기에는 증거가 충분하지 않은 물질

94 단백질을 침전시키며 thiol(-SH)기를 가진 효소의 작용을 억제하여 독성을 나타내는 것은?

① 수은
② 구리
③ 아연
④ 코발트

> **★ 수은의 인체영향**
> ① 소화관으로는 2~7%의 소량으로 흡수되며, 금속형태는 뇌, 혈액, 심근에 많이 분포된다.
> ② 체내에 흡수된 수은은 주로 신장에 축적된다.
> ③ 무기수은염류는 호흡기나 경구 어느 경로도 흡수된다.
> ④ 알킬수은화합물(유기수은)의 독성은 무기수은화합물의 독성보다 훨씬 강하다.(유기수은은 무기수은에 비해 독성이 10배 가량 강하고, 중추신경을 침범한다.)
> ⑤ 알킬수은화합물(유기수은) 중 메틸수은은 미나마타(minamata)병을 일으킨다.
> ⑦ 전리된 수은이온이 단백질을 침전시키고 thiol기(-SH)를 가진 효소작용을 억제하여 독성을 나타낸다.

📓 필기에 자주 출제 ★

95 동물을 대상으로 약물을 투여했을 때 독성을 초래하지는 않지만 대상의 50%가 관찰 가능한 가역적인 반응이 나타나는 작용량을 무엇이라 하는가?

① LC_{50}
② ED_{50}
③ LD_{50}
④ TD_{50}

> ① ED_{50}(Effective Concentration) : 실험동물의 50%가 일정한 반응을 일으키는 양(가역적인 반응이 나타나는 작용량)
> ② EC_{50}(Effective Concentration) : 투여량 농도에 대한 과반수 영향농도
> ③ LD_{50}(Lethal Dose) : 1회 투여로 인하여 7~10일 이내에 실험동물의 50%를 치사시키는 양
> ④ TD_{50}(Toxic Dose) : 실험동물의 50%에 독성을 나타내는 양
> ⑤ LC_{50}(Lethal Concentration) : 실험동물의 50%가 사망하는 유해 물질의 농도

📓 실기까지 중요 ★★

96 이황화탄소(CS_2)에 중독될 가능성이 가장 높은 작업장은?

① 비료 제조 및 초자공 작업장
② 유리 제조 및 농약 제조 작업장
③ 타르, 도장 및 석유 정제 작업장
④ 인조견, 셀로판 및 사염화탄소 생산 작업장

> **★ 이황화탄소(CS_2)**
> ① 인조견, 셀로판, 사염화탄소의 생산, 수지와 고무제품의 용제, 실험실에서 추출용 등의 시약에 사용된다.
> ② 장기간 고농도에 폭로되면 신경행동학적 이상(중추신경계의 특징적인 독성작용), 말초신경 장해(파킨슨 증후군), 기질적 뇌손상(급성 뇌병증), 시각, 청각장해 등 감각 및 운동신경에 장해를 유발한다.

📓 필기에 자주 출제 ★

정답   94 ①   95 ②   96 ④

97 다음 사례의 근로자에게서 의심되는 노출인자는?

> 41세 A씨는 1990년부터 1997년까지 기계공구제조업에서 산소용접작업을 하다가 두통, 관절통, 전신근육통, 가슴답답함, 이가 시리고 아픈 증상이 있어 건강검진을 받았다. 건강검진 결과 단백뇨와 혈뇨가 있어 신장질환 유소견자 진단을 받았다. 이 유해인자의 혈중, 소변 중 농도가 직업병 예방을 위한 생물학적 노출기준을 초과하였다.

① 납 ② 망간
③ 수은 ④ 카드뮴

> ★ 카드뮴의 중독증세
> 칼슘대사에 장해를 주어 신결석을 동반한 신증후군이 나타나고, 다량의 칼슘배설이 일어나 뼈의 통증, 골연화증 및 골수공증과 같은 골격계 장해(이타이이타이병)를 유발한다.

📖 필기에 자주 출제 ★

98 유기용제의 중추신경 활성억제의 순위를 큰 것에서부터 작은 순으로 나타낸 것 중 옳은 것은?

① 알켄 > 알칸 > 알코올
② 에테르 > 알코올 > 에스테르
③ 할로겐화합물 > 에스테르 > 알켄
④ 할로겐화합물 > 유기산 > 에테르

> ★ 유기화학물질의 중추신경계 작용(마취작용) 순서
> 할로겐화화합물(할로겐족) 〉 에테르 〉 에스테르 〉 유기산 〉 알코올 〉 알켄 〉 알칸

📖 실기까지 중요 ★★

99 다음 입자상 물질의 종류 중 액체나 고체의 2가지 상태로 존재할 수 있는 것은?

① 흄(fume) ② 증기(vapor)
③ 미스트(mist) ④ 스모크(smoke)

> 연기(smoke)
> 유해물질이 연소 시에 불완전 연소의 결과로 생기는 미립자로 액체나 고체의 2가지 상태로 존재할 수 있다.

> ★ 참고
> ① 흄(fume) : 금속의 증기가 공기 중에서 응고되어 화학변화(산화)를 일으켜 만들어진 고체의 미립자(금속산화물)를 말한다.
> ② 미스트(mist) : 공기 중에 부유, 비산되는 액체 미립자를 말하며 입자의 크기는 보통 100μm 이하이다.

📖 필기에 자주 출제 ★

100 벤젠을 취급하는 근로자를 대상으로 벤젠에 대한 노출량을 추정하기 위해 호흡기 주변에서 벤젠 농도를 측정함과 동시에 생물학적 모니터링을 실시하였다. 벤젠 노출로 인한 대사산물의 결정인자(determinant)로 옳은 것은?

① 호기 중의 벤젠 ② 소변 중의 마뇨산
③ 소변 중의 총 페놀 ④ 혈액 중의 만델리산

화학물질	생물학적 노출지표물질 (체내대사산물)	시료채취 시기
톨루엔	혈액, 호기의 톨루엔, 소변 중 o-크레졸(오르소-크레졸)	작업종료 시
벤젠	소변 중 페놀, 소변 중 t,t-뮤코닉산(t,t-Muconic acid)	작업종료 시
크실렌	소변 중 메틸마뇨산	작업종료 시
니트로벤젠	혈중 메타헤모글로빈	작업종료 시
에틸벤젠	소변 중 만델린산	작업시작 전

📖 실기까지 중요 ★★

정답 97 ④ 98 ③ 99 ④ 100 ③

2020년 9월 26일

4회 과년도기출문제

제1과목 산업위생학개론

01 미국산업위생학술원(AAIH)에서 채택한 산업위생전문가의 윤리강령 중 기업주와 고객에 대한 책임과 관계된 윤리강령은?

① 기업체의 기밀은 누설하지 않는다.
② 전문적 판단이 타협에 의하여 좌우될 수 있는 상황에는 개입하지 않는다.
③ 근로자, 사회 및 전문 직종의 이익을 위해 과학적 지식을 공개하고 발표한다.
④ 결과와 결론을 뒷받침할 수 있도록 기록을 유지하고 산업위생사업을 전문가답게 운영, 관리한다.

①, ②, ③ → 산업위생 전문가로서의 책임

★ 참고
기업주와 고객에 대한 책임
① 결과 및 결론을 뒷받침할 수 있도록 정확한 기록을 유지하고 산업위생사업을 전문가답게 전문부서들을 운영 관리한다.
② 궁극적 책임은 기업주와 고객보다는 근로자의 건강보호에 있다.
③ 쾌적한 작업환경을 조성하기 위하여 책임 있게 행동한다.
④ 신뢰를 바탕으로 정직하게 권고하고 결과와 개선점 및 권고사항을 정확히 보고한다.

암기법
고기(고객, 기업주) / 정확히 기록하는 전문부서 운영하여 / 궁극적으로 근로자 보호 / 책임있게 행동 / 정직하게 보고

 실기까지 중요 ★★

02 산업안전보건법령상 보건관리자의 자격에 해당되지 않는 것은?

① 「의료법」에 따른 의사
② 「의료법」에 따른 간호사
③ 「국가기술자격법」에 따른 산업위생관리 산업기사이상의 자격을 취득한 사람
④ 「국가기술자격법」에 따른 대기환경기사 이상의 자격을 취득한 사람

★ 보건관리자의 자격
① 산업보건지도사 자격을 가진 사람
② 「의료법」에 따른 의사
③ 「의료법」에 따른 간호사
④ 「국가기술자격법」에 따른 산업위생관리산업기사 또는 대기환경산업기사 이상의 자격을 취득한 사람
⑤ 「국가기술자격법」에 따른 인간공학기사 이상의 자격을 취득한 사람
⑥ 「고등교육법」에 따른 전문대학 이상의 학교에서 산업보건 또는 산업위생 분야의 학위를 취득한 사람(법령에 따라 이와 같은 수준 이상의 학력이 있다고 인정되는 사람을 포함한다)

 실기까지 중요 ★★

정답 01 ④ 02 ④

03 근육과 뼈를 연결하는 섬유조직을 무엇이라 하는가?

① 건(tendon) ② 관절(joint)
③ 뉴런(neuron) ④ 인대(ligament)

> ★ 건(tendon)
> 근육과 뼈를 연결하는 섬유조직

04 다음 중 18세기 영국에서 최초로 보고하였으며, 어린이 굴뚝청소부에게 많이 발생하였고, 원인물질이 검댕(soot) 이라고 규명된 직업성 암은?

① 폐암 ② 후두암
③ 음낭암 ④ 피부암

> ★ Percivall Pott(18세기) : 영국의 외과의사
> ① 굴뚝청소부에서 최초의 직업성 암인 "음낭암"을 발견
> ② 암의 원인 물질은 "검댕"(다핵방향족 화합물 PAH)
> ③ "굴뚝 청소부법" 제정하는 계기가 됨

📝 실기까지 중요 ★★

05 직업성 질환과 그 원인이 되는 직업이 가장 적합하게 연결된 것은?

① 평편족 - VDT 작업
② 진폐증 - 고압, 저압작업
③ 중추신경 장해 - 광산작업
④ 목위팔(경견완)증후군 - 타이핑작업

> ★ 직업성 경견완증후군의 원인이 되는 작업
> ① 키펀치 작업(컴퓨터 사무작업)
> ② 전화교환 작업
> ③ 금전등록기의 계산 작업

📝 필기에 자주 출제 ★

06 산업안전보건법령상 제조 등이 금지되는 유해물질이 아닌 것은?

① 석면 ② 염화비닐
③ β-나프틸아민 ④ 4-니트로티페닐

> ★ 제조 등이 금지되는 유해물질
> ① β-나프틸아민[91-59-8]과 그 염(β-Naphthylamine and its salts)
> ② 4-니트로디페닐[92-93-3]과 그 염(4-Nitrodiphenyl and its salts)
> ③ 백연[1319-46-6]을 함유한 페인트(함유된 중량의 비율이 2퍼센트 이하인 것은 제외한다)
> ④ 벤젠[71-43-2]을 함유하는 고무풀(함유된 중량의 비율이 5퍼센트 이하인 것은 제외한다)
> ⑤ 석면(Asbestos ; 1332-21-4 등)
> ⑥ 폴리클로리네이티드 터페닐(Polychlorinated terphenyls ; 61788-33-8 등)
> ⑦ 황린(黃燐)[12185-10-3] 성냥(Yellow phosphorus match)
> ⑧ 제1호, 제2호, 제5호 또는 제6호에 해당하는 물질을 함유한 혼합물(함유된 중량의 비율이 1퍼센트 이하인 것은 제외한다)
> ⑨ 「화학물질관리법」에 따른 금지물질(같은 법 제3조제1항제1호부터 제12호까지의 규정에 해당하는 화학물질은 제외한다)
> ⑩ 그 밖에 보건상 해로운 물질로서 산업재해보상보험및예방심의위원회의 심의를 거쳐 고용노동부장관이 정하는 유해물질

📝 실기까지 중요 ★★

정답 03 ① 04 ③ 05 ④ 06 ②

07 재해발생의 주요 원인에서 불안전한 행동에 해당하는 것은?

① 보호구 미착용
② 방호장치 미설치
③ 시끄러운 주변 환경
④ 경고 및 위험표지 미설치

> ① 불안전한 행동
> ②, ③, ④ 불안전한 상태

> * 참고
> 산업재해의 직접원인
> ① 인적원인(불안전한 행동)
> ② 물적원인(불안전한 상태)

08 효과적인 교대근무제의 운용방법에 대한 내용으로 옳은 것은?

① 야근근무 종료 후 휴식은 24시간 전후로 한다.
② 야근은 가면(假眠)을 하더라도 10시간 이내가 좋다.
③ 신체적 적응을 위하여 야근근무의 연속일수는 대략 1주일로 한다.
④ 누적 피로를 회복하기 위해서는 정교대 방식보다는 역교대 방식이 좋다.

> ① 야간근무 후 다른 근무조로 가기 전에 최소한 48시간 이상의 휴식을 두어야 한다.
> ③ 야근근무의 연속일수는 2~3일로 한다.(연속 3일 이상 야간근무를 하는 것은 피하고, 야간 근무 후에는 1~2일 정도 휴식을 취하는 것이 바람직함)
> ④ 근무시간표는 순차적으로 편성하는 것이 바람직하다.(정교대가 좋다.)

📝 필기에 자주 출제 ★

09 산업안전보건법령상 입자상 물질의 농도 평가에서 2회 이상 측정한 단시간 노출농도 값이 단시간노출기준과 시간가중평균기준 값 사이일 때 노출기준 초과로 평가해야 하는 경우가 아닌 것은?

① 1일 4회를 초과하는 경우
② 15분 이상 연속 노출되는 경우
③ 노출과 노출 사이의 간격이 1시간 이내인 경우
④ 단위작업장소의 넓이가 80평방미터 이상인 경우

> 단시간노출 값이 허용기준 TWA를 초과하고 허용기준 STEL 이하인 때에는 다음 어느 하나 이상에 해당되면 허용기준을 초과한 것으로 판정한다.
> ① 1회 노출지속시간이 15분 이상인 경우
> ② 1일 4회를 초과하여 노출되는 경우
> ③ 각 회의 간격이 60분 미만인 경우

📝 실기까지 중요 ★★

10 다음 산업위생의 정의 중 ( )안에 들어갈 내용으로 볼 수 없는 것은?

> 산업위생이란, 근로자나 일반 대중에게 질병, 건강장해 등을 초래하는 작업환경 요인과 스트레스를 ( )하는 과학과 기술이다.

① 보상
② 예측
③ 평가
④ 관리

> * 미국산업위생학회(AIHA)의 산업위생의 정의
> 근로자나 일반 대중에게 질병, 건강장해와 안녕방해, 심각한 불쾌감 및 능률 저하 등을 초래하는 작업환경 요인과 스트레스를 예측, 측정, 평가, 관리하는 과학과 기술이다

📝 실기에 자주 출제 ★★★

정답 07 ① 08 ② 09 ④ 10 ①

11 산업안전보건법령상 영상표시단말기(VDT) 취급 근로자의 작업자세로 옳지 않은 것은?

① 팔꿈치의 내각은 90°이상이 되도록 한다.
② 근로자의 발바닥 전면이 바닥면에 닿는 자세를 기본으로 한다.
③ 무릎의 내각(Knee Angle)은 90°전후가 되도록 한다.
④ 근로자의 시선은 수평선상으로부터 10~15° 위로 가도록 한다.

> ④ 영상표시단말기 취급근로자의 시선은 화면상단과 눈높이가 일치할 정도로 하고 작업 화면상의 시야는 수평선상으로부터 아래로 10도 이상 15도 이하에 오도록 하며 화면과 근로자의 눈과의 거리(시거리: Eye-Screen Distance)는 40센티미터 이상을 확보할 것

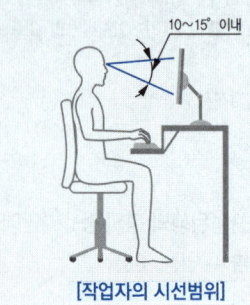

[작업자의 시선범위]

12 직업성 질환에 관한 설명으로 옳지 않은 것은?

① 직업성 질환과 일반 질환은 경계가 뚜렷하다.
② 직업성 질환은 재해성 질환과 직업병으로 나눌 수 있다.
③ 직업성 질환이란 어떤 작업에 종사함으로써 발생하는 업무상 질병을 의미한다.
④ 직업병은 저농도 또는 저수준의 상태로 장시간 걸쳐 반복노출로 생긴 질병을 의미한다.

> ① 직업성 질환과 일반 질환은 경계가 뚜렷하지 않다.

13 사고예방대책 기본 원리 5단계를 올바르게 나열한 것은?

① 사실의 발견 → 조직 → 분석·평가 → 시정방법의 선정 → 시정책의 적용
② 사실의 발견 → 조직 → 시정방법의 선정 → 시정책의 적용 → 분석·평가
③ 조직 → 사실의 발견 → 분석·평가 → 시정방법의 선정 → 시정책의 적용
④ 조직 → 분석·평가 → 사실의 발견 → 시정방법의 선정 → 시정책의 적용

> *** 하인리히의 사고방지 5단계**
> ① 1단계 : 안전조직
> ② 2단계 : 사실의 발견
> ③ 3단계 : 분석
> ④ 4단계 : 시정방법 선정
> ⑤ 5단계 : 시정책 적용

실기까지 중요 ★★

14 유해물질의 생물학적 노출지수 평가를 위한 소변 시료채취방법 중 채취시간에 제한 없이 채취할 수 있는 유해물질은 무엇인가? (단, ACGIH 권장기준이다.)

① 벤젠 ② 카드뮴
③ 일산화탄소 ④ 트리클로로에틸렌

화학물질	생물학적 노출지표물질 (체내대사산물)	시료채취 시기
벤젠	소변 중 페놀, 소변 중 t,t-뮤코닉산(t,t-Muconic acid)	작업종료 시
카드뮴	혈중 카드뮴, 소변 중 카드뮴	중요치 않음
일산화탄소	호기 중 일산화탄소, 혈중 카르복시헤모글로빈	작업종료 후 15분 이내
트리클로로에틸렌 (삼염화에틸렌)	소변 중 트리클로로초산 (삼염화 초산), 트리클로로에탄올(삼염화에탄올)	주말작업 종료 직후

실기에 자주 출제 ★★★

정답 11 ④ 12 ① 13 ③ 14 ②

15 A유해물질의 노출기준은 100ppm이다. 잔업으로 인하여 작업시간이 8시간에서 10시간으로 늘었다면 이 기준치는 몇 ppm으로 보정해 주어야 하는가? (단, Brief와 Scala의 보정방법을 적용하며 1일 노출시간을 기준으로 한다.)

① 60　　② 70
③ 80　　④ 90

> **★ Brief와 Scala의 보정방법**
> ① $RF = \left(\dfrac{8}{H}\right) \times \dfrac{24-H}{16}$
> ② [일주일 ; $RF = \left(\dfrac{40}{H}\right) \times \dfrac{168-H}{128}$
> ③ 보정된 노출기준 = RF×노출기준(허용농도)
> • H : 비정상적인 작업시간(노출시간/일)
>   ; 노출시간/주
> • 16 : 휴식시간 의미(128 ; 일주일 휴식시간 의미)
>
> 1. $RF = \left(\dfrac{8}{10}\right) \times \dfrac{24-10}{16} = 0.7$
> 2. 보정된 허용농도 = 0.7 × 100 = 70(ppm)

📝 실기에 자주 출제 ★★★

16 젊은 근로자의 약한 손(오른손잡이일 경우 왼손)의 힘이 평균 45kp일 경우 이 근로자가 무게 10kg인 상자를 두 손으로 들어 올릴 경우의 작업강도(%MS)는 약 얼마인가?

① 1.1　　② 8.5
③ 11.1　　④ 21.1

> 작업강도(%MS) = $\dfrac{RF}{MS} \times 100$
> • RF : 작업 시 요구되는 힘(한 손에 요구되는 힘)
> • MS : 근로자가 가지고 있는 약한 손의 최대 힘
>
> 작업강도 = $\dfrac{5}{45} \times 100 = 11.11(\%)$
> (10kg을 두 손으로 들어올림 → 한 손에 요구되는 힘 5kg)

📝 실기까지 중요 ★★

17 다음 최대 작업역(maximum area)에 대한 설명으로 옳은 것은?

① 작업자가 작업할 때 팔과 다리를 모두 이용하여 닿는 영역
② 작업자가 작업을 할 때 아래팔을 뻗어 파악할 수 있는 영역
③ 작업자가 작업할 때 상체를 기울여 손이 닿는 영역
④ 작업자가 작업할 때 윗팔과 아래팔을 곧게 펴서 파악할 수 있는 영역

> **★ 최대 작업역**
> ① 전완과 상완을 곧게 펴서 파악할 수 있는 구역(양팔을 곧게 폈을 때 도달할 수 있는 최대영역)
> ② 움직이지 않고 상지(上肢)를 뻗어서 닿는 범위

> **★ 참고**
> **정상작업역**
> ① 상완을 자연스럽게 늘어뜨린 채 전완만으로 뻗어 파악 할 수 있는 구역(팔을 가볍게 몸체에 붙이고 팔꿈치를 구부린 상태에서 자유롭게 손이 닿는 영역)
> ② 움직이지 않고 전박(前膊)과 손으로 조작할 수 있는 범위

📝 실기까지 중요 ★★

18 산업 스트레스의 반응에 따른 심리적 결과에 해당되지 않는 것은?

① 가정문제　　② 수면방해
③ 돌발적사고　　④ 성(性)적 역기능

> ③ 돌발적사고 → 산업스트레스의 행동적 결과

정답　15 ②　16 ③　17 ④　18 ③

19 전신피로의 원인으로 볼 수 없는 것은?

① 산소공급의 부족
② 작업강도의 증가
③ 혈중포도당 농도의 저하
④ 근육 내 글리코겐 양의 증가

> * 전신피로의 생리학적 원인
> ① 산소공급 부족
> ② 혈중 포도당(글루코오스)농도 저하(가장 큰 원인)
> ③ 근육 내 글리코겐 양의 감소
> ④ 혈중 젖산농도의 증가
> ⑤ 작업강도의 증가

 실기까지 중요 ★★

20 공기 중의 혼합물로서 아세톤 400ppm(TLV=750ppm), 메틸에틸케톤 100ppm(TLV=200ppm)이 서로 상가작용을 할 때 이 혼합물의 노출지수(EI)는 약 얼마인가?

① 0.82 ② 1.03
③ 1.10 ④ 1.45

> 1. 노출지수
> $$EI = \frac{C_1}{T_1} + \frac{C_2}{T_2} + \cdots + \frac{C_n}{T_n}$$
> • C : 화학물질 각각의 측정치
> • T : 화학물질 각각의 노출기준
> • 판정 : $EI > 1$ 경우 노출기준을 초과함
>
> 2. 평가
> • $EI > 1$: 노출기준을 초과함
> • $EI < 1$: 노출기준을 초과하지 않음
>
> 3. 혼합물의 TLV-TWA
> $$TLV-TWA = \frac{C_1 + C_2 + \cdots + C_n}{EI}$$
>
> $$EI = \frac{400}{750} + \frac{100}{200} = 1.03$$

 실기까지 중요 ★★

제2과목 작업위생측정 및 평가

21 공기 중에 카본 테트라클로라이드(TLV=10ppm) 8ppm, 1,2-디클로로에탄(TLV=50ppm) 40ppm, 1,2-디브로모에탄(TLV=20ppm) 10ppm으로 오염되었을 때, 이 작업장 환경의 허용기준 농도(ppm)는? (단, 상가작용을 기준으로 한다.)

① 24.5 ② 27.6
③ 29.6 ④ 58.0

> 1. 노출지수
> $$EI = \frac{C_1}{T_1} + \frac{C_2}{T_2} + \cdots + \frac{C_n}{T_n}$$
> • C : 화학물질 각각의 측정치
> • T : 화학물질 각각의 노출기준
> • 판정 : $EI > 1$ 경우 노출기준을 초과함
>
> 2. 혼합물의 TLV-TWA
> $$TLV-TWA = \frac{C_1 + C_2 + \cdots + C_n}{EI}$$
>
> 1. $EI = \frac{8}{10} + \frac{40}{50} + \frac{10}{20} = 2.1$
>
> 2. 혼합물의 허용농도 $= \frac{8+40+10}{2.1} = 27.62(ppm)$

 실기까지 중요 ★★

정답 19 ④ 20 ② 21 ②

22 시간당 200~300kcal의 열량이 소요되는 중등작업 조건에서 WBGT 측정치가 31.1℃일 때 고열작업 노출기준의 작업휴식조건으로 가장 적절한 것은?

① 계속 작업
② 매시간 25% 작업, 75% 휴식
③ 매시간 50% 작업, 50% 휴식
④ 매시간 75% 작업, 25% 휴식

> ★ 고온의 노출기준(단위 : ℃, WBGT)
>
> | 작업강도
작업휴식시간비 | 경작업 | 중등작업 | 중작업 |
> |---|---|---|---|
> | 계속 작업 | 30.0 | 26.7 | 25.0 |
> | 매시간75% 작업, 25% 휴식 | 30.6 | 28.0 | 25.9 |
> | 매시간 50% 작업, 50% 휴식 | 31.4 | 29.4 | 27.9 |
> | 매시간 25% 작업, 75% 휴식 | 32.2 | 31.1 | 30.0 |
>
> (1) 경작업 : 200kcal까지의 열량이 소요되는 작업을 말하며, 앉아서 또는 서서 기계의 조정을 하기 위하여 손 또는 팔을 가볍게 쓰는 일 등을 뜻함
> (2) 중등작업 : 시간당 200~350kcal의 열량이 소요되는 작업을 말하며, 물체를 들거나 밀면서 걸어다니는 일 등을 뜻함
> (3) 중작업 : 시간당 350~500kcal의 열량이 소요되는 작업을 말하며, 곡괭이질 또는 삽질하는 일 등을 뜻함
>
> 📝 필기에 자주 출제★

23 다음 중 직독식 기구로만 나열된 것은?

① AAS, ICP, 가스모니터
② AAS, 휴대용 GC, GC
③ 휴대용 GC, ICP, 가스검지관
④ 가스모니터, 가스검지관, 휴대용 GC

> ★ 직독식 측정기구
> ① 직독식기구는 현장에서 시료를 분석할 수 있는 휴대용 가스크로마토그래피(GC)와 적외선분광광도계, 가스모니터, 가스검지관 등이 있으며, 완전한 시료 채취 방법은 아니다.
> ② 측정과 작동이 간편하여 인력과 분석비를 절감할 수 있다.
> ③ 현장에서 실제 작업시간이나 어떤 순간에서 유해인자의 수준과 변화를 손쉽게 알 수 있다.
> ④ 직독식 기구는 민감도가 낮아 고농도에서만 적용이 가능하고 특이도가 낮아 다른 방해물질의 영향을 받기 쉬운 단점이 있다.
> ⑤ 현장에서 즉각적인 자료가 요구될 때 매우 유용하게 이용될 수 있다.

24 입자상 물질을 채취하는데 사용하는 여과지 중 막여과지(membrane filter)가 아닌 것은?

① MCE 여과지
② PVC 여과지
③ 유리섬유 여과지
④ PTFE 여과지

> ③ 유리섬유 여과지 → 섬유상 여과지

25 연속적으로 일정한 농도를 유지하면서 만드는 방법 중 Dynamic Method에 관한 설명으로 틀린 것은?

① 농도변화를 줄 수 있다.
② 대개 운반용으로 제작된다.
③ 만들기가 복잡하고, 가격이 고가이다.
④ 소량의 누출이나 벽면에 의한 손실은 무시할 수 있다.

> ★ Dynamic method
> ① 알고 있는 공기 중의 농도를 만드는 방법을 말한다.(오염물질을 희석공기와 연속적으로 혼합하여 일정 농도를 유지하도록 만드는 방법)
> ② 농도변화를 줄 수 있고, 온습도 조절이 가능하다.
> ③ 다양한 농도범위에서 제조가 가능하다.
> ④ 만들기가 복잡하고 가격이 고가이다.
> ⑤ 소량의 누출이나 벽면에 의한 손실은 무시할 수 있다.
> ⑥ 다양한 실험을 할 수 있으며 가스, 증기, 에어로졸 실험도 가능하다.
> ⑦ 지속적인 모니터링이 필요하다.
>
> 📝 필기에 자주 출제★

정답 22 ② 23 ④ 24 ③ 25 ②

26 다음 중 활성탄관과 비교한 실리카겔관의 장점과 가장 거리가 먼 것은?

① 수분을 잘 흡수하여 습도에 대한 민감도가 높다.
② 매우 유독한 이황화탄소를 탈착용매로 사용하지 않는다.
③ 극성물질을 채취한 경우 물, 에탄올 등 다양한 용매로 쉽게 탈착된다.
④ 추출액이 화학분석이나 기기분석에 방해물질로 작용하는 경우가 많지 않다

* **실리카겔관의 장·단점**

장점	• 극성물질을 채취한 경우 물, 메탄올 등 다양한 용매로 쉽게 탈착된다. • 추출액이 화학분석이나 기기분석에 방해물질로 작용하는 경우가 많지 않다. • 활성탄으로 채취가 어려운 아닐린, 오르쏘-톨루이딘 등의 아민류나 몇몇 무기물질의 채취가 가능하다. • 매우 유독한 이황화탄소를 탈착 용매로 사용하지 않는다.
단점 ★	• 수분을 잘 흡수(친수성)하여 습도의 증가에 따라 흡착용량이 감소된다.

📝 필기에 자주 출제 ★

27 호흡성 먼지에 관한 내용으로 옳은 것은? (단, ACGIH를 기준으로 한다.)

① 평균 입경은 $1\mu m$이다.
② 평균 입경은 $4\mu m$이다.
③ 평균 입경은 $10\mu m$이다.
④ 평균 입경은 $50\mu m$이다.

흡입성 분진 (IPM)	① 호흡기 어느 부위에 침착하더라도 독성을 유발하는 분진 ② 평균입경 : $100\mu m$ (입경범위 : $0 \sim 100\mu m$)
흉곽성 분진 (TPM)	① 기도나 하기도(가스교환 부위) 또는 폐포나 폐기도에 침착하여 독성을 나타내는 물질 ② 평균입경 : $10\mu m$
호흡성 분진 (RPM)	① 가스교환 부위(폐포)에 침착하여 독성을 나타내는 물질 ② 평균입경 : $4\mu m$

📝 실기에 자주 출제 ★★★

28 셀룰로오스 에스테르 막여과지에 대한 설명으로 틀린 것은?

① 산에 쉽게 용해된다.
② 유해물질이 표면에 주로 침착되어 현미경 분석에 유리하다.
③ 흡습성이 적어 중량분석에 주로 적용된다.
④ 중금속 시료채취에 유리하다.

* **MCE막 여과지**
(Mixed cellulose ester membrane filter)
① 산에 쉽게 용해되므로 입자상 물질 중의 금속을 채취하여 원자흡광광도법으로 분석하는 데 적당하다.
② 유해물질이 여과지의 표면에 주로 침착되어 석면 등 현미경 분석을 위한 시료채취에 유리하다.
③ MCE여과지의 원료인 셀룰로오스는 수분을 흡수하는 특성을 가지고 있다. (흡습성이 높아 오차를 유발할 수 있어 중량분석에 적합하지 못함)
④ 중금속, 석면, 살충제, 산·알칼리미스트, 불소화합물 및 기타 무기물질 채취에 이용된다.

암기법
MC(MCE막여과지) 중(중금속)석(석면)은 산에 약하고 수분 흡수하여 중량분석 못함

📝 필기에 자주 출제 ★

정답   26 ①   27 ②   28 ③

29 작업장의 유해인자에 대한 위해도 평가에 영향을 미치는 것과 가장 거리가 먼 것은?

① 유해인자의 위해성
② 휴식시간의 배분 정도
③ 유해인자에 노출되는 근로자수
④ 노출되는 시간 및 공간적인 특성과 빈도

> ★ 작업장 유해인자의 위해도 평가에 영향을 미치는 것
> ① 유해인자의 유해성
> ② 유해인자에 노출되는 근로자수
> ③ 노출되는 시간 및 공간적인 특성과 빈도
>
> ★ 참고
> 작업장 유해인자의 위해도 평가를 위해 고려하여야 할 요인
> ① 공간적 분포
> ② 조직적 특성
> ③ 시간적 빈도와 기간

30 직경이 5μm, 비중이 1.8인 원형 입자의 침강속도(cm/min)는? (단, 공기의 밀도는 0.0012g/cm³, 공기의 점도는 1.807×10^{-4} poise이다.)

① 6.1
② 7.1
③ 8.1
④ 9.1

> ★ Lippman식에 의한 침강속도
> (입자크기가 1~50μm 경우 적용)
> $$V(cm/sec) = 0.003 \times \rho \times d^2$$
> ・V : 침강속도(cm/sec)
> ・ρ : 입자 밀도(비중) (g/cm³)
> ・d : 입자직경(μm)
>
> $V = 0.003 \times 1.8 \times 5^2 = 0.135(cm/sec) \times 60$
> $= 8.1(cm/min)$
>
> $$\frac{0.135cm}{sec} = \frac{0.135cm}{\frac{1}{60}min} = 0.135 \times 60(cm/min)$$
>
> 📘 실기에 자주 출제 ★★★

31 어느 작업장의 소음 측정 결과가 다음과 같을 때, 총 음압레벨(dB(A))은? (단, A, B, C 기계는 동시에 작동된다.)

- A기계 : 81dB(A)
- B기계 : 85dB(A)
- C기계 : 88dB(A)

① 84.7
② 86.5
③ 88.0
④ 90.3

> ★ 합성소음도
> $$L(dB) = 10 \times \log(10^{\frac{L_1}{10}} + 10^{\frac{L_2}{10}} + \cdots + 10^{\frac{L_n}{10}})$$
> ・L : 합성소음도(dB)
> ・$L_1 \sim L_n$: 각각 소음원의 소음(dB)
>
> $L = 10 \times \log\left(10^{\frac{81}{10}} + 10^{\frac{85}{10}} + 10^{\frac{88}{10}}\right) = 90.31(dB)$
>
> 📘 실기에 자주 출제 ★★★

정답 29 ② 30 ③ 31 ④

32 작업환경측정방법 중 소음측정시간 및 횟수에 관한 내용 중 ( )안에 들어갈 내용으로 옳은 것은? (단, 고용노동부 고시를 기준으로 한다.)

> 단위작업 장소에서의 소음발생시간이 6시간 이내인 경우나 소음발생원에서의 발생시간이 간헐적인 경우에는 발생시간 동안 연속 측정하거나 등간격으로 나누어 ( )회 이상 측정하여야 한다.

① 2 ② 3
③ 4 ④ 6

★ 소음 측정시간
① 단위작업 장소에서 소음수준은 규정된 측정위치 및 지점에서 1일 작업시간 동안 6시간 이상 연속 측정하거나 작업시간을 1시간 간격으로 나누어 6회 이상 측정하여야 한다. 다만, 소음의 발생특성이 연속음으로서 측정치가 변동이 없다고 자격자 또는 지정측정기관이 판단한 경우에는 1시간 동안을 등간격으로 나누어 3회 이상 측정할 수 있다.
② 단위작업 장소에서의 소음발생시간이 6시간 이내인 경우나 소음발생원에서의 발생시간이 간헐적인 경우에는 발생시간 동안 연속 측정하거나 등간격으로 나누어 4회 이상 측정하여야 한다

📖 실기까지 중요 ★★

33 레이저광의 폭로량을 평가하는 사항에 해당하지 않는 항목은?

① 각막 표면에서의 조사량(J/cm^2) 또는 폭로량을 측정한다.
② 조사량의 서한도는 1mm 구경에 대한 평균치이다.
③ 레이저광과 같은 직사광과 형광등 또는 백열등과 같은 확산광은 구별하여 사용해야 한다.
④ 레이저광에 대한 눈의 허용량은 폭로 시간에 따라 수정되어야 한다.

④ 눈의 허용량(노출기준)은 파장에 따라 다르다

34 분석 기기에서 바탕선량(background)과 구별하여 분석될 수 있는 최소의 양은?

① 검출한계 ② 정량한계
③ 정성한계 ④ 정도한계

★ 검출한계의 정의
① 공시료와 통계적으로 다르게 분석될 수 있는 가장 낮은 양
② 분석기기가 검출할 수 있는 가장 작은 양을 말한다.

★ 참고
정량한계의 정의
① 분석결과가 신뢰성을 가질 수 있는 양
② 분석기기가 정량할 수 있는 가장 작은 양을 말한다.
③ 정량한계 = 표준편차의 10배 또는 검출한계의 3 또는 3.3배

📖 실기까지 중요 ★★

정답 32 ③ 33 ④ 34 ①

35 작업장의 온도 측정결과가 다음과 같을 때, 측정결과의 기하평균은?

(단위 : ℃)
5, 7, 12, 18, 25, 13

① 11.6℃ ② 12.4℃
③ 13.3℃ ④ 15.7℃

★ 기하평균

1. $\log(GM) = \dfrac{\log X_1 + \log X_2 + \cdots + \log X_n}{N}$
2. $G.M = \sqrt[N]{X_1 \cdot X_2 \cdots X_n}$
   - X_n : 측정치
   - N : 측정치 개수

기하평균 $= \sqrt[6]{5 \times 7 \times 12 \times 18 \times 25 \times 13}$
$= 11.62(℃)$

📌 실기에 자주 출제 ★★★

36 금속제품을 탈지 세정하는 공정에서 사용하는 유기용제인 트리클로로에틸렌이 근로자에게 노출되는 농도를 측정하고자 한다. 과거의 노출농도를 조사해 본 결과, 평균 50ppm이었을 때, 활성탄관(100mg/50mg)을 이용하여 0.4L/min으로 채취하였다면 채취해야 할 시간(min)은? (단, 트리클로로에틸렌의 분자량은 131.39이고 기체크로마토그래피의 정량한계는 시료당 0.5mg, 1기압, 25℃기준으로 기타 조건은 고려하지 않는다.)

① 2.4 ② 3.2
③ 4.7 ④ 5.3

25℃, 1기압일 때
- $mg/m^3 = \dfrac{ppm \times 분자량}{24.45(25℃, 1기압)}$
- $ppm = mg/m^3 \times \dfrac{24.45(L)}{분자량}$

1. 50ppm → mg/m^3

$mg/m^3 = \dfrac{ppm \times 분자량}{24.45(25℃, 1기압)}$

$= \dfrac{50 \times 131.39}{24.45} = 268.69(mg/m^3)$

2. $\dfrac{0.5mg}{\dfrac{0.4 \times 10^{-3} m^3}{min} \times x \, min} = 268.69(mg/m^3)$

$0.4 \times 10^{-3} \times x \times 268.69 = 0.5$

$\therefore x = \dfrac{0.5}{0.4 \times 10^{-3} \times 268.69} = 4.65(분)$

📌 실기에 자주 출제 ★★★

37 5M 황산을 이용하여 0.004M 황산용액 3L를 만들기 위해 필요한 5M 황산의 부피(mL)는?

① 5.6 ② 4.8
③ 3.1 ④ 2.4

1. 5M
   용액1L(1000mL) 속에 용질이 5M 녹아 있음
2. 0.004M
   용액1L(1000mL) 속에 용질이 0.004M 녹아있음
3. 3L(3,000mL)의 0.004M의 황산용액을 만들기 위해서는 $3 \times 0.004M = 0.012M$이 필요함
   1,000mL 속에 용질이 5M 녹아있으므로
   $1,000 : 5 = X : 0.012$
   $5X = 1,000 \times 0.012$
   $X = \dfrac{1,000 \times 0.012}{5} = 2.4(mL)$

★ 참고
몰 농도
용액 1L 속에 녹아 있는 용질의 몰수(M 또는 mol/L)

📌 실기에 자주 출제 ★★★

정답 35 ① 36 ③ 37 ④

38 작업환경공기 중의 물질A(TLV 50ppm)가 55 ppm이고, 물질B(TLV 50ppm)가 47ppm이며, 물질C(TLV 50ppm)가 52ppm이었다면, 공기의 노출농도 초과도는? (단, 상가작용을 기준으로 한다.)

① 3.62 ② 3.08
③ 2.73 ④ 2.33

> 1. 노출지수
> $$EI = \frac{C_1}{T_1} + \frac{C_2}{T_2} + \cdots + \frac{C_n}{T_n}$$
> - C : 화학물질 각각의 측정치
> - T : 화학물질 각각의 노출기준
> - 판정 : $EI > 1$ 경우 노출기준을 초과함
>
> 2. 혼합물의 TLV-TWA
> $$TLV-TWA = \frac{C_1 + C_2 + \cdots + C_n}{EI}$$
>
> $$EI = \frac{55}{50} + \frac{47}{50} + \frac{52}{50} = 3.08$$

📝 실기까지 중요 ★★

39 다음 중 정밀도를 나타내는 통계적 방법과 가장 거리가 먼 것은?

① 오차 ② 산포도
③ 표준편차 ④ 변이계수

> ★ 자료의 정밀도를 나타내는 통계적 방법
> ① 산포도
> ② 표준편차
> ③ 변이계수
>
> ★ 참고
> 오차
> 측정값과 참값의 차이를 말한다.

40 빛의 파장의 단위로 사용되는 Å(Angstrom)을 국제표준 단위계(SI)로 나타낸 것은?

① 10^{-6}m ② 10^{-8}m
③ 10^{-10}m ④ 10^{-12}m

> Å = 10^{-10}m

제3과목 작업환경관리대책

41 두 분지관이 동일 합류점에서 만나 합류관을 이루도록 설계되어 있다. 한쪽 분지관의 송풍량은 200m³/min, 합류점에서의 이 관의 정압은 −34mmH₂O이며, 다른쪽 분지관의 송풍량은 160m³/min, 합류점에서의 이 관의 정압은 −30mmH₂O이다. 합류점에서 유량의 균형을 유지하기 위해서는 압력손실이 더 적은 관을 통해 흐르는 송풍량(m³/min)을 얼마로 해야 하는가?

① 165 ② 170
③ 175 ④ 180

> $$Q_2 = Q_1 \sqrt{\frac{SP_2}{SP_1}} = 160 \times \sqrt{\frac{-34}{-30}} = 170.33 (m^3/min)$$

42 페인트 도장이나 농약 살포와 같이 공기 중에 가스 및 증기상 물질과 분진이 동시에 존재하는 경우 호흡 보호구에 이용되는 가장 적절한 공기 정화기는?

① 필터
② 만능형 캐니스터
③ 요오드를 입힌 활성탄
④ 금속산화물을 도포한 활성탄

> 공기 중에 가스 및 증기상 물질과 분진이 동시에 존재하는 경우 가장 적절한 공기 정화기 → 만능형 캐니스터

43 전체환기시설을 설치하기 위한 기본원칙으로 가장 거리가 먼 것은?

① 오염물질 사용량을 조사하여 필요 환기량을 계산한다.
② 공기배출구와 근로자의 작업위치 사이에 오염원이 위치해야 한다.
③ 오염물질 배출구는 가능한 한 오염원으로부터 가까운 곳에 설치하여 점환기 효과를 얻는다.
④ 오염원 주위에 다른 작업공정이 있으면 공기 공급량을 배출량보다 크게 하여 양압을 형성시킨다.

> ④ 오염원 주위에 다른 작업공정이 있으면 공기 공급량을 배출량보다 작게 하여 음압을 형성시킨다.

📝 필기에 자주 출제 ★

> ★ 참고
> 환기방식의 결정
> ① 오염이 높은 작업장 : 주변에 오염물질의 확산을 방지하기 위하여 실내압을 음압(-)으로 유지하여야 한다.
> ② 청정공기를 필요로 하는 작업장(전자공업 등) : 오염물질이 포함된 외부공기가 유입되지 않도록 실내압을 양압(+)으로 유지하여야 한다.

44 송풍관(duct) 내부에서 유속이 가장 빠른 곳은? (단, d는 송풍관의 직경을 의미한다.)

① 위에서 1/10d 지점
② 위에서 1/5d 지점
③ 위에서 1/3d 지점
④ 위에서 1/2d 지점

> ★ 송풍관(duct)
> 내부에서 유속이 가장 빠른 곳
> → 위에서 1/2d 지점

45 작업장 용적이 10m×3m×40m이고 필요 환기량이 120m³/min일 때 시간당 공기교환 횟수는?

① 360회 ② 60회
③ 6회 ④ 0.6회

> ★ 시간당 공기교환 횟수(ACH)
> $$ACH = \frac{실내 환기량(Q)}{실내 체적(m^3)}$$
> • $Q(m^3/hr)$
>
> $$ACH = \frac{120 \times 60}{10 \times 3 \times 40} = 6(회)$$
> ($120m^3/min = 120 \times 60 \, m^3/hr$)

📝 실기까지 중요 ★★

정답 42 ② 43 ④ 44 ④ 45 ③

46 국소배기시설이 희석환기시설보다 오염물질을 제거하는데 효과적이므로 선호도가 높다. 이에 대한 이유가 아닌 것은?

① 설계가 잘된 경우 오염물질의 제거가 거의 완벽하다.
② 오염물질의 발생 즉시 배기시키므로 필요 공기량이 적다.
③ 오염 발생원의 이동성이 큰 경우에도 적용 가능하다.
④ 오염물질 독성이 클 때도 효과적 제거가 가능하다.

> ③ 오염 발생원의 이동성이 큰 경우에는 적용이 불가능하다.(전체환기 방식을 적용하여야 한다.)

참고

국소환기 장치 설치가 필요한 경우	① 유해물질 독성이 강한 경우(TLV가 낮을 때) ② 유해물질 발생량이 많은 경우 ③ 발생원이 고정되어 있는 경우 ④ 발생주기가 균일하지 않은 경우 ⑤ 유해물질 발생원과 작업위치가 근접해 있는 경우 ⑥ 높은 증기압의 유기용제 ⑦ 법적의무 설치사항의 경우
전체환기 (희석환기)가 필요한 경우	① 유해물질의 독성이 비교적 낮은 경우 ② 유해물질의 발생량이 적은 경우 ③ 발생원이 이동하는 경우 ④ 유해물질이 시간에 따라 균일하게 발생될 경우 ⑤ 오염원이 근무자가 근무하는 장소로부터 멀리 떨어져 있는 경우 ⑥ 동일한 작업장에 다수의 오염원이 분산되어 있는 경우 ⑦ 국소배기로 불가능한 경우 ⑧ 가연성 가스의 농축으로 폭발의 위험이 있는 경우 ⑨ 유해물질이 증기나 가스일 경우

필기에 자주 출제 ★

47 산업안전보건법령상 관리대상 유해물질 관련 국소배기장치 후드의 제어풍속(m/s)의 기준으로 옳은 것은?

① 가스상태(포위식 포위형) : 0.4
② 가스상태(외부식 상방흡인형) : 0.5
③ 입자상태(포위식 포위형) : 1.0
④ 입자상태(외부식 상방흡인형) : 1.5

★ 관리대상 유해물질

물질의 상태	후드 형식	제어풍속(m/sec)
가스상태	포위식 포위형	0.4
	외부식 측방흡인형	0.5
	외부식 하방흡인형	0.5
	외부식 상방흡인형	1.0
입자상태	포위식 포위형	0.7
	외부식 측방흡인형	1.0
	외부식 하방흡인형	1.0
	외부식 상방흡인형	1.2

필기에 자주 출제 ★

48 총흡음량이 900sabins인 소음발생 작업장에 흡음재를 천장에 설치하여 2000sabins 더 추가하였다. 이 작업장에서 기대되는 소음 감소치(NR; db(A))는?

① 약 3 ② 약 5
③ 약 7 ④ 약 9

$$NR = 10 \times \log\left(\frac{A_2}{A_1}\right)$$

- NR : 감음량(dB)
- A_1 : 흡음처리 전 실내의 총 흡음력(sabin)
- A_2 : 흡음처리 후 실내의 총 흡음력(sabin)

$$NR = 10 \times \log\left(\frac{900 + 2,000}{900}\right) = 5.08(dB)$$

실기까지 중요 ★★

정답 46 ③ 47 ① 48 ②

49 외부식 후드(포집형 후드)의 단점이 아닌 것은?

① 포위식 후드보다 일반적으로 필요송풍량이 많다.
② 외부 난기류의 영향을 받아서 흡인효과가 떨어진다.
③ 근로자가 발생원과 환기시설 사이에서 작업하게 되는 경우가 많다.
④ 기류속도가 후드 주변에서 매우 빠르므로 쉽게 흡인되는 물질의 손실이 크다

> ★ 외부식 후드(포집형 후드)의 단점
> ① 포위식 후드보다 일반적으로 필요송풍량이 많다.
> ② 외부 난기류의 영향을 받아서 흡인효과가 떨어진다.
> ③ 송풍기의 규격이 커지고 설치, 운전비용이 많이 든다.
> ④ 기류속도가 후드 주변에서 매우 빠르므로 쉽게 흡인되는 물질의 손실이 크다.

50 송풍기의 효율이 큰 순서대로 나열된 것은?

① 평판송풍기 > 다익송풍기 > 터보송풍기
② 다익송풍기 > 평판송풍기 > 터보송풍기
③ 터보송풍기 > 다익송풍기 > 평판송풍기
④ 터보송풍기 > 평판송풍기 > 다익송풍기

> ★ 송풍기의 효율
> 터보송풍기 > 평판(방사형)송풍기 > 다익송풍기

 실기까지 중요 ★★

51 송풍기 입구 전압이 280mmH$_2$O이고 송풍기 출구 정압이 100mmH$_2$O이다. 송풍기 출구 측 동압이 200mmH$_2$O일 때, 전압(mmH$_2$O)은?

① 20 ② 40
③ 80 ④ 180

> ★ 송풍기 전압(FTP)
> $FTP = TP_{in} - TP_{out}$
> $= (SP_{out} + VP_{out}) - (SP_{in} + VP_{in})$
> $FTP = (SP_{out} + VP_{out}) - (TP_{in})$
> $= (100 + 200) - 280 = 20(mmH_2O)$

> ★ 참고
> $TP_{in} = SP_{in} + VP_{in}$

52 플레넘형 환기시설의 장점이 아닌 것은?

① 연마분진과 같이 끈적거리거나 보풀거리는 분진의 처리가 용이하다.
② 주관의 어느 위치에서도 분지관을 추가하거나 제거할 수 있다.
③ 주관은 입경이 큰 분진을 제거할 수 있는 침강실의 역할이 가능하다.
④ 분지관으로부터 송풍기까지 낮은 압력손실을 제공하여 운전동력을 최소화할 수 있다.

> ★ 플레넘형 환기시설의 장점
> ① 주관의 어느 위치에서도 분지관을 추가하거나 제거할 수 있다.
> ② 주관은 입경이 큰 분진을 제거할 수 있는 침강실의 역할이 가능하다.
> ③ 분지관으로부터 송풍기까지 낮은 압력손실을 제공하여 운전동력을 최소화할 수 있다.

> ★ 참고
> 플레넘(공기충만실)(Plenum)
> 공기의 흐름을 균일하게 유지시켜주기 위한 후드나 덕트의 큰 공간을 말한다.

정답 49 ③ 50 ④ 51 ① 52 ①

53 레시버식 캐노피형 후드를 설치할 때, 적절한 H/E는? (단, E는 배출원의 크기이고, H는 후드면과 배출원간의 거리를 의미한다.)

① 0.7 이하 ② 0.8 이하
③ 0.9 이하 ④ 1.0 이하

★ 레시버식 캐노피형 후드

$F_3 = E + 0.8H$

$\dfrac{H}{E} \leq 0.7$

- F_3 : 후드직경
- E : 열원의 직경(사각형은 단변)
- H : 후드높이

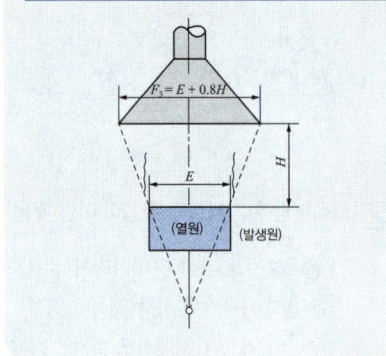

 실기까지 중요 ★★

54 귀덮개의 차음성능기준상 중심주파수가 1,000Hz인 음원의 차음치(dB)는?

① 10 이상 ② 20 이상
③ 25 이상 ④ 35 이상

귀마개 · 귀덮개 차음성능 기준

	중심주파수 (Hz)	차음치(dB)		
		EP-1	EP-2	EM(귀덮개)
차음성능	125	10 이상	10 미만	5 이상
	250	15 이상	10 미만	10 이상
	500	15 이상	10 미만	20 이상
	1,000	20 이상	20 미만	25 이상
	2,000	25 이상	20 이상	30 이상
	4,000	25 이상	25 이상	35 이상
	8,000	20 이상	20 이상	20 이상

55 다음 중 작업장에서 거리, 시간, 공정, 작업자 전체를 대상으로 실시하는 대책은?

① 대체 ② 격리
③ 환기 ④ 개인보호구

★ 작업환경대책 중 작업환경개선의 공학적인 대책(작업환경관리의 원칙)
① 대치(대체)
- 공정의 변경
- 유해물질 변경
- 시설의 변경
② 격리(Isolation)
- 저장물질의 격리
- 시설의 격리
- 공정의 격리
- 작업자의 격리
③ 환기
- 국소환기
- 전체환기

필기에 자주 출제 ★

정답 53 ① 54 ③ 55 ②

56 작업대 위에서 용접할 때 흄(fume)을 포집제거하기 위해 작업면에 고정된 플랜지가 붙은 외부식 사각형 후드를 설치하였다면 소요 송풍량(m³/min)은? (단, 개구면에서 작업지점까지의 거리는 0.25m, 제어속도는 0.5m/s, 후드 개구면적은 0.5m²이다.)

① 0.281　　② 8.430
③ 16.875　　④ 26.425

> ★ 외부식 후드(작업대 위, 플랜지가 부착된 후드)
> $$Q = 60 \times 0.5 \times Vc(10X^2 + A)$$
> - Q : 필요송풍량(m³/min)
> - Vc : 제어속도(m/sec)
> - A : 개구면적(m²)
> - X : 후드중심선으로부터 발생원까지의 거리(m)
>   (오염원과 후드간 거리가 덕트 직경의 1.5배 이내일 때만 유효)
>
> $Q = 60 \times 0.5 \times 0.5 \times (10 \times 0.25^2 + 0.5)$
> $= 16.875(\text{m}^3/\text{min})$

📝 실기에 자주 출제 ★★★

57 산업위생보호구의 점검, 보수 및 관리방법에 관한 설명 중 틀린 것은?

① 보호구의 수는 사용하여야 할 근로자의 수 이상으로 준비한다.
② 호흡용보호구는 사용 전, 사용 후 여재의 성능을 점검하여 성능이 저하된 것은 폐기, 보수, 교환 등의 조치를 취한다.
③ 보호구의 청결 유지에 노력하고, 보관할 때에는 건조한 장소와 분진이나 가스 등에 영향을 받지 않는 일정한 장소에 보관한다.
④ 호흡용보호구나 귀마개 등은 특정 유해물질 취급이나 소음에 노출될 때 사용하는 것으로서 그 목적에 따라 반드시 공용으로 사용해야 한다.

④ 호흡용보호구나 귀마개 등은 개인보호구를 지급하여 착용하도록 하여야 한다.

58 세정제진장치의 특징으로 틀린 것은?

① 배출수의 재가열이 필요 없다.
② 포집효율을 변화시킬 수 있다.
③ 유출수가 수질오염을 야기할 수 있다.
④ 가연성, 폭발성 분진을 처리할 수 있다.

> ★ 세정식 집진장치(스크러버)
> ① 설치면적이 작아 협소한 장소에 설치가 가능하며 초기비용이 적게 든다.
> ② 상승 확산력이 감소되어 분진의 비산 염려가 없다.
> ③ 고온가스의 처리가 가능하다. (가스상 물질을 가장 효과적으로 처리한다.)
> ④ 인화성, 가연성, 폭발성 입자를 처리할 수 있다.
> ⑤ 한랭기에 동결의 우려 있다.(주위에 안개연무 형성, 배출수의 재가열이 필요)
> ⑥ 수질 오염원이 된다. (폐수가 발생)

정답　56 ③　57 ④　58 ①

59 다음은 직관의 압력손실에 관한 설명으로 잘못된 것은?

① 직관의 마찰계수에 비례한다.
② 직관의 길이에 비례한다.
③ 직관의 직경에 비례한다.
④ 속도(관내유속)의 제곱에 비례한다.

> 직관의 압력손실은 직경에 반비례한다.

> ★ 참고
> 압력손실($\triangle P$) = $F \times VP$
> = $\lambda \times \dfrac{L}{D} \times \dfrac{\gamma V^2}{2g}$ (mmH$_2$O)
> - λ : 관마찰계수(무차원)
> - D : 덕트 직경(m)(원형관일 경우)
>   (장방형 덕트일 경우 : 상당직경(등가직경)
>   = $\dfrac{2ab}{a+b}$)
> - L : 덕트 길이(m)
> - γ : 공기비중(kg/m³)
> - V : 공기속도(m/sec)
> - g : 중력가속도(m/sec²)

 실기까지 중요 ★★

60 덕트의 설치 원칙과 가장 거리가 먼 것은?

① 가능한 한 후드와 먼 곳에 설치한다.
② 덕트는 가능한 한 짧게 배치하도록 한다.
③ 밴드의 수는 가능한 한 적게 하도록 한다.
④ 공기가 아래로 흐르도록 하향구배를 만든다.

> ★ 덕트 설치의 주요원칙
> ① 밴드 수는 가능한 적게 한다.
> ② 구부러짐 전·후에는 청소구를 만든다.
> ③ 덕트는 가급적 짧게 배치한다.
> ④ 공기 흐름은 하향구배를 원칙으로 한다.
> ⑤ 가급적 원형 덕트를 사용, 사각 덕트 사용 시에는 정방형을 사용한다.

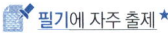 필기에 자주 출제 ★

제4과목 물리적 유해인자 관리

61 다음에서 설명하고 있는 측정기구는?

> 작업장의 환경에서 기류의 방향이 일정하지 않거나 실내 0.2~0.5m/s 정도의 불감기류를 측정할 때 사용되며 온도에 따른 알코올의 팽창, 수축원리를 이용하여 기류속도를 측정한다.

① 풍차풍속계
② 카타(Kata)온도계
③ 가열온도풍속계
④ 습구흑구온도계(WBGT)

> - 불감기류(사람이 느끼지 못하는 기류)
>   : 0.2~0.5m/sec
> - 실내 불감기류의 측정 : 카타(Kata)온도계

62 진동에 의한 작업자의 건강장해를 예방하기 위한 대책으로 옳지 않은 것은?

① 공구의 손잡이를 세게 잡지 않는다.
② 가능한 한 무거운 공구를 사용하여 진동을 최소화한다.
③ 진동공구를 사용하는 작업시간을 단축시킨다.
④ 진동공구와 손 사이 공간에 방진재료를 채워 놓는다.

> ★ 진동방지(방진) 대책
>
> | 발생원
대책 | ① 기초중량을 부가 및 경감한다.
② 진동원을 제거한다.(가장 적극적인 방법)
③ 방진재를 이용하여 탄성지지한다.
④ 기진력을 감쇠시킨다.(동적 흡진)
⑤ 불평형력의 평형을 유지한다. |
> |---|---|

★ 진동방지(방진) 대책

전파경로 대책	① 거리감쇠를 크게 한다. ② 수진점 부근에 방진구를 설치하여 전파경로를 차단한다.
수진측 대책	① 수진측에 탄성지지를 한다. ② 수진점의 기초중량을 부가 및 경감한다. ③ 근로자 작업시간 단축 및 교대제를 실시한다. ④ 근로자 보건교육을 실시한다.

📝 필기에 자주 출제 ★

63 마이크로파가 인체에 미치는 영향으로 옳지 않은 것은?

① 1,000 ~ 10,000Hz의 마이크로파는 백내장을 일으킨다.
② 두통, 피로감, 기억력 감퇴 등의 증상을 유발시킨다.
③ 마이크로파의 열작용에 많은 영향을 받는 기관은 생식기와 눈이다.
④ 중추신경계는 1,400 ~ 2,800Hz 마이크로파 범위에서 가장 영향을 많이 받는다.

★ 마이크로파의 주파수별 인체영향

10,000MHz	피부에 온감각을 준다.
1,000 ~ 10,000MHz (파장 : 3 ~ 10cm)	백내장을 일으킨다.
150 ~ 1,200MHz	내장조직 손상을 일으킨다.
300 ~ 1,200MHz	중추신경(대뇌 측두엽 표면부위)에 대한 작용이 민감하다.

📝 필기에 자주 출제 ★

64 감압에 따르는 조직내 질소기포 형성량에 영향을 주는 요인인 조직에 용해된 가스량을 결정하는 인자로 가장 적절한 것은?

① 감압 속도
② 혈류의 변화정도
③ 노출정도와 시간 및 체내 지방량
④ 폐내의 이산화탄소 농도

★ 조직에 용해된 가스량을 결정하는 요인
① 고기압의 노출정도
② 고기압의 노출시간
③ 체내 지방량

★ 참고
감압 시에 조직 내 질소기포 형성량에 영향을 주는 요인
① 조직에 용해된 가스량
② 혈류를 변화시키는 상태
③ 감압속도
④ 고기압의 노출정도

📝 필기에 자주 출제 ★

65 다음 중 전리방사선에 대한 감수성이 가장 낮은 인체조직은?

① 골수   ② 생신선
③ 신경조직 ④ 임파조직

★ 전리방사선에 대한 인체 내의 감수성 순서
골수, 임파선, 흉선 및 림프조직(조혈기관), 눈의 수정체 〉 피부 등 상피세포 〉 혈관 등 내피세포 〉 결합조직, 지방조직 〉 뼈, 근육조직 〉 폐 등 내장기관 〉 신경조직

암기법
골인(임파선)/수 상 내/결지/뼈근육/폐내장/신경

📝 실기까지 중요 ★★

정답 63 ④ 64 ③ 65 ③

66 비전리 방사선 중 유도방출에 의한 광선을 증폭시킴으로서 얻는 복사선으로, 쉽게 산란하지 않으며 강력하고 예리한 지향성을 지닌 것은?

① 적외선 ② 마이크로파
③ 가시광선 ④ 레이저광선

> ★ 레이저 광선의 특성
> ① 광선증폭을 뜻한다.
> ② 단일파장으로 단색성이 뛰어나며 강력하고 예리한 지향성을 지닌 광선이다.
> ③ 레이저광은 출력이 대단히 강력하고 극히 좁은 파장범위(직사광)를 갖기 때문에 쉽게 산란하지 않는다.(위상이 고르고 간섭현상이 일어나기 쉽다.)

📋 필기에 자주 출제 ★

67 한랭환경에서 발생할 수 있는 건강장해에 관한 설명으로 옳지 않은 것은?

① 혈관의 이상은 저온 노출로 유발되거나 악화된다.
② 참호족과 침수족은 지속적인 국소의 산소결핍 때문이며, 모세혈관 벽이 손상되는 것이다.
③ 전신체온강하는 단시간의 한랭폭로에 따른 일시적 체온상실에 따라 발생하는 중증장해에 속한다.
④ 동상에 대한 저항은 개인에 따라 차이가 있으나 중증환자의 경우 근육 및 신경조직 등 심부조직이 손상된다.

> ③ 전신 체온강하는 장시간의 한랭 노출과 체열상실에 따라 발생하는 급성 중증장해이다.

📋 필기에 자주 출제 ★

68 일반소음의 차음효과는 벽체의 단위 표면적에 대하여 벽체의 무게를 2배로 할 때 또는 주파수가 2배로 증가될 때 차음은 몇 dB 증가 하는가?

① 2dB ② 6dB
③ 10dB ④ 15dB

> 벽체 단위 표면적에 대하여 벽체무게가 2배 될 때마다 차음효과는 6dB씩 증가한다.

📋 필기에 자주 출제 ★

69 $3N/m^2$의 음압은 약 몇 dB의 음압수준인가?

① 95 ② 104
③ 110 ④ 1115

> $$SPL = 20 \times \log\left(\frac{P}{P_o}\right) (dB)$$
> - SPL : 음압수준(음압도, 음압레벨) (dB)
> - P : 대상음의 음압(음압 실효치) (N/m^2)
> - P_o : 기준음압 실효치
> $(2 \times 10^{-5} N/m^2, 2 \times 10^{-4} dyne/cm^2)$
>
> $$SPL(dB) = 20 \times \log\left(\frac{3}{2 \times 10^{-5}}\right) = 103.52(dB)$$

70 손가락의 말초혈관운동의 장해로 인한 혈액순환장해로 손가락의 감각이 마비되고, 창백해지며, 추운 환경에서 더욱 심해지는 레이노(Raynaud) 현상의 주요 원인으로 옳은 것은?

① 진동 ② 소음
③ 조명 ④ 기압

정답 66 ④ 67 ③ 68 ② 69 ② 70 ①

★ 레이노(Raynaud's phenonmenon) 현상
국소진동으로 인하여 말초혈관운동 장해가 발생하여 수지가 창백해지고 손이 차며 통증이 오는 현상으로 추운 환경에서 더 잘 발생한다.

📚 필기에 자주 출제 ★

71 고열장해에 대한 내용으로 옳지 않은 것은?

① 열경련(heat cramps) : 고온 환경에서 고된 육체적인 작업을 하면서 땀을 많이 흘릴 때 많은 물을 마시지만 신체의 염분 손실을 충당하지 못할 경우 발생한다.
② 열허탈(heat collapse) : 고열작업에 순화되지 못해 말초혈관이 확장되고, 신체 말단에 혈액이 과다하게 저류되어 뇌의 산소부족이 나타난다.
③ 열소모(heat exhaustion) : 과다발한으로 수분/염분손실에 의하여 나타나며, 두통, 구역감, 현기증 등이 나타나지만 체온은 정상이거나 조금 높아진다.
④ 열사병(heat stroke) : 작업환경에서 가장 흔히 발생하는 피부장해로서 땀에 젖은 피부 각질층이 떨어져 땀구멍을 막아 염증성 반응을 일으켜 붉은 구진 형태로 나타난다.

④ 열사병 : 태양의 복사열에 직접 노출 시에 뇌의 온도 상승으로 체온조절 중추기능 장해(중추신경 마비)를 일으켜서 체내에 열이 축적되어 발생한다.

★ 참고
열성발진(heat rashes), 열성 혈압증
① 가장 흔히 발생하는 피부장해로서 땀띠(plickly heat)라고도 함
② 한선(땀샘)에 염증이 생기고 피부에 작은 수포 형성(범위가 넓어지면 발한에 장해를 줌)

📚 실기까지 중요 ★★

72 이상기압의 대책에 관한 내용으로 옳지 않은 것은?

① 고압실 내의 작업에서는 탄산가스의 분압이 증가하지 않도록 신선한 공기를 송기한다.
② 고압환경에서 작업하는 근로자에게는 질소의 양을 증가시킨 공기를 호흡시킨다.
③ 귀 등의 장해를 예방하기 위하여 압력을 가하는 속도를 매 분당 $0.8kg/cm^2$ 이하가 되도록 한다.
④ 감압병의 증상이 발생하였을 때에는 환자를 바로 원래의 고압환경 상태로 복귀시키거나, 인공고압실에서 천천히 감압한다.

② 헬륨은 호흡저항이 작고, 질소보다 확산속도가 크며, 체외로 배출되는 시간이 질소에 비하여 50% 정도 밖에 걸리지 않아 고압환경에서 작업하는 근로자에게 질소를 헬륨으로 대치한 공기를 호흡시켜 감압병을 예방한다.

📚 필기에 자주 출제 ★

73 산소농도가 6% 이하인 공기 중의 산소분압으로 옳은 것은? (단, 표준상태이며, 부피기준이다.)

① 45mmHg 이하
② 55mmHg 이하
③ 65mmHg 이하
④ 75mmHg 이하

산소분압(mmHg)
$= 기압(mmHg) \times \dfrac{산소농도(\%)}{100}$

산소분압 $= 760 \times \dfrac{6}{100} = 45.6(mmHg)$

📚 실기까지 중요 ★★

정답 71 ④ 72 ② 73 ①

74 1 fc(foot candle)은 약 몇 럭스(lux)인가?

① 3.9　　② 8.9
③ 10.8　　④ 13.4

> 1fc = 10lux

★ 참고
① fc(foot-candle)
  1루멘의 빛이 1ft²의 평면상에 수직방향으로 비칠 때 그 평면의 빛의 양을 말한다.(1lumen/ft²)
② lux(meter-candle)
  1루멘의 빛이 1m²의 평면상에 수직방향으로 비칠 때의 빛의 양을 말한다.(1lumen/m²)

📘 필기에 자주 출제 ★

---

75 작업장 내의 직접조명에 관한 설명으로 옳은 것은?

① 장시간 작업에도 눈이 부시지 않는다.
② 조명기구가 간단하고, 조명기구의 효율이 좋다.
③ 벽이나 천정의 색조에 좌우되는 경향이 있다.
④ 작업장 내의 균일한 조도의 확보가 가능하다.

★ 직접조명의 장·단점

장점	• 조명률이 크므로 소비전력은 간접조명의 1/2 ~ 1/3 이다. • 설비비가 저렴하며 설계가 단순하다. • 효율이 좋다. • 조명기구의 점검, 보수가 용이하다. • 천장면의 색조에 영향을 받지 않는다.
단점	• 눈이 부시다. • 빛이 반사되어 물체를 식별하기가 어렵다. • 균일한 조도를 얻기 어렵다. • 강한 음영을 만든다.

📘 필기에 자주 출제 ★

---

76 고압 환경의 생체작용과 가장 거리가 먼 것은?

① 고공성 폐수종
② 이산화탄소(CO_2) 중독
③ 귀, 부비강, 치아의 압통
④ 손가락과 발가락의 작열통과 같은 산소 중독

> ① 고공성 폐수종 → 저압 환경의 생체작용

★ 참고
폐수종
① 진해성 기침과 호흡곤란이 나타나고 폐동맥 혈압이 상승하다 산소공급과 해면으로의 귀환으로 급속히 소실된다.
② 어른보다 순화적응속도가 느린 어린이에게 많이 발생한다.

📘 필기에 자주 출제 ★

---

77 음압이 20N/m²일 경우 음압수준(sound pressure level)은 얼마인가?

① 100dB　　② 110dB
③ 120dB　　④ 130dB

$$SPL = 20 \times \log\left(\frac{P}{P_o}\right)(dB)$$

• SPL : 음압수준(음압도, 음압레벨) (dB)
• P : 대상음의 음압(음압 실효치) (N/m²)
• P_o : 기준음압 실효치
  (2×10^{-5} N/m², 2×10^{-4} dyne/cm²)

$$SPL(dB) = 20 \times \log\left(\frac{20}{2 \times 10^{-5}}\right) = 120(dB)$$

📘 실기에 자주 출제 ★★★

정답　74 ③　75 ②　76 ①　77 ③

78 25℃일 때, 공기 중에서 1000Hz인 음의 파장은 약 몇 m인가? (단, 0℃, 1기압에서의 음속은 331.5m/s이다.)

① 0.035
② 0.35
③ 3.5
④ 35

1. 음속(C) = $f \times \lambda$
   - C : 음속(m/sec)
   - f : 주파수(1/sec = Hz)
   - λ : 파장(m)
2. 음속(C) = $331.42 + 0.6 \times t$
   - C : 음속(m/sec)
   - f : 주파수(1/sec = Hz)
   - t : 음전달매질의온도(℃)

1. 25℃에서의 음속
   음속(C) = $331.42 + 0.6 \times 25$
   = 346.42(m/sec)
2. 음속(C) = $f \times \lambda$
   $\lambda = \dfrac{C}{f} = \dfrac{346.42}{1,000} = 0.35$(m)

📌 필기에 자주 출제 ★

79 난청에 관한 설명으로 옳지 않은 것은?

① 일시적 난청은 청력의 일시적인 피로현상이다.
② 영구적 난청은 노인성 난청과 같은 현상이다.
③ 일반적으로 초기청력 손실을 C_5-dip 현상이라 한다.
④ 소음성 난청은 내이의 세포변성을 원인으로 볼 수 있다.

② 소음성 난청은 심한 소음에 반복 노출되어 코르티기관의 손상으로 발생하는 영구적 청력 손실현상으로 노인성 난청과는 다르다.

📌 필기에 자주 출제 ★

80 다음 전리방사선 중 투과력이 가장 약한 것은?

① 중성자
② γ선
③ β선
④ α선

1. 인체의 투과력 순서
   중성자 > X선 or γ > β > α
2. 전리작용(REB : 생물학적 효과) 순서
   중성자 > α > β > X선 or γ

📌 실기까지 중요 ★★

제5과목 산업독성학

81 물질 A의 독성에 관한 인체실험 결과 안전흡수량이 체중 kg당 0.1mg이었다. 체중이 50kg인 근로자가 1일 8시간 작업할 경우 이 물질의 체내 흡수를 안전 흡수량 이하로 유지하려면 공기 중 농도를 몇 mg/m³이하로 하여야 하는가? (단, 작업시 폐환기율은 1.25m³/h, 체내 잔류율은 1.0으로 한다.)

① 0.5
② 1.0
③ 1.5
④ 2.0

체내흡수량(mg) = $C \times T \times V \times R$
- C : 공기 중 유해물질 농도(mg/m³)
- T : 노출시간(hr)
- V : 폐환기율(호흡률 m³/hr)
- R : 체내 잔유율(보통 1.0)

체내흡수량(mg) = $C \times T \times V \times R$

$C = \dfrac{mg}{T \times V \times R} = \dfrac{\dfrac{0.1mg}{kg} \times 50kg}{8 \times 1.25 \times 1.0} = 0.5$(mg/m³)

📌 실기에 자주 출제 ★★★

정답 78 ② 79 ② 80 ④ 81 ①

82 소변을 이용한 생물학적 모니터링의 특징으로 옳지 않은 것은?

① 비파괴적 시료채취 방법이다.
② 많은 양의 시료확보가 가능하다.
③ EDTA와 같은 항응고제를 첨가한다.
④ 크레아티닌 농도 및 비중으로 보정이 필요하다.

* 소변을 이용한 생물학적 모니터링의 특징
① 비파괴적으로 시료채취가 가능하다.
② 많은 양의 시료확보가 가능하다.
③ 시료채취과정에서 오염될 가능성이 높다.
④ 불규칙한 소변 배설량으로 농도보정이 필요하다.
⑤ 채취시료는 신속하게 검사한다.

📝 필기에 자주 출제 ★

83 톨루엔(Toluene)의 노출에 대한 생물학적 모니터링 지표 중 소변에서 확인 가능한 대사산물은?

① thiocyante
② glucuronate
③ hippuric acid
④ organic sulfate

화학물질	생물학적 노출지표물질 (체내대사산물)	시료채취 시기
톨루엔	혈액, 호기의 톨루엔, 소변 중 o-크레졸	작업종료 시
벤젠	소변 중 페놀, 소변 중 t,t-뮤코닉산 (t,t-Muconic acid)	작업종료 시
크실렌	소변 중 메틸마뇨산	작업종료 시
니트로벤젠	혈중 메타헤모글로빈	작업종료 시
에틸벤젠	소변 중 만델린산	작업종료 시
이황화탄소	소변 중 TTCA	당일 작업종료 2시간 전부터 작업종료 사이에 채취

* 마뇨산(hippuric acid)

* 참고
톨루엔의 생물학적 노출지표물질이 마뇨산(hippuric acid)에서 o-크레졸로 변경됨(2020.7.1)

📝 실기에 자주 출제 ★★★

84 생물학적 모니터링 방법 중 생물학적 결정인자로 보기 어려운 것은?

① 체액의 화학물질 또는 그 대사산물
② 표적조직에 작용하는 활성 화학물질의 양
③ 건강상의 영향을 초래하지 않은 부위나 조직
④ 처음으로 접촉하는 부위에 직접 독성영향을 야기하는 물질

* 생물학적 모니터링의 생물학적 결정인자
① 근로자의 체액에서의 화학물질이나 대사산물
② 조직에 작용하는 화학물질 양(표적분자에 실제 활성인 화학물질)
③ 건강상 영향을 초래하지 않는 조직 또는 부위 (내재용량)

📝 실기까지 중요 ★★

85 작업환경 내의 유해물질과 그로 인한 대표적인 장해를 잘못 연결한 것은?

① 벤젠 - 시신경 장해
② 염화비닐 - 간 장해
③ 톨루엔 - 중추신경계 억제
④ 이황화탄소 - 생식기능 장해

① 벤젠 – 골수 및 조혈장해(재생불량성 빈혈증)

📝 실기까지 중요 ★★

정답 82 ③ 83 ③ 84 ④ 85 ①

86 독성을 지속기간에 따라 분류할 때 만성독성(chronic toxicity)에 해당되는 독성물질 투여(노출)기간은? (단, 실험동물에 외인성 물질을 투여하는 경우로 한정한다.)

① 1일 이상 ~ 14일 정도
② 30일 이상 ~ 60일 정도
③ 3개월 이상 ~ 1년 정도
④ 1년 이상 ~ 3년 정도

> ★ 만성독성(chronic toxicity) 기간
> 3개월 이상 ~ 1년 정도

87 단시간 노출기준이 시간가중평균농도(TLV-TWA)와 단기간 노출기준(TLV-STEL) 사이일 경우 충족시켜야 하는 3가지 조건에 해당하지 않는 것은?

① 1일 4회를 초과해서는 안 된다.
② 15분 이상 지속 노출되어서는 안 된다.
③ 노출과 노출 사이에는 60분 이상의 간격이 있어야 한다.
④ TLV-TWA의 3배 농도에는 30분 이상 노출되어서는 안 된다.

> ★ 단시간노출기준(STEL)
> ① 15분간의 시간가중평균노출 값(근로자가 1회에 15분간 유해인자에 노출되는 경우의 기준)을 말한다.
> ② 노출농도가 시간가중평균노출기준(TWA)을 초과하고 단시간노출기준(STEL) 이하인 경우에는 1회 노출 지속시간이 15분 미만이어야 하고, 이러한 상태가 1일 4회 이하로 발생하여야 하며, 각 노출의 간격은 60분 이상이어야 한다.

실기까지 중요 ★★

88 직업성 폐암을 일으키는 물질로 가장 거리가 먼 것은?

① 니켈
② 석면
③ β-나프틸아민
④ 결정형 실리카

> ★ 직업성 폐암을 일으키는 물질
> ① 니켈
> ② 결정형 실리카겔
> ③ 석면
> ④ 다핵방향족탄화수소(PAH)
> ⑤ 크롬
> ⑥ 결정형 유리규산

필기에 자주 출제 ★

89 2000년대 외국인 근로자에게 다발성말초신경병증을 집단으로 유발한 노말헥산(n-hexane)은 체내 대사과정을 거쳐 어떤 물질로 배설되는가?

① 2-hexanone
② 2,5-hexanedione
③ hexachlorophene
④ hexachloroethane

화학물질	생물학적 노출지표물질 (체내대사산물)	시료채취 시기
톨루엔	혈액, 호기의 톨루엔, 소변 중 o-크레졸	작업종료 시
벤젠	소변 중 페놀, 소변 중 t,t-뮤코닉산 (t,t-Muconic acid)	작업종료 시
크실렌	소변 중 메틸마뇨산	작업종료 시
니트로벤젠	혈중 메타헤모글로빈	작업종료 시
에틸벤젠	소변 중 만델린산	작업종료 시
이황화탄소	소변 중 TTCA	당일 작업종료 2시간 전부터 작업종료 사이에 채취
노말헥산 (N-헥산)	소변 중 n-헥산, 소변 중 2,5-hexanedione	작업종료 시

실기에 자주 출제 ★★★

90 비중격 천공을 유발시키는 물질은?

① 납   ② 크롬
③ 수은   ④ 카드뮴

크롬의 중독증세

급성중독 증세	• 신장장해(신장장해로 과뇨증이 오며 더 진전되면 무뇨증을 일으켜 요독증으로 사망할 수 있다)
만성중독 증세	• 피부증상(접촉성 피부염) • 호흡기 증상(크롬 폐증) • 폐암 • 6가크롬 : 비중격천공증, 비강암을 유발한다.

📝 실기까지 중요 ★★

91 진폐증의 독성병리기전과 거리가 먼 것은?

① 천식   ② 섬유증
③ 폐 탄력성 저하   ④ 콜라겐 섬유 증식

진폐증의 독성 병리기전
① 진폐증의 대표적인 병리소견은 섬유증(fibrosis)이다.
② 섬유증이 동반되는 진폐증의 원인물질로는 석면, 알루미늄, 베릴륨, 석탄분진, 실리카 등이 있다.
③ 폐포 대식세포는 분진탐식 과정에서 활성산소 유리기에 의한 섬유모세포의 증식을 유도한다.
④ 콜라겐 섬유가 증식하면 폐의 탄력성이 떨어져 호흡곤란, 지속적인 기침, 폐기능 저하를 가져온다.

📝 필기에 자주 출제 ★

92 중금속 노출에 의하여 나타나는 금속열은 흄 형태의 금속을 흡입하여 발생되는데, 감기증상과 매우 비슷하여 오한, 구토감, 기침, 전신위약감 등의 증상이 있으며 월요일 출근 후에 심해져서 월요일열(monday fever)이라고도 한다. 다음 중 금속열을 일으키는 물질이 아닌 것은?

① 납   ② 카드뮴
③ 안티몬   ④ 산화아연

아연, 구리, 마그네슘, 망간, 산화아연, 니켈, 카드뮴, 안티몬 등이 금속열을 일으킨다.

📝 필기에 자주 출제 ★

93 독성물질의 생체과정인 흡수, 분포, 생체전환, 배설 등에 변화를 일으켜 독성이 낮아지는 길항작용(antagonism)은?

① 화학적 길항작용   ② 기능적 길항작용
③ 배분적 길항작용   ④ 수용체 길항작용

길항작용의 종류
① 배분적(분배적) 길항작용 : 물질의 흡수, 대사 등에 변화를 일으켜 독성이 낮아진다.
② 기능적 길항작용 : 생체 내에서 서로 반대되는 기능을 가져 독성이 낮아진다.
③ 화학적 길항작용 : 화학적인 상호반응에 의해 독성이 낮아진다.
④ 수용적 길항작용 : 두 화학물질이 체내에서 같은 수용체에 결합하여 경쟁관계를 가짐으로써 독성이 낮아진다.

참고
길항작용
① 두 물질이 서로의 작용을 방해하여 두 물질에 동시 노출될 경우의 독성은 단독물질의 독성보다 약해진다.
② 2 + 3 = 1

📝 실기에 자주 출제 ★★★

정답 90 ② 91 ① 92 ① 93 ③

94 합금, 도금 및 전지 등의 제조에 사용되며, 알레르기 반응, 폐암 및 비강암을 유발할 수 있는 중금속은?

① 비소 ② 니켈
③ 베릴륨 ④ 안티몬

> ★ 니켈(Ni)
> ① 도금, 합금, 전지, 제강 등의 생산과정에서 노출된다.
> ② 급성중독 : 접촉성 피부염, 복통 및 설사 등 소화기 증상, 현기증 및 두통 등 신경학적 증상, 폐부종 및 폐렴 등 호흡기 증상
> ③ 만성중독 : 폐암 및 비강암, 비중격천공증
> ④ 니켈의 체내 축적 시 아연, 비타민 E, 셀레늄 등과 같은 황 함유 아미노산이 도움된다.

📝 필기에 자주 출제 ★

95 독성실험단계에 있어 제1단계(동물에 대한 급성노출시험)에 관한 내용과 가장 거리가 먼 것은?

① 생식독성과 최기형성 독성실험을 한다.
② 눈과 피부에 대한 자극성 실험을 한다.
③ 변이원성에 대하여 1차적인 스크리닝 실험을 한다.
④ 치사성과 기관장해에 대한 양-반응곡선을 작성한다.

> ★ 독성실험단계
>
> | | |
> |---|---|
> | 제1단계
(동물에
대한 급성
노출실험) | ① 치사성과 기관장해에 대한 양-반응 곡선을 작성한다.
② 눈과 피부에 대한 자극성 실험을 한다.
③ 변이원성에 대하여 1차적인 스크리닝 실험을 한다. |
> | 제2단계
(동물에
대한 만성
노출실험) | ① 상승작용과 가승작용 및 상쇄작용에 대하여 시험한다.
② 생식영향(생식독성)과 산아장해(최기형성)를 시험한다.
③ 거동(행동)특성을 시험한다.
④ 장기독성을 시험한다.
⑤ 변이원성에 대하여 2차적인 스크리닝 실험을 한다. |

📝 필기에 자주 출제 ★

정답 94 ② 95 ①

96 암모니아(NH_3)가 인체에 미치는 영향으로 가장 적합한 것은?

① 전구증상이 없이 치사량에 이를 수 있으며, 심한 경우 호흡부전에 빠질 수 있다.
② 고농도일 때 기도의 염증, 폐수종, 치아산식증, 위장장해 등을 초래한다.
③ 용해도가 낮아 하기도까지 침투하며, 급성 증상으로는 기침, 천명, 흉부압박감 외에 두통, 오심 등이 온다.
④ 피부, 점막에 작용하며 눈의 결막, 각막을 자극하며 폐부종, 성대경련, 호흡장해 및 기관지경련 등을 초래한다.

> ★ 암모니아의 인체영향
> ① 눈의 결막, 각막을 자극
> ② 폐부종, 성대경련, 호흡장해 및 기관지경련을 초래

> ★ 참고
> 호흡기계 자극성 물질의 구분
>
> | | |
> |---|---|
> | 상기도 점막 자극제 | • 물에 잘 녹는 물질로 암모니아, 크롬산, 염화수소, 불화수소, 아황산가스 등이 있다.
• 암모니아는 피부점막에 작용하여 눈의 결막과 각막을 자극하며 폐부종, 성대경련, 기관지 경련, 호흡장해를 초래한다 |
> | 상기도 점막 및 폐조직 자극제 | • 물에 대한 용해도가 중등도인 물질로 염소, 브롬, 요오드, 플루오르, 염소산화물, 오존 등이 있다.
• 불소는 뼈에 가장 많이 축적된다. |
> | 종말 기관지 및 폐포점막 자극제 | • 물에 잘 녹지 않는 물질로 이산화질소, 3염화비소, 포스겐 등이 있다.
• 이산화질소, 포스겐은 폐포까지 침투하여 폐수종을 일으킨다. |

📝 필기에 자주 출제 ★

97 지방족 할로겐화 탄화수소물 중 인체 노출 시 간의 장해인 중심소엽성 괴사를 일으키는 물질은?

① 톨루엔　　② 노말헥산
③ 사염화탄소　④ 트리클로로에틸렌

> ★ 사염화탄소(CCl_4)
> ① 피부를 통하여 인체에 흡수된다.
> ② 고농도로 폭로되면 중추신경계 장해 외에 간장이나 신장에 장해가 일어나 황달, 단백뇨, 혈뇨 등의 증상이 생긴다.
> ③ 간에 대한 독성작용이 특히 심하여 중심소엽성 괴사를 일으킨다.
> ④ 가열하면 포스겐이나 염소(염화수소)로 분해된다.

> [암기법]
> 간 신(간과 신장) 사염화를 소괴(중심소엽성 괴사) 합니다.

📝 실기까지 중요 ★★

98 납중독을 확인하는데 이용하는 시험으로 옳지 않은 것은?

① 혈중 납농도　② EDTA 흡착능
③ 신경전달속도　④ 헴(heme)의 대사

> ★ 납중독 확인 시험
> ① 혈액 중의 납 농도
> ② 헴(Heme)의 대사 : Heme의 합성에 관여하는 효소 등 세포의 효소작용을 방해한다.
> ③ 말초신경의 신경 전달속도 : 신경전달 속도를 저하시킨다.
> ④ Ca-EDTA 이동시험 : Ca-EDTA 투여후 요 채취하여 체내의 납량을 측정한다.
> ⑤ ALA(Amino Levulinic Acid) 축적

📝 필기에 자주 출제 ★

정답　96 ④　97 ③　98 ②

99 유기용제 중 벤젠에 대한 설명으로 옳지 않은 것은?

① 벤젠은 백혈병을 일으키는 원인물질이다.
② 벤젠은 만성장해로 조혈장해를 유발하지 않는다.
③ 벤젠은 빈혈을 일으켜 혈액의 모든 세포성분이 감소한다.
④ 벤젠은 주로 페놀로 대사되며 페놀은 벤젠의 생물학적 노출지표로 이용된다.

* 벤젠
① 방향족 탄화수소 중 저농도에 장기간 노출(만성 중독) 시에 독성이 가장 강하다.
② 골수 및 조혈장해(재생불량성 빈혈증)를 유발한다.
③ 벤젠은 저농도로 장기간 폭로 시 혈액장해, 간장장해, 재생불량성 빈혈, 백혈병을 일으킨다.
④ 연료, 합성고무 등의 원료로 사용된다.
⑤ 벤젠은 주로 페놀로 대사되며 페놀은 벤젠의 생물학적 노출지표로 이용된다

필기에 자주 출제 ★

100 근로자의 유해물질 노출 및 흡수 정도를 종합적으로 평가하기 위하여 생물학적 측정이 필요하다. 또한 유해물질 배출 및 축적 속도에 따라 시료 채취시기를 적절히 정해야 하는데, 시료채취 시기에 제한을 가장 작게 받는 것은?

① 요중 납
② 호기중 벤젠
③ 요중 총 페놀
④ 혈중 총 무기수은

화학물질	생물학적 노출지표물질 (체내대사산물)	시료채취 시기
톨루엔	혈액. 호기의 톨루엔, 소변 중 o-크레졸	작업종료 시
벤젠	소변 중 페놀, 소변 중 t,t-뮤코닉산(t,t-Muconic acid)	작업종료 시
니트로벤젠	혈중 메타헤모글로빈	작업종료 시
에틸벤젠	소변 중 만델린산	작업종료 시
납	혈중 납, 소변중 납	중요치 않음
수은	혈중 총 무기수은	작업시작 전

실기에 자주 출제 ★★★

정답 99 ② 100 ①

2021년 3월 7일

1회 과년도기출문제

제1과목 산업위생학 개론

01 산업재해의 원인을 직접원인(1차원인)과 간접원인(2차원인)으로 구분할 때 직접원인에 대한 설명으로 옳지 않은 것은?

① 불안전한 상태와 불안전한 행위로 나눌 수 있다.
② 근로자의 신체적 원인(두통, 현기증, 만취상태 등)이 있다.
③ 근로자의 방심, 태만, 무모한 행위에서 비롯되는 인적 원인이 있다.
④ 작업장소의 결함, 보호장구의 결함 등의 물적 원인이 있다.

> ② 근로자의 신체적 원인(두통, 현기증, 만취상태 등)은 간접원인에 해당한다.

★ 참고
산업재해의 원인

직접원인	간접원인
① 인적원인 　(불안전한 행동) ② 물적원인 　(불안전한 상태)	① 기술적 원인 ② 교육적 원인 ③ 신체적 원인 ④ 정신적 원인 ⑤ 작업관리상 원인

📝 필기에 자주 출제 ★

02 작업장에서 누적된 스트레스를 개인차원에서 관리하는 방법에 대한 설명으로 옳지 않은 것은?

① 신체검사를 통하여 스트레스성 질환을 평가한다.
② 자신의 한계와 문제의 징후를 인식하여 해결방안을 도출한다.
③ 규칙적인 운동을 삼가하고 흡연, 음주 등을 통해 스트레스를 관리한다.
④ 명상, 요가 등의 긴장 이완훈련을 통하여 생리적 휴식상태를 점검한다.

개인차원의 스트레스 관리	집단차원의 스트레스 관리
① 건강검사 ② 운동과 취미생활 ③ 긴장이완훈련	① 직무 재설계 ② 사회적 지원의 제공 ③ 개인의 적응수준 제고 ④ 작업순환

📝 필기에 자주 출제 ★

정답　01 ② 02 ③

03 어느 사업장에서 톨루엔($C_6H_5CH_3$)의 농도가 0℃일 때 100ppm이었다. 기압의 변화 없이 기온이 25℃로 올라갈 때 농도는 약 몇 mg/m^3인가?

① 325mg/m^3 ② 346mg/m^3
③ 365mg/m^3 ④ 376mg/m^3

> ★ ppm과 mg/m^3의 상호 농도변환
> 1. 0℃, 1기압의 경우
>   노출기준(mg/m^3) = $\frac{노출기준(ppm) \times 그램분자량}{22.4}$
> 2. 21℃, 1기압의 경우
>   노출기준(mg/m^3) = $\frac{노출기준(ppm) \times 그램분자량}{24.1}$
> 3. 25℃, 1기압의 경우
>   노출기준(mg/m^3) = $\frac{노출기준(ppm) \times 그램분자량}{24.45}$
>
> 1. 0℃에서의 ppm
>   mg/m^3 = $\frac{100 \times 92}{22.4}$ = 410.71(mg/m^3)
>
>   톨루엔($C_6H_5CH_3$)의 분자량
>   = (12×6) + (1×5) + 12 + (1×3) = 92(g)
>
> 2. 25℃에서의 ppm(온도보정)
>   mg/m^3 = 410.71 × $\frac{273+0}{273+25}$
>   mg/m^3 = 376.25(mg/m^3)

> ★ 참고
> 25℃, 1기압에서 기체 1몰의 부피는 24.45L이므로
> mg/m^3 = $\frac{100 \times 92}{24.45}$ = 376.28(mg/m^3)

📓 실기에 자주 출제 ★★★

04 인체의 항상성(homeostasis) 유지기전의 특성에 해당하지 않는 것은?

① 확산성(diffusion)
② 보상성(compensatory)
③ 자기조절성(self-regulatory)
④ 되먹이 기전(feedback mechanism)

> ★ 인체의 항상성(homeostasis) 유지기전
> ① 자기조절성 : 정상에서 벗어난 것을 교정하기 위해 자동적으로 작용(혈압조절 등)
> ② 보상성 : 정상에서 벗어난 상태를 보상함으로써 교정하여 다시 정상상태로 회복시킴(혈액 내의 PH와 당, 체온 유지 등)
> ③ 되먹이 기전
>   • 음성 되먹이 기전 : 정상에서 벗어난 변화를 다시 정상으로 되돌림
>   • 양성 되먹이 기전 : 정상에서 벗어난 변화를 가속화시킴

> ★ 참고
> 항상성
> 외부환경이 변하더라도 체내의 상태를 일정하게 유지하려고 하는 성질

정답 03 ④ 04 ①

05 산업안전보건법령상 밀폐공간작업으로 인한 건강장해의 예방에 있어 다음 각 용어의 정의로 옳지 않은 것은?

① "밀폐공간"이란 산소결핍, 유해가스로 인한 화재, 폭발 등의 위험이 있는 장소이다.
② "산소결핍"이란 공기 중의 산소농도가 16% 미만인 상태를 말한다.
③ "적정한 공기"란 산소농도의 범위가 18% 이상 23.5% 미만, 탄산가스 농도가 1.5% 미만, 황화수소의 농도가 10ppm 미만인 수준의 공기를 말한다.
④ "유해가스"란 탄산가스·일산화탄소·황화수소 등의 기체로서 인체에 유해한 영향을 미치는 물질을 말한다.

> ② "산소결핍"이란 공기 중의 산소농도가 18% 미만인 상태를 말한다.

📝 실기까지 중요 ★★

06 AIHA(American Industrial Hygiene Association)에서 정의하고 있는 산업위생의 범위에 해당하지 않는 것은?

① 근로자의 작업 스트레스를 예측하여 관리하는 기술
② 작업장 내 기계의 품질 향상을 위해 관리하는 기술
③ 근로자에게 비능률을 초래하는 작업환경요인을 예측하는 기술
④ 지역사회 주민들에게 건강장애를 초래하는 작업환경요인을 평가하는 기술

> ★ 미국산업위생학회(AIHA)의 산업위생의 정의
> 근로자나 일반 대중에게 질병, 건강장애와 안녕방해, 심각한 불쾌감 및 능률 저하 등을 초래하는 작업환경 요인과 스트레스를 예측, 측정, 평가, 관리하는 과학과 기술이다.

📝 실기까지 중요 ★★

07 하인리히의 사고예방대책의 기본원리 5단계를 순서대로 나타낸 것은?

① 조직 → 사실의 발견 → 분석·평가 → 시정책의 선정 → 시정책의 적용
② 조직 → 분석·평가 → 사실의 발견 → 시정책의 선정 → 시정책의 적용
③ 사실의 발견 → 조직 → 분석·평가 → 시정책의 선정 → 시정책의 적용
④ 사실의 발견 → 조직 → 시정책의 선정 → 시정책의 적용 → 분석·평가

> ★ 하인리히의 사고방지 5단계
> • 1단계 : 안전조직
> • 2단계 : 사실의 발견
> • 3단계 : 분석
> • 4단계 : 시정방법 선정
> • 5단계 : 시정책 적용

📝 실기까지 중요 ★★

08 혈액을 이용한 생물학적 모니터링의 단점으로 옳지 않은 것은?

① 보관, 처치에 주의를 요한다.
② 시료채취 시 오염되는 경우가 많다.
③ 시료채취 시 근로자가 부담을 가질 수 있다.
④ 약물동력학적 변이 요인들의 영향을 받는다.

> ② 시료채취 시 오염될 가능성이 적다.

📝 필기에 자주 출제 ★

정답 05 ② 06 ② 07 ① 08 ②

09 산업안전보건법령상 위험성평가를 실시하여야 하는 사업장의 사업주가 위험성평가의 결과와 조치사항을 기록할 때 포함되어야 하는 사항으로 볼 수 없는 것은?

① 위험성 결정의 내용
② 위험성평가 대상의 유해·위험요인
③ 위험성 평가에 소요된 기간, 예산
④ 위험성 결정에 따른 조치의 내용

> 위험성평가의 실시내용 및 결과를 기록·보존할 때에는 다음 각 호의 사항이 포함되어야 한다.
> ① 위험성평가 대상의 유해·위험요인
> ② 위험성 결정의 내용
> ③ 위험성 결정에 따른 조치의 내용
> ④ 위험성평가를 위해 사전조사 한 안전보건정보
> ⑤ 그 밖에 사업장에서 필요하다고 정한 사항

10 단순반복동작 작업으로 손, 손가락 또는 손목의 부적절한 작업방법과 자세 등으로 주로 손목 부위에 주로 발생하는 근골격계질환은?

① 테니스엘보
② 회전근개손상
③ 수근관증후군
④ 흉곽출구증후군

> ★ 손목뼈터널증후군(수근관증후군)
> 반복적이고 지속적인 손목의 압박, 무리한 힘 등으로 인해 수근관 내부에 정중신경이 손상되어 발생한다.

📝 필기에 자주 출제 ★

11 작업자의 최대 작업역(maximum area)이란?

① 어깨에서부터 팔을 뻗쳐 도달하는 최대 영역
② 위팔과 아래팔을 상, 하로 이동할 때 닿는 최대 범위
③ 상체를 좌, 우로 이동하여 최대한 닿을 수 있는 범위
④ 위팔을 상체에 붙인 채 아래팔과 손으로 조작할 수 있는 범위

> ★ 최대 작업역
> ① 전완과 상완을 곧게 펴서 파악할 수 있는 구역(양팔을 곧게 폈을 때 도달할 수 있는 최대영역)
> ② 움직이지 않고 상지(上肢)를 뻗어서 닿는 범위

> ★ 참고
> 정상 작업역
> ① 상완을 자연스럽게 늘어뜨린 채 전완만으로 뻗어 파악 할 수 있는 구역(팔을 가볍게 몸체에 붙이고 팔꿈치를 구부린 상태에서 자유롭게 손이 닿는 영역)
> ② 움직이지 않고 전박(前膊)과 손으로 조작할 수 있는 범위

📝 실기까지 중요 ★★

정답 09 ③ 10 ③ 11 ①

12 미국산업위생학술원(AAIH)에서 정한 산업위생전문가들이 지켜야 할 윤리강령 중 전문가로서의 책임에 해당되지 않는 것은?

① 기업체의 기밀을 누설하지 않는다.
② 전문 분야로서의 산업위생 발전에 기여한다.
③ 근로자, 사회 및 전문분야의 이익을 위해 과학적 지식을 공개하고 발표한다.
④ 위험요인의 측정, 평가 및 관리에 있어서 외부의 압력에 굴하지 않고 중립적 태도를 취한다.

*산업위생 전문가로서의 책임
① 성실성과 학문적 실력 면에서 최고 수준을 유지한다.
② 과학적 방법의 적용과 자료의 해석에서 객관성을 유지한다.
③ 전문 분야로서의 산업위생을 학문적으로 발전시킨다.
④ 근로자, 사회 및 전문 직종의 이익을 위해 과학적 지식을 공개하고 발표한다.
⑤ 기업체의 기밀은 누설하지 않는다.
⑥ 전문적 판단이 타협에 의하여 좌우될 수 있거나 이해관계가 있는 상황에는 개입하지 않는다.

[암기법]
전문가는 / 실력최고 / 객관적 자료해석 / 학문발전 위해 / 지식공개 발표 / 기밀누설 말고 / 개입하지 않는다.

실기에 자주 출제 ★★★

13 턱뼈의 괴사를 유발하여 영국에서 사용 금지된 최초의 물질은?

① 벤지딘(benzidine)
② 청석면(crocidolite)
③ 적린(red phosphorus)
④ 황린(yellow phosphorus)

턱뼈의 괴사를 유발하여 영국에서 사용 금지된 최초의 물질 → 황린

14 산업안전보건법령상 강렬한 소음작업에 대한 정의로 옳지 않은 것은?

① 90데시벨 이상의 소음이 1일 8시간 이상 발생하는 작업
② 105데시벨 이상의 소음이 1일 1시간 이상 발생하는 작업
③ 110데시벨 이상의 소음이 1일 30분 이상 발생하는 작업
④ 115데시벨 이상의 소음이 1일 10분 이상 발생하는 작업

*강렬한 소음작업
① 하루 8시간 동안 90dB 이상의 소음이 발생하는 작업
② 하루 4시간 동안 95dB 이상의 소음이 발생하는 작업
③ 하루 2시간 동안 100dB 이상의 소음이 발생하는 작업
④ 하루 1시간 동안 105dB 이상의 소음이 발생하는 작업
⑤ 하루 30분 동안 110dB 이상의 소음이 발생하는 작업
⑥ 하루 15분 동안 115dB 이상의 소음이 발생하는 작업

정답 12 ④ 13 ④ 14 ④

15 38세 된 남성근로자의 육체적 작업능력(PWC)은 15kcal/min이다. 이 근로자가 1일 8시간 동안 물체를 운반하고 있으며 이때의 작업대사량이 7kcal/min이고, 휴식 시 대사량이 1.2kcal/min일 경우 이 사람이 쉬지 않고 계속하여 일을 할 수 있는 최대 허용시간(T_{end})은? (단, $\log T_{end} = 3.720 - 0.1949E$ 이다.)

① 7분 ② 98분
③ 227분 ④ 3063분

★ 작업강도에 따른 허용작업시간
1. $\log T_{end} = 3.720 - 0.1949E$
2. $E = \dfrac{PWC}{3}$
  • E : 작업대사량(kcal/min)
  • T_{end} : 허용작업시간(min)

$\log T_{end} = 3.720 - 0.1949E$
$\log T_{end} = 3.720 - 0.1949 \times 7 = 2.357$
$T_{end} = 10^{2.357} = 227.5$(분)

📓 필기에 자주 출제 ★

16 다음 중 직업병의 발생 원인으로 볼 수 없는 것은?

① 국소 난방 ② 과도한 작업량
③ 유해물질의 취급 ④ 불규칙한 작업시간

① 너무 덥거나 추운 환경이 직업병의 원인이 될 수 있다.

17 온도 25℃, 1기압 하에서 분당 100mL씩 60분 동안 채취한 공기 중에서 벤젠이 3mg 검출되었다면 이 때 검출된 벤젠은 약 몇 ppm인가? (단, 벤젠의 분자량은 78이다.)

① 11 ② 15.7
③ 111 ④ 157

★ ppm과 mg/m³의 상호 농도변환
25℃, 1기압의 경우
• 노출기준(mg/m³) = $\dfrac{노출기준(ppm) \times 그램분자량}{24.45}$
• ppm = mg/m³ × $\dfrac{24.45}{분자량}$

ppm = $\dfrac{mg/m^3 \times 24.45}{분자량} = \dfrac{500 \times 24.45}{78}$
ppm = 156.73(ppm)

• $\dfrac{mg}{m^3} = \dfrac{3mg}{\dfrac{100 \times 10^{-6} m^3}{min} \times 60min}$
 = 500(mg/m³)
• mL = $10^{-6} m^3$

📓 실기에 자주 출제 ★★★

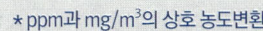

18 교대 근무제의 효과적인 운영방법으로 옳지 않은 것은?

① 업무효율을 위해 연속근무를 실시한다.
② 근무 교대시간은 근로자의 수면을 방해하지 않도록 정해야 한다.
③ 근무시간은 8시간을 주기로 교대하며 야간근무 시 충분한 휴식을 보장해주어야 한다.
④ 교대작업은 피로회복을 위해 역교대 근무 방식보다 전진근무 방식(주간근무 → 저녁근무 → 야간근무 → 주간근무)으로 하는 것이 좋다.

> ★ 교대근무제 관리원칙(바람직한 교대제)
> ① 1일 8시간 근무가 바람직하다.(특히, 야간근무시간은 근무시간 중 간이 수면시간을 포함하여 8시간이내가 바람직함)
> ② 3조 3교대근무나 4조 3교대근무가 바람직하다. (1일 2교대근무가 불가피한 경우는 연속 2~3일을 초과하지 말아야 함)
> ③ 야간근무의 연속일수는 2~3일로 한다.(연속 3일 이상 야간근무를 하는 것은 피하고, 야간근무 후에는 1~2일 정도 휴식을 취하는 것이 바람직함)
> ④ 야간근무 후 다른 근무조로 가기 전에 최소한 48시간 이상의 휴식을 두어야 한다.
> ⑤ 야간근무 교대시간은 자정 이전으로 하고, 아침 교대시간은 밤잠이 모자랄 5~6시를 피한다.
> ⑥ 야간근무 시 가면은 반드시 필요하며 보통 2~4시간(1시간 30분 이상)이 적합하다.
> ⑦ 중노동, 정신적 노동, 지루한 일 등은 주간에 배치하고, 이른 아침이나 한밤중에는 과도하고 위험한 일이 배치되지 않도록 해야 하며 근무시간이 긴 근무 조는 가벼운 일을 하도록 하는 등 업무내용 및 업무량을 조정해야 한다.
> ⑧ 근무시간표는 순차적으로 편성하는 것이 바람직하다.(정교대가 좋다.)
>   예) 주간 근무조 → 저녁 근무조 → 야간 근무조 → 주간 근무조 …

 필기에 자주 출제 ★

19 다음 물질에 관한 생물학적 노출지수를 측정하려 할 때 시료의 채취시기가 다른 하나는?

① 크실렌
② 이황화탄소
③ 일산화탄소
④ 트리클로로에틸렌

화학물질	생물학적 노출지표물질 (체내대사산물)	시료채취 시기
크실렌	소변 중 메틸마뇨산	작업종료 시
이황화탄소	소변 중 TTCA	당일 작업종료 2시간 전부터 작업종료 사이에 채취
일산화탄소	호기 중 일산화탄소, 혈중 카르복시헤모글로빈	작업종료 후 15분 이내
트리클로로에틸렌 (삼염화에틸렌)	소변 중 트리클로로초산 (삼염화 초산), 트리클로로에탄올 (삼염화에탄올)	주말작업 종료 직후

실기까지 중요 ★★

20 심한 작업이나 운동 시 호흡조절에 영향을 주는 요인과 거리가 먼 것은?

① 산소
② 수소이온
③ 혈중 포도당
④ 이산화탄소

> ★ 심한 작업이나 운동 시 호흡조절에 영향을 주는 요인
> ① 산소
> ② 수소이온
> ③ 이산화탄소

정답 18 ① 19 ④ 20 ③

제2과목 | 작업위생측정 및 평가

21 어느 작업장에서 소음의 음압수준(dB)을 측정한 결과가 85, 87, 84, 86, 89, 81, 82, 84, 83, 88일 때, 측정 결과의 중앙값(dB)은?

① 83.5   ② 84.0
③ 84.5   ④ 84.9

> 1. 값을 크기순서대로 나타내면
>   81, 82, 83, 84, 84, 85, 86, 87, 88, 89
> 2. 중앙에 위치하는 값 84와 85(dB)이므로
>   중앙값 $= \dfrac{84+85}{2} = 84.5(dB)$

※ 참고
중앙치(중앙값)
① N개의 측정치를 크기순서로 배열하였을 때 중앙에 위치하는 값을 말한다.
② 값이 짝수일 때는 중앙에 위치하는 두 개의 값을 평균 내어 중앙값으로 한다.

📝 필기에 자주 출제 ★

22 직경 25mm 여과지(유효면적 385mm²)를 사용하여 백석면을 채취하여 분석한 결과 단위 시야 당 시료는 3.15개, 공시료는 0.05개였을 때 석면의 농도(개/cc)는? (단, 측정시간은 100분, 펌프유량은 2.0L/min, 단위 시야의 면적은 0.00785mm²이다.)

① 0.74   ② 0.76
③ 0.78   ④ 0.80

> 1. 섬유의 개수농도 $= \dfrac{E(개/mm^2) \times A_c(mm^2)}{V(L) \times \dfrac{10^3 cm^3}{L}}$ (개/cm³)
>
> - A_c : 유효채취면적
>
> 2. $E(개/mm^2) = \dfrac{\left(\dfrac{F}{n_f}\right) - \left(\dfrac{B}{n_b}\right)}{A_f}$
>
> - A_f : 계수면적
> - n_f : 전체시야수
> - n_b : 공시료의 시야수
> - F : 시료 여지의 섬유개수
> - B : 공시료의 섬유개수
>
> 3. 공기의 부피$(L) = T(min) \times Q(L/min)$
>
> 섬유의 개수농도(개/cm³)
>
> $= \dfrac{\dfrac{(3.15-0.05)개}{0.00785mm^2} \times 385mm^2}{\dfrac{2.0 \times 10^3 cm^3}{min} \times 100min} = 0.76(개/cm^3)$
>
> $(L = 10^3 cm^3, cc = cm^3)$

23 측정기구와 측정하고자하는 물리적 인자의 연결이 틀린 것은?

① 피토관 - 정압
② 흑구온도 - 복사온도
③ 아스만통풍건습계 - 기류
④ 가이거뮬러카운터 - 방사능

> ③ 아스만통풍건습계 - 습도

24 양자역학을 응용하여 아주 짧은 파장의 전자기파를 증폭 또는 발진하여 발생시키며, 단일파장이고 위상이 고르며 간섭현상이 일어나기 쉬운 특성이 있는 비전리방사선은?

① X-ray
② Microwave
③ Laser
④ gamma-ray

> ★ 레이저 광선의 특성
> ① 광선증폭을 뜻한다.
> ② 단일파장으로 단색성이 뛰어나며 강력하고 예리한 지향성을 지닌 광선이다.
> ③ 레이저광은 출력이 대단히 강력하고 극히 좁은 파장범위(직사광)를 갖기 때문에 쉽게 산란하지 않는다.(위상이 고르고 간섭 현상이 일어나기 쉽다.)

📖 필기에 자주 출제 ★

25 태양광선이 내리쬐지 않는 옥외 장소의 습구흑구온도지수(WBGT)를 산출하는 식은?

① WBGT=0.7×자연습구온도+0.3×흑구온도
② WBGT=0.3×자연습구온도+0.7×흑구온도
③ WBGT=0.3×자연습구온도+0.7×건구온도
④ WBGT=0.7×자연습구온도+0.3×건구온도

> ★ 습구흑구온도지수(WBGT)의 산출
> 1. 옥외(태양광선이 내리쬐는 장소)
>   WBGT(℃) = 0.7×자연습구온도 + 0.2 ×흑구온도 + 0.1×건구온도
> 2. 옥내 또는 옥외(태양광선이 내리쬐지 않는 장소)
>   WBGT(℃) = 0.7×자연습구온도 + 0.3 ×흑구온도

📖 실기에 자주 출제 ★★★

26 일정한 온도조건에서 가스의 부피와 압력이 반비례하는 것과 가장 관계가 있는 법칙은?

① 보일의 법칙
② 샤를의 법칙
③ 라울의 법칙
④ 게이-루삭의 법칙

> ① 보일의 법칙 : 일정한 온도에서 부피와 압력은 반비례한다.
>
> [암기법]
> 보일러의 온도는 일정, 부압(부피, 압력)에 반비례
>
> ③ 샤를의 법칙 : 일정한 압력에서 온도와 부피는 비례한다.
>
> [암기법]
> 밥할 때 쌀을(샤를) 일정 압력에서, 부온(부피, 온도)에 비례
>
> ③ 게이-루삭의 법 : 일정한 부피조건에서 압력과 온도는 비례한다.
>
> [암기법]
> 일부(일정부피) 이삭(게이루삭)은 온압(온도, 압력)에 비례

📖 실기까지 중요 ★★

정답 24 ③ 25 ① 26 ①

27 소음의 단위 중 음원에서 발생하는 에너지를 의미하는 음력(sound power)의 단위는?

① dB
② Phon
③ W
④ Hz

> ★ 음향파워레벨(PWL, 음력수준)
> 음향출력(음향파워, 음력)은 음원으로부터 단위시간당 방출되는 총 음에너지(음원이 발산하는 모든 에너지)를 말하며 단위는 watt이다.

> ★ 참고
> $$PWL(dB) = 10\log\left(\frac{W}{W_o}\right)$$
> • PWL : 음향파워레벨(dB)
> • W : 대상음원의 음력(watt)
> • W_o : 기준음력(10^{-12} watt)

28 산업안전보건법령상 유해인자와 단위의 연결이 틀린 것은?

① 소음 - dB
② 흄 - mg/m³
③ 석면 - 개/cm³
④ 고열 - 습구·흑구온도지수, ℃

> ① 소음 – dB(A)

29 작업장의 기본적인 특성을 파악하는 예비조사의 목적으로 가장 적절한 것은?

① 유사노출그룹 설정
② 노출기준 초과여부 판정
③ 작업장과 공정의 특성파악
④ 발생되는 유해인자 특성조사

> ★ 예비조사의 목적
> ① 동일노출그룹[유사노출그룹]의 설정
> ② 정확한 시료채취 전략 수립

> 📝 실기 까지중요 ★★

30 유기용제 취급 사업장의 메탄올 농도 측정 결과가 100, 89, 94, 99, 120ppm일 때, 이 사업장의 메탄올 농도 기하평균(ppm)은?

① 99.4
② 99.9
③ 100.4
④ 102.3

> ★ 기하평균
> 1. $\log(GM) = \dfrac{\log X_1 + \log X_2 + \cdots + \log X_n}{N}$
> 2. $G.M = \sqrt[N]{X_1 \cdot X_2 \cdots X_n}$
> • X_n : 측정치
> • N : 측정치 개수
> $G.M = \sqrt[5]{100 \times 89 \times 94 \times 99 \times 120}$
> $= 99.88$(ppm)

정답 27 ③ 28 ① 29 ③ 30 ②

31 소음의 변동이 심하지 않은 작업장에서 1시간 간격으로 8회 측정한 산술평균의 소음수준이 93.5dB(A)이었을 때, 작업시간이 8시간인 근로자의 하루 소음노출량(Noise dose; %)은? (단, 기준소음노출시간과 수준 및 exchange rate은 OHSA 기준을 준용한다.)

① 104
② 135
③ 162
④ 234

1. $TWA = 16.61 \times \log\left[\dfrac{D}{100}\right] + 90[dB(A)]$
   - TWA : 시간가중 평균 소음수준[dB(A)]
   - D : 누적소음노출량(%)
   - $100 : 12.5 \times T(T = $ 노출시간$)$

2. $D(\%) = \left(\dfrac{C_1}{T_1} + \dfrac{C_2}{T_2} + \cdots + \dfrac{C_n}{T_n}\right) \times 100$
   - D : 누적소음 폭로량
   - C : 각각의 소음도에 노출되는 시간(hr)
   - T : 각각의 소음도에 노출될 수 있는 허용노출시간(hr)

$TWA = 16.61 \times \log\left[\dfrac{D}{100}\right] + 90[dB(A)]$

$16.61 \times \log\left[\dfrac{D}{100}\right] = TWA - 90$

$\log\left[\dfrac{D}{100}\right] = \dfrac{TWA - 90}{16.61} = \dfrac{93.5 - 90}{16.61} = 0.21$

$\dfrac{D}{100} = 10^{0.21} = 1.6218$

$D(\%) = 100 \times 1.6218 = 162.18(\%)$

32 흡착제를 이용하여 시료채취를 할 때 영향을 주는 인자에 관한 설명으로 틀린 것은?

① 흡착제의 크기 : 입자의 크기가 작을수록 표면적이 증가하여 채취효율이 증가하나 압력강하가 심하다.
② 흡착관의 크기 : 흡착관의 크기가 커지면 전체 흡착제의 표면적이 증가하여 채취용량이 증가하므로 파과가 쉽게 발생되지 않는다.
③ 습도 : 극성 흡착제를 사용할 때 수증기가 흡착되기 때문에 파과가 일어나기 쉽다.
④ 온도 : 온도가 높을수록 기공활동이 활발하여 흡착능이 증가하나 흡착제의 변형이 일어날 수 있다.

④ 온도 : 온도가 높을수록 흡착능력이 떨어진다. (흡착대상 물질간 반응속도가 증가하여 흡착능력 떨어지며 파과되기 쉽다.)

📝 필기에 자주 출제 ★

33 0.04M HCl이 2% 해리되어 있는 수용액의 pH는?

① 3.1
② 3.3
③ 3.5
④ 3.7

★몰 농도
용액 1 L 속에 녹아 있는 용질의 몰수

$$\text{몰농도}(M/L) = \dfrac{\text{용질의 몰수}}{\text{용액의 } L\text{수}}$$

$HCl \rightarrow H^+ + Cl^-$
  1 : 1 : 1
0.04 : 0.04 : 0.04

1. 100% 수용액일 때 H^+가 0.04M 존재하므로 2%일 때의 H^+는
   $100 : 0.04 = 2 : x$
   $100 \times x = 0.04 \times 2$
   $x = \dfrac{0.04 \times 2}{100} = 0.0008$

2. $pH = -\log_{10}[H^+] = -\log_{10}[0.0008] = 3.1$

정답 31 ③ 32 ④ 33 ①

34 포집효율이 90%와 50%의 임핀저(impinger)를 직렬로 연결하여 작업장 내 가스를 포집할 경우 전체 포집효율(%)은?

① 93
② 95
③ 97
④ 99

> ★ 총집진율(직렬설치 시)
> 1. $\eta_T(\%) = \eta_1 + \eta_2(1 - \frac{\eta_1}{100})$
>   - η_T : 총 집진율
>   - η_1 : 1차 집진장치 집진율(%)
>   - η_2 : 2차 집진장치 집진율(%)
> 2. $\eta_T(\%) = \eta_1 + \eta_2(1 - \eta_1)$
>   - η_T : 총 집진율
>   - η_1 : 1차 집진장치 집진율
>   - η_2 : 2차 집진장치 집진율
>
> 전체 포집효율(η_T) = $90 + 50 \times (1 - \frac{90}{100})$
> = 95(%)
>
> 📝 실기까지 중요 ★★

35 먼지를 크기별 분포로 측정한 결과를 가지고 기하표준편차(GSD)를 계산하고자 할 때 필요한 자료가 아닌 것은?

① 15.9%의 분포를 가진 값
② 18.1%의 분포를 가진 값
③ 50.0%의 분포를 가진 값
④ 84.1%의 분포를 가진 값

> ★ 기하표준편차(GSD)
>
> GSD = $\frac{84.1\%에 해당하는 값}{50\%에 해당하는 값}$
>
> 또는 $\frac{50\%에 해당하는 값}{15.9\%에 해당하는 값}$
>
> 📝 실기까지 중요 ★★

36 복사기, 전기기구, 플라즈마 이온방식의 공기청정기 등에서 공통적으로 발생할 수 있는 유해물질로 가장 적절한 것은?

① 오존
② 이산화질소
③ 일산화탄소
④ 포름알데히드

> ★ 오존(O_3)
> ① 대기 중에서 약 0.02ppm 정도로 존재하며 가스상 2ppm 미만에서는 냄새가 나쁘지 않지만 농도가 높아지면 자극적인 냄새가 난다.
> ② 실내에서는 복사기, 인쇄기, 정전식 공기청정기 등 생활용품과 전기 아크, 연무 등에서 발생된다.

37 벤젠이 배출되는 작업장에서 채취한 시료의 벤젠농도 분석 결과가 3시간 동안 4.5ppm, 2시간 동안 12.8ppm, 1시간 동안 6.8ppm일 때, 이 작업장의 벤젠 TWA(ppm)는?

① 4.5
② 5.7
③ 7.4
④ 9.8

> TWA환산값 = $\frac{C_1 \cdot T_1 + C_2 \cdot T_2 + \cdots + C_n \cdot T_n}{8}$
> - C : 유해인자의 측정치 (단위 : ppm, mg/m³ 또는 개/cm³)
> - T : 유해인자의 발생시간(단위 : 시간)
>
> TWA환산값 = $\frac{(4.5 \times 3) + (12.8 \times 2) + (6.8 \times 1)}{8}$
> = 5.74(ppm)
>
> 📝 실기까지 중요 ★★

정답 34 ② 35 ② 36 ① 37 ②

38 산업안전보건법령상 고열 측정 시간과 간격으로 옳은 것은?

① 작업시간 중 노출되는 고열의 평균온도에 해당하는 1시간, 10분 간격
② 작업시간 중 노출되는 고열의 평균온도에 해당하는 1시간, 5분 간격
③ 작업시간 중 가장 높은 고열에 노출되는 1시간, 5분 간격
④ 작업시간 중 가장 높은 고열에 노출되는 1시간, 10분 간격

> ★ 고열 측정방법
> ① 측정은 단위작업 장소에서 측정대상이 되는 근로자의 주 작업 위치에서 측정한다.
> ② 측정기의 위치는 바닥면으로부터 50센티미터 이상, 150센티미터 이하의 위치에서 측정한다.
> ③ 측정기를 설치한 후 충분히 안정화시킨 상태에서 1일 작업시간 중 가장 높은 고열에 노출되는 1시간을 10분 간격으로 연속하여 측정한다.

실기에 자주 출제 ★★★

39 입자상 물질의 여과원리와 가장 거리가 먼 것은?

① 차단　　② 확산
③ 흡착　　④ 관성충돌

> ★ 여과포집에 기여하는 6가지 기전
> ① 직접차단(간섭 : interception)
> ② 관성충돌(intertial impaction)
> ③ 확산(diffusion)
> ④ 중력침강(gravitional settling)
> ⑤ 정전기 침강(electrostatic settling)
> ⑥ 체질(sieving)

 실기까지 중요 ★★

40 산화마그네슘, 망간, 구리 등의 금속 분진을 분석하기 위한 장비로 가장 적절한 것은?

① 자외선/가시광선 분광광도계
② 가스크로마토그래피
③ 핵자기공명분광계
④ 원자흡광광도계

> ★ 원자흡광광도계
> 분석대상 원소에 특정파장의 빛을 투과시킨 후 원자가 흡수하는 빛의 세기를 측정하는 분석기기로서 구리, 산화철, 카드뮴 등의 금속 및 중금속의 분석 방법에 적용한다.(램버트 비어 법칙 적용)

필기에 자주 출제 ★

제3과목 　작업환경관리대책

41 유해물질의 증기 발생률에 영향을 미치는 요소로 가장 거리가 먼 것은?

① 물질의 비중　　② 물질의 사용량
③ 물질의 증기압　　④ 물질의 노출기준

> ★ 유해물질의 증기 발생률에 영향을 미치는 요소
> ① 물질의 비중
> ② 물질의 사용량
> ③ 물질의 증기압

42 회전차 외경이 600mm인 원심 송풍기의 풍량은 200m³/min이다. 회전차 외경이 1000mm인 동류(상사구조)의 송풍기가 동일한 회전수로 운전된다면 이 송풍기의 풍량(m³/min)은? (단, 두 경우 모두 표준공기를 취급한다.)

① 333 ② 556
③ 926 ④ 2572

$$Q_2 = Q_1 \left(\frac{D_2}{D_1}\right)^3 \left(\frac{N_2}{N_1}\right)$$

- Q_1 : 회전 수 변경 전 풍량(m³/min)
- Q_2 : 회전 수 변경 후 풍량(m³/min)
- N_1 : 변경 전 회전수(rpm)
- N_2 : 변경 후 회전수(rpm)
- D_1 : 변경 전 직경(m)
- D_2 : 변경 후 직경(m)

$Q_2 = 200 \times \left(\frac{1,000}{600}\right)^3 = 925.93\,(m^3/min)$

📝 실기에 자주 출제 ★★★

43 후드의 유입계수가 0.82, 속도압이 50mmH$_2$O일 때 후드의 유입손실(mmH$_2$O)은?

① 22.4 ② 24.4
③ 26.4 ④ 28.4

압력손실($\triangle P$) $= F_h \times VP = \left(\frac{1}{Ce^2} - 1\right) \times VP$

- F_h : 압력손실계수 $\left(= \frac{1}{Ce^2} - 1\right)$
- VP : 속도압(mmH$_2$O)
- Ce : 유입계수

$\triangle P = \left(\frac{1}{Ce^2} - 1\right) \times VP = \left(\frac{1}{0.82^2} - 1\right) \times 50$

$= 24.36\,(mmH_2O)$

📝 실기에 자주 출제 ★★★

44 길이, 폭, 높이가 각각 25m, 10m, 30m인 실내에 시간당 18회의 환기를 하고자 한다. 직경 50cm의 개구부를 통하여 공기를 공급하고자 하면 개구부를 통과하는 공기의 유속(m/s)은?

① 137 ② 153
③ 172 ④ 191

1. 1회 환기량
 $25 \times 10 \times 30 = 7,500\,(m^3)$
2. 시간당 18회 환기량
 $7,500 \times 18 = 135,000\,(m^3/hr)$
3. $Q = A \cdot V$

$V = \dfrac{Q}{A} = \dfrac{Q}{\dfrac{\pi d^2}{4}} = \dfrac{135,000}{\dfrac{\pi \times 0.5^2}{4}}$

$= 687549.35\,(m/hr) \div 3,600$
$= 190.99\,(m/sec)$
(50cm = 0.5m)

정답 42 ③ 43 ② 44 ④

45 입자상 물질 집진기의 집진원리를 설명한 것이다. 아래의 설명에 해당하는 집진원리는?

> 분진의 입경이 클 때, 분진은 가스흐름의 궤도에서 벗어나게 된다. 즉 입자의 크기에 따라 비교적 큰 분진은 가스통과 경로를 따라 발산하지 못하고, 작은 분진은 가스와 같이 발산한다.

① 직접차단 ② 관성충돌
③ 원심력 ④ 확산

★ 입자상 물질의 호흡기계 축적기전(호흡기 침착 매커니즘)
① 충돌(관성충돌) : 공기흐름의 방향이 바뀌는 경우 입자의 관성 때문에 원래방향대로 이동하다가 흐름이 바뀌는 지점에서 부딪치며 충돌에 의해 침착된다.
② 침전(중력침강) : 기관지 등 폐의 심층부에서는 공기흐름이 느려지며 이 때 입자는 중력에 의해 낙하하여 축적된다.
③ 차단 : 길이가 긴 입자가 호흡기계로 들어오면 그 입자의 가장자리가 기도의 표면을 스치게 됨으로써 침착되는 현상
④ 확산 : 미세입자의 무질서한 운동(브라운 운동)에 의해 기체분자와 충돌하며 침착되는 현상으로 전 호흡기계 내에서 일어난다.

📘 실기까지 중요 ★★

46 철재 연마공정에서 생기는 철가루의 비산을 방지하기 위해 가로 50cm, 높이 20cm인 직사각형 후드를 플랜지를 부착하여 설치하고자 할 때, 필요환기량(m³/min)은? (단, 제어풍속은 ACGIH 권고치 기준의 하한으로 설정하며, 제어풍속이 미치는 최대거리는 개구면으로 부터 30cm라 가정한다.)

① 112 ② 119
③ 253 ④ 238

후드형태	
명칭	외부식 플렌지부착 장방형
배풍량 (m³/min)	$Q = 60 \times 0.75V(10X^2 + A)$ ・Q : 배풍량(m³/min) ・V : 제어풍속(m/s) ・A : 후드 단면적(m²) ・X : 제어거리(m)

1. ACGIH의 연마공정 제어속도의 하한치 : 2.5(m/sec)
2. $Q = 60 \times 0.75V(10X^2 + A)$
   $= 60 \times 0.75 \times 2.5 \times [10 \times 0.3^2 + (0.5 \times 0.2)]$
   $= 112.5 (m^3/min)$

★ 참고
제어속도 범위(ACGIH)

작업조건	작업공정사례	제어속도 (m/sec)
・움직이지 않은 공기 중에서 속도없이 배출 ・조용한 대기 중에 실제 거의 속도가 없는 상태로 발산	・액면에서 발생하는 가스나 증기 흄 ・탱크에서 증발, 탈지시설	0.25 ~0.5
・비교적 조용한(약간의 공기 움직임) 대기 중에서 저속으로 비산	・용접, 도금 작업 ・스프레이도장	0.5 ~1.0
・발생기류가 높고(빠른기동) 유해물질이 활발히 발생	・스프레이도장, 용기충전 ・컨베이어 적재 ・분쇄기	1.0 ~2.5
・초고속기류(대단히 빠른 기동)가 있는 작업장소에 초고속으로 비산	・회전연삭작업 ・연마작업 ・블라스트 작업	2.5 ~10

📘 실기에 자주 출제 ★★★

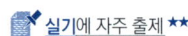
45 ② 46 ①

47 다음 중 위생보호구에 대한 설명과 가장 거리가 먼 것은?

① 사용자는 손질방법 및 착용방법을 숙지해야 한다.
② 근로자 스스로 폭로대책으로 사용할 수 있다.
③ 규격에 적합한 것을 사용해야 한다.
④ 보호구 착용으로 유해물질로부터의 모든 신체적 장해를 막을 수 있다.

> ④ 보호구 착용은 유해물질로부터 신체를 보호하는 가장 소극적인 대책이다.

48 곡관에서 곡률반경비(R/D)가 1.0일 때 압력손실계수 값이 가장 작은 곡관의 종류는?

① 2조각 관 ② 3조각 관
③ 4조각 관 ④ 5조각 관

덕트모양	곡률반경(R/D)					
	0.5	0.75	1.00	1.50	2.00	2.50
이음새없는 곡관	0.71	0.33	0.22	0.15	0.13	0.12
5조각으로 접합된 곡관	–	0.46	0.33	0.24	0.19	0.17
4조각으로 접합된 곡관	–	0.50	0.37	0.27	0.24	0.23
3조각으로 접합된 곡관	0.9	0.54	0.42	0.34	0.33	0.33

49 작업 중 발생하는 먼지에 대한 설명으로 옳지 않은 것은?

① 일반적으로 특별한 유해성이 없는 먼지는 불활성 먼지 또는 공해성 먼지라고 하며, 이러한 먼지에 노출된 경우 일반적으로 폐용량에 이상이 나타나지 않으며, 먼지에 대한 폐의 조직반응은 가역적이다.
② 결정형 유리규산(free silica)은 규산의 종류에 따라 Cristobalite, Quartz, Tridymite, Tripoli가 있다.
③ 용융규산(fused silica)은 비결정형 규산으로 노출기준은 총먼지로 10mg/m³이다.
④ 일반적으로 호흡성 먼지란 종말 모세기관지나 폐포 영역의 가스교환이 이루어지는 영역까지 도달하는 미세먼지를 말한다.

> ③ 용융규산(fused silica)은 비결정형 규산으로 노출기준은 0.1mg/m³이다.

정답 47 ④ 48 ④ 49 ③

50 고열 배출원이 아닌 탱크 위에 한 변이 2m인 정사각형 모양의 캐노피형 후드를 3측면이 개방되도록 설치하고자 한다. 제어속도가 0.25m/s, 개구면과 배출원 사이의 높이가 1.0m일 때 필요 송풍량(m^3/min)은?

① 2.44 ② 146.46
③ 249.15 ④ 435.81

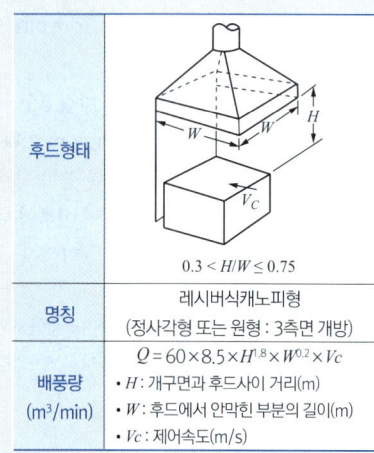

후드형태	(그림) $0.3 < H/W \leq 0.75$
명칭	레시버식캐노피형 (정사각형 또는 원형 : 3측면 개방)
배풍량 (m^3/min)	$Q = 60 \times 8.5 \times H^{1.8} \times W^{0.2} \times V_C$ • H : 개구면과 후드사이 거리(m) • W : 후드에서 안막힌 부분의 길이(m) • V_C : 제어속도(m/s)

$Q = 60 \times 8.5 \times 1^{1.8} \times 2^{0.2} \times 0.25$
$Q = 146.46(m^3/min)$

51 그림과 같은 형태로 설치하는 후드는?

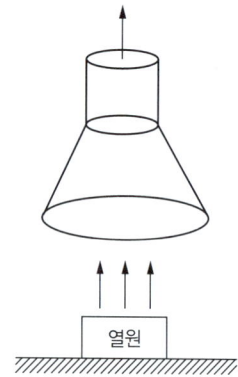

① 레시바식 캐노피형
　(Receiving Canopy Hoods)
② 포위식 커버형(Enclosures cover Hoods)
③ 부스식 드래프트 챔버형
　(Boooth Draft Chamber Hoods)
④ 외부식 그리드형
　(Exterior Capturing Grid Hoods)

★ 리시버식 후드의 종류

캐노피형 후드	커버형 후드
(그림)	(그림)
• 열상승기류가 있는 경우사용 • 용해로, 열처리로, 배소로 등의 가열로에서 가장 많이 사용	• 유해물질이 일정한 방향으로 비산하는 경우 • 연마작업 등에 사용

정답 50 ② 51 ①

52 산업안전보건법령상 안전인증 방독마스크에 안전인증 표시 외에 추가로 표시되어야할 항목이 아닌 것은?

① 포집효율
② 파과곡선도
③ 사용시간 기록카드
④ 사용상의 주의사항

> ＊ 안전인증 방독마스크 표시 외에 표시사항
> ① 파과곡선도
> ② 사용시간 기록카드
> ③ 정화통의 외부측면의 표시 색
> ④ 사용상의 주의사항

53 에틸벤젠의 농도가 400ppm인 1000m³ 체적의 작업장의 환기를 위해 90m³/min 속도로 외부 공기를 유입한다고 할 때, 이 작업장의 에틸벤젠 농도가 노출기준(TLV) 이하로 감소되기 위한 최소소요시간(min)은? (단, 에틸벤젠의 TLV는 100ppm이고 외부유입공기 중 에틸벤젠의 농도는 0ppm이다.)

① 11.8
② 15.4
③ 19.2
④ 23.6

> ＊ 유해물질을 나중농도(노출농도 이하)로 환기하는 데 소요되는 시간
> $$t(\text{min}) = -\frac{V}{Q'} \times \ln\left(\frac{C_2}{C_1}\right)$$
> ・V : 작업장의 기적(m³)
> ・Q' : 환기량(m³/min)
> ・C_1 : 유해물질 처음농도(ppm)
> ・C_2 : 유해물질 노출기준(ppm)
> $$t = -\frac{1,000}{90} \times \ln\left(\frac{100}{400}\right) = 15.40(\text{min})$$

📓 실기까지 중요 ★★

54 덕트에서 공기흐름의 평균속도압이 25mmH₂O였다면 덕트에서의 공기의 반송속도(m/s)는? (단, 공기 밀도는 1.21kg/m³로 동일하다.)

① 10
② 15
③ 20
④ 25

> 속도압$(VP) = \frac{\gamma V^2}{2g}$(mmH₂O)
> ・r : 공기비중
> ・V : 유속(m/s)
> ・g : 중력가속도(9.8m/s²)
> 속도압$(VP) = \frac{\gamma V^2}{2g}$
> $\gamma \times V^2 = VP \times 2g$
> $V^2 = \frac{VP \times 2g}{\gamma}$
> $V = \sqrt{\frac{VP \times 2g}{\gamma}} = \sqrt{\frac{25 \times 2 \times 9.8}{1.21}}$
> $V = 20.12(\text{m/sec})$

📓 실기까지 중요 ★★

55 강제환기를 실시할 때 환기효과를 제고시킬 수 있는 방법이 아닌 것은?

① 공기배출구와 근로자의 작업위치 사이에 오염원이 위치하지 않도록 하여야 한다.
② 배출구가 창문이나 문 근처에 위치하지 않도록 한다.
③ 오염물질 배출구는 가능한 한 오염원으로부터 가까운 곳에 설치하여 점환기 효과를 얻는다.
④ 공기가 배출되면서 오염장소를 통과하도록 공기배출구와 유입구의 위치를 선정한다.

> ① 공기배출구와 근로자 작업위치 사이에 오염원이 위치하여야 한다.(근로자 작업위치 - 오염원 - 배출구 : 오염원이 근로자를 통과하지 않고 배출되어야 한다.)

📓 필기에 자주 출제 ★

정답 52 ① 53 ② 54 ③ 55 ①

56 전기집진장치의 장·단점으로 틀린 것은?

① 운전 및 유지비가 많이 든다.
② 고온가스처리가 가능하다.
③ 설치 공간이 많이 든다.
④ 압력손실이 낮다.

★ 전기집진장치의 장·단점

장점	① 광범위한 온도범위에서 적용이 가능하다. ② 고온의 입자상물질, 폭발성가스 처리는 가능하나, 가연성 입자의 처리는 곤란하다. ③ 고온 가스를 처리할 수 있어 보일러와 철강로 등에 설치할 수 있다. ④ 압력손실이 낮으므로 대용량의 처리가스가 가능하며, 송풍기의 운전 및 유지비용이 저렴하다. ⑤ 넓은 범위의 입경과 분진농도에 집진효율이 높다. ⑥ 습식으로 집진할 수 있다. ⑦ 0.01μm 정도의 미세 입자의 포집이 가능하여 높은 집진효율을 얻을 수 있다.(집진장치 중 가장 작은 입자를 처리할 수 있다)
단점	① 초기 설치비용이 많이 들며 설치공간이 커야 한다. ② 운전조건의 변화에 유연성이 적다.(전압변동과 같은 조건변동에 쉽게 적응이 곤란하다.) ③ 먼지성상에 따라 전처리시설이 요구된다. ④ 분진포집에 적용되며 가스상의 오염물질(기체상의 오염물질) 처리는 곤란하다.

📓 필기에 자주 출제 ★

57 산업위생관리를 작업환경관리, 작업관리, 건강관리로 나눠서 구분할 때, 다음 중 작업환경관리와 가장 거리가 먼 것은?

① 유해 공정의 격리
② 유해 설비의 밀폐화
③ 전체환기에 의한 오염물질의 희석 배출
④ 보호구 사용에 의한 유해물질의 인체 침입 방지

★ 작업환경대책(작업환경 관리의 원칙)
① 대치(대체)
  • 공정의 변경
  • 유해물질 변경
  • 시설의 변경
② 격리(Isolation)
  • 저장물질의 격리
  • 시설의 격리
  • 공정의 격리
  • 작업자의 격리
③ 환기
  • 국소환기
  • 전체환기
④ 교육(Education)

📓 필기에 자주 출제 ★

58 국소환기시스템의 슬롯(slot) 후드에 설치된 충만실(plenum chamber)에 관한 설명 중 옳지 않은 것은?

① 후드가 크게 되면 충만실의 공기속도 손실도 고려해야 한다.
② 제어속도는 슬롯속도와는 관계가 없어 슬롯속도가 높다고 흡인력을 증가시키지는 않는다.
③ 슬롯에서의 병목현상으로 인하여 유체의 에너지가 손실된다.
④ 충만실의 목적은 슬롯의 공기유속을 결과적으로 일정하게 상승시키는 것이다.

④ 충만실(플래넘)의 목적은 슬롯 후드 뒤쪽에 위치하여 압력을 균일화 시킨다.

📓 필기에 자주 출제 ★

정답 56 ① 57 ④ 58 ④

59 귀마개에 관한 설명으로 가장 거리가 먼 것은?

① 휴대가 편하다.
② 고온작업장에서도 불편 없이 사용할 수 있다.
③ 근로자들이 착용하였는지 쉽게 확인할 수 있다.
④ 제대로 착용하는데 시간이 걸리고 요령을 습득해야 한다.

* 귀마개의 장·단점

장점	① 부피가 작아서 휴대하기 편하다. ② 보안경과 안전모 사용에 구애받지 않는다. ③ 고온작업, 좁은 공간에서도 사용할 수 있다. ④ 가격이 저렴하다.
단점	① 귀에 질병이 있을 경우 착용이 불가능하다. ② 제대로 착용하는 데 시간이 걸리며 요령을 습득해야 한다. ③ 착용 여부 파악이 곤란하다. ④ 차음효과가 일반적으로 귀덮개보다 떨어지며 사람에 따라 차이가 있을 수 있다. ⑤ 귀마개 오염에 따른 감염 가능성이 있다. ⑥ 땀이 많이 날 때는 외이도에 염증유발 가능성이 있다.

📝 필기에 자주 출제 ★

60 덕트 설치 시 고려해야할 사항으로 가장 거리가 먼 것은?

① 직경이 다른 덕트를 연결할 때는 경사 30° 이내의 테이퍼를 부착한다.
② 곡관의 곡률반경은 최대 덕트 직경의 3.0 이상으로 하며 주로 4.0을 사용한다.
③ 송풍기를 연결할 때에는 최소 덕트 직경의 6배 정도는 직선구간으로 한다.
④ 가급적 원형덕트를 사용하며 부득이 사각형 덕트를 사용할 경우는 가능한 한 정방형을 사용한다.

② 가능한 한 곡관의 곡률반경을 크게 한다.(곡률반경은 최소 덕트직경의 1.5배 이상, 주로 2.0으로 한다.)

📝 필기에 자주 출제 ★

제4과목 물리적 유해인자관리

61 귀마개의 차음평가수(NRR)가 27일 경우 이 귀마개의 차음 효과는 얼마인가? (단, OSHA의 계산방법을 따른다.)

① 6dB ② 8dB
③ 10dB ④ 12dB

차음효과 = (NRR - 7) × 0.5
• NRR : 차음평가수
차음효과 = (27 - 7) × 0.5 = 10(dB)

📝 실기까지 중요 ★★

62 소음성 난청에 영향을 미치는 요소의 설명으로 옳지 않은 것은?

① 음압 수준 : 높을수록 유해하다.
② 소음의 특성 : 저주파음이 고주파음보다 유해하다.
③ 노출시간 : 간헐적 노출이 계속적 노출보다 덜 유해하다.
④ 개인의 감수성 : 소음에 노출된 사람이 똑같이 반응하지는 않으며, 감수성이 매우 높은 사람이 극소수 존재한다.

> ② 소음의 특성 : 고주파음이 저주파음보다 유해하다.

📝 필기에 자주 출제 ★

63 진동 작업장의 환경관리 대책이나 근로자의 건강보호를 위한 조치로 옳지 않은 것은?

① 발진원과 작업자의 거리를 가능한 멀리한다.
② 작업자의 체온을 낮게 유지시키는 것이 바람직하다.
③ 절연패드의 재질로는 코르크, 펠트(felt), 유리섬유 등을 사용한다.
④ 진동공구의 무게는 10kg을 넘지 않게 하며 방진장갑 사용을 권장한다.

> ② 14℃ 이하의 옥외작업에서는 보온대책이 필요하다.

64 한랭환경에 의한 건강장해에 대한 설명으로 옳지 않은 것은?

① 레이노씨 병과 같은 혈관 이상이 있을 경우에는 증상이 악화된다.
② 제2도 동상은 수포와 함께 광범위한 삼출성 염증이 일어나는 경우를 의미한다.
③ 참호족은 지속적인 국소의 영양결핍 때문이며, 한랭에 의한 신경조직의 손상이 발생한다.
④ 전신 저체온의 첫 증상은 억제하기 어려운 떨림과 냉(冷)감각이 생기고 심박동이 불규칙하고 느려지며, 맥박은 약해지고 혈압이 낮아진다.

★ 참호족
 (참수족, 침수족; trench foot, immersion foot)
 ① 한랭환경에 장기간 노출됨과 동시에 발이 지속적으로 습기나 물에 잠길 경우 발생한다.
 ② 지속적인 국소의 산소결핍이 원인이며, 모세혈관 벽이 손상되어 부종, 작열감, 가려움, 심한 동통 등이 나타나며 수포, 궤양이 형성되기도 한다.

★ 참고
동상의 구분

제1도 동상 (발적)	가려우며 혈관확장으로 국소발적이 생긴다.
제2도 동상 (수포형성과 염증)	수포와 함께 광범위한 삼출성 염증이 생긴다.
제3도 동상 (조직괴사 및 괴저)	심부조직까지 동결되어 조직의 괴사인한 괴저가 발생한다.

📝 필기에 자주 출제 ★

정답 62 ② 63 ② 64 ③

65 다음 중 피부에 강한 특이적 홍반작용과 색소침착, 피부암 발생 등의 장해를 모두 일으키는 것은?

① 가시광선　② 적외선
③ 마이크로파　④ 자외선

★ 자외선의 종류

근자외선 (UV-A)	① 파장 : 315(300) ~ 400nm 　　[3,150 ~ 4,000 Å] ② 피부의 색소침착
도르노선 (UV-B)	① 파장 : 280(290) ~ 315(320)nm 　　[2,800 ~ 3,150 Å] ② 소독작용, 비타민 D형성 등 인체에 유익한 영향(건강선, 생명선) ③ 피부노화, 홍반, 각막염, 피부암 유발
UV-C	① 파장 : 100 ~ 280nm 　　[1,000 ~ 2,800 Å] ② 살균작용(살균효과가 있어 수술용 램프로 사용)

66 인체에 미치는 영향이 가장 큰 전신진동의 주파수 범위는?

① 2 ~ 100Hz　② 140 ~ 250Hz
③ 275 ~ 500HZ　④ 4000Hz 이상

★ 인체에 영향을 주는 진동범위
① 전신진동 : 2 ~ 100Hz(공해진동 : 1 ~ 90Hz)
② 국소진동 : 8 ~ 1,500Hz

📝 필기에 자주 출제 ★

67 음력이 1.2W인 소음원으로부터 35m되는 자유공간 지점에서의 음압수준(dB)은 약 얼마인가?

① 62　② 74
③ 79　④ 121

1. 무지향성 점음원
　① 자유공간(공중, 구면파)에 위치할 때
　　$SPL = PWL - 20\log r - 11 \text{(dB)}$
　② 반자유공간(바닥, 벽, 천장, 반구면파)에 위치할 때
　　$SPL = PWL - 20\log r - 8 \text{(dB)}$
　• r : 소음원으로 부터의 거리(m)

2. $PWL = 10 \times \log\left(\dfrac{W}{W_o}\right)\text{(dB)}$
　• PWL : 음향파워레벨(dB)
　• W : 대상음원의 음력(watt)
　• W_o : 기준음력(10^{-12}watt)

$SPL = PWL - 20\log r - 11$
　　 $= 120.79 - 20 \times \log 35 - 11 = 78.91\text{(dB)}$

$PWL = 10 \times \log \dfrac{1.2}{10^{-12}} = 120.79\text{(dB)}$

📝 실기에 자주 출제 ★★★

68 극저주파 방사선(extremely low frequency fields)에 대한 설명으로 옳지 않은 것은?

① 강한 전기장의 발생원은 고전류 장비와 같은 높은 전류와 관련이 있으며 강한 자기장의 발생원은 고전압 장비와 같은 높은 전하와 관련이 있다.
② 작업장에서 발전, 송전, 전기 사용에 의해 발생되며 이들 경로에 있는 발전기에서 전력선, 전기설비, 기계, 기구 등도 잠재적인 노출원이다.
③ 주파수가 1~3,000Hz에 해당되는 것으로 정의되며, 이 범위 중 50~60Hz의 전력선과 관련한 주파수의 범위가 건강과 밀접한 연관이 있다.
④ 교류전기는 1초에 60번씩 극성이 바뀌는 60Hz의 저주파를 나타내므로 이에 대한 노출평가, 생물학적 및 인체영향 연구가 많이 이루어져 왔다.

> ① 전기장은 전압(Voltage)에 의해 발생하고, 자기장은 전류(Current)에 의해 발생한다.(극저주파 전기장, 극저주파 자기장으로 구분)

69 다음 중 전리방사선의 영향에 대하여 감수성이 가장 큰 인체 내의 기관은?

① 폐 ② 혈관
③ 근육 ④ 골수

> ★ 전리방사선에 대한 인체 내의 감수성 순서
> 골수, 임파선, 흉선 및 림프조직(조혈기관), 눈의 수정체 > 피부 등 상피세포 > 혈관 등 내피세포 > 결합조직, 지방조직 > 뼈, 근육조직 > 폐 등 내장기관 > 신경조직

> [암기법]
> 골인 / 수 상 내 / 결지 / 뼈근육 / 폐내장 / 신경

 실기까지 중요 ★★

70 1루멘의 빛이 1ft²의 평면상에 수직방향으로 비칠 때 그 평면의 빛 밝기를 나타내는 것은?

① 1 lux ② 1 candela
③ 1 촉광 ④ 1 foot candle

> ★ fc(foot-candle)
> 1루멘의 빛이 1ft²의 평면상에 수직방향으로 비칠 때 그 평면의 빛의 양을 말한다.(1lumen/ft²)

> ★ 참고
> lux(meter-candle)
> 1루멘의 빛이 1m²의 평면상에 수직방향으로 비칠 때의 빛의 양을 말한다.(1Lumen/m²)

필기에 자주 출제 ★

71 인체와 환경 간의 열교환에 관여하는 온열조건 인자로 볼 수 없는 것은?

① 대류 ② 증발
③ 복사 ④ 기압

> ★ 온열요소(열 교환에 영향을 미치는 요소)
> ① 기온(온도)
> ② 기습(습도)
> ③ 기류(대류, 풍속)
> ④ 복사열

필기에 자주 출제 ★

정답 68 ① 69 ④ 70 ④ 71 ④

72 감압병의 증상에 대한 설명으로 옳지 않은 것은?

① 관절, 심부 근육 및 뼈에 동통이 일어나는 것을 bends라 한다.
② 흉통 및 호흡곤란은 흔하지 않은 특수형 질식이다.
③ 산소의 기포가 뼈의 소동맥을 막아서 후유증으로 무균성 골괴사를 일으킨다.
④ 마비는 감압증에서 보는 중증 합병증이며 하지의 강직성 마비가 나타나는데 이는 척수나 그 혈관에 기포가 형성되어 일어난다

③ 질소의 기포가 뼈의 소동맥을 막아서 후유증으로 무균성 골괴사(비감염성 골괴사)를 일으킨다.

73 작업환경 조건을 측정하는 기기 중 기류를 측정하는 것이 아닌 것은?

① Kata 온도계
② 풍차풍속계
③ 열선풍속계
④ Assmann 통풍건습계

* 공기의 유속(기류) 측정기기
① 피토관(pitot tube)
② 회전 날개형 풍속계 (rotating vane anemometer)
③ 그네 날개형 풍속계 (swining vane anemometer ; 벨로미터)
④ 열선 풍속계(thermal anemometer) : 가장 많이 사용
⑤ 카타온도계(kata thermometer)
⑥ 풍향 풍속계
⑦ 풍차 풍속계

📓 필기에 자주 출제 ★

74 음의 세기(I)와 음압(P) 사이의 관계로 옳은 것은?

① 음의 세기는 음압에 정비례
② 음의 세기는 음압에 반비례
③ 음의 세기는 음압의 제곱에 비례
④ 음의 세기는 음압의 세제곱에 비례

* 음의 세기와 음압의 관계
$$I = \frac{P^2}{\rho c}$$
• I : 음의 세기
• P : 음압
• ρ : 매질의 밀도
• c : 음속

75 고압환경의 인체작용에 있어 2차적인 가압현상에 대한 내용이 아닌 것은?

① 흉곽이 잔기량보다 적은 용량까지 압축되면 폐압박 현상이 나타난다.
② 4기압 이상에서 공기 중의 질소가스는 마취작용을 나타낸다.
③ 산소의 분압이 2기압을 넘으면 산소중독 증세가 나타난다.
④ 이산화탄소는 산소의 독성과 질소의 마취작용을 증강시킨다.

* 고압환경의 2차적 가압현상
① 질소의 마취작용 : 공기 중의 질소 가스는 4기압 이상에서 마취작용을 일으킨다.
② 산소중독 증세 : 산소분압이 2기압을 넘으면 산소중독 증세가 나타난다.
③ 이산화탄소의 작용 : 이산화탄소의 증가는 산소의 독성과 질소의 마취작용을 촉진시킨다.

📓 실기까지 중요 ★★

정답 72 ③ 73 ④ 74 ③ 75 ①

76 작업장에 흔히 발생하는 일반 소음의 차음효과(transmission loss)를 위해서 장벽을 설치한다. 이 때 장벽의 단위 표면적당 무게를 2배씩 증가함에 따라 차음효과는 약 얼마씩 증가하는가?

① 2 dB ② 6 dB
③ 10 dB ④ 16 dB

> 벽체 단위 표면적에 대하여 벽체무게가 2배 될 때마다 차음효과는 6dB씩 증가한다.

📝 필기에 자주 출제 ★

77 산업안전보건법령상 상시 작업을 실시하는 장소에 대한 작업면의 조도 기준으로 옳은 것은?

① 초정밀 작업 : 1000 럭스 이상
② 정밀 작업 : 500 럭스 이상
③ 보통 작업 : 150 럭스 이상
④ 그 밖의 작업 : 50 럭스 이상

> ★ 법적 조도 기준(산업안전보건법)
> ① 초정밀 작업 : 750Lux 이상
> ② 정밀 작업 : 300Lux 이상
> ③ 보통 작업 : 150Lux 이상
> ④ 기타 작업 : 75Lux 이상

📝 필기에 자주 출제 ★

78 인간 생체에서 이온화시키는데 필요한 최소에너지를 기준으로 전리방사선과 비전리방사선을 구분한다. 전리방사선과 비전리방사선을 구분하는 에너지의 강도는 약 얼마인가?

① 7eV ② 12eV
③ 17eV ④ 22eV

> 전리방사선과 비전리방사선의 경계 에너지의 강도는 12eV이다.

📝 필기에 자주 출제 ★

79 산업안전보건법령상 근로자가 밀폐공간에서 작업을 하는 경우 사업주가 조치해야 할 사항으로 옳지 않은 것은?

① 사업주는 밀폐공간 작업 프로그램을 수립하여 시행하여야 한다.
② 사업주는 사업장 특성상 환기가 곤란한 경우 방독마스크를 지급하여 착용하도록 하고 환기를 하지 않을 수 있다.
③ 사업주는 근로자가 밀폐공간에서 작업을 하는 경우에 그 장소에 근로자를 입장시킬 때와 퇴장시킬 때마다 인원을 점검하여야 한다.
④ 사업주는 밀폐공간에는 관계 근로자가 아닌 사람의 출입을 금지하고, 출입금지 표지를 밀폐공간 근처의 보기 쉬운 장소에 게시하여야 한다.

> ② 작업의 성질상 환기하기가 매우 곤란한 경우에는 근로자에게 공기호흡기 또는 송기마스크를 지급하여 착용하도록 하고 환기하지 아니할 수 있다.

📝 필기에 자주 출제 ★

정답 76 ② 77 ③ 78 ② 79 ②

80 고온 환경에서 심한 육체노동을 할 때 잘 발생하며, 그 기전은 지나친 발한에 의한 탈수와 염분소실로 나타나는 건강장해는?

① 열경련(heat cramps)
② 열피로(heat fatigue)
③ 열실신(heat syncope)
④ 열발진(heat rashes)

> ★ 열경련(heat cramp)
> 고온환경에서 심한 육체적인 노동을 할 때 체내 수분 및 혈중 염분농도 저하가 원인이 되어 발생한다.

> ★ 참고
> ① 열피로(heat exhaustion), 열탈진, 열피비 : 고온환경에서 장시간 힘든 노동을 할 때 과다 발한으로 인한 수분과 염분손실 및 탈수로 인한 혈장량이 감소되어 발생한다.
> ② 열허탈, 열실신 : 고열작업장에 순화되지 못한 작업자가 고열작업을 수행하는 경우에 혈액순환 장해로 인하여 신체말단부에 혈액이 과다하게 저류되어 뇌의 혈액흐름이 좋지 못하여 대뇌피질의 혈류량이 부족(뇌의 산소부족)하여 발생한다.
> ③ 열성발진(heat rashes) : 가장 흔한 피부장해로서 땀띠라고도 한다.

제5과목 산업독성학

81 호흡기에 대한 자극작용은 유해물질의 용해도에 따라 구분되는데 다음 중 상기도 점막 자극제에 해당하지 않는 것은?

① 염화수소   ② 아황산가스
③ 암모니아   ④ 이산화질소

★ 호흡기계 자극성 물질의 구분

상기도 점막 자극제	물에 잘 녹는 물질로 암모니아, 크롬산, 염화수소, 불화수소, 아황산가스 등이 있다.
상기도 점막 및 폐조직 자극제	물에 대한 용해도가 중등도인 물질로 염소, 브롬, 요오드(옥소), 불소(플루오르), 염소산화물, 오존 등이 있다.
종말 기관지 및 폐포점막 자극제	물에 잘 녹지 않는 물질로 이산화질소, 3염화비소, 포스겐 등이 있다.

82 납중독에 대한 치료방법의 일환으로 체내에 축적된 납을 배출하도록 하는데 사용되는 것은?

① Ca-EDTA   ② DMPS
③ 2-PAM   ④ Atropin

> ★ 납중독의 치료
> ① 납중독은 금속에 대해 킬레이트작용을 하는 화합물로 치료한다.
> ② 배설촉진제인 Ca-EDTA 및 페니실라민(Penicillamine)을 투여한다.
> ③ 납중독 치료에 사용되는 납 배설촉진제는 신장이 나쁜 사람에게는 금기로 되어있다.

83 다음에서 설명하고 있는 유해물질 관리기준은?

> 이것은 유해물질에 폭로된 생체시료 중의 유해물질 또는 그 대사물질 등에 대한 생물학적 감시(monitoring)를 실시하며 생채 내에 침입한 유해물질의 총량 또는 유해물질에 의하여 일어난 생채변화의 강도를 지수로서 표현한 것이다.

① TLV(threshold limit value)
② BEI(biological exposure indices)
③ THP(total health promotion plan)
④ STEL(short term exposure limit)

* 생물학적 노출지수(폭로지수 : BEI, ACGIH)
① 혈액, 소변, 호기, 모발 등 생체시료로부터 유해물질에 대한 근로자의 노출량을 평가하는 기준으로 BEI를 사용한다.
② 유해물질의 대사산물, 유해물질 자체 및 생화학적 변화 등을 총칭한다.

실기까지 중요 ★★

84 수치로 나타낸 독성의 크기가 각각 2와 3인 두 물질이 화학적 상호작용에 의해 상대적 독성이 9로 상승하였다면 이러한 상호작용을 무엇이라 하는가?

① 상가작용
② 가승작용
③ 상승작용
④ 길항작용

독립작용 (Independent effect)	각각의 독성물질이 서로 다른 조직이나 기관에 영향을 미치는 경우로 각 물질의 반응양상이 달라 서로 독립적인 작용을 한다.
상가작용 (Additive effect)	• 두 물질에 동시 노출될 경우의 독성은 단독물질 독성의 합과 같다. • 2 + 3 = 5
상승작용 (Synergistic effect)	• 두 물질에 동시 노출될 경우의 독성은 단독물질 독성의 합보다 크게 증가한다. • 2 + 3 = 20
가승작용 (잠재작용, 강화작용) (Potentiation)	• 독성이 없던 물질을 독성이 있는 물질과 혼합하면 독성이 강해진다. • 2 + 0 = 5
길항작용 (Antagonism)	• 두 물질이 서로의 작용을 방해하여 두 물질에 동시 노출될 경우의 독성은 단독물질의 독성보다 약해진다. • 2 + 3 = 1

실기에 자주 출제 ★★★

85 화학물질 및 물리적 인자의 노출기준 상 산화규소 종류와 노출기준이 올바르게 연결된 것은? (단, 노출기준은 TWA기준이다.)

① 결정체 석영 - $0.1mg/m^3$
② 결정체 트리폴리 - $0.1mg/m^3$
③ 비결정체 규소 - $0.01mg/m^3$
④ 결정체 트리디마이트 - $0.01mg/m^3$

유해물질의 명칭	노출기준(mg/m^3)
산화규소 (결정체 크리스토바라이트)	0.05
산화규소 (결정체 트리디마이트)	0.05
산화규소 (결정체 트리폴리)	0.1
산화규소 (비결정체 규소, 용융된)	0.1
산화규소 (결정체 석영)	0.05

정답 83 ② 84 ③ 85 ②

86 노출에 대한 생물학적 모니터링의 단점이 아닌 것은?

① 시료채취의 어려움
② 근로자의 생물학적 차이
③ 유기시료의 특이성과 복잡성
④ 호흡기를 통한 노출만을 고려

★ 생물학적 모니터링의 장·단점

장점	① 건강상의 위험을 보다 정확하게 평가를 할 수 있다. ② 모든 노출 경로에 의한 흡수정도를 평가할 수 있다. ③ 작업환경측정(개인시료)보다 더 직접적으로 근로자 노출을 추정할 수 있다.
단점	① 시료채취의 어려움 : 근로자로부터 시료를 직접 채취하기 때문에 시료의 채취 및 분석이 어렵다. ② 근로자의 생물학적 차이 : 근로자마다 생물학적 차이가 나타날 수 있다. ③ 유기시료의 특이성과 복잡성 : 유기시료의 특이성이 존재한다. ④ 분석의 어려움 및 오염 : 분석이 어렵고 시료가 오염될 수 있다. ⑤ 작업 이외의 다른 요인에 의한 노출 여부에 영향을 받는다

📝 필기에 자주 출제★

87 인체 내 주요 장기 중 화학물질 대사능력이 가장 높은 기관은?

① 폐   ② 간장
③ 소화기관   ④ 신장

유해물질은 대부분 간에서 대사되며 대사작용에 의해 유해물질의 독성이 감소 또는 증가한다.

📝 필기에 자주 출제★

88 중추신경계에 억제 작용이 가장 큰 것은?

① 알칸족   ② 알켄족
③ 알코올족   ④ 할로겐족

★ 중추신경계 억제작용 순서
할로겐화화합물(할로겐족) 〉에테르 〉에스테르 〉유기산 〉알코올 〉알켄 〉알칸

★ 참고
중추신경계 자극작용 순서
아민류 〉유기산 〉케톤 〉알데히드 〉알코올 〉알칸

📝 실기까지 중요★★

89 망간중독에 대한 설명으로 옳지 않은 것은?

① 금속망간의 직업성 노출은 철강제조 분야에서 많다.
② 망간의 만성중독을 일으키는 것은 2가의 망간화합물이다.
③ 치료제는 Ca-EDTA가 있으며 중독 시 신경이나 뇌세포 손상 회복에 효과가 크다.
④ 이산화망간 흄에 급성 폭로되면 열, 오한, 호흡곤란 등의 증상을 특징으로 하는 금속열을 일으킨다.

③ Ca-EDTA는 납 중독의 치료제로 사용된다.

📝 필기에 자주 출제★

90 다음 단순 에스테르 중 독성이 가장 높은 것은?

① 초산염   ② 개미산염
③ 부틸산염   ④ 프로피온산염

단순 에스테르 중 독성이 가장 높은 것 → 부틸산염

📝 실기까지 중요★★

정답   86 ④   87 ②   88 ④   89 ③   90 ③

91 작업장에서 생물학적 모니터링의 결정인자를 선택하는 기준으로 옳지 않은 것은?

① 검체의 채취나 검사과정에서 대상자에게 불편을 주지 않아야 한다.
② 적절한 민감도(sensitivity)를 가진 결정인자이어야 한다.
③ 검사에 대한 분석적인 변이나 생물학적 변이가 타당해야 한다.
④ 결정인자는 노출된 화학물질로 인해 나타나는 결과가 특이하지 않고 평범해야 한다.

> ④ 결정인자는 노출된 화학물질로 인해 나타나는 결과가 특이성을 가져야 한다.

92 카드뮴의 만성중독 증상으로 볼 수 없는 것은?

① 폐기능 장해   ② 골격계의 장해
③ 신장기능 장해 ④ 시각기능 장해

급성중독 증세	• 카드뮴 흄이나 먼지에 급성 노출되면 호흡기가 손상(화학적 천식)되며 사망에 이르기도 한다.
만성중독 증세	• 기능장애가 처음 나타나는 기관은 신장이다. • 골격계 장해(골연화증, 골다공증, 골절 등) • 폐기능 장해(폐기종) • 단백뇨 • 칼슘대사 장해를 일으켜 신결석을 동반한 증후군이 나타나고 다량의 칼슘배설이 일어난다.

📘 실기까지 중요 ★★

93 인체에 흡수된 납(Pb) 성분이 주로 축적되는 곳은?

① 간   ② 뼈
③ 신장   ④ 근육

> 인체에 침입한 납(Pb)은 주로 뼈에 축적된다.

📘 필기에 자주 출제 ★

94 작업자의 소변에서 마뇨산이 검출되었다. 이 작업자는 어떤 물질을 취급하였다고 볼 수 있는가?

① 톨루엔   ② 에탄올
③ 클로로벤젠   ④ 트리클로로에틸렌

화학물질	생물학적 노출지표물질 (체내대사산물)	시료채취 시기
톨루엔	혈액, 호기의 톨루엔, 소변 중 o-크레졸	작업종료 시
벤젠	소변 중 페놀, 소변 중 t,t-뮤코닉산 (t,t-Muconic acid)	작업종료 시
니트로벤젠	혈중 메타헤모글로빈	작업종료 시
에틸벤젠	소변 중 만델린산	작업종료 시
트리클로로에틸렌 (삼염화에틸렌)	소변 중 트리클로로초산 (삼염화 초산), 트리클로로에탄올 (삼염화에탄올)	주말작업 종료 직후

★참고
• 톨루엔의 생물학적 노출지표물질이 마뇨산에서 o-크레졸로 변경됨(2020.7.1 부터)
• 변경일 이후의 기출이라 문제를 「마뇨산 → o-크레졸」로 수정하지 않았습니다.

📘 실기에 자주 출제 ★★★

정답 91 ④ 92 ④ 93 ② 94 ①

95 중금속의 노출 및 독성기전에 대한 설명으로 옳지 않은 것은?

① 작업환경 중 작업자가 흡입하는 금속형태는 흄과 먼지 형태이다.
② 대부분의 금속이 배설되는 가장 중요한 경로는 신장이다.
③ 크롬은 6가 크롬보다 3가 크롬이 체내흡수가 많이 된다.
④ 납에 노출될 수 있는 업종은 축전지 제조, 합금업체, 전자산업 등이다.

> ③ 6가 크롬은 쉽게 피부를 통과하여 6가 크롬이 3가 크롬보다 더 독성이 강하고 발암성이 크다.

📝 필기에 자주 출제 ★

96 약품 정제를 하기 위한 추출제 등에 이용되는 물질로 간장, 신장의 암발생에 주로 영향을 미치는 것은?

① 크롬　　② 벤젠
③ 유리규산　　④ 클로로포름

> ★ 클로로포름
> 약품을 정제하기 위한 추출제 혹은 냉동제 및 합성수지에 이용된다.

📝 필기에 자주 출제 ★

97 다음 중 악성 중피종(mesothelioma)을 유발시키는 대표적인 인자는?

① 석면　　② 주석
③ 아연　　④ 크롬

> ★ 석면으로 인한 건강장해
> 석면폐증, 폐암, 악성중피종 등을 유발한다.

📝 필기에 자주 출제 ★

98 유리규산(석영) 분진에 의한 규폐성 결정과 폐포벽 파괴 등 망상 내피계 반응은 분진입자의 크기가 얼마일 때 자주 일어나는가?

① 0.1 ~ 0.5㎛　　② 2 ~ 8㎛
③ 10 ~ 15㎛　　④ 15 ~ 20㎛

> 유리규산(석영) 분진에 의한 규폐성 결정과 폐포벽 파괴 등 망상 내피계 반응은 분진입자의 크기가 2 ~ 8㎛일 때 자주 일어난다.

99 입자상 물질의 호흡기계 침착기전 중 길이가 긴 입자가 호흡기계로 들어오면 그 입자의 가장자리가 기도의 표면을 스치게 됨으로써 침착하는 현상은?

① 충돌　　② 침전
③ 차단　　④ 확산

> ★ 입자상 물질의 호흡기계 축적기전(호흡기 침착 매커니즘)
> ① 충돌(관성충돌) : 공기흐름의 방향이 바뀌는 경우 입자의 관성 때문에 원래방향대로 이동하다가 흐름이 바뀌는 지점에서 부딪치며 충돌에 의해 침착된다.(5 ~ 30㎛크기의 입자)
> ② 침전(중력침강) : 기관지 등 폐의 심층부에서는 공기흐름이 느려지며 이 때 입자는 중력에 의해 낙하하여 축적된다.(1 ~ 5㎛ 크기의 입자)
> ③ 차단 : 길이가 긴 입자가 호흡기계로 들어오면 그 입자의 가장자리가 기도의 표면을 스치게 됨으로써 침착되는 현상
> ④ 확산 : 미세입자의 무질서한 운동(브라운 운동)에 의해 기체분자와 충돌하며 침착되는 현상으로 전 호흡기계 내에서 일어난다.(1㎛ 이하의 미세입자)

📝 실기까지 중요 ★★

정답　95 ③　96 ④　97 ①　98 ②　99 ③

100 다음에서 설명하는 물질은?

> 이것은 소방제나 세척액 등으로 사용되었으나 현재는 강한 독성 때문에 이용되지 않으며 고농도의 이 물질에 노출되면 중추신경계 장해 외에 간장과 신장 장해를 유발한다. 대표적인 초기증상으로는 두통, 구토, 설사 등이 있으며 그 후에 알부민뇨, 혈뇨 및 혈중 urea 수치의 상승 등의 증상이 있다.

① 납
② 수은
③ 황화수은
④ 사염화탄소

★ 사염화탄소(CCl_4)
① 피를 통하여 인체에 흡수된다.
② 고농도로 폭로되면 중추신경계 장해 외에 간장이나 신장에 장해가 일어나 황달, 단백뇨, 혈뇨 등의 증상이 생긴다.
③ 간에 대한 독성작용이 특히 심하여 중심소엽성 괴사를 일으킨다.
④ 가열하면 포스겐이나 염소(염화수소)로 분해된다.
* 혈중 urea 수치 : 혈중 요소 수치

암기법
간 신(간과 신장) 사염화를 소괴(중심소엽성 괴사)합니다.

필기에 자주 출제 ★

정답 100 ④

2021년 5월 15일

2회 과년도기출문제

제1과목 산업위생학 개론

01 다음 중 최초로 기록된 직업병은?

① 규폐증 ② 폐질환
③ 음낭암 ④ 납중독

> ★ Hippocrates(B.C 4세기)
> ① 광산의 납중독 기술(최초의 직업병 : 납중독)
> ② 직업병 발생과 질병의 관계를 제시함

📝 필기에 자주 출제 ★

02 근골격계질환에 관한 설명으로 옳지 않은 것은?

① 점액낭염(bursitis)은 관절 사이의 윤활액을 싸고 있는 윤활낭에 염증이 생기는 질병이다.
② 건초염(tendosynovitis)은 건막에 염증이 생긴 질환이며, 건염(tendonitis)은 건의 염증으로 건염과 건초염을 정확히 구분하기 어렵다.
③ 수근관 증후군(carpal tunnel wyndrome)은 반복적이고 지속적인 손목의 압박, 무리한 힘 등으로 인해 수근관 내부에 정중신경이 손상되어 발생한다.
④ 요추 염좌(lumbar sprain)는 근육이 잘못된 자세, 외부의 충격, 과도한 스트레스 등으로 수축되어 굳어지면 근섬유의 일부가 띠처럼 단단하게 변하여 근육의 특정 부위에 압통, 방사통, 목부위 운동제한, 두통 등의 증상이 나타난다.

> ④ 요추 염좌(lumbar sprain)는 요추(허리뼈) 부위의 뼈를 연결하는 섬유조직인 인대가 손상되어 통증이 생기는 증상을 말한다.

📝 필기에 자주 출제 ★

03 근로자가 노동환경에 노출될 때 유해인자에 대한 해치(Hatch)의 양-반응관계곡선의 기관장해 3단계에 해당하지 않는 것은?

① 보상단계 ② 고장단계
③ 회복단계 ④ 항상성 유지단계

> ★ 양 – 반응관계곡선의 기관장해 3단계
>
> | | |
> |---|---|
> | 1단계
항상성 유지단계 | • 유해인자 노출에 대하여 적응할 수 있는 단계
• 정상상태를 유지할 수 있는 단계 |
> | 2단계
보상단계 | • 방어기전을 동원하여 기능장애를 방어할 수 있는 단계 |
> | 3단계
고장단계 | • 보상이 불가능하여 기관이 파괴되는 단계 |

정답 01 ④ 02 ④ 03 ③

04 산업피로의 용어에 관한 설명으로 옳지 않은 것은?

① 곤비란 단시간의 휴식으로 회복될 수 있는 피로를 말한다.
② 다음 날까지도 피로상태가 계속되는 것을 과로라 한다.
③ 보통 피로는 하룻밤 잠을 자고 나면 다음날 회복되는 정도이다.
④ 정신피로는 중추신경계의 피로를 말하는 것으로 정밀작업 등과 같은 정신적 긴장을 요하는 작업 시에 발생된다.

★ 피로의 3단계

1단계 보통피로	• 하룻밤 자고나면 완전히 회복된다.
2단계 과로	• 다음날까지도 피로 상태가 지속되며 단기간 휴식으로 회복될 수 있는 단계로 발병단계는 아니다.
3단계 곤비	• 과로의 축적으로 단기간 휴식을 통해서는 회복될 수 없는 발병단계 • 심한 노동 후의 피로현상으로 병적인 상태

실기까지 중요 ★★

05 산업안전보건법령에서 정하고 있는 제조 등이 금지되는 유해물질에 해당되지 않는 것은?

① 석면(Asbestos)
② 크롬산 아연(Zinc chromates)
③ 황린 성냥(Yellow phosphorus match)
④ β-나프틸아민과 그 염
   (β-Naphthylamine and its salts)

★ 제조 등이 금지되는 유해물질
① β-나프틸아민과 그 염
② 4-니트로디페닐과 그 염
③ 백연을 포함한 페인트(포함된 중량의 비율이 2퍼센트 이하인 것은 제외한다)
④ 벤젠을 포함하는 고무풀(포함된 중량의 비율이 5퍼센트 이하인 것은 제외한다)
⑤ 석면
⑥ 폴리클로리네이티드 터페닐(Polychlorinated terphenyls)
⑦ 황린(黃燐)성냥(Yellow phosphorus match)
⑧ 제1호, 제2호, 제5호 또는 제6호에 해당하는 물질을 포함한 혼합물(포함된 중량의 비율이 1퍼센트 이하인 것은 제외한다)
⑨ 「화학물질관리법」에 따른 금지물질(같은 법 제3조제1항제1호부터 제12호까지의 규정에 해당하는 화학물질은 제외한다)
⑩ 그 밖에 보건상 해로운 물질로서 산업재해보상보험 및 예방심의위원회의 심의를 거쳐 고용노동부장관이 정하는 유해물질

 실기까지 중요 ★★

06 사무실 공기관리 지침에 관한 내용으로 옳지 않은 것은?(단, 고용노동부 고시를 기준으로 한다.)

① 오염물질인 미세먼지(PM10)의 관리기준은 $100\mu g/m^3$이다.
② 사무실 공기의 관리기준은 8시간 시간가중 평균농도를 기준으로 한다.
③ 총부유세균의 시료채취방법은 충돌법을 이용한 부유세균채취기(bioair sampler)로 채취한다.
④ 사무실 공기질의 모든 항목에 대한 측정결과는 측정치 전체에 대한 평균값을 이용하여 평가한다.

④ 사무실 공기질의 측정결과는 측정치 전체에 대한 평균값을 오염물질별 관리기준과 비교하여 평가한다. 다만, 이산화탄소는 각 지점에서 측정한 측정치 중 최고 값을 기준으로 비교·평가한다.

 실기까지 중요 ★★

정답 04 ① 05 ② 06 ④

07 산업안전보건법령상 물질안전보건자료 대상 물질을 제조·수입하려는 자가 물질안전보건자료에 기재해야하는 사항에 해당되지 않는 것은? (단, 그 밖에 고용노동부장관이 정하는 사항은 제외한다.)

① 응급조치 요령
② 물리·화학적 특성
③ 안전관리자의 직무범위
④ 폭발·화재 시의 대처방법

> ★ 물질안전보건자료에 적어야 하는 사항
> ① 제품명
> ② 물질안전보건자료 대상물질을 구성하는 화학물질 중 유해인자의 분류기준에 해당하는 화학물질의 명칭 및 함유량
> ③ 안전 및 보건상의 취급 주의 사항
> ④ 건강 및 환경에 대한 유해성, 물리적 위험성
> ⑤ 물리·화학적 특성 등 고용노동부령으로 정하는 사항
>   • 물리·화학적 특성
>   • 독성에 관한 정보
>   • 폭발·화재 시의 대처방법
>   • 응급조치 요령
>   • 그 밖에 고용노동부장관이 정하는 사항

📝 실기까지 중요 ★★

08 산업안전보건법령상 근로자에 대해 실시하는 특수건강진단 대상 유해인자에 해당되지 않는 것은?

① 에탄올(Ethanol)
② 가솔린(Gasoline)
③ 니트로벤젠(Nitrobenzene)
④ 디에틸 에테르(Diethyl ether)

> ① 에탄올(Ethanol) 등 알코올류는 특수건강진단 대상 항목에 해당하지 않다.

> ★ 참고
> 특수건강진단 대상 유해인자
> ① 화학적 인자
>   • 유기화합물(109종)
>   • 금속류(20종)
>   • 산 및 알카리류(8종)
>   • 가스 상태 물질류(14종)
>   • 허가 대상 유해물질(12종)
>   • 금속가공유 : 미네랄 오일미스트(광물성 오일, Oil mist, mineral)
> ② 분진(7종)
>   • 곡물 분진
>   • 광물성 분진
>   • 면 분진
>   • 목재 분진
>   • 용접 흄
>   • 유리섬유
>   • 석면분진
> ③ 물리적 인자(8종)
>   • 소음
>   • 진동
>   • 방사선
>   • 고기압
>   • 저기압
>   • 유해광선(자외선, 적외선, 마이크로파 및 라디오파)
> ④ 야간작업(2종)
>   • 6개월간 밤 12시부터 오전 5시까지의 시간을 포함하여 계속되는 8시간 작업을 월 평균 4회 이상 수행하는 경우
>   • 6개월간 오후 10시부터 다음날 오전 6시 사이의 시간 중 작업을 월 평균 60시간 이상 수행하는 경우

정답 07 ③ 08 ①

09 산업피로에 대한 대책으로 옳은 것은?

① 커피, 홍차, 엽차 및 비타민 B1은 피로 회복에 도움이 되므로 공급한다.
② 신체 리듬의 적응을 위하여 야간 근무는 연속으로 7일 이상 실시하도록 한다.
③ 움직이는 작업은 피로를 가중시키므로 될수록 정적인 작업으로 전환하도록 한다.
④ 피로한 후 장시간 휴식하는 것이 휴식시간을 여러 번으로 나누는 것보다 효과적이다.

> ★ 산업피로의 예방 및 회복대책
> ① 불필요한 동작을 피하고 에너지 소모를 적게 한다.
> ② 작업과정에 따라 적절한 휴식시간을 삽입한다.
> ③ 작업시간 전후에 간단한 체조를 한다.
> ④ 동적인 작업과 정적인 작업을 적절히 혼합하여 배치한다. (과격한 육체적 노동은 기계화하고, 과도한 정적인 작업은 적절한 동적인 작업으로 전환한다.)
> ⑤ 휴식은 여러 번 나누어 휴식하는 것이 장시간 휴식하는 것보다 효과적이다.
> ⑥ 작업의 숙련도를 높인다.
> ⑦ 작업환경을 정리·정돈한다.
> ⑧ 커피, 홍차, 엽차 및 비타민 B1은 피로회복에 도움이 되므로 공급한다.(산업 피로의 회복대책)
> ⑨ 신체 리듬의 적응을 위하여 야간 근무의 연속 일수는 2~3일로 한다.

📗 필기에 자주 출제 ★

10 직업성 질환 중 직업상의 업무에 의하여 1차적으로 발생하는 질환은?

① 합병증
② 일반 질환
③ 원발성 질환
④ 속발성 질환

> 직업상의 업무에 의하여 1차적으로 발생하는 질환 → 원발성 질환

📗 필기에 자주 출제 ★

11 재해예방의 4원칙에 해당되지 않는 것은?

① 손실 우연의 원칙
② 예방 가능의 원칙
③ 대책 선정의 원칙
④ 원인 조사의 원칙

> ★ 산업재해 예방의 4원칙
> ① 예방 가능의 원칙 : 재해는 원칙적으로 원인만 제거되면 예방이 가능하다
> ② 손실우연의 법칙 : 사고의 결과 생기는 상해의 종류와 정도는 사고발생 시 사고대상의 조건에 따라 우연히 발생한다.
> ③ 대책 선정의 원칙 : 사고의 원인에 대한 적합한 대책이 선정되어야 한다.
> ④ 원인 연계의 원칙 : 재해는 직접원인과 간접원인이 연계되어 일어난다.

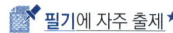

12 토양이나 암석 등에 존재하는 우라늄의 자연적 붕괴로 생성되어 건물의 균열을 통해 실내공기로 유입되는 발암성 오염물질은?

① 라돈
② 석면
③ 알레르겐
④ 포름알데히드

> ★ 라돈
> ① 라돈은 우라늄(238U)과 토륨(232Th)의 방사성 붕괴에 의해서 만들어진 라듐(226Ra)이 붕괴했을 때에 생성되며, 붕괴를 거치면서 알파, 베타, 감마선이 방출되어 폐암을 유발한다.
> ② 라돈(Rn-222)은 지각중의 토양, 모래, 암석, 광물질 및 이들을 재료로 하는 건축자재 등에 미량으로 함유되어 있으며 건축자재로부터 방출되기도 하고, 토양으로부터 벽의 틈새 및 방바닥의 갈라진 부분, 하수도 등을 통해서 실내로 유입되기도 한다.
> ③ 라돈은 무색, 무미, 무취한 가스상의 물질로 인간의 감각에 의해 감지할 수 없다.
> ④ 방사성 기체로 폐암 발생의 원인이 되는 실내공기 중 오염물질에 해당한다.

📗 필기에 자주 출제 ★

정답 09 ① 10 ③ 11 ④ 12 ①

13 NIOSH에서 제시한 권장무게한계가 6kg이고, 근로자가 실제 작업하는 중량물의 무게가 12kg일 경우 중량물 취급지수(LI)는?

① 0.5
② 1.0
③ 2.0
④ 6.0

> ★ 들기 지수, 중량물 취급지수(LI : Lifting Index)
>
> $$LI = \frac{\text{실제 작업 무게}(L)}{\text{권장무게한계}(RWL)}$$
>
> $$LI = \frac{12}{6} = 2.0$$

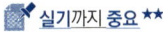 실기까지 중요 ★★

14 미국산업위생학술원(American Academy of Industrial Hygiene)에서 산업위생 분야에 종사하는 사람들이 반드시 지켜야 할 윤리강령 중 전문가로서의 책임부분에 해당하지 않는 것은?

① 기업체의 기밀은 누설하지 않는다.
② 근로자의 건강보호 책임을 최우선으로 한다.
③ 전문 분야로서의 산업위생을 학문적으로 발전시킨다.
④ 과학적 방법의 적용과 자료의 해석에서 객관성을 유지한다.

> ★ 산업위생 전문가로서의 책임
> ① 성실성과 학문적 실력 면에서 최고 수준을 유지한다.
> ② 과학적 방법의 적용과 자료의 해석에서 객관성을 유지한다.
> ③ 전문 분야로서의 산업위생을 학문적으로 발전시킨다.
> ④ 근로자, 사회 및 전문 직종의 이익을 위해 과학적 지식을 공개하고 발표한다.
> ⑤ 기업체의 기밀은 누설하지 않는다.
> ⑥ 전문적 판단이 타협에 의하여 좌우될 수 있거나 이해관계가 있는 상황에는 개입하지 않는다.

> [암기법]
> 전문가는/실력최고/객관적 자료해석/학문발전 위해/지식공개 발표/기밀누설말고/개입하지 않는다.

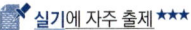 실기에 자주 출제 ★★★

15 근육운동을 하는 동안 혐기성 대사에 동원되는 에너지원과 가장 거리가 먼 것은?

① 글리코겐
② 아세트알데히드
③ 크레아틴인산(CP)
④ 아데노신삼인산(ATP)

혐기성 대사 (Anaerobic metabolism)	1. 근육에 저장된 화학적 에너지 2. 혐기성 대사 순서 ATP(아데노신삼인산) → CP(크레아틴 인산) → Glycogen(글리코겐) or Glucose(포도당)
호기성 대사 (Aerobic metabolism)	1. 대사과정(구연산 회로)을 거쳐 생성된 에너지 2. 호기성 대사 과정 포도당 단백질 + 산소 → 에너지원 지방

실기까지 중요 ★★

정답 13 ③ 14 ② 15 ②

16 산업안전보건법령상 중대재해에 해당되지 않는 것은?

① 사망자가 2명이 발생한 재해
② 상해는 없으나 재산피해 정도가 심각한 재해
③ 4개월의 요양이 필요한 부상자가 동시에 2명이 발생한 재해
④ 부상자 또는 직업성 질병자가 동시에 12명이 발생한 재해

> ★ 중대재해의 정의
> ① 사망자가 1인 이상 발생한 재해
> ② 3개월 이상 요양을 요하는 부상자가 동시에 2인 이상 발생한 재해
> ③ 부상자 또는 직업성 질병자가 동시에 10인 이상 발생한 재해

📘 필기에 자주 출제 ★

17 마이스터(D.Meister)가 정의한 내용으로 시스템으로부터 요구된 작업결과(Performance)와의 차이(Deviation)가 의미하는 것은?

① 인간실수   ② 무의식 행동
③ 주변적 동작   ④ 지름길 반응

> 시스템으로부터 요구된 작업결과(Performance)와의 차이(Deviation) → 인간실수

18 작업대사율이 3인 강한 작업을 하는 근로자의 실동률(%)은?

① 50   ② 60
③ 70   ④ 80

> 실노동률(실동률)(%) = 85 − (5 × RMR)
> • RMR : 에너지 대사율(작업대사율)
> 실노동률 = 85 − (5 × 3) = 70(%)

📘 실기까지 중요 ★★

19 산업위생활동 중 평가(Evaluation)의 주요과정에 대한 설명으로 옳지 않은 것은?

① 시료를 채취하고 분석한다.
② 예비조사의 목적과 범위를 결정한다.
③ 현장조사로 정량적인 유해인자의 양을 측정한다.
④ 바람직한 작업환경을 만드는 최종적인 활동이다.

> ★ 평가(evaluation)
> ① 유해인자에 대한 양, 정도가 근로자들의 건강에 어떠한 영향을 미칠 것인가를 판단하는 의사결정 단계에 해당한다.
> ② 넓은 의미에서는 측정도 포함시킨다.
>   • 시료를 채취하고 분석한다.
>   • 예비조사의 목적과 범위를 결정한다.
>   • 현장조사로 정량적인 유해인자의 양을 측정한다.
> ③ 유해 정도의 평가는 관찰, 인터뷰, 측정에 의해 이루어지며, 측정값을 노동부의 노출기준 고시, 미국의 허용기준 등 기타 문헌의 값들과 비교한다.

> ★ 참고
> 산업위생의 주요 활동
> 예측 → (인지) → 측정 → 평가 → 관리

📘 필기에 자주 출제 ★

정답 16 ② 17 ① 18 ③ 19 ④

20 톨루엔(TLV = 50ppm)을 사용하는 작업장의 작업시간이 10시간일 때 허용기준을 보정하여야 한다. OSHA 보정법과 Brief and Scala 보정법을 적용하였을 경우 보정된 허용기준치 간의 차이는?

① 1ppm ② 2.5ppm
③ 5ppm ④ 10ppm

> ★ 비정상 작업시간에 대한 허용농도 보정
> 1. OSHA의 보정방법
>   ① 급성중독을 일으키는 물질
>   • 보정된 노출기준
>   = 8시간 노출기준 × $\frac{8시간}{노출시간/일}$
>   ② 만성중독을 일으키는 물질
>   • 보정된 노출기준
>   = 8시간 노출기준 × $\frac{40시간}{노출시간/주}$
> 2. Brief와 Scala의 보정방법
>   ① $RF = \left(\frac{8}{H}\right) \times \frac{24-H}{16}$
>   ② [일주일 ; $RF = \left(\frac{40}{H}\right) \times \frac{168-H}{128}$]
>   ③ 보정된 노출기준 = RF × 노출기준(허용농도)
>   • H : 비정상적인 작업시간(노출시간/일)
>   ; 노출시간/주
>   • 16 : 휴식시간 의미
>   (128 ; 일주일 휴식시간 의미)
>
> 1. OSHA의 보정
>   보정된 노출기준 = $50 \times \frac{8}{10} = 40$
> 2. Brief와 Scala의 보정
>   ① 노출지수(RF) = $\frac{8}{10} \times \frac{24-10}{16} = 0.7$
>   ② 보정된 노출기준 = RF × 노출기준
>   = 0.7 × 50 = 35
> 3. 보정된 허용기준치 간의 차이
>   40 - 35 = 5ppm

📝 실기에 자주 출제 ★★★

제2과목 작업위생측정 및 평가

21 가스상 물질의 분석 및 평가를 위한 열탈착에 관한 설명으로 틀린 것은?

① 이황화탄소를 활용한 용매 탈착은 독성 및 인화성이 크고 작업이 번잡하여 열탈착이 보다 간편한 방법이다.
② 활성탄관을 이용하여 시료를 채취한 경우, 열탈착에 300℃ 이상의 온도가 필요하므로 사용이 제한된다.
③ 열탈착은 용매탈착에 비하여 흡착제에 채취된 일부 분석물질만 기기로 주입되어 감도가 떨어진다.
④ 열탈착은 대개 자동으로 수행되며 탈착된 분석물질이 가스크로마토그래피로 직접 주입되도록 되어 있다.

> ③ 열탈착은 오염물질의 일부가 아닌 전체 양이 가스크로마토그래피에 주입되기 때문에 낮은 농도의 물질을 분석할 수 있지만 단 한번 밖에 분석할 수 없는 단점도 있다.

22 정량한계에 관한 설명으로 옳은 것은?

① 표준편차의 3배 또는 검출한계의 5배(또는 5.5배)로 정의
② 표준편차의 3배 또는 검출한계의 10배(또는 10.3배)로 정의
③ 표준편차의 5배 또는 검출한계의 3배(또는 3.3배)로 정의
④ 표준편차의 10배 또는 검출한계의 3배(또는 3.3배)로 정의

> ★ 정량한계
> 표준편차의 10배 또는 검출한계의 3 또는 3.3배

📝 실기까지 중요 ★★

23 고온의 노출기준을 구분하는 작업강도 중 중등작업에 해당하는 열량(kcal/h)은? (단, 고용노동부 고시를 기준으로 한다.)

① 130 ② 221
③ 365 ④ 445

> ① 경작업 : 200kcal까지의 열량이 소요되는 작업을 말하며, 앉아서 또는 서서 기계의 조정을 하기 위하여 손 또는 팔을 가볍게 쓰는 일 등을 뜻함
> ② 중등작업 : 시간당 200~350kcal의 열량이 소요되는 작업을 말하며, 물체를 들거나 밀면서 걸어다니는 일 등을 뜻함
> ③ 중작업 : 시간당 350~500kcal의 열량이 소요되는 작업을 말하며, 곡괭이질 또는 삽질하는 일 등을 뜻함

📝 필기에 자주 출제 ★

24 고열(Heat stress) 환경의 온열 측정과 관련된 내용으로 틀린 것은?

① 흑구온도와 기온과의 차를 실효복사온도라 한다.
② 실제 환경의 복사온도를 평가할 때는 평균복사온도를 이용한다.
③ 고열로 인한 환경적인 요인은 기온, 기류, 습도 및 복사열이다.
④ 습구흑구온도지수(WBGT) 계산 시에는 반드시 기류를 고려하여야 한다.

> ④ 습구흑구온도지수(WBGT)는 자연습구온도, 건구온도, 흑구온도를 이용하여 계산한다.

> ★ 참고
> 습구흑구온도지수(WBGT)의 산출
> 1. 옥외(태양광선이 내리쬐는 장소)
>   WBGT(℃) = 0.7×자연습구온도 + 0.2 ×흑구온도 + 0.1×건구온도
> 2. 옥내 또는 옥외(태양광선이 내리쬐지 않는 장소)
>   WBGT(℃) = 0.7×자연습구온도 + 0.3 ×흑구온도
> 3. 평균 WBGT(℃)
> $= \dfrac{WBGT_1 \times t_1 + \cdots + WBGT_n \times t_n}{t_1 + \cdots + t_n}$
>   • $WBGT_n$: 각 습구흑구온도지수의 측정치(℃)
>   • t_n : 각 습구흑구온도지수치의 발생시간(분)

정답 22 ④ 23 ② 24 ④

25 입경범위가 0.1~0.5μm인 입자상 물질이 여과지에 포집될 경우에 관여하는 주된 메커니즘은?

① 충돌과 간섭
② 확산과 간섭
③ 확산과 충돌
④ 충돌

> ★ 입자크기별 여과기전
> ① 입경 0.1μm 미만 입자 : 확산
> ② 입경 0.1~0.5μm : 확산, 직접차단(간섭)
> ③ 입경 0.5μm 이상 : 관성충돌, 직접차단(간섭)
> ④ 가장 낮은 채집효율을 가지는 입경 : 0.3μm

📝 필기에 자주 출제 ★

26 노출기준이 1ppm인 acrylonitrile을 0.2L/min 유속으로 3.5L 채취 시 분석범위(working range)는 0.7~46ppm이다. 이 물질의 분석 시 정량한계(mg)는? (단, acrylonitrile의 분자량은 53.06g/mol이다.)

① 2.45
② 4.91
③ 5.25
④ 10.50

27 1% Sodium bisulfite의 흡수액 20mL를 취한 유리제품의 미드젯임핀저를 고속시료포집펌프에 연결하여 공기시료 0.480m³를 포집하였다. 가시광선흡광도계를 사용하여 시료를 실험실에서 분석한 값이 표준검량선의 외삽법에 의하여 50μg/mL가 지시되었다. 표준상태에서 시료포집기간동안의 공기 중 포름알데히드 증기의 농도(ppm)는? (단, 포름알데히드 분자량은 30g/mol이다.)

① 1.7
② 2.5
③ 3.4
④ 4.8

$$mg/m^3 = \frac{ppm \times 분자량}{24.45(25℃, 1기압)}$$
$$ppm = \frac{mg/m^3 \times 24.45}{분자량}$$

$$ppm = \frac{2.0833 \times 24.45}{30} = 1.7(ppm)$$

$$\frac{mg}{m^3} = \frac{\frac{50 \times 10^{-3}mg}{mL} \times 20mL}{0.480m^3}$$
$$= 2.0833mg/m^3$$
$$\mu g = 10^{-3}mg$$

★ 참고
산업위생(작업환경) 분야의 표준상태
25℃, 1atm(1기압), 기체 1몰(mol)의 부피 24.45L

📝 실기까지 중요 ★★

정답 25 ② 26 ① 27 ①

28 고체흡착관의 뒷 층에서 분석된 양이 앞 층의 25%였다. 이에 대한 분석자의 결정으로 바람직하지 않은 것은?

① 파과가 일어났다고 판단하였다.
② 파과실험의 중요성을 인식하였다.
③ 시료채취과정에서 오차가 발생되었다고 판단하였다.
④ 분석된 앞 층과 뒷 층을 합하여 분석결과로 이용하였다.

> - 오염물질이 흡착관의 앞 층에 포함된 다음 뒷 층에 흡착되기 시작되어 기류를 따라 흡착관을 빠져나가는 현상 → 파과
> - 뒷 층에서 분석된 양이 앞 층의 25%였다. → 파과가 일어났거나 시료채취과정에서 오차가 발생했다고 판단할 수 있다.

29 옥내의 습구흑구온도지수(WBGT)를 계산하는 식으로 옳은 것은?

① WBGT=0.1×자연습구온도+0.9×흑구온도
② WBGT=0.9×자연습구온도+0.1×흑구온도
③ WBGT=0.3×자연습구온도+0.7×흑구온도
④ WBGT=0.7×자연습구온도+0.3×흑구온도

> ★ 습구흑구온도지수(WBGT)의 산출
> 1. 옥외(태양광선이 내리쬐는 장소)
>   WBGT(℃) = 0.7×자연습구온도 + 0.2×흑구온도 + 0.1×건구온도
> 2. 옥내 또는 옥외(태양광선이 내리쬐지 않는 장소)
>   WBGT(℃) = 0.7×자연습구온도 + 0.3×흑구온도

📝 실기에 자주 출제 ★★★

30 활성탄관에 대한 설명으로 틀린 것은?

① 흡착관은 길이 7cm, 외경 6mm인 것을 주로 사용한다.
② 흡입구 방향으로 가장 앞쪽에는 유리섬유가 장착되어 있다.
③ 활성탄 입자는 크기가 20~40mesh인 것을 선별하여 사용한다.
④ 앞 층과 뒷 층을 우레탄 폼으로 구분하며 뒷 층이 100mg으로 앞 층 보다 2배 정도 많다.

> ④ 흡착관은 앞 층이 100mg, 뒷 층이 50mg으로 구성되며 오염물질에 따라 다른 크기의 흡착제를 사용한다.

31 처음 측정한 측정치는 유량, 측정시간, 회수율, 분석에 의한 오차가 각각 15%, 3%, 10%, 7%이였으나 유량에 의한 오차가 개선되어 10%로 감소되었다면 개선 전 측정치의 누적오차와 개선 후 측정치의 누적오차의 차이(%)는?

① 6.5 ② 5.5
③ 4.5 ④ 3.5

> 누적오차(E_c) = $\sqrt{E_1^2+E_2^2+E_3^2+\cdots+E_n^2}$
> - E_c : 누적오차(%)
> - $E_1, E_2, E_3 \sim E_n$: 각각 요소의 오차율(%)
> 1. 개선 전 $E_c = \sqrt{15^2+3^2+10^2+7^2} = 19.57(\%)$
> 2. 개선 후 $E_c = \sqrt{10^2+3^2+10^2+7^2} = 16.06(\%)$
> 3. 누적오차의 차 = 19.57 − 16.06 = 3.51(%)

📝 실기까지 중요 ★★

정답 28 ④ 29 ④ 30 ④ 31 ④

32 산업위생통계에서 적용하는 변이계수에 대한 설명으로 틀린 것은?

① 표준오차에 대한 평균값의 크기를 나타낸 수치이다.
② 통계집단의 측정값들에 대한 균일성, 정밀성 정도를 표현하는 것이다.
③ 단위가 서로 다른 집단이나 특성값의 상호 산포도를 비교하는데 이용될 수 있다.
④ 평균값의 크기가 0에 가까울수록 변이계수의 의의가 작아지는 단점이 있다.

> ① 표준편차의 수치가 평균의 몇 %가 되느냐를 나타낸다.

📝 필기에 자주 출제★

33 누적소음노출량 측정기로 소음을 측정할 때의 기기 설정 값으로 옳은 것은? (단, 고용노동부 고시를 기준으로 한다.)

① Threshold = 80dB, Criteria = 90dB, Exchange Rate = 5dB
② Threshold = 80dB, Criteria = 90dB, Exchange Rate = 10dB
③ Threshold = 90dB, Criteria = 80dB, Exchange Rate = 10dB
④ Threshold = 90dB, Criteria = 80dB, Exchange Rate = 5dB

> 누적소음노출량 측정기로 소음을 측정하는 경우에는 Criteria는 90dB, Exchange Rate는 5dB, Threshold는 80dB로 기기를 설정할 것

📝 실기까지 중요★★

34 석면농도를 측정하는 방법에 대한 설명 중 ( ) 안에 들어갈 적절한 기체는? (단, NIOSH 방법 기준)

> 공기 중 석면농도를 측정하는 방법으로 충전시 휴대용펌프를 이용하여 여과지를 통하여 공기를 통과시켜 시료를 채취한 다음, 이 여과지에 (㉠) 증기를 씌우고, (㉡) 시약을 가한 후 위상차현미경으로 400~450배의 배율에서 섬유수를 계수한다.

① 솔벤트, 메틸에틸케톤
② 아황산가스, 클로로포름
③ 아세톤, 트리아세틴
④ 트리클로로에탄, 트리클로로에틸렌

> 공기 중 석면농도를 측정하는 방법으로 충전식 휴대용펌프를 이용하여 여과지를 통과하여 공기를 통과시켜 시료를 채취한 다음 이 여과지에 아세톤 증기를 씌우고 트리아세틴 시약을 가한 후 위상차현미경으로 400~450배의 배율에서 섬유수를 계수한다.

35 방사성 물질의 단위에 대한 설명이 잘못된 것은?

① 방사능의 SI단위는 Becquerel(Bq)이다.
② 1Bq는 3.7×10^{10} dps이다.
③ 물질에 조사되는 선량은 rontgen(R)으로 표시한다.
④ 방사선의 흡수선량은 Gray(Gy)로 표시한다.

> ② 1C_i = 3.7×10^{10} Bq = 3.7×10^{10} dps

> ★참고
> dps(disintegration per sec)
> 초당 붕괴되는 방사선의 수

정답 32 ① 33 ① 34 ③ 35 ②

36 세 개의 소음원의 소음수준을 한 지점에서 각각 측정해보니 첫 번째 소음원만 가동될 때 88dB, 두 번째 소음원만 가동될 때 86dB, 세 번째 소음원만이 가동될 때 91dB이었다. 세 개의 소음원이 동시에 가동될 때 측정 지점에서의 음압수준(dB)은?

① 91.6　　② 93.6
③ 95.4　　④ 100.2

★ 합성소음도

$$L = 10 \times \log\left(10^{\frac{L_1}{10}} + 10^{\frac{L_2}{10}} + \cdots + 10^{\frac{L_n}{10}}\right)(dB)$$

- L : 합성소음도(dB)
- $L_1 \sim L_n$: 각각 소음원의 소음(dB)

$$L = 10 \times \log\left(10^{\frac{88}{10}} + 10^{\frac{86}{10}} + 10^{\frac{91}{10}}\right) = 93.59(dB)$$

📝 실기까지 중요 ★★

37 채취시료 10mL를 채취하여 분석한 결과 납(Pb)의 양이 8.5μg이고 Blank 시료도 동일한 방법으로 분석한 결과 납의 양이 0.7μg이다. 총 흡인 유량이 60L일 때 작업환경 중 납의 농도(mg/m³)는? (단, 탈착효율은 0.95이다.)

① 0.14　　② 0.21
③ 0.65　　④ 0.70

$$C(mg/m^3) = \frac{(W_s V_s - W_b V_b)}{V \times RE}$$

- C : 금속농도(mg/m³)
- W_s : 시료여과지에서의 금속농도(μg/ml, ppm)
- V_s : 시료의 최종용액 부피(mL)
- W_b : 공시료에서의 금속농도(μg/ml, ppm)
- V_b : 공시료에서의 최종용액 부피(mL)
- V : 공기채취량(L)
- RE : 회수율

$$C(mg/m^3) = \frac{\left(\frac{8.5\mu g}{10mL} - \frac{0.7\mu g}{10mL}\right) \times 10mL}{60L \times 0.95}$$
$$= 0.14(\mu g/L) = 0.14(mg/m^3)$$
$$(\mu g = 10^{-3}mg, L = 10^{-3}m^3)$$

38 작업환경 내 105dB(A)의 소음이 30분, 110dB(A) 소음이 15분, 115dB(A)의 소음이 5분 발생하였을 때, 작업환경의 소음 정도는? (단, 105, 110, 115dB(A)의 1일 노출허용 시간은 각각 1시간, 30분, 15분이고, 소음은 단속음이다.)

① 허용기준 초과
② 허용기준과 일치
③ 허용기준 미만
④ 평가할 수 없음(조건부족)

1. 노출지수 $EI = \frac{C_1}{T_1} + \frac{C_2}{T_2} + \cdots + \frac{C_n}{T_n}$
   - C : 각각의 측정치
   - T : 각각의 노출기준
2. 판정 : $EI > 1$ 경우 노출기준을 초과함

1. 노출지수 $EI = \frac{30}{60} + \frac{15}{30} + \frac{5}{15} = 1.33$
2. 판정 : $EI > 1$ 이므로 노출기준을 초과함

📝 실기까지 중요 ★★

정답　36 ②　37 ①　38 ①

39 금속가공유를 사용하는 절단작업 시 주로 발생할 수 있는 공기 중 부유물질의 형태로 가장 적합한 것은?

① 미스트(mist) ② 먼지(dust)
③ 가스(gas) ④ 흄(fume)

> 금속가공유 사용작업 → 액체 미립자(mist) 발생

> ★참고
> 미스트(mist)
> 공기 중에 부유, 비산되는 액체 미립자를 말한다.

40 두 집단의 어떤 유해물질의 측정값이 아래 도표와 같을 때 두 집단의 표준편차의 크기 비교에 대한 설명 중 옳은 것은?

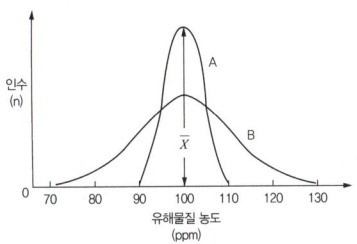

① A집단과 B집단은 서로 같다.
② A집단의 경우가 B집단의 경우보다 크다.
③ A집단의 경우가 B집단의 경우보다 작다.
④ 주어진 도표만으로 판단하기 어렵다.

> • 표준편차가 작을수록 측정값들이 평균값에 가깝게 분포된다.
> • 평균 $\bar{x}$에 측정값들이 가까이 분포하는 A의 표준편차가 B보다 더 작다.

제3과목 작업환경관리대책

41 다음 중 특급 분리식 방진마스크의 여과재 분진 등의 포집효율은? (단, 고용노동부 고시를 기준으로 한다.)

① 80% 이상 ② 94% 이상
③ 99.0% 이상 ④ 99.95% 이상

★ 방진마스크의 여과재 분진 등 포집효율

형태 및 등급		염화나트륨(NaCl) 및 파라핀 오일(Paraffin oil) 시험(%)
분리식	특급	99.95 이상
	1급	94.0 이상
	2급	80.0 이상
안면부 여과식	특급	99.0 이상
	1급	94.0 이상
	2급	80.0 이상

📝 필기에 자주 출제 ★

42 방진마스크에 대한 설명으로 가장 거리가 먼 것은?

① 방진마스크의 필터에는 활성탄과 실리카겔이 주로 사용된다.
② 방진마스크는 인체에 유해한 분진, 연무, 흄, 미스트, 스프레이 입자를 작업자가 흡입하지 않도록 하는 보호구이다.
③ 방진마스크의 종류에는 격리식과 직결식, 면체여과식이 있다.
④ 비휘발성 입자에 대한 보호만 가능하며, 가스 및 증기로부터의 보호는 안 된다.

> ① 방진마스크 필터의 재질은 면, 모, 합성섬유, 유리섬유, 금속섬유 등이 사용된다.

📝 필기에 자주 출제 ★

정답 39 ① 40 ③ 41 ④ 42 ①

43 지름이 100cm인 원형 후드 입구로부터 200cm 떨어진 지점에 오염물질이 있다. 제어풍속이 3m/s일 때, 후드의 필요 환기량(m³/s)은? (단, 자유공간에 위치하며 플랜지는 없다.)

① 143　　② 122
③ 103　　④ 83

> ★ 외부식 후드(자유공간 위치, 플랜지 미부착)의 필요송풍량
>
> $$Q = Vc(10X^2 + A)$$
>
> - Q : 필요송풍량(m³/sec)
> - Vc : 제어속도(m/sec)
> - A : 개구면적(m²)
> - X : 후드중심선으로부터 발생원까지의 거리(m)
>
> $Q = 3 \times (10 \times 2^2 + 0.7854) = 122.36$(m³/sec)
>
> $$A = \frac{\pi d^2}{4} = \frac{\pi \times 1^2}{4} = 0.7854(m^2)$$

📖 실기에 자주 출제 ★★★

---

44 보호구의 재질과 적용 물질에 대한 내용으로 틀린 것은?

① 면 : 고체상 물질에 효과적이다.
② 부틸(Butyl) 고무 : 극성 용제에 효과적이다.
③ 니트릴(Nitrile) 고무 : 비극성 용제에 효과적이다.
④ 천연 고무(latex) : 비극성 용제에 효과적이다.

> ④ 천연고무(latex) : 극성용제 및 수용성 용액에 효과적이다.

📖 필기에 자주 출제 ★

---

45 국소환기장치 설계에서 제어속도에 대한 설명으로 옳은 것은?

① 작업장 내의 평균유속을 말한다.
② 발산되는 유해물질을 후드로 흡인하는데 필요한 기류속도이다.
③ 덕트 내의 기류속도를 말한다.
④ 일명 반송속도라고도 한다.

> ★ 제어속도(포착속도)
> 후드 전면 또는 후드 개구면에서 유해물질이 함유된 공기를 당해 후드로 흡입시킴으로써 그 지점의 유해물질을 제어할 수 있는 공기속도(오염물질을 후드 안쪽으로 흡인하기 위하여 필요한 최소풍속)

> ★ 참고
> 반송속도
> 덕트를 통하여 이동하는 유해물질이 덕트 내에서 퇴적이 일어나지 않는 상태로 이동시키기 위하여 필요한 최소 속도

📖 실기까지 중요 ★★

---

46 흡인 풍량이 200m³/min, 송풍기 유효전압이 150mmH₂O, 송풍기 효율이 80%인 송풍기의 소요 동력(kW)은?

① 4.1　　② 5.1
③ 6.1　　④ 7.1

> ★ 송풍기의 소요동력
>
> $$HP(kW) = \frac{Q \times P}{6,120 \times \eta} \times K$$
>
> - Q : 송풍량(m³/min)
> - P : 유효전압(정압)(mmH₂O)
> - η : 송풍기효율
> - K : 안전여유
>
> $$HP(kW) = \frac{200 \times 150}{6,120 \times 0.8} = 6.13(kW)$$

📖 실기에 자주 출제 ★★★

정답　43 ②　44 ④　45 ②　46 ③

47 덕트 내 공기흐름에서의 레이놀즈수(Reynolds Number)를 계산하기 위해 알아야 하는 모든 요소는?

① 공기속도, 공기점성계수, 공기밀도, 덕트의 직경
② 공기속도, 공기밀도, 중력가속도
③ 공기속도, 공기온도, 덕트의 길이
④ 공기속도, 공기점성계수, 덕트의 길이

*레이놀즈 수

$$Re = \frac{\rho V d}{\mu} = \frac{Vd}{v} = \frac{관성력}{점성력}$$

- Re : 레이놀즈 수(무차원)
- ρ : 유체밀도(kg/m³)
- d : 관경(m) (상당직경 $D = \frac{2ab}{a+b}$)
- V : 유체의 유속(m/sec)
- μ : 점성계수(kg/m·s(= Poise))
- v : 동점성계수(m²/sec)

📝 실기에 자주 출제 ★★★

48 작업환경관리 대책 중 물질의 대체에 해당되지 않는 것은?

① 성냥을 만들 때 백린을 적린으로 교체한다.
② 보온 재료인 유리섬유를 석면으로 교체한다.
③ 야광시계의 자판에 라듐 대신 인을 사용한다.
④ 분체 입자를 큰 입자로 대체한다.

② 단열재(보온재)로 석면을 사용하던 것을 유리섬유, 암면 또는 스티로폼 등으로 교체한다.

📝 필기에 자주 출제 ★

49 7m×14m×3m의 체적을 가진 방에 톨루엔이 저장되어 있고 공기를 공급하기 전에 측정한 농도가 300ppm이었다. 이 방으로 10m³/min의 환기량을 공급한 후 노출기준인 100ppm으로 도달하는데 걸리는 시간(min)은?

① 12   ② 16
③ 24   ④ 32

*유해물질을 나중농도(노출농도 이하)로 환기하는 데 소요되는 시간

$$t(min) = -\frac{V}{Q'} \times \ln\left(\frac{C_2}{C_1}\right)$$

- V : 작업장의 기적(m³)
- Q' : 환기량(m³/min)
- C_1 : 유해물질 처음농도(ppm)
- C_2 : 유해물질 노출기준(ppm)

$$t = -\frac{(7 \times 14 \times 3)}{10} \times \ln\left(\frac{100}{300}\right) = 32.30(min)$$

📝 실기까지 중요 ★★

정답 47 ① 48 ② 49 ④

50 후드의 선택에서 필요 환기량을 최소화하기 위한 방법이 아닌 것은?

① 측면 조절판 또는 커텐 등으로 가능한 공정을 둘러 쌀 것
② 후드를 오염원에 가능한 가깝게 설치할 것
③ 후드 개구부로 유입되는 기류속도 분포가 균일하게 되도록 할 것
④ 공정 중 발생되는 오염물질의 비산속도를 크게 할 것

> ★ 후드선택 지침(필요 환기량을 감소시키기 위한 방법)
> ① 가급적 공정의 포위를 최대화한다.
> ② 포집형이나 레시버형 후드를 사용할 때에는 후드를 배출 오염원에 가깝게 설치한다.
> ③ 주위 방해기류를 최소화하여 후드 개구면에서 기류가 균일하게 분포되도록 설계한다.
> ④ 오염물질 발생특성을 고려하여 설계한다.
> ⑤ 작업조건을 고려하여 적정하게 제어속도를 선정한다.
> ⑥ 공정에서 발생 또는 배출되는 오염물질의 절대량을 감소시킨다.
> ⑦ 플랜지 등을 설치하여 후드 유입 기류를 조절한다.

 필기에 자주 출제 ★

★ 송풍기 법칙(상사법칙 ; Law of similarity)

1. $Q_2 = Q_1 \left(\dfrac{D_2}{D_1}\right)^3 \left(\dfrac{N_2}{N_1}\right)$
   풍량은 송풍기 직경의 세제곱, 회전수에 비례한다.

2. $P_2 = P_1 \left(\dfrac{D_2}{D_1}\right)^2 \left(\dfrac{N_2}{N_1}\right)^2 \left(\dfrac{\rho_2}{\rho_1}\right)$
   풍압(정압)은 송풍기 직경의 제곱, 회전수의 제곱에 비례한다.

3. $HP_2 = HP_1 \left(\dfrac{D_2}{D_1}\right)^5 \left(\dfrac{N_2}{N_1}\right)^3 \left(\dfrac{\rho_2}{\rho_1}\right)$
   축동력은 송풍기 직경의 다섯 제곱, 회전수의 세제곱에 비례한다.

- Q_1 : 회전 수 변경 전 풍량(m^3/min)
- Q_2 : 회전 수 변경 후 풍량(m^3/min)
- N_1 : 변경 전 회전수(rpm)
- N_2 : 변경 후 회전수(rpm)
- P_1 : 변경 전 풍압(mmH_2O)
- P_2 : 변경 후 풍압(mmH_2O)
- HP_1 : 변경 전 동력(kW)
- HP_2 : 변경 후 동력(kW)
- D_1 : 변경 전 직경(m)
- D_2 : 변경 후 직경(m)
- ρ_1 : 변경 전 효율
- ρ_2 : 변경 후 효율

 실기까지 중요 ★★

51 송풍기의 회전수 변화에 따른 풍량, 풍압 및 동력에 대한 설명으로 옳은 것은?

① 풍량은 송풍기의 회전수에 비례한다.
② 풍압은 송풍기의 회전수에 반비례한다.
③ 동력은 송풍기의 회전수에 비례한다.
④ 동력은 송풍기 회전수의 제곱에 비례한다.

52 1기압에서 혼합기체의 부피비가 질소 71%, 산소 14%, 탄산가스 15%로 구성되어 있을 때, 질소의 분압(mmHg)은?

① 433.2　② 539.6
③ 646.0　④ 653.6

- 1기압 = 760mmHg
- 공기 중의 질소는 71%이므로
  760 × 0.71 = 539.60(mmHg)

필기에 자주 출제 ★

정답　50 ④　51 ①　52 ②

53 공기정화장치의 한 종류인 원심력집진기에서 절단입경의 의미로 옳은 것은?

① 100% 분리 포집되는 입자의 최소 크기
② 100% 처리효율로 제거되는 입자크기
③ 90% 이상 처리효율로 제거되는 입자크기
④ 50% 처리효율로 제거되는 입자크기

* 원심력 집진기(사이클론)의 절단입경(cut-size)
50% 처리효율로 제거되는 입자크기

📝 필기에 자주 출제 ★

54 작업환경개선에서 공학적인 대책과 가장 거리가 먼 것은?

① 교육   ② 환기
③ 대체   ④ 격리

* 작업환경대책 중 작업환경개선의 공학적인 대책
① 대치(대체)
  • 공정의 변경
  • 유해물질 변경
  • 시설의 변경
② 격리(Isolation)
  • 저장물질의 격리
  • 시설의 격리
  • 공정의 격리
  • 작업자의 격리
③ 환기
  • 국소환기
  • 전체환기

📝 실기까지 중요 ★★

55 유입계수가 0.82인 원형 후드가 있다. 원형 덕트의 면적이 0.0314m²이고 필요 환기량이 30m³/min이라고 할 때, 후드의 정압(mmH₂O)은? (단, 공기밀도는 1.2kg/m³이다.)

① 16   ② 23
③ 32   ④ 37

1. 후드정압$(SP_h) = VP + \triangle P = VP + (F_h \times VP)$
1. 후드정압$(SP_h) = VP(1 + F_h)$ (mmH₂O)
  • VP : 속도압(동압)(mmH₂O)
  • F_h : 압력손실계수$(= \frac{1}{Ce^2} - 1)$
  • Ce : 유입계수
  • $\triangle P$: 압력손실(mmH₂O)
2. 속도압$(VP) = \frac{\gamma V^2}{2g}$ (mmH₂O)
  • r : 공기비중
  • V : 유속(m/s)
  • g : 중력가속도(9.8m²/s)

1. $VP = \frac{\gamma V^2}{2g} = \frac{1.2 \times 15.92^2}{2 \times 9.8} = 15.52$ (mmH₂O)

$\begin{bmatrix} Q = AV \\ V = \frac{Q}{A} = \frac{30 \div 60 (m^2/sec)}{0.0314(m^2)} = 15.92 \text{(m/sec)} \end{bmatrix}$

2. 정압$(SP_h) = VP(1 + F_h)$
   $= 15.52 \times (1 + 0.49)$
   $= 23.12(-23.12 \text{mmH}_2\text{O})$

$\begin{bmatrix} F_h = \frac{1}{Ce^2} - 1 = \frac{1}{0.82^2} - 1 = 0.49 \end{bmatrix}$

★ 참고
후드정압은 후드나 덕트를 수축시키려는 방향(음압)으로 작용하기 때문에 "-" 부호를 붙여 표기한다.

📝 실기까지 중요 ★★

정답 53 ④ 54 ① 55 ②

56 방사형 송풍기에 관한 설명과 가장 거리가 먼 것은?

① 고농도 분진함유 공기나 부식성이 강한 공기를 이송시키는데 많이 이용된다.
② 깃이 평판으로 되어 있다.
③ 가격이 저렴하고 효율이 높다.
④ 깃의 구조가 분진을 자체 정화할 수 있도록 되어 있다.

> ★ 방사 날개형(평판형, 플레이트형) 송풍기
> ① 날개(깃)가 평판 모양으로 강도 높게 설계되어 있다.
> ② 깃의 구조가 분진을 자체를 정화할 수 있다.
> ③ 시멘트, 미분탄, 곡물, 모래 등의 고농도 분진함유 공기, 부식성이 강한 공기를 이송시키는 데 많이 이용된다.
> ④ 습식집진장치의 배기에 적합하며 소음은 중간 정도이다.

> **암기법**
> 분진 자체정화 위해 고농도 분진을 평판(평판형)에 방사(방사날개형)

 필기에 자주 출제 ★

57 플랜지 없는 외부식 사각형 후드가 설치되어 있다. 성능을 높이기 위해 플랜지 있는 외부식 사각형 후드로 작업대에 부착했을 때, 필요환기량의 변화로 옳은 것은? (단, 포촉거리, 개구면적, 제어속도는 같다.)

① 기존 대비 10%로 줄어든다.
② 기존 대비 25%로 줄어든다.
③ 기존 대비 50%로 줄어든다.
④ 기존 대비 75%로 줄어든다.

> • 플랜지를 부착할 경우
> → 송풍량을 25% 감소시킬 수 있다.
> • 후드를 작업대에 부착할 경우
> → 송풍량을 25% 감소시킬 수 있다.
> • 플랜지 부착 + 후드를 작업대에 부착할 경우
> → 송풍량을 50% 감소시킬 수 있다

 필기에 자주 출제 ★

58 50℃의 송풍관에 15m/s의 유속으로 흐르는 기체의 속도압(mmH$_2$O)은? (단, 기체의 밀도는 1.293kg/m³이다.)

① 32.4 ② 22.6
③ 14.8 ④ 7.2

> 속도압(VP) = $\dfrac{\gamma V^2}{2g}$ (mmH$_2$O)
> • r : 공기비중
> • V : 유속(m/s)
> • g : 중력가속도(9.8m/s²)
>
> 속도압 = $\dfrac{1.293 \times 15^2}{2 \times 9.8}$ = 14.84(mmH$_2$O)

실기까지 중요 ★★

59 온도 50℃인 기체가 관을 통하여 20m³/min으로 흐르고 있을 때, 같은 조건의 0℃에서 유량(m³/min)은? (단, 관내압력 및 기타 조건은 일정하다.)

① 14.7 ② 16.9
③ 20.0 ④ 23.7

> ★ 온도보정[50℃(t_1) → 0℃(t_2)]
> 보정 후의 부피 = 보정 전의 부피 × $\dfrac{273 + t_2}{273 + t_1}$
>
> $20 \times \dfrac{273 + 0}{273 + 50}$ = 16.90(m³/min)
> (m³/min)을 계산하므로 부피(m³)을 보정하여야 한다.

 필기에 자주 출제 ★

정답 56 ③ 57 ③ 58 ③ 59 ②

60 원심력 송풍기 중 다익형 송풍기에 관한 설명과 가장 거리가 먼 것은?

① 큰 압력손실에서도 송풍량이 안정적이다.
② 송풍기의 임펠러가 다람쥐 쳇바퀴 모양으로 생겼다.
③ 강도가 크게 요구되지 않기 때문에 적은 비용으로 제작가능하다.
④ 다른 송풍기와 비교하여 동일 송풍량을 발생시키기 위한 임펠러 회전속도가 상대적으로 낮기 때문에 소음이 작다.

* **전향날개형(다익형) 송풍기**
① 송풍기의 임펠러가 다람쥐 쳇바퀴 모양으로 생겼다.
② 송풍기의 회전날개가 회전방향과 동일한 방향으로 설치되어 있다.
③ 임펠러 회전속도가 상대적으로 낮기 때문에 소음이 작다.(구조상 고속회전이 어렵고, 큰 동력의 용도에서 적합하지 않다.)
④ 저가로 제작이 가능하다.
⑤ 큰 압력손실에서 송풍량이 급격하게 떨어지는 단점이 있다.
⑥ 전체환기, 공기조화용으로 사용된다.
⑦ 소형이므로 제한된 장소에 사용이 가능하다.(분지관의 송풍에 적합)

암기법
다람쥐 날개는 회전방향과 동일한 앞쪽(전향)에 많지만(다익형) 속도 느리고 송풍량 떨어져 저가이다.

📘 필기에 자주 출제 ★

제4과목 물리적 유해인자관리

61 진동증후군(HAVS)에 대한 스톡홀름 워크숍의 분류로서 옳지 않은 것은?

① 진동증후군의 단계를 0부터 4까지 5단계로 구분하였다.
② 1단계는 가벼운 증상으로 1개 또는 그 이상의 손가락 끝부분이 하얗게 변하는 증상을 의미한다.
③ 3단계는 심각한 증상으로 1개 또는 그 이상의 손가락 가운뎃마디 부분까지 하얗게 변하는 증상이 나타나는 단계이다.
④ 4단계는 매우 심각한 증상으로 대부분의 손가락이 하얗게 변하는 증상과 함께 손끝에서 땀의 분비가 제대로 일어나지 않는 등의 변화가 나타나는 단계이다.

* **진동증후군(HAVS)에 대한 스톡홀름 워크숍의 분류**

단계	증상 및 징후
0단계	• 증상 없음
1단계	• 가벼운 증상 • 하나 또는 그 이상의 손가락 끝부분이 하얗게 변하는 증상이 나타나는 단계
2단계	• 하나 혹은 그 이상의 손가락의 중간부위 이상에 때때로 증상이 나타나는 단계
3단계	• 심각한 증상 • 대부분의 수지들 전체에 빈번하게 증상이 발생하는 단계
4단계	• 매우 심각한 증상 • 대부분의 손가락이 하얗게 변하는 증상과 함께 손끝에서 땀의 분비가 제대로 일어나지 않는 등의 변화가 나타나는 단계

📘 필기에 자주 출제 ★

정답 60 ① 61 ③

62 인체와 작업환경과의 사이의 열교환에 영향을 미치는 것으로 가장 거리가 먼 것은?

① 대류(convection)
② 열복사(radiation)
③ 증발(evaporation)
④ 열순응(acclimatization to heat)

★ 온열요소(열 교환에 영향을 미치는 요소)
① 기온(온도)
② 기습(습도)
③ 기류(대류, 풍속)
④ 복사열

★ 참고
열평형 방정식(인체의 열교환)
  S(열축적) = M(대사열) − E(증발) ± R(복사)
             ± C(대류) − W(한일)
• S : 열이득 및 열손실량이며, 열평형 상태에서는 0이다.

📝 필기에 자주 출제 ★

63 비전리방사선의 종류 중 옥외작업을 하면서 콜타르의 유도체, 벤조피렌, 안트라센 화합물과 상호작용하여 피부암을 유발시키는 것으로 알려진 비전리방사선은?

① γ선   ② 자외선
③ 적외선   ④ 마이크로파

★ 자외선의 피부작용
① 피부암 발생
  • 280(290)~315(320)nm의 파장에서 피부암이 발생할 수 있다.(자외선 노출에 의한 가장 심각한 만성영향)
  • 옥외작업을 하면서 콜타르의 유도체, 벤조피렌, 안트라센 화합물과 상호작용하여 피부암을 유발시킨다.
② 피부 홍반 형성 및 색소 침착 : 200~290nm에서 홍반작용이 강하다.
③ 피부의 비후 : 자외선에 의해 진피 두께가 증가한다.
④ 자외선 조사량이 너무 많을 경우 모세혈관 벽의 투과성 증가한다.

📝 필기에 자주 출제 ★

정답 62 ④ 63 ②

64 소독작용, 비타민D 형성, 피부색소 침착 등 생물학적 작용이 강한 특성을 가진 자외선 (Dorno 선)의 파장 범위는 약 얼마인가?

① 1000Å ~ 2800Å ② 2800Å ~ 3150Å
③ 3150Å ~ 4000Å ④ 4000Å ~ 4700Å

★ 자외선의 종류

근자외선 (UV-A)	① 파장 : 315(300) ~ 400nm [3,150 ~ 4,000Å] ② 피부의 색소침착
도르노선 (UV-B)	① 파장 : 280(290) ~ 315(320)nm [2,800 ~ 3,150Å] ② 소독(살균)작용, 비타민 D형성 등 인체에 유익한 영향(건강선, 생명선) ③ 피부노화, 홍반, 각막염, 피부암 유발
UV-C	① 파장 : 100 ~ 280nm [1,000 ~ 2,800Å] ② 살균작용(살균효과가 있어 수술용 램프로 사용)

📝 실기까지 중요 ★★

65 전리방사선 중 전자기방사선에 속하는 것은?

① α선   ② β선
③ γ선   ④ 중성자

★ 전리방사선(이온화 방사선)의 종류
① 전자기 방사선(X-Ray, γ선)
② 입자 방사선(α, β입자, 중성자)

📝 필기에 자주 출제 ★

66 다음 중 이상기압의 인체작용으로 2차적인 가압현상과 가장 거리가 먼 것은? (단, 화학적 장해를 말한다.)

① 질소 마취   ② 산소 중독
③ 이산화탄소의 중독   ④ 일산화탄소의 작용

★ 고압환경의 2차적 가압현상
① 질소의 마취작용 : 공기 중의 질소 가스는 4기압 이상에서 마취작용을 일으킨다.
② 산소중독 증세 : 산소분압이 2기압을 넘으면 산소중독 증세가 나타난다.
③ 이산화탄소의 작용 : 이산화탄소의 증가는 산소의 독성과 질소의 마취작용을 촉진시킨다.

📝 실기까지 중요 ★★

67 출력이 10Watt인 작은 점음원으로부터 자유 공간의 10m 떨어져 있는 곳에서의 음압레벨 (Sound Pressure Level)은 몇 dB 정도인가?

① 89   ② 99
③ 161   ④ 229

★ 무지향성 점음원

1. 자유공간(공중, 구면파)에 위치할 때
   $SPL = PWL - 20\log r - 11$ (dB)
2. 반자유공간(바닥, 벽, 천장, 반구면파)에 위치할 때
   $SPL = PWL - 20\log r - 8$ (dB)
   • r : 소음원으로 부터의 거리(m)

1. $PWL = 10\log\left(\dfrac{W}{W_o}\right) = 10 \times \log\dfrac{10}{10^{-12}} = 130$(dB)
2. $SPL = PWL - 20\log r - 11$
   $= 130 - 20 \times \log 10 - 11 = 99$(dB)

📝 실기까지 중요 ★★

정답 64 ② 65 ③ 66 ④ 67 ②

68 1 sone이란 몇 Hz에서, 몇 dB의 음압레벨을 갖는 소음의 크기를 말하는가?

① 1000Hz, 40dB ② 1200Hz, 45dB
③ 1500Hz, 45dB ④ 2000Hz, 48dB

> ★ sone
> ① 감각적인 음의 크기를 나타낸다.
> ② 1Sone : 1,000Hz, 40dB 음의 크기

> ★ 참고
> phon
> ① 1phon : 1,000Hz, 1dB 음의 크기
> ② 1,000Hz에서 음압수준(dB)을 기준으로 하여 등감곡선을 나타내는 단위

📝 필기에 자주 출제 ★

69 자연조명에 관한 설명으로 옳지 않은 것은?

① 창의 면적은 바닥 면적의 15~20% 정도가 이상적이다.
② 개각은 4~5°가 좋으며, 개각이 작을수록 실내는 밝다.
③ 균일한 조명을 요구하는 작업실은 동북 또는 북창이 좋다.
④ 입사각은 28° 이상이 좋으며, 입사각이 클수록 실내는 밝다.

> ② 실내 각점의 개각은 4~5°가 좋으며, 개각이 클수록 실내는 밝다.

📝 필기에 자주 출제 ★

70 전신진동 노출에 따른 인체의 영향에 대한 설명으로 옳지 않은 것은?

① 평형감각에 영향을 미친다.
② 산소 소비량과 폐환기량이 증가한다.
③ 작업수행 능력과 집중력이 저하된다.
④ 저속노출 시 레이노드 증후군(Raynaud's phenomenon)을 유발한다.

> ④ 국소진동에 노출될 때 레이노드 증후군이 유발된다.

> ★ 참고
> 레이노(Raynaud's phenonmenon) 현상
> 국소진동으로 인하여 말초혈관운동 장해가 발생하여 수지가 창백해지고 손이 차며 통증이 오는 현상으로 추운 환경에서 더 잘 발생한다.

📝 필기에 자주 출제 ★

71 소음에 의한 인체의 장해 정도(소음성난청)에 영향을 미치는 요인이 아닌 것은?

① 소음의 크기 ② 개인의 감수성
③ 소음 발생 장소 ④ 소음의 주파수 구성

> ★ 소음성 난청(청력손실)에 영향을 미치는 요소
> ① 개인의 감수성 : 개인의 감수성에 따라 소음반응이 다양하다.
> ② 음의 강도 : 음압수준이 높을수록 유해하다.
> ③ 폭로시간(노출시간) : 계속적 노출이 간헐적 노출보다 더 유해하다.
> ④ 음의 물리적 특성
> • 고주파음이 저주파음보다 더 유해하다.
> • 충격음 및 연속음의 유해성이 더 크다.
> ⑤ 심한 소음에 반복하여 노출되면 일시적 청력변화는 영구적 청력변화로 변한다.

📝 필기에 자주 출제 ★

정답 68 ① 69 ② 70 ④ 71 ③

72 다음 중 전리방사선에 대한 감수성의 크기를 올바른 순서대로 나열한 것은?

> ㉠ 상피세포
> ㉡ 골수, 흉선 및 림프조직(조혈기관)
> ㉢ 근육세포
> ㉣ 신경조직

① ㉠ > ㉡ > ㉢ > ㉣
② ㉠ > ㉣ > ㉡ > ㉢
③ ㉡ > ㉠ > ㉢ > ㉣
④ ㉡ > ㉢ > ㉣ > ㉠

★ 전리방사선에 대한 인체 내의 감수성 순서
골수, 임파선, 흉선 및 림프조직(조혈기관), 눈의 수정체 > 피부 등 상피세포 > 혈관 등 내피세포 > 결합조직, 지방조직 > 뼈, 근육조직 > 폐 등 내장기관 > 신경조직

암기법
골(골수) / 인(임파선) / 수 상 내 / 결 지 / 뼈근육 / 폐 내장 / 신경

📝 실기까지 중요 ★★

73 한랭 환경에서 인체의 일차적 생리적 반응으로 볼 수 없는 것은?

① 피부혈관의 팽창
② 체표면적의 감소
③ 화학적 대사작용의 증가
④ 근육긴장의 증가와 떨림

저온환경의 일차적인 생리적 변화	① 근육긴장의 증가 및 떨림(전율) ② 피부혈관의 수축 ③ 말초혈관의 수축 ④ 화학적 대사작용의 증가(갑상선 호르몬 분비 증가) ⑤ 체표면적의 감소
저온환경의 이차적인 생리적 반응	① 말초냉각 : 말초혈관의 수축으로 표면조직의 냉각이 진행된다. ② 식욕변화 : 저온에서는 근육활동, 조직대사의 증진으로 식욕이 항진된다. ③ 혈압변화 : 피부혈관 수축으로 혈압은 일시적으로 상승한다. ④ 순환기능 : 피부혈관의 수축으로 순환기능이 감소된다.

📝 필기에 자주 출제 ★

74 10시간 동안 측정한 누적 소음노출량이 300%일 때 측정시간 평균 소음 수준은 약 얼마인가?

① 94.2dB(A)
② 96.3dB(A)
③ 97.4dB(A)
④ 98.6dB(A)

$$TWA = 16.61 \times \log\left[\frac{D}{12.5 \times t}\right] + 90$$

- TWA : 시간가중 평균 소음수준[dB(A)]
- D : 누적소음 노출량(%)
- t : 소음에 노출된 시간

$$TWA = 16.61 \times \log\left[\frac{300}{12.5 \times 10}\right] + 90$$
$$= 96.32[dB(A)]$$

📝 실기까지 중요 ★★

정답 72 ③ 73 ① 74 ②

75 감압에 따른 인체의 기포 형성량을 좌우하는 요인과 가장 거리가 먼 것은?

① 감압속도
② 산소공급량
③ 조직에 용해된 가스량
④ 혈류를 변화시키는 상태

> ★ 감압 시에 조직 내 질소기포 형성량에 영향을 주는 요인
> ① 조직에 용해된 가스량
> ② 혈류를 변화시키는 상태
> ③ 감압속도
> ④ 고기압의 노출 정도

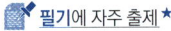 필기에 자주 출제 ★

★ 참고
① 열사병(heat stroke) : 태양의 복사열에 직접 노출 시에 뇌의 온도 상승으로 체온조절 중추기능 장해(중추신경 마비)를 일으켜서 체내에 열이 축적되어 발생한다.
② 열 허탈(heat collapse) : 고열작업장에 순화되지 못한 작업자가 고열작업을 수행하는 경우에 혈액순환 장해로 인하여 신체말단부에 혈액이 과다하게 저류되며 뇌의 혈액흐름이 좋지 못하여 대뇌피질의 혈류량이 부족(뇌의 산소부족)하여 발생한다.
③ 열 경련(heat cramps) : 전형적인 열 중증의 형태로 고온환경에서 심한 육체적인 노동을 할 때 혈중 염분농도 저하가 원인이 된다.

 필기에 자주 출제 ★

76 다음에서 설명하는 고열장해는?

> 이것은 작업환경에서 가장 흔히 발생하는 피부장해로서 땀띠(prickly heat)라고도 말하며, 땀에 젖은 피부 각질층이 떨어져 땀구멍을 막아 한선 내에 땀의 압력으로 염증성 반응을 일으켜 붉은 구진(papules) 형태로 나타난다.

① 열사병(heat stroke)
② 열 허탈(heat collapse)
③ 열 경련(heat cramps)
④ 열 발진(heat rashes)

> ★ 열 발진(heat rashes)
> 가장 흔히 발생하는 피부장해로서 땀띠(plickly heat)라고도 하며, 한선(땀샘)에 염증이 생기고 피부에 작은 수포가 형성된다.

77 소음의 흡음 평가 시 적용되는 잔향시간(reverberation time)에 관한 설명으로 옳은 것은?

① 잔향시간은 실내공간의 크기에 비례한다.
② 실내 흡음량을 증가시키면 잔향시간도 증가한다.
③ 잔향시간은 음압수준이 30dB 감소하는데 소요되는 시간이다.
④ 잔향시간을 측정하려면 실내 배경소음이 90dB 이상 되어야 한다.

> ★ 잔향시간
> ① 잔향시간은 실내공간의 크기(실의 용적)에 비례한다.
> ② 실내 흡음량을 증가시키면 잔향시간은 감소한다.
> ③ 잔향시간은 음압수준이 60dB 감소하는데 소요되는 시간이다.
> ④ 잔향시간은 기록지의 레벨 감쇠곡선의 폭이 25dB 이상일 때 이를 산출한다.

정답 75 ② 76 ④ 77 ①

참고
잔향시간

$$T(초) = K\frac{V}{A} = \frac{0.161V}{A} = \frac{0.161V}{S\bar{\alpha}}$$

- T : 잔향시간(초)
- K : 비례상수(0.161)
- A : 실내의 총 흡음력(sabin)
- V : 실의 용적(m^3)
- S : 실내의 전 표면적(m^2)
- $\bar{\alpha}$: 평균 흡음률

79 밀폐공간에서 산소결핍의 원인을 소모(consumption), 치환(displacement), 흡수(absorption)로 구분할 때 소모에 해당하지 않는 것은?

① 용접, 절단, 불 등에 의한 연소
② 금속의 산화, 녹 등의 화학반응
③ 제한된 공간 내에서 사람의 호흡
④ 질소, 아르곤, 헬륨 등의 불활성 가스 사용

> ④ 질소, 아르곤, 헬륨 등의 불활성 가스 사용
> → 치환(displacement)에 해당한다.

78 1촉광의 광원으로부터 한 단위 입체각으로 나가는 광속의 단위를 무엇이라 하는가?

① 럭스(Lux)   ② 램버트(Lambert)
③ 캔들(Candle) ④ 루멘(Lumen)

> ★ 루멘(Lumen; lm)
> 1촉광의 광원으로부터 한 단위입체각으로 나가는 광속의 단위

> ★참고
> ① lux : 1루멘의 빛이 $1m^2$의 평면상에 수직방향으로 비칠 때의 빛의 양을 말한다.(조도의 단위)
> ② 램버트(Lambert) : 평면 $1ft^2(1cm^2)$에서 1Lumen의 빛을 발하거나 반사시킬 때의 밝기(광속발산도의 단위)
> ③ 촉광(candle) : 지름이 1인치(2.54cm)되는 촛불이 수평방향으로 비칠 때 빛의 밝기(빛의 광도를 나타내는 단위로 국제촉광을 사용한다.)

80 산업안전보건법령상 이상기압에 의한 건강장해의 예방에 있어 사용되는 용어의 정의로 옳지 않은 것은?

① 압력이란 절대압과 게이지압의 합을 말한다.
② 고압작업이란 고기압에서 잠함공법이나 그 외의 압기공법으로 하는 작업을 말한다.
③ 기압조절실이란 고압작업을 하는 근로자 또는 잠수작업을 하는 근로자가 가압 또는 감압을 받는 장소를 말한다.
④ 표면공급식 잠수작업이란 수면 위의 공기압축기 또는 호흡용 기체통에서 압축된 호흡용 기체를 공급받으면서 하는 작업을 말한다.

> ① "압력" 이란 게이지 압력을 말한다.

정답 78 ④ 79 ④ 80 ①

제5과목 산업독성학

81 건강영향에 따른 분진의 분류와 유발물질의 종류를 잘못 짝지은 것은?

① 유기성 분진 - 목분진, 면, 밀가루
② 알레르기성 분진 - 크롬산, 망간, 황
③ 진폐성 분진 - 규산, 석면, 활석, 흑연
④ 발암성 분진 - 석면, 니켈카보닐, 아민계 색소

> *유해분진의 종류
> ① 진폐성 분진(진폐증을 일으키는 분진) : 유리규산(SiO_2), 석면, 활석, 흑연 등
> ② 알레르기성 분진 : 꽃가루, 털, 나무가루 등
> ③ 중독성 분진 : 납, 수은, 카드뮴 등
> ④ 자극성 분진 : 산, 알카리, 크롬산 등
> ⑤ 불활성 분진 : 석회석, 시멘트, 석탄 등
> ⑥ 유기성 분진 : 목분진, 면, 밀가루
> ⑦ 발암성 분진 : 석면, 니켈카보닐, 아민계 색소 등

82 다음 중 칼슘대사에 장해를 주어 신결석을 동반한 신증후군이 나타나고 다량의 칼슘배설이 일어나 뼈의 통증, 골연화증 및 골수공증과 같은 골격계 장해를 유발하는 중금속은?

① 망간   ② 수은
③ 비소   ④ 카드뮴

> *카드뮴의 중독증세
> 칼슘대사에 장해를 주어 신결석을 동반한 신증후군이 나타나고, 다량의 칼슘배설이 일어나 뼈의 통증, 골연화증 및 골수공증과 같은 골격계 장해(이타이이타이병)를 유발한다.

📝 실기까지 중요 ★★

83 폐에 침착된 먼지의 정화과정에 대한 설명으로 옳지 않은 것은?

① 어떤 먼지는 폐포벽을 통과하여 림프계나 다른 부위로 들어가기도 한다.
② 먼지는 세포가 방출하는 효소에 의해 용해되지 않으므로 점액층에 의한 방출 이외에는 체내에 축적된다.
③ 폐에 침착된 먼지는 식세포에 의하여 포위되어 포위된 먼지의 일부는 미세 기관지로 운반되고 점액 섬모운동에 의하여 정화된다.
④ 폐에서 먼지를 포위하는 식세포는 수명이 다한 후 사멸하고 다시 새로운 식세포가 먼지를 포위하는 과정이 계속적으로 일어난다.

> ② 대식세포가 방출하는 효소의 용해작용으로 먼지를 제거한다.

📝 필기에 자주 출제 ★

84 카드뮴이 체내에 흡수되었을 경우 주로 축적되는 곳은?

① 뼈, 근육   ② 뇌, 근육
③ 간, 신장   ④ 혈액, 모발

> 체내에 흡수된 카드뮴은 혈장단백질과 결합하여 간으로 이송되고, 간에서 서서히 배출되어 최종적으로 신장에 축적된다.(체내에 흡수된 카드뮴의 50~75%는 간 및 신장에 축적되며 일부는 장관벽에 축적된다.)

📝 필기에 자주 출제 ★

정답 81 ② 82 ④ 83 ② 84 ③

85 생물학적 모니터링(biological monitoring)에 관한 설명으로 옳지 않은 것은?

① 주목적은 근로자 채용 시기를 조정하기 위하여 실시한다.
② 건강에 영향을 미치는 바람직하지 않은 노출 상태를 파악하는 것이다.
③ 최근의 노출량이나 과거로부터 축적된 노출량을 파악한다.
④ 건강상의 위험은 생물학적 검체에서 물질별 결정인자를 생물학적 노출지수와 비교하여 평가된다.

① 생물학적 모니터링은 근로자의 생체시료로부터 유해물질의 대사산물, 유해물질 자체 및 생화학적 변화산물을 분석하여 유해물질의 체내 흡수 정도 및 건강영향 가능성을 평가하기 위하여 실시한다.

📝 필기에 자주 출제★

86 흡입분진의 종류에 따른 진폐증의 분류 중 유기성 분진에 의한 진폐증에 해당하는 것은?

① 규폐증
② 활석폐증
③ 연초폐증
④ 석면폐증

무기성(광물성)분진에 의한 진폐증	유기성 분진에 의한 진폐증
① 규폐증 ② 규조토폐증 ③ 탄소폐증 ④ 탄광부 진폐증 ⑤ 용접공폐증 ⑥ 석면폐증 ⑦ 베릴륨폐증 ⑧ 활석폐증 ⑨ 흑연폐증 ⑩ 주석폐증 ⑪ 칼륨폐증 ⑫ 바륨폐증 ⑬ 철폐증	① 농부폐증 ② 연초폐증 ③ 면폐증 ④ 설탕폐증 ⑤ 목재분진폐증 ⑥ 모발분진폐증
	암기법 연초 핀 농부의 모발에서 설탕 나오면 면목 없다.

📝 필기에 자주 출제★

87 다음 중 중추신경의 자극작용이 가장 강한 유기용제는?

① 아민
② 알코올
③ 알칸
④ 알데히드

★ 중추신경계 자극작용 순서
아민류 > 유기산 > 케톤 > 알데히드 > 알코올 > 알칸

★ 참고
중추신경계 억제작용 순서
할로겐화화합물(할로겐족) > 에테르 > 에스테르 > 유기산 > 알코올 > 알켄 > 알칸

📝 필기에 자주 출제★

88 화학물질의 상호작용인 길항작용 중 독성물질의 생체과정인 흡수, 대사 등에 변화를 일으켜 독성이 감소되는 것을 무엇이라 하는가?

① 화학적 길항작용
② 배분적 길항작용
③ 수용체 길항작용
④ 기능적 길항작용

★ 길항작용(Antagonism)
두 물질이 서로의 작용을 방해하여 두 물질에 동시 노출될 경우의 독성은 단독물질의 독성보다 약해진다.(2 + 3 = 1)
① 배분적(분배적) 길항작용 : 물질의 흡수, 대사 등에 변화를 일으켜 독성이 낮아진다.
② 기능적 길항작용 : 생체 내에서 서로 반대되는 기능을 가져 독성이 낮아진다.
③ 화학적 길항작용 : 화학적인 상호반응에 의해 독성이 낮아진다.
④ 수용적 길항작용 : 두 화학물질이 체내에서 같은 수용체에 결합하여 경쟁관계 가짐으로써 독성이 낮아진다.

📝 실기에 자주 출제★★★

정답 85 ① 86 ③ 87 ① 88 ②

89 직업성 천식에 관한 설명으로 옳지 않은 것은?

① 작업환경 중 천식을 유발하는 대표물질로 톨루엔 디이소시안산염(TDI), 무수 트리멜리트산(TMA)이 있다.
② 일단 질환에 이환하게 되면 작업환경에서 추후 소량의 동일한 유발물질에 노출되더라도 지속적으로 증상이 발현된다.
③ 항원공여세포가 탐식되면 T림프구 중 I형 T림프구(type I killer T cell)가 특정 알레르기 항원을 인식한다.
④ 직업성 천식은 근무시간에 증상이 점점 심해지고, 휴일 같은 비근무시간에 증상이 완화되거나 없어지는 특징이 있다.

* 직업성 천식의 발생기전
① 천식유발 물질을 흡입할 경우 이를 대식세포와 같은 항원공여세포가 탐식하면서 시작된다.
② 특정 알레르기 항원에 대한 IgG를 생성하도록 B림프구를 활성화 한다.
③ 생성된 항체가 항체 수용체에 결합하면 이들 세포에서 히스타민(Histamine)이 분비되어 천식 증상이 나타난다.

90 다음 중 납중독에서 나타날 수 있는 증상을 모두 나열한 것은?

> ㉠ 빈혈
> ㉡ 신장장해
> ㉢ 중추 및 말초신경장해
> ㉣ 소화기 장해

① ㉠, ㉢
② ㉡, ㉣
③ ㉠, ㉡, ㉢
④ ㉠, ㉡, ㉢, ㉣

* 납중독의 증세
① 위장계통 장해(소화기 장해)
② 중추신경 및 말초신경 장해
③ 피로, 근육통 등 신경 및 근육계통의 장해
④ 빈혈, 혈색소 저하 등 조혈기능 장해
⑤ 만성 신장기능 장해
⑥ 세포의 효소작용 방해 : 포르피린과 헴(heme)의 합성에 관여하는 효소를 억제한다.
⑦ 골수침입
⑧ 연산통
⑨ 소아이미증(영유아의 납중독증으로 학습장애 및 기능저하 초래)

📋 실기까지 중요 ★★

91 이황화탄소를 취급하는 근로자를 대상으로 생물학적 모니터링을 하는데 이용될 수 있는 생체 내 대사산물은?

① 소변 중 마뇨산
② 소변 중 메탄올
③ 소변 중 메틸마뇨산
④ 소변 중 TTCA
 (2-thiothiazolidine-4-carboxylic acid)

화학물질	생물학적 노출지표물질 (체내대사산물)	시료채취 시기
톨루엔	혈액, 호기의 톨루엔, 소변 중 o-크레졸	작업종료 시
크실렌	소변 중 메틸마뇨산	작업종료 시
니트로벤젠	혈중 메타헤모글로빈	작업종료 시
에틸벤젠	소변 중 만델린산	작업종료 시
이황화탄소	소변 중 TTCA	당일 작업종료 2시간 전부터 작업종료 사이에 채취

📋 실기에 자주 출제 ★★★

정답 89 ③ 90 ④ 91 ④

92 산업안전보건법령상 다음의 설명에서 ㉠~㉢에 해당하는 내용으로 옳은 것은?

> 단시간노출기준(STEL)이란 (㉠)분간의 시간가중평균노출값으로서 노출농도가 시간가중평균노출기준(TWA)를 초과하고 단시간노출기준(STEL) 이하인 경우에는 1회 노출 지속시간이 (㉡)분 미만이어야 하고, 이러한 상태가 1일 (㉢) 이하로 발생하여야 하며, 각 노출의 간격은 60분 이상이어야 한다.

① ㉠ 15, ㉡ 20, ㉢ 2
② ㉠ 20, ㉡ 15, ㉢ 2
③ ㉠ 15, ㉡ 15, ㉢ 4
④ ㉠ 20, ㉡ 20, ㉢ 4

★ 단시간노출기준(STEL)
① 15분간의 시간가중평균노출 값(근로자가 1회에 15분간 유해인자에 노출되는 경우의 기준)
② 노출농도가 시간가중평균노출기준(TWA)을 초과하고 단시간노출기준(STEL) 이하인 경우에는 1회 노출 지속시간이 15분 미만이어야 하고, 이러한 상태가 1일 4회 이하로 발생하여야 하며, 각 노출의 간격은 60분 이상이어야 한다.

실기에 자주 출제★★★

93 사염화탄소에 관한 설명으로 옳지 않은 것은?

① 생식기에 대한 독성작용이 특히 심하다.
② 고농도에 노출되면 중추신경계 장해 외에 간장과 신장장해를 유발한다.
③ 신장장해 증상으로 감뇨, 혈뇨 등이 발생하며, 완전 무뇨증이 되면 사망할 수도 있다.
④ 초기 증상으로는 지속적인 두통, 구역 또는 구토, 복부선통과 설사, 간압통 등이 나타난다.

① 간에 대한 독성작용이 특히 심하여 중심소엽성 괴사를 일으킨다.

필기에 자주 출제★

94 단순 질식제에 해당되는 물질은?

① 아닐린
② 황화수소
③ 이산화탄소
④ 니트로벤젠

단순 질식제	① 생리적으로는 아무 작용도 하지 않으나 공기 중에 많이 존재하여 산소분압을 저하시켜 조직에 필요한 산소의 공급부족을 초래한다. ② 수소, 이산화탄소(CO_2), 질소, 헬륨, 메탄, 에탄, 프로판, 에틸렌, 아세틸렌 등
화학적 질식제	① 혈액 중의 혈색소와 결합하여 산소운반 능력을 방해하거나 조직이 산소를 받아들이는 능력을 잃게 하여 내질식을 일으킨다. ② 일산화탄소(CO), 황화수소(H_2S), 시안화수소(HCN), 아닐린, 오존, 염소, 포스겐 등

필기에 자주 출제★

95 상기도 점막 자극제로 볼 수 없는 것은?

① 포스겐
② 크롬산
③ 암모니아
④ 염화수소

상기도 점막 자극제	• 물에 잘 녹는 물질로 암모니아, 크롬산, 염화수소, 불화수소, 아황산가스 등이 있다. • 암모니아는 피부점막에 작용하여 눈의 결막과 각막을 자극하며 폐부종, 성대경련, 기관지 경련, 호흡장해를 초래한다
상기도 점막 및 폐조직 자극제	• 물에 대한 용해도가 중등도인 물질로 염소, 브롬, 요오드, 플루오르, 염소산화물, 오존 등이 있다. • 불소는 뼈에 가장 많이 축적된다.
종말 기관지 및 폐포점막 자극제	• 물에 잘 녹지 않는 물질로 이산화질소, 3염화비소, 포스겐 등이 있다. • 이산화질소, 포스겐은 폐포까지 침투하여 폐수종을 일으킨다.

필기에 자주 출제★

정답 92 ③ 93 ① 94 ③ 95 ①

96 적혈구의 산소운반 단백질을 무엇이라 하는가?

① 백혈구　　② 단구
③ 혈소판　　④ 헤모글로빈

> ★ 헤모글로빈
> 적혈구의 산소운반 단백질

📝 필기에 자주 출제 ★

97 할로겐화탄화수소에 관한 설명으로 옳지 않은 것은?

① 대개 중추신경계의 억제에 의한 마취작용이 나타난다.
② 가연성과 폭발의 위험성이 높으므로 취급 시 주의하여야 한다.
③ 일반적으로 할로겐화탄화수소의 독성 정도는 화합물의 분자량이 커질수록 증가한다.
④ 일반적으로 할로겐화탄화수소의 독성 정도는 할로겐원소의 수가 커질수록 증가한다.

> ★ 할로겐화탄화수소
> ① 중추신경계의 억제에 의한 마취작용이 특히 심하다.
> ② 고농도에 노출되면 중추신경계 장해 외에 간장과 신장장해를 유발한다.
> ③ 신장장해 증상으로 감뇨, 혈뇨 등이 발생하며 완전 무뇨증이 되면 사망할 수도 있다.
> ④ 초기 증상으로는 지속적인 두통, 구역 또는 구토, 복부선통과 설사, 간압통 등이 나타난다.
> ⑤ 할로겐화탄화수소의 독성의 정도는 화합물의 분자량이 커질수록 증가한다.
> ⑥ 할로겐화탄화수소의 독성의 정도는 할로겐원소의 수가 커질수록 증가한다.
> ⑦ 사염화탄소, 클로로포름, 염화비닐 등이 있다.

📝 필기에 자주 출제 ★

98 다음 [표]는 A작업장의 백혈병과 벤젠에 대한 코호트 연구를 수행한 결과이다. 이때 벤젠의 백혈병에 대한 상대위험비를 약 얼마인가?

	백혈병	백혈병없음	합계(명)
벤젠노출군	5	14	19
벤젠비노출군	2	25	27
합계	7	39	46

① 3.29　　② 3.55
③ 4.64　　④ 4.82

> 상대위험비 (비교위험도) = 노출군에서 질병발생률 / 비노출군에서 질병발생률
> = 위험폭로집단발병율 / 비위험폭로집단발병율
>
> • 상대위험비 = 1 : 노출과 질병 사이의 연관성 없음
> • 상대위험비 > 1 : 위험의 증가
> • 상대위험비 < 1 : 질병에 대한 방어효과가 있음
>
> 상대위험비 = 노출군에서 질병발생률 / 비노출군에서 질병발생률
> = $\frac{0.263}{0.074}$ = 3.55
>
> • 비노출군에서의 질병발생률 = $\frac{2}{27}$ = 0.074
> • 노출군에서의 질병발생률 = $\frac{5}{19}$ = 0.263

📝 실기까지 중요 ★★

정답　96 ④　97 ②　98 ②

99 다음 중 중절모자를 만드는 사람들에게 처음으로 발견되어 hatter's shake라고 하며 근육경련을 유발하는 중금속은?

① 카드뮴 ② 수은
③ 망간 ④ 납

★ 수은
① 온도계 제조, 농약, 살충제 제조업, 치과용 아말감 산업 등에서 노출될 수 있다.
② 연금술, 의약품 등에 가장 오래 사용해 왔던 중금속 중의 하나이며, 17세기 유럽에서 신사용 중절모자를 제조하는 데 사용하여 근육경련을 일으켰다.

📘 필기에 자주 출제 ★

100 유기용제별 중독의 대표적인 증상으로 올바르게 연결된 것은?

① 벤젠 - 간장해
② 크실렌 - 조혈장해
③ 염화탄화수소 - 시신경장해
④ 에틸렌글리콜에테르 - 생식기능장해

① 벤젠 - 골수 및 조혈기능 장해
② 크실렌 - 중추신경계의 장해, 간 장해, 생식계 장해
③ 염화탄화수소 - 간장해

📘 필기에 자주 출제 ★

정답 99 ② 100 ④

3회 과년도기출문제

2021년 8월 14일

제1과목 산업위생학 개론

01 화학물질 및 물리적 인자의 노출기준상 사람에게 충분한 발암성 증거가 있는 물질의 표기는?

① 1A   ② 1B
③ 2C   ④ 1D

> ★ 발암성 정보물질의 표기(화학물질의 분류·표시 및 물질안전보건자료에 관한 기준)
> ① 1A : 사람에게 충분한 발암성 증거가 있는 물질
> ② 1B : 시험동물에서 발암성 증거가 충분히 있거나, 시험동물과 사람 모두에서 제한된 발암성 증거가 있는 물질
> ③ 2 : 사람이나 동물에서 제한된 증거가 있지만, 구분1로 분류하기에는 증거가 충분하지 않은 물질

📝 실기에 자주 출제 ★★★

02 미국산업안전보건연구원(NIOSH)에서 제시한 중량물의 들기작업에 관한 감시기준(Action Limit)과 최대허용기준(Maximum Permissible Limit)의 관계를 바르게 나타낸 것은?

① MPL = 5AL   ② MPL = 3AL
③ MPL = 10AL   ④ MPL = $\sqrt{2}$AL

> MPL(최대허용기준) = 3 × AL(감시기준)

📝 실기까지 중요 ★★

03 산업안전보건법령상 작업환경측정에 관한 내용으로 옳지 않은 것은?

① 모든 측정은 지역 시료채취방법을 우선으로 실시하여야 한다.
② 작업환경측정을 실시하기 전에 예비조사를 실시하여야 한다.
③ 작업환경측정자는 그 사업장에 소속된 사람으로 산업위생관리산업기사 이상의 자격을 가진 사람이다.
④ 작업이 정상적으로 이루어져 작업시간과 유해인자에 대한 근로자의 노출 정도를 정확히 평가할 수 있을 때 실시하여야 한다.

> ① 모든 측정은 개인시료채취방법으로 하되, 개인시료채취방법이 곤란한 경우에는 지역시료채취방법으로 실시할 것

📝 필기에 자주 출제 ★

정답 01 ① 02 ② 03 ①

04 근골격계질환 평가 방법 중 JSI(Job Strain Index)에 대한 설명으로 옳지 않은 것은?

① 특히 허리와 팔을 중심으로 이루어지는 작업 평가에 유용하게 사용된다.
② JSI 평가결과의 점수가 7점 이상은 위험한 작업이므로 즉시 작업개선이 필요한 작업으로 관리기준을 제시하게 된다.
③ 이 기법은 힘, 근육사용 기간, 작업 자세, 하루 작업시간 등 6개의 위험요소로 구성되어, 이를 곱한 값으로 상지질환의 위험성을 평가한다.
④ 이 평가방법은 손목의 특이적인 위험성만을 평가하고 있어 제한적인 작업에 대해서만 평가가 가능하고, 손, 손목 부위에서 중요한 진동에 대한 위험요인이 배제되었다는 단점이 있다.

> ① 손, 손목 부위 작업에 한정하여 평가가 가능하다.

05 휘발성 유기화합물의 특징이 아닌 것은?

① 물질에 따라 인체에 발암성을 보이기도 한다.
② 대기 중에 반응하여 광화학 스모그를 유발한다.
③ 증기압이 낮아 대기 중으로 쉽게 증발하지 않고 실내에 장기간 머무른다.
④ 지표면 부근 오존 생성에 관여하여 결과적으로 지구온난화에 간접적으로 기여한다.

> ③ 증기압이 높아 대기 중으로 쉽게 증발한다.

06 체중이 60kg인 사람이 1일 8시간 작업 시 안전흡수량이 1mg/kg인 물질의 체내 흡수를 안전흡수량 이하로 유지하려면 공기 중 유해물질 농도를 몇 mg/m³ 이하로 하여야 하는가? (단, 작업 시 폐환기율은 1.25m³/hr, 체내 잔류율은 1.0으로 가정한다.)

① 0.06 ② 0.6
③ 6   ④ 60

> 체내흡수량(mg) = $C \times T \times V \times R$
> - 체내흡수량(SHD) : 안전계수와 체중을 고려한 것
> - C : 공기 중 유해물질 농도(mg/m³)
> - T : 노출시간(hr)
> - V : 호흡률(폐환기율) (m³/hr)
> - R : 체내 잔유율(보통 1.0)
>
> $C = \dfrac{mg}{T \times V \times R} = \dfrac{60}{8 \times 1.25 \times 1.0} = 6(mg/m^3)$
> ($\dfrac{1mg}{kg} \times 60kg = 60mg$)

📝 실기에 자주 출제 ★★★

07 업무상 사고나 업무상 질병을 유발할 수 있는 불안전한 행동의 직접원인에 해당되지 않는 것은?

① 지식의 부족   ② 기능의 미숙
③ 태도의 불량   ④ 의식의 우회

> ④ 의식의 우회(걱정, 고민 등으로 의식이 빗나감)는 불안전한 행동의 간접원인에 해당한다.

정답 04 ① 05 ③ 06 ③ 07 ④

08 산업위생의 목적과 가장 거리가 먼 것은?

① 근로자의 건강을 유지시키고 작업능률을 향상시킴
② 근로자들의 육체적, 정신적, 사회적 건강을 증진시킴
③ 유해한 작업환경 및 조건으로 발생한 질병을 진단하고 치료함
④ 작업 환경 및 작업 조건이 최적화되도록 개선하여 질병을 예방함

> ★ 산업위생의 목적
> ① 작업환경과 근로조건의 개선 및 직업병의 근원적 예방
> ② 최적의 작업환경 및 작업조건을 개선하여 질병을 예방
> ③ 근로자의 건강을 유지·증진시키고 작업능률을 향상
> ④ 근로자들의 육체적, 정신적, 사회적 건강 유지 및 증진
> ⑤ 산업재해의 예방 및 직업성질환 유소견자의 작업 전환

 필기에 자주 출제 ★

09 교대근무에 있어 야간작업의 생리적 현상으로 옳지 않은 것은?

① 체중의 감소가 발생한다.
② 체온이 주간보다 올라간다.
③ 주간 근무에 비하여 피로를 쉽게 느낀다.
④ 수면 부족 및 식사시간의 불규칙으로 위장장애를 유발한다.

> ★ 생체리듬의 변화
> ① 야간에는 체중이 감소한다.
> ② 야간에는 말초운동 기능이 저하된다.
> ③ 체온, 혈압, 맥박수는 주간에 상승하고 야간에 감소한다.
> ④ 혈액의 수분과 염분량은 주간에 감소하고 야간에 증가한다.

10 미국에서 1910년 납(lead) 공장에 대한 조사를 시작으로 레이온 공장의 이황화탄소 중독, 구리 광산에서 규폐증, 수은 광산에서의 수은 중독 등을 조사하여 미국의 산업보건 분야에 크게 공헌한 선구자는?

① Leonard Hill
② Max Von Pettenkofer
③ Edward Chadwick
④ Alice Hamilton

> ★ Alice Hamilton(20세기)
> ① 미국의 여의사, 미국 최초의 산업보건학자, 산업의학자
> ② 최초의 산업위생전문가(최초 산업의학자)
> ③ 납, 수은, 이황화탄소 중독 및 직업성 질환과의 관계 규명

 필기에 자주 출제 ★

11 산업안전보건법령상 작업환경측정 대상 유해인자(분진)에 해당하지 않는 것은? (단, 그 밖에 고용노동부장관이 정하여 고시하는 인체에 해로운 유해인자는 제외한다.)

① 면 분진(Cotton dusts)
② 목재 분진(Wood dusts)
③ 지류 분진(Paper dusts)
④ 곡물 분진(Grain dusts)

> ★ 작업환경측정 대상 유해인자
> ① 화학적 인자
> • 유기화합물(114종)
> • 금속류(24종)
> • 산 및 알칼리류(17종)
> • 가스 상태 물질류(15종)
> • 허가 대상 유해물질(12종)
> • 금속가공유(Metal working fluids, 1종)
> ② 물리적 인자(2종)
> • 8시간 시간가중평균 80dB 이상의 소음
> • 고열

 정답 08 ③ 09 ② 10 ④ 11 ③

③ 분진(7종)
- 광물성 분진(Mineral dust)
- 곡물 분진(Grain dust)
- 면 분진(Cotton dust)
- 목재 분진(Wood dust)
- 석면 분진(Asbestos dusts; 1332-21-4 등)
- 용접 흄(Welding fume)
- 유리섬유(Glass fiber dust)

④ 그 밖에 고용노동부장관이 정하여 고시하는 인체에 해로운 유해인자

12 RMR이 10인 격심한 작업을 하는 근로자의 실동률(A)과 계속작업의 한계시간(B)으로 옳은 것은? (단, 실동률은 사이또 오시마식을 적용한다.)

① A : 55%, B : 약 7분　② A : 45%, B : 약 5분
③ A : 35%, B : 약 3분　④ A : 25%, B : 약 1분

1. 실노동률(실동률)(%) = 85 − (5 × RMR)
   - RMR : 에너지 대사율(작업대사율)
2. 계속작업한계시간(CWT)
   log(CWT) = 3.724 − 3.23 log(RMR)
   - RMR : 에너지 대사율(작업대사율)
   - CWT : 계속작업 한계시간(분)

1. 실노동률 = 85 − (5 × 10) = 35(%)
2. log(CWT) = 3.724 − 3.23 × log(10) = 0.494
   CWT = $10^{0.494}$ = 3.12(분)

📖 실기까지 중요 ★★

13 다음 중 산업안전보건법령상 제조 등이 허가되는 유해물질에 해당하는 것은?

① 석면(Asbestos)
② 베릴륨(Beryllium)
③ 황린 성냥(Yellow phosphorus match)
④ β-나프틸아민과 그 염
　(β-Naphthylamine and its salts)

★ 제조 등이 금지되는 유해물질
① β-나프틸아민[91-59-8]과
　그 염(β-Naphthylamine and its salts)
② 4-니트로디페닐[92-93-3]과
　그 염(4-Nitrodiphenyl and its salts)
③ 백연[1319-46-6]을 함유한 페인트(함유된 중량의 비율이 2퍼센트 이하인 것은 제외한다)
④ 벤젠[71-43-2]을 함유하는 고무풀(함유된 중량의 비율이 5퍼센트 이하인 것은 제외한다)
⑤ 석면(Asbestos; 1332-21-4 등)
⑥ 폴리클로리네이티드 터페닐(Polychlorinated terphenyls; 61788-33-8 등)
⑦ 황린(黃燐)[12185-10-3] 성냥(Yellow phosphorus match)
⑧ 제1호, 제2호, 제5호 또는 제6호에 해당하는 물질을 함유한 혼합물(함유된 중량의 비율이 1퍼센트 이하인 것은 제외한다)
⑨ 「화학물질관리법」 제2조제5호에 따른 금지물질(같은 법 제3조제1항제1호부터 제12호까지의 규정에 해당하는 화학물질은 제외한다)
⑩ 그 밖에 보건상 해로운 물질로서 산업재해보상보험및예방심의위원회의 심의를 거쳐 고용노동부장관이 정하는 유해물질

📖 필기에 자주 출제 ★

정답 12 ③　13 ②

14 직업병 진단 시 유해요인 노출 내용과 정도에 대한 평가 요소와 가장 거리가 먼 것은?

① 성별
② 노출의 추정
③ 작업환경측정
④ 생물학적 모니터링

> ★ 직업병을 판단할 때 참고자료
> ① 업무내용과 종사시간(노출의 추정)
> ② 발병 이전의 신체이상과 과거력(과거 질병의 유무)
> ③ 작업환경 측정 자료와 취급물질의 유해성 자료
> ④ 생물학적 모니터링
> ⑤ 중독 등 해당 직업병의 특유한 증상과 임상소견의 유무

📝 필기에 자주 출제 ★

15 직업적성검사 중 생리적 기능검사에 해당하지 않는 것은?

① 체력검사
② 감각기능검사
③ 심폐기능검사
④ 지각동작검사

> ★ 적성검사의 분류 및 특성
>
> | 생리학적 적성검사 | ① 감각기능검사
② 심폐기능검사
③ 체력검사 |
> |---|---|
> | 심리학적 적성검사 | ① 지능검사 : 언어, 기억, 추리에 대한 검사
② 지각동작검사 : 수족협조, 운동속도, 형태지각검사
③ 인성검사 : 성격, 태도, 정신상태 검사
④ 기능검사 : 직무에 관한 기본지식과 숙련도, 사고력 등의 검사 |
> | 신체검사 | ① 체격검사 |

📝 필기에 자주 출제 ★

16 산업재해 통계 중 재해발생건수(100만 배)를 총 연인원의 근로시간수로 나누어 산정하는 것으로 재해발생의 정도를 표현하는 것은?

① 강도율
② 도수율
③ 발생율
④ 연천인율

> ★ 도수율(빈도율 F.R)
> ① 100만 근로시간당 재해발생 건수의 비율을 말한다.
> ② 도수율(빈도율) = $\dfrac{\text{재해 건수}}{\text{연 근로 시간 수}} \times 10^6$

> ★ 참고
> 연천인율
> ① 근로자 1,000명 중 재해자수 비율(1년간)을 말한다.
> ② 연천인율 = $\dfrac{\text{연간재해자수}}{\text{연평균 근로자 수}} \times 1,000$
>
> 강도율
> ① 1,000 근로시간당 근로손실일수 비율을 말한다.
> ② 강도율 = $\dfrac{\text{총 요양 근로 손실 일수}}{\text{연 근로 시간 수}} \times 1,000$
> (근로손실일수 = 휴업일수, 요양일수, 입원일수 $\times \dfrac{300(\text{실제근로일수})}{365}$)

📝 실기에 자주 출제 ★★★

정답 14 ① 15 ④ 16 ②

17 직업병 및 작업관련성 질환에 관한 설명으로 옳지 않은 것은?

① 작업관련성 질환은 작업에 의하여 악화되거나 작업과 관련하여 높은 발병률을 보이는 질병이다.
② 직업병은 일반적으로 단일요인에 의해, 작업관련성 질환은 다수의 원인 요인에 의해서 발병된다.
③ 직업병은 직업에 의해 발생된 질병으로서 직업 환경 노출과 특정 질병 간에 인과관계는 불분명하다.
④ 작업관련성 질환은 작업환경과 업무수행상의 요인들이 다른 위험요인과 함께 질병발생의 복합적 병인 중 한 요인으로서 기여한다.

> ③ 직업병은 저농도 또는 저수준의 상태로 장시간 걸쳐 반복노출로 생긴 질병을 의미한다.

📌 필기에 자주 출제 ★

18 미국산업위생학술원(AAIH)이 채택한 윤리강령 중 사업주에 대한 책임에 해당되는 내용은?

① 일반 대중에 관한 사항은 정직하게 발표한다.
② 위험 요소와 예방 조치에 관하여 근로자와 상담한다.
③ 성실성과 학문적 실력 면에서 최고 수준을 유지한다.
④ 근로자의 건강에 대한 궁극적인 책임은 사업주에게 있음을 인식시킨다.

> ① 일반 대중에 대한 책임
> ② 근로자에 대한 책임
> ③ 산업위생 전문가로서의 책임

★참고
기업주와 고객에 대한 책임
① 결과 및 결론을 뒷받침할 수 있도록 정확한 기록을 유지하고 산업위생사업을 전문가답게 전문부서들을 운영 관리한다.
② 궁극적 책임은 기업주와 고객보다는 근로자의 건강보호에 있다.
③ 쾌적한 작업환경을 조성하기 위하여 책임 있게 행동한다.
④ 신뢰를 바탕으로 정직하게 권고하고 결과와 개선점 및 권고사항을 정확히 보고한다.

암기법
고기(고객, 기업주) / 정확히 기록하는 전문부서 운영하여 / 궁극적으로 근로자 보호 / 책임있게 행동 / 정직하게 보고

19 단기간의 휴식에 의하여 회복될 수 없는 병적상태를 일컫는 용어는?

① 곤비   ② 과로
③ 국소피로   ④ 전신피로

★피로의 3단계

1단계 보통피로	• 하룻밤 자고나면 완전히 회복된다.
2단계 과로	• 다음날까지도 피로 상태가 지속되며 단기간 휴식으로 회복될 수 있는 단계로 발병단계는 아니다.
3단계 곤비	• 과로의 축적으로 단기간 휴식을 통해서는 회복될 수 없는 발병단계 • 심한 노동 후의 피로현상으로 병적인 상태

📌 실기까지 중요 ★★

정답 17 ③ 18 ④ 19 ①

20 사무실 공기관리 지침 상 오염물질과 관리기준이 잘못 연결된 것은? (단, 관리기준은 8시간 시간가중평균농도이며, 고용노동부 고시를 따른다.)

① 총부유세균 - 800CFU/m³
② 일산화탄소(CO) - 10ppm
③ 초미세먼지(PM2.5) - 50μg/m³
④ 포름알데히드(HCHO) - 150μg/m³

★ 사무실 공기관리지침의 오염물질 관리기준

오염물질	관리기준
미세먼지(PM10)	100μg/m³
초미세먼지(PM2.5)	50μg/m³
이산화탄소(CO₂)	1,000ppm
일산화탄소(CO)	10ppm
이산화질소(NO₂)	0.1ppm
포름알데히드(HCHO)	100μg/m³
총휘발성유기화합물(TVOC)	500μg/m³
라돈(radon)	148Bq/m³
총부유세균	800CFU/m³
곰팡이	500CFU/m³

[암기법]
이질 0.1, 일탄 10 / 초먼 50, 포름알 · 미먼 100 / 라돈 148, 휘유, 곰팡이 500 / 부유 800, 이탄 1,000
(부유 CFU/m³, 초먼 · 미먼 · 포름알 · 휘유 μg/m³, 나머지 ppm)

📖 실기에 자주 출제 ★★★

제2과목 작업위생측정 및 평가

21 금속탈지 공정에서 측정한 trichloroethylene의 농도(ppm)가 아래와 같을 때, 기하평균 농도(ppm)는?

> 101, 45, 51, 87, 36, 54, 40

① 49.7   ② 54.7
③ 55.2   ④ 57.2

1. $\log(GM) = \dfrac{\log X_1 + \log X_2 + \cdots + \log X_n}{N}$
2. $G.M = \sqrt[N]{X_1 \cdot X_2 \cdots X_n}$
   - X_n : 측정치
   - N : 측정치 개수

$G.M = \sqrt[N]{X_1 \cdot X_2 \cdots X_n}$
$= \sqrt[7]{101 \times 45 \times 51 \times 87 \times 36 \times 54 \times 40}$
$= 55.23$

📖 실기에 자주 출제 ★★★

22 공기 중 먼지를 채취하여 채취된 입자 크기의 중앙값(median)은 1.12μm이고 84%에 해당하는 크기가 2.68μm일 때, 기하표준편차 값은? (단, 채취된 입경의 분포는 대수정규분포를 따른다.)

① 0.42   ② 0.94
③ 2.25   ④ 2.39

$GSD = \dfrac{84.1\%에\ 해당하는\ 값}{50\%에\ 해당하는\ 값}$
또는 $\dfrac{50\%에\ 해당하는\ 값}{15.9\%에\ 해당하는\ 값}$

$GSD = \dfrac{84.1\%에\ 해당하는\ 값}{50\%에\ 해당하는\ 값} = \dfrac{2.68}{1.12} = 2.39$

📖 실기까지 중요 ★★

정답 20 ④ 21 ③ 22 ④

23 입경이 20μm 이고 입자비중이 1.5인 입자의 침강 속도(cm/s)는?

① 1.8
② 2.4
③ 12.7
④ 36.2

* Lippman식에 의한 침강속도
  (입자크기가 1 ~ 50μm 경우 적용)

  $$V(cm/sec) = 0.003 \times \rho \times d^2$$

  - V : 침강속도(cm/sec)
  - ρ : 입자 밀도(비중)(g/cm³)
  - d : 입자직경(μm)

  $V = 0.003 \times 1.5 \times 20^2 = 1.8$(cm/sec)

📘 실기에 자주 출제 ★★★

24 어느 작업장에서 시료채취기를 사용하여 분진 농도를 측정한 결과 시료채취 전/후 여과지의 무게가 각각 32.4/44.7mg일 때, 이 작업장의 분진 농도(mg/m³)는? (단, 시료채취를 위해 사용된 펌프의 유량은 20L/min이고, 2시간 동안 시료를 채취하였다.)

① 5.1
② 6.2
③ 10.6
④ 12.3

$$\frac{mg}{m^3} = \frac{(44.7 - 32.4)mg}{\frac{20 \times 10^{-3} m^3}{min} \times (2 \times 60)min}$$

$$= 5.13(mg/m^3)$$

($L = 10^{-3} m^3$, $g = 1,000mg$)

📘 실기까지 중요 ★★

25 근로자 개인의 청력 손실 여부를 알기 위해 사용하는 청력 측정용 기기는?

① Audiometer
② Noise dosimeter
③ Sound level meter
④ Impact sound level meter

① Audiometer : 청력측정기
② Noise dosimeter : 소음선량계(소음 노출량 측정)
③ Sound level meter : 소음 측정기
④ Impact sound level meter : 충격음 측정기

26 Fick의 법칙이 적용된 확산포집방법에 의하여 시료가 포집될 경우, 포집량에 영향을 주는 요인과 가장 거리가 먼 것은?

① 공기 중 포집대상물질 농도와 포집매체에 함유된 포집대상물질의 농도 차이
② 포집기의 표면이 공기에 노출된 시간
③ 대상물질과 확산매체와의 확산계수 차이
④ 포집기에서 오염물질이 포집되는 면적

* 확산포집방법에서 포집량에 영향을 주는 요인
  ① 공기 중 포집대상물질 농도와 포집매체에 함유된 포집대상물질의 농도 차이
  ② 포집기의 표면이 공기에 노출된 시간
  ③ 포집기에서 오염물질이 포집되는 면적

* 참고
  Fick의 제1법칙
  확산의양은 거리에 따른 농도차(농도기울기)에 좌우된다. 즉, 농도차가 클수록, 거리가 가까울수록 확산의양은 커진다

27 옥내의 습구흑구온도지수(WBGT)를 산출하는 식은?

① WBGT(℃) = 0.7 × 자연습구온도 + 0.3 × 흑구온도
② WBGT(℃) = 0.4 × 자연습구온도 + 0.6 × 흑구온도
③ WBGT(℃) = 0.7 × 자연습구온도 + 0.1 × 흑구온도 + 0.2 × 건구온도
④ WBGT(℃) = 0.7 × 자연습구온도 + 0.2 × 흑구온도 + 0.1 × 건구온도

> ★ 습구흑구온도지수(WBGT)의 산출
> 1. 옥외(태양광선이 내리쬐는 장소)
>   WBGT(℃) = 0.7 × 자연습구온도 + 0.2 × 흑구온도 + 0.1 × 건구온도
> 2. 옥내 또는 옥외(태양광선이 내리쬐지 않는 장소)
>   WBGT(℃) = 0.7 × 자연습구온도 + 0.3 × 흑구온도

📝 실기에 자주 출제 ★★★

28 87℃와 동등한 온도는? (단, 정수로 반올림한다.)

① 351K   ② 189℉
③ 700°R   ④ 186K

> ★ 섭씨(℃)온도와 화씨(℉) 온도의 관계
> $$℉ = \left(\frac{9}{5} \times ℃\right) + 32$$
> $$℉ = \left(\frac{9}{5} \times 87\right) + 32 = 188.6(℉)$$

29 입자상 물질을 채취하는 방법 중 직경분립충돌기의 장점으로 틀린 것은?

① 호흡기에 부분별로 침착된 입자크기의 자료를 추정할 수 있다.
② 흡입성, 흉곽성, 호흡성 입자의 크기별 분포와 농도를 계산할 수 있다.
③ 시료 채취 준비에 시간이 적게 걸리며 비교적 채취가 용이하다.
④ 입자의 질량크기분포를 얻을 수 있다.

> ★ 입경분립충돌기(직경분립충돌기)
>
> | | |
> |---|---|
> | 장점 | ① 호흡기에 부분별로 침착된 입자크기의 자료를 추정할 수 있다.
② 흡입성, 흉곽성, 호흡성 입자의 크기별 분포와 농도를 계산할 수 있다.
③ 입자의 질량크기 분포를 얻을 수 있다. |
> | 단점 | ① 시료채취가 까다롭다.(경험이 있는 전문가가 철저한 준비를 통해 측정하여야 한다.)
② 시료 채취 준비시간이 길고 비용이 많이 든다.
③ 되튐으로 인한 시료의 손실이 있다.
④ 공기가 옆에서 유입되지 않도록 각 충돌기의 철저한 조립과 장착이 필요하다. |

📝 실기까지 중요 ★★

정답 27 ① 28 ② 29 ③

30 공기 중 유기용제 시료를 활성탄관으로 채취하였을 때 가장 적절한 탈착용매는?

① 황산
② 사염화탄소
③ 중크롬산칼륨
④ 이황화탄소

> 활성탄관의 탈착용매로 이황화탄소(CS_2)가 사용된다. (이황화탄소 : 탈착효율 좋으나 독성, 인화성이 크므로 사용 시 주의 및 환기 필요)

31 산업안전보건법령상 소음 측정방법에 관한 내용이다. ( )안에 맞는 내용은?

> 소음이 1초 이상의 간격을 유지하면서 최대음압 수준이 ( )dB(A) 이상의 소음인 경우에는 소음수준에 따른 1분 동안의 발생횟수를 측정할 것

① 110
② 120
③ 130
④ 140

> 소음이 1초 이상의 간격을 유지하면서 최대음압 수준이 120dB(A) 이상의 소음인 경우에는 소음수준에 따른 1분 동안의 발생횟수를 측정할 것

📝 실기까지 중요 ★★

32 산업안전보건법령상 단위작업장소에서 작업근로자수가 17명일 때, 측정해야 할 근로자수는? (단, 시료채취는 개인 시료채취로 한다.)

① 1
② 2
③ 3
④ 4

> ① 단위작업 장소에서 최고 노출근로자 2명 이상에 대하여 동시에 개인 시료채취 방법으로 측정하되, 단위작업 장소에 근로자가 1명인 경우에는 그러하지 아니하며, 동일 작업근로자수가 10명을 초과하는 경우에는 매 5명당 1명 이상 추가하여 측정하여야 한다. 다만, 동일 작업근로자수가 100명을 초과하는 경우에는 최대 시료채취 근로자수를 20명으로 조정할 수 있다.
> ② 17명 = 15명 + 2명
> 기본 2명 + 10 ~ 15명(추가 1명) + 16 ~ 20명(추가 1명) = 총 4명

📝 실기까지 중요 ★★

33 실리카겔과 친화력이 가장 큰 물질은?

① 알데하이드류
② 올레핀류
③ 파라핀류
④ 에스테르류

> ★실리카겔의 친화력(극성이 강한 순서)
> 물 > 알코올류 > 알데하이드류 > 케톤류 > 에스테르류 > 방향족탄화수소류 > 올레핀류 > 파라핀류

암기법
실물 알콜 하드 KS 방탄 올핀 파핀

📝 실기까지 중요 ★★

정답 30 ④ 31 ② 32 ④ 33 ①

34 시료채취방법 중 유해물질에 따른 흡착제의 연결이 적절하지 않은 것은?

① 방향족 유기용제류 - Charcoal tube
② 방향족 아민류 - Silicagel tube
③ 니트로벤젠 - Silicagel tube
④ 알코올류 - Amberlite(XAD-2)

④ 알코올류-활성탄관(charcoal tube)

★참고
① 활성탄관(charcoal tube) : 비극성 유기용제, 방향족 유기용제(방향족 탄화수소류), 할로겐화 지방족 유기용제(할로겐화 탄화수소류), 에스테르류, 알코올류 등의 포집에 사용된다.

암기법
비극성인 알(알코올)에 (에스테르) 할로겐 탄 (할로겐화탄화수소)지방(지방족유기용제)방유(방향족 유기용제)하니 활성(활성탄)됐다.

② 실리카겔관(Silcagel tube) : 극성의 유기용제, 산(무기산 : 불산, 염산), 방향족 아민류, 지방족 아민류, 아닐린, 아미노에탄올, 아마이드류, 니트로벤젠류, 페놀류 등의 포집에 사용된다.

암기법
극성(극성 유기용제)스런 산(산)아(아민, 아닐린, 아마이드)는 페(페놀)서 니트럭(니트로벤젠)에 실리까(실리카겔관)?

📝 실기까지 중요 ★★

35 직독식 기구에 대한 설명과 가장 거리가 먼 것은?

① 측정과 작동이 간편하여 인력과 분석비를 절감할 수 있다.
② 연속적인 시료채취전략으로 작업시간 동안 하나의 완전한 시료채취에 해당된다.
③ 현장에서 실제 작업시간이나 어떤 순간에서 유해인자의 수준과 변화를 쉽게 알 수 있다.
④ 현장에서 즉각적인 자료가 요구될 때 민감성과 특이성이 있는 경우 매우 유용하게 사용될 수 있다.

② 직독식기구는 현장에서 시료를 분석 할 수 있는 휴대용 가스크로마토그래피와 적외선분광광도계 등이 있으며, 완전한 시료 채취 방법은 아니다.

36 측정값이 1, 7, 5, 3, 9일 때, 변이계수(%)는?

① 183
② 133
③ 63
④ 13

1. 변이계수
$$CV(\%) = \frac{표준편차}{산술평균} \times 100$$

2. 표준편차
$$SD = \sqrt{\frac{\sum_{i=1}^{N}(X_i - \overline{X})^2}{N-1}}$$

- SD : 표준편차
- X_i : 측정치
- $\overline{X}$: 측정치의 산술평균치
- N : 측정치의 수

1. 산술평균$(M) = \dfrac{1+7+5+3+9}{5} = 5$

2. 표준편차(SD)
   $= \sqrt{\dfrac{(1-5)^2+(7-5)^2+(5-5)^2+(3-5)^2+(9-5)^2}{5-1}}$
   $= 3.16$

3. 변이계수$(CV) = \dfrac{3.16}{5} \times 100 = 63.2(\%)$

📓 필기에 자주 출제★

37 어느 작업장에서 작동하는 기계 각각의 소음 측정결과가 아래와 같을 때, 총 음압수준(dB)은? (단, A, B, C기계는 동시에 작동된다.)

- A기계 : 93dB
- B기계 : 89dB
- C기계 : 88dB

① 91.5 ② 92.7
③ 95.3 ④ 96.8

*합성소음도

$L = 10 \times \log(10^{\frac{L_1}{10}} + 10^{\frac{L_2}{10}} + \cdots + 10^{\frac{L_n}{10}})(dB)$

- L : 합성소음도(dB)
- $L_1 \sim L_2$: 각각 소음원의 소음(dB)

$L = 10 \times \log\left(10^{\frac{93}{10}} + 10^{\frac{89}{10}} + 10^{\frac{88}{10}}\right) = 95.34(dB)$

📓 실기에 자주 출제★★★

38 검지관의 장·단점에 관한 내용으로 옳지 않은 것은?

① 사용이 간편하고, 복잡한 분석실 분석이 필요 없다.
② 산소결핍이나 폭발성 가스로 인한 위험이 있는 경우에도 사용이 가능하다.
③ 민감도 및 특이도가 낮고 색변화가 선명하지 않아 판독자에 따라 변이가 심하다.
④ 측정대상물질의 동정이 미리 되어 있지 않아도 측정을 용이하게 할 수 있다.

*검지관의 장·단점

장점	①사용이 간편 하다. ②반응시간이 빨라서 빠른 시간에 측정결과를 알 수 있다. (빠른 측정이 요구될 때 사용) ③숙련된 산업위생전문가가 아니더라도 어느 정도만 숙지하면 사용 할 수 있다. ④맨홀, 밀폐 공간에서의 산소가 부족하거나 폭발성 가스로 인하여 안전이 문제가 될 때 유용하게 사용 될 수 있다.
단점	①민감도가 낮으며 비교적 고농도에 적용이 가능 하다. ②특이도가 낮다.(다른 방해물질의 영향을 받기 쉬워 오차가 크다.) ③단시간 측정만 가능 하다. ④미리측정 대상물질의 동정이 되어 있어야 측정이 가능 하다. ⑤색이 시간에 따라 변화하므로 제조자가 정한 시간에 읽어야 한다. ⑥한 검지관으로 단일 물질만을 측정할 수 있어 각 오염물질에 맞는 검지관을 선정 해야 한다. ⑦색변화가 선명하지 않아 주관적으로 읽을 수 있어 판독자에 따라 변이가 심하다.

📓 필기에 자주 출제★

정답 37 ③ 38 ④

39 어떤 작업장의 8시간 작업 중 연속음 소음 100 dB(A)이 1시간, 95dB(A)이 2시간 발생하고 그 외 5시간은 기준 이하의 소음이 발생되었을 때, 이 작업장의 누적소음도에 대한 노출기준 평가로 옳은 것은?

① 0.75로 기준 이하였다.
② 1.0으로 기준과 같았다.
③ 1.25로 기준을 초과하였다.
④ 1.50으로 기준을 초과하였다.

★ 노출지수

$$EI = \frac{C_1}{T_1} + \frac{C_2}{T_2} + \cdots + \frac{C_n}{T_n}$$

- C : 소음의 측정치
- T : 소음의 노출기준

1. 노출지수 = $\frac{1}{2} + \frac{2}{4} = 1.0$
2. 소음 노출수준이 기준과 같다.

★ 참고
소음의 노출기준

1일 노출시간(hr)	소음수준[dB(A)]
8	90
4	95
2	100
1	105
1/2	110
1/4	115

 실기까지 중요 ★★

40 유해인자에 대한 노출평가방법인 위해도평가(Risk assessment)를 설명한 것으로 가장 거리가 먼 것은?

① 위험이 가장 큰 유해인자를 결정하는 것이다.
② 유해인자가 본래 가지고 있는 위해성과 노출요인에 의해 결정된다.
③ 모든 유해인자 및 작업자, 공정을 대상으로 동일한 비중을 두면서 관리하기 위한 방안이다.
④ 노출량이 높고 건강상의 영향이 큰 유해인자인 경우 관리해야 할 우선순위도 높게 된다.

③ 위험이 가장 큰 유해인자를 결정하고 노출량이 높고 건강상의 영향이 큰 유해인자 부터 우선 관리하기 위한 방안이다.

제3과목 작업환경관리대책

41 호흡기 보호구에 대한 설명으로 옳지 않은 것은?

① 호흡기 보호구를 선정할 때는 기대되는 공기 중의 농도를 노출기준으로 나눈 값을 위해비(HR)라 하는데, 위해비보다 할당보호계수(APF)가 작은 것을 선택한다.
② 할당보호계수(APF)가 100인 보호구를 착용하고 작업장에 들어가면 외부 유해물질로부터 적어도 100배 만큼의 보호를 받을 수 있다는 의미이다.
③ 보호구를 착용함으로써 유해물질로부터 얼마만큼 보호해주는지 나타내는 것은 보호계수(PF)이다.
④ 보호계수(PF)는 보호구 밖의 농도(C_o)와 안의 농도(C_i)의 비(C_o/C_i)로 표현할 수 있다.

> ① 호흡용 보호구 선정 시 위해비(HR)보다 할당보호계수(APF)가 큰 보호구를 선택해야 한다.

> *참고*
> 1. 할당보호계수(APF)
> $= \dfrac{\text{발생농도(최대사용농도:} MUC)}{\text{노출기준(}TLV)}$
> 2. 보호계수(PF)
> $= \dfrac{\text{방독마스크 바깥쪽 오염물질 농도(}C_o)}{\text{방독마스크 안쪽 오염물질 농도(}C_i)}$
> 3. 위해비
> $HR = \dfrac{C}{TVL}$
>   • C: 공기 중 유해물질의 농도
>   • TLV: 노출기준

42 흡입관의 정압 및 속도압은 -30.5mmH$_2$O, 7.2mmH$_2$O이고, 배출관의 정압 및 속도압은 20.0mmH$_2$O, 15mmH$_2$O일 때, 송풍기의 유효전압(mmH$_2$O)은?

① 58.3 ② 64.2
③ 72.3 ④ 81.1

> *송풍기 전압(FTP)*
> 배출구 전압(TP_{out})과 흡입구 전압(TP_{in})의 차
> $FTP = TP_{out} - TP_{in}$
> $\quad = (SP_{out} + VP_{out}) - (SP_{in} + VP_{in})$
>
> $FTP = (SP_{out} + VP_{out}) - (SP_{in} + VP_{in})$
> $\quad = (20.0 + 15.0) - (-30.5 + 7.2)$
> $\quad = 58.3(\text{mmH}_2\text{O})$

실기까지 중요 ★★

43 환기시설 내 기류가 기본적 유체역학적 원리에 의하여 지배되기 위한 전제 조건에 관한 내용으로 틀린 것은?

① 환기시설 내외의 열교환은 무시한다.
② 공기의 압축이나 팽창을 무시한다.
③ 공기는 포화 수증기 상태로 가정한다.
④ 대부분의 환기시설에서는 공기 중에 포함된 유해물질의 무게와 용량을 무시한다.

> *유체역학적 원리의 전제조건*
> ① 공기는 건조하다고 가정한다.
> ② 공기의 압축과 팽창은 무시한다.
> ③ 환기시설 내외의 열교환은 무시한다.
> ④ 공기 중에 포함된 유해물질의 무게와 용량은 무시한다.
> ⑤ 공기는 상대습도를 기준으로 한다.

실기까지 중요 ★★

44 전기도금 공정에 가장 적합한 후드 형태는?

① 캐노피 후드   ② 슬롯 후드
③ 포위식 후드   ④ 종형 후드

> ★ 슬롯형 후드
> ① 후드의 개구면이 좁고 길어서 폭 : 길이 비율이 0.2 이하인 것을 슬롯형이라 한다.
> ② 슬롯의 역할 : 공기의 균일한 흡입을 돕는다.
> ③ 도금조, 용해, 분무도장 작업 등에 사용된다.

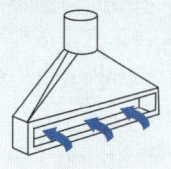

📝 필기에 자주 출제 ★

45 보호구의 재질에 따른 효과적 보호가 가능한 화학물질을 잘못 짝지은 것은?

① 가죽 - 알코올   ② 천연고무 - 물
③ 면 - 고체상 물질   ④ 부틸고무 - 알코올

> ★ 보호장구 재질에 따른 적용물질
> ① Neoprene 고무 : 비극성용제, 산, 부식성물질에 사용
> ② Vitron : 비극성용제에 사용
> ③ Nitrile : 비극성용제에 사용
> ④ 천연고무(latex) : 극성용제 및 수용성 용액에 사용
> ⑤ Butyl 고무 : 극성용제(알코올, 알데하이드 등)에 사용
> ⑥ 면 : 고체상물질에 사용(용제에는 사용 못함)
> ⑦ 가죽 : 찰과상 예방(용제에는 사용 못함)

📝 필기에 자주 출제 ★

46 슬롯(Slot) 후드의 종류 중 전원주형의 배기량은 1/4원주형 대비 약 몇 배인가?

① 2배   ② 3배
③ 4배   ④ 5배

> ★ 외부식 슬롯형 후드
> $$Q = 60 \cdot C \cdot L \cdot V_c \cdot X$$
> • Q : 필요송풍량(m³/min)
> • V_c : 제어속도(m/sec)
> • L : slot 개구면의 길이(m)
> • X : 포집점까지의 거리(m)
> • C : 형상계수
> 전원주 (ACGIH : 3.7, 일반적인 경우 : 5.0)
> $\frac{3}{4}$ 원주 : 4.1, $\frac{1}{2}$ 원주(플랜지부착과 동일) : 2.6,
> $\frac{1}{4}$ 원주 : 1.6

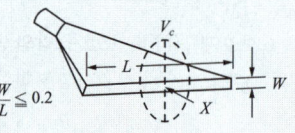

47 터보(Turbo) 송풍기에 관한 설명으로 틀린 것은?

① 후향날개형 송풍기라고도 한다.
② 송풍기의 깃이 회전방향 반대편으로 경사지게 설계되어 있다.
③ 고농도 분진함유 공기를 이송시킬 경우, 집진기 후단에 설치하여 사용해야 한다.
④ 방사날개형이나 전향날개형 송풍기에 비해 효율이 떨어진다

> ★ 터보(Turbo)형 송풍기
> ① 팬의 날이 회전방향에 반대되는 쪽으로 기울어진 형태이다.
> ② 송풍량이 증가해도 동력이 증가하지 않는다.(한계부하형)

📝 필기에 자주 출제 ★

③ 압력 변동이 있어도 풍량의 변화가 비교적 작다.(하향구배 특성으로 풍압이 바뀌어도 풍량의 변화가 적다.)
④ 소음이 크다.(회전수에 비하여 소음은 비교적 낮다.)
⑤ 소요정압이 떨어져도 동력은 크게 상승하지 않으므로 시설저항 및 운전상태가 변하여도 과부하가 걸리지 않는다.
⑥ 고농도 분진함유 공기를 이송시킬 경우 깃 뒷면에 분진이 퇴적되어 효율이 떨어진다.
⑦ 분진농도가 낮은 공기나 고농도 분진함유 공기 이송 시 집진기 후단에 설치해야 한다.
⑧ 송풍기 중 효율이 가장 좋다.
⑨ 송풍기 성능곡선 내 동력곡선의 최대 송풍량의 60~70%까지 증가하다가 감소하는 경향을 띤다.

암기법
날이 반대로 기울어진 터보형의 한계(한계부하형)는 깃 뒤에 분진 쌓여 집진 후(집진기후단)에 설치, 동풍(동력, 풍력)에 변화적고 효율좋다.

48 밀도가 1.225kg/m³인 공기가 20m/s의 속도로 덕트를 통과하고 있을 때 동압(mmH₂O)은?

① 15 ② 20
③ 25 ④ 30

속도압(동압)

1. $VP = \dfrac{\gamma V^2}{2g}$ (mmH₂O)
2. V(m/sec) $= 4.043\sqrt{VP}$
   - γ : 공기비중
   - V : 유속(m/s)
   - g : 중력가속도(9.8m/s²)

$VP = \dfrac{1.225 \times 20^2}{2 \times 9.8} = 25$(mmH₂O)

실기에 자주 출제 ★★★

49 정압회복계수가 0.72이고 정압회복량이 7.2 mmH₂O인 원형 확대관의 압력손실(mmH₂O)은?

① 4.2 ② 3.6
③ 2.8 ④ 1.3

1. 확대측 정압(SP_2)
   $= SP_1 + [(1-\xi) \times (VP_1 - VP_2)]$
2. 정압회복계수(R) $= 1 - \xi$
3. 정압회복량($SP_2 - SP_1$) $= (VP_1 - VP_2) - \triangle P$
   - SP_1 : 확대 전의 정압(mmH₂O)
   - SP_2 : 확대 후의 정압(mmH₂O)
   - VP_1 : 확대 전의 속도압(mmH₂O)
   - VP_2 : 확대 후의 속도압(mmH₂O)
   - ξ : 압력손실계수
4. 압력손실($\triangle P$) $= \xi \times (VP_1 - VP_2)$

정압회복량($SP_2 - SP_1$) $= (VP_1 - VP_2) - \triangle P$
압력손실($\triangle P$) $= (VP_1 - VP_2) - (SP_2 - SP_1)$

$\triangle P = (VP_1 - VP_2) - (7.2) = (\dfrac{\triangle P}{0.28}) - (7.2)$

$\triangle P - \dfrac{\triangle P}{0.28} = -7.2$

$\dfrac{0.28\triangle P - \triangle P}{0.28} = -7.2$

$\dfrac{-0.72\triangle P}{0.28} = -7.2$

$-0.72\triangle P = -7.2 \times 0.28$

$\triangle P = \dfrac{-7.2 \times 0.28}{-0.72} = 2.8$(mmH₂O)

$\begin{bmatrix} R = 1 - \xi \\ \xi = 1 - R = 1 - 0.72 = 0.28 \\ \triangle P = \xi \times (VP_1 - VP_2) \\ (VP_1 - VP_2) = \dfrac{\triangle P}{\xi} = \dfrac{\triangle P}{0.28} \end{bmatrix}$

정답 48 ③ 49 ③

50 유기용제 취급 공정의 작업환경관리대책으로 가장 거리가 먼 것은?

① 근로자에 대한 정신건강관리 프로그램 운영
② 유기용제의 대체사용과 작업공정 배치
③ 유기용제 발산원의 밀폐 등 조치
④ 국소배기장치의 설치 및 관리

> ① 근로자에 대한 유기용제 취급작업의 올바른 작업방법에 대한 교육과 습관화

51 송풍기의 풍량조절기법 중에서 풍량(Q)을 가장 크게 조절할 수 있는 것은?

① 회전수 조절법   ② 안내익 조절법
③ 댐퍼부착 조절법   ④ 흡입압력 조절법

> *송풍기의 풍량 조절방법
> ① 회전수 조절법(회전수 변환법) : 풍량을 크게 바꾸려고 할 때 가장 적절한 방법
> ② 안내익 조절법(Vane control법) : 송풍기 흡입구에 부착한 방사상 blade의 각도를 변경함으로써 풍량을 조절하는 방법
> ③ 댐퍼 부착법(Damper 조절법) : 배관 내에 댐퍼를 설치하여 송풍량을 조절하는 방법으로 송풍량 조절이 가장 쉽다.

📝 실기까지 중요 ★★

52 회전차 외경이 600mm인 원심 송풍기의 풍량은 200m³/min이다. 회전차 외경이 1,200mm인 동류(상사구조)의 송풍기가 동일한 회전수로 운전된다면 이 송풍기의 풍량(m³/min)은? (단, 두 경우 모두 표준공기를 취급한다.)

① 1,000   ② 1,200
③ 1,400   ④ 1,600

> $Q_2 = Q_1 (\frac{D_2}{D_1})^3 (\frac{N_2}{N_1})$
> - Q_1 : 회전 수 변경 전 풍량(m³/min)
> - Q_2 : 회전 수 변경 후 풍량(m³/min)
> - N_1 : 변경 전 회전수(rpm)
> - N_2 : 변경 후 회전수(rpm)
> - D_1 : 변경 전 직경(m)
> - D_2 : 변경 후 직경(m)
>
> $Q_2 = Q_1 (\frac{D_2}{D_1})^3 = 200 \times (\frac{1,200}{600})^3 = 1,600 (m^3/min)$

53 송풍기 축의 회전수를 측정하기 위한 측정기구는?

① 열선풍속계(Hot wire anemometer)
② 타코미터(Tachometer)
③ 마노미터(Manometer)
④ 피토관(Pitot tube)

> 송풍기 축의 회전수 측정기기
> → 타코미터(Tachometer)

> *참고
> 덕트의 배풍량 측정기기
> ① 피토관
> ② 열선풍속계
> ③ 마노미터

정답 50 ①   51 ①   52 ④   53 ②

54 20℃, 1기압에서 공기유속은 5m/s, 원형덕트의 단면적은 1.13m²일 때, Reynolds 수는? (단, 공기의 점성계수는 $1.8×10^{-5}$kg/s·m이고, 공기의 밀도는 1.2kg/m³이다.)

① $4.0×10^5$ ② $3.0×10^5$
③ $2.0×10^5$ ④ $1.0×10^5$

> ★ 레이놀즈수의 계산
>
> $$Re = \frac{\rho Vd}{\mu} = \frac{Vd}{v} = \frac{관성력}{점성력}$$
>
> - Re : 레이놀즈 수(무차원)
> - ρ : 유체밀도(kg/m³)
> - d : 관경(m) (상당직경 $D = \frac{2ab}{a+b}$)
> - V : 유체의 유속(m/sec)
> - μ : 점성계수(kg/m·s(= Poise))
> - v : 동점성계수(m²/sec)
>
> $Re = \frac{\rho Vd}{\mu} = \frac{1.2 × 5 × 1.20}{1.85 × 10^{-5}} = 389189.19$
>
> $\left[A = \frac{\pi d^2}{4}, 4A = \pi d^2, d^2 = \frac{4A}{\pi} \right.$
>
> $\left. d = \sqrt{\frac{4A}{\pi}} = \sqrt{\frac{4 × 1.13}{\pi}} = 1.20(m) \right]$

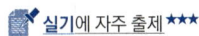 실기에 자주 출제 ★★★

55 유해물질별 송풍관의 적정 반송속도로 옳지 않은 것은?

① 가스상 물질 : 10m/s
② 무거운 물질 : 25m/s
③ 일반 공업물질 : 20m/s
④ 가벼운 건조 물질 : 30m/s

유해물질 발생형태	유해 물질 종류	반송속도 (m/sec)
증기·가스·연기	모든 증기, 가스 및 연기	5.0 ~10.0
흄	아연흄, 산화알미늄 흄, 용접흄 등	10.0 ~12.5
미세하고 가벼운 분진	미세한 면분진, 미세한 목분진, 종이분진 등	12.5 ~15.0
건조한 분진이나 분말	고무분진, 면분진, 가죽분진, 동물털 분진 등	15.0 ~20.0
일반 산업분진	그라인더 분진, 일반적인 금속분말 분진, 모직물분진, 실리카분진, 주물분진, 석면분진 등	17.5 ~20.0
무거운 분진	젖은 톱밥분진, 입자가 혼입된 금속분진, 샌드블라스트분진, 주철보링분진, 납분진	20.0 ~22.5
무겁고 습한 분진	습한 시멘트분진, 작은 칩이 혼입된 납분진, 석면덩어리 등	22.5 이상

실기까지 중요 ★★

56 신체 보호구에 대한 설명으로 틀린 것은?

① 정전복은 마찰에 의하여 발생되는 정전기의 대전을 방지하기 위하여 사용된다.
② 방열의에는 석면제나 섬유에 알루미늄 등을 증착한 알루미나이즈 방열의가 사용된다.
③ 위생복(보호의)에서 방한복, 방한화, 방한모는 -18℃ 이하인 급냉동 창고 하역작업 등에 이용된다.
④ 안면 보호구에는 일반 보호면, 용접면, 안전모, 방진 마스크 등이 있다.

> ④ 안면 보호구에는 일반 보호면, 용접면, 보안경 등이 있다.

> ★ 참고
> **안면보호구**
> 유해광선 및 비산물 등으로부터 눈과 안면부를 보호한다.

정답 54 ① 55 ④ 56 ④

57 국소환기시설 설계에 있어 정압조절평형법의 장점으로 틀린 것은?

① 예기치 않은 침식 및 부식이나 퇴적문제가 일어나지 않는다.
② 설치된 시설의 개조가 용이하여 장치변경이나 확장에 대한 유연성이 크다.
③ 설계가 정확할 때에는 가장 효율적인 시설이 된다.
④ 설계 시 잘못 설계된 분지관 또는 저항이 제일 큰 분지관을 쉽게 발견 할 수 있다.

> ★ 정압조절평형법(유속조절평형법)
>
> | 장점 | ① 침식, 부식, 분진 퇴적에 의한 덕트 폐쇄가 없다.
② 설계 시 잘못 설계된 분지관 또는 저항이 가장 큰 분지관을 쉽게 발견할 수 있다. (최대 저항 경로 선정이 잘못되어도 설계 시 쉽게 발견할 수 있음)
③ 설계가 정확할 때에는 가장 효율적인 시설이다. |
> |---|---|
> | 단점 | ① 설계 시 잘못된 유량을 고치기 어렵다. (임의로 유량을 조절하기 어려움)
② 송풍량은 근로자나 운전자의 의도대로 쉽게 변경되지 않는다.
③ 설계유량 산정이 잘못될 경우 수정은 덕트의 크기 변경을 요한다.
④ 설계가 복잡하고 시간이 많이 걸린다.
⑤ 설치된 후의 개조 및 변경이나 확장에 대한 유연성이 낮다.
⑥ 효율 개선 시 전체를 수정해야 한다.
⑦ 경우에 따라 전체 필요한 최소유량보다 더 초과될 수 있다. |

 실기까지 중요 ★★

58 전체 환기의 목적에 해당되지 않는 것은?

① 발생된 유해물질을 완전히 제거하여 건강을 유지·증진한다.
② 유해물질의 농도를 희석시켜 건강을 유지·증진한다.
③ 실내의 온도와 습도를 조절한다.
④ 화재나 폭발을 예방한다.

> ① 전체환기는 작업장 전체를 환기시키는 방식으로 공기를 희석하여 유해인자의 농도를 낮춘다.

필기에 자주 출제 ★

59 심한 난류상태의 덕트 내에서 마찰계수를 결정하는데 가장 큰 영향을 미치는 요소는?

① 덕트의 직경   ② 공기점도와 밀도
③ 덕트의 표면조도   ④ 레이놀즈수

> ★ 덕트 내 공기에 의한 마찰손실에 영향을 주는 요소
> ① 덕트 직경
> ② 공기 점도
> ③ 덕트 면의 조도(가장 큰 영향)
> ④ 덕트 길이
> ⑤ 공기 속도

정답 57 ② 58 ① 59 ③

60 호흡용 보호구 중 방독/방진 마스크에 대한 설명 중 옳지 않은 것은?

① 방진 마스크의 흡기저항과 배기저항은 모두 낮은 것이 좋다.
② 방진 마스크의 포집효율과 흡기저항 상승률은 모두 높은 것이 좋다.
③ 방독 마스크는 사용 중에 조금이라도 가스 냄새가 나는 경우 새로운 정화통으로 교체하여야 한다.
④ 방독 마스크의 흡수제는 활성탄, 실리카겔, sodalime 등이 사용된다.

> ② 방진 마스크의 포집효율은 높을수록 흡기저항 상승률은 낮을수록 좋다.

📓 필기에 자주 출제 ★

제4과목 물리적 유해인자관리

61 다음 파장 중 살균 작용이 가장 강한 자외선의 파장범위는?

① 220 ~ 234nm
② 254 ~ 280nm
③ 290 ~ 315nm
④ 325 ~ 400nm

> ★ 자외선의 살균작용
> ① 254 ~ 280nm의 파장에서는 강한 살균작용을 나타낸다.
> ② 254nm파장 정도에서 살균작용이 가장 강하며, 핵단백을 파괴하여 이루어진다.

📓 필기에 자주 출제 ★

62 산업안전보건법령상 고온의 노출기준 중 중등작업의 계속작업 시 노출기준은 몇 ℃(WBGT)인가?

① 26.7
② 28.3
③ 29.7
④ 31.4

★ 고열작업장의 노출기준(WBGT, ℃)

시간당 작업과 휴식비율	작업 강도		
	경작업	중등작업	중(힘든)작업
연속 작업	30.0	26.7	25.0
75% 작업, 25% 휴식 (45분 작업, 15분 휴식)	30.6	28.0	25.9
50% 작업, 50% 휴식 (30분 작업, 30분 휴식)	31.4	29.4	27.9
25% 작업, 75% 휴식 (15분 작업, 45분 휴식)	32.2	31.1	30.0

📓 필기에 자주 출제 ★

63 다음 중 레이노 현상(Raynaud's phenomenon)의 주요 원인으로 옳은 것은?

① 국소진동
② 전신진동
③ 고온환경
④ 다습환경

> ★ 레이노(Raynaud's phenonmenon) 현상
> 국소진동으로 인하여 말초혈관운동 장해가 발생하여 수지가 창백해지고 손이 차며 통증이 오는 현상으로 추운 환경에서 더 잘 발생한다.

📓 필기에 자주 출제 ★

정답 60 ② 61 ② 62 ① 63 ①

64 일반소음에 대한 차음효과는 벽체의 단위표면적에 대하여 벽체의 무게가 2배될 때마다 약 몇 dB씩 증가하는가? (단, 벽체 무게 이외의 조건은 동일하다.)

① 4
② 6
③ 8
④ 10

> 벽체 단위 표면적에 대하여 벽체무게가 2배 될 때마다 차음효과는 6dB씩 증가한다.

📝 필기에 자주 출제 ★

65 전기성 안염(전광선 안염)과 가장 관련이 깊은 비전리 방사선은?

① 자외선
② 적외선
③ 가시광선
④ 마이크로파

> ★ 자외선의 눈에 대한 영향
> ① 240~310nm 파장에서 결막염, 백내장을 일으킨다.
> ② 급성각막염 발생 : 전기용접, 자외선 살균취급자 등에서 자외선에 의한 전광성 안염(전기성 안염)이 발생된다.

📝 필기에 자주 출제 ★

66 한랭노출 시 발생하는 신체적 장해에 대한 설명으로 옳지 않은 것은?

① 동상은 조직의 동결을 말하며, 피부의 이론상 동결온도는 약 -1℃ 정도이다.
② 전신 체온강하는 장시간의 한랭노출과 체열상실에 따라 발생하는 급성 중증 장해이다.
③ 참호족은 동결 온도 이하의 찬 공기에 단기간의 접촉으로 급격한 동결이 발생하는 장해이다.
④ 침수족은 부종, 저림, 작열감, 소양감 및 심한 동통을 수반하며, 수포, 궤양이 형성되기도 한다.

> ③ 참호족은 한랭환경에 장기간 노출됨과 동시에 발이 지속적으로 습기나 물에 잠길 경우 발생한다.(침수족이 참호족보다 노출시간이 길 때 발생)

📝 필기에 자주 출제 ★

67 산업안전보건법령상 "적정한공기"에 해당하지 않는 것은? (단, 다른 성분의 조건은 적정한 것으로 가정한다.)

① 이산화탄소 농도 1.5% 미만
② 일산화탄소 농도 100ppm 미만
③ 황화수소 농도 10ppm 미만
④ 산소 농도 18% 이상 23.5% 미만

> ★ 작업장의 적정공기 수준
> ① 산소농도의 범위가 18% 이상 23.5% 미만
> ② 이산화탄소의 농도가 1.5% 미만
> ③ 일산화탄소의 농도가 30ppm 미만
> ④ 황화수소의 농도가 10ppm 미만

📝 실기까지 중요 ★★

정답 64 ② 65 ① 66 ③ 67 ②

68 인체와 작업환경 사이의 열교환이 이루어지는 조건에 해당되지 않는 것은?

① 대류에 의한 열교환
② 복사에 의한 열교환
③ 증발에 의한 열교환
④ 기온에 의한 열교환

> ★ 열평형 방정식(인체의 열교환)
> S(열축적) $= M$(대사열) $- E$(증발) $\pm R$(복사) $\pm C$(대류) $- W$(한일)
> • S : 열이득 및 열손실량이며, 열평형상태에서는 0이다.

📝 실기까지 중요 ★★

69 심한 소음에 반복 노출되면, 일시적인 청력변화는 영구적 청력변화로 변하게 되는데, 이는 다음 중 어느 기관의 손상으로 인한 것인가?

① 원형창
② 삼반규반
③ 유스타키오관
④ 코르티기관

> 심한 소음에 반복 노출되면 코르티기관의 손상으로 일시적인 청력 변화가 영구적 청력변화로 변하게 된다.

📝 필기에 자주 출제 ★

70 방진재료로 적절하지 않은 것은?

① 방진고무
② 코르크
③ 유리섬유
④ 코일 용수철

> ★ 방진재료
> ① 금속스프링
> ② 방진고무
> ③ 코르크
> ④ 펠트(felt)
> ⑤ 공기용수철(공기스프링)

📝 필기에 자주 출제 ★

71 전리방사선이 인체에 미치는 영향에 관여하는 인자와 가장 거리가 먼 것은?

① 전리작용
② 피폭선량
③ 회절과 산란
④ 조직의 감수성

> ★ 전리방사선이 인체에 미치는 영향에 관여하는 인자
> ① 피복선량(피폭선량은 일시에 받을 경우보다 여러 번 나누어 받는 쪽이 더 영향이 크다)
> ② 투과력
> ③ 피폭방법
> ④ 전리작용
> ⑤ 조직의 감수성

📝 필기에 자주 출제 ★

정답 68 ④ 69 ④ 70 ③ 71 ③

72 산업안전보건법령상 소음작업의 기준은?

① 1일 8시간 작업을 기준으로 80데시벨 이상의 소음이 발생하는 작업
② 1일 8시간 작업을 기준으로 85데시벨 이상의 소음이 발생하는 작업
③ 1일 8시간 작업을 기준으로 90데시벨 이상의 소음이 발생하는 작업
④ 1일 8시간 작업을 기준으로 95데시벨 이상의 소음이 발생하는 작업

★ 소음작업
하루 8시간동안 85dB 이상의 소음이 발생하는 작업을 말한다.

★ 참고
① 강렬한 소음작업
  • 하루 8시간 동안 90dB 이상의 소음이 발생하는 작업
  • 하루 4시간 동안 95dB 이상의 소음이 발생하는 작업
  • 하루 2시간 동안 100dB 이상의 소음이 발생하는 작업
  • 하루 1시간 동안 105dB 이상의 소음이 발생하는 작업
  • 하루 30분 동안 110dB 이상의 소음이 발생하는 작업
  • 하루 15분 동안 115dB 이상의 소음이 발생하는 작업
② 충격소음
  최대음압수준에 120dB(A) 이상인 소음이 1초 이상의 간격으로 발생하는 것을 말한다.

📝 실기까지 중요 ★★

73 비전리 방사선이 아닌 것은?

① 적외선   ② 레이저
③ 라디오파   ④ 알파(α)선

★ 비전리방사선(비이온화방사선)
주파수가 감소하는 순서에 따라 자외선, 가시광선, 적외선, 마이크로파, 라디오파, 초저주파, 극저주파가 있다.

★ 참고
전리방사선(이온화 방사선)의 종류
① 전자기 방사선(X-Ray, γ선)
② 입자 방사선(α, β입자, 중성자)

📝 필기에 자주 출제 ★

74 음원으로부터 40m되는 지점에서 음압수준이 75dB로 측정되었다면 10m되는 지점에서의 음압수준(dB)은 약 얼마인가?

① 84   ② 87
③ 90   ④ 93

★ 소음을 내는 기계로부터 거리가 d_2 만큼 떨어진 곳의 소음 계산

$$dB_2 = dB_1 - 20 \times \log(\frac{d_2}{d_1})$$

• dB_1 : 소음기계로부터 d_1 떨어진 곳의 소음
• dB_2 : 소음기계로부터 d_2 떨어진 곳의 소음

$dB_2 = dB_1 - 20 \times \log(\frac{d_2}{d_1})$

$dB_1 = dB_2 + 20 \times \log(\frac{d_2}{d_1}) = 75 + 20 \times \log(\frac{40}{10})$

$= 87.04(dB)$

📝 필기에 자주 출제 ★

75 산업안전보건법령상 정밀작업을 수행하는 작업장의 조도기준은?

① 150럭스 이상　② 300럭스 이상
③ 450럭스 이상　④ 750럭스 이상

> ★ 법적 조도 기준(산업안전보건법)
> ① 초정밀 작업 : 750Lux 이상
> ② 정밀 작업 : 300Lux 이상
> ③ 보통 작업 : 150Lux 이상
> ④ 기타 작업 : 75Lux 이상

📝 실기까지 중요 ★★

76 고압환경의 2차적인 가압현상 중 산소중독에 관한 내용으로 옳지 않은 것은?

① 일반적으로 산소의 분압이 2기압이 넘으면 산소중독증세가 나타난다.
② 산소중독에 따른 증상은 고압산소에 대한 노출이 중지되면 멈추게 된다.
③ 산소의 중독작용은 운동이나 중등량의 이산화탄소의 공급으로 다소 완화될 수 있다.
④ 수지와 족지의 작열통, 시력장해, 정신혼란, 근육경련 등의 증상을 보이며 나아가서는 간질 모양의 경련을 나타낸다.

> ★ 산소중독 증세
> ① 산소분압이 2기압을 넘으면 산소중독 증세가 나타난다.
> ② 산소중독 증세는 가역적인 증세로 고압산소에 대한 노출이 중지되면 증상은 즉시 멈춘다.
> ③ 시력장해, 정신혼란, 근육경련, 수지와 족지의 작열통 등을 일으킨다.

📝 실기까지 중요 ★★

77 빛과 밝기에 관한 설명으로 옳지 않은 것은?

① 광도의 단위로는 칸델라(candela)를 사용한다.
② 광원으로부터 한 방향으로 나오는 빛의 세기를 광속이라 한다.
③ 루멘(Lumen)은 1촉광의 광원으로부터 단위입체각으로 나가는 광속의 단위이다.
④ 조도는 어떤 면에 들어오는 광속의 양에 비례하고, 입사면의 단면적에 반비례한다.

> ② 광원으로부터 한 방향으로 나오는 빛의 세기를 광도라 한다.

> ★ 참고
> 광원으로부터 방출되는 빛의 전체 양을 광속이라 한다.

📝 필기에 자주 출제 ★

78 감압병의 예방대책으로 적절하지 않은 것은?

① 호흡용 혼합가스의 산소에 대한 질소의 비율을 증가시킨다.
② 호흡기 또는 순환기에 이상이 있는 사람은 작업에 투입하지 않는다.
③ 감압병 발생 시 원래의 고압환경으로 복귀시키거나 인공 고압실에 넣는다.
④ 고압실 작업에서는 탄산가스의 분압이 증가하지 않도록 신선한 공기를 송기한다.

> ① 헬륨은 호흡저항이 작고, 질소보다 확산속도가 크며, 체외로 배출되는 시간이 질소에 비하여 50% 정도 밖에 걸리지 않아 고압환경에서 작업하는 근로자에게 질소를 헬륨으로 대치한 공기를 호흡시켜 감압병을 예방한다.

📝 실기까지 중요 ★★

정답　75 ②　76 ③　77 ②　78 ①

79 이상기압의 영향으로 발생되는 고공성 폐수종에 관한 설명으로 옳지 않은 것은?

① 어른보다 아이들에게서 많이 발생된다.
② 고공 순화된 사람이 해면에 돌아올 때에도 흔히 일어난다.
③ 산소공급과 해면 귀환으로 급속히 소실되며, 증세가 반복되는 경향이 있다.
④ 진해성 기침과 과호흡이 나타나고 폐동맥 혈압이 급격히 낮아진다.

> ★ 폐수종
> ① 진해성 기침과 호흡곤란이 나타나고 폐동맥 혈압이 상승하다 산소공급과 해면으로의 귀환으로 급속히 소실된다.
> ② 어른보다 순화적응속도가 느린 어린이에게 많이 발생한다.

📌 필기에 자주 출제 ★

80 1,000Hz 에서의 음압레벨을 기준으로 하여 등청감곡선을 나타내는 단위로 사용되는 것은?

① mel
② bell
③ sone
④ phon

> ★ phon
> ① 1phon : 1,000Hz, 1dB 음의 크기
> ② 1,000Hz에서의 음압수준(dB)을 기준으로 하여 등청감곡선을 나타내는 단위

> ★ 참고
> sone
> ① 감각적인 음의 크기를 나타낸다.
> ② 1Sone : 1,000Hz, 40dB 음의 크기

📌 필기에 자주 출제 ★

제5과목 산업독성학

81 다음 중 무기연에 속하지 않는 것은?

① 금속연
② 일산화연
③ 사산화삼연
④ 4메틸연

> 4-에틸납, 4-메틸납 → 유기납(연)

82 접촉에 의한 알레르기성 피부감작을 증명하기 위한 시험으로 가장 적절한 것은?

① 첩포시험
② 진균시험
③ 조직시험
④ 유발시험

> 첩포시험은 알레르기성 접촉 피부염의 감작물질을 색출하는 임상시험이다.

📌 필기에 자주 출제 ★

83 피부는 표피와 진피로 구분하는데, 진피에만 있는 구조물이 아닌 것은?

① 혈관
② 모낭
③ 땀샘
④ 멜라닌 세포

> 표피는 각질형성세포 외에도 멜라닌세포, 랑게르한스세포 및 머켈세포 같은 많은 세포로 구성되어 있다.

84 근로자의 소변 속에서 마뇨산(hippuric acid)이 다량검출 되었다면 이 근로자는 다음 중 어떤 유해물질에 폭로되었다고 판단되는가?

① 클로로포름 ② 초산메틸
③ 벤젠 ④ 톨루엔

화학물질	생물학적 노출지표물질 (체내대사산물)	시료채취 시기
톨루엔	혈액, 호기의 톨루엔, 소변 중 o-크레졸	작업종료 시
벤젠	소변 중 페놀, 소변 중 t,t-뮤코닉산 (t,t-Muconic acid)	작업종료 시
크실렌	소변 중 메틸마뇨산	작업종료 시
니트로벤젠	혈중 메타헤모글로빈	작업종료 시
노말헥산 (N-헥산)	소변 중 n-헥산, 소변 중 2.5-hexanedione	작업종료 시

*참고
- 톨루엔의 생물학적 노출지표물질이 마뇨산에서 o-크레졸로 변경됨(2020.7.1 부터)
- 변경일 이후의 기출이라 문제를 「마뇨산 → o-크레졸」로 수정하지 않았습니다.

📖 실기에 자주 출제 ★★★

85 카드뮴의 중독, 치료 및 예방대책에 관한 설명으로 옳지 않은 것은?

① 소변 속의 카드뮴 배설량은 카드뮴 흡수를 나타내는 지표가 된다.
② BAL 또는 Ca-EDTA 등을 투여하여 신장에 대한 독작용을 제거한다.
③ 칼슘대사에 장해를 주어 신결석을 동반한 증후군이 나타나고 다량의 칼슘배설이 일어난다.
④ 폐활량 감소, 잔기량 증가 및 호흡곤란의 폐 증세가 나타나며, 이 증세는 노출기간과 노출농도에 의해 좌우된다.

*카드뮴 중독의 치료
① 치료제로 BAL 및 Ca-EDTA 등 금속의 배설제를 사용하는 경우 신장 독성을 증가시키므로 투여를 금한다.
② 산소흡입, 스테로이드를 투여한다.
③ 비타민 D를 피하 주사한다.

📖 실기까지 중요 ★★

86 접촉성 피부염의 특징으로 옳지 않은 것은?

① 작업장에서 발생빈도가 높은 피부질환이다.
② 증상은 다양하지만 홍반과 부종을 동반하는 것이 특징이다.
③ 원인물질은 크게 수분, 합성화학물질, 생물성 화학물질로 구분할 수 있다.
④ 면역학적 반응에 따라 과거 노출경험이 있어야만 반응이 나타난다.

④ 외부물질과의 직접 접촉에 의하여 발생하는 피부염으로 과거 노출경험과는 무관하다.

📖 필기에 자주 출제 ★

87 대사과정에 의해서 변화된 후에만 발암성을 나타내는 간접 발암원으로만 나열된 것은?

① benzo(a)pyrene, ethylbromide
② PAH, methyl nitrosourea
③ benzo(a)pyrene, dimethyl sulfate
④ nitrosamine, ethyl methanesulfonate

benzo(a)pyrene, ethylbromide → 간접 발암원

정답 84 ④ 85 ② 86 ④ 87 ①

88 직업성 피부질환에 영향을 주는 직접적인 요인에 해당되는 것은?

① 연령 ② 인종
③ 고온 ④ 피부의 종류

★ 직업성 피부질환에 영향을 주는 요인

직접요인	간접요인
① 물리적요인 : 온도, 자외선 및 유해광선, 진동 등 ② 화학적요인 : 원발성 및 알레르기성 접촉 피부염물질 등 ③ 생물학적요인 : 바이러스, 진균 등	① 인종 ② 피부 종류 ③ 연령 ④ 성별 ⑤ 계절 및 기후 ⑥ 개인의 청결상태 등

89 호흡기계로 들어온 입자상 물질에 대한 제거기전의 조합으로 가장 적절한 것은?

① 면역작용과 대식세포의 작용
② 폐포의 활발한 가스교환과 대식세포의 작용
③ 점액 섬모운동과 대식세포에 의한 정화
④ 점액 섬모운동과 면역작용에 의한 정화

★ 입자상 물질의 인체 내 방어기전
① 점액 섬모운동(기관지) : 기도와 기관지에 침착된 먼지는 점막 섬모운동과 같은 방어작용에 의해 정화된다.(가장 기초적인 방어기전)
② 대식세포 작용(폐포) : 대식세포는 면역담당세포로서 세균, 이물질 등을 포식, 소화하는 역할을 한다.

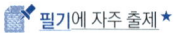 필기에 자주 출제 ★

90 노말헥산이 체내 대사과정을 거쳐 변환되는 물질로 노말헥산에 폭로된 근로자의 생물학적 노출지표로 이용되는 물질로 옳은 것은?

① hippuric acid
② 2,5-hexanedione
③ hydroquinone
④ 9-hydroxyquinoline

화학물질	생물학적 노출지표물질 (체내대사산물)	시료채취 시기
톨루엔	혈액. 호기의 톨루엔, 소변 중 o-크레졸	작업종료 시
벤젠	소변 중 페놀, 소변 중 t,t-뮤코닉산 (t,t-Muconic acid)	작업종료 시
크실렌	소변 중 메틸마뇨산	작업종료 시
니트로벤젠	혈중 메타헤모글로빈	작업종료 시
노말헥산 (N-헥산)	소변 중 n-헥산, 소변 중 2,5-hexanedione	작업종료 시

 실기에 자주 출제 ★★★

91 근로자가 1일 작업시간동안 잠시라도 노출되어서는 아니 되는 기준을 나타내는 것은?

① TLV-C   ② TLV-STEL
③ TLV-TWA ④ TLV-skin

① 시간가중평균노출기준(TWA) : 1일 8시간 및 1주일 40시간 동안의 평균 농도로서, 모든 근로자가 나쁜 영향을 받지 않고 노출될 수 있는 농도이다.
② 단시간노출기준(STEL) : 15분간의 시간가중평균노출 값(근로자가 1회에 15분간 유해인자에 노출되는 경우의 기준)
③ 최고노출기준(C) : 근로자가 1일 작업시간동안 잠시라도 노출되어서는 아니 되는 기준

실기까지 중요 ★★

정답 88 ③ 89 ③ 90 ② 91 ①

92 대상 먼지와 침강속도가 같고, 밀도가 1이며 구형인 먼지의 직경으로 환산하여 표현하는 입자상 물질의 직경을 무엇이라 하는가?

① 입체적 직경 ② 등면적 직경
③ 기하학적 직경 ④ 공기역학적 직경

> **★ 가상직경**
>
> | 공기역학적 직경 | 대상 입자와 침강속도가 같고 밀도가 $1g/cm^3$이며, 구형인 먼지의 직경으로 환산한 직경 |
> |---|---|
> | 질량 중위 직경 | 입자 크기별로 농도를 측정하여 50%의 누적분포에 해당하는 입자크기를 말한다. |

> **암기법**
> 가상 공기는 밀도1, 구형이며 질량중위는 50% 입자농도

 실기까지 중요 ★★

93 다음 중 규폐증(silicosis)을 일으키는 원인 물질과 가장 관계가 깊은 것은?

① 매연 ② 암석분진
③ 일반부유분진 ④ 목재분진

> **★ 규폐증(silicosis)**
> ① 이산화규소(SiO_2, 유리규산, 석영) 분진의 흡입으로 폐조직에 섬유화가 나타나는 진폐증을 말한다.
> ② 이집트의 미이라에서도 발견되는 오랜 질병이며, 건축업, 도자기 작업장, 채석장, 석재공장 등의 작업장에서 근무하는 근로자에게 발생한다.
> ③ 합병증으로 폐암, 폐결핵(규폐결핵증)을 일으키며 폐하엽 부위에 많이 생긴다.

필기에 자주 출제 ★

94 방향족 탄화수소 중 만성노출에 의한 조혈장해를 유발 시키는 것은?

① 벤젠 ② 톨루엔
③ 클로로포름 ④ 나프탈렌

> **★ 벤젠**
> ① 방향족 탄화수소 중 저농도에 장기간 노출(만성 중독)시에 독성이 가장 강하다.
> ② 골수 및 조혈장해(재생불량성 빈혈증)를 유발한다.
> ③ 벤젠은 저농도로 장기간 폭로 시 혈액장해, 간장장해, 재생불량성 빈혈, 백혈병을 일으킨다.

필기에 자주 출제 ★

95 금속열에 관한 설명으로 옳지 않은 것은?

① 금속열이 발생하는 작업장에서는 개인 보호용구를 착용해야 한다.
② 금속 흄에 노출된 후 일정 시간의 잠복기를 지나 감기와 비슷한 증상이 나타난다.
③ 금속열은 일주일 정도가 지나면 증상은 회복되나 후유증으로 호흡기, 시신경 장애 등을 일으킨다.
④ 아연, 마그네슘 등 비교적 융점이 낮은 금속의 제련, 용해, 용접 시 발생하는 산화금속 흄을 흡입할 경우 생기는 발열성 질병이다.

> ③ 금속열은 하루 정도가 지나면 증상은 회복 되며 대부분 특별한 후유증 없이 서너 시간 만에 열이 내린다.

필기에 자주 출제 ★

정답 92 ④ 93 ② 94 ① 95 ③

96 납이 인체에 흡수됨으로 초래되는 결과로 옳지 않은 것은?

① δ-ALAD 활성치 저하
② 혈청 및 요중 δ-ALA 증가
③ 망상적혈구수의 감소
④ 적혈구내 프로토폴피린 증가

> ★ 납의 체내 흡수시의 기타증상
> ① 혈색소 양 저하
> ② 망상적혈구(갓 생산된 적혈구, 미성숙 적혈구) 수의 증가
> ③ 적혈구의 호염기성 반점
> ④ 적혈구내 protoporphyrin 증가
> ⑤ 소변 중 코프로포르피린(coprophyrin) 증가
> ⑥ 소변 중 델타 아미노레블린산(ALA) 증가
> ⑦ 소변 중 δ-ALAD 활성치가 저하
> ⑧ 혈청 내 철 증가

📝 필기에 자주 출제 ★

97 유해물질의 경구투여 용량에 따른 반응범위를 결정하는 독성검사에서 얻은 용량-반응곡선(dose-response curve)에서 실험동물군의 50%가 일정시간 동안 죽는 치사량을 나타내는 것은?

① LC_{50} ② LD_{50}
③ ED_{50} ④ TD_{50}

> ★ LD_{50}(Lethal Dose)
> 1회 투여로 인하여 7~10일 이내에 실험동물의 50%를 치사시키는 양, 실험동물 체중 1kg당 mg으로 나타낸다.

> ★ 참고
> ① LC_{50}(Lethal Concentration) : 실험동물의 50%가 사망하는 유해 물질의 농도
> ② TD_{50}(Toxic Dose) : 실험동물의 50%에 독성을 나타내는 양
> ③ ED_{50}(Effective Concentration) : 실험동물의 50%가 일정한 반응을 일으키는 양

📝 필기에 자주 출제 ★

98 카드뮴에 노출되었을 때 체내의 주요 축적 기관으로만 나열한 것은?

① 간, 신장 ② 심장, 뇌
③ 뼈, 근육 ④ 혈액, 모발

> 체내에 흡수된 카드뮴은 혈장단백질과 결합하여 간으로 이송되고, 간에서 서서히 배출되어 최종적으로 신장에 축적된다.(체내에 흡수된 카드뮴의 50~75%는 간 및 신장에 축적되며 일부는 장관벽에 축적된다.)

📝 필기에 자주 출제 ★

정답 96 ③ 97 ② 98 ①

99 인체 내에서 독성이 강한 화학물질과 무독한 화학물질이 상호작용하여 독성이 증가되는 현상을 무엇이라 하는가?

① 상가작용 ② 상승작용
③ 가승작용 ④ 길항작용

독립작용	• 각각의 독성물질이 서로 다른 조직이나 기관에 영향을 미치는 경우로 각 물질의 반응양상이 달라 서로 독립적인 작용을 한다.
상가작용	• 두 물질에 동시 노출될 경우의 독성은 단독물질 독성의 합과 같다. • 2 + 3 = 5
상승작용	• 두 물질에 동시 노출될 경우의 독성은 단독물질 독성의 합보다 크게 증가한다. • 2 + 3 = 20
가승작용 (잠재작용, 강화작용)	• 독성이 없던 물질이 독성이 있는 물질과 혼합하면 독성이 강해진다. • 2 + 0 = 5
길항작용	• 두 물질이 서로의 작용을 방해하여 두 물질에 동시 노출될 경우의 독성은 단독물질의 독성보다 약해진다. • 2 + 3 = 1

 실기까지 중요 ★★

100 무색의 휘발성 용액으로서 도금 사업장에서 금속표면의 탈지 및 세정용, 드라이클리닝, 접착제 등으로 사용되며, 간 및 신장 장해를 유발시키는 유기용제는?

① 톨루엔 ② 노르말헥산
③ 클로르포름 ④ 트리클로로에틸렌

★ 트리클로로에틸렌
① 무색의 휘발성 용액
② 도금 사업장에서 금속표면의 탈지 및 세정용으로 사용된다.
③ 간 및 신장 장해를 일으킨다.

 필기에 자주 출제 ★

2022년 3월 5일

1회 과년도기출문제

제1과목 | 산업위생학개론

01 중량물 취급으로 인한 요통 발생에 관여하는 요인으로 볼 수 없는 것은?

① 근로자의 육체적 조건
② 작업 빈도와 대상의 무게
③ 습관성 약물의 사용 유무
④ 작업 습관과 개인적인 생활태도

> ★ 요통 발생의 요인
> ① 잘못된 작업 방법 및 자세
> ② 작업 습관과 개인적인 생활태도
> ③ 근로자의 육체적 조건
> ④ 물리적 환경요인(작업 빈도, 물체의 무게 및 크기 등)
> ⑤ 요통 및 기타 장애(자동차 사고, 넘어짐 등)의 경력

📘 필기에 자주 출제 ★

02 산업위생의 기본적인 과제에 해당하지 않는 것은?

① 작업환경이 미치는 건강장해에 관한 연구
② 작업능률 저하에 따른 작업조건에 관한 연구
③ 작업환경의 유해 물질이 대기오염에 미치는 영향에 관한 연구
④ 작업환경에 의한 신체적 영향과 최적 환경의 연구

> ★ 산업위생의 영역 중 기본과제
> ① 작업능력의 향상과 저하에 따른 작업조건 및 정신적 조건의 연구
> ② 최적 작업환경 조성에 관한 연구 및 유해 작업환경에 의한 신체적 영향 연구(작업환경이 미치는 건강장해에 관한 연구)
> ③ 노동력의 재생산과 사회, 경제적 조건에 관한 연구

📘 필기에 자주 출제 ★

03 작업 시작 및 종료 시 호흡의 산소소비량에 대한 설명으로 옳지 않은 것은?

① 산소소비량은 작업부하가 계속 증가하면 일정한 비율로 계속 증가한다.
② 작업이 끝난 후에도 맥박과 호흡수가 작업 개시 수준으로 즉시 돌아오지 않고 서서히 감소한다.
③ 작업부하 수준이 최대 산소소비량 수준보다 높아지게 되면 젖산의 제거 속도가 생성 속도에 못 미치게 된다.
④ 작업이 끝난 후에 남아 있는 젖산을 제거하기 위해서는 산소가 더 필요하며, 이 때 동원되는 산소소비량을 산소부채(oxygen debt)라 한다.

> ① 산소소비량은 작업부하가 증가하면 일정한 비율로 계속 증가하나 작업부하가 일정 한계를 초과하면 산소소비량은 더 이상 증가하지 않는다.

📘 필기에 자주 출제 ★

정답 01 ③ 02 ③ 03 ①

04 38세 된 남성 근로자의 육체적 작업능력(PWC)은 15kcal/min이다. 이 근로자가 1일 8시간 동안 물체를 운반하고 있으며 이때의 작업 대사량은 7kcal/min이고, 휴식 시 대사량은 1.2kcal/min이다. 이 사람의 적정 휴식시간과 작업시간의 배분(매시간별)은 어떻게 하는 것이 이상적인가?

① 12분 휴식 48분 작업
② 17분 휴식 43분 작업
③ 21분 휴식 39분 작업
④ 27분 휴식 33분 작업

> ★ 피로 예방을 위한 적정 휴식시간비(Hertig식)
>
> 1. $T_{rest}(\%) = \left[\dfrac{E_{max} - E_{task}}{E_{rest} - E_{task}}\right] \times 100$
> 2. 작업시간 = 60분 – 휴식시간
>   - $T_{rest}(\%)$: 피로 예방을 위한 적정 휴식시간 비 (60분을 기준하여 산정)
>   - E_{max} : 1일 8시간 작업에 적합한 작업대사량 [육체적 작업능력(PWC)의 1/3]
>   - E_{rest} : 휴식 중 소모 대사량
>   - E_{task} : 해당 작업의 작업대사량
>
> 1. $T_{rest}(\%) = \left[\dfrac{5-7}{1.2-7}\right] \times 100 = 34.48(\%)$
> $\left(E_{max} = \dfrac{PWC}{3} = \dfrac{15}{3} = 5\text{kcal/min}\right)$
> 2. 휴식시간 = 60 × 0.3448 = 20.69 ≒ 21(분)
> 3. 작업시간 = 60 – 21 = 39(분)

📝 실기까지 중요 ★★

05 산업위생의 역사에 있어 주요 인물과 업적의 인결이 올바른 것은?

① Percivall Pott - 구리광산의 산 증기 위험성 보고
② Hippocrates - 역사상 최초의 직업병(납중독) 보고
③ G. Agricola - 검댕에 의한 직업성 암의 최초 보고
④ Bernardino Ramazzini - 금속 중독과 수은의 위험성 규명

> ① 구리광산의 산 증기 위험성 보고 – Galen
> ③ 검댕에 의한 직업성 암의 최초 보고 – Percivall Pott
> ④ 금속 중독과 수은의 위험성 규명 – Alice Hamilton

> ★ 참고
> ① Georgius Agricola
>   - 저서 "광물에 대하여"에서 광부들의 사고 및 질병, 예방법 등에 대하여 기록
>   - 광산에서의 규폐증의 유해성 언급
> ② Bernardino Ramazzini
>   - 산업보건의 시조, 산업의학의 아버지
>   - 저서 "직업인의 질병(De Morbis Artificum Diatriba)"에서 수공업자의 질병을 집대성함

📝 필기에 자주 출제 ★

정답 04 ③ 05 ②

06 산업안전보건법령상 자격을 갖춘 보건관리자가 해당 사업장의 근로자를 보호하기 위한 조치에 해당하는 의료 행위를 모두 고른 것은? (단, 보건관리자는 의료법에 따른 의사로 한정한다.)

> ㉠ 자주 발생하는 가벼운 부상에 대한 치료
> ㉡ 응급처치가 필요한 사람에 대한 처치
> ㉢ 부상·질병의 악화를 방지하기 위한 처치
> ㉣ 건강진단 결과 발견된 질병자의 요양 지도 및 관리

① ㉠, ㉡
② ㉠, ㉢
③ ㉠, ㉢, ㉣
④ ㉠, ㉡, ㉢, ㉣

해당 사업장의 근로자를 보호하기 위한 다음 각 목의 조치에 해당하는 의료 행위(보건관리자가 의사 또는 간호사에 해당하는 경우로 한정한다)
가. 자주 발생하는 가벼운 부상에 대한 치료
나. 응급처치가 필요한 사람에 대한 처치
다. 부상·질병의 악화를 방지하기 위한 처치
라. 건강진단 결과 발견된 질병자의 요양 지도 및 관리
마. 가목부터 라목까지의 의료 행위에 따르는 의약품의 투여

*참고
보건관리자의 직무
① 산업안전보건위원회 또는 노사 협의체에서 심의·의결한 업무와 안전보건관리규정 및 취업규칙에서 정한 업무
② 안전인증대상기계 등과 자율안전확인대상기계 등 중 보건과 관련된 보호구(保護具) 구입 시 적격품 선정에 관한 보좌 및 지도·조언
③ 위험성평가에 관한 보좌 및 지도·조언
④ 물질안전보건자료의 게시 또는 비치에 관한 보좌 및 지도·조언
⑤ 산업 보건의의 직무(보건관리자가 「의료법」에 의한 의사인 경우로 한정한다)
⑥ 해당 사업장 보건교육계획의 수립 및 보건교육 실시에 관한 보좌 및 지도·조언
⑦ 해당 사업장의 근로자를 보호하기 위한 의료행위(보건관리자가 의사 또는 간호사에 해당하는 경우로 한정한다)
⑧ 작업장 내에서 사용되는 전체 환기장치 및 국소 배기장치 등에 관한 설비의 점검과 작업방법의 공학적 개선에 관한 보좌 및 지도·조언
⑨ 사업장 순회점검, 지도 및 조치 건의
⑩ 산업재해 발생의 원인 조사·분석 및 재발 방지를 위한 기술적 보좌 및 지도·조언
⑪ 산업재해에 관한 통계의 유지·관리·분석을 위한 보좌 및 지도·조언
⑫ 법 또는 법에 따른 명령으로 정한 보건에 관한 사항의 이행에 관한 보좌 및 지도·조언
⑬ 업무 수행 내용의 기록·유지
⑭ 그 밖에 보건과 관련된 작업관리 및 작업환경 관리에 관한 사항으로서 고용노동부 장관이 정하는 사항

암기법
1. 보건교육계획 수립 및 실시
2. 위험성 평가
3. 물질안전보건자료
4. 보호구 구입 시 적격품 선정
5. 사업장 점검
6. 환기장치, 국소배기장치 점검
7. 재해 원인조사
8. 재해통계
9. 근로자 보호 위한 의료 행위
10. 취업규칙에서 정한 직무
11. 업무 기록

실기까지 중요 ★★

정답 06 ④

07 온도 25℃, 1기압 하에서 분당 100mL씩 60분 동안 채취한 공기 중에서 벤젠이 5mg이 검출되었다면 검출된 벤젠은 약 몇 ppm인가? (단, 벤젠의 분자량은 78이다.)

① 15.7　　② 26.1
③ 157　　　④ 261

★ ppm과 mg/m^3의 상호 농도변환

1. 0℃, 1기압의 경우

$$노출기준(mg/m^3) = \frac{노출기준(ppm) \times 그램분자량}{22.4}$$

2. 21℃, 1기압의 경우

$$노출기준(mg/m^3) = \frac{노출기준(ppm) \times 그램분자량}{24.1}$$

3. 25℃, 1기압의 경우

$$노출기준(mg/m^3) = \frac{노출기준(ppm) \times 그램분자량}{24.45}$$

1. $\dfrac{mg}{m^3} = \dfrac{5mg}{\dfrac{100 \times 10^{-6} m^3}{min} \times 60 min}$

　 $= 833.33 (mg/m^3)$

　$[mL = 10^{-3}L,\ L = 10^{-3}m^3\ \therefore mL = 10^{-6}m^3]$

2. $mg/m^3 = \dfrac{ppm \times 분자량}{24.45}$

　$ppm \times 분자량 = 24.45 \times mg/m^3$

　$ppm = \dfrac{24.45 \times mg/m^3}{분자량}$

　　　$= \dfrac{24.45 \times 833.33}{78} = 261.22(ppm)$

📝 실기에 자주 출제 ★★★

08 산업위생 전문가들이 지켜야 할 윤리강령에 있어 전문가로서의 책임에 해당하는 것은?

① 일반 대중에 관한 사항은 정직하게 발표한다.
② 위험요소와 예방조치에 관하여 근로자와 상담한다.
③ 과학적 방법의 적용과 자료의 해석에서 객관성을 유지한다.
④ 위험요인의 측정, 평가 및 관리에 있어서 외부의 압력에 굴하지 않고 중립적 태도를 취한다.

★ 산업위생 전문가의 윤리강령

산업위생 전문가로서의 책임	① 학문적 실력 면에서 최고 수준 유지 ② 자료의 해석에서 객관성을 유지 ③ 산업위생을 학문적으로 발전시킨다. ④ 과학적 지식을 공개하고 발표 ⑤ 기업체의 기밀은 누설하지 않는다. ⑥ 이해관계가 있는 상황에는 개입하지 않는다. **암기법** 전문가는 / 실력최고 / 객관적 자료 해석 / 학문발전 위해 / 지식공개 발표 / 기밀누설 말고 / 개입하지 않는다.
근로자에 대한 책임	① 근로자의 건강보호가 산업위생 전문가의 1차적 책임 ② 위험 요인의 측정, 평가 및 관리에 있어서 중립적 태도 ③ 위험요소와 예방조치에 대해 근로자와 상담 **암기법** 근로자의 / 1차적 책임은 / 중립적 태도로 / 위험 예방 상담
기업주와 고객에 대한 책임	① 정확한 기록을 유지하고 산업위생 전문부서들을 운영 관리 ② 궁극적 책임은 근로자의 건강보호 ③ 책임 있게 행동 ④ 정직하게 권고, 권고사항을 정확히 보고 **암기법** 고기(고객, 기업주) / 정확히 기록하는 전문부서 운영하여 / 궁극적으로 근로자 보호 / 책임 있게 행동 / 정직하게 보고

정답　07 ④　08 ③

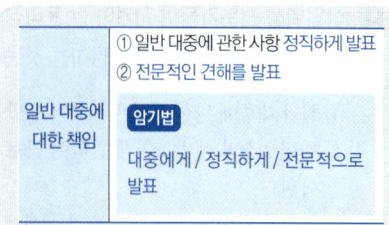

암기법

전문가의 윤리는 전문 근로자에게 고기 대접

📝 실기에 자주 출제 ★★★

09 어떤 플라스틱 제조 공장에 200명의 근로자가 근무하고 있다. 1년에 40건의 재해가 발생하였다면 이 공장의 도수율은? (단, 1일 8시간, 연간 290일 근무기준이다.)

① 200 ② 86.2
③ 17.3 ④ 4.4

1. 도수율(빈도율) = $\dfrac{\text{재해건수}}{\text{연 근로 시간수}} \times 10^6$

2. 근로자 1인의 1년간 총 근로시간수 계산
   8시간 × 300일 = 2400시간
   • 1일 근로시간 8시간
   • 1년 근로일수 300일

   도수율 = $\dfrac{40}{200 \times 8 \times 290} \times 10^6 = 86.21$

📝 실기까지 중요 ★★

10 산업 스트레스에 대한 반응을 심리적 결과와 행동적 결과로 구분할 때 행동적 결과로 볼 수 없는 것은?

① 수면 방해 ② 약물 남용
③ 식욕 부진 ④ 돌발 행동

★ 산업 스트레스의 반응에 따른 결과

행동적 결과	① 흡연 ② 결근 ③ 행동의 격양 ④ 카페인, 알코올 및 약물남용 ⑤ 생산성 저하 ⑥ 돌발적 사고
심리적 결과	① 가정문제 ② 수면방해 ③ 성(性)적 역기능

11 산업안전보건법령상 충격소음의 강도가 130dB(A)일 때 1일 노출 회수 기준으로 옳은 것은?

① 50 ② 100
③ 500 ④ 1000

★ 충격소음의 노출기준

1일 노출회수	충격소음의 강도 dB(A)
100	140
1,000	130
10,000	120

• 최대 음압수준이 140dB(A)를 초과하는 충격소음에 노출되어서는 안 됨
• 충격소음이라 함은 최대음압수준에 120dB(A) 이상인 소음이 1초 이상의 간격으로 발생하는 것을 말함

📝 실기까지 중요 ★★

12 다음 중 일반적인 실내 공기질 오염과 가장 관련이 적은 질환은?

① 규폐증(silicosis)
② 가습기 열(humidifier fever)
③ 레지오넬라병(legionnaires disease)
④ 과민성 폐렴(hypersensitivity pneumonitis)

> ★ 규폐증(silicosis)
> ① 이산화규소(SiO_2, 유리 규산, 석영) 분진의 흡입으로 폐 조직에 섬유화가 나타나는 진폐증을 말한다.
> ② 이집트의 미라에서도 발견되는 오랜 질병이며, 건축업, 도자기 작업장, 채석장, 석재공장 등의 작업장에서 근무하는 근로자에게 발생한다.

필기에 자주 출제 ★

13 물체의 실제 무게를 미국 NIOSH의 권고 중량물 한계기준(RWL : recommended weight limit)으로 나누어 준 값을 무엇이라 하는가?

① 중량상수(LC)
② 빈도승수(FM)
③ 비대칭승수(AM)
④ 중량물 취급지수(LI)

> ★ 들기 지수, 중량물 취급지수(LI : Lifting Index)
> $$LI = \frac{\text{실제 작업 무게}(L)}{\text{권장무게한계}(RWL)}$$

실기까지 중요 ★★

14 산업안전보건법령상 사업주가 위험성 평가의 결과와 조치사항을 기록·보존할 때 포함되어야 할 사항이 아닌 것은? (단, 그 밖에 위험성 평가의 실시 내용을 확인하기 위하여 필요한 사항은 제외한다.)

① 위험성 결정의 내용
② 유해위험방지계획서 수립 유무
③ 위험성 결정에 따른 조치의 내용
④ 위험성 평가 대상의 유해·위험요인

> ★ 위험성 평가 기록에 포함사항
> ① 위험성 평가 대상의 유해·위험요인
> ② 위험성 결정의 내용
> ③ 위험성 결정에 따른 조치의 내용
> ④ 위험성 평가를 위해 사전조사 한 안전보건정보
> ⑤ 그 밖에 사업장에서 필요하다고 정한 사항

15 다음 중 규폐증을 일으키는 주요 물질은?

① 면분진   ② 석탄 분진
③ 유리 규산   ④ 납흄

> ★ 규폐증(silicosis)
> 이산화규소(SiO_2, 유리 규산, 석영) 분진의 흡입으로 폐 조직에 섬유화가 나타나는 진폐증을 말한다.

필기에 자주 출제 ★

정답 12 ① 13 ④ 14 ② 15 ③

16 화학물질 및 물리적 인자의 노출기준 고시 상 다음 ( )에 들어갈 유해물질들 간의 상호작용은?

> 〈노출기준 사용상의 유의사항〉
> 각 유해인자의 노출기준은 해당 유해인자가 단독으로 존재하는 경우의 노출기준을 말하며, 2종 또는 그 이상의 유해인자가 혼재하는 경우에는 각 유해인자의 ( ) 으로 유해성이 증가할 수 있으므로 산출하는 노출기준을 사용하여야 한다.

① 상승작용　　② 강화작용
③ 상가작용　　④ 길항작용

> 각 유해인자의 노출기준은 해당 유해인자가 단독으로 존재하는 경우의 노출기준을 말하며, 2종 또는 그 이상의 유해인자가 혼재하는 경우에는 각 유해인자의 상가작용으로 유해성이 증가할 수 있으므로 산출하는 노출기준을 사용하여야 한다.

 필기에 자주 출제★

17 A사업장에서 중대재해인 사망사고가 1년간 4건 발생하였다면 이 사업장의 1년간 4일 미만의 치료를 요하는 경미한 사고 건수는 몇 건이 발생하는지 예측되는가? (단, Heinrich의 이론에 근거하여 추정한다.)

① 116　　② 120
③ 1160　　④ 1200

> ★ 하인리히 사고빈도법칙(1 : 29 : 300의 법칙)
> 총 330건의 사고를 분석했을 때
> • 중상 또는 사망 : 1건
> • 경상해 : 29건
> • 무상해 사고 : 300건이 발생함을 의미한다.
>
> 사망이 4건(1건×4)이므로
> 경상해 = 29×4 = 116(건)

필기에 자주 출제★

18 교대 작업이 생기게 된 배경으로 옳지 않은 것은?

① 사회 환경의 변화로 국민 생활과 이용자들의 편의를 위한 공공사업의 증가
② 의학의 발달로 인한 생체주기 등의 건강상 문제 감소 및 의료기관의 증가
③ 석유화학 및 제철업 등과 같이 공정상 조업중단이 불가능한 산업의 증가
④ 생산설비의 완전 가동을 통해 시설투자비용을 조속히 회수하려는 기업의 증가

> ★ 교대 작업이 생기게 된 배경
> ① 사회 환경의 변화로 국민 생활과 이용자들의 편의를 위한 공공사업의 증가
> ② 석유화학 및 제철업 등과 같이 공정상 조업중단이 불가능한 산업의 증가
> ③ 생산설비의 완전 가동을 통해 시설투자비용을 조속히 회수하려는 기업의 증가

19 작업장에 존재하는 유해인자와 직업성 질환의 연결이 옳지 않은 것은?

① 망간 - 신경염
② 무기 분진 - 진폐증
③ 6가크롬 - 비중격천공
④ 이상기압 - 레이노씨 병

> ④ 이상기압 - 잠함병, 폐수종

> ★ 참고
> 국소진동
> 레이노 현상(레이노씨 병)

필기에 자주 출제★

정답　16 ③　17 ①　18 ②　19 ④

20 심한 노동 후의 피로 현상으로 단기간의 휴식에 의해 회복될 수 없는 병적 상태를 무엇이라 하는가?

① 곤비
② 과로
③ 전신피로
④ 국소피로

★ 피로의 3단계

1단계 보통피로	• 하룻밤 자고 나면 완전히 회복된다.
2단계 과로	• 다음날까지도 피로 상태가 지속되며 단기간 휴식으로 회복될 수 있는 단계로 발병 단계는 아니다.
3단계 곤비	• 과로의 축적으로 단기간 휴식을 통해서는 회복될 수 없는 발병 단계 • 심한 노동 후의 피로현상으로 병적인 상태

📝 실기까지 중요 ★★

제2과목 작업위생측정 및 평가

21 고체 흡착제를 이용하여 시료채취를 할 때 영향을 주는 인자에 관한 설명으로 틀린 것은?

① 오염물질 농도 : 공기 중 오염물질의 농도가 높을수록 파과 용량은 증가한다.
② 습도 : 습도가 높으면 극성 흡착제를 사용할 때 파과 공기량이 적어진다.
③ 온도 : 일반적으로 흡착은 발열 반응이므로 열역학적으로 온도가 낮을수록 흡착에 좋은 조건이다.
④ 시료 채취 유량 : 시료 채취 유량이 높으면 쉽게 파과가 일어나나 코팅된 흡착제인 경우는 그 경향이 약하다.

④ 시료 채취 유량 : 시료 채취 유량이 높고 코팅된 흡착제일수록 파과되기 쉽다.

📝 필기에 자주 출제 ★

22 불꽃 방식의 원자흡광광도계의 특징으로 옳지 않은 것은?

① 조작이 쉽고 간편하다.
② 분석 시간이 흑연로장치에 비하여 적게 소요된다.
③ 주입 시료액의 대부분이 불꽃 부분으로 보내지므로 감도가 높다.
④ 고체 시료의 경우 전처리에 의하여 매트릭스를 제거해야 한다.

★ 불꽃 방식의 원자흡광광도계(원자흡광분석기의 불꽃에 의한 금속 정량의 특징)
① 가격이 흑연로 장치나 유도결합플라즈마에 비하여 저렴하다.
② 분석 시간이 흑연로 장치에 비하여 적게 소요된다.
③ 고체 시료의 경우 전처리에 의해 기질(매트릭스)을 제거하여야 한다.
④ 시료량이 많이 소요되며 감도가 낮다.
⑤ 시험 용액 중의 납 등 작업환경 중 유해금속 분석(금속 원소의 농도 측정)을 할 수 있다.
⑥ 조작이 쉽고 간편하다.

📝 필기에 자주 출제 ★

정답 20 ① 21 ④ 22 ③

23 산업안전보건법령상 소음의 측정시간에 관한 내용 중 ( )에 들어갈 숫자는?

> 단위작업 장소에서 소음 수준은 규정된 측정위치 및 지점에서 1일 작업시간 동안 ( )시간 이상 연속 측정하거나 작업시간을 1시간 간격으로 나누어 ( )회 이상 측정하여야 한다.

① 2
② 4
③ 6
④ 8

★ **소음의 측정시간**
① 단위작업 장소에서 소음 수준은 규정된 측정위치 및 지점에서 1일 작업시간 동안 6시간 이상 연속 측정하거나 작업시간을 1시간 간격으로 나누어 6회 이상 측정하여야 한다. 다만, 소음의 발생 특성이 연속음으로서 측정치가 변동이 없다고 자격자 또는 지정 측정기관이 판단한 경우에는 1시간 동안을 등 간격으로 나누어 3회 이상 측정할 수 있다.
② 단위작업 장소에서의 소음 발생시간이 6시간 이내인 경우나 소음발생원에서의 발생 시간이 간헐적인 경우에는 발생 시간 동안 연속 측정하거나 등 간격으로 나누어 4회 이상 측정하여야 한다.

📝 실기에 자주 출제 ★★★

24 산업안전보건법령상 다음과 같이 정의되는 용어는?

> 작업환경측정·분석 치에 대한 정확성과 정밀도를 확보하기 위하여 지정 측정기관의 작업환경측정·분석능력을 평가하고, 그 결과에 따라 지도·교육 그 밖에 측정·분석능력 향상을 위하여 행하는 모든 관리적 수단

① 정밀관리
② 정확관리
③ 적정관리
④ 정도관리

★ **정도 관리의 정의**
작업환경측정·분석 치에 대한 정확성과 정밀도를 확보하기 위하여 지정 측정기관의 작업환경측정·분석능력을 평가하고, 그 결과에 따라 지도·교육 그 밖에 측정·분석능력 향상을 위하여 행하는 모든 관리적 수단을 말한다.

📝 필기에 자주 출제 ★

25 한 근로자가 하루 동안 TCE(Trichloroethylene)에 노출되는 것을 측정한 결과가 아래와 같을 때, 8시간 시간가중 평균치(TWA; ppm)는?

측정시간	노출농도(ppm)
1시간	10.0
2시간	15.0
4시간	17.5
1시간	0.0

① 15.7
② 14.2
③ 13.8
④ 10.6

$$TWA환산값 = \frac{C_1 \cdot T_1 + C_2 \cdot T_2 + \cdots + C_n \cdot T_n}{8}$$

- C : 유해인자의 측정치
  (단위 : ppm, mg/m³ 또는 개/cm³)
- T : 유해인자의 발생시간(단위 : 시간)

$$TWA환산값 = \frac{(1 \times 10) + (2 \times 15) + (4 \times 17.5) + (1 \times 0)}{8}$$
$$= 13.75(ppm)$$

📝 실기에 자주 출제 ★★★

정답   23 ③   24 ④   25 ③

26 피토관(Pitot tube)에 대한 설명 중 옳은 것은? (단, 측정 기체는 공기이다.)

① Pitot tube의 정확성에는 한계가 있어 정밀한 측정에서는 경사 마노미터를 사용한다.
② Pitot tube를 이용하여 곧바로 기류를 측정할 수 있다.
③ Pitot tube를 이용하여 총압과 속도압을 구하여 정압을 계산한다.
④ 속도압이 25mmH₂O일 때의 기류 속도는 28.58m/s이다.

> ★ 피토튜브(Pitot tube)
> ① 유체의 흐름으로 인해 발생하는 압력 차이를 이용하여 속도를 측정하는 데 사용된다.
> ② Pitot tube의 정확성에는 한계가 있으며, 기류가 12.7m/s 이상일 때는 U자 튜브를 이용하고, 그 이하에서는 기울어진(경사) 튜브(inclined tube)를 이용한다.
> ③ 정밀한 측정에서는 경사 마노미터를 사용한다.
> ④ 속도압이 25mmH₂O일 때의 기류 속도
> 속도압$(VP) = \dfrac{\gamma \times V^2}{2g}$
> $\gamma V^2 = VP \times 2g$
> $V^2 = \dfrac{VP \times 2g}{\gamma}$
> $V = \sqrt{\dfrac{VP \times 2g}{\gamma}} = \sqrt{\dfrac{25 \times 2 \times 9.8}{1.2}} = 20.21 \text{(m/sec)}$

> ★ 참고
> 속도압$(VP) = \dfrac{\gamma \times V^2}{2g}$
> • γ : 비중(kg/m³)
> • V : 공기속도(m/sec)
> • g : 중력가속도(m/sec²)

27 산업안전보건법령상 작업환경측정 대상이 되는 작업장 또는 공정에서 정상적인 작업을 수행하는 동일 노출집단의 근로자가 작업을 하는 장소를 지칭하는 용어는?

① 동일작업 장소   ② 단위작업 장소
③ 노출측정 장소   ④ 측정작업 장소

> ★ 단위작업 장소
> 작업환경측정대상이 되는 작업장 또는 공정에서 정상적인 작업을 수행하는 동일 노출집단의 근로자가 작업을 하는 장소를 말한다.

실기까지 중요 ★★

28 근로자가 일정 시간 동안 일정 농도의 유해 물질에 노출될 때 체내에 흡수되는 유해 물질의 양은 아래의 식을 적용하여 구한다. 각 인자에 대한 설명이 틀린 것은?

> 체내흡수량(mg) $= C \times T \times V \times R$

① C : 공기 중 유해물질 농도
② T : 노출시간
③ R : 체내 잔류율
④ V : 작업 공간 공기의 부피

> 체내흡수량[SHD](mg) $= C \times T \times V \times R$
> • C : 공기 중 유해물질 농도(mg/m³)
> • T : 노출시간(hr)
> • V : 폐환기율(호흡률 m³/hr)
> • R : 체내 잔유율(보통 1.0)

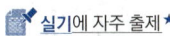
실기에 자주 출제 ★★★

29 고열(Heat stress)의 작업환경 평가와 관련된 내용으로 틀린 것은?

① 가장 일반적인 방법은 습구흑구온도(WBGT)를 측정하는 방법이다.
② 자연습구온도는 대기온도를 측정하긴 하지만 습도와 공기의 움직임에 영향을 받는다.
③ 흑구온도는 복사열에 의해 발생하는 온도이다.
④ 습도가 높고 대기 흐름이 적을 때 낮은 습구온도가 발생한다.

> ④ 습도가 높고 대기 흐름이 적을 때 높은 습구온도가 발생한다.

30 같은 작업 장소에서 동시에 5개의 공기시료를 동일한 채취 조건하에서 채취한 벤젠에 대해 아래의 도표와 같은 분석 결과를 얻었다. 이때 벤젠 농도 측정의 변이계수(CV%)는?

공기시료번호	벤젠농도(ppm)
1	5.0
2	4.5
3	4.0
4	4.6
5	4.4

① 8%   ② 14%
③ 56% ④ 96%

> ★ 변이계수
>
> $$CV(\%) = \frac{\text{표준편차}}{\text{산술평균}} \times 100$$
>
> 1. 산술평균
> $$M = \frac{5.0 + 4.5 + 4.0 + 4.6 + 4.4}{5} = 4.5$$
>
> 2. 표준편차
> $$SD = \sqrt{\frac{(5.0-4.5)^2 + (4.5-4.5)^2 + (4.0-4.5)^2 + (4.6-4.5)^2 + (4.4-4.5)^2}{5-1}}$$
> $$= 0.36$$
>
> 3. 변이계수
> $$CV = \frac{0.36}{4.5} \times 100 = 8(\%)$$

📌 실기까지 중요 ★★

31 작업장 내 다습한 공기에 포함된 비극성 유기 증기를 채취하기 위해 이용할 수 있는 흡착제의 종류로 가장 적절한 것은?

① 활성탄(Activated charcoal)
② 실리카겔(Silica Gel)
③ 분자체(Molecular sieve)
④ 알루미나(Alumina)

> ★ 활성탄관(charcoal tube)
> 비극성 유기용제, 방향족 유기용제(방향족 탄화수소류), 할로겐화 지방족 유기용제(할로겐화 탄화수소류), 에스테르류, 알코올류 등의 포집에 사용된다.

> 암기법
> 비극성인 알(알코올)에(에스테르) 할로겐 탄 (할로겐화탄화수소)지방(지방족유기용제) 방유(방향족 유기용제)하니 활성(활성탄)됐다.

📌 필기에 자주 출제 ★

정답 29 ④ 30 ① 31 ①

32 산업안전보건법령상 가스상 물질의 측정에 관한 내용 중 일부이다. ( )에 들어갈 내용으로 옳은 것은?

> 검지관 방식으로 측정하는 경우에는 1일 작업시간 동안 1시간 간격으로 ( )회 이상 측정하되 측정시간마다 2회 이상 반복 측정하여 평균값을 산출하여야 한다.

① 2 ② 4
③ 6 ④ 8

> 검지관 방식으로 측정하는 경우에는 1일 작업시간 동안 1시간 간격으로 6회 이상 측정하되 측정시간마다 2회 이상 반복 측정하여 평균값을 산출하여야 한다. 다만, 가스상 물질의 발생 시간이 6시간 이내일 때에는 작업시간 동안 1시간 간격으로 나누어 측정하여야 한다.

📝 실기까지 중요 ★★

33 벤젠과 톨루엔이 혼합된 시료를 길이 30cm, 내경 3mm인 충진관이 장치된 기체크로마토그래피로 분석한 결과가 아래와 같을 때, 혼합시료의 분리효율을 99.7%로 증가시키는 데 필요한 충진관의 길이(cm)는? (단, N, H, L, W, R_s, t_R은 각각 이론단수, 높이(HETP), 길이, 봉우리 너비, 분리계수, 머무름 시간을 의미하며, 문자 위 "–"(bar)는 평균값을, 하첨자 A와 B는 각각의 물질을 의미하며, 분리효율이 99.7%가 되기 위한 R_s는 1.5이다.)

[크로마토그램 결과]

분석물질	머무름 시간 (Retention time)	봉우리 너비 (Peak width)
벤젠	16.4분	1.15분
톨루엔	17.6분	1.25분

[크로마토그램 관계식]

$$N = 16\left(\frac{t_R}{W}\right)^2, \quad H = \frac{L}{N}$$

$$R_s = \frac{2(t_{R,A} - t_{R,B})}{W_A + W_B}, \quad \frac{\overline{N_1}}{\overline{N_2}} = \frac{R_{s,1}^2}{R_{s,2}^2}$$

① 60   ② 62.5
③ 67.5 ④ 72.5

분리도(R_s) = $\frac{2(t_{R,톨루엔} - t_{R,벤젠})}{W_{톨루엔} + W_{벤젠}} = \frac{2(17.6 - 16.4)}{1.25 + 1.15}$
= 1

$\overline{N_1} = \frac{N_{벤젠} + N_{톨루엔}}{2} = \frac{16(\frac{t_{R벤젠}}{W_{벤젠}})^2 + 16(\frac{t_{R톨루엔}}{W_{톨루엔}})^2}{2}$

$= \frac{16(\frac{16.4}{1.15})^2 + 16(\frac{17.6}{1.25})^2}{2} = 3212.950406$

$H = \frac{L_1(분리관의 길이)}{\overline{N_1}(이론단수)} = \frac{30}{3212.950406}$
= 0.009337

$\frac{\overline{N_2}}{\overline{N_1}} = \frac{R_{s,1}^2}{R_{s,2}^2} = \frac{1^2}{1.5^2} = 0.444444$

$\overline{N_2} = \frac{\overline{N_1}}{0.44} = \frac{3212.950406}{0.444444} = 7229.145643$

$H = \frac{L(분리관의 길이)}{N(이론단수)}$

$L_2 = H \times \overline{N_2} = 0.009337 \times 7229.145643$
= 67.50(cm)

 출제비중이 낮은 문제입니다.

34 단위작업 장소에서 소음의 강도가 불규칙적으로 변동하는 소음을 누적소음 노출량측정기로 측정하였다. 누적소음 노출량이 300%인 경우, 시간가중평균 소음수준(dB(A))은?

① 92 ② 98
③ 103 ④ 106

> 1. 누적소음폭로량
> $$D(\%) = \left(\frac{C_1}{T_1} + \frac{C_2}{T_2} + \cdots + \frac{C_n}{T_n}\right) \times 100$$
> - D : 누적소음 폭로량(%)
> - C : 각 소음레벨측정치(dB)
> - T : 각 폭로허용시간(TLV)(min)
>
> 2. $TWA[dB(A)] = 16.61 \times \log\left[\frac{D(\%)}{100}\right] + 90$
> - TWA : 시간가중 평균 소음수준[dB(A)]
> - D : 누적소음노출량(%)
> - 100 : (12.5 × T ; T = 노출시간)
>
> $TWA[dB(A)] = 16.61 \times \log\left[\frac{D(\%)}{100}\right] + 90$
> $= 16.61 \times \log\left[\frac{300}{100}\right] + 90$
> $= 97.92[dB(A)]$

 실기까지 중요 ★★

35 공장에서 A용제 30%(노출기준 1200mg/m³), B용제 30%(노출기준 1400mg/m³) 및 C용제 40%(노출기준 1600mg/m³)의 중량비로 조성된 액체용제가 증발되어 작업 환경을 오염시킬 때, 이 혼합물의 노출기준(mg/m³)은? (단, 혼합물의 성분은 상가 작용을 한다.)

① 1400 ② 1450
③ 1500 ④ 1550

> ★ 액체 혼합물의 노출기준
> $$mg/m^3 = \frac{1}{\frac{f_a}{TLV_a} + \frac{f_b}{TLV_b} + \cdots + \frac{f_n}{TLV_n}}$$
> - f_a, f_b, f_n : 액체 혼합물에서의 각 성분 무게(중량) 구성비
> - TLV_a, TLV_b, TLV_n : 해당 물질의 노출기준(mg/m³)
>
> 풀이1
> $mg/m^3 = \dfrac{1}{\dfrac{0.3}{1,200} + \dfrac{0.3}{1,400} + \dfrac{0.4}{1,600}}$
> $= 1,400(mg/m^3)$
>
> 풀이2
> $mg/m^3 = \dfrac{100}{\dfrac{30}{1,200} + \dfrac{30}{1,400} + \dfrac{40}{1,600}}$
> $= 1,400(mg/m^3)$

실기까지 중요 ★★

36 WBGT 측정기의 구성요소로 적절하지 않은 것은?

① 습구온도계 ② 건구온도계
③ 카타온도계 ④ 흑구온도계

> ★ 습구흑구온도지수(WBGT) 측정기의 구성요소
> ① 습구온도계,
> ② 건구온도계
> ③ 흑구온도계

> ★ 참고
> 습구흑구온도지수(WBGT)의 산출
> 1. 옥외(태양광선이 내리쬐는 장소)
>   WBGT(℃) = 0.7 × 자연습구온도 + 0.2 × 흑구온도 + 0.1 × 건구온도
> 2. 옥내 또는 옥외(태양광선이 내리쬐지 않는 장소)
>   WBGT(℃) = 0.7 × 자연습구온도 + 0.3 × 흑구온도

정답 34 ② 35 ① 36 ③

37 유량, 측정시간, 회수율 및 분석에 의한 오차가 각각 18%, 3%, 9%, 5%일 때, 누적 오차(%)는?

① 18　　② 21
③ 24　　④ 29

* 누적오차의 계산

누적오차(E_c) = $\sqrt{E_1^2 + E_2^2 + E_3^2 + \cdots + E_n^2}$
- E_c : 누적오차(%)
- $E_1, E_2, E_3 \sim E_n$: 각각 요소의 오차율(%)

누적오차(E_c) = $\sqrt{18^2 + 3^2 + 9^2 + 5^2}$ = 20.95(%)

 실기 까지 중요 ★★

38 흡광광도법에 관한 설명으로 틀린 것은?

① 광원에서 나오는 빛을 단색화 장치를 통해 넓은 파장 범위의 단색 빛으로 변화시킨다.
② 선택된 파장의 빛을 시료액 층으로 통과시킨 후 흡광도를 측정하여 농도를 구한다.
③ 분석의 기초가 되는 법칙은 램버어트-비어의 법칙이다.
④ 표준액에 대한 흡광도와 농도의 관계를 구한 후, 시료의 흡광도를 측정하여 농도를 구한다.

① 단색화 장치는 슬릿, 거울, 렌즈 및 회절발로 구성된 장치로 입사된 빛 중에 원하는 파장의 빛만을 골라내기 위해 사용된다.(분석에 필요한 파장 또는 주파수의 스펙트럼 대역만을 선택하여 통과시키는 장치)

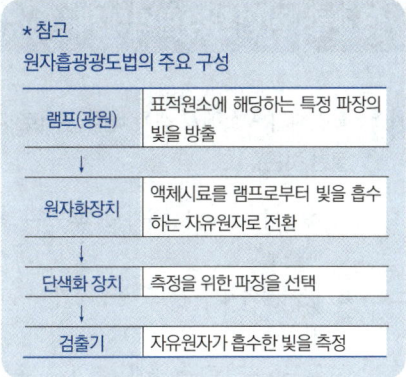

* 참고
원자흡광광도법의 주요 구성

램프(광원)	표적원소에 해당하는 특정 파장의 빛을 방출
원자화장치	액체시료를 램프로부터 빛을 흡수하는 자유원자로 전환
단색화 장치	측정을 위한 파장을 선택
검출기	자유원자가 흡수한 빛을 측정

필기에 자주 출제 ★

39 작업환경 중 분진의 측정 농도가 대수정규분포를 이룰 때, 측정 자료의 대표치에 해당되는 용어는?

① 기하평균치　　② 산술평균치
③ 최빈치　　　　④ 중앙치

산업위생분야에서는 작업환경 측정결과가 대수정규분포를 이루는 경우 대푯값으로 기하평균을, 산포도로서 기하표준편차를 사용한다.

필기에 자주 출제 ★

40 진동을 측정하기 위한 기기는?

① 충격측정기(Impulse meter)
② 레이저판독판(Laser readout)
③ 가속측정기(Accelerometer)
④ 소음측정기(Sound level meter)

가속측정기(Accelerometer)는 진동 또는 구조물의 운동 가속을 측정하는 장치이다.

정답　37 ②　38 ①　39 ①　40 ③

제3과목 작업환경관리대책

41 국소배기 시설에서 장치 배치 순서로 가장 적절한 것은?

① 송풍기 → 공기정화기 → 후드 → 덕트 → 배출구
② 공기정화기 → 후드 → 송풍기 → 덕트 → 배출구
③ 후드 → 덕트 → 공기정화기 → 송풍기 → 배출구
④ 후드 → 송풍기 → 공기정화기 → 덕트 → 배출구

> ★ 국소배기시설의 구성
> 후드(Hood)→덕트(Duct)→공기정화기(Air cleaner equipment)→송풍기(Fan)→배출구

> **암기법**
> 후(후드) 덕(덕트)한 공기를 송풍해서 배출

📝 실기까지 중요 ★★

42 금속을 가공하는 음압수준이 98dB(A)인 공정에서 NRR이 17인 귀마개를 착용했을 때의 차음효과[dB(A)]는? (단, OSHA의 차음효과 예측방법을 적용한다.)

① 2 ② 3
③ 5 ④ 7

> ★ 차음효과 계산
> 차음효과 = $(NRR - 7) \times 0.5$
> • NRR : 차음평가수
> 차음효과 = $(17 - 7) \times 0.5 = 5[dB(A)]$

📝 실기까지 중요 ★★

43 다음 중 중성자의 차폐(shielding) 효과가 가장 적은 물질은?

① 물   ② 파라핀
③ 납   ④ 흑연

> 중성자의 차폐에는 물, 파라핀, 흑연, 붕소함유 물질, 콘크리트 등이 사용된다.

44 테이블에 붙여서 설치한 사각형 후드의 필요 환기량 $Q(m^3/min)$를 구하는 식으로 적절한 것은? (단, 플랜지는 부착되지 않았고, $A(m^2)$는 개구면적, $X(m)$는 개구부와 오염원 사이의 거리, $V(m/s)$는 제어 속도를 의미한다.)

① $Q = V \times (5X^2 + A)$
② $Q = V \times (7X^2 + A)$
③ $Q = 60 \times V \times (5X^2 + A)$
④ $Q = 60 \times V \times (7X^2 + A)$

> ★ 외부식 후드의 필요 송풍량(작업대 위의 바닥면에 접하며, 플랜지가 미 부착된 장방형후드)
> $$Q = 60 \cdot Vc(5X^2 + A)$$
> • Q : 필요송풍량(m^3/min)
> • Vc : 제어속도(m/sec)
> • A : 개구면적(m^2)
> • X : 후드중심선으로부터 발생원까지의 거리(m)
>   (오염원과 후드간 거리가 덕트 직경의 1.5배 이내일 때만 유효)

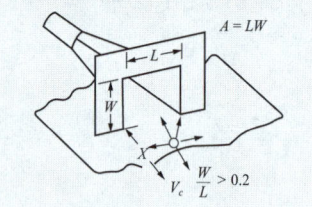

📝 실기까지 중요 ★★

정답 41 ③ 42 ③ 43 ③ 44 ③

45 원심력집진장치에 관한 설명 중 옳지 않은 것은?

① 비교적 적은 비용으로 집진이 가능하다.
② 분진의 농도가 낮을수록 집진효율이 증가한다.
③ 함진가스에 선회류를 일으키는 원심력을 이용한다.
④ 입자의 크기가 크고 모양이 구체에 가까울수록 집진효율이 증가한다.

> ② 원심력과 중력을 동시에 이용하기 때문에 입자 입경과 밀도(농도)가 클수록 집진효율이 증가한다.(입자의 크기가 크고 모양이 구체에 가까울수록 집진효율이 증가한다)

📓 필기에 자주 출제 ★

46 직경이 38cm, 유효높이 2.5m의 원통형 백 필터를 사용하여 60m³/min의 함진 가스를 처리할 때 여과속도(cm/s)는?

① 25   ② 32
③ 50   ④ 64

> ★ 여과속도
> $$U_f = \frac{Q}{A} \times 100 (\text{cm/sec})$$
> • Q : 총 처리가스량(m³/sec)
> • A : 총 여과면적(m²) (여과포 1개면적×여과포개수)
>
> $U_f = \frac{Q}{A} \times 100 = \frac{Q}{\pi DL} \times 100$
> $= \frac{1}{\pi \times 0.38 \times 2.5} \times 100 = 33.51(\text{cm/sec})$
> ($\frac{60m^3}{min} = \frac{60m^3}{60sec} = 1m^3/sec$)
> ※ 2012년 1회 시험에는 정답이 34로 출제됨

📓 실기까지 중요 ★★

47 표준상태(STP ; 0℃, 1기압)에서 공기의 밀도가 1.293kg/m³일 때, 40℃, 1기압에서 공기의 밀도(kg/m³)는?

① 1.040   ② 1.128
③ 1.185   ④ 1.312

> ★ 공기밀도의 온도보정[0℃(t_1) → 40℃(t_2)]
> 보정 후의 밀도=보정 전의 밀도 × $\frac{273+t_1}{273+t_2}$
> 보정 후의 밀도=$1.293 \times \frac{273+0}{273+40} = 1.128(kg/m^3)$

📓 실기까지 중요 ★★

48 국소배기장치로 외부식 측방형 후드를 설치할 때, 제어 풍속을 고려하여야 할 위치는?

① 후드의 개구면
② 작업자의 호흡 위치
③ 발산되는 오염 공기 중의 중심위치
④ 후드의 개구면으로 부터 가장 먼 작업 위치

> ★ 제어풍속
> 후드 전면 또는 후드 개구면에서 유해물질이 함유된 공기를 당해 후드로 흡입시킴으로써 그 지점의 유해물질을 제어할 수 있는 공기속도를 말한다. 다만, 포위식 및 부스식 후드에서는 후드의 개구면에서 흡입되는 기류의 풍속을 말하며, 외부식 및 레시버식 후드에서는 후드의 개구면으로 부터 가장 먼 거리의 유해물질 발생원 또는 작업위치에서 후드 쪽으로 흡인되는 기류의 속도를 말한다.

📓 필기에 자주 출제 ★

정답 45 ② 46 ② 47 ② 48 ④

49 작업장에서 작업공구와 재료 등에 적용할 수 있는 진동대책과 가장 거리가 먼 것은?

① 진동공구의 무게는 10kg 이상 초과하지 않도록 만들어야 한다.
② 강철로 코일용수철을 만들면 설계를 자유스럽게 할 수 있으나 oil damper 등의 저항요소가 필요할 수 있다.
③ 방진고무를 사용하면 공진 시 진폭이 지나치게 커지지 않지만 내구성, 내약품성이 문제가 될 수 있다.
④ 코르크는 정확하게 설계할 수 있고 고유진동수가 20Hz 이상이므로 진동방지에 유용하게 사용할 수 있다.

> ★ 코르크
> ① 재질이 일정하지 않아 정확한 설계가 곤란하고 처짐을 크게 할 수 없다.
> ② 고유진동수가 10Hz 전후밖에 되지 않아 진동방지보다 고체음의 전파방지에 사용된다.

50 여과 집진 장치의 여과지에 대한 설명으로 틀린 것은?

① 0.1μm 이하의 입자는 주로 확산에 의해 채취된다.
② 압력강하가 적으며 여과지의 효율이 크다.
③ 여과지의 특성을 나타내는 항목으로 기공의 크기, 여과지의 두께 등이 있다.
④ 혼합섬유 여과지로 가장 많이 사용되는 것은 microsorban 여과지이다.

> ④ 작업환경 측정에는 유리섬유여과지(Glass fiber filter)가 많이 사용된다.

51 일반적인 후드 설치의 유의사항으로 가장 거리가 먼 것은?

① 오염원 전체를 포위시킬 것
② 후드는 오염원에 가까이 설치할 것
③ 오염 공기의 성질, 발생상태, 발생 원인을 파악할 것
④ 후드의 흡인 방향과 오염 가스의 이동방향은 반대로 할 것

> ④ 후드의 흡인 방향과 오염 가스의 이동방향은 같은 방향으로 할 것

> ★ 참고
> 후드선택 지침(필요 환기량을 감소시키기 위한 방법)
> ① 가급적 공정의 포위를 최대화한다.
> ② 포집형이나 레시버형 후드를 사용할 때에는 후드를 배출 오염원에 가깝게 설치한다.
> ③ 주위 방해기류를 최소화하여 후드 개구면에서 기류가 균일하게 분포되도록 설계한다.
> ④ 오염물질 발생특성을 고려하여 설계한다.
> ⑤ 작업조건을 고려하여 적정하게 제어속도를 선정한다.
> ⑥ 공정에서 발생 또는 배출되는 오염물질의 절대량을 감소시킨다.
> ⑦ 플랜지 등을 설치하여 후드 유입 기류를 조절한다.

정답 49 ④ 50 ④ 51 ④

52 앞으로 구부리고 수행하는 작업공정에서 올바른 작업 자세라고 볼 수 없는 것은?

① 작업 점의 높이는 팔꿈치보다 낮게 한다.
② 바닥의 얼룩을 닦을 때에는 허리를 구부리지 말고 다리를 구부려서 작업한다.
③ 상체를 구부리고 작업을 하다가 일어설 때는 무릎을 굴절시켰다가 다리 힘으로 일어난다.
④ 신체의 중심이 물체의 중심보다 뒤쪽에 있도록 한다.

> ④ 신체의 중심이 물체의 중심보다 앞쪽에 있도록 한다.

53 호흡기 보호구의 사용 시 주의사항과 가장 거리가 먼 것은?

① 보호구의 능력을 과대평가 하지 말아야 한다.
② 보호구 내 유해물질 농도는 허용기준 이하로 유지해야 한다.
③ 보호구를 사용할 수 있는 최대 사용가능농도는 노출기준에 할당보호계수를 곱한 값이다.
④ 유해물질의 농도가 즉시 생명에 위태로울 정도인 경우는 공기 정화식 보호구를 착용해야 한다.

> ④ 유해물질의 농도가 즉시 생명에 위태로울 정도인 IDLH에 해당되는 경우 공기호흡기, 에어라인/호스마스크 등을 사용한다.

> ★참고
> IDLH
> (Immediately Dangerous to Life and Health)
> 생명 및 건강에 대한 즉각적인 위험 초래농도, 그 이상의 농도에서 30분간 노출되면 사망 또는 회복이 불가능한 건강장애를 일으키는 농도(NIOSH)를 말한다.

54 흡입구와 분사구의 등속선에서 노즐의 분사구 개구면 유속을 100%라고 할 때 유속이 10% 수준이 되는 지점은 분사구 내경(d)의 몇 배 거리인가?

① 5d   ② 10d
③ 30d   ④ 40d

• 송풍기로 공기를 불어줄 때, 공기속도가 덕트 직경의 30배(30D) 지점에서 유속이 10%로 감소하나, 공기를 흡인할 때는 기류의 방향과 관계없이 덕트 직경과 같은 거리에서 10%로 감소한다.

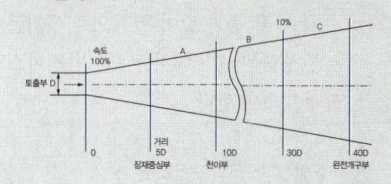

📌 필기에 자주 출제★

정답 52 ④ 53 ④ 54 ③

55 방진마스크의 성능 기준 및 사용 장소에 대한 설명 중 옳지 않은 것은?

① 방진마스크 등급 중 2급은 포집효율이 분리식과 안면부 여과식 모두 90% 이상이어야 한다.
② 방진마스크 등급 중 특급의 포집효율은 분리식의 경우 99.95% 이상, 안면부 여과식의 경우 99.0% 이상이어야 한다.
③ 베릴륨 등과 같이 독성이 강한 물질들을 함유한 분진이 발생하는 장소에서는 특급 방진마스크를 착용하여야 한다.
④ 금속 흄 등과 같이 열적으로 생기는 분진이 발생하는 장소에서는 1급 방진마스크를 착용하여야 한다.

★ 방진마스크의 포집효율

형태 및 등급		염화나트륨(NaCl) 및 파라핀 오일(Paraffin oil) 시험(%)
분리식	특급	99.95 이상
	1급	94.0 이상
	2급	80.0 이상
안면부 여과식	특급	99.0 이상
	1급	94.0 이상
	2급	80.0 이상

★ 참고
방진마스크의 등급

등급	사용장소
특급	• 베릴륨 등과 같이 독성이 강한 물질들을 함유한 분진 등 발생장소 • 석면 취급장소
1급	• 특급마스크 착용장소를 제외한 분진 등 발생장소 • 금속흄 등과 같이 열적으로 생기는 분진 등 발생장소 • 기계적으로 생기는 분진 등 발생장소(규소 등과 같이 2급 방진마스크를 착용하여도 무방한 경우는 제외한다)
2급	• 특급 및 1급 마스크 착용장소를 제외한 분진 등 발생 장소

• 배기밸브가 없는 안면부여과식 마스크는 특급 및 1급 장소에 사용해서는 안 된다.

56 레시버식 캐노피형 후드 설치에 있어 열원 주위 상부의 퍼짐각도는? (단, 실내에는 다소의 난기류가 존재한다.)

① 20°   ② 40°
③ 60°   ④ 90°

• 열원 주변에 난기류가 없는 경우 퍼지는 각도는 약 20°로 제작한다.
• 실제 실내에는 다소의 난기류가 존재하므로 퍼짐각도를 약 40°(열원의 주위에 높이 0.8배의 덮개를 더한다)로 제작한다.

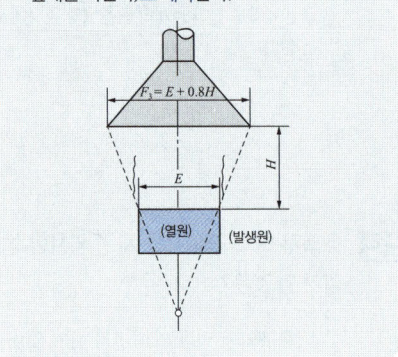

57 국소배기 시설의 투자비용과 운전비를 작게 하기 위한 조건으로 옳은 것은?

① 제어속도 증가
② 필요송풍량 감소
③ 후드개구면적 증가
④ 발생원과의 원거리 유지

국소배기 시설의 투자비용과 운전비를 작게 하기 위해서는 필요송풍량을 감소시켜야 한다.

정답 55 ① 56 ② 57 ②

58 정상류가 흐르고 있는 유체 유동에 관한 연속 방정식을 설명하는데 적용된 법칙은?

① 관성의 법칙 ② 운동량의 법칙
③ 질량보존의 법칙 ④ 점성의 법칙

> * 연속 방정식(질량보존의 법칙 적용)
> 정상류로 흐르는 한 단면의 유체 질량은 다른 단면을 통과하는 질량과 같아야 한다.

59 공기 중의 포화증기압이 1.52mmHg인 유기용제가 공기 중에 도달할 수 있는 포화농도(ppm)는?

① 2000 ② 4000
③ 6000 ④ 8000

> * 포화농도
> 포화농도 = $\dfrac{\text{물질의 증기압(mmHg)}}{\text{대기압(760mmHg)}} \times 10^2 (\%)$
> = $\dfrac{\text{물질의 증기압(mmHg)}}{\text{대기압(760mmHg)}} \times 10^6 (\text{ppm})$
> 포화농도(ppm) = $\dfrac{1.52}{760} \times 10^6 = 2{,}000(\text{ppm})$

📘 실기까지 중요 ★★

60 표준공기(21℃)에서 동압이 5mmHg일 때 유속(m/s)은?

① 9 ② 15
③ 33 ④ 45

> 1. 속도압$(VP) = \dfrac{\gamma V^2}{2g}$ (mmH$_2$O)
> 2. V(m/sec) $= 4.043\sqrt{VP}$
>   • γ : 공기비중
>   • V : 유속(m/s)
>   • g : 중력가속도(9.8m/s^2)
> 1. 760mmHg = 10332mmH$_2$O
>   760 : 10332 = 1 : X
> $760X = 10332$
> $X = \dfrac{10332}{760} = 13.5947$
>   ∴ 1mmHg = 13.5947mmH$_2$O
> 2. $V = 4.043\sqrt{VP} = 4.043 \times \sqrt{5 \times 13.5947}$
> $= 33.33$(m/s)

📘 실기까지 중요 ★★

제4과목 | 물리적 유해인자 관리

61 일반적으로 전신진동에 의한 생체반응에 관여하는 인자와 가장 거리가 먼 것은?

① 온도 ② 진동 강도
③ 진동 방향 ④ 진동수

> * 전신진동에 의한 생체반응에 관여하는 인자
> ① 진동의 강도
> ② 진동수
> ③ 진동 방향
> ④ 폭로시간(노출시간)

📘 필기에 자주 출제 ★

정답 58 ③ 59 ① 60 ③ 61 ①

62 잔향시간(reverberation time)에 관한 설명으로 옳은 것은?

① 잔향시간과 작업장의 공간부피만 알면 흡음량을 추정할 수 있다.
② 소음원에서 소음발생이 중지한 후 소음의 감소는 시간의 제곱에 반비례하여 감소한다.
③ 잔향시간은 소음이 닿는 면적을 계산하기 어려운 실외에서의 흡음량을 추정하기 위하여 주로 사용한다.
④ 소음원에서 발생하는 소음과 배경소음간의 차이가 40dB 인 경우에는 60dB 만큼 소음이 감소하지 않기 때문에 잔향시간을 측정할 수 없다.

> ① 음원이 정지된 후에 음의 에너지가 $\frac{1}{1,000,000}$까지 감쇄될 때까지 걸리는 시간
> ② 잔향시간은 실내에서 음원을 끈 순간부터 음압레벨이 60dB 감소되는 데 소요되는 시간을 말한다.
> ③ 잔향시간은 재료의 흡음율을 산정하는 데 이용된다.
> ④ 잔향시간은 일반적으로 기록지의 레벨 감쇄곡선의 폭이 25dB 이상일 때 이를 산출한다.

★참고
잔향시간

$$T(\text{초}) = K\frac{V}{A} = \frac{0.161V}{A} = \frac{0.161V}{S\bar{a}}$$

- T : 잔향시간(초)
- K : 비례상수(0.161)
- A : 실내의 총 흡음력(sabin)
- V : 실의 용적(m³)
- S : 실내의 전 표면적(m²)
- $\bar{a}$: 평균 흡음률

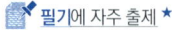 필기에 자주 출제 ★

63 산업안전보건법령상 이상기압과 관련된 용어의 정의가 옳지 않은 것은?

① 압력이란 게이지 압력을 말한다.
② 표면공급식 잠수작업은 호흡용 기체통을 휴대하고 하는 작업을 말한다.
③ 고압작업이란 고기압에서 잠함공법이나 그 외의 압기 공법으로 하는 작업을 말한다.
④ 기압조절실이란 고압작업을 하는 근로자가 가압 또는 감압을 받는 장소를 말한다.

> "잠수작업"이란 물속에서 하는 다음 각 목의 작업을 말한다.
> 가. 표면공급식 잠수작업 : 수면 위의 공기압축기 또는 호흡용 기체통에서 압축된 호흡용 기체를 공급받으면서 하는 작업
> 나. 스쿠버 잠수작업 : 호흡용 기체통을 휴대하고 하는 작업

 필기에 자주 출제 ★

64 빛과 밝기의 단위에 관한 설명으로 옳지 않은 것은?

① 반사율은 조도에 대한 휘도의 비로 표시한다.
② 광원으로부터 나오는 빛의 양을 광속이라고 하며 단위는 루멘을 사용한다.
③ 입사면의 단면적에 대한 광도의 비를 조도라 하며 단위는 촉광을 사용한다.
④ 광원으로부터 나오는 빛의 세기를 광도라고 하며 단위는 칸델라를 사용한다.

> ① 입사면의 단면적에 대한 광도의 비를 조도라 하며 단위는 룩스(Lux)를 사용한다.

★참고
조도의 정의
단위 면적에 입사하는 빛의 세기(광량)을 말한다.

$$\text{조도(Lux)} = \frac{\text{광도}}{(\text{거리})^2}$$

필기에 자주 출제 ★

정답 62 ① 63 ② 64 ③

65 전리방사선의 종류에 해당하지 않는 것은?

① γ선　　　　② 중성자
③ 레이저　　　④ β선

> ★ 전리방사선(이온화 방사선)의 종류
> ① 전자기 방사선(X-Ray, γ선)
> ② 입자 방사선(α, β입자, 중성자)

📝 필기에 자주 출제 ★

66 다음 중 방사선에 감수성이 가장 큰 인체조직은?

① 눈의 수정체
② 뼈 및 근육조직
③ 신경조직
④ 결합조직과 지방조직

> ★ 전리방사선에 대한 인체 내의 감수성 순서
> 골수, 임파선, 흉선 및 림프조직(조혈기관), 눈의 수정체〉 피부등 상피세포〉 혈관등 내피세포〉 결합조직, 지방조직〉 뼈, 근육조직〉 폐등 내장기관〉 신경조직

[암기법]
골인(임파선) 수 상 내 결지 뼈근육 폐내장 신경

📝 실기까지 중요 ★★

67 산소결핍이 진행되면서 생체에 나타나는 영향을 순서대로 나열한 것은?

> ㉠ 가벼운 어지러움
> ㉡ 사망
> ㉢ 대뇌피질의 기능 저하
> ㉣ 중추성 기능장애

① ㉠ → ㉢ → ㉣ → ㉡
② ㉠ → ㉣ → ㉢ → ㉡
③ ㉢ → ㉠ → ㉣ → ㉡
④ ㉢ → ㉣ → ㉠ → ㉡

> ★ 산소결핍에 따른 생체영향
> 가벼운 어지럼증 → 대뇌피질의 기능 저하 → 중추성 기능장애 → 사망

📝 필기에 자주 출제 ★

68 자외선으로부터 눈을 보호하기 위한 차광보호구를 선정하고자 하는데 차광도가 큰 것이 없어 두 개를 겹쳐서 사용하였다. 각각의 보호구의 차광도가 6과 3이었다면 두 개를 겹쳐서 사용한 경우의 차광도는?

① 6　　　　② 8
③ 9　　　　④ 18

> ★ 차광도
> (A보호구의 차광도 + B보호구의 차광도) - 1
> 차광도 = (6 + 3) - 1 = 8

📝 필기에 자주 출제 ★

정답　65 ③　66 ①　67 ①　68 ②

69 체온의 상승에 따라 체온조절중추인 시상하부에서 혈액온도를 감지하거나 신경망을 통하여 정보를 받아 들여 체온방산작용이 활발해지는 작용은?

① 정신적 조절작용
　(spiritual thermoregulation)
② 화학적 조절작용
　(chemical themoregulation)
③ 생물학적 조절작용
　(biological thermoregulation)
④ 물리적 조절작용
　(physical thermoregulation)

> 신체 열용량의 변화가 0보다 크면 생산된 열이 축적, 시상하부에서 혈액온도를 감지하여 체온방산작용이 시작됨 → 물리적 조절작용(physical thermo regulation)

> ★참고
> • 물리적 조절작용 : 피부를 통해 방출(방산)되는 열의 양을 조절한다.
> • 화학적 조절작용 : 몸 안에서 세포호흡을 통해 생산하는 열의 양을 조절한다.

70 다음 중 진동에 의한 장해를 최소화시키는 방법과 거리가 먼 것은?

① 진동의 발생원을 격리시킨다.
② 진동의 노출시간을 최소화시킨다.
③ 훈련을 통하여 신체의 적응력을 향상시킨다.
④ 진동을 최소화하기 위하여 공학적으로 설계 및 관리한다.

> ★진동 장해 관리대책
> ① 진동의 발생원을 격리, 진동전파 경로를 차단한다.
> ② 완충물 등 방진재료를 사용한다.
> ③ 진동을 최소화하기 위하여 공학적으로 설계 및 관리한다.(공진을 감소시켜 진동을 최소화)
> ④ 진동의 노출시간을 최소화시킨다.(작업시간의 단축 및 교대제 실시)

 필기에 자주 출제 ★

71 저온 환경에 의한 장해의 내용으로 옳지 않은 것은?

① 근육 긴장이 증가하고 떨림이 발생한다.
② 혈압은 변화되지 않고 일정하게 유지된다.
③ 피부 표면의 혈관들과 피하조직이 수축된다.
④ 부종, 저림, 가려움, 심한 통증 등이 생긴다.

저온환경의 일차적인 생리적 변화	① 근육긴장의 증가 및 떨림(전율) ② 피부혈관의 수축 ③ 말초혈관의 수축 ④ 화학적 대사작용의 증가(갑상선 호르몬 분비 증가) ⑤ 체표면적의 감소
저온환경의 이차적인 생리적 반응	① 말초냉각 : 말초혈관의 수축으로 표면조직의 냉각이 진행된다. ② 식욕변화 : 저온에서는 근육활동, 조직대사의 증진으로 식욕이 항진된다. ③ 혈압변화 : 피부혈관 수축으로 혈압은 일시적으로 상승한다. ④ 순환기능 : 피부혈관의 수축으로 순환기능이 감소된다.

필기에 자주 출제 ★

72 작업장의 조도를 균등하게 하기 위하여 국소조명과 전체조명이 병용될 때, 일반적으로 전체 조명의 조도는 국부조명의 어느 정도가 적당한가?

① $\frac{1}{20} \sim \frac{1}{10}$ ② $\frac{1}{10} \sim \frac{1}{5}$
③ $\frac{1}{5} \sim \frac{1}{3}$ ④ $\frac{1}{3} \sim \frac{1}{2}$

> 국부조명과 전반조명이 병용되는 경우 작업장의 조도를 균일하게 하기 위하여 전반조명의 조도는 국부조명의 $\frac{1}{10} \sim \frac{1}{5}$ 정도가 적당하다.

필기에 자주 출제 ★

73 다음 중 소음에 의한 청력장해가 가장 잘 일어나는 주파수 대역은?

① 1000 Hz ② 2000 Hz
③ 4000 Hz ④ 8000 Hz

> ★ C_5-dip현상
> 소음성 난청의 초기단계로서 4000Hz 부근의 음에 대한 청력저하가 심하게 생기게 되는 현상을 말한다.

필기에 자주 출제 ★

74 다음 중 감압과정에서 감압속도가 너무 빨라서 나타나는 종격기종, 기흉의 원인이 되는 것은?

① 질소 ② 이산화탄소
③ 산소 ④ 일산화탄소

> ★ 감압환경에서의 생체영향
> 급격한 감압 시에 혈액 속의 질소가 혈액과 조직에 기포를 형성하여(종격기종, 기흉)을 혈액순환 장애와 조직 손상(감압병)을 일으킨다.

필기에 자주 출제 ★

75 음향출력이 1000W인 음원이 반자유공간(반구면파)에 있을 때 20m 떨어진 지점에서의 음의 세기는 약 얼마인가?

① 0.2W/m² ② 0.4 W/m²
③ 2.0W/m² ④ 4.0W/m²

> 1. 반자유공간(바닥, 벽, 천장, 반구면파)에 위치할 때
> $SPL = PWL - 20\log r - 8$ (dB)
>   • r : 소음원으로 부터의 거리(m)
> 2. PWL(dB) $= 10\log\left(\frac{W}{W_o}\right)$
>   • PWL : 음향파워레벨(dB)
>   • W : 대상음원의 음력(watt)
>   • W_o : 기준음력(10^{-12}watt)
> 3. $SIL = 10\log\left(\frac{I}{I_o}\right) = 20\log\left(\frac{P}{P_o}\right) = SPL$
>   • SIL : 음의 세기레벨(dB)
>   • I : 대상음의 세기(w/m²)
>   • I_o : 최소가청음 세기(10^{-12}w/m²)
>   • SPL : 음압수준(음압도, 음압레벨) (dB)
>   • P : 대상음의 음압(음압 실효치) (N/m²)
>   • P_o : 기준음압 실효치
>   (2×10^{-5}N/m², 2×10^{-4}dyne/cm²)
>
> 1. $PWL = 10\log\left(\frac{W}{W_o}\right) = 10\times\log\left(\frac{1000}{10^{-12}}\right)$
> $= 150$(dB)
> 2. $SPL = PWL - 20\log r - 8$
> $= 150 - 20\times\log 20 - 8 = 115.98$(dB)
> 3. $SIL = 10\log\left(\frac{I}{I_o}\right) = 20\log\left(\frac{P}{P_o}\right) = SPL$
> $SIL = 10\log\left(\frac{I}{I_o}\right) = 115.98$
> $\log\left(\frac{I}{I_o}\right) = \frac{115.98}{10} = 11.598$
> $\frac{I}{I_o} = 10^{11.598}$
> $I = I_o \times 10^{11.598} = 10^{-12} \times 10^{11.598} = 0.40$(W/m²)

정답 72 ② 73 ③ 74 ① 75 ②

76 다음에서 설명하는 고열 건강장해는?

> 고온 환경에서 강한 육체적 노동을 할 때 잘 발생하며, 지나친 발한에 의한 탈수와 염분 소실이 발생하며 수의근의 유통성 경련증상이 나타나는 것이 특징이다.

① 열성발진(heat rashes)
② 열사병(heat stroke)
③ 열피로(heat fatigue)
④ 열경련(heat cramps)

★ 열경련(heat cramp)
① 전형적인 열 중증의 형태로 고온환경에서 심한 육체적인 노동을 할 때 혈중 염분농도 저하가 원인이 된다.
② 수분 및 NaCl 보충(생리식염수 0.1% 공급)한다.(일시에 염분농도가 높으면 흡수 저하가 일어나므로 식염정제를 공급해서는 안 된다.)

★ 참고
① 열성발진(heat rashes) : 가장 흔한 피부장애로서 땀띠라고도 한다.
② 열사병 : 태양의 복사열에 직접 노출 시 뇌의 온도 상승으로 체온조절 중추기능 장해(중추신경 마비)를 일으켜서 체내에 열이 축적되어 발생한다.
③ 열피로(heat exhaustion), 열탈진, 열피비 : 고온환경에서 장시간 힘든 노동을 할 때 과다 발한으로 인한 수분과 염분손실 및 탈수로 인한 혈장량이 감소되어 발생한다.

📋 실기까지 중요 ★★

77 마이크로파와 라디오파에 관한 설명으로 옳지 않은 것은?

① 마이크로파의 주파수 대역은 100~3000MHz 정도이며, 국가(지역)에 따라 범위의 규정이 각각 다르다.
② 라디오파의 파장은 1MHz와 자외선 사이의 범위를 말한다.
③ 마이크로파와 라디오파의 생체작용 중 대표적인 것은 온감을 느끼는 열작용이다.
④ 마이크로파의 생물학적 작용은 파장뿐만 아니라 출력, 노출시간, 노출된 조직에 따라 다르다.

② 라디오파는 주파수가 3kHz부터 3THz (파장 : 1mm~100km)까지의 모든 전자기파를 말한다.

78 18℃ 공기 중에서 800Hz인 음의 파장은 약 몇 m인가?

① 0.35 ② 0.43
③ 3.5   ④ 4.3

> 음속(C) = $f \times \lambda$
> • C : 음속(m/sec)
> • f : 주파수(1/sec = Hz)
> • λ : 파장(m)

1. 음속(C) = $331.42 + 0.6t$
   = $331.42 + (0.6 \times 18)$
   = 342.22(m/sec)
2. 음속(C) = $f \times \lambda$
   $\lambda = \dfrac{C}{f} = \dfrac{342.22}{800} = 0.43$(m)

📋 필기에 자주 출제 ★

79 음압이 2배로 증가하면 음압레벨(sound pressure level)은 몇 dB 증가하는가?

① 2
② 3
③ 6
④ 12

$$SPL = 20 \times \log\left(\frac{P}{P_o}\right)$$

- SPL : 음압수준(음압도, 음압레벨) (dB)
- P : 대상음의 음압(음압 실효치) (N/m²)
- P_o : 기준음압 실효치
  (2×10^{-5} N/m², 2×10^{-4} dyne/cm²)

$SPL = 20 \times \log 2 = 6.02$ (dB)

📝 필기에 자주 출제 ★

---

80 고압환경의 영향 중 2차적인 가압 현상(화학적 장해)에 관한 설명으로 옳지 않은 것은?

① 4기압 이상에서 공기 중의 질소 가스는 마취 작용을 나타낸다.
② 이산화탄소의 증가는 산소의 독성과 질소의 마취작용을 촉진시킨다.
③ 산소의 분압이 2기압을 넘으면 산소 중독증세가 나타난다.
④ 산소중독은 고압산소에 대한 노출이 중지되어도 근육경련, 환청 등 후유증이 장기간 계속된다.

④ 산소중독 증세는 가역적인 증세로 고압산소에 대한 노출이 중지되면 증상은 즉시 멈춘다.

📝 필기에 자주 출제 ★

제5과목 산업독성학

81 산업안전보건법령상 사람에게 충분한 발암성 증거가 있는 유해물질에 해당하지 않는 것은?

① 석면(모든 형태)
② 크롬광 가공(크롬산)
③ 알루미늄(용접 흄)
④ 황화니켈(흄 및 분진)

- 1A : 황화니켈(흄 및 분진), 석면(모든 형태), 트리클로로에틸렌, 클로로에틸렌, 크롬광 가공(크롬산), 카드뮴 및 그 화합물, 액화석유가스 등
- 알루미늄(용접 흄)은 발암성물질에 해당하지 않는다.

★참고
우리나라 노동부고시의 발암성 물질 구분
- 1A : 사람에게 충분한 발암성 증거가 있는 물질
- 1B : 시험동물에서 발암성 증거가 충분히 있거나, 시험동물과 사람 모두에서 제한된 발암성 증거가 있는 물질
- 2 : 사람이나 동물에서 제한된 증거가 있지만, 구분1로 분류하기에는 증거가 충분하지 않은 물질

정답 79 ③ 80 ④ 81 ③

82 다음 설명에 해당하는 중금속은?

- 뇌홍의 제조에 사용
- 소화관으로는 2~7% 정도의 소량흡수
- 금속 형태는 뇌, 혈액, 심근에 많이 분포
- 만성노출시 식욕부진, 신기능부전, 구내염 발생

① 납(Pb) ② 수은(Hg)
③ 카드뮴(Cd) ④ 안티몬(Sb)

★ 수은
① 소화관으로는 2~7%의 소량으로 흡수되며, 금속형태는 뇌, 혈액, 심근에 많이 분포된다.
② 체내에 흡수된 수은은 주로 신장에 축적된다.
③ 무기수은염류는 호흡기나 경구 어느 경로라도 흡수된다.
④ 알킬수은화합물(유기수은)의 독성은 무기수은 화합물의 독성보다 훨씬 강하다.
⑤ 알킬수은화합물(유기수은)중 메틸수은은 미나마타(minamata)병을 일으킨다.
⑥ 뇌홍(뇌산 수은)의 제조에 사용된다.
⑦ 온도계 제조, 농약, 살충제 제조업, 치과용 아말감 산업 등에서 노출될 수 있다.

📘 필기에 자주 출제 ★

83 골수장해로 재생불량성 빈혈을 일으키는 물질이 아닌 것은?

① 벤젠(benzene)
② 2-브로모프로판(2-bromopropane)
③ TNT(trinitrotoluene)
④ 2,4-TDI(Toluene-2,4-diisocyanate)

★ 재생불량성 빈혈을 일으키는 물질
① 벤젠(benzene)
② 2-브로모프로판(2-bromopropane)
③ TNT(trinitrotoluene)

📘 필기에 자주 출제 ★

84 호흡성 먼지(Respirable particulate mass)에 대한 미국 ACGIH의 정의로 옳은 것은?

① 크기가 10~100μm로 코와 인후두를 통하여 기관지나 폐에 침착한다.
② 폐포에 도달하는 먼지로 입경이 7.1μm 미만인 먼지를 말한다.
③ 평균 입경이 4μm이고, 공기역학적 직경이 10um 미만인 먼지를 말한다.
④ 평균 입경이 10μm인 먼지로 흉곽성(thoracic) 먼지라고도 한다.

★ ACGIH의 입자상 물질의 분류
① 흡입성 분진
 • 호흡기 어느 부위에 침착하더라도 독성을 나타내는 분진
 • 평균입경 : 100μm
② 흉곽성 분진
 • 기관지, 세기관지 등 하기도 및 가스교환부위(폐포)에 침착되어 독성을 나타내는 물질
 • 평균 입경 : 10μm
③ 호흡성 분진
 • 가스교환 부위(폐포)에 침착하여 독성을 나타내는 물질
 • 평균 입경 : 4μm

📘 실기에 자주 출제 ★★★

85 무기성 분진에 의한 진폐증이 아닌 것은?

① 규폐증(silicosis)
② 연초폐증(tabacosis)
③ 흑연폐증(graphite lung)
④ 용접공폐증(welder's lung)

정답 82 ② 83 ④ 84 ③ 85 ②

무기성(광물성)분진에 의한 진폐증	유기성 분진에 의한 진폐증
• 규폐증 • 규조토폐증 • 탄소폐증 • 탄광부 진폐증 • 용접공폐증 • 석면폐증 • 베릴륨폐증 • 활석폐증 • 흑연폐증 • 주석폐증 • 칼륨폐증 • 바륨폐증 • 철폐증	• 농부폐증 • 연초폐증 • 면폐증 • 설탕폐증 • 목재분진폐증 • 모발분진폐증 **암기법** 연초 핀 농부의 폐와 모발에서 설탕 나오면 면목 없다.

필기에 자주 출제 ★

86 생물학적 모니터링에 관한 설명으로 옳지 않은 것을 모두 고른 것은?

㉠ 생물학적 검체인 호기, 소변, 혈액 등에서 결정인자를 측정하여 노출 정도를 추정하는 방법이다.
㉡ 결정인자는 공기 중에서 흡수된 화학물질이나 그것의 대사산물 또는 화학물질에 의해 생긴 비가역적인 생화학적 변화이다.
㉢ 공기 중의 농도를 측정하는 것이 개인의 건강 위험을 보다 직접적으로 평가할 수 있다.
㉣ 목적은 화학물질에 대한 현재나 과거의 노출이 안전한 것인지를 확인하는 것이다.
㉤ 공기 중 노출기준이 설정된 화학물질의 수만큼 생물학적 노출기준(BEI)이 있다.

① ㉠, ㉡, ㉢
② ㉠, ㉢, ㉣
③ ㉡, ㉢, ㉤
④ ㉡, ㉣, ㉤

㉡ 결정인자는 공기 중에서 흡수된 화학물질에 의하여 생긴 가역적인 생화학적 변화이다.
㉢ 건강상의 위험은 생물학적 검체에서 물질별 결정인자를 생물학적 노출지수와 비교하여 평가된다.
㉤ 작업환경측정에서 설정한 공기 중의 허용기준(TLV)보다 훨씬 적은 생물학적 노출지수(BEI)가 있다.

필기에 자주 출제 ★

87 체내에 노출되면 metallothionein 이라는 단백질을 합성하여 노출된 중금속의 독성을 감소시키는 경우가 있는데 이에 해당되는 중금속은?

① 납
② 니켈
③ 비소
④ 카드뮴

★ 카드뮴의 흡수 및 축적
① 호흡기를 통한 독성이 경구독성보다 8배 정도 강하다.
② 체내에 흡수된 카드뮴은 혈장단백질과 결합하여 간으로 이송되고, 간에서 서서히 배출되어 최종적으로 신장에 축적된다.(체내에 흡수된 카드뮴의 50~75%는 간 및 신장에 축적되며 일부는 장관벽에 축적된다.)
③ 체내에 노출되면 metallothionein이라는 단백질을 합성하여 노출된 중금속의 독성을 감소시킨다.
④ 소변 속의 카드뮴 배설량은 카드뮴 흡수를 나타내는 지표가 된다.

필기에 자주 출제 ★

정답 86 ③ 87 ④

88 산업안전보건법령상 다음 유해물질 중 노출기준(ppm)이 가장 낮은 것은? (단, 노출기준은 TWA기준이다.)

① 오존(O_3)
② 암모니아(NH_3)
③ 염소(Cl_2)
④ 일산화탄소(CO)

유해물질	노출기준(ppm)
오존(O_3)	0.08
암모니아(NH_3)	25
염소(Cl_2)	0.5
일산화탄소(CO)	30

89 유해인자에 노출된 집단에서의 질병 발생률과 노출되지 않은 집단에서 질병 발생률과의 비를 무엇이라 하는가?

① 교차비
② 발병비
③ 기여위험도
④ 상대위험도

★ 상대위험도(비교위험도)
비노출군에 비하여 노출군에서 질병에 걸릴 위험이 얼마나 큰지를 나타낸다.

상대위험비 = 노출군에서 질병발생률 / 비노출군에서 질병발생률
(비교위험도)
= 위험폭로집단발병율 / 비위험폭로집단발병율

• 상대위험비 = 1 : 노출과 질병 사이의 연관성 없음
• 상대위험비 > 1 : 위험의 증가
• 상대위험비 < 1 : 질병에 대한 방어효과가 있음

암기법
상노비(상대위험비 = 노출군/비노출군)

★참고
기여위험도(귀속위험도)
• 유해요인에 노출될 때 얼마만큼의 환자수가 증가하였는가를 나타낸다.
• 질병발생의 요인을 제거하였을 때 질병발생이 얼마나 감소될 것인가를 나타낸다.

기여위험도 = (노출군에서 질병발생률 − 비노출군에서 질병발생률) / 노출군에서 질병발생률
= (상대위험비 − 1) / 상대위험비

암기법
기노비노(기여위험도 = 노출군 − 비노출군/노출군)

📝 실기까지 중요 ★★

90 수은중독의 예방대책이 아닌 것은?

① 수은 주입과정을 밀폐공간 안에서 자동화한다.
② 작업장 내에서 음식물 섭취와 흡연 등의 행동을 금지한다.
③ 수은취급 근로자의 비점막 궤양 생성여부를 면밀히 관찰한다.
④ 작업장에 흘린 수은은 신체가 닿지 않는 방법으로 즉시 제거한다.

★ 수은중독의 예방대책
① 수은 주입과정을 밀폐공간 안에서 자동화한다.
② 작업장 내에서 음식물을 먹거나 흡연을 금지한다.
③ 작업장에 흘린 수은은 신체가 닿지 않는 방법으로 즉시 제거한다.
④ 수은의 보관 장소의 내부는 음압으로 유지한다.
⑤ 밀폐실 내부를 음압으로 유지하는 것이 곤란한 경우 또는 개구부 등을 통하여 수은이 누출되는 경우에는 해당 부위에 국소배기장치를 설치하여 수은증기의 발산을 최소화한다.

📝 필기에 자주 출제 ★

88 ① 89 ④ 90 ③

91 일산화탄소 중독과 관련이 없는 것은?

① 고압산소설
② 카나리아 새
③ 식염의 다량투여
④ 카르복시헤모글로빈(carboxyhemoglobin)

> ★ 일산화탄소 중독
> ① 고압산소설 : 1기압 이상의 높은 압력으로 100%의 산소를 체내에 주입하는 고압산소요법으로 일산화탄소 중독을 치료한다.
> ② 카나리아 새 : 카나리아 새는 사람보다 훨씬 소량의 일산화탄소 노출에도 사망에 이르러 연탄가스(일산화탄소)의 조기경보시스템으로 카나리아 새를 방안에 두는 경우도 있었다.
> ③ 카르복시헤모글로빈(carboxyhemoglobin) : 일산화탄소에 노출되면 헤모글로빈이 일산화탄소와 결합하여 카복시헤모글로빈(Carboxyhemoglobin)을 만든다.

92 유해물질이 인체에 미치는 영향을 결정하는 인자와 가장 거리가 먼 것은?

① 개인의 감수성
② 유해물질의 독립성
③ 유해물질의 농도
④ 유해물질의 노출시간

> ★ 유해물질의 유해요인(인체에 미치는 유해성을 좌우하는 인자)
> ① 유해물질의 농도와 접촉시간
> ② 근로자의 감수성
> ③ 작업강도 및 호흡량
> ④ 기상조건
> ⑤ 인체 내 침입경로

📝 필기에 자주 출제★

93 벤젠의 생물학적 지표가 되는 대사물질은?

① Phenol
② Coproporphyrin
③ Hydroquinone
④ 1,2,4 - Trihydroxybenzene

화학물질	생물학적 노출지표물질 (체내대사산물)	시료채취 시기
톨루엔	혈액·호기의 톨루엔, 소변 중 o-크레졸 (오르소-크레졸)	작업종료 시
벤젠	소변 중 페놀, 소변 중 t,t-뮤코닉산 (t,t-Muconic acid)	작업종료 시
크실렌	소변 중 메틸마뇨산	작업종료 시
니트로벤젠	혈중 메타헤모글로빈	작업종료 시
에틸벤젠	소변 중 만델린산	작업종료 시
이황화탄소	소변 중 TTCA	당일 작업종료 2시간 전부터 작업종료 사이에 채취

📝 실기에 자주 출제★★★

94 유기용제의 흡수 및 대사에 관한 설명으로 옳지 않은 것은?

① 유기용제가 인체로 들어오는 경로는 호흡기를 통한 경우가 가장 많다.
② 대부분의 유기용제는 물에 용해되어 지용성 대사산물로 전환되어 체외로 배설된다.
③ 유기용제는 휘발성이 강하기 때문에 호흡기를 통하여 들어간 경우에 다시 호흡기로 상당량이 배출된다.
④ 체내로 들어온 유기용제는 산화, 환원, 가수분해로 이루어지는 생전환과 포합체를 형성하는 포합반응인 두 단계의 대사과정을 거친다.

> ② 유기용제는 지방에 대한 친화력은 높고 물에 대한 친화력이 낮아 신체조직의 지방부분에 축적이 잘 된다.

📝 필기에 자주 출제★

정답 91 ③ 92 ② 93 ① 94 ②

95 다핵방향족 탄화수소(PAHs)에 대한 설명으로 옳지 않은 것은?

① 벤젠고리가 2개 이상이다.
② 대사가 활발한 다핵 고리화합물로 되어있으며 수용성이다.
③ 시토크롬(cytochrome) P-450의 준 개체단에 의하여 대사된다.
④ 철강 제조업에서 석탄을 건류할 때나 아스팔트를 콜타르 피치로 포장할 때 발생된다.

★ 다환(다핵) 방향족 탄화수소류(PAHs)
① 석유, 석탄 등에 포함되어 있으며, 석탄연료 배출물, 자동차 연료 배출가스 등 흡연 및 연소공정에서 주로 생성된다.
② 대사 중에 Arene oxide를 생성한다.
③ 비극성 지용성 화합물로 소화관을 통해 흡수된다.
④ 벤젠고리가 2개 이상 연결되어 있고 대사가 거의 되지 않는 방향족 고리로 구성되어 있다.
⑤ 나프탈렌, 벤조피렌 등이 해당된다.
⑥ PAH는 배설을 쉽게 하기 위하여 수용성으로 대사된다.
⑦ PAH는 대사에 관여하는 효소는 시토크롬 P-448로 대사되는 중간산물이 발암성을 나타낸다

📝 필기에 자주 출제 ★

96 증상으로는 무력증, 식욕감퇴, 보행 장해 등의 증상을 나타내며, 계속적인 노출 시에는 파킨슨씨 증상을 초래하는 유해물질은?

① 망간
② 카드뮴
③ 산화칼륨
④ 산화마그네슘

★ 망간의 중독 증세
① 망간의 노출이 계속되면 중추신경계 장해로 파킨슨증후군을 유발한다.
② 중독에 의한 특징적인 증상은 구내염, 근육진전, 전신증상의 3가지로 나눌 수 있다.
③ 언어장해, 균형감각 상실, 보행 장해, 신장염, 신경염 등의 증세가 발생한다.
④ 이산화망간 흄에 급성 폭로되면 열, 오한, 호흡 곤란 등의 증상을 특징으로 하는 금속 열을 일으킨다.

📝 필기에 자주 출제 ★

97 다음 중 중추신경 활성억제 작용이 가장 큰 것은?

① 알칸
② 알코올
③ 유기산
④ 에테르

★ 중추신경계 억제작용 순서
할로겐화합물(할로겐족) 〉 에테르 〉 에스테르 〉 유기산 〉 알코올 〉 알켄 〉 알칸

★ 참고
중추신경계 자극작용 순서
아민류 〉 유기산 〉 케톤 〉 알데히드 〉 알코올 〉 알칸

📝 필기에 자주 출제 ★

98 산업안전보건법령상 기타 분진의 산화규소 결정체 함유율과 노출기준으로 옳은 것은?

① 함유율 : 0.1% 이상, 노출기준 : $5mg/m^3$
② 함유율 : 0.1% 이하, 노출기준 : $10mg/m^3$
③ 함유율 : 1% 이상, 노출기준 : $5mg/m^3$
④ 함유율 : 1% 이하, 노출기준 : $10mg/m^3$

> 기타 분진(산화규소 결정체 1% 이하)의 노출기준 : $10 mg/m^3$

📝 실기까지 중요 ★★

99 단순 질식제로 볼 수 없는 것은?

① 오존   ② 메탄
③ 질소   ④ 헬륨

단순 질식제	• 생리적으로는 아무 작용도 하지 않으나 공기 중에 많이 존재하여 산소분압을 저하시켜 조직에 필요한 산소의 공급부족을 초래한다. • 수소, 이산화탄소(CO_2), 질소, 헬륨, 메탄, 에탄, 프로판, 에틸렌, 아세틸렌 등
화학적 질식제	• 혈액 중의 혈색소와 결합하여 산소운반 능력을 방해하거나 조직이 산소를 받아들이는 능력을 잃게 하여 내질식을 일으킨다. • 일산화탄소(CO), 황화수소(H_2S), 시안화수소(HCN), 아닐린, 오존, 염소, 포스겐 등

📝 실기까지 중요 ★★

100 금속의 일반적인 독성작용 기전으로 옳지 않은 것은?

① 효소의 억제
② 금속 평형의 파괴
③ DNA 염기의 대체
④ 필수 금속성분의 대체

> ★ 금속의 독성기전
> ① 효소의 억제 : 대부분의 독성금속은 단백질과 직접 반응하여 효소구조와 기능을 변화시킨다.
> ② 금속 평형의 파괴 : 어떤 금속이 지나치게 공급되면 생물학적 단계의 필수금속이 과잉되거나 고갈된다.
> ③ 간접영향 : 대부분의 금속은 세포성분의 역할을 변화시킨다.
> ④ 필수 금속성분의 대체 : 필수금속과 화학적으로 유사한 독성금속이 필수금속을 대체할 수 있다.

📝 필기에 자주 출제 ★

정답 98 ④ 99 ① 100 ③

2022년 4월 24일
2회 과년도기출문제

제1과목 산업위생학개론

01 현재 총 흡음량이 1200sabins인 작업장의 천장에 흡음 물질을 첨가하여 2400sabins를 추가할 경우 예측되는 소음 감음량(NR)은 약 몇 dB인가?

① 2.6 ② 3.5
③ 4.8 ④ 5.2

> ★ 감음량(NR)
> $$NR(\text{dB}) = 10\log\left(\frac{A_2}{A_1}\right)$$
> - NR : 감음량(dB)
> - A_1 : 흡음처리 전 실내의 총 흡음력(sabin)
> - A_2 : 흡음처리 후 실내의 총 흡음력(sabin)
>
> $NR = 10 \times \log\left(\dfrac{1{,}200 + 2{,}400}{1{,}200}\right) = 4.77(\text{dB})$

📝 실기까지 중요 ★★

02 젊은 근로자에 있어서 약한 쪽 손의 힘은 평균 45kp라고 한다. 이러한 근로자가 무게 8kg인 상자를 양손으로 들어 올릴 경우 작업강도(%MS)는 약 얼마인가?

① 17.8% ② 8.9%
③ 4.4% ④ 2.3%

> ★ 작업강도(% MS)의 계산
> $$\text{작업강도(\%MS)} = \frac{RF}{MS} \times 100$$
> - RF : 작업 시 요구되는 힘(한 손에 요구되는 힘)
> - MS : 근로자가 가지고 있는 약한 손의 최대 힘
>
> 작업강도(%MS) = $\dfrac{4}{45} \times 100 = 8.89(\%)$
>
> ★ 8kg을 양손으로 들어 올림
> → 한 손에 요구되는 힘은 4kg

📝 실기까지 중요 ★★

03 누적외상성 질환(CTDs) 또는 근골격계질환(MSDs)에 속하는 것으로 보기 어려운 것은?

① 건초염(Tendosynoitis)
② 스티븐스존슨증후군(Stevens Johnson syndrome)
③ 손목뼈터널증후군(Carpal tunnel syndrome)
④ 기용터널증후군(Guyon tunnel syndrome)

> ② 스티븐스존슨증후군(Stevens Johnson syndrome)은 심한 전신성의 급성 피부점막 질환으로 근골격계질환(MSDs)에 속하지 않는다.

> ★ 참고
> **근골격계질환**
> 반복적인 동작, 부적절한 작업자세, 무리한 힘의 사용, 날카로운 면과의 신체접촉, 진동 및 온도 등의 요인에 의하여 발생하는 건강장해로서 목, 어깨, 허리, 팔·다리의 신경·근육 및 그 주변 신체조직 등에 나타나는 질환을 말한다.

📝 필기에 자주 출제 ★

정답 01 ③ 02 ② 03 ②

04 심리학적 적성검사에 해당하는 것은?

① 지각동작검사 ② 감각기능검사
③ 심폐기능검사 ④ 체력검사

> ★ 적성검사의 분류
>
> | 생리학적 적성검사 | 심리학적 적성검사 | 신체검사 |
> |---|---|---|
> | ① 감각기능검사 | ① 지능검사 | ① 체격검사 |
> | ② 심폐기능검사 | ② 지각동작검사 | |
> | ③ 체력검사 | ③ 인성검사 | |
> | | ④ 기능검사 | |
>
> 필기에 자주 출제★

05 산업위생의 4가지 주요 활동에 해당하지 않는 것은?

① 예측 ② 평가
③ 관리 ④ 제거

> ★ 산업위생의 주요 활동
> 예측 → (인지) → 측정 → 평가 → 관리
>
> 필기에 자주 출제★

06 사고예방대책의 기본원리 5단계를 순서대로 나열한 것으로 옳은 것은?

① 사실의 발견 → 조직 → 분석 → 시정책(대책)의 선정 → 시정책(대책)의 적용
② 조직 → 분석 → 사실의 발견 → 시정책(대책)의 선정 → 시정책(대책)의 적용
③ 조직 → 사실의 발견 → 분석 → 시정책(대책)의 선정 → 시정책(대책)의 적용
④ 사실의 발견 → 분석 → 조직 → 시정책(대책)의 선정 → 시정책(대책)의 적용

> ★ 하인리히의 사고방지 5단계
> • 1단계 : 안전조직
> • 2단계 : 사실의 발견
> • 3단계 : 분석
> • 4단계 : 시정방법 선정
> • 5단계 : 시정책 적용
>
> 필기에 자주 출제★

07 산업안전보건법령상 보건관리자의 자격 기준에 해당하지 않는 사람은?

①「의료법」에 따른 의사
②「의료법」에 따른 간호사
③「국가기술자격법」에 따른 환경기능사
④「산업안전보건법」에 따른 산업보건지도사

> ★ 보건관리자의 자격
> ① 산업보건지도사 자격을 가진 사람
> ②「의료법」에 따른 의사
> ③「의료법」에 따른 간호사
> ④「국가기술자격법」에 따른 산업위생관리산업기사 또는 대기환경산업기사 이상의 자격을 취득한 사람
> ⑤「국가기술자격법」에 따른 인간공학기사 이상의 자격을 취득한 사람
> ⑥「고등교육법」에 따른 전문대학 이상의 학교에서 산업보건 또는 산업위생 분야의 학위를 취득한 사람
>
> 실기까지 중요★★

정답 04 ① 05 ④ 06 ③ 07 ③

08 근육운동의 에너지원 중 혐기성대사의 에너지원에 해당되는 것은?

① 지방
② 포도당
③ 단백질
④ 글리코겐

> ★ 혐기성 대사 순서
> ATP(아데노신 삼인산) → CP(크레아틴 인산) → Glycogen(글리코겐) or Glucose(포도당)

📎 실기까지 중요 ★★

09 산업재해의 기본 원인을 4M(Management, Machine, Media, Man)이라고 할 때 다음 중 Man(사람)에 해당되는 것은?

① 안전교육과 훈련의 부족
② 인간관계 · 의사소통의 불량
③ 부하에 대한 지도 · 감독부족
④ 작업자세 · 작업동작의 결함

> ★ 인간에러(휴먼 에러)의 배후 요인(4M)
> ① Man(인간) : 본인 외의 사람, 직장의 인간관계 등
> ② Machine(기계) : 기계, 장치 등의 물적 요인
> ③ Media(매체) : 작업정보, 작업방법 등
> ④ Management(관리) : 작업관리, 법규 준수, 단속, 점검 등

📎 필기에 자주 출제 ★

10 직업성 질환의 범위에 해당되지 않는 것은?

① 합병증
② 속발성 질환
③ 선천적 질환
④ 원발성 질환

> ★ 직업성 질환의 범위
> ① 직업상 업무에 기인하여 1차적으로 발생하는 원발성 질환은 포함한다.
> ② 원발성 질환과 합병 작용하여 제2의 질환(속발성 질환)을 유발하는 경우를 포함한다.
> ③ 합병증이 원발성 질환과 불가분의 관계를 가지는 경우를 포함한다.(합병증은 원발성 질환에서 떨어진 다른 부위에 같은 원인에 의한 제2의 질환을 일으키는 경우를 의미한다.)
> ④ 원발성 질환에 떨어진 다른 부위에 같은 원인에 의한 제2의 질환을 일으키는 경우를 포함한다.

📎 필기에 자주 출제 ★

11 18세기에 Percivall Pott가 어린이 굴뚝청소부에게서 발견한 직업성 질환은?

① 백혈병
② 골육종
③ 진폐증
④ 음낭암

> ★ Percivall Pott(18세기) : 영국의 외과의사
> ① 굴뚝청소부에게서 최초의 직업성 암인 "음낭암"을 발견
> ② 암의 원인 물질은 "검댕"(다핵방향족 화합물 PAH)
> ③ "굴뚝 청소부법" 제정하는 계기가 됨

📎 실기까지 중요 ★★

정답   08 ④   09 ②   10 ③   11 ④

12 산업피로의 대책으로 적합하지 않은 것은?

① 불필요한 동작을 피하고 에너지 소모를 적게 한다.
② 작업과정에 따라 적절한 휴식시간을 가져야 한다.
③ 작업능력에는 개인별 차이가 있으므로 각 개인마다 작업량을 조정해야 한다.
④ 동적인 작업은 피로를 더하게 하므로 가능한 한 정적인 작업으로 전환한다.

> ④ 동적인 작업과 정적인 작업을 적절히 혼합하여 배치한다. (과격한 육체적 노동은 기계화하고, 과도한 정적인 작업은 적정한 동적인 작업으로 전환한다.)

📝 필기에 자주 출제 ★

13 미국산업위생학술원(AAIH)에서 채택한 산업위생분야에 종사하는 사람들이 지켜야 할 윤리강령에 포함되지 않는 것은?

① 국가에 대한 책임
② 전문가로서의 책임
③ 일반 대중에 대한 책임
④ 기업주와 고객에 대한 책임

> ★ 산업위생 전문가의 윤리강령
> (미국산업위생학술원 : AAIH)
>
> | 산업위생 전문가로서의 책임 | ① 학문적 실력 면에서 최고 수준 유지
② 자료의 해석에서 객관성을 유지
③ 산업위생을 학문적으로 발전시킨다.
④ 과학적 지식을 공개하고 발표
⑤ 기업체의 기밀은 누설하지 않는다.
⑥ 이해관계가 있는 상황에는 개입하지 않는다. |
> |---|---|
> | 근로자에 대한 책임 | ① 근로자의 건강보호가 산업위생 전문가의 1차적 책임
② 위험 요인의 측정, 평가 및 관리에 있어서 중립적 태도
③ 위험요소와 예방조치에 대해 근로자와 상담 |
> | 기업주와 고객에 대한 책임 | ① 정확한 기록을 유지하고 산업위생 전문부서들을 운영 관리
② 궁극적 책임은 근로자의 건강보호
③ 책임 있게 행동
④ 정직하게 권고, 권고사항을 정확히 보고 |
> | 일반 대중에 대한 책임 | ① 일반 대중에 관한 사항 정직하게 발표
② 전문적인 견해를 발표 |

> **암기법**
> 전문가의 윤리는 전문 근로자에게 고기(기업주와 고객) 대접(일반대중)

📝 실기까지 중요 ★★

14 사무실 공기 관리 지침상 근로자가 건강장해를 호소하는 경우 사무실 공기 관리 상태를 평가하기 위해 사업주가 실시해야 하는 조사 항목으로 옳지 않은 것은?

① 사무실 조명의 조도 조사
② 외부의 오염물질 유입 경로 조사
③ 공기 정화시설 환기량의 적정여부 조사
④ 근로자가 호소하는 증상(호흡기, 눈, 피부 자극 등)에 대한 조사

> 사업주는 근로자가 건강장해를 호소하는 경우에는 다음 각 호의 방법에 따라 당해 사무실의 공기 관리상태를 평가하고 그 결과에 따라 건강장해 예방을 위한 조치를 취한다.
> ① 근로자가 호소하는 증상(호흡기, 눈·피부 자극 등) 조사
> ② 공기 정화설비의 환기량이 적정한지 여부조사
> ③ 외부의 오염물질 유입 경로 조사
> ④ 사무실 내 오염원 조사 등

📝 필기에 자주 출제 ★

정답 12 ④ 13 ① 14 ①

15 ACGIH에서 제정한 TLVs(Threshold Limit Values)의 설정 근거가 아닌 것은?

① 동물실험자료 ② 인체실험자료
③ 사업장 역학조사 ④ 선진국 허용기준

> ★ACGIH에서 TLV 설정, 개정 시에 이용되는 자료
> ① 화학 구조상의 유사성과 연계하여 설정
> ② 동물실험 자료를 근거로 설정
> ③ 인체실험 자료를 근거로 설정
> ④ 산업장 역학조사 자료를 근거로 설정

실기까지 중요 ★★

16 다음 중 점멸·융합 테스트(Flicker test)의 용도로 가장 적합한 것은?

① 진동 측정 ② 소음 측정
③ 피로도 측정 ④ 열 중증 판정

> ★점멸융합주파수(Flicker-Fusion Frequency)
> 중추신경계의 정신적 피로도의 척도로 사용된다.

필기에 자주 출제 ★

17 산업안전보건법령상 물질안전보건자료 작성 시 포함되어야 할 항목이 아닌 것은? (단, 그 밖의 참고사항은 제외한다.)

① 유해성·위험성
② 안정성 및 반응성
③ 사용빈도 및 타당성
④ 노출방지 및 개인보호구

> ★물질안전보건자료의 작성 항목
> (Data Sheet 16가지 항목)
> 1. 화학제품과 회사에 관한 정보
> 2. 유해·위험성
> 3. 구성성분의 명칭 및 함유량
> 4. 응급조치요령
> 5. 폭발·화재 시 대처방법
> 6. 누출사고 시 대처방법
> 7. 취급 및 저장방법
> 8. 노출방지 및 개인보호구
> 9. 물리화학적 특성
> 10. 안정성 및 반응성
> 11. 독성에 관한 정보
> 12. 환경에 미치는 영향
> 13. 폐기 시 주의사항
> 14. 운송에 필요한 정보
> 15. 법적규제 현황
> 16. 기타 참고사항

실기까지 중요 ★★

18 직업병의 원인이 되는 유해요인, 대상 직종과 직업병 종류의 연결이 잘못된 것은?

① 면 분진 - 방직공 - 면폐증
② 이상기압 - 항공기 조종 - 잠함병
③ 크롬 - 도금 - 피부점막 궤양, 폐암
④ 납 - 축전지제조 - 빈혈, 소화기장애

> ② 이상기압 - 항공기 조종 - 폐수종

> ★참고
> 이상기압 - 잠수부 - 잠함병

필기에 자주 출제 ★

정답   15 ④   16 ③   17 ③   18 ②

19 산업안전보건법령상 특수건강진단 대상자에 해당하지 않는 것은?

① 고온환경 하에서 작업하는 근로자
② 소음환경 하에서 작업하는 근로자
③ 자외선 및 적외선을 취급하는 근로자
④ 저기압 하에서 작업하는 근로자

> ★ 특수건강진단 대상 유해인자
> ① 화학적 인자
>   • 유기화합물(109종)
>   • 금속류(20종)
>   • 산 및 알카리류(8종)
>   • 가스 상태 물질류(14종)
>   • 허가 대상 유해물질(12종)
>   • 금속가공유 : 미네랄 오일미스트(광물성 오일, Oil mist, mineral)
> ② 분진(7종)
>   • 곡물 분진
>   • 광물성 분진
>   • 면 분진
>   • 목재 분진
>   • 용접 흄
>   • 유리섬유
>   • 석면분진
> ③ 물리적 인자(8종)
>   • 소음
>   • 진동
>   • 방사선
>   • 고기압
>   • 저기압
>   • 유해광선(자외선, 적외선, 마이크로파 및 라디오파)
> ④ 야간작업(2종)
>   • 6개월간 밤 12시부터 오전 5시까지의 시간을 포함하여 계속되는 8시간 작업을 월 평균 4회 이상 수행하는 경우
>   • 6개월간 오후 10시부터 다음날 오전 6시 사이의 시간 중 작업을 월 평균 60시간 이상 수행하는 경우

 필기에 자주 출제 ★

20 방직공장의 면 분진 발생 공정에서 측정한 공기 중 면 분진 농도가 2시간은 $2.5mg/m^3$, 3시간은 $1.8mg/m^3$, 3시간은 $2.6mg/m^3$일 때, 해당 공정의 시간가중평균 노출기준 환산 값은 약 얼마인가?

① $0.86mg/m^3$ ② $2.28mg/m^3$
③ $2.35mg/m^3$ ④ $2.60mg/m^3$

> ★ 시간가중평균노출기준(TWA)
> $$TWA환산값 = \frac{C_1 \cdot T_1 + C_2 \cdot T_2 + \cdots + C_n \cdot T_n}{8}$$
> • C : 유해인자의 측정치
>   (단위 : ppm, mg/m^3 또는 개/cm^3)
> • T : 유해인자의 발생시간(단위 : 시간)
>
> $$TWA환산값 = \frac{(2 \times 2.5) + (3 \times 1.8) + (3 \times 2.6)}{8}$$
> $$= 2.28(mg/m^3)$$

실기까지 중요 ★★

정답 19 ① 20 ②

제2과목 작업위생측정 및 평가

21 작업환경측정치의 통계처리에 활용되는 변이계수에 관한 설명과 가장 거리가 먼 것은?

① 평균값의 크기가 0에 가까울수록 변이계수의 의의는 작아진다.
② 측정 단위와 무관하게 독립적으로 산출되며 백분율로 나타낸다.
③ 단위가 서로 다른 집단이나 특성 값의 상호 산포도를 비교하는데 이용될 수 있다.
④ 편차의 제곱 합들의 평균값으로 통계집단의 측정값들에 대한 균일성, 정밀도 정도를 표현한다.

> ★ 변이계수(CV)
> 표준편차의 수치가 평균의 몇 %가 되느냐를 나타낸다.
> $$CV(\%) = \frac{표준편차}{산술평균} \times 100$$

 필기에 자주 출제 ★

22 산업안전보건법령상 1회라도 초과 노출되어서는 안 되는 충격소음의 음압수준(dB(A)) 기준은?

① 120 ② 130
③ 140 ④ 150

> ★ 충격소음의 노출기준
>
> | 1일 노출회수 | 충격소음의 강도 dB(A) |
> |---|---|
> | 100 | 140 |
> | 1,000 | 130 |
> | 10,000 | 120 |
>
> • 최대 음압수준이 140dB(A)를 초과하는 충격소음에 노출되어서는 안 됨
> • 충격소음이라 함은 최대음압수준에 120dB(A) 이상인 소음이 1초 이상의 간격으로 발생하는 것을 말함

📝 실기까지 중요 ★★

23 예비조사 시 유해인자 특성 파악에 해당되지 않는 것은?

① 공정보고서 작성
② 유해인자의 목록 작성
③ 월별 유해물질 사용량 조사
④ 물질별 유해성 자료 조사

> ★ 예비조사 시 유해인자 특성 파악시의 조사내용
> ① 유해인자의 목록 작성
> ② 유해물질 사용량 조사
> ③ 유해물질 사용 시기 조사
> ④ 물질별 유해성 자료 조사

24 분석에서 언급되는 용어에 대한 설명으로 옳은 것은?

① LOD는 LOQ의 10배로 정의하기도 한다.
② LOQ는 분석 결과가 신뢰성을 가질 수 있는 양이다.
③ 회수율(%)은 첨가량/분석량×100으로 정의된다.
④ LOQ란 검출한계를 말한다.

> ① 정량한계(Limit of Quantity : LOQ)
> • 분석 결과가 신뢰성을 가질 수 있는 양이다.
> • 분석 기기가 정량할 수 있는 가장 작은 양을 말한다.
> • 정량한계(LOQ) = 표준편차의 10배 또는 검출한계(LOD)의 3 또는 3.3배이다.
> ② 회수율
> • 회수율이란 여과지를 사용하여 채취된 분석 대상 물질이 전처리 산 용액에 얼마나 회수되는지를 나타낸다.
> • $$회수율(\%) = \frac{검출량}{첨가량} \times 100$$

 필기에 자주 출제 ★

정답 21 ④ 22 ③ 23 ① 24 ②

*참고
탈착효율(%) = $\frac{검출량}{주입량} \times 100$

25 작업환경 내 유해물질 노출로 인한 위험성(위해도)의 결정 요인은?

① 반응성과 사용량　② 위해성과 노출요인
③ 노출기준과 노출량　④ 반응성과 노출기준

위해도(Risk)= 유해성(Hazard)×노출량(Exposure)

26 AIHA에서 정한 유사노출군(SEG)별로 노출농도 범위, 분포 등을 평가하며 역학조사에 가장 유용하게 활용되는 측정방법은?

① 진단모니터링
② 기초모니터링
③ 순응도(허용기준 초과여부)모니터링
④ 공정안전조사

* 기초모니터링
유사노출군(SEG)별로 노출농도 범위, 분포 등을 평가하며 역학조사에 활용하는 측정방법을 말한다.

27 알고 있는 공기중 농도를 만드는 방법인 Dynamic Method에 관한 내용으로 틀린 것은?

① 만들기가 복잡하고 가격이 고가이다.
② 온습도 조절이 가능하다.
③ 소량의 누출이나 벽면에 의한 손실은 무시할 수 있다.
④ 대게 운반용으로 제작하기가 용이하다.

* Dynamic method(알고 있는 공기 중 농도를 만드는 방법)
① 알고 있는 공기 중의 농도를 만드는 방법을 말한다.(오염물질을 희석 공기와 연속적으로 혼합하여 일정 농도를 유지하도록 만드는 방법)
② 농도 변화를 줄 수 있고, 온습도 조절이 가능하다.
③ 다양한 농도범위에서 제조가 가능하다.
④ 만들기가 복잡하고 가격이 고가이다.
⑤ 소량의 누출이나 벽면에 의한 손실은 무시할 수 있다.
⑥ 다양한 실험을 할 수 있으며 가스, 증기, 에어로졸 실험도 가능하다.
⑦ 지속적인 모니터링이 필요하다.

📝 필기에 자주 출제 *

28 기체크로마토그래피 검출기 중 PCBs나 할로겐 원소가 포함된 유기계 농약성분을 분석할 때 가장 적당한 것은?

① NPD(질소 인 검출기)
② ECD(전자포획 검출기)
③ FID(불꽃 이온화 검출기)
④ TCD(열전도 검출기)

PCBs(폴리염화비닐)나 할로겐 원소가 포함된 유기계 농약성분을 분석할 때 가장 적당 → ECD(전자포획 검출기)

정답　25 ②　26 ②　27 ④　28 ②

★ 참고
전자포획검출기(ECD)
① 방사선동위원소로부터 방출되는 입자와 운반기체가 충돌하면 다량의 전자가 발생되며 할로겐족 원소가 존재하면 전자들이 포획되어 전류량이 감소되는 원리에 의하여 시료성분을 검출한다.
② 할로겐, 인, 니트로기 및 황산 에스테르 등을 포함한 화합물을 고감도로 검출할 수 있다.
③ 염소를 함유한 농약의 검출에 널리 사용된다.

30 원자흡광광도계의 표준시약으로서 적당한 것은?

① 순도가 1급 이상인 것
② 풍화에 의한 농도 변화가 있는 것
③ 조해에 의한 농도 변화가 있는 것
④ 화학변화 등에 의한 농도 변화가 있는 것

원자흡광광도계의 표준시약은 순도가 1급 이상인 것이 적당하다.

29 호흡성 먼지(PRM)의 입경(μm) 범위는? (단, 미국 ACGIH 정의 기준)

① 0 ~ 10   ② 0 ~ 20
③ 0 ~ 25   ④ 10 ~ 100

★ ACGIH의 입자상 물질의 입자 크기별 분류

흡입성 분진 (IPM)	① 호흡기 어느 부위에 침착하더라도 독성을 유발하는 분진 ② 평균입경 : $100\mu m$ (입경범위 : 0 ~ $100\mu m$)
흉곽성 분진 (TPM)	① 기도나 하기도(가스교환 부위)또는 폐포나 폐기도에 침착하여 독성을 나타내는 물질 ② 평균입경 : $10\mu m$
호흡성 분진 (RPM)	① 가스교환 부위(폐포)에 침착하여 독성을 나타내는 물질 ② 평균입경 : $4\mu m$

📝 실기에 자주 출제 ★★★

31 공기 중 acetone 500ppm, sec-butyl acetate 100ppm 및 methyl ketone 150ppm이 혼합물로서 존재할 때 복합노출지수는? (단, acetone, sec-butyl acetate 및 methyl ethyl ketone의 TLV는 각각 750, 200, 200ppm이다.)

① 1.25   ② 1.56
③ 1.74   ④ 1.92

$$노출지수(EI) = \frac{C_1}{T_1} + \frac{C_2}{T_2} + \cdots + \frac{C_n}{T_n}$$

• C : 화학물질 각각의 측정치
• T : 화학물질 각각의 노출기준

$$노출지수(EI) = \frac{500}{750} + \frac{100}{200} + \frac{150}{200} = 1.92$$

📝 실기에 자주 출제 ★★★

32 화학공장의 작업장 내에 Toluene 농도를 측정하였더니 5, 6, 5, 6, 6, 6, 4, 8, 9, 20ppm일 때, 측정치의 기하표준편차(GSD)는?

① 1.6　　② 3.2
③ 4.8　　④ 6.4

> 1. 기하표준편차(GSD)
> $$\log(GSD) = \left[\frac{(\log X_1 - \log GM)^2 + (\log X_2 - \log GM)^2 + \cdots + (\log X_N - \log GM)^2}{N-1}\right]^{0.5}$$
> - GSD : 기하표준편차
> - GM : 기하평균
> - N : 측정치의 수
> - X_i : 측정치
>
> 2. 기하평균(GM)
> $$G.M = \sqrt[N]{X_1 \cdot X_2 \cdots X_n}$$
> - X_n : 측정치
> - N : 측정치 개수
>
> 1. 기하평균
> $G.M = \sqrt[10]{5 \times 6 \times 5 \times 6 \times 6 \times 6 \times 4 \times 8 \times 9 \times 20}$
> $= 6.72$
>
> 2. 기하표준편차
> $$\log(GSD) = \sqrt{\frac{\begin{array}{c}(\log 5 - \log 6.72)^2 \\ + (\log 6 - \log 6.72)^2 \\ + (\log 5 - \log 6.72)^2 \\ + (\log 6 - \log 6.72)^2 \\ + (\log 6 - \log 6.72)^2 \\ + (\log 6 - \log 6.72)^2 \\ + (\log 4 - \log 6.72)^2 \\ + (\log 8 - \log 6.72)^2 \\ + (\log 9 - \log 6.72)^2 \\ + (\log 20 - \log 6.72)^2\end{array}}{10-1}} = 0.1943$$
> $GSD = 10^{0.1943} = 1.56$

📝 실기까지 중요 ★★

33 고열장해와 가장 거리가 먼 것은?

① 열사병　　② 열경련
③ 열호족　　④ 열발진

> ★ 고열장해 분류
> ① 열경련(heat cramp) : 고온환경에서 심한 육체적인 노동을 할 때 체내 수분 및 혈중 염분농도 저하가 원인이 되어 발생한다.
> ② 열피로(heat exhaustion), 열탈진, 열피비 : 고온환경에서 장시간 힘든 노동을 할 때 과다 발한으로 인한 수분과 염분손실 및 탈수로 인한 혈장량이 감소되어 발생한다.
> ③ 열쇠약(heat prostration) : 고열작업장에서의 만성적인 건강장해로 전신권태, 위장장해, 불면, 빈혈 등의 증상이 발생한다.
> ④ 열성발진(heat rashes) : 가장 흔한 피부장애로서 땀띠라고도 한다.
> ⑤ 열허탈, 열실신 : 고열작업장에 순화되지 못한 작업자가 고열작업을 수행하는 경우에 혈액순환 장해로 인하여 신체말단부에 혈액이 과다하게 저류되어 뇌의 혈액흐름이 좋지 못하여 대뇌피질의 혈류량이 부족(뇌의 산소부족)하여 발생한다.
> ⑥ 열사병 : 태양의 복사열에 직접 노출 시 뇌의 온도 상승으로 체온조절 중추기능 장해(중추신경 마비)를 일으켜서 체내에 열이 축적되어 발생한다.

📝 실기까지 중요 ★★

34 산업안전보건법령상 누적소음노출량 측정기로 소음을 측정하는 경우의 기기설정 값은?

> ㉠ Criteria ( )dB
> ㉡ Exchange Rate ( )dB
> ㉢ Threshold ( )dB

① ㉠ 80, ㉡ 10, ㉢ 90
② ㉠ 90, ㉡ 10, ㉢ 80
③ ㉠ 80, ㉡ 4, ㉢ 90
④ ㉠ 90, ㉡ 5, ㉢ 80

> 누적소음노출량 측정기로 소음을 측정하는 경우에는 Criteria는 90dB, Exchange Rate는 5dB, Threshold는 80dB로 기기를 설정할 것

📝 실기까지 중요 ★★

35 직경분립충돌기에 관한 설명으로 틀린 것은?

① 흡입성, 흉곽성, 호흡성 입자의 크기별 분포와 농도를 계산할 수 있다.
② 호흡기의 부분별로 침착된 입자 크기를 추정할 수 있다.
③ 입자의 질량크기분포를 얻을 수 있다.
④ 되튐 또는 과부하로 인한 시료 손실이 적어 비교적 정확한 측정이 가능하다.

> ★ 입경분립충돌기(직경분립충돌기)
>
> | 장점 | ① 호흡기에 부분별로 침착된 입자크기의 자료를 추정할 수 있다.
② 흡입성, 흉곽성, 호흡성 입자의 크기별 분포와 농도를 계산할 수 있다.
③ 입자의 질량크기 분포를 얻을 수 있다. |
> |---|---|
> | 단점 | ① 시료채취가 까다롭다.(경험이 있는 전문가가 철저한 준비를 통해 측정하여야 한다.)
② 시료 채취 준비시간이 길고 비용이 많이 든다.
③ 되튐으로 인한 시료의 손실이 있다.
④ 공기가 옆에서 유입되지 않도록 각 충돌기의 철저한 조립과 장착이 필요하다. |

📝 실기까지 중요 ★★

36 옥외(태양광선이 내리쬐지 않는 장소)의 온열조건이 아래와 같을 때, WBGT(℃)는?

> [조건]
> • 건구온도 : 30℃
> • 흑구온도 : 40℃
> • 자연습구온도 : 25℃

① 26.5 ② 29.5
③ 33   ④ 55.5

> ★ 습구흑구온도지수(WBGT)의 산출
> 1. 옥외(태양광선이 내리쬐는 장소)
>   WBGT(℃) = 0.7×자연습구온도 + 0.2
>   ×흑구온도 + 0.1×건구온도
> 2. 옥내 또는 옥외(태양광선이 내리쬐지 않는 장소)
>   WBGT(℃) = 0.7×자연습구온도 + 0.3
>   ×흑구온도
>
> WBGT(℃) = 0.7×자연습구온도 + 0.3×흑구온도
> = 0.7×25 + 0.3×40 = 29.5(℃)

📝 실기에 자주 출제 ★★★

37 여과지에 관한 설명으로 옳지 않은 것은?

① 막 여과지에서 유해물질은 여과지 표면이나 그 근처에서 채취된다.
② 막 여과지는 섬유상 여과지에 비해 공기저항이 심하다.
③ 막 여과지는 여과지 표면에 채취된 입자의 이탈이 없다.
④ 섬유상 여과지는 여과지 표면뿐 아니라 단면 깊게 입자상 물질이 들어가므로 더 많은 입자상 물질을 채취할 수 있다.

> ③ 여과지 표면에 채취된 입자들이 이탈되는 경향이 있다.

정답 34 ④ 35 ④ 36 ② 37 ③

* 참고
막 여과지(membrane filter)와 섬유상 여과지의 특성

막 여과지	① 셀룰로스에스테르, PVC, 니트로아크릴 같은 중합체를 일정한 조건에서 침착시켜 만든 다공성의 얇은 막 형태이다. ② 막 여과지에서 유해물질은 여과지 표면이나 그 근처에서 채취된다. ③ 여과지 표면에 채취된 입자들이 이탈되는 경향이 있다. ④ 섬유상 여과지에 비하여 채취입자상 물질이 작다. ⑤ 섬유상 여과지에 비하여 공기저항이 심하다.
섬유상 여과지	① 20μm 이하의 직경을 가진 섬유를 압착 제조한 것으로 막 여과지에 비하여 가격이 비싸다. ② 막여과지에 비해 물리적 강도가 약하다. ③ 막여과지에 비해 흡습성이 작다. ④ 막 여과지에 비해 열에 강하고 과부하에서도 채취효율이 높다. ⑤ 여과지 표면뿐 아니라 단면 깊게 입자상 물질이 들어가므로 더 많은 입자상 물질을 채취할 수 있다.

📝 필기에 자주 출제 ★

38 어느 작업장에서 A물질의 농도를 측정 한 결과가 아래와 같을 때, 측정 결과의 중앙값 (median; ppm)은?

(단위 : ppm)

> 23.9, 21.6, 22.4, 24.1, 22.7, 25.4

① 22.7   ② 23.0
③ 23.3   ④ 23.9

> 1. 측정치를 크기순서로 배열하면
>   21.6, 22.4, 22.7, 23.9, 24.1, 25.4
> 2. 중앙에 위치하는 두 개의 값인 22.7과 23.9의 평균값이 중앙값이 된다.
> $\dfrac{22.7 + 23.9}{2} = 23.3$

📝 필기에 자주 출제 ★

39 복사선(Radiation)에 관한 설명 중 틀린 것은?

① 복사선은 전리작용의 유무에 따라 전리복사선과 비전리복사선으로 구분한다.
② 비전리복사선에는 자외선, 가시광선, 적외선 등이 있고, 전리복사선에는 X선, γ선 등이 있다.
③ 비전리복사선은 에너지 수준이 낮아 분자구조나 생물학적 세포조직에 영향을 미치지 않는다.
④ 전리복사선이 인체에 영향을 미치는 정도는 복사선의 형태, 조사량, 신체조직, 연령 등에 따라 다르다.

> ③ 비전리복사선(방사선)은 화학선이라고 하며 광화학반응으로 단백질과 핵산분자의 파괴, 변성 작용을 일으킨다.

📝 필기에 자주 출제 ★

40 산업안전보건법령에서 사용하는 용어의 정의로 틀린 것은?

① 신뢰도란 분석치가 참값에 얼마나 접근하였는가 하는 수치상의 표현을 말한다.
② 가스상 물질이란 화학적 인자가 공기 중으로 가스·증기의 형태로 발생되는 물질을 말한다.
③ 정도관리란 작업환경측정·분석 결과에 대한 정확성과 정밀도를 확보하기 위하여 작업환경측정기관의 측정·분석능력을 확인하고, 그 결과에 따라 지도·교육 등 측정·분석 능력 향상을 위하여 행하는 모든 관리적 수단을 말한다.
④ 정밀도란 일정한 물질에 대해 반복측정·분석을 했을 때 나타나는 자료 분석치의 변동 크기가 얼마나 작은가 하는 수치상의 표현을 말한다.

> ① 정확도란 분석치가 참값에 얼마나 접근하였는가 하는 수치상의 표현을 말한다.

📝 실기까지 중요 ★★

정답 38 ③ 39 ③ 40 ①

2022년 2회(4월 24일 시행) 과년도기출문제 | 1225

제3과목 작업환경관리대책

41 후드 제어속도에 대한 내용 중 틀린 것은?

① 제어속도는 오염물질의 증발속도와 후드 주위의 난기류 속도를 합한 것과 같아야 한다.
② 포위식 후드의 제어속도를 결정하는 지점은 후드의 개구면이 된다.
③ 외부식 후드의 제어속도를 결정하는 지점은 유해물질이 흡인되는 범위 안에서 후드의 개구 면으로부터 가장 멀리 떨어진 지점이 된다.
④ 오염물질의 발생상황에 따라서 제어속도는 달라진다.

> ① 제어속도는 오염물질을 후드 안쪽으로 흡인하기 위하여 필요한 최소풍속(공기속도)를 말한다.

📝 필기에 자주 출제 ★

42 전기 집진장치에 대한 설명 중 틀린 것은?

① 초기 설치비가 많이 든다.
② 운전 및 유지비가 비싸다.
③ 가연성 입자의 처리가 곤란하다.
④ 고온가스를 처리할 수 있어 보일러와 철강로 등에 설치 할 수 있다.

장점	① 광범위한 온도범위에서 적용이 가능하다. ② 고온의 입자상물질, 폭발성가스 처리는 가능하나, 가연성 입자의 처리는 곤란하다. ③ 고온 가스를 처리할 수 있어 보일러와 철강로 등에 설치할 수 있다. ④ 압력손실이 낮으므로 대용량의 처리가스가 가능하며, 송풍기의 운전 및 유지비용이 저렴하다. ⑤ 넓은 범위의 입경과 분진농도에 집진효율이 높다. ⑥ 습식으로 집진할 수 있다. ⑦ 0.01μm 정도의 미세 입자의 포집이 가능하여 높은 집진효율을 얻을 수 있다.(집진장치 중 가장 작은 입자를 처리할 수 있다)
단점	① 초기 설치비용이 많이 들며 설치공간이 커야 한다. ② 운전조건의 변화에 유연성이 적다.(전압 변동과 같은 조건변동에 쉽게 적응이 곤란하다.) ③ 먼지성상에 따라 전처리시설이 요구된다. ④ 분진포집에 적용되며 가스상의 오염물질(기체상의 오염물질) 처리는 곤란하다.

📝 필기에 자주 출제 ★

43 후드의 유입계수 0.86, 속도압 25mmH$_2$O일 때 후드의 압력손실(mmH$_2$O)은?

① 8.8 ② 12.2
③ 15.4 ④ 17.2

> ★ HOOD의 압력손실
>
> 압력손실($\triangle P$) = $F_h \times VP$
> $= (\frac{1}{Ce^2} - 1) \times \frac{\gamma V^2}{2g}$ (mmH$_2$O)
>
> • F_h : 압력손실계수(유입손실계수)
> • Ce : 유입계수
> • VP : 속도압(동압)(mmH$_2$O)
> • r : 공기비중
> • V : 유속(m/s)
> • g : 중력가속도(9.8m/s^2)
>
> $\triangle P = F_h \times VP = (\frac{1}{Ce^2} - 1) \times VP$
> $= (\frac{1}{0.86^2} - 1) \times 25 = 8.80$(mmH$_2$O)

📝 실기에 자주 출제 ★★★

정답 41 ① 42 ② 43 ①

44 국소배기시스템 설계과정에서 두 덕트가 한 합류점에서 만났다. 정압(절대치)이 낮은 쪽 대 정압이 높은 쪽의 정압비가 1 : 1.1로 나타났을 때, 적절한 설계는?

① 정압이 낮은 쪽의 유량을 증가시킨다.
② 정압이 낮은 쪽의 덕트직경을 줄여 압력손실을 증가시킨다.
③ 정압이 높은 쪽의 덕트직경을 늘려 압력손실을 감소시킨다.
④ 정압의 차이를 무시하고 높은 정압을 지배정압으로 계속 계산해 나간다.

*유량의 보정

1) $\dfrac{높은 정압}{낮은 정압} \geq 1.2$
   : 압력손실이 낮은 분지관(정압의 절대값이 작은 분지관)을 재설계 한다.

2) $0.5 \leq \dfrac{높은 정압}{낮은 정압} < 1.2$
   : 압력손실이 낮은 분지관(정압의 절대값이 작은 분지관)의 유량을 증가시킨다.

   $Q' = Q\sqrt{\dfrac{SP_2}{SP_1}}$

   • Q' : 보정 후의 유량(m^3/min)
   • Q : 보정 전의 유량(m^3/min)
   • SP_1 : 압력손실이 낮은 쪽의 정압(mmH$_2$O)
   • SP_2 : 압력손실이 높은 쪽의 정압(mmH$_2$O)

3) $\dfrac{높은 정압}{낮은 정압} < 0.5$
   : 정압의 차가 크지 않으므로 특별한 조치를 필요로 하지 않는다.

• $\dfrac{높은 정압}{낮은 정압} = \dfrac{1.1}{1} = 1.1$

• $0.5 \leq \dfrac{높은 정압}{낮은 정압} < 1.2$
  : 압력손실이 낮은 분지관(정압의 절대값이 작은 분지관)의 유량을 증가시킨다.

📝 필기에 자주 출제★

---

45 어떤 사업장의 산화규소 분진을 측정하기 위한 방법과 결과가 아래와 같을 때, 다음 설명 중 옳은 것은? (단, 산화규소(결정체 석영)의 호흡성 분진 노출기준은 0.045mg/m^3이다.)

시료 채취 방법 및 결과		
사용장치	시료채취시간 (min)	무게측정결과 (μg)
10mm 나일론 사이클론(1.7Lpm)	480	38

① 8시간 시간가중평균노출기준을 초과한다.
② 공기채취 유량을 알 수가 없어 농도계산이 불가능하므로 위의 자료로는 측정결과를 알 수가 없다.
③ 산화규소(결정체 석영)는 진폐증을 일으키는 분진이므로 흡입성 먼지를 측정하는 것이 바람직하므로 먼지시료를 채취하는 방법이 잘못됐다.
④ 38μg은 0.038mg이므로 단시간 노출 기준을 초과하지 않는다.

• $mg/m^3 = \dfrac{38 \times 10^{-3}mg}{\dfrac{1.7 \times 10^{-3}m^3}{min} \times 480min}$
  $= 0.047(mg/m^3)$
  $[\mu g = 10^{-3}mg, 1L = 10^{-3}m^3]$

• 호흡성분진의 노출기준(시간가중 평균 노출기준) 0.045(mg/m^3)를 초과하였다.

📝 실기 까지중요 ★★

정답 44 ① 45 ①

46 마스크 본체 자체가 필터 역할을 하는 방진마스크의 종류는?

① 격리식 방진마스크
② 직결식 방진마스크
③ 안면부 여과식 마스크
④ 전동식 마스크

> 마스크 본체 자체가 필터 역할을 하는 방진마스크
> → 안면부 여과식 마스크

*참고

| 격리식 | 직결식 | 안면부여과식 |

47 샌드 블라스트(sand blast) 그라인더 분진 등 보통 산업분진을 덕트로 운반할 때의 최소설계 속도(m/s)로 가장 적절한 것은?

① 10   ② 15
③ 20   ④ 25

유해물질 발생형태	유해 물질 종류	반송속도 (m/sec)
증기·가스·연기	모든 증기, 가스 및 연기	0.5~10.0
흄	아연 흄, 산화알미늄 흄, 용접 흄 등	10.0~12.5
미세하고 가벼운 분진	미세한 면 분진, 미세한 목 분진, 종이분진 등	12.5~15.0
건조한 분진이나 분말	고무분진, 면 분진, 가죽분진, 동물 털분진 등	15.0~20.0
일반 산업분진	그라인더 분진, 일반적인 금속 분말 분진, 모직물분진, 실리카분진, 주물분진, 석면분진 등	17.5~20.0

유해물질 발생형태	유해 물질 종류	반송속도 (m/sec)
무거운 분진	젖은 톱밥분진, 입자가 혼입된 금속 분진, 샌드블라스트분진, 주철보링 분진, 납분진	20.0~22.5
무겁고습한 분진	습한 시멘트분진, 작은 칩이 혼입된 납 분진, 석면덩어리 등	22.5 이상

📋 필기에 자주 출제 ★

48 입자의 침강속도에 대한 설명으로 틀린 것은? (단, 스토크스 식을 기준으로 한다.)

① 입자직경의 제곱에 비례한다.
② 공기와 입자 사이의 밀도 차에 반비례한다.
③ 중력가속도에 비례한다.
④ 공기의 점성계수에 반비례한다.

> ② 공기와 입자 사이의 밀도 차에 비례한다.

*참고
침강속도(stoke의 법칙)

$$V = \frac{gd^2(\rho_1 - \rho)}{18\mu} \text{(cm/sec)}$$

- d_p : 입자의 직경(cm)
- ρ_1 : 입자의 밀도(g/cm³)
- ρ : 가스(공기)의 밀도(g/cm³)
- g : 중력가속도(980cm/sec²)
- μ : 점성계수(g/cm · sec)

📋 실기까지 중요 ★★

정답 46 ③   47 ③   48 ②

49 어떤 공장에서 1시간에 0.2L의 벤젠이 증발되어 공기를 오염시키고 있다. 전체 환기를 위해 필요한 환기량(m^3/s)은? (단, 벤젠의 안전계수, 밀도 및 노출기준은 각각 6, 0.879g/mL, 0.5ppm이며, 환기량은 21℃, 1기압을 기준으로 한다.)

① 82
② 91
③ 146
④ 181

> **★ 노출기준(TLV)에 따른 전체 환기량**
>
> $$Q = \frac{24.1 \times kg/h \times K \times 10^6}{MW \times TLV} (m^3/hr)$$
>
> $\div 60 = (m^3/min)$
>
> - K : 안전계수
> - MW : 물질의 분자량
> - kg/hr : 시간당 오염물질 발생량(l/hr×S(비중))
> - TLV : 노출기준(ppm)
> - 24.1 : 21℃, 1기압에서 공기의 비중
>   (25℃, 1기압일 경우 24.45)
>
> $$Q = \frac{24.1 \times (0.2 \times 0.879) \times 6 \times 10^6}{78 \times 0.5}$$
> $= 651812.31(m^3/hr) \div 3600$
> $= 181.06(m^3/sec)$
>
> 벤젠(C_6H_6)의 분자량 = 12×6 + 1×6 = 78(g)
> 1hr = 3600sec

📝 실기에 자주 출제 ★★★

50 환기시스템에서 포착속도(capture velocity)에 대한 설명 중 틀린 것은?

① 먼지나 가스의 성상, 확산조건, 발생원 주변 기류 등에 따라서 크게 달라질 수 있다.
② 제어풍속이라고도 하며 후드 앞 오염원에서의 기류로서 오염공기를 후드로 흡인하는데 필요하며, 방해기류를 극복해야 한다.
③ 유해물질의 발생기류가 높고 유해물질이 활발하게 발생할 때는 대략 15~20m/s이다.
④ 유해물질이 낮은 기류로 발생하는 도금 또는 용접 작업공정에서는 대략 0.5~1.0m/s이다.

> **★ 제어속도범위(ACGIH)**
>
> | 작업조건 | 작업공정사례 | 제어속도 (m/sec) |
> |---|---|---|
> | • 움직이지않은공기중에서속도없이 배출되는 작업조건
• 조용한 대기 중에 실제 거의 속도가 없는 상태로 발산하는 경우의 작업조건 | • 액면에서 발생하는 가스나 증기 흄
• 탱크에서 증발, 탈지시설 | 0.25
~0.5 |
> | • 비교적 조용한(약간의 공기 움직임) 대기 중에서 저속으로 비산하는 작업조건 | • 용접, 도금 작업
• 스프레이도장 | 0.5
~1.0 |
> | • 발생기류가 높고(빠른기동) 유해물질이 활발히 발생하는 작업조건 | • 스프레이도장, 용기충전
• 컨베이어 적재
• 분쇄기 | 1.0
~2.5 |
> | • 초고속기류(대단히 빠른 기동)가 있는 작업장소에 초고속으로 비산하는 경우 | • 회전연삭작업
• 연마작업
• 블라스트 작업 | 2.5
~10 |

📝 실기까지 중요 ★★

51 국소배기시설에서 필요 환기량을 감소시키기 위한 방법으로 틀린 것은?

① 후드 개구면에서 기류가 균일하게 분포되도록 설계한다.
② 공정에서 발생 또는 배출되는 오염물질의 절대량을 감소시킨다.
③ 포집형이나 레시버형 후드를 사용할 때에는 가급적 후드를 배출 오염원에 가깝게 설치한다.
④ 공정 내 측면부착 차폐막이나 커튼 사용을 줄여 오염물질의 희석을 유도한다.

> ★ 후드선택 지침(필요 환기량을 감소시키기 위한 방법)
> ① 가급적 공정의 포위를 최대화한다.
> ② 포집형이나 레시버형 후드를 사용할 때에는 후드를 배출 오염원에 가깝게 설치한다.
> ③ 주위 방해기류를 최소화하여 후드 개구면에서 기류가 균일하게 분포되도록 설계한다.
> ④ 오염물질 발생특성을 고려하여 설계한다.
> ⑤ 작업조건을 고려하여 적정하게 제어속도를 선정한다.
> ⑥ 공정에서 발생 또는 배출되는 오염물질의 절대량을 감소시킨다.
> ⑦ 플랜지 등을 설치하여 후드 유입 기류를 조절한다.

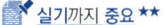 실기까지 중요 ★★

52 다음 중 도금조와 사형주조에 사용되는 후드형식으로 가장 적절한 것은?

① 부스식 ② 포위식
③ 외부식 ④ 장갑부착상자식

> 도금조 및 사형주조 작업장에는 외부식 후드가 적합하다.

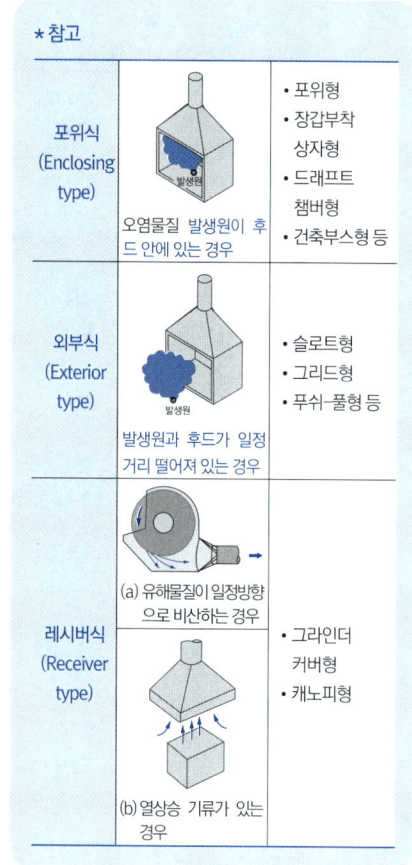

필기에 자주 출제 ★

정답 51 ④ 52 ③

53 차음보호구인 귀마개(Ear Plug)에 대한 설명으로 가장 거리가 먼 것은?

① 차음효과는 일반적으로 귀덮개보다 우수하다.
② 외청도에 이상이 없는 경우에 사용이 가능하다.
③ 더러운 손으로 만짐으로써 외청도를 오염시킬 수 있다.
④ 귀덮개와 비교하면 제대로 착용하는데 시간은 걸리나 부피가 작아서 휴대하기가 편리하다.

★ 귀마개의 장·단점

장점	• 부피가 작아서 휴대하기 편하다. • 착용이 간편하다. • 보안경과 안전모 사용에 구애받지 않는다. • 고온작업, 좁은 공간에서도 사용할 수 있다. • 가격이 저렴하다.
단점	• 귀에 질병이 있을 경우 착용이 불가능하다. • 제대로 착용하는 데 시간이 걸리며 요령을 습득해야 한다. • 착용 여부 파악이 곤란하다. • 차음효과가 일반적으로 귀덮개보다 떨어지며 사람에 따라 차이가 있을 수 있다. • 귀마개 오염에 따른 감염 가능성이 있다. • 땀이 많이 날 때는 외이도에 염증유발 가능성이 있다.

📝 실기까지 중요 ★★

54 760mmH$_2$O를 mmHg로 환산한 것으로 옳은 것은?

① 5.6
② 56
③ 560
④ 760

760mmHg = 10332mmH$_2$O
760 : 10332 = x : 760
10332x = 760 × 760
$x = \dfrac{760 \times 760}{10332}$ = 55.90(mmHg)

★ 참고
1기압(atm) = 760mmHg = 10332.2676mmH$_2$O
= 101325Pa(101.325kPa)
= 1013.25밀리바(mb)
= 1.033227kgf/cm^2

📝 필기에 자주 출제 ★

55 정압이 -1.6cmH$_2$O이고, 전압이 -0.7cmH$_2$O로 측정되었을 때, 속도압(VP : cmH$_2$O)과 유속 (V : m/s)은?

① VP : 0.9, u : 3.8
② VP : 0.9, u : 12
③ VP : 2.3, u : 3.8
④ VP : 2.3, u : 12

1. 전압 = 동압(VP) + 정압(SP)
2. 속도압(VP) = $\dfrac{\gamma V^2}{2g}$ (mmH$_2$O)
   V(m/sec) = 4.043$\sqrt{VP}$
   • γ : 공기비중
   • V : 유속(m/s)
   • g : 중력가속도(9.8m/s^2)

1. 전압 = 동압(VP) + 정압(SP)
   동압(속도압) = 전압 - 정압
   = -0.7 - (-1.6) = 0.9cmH$_2$O
2. V(m/sec) = 4.043$\sqrt{VP}$
   = 4.043 × $\sqrt{9}$ = 12.13(mmH$_2$O)
   (0.9cmH$_2$O = 9mmH$_2$O)

📝 실기까지 중요 ★★

정답 53 ① 54 ② 55 ②

56 사이클론 설계 시 블로우다운 시스템에 적용되는 처리량으로 가장 적절한 것은?

① 처리 배기량의 1 ~ 2%
② 처리 배기량의 5 ~ 10%
③ 처리 배기량의 40 ~ 50%
④ 처리 배기량의 80 ~ 90%

> ★ 블로우다운(blow-down)
> 더스트 박스 및 호퍼부에서 처리가스의 5~10%를 흡인하여 난류현상의 억제 및 원심력을 증대시켜 집진효율을 증대시키는 운전방식을 말한다.

📝 실기까지 중요 ★★

57 레시버식 캐노피형 후드의 유량비법에 의한 필요 송풍량(Q)을 구하는 식에서 A는? (단, 난기류는 없으며 q는 오염원에서 발생하는 오염기류의 양을 의미한다.)

$$Q = q \times (1+A)$$

① 열상승기류량
② 누입한계유량비
③ 설계유량비
④ 유도기류량

> ★ 레시버식 캐노피형 후드의 필요 송풍량
> 1. 난기류가 있는 경우
> $Q_T = Q_1 \times \{1+(m \times K_L)\} = Q_1 \times (1+K_D)$
> • Q_1 : 열상승기류량(m^3/min)
> • m : 누출안전계수(난기류 없을 때 : 1)
> • K_L : 누입한계유량비
> • K_D : 설계유량비($K_D = m \times K_L$)
>
> 2. 난기류가 없는 경우
> $Q_T = Q_1 + Q_2 = Q_1 \times (1+\dfrac{Q_2}{Q_1}) = Q_1 \times (1+K_L)$
> • Q_T : 필요송풍량(m^3/min)
> • Q_1 : 열상승기류량(m^3/min)
> • Q_2 : 유도기류량(m^3/min)
> • K_L : 누입한계유량비

58 방진마스크에 대한 설명 중 틀린 것은?

① 공기 중에 부유하는 미세 입자물질을 흡입함으로써 인체에 장해의 우려가 있는 경우에 사용한다.
② 방진마스크의 종류에는 격리식과 직결식이 있고, 그 성능에 따라 특급, 1급 및 2급으로 나누어진다.
③ 장시간 사용 시 분진의 포집효율이 증가하고 압력강하는 감소한다.
④ 베릴륨, 석면 등에 대해서는 특급을 사용하여야 한다.

> ③ 장시간 사용 시 분진의 포집효율은 감소하고 압력강하는 증가한다.

59 오염물질의 농도가 200ppm까지 도달하였다가 오염물질 발생이 중지되었을 때, 공기 중 농도가 200ppm에서 19ppm으로 감소하는 데 걸리는 시간(min)은? (단, 환기를 통한 오염물질의 농도는 시간에 대한 지수함수(1차 반응)로 근사된다고 가정하고 환기가 필요한 공간의 부피는 3000m^3, 환기 속도는 1.17m^3/s이다.)

① 89   ② 101
③ 109   ④ 115

> ★ 유해물질을 나중농도(노출농도 이하)로 환기하는 데 소요되는 시간
>
> $$t = -\dfrac{V}{Q'} \times \ln\left(\dfrac{C_2}{C_1}\right)(\text{min})$$
>
> • V : 작업장의 기적(m^3)
> • Q' : 환기량(m^3/min)
> • C_1 : 유해물질 처음농도(ppm)
> • C_2 : 유해물질 노출기준(ppm)

정답 56 ② 57 ② 58 ③ 59 ②

$$t = -\frac{3000}{70.20} \times \ln\left(\frac{19}{200}\right) = 100.59(\text{min})$$

$$\left[\frac{1.17\text{m}^3}{\text{sec}} = \frac{1.17\text{m}^3}{\frac{1}{60}\text{min}} = 70.20(\text{m}^3/\text{min})\right]$$

📝 실기까지 중요 ★★

60 길이가 2.4m, 폭이 0.4m인 플랜지 부착 슬롯형 후드가 바닥에 설치되어 있다. 포촉점까지의 거리가 0.5m, 제어속도가 0.4m/s일 때 필요 송풍량(m³/min)은?

① 20.2 ② 46.1
③ 80.6 ④ 161.3

★ 외부식 슬롯형 후드의 필요 송풍량

$$Q = 60 \cdot C \cdot L \cdot V_c \cdot X$$

- Q : 필요송풍량(m³/min)
- V_c : 제어속도(m/sec)
- L : slot 개구면의 길이(m)
- X : 포집점까지의 거리(m)
- C : 형상계수

* 형상계수
  - 전원주 : 3.7(또는 5.0)
  - $\frac{3}{4}$ 원주 : 4.1
  - $\frac{1}{2}$ 원주(플랜지 부착과 동일)
    : ACGIH 기준 – 2.6(일반적인 경우 – 2.8)
  - $\frac{1}{4}$ 원주(플랜지부착+바닥설치) : 1.6

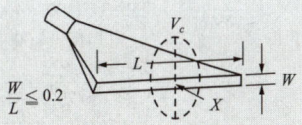

$Q = 60 \times 1.6 \times 2.4 \times 0.4 \times 0.5 = 46.08(\text{m}^3/\text{min})$

플랜지 부착 슬롯형 후드를 바닥에 설치한 경우 : 형상계수 1.6

📝 실기에 자주 출제 ★★★

제4과목 물리적 유해인자 관리

61 전기성 안염(전광선 안염)과 가장 관련이 깊은 비전리 방사선은?

① 자외선 ② 적외선
③ 가시광선 ④ 마이크로파

★ 자외선의 인체영향(생물학적 작용)
① 화학선 : 눈과 피부 등에 화학변화를 일으킴
② 광화학적 반응 : 산소분자를 해리하여 오존을 생성
③ 피부작용
  • 피부암, 피부 홍반 형성 및 색소 침착, 피부 비후를 일으킴
  • 옥외작업을 하면서 콜타르의 유도체, 벤조피렌, 안트라센 화합물과 상호작용하여 피부암을 유발시킨다.
④ 눈에 대한 영향 : 전기용접, 자외선 살균취급자 등에서 자외선에 의한 전광성 안염(전기성 안염)이 발생된다.
⑤ 비타민 D 생성
⑥ 살균작용
⑦ 전신 건강장해

📝 필기에 자주 출제 ★

62 방사선의 투과력이 큰 것에서부터 작은 순으로 올바르게 나열한 것은?

① X〉β〉γ ② X〉β〉α
③ α〉X〉γ ④ γ〉α〉β

★ 방사선의 인체투과력 및 전리작용
① 인체의 투과력 순서
   중성자〉X선 or γ〉β〉α
② 전리작용(REB : 생물학적 효과) 순서
   중성자〉α〉β〉X선 or γ

📝 필기에 자주 출제 ★

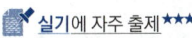

정답 60 ② 61 ① 62 ②

63 소음에 의한 인체의 장해(소음성 난청)에 영향을 미치는 요인이 아닌 것은?

① 소음의 크기
② 개인의 감수성
③ 소음 발생 장소
④ 소음의 주파수 구성

> ★ 소음성 난청(청력손실)에 영향을 미치는 요소
> ① 개인의 감수성
> ② 음의 강도 : 음압수준이 높을수록 유해하다.
> ③ 폭로시간(노출시간) : 계속적 노출이 간헐적 노출보다 더 유해하다.
> ④ 음의 물리적 특성
> • 고주파음이 저주파음보다 더 유해하다.
> • 충격음 및 연속음의 유해성이 더 크다.
> ⑤ 심한 소음에 반복하여 노출되면 일시적 청력변화는 영구적 청력변화로 변한다.

📘 필기에 자주 출제 ★

64 일반적으로 눈을 부시게 하지 않고 조도가 균일하여 눈의 피로를 줄이는데 가장 효과적인 조명 방법은?

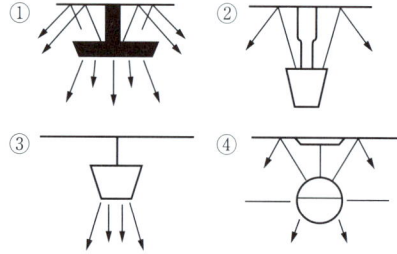

> 눈을 부시게 하지 않고 조도가 균일하여 눈의 피로를 줄이는데 가장 효과적인 조명 방법 → 간접조명

★ 참고

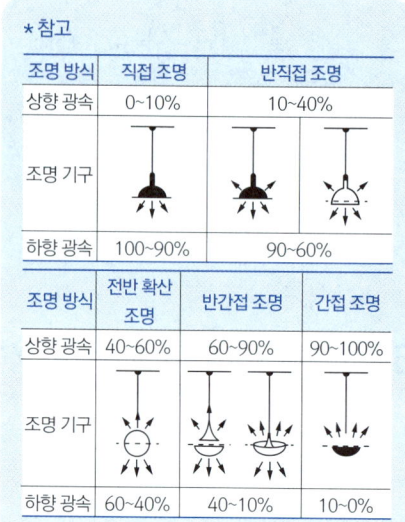

📘 필기에 자주 출제 ★

65 도르노선(Dorno-ray)에 대한 내용으로 옳은 것은?

① 가시광선의 일종이다.
② 280 ~ 315Å 파장의 자외선을 의미한다.
③ 소독작용, 비타민 D 형성 등 생물학적 작용이 강하다.
④ 절대온도 이상의 모든 물체는 온도에 비례하여 방출한다.

★ 자외선의 종류

근자외선 (UV-A)	• 파장 : 315(300) ~ 400nm [3,150 ~ 4,000Å] • 피부의 색소침착
도르노선 (UV-B)	• 파장 : 280(290) ~ 315(320)nm [2,800 ~ 3,150Å] • 소독(살균)작용, 비타민 D형성 등 인체에 유익한 영향(건강선, 생명선) • 피부노화, 홍반, 각막염, 피부암 유발
UV-C	• 파장 : 100 ~ 280nm [1,000 ~ 2,800Å] • 살균작용(살균효과가 있어 수술용 램프로 사용)

정답 63 ③ 64 ② 65 ③

> *참고
> 절대온도 이상의 모든 물체는 적외선을 복사한다.

📝 필기에 자주 출제 ★

66 산업안전보건법령상 충격소음의 노출기준과 관련된 내용으로 옳은 것은?

① 충격소음의 강도가 120dB(A)일 경우 1일 최대 노출 회수는 1000회이다.
② 충격소음의 강도가 130dB(A)일 경우 1일 최대 노출 회수는 100회이다.
③ 최대 음압수준이 135dB(A)를 초과하는 충격소음에 노출되어서는 안 된다.
④ 충격소음이란 최대 음압수준에 120dB(A) 이상인 소음이 1초 이상의 간격으로 발생하는 것을 말한다.

> ★ 충격소음의 노출기준
>
> | 1일 노출회수 | 충격소음의 강도 dB(A) |
> |---|---|
> | 100 | 140 |
> | 1,000 | 130 |
> | 10,000 | 120 |
>
> ① 최대 음압수준이 140dB(A)를 초과하는 충격소음에 노출되어서는 안 된다.
> ② 충격소음이라 함은 최대음압수준에 120dB(A) 이상인 소음이 1초 이상의 간격으로 발생하는 것을 말한다.

📝 실기까지 중요 ★★

67 감압에 따른 인체의 기포 형성량을 좌우하는 요인과 가장 거리가 먼 것은?

① 감압속도
② 산소공급량
③ 조직에 용해된 가스량
④ 혈류를 변화시키는 상태

> ★ 감압 시에 조직 내 질소기포 형성량에 영향을 주는 요인
> ① 조직에 용해된 가스량
> ② 혈류를 변화시키는 상태
> ③ 감압속도
> ④ 고기압의 노출정도

📝 실기까지 중요 ★★

68 작업환경측정 및 정도관리 등에 관한 고시 상 고열 측정방법으로 옳지 않은 것은?

① 예비조사가 목적인 경우 검지관방식으로 측정할 수 있다.
② 측정은 단위작업 장소에서 측정대상이 되는 근로자의 주 작업 위치에서 측정한다.
③ 측정기의 위치는 바닥면으로부터 50cm 이상 150cm 이하의 위치에서 측정한다.
④ 측정기를 설치한 후 충분히 안정화 시킨 상태에서 1일 작업시간 중 가장 높은 고열에 노출되는 1시간을 10분 간격으로 연속하여 측정한다.

> ① 가스상 물질의 작업환경 측정 시 예비조사가 목적인 경우 검지관 방식으로 측정할 수 있다.

> ★ 참고
> 고열 측정방법
> ① 측정은 단위작업 장소에서 측정대상이 되는 근로자의 주 작업 위치에서 측정한다.
> ② 측정기의 위치는 바닥면으로부터 50센티미터 이상, 150센티미터 이하의 위치에서 측정한다.
> ③ 측정기를 설치한 후 충분히 안정화시킨 상태에서 1일 작업시간 중 가장 높은 고열에 노출되는 1시간을 10분 간격으로 연속하여 측정한다.

📝 실기에 자주 출제 ★★★

정답 66 ④ 67 ② 68 ①

69 지적환경(optimum working environment)을 평가하는 방법이 아닌 것은?

① 생산적(productive) 방법
② 생리적(physiological) 방법
③ 정신적(psychological) 방법
④ 생물 역학적(biomechanical) 방법

> ★ 지적환경을 평가하는 방법
> ① 생산적 방법
> ② 생리적 방법
> ③ 정신적 방법

70 한랭작업과 관련된 설명으로 옳지 않은 것은?

① 저 체온증은 몸의 심부온도가 35℃이하로 내려간 것을 말한다.
② 손가락의 온도가 내려가면 손동작의 정밀도가 떨어지고 시간이 많이 걸려 작업능률이 저하된다.
③ 동상은 혹심한 한랭에 노출됨으로써 피부 및 피하조직 자체가 동결하여 조직이 손상되는 것을 말한다.
④ 근로자의 발이 한랭에 장기간 노출되고 동시에 지속적으로 습기나 물에 잠기게 되면 '선단 자람증'의 원인이 된다.

> ④ 근로자의 발이 한랭에 장기간 노출되고 동시에 지속적으로 습기나 물에 잠기게 되면 '참호족(참수족, 침수족)'의 원인이 된다.

> ★ 참고
> 지단 자람증(지단 가사증)
> 울혈로 손(발)가락이 차고 파리해지는 증상으로 한랭 환경에서 발생한다.

71 다음 방사선 중 입자방사선으로만 나열된 것은?

① α선, β선, γ선
② α선, β선, X선
③ α선, β선, 중성자
④ α선, β선, γ선, X선

> ★ 전리방사선(이온화 방사선)의 종류
> ① 전자기 방사선(X-Ray, γ선)
> ② 입자 방사선(α, β 입자, 중성자)

📝 필기에 자주 출제 ★

72 다음 계측기기 중 기류 측정기가 아닌 것은?

① 흑구온도계
② 카타온도계
③ 풍차풍속계
④ 열선풍속계

> ★ 공기의 유속(기류) 측정기기
> ① 피토관
> ② 회전 날개형 풍속계
> ③ 그네 날개형 풍속계
> ④ 열선 풍속계 : 가장 많이 사용
> ⑤ 카타온도계
> ⑥ 풍향 풍속계
> ⑦ 풍차 풍속계

73 다음은 빛과 밝기의 단위를 설명한 것으로 ⊙, ⓒ에 해당하는 용어로 옳은 것은?

> 1루멘의 빛이 1ft²의 평면상에 수직방향으로 비칠 때, 그 평면의 빛의 양, 즉 조도를 (⊙)(이)라 하고, 1m²의 평면에 1루멘의 빛이 비칠 때의 밝기를 1(ⓒ)(이)라고 한다.

① ⊙ 캔들(Candle), ⓒ 럭스(Lux)
② ⊙ 럭스(Lux), ⓒ 캔들(Candle)
③ ⊙ 럭스(Lux), ⓒ 푸트캔들(Footcandle)
④ ⊙ 푸트캔들(Footcandle), ⓒ 럭스(Lux)

★ 조도의 단위
① fc(foot-candle)
- 1촉광의 점광원으로부터 1foot 떨어진 곡면에 비추는 광 밀도
- 1루멘의 빛이 1ft²의 평면상에 수직방향으로 비칠 때 그 평면의 빛의 양을 말한다.(1lumen/ft²)
- 1fc = 10lux
② lux(meter-candle)
- 1촉광의 점광원으로부터 1m 떨어진 곡면에 비추는 광 밀도
- 1루멘의 빛이 1m²의 평면상에 수직방향으로 비칠 때의 빛의 양을 말한다.(1lumen/m²)

📝 필기에 자주 출제 ★

74 고압환경에서의 2차적 가압현상(화학적 장해)에 의한 생체 영향과 거리가 먼 것은?

① 질소 마취
② 산소 중독
③ 질소기포 형성
④ 이산화탄소 중독

★ 고압환경의 2차적 가압현상
① 질소의 마취작용 : 공기 중의 질소 가스는 4기압 이상에서 마취작용을 일으킨다.
② 산소중독 증세 : 산소분압이 2기압을 넘으면 산소중독 증세가 나타난다.
③ 이산화탄소의 작용 : 이산화탄소의 증가는 산소의 독성과 질소의 마취작용을 촉진시킨다.

📝 실기까지 중요 ★★

75 다음 중 공장내부에 기계 및 설비가 복잡하게 설치되어 있는 경우에 작업장 기계에 의한 흡음이 고려되지 않아 실제흡음보다 과소평가되기 쉬운 흡음 측정방법은?

① Sabin method
② Reverberation time method
③ Sound power method
④ Loss due to distance method

★ 잔향실법(Sabin method)
① 잔향실 내부에 흡음재를 두고 시료 설치 전후 잔향시간의 차이 및 공간요인을 고려하여 흡음률을 계산한다.
② 공장내부에 기계 및 설비가 복잡하게 설치되어 있는 경우에 작업장 기계에 의한 흡음이 고려되지 않아 실제흡음보다 과소평가 될 수 있다.

76 작업자 A의 4시간 작업 중 소음노출량이 76%일 때, 측정시간에 있어서 평균치는 약 몇 dB(A)인가?

① 88
② 93
③ 98
④ 103

1. 누적소음폭로량
$$D(\%) = \left(\frac{C_1}{T_1} + \frac{C_2}{T_2} + \cdots + \frac{C_n}{T_n}\right) \times 100$$
- D : 누적소음 폭로량
- C : 각각의 소음도에 노출되는 시간(hr)
- T : 각각의 소음도에 노출될 수 있는 허용노출시간(hr)

2. $TWA = 16.61 \times \log\left(\frac{D}{12.5 \times t}\right) + 90$
- TWA : 시간가중 평균 소음수준[dB(A)]
- D : 누적소음노출량(%)
- t : 소음에 노출된 시간

$TWA = 16.61 \times \log\left[\frac{76}{12.5 \times 4}\right] + 90 = 93.02[dB(A)]$

📝 실기까지 중요 ★★

정답 73 ④ 74 ③ 75 ① 76 ②

77 진동이 인체에 미치는 영향에 관한 설명으로 옳지 않은 것은?

① 맥박수가 증가한다.
② 1~3Hz에서 호흡이 힘들고 산소소비가 증가한다.
③ 13Hz에서 허리, 가슴 및 등 쪽에 감각적으로 가장 심한 통증을 느낀다.
④ 신체의 공진현상은 앉아 있을 때가 서 있을 때보다 심하게 나타난다.

> ③ 6Hz 정도에서 허리, 가슴 및 등 쪽에 매우 심한 통증을 느낀다.

78 공장 내 각기 다른 3대의 기계에서 각각 90dB(A), 95dB(A), 88dB(A)의 소음이 발생된다면 동시에 기계를 가동시켰을 때의 합산 소음(dB(A))은 약 얼마인가?

① 96
② 97
③ 98
④ 99

> ★ 합성소음도
> $$L(dB) = 10 \times \log(10^{\frac{L_1}{10}} + 10^{\frac{L_2}{10}} + \cdots + 10^{\frac{L_n}{10}})$$
> • L : 합성소음도(dB)
> • $L_1 \sim L_n$: 각각 소음원의 소음(dB)
> $$L = 10 \times \log\left(10^{\frac{90}{10}} + 10^{\frac{95}{10}} + 10^{\frac{88}{10}}\right) = 96.81[dB(A)]$$

📝 실기까지 중요 ★★

79 사람이 느끼는 최소 진동역치로 옳은 것은?

① 35±5dB
② 45±5dB
③ 55±5dB
④ 65±5dB

> 사람이 느끼는 최소 진동치 : 55±5dB

📝 필기에 자주 출제 ★

80 산업안전보건법령상 적정공기의 범위에 해당하는 것은?

① 산소농도 18% 미만
② 일산화탄소 농도 50ppm 미만
③ 탄산가스 농도 10% 미만
④ 황화수소 농도 10ppm 미만

> ★ 작업장의 적정공기 수준
> ① 산소농도의 범위가 18% 이상 23.5% 미만
> ② 탄산가스의 농도가 1.5% 미만
> ③ 일산화탄소의 농도가 30ppm 미만
> ④ 황화수소의 농도가 10ppm 미만

📝 실기까지 중요 ★★

정답 77 ③ 78 ② 79 ③ 80 ④

제5과목 산업독성학

81 규폐증(silicosis)에 관한 설명으로 옳지 않은 것은?

① 직업적으로 석영 분진에 노출될 때 발생하는 진폐증의 일종이다.
② 석면의 고농도분진을 단기적으로 흡입할 때 주로 발생되는 질병이다.
③ 채석장 및 모래분사 작업장에 종사하는 작업자들이 잘 걸리는 폐질환이다.
④ 역사적으로 보면 이집트의 미이라에서도 발견되는 오래된 질병이다.

> ② 이산화규소(SiO_2, 유리규산, 석영) 분진의 흡입으로 폐조직에 섬유화가 나타나는 진폐증을 말한다.

📝 실기까지 중요 ★★

82 입자상 물질의 하나인 흄(fume)의 발생기전 3단계에 해당하지 않는 것은?

① 산화   ② 입자화
③ 응축   ④ 증기화

> ★ 흄(fume)의 발생기전 3단계
>
> | 1단계
금속의 증기화 | • 금속이 녹는 점 이상의 열에너지를 받아 공기 중으로 증기화된다. |
> |---|---|
> | 2단계
증기물의 산화 | • 금속증기는 공기 중의 산소에 의해 산화물을 형성한다. |
> | 3단계
산화물의 응축 | • 온도차에 따라 냉각, 응축되면서 다시 고체인 금속입자가 된다. |

📝 필기에 자주 출제 ★

83 다음 중 20년간 석면을 사용하여 자동차 브레이크 라이닝과 패드를 만들었던 근로자가 걸릴 수 있는 대표적인 질병과 거리가 가장 먼 것은?

① 폐암   ② 석면폐증
③ 악성중피종   ④ 급성 골수성백혈병

> ★ 석면으로 인한 건강장해
> ① 석면폐증
> ② 폐암
> ③ 악성중피종

📝 필기에 자주 출제 ★

84 유해물질의 생체 내 배설과 관련된 설명으로 옳지 않은 것은?

① 유해물질은 대부분 위(胃)에서 대사된다.
② 흡수된 유해물질은 수용성으로 대사된다.
③ 유해물질의 분포량은 혈중농도에 대한 투여량으로 산출된다.
④ 유해물질의 혈장농도가 50%로 감소하는데 소요되는 시간을 반감기라고 한다.

> ① 유해물질은 대부분 간에서 대사되며 대사작용에 의해 유해물질의 독성이 감소 또는 증가한다.

📝 필기에 자주 출제 ★

정답 81 ② 82 ② 83 ④ 84 ①

85 다음 중 조혈장기에 장해를 입히는 정도가 가장 낮은 것은?

① 망간 ② 벤젠
③ 납   ④ TNT

> ★ 재생불량성 빈혈을 일으키는 물질
> ① 벤젠(benzene)
> ② 2-브로모프로판(2-bromopropane)
> ③ TNT(trinitrotoluene)
> ④ 납
>
> ★ 참고
> 망간
> 중추신경계 장해로 파킨슨증후군을 유발한다.

86 화학물질을 투여한 실험동물의 50%가 관찰 가능한 가역적인 반응을 나타내는 양을 의미하는 것은?

① ED_{50} ② LC_{50}
③ LE_{50} ④ TE_{50}

> ① ED_{50} : 실험동물의 50%가 가역적인 반응을 일으키는 양을 말한다.
> ② EC_{50} : 투여량 농도에 대한 과반수 영향농도를 말한다.
>
> 📖 필기에 자주 출제 ★

87 금속의 독성에 관한 일반적인 특성을 설명한 것으로 옳지 않은 것은?

① 금속의 대부분은 이온상태로 작용된다.
② 생리과정에 이온상태의 금속이 활용되는 정도는 용해도에 달려있다.
③ 금속이온과 유기화합물 사이의 강한 결합력은 배설율에도 영향을 미치게 한다.
④ 용해성 금속염은 생체 내 여러 가지 물질과 작용하여 수용성 화합물로 전환된다.

> ★ 금속의 독성
> ① 금속의 대부분은 이온상태로 작용된다.
> ② 생리과정에 이온상태의 금속이 활용되는 정도는 용해도에 달려있다.
> ③ 금속이온과 유기화합물 사이의 강한 결합력은 배설율에도 영향을 미치게 한다.

88 작업자가 납 흄에 장기간 노출되어 혈액 중 납의 농도가 높아졌을 때 일어나는 혈액 내 현상이 아닌 것은?

① K^+와 수분이 손실된다.
② 삼투압에 의하여 적혈구가 위축된다.
③ 적혈구 생존시간이 감소한다.
④ 적혈구내 전해질이 급격히 증가한다.

> ★ 혈액 중 납농도가 높아졌을 때의 증상
> ① K^+와 수분 감소
> ② 삼투압 증가하여 적혈구 위축
> ③ 적혈구 생존시간 감소

정답 85 ① 86 ① 87 ④ 88 ④

89 화학물질의 생리적 작용에 의한 분류에서 종말기관지 및 폐포점막 자극제에 해당되는 유해가스는?

① 불화수소 ② 이산화질소
③ 염화수소 ④ 아황산가스

상기도 점막 자극제	물에 잘 녹는 물질로 암모니아, 크롬산, 염화수소, 불화수소, 아황산가스 등이 있다.
상기도 점막 및 폐조직 자극제	물에 대한 용해도가 중등도인 물질로 염소, 브롬, 요오드, 플루오르, 염소산화물, 오존 등이 있다.
종말 기관지 및 폐포점막 자극제	물에 잘 녹지 않는 물질로 이산화질소, 3염화비소, 포스겐 등이 있다.

📝 필기에 자주 출제 ★

90 단시간노출기준(STEL)은 근로자가 1회 몇 분 동안 유해인자에 노출되는 경우의 기준을 말하는가?

① 5분 ② 10분
③ 15분 ④ 30분

★ 단시간노출기준(STEL)
① 15분간의 시간가중평균노출 값(근로자가 1회에 15분간 유해인자에 노출되는 경우의 기준)을 말한다.
② 노출농도가 시간가중평균노출기준(TWA)을 초과하고 단시간노출기준(STEL) 이하인 경우에는 1회 노출 지속시간이 15분 미만이어야 하고, 이러한 상태가 1일 4회 이하로 발생하여야 하며, 각 노출의 간격은 60분 이상이어야 한다.

📝 실기까지 중요 ★★

91 폴리비닐 중합체를 생산하는 데 많이 쓰이며, 간 장해와 발암작용이 있다고 알려진 물질은?

① 납 ② PCB
③ 염화비닐 ④ 포름알데히드

★ 염화비닐
① 장기간 노출된 경우 간 조직세포에 섬유화증상이 나타난다.
② 간에 혈관육종(hemangiosarcoma)을 일으킨다.

[암기법]
연비(염화비닐) 6종(혈관육종)

📝 필기에 자주 출제 ★

92 알레르기성 접촉 피부염에 관한 설명으로 옳지 않은 것은?

① 알레르기성 반응은 극소량 노출에 의해서도 피부염이 발생할 수 있는 것이 특징이다.
② 알레르기 반응을 일으키는 관련세포는 대식세포, 림프구, 랑거한스 세포로 구분된다.
③ 항원에 노출되고 일정시간이 지난 후에 다시 노출되었을 때 세포매개성 과민반응에 의하여 나타나는 부작용의 결과이다.
④ 알레르기원에 노출되고 이 물질이 알레르기원으로 작용하기 위해서는 일정기간이 소요되며 그 기간을 휴지기라 한다.

④ 알레르기원에 노출되고 이 물질이 알레르기원으로 작용하기 위해서는 일정기간이 소요되며 그 기간을 유도기라 한다.

📝 필기에 자주 출제 ★

정답 89 ② 90 ③ 91 ③ 92 ④

93 망간중독에 관한 설명으로 옳지 않은 것은?

① 호흡기 노출이 주경로이다.
② 언어장해, 균형감각 상실 등의 증세를 보인다.
③ 전기용접봉 제조업, 도자기 제조업에서 빈번하게 발생되다.
④ 만성중독은 3가 이상의 망간화합물에 의해서 주로 발생한다.

★ 망간의 노출 및 흡수
① 전기 용접봉 제조업, 도자기 제조업, 철강제조업, 합금제조업 등에서 발생한다.(금속망간의 직업성 노출은 철강제조 분야에서 많다.)
② 흡수경로는 주로 증기가 기도를 통하여 흡수되며 흡수된 증기의 약 80%는 폐포에서 빨리 흡수된다.(호흡기 노출이 주경로)

📝 필기에 자주 출제★

94 남성 근로자의 생식독성 유발요인이 아닌 것은?

① 풍진   ② 흡연
③ 망간   ④ 카드뮴

★ 남성 근로자의 생식독성 유발요인(유해인자)
① 물리적·사회적 인자 : 흡연, 음주, 고온, 비전리방사선(마이크로파 등)
② 중금속 : 망간, 카드뮴, 납 등
③ 화학물질 : 농약, 염화비닐, 알킬제, 유기용제(에틸렌글리콜에테르, 이황화탄소, 2-브로모프로판) 등
④ 의약품 : 항암제, 호르몬제, 마취제 등

95 연(납)의 인체 내 침입경로 중 피부를 통하여 침입하는 것은?

① 일산화연   ② 4메틸 연
③ 아질산 연   ④ 금속 연

★ 납의 흡수 및 축적
① 무기 납은 호흡기, 입, 피부로 흡수될 수 있으며 피부를 통한 흡수는 흡수효율이 낮다.
② 유기 납(4알킬 연, 4메틸 연 등)의 경우 주로 피부를 통하여 흡수된다.
③ 인체에 침입한 납(Pb)은 주로 뼈에 축적된다.
④ 혈중 납 양은 체내에 축적된 납의 총량을 반영해 주진 못하며 최근에 흡수된 납 양을 나타낸다.

📝 필기에 자주 출제★

96 산업역학에서 상대위험도의 값이 1인 경우가 의미하는 것은?

① 노출되면 위험하다.
② 노출되어서는 절대 안된다.
③ 노출과 질병발생 사이에는 연관이 없다.
④ 노출되면 질병에 대하여 방어효과가 있다.

★ 상대위험도(비교위험도)
비노출군에 비하여 노출군에서 질병에 걸릴 위험이 얼마나 큰지를 나타낸다.

상대위험비 = 노출군에서 질병발생률 / 비노출군에서 질병발생률
(비교위험도)
= 위험폭집단발병율 / 비위험폭집단발병율

• 상대위험비 = 1 : 노출과 질병 사이의 연관성 없음
• 상대위험비 > 1 : 위험의 증가
• 상대위험비 < 1 : 질병에 대한 방어효과가 있음

[암기법]
상노비(상대위험비 = 노출군/비노출군)

📝 실기까지 중요 ★★

 93 ④ 94 ① 95 ② 96 ③

97 유해물질과 생물학적 노출지표와의 연결이 잘못된 것은?

① 벤젠 - 소변 중 페놀
② 크실렌 - 소변 중 카테콜
③ 스티렌 - 소변 중 만델린산
④ 퍼클로로에틸렌 - 소변 중 삼염화초산

화학물질	생물학적 노출지표물질 (체내대사산물)	시료채취 시기
크실렌	소변 중 메틸마뇨산	작업종료 시
벤젠	소변 중 페놀, 소변 중 t,t-뮤코닉산 (t,t-Muconic acid)	작업종료 시
스티렌	소변 중 만델린산	작업종료 시
테트라클로로에틸렌 (퍼클로로에틸렌)	소변 중 트리클로로초산 (삼염화초산)	주말작업 종료 시

실기에 자주 출제 ★★★

98 다음 설명에 해당하는 중금속의 종류는?

> 이 중금속 중독의 특징적인 증상은 구내염, 정신증상, 근육 진전이다. 급성중독 시 우유와 계란흰자를 먹이며, 만성중독 시 취급을 즉시 중지하고 BAL을 투여한다.

① 납   ② 크롬
③ 수은 ④ 카드뮴

수은중독 증상	• 식욕부진, 구내염 • 근육 진전(떨림), 수전증 • 정신장해(뇌 증상) • 신기능부전 • 시신경장해, 수족신경마비, 보행장해

수은중독
치료
	• 급성중독
	 - 우유와 계란흰자 먹인 후 위세척
	  (단백질과 해당 물질을 결합시켜 침
	  전시킨다)
	• 만성중독
	 - 수은취급을 즉시 중지하고 BAL을
	  투여(EDTA의 투여는 금지)
	 - N-acetyl-D-Penicillamine 투여

실기까지 중요 ★★

99 납에 노출된 근로자가 납중독이 되었는지를 확인하기 위하여 소변을 시료로 채취하였을 경우 측정할 수 있는 항목이 아닌 것은?

① 델타-ALA   ② 납 정량
③ coproporphyrin ④ protoporphyrin

> ★ 납중독 진단검사
> ① 소변 중 코프로포르피린 배설량 측정
> ② 혈액검사(적혈구 측정, 전혈비중 측정)
> ③ 혈중 ZPP(Zinc protoporphyrin)의 측정
> ④ 소변 중 ALA(헴의 전구물질)을 측정

> ★ 참고
> 납중독 확인 시험
> ① 혈액 중의 납 농도
> ② 헴(Heme)의 대사 : Heme의 합성에 관여하는 효소 등 세포의 효소작용을 방해한다.
> ③ 말초신경의 신경 전달속도 : 신경전달 속도를 저하시킨다.
> ④ Ca-EDTA 이동시험 : Ca-EDTA 투여 후 뇨 채취하여 체내의 납량을 측정한다.
> ⑤ ALA(Amino Levulinic Acid) 축적

필기에 자주 출제 ★

100 다음 중 중추신경 억제작용이 가장 큰 것은?

① 알칸   ② 에테르
③ 알코올 ④ 에스테르

> ★ 유기화학물질의 중추신경계 작용(마취작용) 순서
> ① 중추신경계 억제작용 순서
> 할로겐화화합물(할로겐족) 〉에테르 〉에스테르 〉유기산 〉알코올 〉알켄 〉알칸
> ② 중추신경계 자극작용 순서
> 아민류 〉유기산 〉케톤 〉알데히드 〉알코올 〉알칸

필기에 자주 출제 ★

정답 97 ② 98 ③ 99 ④ 100 ②

산업위생관리기사 필기

07

모의고사

모의고사 1회
모의고사 2회

1회 모의고사

제1과목 | 산업위생학개론

01 신발 제조업에서 보건관리자를 1명 이상을 반드시 두어야 하는 사업장의 규모는 상시 근로자가 몇 명 이상이어야 하는가?

① 30   ② 50
③ 100 ④ 300

위험성이 높은 제조업	
1. 광업(광업 지원 서비스업은 제외) 2. 섬유제품 염색, 정리 및 마무리 가공업 3. 모피제품 제조업 4. 신발 및 신발부분품 제조업 5. 코크스, 연탄 및 석유정제품 제조업 6. 화학물질 및 화학제품 제조업; 의약품 제외 7. 고무 및 플라스틱제품 제조업 8. 비금속 광물제품 제조업 9. 1차 금속 제조업 10. 금속가공제품 제조업; 기계 및 가구 외 등	• 상시근로자 50명 이상 500명 미만 : 1명 이상 • 상시근로자 500명 이상 2천명 미만 : 2명 이상 • 상시근로자 2천명 이상 : 2명 이상(의사 또는 간호사 중 1명 이상 포함)
그밖의 제조업	• 상시근로자 50명 이상 1천명 미만 : 1명 이상 • 상시근로자 1천명 이상 3천명 미만 : 2명 이상 • 상시근로자 3천명 이상 : 2명 이상(의사 또는 간호사 중 1명 이상 포함)
1. 농업, 임업 및 어업 2. 수도, 하수 및 폐기물 처리, 원료 재생업 3. 운수 및 창고업 4. 도매 및 소매업 5. 숙박 및 음식점업 6. 서적, 잡지 및 기타 인쇄물 출판업 7. 우편 및 통신업 8. 공공행정 9. 교육서비스업 중 초등·중등·고등 교육기관, 특수학교·외국인학교 및 대안학교 등	• 상시근로자 50명 이상 5천명 미만 : 1명 이상(다만, 사진 처리업은 상시근로자 100명 이상 5천명 미만) • 상시 근로자 5천명 이상 2명 이상 : 2명 이상(의사 또는 간호사 중 1명 이상 포함)
건설업	• 공사금액 800억원 이상(토목공사업 : 1천억 이상) 또는 상시 근로자 600명 이상 : 1명 이상 • 공사금액 800억원(토목공사업 : 1천억원)을 기준으로 1,400억원이 증가할 때마다 또는 상시 근로자 600명을 기준으로 600명이 추가될 때마다 1명씩 추가

02 미국산업안전보건연구원(NIOSH)의 중량물 취급작업 기준에서 적용하고 있는 들어 올리는 물체의 폭은 얼마인가?

① 55cm 이하   ② 65cm 이하
③ 75cm 이하   ④ 85cm 이하

정답 01 ② 02 ③

> *NIOSH 들기작업 지침 적용기준
> ① 보통속도로 반드시 두 손으로 들어 올리는 작업이어야 한다. 한손으로 들어 올리는 작업은 해당되지 않는다.
> ② 물체의 폭이 75cm 이하로 두 손을 적당히 벌리고 작업할 수 있어야 한다.
> ③ 물체를 들어 올리는데 자연스러워야 한다.
> ④ 신발이 작업장에 닿을 때 미끄럽지 않아야 하며, 손으로 물건을 잡을 때 불편이 없어야 한다.
> ⑤ 작업장의 온도가 적절해야 한다.

03 미국산업위생학술원(AAIH)에서 제시한 산업위생전문가의 윤리강령 중 일반 대중에 대한 책임으로 볼 수 있는 것은?

① 기업체의 기밀은 누설하지 않는다.
② 정확하고도 확실한 사실을 근거로 전문적인 견해를 발표한다.
③ 쾌적한 작업환경을 만들기 위하여 산업위생의 이론을 적용하고 책임 있게 행동한다.
④ 신뢰를 존중하여 정직하게 권고하고, 결과와 개선점을 정확히 보고한다.

> *일반 대중에 대한 책임
> ① 일반 대중에 관한 사항은 정직하게 발표한다.
> ② 적절하고도 확실한 사실을 근거로 전문적인 견해를 발표한다.

04 작업을 마친 직후 회복기의 심박수(HR)를 다음과 같이 표현할 때 다음 중 심박수 측정 결과 심한 전신 피로상태로 볼 수 있는 것은?

> • $HR_{30\sim60}$: 작업종료 후 30~60초 사이의 평균 맥박수
> • $HR_{60\sim90}$: 작업종료 후 60~90초 사이의 평균 맥박수
> • $HR_{150\sim180}$: 작업종료 후 150~180초 사이의 평균 맥박수

① $HR_{30\sim60}$이 110을 초과하고, $HR_{150\sim180}$과 $HR_{60\sim90}$의 차이가 10 미만일 때
② $HR_{30\sim60}$이 100을 초과하고, $HR_{150\sim180}$과 $HR_{60\sim90}$의 차이가 20 미만일 때
③ $HR_{30\sim60}$이 80을 초과하고, $HR_{150\sim180}$과 $HR_{60\sim90}$의 차이가 30 미만일 때
④ $HR_{30\sim60}$이 70을 초과하고, $HR_{150\sim180}$과 $HR_{60\sim90}$의 차이가 40 미만일 때

> *심한 전신피로 상태
> $HR_{30\sim60}$이 110를 초과하고 $HR_{150\sim180}$와 $HR_{60\sim90}$의 차이가 10 미만인 경우
> 여기서,
> $HR_{30\sim60}$: 작업 종류 후 30~60초 사이의 평균 맥박수
> $HR_{60\sim90}$: 작업 종류 후 60~90초 사이의 평균 맥박수
> $HR_{150\sim180}$: 작업 종류 후 150~180초 사이의 평균 맥박수

정답 03 ② 04 ①

05 다음 중 직업병 및 작업관련성 질환에 관한 설명으로 틀린 것은?

① 작업관련성 질환은 작업에 의하여 악화되거나 작업과 관련하여 높은 발병률을 보이는 질병이다.
② 직업병은 직업에 의해 발생된 질병으로서 직업적 노출과 특정 질병 간에 인과관계는 참고적으로 반영된다.
③ 직업병은 일반적으로 단일요인에 의해, 작업관련성 질환은 다수의 원인요인에 의해서 발병된다.
④ 작업관련성 질환은 작업환경과 업무수행상의 요인들이 다른 위험요인과 함께 질병발생의 복합적 병인 중 한 요인으로서 기여한다.

② 직업병은 직업에 의해 발생된 질병으로서 직업적 노출과 특정 질병 간에 인과관계는 직접적으로 반영된다.

06 젊은 근로자의 약한 쪽 손의 힘은 평균 50kP이고, 이 근로자가 무게 10kg인 상자를 두 손으로 들어올릴 경우에 한 손의 작업강도(%MS)는 얼마인가? (단, 1kP는 질량 1kg을 중력의 크기로 당기는 힘을 말한다.)

① 5
② 10
③ 15
④ 20

작업강도(%MS) = $\frac{RF}{MS} \times 100$
- RF : 작업 시 요구되는 힘(한 손에 요구되는 힘)
- MS : 근로자가 가지고 있는 약한 손의 최대 힘

작업강도 = $\frac{RF}{MS} \times 100 = \frac{5}{50} \times 100 = 10$

07 다음 중 근로자 건강진단 실시 결과 건강관리 구분에 따른 내용의 연결이 틀린 것은?

① R : 건강관리상 사후관리가 필요 없는 근로자
② C1 : 직업성 질병으로 진전될 우려가 있어 추적검사 등 관찰이 필요한 근로자
③ D1 : 직업성 질병의 소견을 보여 사후관리가 필요한 근로자
④ D2 : 일반 질병의 소견을 보여 사후관리가 필요한 근로자

★ 건강진단 결과 건강관리 구분

건강관리구분		건강관리구분내용
A		건강관리상 사후관리가 필요 없는 근로자 (건강한 근로자)
C	C_1	직업성 질병으로 진전될 우려가 있어 추적검사 등 관찰이 필요한 근로자 (직업병 요관찰자)
	C_2	일반질병으로 진전될 우려가 있어 추적관찰이 필요한 근로자 (일반질병 요관찰자)
D_1		직업성 질병의 소견을 보여 사후관리가 필요한 근로자 (직업병 유소견자)
D_2		일반 질병의 소견을 보여 사후관리가 필요한 근로자 (일반질병 유소견자)
R		건강진단 1차 검사결과 건강수준의 평가가 곤란하거나 질병이 의심되는 근로자 (제2차 건강진단 대상자)

정답 05 ② 06 ② 07 ①

08 다음 중 사고예방대책의 기본원리 5단계를 올바르게 나열한 것은?

① 조직 → 사실의 발견 → 분석 → 대책의 선정 → 대책 실시
② 사실의 발견 → 조직 → 분석 → 대책의 선정 → 대책 실시
③ 조직 → 분석 → 사실의 발견 → 대책의 선정 → 대책 실시
④ 사실의 발견 → 분석 → 조직 → 대책의 선정 → 대책 실시

> ★ 하인리히의 사고방지 5단계
> 1단계 : 안전조직
> 2단계 : 사실의 발견
> 3단계 : 분석
> 4단계 : 시정방법 선정
> 5단계 : 시정책 적용

09 다음 중 피로물질이라 할 수 없는 것은?

① 크레아틴 ② 젖산
③ 글리코겐 ④ 초성포도당

> ★ 피로물질
> ① 젖산
> ② 암모니아
> ③ 크레아틴
> ④ 초성포도당
> ⑤ 시스테인
> ⑥ 잔여 질소 등

10 새로운 건물이나 새로 지은 집에 입주하기 전 실내를 모두 닫고 30℃ 이상으로 5~6시간 유지시킨 후 1시간 정도 환기를 하는 방식을 여러 번 반복하여 실내의 휘발성 유기화합물이나 포름알데히드의 저감효과를 얻는 방법을 무엇이라 하는가?

① heating up   ② bake out
③ room heating ④ burning up

> ★ Bake out
> 새로운 건물이나 새로 지은 집에 입주하기 전 실내를 모두 닫고 30℃ 이상으로 5~6시간 유지시킨 후 1시간 정도 환기를 하는 방식을 여러 번 반복하여 실내의 휘발성 유기화합물이나 포름알데히드의 저감 효과를 얻는 방법

11 화학물질 및 물리적 인자의 노출기준에서 발암성 정보물질 중 '사람에게 충분한 발암성 증거가 있는 물질'에 대한 표기방법으로 옳은 것은?

① 1   ② 1A
③ 2A   ④ 2B

> ★ 발암성 정보물질의 표기(화학물질의 분류·표시 및 물질안전보건자료에 관한 기준)
> • 1A : 사람에게 충분한 발암성 증거가 있는 물질
> • 1B : 시험동물에서 발암성 증거가 충분히 있거나, 시험동물과 사람 모두에서 제한된 발암성 증거가 있는 물질
> • 2 : 사람이나 동물에서 제한된 증거가 있지만, 구분1로 분류하기에는 증거가 충분하지 않은 물질

정답 08 ① 09 ③ 10 ② 11 ②

12 다음 중 산업재해에 따른 보상에 있어 보험급여에 해당하지 않는 것은?

① 유족급여　　② 대체인력훈련비
③ 직업재활급여　④ 상병(傷病)보상연금

> ★ 산업재해보상보험법령상 보험급여의 종류
> 보험급여의 종류는 다음 각 호와 같다. 다만, 진폐에 따른 보험급여의 종류는 요양급여, 간병급여, 장례비, 직업재활급여, 진폐보상연금 및 진폐유족연금으로 한다.
> ① 요양급여　　② 휴업급여
> ③ 장해급여　　④ 간병급여
> ⑤ 유족급여　　⑥ 상병(傷病)보상연금
> ⑦ 장례비　　　⑧ 직업재활급여

13 다음 중 영양소의 작용과 그 작용에 관여하는 주된 영양소의 종류를 잘못 연결한 것은?

① 체내에서 산화연소하여 에너지를 공급하는 것 - 탄수화물, 지방질 및 단백질
② 몸의 구성성분을 위해 보급하고 영양소의 체내 습수기능을 조절하는 것 - 탄수화물, 유기질, 물
③ 체내조직을 구성하고, 분해 소비되는 물질의 공급원이 되는 것 - 단백질, 무기질, 물
④ 여러 영양소의 영양적 작용의 매개가 되고 생활기능을 조절하는 것 - 비타민, 무기질, 물

> ★ 영양소 종류와 그 작용
> ① 체내에서 산화연소하여 에너지를 공급 : 탄수화물, 단백질, 지방(3대 영양소)
> ② 에너지원은 아니며, 여러 영양소의 영양적 작용의 매개가 되고 생활기능을 조절 : 비타민, 무기질, 물
> ③ 체내조직을 구성하고, 분해·소비되는 물질의 공급원으로 작용 : 단백질, 무기질, 물
> ④ 치아와 골격을 구성 : 칼슘
> ⑤ 작업강도가 높은 근로자의 근육에 호기적 산화를 촉진시켜 근육의 열량공급을 원활히 해주는 비타민(근육노동 시 특히 주의하여 보급해야 할 비타민) : 비타민 B1(Thiamine)

14 우리나라의 규정상 하루에 25kg 이상의 물체를 몇 회 이상 드는 작업일 경우 근골격계 부담작업으로 분류하는가?

① 2회　　② 5회
③ 10회　④ 25회

> ★ 근골격계 부담작업
> ① 하루에 4시간 이상 집중적으로 자료입력 등을 위해 키보드 또는 마우스를 조작하는 작업
> ② 하루에 총 2시간 이상 목, 어깨, 팔꿈치, 손목 또는 손을 사용하여 같은 동작을 반복하는 작업
> ③ 하루에 총 2시간 이상 머리 위에 손이 있거나, 팔꿈치가 어깨 위에 있거나, 팔꿈치를 몸통으로부터 들거나, 팔꿈치를 몸통 뒤쪽에 위치하도록 하는 상태에서 이루어지는 작업
> ④ 지지되지 않은 상태이거나 임의로 자세를 바꿀 수 없는 조건에서, 하루에 총 2시간 이상 목이나 허리를 구부리거나 트는 상태에서 이루어지는 작업
> ⑤ 하루에 총 2시간 이상 쪼그리고 앉거나 무릎을 굽힌 자세에서 이루어지는 작업
> ⑥ 하루에 총 2시간 이상 지지되지 않은 상태에서 1kg 이상의 물건을 한손의 손가락으로 집어 옮기거나, 2kg 이상에 상응하는 힘을 가하여 한손의 손가락으로 물건을 쥐는 작업

정답　12 ②　13 ②　14 ③

⑦ 하루에 총 2시간 이상 지지되지 않은 상태에서 4.5kg 이상의 물건을 한손으로 들거나 동일한 힘으로 쥐는 작업
⑧ 하루에 10회 이상 25kg 이상의 물체를 드는 작업
⑨ 하루에 25회 이상 10kg 이상의 물체를 무릎 아래에서 들거나, 어깨 위에서 들거나, 팔을 뻗은 상태에서 드는 작업
⑩ 하루에 총 2시간 이상, 분당 2회 이상 4.5kg 이상의 물체를 드는 작업
⑪ 하루에 총 2시간 이상 시간당 10회 이상 손 또는 무릎을 사용하여 반복적으로 충격을 가하는 작업

15 다음 중 사무실 공기관리지침에 관한 설명으로 틀린 것은?

① 사무실 공기의 관리기준은 8시간 시간가중 평균농도를 기준으로 한다.
② PM 10이란 입경이 10m 이하인 먼지를 의미한다.
③ 총 부유세균의 단위는 CFU/m^3로, $1m^3$ 중에 존재하고 있는 집락형성 세균 개체수를 의미한다.
④ 사무실 공기질의 모든 항목에 대한 측정결과는 측정치 전체에 대한 평균값을 이용하여 평가한다.

④ 사무실 공기질의 측정결과는 측정치 전체에 대한 평균값을 오염물질별 관리기준과 비교하여 평가한다. 다만, 이산화탄소는 각 지점에서 측정한 측정치 중 최고 값을 기준으로 비교·평가한다.

16 다음 중 근육작업 근로자에게 비타민 B를 공급하는 이유로 가장 적절한 것은?

① 영양소를 환원시키는 작용이 있다.
② 비타민 B1이 산화될 때 많은 열량을 발생한다.
③ 글리코겐 합성을 돕는 효소의 활동을 증가시킨다.
④ 호기적 산화를 도와 근육의 열량공급을 원활하게 해 준다.

비타민 B1(Thiamine) : 작업강도가 높은 근로자의 근육에 호기적 산화를 촉진시켜 근육의 열량공급을 원활히 해준다.(근육노동 시 특히 주의하여 보급해야 할 비타민)

17 산업안전보건법에 따른 노출기준 사용상의 유의사항에 관한 설명으로 틀린 것은?

① 노출기준은 대기오염의 평가 또는 관리상의 지표로 사용할 수 있다.
② 각 유해인자의 노출기준은 해당 유해인자가 단독으로 존재하는 경우의 노출기준을 말한다.
③ 노출기준은 1일 8시간 작업을 기준으로 하여 제정된 것이므로 이를 이용할 경우에는 근로시간, 작업의 강도, 온열조건, 이상기압 등이 노출기준 적용에 영향을 미칠 수 있으므로 이와 같은 제반요인을 특별히 고려하여야 한다.
④ 유해인자에 대한 감수성은 개인에 따라 차이가 있고, 노출기준 이하의 작업환경에서도 직업성 질병에 이환되는 경우가 있으므로 노출기준은 직업병 진단에 사용하거나 노출기준 이하의 작업환경이라는 이유만으로 직업성 질환의 이환을 부정하는 근거 또는 반증자료로 사용하여서는 아니 된다.

㉮ 노출기준은 대기오염의 평가 또는 관리상의 지표로 사용하여서는 아니 된다.

18 직업과 적성에 대한 내용 중에서 심리적 적성검사에 해당되지 않는 것은?

① 지능검사　　② 기능검사
③ 체력검사　　④ 인성검사

생리학적 적성검사	심리학적 적성검사
① 감각기능검사 ② 심폐기능검사 ③ 체력검사	① 지능검사 : 언어, 기억, 추리에 대한 검사 ② 지각동작검사 : 수족협조, 운동속도, 형태지각검사 ③ 인성검사 : 성격, 태도, 정신상태 검사 ④ 기능검사 : 직무에 관한 기본지식과 숙련도, 사고력 등의 검사

19 무색, 무취의 기체로서 흙, 콘크리트, 시멘트나 벽돌 등의 건축자재에 존재하였다가 공기 중으로 방출되며 지하공간에서 더 높은 농도를 보이고, 폐암을 유발하는 실내공기 오염물질은?

① 라듐　　② 라돈
③ 비스무스　　④ 우라늄

★ 라돈
① 라돈은 우라늄(238U)과 토륨(232Th)의 방사성 붕괴에 의해서 만들어진 라듐(226Ra)이 붕괴했을 때에 생성되며, 붕괴를 거치면서 알파, 베타, 감마선이 방출하여 폐암을 유발한다.
② 라돈(Rn-222)은 지각중의 토양, 모래, 암석, 광물질 및 이들을 재료로 하는 건축자재 등에 미량으로 함유되어 있으며 건축자재로부터 방출되기도 하고, 토양으로부터 벽의 틈새 및 방바닥의 갈라진 부분, 하수도 등을 통해서 실내로 유입되기도 한다.
③ 라돈은 무색, 무미, 무취한 가스상의 물질로 인간의 감각에 의해 감지할 수 없다.
④ 방사성 기체로 폐암 발생의 원인이 되는 실내공기 중 오염물질에 해당한다.

20 산업안전보건법에 따라 사업주가 허가대상유해물질을 제조하거나 사용하는 작업장의 보기 쉬운 장소에 반드시 게시하여야 하는 내용이 아닌 것은?

① 제조날짜
② 취급상의 주의사항
③ 인체에 미치는 영향
④ 착용하여야 할 보호구

사업주는 허가대상 유해물질을 제조하거나 사용하는 작업장에 다음 각 호의 사항을 보기 쉬운 장소에 게시하여야 한다.
① 허가대상 유해물질의 명칭
② 인체에 미치는 영향
③ 취급상의 주의사항
④ 착용하여야 할 보호구
⑤ 응급처치와 긴급 방재 요령

정답 18 ③　19 ②　20 ①

제2과목 작업위생측정 및 평가

21 유기용제 작업장에서 측정한 톨루엔 농도는 65, 150, 175, 63, 83, 112, 58, 49, 205, 178(ppm)이다. 산술평균과 기하평균값은 각각 얼마인가?

① 산술평균 108.4, 기하평균 100.4
② 산술평균 108.4, 기하평균 117.6
③ 산술평균 113.8, 기하평균 100.4
④ 산술평균 113.8, 기하평균 117.6

1. 산술평균
$$M = \frac{65+150+175+63+83+112+58+49+205+178}{10} = 113.8$$

1. 기하평균
$$G.M = \sqrt[10]{65+150+175+63+83+112+58+49+205+178} = 100.36$$

22 시료를 포집할 때 4%의 오차가, 또 포집된 시료를 분석할 때 3%의 오차가 발생하였다. 다른 오차는 발생하지 않았다고 가정할 때 누적오차는?

① 4%   ② 5%
③ 6%   ④ 7%

누적오차 $(E_c) = \sqrt{E_1^2 + E_2^2 + E_3^2 + \cdots + E_n^2}$
- E_c : 누적오차(%)
- $E_1, E_2, E_3 \sim E_n$: 각각 요소의 오차율(%)

누적오차 $(E_c) = \sqrt{4^2 + 3^2} = 5(\%)$

23 작업장 내의 오염물질 측정방법인 검지관법에 관한 설명으로 옳지 않은 것은?

① 민감도가 낮다.
② 특이도가 낮다.
③ 측정대상 오염물질의 동정 없이 간편하게 측정할 수 있다.
④ 맨홀, 밀폐공간에서의 산소부족 또는 폭발성 가스로 인한 안전이 문제가 될 때 유용하게 사용될 수 있다.

★ 검지관의 장 · 단점

장점	단점
① 사용이 간편하다.	① 민감도가 낮으며 비교적 고농도에 적용이 가능하다.
② 반응시간이 빨라서 빠른 시간에 측정결과를 알 수 있다.(빠른 측정이 요구될 때 사용)	② 특이도가 낮다.(다른 방해물질의 영향을 받기 쉬워 오차가 크다.)
③ 숙련된 산업위생전문가가 아니더라도 어느 정도만 숙지하면 사용할 수 있다.	③ 단시간 측정만 가능하다.
④ 맨홀, 밀폐 공간에서의 산소가 부족하거나 폭발성 가스로 인하여 안전이 문제가 될 때 유용하게 사용될 수 있다.	④ 미리 측정 대상물질의 동정이 되어 있어야 측정이 가능하다.
	⑤ 색이 시간에 따라 변화하므로 제조자가 정한 시간에 읽어야 한다.
	⑥ 한 검지관으로 단일 물질만을 측정할 수 있어 각 오염물질에 맞는 검지관을 선정해야 한다.
	⑦ 색변화가 선명하지 않아 주관적으로 읽을 수 있어 판독자에 따라 변이가 심하다.

정답 21 ③ 22 ② 23 ③

24 유사노출그룹(HEG)에 대한 설명 중 잘못된 것은?

① 시료채취수를 경제적으로 하는 데 활용한다.
② 역학조사를 수행할 때 사건이 발생된 근로자가 속한 HEG의 노출농도를 근거로 노출원인을 추정할 수 있다.
③ 모든 근로자의 노출정도를 추정하는 데 활용하기는 어렵다.
④ HEG는 조직, 공정, 작업범주, 그리고 작업(업무) 내용별로 구분하여 설정할 수 있다.

> ★ 동일노출그룹(유사노출그룹) 설정 목적
> ① 시료채취 수를 경제적으로 하기 위함이다.
> ② 모든 근로자를 유사한 노출그룹별로 구분하고 그룹별로 대표적인 근로자를 선택하여 측정하면 측정하지 않은 근로자의 노출농도까지도 추정할 수 있다.(모든 근로자의 노출 정도를 추정하고자 하는데 있다.)
> ③ 해당근로자가 속한 동일노출그룹의 노출농도를 근거로 노출원인 및 농도를 추정할 수 있다.
> ④ 작업장에서 모니터링하고 관리해야 할 우선적인 그룹을 결정하기 위함이다.

25 2차 표준기구 중 일반적 사용범위가 10~150 L/min, 정확도는 ±1%일 경우 주 사용장소가 현장인 것은?

① 열선기류계
② 건식 가스미터
③ 피토튜브
④ 오리피스미터

표준기구	일반사용 범위	정확도	
로타미터(Rotameter)	1mL/분 이하	±1% ~ 25%	현장
습식 테스트미터 (Wet-test-meter)	0.5L/분 ~230L/분	±0.5%	실험실
건식 가스미터 (Dry-gas-meter)	10L/분~ 150L/분	±1%	현장
오리피스미터 (Orifice meter)	직경에 따라 다양	±0.5%	현장, 실험실
열선기류계(Thermo anemometer)	0.05m/초 ~40.6m/초	±0.1% ~ 0.2%	현장

> **암기법**
> 2 열로 걸어가는 습관 테스트하는 오리

26 가스상 물질 측정을 위한 흡착제인 다공성 중합체에 관한 설명으로 옳지 않은 것은?

① 활성탄보다 비표면적이 작다.
② 특별한 물질에 대한 선택성이 좋은 경우가 있다.
③ 대부분의 다공성 중합체는 스티렌, 에틸비닐벤젠, 혹은 디비닐벤젠 중 하나와 극성을 띤 비닐화합물과의 공중합체이다.
④ 활성탄보다 흡착용량보다 반응성이 크다.

> ★ 다공성중합체(Porous Polymer)
> ① 스티렌, 에틸비닐벤젠 혹은 디비닐벤젠 중 하나와 극성을 띤 비닐화합물과의 공중합체이다.
> ② 활성탄보다 비표면적이 작고, 반응할 수 있는 표면적도 작다.(반응성이 작다.)
> ③ 특별한 물질에 대한 선택성이 좋다.(특수한 물질 채취에 유용하다.)

정답 24 ③ 25 ② 26 ④

27 흡착제인 활성탄의 제한점에 관한 내용으로 틀린 것은?

① 휘발성이 매우 큰 저분자량의 탄화수소화합물의 채취효율이 떨어짐
② 암모니아, 에틸렌, 염화수소과 같은 저비점 화합물에 비효과적임
③ 케톤의 경우 활성탄 표면에서 물을 포함하는 반응에 의해서 파괴되어 탈착률과 안정성에 부적절함
④ 표면의 산화력으로 인해 반응성이 적은 mer captan, aldehyde 포집에 부적합함

★ 활성탄관의 제한점
① 휘발성이 매우 큰(증기압이 높다.) 저분자량의 탄화수소 화합물의 채취효율이 떨어진다.
② 암모니아, 에틸렌, 염화수소, 포름알데히드와 같은 저비점 화합물에 효과가 적다.
③ 비교적 높은 습도는 활성탄의 흡착용량을 저하시킨다.(습기영향이 크다)
④ 케톤의 경우 활성탄 표면에서 물을 포함하는 반응에 의해 파괴되어 탈착률과 안정성에 부적절함

28 다음 중 2차 표준보정기구가 아닌 것은?

① 습식 테스트미터
② 건식 가스미터
③ 폐활량계
④ 열선기류계

1차 표준 기구	2차 표준기구

1. 비누거품미터
2. 폐활량계
3. 가스치환병
4. 유리피스톤미터
5. 흑연피스톤미터
6. 피토튜브(Pitot tube)
	1. 로타미터
	2. 습식테스트미터
	  (Wet-test-meter)
	3. 건식가스미터
	  (Dry-gas-meter)
	4. 오리피스미터
	5. 열선기류계

암기법	암기법
1차비누로 폐활량재고, 가스치환하여, 유리 흑연 먹였더니 피토했다.	2 열로 걸어가는 습관 (습식테스트미터)테스트하는 오리

29 작업장의 공기 중에 toluene(TLV=100ppm) 55ppm, MIBK(TLV = 50ppm) 25ppm, acetone(TLV = 750ppm) 280ppm, MEK(TLV = 200ppm) 90ppm으로 발생되었을 때 이 작업장의 노출지수(EI)는? (단, 상가작용 기준)

① 1.573   ② 1.673
③ 1.773   ④ 1.873

1. 노출지수
$$EI = \frac{C_1}{T_1} + \frac{C_2}{T_2} + \cdots + \frac{C_n}{T_n}$$
• C : 화학물질 각각의 측정치
• T : 화학물질 각각의 노출기준
• 판정 : $R > 1$ 경우 노출기준을 초과함

(노출지수) $EI = \dfrac{55}{100} + \dfrac{25}{50} + \dfrac{280}{750} + \dfrac{90}{200} = 1.873$

정답 27 ④ 28 ③ 29 ④

30 수은(알킬수은 제외)의 노출기준은 0.05mg/m³이고 증기압은 0.0029mmHg이라면 VHR(Vapor Hazard Ratio)은? (단, 25℃, 1기압 기준, 수은 원자량 200.6)

① 약 330
② 약 430
③ 약 530
④ 약 630

$$VHR = \frac{C}{TLV}$$

- C : 발생 증기압(mmHg)
- TLV : 증기의 노출기준(mg/m³)

$$VHR = \frac{C}{TLV} = \frac{0.0029mmHg \times \frac{1}{760mmHg}}{\frac{0.05mg}{m^3} \times \frac{24.25 \times 10^{-3}m^3}{200.6 \times 10^3 mg}} = 626.13$$

31 입자상 물질의 측정 매체인 MCE (Mixed cellulose ester membrane) 여과지에 관한 설명으로 틀린 것은?

① 산에 쉽게 용해된다.
② MCE여과지의 원료인 셀룰로오스는 수분을 흡수하는 특성을 가지고 있다.
③ 시료가 여과지의 표면 또는 표면 가까운 데에 침착되므로 석면, 유리섬유 등 현미경 분석을 위한 시료채취에 이용 된다.
④ 입자상 물질에 대한 중량분석에 주로 적용된다.

★ MCE 막 여과지
① 산에 쉽게 용해된다.(금속시료를 채취하여 원자흡광법으로 분석하는데 적당)
② 시료가 여과지의 표면 또는 표면 가까운 데에 침착되므로 석면, 유리섬유 등 현미경 분석을 위한 시료채취에 이용 된다.
③ MCE여과지의 원료인 셀룰로오스는 수분을 흡수하는 특성을 가지고 있다. (흡습성이 높아 오차를 유발할 수 있어 중량분석에 적합하지 못함)
④ 중금속, 석면, 살충제, 산·알칼리미스트, 불소화합물 및 기타 무기물질 채취에 이용된다.

32 직경 분립 충돌기(cascade impactor)의 특성을 설명한 것으로 옳지 않은 것은?

① 비용이 저렴하고 채취준비가 간단하다.
② 공기가 옆에서 유입되지 않도록 각 충돌기의 철저한 조립과 장착이 필요하다.
③ 입자의 질량크기 분포를 얻을 수 있다.
④ 흡입성, 흉곽성, 호흡성 입자의 크기별 분포와 농도를 얻을 수 있다.

★ 직경 분립 충돌기(cascade impactor)

장점	① 입자의 질량크기 분포를 얻을 수 있다. ② 호흡기의 부분별(흡입성, 흉곽성, 호흡성 입자)로 침착된 입자의 크기별 분포와 농도를 얻을 수 있다.
단점	① 시료채취가 까다롭다.(경험이 있는 전문가가 철저한 준비를 통해 측정하여야 한다.) ② 채취 준비시간과 비용이 많이 든다. ③ 되튐으로 인한 시료의 손실이 있다. ④ 공기가 옆에서 유입되지 않도록 각 충돌기의 철저한 조립과 장착이 필요하다.

정답 30 ④ 31 ④ 32 ①

33 다음 중 계통 오차의 종류로 거리가 먼 것은?

① 한 가지 실험측정을 반복할 때 측정값들의 변동으로 발생되는 오차
② 측정 및 분석기기의 부정확성으로 발생된 오차
③ 측정하는 개인의 선입관으로 발생된 오차
④ 측정 및 분석 시 온도나 습도와 같이 알려진 외계의 영향으로 생기는 오차

> ① 한 가지 실험을 반복할 때 측정값의 변동으로 발생하는 오차 → 우발오차

*참고
계통오차 종류
① 외계오차(환경오차) : 측정 및 분석 시 온도나 습도와 같이 알려진 외계의 영향으로 생기는 오차
② 기계오차(기기오차) : 측정 및 분석 기기의 부정확성으로 발생된 오차
③ 개인오차 : 측정하는 개인의 습관이나 선입관으로 발생된 오차

34 냉동기에서 냉매체가 유출되고 있는지 검사하려고 할 때 가장 적합한 측정기구는 무엇인가?

① 스펙트로미터(Spectrometer)
② 가스크로마토그래피(Gas Chromatography)
③ 할로겐화합물 측정기기(Halide Meter)
④ 연소가스지시계(Combustible Gas Meter)

> 냉동기에서 냉매체의 유출 검사에 적합한 기구 → 할로겐화합물 측정기기(Halide Meter)

35 고열 측정방법에 관한 내용이다. ( )안에 맞는 내용은? (단, 고용노동부 고시 기준)

> 측정은 단위작업장소에서 측정대상이 되는 근로자의 작업행동 범위 내에서 주 작업 위치의 바닥면으로부터 (   )의 위치에서 행하여야 한다.

① 50cm 이상, 120cm 이하
② 50cm 이상, 150cm 이하
③ 80cm 이상, 120cm 이하
④ 80cm 이상, 150cm 이하

*고열 측정방법
① 측정은 단위작업 장소에서 측정대상이 되는 근로자의 주 작업 위치에서 측정한다.
② 측정기의 위치는 바닥 면으로부터 50센티미터 이상, 150센티미터 이하의 위치에서 측정한다.
③ 측정기를 설치한 후 충분히 안정화 시킨 상태에서 1일 작업시간 중 가장 높은 고열에 노출되는 1시간을 10분 간격으로 연속하여 측정한다.

36 활성탄관을 연결한 저유량 공기 시료채취펌프를 이용하여 벤젠증기(MW = 78g/mol)을 0.038채취하였다. GC를 이용하여 분석한 결과 478μg의 벤젠이 검출되었다면 벤젠 증기의 농도(ppm)는? (단, 온도 25℃, 1기압 기준, 기타 조건 고려 안함)

① 1.87　　② 2.34
③ 3.94　　④ 4.78

정답　33 ①　34 ③　35 ②　36 ③

노출기준(mg/m³)
$$= \frac{노출기준(ppm) \times 그램분자량}{24.45(25℃, 1기압)}$$

$$\frac{mg}{m^3} = \frac{ppm \times 그램분자량}{24.45(25℃, 1기압)}$$

$m^3 \times ppm \times 분자량 = mg \times 24.45$

$$ppm = \frac{24.45 \times mg}{m^3 \times 분자량} = \frac{24.45 \times 478 \times 10^{-3}}{0.038 \times 78}$$

$= 3.94(ppm)$

($\mu g = 10^{-6}, mg = 10^{-3}g \therefore 10^{-3}mg$)

37 흡광광도법에서 사용되는 흡수셀의 재질 가운데 자외선 영역의 파장범위에 사용되는 재질은?

① 유리   ② 석영
③ 플라스틱   ④ 유리와 플라스틱

★ 흡수셀의 재질
① 가시부, 근적외부 : 유리
② 자외부 : 석영
③ 근적외부 : 플라스틱

38 다음은 작업환경측정방법 중 소음측정시간 및 횟수에 관한 내용이다. ( )안에 알맞은 것은?

단위작업장소에서의 소음발생시간이 6시간 이내인 경우나 소음 발생원에서의 발생시간이 간헐적인 경우에는 발생시간동안 연속측정 하거나 등 간격으로 나누어 ( ) 측정하여야 한다.

① 2회 이상   ② 3회 이상
③ 4회 이상   ④ 6회 이상

★ 소음측정시간 및 횟수
① 단위 작업장소에서 소음수준은 규정된 측정위치 및 지점에서 1일 작업시간 동안 6시간 이상 연속 측정하거나 작업시간을 1시간 간격으로 나누어 6회 이상 측정하여야 한다. 다만, 소음의 발생특성이 연속음으로서 측정치가 변동이 없다고 자격자 또는 지정측정기관이 판단한 경우에는 1시간 동안을 등간격으로 나누어 3회 이상 측정할 수 있다.
② 단위 작업장소에서의 소음발생시간이 6시간 이내인 경우나 소음측정원에서의 발생시간이 간헐적인 경우에는 발생시간동안 연속측정하거나 등 간격으로 나누어 4회 이상 측정하여야 한다.

39 활성탄관(charcoal tubes)을 사용하여 포집하기에 가장 부적합한 오염물질은?

① 할로겐화 탄화수소류
② 에스테르류
③ 방향족 탄화수소류
④ 니트로 벤젠류

정답   37 ②   38 ③   39 ④

④ 니트로 벤젠류 → 실리카겔관

★ 참고
활성탄관(charcoal tubes)은 비극성 유기용제, 방향족 유기용제(방향족 탄화수소류), 할로겐화 지방족 유기용제(할로겐화 탄화수소류), 에스테르류, 알코올류 등의 포집에 사용된다.

40 다음의 유기용제 중 실리카겔에 대한 친화력이 가장 강한 것은?

① 알콜류 ② 알데하이드류
③ 케톤류 ④ 에스테르류

★ 실리카겔의 친화력(극성이 강한 순서)
물 〉 알코올류 〉 알데하이드류 〉 케톤류 〉 에스테르류 〉 방향족탄화수소류 〉 올레핀류 〉 파라핀류

제3과목 작업환경관리대책

41 25℃에서 공기의 점성계수 $\mu=1.607\times10^{-4}$ poise, 밀도 = 1.203kg/m³ 이다. 이 때 동점성계수(m²/sec)는?

① 1.336×10^{-5} ② 1.736×10^{-5}
③ 1.336×10^{-6} ④ 1.736×10^{-6}

$$Re = \frac{\rho Vd}{\mu} = \frac{Vd}{v} = \frac{관성력}{점성력}$$

- Re : 레이놀즈 수(무차원)
- ρ : 유체밀도(kg/m³)
- d : 관경(m) (상당직경 $D = \frac{2ab}{a+b}$)
- V : 유체의 유속(m/sec)
- μ : 점성계수(kg/m·s(Poise))
- v : 동점성계수(m²/sec)

$$\frac{\rho Vd}{\mu} = \frac{Vd}{v}$$
$$\rho \times V \times d \times v = V \times d \times \mu$$
$$v = \frac{V \times d \times \mu}{\rho \times V \times d} = \frac{\mu}{\rho} = \frac{1.607\times10^{-4}}{1.203}$$
$$= 1.336\times10^{-4}$$

42 환기시설 내 기류가 기본적 유체역학적 원리에 의하여 지배되기 위한 전제 조건에 관한 내용으로 틀린 것은?

① 환기시설 내외의 열교환은 무시한다.
② 공기의 압축이나 팽창을 무시한다.
③ 공기는 포화 수증기 상태로 가정한다.
④ 대부분의 환기시설에서는 공기 중에 포함된 유해물질의 무게와 용량을 무시한다.

★ 유체역학적 원리의 전제조건
① 공기는 건조하다고 가정한다.
② 공기의 압축과 팽창은 무시한다.
③ 환기시설 내외의 열교환은 무시한다.
④ 공기 중에 포함된 유해물질의 무게와 용량을 무시한다.

정답 40 ① 41 ① 42 ③

43 회전차 외경이 600mm인 원심 송풍기의 풍량은 200m³/min이다. 회전차 외경이 1000mm인 동류(상사구조)의 송풍기가 동일한 회전수로 운전된다면 이 송풍의 풍량(m³/min)은? (단, 두 경우 모두 표준공기를 취급한다.)

① 약 333
② 약 556
③ 약 926
④ 약 2572

> **★ 송풍기의 상사법칙**
> 1. $Q_2 = Q_1 (\frac{D_2}{D_1})^3 (\frac{N_2}{N_1})$
> 2. $P_2 = P_1 (\frac{D_2}{D_1})^2 (\frac{N_2}{N_1})^2 (\frac{\rho_2}{\rho_1})$
> 3. $HP_2 = HP_1 (\frac{D_2}{D_1})^5 (\frac{N_2}{N_1})^3 (\frac{\rho_2}{\rho_1})$
> - Q_1 : 회전 수 변경 전 풍량(m³/min)
> - Q_2 : 회전 수 변경 후 풍량(m³/min)
> - N_1 : 변경 전 회전수(rpm)
> - N_2 : 변경 후 회전수(rpm)
> - P_1 : 변경 전 정압(mmH₂O)
> - P_2 : 변경 후 정압(mmH₂O)
> - HP_1 : 변경 전 동력(kW)
> - HP_2 : 변경 후 동력(kW)

$Q_2 = Q_1 (\frac{D_2}{D_1})^3 (\frac{N_2}{N_1})$

44 작업환경개선 대책 중 대치의 방법을 열거한 것이다. 공정변경의 대책으로 가장 거리가 먼 것은?

① 금속을 두드려서 자르는 대신 톱으로 자름
② 흄 배출용 드래프트 창 대신에 안전유리로 교체함
③ 작은 날개로 고속 회전시키는 송풍기를 큰 날개로 저속 회전시킴
④ 자동차 산업에서 땜질한 납 연마시 고속회전 그라인더의 사용을 저속 Oscillating - typesander로 변경함

② 흄 배출용 드래프트 창 대신에 안전유리로 교체함→ 대치의 방법 중 시설의 변경에 해당한다.

45 전체환기를 적용하기 부적절한 경우는?

① 오염발생원이 근로자가 근무하는 장소와 근접되어있는 경우
② 소량의 오염물질이 일정한 시간과 속도로 사업장으로 배출되는 경우
③ 오염물질의 독성이 낮은 경우
④ 동일사업장에 다수의 오염발생원이 분산되어 있는 경우

> **★ 전체환기(희석환기)의 적용 조건**
> ① 유해물질의 독성이 비교적 낮은 경우
> ② 동일한 작업장에 다수의 오염원이 분산되어 있는 경우
> ③ 유해물질이 시간에 따라 균일하게 발생될 경우
> ④ 유해물질의 발생량이 적은 경우
> ⑤ 발생원이 이동하는 경우
> ⑥ 오염원이 근무자가 근무하는 장소로부터 멀리 떨어져 있는 경우
> ⑦ 국소배기로 불가능한 경우
> ⑧ 가연성 가스의 농축으로 폭발의 위험이 있는 경우
> ⑨ 유해물질이 증기나 가스일 경우

46 유해성 유기용매 A가 7m×14m×4m의 체적을 가진 방에 저장되어 있다. 공기를 공급하기 전에 측정한 농도는 400ppm이었다. 이 방으로 60m³/min의 공기를 공급한 후 노출기준인 100ppm으로 달성되는 데 걸리는 시간은? (단, 유해성 유기용매 증발 중단, 공급공기의 유해성 유기용매 농도는 0, 희석만 고려)

① 약 3분 ② 약 5분
③ 약 7분 ④ 약 9분

* 유해물질을 나중농도(노출농도 이하)로 환기하는데 소요되는 시간

$$t = -\frac{V}{Q'} \times \ln\left(\frac{C_2}{C_1}\right) (\text{min})$$

- V : 작업장의 기적(m³)
- Q' : 환기량(m³/min)
- C_1 : 유해물질 처음농도(ppm)
- C_2 : 유해물질 노출기준(ppm)

$$t = -\frac{7 \times 14 \times 4}{60} \times \ln\left(\frac{100}{400}\right) = 9.06(\text{min})$$

47 방진마스크에 대한 설명으로 가장 거리가 먼 것은?

① 방진마스크는 인체에 유해한 분진, 연무, 흄, 미스트, 스프레이 입자를 작업자가 흡입하지 않도록 하는 보호구이다.
② 방진마스크의 종류에는 격리식과 직결식, 면체여과식이 있다.
③ 방진마스크의 필터에는 활성탄과 실리카겔이 주로 사용된다.
④ 비휘발성 입자에 대한 보호만 가능하며, 가스 및 증기로부터의 보호는 안 된다.

③ 방진마스크의 필터에는 면, 모, 합성섬유, 유리섬유, 금속섬유 등이 사용된다.

48 송풍기의 전압이 300mmH₂O이고 풍량이 400m³/min, 효율이 0.6일 때 소요동력(kW)은?

① 약 33 ② 약 45
③ 약 53 ④ 약 65

$$HP(\text{kW}) = \frac{Q \times P}{6120 \times \eta} \times K$$

- Q : 송풍량(m³/min)
- P : 유효전압(풍압)(mmH₂O)
- η : 송풍기효율
- K : 안전여유

$$HP(\text{kW}) = \frac{Q \times P}{6120 \times \eta} \times K$$
$$= \frac{400 \times 300}{6,120 \times 0.6} = 32.68(\text{kW})$$

49 방사날개형 송풍기에 관한 설명으로 틀린 것은?

① 고농도 분진 함유 공기나 부식성이 강한 공기를 이송시키는 데 많이 이용된다.
② 깃이 평판으로 되어 있다.
③ 가격이 저렴하고 효율이 높다.
④ 깃의 구조가 분진을 자체 정화할 수 있도록 되어 있다.

정답 46 ④ 47 ③ 48 ① 49 ③

> **★ 방사날개형 송풍기**
> - 날개(깃)가 평판 모양으로 강도 높게 설계되어 있다.
> - 깃의 구조가 분진을 자체 정화할 수 있다.
> - 시멘트, 미분탄, 곡물, 모래 등의 고농도 분진함유 공기, 부식성이 강한 공기를 이송시키는 데 많이 이용된다.
> - 습식집진장치의 배기에 적합하며 소음은 중간 정도이다.

50 다음 중 덕트 설치 시 압력손실을 줄이기 위한 주요사항과 가장 거리가 먼 것은?

① 덕트는 가능한 한 상향구배를 만든다.
② 덕트는 가능한 한 짧게 배치하도록 한다.
③ 가능한 한 후드의 가까운 곳에 설치한다.
④ 밴드의 수는 가능한 한 적게 하도록 한다.

> **★ 덕트 설치의 주요 원칙**
> ① 밴드 수는 가능한 적게 한다.
> ② 구부러짐 전·후에는 청소구를 만든다.
> ③ 덕트는 가급적 짧게 배치한다.
> ④ 공기 흐름은 하향구배를 원칙으로 한다.

51 원심력 송풍기 중 다익형 송풍기에 관한 설명으로 가장 거리가 먼 것은?

① 송풍기의 임펠러가 다람쥐 쳇바퀴 모양으로 생겼다.
② 큰 압력손실에서 송풍량이 급격하게 떨어지는 단점이 있다.
③ 고강도가 요구되기 때문에 제작비용이 비싸다는 단점이 있다.
④ 다른 송풍기와 비교하여 동일 송풍량을 발생시키기 위한 임펠러 회전속도가 상대적으로 낮기 때문에 소음이 작다.

> **★ 다익형 송풍기**
> ① 송풍기의 임펠러가 다람쥐 쳇바퀴 모양으로 생겼다.
> ② 송풍기의 회전날개가 회전방향과 동일한 방향으로 설치되어 있다.
> ③ 임펠러 회전속도가 상대적으로 낮기 때문에 소음이 작다.
> ④ 저가로 제작이 가능하다.
> ⑤ 큰 압력손실에서 송풍량이 급격하게 떨어지는 단점이 있다.
> ⑥ 전체환기, 공기조화용으로 사용된다.
> ⑦ 소형이므로 제한된 장소에 사용이 가능하다.(분지관의 송풍에 적합)
> ⑧ 분진 많이 함유된 공기 이송 시 임펠러의 불균형을 초래하여 소음, 진동이 발생한다.

52 관을 흐르는 유체의 양이 220m³/min일 때 속도압은 약 몇 mmH$_2$O인가? (단, 유체의 밀도는 1.21kg/m³, 관의 단면적은 0.5m², 중력가속도는 9.8m/s²이다.)

① 2.1　　② 3.3
③ 4.6　　④ 5.9

정답 50 ① 51 ③ 52 ②

1. 속도압$(VP) = \dfrac{\gamma V^2}{2g}$ (mmH$_2$O)
   - r : 비중(kg/m^3)
   - V : 공기속도(m/sec)
   - g : 중력가속도(m/sec^2)
2. $Q = 60 \times A \times V$
   - Q(m^3/min) : 유체의 유량
   - A(m^2) : 유체가 통과하는 단면적
   - V(m/sec) : 유체의 유속

$VP = \dfrac{1.21 \times 7.33^2}{2 \times 9.8} = 3.32$(mmH$_2$O)

$Q = 60 \times A \times V$

$V = \dfrac{Q}{60 \times A} = \dfrac{220}{60 \times 0.5} = 7.33$(m/sec)

53 송풍기의 동작점에 관한 설명으로 가장 알맞은 것은?

① 송풍기의 성능곡선과 시스템 동력곡선이 만나는 점
② 송풍기의 정압곡선과 시스템 효율곡선이 만나는 점
③ 송풍기의 성능곡선과 시스템 요구곡선이 만나는 점
④ 송풍기의 정압곡선과 시스템 동압곡선이 만나는 점

* **동작점**
  - 송풍기 성능곡선과 시스템 요구곡선이 만나는 점
  - 송풍기의 압력손실에 따라 송풍량이 변하는 경향을 나타낸다.

54 자유공간에 설치한 폭과 높이의 비가 0.5인 사각형 후드의 필요 환기량(Q, m^3/s)을 구하는 식으로 옳은 것은? (단, L: 폭(m), W:높이(m), V:제어속도(m/s), X:유해물질과 후드개구부간의 거리(m), K:안전계수)

① $Q = V(10X^2 + LW)$
② $Q = V(5.3X^2 + 2.7LW)$
③ $Q = 3.7LVX$
④ $Q = 2.6LVX$

* **외부식 후드(자유공간 위치, 플랜지 미부착)의 송풍량**
  1. $Q = 60 \cdot Vc(10X^2 + A)$
     - Q : 필요송풍량(m^3/min)
     - Vc : 제어속도(m/sec)
     - A : 개구면적(m^2)
     - X : 후드중심선으로부터 발생원까지의 거리(m)
  2. $Q = Vc(10X^2 + A)$
     - Q : 필요송풍량(m^3/sec)
     - Vc : 제어속도(m/sec)
     - A : 개구면적(m^2)
     - X : 후드중심선으로부터 발생원까지의 거리(m)
  * $A = L \times W$

55 총압력손실 계산법 중 정압조절평형법에 대한 설명과 가장 거리가 먼 것은?

① 설계가 어렵고 시간이 많이 걸린다.
② 예기치 않은 침식 및 부식이나 퇴적문제가 일어난다.
③ 송풍량은 근로자나 운전자의 의도대로 쉽게 변경되지 않는다.
④ 설계시 잘못 설계된 분지관 또는 저항이 가장 큰 분지관을 쉽게 발견할 수 있다.

② 침식, 부식, 분진 퇴적에 의한 덕트 폐쇄가 없다.

정답 53 ③ 54 ① 55 ②

56 공기 중의 포화증기압이 1.52mmHg인 유기용제가 공기 중에 도달할 수 있는 포화농도는 약 몇 ppm인가?

① 2,000   ② 4,000
③ 6,000   ④ 8,000

$$\text{포화농도} = \frac{\text{물질의 증기압(mmHg)}}{\text{대기압(760mmHg)}} \times 10^2 (\%)$$
$$= \frac{\text{물질의 증기압(mmHg)}}{\text{대기압(760mmHg)}} \times 10^6 (\text{ppm})$$
$$\text{포화농도} = \frac{1.52}{760} \times 10^6 = 2,000(\text{ppm})$$

58 입자상 물질을 처리하기 위한 장치 중 고효율 집진이 가능하며 원리가 직접차단, 관성충돌, 확산, 중력침강 및 정전기력 등이 복합적으로 작용하는 장치는?

① 여과 집진장치   ② 전기 집진장치
③ 원심력 집진장치   ④ 관성력 집진장치

★ 여과 집진장치
고효율 집진이 가능, 직접차단·관성충돌·확산·중력침강 및 정전기력에 의하여 입자를 포집 → 여과 집진장치

57 그림과 같은 국소배기장치의 명칭은?

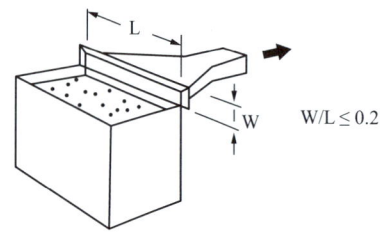

① 수형 후드   ② 슬롯 후드
③ 포위형 후드   ④ 하방형 후드

★ 슬롯형 후드
후드의 개구면이 좁고 길어서 폭 : 길이 비율의 0.2 이하인 것을 슬롯형이라 한다.

59 산업위생 보호구의 점검, 보수 및 관리방법에 관한 설명 중 틀린 것은?

① 보호구의 수는 사용하여야 할 근로자의 수 이상으로 준비한다.
② 호흡용 보호구는 사용 전, 사용 후 여재의 성능을 점검하여 성능이 저하된 것은 폐기, 보수, 교환 등의 조치를 위한다.
③ 보호구의 청결 유지에 노력하고, 보관할 때에는 건조한 장소와 분진이나 가스 등에 영향을 받지 않는 일정한 장소에 보관한다.
④ 호흡용 보호구나 귀마개 등은 특정 유해물질 취급이나 소음에 노출될 때 사용하는 것으로서 그 목적에 따라 반드시 공용으로 사용해야 한다.

④ 호흡용 보호구나 귀마개 등은 개인용으로 사용하고 공용으로 사용해서는 안 된다.

60 국소배기장치를 설계하고 현장에서 효율적으로 적용하기 위해서는 적절한 제어속도가 필요하다. 이때 제어속도의 의미로 가장 적절한 것은?

① 공기정화기의 내부 공기의 속도
② 발생원에서 배출되는 오염물질의 발생 속도
③ 발생원에서 오염물질의 자유공간으로 확산되는 속도
④ 오염물질을 후드 안쪽으로 흡인하기 위하여 필요한 최소한의 속도

★ 제어속도(포착속도)
오염공기를 후드 안쪽으로 흡인하기 위하여 필요한 최소풍속(모든 후드를 개방한 경우의 제어풍속)

제4과목 물리적 유해인자관리

61 소독작용, 비타민 D형성, 피부색소 침착 등 생물학적 작용이 강한 특성을 가진 자외선(Dorno 선)의 파장 범위는?

① 1,000Å ~ 2,800Å　② 2,800Å ~ 3,150Å
③ 3,150Å ~ 4,000Å　④ 4,000Å ~ 4,700Å

★ 자외선의 종류

근자외선 (UV-A)	① 파장 : 315(300) ~ 400nm ② 피부의 색소침착
도르노선 (UV-B)	① 파장 : 280(290) ~ 315(320)nm [2,800 ~ 3,150Å] ② 소독작용, 비타민 D형성 등 인체에 유익한 영향(건강선, 생명선) ③ 홍반 각막염, 피부암 유발
UV-C	① 파장 : 100 ~ 280nm ② 살균작용(살균효과가 있어 수술용 램프로 사용)

62 소음의 종류에 대한 설명으로 맞는 것은?

① 연속음은 소음의 간격이 1초 이상을 유지하면서 계속적으로 발생하는 소음을 의미한다.
② 충격소음은 소음이 1초 미만의 간격으로 발생하면서, 1회 최대 허용기준은 120dB(A)이다.
③ 충격소음은 최대 음압수준이 120dB(A) 이상인 소음이 1초 이상의 간격으로 발생하는 것을 의미한다.
④ 단속음은 1일 작업 중 노출되는 여러 가지 음압수준을 나타내며 소음의 반복음의 간격이 3초보다 큰 경우를 의미한다.

★ ① 연속음(continuous noise) : 하루 종일 같은 크기의 소리가 발생되는 음으로, 1초 1회 이상의 음 발생을 말한다.
② 단속음(interrupted noise) : 1일 작업 중 노출되는 소음이 여러 가지 음압수준으로 나타나는 음을 말한다.
③ 충격소음 : 최대 음압수준이 120dB(A) 이상인 소음이 1초 이상의 간격으로 발생하는 것을 말한다.

63 전리방사선에 해당하는 것은?

① 마이크로파　② 극저주파
③ 레이저광선　④ X선

★ 비전리방사선의 종류
① 자외선(화학선) : 100 ~ 400nm
　　　　　　　　　(1,000 ~ 4,000Å)
② 적외선(열선) : 750 ~ 1,200nm
　　　　　　　　(7,500 ~ 12,000Å)
③ 마이크로파 : 1 ~ 300cm
④ 가시광선 : 400 ~ 760nm(4,000 ~ 7,600Å)

정답　60 ④　61 ②　62 ③　63 ④

64 다음의 빛과 밝기의 단위를 설명한 것으로 ㉠, ㉡에 해당하는 용어로 맞는 것은?

> 1루멘의 빛이 1ft²의 평면상에 수직방향으로 비칠 때, 그 평면의 빛의 양, 즉 조도를 (㉠)(이)라 하고, 1m²의 평면에 1루멘의 빛이 비칠 때의 밝기를 1(㉡)(이)라고도 한다.

① ㉠ 캔들(candle), ㉡ 럭스(lux)
② ㉠ 럭스(lux), ㉡ 캔들(candle)
③ ㉠ 럭스(lux), ㉡ 푸트캔들(foot-candle)
④ ㉠ 푸트캔들(foot-candle), ㉡ 럭스(lux)

> *조도의 단위
> ① fc(foot-candle)
> • 1촉광의 점광원으로부터 1foot 떨어진 곡면에 비추는 광밀도
> • 1루멘의 빛이 1ft²의 평면상에 수직방향으로 비칠 때 그 평면의 빛의 양을 말한다.(1lumen/ft²)
> ② lux(meter-candle)
> • 1촉광의 점광원으로부터 1m 떨어진 곡면에 비추는 광밀도
> • 1루멘의 빛이 1m²의 평면상에 수직방향으로 비칠 때의 빛의 양을 말한다.(1lumen/m²)

65 저기압의 영향에 관한 설명으로 틀린 것은?

① 산소결핍을 보충하기 위하여 호흡수, 맥박수가 증가된다.
② 고도 18,000ft(5,468m) 이상이 되면 21% 이상의 산소가 필요하게 된다.
③ 고도 10,000ft(3,048m)까지는 시력, 협조운동의 가벼운 장해 및 피로를 유발한다.
④ 고도의 상승으로 기압이 저하되면 공기의 산소분압이 상승하여 폐포 내의 산소분압도 상승한다.

> ④ 고도의 상승으로 기압이 저하되면 공기의 산소분압이 감소하여 폐포 내의 산소분압도 감소한다.

66 자연조명에 관한 설명으로 틀린 것은?

① 창의 면적은 바닥 면적의 15~20% 정도가 이상적이다.
② 개각은 4~5°가 좋으며, 개각이 작을수록 실내는 밝다.
③ 균일한 조명을 요하는 작업실은 동북 또는 북창이 좋다.
④ 입사각은 28° 이상이 좋으며, 입사각이 클수록 실내는 밝다.

> ② 실내 각점의 개각은 4~5°가 좋으며, 개각이 클수록 실내는 밝다.

67 개인의 평균 청력 손실을 평가하기 위하여 6분법을 적용하였을 때, 500Hz에서 6dB, 1,000Hz에서 10dB, 2,000Hz에서 10dB, 4,000Hz에서 20dB이면 이때의 청력 손실을 얼마인가?

① 10dB   ② 11dB
③ 12dB   ④ 13dB

> 1. 4분법
>
> 평균청력손실(dB) = $\dfrac{a+2b+c}{4}$
>
> 2. 6분법
>
> 평균청력손실(dB) = $\dfrac{a+2b+2c+d}{6}$
>
> - a : 옥타브밴드 중심주파수 500Hz에서의 청력손실(dB)
> - b : 옥타브밴드 중심주파수 1,000Hz에서의 청력손실(dB)
> - c : 옥타브밴드 중심주파수 2,000Hz에서의 청력손실(dB)
> - d : 옥타브밴드 중심주파수 4,000Hz에서의 청력손실(dB)
>
> 평균청력손실 = $\dfrac{6+2\times10+2\times10+20}{6}$
> = 11(dB)

69 현재 총 흡음량이 1,000sabins인 작업장에 흡음을 보강하여 4,000sabins을 더할 경우, 총 소음감소는 약 얼마인가? (단, 소수점 첫째자리에서 반올림)

① 5dB ② 6dB
③ 7dB ④ 8dB

> $NR = 10 \times \log\left(\dfrac{A_2}{A_1}\right)$
>
> - NR : 감음량(dB)
> - A_1 : 흡음처리 전 실내의 총 흡음력(sabin)
> - A_2 : 흡음처리 후 실내의 총 흡음력(sabin)
>
> $NR = 10 \times \log\left(\dfrac{1,000+4,000}{1,000}\right) = 6.99$(dB)

68 다음 중 진동에 의한 장해를 최소화시키는 방법과 거리가 먼 것은?

① 진동의 발생원을 격리시킨다.
② 진동의 노출시간을 최소화시킨다.
③ 훈련을 통하여 신체의 적응력을 향상시킨다.
④ 진동을 최소화하기 위하여 공학적으로 설계 및 관리한다.

> **★ 진동장해 관리대책**
> ① 진동의 발생원을 격리, 진동전파 경로를 차단한다.
> ② 완충물 등 방진재료를 사용한다.
> ③ 진동을 최소화하기 위하여 공학적으로 설계 및 관리한다.(공진을 감소시켜 진동을 최소화)
> ④ 진동의 노출시간을 최소화시킨다.(작업시간의 단축 및 교대제 실시)

70 산업안전보건법령상 적정한 공기에 해당하는 것은? (단, 다른 성분의 조건은 적정한 것으로 가정한다.)

① 이산화탄소가 1.0%인 공기
② 산소농도가 16%인 공기
③ 산소농도가 25%인 공기
④ 황화수소 농도가 25ppm인 공기

> **★ 작업장의 적정공기 수준**
> ① 산소농도의 범위가 18% 이상 23.5% 미만
> ② 이산화탄소의 농도가 1.5% 미만
> ③ 일산화탄소의 농도가 30ppm 미만
> ④ 황화수소의 농도가 10ppm 미만

정답 68 ③ 69 ③ 70 ①

71 한랭환경으로 인하여 발생되거나 악화되는 질병과 가장 거리가 먼 것은?

① 동상(Frist bote)
② 지단자람증(Acrocyanosis)
③ 케이슨병(Caisson disease)
④ 레이노드씨 병(Raynaud's disease)

* 감압병(잠함병, 케이슨병)
  고압환경에서 발생한다.

* 참고
  감압병(decompression ; 잠함병, 케이슨병)
  급격한 감압 시에 혈액 속의 질소가 혈액과 조직에 기포를 형성하여(종격기종, 기흉)을 혈액순환장해와 조직 손상을 일으킨다.

72 전리방사선의 단위에 관한 설명으로 틀린 것은?

① rad - 조사량과 관계없이 인체조직에 흡수된 량을 의미한다.
② rem - 1rad의 X선 혹은 감마선이 인체조직에 흡수된 양을 의미한다.
③ curie - 1초 동안에 3.7×10^{10}개의 원자붕괴가 일어나는 방사능 물질의 양을 의미한다.
④ Roentgen(R) - 공기 중에 방사선에 의해 생성되는 이온의 양으로 주로 X선 및 감마선의 조사량을 표시할 때 쓰인다.

② rem – 1뢴트겐의 X선이 인체에 조사되었을 때 이것을 피폭한 사람의 선량당을 나타낸다.

73 감압병의 예방 및 치료의 방법으로 옳지 않은 것은?

① 감압이 끝날 무렵에 순수한 산소를 흡입시키면 예방적 효과와 함께 감압시간을 단축시킬 수 있다.
② 잠수 및 감압방법은 특별히 잠수에 익숙한 사람을 제외하고는 1분에 10m 정도씩 잠수하는 것이 안전하다.
③ 고압환경에서 작업 시 질소를 헬륨으로 대치하면 성대에 손상을 입힐 수 있으므로 할로겐 가스로 대치한다.
④ 감압병의 증상을 보일 경우 환자를 인공적 고압실에 넣어 혈관 및 조직 속에 발생한 질소의 기포를 다시 용해시킨 후 천천히 감압한다.

③ 고압환경에서 작업하는 근로자에게 질소를 헬륨으로 대치한 공기를 호흡시킨다.

74 WBGT에 대한 설명으로 옳지 않은 것은?

① 표시단위는 절대온도(K)이다.
② 기온, 기습, 기류 및 복사열을 고려하여 계산된다.
③ 태양광선이 있는 옥외 및 태양광선이 없는 옥내로 구분된다.
④ 고온에서의 작업휴식시간비를 결정하는 지표로 활용된다.

* 습구흑구온도지수
  (Wet-Bulb Globe Temperature : WBGT)
  근로자가 고열환경에 종사함으로써 받는 열 스트레스 또는 위해를 평가하기 위한 도구(단위 : ℃)로써 기온, 기습 및 복사열을 종합적으로 고려한 지표를 말한다

75 흡음재의 종류 중 다공질 재료에 해당되지 않는 것은?

① 암면
② 펠트(felt)
③ 석고보드
④ 발포 수지재료

> ★ 흡음재 중 다공질 재료
> ① 암면
> ② 펠트(felt)
> ③ 발포 수지재료
> ④ 유리면

76 실효음압이 $2 \times 10^{-3} N/m^2$인 음의 음압수준은 몇 dB인가?

① 40
② 50
③ 60
④ 70

> $SPL = 20 \times \log\left(\dfrac{P}{P_o}\right)$ (dB)
> - SPL : 음압수준(음압도, 음압레벨) (dB)
> - P : 대상음의 음압(음압 실효치) (N/m²)
> - P_o : 기준음압 실효치
>   ($2 \times 10^{-5} N/m^2$, $2 \times 10^{-4} dyne/cm^2$)
>
> $SPL(dB) = 20 \times \log\left(\dfrac{2 \times 10^{-3}}{2 \times 10^{-5}}\right) = 40 (dB)$

77 저온에 의한 1차적인 생리적 영향에 해당하는 것은?

① 말초혈관의 수축
② 혈압의 일시적 상승
③ 근육긴장의 증가와 전율
④ 조직대사의 증진과 식욕항진

> 저온에 의한 1차적인 생리적 영향 중 첫번째 반응으로 근육긴장의 증가와 떨림이 발생한다.
>
> | 저온환경의 일차적인 생리적 변화 | ① 근육긴장의 증가 및 떨림(전율)
② 피부혈관의 수축
③ 말초혈관의 수축
④ 화학적 대사작용의 증가(갑상선 호르몬 분비 증가)
⑤ 체표면적의 감소 |
> |---|---|
> | 저온환경의 이차적인 생리적 반응 | ① 말초냉각 : 말초혈관의 수축으로 표면조직의 냉각이 진행된다.
② 식욕변화 : 저온에서는 근육활동, 조직대사의 증진으로 식욕이 항진된다.
③ 혈압변화 : 피부혈관 수축으로 혈압은 일시적으로 상승한다.
④ 순환기능 : 피부혈관의 수축으로 순환기능이 감소된다. |

78 다음 중 차음평가지수를 나타내는 것은?

① sone
② NRN
③ NRR
④ phon

> ★ NRR(Noise Reduction Rating)
> 미국의 차음률 단위(차음평가지수, 소음 감소율)

> ★ 참고
> NRN(noise-rating number)
> 소음 평가치의 단위

정답 75 ③ 76 ① 77 ③ 78 ③

79 비전리 방사선 중 유도방출에 의한 광선을 증폭시킴으로서 얻는 복사선으로, 쉽게 산란하지 않으며 강력하고 예리한 지향성을 지닌 것은?

① 적외선   ② 마이크로파
③ 가시광선   ④ 레이저광선

> ★ 레이저 광선의 특성
> ① 광선증폭을 뜻한다.
> ② 단일파장으로 단색성이 뛰어나며 강력하고 예리한 지향성을 지닌 광선이다.
> ③ 레이저광은 출력이 대단히 강력하고 극히 좁은 파장범위(직사광)를 갖기 때문에 쉽게 산란하지 않는다.(위상이 고르고 간섭이 일어나기 쉽다.)

80 고열장해에 대한 내용으로 옳지 않은 것은?

① 열경련(heat cramps) : 고온 환경에서 고된 육체적인 작업을 하면서 땀을 많이 흘릴 때 많은 물을 마시지만 신체의 염분 손실을 충당하지 못할 경우 발생한다.
② 열허탈(heat collapse) : 고열작업에 순화되지 못해 말초혈관이 확장되고, 신체 말단에 혈액이 과다하게 저류되어 뇌의 산소부족이 나타난다.
③ 열소모(heat exhaustion) : 과다발한으로 수분/염분손실에 의하여 나타나며, 두통, 구역감, 현기증 등이 나타나지만 체온은 정상이거나 조금 높아진다.
④ 열사병(heat stroke) : 작업환경에서 가장 흔히 발생하는 피부장해로서 땀에 젖은 피부 각질층이 떨어져 땀구멍을 막아 염증성 반응을 일으켜 붉은 구진 형태로 나타난다.

④ 열사병 : 태양의 복사열에 직접 노출 시에 뇌의 온도 상승으로 체온조절 중추기능 장해(중추신경 마비)를 일으켜서 체내에 열이 축적되어 발생한다.

> ★참고
> 열성발진(heat rashes), 열성 혈압증
> ① 가장 흔히 발생하는 피부장해로서 땀띠(plickly heat)라고도 함
> ② 한선(땀샘)에 염증이 생기고 피부에 작은 수포 형성(범위가 넓어지면 발한에 장해를 줌)

제5과목 산업독성학

81 접촉에 의한 알레르기성 피부감작을 증명하기 위한 시험으로 가장 적절한 것은?

① 첩포시험   ② 진균시험
③ 조직시험   ④ 유발시험

> 첩포시험은 알레르기성 접촉 피부염의 감작물질을 색출하는 임상시험이다.

82 피부는 표피와 진피로 구분하는데, 진피에만 있는 구조물이 아닌 것은?

① 혈관   ② 모낭
③ 땀샘   ④ 멜라닌 세포

> 표피는 각질형성세포 외에도 멜라닌세포, 랑게르한스세포 및 머켈세포 같은 많은 세포로 구성되어 있다.

정답 79 ④ 80 ④ 81 ① 82 ④

83 벤젠의 생물학적 지표가 되는 대사물질은?

① Phenol
② Coproporphyrin
③ Hydroquinone
④ 1,2,4 - Trihydroxybenzene

화학물질	생물학적 노출지표물질 (체내대사산물)	시료채취 시기
톨루엔	혈액·호기의 톨루엔, 소변 중 o-크레졸 (오르소-크레졸)	작업종료 시
벤젠	소변 중 페놀, 소변 중 t,t-뮤코닉산 (t,t-Muconic acid)	작업종료 시
크실렌	소변 중 메틸마뇨산	작업종료 시
니트로벤젠	혈중 메타헤모글로빈	작업종료 시
에틸벤젠	소변 중 만델린산	작업종료 시
이황화탄소	소변 중 TTCA	당일 작업종료 2시간 전부터 작업종료 사이에 채취

84 다핵방향족 탄화수소(PAHs)에 대한 설명으로 옳지 않은 것은?

① 벤젠고리가 2개 이상이다.
② 대사가 활발한 다핵 고리화합물로 되어있으며 수용성이다.
③ 시토크롬(cytochrome) P-450의 준 개체단에 의하여 대사된다.
④ 철강 제조업에서 석탄을 건류할 때나 아스팔트를 콜타르 피치로 포장할 때 발생된다.

★ 다환(다핵) 방향족 탄화수소류(PAHs)
① 석유, 석탄 등에 포함되어 있으며, 석탄연료 배출물, 자동차 연료 배출가스 등 흡연 및 연소공정에서 주로 생성된다.
② 대사 중에 Arene oxide를 생성한다.
③ 비극성 지용성 화합물로 소화관을 통해 흡수된다.
④ 벤젠고리가 2개 이상 연결되어 있고 대사가 거의 되지 않는 방향족 고리로 구성되어 있다.
⑤ 나프탈렌, 벤조피렌 등이 해당된다.
⑥ PAH는 배설을 쉽게 하기 위하여 수용성으로 대사된다.
⑦ PAH는 대사에 관여하는 효소는 시토크롬 P-448로 대사되는 중간산물이 발암성을 나타낸다

85 증상으로는 무력증, 식욕감퇴, 보행 장해 등의 증상을 나타내며, 계속적인 노출 시에는 파킨슨씨 증상을 초래하는 유해물질은?

① 망간 ② 카드뮴
③ 산화칼륨 ④ 산화마그네슘

★ 망간의 중독 증세
① 망간의 노출이 계속되면 중추신경계 장해로 파킨슨증후군을 유발한다.
② 중독에 의한 특징적인 증상은 구내염, 근육진전, 전신증상의 3가지로 나눌 수 있다.
③ 언어장해, 균형감각 상실, 보행 장해, 신장염, 신경염 등의 증세가 발생한다.
④ 이산화망간 흄에 급성 폭로되면 열, 오한, 호흡곤란 등의 증상을 특징으로 하는 금속 열을 일으킨다.

정답 83 ① 84 ② 85 ①

86 화학물질을 투여한 실험동물의 50%가 관찰 가능한 가역적인 반응을 나타내는 양을 의미하는 것은?

① ED_{50} ② LC_{50}
③ LE_{50} ④ TE_{50}

> ① ED_{50} : 실험동물의 50%가 가역적인 반응을 일으키는 양을 말한다.
> ② EC_{50} : 투여량 농도에 대한 과반수 영향농도를 말한다.

87 화학물질의 생리적 작용에 의한 분류에서 종말 기관지 및 폐포점막 자극제에 해당되는 유해가스는?

① 불화수소 ② 이산화질소
③ 염화수소 ④ 아황산가스

상기도 점막 자극제	• 물에 잘 녹는 물질로 암모니아, 크롬산, 염화수소, 불화수소, 아황산가스 등이 있다.
상기도 점막 및 폐조직 자극제	• 물에 대한 용해도가 중등도인 물질로 염소, 브롬, 요오드, 플루오르, 염소산화물, 오존 등이 있다.
종말 기관지 및 폐포점막 자극제	• 물에 잘 녹지 않는 물질로 이산화질소, 3염화비소, 포스겐 등이 있다.

88 단시간노출기준(STEL)은 근로자가 1회 몇 분 동안 유해인자에 노출되는 경우의 기준을 말하는가?

① 5분 ② 10분
③ 15분 ④ 30분

> ★ 단시간노출기준(STEL)
> ① 15분간의 시간가중평균노출 값(근로자가 1회에 15분간 유해인자에 노출되는 경우의 기준)을 말한다.
> ② 노출농도가 시간가중평균노출기준(TWA)을 초과하고 단시간노출기준(STEL) 이하인 경우에는 1회 노출 지속시간이 15분 미만이어야 하고, 이러한 상태가 1일 4회 이하로 발생하여야 하며, 각 노출의 간격은 60분 이상이어야 한다.

89 알데히드류에 관한 설명으로 틀린 것은?

① 호흡기에 대한 자극작용이 심한 것이 특징이다.
② 포름알데히드는 무취, 무미하며 발암성이 있다.
③ 지용성 알데히드는 기관지 및 폐를 자극한다.
④ 아크롤레인은 특별히 독성이 강하다고 할 수 있다.

> ★ 알데히드류
> ① 호흡기에 대한 자극작용이 심하다.
> ② 포름알데히드는 자극적인 냄새가 나는 무색의 기체로서 다발성골수종이나 악성흑생종 및 호흡기계 암의 원인이 된다.
> ③ 지용성 알데히드는 기관지 및 폐를 자극한다.
> ④ 아크롤레인은 특별히 독성이 강하다.

정답 86 ① 87 ② 88 ③ 89 ②

90 화학적 질식제(chemical asphyxiant)에 심하게 노출되었을 경우 사망에 이르게 되는 이유로 가장 적절한 것은?

① 폐에서 산소를 제거하기 때문
② 심장의 기능을 저하시키기 때문
③ 폐 속으로 들어가는 산소의 활용을 방해하기 때문
④ 신진대사기능을 높여 가용한 산소가 부족해지기 때문

> 혈액 중의 혈색소와 결합하여 산소운반 능력을 방해하거나 조직이 산소를 받아들이는 능력을 잃게 하여 내질식을 일으킨다.

> ★참고
> 화학적 질식제의 종류 : 일산화탄소(CO), 황화수소(H_2S), 시안화수소(HCN), 아닐린 등

91 다음 표는 A작업장의 백혈병과 벤젠에 대한 코호트 연구를 수행한 결과이다. 이 때 벤젠의 백혈병에 대한 상대위험비는 약 얼마인가?

	백혈병	백혈병없음	합계
벤젠노출	5	14	19
벤젠비노출	2	25	27
합계	7	29	46

① 3.29　② 3.55
③ 4.64　④ 4.82

> 상대위험비 = $\dfrac{\text{노출군에서 질병발생률}}{\text{비노출군에서 질병발생률}}$
> = $\dfrac{\text{위험폭로집단발병율}}{\text{비위험폭로집단발병율}}$
>
> • 상대위험비 = 1인 경우 노출과 질병 사이의 연관성 없음을 의미
> • 상대위험비 > 1인 경우 위험의 증가를 의미
> • 상대위험비 < 1인 경우 질병에 대한 방어효과가 있음을 의미
>
> 상대위험비 = $\dfrac{\text{노출군에서 질병발생률}}{\text{비노출군에서 질병발생률}}$
> = $\dfrac{0.263}{0.074}$ = 3.55
>
> • 비노출군에서의 질병발생률 = $\dfrac{2}{27}$ = 0.074
> • 노출군에서의 질병발생률 = $\dfrac{5}{19}$ = 0.263

92 작업장의 공기 중 허용농도에 의존하는 것 이외에 근로자의 노출상태를 측정하는 방법으로 근로자들의 조직과 체액 또는 호기를 검사해서 건강장애를 일으키는 일이 없이 노출될 수 있는 양을 규정한 것은?

① BEI　② LD
③ SHD　④ STEL

> ★생물학적 노출지수(폭로지수 : BEI, ACGIH)
> 혈액, 소변, 호기, 모발 등 생체시료로부터 유해물질에 대한 근로자의 노출량을 평가하는 기준으로 BEI를 사용한다.

정답　90 ③　91 ②　92 ①

93 상대적 독성(수치는 독성의 크기)이 다음과 같은 형태로 나타나는 화학적 상호작용을 무엇이라 하는가?

$$2 + 0 \rightarrow 10$$

① 상가작용(additive)
② 가승작용(potentiation)
③ 상쇄작용(antagonism)
④ 상승작용(synergistic)

> 1. 상가작용 : 두 물질에 동시 노출될 경우의 독성은 단독물질 독성의 합과 같다.(2+3=5)
> 2. 가승작용 : 독성이 없던 물질을 독성이 있는 물질과 혼합하면 독성이 강해진다.(2+0=5)
> 3. 길항작용 : 두 물질이 서로의 작용을 방해하여 두 물질에 동시 노출될 경우의 독성은 단독물질의 독성보다 약해진다.(2+3=1)
> 4. 상승작용 : 두 물질에 동시 노출될 경우의 독성은 단독물질 독성의 합보다 크게 증가한다.(2+3=9)

94 다음 중 신장을 통한 배설과정에 대한 설명으로 틀린 것은?

① 신장을 통한 배설은 사구체 여과, 세뇨관 재흡수 그리고 세뇨관 분비에 의해 제거된다.
② 사구체를 통한 여과는 심장의 박동으로 생성되는 혈압 등의 정수압(hydrostatic pressure)의 차이에 의하여 일어난다.
③ 세뇨관 내의 물질은 재흡수에 의해 혈중으로 돌아갈 수 있으나, 아미노산 및 독성물질은 재흡수되지 않는다.
④ 세뇨관을 통한 분비는 선택적으로 작용하며 능동 및 수동 수송방식으로 이루어진다.

> ③ 세뇨관 내의 물질은 재흡수에 의해 혈중으로 돌아갈 수 있으며, 아미노산과 당류 등은 능동투과에 의하여 재흡수 되고 독성물질 및 그 대사산물을 단순 확산에 의하여 재흡수 된다.

95 작업환경 중 직경 10m 이상 되는 분진에 노출된 경우의 건강 영향을 설명한 것으로 가장 적절한 것은?

① 독성이 매우 크다.
② 대부분 상기도에 침착한다.
③ 폐포에 대부분 도달한다.
④ 대부분 호흡성 폐기도까지 도달한다.

> ★ 입자상 물질의 분류(ACGIH)
> ① 흡입성 분진
>   · 호흡기 어느 부위에 침착하더라도 독성을 나타내는 분진
>   · 주로 비강, 인후두, 기관 등 호흡기의 기도(상기도) 부위에 침착되어 독성을 나타내는 물질
>   · 평균입경 : 100㎛
> ② 흉곽성 분진
>   · 기관지, 세기관지, 폐포 등 하기도 및 가스교환 부위에 침착되어 독성을 나타내는 물질
>   · 평균 입경 : 10㎛
> ③ 호흡성 분진
>   · 가스교환 부위(폐포)에 침착하여 독성을 나타내는 물질
>   · 평균 입경 : 4㎛(공기 역학적 직경이 10㎛ 미만)

정답 93 ② 94 ③ 95 ②

96 다음 중 대부분의 중금속이 인체에 흡수된 후 배설, 제거되는 기관은 무엇인가?

① 췌장 ② 신장
③ 소장 ④ 대장

> 대부분의 중금속이 인체에 흡수된 후 배설, 제거되는 기관 → 신장

97 다음 중 유해화학물질의 노출기준을 정하고 있는 기관과 노출기준 명칭의 연결이 바르게 된 것은?

① NIOSH-PEL ② AIHA-MAC
③ OSHA-REL ④ ACGIH-TLV

> ① NIOSH-REL(Recommended Exposure Limits)
> ② AIHA-WEEL(Workplace Environmental Exposure Level)
> ③ OSHA-PEL(Permissible Exposure Limits)
> ④ ACGIH-TLV

98 다음 중 규폐증(silicosis)에 관한 설명으로 틀린 것은?

① 규폐증이란 석영분진에 직업적으로 노출될 때 발생하는 진폐증의 일종이다.
② 역사적으로 보면 규폐증은 이집트의 미라에서도 발견되는 오랜 질병이다.
③ 채석장 및 모래 분사 작업장에 종사하는 작업자들이 잘 걸리는 폐질환이다.
④ 규폐증이란 석면의 고농도분진을 단기적으로 흡입할 때 주로 걸리는 질병이다.

> ★ 규폐증(silicosis)
> ① 이산화규소(SiO2, 유리규산, 석영) 분진의 흡입으로 폐조직에 섬유화가 나타나는 진폐증을 말한다.
> ② 이집트의 미라에서도 발견되는 오랜 질병이며, 건축업, 도자기 작업장, 채석장, 석재공장 등의 작업장에서 근무하는 근로자에게 발생한다.
> ③ 합병증으로 폐암, 폐결핵(규폐결핵증)을 일으키며 폐하엽 부위에 많이 생긴다.

99 다음 중 납중독을 확인하는 데 이용하는 시험으로 적절하지 않은 것은?

① 혈중의 납
② 헴(heme)의 대사
③ Ca-EDTA 흡착능
④ 신경전달속도

> ★ 납중독 확인 시험
> ① 혈액 중의 납 농도
> ② 헴(Heme)의 대사 : Heme의 합성에 관여하는 효소 등 세포의 효소작용을 방해한다.
> ③ 말초신경의 신경 전달속도 : 신경전달 속도를 저하시킨다.
> ④ Ca-EDTA 이동시험 : Ca-EDTA 투여 후 뇨 채취하여 체내의 납량을 측정한다.
> ⑤ ALA(Amino Levulinic Acid) 축적

정답 96 ② 97 ④ 98 ④ 99 ③

100 다음 설명에 해당하는 중금속의 종류는?

> 이 중금속 중독의 특징적인 증상은 구내염, 정신증상, 근육진전이라 할 수 있으며 급성중독의 치료로는 우유나 계란의 흰자를 먹이며, 만성중독의 치료로는 취급을 즉시 중시하고, BAL을 투여한다.

① 크롬 ② 카드뮴
③ 납 ④ 수은

수은 중독 증상	① 식욕부진, 구내염 ② 근육 진전(떨림), 수전증 ③ 정신장애(뇌 증상) ④ 신기능부전 ⑤ 시신경장해, 수족신경마비, 보행장해
수은 중독 치료	① 급성중독 : 우유와 계란흰자 먹인 후 위세척(단백질과 해당 물질을 결합시켜 침전시킨다) ② 만성중독 · 수은취급을 즉시 중지하고 BAL을 투여 (EDTA의 투여는 금지) · N-acetyl-D-Penicillamine 투여

정답 100 ④

2회 모의고사

산업위생관리기사 필기

제1과목 산업위생학개론

01 다음 중 18세기 영국에서 최초로 보고되었으며, 어린이 굴뚝청소부에게 많이 발생하였고, 원인물질이 검댕(soot)이라고 규명된 직업성 암은?

① 폐암 ② 음낭암
③ 후두암 ④ 피부암

* Percivall Pott(18세기)
① 영국의 외과의사, 굴뚝청소부에게서 최초의 직업병인 "음낭암"을 발견
② 암의 원인 물질은 "검댕"(다핵방향족 화합물 PAH)
③ "굴뚝 청소부법" 제정하는 계기가 됨

📝 실기까지 중요 ★★

02 다음 중 육체적 작업 시 혐기성 대사에 의해 생성되는 에너지의 근원에 해당되지 않는 것은?

① 아데노신삼인산(ATP)
② 크레아틴인산(CP)
③ 산소(oxygen)
④ 포도당(glucose)

혐기성 대사 (Anaerobic metabolism)	1. 근육에 저장된 화학적 에너지 2. 혐기성 대사 순서 ATP(아데노신 삼인산) → CP(크레아틴 인산) → Glycogen(글리코겐) or Glucose(포도당)
호기성 대사 (Aerobic metabolism)	1. 대사과정(구연산 회로)을 거쳐 생성된 에너지 2. 호기성 대사 과정 포도당 단백질 + 산소 → 에너지원 지방

📝 실기까지 중요 ★★

03 300명이 근무하는 A 작업장에서 연간 55건의 재해발생으로 60명의 사상자가 발생하였다. 이 사업장의 연간 총 근로시간수가 700,000시간이었다면 도수율은 약 얼마인가?

① 32.5 ② 71.4
③ 78.6 ④ 85.7

$$\text{도수율(빈도율)} = \frac{\text{재해 건수}}{\text{연근로 시간 수}} \times 10^6$$

$$\text{도수율(빈도율)} = \frac{55}{700,000} \times 10^6 = 78.57$$

📝 실기에 자주 출제 ★★★

정답 01 ② 02 ③ 03 ③

04 다음 중 산업위생의 역사에 있어 주요 인물과 업적의 연결이 올바른 것은?

① Percivall Pott : 구리광산의 산 증기 위험성 보고
② Hippocrates : 역사상 최초의 직업병(납중독) 보고
③ G.Agricola : 검댕에 의한 직업성 암의 최초 보고
④ Benardino Ramazzini : 금속중독과 수은의 위험성 규명

> ① Percivall Pott : 굴뚝청소부에서 최초의 직업병인 "음낭암" 을 발견, 암의 원인 물질은 "검댕"
> ② Hippocrates : 광산의 납중독 기술(최초의 직업병 : 납중독)
> ③ Georgius Agricola : 저서 "광물에 대하여"에서 광산에서의 규폐증의 유해성 언급
> ④ Bernardino Ramazzini : 산업보건의 시조, 산업의학의 아버지

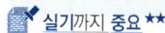 실기까지 중요 ★★

05 다음 중 산업위생의 정의에 있어 4가지 주요 활동에 해당하지 않는 것은?

① 보상(compensation)
② 인지(recognition)
③ 평가(evaluation)
④ 관리(control)

> ★산업위생의 주요 활동
> ① 예측
> ② 측정
> ③ 인지
> ③ 평가
> ④ 관리

> ★참고
> 미국산업위생학회(AIHA)의 산업위생의 정의
> 근로자나 일반 대중에게 질병, 건강장해와 안녕방해, 심각한 불쾌감 및 능률 저하 등을 초래하는 작업환경 요인과 스트레스를 예측, 측정, 평가, 관리하는 과학과 기술이다.

실기까지 중요 ★★

06 다음 중 재해예방의 4원칙에 대한 설명으로 틀린 것은?

① 재해발생에는 반드시 그 원인이 있다.
② 재해가 발생하면 반드시 손실도 발생한다.
③ 재해는 원칙적으로 원인만 제거되면 예방이 가능하다.
④ 재해예방을 위한 가능한 안전대책은 반드시 존재한다

> ★산업재해 예방의 4원칙
> ① 예방 가능의 원칙 : 재해는 원칙적으로 원인만 제거되면 예방이 가능하다.
> ② 손실 우연의 원칙 : 사고의 결과 생기는 상해의 종류와 정도는 사고 발생시 사고대상의 조건에 따라 우연히 발생한다.
> ③ 대책 선정의 원칙 : 사고의 원인에 대한 적합한 대책이 선정되어야 한다.
> ④ 원인 연계의 원칙 : 재해는 직접원인과 간접원인이 연계되어 일어난다.

실기까지 중요 ★★

정답 04 ② 05 ① 06 ②

07 다음 중 근로자 건강진단 실시 결과 건강관리 구분에 따른 내용의 연결이 틀린 것은?

① R : 건강관리상 사후관리가 필요 없는 근로자
② C_1 : 직업성 질병으로 진전될 우려가 있어 추적검사 등 관찰이 필요한 근로자
③ D_1 : 직업성 질병의 소견을 보여 사후관리가 필요한 근로자
④ D_2 : 일반 질병의 소견을 보여 사후관리가 필요한 근로자

★ 건강진단 결과 건강관리 구분

건강관리 구분		건강관리 구분내용
A		건강관리상 사후관리가 필요 없는 근로자(건강한 근로자)
C	C_1	직업성 질병으로 진전될 우려가 있어 추적검사 등 관찰이 필요한 근로자(직업병 요관찰자)
	C_2	일반질병으로 진전될 우려가 있어 추적관찰이 필요한 근로자(일반질병 요관찰자)
D_1		직업성 질병의 소견을 보여 사후관리가 필요한 근로자(직업병 유소견자)
D_2		일반 질병의 소견을 보여 사후관리가 필요한 근로자(일반질병 유소견자)
R		건강진단 1차 검사결과 건강수준의 평가가 곤란하거나 질병이 의심되는 근로자(제2차 건강진단 대상자)

📝 실기까지 중요 ★★

08 다음 중 턱뼈의 괴사를 유발하여 영국에서 사용 금지된 최초의 물질은 무엇인가?

① 황린(yellow phosphorus)
② 적린(red phosphorus)
③ 벤지딘(benzidine)
④ 청석면(crocidolite)

★ 황린(yellow phosphorus)
턱뼈의 괴사를 유발하여 영국에서 사용 금지된 최초의 물질

09 다음 중 산업안전보건법령상 보건관리자의 자격에 해당하지 않는 사람은?

①「의료법」에 따른 의사
②「의료법」에 따른 간호사
③「국가기술자격법」에 따른 산업안전기사
④「산업안전보건법」에 따른 산업보건지도사

★ 보건관리자의 자격
보건관리자는 다음 각 호의 어느 하나에 해당하는 사람으로 한다.
① 산업보건지도사 자격을 가진 사람
②「의료법」에 따른 의사
③「의료법」에 따른 간호사
④「국가기술자격법」에 따른 산업위생관리산업기사 또는 대기환경산업기사 이상의 자격을 취득한 사람
⑤「국가기술자격법」에 따른 인간공학기사 이상의 자격을 취득한 사람
⑥「고등교육법」에 따른 전문대학 이상의 학교에서 산업보건 또는 산업위생 분야의 학위를 취득한 사람(법령에 따라 이와 같은 수준 이상의 학력이 있다고 인정되는 사람을 포함한다)

📝 실기까지 중요 ★★

10 다음 중 피로에 관한 내용과 가장 거리가 먼 것은?

① 에너지원의 소모
② 신체 조절기능의 저하
③ 체내에서의 물리・화학적 변조
④ 물질대사에 의한 노폐물의 체내 소모

★ 피로의 발생기전
① 산소와 영양소 등의 에너지원의 소모
② 물질대사에 의한 노폐물의 축적(피로물질의 축적)
③ 체내의 항상성 상실(체내 생리대사의 물리・화학적 변화)
④ 생체 내 조절기능의 저하

📝 필기에 자주 출제 ★

정답 07 ① 08 ① 09 ③ 10 ④

11 톨루엔(TLV = 50ppm)을 사용하는 작업장의 작업시간이 10시간 일 때 허용기준을 보정하여야 한다. OSHA 보정법과 Brief and Scala 보정법을 적용하였을 경우 보정된 허용기준치 간의 차이는 얼마인가?

① 1ppm　　② 2.5ppm
③ 5ppm　　④ 10ppm

> **＊비정상 작업시간에 대한 허용농도 보정**
> 1. OSHA의 보정방법 ★★
>   ① 급성중독을 일으키는 물질
>   • 보정된 노출기준
> $= 8시간 노출기준 \times \dfrac{8시간}{노출시간/일}$
>   ② 만성중독을 일으키는 물질
>   • 보정된 노출기준
> $= 8시간 노출기준 \times \dfrac{40시간}{노출시간/주}$
> 2. Brief와 Scala의 보정방법 ★★★
>   ① $RF = \left(\dfrac{8}{H}\right) \times \dfrac{24-H}{16}$
>   ② [일주일] ; $RF = \left(\dfrac{40}{H}\right) \times \dfrac{168-H}{128}$
>   ③ 보정된 노출기준 = RF×노출기준(허용농도)
>   • H : 비정상적인 작업시간(노출시간/일)
>   ; 노출시간/주
>   • 16 : 휴식시간 의미
>   (128 ; 일주일 휴식시간 의미)

1. OSHA의 보정
   보정된 노출기준 $= 8시간 노출기준 \times \dfrac{8시간}{노출시간/일}$
   $= 50 \times \dfrac{8}{10} = 40$
2. Brief와 Scala의 보정
   ① 노출지수(RF) $= \dfrac{8}{H} \times \dfrac{24-H}{16}$
   $= \dfrac{8}{10} \times \dfrac{24-10}{16} = 0.7$
   ② 보정된 노출기준 = RF×노출기준
   $= 0.7 \times 50 = 35$
3. 보정된 허용기준치 간의 차이
   $40 - 35 = 5ppm$

📘 실기까지 중요 ★★

12 산업안전보건법에 따라 작업환경측정을 실시한 경우 작업환경측정 결과보고서는 시료채취를 마친 날부터 며칠 이내에 관할 지방고용노동관서의 장에게 제출하여야 하는가?

① 7일　　② 15일
③ 30일　　④ 60일

> 사업주는 작업환경측정을 한 경우에는 작업환경측정 결과보고서에 작업환경측정 결과표를 첨부하여 시료채취를 마친 날부터 30일 이내에 관할 지방고용노동관서의 장에게 제출하여야 한다.

📘 실기까지 중요 ★★

13 다음 중 RMR이 10인 격심한 작업을 하는 근로자의 실동률과 계속작업의 한계시간으로 옳은 것은? (단, 실동률은 사이토-오시마 식을 적용한다.)

① 실동률 : 55%, 계속작업의 한계시간 : 약 5분
② 실동률 : 45%, 계속작업의 한계시간 : 약 4분
③ 실동률 : 35%, 계속작업의 한계시간 : 약 3분
④ 실동률 : 25%, 계속작업의 한계시간 : 약 2분

> **＊계속작업 한계시간(CWT)**
> 1. 실노동률(실동률)(%) $= 85 - (5 \times RMR)$
>   • RMR : 에너지 대사율(작업대사율)
> 2. $\log(CWT) = 3.724 - 3.25\log(RMR)$
>   • RMR : 에너지 대사율
>   • CWT : 계속작업 한계시간(분)

1. 실노동률 $= 85 - (5 \times 10) = 35(\%)$
2. $\log(CWT) = 3.724 - 3.25 \times \log(10) = 0.474$
   $CWT = 10^{0.474} = 2.98(분)$

📘 실기까지 중요 ★★

14 도수율(frequency rate of injury)이 10인 사업장에서 작업자가 평생 동안 작업할 경우 발생할 수 있는 재해의 건수는? (단, 평생의 총 근로시간수는 120,000시간으로 한다.)

① 0.8건 ② 1.2건
③ 2.4건 ④ 10건

> **환산 도수율**
> 평생 동안 작업할 경우 발생할 수 있는 재해의 건수
> 1. 환산 도수율(F)
>   = $\dfrac{\text{재해건수}}{\text{연근로 시간수}} \times \text{평생근로시간수}(100,000)$
> 2. 환산 도수율 = 도수율 ÷ 10
>   (평생근로시간수 100,000시간일 경우 해당)
>
> 1. 환산 도수율 = 도수율 ÷ 10 = 10 ÷ 10 = 1
> 2. 평생근로시간수가 100,000시간일 때 환산 도수율이 1이므로 평생근로시간수가 120,000시간일 때의 환산도수율은
>   100,000 : 1 = 120,000 : x
>   100,000 × x = 120,000 × 1
> $x = \dfrac{120,000}{100,000} = 1.2$(건)

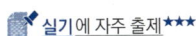 실기에 자주 출제 ★★★

15 NIOSH의 권고중량한계(RWL ; Recommended Weight Limit)에 사용되는 승수(multiplier)가 아닌 것은?

① 들기거리(lift multiplier)
② 이동거리(distance multiplier)
③ 수평거리(horizontal multiplier)
④ 비대칭각도(asymmetry multiplier)

> RWL(kg) = LC(23) × HM × VM × DM × AM × FM × CM
> - LC : 중량상수(Load Constant) – 23kg
> - HM : 수평 계수(Horizontal Multiplier)
> - VM : 수직 계수(Vertical Multiplier)
> - DM : 거리 계수(Distance Multiplier)
> - AM : 비대칭 계수(Asymmetric Multiplier)
> - FM : 빈도 계수(Frequency Multiplier)
> - CM : 커플링 계수(Coupling Multiplier)

필기에 자주 출제 ★

16 산업피로의 검사방법 중에서 CMI(Cornel Medical Index) 조사에 해당하는 것은?

① 생리적 기능검사 ② 생화학적 검사
③ 동작분석   ④ 피로 자각증상

> **피로의 자각증상(주관적 피로 측정)**
> CMI(Cornel Medical Index) 조사

필기에 자주 출제 ★

17 다음 중 산업안전보건법령상 중대재해에 해당하지 않는 것은?

① 사망자가 1명 발생한 재해
② 부상자가 동시에 5명 발생한 재해
③ 직업성 질병자가 동시에 12명 발생한 재해
④ 3개월 이상의 요양을 요하는 부상자가 동시에 3명 발생한 재해

정답 14 ② 15 ① 16 ④ 17 ②

> **★ 중대재해**
> 산업재해 중 사망 등 재해 정도가 심하거나 다수의 재해자가 발생한 경우로서 고용노동부령으로 정하는 재해를 말한다.
> ① 사망자가 1인 이상 발생한 재해
> ② 3개월 이상 요양을 요하는 부상자가 동시에 2인 이상 발생한 재해
> ③ 부상자 또는 직업성 질병자가 동시에 10인 이상 발생한 재해

📝 필기에 자주 출제 ★

18 산업안전보건법에 따라 사업주가 허가대상유해물질을 제조하거나 사용하는 작업장의 보기 쉬운 장소에 반드시 게시하여야 하는 내용이 아닌 것은?

① 제조날짜
② 취급상의 주의사항
③ 인체에 미치는 영향
④ 착용하여야 할 보호구

> 사업주는 허가대상 유해물질을 제조하거나 사용하는 작업장에 다음 각 호의 사항을 보기 쉬운 장소에 게시하여야 한다.
> ① 허가대상 유해물질의 명칭
> ② 인체에 미치는 영향
> ③ 취급상의 주의사항
> ④ 착용하여야 할 보호구
> ⑤ 응급처치와 긴급 방재 요령

19 다음 중 바람직한 교대제에 대한 설명으로 틀린 것은?

① 2교대 시 최저 3조로 편성한다.
② 각 반의 근무시간은 8시간으로 한다.
③ 야간근무의 연속일수는 2~3일로 한다.
④ 야근 후 다음 반으로 가는 간격은 24시간으로 한다.

> ④ 야간근무 후 다른 근무조로 가기 전에 최소한 48시간 이상의 휴식을 두어야 한다.

📝 필기에 자주 출제 ★

20 작업대사율이 3인 중등작업을 하는 근로자의 실동률(%)을 계산하면?

① 50 ② 60
③ 70 ④ 80

> 실노동률(실동률)(%) = 85 − (5 × RMR)
> • RMR : 에너지 대사율(작업대사율)
>
> 실노동률 = 85 − (5 × 3) = 70(%)

📝 필기에 자주 출제 ★

정답 18 ① 19 ④ 20 ③

제2과목 작업위생측정 및 평가

21 가스상 물질 흡수액의 흡수효율을 높이기 위한 방법으로 옳지 않은 것은?

① 가는 구멍이 많은 프리티드버블러 등 채취효율이 좋은 기구를 사용한다.
② 시료채취속도를 높인다.
③ 용액의 온도를 낮춘다.
④ 두 개 이상의 버블러를 연속적으로 연결한다.

> * 흡수용액을 이용하여 시료를 포집할 때 흡수효율을 높이는 방법
> ① 포집용액의 온도를 낮추어 오염물질의 휘발성을 제한한다.(증기압을 감소시킨다.)
> ② 흡수액의 양을 늘린다.
> ③ 두 개 이상의 버블러를 연속적으로 연결(직렬연결)하여 용액의 양을 늘린다.
> ④ 시료채취 속도를 낮춘다.(기포의 체류시간을 길게 한다.)
> ⑤ 가는 구멍이 많은 프리티드 버블러 등 채취효율이 좋은 기구를 사용한다.(기포와 액체의 접촉 면적을 크게 한다.)

📘 필기에 자주 출제 ★

22 다음 중 2차 표준보정기구가 아닌 것은?

① 습식 테스트미터 ② 건식 가스미터
③ 폐활량계   ④ 열선기류계

1차 표준 기구	2차 표준기구
1. 비누거품미터	1. 로타미터
2. 폐활량계	2. 습식테스트미터
3. 가스치환병	(Wet-test-meter)
4. 유리피스톤미터	3. 건식가스미터
5. 흑연피스톤미터	(Dry-gas-meter)
6. 피토튜브(Pitot tube)	4. 오리피스미터
	5. 열선기류계

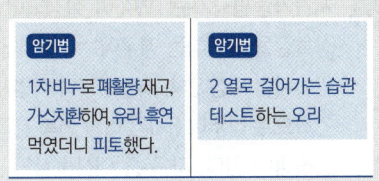

암기법: 1차비누로 폐활량 재고, 가스치환하여, 유리 흑연 먹였더니 피토했다.
암기법: 2 열로 걸어가는 습관 테스트하는 오리

📘 실기에 자주 출제 ★★★

23 흡수액을 이용하여 액체포집한 후 시료를 분석한 결과 다음과 같은 수치를 얻었다. 이 물질의 공기 중 농도(mg/m³)는?

> • 시료에서 정량된 분석량 : 40.5μg
> • 공시료에서 정량된 분석량 : 6.25μg
> • 시작 시 유량 : 1.2L/min
> • 종료 시 유량 : 1.0L/min
> • 포집시간 : 389분
> • 포집효율 : 80%

① 0.1   ② 0.2
③ 0.3   ④ 0.4

> 1. $mg/m^3 = \dfrac{(40.5-6.25) \times 10^{-3} mg}{\dfrac{(1.2+1.0) \times 10^{-3} m^3/min}{2} \times 389 min}$
> $= 0.08 (mg/m^3)$
> ($\mu g = 10^{-3} mg$)
> 2. 포집효율이 80%일 때의 농도가 0.08(mg/m³)이므로 100%일 때의 농도는
> $0.8 : 0.08 = 1 : x$
> $0.8x = 0.08$
> $x = \dfrac{0.08}{0.8} = 0.1 (mg/m^3)$

📘 실기까지 중요 ★★

24 시간가중평균기준(TWA)이 설정되어 있는 대상물질을 측정하는 경우에는 1일 작업시간 동안 6시간 이상 연속 측정하거나 작업시간을 등간격으로 나누어 6시간 이상 연속 분리하여 측정하여야 한다. 다음 중 대상물질의 발생시간 동안 측정할 수 있는 경우가 아닌 것은? (단, 고용노동부 고시 기준)

① 대상물질의 발생시간이 6시간 이하인 경우
② 불규칙작업으로 6시간 이하의 작업
③ 발생원에서의 발생시간이 간헐적인 경우
④ 공정 및 취급인자 변동이 없는 경우

> ＊대상물질의 발생시간 동안 측정하여야 하는 경우
> ① 대상물질의 발생시간이 6시간 이하인 경우
> ② 불규칙작업으로 6시간 이하의 작업
> ③ 발생원에서의 발생시간이 간헐적인 경우

📋 실기까지 중요 ★★

25 '변이계수'에 관한 설명으로 틀린 것은?

① 평균값의 크기가 0에 가까울수록 변이계수의 의의는 커진다.
② 측정단위와 무관하게 독립적으로 산출된다.
③ 변이계수는 %로 표현된다.
④ 통계집단의 측정값들에 대한 균일성, 정밀성 정도를 표현하는 것이다

> ① 평균값의 크기가 0에 가까울수록 변이계수의 의의는 작아진다.

> ＊참고
> 변이계수(CV)
> 측정방법의 정밀도를 평가한다.
> $$CV(\%) = \frac{표준편차}{산술평균} \times 100$$

📋 필기에 자주 출제 ★

26 실리카겔관이 활성탄관에 비하여 가지고 있는 장점과 가장 거리가 먼 것은?

① 극성물질을 채취한 경우 물, 메탄올 등 다양한 용매로 쉽게 탈착된다.
② 추출액이 화학분석이나 기기분석에 방해물질로 작용하는 경우가 많지 않다.
③ 매우 유독한 이황화탄소를 탈착 용매로 사용하지 않는다.
④ 수분을 잘 흡수하여 습도에 대한 민감도가 높다.

> ④ 실리카겔관은 수분을 잘 흡수(친수성)하여 습도의 증가에 따라 흡착용량이 감소되는 단점이 있다.

📋 필기에 자주 출제 ★

27 측정결과를 평가하기 위하여 "표준화 값"을 산정할 때 적용되는 인자는? (단, 고용노동부 고시 기준)

① 측정농도와 노출기준
② 평균농도와 표준편차
③ 측정농도와 평균농도
④ 측정농도와 표준편차

> X_1(시간가중평균값), X_2(단시간 노출 값)을 허용기준으로 나누어 Y(표준화 값)를 구한다.
> $$Y(표준화\ 값) = \frac{X_1(X_2)}{허용기준}$$

📋 필기에 자주 출제 ★

28 유해가스의 생리학적 분류를 단순 질식제, 화학 질식제, 자극가스 등으로 할 때 다음 중 단순 질식제로 구분되는 것은?

① 일산화탄소 ② 아세틸렌
③ 포름알데히드 ④ 오존

> ★ 단순 질식제
> ① 생리적으로 아무 독성작용이 없으나 공기 중에 존재할 때 산소분압 저하에 의한 산소 부족을 초래한다.
> ② 수소, 이산화탄소(CO_2), 질소, 헬륨, 메탄, 에탄, 프로판, 에틸렌, 아세틸렌 등

📓 실기까지 중요 ★★

29 먼지 채취시 사이클론이 충돌기에 비해 갖는 장점이라 볼 수 없는 것은?

① 사용이 간편하고 경제적이다.
② 호흡성 먼지에 대한 자료를 쉽게 얻을 수 있다.
③ 입자의 질량 크기 분포를 얻을 수 있다.
④ 매체의 코팅과 같은 별도의 특별한 처리가 필요 없다.

> ③ 입자의 질량크기 분포를 얻을 수 있다.
> → 충돌기의 장점

📓 실기까지 중요 ★★

30 다음은 작업장 소음측정에 관한 내용이다. ( ) 안에 내용으로 옳은 것은? (단, 고용노동부 고시 기준)

> 누적소음 노출량 측정기로 소음을 측정하는 경우에는 Criteria 90dB, Exchange Rate 5dB, Threshold ()dB로 기기를 설정한다.

① 50 ② 60
③ 70 ④ 80

> 누적소음노출량 측정기로 소음을 측정하는 경우에는 Criteria는 90dB, Exchange Rate는 5dB, Threshold는 80dB로 기기를 설정할 것

📓 실기까지 중요 ★★

31 먼지의 한쪽 끝 가장자리와 다른 쪽 끝 가장자리 사이의 거리로 과대평가될 가능성이 있는 입자상 물질의 직경은?

① 마틴 직경 ② 페레트 직경
③ 공기역학 직경 ④ 등면적 직경

> ★ 기하학적(물리적) 직경
>
> | | |
> |---|---|
> | 마틴직경 | ① 먼지(입자)의 면적을 2등분하는 선의 길이로 나타내는 직경
② 선의 방향은 항상 일정하여야 하며 과소 평가될 수 있다. |
> | 페렛직경 | ① 먼지의 한쪽 끝 가장자리에서 다른 쪽 끝 가장자리 까지의 거리로 나타내는 직경
② 과대 평가될 가능성이 있다. |
> | 등면적직경 | ① 먼지의 면적과 동일한 면적을 가진 원의 직경으로 환산한 직경
② 가장 정확한 직경이다. |

📓 실기에 자주 출제 ★★★

정답 28 ② 29 ③ 30 ④ 31 ②

32 흡착제를 이용하여 시료채취를 할 때 영향을 주는 인자에 관한 설명으로 틀린 것은?

① 온도 : 온도가 높을수록 입자의 활성도가 커져 흡착에 좋으며 저온일수록 흡착능이 감소한다.
② 오염물질 농도 : 공기 중 오염물질 농도가 높을수록 파과 용량은 증가하나 파과 공기량은 감소한다.
③ 흡착제의 크기 : 입자의 크기가 작을수록 표면적이 증가하여 채취효율이 증가하나 압력강하가 심하다.
④ 시료채취속도 : 시료채취속도가 높고 코팅된 흡착제 일수록 파과가 일어나기 쉽다.

> ① 온도가 높을수록 흡착대상 물질 간의 반응속도가 증가하여 흡착능력이 떨어지며 파과되기 쉽다.

📝 필기에 자주 출제 ★

33 소음의 변동이 심하지 않은 작업장에서 1시간 간격으로 8회 측정한 산술평균의 소음수준이 93.5dB(A)이었을 때 하루 소음노출량(dose,%)은? (단, 근로자의 작업시간은 8시간)

① 104%   ② 135%
③ 162%   ④ 234%

> ★ 시간가중 평균 소음수준의 계산
>
> $$TWA = 16.61 \times \log\left(\frac{D}{100}\right) + 90$$
>
> • TWA : 시간가중 평균 소음수준[dB(A)]
> • D : 누적소음 폭로량(%)

$$TWA = 16.61 \times \log\left(\frac{D}{100}\right) + 90$$

$$16.61 \times \log\left(\frac{D}{100}\right) = TWA - 90$$

$$\log\left(\frac{D}{100}\right) = \frac{TWA - 90}{16.61}$$

$$\frac{D}{100} = 10^{\frac{TWA - 90}{16.61}}$$

$$D = 100 \times 10^{\frac{93.5 - 90}{16.61}} = 162.45(\%)$$

📝 실기까지 중요 ★★

34 다음의 유기용제 중 실리카겔에 대한 친화력이 가장 강한 것은?

① 알콜류   ② 알데하이드류
③ 케톤류   ④ 에스테르류

> ★ 실리카겔의 친화력(극성이 강한 순서)
> 물 > 알코올류 > 알데하이드류 > 케톤류 > 에스테르류 > 방향족탄화수소류 > 올레핀류 > 파라핀류

> 암기법
> 실물 알콜 하드 KS 방탄 올핀 파핀

📝 실기까지 중요 ★★

35 공기 중 석면을 막여과지에 채취한 후 전처리하여 분석하는 방법으로 다른 방법에 비하여 간편하나 석면의 감별에 어려움이 있는 측정 방법은?

① X선 회절법   ② 편광현미경법
③ 위상차현미경법   ④ 전자현미경법

> ★ 위상차현미경
> ① 공기 중 석면을 막여과지에 채취한 후 전처리하여 분석하는 방법으로 다른 방법에 비하여 간편하나 석면의 감별에 어려움이 있다.
> ② 석면 측정에 가장 많이 사용된다.

📝 필기에 자주 출제 ★

정답 32 ① 33 ③ 34 ① 35 ③

36 고체 흡착제를 이용하여 시료채취를 할 때 영향을 주는 인자에 관한 설명으로 틀린 것은?

① 오염물질 농도 : 공기 중 오염물질의 농도가 높을수록 파과 용량은 증가한다.
② 습도 : 습도가 높으면 극성 흡착제를 사용할 때 파과공기량이 적어진다.
③ 온도 : 모든 흡착은 발열반응이므로 온도가 낮을수록 흡착에 좋은 조건인 것은 열역학적으로 분명하다.
④ 시료채취유량 : 시료채취 유량이 높으면 쉽게 파과가 일어나나 코팅된 흡착제인 경우는 그 경향이 약하다.

> ④ 시료채취 유량이 높으면 파과가 일어나기 쉽고 코팅된 흡착제일수록 파괴되기 쉽다.

📓 **필기**에 자주 출제 ★

37 농약공장의 작업환경 내에는 TLV가 0.1mg/m³인 파라티온과 TLV가 0.5mg/m³인 EPN이 2 : 3의 비율로 혼합된 분진이 부유하고 있다. 이러한 혼합분진의 TLV(mg/m³)는?

① 0.15 ② 0.17
③ 0.19 ④ 0.21

> ★ 액체 혼합물의 구성성분(%)을 알 때 혼합물의 허용농도(노출기준)
>
> 혼합물의 노출기준(mg/m³)
> $= \dfrac{1}{\dfrac{f_a}{TLV_a} + \dfrac{f_b}{TLV_b} + \cdots + \dfrac{f_n}{TLV_n}}$
>
> • f_a, f_b, f_n : 액체 혼합물에서의 각 성분 무게(중량) 구성비(%)
> • TLV_a, TLV_b, TLV_n : 해당 물질의 노출기준(mg/m³)

> 파라티온과 EPN이 2 : 3의 비율로 혼합되어 있으므로
> 파라티온 $= \dfrac{2}{5} \times 100 = 40(\%)$
> EPN $= \dfrac{3}{5} \times 100 = 60(\%)$
> 혼합분진의 농도 $= \dfrac{1}{\dfrac{0.4}{0.1} + \dfrac{0.6}{0.5}} = 0.19(\text{mg/m}^3)$
> 또는
> 혼합분진의 농도 $= \dfrac{100}{\dfrac{40}{0.1} + \dfrac{60}{0.5}} = 0.19(\text{mg/m}^3)$

📓 **실기**까지 중요 ★★

38 시료 채취용 막여과지에 관한 설명으로 틀린 것은?

① MCE 막여과지 : 표면에 주로 침착되어 중량분석에 적당함
② PVC 막여과지 : 흡습성이 적음
③ PTFE 막여과지 : 열, 화학물질, 압력에 강한 특성이 있음
④ 은막 여과지 : 열적, 화학적 안정성이 있음

> ① MCE 막여과지
> • 유해물질이 여과지의 표면에 주로 침착되어 현미경 분석을 위한 시료채취에 유리하다.
> • 흡습성이 높아 오차를 유발할 수 있어 중량분석에 적합하지 못함

📓 **필기**에 자주 출제 ★

정답 36 ④ 37 ③ 38 ①

39 원자가 가장 낮은 에너지 상태인 바닥에서 에너지를 흡수하면 들뜬 상태가 되고 들뜬 상태의 원자들이 낮은 에너지상태로 돌아올 때 에너지를 방출하게 된다. 금속마다 고유한 방출스펙트럼을 갖고 있으며 이를 측정하여 중금속을 분석하는 장비는?

① 불꽃 원자흡광광도계
② 비불꽃 원자흡광광도계
③ 이온크로마토그래피
④ 유도결합플라즈마분광광도계

> *유도결합플라즈마분광광도계
> 금속의 고유한 방출스펙트럼을 측정하여 중금속을 분석

 필기에 자주 출제 ★

40 그라인딩 작업 시 발생되는 먼지를 개인 시료 포집기를 사용하여 유리섬유여과지로 포집하였다. 이 때의 먼지농도(mg/m³)는? (단, 포집 전 유속은 1.5L/min, 여과지 무게는 0.436mg, 4시간의 포집하는 동안 유속 1.3L/min, 여과지의 무게는 0.948mg)

① 약 1.5 ② 약 2.3
③ 약 3.1 ④ 약 4.3

> $$\frac{mg}{m^3} = \frac{(0.948-0.436)mg}{\frac{1.3\times 10^{-3}m^3}{min}\times (4\times 60)min}$$
> $= 1.64 (mg/m^3)$
> $(L = 10^{-3}m^3)$

 실기까지 중요 ★★

제3과목 작업환경관리대책

41 후드의 유입계수가 0.7이고 속도압이 20mmH₂O일 때 후드의 유입손실(mmH₂O)은?

① 약 10.5 ② 약 20.8
③ 약 32.5 ④ 약 40.8

> 압력손실$(\triangle P) = F_h \times VP = (\frac{1}{Ce^2} - 1) \times VP$
> • F_h : 압력손실계수$(=\frac{1}{Ce^2}-1)$
> • VP : 속도압(mmH₂O)
> • Ce : 유입계수
>
> $\triangle P = (\frac{1}{Ce^2}-1)\times VP = (\frac{1}{0.7^2}-1)\times 20$
> $= 20.82(mmH_2O)$

실기까지 중요 ★★

42 송풍기에 관한 설명으로 옳은 것은?

① 풍량은 송풍기의 회전수에 비례한다.
② 동력은 송풍기의 회전수의 제곱에 비례한다.
③ 풍력은 송풍기의 회전수의 세제곱에 비례한다.
④ 풍압은 송풍기의 회전수의 세제곱에 비례한다.

> 1. $\frac{Q_2}{Q_1} = \frac{N_2}{N_1}$
> : 풍량은 송풍기의 회전수에 비례한다.
> 2. $\frac{HP_2}{HP_1} = \left(\frac{N_2}{N_1}\right)^3$
> : 동력은 송풍기의 회전수의 세제곱에 비례한다.
> 3. $\frac{P_2}{P_1} = \left(\frac{N_2}{N_1}\right)^2$
> : 정압(풍압)은 송풍기의 회전수의 제곱에 비례한다.

실기까지 중요 ★★

정답 39 ④ 40 ① 41 ② 42 ①

43 전기 집진장치의 장단점으로 틀린 것은?

① 운전 및 유지비가 많이 든다.
② 설치 공간이 많이 든다.
③ 압력손실이 낮다.
④ 고온 가스처리가 가능하다.

장점	① 광범위한 온도범위에서 적용이 가능하다. ② 고온의 입자상물질, 폭발성가스 처리는 가능하나, 가연성 입자의 처리는 곤란하다. ③ 고온 가스를 처리할 수 있어 보일러와 철강로 등에 설치할 수 있다. ④ 압력손실이 낮으므로 대용량의 처리가스가 가능하며, 송풍기의 운전 및 유지비용이 저렴하다. ⑤ 넓은 범위의 입경과 분진농도에 집진효율이 높다. ⑥ 0.01μm 정도의 미세분진까지 처리할 수 있다.
단점	① 설치비용이 많이 들며 설치공간이 커야 한다. ② 운전조건의 변화에 유연성이 적다. ③ 먼지성상에 따라 전처리시설이 요구된다. ④ 분진포집에 적용되며 가스상 오염물질(기체상 물질) 제거에는 곤란하다. ⑤ 전압변동과 같은 조건변동에 쉽게 적응이 곤란하다.

📝 필기에 자주 출제★

44 덕트 주관에 45°로 분지관이 연결되어 있다. 주관과 분지관의 반송속도는 모두 18m/s이고, 주관의 압력손실계수는 0.2이며, 분지관의 압력손실계수는 0.28이다. 주관과 분지관의 합류에 의한 압력손실(mmH$_2$O)은? (단, 공기밀도 = 1.2kg/m³)

① 9.5 　　② 8.5
③ 7.5 　　④ 6.5

1. 합류관의 압력손실($\triangle P$)
$= \triangle P_1 + \triangle P_2 = (\xi_1 VP_1) + (\xi_2 + VP_2)$
 • $\triangle P_1$: 주관의 압력손실
 • $\triangle P_2$: 분지관의 압력손실
 • ξ : 압력손실계수
 • VP : 속도압(동압)(mmH$_2$O)

2. 속도압$(VP) = \dfrac{\gamma \times V^2}{2g}$(mmH$_2$O)
 • r : 비중(kg/m³)
 • V : 공기속도(m/sec)
 • g : 중력가속도(m/sec²)

$\triangle P = (0.2 \times 19.84) + (0.28 \times 19.84)$
$= 9.52$(mmH$_2$O)

$$VP = \dfrac{1.2 \times 18^2}{2 \times 9.8} = 19.84 \text{(mmH}_2\text{O)}$$

📝 실기까지중요★★

45 30,000ppm의 테트라클로로에틸렌(tetrachloroethylene)이 작업 환경 중의 공기와 완전 혼합되어 있다. 이 혼합물의 유효비중은? (단, 테트라클로로에틸렌은 공기보다 5.7배 무겁다.)

① 약 1.124 　　② 약 1.141
③ 약 1.164 　　④ 약 1.186

작업환경 중의 TCE가 30,000ppm = 3%이므로 공기는 97%가 된다.
TCE 3%(증기비중 5.7), 공기 97%(공기비중 1.0)이므로
유효비중 = 0.03 × 5.7 + 0.97 × 1 = 1.141

📝 실기까지중요★★

정답　43 ①　44 ①　45 ②

46 강제 환기를 실시할 때 환기효과를 제고할 수 있는 필요 원칙을 모두 고른 것은?

> ㉠ 배출구가 창문이나 문 근처에 위치하지 않도록 한다.
> ㉡ 배출공기를 보충하기 위하여 청정공기를 공급한다.
> ㉢ 공기 배출구와 근로자의 작업위치 사이에 오염원이 위치하여야 한다.
> ㉣ 오염물질 배출구는 오염원으로부터 가까운 곳에 설치하여 점환기 현상을 방지한다.

① ㉠, ㉡
② ㉠, ㉡, ㉢
③ ㉠, ㉡, ㉣
④ ㉠, ㉡, ㉢, ㉣

㉣ 오염물질 배출구는 오염원으로부터 가까운 위치에 설치하여 '점 환기'의 효과를 얻는다.

📝 **필기**에 자주 출제 ★

47 일반적인 실내외 공기에서 자연환기의 영향을 주는 요소와 가장 거리가 먼 것은?

① 기압
② 온도
③ 조도
④ 바람

자연환기는 실내외의 온도차와 바람에 의한 자연통풍방식으로 계절, 기상조건(기압, 온도, 바람 등), 작업장 내부조건 등에 따라 환기량의 변화가 크다.

📝 **필기**에 자주 출제 ★

48 다음 중 국소배기장치를 반드시 설치해야 하는 경우와 가장 거리가 먼 것은?

① 발생원이 주로 이동하는 경우
② 유해물질의 발생량이 많은 경우
③ 법적으로 국소배기장치를 설치해야 하는 경우
④ 근로자의 작업위치가 유해물질 발생원에 근접해 있는 경우

발생원이 이동하는 경우 → 전체환기

★참고
국소배기장치를 반드시 설치해야 하는 경우
① 유해물질 발생량이 많은 경우
② 유해물질 독성이 강한 경우(TLV가 낮은 물질 취급)
③ 근로자의 작업위치가 유해물질 발생원에 근접해 있는 경우
④ 높은 증기압의 유기용제
⑤ 오염물질의 발생주기가 균일하지 않은 경우
⑥ 발생원이 고정되어 있는 경우
⑦ 법적으로 국소배기장치를 설치해야 하는 경우

📝 **실기**에 자주 출제 ★★★

49 다음 중 입자상 물질을 처리하기 위한 공기 정화장치와 가장 거리가 먼 것은?

① 사이클론
② 중력집진장치
③ 여과집진장치
④ 촉매산화에 의한 연소장치

★입자상 물질을 처리하기 위한 공기 정화장치
① 중력 집진장치
② 관성력 집진장치
③ 원심력 집진장치(사이클론)
④ 세정식 집진장치(스크러버)
⑤ 여과 집진장치(백 필터)
⑥ 전기 집진장치

📝 **실기**까지 중요 ★★

50 덕트 직경이 30cm이고 공기유속이 5m/s일 때, 레이놀드수는 약 얼마인가? (단, 공기의 점성계수는 20℃에서 1.85×10^{-5}kg/s·m, 공기밀도는 20℃에서 1.2kg/m³이다.)

① 97300 ② 117500
③ 124400 ④ 135200

> $Re = \dfrac{\rho V d}{\mu} = \dfrac{Vd}{\nu} = \dfrac{관성력}{점성력}$
>
> - Re : 레이놀즈 수(무차원)
> - ρ : 유체밀도(kg/m³)
> - d : 관경(m) (상당직경 $D = \dfrac{2ab}{a+b}$)
> - V : 유체의 유속(m/sec)
> - μ : 점성계수(kg/m·s(=10Poise))
> - ν : 동점성계수(m²/sec)
>
> $Re = \dfrac{\rho V d}{\mu} = \dfrac{1.2 \times 5 \times 0.3}{1.85 \times 10^{-5}} = 97297$

📝 실기에 자주 출제 ★★★

51 국소배기 시설에서 장치 배치 순서로 가장 적절한 것은?

① 송풍기 → 공기정화기 → 후드 → 덕트 → 배출구
② 공기정화기 → 후드 → 송풍기 → 덕트 → 배출구
③ 후드 → 덕트 → 공기정화기 → 송풍기 → 배출구
④ 후드 → 송풍기 → 공기정화기 → 덕트 → 배출구

> ＊국소배기 시설의 배치 순서
> 후드 → 덕트 → 공기정화기 → 송풍기 → 배출구

📝 실기까지 중요 ★★

52 어느 관내의 속도압이 3.5mmH₂O일 때, 유속은 약 몇 m/min인가? (단, 공기의 밀도 1.21kg/m³이고 중력가속도는 9.8m/s²이다.)

① 352 ② 381
③ 415 ④ 452

> $VP(속도압) = \dfrac{\gamma V^2}{2g}$(mmH₂O)
>
> - r : 비중(kg/m³)
> - V : 공기속도(m/sec)
> - g : 중력가속도(m/sec²)
>
> $VP = \dfrac{\gamma \times V^2}{2g}$
>
> $\gamma \times V^2 = VP \times 2g$
>
> $V^2 = \dfrac{VP \times 2g}{\gamma}$
>
> $V = \sqrt{\dfrac{VP \times 2g}{\gamma}} = \sqrt{\dfrac{3.5 \times 2 \times 9.8}{1.21}} = 7.5296$(m/sec)
>
> $\dfrac{7.5296m}{\frac{1}{60}min} = 451.78$(m/min)

📝 실기에 자주 출제 ★★★

53 보호구의 재질에 따른 효과적인 보호가 가능한 화학물질을 잘못 짝지은 것은?

① 가죽 - 알코올 ② 천연고무 - 물
③ 면 - 고체상 물질 ④ 부틸고무 - 알코올

> ＊보호장구 재질에 따른 적용물질
> ① Neoprene 고무 : 비극성 용제, 산, 부식성물질에 사용
> ② vitron : 비극성 용제에 사용
> ③ Nitrile : 비극성 용제에 사용
> ④ 천연고무(latex) : 극성 용제 및 수용성 용액에 사용
> ⑤ Butyl 고무 : 극성 용제(알코올 등)에 사용
> ⑥ 면 : 고체상물질에 사용(용제에는 사용 못함)
> ⑦ 가죽 : 찰과상 예방(용제에는 사용 못함)
> ⑧ Ethylene Vinyl Alcohol : 화학물질 취급 작업에 사용

📝 필기에 자주 출제 ★

정답 50 ① 51 ③ 52 ④ 53 ①

54 다음 중 장기간 사용하지 않았던 오래된 우물 속으로 작업을 위하여 들어갈 때 가장 적절한 마스크는?

① 호스마스크
② 특급의 방진마스크
③ 유기가스용 방독마스크
④ 일산화탄소용 방독마스크

> 오래된 우물 속 → 밀폐 공간 → 산소결핍에 의한 질식 우려 → 송기마스크 착용이 필요함

> ★참고
> 송기마스크의 종류
> ① 호스마스크
> ② 에어라인마스크
> ③ 복합식 에어라인마스크

📝 필기에 자주 출제 ★

55 다음 중 국소배기장치에서 공기공급 시스템이 필요한 이유와 가장 거리가 먼 것은?

① 에너지 절감
② 안전사고 예방
③ 작업장의 교차기류 유지
④ 국소배기장치의 효율 유지

> ★ 공기공급시스템의 목적
> ① 국소배기장치를 적절하게 가동시키기 위하여
> ② 국소배기장치의 효율 유지를 위하여
> ③ 작업장 내의 안전사고 예방을 위하여
> ④ 연료를 절약하기 위하여(에너지 절약)
> ⑤ 작업장 내의 방해기류(교차기류) 생성 방지를 위하여
> ⑥ 외부공기가 정화되지 않은 채로 건물 내로 유입되는 것을 막기 위하여

📝 필기에 자주 출제 ★

56 분리식 특급 방진 마스크의 여과재 포집 효율은 몇 % 이상인가?

① 80.0   ② 94.0
③ 99.0   ④ 99.95

★ 방진마스크의 여과재 분진 등 포집효율

형태 및 등급		염화나트륨(NaCl) 및 파라핀 오일(Paraffin oil) 시험(%)
분리식	특급	99.95 이상
	1급	94.0 이상
	2급	80.0 이상
안면부 여과식	특급	99.0 이상
	1급	94.0 이상
	2급	80.0 이상

57 다음 중 유해물질별 송풍관의 적정 반송속도로 옳지 않은 것은?

① 가스상 물질 - 10m/sec
② 무거운 물질 - 25m/sec
③ 일반 공업 물질 - 20m/sec
④ 가벼운 건조 물질 - 30m/sec

★ 반송속도

유해물질	반송속도 (m/sec)
가스, 증기, 흄 및 극히 가벼운 물질	10
가벼운 건조먼지	15
일반 공업 분진	20
무거운 분진	25
무겁고 비교적 큰 입자의 젖은 먼지	25 이상

📝 실기까지 중요 ★★

정답 54 ① 55 ③ 56 ④ 57 ④

58 작업장 내 열부하량이 5000kcal/h이며, 외기온도 20℃, 작업장 내 온도는 35℃이다. 이때 전체 환기를 위한 필요 환기량은 약 몇 m³/min인가? (단, 정압비열은 0.3kcal/(m³·℃) 이다.)

① 18.5
② 37.1
③ 185
④ 1111

$$Q = \frac{H_s}{0.3 \triangle t} (m^3/hr)$$

- $\triangle t$: 급배기(실내, 외)의 온도차(℃)
- H_s : 작업장 내 열부하량(kcal/hr)
- 0.3 : 정압비열(kcal/m³℃)

$$Q = \frac{5,000}{0.3 \times (35-20)} = 1111.11(m^3/hr) \div 60$$
$$= 18.52(m^3/min)$$

📝 실기까지 중요 ★★

59 푸쉬풀 후드(push-pull hood)에 대한 설명으로 적합하지 않은 것은?

① 도금조와 같이 폭이 넓은 경우에 사용하면 포집효율을 증가시키면서 필요유량을 감소시킬 수 있다.
② 공정에서 작업물체를 처리조에 넣거나 꺼내는 중에 발생되는 공기막 파괴현상을 사전에 방지할 수 있다.
③ 개방조 한 변에서 압축공기를 이용하여 오염물질이 발생하는 표면에 공기를 불어 반대쪽에 오염물질이 도달하게 한다.
④ 제어속도는 푸쉬 제트기류에 의해 발생한다.

② 공정에서 작업물질을 처리조에 넣거나 꺼내는 중에 오염물질이 발생할 수 있다.

📝 필기에 자주 출제 ★

60 사이클론 집진장치의 블로다운에 대한 설명으로 옳은 것은?

① 유효 원심력을 감소시켜 선회기류의 흐트러짐을 방지한다.
② 관 내 분진부착으로 인한 장치의 폐쇄현상을 방지한다.
③ 부분적 난류 증가로 집진된 입자가 재비산된다.
④ 처리배기량의 50% 정도가 재유입되는 현상이다.

★ 블로다운(blow-down)의 효과
① 사이클론 내의 난류현상 억제(원심력 증대), 집진먼지 비산을 방지한다.
② 사이클론의 집진효율을 증대시킨다.
③ 관내 분진부착으로 인한 장치의 폐쇄현상을 방지한다.(가교현상 억제)

★ 참고
블로다운(blow-down)
① 사이클론의 집진효율을 증대시키기 위한 방법
② 더스트 박스 및 호퍼부에서 처리가스의 5~10%를 흡인하여 난류현상의 억제 및 원심력을 증대시켜 집진효율을 증대시키는 운전방식을 말한다.

📝 실기까지 중요 ★★

정답 58 ① 59 ② 60 ②

제4과목 물리적 유해인자관리

61 다음 중 피부 투과력이 가장 큰 것은?

① X선 ② α선
③ β선 ④ 레이저

> ① 인체의 투과력 순서
>   중성자 > X선 or γ > β > α
> ② 전리작용(REB : 생물학적 효과) 순서
>   중성자 > α > β > X선 or γ

📝 실기까지 중요 ★★

62 열사병(heat stroke)에 관한 설명으로 맞는 것은?

① 피부가 차갑고 습한 상태로 된다.
② 보온을 시키고, 더운 커피를 마시게 한다.
③ 지나친 발한에 의한 탈수와 염분소실이 원인이다.
④ 뇌 온도 상승으로 체온조절중추의 기능이 장해를 받게 된다.

> ★ 열사병
> 태양의 복사열에 직접 노출 시 뇌의 온도 상승으로 체온조절 중추기능 장해(중추신경 마비)를 일으켜서 체내에 열이 축적되어 발생한다.

> ★ 참고
> ① 열경련(heat cramp) : 고온환경에서 심한 육체적인 노동을 할 때 체내 수분 및 혈중 염분농도 저하가 원인이 되어 발생한다.
> ② 열피로(heat exhaustion), 열탈진, 열피비 : 고온환경에서 장시간 힘든 노동을 할 때 과다 발한으로 인한 수분과 염분손실 및 탈수로 인한 혈장량이 감소되어 발생한다.
> ③ 열쇠약(heat prostration) : 고열작업장에서의 만성적인 건강장해로 전신권태, 위장장해, 불면, 빈혈 등의 증상이 발생한다.
> ④ 열성발진(heat rashes) : 가장 흔한 피부장해로서 땀띠라고도 한다.

📝 실기까지 중요 ★★

63 다음의 설명에서 ( )안에 들어갈 알맞은 숫자는?

> ( )기압 이상에서 공기 중의 질소가스는 마취작용을 나타내서 작업력의 저하, 기분의 변환, 여러 정도의 다행증(多幸症)이 일어난다.

① 2 ② 4
③ 6 ④ 8

> ★ 고압환경의 2차적 가압현상
> ① 질소의 마취작용 : 공기 중의 질소 가스는 4기압 이상에서 마취작용을 일으킨다.
> ② 산소중독 증세 : 산소분압이 2기압을 넘으면 산소중독 증세가 나타난다.
> ③ 이산화탄소의 작용 : 이산화탄소의 증가는 산소의 독성과 질소의 마취작용을 촉진시킨다.

📝 실기까지 중요 ★★

64 산업안전보건법령상, 소음의 노출기준에 따르면 몇 dB(A)의 연속소음에 노출되어서는 안 되는가? (단, 충격소음은 제외한다.)

① 85 ② 90
③ 100 ④ 115

> 115dB(A)를 초과하는 소음 수준에 노출되어서는 안 된다.

★ 참고
국내의 소음의 노출기준(소음변화율 : 5dB)

1일 노출시간(hr)	소음수준[dB(A)]
8	90
4	95
2	100
1	105
1/2	110
1/4	115

주 : 115dB(A)를 초과하는 소음 수준에 노출되어서는 안 됨

📖 실기까지 중요 ★★

65 옥타브밴드로 소음의 주파수를 분석하였다. 낮은 쪽의 주파수가 250Hz이고, 높은 쪽의 주파수가 2배인 경우 중심주파수는 약 몇 Hz인가?

① 250
② 300
③ 354
④ 375

★ 1/1 옥타브 밴드 분석기

1. $\dfrac{f_U}{f_L} = 2^{\frac{1}{1}}$, $f_u = 2f_L$
2. 중심주파수$(f_c) = \sqrt{f_L \times f_U} = \sqrt{F_L \times 2f_L} = \sqrt{2}\,f_L$

- f_L : 중심주파수 보다 낮은 쪽 주파수
- f_U : 중심주파수 보다 높은 쪽 주파수
- f_c : 중심주파수

① 높은 쪽의 주파수(f_U)
  = 2 × 낮은 쪽의 주파수(f_L)
  = 2 × 250 = 500(Hz)
② 중심주파수(f_c)
  = $\sqrt{f_L \times f_U} = \sqrt{250 \times 500}$ = 353.55(Hz)

📖 실기에 자주 출제 ★★★

66 사무실 책상 면으로부터 수직으로 1.4m의 거리에 1,000cd(모든 방향으로 일정하다.)의 광도를 가지는 광원이 있다. 이 광원에 대한 책상에서의 조도(intensity of illumination, Lux)는 약 얼마인가?

① 410
② 444
③ 510
④ 544

조도(Lux) = $\dfrac{광도}{(거리)^2}$

조도 = $\dfrac{1,000}{(1.4)^2}$ = 510.20(Lux)

📖 실기까지 중요 ★★

67 전리방사선에 대한 감수성이 가장 큰 조직은?

① 간
② 골수세포
③ 연골
④ 신장

★ 전리방사선에 대한 인체 내의 감수성 순서
골수, 임파선, 흉선 및 림프조직(조혈기관), 눈의 수정체 〉 피부 등 상피세포 〉 혈관 등 내피세포 〉 결합조직, 지방조직 〉 뼈, 근육조직 〉 폐 등 내장기관 〉 신경조직

📖 실기까지 중요 ★★

68 소음의 생리적 영향으로 볼 수 없는 것은?

① 혈압 감소
② 맥박수 증가
③ 위분비액 감소
④ 집중력 감소

① 혈압 증가

📖 필기에 자주 출제 ★

정답 65 ③ 66 ③ 67 ② 68 ①

69 일반적인 작업장의 인공조명 시 고려사항으로 적절하지 않은 것은?

① 조명도를 균등히 유지할 것
② 경제적이며 취급이 용이할 것
③ 가급적 직접조명이 되도록 설치할 것
④ 폭발성 또는 발화성이 없으며 유해가스를 발생하지 않을 것

> ③ 가급적 간접 조명이 되도록 한다.

📝 필기에 자주 출제 ★

70 전리방사선에 의한 장해에 해당하지 않는 것은?

① 참호족
② 피부장해
③ 유전적 장해
④ 조혈기능 장해

> ① 참호족은 한랭환경에 장기간 노출됨과 동시에 발이 지속적으로 습기나 물에 잠길 경우 발생한다.

📝 필기에 자주 출제 ★

71 비이온화 방사선의 파장별 건강에 미치는 영향으로 옳지 않은 것은?

① UV-A : 315 ~ 400nm - 피부노화촉진
② IR-B : 1,400 ~ 3,000nm - 백내장, 각막화상
③ UV-B : 280 ~ 315nm - 발진, 피부암, 광결막염
④ 가시광선 : 400 ~ 700nm - 광화학적이거나 열에 의한 각막손상, 피부화상

> ② IR-B : 1400nm ~ 3,000nm – 백내장, 각막화상

★참고
1. 자외선의 구분

근자외선 (UV-A)	• 파장 : 315(300) ~ 400nm [3,150 ~ 4,000Å] • 피부의 색소침착
도르노선 (UV-B)	• 파장 : 280(290) ~ 315(320)nm [2,800 ~ 3,150Å] • 소독작용, 비타민 D형성 등 인체에 유익한 영향(건강선, 생명선) • 피부노화, 홍반, 각막염, 피부암 유발
UV-C	• 파장 : 100 ~ 280nm [1,000 ~ 2,800Å] • 살균작용(살균효과가 있어 수술용 램프로 사용)

2. 적외선의 구분

IR-A	700nm ~ 1,400nm (0.7μm ~ 1.4μm)
IR-B	1,400nm ~ 3,000nm (1.4μm ~ 3μm)
IR-C	3,000nm ~ 1mm (3μm ~ 1,000μm)

3. 가시광선 : 400 ~ 760nm (4,000 ~ 7,600Å)

📝 필기에 자주 출제 ★

72 흑구온도는 32℃, 건구온도는 27℃, 자연습구온도는 30℃인 실내작업장의 습구·흑구온도지수는?

① 33.3℃   ② 32.6℃
③ 31.3℃   ④ 30.6℃

> 1. 옥외(태양광선이 내리쬐는 장소)
>   WBGT(℃) = 0.7 × 자연습구온도 + 0.2 × 흑구온도 + 0.1 × 건구온도
> 2. 옥내 또는 옥외(태양광선이 내리쬐지 않는 장소)
>   WBGT(℃) = 0.7 × 자연습구온도 + 0.3 × 흑구온도
>
> WBGT(℃) = 0.7 × 30 + 0.3 × 32 = 30.6℃

📝 실기에 자주 출제 ★★★

73 인간 생체에서 이온화시키는데 필요한 최소에너지를 기준으로 전리방사선과 비전리방사선을 구분한다. 전리방사선과 비전리방사선을 구분하는 에너지의 강도는 약 얼마인가?

① 7eV ② 12eV
③ 17eV ④ 22eV

> 전리방사선과 비전리방사선의 경계 에너지의 강도는 12eV이다.

📝 필기에 자주 출제 ★

74 전리방사선 방어의 궁극적 목적은 가능한 한 방사선에 불필요하게 노출되는 것을 최소화 하는데 있다. 국제방사선방호위원회(ICRP)가 노출을 최소화하기 위해 정한 원칙 3가지에 해당하지 않는 것은?

① 작업의 최적화
② 작업의 다양성
③ 작업의 정당성
④ 개개인의 노출량의 한계

> ★ 국제방사선방호위원회(ICRP)의 방사선 노출을 최소화하기 위한 3원칙
> ① 작업의 최적화(최소화) : 피폭 가능성, 피폭자 수, 개인 선량의 크기 등을 경제 사회적 인자를 고려하여 합리적으로 최소화하여야 함
> ② 작업의 정당성(정당화) : 피폭상황의 변화가 있는 경우 관련 행위가 손해(위해) 보다 이익이 커야 함
> ③ 개개인의 노출량의 한계(선량한도 적용) : 관리되는 선원들로 부터 받는 특정 개인의 총 선량은 ICRP가 권고하는 선량한도를 초과하지 않아야 함(의료피폭은 제외)

75 유해한 환경의 산소결핍 장소에 출입 시 착용하여야 할 보호구와 가장 거리가 먼 것은?

① 방독마스크   ② 송기마스크
③ 공기호흡기   ④ 에어라인마스크

> ★ 산소결핍 장소에서 착용하여야 하는 보호구
> ① 송기마스크(호스마스크 및 에어라인 마스크)
> ② 공기호흡기

📝 필기에 자주 출제 ★

76 고압 환경의 생체작용과 가장 거리가 먼 것은?

① 고공성 폐수종
② 이산화탄소(CO_2) 중독
③ 귀, 부비강, 치아의 압통
④ 손가락과 발가락의 작열통과 같은 산소 중독

> ① 고공성 폐수종 → 저압 환경의 생체작용

> ★ 참고
> 폐수종
> ① 진해성 기침과 호흡곤란이 나타나고 폐동맥 혈압이 상승하다 산소공급과 해면으로의 귀환으로 급속히 소실된다.
> ② 어른보다 순화적응속도가 느린 어린이에게 많이 발생한다.

📝 필기에 자주 출제 ★

정답 73 ② 74 ② 75 ① 76 ①

77 음압이 20N/m²일 경우 음압수준(sound pressure level)은 얼마인가?

① 100dB ② 110dB
③ 120dB ④ 130dB

$$SPL = 20 \times \log\left(\frac{P}{P_o}\right)(dB)$$

- SPL : 음압수준(음압도, 음압레벨) (dB)
- P : 대상음의 음압(음압 실효치) (N/m²)
- P_o : 기준음압 실효치
  (2×10^{-5} N/m², 2×10^{-4} dyne/cm²)

$$SPL(dB) = 20 \times \log\left(\frac{20}{2 \times 10^{-5}}\right) = 120(dB)$$

📘 실기에 자주 출제 ★★★

---

78 25℃일 때, 공기 중에서 1000Hz인 음의 파장은 약 몇 m인가? (단, 0℃, 1기압에서의 음속은 331.5m/s이다.)

① 0.035 ② 0.35
③ 3.5   ④ 35

1. 음속(C) = $f \times \lambda$
   - C : 음속(m/sec)
   - f : 주파수(1/sec = Hz)
   - λ : 파장(m)
2. 음속(C) = $331.42 + 0.6 \times t$
   - C : 음속(m/sec)
   - f : 주파수(1/sec = Hz)
   - t : 음전달매질의온도(℃)

1. 25℃에서의 음속
   음속(C) = $331.42 + 0.6 \times 25$
   = 346.42(m/sec)
2. 음속(C) = $f \times \lambda$
   $\lambda = \frac{C}{f} = \frac{346.42}{1,000} = 0.35(m)$

📘 필기에 자주 출제 ★

---

79 귀마개의 차음평가수(NRR)가 27일 경우 이 귀마개의 차음 효과는 얼마인가? (단, OSHA의 계산방법을 따른다.)

① 6dB   ② 8dB
③ 10dB ④ 12dB

차음효과 = $(NRR - 7) \times 0.5$
- NRR : 차음평가수

차음효과 = $(27 - 7) \times 0.5 = 10$(dB)

📘 실기까지 중요 ★★

---

80 산업안전보건법령상 상시 작업을 실시하는 장소에 대한 작업면의 조도 기준으로 옳은 것은?

① 초정밀 작업 : 1000 럭스 이상
② 정밀 작업 : 500 럭스 이상
③ 보통 작업 : 150 럭스 이상
④ 그 밖의 작업 : 50 럭스 이상

★ 법적 조도 기준(산업안전보건법)
① 초정밀 작업 : 750Lux 이상
② 정밀 작업 : 300Lux 이상
③ 보통 작업 : 150Lux 이상
④ 기타 작업 : 75Lux 이상

📘 필기에 자주 출제 ★

정답 77 ③ 78 ② 79 ③ 80 ③

제5과목 산업독성학

81 호흡기에 대한 자극작용은 유해물질의 용해도에 따라 구분되는데 다음 중 상기도 점막 자극제에 해당하지 않는 것은?

① 염화수소 ② 아황산가스
③ 암모니아 ④ 이산화질소

호흡기계 자극성 물질의 구분

상기도 점막 자극제	물에 잘 녹는 물질로 암모니아, 크롬산, 염화수소, 불화수소, 아황산가스 등이 있다.
상기도 점막 및 폐조직 자극제	물에 대한 용해도가 중등도인 물질로 염소, 브롬, 요오드(옥소), 불소(플루오르), 염소산화물, 오존 등이 있다.
종말 기관지 및 폐포점막 자극제	물에 잘 녹지 않는 물질로 이산화질소, 3염화비소, 포스겐 등이 있다.

📝 실기까지 중요 ★★

82 수치로 나타낸 독성의 크기가 각각 2와 3인 두 물질이 화학적 상호작용에 의해 상대적 독성이 9로 상승하였다면 이러한 상호작용을 무엇이라 하는가?

① 상가작용 ② 가승작용
③ 상승작용 ④ 길항작용

독립작용 (Independent effect)	각각의 독성물질이 서로 다른 조직이나 기관에 영향을 미치는 경우로 각 물질의 반응양상이 달라 서로 독립적인 작용을 한다.
상가작용 (Additive effect)	두 물질에 동시 노출될 경우의 독성은 단독물질 독성의 합과 같다. • 2 + 3 = 5
상승작용 (Synergistic effect)	두 물질에 동시 노출될 경우의 독성은 단독물질 독성의 합보다 크게 증가한다. • 2 + 3 = 20
가승작용 (잠재작용, 강화작용) (Potentiation)	독성이 없던 물질이 독성이 있는 물질과 혼합하면 독성이 강해진다. • 2 + 0 = 5
길항작용 (Antagonism)	두 물질이 서로의 작용을 방해하여 두 물질에 동시 노출될 경우의 독성은 단독물질의 독성보다 약해진다. • 2 + 3 = 1

📝 실기에 자주 출제 ★★★

83 노출에 대한 생물학적 모니터링의 단점이 아닌 것은?

① 시료채취의 어려움
② 근로자의 생물학적 차이
③ 유기시료의 특이성과 복잡성
④ 호흡기를 통한 노출만을 고려

생물학적 모니터링의 장·단점

장점	①건강상의 위험을 보다 정확하게 평가를 할 수 있다. ②모든 노출 경로에 의한 흡수정도를 평가할 수 있다. ③작업환경측정(개인시료)보다 더 직접적으로 근로자 노출을 추정할 수 있다.
단점	①시료채취의 어려움 : 근로자로부터 시료를 직접 채취하기 때문에 시료의 채취 및 분석이 어렵다. ②근로자의 생물학적 차이 : 근로자마다 생물학적 차이가 나타날 수 있다. ③유기시료의 특이성과 복잡성 : 유기시료의 특이성이 존재한다. ④분석의 어려움 및 오염 : 분석이 어렵고 시료가 오염될 수 있다. ⑤작업 이외의 다른 요인에 의한 노출 여부에 영향을 받는다

📝 필기에 자주 출제 ★

정답 81 ④ 82 ③ 83 ④

84 다음 중 칼슘대사에 장해를 주어 신결석을 동반한 신증후군이 나타나고 다량의 칼슘배설이 일어나 뼈의 통증, 골연화증 및 골수공증과 같은 골격계 장해를 유발하는 중금속은?

① 망간
② 수은
③ 비소
④ 카드뮴

> *카드뮴의 중독증세
> 칼슘대사에 장해를 주어 신결석을 동반한 신증후군이 나타나고, 다량의 칼슘배설이 일어나 뼈의 통증, 골연화증 및 골수공증과 같은 골격계 장해(이타이이타이병)를 유발한다.

📝 실기까지 중요 ★★

85 폐에 침착된 먼지의 정화과정에 대한 설명으로 옳지 않은 것은?

① 어떤 먼지는 폐포벽을 통과하여 림프계나 다른 부위로 들어가기도 한다.
② 먼지는 세포가 방출하는 효소에 의해 용해되지 않으므로 점액층에 의한 방출 이외에는 체내에 축적된다.
③ 폐에 침착된 먼지는 식세포에 의하여 포위되어 포위된 먼지의 일부는 미세 기관지로 운반되고 점액 섬모운동에 의하여 정화된다.
④ 폐에서 먼지를 포위하는 식세포는 수명이 다한 후 사멸하고 다시 새로운 식세포가 먼지를 포위하는 과정이 계속적으로 일어난다.

> ② 대식세포가 방출하는 효소의 용해작용으로 먼지를 제거한다.

📝 필기에 자주 출제 ★

86 생물학적 모니터링(biological monitoring)에 관한 설명으로 옳지 않은 것은?

① 주목적은 근로자 채용 시기를 조정하기 위하여 실시한다.
② 건강에 영향을 미치는 바람직하지 않은 노출 상태를 파악하는 것이다.
③ 최근의 노출량이나 과거로부터 축적된 노출량을 파악한다.
④ 건강상의 위험은 생물학적 검체에서 물질별 결정인자를 생물학적 노출지수와 비교하여 평가된다.

> ① 생물학적 모니터링은 근로자의 생체시료로부터 유해물질의 대사산물, 유해물질 자체 및 생화학적 변화산물을 분석하여 유해물질의 체내 흡수 정도 및 건강영향 가능성을 평가하기 위하여 실시한다.

📝 필기에 자주 출제 ★

87 다핵방향족 화합물(PAH)에 대한 설명으로 틀린 것은?

① 톨루엔, 크실렌 등이 대표적이라 할 수 있다.
② PAH는 벤젠고리가 2개 이상 연결된 것이다.
③ PAH는 배설을 쉽게 하기 위하여 수용성으로 대사된다.
④ PAH의 대사에 관여하는 효소는 시토크롬 P-4의 48로 대사되는 중간산물이 발암성을 나타낸다.

> ① 나프탈렌, 벤조피렌 등이 다핵방향족 탄화수소에 해당한다.

> *참고
> 톨루엔, 크실렌
> → 방향족 탄화수소

📝 필기에 자주 출제 ★

정답 84 ④ 85 ② 86 ① 87 ①

88 호흡기계로 들어온 입자상 물질에 대한 제거기 전의 조합으로 가장 적절한 것은?

① 면역작용과 대식세포의 작용
② 폐포의 활발한 가스교환과 대식세포의 작용
③ 점액 섬모운동과 대식세포에 의한 정화
④ 점액 섬모운동과 면역작용에 의한 정화

> ★ 입자상 물질의 인체 내 방어기전
> ① 점액 섬모운동(기관지) : 기도와 기관지에 침착된 먼지는 점액 섬모운동과 같은 방어작용에 의해 정화된다.(가장 기초적인 방어기전)
> ② 대식세포 작용(폐포) : 대식세포는 면역담당세포로서 세균, 이물질 등을 포식, 소화하는 역할을 한다.

📝 필기에 자주 출제 ★

89 방향족 탄화수소 중 만성노출에 의한 조혈장해를 유발 시키는 것은?

① 벤젠
② 톨루엔
③ 클로로포름
④ 나프탈렌

> ★ 벤젠
> ① 방향족 탄화수소 중 저농도에 장기간 노출(만성중독)시에 독성이 가장 강하다.
> ② 골수 및 조혈장해(재생불량성 빈혈증)를 유발한다.
> ③ 벤젠은 저농도로 장기간 폭로 시 혈액장해, 간장장해, 재생불량성 빈혈, 백혈병을 일으킨다.

📝 필기에 자주 출제 ★

90 유해물질의 경구투여 용량에 따른 반응범위를 결정하는 독성검사에서 얻은 용량-반응곡선(dose-response curve)에서 실험동물군의 50%가 일정시간 동안 죽는 치사량을 나타내는 것은?

① LC_{50}
② LD_{50}
③ ED_{50}
④ TD_{50}

> ★ LD_{50}(Lethal Dose)
> 1회 투여로 인하여 7~10일 이내에 실험동물의 50%를 치사시키는 양, 실험동물 체중 1kg당 mg으로 나타낸다.

> ★ 참고
> ① LC_{50}(Lethal Concentration) : 실험동물의 50%가 사망하는 유해 물질의 농도
> ② TD_{50}(Toxic Dose) : 실험동물의 50%에 독성을 나타내는 양
> ③ ED_{50}(Effective Concentration) : 실험동물의 50%가 일정한 반응을 일으키는 양

📝 필기에 자주 출제 ★

91 입자상 물질의 하나인 흄(fume)의 발생기전 3단계에 해당하지 않는 것은?

① 산화
② 응축
③ 입자화
④ 증기화

> ★ 흄(fume)의 발생기전 3단계
> ① 1단계 : 고열에 의한 금속의 증기화
> ② 2단계 : 증기물이 공기 중의 산소에 의해 산화하여 산화물 형성
> ③ 3단계 : 산화물이 온도 차이로 인해 응축

📝 실기까지 중요 ★★

정답 88 ③ 89 ① 90 ② 91 ③

92 무기성 분진에 의한 진폐증이 아닌 것은?

① 규폐증(silicosis)
② 연초폐증(tabacosis)
③ 흑연폐증(graphite lung)
④ 용접공폐증(welder's lung)

무기성(광물성)분진에 의한 진폐증	유기성 분진에 의한 진폐증
• 규폐증 • 규조토폐증 • 탄소폐증 • 탄광부 진폐증 • 용접공폐증 • 석면폐증 • 베릴륨폐증 • 활석폐증 • 흑연폐증 • 주석폐증 • 칼륨폐증 • 바륨폐증 • 철폐증	• 농부폐증 • 연초폐증 • 면폐증 • 설탕폐증 • 목재분진폐증 • 모발분진폐증

암기법
연초 핀 농부의 폐와 모발에서 설탕 나오면 면목 없다.

필기에 자주 출제 ★

93 유해인자에 노출된 집단에서의 질병 발생률과 노출되지 않은 집단에서 질병 발생률과의 비를 무엇이라 하는가?

① 교차비   ② 발병비
③ 기여위험도   ④ 상대위험도

★ 상대위험도(비교위험도)
비노출군에 비하여 노출군에서 질병에 걸릴 위험이 얼마나 큰지를 나타낸다.

상대위험비 = 노출군에서 질병발생률 / 비노출군에서 질병발생률
(비교위험도)
= 위험폭로집단발병율 / 비위험폭로집단발병율

• 상대위험비 = 1 : 노출과 질병 사이의 연관성 없음
• 상대위험비 > 1 : 위험의 증가
• 상대위험비 < 1 : 질병에 대한 방어효과가 있음

암기법
상노비(상대위험비 = 노출군/비노출군)

★ 참고
기여위험도(귀속위험도)
• 유해요인에 노출될 때 얼마만큼의 환자수가 증가하였는가를 나타낸다.
• 질병발생의 요인을 제거하였을 때 질병발생이 얼마나 감소될 것인가를 나타낸다.

기여위험도 = (노출군에서 질병발생률 - 비노출군에서 질병발생률) / 노출군에서 질병발생률
= (상대위험비 - 1) / 상대위험비

암기법
기노비노(기여위험도 = 노출군 - 비노출군/노출군)

실기까지 중요 ★★

94 유해물질이 인체에 미치는 영향을 결정하는 인자와 가장 거리가 먼 것은?

① 개인의 감수성
② 유해물질의 독립성
③ 유해물질의 농도
④ 유해물질의 노출시간

★ 유해물질의 유해요인(인체에 미치는 유해성을 좌우하는 인자)
① 유해물질의 농도와 접촉시간
② 근로자의 감수성
③ 작업강도 및 호흡량
④ 기상조건
⑤ 인체 내 침입경로

필기에 자주 출제 ★

정답 92 ② 93 ④ 94 ②

95 다음 중 중추신경 활성억제 작용이 가장 큰 것은?

① 알칸　　　　② 알코올
③ 유기산　　　④ 에테르

> ★ 중추신경계 억제작용 순서
> 할로겐화화합물(할로겐족)〉에테르〉에스테르〉유기산〉알코올〉알켄〉알칸

> ★ 참고
> 중추신경계 자극작용 순서
> 아민류〉유기산〉케톤〉알데히드〉알코올〉알칸

📓 필기에 자주 출제 ★

96 유해물질의 생체 내 배설과 관련된 설명으로 옳지 않은 것은?

① 유해물질은 대부분 위(胃)에서 대사된다.
② 흡수된 유해물질은 수용성으로 대사된다.
③ 유해물질의 분포량은 혈중농도에 대한 투여량으로 산출된다.
④ 유해물질의 혈장농도가 50%로 감소하는데 소요되는 시간을 반감기라고 한다.

> ① 유해물질은 대부분 간에서 대사되며 대사작용에 의해 유해물질의 독성이 감소 또는 증가한다.

📓 필기에 자주 출제 ★

97 폴리비닐 중합체를 생산하는 데 많이 쓰이며, 간 장해와 발암작용이 있다고 알려진 물질은?

① 납　　　　　② PCB
③ 염화비닐　　④ 포름알데히드

> ★ 염화비닐
> ① 장기간 노출된 경우 간 조직세포에 섬유화증상이 나타난다.
> ② 간에 혈관육종(hemangiosarcoma)을 일으킨다.

> [암기법]
> 연비(염화비닐) 6종(혈관육종)

📓 필기에 자주 출제 ★

98 알레르기성 접촉 피부염에 관한 설명으로 옳지 않은 것은?

① 알레르기성 반응은 극소량 노출에 의해서도 피부염이 발생할 수 있는 것이 특징이다.
② 알레르기 반응을 일으키는 관련세포는 대식세포, 림프구, 랑거한스 세포로 구분된다.
③ 항원에 노출되고 일정시간이 지난 후에 다시 노출되었을 때 세포매개성 과민반응에 의하여 나타나는 부작용의 결과이다.
④ 알레르기원에 노출되고 이 물질이 알레르기원으로 작용하기 위해서는 일정기간이 소요되며 그 기간을 휴지기라 한다.

> ④ 알레르기원에 노출되고 이 물질이 알레르기원으로 작용하기 위해서는 일정기간이 소요되며 그 기간을 유도기라 한다.

📓 필기에 자주 출제 ★

정답　95 ④　96 ①　97 ③　98 ④

99 유기성 분진에 의한 것으로 체내 반응보다는 직접적인 알레르기 반응을 일으키며 특히 호열성 방선균류의 과민증상이 많은 진폐증은?

① 농부폐증   ② 규폐증
③ 석면폐증   ④ 면폐증

> ★ 농부폐증
> 체내 반응보다는 직접적인 알레르기 반응을 일으키며 특히 호열성 방선균류의 과민증상이 많이 발생한다.

100 작업장의 유해물질을 공기 중 허용농도에 의존하는 것 이외에 근로자의 노출상태를 측정하는 방법으로, 근로자들은 조직과 체액 또는 호기를 검사해서 건강장해를 일으키는 일이 없이 노출될 수 있는 양을 규정한 것은?

① LD   ② SHD
③ BEI   ④ STEL

> ★ 생물학적 노출지수(폭로지수 : BEI)
> 혈액, 소변, 호기, 모발 등 생체시료로부터 유해물질에 대한 근로자의 노출량을 평가하는 기준으로 BEI를 사용한다.

📝 실기까지 중요 ★★

정답 99 ① 100 ③

산업위생관리기사 필기

초 판 인 쇄 | 2021년 3월 15일
초 판 발 행 | 2021년 3월 25일
개정 1판 발행 | 2023년 1월 10일
개정 2판 발행 | 2024년 1월 10일
개정 3판 발행 | 2025년 1월 10일
개정 4판 발행 | 2026년 1월 15일

지 은 이 | 최윤정
발 행 인 | 조규백
발 행 처 | 도서출판 구민사
　　　　　　 (07293) 서울특별시 영등포구 문래북로 116, 604호(문래동3가 46, 트리플렉스)
전　　화 | (02) 701-7421
팩　　스 | (02) 3273-9642
홈페이지 | www.kuhminsa.co.kr

신고번호 | 제 2012-000055호 (1980년 2월4일)
I S B N | 979-11-6875-598-7 (13500)

정　　가 | 45,000원

※ 낙장 및 파본은 구입하신 서점에서 바꿔드립니다.
※ 본 서를 허락없이 부분 또는 전부를 무단복제, 게제행위는 저작권법에 저촉됩니다.

주요과목 핸드북

PART 01 **산업위생학개론**   2

PART 02 **작업위생 측정 및 평가**   40

PART 03 **작업환경관리대책**   62

PART 04 **물리적 유해인자 관리**   82

PART 05 **산업독성학**   93

PART 06 **암기해야 할 주요 공식**   117

PART 01 산업위생학개론

제1장 산업위생

1. 산업보건의 정의 ★

① 작업조건으로 인한 건강장해로부터 근로자를 보호한다.
② 모든 직업에 종사하는 근로자들의 육체적, 정신적, 사회적 건강을 유지 증진한다.
③ 작업조건으로 인한 질병 예방 및 건강에 유해한 취업을 방지한다.
④ 근로자를 생리적, 심리적으로 적합한 작업환경에 배치한다.
⑤ 작업이 인간에게, 또 일하는 사람이 그 직무에 적합하도록 마련하는 것(사람에 대한 작업의 적응과 그 작업에 대한 각자의 적응을 목표로 한다.)

2. 미국산업위생학회(AIHA)의 산업위생의 정의 ★★

근로자나 일반 대중에게 질병, 건강장애와 안녕방해, 심각한 불쾌감 및 능률 저하 등을 초래하는 작업환경 요인과 스트레스를 예측, 측정, 평가, 관리하는 과학과 기술이다.

3. 산업위생의 목적

① 작업환경과 근로조건의 개선 및 직업병의 근원적 예방
② 최적의 작업환경 및 작업조건을 개선하여 질병을 예방
③ 근로자의 건강을 유지·증진시키고 작업능률을 향상
④ 근로자들의 육체적, 정신적, 사회적 건강 유지 및 증진
⑤ 산업재해의 예방 및 직업성질환 유소견자의 작업 전환

4. 산업위생의 영역 중 기본과제 ★

① 작업능력의 향상과 저하에 따른 작업조건 및 정신적 조건의 연구
② 최적 작업환경 조성에 관한 연구 및 유해 작업환경에 의한 신체적 영향 연구
③ 노동력의 재생산과 사회, 경제적 조건에 관한 연구

5. 산업위생의 활동 ★

① 예측(anticipation)
② 인지(recognition)
③ 측정(measurement)
④ 평가(evaluation)
⑤ 관리(control)

6. 산업위생관리 업무 ★

① 유해작업환경에 대한 공학적인 조치
② 작업조건에 대한 인간공학적인 평가
③ 작업환경에 대한 정확한 분석기법의 개발

7. 외국의 산업위생 역사

(1) Hippocrates(B.C 4세기) : 광산의 납중독 기술(최초의 직업병 : 납중독) ★

참고

❀ 우리나라에서 학계에 처음으로 보고된 직업병 : 진폐증

(2) Pliny the Elder(A.D. 1세기) : 먼지 마스크로 동물의 방광막 사용을 주장함 ★

(3) Galen(A.D. 2세기) : 구리광산에서의 산 증기(mist)의 유해성 주장 ★

(4) Ulrich Ellenbog(1473년) : 납, 수은 중독 증상 및 예방법을 제시

(5) Philippus Paracelsus(1493~1541년) : 독성학의 아버지 ★
  • "모든 화학 물질은 독물이며 독물이 아닌 화학 물질은 없다."

(6) Georgius Agricola(1494~1555년)
  ① 저서 "광물에 대하여"에서 광부들의 사고 및 질병, 예방법 등에 대하여 기록★
  ② 광산에서의 규폐증의 유해성 언급★

(7) Bernardino Ramazzini(1633~1714년) : 산업보건의 시조, 산업의학의 아버지 ★
  • 저서 "직업인의 질병(De Morbis Artificum Diatriba)"에서 수공업자의 질병을 집대성함

(8) Sir George Baker(18세기) : 사이다 공장에서 납에 의한 복통 발견

(9) Percivall Pott(18세기) : 영국의 외과의사 ★★
  ① 굴뚝청소부에게서 최초의 직업성 암인 "음낭암"을 발견
  ② 암의 원인 물질은 "검댕"(다핵방향족 화합물 PAH)
  ③ "굴뚝 청소부법" 제정하는 계기가 됨

(10) Alice Hamilton(20세기) : 미국의 여의사, 미국 최초의 산업보건학자, 산업의학자 ★
(11) Bismark : 독일에서 근로자 질병보험법과 공장재해보험법 제정 ★
(12) Rudolf Virchow : 근대 병리학의 기초 확립
(13) 공장법(1833년)
- 영국에서 여성과 아동의 노동시간을 규제하는 것을 내용으로 제정한 법령
- 산업보건에 관한 최초의 법률로서 실제로 효과를 거둔 최초의 법이다.

> **공장법(factory act)의 주요 내용 ★**
> ① 감독관을 임명하여 공장을 감독한다.
> ② 근로자에게 교육을 시키도록 의무화한다.
> ③ 18세 미만 근로자의 야간작업을 금지한다.
> ④ 작업할 수 있는 연령을 13세 이상으로 제한한다.
> ⑤ 주간 작업시간을 48시간으로 제한한다.

(14) Loriga(1911년) : 진동 공구에 의한 수지의 레이노드(Raynaud) 현상을 보고 ★

암기법

1. 납먹은 하마(Hippocrates)의 방광이 풀리니(Pliny) 산 증인(산 증기) 갈렌이 독묻은 파라솔(Paracelsus)에서 콜라(Agricola)는 광물이다 라고 했다.
2. 아 멋진(Ramazzini) 보건시조는 사이다 굽다(Baker) 납 나오면 굴똑있는 커피포트(Percivall Pott)로 빼낸다.
3. 해맑은(Hamilton) 최초학자는 비쩍마른(Bismark) 공장 근로자인 루돌프(Rudolf Virchow)가 병났다(병리학)고 레이노(Raynaud)씨 부인 로리가(Loriga)에게 말했다.

8. 한국의 산업위생 역사

(1) 1926년 : 공장보건위생법 제정
(2) 1953년 : 우리나라 산업위생에 관한 최초의 법령인 근로기준법 제정 공포 ★
(3) 1962년 : 가톨릭의대 산업의학연구소 설립, 근로기준법 시행령 제정
(4) 1963년 : 대한산업보건협회 창립
(5) 1977년 : 근로복지공사 설립, 근로복지공사 부속병원 개설, 국립노동과학연구소 설립
(6) 1981년 : 산업안전보건법 제정 공포 ★, 노동청을 노동부로 승격
(7) 1983년 : 산업위생관련 자격제도 도입

(8) **1986년** : 유해물질의 허용농도 제정
(9) **1987년** : 한국산업안전공단 설립 ★
(10) **1988년** : 문송면 군(15세)의 수은중독 사망 발생 ★
(11) **1990년** : 한국 산업위생학회 창립 ★
(12) **1991년** : 우리나라 ILO(국제노동기구) 가입, 원진레이온(주) 이황화탄소(CS_2) 중독 발생(1998년 집단 중독 발생) ★
(13) **1992년** : 작업환경 측정기관에 대한 정도관리 규정 제정
(14) **2002년** : 대한산업보건협회 12개 산업보건센터 설립, 운영

> **암기법**
>
> 26공장, 53근로, 62의학연구, 63보건협회, 77복지공사,
> 81산안법, 83위생기사, 86허용농도, 87안전공단, 88문송면,
> 90위생학회, 91원진, 92정도관리, 02보건센터

9. 산업위생 관련 기관 ★★

① 미국정부산업위생전문가협의회 : ACGIH(American Conference of Governmental Industrial Hygienists)
② 미국산업위생학회 : AIHA(American Industrial Hygiene Association)
③ 미국산업안전보건청 : OSHA(Occupational Safety and Health Administration)
④ 국립산업안전보건연구원 : NIOSH(National Institute for Occupational Safety and Health)
⑤ 국제암연구소 : IARC(International Agency for Research on Cancer)
⑥ 영국산업위생학회 : BOHS(British Occupational Hygiene Society)
⑦ 영국 산업안전보건청 : HSE(Health Safety Executive)
⑧ 한국산업안전보건공단 : KOSHA(Korea Occupational Safety & Health Agency)

> **암기**
>
> ACGIH
> A(American 미국) C(Conference 협의회) G(Governmental 정부)
> IH(Industrial Hygienists 산업위생)

AIHA
A(American 미국) IH(Industrial Hygiene 산업위생) A(Association 학회)
OSHA
OSH(Occupational Safety and Health 산업안전보건) A(Administration 청)
NIOSH
N(National 국립) I(Institute 연구원) OSH(Occupational Safety and Health 산업안전보건)
BOHS
B(British 영국) OH(Occupational Hygiene 산업위생) S(Society 학회)

10. 국가별 산업보건 허용기준 ★

(1) 미국정부산업위생전문가협의회(ACGIH)
TLVs(Threshold Limit Values) : 허용기준

(2) 미국산업안전보건청(OSHA)
PEL(Permissible Exposure Limits) 기준

(3) 미국국립산업안전보건연구원(NIOSH)
REL(Recommended Exposure Limits) 기준

(4) 미국산업위생학회(AIHA)
WEEL(Workplace Environmental Exposure Level) 기준

(5) 독일
MAK(Maximum Concentration Values) 기준

(6) 한국
화학물질 및 물리적 인자의 노출기준

(7) 영국의 보건안전청(HSE : Health and Safety Executive)
WEL 기준(Workplace Exposure Limits)

(8) 스웨덴
OEL(Occupational Exposure Limit) 기준

ACT, O펠, N렐, A웰, H웰, 독M, 스O, 한노

11. 산업위생 전문가의 윤리강령(미국산업위생학술원 : AAIH) ★★★

산업위생 전문가로서의 책임	① 학문적 실력 면에서 최고 수준 유지 ② 자료의 해석에서 객관성을 유지 ③ 산업위생을 학문적으로 발전시킨다. ④ 과학적 지식을 공개하고 발표 ⑤ 기업체의 기밀은 누설하지 않는다. ⑥ 이해관계가 있는 상황에는 개입하지 않는다.
근로자에 대한 책임	① 근로자의 건강보호가 산업위생전문가의 1차적 책임 ② 위험 요인의 측정, 평가 및 관리에 있어서 중립적 태도 ③ 위험요소와 예방조치에 대해 근로자와 상담
기업주와 고객에 대한 책임	① 정확한 기록을 유지하고 산업위생 전문부서들을 운영 관리 ② 궁극적 책임은 근로자의 건강보호 ③ 책임 있게 행동 ④ 정직하게 권고, 권고사항을 정확히 보고
일반 대중에 대한 책임	① 일반 대중에 관한 사항 정직하게 발표 ② 전문적인 견해를 발표

암기

전문가의 윤리는 전문 근로자에게 고기 대접

1. 전문가는 / 실력최고 / 객관적 자료해석 / 학문발전 위해 / 지식공개 발표 / 기밀누설 말고 / 개입하지 않는다.
2. 근로자의 / 1차적 책임은 / 중립적 태도로 / 위험예방 상담
3. 고기(고객, 기업주) / 정확히 기록하는 전문부서 운영하여 / 궁극적으로 근로자 보호 / 책임있게 행동 / 정직하게 보고
4. 대중에게 / 정직하게 / 전문적으로 발표

제2장 인간과 작업환경

1. 인간공학에서 고려해야 할 인간의 특성 ★

① 인간의 습성
② 신체의 크기와 작업환경
③ 감각과 지각
④ 운동력과 근력
⑤ 기술, 집단에 대한 적응능력

2. 인체계측자료의 응용 3원칙 ★

① 최대치수와 최소치수 설계(극단치 설계) : 최대 치수 또는 최소 치수를 기준으로 하여 설계한다.

최대 치수 설계의 예	최소 치수 설계의 예
• 위험구역의 울타리 높이 • 출입문의 높이 • 그네줄의 인장강도	• 물건을 올리는 선반의 높이 • 조정장치를 조정하는 힘 • 조정장치까지의 조정거리

② 조절(조정)범위(조절식 설계) : 가장 먼저 고려되어야 한다.
  • 체격이 다른 여러 사람에 맞도록 설계한다.
  • 예 의자 높낮이 조절, 자동차의 운전석 위치조정
③ 평균치를 기준으로 한 설계
  • 최대치수나 최소치수, 조절식으로 하기가 곤란할 때 평균치를 기준으로 하여 설계한다.
  • 예 은행의 창구 높이

3. 요통 발생의 요인 ★

① 잘못된 작업 방법 및 자세
② 작업습관과 개인적인 생활태도
③ 근로자의 육체적 조건
④ 물리적 환경요인(작업빈도, 물체의 무게 및 크기 등)
⑤ 요통 및 기타 장애(자동차 사고, 넘어짐 등)의 경력

4. 정상 작업역과 최대 작업역 ★★

(1) 정상 작업역
① 상완을 자연스럽게 늘어뜨린 채 전완만으로 뻗어 파악 할 수 있는 구역(팔을 가볍게 몸체에 붙이고 팔꿈치를 구부린 상태에서 자유롭게 손이 닿는 영역)
② 움직이지 않고 전박(前膊)과 손으로 조작할 수 있는 범위

(2) 최대 작업역
① 전완과 상완을 곧게 펴서 파악할 수 있는 구역(양팔을 곧게 폈을 때 도달할 수 있는 최대영역)
② 움직이지 않고 상지(上肢)를 뻗어서 닿는 범위

5. 근육운동(노동)에 필요한 에너지원(근육의 대사과정) ★★

혐기성 대사(Anaerobic metabolism)	호기성 대사(Aerobic metabolism)
① 근육에 저장된 화학적 에너지 ② 혐기성 대사 순서★ ATP(아데노신 삼인산) → CP(크레아틴 인산) → Glycogen(글리코젠) or Glucose(포도당)	① 대사과정(구연산 회로)을 거쳐 생성된 에너지 ② 호기성 대사 과정 포도당 단백질 + 산소 → 에너지원 지 방

6. 영양소 종류와 그 작용 ★

① 체내에서 산화연소하여 에너지를 공급 : 탄수화물, 단백질, 지방(3대 영양소)
② 에너지원은 아니며, 여러 영양소의 영양적 작용의 매개가 되고 생활기능을 조절 : 비타민, 무기질, 물
③ 체내조직을 구성하고, 분해·소비되는 물질의 공급원으로 작용 : 단백질, 무기질, 물
④ 치아와 골격을 구성 : 칼슘
⑤ 작업강도가 높은 근로자의 근육에 호기적 산화를 촉진시켜 근육의 열량공급을 원활히 해주는 비타민(근육노동 시 특히 주의하여 보급해야 할 비타민) : 비타민 B1(Thiamine)

7. 작업의 종류에 따른 영양관리 방법 ★

① 고열작업자에게는 식수와 식염을 우선 공급한다.
② 저온작업자에게는 지방질을 공급한다.
③ 근육작업자의 에너지 공급은 당질 위주로 한다.
④ 중(重)작업자에게는 단백질을 공급한다.

8. 산소부채(oxygen debt)현상 ★

① 작업부하 수준이 최대 산소소비량 수준보다 높아지게 되면, 젖산의 제거속도가 생성속도에 못 미치게 된다.
② 작업이 끝난 후에 남아 있는 젖산을 제거하기 위하여 산소가 더 필요하며, 이때 동원되는 산소소비량을 산소부채(oxygen debt)라 한다.
③ 작업이 끝난 후에도 맥박과 호흡수가 작업개시 수준으로 즉시 돌아오지 않고 서서히 감소하는 산소부채의 보상현상이 발생한다.

9. 근골격계질환(누적외상성질환,CTDs)의 발생요인 ★★

① 반복적인 동작
② 부적절한 작업 자세
③ 무리한 힘의 사용
④ 날카로운 면과의 신체접촉
⑤ 진동 및 온도(저온)

10. 근골격계 질환의 특징 ★

① 노동력 손실에 따른 경제적 피해가 크다.
② 근골격계 질환의 최우선 관리목표는 발생의 최소화이다.
③ 자각증상으로 시작되며 환자발생이 집단적이다.
④ 손상의 정도 측정이 어렵다.
⑤ 단편적인 작업환경개선으로 좋아지지 않는다.
⑥ 회복과 악화가 반복된다.(한번 악화되어도 회복은 가능하다.)

11. 근골격계 부담작업 ★★

① 하루에 4시간 이상 집중적으로 자료입력 등을 위해 키보드 또는 마우스를 조작하는 작업
② 하루에 총 2시간 이상 목, 어깨, 팔꿈치, 손목 또는 손을 사용하여 같은 동작을 반복하는 작업
③ 하루에 총 2시간 이상 머리 위에 손이 있거나, 팔꿈치가 어깨 위에 있거나, 팔꿈치를 몸통으로부터 들거나, 팔꿈치를 몸통 뒤쪽에 위치하도록 하는 상태에서 이루어지는 작업
④ 지지되지 않은 상태이거나 임의로 자세를 바꿀 수 없는 조건에서, 하루에 총 2시간 이상 목이나 허리를 구부리거나 비트는 상태에서 이루어지는 작업
⑤ 하루에 총 2시간 이상 쪼그리고 앉거나 무릎을 굽힌 자세에서 이루어지는 작업

⑥ 하루에 총 2시간 이상 지지되지 않은 상태에서 1kg 이상의 물건을 한손의 손가락으로 집어 옮기거나, 2kg 이상에 상응하는 힘을 가하여 한손의 손가락으로 물건을 쥐는 작업
⑦ 하루에 총 2시간 이상 지지되지 않은 상태에서 4.5kg 이상의 물건을 한손으로 들거나 동일한 힘으로 쥐는 작업
⑧ 하루에 10회 이상 25kg 이상의 물체를 드는 작업
⑨ 하루에 25회 이상 10kg 이상의 물체를 무릎 아래에서 들거나, 어깨 위에서 들거나, 팔을 뻗은 상태에서 드는 작업
⑩ 하루에 총 2시간 이상, 분당 2회 이상 4.5kg 이상의 물체를 드는 작업
⑪ 하루에 총 2시간 이상 시간당 10회 이상 손 또는 무릎을 사용하여 반복적으로 충격을 가하는 작업

> **암기**
>
> - 키보드 입력 4시간, 나머지 2시간
> - 2시간 4.5kg 한손 쥐기 / 2시간 1kg 손가락 집어 옮기기, 2kg 손가락 쥐기 / 10회 25kg, 25회 10kg 무릎 아래, 2시간 분당 2회 4.5kg 들기 / 2시간 시간당 10회 반복 충격

12. 부품배치의 원칙 ★

① 중요성의 원칙 : 부품을 작동하는 성능이 체계의 목표 달성에 중요한 정도에 따라 우선순위를 결정한다.
② 사용빈도의 원칙 : 부품을 사용하는 빈도에 따라 우선순위를 결정한다.
③ 기능별 배치의 원칙 : 기능적으로 관련된 부품들(표시장치, 조정장치 등)을 모아서 배치한다.
④ 사용 순서의 원칙 : 사용 순서에 따라 장치들을 가까이에 배치한다.

13. 동작경제의 3원칙(바안즈 Barnes) ★

① 인체 사용에 관한 원칙
② 작업장의 배치에 관한 원칙
③ 공구 및 설비의 설계에 관한 원칙

14. 피로의 특징 ★

① 피로는 질병이 아니며 원래 가역적인 생체반응이고 건강장해에 대한 경고적 반응이다.

② 정신피로는 주로 중추신경계의 피로를, 근육피로는 말초신경계의 피로를 의미한다.
③ 정신피로와 신체피로는 보통 함께 나타나 구별하기 어렵다.(정신피로나 신체피로가 각각 단독으로 나타나는 경우는 매우 희박하다.)
④ 육체적, 정신적 노동부하에 반응하는 생체의 태도이다.(노동수명(turn over ratio)으로서 피로를 판정할 수 있다.)
⑤ 산업피로는 건강장해에 대한 경고반응이라고 할 수 있다.
⑥ 피로 현상은 개인차가 심하므로 작업에 대한 개체의 반응을 수치로 나타내기 어렵다.(객관적 판단이 어렵다)
⑦ 산업피로는 생산성의 저하뿐만 아니라 재해와 질병의 원인이 된다.
⑧ 피로조사는 피로도를 판가름하는 데 그치지 않고 작업방법과 교대제 등을 과학적으로 검토할 필요가 있다.
⑨ 작업시간이 등차 급수적으로 늘어나면 피로회복에 요하는 시간은 등비 급수적으로 증가한다.
⑩ 피로의 자각증상은 피로의 정도와 반드시 일치하지는 않는다.
⑪ 자율신경계의 조절기능이 주간은 교감신경, 야간은 부교감신경의 긴장강화로 주간 수면은 야간 수면에 비해 효과가 떨어진다.

15. 피로의 3단계 ★★

1단계 : 보통 피로	• 하룻밤 자고나면 완전히 회복된다.
2단계 : 과로	• 다음날까지도 피로 상태가 지속되며 단기간 휴식으로 회복될 수 있는 단계로 발병단계는 아니다.
3단계 : 곤비	• 과로의 축적으로 단기간 휴식을 통해서는 회복될 수 없는 발병단계 • 심한 노동 후의 피로현상으로 병적인 상태

16. 피로의 발생기전 ★★

① 산소와 영양소 등의 에너지원의 소모
② 물질대사에 의한 노폐물의 축적(피로물질의 축적)
③ 체내의 항상성 상실(체내 생리대사의 물리·화학적 변화)
④ 생체 내 조절기능의 저하

17. 산업피로의 발생요인 3가지 실기 기출 ★

① 작업강도(에너지 소비량) : 피로에 가장 큰 영향을 미치는 요소
② 작업환경조건
③ 작업시간과 작업편성

18. 전신피로의 생리학적 원인 ★★

① 산소공급 부족
② 혈중 포도당(글루코오스)농도 저하(가장 큰 원인)
③ 근육 내 글리코겐 양의 감소
④ 혈중 젖산농도의 증가
⑤ 작업강도의 증가

19. 피로의 증상 ★

① **순환기능** : 맥박이 빨라지고 회복 시까지 시간이 걸린다.
② **혈압** : 혈압은 초기에는 높아지나 피로가 진행되면서 낮아진다.
③ **호흡기능** : 호흡이 얕고 빨라지며 체온이 상승하여 호흡중추를 흥분시키고 혈액 중 이산화탄소량의 증가로 심할 때는 호흡곤란을 일으킨다.
④ **신경기능** : 지각기능이 둔해지고, 반사기능이 낮아지며 판단력 저하, 권태감, 졸음이 발생한다.
⑤ **혈액** : 혈당치가 낮아지고 젖산과 탄산량이 증가하여 산혈증이 발생한다.
⑥ **소변** : 소변양이 줄고 단백질 또는 교질물질의 배설량이 증가한다.
⑦ **체온** : 체온이 높아지나 피로정도가 심해지면 낮아진다.(체온조절장애, 에너지 소모량 증가)

20. 전신피로의 평가

작업종료 후 회복기 심박수(heart rate)를 측정하여 평가한다. ★

심한 전신피로 상태 ★★

$HR_{30\sim60}$이 110를 초과하고 $HR_{150\sim180}$와 $HR_{60\sim90}$의 차이가 10 미만인 경우

- $HR_{30\sim60}$: 작업 종료 후 30~60초 사이의 평균 맥박수
- $HR_{60\sim90}$: 작업 종료 후 60~90초 사이의 평균 맥박수
- $HR_{150\sim180}$: 작업 종료 후 150~180초 사이의 평균 맥박수

21. 국소피로의 평가

국소피로를 평가하는 객관적인 방법으로 근전도(EMG)를 가장 많이 이용한다.

국소피로의 평가(피로한 근육에서 측정된 현상) ★★

① 저주파수(0~40Hz)에서 힘의 증가
② 고주파수(40~200Hz)에서 힘의 감소
③ 평균주파수의 감소
④ 총 전압의 증가

22. 육체적 작업능력(PWC)에 영향을 미치는 요소 ★

① 작업특징 : 강도, 시간, 위치, 계획 등
② 육체적 조건 : 연령, 체격, 성별 등
③ 환경적 요소 : 온도, 압력, 소음 등
④ 정신적 요소 : 동기, 태도

23. 미국정부 산업위생전문가협의회(ACGIH)에서 구분한 작업강도 ★★

① 경작업 : 200Kcal/hr 이하
② 중등작업 : 200~350Kcal/hr
③ 중작업 : 350~500Kcal/hr 이상

24. RMR에 의한 작업강도 구분 ★★

RMR	작업강도
0~1	경작업
1~2	중등작업
2~4	강작업
4~7	중작업
7 이상	격심작업

25. 교대근무제 관리원칙(바람직한 교대제) ★★

① 1일 8시간 근무가 바람직하다.(특히, 야간근무시간은 근무시간 중 간이 수면시간을 포함하여 8시간이내가 바람직함)
② 3조 3교대근무나 4조 3교대근무가 바람직하다.(1일 2교대근무가 불가피한 경우는 연속 2~3일을 초과하지 말아야 함)
③ 긴 근무의 연속일수는 2~3일로 한다.(연속 3일 이상 야간근무를 하는 것은 피하고, 야간근무 후에는 1~2일 정도 휴식을 취하는 것이 바람직함)
④ 야간근무 후 다른 근무조로 가기 전에 최소한 48시간 이상의 휴식을 두어야 한다.
⑤ 야간근무 교대시간은 자정 이전으로 하고, 아침 교대시간은 밤잠이 모자랄 5~6시를 피한다.
⑥ 야간근무 시 가면은 반드시 필요하며 보통 2~4시간(1시간 30분 이상)이 적합하다.
⑦ 중노동, 정신적 노동, 지루한 일 등은 주간에 배치하고, 이른 아침이나 한밤중에는 과도하고 위험한 일이 배치되지 않도록 해야 하며 근무시간이 긴 근무 조는 가벼운 일을 하도록 하는 등 업무내용 및 업무량을 조정해야 한다.
⑧ 근무시간표는 순차적으로 편성하는 것이 바람직하다.(정교대가 좋다.)
　예 주간 근무조 → 저녁 근무조 → 야간 근무조 → 주간 근무조 …

26. 산업피로의 예방 및 회복대책 ★

① 불필요한 동작을 피하고 에너지 소모를 적게 한다.
② 작업과정에 따라 적절한 휴식시간을 삽입한다.
③ 작업시간 전후에 간단한 체조를 한다.
④ 동적인 작업과 정적인 작업을 적절히 혼합하여 배치한다. (과격한 육체적 노동은 기계화하고, 과도한 정적인 작업은 적정한 동적인 작업으로 전환한다.)
⑤ 휴식은 여러 번 나누어 휴식하는 것이 장시간 휴식하는 것보다 효과적이다.
⑥ 작업의 숙련도를 높인다.
⑦ 작업환경을 정리·정돈한다.
⑧ 커피, 홍차, 엽차 및 비타민 B1은 피로회복에 도움이 되므로 공급한다. (산업 피로의 회복대책)
⑨ 신체 리듬의 적응을 위하여 야간 근무의 연속일수는 2~3일로 한다.

27. Flex Time제 ★

종업원이 자유로운 시간에 출퇴근이 가능하도록 전 근로자가 일하는 중추시간(core time)을 제외하고 출퇴근 시간을 융통성 있게 운영하는 제도를 말한다.

28. 미국산업안전보건연구원(NIOSH)의 직무스트레스 요인 ★

작업요인	① 교대근무 ② 작업부하 ③ 작업속도
환경요인	① 소음 및 진동 ② 조명 ③ 고열 및 한랭 등
조직요인	① 관리유형 ② 역할갈등 ③ 의사결정 참여 ④ 고용 불확실 등

29. 직무스트레스 관리 ★

개인 차원의 스트레스 관리	집단 차원의 스트레스 관리
① 건강검사 ② 운동과 취미생활 ③ 긴장 이완훈련	① 직무 재설계 ② 사회적 지원의 제공 ③ 개인의 적응수준 제고 ④ 작업순환

30. 적성검사의 분류 및 특성 ★

생리학적 적성검사	심리학적 적성검사	신체검사
① 감각기능검사 ② 심폐기능검사 ③ 체력검사	① 지능검사 : 언어, 기억, 추리에 대한 검사 ② 지각동작검사 : 수족협조, 운동속도, 형태지각검사 ③ 인성검사 : 성격, 태도, 정신상태 검사 ④ 기능검사 : 직무에 관한 기본지식과 숙련도, 사고력 등의 검사	① 체격검사

31. 직업성 질환(작업 관련성 질환)의 정의

① 직업성 질환이란 작업에 의하여 악화되거나 작업과 관련하여 높은 발병률을 보이는 질병을 말한다. ★
② 직무로 인한 유해성 인자가 몸에 장·단기간 축적되어 발생하는 질환을 총칭하며 직업관련성 근골격계 질환, 직업관련성 뇌, 심혈관 질환 등이 있다.
③ 직업성 질환(작업 관련성 질환)은 작업환경과 업무수행상의 요인들이 다른 위험요인과 함께 질병발생의 복합적 요인으로서 기여한다. ★
④ 직업성 질환과 일반 질환은 경계가 뚜렷하지 않다.

32. 직업성 질환의 범위 ★

① 직업상 업무에 기인하여 1차적으로 발생하는 원발성 질환은 포함한다.
② 원발성 질환과 합병 작용하여 제2의 질환(속발성 질환)을 유발하는 경우를 포함한다.
③ 합병증이 원발성 질환과 불가분의 관계를 가지는 경우를 포함한다. (합병증은 원발성 질환에서 떨어진 다른 부위에 같은 원인에 의한 제2의 질환을 일으키는 경우를 의미한다.)
④ 원발성 질환에 떨어진 다른 부위에 같은 원인에 의한 제2의 질환을 일으키는 경우를 포함한다.

33. 작업의 종류에 따른 직업병 및 질환발생요인

① 잠수부 : 잠함병 ★
② 도로공 : 빈혈
③ 전기용접공 : 백내장
④ 제빙작업 : 한랭장해
⑤ 도금작업 : 크롬중독(비중격천공증) ★
⑥ 인쇄작업 : 유기용제 중독
⑦ 제강, 요업, 용광로 작업 : 고온장해(열사병 등) ★

⑧ 제강공 : 구내염, 피부염
⑨ 채석작업(채석광, 채광부) : 규폐증★
⑩ 타이핑작업 : 경견완증후군
⑪ 피혁제조, 축산, 제분 : 탄저병, 파상풍
⑫ 갱내 착암작업 : 규폐증, 산소결핍★
⑬ 샌드블라스팅(sand blasting) : 규폐증, 폐암★

34. 유해요인별 중독 증세 ★

① 수은중독 : 미나마타병
② 크롬중독 : 비중격천공증, 비강암, 폐암
③ 카드뮴중독 : 이타이이타이병
④ 납중독 : 조혈장애, 말초신경장애
⑤ 벤젠중독 : 빈혈, 백혈병, 조혈장애
⑥ 석면 : 악성중피종, 석면폐증, 폐암
⑦ 망간 : 파킨슨증후군, 신장염, 신경염
⑧ 이상기압 : 잠함병, 폐수종
⑨ 국소진동 : 레이노 현상(레이노드씨 병)

> **암기법**
> - 코흘리는(비중격천공증, 비강암) 크롬아 카드(카드뮴)놀이 이따(이타이이타이병)하고 수(수은)미나 마타(미나마타병)라.
> - 납조, 벤빈, 석중, 망파

35. 직업병의 인정요건 ★

① 업무수행 과정에서 유해요인을 취급하거나 이에 폭로된 경력 있을 것
② 작업환경과 그 작업에 종사한 기간 또는 유해 작업의 정도
③ 같은 작업장에서 비슷한 증상을 나타내는 환자의 발생 유무
④ 의학상 특징적으로 나타나는 예상되는 임상검사 소견의 유무
⑤ 의학적인 요양의 필요성이나 보험급여 지급 사유가 있다고 인정될 것

36. 직업병을 판단할 때 참고자료 ★

① 업무내용과 종사시간(노출의 추정)
② 발병 이전의 신체 이상과 과거력(과거 질병의 유무)
③ 작업환경 측정 자료와 취급물질의 유해성 자료
④ 생물학적 모니터링
⑤ 중독 등 해당 직업병의 특유한 증상과 임상소견의 유무

37. 실내오염의 원인

① 일산화탄소(CO)★
- 혈액 중의 헤모글로빈(Hb)과 결합하여 일산화탄소-헤모글로빈(COHb)을 만들어 혈액의 산소운반 능력을 저하시켜 그 농도에 따라 사망에 이를 수 있다.

② 이산화탄소(CO_2)
- 실내의 공기질을 관리하는 근거로서 사용된다.★
- 그 자체는 건강에 큰 영향을 주는 물질이 아니며, 측정하기 어려운 다른 실내오염물질에 대한 지표물질로 사용된다.★

③ 오존(O_3)
- 대기 중에서 약 0.02ppm 정도로 존재하며 가스상 2ppm 미만에서는 냄새가 나쁘지 않지만 농도가 높아지면 자극적인 냄새가 난다.
- 실내에서는 복사기, 인쇄기, 정전식 공기청정기 등 생활용품과 전기 아크, 연무 등에서 발생된다.

④ 석면★
- 건축물의 단열재, 절연재, 흡음재 등에 사용되며 청석면, 갈석면 및 백석면으로 구분된다.
- 석면에 노출되면 피부질환, 호흡기 질환은 물론 10~30년의 잠복기를 거쳐 폐암, 중피종, 석면폐 등을 일으킨다.

⑤ 포름알데히드★
- 페놀수지의 원료로서 자극취가 있는 무색의 수용성 가스로 건축물에 사용되는 각종 합판, 칩보드, 가구, 단열재와 섬유 옷감에서 주로 발생되고, 눈과 코, 목을 자극하며 동물실험결과 발암성이 있는 것으로 나타났다.

⑥ 이산화질소(NO_2)
- 일산화질소 가스는 배출 후 산화되어 이산화질소가 되며 대기 중에서 식물의 조직파괴, 괴사, 낙엽 현상을 일으킨다.

⑦ 라돈★
- 라돈은 우라늄(238U)과 토륨(232Th)의 방사성 붕괴에 의해서 만들어진 라듐(226Ra)이 붕괴했을 때에 생성되며, 붕괴를 거치면서 알파, 베타, 감마선이 방출되어 폐암을 유발한다.
- 라돈(Rn-222)은 지각중의 토양, 모래, 암석, 광물질 및 이들을 재료로 하는 건축자재 등에 미량으로 함유되어 있으며 건축자재로부터 방출되기도 하고, 토양으로부터 벽의 틈새 및 방바닥의 갈라진 부분, 하수도 등을 통해서 실내로 유입되기도 한다.

⑧ 레지오넬라균★
- 주로 여름과 초가을에 흔히 발생되고 강제기류 난방장치 등 공기를 순환시키는 장치들과 냉각탑 등에 기생하여 실내·외로 확산되어 호흡기 질환을 유발시킨다.

38. 사무실 공기질의 측정 등 ★★★

오염물질	측정 횟수 (측정 시기)	시료채취 시간
미세먼지 (PM10)	연 1회 이상	업무시간 동안 (6시간 이상 연속 측정)
초미세먼지 (PM2.5)	연 1회 이상	업무시간 동안 (6시간 이상 연속 측정)
이산화탄소 (CO_2)	연 1회 이상	업무시작 후 2시간 전후 및 종료 전 2시간 전후 (각각 10분간 측정)
일산화탄소 (CO)	연 1회 이상	업무시작 후 1시간 전후 및 종료 전 1시간 전후 (각각 10분간 측정)
이산화질소 (NO_2)	연 1회 이상	업무시작 후 1시간~종료 1시간 전 (1시간 측정)
포름알데히드 (HCHO)	연 1회 이상 및 신축 (대수선 포함)건물 입주 전	업무시작 후 1시간~종료 1시간 전 (30분간 2회 측정)
총휘발성유기화합물 (TVOC)	연 1회 이상 및 신축 (대수선 포함)건물 입주 전	업무시작 후 1시간~종료 1시간 전 (30분간 2회 측정)
라돈 (radon)	연 1회 이상	3일 이상~3개월 이내 연속 측정
총부유세균	연 1회 이상	업무시작 후 1시간~종료 1시간 전 (최고 실내온도에서 1회 측정)
곰팡이	연 1회 이상	업무시작 후 1시간~종료 1시간 전 (최고 실내온도에서 1회 측정)

암기법

일(일산화탄소) 1, 1, 10 / 이(이산화탄소) 2, 2, 10 / 포름알(포름알데히드), 휘유(총휘발성유기화합물) 1, 1, 30, 2회 / 부유(총부유세균), 곰팡이 1, 1, 최고1 / 이질(이산화질소) 1, 1, 1시간 / 라돈 3일, 3월 / 초먼(초미세먼지), 미먼(미세먼지) 업무 6시간

39. 시료채취 및 분석방법 ★★

오염물질	시료채취방법	분석방법
미세먼지 (PM10)	PM10샘플러(sampler)를 장착한 고용량 시료채취기에 의한 채취	중량분석 (천칭의 해독도 : 10μg 이상)
초미세먼지 (PM2.5)	PM2.5샘플러(sampler)를 장착한 고용량 시료채취기에 의한 채취	중량분석 (천칭의 해독도 : 10μg 이상)
이산화탄소 (CO_2)	비분산적외선검출기에 의한 채취	검출기의 연속 측정에 의한 직독식 분석
일산화탄소 (CO)	비분산적외선검출기 또는 전기화학검출기에 의한 채취	검출기의 연속 측정에 의한 직독식 분석
이산화질소 (NO_2)	고체흡착관에 의한 시료채취	분광광도계로 분석
포름알데히드 (HCHO)	2,4-DNPH(2,4-Dinitrophenylhydrazine)가 코팅된 실리카겔관(silicagel tube)이 장착된 시료채취기에 의한 채취	2,4-DNPH - 포름알데히드 유도체를 HPLC UVD(High Performance Liquid Chromato graphy-Ultraviolet Detector) 또는 GC-NPD(Gas Chromato graphy-Nitrgen Phosphorous Detector)로 분석
총휘발성 유기화합물 (TVOC)	1. 고체흡착관 또는 2. 캐니스터(canister)로 채취	고체흡착열탈착법 또는 고체흡착용매 추출법을 이용한 GC로 분석, 캐니스터를 이용한 GC 분석
라돈 (Radon)	라돈연속검출기(자동형), 알파트랙(수동형), 충전막 전리함(수동형)측정 등	3일 이상 3개월 이내 연속 측정 후 방사능감지를 통한 분석
총부유세균	충돌법을 이용한 부유세균채취기(bioair sampler)로 채취	채취·배양된 균주를 새어 공기 체적당 균주 수로 산출
곰팡이	충돌법을 이용한 부유진균채취기(bioair sampler)로 채취	채취·배양된 균주를 세어 공기 체적당 균주 수로 산출

암기법

일(일산화탄소)비분산·전기 / 이(이산화탄소) 비분산 / 이질(이산화질소) 고체흡착 / 휘유 캐니스터·고체흡착 / 포름알 실리카겔 / 미먼 PM10시료채취 / 초먼 PM2.5시료채취 / 라돈 라돈연속, 알파충전 / 부유 부유세균 / 곰팡이 부유진균

40. 실내 공기질의 측정지점 및 측정결과의 평가 ★★

① 공기의 측정시료는 사무실 안에서 공기의 질이 가장 나쁠 것으로 예상되는 2 이상에서 채취하고, 측정은 사무실 바닥면으로부터 0.9미터 이상 1.5m 이하의 높이에서 한다. 다만, 사무실 면적이 500m²를 초과하는 경우에는 500m³당 1곳씩 추가하여 채취한다.

② 사무실 공기질의 측정결과는 측정치 전체에 대한 평균값을 오염물질별 관리기준과 비교하여 평가한다. 다만, 이산화탄소는 각 지점에서 측정한 측정치 중 최고 값을 기준으로 비교·평가한다.

41. 사무실 공기관리지침의 오염물질 관리기준 ★★★

오염물질	관리기준
미세먼지(PM10)	$100\mu g/m^3$
초미세먼지(PM2.5)	$50\mu g/m^3$
이산화탄소(CO_2)	1,000ppm
일산화탄소(CO)	10ppm
이산화질소(NO_2)	0.1ppm
포름알데히드(HCHO)	$100\mu g/m^3$
총휘발성유기화합물(TVOC)	$500\mu g/m^3$
라돈(radon)	$148Bq/m^3$
총부유세균	$800CFU/m^3$
곰팡이	$500CFU/m^3$

* 라돈은 지상 1층을 포함한 지하에 위치한 사무실에만 적용한다. ★
* 관리기준 : 8시간 시간가중평균농도 기준 ★

암기

이질 0.1, 일탄 10 / 초면 50, 포름알·미먼 100 / 라돈 148, 휘유, 곰팡이 500 / 부유 800, 이탄 1000
(부유 CFU/m^3, 초먼·미먼·포름알·휘유 $\mu g/m^3$, 나머지 ppm)

42. 사무실의 환기기준 ★

공기정화시설을 갖춘 사무실에서 근로자 1인당 필요한 최소 외기량은 $0.57m^3/min$ 이며, 환기횟수는 시간당 4회 이상으로 한다.

제3장 관련 법규

1. 보건관리자의 자격 ★★

① 산업보건지도사 자격을 가진 사람
②「의료법」에 따른 의사
③「의료법」에 따른 간호사
④「국가기술자격법」에 따른 산업위생관리산업기사 또는 대기환경산업기사 이상의 자격을 취득한 사람
⑤「국가기술자격법」에 따른 인간공학기사 이상의 자격을 취득한 사람
⑥「고등교육법」에 따른 전문대학 이상의 학교에서 산업보건 또는 산업위생 분야의 학위를 취득한 사람

2. 보건관리자를 두어야 하는 사업의 종류, 사업장의 상시근로자 수, 보건관리자의 수 및 선임방법 ★★

위험성이 높은 제조업 1. 광업(광업 지원 서비스업은 제외) 2. 섬유제품 염색, 정리 및 마무리 가공업 3. 모피제품 제조업 4. 신발 및 신발부분품 제조업 5. 코크스, 연탄 및 석유정제품 제조업 6. 화학물질 및 화학제품 제조업; 의약품 제외 7. 고무 및 플라스틱제품 제조업 8. 비금속 광물제품 제조업 9. 1차 금속 제조업 10. 금속가공제품 제조업; 기계 및 가구 제외 등	• 상시근로자 50명 이상 500명 미만 : 1명 이상 • 상시근로자 500명 이상 2천명 미만 : 2명 이상 • 상시근로자 2천명 이상 : 2명 이상(의사 또는 간호사 중 1명 이상 포함)
그 밖의 제조업	• 상시근로자 50명 이상 1천명 미만 : 1명 이상 • 상시근로자 1천명 이상 3천명 미만 : 2명 이상 • 상시근로자 3천명 이상 : 2명 이상(의사 또는 간호사 중 1명 이상 포함)

1. 농업, 임업 및 어업 2. 수도, 하수 및 폐기물 처리, 원료 재생업 3. 운수 및 창고업 4. 도매 및 소매업 5. 숙박 및 음식점업 6. 서적, 잡지 및 기타 인쇄물 출판업 7. 우편 및 통신업 8. 공공행정 9. 교육서비스업 중 초등·중등·고등 교육기관, 특수학교·외국인학교 및 대안학교 등	• 상시근로자 50명 이상 5천 명 미만 : 1명 이상(다만, 사진 처리업은 상시근로자 100명 이상 5천 명 미만) • 상시 근로자 5천 명 이상 2명 이상 : 2명 이상(의사 또는 간호사 중 1명 이상 포함)
건설업	• 공사금액 800억 원 이상(토목공사업 : 1천 억 이상) 또는 상시 근로자 600명 이상 : 1명 이상 • 공사금액 800억 원(토목공사업 : 1천 억원)을 기준으로 1,400억 원이 증가할 때마다 또는 상시 근로자 600명을 기준으로 600명이 추가될 때마다 1명씩 추가

3. 안전보건관리담당자의 선임

사업주는 상시근로자 20명 이상 50명 미만인 사업장에 안전보건관리담당자를 1명 이상 선임하여야 한다.(다만, 안전관리자 또는 보건관리자가 있거나 이를 두어야 하는 경우에는 그러하지 아니하다.)

> **상시근로자 20명 이상 50명 미만에서 안전보건관리담당자를 선임하여야 하는 사업 ★**
>
> ① 제조업
> ② 임업
> ③ 하수, 폐수 및 분뇨 처리업
> ④ 폐기물 수집, 운반, 처리 및 원료 재생업
> ⑤ 환경 정화 및 복원업
>
> **암기법**
>
> 제임!(재 임용하자.)
> 하·폐수, 분뇨 폐기하고 원료 재생하여 환경 정화·복원 담당자(안전보건관리 담당자)

4. 산업보건의의 직무 ★★

① 건강진단 결과의 검토 및 그 결과에 따른 작업 배치, 작업 전환 또는 근로시간의 단축 등 근로자의 건강보호 조치
② 근로자의 건강장해의 원인 조사와 재발 방지를 위한 의학적 조치
③ 그 밖에 근로자의 건강 유지 및 증진을 위하여 필요한 의학적 조치에 관하여 고용노동부장관이 정하는 사항

5. 보건관리자의 직무 ★★★

① 산업안전보건위원회 또는 노사협의체에서 심의·의결한 업무와 안전보건관리규정 및 취업규칙에서 정한 업무
② 안전인증대상기계 등과 자율안전확인대상기계 등 중 보건과 관련된 보호구(保護具) 구입 시 적격품 선정에 관한 보좌 및 지도·조언
③ 위험성평가에 관한 보좌 및 지도·조언
④ 물질안전보건자료의 게시 또는 비치에 관한 보좌 및 지도·조언
⑤ 산업보건의의 직무(보건관리자가 「의료법」에 의한 의사인 경우로 한정한다)
⑥ 해당 사업장 보건교육계획의 수립 및 보건교육 실시에 관한 보좌 및 지도·조언
⑦ 해당 사업장의 근로자를 보호하기 위한 다음 각 목의 조치에 해당하는 의료행위 (보건관리자가 간호사에 해당하는 경우로 한정한다)
  가. 자주 발생하는 가벼운 부상에 대한 치료
  나. 응급처치가 필요한 사람에 대한 처치
  다. 부상·질병의 악화를 방지하기 위한 처치
  라. 건강진단 결과 발견된 질병자의 요양 지도 및 관리
  마. 가목부터 라목까지의 의료행위에 따르는 의약품의 투여
⑧ 작업장 내에서 사용되는 전체 환기장치 및 국소 배기장치 등에 관한 설비의 점검과 작업방법의 공학적 개선에 관한 보좌 및 지도·조언
⑨ 사업장 순회점검, 지도 및 조치 건의
⑩ 산업재해 발생의 원인 조사·분석 및 재발 방지를 위한 기술적 보좌 및 지도·조언
⑪ 산업재해에 관한 통계의 유지·관리·분석을 위한 보좌 및 지도·조언
⑫ 법 또는 법에 따른 명령으로 정한 보건에 관한 사항의 이행에 관한 보좌 및 지도·조언
⑬ 업무 수행 내용의 기록·유지
⑭ 그 밖에 보건과 관련된 작업관리 및 작업환경관리에 관한 사항으로서 고용노동부장관이 정하는 사항

> [암기]
>
> 1. 보건교육계획 수립 및 실시
> 2. 위험성평가
> 3. 물질안전보건자료
> 4. 보호구 구입 시 적격품 선정
> 5. 사업장 점검
> 6. 환기장치, 국소배기장치 점검
> 7. 재해 원인조사
> 8. 재해통계
> 9. 근로자 보호위한 의료행위
> 10. 취업규칙에서 정한 직무
> 11. 업무 기록

6. 안전보건관리책임자 및 안전보건관리담당자의 직무 ★

안전보건관리책임자의 직무 ★	안전보건관리담당자의 업무 ★
① 산업재해 예방계획의 수립에 관한 사항 ② 안전보건관리규정의 작성 및 변경에 관한 사항 ③ 근로자의 안전·보건교육에 관한 사항 ④ 작업환경 측정 등 작업환경의 점검 및 개선에 관한 사항 ⑤ 근로자의 건강진단 등 건강관리에 관한 사항 ⑥ 산업재해의 원인 조사 및 재발 방지대책 수립에 관한 사항 ⑦ 산업재해에 관한 통계의 기록 및 유지에 관한 사항 ⑧ 안전장치 및 보호구 구입 시 적격품 여부 확인에 관한 사항 ⑨ 위험성평가의 실시에 관한 사항 ⑩ 근로자의 위험 또는 건강장해의 방지에 관한 사항	① 안전·보건교육 실시에 관한 보좌 및 조언·지도 ② 위험성평가에 관한 보좌 및 조언·지도 ③ 작업환경측정 및 개선에 관한 보좌 및 조언·지도 ④ 건강진단에 관한 보좌 및 조언·지도 ⑤ 산업재해 발생의 원인 조사, 산업재해 통계의 기록 및 유지를 위한 보좌 및 조언·지도 ⑥ 산업안전·보건과 관련된 안전장치 및 보호구 구입 시 적격품 선정에 관한 보좌 및 조언·지도

> [암기]
>
> 공통 : 안전보건교육, 작업환경 개선, 건강진단, 재해 원인조사, 재해통계 기록, 안전장치 적격품 선정, 위험성평가
> 관리책임자 추가 : 재해예방계획, 안전보건관리규정, 위험·건강장해 방지

7. 안전보건총괄책임자의 직무★

① 산업재해가 발생할 급박한 위험이 있을 때 및 중대재해가 발생하였을 때의 작업의 중지
② 도급 시 산업재해 예방조치
③ 산업안전보건관리비의 관계수급인 간의 사용에 관한 협의·조정 및 그 집행의 감독
④ 안전인증대상 기계 등과 자율안전확인대상 기계 등의 사용 여부 확인
⑤ 위험성평가의 실시에 관한 사항

8. 관리감독자의 직무★

① 기계·기구 또는 설비의 안전·보건 점검 및 이상 유무의 확인
② 근로자의 작업복·보호구 및 방호장치의 점검과 그 착용·사용에 관한 교육·지도
③ 산업재해에 관한 보고 및 이에 대한 응급조치
④ 작업장 정리·정돈 및 통로확보에 대한 확인·감독
⑤ 산업보건의, 안전관리자(안전관리전문기관의 해당 사업장 담당자) 및 보건관리자(보건관리전문기관의 해당 사업장 담당자), 안전보건관리담당자(안전관리전문기관 또는 보건관리전문기관의 해당 사업장 담당자)의 지도·조언에 대한 협조
⑥ 위험성평가를 위한 유해·위험요인의 파악 및 개선조치의 시행에 대한 참여
⑦ 그 밖에 해당 작업의 안전·보건에 관한 사항으로서 고용노동부령으로 정하는 사항

9. 산업보건지도사의 직무

① 작업환경의 평가 및 개선 지도
② 작업환경 개선과 관련된 계획서 및 보고서의 작성
③ 산업보건에 관한 조사·연구
④ 안전보건개선계획서의 작성
⑤ 위험성평가의 지도
⑥ 직업성 질병 진단(의사인 산업보건지도사만 해당) 및 예방 지도
⑦ 그 밖에 산업보건에 관한 사항의 자문에 대한 응답 및 조언

10. 안전보건 개선계획 작성대상 사업장★

① 산업재해율이 같은 업종의 규모별 평균 산업재해율보다 높은 사업장
② 사업주가 안전·보건조치의무를 이행하지 아니하여 **중대재해가 발생한 사업장**
③ 직업성 질병자가 연간 2명 이상 발생한 사업장
④ 유해인자의 노출기준을 초과한 사업장

> **암기**
>
> 평균보다 높으면 개선계획! 중대재해 발생하면 개선계획!
> 직업성 질병 2명 노출기준 초과하면 개선계획!

11. 안전·보건진단을 받아 안전보건개선계획을 수립·제출하도록 명할 수 있는 사업장★

① 산업재해율이 같은 업종 평균 산업재해율의 2배 이상인 사업장
② 사업주가 필요한 안전조치 또는 보건조치를 이행하지 아니하여 **중대재해가 발생한 사업장**
③ 직업성 질병자가 연간 2명 이상(상시근로자 1천명 이상 사업장의 경우 3명 이상) 발생한 사업장
④ 그 밖에 작업환경 불량, 화재·폭발 또는 누출 사고 등으로 사업장 주변까지 피해가 확산된 사업장으로서 고용노동부령으로 정하는 사업장

> **암기**
>
> 평균의 2배 이상, 직업성 질병 2명 이상(1000명 이상 3명) 진단받아 개선!
> 중대재해 발생하면 진단받아 개선!

12. 신규화학물질의 유해성·위험성 조사보고서의 제출

대통령령으로 정하는 화학물질 외의 화학물질("신규화학물질")을 제조하거나 수입하려는 자는 신규화학물질에 의한 근로자의 건강장해를 예방하기 위하여 그 신규화학물질의 유해성·위험성을 조사하고 그 조사보고서를 고용노동부장관에게 제출하여야 한다. 다만, 다음 각 호의 어느 하나에 해당하는 경우에는 그러하지 아니하다.

유해성·위험성 조사 제외 화학물질 ★

1. 원소
2. 천연으로 산출된 화학물질
3. 「건강기능식품에 관한 법률」에 따른 건강기능식품
4. 「군수품관리법」 및 「방위사업법」에 따른 군수품 [「군수품관리법」 제3조에 따른 통상품(痛常品)은 제외한다]
5. 「농약관리법」에 따른 농약 및 원제
6. 「마약류 관리에 관한 법률」에 따른 마약류
7. 「비료관리법」에 따른 비료
8. 「사료관리법」에 따른 사료
9. 「생활화학제품 및 살생물제의 안전관리에 관한 법률」에 따른 살생물 물질 및 살생물제품
10. 「식품위생법」에 따른 식품 및 식품첨가물
11. 「약사법」에 따른 의약품 및 의약외품(醫藥外品)
12. 「원자력안전법」에 따른 방사성물질
13. 「위생용품 관리법」에 따른 위생용품
14. 「의료기기법」에 따른 의료기기
15. 「총포·도검·화약류 등의 안전관리에 관한 법률」에 따른 화약류
16. 「화장품법」에 따른 화장품과 화장품에 사용하는 원료
17. 고용노동부장관이 명칭, 유해성·위험성, 근로자의 건강장해 예방을 위한 조치사항 및 연간 제조량·수입량을 공표한 물질로서 공표된 연간 제조량·수입량 이하로 제조하거나 수입한 물질
18. 고용노동부장관이 환경부장관과 협의하여 고시하는 화학물질 목록에 기록되어 있는 물질

암기법

비료로 농 사지은 식품,건강식품,군수품, 위생용품에서 화약, 방사성물질 나와서 의료기기, 의약품, 마약, 화장품으로 치료했더니 천연 원소인 살생물의 위험조사 제외됐다.

13. 건강진단의 종류

① 일반건강진단
② 특수건강진단
③ 배치전건강진단
④ 수시건강진단
⑤ 임시건강진단

> [암기]
>
> 특일 임시 수배

14. 물질안전보건자료에 적어야 하는 사항 ★

① 제품명
② 물질안전보건자료 대상 물질을 구성하는 화학물질 중 유해인자의 분류기준에 해당하는 화학물질의 명칭 및 함유량
③ 안전 및 보건상의 취급 주의사항
④ 건강 및 환경에 대한 유해성, 물리적 위험성
⑤ 물리·화학적 특성 등 고용노동부령으로 정하는 사항
  - 물리·화학적 특성
  - 독성에 관한 정보
  - 폭발·화재 시의 대처방법
  - 응급조치 요령
  - 그 밖에 고용노동부장관이 정하는 사항

15. 물질안전보건자료의 작성항목(Data Sheet 16가지 항목) ★★

> 1. 화학제품과 회사에 관한 정보
> 2. 유해·위험성
> 3. 구성성분의 명칭 및 함유량
> 4. 응급조치요령
> 5. 폭발·화재 시 대처방법
> 6. 누출사고 시 대처방법
> 7. 취급 및 저장방법
> 8. 노출방지 및 개인 보호구
> 9. 물리화학적 특성
> 10. 안정성 및 반응성
> 11. 독성에 관한 정보
> 12. 환경에 미치는 영향
> 13. 폐기 시 주의사항
> 14. 운송에 필요한 정보
> 15. 법적규제 현황
> 16. 기타 참고사항

16. 물질안전보건자료 작성 제외 대상 ★★

> 1. 「건강기능식품에 관한 법률」에 따른 건강기능식품
> 2. 「농약관리법」에 따른 농약
> 3. 「마약류 관리에 관한 법률」에 따른 마약 및 향정신성의약품
> 4. 「비료관리법」에 따른 비료
> 5. 「사료관리법」에 따른 사료
> 6. 「생활주변방사선 안전관리법」에 따른 원료물질
> 7. 「생활화학제품 및 살생물제의 안전관리에 관한 법률」에 따른 안전확인대상 생활화학제품 및 살생물제품 중 일반소비자의 생활용으로 제공되는 제품
> 8. 「식품위생법」에 따른 식품 및 식품첨가물
> 9. 「약사법」에 따른 의약품 및 의약외품
> 10. 「원자력안전법」에 따른 방사성물질
> 11. 「위생용품 관리법」에 따른 위생용품
> 12. 「의료기기법」에 따른 의료기기
> 12의2. 「첨단재생의료 및 첨단바이오의약품 안전 및 지원에 관한 법률」에 따른 첨단바이오의약품
> 13. 「총포·도검·화약류 등의 안전관리에 관한 법률」에 따른 화약류
> 14. 「폐기물관리법」에 따른 폐기물
> 15. 「화장품법」에 따른 화장품
> 16. 제1호부터 제15호까지의 규정 외의 화학물질 또는 혼합물로서 일반소비자의 생활용으로 제공되는 것(일반소비자의 생활용으로 제공되는 화학물질 또는 혼합물이 사업장 내에서 취급되는 경우를 포함한다)
> 17. 고용노동부장관이 정하여 고시하는 연구·개발용 화학물질 또는 화학제품. 이 경우 법 제110조제1항부터 제3항까지의 규정에 따른 자료의 제출만 제외된다.
> 18. 그 밖에 고용노동부장관이 독성·폭발성 등으로 인한 위해의 정도가 적다고 인정하여 고시하는 화학물질
>
> **암기법**
>
> 비료로 농 사지은 식품, 건강식품, 위생용품 폐기물에서 화약, 방사성 원료물질 나와서 소비자용 의료기기, 의약품, 마약, 화장품으로 치료했다.

17. 물질안전보건자료대상물질의 작업공정별 관리요령에 포함사항 ★★

① 제품명
② 건강 및 환경에 대한 유해성, 물리적 위험성
③ 안전 및 보건상의 취급주의 사항
④ 적절한 보호구
⑤ 응급조치 요령 및 사고 시 대처방법

18. 물질안전보건자료에 관한 교육내용 ★

① 대상화학물질의 명칭(또는 제품명)
② 물리적 위험성 및 건강 유해성
③ 취급상의 주의사항
④ 적절한 보호구
⑤ 응급조치 요령 및 사고시 대처방법
⑥ 물질안전보건자료 및 경고표지를 이해하는 방법

19. 물질안전보건자료를 게시 또는 비치하여야 하는 장소 ★

① 물질안전보건자료대상물질을 취급하는 작업공정이 있는 장소
② 작업장 내 근로자가 가장 보기 쉬운 장소
③ 근로자가 작업 중 쉽게 접근할 수 있는 장소에 설치된 전산장비

20. 물질안전보건자료대상물질의 내용을 근로자에게 교육하여야 하는 경우 ★

① 물질안전보건자료대상물질을 제조·사용·운반 또는 저장하는 작업에 근로자를 배치하게 된 경우
② 새로운 물질안전보건자료대상물질이 도입된 경우
③ 유해성·위험성 정보가 변경된 경우

21. 안전보건관리규정의 포함사항 ★

사업주는 사업장의 안전·보건을 유지하기 위하여 다음 각 호의 사항이 포함된 안전보건관리규정을 작성하여야 한다.
① 안전·보건 관리조직과 그 직무에 관한 사항
② 안전·보건교육에 관한 사항
③ 작업장의 안전 및 보건관리에 관한 사항
④ 사고 조사 및 대책 수립에 관한 사항
⑤ 그 밖에 안전·보건에 관한 사항

22. 사업주가 근로자에게 실시해야 하는 안전보건교육의 교육시간★

① 근로자 안전보건교육

교육과정	교육대상			교육시간
가. 정기교육	1) 사무직 종사 근로자			매반기 6시간 이상
	2) 그 밖의 근로자	가) 판매업무에 직접 종사하는 근로자		매반기 6시간 이상
		나) 판매업무에 직접 종사하는 근로자 외의 근로자		매반기 12시간 이상
나. 채용 시 교육	1) 일용근로자 및 근로계약기간이 1주일 이하인 기간제근로자			1시간 이상
	2) 근로계약기간이 1주일 초과 1개월 이하인 기간제근로자			4시간 이상
	3) 그 밖의 근로자			8시간 이상
다. 작업내용 변경 시 교육	1) 일용근로자 및 근로계약기간이 1주일 이하인 기간제근로자			1시간 이상
	2) 그 밖의 근로자			2시간 이상
라. 특별교육	1) 일용근로자 및 근로계약기간이 1주일 이하인 기간제 근로자 (타워크레인신호작업에 종사하는 근로자 제외)			2시간 이상
	2) 일용근로자 및 근로계약기간이 1주일 이하인 기간제 근로자 중 타워크레인신호작업에 종사하는 근로자			8시간 이상
	3) 일용근로자 및 근로계약기간이 1주일 이하인 기간제 근로자를 제외한 근로자			가) 16시간 이상(최초 작업에 종사하기 전 4시간 이상 실시하고 12시간은 3개월 이내에서 분할하여 실시 가능) 나) 단기간 작업 또는 간헐적 작업인 경우에는 2시간 이상
마. 건설업 기초안전·보건교육	건설 일용근로자			4시간 이상

② 관리감독자 안전보건교육

교육과정	교육시간
가. 정기교육	연간 16시간 이상
나. 채용 시 교육	8시간 이상
다. 작업내용 변경 시 교육	2시간 이상
라. 특별교육	16시간 이상(최초 작업에 종사하기 전 4시간 이상 실시하고, 12시간은 3개월 이내에서 분할하여 실시 가능)
	단기간 작업 또는 간헐적 작업인 경우에는 2시간 이상

③ 안전보건관리책임자 등에 대한 교육(직무교육)

교육대상	교육시간	
	신규교육	보수교육
가. 안전보건관리책임자	6시간 이상	6시간 이상
나. 안전관리자, 안전관리전문기관의 종사자	34시간 이상	24시간 이상
다. 보건관리자, 보건관리전문기관의 종사자	34시간 이상	24시간 이상
라. 건설재해예방전문지도기관의 종사자	34시간 이상	24시간 이상
마. 석면조사기관의 종사자	34시간 이상	24시간 이상
바. 안전보건관리담당자	–	8시간 이상
사. 안전검사기관, 자율안전검사기관의 종사자	34시간 이상	24시간 이상

23. 사업주가 근로자에게 실시해야 하는 안전보건교육의 교육내용★

① 근로자 정기안전 · 보건교육

교육내용
① 산업안전 및 산업재해 예방에 관한 사항(화재·폭발 사고 발생 시 대피에 관한 사항을 포함한다)
② 산업보건 및 건강장해 예방에 관한 사항(폭염·한파작업으로 인한 건강장해 발생 시 응급조치에 관한 사항을 포함한다)
③ 유해·위험 작업환경 관리에 관한 사항
④ 산업안전보건법령 및 산업재해보상보험제도에 관한 사항
⑤ 직무스트레스 예방 및 관리에 관한 사항
⑥ 직장 내 괴롭힘, 고객의 폭언 등으로 인한 건강장해 예방 및 관리에 관한 사항
⑦ 건강증진 및 질병 예방에 관한 사항
⑧ 위험성 평가에 관한 사항

암기법

공통 항목(관리감독자, 근로자)

1. 근로자는 법, 산재보상제도을 알자.
2. 근로자는 건강을 보존(산업보건)하고 건강장해, 스트레스, 괴롭힘.폭언 예방하자!
3. 근로자는 유해위험 환경을 관리해서 안전하고 산업재해 예방하자!
4. 근로자는 위험성을 평가하자!

근로자 정기교육의 특징

1. 근로자는 건강증진하고 질병예방하자!

근로자의 채용 시의 교육 및 작업내용 변경 시의 교육 내용

① 산업안전 및 산업재해 예방에 관한 사항(화재·폭발 사고 발생 시 대피에 관한 사항을 포함한다)
② 산업보건 및 건강장해 예방에 관한 사항
③ 산업안전보건법령 및 산업재해보상보험제도에 관한 사항
④ 직무스트레스 예방 및 관리에 관한 사항
⑤ 직장 내 괴롭힘, 고객의 폭언 등으로 인한 건강장해 예방 및 관리에 관한 사항
⑥ 기계·기구의 위험성과 작업의 순서 및 동선에 관한 사항
⑦ 물질안전보건자료에 관한 사항
⑧ 작업 개시 전 점검에 관한 사항
⑨ 정리정돈 및 청소에 관한 사항
⑩ 사고 발생 시 긴급조치에 관한 사항
⑪ 위험성 평가에 관한 사항

암기법

공통 항목

1. 신규자는 법, 산재보상제도를 알자!
2. 신규자는 건강을 보존(산업보건)하고 건강장해, 스트레스, 괴롭힘.폭언 예방하자!
3. 신규자는 안전하고 산업재해 예방하자!
4. 신규자는 위험성을 평가하자!

신규채용자는 회사에 처음입사해서 처음 일을 하는 근로자, 안전하게 일하기 위한 기본내용을 교육한다.

1. 신규자는 기계기구 위험성, 작업순서, 동선를 알자!
2. 신규자는 취급물질의 위험성(물질안전보건자료)을 알자!
3. 신규자는 작업 전 점검하자!
4. 신규자는 항상 정리정돈 청소하자!
5. 신규자는 사고시 조치를 알자!

② 관리감독자의 정기안전·보건교육

관리감독자 정기교육 내용

① 산업안전 및 산업재해 예방에 관한 사항(화재·폭발 사고 발생 시 대피에 관한 사항을 포함한다)
② 산업보건 및 건강장해 예방에 관한 사항(폭염·한파작업으로 인한 건강장해 발생 시 응급조치에 관한 사항을 포함한다)
③ 유해·위험 작업환경 관리에 관한 사항
④ 산업안전보건법령 및 산업재해보상보험 제도에 관한 사항
⑤ 직무스트레스 예방 및 관리에 관한 사항
⑥ 직장 내 괴롭힘, 고객의 폭언 등으로 인한 건강장해 예방 및 관리에 관한 사항
⑦ 위험성평가에 관한 사항
⑧ 작업공정의 유해·위험과 재해 예방대책에 관한 사항
⑨ 표준안전 작업방법 결정 및 지도·감독 요령에 관한 사항
⑩ 비상시 또는 재해 발생 시 긴급조치에 관한 사항
⑪ 사업장 내 안전보건관리체제 및 안전·보건조치 현황에 관한 사항
⑫ 현장근로자와의 의사소통능력 및 강의능력 등 안전보건교육 능력 배양에 관한 사항
⑬ 그 밖의 관리감독자의 직무에 관한 사항

암기법

공통 항목(관리감독자, 근로자)

1. 관리자는 법, 산재보상제도을 알자.
2. 관리자는 건강을 보존(산업보건)하고 건강장해, 스트레스, 괴롭힘.폭언 예방하자!
3. 관리자는 유해위험 환경을 관리해서 안전하고 산업재해 예방하자!
4. 관리자는 위험성을 평가하자!

관리감독자 정기교육의 특징

1. 관리자는 유해위험의 재해예방대책 세우자!
2. 관리자는 안전 작업방법 결정해서 감독하자!
3. 관리자는 재해발생 시 긴급조치하자!
3. 관리자는 안전보건 조치하자!
4. 관리자는 안전보건교육 능력 배양하자!

관리감독자 채용 시 교육 및 작업내용 변경 시 교육 내용

① 산업안전 및 산업재해 예방에 관한 사항(화재·폭발 사고 발생 시 대피에 관한 사항을 포함한다)
② 산업보건 및 건강장해 예방에 관한 사항
③ 산업안전보건법령 및 산업재해보상보험 제도에 관한 사항
④ 직무스트레스 예방 및 관리에 관한 사항
⑤ 직장 내 괴롭힘, 고객의 폭언 등으로 인한 건강장해 예방 및 관리에 관한 사항
⑥ 위험성평가에 관한 사항
⑦ 기계·기구의 위험성과 작업의 순서 및 동선에 관한 사항
⑧ 작업 개시 전 점검에 관한 사항
⑨ 물질안전보건자료에 관한 사항
⑩ 사업장 내 안전보건관리체제 및 안전·보건조치 현황에 관한 사항
⑪ 표준안전 작업방법 결정 및 지도·감독 요령에 관한 사항
⑫ 비상시 또는 재해 발생 시 긴급조치에 관한 사항
⑬ 그 밖의 관리감독자의 직무에 관한 사항

암기법

공통 항목- 채용시 근로자 교육과 동일

1. 신규 관리자는 법, 산재보상제도를 알자!
2. 신규 관리자는 건강을 보존(산업보건)하고 건강장해, 스트레스, 괴롭힘.폭언 예방하자!
3. 신규 관리자는 유해위험 환경을 관리해서 안전하고 산업재해 예방하자!
4. 신규 관리자는 위험성을 평가하자!

채용시 근로자 교육 중 "정리정돈 청소"제외

1. 신규 관리자는 기계기구 위험성, 작업순서,동선를 알자!
2. 신규 관리자는 취급물질의 위험성(물질안전보건자료)을 알자!
3. 신규 관리자는 작업 전 점검하자!

신규 관리자 내용 추가

1. 신규 관리자는 안전보건 조치하자!
2. 신규 관리자는 안전 작업방법 결정해서 감독하자!
3. 신규 관리자는 재해시 긴급조치를 알자!

③ 건설업 기초안전·보건교육에 대한 내용 및 시간★

교육 내용	시간
1. 건설공사의 종류(건축, 토목 등) 및 시공 절차	1시간
2. 산업재해 유형별 위험요인 및 안전보건조치	2시간
3. 안전보건관리체제 현황 및 산업안전보건 관련 근로자 권리·의무	1시간

제4장 산업재해

1. 중대재해의 정의 ★

산업재해 중 사망 등 재해 정도가 심하거나 다수의 재해자가 발생한 경우로서 고용노동부령으로 정하는 재해를 말한다.
① 사망자가 1인 이상 발생한 재해
② 3개월 이상 요양을 요하는 부상자가 동시에 2인 이상 발생한 재해
③ 부상자 또는 직업성 질병자가 동시에 10인 이상 발생한 재해

2. 하인리히(H.W.Heinrich)의 사고발생 도미노 5단계 ★

① 1단계 : 선천적 결함(사회, 환경, 유전적 결함)
② 2단계 : 개인적 결함
③ 3단계 : 불안전 행동(인적결함), 불안전한 상태(물적결함)
④ 4단계 : 사고
⑤ 5단계 : 재해(상해)

3. 하인리히의 사고방지 5단계 ★

① 1단계 : 안전조직
② 2단계 : 사실의 발견
③ 3단계 : 분석
④ 4단계 : 시정방법 선정
⑤ 5단계 : 시정책 적용

4. 하인리히 사고빈도법칙(1 : 29 : 300의 법칙) ★

총 330건의 사고를 분석했을 때
① 중상 또는 사망 : 1건
② 경상해 : 29건
③ 무상해사고 : 300건이 발생함을 의미한다.

5. 하인리히의 총 재해비용 = 직접비 + 간접비
(1 : 4)

직접비 ★	간접비
• 치료비 • 휴업급여 • 요양급여 • 유족급여 • 장해급여 • 간병급여 • 직업재활급여 • 상병(傷病)보상연금 • 장의비 등	• 인적 손실비 • 물적 손실비 • 생산 손실비 • 기계 · 기구 손실비 등

6. 산업재해 예방의 4원칙 ★

① 예방 가능의 원칙 : 재해는 원칙적으로 원인만 제거되면 예방이 가능하다.
② 손실 우연의 원칙 : 사고의 결과 생기는 상해의 종류와 정도는 사고 발생시 사고 대상의 조건에 따라 우연히 발생한다.
③ 대책 선정의 원칙 : 사고의 원인에 대한 적합한 대책이 선정되어야 한다.
④ 원인 연계의 원칙 : 재해는 직접원인과 간접원인이 연계되어 일어난다.

PART 02 작업위생 측정 및 평가

제1장 측정 및 분석

1. 용어정의

① "개인시료채취"란 개인시료채취기를 이용하여 가스·증기·분진·흄(fume)·미스트(mist) 등을 근로자의 호흡위치(호흡기를 중심으로 반경 30cm인 반구)에서 채취하는 것을 말한다. (작업환경측정에서는 개인시료 채취를 원칙으로 하며 개인시료 채취가 곤란한 경우 지역시료를 채취를 할 수 있다.) ★★

② "지역시료채취"란 시료채취기를 이용하여 가스·증기·분진·흄(fume)·미스트(mist) 등을 근로자의 작업행동 범위에서 호흡기 높이에 고정하여 채취하는 것을 말한다. ★★

③ "단위작업장소"란 작업환경측정대상이 되는 작업장 또는 공정에서 정상적인 작업을 수행하는 동일 노출집단의 근로자가 작업을 하는 장소를 말한다. ★★

④ "정확도"란 분석치가 참값에 얼마나 접근하였는가 하는 수치상의 표현을 말한다. ★★

⑤ "정밀도"란 일정한 물질에 대해 반복측정·분석을 했을 때 나타나는 자료 분석치의 변동크기가 얼마나 작은가 하는 수치상의 표현을 말한다. (산업위생통계에서 측정방법의 정밀도는 변이계수로 나타낸다.) ★★

2. 작업환경측정 제외대상 작업장 ★

① 임시 작업 및 단시간 작업을 하는 작업장(고용노동부 장관이 정하여 고시하는 물질을 취급하는 작업은 제외한다)

② 관리대상 유해물질의 허용소비량을 초과하지 아니하는 작업장(그 관리대상 유해물질에 관한 작업환경측정만 해당한다)

③ 분진작업의 적용 제외 작업장(분진에 관한 작업환경측정만 해당한다)

④ 그 밖에 작업환경측정 대상 유해인자의 노출 수준이 노출기준에 비하여 현저히 낮은 경우로서 고용노동부장관이 정하여 고시하는 작업장(「석유 및 석유대체연료 사업법 시행령」에 따른 주유소)

3. 작업환경측정 주기

① 사업주는 작업장 또는 작업공정이 신규로 가동되거나 변경되는 등으로 **작업환경측정 대상 작업장이 된 경우**에는 그 날부터 30일 이내에 작업환경측정을 하고, 그 후 반기(半期)에 1회 이상 정기적으로 작업환경을 측정해야 한다. 다만, 작업환경측정 결과가 **다음 각 호의 어느 하나에 해당하는 작업장** 또는 작업공정은 해당 유해인자에 대하여 그 측정일 부터 **3개월에 1회 이상 작업환경측정**을 해야 한다. ★

3개월에 1회 이상 작업환경측정을 하여야 하는 경우 ★★
1. 화학적 인자(고용노동부장관이 정하여 고시하는 물질만 해당한다)의 측정치가 노출기준을 초과하는 경우
2. 화학적 인자(고용노동부장관이 정하여 고시하는 물질은 제외한다)의 측정치가 노출기준을 2배 이상 초과하는 경우

② 사업주는 **최근 1년간** 작업공정에서 공정 설비의 변경, 작업방법의 변경, 설비의 이전, 사용 화학물질의 변경 등으로 **작업환경측정 결과에 영향을 주는 변화가 없는 경우로서 다음 각 호의 어느 하나에 해당하는 경우**에는 해당 유해인자에 대한 작업환경측정을 1년에 1회 이상 할 수 있다. 다만, 고용노동부장관이 정하여 고시하는 물질을 취급하는 작업공정은 그러하지 아니하다.

1년 1회 이상 작업환경측정을 할 수 있는 경우 ★★
1. 작업공정 내 소음의 작업환경측정 결과가 최근 2회 연속 85데시벨(dB) 미만인 경우
2. 작업공정 내 소음 외의 다른 모든 인자의 작업환경측정 결과가 최근 2회 연속 노출기준 미만인 경우

③ 측정 시기는 **전회(前回)측정을 완료한 날부터 다음 각 호에서 정하는 간격을 두어야 한다.**

측정 시기 ★
1. 측정 횟수가 6개월에 1회 이상인 경우 3개월 이상
2. 측정 횟수가 3개월에 1회 이상인 경우 45일 이상
3. 측정 횟수가 1년에 1회 이상인 경우 6개월 이상

4. 작업환경측정 신뢰성 평가 ★

공단은 다음 각 호의 어느 하나에 해당하는 경우에는 **작업환경측정 신뢰성 평가**를 할 수 있다.

① 작업환경측정 결과가 노출기준 미만인데도 직업병 유소견자가 발생한 경우

② 공정설비, 작업방법 또는 사용 화학물질의 변경 등 작업 조건의 변화가 없는데도 유해인자 노출수준이 현저히 달라진 경우
③ 작업환경측정방법을 위반하여 작업환경측정을 한 경우 등 신뢰성 평가의 필요성이 인정되는 경우

5. 작업환경 측정의 목표 ★★

① 유해인자에 대한 근로자의 노출정도 파악(허용기준 초과여부를 결정)
② 환기시설 성능 평가
③ 역학조사 시 근로자의 노출량 파악
④ 정부 노출기준과의 비교
⑤ 최소의 오차범위 내에서 최소의 시료수를 가지고 최대의 근로자를 보호한다.
⑥ 작업공정, 물질, 노출 요인의 변경으로 인해 근로자에 대한 과대한 노출의 가능성을 최소화한다.
⑦ 과거의 노출농도가 타당한가를 확인한다.
⑧ 노출기준을 초과하는 상황에 근로자가 더 이상 노출되지 않게 보호한다.
⑨ ①~⑧ 중에 가장 큰 목적은 근로자의 노출 정도를 알아내는 것으로 질병에 대한 질병 원인을 규명하는 것은 아니며, 근로자의 노출 수준을 간접적 방법으로 파악하는 것이다. ★

6. 작업환경 측정 순서 ★★

예비조사 → 작업측정계획 및 준비 → 측정 → 시료운반 및 저장 → 시료분석 → 시료평가 → 보고서 작성

7. 작업환경측정 시간 ★★

「화학물질 및 물리적 인자의 노출기준」에 시간가중평균기준(TWA)이 설정되어 있는 대상물질을 측정하는 경우에는 1일 작업시간 동안 6시간 이상 연속 측정하거나 작업시간을 등간격으로 나누어 6시간 이상 연속 분리하여 측정하여야 한다. 다만, 다음 각 호의 어느 하나에 해당하는 경우에는 대상물질의 발생시간 동안 측정 할 수 있다.

대상물질의 발생시간 동안 측정하여야 하는 경우 ★★

1. 대상물질의 발생시간이 6시간 이하인 경우
2. 불규칙작업으로 6시간 이하의 작업
3. 발생원에서의 발생시간이 간헐적인 경우

8. 시료채취 근로자수 ★★★

① 단위작업 장소에서 **최고 노출근로자 2명 이상**에 대하여 동시에 **개인 시료채취 방법으로 측정**하되, 단위작업 장소에 근로자가 1명인 경우에는 그러하지 아니하며, 동일 작업근로자수가 10명을 초과하는 경우에는 매 5명당 1명 이상 추가하여 측정하여야 한다. 다만, 동일 작업근로자수가 100명을 초과하는 경우에는 **최대 시료채취 근로자수를 20명으로 조정**할 수 있다.

② 지역 시료채취 방법으로 측정을 하는 경우 단위작업장소 내에서 2개 이상의 지점에 대하여 동시에 측정하여야 한다. 다만, 단위작업 장소의 넓이가 50평방미터 이상인 경우에는 매 30평방미터마다 1개 지점 이상을 추가로 측정하여야 한다.

9. 작업환경 측정의 단위 표시 ★★

① 석면 : 개/cm^3(세제곱센티미터당 섬유개수)
② 가스, 증기, 분진, 흄, 미스트 : mg/m^3 또는 ppm
③ 고열(복사열 포함) : 습구·흑구온도지수를 구하여 ℃로 표시
④ 소음 : [dB(A)]

10. 소음의 측정방법 ★★

① 소음이 1초 이상의 간격을 유지하면서 최대음압수준이 120dB(A) 이상의 소음인 경우에는 소음수준에 따른 1분 동안의 발생횟수를 측정할 것 ★★
② 소음측정 기기 ★

> 가. 소음측정에 사용되는 기기(소음계)는 누적소음 노출량측정기, 적분형소음계 또는 이와 동등 이상의 성능이 있는 것으로 하되 개인 시료채취 방법이 불가능한 경우에는 지시소음계를 사용할 수 있으며, 발생시간을 고려한 등가소음레벨 방법으로 측정할 것. 다만, 소음발생 간격이 1초 미만을 유지하면서 계속적으로 발생되는 소음(연속음)을 지시소음계 또는 이와 동등 이상의 성능이 있는 기기로 측정할 경우에는 그러하지 아니할 수 있다.
> 나. 소음계의 청감보정회로는 A특성으로 할 것
> 다. 소음측정은 다음과 같이 할 것
> • 소음계 지시침의 동작은 느린(Slow) 상태로 한다.
> • 소음계의 지시치가 변동하지 않는 경우에는 해당 지시치를 그 측정 점에서의 소음수준으로 한다.
> 라. 누적소음노출량 측정기로 소음을 측정하는 경우에는 Criteria는 90dB, Exchange Rate는 5dB, Threshold는 80dB로 기기를 설정할 것

11. 소음의 측정시간 ★★★

① 단위작업 장소에서 소음수준은 규정된 측정위치 및 지점에서 1일 작업시간 동안

6시간 이상 연속 측정하거나 작업시간을 1시간 간격으로 나누어 6회 이상 측정하여야 한다. 다만, 소음의 발생특성이 연속음으로서 측정치가 변동이 없다고 자격자 또는 지정측정기관이 판단한 경우에는 1시간 동안을 등간격으로 나누어 3회 이상 측정할 수 있다.

② 단위작업 장소에서의 소음발생시간이 6시간 이내인 경우나 소음발생원에서의 발생시간이 간헐적인 경우에는 발생시간 동안 연속 측정하거나 등간격으로 나누어 4회 이상 측정하여야 한다.

12. 소음수준의 평가 ★

① 1일 작업시간 동안 연속 측정하거나 작업시간을 1시간 간격으로 나누어 6회 이상 소음수준을 측정한 경우에는 이를 평균하여 8시간 작업 시의 평균소음수준으로 한다. 다만, 1시간 동안을 등간격으로 나누어 3회 이상 측정한 경우에는 이를 평균하여 8시간 작업 시의 평균소음 수준으로 한다.

② 발생시간 동안 연속 측정하거나 등간격으로 나누어 4회 이상 측정한 경우에는 이를 평균하여 그 기간 동안의 평균소음수준으로 하고 이를 1일 노출시간과 소음강도를 측정하여 등가소음레벨방법으로 평가한다.

13. 소음의 노출기준(충격소음제외) ★★★

1일 노출시간(hr)	소음강도 dB(A)
8	90
4	95
2	100
1	105
1/2	110
1/4	115

* 주 : 115dB(A)를 초과하는 소음 수준에 노출되어서는 안됨

14. 충격소음의 노출기준 ★★

1일 노출회수	충격소음의 강도 dB(A)
100	140
1,000	130
10,000	120

주 : 1. 최대 음압수준이 140dB(A)를 초과하는 충격소음에 노출되어서는 안 됨
    2. 충격소음이라 함은 최대음압수준에 120dB(A) 이상인 소음이 1초 이상의 간격으로 발생하는 것을 말함

15. 고열의 측정방법

① 고열 측정기기
- 고열은 습구흑구온도지수(WBGT)를 측정할 수 있는 기기 또는 이와 동등 이상의 성능을 가진 기기를 사용한다. ★★

② 고열 측정방법 ★★★

> - 측정은 단위작업 장소에서 측정대상이 되는 근로자의 주 작업 위치에서 측정한다.
> - 측정기의 위치는 바닥면으로부터 50센티미터 이상, 150센티미터 이하의 위치에서 측정한다.
> - 측정기를 설치한 후 충분히 안정화시킨 상태에서 1일 작업시간 중 가장 높은 고열에 노출되는 1시간을 10분 간격으로 연속하여 측정한다.

16. 고온의 노출기준(단위: ℃, WBGT)

작업휴식시간비 \ 작업강도	경작업	중등작업	중작업
계속작업	30.0	26.7	25.0
매시간 75% 작업, 25% 휴식	30.6	28.0	25.9
매시간 50% 작업, 50% 휴식	31.4	29.4	27.9
매시간 25% 작업, 75% 휴식	32.2	31.1	30.0

주: 1. 경작업: 200kcal까지의 열량이 소요되는 작업을 말하며, 앉아서 또는 서서 기계의 조정을 하기 위하여 손 또는 팔을 가볍게 쓰는 일 등을 뜻함
2. 중등작업: 시간당 200~350kcal의 열량이 소요되는 작업을 말하며, 물체를 들거나 밀면서 걸어다니는 일 등을 뜻함
3. 중작업: 시간당 350~500kcal의 열량이 소요되는 작업을 말하며, 곡괭이질 또는 삽질하는 일 등을 뜻함

17. 가스상 물질의 측정

① 개인 시료채취 방법으로 측정하는 경우에는 측정기기를 작업 근로자의 호흡기 위치에 장착하여야 한다.
② 지역 시료채취 방법으로 측정하는 경우에는 측정기기를 발생원의 근접한 위치 또는 작업근로자의 주 작업행동 범위 내에서 작업근로자 호흡기 높이에 설치하여야 한다.
③ 검지관방식의 측정
- 검지관방식으로 측정하는 경우에는 해당 작업근로자의 호흡기 및 가스상 물질 발생원에 근접한 위치 또는 근로자 작업행동 범위의 주 작업 위치에서의 근로자 호흡기 높이에서 측정하여야 한다. ★★
- 검지관방식으로 측정하는 경우에는 1일 작업시간 동안 1시간 간격으로 6회

이상 측정하되 측정시간마다 2회 이상 반복 측정하여 평균값을 산출하여야 한다. 다만, 가스상 물질의 발생시간이 6시간 이내일 때에는 작업시간 동안 1시간 간격으로 나누어 측정하여야 한다. ★★

> **검지관방식으로 측정할 수 있는 경우 ★★★**
>
> 1. 예비조사 목적인 경우
> 2. 검지관방식 외에 다른 측정방법이 없는 경우
> 3. 발생하는 가스상 물질이 단일물질인 경우[다만, 자격자가 측정하는 사업장에 한정한다.]

18. 입자상 물질의 측정방법 ★★

① 석면의 농도는 여과채취방법으로 측정하고 계수방법 또는 이와 동등 이상의 분석방법으로 분석할 것 ★★

② 광물성분진은 여과채취방법으로 측정하고 석영, 크리스토바라이트, 트리디마이트를 분석할 수 있는 적합한 방법으로 분석할 것(다만 규산염과 그 밖의 광물성분진은 중량분석방법으로 분석한다.)

③ 용접 흄은 여과채취방법으로 측정하되 용접보안면을 착용한 경우에는 그 내부에서 시료를 채취하고 중량분석방법과 원자흡광광도계 또는 유도결합프라스마를 이용한 방법으로 분석할 것 ★★

④ 석면, 광물성분진 및 용접 흄을 제외한 입자상 물질은 여과채취방법으로 측정한 후 중량분석방법이나 유해물질 종류에 따른 적합한 방법으로 분석할 것

⑤ 호흡성분진은 호흡성분진용 분립장치 또는 호흡성분진을 채취할 수 있는 기기를 이용한 여과채취방법으로 측정할 것

⑥ 흡입성분진은 흡입성분진용 분립장치 또는 흡입성분진을 채취할 수 있는 기기를 이용한 여과채취방법으로 측정할 것

19. 입자상 물질의 측정위치 ★★

① 개인 시료채취 방법으로 측정하는 경우에는 측정기기를 작업 근로자의 호흡기 위치에 장착하여야 한다.

② 지역 시료채취 방법으로 측정하는 경우에는 측정기기를 발생원의 근접한 위치 또는 작업근로자의 주 작업행동 범위 내에서 작업근로자 호흡기 높이에 설치하여야 한다.

20. 입자상 물질 및 가스상 물질의 농도 평가 ★

① 측정한 입자상 물질 농도는 8시간 작업 시의 평균농도로 한다. 다만, 6시간 이상 연속 측정한 경우에 있어 측정하지 아니한 나머지 작업시간 동안의 입자상

물질 발생이 측정기간보다 현저하게 낮거나 입자상 물질이 발생하지 않은 경우에는 측정시간 동안의 농도를 8시간 시간가중 평균하여 8시간 작업 시의 평균농도로 한다.

② 1일 작업시간 동안 6시간 이내 측정한 경우의 입자상 물질 농도는 측정시간 동안의 시간가중평균치를 산출하여 그 기간 동안의 평균농도로 하고 이를 8시간 시간가중 평균하여 8시간 작업 시의 평균농도로 한다.

③ 단시간 노출기준(STEL)이 설정되어 있는 물질의 단시간 측정 및 최고노출기준(Ceiling, C)이 설정되어 있는 대상물질의 최고노출 수준을 평가할 수 있는 최소한의 시간 동안 측정을 한 경우에는 측정시간 동안의 농도를 해당 노출기준과 직접 비교 평가하여야 한다. 다만 2회 이상 측정한 단시간 노출농도 값이 단시간 노출기준과 시간가중평균 기준 값 사이의 경우로서 다음 각 호의 어느 하나의 경우에는 노출기준 초과로 평가하여야 한다.

> **2회 이상 측정한 단시간 노출농도 값이 단시간 노출기준과 시간가중평균 기준 값 사이의 경우 노출기준 초과로 평가할 수 있는 경우 ★★**
>
> ① 15분 이상 연속 노출되는 경우
> ② 노출과 노출 사이의 간격이 1시간 미만인 경우
> ③ 1일 4회를 초과하는 경우

21. 사업장 내 라돈농도 측정

① 사업주는 다음 주기에 따라 라돈농도를 측정하여야 한다. 다만, 라돈농도에 현저한 변화가 있을만한 상황이 발생한 경우에는 1개월 이내에 측정을 실시하여야 한다.

등급	라돈농도	측정주기
Ⅰ(관심)	100Bq/m³	5년 주기
Ⅱ(주의)	300Bq/m³	2년 주기
Ⅲ(위험)	600Bq/m³	1년 주기

* 라돈 발생 물질을 직접 취급하는 사업장은 농도에 관계없이 1년 주기로 측정★
* 100Bq/m³ 이하인 경우에는 10년 주기로 측정★

② 측정방법 : 단기측정 또는 장기측정 방법을 선택하여 실시한다.

단기측정	• 2~90일의 기간 동안 라돈농도를 측정하는 경우를 말한다. • 단기측정방법으로 측정한 결과가 300 Bq/㎥을 초과하는 경우에는 장기측정방법으로 추가 측정을 실시한다. • 라돈 발생 물질 취급 작업장은 2~7일 동안 측정
장기측정	• 짧게는 90일에서 길게는 1년간 측정하는 경우를 말한다.

③ 측정기기의 선택

단기측정방법	• '충전막 전리함 측정기(E-Perm, Electret-Passive Environmental Radon Monitor)' 또는 이와 동등한 측정기기를 이용하여 측정한다.
장기측정	• '알파비적검출기(ATD, Alpha Track Detector)' 또는 이와 동등한 측정기기로 측정

④ 시료채취 수

시료채취 수	중복 측정	공시료
작업장소별 2개 이상	전체 시료수의 10% (최소 1개 이상, 최대 50개 이내)	전체 시료수의 5% (최소 1개 이상, 최대 25개 이내)

22. 라돈의 노출기준

작업장 농도(Bq/m^3) ★
600

주 : 1. 단위환산(농도) : 600Bq/m^3 = 16pCi/L (※ 1pC$_i$/L = 37.46 Bq/m^3)
    2. 단위환산(노출량) : 600Bq/m^{3}인 작업장에서 연 2,000시간 근무하고, 방사평형인자(Feq) 값을 0.4로 할 경우 9.2mSv/y 또는 0.77WLM/y에 해당
      [※ 800Bq/m^3(2,000시간 근무, Feq = 0.4) = 1WLM = 12mSv]

23. 노출기준의 종류

(1) 시간가중평균노출기준(TWA) ★★

① 1일 8시간 작업을 기준으로 하여 유해인자의 측정치에 발생시간을 곱하여 8시간으로 나눈 값을 말한다.
② 1일 8시간 및 1주일 40시간 동안의 평균 농도로서, 모든 근로자가 나쁜 영향을 받지 않고 노출될 수 있는 농도이다.

(2) 단시간노출기준(STEL) ★★

① 15분간의 시간가중평균노출 값(근로자가 1회에 15분간 유해인자에 노출되는 경우의 기준)을 말한다.
② 노출농도가 시간가중평균노출기준(TWA)을 초과하고 단시간노출기준(STEL) 이하인 경우에는 1회 노출 지속시간이 15분 미만이어야 하고, 이러한 상태가 1일 4회 이하로 발생하여야 하며, 각 노출의 간격은 60분 이상이어야 한다.

(3) 최고노출기준(C) ★★

근로자가 1일 작업시간 동안 잠시라도 노출되어서는 아니 되는 기준을 말한다.

24. 예비조사의 목적 ★

① 동일노출그룹[유사노출그룹 : HEG(Homogeneous Exposure Group)]의 설정
② 정확한 시료채취 전략 수립

25. 동일노출그룹(유사노출그룹) 설정 목적 ★★

① 시료채취 수를 경제적으로 하기 위함이다.
② 모든 근로자를 유사한 노출그룹별로 구분하고 그룹별로 대표적인 근로자를 선택하여 측정하면 측정하지 않은 근로자의 노출농도까지도 추정할 수 있다. (모든 근로자의 노출 정도를 추정하고자 하는 데 있다.)
③ 해당 근로자가 속한 동일노출그룹의 노출농도를 근거로 노출원인 및 농도를 추정할 수 있다.
④ 작업장에서 모니터링하고 관리해야 할 우선적인 그룹을 결정하기 위함이다.

26. 유사 노출군의 설정방법 ★

조직 → 공정 → 작업범주 → 작업내용(유해인자) → 업무별로 세분하여 분류한다.

27. 1차 표준 기구 및 2차 표준 기구 ★★★

1차 표준 기구	2차 표준기구
1. 비누거품미터 2. 폐활량계 3. 가스치환병 4. 유리피스톤미터 5. 흑연피스톤미터 6. 피토튜브(Pitot tube)	1. 로타미터 2. 습식테스트미터 3. 건식가스미터 4. 오리피스미터 5. 열선기류계
암기 1차 비누로 폐활량 재고, 가스치환하여, 유리. 흑연 먹였더니 피토했다.	**암기** 2 열로 걸어가는 습관 테스트하는 오리

28. 화학시험의 일반사항

(1) 온도 표시 ★

① 온도의 표시는 셀시우스(Celcius) 법에 따라 아라비아 숫자의 오른쪽에 ℃를 붙인다. 절대온도는 °K로 표시하고 절대온도 0°K는 -273℃로 한다.
② 상온은 15~25℃, 실온은 1~35℃, 미온은 30~40℃로 하고, 찬 곳은 따로 규정이 없는 한 0~15℃의 곳을 말한다.

③ 냉수(冷水)는 15℃ 이하, 온수(溫水)는 60~70℃, 열수(熱水)는 약 100℃를 말한다.

(2) 용기 ★

① **밀폐용기**(密閉容器)란 물질을 취급 또는 보관하는 동안에 이물(異物)이 들어가거나 내용물이 손실되지 않도록 보호하는 용기를 말한다.
② **기밀용기**(機密容器)란 물질을 취급하거나 보관하는 동안에 외부로부터의 공기 또는 다른 기체가 침입하지 않도록 내용물을 보호하는 용기를 말한다.
③ **밀봉용기**(密封容器)란 물질을 취급 또는 보관하는 동안에 기체 또는 미생물이 침입하지 않도록 내용물을 보호하는 용기를 말한다.
④ **차광용기**(遮光容器)란 광선이 투과되지 않는 갈색용기 또는 투과하지 않도록 포장한 용기로서 취급 또는 보관하는 동안에 내용물의 광화학적 변화를 방지할 수 있는 용기를 말한다.

(3) 용어 ★

① "항량이 될 때까지 건조한다 또는 강열한다"란 규정된 건조온도에서 1시간 더 건조 또는 강열할 때 전후 무게의 차가 매 g당 0.3mg 이하일 때를 말한다.
② 시험조작 중 "즉시"란 30초 이내에 표시된 조작을 하는 것을 말한다.
③ "감압 또는 진공"이란 따로 규정이 없는 한 15mmHg 이하를 뜻한다.
④ "이상", "초과", "이하", "미만"이라고 기재하였을 때 이(以)자가 쓰여진 쪽은 어느 것이나 기산점(起算點) 또는 기준점(基準點)인 숫자를 포함하며, "미만" 또는 "초과"는 기산점 또는 기준점의 숫자를 포함하지 않는다. 또 "a~b"라 표시한 것은 a 이상 b 이하를 말한다.
⑤ "바탕시험(空試驗)을 하여 보정한다"란 시료에 대한 처리 및 측정을 할 때, 시료를 사용하지 않고 같은 방법으로 조작한 측정치를 빼는 것을 말한다.
⑥ 중량을 "정확하게 단다"란 지시된 수치의 중량을 그 자릿수까지 단다는 것을 말한다.
⑦ "약"이란 그 무게 또는 부피에 대하여 ±10% 이상의 차가 있지 아니한 것을 말한다.
⑧ "검출한계"란 분석기기가 검출할 수 있는 가장 작은 양을 말한다. ★★
⑨ "정량한계"란 분석기기가 정량할 수 있는 가장 작은 양을 말한다. ★★
⑩ "회수율"이란 여과지에 채취된 성분을 추출과정을 거쳐 분석 시 실제 검출되는 비율을 말한다. ★
⑪ "탈착효율"이란 흡착제에 흡착된 성분을 추출과정을 거쳐 분석 시 실제 검출되는 비율을 말한다. ★

29. 현미경 분석 ★

위상차현미경 ★	① 공기 중 석면을 막여과지에 채취한 후 전처리하여 분석하는 방법 ② 다른 방법에 비하여 간편하나 석면의 감별에 어려움이 있다. ③ 석면 측정에 가장 많이 사용된다.
전자현미경 ★	① 공기 중 석면시료 분석에 가장 정확한 방법이다. ② 석면의 성분 분석(감별분석)이 가능하다. ③ 위상차현미경으로 볼 수 없는 매우 가는 섬유도 관찰할 수 있다. ④ 분석시간이 길고 값이 비싸다.
편광현미경	① 석면을 감별 분석할 수 있다. ② 석면광물의 빛의 편광성을 이용한다.
X-선 회절법 ★	① 값이 비싸고 조작이 복잡하다. ② 고형시료 중 크리소타일 분석에 사용한다. ③ 토석, 암석 및 광물성 분진(석면분진 제외) 중의 유리규산(SiO_2) 함유율 분석에 사용한다. ④ 석면 포함 물질을 은막 여과지에 놓고 X선을 조사한다.

30. 유도결합플라즈마의 특징 ★

장점	단점
• 분석의 정밀도가 높다.(원자흡광광도계보다 더 좋거나 적어도 같은 정밀도를 갖는다.) • 검량선의 직선성 범위가 넓다. • 적은 양의 시료로 한꺼번에 많은 금속을 분석할 수 있다 • 동시에 여러 성분의 분석이 가능하다. • 비금속을 포함한 대부분의 금속을 측정할 수 있다. • 화학물질에 의한 방해로부터 거의 영향을 받지 않는다.	• 원자들은 높은 온도에서 많은 복사선을 방출하므로 분광학적 방해 영향이 있을 수 있다. • 아르곤 가스를 소비하기 때문에 유지비용이 많이 들고, 기기구입 가격이 높다. • 컴퓨터 처리과정에서 교정을 요한다. • 이온화 에너지가 낮은 원소들은 검출한계가 높으며 다른 금속의 이온화에 방해를 준다.

31. 흡수용액을 이용하여 시료를 포집할 때 흡수효율을 높이는 방법 실기기출★

① 포집용액의 온도를 낮추어 오염물질의 휘발성을 제한한다.(증기압을 감소시킨다.)
② 흡수액의 양을 늘린다.
③ 두 개 이상의 버블러를 연속적으로 연결(직렬연결)하여 용액의 양을 늘린다.
④ 시료채취속도를 낮춘다.(기포의 체류시간을 길게 한다.)
⑤ 가는 구멍이 많은 Fritted 버블러 등 채취효율이 좋은 기구를 사용한다.(기포와 액체의 접촉면적을 크게 한다.)
⑥ 액체의 교반을 강하게 한다.
⑦ 시료채취 유량을 낮춘다.

32. 흡착관(활성탄관, 실리카겔관) 이용 시 고려사항 ★

① 오염물질이 흡착농도 이상 포집(파과)되면 더 이상 흡착되지 않으므로 농도를 과소 평가할 우려가 있다.
② 포집시료 보관 및 저장 시 흡착물질 이동 현상이 일어난다.
③ 흡착관은 앞 층이 100mg, 뒷 층이 50mg으로 구성, 오염물질에 따라 다른 크기의 흡착제를 사용한다.
④ 대게 극성오염물질에는 극성흡착제를, 비극성오염 물질에는 비극성 흡착제를 사용한다.
⑤ 채취효율을 높이기 위하여 흡착제에 시약을 처리하여 사용하기도 한다.
⑥ 실리카, 알루미나 흡착제는 탄소의 불포화 결합을 가진 분자를 흡착한다.

33. 흡착제 이용하여 시료 채취 시의 특징 ★

① 흡착제의 크기 : 입자의 크기가 작을수록 표면적이 증가하여 채취효율이 증가하나 압력강하가 심하다.
② 흡착관의 크기(튜브의 내경) : 흡착제 양이 많아지면 채취용량은 증가한다.
③ 습도 : 극성 흡착제 사용 시 수증기를 흡착하여 흡착능력이 떨어진다.(파과가 일어나기 쉽다.)
④ 온도 : 온도가 높을수록 흡착능력이 떨어진다.(흡착대상 물질간 반응속도가 증가하여 흡착능력 떨어지며 파과되기 쉽다.)
⑤ 혼합물 : 혼합기체의 경우 단독성분보다 흡착량이 적어진다.(혼합물 중 흡착제와 결합을 하는 물질에 의하여 치환반응이 일어난다.)
⑥ 오염물질 농도 : 공기 중 오염물질 농도가 높을수록 파과 용량(흡착제에 흡착된 오염물질량)은 증가하나 파과 공기량(파과가 일어날 때까지 채취공기량)은 감소한다.
⑦ 시료채취속도 : 시료채취속도가 빠르고 코팅된 흡착제일수록 파과되기 쉽다.
⑧ 시료채취유량 : 시료채취유량이 높을수록, 코팅된 흡착제일수록 파과되기 쉽다.

34. 활성탄관(charcoal tube) ★★

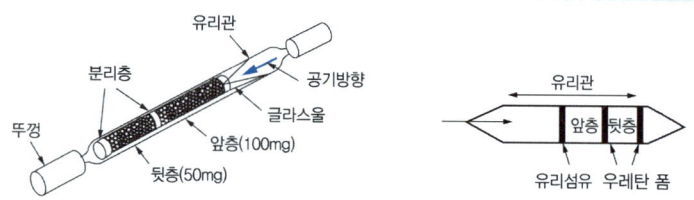

① 탄소함유물질을 탄화 및 활성화하여 만든 흡착능력이 큰 무정형 탄소의 일종이다.

② 유리관 안에 앞 층(공기입구 쪽) 100mg, 뒷 층 50mg의 두 개 층으로 활성탄을 충전하였다.
③ 공기 중 가스상 물질의 고체포집법으로 이용된다.
④ 비극성 유기용제, 방향족 유기용제(방향족 탄화수소류), 할로겐화 지방족 유기용제(할로겐화 탄화수소류), 에스테르류, 알코올류 등의 포집에 사용된다. ★★

> **암기**
>
> 비극성인 알(알코올)에(에스테르) 할로겐 탄(할로겐화탄화수소)지방(지방족유기용제) 방유(방향족 유기용제)하니 활성(활성탄)됐다.

⑤ 탈착용매로 이황화탄소(CS_2)가 사용된다. ★★
  (이황화탄소 : 탈착효율 좋으나 독성, 인화성이 크므로 사용 시 주의 및 환기 필요)
⑥ 오염물질이 흡착허용수준 이상으로 포집되면 더 이상 흡착되지 않고 그대로 통과(파과현상)하므로 농도를 과소평가할 우려 있다.
⑦ 유기용제증기, 수은증기 등 무거운 증기는 잘 흡착하고 메탄, 일산화탄소 등은 흡착되지 않고 휘발성이 큰 저분자량의 탄화수소 화합물의 채취효율이 떨어진다.
⑧ 활성탄은 다른 흡착제에 비하여 큰 비표면적을 갖고 있다.
⑨ 케톤의 경우 활성탄 표면에서 물을 포함하는 반응에 의해 파괴되어 탈착률과 안정성에서 부적절하다.
⑩ 탈착된 용출액은 가스크로마토그래프 분석법으로 정량한다.
⑪ 제조과정 중 탄화과정은 약 600℃의 무산소 상태에서 이루어진다.
⑫ 사업장에 작업 시 발생되는 유기용제를 포집하기 위해 가장 많이 사용된다.

35. 실리카겔관(Silcagel tube) ★★

① 실리카겔은 규산나트륨과 황산과의 반응에서 유도된 무정형의 물질이다.
② 극성을 띠고 흡수성이 강하여 습도가 높을수록 파과되기 쉽고 파과용량이 감소한다.
③ 실리카 및 알루미나 흡착제는 탄소의 불포화결합을 가진 분자를 선택적으로 흡착한다.
④ 실리카 및 알루미나 흡착제는 그 표면에서 물과 같은 극성분자를 선택적으로 흡착한다.
⑤ 극성의 유기용제, 산(무기산 : 불산, 염산), 방향족 아민류, 지방족 아민류, 아닐린, 아미노에탄올, 아마이드류, 니트로벤젠류, 페놀류 등의 포집에 사용된다.

> **암기**
>
> 극성(극성 유기용제)스런 산(산)아(아민, 아닐린, 아마이드)는 페(페놀)서 니트럭(니트로벤젠)에 실리까(실리카겔관)?

⑥ 실리카겔의 친화력(극성이 강한 순서)★★

물 > 알코올류 > 알데하이드류 > 케톤류 > 에스테르류 > 방향족탄화수소류 > 올레핀류 > 파라핀류

> [!암기]
>
> **실물 알콜 하드 ks 방탄 올핀 파핀**

⑦ 실리카겔관의 장·단점

장점 ★★	단점 ★
• 극성물질을 채취한 경우 물, 메탄올 등 다양한 용매로 쉽게 탈착된다. • 추출액이 화학분석이나 기기분석에 방해물질로 작용하는 경우가 많지 않다. • 활성탄으로 채취가 어려운 아닐린, 오르쏘-톨루이딘 등의 아민류나 몇몇 무기물질의 채취가 가능하다. • 매우 유독한 이황화탄소를 탈착 용매로 사용하지 않는다.	• 수분을 잘 흡수(친수성)하여 습도의 증가에 따라 흡착용량이 감소된다.

36. 파과 ★

① 공기 중 오염물질이 시료채취매체에 포함되지 않고 빠져나가는 것으로 오염물질이 흡착관의 앞 층에 포함된 다음 뒷 층에 흡착되기 시작되어 기류를 따라 흡착관을 빠져나가는 현상을 말한다.
② 보통 앞 층의 1/10 이상이 뒤 층으로 넘어갈 경우 파과가 일어났다고 본다.
③ 파과가 일어나면 유해물질 농도를 과소평가할 우려가 있다.
④ **시료채취유량** : 시료채취유량이 높고 코팅된 흡착제일수록 파괴되기 쉽다.
⑤ **온도** : 고온일수록 흡착대상 오염물질과 흡착제의 표면 사이 또는 2종 이상의 흡착 대상물질 간 반응속도가 증가하여 흡착성질이 감소하여 파과되기 쉽다. (모든 흡착은 발열반응이므로 온도가 낮을수록 흡착에 좋다.)
⑥ **흡착제의 크기** : 입자의 크기가 작을수록 채취효율이 증가하나 압력강하가 심하다.
⑦ 극성흡착제를 사용할 경우 파과되기 쉽다.
⑧ 습도가 높을수록 파과되기 쉽다.(습도가 높으면 파과 공기량이 작아진다.)
⑨ **오염물질농도** : 공기 중 오염물질의 농도가 높을수록 파과공기량은 감소한다. (공기 중에 오염물질이 많으므로 적은 공기량으로 파과가 일어난다.)

37. 파과에 영향을 미치는 요인 ★

① 포집을 끝마친 후부터 분석까지의 시간
② 유속
③ 시료의 농도
④ 작업장의 온도
⑤ 작업장의 습도
⑥ 포집된 오염물질의 종류

38. ACGIH의 입자상 물질의 입자 크기별 분류 ★★★

흡입성 분진(IPM)	① 호흡기 어느 부위에 침착하더라도 독성을 유발하는 분진 ② 평균입경 : $100\mu m$(입경범위 : $0 \sim 100\mu m$)
흉곽성 분진(TPM)	① 기도나 하기도(가스교환 부위) 또는 폐포나 폐기도에 침착하여 독성을 나타내는 물질 ② 평균입경 : $10\mu m$
호흡성 분진(RPM)	① 가스교환 부위(폐포)에 침착하여 독성을 나타내는 물질 ② 평균입경 : $4\mu m$

39. 입자상 물질의 크기 결정방법

(1) 가상직경 ★★★

공기역학적 직경 (aero-dynamic diameter)	① 대상 입자와 침강속도가 같고 밀도가 $1g/cm^3$이며, 구형인 먼지의 직경으로 환산한 직경 ② 입자의 역학적 특성(침강속도, 종단속도)에 의해 측정되는 먼지 크기이다. ③ 직경분립충돌기(cascade impactor)를 이용하여 입자의 크기 및 형태 등을 분리한다.
질량 중위 직경 (mass median diameter)	① 입자 크기별로 농도를 측정하여 50%의 누적분포에 해당하는 입자크기를 말한다. ② 입자를 밀도, 크기, 형태에 따라 측정기기의 단계별로 질량을 측정한 것이다. ③ 직경분립충돌기(cascade impactor)를 이용하여 측정한다.

> 암기
>
> 가상 공기는 밀도1, 구형이며
> 질량중위는 50% 입자농도

(2) 기하학적(물리적) 직경 ★★★

마틴직경 (martin diameter)	① 입자의 **면적을 2등분하는** 선의 길이로 나타내는 직경 ② 선의 방향은 항상 일정하여야 하며 **과소 평가될 수 있다.**
페렛직경 (feret diameter)	① **입자의 가장자리를 이등분한 직경**(먼지의 한쪽 끝 가장자리에서 다른 쪽 끝 가장자리 까지의 거리로 나타내는 직경) ② **과대 평가될 수 있다.**
등면적직경 (projected area diameter)	① 입자의 면적과 **동일한 면적을 가진 원의 직경으로** 환산한 직경 ② **가장 정확한** 직경이다. ③ 측정은 현미경 접안경에 porton reticle을 삽입하여 측정한다. 즉, $D = \sqrt{2^n}$ ($D(\mu m)$는 입자직경, n은 porton reticle에서 원의 번호)

[암기]

기하학적 **이**(2등분)**마**, **페**가(가장자리~다음 가장자리), **등면적 동원**(동일한 면적을 가진 원)

40. 여과포집 원리(채취기전) ★★

① 직접차단(간섭 : interception)
② 관성충돌(intertial impaction)
③ 확산(diffusion)
④ 중력침강(gravitional settling)
⑤ 정전기 침강(electrostatic settling)
⑥ 체질(sieving)

여과포집에 기여하는 3가지 기전 실기 기출★	① 직접차단(간섭) ② 관성충돌 ③ 확산
호흡기도(폐)에 침착하는 데 중요한 3가지 기전	① 관성충돌 ② 확산 ③ 중력침강
입자크기별 여과기전 ★	① 입경 $0.1\mu m$ 미만 입자 : 확산 ② 입경 $0.1 \sim 0.5\mu m$: 확산, 직접차단(간섭) ③ 입경 $0.5\mu m$ 이상 : 관성충돌, 직접차단(간섭) ④ 가장 낮은 채집효율을 가지는 입경 : $0.3\mu m$

41. 입자상 물질의 채취 기구

(1) 카세트 : 카세트에 장착된 여과지에 의해 여과한다.

(2) 사이클론(10mm nylon cyclon) ★★

① 원심력을 이용하여 호흡성 입자상물질을 측정한다.
② 장점★
- 사용이 간편하고 경제적이다.
- 호흡성 먼지에 대한 자료를 쉽게 얻을 수 있다.
- 시료의 되튐으로 인한 손실이 없다.
- 매체의 코팅과 같은 별도의 특별한 처리가 필요 없다.

> 암기
>
> 사이클은 간편하고 경제적이며 호흡성먼지가 되튀지 않아 특별처리×

(3) 입경분립충돌기(직경분립충돌기 : Cascade impactor, Andersonimpactor) ★★

① 공기 중에 부유하고 있는 분진을 충돌의 원리에 의해 입자크기별로 분리하여 측정할 수 있다.
② 장·단점★★

장점	단점
• 호흡기에 부분별로 침착된 입자크기의 자료를 추정할 수 있다. • 흡입성, 흉곽성, 호흡성 입자의 크기별 분포와 농도를 계산할 수 있다. • 입자의 질량크기 분포를 얻을 수 있다.	• 시료채취가 까다롭다.(경험이 있는 전문가가 철저한 준비를 통해 측정하여야 한다.) • 시료 채취 준비시간이 길고 비용이 많이 든다. • 되튐으로 인한 시료의 손실이 있다. • 공기가 옆에서 유입되지 않도록 각 충돌기의 철저한 조립과 장착이 필요하다.

> 암기
>
> • 충돌기로 충돌시켜 농도, 질량 크기별로 분류 가능
> • 전문가가 시간과 돈 들여 까다롭게 채취해도 되튐 생김

42. 여과지(여과재) 선정 시 고려사항(구비조건) ★

① 채취효율 : 포집효율(채취효율)이 높을 것
② 압력손실 : 포집 시의 흡인저항(흡입저항)은 낮을 것(압력손실이 적을 것)
③ 기계적인 강도 : 접거나 구부리더라도 파손되지 않고 찢어지지 않을 것
④ 흡습성 : 흡습률이 낮을 것
⑤ 가볍고 1매당 무게의 불균형이 적을 것
⑥ 측정대상 물질의 분석상 방해가 되는 불순물을 함유하지 않을 것

43. 막 여과지(membrane filter)와 섬유상 여과지의 특성 ★

막 여과지	섬유상 여과지
① 셀룰로스에스테르, PVC, 니트로아크릴 같은 중합체를 일정한 조건에서 침착시켜 만든 다공성의 얇은 막 형태이다. ② 막 여과지에서 유해물질은 여과지 표면이나 그 근처에서 채취된다. ③ 여과지 표면에 채취된 입자들이 이탈되는 경향이 있다. ④ 섬유상 여과지에 비하여 채취 입자상물질이 작다. ⑤ 섬유상 여과지에 비하여 공기저항이 심하다.	① 20μm 이하의 직경을 가진 섬유를 압착 제조한 것으로 막 여과지에 비하여 가격이 비싸다. ② 막 여과지에 비해 물리적 강도가 약하다. ③ 막 여과지에 비해 흡습성이 작다. ④ 막 여과지에 비해 열에 강하고 과부하에서도 채취효율이 높다. ⑤ 여과지 표면뿐 아니라 단면 깊게 입자상 물질이 들어가므로 더 많은 입자상 물질을 채취할 수 있다.

44. 막여과지의 종류 ★★

(1) MCE 막 여과지(Mixed cellulose ester membrane filter)

① 산에 쉽게 용해되므로 입자상 물질 중의 금속을 채취하여 원자흡광광도법으로 분석하는 데 적당하다.
② 유해물질이 여과지의 표면에 주로 침착되어 석면 등 현미경 분석을 위한 시료채취에 유리하다.
③ MCE여과지의 원료인 셀룰로오스는 수분을 흡수하는 특성을 가지고 있다. (흡습성이 높아 오차를 유발할 수 있어 중량분석에 적합하지 못함)
④ 중금속, 석면, 살충제, 산·알칼리미스트, 불소화합물 및 기타 무기물질 채취에 이용된다.

암기

MC(MCE막여과지) 중(중금속)석(석면)은 산에 약하고 수분 흡수하여 중량분석 못함

(2) PVC 막 여과지(Polyvinyl Chloride membrane filter)

① 수분의 영향이 크지 않고 가벼워 공해성 먼지, 총 먼지 등의 중량분석을 위한 측정에 이용된다.(흡습성이 낮아 분진의 중량분석에 사용)
② 유리규산을 채취하여 X-선 회절법으로 분석하는 데 적절하고 6가 크롬, 산화아연(아연산화물)의 채취에 이용된다.
③ 채취 시에 입자를 반발하여 채취효율을 떨어뜨리는 단점이 있어 채취 전 필터를 세정용액으로 세정하여 오차를 줄일 수 있다.

> **암기**
>
> TV(PVC막여과지)에 "사내아이(산아)(산화아연) 6명(6가크롬) 먼저(먼지) 유괴(유리규산)"라고 나옴

(3) PTFE 막 여과지(테프론 : Polytetrafluroethylene membrane filter) ★

① 열, 화학물질, 압력 등에 강한 특성을 가지고 있다.
② 압력에 강하여 석탄건류나 증류 등의 고열공정에서 발생되는 다핵방향족탄화수소(PAHs)를 채취하는 데 이용된다.
③ 농약, 알칼리성 먼지, 콜타르피치 등을 채취하며 $1\mu m$, $2\mu m$, $3\mu m$의 구멍크기를 가지고 있다.

> **암기**
>
> PTF(PTFE막여과지) 다방(다핵방향족탄화수소)을 알면(알칼리성 먼지) 농약(농약)탄 코피(콜타르피치)를 주문해라.

(4) 은막 여과지(Silver membrane filter)

① 금속은을 소결하여 만든 것으로 열적, 화학적 안정성이 있다.
② 코크스 제조공정에서 발생되는 코크스 오븐 배출물질 또는 다핵방향족탄화수소(PAHs) 등을 채취하는 데 사용한다.
③ 결합제나 섬유가 포함되어 있지 않다.

> **암기**
>
> 금속은(은막 여과지) 소결하여 다 탄(다핵방향족탄화수소) 코크스오븐 채취

45. 가스 및 증기상 물질의 측정 ★

순간시료채취를 하여야 하는 경우	연속시료채취를 하여야 하는 경우
① 미지의 가스상 물질의 동정을 알고자 할 때 ② 간헐적 공정에서의 순간농도 변화를 알고자 할 때 ③ 오염발생원 확인을 하고자 할 때 ④ 직접 포집해야 되는 메탄, 일산화탄소, 산소 측정에 사용	① 오염물질의 농도가 시간에 따라 변할 때 ② 공기 중 오염물질의 농도가 낮을 때 ③ 시간가중평균치를 구하고자 할 때

46. 흡수액의 흡수효율을 높이기 위한 방법 ★

① 가는 구멍이 많은 프리티드 버블러 등 채취효율이 좋은 기구를 사용한다.(기포와 액체의 접촉면적을 크게 한다.)
② 시료채취 속도를 낮춘다.(채류시간을 길게 한다.)
③ 용액의 온도를 낮추어 휘발성을 제한시킨다.(증기압을 감소시킨다.)
④ 두 개 이상의 버블러를 연속적으로(직렬) 연결한다.
⑤ 흡수액의 양을 늘린다.
⑥ 액체의 교반을 강하게 한다.

47. 검지관의 장·단점 실기 기출 ★

장점	단점
• 사용이 간편하다. • 반응시간이 빨라서 빠른 시간에 측정결과를 알 수 있다.(빠른 측정이 요구될 때 사용) • 숙련된 산업위생전문가가 아니더라도 어느 정도만 숙지하면 사용할 수 있다. • 맨홀, 밀폐 공간에서의 산소가 부족하거나 폭발성 가스로 인하여 안전이 문제가 될 때 유용하게 사용될 수 있다. • 재현성이 높다.	• 민감도가 낮으며 비교적 고농도에 적용이 가능하다. • 특이도가 낮다.(다른 방해물질의 영향을 받기 쉬워 오차가 크다.) • 단시간 측정만 가능하다. • 미리 측정 대상물질의 동정이 되어 있어야 측정이 가능하다. • 색이 시간에 따라 변화하므로 제조자가 정한 시간에 읽어야 한다. • 한 검지관으로 단일 물질만을 측정할 수 있어 각 오염물질에 맞는 검지관을 선정해야 한다. • 색변화가 선명하지 않아 주관적으로 읽을 수 있어 판독자에 따라 변이가 심하다.

제2장 평가 및 통계

1. 변이계수(CV)

표준편차의 수치가 평균의 몇 %가 되느냐를 나타낸다. ★
① 통계집단의 측정값들에 대한 균일성, 정밀성 정도를 표현한다. (산업위생통계에서 측정방법의 정밀도는 변이계수로 나타낸다.)
② 평균값의 크기가 0에 가까울수록 변이계수의 의의는 작아진다.
③ 측정단위와 무관하게 독립적으로 산출되며 백분율로 나타낸다.
④ 단위가 서로 다른 집단이나 특성 값의 상호 산포도를 비교하는 데 이용될 수 있다.
⑤ 변이계수가 작을수록 자료들이 평균에 가깝게 분포한다는 것을 의미한다.

2. 계통오차의 특징 ★

① 변이의 원인을 찾을 수 있는 오차이다.
② 크기와 부호를 추정할 수 있고 보정이 가능한 오차이다.
③ 계통오차가 작을 때는 측정 값이 정확하다고 할 수 있다.

3. 계통오차의 원인 ★

① 부적절한 표준액의 제조
② 시약의 오염
③ 분석물질의 낮은 회수율

4. 계통오차의 종류 ★

① 외계오차(환경오차) : 측정 및 분석 시 온도나 습도와 같이 알려진 외계의 영향으로 생기는 오차
② 기계오차(기기오차) : 측정 및 분석 기기의 부정확성으로 발생된 오차
③ 개인오차 : 측정하는 개인의 습관이나 선입관으로 발생된 오차

5. 우발오차(임의오차, 확률오차)

① 한 가지 실험을 반복할 때 측정 값의 변동으로 발생하는 오차를 말한다.
② 보정이 힘들다.

PART 03 작업환경관리대책

제1장 산업환기

1. 전체 환기(희석 환기)의 정의 실기기출★

① 작업장 전체를 환기시키는 방식(공기를 희석하여 유해인자의 농도를 낮춘다)을 말한다.
② 작업장의 개구부를 통하여 바람 및 작업장 내외의 온도, 압력 차이에 의한 대류작용으로 행해지는 환기를 말한다.

2. 산업환기의 목적(실내 환기시설을 설치하는 통상적인 목적) 실기기출★

① 유해물질의 농도를 허용농도 이하로 낮춘다. (오염물질로부터 건강보호)
② 온도와 습도를 조절한다. (불필요한 고열 제거)
③ 화재나 폭발을 방지한다.
④ 작업생산능률을 향상시킨다.

3. 자연환기와 강제환기의 비교 ★

자연환기	강제 환기(기계 환기)
① 실내외의 온도 차와 바람에 의한 자연통풍 방식 ② 기계환기에 비해 소음·진동이 적다. ③ 운전에 따른 에너지 비용이 없다. ④ 냉방비 절감효과를 가진다. ⑤ 계절, 온도 압력 등의 기상조건, 작업장 내부조건 등에 따라 환기량 변화가 크다. ⑥ 실내외 온도차가 높을수록 환기효율은 증가한다. ⑦ 건물이 높을수록 환기효율이 증가한다. ⑧ 환기량 예측 자료를 구하기 어렵다.	① 송풍기(fan)를 사용하여 강제적으로 환기하는 방식 ② 외부 조건에 관계없이 작업환경을 일정하게 유지할 수 있다. ③ 소음·진동의 발생과 운전에 따른 에너지 비용이 소요된다.

4. 1기압 ★

> 1기압(atm) = 760mmHg = 10332.2676mmH$_2$O = 101325Pa(101.325kPa)
> = 1013.25밀리바(mb) = 1.033227kgf/cm^2

5. 표준상태(STP) 실기 기출 ★

① 순수자연과학(물리.화학 등)분야의 표준상태 : 0℃, 1atm(1기압), 기체 1몰(mol)의 부피 22.4L
② 산업환기 분야의 표준상태 : 21℃, 1atm(1기압), 기체 1몰(mol)의 부피 24.1L
③ 산업위생(작업환경) 분야의 표준상태 : 25℃, 1atm(1기압), 기체 1몰(mol)의 부피 24.45L

6. 유체역학적 원리의 전제조건 실기 기출 ★

① 공기는 건조하다고 가정한다.
② 공기의 압축과 팽창은 무시한다.
③ 환기시설 내외의 열교환은 무시한다.
④ 공기 중에 포함된 유해물질의 무게와 용량은 무시한다.
⑤ 공기는 상대습도를 기준으로 한다.

7. 보일-샤를의 법칙, 게이-루삭의 법칙 ★

① 보일의 법칙 : 일정한 온도에서 부피와 압력은 반비례한다.

> **암기**
>
> 보일러의 온도는 일정, 부압(부피, 압력)에 반비례

② 샤를의 법칙 : 일정한 압력에서 온도와 부피는 비례한다.

> **암기**
>
> 밥할 때 쌀을(샤를) 일정 압력에서, 부온(부피, 온도)에 비례

③ 게이-루삭의 법칙 : 일정한 부피조건에서 압력과 온도는 비례한다.

> **암기**
>
> 일부(일정부피) 이삭(게이루삭)은 온압(온도, 압력)에 비례

8. 전체 환기의 목적 ★★

① 작업장 전체를 환기시키는 방식으로 공기를 희석하여 유해인자의 농도를 낮춘다.
② 유해물질의 농도를 감소시켜 건강을 유지·증진한다.
③ 화재나 폭발을 예방한다.
④ 실내의 온도와 습도를 조절한다.

9. 환기방식의 결정 ★★

① 오염이 높은 작업장 : 주변에 오염물질의 확산을 방지하기 위하여 실내압을 음압(-)으로 유지하여야 한다.
② 청정공기를 필요로 하는 작업장(전자공업 등) : 오염물질이 포함된 외부공기가 유입되지 않도록 실내압을 양압(+)으로 유지하여야 한다.

10. 전체환기(희석환기)가 필요한 경우(적용 조건) ★★

① 유해물질의 독성이 비교적 낮은 경우
② 유해물질의 발생량이 적은 경우
③ 발생원이 이동하는 경우
④ 유해물질이 시간에 따라 균일하게 발생될 경우
⑤ 오염원이 근무자가 근무하는 장소로부터 멀리 떨어져 있는 경우
⑥ 동일한 작업장에 다수의 오염원이 분산되어 있는 경우
⑦ 국소배기로 불가능한 경우
⑧ 가연성 가스의 농축으로 폭발의 위험이 있는 경우
⑨ 유해물질이 증기나 가스일 경우

11. 국소환기장치 설치가 필요한 경우 ★★

① 유해물질 독성이 강한 경우(TLV가 낮을 때)
② 유해물질 발생량이 많은 경우
③ 발생원이 고정되어 있는 경우
④ 발생주기가 균일하지 않은 경우
⑤ 유해물질 발생원과 작업위치가 근접해 있는 경우
⑥ 높은 증기압의 유기용제
⑦ 법적의무 설치사항의 경우

12. 강제환기 효과를 제고할 수 있는 필요원칙(강제환기를 실시할 때 환기 효과를 제고시킬 수 있는 방법) ★★

① 오염물질 사용량을 조사하여 필요환기량을 계산한다.
② 필요 환기량은 오염물질이 충분히 희석될 수 있는 양으로 설계한다.

③ 오염물질 배출구는 가능한 한 오염원으로부터 가까운 곳에 설치하여 '점 환기'의 효과를 얻는다.
④ 배출공기를 보충하기 위하여 청정공기를 공급한다.
⑤ 공기배출구와 근로자 작업 위치 사이에 오염원이 위치하여야 한다.
(근로자 작업 위치 - 오염원 - 배출구 : 오염원이 근로자를 통과하지 않고 배출되어야 한다.)
⑥ 공기가 급기구를 통하여 들어와서 오염물질이 있는 영역을 통과하여 배기구로 빠져나가도록 설계해야 한다.(공기가 배출되면서 오염장소를 통과하도록 공기배출구와 유입구의 위치를 선정한다.)
⑦ 건물 밖으로 배출된 오염공기가 다시 건물 안으로 유입되지 않도록 배출구 높이를 적절히 설계하고 배출구가 창문, 문 근처에 위치하지 않도록 한다.
⑧ 오염된 공기는 작업자가 호흡하기 전에 충분히 희석되도록 한다.
⑨ 오염원 주위에 다른 작업 공정이 있으면 공기배출량을 공급량보다 약간 크게 하여 음압을 형성하여 주위 근로자에게 오염물질이 확산되지 않도록 한다.

13. 국소배기시설의 구성 ★★

후드(Hood) → 덕트(Duct) → 공기정화기(Air cleaner equipment) → 송풍기(Fan) → 배출구

암기법

후(후드) 덕(덕트)한 공기를 송풍해서 배출

14. 국소배기장치의 설계순서 ★★

후드형식 선정 → 제어속도 결정 → 소요풍량 계산 → 반송속도 결정 → 배관 내경 산출 → 후드의 크기 결정 → 배관의 배치와 설치장소 선정 → 공기정화장치 선정 → 국소배기 계통도와 배치도 작성 → 총 압력손실량 계산 → 송풍기 선정

15. 압력의 종류 ★★

정압 (SP : Static Pressure)	• 공기의 유동이 없을 때 발생하는 압력, 덕트 내의 공기가 주위에 미치는 압력 • 모든 방향에서 같은 크기를 나타내는 압력으로 정지하고 있는 유체뿐만 아니라 운동하고 있는 유체 중에도 존재한다. • 대기압보다 낮을 때는 음압(정압<대기압이면 (-)압력), 대기압보다 높을 때는 양압(정압>대기압이면 (+)압력)이 된다. • 송풍기 앞(흡입관)에서는 음압, 송풍기 뒤(배출관)에서는 양압이 된다.(국소배기장치의 배출구 압력은 항상 대기압보다 높아야 한다.)

정압 (SP : Static Pressure)	• 송풍기 저항에 대항하는 압력으로 저항압력, 또는 마찰압력이라고 한다.
동압(속도압, VP : Velocity Pressure)	• 공기의 흐름이 있을 때 발생하는 압력, 공기 흐름 방향의 속도에 의해 생기는 압력 • 속도압은 공기가 이동하는 힘으로 항상 양압(0 이상의 압력)이다. (공기의 운동에너지에 비례한다.)
전압 (TP : total pressure)	• 전압 = 동압(VP) + 정압(SP)

16. 후드의 정압과 동압의 측정 ★

후드에서 정압과 속도압을 동시에 측정하고자 할 때 측정공의 위치는 후드 또는 덕트의 연결부로부터 덕트 직경의 4~6배 떨어진 지점에서 측정한다.

17. 후드선택 지침(필요 환기량을 감소시키기 위한 방법) 실기 기출 ★

① 가급적 공정의 포위를 최대화한다.
② 포집형이나 레시버형 후드를 사용할 때에는 후드를 배출 오염원에 가깝게 설치한다.
③ 주위 방해기류를 최소화하여 후드 개구면에서 기류가 균일하게 분포되도록 설계한다.
④ 오염물질 발생특성을 고려하여 설계한다.
⑤ 작업조건을 고려하여 적정하게 제어속도를 선정한다.
⑥ 공정에서 발생 또는 배출되는 오염물질의 절대량을 감소시킨다.
⑦ 플랜지 등을 설치하여 후드 유입 기류를 조절한다.

18. 포위식(포위형, 부스식) 후드의 특징(장점) 및 종류 실기 기출 ★

① 발생원을 완전히 감싸는 형태로 유해물질을 외부로 나가지 못하게 한다.(오염물질 발생원이 후드 내에 있음)
② 외부기류(난기류)의 영향을 받지 않아 효율이 높다.
③ 필요환기량을 최소한으로 줄일 수 있어 경제적이며 효율적이다.
④ 고농도 분진의 비산, 유기용제, 맹독성물질 등을 취급하는 작업장에 적합하다.

19. 후드의 선택지침(후드 선정 시 고려사항, 후드의 선정요령) 실기 기출 ★

① 필요 환기량을 최소화 할 것
② 작업자의 호흡영역을 보호할 것
③ 추천된 설계사양을 사용할 것

④ 작업자가 사용하기 편리하도록 만들 것
⑤ 후드 설계 시 일반적인 오류를 범하지 말 것

20. PUSH - PULL형 후드 실기기출★

도금조와 같이 폭이 넓은 경우(오염물질 발생 면적이 넓어 한쪽 방향에 후드를 설치하는 것으로 충분한 흡인력이 발생되지 않는 경우)에 사용하면 포집효율을 증가시키면서 필요유량을 감소시킬 수 있다.★

장점	단점
• 작업자 방해가 적고 적용이 쉽다. • 포집효율을 증가시키면서 필요유량을 감소시킬 수 있다.	• 원료의 손실이 크다. • 설계가 어렵다. • 설계 잘못 시 유해물질을 비산시킬 위험 있다.

21. 제어속도(포착속도)의 정의 ★

후드 전면 또는 후드 개구면에서 유해물질이 함유된 공기를 당해 후드로 흡입시킴으로써 그 지점의 유해물질을 제어할 수 있는 공기속도를 말한다.(오염물질을 후드 안쪽으로 흡인하기 위하여 필요한 최소풍속)

22. 제어속도 결정 시 고려사항(제어속도에 영향을 주는 인자) 실기기출★

① 후드의 모양
② 후드에서 오염원까지의 거리
③ 오염물질(유해물질)의 종류 및 확산상태
④ 오염물질(유해물질)의 비산방향 및 비산거리
⑤ 오염물질(유해물질)의 사용량 및 독성 정도
⑥ 작업장 내 방해기류

23. 무효점(제로점, null point) 이론 실기기출★

① **무효점** : 입자가 운동에너지를 상실하여 비산속도가 0이 되는 한계점을 의미
② **무효점이론** : 환기시설의 제어속도 결정 시 발생원뿐만 아니라 무효점까지 흡인할 수 있는 지점이 확대되어야 한다는 이론

24. 제어속도범위(ACGIH) ★★

작업조건	작업공정사례	제어속도 (m/sec)
• 움직이지 않은 공기 중에서 속도 없이 배출되는 작업조건 • 조용한 대기 중에 실제 거의 속도가 없는 상태로 발산하는 경우의 작업조건	• 액면에서 발생하는 가스나 증기 흄 • 탱크에서 증발, 탈지시설	0.25~0.5

작업조건	작업공정사례	제어속도 (m/sec)
• 비교적 조용한(약간의 공기 움직임) 대기 중에서 저속으로 비산하는 작업조건	• 용접, 도금 작업 • 스프레이도장	0.5~1.0
• 발생기류가 높고(빠른기동) 유해물질이 활발히 발생하는 작업조건	• 스프레이도장, 용기충전 • 컨베이어 적재 • 분쇄기	1.0~2.5
• 초고속기류(대단히 빠른 기동)가 있는 작업장소에 초고속으로 비산하는 경우	• 회전연삭작업 • 연마작업 • 블라스트 작업	2.5~10

25. 작업장 내 교차기류의 영향 ★

① 작업장 내의 오염된 공기를 다른 곳으로 분산시킨다.
② 침강된 먼지를 비산, 이동시켜 다시 오염되는 결과를 야기한다.
③ 국소배기장치의 제어속도가 영향을 받는다.
④ 작업장의 음압으로 인해 형성된 높은 기류는 근로자에게 불쾌감을 준다.

26. 후드 개구면의 유속을 균일하게 분포시키는 방법(개구면 면속도를 균일하게 분포시키는 방법) 실기 기출★

① 테이퍼(taper) 부착
② 슬롯(slot) 사용
③ 차폐막(차폐덕) 사용
④ 분리날개(spliter vanes) 설치

27. 덕트 설치기준(산업안전보건법 기준) ★

① 가능하면 길이는 짧게 하고 굴곡부의 수는 적게 할 것
② 접속부의 안쪽은 돌출된 부분이 없도록 할 것
③ 청소구를 설치하는 등 청소하기 쉬운 구조로 할 것
④ 덕트 내부에 오염물질이 쌓이지 않도록 이송속도를 유지할 것
⑤ 연결 부위 등은 외부 공기가 들어오지 않도록 할 것

28. 덕트 설치의 주요원칙 ★

① 밴드 수는 가능한 적게 한다.
② 구부러짐 전·후에는 청소구를 만든다.
③ 덕트는 가급적 짧게 배치한다.
④ 공기 흐름은 하향구배를 원칙으로 한다.
⑤ 가급적 원형 덕트를 사용, 사각 덕트 사용 시에는 정방형을 사용한다.

⑥ 수분이 응축될 경우 덕트 내로 들어가지 않도록 하며 **경사나 배수구를 마련한다.**
⑦ 덕트와 송풍기 **연결부위는 진동을 고려하여 유연한 재질로** 한다.
⑧ **후드는 덕트보다 두꺼운 재질을** 선택한다.
⑨ 직경이 다른 덕트 연결 시에는 경사 30도 이내의 테이퍼를 부착한다.
⑩ 송풍기를 연결할 때에는 최소 덕트 직경의 6배는 직선구간으로 한다.
⑪ 곡관은 직관보다 0.76mm 정도 두꺼운 재질을 선택한다.
⑫ **가능한 한 곡관의 곡률반경을 크게** 한다.(곡률반경은 최소 덕트직경의 1.5배 이상, 주로 2.0으로 한다.)

29. 덕트의 접속 ★

① 접속부의 내면은 돌기물이 없도록 할 것
② 곡관(Elbow)은 5개 이상의 새우등 곡관으로 연결하거나, 곡관의 중심선 곡률반경이 덕트지름의 2.5배 내외가 되도록 할 것★
③ 주덕트와 가지덕트의 접속은 30° 이내가 되도록 할 것★★
④ 확대 또는 축소되는 덕트의 관은 경사각을 15° 이하로 하거나, 확대 또는 축소 전후의 덕트 지름 차이가 5배 이상 되도록 할 것
⑤ 접속부는 덕트 소용돌이(Vortex)기류가 발생하지 않는 구조로 할 것
⑥ 가지덕트가 2개 이상인 경우 주덕트와의 접속은 각각 적절한 방향과 간격을 두고 접속하여 저항이 최소화되는 구조로 하고, 2개 이상의 가지덕트를 확대관 또는 축소관의 동일한 부위에 접속하지 않도록 할 것

30. 반송속도 ★★

덕트를 통하여 이동하는 유해물질이 덕트 내에서 퇴적이 일어나지 않는 상태로 이동시키기 위하여 필요한 최소 속도를 말한다.(오염물질을 운반하는 속도)

유해물질 발생형태	유해 물질 종류	반송속도 (m/sec)
증기·가스·연기	모든 증기, 가스 및 연기	5.0~10.0
흄	아연 흄, 산화알미늄 흄, 용접 흄 등	10.0~12.5
미세하고 가벼운 분진	미세한 면분진, 미세한 목분진, 종이분진 등	12.5~15.0
건조한 분진이나 분말	고무분진, 면분진, 가죽분진, 동물털 분진 등	15.0~20.0
일반 산업분진	그라인더 분진, 일반적인 금속분말 분진, 모직물 분진, 실리카 분진, 주물 분진, 석면 분진 등	17.5~20.0
무거운 분진	젖은 톱밥 분진, 입자가 혼입된 금속 분진, 샌드블라스트 분진, 주철보링분진, 납 분진	20.0~22.5
무겁고 습한 분진	습한 시멘트 분진, 작은 칩이 혼입된 납 분진, 석면덩어리 등	22.5 이상

31. 덕트의 반송속도를 결정할 때 고려해야 할 요소 실기기출★

① 유해물질의 발생형태
② 유해물질의 비중
③ 유해물질의 입경
④ 유해물질의 수분함량
⑤ 덕트의 모양

32. 덕트의 조도 실기기출★

① 덕트의 조도 : 덕트 내면의 거칠기의 정도
② 덕트의 상대조도 : 절대표면조도를 덕트 직경으로 나눈 값

$$\text{덕트의 상대조도} = \frac{\text{절대표면조도}}{\text{덕트직경}}$$

33. 곡관의 연결

① 곡관의 덕트직경(D)과 곡률반경(R)의 비(반경비(R/D))를 크게 할수록 압력손실이 적어진다. ★
② 곡관의 구부러지는 경사는 가능한 한 완만하게 하고 구부러지는 관의 중심선의 반지름이 송풍관 직경의 2.5배 이상이 되도록 한다.
③ 새우등 곡관의 직경이 ($d \le 15\text{cm}$) 경우에 새우등은 3개 이상, ($d > 15\text{cm}$) 경우에는 새우등 5개 이상을 사용한다. ★★
④ 후드가 곡관 덕트로 연결되는 경우 덕트직경의 4~6배 되는 지점에서 속도압을 측정한다. ★

34. 합류관의 연결 실기기출★

① 분지관을 주관에 연결하고자 할 때 30°에 가깝게 한다. ★
② 분지관과 분지관 사이 거리는 덕트 지름의 6배 이상으로 한다. ★
③ 분지관이 연결되는 주관의 확대각은 15° 이내로 한다.
④ 분지관의 수를 가급적 적게하여 압력손실을 줄인다.
⑤ 확대 또는 축소되는 원형관의 길이는 확대부 직경과 축소부 직경차의 5배 이상이어야 한다.

35. 두 개의 덕트가 합류 시의 정압(SP) 개선사항 ★

① $\dfrac{\text{낮은 } SP}{\text{높은 } SP} < 0.8$: 정압이 낮은 덕트 직경 재설계

② $0.8 \le \dfrac{\text{낮은 } SP}{\text{높은 } SP} < 0.95$: 정압이 낮은 덕트의 유량 조정

③ $0.95 \leq \dfrac{낮은\ SP}{높은\ SP}$: 차이를 무시

36. 송풍기의 풍량 조절방법 ★

① 회전수 조절법(회전수 변환법) : 풍량을 크게 바꾸려고 할 때 가장 적절한 방법
② 안내익 조절법(Vane control법) : 송풍기 흡입구에 부착한 방사상 blade의 각도를 변경함으로써 풍량을 조절하는 방법
③ 댐퍼 부착법(Damper 조절법) : 배관 내에 댐퍼를 설치하여 송풍량을 조절하는 방법으로 송풍량 조절이 가장 쉽다.

37. 송풍기 특성곡선, 성능곡선, 시스템 요구곡선, 동작점 ★

① 특성곡선 : 송풍기의 종류별 특성을 하나의 선도로 나타낸 것
② 성능곡선 : 송풍기에 부하되는 송풍기 정압에 따라 송풍량이 변하는 경향을 나타내는 곡선
③ 시스템 요구곡선 : 송풍량에 따라 송풍기 정압이 변하는 경향을 나타내는 곡선
④ 동작점 ★★
 • 송풍기 성능곡선과 시스템 요구곡선이 만나는 점
 • 송풍기의 압력손실에 따라 송풍량이 변하는 경향을 나타낸다.

38. 송풍기의 효율 실기기출 ★

터보송풍기 > 평판(방사형)송풍기 > 다익송풍기

39. 원심력 송풍기의 회전날개 각도에 따른 분류 ★

전향날개형 (다익형) 송풍기	① 송풍기의 임펠러가 다람쥐 쳇바퀴 모양으로 생겼다. ② 송풍기의 회전날개가 회전방향과 동일한 방향으로 설치되어 있다. ③ 임펠러 회전속도가 상대적으로 낮기 때문에 소음이 작다.(구조상 고속회전이 어렵고, 큰 동력의 용도에서 적합하지 않다.) ④ 저가로 제작이 가능하다. ⑤ 큰 압력손실에서 송풍량이 급격하게 떨어지는 단점이 있다. ⑥ 전체환기, 공기조화용으로 사용된다. ⑦ 소형이므로 제한된 장소에 사용이 가능하다.(분지관의 송풍에 적합) ⑧ 분진이 많이 함유된 공기 이송 시 임펠러의 불균형을 초래하여 소음, 진동이 발생한다. **암기** 다람쥐 날개는 회전방향과 동일한 앞쪽(전향)에 많지만(다익형) 속도 느리고 송풍량 떨어져 저가이다.

방사 날개형 (평판형, 플레이트형) 송풍기	① 날개(깃)가 평판 모양으로 강도 높게 설계되어 있다. ② 깃의 구조가 분진을 자체 정화할 수 있다. ③ 시멘트, 미분탄, 곡물, 모래 등의 고농도 분진함유 공기, 부식성이 강한 공기를 이송시키는 데 많이 이용된다. ④ 습식집진장치의 배기에 적합하며 소음은 중간정도이다. **암기** 분진 자체정화 위해 고농도 분진을 평판(평판형)에 방사(방사날개형)
후향 날개형 (터보형, 한계부하형) 송풍기 실기 기출 ★	① 팬의 날이 회전방향에 반대되는 쪽으로 기울어진 형태이다. ② 송풍량이 증가해도 동력이 증가하지 않는다.(한계부하형) ③ 압력 변동이 있어도 풍량의 변화가 비교적 작다.(하향구배 특성으로 풍압이 바뀌어도 풍량의 변화가 적다.) ④ 소음이 크다.(회전수에 비하여 소음은 비교적 낮다.) ⑤ 소요정압이 떨어져도 동력은 크게 상승하지 않으므로 시설저항 및 운전상태가 변하여도 과부하가 걸리지 않는다. ⑥ 고농도 분진함유 공기를 이송시킬 경우 깃 뒷면에 분진이 퇴적되어 효율이 떨어진다. ⑦ 분진농도가 낮은 공기나 고농도 분진함유 공기 이송 시 집진기 후단에 설치해야 한다. ⑧ 송풍기 중 효율이 가장 좋다. ⑨ 송풍기 성능곡선 내 동력곡선의 최대 송풍량의 60~70%까지 증가하다가 감소하는 경향을 띤다. **암기** 날이 반대로 기울어진 터보형의 한계(한계부하형)는 깃 뒤에 분진 쌓여 집진 후(집진기 후단)에 설치, 동풍(동력, 풍량)에 변화적고 효율좋다.

40. 집진장치의 선정 시 반드시 고려해야 할 사항(집진장치 선정 및 설계에 영향을 미치는 인자) ★

① 총 에너지 요구량
② 요구되는 집진효율
③ 오염물질의 함진농도와 입경
④ 처리가스의 흐름특성과 용량 및 온도

41. 집진장치의 종류 ★

① 원심력 집진장치(사이클론) : 함진가스에 선회류를 일으키는 원심력을 이용하여 분진을 분리, 포집한다.

② 관성력 집진장치 : 기류의 방향을 급격하게 전환시켰을 때 **입자의 관성력에 의하여 분리 포집한다.**
③ 세정식 집진장치(스크러버) : 액체를 분사시켜 분진을 수반하는 **유해가스를 세정**하여 입자의 부착 또는 응집을 일으켜 입자를 분리 포집한다.
④ 여과 집진장치(백 필터) : 함진가스를 여과재에 통과시켜 **관성충돌, 직접 차단, 확산, 정전기력**에 의하여 입자를 분리 포집한다.

42. 원심력 집진장치(사이클론) ★

① 함진가스에 선회류를 일으키는 원심력을 이용하여 분진을 분리, 포집한다.
② 사이클론에는 접선 유입식과 축류 유입식이 있다.
③ 가동부분이 적고 **구조가 간단하여 설치비 및 유지, 보수비용이 저렴**하다.
④ 비교적 **적은 비용으로 집진**이 가능하다.
⑤ 현장에서 전처리용 집진장치로 널리 이용된다.
⑥ **고온에서 운전이 가능**하다.
⑦ 직렬 또는 병렬로 연결하여 사용이 가능하다.
⑧ **미세한 먼지가 재 비산되기도 한다.**

43. 블로다운(blow-down) ★★

① 사이클론의 **집진효율을 증대시키기 위한 방법**
② **더스트 박스 및 호퍼부에서 처리가스의 5~10%를 흡인하여 난류현상의 억제** 및 원심력을 증대시켜 **집진효율을 증대시키는** 운전방식을 말한다.

44. 블로다운(blow-down)의 효과 ★

① 사이클론 내의 **난류현상 억제(원심력 증대), 집진먼지 비산을 방지**한다.
② 사이클론의 **집진효율을 증대**시킨다.
③ 관내 분진부착으로 인한 장치의 **폐쇄현상을 방지**한다.(가교현상 억제)

45. 세정식 집진장치 실기기출★

세정식 집진장치의 분진포집 원리	세정식 집진장치의 분진포집 기전
① 미립자 확산에 의한 입자 간 응집	① 관성충돌
② 배기가스의 증습에 의한 입자 간 응집	② 직접흡수
③ 액막, 기포에 입자가 접촉하여 부착	③ 확산
④ 액적에 입자가 충돌하여 부착	④ 응집

46. 세정식 집진장치의 분진포집 기전 실기기출★

① 충돌
② 차단
③ 확산
④ 응집

47. 여과 집진장치의 분진포집 원리 실기기출★

① 충돌
② 차단
③ 확산
④ 체거름 효과

48. 여과 집진장치의 장·단점 ★

장점 실기기출★	단점
• 집진효율이 높다.(99% 이상) (미세입자의 집진효율이 비교적 높은 편이다.) • 다양한 용량을 처리할 수 있다. • 탈진방법과 여과재의 사용에 따른 설계상의 융통성이 있다. • 집진효율이 처리가스의 양과 밀도 변화에 영향이 적다. • 설치 적용범위가 광범위하다.	• 고온 및 산·알칼리 등의 부식성물질의 경우 여과재의 수명이 단축된다. • 습한 가스를 취급할 수 없다. • 집진장치 중 압력손실이 가장 크다. • 여과재 교체비용이 들고, 작업방법이 어렵다.

암기

여과지(필터)는 다양한 용량을 융통성 있게 설계하여 광범위하게 적용, 효율 높으나 부식성, 습한가스에 압력손실 커서 교체해야 한다.

49. 전기 집진장치의 장·단점 ★

장점 실기 기출★	단점
• 광범위한 온도범위에서 적용이 가능하다. • 고온의 입자상물질, 폭발성가스 처리는 가능하나, 가연성 입자의 처리는 곤란하다. • 고온 가스를 처리할 수 있어 보일러와 철강로 등에 설치할 수 있다. • 압력손실이 낮으므로 대용량의 가스처리가 가능하며, 송풍기의 운전 및 유지비용이 저렴하다. • 넓은 범위의 입경과 분진농도에 집진효율이 높다. • 습식으로 집진할 수 있다. • 0.01μm정도의 미세 입자의 포집이 가능하여 높은 집진효율을 얻을 수 있다.(집진장치 중 가장 작은 입자를 처리할 수 있다)	• 초기 설치비용이 많이 들며 설치공간이 커야 한다. • 운전조건의 변화에 유연성이 적다.(전압 변동과 같은 조건변동에 쉽게 적응이 곤란하다.) • 먼지성상에 따라 전처리시설이 요구된다. • 분진포집에 적용되며 가스상의 오염물질(기체상의 오염물질) 처리는 곤란하다.

50. 설계방법에 의한 평형법(Balance by Design Method) : 정압조절평형법(유속조절평형법) ★

저항에 따라 덕트 직경을 크게 하거나 감소시켜 저항을 줄이거나 증가시키는 방법으로 합류점의 정압이 같아지도록 하는 방법

장점	단점
• 침식, 부식, 분진 퇴적에 의한 덕트 폐쇄가 없다. • 설계 시 잘못 설계된 분지관 또는 저항이 가장 큰 분지관을 쉽게 발견할 수 있다.(최대 저항 경로 선정이 잘못되어도 설계 시 쉽게 발견할 수 있음) • 설계가 정확할 때에는 가장 효율적인 시설이다.	• 설계 시 잘못된 유량을 고치기 어렵다.(임의로 유량을 조절하기 어려움) • 송풍량은 근로자나 운전자의 의도대로 쉽게 변경되지 않는다. • 설계유량 산정이 잘못될 경우 수정은 덕트의 크기 변경을 요한다. • 설계가 복잡하고 시간이 많이 걸린다. • 설치된 후의 개조 및 변경이나 확장에 대한 유연성이 낮다. • 효율 개선 시 전체를 수정해야 한다. • 경우에 따라 전체 필요한 최소유량보다 더 초과될 수 있다.

51. 댐퍼를 이용한 평형법(Blast Gate Method)

① 저항조절평형법(댐퍼조절평형법, 덕트균형유지법)★
② 덕트에 댐퍼를 부착하여 압력을 조정하여 평형을 유지하는 방법

장점	단점
• 시설설치 후 송풍량의 조절, 덕트 위치 변경이 어렵지 않다.(임의의 유량 조절 가능) • 최소 설계 풍량으로 평형 유지가 가능하다. • 설계계산이 상대적으로 간단하고, 고도의 지식을 요하지 않는다. • 덕트 크기를 바꿀 필요가 없어 반송속도를 그대로 유지한다.	• 평형상태시설에 댐퍼를 잘못 설치하게 되면 평형상태 파괴를 유발한다. • 임의로 댐퍼 조정 시 평형상태가 파괴 될 수 있다. • 부분적 폐쇄댐퍼는 침식, 분진퇴적의 원인이 된다. • 최대 저항경로 선정이 잘못되어도 설계시 쉽게 발견하기 어렵다. • 댐퍼가 노출되어 누구나 쉽게 조절할 수 있어 정상기능을 저해할 우려있다.

52. 공기공급시스템의 목적 실기 기출★

① 국소배기장치를 적절하게 가동시키기 위하여
② 국소배기장치의 효율 유지를 위하여
③ 작업장 내의 안전사고 예방을 위하여
④ 연료를 절약하기 위하여(에너지 절약)
⑤ 작업장 내의 방해기류(교차기류) 생성 방지를 위하여
⑥ 외부 공기가 정화되지 않은 채로 건물 내로 유입되는 것을 막기 위하여

53. 국소배기장치의 점검

국소배기장치 ★★	공기정화장치
① 덕트와 배풍기의 분진 상태 ② 덕트 접속부가 헐거워졌는지 여부 ③ 흡기 및 배기 능력 ④ 그 밖에 국소배기장치의 성능을 유지하기 위하여 필요한 사항	① 공기정화장치 내부의 분진 상태 ② 여과제진장치(濾過除塵裝置)의 여과재 파손 여부 ③ 공기정화장치의 분진 처리능력 ④ 그 밖에 공기정화장치의 성능 유지를 위하여 필요한 사항

54. 국소배기장치 성능시험 시 필수장비 ★★

① 발연관(연기발생기 ; smoke tester)
② 청음기 또는 청음봉
③ 절연저항계
④ 표면온도계 및 초자온도계
⑤ 줄자
⑥ 열선풍속계(선택장비)

55. 송풍관 내의 풍속측정 계기 실기기출 ★

① **피토관** : 풍속이 3m/sec를 초과하는 경우에 사용
② **풍차 풍속계** : 풍속이 1m/sec를 초과하는 경우에 사용
③ 열선식풍속계
④ 그네 날개형 풍속계

56. 국소배기장치의 압력측정 장비 실기기출 ★

① 피토관
② U자 마노미터
③ 경사 마노미터
④ 아네로이드 게이지
⑤ 마크네헬릭 게이지

제2장 작업 공정 관리

1. 작업환경대책 중 작업환경개선의 공학적인 대책(작업환경관리의 원칙) ★★

① 대치(대체)
  - 공정의 변경
  - 유해물질 변경
  - 시설의 변경

② 격리(Isolation)
  - 저장물질의 격리
  - 시설의 격리
  - 공정의 격리
  - 작업자의 격리

③ 환기
  - 국소환기
  - 전체환기

2. 대치(대체 : Substitution)의 예 ★

공정의 변경	• 분진 비산 작업에 습식공법을 채택한다. • 두들겨 자르던 공정을 톱 절단으로 변경한다. • 고속회전식 그라인더 작업을 저속연마작업으로 변경한다. • 작은 날개로 고속 회전시키는 것을 큰 날개 저속 회전으로 변경한다. • 페인트 분사 방식에서 합침 방식으로 변경한다. • 유기용제 세척공정을 스팀세척이나 비눗물 사용 공정으로 변경한다. • 압축공기식 임팩트 렌치 작업을 저소음 유압식 렌치로 대치한다. • 소음이 많은 리벳팅 작업을 볼트, 너트 작업으로 대치한다. • 용제를 사용하는 분무도장을 에어스프레이 도장으로 변경한다. • 광산에서는 습식 착암기를 사용하여 파쇄, 연마작업을 한다. • 주물공정에서 쉘 몰드법을 채용한다.
유해물질 변경 (물질의 대체)	• 아조염료의 합성에서 벤지딘을 디클로로벤지딘으로 대신 사용한다. • 금속제품의 탈지(세척작업)에 트리클로로에틸렌을 사용하던 것을 계면활성제로 전환한다. • 성냥제조 시에 황린(백린) 대신 적린을 사용한다. • 단열재(보온재)로 석면을 사용하던 것을 유리섬유, 암면 또는 스티로폼 등을 사용한다. • 분체의 원료를 입자가 작은 것에서 큰 것으로 변경한다. • 분말로 출하되는 원료를 고형상태의 원료로 출하한다. • 유기합성용매로 방향족화합물을 사용하던 것을 지방족화합물로 전환한다.

유해물질 변경 (물질의 대체)	• 세탁 시 세정제로 사용하는 벤젠을 1,1,1-트리클로로에탄으로 변경한다. • 금속제품 도장용으로 유기용제를 수용성 도료로 전환한다. • 세탁 시 화재예방을 위하여 석유나프타 대신 퍼클로로에틸렌(트리-클로로에틸렌)을 사용한다. • 야광시계의 자판을 라듐 대신 인을 사용한다. • 세척작업에서 사염화탄소 대신 트리클로로에틸렌을 사용한다. • 주물공정에서 실리카모래 대신 그린모래로 주형을 채우도록 한다. • 금속표면을 블라스팅 할 때 사용재료로서 모래 대신 철구슬을 사용한다. • 땜질한 납을 고속회전 그라인더를 이용하던 것을 oscillating-type sander를 사용한다. • 제품의 표면 마감에 사용되는 고속 회전식 그라인더를 저속, 왕복형 절삭기로 대치한다. • 유연 휘발유를 무연 휘발유로 대체한다. • 페인트 내에 들어 있는 납을 아연 성분으로 전환한다. • 페인트 희석제를 석유나프타에서 사염화탄소로 대치한다.
시설의 변경	• 고소음 송풍기를 저소음 송풍기로 교체한다. • 작은 날개 고속 회전의 송풍기 대신 큰 날개 저속 회전하는 송풍기를 사용한다. • 가연성 물질을 저장할 경우 유리병보다는 철제통을 사용한다. • 페인트 도장 시 분사 대신 담금 도장으로 변경한다. • 금속제품 이송 시 롤러의 재질을 철제에서 고무나 플라스틱을 사용한다. • 염화탄화수소 취급장에서 네오프렌 장갑대신 폴리비닐알코올 장갑을 사용한다. • 흄 배출 후드의 창을 안전유리로 교체한다.

제3장 개인 보호구

1. 방진마스크의 선정조건(구비조건) ★

① 흡·배기 저항이 낮을 것(흡·배기 저항 상승률이 낮을 것)
② 포집효율이 높을 것
③ 시야가 확보될 것
④ 중량이 가벼울 것
⑤ 안면 밀착성이 좋을 것
⑥ 피부접촉부 고무질이 좋을 것
⑦ 비휘발성 입자에 대한 보호가 가능할 것
⑧ 여과효율이 우수하려면 필터에 사용되는 섬유의 직경이 작고 조밀하게 압축되어야 한다.

2. 방진마스크의 특징 ★

① 방진마스크는 인체에 유해한 분진, 연무, 흄, 미스트, 스프레이 입자를 작업자가 흡입하지 않도록 하는 보호구이다.
② 비휘발성 입자에 대한 보호만 가능하며, 가스 및 증기로부터의 보호는 안 된다.
③ 방진마스크의 종류에는 격리식과 직결식, 면체여과식이 있다.
④ 형태별로 전면형 마스크와 반면형 마스크가 있다.
⑤ 필터의 재질은 면, 모, 합성섬유, 유리섬유, 금속섬유 등이다.

3. 방독마스크 흡수제의 종류 ★

① 활성탄
② 큐프라마이트
③ 호프칼라이트
④ 실리카겔
⑤ 소다라임
⑥ 알칼리제재
⑦ 카본

4. 할당보호계수(APF; Assigend Protection Factor) ★

1) 보호계수(Protection Factor, PF)

호흡보호구 바깥쪽에서의 공기 중 오염물질 농도와 안쪽에서의 오염물질 농도의 비로 착용자 보호의 정도를 나타내는 척도를 말한다.

2) 할당보호계수(APF; Assigend Protection Factor) ★

① 잘 훈련된 착용자가 보호구를 착용했을 때 각 호흡보호구가 제공할 수 있는 보호계수의 기대치를 말한다.
② APF를 이용하여 보호구에 대한 최대사용농도(MUC; Maximum Use Concentration)를 구할 수 있다.
③ APF가 100인 보호구를 착용하고 작업장에 들어가면 착용자는 외부 유해물질로부터 적어도 100배 만큼의 보호를 받을 수 있다는 의미이다.
④ 호흡용 보호구 선정 시 위해비(HR)보다 할당보호계수(APF)가 큰 보호구를 선택해야 한다.

5. 보호장구 재질에 따른 적용물질 ★

① Neoprene 고무 : 비극성용제, 산, 부식성물질에 사용
② Vitron : 비극성용제에 사용
③ Nitrile : 비극성용제에 사용
④ 천연고무(latex) : 극성용제 및 수용성 용액에 사용
⑤ Butyl 고무 : 극성용제(알코올, 알데하이드 등)에 사용
⑥ 면 : 고체상물질에 사용(용제에는 사용 못함)
⑦ 가죽 : 찰과상 예방(용제에는 사용 못함)
⑧ Ethylene Vinyl Alcohol : 화학물질 취급 작업에 사용
⑨ Polyvinyl Chloride(PVC) : 수용성 용제에 사용

6. 귀마개의 장·단점 ★

장점	단점
• 부피가 작아서 휴대하기 편하다. • 보안경과 안전모 사용에 구애받지 않는다. • 고온작업, 좁은 공간에서도 사용 할 수 있다. • 가격이 저렴하다.	• 귀에 질병이 있을 경우 착용이 불가능하다. • 제대로 착용하는데 시간이 걸리며 요령을 습득해야 한다. • 착용 여부 파악이 곤란하다. • 차음효과가 일반적으로 귀덮개보다 떨어지며 사람에 따라 차이가 있을 수 있다. • 귀마개 오염에 따른 감염 가능성이 있다. • 땀이 많이 날 때는 외이도에 염증유발 가능성이 있다.

7. 귀덮개의 장·단점 ★

장점	단점
• 고음영역에서 차음효과가 탁월하다. • 귀마개보다 차음효과가 일반적으로 크며 차음효과의 개인차가 적다. • 귀 안에 염증이 있어도 사용이 가능하다. • 착용이 쉽고 착용법이 틀리거나 분실할 염려가 적다. • 동일한 크기의 귀덮개를 대부분의 근로자가 사용할 수 있다. • 멀리서도 착용 유무를 확인할 수 있다.	• 고온에서 사용 시에는 땀이 나서 불편하다. • 보안경과 동시 착용 시에는 불편하며 차음효과가 감소한다. • 가격이 비싸고 운반과 보관이 쉽지 않다. • 오래 사용하여 귀걸이의 탄력성이 줄었을 때나 귀걸이가 휘었을 때는 차음효과가 떨어진다.

PART 04 물리적 유해인자 관리

제1장 온열조건

1. 온열요소(열 교환에 영향을 미치는 요소) 실기기출★

① 기온(온도)
② 기습(습도)
③ 기류(대류, 풍속)
④ 복사열

2. 지적온도의 영향인자 ★

① 작업량이 클수록 체열생산량이 많아 지적온도는 낮아진다.
② 여름철이 겨울철보다 지적온도가 높다.
③ 더운 음식물, 알코올, 기름진 음식 등을 섭취하면 지적온도는 낮아진다.
④ 젊은 사람보다 노인들에게 지적온도가 높다.

3. 고온에서의 생리적 변화

고온의 일차적 생리적 현상 ★	고온의 이차적 생리적 현상
① 발한(땀)	① 심혈관 장해
② 불감발한	② 신장 장해
③ 피부혈관의 확장	③ 위장 장해
④ 체표면적 증가	④ 신경계 장해
⑤ 호흡증가	⑤ 피부기능 변화
⑥ 근육이완	⑥ 수분 및 염분 부족

4. 고열장해 분류 ★★

① **열경련(heat cramp)** : 고온환경에서 심한 육체적인 노동을 할 때 체내 수분 및 혈중 염분농도 저하가 원인이 되어 발생한다.
② **열피로(heat exhaustion), 열탈진, 열피비** : 고온환경에서 장시간 힘든 노동을 할 때 과다 발한으로 인한 수분과 염분손실 및 탈수로 인한 혈장량이 감소되어 발생한다.
③ **열쇠약(heat prostration)** : 고열작업장에서의 만성적인 건강장해로 전신권태,

위장장해, 불면, 빈혈 등의 증상이 발생한다.
④ **열성발진(heat rashes)** : 가장 흔한 피부장해로서 **땀띠**라고도 한다.
⑤ **열허탈, 열실신** : 고열작업장에 순화되지 못한 작업자가 고열작업을 수행하는 경우에 **혈액순환 장해로 인하여** 신체말단부에 혈액이 과다하게 저류되어 뇌의 혈액흐름이 좋지 못하여 **대뇌피질의 혈류량이 부족(뇌의 산소부족)하여 발생**한다.
⑥ **열사병** : 태양의 복사열에 직접 노출 시 **뇌의 온도 상승으로 체온조절 중추기능 장해(중추신경 마비)**를 일으켜서 체내에 열이 축적되어 발생한다.

5. 저온(한랭환경)에서의 생리적 변화 ★

저온환경의 일차적인 생리적 변화	저온환경의 이차적인 생리적 반응
① 근육긴장의 증가 및 떨림(전율) ② 피부혈관의 수축 ③ 말초혈관의 수축 ④ 화학적 대사작용의 증가(갑상선 호르몬 분비 증가) ⑤ 체표면적의 감소	① 말초냉각 : 말초혈관의 수축으로 표면조직의 냉각이 진행된다. ② 식욕변화 : 저온에서는 근육활동, 조직대사의 증진으로 식욕이 항진된다. ③ 혈압변화 : 피부혈관 수축으로 혈압은 일시적으로 상승한다. ④ 순환기능 : 피부혈관의 수축으로 순환기능이 감소된다.

6. 한랭환경에 의한 건강장해 ★

① **전신체온강하(저 체온증)** : 전신 체온강하는 **장시간의 한랭 노출과 체열상실에 따라 발생**하는 급성 중증장해이다.
② **동상(frostbite)** : **발가락은 12℃에서 시린 느낌이 생기고 6℃에서는 아픔을** 느낀다.

동상의 구분 ★★	
제1도 동상 (발적)	가려우며 **혈관확장으로 국소 발적**이 생긴다.
제2도 동상 (수포형성과 염증)	수포와 함께 **광범위한 삼출성 염증**이 생긴다.
제3도 동상 (조직괴사 및 괴저)	심부조직까지 동결되어 **조직의 괴사로 인한 괴저**가 발생한다.

③ **참호족(참수족, 침수족 ; trench foot, immersion foot)** : 한랭환경에 장기간 노출됨과 동시에 **발이 지속적으로 습기나 물에 잠길 경우 발생**한다. (침수족이 참호족보다 노출시간이 길 때 발생)

7. 수면 하에서의 기압 ★

수면 하에서의 압력은 수심이 10m 깊어질 때마다 1기압씩 더해진다.
예 수심 10m에서의 압력 : 게이지압 1기압, 절대압 2기압
  수심 45m에서의 압력 : 게이지압(작용압) 4.5기압, 절대압 5.5기압

8. 고압환경의 2차적 가압현상 ★★

① 질소의 마취작용 : 공기 중의 질소 가스는 4기압 이상에서 마취작용을 일으킨다.
② 산소중독 증세 : 산소분압이 2기압을 넘으면 산소중독 증세가 나타난다.
③ 이산화탄소의 작용 : 이산화탄소의 증가는 산소의 독성과 질소의 마취작용을 촉진시킨다.

9. 감압병(decompression ; 잠함병, 케이슨병) ★

급격한 감압 시에 혈액 속의 질소가 혈액과 조직에 기포를 형성하여(종격기종, 기흉)을 혈액순환 장해와 조직 손상을 일으킨다.

10. 감압 시에 조직 내 질소기포 형성량에 영향을 주는 요인 ★★

① 조직에 용해된 가스량
② 혈류를 변화시키는 상태
③ 감압속도
④ 고기압의 노출정도

11. 조직에 용해된 가스량을 결정하는 요인

① 고기압의 노출정도
② 고기압의 노출시간
③ 체내 지방량

12. 저기압(저압환경)에서의 인체영향 ★

① 고공증상 : 신경장해, 동통성 관절장해, 항공치통, 항공이염, 항공부비감염 등
② 폐수종 : 진해성 기침과 호흡곤란이 나타나고 폐동맥 혈압이 상승하다 산소공급과 해면으로의 귀환으로 급속히 소실된다.
③ 고산병 : 극도의 우울증, 두통, 식욕상실을 보이는 임상 증세군이며 가장 특징적인 것은 흥분성이다.
④ 저산소증(Hypoxia : 산소결핍증) : 저기압에서 가장 문제가 되는 것은 저산소증(산소결핍증)이다.

13. 고압시간 및 잠수시간의 제한 ★

① 고압시간은 1일 6시간, 1주 34시간을 초과하지 아니할 것
② 잠수시간은 1일 6시간, 1주 34시간을 초과하지 아니할 것 ★
③ 감압의 속도는 매분 매제곱센티미터당 0.8킬로그램 이하로 할 것

14. 감압병 예방 및 치료 ★

① 고압환경에서의 작업시간을 제한(1일 6시간, 주 34시간)하고 고압실내의 작업에서는 탄산가스 분압이 증가하지 않도록 신선한 공기를 송기시킨다.
② 감압이 끝날 무렵에 순수한 산소를 흡입시키면 감압시간을 25% 가량 단축시킬 수 있다. ★
③ 헬륨은 호흡저항이 작고, 질소보다 확산속도가 크며, 체외로 배출되는 시간이 질소에 비하여 50% 정도 밖에 걸리지 않아 고압환경에서 작업하는 근로자에게 질소를 헬륨으로 대치한 공기를 호흡시켜 감압병을 예방한다. ★★
④ 특별히 잠수에 익숙한 사람을 제외하고는 10m/min속도 정도로 잠수하는 것이 안전하다.
⑤ 감압병이 발생하면 환자를 원래의 고압환경 상태로 바로 복귀시키거나, 인공고압실에 넣어 혈관 및 조직 속에 발생한 질소의 기포를 용해시킨 후 서서히 감압한다.
⑥ 정상기압보다 1.25기압을 넘지 않는 고압환경에는 아무리 오랫동안 폭로되거나 아무리 빨리 감압하더라도 기포를 형성하지 않는다.
⑦ 적성검사로 부적합자를 색출한다.(비만자의 작업 금지)
⑧ 귀 등의 장해를 예방하기 위해서는 압력을 가하는 속도를 매분당 $0.8kg/cm^2$ 이하가 되도록 한다.

15. 산소결핍

공기 중의 산소농도가 18% 미만인 상태를 말한다. ★★

16. 작업장의 적정공기 수준 ★★

① 산소농도의 범위가 18% 이상 23.5% 미만
② 이산화탄소의 농도가 1.5% 미만
③ 일산화탄소의 농도가 30ppm 미만
④ 황화수소의 농도가 10ppm 미만

17. 소음이 인체에 미치는 영향(생리적 영향) ★

① 혈압 증가
② 맥박수 증가
③ 위분비액 감소
④ 집중력 감소
⑤ 청력손실(소음성 난청)

18. C_5-dip 현상 실기기출★

소음성 난청의 초기단계로서 4,000Hz 부근의 음에 대한 청력저하가 심하게 생기게 되는 현상을 말한다.

19. 소음성 난청(청력손실)에 영향을 미치는 요소 ★

① 개인의 감수성 : 개인의 감수성에 따라 소음반응이 다양하다.
② 음의 강도 : 음압수준이 높을수록 유해하다.
③ 폭로시간(노출시간) : 계속적 노출이 간헐적 노출보다 더 유해하다.
④ 음의 물리적 특성
  • 고주파음이 저주파음보다 더 유해하다.
  • 충격음 및 연속음의 유해성이 더 크다.
⑤ 심한 소음에 반복하여 노출되면 일시적 청력변화는 영구적 청력변화로 변한다.

20. 청력보존 프로그램 시행 실기기출★

사업주는 다음 각 호의 어느 하나에 해당하는 경우에 청력보존 프로그램을 수립하여 시행하여야 한다.
① 근로자가 소음작업, 강렬한 소음작업 또는 충격소음작업에 종사하는 사업장
② 소음으로 인하여 근로자에게 건강장해가 발생한 사업장

21. 전신진동에 의한 생체반응에 관여하는 인자 실기기출★

① 진동의 강도
② 진동수
③ 진동방향
④ 폭로시간(노출시간)

22. 레이노(Raynaud's phenonmenon) 현상 ★

국소진동으로 인하여 말초혈관운동 장해가 발생하여 수지가 창백해지고 손이 차며 통증이 오는 현상으로 추운 환경에서 더 잘 발생한다.

23. 인체에 영향을 주는 진동범위

① 전신진동 : 2~100Hz(공해진동 : 1~90Hz)★
② 국소진동 : 8~1,500Hz★
③ 수직진동 : 4,000~8,000Hz
④ 수평진동 : 1,000~2,500Hz
⑤ 사람이 느끼는 최소 진동치 : 55±5dB
⑥ 전신은 4Hz, 두부와 견부는 20~30Hz, 안구는 60~90Hz 진동에 공명한다.★

24. 진동증후군(HAVS)에 대한 스톡홀름 워크숍의 분류 ★

단계	증상 및 징후
0단계	• 증상 없음
1단계	• 가벼운 증상 • 하나 혹은 그 이상의 손가락 끝부분이 하얗게 변하는 증상이 나타나는 단계
2단계	• 하나 혹은 그 이상의 손가락의 중간부위 이상에 때때로 증상이 나타나는 단계
3단계	• 심각한 증상 • 대부분의 수지들 전체에 빈번하게 증상이 발생하는 단계
4단계	• 매우 심각한 증상 • 대부분의 손가락이 하얗게 변하는 증상과 함께 손끝에서 땀의 분비가 제대로 일어나지 않는 등의 변화가 나타나는 단계

25. 진동방지(방진) 대책 ★

발생원 대책	① 기초중량을 부가 및 경감한다. ② 진동원을 제거한다.(가장 적극적인 방법) ③ 방진재를 이용하여 탄성지지한다. ④ 기진력을 감쇠시킨다.(동적 흡진) ⑤ 불평형력의 평형을 유지한다.
전파경로 대책	① 거리감쇠를 크게 한다. ② 수진점 부근에 방진구를 설치하여 전파경로를 차단한다.
수진측 대책	① 수진측에 탄성지지를 한다. ② 수진점의 기초중량을 부가 및 경감한다. ③ 근로자 작업시간 단축 및 교대제를 실시한다. ④ 근로자 보건교육을 실시한다.

26. 광자에너지 ★

① 생체를 이온화시키는 최소에너지를 방사선을 구분하는 에너지 경계선으로 한다.
② 전리방사선과 비전리방사선의 경계 에너지의 강도는 12eV이다.

③ 광자에너지(12eV) 이하의 에너지를 가지는 방사선을 비전리방사선(전자파)이라 한다.
④ 광자에너지 이상의 에너지를 가지는 방사선을 전리방사선(이온화방사선)이라 한다.

27. 전리방사선(이온화 방사선)의 종류 ★

① 전자기 방사선(X-Ray, γ선)
② 입자 방사선(α, β입자, 중성자)

28. 전리방사선의 인체투과력 및 전리작용 ★★

① 인체의 투과력 순서 : 중성자 > X선 or γ > β > α
② 전리작용(REB : 생물학적 효과) 순서 : 중성자 > α > β > X선 or γ

29. 방사선의 단위 ★

구분	단위	비고
방사성물질의 양 : 시간당(초) 방사능 붕괴횟수	베크렐(Bq), 큐리(Ci)	$1Ci = 3.7 \times 10^{10} Bq$
흡수선량 : 질량(kg)당 흡수한 방사선 에너지(J)	그레이(Gy), 라드(rad)	$1rad = 0.01Gy$
방사선량 : 방사선이 물질을 전리시킨 정도(생성되는 이온의 양)	뢴트겐(R)	$1R(뢴트겐) = 2.58 \times 10^{-4}(C/kg)$
선당량(생체실효선량) : 방사선의 생물학적 손상 정도	시버트(Sv), 렘(rem)	$1rem = 0.01Sv$
자속 밀도(자기장의 밀도)	테슬라(T)	

30. 전리방사선에 대한 감수성이 큰 신체조직 ★

① 세포핵 분열이 계속적인 조직
② 증식력과 재생기전이 왕성한 조직
③ 형태와 기능이 미완성된 조직
④ 유아나 어린이에게 가장 위험

31. 전리방사선에 대한 인체 내의 감수성 순서 ★★

골수, 임파선, 흉선 및 림프조직(조혈기관), 눈의 수정체 > 피부 등 상피세포 > 혈관 등 내피세포 > 결합조직, 지방조직 > 뼈, 근육조직 > 폐 등 내장기관 > 신경조직

암기

골인(임파선) 수 상 내 결지 뼈근육 폐내장 신경

32. 비전리방사선의 종류 및 파장 ★

① 자외선(화학선) : 100~400nm(1,000~4,000Å)
② 적외선(열선) : 750~1,200nm(7,500~12,000Å)
③ 가시광선 : 400~760nm(4,000~7,600Å)
④ 마이크로파 : 1~300cm

33. 자외선의 종류 ★★

근자외선 (UV-A)	• 파장 : 315(300)~400nm[3,150~4,000Å] • 피부의 색소침착
도르노선 (UV-B)	• 파장 : 280(290)~315(320)nm[2,800~3,150Å] • 소독(살균)작용, 비타민 D형성 등 인체에 유익한 영향(건강선, 생명선) • 피부노화, 홍반, 각막염, 피부암 유발
UV-C	• 파장 : 100~280nm[1,000~2,800Å] • 살균작용(살균효과가 있어 수술용 램프로 사용)

34. 자외선의 인체영향(생물학적 작용) ★

화학선	• 눈과 피부 등에 화학변화를 일으킨다.
광화학적 반응	• 산소분자를 해리하여 오존을 생성하고, 공기 중의 염화탄화수소와 결합하여 포스겐($COCl_2$)을 생성한다. • 트리클로로에틸렌(TCE)을 독성이 강한 포스겐으로 전환시킬 수 있는 광화학적 작용을 한다.
피부작용	• 피부암 발생 : 280(290)~315(320)nm의 파장에서 피부암이 발생할 수 있다.(자외선 노출에 의한 가장 심각한 만성영향) • 피부 홍반 형성 및 색소 침착 : 200~290nm에서 홍반작용이 강하다. • 피부의 비후 : 자외선에 의해 진피 두께가 증가한다.
눈에 대한 영향	• 240~310nm 파장에서 결막염, 백내장을 일으킨다. • 급성각막염 발생 : 전기용접, 자외선 살균취급자 등에서 자외선에 의한 전광성 안염(전기성 안염)이 발생된다.(일반적으로 6~12시간에 증상이 최고에 달함)
비타민 D 생성	• 280~320nm의 파장에서는 비타민 D의 생성이 활발해진다. • 광화학적 작용을 일으켜 진피 층에서 비타민 D가 형성된다.
살균작용	• 254~280nm의 파장에서는 강한 살균작용을 나타낸다. • 254nm파장 정도에서 살균작용이 가장 강하며, 핵단백을 파괴하여 이루어진다.
전신 건강장해	• 자극작용이 있고 적혈구, 백혈구, 혈소판이 증가한다. • 2차적인 증상으로 두통, 흥분, 피로, 불면, 체온 상승이 나타난다.

35. 국제 조명위원회(CIE)의 적외선의 구분

IR-A	700nm~1,400nm(0.7μm~1.4μm)
IR-B	1,400nm~3,000nm(1.4μm~3μm)
IR-C	3,000nm~1mm(3μm~1,000μm)

36. 적외선의 인체영향(생물학적 작용) ★

적외선이 흡수되면 화학반응을 일으키는 것이 아니라 구성분자의 운동에너지를 증가시키므로 조직온도가 상승한다. ★

피부장해	• 적외선의 피부투과성은 700~760nm 파장 범위에서 가장 강하다. • 근적외선은 급성 피부화상, 색소침착 등을 일으킨다. • 조사 부위의 온도가 오르면 홍반이 생기고, 혈관 확장, 암 변성을 유발하며 강력한 조직 조사는 피부와 심부조직에 화상을 일으킨다.
안장해	• 1,400nm(14,000Å) 이상의 적외선은 각막손상을 일으킨다. • 1,400nm(14,000Å) 이하의 적외선에 만성 폭로되면 적외선 백내장을 일으킨다. • 적외선 백내장을 초자공, 대장공 백내장이라 한다. (초자공, 용광로의 근로자들과 대장공들에게 백내장이 수정체의 뒷부분에서 발병)
두부장해	• 장기간 조사 시 두통, 자극작용이 있으며, 강력한 적외선은 뇌막자극 증상 (의식상실, 열사병) 등을 유발할 수 있다.

37. 마이크로파의 주파수별 인체영향 ★

10,000MHz	피부에 온감각을 준다.
1,000~10,000MHz (파장 : 3~10cm)	백내장을 일으킨다.
150~1,200MHz	내장조직 손상을 일으킨다.
300~1,200MHz	중추신경(대뇌 측두엽 표면부위)에 대한 작용이 민감하다.

38. 조도 ★

(1) 정의

단위 면적에 입사하는 빛의 세기(광량)

$$조도(Lux) = \frac{광도}{(거리)^2}$$

(2) 단위

① fc(foot-candle) : 1루멘의 빛이 $1ft^2$의 평면상에 수직방향으로 비칠 때 그 평면의 빛의 양($1lumen/ft^2$)

② lux(meter-candle) : 1루멘의 빛이 $1m^2$의 평면상에 수직방향으로 비칠 때의 빛의 양($1lumen/m^2$)

39. 광도 ★

(1) 정의
광원으로부터 나오는 빛의 세기

(2) 단위
① 칸델라(candela ; cd)
② 촉광(candle) : 지름이 1인치(2.54cm)되는 촛불이 수평방향으로 비칠 때 빛의 밝기(빛의 광도를 나타내는 단위로 국제촉광을 사용한다.)

40. 광속 ★

(1) 정의
광원으로부터 방출되는 빛의 전체 양을 말한다.

(2) 단위 ★
① 루멘(Lumen : lm) : 1촉광의 광원으로부터 한 단위입체각으로 나가는 광속의 단위

41. 광속발산도(휘도) ★

(1) 정의
단위 표면적에서 발산 또는 반사되는 빛의 양

(2) 단위
① 램버트(Lambert) : 평면 $1ft^2(1cm^2)$에서 1Lumen의 빛을 발하거나 반사시킬 때의 밝기($1Lambert = 3.18candle/m^2$)
② 니트(Nit) : $1nt = 1cd/m^2$

42. 채광방법 ★

(1) 창의 방향
① 많은 채광을 요구할 경우 : 남향
② 조명의 평등을 요하는 작업실 : 북향 or 동북향

(2) 창의 높이와 면적
① 조도는 창을 크게 하는 것보다 창의 높이를 증가시키는 것이 효과적이다.
② 창의 면적은 방바닥 면적의 15~20%(1/5~1/7)가 적당하다. ★

(3) 개각과 입사각(앙각)

　① 실내 각점의 개각은 4~5°가 좋으며, 개각이 클수록 실내는 밝다. ★
　② 입사각은 28° 이상이 좋으며, 입사각이 클수록 실내는 밝다. ★
　③ 개각 1°가 감소했을 때 입사각으로 2~5° 증가가 필요하다.

43. 인공조명 시 고려하여야 할 사항 실기기출★

　① 광색은 주광색에 가깝게 한다.
　② 가급적 간접 조명이 되도록 한다.
　③ 조도는 작업상 충분히 유지시킨다.
　④ 조명도는 균등히 유지할 수 있어야 한다.
　⑤ 경제적이며 취급이 용이해야 한다.
　⑥ 폭발성 또는 발화성이 없으며 유해가스를 발생하지 않아야 한다.

44. 법적 조도 기준(산업안전보건법) ★★

　① 초정밀 작업 : 750Lux 이상
　② 정밀 작업 : 300Lux 이상
　③ 보통 작업 : 150Lux 이상
　④ 기타 작업 : 75Lux 이상

PART 05 산업독성학

제1장 입자상 물질

1. 입자상 물질의 종류 및 정의 ★

흄(fume)	금속의 증기가 공기 중에서 응고되어 화학변화(산화)를 일으켜 만들어진 고체의 미립자(금속산화물) ★
미스트(mist)	공기 중에 부유, 비산되는 액체 미립자를 말하며 입자의 크기는 보통 $100\mu m$ 이하이다. ★
먼지(dust)	입자의 크기는 $1\sim100\mu m$ 정도의 고체의 미립자가 공기 중에 부유하고 있는 것
연기(smoke)	유해물질이 연소 시에 불완전 연소의 결과로 생기는 미립자로 액체나 고체의 2가지 상태로 존재할 수 있다.(크기는 $0.01\sim1.0\mu m$ 정도) ★
안개(fog)	증기가 응축되어 생성된 액체 입자로 크기는 $1\sim10\mu m$ 정도이다.
스모그(smog)	smoke(연기)와 fog(안개)가 결합된 상태
에어로졸(aerosol)	유기물의 불완전 연소에 의한 액체와 고체의 미세한 입자가 공기 중에 부유되어 있는 혼합체
섬유(fiber)	길이가 $5\mu m$ 이상이고 길이 대 너비의 비가 3 : 1 이상인 가늘고 긴 먼지로 석면섬유, 식물섬유, 유리섬유, 암면 등이 있다.
검댕(soot)	탄소함유 물질의 불완전연소로 생성된 탄소입자의 응집체

2. 흄(fume)의 발생기전 3단계 ★★

1단계 금속의 증기화	금속이 녹는 점 이상의 열에너지를 받아 공기 중으로 증기화된다.
2단계 증기물의 산화	금속증기는 공기 중의 산소에 의해 산화물을 형성한다.
3단계 산화물의 응축	온도차에 따라 냉각, 응축되면서 다시 고체인 금속입자가 된다.

3. 노출기준 사용상의 유의사항 ★★

① 각 유해인자의 노출기준은 해당 유해인자가 단독으로 존재하는 경우의 노출기준을 말하며, 2종 또는 그 이상의 유해인자가 혼재하는 경우에는 각 유해인자의 상가작용으로 유해성이 증가할 수 있으므로 산출하는 노출기준을 사용하여야 한다.
② 노출기준은 1일 8시간 작업을 기준으로 하여 제정된 것이므로 이를 이용할 경우

에는 근로시간, 작업의 강도, 온열조건, 이상기압 등이 노출기준 적용에 영향을 미칠 수 있으므로 이와 같은 제반요인을 특별히 고려하여야 한다.

③ 유해인자에 대한 감수성은 개인에 따라 차이가 있고, 노출기준 이하의 작업환경에서도 직업성 질병에 이환되는 경우가 있으므로 **노출기준은 직업병진단에 사용하거나 노출기준 이하의 작업환경이라는 이유만으로 직업성 질병의 이환을 부정하는 근거 또는 반증자료로 사용하여서는 아니 된다.**

④ **노출기준은 대기오염의 평가 또는 관리상의 지표로 사용하여서는 아니 된다.**

4. ACGIH(미국정부산업위생전문가 협의회)의 허용 농도(TLV) 적용상 주의 사항 ★★★

① 대기오염평가 및 지표(관리)에 적용할 수 없다.
② 24시간 노출 또는 정상 작업시간을 초과한 노출에 대한 독성 평가에는 적용할 수 없다.
③ 기존의 질병이나 신체적 조건을 판단(증명 또는 반응자료)하기 위한 척도로 사용될 수 없다.
④ 작업조건이 다른 나라에서 ACGIH-TLV를 그대로 사용할 수 없다.
⑤ 안전농도와 위험농도를 정확히 구분하는 경계선이 아니다.
⑥ 독성의 강도를 비교할 수 있는 지표는 아니다.
⑦ 반드시 산업보건(위생) 전문가에 의하여 설명(해석), 적용되어야 한다.
⑧ 피부로 흡수되는 양은 고려하지 않은 기준이다.
⑨ 산업장의 유해조건을 평가하기 위한 지침이며 건강장해를 예방하기 위한 지침이다.

5. 분진 종류에 따른 진폐증의 분류 ★

무기성(광물성)분진에 의한 진폐증	유기성 분진에 의한 진폐증
• 규폐증 • 규조토폐증 • 탄소폐증 • 탄광부 진폐증 • 용접공폐증 • 석면폐증 • 베릴륨폐증 • 활석폐증 • 흑연폐증 • 주석폐증 • 칼륨폐증 • 바륨폐증 • 철폐증	• 농부폐증 • 연초폐증 • 면폐증 • 설탕폐증 • 목재분진폐증 • 모발분진폐증 **암기** **연초** 핀 **농부**의 **모발**에서 **설탕** 나오면 **면**(면폐증) **목**(목재분진폐증) 없다.

6. 진폐증의 종류 및 특징

(1) 규폐증(silicosis) ★
① **이산화규소(SiO_2, 유리규산, 석영) 분진의 흡입**으로 폐조직에 섬유화가 나타나는 진폐증을 말한다.
② 이집트의 미라에서도 발견되는 오랜 질병이며, **건축업, 도자기 작업장, 채석장, 석재공장** 등의 작업장에서 근무하는 근로자에게 발생한다.
③ **합병증**으로 **폐암, 폐결핵(규폐결핵증)**을 일으키며 폐하엽 부위에 많이 생긴다.

(2) 석면폐증(Asbestosis) ★
① 석면을 취급하는 작업자에게 발생되는 진폐증을 말한다.
② **폐암, 악성중피종, 늑막염** 등을 일으킨다.
③ 길이가 $5 \sim 8 \mu m$보다 길고, 두께가 $0.25 \sim 1.5 \mu m$보다 얇은 석면이 석면폐증을 잘 일으킨다.

7. 진폐증의 독성 병리기전 ★

① 진폐증의 **대표적인 병리소견은 섬유증**(fibrosis)이다.
② 섬유증이 동반되는 **진폐증의 원인물질로는 석면, 알루미늄, 베릴륨, 석탄분진, 실리카** 등이 있다.
③ 폐포 대식세포는 분진탐식 과정에서 **활성산소유리기에 의한 섬유모세포의 증식**을 유도한다.
④ 콜라겐 섬유가 증식하면 폐의 탄력성이 떨어져 **호흡곤란, 지속적인 기침, 폐기능 저하**를 가져온다.

8. 기관석면조사 대상 ★

① 건축물(주택은 제외)의 연면적 합계가 50제곱미터 이상이면서, 그 건축물의 철거·해체하려는 부분의 면적 합계가 50제곱미터 이상인 경우
② 주택(부속건축물을 포함한다)의 연면적 합계가 200제곱미터 이상이면서, 그 주택의 철거·해체하려는 부분의 면적 합계가 200제곱미터 이상인 경우
③ 설비의 철거·해체하려는 부분에 다음 각 목의 어느 하나에 해당하는 자재(물질을 포함한다)를 사용한 면적의 합이 15제곱미터 이상 또는 그 부피의 합이 1세제곱미터 이상인 경우
  • 단열재
  • 보온재
  • 분무재
  • 내화피복재(耐火被覆材)

- 개스킷(Gasket : 누설방지재)
- 패킹재(Packing material : 틈박이재)
- 실링재(Sealing material : 액상 메움재)
- 그 밖에 가목부터 사목까지의 자재와 유사한 용도로 사용되는 자재로서 고용노동부장관이 정하여 고시하는 자재

④ 파이프 길이의 합이 80미터 이상이면서, 그 파이프의 철거·해체하려는 부분의 보온재로 사용된 길이의 합이 80미터 이상인 경우

9. 석면으로 인한 건강장해 ★

① 석면 중 건강에 가장 치명적인 영향을 미치는 것(발암성이 가장 강하다)은 청석면(크로시돌라이트 : crocidolite)이다.
- 인체에 해로운 순서 : 청석면 > 갈석면 > 백석면

② 석면폐증, 폐암, 악성중피종 등을 유발한다.

10. 석면해체·제거작업 계획에 포함하여야 할 사항 실기 기출 ★

① 석면 해체·제거작업의 절차와 방법
② 석면 흩날림 방지 및 폐기방법
③ 근로자 보호조치

11. 인체 내의 방어기전 ★

① 점액 섬모운동(기관지) : 기도와 기관지에 침착된 먼지는 점액 섬모운동과 같은 방어작용에 의해 정화된다.(가장 기초적인 방어기전)

② 대식세포 작용(폐포)
- 대식세포는 면역담당세포로서 세균, 이물질 등을 포식, 소화하는 역할을 한다.
- 대식세포가 방출하는 효소의 용해작용으로 제거한다.
- 대식세포는 수명이 다한 후 사멸하고 다시 새로운 대식세포가 먼지를 포위하는 과정이 계속적으로 일어난다.
- 폐에 침착된 먼지는 대식세포에 의하여 포위되어, 포위된 먼지의 일부는 미세기관지로 운반되고 점액섬모운동에 의하여 정화된다.

제2장 유해화학물질

1. 유해물질의 유해요인(인체에 미치는 유해성을 좌우하는 인자) ★

① 유해물질의 농도와 접촉시간
  - Haber의 법칙 ★

    > 유해지수 = 유해물질의 농도 × 접촉시간

② 근로자의 감수성
③ 작업강도 및 호흡량
④ 기상조건
⑤ 인체 내 침입경로

2. 유해물질의 인체침입 경로 ★

① 호흡기
  - 유해물질의 인체침입 경로 중 가장 영향이 큰 침입경로이다. ★
  - 호흡기의 흡수속도는 그 유해물질의 농도와 용해도로 결정되며, 폐까지 도달하는 양은 그 유해물질의 용해도에 의해 결정된다. ★

② 피부 : 피부를 통한 흡수량은 접촉피부면적과 그 유해물질의 유해성과 비례한다.
③ 소화기

3. 유기용제의 독성작용(중추신경계에 대한 독성기전) ★

① 탄소사슬의 길이가 길수록 중추신경 억제효과는 증가한다.
② 중추신경 억제작용은 할로겐화하면 크게 증가하고 알코올 작용기에 의하여 다소 증가한다.
③ 탄소사슬의 길이가 길수록 수용성은 감소하고 지용성은 증가한다.
④ 유기용제는 지방에 대한 친화력은 높고 물에 대한 친화력이 낮아 신체조직의 지방부분에 축적이 잘 된다.
⑤ 불포화 화합물은 포화 화합물보다 더 강력한 중추신경 억제물질이다.

> **암기**
>
> 탄소사슬이 길수록, 할로겐족으로 치환할수록, 불포화화합물일수록 독성이 증가한다.
> (중추신경계 억제효과가 크다)

4. 유기화학물질의 중추신경계 작용(마취작용) 순서

① 중추신경계 억제작용 순서★★
- 할로겐화화합물(할로겐족) > 에테르 > 에스테르 > 유기산 > 알코올 > 알켄 > 알칸

② 중추신경계 자극작용 순서★
- 아민류 > 유기산 > 케톤 > 알데히드 > 알코올 > 알칸

5. 방향족 탄화수소 ★

① 1개 이상의 벤젠고리로 구성된 화합물(벤젠, 톨루엔, 크실렌 등)이다.
② 급성 전신중독 시 독성이 강한 순서
- 톨루엔 > 크실렌 > 벤젠

벤젠	① 방향족 탄화수소 중 저농도에 장기간 노출(만성 중독) 시에 독성이 가장 강하다. ② 골수 및 조혈장해(재생불량성 빈혈증)를 유발한다. ★ ③ 벤젠은 저농도로 장기간 폭로 시 혈액장해, 간장장해, 재생불량성 빈혈, 백혈병을 일으킨다. ④ 연료, 합성고무 등의 원료로 사용된다. ⑤ 벤젠은 주로 페놀로 대사되며 페놀은 벤젠의 생물학적 노출지표로 이용된다.
톨루엔	① 방향족 탄화수소 중 급성전신 중독 시 독성이 가장 강하다. ② 중추신경계 억제, 뇌손상을 유발한다.

6. 다환(다핵) 방향족 탄화수소류(PAHs) ★

① 석유, 석탄 등에 포함되어 있으며, 석탄연료 배출물, 자동차 연료 배출가스 등 흡연 및 연소공정에서 주로 생성된다.
② 대사 중에 Arene oxide를 생성한다.
③ 비극성 지용성 화합물로 소화관을 통해 흡수된다.
④ 벤젠고리가 2개 이상 연결되어 있고 대사가 거의 되지 않는 방향족 고리로 구성되어 있다.
⑤ 나프탈렌, 벤조피렌 등이 해당된다.
⑥ PAH는 배설을 쉽게 하기 위하여 수용성으로 대사된다.
⑦ PAH의 대사에 관여하는 효소는 시토크롬 P-448로 대사되는 중간산물이 발암성을 나타낸다.

7. 할로겐화탄화수소 ★

① 중추신경계의 억제에 의한 마취작용이 특히 심하다.
② 고농도에 노출되면 중추신경계 장해 외에 간장과 신장장해를 유발한다.
③ 신장장해 증상으로 감뇨, 혈뇨 등이 발생하며 완전 무뇨증이 되면 사망할 수도 있다.
④ 초기 증상으로는 지속적인 두통, 구역 또는 구토, 복부선통과 설사, 간압통 등이 나타난다.
⑤ 할로겐화탄화수소의 독성의 정도는 화합물의 분자량이 커질수록 증가한다.
⑥ 할로겐화탄화수소의 독성의 정도는 할로겐원소의 수가 커질수록 증가한다.
⑦ 사염화탄소, 클로로포름, 염화비닐 등이 있다.

사염화탄소 (CCl_4) ★	• 피부를 통하여 인체에 흡수된다. • 고농도로 폭로되면 중추신경계 장해 외에 간장이나 신장에 장해가 일어나 황달, 단백뇨, 혈뇨 등의 증상이 생긴다. • 간에 대한 독성작용이 특히 심하여 중심소엽성 괴사를 일으킨다. • 가열하면 포스겐이나 염소(염화수소)로 분해된다. **암기** 간 신(간과 신장) 사염화를 소괴(중심소엽성 괴사) 합니다.
염화비닐 ★	• 장기간 노출된 경우 간조직 세포에 섬유화 증상이 나타난다. • 간에 혈관육종(hemangiosarcoma)을 일으킨다. ★ • 장기간 흡입한 근로자에게 레이노 현상이 나타나며 자체의 독성보다 대사산물에 의한 독성작용이 있다. **암기** 연비(염화비닐) 6종(혈관육종)
염화에틸렌	• 화기 등에 접촉하면 유독성의 포스겐이 발생하여 폐수종을 일으킨다.
염화탄화수소 ★	• 간장해를 일으킨다. **암기** 염탄(염화탄화수소) 간장(간장해)

클로로포름 ★	• 약품을 정제하기 위한 추출제 혹은 냉동제 및 합성수지에 이용된다.
트리클로로에틸렌	• 무색의 휘발성 용액 • 도금 사업장에서 금속표면의 탈지 및 세정용으로 사용된다. • 간 및 신장장해를 일으킨다. • 스티븐슨존슨 증후군을 일으킨다.

8. 이황화탄소(CS_2) : 중추신경 및 말초 신경 장해, 생식기능 장해 ★

① 상기도를 통해 체내로 흡수된다.
② 인조견, 셀로판, 사염화탄소의 생산, 수지와 고무제품의 용제, 실험실에서 추출용 등의 시약에 사용된다.
③ 장기간 고농도에 폭로되면 신경행동학적 이상(중추신경계의 특징적인 독성작용), 말초신경장해(파킨슨 증후군), 기질적 뇌손상(급성 뇌병증), 시각, 청각장해 등 감각 및 운동신경에 장해를 유발한다.
④ 고혈압의 유병률과 콜레스테롤치의 상승 빈도가 증가되어 뇌, 심장 및 신장의 동맥 경화성 질환을 초래한다.

9. 노르말헥산

① 페인트, 시너, 잉크 등의 용제로 사용된다.
② 장기간 폭로 시 다발성말초신경장해(앉은뱅이 증후군)을 유발한다. ★
③ 체내 대사과정을 거쳐 2,5-Hexanedione의 형태로 배설된다.
④ 2000년대 전자부품 사업장에서 외국인 근로자에게 다발성말초신경병증(앉은뱅이병)을 집단으로 유발시켰다. ★

10. 호흡기계 자극성 물질의 구분 ★★

상기도 점막 자극제	• 물에 잘 녹는 물질로 암모니아, 크롬산, 염화수소, 불화수소, 아황산가스 등이 있다. • 암모니아는 피부점막에 작용하여 눈의 결막과 각막을 자극하며 폐부종, 성대경련, 기관지 경련, 호흡장해를 초래한다.
상기도 점막 및 폐조직 자극제	• 물에 대한 용해도가 중등도인 물질로 염소, 브롬, 요오드(옥소), 불소(플루오르), 염소산화물, 오존 등이 있다. • 불소는 뼈에 가장 많이 축적된다.
종말 기관지 및 폐포점막 자극제	• 물에 잘 녹지 않는 물질로 이산화질소, 3염화비소, 포스겐 등이 있다. • 이산화질소, 포스겐은 폐포까지 침투하여 폐수종을 일으킨다.

11. 질식제의 구분 ★★

단순 질식제	• 생리적으로는 아무 작용도 하지 않으나 공기 중에 많이 존재하면 산소분압을 저하시켜 조직에 필요한 산소의 공급부족을 초래한다. • 수소, 질소, 이산화탄소(CO_2), 헬륨, 메탄, 에탄, 프로판, 에틸렌, 아세틸렌 등
화학적 질식제	• 혈액 중의 혈색소와 결합하여 산소운반 능력을 방해하거나 조직이 산소를 받아들이는 능력을 잃게하여 내질식을 일으킨다. • 일산화탄소(CO), 황화수소(H_2S), 시안화수소(HCN), 아닐린, 오존, 염소, 포스겐 등

12. 직업성 피부질환

작업환경 내 유해인자에 노출되어 피부 및 부속기관에 병변이 발생되거나 악화되는 질환을 직업성 피부질환이라 한다.
① 대부분은 화학물질에 의한 접촉피부염이다.
② 자극에 의한 원발성 피부염이 직업성 피부질환 중 가장 많은 부분을 차지한다. ★

13. 접촉성 피부염

① 외부물질과의 직접 접촉에 의하여 발생하는 피부염을 말한다.
② 작업장에서 가장 발생이 빈번한 직업성 피부질환은 접촉성 피부염이다.
③ 첩포시험은 알레르기성 접촉 피부염의 감작물질을 색출하는 임상시험이다. ★

14. 직업성 천식을 유발하는 물질

① 이소시아네이트류(톨루엔디이소시안산염 : TDI) ★
② 에폭시 레진(Epoxy resin)
③ 무수트리멜리트산(TMA) ★
④ 과황산염(Persulphate)
⑤ 목분진
⑥ 곡물분진
⑦ 금속류(니켈, 아연, 코발트, 크롬 등)
⑧ 페인트(디이소시아네이트, 디메틸에탄올아민) 등

15. 유해물질의 독성을 결정하는 인자 실기 기출 ★

① 인체 내 침입경로
② 유해물질의 농도 및 노출시간
③ 물리, 화학적 특성
④ 작업강도
⑤ 기상조건

16. 화학물질의 피부흡수 특성에 영향을 주는 요소 ★

① 노출된 화학물질의 양
② 화학물질의 특성
③ 노출시간
④ 발한
⑤ 주변온도

17. 혈액독성 ★

① 혈액이 항상성을 유지하지 못하고 이상증상이 일어나는 것을 혈액독성이라 한다.
② 혈액의 독성물질이란 적혈구의 산소운반 기능을 방해하는 물질을 말한다.
③ 혈구용적이 정상치보다 높으면 탈수증과 다혈구증이 의심된다.
④ 백혈구수가 정상치보다 낮으면 재생 불량성 빈혈이 의심된다.
⑤ 혈소판수가 정상치보다 낮으면 골수기능저하가 의심된다.

18. 독성실험 단계 ★

제1단계 (동물에 대한 급성노출실험)	① 치사성과 기관장해에 대한 양-반응곡선을 작성한다. ② 눈과 피부에 대한 자극성 실험을 한다. ③ 변이원성에 대하여 1차적인 스크리닝 실험을 한다.
제2단계 (동물에 대한 만성노출실험)	① 상승작용과 가승작용 및 상쇄작용에 대하여 시험한다. ② 생식영향(생식독성)과 산아장해(최기형성)를 시험한다. ③ 거동(행동)특성을 시험한다. ④ 장기독성을 시험한다. ⑤ 변이원성에 대하여 2차적인 스크리닝 실험을 한다.

19. 독극물의 측정단위 ★★

① ED_{50}(Effective Concentration) : 실험동물의 50%가 일정한 반응을 일으키는 양
② EC_{50}(Effective Concentration) : 투여량 농도에 대한 과반수 영향농도
③ LD_{50}(Letal Dose) : 1회 투여로 인하여 7~10일 이내에 실험동물의 50%를 치사시키는 양
④ TD_{50}(Toxic Dose) : 실험동물의 50%에 독성을 나타내는 양
⑤ LC_{50}(Lethal Concentration) : 실험동물의 50%가 사망하는 유해 물질의 농도

20. 국제암연구위원회(IARC)의 발암물질 구분

국제암연구위원회(IARC)의 발암물질 구분 ★★★

Group 1 : 인체 발암성 물질
- 인간 발암성에 대해 충분한 증거가 있는 물질

Group 2A : 인체 발암성 추정물질
- 인간 발암성에 대한 제한된 증거와 동물실험에서 충분한 증거가 있는 물질

Group 2B : 인체 발암성 가능 물질
- 인간 발암성에 대한 증거가 제한적이고 동물실험에서 불충분한 증거가 있는 물질

Group 3 : 인체 발암성 미분류물질
- 인간 발암성에 대한 증거가 부적당하고 동물실험에서는 부적당 하거나 제한된 증거가 있는 물질

Group 4 : 인체 비발암성 추정물질
- 인간과 동물실험에서 발암성이 없다는 증거가 있는 물질

암기법

암연구(국제암연구위원회)해서 발암(발암성) 추(발암성 추정) 가(발암성 가능)하고 미분류물질은 비발암 추정

21. 미국정부산업위생전문가협의회(ACGIH)의 발암물질 구분 ★★★

ACGIH의 발암성 물질 구분

- A1 : 인체발암성 확인물질
- A2 : 인체발암성 의심물질(추정물질)
- A3 : 동물발암성 확인물질, 인체발암성 모름
- A4 : 인체발암성 미분류 물질(인체 발암가능성이 있으나 자료 부족)
- A5 : 인체발암성 미의심 물질

> **암기법**
>
> 미국(ACGIH)에서 인체 확인(인체발암성 확인)하니 발암의심(인체발암성 의심), 동물확인으론 인체 모름, 인체 가능성 자료 부족(미분류)하면, 미의심

22. 우리나라의 발암물질 구분 ★★★

우리나라 노동부고시의 발암성 물질 구분 (화학물질 및 물리적인자의 노출기준, 화학물질의 분류·표시 및 물질안전보건자료에 관한 기준)	
1A	사람에게 충분한 발암성 증거가 있는 물질
1B	시험동물에서 발암성 증거가 충분히 있거나, 시험동물과 사람 모두에서 제한된 발암성 증거가 있는 물질
2	사람이나 동물에서 제한된 증거가 있지만, 구분1로 분류하기에는 증거가 충분하지 않은 물질

> **암기법**
>
> 1A : 사람 충분한 발암
> 1B : 사람·동물 제한된 발암
> 2 : 사람·동물 제한된 증거

23. 폭로물질에 대하여 간장이 표적장기가 되는 이유 ★

① 혈액의 흐름이 매우 풍부하기 때문에 혈액을 통해서 쉽게 침투가 가능하다.
② 복잡한 생화학 반응 등 매우 복잡한 기능을 수행함에 따라 기능의 손상가능성이 매우 높다.
③ 소화기계로부터 혈액을 공급받으므로 소화기로부터 흡수된 독성물질이 흡수된다.
④ 각종 대사효소가 집중적으로 분포되어 있고, 이들 효소활동에 의해 다양한 대사물질이 만들어지지 때문에 다른 기관에 비해 독성물질의 노출가능성이 매우 높다.

제3장 중금속

1. 입을 통해 인체로 들어온 금속이 소화관에서 흡수되는 작용 ★

① 단순확산 또는 촉진확산
② 특이적 수송과정
③ 음세포작용

2. 금속의 배설

① **신장** : 금속의 가장 중요한 배설경로는 신장이다. ★
② **소화기계** : 금속 배설의 두 번째 주요경로는 소화기계이다.
③ **장간순환** : 금속은 소장을 따라 내려가는 중 혈액 속으로 재흡수 되기도 하고 간으로 되돌아가서 배설되기도 한다.
④ **기타 경로** : 머리카락, 땀, 타액, 손톱, 발톱 등

3. 납

(1) 중독의 증세

대표적인 임상증상은 위장계통장해, 신경근육계통의 장해, 중추신경계통의 장해 등 크게 3가지로 나눌 수 있다.

납중독의 증세 ★★	납의 체내 흡수시의 기타증상 ★
① 위장계통 장해(소화기 장해) ② 중추신경 및 말초신경 장해 ③ 피로, 근육통 등 신경 및 근육계통의 장해 ④ 빈혈, 혈색소 저하 등 조혈기능장해 ⑤ 만성 신장기능 장해 ⑥ 세포의 효소작용 방해 : 포르피린과 헴(heme)의 합성에 관여하는 효소를 억제한다. ⑦ 골수침입 ⑧ 연산통 ⑨ 소아이미증(영유아의 납중독증으로 학습장해 및 기능저하 초래)	① 혈색소 양 저하 ② 망상적혈구(갓 생산된 적혈구, 미성숙 적혈구) 수의 증가 ③ 적혈구의 호염기성 반점 ④ 적혈구 내 protoporphyrin 증가 ⑤ 소변 중 코프로포르피린(coprophyrin) 증가 ⑥ 소변 중 델타 아미노레블린산(ALA) 증가 ⑦ 소변 중 δ-ALAD 활성치가 저하 ⑧ 혈청 내 철 증가

(2) 납중독 진단검사 ★

① 소변 중 코프로포르피린 배설량 측정
② 혈액검사(적혈구 측정, 전혈비중 측정)

③ 혈중 ZPP(Zinc protoporphyrin)의 측정 : ZPP는 납이 특정 효소의 작용을 억제하여 증가하는 물질로 휴대용 측정기를 가지고 간단히 측정
④ 소변 중 ALA(헴의 전구물질)을 측정

(3) 납중독 확인 시험 ★
① 혈액 중의 납 농도
② 헴(Heme)의 대사 : Heme의 합성에 관여하는 효소 등 세포의 효소작용을 방해한다.
③ 말초신경의 신경 전달속도 : 신경전달 속도를 저하시킨다.
④ Ca-EDTA 이동시험 : Ca-EDTA 투여후 요 채취하여 체내의 납량을 측정한다.
⑤ ALA(Amino Levulinic Acid) 축적

(4) 납중독의 치료 ★★
① 납중독은 금속에 대해 킬레이트작용을 하는 화합물로 치료한다.
② 배설촉진제인 Ca-EDTA 및 페니실라민(Penicillamine)을 투여한다.
③ 납중독 치료에 사용되는 납 배설촉진제는 신장이 나쁜 사람에게는 금기로 되어 있다.

4. 수은

(1) 수은의 특징 ★
① 수은은 상온에서 액체 상태로 존재하는 유일한 금속이다.
② 금속수은, 무기수은, 유기수은(알킬수은) 등이 있다.
③ 뇌홍(뇌산 수은)의 제조에 사용된다.
④ 온도계 제조, 농약, 살충제 제조업, 치과용 아말감 산업 등에서 노출될 수 있다.

(2) 수은의 인체영향
① 소화관으로는 2~7%의 소량으로 흡수되며, 금속형태는 뇌, 혈액, 심근에 많이 분포된다.
② 체내에 흡수된 수은은 주로 신장에 축적된다. ★
③ 무기수은염류는 호흡기나 경구 어느 경로라도 흡수된다.
④ 알킬수은화합물(유기수은)의 독성은 무기수은화합물의 독성보다 훨씬 강하다. (유기수은은 무기수은에 비해 독성이 10배 가량 강하고, 중추신경을 침범한다.) ★
⑤ 알킬수은화합물(유기수은) 중 메틸수은은 미나마타(minamata)병을 일으킨다.
⑦ 전리된 수은이온이 단백질을 침전시키고 thiol기(-SH)를 가진 효소작용을 억제하여 독성을 나타낸다. ★

(3) 수은중독 증상 ★★
① 식욕부진, 구내염
② 근육 진전(떨림), 수전증
③ 정신장해(뇌 증상)
④ 신기능부전
⑤ 시신경장해, 수족신경마비, 보행장해

(4) 수은중독 치료 ★★
① 급성중독
  • 우유와 계란흰자 먹인 후 위세척(단백질과 해당 물질을 결합시켜 침전시킨다)
② 만성중독
  • 수은취급을 즉시 중지하고 BAL을 투여(EDTA의 투여는 금지)
  • N-acetyl-D-Penicillamine 투여

(5) 수은배설
① 금속수은은 대변보다 소변으로 배설이 잘 된다. ★
② 유기수은(알킬수은) 화합물은 대변, 땀으로 배설된다. ★
③ 유기수은은 담즙을 통해 소화관으로 배설되지만 소화관에서 재흡수도 일어난다.
④ 금속수은 및 무기수은의 배설경로는 서로 상이하지 않다.

5. 카드뮴(Cd)

(1) 카드뮴의 특징 ★
① 부드럽고 연성이 있는 금속으로 납광물이나 아연광물을 제련할 때 부산물로 얻어진다.
② 니켈, 카드뮴 전지, 알루미늄과의 합금, 살균제, 페인트 등에 사용된다.

(2) 카드뮴의 중독증세
칼슘대사에 장해를 주어 신결석을 동반한 신증후군이 나타나고, 다량의 칼슘배설이 일어나 뼈의 통증, 골연화증 및 골수공증과 같은 골격계 장해(이타이이타이병)를 유발한다. ★★

(3) 카드뮴 중독의 치료 ★★
① 치료제로 BAL 및 Ca-EDTA 등 금속의 배설제를 사용하는 경우 신장 독성을 증가시키므로 투여를 금한다.
② 산소흡입, 스테로이드를 투여한다.
③ 비타민 D를 피하 주사한다.

6. 크롬(Cr)

(1) 크롬의 흡수 및 배설 ★
① 크롬제련, 도금 및 합금, 도장, 용접, 스테인리스강 가공공정 등에서 노출될 수 있다.
② 2가 크롬은 매우 불안정하다.
③ 3가 크롬은 매우 안정된 상태로 피부 흡수가 어렵고 세포 내에서 세포핵과 결합할 때만 발암성을 가진다.
④ 6가 크롬은 쉽게 피부를 통과하여 6가 크롬이 3가 크롬보다 더 독성이 강하고 발암성이 크다.
⑤ 세포막을 통과한 6가 크롬은 세포 내에서 수분 내지 수 시간 만에 발암성을 가진 3가 형태로 환원된다.
⑥ 6가에서 3가로의 환원이 세포질에서 일어나면 독성이 적으나 DNA의 근위부에서 일어나면 강한 변이원성을 나타낸다.
⑦ 산업장의 노출의 관점에서 보면 6가 크롬이 더 해롭다.
⑧ 호흡기, 소화기, 피부를 통해 체내에 흡수되며 호흡기가 가장 중요하다.
⑨ 체내에 흡수되어 간, 신장, 폐 등에 축적되며 주로 소변을 통하여 배설된다.

(2) 크롬의 중독증세 ★★

급성중독 증세	만성중독 증세
• 신장장해(신장장해로 과뇨증이 오며 더 진전되면 무뇨증을 일으켜 요독증으로 사망할 수 있다)	• 피부증상(접촉성 피부염) • 호흡기 증상(크롬 폐증) • 폐암 • 6가크롬 : 비중격천공증, 비강암을 유발한다.

(3) 크롬 중독의 치료 ★★
① 크롬 섭취 시에 응급조치로 우유와 비타민 C를 섭취한다.
② 만성 크롬중독인 경우 특별한 치료방법이 없다.

7. 비소(As)

(1) 비소의 특징 ★
① 은빛 광택을 내는 비금속이다.
② 농약, 살충제 및 목재 방부제 등에서 노출되며 호흡기 노출이 가장 위험하다.
③ 무기비소가 유기비소보다 독성이 강하다.
④ 무기비소 중 3가가 5가보다 독성이 강하다.(삼산화비소가 가장 위험)

(2) 비소의 흡수 및 배설 ★
① 체내에 흡수되어 피부, 체모, 골격 등에 축적된다.(뼈에는 비산칼륨 형태로 축적되며 주로 모발, 손톱 등에 축적된다.)
② 대부분 소변으로 배출되고, 일부는 대변으로 배출되며 극히 일부는 모발, 피부를 통해서 배설된다.

(3) 비소의 중독 증세 ★
① 가장 중요한 만성질환은 발암작용으로 피부암, 폐암을 일으킨다.
② 체내에서 -SH기를 갖는 효소작용을 저해시켜 세포호흡에 장해를 일으킨다.
③ 체내에서 -SH기 그룹과 유기적인 결합을 일으켜서 독성을 나타낸다.
④ 용혈성 빈혈, 신장장해, 흑피증을 유발한다.

(4) 비소중독의 치료 ★★
급성 중독자에게 활성탄과 하제를 투여하고 구토를 유발시키며, 확진되면 Dimercaprol로 치료를 시작한다.

8. 망간의 중독 증세 ★★
① 망간의 노출이 계속되면 중추신경계 장해로 파킨슨증후군을 유발한다.
② 언어장해, 균형감각상실, 보행장해, 신장염, 신경염 등의 증세가 발생한다.
③ 이산화망간 흄에 급성 폭로되면 열, 오한, 호흡곤란 등의 증상을 특징으로 하는 금속열을 일으킨다.

9. 금속열(Metal fume fever) ★
① 흄 형태의 고농도의 금속산화물(산화금속 흄)을 흡입함으로써 발병된다.
② 감기 증상과 비슷하여 오한, 구토감, 기침, 전신 위약감 등의 증상이 있으며, 월요일 출근 후에 심해져서 월요일 열(monday fever)이라고도 한다.
③ 아연, 구리, 마그네슘, 망간, 니켈, 카드뮴, 안티몬 등이 금속열을 일으킨다.
④ 용접, 전기도금, 제련과정에서 발생하는 경우가 많다.
⑤ 금속열은 하루 정도가 지나면 증상은 회복되며 대부분 특별한 후유증 없이 서너 시간 만에 열이 내린다.

제4장 인체구조 및 대사

1. 생체막에서 물질을 수송하는 방법 ★

① 단순확산
② 촉진확산
③ 수동수송(확산)
④ 능동수송
⑤ 음세포 및 토세포작용

2. 유해물질의 흡수, 운반, 대사작용 ★

① 체내로 흡수된 유해물질은 혈액을 통하여 신체 각 부위의 조직으로 운반된다.
② 지용성 물질은 생체막 투과가 어려워 그 작용부위가 제한적이다.
③ 유해물질은 대부분 간에서 대사되며 대사작용에 의해 유해물질의 독성이 감소 또는 증가한다.
④ 유해화학물질이 체내에서 해독(분해)되는 경우 중요한 작용을 하는 것은 효소이다.
⑤ 흡수된 유해물질은 수용성으로 대사된다.
⑥ 유해물질의 분포량은 혈중농도에 대한 투여량으로 산출한다.
⑦ 유해물질의 혈장농도가 50%로 감소하는 데 소요되는 시간을 반감기라고 한다.

3. 유해물질의 흡수에서 배설까지의 과정 ★

① 흡수된 유해물질은 원래의 형태든, 대사산물의 형태로든 배설되기 위하여 수용성으로 대사된다.
② 흡수된 유해화학물질은 다양한 비특이적 효소에 의하여 이루어지는 유해물질의 대사로 수용성이 증가되어 체외로 배출이 용이하게 된다.
③ 유해물질은 조직에 분포되기 전에 먼저 몇 개의 막을 통과하여야 하며, 흡수속도는 유해물질의 물리화학적 성상과 막의 특성에 따라 결정된다.
④ 간은 화학물질을 대사시키고, 콩팥과 함께 배설시키는 기능을 가지고 있는 것과 관련하여 다른 장기보다도 여러 유해물질의 농도가 높다.

4. 위해도 평가의 단계(유해·위험성평가의 단계) 실기 기출 ★

① 1단계 : 유해성 확인
② 2단계 : 노출량-반응 평가

③ 3단계 : 노출 평가
④ 4단계 : 위해도 결정

5. 생물학적 모니터링의 정의 ★

① 근로자의 유해인자에 대한 노출 정도를 소변, 호기, 혈액 중에서 그 물질이나 대사산물을 측정함으로써 노출 정도를 추정하는 방법을 의미한다.
② 근로자의 생체시료로부터 유해물질의 대사산물, 유해물질 자체 및 생화학적 변화산물을 분석하여 유해물질의 체내흡수정도 및 건강영향 가능성을 평가하기 위하여 실시한다.

6. 생물학적 노출지수(폭로지수 : BEI, ACGIH) ★★

① 혈액, 소변, 호기, 모발 등 생체시료로부터 유해물질에 대한 근로자의 노출량을 평가하는 기준으로 BEI를 사용한다.
② 유해물질의 대사산물, 유해물질 자체 및 생화학적 변화 등을 총칭한다.

7. 내재용량 ★

① 최근에 흡수된 화학물질의 양을 나타낸다.
② 과거 수개월 동안 흡수된 화학물질의 양을 의미한다.
③ 체내 주요 조직이나 부위의 작용과 결합한 화학물질의 양을 의미한다.

8. 생물학적 모니터링의 생물학적 결정인자 ★★

① 근로자의 체액에서의 화학물질이나 대사산물
② 조직에 작용하는 화학물질 양(표적분자에 실제 활성인 화학물질)
③ 건강상 영향을 초래하지 않는 조직 또는 부위(내재용량)

9. 생물학적 모니터링(생물학적 노출지수 : BEI)의 특징 실기기출 ★

① 화학물질이 건강상 영향을 나타내는 조직이나 부위에 결합된 양을 나타낸다.
② 건강에 영향을 미치는 바람직하지 않은 노출상태를 파악하는 것이다.(개인의 작업특성, 습관 등에 따른 노출의 차이도 평가할 수 있다.)
③ 시료는 소변, 호기 및 혈액 등이 주로 이용된다.
  • 혈액에서 휘발성 물질의 생물학적 노출지수는 정맥 중의 농도를 말한다. ★
④ 호흡기계 및 피부흡수, 소화기계를 통한 유해인자의 종합적인 흡수 정도를 평가할 수 있다.
⑤ 최근 노출량이나 과거로부터 축적된 노출량을 간접적으로 파악하는 방법이다. ★
⑥ 근로자가 노출기준 값을 넘는다고 하여 반드시 건강장해가 있는 것은 아니며,

노출 기준 값 이하에서도 건강장해가 발생할 수 있다. ★
⑦ 직업성 질환 여부를 정확히 평가하는 것은 아니다. ★
⑧ 측정결과 해석이 명확하지 않을 수 있다.
⑨ 작업환경측정에서 설정한 공기 중의 허용기준(TLV)보다 훨씬 적은 생물학적 노출지수(BEI)가 있다. ★
⑩ 생물학적 시료를 분석하는 것은 작업환경 측정(개인시료 결과)보다 훨씬 복잡하고 취급이 어렵다.(측정결과 해석이 복잡하고 어렵다)

10. 생물학적 모니터링의 장·단점 ★

장점	단점
• 건강상의 위험을 보다 정확하게 평가를 할 수 있다. • 모든 노출 경로에 의한 흡수정도를 평가할 수 있다. • 작업환경측정(개인시료)보다 더 직접적으로 근로자 노출을 추정할 수 있다.	• 시료채취의 어려움 : 근로자로부터 시료를 직접 채취하기 때문에 시료의 채취 및 분석이 어렵다. • 근로자의 생물학적 차이 : 근로자마다 생물학적 차이가 나타날 수 있다. • 유기시료의 특이성과 복잡성 : 유기시료의 특이성이 존재한다. • 분석의 어려움 및 오염 : 분석이 어렵고 시료가 오염될 수 있다. • 작업 이외의 다른 요인에 의한 노출 여부에 영향을 받는다.

11. 생물학적 노출지수(BEI) 이용상의 주의점 ★

① 생물학적 감시기준으로 사용되는 노출기준이며 생물학적 모니터링의 기준 값으로 사용된다.
② 주 5일, 1일 8시간 기준, 허용농도(TLV)에 해당하는 농도에 노출되었을 때의 농도이다.(작업시간 증가 시 노출지수를 그대로 적용해서는 안 된다.)
③ 위험하거나 위험하지 않은 물질을 명확하게 구별하는 것은 아니다.
④ 환경오염에 대한 노출을 결정하는 데 이용해서는 안 된다.
⑤ 직업병이나 중독 정도를 평가하는 데 이용해서는 안 된다.

12. 생체시료별 특징

소변 ★	• 비파괴적으로 시료채취가 가능하다. • 많은 양의 시료확보가 가능하다. • 시료채취 과정에서 오염될 가능성이 높다. • 불규칙한 소변 배설량으로 농도보정이 필요하다. • 채취시료는 신속하게 검사한다.

혈액 ★★	• 시료채취 과정에서 오염될 가능성이 적다. • 정맥혈을 기준으로 하며 동맥혈에는 적용할 수 없다. • 채취 시 고무마개의 혈액흡착을 고려하여야 한다. • 휘발성 물질시료의 손실방지를 위하여 최대용량을 채취해야 한다. • 분석방법 선택 시 특정물질의 단백질 결합을 고려해야 한다. • 보관, 처치에 주의를 요한다. • 시료채취 시 근로자가 부담을 가질 수 있다. • 약물동력학적 변이 요인들의 영향을 받는다.
호기	• 폐포공기가 혼합된 호기 시료에서 측정한다. • 노출 전, 후의 시료를 채취한다. • 수증기에 의한 수분응축의 영향을 고려한다. • 반감기가 짧으므로 노출 직후 채취한다. • 노출 후 혼합 호기의 농도는 폐포 내 호기 농도의 $\frac{2}{3}$ 정도이다.

13. 화학물질의 생물학적 노출지표물질 ★★★

화학물질	생물학적 노출지표물질 (체내대사산물)	시료채취 시기
톨루엔	혈액, 호기의 톨루엔, 소변 중 o-크레졸(오르소-크레졸)	작업종료 시
벤젠	소변 중 페놀, 소변 중 t,t-뮤코닉산(t,t-Muconic acid)	작업종료 시
크실렌	소변 중 메틸마뇨산	작업종료 시
니트로벤젠	혈중 메타헤모글로빈	작업종료 시
에틸벤젠	소변 중 만델린산	작업종료 시
이황화탄소	소변 중 TTCA	당일 작업종료 2시간 전부터 작업종료 사이에 채취
메탄올	소변 중 메탄올	작업종료 시
노말헥산 (N-헥산)	소변 중 n-헥산, 소변 중 2,5-hexanedione	작업종료 시
아세톤	소변 중 아세톤	작업종료 시
납	혈중 납, 소변 중 납	중요치 않음
카드뮴	혈중 카드뮴, 소변 중 카드뮴	중요치 않음
일산화탄소	호기 중 일산화탄소, 혈중 카르복시헤모글로빈	작업종료 후 15분 이내
스티렌	소변 중 만델린산	작업종료 시
테트라클로로에틸렌	소변 중 트리클로초산(삼염화초산)	주말작업 종료 시
트리클로로에탄	소변 중 트리클로초산(삼염화초산)	주말작업 종료 시

화학물질	생물학적 노출지표물질 (체내대사산물)	시료채취 시기
사염화 에틸렌	소변 중 트리클로초산(삼염화초산), 요중 삼염화 에탄올	주말작업 종료 시
N,N-디메틸포름아미드	소변 중 N-메틸포름아미드	작업종료 시
트리클로로에틸렌 (삼염화에틸렌)	소변 중 트리클로초산(삼염화 초산), 트리클로로에탄올(삼염화에탄올)	주말작업 종료 직후
수은	혈중 총 무기수은	작업시작 전
크롬	소변 중 크롬	4~5일간 연속작업 종료 2시간 전~작업 직후
methyl n-butyl ketone	소변 중 2, 5-hexanedione	작업종료 시
디클로로메탄	혈중 카복시헤모글로빈	작업종료 시
페놀	소변 중 페놀	당일 작업종료 2시간 전부터 작업종료 사이

암기법

크레졸 묻은 털(톨루엔)에 벤(벤젠) 페놀, 메틸마녀(메틸마뇨산) 크시더니(크실렌) 니트로벤(니트로벤젠) 메타헤모(메타헤모글로빈), 스틸벤(스티렌) 만델린, 에틸벤(에틸벤젠) 만델린, 이황화탄(이황화탄소) TTCA, 일산화탄(일산화탄소) 헤모글로(카르복시헤모글로빈)

14. 혼합물질의 화학적 상호작용 ★★★

독립작용 (Independent effect)	• 각각의 독성물질이 서로 다른 조직이나 기관에 영향을 미치는 경우로 각 물질의 반응양상이 달라 서로 독립적인 작용을 한다. 예 톨루엔과 황산, 납과 황산, 질산과 카드뮴, 이산화황과 시안화수소
상가작용 (Additive effect)	• 두 물질에 동시 노출될 경우의 독성은 단독물질 독성의 합과 같다. • 2 + 3 = 5
상승작용 (Synergistic effect)	• 두 물질에 동시 노출될 경우의 독성은 단독물질 독성의 합보다 크게 증가한다. • 2 + 3 = 20 예 사염화탄소와 에탄올, 흡연자가 석면에 노출 시
가승작용 (잠재작용, 강화작용) (Potentiation)	• 독성이 없던 물질을 독성이 있는 물질과 혼합하면 독성이 강해진다. • 2 + 0 = 5 예 이소프로필알코올은 간에 독성을 나타내지 않으나 이것이 사염화탄소와 동시에 노출 시 독성을 나타낸다.

길항작용 (Antagonism)	• 두 물질이 서로의 작용을 방해하여 두 물질에 동시 노출될 경우의 독성은 단독물질의 독성보다 약해진다. • 2 + 3 = 1 ① 배분적(분배적) 길항작용 : 물질의 흡수, 대사 등에 변화를 일으켜 독성이 낮아진다. ② 기능적 길항작용 : 생체 내에서 서로 반대되는 기능을 가져 독성이 낮아진다. ③ 화학적 길항작용 : 화학적인 상호반응에 의해 독성이 낮아진다. ④ 수용적 길항작용 : 두 화학물질이 체내에서 같은 수용체에 결합하여 경쟁관계를 가짐으로써 독성이 낮아진다.

15. 상대위험도(비교위험도) ★★

비노출군에 비하여 노출군에서 질병에 걸릴 위험이 얼마나 큰지를 나타낸다.

$$\text{상대위험비(비교위험도)} = \frac{\text{노출군에서 질병발생률}}{\text{비노출군에서 질병발생률}} = \frac{\text{위험폭로집단발병율}}{\text{비위험폭로집단발병율}}$$

• 상대위험비 = 1 : 노출과 질병 사이의 연관성 없음
• 상대위험비 > 1 : 위험의 증가
• 상대위험비 < 1 : 질병에 대한 방어효과가 있음

암기

상노비(상대위험군 = 노출군 / 비노출군)

16. 기여위험도(귀속위험도) 실기 기출 ★

• 유해요인에 노출될 때 얼마만큼의 환자 수가 증가하였는가를 나타낸다.
• 질병 발생의 요인을 제거하였을 때 질병 발생이 얼마나 감소될 것인가를 나타낸다.
• 기여분율 : 노출군에서 노출이 질병 발생에 얼마나 기여했는지를 나타낸다.

• 기여위험도 = 노출군에서의 질병발생률 − 비노출군에서의 질병발생률

• 기여분율 = $\dfrac{\text{노출군에서의 질병발생률} - \text{비노출군에서의 질병발생률}}{\text{노출군에서의 질병발생률}}$

　　　　= $\dfrac{\text{상대위험비} - 1}{\text{상대위험비}}$

암기법

기위노비(기여위험율 = 노출군−비노출군)
기노비노(기여분율 = 노출군−비노출군/노출군)

17. 교차비

특성을 지닌 사람들의 수와 특성을 지니지 않은 사람들의 수와의 비를 나타낸다. ★

암기

특성 교차

- 교차비 = $\dfrac{\text{환자군에서의 노출대응비}}{\text{대조군에서의 노출대응비}}$

- 대응비 = $\dfrac{\text{노출 또는 질병의 발생확률}}{\text{노출 또는 질병의 비발생확률}}$

- 교차비 = 1인 경우 요인과 질병 사이의 관계가 없음을 의미
- 교차비 > 1인 경우 요인에의 노출이 질병발생을 증가 의미
- 교차비 < 1인 경우 요인에의 노출이 질병발생을 방어 의미

암기법

교환대(교차비 = 환자군 / 대조군)

18. 계통적 오류 ★

① 측정자의 편견, 측정기기의 문제점, 정보의 오류 등으로부터 발생한다.
② 표본수를 증가시키더라도 오류를 감소, 제거시킬 수 없다.
③ 연구를 반복하여도 똑같은 오류가 발생된다.

암기해야 할 주요 공식

1. 감시기준(AL) ★

$$AL(\text{kg}) = 40\left(\frac{15}{H}\right)(1-0.004|V-75|)\left(0.7+\frac{7.5}{D}\right)\left(1-\frac{F}{F_{\max}}\right)$$

H : 대상물체의 수평거리
V : 대상물체의 수직거리(바닥으로부터 물체 중심까지의 거리, 즉 들어올리기 전 물체의 위치
D : 대상물체의 이동거리
F : 분당 중량물 취급작업의 빈도(들어올리는 횟수 : AL에 가장 큰 영향 줌)
$F_{\max}$(8시간 작업기준) : $V > 75\text{cm}$: 15회, $V \leq 75\text{cm}$: 12회

2. NIOSH 들기작업 지침의 최대허용기준(MPL) ★★

$$\text{MPL(최대허용기준)} = 3 \times \text{AL(감시기준)}$$

3. 권장무게한계(RWL : Recommended Weight Limit) 실기 기출 ★

$$\text{RWL(Kg)} = \text{LC(23)} \times \text{HM} \times \text{VM} \times \text{DM} \times \text{AM} \times \text{FM} \times \text{CM}$$

- LC(Load Constant) : 중량상수(23kg)
- HM(Horizontal Multiplier) : 수평 계수
- VM(Vertical Multiplier) : 수직 계수
- DM(Distance Multiplier) : 거리 계수
- AM(Asymmetric Multiplier) : 비대칭 계수
- FM(Frequency Multiplier) : 빈도 계수
- CM(Coupling Multiplier) : 커플링 계수

4. 들기 지수, 중량물 취급지수(LI : Lifting Index) ★★

$$\text{LI} = \frac{\text{실제 작업 무게(L)}}{\text{권장무게한계(RWL)}}$$

5. 육체적 작업능력(PWC) ★★

$$\text{하루 8시간의 작업강도} = PWC \times \frac{1}{3}$$

6. 에너지 대사율(RMR) ★★

$$\text{RMR} = \frac{\text{작업(노동)대사량}}{\text{기초대사량}} = \frac{\text{작업 시의 소비 에너지} - \text{안정 시의 소비 에너지}}{\text{기초대사량}}$$

$$= \frac{\text{작업 시의 산소 소비량} - \text{안정 시의 산소 소비량}}{\text{기초대사량}}$$

7. 실동률의 계산(사이또 오시마 공식) ★★

$$\text{실노동률(실동률)}(\%) = 85 - (5 \times \text{RMR})$$

RMR : 에너지 대사율(작업대사율)

8. 작업강도(% MS)의 계산 ★★

$$\text{작업강도}(\%MS) = \frac{RF}{MS} \times 100$$

RF : 작업 시 요구되는 힘(한손에 요구되는 힘)
MS : 근로자가 가지고 있는 약한 손의 최대 힘

9. 작업강도에 따른 허용작업시간 ★

$$\log T_{end} = 3.720 - 0.1949\,E$$

$$E = \frac{PWC}{3}$$

E : 작업대사량(kcal/min)
T_{end} : 허용작업시간(min)

10. 적정작업시간(sec)의 계산 ★

$$\text{적정작업시간(sec)} = 671{,}120 \times \%MS^{-2.222}$$

%MS : 작업강도(근로자의 근력이 좌우함)

11. 계속작업 한계시간(CWT)

$$\log(\text{CWT}) = 3.724 - 3.25\log(\text{RMR})$$

RMR : 에너지 대사율
CWT : 계속작업 한계시간(분)

12. 피로예방을 위한 적정 휴식시간비(Hertig식) ★★★

$$T_{rest}(\%) = \left[\frac{E_{\max} - E_{task}}{E_{rest} - E_{task}}\right] \times 100$$

작업시간 = 60분 − 휴식시간

$T_{rest}(\%)$: 피로예방을 위한 적정 휴식시간 비(60분을 기준하여 산정)
$E_{\max}$: 1일 8시간 작업에 적합한 작업대사량[육체적 작업능력(PWC)의 1/3]
E_{rest} : 휴식 중 소모 대사량
E_{task} : 해당 작업의 작업대사량

13. 재해율의 계산

(1) 연천인율 ★★

- 근로자 1,000명 중 재해자수 비율(1년간)을 말한다.

$$\text{연천인율} = \frac{\text{연간재해자 수}}{\text{연평균근로자 수}} \times 1,000$$

- 연천인율 = 도수율 × 2.4

(2) 도수율(빈도율 F.R) ★★★

- 100만 근로시간당 재해발생 건수의 비율을 말한다.

$$\text{도수율} = \frac{\text{재해건수}}{\text{연 근로 시간 수}} \times 10^6$$

- 근로자 1인의 1년간 총 근로시간수 계산

$$8시간 \times 300일 = 2,400시간$$

- 1일 근로시간 8시간
- 1년 근로일수 300일

(3) 강도율(S.R) ★★★

1,000 근로시간당 근로손실일수 비율을 말한다.

$$강도율 = \frac{총\ 요양\ 근로\ 손실\ 일수}{연\ 근로시간\ 수} \times 1,000$$

(근로손실일수 = 휴업일수, 요양일수, 입원일수 $\times \frac{300(실제\ 근로일수)}{365}$)

신체장해등급	사망, 1,2,3급	4급	5급	6급	7급	8급
손실일수	7,500일	5,500일	4,000일	3,000일	2,200일	1,500일
신체장해등급	9급	10급	11급	12급	13급	14급
손실일수	1,000일	600일	400일	200일	100일	50일

(4) 종합재해지수 ★★

$$FSI = \sqrt{FR \times SR} = \sqrt{도수율 \times 강도율}$$

(5) 환산 강도율(S) ★★

일평생 근로하는 동안의 근로손실일수를 말한다.

- 환산 강도율(S) = $\frac{총\ 요양\ 근로\ 손실\ 일수}{연\ 근로시간\ 수} \times 평생근로시간수(100,000)$
- 환산 강도율 = 강도율 × 100

(6) 환산 도수율(F) ★★

일평생 근로하는 동안의 재해건수를 말한다.

- 환산 도수율(F) = $\frac{재해건수}{연\ 근로시간\ 수} \times 평생근로시간수(100,000)$
- 환산 도수율 = 도수율 ÷ 10

14. ppm과 mg/m³의 상호 농도변환 ★★★

(1) 0℃, 1기압의 경우

$$mg/m^3 = \frac{ppm \times 분자량}{22.4}$$

(2) 21℃, 1기압의 경우

$$mg/m^3 = \frac{ppm \times 분자량}{24.1}$$

(3) 25℃, 1기압의 경우

$$mg/m^3 = \frac{ppm \times 분자량}{24.45}$$

15. 흡광도 ★

$$A = \log \frac{1}{투과율}$$

16. 시간가중평균노출기준(TWA) ★★

$$TWA\ 환산\ 값 = \frac{C_1 \cdot T_1 + C_2 \cdot T_2 + \cdots\cdots + C_n \cdot T_n}{8}$$

C : 유해인자의 측정치(단위 : ppm, mg/m^3 또는 개/cm^3)
T : 유해인자의 발생시간(단위 : 시간)

17. 노출지수 및 노출기준 ★★

(1) 노출지수

$$노출지수(EI) = \frac{C_1}{T_1} + \frac{C_2}{T_2} + \cdots + \frac{C_n}{T_n}$$

C : 화학물질 각각의 측정치
T : 화학물질 각각의 노출기준
판정 : $EI > 1$인 경우 노출기준을 초과함

(2) 혼합물의 TLV-TWA

$$TLV - TWA = \frac{C_1 + C_2 + \cdots + C_n}{EI}$$

(3) 액체 혼합물의 구성성분(%)을 알 때 혼합물의 허용농도(노출기준)

$$\text{혼합물의 노출기준(mg/m}^3) = \frac{1}{\dfrac{f_a}{TLV_a} + \dfrac{f_b}{TLV_b} + \cdots\cdots + \dfrac{f_n}{TLV_n}}$$

f_a, f_b, f_n : 액체 혼합물에서의 각 성분 무게(중량) 구성비
TLV_a, TLV_b, TLV_n : 해당 물질의 노출기준(mg/m^3)

$$\text{또는 혼합물의 노출기준(mg/m}^3) = \frac{100}{\dfrac{f_a}{TLV_a} + \dfrac{f_b}{TLV_b} + \cdots\cdots + \dfrac{f_n}{TLV_n}}$$

f_a, f_b, f_n : 액체 혼합물에서의 각 성분 무게(중량) 구성비(%)
TLV_a, TLV_b, TLV_n : 해당 물질의 노출기준(mg/m^3)

18. 보정 노출기준 ★★★

(1) OSHA의 보정방법 ★★★

① 급성중독 물질인 경우

$$\text{보정노출기준(1일간 기준)} = \text{8시간 노출기준} \times \frac{8}{h}$$

h : 노출시간/일

② 만성중독 물질인 경우

$$\text{보정노출기준(1주간 기준)} = \text{8시간 노출기준} \times \frac{40}{h}$$

h : 작업시간/주

(2) Brief와 Scala의 보정방법 ★★★

- $RF = \left(\dfrac{8}{H}\right) \times \dfrac{24-H}{16}$ [일주일 ; $RF = \left(\dfrac{40}{H}\right) \times \dfrac{168-H}{128}$]
- 보정된 노출기준 = RF × 노출기준(허용농도)

H : 비정상적인 작업시간(노출시간/일) ; 노출시간/주
16 : 휴식시간 의미(128 ; 일주일 휴식시간 의미)

19. 입자상 물질의 농도계산 ★★★

$$C(\text{mg/m}^3) = \frac{(W' - W) - (B' - B)}{V}$$

C : 농도(mg/m^3)
W' : 시료채취 후 여과지 무게(mg)
W : 시료채취 전 여과지 무게(mg)
B' : 시료채취 후 공여과지 평균무게(mg)
B : 시료채취 전 공여과지 평균무게(mg)
V : 공기채취량 → pump 평균유량(m^3/min) × 시료채취 시간(min)

20. 침강속도 ★★

(1) 스토크(stokes)법칙에 의한 침강속도

$$V(\text{cm/sec}) = \frac{g \cdot d^2 (\rho_1 - \rho)}{18\mu}$$

V : 침강속도(cm/sec)
g : 중력가속도(980cm/sec^2)
d : 입자직경(cm)
ρ_1 : 입자 밀도(g/cm^3)
ρ : 공기밀도(0.0012g/cm^3)
μ : 공기점성계수 (20℃ : 1.81×10^{-4} g/cm·sec, 25℃ : 1.85×10^{-4} g/cm·sec)

(2) Lippman식에 의한 침강속도(입자크기가 1~50μm 경우 적용)

$$V(\text{cm/sec}) = 0.003 \times \rho \times d^2$$

V : 침강속도(cm/sec)
ρ : 입자 밀도(비중)(g/cm^3)
d : 입자직경(μm)

21. 산술평균(M or $\overline{M}$) : 측정치들의 합의 평균을 말한다. ★

$$M = \frac{X_1 + X_2 + X_3 + \cdots + X_n}{N}$$

M : 산술평균
X_n : 측정치
N : 측정치 개수

22. 기하평균(GM) ★★

$$\log(GM) = \frac{\log X_1 + \log X_2 + \cdots + \log X_n}{N}$$

$$G.M = \sqrt[N]{X_1 \cdot X_2 \cdots X_n}$$

X_n : 측정치
N : 측정치 개수

23. 표준편차 ★

1. $SD = \sqrt{\dfrac{\sum_{i=1}^{N}(X_i - \overline{X})^2}{N-1}}$

2. 측정횟수 N이 클 경우 : $SD = \sqrt{\dfrac{\sum_{i=1}^{N}(X_i - \overline{X})^2}{N}}$

SD : 표준편차
X_i : 측정치
$\overline{X}$: 측정치의 산술평균치
N : 측정치의 수

24. 기하표준편차(GSD) ★★

(1) 그래프를 이용하는 방법

$$GSD = \frac{84.1\%에 \ 해당하는 \ 값}{50\%에 \ 해당하는 \ 값} \ 또는 \ \frac{50\%에 \ 해당하는 \ 값}{15.9\%에 \ 해당하는 \ 값}$$

(2) 계산에 의한 방법

모든 자료를 대수로 변환하여 표준편차를 구한 값을 역대수 취해 구한다.

$$\log(GSD) = \left[\frac{(\log X_1 - \log GM)^2 + (\log X_2 - \log GM)^2 + \cdots + (\log X_N - \log GM)^2}{N-1}\right]^{0.5}$$

GSD : 기하표준편차
GM : 기하평균
N : 측정치의 수
X_i : 측정치

25. 변이계수(CV) ★

$$CV(\%) = \frac{표준편차}{산술평균} \times 100$$

26. 누적오차 ★★

$$누적오차(E_c) = \sqrt{E_1^2 + E_2^2 + E_3^2 + \cdots + E_n^2}$$

E_c : 누적오차(%)
E_1, E_2, $E_3 \sim E_n$: 각각 요소의 오차율(%)

27. 표준오차(σ)

$$\sigma = \frac{SD}{\sqrt{N}}$$

σ : 표준오차
SD : 표준편차
N : 자료의 수

28. 작업환경 유해위험성 평가

(1) 측정한 유해인자의 시간가중평균값 및 단시간 노출 값을 구한다.

① X_1(시간가중평균값)

$$X_1 = \frac{C_1 \cdot T_1 + C_2 \cdot T_2 + \cdots + C_n \cdot T_n}{8}$$

C : 유해인자의 측정농도(단위 : ppm, mg/m³ 또는 개/cm³)
T : 유해인자의 발생시간(단위 : 시간)

② X_2(단시간 노출값)

> STEL 허용기준이 설정되어 있는 유해인자가 작업시간 내 간헐적(단시간)으로 노출되는 경우에는 15분간씩 측정하여 단시간 노출 값을 구한다.

※ 단, 시료채취시간(유해인자의 발생시간)은 8시간으로 한다.

(2) $X_1(X_2)$을 허용기준으로 나누어 Y(표준화 값)를 구한다. ★

$$Y(\text{표준화 값}) = \frac{\text{TWA 또는 STEL}}{\text{허용기준}}$$

(3) 95%의 신뢰도를 가진 하한치를 계산한다. ★

$$하한치 = Y - 시료채취 분석오차$$

(4) 허용기준 초과 여부 판정 ★

① 하한치 > 1일 때 허용기준을 초과한 것으로 판정한다.
② 값을 구한 경우 이 값이 허용기준 TWA를 초과하고 허용기준 STEL 이하인 때에는 다음 어느 하나 이상에 해당되면 허용기준을 초과한 것으로 판정한다.
 - 1회 노출지속시간이 15분 이상인 경우
 - 1일 4회를 초과하여 노출되는 경우
 - 각 회의 간격이 60분 미만인 경우

29. 부피보정 ★★

$$V_2 = V_1 \times \frac{(273+t_2) \times P_1}{(273+t_1) \times P_2}$$

① $22.4 \times \dfrac{(273+t_2)(760)}{(273+0)(P_2)}$ [0℃, 1기압(760mmHg) 기준]

② $24.1 \times \dfrac{(273+t_2)(760)}{(273+21)(P_2)}$ [21℃, 1기압(760mmHg) 기준]

③ $24.45 \times \dfrac{(273+t_2)(760+25)}{(273+25)(P_2)}$ [25℃, 1기압(760mmHg) 기준]

V_1 : 처음 부피(보정 전 부피), V_2 : 나중 부피(보정 후 부피)
t_1 : 처음 온도(℃), t_2 : 나중 온도(℃)
P_1 : 처음 압력, P_2 : 나중 압력

30. 유량의 계산 ★★★

$$Q = 60 \times A \times V$$

Q : 유체의 유량(m^3/min)
A : 유체가 통과하는 단면적(m^2)
V : 유체의 유속(m/sec)

$$Q = A \times V$$

Q : 유체의 유량(m^3/min)
A : 유체가 통과하는 단면적(m^2)
V : 유체의 유속(m/min)

$$Q = A_1 V_1 = A_2 V_2$$

Q : 유체의 유량(m^3/min)
A_1, A_2 : 각각 유체가 통과하는 단면적(m^2)
V_1, V_2 : 각각 유체의 유속(m/min)

31. 레이놀즈 수(Re)의 계산 ★★★

$$Re = \frac{\rho V d}{\mu} = \frac{Vd}{\nu} = \frac{관성력}{점성력}$$

Re : 레이놀즈 수(무차원)
ρ : 유체밀도(kg/m^3)
d : 관경(m) (상당직경 $D = \frac{2ab}{a+b}$)
V : 유체의 유속(m/sec)
μ : 점성계수(kg/m·s(= 10Poise))
ν : 동점성계수(m^2/sec)

- 레이놀즈 수에 따른 구분★

$$\text{Re} < 2100 : 층류$$
$$2100 < \text{Re} < 4000 : 천이영역$$
$$\text{Re} > 4000 : 난류$$

32. VHR(Vapor Hazard Ratio) ★

$$VHR = \frac{C}{TLV}$$

C : 발생 농도
TLV : 노출기준

33. 포화농도 ★★

$$포화농도 = \frac{물질의\ 증기압(mmHg)}{대기압(760mmHg)} \times 10^2 (\%) = \frac{물질의\ 증기압(mmHg)}{대기압(760mmHg)} \times 10^6 (ppm)$$

34. 유효비중 ★★

사염화탄소 10,000ppm, 사염화탄소의 증기비중 5.7일 때 유효비중의 계산

> 사염화탄소 10,000ppm은 1%이므로 공기는 99%, 공기 비중 1
> 유효비중=0.01×5.7+0.99×1=1.047

35. 전체환기량(평형상태일 경우)

(1) 필요환기량의 계산

$$Q(\mathrm{m^3/min}) = \frac{G}{TLV} \times K$$

Q : 필요환기량($\mathrm{m^3/min}$)
G : 유해물질의 발생률($\mathrm{m^3/min}$)
TLV : 허용기준
K : 안전계수(여유계수)

(2) 안전계수(K) 실기 기출 ★

- 불안정 혼합을 보정하기 위한 여유계수로 $K=1$일 경우 전체환기로도 환기가 충분한 상태
- 유해물질의 TLV를 고려 (유해물질의 독성 고려)하여 결정
- 환기방식의 효율성을 고려하여 결정
- 유해물질의 발생률을 고려하여 결정
- 근로자 위치와 발생원과의 거리를 고려하여 결정
- 유해물질 발생점의 위치와 수를 고려하여 결정

36. 전체환기량(유해물질 농도 증가 시)

(1) 농도 C에 도달하는 데 걸리는 시간(t)

$$t(\min) = -\frac{V}{Q'}\left[\ln\frac{G-Q'\cdot C}{G}\right]$$

(2) 처음 농도 0인 상태에서 t시간 후의 농도(C) ★

$$C(\text{ppm}) = \frac{G(1-e^{-\frac{Q'}{V}t})}{Q'} \times 10^6$$

V : 작업장의 기적(m^3)
Q' : 유효환기량($m^3/\min$)
G : 유해물질의 발생량($m^3/\min$)
C : 유해물질농도(ppm)
t : 시간(min)

37. 전체환기량(유해물질 농도 감소 시) ★★

(1) 유해물질을 나중농도(노출농도 이하)로 환기하는 데 소요되는 시간

$$t(\min) = -\frac{V}{Q'} \times \ln\left(\frac{C_2}{C_1}\right)$$

(2) 농도 C_1에서 $t(\min)$시간 후의 농도

$$C_2 = C_1 \times e^{(-\frac{Q'}{V}t)}$$

V : 작업장의 기적(m^3)
Q' : 유효환기량($m^3/\min$)
G : 유해물질의 발생량($m^3/\min$)
C : 유해물질농도(ppm)
t : 시간(min)

38. 전체환기량(이산화탄소 기준)

(1) 이산화탄소를 노출기준으로 유지하기 위한 환기량 ★

$$Q(\text{m}^3/\text{min}) = \frac{G}{C} \times K \times 10^6$$

G : CO_2 발생량(m^3/min)
C : 노출기준(ppm)
K : 여유계수(보통 10)

(2) 이산화탄소에 기인한 환기량 ★

$$Q(\text{m}^3/\text{min}) = \frac{G}{C - C_o} \times 100$$

G : CO_2 발생량(m^3/min)
C : 이산화탄소의 허용농도(%)
C_o : 외부공기 중 이산화탄소 농도(%)

$$Q(\text{m}^3/\text{min}) = \frac{G}{C_s - C_o} \times 10^6$$

G : CO_2 발생률(m^3/min)
C_s : 실내 이산화탄소의 농도(ppm)
C_o : 외부공기 중 이산화탄소의 농도(약 330ppm)

39. 시간당 공기교환 횟수(ACH) ★★

$$ACH = \frac{실내\ 환기량(Q)}{실내체적(m^3)} \times 60$$

$Q(m^3/min)$

$$ACH = \frac{실내\ 환기량(Q)}{실내체적(m^3)}$$

$Q(m^3/hr)$

$$ACH(회) = \frac{\ln(C_1 - C_o) - \ln(C_2 - C_o)}{hr}$$

C_1 : 처음 측정한 이산화탄소 농도
C_2 : 시간경과 후 측정한 이산화탄소 농도
C_o : 외부공기 중 이산화탄소 농도(약 330ppm)

40. 급기 중 외부공기 함량 ★★

$$\%Q_A = \frac{C_r - C_s}{C_r - C_o} \times 100$$

C_r : 재순환 공기 중 이산화탄소 농도
C_s : 급기 중 이산화탄소 농도
C_o : 외부 공기 중 이산화탄소 농도(약 330ppm)

41. 화재 및 폭발방지를 위한 환기량 ★★★

$$Q = \frac{24.1 \times kg/h \times C \times 10^2}{MW \times LEL \times B} \ (m^3/hr) \div 60 = (m^3/min)$$

C : 안전계수(LEL의 25%로 유지할 경우 $C = 4$)
MW : 물질의 분자량
LEL : 폭발농도 하한치(%)
B : 온도에 따른 보정상수(120℃ 미만 $B = 1.0$, 120℃ 이상 $B = 0.7$)
kg/hr : 시간당 오염물질 발생량($l/hr \times S$(비중))
24.1 : 21℃, 1기압에서 공기의 비중(25℃, 1기압일 경우 24.45)

42. 노출기준(TLV)에 따른 전체환기량 ★★★

$$Q = \frac{24.1 \times \text{kg/h} \times \text{K} \times 10^6}{MW \times TLV} (\text{m}^3/\text{hr}) \div 60 = (\text{m}^3/\text{min})$$

K : 안전계수
MW : 물질의 분자량
kg/hr : 시간당 오염물질 발생량($l/hr \times S$(비중))
TLV : 노출기준(ppm)
24.1 : 21℃, 1기압에서 공기의 비중(25℃, 1기압일 경우 24.45)

- 온도에 따른 환기량의 보정

$$Q_2 = Q_1 \times \frac{273 + t_2}{273 + t_1}$$

Q_1 : 처음 온도(t_1)에서의 환기량(m³/min)
Q_2 : 나중 온도(t_2)에서의 환기량(m³/min)
t_1 : 처음 온도(℃)
t_2 : 나중 온도(℃)

43. 발열 시 필요환기량 ★★

$$Q(\text{m}^3/\text{hr}) = \frac{H_s}{0.3 \Delta t}$$

Δt : 급배기(실내, 외)의 온도차(℃)
H_s : 작업장 내 열부하량(kcal/hr)
0.3 : 정압비열(kcal/m³℃)

44. 속도압(동압) ★★★

$$\text{속도압}(VP) = \frac{\gamma V^2}{2g} (\text{mmH}_2\text{O})$$

$$V = 4.043 \sqrt{VP} (\text{m/sec}) (21℃, 1기압인 경우만 적용)$$

r : 공기 비중
V : 유속(m/s)
g : 중력가속도(9.8m/s²)

45. 정압 ★★

$$후드정압(SP_h) = VP(1+F_h)(\text{mmH}_2\text{O})$$

VP : 속도압(동압)(mmH$_2$O)

F_h : 압력손실계수($= \dfrac{1}{Ce^2} - 1$)

Ce : 유입계수

46. 캐노피형 후드의 후드직경 ★★

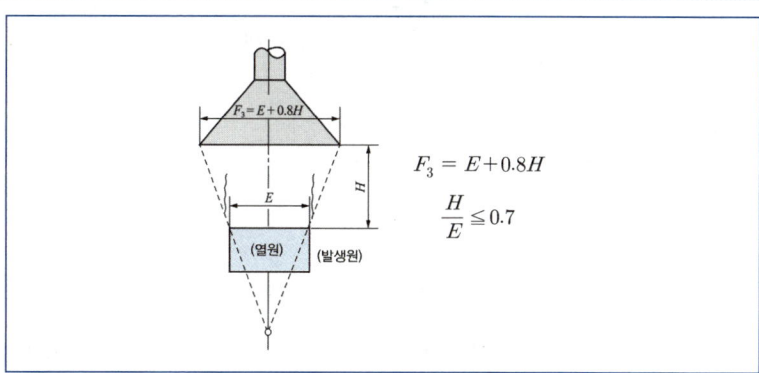

F_3 : 후드 직경
E : 열원의 직경(사각형은 단변)
H : 후드 높이

47. 후드의 종류별 필요환기량

(1) 포위식(부스식) 후드 ★★★

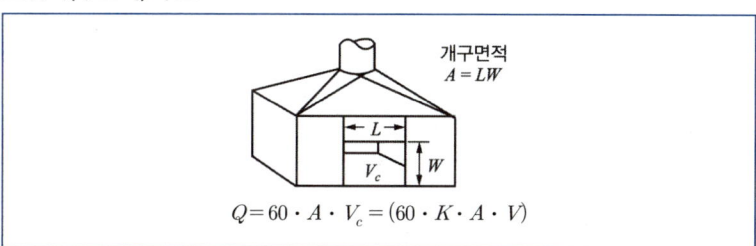

Q : 필요 송풍량(m^3/min)

A : 후드 개구면적(m^2) ($A = \dfrac{\pi d^2}{4}$)

V : 제어속도(m/sec)

K : 불균일에 대한 계수(개구면 평균유속과 제어속도의 비, 기류분포가 균일할 때 $K=1$로 본다.)

(2) 외부식 후드(포집형 후드)

① 외부식 후드(**자유공간** 위치한 원형 및 장방형 후드, **플랜지 미부착**)★★★

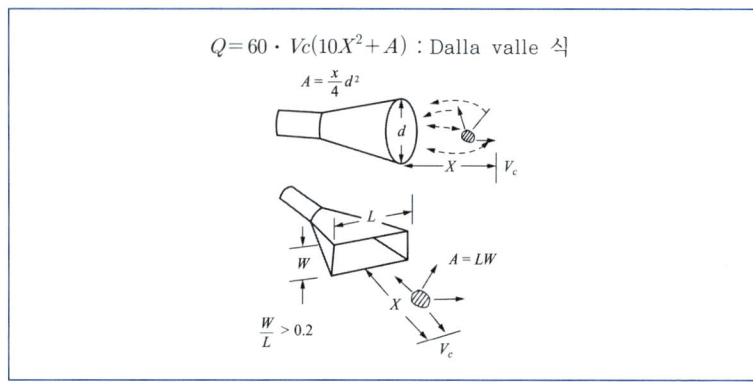

$$Q = 60 \cdot Vc(10X^2 + A) : \text{Dalla valle 식}$$

Q : 필요송풍량(m^3/min)
Vc : 제어속도(m/sec)
A : 개구면적(m^2)
X : 후드중심선으로부터 발생원까지의 거리(m)
  (오염원과 후드 간 거리가 덕트 직경의 1.5배 이내일 때만 유효)

② 외부식 후드(**자유공간**에 위치한 **플랜지가 부착**된 원형, 장방형 후드)★★★

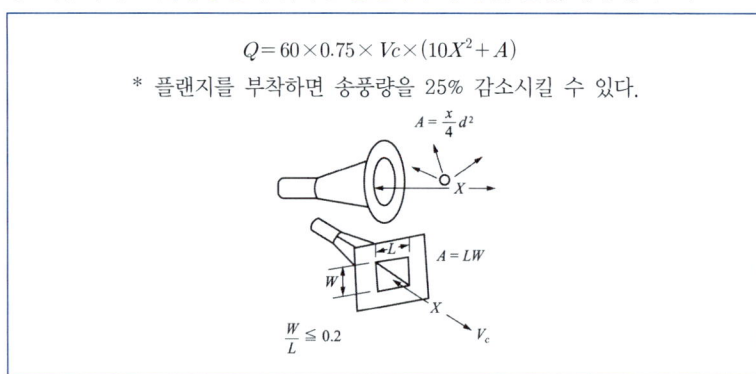

$$Q = 60 \times 0.75 \times Vc \times (10X^2 + A)$$

* 플랜지를 부착하면 송풍량을 25% 감소시킬 수 있다.

Q : 필요송풍량(m^3/min)
Vc : 제어속도(m/sec)
A : 개구면적(m^2)
X : 후드중심선으로부터 발생원까지의 거리(m)
  (오염원과 후드 간 거리가 덕트 직경의 1.5배 이내일 때만 유효)

③ 외부식 후드(작업대 위, 플랜지가 부착된 장방형 후드)★★★

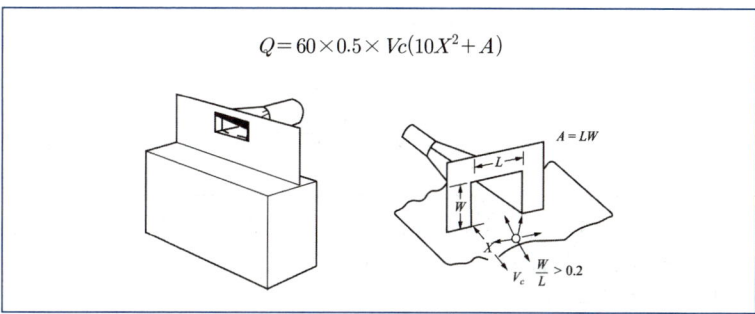

$$Q = 60 \times 0.5 \times Vc(10X^2 + A)$$

Q : 필요송풍량(m^3/min)
Vc : 제어속도(m/sec)
A : 개구면적(m^2)
X : 후드중심선으로부터 발생원까지의 거리(m)
 (오염원과 후드 간 거리가 덕트 직경의 1.5배 이내일 때만 유효)

④ 외부식 후드(작업대 위의 바닥면에 접하며, 플랜지가 미부착된 장방형 후드)★★★

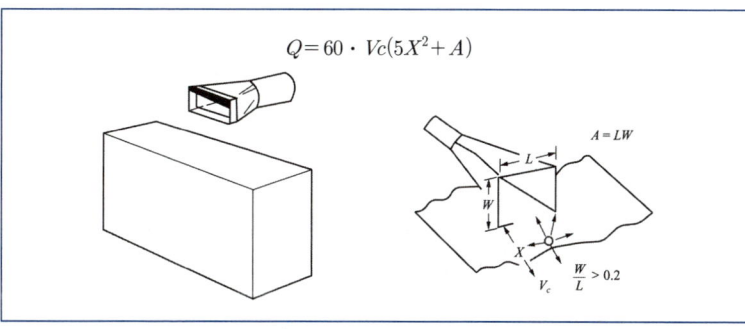

$$Q = 60 \cdot Vc(5X^2 + A)$$

Q : 필요송풍량(m^3/min)
Vc : 제어속도(m/sec)
A : 개구면적(m^2)
X : 후드중심선으로부터 발생원까지의 거리(m)
 (오염원과 후드간 거리가 덕트 직경의 1.5배 이내일 때만 유효)

후드형태	명칭	개구면의 세로/가로 비율(W/L)	배풍량(m^3/min)
	외부식 슬로트형	0.2 이하	$Q = 60 \times 3.7 LVX$

• Q : 배풍량(m^3/min), L : 슬로트길이(m), V : 제어풍속(m/s), X : 제어거리(m)

⑤ 외부식 슬롯형 후드★★★

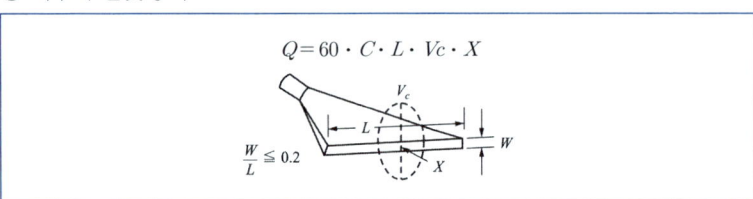

* 형상계수 – 전원주 : 3.7, $\frac{3}{4}$ 원주 : 4.1, $\frac{1}{2}$ 원주(플랜지 부착과 동일) : 2.6, $\frac{1}{4}$ 원주 : 1.6

Q : 필요송풍량(m³/min)
Vc : 제어속도(m/sec)
L : slot 개구면의 길이(m)
X : 포집점까지의 거리(m)
C : 형상계수

⑥ 리시버식 캐노피형 후드★★

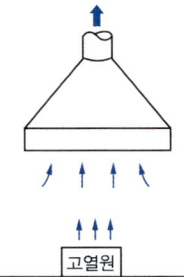

난기류가 있는 경우 : $Q_T = Q_1 \times \{1+(m \times K_L)\} = Q_1 \times (1+K_D)$

Q_1 : 열상승기류량(m³/min)
m : 누출안전계수(난기류 없을 때 : 1)
K_L : 누입한계유량비
K_D : 설계유량비($K_D = m \times K_L$)

난기류가 없는 경우 : $Q_T = Q_1 + Q_2 = Q_1 \times (1+\frac{Q_2}{Q_1}) = Q_1 \times (1+K_L)$

Q_T : 필요송풍량(m³/min)
Q_1 : 열상승기류량(m³/min)
Q_2 : 유도기류량(m³/min)
K_L : 누입한계유량비

후드형태	명칭	개구면의 세로/가로 비율(W/L)	배풍량(m³/min)
	레시버식 캐노피형	–	$Q = 60 \times 1.4PVD$

- P : 작업대의 주변길이(m)=$2 \times (X+Y)$
- V : 제어속도(m/sec)
- Q : 배풍량(m³/min)
- D : 작업대와 후드 간의 거리(m)

48. HOOD의 압력손실 ★★★

$$압력손실(\Delta P) = F_h \times VP = (\frac{1}{Ce^2} - 1) \times \frac{\gamma V^2}{2g} \text{ (mmH}_2\text{O)}$$

F_h : 압력손실계수(유입손실계수)
Ce : 유입계수
VP : 속도압(동압)(mmH₂O)
r : 공기 비중
V : 유속(m/s)
g : 중력가속도(9.8m/s²)

$$F_h = \frac{1}{Ce^2} - 1$$

Ce : 유입계수

$$VP = \frac{rV^2}{2g}$$

r : 공기 비중
V : 유속(m/s)
g : 중력가속도(9.8m/s²)

49. 직선 덕트의 압력손실 ★★★

$$압력손실(\Delta P) = F \times VP = \lambda \times \frac{L}{D} \times \frac{\gamma V^2}{2g} \, (\text{mmH}_2\text{O})$$

$$F(압력손실계수) = \lambda \times \frac{L}{D}$$

λ : 관마찰계수(무차원)
D : 덕트 직경(m)(원형관일 경우)(장방형 덕트일 경우 : 상당직경(등가직경) = $\frac{2ab}{a+b}$)
L : 덕트 길이(m)

$$속도압(VP) = \frac{\gamma \times V^2}{2g}$$

γ : 비중
V : 공기속도(m/sec)
g : 중력가속도(m/sec^2)

50. 곡관의 압력손실 ★★★

$$압력손실(\Delta P) = \left(\xi \times \frac{\theta}{90°}\right) \times VP \, (\text{mmH}_2\text{O})$$

ξ : 압력손실계수
θ : 곡관의 각도
VP : 속도압(동압)(mmH$_2$O)

51. 합류관의 압력손실 ★★

$$합류관의 \, 압력손실(\Delta P) = \Delta P_1 + \Delta P_2 = (\xi_1 \times VP_1) + (\xi_2 \times VP_2)$$

ΔP_1 : 주관의 압력손실
ΔP_2 : 분지관의 압력손실
ξ : 압력손실계수
VP : 속도압(동압)(mmH$_2$O)

52. 확대관의 압력손실 ★★

$$압력손실(\Delta P) = \xi \times (VP_1 - VP_2)$$

VP_1 : 확대 전의 속도압(mmH₂O)
VP_2 : 확대 후의 속도압(mmH₂O)
ξ : 압력손실계수

53. 확대관의 정압 ★

$$확대측\ 정압(SP_2) = SP_1 + [(1-\xi) \times (VP_1 - VP_2)]$$

SP_2 : 확대 후의 정압(mmH₂O)
SP_1 : 확대 전의 정압(mmH₂O)
VP_1 : 확대 전의 속도압(mmH₂O)
VP_2 : 확대 후의 속도압(mmH₂O)
ξ : 압력손실계수

- 정압회복계수$(R) = 1 - \xi$
- 정압회복량$(SP_2 - SP_1) = (VP_1 - VP_2) - \Delta P$

54. 송풍기 전압 및 정압 ★★

(1) 송풍기 전압(FTP)

배출구 전압(TP_{out})과 흡입구 전압(TP_{in})의 차

$$FTP = TP_{out} - TP_{in} = (SP_{out} + VP_{out}) - (SP_{in} + VP_{in})$$

(2) 송풍기 정압(FSP)

송풍기 전압(FTP)과 속도압(VP_{out})의 차

$$\begin{aligned}
FSP &= FTP - VP_{out} \\
&= (SP_{out} - SP_{in}) + (VP_{out} - VP_{in}) - VP_{out} \\
&= (SP_{out} - SP_{in}) - VP_{in} \\
&= (SP_{out} - TP_{in})
\end{aligned}$$

55. 송풍기 법칙(상사법칙 ; Law of similarity) ★★★

- $Q_2 = Q_1 (\dfrac{D_2}{D_1})^3 (\dfrac{N_2}{N_1})$

  풍량은 송풍기 직경의 세제곱, 회전수에 비례한다.

- $P_2 = P_1 (\dfrac{D_2}{D_1})^2 (\dfrac{N_2}{N_1})^2 (\dfrac{\rho_2}{\rho_1})$

  풍압(정압)은 송풍기 직경의 제곱, 회전수의 제곱에 비례한다.

- $HP_2 = HP_1 (\dfrac{D_2}{D_1})^5 (\dfrac{N_2}{N_1})^3 (\dfrac{\rho_2}{\rho_1})$

  동력(축동력)은 송풍기 직경의 다섯 제곱, 회전수의 세제곱에 비례한다.

Q_1 : 회전수 변경 전 풍량(m^3/min)
Q_2 : 회전수 변경 후 풍량(m^3/min)
N_1 : 변경 전 회전수(rpm)
N_2 : 변경 후 회전수(rpm)
P_1 : 변경 전 풍압(mmHO)
P_2 : 변경 후 풍압(mmH$_2$O)
HP_1 : 변경 전 동력(kw)
HP_2 : 변경 후 동력(kw)
D_1 : 변경 전 직경(m)
D_2 : 변경 후 직경(m)
ρ_1 : 변경 전 효율
ρ_2 : 변경 후 효율

56. 송풍기 소요동력의 계산 ★★★

$$HP(\text{kW}) = \dfrac{Q \times P}{6120 \times \eta} \times K$$

Q : 송풍량(m^3/min)
P : 유효전압(풍압)(mmH$_2$O)
η : 송풍기 효율
K : 안전여유

57. 침강속도

(1) 침강속도(stoke의 법칙) ★★

$$V(\text{cm/sec}) = \frac{gd^2(\rho_1 - \rho)}{18\mu}$$

d : 입자의 직경(cm)
ρ_1 : 입자의 밀도(g/cm^3)
ρ : 가스(공기)의 밀도(g/cm^3)
g : 중력가속도(980cm/sec^2)
μ : 점성계수(g/cm·sec)

(2) Lippman식에 의한 침강속도(입자크기가 1~50μm 경우 적용) ★★

$$V(\text{cm/sec}) = 0.003 \times \rho \times d^2$$

V : 침강속도(cm/sec)
ρ : 입자 밀도(비중)(g/cm^3)
d : 입자직경(μm)

58. 여과속도 ★

$$U_f(\text{cm/sec}) = \frac{Q}{A} \times 100$$

Q : 총 처리 가스량(m^3/sec)
A : 총 여과면적(m^2) (여과포 1개 면적×여과포개수)

59. 집진율 ★

(1) 집진율

$$\eta(\%) = (1 - \frac{C_o \cdot Q_o}{C_i \cdot Q_i}) \times 100 = (1 - \frac{C_o}{C_i}) \times 100$$

C_i : 집진장치 입구 분진농도(g/m^3)
C_o : 집진장치 출구 분진농도(g/m^3)
Q_i : 집진장치 입구 가스 유량(m^3/hr)
Q_o : 집진장치 출구 가스 유량(m^3/hr)

(2) 집진장치 직렬조합 시 총 집진율 ★

$$총\ 집진율(\eta_T) = \eta_1 + \eta_2(1-\eta_1)$$

η_1 : 1차 집진장치 집진율
η_2 : 2차 집진장치 집진율

또는

$$총\ 집진율(\eta_T) = \eta_1 + \eta_2(1 - \frac{\eta_1}{100})$$

η_1 : 1차 집진장치 집진율(%)
η_2 : 2차 집진장치 집진율(%)

(3) 동일 효율의 집진장치를 직렬 설치 시 총 집진율 ★

$$총\ 집진율(\eta_T) = 1 - (1-\eta_c)^n$$

η_c : 집진장치 집진율
n : 집진장치 개수

60. 방독마스크의 유효시간 계산 ★

$$유효시간(파과시간) = \frac{시험가스농도 \times 표준유효시간}{작업장\ 공기중\ 유해가스\ 농도}(분)$$

61. 할당보호계수 ★★

- 할당보호계수(APF) = $\dfrac{발생농도(최대사용농도 : MUC)}{노출기준(TLV)}$

- 보호계수 = $\dfrac{방독마스크\ 바깥쪽\ 오염물질\ 농도(C_o)}{방독마스크\ 안쪽\ 오염물질\ 농도(C_i)}$

62. 차음효과 계산 ★★

$$차음효과 = (NRR-7) \times 0.5$$

NRR : 차음평가수

63. 상대습도

$$\text{상대습도}(\%) = \frac{\text{현재 수증기압(절대습도)}}{\text{포화 수증기압}}$$

64. 열평형 방정식(인체의 열교환) ★★

$$S(\text{열축적}) = M(\text{대사열}) - E(\text{증발}) \pm R(\text{복사}) \pm C(\text{대류}) - W(\text{한일})$$

S : 열이득 및 열손실량이며, 열평형 상태에서는 0이다.

65. 습구흑구온도지수(WBGT)의 산출 ★★★

(1) 옥외(태양광선이 내리쬐는 장소)

$$\text{WBGT}(\text{℃}) = 0.7 \times \text{자연습구온도} + 0.2 \times \text{흑구온도} + 0.1 \times \text{건구온도}$$

(2) 옥내 또는 옥외(태양광선이 내리쬐지 않는 장소)

$$\text{WBGT}(\text{℃}) = 0.7 \times \text{자연습구온도} + 0.3 \times \text{흑구온도}$$

66. 산소의 분압의 계산 ★

$$\text{산소분압}(\text{mmHg}) = \text{기압}(\text{mmHg}) \times \frac{\text{산소농도}(\%)}{100}$$

67. 소음도의 계산

(1) 합성소음도 ★★★

$$L(\text{dB}) = 10 \times \log(10^{\frac{L_1}{10}} + 10^{\frac{L_2}{10}} + \cdots + 10^{\frac{L_n}{10}})$$

L : 합성소음도(dB)
$L_1 \sim L_2$: 각각 소음원의 소음(dB)

(2) 소음도 차이 ★★

$$L'(\text{dB}) = 10\log(10^{\frac{L_1}{10}} - 10^{\frac{L_2}{10}}) \quad (\text{단, } L_1 > L_2)$$

(3) 평균소음도 ★★

$$\overline{L}(\mathrm{dB}) = 10 \times \log\left[\frac{1}{n}(10^{\frac{L_1}{10}} + 10^{\frac{L_2}{10}} + \cdots + 10^{\frac{L_n}{10}})\right]$$

$\overline{L}$: 평균소음도(dB)
n : 소음원의 개수

68. 소음의 보정 노출기준

$$\text{소음의 보정노출기준}[\mathrm{dB(A)}] = 16.61 \times \log\left(\frac{100}{12.5 \times h}\right) + 90$$

h : 노출시간/일

69. 음압수준(SPL) ★★★

$$\mathrm{SPL}(\mathrm{dB}) = 20 \times \log\left(\frac{P}{P_o}\right)$$

SPL : 음압수준(음압도, 음압레벨)(dB)
P : 대상음의 음압(읍압 실효치)(N/m²)
P_o : 기준음압 실효치(2×10^{-5}N/m², 2×10^{-4}dyne/cm²)

70. 음의 세기레벨(Sound Inten sity : SIL) ★★

$$\mathrm{SIL}(\mathrm{dB}) = 10 \log\left(\frac{I}{I_o}\right)$$

SIL : 음의 세기레벨(dB)
I : 대상음의 세기(w/m²)
I_o : 최소가청음 세기(10^{-12}w/m²)

71. 음향파워레벨(PWL, 음력수준) ★★★

$$\text{PWL(dB)} = 10\log\left(\frac{W}{W_o}\right)$$

PWL : 음향파워레벨(dB)
W : 대상음원의 음력(watt)
W_o : 기준음력(10^{-12}watt)

$$\text{PWL의 합(dB)} = 10\log\left(10^{\frac{\text{PWL}}{10}} \times n\right)$$

PWL : 음향파워레벨(dB)
n : 동일 소음을 발생시키는 기계의 수

72. 소음을 내는 기계로부터 거리가 d_2 만큼 떨어진 곳의 소음 계산 ★

$$dB_2 = dB_1 - 20 \times \log\left(\frac{d_2}{d_1}\right)$$

dB_1 : 소음기계로부터 d_1 떨어진 곳의 소음
dB_2 : 소음기계로부터 d_2 떨어진 곳의 소음

73. 음속 실기 기출 ★

$$음속(C) = f \times \lambda$$

C : 음속(m/sec)
f : 주파수(1/sec = Hz)
λ : 파장(m)

$$음속(C) = 331.42 + 0.6 \times t$$

C : 음속(m/sec)
t : 음전달 매질의 온도(℃)

74. 음의 지향계수와 지향지수와의 관계 ★★

$$DI(dB) = 10 \times \log Q$$

DI : 지향지수(directivity index)
Q : 지향계수(directivity factor)

1. 음원이 자유공간에 떠 있는 경우 (음의 전파가 완전 구체인 경우)		$Q = 1$ $DI = 10 \times \log 1 = 0(dB)$
2. 음원이 반 자유공간 또는 바닥 위에 있는 경우(음의 전파가 반구인 경우)	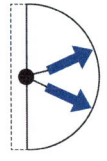	$Q = 2$ $DI = 10 \times \log 2 = 3(dB)$
3. 음원이 두면이 만나는 구석 또는 벽 근처 바닥에 있는 경우(음의 전파가 1/4 구체인 경우)	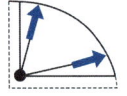	$Q = 4$ $DI = 10 \times \log 4 = 6(dB)$
4. 음원이 세면이 만나는 구석 또는 각진 모퉁이 바닥에 있는 경우(음의 전파가 1/8 구체인 경우)	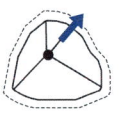	$Q = 8$ $DI = 10 \times \log 8 = 9(dB)$

- Q(지향계수) : 음의 방향성(지향성)을 나타내는 수치
- DI(지향지수) : 임의의 음원의 지향성을 dB단위로 표현한 것

75. 음원에 따른 SPL과 PWL의 관계식

무지향성 점음원 ★★	무지향성 선음원 ★
① 자유공간(공중, 구면파)에 위치할 때 $SPL(dB) = PWL - 20\log r - 11$ ② 반자유공간(바닥, 벽, 천장, 반구면파)에 위치할 때 $SPL(dB) = PWL - 20\log r - 8$	① 자유공간(공중, 구면파)에 위치할 때 $SPL(dB) = PWL - 10\log r - 8$ ② 반자유공간(바닥, 벽, 천장, 반구면파)에 위치할 때 $SPL(dB) = PWL - 10\log r - 5$

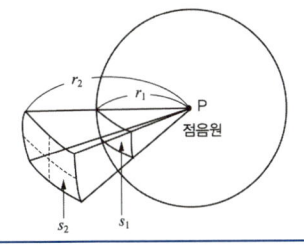
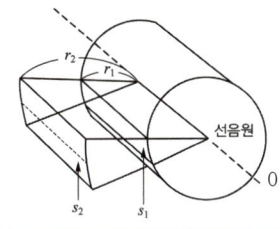

- r : 소음원으로 부터의 거리(m)

76. 주파수 분석

1/1 옥타브 밴드 분석기 ★★★	1/3 옥타브 밴드 분석기
① $\dfrac{f_U}{f_L} = 2^{\frac{1}{1}}$, $f_u = 2f_L$ ② 중심주파수$(f_c) = \sqrt{f_L \times f_U}$ $= \sqrt{f_L \times 2f_L} = \sqrt{2}\,f_L$	① $\dfrac{f_U}{f_L} = 2^{\frac{1}{3}}$, $f_u = 1.26f_L$ ② 중심주파수$(f_c) = \sqrt{f_L \times f_U}$ $= \sqrt{f_L \times 1.26f_L} = \sqrt{1.26}\,f_L$

- f_L : 중심주파수보다 낮은 쪽 주파수
- f_U : 중심주파수보다 높은 쪽 주파수
- f_C : 중심주파수

77. 평균청력손실의 계산 ★★

4분법	6분법
평균청력손실(dB) $= \dfrac{a + 2b + c}{4}$	평균청력손실(dB) $= \dfrac{a + 2b + 2c + d}{6}$

- a : 옥타브밴드 중심주파수 500Hz에서의 청력손실(dB)
- b : 옥타브밴드 중심주파수 1,000Hz에서의 청력손실(dB)
- c : 옥타브밴드 중심주파수 2,000Hz에서의 청력손실(dB)
- d : 옥타브밴드 중심주파수 4,000Hz에서의 청력손실(dB)

78. 등가소음레벨(등가소음도 ; Leq) ★★

임의의 측정시간 동안 발생한 변동소음의 총에너지를 같은 시간 내의 정상소음의 에너지로 등가하여 얻어진 소음도를 등가소음도라고 한다.

$$등가소음도(Leq) = 16.61 \log \frac{n_1 \times 10^{\frac{L_{A1}}{16.61}} + \cdots + n_n \times 10^{\frac{L_{An}}{16.61}}}{각\ 소음레벨\ 측정치의\ 발생시간\ 합}$$

Leq : 등가소음레벨[dB(A)]
L_A : 각 소음레벨의 측정치[dB(A)]
n : 각 소음레벨 측정치의 발생시간(분)

$$일정시간간격\ 등가소음도(Leq) = 10 \log \frac{1}{n} \sum_{i=1}^{n} 10^{\frac{L_i}{10}}$$

n : 소음레벨측정치의 수
L_i : 각 소음레벨의 측정치[dB(A)]

79. 누적소음폭로량 ★★

단위작업장소에서 소음의 강도가 불규칙적으로 변동하는 소음 등을 누적소음노출량 측정기로 측정하여 평가한다.

$$누적소음폭로량(D) = \left(\frac{C_1}{T_1} + \frac{C_2}{T_2} + \cdots + \frac{C_n}{T_n} \right) \times 100(\%)$$

D : 누적소음 폭로량
C : 각각의 소음도에 노출되는 시간(hr)
T : 각각의 소음도에 노출될 수 있는 허용노출시간(hr)

$$La = 16.61 \times \log \left(\frac{D}{12.5 \times h} \right) + 90$$

La : A특성 등가소음레벨 $[dB(A)]$
D : 누적소음 폭로량(%)
h : 포집시간(hr)

$$La = 90 + 16.61 \times \log \left(\frac{D}{12.5 T} \right)$$

La : A특성 등가소음레벨[dB(A)]
D : 누적소음 폭로량 측정기의 소음
T(노출량 판독치) : 포집시간(hr)

80. 소음의 노출정도 평가 ★★★

$$노출지수(EI) = \frac{C_1}{T_1} + \frac{C_2}{T_2} + ... + \frac{C_n}{T_n}$$

C : 소음의 측정치
T : 소음의 노출기준

- 평가

  - $EI > 1$: 노출기준을 초과함
  - $EI < 1$: 노출기준을 초과하지 않음

81. 감음량(NR) ★★★

$$NR(dB) = 10\log\left(\frac{A_2}{A_1}\right)$$

NR : 감음량(dB)
A_1 : 흡음처리 전 실내의 총 흡음력(sabin)
A_2 : 흡음처리 후 실내의 총 흡음력(sabin)
* 벽체 단위 표면적에 대하여 벽체무게가 2배 될 때마다 차음효과는 6dB씩 증가한다.

82. 잔향시간 실기기출★

$$T(초) = K\frac{V}{A} = \frac{0.161\,V}{A} = \frac{0.161\,V}{S\,\bar{\alpha}}$$

T : 잔향시간(초)
K : 비례상수(0.161)
A : 실내의 총 흡음력(sabin)
V : 실의 용적(m³)
S : 실내의 전 표면적(m²)
$\bar{\alpha}$: 평균흡음률

83. 상대위험비(비교위험비) ★

$$상대위험비(비교위험도) = \frac{노출군에서\ 질병발생률}{비노출군에서\ 질병발생률} = \frac{위험폭로집단발병율}{비위험폭로집단발병율}$$

- 상대위험비 = 1 : 노출과 질병 사이의 연관성 없음
- 상대위험비 > 1 : 위험의 증가
- 상대위험비 < 1 : 질병에 대한 방어효과가 있음

84. 기여위험도 ★

> - 기여위험도 = 노출군에서의 질병발생률 − 비노출군에서의 질병발생률
> - 기여분율 = $\dfrac{\text{노출군에서의 질병발생률} - \text{비노출군에서의 질병발생률}}{\text{노출군에서의 질병발생률}}$
>
> $= \dfrac{\text{상대위험비} - 1}{\text{상대위험비}}$

암기법

기위노비(기여위험도 = 노출군 − 비노출군)

기노비노(기여분율 = 노출군 − 비노출군 / 노출군)

85. 교차비

> - 교차비 = $\dfrac{\text{환자군에서의 노출대응비}}{\text{대조군에서의 노출대응비}}$
> - 대응비 = $\dfrac{\text{노출 또는 질병의 발생확률}}{\text{노출 또는 질병의 비발생확률}}$

- 교차비 = 1인 경우 요인과 질병 사이의 관계가 없음을 의미
- 교차비 > 1인 경우 요인에의 노출이 질병 발생을 증가시킴을 의미
- 교차비 < 1인 경우 요인에의 노출이 질병 발생을 방어시킴을 의미

암기법

교환대(교차비 = 환자군 / 대조군)

86. 민감도와 특이도 ★

구분		실제값(질병)		합계
		양성	음성	
검사법	양성	A	B	A + B
	음성	C	D	C + D
합계		A + C	B + D	

1. 민감도 = $\dfrac{A}{A+C}$

2. 가음성률 = $\dfrac{C}{A+C}$

3. 특이도 = $\dfrac{D}{B+D}$

4. 가양성률 = $\dfrac{B}{B+D}$

87. 노출인년(person-years of exposure) 실기기출 ★

조사 근로자를 1년 동안 관찰한 수치로 환산한 것을 말한다.

$$\text{노출인년} = \text{노출자 수} \times \text{연간 근무시간} = \text{노출자 수} \times \dfrac{\text{조사개월 수}}{12\text{개월}}$$

MEMO

노력하는 당신은 언제나 아름답습니다.
구민사가 **당신의 합격**을 응원합니다.